2025
개정27판 총40쇄

koita
한국산업기술진흥협회

CBT 백과사전식
NCS적용 문제해설

▸ISO 9001:2015 인증
▸안전연구소 인정

녹색자격증
녹색직업

세계유일무이
365일 저자상담직통전화
010-7209-6627

건설안전산업기사 필기 1

안전공학박사/명예교육학박사
대한민국산업현장교수/기술지도사 정 재 수 지음

제 1 편 · 산업안전관리론
제 2 편 · 인간공학 및 시스템안전공학

"산업안전 우수 숙련기술자" 선정

건설안전, 산업안전 기사 · 지도사 · 기능장 · 기술사 등 관련 자격 및 의문사항에 대하여 365일 성심 성의껏 답변해 드리고 있습니다. 저자와 상담 후 교재를 구입하세요.

www.sehwapub.co.kr

대한민국 최초, 최다, 최고, 최상, 최적 적중률의 안전관리 완벽합격!

•특허 제10-2687805호•
명칭 : 국가직무능력표준에 따른 자격사 교육 콘텐츠 생성 자동화 방법, 장치 및 시스템

도서출판 세화

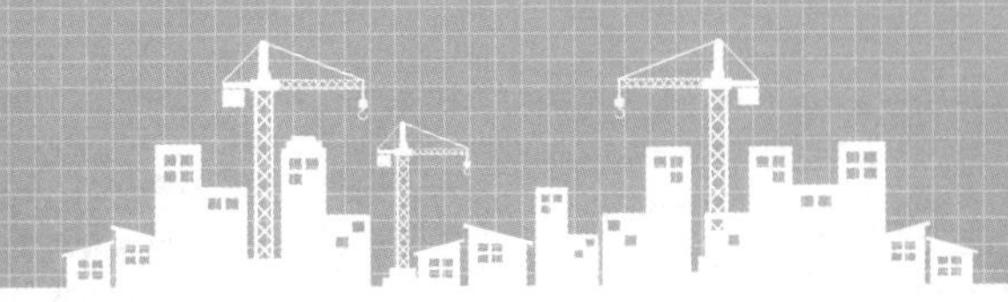

National Competency Standards

NCS 자격검정 활용

가. 자격종목

1) 개념

자격종목은 국가기술자격의 등급을 직종별로 구분한 것으로 국가기술자격 취득의 기본단위를 말함(국가기술자격별 2조). 자격종목 개편은 국가기술자격종목 신설의 필요성, 기존 자격종목의 직무내용, 범위 및 난이도, 산업현장 적합도 등을 고려하여 새로운 국가기술자격을 신설하거나 기존의 국가기술자격을 통합, 폐지하는 것을 의미함

2) 구성요소

자격종목 개편은 ① 자격종목, ② 직무내용, ③ 검토대상 능력군, ④ 검정필요여부, ⑤ 출제기준과 비교, ⑥ 검토의견, ⑦ 추가 · 삭제가 포함되어야 함

구성요소	세부 내용
자격종목	검토대상 국가기술자격종목 제시
직무내용	자격종목의 직무내용 제시
검토대상 능력군	검토대상 능력군의 능력단위, 능력단위요소, 수행준거 제시
검정필요여부	수행준거 중 자격검정에 필요한 부분 제시
출제기준과 비교	검정이 필요한 수행준거와 출제기준을 비교
검토의견	비교를 통해 현행 국가기술자격의 출제기준 검토
추가·삭제	출제기준 검토를 통해 추가나 삭제가 필요한 부분 제시

나. 출제기준

1) 개념

출제기준은 자격검정의 대상이 되는 종목의 과목별 출제의 대상범위를 나타낸 것으로 출제문제 작성방법과 시험내용범위의 기준을 의미함(국가기술자격법 시행규칙 제38조)

2) 구성요소

출제기준은

① 직무분야, ② 자격종목, ③ 적용기간, ④ 직무내용, ⑤ 필기검정방법, ⑥ 문제수, ⑦ 시험기간, ⑧ 필기과목명, ⑨ 필기과목 출제 문제수, ⑩ 실기검정방법, ⑪ 시험기간, ⑫ 실기과목명, ⑬ 필기, 실기과목별 주요항목, ⑭ 세부항목, ⑮ 세세항목이 포함되어야 함

구성요소		세부내용
직무분야		해당 자격이 활용되는 직무분야
자격종목		국가기술자격의 등급을 직종별로 구분한 것, 국가기술자격 취득의 기본단위
적용기간		작성된 출제기준이 개정되기 전까지 실제 자격검정에 적용되는 기간
직무내용		자격을 부여하기 위하여 개인의 능력의 정도를 평가해야 할 내용
필기과목	필기검정방법	필기시험의 검정방법, 현행 국가기술자격에서는 객관식, 단답형 또는 주관식 논문형이 있음
	문제수	필기시험의 전체 문제수 제시
	시험기간	필기시험 시간
	필기과목명	기술자격의 종목별 필기시험과목
	출제 문제수	필기시험의 문제수

머리말

오늘의 시대는 국내외 상황이 급변하고 UR/GPA로 인한 무제한 국가 경쟁력 시대, 구미 불산(불화수소산) 누출 사고, 2014년 세월호 참사 이후 모든 안전인의 자성과 새로운 각오, 안전업계와 관련된 관, 민, 산, 학, 연 모두의 변화가 절실히 요구되는 절박한 때에 **2025년** 건설안전산업기사를 목표로 공부하고자 하는 수험생들에게 그 결단과 노력에 먼저 감사를 드린다.

특히 2018년 4월 27일 남북정상회담 및 시장개방으로 인한 국내외 무제한 경쟁력에 부딪치고 우리의 목표인 최상의 품질 달성 등 우리의 당면한 문제를 우리 스스로 해결하기 위해서는 우리 모든 안전인들이 끝없이 연구하는 노력이 계속 이어져야 하고 이러기 위한 뚜렷한 동기 부여를 위해서는 안전관리자에 대한 활용 영역 확대, 안전기사에 대한 Incentive 부여 등이 시급히 마련되어야 한다고 본다.

대한민국헌법 제34조 및 안전관리현장에서도 국민의 안전을 강조하고 있다.

본서는 연구용도 참고용도 아니며 오로지 **2025년** 건설안전산업기사 필기 합격을 위하여 필요한 내용으로만 구성하였다.

본서의 특징은 건설안전산업기사 자격증 취득을 대비해 이렇게 만들었다.

❶ 본서는 CBT시험을 대비 간단하고 명료하게 구체적으로 표현을 했다.
❷ 본문의 요점에서 이해하지 못했다면 출제예상문제에서 반드시 이해할 수 있도록 하였다.
❸ 한 문제(1항목)을 이해하면 열 문제(10항목)을 해결할 수 있게 구성하였다.
❹ 본서는 최근 심도 있게 거론이 되고 있는 출제예상문제를 빠짐없이 수록하였다.(출제년도 표기 및 QR코드 적용)
❺ 건설안전산업기사 자격증 취득의 결론은 본서의 요점과 예상문제 및 합격날개와 합격작전으로 합격할 수 있도록 엮었다.
❻ 최근 출제된 과년도 출제문제를 **2025년** 개정된 법을 적용하여 백과사전식으로 해설 수록하여 수험준비에 만전을 기하였다.
❼ 별표를 개수로 1~5까지 구성하여 중요점을 강조하여 틀림없이 합격될 수 있도록 하였다.

본 건설안전산업기사가 세상에 출간되기까지 불철주야 인고의 고통을 함께 한 세화 출판사의 박 용 사장님을 비롯한 임직원께도 고맙게 생각하며 오늘이 있기까지 변함없이 은혜와 사랑을 주시는 나의 하나님께 진정으로 감사드립니다.

저자 씀

Information

건설안전산업기사 접수부터 자격증 수령까지

필기시험

2. 필기원서 접수

1. 응시자격 조건

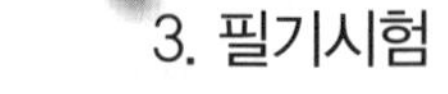

3. 필기시험

건설안전산업기사
1. 기능사 등급 이상의 자격을 취득한 후 응시하려는 종목이 속하는 동일 및 유사 직무분야에 1년 이상 실무에 종사한 사람
2. 응시하려는 종목이 속하는 동일 및 유사 직무분야의 다른 종목의 산업기사 등급 이상의 자격증 취득한 사람
3. 관련학과의 2년제 또는 3년제 전문대학 졸업자 등 또는 그 졸업 예정자
4. 관련학과의 대학졸업자 등 또는 그 졸업예정자
5. 동일 및 유사 직무분야의 산업기사 수준 기술훈련과정 이수자 또는 이수예정자
6. 응시하려는 종목이 속하는 동일 및 유사 직무분야에서 2년 이상 실무에 종사한 사람
7. 고용노동부령이 정하는 기능경기대회 입상자
8. 외국에서 동일한 종목에 해당하는 자격을 취득한 사람

필기시험은 과목당 40점 이상 전과목 평균 60점 이상의 점수를 획득하여야 합니다.
(시험시간은 과목당 30분)

자격증 신청 및 수령

1. 자격증 신청
- 방법1 방문신청
- 방법2 인터넷 신청

2. 자격증 수령
- 방문수령
- 등기우편으로 수령

신분증, 수수료(3,100원) 준비
택배 발송시 수수료(2,280원)

4. 합격여부 확인

1. 실기원서 접수

최종
합격

2. 실기시험

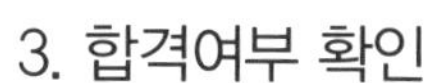

3. 합격여부 확인

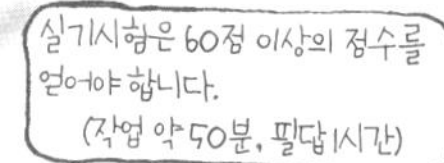

Information

2025년

원서 접수방법 및 유의사항

건설안전기사시험은 인터넷을 통해서만 접수가 가능합니다.

❶ 한국산업인력공단 인터넷 원서 접수 사이트로 접속합니다.(www.Q-net.or.kr)

❷ 회원가입을 해야만 접수할 수 있습니다. 오른쪽 상단에 있는 (회원가입)아이콘을 클릭하면 회원가입 동의를 묻는 회원가입 약관 창이 나옵니다.

❸ 회원가입 약관 창에서 (동의)를 클릭하시고 인적사항 입력 창에서 성명, 주민등록번호, 우편번호, 주소 등을 입력하고 원서와 자격증에 부착할 사진을 지정하여 올립니다. 입력항목 중에서 *표시가 있는 항목은 반드시 입력합니다.

※ 알림서비스를 (예)로 선택하시면 응시한 시험의 합격 여부 및 과목별 득점 내역을 핸드폰 메시지로 무료 전송해주므로 편리합니다.

❹ 회원가입 화면에서 필수 항목을 모두 입력하고 (확인)을 클릭하면 가입이 완료됩니다.

❺ 접수를 하려면 먼저 로그인을 하셔야 합니다. 주민등록번호와 비밀번호를 입력하고 로그인하면 원서 접수 창이 열립니다.

❻ 왼쪽 상단에 있는 '원서 접수'를 클릭하면 현재 접수할 수 있는 자격시험이 정기와 상시로 구분되어 나타납니다. 기사와 산업기사는 정기시험만 있습니다.

❼ 응시 시험을 선택하면 응시 시험에서 선택할 수 있는 응시 종목이 나타납니다. 원하는 종목을 클릭하면 이제까지 입력한 정보에 맞게 수검원서가 나타납니다. (다음)을 클릭하면 시험장을 선택할 수 있는 화면이 나타납니다.

❽ 시험장을 선택하면 시험일자와 시간을 선택하는 화면이 나타납니다.

❾ 응시할 시험 장소를 클릭하세요. 수검 비용을 결제하는 화면이 나타납니다. (카드결제)와 (계좌이체) 중에서 선택하세요.

❿ 결제를 성공적으로 마친 후 (결제성공)을 클릭하면 수험표가 나타납니다. 이 수험표는 시험 볼 때 꼭 필요하므로 반드시 인쇄하여 보관해야 합니다. 아울러 정확한 시험 날짜 및 장소를 확인하세요.

※ 자세한 사항은 www.Q-net.or.kr에 접속하여 Q-Net 길라잡이를 이용하세요.

건설안전기사 응시자격

다음 각 호의 어느 하나에 해당하는 사람

1. 산업기사 등급 이상의 자격을 취득한 후 응시하려는 종목이 속하는 동일 및 유사 직무분야에서 1년 이상 실무에 종사한 사람
2. 기능사 자격을 취득한 후 응시하려는 종목이 속하는 동일 및 유사 직무 분야에서 3년 이상 실무에 종사한 사람
3. 응시하려는 종목과 응시하려는 종목이 속하는 동일 및 유사 직무분야의 다른 종목의 기사 등급 이상의 자격을 취득한 사람
4. 관련학과의 대학졸업자 등 또는 그 졸업예정자
5. 3년제 전문대학 관련학과 졸업자 등으로서 졸업 후 응시하려는 종목이 속하는 동일 및 유사 직무분야에서 1년 이상 실무에 종사한 사람
6. 2년제 전문대학 관련학과 졸업자 등으로서 졸업 후 응시하려는 종목이 속하는 동일 및 유사 직무분야에서 2년 이상 실무에 종사한 사람
7. 동일 및 유사 직무분야의 기사 수준 기술훈련과정 이수자 또는 그 이수 예정자

8. 동일 및 유사 직무분야의 산업기사 수준 기술훈련과정 이수자로서 이수 후 응시하려는 종목이 속하는 동일 및 유사 직무분야에서 2년 이상 실무에 종사한 사람
9. 응시하려는 종목이 속하는 동일 및 유사 직무분야에서 4년 이상 실무에 종사한 사람
10. 외국에서 동일한 종목에 해당하는 자격을 취득한 사람

건설안전산업기사 응시자격

다음 각 호의 어느 하나에 해당하는 사람

1. 기능사 등급 이상의 자격을 취득한 후 응시하려는 종목이 속하는 동일 및 유사 직무분야에 1년 이상 실무에 종사한 사람
2. 응시하려는 종목이 속하는 동일 및 유사 직무분야의 다른 종목의 산업기사 등급 이상의 자격을 취득한 사람
3. 관련학과의 2년제 또는 3년제 전문대학졸업자 등 또는 그 졸업예정자
4. 관련학과의 대학졸업자 등 또는 그 졸업예정자
5. 동일 및 유사 직무분야의 산업기사 수준 기술훈련과정 이수자 또는 그 이수 예정자
6. 응시하려는 종목이 속하는 동일 및 유사 직무분야에서 2년 이상 실무에 종사한 사람
7. 고용노동부령으로 정하는 기능경기대회 입상자
8. 외국에서 동일한 종목에 해당하는 자격을 취득한 사람

전국 한국산업인력공단 전화번호

지사명	주소	검정안내 전화번호
한국산업인력공단	44538 울산광역시 중구 종가로 345	1644-8000
서울지역본부	02512 서울 동대문구 장안벚꽃로 279	02-2137-0590
서울서부지사	03302 서울 은평구 진관3로 36	02-2024-1700
서울남부지사	07225 서울 영등포구 버드나루로 110	02-876-8322
강원지사	24408 강원도 춘천시 동내면 원창고개길 135	033-248-8500
강원동부지사	25440 강원도 강릉시 사천면 방동길 60	033-650-5700
부산지역본부	46519 부산시 북구 금곡대로 441번길 26	051-330-1910
부산남부지사	48518 부산시 남구 신선로 454-18	051-620-1910
경남지사	51519 경남 창원시 성산구 두대로 239	055-212-7200
경남서부지사	52733 경남 진주시 남강로 1689	055-791-0700
울산지사	44538 울산광역시 중구 종가로 347	052-220-3224
대구지역본부	42704 대구 달서구 성서공단로 213	053-580-2300
경북지사	36616 경북 안동시 서후면 학가산 온천길 42	054-840-3000
경북동부지사	37580 경북 포항시 북구 법원로 140번길 9	054-230-3200
경북서부지사	39371 경북 구미시 산호대로 253	054-713-3005
인천지역본부	21634 인천 남동구 남동서로 209	032-820-8600
경기지사	16626 경기도 수원시 권선구 호매실로 46-68	031-249-1201
경기북부지사	11780 경기도 의정부시 추동로 140	031-850-9100
경기동부지사	13313 경기도 성남시 수정구 성남대로 1217	031-750-6200
경기서부지사	14488 경기도 부천시 길주로 463번길 69	032-719-0800
경기남부지사	17561 경기도 안성시 공도읍 공도로 51-23	031-615-9000
광주지역본부	61008 광주광역시 북구 첨단벤처로 82	062-970-1700
전북지사	54852 전북 전주시 덕진구 유상로 69	063-210-9200
전남지사	57948 전남 순천시 순광로 35-2	061-720-8500
전남서부지사	58604 전남 목포시 영산로 820	061-288-3300
제주지사	63220 제주 제주시 복지로 19	064-729-0701
대전지역본부	35000 대전광역시 중구 서문로 25번길 1	042-580-9100
충북지사	28456 충북 청주시 흥덕구 1순환로 394번길 81	043-279-9000
충남지사	31081 충남 천안시 서북구 천일고1길 27	041-620-7600
세종지사	30128 세종특별자치시 한누리대로 296	044-410-8000

※ 청사이전이나 조직 변동시 주소 및 전화번호가 변경될 수 있음

2025년 건설안전 국가기술 자격안내

1. 수행 직무

건설현장의 생산성 향상과 인적 · 물적 손실을 최소화하기 위한 안전계획을 수립하고, 그에 따른 작업환경의 점검 및 개선, 현장 근로자의 교육계획 수립 및 실시, 작업환경 순회감독 등 안전관리 업무를 통해 인명과 재산을 보호하고, 사고 발생시 효과적이며 신속한 처리 및 재발 방지를 위한 대책 안을 수립, 이행하는 등 안전에 관한 기술적인 관리와 교육 등의 업무를 수행하는 직무

2. 응시 자격 기준

① 응시자격

종목	현행등급	응시자격
건설안전 기술사	건설안전 기술사	· 기사 취득 후+실무경력 4년 이상 · 산업기사 취득 후+실무경력 5년 이상 · 기능사 취득 후+실무경력 7년 이상 · 4년제 대졸(관련학과) 후+실무경력 6년 이상 · 3년제 졸업(관련학과)+실무경력 7년 이상 · 2년제 졸업(관련학과)+실무경력 8년 이상 · 실무 경력 9년 이상 · 동일 및 유사직무분야의 다른 종목 기술사 등급 취득자
건설안전 기사1급	건설안전 기사	· 산업기사 취득 후+실무경력 1년 이상 · 기능사 취득 후+실무경력 3년 이상 · 동일분야 자격 기사 이상 · 4년제 졸업자, 예정자(관련학과) · 실무 경력 4년 이상 · 3년제 졸업자(관련학과)+실무경력 1년 이상 · 2년제 졸업자(관련학과)+실무경력 2년 이상 · 동일 및 유사 직무분야의 기사수준 기술훈련과정 이수자 또는 그 이수예정자 · 동일 및 유사 직무분야의 산업기사 수준 기술훈련과정 이수자+실무경력 2년 이상
건설안전 기사2급	건설안전 산업기사	· 기능사 취득 후+실무경력 1년 이상 · 동일분야 자격 산업기사 이상 · 2년제 또는 3년제 졸업자, 예정자(관련학과) · 관련학과 대학 졸업자, 예정자 · 실무 경력 2년 이상 · 동일 및 유사 직무분야의 산업기사 수준 기술훈련과정 이수자 또는 그 이수예정자

② 검정 기준

건설안전기술사	건설안전에 관한 고도의 전문지식과 시실무경험에 입각한 계획, 연구, 설계, 분석, 조사, 시험, 시공,감리, 평가, 진단, 사업관리, 기술관리 등의 기술업무를 수행할 수 있는 능력의 유무
건설안전기사	건설안전에 관한 공학적 기술이론 지식을 가지고 설계, 시공, 분석 등의 기술업무를 수행할 수 있는 능력의 유무
건설안전산업기사	건설안전에 관한 기술기초이론 지식 또는 숙련기능을 바탕으로 복합적인 기능업무를 수행할 수 있는 능력의 유무

3. 건설안전 검정방법

① 필기시험 검정방법

종목	검정절차	시험형태	합격기준	시험시간
건설안전 기술사	필기 → 면접	단답형 및 주관식 논술형	100점 만점에 60점 이상	매교시당 100분 총 400분
건설안전 기사	필기 → 실기	객관식 4지 택일형 (과목당 20문항)	100점 만점에 과목당 40점 이상 전과목 평균 60점 이상	과목당 30분
건설안전 산업기사	필기 → 실기	객관식 4지 택일형 (과목당 20문항)	100점 만점에 과목당 40점 이상 전과목 평균 60점 이상	과목당 30분

② 실기시험 검정방법

종목	채점형태	시험형태	합격기준	시험시간
건설안전 기술사	중앙채점	구술형 면접	100점 만점에 60점 이상	30분 정도
건설안전 기사	작업 : 중앙채점 필답 : 중앙채점	복합형		작업 50분 필답 1시간 30분 내외
건설안전 산업기사	작업 : 중앙채점 필단 : 중앙채점	복합형		작업 50분 필답 1시간

③ 시험면제 사항

구 분	내 용
건설안전기사 건설안전산업기사	· 필기시험에 합격한 자는 당해 실기시험 발표일부터 2년간 필기시험 면제받음 · 기사, 산업기사의 기술자격 취득자로서 같은 등급의 다른 기술자격종목의 검정을 받을 경우 중복되는 기술자격 검정과목의 전부 또는 일부 면제

Information

4. 필기시험 출제기준

종목	시험과목	출제기준(주요항목)	
건설안전기사	산업안전관리론	· 안전보건관리 개요 · 재해조사 및 분석 · 보호구 및 안전보건표지	· 안전보건관리체제 및 운영 · 안전점검 및 검사 · 안전관계법규
	산업심리 및 교육	· 산업심리이론 · 인간특성과 안전	· 안전보건교육 · 교육방법
	인간공학 및 시스템 안전공학	· 안전과 인간공학 · 인간계측 및 작업공간 · 시스템위험분석 · 위험성 평가	· 정보입력 표시 · 작업환경관리 · 결함수 분석법 · 각종 설비의 유지관리
	건설시공학	· 시공일반 · 기초공사 · 철골공사	· 토공사 · 철근 콘크리트 공사 · 조적공사
	건설재료학	· 건설재료 일반 · 각종 건설재료의 특성, 용도, 규격에 관한 사항	
	건설안전기술	· 건설공사 안전 개요 · 양중 및 해체공사의 안전 · 건설 가시설물 설치기준 · 건설 구조물 공사 안전	· 건설공구 및 장비 · 건설재해 및 대책 · 운반, 하역작업
건설안전산업기사	산업안전관리론	· 안전보건관리개요 · 무재해 운동 및 보호구 · 인간의 행동과학 · 교육의 내용 및 방법	· 재해 및 안전점검 · 산업안전심리 · 안전보건교육의 개념
	인간공학 및 시스템 안전공학	· 안전과 인간공학 · 인간계측 및 작업공간 · 시스템 안전 · 각종 설비의 유지관리	· 정보입력 표시 · 작업환경관리 · 결함수 분석법
	건설재료학	· 건설재료일반 · 각종 건설재료의 특성, 용도, 규격에 관한 사항	
	건설시공학	· 시공일반 · 기초공사 · 철골공사	· 토공사 · 철근 콘크리트공사
	건설안전기술	· 건설공사 안전개요 · 건설재해 및 대책 · 건설구조물공사안전	· 건설공구 및 장비 · 건설 가시설물 설치기준 · 운반, 하역 작업

5. 실기시험 출제기준

종목	시험과목	출제기준(주요항목)
건설안전 기사	건설안전실무 도서출판 세화 : 건설안전실기필답형 도서출판 세화 : 건설안전실기작업형	· 안전관리 · 건설공사안전 · 안전기준
건설안전 산업기사	건설안전실무 도서출판 세화 : 건설안전실기필답형 도서출판 세화 : 건설안전실기작업형	· 안전관리 · 건설공사안전 · 안전기준

6. 출제 경향

■ 건설안전기사(산업기사)

측정 및 도면계산에 관한 문제유형으로, 철근 콘크리트 안전진단, 전기설비안전 및 기계(와이어 등) 안전측정에 관한 작업과 검정대상 보호구 선별작업이 부과

7. 교육훈련기관

■ 건설안전기사

대학의 건축학과, 건축공학과, 건축설비학과, 건설공학과, 기계설계공학, 산업기계공학, 토목공학과 등

■ 건설안전산업기사

전문대 이상의 건축, 토목 관련학과

■ 경력자 및 학과 관계없이 도서출판 세화교재로 합격보장

8. 검정 일정

한국산업인력공단에서 매년 12월초 중앙일간지를 통해 공고하는 검정시행 계획 참조 공단본부 및 지역본부(지방사무소)를 통해 검정일정이 수록된 검정시행 안내문을 배포하고 있음

9. 진출분야 및 활용현황

① 산업안전보건법에 의하여 상시 근로자가 단위공사금액이 50억 이상인 건설사업에 안전관리자로 의무적으로 고용됨

② 건설의 대형화, 고층화에 따라 앞으로 건설현장의 건설안전활동은 계속적으로 강조, 강화될 것이기 때문에 계속적인 인력수요가 예상됨

③ 21세기 가장 유망한 직업분류이며 녹색자격, 녹색직종임

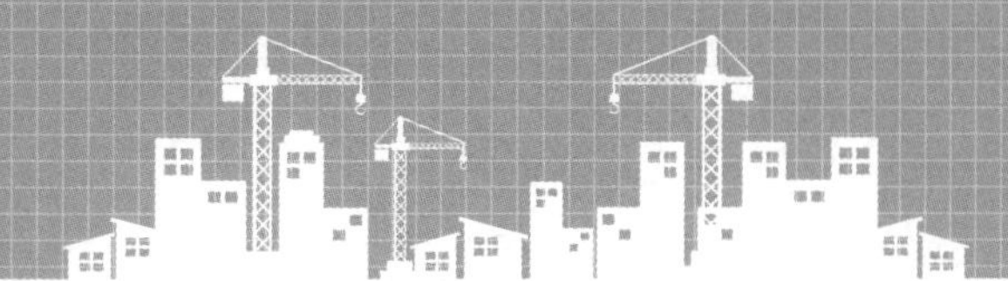

Information

건설안전산업기사 CBT출제문제 분석표

2025년 대비 CBT 출제문제 분석표(NCS 기준적용)

과목	세부	주요항목	2022 3.2~13	2022 4.17~27	2023 3.2	2023 5.13	2023 9.2	2024 2.15	2024 5.9	2024 7.5	계	빈도 (%)
제1과목 산업안전관리론	1부 산업안전관리론	1. 안전보건관리개요	2	2	1	1	6	3	1	1	17	10.6
		2. 안전보건관리 체제 및 운영	2	2	1	3	1	·	1	·	10	6.3
		3. 재해조사 및 분석	3	2	5	1	2	5	2	5	25	15.6
		4. 안전점검 및 검사 · 인증 · 진단	1	2	1	1	1	1	·	1	8	5.0
		5. 보호구 및 안전보건표지	1	2	1	3	3	2	2	2	16	10.0
		6. 산업안전관계법규	2	1	1	1	2	·	·	1	8	5.0
	2부 산업심리 및 교육	1. 산업안전심리	3	4	3	3	1	2	1	1	18	11.3
		2. 인간의 행동과학	3	2	4	2	4	5	7	5	32	20.0
		3. 안전보건교육의 개념	2	2	1	3	·	·	5	3	16	10.0
		4. 교육내용 및 방법	1	1	2	2	·	2	1	1	10	6.3
		계	20	20	20	20	20	20	20	20	160	100
제2과목 인간공학 및 시스템공학		1. 안전과 인간공학	1	1	3	2	1	2	3	3	16	10.0
		2. 정보입력 표시	1	·	1	·	2	2	3	3	12	7.5
		3. 인체계측 및 작업공간	6	4	4	7	5	1	3	2	32	20.0
		4. 작업환경관리	4	8	6	5	4	5	5	4	41	25.6
		5. 시스템 위험분석	·	1	·	1	·	2	3	4	11	6.9
		6. 결함수 분석법	6	6	6	4	6	6	2	3	39	24.4
		7. 안전성 평가 및 각종 설비의 유지관리	2	·	·	1	2	2	1	1	9	5.6
		계	20	20	20	20	20	20	20	20	160	100
제3과목 건설시공학		1. 시공일반	2	3	4	4	4	2	5	4	28	17.5
		2. 토공사	4	5	4	4	4	4	6	3	34	21.3
		3. 기초공사	3	1	4	1	4	3	3	4	23	14.4
		4. 철근 콘크리트공사	5	5	4	5	4	9	3	6	41	25.6
		5. 철골공사	4	4	4	3	4	2	3	3	27	16.9
		6. 조적공사	2	2	·	3	·	·	·	·	7	4.4
		계	20	20	20	20	20	20	20	20	160	100

	주요항목	2022 3.2~13	2022 4.17~27	2023 3.2	2023 5.13	2023 9.2	2024 2.15	2024 5.9	2024 7.5	계	빈도 (%)
제4과목 건설 재료학	1. 목재	3	3	4	2	3	2	2	2	21	13.1
	2. 시멘트 및 콘크리트	5	5	4	7	7	5	3	3	39	24.4
	3. 석재 및 점토	3	3	4	2	4	3	3	3	25	15.6
	4. 금속재	5	3	3	3	2	4	3	3	26	16.3
	5. 미장 및 방수재료	·	1	·	2	·	3	3	3	12	7.5
	6. 합성수지	4	4	4	4	4	2	2	2	26	16.3
	7. 도료 및 접착제	·	1	1	·	·	1	4	4	11	6.9
	계	20	20	20	20	20	20	20	20	160	100
제5과목 건설 안전 기술	1. 건설공사 안전개요	8	3	4	4	6	3	3	4	35	21.9
	2. 건설공구 및 장비(건설기계)	2	3	3	1	3	1	3	1	17	10.6
	3. 양중 및 해체공사의 안전	·	2	2	1	3	1	2	2	13	8.1
	4. 건설재해 및 대책	7	8	5	9	5	3	3	4	44	27.5
	5. 건설 가시설물 설치기준	1	2	2	3	1	7	4	5	25	15.6
	6. 건설 구조물 공사안전	1	1	3	2	1	3	3	2	16	10.0
	7. 운반 · 하역작업	1	1	1	·	1	2	2	2	10	6.3
	계	20	20	20	20	20	20	20	20	160	100

Information

이 책을 보는 방법

개념

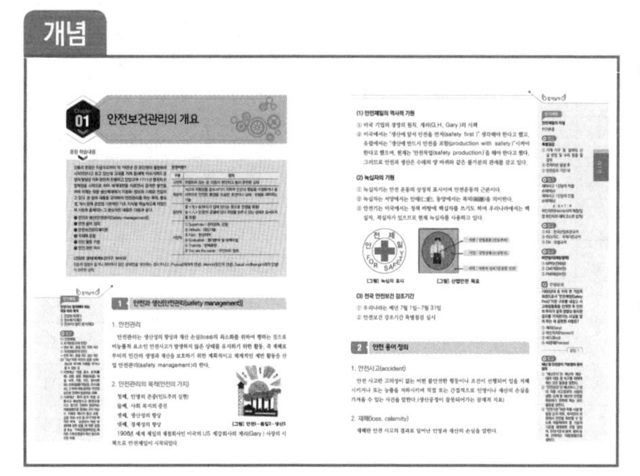

❶ 이론, 요점 정리

간단하고 명료하게 요점을 개념별로 정리하여 문제해결 능력을 강화할 수 있도록 하였습니다.(출제 년월일 표시)

❷ 안전 그림(삽화)

이해하기 쉬운 삽화를 구성하여 이론에 대한 이해와 필기 학습 준비에 만전을 기하도록 하였습니다.

❸ 참고

각 이론당 참고파트를 2단으로 구성하여 시안성이 좋도록 하였으며 빠른 이해를 도울 수 있도록 하였습니다.

❹ TIP

단원별 합격예측란을 구성하여 용어정의를 추가했습니다. 용어를 정확히 이해하고 나면 책 내용을 더욱 쉽게 이해할 수 있습니다.

❺ 합격날개

합격날개에 합격예측 및 관련 법규 등을 함께 수록하여 재미를 가미했습니다.

핵심

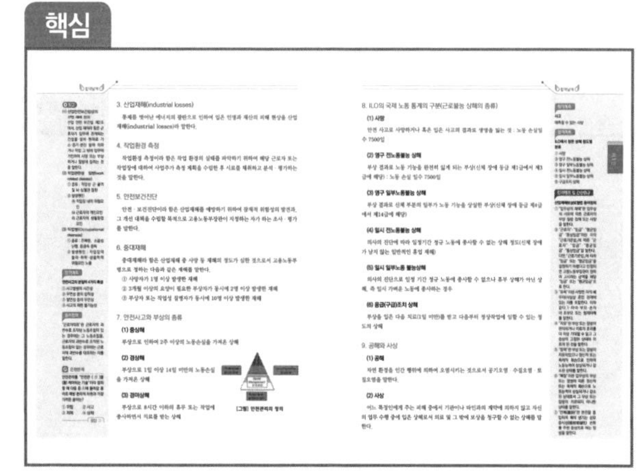

도서출판세화의 수험서는 …
누구나 쉽고 재미있게 … 공부할 수 있도록 …
또한 자신감 있게 … 시험에 응시하여 합격할 수 있도록 …
구성되어 있습니다.

유형

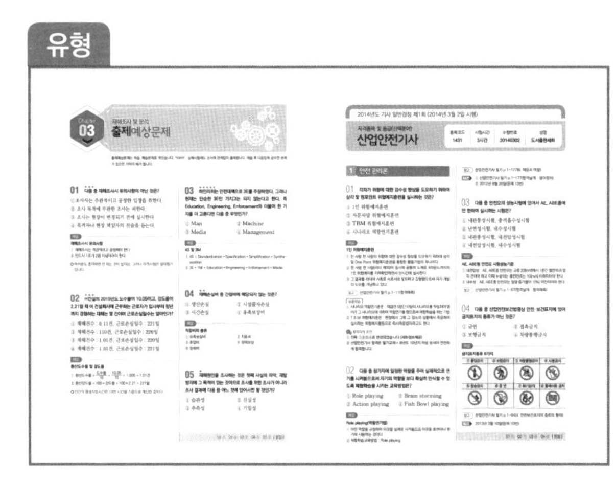

❻ 출제예상문제

최근 심도있게 거론되는 출제예상문제를 빠짐없이 수록하여 실전감각을 키울 수 있도록 하였습니다.

❼ 과년도 출제문제

최신 기출문제를 수록하여 출제유형과 경향에 익숙해질 수 있도록 하였습니다. 2021년 개정법을 적용하였습니다.

해설

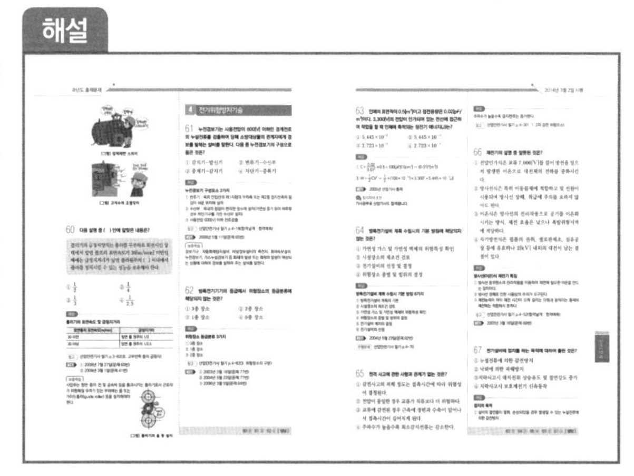

❽ 출제예상문제·과년도 출제문제 정답 및 해설

제1회 해설에서 이해하지 못했다면 제3회, 4회 문제해설에서 이해할 수 있도록 하였으며 참고란과 기출문제 날짜를 표시하여 합격을 보장할 수 있도록 하였습니다.

❾ 1주일에 끝나는 합격요점 QR코드

휴식시간에도 공부할 수 있는 합격요점노트 QR코드가 있습니다.

Information

미국 버클리대학 공부 지침서

나도 이렇게 공부하면 **건설안전산업기사자격증(건강·장수·부자)**을 취득할 수 있다.

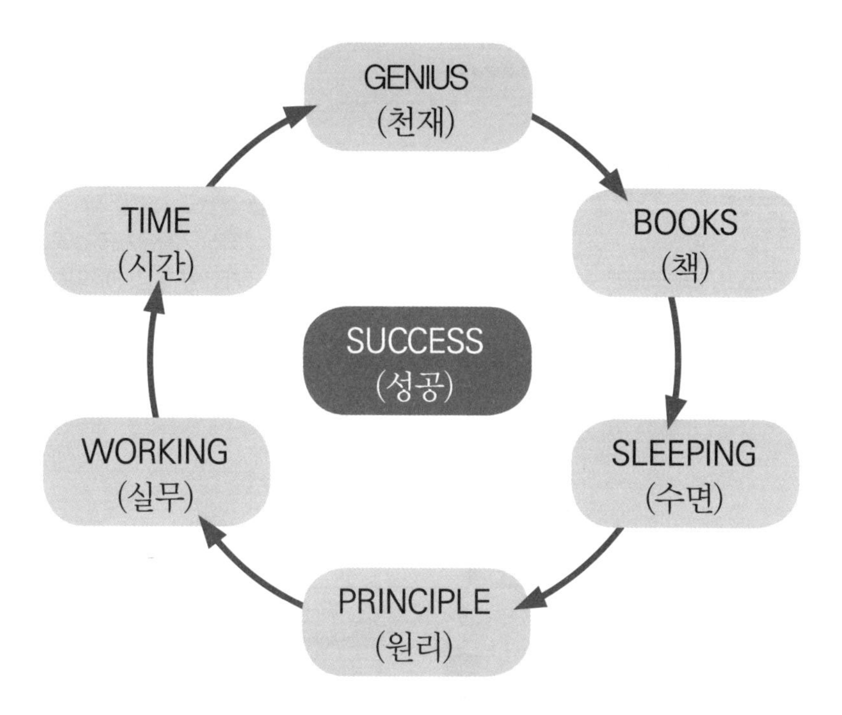

1 ST. 나는 천재라는 自負心(自信感)을 가지고 공부－天才

2 ND. 책은 항상 소지하고 1PAGE라도 읽어라－冊

3 RD. 잠은 충분히 잔다－睡眠

4 TH. 원리에 충실－원리를 확실하게 파악－原理

5 TH. 실무에 접하는 기회－實務

6 TH. 시간은 자신이 만들어라－時間

안전관리헌장

개정:안전행정부고시 제2014-7호

재난 및 안전관리기본법 제7조에 의하여 안전관리헌장을 다음과 같이 개정 고시 합니다.

2014년 1월 29일
안전행정부장관

안전은 재난, 안전사고, 범죄 등의 각종 위험에서 국민의 생명과 건강 그리고 재산을 지키는 가장 중요한 근본이다.

모든 국민은 안전할 권리가 있으며, 안전문화를 정착시키는 일은 국민의 행복과 국가의 미래를 위해 반드시 필요하다.

이에 우리는 다음과 같이 다짐한다.

Ⅰ. 모든 국민은 가정, 마을, 학교, 직장 등 사회 각 분야에서 안전수칙을 준수하고 안전 생활을 적극 실천한다.

Ⅰ. 국가와 지방자치단체는 국민의 안전기본권을 보장하는 안전종합대책을 수립하고, 안전을 위한 투자에 최우선의 노력을 하며, 어린이, 장애인, 노약자는 특별히 배려한다.

Ⅰ. 자원봉사기관, 시민단체, 전문가들은 사고 예방 및 구조 활동, 안전 관련 연구 등에 적극 참여하고 협력한다.

Ⅰ. 유치원, 학교 등 교육 기관은 국민이 바른 안전 의식을 갖도록 교육하고, 특히 어릴 때부터 안전 습관을 들이도록 지도한다.

Ⅰ. 기업은 안전제일 경영을 실천하고, 위험 요인을 없애 사고가 발생하지 않도록 적극 노력한다.

contents

차례

제1편 산업안전관리론

Chapter 01 안전보건관리의 개요

contents

contents

contents

Chapter 05 보호구 및 안전보건표지

Chapter 06 산업안전관계법규

contents

contents

contents

contents

contents

contents

SAFETY ENGINEER

산업안전관리론

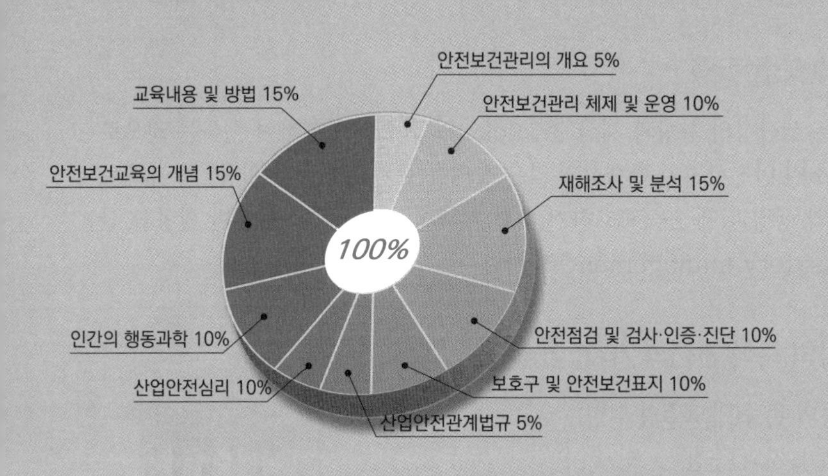

출제기준 및 비중(적용기간 : 2021.1.1~2025.12.31)
NCS기준과 2025년 산업기사 합격기준을 정확하게 적용하였습니다.

안전보건관리의 개요

중점 학습내용

인류의 문명은 지금으로부터 약 75만년 전 유인원이 출현하여 시작되었다고 보고 있는데 고대를 거쳐 중세에 이르기까지 문명의 발달은 아주 완만히 진행되고 있었으며 1711년 영국의 산업혁명을 시작으로 하여 세계대전을 치르면서 급격한 발전을 하여 이제는 대량 생산체제에서 자동화·정보화 사회로 진입하고 있다. 본 장의 내용을 요약하여 안전관리를 하는 목적, 중요성, 역사 등에 관련된 기본적인 기초 지식을 학습하도록 하였으며 시험에 출제되는 그 중심적인 내용은 다음과 같다.

❶ 안전과 생산[안전관리(Safety management)]
❷ 안전 용어 정의
❸ 안전보건관리제이론
❹ 무재해 운동
❺ 안전 활동 기법
❻ 안전 관련 역사

건강의 정의(세계보건기구, WHO)
단순히 질병이 없거나 허약하지 않은 상태만을 의미하는 것이 아니고, Physical(육체적 안녕), Mental(정신적 안녕), Social wellbeing (사회적 안녕)이 완전한 상태

안전이란

구분	정의
사전적	위험하지 않은 것, 마음이 편안하고 몸이 온전한 상태
학문적	사고의 위험성을 감소시키기 위하여 인간의 행동을 수정하거나 물리적으로 안전한 환경을 조성한 조건이나 상태 : 위험을 제어하는 기술
동양적	安 = 宅 + 女(여자가 집에 있다는 뜻으로 안정을 뜻함) 全 = 八 + 王(왕이 궁궐에 앉아 위엄을 갖추고 있는 상태로 질서유지를 뜻함)
서양적	SAFETY ① **S**upervise : 관리감독, 관찰 ② **A**ttitude : 태도기술 ③ **F**act : 현상파악 ④ **E**valuation : 평가분석 및 대책수립 ⑤ **T**raining : 반복훈련 ⑥ **Y**ou are the owner : 주인의식 철저
위험	(危險 : Danger)손실이나 손상이 발생할 가능성이 있는 상태나 조건

합격예측

안전기사 합격해야 하는 이유이자 목적
① 건강유지(제1)
② 장수하기(제2)
③ 돈(부자) 많이 벌기(제3)

참고

(1) 안전제일
① 초기방침(고대 안전)
→ 생산 제1, 품질 제2, 안전 제3
② 개선방침(현재 안전)
→ 안전 제1, 품질 제2, 생산 제3
(2) "재난"이란 국민의 생명·신체·재산과 국가에 피해를 주거나 줄 수 있는 것
① 자연재난 : 태풍, 홍수, 호우(豪雨), 강풍, 풍랑, 해일(海溢), 대설, 낙뢰, 가뭄, 지진, 황사(黃砂), 조류(藻類) 대발생, 조수(潮水), 그 밖에 이에 준하는 자연현상으로 인하여 발생하는 재해
② 사회재난 : 화재·붕괴·폭발·교통사고·화생방사고·환경오염사고 등으로 인하여 발생하는 대통령령으로 정하는 규모 이상의 피해와 에너지·통신·교통·금융·의료·수도 등 국가기반 체계의 마비, 「감염병의 예방 및 관리에 관한 법률」에 따른 감염병 또는 「가축전염병예방법」에 따른 가축전염병의 확산 등으로 인한 피해

1 안전과 생산[안전관리(safety management)]

1. 안전관리(安全管理)

안전관리는 생산성의 향상과 재산 손실(loss)의 최소화를 위하여 행하는 것으로 비능률적 요소인 안전사고가 발생하지 않은 상태를 유지하기 위한 활동, 즉 재해로부터의 인간의 생명과 재산을 보호하기 위한 계획적이고 체계적인 제반 활동을 산업 안전관리(safety management)라 한다.

2. 안전관리의 목적(안전의 가치, 이념)

16. 5. 8 기
19. 4. 27 기
23. 4. 1 지

첫째, 인명의 존중(인도주의 실현)
둘째, 사회 복지의 증진
셋째, 생산성의 향상(품질향상)
넷째, 경제성의 향상
기타, 인적·물적 손실예방

[그림] 안전1 – 품질2 – 생산3

1906년 세계 제일의 제철회사인 미국의 US 제강회사의 게리(Gary) 사장의 시책으로 안전제일(安全第一)이 시작되었다.

(1) 안전제일의 역사적 기원

① 미국 기업의 경영의 원칙. 1906년 게리(E.H. Gary)의 시책

② 미국에서는 "생산에 앞서 안전을 먼저(safety first)" 생각해야 한다고 했고, 유럽에서는 "생산에 반드시 안전을 포함(production with safety)"시켜야 한다고 했으며, 현재는 '안전작업(safety production)'을 해야 한다고 했다. 그러므로 안전과 생산은 수레의 양 바퀴와 같은 불가분의 관계를 갖고 있다.

[사진] 앨버트 게리 (Elbert Henry Gary)

(2) 녹십자의 기원

① 녹십자기는 안전 운동의 상징적 표시이며 안전운동의 근본이다.

② 녹십자는 서양에서는 인애(仁愛), 동양에서는 복덕(福德)을 의미한다.

③ 안전기는 미국에서는 청색 바탕에 백십자를 쓰기도 하며 우리나라에서는 백십자, 적십자가 있으므로 현재 녹십자를 사용하고 있다.

[그림] 녹십자 표시

[그림] 안전관리 목표

(3) 산업안전보건 강조기간(고용노동부령 제455호)

① 제2조(산업안전보건의 날 지정 등) 매년 7월 첫째 주 월요일을 "산업안전보건의 날"로 지정하고, 그 달 첫째 주 월요일부터 마지막 주 토요일까지를 "산업안전보건의 달"로 한다.

② 안전보건 강조기간 특별점검 실시

2 안전 용어 정의

1. 안전사고(accident)

안전 사고란 고의성이 없는 어떤 불안전한 행동이나 조건이 선행되어 일을 저해시키거나 또는 능률을 저하시키며 직접 또는 간접적으로 인명이나 재산의 손실을 가져올 수 있는 사건을 말한다.(생산공정이 잘못되어가는 잠재적 지표)

① 원하지 않는 사상(Undesired Event) 20. 8. 22 ㉑

② 비능률적인 사상(Inefficient Event)

③ 변형된 사상(Strained Event)

합격예측

안전제일의 이념
인간존중

참고

특별점검
① 기계·기구 및 설비의 신설·변경 및 수리 등을 할 경우
② 천재지변 발생 후
③ 안전강조 기간 내

하인리히(Heinrich)의 제창(일명 하인리히 재해 코스트 법칙)
• 재해사고 1건당의 직접 손해액(a)
• 재해사고 1건당의 간접 손해액(b)

a : b = 1 : 4

① KS : 한국산업표준규격
② ISO/IEC : 국제기준규격
③ EN : 유럽규격

미연방지(예방철학)
① MP(보전예방)
② CM(개량보전)
③ PM(예방보전)

Q 은행문제

1900년대 초 미국 한 기업의 회장으로서 "안전제일(Safety First)"이란 구호를 내걸고 사고예방활동을 전개한 후 안전의 투자가 결국 경영상 유리한 결과를 가져온다는 사실을 알게 하는 데 공헌한 사람은?
① 게리(Gary)
② 하인리히(Heinrich)
③ 버드(Bird)
④ 피렌제(Firenze)

정답 ①

참고

재난 및 안전관리 기본법의 용어정의
① "재난관리"란 재난의 예방·대비·대응 및 복구를 위하여 하는 모든 활동을 말한다.
② "안전관리"란 재난이나 그 밖의 각종 사고로부터 사람의 생명·신체 및 재산의 안전을 확보하기 위하여 하는 모든 활동을 말한다.
③ "안전기준"이란 각종 시설 및 물질 등의 제작, 유지관리 과정에서 안전을 확보할 수 있도록 적용하여야 할 기술적 기준을 체계화한 것을 말하며, 안전기준의 분야, 범위 등에 관하여는 대통령령으로 정한다.

2. 재해(loss, calamity)

재해란 안전 사고의 결과로 일어난 인명과 재산의 손실을 말한다.

3. 산업재해(industrial losses)

통제를 벗어난 에너지의 광란으로 인하여 입은 인명과 재산의 피해 현상을 산업재해(industrial losses)라 말한다.(3일 이상의 휴업을 요하는 부상자)

4. 작업환경 측정

작업환경 측정이라 함은 작업 환경의 실태를 파악하기 위하여 해당 근로자 또는 작업장에 대하여 사업주가 유해인자에 대한 측정 계획을 수립한 후 시료(試料)를 채취하고 분석·평가하는 것을 말한다.

5. 안전보건진단

안전보건진단이라 함은 산업재해를 예방하기 위하여 잠재적 위험성의 발견과, 그 개선 대책을 수립할 목적으로 고용노동부장관이 지정하는 자가 하는 조사·평가를 말한다.

6. 중대재해

16. 3. 6 기, 산 16. 5. 8 기 20. 8. 22 기 21. 3. 7 기 21. 5. 15 기 21. 9. 12 기 23. 2. 28 기

중대재해라 함은 산업재해 중 사망 등 재해의 정도가 심하거나 다수의 재해자가 발생한 경우로서 고용노동부령으로 정하는 재해를 말한다.

① 사망자가 1명 이상 발생한 재해
② 3개월 이상의 요양이 필요한 부상자가 동시에 2명 이상 발생한 재해
③ 부상자 또는 직업성 질병자가 동시에 10명 이상 발생한 재해

7. 안전사고와 부상의 종류

(1) 중상해

부상으로 인하여 2주 이상의 노동손실을 가져온 상해

(2) 경상해

부상으로 1일 이상 14일 미만의 노동손실을 가져온 상해

[그림] 안전관리의 정의

(3) 경미상해

부상으로 8시간 이하의 휴무 또는 작업에 종사하면서 치료를 받는 상해

참고

(1) 산업 안전 보건법 제2조에서, 「산업 재해」라 함은 노무를 제공하는 사람이 업무에 관계되는 건설물·설비·원재료·가스·증기·분진 등에 의하거나 작업 그 밖에 업무에 기인하여 사망 또는 부상하거나 질병에 걸리는 것을 말한다.
(2) 작업관련성 질병 (work related disease)
① 종류 : 직업성 근·골격 및 뇌·심혈관 질환
② 발생원인
㉮ 작업장 내의 위험요인
㉯ 근로자의 개인요인
㉰ 근로자의 생활환경 요인
(3) 직업병(Occupational disease)
① 종류 : 진폐증, 소음성 난청, 중금속 중독
② 발생원인 : 작업장의 물리·화학·생물학적 위험요인 노출

합격예측

안전사고의 본질적 4가지 특성
① 사고발생의 시간성
② 우연성 중의 법칙성
③ 필연성 중의 우연성
④ 사고의 재현 불가능성

용어정의

"근로자대표"란 근로자의 과반수로 조직된 노동조합이 있는 경우에는 그 노동조합을, 근로자의 과반수로 조직된 노동조합이 없는 경우에는 근로자의 과반수를 대표하는 자를 말한다.

Q 은행문제

안전관리를 "안전은 (①)을(를) 제어하는 기술"이라 정의할 때 다음 중 ①에 들어갈 용어로 예방 관리적 차원과 가장 가까운 용어는?
① 위험 ② 사고
③ 재해 ④ 상해

정답 ①

8. ILO(국제 노동 통계)의 근로불능 상해의 종류 18. 4. 28 기

(1) 사망

안전 사고로 사망하거나 혹은 입은 사고의 결과로 생명을 잃는 것 : 노동 손실일수 7500일

(2) 영구 전노동불능 상해

부상 결과로 노동 기능을 완전히 잃게 되는 부상(신체 장해 등급 제1급에서 제3급에 해당) : 노동 손실 일수 7500일

(3) 영구 일부노동불능 상해 19. 3. 3 기 20. 8. 22 기 23. 2. 28 기

부상 결과로 신체 부분의 일부가 노동 기능을 상실한 부상(신체 장해 등급 제4급에서 제14급에 해당)

(4) 일시 전노동불능 상해 18. 3. 4 기

의사의 진단(소견)에 따라 일정기간 정규 노동에 종사할 수 없는 상해 정도(신체 장해가 남지 않는 일반적인 휴업 재해)

(5) 일시 일부노동 불능상해

의사의 진단으로 일정 기간 정규 노동에 종사할 수 없으나 휴무 상해가 아닌 상해, 즉 일시 가벼운 노동에 종사하는 경우

(6) 응급(구급)조치 상해

부상을 입은 다음 치료(1일 미만)를 받고 다음부터 정상작업에 임할 수 있는 정도의 상해

9. 공해와 사상

(1) 공해

자연 환경을 인간 행위에 의하여 오염시키는 것으로서 공기오염·수질오염·토질오염을 말한다. 이 3가지가 생명과 환경의 위기를 만들고 있다.(대책 : 생명살림운동)

(2) 사상

어느 특정인에게 주는 피해 중에서 기관이나 타인과의 계약에 의하지 않고 자신의 업무 수행 중에 입은 상해로서 의료 및 그 밖에 보상을 청구할 수 없는 상해를 말한다.

합격예측

사고
예측할 수 없는 사상

합격예측

ILO에서 정한 상해 정도별 분류

① 사망
② 영구 전노동불능 상해
③ 영구 일부노동불능 상해
④ 일시 전노동불능 상해
⑤ 일시 일부노동불능 상해
⑥ 구급조치 상해

합격예측 및 관련법규

산업재해보상보험법 용어정의

① "업무상의 재해"란 업무상의 사유에 따른 근로자의 부상·질병·장해 또는 사망을 말한다.
② "근로자"·"임금"·"평균임금"·"통상임금"이란 각각 「근로기준법」에 따른 "근로자"·"임금"·"평균임금"·"통상임금"을 말한다. 다만,「근로기준법」에 따라 "임금" 또는 "평균임금"을 결정하기 어렵다고 인정되면 고용노동부장관이 정하여 고시하는 금액을 해당 "임금" 또는 "평균임금"으로 한다.
③ "유족"이란 사망한 자의 배우자(사실상 혼인 관계에 있는 자를 포함한다. 이하 같다.)·자녀·부모·손자녀·조부모 또는 형제자매를 말한다.
④ "치유"란 부상 또는 질병이 완치되거나 치료의 효과를 더 이상 기대할 수 없고 그 증상이 고정된 상태에 이르게 된 것을 말한다.
⑤ "장해"란 부상 또는 질병이 치유되었으나 정신적 또는 육체적 훼손으로 인하여 노동능력이 상실되거나 감소된 상태를 말한다.
⑥ "폐질"이란 업무상의 부상 또는 질병에 따른 정신적 또는 육체적 훼손으로 노동능력이 상실되거나 감소된 상태로서 그 부상 또는 질병이 치유되지 아니한 상태를 말한다.
⑦ "진폐(塵肺)"란 분진을 흡입하여 폐에 생기는 섬유증식성(纖維增殖性) 변화를 주된 증상으로 하는 질병을 말한다.

합격예측

Near Accident(무상해 사고)
일체의 인적·물적 손실이 없는 사고 17. 7. 23 기 23. 9. 2 기

합격자의 조언
fail safe는 시험에도 출제되지만 인생도 그렇게 살면 성공한다.

합격예측

(1) 페일 세이프(fail safe)의 기능
① 고장이 생겨도 어느 기간 동안은 정상기능이 유지되는 구조
② 병렬 계통이나 대기 여분을 갖춰 항상 안전하게 유지되는 기능
(2) 풀 프루프(fool proof) 20. 8. 23 산 21. 3. 7 기
① 인간의 실수가 있어도 안전장치가 설치되어 사고나 재해로 연결되지 않는 구조
② 바보가 작동을 시켜도 안전하다는 뜻
③ 「실패가 없다」, 「바보라도 취급한다」라는 뜻으로 정리하면,
㉮ 정해진 순서대로 조작하지 않으면 기계가 작동하지 않는다.
㉯ 오조작을 하여도 사고가 나지 않는다.

용어정의 16. 8. 21 산

Temper Proof 18. 3. 4 산
산업 현장의 생산설비의 경우 안전장치가 부착되어 있으나 생산성을 위해 제거하고 사용하는 경우가 있다. 설비 설계자는 고의로 안전장치를 제거하는 데에도 대비하여야 하는데 이러한 예방 설계

참고
근로기준법상 근로자는 ① 직업의 종류에 관계없이 ② 사업 또는 사업장에서 ③ 임금을 목적으로 근로를 제공하는 자를 말한다(근로기준법 제2조 제1호). 또한 ④ 사용자와 근로자 사이에 근로 제공과 임금 지급의 실질적인 관계가 종속적이어야 한다. 이는 사용종속관계라고 하며 판례에 의해 확립되었다.

10. 직업병

직업의 특수성으로 인하여 발생하는 질병으로서 직업의 종류, 환경 및 작업 방법의 불량으로 인하여 근로자의 건강을 해치는 것을 말한다.

11. 페일세이프(fail safe)

인간 또는 기계에 과오나 동작상의 실패가 있어도 안전 사고를 발생시키지 않도록 2중 또는 3중으로 통제 장치를 가하는 것을 말한다.

12. 사건(Incident)

① 위험요인이 사고로 발전되었거나 사고로 이어질 뻔했던 원하지 않는 사상(Event)
② 인적·물적 손실인 상해·질병 및 재산적 손실뿐만 아니라 인적·물적 손실이 발생되지 않는 아차사고를 포함

13. 위험(Hazard)

직·간접적으로 인적·물적, 환경적 피해를 주는 원인이 될 수 있는 실제 또는 잠재된 상태를 말한다.

14. 위험도(Risk) 23. 9. 2 기

① 특정한 위험요인이 위험한 상태로 노출되어 특정한 사건으로 이어질 수 있는 사고의 빈도(가능성)와 사고의 강도(중대성) 조합
② 위험의 크기 또는 위험의 정도
③ 위험도 = 발생빈도 × 발생강도

15. 근로자

근로자라 함은 「근로 기준법」 제2조 제1항 제1호에 따른 근로자를 말한다.

16. 사업주

사업주라 함은 근로자를 사용하여 사업을 하는 자를 말한다.

17. 산업안전보건 강조기간 설정에 관한 규정(고용노동부훈령 제455호, 2023. 5. 8. 개정)

제1조(목적) 이 훈령은 "산업안전보건법"제4조제1항제5호에 따라 산업안전보건 강조기간을 설정하여 홍보활동을 효과적으로 전개함으로써 국민의 자율적인 산업재해예방 활동을 촉진함을 목적으로 한다.

3 안전보건관리 제이론

1. Webster 사전에 의한 안전 정의

① 안전은 상해, 손실, 감소, 손해 또는 위험에 노출되는 것으로부터의 자유 상태를 말한다.

② 안전은 그와 같은 자유를 위한 보관, 보호 또는 방호 장치와 시건 장치, 질병의 방지에 필요한 지식 및 기술을 말한다.

2. H.W. Heinrich의 안전론 정의 19. 8. 4 기 20. 6. 7 기

① 안전(safety)=사고방지(accident prevention : 1931년 대표 저서)

② 사고방지는 물리적 환경과 인간 및 기계의 관계(performance)를 통제하는 과학인 동시에 기술이다.

③ 하인리히는 과학과 기술의 체계를 안전에 도입하였다.

3. J.H. Harvey의 3E 19. 3. 3 기

Harvey는 안전 사고를 방지하고 안전을 도모하기 위하여 3E의 조치가 균형을 이루어야 한다고 주장하여 안전에 크게 기여하였다.

[표] 3E · 3S · 4S

3E	3S	4S
safety education(안전교육) safety engineering(안전기술) safety enforcement(안전독려)	① 단순화(simplification) ② 표준화(standardization) ③ 전문화(specification)	4S=3S+총합화(synthesization)

참고

안전학자의 생애 주기

	1881	1901	1906	1921	1931	1962	1969	1980
Elbert H. Gary	출생 (1846)	회사 CEO	안전 제일	사망 (1927)				
H. W. "Bill" Heinrich	출생 (1886.10.6.) →				1 29 300 (1929)	사망 (1962.6.22.)		
Frank E. Bird Jr.				출생 (1921) →			(피라미드)	
Peter C. Compes					출생 (1930)			TOP

합격예측

3E
① 교육
② 기술
③ 독려

합격예측

3正5S
(1) 3정
① 정품
② 정량
③ 정위치
(2) 5S 운동
① 정리(Seiri)
② 정돈(Seiton)
③ 청소(Seiso)
④ 청결(Seiketsu)
⑤ 습관화(Shitsuke)

합격예측

무재해운동의 이념
인간존중

참고

(1) 안전평가시 안전조직을 유효하게 활용하기 위한 3가지 분석방법의 기본유형
① 안전활동분석(직무분석)
② 권한분석(계층별 책임분석)
③ 관계분석(부서간 연락조정분석)

(2) 관리의 조건 16. 3. 6 기 23. 2. 28 기
계획(plan) → 실시(do) → 검토(check) → 조치(개선 : action)

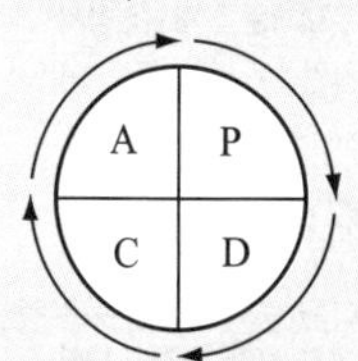

[그림] 안전관리 4-cycle
(이 사이클은 1950년대 미국의 통계학자 W. Edwards Deming에 의해 체계화 되었음)

3) 안전관리성적을 평가할 때 채택하는 주요 평가 척도 4가지
① 상대척도
② 절대척도
③ 평정척도
④ 도수척도

합격예측

무재해운동기본 이념 3원칙의 정의 21. 8. 23 산 21. 5. 15 기

① 무의원칙 : 근원적으로 산업재해를 없애는 것이며 '0'의 원칙이다. 17. 5. 7 기
② 참가의 원칙 : 근로자 전원이 참석하여 문제해결 등을 실천하는 원칙
③ 안전제일(선취해결)의 원칙 : 무재해를 실현하기 위해 일체의 위험요인을 사전에 발견, 파악, 해결하여 재해를 예방하거나 방지하기 위한 원칙

19. 4. 27 기 21. 8. 14 기

합격예측

무재해 운동의 3요소(3기둥)의 정의

① 최고 경영자의 안전경영자세-사업주
② 관리감독자에 의한 안전보건의 추진-관리감독자(안전관리 라인화)
③ 직장소집단의 자주안전 활동의 활성화-근로자

합격예측

생산성에 영향을 미치는 요소

① 생산량(P : Production)
② 품질(Q : Quality)
③ 원가(C : Cost)
④ 납기(D : Delivery)
⑤ 안전(S : Safety)
⑥ 환경(M : Morale)

합격예측

무재해운동 개시신청서

관련기관제출기간 : 14[일]

Q 은행문제

다음 중 산업안전보건위원회에서 심의·의결된 내용 등 회의 결과를 근로자에게 알리는 방법으로 가장 적절하지 않은 것은?

① 사보에 게재
② 일간 신문에 게재
③ 사업장 게시판에 게재
④ 자체 정례조회를 통한 전달

정답 ②

4 무재해운동

1. 무재해운동의 정의

무재해운동이란 인간존중의 이념에 바탕을 두어 직장의 안전과 건강을 다함께 선취하자는 운동이다.(1979. 9. 1 부터 시행, 2019. 1. 25(규칙 제862호) 기록인증제 폐지, 사업장자율운동 전환) 19. 9. 21 산

2. 무재해운동기본이념 3대원칙

16. 5. 8 기 16. 10. 1 산 17. 3. 5 기 17. 8. 26 산 17. 9. 23 기 19. 4. 23 산 19. 9. 21 기 20. 6. 7 기 21. 3. 7 기 21. 5. 15 기

① 무의 원칙('0'의 원칙)
② 선취의 원칙(안전제일의 원칙)
③ 참가의 원칙

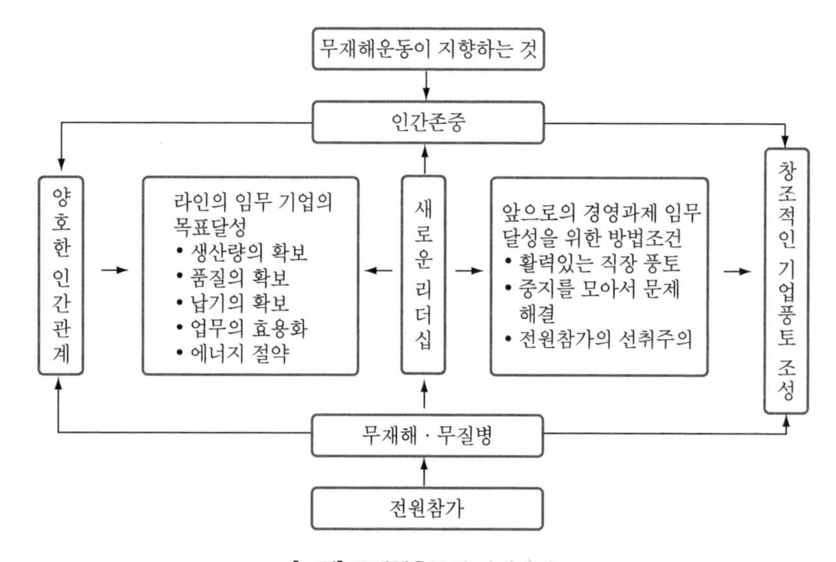

[그림] 무재해운동의 전개과정

3. 무재해운동의 3요소(3기둥)

16. 3. 6 기 16. 5. 8 기 17. 3. 5 산 17. 5. 7 기 19. 3. 3 기 19. 11. 9 기실 20. 9. 27 기 23. 2. 28 기

[그림] 무재해운동의 3요소(3기둥)

4. 무재해운동의 3이념

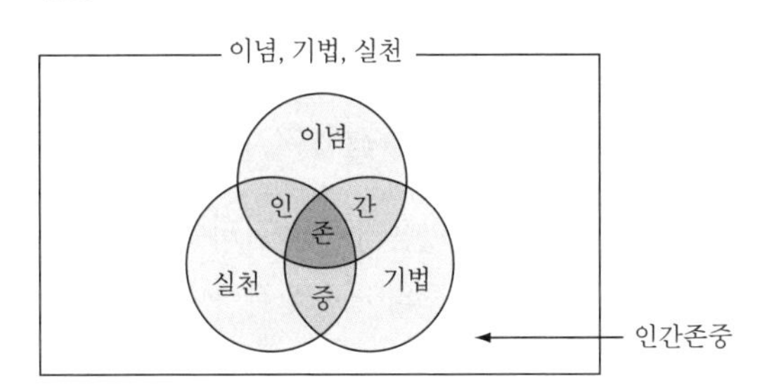

[그림] 무재해운동의 이념·기법·실천(3이념)

5. "무재해"라 함은 무엇을 뜻하는가(무재해의 용어의 정의) 17. 3. 5 기

"무재해"란 무재해운동 시행사업장에서 근로자가 업무에 기인하여 사망 또는 4일 이상의 요양을 요하는 부상 또는 질병에 이환되지 않는 것을 말한다. 다만, 다음 각 목의 어느 하나에 해당하는 경우에는 무재해로 본다.

① 업무수행 중의 사고 중 천재지변 또는 돌발적인 사고로 인한 구조행위 또는 긴급피난 중 발생한 사고
② 출·퇴근 도중에 발생한 재해
③ 운동경기 등 각종 행사 중 발생한 재해
④ 천재지변 또는 돌발적인 사고 우려가 많은 장소에서 사회통념상 인정되는 업무수행 중 발생한 사고
⑤ 제3자의 행위에 의한 업무상 재해
⑥ 업무상 질병에 대한 구체적인 인정기준 중 뇌혈관질병 또는 심장질병에 의한 재해
⑦ 업무시간외에 발생한 재해. 다만, 사업주가 제공한 사업장내의 시설물에서 발생한 재해 또는 작업개시전의 작업준비 및 작업종료후의 정리정돈과정에서 발생한 재해는 제외한다.
⑧ 도로에서 발생한 사업장 밖의 교통사고, 소속 사업장을 벗어난 출장 및 외부기관으로 위탁 교육중 발생한 사고, 회식중의 사고, 전염병 등 사업주의 법 위반으로 인한 것이 아니라고 인정되는 재해

근거 사업장 무재해 운동 추진 및 운영에 관한 규칙 제2조(정의)

6. 무재해운동의 시간 계산 방식

① 시간 계산(총시간) = 실제 근로시간수 × 실근무자수
(단, 건설업 이외의 300인 미만 사업장 적용)
② 사무직은 통산 8시간으로 계산
(건설현장근로자의 실근로산정이 어려울 경우 1일 10시간)

참고

목표값 산정방법
① 달성 가능한 수치를 정한다.
② 목표시간 : ○○인시(人時)
③ 도수율 : ○○/월
④ 강도율 : ○○/월
⑤ 표준강도값 : ○○/월

합격예측

무재해 1배수 목표시간의 계산 방법

① $\dfrac{\text{연간 총 근로시간}}{\text{연간 총 재해자수}}$

② $\dfrac{\text{1인당 연평균 근로시간} \times 100}{\text{재해율}}$

③ $\dfrac{\text{연평균근로자수} \times \text{1인당 연평균 근로시간}}{\text{연간 총 재해자수}}$

용어정의

① "안전문화활동"이란 안전교육, 안전훈련, 홍보 등을 통하여 안전에 관한 가치와 인식을 높이고 안전을 생활화하도록 하는 등 재난이나 그 밖의 각종 사고로부터 안전한 사회를 만들어가기 위한 활동을 말한다.
② "재난관리정보"란 재난관리를 위하여 필요한 재난상황정보, 동원가능 자원정보, 시설물정보, 자리정보를 말한다.

참고

사업장 무재해 운동 추진 및 운영에 관한 규칙(2019. 1. 25. 제862호)

참고

산업안전보건법 시행규칙 제73조(산업재해 발생보고)

사업주는 산업재해로 사망자가 발생하거나 3일 이상의 휴업이 필요한 부상을 입거나 질병에 걸린 사람이 발생한 경우에는 법 제57조제3항에 따라 해당 산업재해가 발생한 날부터 1개월 이내에 별지 제30호서식의 산업재해조사표를 작성하여 관할 지방고용노동관서의 장에게 제출(전자문서에 의한 제출을 포함한다)하여야 한다.

결론

무재해의 산업재해와 산업안전보건법의 산업재해는 차이가 있습니다.

합격예측

지문제해결의 4단계 (4 Round)

① 1R – 현상파악
② 2R – 본질추구
③ 3R – 대책수립
④ 4R – 행동목표설정

합격예측

지적확인이란 17. 5. 7 산

작업을 안전하게 오조작 없이 하기 위하여 작업공정의 요소 요소에서 자신의 행동을 [OO 좋아!]라고 대상을 지적하여 큰 소리로 확인하는 것을 말한다. (눈, 팔, 손, 입, 귀 등감각기관을 총동원하여 확인)

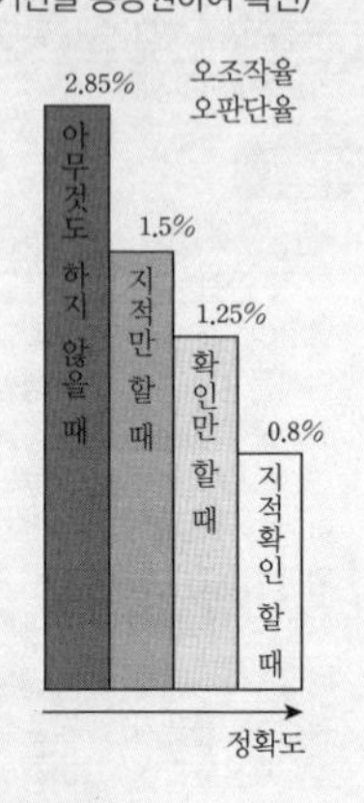

합격예측 16. 5. 8 기

자문자답카드 위험예지훈련

한 사람이 스스로 위험요인을 발견, 파악하여 단시간에 행동목표를 정하여 지적확인을 하며, 특히 비정상적인 작업의 안전을 확보하기 위한 위험예지훈련

Q 은행문제

다음 중 무재해운동 추진에 있어 무재해로 보는 경우가 아닌 것은?

① 출·퇴근 도중에 발생한 재해
② 제3자의 행위에 의한 업무상 재해
③ 운동경기 등 각종 행사 중 발생한 재해
④ 사업주가 제공한 사업장내의 시설물에서 작업개시전의 작업준비 및 작업종료후의 정리정돈과정에서 발생한 재해

정답 ④

5 안전활동 기법

1. 위험예지훈련의 4단계(문제 해결 4단계)

16. 3. 6 기 16. 5. 8 기 산 17. 3. 5 기 산 17. 5. 7 기 17. 8. 26 기 17. 9. 23 기 18. 3. 4 산 19. 4. 27 기 산 19. 8. 4 기 20. 6. 7 기 20. 6. 14 산 20. 9. 27 기 21. 3. 7 기 21. 8. 14 기 22. 3. 5 기

안전을 선취하고 전원 일치의 마음가짐을 길러주는 훈련으로 다음 4단계를 활용한다.(직장내에서 소수인원으로 토의하고 생각하며 이해한다.)

(1) 제1단계(현상파악) 22. 3. 5 기

① 어떤 위험이 잠재하고 있는가?
② 전원이 토론으로 도해(圖解)의 상황 속에 잠재한 위험 요인을 발견한다.

(2) 제2단계(요인 조사 : 본질추구) 20. 6. 7 기 20. 8. 22 기 22. 4. 24 기 23. 6. 4 기

① 이것이 위험 요점이다!(위험의 포인트 결정 및 지적 확인)
② 발견된 위험 요인 가운데 중요하다고 생각되는 위험을 파악하고 ○표나 ◎표를 붙인다.(문제점 발견 및 중요문제 결정)

(3) 제3단계(대책수립) 22. 3. 5 기

① 당신이라면 어떻게 할 것인가?
② ◎표를 한 중요 위험을 해결하기 위해서는 어떻게 하면 좋은가를 생각하여 구체적인 대책을 세운다.

(4) 제4단계(행동계획설정 : 행동목표설정) 19. 3. 3 기

① 우리는 이렇게 한다.(우수한 대책 합의)
② 대책 중 중점적인 실시 사항에 ※표를 붙여 그것을 실천하기 위한 팀의 행동목표를 설정한다.(행동계획 결정)

2. 위험예지훈련의 종류 19. 9. 21 산

① 감수성 훈련 : 문제점파악 감수성 훈련
② 문제해결 훈련 : 문제점 해결방법 파악 훈련
③ 단시간 미팅 훈련 : TBM(Tool Box Meeting) : 즉시즉응법
④ 집중력 훈련

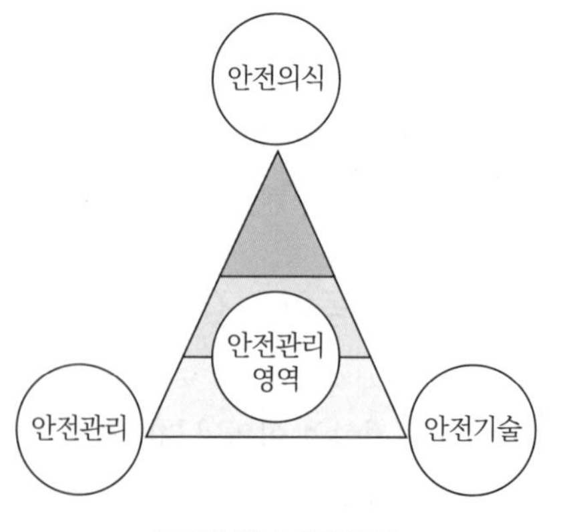

[그림] 안전 관리영역

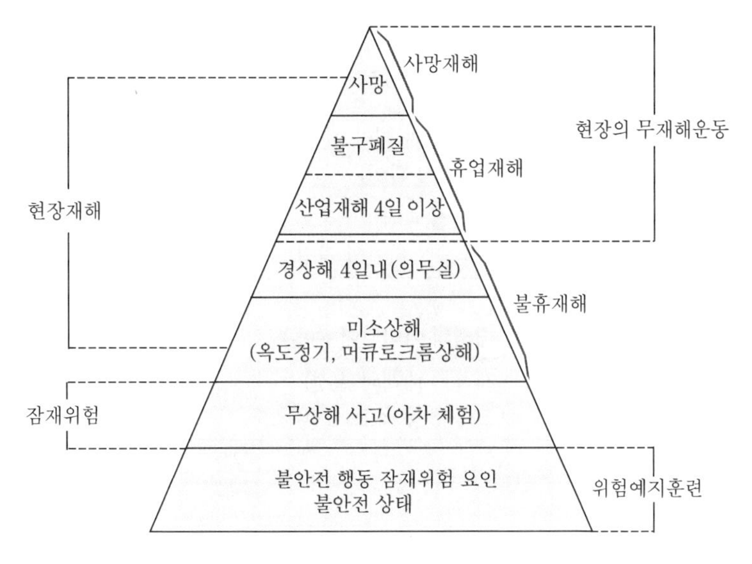

[그림] 잠재위험요인과 상해사고의 관계도

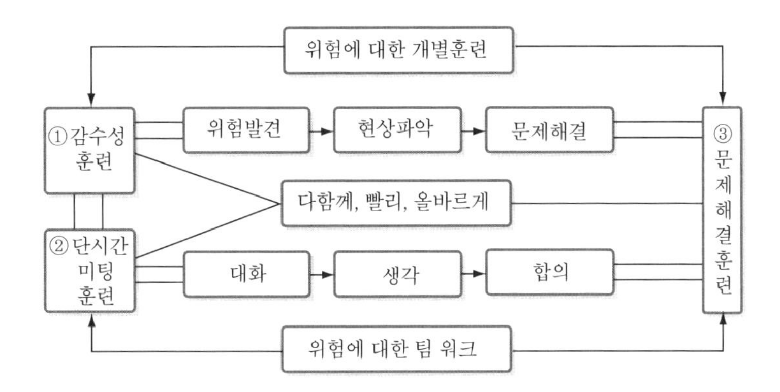

[그림] 위험예지 훈련 3가지

④ **특징** 18. 4. 28 기

㉮ 위험예지훈련은 직장이나 작업의 상황 속에서 위험요인을 발견하는 감수성을 개인의 팀(5~6명) 수준으로 높이는 감수성 훈련이다.

㉯ 직장에서 전원의 집중력의 향상, 특히 단시간 미팅이 필요하다.

㉰ 발견한 위험을 해결하는 팀의 문제해결능력을 향상하는 것이 필요하다.

㉱ 위험 예지 훈련은 위험요인을 행동하기 전에 팀의 의욕으로 해결하는 문제해결훈련이다.

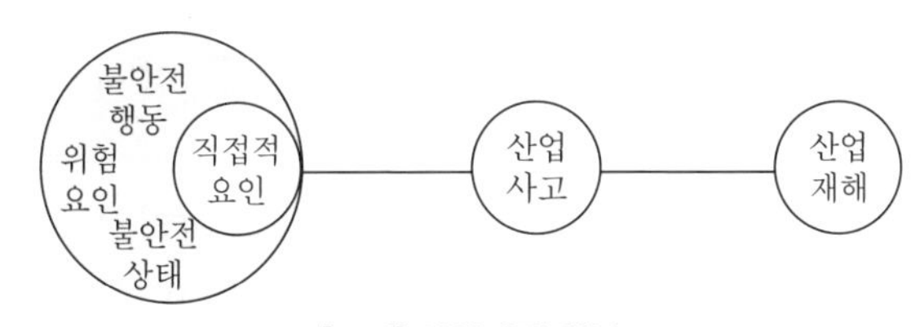

[그림] 산업재해 원인

합격예측

ECR(Error Cause Removal)
과오원인제거 23. 6. 4 기

합격예측

작업분석(새로운 작업방법의 개발원칙) : ECRS 17. 5. 7 기 19. 8. 4 기 21. 9. 12 기

① 제거(Eliminate)
② 결합(Combine)
③ 재조정(Rearrange)
④ 단순화(Simplify)

합격예측

Taylor의 과학적 관리법의 원칙 4가지

① 동작능력 활용의 원칙
② 작업량 절약의 원칙
③ 동작개선의 원칙
④ 부품배치의 원칙

합격예측 16. 3. 6 기 16. 10. 1 기 17. 5. 7 기 19. 3. 3 산

(1) TBM 위험예지 훈련의 정의
① 작업 시작전 : 5~15분
② 작업 후 : 3~5분 정도의 시간으로 팀장을 주축
③ 인원 : 5~6명 정도가 회사의 현장 주변에서 짧은 시간의 화합
④ 상황 : 즉시즉응훈련

(2) 1인 위험예지훈련 19. 3. 3 기
① 한 사람 한 사람의 위험에 대한 감수성 향상을 도모하기 위하여 삼각 및 One Point 위험예지훈련을 통합한 활용 기법의 하나이다.
② 한 사람 한 사람(리더 제외)이 동시에 공통의 도해로 4라운드까지의 1인 위험예지를 지적확인하면서 단시간에 실시한다.
③ 그 결과를 리더의 사회로 서로서로 발표하고 강평함으로써 자기 개발의 도모를 겨냥하고 있다.(2014년 1회 출제)

합격예측

위험요인은 산업재해나 사고의 원인이 될 가능성이 있는 불안전 행동과 불안전 상태이다.

원인 ⇨ 현상 ⇨ 결과
(…때문에) (…해서) (…된다)

합격예측

브레인스토밍(BS)의 4원칙(4S)

① 비판금지(Support)
② 자유분방(Silly)
③ 대량발언(Speed)
④ 수정발언(Synergy)

합격예측

무재해운동 실천의 3기법

① 팀미팅기법
② 선취기법
③ 문제해결기법

합격예측

위험예지훈련의 4R

① 1단계 : 현상파악
② 2단계 : 본질추구
③ 3단계 : 대책수립
④ 4단계 : 목표설정

합격예측

재해예방과 위험방지 비교

(1) 재해예방(災害豫防 : Prevention of injury)
① 소극적인 대책
② 위험은 방치하고 재해만 피하는 개념
③ 정책적이고 포괄적인 의미
예 제2차 산업재해예방계획 수립

(2) 위험방지(Prevention of hazard)
① 적극적인 대책
② 잠재된 위험까지도 제거하는 개념
③ 기술적이고 과학적인 의미
예 유해·위험방지계획서 제출

3. 문제해결 8단계 4라운드

문제해결 8단계(10가지 요령)	문제 해결 4라운드	시행방법
① 문제제기(해결하여야 할 과제의 발견과 테마 설정) ② 현상파악(테마에 관한 현상파악, 사실 확인)	현상파악(1R)	본다.
③ 문제점 발견(현상, 사실 중의 문제점 파악) ④ 중요 문제 결정(가장 중요하고 본질적 원인의 결정)	본질추구(2R)	생각한다.
⑤ 해결책 구상(해결방침의 책정) ⑥ 구체적 대책수립(시행가능한 대책의 아이디어 수립)	대책수립(3R)	계획한다.
⑦ 중점사항 결정(중점적으로 실시하는 대책의 결정) ⑧ 실시계획 책정(실시계획의 체크와 행동 목표 설정)	행동목표설정(4R)	결단한다.
⑨ 실천		실천한다.
⑩ 반성 및 평가		반성한다.

4. 집중발상법(Brain Storming : BS) 18. 4. 28 기 20. 9. 27 기

① **개요** : 브레인스토밍이란 6~12명정도의 구성원으로 잠재의식을 일깨워 자유로이 아이디어를 개발하자는 토의식 아이디어 개발기법이다. (A.F. Osborn, 1941년)

② **기본 전제 조건** 17. 3. 5 기

㉮ 창의력은 정도의 차이는 있으나 누구에게나 있다.

㉯ 비창의적인 사회문화적 풍토는 창의적 개발을 저해하고 있다.

㉰ 자유를 허용하고 부정적 태도를 바꾸게 함으로써 발전적인 창의성을 개발할 수 있다.

③ **BS의 4원칙** 17. 8. 26 기 17. 9. 23 산 18. 8. 19 기 19. 4. 27 기 20. 6. 7 기 20. 8. 22 기 20. 9. 27 기 21. 3. 7 기 23. 2. 28 기

㉮ 비판금지(criticism is ruled out) : 좋다, 나쁘다 비판은 하지 않는다.

㉯ 자유분방(free wheeling) : 마음대로 자유로이 발언한다.

㉰ 대량발언(quantity is wanted) : 무엇이든 좋으니 많이 발언한다.

㉱ 수정발언(combination and improvement of thought) : 타인의 생각에 동참하거나 보충 발언해도 좋다.

5. 전체 관찰방법

① **시각** : 기기장비의 위, 아래, 뒤, 속을 본다.(look ABBI ; look above, below, behind and inside equipment)

② **청각** : 진동이나 이상음을 듣는다.(listen for vibrations and unusual sounds)

③ **후각** : 이상한 냄새를 맡는다.(smell unusual odors)

④ **몸** : 정상 외의 온도나 진동을 느낀다.(feel unusual temperatures and vibration)

6. 안전감독 실시 방법(STOP : Safety Training Observation Program)

(1) 숙련된 관찰자(안전관리자)는 불안전한 행위를 관찰하기 위하여 관찰 사이클(observation cycle)을 이용한다.(관리감독자 안전관찰 훈련 : 현장에서 실시)

(2) stop의 목적은 각 계층의 감독자들이 숙련된 안전관찰을 행하여 사고를 미연에 방지하고자 함이다. (미국 Du Pont 회사 개발) 19. 9. 21 기 23. 9. 2 기

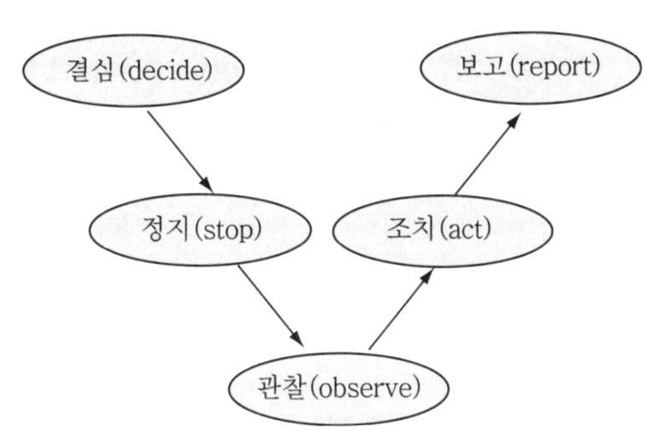

[그림] STOP 훈련 사이클

[표] 안전확인 5지 운동

종 류	호칭(수지의 가르침)	확인점
모지(무지) (마음)	하나, 자기도 동료도 부상을 당하거나 당하게 하지 말자	정신차려서 마음의 준비
시지(식지) (복장)	둘, 복장을 단정하게 안전 작업[부드러운 충고, 사람의 화(和)와 신뢰]	연락, 신호, 그리고 복장의 정비
중지(규정)	셋, 서로가 지키자 안전수칙(정리정돈은 안전의 중심)	통로를 넓게 규정과 기준
약지(정비)	넷, 정비·올바른 운전(물에 닿지 않는 손가락, 재해를 일으키지 않는 행동)	기계 차량의 점검 정비
새끼손가락 (확인)	다섯, 언제나 점검 또는 점검(새끼 손가락도 도움이 된다. 보호구는 반드시)	표시는 뚜렷하게 안전 확인

[그림] 5지 운동

[그림] touch and calll

합격예측

STOP(Safety Training Observation Program)이란

감독자를 대상으로 한 안전관찰훈련 과정

합격예측

(1) 안전확인 5지 운동
① 모지 : 마음
② 시지 : 복장
③ 중지 : 규정
④ 약지 : 정비
⑤ 새끼손가락 : 확인

(2) 5C(안전행동실천) 운동
10. 9. 5 기 18. 3. 4 기 18. 9. 15 기 21. 3. 7 기 21. 5. 15 기
① Correctness (복장단정)
② Cleaning(청소청결)
③ Clearance(정리정돈)
④ Checking(점검확인)
⑤ Concentration (전심전력)

합격예측 16. 5. 8 기 19. 8. 4 기 21. 5. 15 기

터치앤콜(Touch and Call)

① 왼손을 맞잡고 같이 소리치는 것으로 전원이 스킨십(Skinship)을 느끼도록 하는 것
② 팀의 일체감, 연대감을 조성할 수 있다. 23. 6. 4 기
③ 대뇌 구피질에 좋은 이미지를 불어넣어 안전행동을 하도록 하는 것

Q 은행문제

연간 안전보건관리계획의 초안 작성자로 가장 적합한 사람은?

① 경영자
② 관리감독자
③ 안전스태프
④ 근로자대표

정답 ③

합격예측

ECR(실수 및 과오)의 3대 원인

(1) 능력부족
① 적성의 부적합
② 지식의 부족
③ 기술의 미숙
④ 인간관계

(2) 주의부족
① 개성
② 감정의 불안정
③ 습관성
④ 감수성 미약

(3) 환경조건
① 재해 표준 불량
② 계획 불충분
③ 연락 및 의사소통 불량
④ 직업 조건 불량
⑤ 불안과 동요

안전지식

119의 유래

화재나 구조/구급이라고 하면 119번이 상식화되어 있다. 그러나 왜 119일까? 그것은 일본의 소방제도가 우리나라에 도입되면서 일본에서 사용되었던 번호가 그대로 도입되었던 것으로 보인다. 일본은 벨이 전화를 발명한 다음 해인 1877년에 이미 전화를 수입하여 1879년에 동경-열해간에 처음으로 전화를 설치하였고, 1880년에는 동경과 요코하마에서 시내전화를 개통하였다. 전화의 보급에 따라 화재통보도 증가하였으나, 당시의 전화는 호출을 받아 교환수가 하나하나 손으로 연결하였고 또한 전화국에서는 화재에 있어서도 긴급 우선취급을 하지 않았으므로, 소방서로 통보조차 제대로 이루어지지 않았던 것으로 보인다. 1917년 4월 1일 화재탐지용 전화가 동경에서 제도화되었는데, 이것은 전화로 "화재"를 알리면 전화교환수가 바로 소방관서로 연락하도록 하였다. 그 후 관동대지진을 계기로 자동교환화가 추진되어 1926년에 동경/교토전화국에서 처음으로 도입되어 화재전용 전화번호를 112번으로 결정하였으나, 접속에 착오가 많아 1927년부터는 지역번호(국번의 제1숫자)로서 사용되고 있지 않는 "9"번을 도입함으로써 "119"번이 탄생하였다.

7. 위험예지응용기법의 종류

(1) TBM 역할연기훈련

하나의 팀이 TBM에서 위험예지활동에 대하여 역할 연기하는 것을 다른 팀이 관찰하여 연기 종료 후 전원이 강평하는 식으로 서로 교대하여 TBM 위험예지를 체험 학습하는 훈련이다.

(2) one point 위험예지훈련

위험예지훈련 4R 중 2R, 3R, 4R을 모두 one point로 요약하여 실시하는 TBM 위험예지 훈련이다.

(3) 삼각위험예지훈련

위험예지훈련을 보다 빠르게, 보다 간편하게, 전원 참여로 말하거나 쓰는 것이 미숙한 작업장을 위한 방법이다.

(4) 단시간 미팅(즉시즉응훈련) 진행과정 19. 4. 27 기

단시간에 활기에 넘친 충실한 위험예지활동을 포함한 TBM을 그 때 그 장소에 즉응하여 전원이 역할 연습하여 체험 학습하는 것이며 TBM의 내용은 다음과 같다.

① TBM은 통상 작업 시작 전에 5분~15분 정도의 시간을 들여 행하여진다. 또한 작업 종업시의 극히 짧은 3분~5분으로 행하는 미팅도 TBM의 하나이다.
② TBM은 직장, 현장, 공구 상자 등의 근처에서 될 수 있는 한 작은 원을 만들어 이루어진다. (인원 5~7명 정도 : 소규모)
③ TBM은 직장이나 작업의 상황에 잠재된 위험을 모두가 말을 하는 가운데 스스로 생각하고 납득하고 합의하는 것이다.

(5) TBM 진행 5단계 18. 9. 15 기 23. 9. 2 기

1단계	도입	직장체조, 상호인사, 목표제창
2단계	점검정비	건강, 복장, 공구, 보호구, 안전장치, 사용기기 등 점검정비
3단계	작업지시	당일 작업에 대한 설명 및 지시를 받고 복창하여 확인
4단계	위험예측	당일 작업의 위험을 예측하고 대책 토의, 원포인트 위험예지훈련
5단계	확인	대책을 수립하고 팀의 목표 확인, 원포인트 지적확인, 터치 앤 콜

(6) 5C 운동 18. 3. 4 기 18. 9. 15 기

① 복장단정(Correctness)
② 정리정돈(Clearance)
③ 청소청결(Cleaning)
④ 점검·확인(Checking)
⑤ 전심전력(Concentration)

[그림] 산업재해

6 안전 관련 역사

1. 유럽

- 1700년 : 이탈리아 의학자 라마니치가 다년간 임상 경험을 통한 41종의 직업병에 대한 증상과 예방법을 논술
- 1802년 : 영국에서 방직 공장에 대한 '소년공보호법'을 제정
- 1819년 : 영국에서 '소년공보호법'을 개정하여 소년 보호를 위한 근대적 공장법 제도를 만듦
- 1844년 : 영국에서 '공장법'을 개정하여 기계 장치 및 안전 설비를 갖추도록 함
- 1889년 : 프랑스 파리에서 제1회 국제산업재해예방회의가 개최됨
- 1890년 : 독일 베를린에서 노동시간, 노동자의 최저 연령 및 부인 노동 등을 협의한 국제 회의가 개최됨
- 1891년 : 노동 법규의 국제 규약화의 필요성을 인식하고, 안전기술 교환을 위하여 600명의 통신 회원 선출, 스위스에 산업재해 예방 상설 사무국을 설치
- 1893년 : 네덜란드의 암스테르담에 안전박물관 설치
- 1905년 : 베를린에서 부녀자의 야간 작업 금지와 황인의 사용금지 논의
- 1916년 : 영국 런던에 '안전제일협회'가 창립되어 1918년에는 '영국안전제일협회'로, 1923년에는 '국민안전제일협회'로 개칭됨
- 1929년 : 제12회 국제노동회의에서 재해 예방에 관한 노동 조약안 및 권고안 채택

2. 미국

- 1836년 : 메사추세츠주에서 소년 보호를 목적으로 공장법을 제정
- 1906년 : 일리노이주에 있는 US 제강회사의 게리(Gary) 사장이 인도주의적 견지에서 '생산 제일'의 방침을 고쳐서 '안전 제일', '품질 제이', '생산 제삼'이라는 운영정책을 시행
- 1908년 : 뉴욕주에서 '근로자 보상법'이 채택됨
- 1913년 : '미국안전협의회'가 설립됨
- 1931년 : 하인리히(Heinrich, H. W.)가 '산업 사고 방지'라는 책을 출간하여 인간의 불안전한 행동이 불안전한 작업 조건보다 사고 발생 원인에 더 큰 비중을 차지한다고 제시
- 1947년 : 모든 주에서 '근로자 보상법'을 적용
- 1970년 : '산업안전과 보건에 관한 법령'(Occupational Safety and Health Administration : OSHA)을 제정

합격예측

기업경영의 우선순위
안전 제1 – 품질 제2 – 생산 제3

합격예측

안전의 4M(생산 효율)+1E
① Man
② Machine
③ Material
④ Method
⑤ Environment

합격예측 17. 3. 5 산

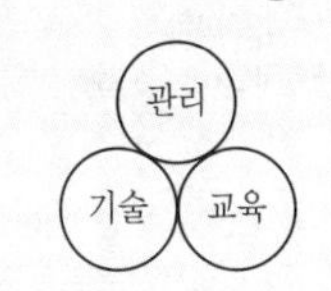

① 3E
- Enforcement
- Engineering
- Education

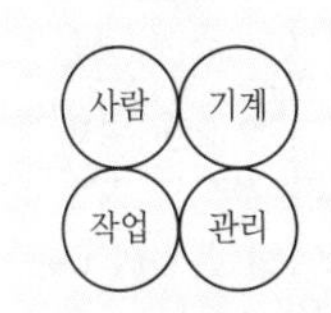

② 사고의 배후요인 4M
- Man
- Machine
- Media
- Management

③ TOP
- Technique
- Organization
- Person

이상에서 유럽과 미국의 산업안전운동을 살펴보았다. 연대적 고찰을 통한 안전에 대한 역사적 사고방식의 흐름은 다음과 같다.

소년 보호 → 안전 설비 → 연소자·부녀자 보호 → 인명 존중 운동 → 보건법

또한 안전 운동의 상징으로 녹십자가 사용되고 있는데, 녹십자는 1927년 이래 줄곧 안전 운동의 상징으로 쓰여져 왔으며, 흰색 바탕에 녹색의 십자(cross) 표시를 한다.

3. 우리나라

- 1952년 : 육군 본부 인사 참모부에 안전계를 두어 육군 안전 업무를 실시하기 시작했는데, 우리나라에서 안전 업무를 체계적으로 시작한 첫 부서가 됨
- 1953년 : 근로기준법에 안전과 보건에 대한 규정을 제정
- 1956년 : 내무부 치안국에 한·미 합동 안전협의회 설치
- 1962년 : 보건사회부 노동국에 '산업안전보건위원회'와 교통부에 '안전관실' 설치 및 산업안전규정 제정 공포
- 1963년 : 철도청에 '안전관실'을 둠. 노동청이 발족되어 노정국 근로기준과에서 산업안전과 보건 업무 담당
- 1964년 : '대한산업안전본부'가 설립됨
- 1965년 : 내무부 치안국 교통과에 교통안전 전담 부서를 두고 '교통안전위원회' 설치
- 1966년 : 노동청 노정국에 산업안전과 설치
- 1973년 : '대한산업안전본부'가 '사단법인 대한산업안전협회'로 개칭
- 1977년 : 국립 노동과학연구소 발족
- 1982년 : 7월 1일부터 산업안전보건법 시행
- 2004년 : 11월 4일 안전관리헌장제정·공포
- 2014년 : 11월 19일 "국민안전처" 출범
- 2024년 : 7월 1일 산업안전보건법령 등 일부개정

산업안전운동의 시작이 유럽은 1700년대 초반이고, 1800년대 부터 구체적으로 안전운동이 전개되어 왔고, 미국에서는 1830년대인 데 비해 우리나라는 1950년대에 들어서야 안전활동이 전개되었다.

합격예측

중대재해 3가지

① 사망자가 1명 이상 발생한 재해
② 3개월 이상의 요양이 필요한 부상자가 동시에 2명 이상 발생한 재해
③ 부상자 또는 직업성 질병자가 동시에 10명 이상 발생한 재해

합격예측

(1) 1명의 통제인원
한 사람의 통제하에 팀워(team work)을 이룰 수 있는 적절한 인원은 5~6명 정도이다.

(2) ECR(Error Cause Removal)의 실수 및 과오의 요인
사업장에서 직접 작업을 하는 작업자 스스로가 자기의 부주의 또는 제반오류의 원인을 생각함으로써 작업의 개선을 하도록 하는 제안이다.

[표] ECR(Error Cause Removal)의 실수 및 과오의 요인 3가지

실수 및 과오의 요인	세부 내용
능력 부족	적성, 지식, 기술, 인간관계
주의 부족	개성, 감정의 불안정, 습관성
환경조건 부적당	표준 불량, 규칙 불충분, 연락 및 의사소통 불량, 작업조건 불량

합격예측 및 관련법규

산업안전보건법 제1조(목적)
이 법은 산업 안전 및 보건에 관한 기준을 확립하고 그 책임의 소재를 명확하게 하여 산업재해를 예방하고 쾌적한 작업환경을 조성함으로써 **노무를 제공하는 사람**의 안전 및 보건을 유지·증진함을 목적으로 한다.

안전보건관리의 개요

출제예상문제

출제예상문제는 복습, 예습문제로 엮었습니다. *WHY : 실제시험에도 순서에 관계없이 출제됩니다. 예습 후 다음장에 공부한 문제가 있으면 기억이 배가 됩니다.

01 ★★ 안전유지와 생산관계와의 거리가 먼 것은?

① 신뢰성 향상 ② 기술 축적 향상
③ 생산량 과다 할당 ④ 인간관계 개선

해설

안전관리 확보와 생산유지의 함수 관계
① 안전은 생산성 향상의 바탕이 된다.
② 안전은 불필요한 경비절감의 근원이 된다.
③ 안전은 직장의 질서유지를 증가시킨다.
④ 안전은 인간관계를 향상시킨다.
⑤ 안전은 생산목표의 척도가 된다.

02 ★★★ 다음 사고 원인에 대한 설명 중에서 틀린 것은?

① 교육적 원인 : 안전지식의 부족
② 간접 원인 : 고의에 의한 사고
③ 인적 원인 : 불안전한 행동
④ 직접 원인 : 불량환경 및 설비

해설

사고와 사건
(1) 고의에 의한 것은 사건(event)이며 직접 원인이다.
(2) 사고와 사건의 차이
① 사고(accident) : 고의성이 없는 행동
② 사건(event) : 고의성이 있는 행동 예 강간, 강도, 도둑질

03 ★ 사고방지대책을 수립하고자 할 때 하인리히는 5단계설을 주장하였다. 제1단계로 먼저 하여야 할 일은?

① 안전예산 확보 ② 안전점검표 작성
③ 안전조직 편성 ④ 안전교육 훈련

해설

안전사고방지 5단계
① 제1단계 : 조직
② 제2단계 : 사실의 발견
③ 제3단계 : 분석
④ 제4단계 : 시정책의 선정
⑤ 제5단계 : 적용

참고 안전조직이 완전할 때 사고가 없으며 가정, 직장, 나라도 안전하다.

04 ★ 다음 인간의 불안전한 행동 중 그 빈도가 가장 높은 것은?

① 잘못해서 딴 것과 바꾸었다.
② 잊었다.
③ 위험은 알았으나 무시했다.
④ 착각했다.

해설

직접원인(불안전행동) 빈도
① 알고 안 하는 사고가 70[%] 이상이다.
② 욕구가 만족하지 못할 때 알면서 대부분 무시한다.

05 ★★★★ 하인리히의 사고방지대책 제4단계(시정방법의 선정)에서 하여야 할 내용과 거리가 먼 것은?

① 안전규칙이나 수칙의 개선
② 안전관리자의 선임
③ 안전행정 및 기술적 개선
④ 인원배치 조정 및 안전운동의 전개

[정답] 01 ③ 02 ② 03 ③ 04 ③ 05 ②

해설

사고방지의 기본원리 5단계

제1단계 : 안전조직
① 경영자의 안전 목표 설정
② 안전관리자의 선임
③ 안전의 라인 및 참모조직
④ 안전활동 방침 및 계획 수립
⑤ 조직을 통한 안전활동 전개

제2단계 : 사실의 발견
① 사고 및 활동기록의 검토
② 작업 분석
③ 점검 및 검사
④ 사고 조사
⑤ 각종 안전회의 및 토의
⑥ 근로자의 제안 및 여론조사

제3단계 : 분석
① 사고원인 및 경향분석
② 사고기록 및 관계자료 분석
③ 인적, 물적, 환경적 조건 분석
④ 작업공정 분석
⑤ 교육훈련 및 적정배치 분석
⑥ 안전수칙 및 보호장비의 적부

제4단계 : 시정방법의 선정
① 기술적 개선
② 배치 조정
③ 교육훈련의 개선
④ 안전행정의 개선
⑤ 규정 및 수칙, 제도의 개선
⑥ 안전운동의 전개 기타

제5단계 : 시정책의 적용
① 교육적 대책
② 기술적 대책
③ 단속 대책(3E 적용단계)

06 ★★★ 다음의 재해발생 원인 가운데서 불안전한 상태에 해당하는 것은?

① 안전장치, 보호구의 불사용
② 안전장치, 보호구의 불비, 부적절
③ 규칙의 무시
④ 작업준비의 불안전

해설

(1) ①, ③, ④는 불안전 행동의 원인, 즉 인적인 원인이다.
(2) 재해의 직접원인 비율
① 불안전 행동(인적 원인) : 88[%]
② 불안전한 상태(물적 원인) : 10[%]

07 ★★★★★ 효율적인 안전관리를 위해서는 4가지의 기본관리 cycle을 갖춰 활동을 되풀이함으로써 안전관리의 수준이 향상된다. 다음 중 안전관리 cycle 요소가 아닌 것은?

① 계획(plan) ② 예산(budget)
③ 실시(do) ④ 조치(action)

해설

안전관리의 4사이클

(1) 계획을 세운다(plan : P)
① 목표를 정한다.
② 목표를 달성하는 방법을 정한다.
(2) 계획대로 실시한다(do : D)
① 환경과 설비를 개선한다.
② 점검한다.
③ 교육 훈련한다.
④ 그 밖에 계획을 실행에 옮긴다.
(3) 결과를 검토한다(check : C)
(4) 검토 결과에 의해 조치를 취한다(action : A)
① 정해진 대로 행해지지 않았으면 수정한다.
② 문제점이 발견되었을 때 개선한다.
③ 개선의 방법에는 방법개선(method improvement)과 공정변경(process change)의 2가지 방향이 있다.
④ 더욱 좋은 개선책을 고안하여 다음 계획에 들어간다.
(5) 관리조건 3단계 : P → D → S(see = check + action)

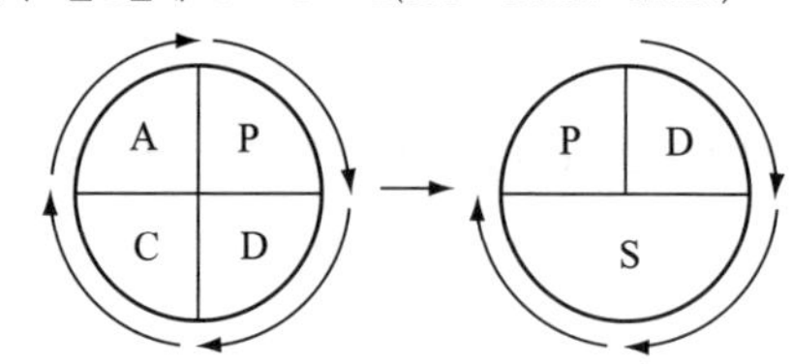

[그림] 안전관리 4사이클 및 3단계

◐ 실기 시험에도 자주 출제되고 있습니다.

08 ★★★ 지적확인의 특성은?

① 인간의 의식을 강화한다.
② 인간의 지식수준을 높인다.
③ 인간의 안전태도를 형성한다.
④ 인간의 육체적 기능수준을 높인다.

해설

지적확인

① 사람의 눈이나 귀 등 오관의 감각기관을 총동원해서 작업의 정확성과 안전을 확인하는 것을 말한다.
② 결론은 인간의식 강화단계이다.

[정답] 06 ② 07 ② 08 ①

09 ★★★★★
버드의 재해분포에 따르면 30건의 물적 손실사고가 발생하면 무손실사고는 몇 건이 발생하는가?

① 300　② 400
③ 600　④ 800

해설

버드의 1 : 10 : 30 : 600의 법칙
① 중상, 또는 폐질 : 1
② 경상(물적, 인적 상해) : 10
③ 무상해 사고(물적 손실 발생) : 30
④ 무상해 무사고 고장(위험 순간) : 600

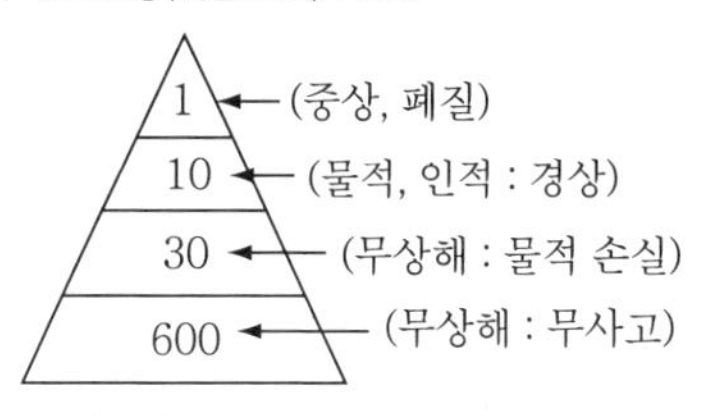

[그림] 버드의 1 : 10 : 30 : 600의 법칙

10 ★★★★
위험예지훈련 4R 방식 중 위험의 포인트를 결정하여 지적 확인하는 단계로 옳은 것은?

① 1단계(현상파악)　② 2단계(본질추구)
③ 3단계(대책수립)　④ 4단계(목표설정)

해설

위험예지훈련의 4단계[4-Round]
• 준비 : 멤버가 많을 때에는 서브팀 편성멤버 4~6명 역할분담(리더, 서기, 발표자, 코멘트, 보고서 담당), 신문용지 배포
• 도입 : 전원기립, 리더(서브리더)인사정렬, 구령, 건강 확인 등
• 제1단계 : 현상파악(어떤 위험이 잠재하고 있는가?)(도해의 배포)위험요인과 초래되는 현상(5~7항목 정도) 『해서는 안 된다.』『~ 때문에 ~된다』(15분 정도)
• 제2단계 : 본질추구(이것이 위험의 포인트이다.)
① 문제라고 생각되는 항목에 ○표 밑줄
② ◎표 2항목(합의 요약). 밑줄 위험의 포인트(지적 확인 제창) 『~해서~된다』(15분) 정도
• 제3단계 : 대책수립(당신이라면 어떻게 하겠는가?)
◎표 항목에 대한 구체적이고 실천 가능한 대책 → 3항목 정도 → 전체로 5~7항목 정도(15분 정도)
• 제4단계 : 목표설정(우리들은 이렇게 하자.)
4R → ① 중점 실시 항목(합의 요약) → (1~2항목 밑줄)
4R - ②팀의 행동목표 → 지적 확인 제창 『~을 ~하여 ~하자. 좋아!』(15분 정도)
• 확인 발표 & 코멘트 : 목표설정
① 원 포인트 지적확인 연습(3회 『○○ 좋아!』)
② 터치 앤 콜(touch and call) 『무재해로 나가자, 좋다!』
③ 발표자가 1R~4R 순서대로 읽어나간다.
④ 상대팀의 발표 → 코멘트

✪ 실제 현장에서도 실시하는 방법입니다.

11 ★★★★
무재해 운동의 추진 기법 중 위험예지훈련의 4라운드에서 제2단계 진행방법은 무엇인가?

① 본질추구　② 현상파악
③ 목표설정　④ 대책수립

해설

위험예지훈련 4 Round
① 제1단계 : 현상파악
② 제2단계 : 본질추구
③ 제3단계 : 대책수립
④ 제4단계 : 목표설정

✪ 문제 10번을 보세요. 이번 시험에도 또 출제되겠지요.

12 ★★★
다음 사항 중 불안전한 상태는 어느 것인가?

① 무단작업을 한다.
② 안전장치가 없다.
③ 보호구를 착용하지 않는다.
④ 안전장치를 사용하지 않는다.

해설

(1) ①, ③, ④는 불안전한 행동이다.
(2) 상태는 물적이며 행동은 인적이다.

13 ★★★
위험예지훈련 진행방법 중 '본질 추구'는 제 몇 라운드에 해당하는가?

① 제1라운드　② 제2라운드
③ 제3라운드　④ 제4라운드

해설

위험예지훈련 기초 4라운드
① 제1라운드 : 현상파악
② 제2라운드 : 본질추구
③ 제3라운드 : 대책수립
④ 제4라운드 : 목표달성

✪ 위험예지훈련은 반드시 출제됩니다. 또 문제은행에도 있습니다.

[정답] 09 ③　10 ②　11 ①　12 ②　13 ②

14 ★★★ 사고발생의 5단계 중 재해를 예방하기 위하여 몇 단계를 제거하면 되는가?

① 3단계 ② 4단계
③ 2단계 ④ 5단계

해설

(1) 불안전한 행동, 불안전한 상태를 제거하는 것이 가장 바람직하다(직접원인).
(2) 사고발생 5단계
① 제1단계 : 사회적, 유전적, 환경적 요인
② 제2단계 : 개인적 성격
③ 제3단계 : 불안전한 행동 및 불안전한 상태
④ 제4단계 : 사고
⑤ 제5단계 : 재해

15 ★ 무재해운동 개시 보고는 누구에게 하는가?

① 고용노동부장관
② 산업안전공단 관할 기술 지도원장
③ 고용노동부 담당 근로감독관
④ 안전보건 관리책임자

해설

무재해운동 적용 사업장 및 적용범위
① 안전관리자를 선임해야 할 사업장 : 상시 근로자 50인 이상 사업장
② 건설공사의 경우 도급 금액이 10억원
③ 해외 건설공사의 경우 상시 근로자 500인 이상이거나 도급 금액 1억 달러 이상인 건설현장
④ 그 밖에 무재해운동 개시 보고서를 한국산업안전공단 이사장 또는 기술 지도원장에 통보한 사업장

16 ★★ 어떤 사업장에서 상해 또는 질병이 5명 발생하였는데 이때 버드(Frank E. Bird, Jr.)의 재해비율 연구에 의한 경상이 일어날 수 있는 횟수는 어느 정도인가?

① 50명 ② 100명
③ 150명 ④ 200명

해설

버드의 1 : 10 : 30 : 600
(1) 버드의 사고 구성 비율 : 버드는 1753498건의 사고를 분석하고, 중상 또는 폐질 1, 경상(물적 또는 인적 상해) 10, 무상해 사고(물적 손실) 30, 무상해 무사고 고장(위험순간) 600의 비율로 사고가 발생한다고 정의하였다.
(2) 상해 질병은 5명×10 = 50명

17 ★★★ 다음은 안전관리의 일상업무인 안전점검을 행하는 사이클(주기)이다. 이 사이클을 바르게 설명한 것은?

① 실상의 파악－결함의 발견－대책의 결정－대책의 실시
② 결함의 발견－대책의 결정－대책의 실시－실상의 파악
③ 실상의 파악－결함의 발견－대책의 실시－대책의 결정
④ 결함의 발견－실상의 파악－대책의 결정－대책의 실시

해설

안전점검의 순환체계

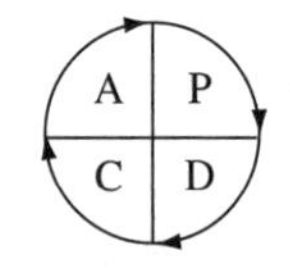

[그림] 안전관리 사이클

실태(실상)의 파악 → 결함의 발견 → 대책의 결정 → 대책의 실시

[정답] 14 ① 15 ② 16 ① 17 ①

18 ★★ 다음 그림과 같이 K공업의 위험예지 시트의 경우 위험요인 파악이 잘못된 것은 어느 것인가?

K군은 화물에 와이어를 걸고 들어올리다가 위치가 나빠 바닥에 내리고, 와이어의 위치를 고치고 있다.

① 화물이 고리에서 벗어지는 것을 방지하는 장치가 없다.
② 한꺼번에 두 가지의 동작을 하고 있는 등 불안전한 행동이나 상태가 보인다.
③ 작동 팬던트 스위치는 적당하다.
④ 와이어의 고리는 손 위치가 화물에 끼임 위치에 있다.

해설

위험요인 파악
① 작동 팬던트를 눈으로 볼 수가 없어 위치가 부적당하다.
② 화물고리 각도는 30[°] 이내로 하는 것이 하중을 줄일 수 있다.

19 ★★★ 인간의 의식을 강화하고 오류를 감소하며 신속, 정확한 판단과 조치를 위한 효과적인 방법은 다음 어느 것인가?

① 확인 철저
② 환호 응답
③ 지적 환호
④ 작업표준의 교육과 훈련

해설

지적환호
① 지적 환호는 무재해운동에 많이 실시
② 오류를 감소하는 데 효과적

20 ★★★★ 다음 중 재해방지 기본원칙에 해당되지 않는 것은?

① 대책선정 원칙　② 손실우연 원칙
③ 예방가능 원칙　④ 통계의 원칙

해설

재해예방 4원칙
① 예방가능의 원칙
② 손실우연의 원칙
③ 원인연계의 원칙
④ 대책선정의 원칙

✪실기시험에도 자주 출제되고 있습니다.

21 ★★★ 다음은 재해발생의 메커니즘을 나타낸 것이다. 기초원인은 어떤 것과 같은 요인인가?

① 사고　② 직접원인
③ 간접원인　④ 재해

해설

재해발생의 과정

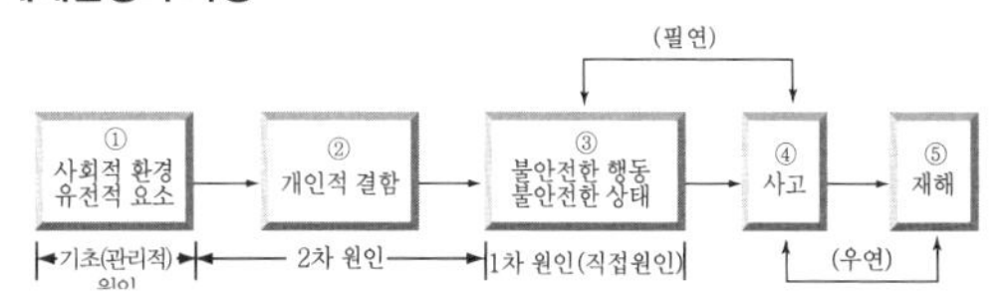

[그림] 사고발생 메커니즘(mechanism) 18. 9. 15 기 20. 6. 14 산

22 ★★★ 다음 재해예방 원칙 중 대책 선정의 원칙을 바르게 설명한 것은?

① 재해는 원인만 제거되면 예방 가능하다.
② 재해예방을 위한 방안은 반드시 있다.
③ 손실은 우연히 일어나므로 예방 가능하다.
④ 재해는 어떤 원인과 결과에 따라 일어난다.

해설

재해예방 4원칙 예
① 예방가능의 원칙
② 대책선정의 원칙
③ 손실우연의 원칙
④ 원인연계의 원칙

[정답] 18 ③　19 ③　20 ④　21 ③　22 ②

23 ★★★★ 사고방지대책의 기본원리 중 3E를 적용하는 단계는?

① 제1단계　② 제3단계
③ 제4단계　④ 제5단계

해설

사고방지 5단계

① 제1단계 : 안전조직
② 제2단계 : 사실의 발견
③ 제3단계 : 분석
④ 제4단계 : 시정방법의 선정
⑤ 제5단계 : 시정책의 적용(3E 적용)

24 ★★★★★ 작업자 자신이 자기의 부주의 이외에 제반 오류의 원인을 생각함으로써 개선을 하도록 하는 과오 원인 제거기법으로 옳은 것은?

① TBM　② STOP
③ BS　④ ECR

해설

ECR 운동

① ECR : 직접 작업을 하는 작업자 자신이 자기의 부주의 이외에 제반 오류의 원인을 생각함으로써 개선을 하도록 한다.
② ZD 운동에서는 ECR 혹은 ECE라고도 한다.
③ STOP : 미국의 듀퐁(Du Pont)에서 개발한 것으로 감독자를 대상으로 한 안전관찰훈련이다.
④ total observation(전체관찰기법) : 감각기관을 모두 활용하는 기법이다.

25 ★★ 재해방지 원칙에 속하지 않는 것은?

① 같은 사고에서 생기는 손실(상해)의 종류 정도는 우연적이다.
② 재해방지의 대상은 우연의 손실보다는 사고의 발생 방지에 주력한다.
③ 직접 원인은 물적 원인과 인적 원인으로 구별된다.
④ 직접 원인에는 그것의 존재 이유가 있다. 이것을 1차 원인이라 한다.

해설

손실우연의 원칙

① 사고는 우연적이기도 하지만 필연적이다.
② 물론 사고로 인한 손실에는 우연성이 개재된다.
③ 직접 원인은 1차 원인

○본문제는 기출 문제이나 명확하지 않습니다. 답은 ②로 기억하세요.

26 ★★★ 무재해운동의 추진기법 중 위험예지훈련의 4라운드에서 제3단계 진행방법은 무엇인가?

① 본질추구
② 현상파악
③ 목표설정
④ 대책수립

해설

위험예지훈련의 4라운드

① 제1라운드 : 현상파악
② 제2라운드 : 본질추구
③ 제3라운드 : 대책수립
④ 제4라운드 : 목표설정

27 ★★ 버드(Bird)의 재해발생에 관한 이론 중 '기본원인'은 몇 단계에 해당되는가?

① 제1단계
② 제2단계
③ 제3단계
④ 제4단계

해설

버드의 도미노 이론 5단계

① 제1단계 : 제어의 부족(관리)
② 제2단계 : 기본원인(기원)
③ 제3단계 : 직접원인(징후)
④ 제4단계 : 사고(접촉)
⑤ 제5단계 : 상해(손실)

[정답] 23 ④　24 ④　25 ②　26 ④　27 ②

28 ★★ 재해사고의 예방대책 5단계 중 시정책의 적용 내용에 맞지 않는 것은?

① 3E의 적용
② 기술적인 대책 우선 적용
③ 대책 실시에 따른 재평가
④ 안전기준의 수정

해설

3E 대책은 하베이(J. H. Harvey)가 제창한 것이다. 하인리히는 시정책으로 기술적 개선(engineering revision), 설득호소(persuasion and appeal), 교육훈련(discipline), 인사조정(personnel adjustment) 등을 들고 있으나 결국 3E로 귀결된다고 할 수 있다. 3E를 약술하면 다음과 같다.

(1) 기술(engineering)적 대책(공학적 대책) : 안전설계, 작업행정의 개선, 안전기준의 설정, 환경 설비의 개선, 점검 보존의 확립 등을 행한다.
(2) 교육(education)적 대책 : 안전교육 및 훈련을 실시한다.
(3) 규제(enforcement)적 대책(단속, 감독 또는 관리적 대책) : 단속 대책은 엄격한 규칙에 의해 제도적으로 시행되어야 하므로 다음의 조건이 충족되어야 한다.
① 적합한 기준 설정
② 각종 규정 및 수칙의 준수
③ 전 종업원의 기준 이해
④ 경영자 및 관리자의 솔선수범
⑤ 부단한 동기부여와 사기 향상

참고) 행정, 수칙, 규정은 제4단계 시정방법 선정 단계에서 실시한다.

29 ★★★★ 재해발생 과정 이론을 옳게 연결시킨 것은?

① 선천적 결함－개인 결함－불안전 행동·불안전상태－사고－재해
② 개인적 결함－선천적 결함－사고－재해－불안전 행동 상태
③ 불안전 행동 상태－개인 결함－ 선천적 결함－사고－재해
④ 개인적 결함－불안전 행동 상태－선천적 결함－재해－사고

해설

하인리히의 도미노(domino) 이론 5단계
① 제1단계 : 사회적, 환경적, 유전적 결함(선천적 결함)
② 제2단계 : 개인적 결함
③ 제3단계 : 불안전 행동과 불안전 상태
④ 제4단계 : 사고
⑤ 제5단계 : 재해(상해)

⊙실기에도 출제되며 이번 시험에도 출제된다.

30 ★★ 무재해운동 추진기법 중 위험예지훈련의 4라운드에서 제4단계 진행방법은 무엇인가?

① 목표설정　　② 현상파악
③ 대책수립　　④ 본질추구

해설

위험예지문제 해결 4단계(4라운드) 진행방법
① 제1단계 : 현상파악(문제제기, 현상 파악)
② 제2단계 : 본질추구(문제점 발견, 중요문제 결정)
③ 제3단계 : 대책수립(해결책 구성, 구체적 대책 수립)
④ 제4단계 : 행동목표 설정(중점 중요사항, 실시계획 책정)

31 ★★ 안전사고방지의 기본원칙 중 2단계 사실의 발견과 관계없는 것은?

① 교육훈련의 분석
② 안전토의
③ 사고조사
④ 안전진단

해설

(1) 교육훈련의 분석은 제3단계
(2) 사실의 발견 내용(제2단계)
① 사고 및 활동기록 검토
② 작업분석
③ 안전점검
④ 사고조사
⑤ 안전회의 및 토의
⑥ 종업원 여론조사

32 ★★★ 무재해운동의 3원칙에 해당되지 않는 것은?

① 무의 원칙　　② 보장의 원칙
③ 선취의 원칙　　④ 참가의 원칙

해설

무재해운동의 3원칙
① 무의 원칙
② 선취(안전제일)의 원칙
③ 참가의 원칙

[정답] 28 ④　29 ①　30 ①　31 ①　32 ②

33 ★★★ 버드(Bird)의 재해발생에 관한 연쇄이론 중 직접적인 원인은 몇 단계에 해당되는가?

① 제1단계　② 제2단계
③ 제3단계　④ 제4단계

해설

버드의 연쇄성 이론 5단계

① 제1단계 : 제어 부족(관리부재)
② 제2단계 : 기본 원인
③ 제3단계 : 직접 원인(징후)
④ 제4단계 : 사고(접촉)
⑤ 제5단계 : 상해(손실)

34 ★★ 사고발생은 다음 중 어느 것에 기인되어 일어나는가?

① 사람의 불안전한 행동에 의하여만 일어난다.
② 불안전한 상태에 의하여 일어난다.
③ 불안전한 행동과 불안전한 상태가 복합되어 일어난다.
④ 위 모두 해당되지 않는다.

해설

재해사고(98%) = 불안전한 행동(88%) + 불안전한 상태(10%)

35 ★★★ 다음 재해발생 원인 중 기술적 원인에 속하지 않는 것은?

① 구조·재료의 부적합　② 생산 방법의 부적당
③ 점검 정비 보존 불량　④ 안전수칙의 오해

해설

재해의 간접원인(관리적 원인)

(1) 기술적 원인
① 건물·기계장치 설계 불량
② 구조·재료의 부적합
③ 생산공정의 부적당
④ 점검 및 보존 불량

(2) 교육적 원인
① 안전지식의 부족
② 안전수칙의 오해
③ 경험훈련의 미숙
④ 작업방법의 교육 불충분
⑤ 유해·위험작업의 교육 불충분

(3) 작업관리상의 원인
① 안전관리조직의 결함
② 안전수칙 미제정
③ 작업준비 불충분
④ 인원배치 부적당
⑤ 작업지시 부적당
결론 : 안전수칙의 오해는 교육적 원인이다.

36 ★★ 작업장에서 가장 높은 비율을 차지하는 사고원인은?

① 작업방법
② 작업환경
③ 시설장비의 결함
④ 근로자의 불안전한 행동

해설

(1) ④는 안전사고의 88[%]이다.
(2) 그 밖에 불안전 상태는 사고의 10[%]이다.

37 ★★ 불안전한 행동의 원인이 아닌 것은?

① 생리적 원인　② 심리적 원인
③ 교육적 원인　④ 안전수칙 원인

해설

불안전 행동의 원인

① 생리적
② 심리적
③ 교육적
④ 환경적

① 문제 35번을 정독했으면 답이 보이지요.
② 실기 필답형 2003년, 2004년 출제

38 ★★ 다음 중 근로자의 불안전한 행동이 아닌 것은?

① 보호구, 복장 잘못 사용
② 기계장치의 저속
③ 불안전한 상태 방치
④ 물 자체의 결함

[정답] 33 ③　34 ③　35 ④　36 ④　37 ④　38 ④

해설

재해의 직접 원인

불안전한 상태(물적)	불안전한 행동(인적)
① 물 자체 결함 ② 안전방호장치 결함 ③ 복장, 보호구의 결함 ④ 물의 배치 및 작업장소 결함 ⑤ 작업환경의 결함 ⑥ 생산공정의 결함 ⑦ 경계표시, 설비의 결함	① 위험장소 접근 ② 안전장치의 기능 제거 ③ 복장, 보호구의 잘못 사용 ④ 기계 기구 잘못 사용 ⑤ 운전중인 기계장치의 손실 ⑥ 불안전한 속도 조작 ⑦ 위험물 취급 부주의 ⑧ 불안전한 상태 방치 ⑨ 불안전한 자세 동작 ⑩ 감독 및 연락 불충분

39 ★★★ 위험예지훈련 4R방식 중 위험의 포인트를 결정하여 지적 확인하는 단계로 옳은 것은?

① 1단계(현상파악)　② 2단계(본질추구)
③ 3단계(대책수립)　④ 4단계(목표설정)

해설

위험예지훈련 4R

① 제1R : 잠재위험요인 발견　② 제2R : 본질추구(지적확인단계)
③ 제3R : 위험예방대책 실시　④ 제4R : 행동목표설정

✪유사한 문제가 반복되는 것은 문제은행식이며 이번 시험에도 출제될 수 있다는 것을 강조합니다.

40 ★★★ 재해발생시 긴급처리 순서를 알맞게 기술한 것은?

① 피재자의 응급조치－피재기계의 정지－통보－2차 재해방지－현장보존
② 피재기계의 정지－통보－2차 재해방지－피재자의 응급조치－현장보존
③ 피재자의 응급조치－피재기계의 정비－2차 재해방지－통보－현장보존
④ 피재기계의 정지－피재자의 응급조치－통보－2차 재해방지－현장보존

해설

(1) 재해발생처리 순서의 7단계 : 긴급처리 – 재해조사 – 원인강구 – 대책수립 – 대책실시계획 – 실시 – 평가
(2) 제1단계(긴급처리 5단계)
① 피재기계의 정지　② 피재자의 응급조치
③ 관계자에게 통보　④ 2차 재해방지
⑤ 현장보존

41 ★★★ 다음 중 불안전한 상태가 아닌 것은 어느 것인가?

① 위험물질의 방치　② 난폭한 성격
③ 기계의 상태 불량　④ 환기 불량

해설

① 난폭한 성격은 불안전한 행동이다.
② 불안전 상태는 물적 원인을 말한다.

참고 문제 38번 해설

42 ★★ 안전추진을 위한 동기부여를 하부기구에 대해서 생각할 경우 가장 중점적 대상이 되어야 하는 것은 다음 중 누구인가?

① 최고 경영자　② 기업 경영자
③ 제일선 감독자　④ 경영 관리자

해설

① 안전추진시 하부기구의 중점적 대상은 제일선 감독자이다.
② 최상부기구의 안전추진은 최고 경영자이다.

43 ★★ 노무를 제공하는 사람이 업무에 관계되는 건설물, 설비, 원재료, 가스, 증기, 분진 등에 의하거나 작업, 그 밖의 업무에 기인하여 사망, 부상, 질병에 이환되는 것을 무엇이라 하는가?

① 케이슨병　② 직업병
③ 산업재해　④ 상해

해설

용어정의

(1) "산업재해"라 함은 노무를 제공하는 사람이 업무에 관계되는 건설물·설비·원재료·가스·증기·분진 등에 의하거나 작업 그 밖의 업무에 기인하여 사망 또는 부상하거나 질병에 걸리는 것을 말한다.
(2) "근로자"라 함은 「근로기준법」 제2조 제1항 제1호에 따른 근로자를 말한다.
(3) "사업주"라 함은 근로자를 사용하여 사업을 행하는 자를 말한다.
(4) "근로자대표"라 함은 노동조합이 조직되어 있는 경우 그 노동조합을, 노동조합이 조직되어 있지 아니한 경우에는 근로자의 과반수를 대표하는 자를 말한다.
(5) "작업환경측정"이라 함은 작업환경의 실태를 파악하기 위하여 해당 근로자 또는 작업장에 대하여 사업주가 측정계획을 수립하여 시료의 채취 및 그 분석·평가를 하는 것을 말한다.

[정답] 39 ② 40 ④ 41 ② 42 ③ 43 ③

(6) "안전보건진단"이라 함은 산업재해를 예방하기 위하여 잠재적 위험성의 발견과 그 개선대책의 수립을 목적으로 조사·평가하는 것을 말한다.
(7) "중대재해"라 함은 산업재해 중 사망 등 재해의 정도가 심하거나 다수의 재해자가 발생한 경우로서 고용노동부령으로 정하는 재해를 말한다.

참고 산업안전보건법 제2조(정의)

44 ★★★ 무재해 운동의 이념은?

① 인간존중의 이념 ② 이윤추구의 이념
③ 재해방지의 이념 ④ 무사고 이념

해설

무재해 운동의 정의

무재해 운동의 근본이념은 인간존중의 이념이며, 안전과 건강을 다함께 선취하는 운동이다.

45 ★★★★★ 다음 중 지적 확인시의 의식수준은?

① phase Ⅰ ② phase Ⅱ
③ phase Ⅲ ④ phase Ⅳ

해설

의식 level의 단계 분류

단계 (phase)	의식의 mode	주의 작용	생리적 상태	신뢰성	뇌파 작용
phase 0	무의식, 실신	zero	수면, 뇌발작	zero	γ파
phase Ⅰ	의식흐림 (subnormal, 의식 몽롱함)	inactive	피로, 단조로움, 졸음, 술취함	0.9 이하	θ파
phase Ⅱ	이완상태 (normal, relaxed)	passive, 마음이 안쪽으로 향함	안정기거, 휴식시, 정례작업(정상작업시)	0.99~0.99999	α파
phase Ⅲ	상쾌한 상태 (nomal, clear)	active, 앞으로 향하는 주시야도 넓다.	적극 활동시(지적 확인 단계)	0.999999 이상	β파
phase Ⅳ	과긴장 상태 (hyper normal, excited)	일점으로 응집, 판단 정지	긴급방위 반응, 당황해서 panic (감정 흥분시 당황한 상태)	0.9 이하	β파 또는 전자파

46 ★★★ 안전사고 방지의 기본원칙 중 사실적 발견과 관계없는 것은?

① 교육훈련의 분석 ② 안전토의
③ 사고조사 ④ 안전진단

해설

사고방지 기본원칙

(1) 제2단계 : 사실의 발견 사항
① 자료수집
② 작업공정의 분석, 위험분석
③ 점검·검사 및 조사 실시
(2) 교육훈련분석 : 제3단계, 분석평가에서 한다.

47 ★★ 다음 중 안전관리란 말을 가장 적절히 설명한 것은?

① 조직 내 마련된 위험에 대한 사전통제 방법
② 안전공학보다 관리적 측면을 강조한 안전활동
③ 산업심리나 인간공학적인 측면을 강조한 안전수단
④ 안전공학 측면을 강조하는 안전수단

해설

안전관리

(1) 안전관리의 목적은 재해를 사전에 통제하는 것이다.
(2) 안전관리(safety management)
생산성의 향상과 손실(loss)의 최소화를 위하여 행하는 것으로 비능률적 요소인 사고가 발생하지 않은 상태를 유지하기 위한 활동 즉 재해로부터 인간의 생명과 재산을 보호하기 위한 계획적이고 체계적인 제반 활동을 말한다.

실기시험 용어 정의로 출제됩니다.

48 ★★★★★ 작업에 들어갈 때 그림과 같이 수지를 하나하나 꺾으면서 안전을 확인하고 전부 끝나면 힘차게 쥐고 '무사고로 가자'하는 안전확인 5지 운동에 속하지 않는 것은?

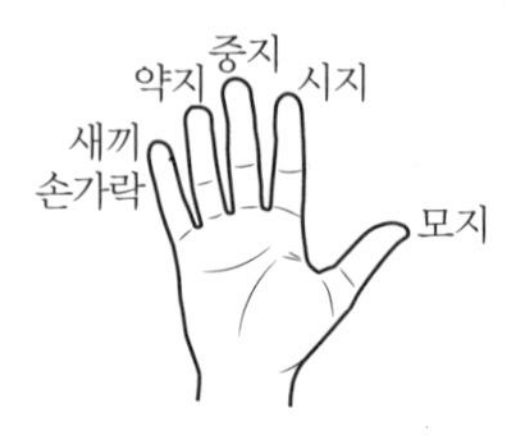

[정답] 44 ① 45 ③ 46 ① 47 ① 48 ③

① 모지 : 마음　② 시지 : 복장
③ 약지 : 확인　④ 중지 : 규정

해설

안전확인 5지 운동
① 모지(하나) : 마음의 준비
② 시지(둘) : 복장
③ 중지(셋) : 규정과 기준
④ 약지(넷) : 점검 정비
⑤ 새끼손가락(다섯) : 안전확인

49 ★★★ 무재해운동의 이념 중 선취의 원칙이란?

① 재해를 예방하거나 방지하는 것
② 근로자 전원이 일체감을 조성하는 것
③ 사고의 잠재요인을 사전에 파악하는 것
④ 근로자 전원이 자발성, 자주성으로 안전활동을 촉진하는 것

해설

무재해 운동 3원칙
① 선취의 원칙
② 참가의 원칙
③ 무의 원칙

50 ★★★ 다음 중 사고방지의 기본원리 중 그 시정책을 선정하는 데 필요한 조치가 아닌 것은?

① 기술교육 및 훈련의 개선
② 안전행정의 개선
③ 안전점검의 사고조사
④ 인사조정 및 감독체제의 강구

해설

(1) 시정책의 선정(대책의 선정)
　① 기술적
　② 관리적
　③ 제도적
(2) 안전점검 및 사고조사는 제2단계 : 사실의 발견(현상 파악) 단계에서 한다.

51 ★★★ 버드(Bird)의 재해발생에 관한 이론 중 '직접 원인'은 몇 단계에 해당되는가?

① 제1단계　② 제2단계
③ 제3단계　④ 제4단계

해설

버드(Frank Bird)의 사고연쇄성 5단계
① 제1단계 : 통제(control)의 부족(관리의 부재) : 계획, 조직, 지시, 통제
② 제2단계 : 기본적 원인(기원론, 원인학)
③ 제3단계 : 직접적 원인(징후)
④ 제4단계 : 사고(접촉)
⑤ 제5단계 : 상해(손실)

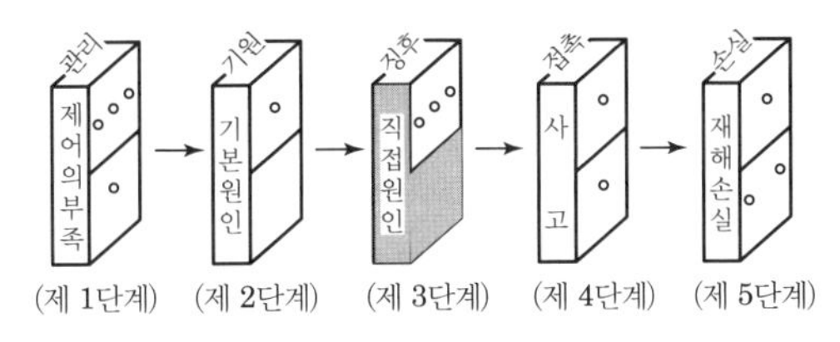

[그림] 버드의 재해연쇄 이론

52 ★★★ 다음 중 문제해결방법이 아닌 것은?

① 현상파악　② 대책수립
③ 행동목표설정　④ 안전평가

해설

문제해결 4라운드
① 현상파악　② 본질추구
③ 대책수립　④ 행동목표설정

53 ★★ 위험예지훈련 4R 방식 중 위험의 포인트를 결정하여 "합의 요약"하는 단계로 옳은 것은?

① 1단계　② 2단계
③ 3단계　④ 4단계

해설

위험예지훈련의 4R
① 1R : 도해 배포　② 2R : 지적 확인 제창
③ 3R : 구체적 대책　④ 4R : 합의 요약

[정답] 49 ①　50 ③　51 ③　52 ④　53 ④

54 ★★ 위험예지훈련의 진행방법에서 3R(라운드)에 해당하는 것은?

① 목표설정　② 본질추구
③ 현상파악　④ 대책수립

해설

위험예지 문제해결 4단계(4round)

① 제1단계 : 현상파악(문제제기, 현상파악)
② 제2단계 : 본질추구(문제점 발견, 중요 문제 결정)
③ 제3단계 : 대책수립(해결책 구상, 구체적 대책수립)
④ 제4단계 : 행동목표설정(중점 중요사항, 실시계획 책정)

◐문제 52, 문제 53은 실제 같은 문제입니다. 이번 시험에도 출제된다는 것을 기억하십시오.

55 ★★ 안전사고의 관리적 원인 중 기술적 원인에 해당되지 않는 것은?

① 인원배치 부적당　② 점검·정비·보존불량
③ 생산방법의 부적당　④ 구조재료의 부적합

해설

① 기술적 원인 : 기계·기구·설비 등의 방호설비, 경계설비, 보호구정비 등의 기술적 결함
② 인원배치 부적당은 관리적 원인이다.

56 ★★★ 안전사고방지 기본원칙 중 사실의 발견과 관계가 먼 것은?

① 사고조사　② 안전조사
③ 안전토의　④ 교육훈련의 분석

해설

사고방지의 기본원리 5단계

(1) 제1단계 : 안전조직
 ① 경영자의 안전 목표 설정
 ② 안전관리자의 선임
 ③ 안전의 라인 및 참모조직
 ④ 안전활동방침 및 계획 수립
 ⑤ 조직을 통한 안전활동 전개
(2) 제2단계 : 사실의 발견
 ① 사고 및 활동 기록의 검토
 ② 작업분석
 ③ 점검 및 검사
 ④ 사고조사
 ⑤ 각종 안전회의 및 토의
 ⑥ 근로자의 제안 및 여론조사
(3) 제3단계 : 분석
 ① 사고원인 및 경향성 분석
 ② 사고기록 및 관계자료 분석
 ③ 인적·물적 환경조건 분석
 ④ 작업공정 분석
 ⑤ 교육훈련 및 적정배치 분석
 ⑥ 안전수칙 및 보호장비의 적부
(4) 제4단계 : 시정방법의 선정
 ① 기술적 개선
 ② 배치조정
 ③ 교육훈련의 개선
 ④ 안전행정의 개선
 ⑤ 규칙 및 수칙 등 제도의 개선
 ⑥안전운동의 전개 기타
(5) 제5단계 : 시정책의 적용
 ① 교육적 대책
 ② 기술적 대책
 ③ 단속 대책

57 ★★ 다음 재해발생원인 중 기초원인에 해당하는 것은?

① 불안전한 설계 구조
② 불안전한 장비 사용
③ 불안전한 복장 보호구
④ 불충분한 안전관리 활동

해설

기초원인 – 습관적, 사회적, 환경적, 유전적, 관리감독적 특성

(1) 조직적인 안전활동의 결여, 감독자의 안전관리 안전위원회의 결여, 사고조사의 결여, 조직의 결여 등
(2) 불충분한 안전관리 활동, 비효과적인 안전활동
(3) 안전활동의 수행 방향과 참여의 결여
(4) 가드설치의 실패, 충분한 응급조치, 개인보호구, 안전공구, 안전작업 환경 결여
(5) 신입 작업자의 적성과 작업경험을 시험하는 적당한 과정 결여
(6) 작업자의 사기의욕의 저하
(7) 안전작업 규정의 시행규제의 결여
(8) 사고발생 책임 소재의 결여

58 ★★★ 무재해운동을 추진하기 위한 3요소가 아닌 것은?

① 경영층의 엄격한 안전방침 및 자세
② 안전활동의 라인화
③ 직장 자주활동의 활성화
④ 전 종업원의 안전요원화

[정답] 54 ④　55 ①　56 ④　57 ④　58 ④

해설

무재해운동의 3요소 혹은 3기둥이라 하며 ①, ②, ③ 뿐이다.

59 ★★ 사고방지의 기본원리에 대하여 설명한 것이다. 해당되지 않는 것은?

① 관리책임의 원칙
② 원인연계의 원칙
③ 손실우연의 원칙
④ 예방가능의 원칙

해설

산업재해 4원칙 4가지

(1) ②, ③, ④
(2) 대책 선정의 원칙

60 ★★★ 다음 설명 중 재해의 특징이 아닌 것은?

① 모든 재해는 사전에 방지할 수 있다.
② 모든 재해의 발생에는 원인이 존재한다.
③ 모든 재해는 대책이 선정된다.
④ 모든 재해는 인적 손상과 물적 손실이 수반된다.

해설

① 재해예방 4원칙에 따라 모든 재해는 예방이 가능하다.(단, 천재지변 제외)
② 재해는 인적과 물적이 동시에 있을 수 있지만 인적·물적이 각각 발생하는 예가 많다.

61 ★★ 다음 중 사고의 간접원인이 아닌 것은?

① 정신적 원인 ② 관리적 원인
③ 신체적 원인 ④ 물적 원인

해설

① 사고의 직접원인 : 인적 원인, 물적 원인
② 사고의 간접원인 : 교육적, 관리적, 정신적, 신체적, 기술적 원인

62 ★★ 다음 중 무재해운동의 3원칙에 해당되지 않는 것은?

① 무의 원칙 ② 보장의 원칙
③ 선취의 원칙 ④ 참가의 원칙

해설

무재해운동의 3원칙

① 무의 원칙 ② 선취의 원칙 ③ 참가의 원칙

63 ★ 산업재해의 원인으로 간접적 원인에 해당되지 않는 것은?

① 기술적 원인 ② 물적 원인
③ 정신적 원인 ④ 교육적 원인

해설

물적 원인과 인적 원인은 직접 원인이다.

문제 61번과 유사합니다. 문제은행식이니 계속 출제가 되겠지요.

64 ★ 다음 내용 중 사람의 결함에 의한 사고원인과 밀접한 것은 어떤 것인가?

① 소음 진동 ② 정비불량
③ 과로 ④ 보호구 구입 보관

해설

사고원인

① 소음 진동 : 환경 원인
② 정비불량 : 불안전한 상태
③ 보호구 구입 보관 : 불안전한 상태
④ 과로 : 인간의 피로 상태

합격자의 조언

적극적인 언어를 사용하라. 부정적인 언어는 복 나가는 언어다.

[정답] 59 ① 60 ④ 61 ④ 62 ② 63 ② 64 ③

Chapter 02

안전보건관리 체제 및 운영

중점 학습내용

본 장은 안전 경영을 하기 위한 안전보건관리 체제, 안전 계획을 바탕으로 한 안전의 조직 3가지 유형을 나열하였고 법적인 안전 관계자 직무 및 산업안전보건법을 기본으로 구성하였으며 시험에 출제되는 그 중심적인 내용은 다음과 같다.

❶ 산업안전보건관리 체제
❷ 안전보건관리 조직형태
❸ 안전관계자 직무
❹ 안전보건관리계획

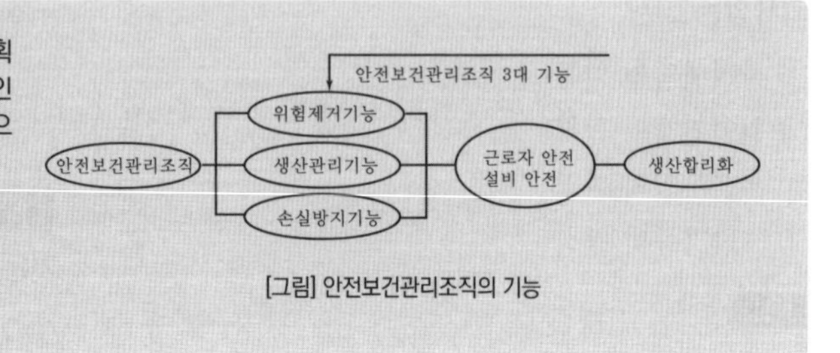

[그림] 안전보건관리조직의 기능

합격날개

1 산업안전보건관리 체제

합격예측

산업재해방지를 위한 안전보건관리조직의 목적

① 모든 위험요소의 제거
② 위험제거기술의 수준향상
③ 재해예방률의 향상
④ 단위당 예방비용의 절감

합격예측

(1) 안전점검의 안전 5요소
① 인간
② 도구(기계)
③ 원재료
④ 환경
⑤ 작업방법

(2) 안전관리 조직의 구비조건
① 회사의 특성과 규모에 부합되게 조직되어야 한다.
② 조직의 기능이 충분히 발휘될 수 있는 제도적 체계가 갖추어져야 한다.
③ 조직을 구성하는 관리자의 책임과 권한이 분명해야 한다.
④ 생산 라인과 밀착된 조직이어야 한다.

1. 계획의 기본방향

① 현재 기준의 범위 내에서의 안전유지적 방향에서 계획한다.
② 기준의 재설정 방향에서 계획한다.
③ 문제 해결의 방향에서 계획한다.

2. 계획의 구비조건

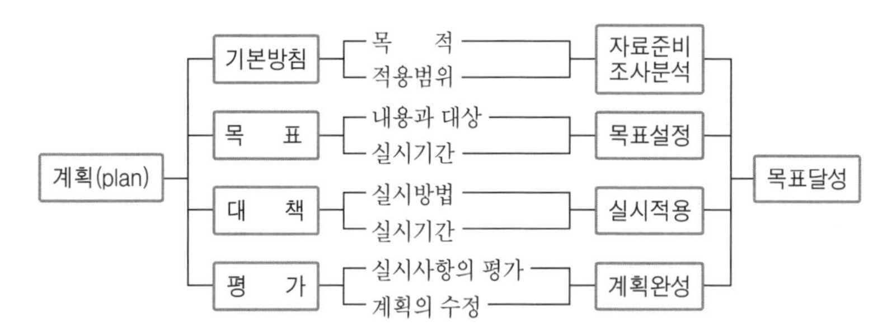

3. 계획 작성(수립)시 고려사항 16. 3. 6 기 19. 3. 3 기 20. 6. 14 산 20. 8. 22 기 20. 9. 27 기

① 사업장의 실태에 맞도록 독자적으로 작성하되 실현 가능성이 있도록 하여야 한다.
② 계획의 목표는 점진적으로 하여 높은 수준으로 한다.
③ 직장 단위로 구체적으로 작성한다.
④ 현재의 문제점을 검토하기 위해 자료를 조사 수집한다.

⑤ 계획에서 실시까지의 미비점, 잘못된 점을 피드백(feed back) 할 수 있는 조정기능을 갖고 있을 것

⑥ 적극적인 선취안전을 취하여 새로운 생각과 정보를 활용한다.

⑦ 계획안이 효과적으로 실시되도록 Line-staff 관계자에게 충분히 납득시킨다.

합격예측

안전보건관리조직의 형태 3가지 16. 5. 8 (기) 16. 10. 1 (기) 17. 9. 23 (기) 21. 8. 14 (기)

① Line형(직계식) : 100명 미만의 소규모 사업장
② Staff형(참모식) : 100~1,000명의 중규모 사업장
③ Line-staff형(복합식) : 1,000명 이상의 대규모 사업장

2 안전보건관리 조직형태

16. 3. 6 (기), (산) 16. 10. 1 (산) 17. 3. 5 (기) 17. 5. 7 (기) 17. 8. 26 (기), (산) 19. 3. 3 (기) 19. 8. 4 (기) (산) 19. 9. 21 (산) 20. 8. 22 (기) 20. 8. 23 (산) 21. 3. 7 (기)

구 분	장 점	단 점	비 고
line형 조직 경영자 생산지시 / 안전지시 작업자	① 안전에 관한 명령과 지시는 생산 라인을 통해 신속·정확히 전달 실시된다. 23. 2. 28 (기) ② 중소 규모 기업에 활용된다. 20. 9. 27 (기) 21. 3. 7 (기)	① 안전 전문 입안이 되어 있지 않아 내용이 빈약하다. ② 안전의 정보가 불충분하다. 21. 9. 12 (기) 22. 4. 24 (기)	① 근로자 100명 미만 사업장에 적합 ② 생산과 안전을 동시에 지시
staff형 조직 경영자 생산지시 / 안전지시 / 스태프 작업자	① 안전 전문가가 안전 계획을 세워 문제 해결 방안을 모색하고 조치한다. ② 경영자의 조언과 자문 역할을 한다. ③ 안전 정보 수집이 용이하고 빠르다.	① 생산 부문에 협력하여 안전 명령을 전달 실시하므로 안전과 생산을 별개로 취급하기 쉽다. ② 생산 부문은 안전에 대한 책임과 권한이 없다. 18. 4. 28 (기) 19. 9. 21 (기) 20. 6. 7 (기)	① 관리 상호간 커뮤니케이션이 원활하도록 해야 안전 관리가 잘 이루어진다. ② 근로자 100~1,000명 정도 ③ 테일러(F.W.Taylor)가 제창한 기능형 조직에서 발전
line and staff형 조직 경영자 스태프 생산지시 / 안전지시 작업자 16. 5. 8 (기) 17. 5. 7 (산)	① 안전 전문가에 의해 입안된 것을 경영자의 지침으로 명령·실시하므로 정확·신속히 이루어진다. ② 안전 입안·계획·평가·조사는 스태프에서, 생산 기술·안전 대책은 라인에서 실시한다.	① 명령계통과 조언, 권고적 참여가 혼돈되기 쉽다. 18. 3. 4 (기) ② 스태프의 월권 행위가 있을 수 있다.	① line형과 staff형의 결점을 상호 보완할 수 있는 방식인데 주로 대기업에서 활용되며 우리나라 산업안전보건법에서도 권장된다. ② 근로자 1,000명 이상 17. 3. 5 (기) 19. 4. 27 (기) 22. 3. 5 (기) 23. 6. 4 (기)

F.W. Taylor
(1856~1915)

Q 은행문제

다음은 각기 다른 조직 형태의 특성을 설명한 것이다. 각 특징에 해당하는 조직형태를 연결한 것으로 맞는 것은? 19. 4. 27 (기) 23. 6. 4 (기)

a. 중규모 형태의 기업에서 시장 상황에 따라 인적 자원을 효과적으로 활용하기 위한 형태이다.
b. 목적 지향적이고 목적 달성을 위해 기존의 조직에 비해 효율적이며 유연하게 운영될 수 있다.

① a : 위원회 조직, b : 프로젝트 조직
② a : 사업부제 조직, b : 위원회 조직
③ a : 매트릭스형 조직, b : 사업부제 조직
④ a : 매트릭스형 조직, b : 프로젝트 조직

정답 ④

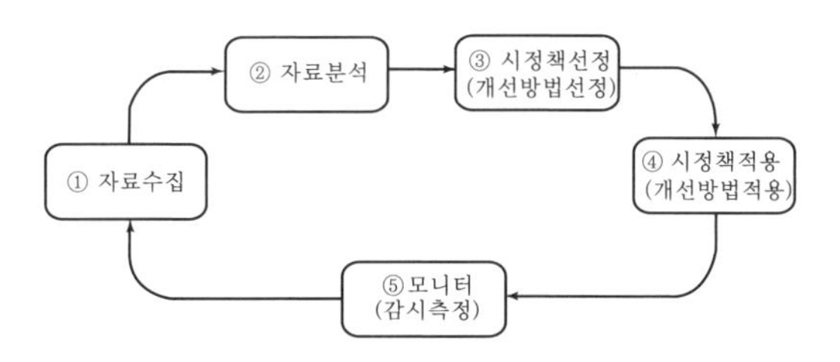

[그림] 개선된 최신 안전보건관리 기법 순서

합격예측

① 위상정립 ⇨ ② 기반조성 ⇨ ③ 종합추진 ⇨ ④ 위험통제 ⇨ ⑤ 무재해실현

[그림] 안전경영전략 5단계

합격예측 및 관련법규

안전보건관리조직 3대 기능
① 위험제거 기능
② 생산관리 기능
③ 손실방지 기능

합격예측

안전업무활동의 체계화 5대책
① 예방대책
② 국한(局限)대책
③ 재해처리대책
④ 비상조치대책
⑤ Feed Back대책

합격예측

안전관리의 기본방향
① 현재 기준 범위 내에서의 안전 유지 방향
② 현재 기준의 재설정 방향
③ 문제해결 방향

합격자의 조언

안전관리자 업무는 나의 임무이다.

Q 은행문제

산업안전보건법령상 안전보건관리규정에 포함해야할 내용이 아닌 것은? 19. 4. 27 기
① 안전보건교육에 관한 사항
② 사고조사 및 대책수립에 관한 사항
③ 안전보건관리 조직과 그 직무에 관한 사항
④ 산업재해보상보험에 관한 사항

정답 ④

3 안전관계자 업무

1. 안전보건관리책임자의 업무 16. 3. 6 기 23. 9. 2 기

① 사업장의 산업재해 예방계획의 수립에 관한 사항
② 안전보건관리규정의 작성 및 변경에 관한 사항
③ 안전보건교육에 관한 사항
④ 작업환경의 측정 등 작업환경의 점검 및 개선에 관한 사항
⑤ 근로자의 건강진단 등 건강 관리에 관한 사항
⑥ 산업재해의 원인조사 및 재발방지대책수립에 관한 사항
⑦ 산업재해에 관한 통계의 기록 및 유지에 관한 사항
⑧ 안전장치 및 보호구 구입시의 적격품 여부 확인에 관한 사항
⑨ 그밖에 근로자의 유해·위험예방조치에 관한 사항으로서 고용노동부령으로 정하는 사항

2. 안전관리자의 업무 17. 3. 5 기 17. 5. 7 기 17. 9. 23 기 18. 3. 4 기 18. 4. 28 기 18. 8. 19 산 20. 6. 7 기 21. 9. 12 기 22. 4. 24 기

① 산업안전보건위원회 또는 안전보건에 관한 노사협의체에서 심의·의결한 업무와 해당 사업장의 안전보건관리규정 및 취업규칙에서 정한 업무
② 위험성평가에 관한 보좌 및 지도·조언
③ 안전인증대상 기계 등과 자율안전확인대상 기계 등 구입 시 적격품의 선정에 관한 보좌 및 지도·조언
④ 해당 사업장 안전교육계획의 수립 및 안전교육 실시에 관한 보좌 및 지도·조언
⑤ 사업장 순회점검·지도 및 조치의 건의
⑥ 산업재해 발생의 원인 조사·분석 및 재발 방지를 위한 기술적 보좌 및 지도·조언
⑦ 산업재해에 관한 통계의 유지·관리·분석을 위한 보좌 및 지도·조언
⑧ 법 또는 법에 따른 명령으로 정한 안전에 관한 사항의 이행에 관한 보좌 및 지도·조언
⑨ 업무수행 내용의 기록·유지
⑩ 그 밖에 안전에 관한 사항으로서 고용노동부장관이 정하는 사항

3. 법적 용어정의

(1) 안전보건관리책임자

사업장을 실질적으로 총괄하여 관리하는 사람

(2) 안전관리자

안전에 관한 기술적인 사항을 관리하는 분이다. 안전관리자를 두어야 할 사업의 종류, 규모 및 안전관리자의 수·자격·직무·권한·선임방법 그 밖에 필요한 사항은 대통령령으로 정한다.

(3) 산업재해용어 정의(KOSHA CODE)

종류	세부내용
떨어짐(추락)	사람이 인력(중력)에 의하여 건축물, 구조물, 가설물, 수목, 사다리 등의 높은 장소에서 떨어지는 것
넘어짐(전도)·전복	사람이 거의 평면 또는 경사면, 층계 등에서 구르거나 넘어짐 또는 미끄러진 경우와 물체가 전도·전복된 경우
붕괴·무너짐(도괴)	토사, 적재물, 구조물, 가설물 등이 전체적으로 허물어져 내리거나 또는 주요 부분이 꺾어져 무너지는 경우
부딪힘(충돌) 접촉	재해자 자신의 움직임·동작으로 인하여 기인물에 접촉 또는 부딪히거나, 물체가 고정부에서 이탈하지 않은 상태로 움직임(규칙, 불규칙) 등에 의하여 접촉·충돌한 경우 18. 8. 19 기 23. 2. 28 기
떨어짐(낙하)·날아옴(비래)	구조물, 기계 등에 고정되어 있던 물체가 중력, 원심력, 관성력 등에 의하여 고정부에서 이탈하거나 또는 설비 등으로부터 물질이 분출되어 사람을 가해하는 경우
끼임감김	두 물체 사이의 움직임에 의하여 일어난 것으로 직선 운동하는 물체 사이의 협착, 회전부와 고정체 사이의 끼임, 롤러 등 회전체 사이에 물리거나 또는 회전체·돌기부 등에 감긴 경우
압박·진동	재해자가 물체의 취급과정에서 신체 특정부위에 과도한 힘이 편중·집중·눌려진 경우나 마찰접촉 또는 진동 등으로 신체에 부담을 주는 경우
신체 반작용	물체의 취급과 관련 없이 일시적이고 급격한 행위·동작, 균형 상실에 따른 반사적 행위 또는 놀람, 정신적 충격, 스트레스 등
부자연스런 자세	물체의 취급과 관련 없이 작업환경 또는 설비의 부적절한 설계 또는 배치로 작업자가 특정한 자세·동작을 장시간 취하여 신체의 일부에 부담을 주는 경우
과도한 힘·동작	물체의 취급과 관련하여 근육의 힘을 많이 사용하는 경우로서 밀기, 당기기, 지탱하기, 들어올리기, 돌리기, 잡기, 운반하기 등과 같은 행위·동작
반복적 동작	물체의 취급과 관련하여 근육의 힘을 많이 사용하지 않는 경우로서 지속적 또는 반복적인 업무 수행으로 신체의 일부에 부담을 주는 행위·동작
이상온도 노출·접촉	고·저온 환경 또는 물체에 노출·접촉된 경우

합격예측

재해발생의 분석시 3가지 18. 4. 28 기 19. 3. 3 기 21. 5. 15 기 22. 4. 24 기

① 기인물 : 불안전한 상태에 있는 물체(환경포함)
② 가해물 : 직접 사람에게 접촉되어 위해를 가한 물체
③ 사고의 형태(재해형태) : 물체(가해물)와 사람과의 접촉현상

참고

산업재해용어 중 시험에 출제 예상

① 부딪힘(충돌)
② 떨어짐(낙하)·날아옴(비래)
③ 붕괴·무너짐(도괴)

참고

[그림] 넘어짐(전도)현상

참고

[그림] 떨어짐(추락 : Fail from height)

Q 은행문제

다음 재해사례에서 기인물에 해당하는 것은? 19. 3. 3 기

기계작업에 배치된 작업자가 반장의 지시를 받기 전에 정지된 선반을 운전시키면서 변속치차의 덮개를 벗겨내고 치차를 저속으로 운전하면서 급유하려고 할때 오른손이 변속치차에 맞물려 손가락이 절단되었다.

① 덮개 ② 급유
③ 선반 ④ 변속치차

정답 ③

합격예측

재해원인분석 3종목

① 사고의 유형 : 추락, 전도, 충돌, 낙하 및 비래, 협착, 감전, 폭발, 붕괴 및 도괴, 파열, 화재, 이상온도 접촉, 유해물 접촉, 무리한 동작 등
② 기인물 : 불안전한 상태에 있는 물체(환경 포함)
③ 가해물 : 사람에게 직접 접촉되어 위해를 가한 물체(환경 포함)

이상기압 노출	고·저기압 등의 환경에 노출된 경우
소음 노출	폭발음을 제외한 일시적·장기적인 소음에 노출된 경우
유해·위험물질 노출·접촉	유해·위험물질에 노출·접촉 또는 흡입하였거나 독성 동물에 쏘이거나 물린 경우
유해광선 노출	전리 또는 비전리 방사선에 노출된 경우
산소결핍·질식	유해물질과 관련 없이 산소가 부족한 상태·환경에 노출되었거나 이물질 등에 의하여 기도가 막혀 호흡기능이 불충분한 경우
화재	가연물에 점화원이 가해져 의도적으로 불이 일어난 경우(방화 포함)
폭발	건축물, 용기 내 또는 대기 중에서 물질의 화학적, 물리적 변화가 급격히 진행되어 열, 폭음, 폭발압이 동반하여 발생하는 경우
전류접촉(감전)	전기 설비의 충전부 등에 신체의 일부가 직접 접촉하거나 유도 전류의 통전으로 근육의 수축, 호흡곤란, 심실세동 등이 발생한 경우 또는 특별고압 등에 접근함에 따라 발생한 섬락 접촉, 합선·혼촉 등으로 인하여 발생한 아크에 접촉된 경우
폭력행위	의도적인 또는 의도가 불분명한 위험행위(마약, 정신질환 등)로 자신 또는 타인에게 상해를 입힌 폭력·폭행을 말하며, 협박·언어·성폭력 및 동물에 의한 상해 등도 포함

4 안전보건관리계획

1. 재해 요소와 발생 모델

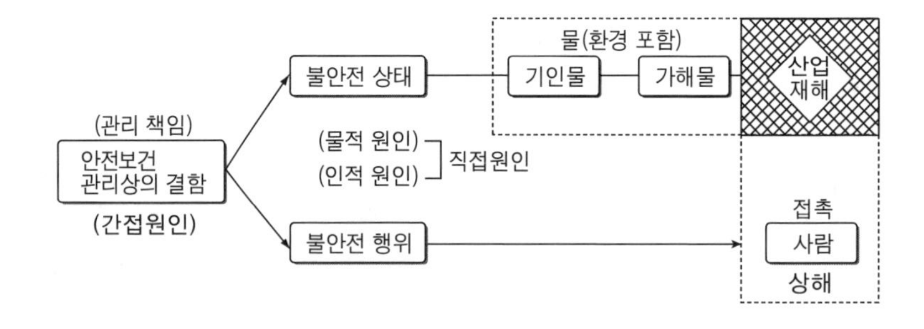

[그림] 재해 발생 모델

2. 관리감독자 업무 내용 18. 3. 4 산 20. 9. 27 기

① 사업장내 관리감독자가 지휘·감독하는 작업과 관련되는 기계·기구 또는 설비의 안전보건점검 및 이상유무의 확인

② 관리감독자에게 소속된 근로자의 작업복·보호구 및 방호장치의 점검과 그 착용·사용에 관한 교육·지도

③ 해당 작업에서 발생한 산업재해에 관한 보고 및 이에 대한 응급조치
④ 해당 작업의 작업장의 정리·정돈 및 통로확보의 확인·감독
⑤ 해당 사업장의 다음 각 목의 어느 하나에 해당하는 사람의 지도·조언에 대한 협조
  ㉮ 안전관리자(안전관리전문기관에 위탁한 사업장의 경우에는 그 전문기관의 해당 사업장 담당자)
  ㉯ 보건관리자(보건관리전문기관에 위탁한 사업장의 경우에는 그 전문기관의 해당 사업장 담당자)
  ㉰ 안전보건관리담당자(안전보건관리담당자의 업무를 안전관리 전문기관 또는 보건관리전문기관에 위탁한 사업장은 그 전문기관의 해당 사업장 담당자)
  ㉱ 산업보건의
⑥ 위험성평가에 관한 업무
  ㉮ 유해·위험요인의 파악에 대한 참여
  ㉯ 개선조치의 시행에 대한 참여
⑦ 그 밖에 해당 작업의 안전 및 보건에 관한 사항으로서 고용노동부령으로 정하는 사항

3. 안전관리계획 작성시 고려해야 할 사항

① 목표와 대책과의 균형을 유지할 것
② 대책 작성에 있어서는 조감도를 작성할 것

4. 대책의 우선순위 결정시 유의사항

① 목표달성에 대한 기여도
② 대책의 긴급성에 의해 우선순위를 결정
③ 문제의 확대 가능성의 여부
④ 대책의 난이성에 따라 우선순위를 정하지 말 것

5. 안전보건관리계획 내용의 주요항목

① 중점사항과 세부실시 사항
② 실시 시기
③ 실시 부서 및 실시 담당자
④ 실시상의 유의점
⑤ 실시 결과의 보고 및 확인

합격예측

안전보건관리에 대한 규정
① 안전수칙
② 실비관리 규정
③ 안전작업표준
④ 각종 위원회 규정
⑤ 안전보건관리규정

합격예측

[그림] 관리감독자

Q 은행문제

스태프형 안전조직에 있어서 스태프의 주된 역할이 아닌 것은?
① 실시계획의 추진
② 안전관리 계획안의 작성
③ 정보수집과 주지, 활용
④ 기업의 제도적 기본방침 시달

정답 ④

Chapter 02

안전보건관리 체제 및 운영
출제예상문제

출제예상문제는 복습, 예습문제로 엮었습니다. *WHY : 실제시험에도 순서에 관계없이 출제됩니다. 예습 후 다음장에 공부한 문제가 있으면 기억이 배가 됩니다.

01 ★★★★★ 안전관리자의 업무에 해당되지 않는 것은?

① 해당 사업장 안전교육 계획의 수립 및 실시에 관한 보좌 및 지도·조언
② 직업병 발생의 원인조사 및 대책수립
③ 산업재해발생의 원인조사 및 재발방지를 위한 지도·조언
④ 안전에 관련된 보호구의 구입시 적격품 선정에 관한 보좌 및 지도

해설

안전관리자 업무

① 산업안전보건위원회 또는 안전보건에 관한 노사협의체에서 심의·의결한 업무와 해당 사업장의 안전보건관리규정 및 취업규칙에서 정한 업무
② 위험성 평가에 관한 보좌 및 지도·조언
③ 안전인증대상 기계 등과 자율안전확인대상 기계 구입시 적격품의 선정에 관한 보좌 및 지도·조언
④ 해당 사업장 안전교육계획의 수립 및 안전교육 실시에 관한 보좌 및 지도·조언
⑤ 사업장 순회점검·지도 및 조치의 건의
⑥ 산업재해 발생의 원인 조사·분석 및 재발 방지를 위한 기술적 보좌 및 지도·조언
⑦ 산업재해에 관한 통계의 유지·관리·분석을 위한 보좌 및 지도·조언
⑧ 법 또는 법에 따른 명령으로 정한 안전에 관한 사항의 이행에 관한 보좌 및 지도·조언
⑨ 업무수행 내용의 기록·유지
⑩ 그 밖에 안전에 관한 사항으로서 고용노동부장관이 정하는 사항

안전관리자가 자기 업무를 모른다면 말이 안 되겠지요.

02 ★★★★★ 다음은 안전조직 형태를 설명한 것이다. 맞게 이어 놓은 것은?

① 명령과 보고관계 간단명료한 조직－라인 조직
② 경영자의 조언과 자문역할을 한다－라인 조직
③ 명령과 조언 권고가 혼동되기 쉬운 조직－스태프 조직
④ 생산부문은 안전에 대한 책임과 권한이 없다－라인스태프 조직

해설

① 경영자의 조언 자문 : 스태프 조직
② 명령과 권고 혼동 조직 : 라인스태프 혼형
③ 생산부문은 안전에 대한 책임이 없다 : 스태프 조직

참고) 어떤 형태로도 안전조직 3유형은 기업체에서 적용해야 한다.

03 ★★ 다음 중 안전보건관리규정에 포함되어야 할 사항이 아닌 것은?

① 안전 및 보건관리조직
② 재해코스트 분석방법
③ 사고 및 재해에 대한 조치
④ 안전보건교육

해설

안전보건관리규정에 포함사항

① 안전 및 보건에 관한 관리조직과 그 직무에 관한 사항
② 안전보건교육에 관한 사항
③ 작업장의 안전 및 보건관리에 관한 사항
④ 사고 조사 및 대책 수립에 관한 사항
④ 그 밖에 안전 및 보건에 관한 사항

정보제공
산업안전보건법 제25조(안전보건관리규정의 작성)

[정답] 01 ② 02 ① 03 ②

04 ★ A사업장은 평균 근로자수가 1,000명의 중규모이다. 안전조직은 어떤 형태가 가장 적합한가?

① 라인형 안전조직
② 스태프형 안전조직
③ 라인스태프 병행조직
④ 생산부서장이 안전책임자 겸직 조직

해설

근로자수에 따른 안전조직
① 라인식 조직 : 100명 이하(소규모)
② 스태프식 조직 : 100~1,000명(중규모)
③ 라인스태프 혼형 : 1,000명 이상(대규모)

참고 우리나라 산업안전보건법에서는 라인스태프 혼형 안전 조직을 권하고 있다.

05 ★★ 다음 안전관리조직 중 스태프(staff)형의 장점이 아닌 것은?

① 안전정보 수집이 신속하다.
② 안전기술 축적이 용이하다.
③ 안전기술 명령이 신속하다.
④ 경영자의 자문역할을 한다.

해설

스태프형의 장점
① 안전 전문가가 안전 계획을 세워 문제해결 방안을 모색하고 조치한다.
② 경영자에게 조언과 자문 역할을 한다.
③ 안전정보 수집이 빠르고 용이하다.

참고 안전기술 명령의 신속은 라인조직이다.

06 ★★ 안전조직을 설명한 것 중 line-staff에 해당되는 것은?

① 조언이나 권고적 참여가 혼동된다.
② 안전과 생산은 별개로 생각한다.
③ 안전에 대한 정보가 불충분하다.
④ 안전책임과 권한이 생산부문에는 없다.

해설

혼형(라인+스태프)의 특징
① 안전 전문가에 의해 입안된 것을 경영자의 지침으로 명령을 실시하므로 정확, 신속히 이루어진다.(장점)
② 명령계통과 조언 권고적 참여가 혼동되기 쉽다.(단점)

07 ★ 라인 및 참모식의 혼합식 안전조직 특성이 아닌 것은?

① 안전활동을 전담하는 부서를 두어 안전에 관한 업무를 관장하는 제도이다.
② 안전업무에 관한 계획 등은 전문 기술자에 의해 추진되고 집행은 생산에서 행한다.
③ 안전은 전체 종업원의 직접 참여로 이루어진다.
④ 안전활동과 생산이 상호 연관을 가지고 운용된다.

해설

(1) 안전계획에서 입안, 추진, 모든 것이 staff에서 이루어지는 것은 참모식 조직이다.
(2) 라인-스태프 혼형의 장점을 설명한 것이다.

이번 시험에도 출제되니 꼭 기억하세요.

08 ★★★ 효율적인 안전관리를 위해서는 4가지의 기본관리 사이클을 갖춰 활동을 되풀이함으로써 안전관리의 수준이 향상된다. 다음 중 관리 사이클 요소가 아닌 것은?

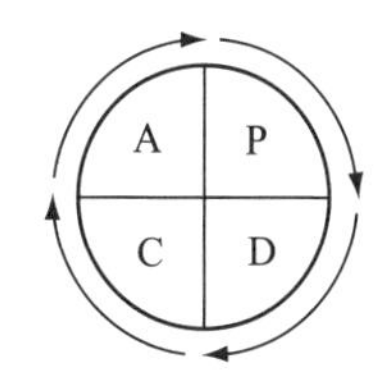

① 계획(plan)　② 예산(budget)
③ 실시(do)　④ 조치(action)

해설

(1) 안전관리 4사이클 순서 : P → D → C → A
(2) C : Check(검토)를 의미합니다.

[정답] 04 ② 05 ③ 06 ① 07 ① 08 ②

09 ★★ 안전관리계획 수립시의 유의사항을 나열한 것이다. 틀린 것은?

① 목표는 낮은 수준에서 높은 수준으로 점진적으로 설정할 것
② 근본적인 안전대책을 강구할 것
③ 규정된 기준은 법정기준을 상회하도록 할 것
④ 복수적인 안을 넣어 그 중에서 선택할 것

해설

안전관리계획 수립

(1) 안전관리계획은 복수적이어서는 안 된다. 반드시 단일안으로 통일되어야 한다.
(2) ①, ②, ③ 외 관계 법령의 제·개정에 따라 즉시 개정한다.
(3) 작성 또는 개정시에 현장의 의견을 충분히 반영한다.

10 ★★ 안전조직 형태 중 직계(line)형의 특징은?

① 독립된 안전참모 조직을 보유하고 있다.
② 대규모의 사업장에 적합하다.
③ 안전지시나 명령이 신속히 수행된다.
④ 안전지식이나 기술축적이 용이하다.

해설

(1) ①, ④는 스태프식의 특징
(2) ②는 라인스태프식 혼형의 특징

11 ★★★★★ 안전업무를 관장하는 전문부문을 두는 안전보건조직은?

① line형 조직
② staff형 조직
③ line-staff 혼형조직
④ staff-line 혼형조직

해설

staff형 장점

① 안전 전문가가 안전계획을 세워 문제 해결방안을 모색하고 조치한다.
② 경영자의 조언과 자문 역할
③ 안전정보 수집이 용이하고 빠르다.

[그림] 스태프형의 골격

12 ★★ 다음 중 라인식 안전조직의 특성이 아닌 것은?

① 모든 명령은 생산계통을 따라 이루어진다.
② 참모식 조직보다 경제적인 조직이다.
③ 안전관리 전담요원을 별도로 지정한다.
④ 규모가 작은 사업장에 적용된다.

해설

안전조직의 특성

(1) 라인식 : 100명 미만에 적합
  ① 모든 명령은 생산계통을 따라 이루어진다.
  ② 참모식보다 경제적 조직이다.
  ③ 규모가 작은 사업장에 적용된다.
  ④ 라인형 장점 : 안전명령 및 지시가 용이
  ⑤ 라인형 단점 : 안전지식과 기술축적 불가
(2) 참모식 : 100명~1,000명 정도에 적합
  ① 생산계통과 견해 차이로 마찰이 일어난다.
  ② 전담기능에 의거 수행되므로 발전적이다.
  ③ 참모형 장점 : 안전지식과 기술축적 용이
  ④ 참모형 단점 : 안전지시가 용이치 못함
(3) 혼합식 : 1,000명 이상 사업장에 적합
  ① 생산기능과 잘 협조가 이루어진다.
  ② 전 근로자의 안전활동에 참여기회 부여
  ③ 라인 각 계층에 안전업무를 겸임할 수 있다.

⊙지금까지 안전조직에 관한 것을 잊어도 이번 문제만 기억하면 필기도 합격이며 실기도 합격이다.

13 ★★ 개선계획을 작성함에 있어서 먼저 공정도를 작성하지 않으면 안 된다. 공정별 유해·위험 분포도를 작성할 때의 중요 포인트에 해당되지 않는 것은?

① 공정 내의 유해 위험인자의 발견
② 공정별 종사인원의 파악
③ 각 공정간의 작업의 흐름에 따른 표준작업 관계
④ 각 공정별 종사자의 적성

해설

개선계획서의 목차(포인트)

① 공정별 유해·위험 분포도
② 재해발생 현황
③ 재해 다발원인 및 유형분석
④ 교육 및 점검계획
⑤ 유해·위험 작업부서 및 근로자수
⑥ 개선계획(공통사항 중점개선계획)

[정답] 09 ④ 10 ③ 11 ② 12 ③ 13 ④

14 ★★ 안전조직 중 안전스태프의 주의사항이 아닌 것은?

① 안전관리 목표 및 방침안 작성
② 정보수집안 수집 활용
③ 실시계획의 추진
④ 작업자의 적정배치에 대하여 조치한다.

해설

작업자의 적정배치는 인사과에 안전관리자의 부탁(협조) 사항이다.

여러분도 열심히 공부해 자격증 취득하세요.^^

15 ★★★ 다음은 안전조직 형태를 설명한 것이다. 맞게 연결된 것은?

① 명령과 보고 관계, 간단 명료한 조직－라인조직
② 경영자의 조언과 자문역할을 한다－라인조직
③ 명령자 조언 권고가 혼동되기 쉬운 조직－스태프 조직
④ 생산부문에 있어 안전에 대한 책임과 권한이 없다－라인스태프

해설

② 스태프 조직
③ 라인스태프 조직
④ 스태프 조직

똑같은 문제가 나왔지요. 왜냐고요. 문제은행식이니까요.

16 ★★★ 사업주의 안전에 대한 책임에 해당되지 않는 것은?

① 안전기구의 조직
② 안전활동 참여 및 감독
③ 사고기록 조사 및 분석
④ 안전방침 수립 및 시달

해설

(1) 사고기록 조사 및 분석은 안전관리자 직무
(2) 사업주의 안전책임
  ① 안전조직 편성운영
  ② 안전예산의 책정 및 진행
  ③ 안전한 기계설비 및 작업환경의 유지, 개선
  ④ 기본방침 및 안전시책의 시달 및 지시

17 ★★ 다음 중 안전관리규정에 포함되어야 할 사항이 아닌 것은?

① 총칙
② 재해코스트 분석방법
③ 조직과 책임
④ 안전기준

해설

규정에 포함 사항

① 총칙	② 조직과 책임
③ 안전보건위원회	④ 안전기준
⑤ 보건기준	⑥ 교육훈련
⑦ 점검과 검사	⑧ 긴급조치
⑨ 재해 및 사고조사보고	⑩ 보호구 관리
⑪ 상벌	⑫ 제안제도

18 ★★★ 라인식(직계식) 조직의 특성으로 옳지 않은 것은?

① 안전관리 전담 요원을 별도로 지정한다.
② 모든 명령은 생산계통을 따라 이루어진다.
③ 규모가 작은 사업장에 적용된다.
④ 참모식 조직보다 경제적인 조직이다.

해설

(1) ①은 스태프(staff)식 조직이다.
(2) 라인식은 100명 미만의 중소기업에 적합한 안전조직이다.

19 ★★ 다음 중 안전관리자의 업무인 것은?

① 산재 발생시 원인조사 분석, 기술적 보좌 및 지도
② 안전보건 관리규정의 작성
③ 산업재해에 관한 통계의 기록 미 유지
④ 안전장치 및 보호구 구입 여부 확인

해설

산업안전보건법령 제18조를 기억하셔야 합니다.

문제 1번 공부했으면 다시 확인하세요.

[정답] 14④ 15① 16③ 17② 18① 19①

20 ★★ 안전조직 중 라인스태프(line staff)의 장점을 가장 잘 나타낸 것은?

① 안전 전문가에 의해 입안된 것을 경영자의 지침으로 명령 실시토록 하므로 정확 신속하다.
② 안전 전문가가 안전대책을 세워 전문적인 문제해결 방안을 모색 대처한다.
③ 안전실시의 지시는 명령계통으로 신속히 전달된다.
④ 경영자의 조언과 자문역할을 한다.

해설

안전조직
(1) ③은 라인형 조직의 장점
(2) ②, ④는 스태프형 조직의 장점

21 ★★ 안전관리의 조직형태 중에서 경영자(수뇌부)의 지휘와 명령이 위에서 아래로 하나의 계통이 잘 되어 잘 전달되며 소규모 기업에 적합한 방식은?

① 스태프 방식 ② 라인 방식
③ 라인스태프 방식 ④ 라운드 방식

해설

규모에 따른 안전조직
① 대규모 : 라인스태프
② 중규모 : 스태프
③ 소규모 : 라인식

22 ★★ 안전관리조직의 기본방식이 아닌 것은?

① line system
② staff system
③ line-staff system
④ safety system

해설

안전관리조직의 3유형
① 라인형
② 스태프형
③ 라인스태프 혼형

23 ★★ 다음은 안전관리자가 수행하여야 할 4가지 사항이다. 이 중에서 안전관리자가 작업 안전수칙의 이행 상태를 확인하고 불안전한 상태나 조건을 지적하고 시정하는 항목은 어느 것인가?

① 안전기획의 수립과 시행
② 잠재 위험성의 발견과 통제
③ 안전의 교육 및 훈련
④ 사고의 조사분석 및 시정

해설

안전관리자 수행 사항
① 안전관리계획 계획단계에서 실시한다.
② 안전은 계획(plan)에서 직접 원인을 제거한다.
③ 지적과 시정은 분석에서 실시한다.

24 ★★ 다음 중 근로자가 준수하여야 할 안전수칙에 포함되는 사항이 아닌 것은?

① 보호구의 착용시기, 종류, 요령의 지시
② 작업대 및 기계주변의 청결 및 정돈의 강조
③ 작업장 내의 무질서 및 소란의 금지 강조
④ 작업장에 알맞은 환기, 조명, 냉난방 장치 등의 설치 강조

해설

(1) 환기, 조명 등은 안전보건관리 책임자가 할 일이다.
(2) 근로자 이행사항
① 작업 전후 안전점검 실시
② 안전작업의 이행
③ 보고, 신호, 안전수칙 준수
④ 개선 필요시 적극적 의견 제안

25 ★★ 다음 안전관리조직 중 스태프(staff)형의 장점이 아닌 것은?

① 안전정보수집이 신속하다.
② 안전기술축적이 용이하다.
③ 안전기술명령이 신속하다.
④ 경영자의 자문역할을 한다.

[정답] 20 ① 21 ② 22 ④ 23 ④ 24 ④ 25 ③

해설

③은 라인형의 장점이다.

◉제2장 안전관리 체제 및 운영에서 다른 문제가 출제되면 저자가 책임 질께요.

26 ★★★★ **안전문제의 계획에서부터 실시에 이르기까지의 명령은 생산라인을 따라서 시달되는 것과 같은 조직형태는 다음의 어느 것이라고 생각하는가?**

① 참모식 조직 ② 기동식 조직
③ 단계식 조직 ④ 직계식 조직

해설

소규모 사업에 적합한 라인식(직계식, 직선식)을 의미한다.

◉정말 더 이상의 문제는 없어요. 계속 전진하세요.

27 ★★ **다음 중 안전관리 계획수립시 기본계획에 해당되지 않는 것은?**

① 산재사업장 및 직장 단위로 구체적으로 계획한다.
② 계획의 목표는 점진적이고 중간 수준의 것으로 한다.
③ 사후형보다는 사전형의 안전대책을 채택한다.
④ 여러 개의 안을 만들어 최종안을 채택한다.

해설

안전계획 작성시 고려사항 3가지

① 직장 단위로 구체적으로 작성한다.
② 계획목표는 점진적으로 하여 높은 수준으로 한다.
③ 사업장의 실태에 맞도록 독자적으로 수립하되 실현 가능성이 있도록 한다.

28 ★ **대규모 기업에서 많이 채택되고 있는 안전 조직 방식은?**

① 라인 방식
② 스태프 방식
③ 라인스태프 방식
④ 인간, 기계제방식

해설

규모에 따른 안전조직

① 소규모 : 라인식
② 중규모 : 스태프식
③ 대규모 : 라인스태프 혼형

29 ★★ **안전관리 조직의 기본 방식이 아닌 것은?**

① 라인 시스템 ② 스태프 시스템
③ 라인스태프 시스템 ④ 세이프티 시스템

해설

안전조직은 ①, ②, ③ 3가지뿐이다.

30 ★★ **관리감독자의 업무에 해당되지 않는 것은?**

① 보호구 구입시 적격품 선정
② 기계설비의 안전·보건 점검 및 이상유무의 확인
③ 산업재해에 관한 보고 및 그에 대한 응급 조치
④ 작업장의 정리정돈 및 통로확보의 확인·감독

해설

관리감독자 업무

① 사업장내 관리감독자가 지휘·감독하는 작업(이하 이 조에서 "해당 작업"이라한다)과 관련되는 기계·기구 또는 설비의 안전·보건점검 및 이상유무의 확인
② 관리감독자에게 소속된 근로자의 작업복·보호구 및 방호장치의 점검과 그 착용·사용에 관한 교육·지도
③ 해당 작업에서 발생한 산업재해에 관한 보고 및 이에 대한 응급조치
④ 해당 작업의 작업장의 정리·정돈 및 통로확보의 확인·감독
⑤ 해당 사업장의 다음 각 목의 어느 하나에 해당하는 사람의 지도·조언에 대한 협조
  가. 안전관리자(안전관리전문기관에 위탁한 사업장의 경우에는 그 전문기관의 해당 사업장 담당자)
  나. 보건관리자(보건관리전문기관에 위탁한 사업장의 경우에는 그 전문기관의 해당 사업장 담당자)
  다. 안전보건관리담당자(안전보건관리담당자의 업무를 안전관리전문기관 또는 보건관리전문기관에 위탁한 사업장은 그 전문기관의 해당 사업장 담당자)
  라. 산업보건의
⑥ 위험성평가에 관한 다음 각 목의 업무
  가. 유해·위험요인의 파악에 대한 참여
  나. 개선조치의 시행에 대한 참여
⑦ 그 밖에 해당작업의 안전 및 보건에 관한 사항으로서 고용노동부령으로 정하는 사항

[정답] 26 ④ 27 ② 28 ③ 29 ④ 30 ①

31 ★★ 안전보건관리책임자의 업무에 대하여 기술한 것 중에서 잘못된 것은?

① 유해·위험방지 업무의 총괄관리
② 작업환경점검 업무의 총괄관리
③ 산업재해예방계획의 수립에 관한 사항
④ 안전에 관한 보조자의 감독

해설

안전보건관리책임자의 업무내용

① 사업장의 산업재해예방계획의 수립에 관한 사항
② 안전보건관리규정의 작성 및 변경에 관한 사항
③ 안전보건교육에 관한 사항
④ 작업환경의 측정 등 작업환경의 점검 및 개선에 관한 사항
⑤ 근로자의 건강진단 등 건강관리에 관한 사항
⑥ 산업재해의 원인조사 및 재발방지대책의 수립에 관한 사항
⑦ 산업재해에 관한 통계의 기록 및 유지에 관한 사항
⑧ 안전장치 및 보호구 구입시의 적격품 여부확인에 관한 사항
⑨ 그 밖에 근로자의 유해·위험방지 조치에 관한 사항으로 고용노동부령으로 정하는 사항

합격자의 조언

① 헌 돈은 새 돈으로 바꿔 사용하라. 새 돈은 충성심을 보여준다.
② 최신교재가 최신정보로 합격을 보장한다.

[정답] 31 ④

Chapter 03 재해조사 및 분석

중점 학습내용

본 장은 재해의 원인을 분석하였는데 특히 재해의 98% 이상인 직접 원인을 강조하였으며, 재해 발생 메커니즘을 정리하여 재해의 가장 근본 원인을 요약하였다. 하인리히는 1928년 75,000건의 사고를 분석하여 프로젝트를 주도하였고, 거기서 88:10:2 비율을 제시하였다.

예 사고의 직접적 원인비율 : 88[%] 안전하지 않은 행위, 10[%] 안전하지 않은 조건, 2[%] 예방할 수 없는 것

❶ 산업재해조사
❷ 산업재해발생 원인분류
❸ 산업재해통계 및 분석
❹ 산업재해코스트 계산방식

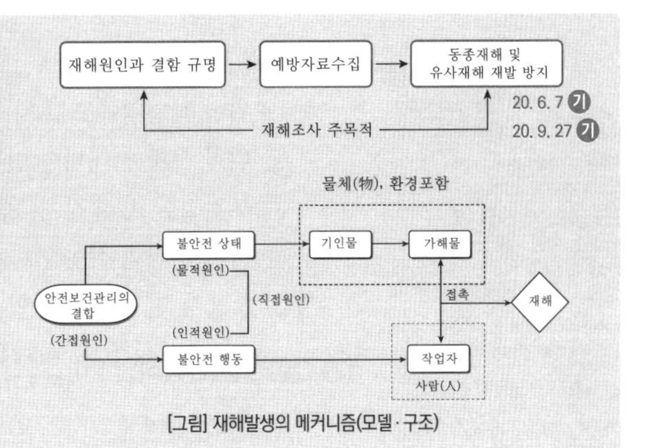

[그림] 재해발생의 메커니즘(모델·구조)

합격날개

1 산업재해조사

1. 산업재해의 직·간접원인 20. 8. 22 기

(1) 직접원인(아담스의 "전술적 에러"와 동일) 16. 5. 8 산 17. 3. 5 기 17. 9. 23 산

① 인적 원인(불안전한 행동) 18. 3. 4 기 19. 3. 3 기

㉮ 위험 장소 접근
㉯ 안전 장치의 기능 제거
㉰ 복장·보호구의 잘못 사용
㉱ 기계·기구의 잘못 사용
㉲ 운전중인 기계 장치의 손질
㉳ 불안전한 속도 조작
㉴ 위험물 취급 부주의
㉵ 불안전한 상태 방치
㉶ 불안전한 자세 동작

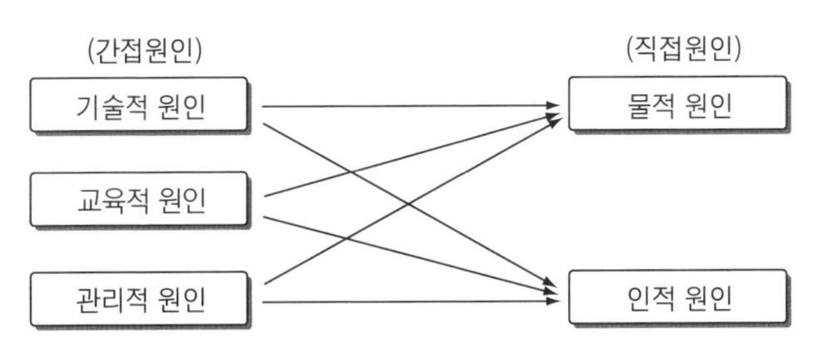

[그림] 직·간접재해원인 비교

합격예측

재해조사계획 내용

① 사고 조사반의 구성(단독조사금지)
② 조사항목의 결정
③ 조사방법의 설정
④ 조사자료 범위
⑤ 조사협력기관 또는 협조자 선정
⑥ 종합
⑦ 검증방법

용어정의

위험(Hazard)이란

직·간접적으로 인적, 물적, 환경적으로 피해가 발생될 수 있는 실제 또는 잠재되어 있는 상태를 말한다.

참고

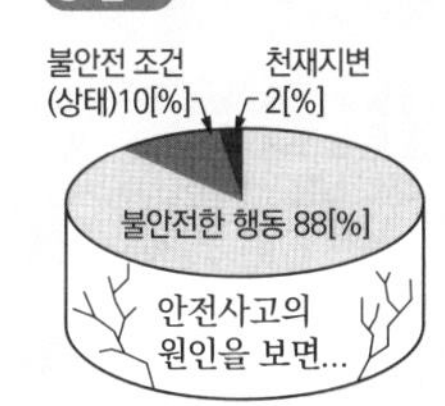

[그림] 하인리히 88:10:2 법칙

합격예측 17. 5. 7 기

산업재해발생시 기록·보전 (3년간 보존)해야 할 사항

① 사업장의 개요 및 근로자의 인적사항
② 재해발생의 일시 및 장소
③ 재해발생의 원인 및 과정
④ 재해재발방지 계획

합격예측 16. 5. 8 기 17. 5. 7 기 17. 9. 23 기 18. 4. 28 기 18. 8. 19 산 19. 8. 4 산 19. 9. 21 기

① 기인물 : 재해발생의 주원인이며 재해를 가져오게 한 근원이 되는 기계, 장치, 물(物) 또는 환경 등(불안전상태) 22. 3. 5 기
② 가해물 : 직접 사람에게 접촉하여 피해를 주는 기계, 장치, 물(物) 또는 환경 등

기인물 : 크레인

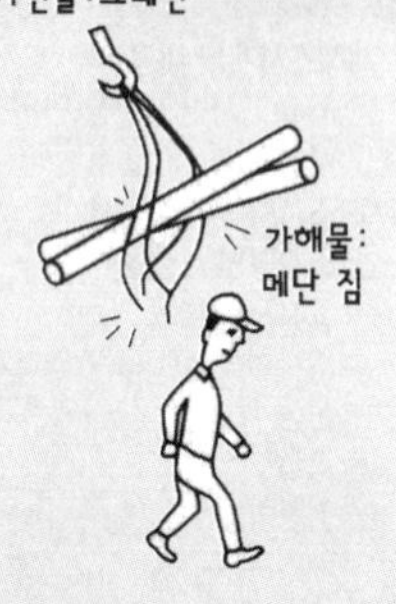

[그림] 기인물과 가해물

Q 은행문제

근로자가 벽돌을 손수레에 운반 중 벽돌이 떨어져 발을 다쳤다. 이때 ㉠기인물과 ㉡가해물로 옳은 것은?

① ㉠ 손수레, ㉡ 손수레
② ㉠ 손수레, ㉡ 벽돌
③ ㉠ 벽돌, ㉡ 벽돌
④ ㉠ 벽돌, ㉡ 손수레

정답 ③

② 물적 원인(불안전한 상태) 17. 5. 7 산 18. 4. 28 기 19. 4. 27 기 20. 8. 22 기 20. 9. 27 기 22. 3. 5 기 22. 4. 24 기

㉮ 물 자체의 결함　　㉯ 안전방호장치의 결함
㉰ 복장, 보호구의 결함　　㉱ 기계의 배치 및 작업장소의 결함
㉲ 작업환경의 결함 18. 4. 28 기
　㉠ 부적당한 조명　　㉡ 부적당한 온도, 습도
　㉢ 과다한 소음 발산　　㉣ 부적당한 배기
㉳ 생산공정의 결함
　㉠ 위험 작업임에도 조치 불비　　㉡ 위험 공정임에도 조치 불비
　㉢ 위험 상황에 대비한 안전장치 불안전
　㉣ 부적절한 기계 장치, 공구, 용구의 사용
　㉤ 작업 순서의 잘못　　㉥ 기술적, 육체적 무리
㉴ 경계 표시 및 설비의 결함

(2) 간접원인(관리적인 면) 16. 5. 8 기 17. 5. 7 기 18. 3. 4 기 20. 9. 27 기 21. 3. 7 기 23. 6. 4 기

① **기술적 원인** : 기계·기구·설비 등의 방호 설비, 경계 설비, 보호구 정비 구조 재료의 부적당 등
② **안전 교육적 원인** : 무지, 경시, 불이해, 훈련 미숙, 나쁜 습관 등
③ **신체적 원인** : 각종 질병, 스트레스, 피로, 수면 부족 등
④ **정신적 원인** : 태만, 반항, 불만, 초조, 긴장, 공포 등
⑤ **관리적 원인** : 책임감의 부족, 부적절한 인사 배치, 작업 기준의 불명확, 점검·보건 제도의 결함, 근로 의욕 침체, 작업지시 부적절 등

2. 재해(사고)조사방향

① 해당 사고에 대한 순수한 원인 규명을 한다.
② 동종 사고의 재발방지를 위해 노력한다.
③ 생산성 저해요인을 없애야 한다.
④ 관리·조직상의 장애요인을 색출한다.

3. 재해(사고)조사시의 유의사항 16. 3. 6 기 18. 4. 28 기 19. 4. 27 기 21. 3. 7 기 21. 5. 15 기 22. 3. 5 기

① 사실 수집에 치중한다.
② 목격자의 단정적 표현이나 추측은 사실과 구별하여 참고 자료로 기록해 둘 것이며 진술은 가급적 사고 직후에 기록하는 것이 좋다.
③ 책임을 추궁하는 태도를 보이면 사실을 은폐하게 되므로 주의한다.
④ 조사는 신속히 행하고 2차 재해의 방지를 도모한다.
⑤ 사람, 설비, 환경의 측면에서 재해요인을 도출한다.
⑥ 제3자의 입장에서 공정하게 조사하며, 반드시 조사는 2인 이상이 한다.

2 산업재해발생 원인분류

1. 재해발생 메커니즘(mechanism)

(1) 하인리히(H.W. Heinrich)의 산업재해 도미노 이론 19. 4. 27 산

① 제1단계 : 사회적 환경과 유전적 요소(가정 및 사회적 환경의 결함)
② 제2단계 : 개인적 결함
③ 제3단계 : 불안전 상태 및 불안전 행동
④ 제4단계 : 사고
⑤ 제5단계 : 상해(재해)

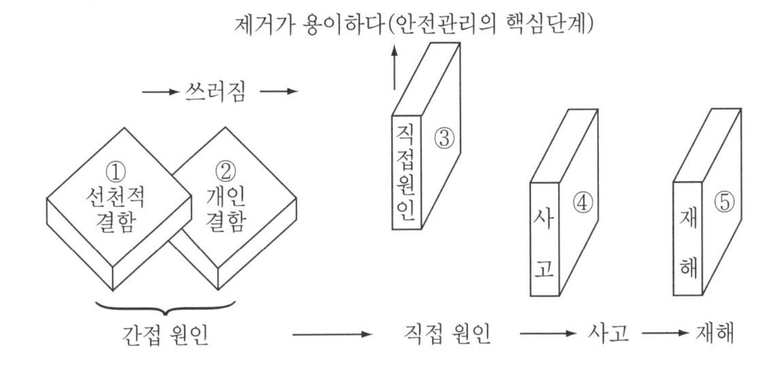

[그림] 재해발생과정 도미노 이론

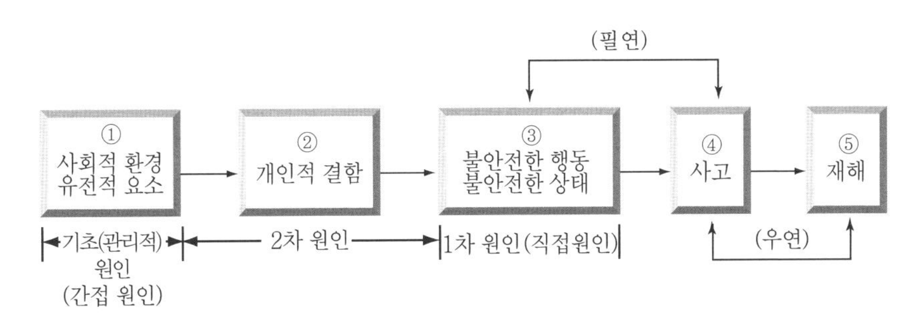

[그림] 사고발생 메커니즘(mechanism) 18. 9. 15 기 20. 6. 14 산

(2) 버드(Frank Bird)의 최신(새로운) 연쇄성(domino) 이론 17. 3. 5 기 20. 6. 7 기 21. 3. 7 기 21. 9. 12 기 22. 3. 5 기 23. 6. 4 기

① 제1단계 : 전문적 관리 부족(제어 부족 : 관리 경영) : 근원적 원인
② 제2단계 : 기본원인(기원) – **제거시 큰 사고 예방 가능**
③ 제3단계 : 직접원인(징후) : 인적 원인+물적 원인
④ 제4단계 : 사고(접촉)
⑤ 제5단계 : 상해(손해, 손실)

합격예측

(1) 자베티키스(Zebetakis)의 연쇄성 이론
① 1단계 : 개인과 환경(안전정책과 결정)
② 2단계 : 불안전한 행동과 불안전한 상태
③ 3단계 : 물질에너지의 기준 이탈
④ 4단계 : 사고
⑤ 5단계 : 구호

(2) 아담스(Adams)의 연쇄 이론
17. 5. 7 기 18. 3. 4 기 18. 9. 15 기 19. 3. 3 기
① 1단계 : 관리구조
② 2단계 : 작전적 에러(경영자 감독자 행동)
③ 3단계 : 전술적 에러(불안전한 행동 or 조작)
④ 4단계 : 사고(물적 사고)
⑤ 5단계 : 상해 또는 손실

합격예측 22. 4. 24 기

작업수행 중 불안전한 행동
① 인간과오
② 지식부족
③ 태도불량

합격예측

간접원인(관리적 원인)

구분	내용
기술적 요인	① 건물·기계 등의 설계불량 ② 생산공정의 부적당 ③ 구조·재료의 부적합 ④ 점검 및 보존 불량
교육적 요인	① 안전지식 및 경험의 부족 ② 작업방법의 교육 불충분 ③ 경험 훈련의 미숙 ④ 안전수칙의 오해 ⑤ 유해위험 작업의 교육 불충분
작업관리상의 원인	① 안전관리조직 결함 ② 작업지시 부적당 ③ 작업준비 불충분 ④ 인원배치(적성배치) 부적당 ⑤ 안전수칙 미제정 ⑤ 작업기준의 불명확

2. 산업재해발생의 mechanism(형태) 3가지 20. 6. 14 산 21. 5. 15 기

① 단순자극형(집중형)
② 연쇄형
③ 복합형

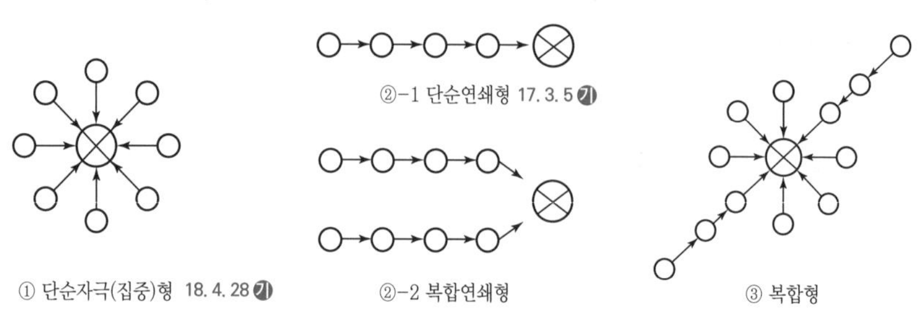

[그림] 재해(⊗)의 발생 형태 3가지

3. 재해 법칙

(1) 하인리히(H.W.Heinrich)의 1 : 29 : 300

16. 10. 1 기 17. 9. 23 산 18. 3. 4 기 19. 3. 3 기 19. 9. 21 기 21. 5. 7 기 21. 8. 14 기 23. 9. 2 기 24. 2. 15 기

하인리히는 약 50,000여건의 사상 사고(인적 사고)를 분석한 결과 330건의 사고가 발생하는 가운데 무상해 사고 300건, 경상해 29건, 사망 또는 중상해 1건의 비율로 재해가 발생된다는 이론을 1929년 발표하였다. 전도 사고를 예로 들어, 330번 넘어지다 보면 중상해(사망) 1건, 경상해 29건, 무상해 사고 300건의 비율로 발생한다는 것이다.

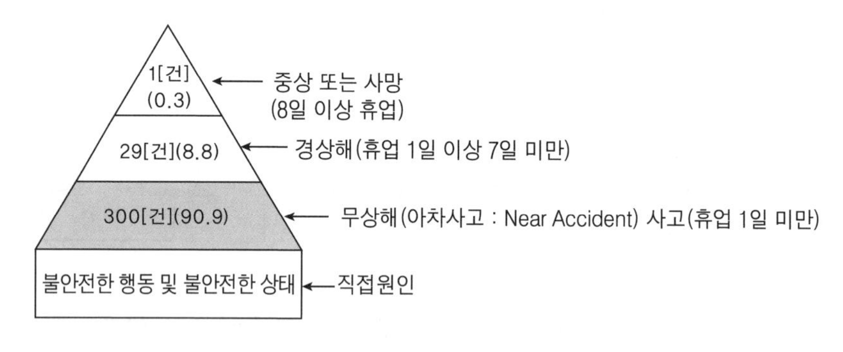

[그림] 하인리히 법칙[단위 : %]

① 재해의 발생 = 물적 불안전 상태 + 인적 불안전 행동 + α
　　　　　　= 설비적 결함 + 관리적 결함 + α

② $\alpha = \dfrac{1}{1+29+300} = \dfrac{1}{330}$

　$\therefore \alpha$: 숨은 위험한 요인(잠재된 위험의 상태) 17. 8. 26 기 20. 8. 22 기

③ 재해건수 = 1 + 29 + 300 = 330[건]

합격예측

(1) 웨버(Weaver)의 연쇄성 이론
　① 1단계 : 유전과 환경
　② 2단계 : 인간의 결함
　③ 3단계 : 불안전 행동과 불안전 상태
　④ 4단계 : 사고(재해)
　⑤ 5단계 : 상해
(2) 웨버의 작전적 에러 질문 유형 3가지
　① What : 무엇이 불안전한 상태이며 불안전한 행동인가? 즉 사고의 원인은 무엇인가?
　② Why : 왜 불안전한 행동 또는 상태가 용납되는가?
　③ Whether : 감독과 경영 중에서 어느 쪽이 사고방지에 대한 안전지식을 갖고 있는가?
　20. 9. 27 기

합격예측

재해발생의 메커니즘 (3가지의 구조적 요소)
18. 9. 15 기 20. 8. 22 기
① 단순자극형(집중형) : 상호 자극에 의하여 순간(일시)적으로 재해가 발생하는 유형이다.
② 연쇄형 : 하나의 사고요인이 또 다른 요인을 발생시키면서 재해를 발생하는 유형이다.
③ 복합형 : 연쇄형과 단순자극형의 복합적인 발생유형이다.

합격예측

콤패서의 이론
재해사고의 크기와 빈도에 관한 이론

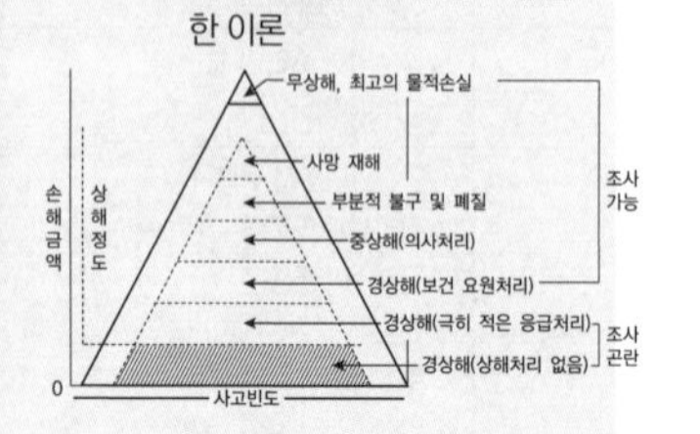

(2) ILO의 재해 구성 비율[1 : 20 : 200]

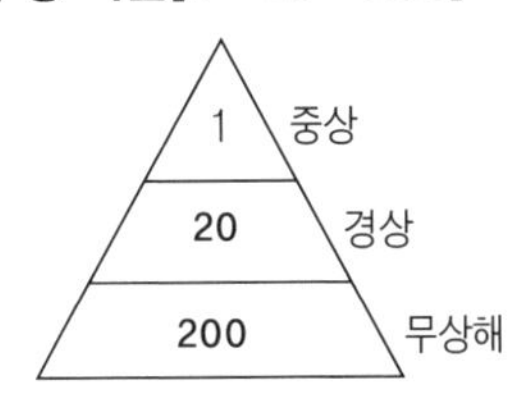

① 전체 사고 중 치명 상해 : 0.45[%]
② 전체 사고 중 경미 상해 : 9.05[%]
③ 전체 사고 중 무상해 : 90.5[%]

[그림] ILO 재해 구성 비율

(3) 버드 이론 1 : 10 : 30 : 600의 법칙 16. 5. 8 기 17. 5. 7 기 17. 9. 23 기 20. 6. 7 기 22. 4. 24 기 23. 2. 28 기

1960년대 175,300여 건의 보험사고를 분석하여 하인리히가 처음 주장한 사고 발생 연쇄이론을 수정하고, 641[건]의 사고 중 중상, 경상, 무상해 물적 손실 사고, 무상해 무손실 사고의 비율이 약 1 : 10 : 30 : 600이라고 제시하였다.

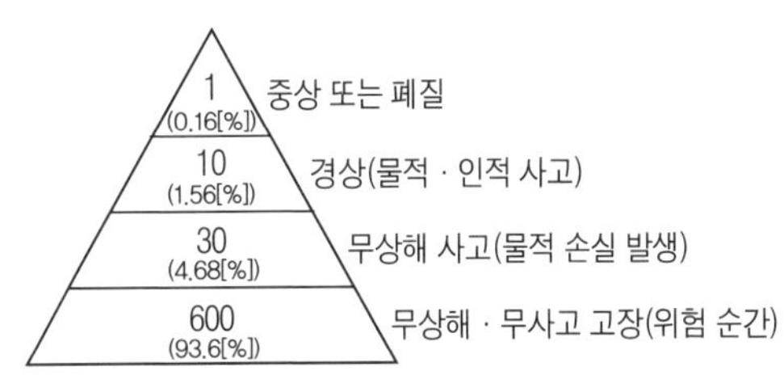

[그림] 버드의 법칙

4. 산업재해발생 조치순서 16. 10. 1 기 17. 3. 5 기 17. 8. 26 기 20. 8. 22 기 21. 9. 12 기 22. 3. 5 기

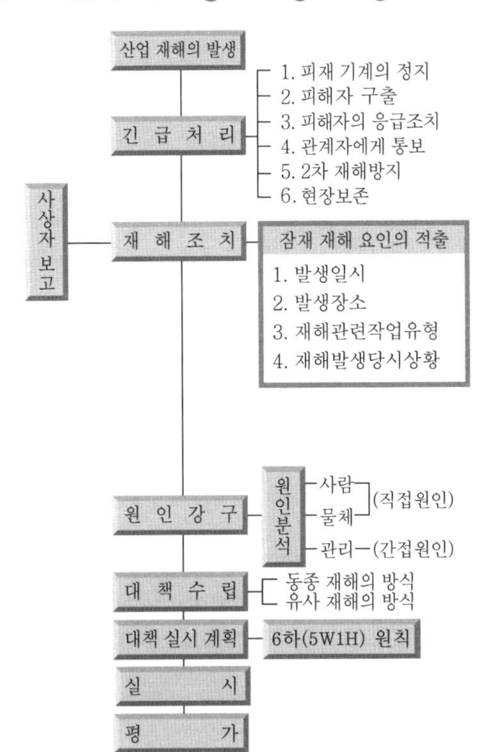

합격예측

하인리히 도미노 이론 중 4단계 사고의 정의
① 원하지 않는 사상
② 비효율적 사상
③ 변형된 사상

합격예측

Near Accident
인명이나 물적 등 일체의 피해가 없는 사고

Q 은행문제

다음 중 사고조사의 본질적 특성과 거리가 가장 먼 것은?
① 사고의 공간성
② 우연중의 법칙성
③ 필연중의 우연성
④ 사고의 재현불가능성

정답 ①

합격예측

재해조사의 원칙(3E, 4M에 따라 상세히 조사)
① 3E : 관리적 원인, 기술적 원인, 교육적 원인
② 4M : 인적 요인, 기계적 요인, 작업적 요인, 관리적 요인

합격예측

재해(사고)조사 순서
(1) 제1단계 : 사실의 확인
 ① 재해발생까지의 경과를 파악
 ② 근원적(물적), 인적, 관리적 면에 관한 사실을 수집
(2) 제2단계 : 재해요인의 파악
 근원적(물적), 인적, 관리적 면에서 재해요인을 찾는다.
(3) 제3단계 : 재해요인의 결정
 재해요인의 상관관계와 중요도를 고려해 직접원인 및 간접
(4) 제4단계 : 대책수립

합격예측

① 상해 : 인명피해만을 초래하였을 경우
② 사고 또는 손실 : 물적 피해만을 초래하였을 경우
③ Near Accident : 인명이나 물적 등 일체의 피해가 없는 사고 17. 9. 23 기
23. 9. 2 기

용어정의

산업재해
산업재해는 산업체에서 일어난 사고의 결과로서 입은 인명손실과 재산의 피해현상

합격예측

사고의 본질적 특성 4가지

구분	특징
사고의 시간성	사고는 공간적인 것이 아니라 시간적이다.
우연성 중의 법칙성 사고	우연히 발생하는 것처럼 보이는 사고도 알고 보면 분명한 직접원인 등의 법칙에 의해 발생한다.
필연성 중의 우연성	인간의 시스템은 복잡하여 필연적인 규칙과 법칙이 있다하더라도 불안전한 행동 및 상태, 또는 착오, 부주의 등의 우연성이 사고발생의 원인을 제공하기도 한다.
사고의 재현 불가능성	사고는 인간의 안전의지와 무관하게 돌발적으로 발생하며, 시간의 경과와 함께 상황을 재현할 수는 없다.

5. 미국의 PDCA법

① Plan(계획, 목표의 설정)
② Decision(Do : 결정, 지시)
③ Control(Check : 결정 사항의 조정, 통제)
④ Assessment(Action : 지시 사항의 결과 확인)

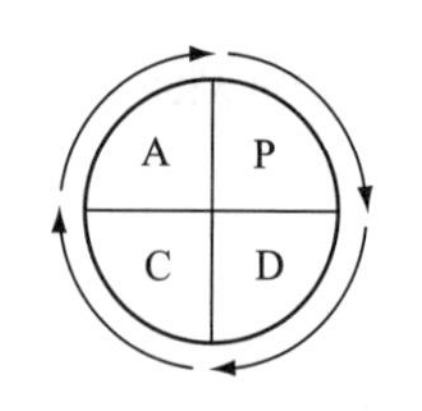

[그림] 미국의 안전관리 4-cycle

6. 하인리히 산업재해예방의 4원칙

16. 5. 8 산 16. 10. 1 기 17. 3. 5 기 17. 5. 7 산 17. 9. 23 기 18. 3. 4 기 산 18. 8. 19 산 19. 3. 3 기 산 19. 9. 21 기 20. 6. 7 기 20. 6. 14 산 20. 8. 22 기 20. 9. 27 기 22. 3. 5 기 22. 4. 24 기

(1) 예방가능의 원칙

천재지변을 제외한 모든 인재는 예방이 가능하다.

(2) 손실우연의 원칙

사고의 결과 손실의 유무 또는 대소는 사고 당시의 조건에 따라 우연적으로 발생한다.

(3) 원인연계(계기)의 원칙

사고에는 반드시 원인이 있고 원인은 대부분 복합적 연계 원인이다.

(4) 대책선정의 원칙

사고의 원인이나 불안전 요소가 발견되면 반드시 대책은 선정 실시되어야 하며 대책선정이 가능하다. 대책은 재해방지의 세 기둥이라고 할 수 있다.

7. 하인리히 사고예방대책 기본원리 5단계 19. 3. 3 기 20. 6. 7 기 21. 5. 15 기

(1) 제1단계(안전관리조직 : Organization) 17. 5. 7 기 산

① 안전관리조직을 구성한다.
② 안전활동 방침 및 계획을 수립하고 전문적 기술을 가진 조직을 통한 안전활동을 전개하여 전 종업원이 자주적으로 참여하여 집단의 안전목표를 달성하도록 한다.
③ 안전관리자를 선임한다.

(2) 제2단계(사실의 발견 : Fact finding : 현상파악) 16. 10. 1 산 17. 3. 5 기 18. 3. 4 기 18. 8. 19 산 19. 4. 27 기 24. 2. 15 기

사업장의 특성에 적합한 조직을 통해 ① 사고 및 활동 기록의 검토 ② 작업 분석 ③ 점검 및 검사 ④ 사고조사 ⑤ 각종 안전회의 및 토의 ⑥ 관찰 및 보고서의 연구 등을 통하여 불안전 요소를 발견한다.

(3) 제3단계(분석평가 : Analysis) 16. 5. 8 기 19. 3. 3 기 23. 2. 28 기

제2단계(사실의 발견)에서 나타난 불안전 요소를 통하여 ① 사고 보고서 및 현장 조사 분석 ② 사고 기록 및 관계 자료 분석 ③ 인적, 물적 환경 조건 분석 ④ 작업 공정 분석 ⑤ 교육 및 훈련 분석 ⑥ 배치 사항 분석 ⑦ 안전수칙 및 작업 표준 분석 ⑧ 보호 장비의 적부 등의 분석을 통하여 사고의 직접 원인과 간접 원인을 나타낸다.

(4) 제4단계(시정방법의 선정 : Selection of remedy) 18. 3. 4 산 21. 5. 15 기 22. 4. 24 기

분석을 통하여 색출된 원인을 토대로 ① 기술적 개선 ② 배치 (인사) 조정 ③ 교육 및 훈련 개선 ④ 안전 행정의 개선 ⑤ 규정 및 수칙·작업 표준·제도 개선 ⑥ 안전 운동 전개 등의 효과적인 개선 방법을 선정한다.

(5) 제5단계(시정책의 적용 : Application of remedy) 16. 5. 8 기

시정책에는 하베이가 주장한 3E 대책 즉 ① 교육 ② 기술 ③ 독려, 규제 대책이 있다.(4M 대책적용)

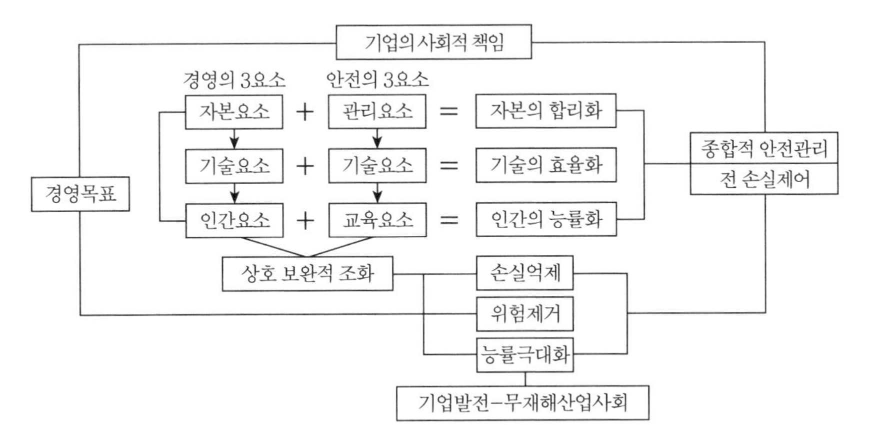

[그림] 경영과 안전의 종합적 가치체계

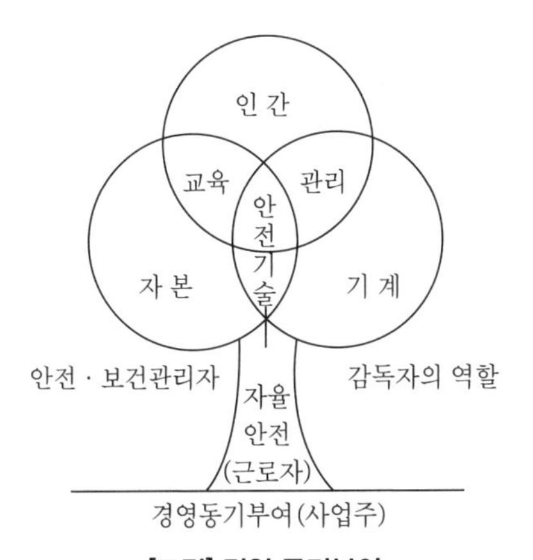

[그림] 경영 동기부여

참고

경영주의 안전업무

① 안전조직 편성(원활한 안전조직의 확립)
② 안전예산의 책정
③ 안전한 기계설비 및 작업환경의 유지
④ 기본방침 및 안전시책의 시달

합격예측

(1) 간접 원인 : 재해의 가장 깊은 곳에 존재하는 재해 원인이다. 18. 9. 15 기
  ① 기초 원인 : 학교 교육적 원인, 관리적인 원인
  ② 2차 원인 : 신체적 원인, 정신적 원인, 안전교육적 원인, 기술적인 원인
(2) 직접 원인(1차 원인) : 시간적으로 사고발생에 가까운 원인이다.
  ① 물적 원인 : 불안전한 상태(설비 및 환경)
  ② 인적 원인 : 불안전한 행동

합격예측

사람과 에너지관계 사고 4가지 유형 16. 10. 1 기

① I형 : 에너지 폭주형

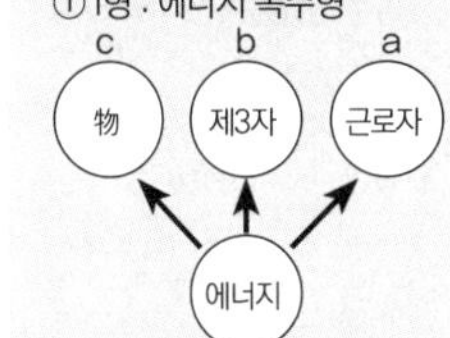

② II형 : 에너지 활동구역에 사람 침입

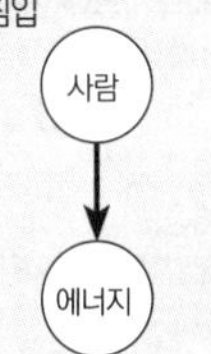

③ III형 : 인체가 에너지에 충돌

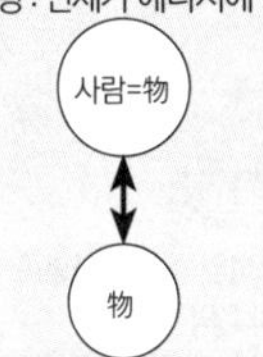

④ IV형 : 대기중 유해 · 유독물 사고

합격예측

경영의 3요소
① 자본 ② 기술 ③ 인간

전 cost 비용(T)
= 재해예방비용(T_1) + 재해비용(T_2)

용어정의

테일러(Taylor)의 과학적 관리방식
생산능률향상을 위해 능률의 논리를 경영관리의 방법으로 체계화한 방식

Q 은행문제 18. 9. 15 산

1. 상해의 종류 중 압좌, 충돌, 추락 등으로 인하여 외부의 상처 없이 피하조직 또는 근육부 등 내부조직이나 장기가 손상받은 상해를 무엇이라 하는가?
① 부종 ② 자상
③ 창상 ④ 좌상

정답 ④

2. 다음 중 칼날이나 뾰족한 물체 등 날카로운 물건에 찔린 상해를 무엇이라 하는가?
① 자상 ② 장상
③ 절상 ④ 찰과상

정답 ①

3. 산업안전보건법령상 산업재해 조사표에 기록되어야 할 내용으로 옳지 않은 것은? 19. 4. 27 산
① 사업자 정보
② 재해정보
③ 재해발생개요 및 원인
④ 안전교육 계획

정답 ④

합격예측

일반적인 재해조사항목
① 사고의 형태
② 기인물 및 가해물
③ 불안전한 행동 및 상태

참고 1

산업재해 조사표(산업안전보건법 시행규칙[별지 제30호 서식]〈개정 2021.11.19〉)

※ 뒤쪽의 작성 방법을 읽고 작성해 주시기 바라며, [ ]에는 해당하는 곳에 √표시를 합니다. (앞쪽)

<table>
<tr><td rowspan="9">Ⅰ. 사업장 정보</td><td colspan="2">① 산재관리번호(사업개시번호)</td><td colspan="2"></td><td>사업자등록번호</td><td colspan="3"></td></tr>
<tr><td colspan="2">② 사업장명</td><td colspan="2"></td><td>③ 근로자 수</td><td colspan="3"></td></tr>
<tr><td colspan="2">④ 업종</td><td colspan="2"></td><td>소재지</td><td colspan="3">(-)</td></tr>
<tr><td colspan="2" rowspan="2">⑤ 재해자가 사내 수급인 소속인 경우(건설업 제외)</td><td colspan="2">원도급인 사업장명</td><td rowspan="2">⑥ 재해자가 파견근로자인 경우</td><td colspan="3">파견사업주 사업장명</td></tr>
<tr><td colspan="2">사업장 산재관리번호(사업개시번호)</td><td colspan="3">사업장 산재관리번호(사업개시번호)</td></tr>
<tr><td rowspan="4">건설업만 작성</td><td>발주자</td><td></td><td colspan="5">[ ]민간 [ ]국가지방자치단체 [ ]공공기관</td></tr>
<tr><td>⑦ 원수급 사업장명</td><td></td><td rowspan="2">공사현장 명</td><td colspan="4" rowspan="2"></td></tr>
<tr><td>⑧ 원수급 사업장 산재관리번호(사업개시번호)</td><td></td></tr>
<tr><td>⑨ 공사종류</td><td></td><td>공정률</td><td>%</td><td colspan="3">공사금액 백만원</td></tr>
<tr><td colspan="9">※ 아래 항목은 재해자별로 각각 작성하되, 같은 재해로 재해자가 여러 명이 발생된 경우 별도 서식에 추가로 적습니다.</td></tr>
<tr><td rowspan="8">Ⅱ. 재해 정보</td><td>성 명</td><td></td><td>주민등록번호(외국인 등록번호)</td><td></td><td>성별</td><td colspan="3">[ ]남 [ ]여</td></tr>
<tr><td>국 적</td><td colspan="4">[ ]내국인 [ ]외국인 [국적: ⑩ 체류자격:]</td><td>⑪ 직업</td><td colspan="3"></td></tr>
<tr><td>입사일</td><td colspan="2">년 월 일</td><td colspan="2">⑫ 같은 종류업무 근속기간</td><td colspan="3">년 월</td></tr>
<tr><td>⑬ 고용형태</td><td colspan="7">[ ]상용 [ ]임시 [ ]일용 [ ]무급가족종사자 [ ]자영업자 [ ]그 밖의 사항 [ ]</td></tr>
<tr><td>⑭ 근무형태</td><td colspan="7">[ ]정상 [ ]2교대 [ ]3교대 [ ]4교대 [ ]시간제 [ ]그 밖의 사항 [ ]</td></tr>
<tr><td rowspan="2">⑮ 상해종류(질병명)</td><td rowspan="2"></td><td rowspan="2">⑯ 상해부위(질병부위)</td><td rowspan="2"></td><td>⑰ 휴업예상 일수</td><td colspan="3">휴업 [ ]일</td></tr>
<tr><td>사망 여부</td><td colspan="3">[ ] 사망</td></tr>
</table>

<table>
<tr><td rowspan="5">Ⅲ. 재해발생 개요 및 원인</td><td rowspan="4">⑱ 재해 발생 개요</td><td>발생일시</td><td>[ ]년 [ ]월 [ ]일 [ ]요일 [ ]시 [ ]분</td></tr>
<tr><td>발생장소</td><td></td></tr>
<tr><td>재해관련 작업유형</td><td></td></tr>
<tr><td>재해발생 당시 상황</td><td></td></tr>
<tr><td colspan="2">⑲ 재해발생 원인</td><td></td></tr>
<tr><td>Ⅳ. ⑳ 재발 방지계획</td><td colspan="3"></td></tr>
<tr><td colspan="3">⑳의 재발방지 계획 이행을 위한 안전보건교육 및 기술지도 등을 한국산업안전보건공단에서 무료로 제공하고 있으니 즉시 기술지원 서비스를 받고자 하는 경우 오른쪽에 √ 표시를 하시기 바랍니다.</td><td>즉시 기술지원 서비스 요청 [ ]</td></tr>
<tr><td colspan="3">※ 근로복지공단은 재해자의 개인정보를 활용하는 것에 동의하는 사람에 한정하여 해당 재해자에게 산재보험급여의 신청방법을 안내하고 있으니 관련 안내를 받으려는 재해자는 오른쪽에 √ 표시를 하시기 바랍니다.</td><td>산재보험급여 신청방법 안내를 위한 재해자의 개인정보 활용 동의[ ]</td></tr>
</table>

작성자 성명 작성자 전화번호	작성일	년 월 일	
	사업주	(서명 또는 인)	
	근로자대표(재해자)	(서명 또는 인)	
(　　　　　)지방고용노동청장(지청장) 귀하			
재해 분류자 기입란 (사업장에서는 적지 않습니다)	발생형태 □□□ 작업지역·공정 □□□	기인물 □□□□□ 작업내용 □□□	

작성방법

Ⅰ. 사업장 정보

① 산재관리번호(사업개시번호) : 근로복지공단에 산업재해보상보험 가입이 되어 있으면 그 가입번호를 적고 사업장등록번호 기입란에는 국세청의 사업자등록번호를 적습니다. 다만, 근로복지공단의 산업재해보상보험에 가입이 되어 있지 않은 경우 사업자등록번호만 적습니다.

※ 산재보험 일괄 적용 사업장은 산재관리번호와 사업개시번호를 모두 적습니다.

② 사업장명 : 재해자가 사업주와 근로계약을 체결하여 실제로 급여를 받는 사업장명을 적습니다. 파견근로자가 재해를 입은 경우에는 실제적으로 지휘·명령을 받는 사용사업주의 사업장명을 적습니다. [예 아파트를 건설하는 종합건설업의 하수급 사업장 소속 근로자가 작업 중 재해를 입은 경우 재해자가 실제로 하수급 사업장의 사업주와 근로계약을 체결하였다면 하수급 사업장명을 적습니다.]

③ 근로자 수 : 사업장의 최근 근로자 수를 적습니다(정규직, 일용직·임시직 근로자, 훈련생 등 포함).

④ 업종 : 통계청(www.kostat.go.kr)의 통계분류 항목에서 한국표준산업분류를 참조하여 세세분류(5자리)를 적습니다. 다만, 한국표준산업분류 세세분류를 알 수 없는 경우 아래와 같이 한국표준산업명과 주요 생산품을 추가로 적습니다. [예 제철업, 시멘트제조업, 아파트건설업, 공작기계도매업, 일반화물자동차 운송업, 중식음식점업, 건축물 일반청소업 등]

⑤ 재해자가 사내 수급인 소속인 경우(건설업 제외) : 원도급인 사업장명과 산재관리번호(사업개시번호)를 적습니다.

※ 원도급인 사업장이 산재보험 일괄 적용 사업장인 경우에는 원도급인 사업장 산재관리번호와 사업개시번호를 모두 적습니다.

⑥ 재해자가 파견근로자인 경우 : 파견사업주의 사업장명과 산재관리번호(사업개시번호)를 적습니다.

※ 파견사업주의 사업장이 산재보험 일괄 적용 사업장인 경우에는 파견사업주의 사업장 산재관리번호와 사업개시번호를 모두 적습니다.

⑦ 원수급 사업장명 : 재해자가 소속되거나 관리되고 있는 사업장이 하수급 사업장인 경우에만 적습니다.

⑧ 원수급 사업장 산재관리번호(사업개시번호) : 원수급 사업장이 산재보험 일괄 적용 사업장인 경우에는 원수급 사업장 산재관리번호와 사업개시번호를 모두 적습니다.

⑨ 공사 종류, 공정률, 공사금액 : 수급 받은 단위공사에 대한 현황이 아닌 원수급 사업장의 공사 현황을 적습니다.

합격예측

하인리히에 의한 사고원인의 분류

(1) 직접 원인 : 직접적으로 사고를 일으키는 불안전 행동이나 불안전한 상태를 말한다.
(2) 부원인(Subcause) : 불안전한 행동을 일으키는 이유(안전작업 규칙들이 위배되는 이유)
  ① 부적절한 태도
  ② 지식 또는 기능의 결여
  ③ 신체적 부적격
  ④ 부적절한 기계적, 물리적 환경
(3) 기초 원인 : 습관적, 사회적, 유전적, 관리감독적 특성

합격예측

작업개선 4단계

① 1단계 : 작업분해
② 2단계 : 세부내용 검토
③ 3단계 : 작업분석
④ 4단계 : 새로운 방법의 적용

목
어깨
부적절한 높이의 흄·후드
반복적인 피펫팅
허리

[그림] 근골격계 질환

가. 공사 종류 : 재해 당시 진행 중인 공사 종류를 말합니다. [예 아파트, 연립주택, 상가, 도로, 공장, 댐, 플랜트시설, 전기공사 등]

나. 공정률 : 재해 당시 건설 현장의 공사 진척도로 전체 공정률을 적습니다.(단위공정률이 아님)

II. 재해자 정보

⑩ 체류자격 :「출입국관리법 시행령」 별표 1에 따른 체류자격(기호)을 적습니다. [예 E-1, E-7, E-9 등]

⑪ 직업 : 통계청(www.kostat.go.kr)의 통계분류 항목에서 한국표준직업분류를 참조하여 세세분류(5자리)를 적습니다. 다만, 한국표준직업분류 세세분류를 알 수 없는 경우 알고 있는 직업명을 적고, 재해자가 평소 수행하는 주요 업무내용 및 직위를 추가로 적습니다. [예 토목감리기술자, 전문간호사, 인사 및 노무사무원, 한식조리사, 철근공, 미장공, 프레스조작원, 선반기조작원, 시내버스 운전원, 건물내부청소원 등]

⑫ 같은 종류 업무 근속기간 : 과거 다른 회사의 경력부터 현직 경력(동일·유사 업무 근무경력)까지 합하여 적습니다.(질병의 경우 관련 작업근무기간)

⑬ 고용형태 : 근로자가 사업장 또는 타인과 명시적 또는 내재적으로 체결한 고용계약 형태를 적습니다.

가. 상용 : 고용계약기간을 정하지 않았거나 고용계약기간이 1년 이상인 사람

나. 임시 : 고용계약기간을 정하여 고용된 사람으로서 고용계약기간이 1개월 이상 1년 미만인 사람

다. 일용 : 고용계약기간이 1개월 미만인 사람 또는 매일 고용되어 근로의 대가로 일급 또는 일당제 급여를 받고 일하는 사람

라. 자영업자 : 혼자 또는 그 동업자로서 근로자를 고용하지 않은 사람

마. 무급가족종사자 : 사업주의 가족으로 임금을 받지 않는 사람

바. 그 밖의 사항 : 교육·훈련생 등

⑭ 근무형태 : 평소 근로자의 작업 수행시간 등 업무를 수행하는 형태를 적습니다.

가. 정상 : 사업장의 정규 업무 개시시각과 종료시각(통상 오전 9시 전후에 출근하여 오후 6시 전후에 퇴근하는 것) 사이에 업무수행하는 것을 말합니다.

나. 2교대, 3교대, 4교대 : 격일제근무, 같은 작업에 2개조, 3개조, 4개조로 순환하면서 업무수행하는 것을 말합니다.

다. 시간제 : 가목의 '정상' 근무형태에서 규정하고 있는 주당 근무시간보다 짧은 근로시간 동안 업무수행하는 것을 말합니다.

라. 그 밖의 사항 : 고정적인 심야(야간)근무 등을 말합니다.

⑮ 상해종류(질병명) : 재해로 발생된 신체적 특성 또는 상해 형태를 적습니다. 19. 9. 21 산

[예 골절, 절단, 타박상, 찰과상, 중독·질식, 화상, 감전, 뇌진탕, 고혈압, 뇌졸중, 피부염, 진폐, 수근관증후군 등]

⑯ 상해부위(질병부위) : 재해로 피해가 발생된 신체 부위를 적습니다.

[예 머리, 눈, 목, 어깨, 팔, 손, 손가락, 등, 척추, 몸통, 다리, 발, 발가락, 전신, 신체내부기관(소화·신경·순환·호흡배설) 등]

※ 상해종류 및 상해부위가 둘 이상이면 상해 정도가 심한 것부터 적습니다.

⑰ 휴업예상일수 : 재해발생일을 제외한 3일 이상의 결근 등으로 회사에 출근하지 못한 일수를 적습니다.(추정 시 의사의 진단 소견을 참조)

합격예측

하인리히와 버드의 이론비교

	하인리히	버드
재해발생 점유율	1:29:300 법칙 [중상해: 경상해: 무상해 사고)] • a major or lost time injury • minor injuries • no-injury accidents	1:10:30: 600 법칙 [중상:상해: 물적만의 사고:상해도 손해도 없는 아차 사고] • serious or disabling ANSI Z16.1 • minor injuries • property damage accidents • incidents with no visible injury or damage
도미노 이론	5골패 (고전이론) 1. 선천적 결함 2. 인간의 결함 3. 직접원인 (인적+물적원인) 4. 사고 5. 상해	5골패 (최신이론) 1. 제어의 부족 2. 기본원인 3. 직접원인 4. 사고 5. 상해

합격예측

재해코스트 : 노구찌의 방식

시몬즈의 평균치법을 근거로 일본의 상황에 맞는 방법을 제시

M = A 또는 (1.15 a + b) + B + C + D + E + F

여기서,

M : 재해 1건당 코스트

A : 법정보상비 (a : 정부보상비, b : 회사보상비)

B : 법정의 보상비

C : 인적손실비용

D : 물적손실비용

E : 생산손실비용

F : 특수손실비용

a : 하인리히의 직접비에 대응

1.15a : 시몬즈의 보험코스트에 대응

Ⅲ. 재해발생정보

⑱ 재해발생 개요 : 재해원인의 상세한 분석이 가능하도록 발생일시[년, 월, 일, 요일, 시(24시 기준), 분], 발생 장소(공정 포함), 재해관련 작업유형(누가 어떤 기계·설비를 다루면서 무슨 작업을 하고 있었는지), 재해발생 당시 상황[재해 발생 당시 기계·설비·구조물이나 작업환경 등의 불안전한 상태(예시 : 떨어짐, 무너짐 등)와 재해자나 동료 근로자가 어떠한 불안전한 행동(예시 : 넘어짐, 까임 등)을 했는지]을 상세히 적습니다.

[작성예시]

발생일시	2013년 5월 30일 금요일 14시 30분
발생장소	사출성형부 플라스틱 용기 생산 1팀 사출공정에서
재해관련 작업유형	재해자 000가 사출성형기 2호기에서 플라스틱 용기를 꺼낸 후 금형을 점검하던 중
재해발생 당시 상황	재해자가 점검중임을 모르던 동료근로자 000가 사출성형기 조작스위치를 가동하여 금형사이에 재해자가 끼어 사망하였음

⑲ 재해발생 원인 : 재해가 발생한 사업장에서 재해발생 원인을 인적 요인(무의식 행동, 착오, 피로, 연령, 커뮤니케이션 등), 설비적 요인(기계·설비의 설계상 결함, 방호장치의 불량, 작업표준화의 부족, 점검·정비의 부족 등), 작업·환경적 요인(작업정보의 부적절, 작업자세·동작의 결함, 작업방법의 부적절, 작업환경 조건의 불량 등), 관리적 요인(관리조직의 결함, 규정·매뉴얼의 불비·불철저, 안전교육의 부족, 지도감독의 부족 등)을 적습니다. 16. 10. 1 산

Ⅳ. 재발방지계획

⑳ "⑲ 재해발생 원인"을 토대로 재발방지 계획을 적습니다. 16. 4. 9 지

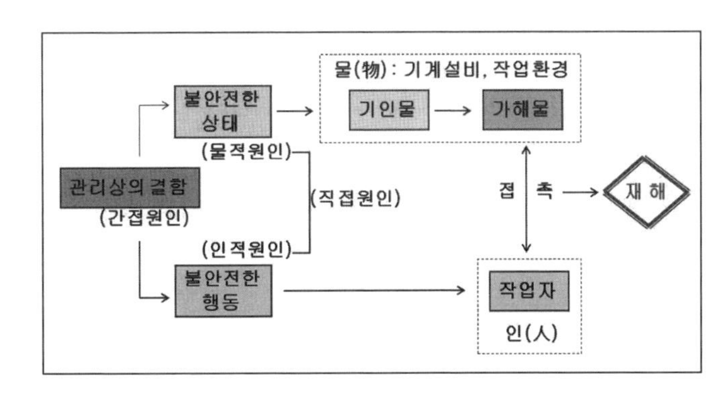

[그림] 재해발생의 메커니즘

합격예측

재해 발생 형태별 분류

① 추락(떨어짐) : 사람이 건축물, 비계, 기계, 사다리, 계단, 경사면, 나무 등에서 떨어지는 것
② 전도(넘어짐) : 사람이 평면상으로 넘어졌을 때를 말함(과속, 미끄러짐 포함)
③ 충돌(부딪힘) : 사람이 정지물에 부딪친 경우
④ 낙하, 비래(떨어짐) : 물건이 주체가 되어 사람이 맞은 경우
⑤ 붕괴, 도괴(무너짐) : 적재물, 비계, 건축물이 무너진 경우
⑥ 협착(끼임, 감김) : 물건에 끼인 상태, 말려든 상태
⑦ 감전 : 전기 접촉이나 방전에 의해 사람이 충격을 받은 경우
⑧ 폭발 : 압력의 급격한 발생 또는 개방으로 폭음을 수반한 팽창이 일어나는 경우
⑨ 파열 : 용기 또는 장치가 물리적인 압력에 의해 파열한 경우
⑩ 화재 : 화재로 인한 경우를 말하며 관련 물체는 발화물을 기재
⑪ 무리한 동작 : 무거운 물건을 들다 허리를 삐거나 부자연한 자세 또는 동작의 반동으로 상해를 입은 경우
⑫ 이상온도접촉 : 고온이나 저온에 접촉한 경우
⑬ 유해물접촉 : 유해물 접촉으로 중독되거나 질식된 경우

합격예측

재해코스트

콤페스(P. C. Compas)의 방식
① 직접비용과 간접비용외에 기업의 활동능력이 상실되는 손실도 감안
② 전체재해손실 = 공동비용(불변) + 개별비용(변수)

구분	공동비용	개별비용
항목	① 보험료 ② 안전보건팀 유지비용 ③ 기타(기업의 명예, 안전성 등)	① 작업중단으로 인한 손실 비용 ② 수리대책에 필요한 비용 ③ 치료에 소요되는 비용 ④ 사고조사에 필요한 비용 등

참고

중대재해 처벌 등에 관한 법률 (약칭 : 중대재해처벌법)

제2조(정의) 이 법에서 사용하는 용어의 뜻은 다음과 같다.

1. "중대재해"란 "중대산업재해"와 "중대시민재해"를 말한다.
2. "중대산업재해"란 「산업안전보건법」 제2조제1호에 따른 산업재해 중 다음 각 목의 어느 하나에 해당하는 결과를 야기한 재해를 말한다.
   가. 사망자가 1명 이상 발생
   나. 동일한 사고로 6개월 이상 치료가 필요한 부상자가 2명 이상 발생
   다. 동일한 유해요인으로 급성중독 등 대통령령으로 정하는 직업성 질병자가 1년 이내에 3명 이상 발생
3. "중대시민재해"란 특정 원료 또는 제조물, 공중이용시설 또는 공중교통수단의 설계, 제조, 설치, 관리상의 결함을 원인으로 하여 발생한 재해로서 다음 각 목의 어느 하나에 해당하는 결과를 야기한 재해를 말한다. 다만, 중대산업재해에 해당하는 재해는 제외한다.
   가. 사망자가 1명 이상 발생
   나. 동일한 사고로 2개월 이상 치료가 필요한 부상자가 10명 이상 발생
   다. 동일한 원인으로 3개월 이상 치료가 필요한 질병자가 10명 이상 발생

참고 2

산업재해통계업무처리규정 [시행 2022. 5. 2] [고용노동부예규 제194호, 2022. 5. 2., 일부개정]

제1장 총칙

제1조(목적) 이 예규는 「산업안전보건법」 제4조제1항제7호에 따른 산업재해에 관한 조사 및 통계의 유지·관리를 위하여 같은 법 시행규칙 제73조제1항에 따른 산업재해조사표 제출과 전산입력·통계업무 처리에 관하여 필요한 사항을 규정함을 목적으로 한다.

제2조(적용범위) 이 예규는 「산업안전보건법」(이하 "법"이라 한다)의 적용을 받는 사업 또는 사업장(이하 "사업"이라 한다)에 적용한다.

제2장 산출방법

제3조(산업재해통계의 산출방법 및 정의) ① 재해율 등 산업재해통계의 산출방법은 다음 각 호와 같다.

1. 재해율 = (재해자수/산재보험적용근로자수) × 100
   ○ "재해자수"는 근로복지공단의 유족급여가 지급된 사망자 및 근로복지공단에 최초요양신청서(재진 요양신청이나 전원요양신청서는 제외한다)를 제출한 재해자 중 요양승인을 받은자(지방고용노동관서의 산재 미보고 적발 사망자 수를 포함한다)를 말함. 다만, 통상의 출퇴근으로 발생한 재해는 제외함. 22. 3. 5 ㉑
   ○ "산재보험적용근로자수"는 「산업재해보상보험법」이 적용되는 근로자수를 말함. 이하 같음.
2. 사망만인율 = (사망자수/산재보험적용근로자수) × 10,000
   ○ "사망자수"는 근로복지공단의 유족급여가 지급된 사망자(지방고용노동관서의 산재미보고 적발 사망자를 포함한다)수를 말함. 다만, 사업장 밖의 교통사고(운수업, 음식숙박업은 사업장 밖의 교통사고도 포함)·체육행사·폭력행위·통상의 출퇴근에 의한 사망, 사고발생일로부터 1년을 경과하여 사망한 경우는 제외함. 22. 4. 24 ㉑
3. 휴업재해율 = (휴업재해자수 / 임금근로자수) × 100
   ○ "휴업재해자수"란 근로복지공단의 휴업급여를 지급받은 재해자수를 말함. 다만, 질병에 의한 재해와 사업장 밖의 교통사고(운수업, 음식숙박업은 사업장 밖의 교통사고도 포함)·체육행사·폭력행위·통상의 출퇴근으로 발생한 재해는 제외함.
   ○ "임금근로자수"는 통계청의 경제활동인구조사상 임금근로자수를 말함.
4. 도수율(빈도율) = (재해건수 / 연근로시간수) × 1,000,000
5. 강도율 = (총요양근로손실일수 / 연근로시간수) × 1,000 22. 4. 24 ㉑
   ○ "총요양근로손실일수"는 재해자의 총 요양기간을 합산하여 산출하되, 사망, 부상 또는 질병이나 장해자의 등급별 요양근로손실일수는 별표 1과 같음.
6. "재해조사 대상 사고사망자수"는 「근로감독관 직무규정(산업안전보건)」에 따라 지방고용노동관서에서 법 상 안전·보건조치 위반 여부를 조사하여 중대재해로 발생보고한 사망사고 중 업무상 사망사고로 인한 사망자 수를 말함. 다만 각 목의 업무상 사망사고는 제외한다.
   가. 법 제3조 단서에 따라 법의 일부적용대상 사업장에서 발생한 재해 중 적용조항 외의 원인으로 발생한 것이 객관적으로 명백한 재해[「중대재해처벌 등에 관한 법률」(이하 "중처법"이라 한다) 제2조제2호에 따른 중대산업재해는 제외한다]
   나. 고혈압 등 개인지병, 방화 등에 의한 재해 중 재해원인이 사업주의 법 위반, 경영책임자 등의 중처법 위반에 기인하지 아니한 것이 명백한 재해
   다. 해당 사업장의 폐지, 재해발생 후 84일 이상 요양 중 사망한 재해로서 목격자 등 참고인의 소재불명 등으로 재해발생에 대하여 원인규명이 불가능하여 재해조사의 실익이 없다고 지방관서장이 인정하는 재해

② 그 밖에 이 예규에서 사용하는 용어의 뜻은 이 예규에 특별한 규정이 없으면 법, 「산업안전보건법 시행령」및「산업안전보건법 시행규칙」(이하 "규칙"이라 한다)이 정하는 바에 따른다.

제3장 산업재해조사표 입력 및 전송

제4조(입력) 지방고용노동관서의 장은 사업주가 규칙 제73조제1항에 따라 산업재해조사표를 작성하여 제출한 경우에는 기재사항의 적정 여부를 검토하고, 그 결과 등 전월분의 실적을 매월 5일까지 산업안전보건에 관한 행정정보시스템(노사누리)에 입력하여야 한다.

제5조(산업재해조사표의 전송) 고용노동부장관은 제4조에 따라 입력된 산업재해조사표를 한국산업안전보건공단(이하 "공단"이라 한다)에 전송하여야 한다.

제4장 자료관리 및 통계업무 처리

제6조(자료관리) 공단은 고용노동부 및 근로복지공단이 전송한 산업재해 발생 관련 자료 및 업무상재해 관련 자료를 관리하여야 한다.

제7조(통계업무 처리) 공단은 제6조에 따라 전송받은 자료를 집계·분석하여야 한다.

제8조(보고) 공단은 제7조에 따라 집계·분석한 산업재해발생현황을 고용노동부장관에게 보고하여야 한다.

제9조(재해통계 등) ① 고용노동부 산업재해통계업무 담당자는 분기별·연도별 재해발생현황을 작성하여야 한다.

② 제1항의 규정에 따라 작성할 내용은 다음과 같다.

1. 재해율
2. 사망만인율
3. 휴업재해율
4. 강도율
5. 도수율

③ 지방고용노동관서의 장은 월별·분기별·연도별 재해발생 현황을 관리하여야 한다.

제10조(자료제출) 고용노동부장관이 산업재해통계에 관한 자료제출을 요청하면 공단은 그 자료를 지체 없이 제출하여야 한다.

제11조(재검토기한) 고용노동부장관은「훈령·예규 등의 발령 및 관리에 관한 규정」에 따라 이 예규에 대하여 2022년 7월 1일 기준으로 매 3년이 되는 시점(매 3년째의 6월 30일까지를 말한다)마다 그 타당성을 검토하여 개선 등의 조치를 하여야 한다.

부 칙

제1조(시행일) 이 예규는 발령일부터 시행한다.

읽을거리

파레토 법칙
(Pareto principle, law of the vital few, principle of factor sparsity)

80대 20 법칙(80 : 20 rule)은 '전체 결과의 80%가 전체 원인의 20%에서 일어나는 현상'을 가리킨다. 예를 들어, 20%의 고객이 백화점 전체 매출의 80%에 해당하는 만큼 쇼핑하는 현상을 설명할 때 이 용어를 사용한다. 2대 8 법칙이라고도 한다. 이 용어를 경영학에 처음으로 사용한 사람은 조셉 M. 주란이다. '이탈리아 인구의 20%가 이탈리아 전체 부의 80%를 가지고 있다'라고 주장한 이탈리아의 경제학자 빌프레도 파레토의 이름에서 따왔다.

합격예측

재해조사의 목적 17. 5. 7 기

① 동종 및 유사한 재해의 재발방지
② 재해발생의 원인분석
③ 재해예방의 적절한 대책수립
④ 불안전한 상태와 행동 등을 파악하기 위한 것이다.

용어정의

① 환산도수율 : 작업자가 사업장에서 평생동안(40년 : 10만 시간)작업을 할 때 발생할 수 있는 재해건수를 나타내는 것이다.
② 환산도수율 = 도수율/10 = 도수율 x0.1

합격예측

[표] 상해 종류

분류 항목	세부 항목
① 골절	뼈가 부러진 상태
② 동상 19. 9. 21 산	저온물 접촉으로 생긴 상해
③ 부종	국부의 혈액순환의 이상으로 몸이 퉁퉁 부어 오르는 상해
④ 찔림(자상)	칼날 등 날카로운 물건에 찔린 상해
⑤ 타박상(삠, 좌상) 18. 9. 15 산	타박, 충돌, 추락 등으로 피부표면보다는 피하조직 또는 근육부를 다친 상해
⑥ 절단	신체 부위가 절단된 상해
⑦ 중독·질식	음식·약물·가스 등에 의한 중독이나 질식된 상해
⑧ 찰과상 19. 9. 21 기	스치거나 문질러서 벗겨진 상해
⑨ 베임(창상)	창, 칼 등에 베인 상해
⑩ 화상	화재 또는 고온물 접촉으로 인한 상해
⑪ 뇌진탕	머리를 세게 맞았을 때 장해로 일어난 상해
⑫ 익사	물속에 추락해서 익사한 상해
⑬ 피부병	직업과 연관되어 발생 또는 악화되는 피부질환
⑭ 청력 장애	청력이 감퇴 또는 난청이 된 상해
⑮ 시력 장애	시력이 감퇴 또는 실명된 상해

3 산업재해통계 및 분석

1. 목적

재해정보를 통해서 동종 재해 및 유사 재해의 재발방지가 목적이다.

2. 천인율 16. 3. 6 기 17. 3. 5 기 17. 5. 7 기 18. 4. 28 기 19. 8. 4 산 19. 9. 21 기 21. 5. 15 기

① 근로자 1,000명을 1년간 기준으로 한 재해발생비율(재해자수비율)을 뜻한다.

② 계산 공식

$$천인율 = \frac{연간\ 재해(사상)자수}{연평균\ 근로자수} \times 1{,}000$$

③ 천인율이 5란 뜻은 그 작업장의 수준으로 1,000명이 작업한다면 5명의 재해자가 발생한다는 뜻이다.

3. 빈도율(도수율)(F.R : Frequency Rate of Injury) 16. 10. 1 산 17. 3. 5 기 산 18. 8. 19 기 19. 8. 4 기 19. 9. 21 기 20. 6. 14 산

① 연 100만 근로 시간당 재해 발생건수를 말한다.

② 계산공식

$$빈도율 = \frac{재해건수}{연근로시간수} \times 1{,}000{,}000$$

③ 빈도율이 20.89라는 뜻은 1,000,000인시당 20.89건의 재해가 발생한다는 뜻이다.

④ 빈도율 20.89인 사업장에서 한 사람의 작업자가 평생 작업시 몇 건의 재해를 당하겠는가의 환산빈도율?

$$계산식 : 20.89 \times \frac{100{,}000}{1{,}000{,}000} = 2$$

∴ 약 2건(한 사람의 평생 근로 시간은 100,000시간을 기준으로 환산)

⑤ **천인율과 빈도율 상관 관계** 16. 10. 1 산 17. 3. 5 기 산 18. 8. 19 기 19. 8. 4 기 19. 9. 21 기 20. 6. 14 산 23. 9. 2 기

천인율 = 2.4 × 빈도율

도수율 = 천인율 ÷ 2.4

※ 2.4적용 : 년근로총시간수 2,400시간 일때만 적용

⑥ 근로자 1명당 근로 시간수

1일 8시간, 1월 25일, 1년 300일, 1년 2,400시간

⑦ 일평생근로년수 = 40년 × 300일 × 8시간 = 96,000시간

⑧ 잔업시간 : 4,000시간

⑨ 일평생 근로시간 : 100,000시간

⑩ $$재해건수 = \frac{빈도율 \times 연근로시간수}{1{,}000{,}000}$$

4. 강도율(S.R : Severity Rate of Injury)

16.3.6 기 산 16.10.1 기 17.3.5 기 17.8.26 산 17.9.23 기 산 18.3.4 산 18.4.28 기 19.3.3 기 19.4.27 기 19.8.4 기 19.9.21 산 20.6.7 기 20.8.23 산 21.3.7 기 21.8.14 기 22.3.5 기 23.2.28 기

① 근로시간 합계 1,000시간당 총요양재해로 인한 근로손실일수를 말함.(산업재해의 경중의 정도)

② 계산 공식 22.4.24 기

$$강도율 = \frac{총요양근로손실일수}{연근로시간수} \times 1,000$$

[표] 신체 장해 근로손실일수 등급 18.3.4 기 18.4.28 기

신체장해 등급	4	5	6	7	8	9	10	11	12	13	14
손실일수	5,500	4,000	3,000	2,200	1,500	1,000	600	400	200	100	50

※사망자 및 장해등급 1, 2, 3급의 노동(근로)손실일수 : 7,500일

③ 그 밖의 근로손실일수 계산

㉮ 병원에 입원 가료(加療, 병이나 상처 따위를 잘 다스려 낫게 함)시는

$$입원일수 \times \frac{300}{365}$$

㉯ $휴업일수(요양일수) \times \frac{300}{365}$

④ 사망에 의한 근로손실일수 7,500일이란?

- 사망자의 평균 연령 : 30세
- 근로 가능 연령 : 55세
- 근로손실연수 = 근로 가능 연령 − 사망자의 평균연령 = 25년
- 연간 근로일수 : 약 300일
- 사망으로 인한 근로손실일수 = 연간근로일수 × 근로손실연수 = 300 × 25 = 7,500일

⑥ 강도율 14인 사업장에서 한 작업자가 평생 작업시 산재로 인해 며칠의 근로손실을 당하겠는가?

$$계산식 : 14 \times \frac{100,000}{1,000} = 1,400(1,400일)$$

⑦ 강도율 2라는 뜻은 1,000시간당 작업시 2일의 근로손실이 발생한다는 뜻이다.

5. 종합재해지수(도수강도치)(F.S.I : Frequency Severity Indicator)

① 도수율과 강도율을 동시에 비교할 수 있는 산술평균이다.

② 재해의 빈도와 상해의 강약도를 혼합하여 집계하는 지표

③ 계산 공식 16.5.8 기 17.8.26 기 18.8.19 산 18.9.15 산 21.3.7 기 23.6.4 기

$$종합재해지수(F.S.I) = \sqrt{빈도율 \times 강도율} = \sqrt{FR \times SR}$$

합격예측 19.4.27 산 22.3.5 기

(1) 건설업

① 사고사망만인율(‱) = $\frac{사고사망자 수}{상시근로자 수} \times 10,000$

② 상시 근로자수 = $\frac{연간 국내 공사 실적액 \times 노무비율}{건설업 월평균임금 \times 12}$

(2) 제조업

① 사망만인율 = $\frac{사망자수}{산재보험 적용근로자수} \times 10,000$

② 평균강도율 = $\frac{강도율}{도수율} \times 1,000$ 18.3.4 기 19.11.9 기실

③ 재해율 = $\frac{재해자수}{산재보험적용근로자수} \times 100$

참고

(1) 도수율과 강도율 차이
도수율은 재해의 많고 적음을 나타내는 재해의 양을 결정하는 것이고, 강도율은 재해의 강약을 나타내는 재해의 질을 결정하는 것이다.

(2) 체감산업안전평가지수 = (0.2×도수율) + (0.8×강도율)

용어정의

도수강도치
재해의 빈도의 다수(도수율)와 상해의 정도의 강약(강도율)을 종합하여 나타낸 종합재해 지수이다.

Q 은행문제 19.4.27 산

다음 중 산업재해 통계에 관한 설명으로 적절하지 않은 것은?

① 산업재해 통계는 구체적으로 표시되어야 한다.
② 산업재해 통계는 안전활동을 추진하기 위한 기초자료이다.
③ 산업재해 통계만을 기반으로 해당 사업장의 안전수준을 추측한다.
④ 산업재해 통계의 목적은 기업에 발생한 산업재해에 대하여 효과적인 대책을 강구하기 위함이다.

정답 ③

합격예측

Safe-T-Score

① 안전에 관한 과거와 현재의 중대성의 차이를 비교하고자 사용하는 통계방식으로 단위가 없다.
② 계산결과가 (+)이면 나쁜 기록이고 (-)이면 과거에 비해 좋은 기록을 나타내는 것이다.
③ 안전관리수행도 평가에 유용하다.

참고

평생근로시간이 120,000인 경우

환산도수율=도수율×0.12

참고

안전활동률

근로시간수 100만 시간당 안전활동건수를 나타낸다.

참고

하인리히에 의한 재해코스트 산정방식

∴ 직접비 : 간접비 = 1 : 4

Q 은행문제

재해사례연구의 주된 목적 중 틀린 것은? 17. 9. 23 기

① 재해요인을 체계적으로 규명하여 이에 대한 대책을 세우기 위함
② 재해요인을 조사하여 책임 소재를 명확히 하기 위함
③ 재해 방지의 원칙을 습득해서 이것을 일상 안전 보건 활동에 실천하기 위함
④ 참가자의 안전보건활동에 관한 견해나 생각을 깊게 하고, 태도를 바꾸게 하기 위함

정답 ②

6. 안전활동율(미국 R.P.Blake : 브레이크) 20. 9. 27 기

① 100만 시간당 안전활동건수를 말한다.

② 계산 공식

$$\text{안전활동율} = \frac{\text{안전 활동건수}}{\text{평균 근로자수} \times \text{근로시간수}} \times 1{,}000{,}000$$

(안전활동건수는 일정 기간 내에 행한 안전개선 권고수, 안전조치한 불안전 작업수, 불안전한 행동 적발수, 불안전한 상태 지적수, 안전회의건수 및 안전홍보건수를 합한 수이다.) ⇐ 사고나기 전 사전활동평가

7. 환산강도율 및 환산도수율 16. 5. 8 산 17. 5. 7 기, 산 17. 3. 25 기 18. 9. 15 기 20. 8. 22 기 21. 5. 15 기

① 환산강도율(평생작업시 예상 근로손실일수 : S) = 강도율×100

② 환산도수율(평생작업시 예상 재해건수 : F) = 도수율÷10=도수율×0.1

참고 평생근로시간이 120,000인 경우
환산도수율 = 도수율×0.12

③ $\frac{S}{F}$는 재해 1건당 근로 손실일수이다.

8. Safe-T-Score 17. 9. 23 산 18. 3. 4 산

① 세이프 티 스코어(Safe T Score) : 과거와 현재의 안전 성적을 비교 평가하는 방법이다.(안전관리의 수행도 평가)

② 공 식

$$\text{세이프 티 스코어} = \frac{\text{빈도율(현재)} - \text{빈도율(과거)}}{\sqrt{\frac{\text{빈도율(과거)}}{\text{근로 총시간수(현재)}} \times 10^6}}$$

③ 판정 기준

- +2.00 이상 : 과거보다 심각하게 나빠졌다.
- +2.00~−2.00인 경우 : 심각한 차이가 없다.
- −2.00 이하 : 과거보다 좋아졌다.

4 산업재해코스트 계산방식

1. 하인리히(H.W. Heinrich)의 재해코스트 산출방식 17. 8. 26 산 18. 4. 28 산 20. 9. 27 기

① 총재해코스트 = 직접비 + 간접비(직접비의 4배)

② 직접비 : 간접비 = 1 : 4

③ 직접비(재해로 인해 받게 되는 산재보상금) = (즉, 법령으로 지급되는 산재보상비)

[표] 직접비와 간접비 16. 5. 8 산 17. 3. 5 기 17. 5. 7 기 17. 9. 23 기 18. 8. 19 산 19. 3. 3 기 19. 8. 4 기 21. 3. 7 기 21. 5. 15 기 22. 3. 5 기

직접비(법적으로 지급되는 산재보상비) 23. 2. 28 기		간접비(직접비 제외한 모든 비용)
구분	적용	
요양급여	요양비 전액(진찰, 약제, 처치·수술기타치료, 의료시설수용, 간병, 이송 등)	인적손실 물적손실 생산손실 임금손실 시간손실 기타손실 등
휴업급여	1일당 지급액은 평균임금의 100분의 70에 상당하는 금액	
장해급여	장해등급에 따라 장해보상연금 또는 장해보상일시금으로 지급	
간병급여	요양급여 받은 자가 치유후 간병이 필요하여 실제로 간병을 받는 자에게 지급	
유족급여	근로자가 업무상사유로 사망한 경우 유족에게 지급(유족보상연금 또는 유족보상일시금)	
상병보상연금	요양개시후 2년 경과된 날 이후에 다음의 상태가 계속되는 경우 지급 ① 부상 또는 질병이 치유되지 아니한 상태 ② 부상 또는 질병에 의한 폐질의 정도가 폐질등급기준에 해당	
장례비	평균임금의 120일분에 상당하는 금액	
직업재활급여	상해특별급여, 유족특별급여(민법에 의한 손해배상 청구)	

④ 하인리히 미국 업종분류
   ㉮ 1 : 4(평균값)
   ㉯ 1 : 18(제철업)

2. 시몬즈(R.H. Simonds)의 재해코스트 산출방식 17. 5. 7 기, 산 18. 3. 4 기 20. 6. 7 기 20. 8. 22 기

① 총재해코스트 = 보험 코스트 + 비보험 코스트

② **보험 코스트** : 산재보험료(반드시 사업장에서 지출)

③ 비보험 코스트 = (휴업상해건수 × A) + (통원상해건수 × B) + (응급조치건수 × C) + (무상해 건수 × D) 16. 10. 1 기 20. 6. 7 기

주 A, B, C, D는 장해 정도에 따른 비보험 코스트의 평균치 16. 5. 8 기

[표] 재해사고(Category) 19. 4. 27 기 19. 9. 21 기 22. 3. 5 기 23. 9. 2 기

분류	내용
휴업상해(A)	영구 부분노동불능, 일시 전노동불능
통원상해(B)	일시 부분노동불능, 의사의 조치를 요하는 통원상해 23. 6. 4 기
응급처(조)치(C)	20달러 미만의 손실 또는 8시간 미만의 휴업손실 상해
무상해사고(D)	의료조치를 필요로 하지 않는 경미한 상해, 사고 및 무상해 사고

합격예측

재해코스트 역설자

① 하인리히 ② 시몬즈
③ 버드 ④ 콤페스 ⑤ 노구치

합격예측

버드의 빙산 18. 4. 28 기

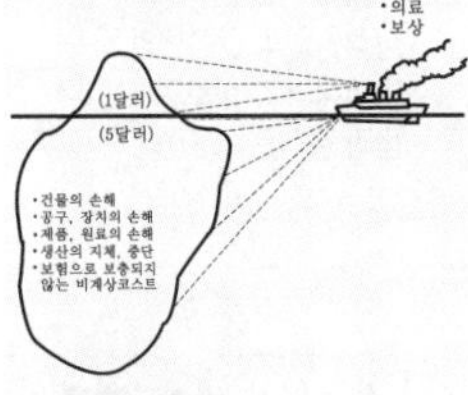

참고

시몬즈 방식

총 cost = 보험 cost + 비보험 cost

(1) 보험 cost = 보험의 총액 + 보험회사에 관련된 여러 경비와 이익금
(2) 비보험 cost = [휴업 상해건수 × A] + [통원 상해건수 × B] + [응급처지 건수 × C] + [무상해 사고건수 × D]
단, 사망과 영구 전노동 불능상해는 제외된다.

참고

산업재해보상법

합격예측

하인리히와 버드의 이론비교

	하인리히	버드
직접원인비율	불안전한 행동: 불안전한 상태 =88[%]:10[%]	
재해손실비용	1:4법칙 (직접손실: 간접손실)	1:6~53 (빙산의 원리) (직접손실 :간접손실)
재해예방의 5단계	1. 조직 2. 사실의 발견 3. 분석평가 4. 대책의 선정 5. 대책의 적용	
재해예방의 4원칙	1. 손실우연의 원칙 2. 원인계기(연쇄)의 원칙 3. 예방가능의 원칙 4. 대책선정(강구)의 원칙	

> **참고**
> **산업재해 발생원인**
> ① 간접원인 : 재해의 가장 깊은 곳에 존재하는 기본 원인이다.
> ② 직접원인 : 시각적으로 사고 발생에 가장 가까운 원인이다.
> ③ 직접원인과 간접원인 및 예방대책과의 상호관계는 다음과 같다.

④ **산재보험 코스트** : 산업재해보상보험법에 의해 보상된 금액

⑤ **비보험 코스트** : 산재보험 코스트를 제외한 금액(하인리히의 간접비와 같다.)

[표] 비보험 코스트

- 제3자가 작업을 중지한 시간에 대한 임금 손실(지불한 임금 손실)
- 재료, 설비, 정비, 교체, 철거의 순손실비
- 부상자의 임금 지불 코스트
- 재해에 따른 특별급여 등

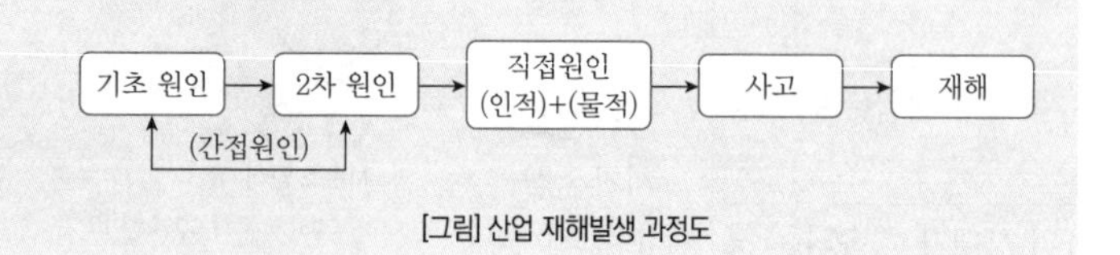

[그림] 산업 재해발생 과정도

> **합격예측**
> **재해사례 연구순서 4단계**
> ① 1단계 : 사실의 확인
> ② 2단계 : 문제점의 발견
> ③ 3단계 : 근본적 문제점 결정
> ④ 4단계 : 대책 수립

> **용어정의** 19. 3. 3 기
> ① 기인물 : 불안전한 상태에 있는 물체(기계, 기구, 설비, 환경 포함)
> ② 가해물 : 직접 사람에게 접촉되어 위해를 가한 물체

> **Q 은행문제**
> 다음 중 재해사례연구에 대한 내용으로 적절하지 않은 것은? 19. 3. 3 기
> ① 신뢰성 있는 자료수집이 있어야 한다.
> ② 현장 사실을 분석하여 논리적이어야 한다.
> ③ 재해사례연구의 기준으로는 법규, 사내규정, 작업표준 등이 있다.
> ④ 안전관리자의 주관적 판단을 기반으로 현장조사 및 대책을 설정한다.
>
> 정답 ④

3. 재해사례연구의 진행 단계

16. 10. 1 기 17. 9. 23 기 18. 3. 4 기 산 18. 8. 19 기 18. 9. 15 기 20. 6. 7 기 21. 8. 14 기 22. 3. 5 기 23. 2. 28 기 23. 9. 2 기

① **전제 조건 – 재해 상황의 파악** : 사례연구의 전제조건인 재해 상황의 파악은 다음에 기재한 항목에 관하여 실시한다.

② **제1단계 – 사실의 확인** : 작업의 개시에서 재해의 발생까지의 경과 가운데 재해와 관계가 있는 사실 및 재해요인으로 알려진 사실을 객관적으로 확인한다. 이상시, 사고시 또는 재해발생시의 조치도 포함된다.

③ **제2단계 – 문제점의 발견** : 파악된 사실로부터 판단하여 각종 기준에서 차이의 문제점을 발견한다.(직접원인)

④ 제3단계 – 근본적 문제점 결정 : 문제점 가운데 78재해의 중심이 된 근본적 문제점을 결정하고 다음에 재해 원인을 결정한다.(기본원인)

⑤ 제4단계 – 대책 수립 : 사례를 해결하기 위한 대책을 세운다.

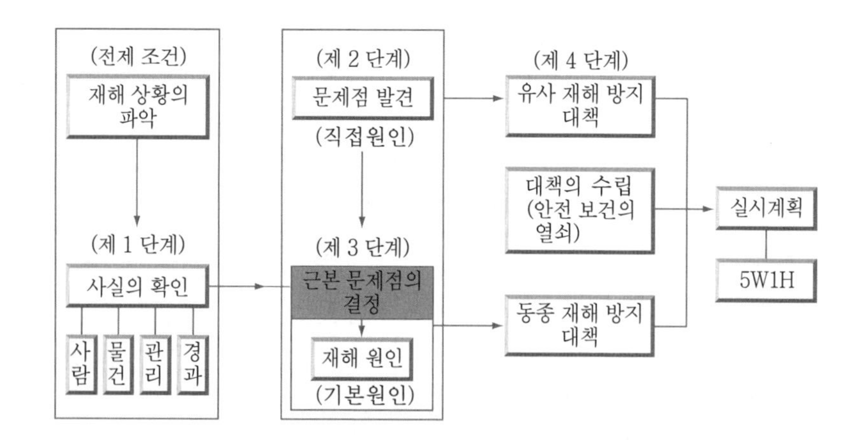

[그림] 재해사례 진행 단계

4. 산업재해 통계도 17. 8. 26 기 18. 3. 4 기 18. 9. 15 산 19. 9. 21 기

(1) 파레토도(Pareto diagram) 20. 6. 14 산 21. 3. 7 기

① 관리 대상이 많은 경우 최소의 노력으로 최대의 효과를 얻을 수 있는 방법 23. 2. 28 기
② 사고의 유형, 기인물 등 분류항목을 큰 값에서 작은 값의 순서로 도표화하는 데 편리

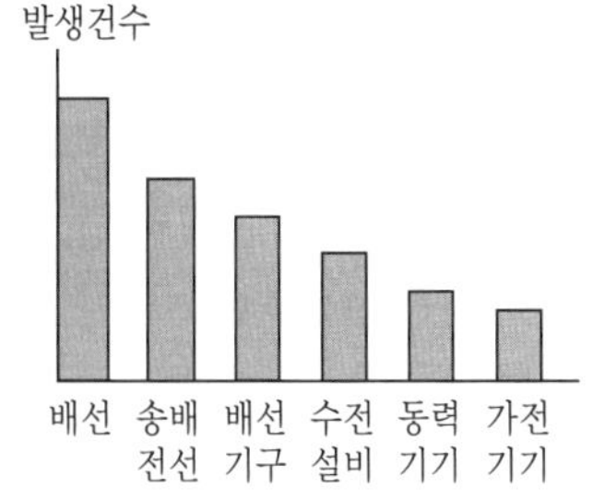

[그림] 전기설비별 감전사고 분포 (파레토도)

(2) 특성요인도 16. 5. 8 기 17. 3. 5 산 19. 4. 27 기 20. 8. 22 기 21. 5. 15 기

① 특성과 요인관계를 어골상(魚骨象)으로 세분하여 연쇄관계를 나타내는 방법
② 원인요소와의 관계를 상호의 인과관계만으로 결부(재해사례연구시 사실확인에 적합)

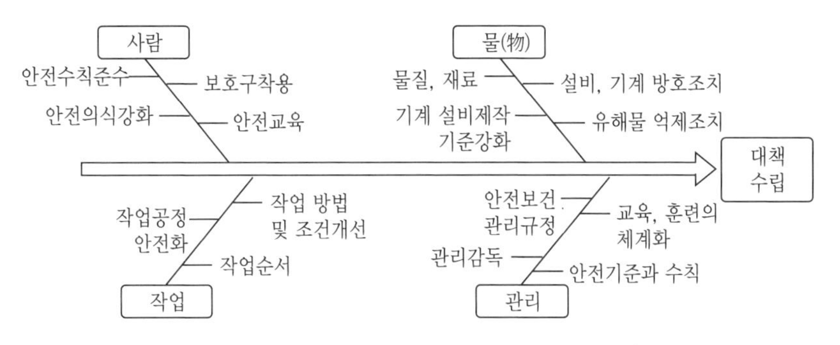

[그림] 특성요인도

(3) 크로스(Cross) 분석 14. 9. 20 기 17. 5. 7 기 22. 4. 24 기

두 가지 또는 그 이상의 요인이 서로 밀접한 상호관계를 유지할 때 사용되는 방법

T : 전체 재해건수
X : 인적 원인으로 발생하는 재해건수
Y : 물적 원인으로 발생한 재해건수
Z : 두 가지 원인이 함께 겹쳐 발생한 재해건수
W : 물적 원인 인적원인 어느 원인도 관계없이 일어난 재해

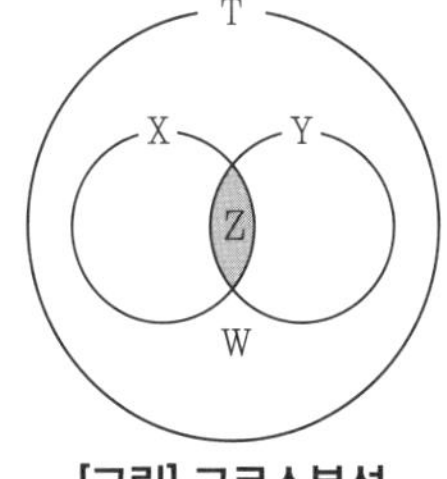

[그림] 크로스분석

(4) 관리도(Control chart) 17. 3. 5 기 18. 9. 15 기

재해발생건수 등의 추이파악 → 목표관리 행하는 데 필요한 월별재해발생건수의 그래프화 → 관리 구역 설정 → 관리하는 통계분석방법

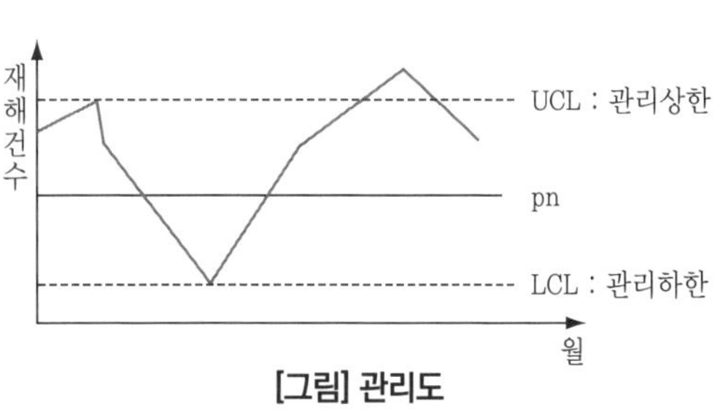

[그림] 관리도

합격예측

산업재해 통계도 종류 19. 3. 3 기
① 파레토도
② 특성요인도
③ 크로스분석
④ 관리도

합격예측

(1) 시설물안전관리 특별법상 안전점검의 종류 및 정밀안전단의 실시 시기
11. 10. 2 기 18. 9. 15 기 19. 4. 27 기 20. 6. 7 기
① 정기점검 : A, B, C 등급은 반기에 1회 이상
② 긴급점검 : 관리주체가 필요하다고 판단할 때 또는 관계 행정기관의 장이 필요하다고 판단하여 관리주체에게 긴급점검을 요청한 때
③ 정밀점검

[표] 정밀안전진단의 실시 주기

안전등급	정밀점검		정밀안전진단
	건축물	그 외 시설물	
A 등급	4년에 1회 이상	3년에 1회 이상	6년에 1회 이상
B·C 등급	3년에 1회 이상	2년에 1회 이상	5년에 1회 이상
D·E 등급	2년에 1회 이상	1년에 1회 이상	4년에 1회 이상

(2) 정밀안전점검 실시시기
정기안전점검 결과 건설공사의 물리적·기능적 결함 등이 발견되어 보수·보강 등의 조치를 하기 위하여 필요한 경우에 실시하는 점검 21. 9. 12 기 23. 9. 2 기

Q 은행문제

다음 중 산업재해 통계의 활용 용도로 가장 적절하지 않은 것은?
① 제도의 개선 및 시정
② 재해의 경향파악
③ 관리자 수준 향상
④ 동종업종과의 비교

정답 ③

Chapter 03

재해조사 및 분석

출제예상문제

출제예상문제는 복습, 예습문제로 엮었습니다. *WHY : 실제시험에도 순서에 관계없이 출제됩니다. 예습 후 다음장에 공부한 문제가 있으면 기억이 배가 됩니다.

01 ★★★ 다음 중 재해조사시 유의사항이 아닌 것은?

①조사자는 주관적이고 공정한 입장을 취한다.
② 조사 목적에 무관한 조사는 피한다.
③ 조사는 현장이 변경되기 전에 실시한다.
④ 목격자나 현장 책임자의 진술을 듣는다.

해설

재해조사시 유의사항

① 재해조사는 객관적이고 공정해야 한다.
② 반드시 1조가 2명 이상이어야 한다.

✪ 여러분도 혼자하면 안 되는 것이 없지요. 그러나 자격시험은 절대평가입니다.

02 ★★★ H건설의 2015년도 도수율이 10.05이고, 강도율이 2.21일 때 이 건설회사에 근무하는 근로자가 입사부터 정년까지 경험하는 재해는 몇 건이며 근로손실일수는 얼마인가?

① 재해건수 : 0.11건, 근로손실일수 : 221일
② 재해건수 : 110건, 근로손실일수 : 220일
③ 재해건수 : 1.01건, 근로손실일수 : 220일
④ 재해건수 : 1.01건, 근로손실일수 : 221일

해설

환산도수율 및 강도율

① 환산도수율 $= \frac{\text{도수율}}{10} = \frac{10.05}{10} = 1.005 = 1.01$건
② 환산강도율 $= 100 \times$ 강도율 $= 100 \times 2.21 = 221$일

✪ 인간의 평생작업시간은 10만 시간을 기준으로 계산한 값이다.

03 ★★★★★ 하인리히는 안전대책으로 3E를 주장하였다. 그러나 현재는 단순한 3E만 가지고는 되지 않는다고 한다. 즉 Education, Engineering, Enforcement와 더불어 한 가지를 더 고른다면 다음 중 무엇인가?

① Man ② Machine
③ Media ④ Management

해설

4S 및 3M

① 4S = Standardization + Specification + Simplification + Synthesization
② 3E + 1M = Education + Engineering + Enforcement + Media

04 ★★ 재해손실비 중 간접비에 해당되지 않는 것은?

① 생산손실 ② 시설물자손실
③ 시간손실 ④ 유족보상비

해설

직접비의 종류

① 유족보상비 ② 치료비
③ 휴업비 ④ 장애보상
⑤ 장례비

05 ★ 재해원인을 조사하는 것은 첫째 사실의 파악, 재발방지에 그 목적이 있는 것이므로 조사를 위한 조사가 아니라 조사 결과에 다음 중 어느 것에 있어서만 할 것인가?

① 습관성 ② 진실성
③ 추측성 ④ 기밀성

[정답] 01 ① 02 ④ 03 ③ 04 ④ 05 ②

해설

① 모든 조사는 진실이 있어야 한다.
② 재해조사는 어떠한 추측이 있어서는 안 된다.

06 ★★ 다음 중 재해원인 분류 중 직접 원인에 해당되지 않는 것은?

① 물적 원인 ② 1차 원인
③ 인적 원인 ④ 기초 원인

해설

직접 원인
① 간접 원인 : 기초 원인(2차 원인)은 간접 원인으로 기본적인 것이다.
② 직접 원인 : 물적, 인적, 1차 원인

07 ★★★ 재해코스트를 산출하는 방식이다. 틀린 것은?

① 직접비와 간접비는 1 : 4로 계산한다.
② 직접비와 간접비를 모두 합한 수치이다.
③ 장애등급별×산재보험률×휴업상해건수+무상해건수
④ 보험코스트+비보험코스트이다.

해설

(1) 하인리히 방식
 ① 직접비 : 간접비 = 1 : 4
 ② 총재해 코스트 : 직접비 + 간접비 = 직접비×5
(2) 시몬즈 방식 = 보험코스트+비보험코스트

08 ★★★★★ 다음 중 재해발생시 긴급처리 내용이 아닌 것은?

① 현장보존
② 2차 재해방지
③ 사상자 보고
④ 응급조치

해설

재해발생 조치사항

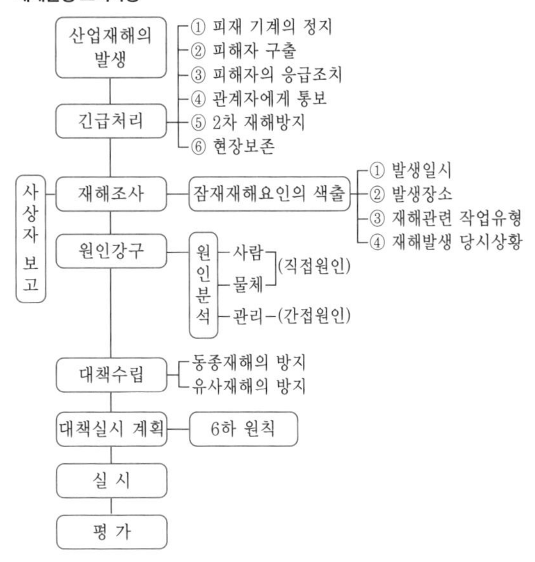

09 ★★★ 다음 재해코스트 산출에서 직접비에 해당되지 않는 것은?

① 장례비 및 치료비
② 요양비 및 휴업보상비
③ 기계·기구 손실 수리비 및 손실 시간비
④ 장애보상비

해설

직접비
(1) 직접비(direct cost)
 ① 치료비와 휴업보상비
 ② 장애보상비
 ③ 유족보상비
 ④ 장례비
 ⑤ 재해보상비
(2) 기계·기구 손실비는 간접비에 속한다.

[정답] 06 ④ 07 ③ 08 ③ 09 ③

10 ★★★ A회사에서는 전자제품 조립라인에서 4개월 이상 병원에 입원하여 치료를 받아야 될 부상자가 3명이 발생하였다. 다음 중 고용노동부 지방관서의 장에게 지체없이 보고해야 될 사항이 아닌 것은?

① 사고유발자 개요 ② 재해자 개요
③ 입원중인 병원명 ④ 원인 및 결과

해설

산업재해 보고사항 3가지
① 발생개요 및 피해 상황
② 조치 및 전망
③ 그 밖의 중요한 사항

참고) 산업안전보건법 시행규칙 제4조(산업재해발생보고)

11 ★ 재해 통계를 작성하는 필요성을 설명한 내용 중 옳지 않은 것은?

① 설비상의 결함요인을 개선 시정시키는 데 활용한다.
② 재해의 구성요소를 알고 분포상태를 알아 대책을 세우기 위함이다.
③ 근로자의 행동결함을 발견하여 안전 재교육 훈련 자료로 활용한다.
④ 관리 책임소재를 밝혀 관리자의 인책 자료로 삼는다.

해설

① 재해 통계의 목적은 유사재해 및 동종재해 재발방지이다.
② 인책자료로 삼는 것이 아니며 고용노동부장관과 검찰총장이 합의사항으로 어떤 경우라도 안전관리자를 처벌하지 않는다고 약속하였다.

12 ★★ 다음 각종 손실비 항목 중 정부 보상 항목이 아닌 것은?

① 통신비 ② 유족보상비
③ 휴업보상비 ④ 장의비

해설

(1) 정부 보상비(법령으로 정한 산재보상비 = 직접비)
① 휴업보상비 ② 장애보상비
③ 요양보상비 ④ 장의비
⑤ 유족보상비
(2) 통신비는 간접비에 속한다.

13 ★★ 노동손실일수 산출근거에 있어서 노동손실년수는 몇 년으로 하는가?

① 20년 ② 25년
③ 10년 ④ 15년

해설

사망에 의한 근로손실일수 : 7,500일
① 사망자의 평균 연령 : 30세
② 근로 가능 연령 : 55세
③ 근로손실년수 : 근로 가능 연령 – 사망자의 평균 연령
= 55 – 30 = 25년

14 ★★ 재해손실비 중 간접비에 해당되지 않는 것은?

① 생산손실 ② 시설물자손실
③ 유족보상비 ④ 시간손실

해설

③ 직접손실비(휴업보상, 장애보상, 장의비) 등
✪ 직·간접비 문제는 이번 시험에도 출제됩니다.

15 ★★★ 산업재해의 원인으로 간접적 원인에 해당되지 않는 것은?

① 기술적 원인 ② 물적 원인
③ 정신적 원인 ④ 교육적 원인

해설

간접원인
(1) 직접 원인 : 물적 원인
(2) 재해의 간접 원인
① 기술적 원인 ② 교육적 원인
③ 정신적 원인 ④ 신체적 원인
⑤ 관리적 원인

16 ★★ 재해조사의 목적을 가장 적절하게 설명한 것은?

① 책임소재를 규명하기 위하여
② 직접적인 사고원인을 찾아내기 위하여
③ 동종 재해사고 방지를 위하여
④ 발생빈도가 많은 사고를 찾아내기 위하여

[정답] 10 ③ 11 ④ 12 ① 13 ② 14 ③ 15 ② 16 ③

해설

재해조사 목적은 동종재해 및 유사재해의 재발 방지이다.

17 ★ **공장의 근로자가 180명이고 6건의 재해가 발생했다면 도수율은 얼마인가? (단, 하루 8시간, 300일 근무)**

① 89 ② 13.89
③ 43.69 ④ 12.79

해설

$$도수율(빈도율) = \frac{재해건수}{연근로시간수} \times 10^6$$
$$= \frac{6}{180 \times 8 \times 300} \times 10^6 = 13.888 = 13.89$$

18 ★★ **종업원 500명이 근무하는 공장의 재해 강도율이 0.80이었다. 이 공장에서 연간 재해발생으로 인한 손실일수는 며칠인가?**

① 480일 ② 720일
③ 960일 ④ 1,440일

해설

$$0.8 = \frac{X}{500 \times 2,400} \times 1,000 \quad \therefore X = 960$$

19 ★★ **A현장의 "88년도 재해건수는 24건, 의사진단에 의한 휴업 총일수는 3600일이었다"의 도수율과 강도율을 각각 구하면? (단, 평균 근로자는 500명임)**

구 분	도수율	강도율
①	20.00	2.50
②	2.0	0.25
③	20.00	3.40
④	2.0	0.34

해설

① $도수율 = \frac{재해건수}{연근로시간수} \times 10^6 = \frac{24}{500 \times 2,400} \times 10^6 = 20.00$

② $강도율 = \frac{총요양\ 근로손실일수}{연근로시간수} \times 1,000$

$$= \frac{3,600 \times \frac{300}{365}}{500 \times 2,400} \times 1,000 = 2.50$$

③ $근로손실일수 = 휴업일수 \times \frac{300}{365}$

20 ★★★ **재해발생시 조치할 사항을 옳게 연결한 것은?**

① 재해조사 – 원인분석 – 대책수립 – 응급조치(긴급조치)
② 긴급조치 – 재해조사 – 원인분석 – 대책수립
③ 대책수립 – 원인분석 – 긴급조치 – 재해조사
④ 재해조사 – 대책수립 – 원인분석 – 긴급조치

해설

재해발생 조치순서 7단계

① 제1단계 : 긴급조치 ② 제2단계 : 재해조사
③ 제3단계 : 원인분석 ④ 제4단계 : 대책수립
⑤ 제5단계 : 대책실시계획 ⑥ 제6단계 : 실시
⑦ 제7단계 : 평가

21 ★★ **재해분류방법에는 크게 4가지로 분류하고 있는데 다음 중 해당이 안 되는 것은?**

① 통계적 분류 ② 상해 종류에 의한 분류
③ 관리적 분류 ④ 재해 형태별 분류

해설

재해분류방법

① 통계적 분류 ② 개별적 분류
③ 상해 종류별 분류 ④ 재해 형태별 분류

22 ★ **어떤 사업장의 종합 재해지수가 16.95이고 도수율이 20.83이라면 강도율은 얼마인가?**

① 20.45 ② 21.92
③ 13.79 ④ 12.54

해설

종합재해지수

① 목적 : 안전기준의 성적을 정하는 것이다.
② 공식(FSI) : $\sqrt{FR \times SR} = \sqrt{20.83 \times SR} = 16.95$

[정답] 17 ② 18 ③ 19 ① 20 ② 21 ③ 22 ③

보충학습

$SR = \frac{(16.95)^2}{20.83} = 13.79$

23 ★★ 다음 중 경상사고가 58건 발생하였다면 무상해 사고는 몇 건 발생하는가?

① 200건 ② 300건
③ 580건 ④ 600건

해설

하인리히의 1 : 29 : 300의 법칙

① 1건 : 중상 또는 사망(0.3[%])
② 29건 : 경상해(물적, 인적 포함 : 8.8[%])
③ 300건 : 무상해 사고(90.9[%])
$29 \times 2 = 58 \quad \therefore 300 \times 2 = 600$건

24 ★★★★★ 80명의 근로자가 공장에서 1일 8시간, 연간 300일을 작업하여 연간 근로시간수는 192,000시간이었다. 이 기간 동안에 5명의 부상자를 냈을 때 도수율은 얼마가 되겠는가?

① 37.8 ② 16.0
③ 26.0 ④ 16.5

해설

$$도수율(빈도율) = \frac{재해건수}{연근로시간수} \times 10^6 = \frac{5}{192,000} \times 10^6 = 26.04 = 26$$

25 ★ 도수율이 4이고 연근로 시간이 12,000,000시간이라면 몇 건의 재해가 발생하였는가? 18. 8. 19 기

① 4.8 ② 48
③ 480 ④ 0.48

해설

$$도수율 = \frac{재해건수}{연근로시간수} \times 10^6$$

$$4 = \frac{x}{12,000,000} \times 10^6$$

$\therefore x = 48$

26 ★ 400명 근로자가 있는 공장에서 휴업일수 127일인 1건의 산업재해가 발생하였다. 강도율은 얼마인가?(단, 1일 8시간, 연 300일 근무)

① 0.01 ② 0.1
③ 1.0 ④ 0.001

해설

$$강도율 = \frac{총요양근로손실일수}{연근로시간수} \times 1,000 = \frac{127 \times \frac{300}{365}}{400 \times 8 \times 300} \times 1,000 = 0.1$$

27 ★★ 재해사례연구 순서를 나열한 것이다. 맞는 순서는?

① 현상파악 – 사실확인 – 문제점 발견 – 대책수립
② 사실확인 – 현장파악 – 대책수립 – 문제점 발견
③ 문제점 발견 – 사실확인 – 현상파악 – 대책수립
④ 사실확인 – 문제점 발견 – 현상파악 – 대책수립

해설

재해사례연구 순서

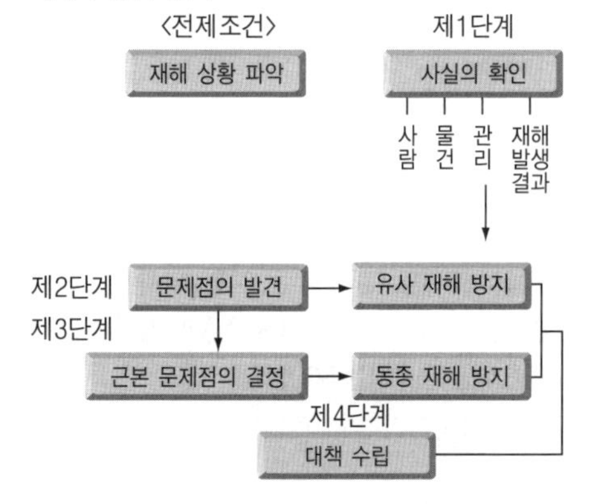

28 ★★★ 재해사례연구 설명 중 틀린 것은? 19. 3. 3 산

① 주관적이며 정확성이 있어야 한다.
② 신뢰성이 있어야 한다.
③ 논리적인 분석이 되어야 한다.
④ 과학적이며 객관성이 있어야 한다.

[정답] 23 ④ 24 ③ 25 ② 26 ② 27 ① 28 ①

해설

재해사례 연구시 유의점

① 재해사례는 객관성이 있어야 한다.
② 신뢰성이 있어야 한다.
③ 논리적 분석이 가능해야 한다.
④ 과학적이어야 한다.

29 ★★★★ **산업재해조사 목적에 해당되지 않는 것은?**

① 동종재해 재발방지
② 원인규명
③ 예방 자료 수집
④ 라인 책임자 처벌

해설

산업재해조사 목적

① 동종재해 및 유사재해 재발방지
② 재해원인 규명
③ 예방자료 수집으로 예방대책

30 ★★ **근로자 2,000명이 1년간 300일(1일 8시간) 작업하는데 1명 사망자와 의사진단에 의한 휴업일수 60일의 손실을 가져왔다. 강도율은 얼마인가?**

① 1.84　② 11
③ 1.29　④ 1.57

해설

$$\text{강도율} = \frac{\text{총요양근로손실일수}}{\text{연근로시간수}} \times 1{,}000$$

$$= \frac{7{,}500 + \left(60 \times \frac{300}{365}\right)}{2{,}000 \times 300 \times 8} \times 1{,}000 = 1.57$$

31 ★★★ **상시 500명의 근로자를 두고 있는 사업장에서 1년간 25건의 재해가 발생하였다. 도수율은 얼마인가?**

① 10.62　② 15.43
③ 20.83　④ 30.25

해설

$$\text{도수율(빈도율)} = \frac{\text{재해건수}}{\text{연근로시간수}} \times 10^6$$

$$= \frac{25}{500 \times 2{,}400} \times 10^6 = 20.833 = 20.83$$

32 ★★★ **연평균 200명의 근로자가 작업하는 사업장에서 연간 3건의 재해가 발생하여 사망 1명, 30일 가료 1명, 나머지 1명은 20일간 요양하였다. 강도율은?**

① 15.61　② 15.71
③ 17.61　④ 17.71

해설

$$\text{강도율} = \frac{\text{총요양근로손실일수}}{\text{연근로시간수}} \times 1{,}000 = 15.71$$

33 ★★ **산업재해조사 항목 중 관리적 원인이 아닌 것은?**

① 기술적 원인　② 교육적 원인
③ 작업 관리상 원인　④ 작업 환경의 결함

해설

④는 물적 원인 : 불안전한 상태

참고 결함이라는 말은 직접 원인이다.

34 ★ **다음 중 재해의 간접 원인 중 3E에 속하는 것은?**

① Elimination　② Environment
③ Excitement　④ Enforcement

해설

3E·3S·5C

① 3E : 교육(Education), 기술(Engineering), 독려(Enforcement)
② 3S : 표준화(standardization), 단순화(Simplification), 전문화(Specialization)
③ 5C : 복장단정(Correctness), 정리정돈(Clearance), 청소청결(Cleaning), 점검확인(Checking), 전심전력(Concentration)

[정답] 29 ④　30 ④　31 ③　32 ②　33 ④　34 ④

35 ★★★ 근로자가 작업대에서 작업 중 지면에 떨어져 상해를 입었다. 기인물과 가해물이 맞게 표기된 것은 어느 것인가?

① 기인물－지면, 가해물－작업대
② 기인물－작업대, 가해물－지면
③ 기인물－지면, 가해물－지면
④ 기인물－작업대, 가해물－작업대

해설

① 가해물 : 직접 상해의 원인이 된 기계나 물체를 말한다.
② 기인물 : 재해의 원인이 된 물체나 물건을 말한다.

실기 시험에도 잘 출제됩니다.

36 ★★ 다음 중 재해코스트에서 직접비는 어느 것인가?

① 회사 내의 직접적인 손실비
② 보험에서 지급되는 비용
③ 재해자의 재해발생시 인건비
④ 행정손실에 따른 발생 비용

해설

직접비 : 재해로 인해 받게 되는 산재보상금 즉, 법령(보험)으로 지급되는 산재보상비

37 ★ 다음 중 사업장에서 발생하는 재해손실에서 1 : 4의 원칙에 맞는 것은?

① 보험지급비와 피보험 손실비율
② 치료비와 자체 재해 보상비율
③ 직접손실과 간접손실비율
④ 휴업급여와 손해배상비율

해설

재해손실비

직접비 : 간접비 = 1 : 4

참고 1 : 4는 하인리히의 재해코스트 방식이다.

38 ★★★ 재해사례연구 순서를 나열한 것이다. 맞는 순서는?

① 현상파악－사실확인－문제점 발견－대책수립
② 사실확인－현상파악－대책수립－문제점 발견
③ 문제점 발견－사실확인－현상파악－대책수립
④ 사실확인－문제점 발견－현상파악－대책수립

해설

재해사례연구 순서 : 현상파악 → 사실확인 → 문제점 발견 → 근본적 문제점 결정 → 대책수립

39 ★★ 하인리히가 사고원인의 분류에서 부원인(副原因 : subcause)으로 분류한 것은 다음 중 무엇인가?

① 가드의 미비 ② 위험한 배열
③ 불안전한 공정 ④ 이기적인 불협조

해설

(1) 하인리히의 부원인 : 간접 원인
 ① 부적절한 태도
 ② 지식 또는 기능의 결여
 ③ 신체적인 부적격
(2) ①, ②, ③ : 직접 원인

40 ★★★ 다음은 재해발생 연쇄과정을 설명한 것이다. 옳게 설명한 것은?

① 재해－직접원인－간접원인－사고
② 사고－재해－간접원인－직접원인
③ 간접원인－직접원인－사고－재해
④ 직접원인－재해－간접원인－사고

해설

재해발생 연쇄과정

(1) 하인리히의 재해발생 5단계
 ① 제1단계 : 사회적 선천적 결함
 ② 제2단계 : 개인적 결함
 ③ 제3단계 : 불안전한 행동 및 상태
 ④ 제4단계 : 사고
 ⑤ 제5단계 : 재해
(2) 위의 ①·② : 간접원인, ③ : 직접원인

[정답] 35 ② 36 ② 37 ③ 38 ① 39 ④ 40 ③

41 ★★★ **재해가 일어났을 때에는 피해자 및 주위의 사람들에 의해서 생산 감소를 일으키는 노동시간의 손실을 수반하게 되는데 이것은 재해손실비상으로는 다음 어느 것에 속하는가?**

① 물적 손실　② 인적 손실
③ 품질 손실　④ 생산 손실

해설

생산손실
① 산업재해는 물적 손실과 인적 손실로 분류
② 노동시간과 생산감소는 생산 손실의 설명이다.

42 ★★ **산업재해에 의한 직접 손실이 연간 1,000억원이었다면 이 해의 산업재해에 의한 총손실 비용은 얼마인가?**

① 3,000억원　② 4,000억원
③ 5,000억원　④ 6,000억원

해설

총손실비용 = 직접비 + 간접비
= 1,000억원 + 4,000억원 = 5,000억원

43 ★ **근로자 500명인 A공장에서 1일 8시간씩 연간 300일을 작업하는 동안 1일 이상의 재해자가 36건이 발생하였다면 도수율은?**

① 10　② 20
③ 30　④ 40

해설

$$도수율(빈도율) = \frac{재해건수}{연근로시간수} \times 10^6 = \frac{36}{500 \times 8 \times 300} \times 10^6 = 30$$

44 ★★ **사고방지의 3E 정책이 아닌 것은?**

① Election　② Engineering
③ Education　④ Enforcement

해설

3E는 ②, ③, ④뿐이다.

45 ★ **재해비용(코스트)에 대한 설명이 잘못된 것은?**

① 재해코스트는 직접비와 간접비의 합이다.
② 재해코스트에 있어 직접비는 간접비보다 크다.
③ 임금에 대한 손실은 간접비에 해당된다.
④ 직접비 계산은 쉬우나 정확한 간접비 계산은 어렵다.

해설

재해코스트
① 재해코스트 중 직접비는 (1)이고, 간접비는 (4)이다.
② 직접비는 간접비보다 작다.

46 ★ **재해예방대책은 5단계 과정을 거쳐서 계획을 수립하게 된다. 이때 제4단계에 맞지 않는 것은?**

① 기술적인 개선안
② 작업배치의 조정
③ 교육훈련의 개선
④ 작업분석

해설

작업분석은 제2단계(사실의 발견)에 포함된다.

47 ★ **재해통계에서 강도율 2.0이란?**

① 한 건의 재해강도 2.0[%]의 작업손실
② 근로자 1,000명당 2.0건의 재해 발생
③ 1,000시간 중 발생 재해가 2.0건
④ 한 건의 재해가 1,000시간 작업시 2.0일의 근로손실

해설

재해통계
① $강도율 = \frac{총요양근로손실일수}{연근로시간수} \times 1,000$
② 강도율은 재해의 강약을 의미한다.

[정답] 41 ④　42 ③　43 ③　44 ①　45 ②　46 ④　47 ④

48 ★★ 강도율 2.5의 뜻으로 옳은 것은?

① 1,000시간 작업시 2.5건의 재해발생건수
② 1,000시간 작업시 2.5일의 근로손실
③ 1,000,000시간 작업시 2.5건의 재해발생건수
④ 근로자 1,000명당 2.5의 작업손실

해설

③은 도수율의 설명이다.

49 ★★★ 다음 재해코스트 산출에서 직접비에 해당되지 않는 것은?

① 장례비 및 치료비
② 요양비 및 휴업보상비
③ 기계·기구 손실 수리비 및 손실 시간비
④ 장애보상비

해설

기계·기구 및 손실, 시간 등은 간접 손실비이다.

50 ★ 재해손실비용 계산법 중 하인리히법에서 직접 손비 중의 정부보상에 해당되지 않는 사항은?

① 의료보상비 ② 장애보상비
③ 요양비 ④ 일시보상비

해설

일시보상비는 정부보상에서 제외된다.

51 ★★★★★ 상시근로자를 400명 채용하고 있는 사업장에서 주당 48시간, 1년간 50주 동안 작업하였을 때 재해가 180건 발생했다. 이에 따른 근로손실일수가 780일이었다. 강도율은 얼마인가?

① 0.45 ② 0.75
③ 0.81 ④ 1.81

해설

$$\text{강도율} = \frac{\text{총요양근로손실일수}}{\text{연근로시간수}} \times 1,000 = \frac{780}{400 \times 48 \times 50} \times 1,000 = 0.81$$

52 ★★★★★ 시몬즈(Simonds)의 재해손실비용 산정 방식 중 재해 구분에서 제외되는 것은?

① 영구 전노동불능 상해
② 영구 부분노동불능 상해
③ 일시 전노동불능 상해
④ 일시 부분노동불능 상해

해설

시몬즈의 재해사고 분류

(1) 휴업상해
  ① 영구 일부노동불능
  ② 일시 전노동불능
(2) 통원상해
  ① 일시 부분노동불능
  ② 의사조치를 필요로 하는 통원상해
(3) 응급조치
  ① 응급조치
  ② 20$ 미만의 손실, 8시간 미만의 휴업
(4) 무상해 사고
  ① 20$ 이상 재산 손실
  ② 8시간 이상 시간 손실

53 ★★ 재해방지대책의 3E가 아닌 것은?

① 기술(Engineering)
② 환경(Environment)
③ 교육(Education)
④ 관리(Enforcement)

해설

3E와 4E

① 3E = ①+③+④
② 4E = ①+②+③+④

54 ★★★ 재해도수율이란 무엇을 나타내는가?

① 재해의 질 ② 재해의 크기
③ 재해의 양 ④ 재해의 비율

해설

$$\text{도수율(빈도율)} = \frac{\text{재해건수}}{\text{연근로시간수}} \times 10^6$$

[정답] 48 ② 49 ③ 50 ④ 51 ③ 52 ① 53 ② 54 ③

55 ★★ **400명의 근로자가 근무하고 있는 공장에서 4건의 재해가 발생했다. 도수율은 얼마인가?**

① 1.16 ② 2.16
③ 3.16 ④ 4.16

해설

$$도수율 = \frac{요양재해건수}{연근로시간수} \times 10^6$$
$$= \frac{4}{400 \times 2,400} \times 10^6 = 4.17$$

56 ★★ **다음 중 도수율이 10.0인 어느 사업장에서 작업자가 평생동안 작업을 한다면 몇 건의 재해를 당하겠는가?(단, 1인의 평생 근로시간은 100,000시간으로 한다.)**

① 1.0건 ② 2.0건
③ 10.0건 ④ 20.0건

해설

$$환산도수율 = \frac{100,000시간}{1,000,000시간} \times 도수율$$
$$= \frac{도수율}{10} = \frac{10}{10} = 1건$$

57 ★ **근로자 200명이 근무하는 어느 사업장에 1년에 9건의 사상자가 발생하였다고 한다. 천인율은?**

① 40.4 ② 45
③ 50.8 ④ 55

해설

$$천인율 = \frac{재해자수}{평균근로자수} \times 1,000$$
$$= \frac{9}{200} \times 1,000 = 45$$

58 ★★ **천인율이 80이라 함은 평균근로자수가 100명이 되는 사업장에서 1년 동안에 몇 명의 상해자가 발생되었다는 뜻인가?**

① 4명 ② 8명
③ 40명 ④ 80명

해설

천인율

① 천인율이란 연간 평균 1,000명당 재해자수를 나타내는 통계
② $\frac{재해자수}{평균\ 근로자수} \times 1,000$
③ 천인율이 80이라는 것은 1,000명당 재해자수가 80이라는 뜻이다.
④ 100명 작업시는 8명의 재해자가 발생된다.

59 ★★ **다음은 재해사례연구를 행하면서 유의해야 할 사항을 나열하였다. 틀린 사항은?**

① 과학적이며 객관성 있는 사례연구가 되어야 한다.
② 주관적이며 독단적으로 판단된 정확성이 있어야 한다.
③ 신뢰성이 있는 자료수집이 있어야 한다.
④ 현장 사실을 분석하여 논리적이어야 한다.

해설

① 재해사례연구는 객관적이어야 한다.
② 재해조사는 반드시 2인 이상이 실시한다.

60 ★★★ **다음 재해코스트 중 직접 손실액에서 제외되는 것은?**

① 휴양보상비
② 유족보상비
③ 각종 위로보상금
④ 장애보상비

해설

하인리히(H. W. Heinrich)의 방식

(1) 총재해코스트 = 직접비 + 간접비(직접비의 4배)
(2) 직접비 : 간접비 = 1 : 4
(3) 직접비(재해로 인해 받게 되는 산재보상금) = (즉 법령으로 지급되는 산재보상비)
 ① 휴업급여
 ② 장애급여 : 1급~14급(산재장애 등급)
 ③ 요양급여 : 병원에 지급
 ④ 유족급여
 ⑤ 장의비
 ⑥ 유족특별급여
 ⑦ 장애특별급여

[정답] 55 ④ 56 ① 57 ② 58 ② 59 ② 60 ③

61 ★★ 제조업에서 500명의 근로자가 1주일에 41시간씩 연간 50주를 근로하는데 1년에 36건의 재해가 발생하였다. 이 기업체에서 도수율은?(단, 근로자들이 질병 등으로 인하여 연근로시간 중 3[%] 결근)

① 21.21 ② 25.21
③ 36.21 ④ 41.21

해설

도수율 계산

$$도수율 = \frac{재해건수}{연근로시간수} \times 10^6$$

$$= \frac{36}{500 \times 41 \times 50 \times 0.97} \times 10^6 = 36.2$$

62 ★ 재해조사에 있어서 다음 중 관리적 원인이 아닌 것은 무엇인가?

① 안전수칙의 오해
② 생산방법의 부적당
③ 구조 재료의 부적합
④ 복장·보호구의 잘못 사용

해설

직접원인

(1) 복장·보호구의 잘못 사용은 불안전한 행동이다.
(2) 직접 원인이다.

63 ★★ 재해코스트 중 직접 손비에 해당하지 않는 것은?

① 휴업보상비
② 치료비
③ 재해조사비
④ 장애보상비

해설

직접비

① 휴업급여 : 평균임금의 $\frac{70}{100}$
② 장애보상비 : 장애등급 기준
③ 요양비 및 치료비 전액
④ 장의비 : 평균임금의 120일분
⑤ 유족보상비 : 평균임금의 1,300일분

64 ★ 연평균 1,000명의 근로자를 채용하고 있는 사업장에서 연간 24건의 재해가 발생하였다면 천인율은?(단, 근로자는 일일 8시간, 연간 300일 근무한다.)

① 25 ② 24
③ 12 ④ 10

해설

천인율 계산

$$천인율 = \frac{재해자수(연간재해자수)}{평균근로자수} \times 1,000$$

$$= \frac{24}{1,000} \times 1,000 = 24$$

참고 분명히 문제는 잘못된 것이지만 실제 출제된 문제입니다.
간혹 이런 문제도 있음을 유의바람
이유는 천인율은 건수가 아니고 반드시 재해자수이어야만 한다.

이렇게 해도 된다.

① $도수율 = \frac{재해건수}{연근로시간수} \times 10^6$

$= \frac{24}{1,000 \times 300 \times 8} \times 10^6 = 10$

② $천인율 = 도수율 \times 2.4 = 10 \times 2.4 = 24$

65 ★★★ 2015년도 어느 건설회사의 연간 국내공사 실적액이 300억원이고, 이 해의 노무비율은 0.28이며 이 회사의 1일 평균임금은 70,000원으로 평가되었다. 이 회사의 "환산재해율"을 산정하기 위한 상시근로자수는 얼마인가?(단, 월 평균 근로일수는 25일로 한다.)

① 400명 ② 500명
③ 600명 ④ 700명

해설

상시근로자수 계산

300억 × 0.28 = 84억원(연간 노무비용)
70,000 × 25 × 12 = 21,000,000
= 0.21억(근로자 1인의 연간노무비용)

$$\therefore \frac{84억}{0.21억} = 400명$$

참고 $상시근로자수 = \frac{연간공사실적액 \times 노무비율}{건설업\ 월평균임금 \times 12}$

[정답] 61 ③ 62 ④ 63 ③ 64 ② 65 ①

안전점검 및 검사·인증·진단

중점 학습내용

본 장은 안전점검에서 점검 목적 의의 등을 강조하였고 안전점검 방법, 특히 안전인증 등 작업 시작 전 기계·기구 등을 나열하였으며 점검 항목도 서술하였다. 시험에 출제가 예상되는 중심적인 내용은 다음과 같다.

❶ 안전점검
❷ 안전인증
❸ 안전보건진단 및 검사

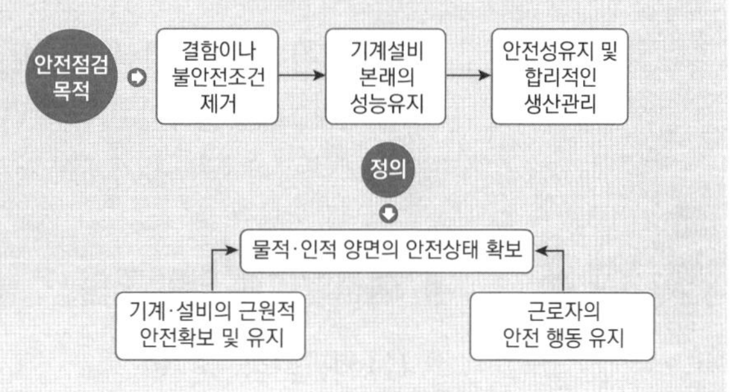

1 안전점검

1. 안전점검의 정의

안전점검이란 안전을 확보하기 위해 실태를 명확히 파악하는 것으로서, 불안전 상태와 불안전 행동을 발생시키는 결함을 사전에 발견하거나 안전 상태를 확인하는 행동이다.

2. 안전점검의 의의

① 설비의 안전 확보　　② 설비의 안전 상태 유지
③ 인적인 안전 행동 상태의 유지

3. 안전점검의 종류(점검주기에의 구분) 16. 3. 6 기 17. 9. 23 기 16. 5. 8 기 18. 4. 28 산

(1) 정기점검(계획점검) 20. 6. 7 기

일정 기간마다 정기적으로 실시하는 점검으로 법적 기준 또는 사내 안전 규정에 따라 해당 책임자가 실시하는 점검

(2) 수시점검(일상점검) 19. 9. 21 기 22. 3. 5 기

매일 작업 전·작업 중 또는 작업 후에 일상적으로 실시하는 점검을 말하며 작업자·작업책임자·관리감독자가 실시하고 사업주의 안전순찰도 넓은 의미에서 포함된다. 예 작업전 점검내용 : 방호장치 작동 여부 23. 9. 2 기

합격예측

(1) 안전점검 방법의 종류
① 육안점검 : 시각, 촉각 등으로 검사(부식, 마모)
② 기능점검 : 간단한 조작에 의해 판단
③ 기기점검 : 안전장치, 누전차단장치 등을 정해진 순서로 작동하여 양부를 판단
④ 정밀점검 : 규정에 의해 측정, 검사 등 설비의 종합적인 점검

(2) 안전점검 결과 기록사항
① 점검년월일
② 점검방법
③ 점검개소
④ 점검결과
⑤ 점검실시자 성명
⑥ 점검 결과에 따른 조치사항

(3) 특별점검 18. 4. 28 기 19. 3. 3 기 19. 8. 4 기 20. 6. 14 산 20. 8. 22 기 21. 5. 15 기

기계·기구 또는 설비의 신설·변경 또는 중대재해 발생 직후 등 고장 수리 등으로 비정기적인 특정 점검을 말하며 기술 책임자가 실시한다. (산업안전 보건강조기간에도 실시)

(4) 임시점검

정기점검 실시 후 다음 점검기일 이전에 임시로 실시하는 점검의 형태를 말하며, 기계·기구 또는 설치의 이상 발견시에 임시로 점검하는 점검을 임시점검이라 한다. (예 목재가공용 둥근톱기계의 작업 중 갑작스런 고장시)

4. 점검방법에 의한 구분

(1) 외관점검 19. 8. 4 산

기기의 적당한 배치, 설치 상태, 변형, 균열, 손상, 부식, 볼트의 여유 등의 유무를 외관에서 시각 및 촉감 등에 의해 조사하고, 점검 기준에 의해 양부를 확인하는 것이다.

(2) 기능점검

간단한 조작을 행하여 대상 기기의 기능적 양부를 확인하는 것이다.

(3) 작동점검 19. 3. 3 산

안전장치나 누전차단장치 등을 정해진 순서에 의해 작동시켜 상황의 양부를 확인하는 것이다.

(4) 종합점검 23. 6. 4 기

정해진 점검 기준에 의해 측정·검사를 행하고, 또 일정한 조건하에서 운전시험을 행하여 그 기계설비의 종합적인 기능을 확인하는 것이다.

5. 안전점검의 직접적 목적

① 결함이나 불안전 조건의 제거
② 기계·설비의 본래 성능 유지
③ 합리적인 생산 관리

6. 안전점검 및 진단의 순서

① 실태(현상)의 파악 ② 결함의 발견
③ 대책의 결정 ④ 대책의 실시

합격예측

(1) 안전점검의 대상
① 안전관리 조직체제 및 운영상황
② 안전교육계획 및 실시 상황
③ 작업환경 및 유해·위험 관리에 관한 상황
④ 정리정돈 및 위험물 방화관리에 관한 상황
⑤ 운반설비 및 관련 시설물의 상태
(2) 요약 : 작업환경, 작업방법, 방호장치

합격예측

안전점검의 순환과정
현상의 파악(실상의 파악) - 결함의 발견 - 시정대책의 선정 - 대책의 실시

Q 은행문제 17. 8. 26 기

안전점검 보고서 작성내용 중 주요 사항에 해당되지 않는 것은?
① 작업현장의 현 배치 상태와 문제점
② 재해다발요인과 유형분석 및 비교 데이터 제시
③ 안전관리 스텝의 인적사항
④ 보호구, 방호장치 작업환경 실태와 개선제시

정답 ③

7. 안전점검시 유의사항

① 여러 가지 점검 방법을 병용한다.
② 점검자의 능력에 상응하는 점검을 실시한다.
③ 과거의 재해 발생 부분은 그 원인이 배제되었는지 확인한다.
④ 불량한 부분이 발견된 경우에는 다른 동종 설비도 점검한다.
⑤ 발견된 불량 부분은 원인을 조사하고 필요한 대책을 강구한다.
⑥ 안전 점검은 안전 수준의 향상을 목적으로 하는 것임을 염두에 두어야 한다.

8. Check List에 포함되어야 하는 사항 16. 5. 8 기 17. 5. 7 기

① 점검대상
② 점검부분(점검개소)
③ 점검항목(점검내용 : 마모, 균열, 부식, 파손, 변형 등)
④ 점검주기 또는 기간(점검시기)
⑤ 점검방법(육안점검, 기능점검, 기기점검, 정밀점검)
⑥ 판정기준(안전검사기준, 법령에 의한 기준, KS기준 등)
⑦ 조치사항(점검결과에 따른 결함의 시정사항)

9. Check List 판정시 유의사항

① 판정 기준의 종류가 두 종류인 경우 적합 여부를 판정한다.
② 한 개의 절대 척도나 상대 척도에 의할 때는 수치로서 나타낼 것
③ 복수의 절대 척도나 상대 척도에 조합된 문항은 기준 점수 이하로 나타낼 것
④ 대안과 비교하여 양부를 판정한다.
⑤ 경험하지 않은 문제나 복잡하게 예측되는 문제 등은 관계자와 협의하여 종합 판정한다.

[표] 작업 시작 전 점검사항

작업의 종류	점 검 내 용
1. 프레스 등을 사용하여 작업을 할 때 16. 3. 6 산 17. 3. 5 기 17. 5. 7 기 17. 8. 26 기 18. 3. 4 기 18. 4. 28 기 18. 8. 19 기 19. 3. 3 기 19. 4. 27 산 20. 6. 7 기 20. 6. 14 산 20. 8. 23 산 21. 5. 15 기 21. 8. 14 기 22. 3. 5 기 22. 4. 24 기	① 클러치 및 브레이크의 기능 ② 크랭크축·플라이휠·슬라이드·연결봉 및 연결나사의 풀림 유무 ③ 1행정 1정지기구·급정지장치 및 비상정지장치의 기능 ④ 슬라이드 또는 칼날에 의한 위험방지 기구의 기능 ⑤ 프레스의 금형 및 고정볼트 상태 ⑥ 방호장치의 기능 ⑦ 전단기(剪斷機)의 칼날 및 테이블의 상태

합격예측

점검기준의 기본조건
① 점검대상(점검대상이 되는 기계의 명칭 또는 측정과 시험의 명칭)
② 점검부분(점검대상 기계의 각 부분의 점검개소 부품명)
③ 점검항목(마모, 균열, 파손, 부식 등의 점검실시 항목)
④ 점검주기 또는 기간(점검시기)
⑤ 점검방법(육안점검, 기기점검, 기능점검, 정밀점검)
⑥ 판정기준 및 조치

합격예측

점검표의 항목
① 점검대상
② 점검부분 및 점검항목
③ 점검주기 또는 기간(점검시기)
④ 점검방법
⑤ 판정기준 및 조치사항

Q 은행문제

안전점검표의 작성 시 유의사항이 아닌 것은? 21. 8. 14 기
① 중요도가 낮은 것부터 높은 순서대로 만들 것
② 점검표 내용은 구체적이고 재해방지에 효과가 있을 것
③ 사업장내 점검기준을 기초로 하여 점검자 자신이 점검목적, 사용시간 등을 고려하여 작성할 것
④ 현장감독자용의 점검표는 쉽게 이해할 수 있는 내용이어야 할 것

정답 ①

2. 로봇의 작동범위 내에서 그 로봇에 관하여 교시 등(로봇의 동력원을 차단하고 행하는 것을 제외한다)의 작업을 할 때 18. 3. 4 기 19. 4. 27 기 21. 5. 15 기	① 외부전선의 피복 또는 외장의 손상유무 ② 매니퓰레이터(manipulator) 작동의 이상유무 ③ 제동장치 및 비상정지장치의 기능
3. 공기압축기를 가동할 때 16. 3. 6 산 16. 10. 1 기 20. 9. 27 기 22. 4. 24 기	① 공기저장 압력용기의 외관상태 ② 드레인밸브의 조작 및 배수 ③ 압력방출장치의 기능 ④ 언로드밸브의 기능 ⑤ 윤활유의 상태 ⑥ 회전부의 덮개 또는 울 ⑦ 그 밖의 연결부위의 이상유무
4. 크레인을 사용하여 작업을 할 때 16. 3. 6 기 17. 3. 5 기 17. 9. 23 산	① 권과방지장치·브레이크·클러치 및 운전장치의 기능 ② 주행로의 상측 및 트롤리가 횡행(橫行)하는 레일의 상태 ③ 와이어로프가 통하고 있는 곳의 상태
5. 이동식 크레인을 사용하여 작업을 할 때 18. 3. 4 기 18. 9. 15 기	① 권과방지장치 그 밖의 경보장치의 기능 ② 브레이크·클러치 및 조정장치의 기능 ③ 와이어로프가 통하고 있는 곳 및 작업장소의 지반상태
6. 리프트(간이리프트를 포함한다)를 사용하여 작업을 할 때	① 방호장치·브레이크 및 클러치의 기능 ② 와이어로프가 통하고 있는 곳의 상태
7. 곤돌라를 사용하여 작업을 할 때	① 방호장치·브레이크의 기능 ② 와이어로프·슬링와이어 등의 상태
8. 양중기의 와이어로프·달기체인·섬유로프·섬유벨트 또는 훅·샤클·링 등의 철구(이하 "와이어로프 등"이라 한다)를 사용하여 고리걸이작업을 할 때	와이어로프 등의 이상유무
9. 지게차를 사용하여 작업을 할 때 18. 3. 4 기 21. 3. 7 기 21. 5. 15 기	① 제동장치 및 조종장치 기능의 이상유무 ② 하역장치 및 유압장치 기능의 이상유무 ③ 바퀴의 이상유무 ④ 전조등·후미등·방향지시기 및 경보장치 기능의 이상유무
10. 구내운반차를 사용하여 작업을 할 때 18. 3. 4 기	① 제동장치 및 조종장치 기능의 이상유무 ② 하역장치 및 유압장치 기능의 이상유무 ③ 바퀴의 이상유무 ④ 전조등·후미등·방향지시기 및 경음기 기능의 이상유무 ⑤ 충전장치를 포함한 홀더 등의 결합상태의 이상유무
11. 고소작업대를 사용하여 작업을 할 때 17. 3. 5 기	① 비상정지장치 및 비상하강방지장치 기능의 이상 유무 ② 과부하방지장치의 작동유무(와이어로프 또는 체인구동방식의 경우) ③ 아우트리거 또는 바퀴의 이상유무 ④ 작업면의 기울기 또는 요철유무 ⑤ 활선작업용 장치의 경우 홈·균열·파손 등 그 밖의 이상유무

합격예측

안전진단

① 안전진단은 기계·기구의 설비, 공구, 작업방법, 작업환경, 근로자의 안전활동, 근무태도, 생활태도 등에 대해 잠재위험 요인을 자세하게 진단하여 적절하고 신속한 조치를 시행하는 것이며 쾌적한 작업 환경과 기계·기구설비 등의 안전한 기능발휘를 갖추어 안전에 대한 효율적인 관리를 행하는 것으로 장기적으로는 예방적인 측면에 이르는 안전점검을 말한다.

② 안전진단은 인적, 물적, 환경 요인을 말한다.

참고

생산 현장에서의 안전활동 상황

① 생산담당자의 안전추진 활동
② 관리감독자의 안전추진 활동
③ 근로자의 안전풍토 및 안전협력, 이행, 실행여부

Q 은행문제 15. 9. 19 산

1. 안전점검시 점검자가 갖추어야 할 태도 및 마음가짐과 가장 거리가 먼 것은?

① 점검 본래의 취지 준수
② 점검 대상 부서의 협조
③ 모범적인 점검자의 자세
④ 점검결과 통보 생략

정답 ④

2. 안전검사기관 및 자율검사프로그램 인정기관은 고용노동부장관에게 그 실적을 보고하도록 관련법에 명시되어 있는데 그 주기로 옳은 것은? 19. 3. 3 기

① 매월 ② 격월
③ 분기 ④ 반기

정답 ③

12. 화물자동차를 사용하는 작업을 행하게 할 때 19. 11. 19 산업	① 제동장치 및 조종장치의 기능 ② 하역장치 및 유압장치의 기능 ③ 바퀴의 이상유무
13. 컨베이어 등을 사용하여 작업할 때 17. 8. 26 기 18. 3. 4 산 18. 8. 19 산	① 원동기 및 풀리기능의 이상유무 ② 이탈 등의 방지장치 기능의 이상유무 ③ 비상정지장치 기능의 이상유무 ④ 원동기·회전축·기어 및 풀리 등의 덮개 또는 울 등의 이상유무
14. 차량계 건설기계를 사용하여 작업을 할 때	브레이크 및 클러치 등의 기능
14의2. 용접·용단 작업 등의 화재위험작업을 할 때	① 작업 준비 및 작업 절차 수립 여부 ② 화기작업에 따른 인근 가연성물질에 대한 방호조치 및 소화기구 비치 여부 ③ 용접불티 비산방지덮개 또는 용접방화포 등 불꽃·불티 등의 비산을 방지하기 위한 조치 여부 ④ 인화성 액체의 증기 또는 인화성 가스가 남아 있지 않도록 하는 환기 조치 여부 ⑤ 작업근로자에 대한 화재예방 및 피난교육 등 비상조치 여부
15. 이동식 방폭구조 전기기계·기구를 사용할 때	전선 및 접속부 상태
16. 근로자가 반복하여 계속적으로 중량물을 취급하는 작업을 할 때	① 중량물 취급의 올바른 자세 및 복장 ② 위험물의 비산에 따른 보호구의 착용 ③ 카바이드·생석회 등과 같이 온도상승이나 습기에 의하여 위험성이 존재하는 중량물의 취급방법 ④ 그 밖에 하역운반기계 등의 적절한 사용방법
17. 양화장치를 사용하여 화물을 싣고 내리는 작업을 할 때	① 양화장치(揚貨裝置)의 작동상태 ② 양화장치에 제한하중을 초과하는 하중을 실었는지 여부
18. 슬링 등을 사용하여 작업을 할 때	① 훅이 붙어 있는 슬링·와이어슬링 등의 매달린 상태 ② 슬링·와이어슬링 등의 상태(작업시작 전 및 작업중 수시로 점검)

2 안전인증

1. 안전인증대상 기계

(1) 기계 및 설비의 종류

11. 3. 7 기 17. 3. 5 기, 산 17. 5. 7 기 18. 3. 4 기 19. 3. 3 기 20. 8. 22 기 21. 3. 7 기 20. 5. 15 기 20. 5. 15 기 23. 2. 15 기

① 프레스 ② 전단기 및 절곡기 ③ 크레인 ④ 리프트 ⑤ 압력용기
⑥ 롤러기 ⑦ 사출성형기 ⑧ 고소 작업대 ⑨ 곤돌라

합격예측

(1) 안전인증절차

유해하거나 위험한 기계, 방호장치, 보호구 (안전인증 대상기계)
↓
안전에 관한 성능, 제조자 기술능력, 생산체계
↓
안전인증기준(고시)
↓
안전인증 표시 (대상기계 및 담은 용기 또는 포장)

(2) 안전점검 보고서에 수록될 내용
① 작업현장의 현 배치 상태와 문제점
② 안전교육 실시 현황 및 추진 방향
③ 안전방침과 중점개선 계획

용어정의

therblig
동작을 구성하는 기본적인 요소를 정한 기호이다.

합격예측 및 관련법규

제107조(안전인증대상기계 등)

법 제84조제1항에서 "고용노동부령으로 정하는 안전인증대상기계등"이란 다음 각 호의 기계 및 설비를 말한다. 24. 7. 28 산업

1. 설치·이전하는 경우 안전인증을 받아야 하는 기계
   가. 크레인
   나. 리프트
   다. 곤돌라
2. 주요 구조 부분을 변경하는 경우 안전인증을 받아야 하는 기계 및 설비
   가. 프레스
   나. 전단기 및 절곡기(折曲機)
   다. 크레인
   라. 리프트
   마. 압력용기
   바. 롤러기
   사. 사출성형기(射出成形機)
   아. 고소(高所)작업대
   자. 곤돌라

합격예측

자율안전확인신고절차

자율안전확인대상 기계 제조 및 구조 부분 변경 또는 수입
↓
자율안전기준 (안전에 관한 성능)
↓
자율안전확인
↓
신고 (고용노동부장관)
↓
자율안전확인의 표시 (대상 기계 및 담은 용기 또는 포장)

합격예측

작업위험 분석방법
① 면접
② 관찰
③ 설문방법
④ 혼합방식

(2) 방호장치의 종류 16. 3. 6 ㉮ 18. 4. 28 ㉮ 21. 3. 7 ㉮ 22. 4. 24 ㉮

① 프레스 및 전단기 방호장치
② 양중기용 과부하방지장치
③ 보일러 압력방출용 안전밸브
④ 압력용기 압력방출용 안전밸브
⑤ 압력용기 압력방출용 파열판
⑥ 절연용 방호구 및 활선작업용 기구
⑦ 방폭구조 전기기계·기구 및 부품
⑧ 추락·낙하 및 붕괴 등의 위험방호에 필요한 가설기자재로서 고용노동부장관이 정하여 고시하는 것
⑨ 충돌·협착 등의 위험방지에 필요한 산업용 로봇 방호장치로서 고용노동부장관이 정하여 고시하는 것

(3) 보호구의 종류

① 추락 및 감전 위험방지용 안전모 ② 안전화 ③ 안전장갑
④ 방진마스크 ⑤ 방독마스크 ⑥ 송기마스크 ⑦ 전동식 호흡보호구
⑧ 보호복 ⑨ 안전대 ⑩ 차광 및 비산물 위험방지용 보안경
⑪ 용접용 보안면 ⑫ 방음용 귀마개 또는 귀덮개

2. 안전인증 면제·취소·사용금지 대상

(1) 안전인증 면제 대상

① 연구개발을 목적으로 제조 수입하거나 수출을 목적으로 제조하는 경우
② 고용노동부장관이 정하여 고시하는 외국의 안전인증기관에서 인증을 받은 경우
③ 다른 법령에서 안전성에 관한 검사나 인증을 받은 경우

(2) 안전인증의 취소 및 사용금지 또는 개선 대상

① 거짓이나 그 밖의 부정한 방법으로 안전인증을 받은 경우
② 안전인증을 받은 안전인증대상기계·기구 등의 안전에 관한 성능 등이 안전인증기준에 맞지 아니하게 된 경우
③ 정당한 사유 없이 안전인증기준 준수여부의 확인(확인주기 : 3년 이하의 범위)을 거부, 기피 또는 방해하는 경우

[표] 안전인증 심사의 종류 및 방법 18. 9. 15 ㉮

종류	심사방법	심사기간
예비심사	기계 및 방호장치·보호가 안전인증대상 기계 등인지를 확인하는 심사(안전인증을 신청한 경우만 해당)	7일
서면심사	안전인증대상 기계 등의 종류별 또는 형식별로 설계도면 등 안전인증대상 기계 등의 제품 기술과 관련된 문서가 안전인증기준에 적합한지 여부에 대한 심사	15일 (외국에서 제조한 경우 30일)

기술능력 및 생산체계 심사	안전인증대상 기계 등의 안전성능을 지속적으로 유지·보증하기 위하여 사업장에서 갖추어야 할 기술능력과 생산체계가 안전인증기준에 적합한지에 대한 심사. 다만, 수입자가 안전인증을 받거나 제품심사에서의 개별 제품심사를 하는 경우에는 기술능력 및 생산체계 심사를 생략			30일 (외국에서 제조한 경우 45일)
제품심사	안전인증대상 기계 등의 안전에 관한 성능이 안전인증기준에 적합한지에 대한 심사(두 가지 심사 중 어느 하나만을 받는다)	개별 제품 심사	서면심사결과가 안전인증기준에 적합할 경우에 하는 안전인증대상 기계 등 모두에 대하여 하는 심사(서면심사와 개별 제품심사를 동시에 할 것을 요청하는 경우 병행하여 할 수 있다.)	15일
		형식별 제품 심사	서면심사와 기술능력 및 생산체계 심사결과가 안전인증기준에 적합할 경우에 하는 안전인증대상 기계 등의 형식별로 표본을 추출하여 하는 심사(서면심사, 기술능력 및 생산체계 심사와 형식별 제품심사를 동시에 할 것을 요청하는 경우 병행하여 할 수 있다.)	30일 (방폭구조전기 기계기구 및 부품과 일부 보호구는 60일)

3. 자율안전확인대상 기계의 종류

(1) 기계의 종류 19. 4. 27 기 20. 6. 7 기

① 연삭기 또는 연마기(휴대형은 제외한다) ② 산업용 로봇 ③ 혼합기
④ 파쇄기 또는 분쇄기 ⑤ 식품가공용기계(파쇄·절단·혼합·제면기만 해당한다)
⑥ 컨베이어 ⑦ 자동차정비용 리프트
⑧ 공작기계(선반, 드릴기, 평삭·형삭기, 밀링만 해당한다.)
⑨ 고정형 목재가공용기계(둥근톱, 대패, 루타기, 띠톱, 모떼기 기계만 해당한다)
⑩ 인쇄기

(2) 방호장치의 종류 17. 9. 23 기

① 아세틸렌 용접장치용 또는 가스집합 용접장치용 안전기
② 교류 아크용접기용 자동전격방지기
③ 롤러기 급정지장치 ④ 연삭기(研削機) 덮개
⑤ 목재 가공용 둥근톱 반발 예방장치와 날 접촉 예방장치
⑥ 동력식 수동대패용 칼날 접촉 방지장치
⑦ 추락·낙하 및 붕괴 등의 위험 방지 및 보호에 필요한 가설기자재(안전인증 대상기계기구에 해당되는 사항 제외)로서 고용노동부장관이 정하여 고시하는 것

(3) 보호구의 종류

① 안전모(안전인증 대상기계에 해당되는 사항 제외)
② 보안경(안전인증 대상기계에 해당되는 사항 제외)
③ 보안면(안전인증 대상기계에 해당되는 사항 제외)

참고

작업환경 측정결과 기록보존 사항

① 측정연월일
② 측정장소
③ 측정방법
④ 측정자 성명
⑤ 측정결과
⑥ 측정결과에 따른 조치의 개요

합격예측

① "기압조절실"이란 잠수작업에 종사하는 근로자의 건강보호를 위해 가압 또는 감압을 받도록 압력을 조절하는 장치를 말한다.
② "주실"이란 잠수작업 후 근로자의 체내에 축적된 기체를 해소하기 위한 격실을 말한다.
③ "부실"이란 "주실"의 출입이 쉽도록 빠른 가압이 이루어 질 수 있게 하는 격실을 말한다.
④ "기체공급장치"란 주실 및 부실의 압력을 상승시키는 장치를 말한다.
⑤ "호흡장치(BIBS : Built-In Breathing System)"란 기압조절실 내부에 체류하는 근로자에게 산소 등의 호흡용 기체를 공급해 주기 위해 별도로 설치된 마스크 형태의 장치를 말한다.
⑥ "통화장치"란 기압조절실 내부 체류자와 외부 조작자 간의 의사소통을 위하여 설치하는 송수화장치를 말한다.
⑦ "현창(주실과 부실을 포함한다)"이란 기압조절실 내부의 상태를 관찰할 수 있도록 투명한 재질로 설치한 창문을 말한다.

합격예측

비파괴검사의 종류

(1) 육안검사
(2) 누설검사
(3) 침투검사
(4) 초음파검사 : 초음파를 피검사물에 보내어 내부의 결함 또는 불균일층의 존재에 의한 진행의 교란에 의해 결함을 검출하는 방법으로서 다음과 같은 방법이 있다.
① 반사법
② 공진법
③ 수적탐사법
(5) 자기탐상검사(자성검사)
(6) 음향검사(타진법)
(7) 방사선투과검사

합격예측

작업개선단계

① 1단계 : 작업분해
② 2단계 : 세부내용 검토
③ 3단계 : 작업분석
④ 4단계 : 새로운 방법의 적용

합격예측 및 관련법규

제124조(안전검사의 신청 등)

① 법 제93조제1항에 따라 안전검사를 받아야 하는 자는 별지 제50호서식의 안전검사 신청서를 제126조에 따른 검사 주기 만료일 30일 전에 영 제116조제2항에 따라 안전검사 업무를 위탁받은 기관(이하 "안전검사기관"이라 한다)에 제출(전자문서에 의한 제출을 포함한다)해야 한다.
② 제1항에 따른 안전검사 신청을 받은 안전검사기관은 검사 주기 만료일 전후 각각 30일 이내에 해당 기계·기구 및 설비별로 안전검사를 해야 한다. 이 경우 해당 검사기간 이내에 검사에 합격한 경우에는 검사 주기 만료일에 안전검사를 받은 것으로 본다. 16. 5. 8 기

[표] 안전인증의 표시방법

구분	표시	표시방법
안전인증대상 기계 등의 안전인증 및 자율안전 확인		① 표시의 크기는 대상기계 등의 크기에 따라 조정할 수 있으나 인증마크의 세로(높이)를 5밀리미터 미만으로 사용할 수 없다. ② 표시는 표상을 명백히 하기 위하여 필요한 때에는 표시 주위에 표시사항을 국·영문 등의 글자로 덧붙여 적을 수 있다. ③ 표시는 대상기계 등이나 이를 담은 용기 또는 포장지의 적당한 곳에 붙이거나 인쇄 또는 새기는 등의 방법으로 표시하여야 한다. ④ 국가통합인증마크의 기본모형의 색상 명칭을 "KC Dark Blue"로 하고, 별색으로 인쇄할 경우에는 PANTONE 288C 색상을 사용하며, 4원색으로 인쇄할 경우에는 C:100%, M:80%, Y:0%, K:30%로 인쇄한다. ⑤ 특수한 효과를 위하여 금색과 은색을 사용할 수 있으며 색상을 사용할 수 없는 경우는 검은색을 사용할 수 있다. 별색으로 인쇄할 경우에는 주어진 색상별 PANTONE 색상을 사용할 수 있다. ⑥ 표시를 하는 경우에 인체에 상해를 줄 우려가 있는 재질이나 표면이 거친 재질을 사용해서는 아니 된다.
안전인증대상 기계 등이 아닌 안전인증 대상 기계 등의 안전인증		① 표시의 크기는 대상기계 등의 크기에 따라 조정할 수 있다. ② 표시의 표상을 명백히 하기 위하여 필요한 때에는 표시 주위에 표시사항을 국·영문 등의 글자로 덧붙여 적을 수 있다. ③ 표시는 대상기계 등이나 이를 담은 용기 또는 포장지의 적당한 곳에 붙이거나 인쇄 또는 새기는 등의 방법으로 표시하여야 한다. ④ 표시의 색상은 테와 문자를 청색, 그 밖의 부분을 백색으로 표현하는 것을 원칙으로 하되, 안전인증표시의 바탕색 등을 고려하여 테와 문자를 흰색, 그 밖의 부분을 청색으로 할 수 있다. 이 경우 청색의 색도는 7.5PB 2.5/7.5로 , 백색의 색도는 N9.5로 한다. ⑤ 표시를 하는 경우에 인체에 상해를 줄 우려가 있는 재질이나 표면이 거친 재질을 사용해서는 아니 된다.

4. 안전인증 및 자율안전 확인 제품의 표시내용(방법)

(1) 안전인증 제품 표시방법 20. 6. 7 기 22. 3. 5 기

① 형식 또는 모델명 ② 규격 또는 등급 등 ③ 제조자명
④ 제조번호 및 제조연월 ⑤ 안전인증 번호

(2) 자율안전 확인 제품 표시방법

① 형식 또는 모델명 ② 규격 또는 등급 등 ③ 제조자명
④ 제조번호 및 제조연월 ⑤ 자율안전 확인 번호

3 안전보건진단 및 검사

1. 안전보건진단의 종류

(1) 종합진단

(2) 안전기술진단

(3) 보건기술진단

(4) 안전보건진단 결과보고서에 포함 사항

① 산업재해 또는 사고의 발생원인
② 작업조건·작업방법

2. 안전검사

(1) 안전검사 대상 기계의 종류 17. 5. 7 기, 산 17. 8. 26 산 17. 9. 23 기 18. 4. 28 기 18. 8. 19 기 18. 9. 15 산 19. 4. 27 기 22. 4. 24 기

① 프레스
② 전단기
③ 크레인(정격하중 2[t] 미만인 것은 제외한다)
④ 리프트
⑤ 압력용기
⑥ 곤돌라
⑦ 국소배기장치(이동식은 제외한다.)
⑧ 원심기(산업용만 해당한다.)
⑨ 롤러기(밀폐형 구조는 제외한다.)
⑩ 사출성형기[형체결력 294[KN](킬로뉴튼)미만은 제외한다.]
⑪ 고소작업대[「자동차관리법」에 따른 화물자동차 또는 특수자동차에 탑재한 고소작업대(高所作業臺)로 한정한다.]
⑫ 컨베이어
⑬ 산업용 로봇
⑭ 혼합기
⑮ 파쇄기 또는 분쇄기

(2) 사용금지 기계의 종류

① 안전검사를 받지 아니한 기계 등
② 안전검사에 불합격한 기계 등

합격예측 10. 9. 5 기

작업표준의 목적

① 위험요인의 제거
② 손실요인의 제거
③ 작업의 효율화

합격예측

작업표준의 구비조건 19. 4. 27 기

① 작업의 실정에 적합할 것
② 표현은 구체적으로 할 것
③ 좋은 작업의 표준일 것
④ 생산성과 품질의 특성에 적합할 것
⑤ 이상시의 조치기준에 대해 정해 둘 것
⑥ 다른 규정 등에 위배되지 않을 것

합격예측

시업검사란

설비의 안전상태를 항상 유지 확보하기 위하여 설비의 가동 전에 실시하는 안전점검

합격예측

안전점검대상

① 전반적인 문제 : 안전관리 조직체, 안전활동, 안전교육, 안전점검제도 및 실시 상황 등
② 설비에 관한 문제 : 작업환경, 안전장치, 보호구, 정리정돈, 위험물 방화관리, 운반설비 등

합격예측

특별점검시기

① 기계·기구·설비의 신설시·변경 내지 고장 수리시 실시하는 점검
② 천재지변 발생 후 실시하는 점검
③ 안전강조기간 내에 실시하는 점검

[표] 안전검사의 주기 16. 8. 21 (기) 17. 3. 5 (산) 18. 3. 4 (기)(산) 18. 8. 19 (기)(산) 19. 3. 3 (기) 20. 6. 7 (기)

구 분	검 사 주 기
크레인(이동식 크레인은 제외한다) 리프트(이삿짐운반용 리프트는 제외한다) 및 곤돌라 22. 3. 5 (기)	사업장에서 설치가 끝난 날부터 3년 이내에 최초 안전검사를 실시하되, 그 이후부터 매 2년(건설현장에서 사용하는 것은 최초로 설치한 날부터 매 6개월 마다)
이동식 크레인, 이삿짐 운반용리프트 및 고소작업대	'자동차관리법' 제8조에 따른 신규등록 이후 3년 이내에 최초 안전검사를 실시하되, 그 이후부터 2년마다
프레스, 전단기, 압력용기, 국소 배기장치, 원심기, 롤러기, 사출성형기, 컨베이어 및 산업용 로봇, 혼합기, 파쇄기 또는 분쇄기	사업장에 설치가 끝난 날부터 3년 이내에 최초 안전검사를 실시하되, 그 이후부터 2년마다(공정안전보고서를 제출하여 확인을 받은 압력용기는 4년마다)

3. 자율검사 프로그램에 따른 안전검사

(1) 절차 18. 3. 4 (기)

사업주(관리주체)가 근로자 대표와 협의 → 검사방법, 주기 등을 충족하는 검사프로그램 → 안전에 관한 성능검사 → 안전검사 받은 것으로 인정

(2) 자율안전프로그램의 인정 요건

① 자격을 갖춘 검사원을 고용하고 있을 것
② 검사를 실시할 수 있는 장비를 갖추고 이를 유지·관리할 수 있을 것
③ 안전검사 주기에 따른 검사주기의 2분의 1에 해당하는 주기(크레인 중 건설현장 외에서 사용하는 크레인의 경우에는 6개월)마다 검사를 실시할 것
④ 자율검사프로그램의 검사기준이 안전검사기준을 충족할 것

(3) 유효기간 : 2년

4. 자율검사기관의 지정취소 등의 사유

① 검사업무를 하지 않고 대행수수료를 받는 경우
② 검사 관련 서류를 거짓으로 작성한 경우
③ 정당한 사유없이 검사업무의 대행을 거부한 경우
④ 검사항목을 생략하거나 검사방법을 준수하지 않은 경우
⑤ 검사결과의 판정기준을 준수하지 않거나 검사결과에 따른 안전조치 의견을 제시하지 않은 경우

[표] 안전인증의 표시방법

안전인증대상 기계 등의 안전인증 및 자율안전 확인	
안전인증대상 기계 등이 아닌 안전인증대상 기계 등의 안전인증	

안전점검 및 검사·인증·진단

출제예상문제

출제예상문제는 복습, 예습문제로 엮었습니다. *WHY : 실제시험에도 순서에 관계없이 출제됩니다. 예습 후 다음장에 공부한 문제가 있으면 기억이 배가 됩니다.

01 ★★★★★ **다음 중에서 안전점검의 종류에 해당되지 않는 것은?**

① 정기점검 ② 수시점검
③ 일시점검 ④ 일상점검

해설

안전점검의 종류
① 정기점검(계획점검) ② 임시점검
③ 수시점검(일상점검) ④ 특별점검

02 ★★ **다음 중 작업위험 분석방법으로 적당하지 않은 것은?**

① 관찰법 ② 면접법
③ 질문지법 ④ 해석법

해설

작업위험 분석방법의 종류
① 면접법 ② 관찰법
③ 설문(질문지)방법 ④ 혼합방법

03 ★★★ **방호조치에 대한 설명 중 틀린 것은?**

① 롤러기의 방호장치는 급정지장치이다.
② 연삭기의 방호장치는 덮개이다.
③ 둥근톱의 방호장치는 안전매트이다.
④ 곤돌라의 방호장치는 과부하방지장치이다.

해설

(1) 둥근톱 기계의 방호장치 : 반발예방장치 및 톱날접촉예방장치
(2) 안전매트 : 로봇의 방호장치

산삼을 캐기 위해서는 산삼밭에 가야한다. 교재의 선택이 합격이다.

04 ★★★ **안전보건위원회의 요구가 있을 때 해야 하는 안전진단은?**

① 특별진단 ② 예비진단
③ 정기진단 ④ 임시진단

해설

건강진단과 동일하며 안전보건위원회 요구시는 임시진단이다.

05 ★ **다음은 사람에 대한 인적(人的) 안전대책이다. 이에 해당되지 않는 것은?**

① 안전관리 체제를 확립한다.
② 안전작업 표준을 작성한다.
③ 설계단계에서부터 안전화한다.
④ 안전교육 훈련을 실시한다.

해설

(1) 설계단계에서 안전의 실시 목적은 물적인 안전대책이며 첫째 목적이다.
(2) ①, ②, ④는 인적 안전대책이다.

06 ★★ **안전운동이 전개되는 안전강조기간 내에 실시하는 안전점검의 종류는?**

① 정기점검 ② 수시점검
③ 임시점검 ④ 특별점검

해설

특별점검
(1) 우리나라 안전강조기간 : 매년 7.1~7.31
(2) 정기점검 : 일정기간에 실시한다.

[정답] 01 ③ 02 ④ 03 ③ 04 ④ 05 ③ 06 ④

07 단위 작업마다 사용재료, 사용설비, 작업자, 작업조건, 작업방법, 작업의 관리, 이상시의 조치 등을 규정하는 것은?

① 공정보고서 ② 기술표준서
③ 작업지도서 ④ 공정계획서

해설

작업지도서

① 작업기준이란 사용재료, 사용설비, 작업자, 작업조건, 작업방법, 작업의 관리방법 이상 발생시 처리, 감독자의 필요 사항에 대해 규정하는 것으로 기술기준의 요구 조건을 만족시켜야 한다.
② 작업기준은 일반적으로 작업지도서, 작업요령 등으로 불린다.

08 안전점검의 주된 목적에 해당되지 않는 것은?

① 위험을 사전에 발견하여 시정한다.
② 관리운영 및 작업방법을 조사한다.
③ 기계설비의 안전상태 유지를 점검한다.
④ 결함이나 불안전한 조건의 제거를 위함이다.

해설

안전점검의 목적(의미)

① 설비의 안전확보(결함이나 불안전 조건의 제거)
② 설비의 안전상태 유지 및 본래의 성능유지
③ 인적인 안전행동상태의 유지
④ 합리적인 생산 관리(생산성 향상)

09 ★★ 사업장 내의 물적·인적 재해의 잠재 위험성을 사전에 발견하여 그 예방대책을 세우기 위한 안전관리행위는?

① 안전관리조직
② 안전진단
③ 페일 세이프(fail safe)
④ 안전장치

해설

안전점검의 정의(안전진단의 정의)

안전점검이란 안전을 확보하기 위해 실태를 명확히 파악하는 것으로서 불안전 상태와 불안전 행동을 발생시키는 결함을 사전에 발견하거나 안전상태를 확인하는 행동이다.

10 ★★ 다음 중 안전점검의 종류에 해당되지 않는 것은?

① 정기점검 ② 수시점검
③ 임시점검 ④ 특수점검

해설

안전점검의 종류

① 정기점검 ② 수시점검 ③ 특별점검 ④ 임시점검

11 ★★ 작업배치에 있어 고려하는 작업특성에 해당되지 않는 것은 다음 중 어느 것인가?

① 형태 ② 기계
③ 환경 ④ 체력

해설

작업의 특성 분류

① 환경조건 : 체력, 건강상태, 근로의욕
② 작업조건 : 빈도, 시간, 방법, 강도, 치밀성, 복잡성, 정확성 등
③ 작업내용 : 능력의 필요 정도, 기초지식, 경험, 기능 정도
④ 형태 : 정상작업, 비정상작업, 단독작업, 공동작업
⑤ 법적 자격 및 제한 : 면허, 자격, 성별, 연령, 시간 등

12 ★★★ 작업태도 분석에 의한 동기파악방법의 연구과정은?

① 요인-태도-결과 ② 태도-결과-요인
③ 결과-요인-태도 ④ 태도-요인-결과

해설

작업태도 분석과정

① 요인(원인) ② 작업태도 ③ 작업결과

13 ★★ 다음 중 안전점검의 종류에 해당되지 않는 것은?

① 수시점검 ② 정기점검
③ 특수점검 ④ 임시점검

해설

안전점검의 종류

① 수시점검 ② 정기점검 ③ 특별점검 ④ 임시점검

[정답] 07 ③ 08 ② 09 ② 10 ④ 11 ② 12 ① 13 ③

14 ★★★★★ 재해사고의 원인 중 재료의 결함요인이 아닌 것은?

① 부식 ② 균열
③ 피로 ④ 가스 침식

해설

구조의 안전화(재료, 설계, 가공 등의 결함)

(1) 재료 결함상의 유의사항
① 부식 ② 균열 ③ 강도
(2) 설계상의 결함 : 설계상의 가장 큰 과오는 강도 산정상의 오산이다. 최대 부하 추정의 부정확성과 사용 중 일부 재료의 강도가 열화될 것을 감안하여 안전율을 충분히 고려해야 한다.
① 안전율 $= \frac{\text{극한강도}}{\text{최대설계응력}}$
$= \frac{\text{파괴하중}}{\text{안전하중}}$
$= \frac{\text{파괴하중(극한하중)}}{\text{최대사용하중(정격하중)}}$
② 안전율이란 필연성에 잠재되어 있는 우연성을 감안하여 계산한 것이다.
③ 안전여유 = 극한강도 − 허용응력(사용하중)
(3) 가공결함 : 재료가공 중의 경화와 같은 결함이 생길 수 있으므로 열처리 등을 통하여 사전에 결함을 방지하는 것이 중요하다.

구조의 안전화 3가지는 실기에도 출제된다.

15 ★★ 다음 중 특히 기계적, 재료적인 결함에 의한 위험성은?

① 조명의 불충분 ② 설계의 불충분
③ 기구의 불충분 ④ 방호의 불충분

해설

① 설계상의 불충분은 구조상의 결점이다.
② 설계상의 불충분은 기계적·재료적인 결함이다.

16 ★ 다음 점검표에 포함된 사항이 아닌 것은 어느 것인가?

① 점검항목 ② 점검부분
③ 검사결과 ④ 점검방법

해설

점검표 포함사항

① 점검대상 ② 점검부분 ③ 점검항목
④ 점검주기 ⑤ 점검방법 ⑥ 판정기준
⑦ 조치사항

17 ★★ 기계 및 재료에 대한 검사시 파괴검사에 해당되는 검사는?

① 육안검사 ② 인장검사
③ 초음파검사 ④ 자기검사

해설

인장검사는 파괴검사이며, 육안·초음파·자기검사는 비파괴검사이다.

18 ★★★ 다음 검사대상에 의한 분류에 속하지 않는 것은?

19. 9. 21 산

① 성능검사 ② 형식검사
③ 기능검사 ④ 검사기기검사

해설

(1) 검사대상에 의한 분류
① 기능(성능)검사
② 형식검사
③ 규격검사
(2) 검사방법에 의한 검사
① 육안검사
② 기능(성능)검사
③ 검사기기에 의한 검사
④ 시험에 의한 검사

19 ★★ 다음 중 감전으로 인한 부상과 인공호흡에 관한 응급치료 중 옳다고 판단되는 것은?

① 심장이 정지상태이며 인공호흡을 해야 한다.
② 음료수를 준다.
③ 물을 준다.
④ 인공호흡을 하면 안 된다.

해설

인공호흡

① 심장이 정지되어도 인공호흡을 해야 한다.
② 1분 이내 인공호흡을 실시하면 95[%] 이상 소생이 가능하다.

[정답] 14③ 15② 16③ 17② 18④ 19①

20 ★★ 작업위험 분석법에 해당되지 않는 것은?

① 관찰법　　② 절충법
③ 방문법　　④ 면접법

해설

작업위험 분석방법 ①, ②, ④ 외 설문서, 일지작성법, 결정사건기법 등이 있다.

21 다음 중 신체지지의 목적으로 전신에 착용하는 것으로 높은 곳에서의 추락을 방지하는 목적으로 사용되는 보호구는?

① 벨트식　　② 안전블록
③ 추락방지대　　④ 안전그네

해설

안전대

안전그네	신체지지의 목적으로 전신에 착용하는 띠모양의 부품
벨트	신체지지의 목적으로 허리에 착용하는 띠모양의 부품
추락 방지대	신체의 추락을 방지하기위해 자동잠김장치를 갖추고 죔줄과 수직 구명줄에 연결된 금속장치
안전블록	안전그네와 연결하여 추락 발생시 추락을 억제할 수 있는 자동잠김장치가 갖추어져 있고 죔줄이 자동적으로 수축되는 금속장치

22 ★ 통계적 원인분석에서 재해통계방법으로 사용이 안 되는 것은?

① 파레토도　　② 크로스분석
③ 관리도　　④ 실험계획도

해설

통계원인 분석방법 4가지

① 파레토(Pareto)도 : 사고의 유형, 기인물 등의 분류 항목을 순서대로 도표화하여 문제나 목표의 이해에 편리하다.
② 특성 요인도 : 특성과 요인과의 관계를 도표로 하여 어골상으로 세분화한다.
③ 크로스(Cross) 분석 : 2개 이상의 문제를 분석하는 데 사용한다.
④ 관리도 : 재해 발생건수 등의 추이를 파악하고 상방관리선(UCL), 중심선(CL), 하방관리선(LCL)으로 표시한다.

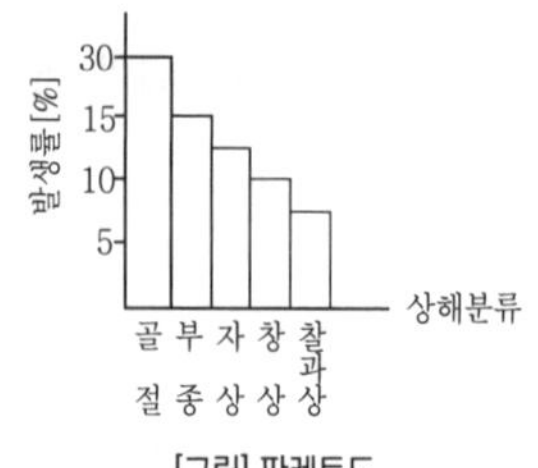

[그림] 파레토도

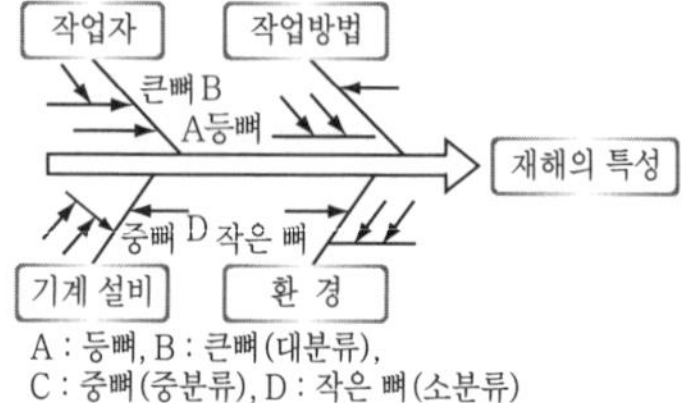

[그림] 특성 요인도 21. 5. 15 기

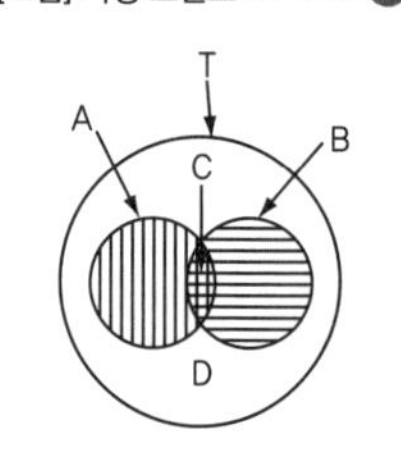

[그림] 크로스도

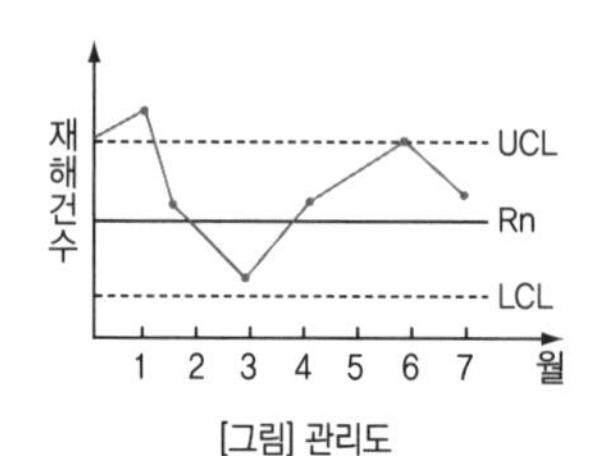

[그림] 관리도

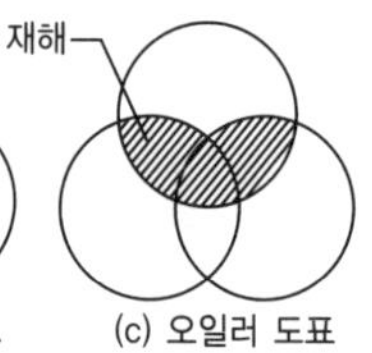

(a) 파이도표　(b) 클로즈 분석도　(c) 오일러 도표

[그림] 통계도표 유형

23 ★★ 근로자들이 작업장에서 안전하게 맡은 직무를 수행하도록 하기 위하여 작업대상에 깔려 있는 위험성을 미리 알아내는 기술은?

① 직무 분석　　② 사례 연구
③ 안전교육 훈련　　④ 작업위험 분석

[정답] 20 ③　21 ④　22 ④　23 ④

해설

① 안전교육 훈련은 재해예방 대책이다.
② 사례연구는 재해발생시 재해방지를 위해 실시한다.

24 ★★ 안전점검 기준표의 내용에 속하지 않는 것은?

① 점검항목 ② 판정기준
③ 점검방법 ④ 소지

해설

안전점검표 포함사항

① 점검부분 ② 점검항목 ③ 점검방법
④ 판정기준 ⑤ 판정 ⑥ 점검시기 ⑦ 조치

25 ★★ 안전점검의 목적을 잘못 말한 것은?

① 사고원인을 찾아 재해를 미연에 방지하기 위함이다.
② 생산현장의 그릇된 행동이나 상태를 주의시키고 중단하기 위함이다.
③ 재해의 재발을 방지하여 사전대책을 세우기 위함이다.
④ 현장의 불안전 요인을 찾아 적절한 계획에 반영시키기 위함이다.

해설

안전점검의 결함 발견에 의한 대책강구 원칙(안전점검의의)

① 설비의 근원적 안전확보
② 설비의 안전상태 유지
③ 인적인 안전행동의 유지
④ 인적·물적 양면의 안전상태 유지

26 ★★★ 다음 사항 중 안전점검대상에 해당되지 않는 것은?

① 안전조직
② 안전점검 제도 및 실시상황
③ 인원의 배치
④ 작업환경

해설

(1) 인원배치는 적성검사대상이다.
(2) 안전점검의 대상
① 전반적 또는 작업방법에 관한 것
㉮ 안전관리조직 체제 : 안전조직, 관리의 실태
㉯ 안전활동 : 계획, 추진상황
㉰ 안전교육 : 법정 및 일반교육의 계획 및 실시 상황
㉱ 안전점검 : 제도, 실시상황
② 기계 및 물적설비에 관한 것
㉮ 작업환경 : 온·습도, 환기 등의 일반 환경, 유해 위험환경의 관리
㉯ 안전장치 : 법규와의 적합성, 목적에의 합치 여부, 성능유지, 관리상황
㉰ 보호구(방호) : 종류, 수량, 관리상황, 성능의 점검상황
㉱ 정리정돈 : 표준화, 실시상황
㉲ 운반설비 : 표준화, 생력화, 성능과 취급관리, 안전표지, 안전표시
㉳ 위험물, 방화관리 : 위험물의 표지, 표시, 분류, 저장, 보관, 자위소방대 편성

27 ★★★★★ 생산현장에서 작업에 종사하고 있는 작업자가 작업을 함에 있어서 가장 안전하고 능률적으로 작업을 할 수 있도록 작업내용 및 작업단위별로 사용설비, 작업자, 작업조건 및 작업방법 등에 관해 규정해 놓은 것을 무엇이라 하는가?

① 안전수칙 ② 기술표준
③ 작업지도서 ④ 표준안전작업방법

해설

작업표준(Operation standard) 06. 3. 5 산

작업조건, 작업방법, 관리방법, 사용재료, 사용설비, 그 밖에 취급상의 주의사항 등에 관한 기준을 규정한 것으로, 종류에는 기술표준, 작업지도서, 작업지시서, 안전수칙 등이 있다.
예 콘크리트공사 표준안전 작업지침 제1조(목적)

28 ★★★★★ 안전인증 제품표시 방법이 아닌 것은?

① 형식 또는 모델명 ② 제조자명
③ 규격 또는 등급 등 ④ 검사자 성명

해설

안전인증 제품 표시방법

① 형식 또는 모델명 ② 규격 또는 등급 등
③ 제조자명 ④ 제조번호 및 제조연월
⑤ 안전인증 번호

[정답] 24 ④ 25 ④ 26 ③ 27 ④ 28 ④

29 안전진단시에 작업위험분석방법이 아닌 것은?

① 면접방식 ② 관찰방식
③ 시범방식 ④ 혼합방식

해설

작업위험분석방법

① 면접 ② 관찰 ③ 설문방법 ④ 혼합방식

30 ★★ 다음은 안전점검표를 작성할 때 유의할 사항이다. 적합하지 않은 것은?

① 구체적이고 재해방지에 실효가 있을 것
② 중점도가 낮은 것부터 순서 있게 작성할 것
③ 쉽고 이해하기 쉬운 표현으로 할 것
④ 점검표는 되도록 일정한 양식으로 할 것

해설

안전점검표 작성시 유의사항

① 안전점검표는 중점도가 높은 것부터 순서 있게 작성한다.
② 사업장에 적합한 독자적 내용을 가지고 작성할 것
③ 점검항목을 폭넓게 검토할 것
④ 관계자의 의견을 청취할 것

31 다음 작업표준작성시의 유의사항이 아닌 것은?

① 작업표준은 관리감독자가 관리하고 꾸준히 개선하며 전원이 관심을 가지고 운영한다.
② 작업표준은 그 사업장의 독자적인 것으로 작업에 적합한 내용일 것
③ 재해가 발생할 가능성이 높은 작업부터 먼저 착수한다.
④ 작업표준은 포괄적이어야 하며, 생산성과 품질은 고려할 필요가 없다.

해설

작업표준

① 작업표준은 구체적이어야 한다.
② 생산성과 품질의 특성에 적합해야 한다.

32 ★★ 다음은 안전진단시의 진단항목을 열거하였다. 해당되지 않는 것은 무엇인가?

① 최고 책임자의 안전방침
② 재해조사방법 및 분석
③ 고용노동부에 안전관계보고의 적정성
④ 안전교육 훈련

해설

재해조사방법 및 분석은 안전보건위원회 사항이다.

33 단위 작업마다의 사용재료, 사용설비, 작업자, 작업조건, 작업방법, 작업의 관리, 이상시의 조치 등을 규정하는 것은?

① 공정보고서 ② 기술표준서
③ 작업지도서 ④ 공정계획서

해설

작업표준의 종류

① 공정보고서, 기술표준, 제조규격 : 생산하는 제품을 대상으로 특히 필요하다고 생각되는 공정에서 품질에 영향을 미친다고 인정되는 기술적 요인에 대하여 그 요구조건을 규정하는 것으로 작업표준의 바탕이 되는 것(라인관리자 기술자용)
② 작업표준, 작업지도서 : 작업의 안전, 품질, 능률, 원가 등의 견지에서 통합작업, 또는 단위 작업마다의 사용재료, 사용설비, 작업자, 작업조건, 작업방법, 작업의 관리 등의 이상시의 조치 등을 규정한 것(감독자용, 작업자용)
③ 작업순서, 동작표준, 작업지시서, 작업요령 : 단위 작업 또는 요소 작업마다의 사용재료, 사용설비, 사용공구, 작업자가 행하는 동작, 작업상의 주의사항 이상 발생 시 감독자에의 보고 등을 규정한 것(작업자용)

합격자의 조언

① 세상에 우연은 없다. 한번 맺은 인연을 소중히 하라.(기사 → 기술사 → 지도사)
② 돈 많은 사람을 부러워 말라. 그가 사는 법을 배우도록 하라.

[정답] 29 ③ 30 ② 31 ④ 32 ② 33 ③

Chapter 05

보호구 및 안전보건표지

중점 학습내용

본 장은 보호구 정의, 보호구를 사용하는 목적, 선택시 유의사항, 종류 등을 집중적으로 서술하였다. 안전보건표지를 보고 위험성, 유해성을 알 수 있도록 하였으며 특히 색채조절의 목적 등을 나열하였다. 시험에 출제가 예상되는 중심적인 내용은 다음과 같다.

❶ 보호구
❷ 보호구의 종류 및 특징
❸ 안전보건표지
❹ 색채 조절

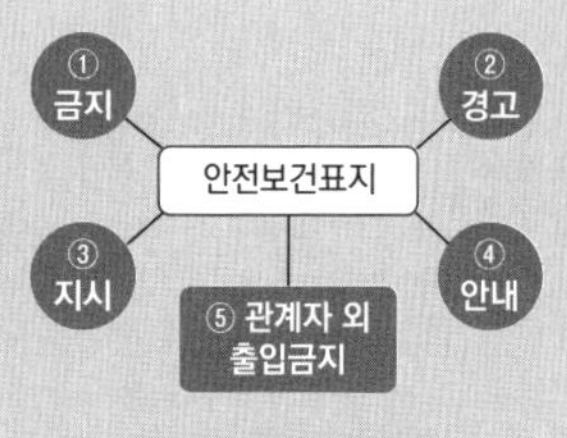

[그림] 안전보건표지 5종류

1 보호구

1. 정의 19. 4. 27 ㉮

외계의 유해한 자극물을 차단하거나 또는 그 영향을 감소시키려는 목적을 가지고 근로자의 신체 일부 또는 전부에 장착하는 것이며 소극적이며 2차적인 안전대책이다.

2. 보호구 선택시의 유의사항 16. 5. 8 ㉯

① 사용 목적에 적합한 것
② 보호구 검정에 합격하고 보호 성능이 보장되는 것
③ 작업 행동에 방해되지 않는 것
④ 착용이 용이하고 크기 등 사용자에게 편리한 것

3. 안전인증보호구

(1) 안전인증대상 보호구의 종류 18. 4. 28 ㉮

① 추락 및 감전 위험방지용 안전모 ② 안전화 ③ 안전장갑
④ 방진마스크 ⑤ 방독마스크 ⑥ 송기마스크 ⑦ 전동식 호흡보호구
⑧ 보호복 ⑨ 안전대 ⑩ 차광 및 비산물 위험방지용 보안경
⑪ 용접용 보안면 ⑫ 방음용 귀마개 또는 귀덮개

합격예측

개인보호구의 구비조건 19. 3. 3 ㉯

① 착용시 작업이 용이할 것
② 유해·위험물에 대하여 방호가 안전할 것
③ 재료의 품질이 우수할 것
④ 구조 및 표면 가공성이 좋을 것
⑤ 외관 및 디자인이 미려할 것

합격예측 및 관련법규

안전인증, 자율안전확인신고 표시 16. 3. 6 ㉮

합격예측

(1) 물체가 떨어지거나 날아올 위험 또는 근로자가 추락할 위험이 있는 작업 : 안전모
(2) 충격흡수장치 성능기준 18. 3. 4 ㉮
① 최대전달충격력은 6.0[kN]이하이어야 함
② 감속거리는 1,000[㎜] 이하이어야 함

합격예측

보호구 점검과 관리방법

① 정기적으로 점검할 것
② 청결하고 습기가 없는 장소에 보관할 것
③ 보호구 사용 후 세척하여 깨끗이 보관할 것
④ 세척 후 건조시킨 후 보관할 것

합격예측

(안전인증이 아닌)임의인증 표시

합격예측

절연장갑의 등급 및 표시
18. 4. 28 산 18. 8. 19 기
19. 4. 27 기 20. 6. 14 산
20. 9. 27 기 21. 5. 15 기

등급	최대사용전압		등급별 색상
	교류(V, 실효값)	직류(V)	
00	500	750	갈색
0	1,000	1,500	빨간색
1	7,500	11,250	흰색
2	17,000	25,500	노란색
3	26,500	39,750	녹색
4	36,000	54,000	등색

㈜ 직류값은 교류에 1.5를 곱하면 된다.
예 500×1.5=750

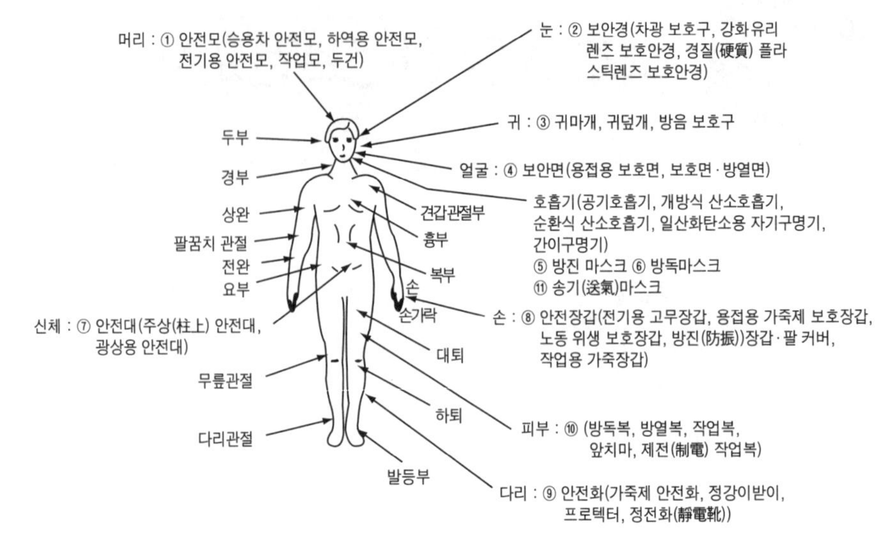

[그림] 보호구 착용

(2) 자율안전확인대상 보호구

① 안전모(추락 및 감전 위험방지용 안전모 제외)
② 보안경(차광 및 비산물 위험방지용 보안경 제외)
③ 보안면(용접용 보안면 제외)

4. 안전인증 기관의 확인

(1) 확인 사항

① 안전인증서에 적힌 제조 사업장에서 해당 안전인증 대상기계 등을 생산하고 있는지 여부
② 안전인증을 받은 안전인증 대상기계 등이 안전인증기준에 적합한지 여부
③ 제조자가 안전인증을 받을 당시의 기술능력·생산체계를 지속적으로 유지하고 있는지 여부
④ 안전인증 대상기계 등이 서면심사 내용과 같은 수준 이상의 재료 및 부품을 사용하고 있는지 여부

참고

안전보호구와 위생보호구의 차이

(1) 안전보호구
① 두부에 대한 보호구 : 안전모
② 추락 방지에 대한 보호구 : 안전대
③ 발에 대한 보호구 : 안전화
④ 손에 대한 보호구 : 안전장갑
⑤ 얼굴에 대한 보호구 : 보안면

(2) 위생보호구
① 유해 화학물질의 흡입방지를 위한 보호구 : 방진, 방독, 송기마스크
② 눈의 보호에 대한 보호구 : 보안경
③ 소음의 차단에 대한 보호구 : 귀마개, 귀덮개

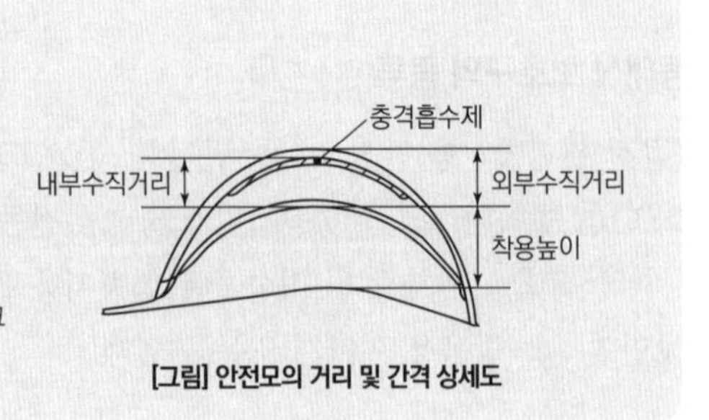

[그림] 안전모의 거리 및 간격 상세도

(2) 확인 주기

① 안전인증을 받은 제조자가 안전인증기준을 지키고 있는지 여부 확인

② 확인주기 : 매년 확인(다만, 안전인증을 신청하여 안전인증을 받은 경우는 2년마다)

2 보호구의 종류 및 특징

1. 안전모

(1) 안전모의 종류 및 용도 16. 5. 8 산 17. 9. 23 기 19. 4. 27 산 19. 8. 4 기 19. 9. 21 기

종류 기호	사용구분	모체의 재질	내전압성
AB	물체낙하, 날아옴, 추락에 의한 위험을 방지, 경감시키는 것 23. 9. 2 기	합성수지	비내전압성
AE	물체낙하, 날아옴에 의한 위험을 방지 또는 경감하고 머리부위 감전에 의한 위험을 방지하기 위한 것	합성수지 (FRP)(주②)	내전압성 (주①)
ABE	물체의 낙하 또는 날아옴 및 추락에 의한 위험을 방지하기 위한 것 및 감전 방지용	합성수지 (FRP)	내전압성

(주) ① 내전압성이란 7,000[V] 이하의 전압에 견디는 것을 말한다. 18. 4. 28 기

② FRP : Fiber Glass Reinforced Plastic(유리섬유 강화 플라스틱)

(2) 안전모의 구비조건

① 일반구조요건

㉮ 안전모는 모체, 착장체(머리고정대, 머리받침고리, 머리받침끈) 및 턱끈을 가질 것

㉯ 착장체의 머리고정대는 착용자의 머리부위에 적합하도록 조절할 수 있을 것

㉰ 착장체의 구조는 착용자의 머리에 균등한 힘이 분배되도록 할 것

㉱ 모체, 착장체 등 안전모의 부품은 착용자에게 상해를 줄 수 있는 날카로운 모서리 등이 없을 것

㉲ 턱끈은 사용 중 탈락되지 않도록 확실히 고정되는 구조일 것

㉳ 안전모의 착용높이는 85[mm] 이상이고 외부수직거리는 80[mm] 미만일 것

㉴ 안전모의 내부수직거리는 25[mm] 이상 50[mm] 미만일 것

㉵ 안전모의 수평간격은 5[mm] 이상일 것 17. 5. 7 기

㉶ 머리받침끈이 섬유인 경우에는 각각의 폭은 15[mm] 이상이어야 하며, 교차되는 끈의 폭의 합은 72[mm] 이상일 것

㉷ 턱끈의 폭은 10[mm] 이상일 것 17. 3. 5 산

㉸ 안전모의 모체, 착장체를 포함한 질량은 440[g]을 초과하지 않을 것

합격예측

안전모의 시험성능기준 및 부가성능기준
16. 10. 1 기 18. 4. 28 기 19. 4. 27 기 19. 9. 21 산 20. 9. 27 기

항 목	성 능
시험성능기준	
내관통성	종류 AE, ABE종 안전모는 관통거리가 9.5[mm] 이하이고, AB종 안전모는 관통거리가 11.1[mm] 이하이어야 한다.(자율안전확인에서는 관통거리가 11.1[mm] 이하)
충격흡수성	최고전달충격력이 4,450[N]을 초과해서는 안되며, 모체와 착장체의 기능이 상실되지 않아야 한다.
내전압성 21. 5. 15 기	AE, ABE종 안전모는 교류 20[kV]에서 1분간 절연파괴없이 견뎌야 하고, 이때 누설되는 충전전류는 10[mA] 이하이어야 한다.(자율안전확인에서는 제외)
내수성 17. 3. 5 기	AE, ABE종 안전모는 질량증가율이 1[%] 미만이어야 한다.(자율안전확인에서는 제외)
난연성 17. 8. 26 산	모체가 불꽃을 내며 5초 이상 연소되지 않아야 한다.
턱끈풀림	150[N] 이상 250[N] 이하에서 턱끈이 풀려야 한다.
부가성능기준	
측면변형방호	최대 측면변형은 40[mm], 잔여변형은 15[mm] 이내이어야 한다.
금속용융물분사방호	• 용융물에 의해 10[mm] 이상의 변형이 없고 관통되지 않아야 한다. • 금속 용융물의 방출을 정지한 후 5초 이상 불꽃을 내며 연소되지 않을 것(자율안전확인에서는 제외)

질량증가율[%]

$$= \frac{\text{담근후의 질량} - \text{담그기전의 질량}}{\text{담그기 전의 질량}} \times 100$$

참고

안전모

물체의 낙하, 비래 또는 추락에 의한 위험을 방지 또는 경감하거나 감전에 의한 위험을 방지하기 위하여 사용한다.

안전모 착용 대상 사업장

① 2[m] 이상의 고소 작업
② 비계의 조립, 해체 작업
③ 차량계 하역운반기계의 하역 작업
④ 낙하 위험 작업
⑤ 동력으로 작동되는 기계 작업

참고

안전모의 용어정의

① "모체"라 함은 착용자의 머리부위를 덮는 주된 물체를 말한다.
② "착장체"라 함은 머리받침끈, 머리고정대 및 머리받침고리 등으로 구성되어 안전모를 머리부위에 고정시켜주며, 안전모에 충격이 가해졌을 때 착용자의 머리부위에 전해지는 충격을 완화시켜주는 기능을 갖는 부품을 말한다.
③ "충격흡수재"라 함은 안전모에 충격이 가해졌을 때, 착용자의 머리부위에 전해지는 충격을 완화하기 위하여 모체의 내면에 붙이는 부품을 말한다.
④ "턱끈"이라 함은 모체가 착용자의 머리부위에서 탈락하는 것을 방지하기 위한 부품을 말한다.
⑤ "통기구멍"이라 함은 통풍의 목적으로 모체에 있는 구멍을 말한다.

Q 은행문제 16. 5. 8 기

호흡용 보호구와 각각의 사용 환경에 연결이 옳지 않은 것은?

① 송기마스크 - 산소결핍장소의 분진 및 유독가스
② 공기호흡기 - 산소결핍장소의 분진 및 유독가스
③ 방독마스크 - 산소결핍장소의 유독가스
④ 방진마스크 - 산소비결핍장소의 분진

정답 ③

② AB종 안전모는 일반구조 조건에 적합해야 하고 충격흡수재를 가져야 하며, 리벳(Rivet) 등 기타 돌출부가 모체의 표면에서 5[mm] 이상 돌출되지 않아야 한다.

③ AE종 안전모는 일반구조 조건에 적합해야 하고 금속제의 부품을 사용하지 않고, 착장체는 모체의 내외면을 관통하는 구멍을 뚫지 않고 붙일 수 있는 구조로서 모체의 내외면을 관통하는 구멍 핀홀 등이 없어야 한다.

④ ABE종 안전모는 상기 ②, ③의 조건에 적합해야 한다.

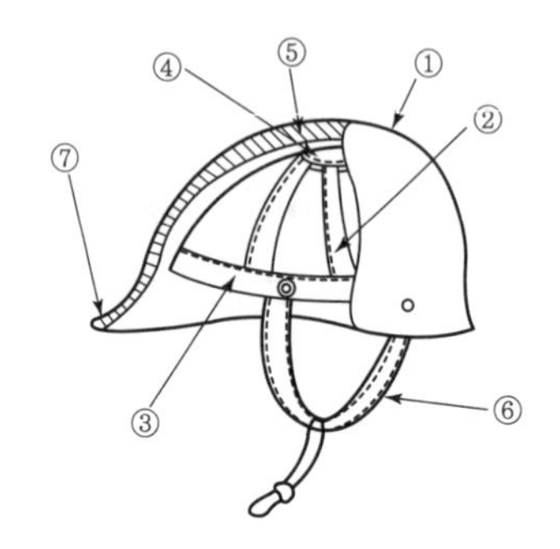

번호	명칭	
①	모체	
②	착장체	머리받침끈
③		머리받침(고정)대
④		머리받침고리
⑤	충격흡수재(자율안전확인에서 제외)	
⑥	턱끈	
⑦	모자챙(차양)	

[그림] 안전모의 구조 16. 10. 1 산 17. 9. 23 산 18. 3. 4 산

2. 안전대

(1) 안전대의 종류 18. 9. 15 기 19. 4. 27 기

종 류	사용 구분	비고
벨트식(B식) 안전그네식(H식)	U자걸이 전용	
	1개걸이 전용	
안전그네식(H식)	안전블록(H식 적용)	와이어로프지름 : 4[mm] 이상
	추락방지대(H식 적용)	와이어로프지름 : 8[mm] 이상

(2) U자걸이로 사용할 수 있는 안전대의 구조

① 동체 대기 벨트, 각링 및 신축 조절기가 있을 것
② D링 및 각링은 안전대 착용자의 동체 양측에 해당하는 곳에 위치해야 한다.
③ 신축 조절기가 로프로부터 이탈하지 말 것

(3) 안전대 구조 및 용어정의

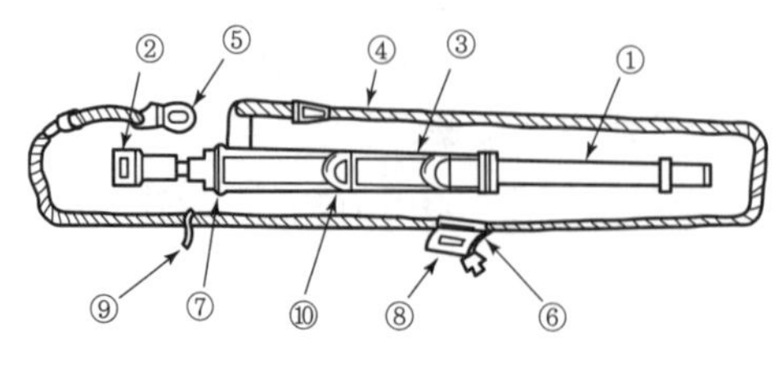

[그림] 안전대의 명칭

① **벨트** : 신체에 착용하는 띠모양의 부품
② **버클** : 벨트를 착용하기 위해 그 끝에 부착한 금속장치
③ **동체 대기 벨트** : U자걸이 사용시 벨트와 겹쳐서 몸체에 대는 역할을 하는 띠

④ **로프** : 벨트와 지지 로프 그 밖에 걸이 설비, 안전대를 안전하게 걸기 위한 설비
⑤ **훅** : 로프와 걸이 설비 등 또는 D링과 연결하기 위한 고리 모양의 금속장치
⑥ **신축 조절기** : 로프의 길이를 조절하기 위하여 로프에 설치된 금속장치
⑦ **D링** : 벨트와 로프를 연결하기 위한 D자형 금속장치
⑧ **8자형 링** : 안전대를 1개걸이로 사용할 때 훅과 로프를 연결하기 위한 8자형 금속장치
⑨ **세 개 이음형 고리** : 안전대를 1개걸이로 사용할 때 훅과 로프를 연결하기 위한 세 개 이음형고리 금속장치를 말한다.
⑩ **각링** : 벨트와 신축 조절기를 연결하기 위한 큰 형태의 금속장치

합격예측

안전대의 사용구분
① U자걸이 전용(전주 위 작업)
② 1개걸이 전용(고소 작업)
③ 안전블록
④ 추락방지대

Q 은행문제 17. 5. 7 기

신체지지의 목적으로 전신에 착용하는 띠 모양의 것으로서 상체 등 신체 일부분만 지지하는 것은 제외한다.

① 안전그네 ② 벨트
③ 죔줄 ④ 버클

정답 ①

(4) 추락방지대가 부착된 안전대의 구조 21. 8. 14 기

① 추락방지대를 추락하여 사용하는 안전대는 신체지지의 방법으로 안전그네만을 사용하여야 하며 수직구명줄이 포함될 것
② 수직구명줄에서 걸이설비와의 연결부위는 훅 또는 카라비너 등이 장착되어 걸이설비와 확실히 연결될 것
③ 유연한 수직구명줄은 합성섬유로프 또는 와이어로프 등이어야 하며 구명줄이 고정되지 않아 흔들림에 의한 추락방지대의 오작동을 막기위하여 적절한 긴장수단을 이용, 팽팽히 당겨질 것
④ 죔줄은 합성섬유로프, 웨빙, 와이어로프 등일 것
⑤ 고정된 추락방지대의 수직구명줄은 와이어로프 등으로 하며 최소지름이 8[mm] 이상일 것
⑥ 고정 와이어로프에는 하단부에 무게추가 부착되어 있을 것

합격예측 22. 4. 24 기

방열두건의 사용구분

차광도 번호	사용구분
#2~#3	고로강판가열로, 조괴(造塊) 등의 작업
#3~#5	전로 또는 평로 등의 작업
#6~#8	전기로의 작업

(5) 안전대용 죔줄(로프)의 구비조건

① 부드럽고 되도록 미끄럽지 않을 것
② 충격, 인장강도가 강할 것
③ 완충성이 높을 것
④ 내마모성이 높을 것
⑤ 습기나 약품류에 침범당하지 않을 것
⑥ 내열성이 높을 것

참고

방진마스크의 성능 19. 3. 3 기

	종류	등급	염화나트륨(NaCl) 및 파라핀 오일(Paraffin oil) 시험(%)
여과재 분진 등 포집효율	분리식	특급	99.95[%] 이상
		1급	94.0[%] 이상
		2급	80.0[%] 이상
	안면부 여과식	특급	99.0[%] 이상
		1급	94.0[%] 이상
		2급	80.0[%] 이상
여과재 질량	종류	등급	질량(g)
	분리식	전면형	500 이하
		반면형	300 이하
안면부 누설률	형태	등급	누설률(%)
	분리식	전면형	0.05 이하
		반면형	5 이하
	안면부 여과식	특급	5 이하
		1급	11 이하
		2급	25 이하

3. 호흡용 보호구

(1) 방진마스크의 구비조건 16. 3. 6 기

① 여과효율이 좋을 것
② 흡배기저항이 낮을 것
③ 사용적(積)이 적을 것
④ 중량이 가벼울 것
⑤ 시야가 넓을 것
⑥ 안면밀착성이 좋을 것
⑦ 피부 접촉 부분의 고무질이 좋을 것

(2) 방진·방독마스크

사용조건 : 산소농도 18[%] 이상인 장소 17. 5. 7 기 20. 6. 7 기

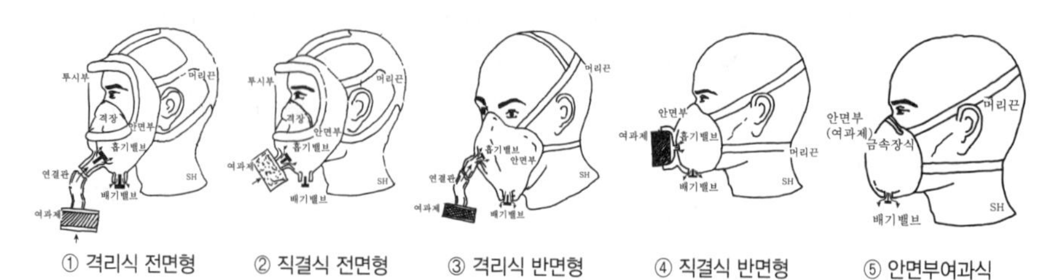

[그림] 방진마스크의 종류 16. 8. 21 기 18. 3. 4 기 18. 9. 15 산

[표] 방독마스크 흡수관(정화통)의 종류 16. 3. 6 산 17. 3. 5 기 18. 4. 28 기 19. 4. 27 기 22. 3. 5 기

종 류	시험가스	정화통 외부측면 표시색
유기화합물용	시클로헥산(C_6H_{12}) 18. 8. 19 기 디메틸에테르(CH_3OCH_3), 이소부탄(C_4H_{10})	갈색 21. 5. 15 기
할로겐용	염소가스 또는 증기(Cl_2)	회색 18. 8. 19 산
황화수소용	황화수소가스(H_2S)	회색
시안화수소용	시안화수소가스(HCN)	회색
아황산용	아황산가스(SO_2)	노란색
암모니아용	암모니아가스(NH_3)	녹색 19. 3. 3 기

*복합용 및 겸용의 정화통 : ① 복합용[해당가스 모두 표시(2층 분리)]
② 겸용[백색과 해당가스 모두 표시(2층 분리)]

4. 보안경

(1) 보안경의 구분 17. 5. 7 산

안전인증(차광보안경)	자율안전확인
자외선용	유리보안경
적외선용	플라스틱보안경
복합용	도수렌즈보안경
용접용	

(2) 보안경의 일반조건

① 특정한 위험에 대해 적절한 보호를 할 수 있을 것
② 착용했을 때 편안할 것
③ 내구성이 있을 것
④ 충분히 소독되어 있을 것
⑤ 세척이 쉬울 것
⑥ 견고하게 고정되어 착용자가 움직이더라도 쉽게 탈착 또는 움직이지 않을 것

참고

방진마스크의 적용범위

분진, 미스트 및 흄(이하 "분진 등"이라 한다.)이 호흡기를 통하여 체내에 유입되는 것을 방지하기 위하여 사용되는 마스크 18. 4. 28 기

합격예측

방독마스크 등급 및 사용장소

등 급	사용장소
고농도	가스 또는 증기의 농도가 100분의 2(암모니아에 있어서는 100분의 3) 이하의 대기 중에서 사용하는 것
중농도	가스 또는 증기의 농도가 100분의 1(암모니아에 있어서는 100분의 1.5) 이하의 대기 중에서 사용하는 것
저농도 및 최저농도	가스 또는 증기의 농도가 100분의 0.1 이하의 대기 중에서 사용하는 것으로서 긴급용이 아닌 것

비고 : 방독마스크는 산소농도가 18% 이상인 장소에서 사용하여야 하고, 고농도와 중농도에서 사용하는 방독마스크는 전면형(격리식, 직결식)을 사용해야 한다.

합격예측

① "파과"라 함은 정화통 내의 정화제에 의해 흡입공기 중의 유해물질이 거의 정상적으로 흡수제거 또는 무독화된 후, 정화제의 제독능력이 떨어졌기 때문에 정화통의 배기공기에서의 유해물질 농도가 최대허용 파과한도를 넘게 되는 현상을 말한다.
② "파과시간"이라 함은 어느 일정농도의 유해물질을 포함한 공기를 일정유량으로 정화통에 통과하기 시작해서부터 파과가 보일 때까지의 시간을 말한다.
③ "파과곡선"이라 함은 파과시간과 유해물질 농도와의 관계를 나타낸 곡선을 말한다.

보호안경

이중보호안경 코발트, 방진, 용접, 그라인더용

(안경알) 색은 원하는 대로 끼울 수 있음 보호안경(산소용접용)

[그림] 보안경의 종류

5. 안전화

(1) 안전화 성능 시험 종류

종 류	성능 시험 종류
가죽제 안전화	은면결렬시험, 인열강도시험, 6가크롬함량, 내부식성시험, 인장강도시험, 내유성시험, 내압박성시험, 내충격성시험, 박리저항시험, 내답발성시험 등 20. 8. 22 기
고무제 안전화	인강강도 및 노화후 인장강도시험, 내유성시험, 내화학성시험, 완성품의 내화학성시험, 파열강도시험, 선심 및 내답판의 내부식성시험, 누출방지시험 등

(2) 가죽제 발보호 안전화의 일반구조

① 제조하는 과정에서 발가락 끝부분에 선심을 넣어 압박 및 충격에 대하여 착용자의 발가락을 보호할 수 있는 구조일 것
② 착용감이 좋으며 작업하기 편리할 것
③ 견고하게 제작하여야 하며 부분품의 마무리가 확실하여야 하고 형상은 균형되어 있을 것
④ 선심의 내측은 헝겊, 가죽, 고무 또는 플라스틱 등으로 감싸고 특히 후단부의 내측은 보강되어 있을 것

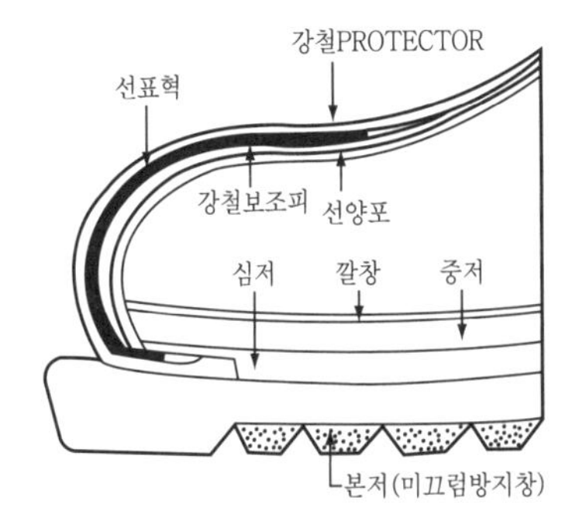

[그림] 안전화의 재료 및 구조

[표] 안전화 높이·하중 18. 4. 28 산 18. 9. 15 산 20. 6. 14 산

구분	높이[mm]	하중[kN]
중작업용	1,000	15±0.1
보통작업용	500	10±0.1
경작업용	250	4.4±0.1

합격예측 19. 3. 3 기

안전화의 종류 23. 2. 28 기
① 가죽제 안전화 : 낙하·충격, 찔림 방지
② 고무제 안전화 : 낙하·충격, 찔림, 방수
③ 정전기 안전화 : 낙하·충격, 찔림, 정전기 방지
④ 발등 안전화 : 낙하·충격, 찔림으로부터 발 및 발등 보호
⑤ 절연화 : 낙하·충격, 찔림, 저압전기에 의한 감전 방지
⑥ 절연장화 : 고압에 의한 감전 방지 및 방수
⑦ 화학물질용 안전화 : 물체의 낙하, 충격 또는 날카로운 물체에 의한 찔림 위험으로부터 발을 보호하고 화학물질로부터 유해위험을 방지

참고

안전화의 적용범위
물체의 낙하, 충격 또는 날카로운 물체로 인한 위험이나 화학약품 등으로부터 발 또는 발등을 보호하거나 감전 또는 정전기의 인체대전을 방지하기 위하여 사용하는 안전화

합격예측

방독마스크 정화통의 표시사항
① 사용범위
② 사용상의 주의사항
③ 파과곡선도
④ 사용시간 기록카드

참고

합격예측

고무제안전화의 장소구분

구분	사용장소
일반용	일반작업장
내유용	탄화수소류의 윤활유 등을 취급하는 작업장
내산용	무기산을 취급하는 작업장
내알칼리용	알칼리를 취급하는 작업장
내산·알칼리 겸용	무기산 및 알칼리를 취급하는 작업장

용어정의

① "귀마개"라 함은 외이도에 삽입함으로써 차음효과를 나타내는 방음보호구를 말한다.

② "귀덮개"라 함은 귀 전체를 덮음으로써 차음효과를 나타내는 방음보호구를 말한다.

합격예측

안전보건표지 목적 16. 5. 8 산

① 유해 위험한 기계·기구나 자재의 위험성을 표시로 경고하여 작업자로 하여금 예상되는 재해를 사전에 예방하기 위함이다.

② 공장내 안전보건 표지 부착의 주된목적 : 안전의식 고취

합격예측

방독마스크 시험성능기준

	형태		유량(l/min)	차압(Pa)
안면부 흡기저항	격리식 및 직결식	전면형	160	250 이하
			30	50 이하
			95	150 이하
		반면형	160	200 이하
			30	50 이하
			95	130 이하
안면부 배기저항	격리식 및 직결식		160	300 이하

	형태		누설률(%)
안면부누설률	격리식 및 직결식	전면형	0.05 이하
		반면형	5 이하

	형태		질량(g)
정화통질량	격리식 및 직결식	전면형	500 이하
		반면형	300 이하

	형태		시야(%) 유효시야	시야(%) 겹침시야
시야	전면형	1안식	70 이상	80 이상
		2안식		20 이상

[표] 절연장화의 종류 및 용도

종 류	용 도
A종	주로 300[V]를 초과 교류 600[V], 직류 750[V] 이하의 작업에 사용하는 것
B종	주로 교류 600[V], 직류 750[V] 초과 3,500[V] 이하의 작업에 사용
C종	주로 3,500[V] 초과 7,000[V] 이하 작업에 사용

① 단화 : 113[mm] 미만

② 중단화 : 113[mm] 이상

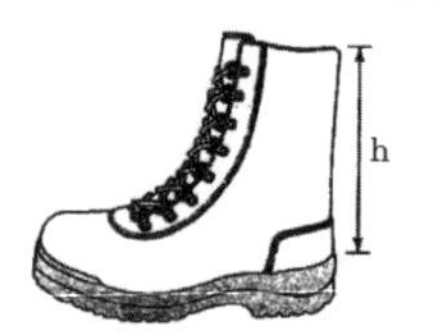

③ 장화 : 178[mm] 이상

[그림] 안전화 높이(h)

6. 보호면

일반 보호면 각 부품의 재료가 갖추어야 할 성질 6가지

① 구조적으로 충분한 강도를 가지며 가벼울 것
② 착용시 피부에 해가 없을 것
③ 수시로 세척 소독이 가능한 것일 것
④ 금속을 사용할 시에는 녹슬지 않는 것일 것
⑤ 플라스틱을 사용할 시에는 난연성의 것일 것
⑥ 투시부에 사용되는 플라스틱은 광학적 성능을 가질 것

7. 방음보호구 적용범위

소음이 발생되는 사업장에 있어서 근로자의 청력을 보호하기 위하여 사용하는 귀마개와 귀덮개(이하 "방음보호구"라 한다.)에 대하여 적용한다.

(1) 종류 및 등급 19. 8. 4 기 21. 3. 7 기

종 류	등 급	기 호	성 능
귀마개	1종	EP-1	저음부터 고음까지 차음하는 것
	2종	EP-2	주로 고음을 차음하여 회화음 영역인 저음은 차음하지 않는 것
귀덮개	-	EM	

(2) 방음보호구의 구조조건

① 귀마개의 구비조건
㉮ 귀(외이도)에 잘 맞을 것
㉯ 사용 중 심한 불쾌함이 없을 것
㉰ 사용 중에 쉽게 빠지지 않을 것

② 귀덮개의 구비조건

㉮ 귀덮개는 귀 전체를 덮을 수 있는 크기로 하고, 발포 플라스틱 등의 흡음재료로 감쌀 것

㉯ 귀 주위를 덮는 덮개의 안쪽 부위는 발포 플라스틱 또는 공기 혹은 액체를 봉입한 플라스틱 튜브 등에 의해 귀 주위에 완전하게 밀착되는 구조로 할 것

㉰ 머리띠 또는 걸고리 등의 길이를 조절할 수 있는 것으로 철재인 경우에는 적당한 탄성을 가져 착용자에게 압박감 또는 불쾌감을 주지 않을 것

(3) 소음성난청의 판정기준 18. 4. 28 산

① A, C, C1, C2, D1, D2로 구분한다.

② C~C2는 관찰대상자에 해당되어 건강상담과 보호구착용·추적검사·근로시간단축 등의 사후 관리를 취해야 한다.

③ D1~D2는 직업병 확진 의뢰 등의 조치를 취해야 한다.

3 안전보건표지

1. 산업안전보건표지 종류

(1) 금지 표지

출입금지, 보행금지, 차량통행금지, 사용금지, 탑승금지, 금연, 화기금지, 물체이동 금지 등으로 흰색 바탕에 기본 모형은 빨간색, 관련 부호 및 그림은 검은색이다.

(2) 경고표지

인화성물질 경고, 산화성물질 경고, 폭발물 경고, 급성독성물질 경고, 부식성물질 경고 등은 금지표지에 준하며, 방사성물질 경고, 고압전기 경고, 매달린 물체경고, 낙하물 경고, 고온 경고, 저온 경고, 몸균형 상실 경고, 레이저광선 경고, 위험장소 경고 등으로 바탕은 노란색 기본 모형, 관련 부호 및 그림은 검은색이다.

(3) 지시표지

보안경 착용, 방독마스크 착용, 방진마스크 착용, 보안면 착용, 안전모 착용, 귀마개 착용, 안전화 착용, 안전장갑 착용, 안전복 착용으로 바탕은 파란색으로 그 관련 그림은 흰색으로 나타난다.

(4) 안내표지

녹십자표지, 응급구호표지, 들것, 세안장치, 비상구, 좌측 비상구, 우측 비상구가 있는데 바탕은 흰색, 기본 모형 및 관련 부호는 녹색, 바탕은 녹색, 관련 부호 및 그림은 흰색으로 나타낸다.

합격예측

안전보건표지 종류 및 규격

① 금지표지 : 원형에 사선
② 경고표지 : 삼각형·마름모형
③ 지시표지 : 원형
④ 안내표지 : 정사각형 또는 직사각형

합격예측

산업안전색채의 종류에 따른 사용예 16. 5. 8 기 16. 10. 1 기 산

① 빨간색 : 정지신호, 소화설비 및 그 장소, 유해행위의 금지(금지표지)
② 노란색 : 위험경고, 주의표지, 기계방호물(경고표지)
③ 파란색 : 특정 행위의 지시 및 사실의 고지(지시표지)
④ 녹색 : 비상구 및 피난소, 사람 및 차량의 통행표시
⑤ 흰색 : 파랑, 녹색에 대한 보조색
⑥ 검은색 : 문자 및 빨강, 노랑에 대한 보조색

합격예측

유기화합물용 안전장갑의 시험방법

재료에 대한 시험방법	투과저항 시험, 마모저항 시험, 절삭저항 시험, 인열강도 시험, 뚫림강도 시험
완성품에 대한 시험방법	공기누출 시험, 물을 이용한 누출 시험
부가성능 시험방법	투과저항(부가성능)

Q 은행문제

고무제 안전화의 구비조건이 아닌 것은?

① 유해한 흠, 균열, 기포, 이물질 등이 없어야 한다.
② 바닥, 발등, 발 뒤꿈치 등의 접착부분에 물이 들어오지 않아야 한다.
③ 에나멜 도포는 벗겨져야 하며, 건조가 완전하여야 한다.
④ 완성품의 성능은 압박감, 충격 등의 성능시험에 합격하여야 한다.

정답 ③

(5) 관계자외 출입금지

① 허가대상물질작업장　　② 석면취급/해체작업장

③ 금지대상물질의 취급 실험실 등

[표] 산업안전보건표지의 의미

기본형태	표지의 의미		사용예
	금지표지	는 어떤 특정한 행위가 허용되지 않음을 나타낸다. 이 표지는 흰색바탕에 빨간색 원과 45[°]각도의 빗선으로 이루어진다. 금지한 내용은 원의 중앙에 검은색으로 표현하며, 둥근 테와 빗선의 굵기는 원 외경의 10[%]이다.	
	경고표지	는 일정한 위험에 따라 경고를 나타낸다. 이 표지는 노란색 바탕에 검은색 삼각테로 이루어지며, 경고할 내용은 삼각형 중앙에 검은색으로 표현하고 노란색의 면적이 전체의 50[%] 이상을 차지하도록 하여야 한다. 마름모형(◇)은 예외임	
	지시표지	는 일정한 행동을 취할 것을 지시하는 것으로 파란색의 원형이며, 지시하는 내용을 흰색으로 표현한다. 원의 직경은 부착된 거리의 40분의 1 이상이어야 하며, 파란색은 전체 면적의 50[%] 이상일 것 18. 3. 4 산	
	안내표지	는 안전에 관한 정보를 제공한다. 이 표지는 녹색바탕의 정방형 또는 장방형이며, 표현하고자 하는 내용은 흰색이고, 녹색은 전체 면적의 50[%] 이상이 되어야 한다. (예외 : 안전제일표지)	

2. 안전보건표지판의 크기 및 표준기준 17. 5. 7 산

번호	기 본 모 형	규 격 비 율	표시사항
1		$d \geq 0.025L$, $d_1 = 0.8d$ $0.7d < d_2 < 0.8d$, $d_3 = 0.1d$	금 지 표 지
2		$a \geq 0.034L$ $a_1 = 0.8a$ $0.7a < a_2 < 0.8a$	경 고 표 지
		$a \geq 0.025L$ $a_1 = 0.8a$ $0.7a < a_2 < 0.8a$	
3		$d \geq 0.025L$ $d_1 = 0.8d$	지 시 표 지 18. 9. 15 기

합격예측

색채의 종류에 따른 표시사항

① 주황색 : 위험표지
② 빨간색 : 방화·정지·금지 표지
③ 노란색 : 주의표지
④ 녹색 : 안전, 진행, 구급기호
⑤ 파란색 : 조심
⑥ 자주색 : 방사능 표지
⑦ 흰색 : 통로·정돈

참고

인시덴트(incident)

강도가 높은 재해를 불휴재해(不休災害)로 피해를 축소(피해완화)하는 의미를 갖는다.

합격예측

절연장갑의 시험성능기준

구분		기준
인장강도		1,400[N/cm²] 이상(평균값)
신장률		100분의 600 이상(평균값)
영구신장률		100분의 15 이하
경년변화시험	인장강도	노화전 100분의 80 이상
	신장률	노화전 100분의 80 이상
	영구신장률	100분의 15 이하
뚫림강도시험		18[N/mm] 이상
화염억제시험		55[mm] 미만으로 화염 억제
저온시험		찢김, 깨짐 또는 갈라짐이 없을 것
내열성시험		이상이 없을 것

Q 은행문제

보호구 안전인증 고시상 안전대 충격흡수 장치의 동하중 시험성능기준에 관한 사항으로 ( )에 알맞은 기준은?

22. 4. 24 기 23. 6. 4 기

- 최대전달충격력은 (ㄱ) [kN] 이하 이어야 함
- 감속거리는 (ㄴ)[mm] 이하 이어야 함

① ㄱ : 6.0 ㄴ : 1,000
② ㄱ : 6.0 ㄴ : 2,000
③ ㄱ : 8.0 ㄴ : 1,000
④ ㄱ : 8.0 ㄴ : 2,000

정답 ①

번호	기본모형	규격비율	표시사항
4	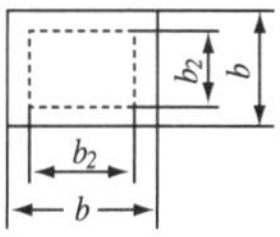	$b \geq 0.0224L$ $b_2 = 0.8b$	안내표지
5	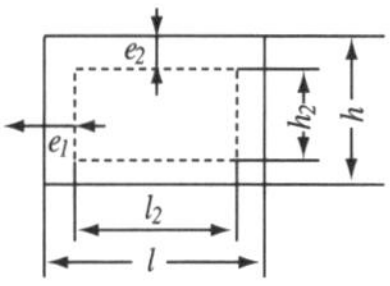	$h < l$ $h_2 = 0.8h$ $l \times h \geq 0.0005L^2$ $h - h_2 = l - l_2 = 2e_2$ $l/h = 1, 2, 4, 8$(4종류)	안내표지
6	A / B / C 모형 안쪽에는 A, B, C로 3가지 구역으로 구분하여 글씨를 기재한다.	1. 모형크기(가로 40cm, 세로 25cm 이상) 2. 글자크기(A : 가로 4cm, 세로 5cm 이상, B : 가로 2.5cm, 세로 3cm 이상, C : 가로 3cm, 세로 3.5cm 이상	관계자외 출입금지
7	A / B / C 모형 안쪽에는 A, B, C로 3가지 구역으로 구분하여 글씨를 기재한다.	1. 모형크기(가로 70cm, 세로 50cm 이상) 2. 글자크기(A : 가로 8cm, 세로 10cm 이상, B, C : 가로 6cm, 세로 6cm 이상)	관계자외 출입금지

3. 근무중 안전완장을 항시 착용하여야 하는 자

① 안전보건관리책임자 ② 안전관리자
③ 안전보건 관리담당자 ④ 관리감독자

4. 안전보건표지의 종류와 형태

16. 3. 6 기 16. 5. 8 기 17. 5. 7 기 17. 9. 23 기 19. 3. 3 산 19. 4. 27 기 20. 6. 7 기 20. 8. 22 기 20. 9. 27 기 21. 3. 7 기 22. 4. 24 기 23. 6. 4 기

① 금지표지 18. 4. 28 기 18. 9. 15 산 23. 9. 2 기	101 출입금지	102 보행금지	103 차량통행금지	104 사용금지	105 탑승금지	106 금 연	107 화기금지

108 물체이동금지	② 경고표지 17. 9. 23 기 18. 3. 4 기 19. 4. 27 산 20. 6. 7 기 20. 6. 14 산 20. 8. 22 기	201 인화성 물질경고	202 산화성 물질경고	203 폭발성 물질경고	204 급성독성 물질경고	205 부식성 물질경고	206 방사성 물질경고

207 고압전기 경고	208 매달린 물체경고	209 낙하물 경고	210 고온 경고	211 저온 경고	212 몸균형 상실경고	213 레이저 광선경고	214 발암성·변이원성·생식독성·전신독성·호흡기과민성 물질 경고

합격예측 16. 3. 6 기, 산 18. 9. 15 기 19. 3. 3 기 19. 9. 21 산

산업안전보건표지의 구분

① 금지표지 : 바탕은 흰색, 기본모형은 빨간색, 관련부호 및 그림은 검은색
② 경고표지 : 바탕은 노란색, 기본모형·관련부호 및 그림은 검은색 다만, 인화성물질 경고, 산화성물질 경고, 폭발성물질 경고, 급성독성물질 경고, 부식성 물질 경고 및 발암성·변이원성·생식독성·전신독성·호흡기과민성 물질 경고의 경우 바탕은 무색, 기본모형은 빨간색(검은색도 가능)
③ 지시표지 : 바탕은 파란색, 관련 그림은 흰색
④ 안내표지 : 바탕은 흰색, 기본모형 및 관련부호는 녹색, 바탕은 녹색, 관련부호 및 그림은 흰색

합격예측 19. 8. 4 기

안전보건표지의 [%]

산업안전보건표지 속의 그림 또는 부호의 크기는 안전보건표지의 크기와 비례하여야 하며, 안전·보건표지 전체규격의 30[%] 이상

합격예측

성능기준(보안면의 투과율)

(1) 일반보안면

구분		투과율[%]
투명투시부		85 이상
채색투시부	밝음	50±7
	중간밝기	23±4
	어두움	14±4

(2) 용접용 보안면

커버 플레이트	89[%] 이상
자동용 접필터	낮은 수준의 최소시감투과율 0.16[%] 이상

215 위험장소 경고	③ 지시표지	301 보안경 착용	302 방독마스크 착용	303 방진마스크 착용	304 보안면 착용	305 안전모 착용	306 귀마개 착용

307 안전화 착용	308 안전장갑 착용	309 안전복 착용	④ 안내표지 21. 8. 14 기 22. 3. 5 기	401 녹십자 표지	402 응급구호 표지	403 들것	404 세안장치

405 비상용기구	406 비상구	407 좌측비상구	408 우측비상구	⑤ 관계자외 출입금지 21. 8. 14 기	501 허가대상물질 작업장	502 석면취급/해체작업장	503 금지대상물질의 취급 실험실 등
비상용 기구					관계자외 출입금지 (허가물질 명칭) 제조/사용/보관 중 보호구/보호복 착용 흡연 및 음식물 섭취 금지	관계자외 출입금지 석면 취급/해체 중 보호구/보호복 착용 흡연 및 음식물 섭취 금지	관계자외 출입금지 발암물질 취급 중 보호구/보호복 착용 흡연 및 음식물 섭취 금지

⑥ 문자 추가시 예시문	예시	문구
	 휘발유화기엄금	▶내자신의 건강과 복지를 위하여 안전을 늘 생각한다. ▶내가정의 행복과 화목을 위하여 안전을 늘 생각한다. ▶내자신의 실수로 동료를 해치지 않도록 하기 위하여 안전을 늘 생각한다. ▶내자신이 일으킨 사고로 오는 회사의 재산과 과실을 방지하기 위하여 안전을 늘 생각한다. ▶내자신의 방심과 불안전한 행동이 조국의 번영에 장애가 되지 않도록 하기 위하여 안전을 늘 생각한다.

5. 안전보건표지의 색도기준 및 용도

17. 3. 5 기 17. 8. 26 산 18. 3. 4 기 19. 9. 21 기 산 20. 8. 22 기 20. 9. 27 기 21. 3. 7 기 21. 5. 15 기

색채	색도기준	용도	사용 예
빨간색	7.5R 4/14	금지	정지신호, 소화설비 및 그 장소, 유해행위의 금지
		경고	화학물질 취급장소에서의 유해·위험 경고
노란색	5Y 8.5/12	경고	화학물질 취급장소에서의 유해·위험 경고 이외의 위험 경고, 주의표지 또는 기계방호물 18. 4. 28 산
파란색	2.5PB 4/10	지시	특정 행위의 지시 및 사실의 고지 18. 8. 19 기 22. 4. 24 기
녹색	2.5G 4/10	안내	비상구 및 피난소, 사람 또는 차량의 통행표지 18. 8. 19 산
흰색	N9.5		파란색 또는 녹색에 대한 보조색 16. 10. 1 기 산
검은색	N0.5		문자 및 빨간색 또는 노란색에 대한 보조색

[참고] 1. 허용 오차 범위 H=±2, V=±0.3, C=±1(H는 색상, V는 명도, C는 채도를 말한다.
2. 위의 색도기준은 한국산업규격(KS)에 따른 색의 3속성에 의한 표시방법(KSA 0062 기술표준원 고시 제2008-0759)에 따른다.

6. 안전표찰을 부착하여야 할 곳

① 작업복 또는 보호의의 우측 어깨 ② 안전모의 좌우면 ③ 안전완장

합격예측

안전인증 제품 표시사항

① 형식 또는 모델명
② 규격 또는 등급 등
③ 제조자명
④ 제조번호 및 제조연월
⑤ 안전인증 번호

참고

송기마스크의 종류

① 호스마스크
② 에어라인마스크
③ 복합식 에어라인마스크

합격예측

안전대 시험성능기준

• 완성품의 정하중 성능

구분	명칭	시험하중	성능기준
완성품	벨트식	15[kN] (1,530 [kgf])	1. 파단되지 않을 것 2. 신축조절기의 기능이 상실되지 않을 것
	안전그네식	15[kN] (1,530 [kgf])	시험몸통으로부터 빠지지 말 것

합격예측

귀마개의 일반구조

① 귀마개는 사용수명 동안 피부자극, 피부질환, 알레르기 반응 혹은 그 밖에 다른 건강상의 부작용을 일으키지 않을 것
② 귀마개 사용 중 재료에 변형이 생기지 않을 것
③ 귀마개를 착용할 때 귀마개의 모든 부분이 착용자에게 물리적인 손상을 유발시키지 않을 것
④ 귀마개를 착용할 때 밖으로 돌출되는 부분이 외부의 접촉에 의하여 귀에 손상이 발생하지 않을 것
⑤ 귀(외이도)에 잘 맞을 것
⑥ 사용 중 심한 불쾌함이 없을 것
⑦ 사용 중에 쉽게 빠지지 않을 것

4 색채조절(color conditioning)

1. 색채조절의 목적

① 작업자에 대한 감정적 효과, 피로방지 등을 통하여 생산능률 향상에 있다.
② 재해사고방지를 위한 표지의 명확화 등에 목적이 있다.

2. 색의 3속성

① **색상**(hue) : 유채색에만 있는 속성이며 색의 기본적 종별을 말한다.
② **명도**(value) : 눈이 느끼는 색의 명암의 정도, 즉 밝기를 나타낸다.
③ **채도**(chroma) : 색의 선명도의 정도, 즉 색깔의 강약을 의미한다.

3. 색의 선택 조건

① 차분하고 밝은 색을 선택한다.
② 안정감을 낼 수 있는 색을 선택한다.
③ 악센트(accent)를 준다.
④ 자극이 강한 색을 피한다.
⑤ 순백색을 피한다.
⑥ 차가운 색, 아늑한 색을 구분하여 사용한다.

4. 안전증표의 도형 및 표시방법

[그림] 도형

[그림] 표시방법

① 안전증표의 크기는 동 증표를 표시하는 기계 등의 크기에 따라 신축성 있게 조정할 수 있다.
② 안전증표의 표상을 명백히 하기 위하여 필요한 때에는 동 증표의 주위에 표시사항을 국·영문 등의 글자로 부기할 수 있다.
③ 안전증표는 해당 제품 또는 포장지의 적당한 곳에 부착하거나 인쇄 또는 새기는 등의 방법으로 표시하여야 한다.
④ 안전증표의 색상은 테와 문자를 청색, 그 밖에 부분을 백색으로 표현하는 것을 원칙으로 하되, 안전증표를 표시하는 바탕색 등을 고려하여 테와 문자를 흰색, 그 밖에 부분을 청색으로 할 수 있다. 이 경우 청색의 색도는 2.5PB 4/10로, 백색의 색도는 N9.5로 한다.(색도기준은 한국산업규격 색의 3속성에 의한 표시방법(KS A0062)에 따른다.)
⑤ 안전증표는 인체에 상해를 줄 우려가 있는 재질이나 표면이 거친 재질을 사용해서는 아니 된다.

합격예측

방진마스크의 등급 및 사용장소

등급	사용장소
특급	• 베릴륨 등과 같이 독성이 강한 물질들을 함유한 분진 등 발생장소 • 석면 취급 장소
1급	• 특급 마스크 착용 장소를 제외한 분진 등 발생장소 • 금속흄 등과 같이 열적으로 생기는 분진 등 발생장소 • 기계적으로 생기는 분진 등 발생장소(규소 등과 같이 2급 마스크를 착용하여도 무방한 경우는 제외한다.)
2급	특급 및 1급 마스크 착용 장소를 제외한 분진등 발생장소

합격예측

"음압수준"이란 음압을 다음 식에 따라 데시벨(dB)로 나타낸 것을 말하며 KS C 1505(적분평균소음계) 또는 KS C 1502(소음계)에 규정하는 소음계의 "C" 특성을 기준으로 한다.

$$음압수준(dB)=20\log 10\frac{P}{P_0}$$

P : 측정음압으로서 파스칼[Pa] 단위를 사용
P_0 : 기준음압으로서 20[μPa] 사용

합격예측

방열복의 종류 및 질량

종류	착용 부위	질량 [kg]
방열상의	상체	3.0 이하
방열하의	하체	2.0 이하
방열 일체복	몸체 (상·하체)	4.3 이하
방열장갑	손	0.5 이하
방열두건	머리	2.0 이하

Chapter 05

보호구 및 안전보건표지

출제예상문제

출제예상문제는 복습, 예습문제로 엮었습니다. *WHY : 실제시험에도 순서에 관계없이 출제됩니다. 예습 후 다음장에 공부한 문제가 있으면 기억이 배가 됩니다.

01 ★★ **다음 중 방진마스크의 선정기준에 해당되는 것은?**

① 흡기저항이 높은 것일수록 좋다.
② 흡기저항 상승률이 낮은 것일수록 좋다.
③ 배기저항이 높은 것일수록 좋다.
④ 분진포집 효율이 낮은 것일수록 좋다.

해설

방진마스크 선정기준

① 여과효율이 좋을 것 ② 흡배기저항이 낮을 것
③ 사용적이 적을 것 ④ 중량이 가벼울 것
⑤ 시야가 넓을 것 ⑥ 안면밀착성이 좋을 것
⑦ 피부 접촉 부위의 고무질이 좋을 것

02 ★ **다음 중 안전모의 시험성능기준으로 적당하지 않은 것은?**

① 외관 ② 안전성
③ 내충격성 ④ 내수성

해설

안전모 시험성능의 종류

① 내관통성 ② 내전압성
③ 내수성 ④ 난연성
⑤ 충격흡수성 ⑥ 턱끈풀림

03 ★★ **건강장해의 근원적 예방대책이 아닌 것은?**

① 생산공정 또는 작업방법을 무해화(無害化)한다.
② 보호구의 사용, 작업시간의 단축 등을 강구한다.
③ 환경을 개선하고 유해요인을 배제한다.
④ 작업방법을 개선하고 노동부담을 경감한다.

해설

보호구(2차적 대책)

보호구는 소극적 대책이며 근본적 예방대책은 아니다.

04 ★ **다음 보호구를 선택할 때 주의사항을 설명했다. 틀린 것은?**

① 귀마개－피부에 유해한 영향을 주지 않는 것일 것
② 안전모－내전, 내수, 내충격에 강한 것일 것
③ 보안경－상해 등을 주는 각이나 요철이 없고 불쾌감이 없을 것
④ 방진마스크－흡배기저항이 높은 것일 것

해설

방진마스크는 흡배기저항이 낮을 것

흡배기저항이 높으면 어떻게 숨을 쉬나요.

05 ★★ **다음은 방진마스크 선택시 주의점을 설명한 것이다. 잘못 설명한 것은?**

① 포집률이 좋아야 한다.
② 흡기저항 상승률이 높을수록 좋다.
③ 시야가 넓을수록 좋다.
④ 안면의 밀착성이 큰 것일수록 좋다.

해설

흡배기저항이 낮아야 한다.

문제 4번을 이해했으면 문제 5번은 답이 자동으로 나오지요.

[정답] 01 ② 02 ① 03 ② 04 ④ 05 ②

06 ★★ 다음의 소음예방 방법 중 가장 바람직한 방법은?

① 기계 장치 등의 구조를 바꾸거나 다른 기계로 대체한다.
② 소음원을 제거 감소시킨다.
③ 소음이 작업자에게 전달되지 않도록 음원을 은폐하고 소음흡수장치를 한다.
④ 귀마개나 귀덮개를 사용하여 음의 강도를 줄인다.

해설

① 소음대책의 첫째 방법 : 소음원 자체 제거
② 기타는 소극적인 방법이다.

07 ★★ 보호구가 갖추어야 할 구비요건 중 거리가 먼 것은?

① 착용이 간편할 것
② 작업에 방해가 되지 않을 것
③ 유해·위험요소에 대한 방호가 완전할 것
④ 가격이 저렴할 것

해설

보호구의 구비조건

(1) ①, ②, ③ 외
(2) 재료의 품질이 우수할 것
(3) 구조와 끝마무리가 양호할 것
(4) 겉모양과 보기가 좋을 것

참고 보호구는 생명과 직결되므로 가격이 비싸더라도 보호구는 안전하고 완전해야 한다.

08 ★★★ 공장 내 안전표지를 부착하는 이유는?

① 능률적인 작업을 유도하기 위하여
② 인간심리의 활성화 촉진
③ 인간행동의 변화통제
④ 공장 내 환경정비 목적

해설

안전표지의 사용목적

① 유해 위험 기계, 기구, 자재 등의 위험성을 표시로 경고하여 작업자로 하여금 예상되는 재해를 사전에 예방
② 작업대상의 유해위험성의 성질에 따라 작업행위를 통제하고, 대상물을 신속 용이하게 판별하여 안전한 행동을 하게 함으로써 재해와 사고를 미연에 방지

09 ★★ 작업장에서 보호구를 보다 효율적으로 사용할 수 있게 하는 기본적 사항이 아닌 것은?

① 작업에 알맞은 보호구를 선정해야 한다.
② 필요수량만큼을 반드시 비치해야 한다.
③ 생산성 향상을 위한 최소의 보호구를 사용토록 한다.
④ 올바른 사용방법을 제대로 교육시켜야 한다.

해설

보호구는 최대의 보호구를 사용하여 손상시 항상 교체토록 한다.

10 ★★★ 유기용제에서 발생한 독성을 제거하기 위한 방독마스크의 흡수제로 옳은 것은?

① 호프칼라이트　② 큐프라마이트
③ 활성탄　④ 소다라임

해설

흡수제

① 흡수제의 종류 : 활성탄, 실리카겔(silicagel), 소다라임(sodalime), 호프칼라이트(hopecalite), 큐프라마이트(kuperamite) 등
② 유기용제 독성제거 : 활성탄

11 ★★★★★ 다음은 산업안전표지의 기본 모형을 그린 것이다. 이것은 어느 표지에 이용하는가?

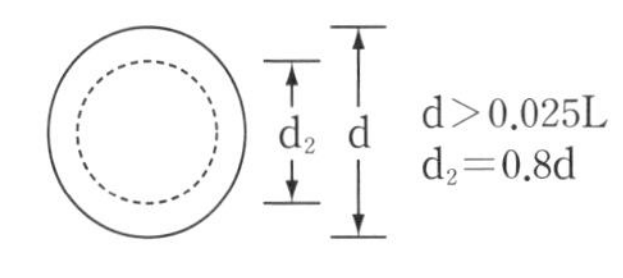

① 금지　② 경고
③ 지시　④ 안내

해설

안전표지의 기본 모형

① 금지 : ⃠ ② 경고 : ◇·△ ③ 안내 : □

➲ 가로, 세로 등 숫자기억은 할 필요 없습니다.

[정답] 06 ② 07 ④ 08 ③ 09 ③ 10 ③ 11 ③

12 ★★ 다음 보기의 안전표지가 나타내는 의미는?

① 위험장소 경고　② 위험물질 경고
③ 유해물질 경고　④ 고온 경고

해설

경고표지 종류

인화성물질 경고	산화성물질 경고	폭발성 물질경고	급성독성 물질경고	위험장소 경고

13 ★★ 인간행동의 색채조절의 효과로 기대되는 것이 아닌 것은 어느 것인가?

① 밝기의 증가　② 생산의 증가
③ 피로의 증가　④ 작업능력의 향상

해설

색채조절의 목적

① 피로의 감소　② 생산능률 향상
③ 재해사고 방지　④ 표지의 명확화

14 ★★★ 다음은 근로자가 위험 작업장에서 보호구를 착용하고자 할 때 꼭 알아두어야 할 사항이다. 이 중에서 가장 그 의미가 약한 것은?

① 위험을 예측하는 방법
② 보호구의 종류와 성능
③ 보호구의 가격과 구입 방법
④ 착용방법과 관리방법

해설

① 보호구의 가격, 구입방법 등은 근로자가 알아두어야 할 사항이 아니다.
② 중요사항은 ①, ②, ④이다.

15 ★★★★ 방독마스크를 사용할 수 없는 장소에 해당되는 것은?

① 산소농도가 28[%] 이하인 장소
② 산소농도가 22[%] 이하인 장소
③ 산소농도가 18[%] 이하인 장소
④ 산소농도가 20[%] 이하인 장소

해설

산소결핍

산소농도가 18[%] 이하이면 우선적으로 산소마스크를 착용해야 한다.

참고 산소결핍은 대기중 산소농도가 18[%] 미만이다.

16 ★★ 다음 보호구 종류 사용상 연관을 연결한 것이다. 사용 용도가 잘못된 것은?

① 비래장소 작업자－안전모
② 분진비산장소 작업자－방독마스크
③ 인력운반 취급자－안전화
④ 토사작업자－내열 석면장갑

해설

흙작업시 면장갑이 적합하다.

17 ★★★★★ 방진마스크의 구조조건 중 맞지 않는 것은?

① 여과효율이 좋을 것
② 중량이 가볍고 안면밀착성이 좋을 것
③ 하방 시야가 50[°] 이상 넓을 것
④ 흡배기저항이 높을 것

해설

흡배기저항이 낮아야 한다.

이번 시험에도 이 문제가 출제되겠지요. Why! 자주자주 나오니까.

[정답] 12 ① 13 ③ 14 ③ 15 ③ 16 ④ 17 ④

18 ★★★★★★ 다음 중 납중독을 일으킬 위험이 높은 분진이나 품(fume) 발산작업에 사용하는 보호구는?

① 산소마스크
② 여과효율 99[%] 이상인 방진마스크
③ 호스마스크
④ 격리식 방독마스크

해설

방진마스크

(1) 방진마스크의 구분 및 사용장소 18. 3. 4 기

등급	특급	1급	2급
사용장소	• 베릴륨 등과 같이 독성이 강한 물질들을 함유한 분진 등 발생장소 • 석면 취급 장소	• 특급마스크 착용장소를 제외한 분진 등 발생장소 • 금속흄 등과 같이 열적으로 생기는 분진 등 발생장소 • 기계적으로 생기는 분진 등 발생장소(규소 등과 같이 2급 방진마스크를 착용하여도 무방한 경우는 제외한다.)	• 특급 및 1급 마스크 착용장소를 제외한 분진 등 발생 장소
	배기밸브가 없는 안면부여과식 마스크는 특급 및 1급 장소에 사용해서는 안 된다.		

(2) 성능

형태 및 등급		염화나트륨(NaCl) 및 파라핀 오일(Paraffin oil) 시험[%]
분리식	특급	99.95 이상
	1급	94.0 이상
	2급	80.0 이상
안면부 여과식	특급	99.0 이상
	1급	94.0 이상
	2급	80.0 이상

19 ★★★★★★ 다음 중 보호구가 잘못 사용된 것은 어느 것인가?

① 폐수맨홀 청소－방진마스크
② 아세틸렌용접－실드헬멧
③ 용광로－고열복
④ 3[m]의 작업－안전벨트

해설

폐수맨홀 청소는 방독마스크를 착용해야 한다.

참고 2[m] 이상 작업부터 고소작업이라 한다.

20 ★★★★ 지시표지를 나타내는 색도기준으로 옳은 것은?

① 7.5R 4/14　② 5Y 8.5/12
③ 2.5PB 4/10　④ 2.5G 4/10

해설

산업안전색채의 종류, 색도기준 및 표시사항

종류	기 준	표시사항	사용 예
빨간색	7.5R 4/14	금지	정지신호, 소화설비 및 그 장소
노란색	5Y 8.5/12	경고	위험경고, 주의표지, 기계방호물
파란색	2.5PB 4/10	지시	특정행위의 지시 및 사실의 고지
녹색	2.5G 4/10	안내	비상구, 피난소, 사람·차량통행표지

21 ★★ 감전으로 인하여 호흡이 정지된 환자의 응급치료에 있어서 인공호흡을 하는 경우 1분간에 몇 회 정도의 속도로 30분 이상 계속할 것인가?

① 60번 정도　② 30번 정도
③ 20번 정도　④ 15번 정도

해설

① 인공호흡은 5초 간격으로 1분에 12~15회가 적당하다.
② 1분 내 소생률은 95[%]이다.

22 ★ 산소가 결핍되어 있는 장소에서 사용되는 마스크는?

① 방진마스크　② 방독마스크
③ 송기마스크　④ 특급 방진마스크

해설

산소결핍시 보호구

① 산소마스크 ② 송기마스크 ③ 구명줄 ④ 안전모

23 ★★ 산업안전 보호구 중 분진포집효율이 가장 좋은 것은? (단, 분리식)

① 99[%]　② 99.95[%]
③ 99.9[%]　④ 95[%]

[정답] 18 ② 19 ① 20 ③ 21 ④ 22 ③ 23 ②

해설

방진마스크의 분진포집효율

① 특급 : 99.95[%] 이상
② 1급 : 94[%] 이상
③ 2급 : 80[%] 이상

24 ★★ 들것, 비상구, 응급구호표지를 나타내는 색은?

① 빨간색 ② 노란색
③ 초록색 ④ 주황색

해설

안전표지 및 색상

① 금지 : 빨간색(정지신호, 소화설비)
② 경고 : 노란색(위험경고, 주의, 기계방호물)
③ 안내 : 초록색(비상구, 피난구)
④ 지시 : 파란색(특정행위 지시, 사실의 고지)

25 ★★ 산업안전색채 중 잠재한 위험을 일깨워주거나 불안한 행위에 주의를 환기시킬 위치에 설치하는 경고표지의 색은 다음 중 어느 것인가?

① 빨간색 ② 노란색
③ 초록색 ④ 파란색

해설

주의표시 : 경고표지 등은 노란색이다.

참고 문제 24번 해설 참조

26 ★ 방진마스크의 구비조건으로 옳지 않은 것은?

① 흡배기저항이 높을 것
② 중량이 가벼울 것
③ 안면밀착성이 좋을 것
④ 포집효율이 좋을 것

해설

방진마스크의 구비조건(선정기준)

① 여과효율이 좋을 것 ② 흡배기저항이 낮을 것
③ 사용적이 적을 것 ④ 중량이 가벼울 것
⑤ 시야가 넓을 것 ⑥ 안면밀착성이 좋을 것
⑦ 피부 접촉 부위의 고무질이 좋을 것

27 ★★ 산업안전보건표지는 그 사용목적에 따라 4개 종류로 분류되고 있다. 다음 중 이에 속하지 않는 것은?

① 금지표지 ② 방향표지
③ 경고표지 ④ 안내표지

해설

산업안전보건표지종류

① 금지표지 ② 경고표지
③ 지시표지 ④ 안내표지

28 ★★★ 다음 보호구 중 고소작업에 맞지 않는 것은?

① 안전모 ② 안전화
③ 안전벨트 안전망 ④ 핫스틱

해설

고소작업

① 핫스틱은 전기활선 작업시에 사용한다.
② 고소작업은 2[m] 이상에서 작업하는 것을 말한다.

29 ★★★★ 가스마스크를 사용할 때 유의사항이 잘못 기술된 것은?

① 흡수관의 손상여부를 확인한다.
② 유해가스에 알맞은 흡수관을 사용한다.
③ 유독가스의 농도가 높을수록 격리식을 사용한다.
④ 탱크 및 맨홀 내부에서는 직결식을 사용한다.

해설

① 탱크 및 맨홀 내부에는 격리식을 사용한다.
② 가스마스크는 방독마스크를 말한다.

30 ★★ 안전블록이 부착된 안전대의 구조에 있어 안전블록의 줄은 와이어로프인 경우 최소지름은 얼마 이상이어야 하는가?

① 2[mm] ② 4[mm]
③ 8[mm] ④ 10[mm]

[정답] 24 ③ 25 ② 26 ① 27 ② 28 ④ 29 ④ 30 ②

해설

안전대의 구비조건

① 충격인장강도에 강할 것
② 습기나 약품에 강할 것
③ 매끄럽지 않을 것
④ 와이어로프 최소지름 : 4[mm] 이상

31 ★★ 산업안전보건표지 중 지시표지는 어떠한 색채의 종류인가?

① 초록색 ② 파란색
③ 빨간색 ④ 노란색

해설

안전·보건표지 및 색

① 금지 : 빨간색
② 경고 : 노란색
③ 지시 : 파란색
④ 안내 : 초록색

32 ★★ 안전표지 중 주의, 위험표지의 글자, 보조색에 이용되는 색채는?

① 보라색 ② 빨간색
③ 검은색 ④ 흰색

해설

① 흰색 : 파란색, 녹색에 대한 보조색
② 검은색 : 문자 및 빨간색, 노란색에 대한 보조색

33 ★★ 특급 방진마스크를 착용하여야 할 작업은?

① 암석의 파쇄작업
② 철분이 비산하는 작업
③ 베릴륨을 함유한 분진 발생 장소
④ 염소 탱크 내의 작업

해설

①, ②, ④ : 특급 및 1급으로 가능하다.

34 ★★★ 다음 중 열에 가장 잘 견디는 장갑은?

① 고무장갑 ② 면장갑
③ 가죽장갑 ④ 석면장갑

해설

① 열에 우수한 것은 석면 ② 열에 약한 것은 고무장갑
③ 용접시는 가죽장갑

35 ★★ 암모니아용 방독마스크의 정화통 색은?

① 검은색 ② 황색
③ 녹색 ④ 빨간색

해설

방독마스크 흡수관(정화통)의 종류

종 류	시험가스	정화통 외부측면 표시색
유기화합물용	시클로헥산(C_6H_{12}), 디메틸에테르(CH_3OCH_3), 이소부탄(C_4H_{10})	갈색
할로겐용	염소가스 또는 증기(Cl_2)	회색
황화수소용	황화수소가스(H_2S)	회색
시안화수소용	시안화수소가스(HCN)	회색
아황산용	아황산가스(SO_2)	노란색
암모니아용	암모니아가스(NH_3)	녹색

36 ★★ 할로겐가스용 방독마스크의 정화통 색은?

① 빨간색 ② 회색
③ 녹색 ④ 황적색

해설

할로겐가스용 정화통색 : 회색

참고 문제 35번 해설 참조

37 ★★ 다음 건설현장에 안전보건표지를 설치하려 한다. 그 종류와 분류가 맞는 것은?

① 물체이동－금지표지 ② 인화성물질－지시표지
③ 위험장소－안내표지 ④ 안전띠 착용－경고표지

[정답] 31 ② 32 ③ 33 ③ 34 ④ 35 ③ 36 ② 37 ①

해설

① 경고표지 : 인화성물질, 위험장소
② 안전띠 착용 : 지시표지

38 ★★ 다음 안전보건표지를 알맞게 나타낸 것은?

① 부식성 물질 저장－경고표지
② 금연－지시표지
③ 화기엄금－경고표지
④ 안전모 착용－안내표지

해설

① 금연 : 금지표지
② 화기엄금 : 금지표지
③ 안전모 착용 : 지시표지

39 ★★ 산업안전보건표지 중에서 정사각형(혹은 직사각형) 모양에 그림으로 나타낸 표지는?

① 금지표지 ② 경고표지
③ 지시표지 ④ 안내표지

해설

① 경고표지 : 삼각형
② 금지와 지시표지 : 원형

40 ★★ 다음 중 안전대용 로프의 구비조건이 아닌 것은?

① 내마모성이 높을 것
② 완충성이 높을 것
③ 내열성이 높을 것
④ 값이 싸야 한다.

해설

안전대의 구비조건

(1) ①, ②, ③ 외 충격인장강도에 강할 것
(2) 습기나 약품에 강할 것
(3) 매끄럽지 않을 것

➲문제가 중복되는 이유는 기출문제이고 이번시험에 이 문제가 출제될 수 있다는 증명입니다.

41 ★★★ AE와 ABE형의 안전모의 내수성 시험은 모체를 20~25[℃]의 수중에 24시간 담가놓은 후 대기 중에 꺼내어 수분을 제거한 무게 증가율이 얼마일 때 합격하는가?

① 1[%] 미만 ② 2[%] 이하
③ 2.5[%] 미만 ④ 3[%] 이하

해설

안전모의 주요 성능 시험

① 내관통성 시험 : 높이 3.048[m](10[ft])에서 0.45[kg]의 철제추를 자유낙하시키고 관통거리를 측정한다.
② 충격흡수성 시험 : 내관통성 시험과 같이 3.6[kg]의 충격추를 1.524[m](5[ft]) 높이에서 자유낙하시켜 전달충격력을 측정하고 평균치가 3781[N](850[lb])이하, 최고전달충격력이 4,450[N](1,000[lb]) 이하이다.
③ 내수성 시험 : AE형과 ABE형 안전모의 모체를 수중에 24시간 담가 놓은 후, 표면의 물을 닦아 내고 무게를 측정하여 질량증가율이 1[%] 미만이어야 한다.
④ 난연성 시험 : AE형과 ABE형 안전모의 모체로부터 넓이 25[mm], 길이 125[mm]의 시험편의 중간의 75[mm]의 연소시간이 60초 이상이어야 한다.
⑤ 내전압성 시험 : AE형과 ABE형의 안전모는 20[kV]에 1분간 견디고, 충전전류가 10[mA] 이하이어야 한다.

42 현장에서 안전책임자, 안전관리자는 근무 중에 안전완장을 착용해야 한다. 안전완장에 바탕색깔과 어떤 내용을 한글로 표시해야 하는가?

① 노란, 직책 ② 노란, 성명
③ 흰색, 직책 ④ 흰색, 성명

해설

안전완장의 표시사항

'노란색 바탕'에 검은색 한글 고딕체로 '직책'을 표시한다.

43 안전장갑의 종류는 사용구분에 따라 규정 지어진다. 사용구분이 주로 300[V]를 초과하고 교류 600[V] 또는 직류 750[V] 이하의 작업에서 사용하는 안전장갑의 종류는 다음 중 어느 것인가?

① A종 ② B종
③ C종 ④ D종

[정답] 38 ① 39 ④ 40 ④ 41 ① 42 ① 43 ①

해설

안전장갑의 종류

내전압용 안전장갑 (절연장갑)	전기에 의한 감전 방지용	A종	주로 300[V]를 초과하고 교류 600[V] 또는 직류 750[V] 이하의 작업에 사용
		B종	주로 교류 600[V] 또는 직류 750[V]를 초과하고 3,500 [V] 이하의 작업에 사용
		C종	주로 3,500[V]를 초과하고 7,000[V] 이하의 작업에 사용
유기화합물용 안전장갑 (보호장갑)	액체상태의 유기화합물이 피부를 통하여 인체에 흡수되는 것을 방지하기 위하여 사용		

44 안전대를 인장시험기로 시험할 때 인장강도는?

① 900[kgf] ② 1,100[kgf]
③ 1,300[kgf] ④ 1,530[kgf]

해설

안전대의 정하중 성능시험으로 인장시험기로 15[kN](1,530[kgf]) 인장하중을 가하여 1분간 유지한 후 기능상실 여부를 조사한다.

45 다음 중 신체지지의 목적으로 전신에 착용하는 것으로 높은 곳에서의 추락을 방지하는 목적으로 사용되는 보호구는?

① 벨트식 ② 안전블록
③ 추락방지대 ④ 안전그네식

해설

안전대의 종류

구분	용도
안전그네	신체지지의 목적으로 전신에 착용하는 띠모양의 부품
벨트	신체지지의 목적으로 허리에 착용하는 띠모양의 부품
추락방지대	신체의 추락을 방지하기 위해 자동잠김장치를 갖추고 죔줄과 수직 구명줄에 연결된 금속장치
안전블록	안전그네와 연결하여 추락 발생시 추락을 억제할 수 있는 자동잠김장치가 갖추어져 있고 죔줄이 자동적으로 수축되는 금속장치

46 안전보건표지에 사용하는 색채 가운데 비상구 및 피난소 사람 또는 차량이 통행표지에 사용하는 색채는 다음 중 어느 것인가?

① 빨간색 ② 노란색
③ 녹색 ④ 파란색

해설

산업안전보건표지의 종류

구분	형태	용도
금지	빨간색(원형)	정지신호, 소화설비 및 그 장소, 유해행위의 금지
경고	노란색(삼각형)	위험경고, 주의표지 또는 기계 방호물
	빨간색(마름모)	화학물질 취급장소 유해위험 경고
지시	파란색(원형)	특정 행위의 지시 및 사실의 고지
안내	녹색(사각형, 녹십자는 원형)	비상구 및 피난소, 통행표지

47 내전압용 절연장갑의 성능기준에 있어 최대사용전압에 따른 등급 구분에서 최소등급인 "00등급"의 색상으로 옳은 것은?

① 갈색 ② 흰색
③ 노란색 ④ 녹색

해설

절연장갑의 등급 및 표시

등급	최대사용전압		등급별 색 상
	교류(V, 실효값)	직류(V)	
00	500	750	갈색
0	1,000	1,500	빨간색
1	7,500	11,250	흰색
2	17,000	25,500	노란색
3	26,500	39,750	녹색
4	36,000	54,000	등색

합격자의 조언
1. 본전 생각을 하지 말라. 손해가 이익을 끌고 온다.
2. 돈을 내 맘대로 쓰지 말라. 돈에게 물어보고 사용하라.
3. 느낌을 소중히 하라. 느낌은 신의 목소리다.

[정답] 44 ④ 45 ④ 46 ③ 47 ①

산업안전관계법규

중점 학습내용

대한민국의 산업안전보건법에 관한 법은 근로기준법으로부터 태동되었다.
본 장의 내용은 다음과 같이 구성하여 이번 시험 합격에 대비하였다.

❶ 산업안전보건법
❷ 산업안전보건법 시행령
❸ 산업안전보건법 시행규칙

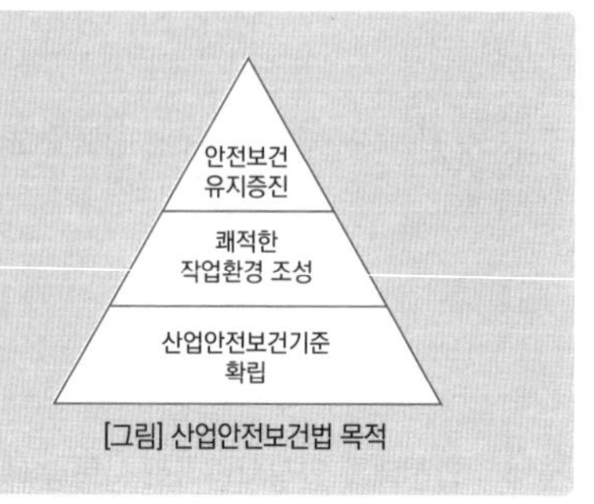

[그림] 산업안전보건법 목적

1 산업안전보건법 [시행 2024. 5. 17.] [법률 제19591호, 2023. 8. 8., 타법 개정]

제1장 총칙

제1조(목적) 이 법은 산업 안전 및 보건에 관한 기준을 확립하고 그 책임의 소재를 명확하게 하여 산업재해를 예방하고 쾌적한 작업환경을 조성함으로써 노무를 제공하는 사람의 안전 및 보건을 유지·증진함을 목적으로 한다.

제2조(정의) 이 법에서 사용하는 용어의 뜻은 다음과 같다.

1. "산업재해"란 노무를 제공하는 사람이 업무에 관계되는 건설물·설비·원재료·가스·증기·분진 등에 의하거나 작업 또는 그 밖의 업무로 인하여 사망 또는 부상하거나 질병에 걸리는 것을 말한다. 22. 3. 5 기
2. "중대재해"란 산업재해 중 사망 등 재해 정도가 심하거나 다수의 재해자가 발생한 경우로서 고용노동부령으로 정하는 재해를 말한다.
3. "근로자"란 「근로기준법」제2조제1항제1호에 따른 근로자를 말한다.
4. "사업주"란 근로자를 사용하여 사업을 하는 자를 말한다.
5. "근로자대표"란 근로자의 과반수로 조직된 노동조합이 있는 경우에는 그 노동조합을, 근로자의 과반수로 조직된 노동조합이 없는경우에는 근로자의 과반수를 대표하는 자를 말한다.
6. "도급"이란 명칭에 관계없이 물건의 제조·건설·수리 또는 서비스의 제공, 그 밖의 업무를 타인에게 맡기는 계약을 말한다.

합격예측 및 관련법규

「근로기준법」

제2조(정의) ① 이 법에서 사용하는 용어의 뜻은 다음과 같다.

1. "근로자"란 직업의 종류와 관계없이 임금을 목적으로 사업이나 사업장에 근로를 제공하는 자를 말한다.
2. "사용자"란 사업주 또는 사업 경영 담당자, 그 밖에 근로자에 관한 사항에 대하여 사업주를 위하여 행위하는 자를 말한다.
3. "근로"란 정신노동과 육체노동을 말한다.
4. "근로계약"이란 근로자가 사용자에게 근로를 제공하고 사용자는 이에 대하여 임금을 지급하는 것을 목적으로 체결된 계약을 말한다.
5. "임금"이란 사용자가 근로의 대가로 근로자에게 임금, 봉급, 그 밖에 어떠한 명칭으로든지 지급하는 일체의 금품을 말한다.
6. "평균임금"이란 이를 산정하여야 할 사유가 발생한 날 이전 3개월 동안에 그 근로자에게 지급된 임금의 총액을 그 기간의 총일수로 나눈 금액을 말한다. 근로자가 취업한 후 3개월 미만인 경우도 이에 준한다.

7. "도급인"이란 물건의 제조·건설·수리 또는 서비스의 제공, 그밖의 업무를 도급하는 사업주를 말한다. 다만, 건설공사발주자는 제외한다.
8. "수급인"이란 도급인으로부터 물건의 제조·건설·수리 또는 서비스의 제공, 그 밖의 업무를 도급받은 사업주를 말한다.
9. "관계수급인"이란 도급이 여러 단계에 걸쳐 체결된 경우에 각 단계별로 도급받은 사업주 전부를 말한다.
10. "건설공사발주자"란 건설공사를 도급하는 자로서 건설공사의 시공을 주도하여 총괄·관리하지 아니하는 자를 말한다. 다만, 도급받은 건설공사를 다시 도급하는 자는 제외한다.
11. "건설공사"란 다음 각 목의 어느 하나에 해당하는 공사를 말한다.
   가. 「건설산업기본법」제2조제4호에 따른 건설공사
   나. 「전기공사업법」제2조제1호에 따른 전기공사
   다. 「정보통신공사업법」제2조제2호에 따른 정보통신공사
   라. 「소방시설공사업법」에 따른 소방시설공사
   마. 「국가유산수리 등에 관한 법률」에 따른 국가유산수리공사
12. "안전보건진단"이란 산업재해를 예방하기 위하여 잠재적 위험성을 발견하고 그 개선대책을 수립할 목적으로 조사·평가하는 것을 말한다.
13. "작업환경측정"이란 작업환경 실태를 파악하기 위하여 해당 근로자 또는 작업장에 대하여 사업주가 유해인자에 대한 측정계획을 수립한 후 시료(試料)를 채취하고 분석·평가하는 것을 말한다.

제2장 안전보건관리체제 등

제1절 안전보건관리체제

제14조(이사회 보고 및 승인 등) ① 「상법」제170조에 따른 주식회사 중 대통령령으로 정하는 회사의 대표이사는 대통령령으로 정하는 바에 따라 매년 회사의 안전 및 보건에 관한 계획을 수립하여 이사회에 보고하고 승인을 받아야 한다.
② 제1항에 따른 대표이사는 제1항에 따른 안전 및 보건에 관한 계획을 성실하게 이행하여야 한다.
③ 제1항에 따른 안전 및 보건에 관한 계획에는 안전 및 보건에 관한 비용, 시설, 인원 등의 사항을 포함하여야 한다.

대상 ① 상시근로자 500명 이상인 회사
② 전년도 시공능력평가액(토목·건축공사업에 한함)순위 상위 1,000위 이내의 건설회사

7. "1주"란 휴일을 포함한 7일을 말한다.
8. "소정(所定)근로시간"이란 제50조, 제69조 본문 또는 「산업안전보건법」 제46조에 따른 근로시간의 범위에서 근로자와 사용자 사이에 정한 근로시간을 말한다.
9. "단시간근로자"란 1주 동안의 소정근로시간이 그 사업장에서 같은 종류의 업무에 종사하는 통상 근로자의 1주 동안의 소정근로시간에 비하여 짧은 근로자를 말한다.

② 제1항제6호에 따라 산출된 금액이 그 근로자의 통상임금보다 적으면 그 통상임금액을 평균임금으로 한다.

합격예측 및 관련법규

「건설산업기본법」제2조제4호

4. "건설공사"란 토목공사, 건축공사, 산업설비공사, 조경공사, 환경시설공사, 그 밖에 명칭에 관계없이 시설물을 설치·유지·보수하는 공사(시설물을 설치하기 위한 부지조성공사를 포함한다) 및 기계설비나 그 밖의 구조물의 설치 및 해체공사 등을 말한다. 다만, 다음 각 목의 어느 하나에 해당하는 공사는 포함하지 아니한다.
   가. 「전기공사업법」에 따른 전기공사
   나. 「정보통신공사업법」에 따른 정보통신공사
   다. 「소방시설공사업법」에 따른 소방시설공사
   라. 「문화재 수리 등에 관한 법률」에 따른 문화재 수리공사

내용 ① 전년도 안전보건활동실적
② 안전보건경영방침 및 안전보건활동 계획
③ 안전보건관리 체계·인원 및 역할
④ 안전 및 보건에 관한 시설 및 비용

제2절 안전보건관리규정

제25조(안전보건관리규정의 작성) ① 사업주는 사업장의 안전 및 보건을 유지하기 위하여 다음 각 호의 사항이 포함된 안전보건관리규정을 작성하여야 한다. 21. 5. 15 기

1. 안전 및 보건에 관한 관리조직과 그 직무에 관한 사항
2. 안전보건교육에 관한 사항
3. 작업장의 안전 및 보건 관리에 관한 사항
4. 사고 조사 및 대책 수립에 관한 사항
5. 그 밖에 안전 및 보건에 관한 사항

② 제1항에 따른 안전보건관리규정(이하 "안전보건관리규정"이라 한다)은 단체협약 또는 취업규칙에 반할 수 없다. 이 경우 안전보건관리규정 중 단체협약 또는 취업규칙에 반하는 부분에 관하여는 그 단체협약 또는 취업규칙으로 정한 기준에 따른다.

③ 안전보건관리규정을 작성하여야 할 사업의 종류, 사업장의 상시 근로자 수 및 안전보건관리규정에 포함되어야 할 세부적인 내용, 그 밖에 필요한 사항은 고용노동부령으로 정한다.

제3장 안전보건교육

제29조(근로자에 대한 안전보건교육) ① 사업주는 소속 근로자에게 고용노동부령으로 정하는 바에 따라 정기적으로 안전보건교육을 하여야 한다.

② 사업주는 근로자를 채용할 때와 작업내용을 변경할 때에는 그 근로자에게 고용노동부령으로 정하는 바에 따라 해당 작업에 필요한 안전보건교육을 하여야 한다. 다만, 제31조제1항에 따른 안전보건교육을 이수한 건설 일용근로자를 채용하는 경우에는 그러하지 아니하다.

③ 사업주는 근로자를 유해하거나 위험한 작업에 채용하거나 그 작업으로 작업내용을 변경할 때에는 제2항에 따른 안전보건교육 외에 고용노동부령으로 정하는 바에 따라 유해하거나 위험한 작업에 필요한 안전보건교육을 추가로 하여야 한다.

④ 사업주는 제1항부터 제3항까지의 규정에 따른 안전보건교육을제33조에 따라 고용노동부장관에게 등록한 안전보건교육기관에 위탁할 수 있다.

합격예측 및 관련법규

「전기공사업법」제2조제1호

1. "전기공사"란 다음 각 목의 어느 하나에 해당하는 설비 등을 설치·유지·보수하는 공사 및 이에 따른 부대공사로서 대통령령으로 정하는 것을 말한다.
   가. 「전기사업법」 제2조제16호에 따른 전기설비
   나. 전력 사용 장소에서 전력을 이용하기 위한 전기계장설비(電氣計裝設備)
   다. 전기에 의한 신호표지
   라. 「신에너지 및 재생에너지 개발·이용·보급 촉진법」 제2조제3호에 따른 신·재생에너지 설비 중 전기를 생산하는 설비
   마. 「지능형전력망의 구축 및 이용촉진에 관한 법률」 제2조제2호에 따른 지능형전력망 중 전기설비

「정보통신공사업법」제2조제2호

2. "정보통신공사"란 정보통신설비의 설치 및 유지·보수에 관한 공사와 이에 따르는 부대공사(附帶工事)로서 대통령령으로 정하는 공사를 말한다.

「상법」

제170조(회사의 종류) 회사는 합명회사, 합자회사, 유한책임회사, 주식회사와 유한회사의 5종으로 한다.

제4장 유해·위험 방지 조치

제34조(법령 요지 등의 게시 등) 사업주는 이 법과 이 법에 따른 명령의 요지 및 안전보건관리규정을 각 사업장의 근로자가 쉽게 볼 수 있는 장소에 게시하거나 갖추어 두어 근로자에게 널리 알려야 한다.

제5장 도급 시 산업재해 예방

제1절 도급의 제한

제58조(유해한 작업의 도급금지) ① 사업주는 근로자의 안전 및 보건에 유해하거나 위험한 작업으로서 다음 각 호의 어느 하나에 해당하는 작업을 도급하여 자신의 사업장에서 수급인의 근로자가 그 작업을 하도록 해서는 아니 된다.

1. 도금작업
2. 수은, 납 또는 카드뮴을 제련, 주입, 가공 및 가열하는 작업
3. 제118조제1항에 따른 허가대상물질을 제조하거나 사용하는 작업

② 사업주는 제1항에도 불구하고 다음 각 호의 어느 하나에 해당하는 경우에는 제1항 각 호에 따른 작업을 도급하여 자신의 사업장에서 수급인의 근로자가 그 작업을 하도록 할 수 있다.

1. 일시·간헐적으로 하는 작업을 도급하는 경우
2. 수급인이 보유한 기술이 전문적이고 사업주(수급인에게 도급을 한 도급인으로서의 사업주를 말한다)의 사업 운영에 필수 불가결한 경우로서 고용노동부장관의 승인을 받은 경우

③ 사업주는 제2항제2호에 따라 고용노동부장관의 승인을 받으려는 경우에는 고용노동부령으로 정하는 바에 따라 고용노동부장관이 실시하는 안전 및 보건에 관한 평가를 받아야 한다.
④ 제2항제2호에 따른 승인의 유효기간은 3년의 범위에서 정한다.
⑤ 고용노동부장관은 제4항에 따른 유효기간이 만료되는 경우에 사업주가 유효기간의 연장을 신청하면 승인의 유효기간이 만료되는 날의 다음 날부터 3년의 범위에서 고용노동부령으로 정하는 바에 따라 그 기간의 연장을 승인할 수 있다. 이 경우 사업주는 제3항에 따른 안전 및 보건에 관한 평가를 받아야 한다.
⑥ 사업주는 제2항제2호 또는 제5항에 따라 승인을 받은 사항 중 고용노동부령으로 정하는 사항을 변경하려는 경우에는 고용노동부령으로 정하는 바에 따라 변경에 대한 승인을 받아야 한다.
⑦ 고용노동부장관은 제2항제2호, 제5항 또는 제6항에 따라 승인, 연장승인 또는 변경승인을 받은 자가 제8항에 따른 기준에 미달하게 된 경우에는 승인, 연장승인 또는 변경승인을 취소하여야 한다.

⑧ 제2항제2호, 제5항 또는 제6항에 따른 승인, 연장승인 또는 변경승인의 기준·절차 및 방법, 그 밖에 필요한 사항은 고용노동부령으로 정한다.

제2절 도급인의 안전조치 및 보건조치

제62조(안전보건총괄책임자) ① 도급인은 관계수급인 근로자가 도급인의 사업장에서 작업을 하는 경우에는 그 사업장의 안전보건관리책임자를 도급인의 근로자와 관계수급인 근로자의 산업재해를 예방하기 위한 업무를 총괄하여 관리하는 안전보건총괄책임자로 지정하여야 한다. 이 경우 안전보건관리책임자를 두지 아니하여도 되는 사업장에서는 그 사업장에서 사업을 총괄하여 관리하는 사람을 안전보건총괄책임자로 지정하여야 한다.
② 제1항에 따라 안전보건총괄책임자를 지정한 경우에는 「건설기술 진흥법」제64조제1항제1호에 따른 안전총괄책임자를 둔 것으로 본다.
③ 제1항에 따라 안전보건총괄책임자를 지정하여야 하는 사업의 종류와 사업장의 상시근로자 수, 안전보건총괄책임자의 직무·권한, 그 밖에 필요한 사항은 대통령령으로 정한다.

제3절 건설업 등의 산업재해 예방

제67조(건설공사발주자의 산업재해 예방 조치) ① 대통령령으로 정하는 건설공사의 건설공사발주자는 산업재해 예방을 위하여 건설공사의 계획, 설계 및 시공 단계에서 다음 각 호의 구분에 따른 조치를 하여야 한다.

1. 건설공사 계획단계 : 해당 건설공사에서 중점적으로 관리하여야할 유해·위험요인과 이의 감소방안을 포함한 기본안전보건대장을 작성할 것
2. 건설공사 설계단계 : 제1호에 따른 기본안전보건대장을 설계자에게 제공하고, 설계자로 하여금 유해·위험요인의 감소방안을 포함한 설계안전보건대장을 작성하게 하고 이를 확인할 것
3. 건설공사 시공단계 : 건설공사발주자로부터 건설공사를 최초로 도급받은 수급인에게 제2호에 따른 설계안전보건대장을 제공하고, 그 수급인에게 이를 반영하여 안전한 작업을 위한 공사안전보건대장을 작성하게 하고 그 이행 여부를 확인할 것

② 제1항 각 호에 따른 대장에 포함되어야 할 구체적인 내용은 고용노동부령으로 정한다.

제4절 그 밖의 고용형태에서의 산업재해 예방

제77조(특수형태근로종사자에 대한 안전조치 및 보건조치 등) ① 계약의 형식에 관계없이 근로자와 유사하게 노무를 제공하여 업무상의 재해로부터 보호할 필요가 있음에도「근로기준법」등이 적용되지 아니하는 사람으로서 다음 각 호의 요건을 모

합격예측 및 관련법규

(1) 대통령령으로 정하는 건설공사

총 공사금액 50억원 이상 건설공사의 발주자에게 공사 계획·설계·시공 등 전 과정에서 조치 의무를 부여

(2) 특수형태근로종사자

① 보험설계사·우체국보험모집원 ② 건설기계 직접운전자(27종) ③ 학습지교사 ④ 골프장 캐디 ⑤ 택배기사 ⑥ 퀵서비스기사 ⑦ 대출모집인 ⑧ 신용카드회원 모집인 ⑨ 대리운전기사

㈜ 산업안전보건법 ≠ 산업재해보상보험법

(3) 특수형태근로종사자 : 건설기계 운전자(27종)

① 불도저 ② 굴착기 ③ 로더 ④ 지게차 ⑤ 스크레이퍼 ⑥ 덤프트럭 ⑦ 기중기 ⑧ 모터그레이더 ⑨ 롤러 ⑩ 노상안정기 ⑪ 콘크리트뱃칭플랜트 ⑫ 콘크리트피니셔 ⑬ 콘크리트살포기 ⑭ 콘크리트믹서트럭 ⑮ 콘크리트펌프 ⑯ 아스팔트믹싱플랜트 ⑰ 아스팔트피니셔 ⑱ 아스팔트살포기 ⑲ 골재살포기 ⑳ 쇄석기 ㉑ 공기압축기 ㉒ 천공기 ㉓ 항타 및 항발기 ㉔ 자갈채취기 ㉕ 준설선 ㉖ 특수건설기계 ㉗ 타워크레인

두 충족하는 사람(이하 "특수형태근로종사자"라 한다)의 노무를 제공받는 자는 특수형태근로종사자의 산업재해 예방을 위하여 필요한 안전조치 및 보건조치를 하여야 한다.

1. 대통령령으로 정하는 직종에 종사할 것
2. 주로 하나의 사업에 노무를 상시적으로 제공하고 보수를 받아 생활할 것
3. 노무를 제공할 때 타인을 사용하지 아니할 것

② 대통령령으로 정하는 특수형태근로종사자로부터 노무를 제공받는 자는 고용노동부령으로 정하는 바에 따라 안전 및 보건에 관한 교육을 실시하여야 한다.

③ 정부는 특수형태근로종사자의 안전 및 보건의 유지·증진에 사용하는 비용의 일부 또는 전부를 지원할 수 있다.

제6장 유해·위험 기계 등에 대한 조치

제1절 유해하거나 위험한 기계 등에 대한 방호조치 등

제80조(유해하거나 위험한 기계·기구에 대한 방호조치) ① 누구든지 동력(動力)으로 작동하는 기계·기구로서 대통령령으로 정하는 것은 고용노동부령으로 정하는 유해·위험 방지를 위한 방호조치를 하지 아니하고는 양도, 대여, 설치 또는 사용에 제공하거나 양도·대여의 목적으로 진열해서는 아니 된다.

② 누구든지 동력으로 작동하는 기계·기구로서 다음 각 호의 어느 하나에 해당하는 것은 고용노동부령으로 정하는 방호조치를 하지 아니하고는 양도, 대여, 설치 또는 사용에 제공하거나 양도·대여의 목적으로 진열해서는 아니 된다.

1. 작동 부분에 돌기 부분이 있는 것
2. 동력전달 부분 또는 속도조절 부분이 있는 것
3. 회전기계에 물체 등이 말려 들어갈 부분이 있는 것

③ 사업주는 제1항 및 제2항에 따른 방호조치가 정상적인 기능을 발휘할 수 있도록 방호조치와 관련되는 장치를 상시적으로 점검하고 정비하여야 한다.

④ 사업주와 근로자는 제1항 및 제2항에 따른 방호조치를 해체하려는 경우 등 고용노동부령으로 정하는 경우에는 필요한 안전조치 및 보건조치를 하여야 한다.

제2절 안전인증

제83조(안전인증기준) ① 고용노동부장관은 유해하거나 위험한 기계·기구·설비 및 방호장치·보호구(이하 "유해·위험기계등"이라 한다)의 안전성을 평가하기 위하여 그 안전에 관한 성능과 제조자의 기술 능력 및 생산 체계 등에 관한 기준(이하 "안전인증기준"이라한다)을 정하여 고시하여야 한다.

② 안전인증기준은 유해·위험기계등의 종류별, 규격 및 형식별로 정할 수 있다.

합격예측 및 관련법규

제73조(건설공사의 산업재해 예방 지도) ① 대통령령으로 정하는 건설공사의 건설공사 발주자 또는 건설공사도급인(건설공사발주자로부터 건설공사를 최초로 도급받은 수급인은 제외한다)은 해당 건설공사를 착공하려는 경우 제74조에 따라 지정받은 전문기관(이하 "건설재해예방전문지도기관"이라 한다)과 건설 산업재해 예방을 위한 지도계약을 체결하여야 한다. 〈개정 2021. 8. 17.〉

② 건설재해예방전문지도기관은 건설공사도급인에게 산업재해 예방을 위한 지도를 실시하여야 하고, 건설공사도급인은 지도에 따라 적절한 조치를 하여야 한다. 〈신설 2021. 8. 17.〉

③ 건설재해예방전문지도기관의 지도업무의 내용, 지도대상 분야, 지도의 수행방법, 그 밖에 필요한 사항은 대통령령으로 정한다. 〈개정 2021. 8. 17.〉

제3절 자율안전확인의 신고

제89조(자율안전확인의 신고) ① 안전인증대상기계등이 아닌 유해·위험기계등으로서 대통령령으로 정하는 것(이하 "자율안전확인대상기계등"이라 한다)을 제조하거나 수입하는 자는 자율안전확인대상기계등의 안전에 관한 성능이 고용노동부장관이 정하여 고시하는 안전기준(이하 "자율안전기준"이라 한다)에 맞는지 확인(이하 "자율안전확인"이라 한다)하여 고용노동부장관에게 신고(신고한 사항을 변경하는 경우를 포함한다)하여야 한다. 다만, 다음 각 호의 어느 하나에 해당하는 경우에는 신고를 면제할 수 있다.

1. 연구·개발을 목적으로 제조·수입하거나 수출을 목적으로 제조하는 경우
2. 제84조제3항에 따른 안전인증을 받은 경우(제86조제1항에 따라 안전인증이 취소되거나 안전인증표시의 사용 금지 명령을 받은 경우는 제외한다)
3. 다른 법령에 따라 안전성에 관한 검사나 인증을 받은 경우로서 고용노동부령으로 정하는 경우

② 고용노동부장관은 제1항 각 호 외의 부분 본문에 따른 신고를 받은 경우 그 내용을 검토하여 이 법에 적합하면 신고를 수리하여야 한다.

③ 제1항 각 호 외의 부분 본문에 따라 신고를 한 자는 자율안전확인대상기계등이 자율안전기준에 맞는 것임을 증명하는 서류를 보존하여야 한다.

④ 제1항 각 호 외의 부분 본문에 따른 신고의 방법 및 절차, 그 밖에 필요한 사항은 고용노동부령으로 정한다.

제4절 안전검사

제93조(안전검사) ① 유해하거나 위험한 기계·기구·설비로서 대통령령으로 정하는 것(이하 "안전검사대상기계등"이라 한다)을 사용하는 사업주(근로자를 사용하지 아니하고 사업을 하는 자를 포함한다. 이하 이 조, 제94조, 제95조 및 제98조에서 같다)는 안전검사대상기계등의 안전에 관한 성능이 고용노동부장관이 정하여 고시하는 검사기준에 맞는지에 대하여 고용노동부장관이 실시하는 검사(이하 "안전검사"라 한다)를 받아야 한다. 이 경우 안전검사대상기계등을 사용하는 사업주와 소유자가 다른 경우에는 안전검사대상기계등의 소유자가 안전검사를 받아야 한다.

② 제1항에도 불구하고 안전검사대상기계등이 다른 법령에 따라 안전성에 관한 검사나 인증을 받은 경우로서 고용노동부령으로 정하는 경우에는 안전검사를 면제할 수 있다.

③ 안전검사의 신청, 검사 주기 및 검사합격 표시방법, 그 밖에 필요한 사항은 고용노동부령으로 정한다. 이 경우 검사 주기는 안전검사대상기계등의 종류, 사용연한(使用年限) 및 위험성을 고려하여 정한다.

제5절 유해·위험기계등의 조사 및 지원 등

제101조(성능시험 등) 고용노동부장관은 안전인증대상기계등 또는 자율안전확인대상기계등의 안전성능의 저하 등으로 근로자에게 피해를 주거나 줄 우려가 크다고 인정하는 경우에는 대통령령으로 정하는 바에 따라 유해·위험기계등을 제조하는 사업장에서 제품 제조과정을 조사할 수 있으며, 제조·수입·양도·대여하거나 양도·대여의 목적으로 진열된 유해·위험기계등을 수거하여 안전인증기준 또는 자율안전기준에 적합한지에 대한 성능시험을 할 수 있다.

제7장 유해·위험물질에 대한 조치

제1절 유해·위험물질의 분류 및 관리

제104조(유해인자의 분류기준) 고용노동부장관은 고용노동부령으로 정하는 바에 따라 근로자에게 건강장해를 일으키는 화학물질 및 물리적 인자 등(이하 "유해인자"라 한다)의 유해성·위험성 분류기준을 마련하여야 한다.

제2절 석면에 대한 조치

제119조(석면조사) ① 건축물이나 설비를 철거하거나 해체하려는 경우에 해당 건축물이나 설비의 소유주 또는 임차인 등(이하 "건축물·설비소유주등"이라 한다)은 다음 각 호의 사항을 고용노동부령으로 정하는 바에 따라 조사(이하 "일반석면조사"라 한다)한 후 그 결과를 기록하여 보존하여야 한다.

1. 해당 건축물이나 설비에 석면이 포함되어 있는지 여부
2. 해당 건축물이나 설비 중 석면이 포함된 자재의 종류, 위치 및 면적

② 제1항에 따른 건축물이나 설비 중 대통령령으로 정하는 규모 이상의 건축물·설비소유주등은 제120조에 따라 지정받은 기관(이하 "석면조사기관"이라 한다)에 다음 각 호의 사항을 조사(이하 "기관석면조사"라 한다)하도록 한 후 그 결과를 기록하여 보존하여야 한다. 다만, 석면함유 여부가 명백한 경우 등 대통령령으로 정하는 사유에 해당하여 고용노동부령으로 정하는 절차에 따라 확인을 받은 경우에는 기관석면조사를 생략할 수 있다.

1. 제1항 각 호의 사항
2. 해당 건축물이나 설비에 포함된 석면의 종류 및 함유량

③ 건축물·설비소유주등이 「석면안전관리법」 등 다른 법률에 따라 건축물이나 설비에 대하여 석면조사를 실시한 경우에는 고용노동부령으로 정하는 바에 따라 일반석면조사 또는 기관석면조사를 실시한 것으로 본다.

④ 고용노동부장관은 건축물·설비소유주등이 일반석면조사 또는 기관석면조사를 하지 아니하고 건축물이나 설비를 철거하거나 해체하는 경우에는 다음 각 호의 조치를 명할 수 있다.

합격예측 및 관련법규

제128조의2(휴게시설의 설치)
① 사업주는 근로자(관계수급인의 근로자를 포함한다. 이하 이 조에서 같다)가 신체적 피로와 정신적 스트레스를 해소할 수 있도록 휴식시간에 이용할 수 있는 휴게시설을 갖추어야 한다.
② 사업주 중 사업의 종류 및 사업장의 상시 근로자 수 등 대통령령으로 정하는 기준에 해당하는 사업장의 사업주는 제1항에 따라 휴게시설을 갖추는 경우 크기, 위치, 온도, 조명 등 고용노동부령으로 정하는 설치·관리기준을 준수하여야 한다.
[본조신설 2021. 8. 17.]

1. 해당 건축물·설비소유주등에 대한 일반석면조사 또는 기관석면조사의 이행 명령
2. 해당 건축물이나 설비를 철거하거나 해체하는 자에 대하여 제1호에 따른 이행 명령의 결과를 보고받을 때까지의 작업중지 명령

제8장 근로자 보건관리

제1절 근로환경의 개선

제125조(작업환경측정) ① 사업주는 유해인자로부터 근로자의 건강을 보호하고 쾌적한 작업환경을 조성하기 위하여 인체에 해로운 작업을 하는 작업장으로서 고용노동부령으로 정하는 작업장에 대하여 고용노동부령으로 정하는 자격을 가진 자로 하여금 작업환경측정을 하도록 하여야 한다.
② 제1항에도 불구하고 도급인의 사업장에서 관계수급인 또는 관계수급인의 근로자가 작업을 하는 경우에는 도급인이 제1항에 따른 자격을 가진 자로 하여금 작업환경측정을 하도록 하여야 한다.
③ 사업주(제2항에 따른 도급인을 포함한다. 이하 이 조 및 제127조에서 같다)는 제1항에 따른 작업환경측정을 제126조에 따라 지정받은 기관(이하 "작업환경측정기관"이라 한다)에 위탁할 수 있다. 이 경우 필요한 때에는 작업환경측정 중 시료의 분석만을 위탁할 수 있다.
④ 사업주는 근로자대표(관계수급인의 근로자대표를 포함한다. 이하 이 조에서 같다)가 요구하면 작업환경측정 시 근로자대표를 참석시켜야 한다.
⑤ 사업주는 작업환경측정 결과를 기록하여 보존하고 고용노동부령으로 정하는 바에 따라 고용노동부장관에게 보고하여야 한다. 다만, 제3항에 따라 사업주로부터 작업환경측정을 위탁받은 작업환경측정기관이 작업환경측정을 한 후 그 결과를 고용노동부령으로 정하는 바에 따라 고용노동부장관에게 제출한 경우에는 작업환경측정 결과를 보고한 것으로 본다.
⑥ 사업주는 작업환경측정 결과를 해당 작업장의 근로자(관계수급인 및 관계수급인 근로자를 포함한다. 이하 이 항, 제127조 및 제175조제5항제15호에서 같다)에게 알려야 하며, 그 결과에 따라 근로자의건강을 보호하기 위하여 해당 시설·설비의 설치·개선 또는 건강진단의 실시 등의 조치를 하여야 한다.
⑦ 사업주는 산업안전보건위원회 또는 근로자대표가 요구하면 작업환경측정 결과에 대한 설명회 등을 개최하여야 한다. 이 경우 제3항에 따라 작업환경측정을 위탁하여 실시한 경우에는 작업환경측정기관에 작업환경측정 결과에 대하여 설명하도록 할 수 있다.
⑧ 제1항 및 제2항에 따른 작업환경측정의 방법·횟수, 그 밖에 필요한 사항은 고용노동부령으로 정한다.

제2절 건강진단 및 건강관리

제129조(일반건강진단) ① 사업주는 상시 사용하는 근로자의 건강관리를 위하여 건강진단(이하 "일반건강진단"이라 한다)을 실시하여야 한다. 다만, 사업주가 고용노동부령으로 정하는 건강진단을 실시한 경우에는 그 건강진단을 받은 근로자에 대하여 일반건강진단을 실시한 것으로 본다.

② 사업주는 제135조제1항에 따른 특수건강진단기관 또는 「건강검진기본법」제3조제2호에 따른 건강검진기관(이하 "건강진단기관"이라 한다)에서 일반건강진단을 실시하여야 한다.

③ 일반건강진단의 주기·항목·방법 및 비용, 그 밖에 필요한 사항은 고용노동부령으로 정한다.

제9장 산업안전지도사 및 산업보건지도사

제142조(산업안전지도사 등의 직무) ① 산업안전지도사는 다음 각 호의 직무를 수행한다.

1. 공정상의 안전에 관한 평가·지도
2. 유해·위험의 방지대책에 관한 평가·지도
3. 제1호 및 제2호의 사항과 관련된 계획서 및 보고서의 작성
4. 그 밖에 산업안전에 관한 사항으로서 대통령령으로 정하는 사항

② 산업보건지도사는 다음 각 호의 직무를 수행한다.

1. 작업환경의 평가 및 개선 지도
2. 작업환경 개선과 관련된 계획서 및 보고서의 작성
3. 근로자 건강진단에 따른 사후관리 지도
4. 직업성 질병 진단(「의료법」제2조에 따른 의사인 산업보건지도사만 해당한다) 및 예방 지도
5. 산업보건에 관한 조사·연구
6. 그 밖에 산업보건에 관한 사항으로서 대통령령으로 정하는 사항

③ 산업안전지도사 또는 산업보건지도사(이하 "지도사"라 한다)의 업무 영역별 종류 및 업무 범위, 그 밖에 필요한 사항은 대통령령으로 정한다.

제10장 근로감독관 등

제155조(근로감독관의 권한) ① 「근로기준법」제101조에 따른 근로감독관(이하 "근로감독관"이라 한다)은 이 법 또는 이 법에 따른 명령을 시행하기 위하여 필요한 경우 다음 각 호의 장소에 출입하여 사업주, 근로자 또는 안전보건관리책임자 등(이하 "관계인"이라 한다)에게 질문을 하고, 장부, 서류, 그 밖의 물건의 검사 및 안전보건점검을 하며, 관계 서류의 제출을 요구할 수 있다.

합격예측 및 관련법규

「건강검진기본법」

제3조(정의) 이 법에서 사용하는 용어의 정의는 다음과 같다.

1. "건강검진"이란 건강상태 확인과 질병의 예방 및 조기발견을 목적으로 제2호에 따른 건강검진기관을 통하여 진찰 및 상담, 이학적 검사, 진단검사, 병리검사, 영상의학 검사 등 의학적 검진을 시행하는 것을 말한다.
2. "건강검진기관(이하 "검진기관"이라 한다)"이란 국가건강검진을 실시하기 위하여 제14조에 따라 지정을 받아 건강검진을 시행하는 기관을 말한다.

「의료법」

제2조(의료인) ① 이 법에서 "의료인"이란 보건복지부장관의 면허를 받은 의사·치과의사·한의사·조산사 및 간호사를 말한다.

② 의료인은 종별에 따라 다음 각 호의 임무를 수행하여 국민보건 향상을 이루고 국민의 건강한 생활 확보에 이바지할 사명을 가진다.

1. 의사는 의료와 보건지도를 임무로 한다.
2. 치과의사는 치과 의료와 구강 보건지도를 임무로 한다.
3. 한의사는 한방 의료와 한방 보건지도를 임무로 한다.
4. 조산사는 조산(助産)과 임산부 및 신생아에 대한 보건과 양호지도를 임무로 한다.
5. 간호사는 다음 각 목의 업무를 임무로 한다.
   가. 환자의 간호요구에 대한 관찰, 자료수집, 간호판단 및 요양을 위한 간호
   나. 의사, 치과의사, 한의사의 지도하에 시행하는 진료의 보조
   다. 간호 요구자에 대한 교육·상담 및 건강증진을 위한 활동의 기획과 수행, 그 밖의 대통령령으로 정하는 보건활동
   라. 제80조에 따른 간호조무사가 수행하는 가목부터 다목까지의 업무보조에 대한 지도

합격예측 및 관련법규

「근로기준법」

제101조(감독 기관) ① 근로조건의 기준을 확보하기 위하여 고용노동부와 그 소속 기관에 근로감독관을 둔다.
② 근로감독관의 자격, 임면(任免), 직무 배치에 관한 사항은 대통령령으로 정한다.

합격예측 및 관련법규

제38조(안전조치) ① 사업주는 다음 각 호의 어느 하나에 해당하는 위험으로 인한 산업재해를 예방하기 위하여 필요한 조치를 하여야 한다.
1. 기계·기구, 그 밖의 설비에 의한 위험
2. 폭발성, 발화성 및 인화성 물질 등에 의한 위험
3. 전기, 열, 그 밖의 에너지에 의한 위험
② 사업주는 굴착, 채석, 하역, 벌목, 운송, 조작, 운반, 해체, 중량물 취급, 그 밖의 작업을 할 때 불량한 작업방법 등에 의한 위험으로 인한 산업재해를 예방하기 위하여 필요한 조치를 하여야 한다.
③ 사업주는 근로자가 다음 각 호의 어느 하나에 해당하는 장소에서 작업을 할 때 발생할 수 있는 산업재해를 예방하기 위하여 필요한 조치를 하여야 한다.
1. 근로자가 추락할 위험이 있는 장소
2. 토사·구축물 등이 붕괴할 우려가 있는 장소
3. 물체가 떨어지거나 날아올 위험이 있는 장소
4. 천재지변으로 인한 위험이 발생할 우려가 있는 장소

제39조(보건조치) ① 사업주는 다음 각 호의 어느 하나에 해당하는 건강장해를 예방하기 위하여 필요한 조치(이하 "보건조치"라 한다)를 하여야 한다.
1. 원재료·가스·증기·분진·흄(fume, 열이나 화학반응에 의하여 형성된 고체증기가 응축되어 생긴 미세입자를 말한다)·미스트(mist, 공기 중에 떠다니는 작은 액체방울을 말한다)·산소결핍·병원체 등에 의한 건강장해

1. 사업장
2. 제21조제1항, 제33조제1항, 제48조제1항, 제74조제1항, 제88조제1항, 제96조제1항, 제100조제1항, 제120조제1항, 제126조제1항 및 제129조제2항에 따른 기관의 사무소
3. 석면해체·제거업자의 사무소
4. 제145조제1항에 따라 등록한 지도사의 사무소

② 근로감독관은 기계·설비등에 대한 검사를 할 수 있으며, 검사에 필요한 한도에서 무상으로 제품·원재료 또는 기구를 수거할 수 있다. 이 경우 근로감독관은 해당 사업주 등에게 그 결과를 서면으로 알려야 한다.
③ 근로감독관은 이 법 또는 이 법에 따른 명령의 시행을 위하여 관계인에게 보고 또는 출석을 명할 수 있다.
④ 근로감독관은 이 법 또는 이 법에 따른 명령을 시행하기 위하여 제1항 각 호의 어느 하나에 해당하는 장소에 출입하는 경우에 그 신분을 나타내는 증표를 지니고 관계인에게 보여 주어야 하며, 출입시 성명, 출입시간, 출입 목적 등이 표시된 문서를 관계인에게 내주어야 한다.

제11장 보칙

제158조(산업재해 예방활동의 보조·지원) ① 정부는 사업주, 사업주단체, 근로자단체, 산업재해 예방 관련 전문단체, 연구기관 등이 하는 산업재해 예방사업 중 대통령령으로 정하는 사업에 드는 경비의 전부 또는 일부를 예산의 범위에서 보조하거나 그 밖에 필요한 지원(이하 "보조·지원"이라 한다)을 할 수 있다. 이 경우 고용노동부장관은 보조·지원이 산업재해 예방사업의 목적에 맞게 효율적으로 사용되도록 관리·감독하여야 한다.
② 고용노동부장관은 보조·지원을 받은 자가 다음 각 호의 어느 하나에 해당하는 경우 보조·지원의 전부 또는 일부를 취소하여야 한다. 다만, 제1호 및 제2호의 경우에는 보조·지원의 전부를 취소 하여야 한다.
1. 거짓이나 그 밖의 부정한 방법으로 보조·지원을 받은 경우
2. 보조·지원 대상자가 폐업하거나 파산한 경우
3. 보조·지원 대상을 임의매각·훼손·분실하는 등 지원 목적에 적합하게 유지·관리·사용하지 아니한 경우
4. 제1항에 따른 산업재해 예방사업의 목적에 맞게 사용되지 아니한 경우
5. 보조·지원 대상 기간이 끝나기 전에 보조·지원 대상 시설 및 장비를 국외로 이전한 경우
6. 보조·지원을 받은 사업주가 필요한 안전조치 및 보건조치 의무를 위반하여 산업재해를 발생시킨 경우로서 고용노동부령으로 정하는 경우

③ 고용노동부장관은 제2항에 따라 보조·지원의 전부 또는 일부를 취소한 경우에는 해당 금액 또는 지원에 상응하는 금액을 환수하되, 같은 항 제1호의 경우에는 지급받은 금액에 상당하는 액수 이하의 금액을 추가로 환수할 수 있다. 다만, 제2항제2호 중 보조·지원 대상자가 파산한 경우에 해당하여 취소한 경우는 환수하지 아니한다.

④ 제2항에 따라 보조·지원의 전부 또는 일부가 취소된 자에 대해서는 고용노동부령으로 정하는 바에 따라 취소된 날부터 3년 이내의 기간을 정하여 보조·지원을 하지 아니할 수 있다.

⑤ 보조·지원의 대상·방법·절차, 관리 및 감독, 제2항 및 제3항에 따른 취소 및 환수 방법, 그 밖에 필요한 사항은 고용노동부장관이 정하여 고시한다.

제12장 벌칙

제167조(벌칙) ① 제38조제1항부터 제3항까지(제166조의2에서 준용하는 경우를 포함한다), 제39조제1항(제166조의2에서 준용하는 경우를 포함한다) 또는 제63조(제166조의2에서 준용하는 경우를 포함한다)를 위반하여 근로자를 사망에 이르게 한 자는 7년 이하의 징역 또는 1억원 이하의 벌금에 처한다. 〈개정 2020. 3. 31.〉

② 제1항의 죄로 형을 선고받고 그 형이 확정된 후 5년 이내에 다시 제1항의 죄를 저지른 자는 그 형의 2분의 1까지 가중한다. 〈개정 2020. 5. 26.〉

제168조~제172조(벌칙)

제173조(양벌규정)

제174조(형벌과 수강명령 등의 병과)

제175조(과태료)

부칙〈법률 제19611호, 2023. 8. 8〉

제1조(시행일) 이 법은 공포한 날부터 시행한다.

제2조(이의신청 기간에 관한 적용례) 제112조의2제2항 및 제3항의 개정규정은 이 법 시행 이후 하는 처분부터 적용한다.

2. 방사선·유해광선·고온·저온·초음파·소음·진동·이상기압 등에 의한 건강장해
3. 사업장에서 배출되는 기체·액체 또는 찌꺼기 등에 의한 건강장해
4. 계측감시(計測監視), 컴퓨터 단말기 조작, 정밀공작(精密工作) 등의 작업에 의한 건강장해
5. 단순반복작업 또는 인체에 과도한 부담을 주는 작업에 의한 건강장해
6. 환기·채광·조명·보온·방습·청결 등의 적정기준을 유지하지 아니하여 발생하는 건강장해

제63조(도급인의 안전조치 및 보건조치) 도급인은 관계수급인 근로자가 도급인의 사업장에서 작업을 하는 경우에 자신의 근로자와 관계수급인 근로자의 산업재해를 예방하기 위하여 안전 및 보건 시설의 설치 등 필요한 안전조치 및 보건조치를 하여야 한다. 다만, 보호구 착용의 지시 등 관계수급인 근로자의 작업행동에 관한 직접적인 조치는 제외한다.

합격예측 및 관련법규

제7조(건강증진사업 등의 추진) 고용노동부장관은 법 제4조제1항제9호에 따른 노무를 제공하는 사람의 안전 및 건강의 보호·증진에 관한 사항을 효율적으로 추진하기 위하여 다음 각 호와 관련된 시책을 마련해야 한다. 〈개정 2020. 9. 8., 2022. 8. 16.〉

1. 노무를 제공하는 사람의 안전 및 건강 증진을 위한 사업의 보급·확산
2. 깨끗한 작업환경의 조성
3. 직업성 질병의 예방 및 조기 발견을 위한 사업

2 산업안전보건법 시행령 [시행 2024. 7. 1.] [대통령령 제34603호, 2024. 6. 25., 일부개정]

제1장 총칙

제1조(목적) 이 영은 「산업안전보건법」에서 위임된 사항과 그 시행에 필요한 사항을 규정함을 목적으로 한다.

제5조(산업 안전 및 보건 의식을 북돋우기 위한 시책 마련) 고용노동부장관은 법 제4조제1항제5호에 따라 산업 안전 및 보건에 관한 의식을 북돋우기 위하여 다음 각 호와 관련된 시책을 마련해야 한다.

1. 산업 안전 및 보건 교육의 진흥 및 홍보의 활성화
2. 산업 안전 및 보건과 관련된 국민의 건전하고 자주적인 활동의 촉진
3. 산업 안전 및 보건 강조 기간의 설정 및 그 시행

제10조(공표대상 사업장) ① 법 제10조제1항에서 "대통령령으로 정하는 사업장"이란 다음 각 호의 어느 하나에 해당하는 사업장을 말한다.

1. 산업재해로 인한 사망자(이하 "사망재해자"라 한다)가 연간 2명 이상 발생한 사업장
2. 사망만인율(死亡萬人率 : 연간 상시근로자 1만명당 발생하는 사망재해자 수의 비율을 말한다)이 규모별 같은 업종의 평균 사망만인율 이상인 사업장
3. 법 제44조제1항 전단에 따른 중대산업사고가 발생한 사업장
4. 법 제57조제1항을 위반하여 산업재해 발생 사실을 은폐한 사업장
5. 법 제57조제3항에 따른 산업재해의 발생에 관한 보고를 최근 3년 이내 2회 이상 하지 않은 사업장

② 제1항제1호부터 제3호까지의 규정에 해당하는 사업장은 해당 사업장이 관계수급인의 사업장으로서 법 제63조에 따른 도급인이 관계수급인 근로자의 산업재해 예방을 위한 조치의무를 위반하여 관계수급인 근로자가 산업재해를 입은 경우에는 도급인의 사업장(도급인이 제공하거나 지정한 경우로서 도급인이 지배·관리하는 제11조 각 호에 해당하는 장소를 포함한다. 이하 같다)의 법 제10조제1항에 따른 산업재해발생건수등을 함께 공표한다.

제11조(도급인이 지배·관리하는 장소) 법 제10조제2항에서 "대통령령으로 정하는 장소"란 다음 각 호의 어느 하나에 해당하는 장소를 말한다.

1. 토사(土砂)·구축물·인공구조물 등이 붕괴될 우려가 있는 장소
2. 기계·기구 등이 넘어지거나 무너질 우려가 있는 장소
3. 안전난간의 설치가 필요한 장소
4. 비계(飛階) 또는 거푸집을 설치하거나 해체하는 장소
5. 건설용 리프트를 운행하는 장소
6. 지반(地盤)을 굴착하거나 발파작업을 하는 장소

7. 엘리베이터홀 등 근로자가 추락할 위험이 있는 장소
8. 석면이 붙어 있는 물질을 파쇄하거나 해체하는 작업을 하는 장소
9. 공중 전선에 가까운 장소로서 시설물의 설치·해체·점검 및 수리 등의 작업을 할 때 감전의 위험이 있는 장소
10. 물체가 떨어지거나 날아올 위험이 있는 장소
11. 프레스 또는 전단기(剪斷機)를 사용하여 작업을 하는 장소
12. 차량계(車輛系) 하역운반기계 또는 차량계 건설기계를 사용하여 작업하는 장소
13. 전기 기계·기구를 사용하여 감전의 위험이 있는 작업을 하는 장소
14. 「철도산업발전기본법」 제3조제4호에 따른 철도차량(「도시철도법」에 따른 도시철도차량을 포함한다)에 의한 충돌 또는 협착의 위험이 있는 작업을 하는 장소
15. 그 밖에 화재·폭발 등 사고발생 위험이 높은 장소로서 고용노동부령으로 정하는 장소

제12조(통합공표 대상 사업장 등) 법 제10조제2항에서 "대통령령으로 정하는 사업장"이란 다음 각 호의 어느 하나에 해당하는 사업이 이루어지는 사업장으로서 도급인이 사용하는 상시근로자 수가 500명 이상이고 도급인 사업장의 사고사망만인율(질병으로 인한 사망재해자를 제외하고 산출한 사망만인율을 말한다. 이하 같다)보다 관계수급인의 근로자를 포함하여 산출한 사고사망만인율이 높은 사업장을 말한다.

1. 제조업
2. 철도운송업
3. 도시철도운송업
4. 전기업

제2장 안전보건관리체제 등

제13조(이사회 보고·승인 대상 회사 등) ① 법 제14조제1항에서 "대통령령으로 정하는 회사"란 다음 각 호의 어느 하나에 해당하는 회사를 말한다.

1. 상시근로자 500명 이상을 사용하는 회사
2. 「건설산업기본법」 제23조에 따라 평가하여 공시된 시공능력(같은 법 시행령 별표 1의 종합공사를 시공하는 업종의 건설업종란 제3호에 따른 토목건축공사업에 대한 평가 및 공시로 한정한다)의 순위 상위 1천위 이내의 건설회사

② 법 제14조제1항에 따른 회사의 대표이사(「상법」 제408조의2제1항 후단에 따라 대표이사를 두지 못하는 회사의 경우에는 같은 법 제408조의5에 따른 대표집행임원을 말한다)는 회사의 정관에서 정하는 바에 따라 다음 각 호의 내용을 포함한 회사의 안전 및 보건에 관한 계획을 수립해야 한다.

합격예측 및 관련법규

「철도산업발전기본법」 제3조 제4호

4. "철도차량"이라 함은 선로를 운행할 목적으로 제작된 동력차·객차·화차 및 특수차를 말한다.

「건설산업기본법」

제23조(시공능력의 평가 및 공시) ① 국토교통부장관은 발주자가 적정한 건설사업자를 선정할 수 있도록 하기 위하여 건설사업자의 신청이 있는 경우 그 건설사업자의 건설공사 실적, 자본금, 건설공사의 안전·환경 및 품질관리 수준 등에 따라 시공능력을 평가하여 공시하여야 한다.
② 삭제 〈1999. 4. 15.〉
③ 제1항에 따른 시공능력의 평가 및 공시를 받으려는 건설사업자는 국토교통부령으로 정하는 바에 따라 전년도 건설공사 실적, 기술자 보유현황, 재무상태, 그 밖에 국토교통부령으로 정하는 사항을 국토교통부장관에게 제출하여야 한다.
④ 제1항과 제3항에 따른 시공능력의 평가방법, 제출 자료의 구체적인 사항 및 공시 절차, 그 밖에 필요한 사항은 국토교통부령으로 정한다.

합격예측 및 관련법규

「상법」
제408조의2(집행임원 설치회사, 집행임원과 회사의 관계) ① 회사는 집행임원을 둘 수 있다. 이 경우 집행임원을 둔 회사(이하 "집행임원 설치회사"라 한다)는 대표이사를 두지 못한다.
② 집행임원 설치회사와 집행임원의 관계는 「민법」 중 위임에 관한 규정을 준용한다.
③ 집행임원 설치회사의 이사회는 다음의 권한을 갖는다.
1. 집행임원과 대표집행임원의 선임·해임
2. 집행임원의 업무집행 감독
3. 집행임원과 집행임원 설치회사의 소송에서 집행임원 설치회사를 대표할 자의 선임
4. 집행임원에게 업무집행에 관한 의사결정의 위임(이 법에서 이사회 권한사항으로 정한 경우는 제외한다)
5. 집행임원이 여러 명인 경우 집행임원의 직무 분담 및 지휘·명령관계, 그 밖에 집행임원의 상호관계에 관한 사항의 결정
6. 정관에 규정이 없거나 주주총회의 승인이 없는 경우 집행임원의 보수 결정
④ 집행임원 설치회사는 이사회의 회의를 주관하기 위하여 이사회 의장을 두어야 한다. 이 경우 이사회 의장은 정관의 규정이 없으면 이사회 결의로 선임한다.
제408조의5(대표집행임원) ① 2명 이상의 집행임원이 선임된 경우에는 이사회 결의로 집행임원 설치회사를 대표할 대표집행임원을 선임하여야 한다. 다만, 집행임원이 1명인 경우에는 그 집행임원이 대표집행임원이 된다.
② 대표집행임원에 관하여는 이 법에 다른 규정이 없으면 주식회사의 대표이사에 관한 규정을 준용한다.
③ 집행임원 설치회사에 대하여는 제395조를 준용한다.

1. 안전 및 보건에 관한 경영방침
2. 안전·보건관리 조직의 구성·인원 및 역할
3. 안전·보건 관련 예산 및 시설 현황
4. 안전 및 보건에 관한 전년도 활동실적 및 다음 연도 활동계획

제24조(안전보건관리담당자의 선임 등) ① 다음 각 호의 어느 하나에 해당하는 사업의 사업주는 법 제19조제1항에 따라 상시근로자 20명 이상 50명 미만인 사업장에 안전보건관리담당자를 1명 이상 선임해야 한다. 22. 3. 5 기 23. 2. 28 기

1. 제조업
2. 임업
3. 하수, 폐수 및 분뇨 처리업
4. 폐기물 수집, 운반, 처리 및 원료 재생업
5. 환경 정화 및 복원업

② 안전보건관리담당자는 해당 사업장 소속 근로자로서 다음 각 호의 어느 하나에 해당하는 요건을 갖추어야 한다.

1. 제17조에 따른 안전관리자의 자격을 갖추었을 것
2. 제18조에 따른 보건관리자의 자격을 갖추었을 것
3. 고용노동부장관이 정하여 고시하는 안전보건교육을 이수했을 것

③ 안전보건관리담당자는 제25조 각 호에 따른 업무에 지장이 없는 범위에서 다른 업무를 겸할 수 있다.

④ 사업주는 제1항에 따라 안전보건관리담당자를 선임한 경우에는 그 선임 사실 및 제25조 각 호에 따른 업무를 수행했음을 증명할 수 있는 서류를 갖추어 두어야 한다.

제25조(안전보건관리담당자의 업무) 안전보건관리담당자의 업무는 다음 각 호와 같다.

1. 법 제29조에 따른 안전보건교육 실시에 관한 보좌 및 지도·조언
2. 법 제36조에 따른 위험성평가에 관한 보좌 및 지도·조언
3. 법 제125조에 따른 작업환경측정 및 개선에 관한 보좌 및 지도·조언
4. 법 제129조부터 제131조까지에 따른 건강진단에 관한 보좌 및 지도·조언
5. 산업재해 발생의 원인 조사, 산업재해 통계의 기록 및 유지를 위한 보좌 및 지도·조언
6. 산업 안전·보건과 관련된 안전장치 및 보호구 구입 시 적격품 선정에 관한 보좌 및 지도·조언

제32조(명예산업안전감독관 위촉 등) ① 고용노동부장관은 다음 각 호의 어느 하나에 해당하는 사람 중에서 법 제23조제1항에 따른 명예산업안전감독관(이하 "명예산업안전감독관"이라 한다)을 위촉할 수 있다.

1. 산업안전보건위원회 구성 대상 사업의 근로자 또는 노사협의체 구성·운영 대상 건설공사의 근로자 중에서 근로자대표(해당 사업장에 단위 노동조합의 산하 노동단체가 그 사업장 근로자의 과반수로 조직되어 있는 경우에는 지부·분회 등 명칭이 무엇이든 관계없이 해당 노동단체의 대표자를 말한다. 이하 같다)가 사업주의 의견을 들어 추천하는 사람
2. 「노동조합 및 노동관계조정법」 제10조에 따른 연합단체인 노동조합 또는 그 지역 대표기구에 소속된 임직원 중에서 해당 연합단체인 노동조합 또는 그 지역 대표기구가 추천하는 사람
3. 전국 규모의 사업주단체 또는 그 산하조직에 소속된 임직원 중에서 해당 단체 또는 그 산하조직이 추천하는 사람
4. 산업재해 예방 관련 업무를 하는 단체 또는 그 산하조직에 소속된 임직원 중에서 해당 단체 또는 그 산하조직이 추천하는 사람

② 명예산업안전감독관의 업무는 다음 각 호와 같다. 이 경우 제1항제1호에 따라 위촉된 명예산업안전감독관의 업무 범위는 해당 사업장에서의 업무(제8호는 제외한다)로 한정하며, 제1항제2호부터 제4호까지의 규정에 따라 위촉된 명예산업안전감독관의 업무 범위는 제8호부터 제10호까지의 규정에 따른 업무로 한정한다. 21. 5. 15 기

1. 사업장에서 하는 자체점검 참여 및 「근로기준법」 제101조에 따른 근로감독관(이하 "근로감독관"이라 한다)이 하는 사업장 감독 참여
2. 사업장 산업재해 예방계획 수립 참여 및 사업장에서 하는 기계·기구 자체검사 참석
3. 법령을 위반한 사실이 있는 경우 사업주에 대한 개선 요청 및 감독기관에의 신고
4. 산업재해 발생의 급박한 위험이 있는 경우 사업주에 대한 작업중지 요청
5. 작업환경측정, 근로자 건강진단 시의 참석 및 그 결과에 대한 설명회 참여
6. 직업성 질환의 증상이 있거나 질병에 걸린 근로자가 여러 명 발생한 경우 사업주에 대한 임시건강진단 실시 요청
7. 근로자에 대한 안전수칙 준수 지도
8. 법령 및 산업재해 예방정책 개선 건의
9. 안전·보건 의식을 북돋우기 위한 활동 등에 대한 참여와 지원
10. 그 밖에 산업재해 예방에 대한 홍보 등 산업재해 예방업무와 관련하여 고용노동부장관이 정하는 업무

③ 명예산업안전감독관의 임기는 2년으로 하되, 연임할 수 있다.

④ 고용노동부장관은 명예산업안전감독관의 활동을 지원하기 위하여 수당 등을 지급할 수 있다.

합격예측 및 관련법규

「노동조합 및 노동관계조정법」(약칭:노동조합법)

제10조(설립의 신고) ①노동조합을 설립하고자 하는 자는 다음 각호의 사항을 기재한 신고서에 제11조의 규정에 의한 규약을 첨부하여 연합단체인 노동조합과 2 이상의 특별시·광역시·특별자치시·도·특별자치도에 걸치는 단위노동조합은 고용노동부장관에게, 2 이상의 시·군·구(자치구를 말한다)에 걸치는 단위노동조합은 특별시장·광역시장·도지사에게, 그 외의 노동조합은 특별자치시장·특별자치도지사·시장·군수·구청장(자치구의 구청장을 말한다. 이하 제12조제1항에서 같다)에게 제출하여야 한다. 〈개정 1998. 2. 20., 2006. 12. 30., 2010. 6. 4., 2014. 5. 20.〉

1. 명칭
2. 주된 사무소의 소재지
3. 조합원수
4. 임원의 성명과 주소
5. 소속된 연합단체가 있는 경우에는 그 명칭
6. 연합단체인 노동조합에 있어서는 그 구성노동단체의 명칭, 조합원수, 주된 사무소의 소재지 및 임원의 성명·주소

②제1항의 규정에 의한 연합단체인 노동조합은 동종산업의 단위노동조합을 구성원으로 하는 산업별 연합단체와 산업별 연합단체 또는 전국규모의 산업별 단위노동조합을 구성원으로 하는 총연합단체를 말한다.

⑤ 제1항부터 제4항까지에서 규정한 사항 외에 명예산업안전감독관의 위촉 및 운영 등에 필요한 사항은 고용노동부장관이 정한다.

제33조(명예산업안전감독관의 해촉) 고용노동부장관은 다음 각 호의 어느 하나에 해당하는 경우에는 명예산업안전감독관을 해촉(解囑)할 수 있다.

1. 근로자대표가 사업주의 의견을 들어 제32조제1항제1호에 따라 위촉된 명예산업안전감독관의 해촉을 요청한 경우
2. 제32조제1항제2호부터 제4호까지의 규정에 따라 위촉된 명예산업안전감독관이 해당 단체 또는 그 산하조직으로부터 퇴직하거나 해임된 경우
3. 명예산업안전감독관의 업무와 관련하여 부정한 행위를 한 경우
4. 질병이나 부상 등의 사유로 명예산업안전감독관의 업무 수행이 곤란하게 된 경우

제35조(산업안전보건위원회의 구성) ① 산업안전보건위원회의 근로자위원은 다음 각 호의 사람으로 구성한다. 20. 6. 7 기

1. 근로자대표
2. 명예산업안전감독관이 위촉되어 있는 사업장의 경우 근로자대표가 지명하는 1명 이상의 명예산업안전감독관
3. 근로자대표가 지명하는 9명(근로자인 제2호의 위원이 있는 경우에는 9명에서 그 위원의 수를 제외한 수를 말한다) 이내의 해당 사업장의 근로자

② 산업안전보건위원회의 사용자위원은 다음 각 호의 사람으로 구성한다. 다만, 상시근로자 50명 이상 100명 미만을 사용하는 사업장에서는 제5호에 해당하는 사람을 제외하고 구성할 수 있다.

1. 해당 사업의 대표자(같은 사업으로서 다른 지역에 사업장이 있는 경우에는 그 사업장의 안전보건관리책임자를 말한다. 이하 같다)
2. 안전관리자(제16조제1항에 따라 안전관리자를 두어야 하는 사업장으로 한정하되, 안전관리자의 업무를 안전관리전문기관에 위탁한 사업장의 경우에는 그 안전관리전문기관의 해당 사업장 담당자를 말한다) 1명
3. 보건관리자(제20조제1항에 따라 보건관리자를 두어야 하는 사업장으로 한정하되, 보건관리자의 업무를 보건관리전문기관에 위탁한 사업장의 경우에는 그 보건관리전문기관의 해당 사업장 담당자를 말한다) 1명
4. 산업보건의(해당 사업장에 선임되어 있는 경우로 한정한다)
5. 해당 사업의 대표자가 지명하는 9명 이내의 해당 사업장 부서의 장

③ 제1항 및 제2항에도 불구하고 법 제69조제1항에 따른 건설공사도급인(이하 "건설공사도급인"이라 한다)이 법 제64조제1항제1호에 따른 안전 및 보건에 관한 협의체를 구성한 경우에는 산업안전보건위원회의 위원을 다음 각 호의 사람을 포함하여 구성할 수 있다.

합격예측 및 관련법규

「산업안전보건법」 21. 3. 7 기 21. 5. 15 기

제15조(안전보건관리책임자)
① 사업주는 사업장을 실질적으로 총괄하여 관리하는 사람에게 해당 사업장의 다음 각 호의 업무를 총괄하여 관리하도록 하여야 한다.
1. 사업장의 산업재해 예방계획의 수립에 관한 사항
2. 제25조 및 제26조에 따른 안전보건관리규정의 작성 및 변경에 관한 사항
3. 제29조에 따른 안전보건교육에 관한 사항
4. 작업환경측정 등 작업환경의 점검 및 개선에 관한 사항
5. 제129조부터 제132조까지에 따른 근로자의 건강진단 등 건강관리에 관한 사항
6. 산업재해의 원인 조사 및 재발 방지대책 수립에 관한 사항
7. 산업재해에 관한 통계의 기록 및 유지에 관한 사항
8. 안전장치 및 보호구 구입 시 적격품 여부 확인에 관한 사항
9. 그 밖에 근로자의 유해·위험 방지조치에 관한 사항으로서 고용노동부령으로 정하는 사항

② 제1항 각 호의 업무를 총괄하여 관리하는 사람(이하 "안전보건관리책임자"라 한다)은 제17조에 따른 안전관리자와 제18조에 따른 보건관리자를 지휘·감독한다.
③ 안전보건관리책임자를 두어야 하는 사업의 종류와 사업장의 상시근로자 수, 그 밖에 필요한 사항은 대통령령으로 정한다. 22. 4. 24 기

제24조(산업안전보건위원회)
① 사업주는 사업장의 안전 및 보건에 관한 중요 사항을 심의·의결하기 위하여 사업장에 근로자위원과 사용자위원이 같은 수로 구성되는 산업안전보건위원회를 구성·운영하여야 한다. 23. 6. 4 기
② 사업주는 다음 각 호의 사항에 대해서는 제1항에 따른 산업안전보건위원회(이하 "산업안전보건위원회"라 한다)의 심의·의결을 거쳐야 한다.
1. 제15조제1항제1호부터 제5호까지 및 제7호에 관한 사항

1. 근로자위원 : 도급 또는 하도급 사업을 포함한 전체 사업의 근로자대표, 명예산업안전감독관 및 근로자대표가 지명하는 해당 사업장의 근로자
2. 사용자위원 : 도급인 대표자, 관계수급인의 각 대표자 및 안전관리자

제36조(산업안전보건위원회의 위원장) 산업안전보건위원회의 위원장은 위원 중에서 호선(互選)한다. 이 경우 근로자위원과 사용자위원 중 각 1명을 공동위원장으로 선출할 수 있다.

제37조(산업안전보건위원회의 회의 등) ① 법 제24조제3항에 따라 산업안전보건위원회의 회의는 정기회의와 임시회의로 구분하되, 정기회의는 분기마다 산업안전보건위원회의 위원장이 소집하며, 임시회의는 위원장이 필요하다고 인정할 때에 소집한다. 22. 3. 5 기

② 회의는 근로자위원 및 사용자위원 각 과반수의 출석으로 개의(開議)하고 출석위원 과반수의 찬성으로 의결한다.

③ 근로자대표, 명예산업안전감독관, 해당 사업의 대표자, 안전관리자 또는 보건관리자는 회의에 출석할 수 없는 경우에는 해당 사업에 종사하는 사람 중에서 1명을 지정하여 위원으로서의 직무를 대리하게 할 수 있다.

④ 산업안전보건위원회는 다음 각 호의 사항을 기록한 회의록을 작성하여 갖추어 두어야 한다.

1. 개최 일시 및 장소
2. 출석위원
3. 심의 내용 및 의결·결정 사항
4. 그 밖의 토의사항

2. 제15조제1항제6호에 따른 사항 중 중대재해에 관한 사항
3. 유해하거나 위험한 기계·기구·설비를 도입한 경우 안전 및 보건 관련 조치에 관한 사항
4. 그 밖에 해당 사업장 근로자의 안전 및 보건을 유지·증진시키기 위하여 필요한 사항

③ 산업안전보건위원회는 대통령령으로 정하는 바에 따라 회의를 개최하고 그 결과를 회의록으로 작성하여 보존하여야 한다.

④ 사업주와 근로자는 제2항에 따라 산업안전보건위원회가 심의·의결한 사항을 성실하게 이행하여야 한다.

⑤ 산업안전보건위원회는 이 법, 이 법에 따른 명령, 단체협약, 취업규칙 및 제25조에 따른 안전보건관리규정에 반하는 내용으로 심의·의결해서는 아니 된다.

⑥ 사업주는 산업안전보건위원회의 위원에게 직무 수행과 관련한 사유로 불리한 처우를 해서는 아니 된다.

⑦ 산업안전보건위원회를 구성하여야 할 사업의 종류 및 사업장의 상시근로자 수, 산업안전보건위원회의 구성·운영 및 의결되지 아니한 경우의 처리방법, 그 밖에 필요한 사항은 대통령령으로 정한다.

제3장 안전보건교육

제40조(안전보건교육기관의 등록 및 취소) ① 법 제33조제1항 전단에 따라 법 제29조제1항부터 제3항까지의 규정에 따른 안전보건교육에 대한 안전보건교육기관(이하 “근로자안전보건교육기관”이라 한다)으로 등록하려는 자는 법인 또는 산업 안전·보건 관련 학과가 있는 「고등교육법」 제2조에 따른 학교로서 별표 10에 따른 인력·시설 및 장비 등을 갖추어야 한다.

② 법 제33조제1항 전단에 따라 법 제31조제1항 본문에 따른 안전보건교육에 대한 안전보건교육기관으로 등록하려는 자는 법인 또는 산업 안전·보건 관련 학과가 있는 「고등교육법」 제2조에 따른 학교로서 별표 11에 따른 인력·시설 및 장비를 갖추어야 한다.

③ 법 제33조제1항 전단에 따라 법 제32조제1항 각 호 외의 부분 본문에 따른 안전보건교육에 대한 안전보건교육기관(이하 “직무교육기관”이라 한다)으로 등록할 수 있는 자는 다음 각 호의 어느 하나에 해당하는 자로 한다.

합격예측 및 관련법규

「고등교육법」

제2조(학교의 종류) 고등교육을 실시하기 위하여 다음 각 호의 학교를 둔다.
1. 대학
2. 산업대학
3. 교육대학
4. 전문대학
5. 방송대학·통신대학·방송통신대학 및 사이버대학(이하 "원격대학"이라 한다)
6. 기술대학
7. 각종학교

「근로기준법」

제54조(휴게) ① 사용자는 근로시간이 4시간인 경우에는 30분 이상, 8시간인 경우에는 1시간 이상의 휴게시간을 근로시간 도중에 주어야 한다.
② 휴게시간은 근로자가 자유롭게 이용할 수 있다

1. 「한국산업안전보건공단법」에 따른 한국산업안전보건공단(이하 "공단"이라 한다)
2. 다음 각 목의 어느 하나에 해당하는 기관으로서 별표 12에 따른 인력·시설 및 장비를 갖춘 기관
   가. 산업 안전·보건 관련 학과가 있는 「고등교육법」 제2조에 따른 학교
   나. 비영리법인

④ 법 제33조제1항 후단에서 "대통령령으로 정하는 중요한 사항"이란 다음 각 호의 사항을 말한다.
1. 교육기관의 명칭(상호)
2. 교육기관의 소재지
3. 대표자의 성명

⑤ 제1항부터 제3항까지의 규정에 따른 안전보건교육기관에 관하여 법 제33조제4항에 따라 준용되는 법 제21조제4항제5호에서 "대통령령으로 정하는 사유에 해당하는 경우"란 다음 각 호의 경우를 말한다.
1. 교육 관련 서류를 거짓으로 작성한 경우
2. 정당한 사유 없이 교육 실시를 거부한 경우
3. 교육을 실시하지 않고 수수료를 받은 경우
4. 법 제29조제1항부터 제3항까지, 제31조제1항 본문 또는 제32조제1항 각 호 외의 부분 본문에 따른 교육의 내용 및 방법을 위반한 경우

제4장 유해·위험 방지 조치

제41조(고객의 폭언등으로 인한 건강장해 발생 등에 대한 조치) 법 제41조제2항에서 "업무의 일시적 중단 또는 전환 등 대통령령으로 정하는 필요한 조치"란 다음 각 호의 조치 중 필요한 조치를 말한다.
1. 업무의 일시적 중단 또는 전환
2. 「근로기준법」 제54조제1항에 따른 휴게시간의 연장
3. 법 제41조제1항에 따른 폭언등으로 인한 건강장해 관련 치료 및 상담 지원
4. 관할 수사기관 또는 법원에 증거물·증거서류를 제출하는 등 법 제41조제1항에 따른 고객응대근로자 등이 같은 항에 따른 폭언등으로 인하여 고소, 고발 또는 손해배상 청구 등을 하는 데 필요한 지원

제42조(유해위험방지계획서 제출 대상) ① 법 제42조제1항제1호에서 "대통령령으로 정하는 사업의 종류 및 규모에 해당하는 사업"이란 다음 각 호의 어느 하나에 해당하는 사업으로서 전기 계약용량이 300킬로와트 이상인 경우를 말한다.
1. 금속가공제품 제조업 : 기계 및 가구 제외
2. 비금속 광물제품 제조업

3. 기타 기계 및 장비 제조업
4. 자동차 및 트레일러 제조업
5. 식료품 제조업
6. 고무제품 및 플라스틱제품 제조업
7. 목재 및 나무제품 제조업
8. 기타 제품 제조업
9. 1차 금속 제조업
10. 가구 제조업
11. 화학물질 및 화학제품 제조업
12. 반도체 제조업
13. 전자부품 제조업

② 법 제42조제1항제2호에서 "대통령령으로 정하는 기계·기구 및 설비"란 다음 각 호의 어느 하나에 해당하는 기계·기구 및 설비를 말한다. 이 경우 다음 각 호에 해당하는 기계·기구 및 설비의 구체적인 범위는 고용노동부장관이 정하여 고시한다.

1. 금속이나 그 밖의 광물의 용해로
2. 화학설비
3. 건조설비
4. 가스집합 용접장치
5. 법 제117조제1항에 따른 제조등금지물질 또는 법 제118조제1항에 따른 허가대상물질 관련 설비
6. 분진작업 관련 설비

③ 법 제42조제1항제3호에서 "대통령령으로 정하는 크기 높이 등에 해당하는 건설공사"란 다음 각 호의 어느 하나에 해당하는 공사를 말한다.

1. 다음 각 목의 어느 하나에 해당하는 건축물 또는 시설 등의 건설·개조 또는 해체(이하 "건설등"이라 한다) 공사
   가. 지상높이가 31미터 이상인 건축물 또는 인공구조물
   나. 연면적 3만제곱미터 이상인 건축물
   다. 연면적 5천제곱미터 이상인 시설로서 다음의 어느 하나에 해당하는 시설
      1) 문화 및 집회시설(전시장 및 동물원·식물원은 제외한다)
      2) 판매시설, 운수시설(고속철도의 역사 및 집배송시설은 제외한다)
      3) 종교시설
      4) 의료시설 중 종합병원
      5) 숙박시설 중 관광숙박시설
      6) 지하도상가

합격예측 및 관련법규

제128조의2(휴게시설의 설치) ① 사업주는 근로자(관계수급인의 근로자를 포함한다. 이하 이 조에서 같다)가 신체적 피로와 정신적 스트레스를 해소할 수 있도록 휴식시간에 이용할 수 있는 휴게시설을 갖추어야 한다.
② 사업주 중 사업의 종류 및 사업장의 상시 근로자 수 등 대통령령으로 정하는 기준에 해당하는 사업장의 사업주는 제1항에 따라 휴게시설을 갖추는 경우 크기, 위치, 온도, 조명 등 고용노동부령으로 정하는 설치·관리기준을 준수하여야 한다.
[본조신설 2021. 8. 17.]

7) 냉동·냉장 창고시설

2. 연면적 5천제곱미터 이상인 냉동·냉장 창고시설의 설비공사 및 단열공사
3. 최대 지간(支間)길이(다리의 기둥과 기둥의 중심사이의 거리)가 50미터 이상인 다리의 건설등 공사
4. 터널의 건설등 공사
5. 다목적댐, 발전용댐, 저수용량 2천만톤 이상의 용수 전용 댐 및 지방상수도 전용 댐의 건설등 공사
6. 깊이 10미터 이상인 굴착공사

제43조(공정안전보고서의 제출 대상) ① 법 제44조제1항 전단에서 "대통령령으로 정하는 유해하거나 위험한 설비"란 다음 각 호의 어느 하나에 해당하는 사업을 하는 사업장의 경우에는 그 보유설비를 말하고, 그 외의 사업을 하는 사업장의 경우에는 별표 13에 따른 유해·위험물질 중 하나 이상의 물질을 같은 표에 따른 규정량 이상 제조·취급·저장하는 설비 및 그 설비의 운영과 관련된 모든 공정설비를 말한다.

1. 원유 정제처리업
2. 기타 석유정제물 재처리업
3. 석유화학계 기초화학물질 제조업 또는 합성수지 및 기타 플라스틱물질 제조업. 다만, 합성수지 및 기타 플라스틱물질 제조업은 별표 13 제1호 또는 제2호에 해당하는 경우로 한정한다.
4. 질소 화합물, 질소·인산 및 칼리질 화학비료 제조업 중 질소질 비료 제조
5. 복합비료 및 기타 화학비료 제조업 중 복합비료 제조(단순혼합 또는 배합에 의한 경우는 제외한다)
6. 화학 살균·살충제 및 농업용 약제 제조업[농약 원제(原劑) 제조만 해당한다]
7. 화약 및 불꽃제품 제조업

② 제1항에도 불구하고 다음 각 호의 설비는 유해하거나 위험한 설비로 보지 않는다.

1. 원자력 설비
2. 군사시설
3. 사업주가 해당 사업장 내에서 직접 사용하기 위한 난방용 연료의 저장설비 및 사용설비
4. 도매·소매시설
5. 차량 등의 운송설비
6. 「액화석유가스의 안전관리 및 사업법」에 따른 액화석유가스의 충전·저장시설
7. 「도시가스사업법」에 따른 가스공급시설

8. 그 밖에 고용노동부장관이 누출·화재·폭발 등의 사고가 있더라도 그에 따른 피해의 정도가 크지 않다고 인정하여 고시하는 설비

③ 법 제44조제1항 전단에서 "대통령령으로 정하는 사고"란 다음 각 호의 어느 하나에 해당하는 사고를 말한다.

1. 근로자가 사망하거나 부상을 입을 수 있는 제1항에 따른 설비(제2항에 따른 설비는 제외한다. 이하 제2호에서 같다)에서의 누출·화재·폭발 사고
2. 인근 지역의 주민이 인적 피해를 입을 수 있는 제1항에 따른 설비에서의 누출·화재·폭발 사고

제44조(공정안전보고서의 내용) ① 법 제44조제1항 전단에 따른 공정안전보고서에는 다음 각 호의 사항이 포함되어야 한다. 23. 6. 4 기

1. 공정안전자료
2. 공정위험성 평가서
3. 안전운전계획
4. 비상조치계획
5. 그 밖에 공정상의 안전과 관련하여 고용노동부장관이 필요하다고 인정하여 고시하는 사항

② 제1항제1호부터 제4호까지의 규정에 따른 사항에 관한 세부 내용은 고용노동부령으로 정한다.

제46조(안전보건진단의 종류 및 내용) ① 법 제47조제1항에 따른 안전보건진단(이하 "안전보건진단"이라 한다)의 종류 및 내용은 별표 14와 같다.

② 고용노동부장관은 법 제47조제1항에 따라 안전보건진단 명령을 할 경우 기계·화공·전기·건설 등 분야별로 한정하여 진단을 받을 것을 명할 수 있다.

③ 안전보건진단 결과보고서에는 산업재해 또는 사고의 발생원인, 작업조건·작업방법에 대한 평가 등의 사항이 포함되어야 한다.

제49조(안전보건진단을 받아 안전보건개선계획을 수립할 대상) 법 제49조제1항 각 호 외의 부분 후단에서 "대통령령으로 정하는 사업장"이란 다음 각 호의 사업장을 말한다. 22. 4. 24 기

1. 산업재해율이 같은 업종 평균 산업재해율의 2배 이상인 사업장
2. 법 제49조제1항제2호(사업주가 필요한 안전조치 또는 보건조치를 이행하지 아니하여 중대재해가 발생한 사업장)에 해당하는 사업장
3. 직업성 질병자가 연간 2명 이상(상시근로자 1천명 이상 사업장의 경우 3명 이상) 발생한 사업장
4. 그 밖에 작업환경 불량, 화재·폭발 또는 누출 사고 등으로 사업장 주변까지 피해가 확산된 사업장으로서 고용노동부령으로 정하는 사업장

합격예측 및 관련법규

제59조(기술지도계약 체결 대상 건설공사 및 체결 시기)
① 법 제73조제1항에서 "대통령령으로 정하는 건설공사"란 공사금액 1억원 이상 120억원(「건설산업기본법 시행령」 별표 1의 종합공사를 시공하는 업종의 건설업종란 제1호의 토목공사업에 속하는 공사는 150억원) 미만인 공사와 「건축법」 제11조에 따른 건축허가의 대상이 되는 공사를 말한다. 다만, 다음 각 호의 어느 하나에 해당하는 공사는 제외한다. 〈개정 2022. 8. 16.〉

1. 공사기간이 1개월 미만인 공사
2. 육지와 연결되지 않은 섬 지역(제주특별자치도는 제외한다)에서 이루어지는 공사
3. 사업주가 별표 4에 따른 안전관리자의 자격을 가진 사람을 선임(같은 광역지방자치단체의 구역 내에서 같은 사업주가 시공하는 셋 이하의 공사에 대하여 공동으로 안전관리자의 자격을 가진 사람 1명을 선임한 경우를 포함한다)하여 제18조제1항 각 호에 따른 안전관리자의 업무만을 전담하도록 하는 공사
4. 법 제42조제1항에 따라 유해위험방지계획서를 제출해야 하는 공사

② 제1항에 따른 건설공사의 건설공사발주자 또는 건설공사도급인(건설공사도급인은 건설공사발주자로부터 건설공사를 최초로 도급받은 수급인은 제외한다)은 법 제73조제1항의 건설산업재해 예방을 위한 지도계약(이하 "기술지도계약"이라 한다)을 해당 건설공사 착공일의 전날까지 체결해야 한다. 〈신설 2022. 8. 16.〉
[제목개정 2022. 8. 16.]

제5장 도급 시 산업재해 예방

제51조(도급승인 대상 작업) 법 제59조제1항 전단에서 "급성 독성, 피부 부식성 등이 있는 물질의 취급 등 대통령령으로 정하는 작업"이란 다음 각 호의 어느 하나에 해당하는 작업을 말한다.

1. 중량비율 1퍼센트 이상의 황산, 불화수소, 질산 또는 염화수소를 취급하는 설비를 개조·분해·해체·철거하는 작업 또는 해당 설비의 내부에서 이루어지는 작업. 다만, 도급인이 해당 화학물질을 모두 제거한 후 증명자료를 첨부하여 고용노동부장관에게 신고한 경우는 제외한다.
2. 그 밖에「산업재해보상보험법」제8조제1항에 따른 산업재해보상보험및예방심의위원회(이하 "산업재해보상보험및예방심의위원회"라 한다)의 심의를 거쳐 고용노동부장관이 정하는 작업

제52조(안전보건총괄책임자 지정 대상사업) 법 제62조제1항에 따른 안전보건총괄책임자(이하 "안전보건총괄책임자"라 한다)를 지정해야 하는 사업의 종류 및 사업장의 상시근로자 수는 관계수급인에게 고용된 근로자를 포함한 상시근로자가 100명(선박 및 보트 건조업, 1차 금속 제조업 및 토사석 광업의 경우에는 50명) 이상인 사업이나 관계수급인의 공사금액을 포함한 해당 공사의 총공사금액이 20억원 이상인 건설업으로 한다.

제53조(안전보건총괄책임자의 직무 등) ① 안전보건총괄책임자의 직무는 다음 각 호와 같다. 20. 6. 7 기

1. 법 제36조에 따른 위험성평가의 실시에 관한 사항
2. 법 제51조 및 제54조에 따른 작업의 중지
3. 법 제64조에 따른 도급 시 산업재해 예방조치
4. 법 제72조제1항에 따른 산업안전보건관리비의 관계수급인 간의 사용에 관한 협의·조정 및 그 집행의 감독
5. 안전인증대상기계등과 자율안전확인대상기계등의 사용 여부 확인

② 안전보건총괄책임자에 대한 지원에 관하여는 제14조제2항을 준용한다. 이 경우 "안전보건관리책임자"는 "안전보건총괄책임자"로, "법 제15조제1항"은 "제1항"으로 본다.

③ 사업주는 안전보건총괄책임자를 선임했을 때에는 그 선임 사실 및 제1항 각 호의 직무의 수행내용을 증명할 수 있는 서류를 갖추어 두어야 한다.

제55조(산업재해 예방 조치 대상 건설공사) 법 제67조제1항 각 호 외의 부분에서 "대통령령으로 정하는 건설공사"란 총공사금액이 50억원 이상인 공사를 말한다.

제56조(안전보건조정자의 선임 등) ① 법 제68조제1항에 따른 안전보건조정자(이하 "안전보건조정자"라 한다)를 두어야 하는 건설공사는 각 건설공사의 금액의 합이 50억원 이상인 경우를 말한다.

합격예측 및 관련법규

「산업재해보상보험법」(약칭: 산재보험법)

제8조(산업재해보상보험및예방심의위원회) ① 산업재해보상보험 및 예방에 관한 중요 사항을 심의하게 하기 위하여 고용노동부에 산업재해보상보험및예방심의위원회(이하 "위원회"라 한다)를 둔다.

② 위원회는 근로자를 대표하는 자, 사용자를 대표하는 자 및 공익을 대표하는 자로 구성하되, 그 수는 각각 같은 수로 한다.

③ 위원회는 그 심의 사항을 검토하고, 위원회의 심의를 보조하게 하기 위하여 위원회에 전문위원회를 둘 수 있다.

「건설기술 진흥법」

제2조(정의) 이 법에서 사용하는 용어의 뜻은 다음과 같다

5. "감리"란 건설공사가 관계 법령이나 기준, 설계도서 또는 그 밖의 관계 서류 등에 따라 적정하게 시행될 수 있도록 관리하거나 시공관리·품질관리·안전관리 등에 대한 기술지도를 하는 건설사업관리 업무를 말한다.
6. "발주청"이란 건설공사 또는 건설기술용역을 발주(發注)하는 국가, 지방자치단체, 「공공기관의 운영에 관한 법률」 제5조에 따른 공기업·준정부기관, 「지방공기업법」에 따른 지방공사·지방공단, 그 밖에 대통령령으로 정하는 기관의 장을 말한다.

② 제1항에 따라 안전보건조정자를 두어야 하는 건설공사발주자는 제1호 또는 제4호부터 제7호까지에 해당하는 사람 중에서 안전보건조정자를 선임하거나 제2호 또는 제3호에 해당하는 사람 중에서 안전보건조정자를 지정해야 한다.

1. 법 제143조제1항에 따른 산업안전지도사 자격을 가진 사람
2. 「건설기술 진흥법」 제2조제6호에 따른 발주청이 발주하는 건설공사인 경우 발주청이 같은 법 제49조제1항에 따라 선임한 공사감독자
3. 다음 각 목의 어느 하나에 해당하는 사람으로서 해당 건설공사 중 주된 공사의 책임감리자
   가. 「건축법」 제25조에 따라 지정된 공사감리자
   나. 「건설기술 진흥법」 제2조제5호에 따른 감리 업무를 수행하는 자
   다. 「주택법」 제43조에 따라 지정된 감리자
   라. 「전력기술관리법」 제12조의2에 따라 배치된 감리원
   마. 「정보통신공사업법」 제8조제2항에 따라 해당 건설공사에 대하여 감리 업무를 수행하는 자
4. 「건설산업기본법」 제8조에 따른 종합공사에 해당하는 건설현장에서 안전보건관리책임자로서 3년 이상 재직한 사람
5. 「국가기술자격법」에 따른 건설안전기술사
6. 「국가기술자격법」에 따른 건설안전기사 자격을 취득한 후 건설안전 분야에서 5년 이상의 실무경력이 있는 사람
7. 「국가기술자격법」에 따른 건설안전산업기사 자격을 취득한 후 건설안전 분야에서 7년 이상의 실무경력이 있는 사람

③ 제1항에 따라 안전보건조정자를 두어야 하는 건설공사발주자는 분리하여 발주되는 공사의 착공일 전날까지 제2항에 따라 안전보건조정자를 선임하거나 지정하여 각각의 공사 도급인에게 그 사실을 알려야 한다.

제57조(안전보건조정자의 업무) ① 안건보건조정자의 업무는 다음 각 호와 같다.

1. 법 제68조제1항에 따라 같은 장소에서 이루어지는 각각의 공사 간에 혼재된 작업의 파악
2. 제1호에 따른 혼재된 작업으로 인한 산업재해 발생의 위험성 파악
3. 제1호에 따른 혼재된 작업으로 인한 산업재해를 예방하기 위한 작업의 시기·내용 및 안전보건 조치 등의 조정
4. 각각의 공사 도급인의 안전보건관리책임자 간 작업 내용에 관한 정보 공유 여부의 확인

② 안전보건조정자는 제1항의 업무를 수행하기 위하여 필요한 경우 해당 공사의 도급인과 관계수급인에게 자료의 제출을 요구할 수 있다.

합격예측 및 관련법규

「건축법」

제25조(건축물의 공사감리) ① 건축주는 대통령령으로 정하는 용도·규모 및 구조의 건축물을 건축하는 경우 건축사나 대통령령으로 정하는 자를 공사감리자(공사시공자 본인 및 「독점규제 및 공정거래에 관한 법률」 제2조에 따른 계열회사는 제외한다)로 지정하여 공사감리를 하게 하여야 한다.
② 제1항에도 불구하고 「건설산업기본법」 제41조제1항 각 호에 해당하지 아니하는 소규모 건축물로서 건축주가 직접 시공하는 건축물 및 주택으로 사용하는 건축물 중 대통령령으로 정하는 건축물의 경우에는 대통령령으로 정하는 바에 따라 허가권자가 해당 건축물의 설계에 참여하지 아니한 자 중에서 공사감리자를 지정하여야 한다. 다만, 다음 각 호의 어느 하나에 해당하는 건축물의 건축주가 국토교통부령으로 정하는 바에 따라 허가권자에게 신청하는 경우에는 해당 건축물을 설계한 자를 공사감리자로 지정할 수 있다.
1. 「건설기술 진흥법」 제14조에 따른 신기술을 적용하여 설계한 건축물
2. 「건축서비스산업 진흥법」 제13조제4항에 따른 역량 있는 건축사가 설계한 건축물
3. 설계공모를 통하여 설계한 건축물
③ 공사감리자는 공사감리를 할 때 이 법과 이 법에 따른 명령이나 처분, 그 밖의 관계 법령에 위반된 사항을 발견하거나 공사시공자가 설계도서대로 공사를 하지 아니하면 이를 건축주에게 알린 후 공사시공자에게 시정하거나 재시공하도록 요청하여야 하며, 공사시공자가 시정이나 재시공 요청에 따르지 아니하면 서면으로 그 건축공사를 중지하도록 요청할 수 있다. 이 경우 공사중지를 요청받은 공사시공자는 정당한 사유가 없으면 즉시 공사를 중지하여야 한다.
④ 공사감리자는 제3항에 따라 공사시공자가 시정이나 재시공 요청을 받은 후 이에 따르지 아니하거나 공사중지 요청을 받고도 공사를 계속하면 국토교통부령으로 정하는 바에 따라 이를 허가권자에게 보고하여야 한다.

합격예측 및 관련법규

⑤ 대통령령으로 정하는 용도 또는 규모의 공사의 공사감리자는 필요하다고 인정하면 공사시공자에게 상세시공도면을 작성하도록 요청할 수 있다.
⑥ 공사감리자는 국토교통부령으로 정하는 바에 따라 감리일지를 기록·유지하여야 하고, 공사의 공정(工程)이 대통령령으로 정하는 진도에 다다른 경우에는 감리중간보고서를, 공사를 완료한 경우에는 감리완료보고서를 국토교통부령으로 정하는 바에 따라 각각 작성하여 건축주에게 제출하여야 하며, 건축주는 제22조에 따른 건축물의 사용승인을 신청할 때 중간감리보고서와 감리완료보고서를 첨부하여 허가권자에게 제출하여야 한다.
⑦ 건축주나 공사시공자는 제3항과 제4항에 따라 위반사항에 대한 시정이나 재시공을 요청하거나 위반사항을 허가권자에게 보고한 공사감리자에게 이를 이유로 공사감리자의 지정을 취소하거나 보수의 지급을 거부하거나 지연시키는 등 불이익을 주어서는 아니 된다.
⑧ 제1항에 따른 공사감리의 방법 및 범위 등은 건축물의 용도·규모 등에 따라 대통령령으로 정하되, 이에 따른 세부기준이 필요한 경우에는 국토교통부장관이 정하거나 건축사협회로 하여금 국토교통부장관의 승인을 받아 정하도록 할 수 있다.
⑨ 국토교통부장관은 제8항에 따라 세부기준을 정하거나 승인을 한 경우 이를 고시하여야 한다.
⑩ 「주택법」 제15조에 따른 사업계획 승인 대상과 「건설기술 진흥법」 제39조제2항에 따라 건설사업관리를 하게 하는 건축물의 공사감리는 제1항부터 제9항까지 및 제11항부터 제14항까지의 규정에도 불구하고 각각 해당 법령으로 정하는 바에 따른다.
⑪ 제2항에 따라 허가권자가 공사감리자를 지정하는 건축물의 건축주는 제21조에 따른 착공신고를 하는 때에 감리비용이 명시된 감리 계약서를 허가권자에게 제출하여야 하고, 제22조에 따른 사용승인을 신청하는 때에는 감리용역 계약내용에 따라 감리비용을 지불하여야 한다. 이 경우 허가권자는

제63조(노사협의체의 설치 대상) 법 제75조제1항에서 "대통령령으로 정하는 규모의 건설공사"란 공사금액이 120억원(「건설산업기본법 시행령」 별표 1의 종합공사를 시공하는 업종의 건설업종란 제1호에 따른 토목공사업은 150억원) 이상인 건설공사를 말한다.

제64조(노사협의체의 구성) ① 노사협의체는 다음 각 호에 따라 근로자위원과 사용자위원으로 구성한다.

1. 근로자위원 23. 9. 2 ㉮
   가. 도급 또는 하도급 사업을 포함한 전체 사업의 근로자대표
   나. 근로자대표가 지명하는 명예산업안전감독관 1명. 다만, 명예산업안전감독관이 위촉되어 있지 않은 경우에는 근로자대표가 지명하는 해당 사업장 근로자 1명
   다. 공사금액이 20억원 이상인 공사의 관계수급인의 각 근로자대표
2. 사용자위원
   가. 도급 또는 하도급 사업을 포함한 전체 사업의 대표자
   나. 안전관리자 1명
   다. 보건관리자 1명(별표 5 제44호에 따른 보건관리자 선임대상 건설업으로 한정한다)
   라. 공사금액이 20억원 이상인 공사의 관계수급인의 각 대표자

② 노사협의체의 근로자위원과 사용자위원은 합의하여 노사협의체에 공사금액이 20억원 미만인 공사의 관계수급인 및 관계수급인 근로자대표를 위원으로 위촉할 수 있다.

③ 노사협의체의 근로자위원과 사용자위원은 합의하여 제67조제2호에 따른 사람을 노사협의체에 참여하도록 할 수 있다.

제65조(노사협의체의 운영 등) ① 노사협의체의 회의는 정기회의와 임시회의로 구분하여 개최하되, 정기회의는 2개월마다 노사협의체의 위원장이 소집하며, 임시회의는 위원장이 필요하다고 인정할 때에 소집한다.

② 노사협의체 위원장의 선출, 노사협의체의 회의, 노사협의체에서 의결되지 않은 사항에 대한 처리방법 및 회의 결과 등의 공지에 관하여는 각각 제36조, 제37조제2항부터 제4항까지, 제38조 및 제39조를 준용한다. 이 경우 "산업안전보건위원회"는 "노사협의체"로 본다.

제66조(기계·기구 등) 법 제76조에서 "타워크레인 등 대통령령으로 정하는 기계·기구 또는 설비 등"이란 다음 각 호의 어느 하나에 해당하는 기계·기구 또는 설비를 말한다.

1. 타워크레인
2. 건설용 리프트

3. 항타기(해머나 동력을 사용하여 말뚝을 박는 기계) 및 항발기(박힌 말뚝을 빼내는 기계)

제67조(특수형태근로종사자의 범위 등) 법 제77조제1항제1호에 따른 요건을 충족하는 사람은 다음 각 호의 어느 하나에 해당하는 사람으로 한다.

1. 보험을 모집하는 사람으로서 다음 각 목의 어느 하나에 해당하는 사람
   가. 「보험업법」 제83조제1항제1호에 따른 보험설계사
   나. 「우체국예금·보험에 관한 법률」에 따른 우체국보험의 모집을 전업(專業)으로 하는 사람
2. 「건설기계관리법」 제3조제1항에 따라 등록된 건설기계를 직접 운전하는 사람
3. 「통계법」 제22조에 따라 통계청장이 고시하는 직업에 관한 표준분류(이하 "한국표준직업분류표"라 한다)의 세세분류에 따른 학습지 교사
4. 「체육시설의 설치·이용에 관한 법률」 제7조에 따라 직장체육시설로 설치된 골프장 또는 같은 법 제19조에 따라 체육시설업의 등록을 한 골프장에서 골프경기를 보조하는 골프장 캐디
5. 한국표준직업분류표의 세분류에 따른 택배원으로서 택배사업(소화물을 집화·수송 과정을 거쳐 배송하는 사업을 말한다)에서 집화 또는 배송 업무를 하는 사람
6. 한국표준직업분류표의 세분류에 따른 택배원으로서 고용노동부장관이 정하는 기준에 따라 주로 하나의 퀵서비스업자로부터 업무를 의뢰받아 배송 업무를 하는 사람
7. 「대부업 등의 등록 및 금융이용자 보호에 관한 법률」 제3조제1항 단서에 따른 대출모집인
8. 「여신전문금융업법」 제14조의2제1항제2호에 따른 신용카드회원 모집인
9. 고용노동부장관이 정하는 기준에 따라 주로 하나의 대리운전업자로부터 업무를 의뢰받아 대리운전 업무를 하는 사람

제6장 유해·위험 기계 등에 대한 조치

제70조(방호조치를 해야 하는 유해하거나 위험한 기계·기구) 법 제80조제1항에서 "대통령령으로 정하는 것"이란 별표 20에 따른 기계·기구를 말한다.

제72조(타워크레인 설치·해체업의 등록요건) ① 법 제82조제1항 전단에 따라 타워크레인을 설치하거나 해체하려는 자가 갖추어야 하는 인력·시설 및 장비의 기준은 별표 22와 같다.

② 법 제82조제1항 후단에서 "대통령령으로 정하는 중요한 사항"이란 다음 각 호의 사항을 말한다.

합격예측 및 관련법규

감리 계약서에 따라 감리비용이 지불되었는지를 확인한 후 사용승인을 하여야 한다.
⑫ 제2항에 따라 허가권자가 공사감리자를 지정하는 건축물의 건축주는 설계자의 설계의도가 구현되도록 해당 건축물의 설계자를 건축과정에 참여시켜야 한다. 이 경우 「건축서비스산업 진흥법」 제22조를 준용한다.
⑬ 제12항에 따라 설계자를 건축과정에 참여시켜야 하는 건축주는 제21조에 따른 착공신고를 하는 때에 해당 계약서 등 대통령령으로 정하는 서류를 허가권자에게 제출하여야 한다.
⑭ 허가권자는 제11항의 감리비용에 관한 기준을 해당 지방자치단체의 조례로 정할 수 있다.

「주택법」

제43조(주택의 감리자 지정 등) ① 사업계획승인권자가 제15조제1항 또는 제3항에 따른 주택건설사업계획을 승인하였을 때와 시장·군수·구청장이 제66조제1항 또는 제2항에 따른 리모델링의 허가를 하였을 때에는 「건축사법」 또는 「건설기술 진흥법」에 따른 감리자격이 있는 자를 대통령령으로 정하는 바에 따라 해당 주택건설공사의 감리자로 지정하여야 한다. 다만, 사업주체가 국가·지방자치단체·한국토지주택공사·지방공사 또는 대통령령으로 정하는 자인 경우와 「건축법」 제25조에 따라 공사감리를 하는 도시형 생활주택의 경우에는 그러하지 아니하다.
② 사업계획승인권자는 감리자가 감리자의 지정에 관한 서류를 부정 또는 거짓으로 제출하거나, 업무 수행 중 위반 사항이 있음을 알고도 묵인하는 등 대통령령으로 정하는 사유에 해당하는 경우에는 감리자를 교체하고, 그 감리자에 대하여는 1년의 범위에서 감리업무의 지정을 제한할 수 있다.
③ 사업주체(제66조제1항 또는 제2항에 따른 리모델링의 허가만 받은 자도 포함한다. 이하 이 조, 제44조 및 제47조에서 같다)와 감리자 간의 책임 내용 및 범위는 이 법에서 규정한 것 외에는 당사자 간의 계약으로 정한다.

1. 업체의 명칭(상호)
2. 업체의 소재지
3. 대표자의 성명

제74조(안전인증대상기계등) ① 법 제84조제1항에서 "대통령령으로 정하는 것"이란 다음 각 호의 어느 하나에 해당하는 것을 말한다.

1. 다음 각 목의 어느 하나에 해당하는 기계 또는 설비
   가. 프레스
   나. 전단기 및 절곡기(折曲機)
   다. 크레인
   라. 리프트
   마. 압력용기
   바. 롤러기
   사. 사출성형기(射出成形機)
   아. 고소(高所) 작업대
   자. 곤돌라
2. 다음 각 목의 어느 하나에 해당하는 방호장치
   가. 프레스 및 전단기 방호장치
   나. 양중기용(揚重機用) 과부하 방지장치
   다. 보일러 압력방출용 안전밸브
   라. 압력용기 압력방출용 안전밸브
   마. 압력용기 압력방출용 파열판
   바. 절연용 방호구 및 활선작업용(活線作業用) 기구
   사. 방폭구조(防爆構造) 전기기계·기구 및 부품
   아. 추락·낙하 및 붕괴 등의 위험 방지 및 보호에 필요한 가설기자재로서 고용노동부장관이 정하여 고시하는 것
   자. 충돌·협착 등의 위험 방지에 필요한 산업용 로봇 방호장치로서 고용노동부장관이 정하여 고시하는 것
3. 다음 각 목의 어느 하나에 해당하는 보호구
   가. 추락 및 감전 위험방지용 안전모
   나. 안전화
   다. 안전장갑
   라. 방진마스크
   마. 방독마스크
   바. 송기(送氣)마스크
   사. 전동식 호흡보호구

합격예측 및 관련법규

④ 국토교통부장관은 제3항에 따른 계약을 체결할 때 사업주체와 감리자 간에 공정하게 계약이 체결되도록 하기 위하여 감리용역표준계약서를 정하여 보급할 수 있다.

「전력기술관리법」
제12조의2(감리원의 배치 등)
① 다음 각 호의 어느 하나에 해당하는 자(이하 "감리업자등"이라 한다)가 공사감리를 하려는 경우에는 산업통상자원부장관이 정하여 고시하는 감리원 배치 기준에 따라 소속 감리원을 공사 시작 전에 배치하여야 한다.
1. 감리업자
2. 제12조제2항제1호에 따라 소속 감리원에게 공사감리 업무를 수행하게 하는 자
② 감리업자등은 소속 감리원을 배치한 경우(변경 배치한 경우를 포함한다)에는 그 배치 현황을 30일 이내에 시·도지사에게 신고하여야 한다. 이 경우 감리업자는 발주자의 확인을 받아야 한다.
③ 감리업자등은 그가 시행한 공사감리 용역이 끝났을 때에는 공사감리 완료보고서를 30일 이내에 시·도지사에게 제출하여야 한다. 이 경우 감리업자는 발주자의 확인을 받아야 한다.
④ 시·도지사는 제2항에 따른 감리원 배치 현황 신고서 또는 제3항에 따른 공사감리 완료보고서를 접수한 경우에는 그 사실을 기록하고 관리하여야 하며, 감리업자등이 신청하는 경우에는 감리원 배치확인서 또는 공사감리 완료증명서를 발급하여야 한다.
⑤ 제2항에 따른 감리원 배치 현황 신고서 및 제3항에 따른 공사감리 완료보고서의 내용 및 제출 방법, 제4항에 따른 감리원 배치확인서 및 공사감리 완료증명서의 발급 등에 관하여 필요한 사항은 산업통상자원부령으로 정한다.

아. 보호복
자. 안전대
차. 차광(遮光) 및 비산물(飛散物) 위험방지용 보안경
카. 용접용 보안면
타. 방음용 귀마개 또는 귀덮개

② 안전인증대상기계등의 세부적인 종류, 규격 및 형식은 고용노동부장관이 정하여 고시한다.

제77조(자율안전확인대상기계등) ① 법 제89조제1항 각 호 외의 부분 본문에서 "대통령령으로 정하는 것"이란 다음 각 호의 어느 하나에 해당하는 것을 말한다.

1. 다음 각 목의 어느 하나에 해당하는 기계 또는 설비
   가. 연삭기(研削機) 또는 연마기. 이 경우 휴대형은 제외한다.
   나. 산업용 로봇
   다. 혼합기
   라. 파쇄기 또는 분쇄기
   마. 식품가공용 기계(파쇄·절단·혼합·제면기만 해당한다)
   바. 컨베이어
   사. 자동차정비용 리프트
   아. 공작기계(선반, 드릴기, 평삭·형삭기, 밀링만 해당한다)
   자. 고정형 목재가공용 기계(둥근톱, 대패, 루타기, 띠톱, 모떼기 기계만 해당한다)
   차. 인쇄기
2. 다음 각 목의 어느 하나에 해당하는 방호장치
   가. 아세틸렌 용접장치용 또는 가스집합 용접장치용 안전기
   나. 교류 아크용접기용 자동전격방지기
   다. 롤러기 급정지장치
   라. 연삭기 덮개
   마. 목재 가공용 둥근톱 반발 예방장치와 날 접촉 예방장치
   바. 동력식 수동대패용 칼날 접촉 방지장치
   사. 추락·낙하 및 붕괴 등의 위험 방지 및 보호에 필요한 가설기자재(제74조제1항제2호아목의 가설기자재는 제외한다)로서 고용노동부장관이 정하여 고시하는 것
3. 다음 각 목의 어느 하나에 해당하는 보호구
   가. 안전모(제74조제1항제3호가목의 안전모는 제외한다)
   나. 보안경(제74조제1항제3호차목의 보안경은 제외한다)
   다. 보안면(제74조제1항제3호카목의 보안면은 제외한다)

합격예측 및 관련법규

「정보통신공사업법」
제8조(건설업의 종류) ① 건설업의 종류는 종합공사를 시공하는 업종과 전문공사를 시공하는 업종으로 한다.
② 건설업의 구체적인 종류 및 업무범위 등에 관한 사항은 대통령령으로 정한다.

「보험업법」
제83조(모집할 수 있는 자) ① 모집을 할 수 있는 자는 다음 각 호의 어느 하나에 해당하는 자이어야 한다.
1. 보험설계사

「건설기계관리법」
제3조(등록 등) ① 건설기계의 소유자는 대통령령으로 정하는 바에 따라 건설기계를 등록하여야 한다.

「통계법」
제22조(표준분류) ①통계청장은 통계작성기관이 동일한 기준에 따라 통계를 작성할 수 있도록 국제표준분류를 기준으로 산업, 직업, 질병·사인(死因) 등에 관한 표준분류를 작성·고시하여야 한다. 이 경우 통계청장은 미리 관계 기관의 장과 협의하여야 한다.
②통계작성기관의 장은 통계를 작성하는 때에는 통계청장이 제1항에 따라 작성·고시하는 표준분류에 따라야 한다. 다만, 통계의 작성목적상 불가피하게 표준분류와 다른 기준을 적용하고자 하는 때에는 미리 통계청장의 동의를 받아야 한다.
③통계청장은 표준분류의 내용을 변경하거나 요약·발췌하여 발간함으로써 표준분류의 내용이 사실과 다르게 전달될 우려가 있다고 인정되는 경우에는 그 발간자에 대하여 시정을 명할 수 있다.

「체육시설의 설치·이용에 관한 법률」(약칭: 체육시설법)
제7조(직장체육시설) ①직장의 장은 직장인의 체육 활동에 필요한 체육시설을 설치·운영하여야 한다.
②제1항에 따른 직장의 범위와 체육시설의 설치 기준은 대통령령으로 정한다.

② 자율안전확인대상기계등의 세부적인 종류, 규격 및 형식은 고용노동부장관이 정하여 고시한다.

제7장 유해·위험물질에 대한 조치

제84조(유해인자 허용기준 이하 유지 대상 유해인자) 법 제107조제1항 각 호 외의 부분 본문에서 "대통령령으로 정하는 유해인자"란 별표 26 각 호에 따른 유해인자를 말한다.

제89조(기관석면조사 대상) ① 법 제119조제2항 각 호 외의 부분 본문에서 "대통령령으로 정하는 규모 이상"이란 다음 각 호의 어느 하나에 해당하는 경우를 말한다.

1. 건축물(제2호에 따른 주택은 제외한다. 이하 이 호에서 같다)의 연면적 합계가 50제곱미터 이상이면서, 그 건축물의 철거·해체하려는 부분의 면적 합계가 50제곱미터 이상인 경우
2. 주택(「건축법 시행령」 제2조제12호에 따른 부속건축물을 포함한다. 이하 이 호에서 같다)의 연면적 합계가 200제곱미터 이상이면서, 그 주택의 철거·해체하려는 부분의 면적 합계가 200제곱미터 이상인 경우
3. 설비의 철거·해체하려는 부분에 다음 각 목의 어느 하나에 해당하는 자재(물질을 포함한다. 이하 같다)를 사용한 면적의 합이 15제곱미터 이상 또는 그 부피의 합이 1세제곱미터 이상인 경우
   가. 단열재
   나. 보온재
   다. 분무재
   라. 내화피복재(耐火被覆材)
   마. 개스킷(Gasket: 누설방지재)
   바. 패킹재(Packing material : 틈박이재)
   사. 실링재(Sealing material : 액상 메움재)
   아. 그 밖에 가목부터 사목까지의 자재와 유사한 용도로 사용되는 자재로서 고용노동부장관이 정하여 고시하는 자재
4. 파이프 길이의 합이 80미터 이상이면서, 그 파이프의 철거·해체하려는 부분의 보온재로 사용된 길이의 합이 80미터 이상인 경우

② 법 제119조제2항 각 호 외의 부분 단서에서 "석면함유 여부가 명백한 경우 등 대통령령으로 정하는 사유"란 다음 각 호의 어느 하나에 해당하는 경우를 말한다.

1. 건축물이나 설비의 철거·해체 부분에 사용된 자재가 설계도서, 자재 이력 등 관련 자료를 통해 석면을 함유하고 있지 않음이 명백하다고 인정되는 경우
2. 건축물이나 설비의 철거·해체 부분에 석면이 중량비율 1퍼센트를 초과하여 함유된 자재를 사용하였음이 명백하다고 인정되는 경우

합격예측 및 관련법규

제19조(체육시설업의 등록) ①제12조에 따른 사업계획의 승인을 받은 자가 제11조에 따른 시설을 갖춘 때에는 영업을 시작하기 전에 대통령령으로 정하는 바에 따라 시·도지사에게 그 체육시설업의 등록을 하여야 한다. 등록 사항(문화체육관광부령으로 정하는 경미한 등록 사항을 제외한다)을 변경하려는 때에도 또한 같다.
②시·도지사는 골프장업 또는 스키장업에 대한 사업계획의 승인을 받은 자가 그 승인을 받은 사업시설 중 대통령령으로 정하는 규모 이상의 시설을 갖추었을 때에는 제1항에도 불구하고 문화체육관광부령으로 정하는 기간에 나머지 시설을 갖출 것을 조건으로 그 체육시설업을 등록하게 할 수 있다.

「여신전문금융업법」
제14조의2(신용카드회원의 모집) ① 신용카드회원을 모집할 수 있는 자는 다음 각 호의 어느 하나에 해당하는 자이어야 한다.
1. 해당 신용카드업자의 임직원
2. 신용카드업자를 위하여 신용카드 발급계약의 체결을 중개(仲介)하는 자(이하 "모집인"이라 한다)

「건축법 시행령」
제2조(정의) 이 영에서 사용하는 용어의 뜻은 다음과 같다.
12. "부속건축물"이란 같은 대지에서 주된 건축물과 분리된 부속용도의 건축물로서 주된 건축물을 이용 또는 관리하는 데에 필요한 건축물을 말한다.

제8장 근로자 보건관리

제95조(작업환경측정기관의 지정 요건) 법 제126조제1항에 따라 작업환경측정기관으로 지정받을 수 있는 자는 다음 각 호의 어느 하나에 해당하는 자로서 작업환경측정기관의 유형별로 별표 29에 따른 인력·시설 및 장비를 갖추고 법 제126조제2항에 따라 고용노동부장관이 실시하는 작업환경측정기관의 측정·분석능력 확인에서 적합 판정을 받은 자로 한다.

1. 국가 또는 지방자치단체의 소속기관
2. 「의료법」에 따른 종합병원 또는 병원
3. 「고등교육법」 제2조제1호부터 제6호까지의 규정에 따른 대학 또는 그 부속기관
4. 작업환경측정 업무를 하려는 법인
5. 작업환경측정 대상 사업장의 부속기관(해당 부속기관이 소속된 사업장 등 고용노동부령으로 정하는 범위로 한정하여 지정받으려는 경우로 한정한다)

제99조(유해·위험작업에 대한 근로시간 제한 등) ① 법 제139조제1항에서 "높은 기압에서 하는 작업 등 대통령령으로 정하는 작업"이란 잠함(潛函) 또는 잠수 작업 등 높은 기압에서 하는 작업을 말한다.

② 제1항에 따른 작업에서 잠함·잠수 작업시간, 가압·감압방법 등 해당 근로자의 안전과 보건을 유지하기 위하여 필요한 사항은 고용노동부령으로 정한다.

③ 법 제139조제2항에서 "대통령령으로 정하는 유해하거나 위험한 작업"이란 다음 각 호의 어느 하나에 해당하는 작업을 말한다.

1. 갱(坑) 내에서 하는 작업
2. 다량의 고열물체를 취급하는 작업과 현저히 덥고 뜨거운 장소에서 하는 작업
3. 다량의 저온물체를 취급하는 작업과 현저히 춥고 차가운 장소에서 하는 작업
4. 라듐방사선이나 엑스선, 그 밖의 유해 방사선을 취급하는 작업
5. 유리·흙·돌·광물의 먼지가 심하게 날리는 장소에서 하는 작업
6. 강렬한 소음이 발생하는 장소에서 하는 작업
7. 착암기(바위에 구멍을 뚫는 기계) 등에 의하여 신체에 강렬한 진동을 주는 작업
8. 인력(人力)으로 중량물을 취급하는 작업
9. 납·수은·크롬·망간·카드뮴 등의 중금속 또는 이황화탄소·유기용제, 그 밖에 고용노동부령으로 정하는 특정 화학물질의 먼지·증기 또는 가스가 많이 발생하는 장소에서 하는 작업

합격예측 및 관련법규

제96조의2(휴게시설 설치·관리기준 준수 대상 사업장의 사업주) 법 제128조의2제2항에서 "사업의 종류 및 사업장의 상시 근로자 수 등 대통령령으로 정하는 기준에 해당하는 사업장"이란 다음 각 호의 어느 하나에 해당하는 사업장을 말한다.

1. 상시근로자(관계수급인의 근로자를 포함한다. 이하 제2호에서 같다) 20명 이상을 사용하는 사업장(건설업의 경우에는 관계수급인의 공사금액을 포함한 해당 공사의 총공사금액이 20억원 이상인 사업장으로 한정한다)
2. 다음 각 목의 어느 하나에 해당하는 직종(「통계법」 제22조제1항에 따라 통계청장이 고시하는 한국표준직업분류에 따른다)의 상시근로자가 2명 이상인 사업장으로서 상시근로자 10명 이상 20명 미만을 사용하는 사업장(건설업은 제외한다)
   가. 전화 상담원
   나. 돌봄 서비스 종사원
   다. 텔레마케터
   라. 배달원
   마. 청소원 및 환경미화원
   바. 아파트 경비원
   사. 건물 경비원

[본조신설 2022. 8. 16.]

합격예측 및 관련법규

제117조(민감정보 및 고유식별정보의 처리) 고용노동부장관(법 제165조에 따라 고용노동부장관의 권한을 위임받거나 업무를 위탁받은 자와 이 영 제116조제4항 전단에 따라 재위탁받은 자를 포함한다)은 다음 각 호의 사무를 수행하기 위해 불가피한 경우 「개인정보 보호법」 제23조의 건강에 관한 정보(제1호부터 제6호까지 및 제9호의 사무를 수행하는 경우로 한정한다), 같은 법 시행령 제18조제2호의 범죄경력자료에 해당하는 정보(제7호 및 제8호의 사무를 수행하는 경우로 한정한다) 및 같은 영 제19조제1호·제4호의 주민등록번호·외국인등록번호가 포함된 자료를 처리할 수 있다. 〈개정 2021. 11. 19., 2022. 8. 16.〉

1. 법 제8조에 따라 고용노동부장관이 협조를 요청한 사항으로서 산업재해 또는 건강진단 관련 자료의 처리에 관한 사무
2. 법 제57조에 따른 산업재해 발생 기록 및 보고 등에 관한 사무
3. 법 제129조부터 제136조까지의 규정에 따른 건강진단에 관한 사무
4. 법 제137조에 따른 건강관리카드 발급에 관한 사무
5. 법 제138조에 따른 질병자의 근로 금지·제한에 관한 지도, 감독에 관한 사무
6. 법 제141조에 따른 역학조사에 관한 사무
7. 법 제143조에 따른 지도사 자격시험에 관한 사무
8. 법 제145조에 따른 지도사의 등록에 관한 사무
9. 제7조제3호에 따른 직업성 질병의 예방 및 조기 발견에 관한 사무

제9장 산업안전지도사 및 산업보건지도사

제101조(산업안전지도사 등의 직무) ① 법 제142조제1항제4호에서 "대통령령으로 정하는 사항"이란 다음 각 호의 사항을 말한다.

1. 법 제36조에 따른 위험성평가의 지도
2. 법 제49조에 따른 안전보건개선계획서의 작성
3. 그 밖에 산업안전에 관한 사항의 자문에 대한 응답 및 조언

② 법 제142조제2항제6호에서 "대통령령으로 정하는 사항"이란 다음 각 호의 사항을 말한다.

1. 법 제36조에 따른 위험성평가의 지도
2. 법 제49조에 따른 안전보건개선계획서의 작성
3. 그 밖에 산업보건에 관한 사항의 자문에 대한 응답 및 조언

제10장 보칙

제109조(산업재해 예방사업의 지원) 법 제158조제1항 전단에서 "대통령령으로 정하는 사업"이란 다음 각 호의 어느 하나에 해당하는 업무와 관련된 사업을 말한다.

1. 산업재해 예방을 위한 방호장치, 보호구, 안전설비 및 작업환경개선 시설·장비 등의 제작, 구입, 보수, 시험, 연구, 홍보 및 정보제공 등의 업무
2. 사업장 안전·보건관리에 대한 기술지원 업무
3. 산업 안전·보건 관련 교육 및 전문인력 양성 업무
4. 산업재해예방을 위한 연구 및 기술개발 업무
5. 법 제11조제3호에 따른 노무를 제공하는 자의 건강을 유지·증진하기 위한 시설의 운영에 관한 지원 업무
6. 안전·보건의식의 고취 업무
7. 법 제36조에 따른 위험성평가에 관한 지원 업무
8. 안전검사 지원 업무
9. 유해인자의 노출 기준 및 유해성·위험성 조사·평가 등에 관한 업무
10. 직업성 질환의 발생 원인을 규명하기 위한 역학조사·연구 또는 직업성 질환 예방에 필요하다고 인정되는 시설·장비 등의 구입 업무
11. 작업환경측정 및 건강진단 지원 업무
12. 법 제126조제2항에 따른 작업환경측정기관의 측정·분석 능력의 확인 및 법 제135조제3항에 따른 특수건강진단기관의 진단·분석 능력의 확인에 필요한 시설·장비 등의 구입 업무
13. 산업의학 분야의 학술활동 및 인력 양성 지원에 관한 업무
14. 그 밖에 산업재해 예방을 위한 업무로서 산업재해보상보험및예방심의위원회의 심의를 거쳐 고용노동부장관이 정하는 업무

제11장 벌칙

제119조(과태료의 부과기준) 법 제175조제1항부터 제6항까지의 규정에 따른 과태료의 부과기준은 별표 35와 같다.

부칙〈대통령령 제34603호, 2024. 6. 25.〉

이 영은 2024년 7월 1일부터 시행한다. 다만, 제78조제1항제14호ㆍ제15호, 별표 24 제1호가목, 같은 표 제2호 번호 2 및 별표 25 번호 3의 개정규정은 공포 후 2년이 경과한 날부터 시행하고, 별표 30 제1호가목의 개정규정은 2025년 1월 1일부터 시행한다.

합격예측 및 관련법규

제118조(규제의 재검토) ① 고용노동부장관은 제96조의2에 따른 휴게시설 설치·관리기준 준수 대상 사업장의 사업주 범위에 대하여 2022년 8월 18일을 기준으로 4년마다(매 4년이 되는 해의 기준일과 같은 날 전까지를 말한다) 그 타당성을 검토하여 개선 등의 조치를 해야 한다. 〈신설 2022. 8. 16.〉

② 고용노동부장관은 다음 각 호의 사항에 대하여 다음 각 호의 기준일을 기준으로 3년마다(매 3년이 되는 해의 기준일과 같은 날 전까지를 말한다) 그 타당성을 검토하여 개선 등의 조치를 해야 한다. 〈개정 2020. 3. 3., 2022. 3. 8., 2022. 8. 16.〉

1. 제2조제1항 및 별표 1 제3호에 따른 대상사업의 범위: 2019년 1월 1일
2. 제13조제1항에 따른 이사회 보고·승인 대상 회사: 2022년 1월 1일
3. 제14조제1항 및 별표 2 제33호에 따른 안전보건관리책임자 선임 대상인 건설업의 건설공사 금액: 2022년 1월 1일
4. 제24조에 따른 안전보건관리담당자의 선임 대상사업: 2019년 1월 1일
5. 제52조에 따른 안전보건총괄책임자 지정 대상사업: 2020년 1월 1일
6. 제95조에 따른 작업환경측정기관의 지정 요건: 2020년 1월 1일
7. 제100조에 따른 자격·면허 취득자의 양성 또는 근로자의 기능 습득을 위한 교육기관의 지정 취소 등의 사유: 2020년 1월 1일

산업안전보건법, 영·규칙 별표

[별표2] 안전보건관리책임자를 두어야 할 사업의 종류 및 사업장의 상시근로자 수

사업의 종류	상시근로자 수
1. 토사석 광업 2. 식료품 제조업, 음료 제조업 3. 목재 및 나무제품 제조업;가구 제외 4. 펄프, 종이 및 종이제품 제조업 5. 코크스, 연탄 및 석유정제품 제조업 6. 화학물질 및 화학제품 제조업;의약품 제외 7. 의료용 물질 및 의약품 제조업 8. 고무 및 플라스틱제품 제조업 9. 비금속 광물제품 제조업 10. 1차 금속 제조업 11. 금속가공제품 제조업;기계 및 가구 제외 12. 전자부품, 컴퓨터, 영상, 음향 및 통신장비 제조업 13. 의료, 정밀, 광학기기 및 시계 제조업 14. 전기장비 제조업 15. 기타 기계 및 장비 제조업 16. 자동차 및 트레일러 제조업 17. 기타 운송장비 제조업 18. 가구 제조업 19. 기타 제품 제조업 20. 서적, 잡지 및 기타 인쇄물 출판업 21. 해체, 선별 및 원료 재생업 22. 자동차 종합 수리업, 자동차 전문 수리업	상시 근로자 50명 이상
23. 농업 24. 어업 25. 소프트웨어 개발 및 공급업 26. 컴퓨터 프로그래밍, 시스템 통합 및 관리업 27. 정보서비스업 28. 금융 및 보험업 29. 임대업;부동산 제외 30. 전문, 과학 및 기술 서비스업(연구개발업은 제외한다) 31. 사업지원 서비스업 32. 사회복지 서비스업	상시 근로자 300명 이상
33. 건설업	공사금액 20억원 이상
34. 제1호부터 제33호까지의 사업을 제외한 사업	상시 근로자 100명 이상

[별표3] 안전관리자를 두어야 하는 사업의 종류, 사업장의 상시근로자 수, 안전관리자의 수 및 선임방법

사업의 종류	상시근로자 수	안전관리자의 수	안전관리자의 선임방법
1. 토사석 광업 2. 식료품 제조업, 음료 제조업 3. 섬유제품 제조업; 의복 제외 4. 목재 및 나무제품 제조업; 가구 제외 5. 펄프, 종이 및 종이제품 제조업 6. 코크스, 연탄 및 석유정제품 제조업 7. 화학물질 및 화학제품 제조업; 의약품 제외 8. 의료용 물질 및 의약품 제조업	상시근로자 50명 이상 500명 미만	1명 이상	별표 4 각 호의 어느 하나에 해당하는 사람(같은 표 제3호·제7호 및 제9호부터 제12호까지에 해당하는 사람은 제외한다)을 선임해야 한다.
9. 고무 및 플라스틱제품 제조업 10. 비금속 광물제품 제조업 11. 1차 금속 제조업 12. 금속가공제품 제조업; 기계 및 가구 제외 13. 전자부품, 컴퓨터, 영상, 음향 및 통신장비 제조업 14. 의료, 정밀, 광학기기 및 시계 제조업 15. 전기장비 제조업 16. 기타 기계 및 장비 제조업 17. 자동차 및 트레일러 제조업 18. 기타 운송장비 제조업 19. 가구 제조업 20. 기타 제품 제조업 21. 산업용 기계 및 장비 수리업 22. 서적, 잡지 및 기타 인쇄물 출판업 23. 폐기물 수집, 운반, 처리 및 원료 재생업 24. 환경 정화 및 복원업 25. 자동차 종합 수리업, 자동차 전문 수리업 26. 발전업 27. 운수 및 창고업	상시근로자 500명 이상	2명 이상	별표 4 각 호의 어느 하나에 해당하는 사람(같은 표 제7호 및 제9호부터 제12호까지에 해당하는 사람은 제외한다)을 선임하되, 같은 표 제1호·제2호(「국가기술자격법」에 따른 산업안전산업기사의 자격을 취득한 사람은 제외한다) 또는 제4호에 해당하는 사람이 1명 이상 포함되어야 한다.
28. 농업, 임업 및 어업 29. 제2호부터 제21호까지의 사업을 제외한 제조업 30. 전기, 가스, 증기 및 공기조절 공급업(발전업은 제외한다)	상시근로자 50명 이상 1천명 미만. 다만, 제37호의 사업(부동산 관리업은 제외한다)과	1명 이상	별표 4 각 호의 어느 하나에 해당하는 사람(같은 표 제3호 및 제9호부터 제12호까지에 해당하는 사

합격예측

건설업 연도별 선임기준

① 공사금액 60억 원 이상 80억 원 미만 공사의 경우 : 2022년 7월 1일
② 공사금액 50억 원 이상 60억 원 미만 공사의 경우 : 2023년 7월 1일

사업의 종류	상시근로자 수	안전관리자의 수	안전관리자의 선임방법
31. 수도, 하수 및 폐기물 처리, 원료 재생업(제23호 및 제24호에 해당하는 사업은 제외한다) 32. 도매 및 소매업 33. 숙박 및 음식점업 34. 영상·오디오 기록물 제작 및 배급업 35. 방송업 36. 우편 및 통신업 37. 부동산업 38. 임대업; 부동산 제외 39. 연구개발업 40. 사진처리업 41. 사업시설 관리 및 조경 서비스업 42. 청소년 수련시설 운영업 43. 보건업 44. 예술, 스포츠 및 여가 관련 서비스업 45. 개인 및 소비용품수리업(제25호에 해당하는 사업은 제외한다) 46. 기타 개인 서비스업 47. 공공행정(청소, 시설관리, 조리 등 현업업무에 종사하는 사람으로서 고용노동부장관이 정하여 고시하는 사람으로 한정한다) 48. 교육서비스업 중 초등·중등·고등 교육기관, 특수학교·외국인학교 및 대안학교 (청소, 시설관리, 조리 등 현업업무에 종사하는 사람으로서 고용노동부장관이 정하여 고시하는 사람으로 한정한다)	제40호의 사업의 경우에는 상시근로자 100명 이상 1천명 미만으로 한다.		람은 제외한다. 다만, 제28호 및 제30호부터 제46호까지의 사업의 경우 별표 4 제3호에 해당하는 사람에 대해서는 그렇지 않다)을 선임해야 한다.
	상시근로자 1천명 이상	2명 이상	별표 4 각 호의 어느 하나에 해당하는 사람(같은 표 제7호·제11호 및 제12호에 해당하는 사람은 제외한다)을 선임하되, 같은 표 제1호·제2호·제4호 또는 제5호에 해당하는 사람이 1명 이상 포함되어야 한다.
49. 건설업	공사금액 50억원 이상(관계수급인은 100억원 이상) 120억원 미만(「건설산업기본법 시행령」 별표 1 제1호가목의 토목공사업의 경우에는 150억원 미만)	1명 이상	별표 4 제1호부터 제7호까지 및 제10호부터 제12호까지의 어느 하나에 해당하는 사람을 선임해야 한다.

사업의 종류	상시근로자 수	안전관리자의 수	안전관리자의 선임방법
	공사금액 120억원 이상(「건설산업기본법 시행령」 별표 1 제1호가목의 토목공사업의 경우에는 150억원 이상) 800억원 미만		별표 4 제1호부터 제7호까지 및 제10호의 어느 하나에 해당하는 사람을 선임해야 한다.
	공사금액 800억원 이상 1,500억원 미만	2명 이상. 다만, 전체 공사기간을 100으로 할 때 공사 시작에서 15에 해당하는 기간과 공사 종료 전의 15에 해당하는 기간(이하 "전체 공사기간 중 전·후 15에 해당하는 기간"이라 한다) 동안은 1명 이상으로 한다.	별표 4 제1호부터 제7호까지 및 제10호의 어느 하나에 해당하는 사람을 선임하되, 같은 표 제1호부터 제3호까지의 어느 하나에 해당하는 사람이 1명 이상 포함되어야 한다.
	공사금액 1,500억원 이상 2,200억원 미만	3명 이상. 다만, 전체 공사기간 중 전·후 15에 해당하는 기간은 2명 이상으로 한다.	별표 4 제1호부터 제7호까지 및 제12호의 어느 하나에 해당하는 사람을 선임하되, 같은 표 제12호에 해당하는 사람은 1명만 포함될 수 있고, 같은 표 제1호 또는 「국가기술자격법」에 따른 건설안전기술사(건설안전기사 또는 산업안전기사의 자격을 취득한 후 7년 이상 건설안전 업무를 수행한 사람이거나 건설안전산업기사 또는 산업안전산업기사의 자격을 취득한 후 10년 이상 건설안전 업무를 수행한 사람을

<table>
<tr><th>사업의 종류</th><th>상시근로자 수</th><th>안전관리자의 수</th><th>안전관리자의 선임방법</th></tr>
<tr><td rowspan="5"></td><td>공사금액 2,200억원 이상 3천억원 미만</td><td>4명 이상. 다만, 전체 공사기간 중 전·후 15에 해당하는 기간은 2명 이상으로 한다.</td><td>포함한다) 자격을 취득한 사람(이하 “산업안전지도사등”이라 한다)이 1명 이상 포함되어야 한다.</td></tr>
<tr><td>공사금액 3천억원 이상 3,900억원 미만</td><td>5명 이상. 다만, 전체 공사기간 중 전·후 15에 해당하는 기간은 3명 이상으로 한다.</td><td rowspan="2">별표 4 제1호부터 제7호까지 및 제12호의 어느 하나에 해당하는 사람을 선임하되, 같은 표 제12호에 해당하는 사람이 1명만 포함될 수 있고, 산업안전지도사등이 2명 이상 포함되어야 한다. 다만, 전체 공사기간 중 전·후 15에 해당하는 기간에는 산업안전지도사등이 1명 이상 포함되어야 한다.</td></tr>
<tr><td>공사금액 3,900억원 이상 4,900억원 미만</td><td>6명 이상. 다만, 전체 공사기간 중 전·후 15에 해당하는 기간은 3명 이상으로 한다.</td></tr>
<tr><td>공사금액 4,900억원 이상 6천억원 미만</td><td>7명 이상. 다만, 전체 공사기간 중 전·후 15에 해당하는 기간은 4명 이상으로 한다.</td><td rowspan="2">별표 4 제1호부터 제7호까지 및 제12호의 어느 하나에 해당하는 사람을 선임하되, 같은 표 제12호에 해당하는 사람은 2명까지만 포함될 수 있고, 산업안전지도사등이 2명 이상 포함되어야 한다. 다만, 전체 공사기간 중 전·후 15에 해당하는 기간에는 산업안전지도사등이 2명 이상 포함되어야 한다.</td></tr>
<tr><td>공사금액 6천억원 이상 7,200억원 미만</td><td>8명 이상. 다만, 전체 공사기간 중 전·후 15에 해당하는 기간은 4명 이상으로 한다.</td></tr>
</table>

사업의 종류	상시근로자 수	안전관리자의 수	안전관리자의 선임방법
	공사금액 7,200억원 이상 8,500억원 미만	9명 이상. 다만, 전체 공사기간 중 전·후 15에 해당하는 기간은 5명 이상으로 한다.	별표 4 제1호부터 제7호까지 및 제12호의 어느 하나에 해당하는 사람을 선임하되, 같은 표 제12호에 해당하는 사람은 2명까지만 포함될 수 있고, 산업안전지도사등이 3명 이상 포함되어야 한다. 다만, 전체 공사기간 중 전·후 15에 해당하는 기간에는 산업안전지도사등이 3명 이상 포함되어야 한다.
	공사금액 8,500억원 이상 1조원 미만	10명 이상. 다만, 전체 공사기간 중 전·후 15에 해당하는 기간은 5명 이상으로 한다.	
	1조원 이상	11명 이상[매 2천억원(2조원 이상부터는 매 3천억원)마다 1명씩 추가한다]. 다만, 전체 공사기간 중 전·후 15에 해당하는 기간은 선임 대상 안전관리자 수의 2분의 1(소수점 이하는 올림한다) 이상으로 한다.	

비고 :

1. 철거공사가 포함된 건설공사의 경우 철거공사만 이루어지는 기간은 전체 공사기간에는 산입되나 전체 공사기간 중 전·후 15에 해당하는 기간에는 산입되지 않는다. 이 경우 전체 공사기간 중 전·후 15에 해당하는 기간은 철거공사만 이루어지는 기간을 제외한 공사기간을 기준으로 산정한다.
2. 철거공사만 이루어지는 기간에는 공사금액별로 선임해야 하는 최소 안전관리자 수 이상으로 안전관리자를 선임해야 한다.

[별표 4] 안전관리자의 자격

안전관리자는 다음 각 호의 어느 하나에 해당하는 사람으로 한다.

1. 법 제143조제1항에 따른 산업안전지도사 자격을 가진 사람
2. 「국가기술자격법」에 따른 산업안전산업기사 이상의 자격을 취득한 사람
3. 「국가기술자격법」에 따른 건설안전산업기사 이상의 자격을 취득한 사람
4. 「고등교육법」에 따른 4년제 대학 이상의 학교에서 산업안전 관련 학위를 취득한 사람 또는 이와 같은 수준 이상의 학력을 가진 사람
5. 「고등교육법」에 따른 전문대학 또는 이와 같은 수준 이상의 학교에서 산업안전 관련 학위를 취득한 사람
6. 「고등교육법」에 따른 이공계 전문대학 또는 이와 같은 수준 이상의 학교에서 학위를 취득하고, 해당 사업의 관리감독자로서의 업무(건설업의 경우는 시공실무경력)를 3년(4년제 이공계 대학 학위 취득자는 1년) 이상 담당한 후 고용노동부장관이 지정하는 기관이 실시하는 교육(1998년 12월 31일까지의 교육만 해당한다)을 받고 정해진 시험에 합격한 사람. 다만, 관리감독자로 종사한 사업과 같은 업종(한국표준산업분류에 따른 대분류를 기준으로 한다)의 사업장이면서, 건설업의 경우를 제외하고는 상시근로자 300명 미만인 사업장에서만 안전관리자가 될 수 있다.
7. 「초·중등교육법」에 따른 공업계 고등학교 또는 이와 같은 수준 이상의 학교를 졸업하고, 해당 사업의 관리감독자로서의 업무(건설업의 경우는 시공실무경력)를 5년 이상 담당한 후 고용노동부장관이 지정하는 기관이 실시하는 교육(1998년 12월 31일까지의 교육만 해당한다)을 받고 정해진 시험에 합격한 사람. 다만, 관리감독자로 종사한 사업과 같은 종류인 업종(한국표준산업분류에 따른 대분류를 기준으로 한다)의 사업장이면서, 건설업의 경우를 제외하고는 별표 3 제28호 또는 제33호의 사업을 하는 사업장(상시근로자 50명 이상 1천명 미만인 경우만 해당한다)에서만 안전관리자가 될 수 있다.
8. 다음 각 목의 어느 하나에 해당하는 사람. 다만, 해당 법령을 적용받은 사업에서만 선임될 수 있다.
   가. 「고압가스 안전관리법」 제4조 및 같은 법 시행령 제3조제1항에 따른 허가를 받은 사업자 중 고압가스를 제조·저장 또는 판매하는 사업에서 같은 법 제15조 및 같은 법 시행령 제12조에 따라 선임하는 안전관리 책임자
   나. 「액화석유가스의 안전관리 및 사업법」 제5조 및 같은 법 시행령 제3조에 따른 허가를 받은 사업자 중 액화석유가스 충전사업·액화석유가스 집단공급사업 또는 액화석유가스 판매사업에서 같은 법 제34조 및 같은 법 시행령 제15조에 따라 선임하는 안전관리책임자
   다. 「도시가스사업법」 제29조 및 같은 법 시행령 제15조에 따라 선임하는 안전관

리 책임자

라. 「교통안전법」 제53조에 따라 교통안전관리자의 자격을 취득한 후 해당 분야에 채용된 교통안전관리자

마. 「총포·도검·화약류 등의 안전관리에 관한 법률」 제2조제3항에 따른 화약류를 제조·판매 또는 저장하는 사업에서 같은 법 제27조 및 같은 법 시행령 제54조·제55조에 따라 선임하는 화약류제조보안책임자 또는 화약류관리보안책임자

바. 「전기사업법」 제73조에 따라 전기사업자가 선임하는 전기안전관리자

9. 제16조제2항에 따라 전담 안전관리자를 두어야 하는 사업장(건설업은 제외한다)에서 안전 관련 업무를 10년 이상 담당한 사람

10. 「건설산업기본법」 제8조에 따른 종합공사를 시공하는 업종의 건설현장에서 안전보건관리책임자로 10년 이상 재직한 사람

11. 「건설기술 진흥법」에 따른 토목·건축 분야 건설기술인 중 등급이 중급 이상인 사람으로서 고용노동부장관이 지정하는 기관이 실시하는 산업안전교육(2023년 12월 31일까지의 교육만 해당한다)을 이수하고 정해진 시험에 합격한 사람

12. 「국가기술자격법」에 따른 토목산업기사 또는 건축산업기사 이상의 자격을 취득한 후 해당 분야에서의 실무경력이 다음 각 목의 구분에 따른 기간 이상인 사람으로서 고용노동부장관이 지정하는 기관이 실시하는 산업안전교육(2023년 12월 31일까지의 교육만 해당한다)을 이수하고 정해진 시험에 합격한 사람

가. 토목기사 또는 건축기사: 3년

나. 토목산업기사 또는 건축산업기사: 5년

[별표9] 산업안전보건위원회를 구성해야 할 사업의 종류 및 사업장의 상시근로자 수

사업의 종류	상시근로자 수
1. 토사석 광업 2. 목재 및 나무제품 제조업;가구제외 3. 화학물질 및 화학제품 제조업;의약품 제외(세제, 화장품 및 광택제 제조업과 화학섬유 제조업은 제외한다) 4. 비금속 광물제품 제조업 5. 1차 금속 제조업 6. 금속가공제품 제조업;기계 및 가구 제외 7. 자동차 및 트레일러 제조업 8. 기타 기계 및 장비 제조업(사무용 기계 및 장비 제조업은 제외한다) 9. 기타 운송장비 제조업(전투용 차량 제조업은 제외한다)	상시 근로자 50명 이상

사업의 종류	상시근로자 수
10. 농업 11. 어업 12. 소프트웨어 개발 및 공급업 13. 컴퓨터 프로그래밍, 시스템 통합 및 관리업 14. 정보서비스업 15. 금융 및 보험업 16. 임대업;부동산 제외 17. 전문, 과학 및 기술 서비스업(연구개발업은 제외한다) 18. 사업지원 서비스업 19. 사회복지 서비스업	상시 근로자 300명 이상
20. 건설업 22. 3. 5 기	공사금액 120억원 이상(「건설산업기본법 시행령」 별표 1에 따른 토목공사업에 해당하는 공사의 경우에는 150억원 이상)
21. 제1호부터 제20호까지의 사업을 제외한 사업	상시 근로자 100명 이상

[별표13] 유해·위험물질 규정량

번호	유해 · 위험물질	CAS번호	규정량[kg]
1	인화성 가스	–	제조·취급 : 5,000 (저장: 200,000)
2	인화성 액체	–	제조·취급 : 5,000 (저장: 200,000)
3	메틸 이소시아네이트	624−83−9	제조·취급·저장 : 1,000
4	포스겐	75−44−5	제조·취급·저장 : 500
5	아크릴로니트릴	107−13−1	제조·취급·저장 : 10,000
6	암모니아	7664−41−7	제조·취급·저장 : 10,000
7	염소	7782−50−5	제조·취급·저장 : 1,500
8	이산화황	7446−09−5	제조·취급·저장 : 10,000
9	삼산화황	7446−11−9	제조·취급·저장 : 10,000
10	이황화탄소	75−15−0	제조·취급·저장 : 10,000
11	시안화수소	74−90−8	제조·취급·저장 : 500
12	불화수소(무수불산)	7664−39−3	제조·취급·저장 : 1,000
13	염화수소(무수염산)	7647−01−0	제조·취급·저장 : 10,000
14	황화수소	7783−06−4	제조·취급·저장 : 1,000
15	질산암모늄	6484−52−2	제조·취급·저장 : 500,000
16	니트로글리세린	55−63−0	제조·취급·저장 : 10,000
17	트리니트로톨루엔	118−96−7	제조·취급·저장 : 50,000

번호	유해 · 위험물질	CAS번호	규정량[kg]
18	수소	1333－74－0	제조·취급·저장 : 5,000
19	산화에틸렌	75－21－8	제조·취급·저장 : 1,000
20	포스핀	7803－51－2	제조·취급·저장 : 500
21	실란(Silane)	7803－62－5	제조·취급·저장 : 1,000
22	질산(중량 94.5% 이상)	7697－37－2	제조·취급·저장 : 50,000
23	발연황산(삼산화황 중량 65% 이상 80% 미만)	8014－95－7	제조·취급·저장 : 20,000
24	과산화수소(중량 52% 이상)	7722－84－1	제조·취급·저장 : 10,000
25	톨루엔 디이소시아네이트	91－08－7, 584－84－9, 26471－62－5	제조·취급·저장 : 2,000
26	클로로술폰산	7790－94－5	제조·취급·저장 : 10,000
27	브롬화수소	10035－10－6	제조·취급·저장 : 10,000
28	삼염화인	7719－12－2	제조·취급·저장 : 10,000
29	염화 벤질	100－44－7	제조·취급·저장 : 2,000
30	이산화염소	10049－04－4	제조·취급·저장 : 500
31	염화 티오닐	7719－09－7	제조·취급·저장 : 10,000
32	브롬	7726－95－6	제조·취급·저장 : 1,000
33	일산화질소	10102－43－9	제조·취급·저장 : 10,000
34	붕소 트리염화물	10294－34－5	제조·취급·저장 : 10,000
35	메틸에틸케톤과산화물	1338－23－4	제조·취급·저장 : 10,000
36	삼불화 붕소	7637－07－2	제조·취급·저장 : 1,000
37	니트로아닐린	88－74－4, 99－09－2, 100－01－6, 29757－24－2	제조·취급·저장 : 2,500
38	염소 트리플루오르화	7790－91－2	제조·취급·저장 : 1,000
39	불소	7782－41－4	제조·취급·저장 : 500
40	시아누르 플루오르화물	675－14－9	제조·취급·저장 : 2,000
41	질소 트리플루오르화물	7783－54－2	제조·취급·저장 : 20,000
42	니트로 셀롤로오스(질소 함유량 12.6% 이상)	9004－70－0	제조·취급·저장 : 100,000
43	과산화벤조일	94－36－0	제조·취급·저장 : 3,500
44	과염소산 암모늄	7790－98－9	제조·취급·저장 : 3,500
45	디클로로실란	4109－96－0	제조·취급·저장 : 1,000
46	디에틸 알루미늄 염화물	96－10－6	제조·취급·저장 : 10,000
47	디이소프로필 퍼옥시디카보네이트	105－64－6	제조·취급·저장 : 3,500
48	불산(중량 10% 이상)	7664－39－3	제조·취급·저장 : 10,000
49	염산(중량 20% 이상)	7647－01－0	제조·취급·저장 : 20,000
50	황산(중량 20% 이상)	7664－93－9	제조·취급·저장 : 20,000
51	암모니아수(중량 20% 이상)	1336－21－6	제조·취급·저장 : 50,000

비고

1. 인화성 가스란 인화한계 농도의 최저한도가 13[%] 이하 또는 최고한도와 최저한도의 차가 12[%] 이상인 것으로서 표준압력(101.3[kPa])하의 20[℃]에서 가스 상태인 물질을 말한다.
2. 인화성 가스 중 사업장 외부로부터 배관을 통해 공급받아 최초 압력조정기 후단 이후의 압력이 0.1[MPa](계기압력) 미만으로 취급되는 사업장의 연료용 도시가스(메탄 중량성분 85[%] 이상으로 이 표에 따른 유해·위험물질이 없는 설비에 공급되는 경우에 한정한다)는 취급 규정량을 50,000[kg]으로 한다.
3. 인화성 액체란 표준압력(101.3[kPa])에서 인화점이 60[℃] 이하이거나 고온·고압의 공정운전조건으로 인하여 화재·폭발위험이 있는 상태에서 취급되는 가연성 물질을 말한다.
4. 인화점의 수치는 태그밀폐식 또는 펜스키마르테르식 등의 밀폐식 인화점 측정기로 표준압력(101.3 [kPa])에서 측정한 수치 중 작은 수치를 말한다.
5. 유해·위험물질의 규정량이란 제조·취급·저장 설비에서 공정과정 중에 저장되는 양을 포함하여 하루 동안 최대로 제조·취급 또는 저장할 수 있는 양을 말한다.
6. 규정량은 화학물질의 순도 100[%]를 기준으로 산출하되, 농도가 규정되어 있는 화학물질은 그 규정된 농도를 기준으로 한다.
7. 사업장에서 다음 각 목의 구분에 따라 해당 유해·위험물질을 그 규정량 이상 제조·취급·저장하는 경우에는 유해·위험설비로 본다.
   가. 한 종류의 유해·위험물질을 제조·취급·저장하는 경우 : 해당 유해·위험물질의 규정량 대비 하루 동안 제조·취급 또는 저장할 수 있는 최대치 중 가장 큰 값($\frac{C}{T}$)이 1 이상인 경우
   나. 두 종류 이상의 유해·위험물질을 제조·취급·저장하는 경우 : 유해·위험물질별로 가목에 따른 가장 큰 값($\frac{C}{T}$)을 각각 구하여 합산한 값(R)이 1 이상인 경우, 그 계산식은 다음과 같다.

$$R=\frac{C_1}{T_1}+\frac{C_2}{T_2}+\cdots\cdots+\frac{C_n}{T_n}$$

   주) C_n : 유해·위험물질별(n) 규정량과 비교하여 하루 동안 제조·취급 또는 저장할 수 있는 최대치 중 가장 큰 값
   T_n : 유해·위험물질별(n) 규정량
8. 가스를 전문으로 저장·판매하는 시설 내의 가스는 이 표의 규정량 산정에서 제외한다.

[별표20] 유해·위험 방지를 위한 방호조치가 필요한 기계·기구 20. 9. 27 기

1. 예초기
2. 원심기
3. 공기압축기
4. 금속절단기
5. 지게차
6. 포장기계(진공포장기, 랩핑기로 한정한다)

3 산업안전보건법 시행규칙 [시행 2024. 7. 1.] [고용노동부령 제419호, 2024. 6. 28., 일부개정]

제1장 총칙

제1조(목적) 이 규칙은 「산업안전보건법」 및 같은 법 시행령에서 위임된 사항과 그 시행에 필요한 사항을 규정함을 목적으로 한다.

제3조(중대재해의 범위) 법 제2조제2호에서 "고용노동부령으로 정하는 재해"란 다음 각 호의 어느 하나에 해당하는 재해를 말한다. 22. 3. 5 기

1. 사망자가 1명 이상 발생한 재해
2. 3개월 이상의 요양이 필요한 부상자가 동시에 2명 이상 발생한 재해
3. 부상자 또는 직업성 질병자가 동시에 10명 이상 발생한 재해

제6조(도급인의 안전·보건 조치 장소) 「산업안전보건법 시행령」(이하 "영"이라 한다) 제11조제15호에서 "고용노동부령으로 정하는 장소"란 다음 각 호의 어느 하나에 해당하는 장소를 말한다.

1. 화재·폭발 우려가 있는 다음 각 목의 어느 하나에 해당하는 작업을 하는 장소
   가. 선박 내부에서의 용접·용단작업
   나. 안전보건규칙 제225조제4호에 따른 인화성 액체를 취급·저장하는 설비 및 용기에서의 용접·용단작업
   다. 안전보건규칙 제273조에 따른 특수화학설비에서의 용접·용단작업
   라. 가연물(可燃物)이 있는 곳에서의 용접·용단 및 금속의 가열 등 화기를 사용하는 작업이나 연삭숫돌에 의한 건식연마작업 등 불꽃이 발생할 우려가 있는 작업
2. 안전보건규칙 제132조에 따른 양중기(揚重機)에 의한 충돌 또는 협착(狹窄)의 위험이 있는 작업을 하는 장소
3. 안전보건규칙 제420조제7호에 따른 유기화합물 취급 특별장소
4. 안전보건규칙 제574조제1항 각 호에 따른 방사선 업무를 하는 장소
5. 안전보건규칙 제618조제1호에 따른 밀폐공간
6. 안전보건규칙 별표 1에 따른 위험물질을 제조하거나 취급하는 장소
7. 안전보건규칙 별표 7에 따른 화학설비 및 그 부속설비에 대한 정비·보수 작업이 이루어지는 장소

제2장 안전보건관리체제 등

제1절 안전보건관리체제

제9조(안전보건관리책임자의 업무) 법 제15조제1항제9호에서 "고용노동부령으로 정하는 사항"이란 법 제36조에 따른 위험성평가의 실시에 관한 사항과 안전보건규칙에서 정하는 근로자의 위험 또는 건강장해의 방지에 관한 사항을 말한다.

제10조(도급사업의 안전관리자 등의 선임) 안전관리자 및 보건관리자를 두어야 할 수급인인 사업주는 영 제16조제5항 및 제20조제3항에 따라 도급인인 사업주가 다음 각 호의 요건을 모두 갖춘 경우에는 안전관리자 및 보건관리자를 선임하지 않을 수 있다.

1. 도급인인 사업주 자신이 선임해야 할 안전관리자 및 보건관리자를 둔 경우
2. 안전관리자 및 보건관리자를 두어야 할 수급인인 사업주의 사업의 종류별로 상시근로자 수(건설공사의 경우에는 건설공사 금액을 말한다. 이하 같다)를 합계하여 그 상시근로자 수에 해당하는 안전관리자 및 보건관리자를 추가로 선임한 경우

제12조(안전관리자 등의 증원·교체임명 명령) ① 지방고용노동관서의 장은 다음 각 호의 어느 하나에 해당하는 사유가 발생한 경우에는 법 제17조제4항·제18조제4항 또는 제19조제3항에 따라 사업주에게 안전관리자·보건관리자 또는 안전보건관리담당자(이하 이 조에서 "관리자"라 한다)를 정수 이상으로 증원하게 하거나 교체하여 임명할 것을 명할 수 있다. 다만, 제4호에 해당하는 경우로서 직업성 질병자 발생 당시 사업장에서 해당 화학적 인자(因子)를 사용하지 않은 경우에는 그렇지 않다. 23. 9. 2 기

1. 해당 사업장의 연간재해율이 같은 업종의 평균재해율의 2배 이상인 경우
2. 중대재해가 연간 2건 이상 발생한 경우. 다만, 해당 사업장의 전년도 사망만인율이 같은 업종의 평균 사망만인율 이하인 경우는 제외한다.
3. 관리자가 질병이나 그 밖의 사유로 3개월 이상 직무를 수행할 수 없게 된 경우
4. 별표 22 제1호에 따른 화학적 인자로 인한 직업성 질병자가 연간 3명 이상 발생한 경우. 이 경우 직업성 질병자의 발생일은 「산업재해보상보험법 시행규칙」 제21조제1항에 따른 요양급여의 결정일로 한다.

② 제1항에 따라 관리자를 정수 이상으로 증원하게 하거나 교체하여 임명할 것을 명하는 경우에는 미리 사업주 및 해당 관리자의 의견을 듣거나 소명자료를 제출받아야 한다. 다만, 정당한 사유 없이 의견진술 또는 소명자료의 제출을 게을리한 경우에는 그렇지 않다.

③ 제1항에 따른 관리자의 정수 이상 증원 및 교체임명 명령은 별지 제4호서식에 따른다.

제2절 안전보건관리규정

제25조(안전보건관리규정의 작성) ① 법 제25조제3항에 따라 안전보건관리규정을 작성해야 할 사업의 종류 및 상시근로자 수는 별표 2와 같다.

② 제1항에 따른 사업의 사업주는 안전보건관리규정을 작성해야 할 사유가 발생한 날부터 30일 이내에 별표 3의 내용을 포함한 안전보건관리규정을 작성해야 한다. 이를 변경할 사유가 발생한 경우에도 또한 같다. 21. 5. 15 기 22. 4. 24 기 23. 6. 4 기

③ 사업주가 제2항에 따라 안전보건관리규정을 작성할 때에는 소방·가스·전기·교통 분야 등의 다른 법령에서 정하는 안전관리에 관한 규정과 통합하여 작성할 수 있다.

제3장 안전보건교육

제26조(교육시간 및 교육내용) ① 법 제29조제1항부터 제3항까지의 규정에 따라 사업주가 근로자에게 실시해야 하는 안전보건교육의 교육시간은 별표 4와 같고, 교육내용은 별표 5와 같다. 이 경우 사업주가 법 제29조제3항에 따른 유해하거나 위험한 작업에 필요한 안전보건교육(이하 "특별교육"이라 한다)을 실시한 때에는 해당 근로자에 대하여 법 제29조제2항에 따라 채용할 때 해야 하는 교육(이하 "채용 시 교육"이라 한다) 및 작업내용을 변경할 때 해야 하는 교육(이하 "작업내용 변경 시 교육"이라 한다)을 실시한 것으로 본다.

② 제1항에 따른 교육을 실시하기 위한 교육방법과 그 밖에 교육에 필요한 사항은 고용노동부장관이 정하여 고시한다.

③ 사업주가 법 제29조제1항부터 제3항까지의 규정에 따른 안전보건교육을 자체적으로 실시하는 경우에 교육을 할 수 있는 사람은 다음 각 호의 어느 하나에 해당하는 사람으로 한다.

1. 다음 각 목의 어느 하나에 해당하는 사람
   - 가. 법 제15조제1항에 따른 안전보건관리책임자
   - 나. 법 제16조제1항에 따른 관리감독자
   - 다. 법 제17조제1항에 따른 안전관리자(안전관리전문기관에서 안전관리자의 위탁업무를 수행하는 사람을 포함한다)
   - 라. 법 제18조제1항에 따른 보건관리자(보건관리전문기관에서 보건관리자의 위탁업무를 수행하는 사람을 포함한다)
   - 마. 법 제19조제1항에 따른 안전보건관리담당자(안전관리전문기관 및 보건관리전문기관에서 안전보건관리담당자의 위탁업무를 수행하는 사람을 포함한다)
   - 바. 법 제22조제1항에 따른 산업보건의

2. 공단에서 실시하는 해당 분야의 강사요원 교육과정을 이수한 사람
3. 법 제142조에 따른 산업안전지도사 또는 산업보건지도사(이하 "지도사"라 한다)
4. 산업안전보건에 관하여 학식과 경험이 있는 사람으로서 고용노동부장관이 정하는 기준에 해당하는 사람

제4장 유해·위험 방지 조치

제37조(위험성평가 실시내용 및 결과의 기록·보존) ① 사업주가 법 제36조제3항에 따라 위험성평가의 결과와 조치사항을 기록·보존할 때에는 다음 각 호의 사항이 포함되어야 한다.

1. 위험성평가 대상의 유해·위험요인
2. 위험성 결정의 내용
3. 위험성 결정에 따른 조치의 내용
4. 그 밖에 위험성평가의 실시내용을 확인하기 위하여 필요한 사항으로서 고용노동부장관이 정하여 고시하는 사항

② 사업주는 제1항에 따른 자료를 3년간 보존해야 한다.

제38조(안전보건표지의 종류·형태·색채 및 용도 등) ① 법 제37조제2항에 따른 안전보건표지의 종류와 형태는 별표 6과 같고, 그 용도 , 설치·부착 장소, 형태 및 색채는 별표 7과 같다.

② 안전보건표지의 표시를 명확히 하기 위하여 필요한 경우에는 그 안전보건표지의 주위에 표시사항을 글자로 덧붙여 적을 수 있다. 이 경우 글자는 흰색 바탕에 검은색 한글고딕체로 표기해야 한다.

③ 안전보건표지에 사용되는 색채의 색도기준 및 용도는 별표 8과 같고, 사업주는 사업장에 설치하거나 부착한 안전보건표지의 색도기준이 유지되도록 관리해야 한다.

④ 안전보건표지에 관하여 법 또는 법에 따른 명령에서 규정하지 않은 사항으로서 다른 법 또는 다른 법에 따른 명령에서 규정한 사항이 있으면 그 부분에 대해서는 그 법 또는 명령을 적용한다.

제40조(안전보건표지의 제작) ① 안전보건표지는 그 종류별로 별표 9에 따른 기본모형에 의하여 별표 7의 구분에 따라 제작해야 한다.

② 안전보건표지는 그 표시내용을 근로자가 빠르고 쉽게 알아볼 수 있는 크기로 제작해야 한다.

③ 안전보건표지 속의 그림 또는 부호의 크기는 안전보건표지의 크기와 비례해야 하며, 안전보건표지 전체 규격의 30퍼센트 이상이 되어야 한다.

④ 안전보건표지는 쉽게 파손되거나 변형되지 않는 재료로 제작해야 한다.

⑤ 야간에 필요한 안전보건표지는 야광물질을 사용하는 등 쉽게 알아볼 수 있도록 제작해야 한다.

제41조(고객의 폭언등으로 인한 건강장해 예방조치) 사업주는 법 제41조제1항에 따라 건강장해를 예방하기 위하여 다음 각 호의 조치를 해야 한다.

1. 법 제41조제1항에 따른 폭언등을 하지 않도록 요청하는 문구 게시 또는 음성 안내
2. 고객과의 문제 상황 발생 시 대처방법 등을 포함하는 고객응대업무 매뉴얼 마련
3. 제2호에 따른 고객응대업무 매뉴얼의 내용 및 건강장해 예방 관련 교육 실시
4. 그 밖에 법 제41조제1항에 따른 고객응대근로자의 건강장해 예방을 위하여 필요한 조치

제42조(제출서류 등) ① 법 제42조제1항제1호에 해당하는 사업주가 유해위험방지계획서를 제출할 때에는 사업장별로 별지 제16호서식의 제조업 등 유해위험방지계획서에 다음 각 호의 서류를 첨부하여 해당 작업 시작 15일 전까지 공단에 2부를 제출해야 한다. 이 경우 유해위험방지계획서의 작성기준, 작성자, 심사기준, 그 밖에 심사에 필요한 사항은 고용노동부장관이 정하여 고시한다. 21. 3. 7 기 22. 3. 5 기

1. 건축물 각 층의 평면도
2. 기계·설비의 개요를 나타내는 서류
3. 기계·설비의 배치도면
4. 원재료 및 제품의 취급, 제조 등의 작업방법의 개요
5. 그 밖에 고용노동부장관이 정하는 도면 및 서류

② 법 제42조제1항제2호에 해당하는 사업주가 유해위험방지계획서를 제출할 때에는 사업장별로 별지 제16호서식의 제조업 등 유해위험방지계획서에 다음 각 호의 서류를 첨부하여 해당 작업 시작 15일 전까지 공단에 2부를 제출해야 한다.

1. 설치장소의 개요를 나타내는 서류
2. 설비의 도면
3. 그 밖에 고용노동부장관이 정하는 도면 및 서류

③ 법 제42조제1항제3호에 해당하는 사업주가 유해위험방지계획서를 제출할 때에는 별지 제17호서식의 건설공사 유해위험방지계획서에 별표 10의 서류를 첨부하여 해당 공사의 착공(유해위험방지계획서 작성 대상 시설물 또는 구조물의 공사를 시작하는 것을 말하며, 대지 정리 및 가설사무소 설치 등의 공사 준비기간은 착공으로 보지 않는다) 전날까지 공단에 2부를 제출해야 한다. 이 경우 해당 공사가 「건설기술 진흥법」 제62조에 따른 안전관리계획을 수립해야 하는 건설공사에 해당하는 경우에는 유해위험방지계획서와 안전관리계획서를 통합하여 작성한 서류를 제출할 수 있다.

합격예측 및 관련법규

제46조(확인) ① 법 제42조제1항제1호 및 제2호에 따라 유해위험방지계획서를 제출한 사업주는 해당 건설물·기계·기구 및 설비의 시운전단계에서, 법 제42조제1항제3호에 따른 사업주는 건설공사 중 6개월 이내마다 법 제43조제1항에 따라 다음 각 호의 사항에 관하여 공단의 확인을 받아야 한다. 12. 8. 20 신

1. 유해위험방지계획서의 내용과 실제공사 내용이 부합하는지 여부
2. 법 제42조제6항에 따른 유해위험방지계획서 변경내용의 적정성
3. 추가적인 유해·위험요인의 존재 여부

② 공단은 제1항에 따른 확인을 할 경우에는 그 일정을 사업주에게 미리 통보해야 한다.
③ 제44조제4항에 따른 건설물·기계·기구 및 설비 또는 건설공사의 경우 사업주가 고용노동부장관이 정하는 요건을 갖춘 지도사에게 확인을 받고 별지 제22호서식에 따라 그 결과를 공단에 제출하면 공단은 제1항에 따른 확인에 필요한 현장방문을 지도사의 확인결과로 대체할 수 있다. 다만, 건설업의 경우 최근 2년간 사망재해(별표 1 제3호라목에 따른 재해는 제외한다)가 발생한 경우에는 그렇지 않다.
④ 제3항에 따른 유해위험방지계획서에 대한 확인은 제44조제4항에 따라 평가를 한 자가 해서는 안 된다.

④ 같은 사업장 내에서 영 제42조제3항 각 호에 따른 공사의 착공시기를 달리하는 사업의 사업주는 해당 공사별 또는 해당 공사의 단위작업공사 종류별로 유해위험방지계획서를 분리하여 각각 제출할 수 있다. 이 경우 이미 제출한 유해위험방지계획서의 첨부서류와 중복되는 서류는 제출하지 않을 수 있다.
⑤ 법 제42조제1항 단서에서 "산업재해발생률 등을 고려하여 고용노동부령으로 정하는 기준에 해당하는 사업주"란 별표 11의 기준에 적합한 건설업체(이하 "자체심사 및 확인업체"라 한다)의 사업주를 말한다.
⑥ 자체심사 및 확인업체는 별표 11의 자체심사 및 확인방법에 따라 유해위험방지계획서를 스스로 심사하여 해당 공사의 착공 전날까지 별지 제18호서식의 유해위험방지계획서 자체심사서를 공단에 제출해야 한다. 이 경우 공단은 필요한 경우 자체심사 및 확인업체의 자체심사에 관하여 지도·조언할 수 있다.

제43조(유해위험방지계획서의 건설안전분야 자격 등) 법 제42조제2항에서 "건설안전 분야의 자격 등 고용노동부령으로 정하는 자격을 갖춘 자"란 다음 각 호의 어느 하나에 해당하는 사람을 말한다.

1. 건설안전 분야 산업안전지도사
2. 건설안전기술사 또는 토목·건축 분야 기술사
3. 건설안전산업기사 이상의 자격을 취득한 후 건설안전 관련 실무경력이 건설안전기사 이상의 자격은 5년, 건설안전산업기사 자격은 7년 이상인 사람

제45조(심사 결과의 구분) ① 공단은 유해위험방지계획서의 심사 결과를 다음 각 호와 같이 구분·판정한다.

1. 적정: 근로자의 안전과 보건을 위하여 필요한 조치가 구체적으로 확보되었다고 인정되는 경우
2. 조건부 적정: 근로자의 안전과 보건을 확보하기 위하여 일부 개선이 필요하다고 인정되는 경우
3. 부적정: 건설물·기계·기구 및 설비 또는 건설공사가 심사기준에 위반되어 공사착공 시 중대한 위험이 발생할 우려가 있거나 해당 계획에 근본적 결함이 있다고 인정되는 경우

② 공단은 심사 결과 적정판정 또는 조건부 적정판정을 한 경우에는 별지 제20호서식의 유해위험방지계획서 심사 결과 통지서에 보완사항을 포함(조건부 적정판정을 한 경우만 해당한다)하여 해당 사업주에게 발급하고 지방고용노동관서의 장에게 보고해야 한다.
③ 공단은 심사 결과 부적정판정을 한 경우에는 지체 없이 별지 제21호서식의 유해위험방지계획서 심사 결과(부적정) 통지서에 그 이유를 기재하여 지방고용노동관서의 장에게 통보하고 사업장 소재지 특별자치시장·특별자치도지사·시장·군수·구청장(구청장은 자치구의 구청장을 말한다. 이하 같다)에게 그 사실을 통

보해야 한다.

④ 제3항에 따른 통보를 받은 지방고용노동관서의 장은 사실 여부를 확인한 후 공사착공중지명령, 계획변경명령 등 필요한 조치를 해야 한다.

⑤ 사업주는 지방고용노동관서의 장으로부터 공사착공중지명령 또는 계획변경명령을 받은 경우에는 유해위험방지계획서를 보완하거나 변경하여 공단에 제출해야 한다.

제51조(공정안전보고서의 제출 시기) 사업주는 영 제45조제1항에 따라 유해하거나 위험한 설비의 설치·이전 또는 주요 구조부분의 변경공사의 착공일(기존 설비의 제조·취급·저장 물질이 변경되거나 제조량·취급량·저장량이 증가하여 영 별표 13에 따른 유해·위험물질 규정량에 해당하게 된 경우에는 그 해당일을 말한다) 30일 전까지 공정안전보고서를 2부 작성하여 공단에 제출해야 한다. 20. 6. 7 기

제61조(안전보건개선계획의 제출 등) ① 법 제50조제1항에 따라 안전보건개선계획서를 제출해야 하는 사업주는 법 제49조제1항에 따른 안전보건개선계획서 수립·시행 명령을 받은 날부터 60일 이내에 관할 지방고용노동관서의 장에게 해당 계획서를 제출(전자문서로 제출하는 것을 포함한다)해야 한다. 21. 5. 15 기

② 제1항에 따른 안전보건개선계획서에는 시설, 안전보건관리체제, 안전보건교육, 산업재해 예방 및 작업환경의 개선을 위하여 필요한 사항이 포함되어야 한다.

제63조(기계·설비 등에 대한 안전 및 보건조치) 법 제53조제1항에서 "안전 및 보건에 관하여 고용노동부령으로 정하는 필요한 조치"란 다음 각 호의 어느 하나에 해당하는 조치를 말한다.

1. 안전보건규칙에서 건설물 또는 그 부속건설물·기계·기구·설비·원재료에 대하여 정하는 안전조치 또는 보건조치
2. 법 제87조에 따른 안전인증대상기계등의 사용금지
3. 법 제92조에 따른 자율안전확인대상기계등의 사용금지
4. 법 제95조에 따른 안전검사대상기계등의 사용금지
5. 법 제99조제2항에 따른 안전검사대상기계등의 사용금지
6. 법 제117조제1항에 따른 제조등금지물질의 사용금지
7. 법 제118조제1항에 따른 허가대상물질에 대한 허가의 취득

제67조(중대재해 발생 시 보고) 사업주는 중대재해가 발생한 사실을 알게 된 경우에는 법 제54조제2항에 따라 지체 없이 다음 각 호의 사항을 사업장 소재지를 관할하는 지방고용노동관서의 장에게 전화·팩스 또는 그 밖의 적절한 방법으로 보고해야 한다.

1. 발생 개요 및 피해 상황
2. 조치 및 전망
3. 그 밖의 중요한 사항

합격예측 및 관련법규

제50조(공정안전보고서의 세부 내용 등)

① 영 제44조에 따라 공정안전보고서에 포함해야 할 세부 내용은 다음 각 호와 같다.

1. 공정안전자료 23. 6. 4 기
   - 가. 취급·저장하고 있거나 취급·저장하려는 유해·위험물질의 종류 및 수량
   - 나. 유해·위험물질에 대한 물질안전보건자료
   - 다. 유해하거나 위험한 설비의 목록 및 사양
   - 라. 유해하거나 위험한 설비의 운전방법을 알 수 있는 공정도면
   - 마. 각종 건물·설비의 배치도
   - 바. 폭발위험장소 구분도 및 전기단선도
   - 사. 위험설비의 안전설계·제작 및 설치 관련 지침서
2. 공정위험성평가서 및 잠재위험에 대한 사고예방·피해 최소화 대책(공정위험성 평가서는 공정의 특성 등을 고려하여 다음 각 목의 위험성평가 기법 중 한 가지 이상을 선정하여 위험성평가를 한 후 그 결과에 따라 작성해야 하며, 사고예방·피해최소화 대책은 위험성 평가 결과 잠재위험이 있다고 인정되는 경우에만 작성한다)
   - 가. 체크리스트(Check List)
   - 나. 상대위험순위결정(Dow and Mond Indices)
   - 다. 작업자 실수 분석(HEA)
   - 라. 사고 예상 질문 분석(What-if)
   - 마. 위험과 운전 분석(HAZOP)
   - 바. 이상위험도 분석(FMECA)
   - 사. 결함 수 분석(FTA)
   - 아. 사건 수 분석(ETA)
   - 자. 원인결과 분석(CCA)
   - 차. 가목부터 자목까지의 규정과 같은 수준 이상의 기술적 평가기법
3. 안전운전계획
   - 가. 안전운전지침서
   - 나. 설비점검·검사 및 보수계획, 유지계획 및 지침서
   - 다. 안전작업허가
   - 라. 도급업체 안전관리계획
   - 마. 근로자 등 교육계획
   - 바. 가동 전 점검지침
   - 사. 변경요소 관리계획

합격예측 및 관련법규

아. 자체감사 및 사고조사 계획
자. 그 밖에 안전운전에 필요한 사항
4. 비상조치계획
가. 비상조치를 위한 장비·인력 보유현황
나. 사고발생 시 각 부서·관련 기관과의 비상연락체계
다. 사고발생 시 비상조치를 위한 조직의 임무 및 수행 절차
라. 비상조치계획에 따른 교육계획
마. 주민홍보계획
바. 그 밖에 비상조치 관련 사항
② 공정안전보고서의 세부내용별 작성기준, 작성자 및 심사기준, 그 밖에 심사에 필요한 사항은 고용노동부장관이 정하여 고시한다.

제72조(산업재해 기록 등) 사업주는 산업재해가 발생한 때에는 법 제57조제2항에 따라 다음 각 호의 사항을 기록·보존해야 한다. 다만, 제73조제1항에 따른 산업재해조사표의 사본을 보존하거나 제73조제5항에 따른 요양신청서의 사본에 재해 재발방지 계획을 첨부하여 보존한 경우에는 그렇지 않다. 22. 4. 24 기

1. 사업장의 개요 및 근로자의 인적사항
2. 재해 발생의 일시 및 장소
3. 재해 발생의 원인 및 과정
4. 재해 재발방지 계획

제73조(산업재해 발생 보고 등) ① 사업주는 산업재해로 사망자가 발생하거나 3일 이상의 휴업이 필요한 부상을 입거나 질병에 걸린 사람이 발생한 경우에는 법 제57조제3항에 따라 해당 산업재해가 발생한 날부터 1개월 이내에 별지 제30호서식의 산업재해조사표를 작성하여 관할 지방고용노동관서의 장에게 제출(전자문서로 제출하는 것을 포함한다)해야 한다.

② 제1항에도 불구하고 다음 각 호의 모두에 해당하지 않는 사업주가 법률 제11882호 산업안전보건법 일부개정법률 제10조제2항의 개정규정의 시행일인 2014년 7월 1일 이후 해당 사업장에서 처음 발생한 산업재해에 대하여 지방고용노동관서의 장으로부터 별지 제30호서식의 산업재해조사표를 작성하여 제출하도록 명령을 받은 경우 그 명령을 받은 날부터 15일 이내에 이를 이행한 때에는 제1항에 따른 보고를 한 것으로 본다. 제1항에 따른 보고기한이 지난 후에 자진하여 별지 제30호서식의 산업재해조사표를 작성·제출한 경우에도 또한 같다.

1. 안전관리자 또는 보건관리자를 두어야 하는 사업주
2. 법 제62조제1항에 따라 안전보건총괄책임자를 지정해야 하는 도급인
3. 법 제73조제2항에 따라 건설재해예방전문지도기관의 지도를 받아야 하는 건설공사도급인(법 제69조제1항의 건설공사도급인을 말한다. 이하 같다)
4. 산업재해 발생사실을 은폐하려고 한 사업주

③ 사업주는 제1항에 따른 산업재해조사표에 근로자대표의 확인을 받아야 하며, 그 기재 내용에 대하여 근로자대표의 이견이 있는 경우에는 그 내용을 첨부해야 한다. 다만, 근로자대표가 없는 경우에는 재해자 본인의 확인을 받아 산업재해조사표를 제출할 수 있다.

④ 제1항부터 제3항까지의 규정에서 정한 사항 외에 산업재해발생 보고에 필요한 사항은 고용노동부장관이 정한다.

⑤ 「산업재해보상보험법」 제41조에 따라 요양급여의 신청을 받은 근로복지공단은 지방고용노동관서의 장 또는 공단으로부터 요양신청서 사본, 요양업무 관련 전산입력자료, 그 밖에 산업재해예방업무 수행을 위하여 필요한 자료의 송부를 요청받은 경우에는 이에 협조해야 한다.

제5장 도급 시 산업재해 예방

제1절 도급의 제한

제74조(안전 및 보건에 관한 평가의 내용 등) ① 사업주는 법 제58조제2항제2호에 따른 승인 및 같은 조 제5항에 따른 연장승인을 받으려는 경우 법 제165조제2항, 영 제116조제2항에 따라 고용노동부장관이 고시하는 기관을 통하여 안전 및 보건에 관한 평가를 받아야 한다.

② 제1항의 안전 및 보건에 관한 평가에 대한 내용은 별표 12와 같다.

제2절 도급인의 안전조치 및 보건조치

제79조(협의체의 구성 및 운영) ① 법 제64조제1항제1호에 따른 안전 및 보건에 관한 협의체(이하 이 조에서 "협의체"라 한다)는 도급인 및 그의 수급인 전원으로 구성해야 한다.

② 협의체는 다음 각 호의 사항을 협의해야 한다.

1. 작업의 시작 시간
2. 작업 또는 작업장 간의 연락방법
3. 재해발생 위험이 있는 경우 대피방법
4. 작업장에서의 법 제36조에 따른 위험성평가의 실시에 관한 사항
5. 사업주와 수급인 또는 수급인 상호 간의 연락 방법 및 작업공정의 조정

③ 협의체는 매월 1회 이상 정기적으로 회의를 개최하고 그 결과를 기록·보존해야 한다. 21. 5. 15 기

제80조(도급사업 시의 안전·보건조치 등) ① 도급인은 법 제64조제1항제2호에 따른 작업장 순회점검을 다음 각 호의 구분에 따라 실시해야 한다.

1. 다음 각 목의 사업 : 2일에 1회 이상 22. 3. 5 기
   가. 건설업
   나. 제조업
   다. 토사석 광업
   라. 서적, 잡지 및 기타 인쇄물 출판업
   마. 음악 및 기타 오디오물 출판업
   바. 금속 및 비금속 원료 재생업
2. 제1호 각 목의 사업을 제외한 사업 : 1주일에 1회 이상

② 관계수급인은 제1항에 따라 도급인이 실시하는 순회점검을 거부·방해 또는 기피해서는 안 되며 점검 결과 도급인의 시정요구가 있으면 이에 따라야 한다.

③ 도급인은 법 제64조제1항제3호에 따라 관계수급인이 실시하는 근로자의 안전·보건교육에 필요한 장소 및 자료의 제공 등을 요청받은 경우 협조해야 한다.

합격예측 및 관련법규

제87조(공사기간 연장 요청 등)
① 건설공사도급인은 법 제70조제1항에 따라 공사기간 연장을 요청하려면 같은 항 각 호의 사유가 종료된 날부터 10일이 되는 날까지 별지 제35호서식의 공사기간 연장 요청서에 다음 각 호의 서류를 첨부하여 건설공사발주자에게 제출해야 한다. 다만, 해당 공사기간의 연장 사유가 그 건설공사의 계약기간 만료 후에도 지속될 것으로 예상되는 경우에는 그 계약기간 만료 전에 건설공사발주자에게 공사기간 연장을 요청할 예정임을 통지하고, 그 사유가 종료된 날부터 10일이 되는 날까지 공사기간 연장을 요청할 수 있다.〈개정 2021. 1. 19., 2022. 8. 18.〉
1. 공사기간 연장 요청 사유 및 그에 따른 공사 지연사실을 증명할 수 있는 서류
2. 공사기간 연장 요청 기간 산정 근거 및 공사 지연에 따른 공정 관리 변경에 관한 서류

② 건설공사의 관계수급인은 법 제70조제2항에 따라 공사기간 연장을 요청하려면 같은 항의 사유가 종료된 날부터 10일이 되는 날까지 별지 제35호서식의 공사기간 연장 요청서에 제1항 각 호의 서류를 첨부하여 건설공사도급인에게 제출해야 한다. 다만, 해당 공사기간 연장 사유가 그 건설공사의 계약기간 만료 후에도 지속될 것으로 예상되는 경우에는 그 계약기간 만료 전에 건설공사도급인에게 공사기간 연장을 요청할 예정임을 통지하고, 그 사유가 종료된 날부터 10일이 되는 날까지 공사기간 연장을 요청할 수 있다.
③ 건설공사도급인은 제2항에 따른 요청을 받은 날부터 30일 이내에 공사기간 연장 조치를 하거나 10일 이내에 건설공사발주자에게 그 기간의 연장을 요청해야 한다.
④ 건설공사발주자는 제1항 및 제3항에 따른 요청을 받은 날부터 30일 이내에 공사기간 연장 조치를 해야 한다. 다만, 남은 공사기간 내에 공사를 마칠 수 있다고 인정되는 경우에는 그 사유와 그 사유를 증명하는 서류를 첨부하여 건설공사도급인에게 통보해야 한다.

제81조(위생시설의 설치 등 협조) ① 법 제64조제1항제6호에서 "위생시설 등 고용노동부령으로 정하는 시설"이란 다음 각 호의 시설을 말한다.

1. 휴게시설
2. 세면·목욕시설
3. 세탁시설
4. 탈의시설
5. 수면시설

② 도급인이 제1항에 따른 시설을 설치할 때에는 해당 시설에 대해 안전보건규칙에서 정하고 있는 기준을 준수해야 한다.

제82조(도급사업의 합동 안전·보건점검) ① 법 제64조제2항에 따라 도급인이 작업장의 안전 및 보건에 관한 점검을 할 때에는 다음 각 호의 사람으로 점검반을 구성해야 한다.

1. 도급인(같은 사업 내에 지역을 달리하는 사업장이 있는 경우에는 그 사업장의 안전보건관리책임자)
2. 관계수급인(같은 사업 내에 지역을 달리하는 사업장이 있는 경우에는 그 사업장의 안전보건관리책임자)
3. 도급인 및 관계수급인의 근로자 각 1명(관계수급인의 근로자의 경우에는 해당 공정만 해당한다)

② 법 제64조제2항에 따른 정기 안전·보건점검의 실시 횟수는 다음 각 호의 구분에 따른다.

1. 다음 각 목의 사업 : 2개월에 1회 이상
   가. 건설업　　나. 선박 및 보트 건조업
2. 제1호의 사업을 제외한 사업 : 분기에 1회 이상

제3절 건설업 등의 산업재해 예방

제86조(기본안전보건대장 등) ① 법 제67조제1항제1호에 따른 기본안전보건대장에는 다음 각 호의 사항이 포함되어야 한다. 〈개정 2024. 6. 28.〉

1. 건설공사 계획단계에서 예상되는 공사내용, 공사규모 등 공사 개요
2. 공사현장 제반 정보
3. 건설공사에 설치·사용 예정인 구조물, 기계·기구 등 고용노동부장관이 정하여 고시하는 유해·위험요인과 그에 대한 안전조치 및 위험성 감소방안
4. 산업재해 예방을 위한 건설공사발주자의 법령상 주요 의무사항 및 이에 대한 확인

② 법 제67조제1항제2호에 따른 설계안전보건대장에는 다음 각 호의 사항이 포함되어야 한다. 다만, 건설공사발주자가 「건설기술 진흥법」 제39조제3항 및 제4항에 따라 설계용역에 대하여 건설엔지니어링사업자로 하여금 건설사업관리를 하게 하고 해당 설계용역에 대하여 같은 법 시행령 제59조제4항제8호에 따른 공사기간 및 공사비의 적정성 검토가 포함된 건설사업관리 결과보고서를 작성·제출받

은 경우에는 제1호를 포함하지 않을 수 있다. 〈개정 2021. 1. 19., 2024. 6. 28.〉

1. 안전한 작업을 위한 적정 공사기간 및 공사금액 산출서
2. 건설공사 중 발생할 수 있는 유해·위험요인 및 시공단계에서 고려해야 할 유해·위험요인 감소방안
3. 삭제 〈2024. 6. 28.〉
4. 삭제 〈2024. 6. 28.〉
5. 법 제72조제1항에 따른 산업안전보건관리비(이하 "산업안전보건관리비"라 한다)의 산출내역서
6. 삭제 〈2024. 6. 28.〉

③ 법 제67조제1항제3호에 따른 공사안전보건대장에 포함하여 이행여부를 확인해야 할 사항은 다음 각 호와 같다. 〈개정 2021. 1. 19., 2024. 6. 28.〉

1. 설계안전보건대장의 유해·위험요인 감소방안을 반영한 건설공사 중 안전보건 조치 이행계획
2. 법 제42조제1항에 따른 유해위험방지계획서의 심사 및 확인결과에 대한 조치내용
3. 고용노동부장관이 정하여 고시하는 건설공사용 기계·기구의 안전성 확보를 위한 배치 및 이동계획
4. 법 제73조제1항에 따른 건설공사의 산업재해 예방 지도를 위한 계약 여부, 지도결과 및 조치내용

④ 제1항부터 제3항까지의 규정에 따른 기본안전보건대장, 설계안전보건대장 및 공사안전보건대장의 작성과 공사안전보건대장의 이행여부 확인 방법 및 절차 등에 관하여 필요한 사항은 고용노동부장관이 정하여 고시한다.

제93조(노사협의체 협의사항 등) 법 제75조제5항에서 "고용노동부령으로 정하는 사항"이란 다음 각 호의 사항을 말한다.

1. 산업재해 예방방법 및 산업재해가 발생한 경우의 대피방법
2. 작업의 시작시간, 작업 및 작업장 간의 연락방법
3. 그 밖의 산업재해 예방과 관련된 사항

제4절 그 밖의 고용형태에서의 산업재해 예방

제95조(교육시간 및 교육내용 등) ① 특수형태근로종사자로부터 노무를 제공받는 자가 법 제77조제2항에 따라 특수형태근로종사자에 대하여 실시해야 하는 안전 및 보건에 관한 교육시간은 별표 4와 같고, 교육내용은 별표 5와 같다.

② 특수형태근로종사자로부터 노무를 제공받는 자가 제1항에 따른 교육을 자체적으로 실시하는 경우 교육을 할 수 있는 사람은 제26조제3항 각 호의 어느 하나에 해당하는 사람으로 한다.

합격예측 및 관련법규

⑤ 제2항에 따라 공사기간 연장을 요청받은 건설공사도급인은 제4항에 따라 건설공사발주자로부터 공사기간 연장 조치에 대한 결과를 통보받은 날부터 5일 이내에 관계수급인에게 그 결과를 통보해야 한다.

③ 특수형태근로종사자로부터 노무를 제공받는 자는 제1항에 따른 교육을 안전보건교육기관에 위탁할 수 있다.
④ 제1항에 따른 교육을 실시하기 위한 교육방법과 그 밖에 교육에 필요한 사항은 고용노동부장관이 정하여 고시한다.
⑤ 특수형태근로종사자의 교육면제에 대해서는 제27조제4항을 준용한다. 이 경우 "사업주"는 "특수형태근로종사자로부터 노무를 제공받는 자"로, "근로자"는 "특수형태근로종사자"로, "채용"은 "최초 노무제공"으로 본다.

제6장 유해·위험 기계 등에 대한 조치

제1절 유해하거나 위험한 기계 등에 대한 방호조치 등

제98조(방호조치) ① 법 제80조제1항에 따라 영 제70조 및 영 별표 20의 기계·기구에 설치해야 할 방호장치는 다음 각 호와 같다.

1. 영 별표 20 제1호에 따른 예초기 : 날접촉 예방장치
2. 영 별표 20 제2호에 따른 원심기 : 회전체 접촉 예방장치
3. 영 별표 20 제3호에 따른 공기압축기 : 압력방출장치
4. 영 별표 20 제4호에 따른 금속절단기 : 날접촉 예방장치
5. 영 별표 20 제5호에 따른 지게차 : 헤드 가드, 백레스트(backrest), 전조등, 후미등, 안전벨트
6. 영 별표 20 제6호에 따른 포장기계 : 구동부 방호 연동장치

② 법 제80조제2항에서 "고용노동부령으로 정하는 방호조치"란 다음 각 호의 방호조치를 말한다.

1. 작동 부분의 돌기부분은 묻힘형으로 하거나 덮개를 부착할 것
2. 동력전달부분 및 속도조절부분에는 덮개를 부착하거나 방호망을 설치할 것
3. 회전기계의 물림점(롤러나 톱니바퀴 등 반대방향의 두 회전체에 물려 들어가는 위험점)에는 덮개 또는 울을 설치할 것

③ 제1항 및 제2항에 따른 방호조치에 필요한 사항은 고용노동부장관이 정하여 고시한다.

제2절 안전인증

제107조(안전인증대상기계등) 법 제84조제1항에서 "고용노동부령으로 정하는 안전인증대상기계등"이란 다음 각 호의 기계 및 설비를 말한다.

1. 설치·이전하는 경우 안전인증을 받아야 하는 기계
   가. 크레인
   나. 리프트
   다. 곤돌라

2. 주요 구조 부분을 변경하는 경우 안전인증을 받아야 하는 기계 및 설비
   가. 프레스
   나. 전단기 및 절곡기(折曲機)
   다. 크레인
   라. 리프트
   마. 압력용기
   바. 롤러기
   사. 사출성형기(射出成形機)
   아. 고소(高所)작업대
   자. 곤돌라

제114조(안전인증의 표시) ① 법 제85조제1항에 따른 안전인증의 표시 중 안전인증대상기계등의 안전인증의 표시 및 표시방법은 별표 14와 같다.
② 법 제85조제1항에 따른 안전인증의 표시 중 법 제84조제3항에 따른 안전인증대상기계등이 아닌 유해·위험기계등의 안전인증 표시 및 표시방법은 별표 15와 같다.

제3절 자율안전확인의 신고

제119조(신고의 면제) 법 제89조제1항제3호에서 "고용노동부령으로 정하는 경우"란 다음 각 호의 어느 하나에 해당하는 경우를 말한다.
1. 「농업기계화촉진법」 제9조에 따른 검정을 받은 경우
2. 「산업표준화법」 제15조에 따른 인증을 받은 경우
3. 「전기용품 및 생활용품 안전관리법」 제5조 및 제8조에 따른 안전인증 및 안전검사를 받은 경우
4. 국제전기기술위원회의 국제방폭전기기계·기구 상호인정제도에 따라 인증을 받은 경우

제4절 안전검사

제124조(안전검사의 신청 등) ① 법 제93조제1항에 따라 안전검사를 받아야 하는 자는 별지 제50호서식의 안전검사 신청서를 제126조에 따른 검사 주기 만료일 30일 전에 영 제116조제2항에 따라 안전검사 업무를 위탁받은 기관(이하 "안전검사기관"이라 한다)에 제출(전자문서로 제출하는 것을 포함한다)해야 한다.
② 제1항에 따른 안전검사 신청을 받은 안전검사기관은 검사 주기 만료일 전후 각각 30일 이내에 해당 기계·기구 및 설비별로 안전검사를 해야 한다. 이 경우 해당 검사기간 이내에 검사에 합격한 경우에는 검사 주기 만료일에 안전검사를 받은 것으로 본다.

합격예측 및 관련법규

「농업기계화 촉진법」 (약칭 : 농업기계화법)
제9조(농업기계의 검정) ① 농업기계의 제조업자와 수입업자는 제조하거나 수입하는 농업용 트랙터, 콤바인 등 농림축산식품부령으로 정하는 농업기계에 대하여 농림축산식품부장관의 검정을 받아야 한다. 다만, 연구·개발 또는 수출을 목적으로 제조하거나 수입하는 경우에는 그러하지 아니하다.
② 누구든지 제1항에 따른 검정을 받지 아니하거나 검정에 부적합판정을 받은 농업기계를 판매·유통해서는 아니 된다.
③ 농림축산식품부장관은 제1항에 따른 검정에 적합판정을 받은 농업기계와 동일한 형식의 농업기계에 대하여 품질 유지 등을 위하여 필요하다고 인정하면 그 농업기계에 대하여 사후검정을 할 수 있다.
④ 농업기계 제조업자나 수입업자는 제1항에 따른 검정이나 제3항에 따른 사후검정에 이의가 있으면 농림축산식품부령으로 정하는 바에 따라 이의신청을 할 수 있다.
⑤ 제1항에 따른 검정 및 제3항에 따른 사후검정의 종류·신청·기준·방법과 검정 용도의 제품 처리, 검정 결과의 공표 등에 필요한 사항은 농림축산식품부령으로 정한다.
⑥ 제1항에 따른 검정을 받으려는 자는 농림축산식품부장관이 정하는 바에 따라 수수료를 내야 한다.

「산업표준화법」
제15조(제품의 인증) ① 산업통상자원부장관이 필요하다고 인정하여 심의회의 심의를 거쳐 지정한 광공업품을 제조하는 자는 공장 또는 사업장마다 산업통상자원부령으로 정하는 바에 따라 인증기관으로부터 그 제품의 인증을 받을 수 있다.
② 제1항에 따라 제품의 인증을 받은 자는 그 제품·포장·용기·납품서 또는 보증서에 산업통상자원부령으로 정하는 바에 따라 그 제품이 한국산업표준에 적합한 것임을 나타내는 표시(이하 이 조에서 "제품인증표시"라 한다)를 하거나 이를 홍보할 수 있다.

합격예측 및 관련법규

③ 제1항에 따른 인증을 받은 자가 아니면 제품·포장·용기·납품서·보증서 또는 홍보물에 제품인증표시를 하거나 이와 유사한 표시를 하여서는 아니 된다.
④ 제3항을 위반하여 제품인증표시를 하거나 이와 유사한 표시를 한 제품을 그 사실을 알고 판매·수입하거나 판매를 위하여 진열·보관 또는 운반하여서는 아니 된다.

전기용품 및 생활용품 안전관리법(약칭 : 전기생활용품안전법)
제5조(안전인증 등) ① 안전인증대상제품의 제조업자(외국에서 제조하여 대한민국으로 수출하는 자를 포함한다. 이하 같다) 또는 수입업자는 안전인증대상제품에 대하여 모델(산업통상자원부령으로 정하는 고유한 명칭을 붙인 제품의 형식을 말한다. 이하 같다)별로 산업통상자원부령으로 정하는 바에 따라 안전인증기관의 안전인증을 받아야 한다.
② 안전인증대상제품의 제조업자 또는 수입업자는 안전인증을 받은 사항을 변경하려는 경우에는 산업통상자원부령으로 정하는 바에 따라 안전인증기관으로부터 변경인증을 받아야 한다. 다만, 제품의 안전성과 관련이 없는 것으로서 산업통상자원부령으로 정하는 사항을 변경하는 경우에는 그러하지 아니하다.
③ 안전인증기관은 안전인증대상제품이 산업통상자원부장관이 정하여 고시하는 제품시험의 안전기준 및 공장심사기준에 적합한 경우 안전인증을 하여야 한다. 다만, 안전기준이 고시되지 아니하거나 고시된 안전기준을 적용할 수 없는 경우의 안전인증대상제품에 대해서는 산업통상자원부령으로 정하는 바에 따라 안전인증을 할 수 있다.
④ 안전인증기관은 제3항에 따라 안전인증을 하는 경우 산업통상자원부령으로 정하는 바에 따라 조건을 붙일 수 있다. 이 경우 그 조건은 해당 제조업자에게 부당한 의무를 부과하는 것이어서는 아니 된다.

제126조(안전검사의 주기와 합격표시 및 표시방법) ① 법 제93조제3항에 따른 안전검사대상기계등의 안전검사 주기는 다음 각 호와 같다.

1. 크레인(이동식 크레인은 제외한다), 리프트(이삿짐운반용 리프트는 제외한다) 및 곤돌라 : 사업장에 설치가 끝난 날부터 3년 이내에 최초 안전검사를 실시하되, 그 이후부터 2년마다(건설현장에서 사용하는 것은 최초로 설치한 날부터 6개월마다)
2. 이동식 크레인, 이삿짐운반용 리프트 및 고소작업대 : 「자동차관리법」 제8조에 따른 신규등록 이후 3년 이내에 최초 안전검사를 실시하되, 그 이후부터 2년마다
3. 프레스, 전단기, 압력용기, 국소 배기장치, 원심기, 롤러기, 사출성형기, 컨베이어 및 산업용 로봇, 혼합기, 파쇄기 또는 분쇄기 : 사업장에 설치가 끝난 날부터 3년 이내에 최초 안전검사를 실시하되, 그 이후부터 2년마다(공정안전보고서를 제출하여 확인을 받은 압력용기는 4년마다)

② 법 제93조제3항에 따른 안전검사의 합격표시 및 표시방법은 별표 16과 같다

제5절 유해·위험기계등의 조사 및 지원 등

제136조(제조 과정 조사 등) 영 제83조에 따른 제조 과정 조사 및 성능시험의 절차 및 방법은 제110조, 제111조제1항 및 제120조의 규정을 준용한다.

제7장 유해·위험물질에 대한 조치

제1절 유해·위험물질의 분류 및 관리

제141조(유해인자의 분류기준) 법 제104조에 따른 근로자에게 건강장해를 일으키는 화학물질 및 물리적 인자 등(이하 "유해인자"라 한다)의 유해성·위험성 분류기준은 별표 18과 같다.

제156조(물질안전보건자료의 작성방법 및 기재사항) ① 법 제110조제1항에 따른 물질안전보건자료대상물질(이하 "물질안전보건자료대상물질"이라 한다)을 제조·수입하려는 자가 물질안전보건자료를 작성하는 경우에는 그 물질안전보건자료의 신뢰성이 확보될 수 있도록 인용된 자료의 출처를 함께 적어야 한다.
② 법 제110조제1항제5호에서 "물리·화학적 특성 등 고용노동부령으로 정하는 사항"이란 다음 각 호의 사항을 말한다.

1. 물리·화학적 특성
2. 독성에 관한 정보
3. 폭발·화재 시의 대처방법
4. 응급조치 요령
5. 그 밖에 고용노동부장관이 정하는 사항

③ 그 밖에 물질안전보건자료의 세부 작성방법, 용어 등 필요한 사항은 고용노동부장관이 정하여 고시한다.

제167조(물질안전보건자료를 게시하거나 갖추어 두는 방법) ① 법 제114조제1항에 따라 물질안전보건자료대상물질을 취급하는 사업주는 다음 각 호의 어느 하나에 해당하는 장소 또는 전산장비에 항상 물질안전보건자료를 게시하거나 갖추어 두어야 한다. 다만, 제3호에 따른 장비에 게시하거나 갖추어 두는 경우에는 고용노동부장관이 정하는 조치를 해야 한다.

1. 물질안전보건자료대상물질을 취급하는 작업공정이 있는 장소
2. 작업장 내 근로자가 가장 보기 쉬운 장소
3. 근로자가 작업 중 쉽게 접근할 수 있는 장소에 설치된 전산장비

② 제1항에도 불구하고 건설공사, 안전보건규칙 제420조제8호에 따른 임시 작업 또는 같은 조 제9호에 따른 단시간 작업에 대해서는 법 제114조제2항에 따른 물질안전보건자료대상물질의 관리 요령으로 대신 게시하거나 갖추어 둘 수 있다. 다만, 근로자가 물질안전보건자료의 게시를 요청하는 경우에는 제1항에 따라 게시해야 한다.

제168조(물질안전보건자료대상물질의 관리 요령 게시) ① 법 제114조제2항에 따른 작업공정별 관리 요령에 포함되어야 할 사항은 다음 각 호와 같다.

1. 제품명
2. 건강 및 환경에 대한 유해성, 물리적 위험성
3. 안전 및 보건상의 취급주의 사항
4. 적절한 보호구
5. 응급조치 요령 및 사고 시 대처방법

② 작업공정별 관리 요령을 작성할 때에는 법 제114조제1항에 따른 물질안전보건자료에 적힌 내용을 참고해야 한다.

③ 작업공정별 관리 요령은 유해성·위험성이 유사한 물질안전보건자료대상물질의 그룹별로 작성하여 게시할 수 있다.

제2절 석면에 대한 조치

제175조(석면조사의 생략 등 확인 절차) ① 법 제119조제2항 각 호 외의 부분 단서에 따라 건축물이나 설비의 소유주 또는 임차인 등(이하 "건축물·설비소유주등"이라 한다)이 영 제89조제2항 각 호에 따른 석면조사의 생략 대상 건축물이나 설비에 대하여 확인을 받으려는 경우에는 영 제89조제2항 각 호의 사유에 해당함을 증명할 수 있는 서류를 첨부하여 별지 제74호서식의 석면조사의 생략 등 확인 신청서에 석면이 함유되어 있지 않음 또는 석면이 1퍼센트(무게 퍼센트) 초과하여 함유되어 있음을 표시하여 관할 지방고용노동관서의 장에게 제출해야 한다.

② 법 제119조제3항에 따라 건축물·설비소유주등이 「석면안전관리법」에 따른 석면조사를 실시한 경우에는 별지 제74호서식의 석면조사의 생략 등 확인신청서에 「석면안전관리법」에 따른 석면조사를 하였음을 표시하고 그 석면조사 결과서를 첨부하여 관할 지방고용노동관서의 장에게 제출해야 한다. 다만, 「석면안전관리

합격예측 및 관련법규

제8조(안전인증대상 수입 중고 전기용품의 안전검사) ① 중고 안전인증대상전기용품을 외국에서 수입하려는 자는 산업통상자원부령으로 정하는 바에 따라 해당 안전인증대상전기용품의 안전성을 확인하기 위한 안전검사를 받아야 한다. 다만, 제5조제1항에 따른 안전인증을 받거나 제6조 각 호에 따른 안전인증의 면제 사유에 해당하는 경우에는 그러하지 아니하다.
② 제1항에 따른 안전검사의 기준은 제5조제3항에 따른 안전기준을 준용한다.

제132조(자율검사프로그램의 인정 등) ① 사업주가 법 제98조제1항에 따라 자율검사프로그램을 인정받기 위해서는 다음 각 호의 요건을 모두 충족해야 한다. 다만, 법 제98조제4항에 따른 검사기관(이하 "자율안전검사기관"이라 한다)에 위탁한 경우에는 제1호 및 제2호를 충족한 것으로 본다. 18. 5. 8 산

1. 검사원을 고용하고 있을 것
2. 고용노동부장관이 정하여 고시하는 바에 따라 검사를 할 수 있는 장비를 갖추고 이를 유지·관리할 수 있을 것
3. 제126조에 따른 안전검사 주기의 2분의 1에 해당하는 주기(영 제78조제1항제3호의 크레인 중 건설현장 외에서 사용하는 크레인의 경우에는 6개월)마다 검사를 할 것
4. 자율검사프로그램의 검사기준이 법 제93조제1항에 따라 고용노동부장관이 정하여 고시하는 검사기준(이하 "안전검사기준"이라 한다)을 충족할 것

② 자율검사프로그램에는 다음 각 호의 내용이 포함되어야 한다.

1. 안전검사대상기계등의 보유 현황
2. 검사원 보유 현황과 검사를 할 수 있는 장비 및 장비 관리방법(자율안전검사기관에 위탁한 경우에는 위탁을 증명할 수 있는 서류를 제출한다)
3. 안전검사대상기계등의 검사 주기 및 검사기준
4. 향후 2년간 안전검사대상기계등의 검사수행계획

합격예측 및 관련법규

5. 과거 2년간 자율검사프로그램 수행 실적(재신청의 경우만 해당한다)

③ 법 제98조제1항에 따라 자율검사프로그램을 인정받으려는 자는 별지 제52호서식의 자율검사프로그램 인정신청서에 제2항 각 호의 내용이 포함된 자율검사프로그램을 확인할 수 있는 서류 2부를 첨부하여 공단에 제출해야 한다.

④ 제3항에 따른 자율검사프로그램 인정신청서를 제출받은 공단은 「전자정부법」 제36조제1항에 따른 행정정보의 공동이용을 통하여 다음 각 호의 어느 하나에 해당하는 서류를 확인해야 한다. 다만, 제2호의 서류에 대해서는 신청인이 확인에 동의하지 않는 경우에는 그 사본을 첨부하도록 해야 한다.

1. 법인 : 법인등기사항증명서
2. 개인 : 사업자등록증

⑤ 공단은 제3항에 따라 자율검사프로그램 인정신청서를 제출받은 경우에는 15일 이내에 인정 여부를 결정한다.

⑥ 공단은 신청받은 자율검사프로그램을 인정하는 경우에는 별지 제53호서식의 자율검사프로그램 인정서에 인정증명 도장을 찍은 자율검사프로그램 1부를 첨부하여 신청자에게 발급해야 한다.

⑦ 공단은 신청받은 자율검사프로그램을 인정하지 않는 경우에는 별지 제54호서식의 자율검사프로그램 부적합 통지서에 부적합한 사유를 밝혀 신청자에게 통지해야 한다.

법 시행규칙」 제26조에 따라 건축물석면조사 결과를 관계 행정기관의 장에게 제출한 경우에는 석면조사의 생략 등 확인신청서를 제출하지 않을 수 있다.

③ 지방고용노동관서의 장은 제1항 및 제2항에 따른 신청서가 제출되면 이를 확인한 후 접수된 날부터 20일 이내에 그 결과를 해당 신청인에게 통지해야 한다.

④ 지방고용노동관서의 장은 제3항에 따른 신청서의 내용을 확인하기 위하여 기술적인 사항에 대하여 공단에 검토를 요청할 수 있다.

제185조(석면농도의 측정방법) ① 법 제124조제2항에 따른 석면농도의 측정방법은 다음 각 호와 같다.

1. 석면해체·제거작업장 내의 작업이 완료된 상태를 확인한 후 공기가 건조한 상태에서 측정할 것
2. 작업장 내에 침전된 분진을 흩날린 후 측정할 것
3. 시료채취기를 작업이 이루어진 장소에 고정하여 공기 중 입자상 물질을 채취하는 지역시료채취방법으로 측정할 것

② 제1항에 따른 측정방법의 구체적인 사항, 그 밖의 시료채취 수, 분석방법 등에 관하여 필요한 사항은 고용노동부장관이 정하여 고시한다.

제8장 근로자 보건관리

제1절 근로환경의 개선

제186조(작업환경측정 대상 작업장 등) ① 법 제125조제1항에서 "고용노동부령으로 정하는 작업장"이란 별표 21의 작업환경측정 대상 유해인자에 노출되는 근로자가 있는 작업장을 말한다. 다만, 다음 각 호의 어느 하나에 해당하는 경우에는 작업환경측정을 하지 않을 수 있다.

1. 안전보건규칙 제420조제1호에 따른 관리대상 유해물질의 허용소비량을 초과하지 않는 작업장(그 관리대상 유해물질에 관한 작업환경측정만 해당한다)
2. 안전보건규칙 제420조제8호에 따른 임시 작업 및 같은 조 제9호에 따른 단시간 작업을 하는 작업장(고용노동부장관이 정하여 고시하는 물질을 취급하는 작업을 하는 경우는 제외한다)
3. 안전보건규칙 제605조제2호에 따른 분진작업의 적용 제외 작업장(분진에 관한 작업환경측정만 해당한다)
4. 그 밖에 작업환경측정 대상 유해인자의 노출 수준이 노출기준에 비하여 현저히 낮은 경우로서 고용노동부장관이 정하여 고시하는 작업장

② 안전보건진단기관이 안전보건진단을 실시하는 경우에 제1항에 따른 작업장의 유해인자 전체에 대하여 고용노동부장관이 정하는 방법에 따라 작업환경을 측정하였을 때에는 사업주는 법 제125조에 따라 해당 측정주기에 실시해야 할 해당 작업장의 작업환경측정을 하지 않을 수 있다.

제2절 건강진단 및 건강관리

제195조(근로자 건강진단 실시에 대한 협력 등) ① 사업주는 법 제135조제1항에 따른 특수건강진단기관 또는 「건강검진기본법」 제3조제2호에 따른 건강검진기관(이하 "건강진단기관"이라 한다)이 근로자의 건강진단을 위하여 다음 각 호의 정보를 요청하는 경우 해당 정보를 제공하는 등 근로자의 건강진단이 원활히 실시될 수 있도록 적극 협조해야 한다.

1. 근로자의 작업장소, 근로시간, 작업내용, 작업방식 등 근무환경에 관한 정보
2. 건강진단 결과, 작업환경측정 결과, 화학물질 사용 실태, 물질안전보건자료 등 건강진단에 필요한 정보

② 근로자는 사업주가 실시하는 건강진단 및 의학적 조치에 적극 협조해야 한다.
③ 건강진단기관은 사업주가 법 제129조부터 제131조까지의 규정에 따라 건강진단을 실시하기 위하여 출장검진을 요청하는 경우에는 출장검진을 할 수 있다.

제197조(일반건강진단의 주기 등) ① 사업주는 상시 사용하는 근로자 중 사무직에 종사하는 근로자(공장 또는 공사현장과 같은 구역에 있지 않은 사무실에서 서무·인사·경리·판매·설계 등의 사무업무에 종사하는 근로자를 말하며, 판매업무 등에 직접 종사하는 근로자는 제외한다)에 대해서는 2년에 1회 이상, 그 밖의 근로자에 대해서는 1년에 1회 이상 일반건강진단을 실시해야 한다. 21. 8. 14 기
② 법 제129조에 따라 일반건강진단을 실시해야 할 사업주는 일반건강진단 실시 시기를 안전보건관리규정 또는 취업규칙에 규정하는 등 일반건강진단이 정기적으로 실시되도록 노력해야 한다.

제198조(일반건강진단의 검사항목 및 실시방법 등) ① 일반건강진단의 제1차 검사항목은 다음 각 호와 같다.

1. 과거병력, 작업경력 및 자각·타각증상(시진·촉진·청진 및 문진)
2. 혈압·혈당·요당·요단백 및 빈혈검사
3. 체중·시력 및 청력
4. 흉부방사선 촬영
5. AST(SGOT) 및 ALT(SGPT), γ-GTP 및 총콜레스테롤

② 제1항에 따른 제1차 검사항목 중 혈당·γ-GTP 및 총콜레스테롤 검사는 고용노동부장관이 정하는 근로자에 대하여 실시한다.
③ 제1항에 따른 검사 결과 질병의 확진이 곤란한 경우에는 제2차 건강진단을 받아야 하며, 제2차 건강진단의 범위, 검사항목, 방법 및 시기 등은 고용노동부장관이 정하여 고시한다.
④ 제196조 각 호 및 제200조 각 호에 따른 법령과 그 밖에 다른 법령에 따라 제1항부터 제3항까지의 규정에서 정한 검사항목과 같은 항목의 건강진단을 실시한 경우에는 해당 항목에 한정하여 제1항부터 제3항에 따른 검사를 생략할 수 있다.

합격예측 및 관련법규

제194조의2(휴게시설의 설치·관리기준) 법 제128조의2 제2항에서 "크기, 위치, 온도, 조명 등 고용노동부령으로 정하는 설치·관리기준"이란 별표 21의2의 휴게시설 설치·관리기준을 말한다.
[본조신설 2022. 8. 18.]

⑤ 제1항부터 제4항까지의 규정에서 정한 사항 외에 일반건강진단의 검사방법, 실시방법, 그 밖에 필요한 사항은 고용노동부장관이 정한다.

제220조(질병자의 근로금지) ① 법 제138조제1항에 따라 사업주는 다음 각 호의 어느 하나에 해당하는 사람에 대해서는 근로를 금지해야 한다.

1. 전염될 우려가 있는 질병에 걸린 사람. 다만, 전염을 예방하기 위한 조치를 한 경우는 제외한다.
2. 조현병, 마비성 치매에 걸린 사람
3. 심장·신장·폐 등의 질환이 있는 사람으로서 근로에 의하여 병세가 악화될 우려가 있는 사람
4. 제1호부터 제3호까지의 규정에 준하는 질병으로서 고용노동부장관이 정하는 질병에 걸린 사람

② 사업주는 제1항에 따라 근로를 금지하거나 근로를 다시 시작하도록 하는 경우에는 미리 보건관리자(의사인 보건관리자만 해당한다), 산업보건의 또는 건강진단을 실시한 의사의 의견을 들어야 한다.

제221조(질병자 등의 근로 제한) ① 사업주는 법 제129조부터 제130조에 따른 건강진단 결과 유기화합물·금속류 등의 유해물질에 중독된 사람, 해당 유해물질에 중독될 우려가 있다고 의사가 인정하는 사람, 진폐의 소견이 있는 사람 또는 방사선에 피폭된 사람을 해당 유해물질 또는 방사선을 취급하거나 해당 유해물질의 분진·증기 또는 가스가 발산되는 업무 또는 해당 업무로 인하여 근로자의 건강을 악화시킬 우려가 있는 업무에 종사하도록 해서는 안 된다.

② 사업주는 다음 각 호의 어느 하나에 해당하는 질병이 있는 근로자를 고기압 업무에 종사하도록 해서는 안 된다.

1. 감압증이나 그 밖에 고기압에 의한 장해 또는 그 후유증
2. 결핵, 급성상기도감염, 진폐, 폐기종, 그 밖의 호흡기계의 질병
3. 빈혈증, 심장판막증, 관상동맥경화증, 고혈압증, 그 밖의 혈액 또는 순환기계의 질병
4. 정신신경증, 알코올중독, 신경통, 그 밖의 정신신경계의 질병
5. 메니에르씨병, 중이염, 그 밖의 이관(耳管)협착을 수반하는 귀 질환
6. 관절염, 류마티스, 그 밖의 운동기계의 질병
7. 천식, 비만증, 바세도우씨병, 그 밖에 알레르기성·내분비계·물질대사 또는 영양장해 등과 관련된 질병

제9장 산업안전지도사 및 산업보건지도사

제225조(자격시험의 공고) 「한국산업인력공단법」에 따른 한국산업인력공단(이하 "한국산업인력공단"이라 한다)이 지도사 자격시험을 시행하려는 경우에는 시험 응시자격, 시험과목, 일시, 장소, 응시 절차, 그 밖에 자격시험 응시에 필요한 사항을 시험 실시 90일 전까지 일간신문 등에 공고해야 한다.

제10장 근로감독관 등

제235조(감독기준) 근로감독관은 다음 각 호의 어느 하나에 해당하는 경우 법 제155조제1항에 따라 질문·검사·점검하거나 관계 서류의 제출을 요구할 수 있다.

1. 산업재해가 발생하거나 산업재해 발생의 급박한 위험이 있는 경우
2. 근로자의 신고 또는 고소·고발 등에 대한 조사가 필요한 경우
3. 법 또는 법에 따른 명령을 위반한 범죄의 수사 등 사법경찰관리의 직무를 수행하기 위하여 필요한 경우
4. 그 밖에 고용노동부장관 또는 지방고용노동관서의 장이 법 또는 법에 따른 명령의 위반 여부를 조사하기 위하여 필요하다고 인정하는 경우

제236조(보고·출석기간) ① 지방고용노동관서의 장은 법 제155조제3항에 따라 보고 또는 출석의 명령을 하려는 경우에는 7일 이상의 기간을 주어야 한다. 다만, 긴급한 경우에는 그렇지 않다.
② 제1항에 따른 보고 또는 출석의 명령은 문서로 해야 한다.

제11장 보칙

제237조(보조·지원의 환수와 제한) ① 법 제158조제2항제6호에서 "고용노동부령으로 정하는 경우"란 보조·지원을 받은 후 3년 이내에 해당 시설 및 장비의 중대한 결함이나 관리상 중대한 과실로 인하여 근로자가 사망한 경우를 말한다.
② 법 제158조제4항에 따라 보조·지원을 제한할 수 있는 기간은 다음 각 호와 같다.

1. 법 제158조제2항제1호의 경우 : 3년
2. 법 제158조제2항제2호부터 제6호까지의 어느 하나의 경우 : 1년
3. 법 제158조제2항제2호부터 제6호까지의 어느 하나를 위반한 후 2년 이내에 같은 항 제2호부터 제6호까지의 어느 하나를 위반한 경우 : 2년

제243조(규제의 재검토) ① 고용노동부장관은 별표 21의2에 따른 휴게시설 설치·관리기준에 대하여 2022년 8월 18일을 기준으로 4년마다(매 4년이 되는 해의 기준일과 같은 날 전까지를 말한다) 그 타당성을 검토하여 개선 등의 조치를 해야 한다. 〈신설 2022. 8. 18.〉
② 고용노동부장관은 다음 각 호의 사항에 대하여 다음 각 호의 기준일을 기준으로 3년마다(매 3년이 되는 해의 기준일과 같은 날 전까지를 말한다) 그 타당성을 검토하여 개선 등의 조치를 해야 한다. 〈개정 2022. 8. 18.〉

1. 제12조에 따른 안전관리자 등의 증원·교체임명 명령: 2020년 1월 1일
2. 제220조에 따른 질병자의 근로금지: 2020년 1월 1일
3. 제221조에 따른 질병자의 근로제한: 2020년 1월 1일
4. 제229조에 따른 등록신청 등: 2020년 1월 1일
5. 제241조제2항에 따른 건강진단 결과의 보존: 2020년 1월 1일

부칙〈고용노동부령 제419호, 2024. 6. 28.〉

제1조(시행일) 이 규칙은 2024년 7월 1일부터 시행한다. 다만, 제203조제1호 및 제2호의 개정규정은 공포 후 6개월이 경과한 날부터 시행하고, 제209조제4항 및 제211조제5항의 개정규정은 2025년 1월 1일부터 시행하며, 제126조제1항제3호, 별표 5 제5호 및 별표 16의 개정규정은 2026년 6월 26일부터 시행한다.

제2조(기본안전보건대장 등의 작성 등에 관한 적용례) 제86조제1항부터 제3항까지의 개정규정은 이 규칙 시행 이후 건설공사발주자가 건설공사의 설계에 관한 계약을 체결하는 경우부터 적용한다.

제3조(자체심사 및 확인업체 즉시 제외에 관한 적용례) 제209조제4항의 개정규정은 2025년 1월 1일 이후 실시하는 건강진단부터 적용한다.

제4조(건설업 기초안전보건교육 이수에 관한 경과조치) 2026년 6월 26일 당시 사업장에 설치가 끝난 혼합기, 파쇄기 또는 분쇄기에 대해서는 제126조제1항제3호의 개정규정에도 불구하고 다음 각 호의 구분에 따라 최초 안전검사를 실시하되, 그 이후부터는 최초 안전검사를 받은 날부터 2년마다 안전검사를 받아야 한다.

1. 2013년 3월 1일 전에 사업장에 설치가 끝난 혼합기, 파쇄기 또는 분쇄기 : 2026년 6월 26일부터 2026년 12월 25일까지
2. 2013년 3월 1일부터 2023년 6월 26일까지 사업장에 설치가 끝난 혼합기, 파쇄기 또는 분쇄기 : 2026년 6월 26일부터 2027년 6월 25일까지
3. 2023년 6월 27일부터 2026년 6월 25일까지 설치가 끝난 혼합기, 파쇄기 또는 분쇄기 : 사업장에 설치가 끝난 날부터 3년이 되는 날을 기준으로 6개월 이내

[별표2] 안전보건관리규정을 작성하여야 할 사업의 종류 및 상시 근로자수

사업의 종류	상시 근로자수
1. 농업 2. 어업 3. 소프트웨어 개발 및 공급업 4. 컴퓨터 프로그래밍, 시스템 통합 및 관리업 5. 정보서비스업 6. 금융 및 보험업 7. 임대업;부동산 제외 8. 전문, 과학 및 기술 서비스업(연구개발업은 제외한다) 9. 사업지원 서비스업 10. 사회복지 서비스업	상시 근로자 300명 이상을 사용하는 사업장 20. 6. 7 기 22. 3. 5 기
11. 제1호부터 제10호까지의 사업을 제외한 사업	상시 근로자 100명 이상을 사용하는 사업장 21. 3. 7 기

[별표3] 안전보건관리규정의 세부 내용

1. 총칙
   가. 안전보건관리규정 작성의 목적 및 적용 범위에 관한 사항
   나. 사업주 및 근로자의 재해 예방 책임 및 의무 등에 관한 사항
   다. 하도급 사업장에 대한 안전·보건관리에 관한 사항
2. 안전보건 관리조직과 그 직무
   가. 안전보건 관리조직의 구성방법, 소속, 업무 분장 등에 관한 사항
   나. 안전보건관리책임자(안전보건총괄책임자), 안전관리자, 보건관리자, 관리감독자의 직무 및 선임에 관한 사항
   다. 산업안전보건위원회의 설치·운영에 관한 사항
   라. 명예산업안전감독관의 직무 및 활동에 관한 사항
   마. 작업지휘자 배치 등에 관한 사항
3. 안전보건교육
   가. 근로자 및 관리감독자의 안전·보건교육에 관한 사항
   나. 교육계획의 수립 및 기록 등에 관한 사항
4. 작업장 안전관리
   가. 안전보건관리에 관한 계획의 수립 및 시행에 관한 사항
   나. 기계·기구 및 설비의 방호조치에 관한 사항
   다. 유해·위험기계등에 대한 자율검사프로그램에 의한 검사 또는 안전검사에 관한 사항
   라. 근로자의 안전수칙 준수에 관한 사항
   마. 위험물질의 보관 및 출입 제한에 관한 사항
   바. 중대재해 및 중대산업사고 발생, 급박한 산업재해 발생의 위험이 있는 경우 작업중지에 관한 사항
   사. 안전표지·안전수칙의 종류 및 게시에 관한 사항과 그 밖에 안전관리에 관한 사항
5. 작업장 보건관리
   가. 근로자 건강진단, 작업환경측정의 실시 및 조치절차 등에 관한 사항
   나. 유해물질의 취급에 관한 사항
   다. 보호구의 지급 등에 관한 사항
   라. 질병자의 근로 금지 및 취업 제한 등에 관한 사항
   마. 보건표지·보건수칙의 종류 및 게시에 관한 사항과 그 밖에 보건관리에 관한 사항
6. 사고 조사 및 대책 수립
   가. 산업재해 및 중대산업사고의 발생 시 처리 절차 및 긴급조치에 관한 사항
   나. 산업재해 및 중대산업사고의 발생원인에 대한 조사 및 분석, 대책 수립에 관한 사항
   다. 산업재해 및 중대산업사고 발생의 기록·관리 등에 관한 사항
7. 위험성평가에 관한 사항
   가. 위험성평가의 실시 시기 및 방법, 절차에 관한 사항
   나. 위험성 감소대책 수립 및 시행에 관한 사항
8. 보칙
   가. 무재해운동 참여, 안전·보건 관련 제안 및 포상·징계 등 산업재해 예방을 위하여 필요하다고 판단하는 사항
   나. 안전·보건 관련 문서의 보존에 관한 사항
   다. 그 밖의 사항
      사업장의 규모·업종 등에 적합하게 작성하며, 필요한 사항을 추가하거나 그 사업장에 관련되지 않는 사항은 제외할 수 있다.

보충학습 1 관리감독자의 유해 · 위험 방지(산업안전보건기준에 관한 규칙 [별표2]

작업의 종류	직무수행 내용
1. 프레스 등을 사용하는 작업(제2편 제1장 제3절)	㉮ 프레스 등 및 그 방호장치를 점검하는 일 ㉯ 프레스 등 그 방호장치에 이상이 발견되면 즉시 필요한 조치를 하는 일 ㉰ 프레스 등 그 방호장치에 전환스위치를 설치했을 때 그 전환스위치의 열쇠를 관리하는 일 ㉱ 금형의 부착·해체 또는 조정작업을 직접 지휘하는 일
2. 목재가공용 기계를 취급하는 작업(제2편 제1장 제4절)	㉮ 목재가공용 기계를 취급하는 작업을 지휘하는 일 ㉯ 목재가공용 기계 및 그 방호장치를 점검하는 일 ㉰ 목재가공용 기계 및 그 방호장치에 이상이 발견된 즉시 보고 및 필요한 조치를 하는 일 ㉱ 작업 중 지그(jig) 및 공구 등의 사용 상황을 감독하는 일
3. 크레인을 사용하는 작업(제2편 제1장제9절 제2관·제3관)	㉮ 작업방법과 근로자 배치를 결정하고 그 작업을 지휘하는 일 ㉯ 재료의 결함 유무 또는 기구 및 공구의 기능을 점검하고 불량품을 제거하는 일 ㉰ 작업 중 안전대 또는 안전모의 착용 상황을 감시하는 일
4. 위험물을 제조하거나 취급하는 작업(제2편제2장제1절)	㉮ 작업을 지휘하는 일 ㉯ 위험물을 제조하거나 취급하는 설비 및 그 설비의 부속설비가 있는 장소의 온도·습도·차광 및 환기 상태 등을 수시로 점검하고 이상을 발견하면 즉시 필요한 조치를 하는 일 ㉰ 나목에 따라 한 조치를 기록하고 보관하는 일
5. 건조설비를 사용하는 작업(제2편 제2장 제5절)	㉮ 건조설비를 처음으로 사용하거나 건조방법 또는 건조물의 종류를 변경했을 때에는 근로자에게 미리 그 작업방법을 교육하고 작업을 직접 지휘하는 일 ㉯ 건조설비가 있는 장소를 항상 정리정돈하고 그 장소에 가연성 물질을 두지 않도록 하는 일
6. 아세틸렌 용접장치를 사용하는 금속의 용접·용단 또는 가열작업(제2편제2장제6절제1관)	㉮ 작업방법을 결정하고 작업을 지휘하는 일 ㉯ 아세틸렌 용접장치의 취급에 종사하는 근로자로 하여금 다음의 작업요령을 준수하도록 하는 일 (1) 사용 중인 발생기에 불꽃을 발생시킬 우려가 있는 공구를 사용하거나 그 발생기에 충격을 가하지 않도록 할 것 (2) 아세틸렌 용접장치의 가스누출을 점검할 때에는 비눗물을 사용하는 등 안전한 방법으로 할 것 (3) 발생기실의 출입구 문을 열어 두지 않도록 할 것 (4) 이동식 아세틸렌 용접장치의 발생기에 카바이드를 교환할 때에는 옥외의 안전한 장소에서 할 것 ㉰ 아세틸렌 용접작업을 시작할 때에는 아세틸렌 용접장치를 점검하고 발생기 내부로부터 공기와 아세틸렌의 혼합가스를 배제하는 일 ㉱ 안전기는 작업 중 그 수위를 쉽게 확인할 수 있는 장소에 놓고 1일 1회 이상 점검하는 일 ㉲ 아세틸렌 용접장치 내의 물이 동결되는 것을 방지하기 위하여 아세틸렌 용접장치를 보온하거나 가열할 때에는 온수나 증기를 사용하는 등 안전한 방법으로 하도록 하는 일

작업의 종류	직무수행 내용
	㈔ 발생기 사용을 중지하였을 때에는 물과 잔류 카바이드가 접촉하지 않은 상태로 유지하는 일 ㈕ 발생기를 수리·가공·운반 또는 보관할 때에는 아세틸렌 및 카바이드에 접촉하지 않은 상태로 유지하는 일 ㈖ 작업에 종사하는 근로자의 보안경 및 안전장갑의 착용 상황을 감시하는 일
7. 가스집합 용접장치의 취급작업(제2편제2장제6절제2관)	㈎ 작업방법을 결정하고 작업을 직접 지휘하는 일 ㈏ 가스집합장치의 취급에 종사하는 근로자로 하여금 다음의 작업요령을 준수하도록 하는 일 (1) 부착할 가스용기의 마개 및 배관 연결부에 붙어 있는 유류·찌꺼기 등을 제거할 것 (2) 가스용기를 교환할 때에는 그 용기의 마개 및 배관 연결부 부분의 가스누출을 점검하고 배관 내의 가스가 공기와 혼합되지 않도록 할 것 (3) 가스누출 점검은 비눗물을 사용하는 등 안전한 방법으로 할 것 (4) 밸브 또는 콕은 서서히 열고 닫을 것 ㈐ 가스용기의 교환작업을 감시하는 일 ㈑ 작업을 시작할 때에는 호스·취관·호스밴드 등의 기구를 점검하고 손상·마모 등으로 인하여 가스나 산소가 누출될 우려가 있다고 인정할 때에는 보수하거나 교환하는 일 ㈒ 안전기는 작업 중 그 기능을 쉽게 확인할 수 있는 장소에 두고 1일 1회 이상 점검하는 일 ㈔ 작업에 종사하는 근로자의 보안경 및 안전장갑의 착용 상황을 감시하는 일
8. 거푸집 및 동바리의 고정·조립 또는 해체 작업/노천굴착작업/흙막이 지보공의 고정·조립 또는 해체 작업/터널의 굴착작업/구축물 등의 해체작업(제2편제4장제1절제2관·제4장제2절제1관·제4장제2절제3관제1속·제4장제4절)	㈎ 안전한 작업방법을 결정하고 작업을 지휘하는 일 ㈏ 재료·기구의 결함 유무를 점검하고 불량품을 제거하는 일 ㈐ 작업 중 안전대 및 안전모 등 보호구 착용 상황을 감시하는 일
9. 높이 5미터 이상의 비계(飛階)를 조립·해체하거나 변경하는 작업(해체작업의 경우 가목은 적용 제외)(제1편제7장제2절) 16. 10. 1 ㉑	㈎ 재료의 결함 유무를 점검하고 불량품을 제거하는 일 ㈏ 기구·공구·안전대 및 안전모 등의 기능을 점검하고 불량품을 제거하는 일 ㈐ 작업방법 및 근로자 배치를 결정하고 작업 진행 상태를 감시하는 일 ㈑ 안전대와 안전모 등의 착용 상황을 감시하는 일
10. 달비계 작업(제1편제7장제4절)	㈎ 작업용 섬유로프, 작업용 섬유로프의 고정점, 구명줄의 고정점, 작업대, 고리걸이용 철구 및 안전대 등의 결손 여부를 확인하는 일 ㈏ 작업용 섬유로프 및 안전대 부착설비용 로프가 고정점에 풀리지 않는 매듭방법으로 결속되었는지 확인하는 일

직업의 종류	직무수행 내용
	㉰ 근로자가 작업대에 탑승하기 전 안전모 및 안전대를 착용하고 안전대를 구명줄에 체결했는지 확인하는 일 ㉱ 작업방법 및 근로자 배치를 결정하고 작업 진행 상태를 감시하는 일
11. 발파작업(제2편 제4장제2절제2관)	㉮ 점화 전에 점화작업에 종사하는 근로자가 아닌 사람에게 대피를 지시하는 일 ㉯ 점화작업에 종사하는 근로자에게 대피장소 및 경로를 지시하는 일 ㉰ 점화 전에 위험구역 내에서 근로자가 대피한 것을 확인하는 일 ㉱ 점화순서 및 방법에 대하여 지시하는 일 ㉲ 점화신호를 하는 일 ㉳ 점화작업에 종사하는 근로자에게 대피신호를 하는 일 ㉴ 발파 후 터지지 않은 장약이나 남은 장약의 유무, 용수(湧水)의 유무 및 암석·토사의 낙하 여부 등을 점검하는 일 ㉵ 점화하는 사람을 정하는 일 ㉶ 공기압축기의 안전밸브 작동 유무를 점검하는 일 ㉷ 안전모 등 보호구 착용 상황을 감시하는 일
12. 채석을 위한 굴착작업(제2편제4장제2절제5관)	㉮ 대피방법을 미리 교육하는 일 ㉯ 작업을 시작하기 전 또는 폭우가 내린 후에는 암석·토사의 낙하·균열의 유무 또는 함수(含水)·용수(湧水) 및 동결의 상태를 점검하는 일 ㉰ 발파한 후에는 발파장소 및 그 주변의 암석·토사의 낙하·균열의 유무를 점검하는 일
13. 화물취급작업(제2편제6장제1절)	㉮ 작업방법 및 순서를 결정하고 작업을 지휘하는 일 ㉯ 기구 및 공구를 점검하고 불량품을 제거하는 일 ㉰ 그 작업장소에는 관계 근로자가 아닌 사람의 출입을 금지하는 일 ㉱ 로프 등의 해체작업을 할 때에는 하대(荷臺) 위의 화물의 낙하위험 유무를 확인하고 작업의 착수를 지시하는 일
14. 부두와 선박에서의 하역작업(제2편제6장제2절)	㉮ 작업방법을 결정하고 작업을 지휘하는 일 ㉯ 통행설비·하역기계·보호구 및 기구·공구를 점검·정비하고 이들의 사용 상황을 감시하는 일 ㉰ 주변 작업자간의 연락을 조정하는 일
15. 전로 등 전기작업 또는 그 지지물의 설치, 점검, 수리 및 도장 등의 작업(제2편제3장)	㉮ 작업구간 내의 충전전로 등 모든 충전 시설을 점검하는 일 ㉯ 작업방법 및 그 순서를 결정(근로자 교육 포함)하고 작업을 지휘하는 일 ㉰ 작업근로자의 보호구 또는 절연용 보호구 착용 상황을 감시하고 감전재해 요소를 제거하는 일 ㉱ 작업 공구, 절연용 방호구 등의 결함 여부와 기능을 점검하고 불량품을 제거하는 일 ㉲ 작업장소에 관계 근로자 외에는 출입을 금지하고 주변 작업자와의 연락을 조정하며 도로작업 시 차량 및 통행인 등에 대한 교통통제 등 작업전반에 대해 지휘·감시하는 일 ㉳ 활선작업용 기구를 사용하여 작업할 때 안전거리가 유지되는지 감시하는 일 ㉴ 감전재해를 비롯한 각종 산업재해에 따른 신속한 응급처치를 할 수 있도록 근로자들을 교육하는 일

작업의 종류	직무수행 내용
16. 관리대상 유해물질을 취급하는 작업(제3편제1장)	㉮ 관리대상 유해물질을 취급하는 근로자가 물질에 오염되지 않도록 작업방법을 결정하고 작업을 지휘하는 업무 ㉯ 관리대상 유해물질을 취급하는 장소나 설비를 매월 1회 이상 순회점검하고 국소배기장치 등 환기설비에 대해서는 다음 각 호의 사항을 점검하여 필요한 조치를 하는 업무. 단, 환기설비를 점검하는 경우에는 다음의 사항을 점검 (1) 후드(hood)나 덕트(duct)의 마모·부식, 그 밖의 손상 여부 및 정도 (2) 송풍기와 배풍기의 주유 및 청결 상태 (3) 덕트 접속부가 헐거워졌는지 여부 (4) 전동기와 배풍기를 연결하는 벨트의 작동 상태 (5) 흡기 및 배기 능력 상태 ㉰ 보호구의 착용 상황을 감시하는 업무 ㉱ 근로자가 탱크 내부에서 관리대상 유해물질을 취급하는 경우에 다음의 조치를 했는지 확인하는 업무 (1) 관리대상 유해물질에 관하여 필요한 지식을 가진 사람이 해당 작업을 지휘 (2) 관리대상 유해물질이 들어올 우려가 없는 경우에는 작업을 하는 설비의 개구부를 모두 개방 (3) 근로자의 신체가 관리대상 유해물질에 의하여 오염되었거나 작업이 끝난 경우에는 즉시 몸을 씻는 조치 (4) 비상시에 작업설비 내부의 근로자를 즉시 대피시키거나 구조하기 위한 기구와 그 밖의 설비를 갖추는 조치 (5) 작업을 하는 설비의 내부에 대하여 작업 전에 관리대상 유해물질의 농도를 측정하거나 그 밖의 방법으로 근로자가 건강에 장해를 입을 우려가 있는지를 확인하는 조치 (6) 제(5)에 따른 설비 내부에 관리대상 유해물질이 있는 경우에는 설비 내부를 충분히 환기하는 조치 (7) 유기화합물을 넣었던 탱크에 대하여 제(1)부터 제(6)까지의 조치 외에 다음의 조치 (가) 유기화합물이 탱크로부터 배출된 후 탱크 내부에 재유입되지 않도록 조치 (나) 물이나 수증기 등으로 탱크 내부를 씻은 후 그 씻은 물이나 수증기 등을 탱크로부터 배출 (다) 탱크 용적의 3배 이상의 공기를 채웠다가 내보내거나 탱크에 물을 가득 채웠다가 내보내거나 탱크에 물을 가득 채웠다가 배출 ㉲ 나목에 따른 점검 및 조치 결과를 기록·관리하는 업무
17. 허가대상 유해물질 취급작업(제3편제2장)	㉮ 근로자가 허가대상 유해물질을 들이마시거나 허가대상 유해물질에 오염되지 않도록 작업수칙을 정하고 지휘하는 업무 ㉯ 작업장에 설치되어 있는 국소배기장치나 그 밖에 근로자의 건강장해 예방을 위한 장치 등을 매월 1회 이상 점검하는 업무 ㉰ 근로자의 보호구 착용 상황을 점검하는 업무
18. 석면 해체·제거 작업(제3편제2장 제6절)	㉮ 근로자가 석면분진을 들이마시거나 석면분진에 오염되지 않도록 작업방법을 정하고 지휘하는 업무 ㉯ 작업장에 설치되어 있는 석면분진 포집장치, 음압기 등의 장비의 이상 유무를 점검하고 필요한 조치를 하는 업무 ㉰ 근로자의 보호구 착용 상황을 점검하는 업무

직업의 종류	직무수행 내용
19. 고압작업(제3편 제5장)	㉮ 작업방법을 결정하여 고압작업자를 직접 지휘하는 업무 ㉯ 유해가스의 농도를 측정하는 기구를 점검하는 업무 ㉰ 고압작업자가 작업실에 입실하거나 퇴실하는 경우에 고압작업자의 수를 점검하는 업무 ㉱ 작업실에서 공기조절을 하기 위한 밸브나 콕을 조작하는 사람과 연락하여 작업실 내부의 압력을 적정한 상태로 유지하도록 하는 업무 ㉲ 공기를 기압조절실로 보내거나 기압조절실에서 내보내기 위한 밸브나 콕을 조작하는 사람과 연락하여 고압작업자에 대하여 가압이나 감압을 다음과 같이 따르도록 조치하는 업무 (1) 가압을 하는 경우 1분에 제곱센티미터당 0.8킬로그램 이하의 속도로 함 (2) 감압을 하는 경우에는 고용노동부장관이 정하여 고시하는 기준에 맞도록 함 ㉳ 작업실 및 기압조절실 내 고압작업자의 건강에 이상이 발생한 경우 필요한 조치를 하는 업무
20. 밀폐공간 작업(제3편제10장)	㉮ 산소가 결핍된 공기나 유해가스에 노출되지 않도록 작업 시작 전에 해당 근로자의 작업을 지휘하는 업무 ㉯ 작업을 하는 장소의 공기가 적절한지를 작업 시작 전에 측정하는 업무 ㉰ 측정장비·환기장치 또는 송기마스크 등을 작업 시작 전에 점검하는 업무 ㉱ 근로자에게 송기마스크 등의 착용을 지도하고 착용 상황을 점검하는 업무

보충학습 2 시설물의 안전 및 유지관리에 관한 특별법

시설물의 안전 및 유지관리에 관한 특별법 (약칭 : 시설물안전법)

[시행 2024. 7. 17.] [법률 제20044호, 2024. 1. 16., 일부개정]

(1) 용어의 정의

① "시설물"이란 건설공사를 통하여 만들어진 교량·터널·항만·댐·건축물 등 구조물과 그 부대시설로서 제7조 각 호에 따른 제1종시설물, 제2종시설물 및 제3종시설물을 말한다.

② "관리주체"란 관계 법령에 따라 해당 시설물의 관리자로 규정된 자나 해당 시설물의 소유자를 말한다. 이 경우 해당 시설물의 소유자와의 관리계약 등에 따라 시설물의 관리책임을 진 자는 관리주체로 보며, 관리주체는 공공관리주체(公共管理主體)와 민간관리주체(民間管理主體)로 구분한다.

③ "공공관리주체"란 다음 각 목의 어느 하나에 해당하는 관리주체를 말한다.
㉮ 국가·지방자치단체
㉯ 「공공기관의 운영에 관한 법률」 제4조에 따른 공공기관
㉰ 「지방공기업법」에 따른 지방공기업

④ "민간관리주체"란 공공관리주체 외의 관리주체를 말한다.

⑤ "안전점검"이란 경험과 기술을 갖춘 자가 육안이나 점검기구 등으로 검사하여 시설물에 내재(內在)되어 있는 위험요인을 조사하는 행위를 말하며, 점검목적 및 점검수준을 고려하여 국토교통부령으로 정하는 바에 따라 정기안전점검 및 정밀안전점검으로 구분한다. 14. 9. 20 기

⑥ "정밀안전진단"이란 시설물의 물리적·기능적 결함을 발견하고 그에 대한 신속하고 적절한 조치를 하기 위하여 구조적 안전성과 결함의 원인 등을 조사·측정·평가하여 보수·보강 등의 방법을 제시하는 행위를 말한다.
⑦ "긴급안전점검"이란 시설물의 붕괴·전도 등으로 인한 재난 또는 재해가 발생할 우려가 있는 경우에 시설물의 물리적·기능적 결함을 신속하게 발견하기 위하여 실시하는 점검을 말한다.
⑧ "내진성능평가(耐震性能評價)"란 지진으로부터 시설물의 안전성을 확보하고 기능을 유지하기 위하여 「지진·화산재해대책법」 제14조제1항에 따라 시설물별로 정하는 내진설계기준(耐震設計基準)에 따라 시설물이 지진에 견딜 수 있는 능력을 평가하는 것을 말한다.
⑨ "도급(都給)"이란 원도급·하도급·위탁, 그 밖에 명칭 여하에도 불구하고 안전점검·정밀안전진단이나 긴급안전점검, 유지관리 또는 성능평가를 완료하기로 약정하고, 상대방이 그 일의 결과에 대하여 대가를 지급하기로 한 계약을 말한다.
⑩ "하도급"이란 도급받은 안전점검·정밀안전진단이나 긴급안전점검, 유지관리 또는 성능평가 용역의 전부 또는 일부를 도급하기 위하여 수급인(受給人)이 제3자와 체결하는 계약을 말한다.
⑪ "유지관리"란 완공된 시설물의 기능을 보전하고 시설물이용자의 편의와 안전을 높이기 위하여 시설물을 일상적으로 점검·정비하고 손상된 부분을 원상복구하며 경과시간에 따라 요구되는 시설물의 개량·보수·보강에 필요한 활동을 하는 것을 말한다.
⑫ "성능평가"란 시설물의 기능을 유지하기 위하여 요구되는 시설물의 구조적 안전성, 내구성, 사용성 등의 성능을 종합적으로 평가하는 것을 말한다.
⑬ "하자담보책임기간"이란 「건설산업기본법」과 「공동주택관리법」 등 관계 법령에 따른 하자담보책임기간 또는 하자보수기간 등을 말한다.

(2) 시설물의 안전 및 유지관리 기본계획의 수립 18. 3. 4 ㉮ 20. 9. 27 ㉮

① 국토교통부장관은 시설물이 안전하게 유지관리될 수 있도록 하기 위하여 5년마다 시설물의 안전 및 유지관리에 관한 기본계획을 수립·시행하고, 이를 관보에 고시하여야 한다. 기본계획을 변경하는 경우에도 또한 같다.(제5조)
② 기본계획에는 다음 각 호의 사항이 포함되어야 한다.
㉮ 시설물의 안전 및 유지관리에 관한 기본목표 및 추진방향에 관한 사항
㉯ 시설물의 안전 및 유지관리체계의 개발, 구축 및 운영에 관한 사항
㉰ 시설물의 안전 및 유지관리에 관한 정보체계의 구축·운영에 관한 사항
㉱ 시설물의 안전 및 유지관리에 필요한 기술의 연구·개발에 관한 사항
㉲ 시설물의 안전 및 유지관리에 필요한 인력의 양성에 관한 사항
㉳ 그 밖에 시설물의 안전 및 유지관리에 관하여 대통령령으로 정하는 사항

(3) 시설물의 안전 및 유지관리에 관한 특별법 시행규칙(약칭 : 시설물안전법 시행규칙)

[시행 2024. 7. 17][국토교통부령 제1366호, 2024. 7. 16., 일부개정]

제2조(안전점검의 종류) 「시설물의 안전 및 유지관리에 관한 특별법」(이하 "법"이라 한다) 제2조제5호에 따른 안전점검은 다음 각 호와 같이 구분한다.

1. 정기안전점검 : 시설물의 상태를 판단하고 시설물이 점검 당시의 사용요건을 만족시키고 있는지 확인할 수 있는 수준의 외관조사를 실시하는 안전점검
2. 정밀안전점검 : 시설물의 상태를 판단하고 시설물이 점검 당시의 사용요건을 만족시키고 있는지 확인하며 시설물 주요부재의 상태를 확인할 수 있는 수준의 외관조사 및 측정·시험장비를 이용한 조사를 실시하는 안전점검 21. 9. 12 ㉮ 22. 9. 19 ㉯ 23. 9. 2 ㉮

시설물의 안전 및 유지관리에 관한 특별법 시행령 [별표 1]

제1종시설물 및 제2종시설물의 종류(제4조 관련)

구분	제1종시설물	제2종시설물
1. 교량		
가. 도로교량 23. 6. 4 ㉠	1) 상부구조형식이 현수교, 사장교, 아치교 및 트러스교인 교량 2) 최대 경간장 50미터 이상의 교량(한 경간 교량은 제외한다) 3) 연장 500미터 이상의 교량 4) 폭 12미터 이상이고 연장 500미터 이상인 복개구조물	1) 경간장 50미터 이상인 한 경간 교량 2) 제1종시설물에 해당하지 않는 교량으로서 연장 100미터 이상의 교량 3) 제1종시설물에 해당하지 않는 복개구조물로서 폭 6미터 이상이고 연장 100미터 이상인 복개구조물
나. 철도교량	1) 고속철도 교량 2) 도시철도의 교량 및 고가교 3) 상부구조형식이 트러스교 및 아치교인 교량 4) 연장 500미터 이상의 교량	제1종시설물에 해당하지 않는 교량으로서 연장 100미터 이상의 교량
2. 터널		
가. 도로터널	1) 연장 1천미터 이상의 터널 2) 3차로 이상의 터널 3) 터널구간의 연장이 500미터 이상인 지하차도	1) 제1종시설물에 해당하지 않는 터널로서 고속국도, 일반국도, 특별시도 및 광역시도의 터널 2) 제1종시설물에 해당하지 않는 터널로서 연장 300미터 이상의 지방도, 시도, 군도 및 구도의 터널 3) 제1종시설물에 해당하지 않는 지하차도로서 터널구간의 연장이 100미터 이상인 지하차도
나. 철도터널	1) 고속철도 터널 2) 도시철도 터널 3) 연장 1천미터 이상의 터널	제1종시설물에 해당하지 않는 터널로서 특별시 또는 광역시에 있는 터널
3. 항만		
가. 갑문	갑문시설	
나. 방파제, 파제제 및 호안	연장 1천미터 이상인 방파제	1) 제1종시설물에 해당하지 않는 방파제로서 연장 500미터 이상의 방파제 2) 연장 500미터 이상의 파제제 3) 방파제 기능을 하는 연장 500미터 이상의 호안
다. 계류시설	1) 20만톤급 이상 선박의 하역시설로서 원유부이(BUOY)식 계류시설(부대시설인 해저송유관을 포함한다) 2) 말뚝구조의 계류시설(5만톤급 이상의 시설만 해당한다)	1) 제1종시설물에 해당하지 않는 원유부이식 계류시설로서 1만톤급 이상의 원유부이식 계류시설(부대시설인 해저송유관을 포함한다) 2) 제1종시설물에 해당하지 않는 말뚝구조의 계류시설로서 1만톤급 이상의 말뚝구조의 계류시설 3) 1만톤급 이상의 중력식 계류시설

4. 댐	다목적댐, 발전용댐, 홍수전용댐 및 총저수용량 1천만톤 이상의 용수전용댐	제1종시설물에 해당하지 않는 댐으로서 지방상수도전용댐 및 총저수용량 1백만톤 이상의 용수전용댐
5. 건축물		
가. 공동주택		16층 이상의 공동주택
나. 공동주택 외의 건축물	1) 21층 이상 또는 연면적 5만제곱미터 이상의 건축물 2) 연면적 3만제곱미터 이상의 철도역시설 및 관람장 3) 연면적 1만제곱미터 이상의 지하도상가(지하보도면적을 포함한다)	1) 제1종시설물에 해당하지 않는 건축물로서 16층 이상 또는 연면적 3만제곱미터 이상의 건축물 2) 제1종시설물에 해당하지 않는 건축물로서 연면적 5천제곱미터 이상(각 용도별 시설의 합계를 말한다)의 문화 및 집회시설, 종교시설, 판매시설, 운수시설 중 여객용 시설, 의료시설, 노유자시설, 수련시설, 운동시설, 숙박시설 중 관광숙박시설 및 관광 휴게시설 3) 제1종시설물에 해당하지 않는 철도 역시설로서 고속철도, 도시철도 및 광역철도 역시설 4) 제1종시설물에 해당하지 않는 지하도상가로서 연면적 5천제곱미터 이상의 지하도상가(지하보도면적을 포함한다)
6. 하천		
가. 하구둑	1) 하구둑 2) 포용조수량 8천만톤 이상의 방조제	제1종시설물에 해당하지 않는 방조제로서 포용조수량 1천만톤 이상의 방조제
나. 수문 및 통문	특별시 및 광역시에 있는 국가하천의 수문 및 통문(通門)	1) 제1종시설물에 해당하지 않는 수문 및 통문으로서 국가하천의 수문 및 통문 2) 특별시, 광역시, 특별자치시 및 시에 있는 지방하천의 수문 및 통문
다. 제방		국가하천의 제방[부속시설인 통관(通管) 및 호안(護岸)을 포함한다]
라. 보	국가하천에 설치된 높이 5미터 이상인 다기능 보	제1종시설물에 해당하지 않는 보로서 국가하천에 설치된 다기능 보
마. 배수펌프장	특별시 및 광역시에 있는 국가하천의 배수펌프장	1) 제1종시설물에 해당하지 않는 배수펌프장으로서 국가하천의 배수펌프장 2) 특별시, 광역시, 특별자치시 및 시에 있는 지방하천의 배수펌프장
7. 상하수도		
가. 상수도	1) 광역상수도 2) 공업용수도 3) 1일 공급능력 3만톤 이상의 지방상수도	제1종시설물에 해당하지 않는 지방상수도

나. 하수도		공공하수처리시설(1일 최대처리용량 500톤 이상인 시설만 해당한다)
8. 옹벽 및 절토사면		1) 지면으로부터 노출된 높이가 5미터 이상인 부분의 합이 100미터 이상인 옹벽 2) 지면으로부터 연직(鉛直)높이(옹벽이 있는 경우 옹벽 상단으로부터의 높이) 30미터 이상을 포함한 절토부(땅깎기를 한 부분을 말한다)로서 단일 수평연장 100미터 이상인 절토사면
9. 공동구		공동구

[비고]

1. "도로"란 「도로법」 제10조에 따른 도로를 말한다.
2. 교량의 "최대 경간장"이란 한 경간에서 상부구조의 교각과 교각의 중심선 간의 거리를 경간장으로 정의할 때, 교량의 경간장 중에서 최댓값을 말한다. 한 경간 교량에 대해서는 교량 양측 교대의 흉벽 사이를 교량 중심선에 따라 측정한 거리를 말한다.
3. 교량의 "연장"이란 교량 양측 교대의 흉벽 사이를 교량 중심선에 따라 측정한 거리를 말한다.
4. 도로교량의 "복개구조물"이란 하천 등을 복개하여 도로의 용도로 사용하는 모든 구조물을 말한다.
5. "갑문, 방파제, 파제제, 호안"이란 「항만법」 제2조제5호가목2)에 따른 외곽시설을 말한다.
6. "계류시설"이란 「항만법」 제2조제5호가목4)에 따른 계류시설을 말한다.
7. "댐"이란 「저수지·댐의 안전관리 및 재해예방에 관한 법률」 제2조제1호에 따른 저수지·댐을 말한다.
8. 위 표 제4호의 용수전용댐과 지방상수도전용댐이 위 표 제7호가목의 제1종시설물 중 광역상수도·공업용수도 또는 지방상수도의 수원지시설에 해당하는 경우에는 위 표 제7호의 상하수도시설로 본다.
9. 위 표의 건축물에는 그 부대시설인 옹벽과 절토사면을 포함하며, 건축설비, 소방설비, 승강기설비 및 전기설비는 포함하지 아니한다.
10. 건축물의 연면적은 지하층을 포함한 동별로 계산한다. 다만, 2동 이상의 건축물이 하나의 구조로 연결된 경우와 둘 이상의 지하도상가가 연속되어 있는 경우에는 연면적의 합계를 말한다.

10의2. 건축물의 층수에는 필로티나 그 밖에 이와 비슷한 구조로 된 층을 포함한다.

11. "공동주택 외의 건축물"은 「건축법 시행령」 별표 1에서 정한 용도별 분류를 따른다.
12. 건축물 중 주상복합건축물은 "공동주택 외의 건축물"로 본다.
13. "운수시설 중 여객용 시설"이란 「건축법 시행령」 별표 1 제8호에 따른 운수시설 중 여객자동차터미널, 일반철도역사, 공항청사, 항만여객터미널을 말한다.
14. "철도 역시설"이란 「철도의 건설 및 철도시설 유지관리에 관한 법률」 제2조제6호가목에 따른 역 시설(물류시설은 제외한다)을 말한다. 다만, 선하역사(시설이 선로 아래 설치되는 역사를 말한다)의 선로구간은 연속되는 교량시설물에 포함하고, 지하역사의 선로구간은 연속되는 터널시설물에 포함한다.
15. 하천시설물이 행정구역 경계에 있는 경우 상위 행정구역에 위치한 것으로 한다.
16. "포용조수량"이란 최고 만조(滿潮)시 간척지에 유입될 조수(潮水)의 양을 말한다.
17. "방조제"란 「공유수면 관리 및 매립에 관한 법률」 제37조, 「농어촌정비법」 제2조제6호, 「방조제 관리법」 제2조제1호 및 「산업입지 및 개발에 관한 법률」 제20조제1항에 따라 설치한 방조제를 말한다.

18. 하천의 “통문”이란 제방을 관통하여 설치한 사각형 단면의 문짝을 가진 구조물을 말하며, “통관”이란 제방을 관통하여 설치한 원형 단면의 문짝을 가진 구조물을 말한다.
19. 하천의 “다기능 보”란 용수 확보, 소수력 발전 및 도로(하천 횡단) 등 두 가지 이상의 기능을 갖는 보를 말한다.
20. “배수펌프장”이란 「하천법」 제2조제3호나목에 따른 배수펌프장과 「농어촌정비법」 제2조제6호에 따른 배수장을 말하며, 빗물펌프장을 포함한다.
21. 동일한 관리주체가 소관하는 배수펌프장과 연계되어 있는 수문 및 통문은 배수펌프장에 포함된다.
22. 위 표 제7호의 상하수도의 광역상수도, 공업용수도 및 지방상수도에는 수원지시설, 도수관로·송수관로(터널을 포함한다), 취수시설, 정수장, 취수·가압펌프장 및 배수지를 포함하고, 배수관로 및 급수시설은 제외한다.
23. “공동구”란 「국토의 계획 및 이용에 관한 법률」 제2조제9호에 따른 공동구를 말하며, 수용시설(전기, 통신, 상수도, 냉·난방 등)은 제외한다.

시설물의 안전 및 유지관리에 관한 특별법 시행령 [별표 3]

[표] 안전점검, 정밀안전진단 및 성능평가의 실시시기 22. 4. 24 ㉑ 23. 2. 28 ㉑

안전등급	정기안전점검	정밀안전점검		정밀안전진단	성능평가
		건축물	건축물 외 시설물		
A등급	반기에 1회 이상	4년에 1회 이상	3년에 1회 이상	6년에 1회 이상	5년에 1회 이상
B·C등급		3년에 1회 이상	2년에 1회 이상	5년에 1회 이상	
D·E등급	1년에 3회 이상	2년에 1회 이상	1년에 1회 이상	4년에 1회 이상	

[비고]
1. "안전등급"이란 시설물의 안전등급을 말한다.
2. 준공 또는 사용승인 후부터 최초 안전등급이 지정되기 전까지의 기간에 실시하는 정기안전점검은 반기에 1회 이상 실시한다.
3. 제1종 및 제2종 시설물 중 D·E등급 시설물의 정기안전점검은 해빙기·우기·동절기 전 각각 1회 이상 실시한다. 이 경우 해빙기 전 점검시기는 2월·3월로, 우기 전 점검시기는 5월·6월로, 동절기 전 점검시기는 11월·12월로 한다.
4. 공동주택의 정기안전점검은 「공동주택관리법」 제33조에 따른 안전점검(지방자치단체의 장이 의무관리대상이 아닌 공동주택에 대하여 같은 법 제34조에 따라 안전점검을 실시한 경우에는 이를 포함한다)으로 갈음한다.
5. 최초로 실시하는 정밀안전점검은 시설물의 준공일 또는 사용승인일(구조형태의 변경으로 시설물로 된 경우에는 구조형태의 변경에 따른 준공일 또는 사용승인일을 말한다)을 기준으로 3년 이내(건축물은 4년 이내)에 실시한다. 다만, 임시 사용승인을 받은 경우에는 임시 사용승인일을 기준으로 한다.
6. 최초로 실시하는 정밀안전진단은 준공일 또는 사용승인일(준공 또는 사용승인 후에 구조형태의 변경으로 제1종시설물로 된 경우에는 최초 준공일 또는 사용승인일을 말한다) 후 10년이 지난 때부터 1년 이내에 실시한다. 다만, 준공 및 사용승인 후 10년이 지난 후에 구조형태의 변경으로 인하여 제1종시설물로 된 경우에는 구조형태의 변경에 따른 준공일 또는 사용승인일부터 1년 이내에 실시한다.
7. 최초로 실시하는 성능평가는 성능평가대상시설물 중 제1종시설물의 경우에는 최초로 정밀안전진단을 실시하는 때, 제2종시설물의 경우에는 법 제11조제2항에 따른 하자담보책임기간이 끝나기 전에 마지막으로 실시하는 정밀안전점검을 실시하는 때에 실시한다. 다만, 준공 및 사용승인 후 구조형태의 변경으로 인하여 성능평가대상시설물로 된 경우에는 제5호 및 제6호에 따라 정밀안전점검 또는 정밀안전진단을 실시하는 때에 실시한다.

8. 정밀안전점검 및 정밀안전진단의 실시 주기는 이전 정밀안전점검 및 정밀안전진단을 완료한 날을 기준으로 한다. 다만, 정밀안전점검 실시 주기에 따라 정밀안전점검을 실시한 경우에도 법 제12조에 따라 정밀안전진단을 실시한 경우에는 그 정밀안전진단을 완료한 날을 기준으로 정밀안전점검의 실시 주기를 정한다.
9. 정밀안전점검, 긴급안전점검 및 정밀안전진단의 실시 완료일이 속한 반기에 실시하여야 하는 정기안전점검은 생략할 수 있다.
10. 정밀안전진단의 실시 완료일부터 6개월 전 이내에 그 실시 주기의 마지막 날이 속하는 정밀안전점검은 생략할 수 있다.
11. 성능평가 실시 주기는 이전 성능평가를 완료한 날을 기준으로 한다.
12. 증축, 개축 및 리모델링 등을 위하여 공사 중이거나 철거예정인 시설물로서, 사용되지 않는 시설물에 대해서는 국토교통부장관과 협의하여 안전점검, 정밀안전진단 및 성능평가의 실시를 생략하거나 그 시기를 조정할 수 있다.

참고1

[표] 시설물의 안전등급 기준

안전등급	시설물의 상태
가. A(우수)	문제점이 없는 최상의 상태
나. B(양호)	보조부재에 경미한 결함이 발생하였으나 기능 발휘에는 지장이 없으며, 내구성 증진을 위하여 일부의 보수가 필요한 상태
다. C(보통)	주요부재에 경미한 결함 또는 보조부재에 광범위한 결함이 발생하였으나 전체적인 시설물의 안전에는 지장이 없으며, 주요부재에 내구성, 기능성 저하 방지를 위한 보수가 필요하거나 보조부재에 간단한 보강이 필요한 상태
라. D(미흡)	주요부재에 결함이 발생하여 긴급한 보수·보강이 필요하며 사용제한 여부를 결정하여야 하는 상태
마. E(불량)	주요부재에 발생한 심각한 결함으로 인하여 시설물의 안전에 위험이 있어 즉각 사용을 금지하고 보강 또는 개축을 하여야 하는 상태

참고2

건설기술진흥법 시행령 [시행 2024. 7. 10.] [대통령령 제34652호, 2024. 7. 2., 일부개정].

제98조(안전관리계획의 수립) ① 법 제62조제1항에 따른 안전관리계획(이하 "안전관리계획"이라 한다)을 수립하여야 하는 건설공사는 다음 각 호와 같다. 이 경우 원자력시설공사는 제외하며, 해당 건설공사가 「산업안전보건법」 제42조에 따른 유해위험 방지 계획을 수립하여야 하는 건설공사에 해당하는 경우에는 해당 계획과 안전관리계획을 통합하여 작성할 수 있다. 19. 3. 3 ㉑ 22. 3. 5 ㉑

1. 「시설물의 안전 및 유지관리에 관한 특별법」 제7조제1호 및 제2호에 따른 1종시설물 및 2종시설물의 건설공사(같은 법 제2조제11호에 따른 유지관리를 위한 건설공사는 제외한다)
2. 지하 10미터 이상을 굴착하는 건설공사. 이 경우 굴착 깊이 산정 시 집수정(集水井), 엘리베이터 피트 및 정화조 등의 굴착 부분은 제외하며, 토지에 높낮이 차가 있는 경우 굴착 깊이의 산정방법은 「건축법 시행령」 제119조제2항을 따른다.

3. 폭발물을 사용하는 건설공사로서 20미터 안에 시설물이 있거나 100미터 안에 사육하는 가축이 있어 해당 건설공사로 인한 영향을 받을 것이 예상되는 건설공사
4. 10층 이상 16층 미만인 건축물의 건설공사

4의2. 다음 각 목의 리모델링 또는 해체공사

가. 10층 이상인 건축물의 리모델링 또는 해체공사

나. 「주택법」 제2조제25호다목에 따른 수직증축형 리모델링

5. 「건설기계관리법」 제3조에 따라 등록된 다음 각 목의 어느 하나에 해당하는 건설기계가 사용되는 건설공사

가. 천공기(높이가 10미터 이상인 것만 해당한다)

나. 항타 및 항발기

다. 타워크레인

5의2. 제101조의2제1항 각 호의 가설구조물을 사용하는 건설공사

6. 제1호부터 제4호까지, 제4호의2, 제5호 및 제5호의2의 건설공사 외의 건설공사로서 다음 각 목의 어느 하나에 해당하는 공사

가. 발주자가 안전관리가 특히 필요하다고 인정하는 건설공사

나. 해당 지방자치단체의 조례로 정하는 건설공사 중에서 인·허가기관의 장이 안전관리가 특히 필요하다고 인정하는 건설공사

② 건설업자와 주택건설등록업자는 법 제 62조제1항에 따라 안전관리계획을 수립하여 발주청 또는 인·허가기관의 장에게 제출하는 경우에는 미리 공사감독자 또는 건설사업관리 기술자의 검토·확인을 받아야 하며, 건설공사를 착공하기 전에 발주청 또는 인·허가기관의 장에게 제출하여야 한다. 안전관리계획의 내용을 변경하는 경우에도 또한 같다.

③ 법 제62조제1항에 따라 안전관리계획을 제출받은 발주청 또는 인·허가기관의 장은 안전관리계획의 내용을 검토하여 안전관리계획을 제출받은 날부터 20일 이내에 건설사업자 또는 주택건설등록업자에게 그 결과를 통보해야 한다.

④ 발주청 또는 인·허가기관의 장이 제3항에 따라 안전관리계획의 내용을 심사하는 경우에는 제100조제2항에 따른 건설안전점검기관에 검토를 의뢰하여야 한다. 다만, 「시설물의 안전 및 유지관리에 관한 특별법」 제7조제1호 및 제2호에 따른 1종시설물 및 2종시설물의 건설공사의 경우에는 한국시설안전공단에 안전관리계획의 검토를 의뢰하여야 한다.

⑤ 발주청 또는 인·허가기관의 장은 제3항에 따른 안전관리계획의 심사 결과를 다음 각 호의 구분에 따라 판정한 후 제1호 및 제2호의 경우에는 승인서(제2호의 경우에는 보완이 필요한 사유를 포함하여야 한다)를 건설업자 또는 주택건설등록업자에게 발급하여야 한다.

1. 적정 : 안전에 필요한 조치가 구체적이고 명료하게 계획되어 건설공사의 시공상 안전성이 충분히 확보되어 있다고 인정될 때
2. 조건부 적정 : 안전성 확보에 치명적인 영향을 미치지는 아니하지만 일부 보완이 필요하다고 인정될 때
3. 부적정 : 시공 시 안전사고가 발생할 우려가 있거나 계획에 근본적인 결함이 있다고 인정될 때

⑥ 발주청 또는 인·허가기관의 장은 건설업자 또는 주택건설등록업자가 제출한 안전관리계획서가 제5항제3호에 따른 부적정 판정을 받은 경우에는 안전관리계획의 변경 등 필요한 조치를 하여야 한다.

– 이하 생략 –

제106조(건설사고조사위원회의 구성·운영 등) ① 건설사고조사위원회는 위원장1명을 포함한 12명 이내의 위원으로 구성한다. 18. 4. 28 ㉮ 18. 9. 15 ㉮ 21. 5. 15 ㉮

② 건설사고조사위원회의 위원은 다음 각 호의 어느 하나에 해당하는 사람 중에서 해당 건설사고조사위원회를 구성·운영하는 국토교통부장관, 발주청 또는 인·허가기관의 장이 임명하거나 위촉한다.

1. 건설공사 업무와 관련된 공무원
2. 건설공사 업무와 관련된 단체 및 연구기관 등의 임직원
3. 건설공사 업무에 관한 학식과 경험이 풍부한 사람

③ 제2항제2호 및 제3호에 따른 위원의 임기는 2년으로 하며, 위원의 사임 등으로 새로 위촉된 위원의 임기는 전임위원 임기의 남은 기간으로 한다.

④ 건설사고조사위원회 위원의 제척·기피·회피에 관하여는 제20조를 준용한다. 이 경우 "중앙심의위원회 등"은 "건설사고조사위원회"로, "각 위원회의 심의·의결"은 "건설사고조사위원회의 심의·의결"로, "안건"은 "사고"로, "심의"는 "조사"로 본다.

⑤ 법 제68조제2항에 따른 건설사고조사위원회의 권고 또는 건의를 받은 국토교통부장관, 발주청 또는 인·허가기관의 장, 그 밖의 관계 행정기관의 장은 그 조치 결과를 국토교통부장관 및 건설사고조사위원회에 통보하여야 한다.

⑥ 건설사고조사위원회의 회의에 출석하는 위원에게는 예산의 범위에서 수당과 여비 등을 지급할 수 있다. 다만, 공무원인 위원이 그 소관 업무와 직접적으로 관련되어 출석하는 경우에는 그러하지 아니하다.

⑦ 제1항부터 제6항까지에서 규정한 사항 외에 건설사고조사위원회의 구성 및 운영 등에 필요한 사항은 국토교통부장관이 정하여 고시한다.

보충학습 3 **산업안전보건법 시행규칙[별표1]**

건설업체 산업재해발생률 및 산업재해 발생 보고의무 위반건수의 산정 기준과 방법(제4조 관련)

1. 산업재해발생률 및 산업재해발생 보고의무 위반에 따른 가감점 부여대상이 되는 건설업체는 매년 「건설산업기본법」 제23조에 따라 국토교통부장관이 시공능력을 고려하여 공시하는 건설업체 중 고용노동부장관이 정하는 업체로 한다.
2. 건설업체의 산업재해발생률은 다음의 계산식에 따른 업무상 사고사망만인율(이하 "사고사망만인율"이라 한다)로 산출하되, 소수점 셋째 자리에서 반올림한다.

$$\text{사고사망만인율}[‱] = \frac{\text{사고사망자 수}}{\text{상시근로자 수}} \times 10{,}000$$

3. 제2호의 계산식에서 사고사망자 수는 다음과 같은 기준과 방법에 따라 산출한다.

가. 사고사망자 수는 사고사망만인율 산정 대상 연도의 1월 1일부터 12월 31일까지의 기간 동안 해당 업체가 시공하는 국내의 건설 현장(자체사업의 건설 현장은 포함한다. 이하 같다)에서 사고사망재해를 입은 근로자 수를 합산하여 산출한다. 다만, 별표 18 제2호마목에 따른 이상기온에 기인한 질병사망자는 포함한다.

1) 「건설산업기본법」 제8조에 따른 종합공사를 시공하는 업체의 경우에는 해당 업체의 소속 사고사망자 수에 그 업체가 시공하는 건설현장에서 그 업체로부터 도급을 받은 업체(그 도급을 받은 업체의 하수급인을 포함한다. 이하 같다)의 사고사망자 수를 합산하여 산출한다.

2) 「건설산업기본법」 제29조제3항에 따라 종합공사를 시공하는 업체(A)가 발주자의 승인을 받아 종합공사를 시공하는 업체(B)에 도급을 준 경우에는 해당 도급을 받은 종합공사를 시공하는 업체(B)의 사고사망자 수와 그 업체로부터 도급을 받은 업체(C)의 사고사망자 수를 도급을 한 종합공사를 시공하는 업체(A)와 도급을 받은 종합공사를 시공하는 업체(B)에 반으로 나누어 각각 합산한다. 다만, 그 산업재해와 관련하여 법원의 판결이 있는 경우에는 산업재해에 책임이 있는 종합공사를 시공하는 업체의 사고사망자 수에 합산한다.

3) 제73조제1항에 따른 산업재해조사표를 제출하지 않아 고용노동부장관이 산업재해 발생연도 이후에 산업재해가 발생한 사실을 알게 된 경우에는 그 알게 된 연도의 사고사망자 수로 산정한다.

나. 둘 이상의 업체가 「국가를 당사자로 하는 계약에 관한 법률」 제25조에 따라 공동계약을 체결하여 공사를 공동이행 방식으로 시행하는 경우 해당 현장에서 발생하는 사고사망자 수는 공동수급업체의 출자 비율에 따라 분배한다.

다. 건설공사를 하는 자(도급인, 자체사업을 하는 자 및 그의 수급인을 포함한다)와 설치, 해체, 장비 임대 및 물품 납품 등에 관한 계약을 체결한 사업주의 소속 근로자가 그 건설공사와 관련된 업무를 수행하는 중 사고사망재해를 입은 경우에는 건설공사를 하는 자의 사고사망자 수로 산정한다.

라. 사고사망자 중 다음의 어느 하나에 해당하는 경우로서 사업주의 법 위반으로 인한 것이 아니라고 인정되는 재해에 의한 사고사망자는 사고사망자 수 산정에서 제외한다.

1) 방화, 근로자간 또는 타인간의 폭행에 의한 경우

2) 「도로교통법」에 따라 도로에서 발생한 교통사고에 의한 경우(해당 공사의 공사용 차량·장비에 의한 사고는 제외한다)

3) 태풍·홍수·지진·눈사태 등 천재지변에 의한 불가항력적인 재해의 경우

4) 작업과 관련이 없는 제3자의 과실에 의한 경우(해당 목적물 완성을 위한 작업자 간의 과실은 제외한다)

5) 그 밖에 야유회, 체육행사, 취침·휴식 중의 사고 등 건설작업과 직접 관련이 없는 경우

마. 재해 발생 시기와 사망 시기의 연도가 다른 경우에는 재해 발생 연도의 다음연도 3월 31일 이전에 사망한 경우에만 산정 대상 연도의 사고사망자 수로 산정한다.

4. 제2호의 계산식에서 상시근로자 수는 다음과 같이 산출한다.

$$\text{상시근로자 수} = \frac{\text{연간 국내공사 실적액}}{\text{건설업 월평균임금} \times 12} \times \text{노무비율}$$

가. '연간 국내공사 실적액'은 「건설산업기본법」에 따라 설립된 건설업자의 단체, 「전기공사업법」에 따라 설립된 공사업자단체, 「정보통신공사업법」에 따라 설립된 정보통신공사협회, 「소방시설공사업법」에 따라 설립된 한국소방시설협회에서 산정한 업체별 실적액을 합산하여 산정한다.

나. '노무비율'은 「고용보험 및 산업재해보상보험의 보험료징수 등에 관한 법률 시행령」 제11조제1항에 따라 고용노동부장관이 고시하는 일반 건설공사의 노무비율(하도급 노무비율은 제외한다)을 적용한다.

다. '건설업 월평균임금'은 「고용보험 및 산업재해보상보험의 보험료징수 등에 관한 법률 시행령」 제2조제1항제3호가목에 따라 고용노동부장관이 고시하는 건설업 월평균임금을 적용한다.

5. 고용노동부장관은 제3호라목에 따른 사고사망자 수 산정 여부 등을 심사하기 위하여 다음 각 목의 어느 하나에 해당하는 사람 각 1명 이상으로 심사단을 구성·운영할 수 있다.
   가. 전문대학 이상의 학교에서 건설안전 관련 분야를 전공하는 조교수 이상인 사람
   나. 공단의 전문직 2급 이상 임직원
   다. 건설안전기술사 또는 산업안전지도사(건설안전 분야에만 해당한다) 등 건설안전 분야에 학식과 경험이 있는 사람
6. 산업재해 발생 보고의무 위반건수는 다음 각 목에서 정하는 바에 따라 산정한다.
   가. 건설업체의 산업재해 발생 보고의무 위반건수는 국내의 건설현장에서 발생한 산업재해의 경우 법 제57조제3항에 따른 보고의무를 위반(제73조제1항에 따른 보고기한을 넘겨 보고의무를 위반한 경우는 제외한다)하여 과태료 처분을 받은 경우만 해당한다.
   나. 「건설산업기본법」 제8조에 따른 종합공사를 시공하는 업체의 산업재해 발생 보고의무 위반건수에는 해당 업체로부터 도급받은 업체(그 도급을 받은 업체의 하수급인을 포함한다)의 산업재해 발생 보고의무 위반건수를 합산한다.
   다. 「건설산업기본법」 제29조제3항에 따라 종합공사를 시공하는 업체(A)가 발주자의 승인을 받아 종합공사를 시공하는 업체(B)에 도급을 준 경우에는 해당 도급을 받은 종합공사를 시공하는 업체(B)의 산업재해 발생 보고의무 위반건수와 그 업체로부터 도급을 받은 업체(C)의 산업재해 발생 보고의무 위반건수를 도급을 준 종합공사를 시공하는 업체(A)와 도급을 받은 종합공사를 시공하는 업체(B)에 반으로 나누어 각각 합산한다.
   라. 둘 이상의 건설업체가 「국가를 당사자로 하는 계약에 관한 법률」 제25조에 따라 공동계약을 체결하여 공사를 공동이행 방식으로 시행하는 경우 산업재해 발생 보고의무 위반건수는 공동수급업체의 출자비율에 따라 분배한다.

Chapter 06

산업안전관계법규

출제예상문제

출제예상문제는 복습, 예습문제로 엮었습니다. *WHY : 실제시험에도 순서에 관계없이 출제됩니다. 예습 후 다음장에 공부한 문제가 있으면 기억이 배가 됩니다.

01 ★★ **산업안전보건법의 목적에 해당되지 않는 것은?**

① 산업안전보건기준의 확립
② 산업재해의 예방과 쾌적한 작업환경조성
③ 산업안전보건에 관한 정책의 수립 및 실시
④ 근로자의 안전과 보건유지·증진

해설

산업안전보건법 제1조(목적)

02 ★★ **산업안전보건법에서 사용하는 용어의 정의를 설명한 것 중 옳지 않은 것은?**

① '사업주'라 함은 근로자를 사용하여 사업을 행하는 자를 말한다.
② '근로자 대표'라 함은 노동조합이 조직되어 있는 경우 노동조합을, 아닌 경우에는 근로자의 1/3을 대표하는 자를 말한다.
③ '중대재해'라 함은 산업재해 중 사망 등 재해의 정도가 심한 것으로서 고용노동부령이 정하는 재해를 말한다.
④ '산업재해'라 함은 노무를 제공하는 사람이 업무에 관계되는 건설물·설비·원재료·가스·증기·분진 등에 의하거나 작업 그 밖의 업무에 기인하여 사망 또는 부상하거나 질병에 걸리는 것을 말한다.

해설

산업안전보건법 제2조(정의)

03 ★ **다음 중 정부의 책무에 속하지 않는 것은?**

① 산업안전보건정책의 수립 및 집행
② 기계, 기구 및 설비의 안전성 확보에 관한 사항
③ 산업재해 예방 지원 및 지도
④ 산업재해의 조사 및 통계유지에 관한 사항

해설

산업안전보건법 제4조(정부의 책무)

04 ★★ **다음 중에서 산업재해의 예방을 위하여 사업주가 지켜야 할 의무사항을 지키지 않아도 되는 자는?**

① 기계, 기구 그 밖의 설비를 설계 또는 제조하는 자
② 기계, 기구 및 설비를 수입 또는 판매하는 자
③ 건설물을 설계, 건설하는 자
④ 원재료 등을 제조·수입하는 자

해설

산업안전보건법 제5조(사업주등의 의무)

05 ★ **산업재해예방을 위하여 기준을 준수하여야 할 자는 누구인가?**

① 사업주 ② 근로자
③ 안전관리자 ④ 관리감독자

해설

산업안전보건법 제6조(근로자의 의무)

[정답] 01 ③ 02 ② 03 ② 04 ② 05 ②

06 ★ 산업재해예방통합시스템의 구축·운영은 누가 하는가?

① 국무총리
② 고용노동부장관
③ 중앙노동위원회 위원장
④ 한국산업안전공단 이사장

해설

산업안전보건법 제9조(산업재해예방통합정보시스템 구축·운영 등)

07 ★ 산업재해예방에 관한 중·장기 기본계획을 수립·공표하여야 할 자는 누구인가?

① 사업주
② 산업안전보건 정책심의위원회
③ 한국산업안전공단 이사장
④ 고용노동부장관

해설

산업안전보건법 제7조(산업재해예방에 관한 기본 계획의 수립·공표)

08 ★ 산업안전보건법령의 요지를 게시 또는 비치해야 할 자는 누구인가?

① 사업주
② 산업안전보건위원회
③ 한국산업안전공단 이사장
④ 고용노동부장관

해설

산업안전보건법 제5조(사업주등의 의무)

09 ★★ 다음 중 안전보건관리책임자의 직무가 아닌 것은 어느 것인가?

① 근로자의 안전보건교육에 관한 사항
② 안전관리자와 보건관리자의 선임에 관한 사항
③ 산업재해예방계획의 수립에 관한 사항
④ 작업환경의 점검 및 개선에 관한 사항

해설

산업안전보건법 제15조(안전보건관리책임자)

10 ★ 안전보건관리체제 중 경영조직에서 생산과 관련되는 해당 업무와 소속 직원을 직접 지휘·감독하는 부서의 장이나 그 직위를 담당하는 자로 지정하여야 하는 직위에 해당하는 것은?

① 관리감독자　② 안전관리자
③ 보건관리자　④ 안전보건관리책임자

해설

산업안전보건법 제16조(관리감독자)

11 ★★ 안전보건총괄책임자에 관한 사항 중 옳지 못한 것은?

① 동일한 장소에서 행하여지는 사업의 일부를 도급에 의하여 행하는 사업으로서 대통령령이 정하는 사업의 사업주가 지정한다.
② 해당 사업의 관리책임자를 안전보건총괄책임자로 지정해야 한다.
③ 건설업 중 공사금액이 30억 이상인 경우 안전보건총괄책임자를 선임해야 한다.
④ 안전보건총괄책임자는 작업중지명령을 내릴 수 있다.

해설

① 산업안전보건법 제62조(안전보건총괄책임자)
② 산업안전보건법 시행령 제52조(안전보건총괄책임자 지정대상사업)

12 ★ 안전보건관리규정의 작성시 반드시 포함되어야 할 사항이 아닌 것은?

① 안전보건교육에 관한 사항
② 안전보건관리조직과 그 직무에 관한 사항
③ 사고조사 및 대책수립에 관한 사항
④ 안전진단 및 안전성 평가에 관한 사항

해설

산업안전보건법 제25조(안전보건관리규정의 작성)

[정답] 06 ② 07 ④ 08 ① 09 ② 10 ① 11 ③ 12 ④

13 ★★ **안전보건관리규정에 대한 다음 설명 중 옳지 않은 것은?**

① 안전보건관리규정은 사업장의 안전보건유지를 위하여 사업주가 작성하여야 한다.
② 안전보건관리규정은 사업주 및 근로자 모두 준수하여야 한다.
③ 안전보건관리규정을 작성할 때에는 산업안전보건위원회의 심의를 거쳐야 한다.
④ 안전보건관리규정을 신고할 때는 안전관리자와 보건관리자의 의견이 기재된 서면을 첨부해야 한다.

해설

① 산업안전보건법 제25조(안전보건관리규정의 각성)
② 산업안전보건법 제27조(안전보건관리규정의 준수)

14 ★★ **다음 중 사업주는 위험을 방지하기 위하여 안전상의 조치를 하여야 한다. 안전상의 조치에 대한 의무가 없는 경우는?**

① 전기·열 그 밖의 에너지에 의한 위험
② 기계·기구 그 밖의 설비에 의한 위험
③ 폭발성·발화성 및 인화성 물질 등에 의한 위험
④ 가스·분진 및 유해광선에 의한 위험

해설

산업안전보건법 제38조(안전조치)

15 ★★ **다음 중 근로자의 건강장해예방을 위한 보건상의 조치사항이 아닌 것은?**

① 방사선·유해광선 및 이상기압 등에 의한 건강장해
② 계측감시·컴퓨터단말기·정밀조작작업에 의한 건강장해
③ 폭발성·발화성 물질 등에 의한 건강장해
④ 원재료·가스 ·분진 등에 의한 건강장해

해설

산업안전보건법 제39조(보건조치)

16 ★★ **다음 중 산업안전보건법의 내용에 맞지 않는 것은?**

① 사업주가 작업을 중지시켜야 하는 경우는 산업재해발생의 급박한 위험이 있을 때와 중대재해가 발생하였을 때이다.
② 고용노동부장관은 중대재해가 발생한 경우 근로감독관과 관계전문가로 하여금 재해원인조사, 안전보건진단 등 필요한 조치를 취할 수 있다.
③ 사업주가 취해야 할 안전·보건상의 조치사항은 고용노동부장관이 정한다.
④ 사업주가 작업중지 등에 관한 사항을 위반시는 3년 이하의 징역 또는 2천만원 이하의 벌금을 부과해야 한다.

해설

산업안전보건법 제51조(사업주의 작업중지)

17 ★★ **안전보건상의 조치, 근로자 준수사항 및 작업중지 등 사업주 또는 근로자가 하여야 할 조치에 필요한 기술상의 지침과 작업환경표준은 누가 정하는가?**

① 고용노동부장관
② 산업안전보건위원회
③ 한국산업안전공단 이사장
④ 사업주

해설

산업안전보건법 제53조(고용노동부장관의 시정조치 등)

18 ★ **중대재해가 발생하면 즉시 작업을 중지시키고 재해원인조사 및 안전보건진단을 실시할 수 있는 법적 근거는?**

① 안전보건조치 ② 작업중지 조치
③ 감독과 명령 등 ④ 안전보건진단 등

해설

산업안전보건법 제53조(고용노동부장관의 시정 조치 등)

[정답] 13 ④ 14 ④ 15 ③ 16 ④ 17 ① 18 ②

19 ★★ 도급사업에 있어서 사업주가 하여야 할 안전보건조치사항이 아닌 것은?

① 사업주간의 협의체 구성 및 운영
② 건설업 작업장은 2일에 1회 이상 점검
③ 수급인이 행하는 근로자의 안전보건교육에 대한 지도와 지원
④ 안전관리비의 계상 및 사용

해설

산업안전보건법 제64조(도급에 따른 산업재해 예방조치)

20 ★ 다음 중 양도, 대여, 설치가 제한되는 위험기계·기구에 설치하는 방호장치는 누가 정하는가?

① 한국산업안전공단 이사장
② 국무총리
③ 고용노동부장관
④ 산업안전보건 정책심의위원회

해설

산업안전보건법 제80조(유해하거나 위험한 기계·기구 등의 방호조치)

21 ★ 고용노동부장관은 유해·위험한 기계·기구 및 설비를 제작 또는 수입하는 자로 하여금 안전성을 확보하게 하기 위하여 어떤 기준을 정할 수 있는가?

① 설계 및 안전기준　② 제작 및 설계기준
③ 설계 및 성능기준　④ 안전인증기준

해설

산업안전보건법 제83조(안전인증기준)

22 다음 중 자율안전확인대상 보안경의 사용구분에 따른 종류에 해당하지 않는 것은?

① 유리보안경　② 자외선보안경
③ 플라스틱보안경　④ 도수렌즈보안경

해설

안전인증 보안경(차광보안경)
① 자외선용　② 적외선용　③ 복합용　④ 용접용

23 ★★★ 화학물질을 제조·투입·사용·운반하고자 할 때 취급근로자가 쉽게 볼 수 있는 곳에 비치하지 않아도 되는 것은?

① 화학물질의 명칭·성분 및 함유량
② 안전보건상의 취급 주의사항
③ 인체 및 환경에 미치는 영향
④ 보호구의 종류

해설

산업안전보건법 제110조(물질안전보건자료의 작성 및 제출)

24 ★ 작업환경 측정에 관한 다음 설명 중 옳지 않은 것은?

① 작업환경 측정은 고용노동부장관이 정하는 자격을 가진 자로 하여금 측정, 평가하도록 하고 그 결과를 기록, 보존해야 한다.
② 사업주가 작업환경 측정을 실시할 때 근로자 대표의 요구가 있을 때에는 근로자 대표를 입회시켜야 한다.
③ 사업주는 작업환경 측정결과를 해당 작업장 근로자에게 알려야 한다.
④ 작업환경 측정의 방법, 횟수, 그 밖에 필요한 사항은 고용노동부령으로 정한다.

해설

산업안전보건법 제125조(작업환경 측정)

25 ★★ 다음 중 3년간 보존해야 할 서류가 아닌 것은?

① 관리책임자, 안전관리자 등의 선임에 관한 서류
② 자체검사에 관한 서류
③ 건강진단에 관한 서류
④ 화학물질의 유해성 조사에 관한 서류

해설

산업안전보건법 제164조(서류의 보존)

[정답] 19 ④　20 ③　21 ④　22 ②　23 ④　24 ①　25 ②

26 ★ 다음 중 5년간 보존해야 할 서류에 해당되는 것은?

① 관리책임자의 선임에 관한 서류
② 화학물질의 유해성 조사에 관한 서류
③ 건강진단에 관한 서류
④ 지도사 업무에 관한 사항

해설

산업안전보건법 제164조(서류의 보존)

27 ★★ 이동식 크레인을 사용하여 작업하는 경우 작업시작 전 점검사항이 아닌 것은?

① 권과방지장치 그 밖의 경보장치의 기능
② 브레이크·클러치 및 조정장치의 기능
③ 와이어로프가 통하고 있는 곳 및 작업장소의 지반 상태
④ 이탈 등의 방지장치 기능의 이상유무

해설

이동식 크레인 작업시작 전 점검사항

① 권과방지장치 그 밖의 경보장치의 기능
② 브레이크·클러치 및 조정장치의 기능
③ 와이어로프가 통하고 있는 곳 및 작업장소의 지반상태

참고) 산업안전보건기준에 관한 규칙(별표 3) 작업시작 전 점검사항

⊙실기 필답형 및 작업형에도 출제됩니다.

28 ★★★★★ 다음 중 산업안전보건법상의 양중기가 아닌 것은?

① 크레인 ② 리프트
③ 곤돌라 ④ 항타기

해설

양중기 종류

① 크레인 ②이동식 크레인
③ 리프트 ④ 곤돌라
⑤ 승강기

참고) ① 산업안전보건기준에 관한 규칙 제132조(양중기)
② 2005년 9월 4일(문제 113번)

⊙제6과목 및 실기(필답형, 작업형)에도 출제됩니다.

29 ★ 다음 중 산업안전보건법상 안전관리자의 업무에 해당하는 것은?

① 사업장 순회점검·지도 및 조치의 건의
② 작업방법의 공학적, 위생적 개선
③ 작업환경의 측정 및 평가
④ 작업장 내의 산업위생시설의 점검 및 위생

해설

안전관리자 업무

① 산업안전보건위원회에서 심의·의결한 직무와 해당 사업자의 안전보건관리규정 및 취업규칙에서 정한 직무
② 위험성평가에 관한 보좌 및 지도·조언
③ 안전인증대상 기계 등과 자율안전확인대상 기계 등 구입 시 적격품의 선정에 관한 보좌 및 지도·조언
④ 해당 사업장 안전교육계획의 수립 및 안전교육 실시에 관한 보좌 및 지도·조언
⑤ 사업장 순회점검·지도 및 조치의 건의
⑥ 산업재해 발생의 원인 조사·분석 및 재발 방지를 위한 기술적 보좌 및 지도·조언
⑦ 산업재해에 관한 통계의 유지·관리·분석을 위한 보좌 및 지도·조언
⑧ 법 또는 법에 따른 명령으로 정한 안전에 관한 사항의 이행에 관한 보좌 및 지도·조언
⑨ 업무수행 내용의 기록·유지
⑩ 그 밖에 안전에 관한 사항으로서 고용노동부장관이 정하는 사항

참고) ① 2006년 3월 5일(문제 6번)
② 산업안전보건법 시행령 제18조(안전관리자의 업무 등)

⊙① 2002년 3월 10일(문제 14번)
② 2004년 3월 7일(문제 18번)

30 ★★ 다음 중 상시 근로자 50명 이상 500명 미만의 사업장으로서 안전관리자를 선임해야 할 대상 사업장이 아닌 것은?

① 제1차 금속제조업
② 운수 및 통신업
③ 화합물 및 화학제품 제조업
④ 출판, 인쇄 및 기록매체 복제업

해설

운수 및 통신업은 상시 근로자 1,000명 이상일 경우 2명의 안전관리자를 선임한다.

참고) 산업안전보건법 시행령 별표 3(안전관리자를 두어야 할 사업의 종류·사업장의 상시 근로자수, 안전관리자의 수 및 선임방법)

[정답] 26 ④ 27 ④ 28 ④ 29 ① 30 ②

31 ★★ 안전보건관리규정 작성 및 심사에 관한 규정에 의한 안전관리자의 업무 중 틀린 것은?

① 유해·위험 기계·기구 및 설비의 정기검사 및 안전검사 계획수립
② 안전점검, 교육, 훈련계획수립 및 실시
③ 발파작업, 화재발생 및 토석의 붕괴에 있어서 통일경보의 제정 시행
④ 하도급자에 대한 관리방안수립

해설

산업안전보건법 시행령 제18조(안전관리자의 업무 등)

32 ★★★★★ 건설업 중 유해위험방지계획서를 작성하여 고용노동부장관에게 제출해야 할 사업 중 틀린 것은?

① 터널건설 등의 공사
② 최대지간길이 31[m] 이상인 교량건설 등 공사
③ 다목적댐·발전용댐 및 저수용량 2천만톤 이상의 용수 전용댐·지방상수도 전용댐 건설 등의 공사
④ 깊이 10[m] 이상인 굴착공사

해설

고용노동부령이 정하는 사업
(1) ①, ③, ④
(2) 지상높이 31[m] 이상인 건축물 및 공작물
(3) 최대지간길이가 50[m] 이상인 교량건설 등 공사

참고 산업안전보건법 시행령 제42조(유해위험방지계획서 제출 대상)

본 문제는 실기 필답, 작업 및 제3과목, 제6과목에서 출제됩니다.

33 ★★★★★ 안전표지의 구성요소로 맞지 않는 것은?

① 모양 ② 범위
③ 색깔 ④ 내용

해설

안전표지의 구성요소
① 모양 ② 색깔(채) ③ 내용

참고 산업안전보건법 시행규칙 별표6(안전보건표지의 종류와 형태)

34 다음 중 크레인의 "운전반경"에 대한 설명이 올바른 것은?

① 상부회전체의 최대높이에서 화물의 밑부분까지 이르는 수직거리를 말함
② 상부회전체의 최대높이에서 화물의 윗부분까지 이르는 수직거리를 말함
③ 상부회전체의 회전 중심에서 화물의 중심까지 이르는 수평거리를 말함
④ 하부회전체의 회전 중심에서 화물의 중심까지 이르는 수평거리를 말함

해설

용어정리
① 정격하중 : 크레인의 권상하중에서 훅, 그래브 또는 버킷 등 달기기구의 중량에 상당하는 하중을 뺀 하중
② 권상하중 : 들어 올릴 수 있는 최대의 하중
③ 정격속도 : 크레인에 정격하중에 상당하는 하중을 매달고 권상, 주행, 선회, 또는 횡행할 때의 최고속도
④ 운전반경 : 선회중심으로부터 버킷이나 훅 등의 작업부하시에 있어서의 수평거리, 운전반경이 클수록 인양능력은 저하된다.

35 ★★★ 안전보건관리책임자의 업무한계가 아닌 것은?

① 작업환경측정 등 작업환경의 점검 및 개선에 관한 사항
② 산업재해예방계획의 수립에 관한 사항
③ 산업재해에 관한 통계의 기록, 유지에 관한 사항
④ 건설물 설비작업장소의 위험에 따른 방지조치 사항

해설

산업안전보건법 제15조(안전보건관리책임자)

참고 2005년 9월 4일(문제 12번)

36 ★★ 산업안전보건개선계획의 수립대상 사업장이 아닌 것은?

① 중대재해의 가능성이 높은 사업장
② 사업주가 필요한 안전조치 또는 보건조치를 이행하지 아니하여 중대재해가 발생한 사업장

[정답] 31③ 32② 33② 34③ 35④ 36①

③ 대통령령으로 정하는 수 이상의 직업성 질병자가 발생한 사업장
④ 유해인자의 노출기준을 초과한 사업장

해설

(1) 안전보건개선계획 수립대상 사업장의 종류
① 산업재해율이 같은 업종의 규모별 평균 산업재해율보다 높은 사업장
② 사업주가 필요한 안전조치 또는 보건조치를 이행하지 아니하여 중대재해가 발생한 사업장
③ 대통령령으로 정하는 수 이상의 직업성 질병자가 발생한 사업장
④ 유해인자의 노출기준을 초과한 사업장
(2) 안전보건개선계획의 수립·시행명령을 받은 사업주는 고용노동부장관이 정하는 바에 따라 안전보건개선계획서를 작성하여 그 명령을 받은 날부터 60일 이내에 관할 지방고용노동관서의 장에게 제출하여야 한다.

참고 산업안전보건법 제49조(안전보건개선계획의 수립·시행명령)

37 ★★★ **산업안전보건법상 도급사업에 있어서 안전보건총괄책임자를 선임하여야 할 사업이 아닌 것은?(단, 상시 근로자 50명 이상)**

① 선박 및 보트 건조업
② 1차 금속산업
③ 토사석 광업
④ 화합물 및 화학제품 제조업

해설

안전보건총괄책임자의 지정대상 사업
① 선박 및 보트 건조업
② 1차 금속제조업
③ 토사석 광업

참고 산업안전보건법 시행령 제52조(안전보건총괄책임자 지정 대상사업)

38 ★★ **다음 중 안전관리자의 업무가 아닌 것은?**

① 산업재해발생 원인조사 및 대책수립
② 산업재해보고 및 응급조치
③ 안전교육계획수립 및 실시
④ 안전에 관련된 보호구의 구입시 적격품 선정

해설

산업재해보고 및 응급조치는 관리감독자의 업무내용이다.

39 **산업안전보건법상 사업내 안전보건교육 중 근로자 정기안전보건교육의 내용인 것은?**

① 산업재해사례에 관한 사항
② 안전보건표지에 관한 사항
③ 보호구 및 안전장치 취급과 사용에 관한 사항
④ 산업안전 및 사고 예방에 관한 사항

해설

근로자의 정기안전보건교육내용
① 산업안전 및 사고 예방에 관한 사항
② 산업보건 및 직업병 예방에 관한 사항
③ 위험성 평가에 관한 사항
④ 건강증진 및 질병예 방에 관한 사항
⑤ 유해·위험 작업환경 관리에 관한 사항
⑥ 산업안전보건법령 및 산업재해보상보험 제도에 관한 사항
⑦ 직무스트레스 예방 및 관리에 관한 사항
⑧ 직장 내 괴롭힘, 고객의 폭언 등으로 인한 건강장해 예방 및 관리에 관한 사항

참고 산업안전보건법 시행규칙 [별표5] 근로자의 정기안전보건교육

40 **다음 중 산업안전보건법령상 안전관리자를 증원하거나, 교체를 해야 하는 경우가 아닌 것은?**

① 해당 사업장의 연간재해율이 같은 업종 평균재해율의 3배인 경우
② 작업환경불량, 화재·폭발 또는 누출사고 등으로 사회적 물의를 일으킨 경우
③ 중대재해가 연간 2건 이상 발생한 경우
④ 안전관리자가 질병이나 그 밖의 사유로 6개월 동안 직무를 수행할 수 없게 된 경우

해설

안전관리자 증원·교체명령내용
① 해당 사업장의 연간재해율이 같은 업종 평균재해율의 2배 이상인 때
② 중대재해가 연간 2건 이상 발견한 경우
③ 관리자가 질병 그 밖에 사유로 3개월 이상 직무를 수행할 수 없게 된 경우
④ 화학적인자로 인한 직업성질병자가 연간 3명 이상 발생한 경우

참고 산업안전보건법 시행규칙 제12조(안전관리자 등의 증원·교체 임명명령)

[정답] 37④ 38② 39④ 40②

산업안전심리

중점 학습내용

본 장은 안전 공학도로서 안전기사의 기본적인 인간의 심리를 파악하기 위한 내용을 주로 구성하여 딱딱함보다는 때로는 흥미있는 내용을 다루었으며 시험에 출제가 예상되는 그 중심적인 내용은 다음과 같다.

❶ 산업심리 개념 및 요소
❷ 인간관계와 활동
❸ 직업적성과 인사관리
❹ 인간의 일반적인 행동특성

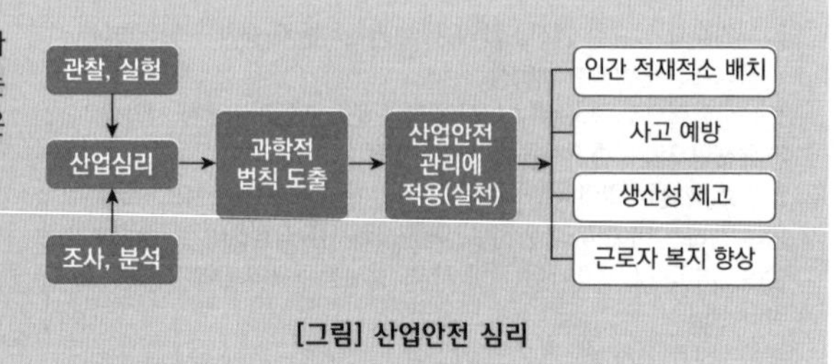

[그림] 산업안전 심리

합격예측

산업심리학 연구목적
① 근로자의 복지증진
② 인간 적재적소 배치

합격예측 16. 3. 6 기 17. 5. 7 기 18. 4. 28 기 20. 6. 14 산

심리(직무)검사의 구비조건
① 표준화 : 검사절차의 일관성과 통일성의 표준화
② 객관성(무오염성) : 채점자의 편견, 주관성 배제
③ 규준 : 검사결과를 해석하기 위한 비교의 틀
④ 신뢰성(반복성) : 검사응답의 일관성(반복성)
⑤ 타당성(적절성) : 측정하고자 하는 것을 실제로 측정하는 것
⑥ 실용성 : 이용방법 용이

합격예측

산업심리학과 직접 관련이 있는 학문
① 인사관리학 ② 인간공학
③ 사회심리학 ④ 심리학
⑤ 응용심리학 ⑥ 안전관리학
⑦ 노동과학 ⑧ 행동과학
⑨ 신뢰성 공학

1 산업심리 개념 및 요소

1. 산업심리와 인사심리

(1) 산업심리의 정의

① 산업심리학은 응용심리학으로 인간심리의 관찰·실험·조사 및 분석을 통하여 얻은 일정한 과학적 법칙을 이용하여 생산을 증가하고 근로자의 복지를 증진하고자 하는 데 목적을 두고 있다.
② 산업심리학은 사람을 적재적소에 배치할 수 있는 과학적 판단과 배치된 사람이 만족하게 자기 책무를 다할 수 있는 여건을 만들어 주는 방법을 연구하는 학문이다.

(2) 인사관리의 산업심리 목적

① 근로자 작업에 대한 능률분석
② 근로자 집단의 개인 및 작업에 대한 분석

2. 인사관리의 중요기능

① 조직과 리더십
② 선발(시험 및 적성검사)
③ 배치
④ 작업분석
⑤ 업무 평가
⑥ 상담 및 노사간의 이해

2 인간관계와 활동

1. 인간관계의 기제(메커니즘 : mechanism) 18. 8. 19 기 21. 3. 7 기

심리학적으로 인간의 정신 발달은 여러 단계를 거친다. 각 단계는 일정한 시기에 시작하여 끝나는 단계는 명확하지 않고 일생동안 계속되는 경우가 대부분이다.

(1) 일체화

심리적 결함

(2) 동일화(identification) 18. 3. 4 기 18. 4. 28 기 20. 8. 23 산 21. 5. 15 기

① 다른 사람의 행동 양식이나 태도를 투입시키거나 다른 사람 가운데서 자기와 비슷한 점을 발견하는 것

② 부모나 형 등의 중요한 인물들의 태도나 행동을 따라하는 것

(3) 역할학습

유희

(4) 투사(projection : 투출) 16. 3. 6 기 16. 10. 1 산 19. 4. 27 기 22. 3. 5 기

자기 속의 억압된 것을 다른 사람의 것으로 생각하는 것

ex ① 안되면 조상 탓 ② 서투른 무당이 장구 탓

(5) 커뮤니케이션(communication)

갖가지 행동양식의 기초를 매개로 하여 어떤 사람으로부터 다른 사람에게 전달되는 과정

① 언어 ② 몸짓 ③ 신호 ④ 기호

(6) 공감

① 이입공감 ② 동정과 구분(직접공감)

(7) 모방(imitation) 19. 9. 21 기

남의 행동이나 판단을 표본으로 하여 그것과 같거나 또는 그것에 가까운 행동 또는 판단을 취하려는 것

① 직접모방

② 간접모방

③ 부분모방

합격예측

조하리의 창(Johari's window)에서 "나는 모르지만 다른 사람은 알고 있는 영역" : Blind area 20. 6. 7 기

참고

(1) 방독마스크의 일반구조
① 착용 시 이상한 압박감이나 고통을 주지 않을 것
② 착용자의 얼굴과 방독마스크의 내면사이의 공간이 너무 크지 않을 것
③ 전면형은 호흡 시에 투시부가 흐려지지 않을 것
④ 격리식 및 직결식 방독마스크는 정화통·흡기밸브·배기밸브 및 머리끈을 쉽게 교환할 수 있고, 착용자 자신이 스스로 안면과 방독마스크 안면부와의 밀착성 여부를 수시로 확인할 수 있을 것

(2) 방독마스크 각 부의 구조
① 방독마스크는 쉽게 착용할 수 있고, 착용하였을 때 안면부가 안면에 밀착되어 공기가 새지 않을 것
② 정화통 내부의 흡착제는 견고하게 충진되고 충격에 의해 외부로 노출되지 않을 것
③ 흡기밸브는 미약한 호흡에 대하여 확실하고 예민하게 작동한 것
④ 배기밸브는 방독마스크의 내부와 외부의 압력이 같을 경우 항상 닫혀 있어야 하고 미약한 호흡에 대하여 확실하고 예민하게 작동하여야 하며 외부의 힘에 의하여 손상되지 않도록 덮개 등으로 보호되어 있을 것
⑤ 연결관은 신축성이 좋아야 하고 여러 모양의 구부러진 상태에서도 통기에 지장이 없어야 하고 턱이나 팔의 압박이 있는 경우에도 통기에 지장이 없어야하며 목의 운동에 지장을 주지 않을 정도의 길이를 가질 것
⑥ 머리끈은 적당한 길이 및 탄력성을 갖고 길이를 쉽게 조절할 수 있을 것

> **참고**
> **연령에 따른 근로자의 성장과정**
> ① 탐색의 단계(20대) : 청년기
> ② 확립의 단계(30대) : 영속적인 유지(안정의 유지)
> ③ 유지의 단계(40대) : 자기실현단계
> ④ 하강의 단계(50대) : 인내력, 기억력, 사고력 등 신체기능의 저하가 오는 시기이다.

> **합격예측**
> **직무분석**
> ① 직무에 관한 정보를 수집, 분석하여 직무의 내용과 직무를 담당하는 자의 자격요건을 체계화하는 활동
> ② 직무를 구성하는 요소
> ㉮ 과업(task)
> ㉯ 의무(duty)
> ㉰ 책임(responsibility)

> **참고**
> **산업심리학의 영역**
> 산업심리학은 초기에 개인차심리학, 실험심리학, 산업공학의 영역에 의해 많은 영향을 받아 거듭 발전되었다.

> **Q 은행문제**
> 인간관계를 효과적으로 맺기 위한 원칙과 가장 거리가 먼 것은?
> ① 상대방을 있는 그대로 인정한다.
> ② 상대방에게 지속적인 관심을 보인다.
> ③ 취미나 오락 등 같거나 유사한 활동에 참여한다.
> ④ 상대방으로 하여금 당신이 그를 좋아한다는 것을 숨긴다.
>
> 정답 ④

(8) 암시(suggestion) 18. 4. 28 산 22. 3. 5 기

다른 사람으로부터의 판단이나 행동을 무비판적으로 논리적, 사실적 근거 없이 받아들이는 것

① 각성암시　② 최면암시

2. 인간관계 관리방법

(1) 인간관계 관리의 필요성

산업의 발전에 따라 기업의 규모가 확대되고, 작업의 기계화가 가속됨으로써 인간이 소외되고 노동조합의 발전으로 노사의 이해가 요구됨으로써 인간관계 관리가 절실하게 되었으며 안전은 물론 경영 전반에 걸쳐 매우 중요한 과제로 등장하게 되었다.

(2) 호손(Hawthorne) 공장 실험 18. 3. 4 기 18. 9. 15 기 19. 4. 27 기 19. 9. 21 산 21. 5. 15 기

인간관계 관리의 개선을 위한 연구로 미국의 메이요(E. Mayo, 1880~1949) 교수가 주축이 되어 호손 공장에서 실시되었다.

① 작업능률을 좌우하는 것은 단지 임금, 노동시간 등의 노동조건과 조명, 환기, 그 밖에 작업환경으로서의 물적 조건보다 종업원의 태도, 즉 심리적, 내적 양심과 감정이 중요하다.
② 물적 조건도 그 개선에 의하여 효과를 가져올 수 있으나 종업원의 심리적 요소가 더욱 중요하다.(인간관계가 작업 및 작업설계에 영향을 줌) 10. 9. 5 기 22. 3. 5 기 22. 4. 24 기

(3) 개인적인 카운슬링(counseling) 방법 17. 3. 5 산 21. 5. 15 기 22. 4. 24 기

① 직접 충고(수칙 불이행시 적합)
② 설득적 방법
③ 설명적 방법

(4) 로저스(C.R. Rogers)의 방법

지시적 카운슬링과 비지시적 카운슬링의 병용

(5) 카운슬링의 순서 16. 3. 6 기

장면 구성 → 내담자와의 대화 → 의견 재분석 → 감정 표출 → 감정의 명확화

(6) 카운슬링의 효과

① 정신적 스트레스 해소　② 동기부여
③ 안전 태도 형성

3. 모랄 서베이(morale survey)

(1) 모랄 서베이의 효용 17. 8. 26 기 19. 3. 3 산

① 근로자의 심리, 욕구를 파악하여 불만을 해소하고 노동 의욕을 높인다.
② 경영관리를 개선하는 데 자료를 얻는다.
③ 종업원의 정화작용을 촉진시킨다.

(2) 모랄 서베이(morale survey : 사기 앙양 : 사기 조사)의 주요 방법 22. 3. 5 기

① **통계에 의한 방법** : 사고 상해율, 생산성, 지각, 조퇴, 이직 등을 분석하여 파악하는 방법
② **사례연구법** : 경영 관리상의 여러 가지 제도에 나타나는 사례에 대해 연구함으로써 현상을 파악하는 방법
③ **관찰법** : 종업원의 근무 실태를 계속 관찰함으로써 문제점을 찾아내는 방법
④ **실험연구법** : 실험 그룹과 통제 그룹으로 나누고 정황, 자극을 주어 태도 변화 여부를 조사하는 방법
⑤ **태도조사법**(의견조사) : 질문지법, 면접법, 집단토의법, 투사법, 문답법 등에 의해 의견을 조사하는 방법 16. 5. 8 산 18. 9. 15 기

4. 양립성[일명 모집단 전형(compatibility, 兩立性)] 18. 3. 4 산 18. 4. 28 기 18. 8. 19 기 18. 9. 15 기 19. 8. 4 기 22. 3. 5 기

자극들간의, 반응들간의 혹은 자극－반응들간의 관계가(공간, 운동, 개념적)인간의 기대에 일치되는 정도를 말하며, 양립성 정도가 높을수록, 정보처리시 정보변환(암호화, 재암호화)이 줄어들게 되어 학습이 더 빨리 진행되고, 반응시간이 더 짧아지고, 오류가 적어지며, 정신적 부하가 감소하게 된다.

(1) 개념 양립성

외부로부터의 자극에 대해 인간이 가지는 개념적 현상의 양립성
예 빨간색버튼 : 정지, 녹색버튼 : 운전

(2) 공간 양립성 17. 8. 26 기 19. 8. 4 산

표시장치나 조종장치의 물리적인 형태나 공간적인 배치의 양립성
예 오른쪽 : 오른손 조절장치, 왼쪽 : 왼손 조절장치

(3) 운동 양립성

표시장치, 조종장치, 체계반응 등의 운동 방향의 양립성
예 조종장치를 오른쪽으로 돌리면 지침도 오른쪽으로 이동

합격예측

인사관리의 목표
종업원을 적재적소에 배치하여 능률을 극대화하고, 종업원의 만족을 추구하는 것이 그 목표이다. 즉, 생산과 만족을 동시에 얻고자 하는 것이다.

합격예측

양립성의 종류
① 운동 양립성

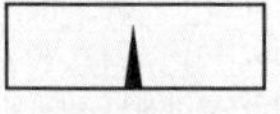
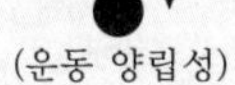

② 공간 양립성

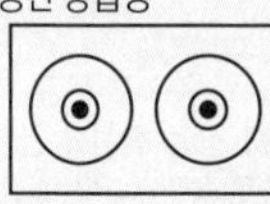

③ 개념 양립성

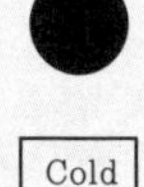

④ 양식 양립성

합격예측

인사심리검사의 구비조건
① 타당성
② 신뢰성
③ 실용성

Q 은행문제

집단 안전교육과 개별 안전교육 및 안전교육을 위한 카운슬링 등 3가지 안전교육방법 중 개별안전 교육방법에 해당되는 것이 아닌 것? 18. 3. 4 기
① 일을 통한 안전교육
② 상급자에 의한 안전교육
③ 문답방식에 의한 안전교육
④ 안전기능 교육의 추가지도

정답 ③

(4) 양식(modality) 양립성

직무에 알맞는 응답양식의 존재 양립성(기계가 특정음성에 정해진 반응)

예 소리로 제시된 정보는 말로 반응케 하는 것이, 시각적으로 제시된 정보는 손으로 반응하는 것이 양립성이 높다.

3 직업적성과 인사관리

1. 직업적성

(1) 적성검사의 목적

① 적성검사는 개인이 어떤 직무에 임하기에 앞서 그 직무를 최상의 상태로 수행할 수 있는 신뢰성과 타당성에 관하여 진단하고 예측하려는 방법론적 목적을 말한다.(작업자 적성검사 목적 : 작업자의 생산능률 향상) 21. 9. 12 기

② 측정원 행동에 의한 검사(사무직검사, 필기형검사, 기계이해검사)

(2) 적성의 발견 방법

① 자기이해(self-understanding)

② 계발적 경험(exploratory experience)

③ 적성검사(適性檢査)

(3) 적성검사

① 인간의 지능(intelligence)과 평가치

$$지능지수(IQ) = \frac{지능연령}{생활연령} \times 100$$

② 적성검사의 정의

㉮ 기초 능력 : 정신 능력, 지각 기능, 정신 운동의 기능과 같은 양에 있어서 포괄된 기능

㉯ 직무 특유 능력(job specific ability) : 어떤 불특정의 직무를 수행하면서 필요한 학습 또는 경험의 축적에 의하여 얻어진 능력

③ 기계적 적성 17. 5. 7 기

㉮ 손과 팔의 솜씨 ㉯ 공간 시각화 ㉰ 기계적 이해

④ 사무적 적성 : 지각의 정확도

(4) 적성배치시 작업의 특성

① 환경적 조건 ② 작업적 조건 ③ 작업 내용

④ 작업 형태 ⑤ 법적 자격 및 제한

합격예측

적성발견방법 3가지

① 적성검사
② 계발적 경험
③ 자기이해

합격예측

적성검사 2가지

① 특수직업 적성검사 : 어느 특정의 직무에서 요구되는 능력을 가졌는가의 여부를 검사 하는 것이다.
② 일반기업 적성검사 : 어느 직업 분야에서 발전할 수 있겠느냐 하는 가능성을 알기 위한 검사이다.

Q 은행문제

다음 중 작업 적성과 관련된 설명으로 틀린 것은? 18. 3. 4 산

① 사원선발용 적성검사는 작업행동을 예언하는 것을 목적으로도 사용한다.
② 직업 적성검사는 직무 수행에 필요한 잠재적인 특수 능력을 측정하는 도구이다.
③ 직업 적성검사를 이용하여 훈련 및 승진대상자를 평가하는 데 사용할 수 있다.
④ 직업 적성은 단기적 집중 직업훈련을 통해서 개발이 가능하도록 신중하게 사용해야 한다.

정답 ④

합격예측

타당도가 높은 적성검사

(1) 구성(인) 타당도 17. 3. 5 기
 ① 수렴타당도 21. 3. 7 기
 ② 변별타당도
(2) 준거관련 타당도
 ① 동시타당도
 ② 예측타당도
(3) 내용타당도
(4) 안면타당도
(5) 검사·재검사 신뢰도

합격예측 18. 3. 4 기

작업자의 적성요인

① 성격(인간성)
② 지능
③ 흥미

(5) 적성 배치시 작업자의 특성 19. 9. 21 산

① 지적 능력 ② 성격
③ 기능 ④ 업무수행력
⑤ 연령적 특성 ⑥ 신체적 특성

합격예측

시각적 판단검사의 종류

① 언어판단검사
② 형태비교검사
③ 평면도 판단검사
④ 입체도 판단검사
⑤ 공구판단검사
⑥ 명칭판단검사

(6) 심리(적성)검사의 종류

① 계산에 의한 검사 : 계산검사, 기록검사, 수학응용검사
② 시각적 판단검사 : 형태비교검사, 입체도 판단검사, 언어식별검사, 평면도판단검사, 명칭판단검사, 공구판단검사 18. 3. 4 산 20. 6. 7 기
③ 운동능력검사(Moter Ability Test)
  ㉮ 추적(Tracing) : 아주 작은 통로에 선을 그리는 것
  ㉯ 두드리기(Tapping) : 가능한 빨리 점을 찍는 것
  ㉰ 점찍기(Dotting) : 원속에 점을 빨리 찍는 것
  ㉱ 복사(Copying) : 간단한 모양을 베끼는 것
  ㉲ 위치(Location) : 일정한 점들을 이어 크거나 작게 변형
  ㉳ 블록(Blocks) : 그림의 블록 개수 세기
  ㉴ 추적(Pursuit) : 미로 속의 선을 따라가기
④ 정밀도 검사(정확성 및 기민성) : 교환검사, 회전검사, 조립검사, 분해검사
⑤ 안전검사 : 건강진단, 실기시험, 학과시험, 감각기능검사, 전직조사 및 면접
⑥ 창조성검사(상상력을 발동시켜 창조성 개발능력을 점검하는 검사)

합격예측

K.Lewin의 법칙

16. 10. 1 기 17. 5. 7 기 17. 8. 26 기 17. 9. 23 기 18. 9. 15 기 19. 4. 27 산 19. 8. 4 산 19. 9. 21 기 20. 8. 22 기 20. 9. 27 기 21. 8. 14 기 22. 4. 24 기 23. 2. 28 기 23. 3. 1 산 24. 2. 15 산

레빈의 인간행동 법칙

- B : 인간의 행동(behavior)
- P : 인간(person)
- E : 환경(environment)
- f : 함수(function)

인간		심리적환경
성격, 지능, 감각운동기능, 연령, 경험, 심신상태 등	상호작용	조직 내 인간관계, 기계나 설비, 온도 및 습도, 조도, 먼지, 소음 등

인간의 행동이 결정됨

합격예측

적성배치 효과

① 자아실현기회부여
② 근로의욕고취
③ 재해사고예방

(7) K. Lewin의 법칙 16. 3. 6 기 18. 3. 4 기

① Lewin은 인간 행동(B)은 그 사람이 가진 자질, 즉 개체(P)와 심리적 환경(E)과의 상호 함수 관계에 있다고 정의하였다.(수학 방정식 적용)

$$B=f(P.E)$$

② 개체(P)와 심리적 환경(E)과의 통합체를 심리적 상태(S)라고 하여 인간의 행동은 심리적 상태와 긴밀히 의존하고 또 규정받는다고 정의하였다.
③ P와 E에 의해 성립되는 심리적 상태 S를 심리적 생활공간(LSP : Psycho-logical life space) 또는 간단히 생활공간(life space)이라고 정의하였다.
④ Lewin에 의하면 인간의 행동은 어떤 순간에 있어서 어떤 행동, 어떤 심리적 장(field)을 일으키느냐, 일으키지 않느냐는 심리적 생활공간의 구조에 따라 결정된다는 것이다.

Q 은행문제

1. 적성검사의 유형 중 체력검사에 포함되지 않는 것은?
① 감각기능검사
② 근력검사
③ 신경기능검사
④ 크루즈 지수(Kruse's Index)

정답 ③

2. 스텝 테스트, 슈나이더 테스트는 어떠한 방법의 피로판정검사인가? 19. 4. 27 기
① 타액검사
② 반사검사
③ 전신적 관찰
④ 심폐검사

정답 ④

합격예측

정확도 및 기민성 검사(정밀성 검사)의 종류

① 교환검사
② 회전검사
③ 조립검사
④ 분해검사

참고

인사관리

① 인사관리의 목적 : 사람과 일과의 관계
② 직무시사회(job preview) : 인사 선발의 한 방법
③ 관료주의의 4가지 차원
㉮ 조직도에 나타난 조직의 크기와 넓이
㉯ 관리자가 책임질 수 있는 근로자의 수
㉰ 관리자를 소단위로 분산
㉱ 작업의 단순화와 전문화
④ 관료주의는 사회 변화, 기술 진보에 효율적 적응 불가

합격예측

리더십의 구분

구분	특징
직무 중심적 리더십	• 생산과업, 생산방법 및 세부절차를 중요시한다. • 공식화된 권력에 의존, 부하들을 치밀하게 감독한다.
부하 중심적 리더십	• 부하와의 관계를 중시, 부하의 욕구충족과 발전 등 개인적인 문제를 중요시한다. • 권한의 위임, 부하에게 자유재량을 부여한다.
구조 주도적 리더십	• 부하의 과업환경을 구조화하는 리더 행동 • 부하의 과업 설정 및 분배, 의사소통 및 절차를 분명히 하고 성과도 구체화, 정확히 평가한다.
고려적 리더십	• 부하와의 관계를 중요시한다. • 부하와 리더사이의 신뢰성, 온정, 친밀감, 상호존중, 협조 등 조성에 주력한다.

2. 성격검사 유형

(1) Y-K(Yutaka-Kohata) 성격검사

직업 성격 유형	작업 성격 인자	적성 직종의 일반적 성향
CC′형 : 담즙질(진공성형)	① 운동 및 결단이 빠르고 기민하다. ② 적응이 빠르다. 20. 9. 27 기 ③ 세심하지 않다. ④ 내구, 집념이 부족 ⑤ 진공, 자신감 강함	① 대인적 직업 ② 창조적, 관리자적 직업 ③ 변화있는 기술적, 가공작업 ④ 변화있는 물품을 대상으로 하는 불연속 작업
MM′형 : 흑담즙질(신경질형)	① 운동성 느리고 지속성이 풍부 ② 적응이 느리다. ③ 세심, 억제, 정확하다. ④ 내구성, 집념, 지속성 ⑤ 담력, 자신감 강하다.	① 연속적, 신중적, 인내적 작업 ② 연구개발적, 과학적 작업 ③ 정밀, 복잡성 작업
SS′형 : 다혈질(운동성형)	①, ②, ③, ④ : CC′형과 동일 ⑤ 담력, 자신감 약하다.	① 변화하는 불연속적 작업 ② 사람 상대 상업적 작업 ③ 기민한 동작을 요하는 작업
PP′형 : 점액질(평범수동성형)	①, ②, ③, ④ : MM′형과 동일 ⑤ 약하다.	① 경리사무, 흐름작업 ② 계기관리, 연속작업 ③ 지속적 단순작업
Am형 : 이상질	① 극도로 나쁘다. ② 극도로 느리다. ③ 극도로 결핍 ④ 극도로 강하거나 약하다.	① 위험을 수반하지 않는 단순한 기술적 작업 ② 직업상 부적응적 성격자는 정신위생적 치료 요함

(2) Y·G(矢田部·Guilford) 성격검사 20. 6. 7 기

① A형(평균형) : 조화적, 적응적
② B형(右偏형) : 정서 불안정, 활동적, 외향적(불안정, 부적응, 적극형)
③ C형(左偏형) : 안전 소극형(온순, 소극적, 안전, 비활동, 내향적)
④ D형(右下형) : 안전, 적응, 적극형(정서 안전, 사회 적응, 활동적 대인관계 양호)
⑤ E형(左下형) : 불안전, 부적응, 수동형(D형과 반대)

(3) 산업심리검사의 구비요건(기준) 18. 4. 28 기 19. 3. 3 기

① 타당성(validity) : 측정하려고 하는 성능을 어느 정도 충실히 수행하고 있는가를 나타내는 것(예 내용, 전이, 조직내, 조직간타당도)
② 신뢰성(reliability) : 동일한 검사를 동일한 사람에게 시간 간격을 두고 실시할 때 그 결과가 크게 다르지 않는 것
③ 실용성(practicability) : 검사를 실시하고 채점하기 용이하다든지, 또는 결과의 해석이나 이용의 방법이 간단하다든지, 비용이 적게 든다는 것

④ **표준화**(standardization) : 일관성, 통일성
⑤ **규준**(norm) : 비교의 틀
⑥ **객관성**(objectivity) : 동일결과

3. 사고발생 경향 및 기제

(1) 사고발생 경향

① 개인차 ② 지능 ③ 성격과 태도 ④ 특수기능

(2) 안나 프로이트(Anna Freud)의 적응기제

① 자아의 무의식 영역에서 일어나는 심리기제
② 갈등이나 불안, 좌절, 죄책감으로 인한 심리적 불균형이 초래될 때 심리내부의 평형상태를 유지하기 위해 일어남
③ 방어기제의 병리성은 균형, 방어의 강도, 연령의 적절성, 철회 가능성을 통해서 판단
④ **억압** : 의식에서 용납하기 어려운 생각, 욕망, 충동 등을 무의식 속에 머물도록 눌러 놓는 것(예 어려운 과제가 있을 때 그 과제를 아예 잊어 버린다.)
⑤ **취소** : 상대가 입은 피해를 원상복구 시키려는 행위(예 바람을 피우는 유부남이 아내에게 친절하게 대하는 행위)
⑥ **반동형성** : 무의식 속의 받아들여질 수 없는 생각, 소원, 충동 등을 정반대의 것으로 표현하는 것(예 미운 놈 떡 하나 더 준다. 어떤 학생이 교사에게 불만이 많은데 순종을 잘하는 경우)
⑦ **투사** : 받아들일 수 없는 충동이나 욕망, 자신의 실패 등을 타인의 탓으로 돌리는 것(예 안 되면 조상 탓, 서투른 무당의 장구 탓) 16. 10. 1 산 19. 4. 27 기 22. 3. 5 기
⑧ **투입** : 공격적인 충동이 자신에게 향하는 것(예 부부싸움을 하다가 화가 난 남편이 자신의 머리를 벽에 부딪쳐 자해하는 경우)
⑨ **전치** : 전체가 부분에 의해 표현되거나 부분이 전체로 표현되는 경우, 또는 어떤 생각이나 감정 등을 표현해도 덜 위험한 대상에게 옮기는 것(예 종로에서 뺨 맞고 한강에서 화풀이 한다.)
⑩ **부정** : 의식화하기에 불쾌한 생각, 감정, 현실 등을 무의식적으로 부정(예 임종말기의 환자가 자신의 병을 의사가 오진했다고 주장하는 경우, 남학생이 자위행위를 하고 나서 손을 여러 번 씻는 경우) 16. 5. 8 기
⑪ **합리화** : 사회적으로 그럴 듯한 설명이나 이유를 대는 것(예 내가 중이 되니 고기가 천하다. 신포도이론, 달콤한 레몬기제)
⑫ **보상** : 자신이 가지고 있는 결함을 다른 것으로 보상받기 위해 자신의 감정을 지나치게 강조하는 것(예 작은 고추가 맵다. 땅에서 가까워야 오래 산다. 지적으로 열등한 사람이 운동을 열심히 하는 것 등) 18. 9. 15 산

합격예측 18. 3. 4 기

소질적인 사고요인
① 지능
② 성격
③ 감각운동기능(시각기능)

합격예측

지능(intelligence)
① 지능과 사고의 관계는 비례적 관계에 있지 않으며 그보다 높거나 낮으면 부적응을 초래한다.
② Chiseli Brown은 지능 단계가 낮을수록 또는 높을수록 이직률 및 사고 발생률이 높다고 지적하였다.

합격예측

① 소시오메트리 : 사회 측정법으로 집단에 있어 각 구성원 사이의 견인과 배척관계를 조사하여 어떤 개인의 집단 내에서의 관계나 위치를 발견하고 평가하는 방법 [집단의 인간관계(선호도)를 조사하는 방법] 16. 3. 6 기 22. 3. 5 기
② 소시오그램(교우도식) : 소시오메트리를 복잡한 도면(상호간의 관계를 선으로 연결)으로 나타내는 것
③ 표시방법
㉮ ⟶ 일방적 결합
㉯ ⟷ 상호결합
㉰ ······> 일방적 거부
㉱ <······> 상호거부

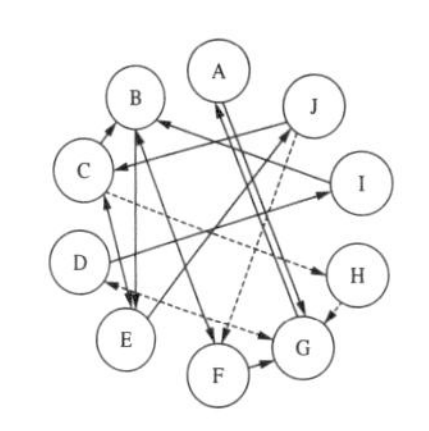

[그림] 소시오그램 (교우도식)

합격예측 17. 7. 23 기 19. 3. 3 기

억측판단
① 작업공정 중 규정대로 수행하지 않고 '괜찮다'고 생각하여 자기주관대로 행하는 행동
② 객관적인 위험을 행동에 옮김
예 신호등의 신호가 녹색에서 황색으로 바뀌었으나 괜찮다고 판단하고 지나감

⑬ **퇴행** : 심한 스트레스나 좌절을 당했을 때, 현재의 발달단계보다 더 이전의 발달단계로 후퇴하는 것(예 동생이 태어난 후 대소변을 가리지 못하는 아이) 17. 3. 5 산

⑭ **승화** : 본능적인 에너지를 개인적으로나 사회적으로 용납되는 형태로 유용하게 돌려쓰는 것(예 강한 공격적 욕구를 가진 사람이 격투기 선수가 되는 경우)

⑮ **전환** : 신체감각기관과 수의근계통 증상의 표현(예 입대영장을 받고나서 시각장애를 일으키는 경우)

⑯ **신체화** : 신체부위의 증상으로 표현(예 사촌이 땅을 사면 배가 아프다.)

⑰ **동일시** : 주위의 중요한 인물들의 태도와 행동을 닮는 것(예 윗물이 맑아야 아랫물이 맑다.) 18. 3. 4 기 19. 4. 27 산

⑱ **행동화** : 스트레스와 내부갈등을 제거하기 위한 행동으로 무의식적 욕구나 욕망을 충동적인 행동으로 충족하는 것(예 남편의 구타를 예상한 아내가 먼저 남편을 자극하여 매를 맞는 것)

⑲ **대치** : 목적하던 것을 못 가지는 데에서 오는 좌절감과 불안을 최소화하기 위해 원래의 것과 비슷한 것을 가짐으로 만족하는 것(예 꿩대신 닭)

⑳ **해리** : 마음을 편치 않게 하는 성격의 일부가 그 사람의 지배를 벗어나 하나의 독립된 성격인 것처럼 행동하는 경우(예 이중인격, 몽유병, 지킬박사와 하이드)

(3) 관리그리드(Managerial Grid)의 리더십 5가지 이론

리더의 행동을 생산에 대한 관심(production concern)과 인간에 대한 관심(people concern)으로 구분하고 grid(격자)로 개량화하여 분류하였다.

① 무관심(1, 1 : 자유방임, 포기)형
- ㉮ 생산과 인간에 대한 관심이 모두 낮은 무관심한 유형
- ㉯ 리더 자신의 직분을 유지하는 데 필요한 최소의 노력만을 투입하는 리더 유형

② 인기(1, 9)형
- ㉮ 인간에 대한 관심은 매우 높고 생산에 대한 관심은 매우 낮은 유형
- ㉯ 부서원들과의 만족스런 관계와 친밀한 분위기를 조성하는 데 역점을 기울이는 리더 유형

③ 과업(9, 1)형 16. 10. 1 기 18. 8. 19 기 20. 6. 7 기
- ㉮ 생산에 대한 관심은 매우 높지만 인간에 대한 관심은 매우 낮은 유형
- ㉯ 인간적인 요소보다도 과업수행에 대한 능력을 중요시하는 리더유형

④ 타협(5, 5)형
- ㉮ 중간형(사람과 업무의 절충형)
- ㉯ 과업의 생산성과 인간적 요소를 절충하여 적당한 수준의 성과를 지향하는 유형

합격예측

사람은 그 성격이 작업에 적응되지 못할 경우 안전사고를 발생시킨다.

참고

시각기능(재해와 시각 관계)

① Tiffin. J는 시각기능에 결함이 있는 자에게 재해가 많았고, Fletcher, E.E는 두 눈의 시력이 불균형인 자에게 재해가 많음을 지적하였다.
② 시각기능과 재해발생에 있어서는 반응속도, 그 자체보다 반응의 정확도에 더 관계가 깊다.

합격예측

리더의 상황적 합성이론(F. Fredler)

(1) 리더의 행동 스타일 분류
① LPC(The Least Preferred Co-woker)점수 사용
② LPC점수 : 리더에게 "함께 일하기 가장 싫은 동료에 대하여 어떻게 평가하느냐" 질문

(2) 리더십의 상황 분류 20. 8. 22 기
① 과업구조 : 과업의 복잡성과 단순성
② 리더와 부하와의 관계 : 친밀감, 신뢰성, 존경 등
③ 리더의 지휘권력 : 합법적, 공식적, 강압적 등

참고

grid training(그리드훈련) : 도구를 이용한 실험실 훈련

Q 은행문제

동일 부서 직원 6명의 선호 관계를 분석한 결과 다음과 같은 소시오그램이 작성되었다. 이 소시오 그램에서 실선은 선호관계, 점선은 거부관계를 나타낼 때 4번 직원의 선호신분 지수는 얼마인가? 19. 9. 21 기

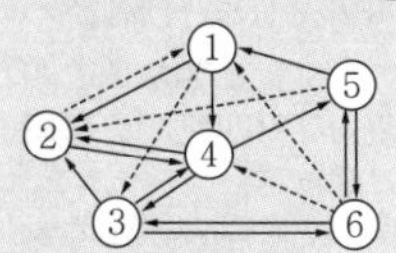

① 0.2　② 0.33
③ 0.4　④ 0.6

정답 ③

⑤ 이상(9, 9)형 22. 3. 5 기

㉮ 팀형으로 인간에 대한 관심과 생산에 대한 관심이 모두 높은 유형

㉯ 구성원들에게 공동목표 및 상호의존관계를 강조하고, 상호신뢰적이고 상호존중관계 속에서 구성원들의 몰입을 통하여 과업을 달성하는 리더유형

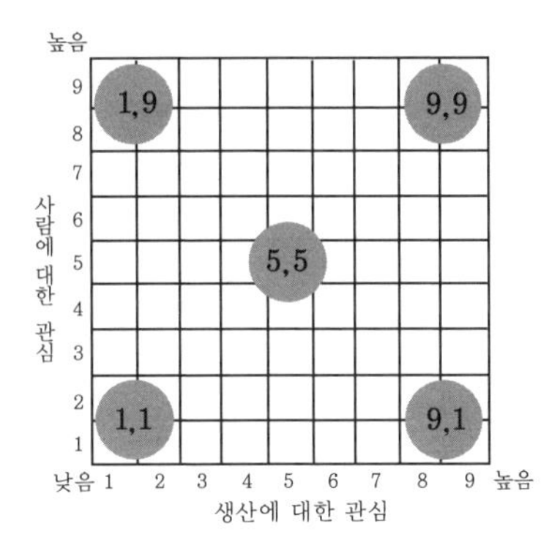

[그림] R.R.Blake와 J.S.Mouton 관리그리드 이론

4 인간의 일반적인 행동 특성

1. 인간의 특성 16. 5. 8 기

(1) 인간동작의 외적 조건

① 동적 조건 : 대상물의 동적 성질을 나타내는 것으로 가장 최대 요인

② 정적 조건 : 높이, 크기, 깊이 등에 좌우

③ 환경조건 : 온도, 습도, 소음 수준에 의해 좌우

(2) 인간동작의 내적 조건 18. 3. 4 기

① 피로, 긴장 등에 의한 생리적 조건

② 근무 경력에 의한 경험 시간

③ 개인차 : 적성, 성격, 개성

(3) 동작 실패의 원인이 되는 조건

① 자세의 불균형 : 행동의 습관, 환경적 요인 등

② 피로 : 신체조건, 질병, 스트레스 등

③ 작업강도 : 작업량, 작업속도, 작업시간 등

④ 기상조건 : 온도, 습도, 그 밖에 기상조건 등

⑤ 환경조건 : 작업환경, 심리적 환경

합격예측

Tiffin의 동기유발요인

(1) 공식적 자극
① 적극적 : 상여금, 돈, 특권, 승진, 작업계획의 선택 등
② 소극적 : 견책, 해고, 임시고용, 특권박탈 등

(2) 비공식적 자극
① 적극적 : 격려 및 칭찬, 친절한 태도, 직장동료에 의한 존경 등
② 소극적 : 악평, 비난, 배척, 동료 간의 비협조 등

합격예측

작업동기의 행동 3가지 결정요인

① 능력
② 동기
③ 상황적 제약조건

합격예측

정신능력 분석단계 7단계

① 지각속도
② 공간 시각화
③ 수능숙도
④ 언어이해
⑤ 어휘유양성
⑥ 기억
⑦ 귀납적 추리능력

합격예측

안전사고 유발의 심리적 요인

① 인간의 발전
② 인간의 성장 및 성숙과정
③ 연령

참고

간결성 원리의 정의

인간의 심리활동에 있어서 최소 에너지에 의해 어떤 목적에 달성하도록 하려는 경향을 말하며, 이 원리는 착오, 착각, 생략, 단락 등 사고의 심리적 요인을 불러일으키는 원인이 된다.

합격예측

착오요인

(1) 인지과정착오
① 생리·심리적 능력의 한계
② 정보수용능력의 한계
③ 감각차단현상
④ 정서불안정 등 심리적 요인

(2) 판단과정착오
① 합리화
② 능력부족
③ 정보부족
④ 자신과잉(과신)

(3) 조작과정착오
판단한 내용에 따라 실제 동작하는 과정에서의 착오

합격예측

개성적 결함 요인(사고의 요인)

① 과도한 자존심과 자만심
② 사치와 허영심
③ 고집 및 과도한 집착성
④ 인내력 부족
⑤ 감정의 장기지속성
⑥ 도전적 성격 및 다혈질
⑦ 나약한 마음
⑧ 태만(나태)
⑨ 경솔성(성급함)

합격예측

프로이트 적응기제 중 합리화 유형 4가지

(1) 신포도형
① 포도를 먹고자 한 여우가 모든 노력을 통해서도 그것을 먹을 수 없게 되자 그 포도의 맛이 시기 때문에 먹을 필요가 없다고 자기 자신의 행위를 스스로 위로하는 것
② 어떤 목표를 달성하려 했으나 실패한 사람이 처음부터 그것을 원하지 않았다고 하는 것

(2) 달콤한 레몬형
자기가 현재 가지고 있는 것이야말로 그가 원하던 것이라고 스스로 믿는 것

(3) 투사형 19. 4. 27 기
자신의 결함이나 실수를 자기 이외의 다른 대상에게로 책임을 전가시키는 것

(4) 망상형
이치에 맞지 않는 잘못된 생각이나 근거가 없는 주관적인 신념으로 자신을 합리화 하는 것

(4) 인간의 행동특성

① 간결성의 원리　　② 주의의 일점 집중 현상
③ 순간적인 경우 대피 방향 : 좌측
④ 동조행동　　⑤ 좌측통행
⑥ Risk Taking(위험감수) : 객관적인 위험을 자기 스스로 판단하여 행동에 옮기는 심리 특성

2. 인간의 착오요인

(1) 인지과정 착오의 요인 16. 5. 8 산 17. 9. 23 기 18. 4. 28 산 20. 8. 22 기

① 생리, 심리적 능력의 한계
② 정보량 저장(정보 수용능력의 한계)의 한계
③ 감각차단현상
④ 정서불안정

(2) 심리적, 그 밖에 요인

불안·공포·과로·수면부족 등

(3) 판단과정 착오요인 16. 5. 8 기 17. 3. 5 기 20. 6. 7 기 20. 8. 22 기

① 자기합리화　　② 능력부족　　③ 정보부족
④ 과신(자신 과잉)　　⑤ 작업조건불량

(4) 조작 과정의 착오 요인

① 작업자의 기능미숙(기술부족)　　② 작업경험부족　　③ 피로

(5) 인간의식의 공통적 경향

① 의식은 현상의 대응력에 한계가 있다.
② 의식은 그 초점에서 멀어질수록 희미해진다.
③ 당면한 문제에 의식의 초점이 합치되지 않고 있을 때는 대응력이 저감된다.
④ 인간의 의식은 중단되는 경향이 있다.
⑤ 인간의 의식은 파동한다. 극도의 긴장을 유지할 수 있는 시간은 불과 수초라고 하며 긴장 후에는 반드시 이완한다.

(6) 진전(Tremor) : 잔잔한 떨림 19. 8. 4 기

① 진전(tremor)과 표동(drift)이 문제가 되는 동작 : 정지 조정(static reaction)
② 정지 조정에서 문제가 되는 것 : 진전

③ 진전이 일어나기 쉬운 조건 : 떨지 않도록 노력할 때
④ 진전이 가장 많이 일어나는 운동 : 수직운동
⑤ 진전이 적게 일어나는 경우 : 손이 심장 높이에 있을 때
⑥ 교통사고 : 땅거미 질 무렵에 가장 많이 발생한다.

(7) ECR(Error Cause Removal) 제안 제도에서 실수 및 과오의 구체적 원인 16. 5. 8 산

① 능력부족 : 적성, 지식, 기술, 인간관계
② 주의부족 : 개성, 감정의 불안정, 습관성(관습성)
③ 환경조건의 부적당 : 제 표준의 불량, 규칙 불충분, 연락 및 의사소통 불량, 작업조건 불량

[표] 재해발생 시점에서의 인간심리

대 분 류	소 분 류
1A. 자기는 경험이 있기 때문에 절대로 안전하다고 생각하며 작업을 하였다.	1a－점검이 불충분하여 기계설비의 돌발사고에 대처할 수 없었다. 1b－작업방법에 잘못이 있다고 느끼지 못했다. 1c－이상한 상태에 정신을 차리지 못했다. 1d－이상한 상태를 느꼈으나 적절한 방법을 취하지 않았다.
2B. 다소는 위험을 느꼈으나 염려 없다고 생각하며 작업을 하였다.	2a－(규정대로 하게 되면) 작업이 까다롭다. 2b－(규정대로 하게 되면) 작업이 귀찮다. 2c－자기의 기능이 있다고 믿었다.
3C. 실제는 위험하였으나 그때는 위험하다고 느끼지 못했다.	3a－경험이 없으므로 위험을 느끼지 못했다. 3b－언제나 하고 있는 작업으로 익숙하기 때문에 그다지 위험하다고 느끼지 못했다. 3c－이제까지 몇 번이나 작업을 하였으나 아무일도 없었으므로
4D. 위험을 의식하지 않는다. 또는 예상하지 않고 작업을 하였다.	4a－특히 즐거운 것. 염려가 없었기 때문에 4b－외적 조건에 이목을 빼앗겼기 때문에 4c－작업을 서둘러 하였기 때문에 4d－작업을 쫓겨서 하였기 때문에 4e－바른 방법이었으나 실수하였다.
5E. 너무나 단순한 작업이므로 반사적으로 작업을 하였다.	5a－이상한 설비, 기계상태를 정상으로 회복시키려고 하여 5b－반사적으로 손을 꿰매고 작업을 하였기 때문에 5c－바른 작업방법이었으나 실수하였다.
6F. 자기의 작업 방법은 옳았으나 제3자의 과오 때문에 일어났다.	6a－공동작업중의 동료에 의해서 6b－단순작업중에 제3자에 의해서 6c－자기의 작업에 관계가 없는 기계, 설비에 의해서

〈비고〉 1A의 항목은 적극적인 자신을 가지고 작업을 하였을 때 4D의 항목은 위험이나 안전을 생각하지 않고, 또 위험한 상태가 일어날 것이라고 생각하지 않고 작업을 하였을 때 4a~4d의 조건이 강하게 작용하였을 때(경험이 없는 자에게 많다.)

합격예측

인간착오 또는 오인의 메커니즘 17. 8. 26 기 21. 9. 12 기

① 위치의 오인
② 순서의 오인
③ 패턴의 오인
④ 형태의 오인
⑤ 기억의 틀림

합격예측

(1) 인간착오요인의 사고율
① 정보인지과정 : 59.6[%]
② 정보판단과정 : 34.8[%]
③ 정보동작실현과정 : 4.8[%]
④ 기타 : 0.8[%]

(2) 리스크 테이킹(risk taking) 17. 5. 7 기 19. 3. 3 산 23. 6. 4 기
① 객관적인 위험을 자기 편리한 대로 판단하여 의지결정을 하고 행동에 옮기는 현상이다.
② 안전태도가 양호한 자는 risk taking 정도가 적다.
③ 안전태도 수준이 같은 경우 작업의 달성 동기, 성격, 일의 능률, 적성배치, 심리상태 등 각종 요인의 영향으로 risk taking의 정도는 변한다.

(3) 그 밖의 행동특성
① 순간적인 경우의 대피방향은 좌측(우측에 비해 2배 이상)
② 동조 행동 : 소속집단의 행동기준이나 원칙을 지키고 따르려고 하는 행동
③ 좌측 보행 : 자유로운 상태에서 보행할 경우 좌측벽면 쪽으로 보행하는 경우가 많음
④ 근도 반응 : 정상적인 루트가 있음에도 지름길을 택하는 현상
⑤ 생략 행위 : 객관적 판단력의 약화로 나타나는 현상

합격예측

적응기제의 전형적인 형태

스트레스	일반적인 방어기제
실패	합리화, 보상
죄책감	합리화
적대감	백일몽, 억압
열등감	동일시, 보상, 백일몽
실연	합리화, 백일몽, 고립
개인의 능력한계	백일몽, 고립

보충학습

작업대 높이

(1) 최적높이 설계지침
① 작업면의 높이는 상완이 자연스럽게 수직으로 늘어뜨려지고 전완은 수평 또는 약간 아래로 비스듬하여 작업면과 적절하고 편안한 관계를 유지할 수 있는 수준
② 작업대가 높은 경우 앞가슴을 위로 올리는 경향, 겨드랑이를 벌린 상태 등
③ 작업대가 낮은 경우 가슴이 압박 받음, 상체의 무게가 양팔꿈치에 걸림 등

(2) 착석식(의자식) 작업대 높이
① 조절식으로 설계하여 개인에 맞추는 것이 가장 바람직
② 작업 높이가 팔꿈치 높이와 동일
③ 섬세한 작업(미세부품조립 등)일수록 높아야 하며 (팔꿈치 높이보다 10~20[cm]) 거친작업에는 약간 낮은 편이 유리
④ 작업면 하부 여유공간이 가장 큰 사람의 대퇴부가 자유롭게 움직일 수 있도록 설계
⑤ 작업대 높이 설계시 고려사항 16. 10. 1 기
㉮ 의자의 높이
㉯ 작업대의 두께
㉰ 대퇴 여유

(3) 입식 작업대 높이 19. 4. 27 산
① 경조립 또는 이와 유사한 조작작업 : 팔꿈치 높이보다 0~10[cm] 낮게
② 섬세한 작업일수록 높아야 하며, 거친작업은 약간 낮게 설치
③ 고정높이 작업면은 가장 큰 사용자에게 맞도록 설계(발판, 발받침대 등 사용)
④ 높이 설계시 고려사항
㉮ 근전도(EMG)
㉯ 인체계측(신장 등)
㉰ 무게중심 결정(물체의 무게 및 크기 등)

3. 직무분석

(1) 직무분석

① 직무에 관한 정보를 수집, 분석하여 직무의 내용과 직무를 담당하는 자의 자격요건을 체계화하는 활동

② 직무를 구성하는 3요소
㉮ 과업(task)
㉯ 의무(duty)
㉰ 책임(responsibility)

(2) 직무분석 방법의 선정 16. 3. 6 기 19. 4. 27 기

① 방법의 선정 기준
분석대상 직무의 성격, 수립자료의 용도, 주어진 분석 조건 등에 따라 결정

② 직무분석의 방법
㉮ 결정적 사건기법(critical incident technique : 행동 상태 면담법)
㉠ 목적 : 평균 수준의 수행자와 우수한 수행자의 능력을 확인
㉡ 방법 : 특수한 환경에서 일하는 사람들이 사건의 원인이거나 원인이 될 수도 있었던 장비, 행위(Practice) 및 다른 사람에 관한 사항을 서면이나 구두로 보고
㉯ 직접적인 안전 측정, 관찰(관찰법) : 많은 방법 중에서 가장 보편적이면서도 가장 효과적인 방법으로 직접 안전을 진단하고, 참여하여 관찰하는 방법(실제 작업환경에서 종사자들을 관찰)
㉰ 그 밖의 주요 직무분석의 방법 : 절차 검토법, 면접법, 조사법, 설문지법, 작업일지법 등

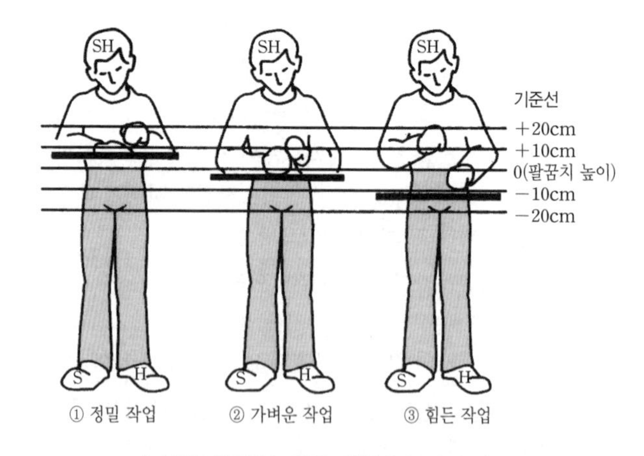

[그림] 팔꿈치 높이와 작업대 높이의 관계

산업안전심리 출제예상문제

출제예상문제는 복습, 예습문제로 엮었습니다. *WHY : 실제시험에도 순서에 관계없이 출제됩니다. 예습 후 다음장에 공부한 문제가 있으면 기억이 배가 됩니다.

01 ★★★ **적성에 따른 직무를 맡기기 위해 직무수행상 요구되는 주항목이 아닌 것은 어느 것인가?**

① 숙련도 ② 능력
③ 성격 ④ 지식

해설

적성검사의 인간능력의 범위

① 기초능력 : 정신능력, 지각능력, 정신운동의 기능과 같은 양에 있어서 포괄된 기능
② 직무 특유능력(job specific abilities) : 어떤 불특정의 직무를 수행하면서 필요한 학습 또는 경험의 축적에 의하여 얻어진 능력

02 ★★★★★ **다음의 의식수준 중 주의의 일점 집중현상은 어느 단계에서 일어나는가?** 16. 10. 1 산 17. 5. 7 기 18. 4. 28 기 18. 9. 15 산 19. 3. 3 기 20. 9. 27 기 21. 3. 7 기 21. 5. 15 기

① phase Ⅰ ② phase Ⅱ
③ phase Ⅲ ④ phase Ⅳ

해설

의식 레벨의 단계적 분류

phase	의식의 상태	주의의 작용
0	무신경, 실신(무의식상태)	0
Ⅰ	이상, 의식불명	부주의
Ⅱ	정상	수동적, 심적내향
Ⅲ	정상, 명쾌	적극적, 심적외향
Ⅳ	과긴장	일점에 고정

phase	생리상태	신뢰성
0	수면, 뇌발작	0
Ⅰ	피로, 단조로움, 졸음, 주취	0.9 이하
Ⅱ	안정기거, 휴식, 정상 작업시	0.99~0.99999
Ⅲ	적극적 활동시	0.999999 이상
Ⅳ	감정 흥분(공포상태)	0.9 이하

03 ★★★ **Phase Ⅲ의 의식수준은 정보처리의 5가지 채널 중 몇 단계의 채널까지 대응되는가?**

① 1, 2의 채널까지
② 1, 2, 3의 채널까지
③ 1, 2, 3, 4의 채널까지
④ 1, 2, 3, 4, 5의 채널까지

해설

phase Ⅲ의 신뢰성은 0.999999 이상이므로 1~5 채널 모두 필요하다.

04 ★★ **성격검사 방법으로 맞는 것은?**

① 실험법 ② 기능검사법
③ 투사기법 ④ 선택법

해설

성격검사 방법 2가지

① 투사기법 ② 질문지항 사용

05 ★★★ **욕구저지를 일으키게 하는 장애에 대한 반응으로 분류할 수 없는 것은?**

① 장애우위형 ② 자아우위형
③ 욕구고집형 ④ 반동형성형

해설

(1) 욕구저지 장애반응 : ①, ②, ③ 3종류이다.
(2) 욕구저지 반응기제 가설 3종류
① 욕구저지 공격가설
② 욕구저지 퇴행가설
③ 욕구저지 고착가설

[정답] 01 ④ 02 ④ 03 ④ 04 ③ 05 ④

06 ★★★★★ 다음 중 운동의 시지각이 아닌 것은?

① 자동운동 ② 항상운동
③ 유도운동 ④ 가현운동

해설

운동의 시지각현상(착각현상)

(1) 자동운동 : 암실에서 정지된 소광점을 응시하고 있으면 움직임을 볼 수 있는 현상이며 생기기 쉬운 조건은 아래 4종류이다.
　① 광점이 작을 것
　② 시야의 다른 부분이 어두울 것
　③ 광의 강도가 작을 것
　④ 대상이 단순할 것
(2) 유도운동 : 실제로 움직이지 않은 것이 어느 기준의 이동에 의해 움직이는 것처럼 느껴지는 현상
(3) 가현운동(β운동) : 정지하고 있는 물체가 급속히 나타나든가 소멸하는 것으로 인하여 일어나는 운동-영화 영상의 방법

07 ★★★★ 슈퍼(Super, D. E.)에 의한 직업적성 및 성장과정에 해당되지 않는 것은?

① 탐색 ② 확립
③ 상황 ④ 유지

해설

슈퍼의 직업적 성장과정

① 탐색 ② 확립 ③ 유지

08 ★★ 일반적으로 사고를 일으키기 쉬운 성격에 해당되지 않는 것은?

① 쾌락주의적 성격
② 허영심이 강한 성격
③ 소심한 성격
④ 도덕성이 강한 성격

해설

성격상 사고가 많은 유형

① 허영적
② 쾌락주의적
③ 도덕적 결벽성의 결여
④ 소심한 성격

09 ★★★ 다음 중 욕구저지(欲求沮止) 반응기제에 관한 가설이 아닌 것은?

① 욕구저지 – 공격가설
② 욕구저지 – 퇴행가설
③ 욕구저지 – 고착가설
④ 욕구저지 – 보상가설

해설

욕구저지 반응기제에 관한 가설

① 욕구저지 – 공격가설 : 욕구저지는 공격을 유발한다.
② 욕구저지 – 퇴행가설 : 욕구저지는 원시적 단계로 역행한다.
③ 욕구저지 – 고착가설 : 욕구저지는 자포자기적 반응을 유발한다.

10 ★★★★★ 레빈(Lewin)은 인간의 행동관계를 B = f(P·E)라는 공식으로 설명하였다. 안전태도 형성상 E가 나타내는 뜻으로 옳은 것은?

① 안전 동기 부여 ② 인간의 지능
③ 인간의 행동 ④ 인간 주변의 환경

해설

레빈(Kurt Lewin)의 법칙

B = f(P·E)
B = f(L·S·P)
L = f(m·s·l)
　여기서
　B : Behavior(행동)
　P : Person(소질)–연령, 경험, 심신상태, 성격, 지능 등에 의하여 결정
　E : Environment(환경)–심리적 영향을 미치는 인간관계, 작업환경, 설비적 결함
　f : function(함수)–적성, 그 밖에 PE에 영향을 주는 조건
　L : Life space(생활공간)
　m : member
　s : situation
　l : leader

11 ★★★★★ 다음 중 직무 만족 요인과 가장 상관이 있는 것은?

① 일의 내용 ② 작업조건
③ 인간관계 ④ 기업 혜택

[정답] 06 ② 07 ③ 08 ④ 09 ④ 10 ④ 11 ①

해설

허즈버그(Frederick Herzberg)의 동기위생 이론

① 각 노동자에게 보다 새롭고 힘든 과업을 부여한다.
② 노동자에게 불필요한 통제를 배제한다.
③ 각 노동자에게 완전하고 자연스러운 단위의 도급작업을 부여할 수 있도록 일을 조정한다.
④ 자기 과업을 위한 노동자의 책임감을 증대시킨다.
⑤ 노동자에게 정기보고서를 통한 직접적인 정보를 제공한다.
⑥ 특정 작업을 할 기회를 부여한다.
⑦ 동기위생 이론은 일을 통한 위생 이론이라고도 한다.

12 ★★★ **산업재해 발생 중에는 안전의식 레벨이 좌우된다. 의식 작용에 적극적 대응이 가능한 상태는?**

① 당황한 몸짓
② 판단을 동반한 행동
③ 느긋한 행동
④ 단조로움이 많아 졸음이 온 행동

해설

판단이 동반된 것은 대응이 가능하다.

13 ★★ **다음 중 안전기능 표준의 3원칙이 아닌 것은?**

① 위험작업 규제　② 준비 상태
③ 인간관계 개선　④ 안전표준 작업

해설

안전기능 표준 3원칙

① 위험작업 규제　② 안전표준 작업
③ 준비 상태

14 ★★★★★ **한번 재해를 당하면 겁쟁이가 되거나 신경과민이 되어 그 사람이 갖는 대응 능력이 열화하기 때문에 재해를 빈발하게 된다는 설(說)은?**

① 기회설　② 암시설
③ 경향설　④ 미숙설

해설

(1) 상황성 누발자의 재해유발원인
① 작업이 어렵기 때문에
② 기계설비실의 결함이 있기 때문에
③ 환경상 주의력 집중이 곤란하기 때문에
④ 심신에 근심이 있기 때문에

(2) 소질성 누발자
① 주의력의 산만, 주의력 지속 불능
② 주의력 범위의 협소, 편중
③ 저지능
④ 불규칙, 흐리멍텅함
⑤ 경시, 경솔함
⑥ 정직하지 못함
⑦ 흥분성(침착성 결여)
⑧ 비협조적
⑨ 도덕성 결여
⑩ 소심한 성격(도전적)
⑪ 감각 운동의 부적합

(3) 미숙성 누발자
① 기능 미숙
② 환경 미숙

(4) 습관성 누발자
① 재해 경험의 겁쟁이(신경과민)
② 일종의 슬럼프(slump)

(5) 재해 빈발성
① 기회설 : 작업에 어려움이 많기 때문에 재해가 유발된다는 설
② 암시설 : 일종의 습관성 누발자 형태
③ 재해 빈발 경향자설 : 재해 빈발 소질이 있는 자

15 ★★★ **안전심리에서 중요시하는 인간요소는?**

① 대상자의 기능
② 대상자의 개성과 사고력
③ 대상자의 적응 정도
④ 대상자의 습관

해설

안전심리의 중요 요소는 개성과 사고력이다.

16 ★★ **소셜 스킬즈(social skills)란?**

① 모랄을 앙양시키는 능력
② 인간을 사물에 적응시키는 능력
③ 사물을 인간에 적응시키는 능력
④ 인간을 구속하는 능력

해설

동기를 부여하고 일할 수 있게 만드는 것이다.

[정답] 12 ② 13 ③ 14 ② 15 ② 16 ①

17 ★★★★★ 숙련된 관찰자가 불안전 행위를 보고 관찰하기 위한 올바른 행동 순서는?

① 결심 → 보고 → 정지 → 관찰
② 결심 → 정지 → 관찰 → 보고
③ 보고 → 관찰 → 결심 → 정지
④ 정지 → 결심 → 보고 → 관찰

해설

STOP의 관찰 사이클(Observation Cycle) 순서
결심(Decide) → 정지(Stop) → 관찰(Observe) → 조치(Act) → 보고(Report)

18 ★★★ 다음 중 직무 만족도가 높은 개인적 특성이 아닌 것은?

① 직무의 수준이 높을수록
② 교육 수준이 높을수록
③ 연령이 낮을수록
④ 정서적 부적응이 낮을수록

해설

연령이 낮으면 직무 만족도가 없다.

19 ★★ 소시오그램(Sociogram)이란?

① 집단 내의 각 성원의 결합 상태를 나타낸 교우도식을 뜻한다.
② 인간관계론에 있어 비공식 조직의 특성을 뜻한다.
③ 사회 생활의 역학적 구조를 뜻한다.
④ 공식 조직 내의 각 성원간의 구조도식을 뜻한다.

해설

소시오그램 : 교우도식 또는 집단의 구조도를 말한다.

20 ★★★ 안전사고발생의 심리적 요인으로 해당되는 것은?

① 육체적 능력 초과 ② 신경계통 이상
③ 감정 ④ 극도의 피로

해설

육체적 피로 요인 : ①, ②, ④

21 ★★★ phase Ⅲ의 의식수준은 의식이 명석하고 사물을 적극적으로 받아들이려고 하는 상태인데 이 상태는 몇 분 정도 지속되는가?

① 5분 정도 ② 15분 정도
③ 40분 정도 ④ 1시간 정도

해설

의식 레벨의 3단계
① 의식이 명석하고 사물을 적극적으로 받아들인다.
② 주의력이 강한 주의 집중 상태, 가장 좋은 상태이다.
③ 지속 상태 15분이 최적이며 경우에 따라 30분까지 가능하다.

22 ★★ 다음은 행동과학자의 제 이론(諸理論)을 전개시키고 있다. 관계가 다른 것은?

① 맥그리거(P. McGregor) - XY 이론
② 맥클렐랜드(MeClelland) - 성취동기 이론
③ 허즈버그(Herzberg) - 성숙, 미성숙
④ 리커트(R. Likert) - 상호작용 영향력

해설

Herzberg는 위생동기 이론을 역설하였다.

23 ★★★ 인간의 행동(B)은 인간의 조건(P), 환경조건(E)과의 함수관계에 의해서 결정된다. 즉 B = f(P·E)이다. 이때의 E를 가장 잘 설명한 것은 어느 것인가?

① 심리적 환경 ② 물리적 환경
③ 사회적 환경 ④ 작업 환경

해설

레빈(Lewin)의 행동특성 법칙
B = f(P·E)
① B(Behavior) : 행동
② P(Person) : 소질
③ E(Environment) : 심리적 영향을 미치는 인간관계, 작업환경, 설비적 결함
④ f(function) : 함수-적성, 그 밖에 PE에 영향을 주는 조건

[정답] 17 ② 18 ③ 19 ① 20 ③ 21 ② 22 ③ 23 ①

24 ★★★ **일반적으로 연구조사에 사용되는 기준은 3가지 요건을 갖추어야 한다. 다음 중 기준의 3요건에 포함되지 않는 것은?**

① 적절성 ② 무오염성
③ 신뢰성 ④ 객관성

해설

기준의 3요건
① 무오염성
② 신뢰성
③ 적절성

25 ★★ **다음 중 주의의 특성이 아닌 것은?**

① 주의력을 강화하면 기능은 저하된다.
② 주의는 동시에 두 개 방향에 집중하지 못한다.
③ 한 지점에 주의를 집중하면 다른 지점은 주의력이 약해진다.
④ 고도의 주의는 장시간 지속될 수 없다.

해설

주의를 강화하면 기능 역시 강화된다.

26 ★★ **재해가 발생했을 때 심리상태를 조사하여 알고 있었기 때문에 그렇게 하려고 하였으나 제대로 되지 않았다고 대답하는 자에게는 어떤 교육이 필요한가?**

① 자질 교육 ② 지식 교육
③ 기능 교육 ④ 태도 교육

해설

알고 있으나 하지 않은 것은 행동이기 때문에 태도 교육이 필요하다.

27 ★★ **다음은 사고와 연결시 인간의 행동특성을 설명한 것이다. 틀린 것은?**

① 안전 태도가 불량한 사람은 리스크 테이킹(risk taking)의 빈도가 높다.
② 돌발적 상태하에서는 인간의 주의력이 분산된다.
③ 자아의식이 약하거나 스트레스에 저항력이 약한 자는 동조 경향을 나타내기 쉽다.
④ 순간적으로 대피하는 경우에 우측보다 좌측으로 몸을 피하는 경향이 높다.

해설

돌발적 사고는 주의가 집중된다.

28 ★★ **다음 중 문제해결의 정보처리 Level을 옳게 설명한 것은?**

① 동적 의지와 결정의 비정상적 레벨이다.
② 미지경험의 상태에 대처하는 정보처리이다.
③ Routine 작업의 정보처리 레벨이다.
④ 주시하지 않고 될 수 있는 정보처리 레벨이다.

해설

미지경험의 사태에 대처

29 ★★ **다음 내용 중 사람의 결함에 의한 사고 원인과 가장 밀접한 것은 어떤 것인가?**

① 소음 진동 ② 정비 불량
③ 과로 ④ 보호구 구입 보관

해설

①, ②, ④는 물체의 결함이다.

30 ★★★ **다음 중 기회설과 관계되는 재해 누발 소질자는?**

① 소질성 누발자 ② 습관성 누발자
③ 미숙성 누발자 ④ 상황성 누발자

해설

기회설 : 재해를 많이 발생시키는 것은 종사하는 직업에 위험성이 많기 때문

[정답] 24 ④ 25 ① 26 ④ 27 ② 28 ② 29 ③ 30 ④

31 ★★ 다음 중 직무 만족도에 영향을 주는 개인적 특성이 아닌 것은?

① 직무 만족도는 유색인종보다 백인이 더욱 높다.
② 직무 만족도는 여성보다 남성이 더욱 높다.
③ 직무 만족도는 지능이 높을수록 더욱 증가된다.
④ 직무 만족도는 직무 연한에 따라 증가된다.

해설

직무 만족도는 지능지수와 무관하다.

32 ★★★ 인간의 심리 중에는 안전수단이 생략되어 불안전 행위를 나타낸다. 다음 중 안전수단이 생략되는 경우가 아닌 것은?

① 의식 과잉이 있을 때
② 피로하거나 과로했을 때
③ 주변의 영향이 있을 때
④ 작업규율이 엄할 때

해설

작업규율이 엄하면 안전 행동을 할 수 있으며 규율이란 안전수칙이고 교육이다.

33 ★★ 인간의 에러(착오) 중 개인 능력에 속하지 않는 것은?

① 자질　② 긴장수준
③ 피로상태　④ 교육훈련

해설

인간에러 요인 : 긴장수준, 피로상태, 교육훈련

34 ★★ 다음 중 사람의 기술 분류에 해당되는 것은?

① 육체적－지능적－심리적－언어적
② 근력적－정신적－심리적－조작적
③ 전신적－조작적－인식적－언어적
④ 조작적－인식적－정적－동적

해설

사람의 기술 분류 4가지

① 전신적 기술　② 조작적 기술　③ 인식적 기술　④ 언어적 기술

35 ★★★ 다음 중 제일 기본적인 욕구는?

① 배고픔　② 호기심
③ 애정　④ 능력

해설

배가 불러야 다음 욕구가 있다.

36 ★★ 다음의 인간관계 메커니즘 중에서 남의 행동이나 판단을 표본으로 하여 그것과 같거나 그것에 가까운 행동 또는 판단을 취하려는 것은?

① 투사(projection)
② 암시(suggestion)
③ 모방(imitation)
④ 동일화(identification)

해설

인간관계 메카니즘

① 투사(투출) : 자기 자신 속의 억압된 것을 다른 사람의 것으로 생각
② 동일화 : 다른 사람의 행동이나 태도 등을 자기에게 투입시켜 같아지게 하거나 비슷한 점을 발견
③ 암시 : 다른 사람의 판단이나 행동을 무비판적으로 논리적, 사실적 근거없이 받아들이는 것

37 ★★★ 인간의 의식동작을 올바르게 전달하는 순서는 다음 중 어느 것인가?

① 5관을 통합 → 운동신경 → 지각 → 두뇌 → 정보수집 → 근력운동
② 근육운동 → 5관을 통합 → 운동신경 → 두뇌 → 지각 → 정보수집 → 근육운동
③ 5관 → 정보수집 → 두뇌 → 지각 → 판단 → 운동신경 → 근육운동 → 판단
④ 5관 → 정보수집 → 지각 → 두뇌 → 판단 → 운동신경 → 근육운동

해설

④는 의식 전달 순서이다.

[정답] 31 ③　32 ④　33 ①　34 ③　35 ①　36 ③　37 ④

38 ★★ 작업 부서의 교우관계를 나타낸 그림을 무엇이라 하는가?

① 소시오그램(sociogram)
② 리던던시(redendancy)
③ 휴먼 릴레이션 픽처(human relation ficture)
④ 매니지리얼 그리드(managerial grid)

해설

소시오메트리(비공식집단 인간관계 양식)

① 사회측정법은 집단 내에서의 개인 상호간의 감정 형태와 관심도를 측정하여 집단 구조(group structure), 집단발전 내지는 사회적 관계의 측정과 정의를 내리려고 시도한 방법의 하나로 쓰이는 사회측정 이론으로 모레노(J. L. Moreno)에 의하여 창안되었다.
② 소시오메트리(sociometry)는 집단의 구조를 밝혀내어 집단 내에서 개인간의 인기의 정도, 지위, 좋아하고 싫어하는 정도, 하위 집단의 구성 여부와 형태, 집단에의 충성도, 집단의 응집력 등을 연구·조사하여 행동지도의 자료를 삼는 것을 말한다.

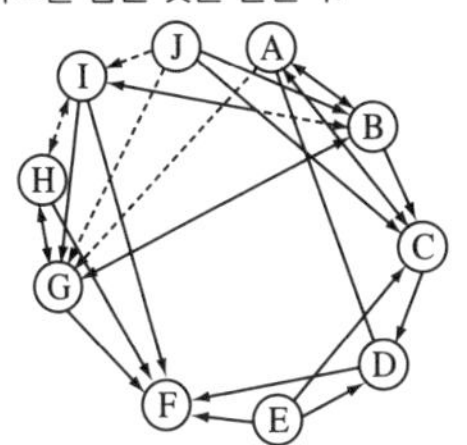

교우도식(I)

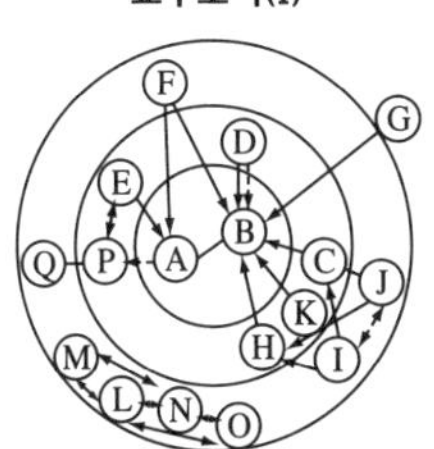

교우도식(II)

(Ⅰ)에서 보는 바와 같은 교우도식 또는 집단의 구조도를 소시오그램(sociogram)이라고 한다. 이 소시오그램에 의하면 시각적으로 집단의 구조나 구성원의 위치나 직위에 대한 이해가 쉽게 된다. 그 예를 들면 (Ⅱ)와 같다.
소시오메트리(sociometry)의 유용성은 널리 인정받고 있다. ① 집단관계에서 하위 집단을 발견하여 그 그룹을 해체시키든가 집단 내에서 개인의 위치를 변경하는 데에 도움을 주고, ② 고립자와 상호 반목자를 발견 지도함으로써 원만한 인간관계의 유지와 직장의 생활성과 사기를 높일 수가 있는 것이다.

39 ★★ 다음 중 동기부여 욕구에 속하지 않는 것은?

① 책임 ② 성취
③ 인정 ④ 안전

해설

구체적 동기유발 요인(동기부여 욕구)

① 안정 ② 기회 ③ 참여 ④ 인정
⑤ 경제 ⑥ 성과(성취) ⑦ 권력 ⑧ 적응도
⑨ 독자성 ⑩ 의사소통

40 ★ 인간의 신뢰도와 관계없는 것은 다음 중 어느 것인가?

① 의식수준 ② 동기
③ 긴장수준 ④ 주의력

해설

(1) 인간의 신뢰도는 ①, ③, ④이다.
(2) 기계의 신뢰성 요인 : 재질, 기능, 작동방법

41 ★★ 안전사고를 내기 쉬운 사람의 성격은 다음 중 어느 것인가?

① 소심한 성격 ② 침착한 성격
③ 숙고형 ④ 근면형

해설

소심한 성격은 도전적 성격이다.

42 ★ 인간의 심리를 이용한 기준과 관계가 적은 것은?

① 작업량 ② 작업의 수
③ 작업의 질 ④ 학습기간 훈련비용

해설

인간의 심리는 양, 질, 수이다.

43 ★★ 개인적 카운슬링 진행은 아래 요소들의 적절한 수준에 의한 조합으로 지도 능력을 갖춘다. 알맞은 수준은?

㉠ 사실의 재진술 ㉡ 장면의 구성
㉢ 내담자와의 대화 ㉣ 감정의 반사
㉤ 감정의 명확화

[정답] 38 ① 39 ④ 40 ② 41 ① 42 ④ 43 ②

① ㉡－㉠－㉢－㉤－㉣
② ㉡－㉢－㉠－㉣－㉤
③ ㉢－㉣－㉤－㉠－㉡
④ ㉠－㉢－㉡－㉤－㉣

해설

카운슬링 22. 4. 24 기

(1) 개인적 카운슬링 방법
① 직접충고 : 수칙 불이행시 적합
② 설득적 방법
③ 설명적 방법

(2) 카운슬링의 순서
장면 구성 → 내담자 대화 → 의견(사실) 재분석 → 감정 표출 → 감정의 명확화

(3) Rogers, C. R.의 카운슬링 방법
① 지시적 카운슬링
② 비지시적 카운슬링
③ 절충적 카운슬링

44 ★★★ **다음은 인간의식의 공통점을 설명한 것이다. 잘못 설명한 것은 어느 것인가?**

① 의식에는 대응력(對應力)의 한계가 있다.
② 의식은 그 초점에서 멀어질수록 밝아진다고 생각된다.
③ 인간의식은 중단하는 경향이 있다.
④ 인간의식은 파동을 이루고 있다.

해설

인간의식(주의력) 수준과 설비 상태

안전수준	대응 포인트	인간주의력 ≧ 설비의 상태
안전	인간측 고수준 기대	높은 수준 > 불안전 상태
불안전	사고재해 가능성	높은 수준 ≦ 불안전 상태
안전	설비측 fool-proof, fail-safe, 커버	낮은 수준 < 본질적 안전화

45 ★★ **작업 능률을 높이고 마음을 침착하게 할 수 있는 색채로 알맞은 것은?**

① 연한 황색 ② 연한 녹청색
③ 연한 백색 ④ 연한 검은색

해설

연한 녹청색은 안정감을 나타낸다.

46 ★ **어떤 동기가 잘 부여된 사람이 목표 달성에서 좌절감을 느끼게 되는 시기는 다음 중 언제인가?**

① 어떤 외적 방해와 목표 달성이 부적당할 때
② 어떤 행동을 방해하는 장애에 행동의 요구가 만족할 때
③ 어떤 내적 방해와 목표 달성이 부적당할 때
④ 어떤 행동을 방해하는 장애에 심리적 요구가 불충분할 때

해설

동기는 내적 체계이므로 목표 달성이 안 된 것은 외적인 방해이다.

47 ★★ **극히 제한된 짧은 시간 내에 한꺼번에 처리하여야 할 여러 가지 복잡한 문제가 많이 밀어닥칠 때 인간의 감각과 지각 기관이 느끼는 의식 상태(반응)는?**

① 혼란과 갈등을 느낀다.
② 정서적으로 안정되게 받아들인다.
③ 순서적으로 기억하고 처리한다.
④ 무기력하고 최면 현상이 일어난다.

해설

여러 가지 일이 동시에 닥치면 인간의 심리는 혼란과 갈등뿐이다.

48 ★★ **기계적 이해(機械的理解)는 단일의 심리학적 인자가 아니고 복합적 인자로 되어 있는 적성이다. 다음 중 기계적 이해를 구성하는 인자가 아닌 것은?**

① 추리(推理)
② 지각속도(知覺速度)
③ 공간시각화(空間視覺化)
④ 손과 팔의 솜씨

해설

기계적 이해 구성인자
① 추리 ② 지각속도 ③ 공간시각화

참고 ④는 기계적 적성이다.

[정답] 44 ② 45 ② 46 ① 47 ① 48 ④

49 ★★ 작업자들에게 적성검사를 실시하는 가장 큰 목적은?

① 작업자의 협조를 얻기 위함
② 작업자의 생산능력을 최대 발휘시키기 위함
③ 작업자의 인간관계 개선
④ 작업자의 업무량을 최대로 할당하기 위함

해설

적성검사의 정의

① 개인의 개성, 소질, 재능 등이 어떤 분야에 적합한가를 일정한 방식에 의해서 객관적으로 확인하는 인간 능력의 측정 행위가 적성검사의 목적이자 정의이다.
② 생산 현장에서는 생산 능력을 최대로 발휘하기 위함이다.

50 ★★★ 인간의 심리 중에는 안전수단이 생략되어 불안전 행위를 나타낸다. 다음 중 안전수단이 생략되는 경우가 아닌 것은?

① 의식 과잉이 있을 때
② 피로하거나 과로했을 때
③ 주변의 영향이 있을 때
④ 작업규율이 엄할 때

해설

작업규율이 엄할 때 사고는 일어나지 않는다.

51 ★★ 자생적 조직의 중요성 및 종업원의 심리적 작업조건이 보다 더 중요하다는 Hawthorne 실험은?

① Herzberg ② Mechel
③ Maslow ④ Mayo

해설

Mayo의 강조 사항이다.

52 ★★ 다음은 사회 행동의 기본 형태를 연결지은 것이다. 잘못 연결된 것은? 19. 3. 3 기

① 대립－공격, 경쟁 ② 도피－정신병, 자살
③ 협력－분업 ④ 조직－경쟁, 다툼

해설

사회 행동의 기본 형태는 ①, ②, ③ 외 융합(강제, 타협, 통합) 등이다.

53 ★★ 다음은 사고 비유발자의 특성에 관한 설명이다. 틀린 것은?

① 의욕과 집착력이 강하다.
② 자기의 감정을 통제할 수 있고 온순하다.
③ 주의력 범위가 좁고 편중되어 있다.
④ 상황 판단이 정확하며 추진력이 강하다.

해설

주의 범위가 좁고 편중되어 있으면 사고가 발생한다.

54 ★★★ 테크니컬 스킬즈란? 20. 6. 14 산

① 인간을 사물에 적응시키는 능력
② 인간의 모랄을 앙양시키는 능력
③ 커뮤니케이션을 양호하게 하는 능력
④ 사물을 인간에 유익하도록 처리하는 능력

해설

테크니컬 스킬즈 : 사물을 인간에 유익하도록 처리하는 능력

55 ★★ 다음 중 동기유발 요인에 속하는 것은?

① 목적달성 ② 책임
③ 작업 자체 ④ 작업조건

해설

(1) 책임도 동기유발 요인이다.
(2) 동기유발 요인
① 안정 ② 참여 ③ 기회
④ 인정 ⑤ 경제 ⑥ 성과
⑦ 권력 ⑧ 적응도 ⑨ 독자성 의사소통

합격자의 조언

1. 돈을 애인처럼 사랑하라. 기적을 보여준다.
2. 기회는 눈 깜박하는 사이에 지나간다. 순발력을 키워라.
3. 말이 씨앗이다. 좋은 종자를 골라서 심어라.

[정답] 49 ② 50 ④ 51 ④ 52 ④ 53 ③ 54 ④ 55 ②

인간의 행동과학

중점 학습내용

인간의 특성과 안전은 인간의 기본적인 심리 성격 등을 파악하기 위하여 구성하였으며 또 생체리듬과 안전관리자로서 필요한 리더십 등도 기술하여 21세기 안전관리자의 역할을 강조하였다. 시험에 출제가 예상되는 그 중심적인 내용은 다음과 같다.

❶ 작업환경 및 동작특성
❷ 노동과 피로
❸ 집단관리와 리더십
❹ 착오와 실수

외적 요인		내적 요인
① 환경의 물리적 요인 (시간, 공간의 제한) ② 사회적 요인 (관습, 통제, 법률 등의 제한) ③ 경제적 요인 (정제적 빈곤)	부적응	① 개인적 결함 (지적능력부족, 신체적결함 등) ② 너무 높은 이상 또는 목표설정 ③ 개인의 도전적 규준

[그림] 재해의 외적·내적 요인

합격예측

안전심리의 5요소
① 동기 ② 기질 ③ 감정
④ 습성 ⑤ 습관

습관의 4요소
동기, 기질, 감정, 습성

참고

개성과 사고력
인간의 개성과 사고력은 안전심리에서 고려되는 가장 중요한 요소이다.

Q 은행문제

직무만족에 긍정적인 영향을 미칠 수 있고, 그 결과 개인 생산능력의 증대를 가져오는 인간의 특성을 의미하는 용어는?
① 위생 요인
② 동기부여 요인
③ 성숙 – 미성숙
④ 의식의 우회

정답 ②

1 작업환경 및 동작특성

1. 안전심리 및 사고요인

(1) 안전(산업)심리 5요소

16. 5. 8 기 18. 3. 4 산 18. 8. 19 산 18. 9. 15 기 19. 4. 27 기 산 19. 8. 4 기 20. 8. 22 기 20. 9. 27 기 21. 3. 7 기 21. 5. 15 기 22. 3. 5 기

① **동기(motive)** : 동기는 능동적인 감각에 의한 자극에서 일어나는 사고(思考)의 결과로서 사람의 마음을 움직이는 원동력이다.

② **기질(temper)** : 인간의 성격, 능력 등 개인적인 특성을 말하는 것으로 성장시의 생활환경에서 영향을 받으며 특히 여러 사람과의 접촉 및 주위 환경에 따라 달라진다.

③ **감정(emotion)** : 감정이란 지각, 사고 등과 같이 대상의 성질을 아는 작용이 아니고 희로애락 등의 의식을 말한다. 사람의 감정은 안전과 밀접한 관계를 가지고 사고를 일으키는 정신적 동기를 만든다.

④ **습성(habits)** : 동기, 기질, 감정 등이 밀접한 연관관계를 형성하여 인간의 행동에 영향을 미칠 수 있도록 하는 것을 말한다.

⑤ **습관(custom)** : 성장과정을 통해 형성된 특성 등이 자신도 모르게 습관화된 현상을 말하며 습관에 영향을 미치는 요소로는 ㉮ 동기, ㉯ 기질, ㉰ 감정, ㉱ 습성 등이 있다.

(2) 안전사고 요인

① 감각운동 기능
- ㉮ 지각 : 감시적 역할
- ㉯ 청각 : 연락적 역할
- ㉰ 피부감각 : 경보적 역할
- ㉱ 심부감각 : 조절적 역할

② 지각 : 물적 작업조건 자체가 아니라 물적 작업조건에 대한 지각이 능률에 영향을 준다.

지각이란
- 자극을 인식하고, 조직화하고, 의미를 파악하는 과정

③ 안전수단을 생략(단락)하는 경우 17. 9. 23 기 21. 3. 7 기
- ㉮ 의식 과잉
- ㉯ 피로, 과로
- ㉰ 주변 영향

(3) 구체적 동기유발 요인

① 안정(security)
② 기회(opportunity)
③ 참여(participation)
④ 인정(recognition)
⑤ 경제(economic)
⑥ 성과(accomplishment)
⑦ 권력(power)
⑧ 적응도(conformity)
⑨ 독자성(independence)
⑩ 의사소통(communication)

(4) 사고를 많이 일으키는 성격

① 허영적
② 쾌락주의적
③ 도덕적 결벽성의 결여
④ 소심한 성격

(5) 정신상태 불량으로 일어나는 안전사고 요인

일명 사고 요인이 되는 정신적인 요소라고도 한다.

① 안전의식의 부족
② 주의력 부족
③ 방심 및 공상
④ 개성적 결함
⑤ 그릇됨과 판단력 부족

(6) 정신력과 관계되는 생리적 현상 21. 3. 7 기

① 시력 및 청각의 이상
② 신경계통의 이상
③ 육체적 능력의 초과
④ 근육운동의 부적합
⑤ 극도의 피로

합격예측

사고 경향성자의 유형 4가지

① 상황성 누발자 → 주변상황
② 습관성 누발자 → 경험에 의해서
③ 소질성 누발자 → 개인의 능력
④ 미숙성 누발자 → 기능 또는 환경

합격예측

18. 9. 15 기

(1) 감각차단 현상
단조로운 업무가 장시간 지속될 때 작업자의 감각기능 및 판단능력이 둔화 또는 마비되는 현상을 말한다.

(2) 성장과 발달에 관한 이론
성장과 발달을 규제하는 요인은 유전, 환경, 자아의 3요소를 들 수 있으며, 제 학설은 다음과 같다.
① 생득설(nativism) : 성장발달의 원동력이 개체내에 있다는 설로서 사람의 능력은 태어날 때부터 타고난다는 입장이다.(유전론에 의해 설명)
② 경험설(empiricism) : 성장의 원동력이 개체 밖에 있다는 설이다.(환경론 설명)
③ 폭주설(convergence theory) : 성장발달은 내적 성실과 외적 사정의 폭주에 의하여 발생하는 것으로 생득설과 경험설의 결합인 절충설로서 유전과 환경을 중요시했다.
④ 체제설(organization theory) : 발달이란 유전과 환경사이에 발달하려는 자아와의 역동적 관계에서 이루어진다는 설이다.

Q 은행문제

인간이 환경을 지각(perception)할 때 가장 먼저 일어나는 요인은? 17. 9. 23 기

① 해석 ② 기대
③ 선택 ④ 조직화

정답 ③

합격예측

인간(집단)변화의 4단계

① 1단계 : 지식의 변용
② 2단계 : 태도의 변용
③ 3단계 : 행동(개인)의 변용
④ 4단계 : 집단(조직)의 변용

참고

억측판단이 발생하는 배경 4가지 17. 3. 5 산 22. 4. 24 기

① 희망적인 관측 : 그때도 그랬으니까 괜찮겠지 하는 관측
② 정보나 지식의 불확실 : 위험에 대한 정보의 불확실 및 지식의 부족
③ 과거의 선입관 : 과거에 그 행위로 성공하는 경험의 선입관
④ 초조한 심정 : 일을 빨리 끝내고 싶은 초조한 심정

Q 은행문제

1. 사고 경향성 이론에 관한 설명으로 틀린 것은? 19. 3. 3 기 22. 4. 24 기

① 개인의 성격보다는 어떤 특정한 환경에서 훨씬 더 사고를 일으키기 쉽다.
② 어떠한 사람이 다른 사람보다 사고를 더 잘 일으킨다는 이론이다.
③ 사고를 많이 내는 여러 명의 특성을 측정하여 사고를 예방하는 것이다.
④ 검증하기 위한 효과적인 방법은 다른 두 시기 동안에 같은 사람의 사고기록을 비교하는 것이다.

정답 ①

2. 직무동기 이론 중 기대이론에서 성과를 나타냈을 때 보상이 있을 것이라는 수단성을 높이려면 유의해야 할 점이 있는 데, 이에 해당되지 않는 것은? 17. 9. 23 기

① 보상의 약속을 철저히 지킨다.
② 신뢰할만한 성과의 측정방법을 사용한다.
③ 보상에 대한 객관적인 기준을 사전에 명확히 제시한다.
④ 직무수행을 위한 충분한 정보와 자원을 공급받는다.

정답 ④

(7) 개성적 결함 요인(요소) 17. 5. 7 기

① 과도한 자존심 및 자만심
② 다혈질 및 인내력 부족
③ 약한 마음
④ 도전적 성격
⑤ 감정의 장기 지속성
⑥ 경솔성
⑦ 과도한 집착성
⑧ 배타성
⑨ 게으름

2. 재해설

(1) 재해 빈발설

20. 9. 27 기

① **기회설** : 작업에 어려움(위험성)이 많기 때문에 재해가 유발하게 된다는 설
② **암시설** : 한번 재해를 당한 사람은 겁쟁이가 되거나 신경과민 등으로 재해를 유발하게 된다는 설
③ **경향설** : 근로자 가운데 재해가 빈발하는 소질적 결함자가 있다는 설

(2) 재해 누발자의 유형

① **미숙성 누발자** 16. 10. 1 기
㉮ 기능 미숙자
㉯ 환경에 익숙하지 못한 자

② **상황성 누발자** 17. 8. 26 산 17. 9. 23 기 19. 3. 3 기 19. 4. 27 기 19. 8. 4 기 20. 8. 22 기 20. 8. 23 산 21. 3. 7 기 21. 8. 14 기 23. 9. 2 기
㉮ 작업에 어려움이 많은 자
㉯ 기계 설비의 결함
㉰ 심신에 근심이 있는 자
㉱ 환경상 주의력의 집중이 혼란되기 때문에 발생되는 자

③ **습관성 누발자**
㉮ 재해의 경험에 의해 겁쟁이가 되거나 신경과민이 된 자
㉯ 일종의 슬럼프(slump) 상태에 빠져 있는 자

④ **소질성 누발자** 20. 9. 27 기
㉮ 개인적 소질 가운데 재해 원인의 요소를 가지고 있는 자
㉯ 개인의 특수 성격 소유자

(3) 소질성 누발자의 공통된 성격 18. 3. 4 기

① 주의력 산만, 주의력 지속 불능
② 주의력 범위의 협소 및 편중
③ 저지능 (예 지능, 성격, 시각기능)
④ 불규칙, 흐리멍텅함
⑤ 경시, 경솔성
⑥ 정직하지 못함
⑦ 흥분성
⑧ 비협조성

⑨ 도덕성의 결여 ⑩ 소심한 성격
⑪ 감각운동의 부적합

3. 동기 및 욕구이론

(1) Herzberg의 동기·위생이론 17. 3. 5 산 20. 6. 7 기

① 위생요인(유지욕구) : 인간의 동물적 욕구를 반영하는 것으로 Maslow의 욕구 단계에서 생리적, 안전, 사회적 욕구와 비슷하다.
② 동기요인(만족욕구) : 자아실현을 하려는 인간의 독특한 경향을 반영한 것으로 Maslow의 자아실현 욕구와 비슷하다.

[표] 위생요인과 동기요인 17. 5. 7 기 17. 8. 26 기 17. 9. 23 기 21. 9. 12 기

위생요인(직무환경)	동기요인(직무내용)
회사 정책과 관리, 개인 상호간의 관계, 감독, 임금, 보수, 작업 조건, 지위, 안전	성취감, 책임감, 안정감, 성장과 발전, 도전감, 일 그 자체(일의 내용)

③ 동기부여 방법 19. 4. 27 기 21. 8. 14 기
㉮ 각 노동자에게 보다 새롭고 힘든 과업을 부여한다.
㉯ 노동자에게 불필요한 통제를 배제한다.
㉰ 각 노동자에게 완전하고 자연스러운 단위의 도급 작업을 부여할 수 있도록 일을 조정한다.
㉱ 자기 과업을 위한 노동자의 책임감을 증대시킨다.
㉲ 노동자에게 정기 보고서를 통한 직접적인 정보를 제공한다.
㉳ 특정 작업을 할 기회를 부여한다.

(2) 데이비스(K. Davis)의 동기부여 이론 등식 16. 5. 8 기 17. 3. 5 기 18. 3. 4 기 19. 3. 3 산 20. 9. 27 기 21. 5. 15 기

① 경영의 성과 = 인간의 성과 × 물질의 성과
② 능력(ability) = 지식(knowledge) × 기능(skill)
③ 동기유발(motivation) = 상황(situation) × 태도(attitude)
④ 인간의 성과(human performance) = 능력 × 동기유발

읽을거리

Abraham Harold Maslow
(1908.4.1~1970.6.8.)

매슬로는 뉴욕 브루클린(Brooklyn)에서 태어나고 자랐다. 러시아에서 이주해 온 유대인 집안의 7남매 중 장남이었는데, 그에 대한 부모님의 교육에 대한 열정이 높았다. 어린 시절 매슬로는 수줍음이 많고 소극적인 성격에 겁도 많았다. 선생님들과 친구들의 반유대주의 때문에 힘든 시간을 보내기도 하였다. 자기애적 성향이 강하고 흑인에 대한 편견에 사로잡혀 있던 어머니와는 적대적인 관계였다. 1928년 첫 번째 결혼을 하고는 위스콘신대학교에서 심리학 교육을 받으면서 실험적 행동주의자가 되기로 마음먹었다. 위스콘신에서는 주로 행동과 성에 관하여 연구하였다. 1930년에 학부를 졸업한 뒤 1931년에 석사학위를 받았고, 1934년에는 박사학위까지 받았다. 졸업 후에는 뉴욕으로 돌아가서 손다이크(Thorndike)와 함께 컬럼비아에서 연구를 하였다. 그곳에서 매슬로는 인간의 성에 대한 연구에 더욱 관심을 집중하였다. 이후 브루클린(Brooklyn)대학교의 강단에 섰고, 당시 미국으로 이주해 온 유럽의 많은 지성들, 즉 아들러(Adler), 프롬(Fromm), 호나이(Horney) 등을 만나게 되었다. 1951년부터 1969년까지는 브랜디스(Brandeis)대학교의 심리학 부장을 맡았는데, 그때 골드슈타인(Goldstein)과 만났다. 캘리포니아에서 만년을 보내다가 1970년에 심장발작으로 사망한 매슬로는 인본주의 흐름에 앞장선 인물로 평가되고 있다. [출처 : 네이버 지식백과]

Q 은행문제

1. 다음 중 허즈버그(Herzberg)가 직무확충의 원리로서 제시한 내용과 거리가 가장 먼 것은?
① 책임을 지고 일하는 동안에는 통제를 추가한다.
② 자신의 일에 대해서 책임을 더 지도록 한다.
③ 직무에서 자유를 제공하기 위하여 부가적 권위를 부여한다.
④ 전문가가 될 수 있도록 전문화된 과제들을 부과한다.

정답 ①

2. 대상물에 대해 지름길을 사용하여 판단할 때 발생하는 지각의 오류가 아닌 것은? 18. 4. 28 기 22. 3. 5 기 23. 6. 4 기
① 후광효과
② 최근효과
③ 결론효과
④ 초두효과

정답 ③

합격예측

Vroom의 기대 이론

의사결정을 하는 인지적 요소와 사람이 의사결정을 위해 이 요소들을 처리해가는 방법들을 나타내주는 것으로, 공식은 다음과 같다.19. 9. 21 기

동기적인 힘(motivational force) = 유인가 × 기대

① 힘은 동기와 같은 의미로 쓰이며 행동을 결정하는 역할을 한다.
② 유인가(valence) : 여러 행동 대안의 결과에 대해서 개인이 갖고 있는 매력의 강도를 의미한다.
③ 기대(expectancy) : 어떤 행동적인 대안을 선택했을 때 성공할 확률이 얼마인가를 예측하는 것을 말한다.

합격예측

매슬로우의 기본과정

① 인간은 특수한 형태의 충족되지 못한 욕구들을 만족시키기 위하여 동기화되어 있다.
② 하위 욕구로부터 상위의 욕구로 발달한다.
③ 하위에 있는 욕구일수록 강하고 우선순위가 높다.
④ 상위로 올라갈수록 각 욕구의 만족 비율이 낮아진다.

Q 은행문제

매슬로우의 욕구단계이론에서 편견 없이 받아들이는 성향, 타인과의 거리를 유지하며 사생활을 즐기거나 창의적 성격으로 봉사, 특별히 좋아하는 사람과 긴밀한 관계를 유지하려는 인간의 욕구에 해당하는 것은?

① 생리적 욕구
② 사회적 욕구
③ 자아실현의 욕구
④ 안전에 대한 욕구

정답 ③

(3) McClelland의 성취동기이론

성취 욕구가 높은 사람의 특징은 다음과 같다.

① 적절한 위험을 즐긴다.
② 즉각적인 복원 조치를 강구할 줄 알고, 자신이 하고 있는 일이 구체적으로 어떻게 진행되고 있는가를 알고 싶어한다.
③ 성공에서 얻어지는 보수보다는 성취 그 자체와 그 과정에 보다 많은 관심을 기울인다.
④ 과업에 전념하여 그 목표가 달성될 때까지 자신의 노력을 경주한다.

(4) McGregor의 X, Y이론

16. 3. 6 가 16. 5. 8 가 17. 9. 23 가 18. 3. 4 가 19. 3. 3 기 20. 6. 7 기 21. 5. 15 기 23. 6. 4 기

[표] X·Y 이론 특징

X 이론의 특징	Y 이론의 특징
인간 불신감	상호 신뢰감
성악설	성선설
인간은 원래 게으르고 태만하여 남의 지배를 받기를 즐긴다.	인간은 부지런하고 근면 적극적이며 자주적이다.
물질 욕구(저차원 욕구)	정신욕구(고차원 욕구)
명령 통제에 의한 관리	목표 통합과 자기통제에 의한 자율관리
저개발국형	선진국형

[표] X·Y 이론의 관리처방 17. 3. 5 기 17. 5. 7 산 17. 9. 23 산 18. 4. 28 기 18. 9. 15 기 19. 9. 21 기 21. 9. 12 기

X이론	Y이론
경제적 보상 체제의 강화	민주적 리더십의 확립
권위주의적 리더십의 확립	분권화의 권한과 위임
면밀한 감독과 엄격한 통제	목표에 의한 관리
상부책임제도의 강화	직무확장
조직구조의 고층성	비공식적 조직의 활용
	자체평가제도의 활성화

(5) 매슬로우(Maslow, A. H.)의 욕구 5단계 이론

16. 3. 6 산 16. 5. 8 기 16. 8. 21 산 16. 8. 21 기 16. 10. 1 산 16. 10. 1 기 17. 3. 5 기 17. 5. 7 기 18. 3. 4 산 18. 4. 28 기 산 18. 8. 19 산 18. 9. 15 산 19. 3. 3 기 19. 4. 27 기 산 19. 8. 4 산 20. 6. 14 산 20. 9. 27 기 21. 3. 7 기 21. 8. 14 기 22. 4. 24 기

① **제1단계**(생리적 욕구 : 생명유지의 기본적 욕구) : 기아, 갈증, 호흡, 배설, 성욕 등 인간의 가장 기본적인 욕구(종족보존)
② **제2단계**(안전욕구) : 자기보존욕구
③ **제3단계**(사회적 욕구) : 소속감과 애정욕구
④ **제4단계**(존경욕구) : 인정받으려는 욕구
⑤ **제5단계**(자아실현의 욕구) : 잠재적인 능력(사생활, 창의력, 봉사)을 실현하고자 하는 욕구(성취욕구)

(6) 알더퍼(Alderfer)의 ERG 이론(1969년 발표) 19. 9. 21 산 21. 9. 12 기 23. 5. 13 산

알더퍼는 생존(existence), 관계(relation), 성장(growth)의 이론을 제시했다.

① 생존(존재)욕구
- ㉮ 유기체의 생존유지 관련 욕구 ㉯ 의식주
- ㉰ 봉급, 부가급수, 안전한 작업조건 ㉱ 직무안전

② 관계욕구
- ㉮ 대인욕구 ㉯ 사람과 사람의 상호작용

③ 성장욕구
- ㉮ 개인적 발전능력 ㉯ 잠재력 충족

16. 5. 8 산 16. 10. 1 기
[표] Maslow의 이론과 Alderfer 이론과의 관계 20. 8. 23 산

욕구 / 이론	저차원적 이론 ←→ 고차원적 이론		
Maslow	생리적 욕구, 물리적 측면의 안전 욕구	대인관계 측면의 안전 욕구, 사회적 욕구, 존경 욕구	자아실현의 욕구
Aldefer(ERG 이론)	존재 욕구(E)	관계 욕구(R)	성장 욕구(G)

참고 더글라스 맥그리거(Douglas McGregor) : 심리학자이자 교수(미국 안티오크대학 총장)

2 노동과 피로

1. 스트레스 및 RMR

(1) 스트레스 원인

① 자기욕심 ② 명예욕 ③ 출세 ④ 건강 ⑤ 사랑의 갈망 ⑥ 재물탐욕

(2) 작업강도 16. 3. 6 산

① 작업강도는 에너지 대사율로 나타내며 energy의 대사율로 알려져 있는 RMR(Relative Metabolic Rate)은 다음과 같은 식으로 표시된다.

$$RMR = \frac{\text{노동대사량}}{\text{기초대사량}} = \frac{\text{작업시의 소비 energy} - \text{안정시 소비 energy}}{\text{기초대사량}}$$

㉮ 작업시의 소비에너지는 작업중에 소비한 산소의 소모량으로 측정한다.

㉯ 안정시의 소비에너지는 의자에 앉아서 호흡하는 동안에 소비한 산소의 소모량으로 측정한다.

주 RMR7 이상은 되도록 기계화하고 RMR10이상은 반드시 기계화

주 작업의 지속시간 : RMR3 : 3시간 지속가능
RMR7 : 약10분간 지속가능

합격예측

Maslow의 욕구단계이론
① 1단계 생리적 욕구 : 기아, 갈증, 호흡, 배설, 성욕 등 인간의 가장 기본적인 욕구(종족보존)
② 2단계 안전욕구 : 안전을 구하려는 욕구
③ 3단계 사회적 욕구 : 애정, 소속에 대한 욕구(친화욕구)
④ 4단계 인정을 받으려는 욕구 : 자기 존경의 욕구로 자존심, 명예, 성취, 지위에 대한 욕구(승인의 욕구)
⑤ 5단계 자아실현의 욕구 : 잠재적인 능력을 실현하고자 하는 욕구(성취욕구)

합격예측 18. 4. 28 기 19. 8. 4 기 21. 5. 15 기 22. 3. 5 기

(1) 스트레스의 자극 요인
① 자존심의 손상(내적요인)
② 업무상의 죄책감(내적요인)
③ 현실에서의 부적응(내적요인)
④ 직장에서의 대인 관계상의 갈등과 대립(외적요인)

(2) 스트레스 해소법
① 자기 자신을 돌아보는 반성의 기회를 가끔씩 가진다.
② 주변사람과의 대화를 통해서 해결책을 모색한다.
③ 스트레스는 가급적 빨리 푼다.
④ 출세에 조급한 마음을 가지지 않는다.

Q 은행문제

스트레스(Stress)에 관한 설명으로 가장 적절한 것은? 19. 3. 3 산

① 스트레스 상황에 직면하는 기회가 많을수록 스트레스 발생 가능성은 낮아진다.
② 스트레스는 직무몰입과 생산성 감소의 직접적인 원인이 된다.
③ 스트레스는 부정적인 측면만 가지고 있다.
④ 스트레스는 나쁜 일에서만 발생한다.

정답 ②

합격예측

피로

심리적이면서 생리적 요소를 모두 가지고 있는 요인

참고

① 평균 에너지가 4일 때도 있으니 문제를 정독한다. 틀린 것이 아니다.
② 동적근력작업
= E×(작업시간) + 1.5 ×(휴식시간)
= 4×60

합격예측

콜만의 일관성 이론

① 균형개념 : 사람은 누구나 자기에 대한 인지적 균형감 및 일치감을 극대화하는 방향으로 행동하게 되며 그 행동에서 만족감을 갖는다.
② 자기존중 : 자기 이미지 개념으로 기본적으로 이것은 자기 가치에 대한 인식이다. 높은 자기존중의 사람들은 일관성을 유지하고 따라서 만족상태를 유지하기 위해 더 높은 성과를 올리려고 한다.

합격예측

(1) 동기부여(motivation)에 있어 동기가 가지는 성질
① 행동을 촉발시키는 개인의 힘을 뜻하는 활성화
② 일정한 강도와 방향을 지닌 행동을 유지시키는 지속성
③ 노력의 투입을 선택적으로 한 방향으로 지향하도록 하는 통로화
(2) 고차원적 욕구이론 20. 6. 7 기
① 매슬로우 존경, 자아실현의 욕구
② 알더퍼의 성장욕구
③ Herzberg의 동기요인
④ 맥그리거의 Y이론
(3) 저차원적 욕구이론
① 매슬로우 생리적, 안전, 사회적욕구
② 알더퍼의 생존욕구, 관계욕구
③ Herzberg의 위생요인
④ 맥그리거의 X이론

㉰ 기초대사량(BMR : 생명유지에 필요한 단위시간당 에너지량)은 다음 식과 기초대사량 표에 의하여 산출한다. 19. 3. 3 기

$A = H^{0.725} \times W^{0.425} \times 72.46$

여기서, A : 몸의 표면적[cm^2], H : 신장[cm], W : 체중[kg]

② 작업강도 구분 16. 10. 1 산 18. 3. 4 기 21. 5. 15 기 21. 9. 12 기 23. 6. 4 기

㉮ 0~2RMR(가벼운 작업)
㉯ 2~4RMR(보통 작업)
㉰ 4~7RMR(힘든 작업)
㉱ 7RMR 이상(굉장이 힘든 작업)

③ 작업강도에 영향을 주는 요인 19. 9. 21 기

㉮ 에너지소비
㉯ 작업대상의 복잡성
㉰ 작업대상의 종류
㉱ 작업대상의 변화
㉲ 작업의 정밀도
㉳ 작업의 밀도
㉴ 작업자세
㉵ 작업범위
㉶ 대인관계
㉷ 위험성의 정도
㉸ 작업시간의 길이 등

(3) 휴식 16. 5. 8 기, 산 16. 10. 1 기 18. 9. 15 기 20. 6. 14 산 22. 4. 24 기

① 작업장에서는 적당한 간격을 두어 작업자의 피로를 풀어주는 것이 생산성 향상 및 안전성의 측면에서도 중요하며 이의 대책 중의 하나가 휴식시간의 확보이다.

② 작업에 대한 평균에너지가 5[kcal/분]인 경우 작업에 소요되는 에너지 E[kcal/분]일 때 작업시간 60분당 휴식시간 R[분]은 다음 식으로 산출한다.

$$\text{Murrel의 휴식시간}(R) = \frac{60(E-5)}{E-1.5}[\text{분}]$$

여기서, R : 휴식시간(분)　E : 작업시 평균 에너지 소비량[kcal/분]
60분 : 총작업 시간　1.5[kcal/분] : 휴식시간 중의 에너지 소비량
5[kcal/분] : 기초대사량을 포함한 보통작업에 대한 평균 에너지
(기초대사량을 포함하지 않을 경우 : 4[kcal/분])

2. 피로(fatigue)

어느 정도 일정한 시간 작업활동을 계속하면 객관적으로 작업능률의 감퇴 및 저하, 착오의 증가, 주관적으로는 주의력 감소, 흥미의 상실, 권태 등으로 일종의 복잡한 심리적 불쾌감을 일으키는 현상이다. (생리적, 심리적, 작업면 변화)

(1) 피로의 종류

① **주관적 피로** : 피로는 '피곤하다'라는 자각을 제일의 징후로 하게 된다. 대개의 경우 피로감은 권태감이나 단조감 또는 포화감이 따르며 의지적 노력이 없어지고 주의가 산만하게 되고 불안과 초조감이 쌓여 극단적인 경우에는 직무나 직장을 포기하게도 된다.

② **객관적 피로** : 객관적 피로는 생산된 것의 양과 질의 저하를 지표로 한다. 피로에 의해서 작업리듬이 깨지고 주의가 산만해지고, 작업 수행의 의욕과 힘이 떨어지며 따라서 생산 성적이 떨어지게 된다.

③ **생리적(기능적) 피로** : 피로는 생체의 제 기능 또는 물질의 변화를 검사 결과를 통해서 추정한다. 현재 고안되어 있는 여러 가지 검사법의 대부분은 생리적 기능적 피로를 취급하고 있다. 그러나 피로란 특정한 실체가 있는 것도 아니기 때문에 피로에 특유한 반응이나 증상은 존재하지 않는다.

④ **근육피로**
- ㉮ 해당 근육의 자각적 피로
- ㉯ 휴식의 욕구
- ㉰ 수행도의 양적 저하
- ㉱ 생리적 기능의 변화

⑤ **신경피로**
- ㉮ 사용된 신경계통의 통증
- ㉯ 정신피로 증상 중 일부
- ㉰ 근육피로 증상 중 일부

(2) 피로 현상의 3단계

① 1단계 : 중추신경 피로　② 2단계 : 반사운동신경 피로
③ 3단계 : 근육피로

(3) 피로의 증상 17. 5. 7 기 18. 3. 4 기 18. 8. 19 산

① **신체적 증상(생리적 현상)**
- ㉮ 작업에 대한 몸자세가 흐트러지고 지치게 된다.
- ㉯ 작업에 대한 무감각, 무표정, 경련 등이 일어난다.
- ㉰ 작업 효과나 작업량이 감퇴 및 저하된다.

② **정신적 증상(심리적 현상)**
- ㉮ 주의력이 감소 또는 경감된다.
- ㉯ 불쾌감이 증가된다.
- ㉰ 긴장감이 해지 또는 해소된다.
- ㉱ 권태, 태만해지고 관심 및 흥미감이 상실된다.
- ㉲ 졸음, 두통, 싫증, 짜증이 일어난다.

(4) 피로 요인

기계적 요인	인간적 요인
① 기계의 종류　② 조작부분의 배치 ③ 조작부분의 감촉 ④ 기계 이해의 난이(難易) ⑤ 기계의 색채	① 생체적 리듬　② 정신적 상태 ③ 신체적 상태　④ 작업시간 ⑤ 작업내용　⑥ 작업환경 ⑦ 사회적 환경

합격예측

급성피로와 만성피로 차이
① 급성피로 : 휴식에 의해서 회복되는 피로(정상피로 또는 건강피로)
② 만성피로 : 오랜 기간에 걸쳐 축적되어 일어나는 피로(축적피로)

참고

작업에 대한 평균 에너지값 산출
① 보통사람의 1일 소비에너지 : 약 4,300[kcal/day]
② 기초 대사와 여가에 필요한 에너지 : 2,300[kcal/ay]
③ 작업시 소비 에너지 : (4,300－2,300) ＝2,000[kcal/day]
④ 1일 작업시간 8시간(480분)
⑤ 작업에 대한 평균 에너지 값 2,000[kcal/ day]÷480분 ＝약 4[kcal/분]
(기초 대사를 포함 상한 값은 약 5[kcal/분])

합격예측

피로의 종류
① 주관적 피로 : 스스로 피곤함을 느끼고, 권태감이나 단조감 등이 따른다.
② 객관적 피로 : 작업의 양과 질의 저하를 가져온다.
③ 생리적 피로 : 생리적 상태에 의해 피로를 알 수 있다.

Q 은행문제 17. 3. 5 기

피로 단계 중 이상발한, 구갈, 두통, 탈력감이 있고, 특히 관절이나 근육통이 수반되어 신체를 움직이기 귀찮아지는 단계는?
① 잠재기　② 현재기
③ 진행기　④ 축적피로기

정답 ②

> **합격예측**
> **인간측의 피로인자**
> ① 정신상태 및 신체적 상태
> ② 생리적 리듬
> ③ 작업시간 및 작업내용
> ④ 사회환경 및 작업환경

> **참고**
> **정신피로와 육체피로의 차이**
> ① 정신피로 : 정신적 긴장에 의해서 일어나는 중추신경계 피로
> ② 육체피로 : 육체적 근육에 의한 피로(신체피로)

> **합격예측**
> **피로의 요인**
> ① 개체의 조건 - 신체적, 정신적 조건, 체력, 연령, 성별, 경력 등
> ② 작업조건
> ㉮ 질적조건 : 작업강도(단조로움, 위험성, 복잡성, 심적, 정신적 부담 등)
> ㉯ 양적조건 : 작업속도, 작업시간
> ③ 환경조건 - 온도, 습도, 소음, 조명시설 등
> ④ 생활조건 - 수면, 식사, 취미활동 등
> ⑤ 사회적조건 - 대인관계, 통근조건, 임금과 생활수준, 가족간의 화목 등

> **Q 은행문제**
> 산업스트레스의 요인 중 직무특성과 관련된 요인으로 볼 수 없는 것은? 18. 8. 19 산 22. 9. 14 산
> ① 조직구조
> ② 작업속도
> ③ 근무시간
> ④ 업무의 반복성
>
> 정답 ①

(5) 피로측정 방법의 종류

① 호흡기능검사
② 순환기능검사
③ 자율신경기능검사
④ 운동기능 검사
⑤ 정신, 신경적 기능검사
⑥ 심적 기능검사
⑦ 생화학적 측정검사
⑧ 자각적 측정 : 자각증상수, 자각피로도
⑨ 타각적 측정 : 표정, 태도, 자세, 동작, 궤적, 단위동작 소요시간, 작업량, 작업 과오 등

(6) 피로측정검사 방법 3가지 16. 5. 8 기, 산 18. 4. 28 기

검사방법	검사항목	측정 방법 및 기기
생리적 방법	• 근력, 근활동(筋活動) • 반사 역치(反射 閾値) • 대뇌피질 활동 • 호흡 순환 기능 • 인지 역치(認知 閾値) : 플리커법	• 근전계(筋電計:EMG) • 뇌파계(EEG), 플리커 검사 • schneider test, 심전계(心電計 : ECG) • 청력 검사(audiometer), 근점 거리계(近點距離計)
심리학적 방법	• 변별 역치(辨別 閾値) • 정신 작업, 피부(전위)저항 • 동작 분석, 행동 기록 • 연속 반응 시간 집중 유지 기능 • 전신 자각 증상	• Ebbinghaus촉각계, 연속 촬영법 • 피부 전기 반사(GSR), CMI, THI 등 • holygraph(안구 운동 측정 등) • 전자계산 • Kleapelin 가산법 • 표적, 조준, 기록 장치
생화학적 방법	• 혈색소 농도 • 뇨단백, 뇨교질 배설량 • 혈액 수분, 혈단백 • 응혈시간 • 혈액 • 뇨전해질 • 부신피질 기능	• 광도계 • 뇨단백 검사, Donaggio 검사 • 혈청 굴절률계 • storanbelt graph • Na, K, Cl의 상태변동측정 • 17-OHCS

(7) 피로측정 대상 작업에 따른 분류

① **정적 근력작업** 19. 3. 3 기 22. 3. 5 기
㉮ 에너지 대사량과 맥박수와의 상관관계 및 시간적 경과에 따른 변화, 근전도(EMG)를 측정한다.
㉯ 호기성(혐기성) 호흡이 되기 쉬워 피로의 증상이 빨리 나타난다.

② **동적 근력작업**
㉮ 에너지 대사량, 산소 소비량 및 CO_2 배출량 등과 호흡량, 맥박수, EMG, 체온, 발한량 등을 측정한다.

㉯ **산소빚**(산소부채 : oxygen debt) : 육체적 근력작업 후 맥박이나 호흡이 즉시 정상으로 회복되지 않고 서서히 회복되는 것은 작업 중에 형성된 젖산 등의 노폐물을 재분해하기 위한 것으로 이 과정에 소비되는 추가분의 산소량을 의미한다. 19. 9. 21 산

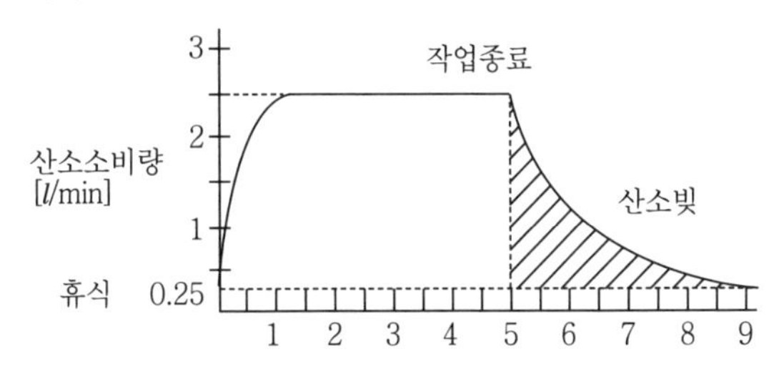

[그림] 산소빚(oxygen debt)

③ **신경적 작업** : 맥박수, 부정맥, 평균 호흡진폭, 피부전기반사(GSR), 혈압, 안전도(眼電度), 요중의 스테로이드량, 아드레날린 배설량 등을 측정

④ **심적 작업** : 점멸 융합 주파수, 반응시간, 안구운동, 뇌전도, 시각, 청각, 촉각, 주의력, 집중력 등을 측정

(8) 허세이의 피로

피로의 종류	회복 대책
신체의 활동에 의한 피로	① 기계력의 사용, 작업의 교대 ② 작업중의 휴식 ③ 활동을 국한하는 목적 이외의 동작을 배제
정신적 노력에 의한 피로	휴식 양성 훈련
신체적 긴장에 의한 피로	① 운동을 통한 긴장 해소 ② 휴식을 통한 긴장 해소
정신적 긴장에 의한 피로	① 주도면밀하고 현명하며, 동적인 작업계획을 수립 ② 불필요한 마찰을 배제
환경과의 관계로 인한 피로	① 작업장에서의 부적절한 제 관계를 배제하는 일 ② 가정과 생활의 위생에 관한 교육
영양 및 배설의 불충분	① 조식, 중식 및 종업시 등의 습관의 감시 ② 보건식량의 준비 ③ 신체의 위생에 관한 교육 및 운동의 필요에 관한 계몽
질병에 의한 피로	① 신속하고 유효 적절한 치료 ② 보건상 유해한 작업상의 조건을 개선 ③ 적당한 예방법의 교육
천후에 의한 피로	온도, 습도, 통풍의 조절
단조감, 권태감에 의한 피로	① 일의 가치를 교육하는 일 ② 동작의 교대를 교육하는 일 ③ 휴식의 부여

합격예측

기계측의 피로인자
① 기계의 종류
② 기계의 색채
③ 조작부분의 배치
④ 조작부분의 감촉
⑤ 기계의 이해 용이도

합격예측

허세이에 의한 단조감, 권태감 피로회복 대책
① 일의 가치를 가르치는 일
② 동작의 교대를 가르치는 일
③ 휴식 부여

Q 은행문제

1. 리더십에 대한 연구 방법 중 통솔력이 리더 개인의 특별한 성격과 자질에 의존한다고 설명하는 이론은?
① 특질접근법 18. 4. 28 기
② 상황접근법
③ 행동접근법
④ 제한된 특질접근법

정답 ①

2. 스트레스에 대한 설명으로 틀린 것은? 18. 4. 28 기
① 사람이 스트레스를 받게 되면 감각기관과 신경이 예민해진다.
② 스트레스 수준이 증가할수록 수행성과는 일정하게 감소한다.
③ 스트레스는 환경의 요구가 지나쳐 개인의 능력한계를 벗어날 때 발생한다.
④ 스트레스 요인에는 소음, 진동, 열 등 과 같은 환경영향뿐만 아니라 개인적인 심리적 요인들도 포함된다.

정답 ②

(9) 피로의 예방과 회복대책 16. 3. 6 산

① 휴식과 수면을 취한다.(가장 좋은 방법)
② 충분한 영양(음식)을 섭취한다.
③ 산책 및 가벼운 체조를 한다.
④ 음악감상, 오락 등에 의해 기분을 전환한다.
⑤ 목욕, 마사지 등 물리적 요법을 행한다.

3. 생체리듬(biorhythm)

(1) 정의

① 인간주기율(人間週期律)이라고도 하며, 신체(physical)·감성(sensitivity)·지성(intellectual)의 머리글자를 따서 PSI 학설이라고도 한다.
② 통속적으로는 생물시계·체내시계라고도 한다.
③ biological rhythm의 줄인말로서 인간의 생리적 주기 또는 리듬에 관한 이론이다.

(2) 바이오리듬의 곡선 표시

① 바이오리듬의 곡선 표시방법은 구체적으로 통일되어 있으며 색 또는 선으로 표시하는 두 가지 방법이 사용된다.
② 육체적 리듬인 P는 파란(청)색, 감성적 리듬인 S는 빨간(적)색, 지성적 리듬인 I는 초록(녹)색으로 나타낸다.
③ P는 실선(—)으로 S는 점선(……)으로, I는 실선과 점선(—·—·—·—)으로 나타내며 위험한 날은 ·, 하트형, 클로버형 등으로 표시한다.

(3) 위험일(critical day) 17. 3. 5 기 18. 4. 28 기 22. 3. 5 기 22. 4. 24 기 23. 6. 4 기

P, S, I 3개의 서로 다른 리듬은 안정기[positive phase(+)]와 불안정기[negative phase(−)]를 교대하면서 반복하여 사인(sine) 곡선을 그려 나가는데 (+) 리듬에서 (−) 리듬으로 또는 (−) 리듬에서 (+) 리듬으로 변화하는 점을 영(zero) 또는 위험일이라 하며, 이런 위험일은 한 달에 6일 정도 일어난다. 특히 1년에 1~3회 정도 생기는 육체적, 감성적 또는 지성적 리듬의 위험일이 함께 겹치는 날에는 많은 실수가 생겨 뜻하지 않은 사고가 발생한다. '바이오리듬'상 위험일에는 평소보다 뇌졸중이 5.4배, 심장질환의 발작이 5.1배, 자살은 무려 6.8배나 더 많이 발생된다고 한다.

합격예측

작업에 수반되는 피로의 예방대책

① 작업부하를 작게 할 것
② 근로시간과 휴식을 적정하게 할 것
③ 작업속도 및 작업정도 등을 적절하게 할 것
④ 불필요한 마찰을 배제 할 것
⑤ 정적동작을 피할 것
⑥ 직장체조를 통한 혈액순환을 촉진 할 것(운동을 적당히 할 것)
⑦ 충분한 영양을 섭취할 것(건강식품의 준비, 비타민 B·C 등의 적정한 영양제 보급 등)

합격예측

생체리듬과 피로현상

① 혈액의 수분, 염분량 : 주간은 감소하고 야간에는 증가한다.
② 체온, 혈압, 맥박수 : 주간은 상승하고 야간에는 저하한다.
③ 야간에는 소화분비액 불량, 체중이 감소한다.
④ 야간에는 말초운동기능 저하, 피로의 자각증상이 증대된다.

참고

바이오리듬

인간의 생리적 주기 또는 리듬을 나타낸다.
신체(physical)
감성(sensitivity)
지성(intellectual)의 머리글자를 따서 PSI학설이라고도 한다.

Q 은행문제

특정과업에서 에너지 소비수준에 영향을 미치는 인자가 아닌 것은? 19. 3. 3 기

① 작업방법
② 작업속도
③ 작업관리
④ 도구

정답 ③

① 육체적 리듬(P : Physical cycle)
㉮ 23일 주기
㉯ 파란(청)색 표시
㉰ 실선 표시
㉱ 식욕, 소화력, 활동력, 지구력 등이 증가

② 감성적 리듬(S : Sensitivity cycle) 20. 6. 7 기
㉮ 28일 주기
㉯ 빨간(적)색 표시
㉰ 점선 표시
㉱ 감정, 주의심, 창조력, 희로애락 등이 증가

③ 지성적 리듬(I : Intellectual cycle) 18. 3. 4 기 20. 9. 27 기
㉮ 33일 주기
㉯ 초록(녹)색 표시
㉰ 일점쇄선 표시
㉱ 상상력, 사고력, 기억력, 인지력, 판단력 등이 증가

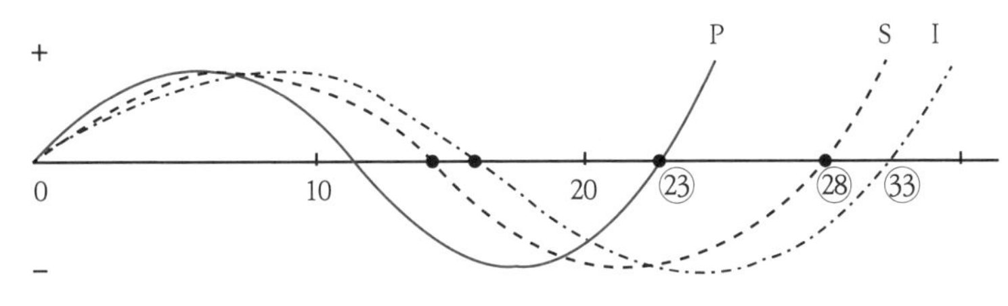

[그림] Biorhythm

(4) 사고발생 시간

① 24시간 중 사고발생률이 가장 심한 시간대 : 03~05시 사이
② 주간 일과 중 : 오전 10시~11시, 오후 15~16시 사이

(5) 위험일의 변화 및 특징 17. 8. 26 기 17. 9. 23 기 18. 4. 28 기 20. 9. 27 기 21. 3. 7 기

① 혈액의 수분, 염분량 : 주간에 감소, 야간에 상승
② 체중 감소, 소화분비액 불량, 말초운동 기능 저하, 피로의 자각 증상 증가
③ 체온, 혈압, 맥박 : 주간에 상승, 야간에 감소

(6) tension level 변화의 특징

① 긴장 수준이 저하되면 인간의 기능이 저하되고 주관적으로도 여러 가지 불쾌 증상이 일어남과 동시에 사고 경향이 커진다.
② 인간이 긴장 수준이 변화하여 낮아졌을 때 human error가 생기기 쉬운 것은 인간의 안전성에 관련된 특성이라고 할 수 있다.

합격예측

바이오리듬상 위험일의 변화
① 뇌졸중 5.4배 발생
② 심장질환 발작 5.1배 발생
③ 자살은 6.8배 발생

용어정의

① 소시얼 스킬즈(social skills) : 사람과 사람사이의 커뮤니케이션을 양호하게 하고, 사람들의 요구를 충족케하고 모랄을 앙양시키는 능력
② 테크니컬 스킬즈(technical skills) : 사물을 인간의 목적에 유익하도록 처리하는 능력

합격예측

자기효능감(Self-efficacy)
어떤 과업을 성취할 수 있는 자신의 능력에 대한 스스로의 믿음 22. 3. 5 기

참고

(1) 파슨즈(parsons)의 집단의 기능
① 적응기능
② 목표달성기능
③ 통합기능
④ 내면화기능

(2) 카리스마적(변화지향적) 리더십 이론
① 부하에게 사명감과 전망, 매력적 이미지를 보여줌
② 부하에게 도전적인 기대감을 심어줌
③ 부하에게 존경과 확신을 줌
④ 부하에게 보다 향상되고 미래의 비전을 제시함

Q 은행문제

집단 간의 갈등 요인으로 옳지 않은 것은? 19. 4. 27 기
① 욕구 좌절
② 제한된 자원
③ 집단간의 목표 차이
④ 동일한 사안을 바라보는 집단 간의 인식 차이

정답 ①

합격예측

집단의 기능 3가지

① 응집력 : 집단의 내부로부터 생기는 힘
② 행동의규범(집단규범) : 집단을 유지하고 집단의 목표를 달성하기 위한 것으로 집단에 의해 저지되며 통제가 행하여진다.
③ 집단목표 : 집단의 역할을 위해 집단의 목표가 있어야 한다.

합격예측

비공식 집단의 특성

① 경영통제권이나 관리 영역 밖에 존재한다.
② 규모가 과히 크지 않기 때문에 개인적 접촉기회가 많다.
③ 동료애의 욕구가 있다.
④ 응집력이 크다.

합격예측 16. 5. 8 ㉮ 17. 5. 7 ㉮

집단행동

(1) 통제있는 집단행동 : 규칙·규율 같은 룰(rule)이 존재한다.
① 관습
② 제도적 행동
③ 유행(fashion)

(2) 비통제의 집단행동 : 성원의 감정, 정서에 의해 좌우되고 연속성이 희박하다.
① 군중(Crowd) : 공통된 규범이나 조직성 없이 우연히 조직된 인간의 일시적 집합
② 모브(Mob) : 비통제의 집단 행동 중 폭동과 같은 것을 의미하며 군중보다 합의성이 없고 감정에 의해서만 행동하는 특성
③ 패닉(Panic) : 위험을 회피하기 위해서 일어나는 집합적인 도주현상(방어적 행동)
④ 심리적 전염(Mental Epidemic)

Q 은행문제

이상적인 상황 하에서 방어적인 행동 특징을 보이는 집단행동은?

① 군중 ② 패닉
③ 모브 ④ 심리적 전염

정답 ②

3 집단관리와 리더십

1. 집단관리

(1) 집단의 유형

① 심리적 집단
② 사회적 집단

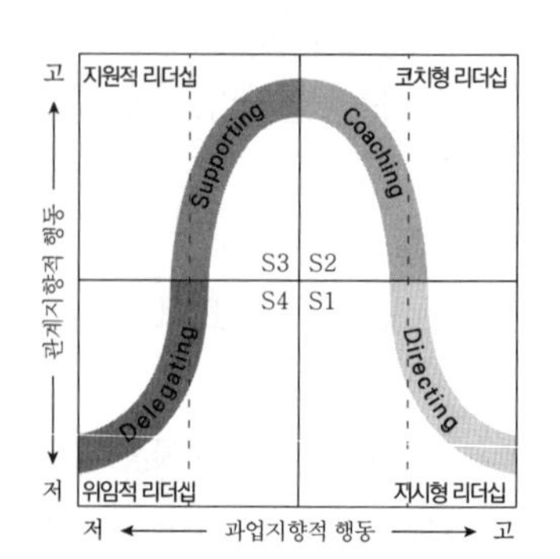

[그림] 상황적 리더십 이론 21. 3. 7 ㉮

(2) 일반적 집단의 기능

① **응집력** : 집단 내부로부터 생기는 힘
② **행동의 규범** : 집단 규범은 집단을 유지하고 집단의 목표를 달성하기 위한 것으로 집단에 의해 지지되며 통제가 행해진다.
③ **집단의 목표** : 집단이 하나의 집단으로서의 역할을 다하기 위해서는 집단 목표가 있어야 한다.

(3) 집단효과 21. 3. 7 ㉮

① 동조효과(응집력)
② synergy 효과(상승효과)
③ 견물(見物)효과 : 자랑스럽게 생각

(4) 집단효과의 결정요인

① 참여와 분배
② 문제해결과정
③ 갈등해소
④ 영향력과 동조
⑤ 의사결정 과정
⑥ 리더십(leadership)
⑦ 의사소통
⑧ 지지도 및 신뢰

(5) 집단관리시 유의해야 할 사항 16. 3. 6 ㉮

① **집단규범(group norm)** : 집단이 존속하고 멤버의 상호작용이 이루어지고 있는 동안 집단규범은 그 집단을 유지하며, 집단의 목표를 달성하는 데 필수적인 것으로서 자연 발생적으로 성립되는 것이다.(변화가 가능, 유동적)
② **집단 참가감(participation)** : 성원이 그 집단에 기여하는 공헌도는 중요한 역할을 맡는 지위의 높이만큼 크며, 이것이 소속 집단에 대한 참가감과 결부되어 목적달성을 위한 근무 의욕을 향상시킨다.

(6) 적응과 역할[슈퍼(Super)의 역할 이론]

① 역할기대
② 역할연기
③ 역할조성
④ 역할갈등

(7) 집단에서의 인간관계

① 경쟁(competition) : 상대방보다 목표에 빨리 도달하고자 하는 노력(강요)
② 공격(aggression) : 상대방을 가해하거나 또는 압도하여 어떤 목적을 달성하는 것
③ 융합(accommodation) : 상반되는 목표가 강제(coercion), 타협(compromise), 통합(integration)에 의하여 공통된 하나가 되는 것
④ 코퍼레이션(cooperation) : 인간들의 힘을 함께 모으는 것
㉮ 협력
㉯ 조력
㉰ 분업
⑤ 도피(escape)와 고립(isolation) : 인간의 열등감에서 오며, 자기가 소속된 인간관계에서 이탈함으로써 얻는 것

2. 욕구저지 이론

(1) 로젠츠바이크(S. Rosenzweig)의 욕구저지 상황 요인

① 외적 결여 : 욕구 만족의 대상이 존재하지 않는다.
② 외적 상실 : 지금까지 욕구를 만족시키던 대상이 없어진다.
③ 외적 갈등 : 외부의 조건으로 심리적 갈등(conflict)이 생긴다.
④ 내적 결여 : 개체에 욕구 만족의 능력과 자질이 없다.
⑤ 내적 상실 : 개체의 능력이 상실되었다.
⑥ 내적 갈등 : 개체 내의 압력으로 인해서 심리적 갈등이 생긴다.

(2) 레빈(K. Lewin)의 갈등(conflict) 상황의 3가지 기본형

① 접근-접근형 갈등(approach-approach conflict) : 정반대 방향에 정(正)의 유의성(有意性)을 가진 목표가 동시에 존재하는 경우
② 접근-회피형 갈등(approach-avoidance conflict) : 동일한 대상이 정(正)·부(負)의 양방(兩方)의 유의성을 동시에 구비했을 경우
③ 회피-회피형 갈등(avoidance-avoidance conflict) : 정반대 방향에 부(負)의 유의성을 가진 목표가 동시에 존재하는 경우

합격예측

인간의 사회적 행동의 기본형태 17. 8. 26 산 22. 3. 5 기
① 협력(cooperation) : 조력, 분업
② 대립(opposition) : 공격, 경쟁
③ 도피(escape) : 고립, 정신병, 자살
④ 융합(accomodation) : 강제, 타협, 통합

합격예측

(1) 개성의 형성조건 3가지
① 습관 : 습관 행동, 규칙적 행동
② 환경조건 및 교육
③ 습성(행동 경향) : 중심적 습성, 주변적 습성, 지배적 습성

(2) 행동기준 평정척도[行動基準評定尺度, behaviorally anchored rating scale]
① 평정척도의 한 종류로서, 척도상의 눈금이나 눈금간의 위치에 부합하는 행동을 하나의 문장으로 만들어서 그 위치에 기재함으로써 그 위치의 의미를 부여하는 방식이다.
② 1963년 Smith와 Kendall이 산업장면에서의 행동을 측정하는 데 처음으로 사용하였다.

(3) 부하의 욕구
① 주도적 리더 : 생리적, 안전욕구가 강한 부하
② 후원적 리더 : 존경욕구가 강한 리더
③ 참여적 리더 : 성취욕구, 자율적 독립성이 강한 부하

[표] 과업환경

구분	특징
부하의 과업	• 과업이 모호하다 – 후원적, 참여적 리더 • 과업의 명확화 – 주도적 리더
집단의 성격	• 초기형성 – 주도적 리더 • 집단의 안정 또는 정확하다 – 후원적, 참여적 리더
조직체의 요소	비상상황 또는 심각한 상황 – 주도적 리더

제1편

합격예측

생리적 욕구에서 의식적 통제가 어려운 순서

① 호흡욕구
② 안전욕구
③ 해갈욕구
④ 배설욕구
⑤ 수면욕구
⑥ 식욕

합격예측

리더의 일반적인 구비요건

① 화합성
② 통찰력
③ 판단력
④ 정서적 안전성 및 활발성

합격예측

리더십의 특성조건

① 기술적 숙련
② 대인적 숙련
③ 혁신적 능력
④ 교육훈련능력
⑤ 협상적 능력
⑥ 표현 능력

합격예측 20. 8. 22 기 23. 6. 4 기

강화이론

인간의 동기에 대한 이론 중 자극, 반응, 보상의 세 가지 핵심변인을 가지고 있으며, 표출된 행동에 따라 보상을 주는 방식에 기초한 동기이론

Q 은행문제

다음 중 리더의 행동스타일 리더십을 연결시킨 것으로 잘못 연결된 것은?

① 부하 중심적 리더십 - 치밀한 감독
② 직무 중심적 리더십 - 생산과업 중시
③ 부하 중심적 리더십 - 부하와의 관계 중시
④ 직무 중심의 리더십 - 공식권한과 권력에 의존

정답 ①

3. 욕구저지 반응기제에 관한 가설

(1) 욕구저지 공격 가설

욕구저지는 공격을 유발한다.

① 로젠츠바이크의 욕구저지 공격 반응

㉮ 외벌반응(外罰反應) : 욕구저지 장면에서 사람, 상황 등 외부로 공격을 가하는 행위

㉯ 내벌반응(內罰反應) : 욕구저지 장면에서 자기 자신의 책임을 느껴 자기 자신에게 공격을 가하는 반응

㉰ 무벌반응(無罰反應) : 욕구저지 장면에서 공격을 회피하는 반응

② 로젠츠바이크의 욕구저지 장해에 대한 반응

㉮ 장해우위형(障害優位型) : 장해 그 자체에 대하여 강조점을 둔다.

㉯ 자아방위형(自我防衛型) : 저지당해 불만에 빠진 자아의 방위를 강조한다.

㉰ 욕구고집형(欲求固執型) : 저지권 욕구를 포기하지 않고 욕구충족을 강조한다.

(2) 욕구저지 퇴행가설

욕구저지는 원시적 단계로 역행한다.

(3) 욕구저지 고착가설

욕구저지는 자포자기적 반응을 유발한다.

4. 리더십(leadership)

(1) 리더십의 정의

$$L=f(l \cdot f_l \cdot s)$$

여기서, L : 리더십(leadership)
f : 함수(function)
l : 리더(leader)
f_l : 추종자(멤버 : follower)
s : 상황요인(situation variables)

(2) 리더십의 이론 16. 5. 8 기 19. 4. 27 기

① **특성이론** : 리더의 기능 수행과 리더로서의 지위 획득 및 유지가 리더 개인의 성격이나 자질에 의존한다고 주장하며, 리더의 성격 특성을 분석·연구한다.

② 행동이론 : 리더가 취하는 행동에 역점을 두고 리더십을 설명하는 이론이다. 이 이론에 입각한 리더는 그 자신의 행동에 따라 집단 성원에 의해 리더로 선정되며, 나아가 리더로서의 역할과 리더십이 결정된다고 한다.

③ 상황이론 : 리더에게 초점을 맞추는 것이 아니라 리더가 처해 있는 상황을 강조하고 분석하는 것으로서 상황에 근거해 리더의 가치가 판단된다고 간주한다. 즉, 리더의 행동이란 단순히 상황이 만든 것이며, 효율적인 작업 결과도 리더에 의한 것이 아니라 상황에 의한 것으로 본다.

④ 결론적으로 리더십의 효율성을 증진시키는 데에는 여러 가지 방법이 있으나 아래의 4가지 측면이 중요하다.

㉮ 리더는 자신의 능력, 성격 특성 등을 스스로 파악하여 리더십 기술의 개발과 향상에 힘써야 한다.

㉯ 리더는 부하의 가정환경, 성장과정, 개성 등과 같은 부하에 대한 제반 사항을 파악함으로써 부하와의 관계에서 신뢰감을 유지하고 효율적인 리더십 발휘를 염두에 두어야 한다.

㉰ 집단의 당면 목표, 집단의 구조와 응집성, 사기 및 집단 상황의 변화에 항상 민감해야 하며 적절한 대처 방안을 강구한다.

㉱ 집단 성원의 동기유발과 관련된 문제로서 상벌, 경쟁과 협동, 개인과 집단에 관련된 문제를 정확히 구분하고, 그 체계를 융통성 있고 일관되게 실시하도록 노력한다.

(3) 리더십의 유형

① 지도형태에 따른 분류

㉮ 인간 지향성

㉯ 임무 지향성

② 선출방식에 따른 분류 17. 5. 7 (기)

㉮ leadership : 선출된 자의 권한 대행

㉯ headship : 임명된 자의 권한 행사

③ 업무추진의 방식에 따른 분류

㉮ 권위주의적(전제적) 리더

㉯ 민주적 리더

㉰ 자유방임적 리더

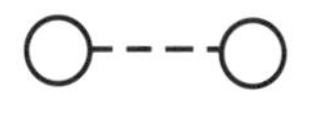

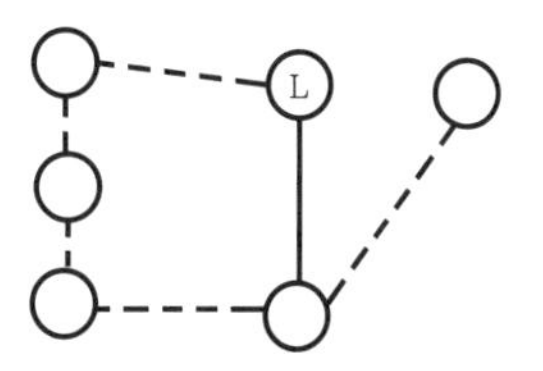

[그림] 자유방임형 리더

합격예측 17. 8. 26 (산) 18. 9. 15 (기) 21. 5. 15 (기) 22. 3. 5 (기)

리더십의 3가지 유형

① 권위형 : 지도자가 모든 정책을 단독적으로 결정하기 때문에 부하직원들은 오로지 따르기만 하면 된다.
② 민주형 : 혼자 정책을 결정하려 하지 않고 집단토론이나 집단 결정을 통해서 정책을 결정한다.
③ 자유방임형 : 지도자가 집단구성원에게 완전히 자유를 주는 경우로서 그는 전혀 리더십을 행사하지 않고 단지 명목적인 리더의 자리만 지킨다.

합격예측

(1) 베버의 관료주의 조직을 움직이는 4가지 기본원칙
① 노동의 분업 : 작업의 단순화 및 전문화
② 권한의 위임 : 관리자를 소단위로 분산
③ 통제의 범위 : 각 관리자가 책임질 수 있는 작업자의 수
④ 구조 : 조직의 높이와 폭

(2) 관료조직의 문제점
① 인간의 가치와 욕구를 무시하고 인간을 조직도 내의 한 구성요소로만 취급한다.
② 개인의 성장이나 자아실현의 기회가 주어지지 않는다.
③ 개인은 상실되고 독자성이 없어질 뿐 아니라 직무 자체나 조직의 구조, 방법 등에 작업자가 아무런 관여도 할 수가 없다.
④ 사회적 여건이나 기술의 변화에 신속히 대응하기가 어렵다.

Q 은행문제

부하의 행동에 영향을 주는 리더십 중 조언, 설명, 보상조건 등의 제시를 통한 적극적인 방법은? 18. 3. 4 (산)

① 강요
② 모범
③ 제언
④ 설득

정답 ④

합격예측

성실한 지도자(성공한 리더)들의 공통적으로 소유한 속성 16. 3. 6 기

① 업무수행능력
② 강한 출세욕구
③ 상사에 대한 긍정적 태도
④ 강력한 조직 능력
⑤ 원만한 사교성
⑥ 판단능력
⑦ 자신에 대한 긍정적인 태도
⑧ 매우 활동적이며 공격적인 도전
⑨ 실패에 대한 두려움
⑩ 부모로부터의 정서적 독립
⑪ 조직의 목표에 대한 충성심
⑫ 자신의 건강과 체력 단련

합격예측

(1) 조직이 지도자에게 부여하는 권한 17. 3. 5 산
① 보상적 권한 20. 6. 14 산
② 강압적 권한
③ 합법적 권한
(2) 지도자 자신이 자신에게 부여하는 권한(부하직원들의 존경심) 17. 3. 5 기
① 위임된 권한 17. 9. 23 기
② 전문성의 권한
(3) French와 Raven의 리더가 가지고 있는 세력의 유형 19. 4. 27 산
① 보상세력
② 합법세력
③ 전문세력
④ 강압세력
⑤ 참조세력

용어정의

① 권력(power)
구성원의 행동에 영향을 줄 수 있는 잠재능력으로 부하를 순종하도록 할 수가 있는 영향력
② 권한(authority)
부하로부터 순종을 강요할 수 있는 공식적 통제권리

Q 은행문제

목표를 설정하고 그에 따르는 보상을 약속함으로써 부하를 동기화하려는 리더십은? 19. 3. 3 기

① 교환적 리더십
② 변혁적 리더십
③ 참여적 리더십
④ 지시적 리더십

정답 ①

(4) Lippitt와 White의 리더십(leadership)의 유형별 특징 16. 5. 8 기

유형 / 유효성 변수	전제적[권위(권력) 주의적] 리더	민주적 리더	자유방임적 리더
리더 부재시 구성원의 태도	좌절감을 가진다.	계속 작업을 유지	불만족(불변)이다.
리더와 집단과의 관계	수동적, 주의환기를 요한다.	호의적	리더에 무관심
집단행위의 특성	냉담, 공격적, 노동이 많다.	안정적, 응집력이 크다.	냉담, 초조
성과(생산성)	우위 결정이 쉽다.	우위 결정이 힘들다.	최악

(5) leadership과 headship의 비교

16. 3. 6 기 16. 8. 21 기 16. 10. 1 기 17. 5. 7 기 17. 9. 23 기 18. 3. 4 산 기 18. 8. 19 산 19. 9. 21 산 20. 8. 23 산 20. 9. 27 기 21. 5. 15 기 22. 4. 24 기

개인과 상황 변수	leadership	headship
권한 행사	선출된 리더	임명적 헤드
권한 부여	밑으로부터 동의	위에서 위임
권한 귀속	집단 목표에 기여한 공로 인정	공식화된 규정에 의함
상사와 부하와의 관계	개인적인 영향	지배적
부하와의 사회적 관계(간격)	좁음	넓음
지휘 형태	민주주의적	권위주의적
책임 귀속	상사와 부하	상사
권한 근거	개인적(비공식적)	법적 또는 공식적

(6) 리더십(leadership)의 변화 4단계

① 지식의 변용 ➡ ② 태도의 변용 ➡ ③ 행동의 변용(개인행동) ➡ ④ 집단 또는 조직에 대한 성과(집단행동)

(7) 리더십의 기법(Hare, M.의 방법론)

① 참가의 기회
② 호소권의 부여
③ 관대한 분위기
④ 지식의 부여
⑤ 향상의 기회
⑥ 일관된 규율

(8) 리더십의 기술

① 경영기술
② 인간기술
③ 전문기술

(9) 헤드십의 특징

① 권한 근거는 공식적이다.
② 상사와 부하와의 관계는 종속적이다.
③ 상사와 부하와의 사회적 간격은 넓다.
④ 지휘 형태는 권위주의적이다.

(10) 리더십에 있어서 권한의 역할 17. 5. 7 산

① **보상적 권한** : 조직의 지도자들은 그들의 부하에게 보상을 할 수 있는 능력을 가지고 있다.
② **강압적 권한** : 지도자들이 부여받은 권한 중에서 보상적 권한만큼 중요한 것이 바로 강압적 권한인데 이 권한으로 부하들을 처벌할 수 있다. 19. 9. 21 기 21. 3. 7 기
③ **합법적 권한** : 조직의 규정에 의해 권력 구조가 공식화된 것을 말한다. 군대나 정부기관은 부하직원들을 통제하거나 부하직원들에게 영향을 끼칠 수 있는 지도자의 권리와 이 권한을 받아들여야 하는 부하직원들의 의무를 합법화한다.
④ **위임된 권한** : 부하직원들의 지도자의 생각과 목표를 얼마나 잘 따르는지와 관련된 것이다. 진정한 리더십과 흡사한 것으로서 부하직원들이 지도자가 정한 목표를 자신의 것으로 받아들이고 목표를 성취하기 위해 지도자와 함께 일하는 것이다.
⑤ **전문성의 권한** : 지도자가 집단의 목표 수행에 필요한 분야에 얼마나 많은 전문적인 지식을 갖고 있는가와 관련된(전문적 권력) 권한이다.

4 착오와 실수

1. 착시(Optical illusion)

(1) 착시현상

정상적인 시력을 가지고도 물체를 정확하게 볼 수 없는 현상을 말한다.
예 주위의 풍경, 고속도로 주행시의 노면 등

① α-운동(α-movement) : Müller Lyer의 기하학적 착시에서 가운데 선의 길이는 선 양끝의 화살표 방향에 따라 길게 또는 짧게 보이는데 화살표의 내향도형과 외향도형을 β-운동이 발생할 수 있는 시간 간격으로, 동일한 장소에 제시하면 화살표의 운동이 보임으로써 객관적으로 주선의 신축운동이 지각된다.
② β-운동(β-movement) : 영화·영상 기법으로 사용되는 것으로서 어떤 자극이 순간적으로 제시되었다가 적당한 시간 경과 후 다른 곳에 동일한 자극이 순간적으로 제시되면 마치 물체가 처음 장소에서 다른 장소로 움직인 것처럼 보인다.

합격예측

직무만족도(직무확대)를 높이는 방법
① 일에 대한 개인적인 책임감이나 책무를 증가시킨다.
② 완전하고 자연스러운 작업 단위를 제공한다.
③ 새롭고 어려운 임무를 수행하도록 한다.
④ 특정의 직무에 전문가가 될 수 있도록, 고도로 전문화된 임무를 배당한다.
⑤ 직무에 부과되는 자유와 권한을 준다.

합격예측

착시분류
(1) 기하학적착시
① 방향착시
② 동화착시
③ 원근법착시
④ 분할거리의 착시
(2) 반전착시
(3) 원의 착시
(4) 대비착시

[표] 리더행동의 4가지 범주

종류	용도
주도적 리더	부하에게 작업계획의 지휘, 작업지시를 하며 절차를 따르도록 요구
후원적(지원적) 리더	부하들의 욕구, 온정, 안정 등 친밀한 집단분위기의 조성
참여적 리더	부하와 정보의 공유 등 부하의 의견을 존중하여 의사결정에 반영
성취 지향적 리더	부하와 도전적 목표설정, 높은 수준의 작업수행을 강조, 목표에 대한 자신감을 갖도록 하는 리더

Q 은행문제

리더십을 결정하는 중요한 3가지 요소와 가장 거리가 먼 것은?
① 부하의 특성과 행동
② 리더의 특성과 행동
③ 집단과 집단간의 관계
④ 리더십이 발생하는 상황의 특성

정답 ③

③ γ-운동(γ-movement) : 하나의 자극을 짧은 시간에 순간적으로 제시할 때 팽창하는 것처럼 보이며 없어질 때는 수축하는 것처럼 보인다.

④ δ-운동(δ-movement) : 강도가 서로 다른 두 개의 자극을 아주 짧은 시간 간격을 둔 시점 좌우에 차례로 제시하면, 보통의 β-운동과는 달리 자극에서의 순서와는 역으로 강한 자극에서 약한 자극으로 거슬러 올라가는 것처럼 보인다.

⑤ ε-운동(ε-movement) : 한쪽에는 흰 바탕에 검은 자극을, 다른 쪽에는 검은 바탕에 백색 자극의 질이 다른 두 개의 자극을 적당한 시간 조건으로 제시하면 제1자극에서 제2자극으로 옮아가는 운동이 나타나는 것과 동시에 흑에서 백으로 또는 백에서 흑으로 색이 변화하는 운동이 수반되어 발생하는 현상을 말한다.

보충학습 **적응기제 3가지** 18. 3. 4 (기) 19. 3. 3 (기) (산) 19. 8. 4 (기) 21. 9. 12 (기)

① 도피기제(Excape Mechanism) : 갈등을 해결하지 않고 도망감

구분	특징
억압	무의식으로 쑤셔 넣기
퇴행	유아 시절로 돌아가 유치해짐
백일몽	공상의 나래를 펼침
고립(거부)	외부와의 접촉을 끊음

② 방어기제(Defense Mechanism) : 갈등을 이겨내려는 능동성과 적극성7. 3. 5 (산) 19. 3. 3 (기) 22. 4. 24 (기)

구분	특징
보상	열등감을 다른 곳에서 강점으로 발휘함
합리화	자기변명, 자기실패의 합리화, 자기미화
승화	열등감과 욕구불만을 사회적으로 바람직한 가치로 나타내는 것
동일시	힘 있고 능력 있는 사람을 통해 자기만족을 얻으려 함
투사	자신의 열등감을 다른 것에 던져 그것들도 결점이 있음을 발견해서 열등감에서 벗어나려 함

③ 공격기제(Aggressive Mechanism) : 직접적, 간접적

(2) 착시의 종류(현상)

구 분	그 림	현 상
Müller-Lyer의 동화착시 16. 8. 21 (산) 18. 9. 15 (산)	(a) (b)	(a)가 (b)보다 길게 보인다. 실제 (a)=(b)
Helmholtz의 분할착시	(a) (b)	(a)는 세로로 길어 보이고, (b)는 가로로 길어 보인다.
Hering의 착시 21. 5. 15 (기)		가운데 두 직선이 곡선으로 보인다.

합격예측 16. 3. 6 (기)

① 주의 : 행동하고자 하는 목적에 의식수준이 집중하는 심리상태
② 부주의 : 목적 수행을 위한 행동전개 과정 중 목적에서 벗어나는 심리적·육체적인 변화의 현상으로 바람직하지 못한 정신상태를 총칭

용어정의

간결성의 원리 16. 10. 1 (기)
물적 세계에 서투름이나 생략 행위가 존재하고 있는 것처럼 심리활동에 있어서도 최소 에너지에 의해 어느 목적에 달성하도록 하려는 경향이 있는데 이것을 간결성의 원리라 한다.
(예) 정리정돈 태만 및 생략

Q 은행문제

다음 그림은 지각집단화의 원리 중 한 예이다. 이러한 원리를 무엇이라 하는가?

① 단순성의 원리
② 폐쇄성의 원리
③ 유사성의 원리
④ 연속성의 원리

정답 ③

합격예측 17. 3. 5 (기) 22. 3. 5 (기)

군화(게스탈트)의 법칙
① 게스탈트는 '모양, 형태'라는 뜻으로 독일의 심리학자 M.베스트하이머가 처음으로 제기한 원리이다.
② 사물을 볼 때 무리를 지어서 보려는 시각적 심리를 뜻하며 관련이 있는 요소끼리 통합된 것으로 지각 된다는 점에서 '군화의 법칙'이라고도 한다.

Köhler의 착시 (윤곽착오) 17. 8. 26 산		우선 평행의 호(弧)를 본 경우에 직선은 호의 반대반향으로 굽어 보인다.
Poggendorf의 착시	(a) (c) (b)	(a)와 (c)가 일직선상으로 보인다. 실제는 (a)와 (b)가 일직선이다.
Zöller의 방향 착시 19. 9. 21 기		세로의 선이 굽어 보인다.
Orbigon의 착시		안쪽 원이 찌그러져 보인다.
Sander의 착시		두 점선의 길이가 다르게 보인다.
Ponzo의 착시		두 수평선부의 길이가 다르게 보인다.

(3) 군화(gestalt : 게스탈트)의 4법칙(접근성, 유사성, 연속성, 폐쇄성) 10. 3. 7 기 22. 3. 5 기

① 근접의 요인 : 근접된 물건끼리 정리한다.
② 동류의 요인 : 매우 비슷한 물건끼리 정리한다.
③ 폐합의 요인 : 밀폐형을 가지런히 정리한다.
④ 연속의 요인 : 연속을 가지런히 정리한다.
⑤ 좋은 형체의 요인 : 좋은 형체(단순성, 규칙성, 상징성)로 정리한다.

[그림] 근접의 요인

[그림] 동류의 요인

[그림] 폐합의 요인

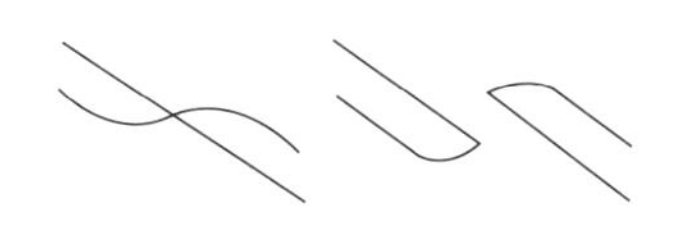

[그림] 연속의 요인

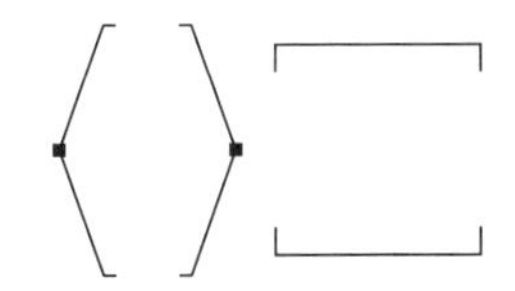

[그림] 좋은 모양의 요인 (단순성, 대칭성, 규칙성, 상징성)

합격예측

운동의 시지각(착각현상)

(1) 자동운동 : 암실내에서 정리된 소광점을 응시하고 있으면 그 광점이 움직이는 것을 볼 수 있는데 이것을 자동운동이라 한다. 자동운동이 생기기 쉬운 조건은 다음과 같다. 22. 3. 5 기
① 광점이 작을 것
② 시야의 다른 부분이 어두울 것
③ 광의 강도가 작을 것
④ 대상이 단순할 것

(2) 유도운동 : 실제로 움직이지 않는 것이 어느 기준의 이동에 유도되어 움직이는 것처럼 느껴지는 현상을 말한다.

(3) 가현운동 : 객관적으로 정지하고 있는 대상물이 급속히 나타나든가 소멸하는 것으로 인하여 일어나는 운동으로 마치 대상물이 운동하는 것처럼 인식되는 현상을 말한다.(β운동 : 영화·영상의 방법)

참고

① 보통의 조건에서 변화하지 않는 단순한 자극을 명료하게 의식하고 있을 수 있는 시간은 불과 수초에 지나지 않는다. 다시 말하면, 본인은 주의하고 있더라도 실제로는 의식하지 못하는 순간이 반드시 존재하는 것이다.
② 착각 : 감각적으로 물리현상을 왜곡하는 지각현상

Q 은행문제 17. 3. 5 기

성공적인 리더가 가지는 중요한 관리기술이 아닌 것은?

① 매 순간 신속하게 의사결정을 한다.
② 집단의 목표를 구성원과 함께 정한다.
③ 구성원이 집단과 어울리도록 협조한다.
④ 자신이 아니라 집단에 대해 많은 관심을 가진다.

정답 ①

합격예측

(1) 군화(게스탈트)의 법칙
① 근접의 요인 : 근접된 물건의 정리
② 동류의 요인 : 매우 비슷한 물건끼리 정리
③ 폐합의 요인 : 밀폐형을 가지런히 정리
④ 연속의 요인 : 연속을 가지런히 정리
⑤ 좋은 형태의 요인 : 좋은 형태(규칙성, 상징성, 단순성)로 정리

(2) 주의의 특징 3가지
① 선택성 : 여러 종류의 자극을 자각할 때 소수의 특정한 것에 한하여 선택하는 기능
② 방향성 : 주시점만 인지하는 기능
③ 단속(변동)성 : 주의에는 주기적으로 부주의의 리듬이 존재

(3) 리더의 수명주기 이론

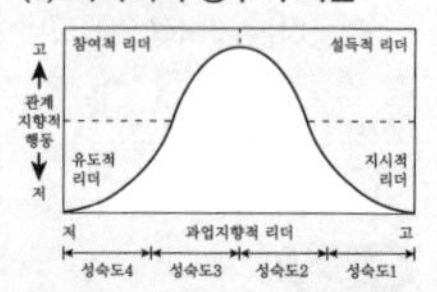

[그림] 리더의 행동 유형

[표] 리더의 과업관계

리더의 구분	과업	관계	리더	비고
지시적 리더	고	저	주도적	일방적, 리더 중심의 의사결정
설득적 리더	고	고	후원적	리더와 부하간의 쌍방적 의사결정
참여적 리더	저	고	부하와 원만한 관계, 부하 의사를 결정에 반영	
유도적(위양적) 리더	저	저	부하자신이 자율행동, 자기통제에 의존하는 리더	

(4) 인간의 착각 현상 16. 10. 1 기 17. 5. 7 산 18. 9. 15 기 19. 4. 27 기 20. 9. 27 기 21. 5. 15 기 22. 4. 24 기

① **가현운동(β운동)** : 객관적으로 정지하고 있는 대상물이 급속히 나타나든가 소멸하는 것으로 인하여 일어나는 운동으로 마치 대상물이 운동하는 것처럼 인식되는 현상을 말한다. 영화의 영상은 가현운동(β운동)을 활용한 것이다.

② **유도운동** : 움직이지 않는 것이 움직이는 것처럼 느껴지는 현상 19. 9. 21 기

③ **자동운동** : 암실에서 정지된 소광점을 응시하면 광점이 움직이는 것같이 보이는 현상을 자동운동이라 한다.

2. 인간의 주의특성

주의 ① 외부 자극 중 일부만 선택해서 보고 듣는 현상
② 인간은 자기에게 필요한 정보만을 선택

(1) 주의의 특성 3가지 16. 5. 8 기 16. 10. 1 기 18. 3. 4 산 18. 4. 28 기 18. 8. 19 기 19. 3. 3 산 20. 9. 27 기 21. 9. 12 기 22. 3. 5 기

① **선택성** : 사람은 한 번에 여러 종류의 자극을 자각하거나 수용하지 못하며 소수의 특정한 것으로 한정해서 선택하는 기능을 말한다.

② **방향성** : 공간적으로 보면 시선의 초점에 맞았을 때는 쉽게 인지되지만 시선에서 벗어난 부분은 무시되기 쉽다.

③ **변동(단속)성** : 주의는 리듬이 있어 언제나 일정한 수순을 지키지는 못한다.

(2) 주의의 특성 17. 5. 7 기 19. 3. 3 기 20. 6. 7 기 21. 3. 5 기

① 주의력의 단속(변동)성(고도의 주의는 장시간 지속 불능)

② 주의력의 중복집중의 곤란(주의는 동시에 두 개 이상의 방향을 잡지 못함)

③ 주의를 집중한다는 것은 좋은 태도라 할 수 있으나 반드시 최상이라 할 수는 없다.

④ 한 지점에 주의를 집중하면 다른 곳의 주의는 약해진다.

(3) 주의의 수준

① 0(zero)레벨(수준)
㉮ 수면중
㉯ 자극에 의한 반응시간 내

② 중간레벨(수준) 19. 4. 27 산
㉮ 다른 곳에 주의를 기울이고 있을 때
㉯ 일상과 같은 조건일 경우
㉰ 가시 시야 내 부분

③ 고레벨(수준)
　㉮ 주시 부분
　㉯ 예기 레벨이 높을 때

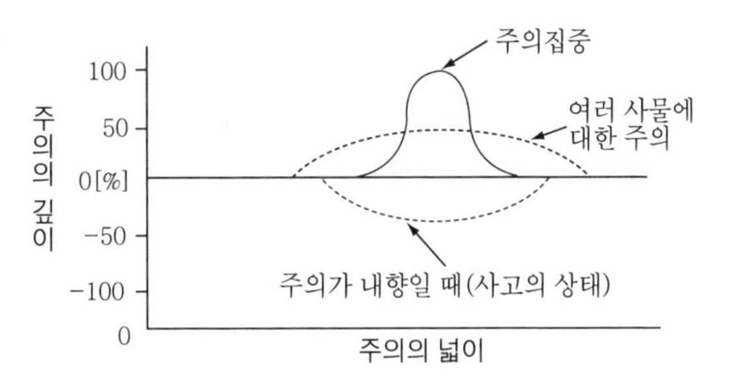

[그림] 주의의 깊이와 넓이

(4) 의식 수준(레벨)의 5단계

16. 10. 1 산 18. 4. 28 기 18. 9. 15 산 19. 3. 3 기 20. 9. 27 기 21. 3. 7 기 21. 8. 14 기

단계	의식의 모드	주의작용	생리적 상태	신뢰성	뇌파패턴
제0단계	무의식, 실신	zero	수면, 뇌발작	zero	γ파
제1단계	의식 흐림 (subnormal, 의식몽롱함)	inactive	피로, 단조로움, 졸음, 술 취함	0.9 이하	θ파
제2단계	이완상태 (normal, relaxed)	passive, 마음이 안쪽으로 향한다.	안정 기거, 휴식시, 정례작업시 (정상 작업시)	0.99~0.99999	α파
제3단계	상쾌한 상태 (normal, clear)	active, 앞으로 향하는 주의, 시야도 넓다.	적극 활동시	0.999999 이상	β파
제4단계	과긴장 상태 (hypernormal, exited)	일점으로 응집, 판단 정지	긴급 방위반응, 당황해서 panic (감정 흥분시 당황한 상태)	0.9 이하	β파 또는 전자파

주 일본의 의학자 "하시모토 쿠니에" 제시

(5) 주의의 대상 작업의 형태에 따른 분류

① 선택적 주의(selective attention)
② 집중적 주의(focused attention)
③ 분할 주의(divided attention)

참고

광고의 주의 응용단계 : Attention(주목) → Interest(흥미) → Desire(욕구) → Memory(기억) → Action(구매행동)
안전의 주의 응용단계 : Attention(주목) → Interest(흥미) → Desire(욕구) → Memory(기억) → Action(안전활동)

합격예측

의식 level의 단계별 생리적 상태

① 범주(Phase) 0 : 수면, 뇌발작
② 범주(Phase) Ⅰ : 피로, 단조로움, 졸음, 술취함
③ 범주(Phase) Ⅱ : 안정기거, 휴식시, 정례작업시
④ 범주(Phase) Ⅲ : 적극활동시
⑤ 범주(Phase) Ⅳ : 긴급방위반응, 당황해서 panic

용어정의

부주의

부주의는 무의식적인 행위 또는 그것에 가까운 의식의 주변에서 행하여지는 행위에서 나타나는 현상으로 불안전한 행위뿐만 아니라 불안전한 상태에도 적용되는 것이다.

합격예측

억측판단 16. 3. 6 기

부주의가 발생하는 경우에 있어 자동차를 운전할 때 신호가 바뀌기 전에 신호가 바뀔 것을 예상하고 자동차를 출발시키는 행동

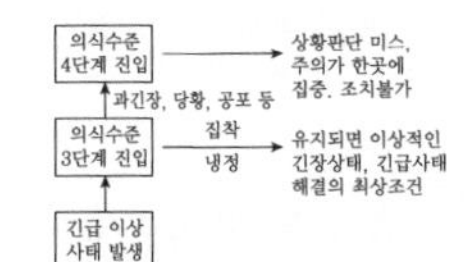

[그림] 주의의 일점집중

인간의 착각을 방지하기 위한 인간공학적인 설계

물건, 기구 또는 환경을 설계하는 과정에서 인간을 고려

같은 벨 소리를 내는 전화기 → 불빛과 함께 벨이 울리도록 하면 식별 가능

미등만 켜고 있으면 정차를 인지하지 못함 → 추돌사고 위험 → 비상등으로 위험방지

(6) 주의의 외적 조건

① 자극의 대소　② 자극의 신기성　③ 자극의 반복
④ 자극의 대비　⑤ 자극의 이동　⑥ 자극의 강도

(7) 주의의 내적 조건

① 욕구　② 흥미
③ 기대　④ 자극의 의미

[표] 인간의 주의력 수준과 설비 상태와의 관계

인간의 주의력 설비의 상태	안전 수준	대응 포인트
높은 수준 > 불안전 상태	안 전	인간측의 고수준에 기대
높은 수준 ≦ 불안전 상태	불안전	사고 발생 가능성
낮은 수준 < 본질적 안전화	안 전	설비측 fool-proof, fail-safe, 안전덮개

3. 부주의

(1) 부주의의 원인(현상) 17. 8. 26 기 19. 8. 4 기

① 의식의 단절

위험요소
안전작업수준　의식의 흐름

[그림] 의식의 단절

지속적인 것은 의식의 흐름에 단절이 생기고 공백상태가 나타나는 경우(의식의 중단)

② 의식의 우회 17. 3. 5 기 17. 9. 23 산 18. 3. 4 기 18. 9. 15 산

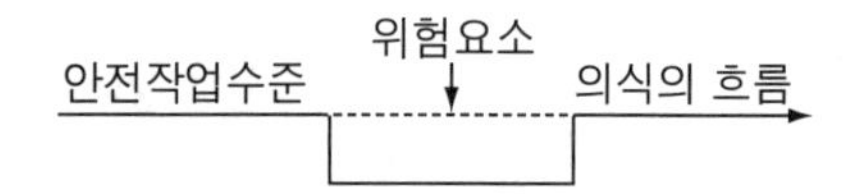

[그림] 의식의 우회

의식의 흐름이 샛길로 빗나가는 경우이며 작업도중 걱정, 고뇌, 욕구불만 등에 의해 발생(내적 조건)

③ 의식수준의 저하

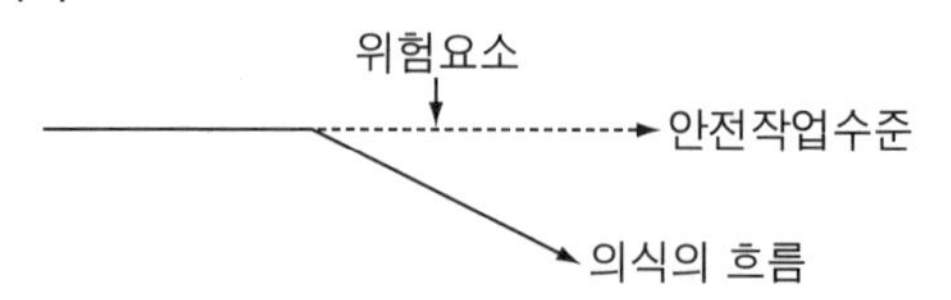

[그림] 의식수준의 저하

뚜렷하지 않은 의식의 상태로 심신이 피로하거나 단조로움 등에 의해 발생

용어정의

부주의
부주의는 무의식적인 행위 또는 그것에 가까운 의식의 주변에서 행하여지는 행위에서 나타나는 현상으로 불안전한 행위뿐만 아니라 불안전한 상태에도 적용되는 것이다.

합격예측

(1) 정보처리의 5가지 채널
① 반사(대뇌를 통하지 않는 정보처리) : ①의 채널
② 주시하지 않아도 되는 조작 : ②의 채널
③ 루틴작업의 동작(처리할 정보의 순서를 미리 알고 있는 경우) : ③의 채널
④ 동적 의지 결정을 필요로 하는 조작 : ④의 채널
⑤ 문제 해결적인 조작 : ⑤의 채널

(2) 의식수준과 대체 채널과의 관계
① Phase Ⅱ의 경우는 ①~③의 채널까지는 대응되나 그 이상 채널에 대한 정보처리는 무리가 생겨서 실수를 하게 된다.
② Phase Ⅲ는 가장 좋은 의식수준 상태로, 이때는 ①~⑤의 모든 채널에 대응된다.

합격예측

부주의 현상의 의식수준 상태
① 의식의 단절 : Phase 0 상태
② 의식의 우회 : Phase 0 상태
③ 의식수준의 저하 : Phase Ⅰ 이하 상태
④ 의식의 과잉 : Phase Ⅳ 상태

합격예측

성인학습의 원리 17. 8. 26 기
① 자발적 학습의 원리 : 강제적인 학습이 아니다.
② 자기주도적 학습의 원리 : 자기가 설계한 목적 및 방법으로 학습한다.
③ 상호학습의 원리 : 교학상장(敎學相長)을 기하는 학습이다.
④ 생활적응의 원리 : 이론보다 실생활에 적용되는 학습이어야 한다.

④ 의식의 혼란

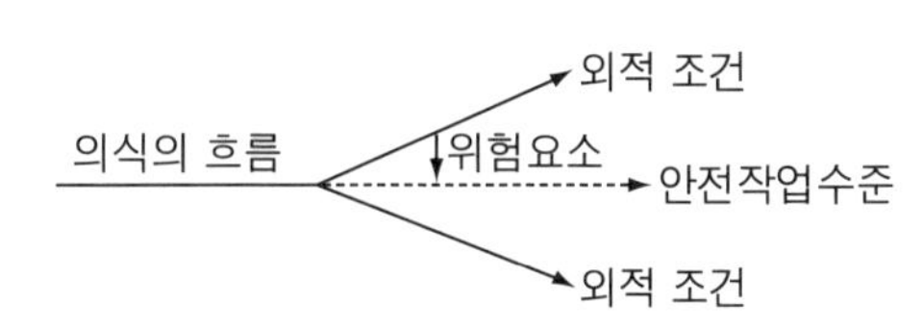

[그림] 의식의 혼란

외부의 자극이 애매모호하거나, 자극이 강할 때 및 약할 때 등과 같이 외적 조건에 의해 의식이 혼란하거나 분산되어 위험요인에 대응할 수 없을 때 발생

⑤ 의식의 과잉 20. 6. 7 기

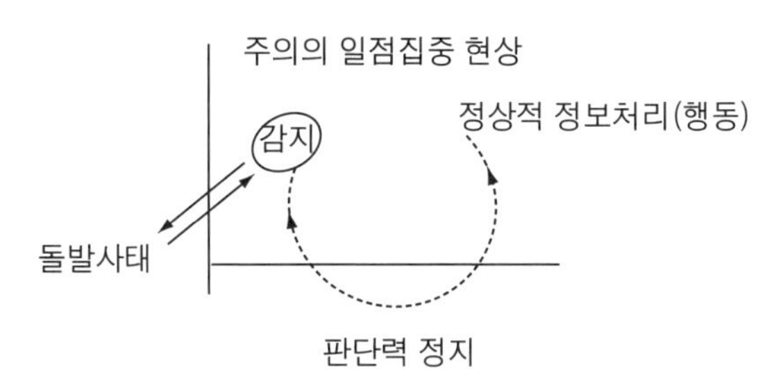

[그림] 의식의 과잉

돌발사태, 긴급 이상 상태 직면시 순간적으로 의식이 긴장하고 한 방향으로만 집중하는 판단력 정지, 긴급 방위 반응 등의 주의의 일점집중 현상이 발생

(2) 부주의의 원인과 대책

① 외적 원인과 대책 19. 4. 27 기 20. 8. 22 기 23. 6. 4 기
- ㉮ 작업환경조건 불량 : 환경 정비
- ㉯ 작업순서의 부적당 : 작업순서 정비

② 내적 원인과 대책 17. 5. 7 산 18. 4. 28 산 20. 6. 7 기
- ㉮ 소질적 문제 : 적성 배치
- ㉯ 의식의 우회 : 카운슬링(상담)
- ㉰ 경험, 미경험자 : 안전교육훈련
- ㉱ 작업순서부자연성 : 인간공학적 접근

③ 정신적 측면에 대한 대책 16. 3. 6 기 17. 9. 23 기
- ㉮ 주의력의 집중 훈련
- ㉯ 스트레스의 해소
- ㉰ 안전의식의 고취
- ㉱ 작업의욕의 고취

합격예측

(1) 외적 자극 스트레스 요인
① 경제적인 어려움
② 대인관계상의 갈등과 대립
③ 가족관계상의 갈등
④ 가족의 죽음이나 질병
⑤ 자신의 건강문제
⑥ 상대적인 박탈감

(2) 내적 자극 스트레스 요인
① 자존심의 손상과 공격 방어 심리
② 출세욕의 좌절감과 자만심의 상충
③ 지나친 과거에의 집착과 허탈
④ 업무상의 죄책감
⑤ 지나친 경쟁심과 재물에 대한 욕심
⑥ 남에게 의지하고자 하는 심리
⑦ 가족간의 대화단절 의견의 불일치

합격예측

부주의 발생의 외·내적 원인
① 외적 원인
작업순서의 부적당, 작업 및 환경조건 불량
② 내적 원인
소질적 조건, 의식의 우회, 경험 및 미경험

Q 은행문제

1. 인적 오류로 인한 사고를 예방하기 위한 대책 중 성격이 다른 것은?
① 작업의 모의훈련
② 정보의 피드백 개선
③ 설비의 위험요인 개선
④ 적합한 인체측정치 적용

정답 ①

2. 현대 조직이론에서 작업자의 수직적 직무 권한을 확대하는 방안에 해당하는 것은? 19. 3. 3 기
① 직무순환(job rotation)
② 직무분석(job analysis)
③ 직무확충(job enrichment)
④ 직무평가(job evaluation)

정답 ③

④ 기능 및 작업적 측면에 대한 대책 17. 5. 7 기 18. 8. 19 기
㉮ 적성 배치
㉯ 안전작업 방법 습득
㉰ 표준작업 동작의 습관화

⑤ 설비 및 환경적 측면에 대한 대책
㉮ 설비 및 작업환경의 안전화
㉯ 표준작업제도의 도입
㉰ 긴급시의 안전대책

[표] S-R 학습이론의 종류 16. 5. 8 기

종류	내용	실험	학습의 원리 및 법칙
조건반사(반응)설 (Pavlov)	행동의 성립을 조건화에 의해 설명. 즉, 일정한 훈련을 통하여 반응이나 새로운 행동의 변용을 가져올 수 있다.	개의 소화작용에 대한 타액 반응 실험 ① 음식 → 타액 ② 종 → 타액 음식 → 타액 ③ 종 → 타액	① 일관성의 원리 ② 강도의 원리 ③ 시간의 원리 ④ 계속성의 원리 18. 4. 28 산
시행 착오설 (Thorndike)	학습이란 시행착오의 과정을 통하여 선택되고 결합되는 것(성공한 행동은 각인되고 실패한 행동은 배제)	문제상자 속에 고양이를 가두고 밖에 생선을 두어 탈출하게 함(반복될수록 무작위 동작이나 소요시간 감소)	① 효과의 법칙 ② 연습의 법칙 ③ 준비성의 법칙
조작(도구)적 조건화설 (Skinner) 19. 4. 27 기	어떤 반응에 대해 체계적이고 선택적으로 강화를 주어 그 반응이 반복해서 일어날 확률을 증가시키는 것	스키너 상자 속에 쥐를 넣어 쥐의 행동에 따라 음식물이 떨어지게 한다.	① 강화의 원리 ② 서거의 원리 ③ 조형의 원리 ④ 자발적 회복의 원리 ⑤ 변별의 원리

(3) 학습지도 원리 20. 9. 27 기

① **자발성의 원리** : 학습자 스스로 학습에 참여해야 한다는 원리
② **개별화의 원리** : 학습자가 가지고 있는 각각의 요구 및 능력에 맞게 지도해야 한다는 원리
③ **사회화의 원리** : 공동학습을 통해 협력과 사회화를 도와준다는 원리
④ **통합의 원리** : 학습을 종합적으로 지도하는 것으로 학습자의 능력을 조화있게 발달시키는 원리
⑤ **직관의 원리** : 구체적인 사물을 제시하거나 경험 등을 통해 학습효과를 거둘 수 있다는 원리
⑥ **목적의 원리** : 학습자는 학습목표가 분명하게 인식되었을 때 자발적이고 적극적인 학습활동을 하게 된다.

Chapter 08

인간의 행동과학

출제예상문제

출제예상문제는 복습, 예습문제로 엮었습니다. *WHY : 실제시험에도 순서에 관계없이 출제됩니다. 예습 후 다음장에 공부한 문제가 있으면 기억이 배가 됩니다.

01 ★★★★★ **데이비스(K. Davis)의 동기부여 이론에서의 동기유발은?**

① 지식×기능　② 지식×태도
③ 상황×기능　④ 상황×태도

해설

데이비스(K.Davis)의 동기부여 이론 등식
(1) 경영의 성과 = 인간의 성과×물질의 성과
(2) 능력(ability) = 지식(knowledge)×기능(skill)
(3) 동기유발(motivation) = 상황(situation)×태도(attitude)
(4) 인간의 성과(human performance) = 능력×동기유발

02 ★★★ **다음 중 임명된 지도자의 권한 행사는?**

① 매니저십(managership)
② 리더십(leadership)
③ 멤버십(membership)
④ 헤드십(headship)

해설

지도자의 권한 행사
① 헤드십 : 임명된 자의 권한 행사
② 리더십 : 선출된 자의 권한 행사

03 ★★ **다음 중 생리적 변화에 관계 있는 것은?**

① 작업 태도, 감정의 변화
② 대사물질의 양적, 질적 변화
③ 감각 기능, 순환 기능, 반사 기능
④ 질과 양의 변화

해설

(1) 생리적 변화는 피로나 긴장 등이다.
(2) ①, ②, ④는 태도의 변화이다.

04 ★★ **인간 행동에 색채 조절의 효과로 기대되는 것이 아닌 것은?**

① 밝기의 증가
② 대사물질의 양적, 질적 변화
③ 피로의 증진
④ 작업 능력 향상

해설

색채 조절의 효과
① 감정의 효과
② 피로 방지
③ 생산 능률 향상

05 ★★ **다음 중 동기부여에 속하는 것과 거리가 먼 것은?**

① 개인 욕구　② 능력
③ 욕망　④ 충동

해설

(1) 동인(動因)은 사람을 행동으로 행하게 하는 것이다.
　① 동기의 내적 조건(욕구, 소망, 욕망, 충동)
　② 동기의 외적 조건(복리후생, 작업환경, 상찬, 공감, 승인, 달성)
(2) 유인(誘因)은 행동을 결정짓게 하는 목표이다.

06 **피로의 예방 및 회복대책에 들지 않는 것은?**

① 동적 동작을 한다.
② 온도·습도 등 작업환경을 개선한다.
③ 작업속도를 조정한다.
④ 작업 외 시간을 활용한다.

[정답] 01 ④　02 ④　03 ③　04 ③　05 ②　06 ④

해설

허세이(Alfred Hershey)의 피로회복법

종 류	회복 대책
신체의 활동에 의한 피로	활동을 국한하는 목적 이외의 동작을 배제, 기계력의 사용, 작업의 교대, 작업중의 휴식
정신적 노력에 의한 피로	휴식, 양성 훈련
신체적 긴장에 의한 피로	운동 또는 휴식에 의한 긴장을 푸는 일, 그 밖에 위 항에 준함
정신적 긴장에 의한 피로	주도면밀하고 현명하고, 동적인 작업계획을 세우는 것, 불필요한 마찰을 배제하는 일
환경과의 관계에 의한 피로	작업장에서의 부적절한 제 관계를 배제하는 일, 가정 생활의 위생에 관한 교육을 하는 일
영양 및 배설의 불충분	조식, 중식 및 종업시 등의 관습의 감시, 건강식품의 준비, 신체의 위생에 관한 교육 및 운동의 필요에 관한 계몽
질병에 의한 피로	속히 유효 적절한 의료를 받게 하는 일, 보건상 유해한 작업상의 조건을 개선하는 일, 적당한 예방법을 가르치는 일
기후에 의한 피로	온도, 습도, 통풍의 조절
단조감·권태감에 의한 피로	일의 가치를 가르치는 일, 동작의 교대를 가르치는 일, 휴식

07 ★★★★★ 맥그리거의 X, Y 이론에 따라 관리를 하고자 할 때 X 이론에 가까운 작업자에게는 어떤 동기부여를 하여야 하는가?

① 보수의 인상
② 작업환경 개선
③ 승진
④ 직무 확장

해설

맥그리거 X, Y 이론 대비표

X 이론 (인간을 부정적 측면으로 봄)	Y 이론 (인간을 긍정적 측면으로 봄)
인간불신	상호신뢰
성악설	성선설
인간은 본래 게으르고 태만하여 수동적이고 남의 지배받기를 즐긴다.	인간은 본래 부지런하고 적극적이며 스스로의 일을 자기 책임하에 자주적으로 행한다.
저차원적 욕구(물질욕구)	고차원적 욕구(정신적 욕구)
명령통제에 의한 관리	목표 통합과 자기통제에 의한 관리
저개발국형	선진국형

08 ★★ 리더십에 있어 갖고 있는 권한 중 승진 누락에 관련된 권한은?

① 전문성 권한　② 강압적 권한
③ 합법적 권한　④ 위임된 권한

해설

리더십 권한 역할 5가지

① 보상적 권한 : 승진, 봉급 인상
② 강압적 권한 : 부하, 처벌, 승진 누락, 봉급 인상 거부
③ 합법적(존경) 권한 : 군대, 정부기관, 교사 ⇒ ①, ②, ③은 조직이 지도자에게 부여한 권한
④ 위임된 권한 : 지도자와 함께, 지도자 자신이 자신에게 부여한 권한
⑤ 전문성의 권한 : 전문적 지식·부하들이 스스로 따른다.(존경 = 권한)

09 ★★ risk taking의 발생 요인은?

① 신체적 부적격성　② 정서불안정
③ 부적절한 태도　④ 기능 미숙

해설

risk taking(위험감수)

① 객관적인 위험을 자기 나름대로 판단
② 의지결정하고 행동에 옮기는 것

10 ★★★★★ 매슬로우의 인간의 욕구 중 안전욕구는 몇 단계 욕구인가?

① 1단계 욕구　② 2단계 욕구
③ 3단계 욕구　④ 4단계 욕구

해설

Maslow의 욕구

① 제1단계 : 생리적 욕구(기본적 욕구, 종족 보존, 기아, 갈등, 호흡, 배설, 성욕 등)
② 제2단계 : 안전욕구(안전을 구하려는 욕구)
③ 제3단계 : 사회적 욕구(애정, 소속에 대한 욕구, 친화 욕구)
④ 제4단계 : 인정받으려는 욕구(자기존경 욕구, 자존심, 명예, 성취, 지위, 승인의 욕구)
⑤ 제5단계 : 자아실현의 욕구(잠재적 능력실현 욕구, 성취욕구)

합격자의 조언
2016.8.21 기사, 산업기사 동시출제

[정답] 07 ① 08 ② 09 ③ 10 ②

11 ★★ 작업자 자신이 자기의 부주의 이외에 제반 오류의 원인을 생각함으로써 개선을 하도록 하는 과오 원인 제거 기법으로 옳은 것은?

① TBM　② STOP
③ BS　④ ECR

해설

용어정의
① TBM(Tool Box Meeting) : 위험예지훈련에 적용
② STOP(Safety Training Observation Program) : 감독자 안전관찰 훈련
③ BS(Brain Storming) : 집중발상법
④ ECR(Error Cause Removal) : 직접 작업을 하는 작업자 자신이 자기의 부주의 이외에 제반 오류의 원인을 생각함으로써 개선하도록 하는 방법

12 ★★ 감정 상태가 장시간 계속 상태를 잘 설명하는 용어는 무엇인가?

① 정서(emotion)
② 감정(feeling)
③ 기분(mood)
④ 정조(sentiment)

해설

정서
① 골똘하게 생각하여 일어나는 감정이며, 분노, 공포, 기쁨 등의 복잡한 감정을 말한다.
② 외부 정보의 자극에 의해서 환기된다.
③ 결과로 재해를 일으킬 수 있는 불안전 행동이 될 만한 것이 많다.

13 ★★★★★ 데이비스(K. Davis)의 동기부여 이론에서 인간의 능력에 적합한 것은?

① 지식×기능　② 지식×태도
③ 기능×상황　④ 상황×태도

해설

데이비스(K.Davis)의 동기부여 이론 등식
① 경영의 성과 = 인간의 성과×물질의 성질
② 능력(ability) = 지식(knowledge)×기능(skill)
③ 동기유발(motivation) = 상황(situation)×태도(attitude)
④ 인간의 성과(human performance) = 능력×동기유발

14 ★★ 일반적으로 사고를 일으키기 쉬운 성격에 해당되지 않는 것은?

① 쾌락주의적 성격　② 허영심이 강한 성격
③ 소심한 성격　④ 도덕성이 강한 성격

해설

도덕성이 약할 때 사고가 발생한다.

15 ★★ 역할 연기법의 장점이 아닌 것은?

① 한 문제에 대해 관찰능력을 높인다.
② 자기반성과 창조성이 개발된다.
③ 높은 의지결정의 훈련으로는 기대할 수 없다.
④ 의견 발표에 자신이 생긴다.

해설

역할 연기법(role playing)의 단점
① 목적이 명확하지 않고 계획적으로 실시하지 않으면 학습에 연계되지 않는다.
② 높은 수준의 의사결정에 효과를 기대할 수 없다.

16 ★★ 인간의 동기부여에 관한 맥그리거의 Y 이론을 가장 잘 표현한 것은?

① 인간은 수동적이다.
② 인간은 게으르다.
③ 인간은 천성적으로 남들을 돕는다.
④ 인간은 남을 잘 속인다.

해설

Y 이론은 성선설을 의미한다.

17 ★★ 맥그리거(McGregor)의 Y 이론이란?

① 인간은 천성적으로 남을 돕는다.
② 인간은 게으르다.
③ 사람은 남을 잘 속인다.
④ 인간은 남의 지배받기를 즐긴다.

[정답] 11 ④　12 ①　13 ①　14 ④　15 ③　16 ③　17 ①

해설

맥그리거의 X 이론, Y 이론

X 이론	Y 이론
인간불신(성악설)	상호신뢰(성선설)
저차 욕구	고차(정신) 욕구
규제관리	자기관리
저개발국형	선진국형

18 ★★ 다음 중 지도자 자신이 자신에게 부여한 권한은?

① 강압적 권한 ② 보상적 권한
③ 합법적 권한 ④ 전문성의 권한

해설

전문성의 권한 : 전문적인 지식을 갖고 있다는 것을 부하직원들이 인정하게 되면 이들은 자발적으로 지도자를 따른다.

19 ★★ 인간 에러 원인의 레벨(level)을 분류할 경우 요구된 것을 실행하고자 하여도 필요한 물건이나 정보에너지(energy) 등의 공급이 없다고 하는 것처럼 작업자가 움직이려 해도 움직일 수 없으므로 발생하는 에러(error)를 무엇이라 하는가?

① primary error ② secondary error
③ third error ④ command error

해설

command error는 움직이려 해도 움직일 수 없는 것이다.

20 ★★★ 착각을 일으키기 쉬운 조건을 잘못 설명한 것은?

① 착각은 인간 노력으로 고칠 수 있다.
② 정보의 결함이 있으면 착각이 일어난다.
③ 착각은 인간측의 결함에 의해서 발생한다.
④ 환경조건이 나쁘면 착각이 일어난다.

해설

착각 조건 : 인간, 기계, 환경

21 ★★ 집단역학(group dynamics)에서 사용되는 개념 중 집단효과(group effect)와 관계없는 것은?

① 집단의 결정 ② 집단의 형성
③ 집단 목표 ④ 집단 표준

해설

집단역학에서 사용하는 개념

① 집단 규범(집단 표준) ② 집단 목표
③ 집단 응집력 ④ 집단 결정

22 ★★ 다음은 부주의의 발생 현상이다. 혼미한 정신상태에서 심신의 피로나 단조로운 반복작업시에 일어나는 현상은 어떤 것인가?

① 의식의 과잉 ② 의식의 단절
③ 의식의 우회 ④ 의식 수준의 저하

해설

부주의 현상 5가지

① 의식의 단절(의식의 중단) : 지속적인 흐름에 공백이 발생하며 질병이 있는 경우에만 발생, 건강한 경우 발생하지 않는다(phase : 0).
② 의식의 우회 : 우연의 걱정, 고뇌, 욕구불만 상태이며 재난을 당할 수 있다(phase : 0).
③ 의식수준의 저하 : 심신의 피로, 단조로운 상태이다(phase : Ⅰ).
④ 의식의 혼란 : 자극이 애매모호하거나 너무 강할 때, 약할 때 발생하며 위험 요인에 대응 곤란
⑤ 의식의 과잉 : 돌발사태, 긴급사태에 직면하면 순간적으로 긴장되어 의식이 한 방향으로 주의, 일점집중 현상이 발생(phase : Ⅳ).

23 ★★ 부주의 발생에 관한 외적 조건에 속하지 않는 것은?

① 작업순서 부적당 ② 작업강도
③ 의식의 우회 ④ 기상조건

해설

(1) 부주의 외적 조건
 ① 작업 및 환경조건 불량 ② 작업순서 부적당
 ③ 작업강도 ④ 기상조건
(2) 부주의 내적 조건
 ① 소질적 요인 ② 의식의 우회
 ③ 경험부족 및 미숙련 ④ 피로
 ⑤ 정서불안정

[정답] 18 ④ 19 ④ 20 ① 21 ② 22 ④ 23 ③

24 ★★★ 매슬로우의 5단계 욕구 성장 과정을 관리감독자의 능력과 연결시켰다. 틀린 것은?

① 종합적 능력 – 자기실현의 욕구
② 인간적 능력 – 생리적 욕구
③ 기술적 능력 – 안전의 욕구
④ 포괄적 능력 – 존경의 욕구

해설

생리적 욕구 : 의, 식, 주 등의 기본적 욕구이다.

25 ★★ 바이오리듬에서 육체적 리듬을 표시하는 색채는?

① 청색 ② 황색
③ 적색 ④ 녹색

해설

바이오리듬의 색
① 육체적 리듬 : 청색
② 지성적 리듬 : 녹색
③ 감성적 리듬 : 적색

26 ★★★ 숙련 관찰자가 불안전한 행위를 관찰하기 위한 순서 중 맞는 것은?

① 결심 – 보고 – 정지 – 관찰 – 조치
② 결심 – 정지 – 관찰 – 조치 – 보고
③ 보고 – 정지 – 관찰 – 결심 – 조치
④ 보고 – 결심 – 관찰 – 정지 – 조치

해설

본 문제는 STOP 훈련의 설명이다.

27 ★★ 리더십과 헤드십의 차이 설명이다. 맞는 것은?

① 헤드십에서의 책임은 상사에 있지 않고 부하에 있다.
② 헤드십은 부하와의 사회적 간격이 좁다.
③ 권한 행사 측면에서 보면 리더십은 선출된 리더인 반면, 헤드십은 임명에 의하여 권한을 행사할 수 있다.
④ 리더십의 지위 형태는 권위주의적인 반면, 헤드십의 지위 형태는 민주적이다.

해설

헤드십과 리더십의 차이

개인과 상황변수	헤드십	리더십
권한 행사	임명된 헤드	선출된 리더
책임 귀속	상사	상사와 부하
부하와 사회적 간격	넓음	좁음
지휘 형태	권위주의적	민주주의적

28 ★★ 피로를 발생시키는 외적인 요인으로 적당하지 않은 것은?

① 작업의 강도 ② 작업환경 조건
③ 경제적 조건 ④ 작업의 경험

해설

작업의 경험은 피로의 내적 요인이다.

29 ★★★ Lippitt와 White 이론 중 리더십(leader ship)의 유형에 가장 거리가 먼 것은?

① 독재형 ② 민주형
③ 자유방임형 ④ 솔직형

해설

Lippitt와 White의 리더십 유형
① 독재형 ② 민주형 ③ 자유방임형

30 ★★ 산업심리학 측면에서 인사관리의 중요한 기능에 속하지 않는 것은 다음 중 어느 것인가?

① 업무평가
② 작업분석
③ 작업계획
④ 조직과 리더십(leadership)

[정답] 24 ② 25 ① 26 ② 27 ③ 28 ④ 29 ④ 30 ③

해설

인사관리의 중요기능
① 조직과 리더십 ② 선발 ③ 배치
④ 작업분석 ⑤ 업무평가
⑥ 상담 및 노사간의 이해

31 ★★ 재해발생 간접원인 중 구조 재료의 부적당은 다음 중 어느 원인에 해당하는가?

① 교육적 원인
② 기술적 원인
③ 작업 관리상의 원인
④ 불안전한 상태

해설

불안전 상태는 직접원인이며 재료의 부적당은 기술적 원인이다.

32 ★ 다음은 부주의를 정의한 것이다. 잘못 설명한 것은?

① 부주의는 불안전한 행위와 불안전 상태에도 적용된다.
② 부주의는 결과적으로 실패인 동작이다.
③ 부주의는 유사한 착각이나 본질적인 지식의 부족에 기인한다.
④ 부주의는 인간능력 한계가 넘는 범위로 행위한 동작의 실패 원인을 말한다.

해설

부주의는 행동이 아니고 결과이다.

33 ★★ 피로 대책의 원칙 중 단조로움이나 권태감에 의한 피로 대책은?

① 용의주도한 작업계획의 수립 이행
② 불필요한 마찰의 배제
③ 작업교대제 실시, 습도, 통풍의 조절
④ 일의 가치를 가르침

해설

허세이의 피로 대책 설명이다.

34 ★★ 주의의 외적 조건이 아닌 것은?

① 자극의 반복　② 자극의 운동
③ 자극의 의미　④ 자극의 신기성

해설

(1) 주의의 외적 조건
　① 자극의 대소
　② 자극의 정도
　③ 자극의 신기성
　④ 자극의 반복
　⑤ 자극의 운동
　⑥ 자극의 대비
(2) 주의의 내적 조건
　① 욕구
　② 흥미
　③ 기대
　④ 자극의 의미

35 ★★ 관료주의 조직의 특징에 들지 않는 것은?

① 조직의 모든 구성원은 오직 한 사람의 상사에게만 보고한다.
② 조직이 몇 개의 하부 구성 단위로 분화된다.
③ 합리적이고 공식적인 구조로 되어 있다.
④ 사회의 변화나 기술 정보에 효과적으로 적용할 수 있다.

해설

사회변화에 적응 불가능하다.

36 ★★★ 다음 중 헤드십의 특성이 아닌 것은?

① 권한 근거는 공식적이다.
② 상사와 부하와의 관계는 지배적이다.
③ 부하와의 사회적 간격은 좁다.
④ 지휘 형태는 권위주의적이다.

해설

부하와 사회적 간격이 좁은 것은 리더십이다.

[정답] 31 ② 32 ④ 33 ④ 34 ③ 35 ④ 36 ③

37 ★★ **안전심리에서 고려되는 가장 중요한 요소는 다음 중 어느 것인가?**

① 개성과 사고력 ② 지식 정도
③ 안전규칙 ④ 신체적 조건과 기능

해설

① 심리의 중요요소는 개성과 사고력이다.
② 심리의 목표는 인간의 복지향상이다.

38 ★★ **허즈버그의 직무 만족을 산출해내는 요인을 동기요인이라 부른다. 이 요인 중에서 가장 중요한 것은?**

① 일의 내용 ② 직무의 수준
③ 대인관계 ④ 개인적 발전

해설

허즈버그의 동기요인 중 가장 중요한 것은 일의 내용이다.

39 ★★★ **감각온도란 사람의 생리와 심리의 양면을 조화시키는 온도로 다음과 같은 요소들이 관계된다. 다음 중 이들 요소가 망라된 것은?**

① 습도 및 온도
② 습도, 온도 및 기류
③ 습도, 온도 및 생리
④ 습도, 온도 및 불쾌지수

해설

감각온도(체감온도, 실효온도)의 결정 요소
① 온도 ② 습도 ③ 대류(공기유동) : 기류

40 ★★ **카운슬링 방법이 아닌 것은?**

① 직접적 충고 ② 설득에 의한 방법
③ 설명적 방법 ④ 임상적 방법

해설

개인적 카운슬링 방법 3가지
① 직접적 ② 설득적 ③ 설명적

41 ★★ **다음의 역할 이론 중 자아탐구(自我探究)의 수단인 동시에 자아실현(自我實現)의 수단이기도한 것은?**

① 역할연기(role playing)
② 역할기대(役割期待)
③ 역할형성(role shaping)
④ 역할갈등(役割葛藤)

해설

역할연기의 설명이다.

42 ★★ **데이비스의 동기부여 이론에서 인간의 능력에 적합한 것은?**

① 지식×기능 ② 지식×태도
③ 기능×상황 ④ 상황×태도

해설

K. Davis의 동기부여 이론 등식
① 경영의 성과 = 인간 성과×물질 성과
② 능력 = 지식×기능
③ 동기유발 = 상황×태도
④ 인간의 성과 = 능력×동기유발

43 ★★ **인간의 사회행동 기본형태에 해당되지 않는 것은 무엇인가?**

① 대립 ② 협력
③ 도피 ④ 모방

해설

인간의 사회행동의 기본형태 4가지
① 협력 : 조력, 분업
② 대립 : 공격, 경쟁
③ 도피 : 고립, 정신병, 자살
④ 융합 : 강제, 타협

[정답] 37 ① 38 ① 39 ② 40 ④ 41 ① 42 ① 43 ④

44 ★★★★★ 다음 중 맥그리거의 X 이론에 해당되는 것은?

① 상호신뢰감　　② 고차적인 욕구
③ 규제관리　　④ 자기통제

해설

내용이론과 과정이론

내용이론	
합리적경제인 모형	X이론, 과학적 관리론(타율적인간 : 수직, 하향, 통제)
사회인 모형	Y이론, 인간관계론(자율적인간 : 수평, 상향, 참여)
성장이론 (자아실현인)	Maslow 욕구단계설, Myrray의 명시적 욕구이론, Alderfer의 ERG이론, McCelland의 성취동기이론, McGregor의 XY이론, Likert의 관리체제이론, Aryris의 성숙 미성숙이론, Herzberg의 욕구충족 2개요인이론
복잡인모형	Hackman & Oldham의 직무특성이론, E.Schein의 복잡인모형, Ouchidml Z이론

과정이론	
공정성(형평성)이론	Adams의 공정성이론
기대이론	Vroom의 동기기대이론, Porter & Lawler의 업적만족이론(업적성취에 따른 보상정도), Georgopoulos의 통로목표이론, Atkinson의 기대모형
학습이론(강화이론)	Skinner의 강화이론(순치이론)
목표설정이론	Locker의 이론

45 ★★★ 다음 중 지각의 해석상 문제에 기인된 것을 설명한 것은?

① 잘못한 의사결정　　② 잘못한 조작
③ 잘못한 풀이　　④ 첨가할 양의 오인

해설

지각문제 기인 : 잘못한 풀이

46 ★★★★ 피로가 되는 내부요인이 아닌 것은?

① 경험　　② 책임감
③ 대인관계　　④ 모방

해설

피로

(1) 피로의 외부인자
① 작업조건　　② 환경조건
③ 생활조건　　④ 대인관계

(2) 피로의 내부인자
① 신체적 특징　　② 호흡기
③ 순환기　　④ 뇌신경의 질환
⑤ 성별　　⑥ 연령
⑦ 성격　　⑧ 기질
⑨ 감정　　⑩ 책임감
⑪ 경험　　⑫ 습관
⑬ 영양

47 ★★★★ 다음 중 단조감의 극복이나 해결을 위한 방책으로서 현장 근로자들을 위한 대책은?

① 개인이 담당하는 직무의 양을 많이 주고 단순화한다.
② 개인이 담당하는 직무의 양을 가능한 한 많이 준다.
③ 개인이 담당하는 직무의 양을 가능한 한 고도화한다.
④ 개인이 담당하는 직무를 단순화한다.

해설

동기부여 방법 및 단조로움 해소법

① 각 노동자에게 보다 새롭고 힘든 과업을 부여한다.
② 노동자에게 불필요한 통제를 배제한다.
③ 각 노동자에게 완전하고 자연스러운 단위의 도급 작업을 부여할 수 있도록 일을 조정한다.
④ 자기 과업을 위한 노동자의 책임감을 증대시킨다.
⑤ 노동자에게 정기보고서를 통하여 직접적인 정보를 제공한다.
⑥ 특정 작업을 할 기회를 부여한다.

48 ★★★★ 각종 감각에 주어야 할 역할과 연결이 잘못된 것은?

① 지각－전처리 역할
② 청각－연락적 역할
③ 피부감각－경보적 역할
④ 후각－조절적 역할

해설

지각은 감시적 역할이다.

[정답] 44 ③ 45 ③ 46 ③ 47 ③ 48 ①

49 ★★ 다음 중 집단의 기능과 관계없는 것은?

① 집단목표 ② 행동규범
③ 집단이해 ④ 응집력

해설

집단의 기능 3가지
① 집단목표
② 행동규범
③ 응집력

50 ★★ 다음은 리더십에 있어서의 권한의 역할이다. 이들 중 조직이 지도자에게 부여한 권한이 아닌 것은?

① 위임된 권한
② 강압적 권한
③ 보상적 권한
④ 합법적 권한

해설

리더십 권한 역할 5가지
① 보상적 권한 : 승진, 봉급 인상
② 강압적 권한 : 부하, 처벌, 승진 누락, 봉급 인상 거부
③ 합법적(존경) 권한 : 군대, 정부기관, 교사 ⇒ 조직이 지도자에게 부여한 권한
④ 위임된 권한 : 지도자와 함께, 지도자 자신이 자신에게 부여한 권한
⑤ 전문성의 권한 : 전문적 지식 ⇒ 부하들이 스스로 따른다(존경 = 권한)

51 ★★ 환경에 익숙하지 못하기 때문에 재해를 일으킨 자는?

① 미숙성 누발자(未熟性 累發者)
② 상황성 누발자(狀況性 累發者)
③ 습관성 누발자(習慣性 累發者)
④ 소질성 누발자(素質性 累發者)

해설

상황성 누발자의 재해유발원인
① 작업이 어렵기 때문에
② 기계설비의 결함이 있기 때문에
③ 환경상 주의력 집중이 곤란하기 때문에
④ 심신에 근심이 있기 때문에

52 ★★★ 다음은 리더의 의사결정 과정을 연결시킨 것이다. 알맞은 것은?

① 권위주의적 리더－집단 중심
② 민주주의적 리더－종업원 중심
③ 방임주의적 리더－집단 중심
④ 민주주의적 리더－집단 중심

해설

민주국가는 전체 집단 중심이다.

53 ★★ 피로를 발생시키는 외적인 요인으로 적당하지 않은 것은?

① 작업의 강도(난이도, 시간)
② 작업환경조건
③ 경제적 조건(임금, 보수)
④ 작업의 경험(숙련도)

해설

피로의 요인
(1) 피로의 외적 원인
① 작업시간과 작업강도 : log(작업계속의 한계 시간) = a log(RMR) + d
② 작업환경조건 : 열악한 작업환경(기온, 습도, 복사열, 기류, 조명, 진동, 소음, 분진 등)이 작업 강도에 직접 관여하여 육체적, 정신적으로 부하를 높인다.
③ 작업속도 : 전력적인 작업은 오래 계속될 수 없다. 100[m]를 11초에 달렸다고 해서 1[km]를 110초에 달릴 수 없듯이 인간은 거의 경제속도 부근에서 작업하고 있다. 정상 상태의 유지한계가 능률적인 작업속도 결정의 기준이 되어 있으며 주작업의 에너지대사율(RMR) 4.5 부근이 한계이다. 8시간 작업을 지속한다고 하면 2.3(RMR) 정도가 된다.
④ 작업시각과 작업시간 : 야간 근무자는 주간 근무자에 비하여 작업경과시간 80[%]에서 피로 상태에 도달한다고 보며, 주간에만 또는 야간에만 작업하는 경우보다 주야 윤번(주야 交代) 상태에서는 수면시간의 단축과 생체리듬에 역행함으로써 피로율은 더욱 커진다.
⑤ 작업태도 : 작업자의 작업태도는 작업자가 원래 일에 취미를 갖고 쾌락한 긴장감과 노력감을 유지하느냐의 여부가 중요하다. 의욕이 높을 때에는 주관적 피로감(생리, 심리적)이 작고 작업의 능률도 오른다.
⑥ 경제적 조건 : 임금, 보수
(2) 피로의 내적 원인
① 작업의욕저하
② 흥미의 상실

[정답] 49 ③ 50 ① 51 ① 52 ④ 53 ④

③ 직장 불만(실업의 불안) 등
④ 구속감·속박감
⑤ 인간관계 속의 여러 가지 마찰
⑥ 가정불화
⑦ 가정 내의 갖가지 우려(가족의 질환)
⑧ 여러 가지 불만(임금, 불공평한 취급, 정치나 경제에 대한 불만 등)
⑨ 위기감·위험감
⑩ 불건전한 이성관계
⑪ 과대한 책임
⑫ 신체상의 불안이나 고장
⑬ 성격적으로 부적응일 경우
⑭ 피로에 대한 암시
⑮ 소극 감정

54 ★★ 다음 중 피로의 측정 방법이 아닌 것은?

① 물리학적 방법
② 자각적 방법과 타각적 방법
③ 생화학적 방법
④ 심리학적 방법

해설

피로 측정 방법

(1) 피로의 측정 방법
① 생리적
② 생화학적
③ 심리학적
④ 타각적(플리커법, 연속생명 호칭법)

(2) TGE 계수(육체적 부하도)
TGE 계수 = 평균기온(T) × 평균복사열(G) × 평균에너지 대사율(E)

55 ★★★★★ 다음 인간의 생리적 욕구 중에서 의식적 통제가 가장 힘든 것은 어느 것인가?

① 안전욕구　　② 식욕
③ 수면욕구　　④ 배설욕구

해설

생리적 욕구 중 의식통제가 힘든 순서

① 호흡욕구
② 안전욕구
③ 해갈욕구
④ 배설욕구
⑤ 수면욕구
⑥ 활동욕구
⑦ 활동실시(사회활동 : 동물과 구별)

56 ★★ 습관에 직접 영향을 주지 않는 것은?

① 욕구　　② 동기
③ 감정　　④ 습성

해설

습관 및 심리 5요소

(1) 습관에 영향을 주는 요인
① 동기　　② 기질
③ 감정　　④ 습성

(2) 안전심리의 5요소(동기 5요소)
① 동기　　② 기질
③ 감정　　④ 습성
⑤ 습관

57 ★★★★★ 작업에 대한 평균에너지의 상한을 4[kcal]로 잡고, 휴식시간 중에 에너지 소비량을 분당 1.5[kcal]로 추산할 때, 어떤 작업의 에너지가 분당 8[kcal]라면 60분간의 총작업시간 내에 포함되어야 하는 휴식시간은 약 얼마인가?

① 28분　　② 30분
③ 37분　　④ 49분

해설

휴식

(1) 휴식시간 산출방법

$$R = \frac{60(E-4)}{E-1.5}$$

여기서, R : 휴식시간[분]
E : 작업시 평균에너지의 소비량[kcal/분]
총작업시간 : 60[분] = 1시간
시간중의 에너지 소비량 : 1.5[kcal/분]

(2) $R = \frac{60(E-4)}{E-1.5} = \frac{60(8-4)}{8-1.5} = 37$[분]

58 ★★ 매슬로우(Maslow)의 욕구 5단계 중 인간의 가장 기본적인 욕구는?

① 생리적 욕구
② 애정적인 욕구
③ 자아실현의 욕구
④ 안전에 대한 욕구

[정답] 54 ① 55 ① 56 ① 57 ③ 58 ①

해설

매슬로우 욕구 5단계

① 제1단계 : 생리적 욕구(의, 식, 주, 성의 기본적 욕구)
② 제2단계 : 안전욕구(생명, 생활, 외부로부터 자기보호욕구)
③ 제3단계 : 사회적 욕구
④ 제4단계 : 존경의 욕구
⑤ 제5단계 : 자아실현의 욕구(성취욕구)

59 ★★ 스트레스가 환경이나 그 밖에 외부에서 일어나는 자극에 속하지 않는 것은?

① 자존심의 손상
② 대인관계 갈등
③ 죽음, 질병
④ 경제적 어려움

해설

자존심의 손상은 내적 원인이다.

60 ★★ 다음은 인간의 비질런스(vigilance) 현상에 영향을 미치는 조건이다. 관계없는 것은? 19. 4. 27 기

① 작업 직후에는 검출률이 낮다.
② 발생빈도가 높은 신호는 검출률이 높다.
③ 불규칙적인 신호에 대한 검출률이 낮다.
④ 오래 지속되는 신호는 검출률이 높다.

해설

비질런스

(1) 인간의 vigilance(주의하는 상태, 긴장상태, 경계상태) 현상에 영향을 끼치는 조건
① 검출 능력은 작업 시작 후 빠른 속도로 저하된다.
② 발생빈도가 높은 신호일수록 검출률이 높다.
③ 규칙적인 신호에 대한 검출률이 높다.
④ 신호강도가 높고 오래 지속되는 신호는 검출하기 쉽다.
(2) 검출(detection) : 신호의 존재여부 결정
(3) 신호에 따른 3가지 기능
① 검출
② 상대식별
③ 절대식별

61 ★★ 다음 중 선출된 지도자의 권한 행사는?

① 멤버십(membership)
② 헤드십(headship)
③ 리더십(leadership)
④ 매니저십(managership)

해설

헤드십과 리더십의 차이

개인과 상황 변수	헤드십	리더십
권한 행사 방법	임명적 헤드	선출된 리더
권한 부여 형태	위에서 위임	밑으로부터 동의
권한 근거	법적 또는 공식적	개인능력
권한 귀속 관계	공식화된 규정에 의함	집단목표에 기여한 공로 인정
상관과 부하의 관계	지배적(강압적)	개인적인 영향에 좌우
책임 귀속 문제	상사	상사와 부하 동시
부하와 사회적 간격	넓음	좁음
지휘 형태	권위주의적	민주주의적

62 ★★★ 다음 민주형 리더의 설명 중 틀린 것은?

① 추종자에게 참여와 자유 인정
② 추종자에게 참여 자유가 무제한 공급
③ 리더의 통제와 조정, 자유폭 제한
④ 추종자의 적극적 자기실현 기회의 확보

해설

민주형 리더는 자유가 있는 만큼 책임이 있다.

63 ★★ 다음 중 관료주의의 중요한 4가지 차원이 아닌 것은?

① 조직도에 나타난 조직의 크기와 넓이
② 관리자가 책임질 수 있는 근로자의 수
③ 관리자를 대단위로 묶어 분산
④ 작업의 단순화와 전문화

해설

관료주의 4가지 차원은 ①, ②, ④ 외 관리자를 소단위로 묶어 분산한다.

[정답] 59 ① 60 ① 61 ③ 62 ② 63 ③

64 ★ 다음 중 대인적인 능력에 속하는 것과 거리가 먼 것은?

① 높은 기대 ② 개인에 대한 존경
③ 팀의 지향 ④ 조직 성장

해설

개인에 대한 존경은 일종의 욕구이다.

65 ★ 인간의 사회활동 욕구를 구성하는 요소가 아닌 것은 다음 중 어느 것인가?

① 경제활동 ② 통제활동
③ 생활활동 ④ 호흡행동

해설

사회활동 욕구

(1) 인간, 동물 구별
(2) ①, ②, ③ 외 가족행동, 정신활동

66 ★★ 다음 욕구 중 의식적 통제가 어려운 순서를 나타낸 것은?

① 배설욕구 → 안전욕구 → 수면욕구 → 호흡욕구
② 호흡욕구 → 배설욕구 → 안전욕구 → 수면욕구
③ 호흡욕구 → 안전욕구 → 배설욕구 → 수면욕구
④ 수면욕구 → 호흡욕구 → 안전욕구 → 배설욕구

해설

의식적 통제가 어려운 순서

① 호흡욕구 ② 안전욕구
③ 배설욕구 ④ 수면욕구

67 맥그리거의 Y 이론에 해당되는 것은?

① 인간 불신감
② 물질적 욕구
③ 목표 통합과 자기통제형
④ 저개발국형

해설

① Y 이론 : 성선설 ② X 이론 : 성악설

68 주의특징을 말한 것이다. 틀린 것은?

① 선택성 ② 방향성
③ 변동성 ④ 정진성

해설

주의특징 3가지 16. 5. 8 기

① 선택성
② 방향성
③ 변동성

69 RMR에 의한 작업강도에서 경작업이란 작업강도가 얼마인 작업을 말하는가? 19. 3. 3 기

① 0~2 ② 2~4
③ 4~7 ④ 7~9

해설

작업강도구분

① 0~2 : 경작업
② 2~4 : 中(중)작업
③ 4~7 : 重(중)작업
④ 7 이상 : 招重(초중) 작업

70 작업의 능률과 안전을 도모하기 위하여 휴식시간을 부여하여야 한다. 작업에 대한 평균에너지 값의 상한을 5[kcal/분]으로 잡을 때 휴식시간 산출공식으로 옳은 것은? (단, R : 휴식시간(분), E : 작업시 평균소비에너지값(kcal/분), 총 작업시간 : 60분, 휴식시간 중 에너지소비량 : 1.5 [kcal/분]이다.)

① $R=\frac{60(E-5)}{E-1.5}$ ② $R=\frac{50(E-5)}{E-15}$

③ $R=\frac{60(E-4)}{E-5}$ ④ $R=\frac{50(E-5)}{E-4}$

해설

휴식시간 산출

작업에 대한 평균에너지의 상한 값을 5[ckal/분](기초대사량 값 포함)이라 할 때 어떤 활동이 이 한계를 넘는다면 휴식시간을 삽입하여 초과분을 보상해 주어야 한다.

$\therefore R=\frac{60(E-5)}{E-1.5}$

[정답] 64 ② 65 ④ 66 ③ 67 ③ 68 ④ 69 ① 70 ①

71 **다음 적응기제 중 자기의 난처한 입장이나 실패의 결점을 이유나 변명으로 일관하는 것, 또는 실제의 행위나 상태보다 훌륭하게 평가되기 위하여 구실을 내세우는 행위를 무엇이라 하는가?**

① 투사 ② 도피
③ 합리화 ④ 동일화

해설

합리화의 정의 및 종류

(1) 정의
자신이 무의식적으로 저지른 일관성 있는 행동에 대해 그럴듯한 이유를 붙여 설명하는 일종의 자기 변명으로 자신의 행동을 정당화하여 자신이 받을 수 있는 상처를 완화시킴
(2) 종류
① 신 포도형 : 목표달성 실패시에 자기는 처음부터 원하지 않은 일이라 변명(이솝우화 : 포도를 먹을 수 없게 되자 "저 포도는 시어서 따지 않았다"고 변명)
② 달콤한 레몬형 : 현재의 상태 과시, '이것이야 말로 내가 원하는 것이다'라고 변명

72 **Taylor의 과학적 관리와 거리가 먼 것은?** 16. 10. 1 기 21. 9. 12 기

① 시간 – 동작 연구를 적용하였다.
② 생산의 효율성을 상당히 향상시켰다.
③ 인간중심의 관점으로 일을 재설계한다.
④ 인센티브를 도입함으로써 작업자들을 동기화시킬 수 있다.

해설

Frederick W.Taylor 과학적 관리

(1) 과학적 관리의 원칙(생산성과 종업원의 임금 동시 향상) → 작업환경의 재설계)
㉮ 과학적 방법
㉯ 과학적 선발과 교육
㉰ 개인주의가 아닌 협동심 고취
㉱ 경영층과 근로자들의 일을 최적화 하기 위한 작업의 균등분배
(2) 단점
㉮ 고임금을 희망하는 근로자들을 비인간적으로 착취
㉯ 최소 인원으로 작업이 가능하여 대량의 실업자 유발

합격자의 조언
1. 작은 것 탐내다가 큰 것을 잃는다. 무엇이 큰 것인가를 판단하라.
2. 돌다리만 두드리지 마라. 그 사이에 남들은 결승점에 가 있다.
3. 돈의 노예로 살지 말라. 돈의 주인으로 기쁘게 살아가라.

[정답] 71 ③ 72 ③

Chapter 09

안전보건교육의 개념

중점 학습내용

본 장은 교육의 개요, 필요성, 목적, 방법 등을 서술하여 안전 공학도로서 기본적인 교육내용만 소개하였다. 특히 강의식 교육과 토의식 교육을 구분하여 필요시 적재적소에 사용할 수 있도록 하였다. 매체별 교육방법 등을 구성하여 교육시 매체를 활용하여 좀더 나은 학습이 되리라 생각된다. 본 장의 시험에 출제가 예상되는 그 중심적인 내용은 다음과 같다.

❶ 교육의 필요성과 목적
❷ 교육의 지도
❸ 교육의 분류
❹ 교육심리학

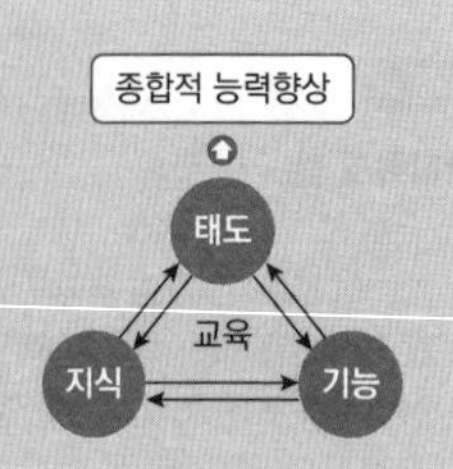

[그림] 교육의 3단계

합격날개

합격조언

교육

① 교육은 쓸모 없는 돌도 다듬어서 수석이 된다.
② 버려지고 잘못된 나무도 잘 가꾸면 분재가 된다.
③ 이것이 교육이며 안전기사에 합격된다.

합격예측

형식적 교육의 3요소

① 교육의 주체 : 강사, 교도자
② 교육의 객체 : 수강자, 학생
③ 교육의 매개체 : 교육내용, 교재

합격예측

행동변화의 전개과정

자극 → 욕구 → 판단 → 행동

Q 은행문제

교육의 형태에 있어 존 듀이(Dewey)가 주장하는 대표적인 형식적 교육에 해당하는 것은?

① 가정안전교육
② 사회안전교육
③ 학교안전교육
④ 부모안전교육

정답 ③

1 교육의 필요성과 목적

1. 기본적 교육훈련

(1) 교육이란 18. 8. 19 산

피교육자를 자연적 상태(잠재 가능성)로부터 어떤 이상적인 상태(바람직한 상태)로 이끌어 가는 작용이다.(인간행동의 계획적 변화)

주 인간행동 = 내현적 + 외현적

(2) 교육훈련의 목적 20. 8. 22 기

① 단순히 근로자를 산업재해로부터 미연에 방지할 뿐만 아니라
② 재해의 발생으로 파생되는 직접 및 간접적인 경제적 손실을 방지하고
③ 안전보건 확보를 위한 지식·기능 및 태도의 향상을 기하여 생산을 위한 방법의 개선·향상을 목표로 하고
④ 근로자에게 작업의 안전보건에 대한 안전감을 주어 기업에 대한 신뢰감을 높여
⑤ 생산성이나 품질의 향상에 기여하는 데 있다.

(3) 교육훈련의 필요성

① 재해의 대부분의 현상은 물(物) 대 사람의 이상한 접촉에 기인하는 것이며 무엇이 이상한가를 작업자에게 알릴 필요가 있다.

② 안전보건은 과거의 재해 경험에 의거, 누적된 지식을 활용함으로써 유지되는 것인데 재해에 관한 실험은 물(物)에 대해서는 할 수 있으나 특히 사람에 관한 사항에는 한계가 있어 실시하기가 곤란하다.

③ 생산기술의 진전 및 변화에 따라 생산공정이나 작업방법도 변화하고 안전보건에 관한 새로운 시책이 요구되고 있음에도 불구하고 일반적으로는 설계기준이나 생산기술이나 작업표준 속에 안전보건에 관한 시책이 완전하게 포함되어 있지 않다.

④ 직장의 위험성이나 유해성에 관한 지식, 기능 및 태도는 그것들이 확실하게 습관화될 때까지 항상 반복하여 근로자를 교육 훈련하지 않으면 이해, 납득, 습득, 이행이 되지 않는다. '물(物)의 측면에서 안전보건을 확보한다'라고 하는 것이 안전보건관리의 기본임은 두말할 나위도 없으나 작업의 성질 등에 따라서는 물(物)의 안전화에 한계가 있는 경우가 있다. 물(物)의 안전화와 병행하여 사람의 안전화가 안전보건관리의 2대 지주라고 할 수 있다. 사람의 안전화, 다시 말하면 교육 훈련이 충분하게 실시되지 않았기 때문에 근로자가 불안전 행동을 취함으로써 큰 재해를 초래한 예는 적지 않다. 최근의 재해발생 상황, 산업사회의 변화 등을 보면 안전보건교육에 대한 필요성은 과거보다도 높아져 가고 있다.

(4) 교육훈련의 기본

가르치는 것은 상대가 ① 어떤 것을 이해했는가, ② 어느 정도 실행했는가, ③ 어떻게 직장에서 실행하게 되는가를 보는 것으로부터 시작된다.

안전보건교육에서는 교육을 받는 사람이 생각하고, 행동하게 하도록 시키는 것이 중요하다. 또한

① 배우는 사람이 과거에 경험한 것과 체득한 지식을 최대한으로 살리도록 해야 한다.(지식교육)

② 가르치는 사람이 가지고 있는 지식과 경험을 배우는 사람에게 어떻게 잘 전달할 것인가에 대하여 가르치는 방법을 공부한다.(기능교육)

③ 배우는 사람에게 실제 실습, 실험을 통하여 몸으로 얻도록 실기적 지도가 가능한 실습장을 만들어야 한다.(태도교육)

이것이 직장교육의 3가지 기본방법이다.

그 교육의 종류와 내용은

① 지식을 전달하는 교육(지식교육)

② 기능을 습득시키는 교육(기능교육)

③ 태도를 익히는 교육(태도교육)

결론 : 문제해결을 능숙하게 행하는 교육(종합적 능력 향상)

합격예측 17. 5. 7 기 / 18. 4. 28 기

안전보건교육의 목적
① 인간의 정신(의식)의 안전화
② 행동(동작)의 안전화
③ 작업환경의 안전화
④ 설비와 물자의 안전화

합격예측

학습지도의 원리 22. 4. 24 기
① 자기활동의 원리
② 개별화의 원리
③ 사회화의 원리
④ 통합의 원리
⑤ 직관의 원리
⑥ 목적의 원리

합격예측

안전보건 교육에서 근로자 함양체득 사항
① 잠재위험 발견능력
② 비상사태 대응능력
③ 직면한 문제의 사고 발생 가능성 예지능력

Q 은행문제

1. 안전교육의 목적으로 볼 수 없는 것은? 16. 5. 8 기 / 20. 8. 22 기
① 생산성 및 품질향상 기여
② 직·간접적 경제적 손실방지
③ 작업자를 산업재해로부터 미연 방지
④ 안전한 태도 습관화를 위한 반복 교육

정답 ④

17. 9. 23 기

2. Skinner의 학습이론은 강화이론이라고 한다. 강화에 대한 설명으로 틀린 것은?
① 처벌은 더 강한 처벌에 의해서만 그 효과가 지속되는 부작용이 있다.
② 부분강화에 의하면 학습은 서서히 진행되지만, 빠른 속도로 학습효과가 사라진다.
③ 부적강화란 반응 후 처벌이나 비난 등의 해로운 자극이 주어져서 반응발생율이 감소하는 것이다.
④ 정적강화란 반응 후 음식이나 칭찬 등의 이로운 자극을 주었을 때 반응발생율이 높아지는 것이다.

정답 ②

합격예측

(1) 안전교육의 3단계 순서
지식 → 기능 → 태도
(2) 집단교육의 4단계 순서
지식 → 태도 → 개인 → 집단

합격예측

교육계획의 수립 및 추진 순서
12. 9. 15 기 20. 6. 7 기 21. 8. 14 기 22. 3. 5 기

① 교육의 필요점(요구사항)을 발견한다.
② 교육대상을 결정하고(파악) 그것에 따라 교육내용 및 교육방법을 결정한다.
③ 교육의 준비를 한다.
④ 교육을 실시한다.
⑤ 교육의 성과를 평가한다.

합격예측

교육의 준비사항
19. 9. 21 산 20. 6. 7 기

① 지도교육안 작성(이론 수업) 4단계
㉮ 준비(도입)단계 : 5분
㉯ 제시단계 : 40분
㉰ 실습 또는 적용 단계 : 10분
㉱ 확인 또는 평가 단계 : 5분
② 교재준비
③ 강사선정

Q 은행문제

교재의 선택기준으로 옳지 않은 것은?
① 정적이며 보수적이어야 한다.
② 사회성과 시대성에 걸맞는 것이어야 한다.
③ 설정된 교육목적을 달성할 수 있는 것이어야 한다.
④ 교육대상에 따라 흥미, 필요, 능력 등에 적합해야 한다.

정답 ①

2. 안전보건교육계획

(1) 안전보건교육계획의 준비계획(포함사항) 18. 4. 28 기

① 교육목표 설정 : 첫째 과제
② 교육 대상자와 범위 설정
③ 교육의 과정 결정
④ 교육방법 결정
⑤ 보조자료 및 강사, 조교의 편성
⑥ 교육진행 사항
⑦ 소요예산 산정

(2) 안전보건교육계획의 실시계획(세부사항)

① 소요인원
② 교육장소
③ 소요기자재
④ 시범 및 실습계획
⑤ 평가계획
⑥ 일정표
⑦ 소요예산 책정
⑧ 사내·외 현장견학

(3) 안전보건교육계획 수립시 고려할 사항 19. 3. 3 기

① 정보수집(자료수집)
② 현장의 의견 반영
③ 교육시행 체계와 관계 고려
④ 법규정 교육과 그 이상의 교육

(4) 안전교육의 3요소 17. 3. 5 기 17. 5. 7 기 17. 8. 26 산 18. 8. 19 산 19. 8. 4 기 20. 6. 7 기 20. 6. 14 산 21. 5. 15 기 23. 6. 4 기

분류 \ 요소	교육의 주체	교육의 객체	교육의 매개체
형식적 교육	교도자(강사)	교육생(수강자 : 대상)	교육자료(교재 : 내용)
비형식적 교육	부모, 형, 선배, 사회인사	자녀와 미성숙자	교육적 환경, 인간관계

(5) 교육목표에 관한 사항

① 교육 및 훈련의 범위
② 교육 보조자료의 준비 및 사용지침
③ 교육훈련의 의무와 책임한계 명시

(6) R.W Tyler(타일러) 교육(학습)지도 원리 17. 9. 23 기 18. 4. 28 기 22. 4. 24 기

① **자발성(자기활동)의 원리** : 학습자 자신이 자발적으로 학습에 참여하는 데 중점을 둔 원리이다.
② **개별화의 원리** : 학습자가 지니고 있는 각자의 요구와 능력 등에 알맞은 학습 활동의 기회를 마련해 주어야 한다는 원리이다.(계열성 원리) 20. 9. 27 기
③ **사회화의 원리** : 학습내용을 현실 사회의 사상과 문제를 기반으로 하여 학교에서 경험한 것과 사회에서 경험한 것을 교류시키고 공동학습을 통해서 협력적이고 우호적인 학습을 진행하는 원리이다.
④ **통합의 원리** : 학습을 총합적인 전체로서 지도하는 원리로, 동시 학습 원리와 같다.(통합성 원리)
⑤ **직관의 원리** : 구체적인 사물을 직접 제시하거나 경험시킴으로써 큰 효과를 거둘 수 있다는 원리이다.
⑥ 목적의 원리
⑦ 생활화의 원리
⑧ 과학화의 원리
⑨ 자연화의 원리 등

2 교육의 지도

1. 교육지도의 원칙(교육지도 8원칙) 16. 5. 8 기 18. 9. 15 기 20. 9. 27 기

(1) 피교육자 중심의 교육실시

① 교육이나 훈련은 피교육자가 교육내용을 충분히 이해해 주어야만 의미가 있는 것이다.
② 지도자가 아무리 설명을 하고 시범을 보여 주어도 상대방이 그것을 들어 주고 보아주지 않는다면 교육을 하지 않은 것과 마찬가지가 되는 것이다.

(2) 동기부여를 한다

① 가르치기에 앞서서 우선 상대방으로부터 알려고 하는 의욕이 일어나게 하는 것이 중요하다.
② 가르쳐야 할 교육의 가치를 개인의 이해 관계와 직결시킨다.

(3) 반복한다

① 지식은 반복에 의해 기억되고, 기억된 것이 신속 정확한 협응동작을 가능케 한다.
② 반복학습을 함으로써 지식, 기술, 기능 및 태도가 몸에 익혀져 향상되는 것이다.

합격예측 18. 8. 19 기 20. 9. 27 기 22. 3. 5 기

타일러 학습경험 선정의 원리
① 동기유발(만족)의 원리
② 기회의 원리
③ 가능성의 원리
④ 다목적 달성의 원리
⑤ 전이가능성의 원리

합격예측

동기의 기능의 종류
① 시발적(initiative)기능 : 동기가 행동을 촉발시키는 힘을 주어 행동을 하도록 하는 기능을 말한다.
② 지향적(directive)기능 : 일정한 목표를 향한 행동을 일으키게 하는 어떤 내적인 기능을 말한다.
③ 강화적(reinforcement)기능 : 학습자로 하여금 어떤 학습목표에 대한 결과가 주는 만족의 여부 및 행동의 적부성을 선택하도록 하는 기능을 말한다.

Q 은행문제

1. 시간 연구를 통해서 근로자들에게 차별성과급제를 적용하면 효율적이라고 주장한 과학적 관리법의 창시자는? 17. 9. 23 기
① 게젤(QA.L.Gesell)
② 테일러(F.Taylor)
③ 웨슬러(D.Wechsler)
④ 샤인(Edgar H. Sehein)

정답 ②

2. 다음 중 엔드라고지 모델에 기초한 학습자로서의 성인의 특징과 가장 거리가 먼 것은? 18. 4. 28 기 21. 5. 15 기 23. 6. 4 기
① 성인들은 주체 중심적으로 학습하고자 한다.
② 성인들은 자기 주도적으로 학습하고자 한다.
③ 성인들은 많은 다양한 경험을 가지고 학습에 참여한다.
④ 성인들은 왜 배워야 하는지에 대해 알고자 하는 욕구를 가지고 있다.

정답 ①

합격예측

(1) 교육효과순서 17. 5. 7 산
시각 → 청각 → 촉각 → 미각 → 후각(시청촉미후)

(2) 5관의 교육이해도(효과치)
① 시각효과 : 60[%]
② 청각효과 : 20[%]
③ 촉각효과 : 15[%]
④ 미각효과 : 3[%]
⑤ 후각효과 : 2[%]

합격예측

기능적인 이해를 돕는 방법
① 기억의 강화
② 경솔한 임의 행동 억제
③ 생략 행위의 금지
④ 독자적인 자기만족 억제
⑤ 이상 발견시 응급조치 용이

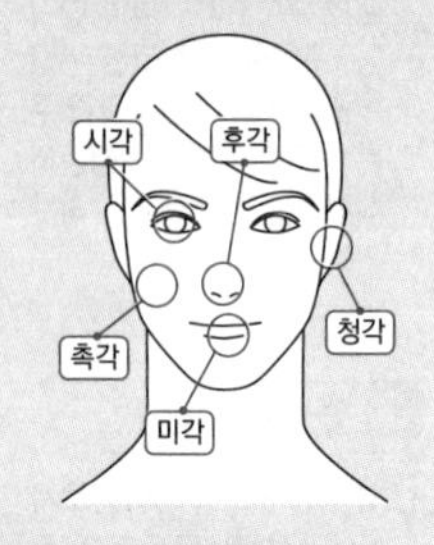

[그림] 오감

Q 은행문제

직무분석을 위한 자료수집 방법에 관한 설명으로 맞는 것은? 19. 4. 27 기

① 관찰법은 직무의 시작에서 종료까지 많은 시간이 소요되는 직무에 적용하기 쉽다.
② 면접법은 자료의 수집에 많은 시간과 노력이 들고, 수량화된 정보를 얻기가 힘들다.
③ 중요사건법은 일상적인 수행에 관한 정보를 수집하므로 해당 직무에 대한 포괄적인 정보를 얻을 수 있다.
④ 설문지법은 많은 사람들로부터 짧은 시간내에 정보를 얻을 수 있으며, 양적인 자료보다 질적인 자료를 얻을 수 있다.

정답 ②

(4) 쉬운 것에서부터 어려운 것으로 한다

① 지도교육을 행할 때, 상대방이 이해할 수 있는 것
② 행동화할 수 있는 것부터 나가는 것이 필요하며, 그에 따라서 피교육자는 습득의 기쁨, 달성의 기쁨을 얻어 더욱 공부하려는 의욕을 일으킬 것이며
③ 성공감의 부여도 되고 자신과 만족을 획득하여 자기개발의 길도 개척해 나간다.

(5) 한 번에 한 가지씩을 한다

① 지도교육을 할 때 욕심을 내어 한꺼번에 이것저것 많은 것을 가르치려고 하면 상대방에게 흡수 능력 이상의 것을 강요하기 쉽다.
② 교육의 성과는 양보다 질을 중시한다는 점을 명시해야 할 것이다.

(6) 인상의 강화

① 특히 중요한 것, 작업상 안전보건에 관계되는 핵심 등은 확실하게 알게 해 둘 필요가 있다.
② 지도자는 그 나름대로 인상을 강화시키는 수단을 강구하지 않으면 안 된다.
③ 그 방법으로서는 교육교재의 연구, 재해사례나 현장 사진 이용, 강조, 반복 설명, 질문, 토의 등의 방법이 있으며 인상의 강화 방법은 다음과 같다.
㉮ 현장의 사진 제시 또는 교육 전 견학 ㉯ 보조자료의 활용
㉰ 사고사례의 제시 ㉱ 중요점의 재강조
㉲ 토의과제제시 및 의견청취 ㉳ 속담, 격언과의 연결 및 암시

(7) 오감(5관)을 활용한다

① 사물을 습득시키기 위해서는 인간의 5가지 감각기관을 각기 목적에 알맞게 될 수 있는 대로 복합적으로 활용하는 것이 바람직하다.
② 인상 강화와 결합된다.
㉮ 5감의 교육효과치 16. 3. 6 산
㉠ 시각효과 : 60[%] ㉡ 청각효과 : 20[%]
㉢ 촉각효과 : 15[%] ㉣ 미각효과 : 3[%]
㉤ 후각효과 : 2[%]
㉯ 이해도
㉠ 귀 : 20[%] ㉡ 눈 : 40[%]
㉢ 귀+눈 : 60[%] ㉣ 입 : 80[%]
㉤ 머리+손, 발 : 90[%]
㉰ 감각 기능별 반응시간 17. 5. 7 산
㉠ 청각 ㉡ 촉각 ㉢ 시각 ㉣ 미각 ㉤ 통각 : 0.7[초]

[표] 오감의 특징

감각	시간	자극	내용	특징
시각(눈)	0.20초	빛	밝기, 형태, 움직임, 색	정보의 90[%]를 입수
청각(귀)	0.17초	소리	소리의 크기, 높이, 음색 등	모든 방향에서 들어오는 정보를 포착
미각(혀)	0.29초	수용성 화학물질	단맛, 신맛, 쓴맛 등의 맛	시각 및 후각 등 다른 감각과 함께 가능
촉각(피부)	0.18초	기계적 자극, 압력, 온도 자극	촉감, 압력, 통증, 열기	압각, 통각, 온도 감각으로 구분
후각(코)	–	화학물질, 휘발성물질	꽃, 과일, 부패, 약, 수지 등의 냄새	특정 냄새를 맡으면 그 냄새와 관련된 기억이 의도와 상관없이 떠오르게 됨

(8) 기능적인 이해를 돕는다 20. 6. 7 기

① 기술교육 과정에서 가장 중요한 것이 바로 기능적인 이해의 증진이다. '왜 그렇게 되어야 하는가?'하는 문제에 관하여 근거 있게 기능적으로 이해시켜야 한다.

② 무조건 암기식 교육이나 주입식 교육은 오래가지 않으며 기억량이 적을 뿐만 아니라 행동상에도 무리가 오는 법이다.

2. 학습 및 강의

(1) 학습의 목적

강의 계획의 처음 단계로 학습목적은 목표, 주제, 학습정도의 3요소로 구성되며, 이 3요소가 학습목적에 반드시 포함되어야 한다. 학습목적은 명확하고 간결하여야 하며, 수강자들의 지식, 경험, 능력, 배경, 요구, 태도 등에 유의하여야 하고, 한정된 기간 내에 강의를 끝낼 수 있도록 작성해야 한다.

(2) 학습의 목적에 포함 사항(학습목적의 3요소) 16. 3. 6 기 17. 5. 7 산 18. 3. 4 기 21. 3. 7 기 21. 9. 12 기

① 목표(goal)

② 주제(subject)

③ 정도(level of learning)

(3) 학습목적·학습성과

① 학습목적 : '안전의식을 높이기 위한 베르크호프의 재해 정의를 이해한다'

㉮ 목표 : 안전의식의 고양

㉯ 주제 : 베르크호프의 재해 정의

㉰ 학습정도 : 이해한다.

합격예측

지식교육의 4단계

(1) 도입(1단계)
피교육자의 동기부여

(2) 제시(2단계)
① 교재를 보인다. 이야기를 한다.
② 어느 정도 암기하였는가 질문한다.
③ 학습을 위한 과제와 자료를 준다.

(3) 학습반응(3단계)
① 자습시킨다.
② 상호학습

(4) 성과확인(4단계)
① 어느 정도 이해하였는가를 본다.
② 어떠한 잘못을 하였는가를 본다.

합격예측

교육목표에 포함되어야 할 사항

① 교육 및 훈련의 범위
② 교육 보조자료의 준비 및 사용지침
③ 교육훈련의 의무와 책임한계의 명시

Q 은행문제

기업조직의 원리 가운데 지시 일원화의 원리를 가장 잘 설명하고 있는 것은?

① 지시에 따라 최선을 다해서 주어진 임무나 기능을 수행하는 것
② 책임을 완수하는 데 필요한 수단을 상사로부터 위임받은 것
③ 언제나 직속 상사에게서만 지시를 받고 특정 부하직원들에게만 지시하는 것
④ 조직의 각 구성원이 가능한 한가지 특수 직무만을 담당하도록 하는 것

정답 ③

합격예측

준비계획에 포함하여야 할 사항

① 교육목표 설정
② 교육대상자 범위결정
③ 교육과정의 결정
④ 교육방법 및 형태 결정
⑤ 교육 보조자료 및 강사, 조교의 편성
⑥ 교육진행사항
⑦ 필요 예산의 산정

합격예측

학습목적의 3요소

① 목표
② 주제
③ 학습정도의 4요소
인지, 지각, 이해, 적용

합격예측

안전교육계획에 포함시켜야 할 사항

① 교육목표
② 교육의 종류 및 교육대상
③ 교육의 과목 및 교육내용
④ 교육기간(교육시기)
⑤ 교육방법
⑥ 교육장소
⑦ 교육담당자 및 강사

합격예측

구안법(project method)의 특징 16. 5. 8 기 17. 8. 26 기 17. 9. 23 기 18. 3. 4 기 산

① 학생이 마음속에 생각하고 있는 것을 외부에 구체적으로 실현하고 형상화하기 위해서 자기 스스로가 계획을 세워 수행하는 학습 활동으로 이루어지는 형태이다.
② Collings는 구안법을 탐험(exploration), 구성(construction), 의사소통(communication), 유희(play), 기술(skill)의 5가지로 지적하고 산업시찰, 견학, 현장실습 등도 이에 해당된다고 하였다.
③ 구안법의 4단계 : 목적결정, 계획수립, 활동(수행), 평가 20. 9. 27 기 21. 3. 7 기

② 학습성과(학습목적을 세분하여 구체적으로 표현)
㉮ 업무재해요인으로서 재해를 이해한다.
㉯ 재해발생시 시간, 거리와의 관계를 이해한다.
㉰ 재해발생의 돌발성을 이해한다.

(4) 안전교육 평가방법 19. 9. 21 산

구 분	관찰법			테스트법		
	관 찰	면 접	노 트	질 문	평가 시험	테스트
지 식	○	○	×	○	●	●
기 능	○	×	●	×	×	●
태 도	●	●	×	○	○	×

※ (범례) ● 우수, ○ 보통, × 불량

① 안전교육 평가방법에서 테스트법은 지식교육과 기능교육의 평가방법으로 우수한 반면, 태도교육의 평가방법으로는 불량하다.
② 평가방법은 자료분석법, 상호평가법도 있다.

(5) 학습의 전개과정

① 쉬운 것부터 어려운 것으로 실시
② 과거에서 현재, 미래의 순으로 실시
③ 많이 사용하는 것에서 적게 사용하는 순으로 실시
④ 간단한 것에서 복잡한 것으로 실시

(6) 학습의 정도 : 학습시킬 내용의 범위와 정도 16. 5. 8 기 17. 5. 7 산 22. 3. 5 기 22. 4. 24 기

① 인지(to acquaint) ② 지각(to know)
③ 이해(to understand) ④ 적용(to apply)

(7) 학습평가의 기본기준 4가지

① 타당도(성) ② 신뢰도(성)
③ 객관도(성) ④ 실용도(성)

(8) 강의 계획 4단계

① 제1단계 : 학습목적과 학습성과 설정
② 제2단계 : 학습자료 수집 및 체계화
③ 제3단계 : 강의방법 설정
④ 제4단계 : 강의안 작성

(9) 강의안의 작성

① 강의방식이 선정된 뒤에는 효율적으로 강의할 수 있도록 내용을 연구하고 연구가 끝나는 대로 강의안을 작성한다.

② 강의안은 강의계획과 강의내용으로 나누어 작성한다.

㉮ 강의계획은 강의제목, 학습목적, 학습정리, 강의 보조자료의 순으로 기재한다.

㉯ 강의내용은 도입, 전개, 종결의 3단계로 분류하여 서술하며, 각 단계의 주요 항목마다 소요시간과 필요한 보조자료를 명기한다.

3 교육의 분류

1. OJT와 OFF JT

(1) OJT(On the Job Training) 20. 9. 27 기

관리감독자 등 직속상사가 부하직원에 대해서 일상 업무를 통하여 지식, 기능, 문제해결 능력 및 태도 등을 교육훈련하는 방법이며, 개별교육 및 추가지도에 적합하다. (예 코칭, 직무순환, 멘토링 등)

16. 10. 1 기 17. 3. 5 기 17. 5. 7 기 17. 9. 23 기.산 18. 3. 4 기 18. 8. 19 기 산 18. 9. 15 기 산 19. 3. 3 기산 19. 4. 27 기 20. 6. 14 산 20. 8. 22 기 21. 3. 7 기 21. 5. 15 기 21. 9. 12 기 22. 3. 5 기 22. 4. 24 기

[표] OJT와 OFF JT 특징

OJT의 특징	OFF JT의 특징
① 개개인에게 적절한 지도훈련이 가능하다. ② 직장의 실정에 맞게 구체적이고 실제적 훈련이 가능하다. ③ 즉시 업무에 연결되는 관계로 몸과 관련이 있다. ④ 훈련에 필요한 업무의 계속성이 끊어지지 않는다. ⑤ 효과가 곧 업무에 나타나며 훈련의 좋고 나쁨에 따라 개선이 쉽다. ⑥ 훈련효과를 보고 상호 신뢰, 이해도가 높아지는 것이 가능하다.	① 다수의 근로자에게 조직적 훈련을 행하는 것이 가능하다. ② 훈련에만 전념하게 된다. ③ 각자 전문가를 강사로 초청하는 것이 가능하다. ④ 특별 설비기구를 이용하는 것이 가능하다. ⑤ 각 직장의 근로자가 많은 지식이나 경험을 교류할 수 있다. ⑥ 교육훈련목표에 대하여 집단적 노력이 흐트러질 수 있다.

(2) OFF JT(OFF the Job Training) 19. 11. 19 산실

공통된 교육목적을 가진 근로자를 일정한 장소에 집합시켜 외부강사를 초청하여 실시하는 방법으로 집합교육에 적합하다.

합격예측

OJT와 OFF.J.T

① O.J.T(On the Job Training) : 현장중심 교육으로 직속상사가 현장에서 업무상의 개별교육이나 지도훈련을 하는 교육형태이다.

② OFF.J.T(OFF the Job Training) : 계층별 또는 직능별 등과 같이 공통된 교육대상자를 현장외의 한 장소에 모아 집체 교육훈련을 실시하는 교육형태이다

합격예측 20. 8. 22 기 20. 8. 23 산

(1) 안전교육의 기본방향 3가지
① 사고사례 중심의 안전교육
② 안전작업(표준작업)을 위한 안전교육
③ 안전의식 향상을 위한 안전교육

(2) 프로그램 학습법의 장·단점

[장점] 18. 8. 19 기
① 기본 개념학습이나 논리적인 학습에 유리하다.
② 지능, 학습속도 등 개인차를 고려할 수 있다.
③ 수업의 모든 단계에 적용이 가능하다.
④ 수강자들이 학습이 가능한 시간대의 폭이 넓다.
⑤ 매 학습마다 피드백을 할 수 있다.
⑥ 학습자의 학습과정을 쉽게 알 수 있다.

[단점] 21. 9. 12 기
① 한 번 개발된 프로그램 자료는 변경이 어렵다.
② 개발비가 많이 들고 제작 과정이 어렵다.
③ 교육 내용이 고정되어 있다.
④ 학습에 많은 시간이 걸린다.
⑤ 집단 사고의 기회가 없다.
⑥ 수강생의 사회성이 결여되기 쉽다.

합격예측

기본교육 훈련방식 3가지
① 지식형성 : 제시방식
② 기능숙련 : 실습방식
③ 태도개발 : 참가방식

합격예측

(1) 대집단 토의
① 포럼
② 심포지엄
③ 패널디스커션
(2) 소집단 토의
① 브레인 스토밍
② 개별지도 토의

참고

실연법(Performance method) 19. 3. 3 기
학습자가 이미 설명을 듣거나 시범을 보고 알게 된 지식이나 기능을 교사의 지휘나 감독아래 연습에 적용을 해보게 하는 교육 방법

합격예측

모의법(Simulation mothod)
실제의 장면이나 상태와 극히 유사한 사태를 인위적으로 만들어 그 속에서 학습토록 하는 교육방법

합격예측

프로그램학습법 (Programmed self-instruction method) 16. 5. 8 기 21. 5. 15 기
① 수업 프로그램이 학습의 원리에 의하여 만들어지고 학생이 자기학습 속도에 따른 학습이 허용되어 있는 상태에서 학습자가 프로그램 자료를 가지고 단독으로 학습토록 교육하는 방법
② 개발비가 많이 드는 것이 단점이다.

2. 교육의 기본 방향

(1) 교육전개 방법

안전교육은 인간 측면에 대한 사고 예방 수단의 하나인 동시에 안전인간 형성을 위한 항구적인 목표라고도 할 수 있다. 기업의 규모나 특성에 따라 안전교육 방향을 설정하는 데는 차이가 있으나 원칙적으로 다음과 같이 3가지로 기본방향을 정하고 있다.

① 사고사례 중심의 안전교육
② 안전작업(표준작업)을 위한 안전교육
③ 안전의식 향상을 위한 안전교육

(2) 안전교육목적

① 인간정신의 안전화
② 행동의 안전화
③ 환경의 안전화
④ 설비와 물자의 안전화

[표] 안전교육의 기능적 역할

기 능	역 할
• 전달기능 • 경험적응기능 • 습관형성기능	• 안전지식의 함양 • 안전기능의 체득 • 안전태도의 향상

3. 토의식과 강의식 교육

(1) 토의식 교육방법

① **문제법**(Problem Method) : 문제법은 첫째, 문제의 인식, 둘째, 해결방법의 연구계획, 셋째, 자료의 수집, 넷째, 해결방법의 실시, 다섯째, 정리와 결과의 검토 단계를 거친다.(지식, 기능, 태도, 기술 종합교육 등) 19. 4. 27 기 22. 4. 24 기

② **사례연구법**(Case Study : Case Method) : 먼저 사례를 제시하고 문제적 사실들과 그의 상호관계에 대해서 검토하고 대책을 토의한다. 20. 8. 22 기

③ **포럼**(Forum : 공개토론회) : 새로운 자료나 교재를 제시하고 거기서의 문제점을 피교육자로 하여금 제기하게 하거나 의견을 여러 가지 방법으로 발표하게 하고 다시 깊이 파고들어 토의를 행하는 방법이다. 16. 3. 6 기 17. 5. 7 기 17. 9. 23 기 18. 9. 15 기 21. 9. 12 기

④ **심포지엄**(Symposium) : 몇 사람의 전문가에 의하여 과제에 관한 견해를 발표하게 한 뒤 참가자로 하여금 의견이나 질문을 하게 하여 토의하는 방법이다. 18. 3. 4 기 18. 9. 15 산 20. 6. 7 기 22. 3. 5 기

⑤ **패널 디스커션(Panel Discussion : Workshop)** : 패널 멤버(교육과제에 정통한 전문가 4~5명)가 피교육자 앞에서 자유로이 토의를 하고, 다음에 피교육자 전원이 참가하여 사회자의 사회에 따라 토의하는 방법이다.

16. 3. 6 (기) 17. 5. 7 (산) 17. 9. 23 (기) 18. 3. 4 (기) 21. 5. 15 (기) 23. 6. 4 (기)

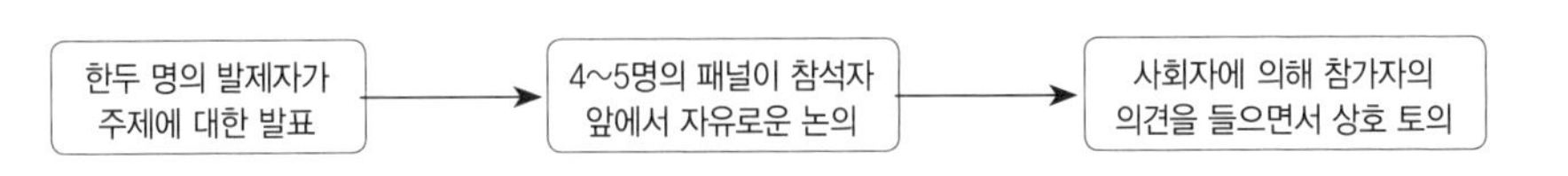

[그림] 패널 디스커션

⑥ **버즈 세션(Buzz Session)** : 6-6회의라고도 하며, 먼저 사회자와 기록계를 선출한 후 나머지 사람은 6명씩의 소집단으로 구분하고, 소집단별로 각각 사회자를 선발하여 6분씩 자유토의를 행하여 의견을 종합하는 방법이다.

16. 3. 6 (기) 17. 8. 26 (기) 19. 8. 4 (산)

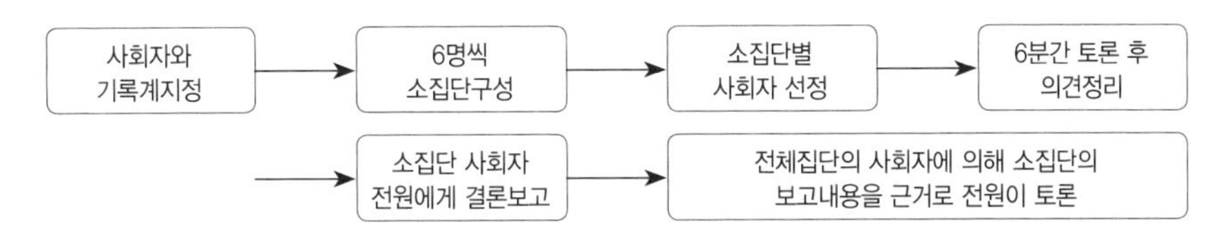

[그림] 버즈 세션 20. 8. 22 (기)

17. 3. 5 (기) 17. 5. 7 (기) 18. 4. 28 (기) 19. 8. 4 (기) 19. 9. 21 (기) 20. 6. 7 (기) 20. 9. 27 (기) 23. 4. 1 (지) 23. 6. 4 (기)

[표] 토의식 교육과 강의식 교육의 비교

토 의 식	강 의 식
• 교육의 주역은 참가자이다. • 참가자가 자주적, 적극적이 되기 쉽다. • 상호통행적, 상호개발적이다. • 교육내용을 참가자 전원에 철저하게 주의시키기 쉽다. • 중지를 모아 문제의 대책을 검토할 수 있다. • 참가자 개개인에게 동기부여가 쉽다. • 기능적·태도적인 것의 교육이 쉽다. • 발언, 질문하기가 쉬우므로 참가의 만족감이 크다. • 회의의 결론, 결정에 참가자가 납득, 협조하여 목표의 달성 의욕을 높인다. • 참가자 1인당의 피상적 경비는 많아질 수 있으나 효과는 올리기 쉽다.	• 교육의 주역은 강사이다. • 수강자가 의타적, 소극적이 되기 쉽다. • 일방통행적, 개인개발적이다. • 교육내용을 철저하게 주의시키기 어렵다. • 생각이나 원리, 법규 등을 단시간에 체계적, 이론적으로 다수인에게 전달할 수 있다. • 참가자 개개인에 동기부여가 어렵다. • 기능적·태도적인 것의 교육이 어렵다. • 발언, 질문이 어렵고 참여의식이 낮다. • 참가자의 납득, 협조를 얻기 어렵고 목표 달성 의욕도 환기시키기 어렵다. • 강사의 결론, 요청을 타인의 일로 받아들이기 쉽다. • 수강자 1인당 경비는 적으나 교육효과를 올리기 어려운 경우도 있다.

합격예측

듀이의 사고과정의 5단계
18. 9. 15 (기) 19. 4. 27 (기) 20. 6. 7 (기)

① 1단계 : 시사를 받는다. (suggestion)
② 2단계 : 머리로 생각한다. (intellectualization)
③ 3단계 : 가설을 설정한다. (hypothesis)
④ 4단계 : 추론한다. (reasoning)
⑤ 5단계 : 행동에 의하여 가설을 검토한다.

합격예측

(1) 전이(transference)의 의미
전이란 어떤 내용을 학습한 결과가 다른 학습이나 반응에 영향을 주는 현상을 의미하는 것으로 학습효과를 전이라고도 한다.
17. 5. 7 (기) 18. 9. 15 (산)
① 적극적 전이효과 : 선행학습이 다음의 학습에 촉진적, 진취적 효과를 주는 것을 말한다.
② 소극적 전이효과 : 선행학습이 제2의 학습에 방해가 된다든지 학습능률을 감퇴시키는 것을 말한다.

(2) 학습전이의 조건 16. 10. 1 (기) 17. 9. 23 (산) 20. 8. 22 (기)
① 선행학습 학습정도
② 선행학습 유의성
③ 선행학습 시간적 간격
④ 학습자의 태도
⑤ 학습자의 지능

Q 은행문제

1. 일반적으로 태도교육의 효과를 높이기 위하여 취할 수 있는 가장 바람직한 교육방법은?
① 강의식
② 프로그램 학습법
③ 토의식
④ 문답식

정답 ③

2. 교육전용시설 또는 그 밖에 교육을 실시하기에 적합한 시설에서 실시하는 교육 방법은? 17. 9. 23 (기)
① 집합교육
② 통신교육
③ 현장교육
④ on-line교육

정답 ①

합격예측

(1) MTP(Management Training Program)
① FEAF(Far East Air Forces)라고도 하며, 대상은 TWI보다 약간 높은 계층을 목표로 하고, TWI와는 달리 관리 문제에 보다 더 치중하고 있다.
② 교육내용 : 관리의 기능, 조직원 원칙, 조직의 운영, 시간관리학습의 원칙과 부하지도법, 훈련의 관리, 신인을 맞이하는 방법과 대행자를 육성하는 요령, 회의의 주관, 작업의 개선, 안전한 작업, 과업관리, 사기앙양 등
③ 한 클라스는 10~15명, 2시간씩 20회에 걸쳐 40시간 훈련하도록 되어 있다.

(2) ATT 교육대상
한 번 교육을 받은 관리자가 그 부하인 감독자가 강사(지도자)가 될 수 있다.

Q 은행문제

안전교육방법 중 수업의 도입이나 초기단계에 적용하며, 많은 인원에 대하여 단시간에 많은 내용을 동시에 교육하는 경우에 사용되는 방법으로 가장 적절한 것은?

① 시범 ② 반복법
③ 토의법 ④ 강의법

정답 ④

참고

하버드도서관의 명언 예

① 공부할 때의 고통은 잠깐이지만 못배운 고통은 평생이다.
② 개같이 공부해서 정승같이 놀자

(2) 교수(teaching) 과정 6단계

① 제1단계 : 교수 목록 진술
② 제2단계 : 사전 평가
③ 제3단계 : 보충 과정(특별지도)
④ 제4단계 : 교수 전략 결정
⑤ 제5단계 : 교수 전개(수업 전체)
⑥ 제6단계 : 평가

(3) 하버드 학파의 5단계 교수법 18. 4. 28 산 19. 3. 3 산 20. 8. 22 기 20. 9. 27 기 23. 5. 13 산

① 제1단계 : 준비시킨다.
② 제2단계 : 교시시킨다.
③ 제3단계 : 연합한다.
④ 제4단계 : 총괄한다.
⑤ 제5단계 : 응용시킨다.

(4) 안전지도 교육방법의 최적수업 방법 18. 3. 4 기 18. 9. 15 기 20. 8. 22 기

① 도입 : 강의법, 시범법, 반복법(단시간에 많은 내용 교육)
② 정리 : 자율학습법
③ 전개(중간), 정리(마지막) : 반복법, 토의법, 실연법 19. 3. 3 기
④ 도입, 전개, 정리 : 프로그램학습법, 모의학습법, 학생상호학습법

(5) 앞(前)에 실시한 교육이 뒤(後)에 실시한 학습을 방해하는 조건

① 앞의 학습이 불완전할 경우
② 앞뒤의 학습내용이 비슷한 경우
③ 뒤의 학습을 앞의 학습 직후에 실시하는 경우
④ 앞의 학습내용을 제어하기 직전에 실시하는 경우

4. 관리감독자 교육

16. 3. 6 기 산 16. 8. 21 산 17. 5. 7 산 17. 8. 26 산 18. 3. 4 기 산 18. 4. 28 기 19. 3. 3 기 19. 8. 4 산 20. 6. 7 기 22. 3. 5 기 22. 4. 24 기

(1) 기업(산업) 내 정형교육(TWI : Training Within Industry)

산업내훈련은 1942년 부터 1944년에 걸쳐 직장클래스에 대한 훈련방식으로 미국정부에 의해 개발되었다. 그 후 영국에서 세계 각국으로 보급되었다.

주로 감독자를 교육대상자로 하며, 감독자는 ① 직무에 관한 지식, ② 책임에 관한 지식, ③ 작업을 가르치는 능력, ④ 작업방법을 개선하는 기능, ⑤ 사람을 다루는 기량의 5가지 요건을 구비해야 한다는 전제하에 ③, ④, ⑤항을 교육내용으로 하며,

전체 교육시간은 10시간으로, 1일 2시간씩 5일간 실시한다. 한 클래스는 10명 정도, 토의식과 실연법을 중심으로 한다. 오늘날은 작업 안전 훈련 과정을 포함하여 4개 과정으로 하고 있다. TWI 교육내용은 다음과 같다. 18. 8. 19 산

① 작업 방법 훈련(Job Method Training : JMT) : 작업개선
② 작업 지도 훈련(Job Instruction Training : JIT) : 작업지도·지시
③ 인간 관계 훈련(Job Relations Training : JRT) : 부하 통솔 21. 5. 15 기
④ 작업 안전 훈련(Job Safety Training : JST) : 작업안전

주 안전작업(Job Safety : JS)은 (사)일본산업훈련협회가 1966년 영국식의 산업내훈련을 검토해서 1969년에 완성하였다. 산업내훈련의 개최자는 처음에는 노동성이었지만 1955년에 일본산업훈련협회가 설립 된 이래 동 협회가 산업내훈련 트레이너 양성 세미나를 개최하고 있다.

① 일을 가르치는 법(Job Instruction : JI)
㉮ 제1단계 : 익힐 준비를 시킨다.
㉯ 제2단계 : 작업을 설명한다.
㉰ 제3단계 : 시켜본다.
㉱ 제4단계 : 가르친 후를 본다.

② 개선의 방법(Job Methods : JM)
㉮ 제1단계 : 작업을 분해한다.
㉯ 제2단계 : 상세하게 자문한다.
㉰ 제3단계 : 새로운 방법에 전개한다.
㉱ 제4단계 : 새로운 방법을 실시한다.

③ 사람을 다루는 법(Job Relation : JR)
㉮ 제1단계 : 사실을 파악한다.
㉯ 제2단계 : 잘 생각하고 정한다.
㉰ 제3단계 : 조치를 취한다.
㉱ 제4단계 : 나중을 확인한다.

④ 안전작업(Job Safety : JS)
㉮ 제1단계 : 사고가 되는 요인을 생각한다.
㉯ 제2단계 : 대책을 생각하고 정한다.
㉰ 제3단계 : 대책을 실시한다.
㉱ 제4단계 : 결과를 검토한다.

(2) MTP(Management Training Program) 19. 9. 21 기

한 클래스는 10~15명, 2시간씩 20회에 걸쳐 40시간 훈련하도록 되어 있다.

합격예측

CCS(Civil Communication Section) 17. 9. 23 기 21. 3. 7 기

① ATP(Administration Training Program)라고도 하며, 당초에는 일부 회사의 톱매니지먼트에 대해서만 행하여졌던 것이 널리 보급된 것이라고 한다.
② 교육내용 : 정책의 수립, 조직(경영부분, 조직형태, 구조 등), 통제(조직통제의 적용, 품질관리, 원가통제의 적용 등) 및 운영(운영조직, 협조에 의한 회사 운영) 등

합격예측

(1) 교육심리학의 정의
교육심리학은 「교육에 관련된 여러 가지 문제를 심리학적으로 연구함에 있어서 교육적인 방향을 목표로 하는 경험과학이며 기술이다.」라고 말할 수 있다.
(2) 행동의 방정식
① S-R : 유기체에 자극을 주면 반응함으로써 새로운 행동이 발달된다.(Thorndike, Pavlov 이론)
② S-O-R : 유기체 스스로가 능동적으로 발산해 보이려는 데 자극을 줌으로써 강화되어 새로운 행동으로 발달한다.(Skinner, Huil 이론)
③ B=f(P.E) : 행동의 발달이란 유기체와 환경과의 상호작용의 결과이다.(Lewin 이론)

(3) ATT(American Telephone & Telegraph Company) 16. 3. 6 기 18. 3. 4 산

1차 훈련(1일 8시간씩 2주간), 2차 과정에서는 문제가 발생할 때마다 하도록 되어 있으며, 진행방법은 통상 토의식에 의하여 지도자의 유도로 과제에 대한 의견을 제시하게 하여 결론을 내려가는 방식을 취한다. 교육내용은 다음과 같다. 20. 8. 22 기

① 계획적인 감독
② 인원배치 및 작업의 계획
③ 작업의 감독
④ 공구와 자료의 보고 및 기록
⑤ 개인작업의 개선
⑥ 인사관계
⑦ 종업원의 기술향상
⑧ 훈련
⑨ 안전 등

(4) CCS(Civil Communication Section) 17. 9. 23 기

주로 강의법에 토의법이 가미된 것으로 매주 4일, 4시간씩 8주간(합계 128 시간)에 걸쳐 실시하도록 되어 있다.

[표] case method(사례연구법) 16. 10. 1 기 17. 8. 26 산

특징	① 사례 해결에 직접 참가하여 해결해 가는 과정에서 판단력을 개발 ② 관련사실의 분석 방법이나 종합적인 상황 판단 ③ 대책 입안 등에 효과적인 방법
장점	① 흥미가 있어 학습동기유발 최적 ② 사물에 대한 관찰력과 분석력 향상 ③ 판단력 및 응용력 향상
단점	① 발표를 할 때나 발표하지 않을 때 원칙과 규칙의 체계적인 습득 필요함 ② 적극적인 참여와 의견의 교환을 위한 리더의 역할이 필요함 ③ 적절한 사례의 확보곤란 및 진행방법에 대한 철저한 연구가 필요함

4 교육심리학(Educational Psychology)

1. 파지와 망각

(1) 파지(retention)

과거의 학습경험이 현재와 미래의 행동에 영향을 주는 작용(기억의 단계)

(2) 망각(forgetting)

① 파지의 행동이 지속되지 않는 것
② 경험내용, 인상 등이 약해지거나 소멸되는 현상

(3) 기억의 과정 18. 4. 28 기

기명(memorizing) → 파지(retention) → 재생(recall) → 재인(recognition)

① 기억 : 과거의 경험이 어떠한 형태로 미래의 행동에 영향을 주는 작용이라 할 수 있다.

② 기명 : 사물의 인상을 마음에 간직하는 것을 말한다.

③ 파지 : 간직, 인상이 보존되는 것을 말한다.(현재와 미래에 지속) 16. 5. 8 기 20. 6. 14 산 21. 9. 12 기 23. 6. 4 기

④ 재생 : 보존된 인상을 다시 의식으로 떠오르는 것을 말한다.

⑤ 재인 : 과거에 경험했던 것과 같은 비슷한 상태에 부딪혔을 때 떠오르는 것을 말한다. 16. 10. 1 산 19. 9. 21 산

(4) 망각방지법(파지를 유지하기 위한 방법)

① 적절한 지도 계획을 수립하여 연습을 할 것

② 연습은 학습한 직후에 시키며, 간격을 두고 때때로 연습을 할 것

③ 학습자료는 학습자에게 의미를 알게 질서있게 학습시킬 것

(5) 에빙하우스(H. Ebbinghaus)의 망각곡선 이론 16. 3. 6 기

망각곡선에 의하면 학습 직후의 망각률이 가장 높다는 것을 알 수 있고, 1시간 경과 후의 파지율이 44.2[%]이고, 1일(24시간) 후에는 전체의 1/3에 해당하는 33.7[%]이고, 그 후부터는 망각이 완만하여 6일(144시간)이 경과한 뒤에는 파지량이 전체의 1/4 정도인 14.6[%]가 된다.

① 1시간 경과 : 약 50[%] 이상 망각 19. 9. 21 기

② 48시간 경과 : 약 70[%] 이상 망각

③ 31일 경과 : 약 80[%] 이상 망각

참고 H.Ebbinghaus(1855~1909) : 기억을 세계 최초로 연구한 독일의 심리학자

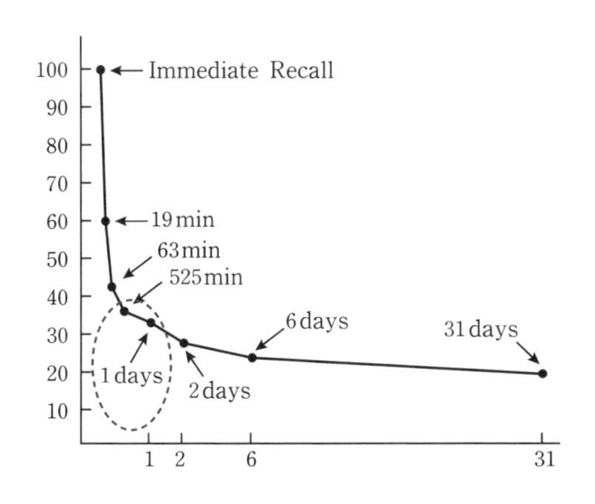

Elapsed time since learning	retention [%]
immediately	100
20 minutes	58
1 hour	44
9 hours	36
1 day	33
2 days	28
6 days	25
31 days	21

[그림] 에빙하우스 망각곡선(curve of forgetting)

합격예측

시행착오설의 학습법칙

① 연습 또는 반복의 법칙 : 모든 학습은 연습을 통하여 진보향상되고 바람직한 행동의 변화를 가져오게 된다.

② 효과의 법칙 : 『결과의 법칙』이라고도 한다. 어떤 일을 계획하고 실천해서 그 결과가 자기에게 만족스러운 상태에 이르면 더욱 그 일을 계속하려는 의욕이 생긴다.

③ 준비성의 법칙 : 준비성이란 학습을 하려고 하는 모든 행동의 준비적 상태를 말한다. 준비성이 사전에 충분히 갖추어진 학습활동은 학습이 만족스럽게 잘되지만, 준비성이 되어 있지 않을 때에는 실패하기 쉽다.

Q 은행문제

인간의 정보처리 기능 중 그 용량이 7개 내외로 작아, 순간적 망각 등 인적 오류의 원인이 되는 것은? 19. 4. 27 산

① 지각 ② 작업기억
③ 주의력 ④ 감각보관

정답 ②

합격예측

문제해결법의 단계

① 1단계 : 문제의 인식
② 2단계 : 해결방법의 연구계획
③ 3단계 : 자료의 수집
④ 4단계 : 해결방법의 실시
⑤ 5단계 : 정리와 결과의 검토

합격예측

(1) 조건반사설에 의한 학습이론의 원리 18. 3. 4 기
① 시간의 원리 : 조건자극(총소리)이 무조건자극(음식물)보다 시간적으로 동시 또는 조금 앞서서 주어야만 조건화 즉 강화가 잘된다는 원리이다.
② 강도의 원리 : 조건반사적인 행동이 이루어지려면 먼저 준 자극의 정도에 비해 적어도 같거나 보다 강한 자극을 주어야 바람직한 결과를 낳게 된다.
③ 일관성의 원리 : 조건자극은 일관된 자극물을 사용하여야 한다는 원리이다.
④ 계속성의 원리 : 자극과 반응과의 관계를 반복하여 횟수를 거듭할수록 조건화가 잘 형성된다는 원리이다.
(2) 형태설의 구분
① 통찰설 : 쾰러(Köhler)
② 장설 : 레빈(Lewin)
③ 기호형태설 : 톨만(Tolman)

합격예측

기억률 = $\dfrac{\text{최초 기억에 소요된 시간} - \text{그 후 기억에 소요된 시간}}{\text{최초 기억에 소요된 시간}} \times 100$

① 기억한 내용은 급속하게 잊어버리게 되지만 시간의 경과와 함께 잊어버리는 비율은 완만해진다.
② 오래되지 않은 기억은 잊어버리기 쉽고 오래 된 기억은 잊어버리기 어렵다.

2. 자극과 반응(Stimulus & Response) : S-R 이론

(1) Pavlov의 조건반사(반응)설의 학습원리 17. 8. 26 산 19. 9. 21 산 20. 8. 22 기 21. 3. 7 기

① 시간의 원리(the time principle)
② 강도의 원리(the intensity principle)
③ 일관성의 원리(the consistency principle)
④ 계속성의 원리(the continuity principle)

(2) Thorndike의 시행착오설 17. 3. 5 기 18. 3. 4 기 산 20. 6. 7 기 21. 5. 15 기

① 연습 또는 반복의 법칙(the law of exercise or repetition)
② 효과의 법칙(the law of effect)
③ 준비성의 법칙(the law of readiness)

[그림] 애드워드 손다이크
(Edward Thorndike, 1874~1949)

(3) Guthrie : 접근적 조건화설

(4) Skinner : 조작적 조건화설

(5) 전이(transfer)의 조건 20. 8. 22 기

① 선행학습의 정도
② 학습자료의 유사성
③ 선행학습과 학습 후의 시간적 간격
④ 학습자의 태도
⑤ 학습자의 지능

[표] 적응기제의 기본형태

방어적 기제		도피적 기제	
• 보 상	• 합리화	• 고 립	• 퇴 행
• 동일시	• 승 화	• 억 압	• 백일몽

참고 I.P.Pavlov : 러시아의 생리학자

[표] 전습법과 분습법의 장점

전습법	분습법
• 망각이 적다. • 학습에 필요한 반복이 적다. • 연합이 생긴다. • 시간과 노력이 적다.	• 어린이는 분습법을 좋아한다. • 학습효과가 빨리 나타난다. • 주의와 집중력의 범위를 좁히는 데 적합하다. • 길고 복잡한 학습에 적합하다.

(6) 망상인격 : 편집성 인격

① 자기 주장이 강함
② 빈약한 대인관계
③ 유머 결핍
④ 과민성, 완고, 질투, 시기심이 강함
⑤ 소외당할시 악의적 행동

(7) 강박인격

① 완벽주의자로서 항시 만족을 못 느낌
② 엄격하고 지나칠 정도로 양심적
③ 우유부단
④ 욕망 절제
⑤ 기준에 적합하도록 지나치게 신경쓰는 자

(8) 순환인격

① 외부의 자극과 관계없이 울적한 상태에서 쾌적한 상태로 변하는 데 시간이 오래 걸리는 형
② 명랑한 상태에서는 외향적, 따뜻하고 친하기 쉬운 자로서 정력적이고 적극적인 사람으로 왜곡 판단

(9) 적응과 역할(Super, D. E.의 역할이론) 17. 3. 5 기 19. 9. 21 기 21. 3. 7 기 22. 4. 24 기

① 역할연기(Role playing) : 자아 탐색인 동시에 자아실현의 수단이다.(예체험학습)
② 역할기대(Role expectation) : 자기 자신의 역할을 기대하고 감수하는 자는 자기 직업에 충실하다고 본다.
③ 역할조성(Role shaping) : 여러 가지 역할이 발생시 그 중 어떤 역할에는 불응 또는 거부감을 나타내거나 또 다른 역할에는 적응하여 실현하기 위해 일을 구할 때 발생한다.
④ 역할갈등(Role conflict) : 작업 중 서로 상반(모순)된 역할이 기대될 경우 갈등이 발생한다. 16. 5. 8 기 17. 3. 5 기

(10) 인간의 착상(着想)심리

① 인간의 생각은 건전하다고만 볼 수 없다.
② 대표적인 판단상의 공통적 과오의 실험 결과를 나타낸 것으로서 심리학 전공의 남녀 1,400명(남녀 각각 700명)을 상대로 조사한 것이다.

합격예측

적응기제의 분류
16. 5. 8 산 17. 3. 5 기 17. 9. 23 기 18. 3. 4 기 19. 3. 3 기 21. 5. 15 기 21. 9. 12 기

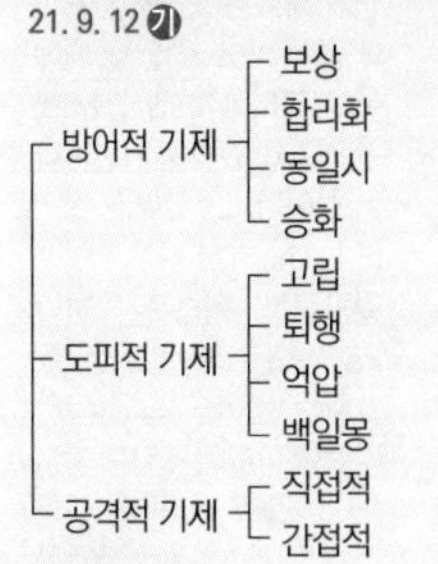

용어정의

role playing(역할연기법)
어떤 역할을 규정하여 이것을 실제로 시켜봄으로 이것을 훈련이나 평가에 사용하는 것이다.

합격예측

역할갈등(role conflict)의 원인 17. 9. 23 기 20. 8. 22 기 23. 6. 4 기
① 역할마찰
② 역할부적합
③ 역할모호성

[표] 역할연기의 장·단점 20. 8. 22 기 22. 3. 5 기

장점	단점
• 의견발표에 자신이 생긴다. • 자기반성과 창조성이 개발된다. • 하나의 문제에 대해 관찰능력을 높인다. • 문제에 적극적으로 참여하며, 타인의 장점과 단점이 잘 나타난다.	• 높은 의지결정의 훈련으로는 기대할 수 없다. • 목적이 명확하지 않고 다른 방법과 병행하지 않으면 의미가 없다. • 훈련장소의 확보가 어렵다.

합격예측

전이이론 3가지 18. 9. 15 ㉑

① 동일요소설 : 선행학습경험과 새로운 학습경험 사이에 같은 요소가 있을 때에는 서로의 사이에 연합 또는 연결의 현상이 일어난다는 설이다. (E.L.Thorndike)
② 일반화설 : 학습자가 하나의 경험을 하면 그것으로 그치는 것이 아니고 다른 비슷한 상황에서 같은 방법이나 태도로 대하려는 경향이 있어서 이것이 효과를 가져와 전이가 이루어진다는 설이다. (C.H.Judd)
③ 형태이조설(移調說) : 형태심리학자들이 입증한 학설로 이것은 경험할 때의 심리학적 사태가 대체로 비슷한 경우라면 먼저 학습할 때에 머릿속에 형성되었던 구조가 그대로 옮겨가기 때문에 전이가 이루어진다는 설이다.

합격예측

학습평가도구의 기본적인 기준 4가지 17. 3. 5 ㉑ 22. 4. 24 ㉑

① 타당도 : 측정하고자 하는 본래 목적과 일치하느냐의 정도를 나타내는 기준이다.
② 신뢰도 : 신용도로서 측정의 오차가 얼마나 작냐를 나타내는 것이다.
③ 객관도 : 측정의 결과에 대해 누가 보아도 일치된 의견이 나올 수 있는 성질이다.
④ 실용도 : 사용에 편리하고 쉽게 적용시킬 수 있는 기준이 실용도가 높은 것이다.

Q 은행문제

학습경험 조직의 원리와 가장 거리가 먼 것은? 19. 3. 3 ㉑

① 가능성의 원리
② 계속성의 원리
③ 계열성의 원리
④ 통합성의 원리

정답 ①

[표] 착상심리의 실험 결과

잘못 생각하는 내용	남[%]	여[%]
• 무당은 미래를 예측할 수 있다.	20	21
• 아래턱이 마른 사람은 의지가 약하다.	20	22
• 여자는 남자보다 지력이 열등하다.	11	8
• 인간의 능력은 태어날 때부터 동일하다.	21	24
• 얼굴을 보면 지능 정도를 알 수 있다.	23	29
• 민첩한 사람은 느린 사람보다 착오가 많다.	26	26
• 눈동자가 자주 움직이는 사람은 정직하지 못하다.	23	36

[표] 인지이론의 학습(형태이론)

구분	특징	실험방법	학습원리
통찰설 (Köhler)	문제해결의 목적과 수단의 관계에서 통찰이 성립되어 일어나는 것	① 우회로 실험 (병아리) ② 도구사용 및 도구조합의 실험 (원숭이와 바나나)	① 문제해결은 갑자기 일어나며 완전하다. ② 통찰에 의한 수행은 원활하고 오류가 없다. ③ 통찰에 의한 문제해결은 상당기간 유지된다. ④ 통찰에 의한 원리는 쉽게 다른 문제에 적용된다.
장이론 (Lewin)	학습에 해당하는 인지구조의 성립 및 변화는 심리적 생활공간(환경영역, 내적·개인적 영역, 내적욕구, 동기 등)에 의한다.		장이란 역동적인 상호관련 체제(형태 자체를 장이라 할 수 있고 인지된 환경은 장으로 생각할 수도 있다.)
기호-형태설 (Tolman)	어떤 구체적인 자극(기호)은 유기체의 측면에서 볼 때 일정한 형의 행동결과로서의 자극대상(의미체)을 도출한다.		형태주의 이론과 행동주의 이론의 혼합

Chapter 09

안전보건교육의 개념

출제예상문제

출제예상문제는 복습, 예습문제로 엮었습니다. *WHY : 실제시험에도 순서에 관계없이 출제됩니다. 예습 후 다음장에 공부한 문제가 있으면 기억이 배가 됩니다.

01 ★★ **안전교육계획을 수립하기 위한 작업순서이다. 필요한 순서가 아닌 것은 어느 것인가?** 20. 6. 7 기

① 교육의 필요점을 발견한다.
② 교육대상을 결정한다.
③ 교육을 실시한다.
④ 교육담당자를 정한다.

해설

교육계획의 수립 및 추진순서
① 교육의 필요점을 발견한다.
② 교육대상을 결정하고 그것에 따라 교육내용 및 교육방법을 결정한다.
③ 교육의 준비를 한다.
④ 교육을 실시한다.
⑤ 교육의 성과를 평가한다.

합격자의 조언 함정이 있는 문제입니다.

02 ★ **안전교육의 목적을 설명한 것 중 잘못 말한 것은?**

① 재해발생에 필요한 요소들을 교육하여 재해방지를 하기 위함
② 생산성이나 품질의 향상에 기여하는 데 필요하기 때문
③ 작업자에게 안정감을 부여하고 기업에 대한 신뢰감을 부여하기 위함
④ 외부에 안전교육 실시를 PR하기 위하여

해설

안전교육의 목적
① 인간정신의 안전화
② 행동의 안전화
③ 환경의 안전화
④ 설비물자의 안전화

03 ★★ **다음 중 교육내용에 속하지 않는 것은?**

① 직업 관계 사항 ② 법정 사항
③ 환경의 안전화 ④ 교육대상 및 방법

해설

교육대상과 방법은 교육계획에 포함사항이다.

04 ★★★★★ **다음 중 교육의 3요소가 바르게 나열된 것은?**

① 교사 – 학생 – 교육재료
② 교사 – 학생 – 부모
③ 학생 – 환경 – 교육재료
④ 학생 – 부모 – 사회지식인

해설

교육의 3요소
① 주체
　㉮ 형식적 : 교도자(강사)
　㉯ 비형식적 : 부모, 형, 선배, 사회인사
② 객체
　㉮ 형식적 : 학생(수강자)
　㉯ 비형식적 : 자녀, 미성숙자
③ 매개체
　㉮ 형식적 : 교재
　㉯ 비형식적 : 환경, 인간관계, 교육내용

05 ★★ **알아야 할 것의 개념형성을 계획하는 교수법의 교육 종류는?**

① 지식교육 ② 태도교육
③ 문제해결교육 ④ 기능교육

[정답] 01 ④ 02 ④ 03 ④ 04 ① 05 ①

해설

개념형성의 교육은 지식교육이다.

종류	내 용	생각의 포인트
지식교육	• 취급기계와 설비의 구조, 기능, 성능의 개념을 이해시킨다. • 재해 발생의 원리를 이해시킨다. • 작업에 필요한 법규, 규정, 기준을 습득시킨다.	알고 싶은 것의 개념을 주지시킨다.
기능교육	(실기교육) • 작업 방법, 기계장치, 계기류의 조작 행위를 몸으로 습득시킨다.	협력 대응 능력의 육성, 실기를 주체로 행한다.
	(문제해결의 종류) • 과거, 현재의 문제를 대상으로 하여 사실의 확인과 문제점의 발견, 원인의 탐구로부터 대책을 세우는 순서를 알고 문제 해결의 능력을 향상시킨다.	
태도교육	• 안전작업에 임하는 자세와 동작을 습득시킨다. • 직장 규칙, 안전 규칙을 몸으로 습득시킨다. • 의욕을 가지고 한다.	가치관 형성 교육을 행한다.

06 ★★ 어떤 자극을 받았을 때 그것에 의하여 과거에 기억했던 것들 중에서 어떤 이미지가 환기되어 오는 현상을 무엇이라 하는가?

① 기명(記銘) ② 재생(再生)
③ 연상(聯想) ④ 추상(推想)

해설

파지와 망각

① 파지(retention) : 학습된 행동이 지속되는 것
② 기억 과정 : 기명 → 파지 → 재생 → 재인 → 기억
③ 기명(memorizing) : 새로운 사상(event)이 중추신경에 기록되는 것
④ 재생(recall) : 간직된 기록이 다시 의식적으로 떠오르는 것

07 ★★★ 쌍방적 의사전달(two-way process communication)에 의한 교육방식은?

① 강의식 교육 ② 차트에 의한 교육
③ 토의식 교육 ④ 시청각 교육

해설

① 강의법 : 최적 인원 40~50명, 일방적 방법
② 토의식 : 쌍방적 의사전달 방법, 최적인원은 10~20명이며 적극성, 지도성, 협동성을 가르치는 데 유효하다.

08 ★ 안전교육의 목적을 설명한 것 중 잘못 말한 것은?

① 재해발생에 필요한 요소들을 교육하여 재해방지하기 위함
② 생산성이나 품질의 향상에 기여하는 데 필요하기 때문
③ 작업자에게 안정감을 부여하고 기업에 대한 신뢰감을 부여하기 위함
④ 외부에 안전교육 실시를 PR하기 위하여

해설

교육의 목적이 PR하기 위한 것은 아니다.

09 ★★ 경험한 내용이나 학습된 내용을 다시 생각하여 작업에 적용하지 아니하고 방치함으로써 경험의 내용이나 인상이 약해지거나 소멸되는 현상은?

① 착각 ② 훼손
③ 망각 ④ 단절

해설

기억과 망각

(1) 파지 : 획득한 행동이나 내용이 지속되는 것
(2) 망각 : 지속되지 않고 소실되는 현상
(3) 기억의 과정(기명 → 파지 → 재생 → 재인 → 기억)
  ① 기억 : 과거의 경험이 어떠한 형태로 미래의 행동에 영향을 주는 작용
  ② 기명 : 사물의 인상을 마음속에 간직하는 것
  ③ 재생 : 보존된 인상을 다시 의식으로 떠올리는 것
  ④ 파지 : 인상이 보존되는 것
  ⑤ 재인 : 과거에 경험했던 것과 같은 비슷한 상태에 부딪혔을 때 떠오르는 것을 말한다.
(4) 망각방지법(파지를 유지하기 위한 방법)
  ① 적절한 지도 계획을 수립하여 연습을 할 것
  ② 연습은 학습한 직후에 시키며, 간격을 두고 때때로 연습을 할 것
  ③ 학습자료는 학습자에게 의미를 알게 질서있게 학습시킬 것

10 ★★ 안전교육의 일반적인 내용은 다음 사항들이다. 이 중 알맞지 않은 것은 어느 것인가?

① 기능에 관한 훈련 ② 지식에 관한 훈련
③ 태도에 관한 훈련 ④ 경영에 관한 훈련

[정답] 06 ② 07 ③ 08 ④ 09 ③ 10 ④

해설

안전교육의 종류

① 안전지식의 교육
② 안전기능의 교육
③ 안전태도의 교육

11 ★★★ 학습목적을 세분하여 구체적으로 결정한 것을 무엇이라 하는가?

① 주제 ② 학습목표
③ 학습정도 ④ 학습성과

해설

학습성과 : 학습목적을 세분하여 구체적으로 한 것

보충학습

강의 계획 4단계

① 학습목적과 학습성과의 결정 ② 학습자료의 수집 및 체계화
③ 교수방법선정 ④ 강의안 작성

12 ★★ 안전교육의 목표로서 가장 중요한 것은?

① 안전대책 ② 안전척도
③ 안전심리 ④ 안전기준

해설

안전교육의 목표는 안전행동의 습관화 및 안전척도이다.

13 ★ 훈련 후 직무 성과에 있어 개인차이가 있다. 이 개인차는 개인적 변수에 따라 나타난다. 개인적 변수에 해당되지 않는 것은?

① 신체적 특징 ② 개인의 적성
③ 교육과 경험 ④ 작업 균형 및 배치

해설

작업 균형 및 배치는 전체적, 환경적 특성이다.

14 ★★ 안전교육목표에 포함시켜야 할 사항은 어느 것인가?

① 강의 순서 ② 과정 소개
③ 강의 개요 ④ 교육 및 훈련의 범위

해설

①, ②, ③은 준비 사항이다.

15 ★★★★★ 작업 지도 4단계 기법 중 확실하게, 빠짐없이, 끈기있게 지도하는 단계는? 19. 9. 21 기 산

① 제1단계 : 학습할 준비를 시킨다.
② 제2단계 : 작업을 설명한다.
③ 제3단계 : 작업을 시켜본다.
④ 제4단계 : 가르친 뒤를 살펴본다.

해설

단 계	교 육 방 법
제1단계 (학습할 준비를 시킨다.)	① 마음을 안정시킨다. ② 무슨 작업을 할 것인가를 말해준다. ③ 그 작업에 대해 알고 있는 정도를 확인한다. ④ 작업을 배우고 싶은 의욕을 갖게 한다. ⑤ 정확한 위치에 자리잡게 한다.
제2단계 (작업을 설명한다.)	① 주요 단계를 하나씩 설명해 주고, 시범해 보이고, 그려 보인다. ② 급소를 강조한다. ③ 확실하게, 빠짐없이, 끈기있게 지도한다. ④ 이해할 수 있는 능력 이상으로 강요하지 않는다.
제3단계 (작업을 시켜본다.)	① 작업을 지켜보고 잘못을 고쳐준다. ② 작업을 시키면서 설명하게 한다. ③ 작업을 시키면서 급소를 말하게 한다. ④ 확실히 알았다고 할 때까지 확인한다.
제4단계 (가르친 뒤 살펴본다.)	① 일에 임하도록 한다. ② 모르는 것이 있을 때에는 물어 볼 사람을 정해둔다. ③ 질문을 하도록 분위기를 조성한다. ④ 점차 지도 횟수를 줄여간다.

16 ★★★★★ 다음 중 자극반응시간(reaction time)이 가장 빠른 순서대로 나열된 것은?

① 청각–시각–촉각–통각
② 시각–청각–촉각–통각
③ 청각–촉각–시각–통각
④ 시각–촉각–청각–통각

해설

감각 기능별 반응시간

① 청각 : 0.17[초] ② 촉각 : 0.18[초]
③ 시각 : 0.20[초] ④ 미각 : 0.29[초]
⑤ 통각 : 0.7[초]

[정답] 11 ④ 12 ② 13 ④ 14 ④ 15 ② 16 ③

17 ★ 경험한 내용이나 학습된 행동을 다시 생각하여 적용하지 아니하고 방치함으로써 경험의 내용이 약해지거나 소멸되는 현상은?

① 착각 ② 훼손
③ 망각 ④ 단절

해설

파지

(1) 파지(retention)
과거의 학습경험이 현재와 미래의 행동에 영향을 주는 작용. 즉, 학습이 행동에 지속되는 것
(2) 파지(기억)가 오래 지속되는 순서
① 기억(기명) : 새로운 사상이 중추신경에 기록되는 것
② 파지 : 기록이 계속 간직
③ 재생(recall) : 간직된 기억이 다시 의식으로 떠오르는 것
④ 재인(recognition) : 재생을 실현할 수 있는 상태

18 ★★ 다음 중 안전교육이 꼭 필요한 대상과 관계가 먼 것은?

① 회사에 처음 들어온 자
② 위험 작업에 종사하고 있는 자
③ 똑같은 방법으로 안전지식과 기능이 숙달된 자
④ 다른 공장에서 전입되어 온 자

해설

지식과 기능이 숙련된 자도 전혀 교육이 필요하지 않은 것도 아니며 또 꼭 필요한 것도 아니다.

19 ★ 다음 중 학습의 목적에 포함되는 내용이 아닌 것은?

① 목표 ② 주제
③ 학습정도 ④ 학습성과

해설

학습목적

(1) 학습목적 3단계
① 목표
② 주제
③ 학습정도
(2) 학습성과 : 학습목적이 세분된 것

20 ★★★★★ 학과교육이 4단계의 순서대로 나열된 것은?

① 도입－제시－적용－확인
② 제시－도입－확인－적용
③ 도입－적용－확인－지시
④ 제시－적용－확인－도입

해설

학과교육 4단계

① 제1단계 : 도입(준비)
② 제2단계 : 제시
③ 제3단계 : 적용
④ 제4단계 : 확인(평가)

21 ★★★ 다음 중 전이(transfer)의 조건이 아닌 것은?

① 학습방법 ② 학습정도
③ 학습시간 ④ 학습내용

해설

전이(transfer)

(1) 전이(transfer)의 의미
① 한 상황에서 학습이 다른 상황에서의 학습이나 문제 해결에 직접·간접으로 영향을 미치는 것을 전이라 한다.
② 전이현상은 과거의 경험에 의해 주로 좌우되지만, 학습 방법·학습 자료의 제시 방법·경험을 일반화하는 습관·학습 자료의 유사성·학습태도·학습의 장 등의 영향을 받는다. 따라서 이들이 적절히 조화를 이룰 때에 전이효과도 그만큼 커진다.
③ 전이란 이전 경험의 결과가 다음 경험을 획득함에 영향을 미치거나, 효과가 옮겨가는 것을 말하는데 전이의 결과는 두 가지가 있다.
㉮ 긍정적 전이(positive transfer)는 이전의 학습이 다음 학습을 하는 데 도움을 주는 경우이다. 이를테면 덧셈 학습의 결과가 곱셈을 학습하는 데 도움을 주는 것을 말한다.
㉯ 부정적 전이(negative transfer)는 이전의 학습이 다음 학습을 하는 데 방해하거나, 금지하거나, 지체하게 되는 경우를 말한다. 이를테면 한 외래어의 어미 변화를 학습하는 것이 곧이어 행해지는 다른 외래어의 어미 변화 학습에 혼돈을 일으키게 하는 경우이다.
(2) 전이의 이론
① 형식도야설 : Locke를 중심으로 발달 연습의 효과
② 동일요소설 : F. L. Thorndike의 태도상의 동일 요소, 절차상의 동일 요소, 내용상의 동일 요소
③ 일반화설 : 저드(C. H. Judd)
④ 형태전이설 : 게슈탈트(Gestalt)

[정답] 17 ③ 18 ③ 19 ④ 20 ① 21 ③

22 ★★ 안전교육을 실시함에 있어 사람의 판단 잘못으로 인하여 일어나는 사고예방을 위한 교육은 무엇에 중점을 두어야 하는가?

① 안전심리 ② 안전태도
③ 안전지식 ④ 안전의식

해설

판단의 잘못은 지식교육이다.

23 ★★ 인간의 검출능력이 가장 높은 때는?

① 작업시작 후 30분까지
② 30분에서 1시간 사이
③ 1시간에서 2시간 사이
④ 2시간에서 3시간 사이

해설

인간의 검출능력

(1) 작업시작 후 30분에서 40분 사이가 가장 우수하며 점차 떨어져 24시간 이후에는 50[%]가 망각된다.
(2) 에빙하우스의 망각곡선
 ① 1시간 경과 : 50[%] 이상 망각
 ② 2일 경과 : 70[%] 이상 망각
 ③ 1달 이상 : 80[%] 이상 망각

24 ★ 다음 그림은 학습시간과 근로자의 과오를 나타낸 것이다. 맞는 것은?

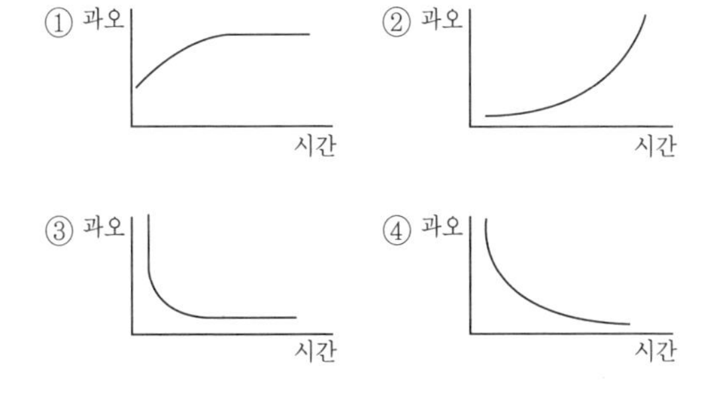

해설

① 시간이 흐를수록 인간의 실수는 점차 수평으로 줄어든다.
② 자동차의 운전을 생각하면 된다.

25 ★★ 다음 감각기능 중 반응시간이 제일 빠른 것은?

① 청각 ② 촉각
③ 시각 ④ 미각

해설

반응시간

① 청각 : 0.17[초]
② 촉각 : 0.18[초]
③ 시각 : 0.20[초]
④ 미각 : 0.29[초]
⑤ 통각 : 0.70[초]

26 ★★★★ 학습의 정도(level of learning)란 주제를 학습시킬 때와 내용의 정도를 뜻한다. 다음 중 학습의 정도의 4단계에 포함되지 않는 것은?

① 인지(to aquaint) ② 이해(to understand)
③ 회상(to recall) ④ 적용(to apply)

해설

학습목적 정도 4단계

① 인지(to acquaint)
② 지각(to know)
③ 이해(to understand)
④ 적용(to apply)

27 ★★ 교육훈련시 발견 학습적인 관점에서 자료가 필요하다. 그 용도의 자료와 관계가 적은 것은?

① 직접 이해시키는 데 필요한 자료
② 계획에 필요한 자료
③ 탐구에 필요한 자료
④ 발전에 필요한 자료

해설

직접 이해는 탐구가 아닌 즉흥적이다.

합격자의 조언

1. 절망속에서도 희망을 잃지 말라. 희망만이 희망을 싹 틔운다.
2. 기쁨 넘치는 노래를 불러라. 그 소리를 듣고 사방팔방에서 몰려든다.
3. 지갑은 돈이 사는 아파트다. 나의 돈을 좋은 아파트에 입주시켜라.

[정답] 22 ③ 23 ① 24 ③ 25 ① 26 ③ 27 ①

Chapter 10 교육내용 및 방법

중점 학습내용

교육방법은 교육의 기본인 지식교육, 기능교육, 태도교육을 실시하여 산업체에서 산업재해가 일어나지 않도록 하기 위하여 구성하였으며 또 안전보건교육체계 등을 기술하여 21세기 실무안전관리자의 역할을 할 수 있도록 하였다. 시험에 출제가 예상되는 그 중심적인 내용은 다음과 같다.

❶ 교육의 종류
❷ 특별안전보건교육
❸ 안전보건교육

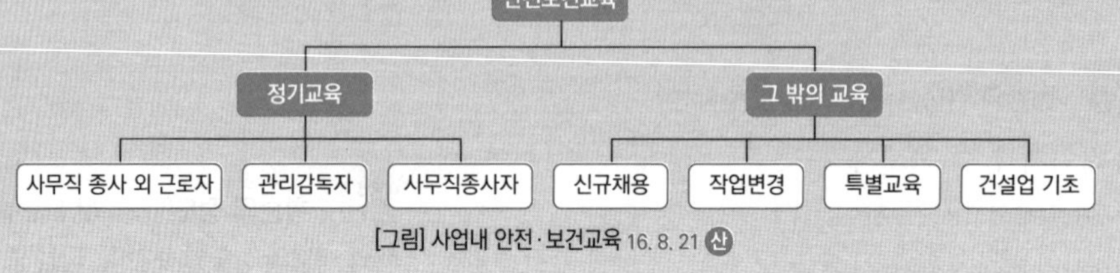

[그림] 사업내 안전·보건교육 16. 8. 21 산

합격날개

합격예측

기본교육 훈련방식
① 지식형성(knowledge building) : 제시방식
② 기능숙련(skill training) : 실습방식
③ 태도개발(attitude development) : 참가방식

합격예측

준비성(도)의 의미
① 정신발달의 정도
② 정서적 반응
③ 사회적 발달
④ 생리적 조건
⑤ 학습의 습관

Q 은행문제 16. 5. 8 기

"예측변인이 준거와 얼마나 관련되어 있느냐"를 나타낸 타당도를 무엇이라 하는가?
① 내용타당도
② 준거관련타당도
③ 수렴타당도
④ 구성개념타당도

정답 ②

1 교육의 종류

1. 안전보건교육의 3단계 및 진행 4단계 17. 5. 7 기 19. 4. 27 기 산 19. 8. 4 기 21. 9. 12 기

(1) 제1단계(지식교육) 16. 10. 1 산

① 강의, 시청각 교육을 통한 지식의 전달과 이해
② 작업의 종류나 내용에 따라 교육범위가 다르다.

(2) 제2단계(기능교육) 17. 8. 26 기 19. 4. 27 기 20. 8. 22 기 20. 9. 27 기 21. 3. 7 기 22. 3. 5 기

① 교육대상자가 그것을 스스로 행함으로 얻어진다.
② 개인의 반복적 시행착오에 의해서만 얻어진다.
③ 시범, 견학, 실습, 현장실습 교육을 통한 경험체득과 이해

(3) 제3단계(태도교육) 16. 10. 1 기 18. 4. 28 기 19. 4. 27 산 19. 9. 21 기 21. 5. 15 기

생활지도, 작업 동작 지도 등을 통한 안전의 습관화
① 청취한다.
② 이해, 납득시킨다.
③ 모범(시범)을 보인다.
④ 권장(평가)한다.
⑤ 칭찬한다.
⑥ 벌을 준다.

[표] 단계별 교육목표 및 내용

단계별	과정	교육목표	내용
1단계 18. 4. 28 기	지식 교육	① 안전의식 제고 ② 기능 지식의 주입 ③ 안전의 감수성 향상	① 안전의식을 향상 ② 안전의 책임감을 주입 ③ 기능, 태도 교육에 필요한 기초 지식을 주입 ④ 안전규정 숙지
2단계	기능 교육	① 안전작업의 기능 ② 표준작업의 기능 ③ 위험예측 및 응급처치기능	① 전문적 기술기능 ② 안전기술기능 ③ 방호장치 관리기능 ④ 점검·검사장비기능
3단계	태도 교육	① 작업 동작의 정확화 ② 공구, 보호구 취급태도의 안전화 ③ 점검태도의 정확화 ④ 언어태도의 안전화 **결론** 안전한 마음가짐을 몸에 익히는 심리적 교육방법 17. 3. 5 산	① 표준작업방법의 습관화 ② 공구 보호구 취급과 관리 자세의 확립 ③ 작업 전후의 점검·검사요령의 정확한 습관화 ④ 안전작업 지시전달 확인 등 언어태도의 습관화 및 정확화 19. 3. 3 산 21. 3. 7 산 21. 5. 15 기
추후 지도	특징	① 지식-기능-태도 교육을 반복 ② 정기적인 OJT 실시 ③ 태도교육훈련 기본방식 : 참가방식 19. 3. 3 기	

(4) 교육진행(훈련) 4단계 순서 16. 3. 6 기 16. 10. 1 기 17. 3. 5 기 17. 5. 7 기 17. 9. 23 기 18. 8. 19 기 19. 4. 27 산 19. 9. 21 기 산

단 계	교 육 방 법
제1단계 : 도입 (학습할 준비를 시킨다)	• 마음을 안정시킨다. • 무슨 작업을 할 것인가를 말해준다. • 그 작업에 대해 알고 있는 정도를 확인한다. • 작업을 배우고 싶은 의욕을 갖게 한다. • 정확한 위치에 자리잡게 한다.
제2단계 : 제시 (작업을 설명한다)	• 주요 단계를 하나씩 설명해주고, 시범해보이고, 그려보인다. • 급소를 강조한다. • 확실하게, 빠짐없이, 끈기있게 지도한다. • 이해할 수 있는 능력 이상으로 강요하지 않는다.
제3단계 : 적용 (작업을 시켜본다)	• 작업을 시켜보고 잘못을 고쳐준다.(작업습관확립) • 작업을 시키면서 설명하게 한다.(공감) • 다시 한번 시키면서 급소를 말하게 한다. • 확실히 알았다고 할 때까지 확인한다.
제4단계 : 확인 (가르친 뒤 살펴본다)	• 일에 임하도록 한다. • 모르는 것이 있을 때는 물어 볼 사람을 정해둔다. • 질문을 하도록 분위기를 조성한다. • 점차 지도 횟수를 줄여간다.

합격예측

교시법(안전교육훈련의 기술교육)의 4단계 21. 3. 7 기

① 1단계 : 준비단계 (도입 : preparation)
② 2단계 : 일을 해 보이는 단계(실연 : presentation)
③ 3단계 : 일을 시켜보는 단계(실습 : performance)
④ 4단계 : 보습 지도의 단계 (확인 : follow-up)

합격예측

(1) 학과교육의 4단계
도입 → 제시 → 적용 → 확인

(2) 창의력발휘 3요소 16. 3. 6 기
① 전문지식
② 상상력
③ 내적동기

Q 은행문제

1. 다음 중 작업장에서의 사고예방을 위한 조치로 틀린 것은? 19. 9. 21 기

① 모든 사고는 사고 자료가 연구될 수 있도록 철저히 조사되고 자세히 보고되어야 한다.
② 안전의식고취 운동에서의 포스터는 처참한 장면과 함께 부정적인 문구의 사용이 효과적이다.
③ 안전장치는 생산을 방해해서는 안 되고, 그것이 제 위치에 있지 않으면 기계가 작동되지 않도록 설계되어야 한다.
④ 감독자와 근로자는 특수한 기술뿐만 아니라 안전에 대한 태도교육을 받아야 한다.

정답 ②

2. 조직 구성원의 태도는 조직성과와 밀접한 관계가 있다. 태도(attitude)의 3가지 구성 요소에 포함되지 않는 것은? 19. 4. 27 기 22. 4. 24 기

① 인지적 요소
② 정서적 요소
③ 행동경향 요소
④ 성격적 요소

정답 ④

합격예측

조건반사설의 종류

① 시간의 원리
② 강도의 원리
③ 일관성의 원리
④ 계속성의 원리

합격예측

안전교육의 3단계

① 1단계 : 지식교육
② 2단계 : 기능교육
③ 3단계 : 태도교육

합격예측 17. 3. 5 기

교육의 본질적 기능 4가지

① 인간형성 작용으로서의 교육
성숙자가 미성숙자를 도와주는 작용이며 이를 인간형성 작용이라고 한다.
결국 교육이란 미성숙한 인간이 성숙한 인간이 되어 천부의 내재적 소질을 조화롭게 발전시킴으로써 이상적 인간이 되도록 사랑의 힘으로 돕는 일이다.
② 가치형성 작용으로서의 교육
교육은 아동이 자신의 가치를 형성할 수 있도록 다양한 경험을 통하여 기존의 가치를 체험하고 체득하게 하며, 나아가 자신의 가치를 정립할 수 있도록 도와주어야 한다.
③ 문화전달 및 문화형성 작용으로서의 교육
교육은 문화전달의 기능을 발휘하고 나아가서 새로운 문화를 창조하는 역할을 수행하는 것이다.
④ 사회화 과정으로서의 교육
은 민족이나 국가의 발전과 사회개조에 공헌하는 인간형성을 중시한다.
교육의 사회적응 기능 - 사회 변화에 순응하는 교육기능, 개인의 사회적응 능력으로서의 기능(교육의 사회개혁적 기능)

2. 안전보건교육 교육대상별 교육내용 및 시간

(1) 근로자 채용시의 교육 및 작업내용 변경시의 교육내용 16. 3. 6 기, 산 17. 3. 5 기 18. 4. 28 산 18. 8. 19 산 20. 6. 14 산 21. 3. 7 기

① 산업안전 및 사고 예방에 관한 사항
② 산업보건 및 직업병 예방에 관한 사항
③ 위험성 평가에 관한 사항
④ 산업안전보건법령 및 산업재해보상보험 제도에 관한 사항
⑤ 직무스트레스 예방 및 관리에 관한 사항
⑥ 직장 내 괴롭힘, 고객의 폭언 등으로 인한 건강장해 예방 및 관리에 관한 사항
⑦ 기계·기구의 위험성과 작업의 순서 및 동선에 관한 사항
⑧ 작업 개시 전 점검에 관한 사항
⑨ 정리정돈 및 청소에 관한 사항
⑩ 사고 발생 시 긴급조치에 관한 사항
⑪ 물질안전보건자료에 관한 사항

(2) 근로자의 정기안전보건교육내용 17. 8. 26 산 18. 8. 19 기 18. 9. 15 산 20. 6. 7 기

① 산업안전 및 사고 예방에 관한 사항
② 산업보건 및 직업병 예방에 관한 사항
③ 위험성 평가에 관한 사항
④ 건강증진 및 질병 예방에 관한 사항
⑤ 유해·위험 작업환경 관리에 관한 사항
⑥ 산업안전보건법령 및 산업재해보상보험 제도에 관한 사항
⑦ 직무스트레스 예방 및 관리에 관한 사항
⑧ 직장 내 괴롭힘, 고객의 폭언 등으로 인한 건강장해 예방 및 관리에 관한 사항

(3) 관리감독자 정기안전보건교육내용 17. 5. 7 기 17. 8. 26 기 18. 3. 4 기 18. 4. 28 기 19. 8. 4 기 20. 9. 27 기 21. 5. 15 기

① 산업안전 및 사고 예방에 관한 사항
② 산업보건 및 직업병 예방에 관한 사항
③ 위험성 평가에 관한 사항
④ 유해·위험 작업환경 관리에 관한 사항
⑤ 산업안전보건법령 및 산업재해보상보험 제도에 관한 사항
⑥ 직무스트레스 예방 및 관리에 관한 사항
⑦ 직장 내 괴롭힘, 고객의 폭언 등으로 인한 건강장해 예방 및 관리에 관한 사항
⑧ 작업공정의 유해·위험과 재해 예방대책에 관한 사항
⑨ 사업장 내 안전보건관리체제 및 안전·보건조치 현황에 관한 사항
⑩ 표준안전 작업방법 결정 및 지도·감독 요령에 관한 사항

⑪ 현장근로자와의 의사소통능력 및 강의능력 등 안전보건교육 능력 배양에 관한 사항
⑫ 비상시 또는 재해 발생 시 긴급조치에 관한 사항
⑬ 그 밖의 관리감독자의 직무에 관한 사항

(4) 관리감독자 채용 시 및 작업내용 변경 시 교육내용

① 산업안전 및 사고 예방에 관한 사항
② 산업보건 및 직업병 예방에 관한 사항
③ 위험성 평가에 관한 사항
④ 산업안전보건법령 및 산업재해보상보험 제도에 관한 사항
⑤ 직무스트레스 예방 및 관리에 관한 사항
⑥ 직장 내 괴롭힘, 고객의 폭언 등으로 인한 건강장해 예방 및 관리에 관한 사항
⑦ 기계·기구의 위험성과 작업의 순서 및 동선에 관한 사항
⑧ 작업 개시 전 점검에 관한 사항
⑨ 물질안전보건자료에 관한 사항
⑩ 사업장 내 안전보건관리체제 및 안전·보건조치 현황에 관한 사항
⑪ 표준안전 작업방법 결정 및 지도·감독 요령에 관한 사항
⑫ 비상시 또는 재해 발생 시 긴급조치에 관한 사항
⑬ 그 밖의 관리감독자의 직무에 관한 사항

16. 5. 8 산 17. 3. 5 기 산 17. 5. 7 기 산 18. 3. 4 산 20. 6. 7 산 20. 8. 23 산

[표] 근로자 안전보건교육(제26조제1항, 제28조제1항 관련)

교육과정	교육대상		교육시간
(가) 정기교육	1) 사무직 종사 근로자		매반기 6시간 이상
	2) 그 밖의 근로자	가) 판매업무에 직접 종사하는 근로자	매반기 6시간 이상
		나) 판매업무에 직접 종사하는 근로자 외의 근로자	매반기 12시간 이상
(나) 채용 시의 교육	1) 일용근로자 및 근로계약기간이 1주일 이하인 기간제근로자		1시간 이상
	2) 근로계약기간이 1주일 초과 1개월 이하인 기간제근로자		4시간 이상
	3) 그 밖의 근로자		8시간 이상 19. 9. 21 기
(다) 작업내용 변경 시 교육	1) 일용근로자 및 근로계약기간이 1주일 이하인 기간제근로자		1시간 이상 19. 9. 21 산
	2) 그 밖의 근로자		2시간 이상

합격예측

단계별 교육시간
16. 5. 8 산 19. 3. 3 기 21. 5. 15 기 21. 8. 14 기

교육법의 4단계	강의식	토의식
1단계 : 도입	5분	5분
2단계 : 제시	40분	10분
3단계 : 적용	10분	40분
4단계 : 확인	5분	5분

합격예측 및 관련법규

17. 8. 26 기 22. 3. 5 기

제139조(유해·위험작업에 대한 근로시간 제한 등) ① 사업주는 유해하거나 위험한 작업으로서 높은 기압에서 하는 작업 등 대통령령으로 정하는 작업에 종사하는 근로자에게는 1일 6시간, 1주 34시간을 초과하여 근로하게 해서는 아니 된다.
② 사업주는 대통령령으로 정하는 유해하거나 위험한 작업에 종사하는 근로자에게 필요한 안전조치 및 보건조치 외에 작업과 휴식의 적정한 배분 및 근로시간과 관련된 근로조건의 개선을 통하여 근로자의 건강 보호를 위한 조치를 하여야 한다.
예 잠함 잠수작업

합격예측

직무수행 준거가 갖추어야 할 3가지 특성
① 적절성 ② 실용성
③ 안정성

Q 은행문제

아담스(Adams)의 형평이론(공평성)에 대한 설명으로 틀린 것은? 19. 4. 27 기

① 성과(outcome)란 급여, 지위, 인정 및 기타 부가 보상 등을 의미한다.
② 투입(input)이란 일반적인 자격, 교육수준, 노력 등을 의미한다.
③ 작업동기는 자신의 투입대비 성과결과만으로 비교한다.
④ 지각에 기초한 이론이므로 자기 자신을 지각하고 있는 사람을 개인(person)이라 한다.

정답 ③

Q 은행문제

1. 직무분석을 위한 정보를 얻는 방법과 거리가 가장 먼 것은? 22. 4. 24 기
   ① 관찰법
   ② 직무수행법
   ③ 설문지법
   ④ 서류함기법

정답 ④

해설 직무분석방법 5가지
① 관찰법
② 면접법
③ 설문조사법
④ 작업일지법
⑤ 결정사건법

2. 학습성취에 직접적인 영향을 미치는 요인과 가장 거리가 먼 것은? 23. 5. 13 산
   ① 적성
   ② 준비도
   ③ 개인차
   ④ 동기유발

정답 ①

해설 학습성취에 직접적인 영향을 미치는 요인
① 준비도
② 개인차
③ 동기유발

교육과정	교육대상	교육시간
(라) 특별교육	1) 일용근로자 및 근로계약기간이 1주일 이하인 기간제근로자 : 별표5제1호라목(제39호는 제외한다)에 해당하는 작업에 종사하는 근로자에 한정한다.	2시간 이상
	2) 일용근로자 및 근로계약기간이 1주일 이하인 기간제근로자 : 별표5제1호라목제39호에 해당하는 작업에 종사하는 근로자에 한정한다.	8시간 이상 22. 4. 24 기
	3) 일용근로자 및 근로계약기간이 1주일 이하인 기간제근로자를 제외한 근로자 : 별표5제1호라목에 해당하는 작업에 종사하는 근로자에 한정한다.	가) 16시간 이상(최초 작업에 종사하기 전 4시간 이상 실시하고 12시간은 3개월 이내에서 분할하여 실시 가능) 나) 단기간 작업 또는 간헐적 작업인 경우에는 2시간 이상
(마) 건설업 기초 안전보건교육	건설 일용근로자	4시간 이상 18. 3. 4 기 21. 9. 12 기

2 특별안전보건교육

1. 특별안전보건교육대상 작업 별 교육내용 16. 3. 6 산 19. 3. 3 산 23. 5. 1 산

작업명	교육내용
(1) 고압실 내 작업(잠함공법이나 그 밖의 압기공법으로 대기압을 넘는 기압인 작업실 또는 수갱 내부에서 하는 작업만 해당한다)	• 고기압 장해의 인체에 미치는 영향에 관한 사항 • 작업의 시간·작업방법 및 절차에 관한 사항 • 압기공법에 관한 기초지식 및 보호구 착용에 관한 사항 • 이상 발생 시 응급조치에 관한 사항 • 그 밖에 안전보건관리에 필요한 사항
(2) 아세틸렌용접장치 또는 가스집합용접장치를 사용하는 금속의 용접·용단 또는 가열작업(발생기·도관 등에 의하여 구성되는 용접장치만 해당한다)	• 용접 흄, 분진 및 유해광선 등의 유해성에 관한 사항 • 가스용접기, 압력조정기, 호스 및 취관두 등의 기기점검에 관한 사항 • 작업방법·순서 및 응급처치에 관한 사항 • 안전기 및 보호구 취급에 관한 사항 • 화재 예방 및 초기 대응에 관한 사항 • 그 밖에 안전보건관리에 필요한 사항

작업명	교육내용
(3) 밀폐된 장소(탱크 내 또는 환기가 극히 불량한 좁은 장소를 말한다)에서 하는 용접작업 또는 습한 장소에서 하는 전기용접장치 19. 4. 27 기 20. 6. 7 기	• 작업순서, 안전작업방법 및 수칙에 관한 사항 • 환기설비에 관한 사항 • 전격 방지 및 보호구 착용에 관한 사항 • 질식 시 응급조치에 관한 사항 • 작업환경 점검에 관한 사항 • 그 밖에 안전보건관리에 필요한 사항
(4) 폭발성·물반응성·자기반응성·자기발열성 물질, 자연발화성 액체·고체 및 인화성 액체의 제조 또는 취급작업(시험연구를 위한 취급작업은 제외한다)	• 폭발성·물반응성·자기반응성·자기발열성 물질, 자연발화성 액체·고체 및 인화성 액체의 성질이나 상태에 관한 사항 • 폭발 한계점, 발화점 및 인화점 등에 관한 사항 • 취급방법 및 안전수칙에 관한 사항 • 이상 발견 시의 응급처치 및 대피 요령에 관한 사항 • 화기·정전기·충격 및 자연발화 등의 위험방지에 관한 사항 • 작업순서, 취급주의사항 및 방호거리 등에 관한 사항 • 그 밖에 안전보건관리에 필요한 사항
(5) 액화석유가스·수소가스 등 인화성 가스 또는 폭발성 물질 중 가스의 발생장치 취급 작업	• 취급가스의 상태 및 성질에 관한 사항 • 발생장치 등의 위험 방지에 관한 사항 • 고압가스 저장설비 및 안전취급방법에 관한 사항 • 설비 및 기구의 점검 요령 • 그 밖에 안전보건관리에 필요한 사항
(6) 화학설비 중 반응기, 교반기·추출기의 사용 및 세척작업	• 각 계측장치의 취급 및 주의에 관한 사항 • 투시창·수위 및 유량계 등의 점검 및 밸브의 조작주의에 관한 사항 • 세척액의 유해성 및 인체에 미치는 영향에 관한 사항 • 작업 절차에 관한 사항 • 그 밖에 안전보건관리에 필요한 사항
(7) 화학설비의 탱크 내 작업	• 차단장치·정지장치 및 밸브개폐장치의 점검에 관한 사항 • 탱크 내의 산소농도 측정 및 작업환경에 관한 사항 • 안전보호구 및 이상 발생 시 응급조치에 관한 사항 • 작업절차·방법 및 유해·위험에 관한 사항 • 그 밖에 안전보건관리에 필요한 사항
(8) 분말·원재료 등을 담은 호퍼·저장창고 등 저장탱크의 내부작업	• 분말·원재료의 인체에 미치는 영향에 관한 사항 • 저장탱크 내부작업 및 복장보호구 착용에 관한 사항 • 작업의 지정·방법·순서 및 작업환경 점검에 관한 사항 • 팬·풍기(風旗) 조작 및 취급에 관한 사항 • 분진 폭발에 관한 사항 • 그 밖에 안전보건관리에 필요한 사항
(9) 다음 각 목에 정하는 설비에 의한 물건의 가열·건조작업 가. 건조설비 중 위험물 등에 관계되는 설비로 속부피가 1세제곱미터 이상인 것 나. 건조설비 중 가목의 위험물 등의 물질에 관계되는 설비로서, 연료를 열원으로 사용하는 것	• 건조설비 내외면 및 기기기능의 점검에 관한 사항 • 복장보호구 착용에 관한 사항 • 건조 시 유해가스 및 고열 등이 인체에 미치는 영향에 관한 사항 • 건조설비에 의한 화재·폭발 예방에 관한 사항

합격예측

(1) 교육법의 4단계
① 1단계 : 도입-학습준비
② 2단계 : 제시-작업설명
③ 3단계 : 적용-실습 및 응용
④ 4단계 : 확인-총괄

(2) 준비성(readiness)
① 어떤 학습이 효과적으로 이루어질 수 있기 위한 학습자의 준비 상태 또는 정도를 말한다.
② 어떤 학습에서 성공하기 위한 조건으로서의 학습자의 성숙의 정도를 의미한다.

[표] 준비도의 의미와 요인

준비성(도)의 의미	준비도를 결정하는 요인
• 정신발달의 정도 • 정서적 반응 • 사회적 발달 • 생리적 조건 • 학습의 습관	• 성숙 • 생활연령 • 정신연령 • 경험 • 개인차

Q 은행문제

교육 대상자수가 많고, 교육 대상자의 학습능력의 차이가 큰 경우 집단안전교육방법으로서 가장 효과적인 방법은?

16. 3. 6 산 18. 9. 15 기

① 문답식 교육
② 토의식 교육
③ 시청각 교육
④ 상담식 교육

정답 ③

합격예측

하버드학파의 5단계 교수법

① 1단계 : 준비한다.
② 2단계 : 교시한다.
③ 3단계 : 연합한다.
④ 4단계 : 총괄시킨다.
⑤ 5단계 : 응용시킨다.

합격예측 23. 6. 4 ㉠

(1) 아담스의 공정성 이론

① 직무에 있어서 투입에 대한 산출의 비율이 타 종업원과 일치할 때 공정성이 존재하고 불일치할 때 불공정성이 존재
② 불공정성이 지각될 때 공정성 회복을 위해 긴장이 유발되며 불공정성이 클수록 긴장이 커진다.

(2) Z이론(Sven Lundstedt)

맥그레그의 X이론(권위형)과 Y이론(민주형)은 인간해석을 이분화 한 것으로 인간은 그렇게 단순한 것이 아니라 복잡한 면이 있다는 걸 강조하기 위해 Z이론(자유방임형) 제시

(3) Z이론의 인간해석

① 인간은 조직의 규율과 제도의 억압된 상황에서 사는 것을 원치 않는다.
② 인간은 선천적으로 과학적 탐구 정신을 가지고 있어 모든 상황에 의문을 제기하고 실험하여 새로운 것을 발견하고 또 발전시켜 나간다.

(4) 샤인(Edgar.H.Schein)의 복잡한 인간관

시대적 변천에 따른 인간모형의 변화 순서

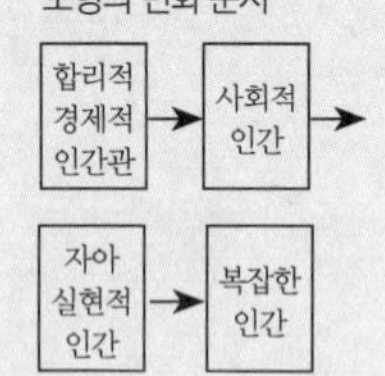

작업명	교육내용
(그 최대연소소비량이 매 시간당 10킬로그램 이상인 것만 해당한다) 또는 전력을 열원으로 사용하는 것(정격소비전력이 10킬로와트 이상인 경우만 해당한다)	
(10) 다음 각 목에 해당하는 집재장치(집재기·가선·운반기구·지주 및 이들에 부속하는 물건으로 구성되고, 동력을 사용하여 원목 또는 장작과 숯을 담아 올리거나 공중에서 운반하는 설비를 말한다)의 조립, 해체, 변경 또는 수리작업 및 이들 설비에 의한 집재 또는 운반작업 가. 원동기의 정격출력이 7.5킬로와트를 넘는 것 나. 지간의 경사거리 합계가 350미터 이상인 것 다. 최대사용하중이 200킬로그램 이상인 것	• 기계의 브레이크 비상정지장치 및 운반경로, 각종 기능 점검에 관한 사항 • 작업시작 전 준비사항 및 작업방법에 관한 사항 • 취급물의 유해·위험에 관한 사항 • 구조상의 이상 시 응급처치에 관한 사항 • 그 밖에 안전보건관리에 필요한 사항
(11) 동력에 의하여 작동되는 프레스기계를 5대 이상 보유한 사업장에서 해당 기계로 하는 작업 17. 9. 23 ㉠ 20. 6. 14 ㉡	• 프레스의 특성과 위험성에 관한 사항 • 방호장치 종류와 취급에 관한 사항 • 안전작업방법에 관한 사항 • 프레스 안전기준에 관한 사항 • 그 밖에 안전보건관리에 필요한 사항
(12) 목재가공용 기계(둥근톱기계, 띠톱기계, 대패기계, 모떼기기계 및 라우터만 해당하며, 휴대용은 제외한다)를 5대 이상 보유한 사업장에서 해당 기계로 하는 작업	• 목재가공용 기계의 특성과 위험성에 관한 사항 • 방호장치의 종류와 구조 및 취급에 관한 사항 • 안전기준에 관한 사항 • 안전작업방법 및 목재 취급에 관한 사항 • 그 밖에 안전보건관리에 필요한 사항 16. 10. 1 ㉠
(13) 운반용 등 하역기계를 5대 이상 보유한 사업장에서의 해당 기계로 하는 작업	• 운반하역기계 및 부속설비의 점검에 관한 사항 • 작업순서와 방법에 관한 사항 • 안전운전방법에 관한 사항 • 화물의 취급 및 작업신호에 관한 사항 • 그 밖에 안전보건관리에 필요한 사항
(14) 1톤 이상의 크레인을 사용하는 작업 또는 1톤 미만의 크레인 또는 호이스트를 5대 이상 보유한 사업장에서 해당 기계로 하는 작업	• 방호장치의 종류, 기능 및 취급에 관한 사항 • 걸고리·와이어로프 및 비상정지장치 등의 기계·기구 점검에 관한 사항 • 화물의 취급 및 작업방법에 관한 사항 • 신호방법 및 공동작업에 관한 사항 • 인양 물건의 위험성 및 낙하·비래(飛來)·충돌재해 예방에 관한 사항

작업명	교육내용
	• 인양물이 적재될 지반의 조건, 인양하중, 풍압 등이 인양물과 타워크레인에 미치는 영향 • 그 밖에 안전보건관리에 필요한 사항
(15) 건설용 리프트·곤돌라를 이용한 작업	• 방호장치의 기능 및 사용에 관한 사항 • 기계, 기구, 달기체인 및 와이어 등의 점검에 관한 사항 • 화물의 권상·권하 작업방법 및 안전작업지도에 관한 사항 • 기계·기구에 특성 및 동작원리에 관한 사항 • 신호 방법 및 공동 작업에 관한 사항 • 그 밖에 안전보건관리에 필요한 사항
(16) 주물 및 단조(금속을 두들기거나 눌러서 형체를 만드는 일)작업 21. 9. 12 기	• 고열물의 재료 및 작업환경에 관한 사항 • 출탕·주조 및 고열물의 취급과 안전작업방법에 관한 사항 • 고열작업의 유해·위험 및 보호구 착용에 관한 사항 • 안전기준 및 중량물 취급에 관한 사항 • 그 밖에 안전보건관리에 필요한 사항
(17) 전압이 75볼트 이상인 정전 및 활선작업 16. 10. 1 산 17. 3. 5 산 19. 8. 4 산	• 전기의 위험성 및 전격 방지에 관한 사항 • 해당 설비의 보수 및 점검에 관한 사항 • 정전작업·활선작업 시의 안전작업방법 및 순서에 관한 사항 • 절연용 보호구, 절연용 보호구 및 활선작업용 기구 등의 사용에 관한 사항 • 그 밖에 안전보건관리에 필요한 사항
(18) 콘크리트 파쇄기를 사용하여 하는 파쇄작업(2미터 이상인 구축물의 파쇄작업만 해당한다) 22. 3. 5 기	• 콘크리트 해체 요령과 방호거리에 관한 사항 • 작업안전조치 및 안전기준에 관한 사항 • 파쇄기의 조작 및 공통작업신호에 관한 사항 • 보호구 및 방호장비 등에 관한 사항 • 그 밖에 안전보건관리에 필요한 사항
(19) 굴착면의 높이가 2미터 이상이 되는 지반굴착(터널 및 수직갱 외의 갱굴착은 제외한다)작업	• 지반의 형태·구조 및 굴착 요령에 관한 사항 • 지반의 붕괴재해예방에 관한 사항 • 붕괴 방지용 구조물 설치 및 작업방법에 관한 사항 • 보호구의 종류 및 사용에 관한 사항 • 그 밖에 안전보건관리에 필요한 사항
(20) 흙막이 지보공의 보강 또는 동바리를 설치하거나 해체하는 작업	• 작업안전 점검 요령과 방법에 관한 사항 • 동바리의 운반·취급 및 설치 시 안전작업에 관한 사항 • 해체작업 순서와 안전기준에 관한 사항 • 보호구 취급 및 사용에 관한 사항 • 그 밖에 안전보건관리에 필요한 사항
(21) 터널 안에서의 굴착작업(굴착용 기계를 사용하여 하는 굴착작업 중 근로자가 칼날 밑에 접근하지 않고 하는 작업은 제외한다) 또는 같은 작업에서의 터널 거푸집 지보공의 조립 또는 콘크리트 작업	• 작업환경의 점검 요령과 방법에 관한 사항 • 붕괴 방지용 구조물 설치 및 안전작업방법에 관한 사항 • 재료의 운반 및 취급·설치의 안전기준에 관한 사항 • 보호구의 종류 및 사용에 관한 사항 • 소화설비의 설치장소 및 사용방법에 관한 사항 • 그 밖에 안전보건관리에 필요한 사항

합격예측 17. 3. 5 산

시청각교육의 필요성 20. 9. 27 기

① 교수의 효율성을 높여줄 수 있다.
② 지식팽창에 따른 교재의 구조화를 기할 수 있다.
③ 인구증가에 따른 대량 수업체제가 확립될 수 있다.
④ 교사의 개인차에서 오는 교수의 평준화를 기할 수 있다.
⑤ 어떤 사물에 대하여 완전히 이해하려면 현실적이고 구체적인 지각경험을 기초로 해야 한다.
⑥ 사물의 정확한 이해는 건전한 사고력을 유발하고 태도에 영향을 주어 바람직한 인격형성을 시킬 수 있다.

Q 은행문제

1. 교육 대상자수가 많고, 교육 대상자의 학습능력의 차이가 큰 경우 집단안전 교육방법으로서 가장 효과적인 방법은?

① 문답식 교육
② 토의식 교육
③ 시청각 교육
④ 상담식 교육

정답 ③

2. 교육훈련을 통하여 기업의 차원에서 기대할 수 있는 효과로 옳지 않은 것은? 19. 4. 27 기

① 리더십과 의사소통기술이 향상된다.
② 작업시간이 단축되어 노동비용이 감소된다.
③ 인적자원의 관리비용이 증대되는 경향이 있다.
④ 직무만족과 직무충실화로 인하여 직무태도가 개선된다.

정답 ③

합격예측

TBM 진행 3단계

① 1단계 : 도입한다.
② 2단계 : 의견을 내도록 한다.
③ 3단계 : 정리한다.

합격예측

안전태도교육의 원칙

① 청취한다.
② 이해하고 납득한다.
③ 항상 모범을 보여준다.
④ 권장한다.
⑤ 처벌한다.
⑥ 좋은 지도자를 얻도록 힘쓴다.
⑦ 적정배치를 한다.
⑧ 평가한다.

합격예측

(1) 집단역학(집단상호간 나타나는 현상)
  ① 권력구조
  ② 조직정치
  ③ 갈등
  ④ 커뮤니케이션 등
(2) Tuckman의 집단 형성 과정
  형성→혼란/갈등→규범화→성취/수행→해체
(3) 루블(Ruble)과 토마스(Thomas) 갈등관리
  ① 경쟁(강요)
  ② 절충
  ③ 수용
  ④ 협동
  ⑤ 회피
(4) 갈등 축소 전략(방법)
  ① 대면
  ② 초월적 목표 설정
  ③ 자원의 확충
  ④ 공통관심사 강조
(5) 갈등 해결 방법(수단)
  ① 분배적 협상 : 자원의 크기 한정시 자기 몫 극대화
  ② 통합적 협상 : 모두 만족, 상호 승리

합격예측

강의계획의 4단계

① 1단계 : 학습목적과 학습성과의 설정
② 2단계 : 학습자료수집 및 체계화
③ 3단계 : 교수방법의 선정
④ 4단계 : 강의안 작성

작업명	교육내용
(22) 굴착면의 높이가 2미터 이상이 되는 암석의 굴착작업	• 폭발물 취급 요령과 대피 요령에 관한 사항 • 안전거리 및 안전기준에 관한 사항 • 방호물의 설치 및 기준에 관한 사항 • 보호구 및 작업신호 등에 관한 사항 • 그 밖에 안전보건관리에 필요한 사항
(23) 높이가 2미터 이상인 물건을 쌓거나 무너뜨리는 작업(하역기계로만 하는 작업은 제외한다)	• 원부재료의 취급방법 및 요령에 관한 사항 • 물건의 위험성·낙하 및 붕괴재해예방에 관한 사항 • 적재방법 및 전도 방지에 관한 사항 • 보호구 착용에 관한 사항 • 그 밖에 안전보건관리에 필요한 사항
(24) 선박에 짐을 쌓거나 부리거나 이동시키는 작업	• 하역 기계·기구의 운전방법에 관한 사항 • 운반·이송경로의 안전작업방법 및 기준에 관한 사항 • 중량물 취급 요령과 신호 요령에 관한 사항 • 작업안전점검과 보호구 취급에 관한 사항 • 그 밖에 안전보건관리에 필요한 사항
(25) 거푸집 동바리의 조립 또는 해체작업	• 동바리의 조립방법 및 작업 절차에 관한 사항 • 조립재료의 취급방법 및 설치기준에 관한 사항 • 조립 해체 시의 사고예방에 관한 사항 • 보호구 착용 및 점검에 관한 사항 • 그 밖에 안전보건관리에 필요한 사항
(26) 비계의 조립·해체 또는 변경작업	• 비계의 조립순서 및 방법에 관한 사항 • 비계작업의 재료 취급 및 설치에 관한 사항 • 추락재해 방지에 관한 사항 • 보호구 착용에 관한 사항 • 비계상부작업 시 최대 적재하중에 관한 사항 • 그 밖에 안전보건관리에 필요한 사항
(27) 건축물의 골조, 다리의 상부구조 또는 탑의 금속제의 부재로 구성되는 것(5미터 이상인 것만 해당한다)의 조립·해체 또는 변경작업	• 건립 및 버팀대의 설치순서에 관한 사항 • 조립 해체 시의 추락재해 및 위험요인에 관한 사항 • 건립용 기계의 조작 및 작업신호방법에 관한 사항 • 안전장비 착용 및 해체순서에 관한 사항 • 그 밖에 안전보건관리에 필요한 사항
(28) 처마 높이가 5미터 이상인 목조건축물의 구조 부재의 조립이나 건축물의 지붕 또는 외벽 밑에서의 설치작업	• 붕괴·추락 및 재해 방지에 관한 사항 • 부재의 강도·재질 및 특성에 관한 사항 • 조립·설치순서 및 안전작업방법에 관한 사항 • 보호구 착용 및 작업점검에 관한 사항 • 그 밖에 안전보건관리에 필요한 사항
(29) 콘크리트 인공구조물(그 높이가 2미터 이상인 것만 해당한다)의 해체 또는 파괴작업	• 콘크리트 해체기계의 점검에 관한 사항 • 파괴 시의 안전거리 및 대피 요령에 관한 사항 • 작업방법·순서 및 신호 요령에 관한 사항 • 해체·파괴 시의 작업안전기준 및 보호구에 관한 사항 • 그 밖에 안전보건관리에 필요한 사항

작업명	교육내용
(30) 타워크레인을 설치(상승작업을 포함한다)·해체하는 작업	• 붕괴·추락 및 재해 방지에 관한 사항 • 설치·해체순서 및 안전작업방법에 관한 사항 • 부재의 구조·재질 및 특성에 관한 사항 • 신호방법 및 요령에 관한 사항 • 이상 발생 시 응급조치에 관한 사항 • 그 밖에 안전보건관리에 필요한 사항
(31) 보일러(소형 보일러 및 다음 각 목에서 정하는 보일러는 제외한다)의 설치 및 취급 작업 가. 몸통 반지름이 750밀리미터 이하이고 그 길이가 1,300밀리미터 이하인 증기보일러 나. 전열면적이 3제곱미터 이하인 증기보일러 다. 전열면적이 14제곱미터 이하인 온수보일러 라. 전열면적이 30제곱미터 이하인 관류보일러(물관을 사용하여 가열시키는 방식의 보일러)	• 기계 및 기기 점화장치 계측기의 점검에 관한 사항 • 열관리 및 방호장치에 관한 사항 • 작업순서 및 방법에 관한 사항 • 그 밖에 안전보건관리에 필요한 사항
(32) 게이지압력을 제곱센티미터당 1킬로그램 이상으로 사용하는 압력용기의 설치 및 취급작업	• 안전시설 및 안전기준에 관한 사항 • 압력용기의 위험성에 관한 사항 • 용기 취급 및 설치기준에 관한 사항 • 작업안전 점검방법 및 요령에 관한 사항 • 그 밖에 안전보건관리에 필요한 사항
(33) 방사선 업무에 관계되는 작업(의료 및 실험용은 제외한다) 19. 3. 3 기	• 방사선의 유해·위험 및 인체에 미치는 영향 • 방사선의 측정기기 기능의 점검에 관한 사항 • 방호거리·방호벽 및 방사선물질의 취급 요령에 관한 사항 • 응급처치 및 보호구 착용에 관한 사항 • 그 밖에 안전보건관리에 필요한 사항
(34) 밀폐공간에서의 작업 19. 4. 27 산	• 산소농도 측정 및 작업환경에 관한 사항 • 사고 시의 응급처치 및 비상시 구출에 관한 사항 • 보호구 착용 및 사용방법에 관한 사항 • 밀폐공간작업의 안전작업방법에 관한 사항 • 그 밖에 안전보건관리에 필요한 사항
(35) 허가 및 관리 대상 유해물질의 제조 또는 취급작업	• 취급물질의 성질 및 상태에 관한 사항 • 유해물질이 인체에 미치는 영향 • 국소배기장치 및 안전설비에 관한 사항 • 안전작업방법 및 보호구 사용에 관한 사항 • 그 밖에 안전보건관리에 필요한 사항
(36) 로봇작업	• 로봇의 기본원리·구조 및 작업방법에 관한 사항 • 이상 발생 시 응급조치에 관한 사항 • 안전시설 및 안전기준에 관한 사항 • 조작방법 및 작업순서에 관한 사항

Q 은행문제

1. 안전 교육시 강의안의 작성 원칙에 해당되지 않는 것은? 19. 4. 27 기

① 구체적 ② 논리적
③ 실용적 ④ 추상적

정답 ④

2. 심리검사 종류에 관한 설명으로 맞는 것은? 19. 4. 27 기

① 성격검사 : 인지능력이 직무수행을 얼마나 예측하는지 측정한다.
② 신체능력 검사 : 근력, 순발력, 전반적인 신체조정능력, 체력 등을 측정한다.
③ 기계적성 검사 : 기계를 다루는데 있어 예민성, 색채시각, 청각적 예민성을 측정한다.
④ 지능 검사 : 제시된 진술문에 대하여 어느 정도 동의하는지에 관해 응답하고, 이를 척도점수로 측정한다.

정답 ②

합격예측

특수형태근로종사자에 대한 최초노무제공시 교육내용

아래의 내용중 특수형태근로종사자의 직무에 적합한 내용을 교육해야 한다.

① 교통안전 및 운전 안전에 관한 사항
② 보호구 착용에 대한 사항
③ 산업안전 및 사고 예방에 관한 사항
④ 산업보건, 건강증진 및 질병 예방에 관한 사항
⑤ 유해·위험 작업 환경 관리에 관한 사항
⑥ 기계·기구의 위험성과 작업의 순서 및 동선에 관한 사항
⑦ 작업 개시 전 점검에 관한 사항
⑧ 정리정돈 및 청소에 관한 사항
⑨ 사고 발생 시 긴급조치에 관한 사항
⑩ 물질안전보건자료에 관한 사항
⑪ 직무 스트레스 예방 및 관리에 관한 사항
⑫ 「산업안전보건법」 및 산업재해보상보험 제도에 관한 사항

합격예측

Kirkpatrick의 교육훈련평가의 4단계 18. 3. 4 기

① 1단계 : 반응단계
② 2단계 : 학습단계
③ 3단계 : 행동단계
④ 4단계 : 결과단계

작업지도기법의 4단계

(1) 제1단계 : 학습할 준비를 시킨다.
① 마음을 안정시킨다.
② 작업을 배우고 싶은 의욕을 갖게 한다.
③ 무슨 작업을 할 것인가를 말해준다.
④ 작업에 대해 알고 있는 정도를 확인한다.
⑤ 정확한 위치에 자리 잡게 한다.
(2) 제2단계 : 작업을 설명한다.
① 주요단계를 하나씩 설명해 주고 시범해 보이고 그려 보인다.
② 급소를 강조한다.
③ 확실하게 빠짐없이, 끈기 있게 지도한다.
④ 이해할 수 있는 능력 이상으로 강요하지 않는다.
(3) 제3단계 : 작업을 시켜본다.
(4) 제4단계 : 가르친 뒤를 살펴본다.

Q 은행문제

다음 중 교육형태의 분류에 있어 가장 적절하지 않은 것은?
① 교육의도에 따라 형식적 교육, 비형식적 교육
② 교육성격에 따라 일반교육, 교양교육, 특수교육
③ 교육방법에 따라 가정교육, 학교교육, 사회교육
④ 교육내용에 따라 실업교육, 직업교육, 고등교육

정답 ③

작업명	교육내용
(37) 석면해체·제거작업	• 석면의 특성과 위험성 • 석면해체·제거의 작업방법에 관한 사항 • 장비 및 보호구 사용에 관한 사항 • 그 밖에 안전보건관리에 필요한 사항
(38) 가연물이 있는 장소에서 하는 화재위험작업	• 작업준비 및 작업절차에 관한 사항 • 작업장 내 위험물, 가연물의 사용·보관·설치 현황에 관한 사항 • 화재위험작업에 따른 인근 인화성 액체에 대한 방호조치에 관한 사항 • 화재위험작업으로 인한 불꽃, 불티 등의 비산(飛散)방지조치에 관한 사항 • 인화성 액체의 증기가 남아 있지 않도록 환기 등의 조치에 관한 사항 • 화재감시자의 직무 및 피난교육 등 비상조치에 관한 사항 • 그 밖에 안전보건관리에 필요한 사항
(39) 타워크레인을 사용하는 작업시 신호업무를 하는 작업 21. 8. 14 기	• 타워크레인의 기계적 특성 및 방호장치 등에 관한 사항 • 화물의 취급 및 안전작업방법에 관한 사항 • 신호방법 및 요령에 관한 사항 • 인양 물건의 위험성 및 낙하·비래·충돌재해 예방에 관한 사항 • 인양물이 적재될 지반의 조건, 인양하중, 풍압 등이 인양물과 타워크레인에 미치는 영향 • 그 밖에 안전보건관리에 필요한 사항

2. 안전보건관리책임자 등에 대한 교육시간 17. 5. 7 기 20. 8. 22 기

교육대상	교육시간	
	신규교육	보수교육
① 안전보건관리책임자	6시간 이상	6시간 이상
② 안전관리자, 안전관리전문기관의 종사자	34시간 이상	24시간 이상
③ 보건관리자, 보건관리전문기관의 종사자	34시간 이상	24시간 이상
④ 건설재해예방 전문지도기관의 종사자	34시간 이상	24시간 이상
⑤ 석면조사기관의 종사자	34시간 이상	24시간 이상
⑥ 안전보건관리담당자	–	8시간 이상
⑦ 안전검사기관, 자율안전검사기관의 종사자	34시간 이상	24시간 이상

3. 검사원 성능검사 교육

교육과정	교육대상	교육시간
성능검사 교육	–	28시간 이상

4. 특수형태근로종사자에 대한 안전보건교육

교육과정	교육시간
가. 최초 노무제공 시 교육	2시간 이상(특별교육을 실시한 경우는 면제한다)
나. 특별교육	16시간 이상(최초 작업에 종사하기 전 4시간 이상 실시하고 12시간은 3개월 이내에서 분할하여 실시가능)
	단기간 작업 또는 간헐적 작업인 경우에는 2시간 이상

[표] 건설업 기초안전보건교육에 대한 내용 및 시간

교육내용	소계 4시간
건설공사의 종류(건축·토목 등) 및 시공 절차	1시간
산업재해 유형별 위험요인 및 안전보건조치	2시간
안전보건관리체제 현황 및 산업안전보건 관련 근로자 권리·의무	1시간

[표] 교육훈련기법의 종류 23. 10. 7 실필

종류	기법
강의법	안전지식의 전달방법으로 특히 초보적인 단계에 대해서는 효과가 큰 방법
시범	기능이나 작업과정을 학습시키기 위해 필요로 하는 분명한 동작을 제시하는 방법
반복법	이미 학습한 내용이나 기능을 반복해서 말하거나 실연토록 하는 방법
토의법	10~20인 정도로 초보가 아닌 안전지식과 관리에 대한 유경험자에게 적합한 방법
실연법	이미 설명을 듣고 시범을 보아서 알게 된 지식이나 기능을 교사의 지도 아래 직접 연습을 통해 적용해 보는 방법
프로그램 학습법	학습자가 프로그램 자료를 가지고 단독으로 학습하도록 하는 방법
모의법	실제의 장면이나 상황을 인위적으로 비슷하게 만들어두고 학습하게 하는 방법
구안법 (Project method)	참가자 스스로가 계획을 수립하고 행동하는 실천적인 학습활동 과제에 대한 목표 결정 → 계획수립 → 활동시킨다 → 행동 → 평가

5. 물질안전보건자료에 관한 교육내용

① 대상화학물질의 명칭(또는 제품명)
② 물리적 위험성 및 건강 유해성
③ 취급상의 주의사항
④ 적절한 보호구
⑤ 응급조치 요령 및 사고시 대처방법
⑥ 물질안전보건자료 및 경고표지를 이해하는 방법

합격예측

안전교육의 진행 4단계

① 1단계 : 도입(준비)
② 2단계 : 제시(설명)
③ 3단계 : 적용(응용)
④ 4단계 : 평가(확인)

용어정의

① 전습법(whole method) : 학습재료를 하나의 전체로 묶어서 학습하는 방법이다.
② 분습법(part method) : 학습재료를 작게 나누어서 조금씩 학습하는 방법으로 순수 분습법, 점진적 분습법, 반복적 분습법이 있다.

합격예측 및 관련법규

제169조(물질안전보건자료에 관한 교육의 시기·내용·방법 등)

① 법 제114조제3항에 따라 사업주는 다음 각 호의 어느 하나에 해당하는 경우에는 작업장에서 취급하는 물질안전보건자료대상물질의 물질안전보건자료에서 별표 5에 해당되는 내용을 근로자에게 교육해야 한다. 이 경우 교육받은 근로자에 대해서는 해당 교육 시간만큼 법 제29조에 따른 안전·보건교육을 실시한 것으로 본다. 24. 7. 28 실필
1. 물질안전보건자료대상물질을 제조·사용·운반 또는 저장하는 작업에 근로자를 배치하게 된 경우
2. 새로운 물질안전보건자료대상물질이 도입된 경우
3. 유해성·위험성 정보가 변경된 경우

② 사업주는 제1항에 따른 교육을 하는 경우에 유해성·위험성이 유사한 물질안전보건자료대상물질을 그룹별로 분류하여 교육할 수 있다.
③ 사업주는 제1항에 따른 교육을 실시하였을 때에는 교육시간 및 내용 등을 기록하여 보존해야 한다

제1편

3 안전보건교육

Q 은행문제

1. 교육훈련 평가의 목적과 관계가 가장 먼 것은? 16. 10. 1 기

① 문제해결을 위하여
② 작업자의 적정배치를 위하여
③ 지도 방법을 개선하기 위하여
④ 학습지도를 효과적으로 하기 위하여

정답 ①

2. 조직에서 의사소통망은 조직 내의 구성원들간에 정보를 교환하는 경로구조를 의미하는데, 이 의사소통망의 유형이 아닌 것은? 16. 10. 1 기

① 원형　② X자형
③ 사슬형　④ 수레바퀴형

해설
의사소통망 유형
① 바퀴형(수레바퀴형)
② 원형　③ 개방형
④ 선형　⑤ Y형

정답 ②

1. 안전보건교육의 체계

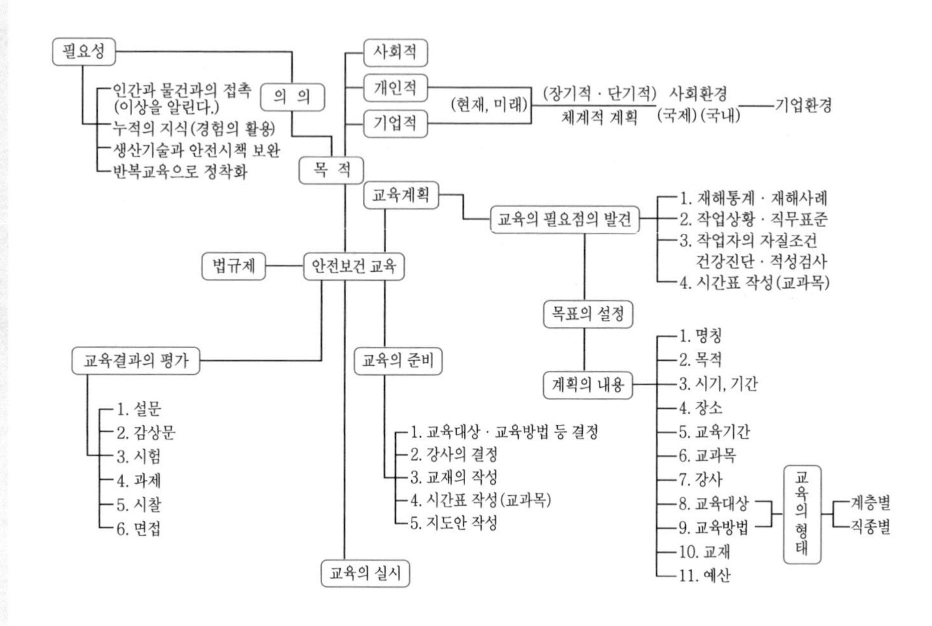

2. 안전보건교육(내용, 방법, 단계, 원칙)

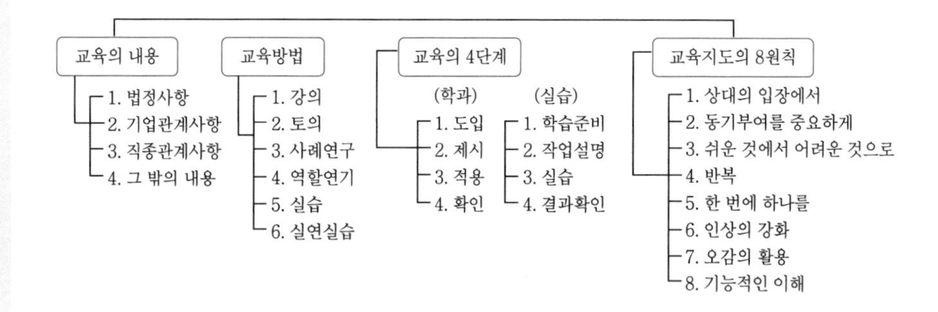

3. 교육훈련평가의 4단계(직접효과와 간접효과를 측정)

① **제1단계** : 반응단계(훈련을 어떻게 생각하고 있는가?)
② **제2단계** : 학습단계(어떠한 원칙과 사실 및 기술 등을 배웠는가?)
③ **제3단계** : 행동단계(교육훈련을 통하여 직무수행 상 어떠한 행동의 변화를 가져왔는가?)
④ **제4단계** : 결과단계(교육훈련을 통하여 코스트절감, 품질개선, 안전관리, 생산증대 등에 어떠한 결과를 가져왔는가?)

Chapter 10

교육내용 및 방법

출제예상문제

출제예상문제는 복습, 예습문제로 엮었습니다. *WHY : 실제시험에도 순서에 관계없이 출제됩니다. 예습 후 다음장에 공부한 문제가 있으면 기억이 배가 됩니다.

01 ★★ **다음 안전교육방법 중 피교육자의 인간동작과 관련 있는 교육방법은?**

① 강의식 ② 토의식
③ 문답식 ④ 실연식

해설

실연법(performance method)

학습자가 이미 설명을 듣거나 시범을 보고 알게 된 지식이나 기능을 교사의 지휘나 감독 아래 직접적으로 연습 적용해 보게 하는 교육 방법

02 ★★★★ **학과교육의 4단계 중에서 2단계는?**

① 제시 ② 도입
③ 확인 ④ 적용

해설

(1) 학과교육의 4단계
① 도입
② 제시(설명)
③ 적용(응용)
④ 확인(종합)

(2) 실습교육의 4단계
① 학습준비
② 작업설명
③ 실습
④ 결과시찰

03 ★★ **태도형성의 기능 4가지에 속하지 않는 것은?**

① 자아방위적인 기능
② 가치표현의 기능
③ 적응기능
④ 잠재능력의 개발기능

해설

태도형성기능 4가지

① 자아방위적인 기능
② 가치표현적 기능
③ 적응기능
④ 지식기능

04 ★★ **특별안전보건교육 중 로봇작업의 교육내용이 아닌 것은?**

① 조립 해체시의 사고예방에 관한 사항
② 이상시 응급조치에 관한 사항
③ 안전시설 및 안전기준에 관한 사항
④ 조작방법 및 작업순서에 관한 사항

해설

로봇의 특별안전교육

① 로봇의 기본원리, 구조 및 작업방법에 관한 사항
② 이상시 응급조치에 관한 사항
③ 안전시설 및 안전기준에 관한 사항
④ 조작방법 및 작업순서에 관한 사항

05 ★★ **토의식 교육기법에서 가장 많이 시간이 소비되는 단계는?**

① 도입단계 ② 제시단계
③ 적용단계 ④ 확인단계

해설

교육진행 4단계 시간배분(60분 교육시)

① 강의식 : 도입(5분) → 제시(40분) → 적용(10분) → 확인(5분)
② 토의식 : 도입(5분) → 제시(10분) → 적용(40분) → 확인(5분)

[정답] 01 ④ 02 ① 03 ④ 04 ① 05 ③

06 ★★★ 토의진행방법에서의 토의를 통제하는 과정은 몇 단계에서 정해지는가?

① 제1단계 ② 제2단계
③ 제3단계 ④ 제4단계

해설

(1) 토의진행 4단계 : 준비 → 제시 → 적용 → 평가
(2) 통제단계는 제3단계 적용단계이다.

07 ★★ 시청각적 학습방법의 장점이 아닌 것은?

① 교수의 평준화 ② 교재의 구조화
③ 개인차의 고려 ④ 대량수업체제 확립

해설

시청각적 방법(audio-visual method)의 장점은 ①, ②, ④ 외 교수의 효율성을 높일 수 있다.

08 ★★ 다음 중 모의법(simulation) 교육의 특징은? 17. 5. 7 기

① 단위시간당 교육비가 많이 든다.
② 시설의 유지비가 저렴하다.
③ 시간의 소비가 거의 없다.
④ 학생 대 교사의 비율이 낮다.

해설

모의법(simulation method) 교육의 특징

(1) 뜻
실제의 장면이나 상태와 유사한 장면을 인위적으로 만들어 학습하는 방법
(2) 적용하는 학습
① 수업의 모든 단계
② 학교수업, 직업교육
③ 실제 상태로 위험성이 다를 경우
④ 작업조작을 중요시하는 경우
(3) 제약조건
① 단위교육비가 비싸고 시간의 소비가 많다.
② 시설의 유지비가 비싸다(높다).
③ 다른 교육방법에 비하여 학생 대 교사비가 높다.

09 ★ 직장규율과 안전규율 등을 몸에 익히기 위하여 실시하는 교육의 종류는 무엇인가?

① 지식교육 ② 문제해결교육
③ 기능교육 ④ 태도교육

해설

몸과 행동에 관계되는 것은 태도교육이다.

10 다음 중 작업위험분석방법이 아닌 것은? ★★

① 면접법 ② 관찰법
③ 설문지법 ④ 강의법

해설

작업위험분석방법

① 면접법 ② 관찰법
③ 설문지법 ④ ①+②+③법

11 ★★ 안전교육의 대상자에 대한 설명 중 틀린 것은?

① 신규 채용자 중 계절 작업자는 교육대상에서 제외한다.
② 작업내용 변경자는 필히 교육대상이 된다.
③ 신규 채용자 중 감시 작업자는 교육대상이 된다.
④ 위험작업 종사자는 교육대상이다.

해설

어떤 근로자도 교육대상에서 제외될 수 없다.

12 ★★★ 강의법에 의한 교육시 최적 수강자 수는?

① 30~50인 ② 50~70인
③ 70~90인 ④ 90~110인

해설

강의방식

① 강의식(40~50명 최적)
② 문답식
③ 문제제시식

[정답] 06 ③ 07 ③ 08 ① 09 ④ 10 ④ 11 ① 12 ①

13 ★★ **앞의 학습이 뒤의 학습에 미치는 영향을 무엇이라 하는가?**

① 반사(reflex) ② 반응(reaction)
③ 전이(transfer) ④ 효과(effect)

해설

전이의 결과 2가지

① 긍정적 전이 : 이전의 학습이 다음 학습에 도움을 주는 경우
② 부정적 전이 : 이전의 학습이 다음 학습에 방해 혹은 금지되는 경우

14 ★★★★★ **안전교육의 4단계법을 순서대로 연결한 것 중 알맞는 것은?**

① 준비 → 제시 → 적용 → 확인
② 준비 → 적용 → 확인 → 제시
③ 제시 → 준비 → 적용 → 확인
④ 확인 → 준비 → 제시 → 적용

해설

학과교육의 4단계이다.

15 ★★★★ **교육작업 지도기법 중 '이해할 수 있는 능력 이상으로 강요하지 않는다'는 몇 단계에 속하는가?**

① 1단계 ② 2단계
③ 3단계 ④ 4단계

해설

제2단계 제시단계의 설명이다.

16 ★★ **훈련의 평가라 함은 그 훈련의 목적을 달성하였는가를 분석하는 것이다. 그런데 교육훈련 평가의 중심 대상인 실적평가에 있어서 직접효과를 측정하는 4단계의 방법을 채택하게 되는데 이 훈련평가의 4단계 중 틀린 것은 어느 것인가?**

① 제1단계 – 반응단계 ② 제2단계 – 작업단계
③ 제3단계 – 행동단계 ④ 제4단계 – 결과단계

해설

제2단계 – 설명단계

17 ★★★ **교육형태에 따라 지도하는 교육자를 기준으로 분류한 협의교수법과 거리가 먼 것은?**

① 역할연기법 ② 강의식법
③ 대화식법 ④ 설명회식법

해설

특수 목적을 이용한 회의방식

(1) role playing(역할연기법) : 참석자에 일정한 역할을 주고 토의시키는 학습방법으로서 흥미와 좋은 자세를 갖게 하며 태도교육에 사용된다.
(2) case method(사례연구법) : 경영교육의 효과적인 방법으로 기업이 도입한 것이며 case의 성질과 검토방법은 다음과 같다.
① 문제발견능력
② 문제내용의 비판력
③ 대책의 입안능력
④ 종합적인 판단력

18 ★★ **안전화를 이룩하기 위한 안전교육 중 안전교육을 통해 안전행동을 실행해 낼 수 있는 동기를 부여하는 교육은 무엇인가?**

① 안전지식교육 ② 안전기능교육
③ 안전태도교육 ④ 안전환경교육

해설

행동의 교정은 태도교육이다.

19 ★★ **다음 안전교육의 방법 중 전개 단계에서 가장 좋은 방법은?**

① 시범 ② 강의법
③ 토의법 ④ 평가법

해설

학습성과의 순서

① 도입 : 서론부분으로 학습자의 주의력과 관심포착(1시간 강의에서 5분 정도)
② 전개 : 본론으로서 학습의 중요부분
③ 종결 : 강의의 대단원

[정답] 13③ 14① 15② 16② 17① 18③ 19③

20 산업안전보건법령상 안전보건개선계획서에 개선을 위하여 포함되어야 하는 중점개선 항목에 해당되지 않는 것은? 21. 5. 15 기

① 시설　② 안전보건관리체제
③ 안전보건교육　④ 보호구 착용

해설

안전보건개선계획서 중점개선 항목

① 시설
② 안전보건관리체제
③ 안전보건교육
④ 산업재해 예방 및 작업환경의 개선

참고 산업안전기사 필기 p.1-157

정보제공
산업안전보건법 시행규칙 제61조(안전보건개선계획의 제출 등)

21 ★★★★★ 하버드학파의 학습지도법의 5단계를 바르게 나열한 것은?

① 준비시킨다 – 연합시킨다 – 교시한다 – 총괄시킨다 – 응용시킨다
② 준비시킨다 – 연합시킨다 – 총괄시킨다 – 교시한다 – 응용시킨다
③ 준비시킨다 – 교시한다 – 연합시킨다 – 총괄시킨다 – 응용시킨다
④ 준비시킨다 – 교시한다 – 응용시킨다 – 연합시킨다 – 총괄시킨다

해설

하버드 학파 교수법 5단계

① 준비한다 ② 교시한다 ③ 연합한다
④ 총괄한다 ⑤ 응용한다

22 ★★★★ 역할연기(role playing) 교육의 장점이 아닌 것은?

① 의견발표에 자신이 생기고 고찰력이 풍부해진다.
② 관찰능력을 높이고 감수성이 향상된다.
③ 매 반응마다 피드백이 주어지기 때문에 학습자가 흥미를 갖는다.
④ 자기태도에 반성과 창조성이 싹튼다.

해설

역할연기(role playing)

(1) role playing의 장점
1) ①, ②, ④ 외
2) 문제에 적극적으로 참가하여 흥미를 갖게 하며, 타인의 장점과 단점이 잘 나타난다.
3) 사람을 보는 눈이 신중하게 되고, 관대하게 되며 자신의 능력을 알게 된다.

(2) role playing의 단점
1) 목적이 명확하지 않고 계획적으로 실시하지 않으면 학습에 연계되지 않는다.
2) 높은 수준의 의사 결정에 대한 훈련을 하는 데는 그다지 효과를 기대할 수 없다.

23 ★★★ 학습평가의 기본적인 기준이 아닌 것은?

① 실용도(實用度)　② 타당도(妥當度)
③ 습숙도(習熟度)　④ 신뢰도(信賴度)

해설

학습평가 기본기준

①, ②, ④ 외 객관도

24 ★★ 인간에 대한 변화 중에 가장 쉽게 변화를 가져올 수 있는 것은 다음 중 어느 것인가?

① 태도의 변화　② 지식의 변화
③ 행동의 변화　④ 조직의 성장변화

해설

지식 – 기능 – 태도의 순이다.

25 ★★ 안전교육의 평가방법으로 가장 적합한 것은?

① 관찰　② 면접
③ 질문　④ 테스트

[정답] 20 ④ 21 ③ 22 ③ 23 ③ 24 ② 25 ④

해설

교육의 종류와 학습평가법

평가방법 / 교육종류	관찰	면접	노트	질문	평가시험	테스트
지식교육	△	△	×	△	○	○
기능교육	△	×	○	×	×	○
태도교육	○	○	×	△	△	×

※ ○ : 우수, △ : 보통, × : 부적합

26 ★ **다음 중 안전기능교육의 3원칙이 아닌 것은?**

① 위험작업 규제 ② 준비 상태
③ 인간관계 개선 ④ 안전 표준작업

해설

안전기능교육의 3원칙

① 준비(readiness)기능 ② 위험작업의 규제
③ 안전작업 표준화

27 ★★★ **불안전 행동을 예방하기 위하여 수정해야 할 조건의 시간이 짧은 것부터 길게 나타내는 순서대로 올바른 것은?**

① 집단행위 – 개인행위 – 태도 – 지식
② 개인행위 – 태도 – 지식 – 집단행위
③ 태도 – 지식 – 집단행위 – 개인행위
④ 지식 – 태도 – 개인행위 – 집단행위

해설

불안전한 행동을 안전 행동으로 바꾸는 순서

지식교육 – 태도교육 – 개인교육 – 집단교육

28 ★★ **사고예방을 위한 훈련 프로그램에서 다루지 않는 사항은 다음 중 어느 것인가?**

① 직무 지식 ② 안전에 대한 의식
③ 사고 보고서 ④ 생산성 향상

해설

예방의 목적이 생산성 향상은 아니다.

29 ★★ **안전보건교육은 안전관리 3E 중의 하나이다. 안전교육의 기본 방향이 아닌 것은?**

① 사고 중심의 안전보건교육
② 안전 표준작업을 위한 교육
③ 안전의식 고취를 위한 교육
④ 적성 능력 향상을 위한 교육

해설

안전교육으로 적성 능력을 향상시킨다는 것은 불가능하다.

30 ★ **다음 교육방법 중 수업의 중간이나 마지막 단계에 행하는 방법은?**

① 강의법 ② 토의법
③ 프로그램법 ④ 실연법

해설

① 강의법 : 수업의 도입이나 초기 단계
② 프로그램 : 수업의 모든 단계
③ 토의법 : 수업의 중간이나 마지막 단계에 적합하다.
④ 실연법 : 수업의 중간이나 마지막 단계(단, 적용이 가능하나 토의법보다 효과가 크다.)

31 ★★★ **안전태도교육의 기본과정을 옳게 설명한 순서는?**

① 들어본다 → 이해시킨다 → 시범을 보인다 → 평가한다
② 이해시킨다 → 들어본다 → 시범을 보인다 → 평가한다
③ 시범을 보인다 → 이해시킨다 → 들어본다 → 평가한다
④ 들어본다 → 시범을 보인다 → 이해시킨다 → 평가한다

해설

태도교육의 4단계 설명이다.

[정답] 26 ③ 27 ④ 28 ④ 29 ④ 30 ④ 31 ①

32 ★★ 안전관리교육을 위한 교재(敎材) 중 안전작업 분석 도표(sheet)는 무엇을 위한 것인가?

① 안전관리기능을 위한 교재
② 안전사상((思想)을 위한 교재
③ 안전관리지식을 위한 교재
④ 안전태도(態度)를 위한 교재

해설

분석도표는 지식교재이다.

33 ★★ 귀납적인 문제 해결의 방법이나 태도 교육에 많이 활용되고 있는 교육 기법은?

① 단계법 ② 교육방법
③ 강의식법 ④ 토의식법

해설

태도교육
① 작업 동작의 정확화가 필요
② 단계법이 필요

34 교육의 3요소가 아닌 것은?

① 교재 ② 교육방법
③ 수강자 ④ 강사

해설

교육의 3요소
① 주체 : 강사
② 객체 : 수강자
③ 매개체 : 교재

35 ★★ 짧은 교육기간에 많은 내용을 전달하기 위해서는 다음 중 어느 교육방법이 적당한가?

① 강의식 ② 문답식
③ 토의식 ④ 질문식

해설

강의식은 단시간에 많은 내용의 전달이 가능하다.

36 ★ 다음 중 강의법의 장점이 아닌 것은?

① 여러 가지 수업매체를 동시에 활용할 수 있다.
② 학습자의 태도, 정서 등의 감화를 위한 학습에 효과적이다.
③ 사실, 사상을 시간, 장소의 제한없이 제시할 수 있다.
④ 강사와 학습자가 시간을 효과적으로 이용할 수 있다.

해설

④를 할 수 없는 것이 강의법의 단점이다.

37 ★★ 근로자안전보건교육으로 8시간 이상(일용 근로자는 1시간 이상) 교육을 실시하여야 하는 교육과정은?

① 정기교육 ② 채용시 교육
③ 작업내용변경시 교육 ④ 특별교육

해설

대상자별 교육시간
(1) 정기교육
  ① 사무직 종사 근로자 : 매반기 6시간 이상
  ② 관리감독자 : 연간 16시간 이상
(2) 신규채용시 교육 : 8시간 이상(일용근로자 1시간 이상)
(3) 작업내용변경시 교육 : 2시간 이상(일용근로자 1시간 이상)
(4) 특별안전보건교육(일용근로자) : 2시간 이상

38 ★★ "위험물의 성질"에 관한 안전교육 지도안을 작성하려고 한다. "제시"에 해당되는 것은?

① 위험정도를 말한다.
② 위험물 취급물질을 설명한다.
③ 문제에 대하여 질문을 받는다.
④ 취급상 제규정을 준수, 확인한다.

해설

안전교육법의 4단계
(1) 도입(준비) : ①
(2) 제시(설명) : ②
(3) 적용(응용) : ③
(4) 확인(총괄) : ④

[정답] 32 ③ 33 ① 34 ② 35 ① 36 ④ 37 ② 38 ②

39 ★★ **알고 있는 지식을 심화시키거나 어떠한 자료에 대해 보다 명료한 생각을 갖도록 하기 위하여 실시하는 교육방법은 어느 것인가?**

① Lecture method
② Discussion method
③ Performance method
④ Demonstration method

해설

Discussion method(토의법)
① 수업의 중간이나 마지막 단계
② 학교수업이나 직업훈련의 특정 분야
③ 알고 있는 지식을 심화시키거나 어떠한 자료에 대해 보다 명료한 생각을 갖도록 하는 경우
④ 팀웍이 필요한 경우

40 ★★★ **학습평가의 기본적인 기준이 아닌 것은?**

① 실용도(實用度) ② 타당도(妥黨度)
③ 습숙도(習熟度) ④ 신뢰도(信賴度)

해설

학습평가의 기본적인 기준
① 타당도 : 측정하고자 하는 본래 목적과 일치하느냐의 정도를 나타내는 기준
② 신뢰도 : 신용도로서 측정의 오차가 얼마나 적으냐를 나타내는 것
③ 객관도 : 측정의 결과에 대해 누가 보아도 일치된 의견이 나올 수 있는 성질
④ 실용도 : 사용에 편리하고 쉽게 적용시킬 수 있는 기준이 실용도가 높은 것

보충학습

매슬로가 1954년 발표한 논문 "동기부여와 인간성(Motive and Personality"에서 인간욕구의 5단계설을 제시하면서 동기부여와 욕구의 변화단계를 말하였다. 그 후 1970년에 자아초월의 욕구를 추가하여 현재는 매슬로 인간욕구 6단계설을 제안하였다.

매슬로의 인간욕구 6단계설[Maslow's hierarchy of needs(6 categories), 1970]
① 제1단계 : 생리적 욕구(Physiological Needs)
② 제2단계 : 안전의 욕구(Safety security Needs)
③ 제3단계 : 사회적 욕구(Acceptance Needs)
④ 제4단계 : 자아의 욕구(Self-esteem Needs)
⑤ 제5단계 : 자아실현의 욕구(Self-actualization)
⑥ 제6단계 : 자아초월의 욕구(Self-transcendence)
결론 : 자아초월 = 이타정신 = 남을 배려하는 마음

41 **건설업 기초안전·보건 교육에 대한 내용 및 시간에서 건설직종별 건강장해 위험요인과 건강관리는 몇시간 교육을 실시하는가?**

① 1 ② 2
③ 3 ④ 4

해설

건설업 기초안전보건교육에 대한 내용 및 시간

교육내용	소계 4시간
건설공사의 종류(건축·토목 등) 및 시공 절차	1시간
산업재해 유형별 위험요인 및 안전보건조치	2시간
안전보건관리체제 현황 및 산업안전보건 관련 근로자 권리·의무	1시간

합격정보

교육내용 2023년 1월 1일 부터 적용

42 **안전보건관리 담당자의 보수교육시간은?**

① 6 ② 8
③ 10 ④ 12

해설

안전보건관리책임자 등에 대한 교육

교육대상	교육시간	
	신규교육	보수교육
• 안전보건관리책임자	6시간 이상	6시간 이상
• 안전관리자, 안전관리전문기관의 종사자	34시간 이상	24시간 이상
• 보건관리자, 보건관리전문기관의 종사자	34시간 이상	24시간 이상
• 건설재해예방 전문지도기관의 종사자	34시간 이상	24시간 이상
• 석면조사기관의 종사자	34시간 이상	24시간 이상
• 안전보건관리담당자	–	8시간 이상
• 안전검사기관, 자율안전검사기관의 종사자	34시간 이상	24시간 이상

정보제공

2022년 8월 18일 「법률 제18426호」법 적용

합격자의 조언

1. 불경기에도 돈은 살아서 숨쉰다. 돈의 숨소리에 귀를 기울여라.
2. 값진 곳에 돈을 써라. 돈도 신이 나면 떼지어 몰려온다.

[정답] 39 ② 40 ③ 41 ① 42 ②

S A F E T Y E N G I N E E R

인간공학 및 시스템안전공학

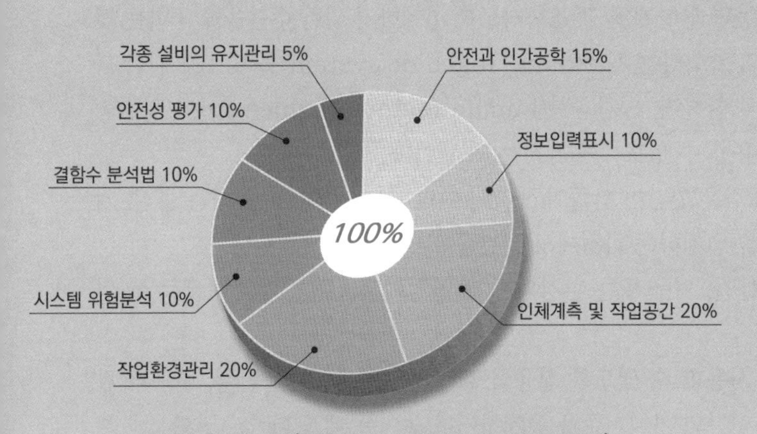

출제기준 및 비중(적용기간 : 2021.1.1~2025.12.31)
NCS기준과 2025년 합격기준을 정확하게 적용하였습니다.

안전과 인간공학

중점 학습내용

본 장은 안전 공학도로서 인간의 삶과 목적이 과연 무엇인가를 간략하게 정의하였으며, 인간·기계의 기능, 장단점 등을 기술하고 인간으로서 안전하게 작업할 수 있는 기본사항 등을 구체적으로 서술하여 안전 공학도가 기본적으로 인지해야 할 내용을 제시하였다. 시험에 출제가 예상되는 그 중심내용은 다음과 같이 하였다.

❶ 인간공학의 정의
❷ 인간-기계 체계
❸ 체계 설비와 인간 요소

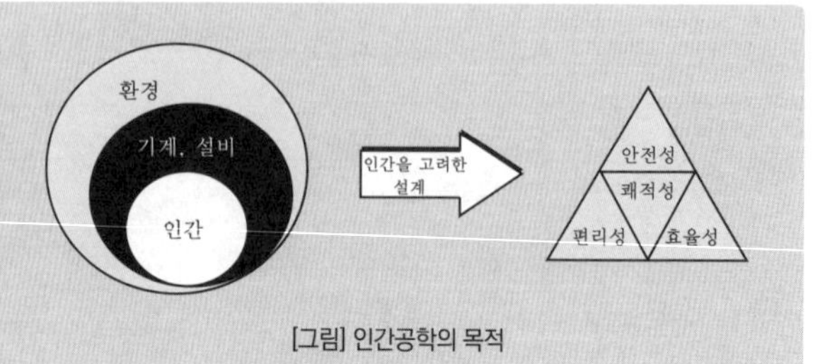

[그림] 인간공학의 목적

합격날개

합격예측

인간공학의 목표

① 첫째 : 안전성 향상과 사고방지
② 둘째 : 기계조작의 능률성과 생산성의 향상
③ 셋째 : 쾌적성 17. 9. 23 ㉮ 19. 4. 27 ㉮ 23. 5. 23 ㉯ 24. 2. 15 ㉮

합격용어

(1) 인간공학
기계, 기구, 환경 등의 물적 조건을 인간의 특성과 능력에 잘 조화하도록 설계하기 위한 수단을 연구하는 학문이다.

(2) 표기방법
① 유럽중심: Ergonomics(그리스어의 ergon과 nomics의 합성어), 「ergon(노동 또는 작업, work)+nomos(법칙 또는 관리, laws)+ics(학문 또는 학술)」인간의 특성에 맞게 일을 수행하도록 하는 학문
② 미국중심 : Human factor

합격예측 18. 4. 28 ㉯ 21. 3. 7 ㉮

Chapanis의 위험확률 분석

확률 수준	발생 빈도 (frequency of occurrence)
극히 발생하지 않는 (impossible)	10^{-8}/day
매우 가능성이 없는 (extremely unlikely)	10^{-6}/day
거의 발생하지 않는 (remote)	10^{-5}/day
가끔 발생하는 (occasional)	10^{-4}/day
가능성이 있는 (reasonably probable)	10^{-3}/day
자주 발생하는(frequent)	10^{-2}/day

1 인간공학(Ergonomics)의 정의

1. 인간공학의 개념

(1) 정 의

미국의 차파니스(Chapanis, A.)는 인간공학은 기계와 그 기계조작 및 환경조건을 인간의 특성, 능력과 한계에 잘 조화하도록 설계하기 위한 수단을 연구하는 것으로, 인간과 기계의 조화있는 체계(man−machine system)를 갖추기 위한 학문이라고 했다. 다시 말하면, 인간공학(human factors engineering : 인간중심)이란 '인간이 사용할 수 있도록 설계하는 과정'이다.

① 인간공학의 초점은 인간이 만들어 생활의 여러 가지 면에서 사용하는 물질, 기구 또는 환경을 설계하는 과정에서 인간을 고려하는 데 있다.

② 인간이 만든 물건, 기구 또는 환경의 설계 과정에서 인간공학의 목표는 두 가지이다.
㉮ 사람이 잘 사용할 수 있도록 실용적 효능을 높이고 건강, 안정, 만족과 같은 특정한 인간의 가치기준을 유지하거나 높이는 데 있다. 22. 4. 24 ㉮
㉯ 인간의 복지향상

③ 인간공학의 접근방법(approach)은 인간이 만들어 사람이 사용하는 물체, 기구 또는 환경을 설계하는 데 인간의 특성이나 행동에 관한 적절한 정보를 체계적으로 적용하는 것이다.

(2) 인간공학의 내용

① 아동, 청년, 노인의 각종 작업 능력의 발달, 쇠퇴 및 개인차 : 작업의 종류와 그 작업을 수행하는 사람들의 유형에 따라 작업의 수행 능력에 차이가 있으며, 또한 각 개인의 능력 차이에 따라서 작업의 성과가 다르게 나타난다.

② 작업 숙달 : 만일, 사람이 장치에 적합하고 또한 장치가 사람에게 적합하고 직무 절차가 가장 적합하다면 시간, 비용, 노력을 보다 적게 들이고도 요구되는 작업의 숙련도에 도달할 수 있다.

③ 인간의 생리적인 면과 작업 능률과의 관계 : 피로, 중압감 등의 인간의 생리적인 특성들은 작업성과에 커다란 영향을 미친다.

④ 작업방법과 작업능률과의 관계 : 어느 개인이나 집단의 능력 및 특성에 적합한 작업방법에 따라서 작업을 수행하면 작업의 능률이 향상된다.

⑤ 작업형태와 작업능률과의 관계 : 근로시간, 근로일정 등의 작업기간과 휴식시간, 휴일 및 근무 교대(보기 1일 3교대) 등에 관한 작업 제도는 작업의 능률에 영향을 미친다.

⑥ 작업환경과 작업능률과의 관계 : 대기조건(기후, 온도, 기압, 고도 등), 조명, 소음, 먼지, 방사선 그리고 작업장의 기계 장비 및 부품의 배치 등은 작업의 성과에 영향을 미친다.

⑦ 작업의 사회적 조건 : 작업 조직 제도, 교통, 주거 및 기업의 형태 등을 들 수 있다.

⑧ 문제되는 장비나 설비의 운용방법 및 절차 : 문제되는 장치에 대한 적절한 운용방법 및 그 특성들을 근로자가 확실히 알 수 있도록 한다.

⑨ 이들 품목들의 인간 요소적 측면에서의 시험 및 평가 : 문제시되는 장치들이 인간의 특성에 적합한지를 시험 및 평가한다.

⑩ 작업의 설계 : 근로자에게 자신의 작업 항목에 대한 검사 책임을 부여하거나, 근로자로 하여금 자신에게 적합한 작업 방법을 스스로 선택할 수 있는 기회를 준다. 또한 수행해야 할 작업에 대한 인원을 적절히 결정하여 근로자들을 적재적소에 배치한다.

2. 인간공학의 연구목적 및 방법

(1) 인간공학의 연구목적(Chapanis, A.) 16. 5. 8 기 17. 3. 5 산 21. 8. 14 기 22. 3. 5 기

① 첫째 : 안전성의 향상과 사고방지

② 둘째 : 기계 조작의 능률성과 생산성의 향상

③ 셋째 : 쾌적성

위 3가지의 궁극적인 목적은 안전과 능률(안전성 및 효율성 향상)이다.

합격예측

인간공학적 제어예방(control prevention) 프로그램에는 4개의 주요 구성요소

① 존재하거나 잠재적인 문제
② 문제가 시키는 위험요소의 규명과 평가
③ 공학적이면서 경영적인 교정방법의 설계와 수행
④ 도입된 교정방법의 효율성 감시와 평가

합격예측 16. 3. 6 기 17. 8. 26 산 18. 4. 28 기 산

사업장에서의 인간공학 적용 분야 및 기대효과

① 작업관련성 유해·위험 작업 분석(작업환경개선)
② 제품설계에 있어 인간에 대한 안전성평가(장비 및 공구설계)
③ 작업공간의 설계
④ 인간-기계 인터페이스 디자인
⑤ 재해 및 질병 예방

합격예측

체계가 공통적으로 갖는 일반적 특성

① 체계의 목적
② 임무 및 기본기능
③ 입력 및 출력
④ 통신유대
⑤ 절차

인간의 성능 특성

① 속도
② 정확성
③ 사용자 만족

인간공학적 설계대상

① 물건(Objects)
② 기계(Machinery)
③ 환경(Environment)

Q 은행문제

산업안전 분야에서의 인간공학을 위한 제반 언급사항으로 관계가 먼 것은? 18. 3. 4 산

① 안전관리자와의 의사소통 원활화
② 인간과오 방지를 위한 구체적 대책
③ 인간행동 특성자료의 정량화 및 축적
④ 인간-기계체계의 설계 개선을 위한 기금의 축적

정답 ④

합격예측

인간기준의 4가지 유형

① 인간성능척도
② 생리학적 지표
③ 사고발생빈도
④ 주관적 반응

합격예측

인간공학의 필요성

① 산업재해감소
② 생산원가절감
③ 직무만족도향상
④ 재해로 인한 손실감소
⑤ 기업의 이미지와 상품 선호도 향상
⑥ 노사간의 신뢰구축

합격예측 17. 5. 7 기 20. 8. 22 기

체계설계과정에서의 인간공학의 기여도

① 성능의 향상
② 훈련비용의 절감
③ 인력이용률의 향상
④ 사고 및 오용으로부터의 손실감소
⑤ 생산 및 경비유지의 경제성 증대
⑥ 사용자의 수용도 향상

Q 은행문제

인간공학의 연구를 위한 수집자료 중 동공확장 등과 같은 것은 어느 유형으로 분류되는 자료라 할 수 있는가?

① 생리 지표
② 주관적 자료
③ 강도 척도
④ 성능 자료

정답 ①

합격예측

Rasmussen의 행동 세 가지 분류 17. 5. 7 기 22. 3. 5 기

① 숙련 기반 행동 (skill-based behavior)
② 지식 기반 행동 (knowledge-based behavior)
③ 규칙 기반 행동 (rule-based behavior)

(2) 인간공학의 가치 및 효과 17. 3. 5 기 17. 5. 7 산 18. 3. 4 산

① 성능의 향상　② 훈련비용의 절감
③ 인력이용률의 향상　④ 사고 및 오용에 의한 손실 감소
⑤ 생산 및 장비유지의 경제성 증대　⑥ 사용자의 수용도 향상

(3) 인간공학의 연구의 분석방법

① 순간조작 분석　② 지각운동정보 분석
③ 연속 control 부담 분석　④ 전 작업 부담 분석
⑤ 사용빈도 분석　⑥ 기계의 상호연관성 분석

(4) 인간공학의 연구방법 16. 10. 1 기 21. 5. 15 기

① **묘사적 연구**(descriptive study) : 현장 연구로 인간기준이 사용
② **실험적 연구**(experimental research) : 작업 성능에 대한 모의 실험
③ **평가적 연구**(evaluation research) : 체계 성능에 대한 man-machine system이나 제품 등을 평가(인간공학 연구방법 중 실제의 제품이나 시스템이 추구하는 특성 및 수준이 달성되는지를 비교하고 분석하는 연구)

(5) 인간기준의 종류(Human Criteria) 16. 10. 1 산 21. 3. 7 기

① 인간의 성능(빈도수·지속성·자연성) 척도
② 주관적 반응 : 개인성능연구
③ 생리학적 지표(척도) : 동공확장 등으로 연구
④ 사고 및 과오의 빈도

(6) 인간기준의 평가기준

① 빈도 척도
② 강도 척도
③ 잠복시간 척도
④ 지속시간 척도
⑤ 인간의 신뢰도(반복성)

Amenity(쾌적함)
감성공학 목표
Beauty(아름다움)　Culture(인간존중)

[그림] 감성공학 ABC

주 감성이란 : 외부로부터의 감각 자극에 대한 반응으로 외부로부터의 감각 정보에 대하여 직관적이고 순간적으로 발생되는 것

(7) 인간공학의 연구기준 중 체계묘사기준

① 체계의 수명　② 신뢰도
③ 정비도　④ 가용도
⑤ 운용비　⑥ 운용 용이도
⑦ 소요인력

[표] 감성공학과 인간 interface(계면)의 3단계 17. 3. 5 산 20. 6. 14 산

구 분	특 성
신체적(형태적)인터페이스	인간의 신체적 또는 형태적 특성의 적합성여부(필요조건)
인지적 인터페이스	인간의 인지능력, 정신적 부담의 정도(편리 수준)
감성적 인터페이스	인간의 감정 및 정서의 적합성여부(쾌적 수준)

※ 1. 감성적인 부분을 고려하지 않을 시 나타난 결과 : 진부감(陳腐感) 12. 5. 20 산
2. 인지적 특성이 가장 많이 고려되는 사용자의 인터페이스요소 : 한글입력방식 07. 8. 8 산 19. 9. 21 산
3. 계면(面) : 인간과 기계가 만나는 면

2 인간-기계 체계

1. 인간-기계 통합시스템 17. 8. 26 산

시스템(system, 또는 체계)이란, '특정한 기능을 수행하기 위한 조화 있는 상호작용을 하거나 상호 관련되어서 어떤 공통된 목표에 의해 통합된 사물들의 집단'이라 정의된다. 연구목적 : 안전의 극대화, 생산능률 향상 19. 3. 3 기

시스템의 종류는 개방 시스템(open system)과 폐쇄 시스템(closed system)의 두 가지로 나뉜다.

개방 시스템은 입력에 반응하는 출력이 다시 입력에 연결되지 않고 입력에 영향을 끼치지 않는 시스템인 데 반해서, 폐쇄 시스템은 피드백(feedback) 경로가 있어서 입력에서 반응하는 출력이 다시 입력에 연결되어 영향을 끼치는 시스템이다.

시스템 내부에는 그 시스템과 관련을 가지는 또 다른 시스템이 있을 수 있는데, 이 내부 시스템을 흔히 하부 시스템(下部體系 : subsystem)이라 부른다.

모든 시스템은 하부 시스템을 가지고 있으며, 또한 어떤 특정한 목적을 가지고 있다. 이 목적은 분명하게 이해되어야 하며, 시스템이 그 목적을 달성하기 위해서는 특정한 임무들이 수행되어져야 한다. 이때, 각각의 임무는 사람 또는 기계에 적절히 할당되어 수행되며, 각 임무를 수행함으로써 이들이 통합된 인간-기계 시스템으로서의 새롭고 큰 힘을 나타내는 것이다.(설계원칙 : 인간의 효율이 우선적 설계)

(1) 감지기능

인간은 감각기관(눈, 코, 귀 등)을 통해서 감지하지만, 기계는 전자장치 또는 기계장치를 통해 감지한다.

(2) 정보보관기능

인간은 두뇌에 기억하지만, 기계는 자기테이프 또는 천공카드(punch card) 등에 보관한다.

합격예측 17. 8. 26 기 19. 8. 4 산 20. 9. 27 기 22. 3. 5 기

인간공학 기준(척도)의 요건

① 적절성
② 무오염성
③ 기준척도의 신뢰성
④ 표준화
⑤ 객관성
⑥ 규준
⑦ 타당성
⑧ 민감도
⑨ 검출성
⑩ 변별성

합격예측

인간-기계 기능계에서 기본기능 16. 10. 1 산

① 감지(sensing)
② 정보저장 (information storage)
③ 정보처리 및 결심 (information processing and decision)
④ 행동기능 (acting function)

합격예측

인간-기계 시스템 설계 6단계 16. 3. 6 기 19. 3. 3 기

① 1단계 : 시스템의 목표와 성능 명세 결정
② 2단계 : 시스템의 정의
③ 3단계 : 기본설계(작업설계, 직무분석, 기능할당)
④ 4단계 : 인터페이스설계
⑤ 5단계 : 보조물설계
⑥ 6단계 : 시험 및 평가

Q 은행문제 18. 3. 4 산

항공기 위치 표시장치의 설계원칙에 있어, 다음 보기의 설명에 해당하는 것은?

[보기]
항공기의 경우 일반적으로 이동부분의 영상은 고정된 눈금이나 좌표계에 나타내는 것이 바람직하다.

① 통합
② 양립적 이동
③ 추종표시
④ 표시의 현실성

정답 ②

합격예측

정보보관기능

① 기계 : 펀치카드, 자기테이프, 형판, 기록, 자료표
① 인간 : 기억된 학습내용

합격예측

인간의 인지능력과 정보습득

정보량	시각	83[%]
	청각	11[%]
	후각	3.5[%]
	촉각	1.5[%]
	미각	1[%]

합격예측

인터페이스 설계의 종류

① 작업공간
② 표시장치
③ 조종장치
④ 제어장치
⑤ 컴퓨터와의 대화

합격예측 16. 8. 21 기

인간-기계 시스템 설계원칙

① 배열을 고려한 설계
② 양립성에 맞는 설계
③ 인체 특성에 적합한 설계

Q 은행문제

1. 안전가치분석의 특징으로 틀린 것은? 17. 5. 7 산

① 기능위주로 분석한다.
② 왜 비용이 드는가를 분석한다.
③ 특정 위험의 분석을 위주로 한다.
④ 그룹 활동은 전원의 중지를 모은다.

정답 ③

2. 작업기억과 관련된 설명으로 틀린 것은? 17. 5. 7 산

① 단기기억이라고도 한다.
② 오랜 기간 정보를 기억하는 것이다.
③ 작업기억 내의 정보는 시간이 흐름에 따라 쇠퇴할 수 있다.
④ 리허설(rehearsal)은 정보를 작업기억 내에 유지하는 유일한 방법이다.

정답 ②

(3) 정보처리 및 의사결정

기억된 내용을 근거로 간단하거나 복잡한 과정을 통해 의사 결정을 내리는 과정이다.

(4) 행동기능

결정된 사항의 실행과 조정을 하는 과정이다.

여기에서, 정보보관기능은 다른 세 기능 모두와 상호작용을 하므로, 나머지 세 기능은 '감지 → 정보처리 및 의사 결정 → 행동 기능'의 순서대로 수행된다.

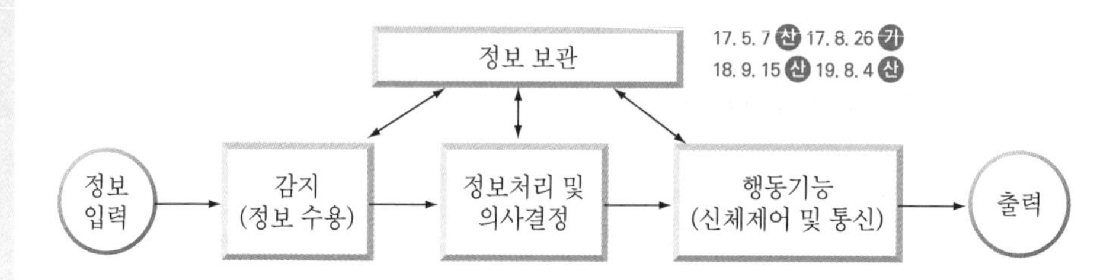

[그림] 인간-기계 통합시스템의 인간 또는 기계에 의해서 수행되는 기본 기능의 유형

인간은 자신의 능력 한계에 도구, 공구 및 기계 등을 사용함으로써 능력을 확대하여 최대의 작업능률을 올리고자 하므로, 인간-기계의 통합시스템은 자연적으로 요구된다.

인간-기계 통합시스템(Man-Machine System : MMS)이란, 한 명 이상의 사람과 한 가지 이상의 기계, 그리고 이들의 환경으로 구성되어 인간만으로 또는 기계만으로 발휘하는 그 이상의 큰 능력을 나타내는 시스템을 말한다.

그런데 인간-기계 통합시스템으로서 대부분의 작업 활동이 수행되므로, 이 통합 시스템의 유형과 그 운용방식 및 특성 등을 잘 알아서 목적하는 바 그 임무를 효율적으로 수행하는 것이 중요하다.

인간-기계 통합시스템의 유형은 인간 대 기계의 통제 정도에 따라서 세 가지로 구분된다.

① **수동 시스템(manual system)** : 수동 시스템은 사용자가 손공구나 그 밖에 보조물 등을 사용하여 자기의 신체적 힘을 동력원으로 하여 작업을 수행하고, 작업의 능률화를 이룩하는 시스템이다. 수동 시스템에서 인간의 역할은 어떤 처리를 위한 힘을 제공하고 기계를 제어하는 것이다. 사용자는 자신의 공구나 보조물에 많은 양의 정보를 주고받으며, 전형적으로 자기 보조에 맞추어 일한다.

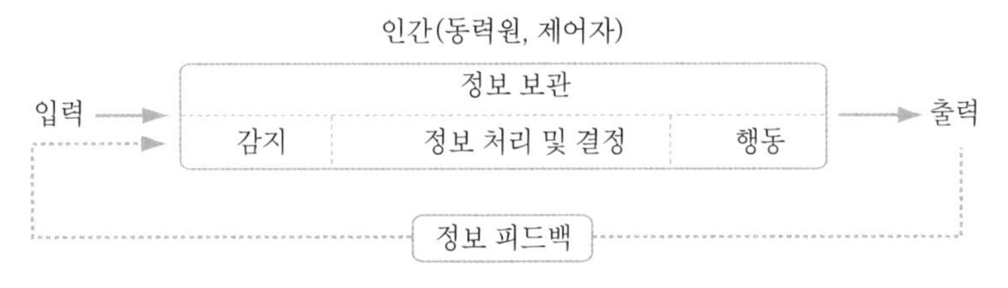

[그림] 수동 시스템

② **기계 시스템**(mechanical system) : 기계 시스템은 반자동 시스템이라고도 하는데, 여러 종류의 동력 공작 기계와 같이 고도로 통합된 부품들로 구성되어 있다. 이 시스템에서 인간의 역할은 제어 기능을 담당한다. 즉, 기계를 돌리고 멈추며, 중간 과정에 대한 조정을 한다. 힘에 대한 공급(동력원)은 기계가 담당한다. 19. 4. 27 산 21. 9. 12 기

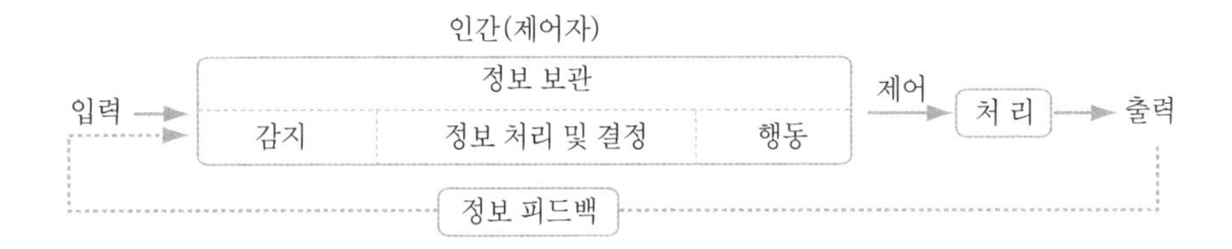

[그림] 기계(반자동) 시스템

③ **자동 시스템**(automatic system) : 시스템이 완전히 자동화된 경우에는 감지, 정보 처리 및 의사 결정, 행동 기능 및 정보 보관 등 모든 임무를 미리 설계된 대로 기계가 수행하게 된다. 이 자동 시스템은 미리 설계되고 프로그램화된 대로 수행되나, 만일 실제 작용이 목표로 한 작용과 달라질 때에는 자동적으로 목표 작용을 지양하는 기능을 가지고 있다. 자동 시스템에 있어서 신뢰성이 완전하다고 하는 것은 불가능한 것이므로, 인간은 주로 감시(monitor)하거나 처리 과정을 감독하는 역할을 담당하게 된다.

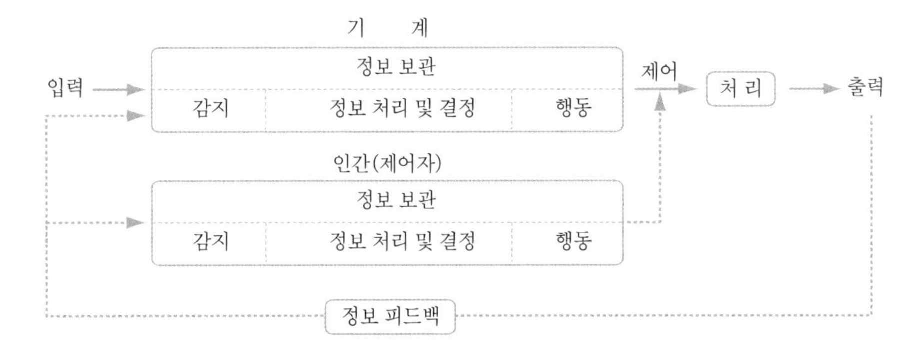

[그림] 자동 시스템

합격예측

인간-기계체계 유형

19. 3. 3 산 19. 9. 21 기

① 수동체계의 경우 : 장인과 공구, 가수와 앰프
② 기계화 체계의 경우 : 운전하는 사람과 자동차 엔진
③ 자동화 체계 : 인간은 주로 감시, 프로그램 입력, 정비 유지

합격예측

(1) 인간요소적 기능 4가지
- 작업설계
- 직무분석
- 작업명세
- 요원선발 기준

(2) SD법(Semantic Differential Method)
오즈구드(Osgood C.E) 등이 각 나라의 언어가 표현하는 의미가 어느 정도 유사한지 조사하는 연구를 통해 평가성, 역량성, 활동성의 3가지 인자로 구성되어 있다는 것을 발견

[표] 실험실과 현장연구비교

구분	실험실	현장
변수형태	용기(쉽다)	어렵다
현실성	낮다	높다
동기부여	높다	낮다
안정성	높다	낮다

Q 은행문제

자동화시스템에서 인간의 기능으로 적절하지 않은 것은?

17. 3. 5 기

① 설비보전
② 작업계획 수립
③ 조정 장치로 기계를 통제
④ 모니터로 작업 상황 감시

정답 ③

합격예측 17. 5. 7 산 17. 9. 23 기

수동체계(manual system)
수동체계는 수공구나 그 밖에 보조물로 이루어지며 자신의 신체적인 힘을 동력원으로 사용하여 작업을 통제하는 인간 사용자와 결합한다.

합격예측

행동기능
어떤 체계의 행동(action)기능이란 내려진 의사결정의 결과로 발생하는 조작행위를 말한다.
① 물리적인 조종행위나 과정 : 조종장치작동, 물체나 물건을 취급, 이동, 변경, 개조하는 것 등이 있다.
② 통신행위 : 음성(사람의 경우), 신호, 기록 등의 방법이 사용된다.

합격예측

인간 커뮤니케이션 Link 종류
① 방향성 Link
② 통신계 Link
③ 시각 Link

Q 은행문제

고령자의 정보처리 과업을 설계할 경우 지켜야 할 지침으로 틀린 것은? 17. 5. 7 기
① 표시 신호를 더 크게 하거나 밝게 한다.
② 개념, 공간, 운동 양립성을 높은 수준으로 유지한다.
③ 정보처리 능력에 한계가 있으므로 시분할 요구량을 늘린다.
④ 제어표시장치를 설계할 때 불필요한 세부내용을 줄인다.

정답 ③

용어정리
① 감정 : 비교적 단순한 심리적 체험 예 밝다, 어둡다
② 감성 : 외부의 물리적 자극에 따른 감각, 지각으로 사람의 내부에 일어나는 고도의 심리적 체험 예 쾌적감, 온화함

[표] 운용방식 및 부품과 연결장치의 특성에 의한 인간-기계 통합시스템의 분류

시스템 유형 및 운용 방식	부 품	부품간의 연결장치	보 기
수동 시스템 : 22. 4. 24 기 사용자 조작, 융통성 있음	손공구 및 보조물	인간(사용자)	장인과 공구, 가수와 앰프
기계 시스템 : 운전자 조정, 융통성 없음	상호 관련도가 대단히 높은 여러 부속품들이 명확히 구분할 수 없는 부품 및 연결장치를 이루고 있다.		엔진, 자동차, 공작기계
자동 시스템 : 18. 8. 19 산 미리 고정 또는 프로그램됨	(동력) 기계 시스템	전선, 도관, 지레 등이 제어회로를 이룬다.	자동화된 처리 공장, 자동교환대, 컴퓨터, NC 공작 기계

2. 인간과 기계의 기능 비교

인간과 기계의 차이는 무엇인가? 감각 기능을 가지고 있고 정보를 보관할 수가 있고 의사결정을 할 수 있으며, 업무를 효과적으로 수행할 수 있다는 점에서 인간과 기계의 차이는 별로 없다. 다만, 작업 수행에 있어서는 기계가 훨씬 능률적이고 전문적인 데 비해서 인간은 생리적, 사회적 특성에 의하여 그 능력의 한계가 제한되어 있다. 반면에, 의사 결정의 논리적 능력에 있어서는 인간의 능력이 훨씬 우수하다.

인간과 기계의 차이는 직무의 할당면에서도 문제가 된다. 즉, 수행되어야 할 어떤 특정한 직무가 주어졌을 때, 이것을 인간에게 할당할 것인지, 아니면 기계에 할당할 것인지 하는 문제이다. 이러한 할당은 대체적으로 두드러진 상대적 우월성이나 경제성 등에 의해서 거의 결정된다.

[표] 인간과 기계의 기능 비교 19. 9. 21 산

구 분	인간이 기계보다 우수한 기능	기계가 인간보다 우수한 기능
감지 기능	• 저에너지 자극 감지 • 복잡 다양한 자극 형태 식별 • 예기치 못한 사건의 감지	• 인간의 정상적 감지 범위 밖의 자극 감지 • 인간 및 기계에 대한 모니터 기능
정보저장	• 기억된 학습	• 펀치카드, 녹음테이프, 형판
정보처리 및 결정 18. 4. 28 기 20. 6. 14 산	• 많은 양의 정보를 장시간 보관 • 관찰을 통한 일반화 • 귀납적 추리 • 원칙 적용 • 다양한 문제 해결(정서적)	• 암호화된 정보를 신속하게 대량 보관 • 연역적 추리 • 정량적 정보처리 18. 8. 19 기 18. 9. 15 기
행동 기능	• 과부하 상태에서는 중요한 일에만 전념	• 과부하 상태에서도 효율적 작동 • 장시간 중량 작업 • 반복작업, 동시에 여러 가지 작업 가능

[표] 인간-기계의 장단점 16. 5. 8 산 18. 9. 15 기 20. 6. 7 기 21. 3. 7 기

구분	장 점	단 점
인간	① 시각, 청각, 촉각, 후각, 미각 등의 작은 자극도 감지한다. ② 각각으로 변화하는 자극 패턴을 인지한다. ③ 예기치 못한 자극을 탐지한다. ④ 기억에서 적절한 정보를 꺼낸다. ⑤ 결정시에 여러 가지 경험을 꺼내 맞춘다. ⑥ 귀납적으로 추리한다. ⑦ 원리를 여러 문제해결에 응용한다. ⑧ 주관적인 평가를 한다. ⑨ 아주 새로운 해결책을 생각한다. ⑩ 조작이 다른 방식에도 몸으로 순응한다.	① 어떤 한정된 범위 내에서만 자극을 감지할 수 있다. ② 드물게 일어나는 현상을 감지할 수 없다. ③ 수계산을 하는 데 한계가 있다. ④ 신속 고도의 신뢰도로서 대량정보를 꺼낼 수 없다. ⑤ 운전작업을 정확히 일정한 힘으로 할 수 없다. ⑥ 반복작업을 확실하게 할 수 없다. ⑦ 자극에 신속 일관된 반응을 할 수 없다. ⑧ 장시간 연속해서 작업을 수행할 수 없다.
기계	① 초음파 등과 같이 인간이 감지 못하는 것에도 반응한다. ② 드물게 일어나는 현상을 감지할 수 있다. ③ 신속하면서 대량의 정보를 기억할 수 있다. ④ 신속정확하게 정보를 꺼낸다. ⑤ 특정 프로그램에 대해서 수량적 정보를 처리한다. ⑥ 입력신호에 신속하고 일관된 반응을 한다. ⑦ 연역적인 추리를 한다. ⑧ 반복 동작을 확실히 한다. ⑨ 명령대로 작동한다. ⑩ 동시에 여러 가지 활동을 한다. ⑪ 물리량을 셈하거나 측정하든가 한다.	① 미리 정해 놓은 활동만을 할 수 있다. ② 학습을 한다든가 행동을 바꿀 수 없다. ③ 추리를 하거나 주관적인 평가를 할 수 없다. ④ 즉석에서 적응할 수 없다. ⑤ 기계에 적합한 부호화된 정보만 처리한다.

3 체계설비와 인간요소

1. 기계설비 신뢰성의 개요

(1) 설비의 신뢰도 요인

① 재질
② 기능
③ 작동방법

합격예측

(1) 기계화 체계(mechanical system)
반자동(semiautomatic) 체계라고도 하며, 동력제어장치가 공작기계와 같이 고도로 통합될 부품들로 구성되어 있다. 이 체계는 변화가 별로 없는 기능들을 수행하도록 설계되어 있으며, 동력은 전형적으로 기계가 제공하고, 운전자의 기능은 조정장치를 사용하여 통제하는 것이다. 인간은 표시장치를 통하여 체계의 상태에 대한 정보를 받고, 정보처리 및 의사결정 기능을 수행하여 결심한 것을 조종장치를 사용하여 실행한다.

(2) 인식과 자극의 정보처리 과정 3단계 내용 19. 8. 4 기
① 인지단계
② 인식단계
③ 행동단계

합격예측

① 심리적정보처리단계 : 회상(recall), 인식(recognition), 정리(retention)
② 인간의정보처리시간 : 0.5초(인간의 정보처리능력 한계)

Q 은행문제

신호검출 이론의 응용분야가 아닌 것은? 17. 8. 23 산
① 품질검사
② 의료진단
③ 교통통제
④ 시뮬레이션

정답 ④

[해설] SDT(신호검출)이론의 응용
① 소리의 파형, 빛, 레이다영상 등의 시각신호 및 다른 종류의 신호에도 청각과 동일하게 적용
② 응용분야 : 음파탐지, 품질검사 임무, 증인증언, 의료진단, 항공교통통제 등 광범위하게 적용

합격예측 17. 9. 23 산

체계가 완전히 자동화된 경우에는 기계 자체가 감지, 정보처리 및 의사결정, 행동을 포함한 모든 임무를 수행한다. 신뢰성이 완전한 자동체계란 불가능한 것이므로 인간은 주로 감시(monitor), 프로그램, 정비유지(maintenance) 등의 기능을 수행한다.

합격예측 16. 5. 8 기 19. 3. 3 산

① 암호의 검출성(감지장치로 검출)
② 암호의 변별성(인접자극의 상이도 영향)
③ 부호의 양립성(인간의 기대와 모순되지 않을 것)
④ 부호의 의미
⑤ 암호의 표준화
⑥ 다차원 암호의 사용(정보전달 촉진)

합격예측

① 직렬계

$MTTF_s = \frac{MTTF}{n}$

② 병렬계

$MTTF_s = MTTF\left(1+\frac{1}{2}+\frac{1}{3}+\cdots+\frac{1}{n}\right)$

Q 은행문제

과전압이 걸리면 전기를 차단하는 차단기, 퓨즈 등을 설치하여 오류가 재해로 이어지지 않도록 사고를 예방하는 설계 원칙은?

① 에러복구 설계
② 풀-프루프(fool-proof) 설계
③ 페일-세이프(fail-safe) 설계
④ 템퍼-프루프(tamper proof) 설계

정답 ③

(2) 신뢰도의 평가지수

① 신뢰도(Reliability : Rt) : 체계 또는 부품이 주어진 운용조건하에서 의도하는 사용기간 중에 의도한 목적에 만족스럽게 작동할 확률 17. 9. 23 산

② 가용도(Availability : At) : 체계가 어떤 시점에서 만족스럽게 작동할 수 있는 확률로서 순간가용도, 구간가용도, 고유가용도로 분류 17. 9. 23 기

③ 정비도(Maintainability : Mt) : 고장난 체계가 일정한 시간 안에 수리될 확률

④ 고장률(Hazard rate : ht) : 단위시간당 시간구간 초에 정상 작동하던 체계가 그 시간구간 내에 고장나는 비율

⑤ 고장밀도함수(Failure density function : ft) : 단위시간당 고장이 발생하는 체계의 비율

(3) MTBF(평균고장간격 : Mean Time Between Failures) 16. 3. 6 산 18. 3. 4 기 18. 4. 28 기 19. 3. 3 기 19. 9. 21 산 21. 3. 7 기

① 고장이 발생되어도 다시 수리를 해서 쓸 수 있는 제품을 의미 :

무고장 시간의 평균 $\left[MTBF_s = \frac{1}{\lambda}+\frac{1}{2\lambda}+\cdots+\frac{1}{n\lambda}\right]$

$F = \frac{1}{\lambda} = t0,\ t0 = \frac{1}{\lambda}$　　고장률$(\lambda) = \frac{\text{고장(불량품) 건수}}{\text{총 가동시간}}$(건/시간)

② 고장에서 고장까지의 정상 상태에 머무르는 무고장 동작 시간의 평균치

③ 평균고장 발생의 시간 길이로 수리하면서 사용하는 제품의 신뢰도 척도

④ 고장 사이의 작동시간 평균치 : 보전성 개선 목적(보전기록자료)

(4) MTTF(고장까지의 평균시간 : Mean Time To Failure) 22. 4. 24 기

① 기계의 평균수명으로 모든 기계가 t_0를 갖지 않기 때문에 확률분포로 파악

② 고장이 발생하면 그것으로 수명이 없어지는 제품

③ 한번 고장이 발생하면 수명이 다하는 것으로 생각하여 수리하지 않고 폐기 또는 교환하는 제품의 고장까지의 평균시간 $\left[MTTF\left(1+\frac{1}{2}+\cdots+\frac{1}{n}\right)\right]$

④ 고장이 일어나기까지의 동작시간 평균치

(5) MTTR(평균수리시간 : Mean Time To Repair) 15. 3. 8 산 17. 3. 5 기 18. 8. 19 산

체계의 고장발생 순간부터 수리가 완료되어 정상적으로 작동을 시작하기까지의 평균고장시간이며 지수분포를 따른다.

① $MTTR = \frac{1}{\text{U(평균수리율)}} = \frac{\text{수리시간 합계}}{\text{수리횟수}}$(시간)

② $MDT\text{(평균정지시간)} = \frac{\text{총보전 작업시간}}{\text{총보전 작업건수}}$

2. 기계설비 고장유형

(1) 초기고장 17. 8. 26 산 17. 9. 23 산 18. 3. 4 기

① 감소형 고장
② 설계상, 구조상 결함, 불량 제조·생산과정 등의 품질관리 미비로 생기는 고장 형태
③ 점검작업이나 시운전 작업 등으로 사전에 방지할 수 있는 고장
④ 디버깅(Debugging)기간 : 기계의 초기 결함을 찾아내 고장률을 안정시키는 기간 22. 4. 24 기
⑤ 번인(Burn－in)기간 : 물품을 실제로 장시간 가동하여 그 동안에 고장난 것을 제거하는 기간
⑥ 비행기 : 에이징(Aging)이라 하여 3년 이상 시운전
⑦ 욕조곡선(Bath－tub) : 예방보전을 하지 않을 때의 곡선은 서양식 욕조 모양과 비슷하게 나타나는 현상
⑧ 예방보전(PM : Preventive Maintenance) : 디버깅, 번인, 에이징

(2) 우발고장 16. 3. 6 기

① 일정형
② 신뢰도는 지수형으로, 고장까지의 무고장 동작시간은 지수분포로 나타낸다.
③ 우발적 사고, 자살 등 랜덤(random)꼴로 재해 발생
④ 예측할 수 없을 때에 생기는 고장으로 점검 작업이나 시운전 작업으로 재해를 방지할 수 없다.
⑤ 신뢰도 $R(t)=e^{-\frac{t}{t_0}}=e^{-\lambda t}$(평균고장시간 t_0인 요소가 t시간 동안 고장을 일으키지 않을 확률)

(3) 마모고장

① 증가형
② 점차로 고장률이 상승하는 형으로 볼 베어링 등 기계적 요소나 부품의 마모, 사람의 노화 현상
③ 마모나 노화에 의해 어떤 시점에서 집중적으로 고장나는 특징을 가진다.
④ 고장이 집중적으로 일어나기 직전에 교환을 하면 고장을 사전에 방지할 수 있다.
⑤ 장치의 일부가 수명을 다해서 생기는 고장으로 안전 진단 및 적당한 보수에 의해서 방지할 수 있는 고장이다.

$$고장률(\lambda)=\frac{고장건수(r)}{총\ 가동시간(T)}$$

합격예측

초기고장

(1) 정의
불량제조나 생산과정에서의 품질관리의 미비로부터 생기는 고장으로서 점검작업이나 시운전 등으로 사전에 방지할 수 있는 고장이다. 초기고장은 결함을 찾아내 고장률을 안전시키는 기간이라 하여 디버깅(debugging)기간이라고 하고 물품을 실제로 장시간 움직여 보고 그 동안에 고장난 것을 제거하는 공정이라 하여 번인(burnin)기간이라고도 한다.

(2) 초기고장의 고장발생 원인
① 표준 이하의 재료 사용
② 불충분한 품질관리
③ 표준 이하의 작업자 솜씨
④ 불충분한 Debugging
⑤ 빈약한 가공 및 취급 기술
⑥ 조립상의 과오
⑦ 오염
⑧ 부적절한 조치
⑨ 부적절한 시동
⑩ 저장 및 운반중의 부품 고장
⑪ 부적절한 포장 및 수송

우발고장

(1) 정의
예측할 수 없을 때에 생기는 고장으로 시운전이나 점검작업으로는 방지할 수 없다. 각 요소의 우발고장에 있어서는 평균고장시간과 비율을 알고 있으면 제어계 전체 고장을 일으키지 않는 신뢰도를 구할 수 있다.

(2) 우발고장의 고장발생원인 18. 9. 15 산
① 안전계수가 낮기 때문에
② stress가 strength보다 크기 때문에
③ 사용자의 과오 때문에
④ 최선의 검사방법으로도 탐지되지 않은 결함 때문에
⑤ 디버깅 중에도 발견되지 않는 고장 때문에
⑥ 예방보전에 의해서도 예방될 수 없는 고장 때문에
⑦ 천재지변에 의한 고장 때문에

제2편

합격예측

마모고장

(1) 정의
장치의 일부가 수명을 다해서 생기는 고장으로서, 안전진단 및 적당한 보수에 의해서 방지할 수 있는 고장이다.

(2) 마모고장기의 고장발생원인
① 부식 또는 산화
② 마모 또는 피로
③ 노화 및 퇴화
④ 불충분한 정비
⑤ 수축 또는 균열
⑥ 부적절한 오버홀(overhaul)

합격예측

고장 유형 3가지

① 초기고장 : 감소형 (DFR : Decreasing Failure Rate) - 디버깅기간, 번인 기간
② 우발고장 : 일정형 (CFR : Constant Failure Rate) - 내용 수명
③ 마모고장 : 증가형 (IFR : Increasing Failure Rate) - 정기진단(검사)

합격예측

Screening 실험 19. 8. 4 기
스크리닝은 부품의 잠재결함을 조기에 제거하는 비파괴적 선별기술로, 제품의 구입·안정·출하 등에 있어 신뢰성을 확인·보증하는 시험이다. 스크리닝은 실제 사용시 쉽게 고장이 나는 잠재결함을 초기에 강제로 제거하는 기술이므로 실제사용시 고장모드와는 똑같지 않을 수 있다.

Q 은행문제

심장의 박동주기 동안 심근의 전기적 신호를 피부에 부착한 전극들로 부터 측정하는 것으로 심장이 수축과 확장을 할 때, 일어나는 전기적 변동을 기록한 것은? 17. 9. 23 산
① 뇌전도계 ② 근전도계
③ 심전도계 ④ 안전도계

정답 ③

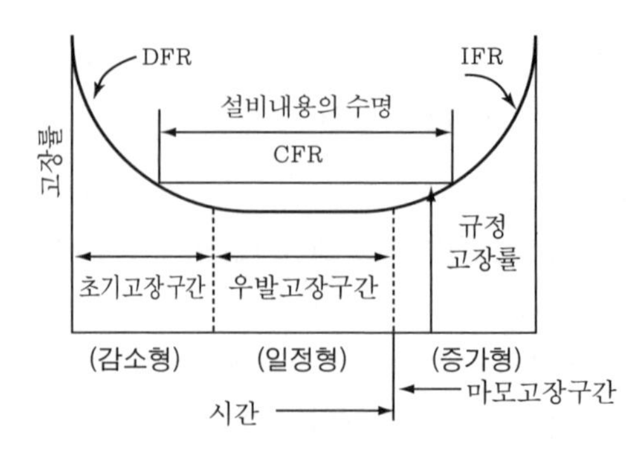

[그림] 기계설비 고장유형 18. 8. 19 기 19. 8. 4 산 21. 5. 15 기 21. 5. 15 기 21. 8. 14 기

3. 인간 - 기계(man - machine) 시스템의 신뢰도

(1) 직렬체계(serial system) : 직접 운전 작업 19. 8. 4 기

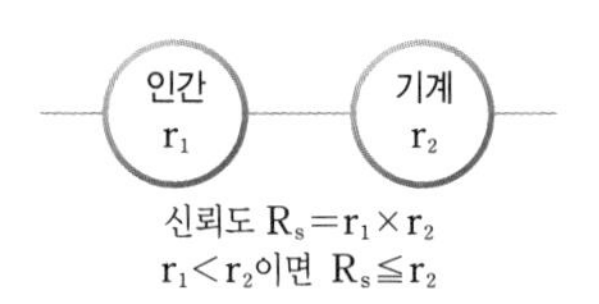

[그림] 직렬체계

(2) 병렬체계(parallel system) 16. 8. 21 기

① 인간과 기계가 병렬로 작업을 하게 되면 신뢰도는 기계 단독이나 직렬 작업보다 높아진다.

② 인간과 기계를 병렬로 조합할 때 인간의 역할은 여러 가지가 있으나 그 중 감시의 역할을 하게 하여 기계의 약점을 보강할 수 있도록 해야 한다.

예 계기 감시 작업

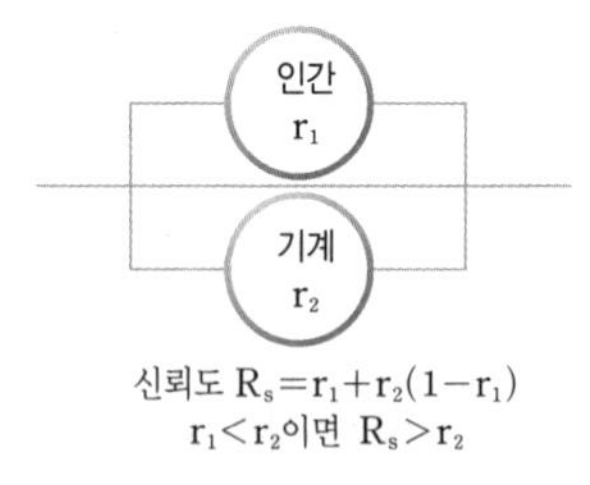

[그림] 병렬체계

(3) man - machine system의 신뢰성

신뢰성 R_S는 인간의 신뢰성 R_H와 기계의 신뢰성 R_E의 상승적 작용에 의해 $R_S = R_H \cdot R_E$로 나타낸다.

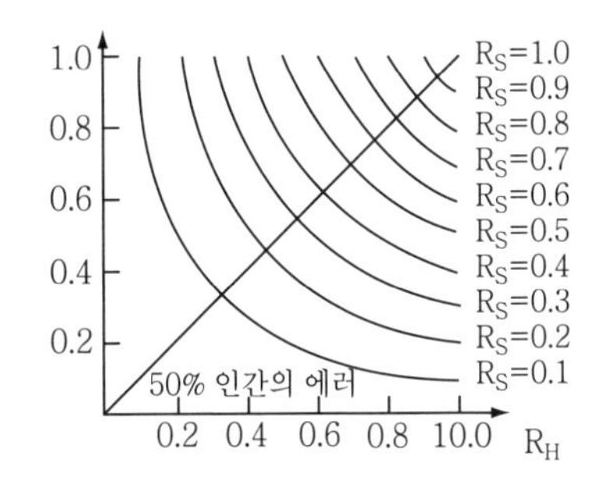

[그림] 인간과 기계의 신뢰성과 시스템의 신뢰성

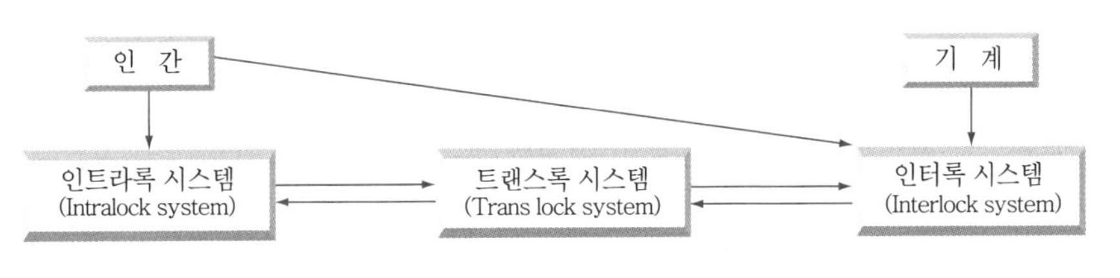

[그림] lock(록) 시스템의 종류

4. 설비의 신뢰도

(1) 직렬연결구조

제어계가 R개의 요소로 만들어져 있고 각 요소의 고장이 독립적으로 발생하는 것이라면, 어떤 요소의 고장도 제어계의 기능을 잃는 상태로 있다고 할 때에 신뢰성 공학에서는 직렬이라고 하고 다음과 같이 나타낸다.(예 자동차 운전)

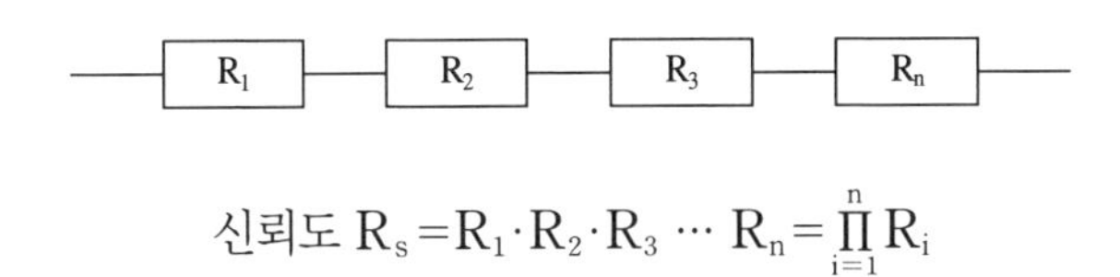

$$신뢰도\ R_s = R_1 \cdot R_2 \cdot R_3 \cdots R_n = \prod_{i=1}^{n} R_i$$

(2) 병렬(parallel system)연결(R_S : fail safety) 구조 16. 5. 8 산 17. 5. 7 기

열차나 항공기의 제어장치처럼 한 부분의 결함이 중대한 사고를 일으킬 우려가 있는 경우에 페일세이프 시스템을 적용한다. 이 시스템은 결함이 생긴 부품의 기능을 대체시킬 수 있는 장치를 중복 부착시키는 시스템이다.(신뢰도가 가장 높다.)

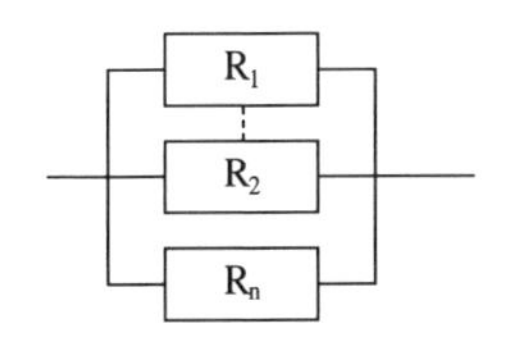

$$R_s = 1 - \{(1-R_1)(1-R_2) \cdots (1-R_n)\} = 1 - \prod_{i=1}^{n}(1-R_i)$$

합격예측

록시스템의 종류 3가지

① interlock : 인간과 기계 사이에 두는 안전장치 또는 기계에 두는 안전장치
② intralock : 인간의 내면에 존재하는 통제장치
③ translock : interlock과 interalock 사이에 두는 안전 장치

합격예측

(1) 색의 시각적 암호
① 일반적으로 9가지 면색 구별 가능(훈련을 할 경우 20~30개까지 식별)
② 효과적인 적용 : 탐색, 위치확인, 정밀한 조사 등
(2) 다차원 시각적 암호
색이나 숫자로 된 단일 암호보다 색-숫자의 중복으로 된 조합암호 차원의 전달된 정보량이 많은 것으로 실험결과 확인

Q 은행문제

1. 다음 중 시스템 신뢰도에 관한 설명으로 옳지 않은 것은?
① 시스템의 성공적 퍼포먼스를 확률로 나타낸 것이다.
② 각 부품이 동일한 신뢰도를 가질 경우 직렬구조의 신뢰도는 병렬구조에 비해 신뢰도가 낮다.
③ 시스템의 병렬구조는 시스템의 어느 한 부품이 고장나면 시스템이 고장나는 구조이다.
④ n중 k구조는 n개의 부품으로 구성된 시스템에서 k개 이상의 부품이 작동하면 시스템이 정상적으로 가동되는 구조이다.

정답 ③

2. 인간-기계시스템에 대한 평가에서 평가척도나 기준(criteria)으로 관심의 대상이 되는 변수는? 19. 3. 3 산
① 독립변수 ② 종속변수
③ 확률변수 ④ 통제변수

정답 ②

(3) 요소의 병렬구조

요소의 병렬 fail safety 작용으로 조합된 시스템의 신뢰도는 다음 식으로 계산한다.

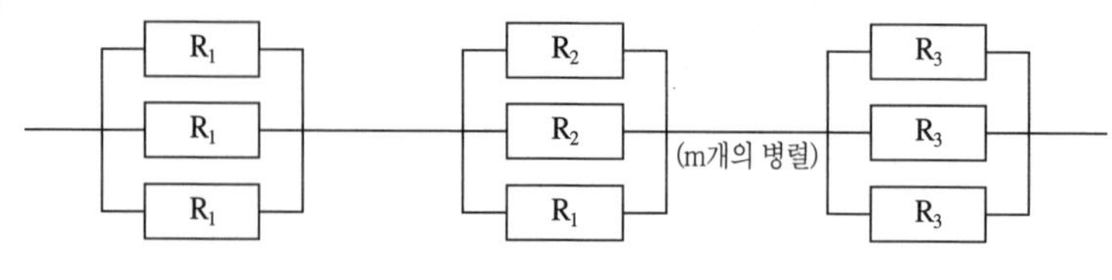

$$R_s = \prod_{i=1}^{n} \{1-(1-R_i)^m\}$$

(4) 시스템의 병렬구조

항공기의 조종장치는 엔진 가동 유압 펌프계와 교류 전동기 가동 유압 펌프계의 쌍방이 고장을 일으켰을 경우의 응급용으로서 수동장치 3단의 fail safety 방법이 사용되고 있다. 이같은 시스템을 병렬로 한 방식은 다음과 같이 나타낸다.

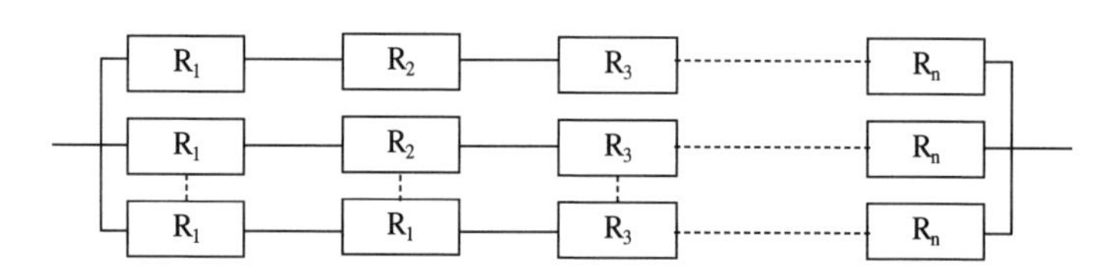

$$R_s = 1-(1-\prod_{i=1}^{n} R_i)^m$$

(5) 병렬 model과 중복설계구조 : fail safe system 18. 8. 19 산

① 리던던시(redundancy) : 리던던시는 일부에 고장이 발생되더라도 전체가 고장이 일어나지 않도록 기능적으로 여력(redundant)인 부분을 부가해서 신뢰도를 향상시키려는 중복 설계(용장도)를 의미한다.

② 리던던시의 방식
- ㉮ 병렬 리던던시
- ㉯ 대기 리던던시
- ㉰ M out of N 리던던시(N개 중 M개 동작시 계는 정상)
- ㉱ 스페어에 의한 교환
- ㉲ fail－safe

③ 구조적 fail safe 종류 16. 3. 6 산 17. 9. 23 산
- ㉮ 다경로하중구조
- ㉯ 분할구조
- ㉰ 교대(떠받는)구조
- ㉱ 하중경감구조

합격예측

예방보전이 효율적으로 수행될 경우의 효과

① 생산시스템의 정지시간이 줄게 되며, 이에 따른 유효손실이 감소되고,
② 수리작업의 회수가 줄고 기계수리비용이 감소되며,
③ 납기지연으로 인한 고객불만이 없어지고 매출이 신장되며,
④ 예비기계를 보유할 필요성이 감소되고,
⑤ 현장에서 작업자가 보다 안전하게 작업할 수 있어,
⑥ 결국 생산시스템의 신뢰도가 향상되고 제조원가는 절감된다.

Q 은행문제

1. 인지 및 인식의 오류를 예방하기 위해 목표와 관련하여 작동을 계획해야 하는데 특수하고 친숙하지 않은 상황에서 발생하며, 부적절한 분석이나 의사결정을 잘못하여 발생하는 오류는? 18. 8. 19 기

① 기능에 기초한 행동 (Skill-based Behavior)
② 규칙에 기초한 행동 (Rule-based Behavior)
③ 사고에 기초한 행동 (Accident-based Behavior)
④ 지식에 기초한 행동 (Knowledge-based Behavior)

정답 ④

2. 프레스에 설치된 안전장치 수명은 지수분포를 따르며, 평균 수명은 100시간이다. 새로 구입한 S형 안전장치가 향후 50시간 동안 고장 없이 작동할 확률(A)과 이미 100시간을 사용한 안전장치가 향후 50시간이상 견딜 확률(B)은 각각 얼마인가? 17. 5. 7 산 21. 9. 12 기

[해설] ① 50시간 동안 고장 없이 작동할 확률(A)
$= e^{-\frac{50}{100}} = e^{-0.5}$
$=0.607$
② 앞으로 100시간 이상 견딜 확률(B)
$= e^{-\frac{100}{100}} = e^{-1}$
$=0.368$

[합격자 조언] 실기 필답형도 출제

(6) 간략(簡略)구조(Reducible Structure)

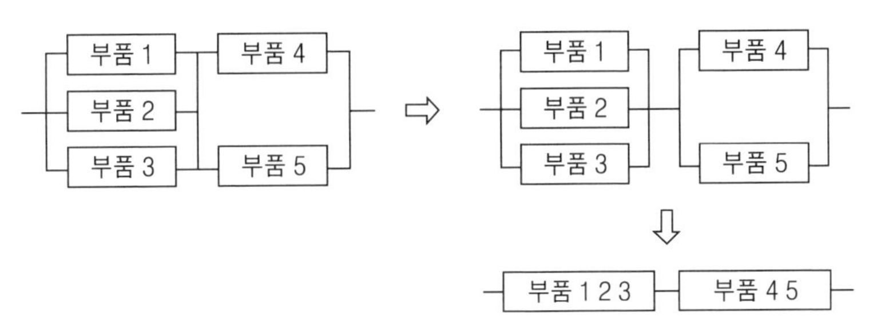

[그림] 간략구조

시스템을 분해하여 몇 개의 서브시스템이나 부품들로 나누었을 때, 경우에 따라서는 그 신뢰도 구조가 직렬과 병렬 구조의 반복 구조이기 때문에, 좀더 간단한 구조로 간략화될 수 있는 구조

(7) 비간략(非簡略)구조(Irreducible Structure)

시스템을 분해하여 몇 개의 서브시스템이나 부품들로 나누었을 때, 그 신뢰도 구조가 직렬과 병렬 구조의 반복 구조가 아니기 때문에, 더 이상 간단한 구조로 간략화될 수 없는 구조

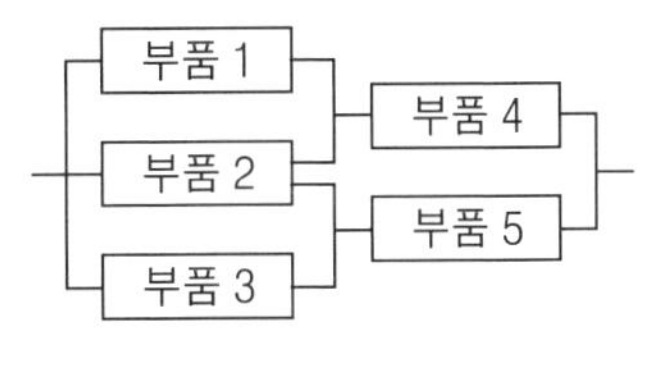

[그림] 비간략 구조

① **사상공간법**(事象空間法)(event space method) : 주어진 시스템에서 발생 가능한 모든 경우를 나열하여 사상공간목록을 작성, 목록에 포함된 사상들을 시스템이 고장날 경우와 정상 가동될 경우로 분류하여, 시스템의 신뢰도를 정상 가동될 경우에 대한 확률의 합계로 구한다.나열된 사상들은 상호 배제적이고 누락된 사상이 없어야 하며, 부품 고장이 상호 독립적이면 어떤 시스템에도 적용할 수 있으나, 부품의 수가 많으면 사상공간목록의 작성이 힘이 든다.

② **경로추적법**(經路追跡法)(path tracing method) : 신뢰도 block diagram에서 모든 부품이 없는 경우에서부터 시작하여 1개, 2개, 3개 등으로 부품수를 점차 증가시켜 나가며, 시스템이 정상 가동할 완전 경로들을 밝혀 이 완전경로들의 합집합의 확률을 구하면 이것이 시스템의 신뢰도가 된다.완전 경로들은 일반적으로 상호 배제적이 아니므로 반드시 합집합의 확률을 구하여야 하며, 이 합집합의 확률을 구하는 식을 전개하고 항들을 간략화하는 계산이 복잡하다.

합격예측

특수용 기계설비를 선정시 고려사항

① 제품의 시장이 크고 특수기계에 의한 생산량을 충분히 흡수 할 수 있어야 한다.
② 특수기계를 사용할 수 있도록 제품이 표준화 되어야 한다.
③ 제품의 디자인이나 스타일, 기술상의 변경이 자주 없어야 한다.
④ 계절 및 경기변동에 따른 생산량의 변동이 적어야 한다.

합격예측

근골격계 부담작업시 근로자에게 고지내용

① 근골격계부담 작업의 유해요인
② 근골격계 질환의 징후와 증상
③ 근골격계질환 발생 시의 대처요령
④ 올바른 작업자세와 작업도구, 작업시설의 올바른 사용방법
⑤ 그 밖에 근골격계질환 예방에 필요한 사항

Q 은행문제

다음 중 작업관련 근골격계 질환 관련 유해요인조사에 대한 설명으로 옳은 것은?

① 사업장 내에서 근골격계 부담작업 근로자가 5인 미만인 경우에는 유해요인조사를 실시하지 않아도 된다.
② 유해요인조사는 근골격계 질환자가 발생할 경우에 3년마다 정기적으로 실시해야 한다.
③ 유해요인조사는 사업장내 근골격계부담작업 중 50[%]를 샘플링으로 선정하여 조사한다.
④ 근골격계부담작업 유해요인조사에는 유해요인기본조사와 근골격계질환 증상조사가 포함된다.

정답 ④

18. 3. 4 산
19. 8. 4 산

합격예측

근골격질환 작업특성의 요인(NIOSH연구)

① 반복성
② 부자유스런 또는 취하기 어려운 자세
③ 과도한 힘
④ 접촉 스트레스
⑤ 진동
⑥ 온도, 조명 등 그 밖에 요인

합격예측

인간공학 연구에 사용되는 변수의 유형

① 독립 변수 : 조명, 기기의 설계형(design), 정보경로(channel), 중력
② 종속 변수(기준, Chiterion) : 독립변수의 가능한 '효과'의 척도(반응시간 등)

참고

KS A 3004 : 신뢰성 용어

① 아이템(구성품 : item) : 신뢰성의 대상이 되는 시스템(체계), 서브시스템, 기기, 장치, 구성품, 부품, 요소 등의 총칭 또는 그 중의 하나
  - 비고 : 이러한 용어는 상위 아이템(시스템)에서 하위 아이템(요소)까지 계층적인 뜻으로 널리 사용되고 있다.
② 시스템(system) : 소정의 임무를 달성하기 위하여 선정되고, 배열되고, 서로 연계되어서 동작하는 일련의 아이템(하드웨어, 소프트웨어, 인간요소) 등의 모임
  - 비고 : 필요에 따라 체계(體係)를 사용한다.
③ 신뢰성(reliability) : 아이템이 주어진 조건하에서 규정된 기간 중, 요구되는 기능을 수행하는 성질
④ 신뢰성 공학(reliability engineering) : 아이템과 신뢰성을 부여할 목적의 응용과학 및 기술
⑤ 신뢰도(reliability) : 아이템이 주어진 조건(하)에서 규정된 기간 중, 요구되는 기능을 다하는 확률(분포함수, 신뢰도함수 참조)

③ 분해법(分解法)(decomposition method) : 복잡한 시스템의 신뢰도 구조를 좀더 간단한 구조로 분해하여 조건부 확률을 이용해서 시스템의 신뢰도를 구하는 방법이다.
'그 부품이 없었다면' 신뢰도 구조가 아주 간단해질 수 있는 '주요부품(key－stone component)' X를 선정하면, 시스템의 신뢰도는 이 주요부품 X의 상태에 따라 2가지 경우로 나누어 생각할 수 있으므로,
R＝Pr[⊗]Pr[시스템 정상가동 | ⊗]＋Pr[$\overline{X}$]Pr[시스템 정상가동 | $\overline{X}$]이 된다.

(8) 신뢰도 개선(改善)

① 간단한 설계
② 여유있는 설계(여유용량, 안전계수)
③ 부품 개선
④ 중복설계 : 시스템의 신뢰도를 개선하기 위해 구조에 평행경로를 부가하는 것
  ㉮ 단일체계
    - 체계중복(system or unit redundancy) : 전체의 시스템을 중복 설치하는 방법
    - 부품중복(component redundancy) : 각 부품을 개별적으로 중복 설치하는 방법
  ㉯ 절충체계

[표] 저항력의 종류 16. 5. 8 산

구분	특징
탄성저항 (elastic resistance)	조종장치의 변위에 따라 변하며 변위에 대한 궤환이 항력과 체계적인 관례를 가지고 있는 것이 이점
점성저항 (viscous damping)	① 출력과 반대방향으로 속도에 비례해서 작용하는 힘 때문에 생기는 항력 ② 원활한 제어를 도우며, 규정된 변위 속도 유지 효과 ③ 우발적인 조종장치의 동작을 감소시키는 효과
관성 (inertia)	① 물체의 질량으로 인한 운동(방향)에 대한 저항으로 가속도에 따라 변함 ② 원활한 제어를 도우며, 우발적인 작동 가능성 감소
정지(static) 및 미끄럼(coulomb) 마찰	① 처음 움직임에 대한 정지 마찰은 급격히 감소하나 미끄럼 마찰은 계속 운동에 저항하며 변위나 속도에 무관 ② 제어 동작에 도움이 되지 못하며 인간성능을 저하 ③ 우발적인 작동 가능성을 줄이고, 손떨림을 감소시켜 조종장치를 한 곳에 유지하는 데는 도움

안전과 인간공학

출제예상문제

출제예상문제는 복습, 예습문제로 엮었습니다. *WHY : 실제시험에도 순서에 관계없이 출제됩니다. 예습 후 다음장에 공부한 문제가 있으면 기억이 배가 됩니다.

01 ★★★★ **다음 중 인간-기계 체계의 주목적은?**

① 피로의 경감
② 경제성과 보건성
③ 신뢰성 향상과 사용도 확보
④ 안전의 최대화와 능률의 극대화

해설

인간 공학
① 인간-기계의 최종목적은 안전과 능률이다.
② 인간 공학의 최종목표 역시 안전과 능률이다.

02 ★★ **현실적으로 시스템을 사용하는 때에는 정비나 보수가 필수 불가결한 작업이다. 이러한 작업들로 인해 시스템의 신뢰도 함수가 가장 크게 영향을 받는 구조는?**

① 대기구조
② n 중 K구조
③ 병렬구조
④ 직렬구조

해설

직렬연결·병렬연결 비교
(1) 직렬연결
① 제어계가 r개의 요소로 연결
② 각 요소의 고장이 독립적으로 발생
③ 어떤 요소의 고장도 제어계의 기능을 잃는 상태
(2) 병렬system
① 항공기나 열차의 제어장치처럼 한 부분의 결함이 중대한 사고를 일으킬 염려가 있는 경우에 적용하는 system
② 결함이 생긴 부품의 기능을 대체시킬 수 있는 장치를 중복 부착시켜 주는 system

보충학습

계면설계(interface design)
① 작업공간, 표시장치, 조종장치 등이 계면에 해당
② 계면설계를 위한 인간요소 관련 자료는 상식과 경험, 정량적 자료, 전문가의 판단 등

03 ★ **제어결과를 목표와 비교하여 상이할 경우 다시 feedback하여 수정해 나가는 제어방식은?**

① open loop control
② sequential control
③ automation
④ closed loop control

해설

제어방식 비교
① 개방루프 제어방식 : 항공기의 방향 조정의 경우 항공기의 진로를 유지하기 위하여 기체의 역학적 특성, 진로상의 공기의 밀도와 바람 등을 사전에 충분히 알고 조정 방향을 시간적으로 프로그램함으로써 항공기가 소정의 비행로를 따라 비행하게 되는데 이와 같은 제어방식을 말한다.
② 피드백 제어방식 : 제어결과를 측정하여 목표로 하는 동작이나 상태와 비교하여 잘못된 점을 수정해 나가는 제어방식으로 피드백 제어에서는 제어의 결과를 목표와 비교하기 위하여 출력이 피드백측으로 피드백되어 전체가 하나의 폐루프를 구성하기 때문에 일명 폐쇄루프제어(closed loop control)라고도 한다.

04 ★★★ **평균고장시간이 4×10^8 시간인 요소 4개가 직렬 체계를 이루었을 때 이 체계의 수명은?**

① 1×10^8 [시간]　② 4×10^8 [시간]
③ 16×10^8 [시간]　④ 8.3×10^8 [시간]

해설

직렬체계
① system이 직렬계를 이룬 경우는 그 요소의 개수로 나누어준다.
② 풀이 : $4\times10^8\times\frac{1}{4}=1\times10^8$[hr]

보충학습 16. 10. 1 산
각각 10,000[시간] A, B
2개 지수분포 : $10{,}000\times\left(1+\frac{1}{2}\right)=15{,}000$[시간]

[정답] 01 ④ 02 ④ 03 ④ 04 ①

05 ★ 다음 인간의 단점 중 운동 출력 특징을 설명한 것은?

① 서 있는 자세에 의한 불안정 때문에 넘어지고 떨어지고 현기증을 일으킨다.
② 인간 감각기는 극히 한정된 대상밖에 지각할 수 없다.
③ 유사한 기억 때문에 혼란과 망각을 일으킨다.
④ 종래 습관이나 규율을 경시하거나 무시한다.

해설

인간의 장점과 약점

구 분	장 점	단 점
감각입력(感覺入力) 특성	① 감각기는 단독 또는 복합하여 지각대상(知覺對象)의 질적 특징을 민첩하고 상세하게 분석한다. ② 패턴(pattern) 인식에 의하여 복잡한 소음 중에서 특정 대상을 직관적으로 인지한다. ③ 예측과 주의에 의하여 거대한 소음 중에서 특정의 필요 신호를 선택한다.	① 인간의 감각기는 물리현상 중의 극히 제한된 대상밖에 지각할 수 없다. ② 패턴 인식에 의한 착시(錯視), 감각기의 특성에 의한 착각(錯覺)이 일어나기 쉽다. ③ 예측하지 못한 사태에 빠지면 모르고 그냥 넘어가거나, 예측 과잉으로 주의가 생략되기 쉽다.
운동출력(運動出力) 특성	① 양발로 서 있으므로 동작·보행·운반의 자유도가 매우 크다. ② 양손에 의하여 다차원 동작(多次元動作)과 적응 처리의 숙련성, 창조적 기능을 발휘한다.	① 서 있는 자세에 의한 불안정 때문에 넘어지고, 떨어지고, 현기증을 일으킨다. ② 출력에는 기계적인 한계가 있으며, 힘이나 동력을 가하면 동작이 흐트러지기 쉽다.
중추처리(中樞處理) 특성	① 지식과 체험이 풍부한 기억, 학습 능력이 우수하다. ② 직선적 사고에 의한 유연한 판단, 논리적 사고, 합리적인 판단을 한다. ③ 상황에 따라 신속히 판단을 바꾸고(非線形), 의지적 억제에 의하여 행동을 합리적으로 바꾼다. ④ 창의적 연구, 현상을 의심하고 다시 관찰하고, 발상과 창조, 호기심이 풍부하다. ⑤ 주체적 활동을 좋아하며, 의욕과 실천력으로 능력이 배가한다.	① 유사한 기억 때문에 혼란과 망각을 일으킨다. ② 판단 시간이 늦고 양도 적다. 급박한 장면에서는 판단이 흐려지기 쉽다. ③ 판단을 요하지 않는 단순 동작의 반복에 약하고, 쉽게 의식이 둔해지며, 피로하기 쉽다. ④ 종래의 습관이나 규율을 경시하거나 무시한다. ⑤ 자기욕구의 만족을 위해서는 수단 방법을 가리지 않고, 감정적으로 자기 주장을 내세운다.

06 ★★★ 안전진단 및 적절한 보전(保全)에 의해 방지할 수 있는 고장의 형태는?

① 초기고장 ② 마모고장
③ 피로고장 ④ 우발고장

해설

기계고장률의 기본모형

(1) 초기고장
① 감소형(DFR : Decreasing Failure Rate)
② 설계상·구조상 결함, 불량제조, 생산과정 등의 품질관리의 미비로 생기는 고장
③ 점검 작업이나 시운전 작업 등으로 사전에 방지할 수 있는 고장
④ 디버깅(debugging) 기간 : 기계의 결함을 찾아내 고장률을 안정시키는 기간
⑤ 번인(burn-in) 기간 : 물품을 실제로 장시간 움직여 보고 그동안에 고장난 것을 제거하는 기간
⑥ 비행기 : 에이징이라 하여 3년 이상 시운전
⑦ 욕조곡선(bath-tub) : 예방보전을 하지 않을 때의 곡선은 서양식 욕조 모양과 비슷하게 나타나는 현상
⑧ 예방보전(PM : Preventive Maintenance) → 디버깅, 번인, 에이징(aging)

(2) 우발고장
① 일정형(CFR : Constant Failure Rate)
② 신뢰도는 지수형으로, 고장까지의 무고장 동작시간은 지수분포로 나타낸다.
③ 우발적 사고, 자살 등 랜덤(random)꼴로 재해 발생
④ 예측할 수 없을 때에 생기는 고장으로 점검 작업이나 시운전 작업으로 재해를 방지할 수 없다.
⑤ 신뢰도 : $R(t) = e^{-\frac{t}{t_0}} = e^{-\lambda t}$(평균고장시간 t_0인 요소가 t 시간 동안 고장을 일으키지 않을 확률)

(3) 마모고장
① 증가형(IFR : Increasing Failure Rate)
② 점차로 고장률이 상승하는 형으로, 볼 베어링 등 기계적 요소나 부품의 마모, 사람의 노화현상
③ 마모나 노화에 의해 어떤 시점에서 집중적으로 고장나는 특징을 가진다.
④ 고장이 집중적으로 일어나기 직전에 교환을 하면 고장을 사전에 방지할 수 있다.

07 ★★★★★ 인간과 기계의 신뢰도가 인간 60[%], 기계 95[%]인 경우 병렬 작업시 전체 신뢰도는? 18. 9. 15 산

① 98[%] ② 99%[%]
③ 97%[%] ④ 94%[%]

해설

신뢰도 계산

$R_s = 1-(1-0.6)(1-0.95) = 0.98 \times 100 = 98[\%]$

[정답] 05 ① 06 ② 07 ①

08 ★★ 기계설비의 배치에 대한 안전성 평가에서 검토해야 할 사항이 아닌 것은?

① 작업의 흐름에 따라 기계를 배치한다.
② 기계설비를 통로측에 설치할 수 없을 경우에는 작업자가 통로 쪽으로 등을 향하여 일하도록 배치하여야 한다.
③ 비상시에 쉽게 대비할 수 있는 통로를 마련하고 사고 진압을 위한 활동 통로가 반드시 마련되어야 한다.
④ 공장 내외는 안전한 통로를 두어야 하며, 통로는 선을 그어 작업장과 명확히 구별하도록 한다.

해설

작업자의 등은 통로 반대쪽이어야 한다. 이유는, 햇빛을 보고 작업할 수 없다.

09 ★ 시스템 또는 제품에 관한 모든 사고를 식별하고 설계 및 제조과정을 통하여 이들의 사고를 최소화하고 제어하는 것을 보증하는 시스템 공학의 일부분인 학문은?

① 시스템공학 ② 신뢰성 공학
③ 운용 안전성 공학 ④ 시스템안전공학

해설

시스템안전
어떤 시스템에 있어서 기능, 시간, 코스트의 제약조건하에서 인원 및 설비가 당하는 상해 및 손상을 최소한으로 줄이는 것

10 ★★ 다음의 부품배치 원칙 중 위치를 정하기 위한 기준은? 12. 9. 15 기

① 중요성의 원칙과 사용빈도의 원칙
② 사용빈도의 원칙과 기능별 배치의 원칙
③ 기능별 배치의 원칙과 사용순서의 원칙
④ 사용순서의 원칙과 중요성의 원칙

해설

위치 정하기 기준 : 중요성의 원칙과 사용빈도의 원칙

11 ★★ 인간 – 기계 시스템에서 수동제어 시스템에 속하지 않는 것은?

① 연속적 추적 제어 ② 프로그램 제어
③ 계층 구조적 제어 ④ 시간 차트 제어

해설

자동제어의 종류
① 시퀀스 제어 ② 되먹임 제어 ③ 오토메이션

12 ★★ 인간과 기계의 기능을 비교하여 인간의 기능이 현존하는 기계의 기능을 능가하는 경우는? 18. 9. 15 기

① 주위의 이상하거나 예기치 못한 사건들을 감지한다.
② 사전에 명시된 사건, 특히 드물게 발생하는 사건을 감지한다.
③ 정보를 신속하고 대량으로 보관한다.
④ 큰 부하가 걸리는 상황에서도 효율적으로 작동한다.

해설

인간이 현존하는 기계를 능가하는 기능
① 저에너지의 자극을 감지하는 기능
② 복잡 다양한 자극의 형태를 식별하는 기능
③ 예기치 못한 사건들을 감지하는 기능(예감, 느낌)
④ 다량의 정보를 장시간 기억하고 필요시 내용을 회상하는 기능
⑤ 관찰을 일반화하여 귀납적으로 추리하는 기능
⑥ 원칙을 적용하여 다양한 문제를 해결하는 기능
⑦ 어떤 운용 방법이 실패할 경우 다른 방법을 선택(융통성)
⑧ 다양한 경험을 토대로 의사 결정, 상황적인 요구에 따라 적응적인 결정, 비상사태시 임기응변
⑨ 주관적으로 추산하고 평가하는 기능
⑩ 문제 해결에 있어서 독창력을 발휘하는 기능
⑪ 과부하(overload) 상태에서는 중요한 일에만 전념하는 기능

13 ★★★★ 다음은 초기고장과 마모고장의 고장형태와 그 예방대책에 관한 내용이다. 연결이 잘못된 것은?

① 초기고장 – 감소형 ② 마모고장 – 증가형
③ 초기고장 – 디버깅 ④ 마모고장 – 스크리닝

해설

마모고장은 정기진단이 필요하다.

[정답] 08 ② 09 ④ 10 ① 11 ② 12 ① 13 ④

14 ★★★ 다음 중 layout의 원칙인 것은?

① 인간이나 기계의 흐름을 라인화한다.
② 사람이나 물건의 이동거리를 단축하기 위해 기계 배치를 분산화한다.
③ 운반작업을 수작업화한다.
④ 중간중간에 중복부분을 만든다.

해설

layout의 원칙
① 기계배치를 집중화할 것　② 운반작업을 기계화할 것
③ 중간부분에 중복부분을 없앨 것

15 ★★ 다음 시스템의 신뢰도를 구하시오. (단위 %)

19. 4. 27 기

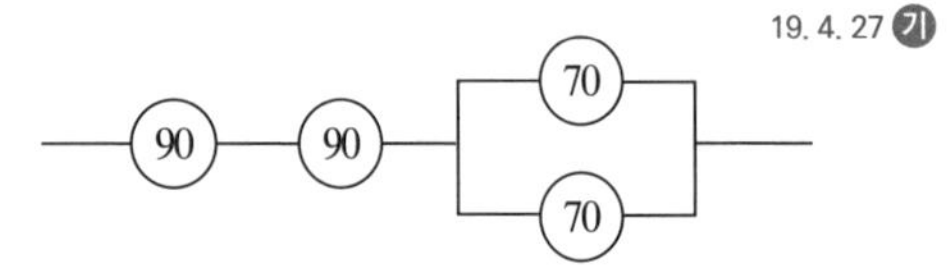

① 54[%]　② 64[%]
③ 74[%]　④ 84[%]

해설

$R_s = 0.9 \times 0.9\{1-(1-0.7)(1-0.7)\}$
$= 0.7371 \times 100 = 73.71 = 74[\%]$

16 ★★★★ 인간의 신뢰도가 60[%], 기계의 신뢰도가 90[%]이면 인간과 기계가 직렬체계로 작업할 때의 신뢰도는 몇 [%]로 보는가? 18. 8. 19 기

① 30　② 54
③ 150　④ 540

해설

R_s = 인간 × 기계 = $0.6 \times 0.9 = 0.54 \times 100 = 54[\%]$

17 ★★ 인간공학에 사용되는 인간기준의 기본유형이 아닌 것은?

① 주관적 반응　② 생리학적 지표
③ 인간성능척도　④ 환경적응척도

해설

인간기준(human criteria)의 종류
① 인간의 성능 척도　② 주관적 반응
③ 생리학적 지표　④ 사고 및 과오빈도

18 ★★★ 작업설계를 함에 있어 철학적 접근방법은 무엇을 강조하는가? 18. 9. 15 기

① 작업에 대한 책임　② 작업만족도
③ 적성배치　④ 작업능률

해설

① 작업만족도를 위한 수단 : 작업만족도는 작업설계를 함에 있어 철학적으로 고려한 것이다.
② 작업설계(job design) ┌ 작업확대
　　　　　　　　　　　└ 작업효율화(윤택화)
→ 작업만족도(job satisfaction) → 작업순환(작업능률, 생산성 향상)

19 ★★ 인간이 현존하는 기계를 능가하는 조건이 아닌 것은?

① 어떤 운용방법이 실패할 경우 다른 방법을 선택한다.
② 관찰을 통해서 일반화하고 연역적으로 추리한다.
③ 원칙을 적용하여 다양한 문제를 해결한다.
④ 주위의 이상하거나 예기치 못한 사건들을 감지한다.

해설

① 인간은 귀납적 기능으로 추리한다.
② 기계는 연역적 기능으로 추리한다.

20 ★ 인간-기계 체계를 분석하는 방법 중의 하나인 OSD(Operational Sequence Diagram)에 사용되는 기본 기호 중 전달정보를 나타내는 기호는?

[정답] 14① 15③ 16② 17④ 18② 19② 20③

해설

OSD(Operational Sequence Diagram)

'정보 – 의사결정 – 행동'으로 하는 작업순서를 기호로써 표시하는 방법

(1) 기본 기호

○ : 수신정보, □ : 행동, ▽ : 전달정보

(2) lamp가 점화된 것을 보고 button을 누르는 작업 순서

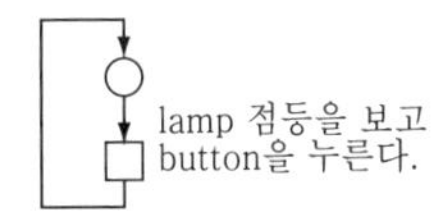

(3) light가 자동으로 켜지면 작업자는 그것을 보고 button을 누르는 경우의 OSD

① 작업자를 중심으로 한 기술

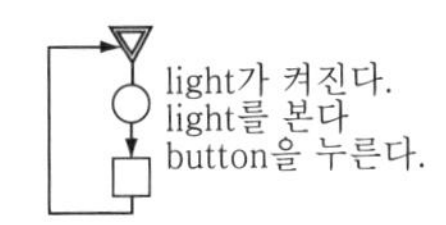

② 시스템을 중심으로 한 기술

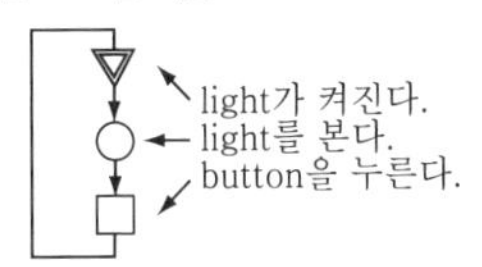

21 ★★ 현실적으로 시스템을 사용하는 때에는 정비 보수가 불가결하다. 이러한 작업들로 인해 시스템의 신뢰도 함수가 가장 크게 영향을 받는 구조는?

① 내부구조 ② 중복구조
③ 병렬구조 ④ 직렬구조

해설

직렬연결은 자동자 운전 형태이다.

22 ★★★ 인간 – 기계 관계 측정법이 아닌 것은 어느 것인가?

① 순간조작 분석 ② 지각운동 정보분석
③ 정신적 신체 분석 ④ 사용빈도 분석

해설

인간 – 기계 관계 측정법(인간공학 연구방법)

① 순간조작 분석
② 지각운동 정보 분석
③ 연속 컨트롤 부담 분석
④ 전작업 부담 분석
⑤ 기계의 상호 연관성 분석
⑥ 사용빈도 부담 분석

23 ★★ 인간 – 기계 체계의 분석 및 설계(체계 설계)에 있어서의 인간공학의 가치에 해당되지 않는 것은?

① 인력이용률의 향상
② 사고 및 미스로 인한 손실방지
③ 생산 및 정비유지의 경제성 증대
④ 적정배치

해설

인간 – 기계 체계의 설계에 있어서 인간공학의 가치

① 적절한 배경
② 적절한 장비
③ 적절한 환경
④ 적절한 직무
⑤ 훈련비용의 절감
⑥ 인력이용률의 향상
⑦ 사고 및 오용으로부터의 손실감소
⑧ 생산 및 정비유지의 경제성 증대

24 ★★ 시스템 분석 및 설계에 있어서 인간공학의 가치와 거리가 먼 것은?

① 작업 숙련도의 감소
② 사용자의 수용도 향상
③ 성능치 향상
④ 사고 및 오용의 감소

해설

시스템과 인간공학은 발전하는 것이다.

25 ★★★★★ 인간–기계시스템에 대한 평가에서 평가척도나 기준(criteria)으로서 관심의 대상이 되는 변수는?

① 독립변수 ② 종속변수
③ 확률변수 ④ 통제변수

해설

종속변수

평가척도나 기준으로서 관심의 대상이 되는 변수

KEY ① 2015년 8월 16일(문제 30번) 출제
② 2019년 3월 3일 산업기사(문제 21번) 출제

[정답] 21 ④ 22 ③ 23 ④ 24 ① 25 ②

26 ★★ 자동제어 중 feedback 제어에 관한 설명 중 틀린 것은?

① 순서에 의하여 설명한다.
② 기계적 변위 제어
③ 제어의 목표치와 상태를 비교한다.
④ 자동 동작으로 일정한 값을 유지

해설

순서에 의한 것은 sequence 제어이다.

27 ★★ 인간-기계 통합체계의 형태에 해당되지 않는 것은?

① 수동 ② 자동
③ 감지 ④ 기계화

해설

기계체계의 형태

① 수동체계 ② 기계화체계 ③ 자동화체계

28 ★★★ 인간공학적으로 조작구를 설계할 때 고려하여야 할 사항이 아닌 것은?

① 중량감 ② 탄력성
③ 마찰력 ④ 관성력

해설

조작구 설계시 인간공학적으로 고려하여야 할 사항

① 탄력성 ② 마찰력 ③ 관성력

29 ★★ 화학설비의 안전성 평가 과정에서 제3단계인 정량적 평가 항목에 해당되는 것은?

① 목록 ② 공정계통도
③ 화학설비용량 ④ 건조물의 도면

해설

3단계 : 정량적 평가항목

① 해당 화학설비의 취급물질
② 해당 화학설비의 용량
③ 온도
④ 압력
⑤ 조작

KEY ① 2016년 3월 6일 기사 출제
② 2019년 3월 3일 산업기사 (문제 25번) 출제

30 ★★ 인간-기계 체계에서 인간과 기계가 만나는 면(面)을 무엇이라고 하는가?

① 계면 ② 포락면
③ 의사결정면 ④ 인체설계면

해설

인간-기계의 계면(interface)

인간과 기계가 만나는 면(面)

31 인간-기계 시스템에서 시스템의 설계를 다음과 같이 구분할 때 제3단계인 기본설계에 해당되지 않는 것은?

18. 9. 15 산 19. 3. 3 기 19. 4. 27 산

1단계 : 시스템의 목표와 성능 명세 결정
2단계 : 시스템의 정의
3단계 : 기본설계
4단계 : 인터페이스설계
5단계 : 보조물설계
6단계 : 시험 및 평가

① 작업설계 ② 화면설계
③ 직무분석 ④ 기능할당

해설

인간-기계 시스템 기본 설계 3단계 16. 3. 6 기 16. 10. 1 기 19. 9. 21 산 20. 9. 27 기 21. 5. 15 기 21. 8. 14 기

① 작업설계
② 직무분석
③ 기능할당
④ 인간성능-요건명세

[정답] 26 ① 27 ③ 28 ① 29 ③ 30 ① 31 ②

Chapter 02 정보입력 표시

중점 학습내용

본 장은 정보입력 표시로서 인간의 시각표시장치를 비롯하여 정보 유형을 기술하였으며, 신호 구별 방법이나 사용 경위 등을 다루었고 인간의 모니터링 방법을 기술하여 자기자신을 점검할 수 있도록 하여 산업체에서 산업재해가 일어나지 않도록 하기 위하여 구성하여 21세기 실무안전관리자의 역할을 할 수 있도록 하였다. 시험에 출제가 예상되는 그 중심적인 내용은 다음과 같다.

❶ 시각적 표시장치 ❷ 청각적 표시장치
❸ 촉각적 표시장치 ❹ 인간요소와 휴먼에러

구분	기 능	구 조
각막	최초로 빛이 통과하는 곳, 눈을 보호	
홍채	동공의 크기를 조절해 빛의 양 조절	
모양체	수정체의 두께를 변화시켜 원근 조절	
수정체	렌즈의 역할, 빛을 굴절시킴	
망막	상이 맺히는 곳, 시세포 존재	
맥락막	망막을 둘러싼 검은 막, 어둠 상자 역할	

1 시각적 표시장치

1. 개 요

시각의 표시장치로는 정량적 표시, 정성적 표시, 상태표시, 신호 및 경보등, 묘사적 표시, 문자-숫자 및 관련 표시장치, 시각적 암호, 부호 및 기호 등으로 구분한다.

2. 시각적 표시장치 구분

(1) 정량적 표시장치 16. 5. 8 산 18. 3. 4 기

온도나 속도와 같이 동적으로 변화하는 변수나 자로 재는 길이와 같은 정적 변수의 계량값에 관한 정보를 제공하는 데 사용된다.

① **정목동침형**(定目動針型) : 눈금이 고정되어 있고 지침이 움직이는 형으로서, 지침의 위치는 눈금에 대한 지침의 상대적 위치로서 나타내고자 하는 값과 같다. 그러나 나타내고자 하는 값의 범위가 클 때에 비교적 작은 눈금판에 모두 나타낼 수 없는 제약이 따르기도 한다.(**아날로그 선택시 적합**) 16. 10. 1 산 20. 8. 23 산

② **정침동목형**(定針動目型) : 지침이 고정되어 있고 눈금이 움직이는 형으로서, 정목동침형의 단점에 비해서 개창형(開窓型)이나 수직, 수평형의 정침동목형이 계기반 또한 눈금이 긴 경우에는 이동 테이프를 사용하여 계기반 후면에 말아 넣고 필요한 부분만을 노출시켜 볼 수 있다. (장점 : 아날로그 표시장치 면적 최소가능) 18. 3. 4 기

합격예측

구분	형태	특징
아날로그	정목동침형(지침이동형)	정량적인 눈금이 정성적으로 사용되어 원하는 값으로부터의 대략적인 편차나, 고도를 읽을 때 그 변화방향과 율 등을 알고자 할 때
아날로그	정침동목형(지침고정형)	나타내고자 하는 값의 범위가 클 때, 비교적 작은 눈금판에 모두 나타내고자 할 때
디지털	계수형(숫자로 표시)	• 수치를 정확하게 충분히 읽어야 할 경우 • 원형 표시 장치보다 판독오차가 적고 판독시간도 짧다.(원형:3.54초, 계수형:0.94초)

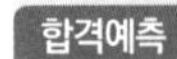

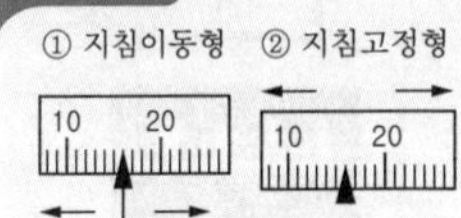

[그림] Analog display

9	2	.	2

[그림] Digital display

용어정의

최소분간시력(Minimum separable acuity)은 가장 많이 사용하는 시력의 척도로 과녁부분들 간의 최소공간

합격예측

지침의 설계요령

① 선각(先角)이 약 20[°] 정도 되는 뾰족한 지침을 사용한다.
② 지침의 끝은 작은 눈금과 맞닿되 겹치지 않게 한다.
③ 원형 눈금의 경우 지침의 색은 선단에서 눈금의 중심까지 칠한다.
④ 시차(視差)를 없애기 위해 지침은 눈금면과 밀착시킨다.

합격예측

정량적 눈금의 세부특성

정상가시거리 71[cm](28[inch]) 기준 권장길이

① 정상조명 : 1.3[mm] 이상

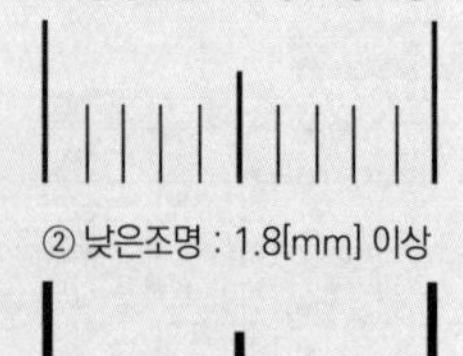

② 낮은조명 : 1.8[mm] 이상

합격예측

정적 표시장치

일정한 시간이 흘러도 장치(표시)가 변화되지 않는 것

합격예측

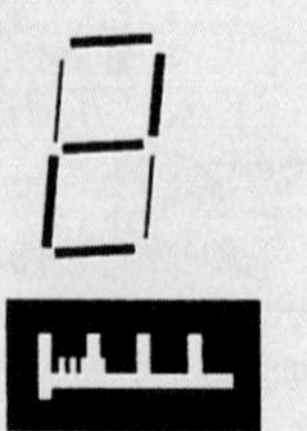

[그림] Electronic displays

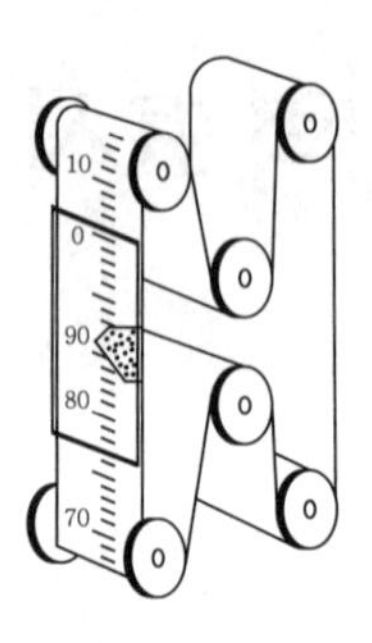

[그림] 이동테이프를 사용한 표시장치

③ **계수형**(計數型) : 수치를 정확히 읽어야 할 경우에는 이산적(離散的) 형태로 표시되는 계수형(digital)이 연속적 형태로 표시되는 닮은꼴(analog) 표시장치보다 더 적합한데, 이는 인접눈금에 대한 지침의 위치를 추정할 필요가 없이 계기반에 나타난 값만 읽으면 되기 때문이다. 그러나 계수형 표시장치에 나타나는 값들이 변하는 경우, 어떤 때에는 읽을 수 없을 정도로 빨리 변할 수도 있다는 것을 유의해야 한다. 계수형은 전력계나 택시요금 계산기 등의 계기와 같이 전자식으로 숫자가 표시되는 곳에 활용된다. 17. 8. 26 산

① 정목동침형

② 정침동목형

7	5	3	4	1

③ 계수형

[그림] 시각적 표시장치

(2) 정성적 표시장치 19. 4. 27 기

① 정성적 정보를 제공하는 표시장치는 온도, 압력, 속도와 같이 연속적으로 변하는 변수의 대략적인 값이나 변화 추세, 비율 등을 알고자 할 때 주로 사용한다.
② 정성적 표시장치는 색을 이용하여 각 범위 값들을 따로 암호화하여 설계를 최적화시킬 수 있다.
③ 색채 암호가 부적합한 경우에는 구간을 형상 암호할 수 있다.
④ 정성적 표시장치는 상태 점검, 즉 나타내는 값이 정상상태인지의 여부를 판정하는 데도 사용한다.
⑤ 형태성 : 복잡한 구조 그 자체를 완전한 실체로 지각하는 경향이 있기 때문에, 이 구조와 어긋나는 특성은 즉시 눈에 띈다. 19. 9. 21 기

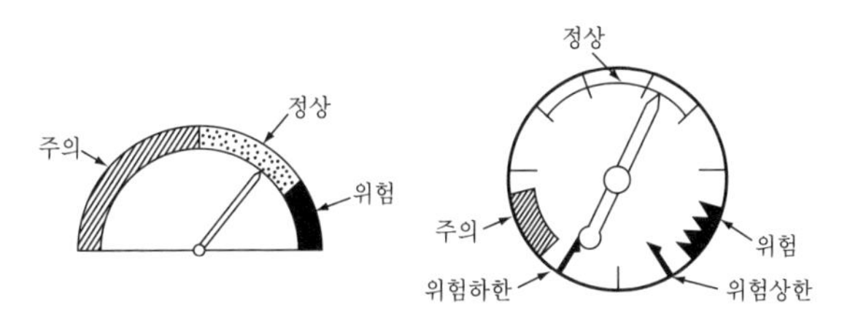

[그림] 정성적 표시장치의 색채 및 형상 암호화

(3) 상태표시기(status indicator)

정량적 계기가 상태점검 목적으로만 사용된다면, 정량적 눈금 대신에 상태표시기를 사용할 수 있다.(예 신호등)

(4) 신호 및 경보등

점멸등이나 상점등(常點燈)을 이용하며 빛의 검출성에 따라 신호, 경보 효과가 달라진다. 빛의 검출성에 영향을 주는 인자는 다음과 같다.

① **크기, 광속발산도(luminance) 및 노출시간** : 섬광을 검출할 수 있는 절대 역치는 광원의 크기, 광속 발산도, 노출시간의 조합에 관계된다.

② **색광** : 효과 척도가 빠른 순서는 백색, 황색, 녹색, 등색, 자색, 적색, 청색, 흑색 순이다.

③ **점멸속도** : 점멸융합 주파수보다 훨씬 적어야 한다. 주의를 끌기 위해서는 초당 3~10회의 점멸속도에 지속시간 0.05초 이상이 적당하다.

④ **배경광** : 배경 불빛이 신호등과 비슷하면 신호광의 식별이 힘들어진다. 만약 점멸 잡음광의 비율이 $\frac{1}{10}$ 이상이면 상점등을 신호로 사용하는 것이 더 효과적이다. 18. 4. 28 기

(5) 정보의 측정단위 17. 5. 7 기, 산 17. 9. 23 산 18. 4. 28 기 19. 3. 3 산 19. 4. 27 기 21. 8. 14 기

과학적 탐구 [계량적 측정 / 객관적 측정] 정보의 척도 → bit(binary unit의 합성어)

① bit란 : 실현가능성이 같은 2개의 대안 중 하나가 명시되었을 때 얻을 수 있는 정보량(2진법의 최소단위)

② **정보량** : 실현가능성이 같은 n개의 대안이 있을 때 총 정보량 H는

$$H=\log_2 n$$

이것은 각 대안의 실현확률(n의 역수)로 표현할 수도 있다.(실현확률을 P라고 하면)

$$H=\log_2 \frac{1}{P}$$

③ 평균정보량$(H)=\Sigma P\log_2\left(\frac{1}{P}\right)$

합격예측

① 획폭비 : 문자나 숫자의 높이에 대한 획 굵기의 비로서 나타내며, 최적 독해성(최대 명시거리)을 주는 획폭비는 흰 숫자(검은 바탕)의 경우에 1 : 13.3이고 검은 숫자(흰 바탕)의 경우는 1 : 8 정도이다. 11. 6. 12 산 20. 6. 14 산

② 종횡비(문자 숫자의 폭 : 높이) : 1 : 1의 비가 적당하며 3 : 5까지는 독해성에 영향이 없고, 숫자의 경우는 3 : 5를 표준으로 한다.

③ 광삼(irradiation)현상 : 흰 모양이 주위의 검은 배경으로 번지어 보이는 현상이다.

17. 3. 5 기 19. 9. 21 기 20. 8. 22 기

용어정의

점멸 - 융합주파수(flicker-fusion frequency) : 인치역치방법

① 깜박이는 불빛이 계속 커진 것처럼 보일 때의 주파수(약 30[Hz])

② 목적 : 피로의 정도측정

Q 은행문제

1. 정보를 유리나 차양판에 중첩시켜 나타내는 표시장치는? 19. 3. 3 산

① CRT ② LCD ③ HUD ④ LED

정답 ③

2. 40세 이후 노화에 의한 인체의 시지각 능력 변화로 틀린 것은?

① 근시력 저하
② 휘광에 대한 민감도 저하
③ 망막에 이르는 조명량 감소
④ 수정체 변색

정답 ②

3. 작업자가 용이하게 기계·기구를 식별하도록 암호화(Coading)를 한다. 암호화 방법이 아닌 것은?

① 강도 ② 형상 ③ 크기 ④ 색채

정답 ①

제2편

2 청각적 표시장치

1. 개 요

(1) 시각기관이 그 나름대로 장점을 가지고 있듯이 청각기관도 그 성질상 고유한 장점을 가지고 있다.

(2) 보기를 들면, 정보를 전달하는 신호원 자체가 음일 때나 전달되는 정보가 간단하고 짧을 때, 또는 전달된 정보가 후에 다시 참조되지 않아도 될 경우 등이다.

(3) 청각적 신호를 받는 데에는 신호의 성질에 따라 다음과 같은 세 가지 기능이 수반된다.

① 첫째, 검출(detection)은 신호의 존재 여부를 결정한다. 즉, 어떤 특정한 정보를 전달해 주는 신호가 존재할 때에 그 신호음을 알아내는 것을 말한다. 16. 5. 8 산

② 둘째, 상대구별(위치판별 : direction judgement)은 두 가지 이상의 신호가 근접하여 제시되었을 때 이를 구별한다. 보기를 들면, 어떤 특정한 정보를 전달하는 신호음이 불필요한 잡음과 공존할 때에 그 신호음을 구별하는 것을 말한다.여러 가지 음들이 동시에 제시될 때 음의 강도, 음색, 음의 지속시간, 그리고 음이 전달되는 방향 등에 의해서 각각의 음을 구별하는 것을 말한다.

③ 셋째, 절대판별(absolute judgement)은 어떤 부류의 특정한 신호가 단독적으로 제시되었을 때에 이를 식별한다. 즉, 어떤 개별적인 자극이 단독적으로 제시될 때, 그 음만이 지니고 있는 고유한 강도, 진동수와 제시된 음의 지속시간 등과 같은 청각 요인들을 통해 절대적으로 식별하는 것을 말한다. 음악에서 중요하게 여기는 '절대음정'도 이 경우에 속한다.

2. 청각적 표시장치 구분

(1) 신호의 검출(신호검출이론 : SDT)

① 신호의 검출은 신호의 진동수나 지속시간 또는 잡음이 발생한 경우에 따라 약간씩 달라진다.

② 잡음이 발생하는 경우에는 신호 검출의 역치(閾値)가 상승하게 된다.

③ 신호가 정확히 전달되기 위해서는 신호의 강도가 이 역치가 상승된 것보다 더 높아야 한다.

④ 반면에 주위가 조용한 경우에는 40~50[dB]의 음 정도이면 신호가 검출되기에 충분하다.

⑤ 음을 규정하는 데에는 음압 수준의 대수값을 사용하는 것이 관례이다.

합격예측

청각과정(hearing process)

① 헬름홀쯔는 인간의 청각기관인 내이의 와우각(cochlea)이 하프와 같이 다양한 주파수에 감응하는 다수의 구성 성분들을 가지고 있을 것이라고 생각하였다.
② 청각과정으로는 외이(outer ear, external ear)와 중이(middle ear)와 내이(inner ear, internal ear)가 있다.

참고

외이의 기능

외이(outer ear, external ear)는 소리의 모든 역할을 수행

① 귓바퀴(auricle, concha, pinna)는 음성을 레이더 같이 음성 에너지를 수집하여 초점을 맞추고 증폭의 역할을 담당한다.
② 외이도(auditory canal, membrane)는 귓바퀴에서 고막까지의 부분으로 음파를 연결하는 통로의 역할을 담당한다.
③ 고막(ear drum, tympanic membrane)은 외이(outer ear, external ear)와 중이(middle ear)의 경계에 자리잡고 있다. 18. 8. 19 기

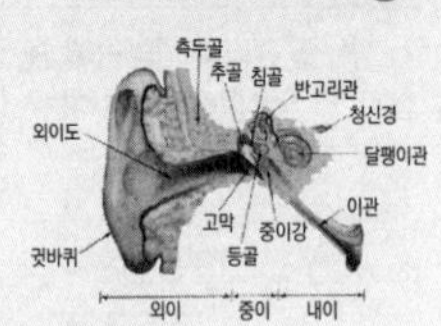

[그림] 귀내부 명칭 해부도

Q 은행문제

신호검출이론에 대한 설명으로 틀린 것은? 17. 5. 7 기

① 신호와 소음을 쉽게 식별할 수 없는 상황에 적용된다.
② 일반적인 상황에서 신호 검출을 간섭하는 소음이 있다.
③ 통제된 실험실에서 얻은 결과를 현장에 그대로 적용 가능하다.
④ 긍정(hit), 허위(false alarm), 누락(miss), 부정(correct rejection)의 네 가지 결과로 나눌 수 있다.

정답 ③

⑥ 가장 흔히 사용되는 음의 강도의 척도는 벨[(Bel)의 $\frac{1}{10}$인 데시벨(decibel : dB)이다.

⑦ 데시벨(dB)은 측정하고자 하는 음의 강도 P_1과 표준값(1,000[Hz] 순음의 가청할 수 있는 최초 음압)인 P_0의 로그 비율로 그 식은 다음과 같다. 16. 5. 8 산

$$dB = 20\log_{10}\left(\frac{P_1}{P_0}\right)$$

[표] 청각적 신호의 절대식별

차 원	수준수	비 고
강 도 (순음:純音)	3~5	순음의 경우 1,000~4,000[Hz]로 한정할 필요가 있으나, 광대역 소음이 보다 바람직함(평균식별수 7±2)
진동수	4~7	적을수록 좋으며 충분한 간격을 두어야 한다. 강도는 최소한 30[dB]
지속시간	2~3	확실한 차이를 두어야 함
음의 방향	좌우	두 귀간의 강도차는 확실해야 함
강도 및 진동수	9	주 시력손상에 영향을 미치는 진동주파수 : 10~25[Hz] 18. 8. 19 산
암시신호(cue)		소리의 강도차와 위상차

(2) 신호의 상대구별

① **강도차의 판단** : 음의 강도는 음이 나타내는 진폭의 대소에 의해서 정해진다. 음의 강도는 음압의 제곱에 비례하며, dB의 숫자가 높을수록 크다. 음의 강도차를 분별하는 인간의 능력을 보여주는데, 적어도 60[dB]과 그 이상의 강도의 신호로써 가장 작은 차이가 발견될 수 있다는 것을 나타내고 있다.

② **진동수 차의 판단** : 음의 진동수를 측정하는 기구인 소리굽쇠를 두드리면 소리굽쇠는 그 고유진동수로 진동하게 된다. 소리굽쇠가 진동하게 됨에 따라 공기의 입자는 전후방으로 움직이게 된다. 이러한 전후 교번에 상응해서 공기의 압력은 증가 또는 감소하게 된다. 이때에 초당 교번수가 초당 주파수(cps) 또는 헤르츠(hertz : Hz)로 표시되는 음의 진동수이다. 일반적으로, 사람의 귀가 감지할 수 있는 것은 개인에 따라 차이는 있지만, 약 20~20,000[Hz]의 진동수를 감지할 수 있다. 약, 1,000[Hz] 이하(특히, 강한 음에 있어서)에 대한 변화감지역은 작으나, 이보다 높은 진동수에서는 변화감지역이 급격히 증가하고 있다는 것을 알 수가 있다. 따라서, 신호가 만약 진동수에 의해서 구별되어야 할 때라면 낮은 진동수를 사용하는 것이 바람직하다. 17. 3. 5 산 17. 9. 23 산

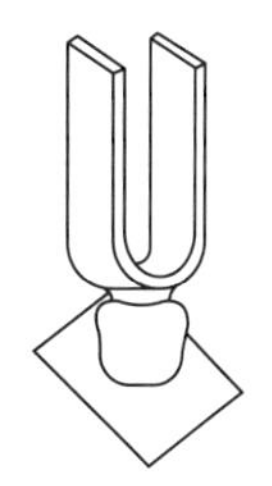

[그림] 소리굽쇠

합격예측

음성 합성방법

(1) 규칙 합성법 (synthesis by rule)
① 규칙 합성에 의한 음성은 진정한 합성 음성이다.
② 장점은 비교적 적은 컴퓨터 용량을 사용하여 아주 많은 어휘가 가능하다.

(2) 분석 합성법
① 디지털화한 인간 음성을 보다 압축된 자료형식 (synthesis by analysis)으로 변환한다.
② 장점은 디지털화에 비하여 음성정보 저장에 필요한 컴퓨터 기억용량이 상당히 적다는 점이다.

Q 은행문제

화학물 취급회사의 안전담당자 최○○는 화재발생 시 대피 안내방송을 음성 합성기로 전달하고자 한다. 최○○가 활용할 수 있는 음성합성 체계유형에 대한 설명으로 맞는 것은? 17. 9. 23 기

① 최○○는 경고안내문을 낭독하는 본인의 실제음성 파형을 모형화하는 음성 정수화 방법을 활용할 수 있다.
② 최○○는 경고안내문을 낭독할 때 본인음성의 질을 가장 우수하게 합성할 수 있는 불규칙에 의한 합성법을 활용할 수 있다.
③ 최○○는 발음모형의 적절한 모수들을 경고안내문을 낭독 시 본인이 실제 발음할 때에 결정하는 분석-합성에 의한 합성법을 적용할 수 있다.
④ 최○○는 규칙에 의한 합성법을 사용하여 경고안내문을 낭독하는 본인의 실제 음성으로부터 발음모형 모수들의 변화를 암호화 할 수 있다.

정답 ①

합격예측

(1) 청각적 장치 사용
① 전언이 간단하고 짧을 경우
② 전언이 후에 재참조되지 않을 경우
③ 즉각적 행동을 요구하는 경우
④ 시간적 사상을 다룰 경우
⑤ 수신자의 시각계통이 과부하 상태일 경우
⑥ 수신 장소가 역조응 또는 암조응 유지가 필요할 경우
⑦ 수신자가 자주 움직이는 경우

(2) 전달 확률이 높은 전언의 방법
① 사용어휘 : 어휘수가 적을수록 유리
② 전언의 문맥 : 문장이 독립된 음절보다 유리
③ 전언의 음성학적 국면 : 음성 출력이 높은 음 선택

합격예측

시각적 장치 사용
① 전언이 복잡하고 길 때
② 전언이 후에 재참조될 경우
③ 전언이 공간적 위치를 다룰 때
④ 수신자의 청각 계통이 과부화 상태일 경우
⑤ 수신 장소가 너무 시끄러울 경우
⑥ 즉각적인 행동을 요구하지 않을 때
⑦ 직무상 한 곳에 머무르는 경우

(3) 신호의 절대구별

① 많은 경우에 개별적인 자극이 단독적으로 제시되는데, 이런 경우에는 이를 절대적으로 구별할 필요가 있다.
② 연속적인 값을 가지는 자극을 이렇게 구별할 수 있는 기준의 수는 상당히 적다.

(4) 경계 및 경보신호(청각적 표시장치) 선택시 지침

16. 3. 6 산 17. 3. 5 산 17. 9. 23 산 18. 3. 4 기 20. 6. 14 산 22. 4. 24 기

① 귀는 중음역에 가장 민감하므로 500~3,000[Hz]의 진동수를 사용
② 고음은 멀리가지 못하므로 300[m] 이상 장거리용으로는 1,000[Hz] 이하의 진동수 사용
③ 신호가 장애물을 돌아가거나 칸막이를 통과해야 할 때는 500[Hz] 이하의 진동수 사용
④ 주의를 끌기 위해서는 변조된 신호를 사용
⑤ 배경소음의 진동수와 다른 신호를 사용하고 신호는 최소한 0.5~1초 동안 지속
⑥ 경보효과를 높이기 위해서 개시시간이 짧은 고감도 신호 사용
⑦ 주변 소음에 대한 은폐효과를 막기 위해 500~1,000[Hz] 신호를 사용하며, 적어도 30[dB] 이상 차이가 나야 함

17. 5. 7 산 18. 3. 4 산 18. 4. 28 산 18. 8. 19 산 18. 9. 15 산 19. 4. 27 산 19. 8. 4 기 19. 9. 21 산 20. 6. 7 기 21. 3. 7 기 21. 5. 15 기 21. 9. 12 기

[표] 청각장치와 시각장치의 사용 경위

청각장치 사용 예	시각장치 사용 예
① 전언이 간단할 경우	① 전언이 복잡할 경우
② 전언이 짧을 경우	② 전언이 길 경우
③ 전언이 후에 재참조되지 않을 경우	③ 전언이 후에 재참조될 경우
④ 전언이 시간적인 사상(event)을 다룰 경우	④ 전언이 공간적인 위치를 다룰 경우
⑤ 전언이 즉각적인 행동을 요구할 경우	⑤ 전언이 즉각적인 행동을 요구하지 않을 경우
⑥ 수신자의 시각 계통이 과부하 상태일 경우	⑥ 수신자의 청각 계통이 과부하 상태일 경우
⑦ 수신 장소가 너무 밝거나 암조응(暗調應) 유지가 필요할 경우	⑦ 수신 장소가 너무 시끄러울 경우
⑧ 직무상 수신자가 자주 움직이는 경우	⑧ 직무상 수신자가 한 곳에 머무르는 경우

3 촉각적 표시장치

1. 촉각(감)의 표시

① 일상생활에서 우리는 자신이 생각하는 것보다 더 많이 피부 감각에 의존하고 있다. 그러나 아직까지는 촉각적 표시장치를 이용하여 정보를 전송하는 데에는 별로 사용되지 않았다.

② 현재까지의 용도는 주로 맹인용 점자와 형상 암호화된 조정장치를 들 수 있다.
③ 만져서 상호간에 혼란이 발생하지 않도록 용도에 따라서 다회전용, 단회전용, 이산 멈춤 위치용의 세 분류로 구분되어 있다.
④ 조정장치는 형상 이외에도 그 표면의 촉감을 다르게 만들기도 하는데, 흔히 쓰이는 표면가공 중 매끄러운 면, 세로 홈, 도톨도톨한 면 등으로 정확하게 구별할 수 있도록 한다.
⑤ 크기의 차이를 이용한 암호화의 동적(動的)인 표시장치로 보기를 들면, 몸에 진동기를 부착하여 진동하는 음의 강도나 진동수 지속시간 등을 암호화하여 사용하는 것을 들 수 있다.
⑥ 최근에는 기술개발에 힘입어 광학적 영상을 촉각적 진동으로 변화시켜 맹인이 해석할 수 있도록 하는 장치가 개발되고 있으며, 우리 주위의 사물들을 특수 안경으로 포착하여 촉각적인 자극의 형태로 재현하는 기기가 개발되고 있다.

2. 표시방식 설계시 고려사항

(1) 인간이 신속, 정확하게 지각할 수 있도록 하기 위해서는 다이얼, 계기, 눈금 표시 등을 적절하게 하여야 하며, 표시 방법이나 모양, 크기, 조명 등 여러 가지 요소들을 인간의 특성에 적합하도록 고안하여 설계하여야 한다.

(2) 제어장치의 형태코드법

① **부류A**(복수회전) : 연속조절에 사용하는 놉(knob)으로 빙글빙글 돌릴 수 있는 조절범위가 1회전 이상이며 놉(knob)의 위치가 제어조작의 정보로 중요하지 않다.( )
② **부류B**(분별(단)회전) : 연속조절에 사용하는 놉(knob)으로 빙글빙글 돌릴 필요가 없고 조절범위가 1회전 미만이며 놉(knob)의 위치가 제어조작의 정보로 중요하다.( ) 19. 3. 3 산
③ **부류C**(멈춤쇠 위치조정 : 이산 멈춤 위치용) : 놉(knob)의 위치가 제어조작의 중요 정보가 되는 것으로 분산 설정 제어장치로 사용한다.( ) 20. 8. 23 산

3. 표시장치의 구분

(1) 표시장치의 종류

① **정적(static) 표시장치** : 간판, 도표, 그래프, 인쇄물, 필기물 같이 시간의 변화에 따라 변하지 않는 것
② **동적(dynamic) 표시장치**
㉮ 어떤 변수나 상황을 나타내는 표시장치 : 온도계, 기압계, 속도계, 고도계 등
㉯ CTR 표시장치 : 레이더, 수중음파탐지기(sonar)

합격예측 16. 5. 8 기 / 20. 9. 27 기

(1) 촉각(감)적 표시장치
① 2점 문턱값이란 손에 두점을 눌렀을 때 느끼는 감각이 서로 다르게 느끼는 점 사이의 최소거리
② 손바닥 → 손가락 → 손가락 끝
③ 촉각적 암호구성 : 점자, 진동, 온도

(2) 표면촉감을 이용한 조정장치
① 매끄러운면
② 세로홈(flute)
③ 깔쭉면(knurl)

(3) 크기를 이용한 조정장치
- 크기의 차이를 쉽게 구별할 수 있도록 설계
① 직경 : 1.3[cm](1.2″) 차이
② 두께 : 0.95[cm](3/8″) 차이
- 촉감으로 식별 가능한 18개의 손잡이 구성요소(조합)
① 세 가지 표면가공
② 세 가지 직경 (1.9, 3.2, 4.5)
③ 두 가지 두께 (0.95, 1.9)

합격예측 17. 9. 23 산 / 20. 6. 7 기 / 20. 8. 23 산

① 촉각적 표시장치로는 기계적진동(mechanical vibraion)이나 전기적 임펄스(electric impulse)이다.
② 암호화를 위하여 고려할 특성 : 형상, 크기, 표면촉감

합격예측

역치
① 자극에 대하여 어떠한 반응을 일으키는데 필요한 최소한의 자극의 세기이며, 역치가 작을수록 예민하다.
② 조작자는 오차가 인식 역치를 넘을 때까지는 반응하지 못한다.

합격예측

정보회로의 순서

표시(정보원) – 감각 – 지각 – 판단 – 응답 – 출력 – 조작

합격예측

(1) 후각 표시장치
① 후각상피 : 코의 윗부분에 위치
② 자극원 : 기체상태의 화학물질
③ 사람의 감각기관중 가장 예민하고 빨리 피로해 지기 쉬운 기관
④ 후각의 전달 경로

기체상태의 화학물질
↓
후각상피(후세포)
↓
후신경
↓
대뇌

(2) 식별가능한 냄새의 수
① 15~32종류이지만 훈련을 통해 60여 종류까지 가능(복합냄새)
② 강도차만 있는 냄새의 경우 : 3~4수준 정도의 식별

(3) 후각적 표시장치 특징 20. 8. 22 기
① 표시장치로서의 활용은 저조
㉮ 심한 개인차
㉯ 코막힘 등으로 민감도 저하
㉰ 가장 피로해 지기 쉬운 기관
㉱ 냄새의 확산 통제가 곤란
② 경보장치로 활용
㉮ gas 회사의 gas 누출 탐지(부취제)
㉯ 광산의 탈출 신호용

합격예측 16. 3. 6 기 17. 5. 7 기

시각적 부호 3가지

① 묘시적 부호 : 사물의 행동을 단순하고 정확하게 묘사한 것(예 위험표지판의 해골과 뼈, 도보표지판의 걷는 사람)
② 추상적 부호 : 전언의 기본 요소를 도식적으로 압축한 부호로 원 개념과는 약간의 유사성이 있을 뿐이다.
③ 임의적 부호 : 부호가 이미 고안되어 있으므로 이를 배워야 하는 부호(예교통표지판의 삼각형 – 주의, 원형 – 규제, 사각형 – 안내표시)

㉰ 전파용 표시장치 : 전축, TV, 영화
㉱ 어떤 변수를 조정하거나 맞추는 것을 돕기 위한 것

(2) 표시장치의 정보편성시 고려사항

① **자극의 속도와 부하** : 속도압박과 부하압박
② **신호들간의 신호차** : 신호간 간격이 0.5초보다 짧으면 자극 혼동
③ **휴먼에러를 줄이기 위하여 통제 표시장치의 시각신호의 정보편성 요인** : 자극의 속도, 부하, 시간차

(3) 표시장치로 나타내는 정보의 유형

① **정량적(quantitative) 정보** : 변수의 정량적인 값
② **정성적(qualitative) 정보** : 가변변수의 대략적인 값, 경향, 변화율, 변화방향 등
③ **상태(status) 정보** : 체계의 상황 혹은 상태
④ **경계(warning) 및 신호(signal) 정보**
⑤ **묘사적(representational) 부호** : 사물, 지역, 구성 등을 사진, 그림 혹은 그래프로 표시(예 산업안전표지)
⑥ **식별(identification)정보** : 어떤 정적 상태, 상황 또는 사물의 식별용
⑦ **문자 숫자(alphanumeric) 및 부호(symbolic)정보** : 구도, 문자, 숫자 및 관련된 여러 형태의 암호화 정보
⑧ **시차적(time phased) 정보** : pulse화 되었거나 혹은 시차적인 신호, 즉 신호의 지속시간, 간격 및 이들의 조합에 의해 결정되는 신호

(4) 인간에 대한 모니터링(monitoring)의 법칙

① **셀프 모니터링(self – monitoring : 자기감지)** : 자극, 고통, 피로, 권태, 이상감각 등의 지각에 의해서 자신의 상태를 알고 행동하는 감시방법, 즉 결과를 파악하여 자신 또는 모니터링 센터에 전달하는 경우가 있다.
② **생리학적 모니터링** : 맥박수, 호흡 속도, 체온, 뇌파 등으로 인간 자체의 상태를 생리적으로 모니터링하는 방법이다.
③ **비주얼 모니터링(visual monitoring)** : 동작자의 태도를 보고 동작자의 상태를 파악하는 것으로서, 졸린 상태는 생리적으로 분석하는 것보다 태도를 보고 상태를 파악하는 것이 쉽고 정확하다.
④ **반응에 대한 모니터링** : 자극(청각, 시각, 촉각)을 가하여 이에 대한 반응을 보고 정상 또는 비정상을 판단하는 방법
⑤ **환경의 모니터링** : 간접적인 감시방법으로서 환경조건의 개선으로 인체의 안락과 기분을 좋게 하여 정상작업을 할 수 있도록 만드는 방법

4 인간요소와 휴먼에러

1. 휴먼에러 요인

(1) 인간에러(human error)의 배후요인(4M) 20. 6. 7 기 23. 9. 2 기

① 맨(Man) : 본인 이외의 사람(팀워크, 커뮤니케이션)

② 머신(Machine) : 장치나 기계 등의 물적요인(본질안전화, 표준화, 점검, 정비)

③ 미디어(Media) : 인간과 기계를 잇는 매체란 뜻으로 작업의 방법이나 순서, 작업 정보의 실태나 환경과의 관계, 정리정돈 등이 포함된다.(환경개선, 작업방법개선 등) 18. 4. 28 산 19. 8. 4 기

④ 매니지먼트(Management) : 안전법규의 준수방법, 단속, 점검 관리 외에 지휘감독, 교육훈련 등이 여기에 속한다.(적성배치, 교육·훈련)

(2) 과오의 원인 3가지

① 불확성

② 시간지연

③ 순서착오

(3) 인간과오의 내적 요인과 외적 요인 20. 6. 7 기

내적 요인(심리적 요인)	외적 요인(물리적 요인)
① 지식 부족	① 단조로운 작업
② 의욕이나 사기 결여	② 복잡한 작업
③ 서두르거나 절박한 상황	③ 생산성이나 지나친 강조
④ 체험적 습관	④ 과다자극 경로
⑤ 선입관	⑤ 재촉
⑥ 주의 소홀	⑥ 동일형상·유사형상의 배열
⑦ 과다자극, 과소자극	⑦ 양립성에 맞지 않는 경우
⑧ 피로	⑧ 공간적 배치 원칙에 위배

(4) 인간의 신뢰성 3요소

① **주의력** : 인간의 주의력에는 넓이와 깊이가 있고 또한 내향성과 외향성이 있다. 주의가 외향일 때는 시각을 통하여 사물을 관찰하면서 주의력을 경주할 때이고, 내향일 때는 사고의 상태로서 시각을 통한 사물의 관찰에는 시신경계가 활동하지 않는 상태이다.

② **긴장 수준** : 긴장 수준을 측정하는 방법으로, 인체 에너지의 대사율, 체내 수분의 손실량 또는 흡기량의 억제도 등을 측정하는 방법이 가장 많이 사용되며 긴장도를 측정하는 방법으로 뇌파계를 사용할 수도 있다.

합격예측

(1) 인간과오의 배후요인 4요소(안전)
① Man
② Machine
③ Media
④ Management

(2) 효율화 대상 4M(생산)
① Machine : 설비의 효율화
② Material : 원재료, 에너지의 효율화
③ Man : 작업의 효율화
④ Method : 관리의 효율화

참고

안전 4M과 생산 4M을 구분한다.

합격예측

Miller의 인간의 절대식별 능력 이론인 "Magical Number 7±2"
① 절대식별 실험을 통한 정보이론에 근거한 전달된 정보량 계산
② 전달된 정보량과 입력정보량을 통한 경로용량 확인
③ 실험을 통한 밀러의 Magical Number 7±2 확인
④ 한계가 많은 절대식별에 미치는 요인 분석
(정보전달의 신뢰성 향상 방안을 찾고자 함)

합격예측

인간실수 분류
① omission error : 작업수행을 행하지 않으므로 발생된 error
② time error : 수행지연
③ commision error : 불확실한 수행
④ sequential error : 순서착오
⑤ extraneous error : 불필요한 작업수행

합격예측

Item은 기계계, 전기계, 유체계로 구분한다.
① 기계계 : 변형, 마모, 파손, 탈락, 가열 등
② 전기계 : 개방, 단락, 잡음, Drift, 입출력 불량, 절연불량
③ 유체계 : 누설, 부식, 폐쇄 등

③ 의식 수준 18. 8. 19 산

㉮ 경험 수준 : 해당 분야의 근무경력 연수

㉯ 지식 수준 : 안전에 대한 교육 및 훈련을 포함한 안전에 대한 지식 수준

㉰ 기술 수준 : 생산 및 안전기술의 정도

주 인간실수 주원인 : 인간 고유의 변화성

2. 인간실수(휴먼에러)의 분류 19. 3. 3 기 19. 8. 4 기 산 20. 6. 14 산 21. 3. 7 기 21. 8. 14 기

(1) 심리적 분류(Swain)의 인적(독립행동)오류(불확정, 시간지연, 순서착오)

① 생략에러(Omission Errors : 부작위 실수) : 직무 또는 어떤 단계를 수행치 않음 (누락오류) 20. 9. 27 기

② 실행에러(Commission error : 작위 실수) : 직무의 불확실한 수행(예 선택, 순서, 시간, 정성적 착오)

③ 과잉행동에러(Extraneous error : 불필요한 과오) : 수행되지 않아야 할 직무수행 17. 8. 26 기

④ 순서에러(Sequential error : 순서적 과오) : 순서에서 벗어난 직무수행

⑤ 시간에러(Timing error : 지연오류) : 계획된 시간 내에 직무수행 실패 너무 늦거나 일찍 수행

(2) 인간의 행동과정을 통한 분류

① 입력실수(Input error) : 감지 결함

② 정보처리 실수(Information error) : 착각

③ 의사결정 실수(Decision making error) : 의사결정 과오

④ 출력실수(Output error) : 출력 과오

⑤ 피드백 실수(Feedback error) : 제어 과오

(3) 대뇌의 정보처리 에러 18. 4. 28 기

① 인지착오 : 확인미스(인지실수)

② 판단착오 : 기억에 대한 실패(판단실수)

③ 조치착오 : 동작 또는 조작실수

(4) 실수원인의 level(수준적) 분류 19. 4. 27 산

① 1차실수(Primary error : 주과오) : 작업자 자신으로부터 발생한 실수

② 2차실수(Secondary error : 2차과오) : 작업형태나 조건 중에서 문제가 생겨 발생한 실수, 어떤 결함에서 파생

합격예측

인간의 오류(error) 유형
16. 10. 1 기 18. 9. 15 산 18. 3. 4 기 19. 4. 27 기 21. 9. 12 기 22. 4. 24 기

① 오류(Mistake)
판단이나 추론의 과정에서 실패 또는 결함이 있는 경우 부적당한 계획으로 원래 목적 수행 실패
예 운전자의 작업진단 실패 및 잘못된 절차 선택

② 경실수(Slip)
19. 3. 3 기 21. 5. 15 기
- 계획된 목적수행에 필요한 행위의 실행에 오류가 발생
- 실행과정에서 수행이나 기억에 실패한 경우
예 다이얼을 잘못 읽음, 비슷한 여러 개의 조절기에 하나를 잘못 선택

③ 위반(Violation)
절차서에서 지시한 것을 고의로 따르지 않고 다른 방법을 선택
- 통상위반(Routine violations) : 개개인이 통상 규칙이나 절차를 따르지 않음
- 예외적위반(Exceptional violations) : 예상치 못한 돌발적 행동 ➔ 우연의 결과가 아니므로 회사의 문화 변화로 예방 가능

Q 은행문제 17. 9. 23 기

좋은 코딩 시스템의 요건에 해당하지 않는 것은?

① 코드의 검출성
② 코드의 식별성
③ 코드의 표준화
④ 단순차원 코드의 사용

정답 ④

합격예측

대뇌정보처리 error

① 인지 miss : 작업정보의 입수에서 감각중추에서 하는 인지까지 일어난 것으로 확인 miss도 이에 포함한다.

② 판단 miss : 중추과정에서 일으키는 것으로 의지결정의 miss나 기억에 관한 실패도 이에 포함된다.

③ 동작 또는 조작의 miss : 운동중추에서 올바른 지령은 주어졌으나 동작 도중에 miss를 일으키는 것으로 좁은 의미의 조작 miss를 말한다.

③ **커맨드 실수(Command error : 지시과오)** : 직무를 하려고 해도 필요한 정보, 물건, 에너지 등이 없어 발생하는 실수

(5) 작업별 human error

① **조작에러** : 기계를 조작하는 데 발생하는 에러
② **설치에러** : 설치, 장치를 설치할 때에 잘못된 착수와 조정을 한 에러
③ **보존에러** : 점검 보수를 주로 하는 보존작업상의 에러
④ **검사에러** : 검사시 발생하는 에러로 검사에 관한 기록상의 에러 등도 포함된다.
⑤ **제조에러** : 컨베이어 시스템에 의한 조립을 주로 하는 제조공정에서의 에러

(6) 인간과오의 종합적 요인

① 개인적 특성
② 작업자의 교육, 훈련, 교시 등의 문제
③ 직장의 성격
④ 작업 자체의 특성과 환경조건
⑤ 인간-기계 체계의 인간공학적 설계상 결함

3. 인간의 행동수준

(1) Rasmussen의 인간행동 수준의 3단계 16. 5. 8 기 18. 8. 19 기

① **지식수준** : 여러 종류의 자극과 정보에 대해 심사숙고하여 의사를 결정하고 행동을 수행하는 것으로서, 예기치 못한 일이나 복잡한 문제를 해결할 수 있는 행동 수준의 의식수준
② **규칙수준** : 일상적인 반복작업 등으로서 경험에 의해 판단하고 행동규칙 등에 따라 반응하여 수행하는 의식수준
③ **숙련(반사)조작수준** : 오랜 경험이나 본능에 의하여 의식하지 않고 행동하는 것으로서, 아무런 생각없이 반사운동처럼 수행하는 의식수준

(2) System Performance와 Human Error의 관계

$$SP=f(H \cdot E)=K(H \cdot E)$$

① $K \fallingdotseq 1$: HE가 SP에 중대한 영향을 끼친다.
(HCE : Human Caused Error)
② $K<1$: HE가 SP에 risk를 준다.
③ $K \fallingdotseq 0$: HE가 SP에 아무런 영향을 주지 않는다.
(SCE : Situation Caused Error)

합격예측

fail safe
인간이나 기계가 과오나 동작상 실수가 있더라도 사고 또는 재해가 발생되지 않도록 2중, 3중으로 통제를 가하는 체계

Q 은행문제

1. 안전 설계방법 중 페일세이프 설계(fail-safe design)에 대한 설명으로 가장 적절한 것은?
① 오류가 전혀 발생하지 않도록 설계
② 오류가 발생하기 어렵게 설계
③ 오류가 위험을 표시하는 설계
④ 오류가 발생하였더라도 피해를 최소화하는 설계

정답 ④

2. 작업공간 설계에 있어 "접근제한요건"에 대한 설명으로 맞는 것은? 17. 8. 26 기
① 조절식 의자와 같이 누구나 사용할 수 있도록 설계한다.
② 비상벨의 위치를 작업자의 신체조건에 맞추어 설계한다.
③ 트럭운전이나 수리작업을 위한 공간을 확보하여 설계한다.
④ 박물관의 미술품 전시와 같이, 장애물 뒤의 타겟과의 거리를 확보하여 설계한다.

정답 ④

합격예측

작업에 의한 인간과오의 분류
조작과오
설치과오
보존과오
검사과오

합격예측

SP = K(HE)에서
① $K \fallingdotseq 1$: HE가 SP에 중대한 영향을 끼침
② $K<1$: HE가 SP에 risk를 줌
③ $K \fallingdotseq 0$: HE가 SP에 아무런 영향을 주지 않음

합격용어

foolproof
기계장치의 설계단계에서부터 안전화를 도모하는 기본적 개념. 즉, 인간의 착각·착오·실수 등 인간과오를 방지하기 위한 것

합격예측

동작분석
(1) 목시동작분석
① therbling 분석
② 동작경제원칙
㉮ 신체사용에 관한 원칙
㉯ 작업역 배치원칙
㉰ 공구, 설비의 설계원칙
③ 작업자공정도
(2) 미세동작분석
① film/tape 분석
㉮ micro motion study(simochart)
㉯ memo motion study
② VTR 분석
㉮ Video micro motion
㉯ Video memo motion
㉰ VTD(Video Tape Discussion)
③ cycle graph
④ chrono cycle graph
⑤ strobo 분석
⑥ eye camera

합격예측

조작상 발생빈도수 순서
① 1순위 : 지식관련(자극의 과대, 과소)
② 2순위 : 정보관련(완전하지 못한 정보전달)
③ 3순위 : 표시장치(표시방법, 위치의 부적절)
④ 4순위 : 제어장치(배치, 식별성, 접촉성의 부적절)
⑤ 5순위 : 조작환경(작업공간, 환경조건의 부적절)
⑥ 6순위 : 시간관련(작업시간의 부적절)

(3) 인간행동 관계요소

$$B=f(P \cdot E)$$

여기서, B : 행동, P : 개성, E : 환경, f : 함수

$$B=f(P \cdot E) \rightarrow Ba=f(P \cdot M \cdot E)$$

여기서, Ba : 사고행동, P : 개성, M : 물질, E : 환경

(4) Fail – safe

작업방법이나 기계설비에 결함이 발생되더라도 사고가 발생되지 않도록 이중, 삼중으로 제어를 하는 것을 말한다.

① Fail passive : 일반적인 산업기계 방식의 구조로 부품의 고장시 기계장치는 정지 상태로 옮겨간다.

② Fail operational : 병렬 또는 대기 여분계의 부품을 구성한 경우이며, 부품의 고장이 있어도 다음 정기점검까지 운전이 가능한 구조로 운전상 제일 선호하는 안전한 운전방법이다. 17. 5. 7 기 22. 3. 5 기

③ Fail active : 부품이 고장나면 기계는 경보를 울리는 가운데 짧은 시간 동안의 운전이 가능하다.

④ Fail soft : 기계설비 또는 장치의 일부가 고장났을 때, 기능의 저하가 되더라도 전체로서는 기능을 정지시키지 않는 기법

⑤ Tamper proof : 고의로 안전장치를 제거하는 경우를 대비한 예방 설계 개념 19. 9. 21 기

4. 인간과오의 형태

(1) 산업현장에서의 인간과오 종류는 매우 다양하다. 업종, 기업, 사업장 또는 장치나 작업의 종류에 따라서 산업 안전상의 문제가 되고 있는 인간과오의 내용이나 형태, 그 배경요인, 사고의 형태, 파급효과 등은 각기 다른 형태로 나타난다. 일반적인 인간과오의 형태는 크게 다섯 가지로 나눌 수 있다.

① 해야 할 일을 하지 않는다.
② 해야 할 일을 불충분하게 수행한다.
③ 해야 할 일과 상이한 일을 한다.
④ 필요없는 일을 수행한다.
⑤ 시간적으로 부당한 일을 한다.

$$HEP=\frac{\text{과오의 수}}{\text{과오 발생의 전체 기회수}}$$ 19. 9. 21 기

(2) 인간실수 확률에 대한 추정기법

① 사람의 잘못은 피할 수가 없다.

② 인간의 오류의 가능성이나 부정적 결과에 대한 추정 기법을 줄이기 위한 방법으로는 인력 선정과 훈련장치, 절차 및 환경의 설계에 의해 줄일 수 있다.

(3) 인간이 과오를 범하기 쉬운 작업특성(성격)

① 공동작업
  ㉮ 2인 이상의 작업자에 의한 작업 step 사이
  ㉯ 고속에서의 수동제어 사이
  ㉰ 분산 배치되어 있는 조작반(操作盤)의 수동제어 사이

② 속도와 정확성을 요하는 작업
  ㉮ 고속을 요하는 작업이나 극도로 정확한 timing을 요하는 작업
  ㉯ 의사결정시간이 짧은 작업

③ 변별(辨別)을 요하는 작업
  ㉮ 다수의 입력원에 기초한 의사결정(다경로 의사결정)
  ㉯ 장시간에 걸친 표시장치의 감시(장시간 감시)
  ㉰ 2개 이상의 표시장치에 따른 빠른 변화의 비교

④ 부적당한 입력특성을 갖는 경우
  ㉮ 자극입력의 성질과 timing을 모두 또는 어느 한쪽을 예측할 수 없는 경우
  ㉯ 변별해야 할 표시장치가 공통적인 특성을 많이 갖고 있거나 표시 장치가 빠르게 변화하는 경우
  ㉰ 부적당한 시각, 청각 feedback에 따라서 행동해야 하는 경우
  ㉱ 과오의 해소책이 작업수행을 방해하는 경우

참고

검사작업의 작업자가 볼 베어링을 검사하고 있다. 어느 날 10,000개의 베어링을 조사하여 800개의 불량품을 발견하였으나, 이 Lot에는 실제로 2,000개의 불량품이 있었다. 이 때 HEP는? 17. 9. 23 산 18. 8. 19 산 20. 6. 14 산

① $HEP=\frac{1,200}{10,000}=0.12$

② HEP : 인간신뢰도의 기본 단위

합격예측 17. 3. 5 기 21. 8. 14 기

명료도 지수[articulation index : 明瞭度指數]

① 음성을 미소 주파수 대역폭의 성분으로 나눈 다음 그들 각 성분이 음절 명료도 s에 기여하는 정보를 밝히고 여러 가지 경우의 음절 명료도를 계산할 수 있도록 하기 위해 고안된 것

② 명료도 지수 A_0는 s를 다음 식에 따라 환산한 것이다.

$$A_0=-(Q/p)\cdot\log_{10}(1-s)$$

③ 주파수 f에서의 대역폭 1[Hz]당의 명료도를 지수 기여도를 D라 하면 $D=(dA_0/df)_f$의 관계가 있으므로 예를 들어, 주파수 0에서 f_0까지 전송한 경우의 명료도 지수는 $A_{f_0}=\int_0^{f_0}Ddf$ 와 같이 계산할 수 있다. 또 p는 피시험인 숙련도를 나타내는 계수이다.

제2편

Chapter 02

정보입력 표시
출제예상문제

출제예상문제는 복습, 예습문제로 엮었습니다. *WHY : 실제시험에도 순서에 관계없이 출제됩니다. 예습 후 다음장에 공부한 문제가 있으면 기억이 배가 됩니다.

01 ★★ **인간의 실수 중 개인 능력에 속하지 않는 것은?**

① 긴장수준　② 피로상태
③ 교육훈련　④ 자질

해설

인간의 신뢰성 요인
① 주의력
② 의식수준
③ 긴장수준

◐자질은 인간의 특성이다.

02 ★ **인간에러 원인 중 개인능력에 해당되지 않는 것은?**

① 피로상태　② 교육훈련
③ 긴장수준　④ 상태변화

해설

의식수준의 종류
① 경험연수
② 지식수준
③ 기술수준

03 ★★ **인간의 실수원인 중 개인특성에 해당되는 것이 아닌 것은?**

① 심신기능　② 건강상태
③ 작업부적성　④ 지식부족

해설

개인특성 3가지 : ①, ②, ③

04 ★★ **다음 인간 – 기계 체계에서 각종 감각기능에 주어진 역할이 공통역할과 다른 것은?**

① 지각　② 청각
③ 미각　④ 후각

해설

자극반응시간(reaction time)
① 시각 : 0.20[초]
② 청각 : 0.17[초]
③ 촉각 : 0.18[초]
④ 미각 : 0.70[초]

05 ★★ **인간과 기계계에서 의사결정을 실행에 옮기는 과정에 해당되는 사항은?**

① 기억　② 응답
③ 출력　④ 조작

해설

① 정보저장 : 기억
② 통제 및 작업과정 : 행동기능
③ 행동 직전의 결심 및 조작 : 정보처리 및 의사결정

06 ★★★★★ **인간의 감각 중 반응시간이 가장 빠른 것은?**

① 시각　② 통각
③ 청각　④ 촉각

해설

청각이 0.17초로 제일 빠르다.

[정답] 01 ④　02 ④　03 ④　04 ①　05 ③　06 ③

07 ★★★ 다음 중 일정한 고장률을 유지한다고 알려져 있는 전자기구는? 06. 5. 14 기

① 트랜지스터　② 진공관
③ 콘덴서　④ 퓨즈

해설

콘덴서 : 일정한 시간 유지로 고장률 방지

08 ★★★★ 부호의 3가지 유형과 관계없는 것은?

① 임의적 부호　② 묘사적 부호
③ 사실적 부호　④ 추상적 부호

해설

부호의 유형 3가지

① 임의적 부호 : 이미 고안된 부호이며 배워야 하는 부호이다.
② 묘사적 부호 : 사물이나 행동을 단순하고 정확하게 묘사한 부호이다.
③ 추상적 부호 : 전언의 기본요소를 도식적으로 압축한 부호이다.

09 ★★ 기준의 요건에 대한 설명 중 맞는 것은? 20. 6. 7 기

① 적절성 : 반복 실험시 재현성이 있어야 한다.
② 신뢰성 : 기준척도는 측정하고자 하는 변수 이외의 다른 변수의 영향을 받아서는 안된다.
③ 무오염성 : 기준이 의도된 목적에 부합하여야 한다.
④ 민감도 : 동일 단위로 환산 가능한 척도여야 한다.

해설

기준의 구비조건 3가지

(1) 인간의 신뢰도를 높이면 인간행동의 잘못은 크게 줄어든다.
(2) 사용되는 기준 3가지 : ①, ②, ③
(3) 설명은 제외

10 ★ 우리가 흔히 사용하는 시각적 표시장치와 청각적 표시장치 중 청각적 표시장치를 사용하는 것이 더 좋은 경우는?

① 전언이 공간적인 위치를 다룬다.
② 수신자의 청각 계통이 과부하 상태일 때
③ 직무상 수신자가 한 곳에 머무르는 경우
④ 수신장소가 너무 밝거나 암조응이 요구될 때

해설

①, ②, ③ 은 시각적 표시장치가 효과적일 때이다.

11 ★★ 인간의 청각적 식별이 가능한 자극의 차원은?

① 강도　② 형태
③ 구성　④ 위치

해설

형태, 구성, 위치는 시각적 식별의 차원이다.

12 ★★★★★ 정보가 음성으로 전달되어야 효과적일 때는 어느 경우인가?

① 정보가 어렵고 추상적일 때
② 정보가 긴급할 때
③ 정보의 영구적인 기록이 필요할 때
④ 여러 종류의 정보를 동시에 제시해야 할 때

해설

청각장치와 시각장치의 사용 경위

청각장치 사용(예)	시각장치 사용(예)
① 전언이 간단할 경우	① 전언이 복잡할 경우
② 전언이 짧을 경우	② 전언이 길 경우
③ 전언이 후에 재참조되지 않을 경우	③ 전언이 후에 재참조될 경우
④ 전언이 시간적인 사상(event)을 다룰 경우	④ 전언이 공간적인 위치를 다룰 경우
⑤ 전언이 즉각적인 행동을 요구할 경우	⑤ 전언이 즉각적인 행동을 요구하지 않을 경우
⑥ 수신자의 시각 계통이 과부하 상태일 경우	⑥ 수신자의 청각 계통이 과부하 상태일 경우
⑦ 수신 장소가 너무 밝거나 암조응(暗調應) 유지가 필요할 경우	⑦ 수신 장소가 너무 시끄러울 경우
⑧ 직무상 수신자가 자주 움직이는 경우	⑧ 직무상 수신자가 한 곳에 머무르는 경우

13 ★★★★ 다음 중 정보의 시각적 제시가 바람직한 경우는?

① 주위 환경이 소란할 때
② 정보가 간단하고 직선적일 때
③ 정보가 정확한 순간을 다룰 때
④ 작동자가 여러 곳으로 움직여야 할 때

[정답] 07 ③ 08 ③ 09 ④ 10 ④ 11 ① 12 ② 13 ①

해설

②, ③, ④ 는 청각적 제시가 바람직한 상태이다.

14 ★★★ 통제표시비(C/D비)를 설계할 때에 고려해야 할 요소가 아닌 것은?

① 계기의 크기 ② 방향성
③ 조작시간 ④ 신뢰도

해설

통제표시비 설계 5요소

① 계기의 크기 ② 공차 ③ 목측거리
④ 조작시간 ⑤ 방향성

15 ★★★★★ 양립성이란 인간의 기대가 자극들, 반응들, 혹은 자극－반응 등과 모순되지 않는 관계를 말한다. 다음 중 양립성의 분류에 해당되지 않는 것은?

① 공간 양립성 ② 형태 양립성
③ 개념 양립성 ④ 운동 양립성

해설

양립성의 종류

① 공간 양립성
② 개념 양립성
③ 운동 양립성
④ 양식 양립성

16 ★★★ 인간이 과오를 범하기 쉬운 작업 성격이 아닌 것은?

① 단독작업 ② 공동작업
③ 장시간 감시 ④ 다경로 의사결정

해설

인간과오를 유발하기 쉬운 작업의 특성

(1) 공동작업
① 고속작업에서 수동제어 사이
② 2인 이상의 작업자에 의한 step 사이
③ 분산 배치되어 있는 조작반 수동제어 사이
(2) 속도와 정확성
① 고속을 요하는 작업
② 극도로 정확한 타이밍을 요하는 작업
③ 의사결정 시간이 짧은 작업
(3) 판별
① 장시간에 걸친 표시장치의 감시
② 두 개 이상의 표시장치에 대한 빠른 변화의 비교
③ 다수의 입력원에 기초한 의사결정
(4) 부적당한 입력특성
① 구별해야 할 표시장치가 공통적인 특성을 많이 갖고 있는 경우
② 구별해야 할 표시장치가 빠르게 변화하는 경우
③ 자극 입력의 성질과 타이밍을 예측할 수 없는 경우
④ 과오의 해결책이 작업수행을 방해하는 경우
⑤ 부적당한 시각, 청각 또는 feedback에 따라서 행동하는 경우

17 ★★ 정보를 전송하기 위한 표시장치를 선택할 때 청각장치를 사용하는 것이 더 좋은 경우는?

① 전언이 즉각적인 행동을 요구한다.
② 전언이 공간적인 위치를 다룬다.
③ 수신 장소가 너무 시끄러울 때
④ 직무상 수신자가 한 곳에 머무르는 경우

해설

(1) ②, ③, ④ 는 시각적 표시장치를 사용하는 것이 효과적이다.
(2) 시각적 장치는 눈으로만 보는 것이 아니고 글로 쓰고 메모하는 것이다.

18 ★ 다음 중 정보를 받아들이는 기계에서 정보의 변수에 해당되는 사항이 아닌 것은?

① 규칙성 ② 정확성
③ 빈도 ④ 강도

해설

규칙성은 행동의 변수이다.

19 ★★ 고장 모드의 예측선정시 item으로 전기 계통에 속하지 않는 것은?

① 개방 ② 잡음
③ 입·출력 불량 ④ 변형

[정답] 14④ 15② 16① 17① 18① 19④

해설

(1) FMEA의 전기 계통의 item

① 개방	② 탈락
③ 잡음	④ drift
⑤ 입·출력불량	⑥ 절연불량

(2) 기계적 item

① 변형	② 마모
③ 파손	④ 탈락
⑤ 가열	

(3) 유체계 item

① 누설	② 부식
③ 폐쇄	

20 ★★★★ 사고의 외적 요인으로서의 4M에 해당되지 않는 것은?

① Man ② Machine
③ Material ④ Media

해설

사고의 외적 요인 4M(인간에러 배후요인 4M)

① Man
② Machine
③ Media(Method)
④ Management

21 ★★ 피로에 영향을 주는 기계측의 인자가 아닌 것은?

① 기계의 종류 ② 기계의 크기
③ 조작부분의 감촉 ④ 기계의 색

해설

①, ③, ④ 외 조작부분의 배치

22 ★ 기억 후 망각률이 가장 높은 기간은?

① 하루 이내
② 하루 이상 7일 이내
③ 7일 이상 15일 이내
④ 15일 이상 30일 이내

해설

기억은 24시간 이내 50[%] 이상을 망각한다.

23 ★★ 인간의 동작을 분석하는 경우 동작경제법칙에 속하지 않는 것은? 16. 10. 1 산

① 동작범위는 가급적 최소로 할 것
② 양손동작은 가급적 동시에 하도록 할 것
③ 동작순서는 합리화할 것
④ 중심이동을 가급적 크게 할 것

해설

동작경제의 3원칙

(1) 동작능력활용의 원칙(신체사용에 관한 원칙)
① 발 또는 왼손으로 할 수 있는 것은 오른손을 사용하지 않는다.
② 양손으로 동시에 작업을 시작하고 동시에 끝낸다.
(2) 작업량 절약의 원칙(공구 및 설비의 설계에 관한 원칙)
① 적게 운동한다.
② 재료나 공구는 취급하는 부근에 정돈할 것
③ 동작의 수를 줄일 것
④ 동작의 양을 줄일 것
⑤ 물건을 장시간 취급할 때는 장구를 사용할 것
(3) 동작개선의 원칙(작업역의 배치에 관한 원칙)
① 동작이 자동적으로 리드미컬한 순서로 한다.
② 양손은 동시에 반대방향으로 좌우대칭적으로 운동하게 할 것
③ 관성, 중력, 기계력 등을 이용할 것
④ 작업점의 높이를 적당히 하고 피로를 줄인다.

24 ★★★ 기계의 정보처리기능에 알맞은 것은?

① 임기응변적 기능 ② 응용능력적 기능
③ 연역적 처리 기능 ④ 귀납적 처리 기능

해설

① 기계는 연역적
② 인간은 귀납적

25 ★★ 계기반(計器盤) panel의 형 중 주로 대략의 값과 시간적 변화를 필요로 하는 경우에 쓰이는 경우는?

① 지침이동형(指針移動形)
② 지침고정형(指針固定形)
③ 계수형(計數型)
④ 원형 눈금

[정답] 20③ 21② 22① 23④ 24③ 25④

제2편

해설

① 계수형 : 정확, 정밀값
② 원형 눈금 : 대략적 값

26 ★★ 인간에러원인 중 환경조건의 상태악화와 관련이 먼 것은?

① 정전 ② 색채부조화
③ 소음 ④ 고온

해설

인간의 동작특성 중 외적 요인
① 동적(動的) 조건 : 대상물의 동적 성질에 따른 조건이며 최대 요인이 된다.
② 정적(靜的)조건 : 높이, 폭, 길이, 크기 등의 조건
③ 환경(環境)조건 : 기온, 습도, 조명, 분진 등의 물리적 환경 조건

27 ★★ Human error의 주요소인 정신력과 관계있는 생리적 조건이 아닌 것은?

① 피로
② 근육운동의 부적합
③ 생리적 이상
④ 정신력의 부족

해설

근육운동의 부적합은 물리적인 요인이다.

28 ★★ 인간과 기계계에서 기계의 표시기에 해당되는 인간계의 요소는?

① 환경요인 ② 기억
③ 감각기 ④ 중추신경

해설

표시기는 보기 위한 눈이다. 즉, 감각기를 의미한다.

29 ★ 다음 중 사정효과(range effect)를 바르게 설명한 것은? 21. 3. 7 기

① 조작자가 움직일 수 있는 속도나 조종장치에 가할 수 있는 위험에는 상한이 없다.
② 조작자는 작은 오차에는 과잉반응, 큰 오차에는 과소반응을 한다.
③ 조작자는 비우발적인 입력신호는 미리 알 수 있다.
④ 조작자는 남을 때까지는 반응하지 못한다.

해설

② 는 사정효과의 설명이다.

30 ★★ 다음 표시장치 중 동적 표시장치는?

① 도로표지판 ② 도표
③ 지도 ④ 고도계

해설

(1) 정적 표시장치
① 간판 ② 도표 ③ 그래프
④ 인쇄물 ⑤ 필기물
(2) 동적 표시장치
① 온도계 ② 기압계
③ 속도계 ④ 고도계

31 ★ display를 layout할 때의 기본요인이 아닌 것은?

① 확인 ② group 편성
③ 관련성 ④ 보편성

해설

display의 기본요인
① 확인
② group 편성
③ 관련성
④ 가시성

[정답] 26① 27② 28③ 29② 30④ 31④

32 ★★ 음량수준을 측정할 수 있는 세 가지 척도에 해당되지 않는 것은? 19. 3. 3 기

① phon에 의한 음량수준
② 지수에 의한 수준
③ 인식소음수준
④ sone에 의한 음량수준

해설

음량수준 측정 3가지 : ①, ③, ④

33 ★★ 기계의 정보저장 형태에 속하지 않는 것은 다음 중 어느 것인가?

① 펀치카드 ② 자기테이프
③ 녹음테이프 ④ 위치카드

해설

(1) 인간의 저장방법 : 기억
(2) 기계의 저장방법 : ①, ②, ③

34 단일 차원의 시각적 암호 중 구성암호, 영문자암호, 숫자암호에 대하여 암호로서의 성능이 가장 좋은 것부터 배열한 것은? 17. 5. 7 산

① 숫자암호 – 영문자암호 – 구성암호
② 영문자암호 – 숫자암호 – 구성암호
③ 영문자암호 – 구성암호 – 숫자암호
④ 구성암호 – 숫자암호 – 영문자암호

해설

시각적 암호의 비교

- 숫자, 영자, 기하적 형상, 구성, 색의 비교실험
  식별, 위치, 계수, 비교, 확인의 실험 → 숫자, 색 암호의 성능 우수, 다음으로 영자, 형상암호, 구성암호의 순

35 감각저장으로부터 정보를 작업기억으로 전달하기 위한 코드화 분류에 해당되지 않는 것은? 21. 5. 15 기

① 시각코드 ② 촉각코드
③ 음성코드 ④ 의미코드

해설

코드화 분류

① 시각코드
② 음성코드
③ 의미코드

[정답] 32 ② 33 ④ 34 ① 35 ②

Chapter 03

인체계측 및 작업공간

중점 학습내용

본 장은 인체계측 및 작업공간으로 인체계측방법과 계측자료의 응용 원칙 등을 기술하였다. 부품배치의 4원칙과 설계의 원칙 및 특수작업역을 기술하여 자기자신을 항상 재해에 대비하여 점검할 수 있도록 하였고 산업체에서 산업재해가 일어나지 않도록 하기 위하여 21세기 실무안전관리자의 역할을 할 수 있도록 하였다. 시험에 출제가 예상되는 그 중심적인 내용은 다음과 같다.

❶ 인체계측 및 인간의 체계제어
❷ 신체활동의 생리학적 측정법
❸ 작업공간 및 작업자세
❹ 인간의 특성과 안전

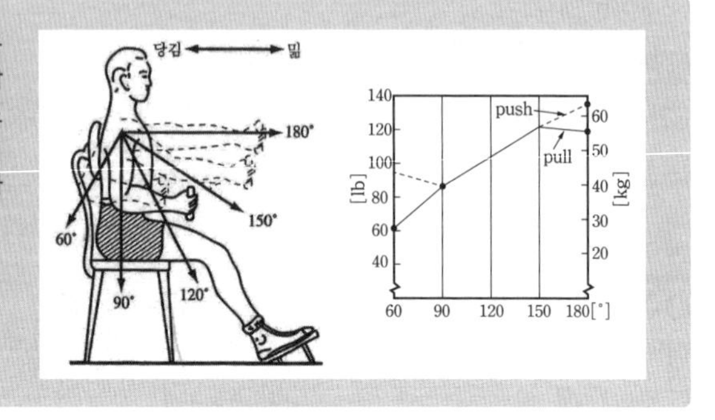

합격날개

1 인체계측 및 인간의 체계제어

합격예측

인체계측의 의의 및 목적

① 인간-기계 체계(man-machine system)를 인간공학적 입장에서 새로이 설계하거나 개선하는 경우 가장 기초가 되는 인간인자는 인체계측 데이터(data)이다.
② 인간공학적 설계를 위한 자료가 목적이다.
③ 인간공학에서의 인체계측은 인간과 기계기구 사이에 개재하는 여러 관계를 추구하고 사용상태의 향상을 도모하려는 것이다.

합격예측 21. 3. 7 기

사정효과(range effect)

눈으로 보지 않고 손을 수평면상에서 움직이는 경우에 짧은 거리는 지나치고 긴 거리는 못 미치는 경향을 말하며 조작자가 작은 오차에는 과잉반응, 큰 오차에는 과소반응을 하는 것이다.

1. 인체계측방법 20. 9. 27 기

(1) 정적 인체계측(구조적 인체치수)

① 체위를 일정하게 규제한 정지상태에서의 기본자세(선 자세, 앉은 자세)에 관한 신체의 각 부를 계측하는 것이다.
② 마틴식 인체계측기를 활용하며 나체 측정을 원칙으로 한다.(측정점과 측정항목 : 57점, 205항목)

(2) 동적 인체계측(기능적 인체치수) 17. 5. 7 산

① 일반적으로 상지나 하지의 운동이나 체위의 움직임에 따른 상태에서 계측(특정작업에 국한) 한다.
② 실제 작업 또는 생활 조건에 밀접한 관계를 갖는 현실성 있는 인체치수를 구할 수 있다.
③ 마틴식(Martin type anthropometer) 계측기로는 측정이 불가능하며, 사진 및 시네마 필름을 사용한 3차원 해석 장치나 새로운 계측 시스템이 요구된다.

2. 인체계측 자료의 응용 3원칙 17. 3. 5 산 17. 8. 26 기 17. 9. 23 산 18. 3. 4 산 19. 8. 4 기 21. 3. 7 기 21. 8. 14 기

(1) 최대치수와 최소치수(극단적인 사람을 위한) 설계

구분	최대 집단치	최소 집단치
정의	대상 집단에 대한 인체 측정 변수의 상위 백분위수(percentile)를 기준으로 90, 95, 99[%]치가 사용 예 울타리	관련 인체 측정 변수 분포의 하위 백분위수를 기준으로 1, 5, 10[%]치가 사용
사용 예	① 출입문, 통로, 의자사이의 간격 등의 공간 여유의 결정 ② 줄사다리, 그네 등의 지지물의 최소 지지중량(강도)	선반의 높이 또는 조정장치까지의 거리, 버스나 전철의 손잡이 등의 결정

주 효과와 비용고려 : 95[%]나 5[%]치 사용

(2) 조절범위(조정범위) 설계 17. 9. 23 기 19. 3. 3 기

① 사무실 의자의 높낮이 조절, 자동차 좌석의 전후조절 등

② 통상 5[%]치에서 95[%]치까지에서 90[%] 범위를 수용대상으로 설계

③ 가장 우선적으로 설계적용 고려순서 : 조절식 → 극단치 → 평균치 16. 8. 21 산

(3) 평균치를 기준으로 한 설계 16. 10. 1 기 19. 9. 21 기 21. 5. 15 기

최대치수나 최소치수 조절식으로 하기가 곤란할 때 평균치를 기준으로 하여 설계한다.(예 ① 은행창구 ② 슈퍼마켓 계산대)

[표] 인체 측정상의 주의사항

구 분	방 법
목적의 확인	계측 목적을 확인한다. 이것은 아래 항목의 결정에 중요하다.
피측자 선정	통계적으로 수백 명 이상의 집단을 계측하는 것이 바람직하다. 같은 연령의 사람에게도 여러 가지 변동요인(성차, 지역차, 운동차, 학력차, 일 등)에 의해서 계측치에 편차가 생기기 때문에 그것을 명심하고 피측자를 선정한다.
정밀도와 측정 방법	[mm] 정도로 계측하기 위해서는 인류학적인 측정 방법에 준한 것이 바람직하다. 그러나 이 측정에는 상당한 숙련을 필요로 한다. 그 때문에 여유를 포함한 측정이나, 동작 범위 등의 해석에는 사진 계측 등의 방법을 고려하는 것이 좋다. 보충학습 측정에 사용되는 기구 ① 정적인 계측에 적당한 것 : 마틴 측정기, 실루엣 사진기 등 ② 동적인 자세의 계측기에 적당한 것 : 사이클 그래프, 마르티스트로보, 시네마 필름, VTR 등
기록 용지의 작성	측정 월일·장소·피험자명·측정 부위를 명기한 그림, 측정 부위 피험자명 등을 기입한 카드를 준비한다.

합격예측

조종장치의 설계기준

① 조종장치는 더 큰 힘을 발휘하고 넓은 파악범위를 갖게 하며 불필요한 노력과 위험을 감소시키기 위하여 개발되어 왔다.

② 조종장치의 주된 목적은 인간신체의 확장이라고 할 수 있다.

③ 2차원 혹은 3차원의 기하학적인 모양을 사용하면, 형상코딩은 촉각과 시각 둘 다 가능하다.

④ 어둡거나 중복된 확인이 필요한 상황에서 실수를 최소화하는 데 특히 유용하며, 상대적으로 많은 종류의 모양 판별을 가능하게 한다.

⑤ 조종장치는 인간기계체계가 최대의 효율을 발휘할 수 있고 사용자의 능력과 한계를 고려하여 설계되어야 한다.

합격예측 18. 3. 4 산 18. 9. 15 산 20. 6. 7 기

인체계측자료의 응용원칙

① 최대치수와 최소치수 : 최대치수 또는 최소치수를 기준으로 하여 설계한다.

② 조절범위(조절식) : 체격이 다른 여러 사람에 맞도록 만든 것이다.

③ 평균치를 기준으로 한 설계 : 최대치수나 최소치수, 조절식으로 하기에 곤란할 때 평균치를 기준으로 하여 설계한다.

Q 은행문제

다음 중 선 자세와 앉은 자세의 비교에서 틀린 것은?

① 서 있는 자세보다 앉은 자세에서 혈액순환이 향상된다.

② 서 있는 자세보다 앉은 자세에서 균형감이 높다.

③ 서 있는 자세보다 앉은 자세에서 정확한 팔 움직임이 가능하다.

④ 앉은 자세보다 서 있는 자세에서 척추에 더 많은 해를 줄 수 있다.

정답 ④

자세의 규제	기본이 되는 선 자세와 앉은 자세에 관하여 서술하면 다음과 같다. ① 선 자세 : 등줄기를 긴장하지 않고 펴서, 어깨 힘을 뺀다. 손바닥을 몸 쪽으로 돌리고, 손가락을 대퇴부 쪽으로 가볍게 붙인다. 무릎은 자연스럽게 펴고, 자에 발꿈치를 붙이고, 양발의 첫째 발가락을 약 45°로 벌리고, 머리는 귀와 눈이 수평이 되게 한다. ② 앉은 자세 : 연골머리 높이로 조절한 수평면에 앉아, 등줄기를 펴고 걸터앉는다. 손을 가볍게 쥐고 대퇴부 위에 놓고, 좌우 대퇴부는 대략 평행하게 하고, 무릎을 직각으로 하고, 발바닥을 바닥에 평행하게 붙인다. 머리는 귀와 눈을 수평하게 한다.
측정 요령	① 측정점을 확인하고 랜드마크(landmark)를 붙인다. ② 피험자의 자세를 점검한다. ③ 피험자에게는 가능한 한 접촉하지 않는다. ④ 정확하게 기구를 유지한다. ⑤ 측정은 원칙적으로 우측에서 한다. ⑥ 복창하고 기록한다. ⑦ 측정에 누락이 없는가를 확인한다.

2 신체활동의 생리적 측정법

1. 작업의 종류에 따른 측정방법

(1) 동적 근력작업(動的筋力作業) 16. 3. 6 기 16. 10. 1 기 19. 3. 3 기 21. 8. 14 기

에너지대사량, 즉 에너지대사율(RMR), 산소섭취량, CO_2 배출량 등과 호흡량, 심박수, 근전도(EMG : 국소적 근육활동척도) 등

(2) 정적 근력작업(靜的筋力作業)

에너지대사량과 심박수와의 상관관계, 또 그 시간적 경과, 근전도 등

(3) 신경적 작업(神經的作業)

심박수, 매회 평균호흡진폭, 수장(手掌) 피부저항치, 정신전류현상, 오줌 속의 스테로이드, 노르아드레날린 배설량 등

(4) 심적 작업

플리커값(인지역치) 등을 측정

참고

① 근전도(EMG : electromyogram) : 근육활동의 전위차를 기록한 것으로, 심장근의 근전도를 심전도(ECG : electrocardiogram)라 하며, 신경활동 전위차의 기록은 ENG (electroneurogram)라 한다. 19. 4. 27 산
② 피부전기반사 17. 8. 26 산 (GSR : Galvanic Skin Reflex) : 작업부하의 정신적 부담도가 피로와 함께 증대하는 양상을 수장(手掌) 내측의 전기저항의 변화에서 측정하는 것으로, 피부전기저항 또는 정신전류현상이라고 한다.
③ 플리커값 : 정신적 부담이 대뇌피질의 활동수준에 미치고 있는 영향을 측정한 값
③ EEG : 뇌전도 20. 8. 23 산

합격예측

정적 위치조정 중의 떨림

진전(tremor : 잔잔한 떨림)을 감소시키는 방법
① 몸과 작업에 관계되는 부위를 잘 받친다.
② 손이 심장높이(상하좌우 : 8in)에 있을 때가 손떨림이 적다.
③ 작업대상물에 기계적 마찰이 있을 때

합격예측

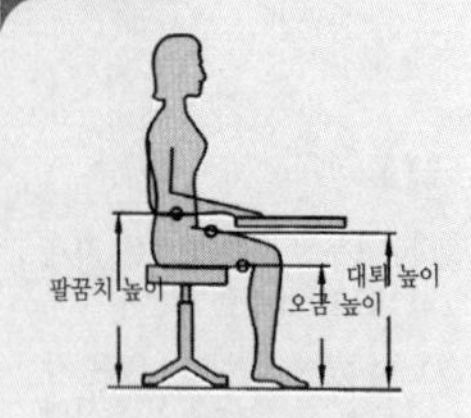

[그림] 신체 치수와 작업대 및 의자 높이의 관계

Q 은행문제

격렬한 육체적 작업의 작업부담 평가 시 활용되는 주요 생리적 척도로만 이루어진 것은?
① 부정맥, 작업량
② 맥박수, 산소 소비량
③ 점멸융합주파수, 폐활량
④ 점멸융합주파수, 근전도

정답 ②

2. 부품(공간)배치의 4원칙 18. 3. 4 기 산 18. 8. 19 산 19. 3. 3 산 20. 6. 14 산 21. 3. 7 기

(1) 중요성(도)의 원칙(일반적 위치결정) 17. 9. 23 산 18. 9. 15 기

부품을 작동하는 성능이 체계의 목표 달성에 긴요한 정도에 따라 우선순위를 결정한다.

(2) 사용빈도의 원칙(일반적 위치결정)

부품을 사용하는 빈도에 따라 우선순위를 결정한다.

(3) 기능별 배치의 원칙(배치결정)

기능적으로 관련된 부품들(표시장치, 조정장치 등)을 모아서 배치한다.

(4) 사용순서의 원칙(배치결정)

사용순서에 따라 장치들을 가까이에 배치한다.

3. 의자의 설계원칙 16. 5. 8 산 17. 5. 7 기

(1) 체중분포

① 사람이 의자에 앉았을 때 체중이 주로 좌골결절(坐骨結節 : ischiadic tu-berosity)에 실려야 편안하다.
② 체중분포는 등압선으로 표시한다.

(2) 의자좌판(면)의 높이 16. 10. 1 산 21. 8. 14 기

① 좌판 앞부분이 대퇴를 압박하지 않도록 오금 높이보다 높지 않아야 한다. 이때 치수는 5[%]치 이상 되는 모든 사람을 수용할 수 있게 선택하고, 신발의 뒤꿈치가 수센티미터를 더한다는 점을 감안해야 한다.(최소집단치 적용)
② 사무실 의자의 좌판과 등판 각도는 좌판각도 3[°], 등판각도 100[°]가 적합하다.

(3) 의자좌판(면)의 깊이와 폭(넓이) 17. 3. 5 기

① 좌판의 바람직한 깊이와 폭은 (다용도, 타자용, 휴게실용 등) 의자 종류에 따라 다르지만 일반적으로 폭은 큰 사람에게 맞도록 하고, 깊이는 장딴지 여유를 주고 대퇴를 압박하지 않도록 작은 사람에게 맞도록 해야 한다.
② 의자가 길거나 옆으로 붙어있는 경우 팔꿈치 폭을 고려한다.(95[%]치 사용 : 콩나물 효과)

(4) 몸통(상반신)의 안정

사람이 의자에 앉을 때 체중이 주로 좌골결절에 실려야 몸통 안정이 쉬워진다. 이점에서 좌판과 등판의 각도, 등판의 만곡, 등판의 지지가 중요한 역할을 한다.

합격예측

① 접근성(accessibility) : 사용자의 인체계측자료의 적용 - 표시장치는 원거리기능, 손과 발의 파악한계 및 작동범위
② 인식성, 식별성(identifi-ability) : 타 조종장치와의 식별성 가능, 상태 - on, off, 형태, 색상, 부호화, 표식(label)
③ 사용성(usability) : 힘(조종장치의 사용에 요구되는 힘) - power, precision
④ 조정의 용이성(fine ad-justment) : 조종 반응비율 → 조종장치의 움직임에 따른 표시장치의 움직임의 비
⑤ 정보의 환류 : 움직임에 따른 반응 : click, 촉감, 상태(lever의 위치) - feed back

합격예측

① 정상작업역 : 상완을 자연스럽게 수직으로 늘어뜨린 채, 전완만으로 편하게 뻗어 파악할 수 있는 구역(34~45[cm])
② 최대작업역 : 전완과 상완을 곧게 펴서 파악할 수 있는 구역(56~ 65[cm])

Q 은행문제

1. 다음 중 의자 설계의 원리로 가장 적합하지 않은 것은?
16. 8. 21 기 18. 8. 19 기
① 디스크 압력을 줄인다.
② 등근육의 정적 부하를 줄인다.
③ 자세고정을 줄인다.
④ 요부측만을 촉진한다.

정답 ④

2. 의자의 등받이 설계에 관한 설명으로 가장 적절하지 않은 것은? 17. 5. 7 산
① 등받이 폭은 최소 30.5 [cm]가 되게 한다.
② 등받이 높이는 최소 50[cm]가 되게 한다.
③ 의자의 좌판과 등받이 각도는 90~105[°]를 유지한다.
④ 요부받침의 높이는 25~35[cm]로 하고 폭은 30.5[cm]로 한다.

정답 ④

제2편

합격예측

(1) 단위시간당 영구보관(기억)할 수 있는 정보량
0.7 [bit/sec]
(2) 인간의 기억 속에 보관할 수 있는 총용량
약 1억(10^8 : 100[mega]) ~1,000조 (10^{15})[bit]
(3) 신체 반응의 정보량
인간이 신체적 반응을 통하여 전송할 수 있는 정보량은 그 상한치가 약 10[bit/sec] 정도이다.
(4) 경로용량 및 전달된 정보량
① channel(경로용량) capacity : 절대식별에 근거하여 자극에 대해서 우리에게 줄 수 있는 최대정보량
② 전달된 정보량 : 자극의 불확실성과 반응의 불확실성의 중복부분을 나타낸다.

용어정의

작업공간포락면
한 장소에 앉아서 수행하는 작업활동에서, 사람이 작업하는 데 사용되는 공간을 말한다.

Q 은행문제

1. 작업자세로 인한 부하를 분석하기 위하여 인체 주요 관절의 힘과 모멘트를 정역학적으로 분석하려고 할 때, 분석에 반드시 필요한 인체 관련 자료가 아닌 것은?
① 관절 각도
② 관절의 종류
③ 분절(Segment) 무게
④ 분절(Segment) 무게중심

정답 ②

2. 신체 반응의 척도 중 생리적 스트레인의 척도로 신체적 변화의 측정 대상에 해당하지 않는 것은? 18. 3. 4 산 19. 9. 21 기
① 혈압
② 부정맥
③ 혈액성분
④ 심박수

정답 ③

3 작업공간 및 작업자세

1. 작업공간(work space)

(1) 작업공간포락면(包絡面, envelope) 18. 4. 28 기

① 한 장소에 앉아서 수행하는 작업활동에서 사람이 작업하는 데 사용하는 공간을 말한다.
② 작업의 성질에 따라 포락면의 경계가 달라진다.

(2) 파악한계(grasping reach)

앉은 작업자가 특정한 수작업 기능을 편히 수행할 수 있는 공간의 외곽한계를 말한다.

(3) 특수작업역(域)

특정 공간에서 작업하는 구역

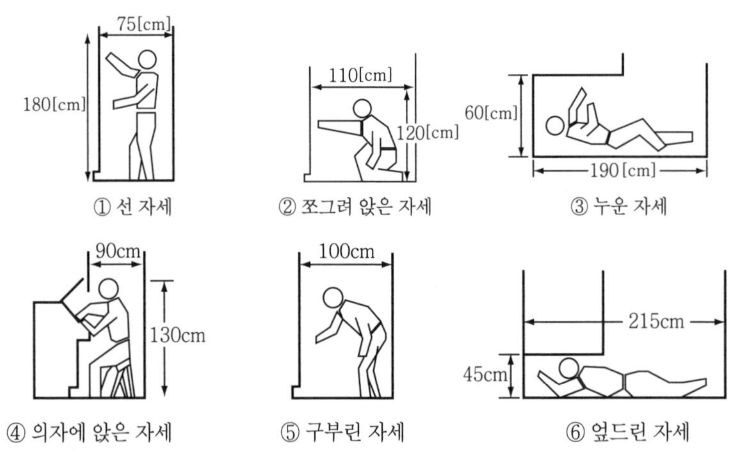

[그림] 특수작업역의 작업자세

2. 수평작업대

(1) 정상작업역(正常作業域) 19. 4. 27 산

상완(上腕)을 자연스럽게 수직으로 늘어뜨린 채 전완(前腕)만으로 편하게 뻗어 파악할 수 있는 구역(34~45[cm])

(2) 최대작업역(最大作業域) 17. 8. 26 산 18. 9. 15 산

전완과 상완을 곧게 펴서 파악할 수 있는 구역(55~65[cm])

(3) 어깨중심선과의 간격 : 19[cm]

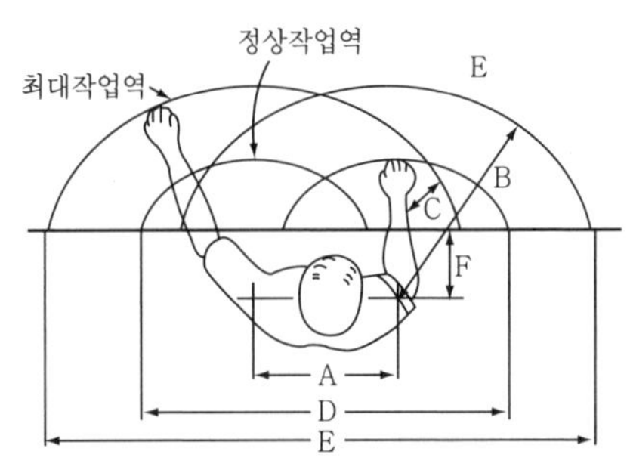

[그림] 정상작업역과 최대작업역

[표] 작업대 설계기준

치 수	미 국 인		한 국 인	
	남 자	여 자	남 자	여 자
A	40.64	35.56	37.78	34.92
B	67.31	59.69	62.10	57.91
C	39.37	35.56	34.73	32.14
D=2C+A E=2B+A F=19[cm]				

(4) 팔꿈치 높이 : 작업대 높이기준 16. 3. 6 기 19. 4. 27 산

① 경조립 작업은 팔꿈치 높이보다 5~10[cm] 정도 낮게
② 중조립작업은 팔꿈치 높이보다 10~20[cm] 정도 낮게
③ 정밀 작업은 팔꿈치 높이보다 0~10[cm] 정도 높게

3. display가 형성하는 목시각(目視角)

(1) 수평작업조건 17. 5. 7 기

① 최적조건 : 15[°] 좌우및 아래쪽
② 제한조건 : 95[°] 좌우

(2) 수직작업조건

① 최적조건 : 0~30[°] 하한
② 제한조건 : 75[°] 상한, 85[°] 하한

(3) 정상작업 위치에서 모든 display를 보기 위한 조업자의 시계 : 60~90[°]

(4) 정적자료와 동적자료의 상관관계

① 높이(키, 눈, 어깨, 엉덩이) : 3[%] 감소
② 팔꿈치 높이 : 작업 중에 들어 올리면 5[%] 증가
③ 앉은 무릎 높이 및 오금 높이 : 굽 높은 구두를 신으면 변화(그 외 변화 없음)
④ 전방 또는 측방 팔길이 : 편안한 자세면 30[%] 감소, 어깨와 몸통을 심하게 돌리면 20[%] 증가

합격예측

근골격계 질환의 특성

① 미세한 근육이나 조직의 손상으로 시작된다.
② 초기에 치료하지 않을시 완치가 어렵다.
③ 신체의 기능장해를 유발한다.
④ 집단발병의 우려가 있다.
⑤ 완전 치료가 어렵고 발생의 최소화를 하는 것이 중요하다.

합격예측

심장활동의 측정

① 심장주기 : 수축기(약 0.3초), 확장기(약 0.5초)의 주기 측정
② 심박수 : 분당 심장 주기수 측정(분당 75회)
③ 심전도(ECG) : 심장근 수축에 따른 전기적 변화를 피부에 부착한 전극으로 측정
④ 심전도계 : 심장의 수축과 확장의 전기적 변동 기록

참고

VFF(시각적 점멸융합 주파수)
중추신경계의 피로, 즉 정신피로의 척도로 사용되는 측정법이다. 18. 9. 15 산

합격예측

의자설계시 인간공학적 원칙 4가지 20. 6. 7 기 20. 8. 22 기

① 등받이의 굴곡은 요추의 굴곡(전만곡)과 일치해야 한다.
② 좌면의 높이는 사람의 신장에 따라 조절 가능해야 한다.
③ 정적인 부하와 고정된 작업자세를 피해야 한다.
④ 의자의 높이는 오금의 높이보다 같거나 낮아야 한다.

Q 은행문제

입식작업을 위한 작업대의 높이를 결정하는데 있어 고려하여야 할 사항과 가장 관계가 적은 것은? 19. 9. 21 산

① 작업의 빈도
② 작업자의 신장
③ 작업물의 크기
④ 작업물의 무게

정답 ①

합격예측

조종장치의 저항력

① 탄성저항 : 조종장치의 변위에 따라 변한다.
② 점성저항 : 출력과 반대방향으로, 그 속도에 비례해서 작용하는 힘 때문에 생기는 저항력이다.
③ 관성저항 : 관계된 기계장치의 중량으로 인한 운동(또는 운동방향의 변화)에 대한 저항으로 가속도에 따라 변한다.
④ 정지 및 미끄럼 마찰저항 : 처음 움직임에 대한 저항력인 정지마찰은 급격히 감소하나, 미끄럼마찰은 계속하여 운동에 저항하며 변위나 속도(또는 가속도)와는 무관하다.

합격예측

(1) 뼈의 역할 18. 4. 28 산
① 신체 중요부분 보호
② 신체의 지지 및 형상 유지
③ 신체 활동 수행

(2) 뼈의 기능
① 골수에서 혈구세포를 만드는 조혈 기능
② 칼슘, 인 등의 무기질 저장 및 공급 기능

(3) 근골격계 질환 유형
• 허리부위
① 요부염좌
② 근막통 증후군
③ 추간판 탈출증
④ 척추분리증 등
• 어깨부위
① 근막통 증후군
② 상완이두 건막염
③ 극상근 건염
④ 견봉하점액낭염
• 목부위
① 근막통 증후군
② 경추자세 증후군
• 손과 목부위
① 수근관 증후군(손목터널 증후군)
② 방아쇠 손가락
③ 결절종
④ 척골관 증후군
⑤ 수완진동 증후군
• 팔꿈치 부위
① 외상과염(테니스 엘보)
② 내상과염(골프 엘보)
③ 척골관 증후군
④ 지연성 척골 신경마비 등

4 인간의 특성과 안전

1. 기계설계 진행방법

(1) 인간공학 입장에서 본 기계설계의 진행방법

① Ross A. McFarland
㉮ 작업분석
㉯ 청사진 단계
㉰ mock-up 단계(모형제작 단계)

② W. E. Woodson
㉮ 준비
㉯ 선택
㉰ 점검

(2) 기계설비의 layout 검토사항(기계배치시 고려사항) 17. 8. 26 산 19. 3. 3 산

① 작업의 흐름에 따라 기계를 배치한다.
② 기계, 설비 주위에는 충분한 공간을 둔다.
③ 공장의 내외에는 안전한 통로 확보 및 항시 이것을 유효하게 확보한다.
④ 원자재 또는 제품 저장소 공간을 충분히 확보한다.
⑤ 기계, 설비의 설치시 사용중 점검, 보수가 용이하도록 배려한다.
⑥ 압력용기, 고속회전체, 고압전기설비, 폭발성 물품을 취급하는 기계, 설비 등의 설치에 있어서는 작업자와의 관계위치, 원격거리 등을 고려한다.
⑦ 장래 확장을 고려하여 설계 및 배치를 한다.

(3) 기계설계의 개선

재해방지를 위한 기계설계의 인간공학적 안전대책은 인간의 특성에 맞추어 기계의 조작이나 안전성 여부를 설계할 때부터 적합하도록 해야 한다.

① **구조의 개선** : 많은 경우에 재해는 근로자가 가동중인 기계 속에 부주의로 인하여 손, 발 등 인체의 일부를 넣기 때문에 발생한다. 근로자가 실수나 부주의로 인하여 이러한 잘못을 범할 수가 있는데, 혹 근로자가 이런 잘못을 했다 하더라도 재해가 발생되지 않도록 하기 위해서는 기계 및 작업환경의 구조를 변경하여 개선하도록 해야 한다.

② **방호장치의 설치** : 많은 공작기계의 경우, 회전부분이나 절삭부분 등의 위험한 요소가 노출되어 있어 작업복이나 머리칼 또는 인체의 일부가 노출된 부분에 접촉하게 되면 재해가 발생하기 쉽다. 그러나 어느 경우에 있어서는 기계 자

체의 기능 때문에 구조를 변경할 수 없게 될 경우 또는 구조 변경시에 드는 경제적 비용 때문에 할 수 없는 구조에는 노출되어 있는 위험한 부분에 보호망 같은 안전방호장치를 설치하여 위험을 방지하도록 해야 한다.

③ 자동정지장치

근로자의 부주의로 인해 위험부분에 인체가 접촉되었을 때나 적절한 기계 조작을 취하지 못했을 때는 가동중인 기계가 자동적으로 정지하도록 설계하여 재해를 방지하도록 한다. 자동정지장치로서는 적외선을 이용한 광전식(光電式)과 전파를 이용한 전자감응식(電子感應式) 등이 있다. 또는 인체가 가동중인 기계에 닿지 않도록 작업 수행에 지장이 없는 정도로 일정한 길이의 끈을 손이나 몸에 설치하여 재해를 방지하도록 한다.

④ 인체의 생리기능에 적합한 설계

실제 작업활동에 있어서 기계의 조작에 위험이 따르는 면보다는 기계를 조작하는 활동이 인간의 생리적 특성 및 기능에 부적합하게 되어 있어 피로하기 쉽고 비능률적인 생산활동을 하는 경우가 많다. 그렇기 때문에 기계장비나 설비 등을 조작하고 다루는 데 있어서 인간의 생리적 기능에 적합하도록 설계해야 한다.

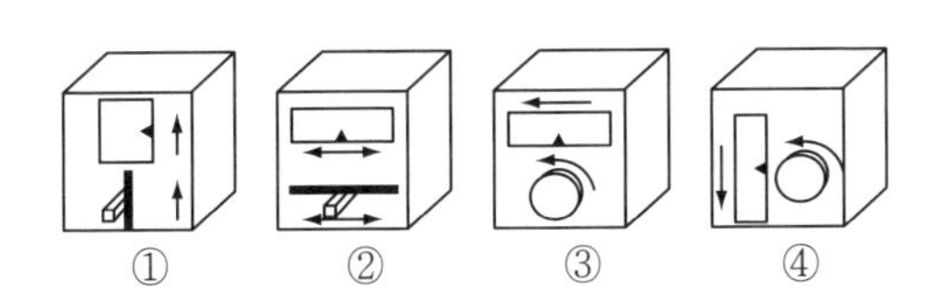

[그림] 혼란을 일으킬 가능성이 적은 제어기 및 표시장치

보기를 들면, 표시기의 눈금 숫자는 오른쪽방향으로 증가하며, 기계나 차량 등의 운전대에 설치된 손잡이(handle)의 회전방향대로 기계나 차량 등이 움직이도록 설계한 것 등이다. 인간의 생리적 기능에 적합하게 설계된 것으로서는 그림과 같은 것들을 들 수 있다.

그림에서 ①, ② 는 손잡이와 눈금의 이동을 같은 방향으로 하였고, ③, ④ 는 다이얼의 방향과 눈금의 방향을 같은 방향으로 한 경우인데, 만일 이들을 설계의 부주의로 인해 반대방향으로 했다면 작동상의 혼란을 일으켜 사고의 원인이 된다.

이와 같이, 인간의 생리적 기능에 적합한 설계가 이루어지면 작업능률향상에 기여할 수 있지만, 반대로 기계의 조작방법이 인간의 생리적 기능에 부적합하게 설계되어 있다면 작동의 혼란으로 인해 피로하기 쉽고 비능률적인 면도 있을 뿐만 아니라, 사고를 일으키는 원인이 되기도 한다.

합격예측

신체부위의 동작

① • 굴곡(flexion) : 부위 간의 각도 감소
• 신전(extension) : 부위 간의 각도 증가
② • 외전(abduction) : 몸의 중심선으로부터의 이동
• 내전(adduction) : 몸의 중심선으로의 이동
③ • 외선(lateral rotation) : 몸의 중심선으로부터의 회전
• 내선(medial rotation) : 몸의 중심선으로의 회전

합격예측

근력·지구력·완력

① 근력 : 등척적으로 근육이 낼 수 있는 최대의 힘으로 정적조건에서 힘을 낼 수 있는 근육의 능력
② 지구력 : 근육을 사용하여 특정한 힘을 유지할 수 있는 시간으로 표현
③ 완력 : 밀고 당기는 힘의 측정, 팔을 앞으로 뻗었을 때 최대이며, 왼손은 오른손보다 10 [%] 정도 적다.

용어정의

근골격계질환 16. 10. 1 기

반복적인 동작, 부적절한 작업자세, 무리한 힘의 사용, 날카로운 면과의 신체접촉, 진동 및 온도 등의 요인에 의하여 발생하는 건강장해로서 목, 어깨, 허리, 상·하지의 신경·근육 및 그 주변 신체조직 등에 나타나는 질환을 말한다.

Q 은행문제 17. 3. 5 기

일반적으로 보통 작업자의 정상적인 시선으로 가장 적합한 것은?

① 수평선을 기준으로 위쪽 5[°] 정도
② 수평선을 기준으로 위쪽 15[°] 정도
③ 수평선을 기준으로 아랫쪽 5[°] 정도
④ 수평선을 기준으로 아랫쪽 15[°] 정도

정답 ④

2. 신체부위의 운동

(1) 기본적인 동작 19. 4. 27 기

① 굴곡(flexion : 굽히기)－부위간의 각도가 감소 ┐
신전(extension : 펴기)－부위간의 각도가 증가 ┘ 팔꿈치 운동

② 내전(adduction : 모으기)－몸의 중심선으로 향하는 이동 ┐
외전(abduction : 벌리기)－몸의 중심선에서 밖으로 이동 ┘ 팔·다리운동

③ 내선(medial rotation)－몸의 중심선으로 회전 ┐
외선(lateral rotation)－몸의 중심선에서 밖으로 회전 ┘ 발운동

④ 회내(하향 : pronation)－손바닥을 아래로 ┐
회외(상향 : supination)－손바닥을 위로 ┘ 손운동

(2) 실용적인 동작

① 위치(positioning) 동작
② 연속(continuous) 동작
③ 조작(manipulative) 동작
④ 반복(repetitive) 동작
⑤ 축차(sequential) 동작
⑥ 정적(static) 조절

보충문제

다음 중 좌식작업이 가장 적합한 작업은? 22. 4. 24 기

① 정밀 조립 작업
② 4.5kg 이상의 중량물을 다루는 작업
③ 작업장이 서로 떨어져 있으며 작업장 간 이동이 잦은 작업
④ 작업자의 정면에서 매우 높거나 낮은 곳으로 손을 자주 뻗어야 하는 작업

정답 ①

인체계측 및 작업공간
출제예상문제

출제예상문제는 복습, 예습문제로 엮었습니다. *WHY : 실제시험에도 순서에 관계없이 출제됩니다. 예습 후 다음장에 공부한 문제가 있으면 기억이 배가 됩니다.

01 ★★★ **기계설비의 안전성 평가시 본질적인 안전화를 진전시키기 위하여 검토해야 할 사항과 거리가 먼 것은?**

① 작업자측에 실수나 잘못이 있어도 기계설비측에서 이를 커버하여 안전을 확보할 것
② 기계설비의 유압회로나 전기회로에 고장이 발생하거나 정전 등 이상상태 발생시 안전 쪽으로 이행
③ 작업방법, 작업속도, 작업자세 등을 작업자가 안전하게 작업할 수 있는 상태로 강구함
④ 재해를 분석하여 근로자의 안전작업 방법에 대한 교육을 강화

해설

인간의식(주의력) 수준과 설비상태와의 관계

인간주의력 설비상태	안전수준	대응포인트
높은 수준 > 불안전 상태	안 전	인간측 고수준에 기대
높은 수준 ≦ 불안전 상태	불안전	사고재해 가능성
낮은 수준 < 본질적 안전화	안 전	설비측 fool-proof, fail-safe, 안전커버

02 ★★★ **다음 중 layout의 원칙인 것은?** 18. 4. 28 기

① 운반작업을 수작업화한다.
② 중간중간에 중복부분을 만든다.
③ 인간이나 기계의 흐름을 라인화한다.
④ 사람이나 물건의 이동거리를 단축하기 위해 기계배치를 분산화한다.

해설

기계설비의 layout시의 검토사항

① 작업의 흐름에 따라 기계를 배치할 것
② 기계설비의 주위에는 충분한 공간을 둘 것
③ 공장 내외에는 안전한 통로를 설치하고 항상 이것을 유효하게 확보할 것
④ 원재료나 제품을 두는 장소를 충분히 넓게 할 것
⑤ 기계설비의 설치에 있어서는 사용 과정에서의 보수, 점검이 용이하도록 배려할 것
⑥ 압력용기, 고속회전체, 고압전기설비, 폭발성 물품을 취급하는 기계, 설비 등의 설치에 있어서는 작업자의 관계위치, 원격거리 등을 고려할 것
⑦ 장래의 확장을 고려하여 설치할 것

03 ★★ **작업위험분석의 5단계가 아닌 것은?**

① 분석검토 ② 작업의 세분화
③ 신규방법의 개발 ④ 작업의 적성연구

해설

작업분석 5단계

① 기초조사
② 작업의 세분화
③ 위험분석검토
④ 신규방법개발
⑤ 적용

04 ★ **한 장소에 앉아서 작업하는 데 사용하는 공간을 무엇이라 하는가?**

① 정상작업 파악한계 ② 정상작업 포락면
③ 작업공간 파악한계 ④ 작업공간 포락면

해설

파악한계

앉은 작업자가 특정한 수작업 기능을 편히 수행할 수 있는 공간의 외곽한계

[정답] 01 ④ 02 ③ 03 ④ 04 ④

05 ★★ 동작의 합리화를 위한 동작경제의 법칙에서 벗어난 것은?

① 동작을 가급적 조합하여 하나의 동작으로 할 것
② 양손의 동작은 동시에 시작하고, 동시에 끝낼 것
③ 동작의 수는 줄이고 동작의 속도는 적당히 할 것
④ 동작의 범위는 최소로 하되, 사용하는 신체의 범위는 크게 할 것

해설

동작분석(motion analysis)의 목적

동작분석 또는 동작연구(motion study)란 작업을 수행하고 있는 신체부위의 다양한 동작을 신중히 분석하는 것을 의미하는데, 이의 목적은 비능률적인 동작들을 줄이거나 배제시켜서, 능률적인 동작으로 설정하고 촉진시키는 데 있다.

06 ★★ 인체의 피부감각 중 민감한 순서대로 나열된 것은?

① 압각 – 온각 – 통각 – 냉각
② 냉각 – 통각 – 온각 – 압각
③ 온각 – 냉각 – 통각 – 압각
④ 통각 – 압각 – 냉각 – 온각

해설

피부감각점 순서

통점 > 압점 > 냉점 > 온점

07 ★ 수동 조작구를 조작할 때 작업자의 팔꿈치의 각도는?

① 60~100[°] ② 45~85[°]
③ 90~135[°] ④ 135~180[°]

해설

팔목위치 동작의 방향

① 좌우 : 0, 45, 90, 135[°]
② 상하 : 0, 45[°]

08 ★★ 반경 10[cm] 조종구를 30[°]움직일 때 활차는 1[cm] 이동한다. 통제표시비는 얼마인가?

① 2.56 ② 3.12
③ 4.05 ④ 5.24

해설

$$\frac{C}{D}\text{비} = \frac{\frac{30}{360}\times 2\times 3.14\times 10}{1} = 5.24$$

09 ★★ 인체에 가해지는 온도적 자극은 주로 공기에 의존한다. 인체의 체온조절 기능인 방열에 영향을 미치는 공기의 화학적 작용이 아닌 것은?

① 기온 ② 습도
③ 전도 ④ 복사온도

해설

열교환에 영향을 주는 4요소 16. 5. 8 산

① 기온 ② 습도
③ 복사온도 ④ 공기의 유동(대류)

10 ★★ 발로 조작하는 족동 조종장치는 발판의 각도가 수직으로부터 몇 도인 경우가 답력이 가장 큰가?

① 0~15[°] ② 15~35[°]
③ 35~50[°] ④ 50~75[°]

해설

발의 족동 조종장치 각도 : 15~35[°]

11 ★★★ 작업동작 에너지소모량을 측정하는 방법 중 산소소모율에 의한 방법은?

① 에너지대사율(RMR) ② 칼로리 소모량
③ 산소호흡량 측정 ④ 위 모두

해설

에너지대사율(RMR)

(1) 작업강도 단위로서 산소호흡량을 측정하여 에너지의 소모량을 결정하는 방식

(2) $RMR = \frac{\text{작업대사량}}{\text{기초대사량}} = \frac{\text{작업시의 소비에너지} - \text{안정시 소비에너지}}{\text{기초대사량}}$

① 작업시 소비에너지와 안정시 소비에너지 측정법 : 더글라스 백법
② 산소소비량의 측정은 douglas bag을 사용하여 배기를 수집하고 bag에서 배기의 표본을 취하여 가스분석장치로 성분을 분석하고, 가스미터를 통과시켜 배기량을 측정한다.

[정답] 05 ④ 06 ④ 07 ③ 08 ④ 09 ③ 10 ② 11 ①

③ 흡기량×79[%]이므로

$\therefore$ 흡기량 = 배기량 $\frac{(100-CO_2[\%]-O_2[\%])}{79}$

$\therefore$ O_2 소비량 = 흡기량×21[%] − 배기량×O_2[%]

$\therefore$ $1l O_2$ 소비 = 5[kcal]

12 ★★★ 작업의 강도를 에너지대사율로 구분, 중 정도 작업에 필요한 수치는?

① 0~2 ② 2~4

③ 4~6 ④ 8 이상

해설

작업강도의 구분

① 경작업 : 0~2
② 중(中)작업 : 2~4
③ 중(重)작업 : 4~7
④ 초중작업 : 7 이상

13 ★★ 형상이나 크기의 관계를 확실히 판단하여 각 부분을 뜯어서 다시 맞추어 통일된 형태가 되도록 손으로 조작하는 과정을 무엇이라 하는가?

① 공간 시각화 ② 공간 지각화

③ 기계적 이해 ④ 손과 팔의 솜씨

해설

통일된 형태 조작 : 공간 시각화

14 ★★ 인간 error의 종합적인 요인이 아닌 것은?

① 인간-기계의 인간공학적 설계의 결함

② 작업자의 교육, 훈련, 교시 등의 문제

③ 생산공정의 자동화

④ 직장의 성격

해설

인간과오의 종합적 요인

① 개인적특성
② 작업자의 교육, 훈련, 교시 등의 문제
③ 직장의 성격
④ 작업 자체의 특성과 환경조건
⑤ 인간-기계 체계의 인간공학적 설계상 결함

15 ★★ 다음 작업 중 에너지소비량이 가장 높은 작업은?

① 벽돌쌓기 ② 삽질(7.2[kg] 이상)

③ 전자부품의 조립작업 ④ 도끼로 나무절단

해설

도끼로 나무절단은 온몸으로 하는 동작이다.

16 ★★★ 인체는 눈에 띌 만한 발한 없이도 인체의 피부와 허파로부터 하루에 600[g] 정도의 수분이 무감증발된다. 이 무감증발로 인한 열손실률은 얼마인가?[단, 37[℃]의 물 1[g]을 증발시키는 데 필요한 에너지는 2,410[J/g](575.7[cal/g]임)]

① 17[watt] ② 19[watt]

③ 21[watt] ④ 23[watt]

해설

$$열손실률(R) = \frac{증발에너지(Q)}{증발시간(T)} = \frac{600[g]\times 2,410[J/g]}{24\times 60\times 60[sec]} = 16.736[J/sec] = 17[watt]$$

참고 1[J/sec] = 1[watt]에 의거한다.

17 ★★ 자극이 있은 후 동작을 개시하기까지에 걸리는 시간은 특히 자극의 종류에 따른 별도의 반응을 요구할 때 더 걸린다. 이렇게 반응이 지연되는 가장 큰 이유는?

① 감각수용기 지연 ② 피질로의 신경전달

③ 중앙처리 지연 ④ 근육으로의 신경전달

해설

반응지연 : 중앙처리(두뇌)지연

18 ★★★★★ 어떤 장치에 이상을 알려 주는 경보기가 있어서 그것이 울리면 일정 시간 이내에 장치의 운전을 정지하고, 상태를 점검하여 필요한 조치를 하여야 한다. 장치에 고장이 발생된 사항을 조사한즉, 이 작업자는 두 개의 장치에 대해서 같은 일을 담당하고 있고, 그 장치는 장소적으로 떨어져 있기 때문에 한쪽에 가까이 있을 때에 다른 쪽의 경보가 울리면 시간 재조정을 할 수 없었다면 이 때의 error는?

[정답] 12 ② 13 ① 14 ③ 15 ④ 16 ① 17 ③ 18 ②

① primary error
② secondary error
③ command error
④ omission error

해설

원인의 level적 분류
① primary error(1차 에러) : 작업자 자신으로부터 발생한 과오
② secondary(2차 에러) : 작업형태나 작업조건 중에서 다른 문제가 생겨 그 이유 때문에 필요한 사항을 실행할 수 없는 과오
③ command error : 작업자가 움직이려 해도 움직일 수 없으므로 발생하는 과오

19 ★★ 다음 중 동작경제의 원칙이 아닌 것은?

① 양손을 동시에 반대방향으로 운동한다.
② 동작은 가급적 직선운동으로 한다.
③ 동작의 수를 늘리고 그 양을 줄인다.
④ 양손의 동작은 시차적으로 교대하여 운동한다.

해설

동작의 수를 줄이고 양을 줄여야 한다.

20 ★★ 다음 중 완력검사에서 당기는 힘을 측정할 때 가장 큰 힘을 낼 수 있는 팔꿈치의 각도는?

① 90[°] ② 120[°]
③ 150[°] ④ 180[°]

해설

완력
① 밀고 당기는 힘의 측정
② 팔을 앞으로 뻗었을 때 최대이며, 왼손은 오른손보다 10[%] 정도 적다.

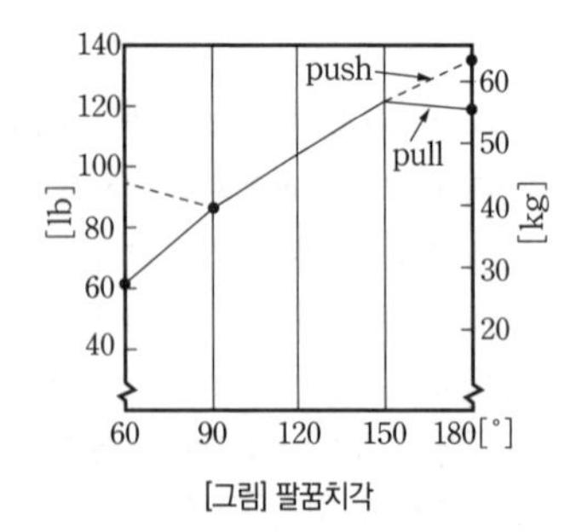

[그림] 팔꿈치각

21 ★★★ 정지조종(static reaction)원인이 되는 것은?

① 진전 ② 전도
③ 동조 ④ 운용

해설

① 진전(tremor) : 떨지 않도록 노력
② 수직 운동시 발생되며 문제의 병은 요통이다.

22 ★★ 작업설계(job design)를 함에 있어 인간요소적 접근방법은?

① 작업만족도를 강조한다.
② 능률과 생산성을 강조한다.
③ 작업순환과 배치를 강조한다.
④ 작업에 대한 책임을 강조한다.

해설

(1) 작업설계의 고려조건
① 작업확대(job enlargement)
② 작업효율화(job enrichment)
③ 작업만족도(job satisfaction)
(2) 인간요소적 접근방법 : 작업에 대한 능률과 생산성 강조

23 ★★★ 고음은 멀리 가지 못한다. 300[m] 이상의 장거리 신호는 몇 [Hz] 이하의 진동수를 사용하여야 하는가? 상한 주파수를 고르면?

① 500[Hz] ② 1,000[Hz]
③ 2,000[Hz] ④ 3,000[Hz]

해설

300[m]이상 : 1,000[Hz]사용

보충학습
① 가청범위 : 2,000~20,000[Hz]
② 회화이해 : 500~3,500[Hz]

참고 p.2-27(4.경계 및 경보 선택시지침)

[정답] 19 ③ 20 ③ 21 ① 22 ② 23 ②

24 ★ 작업종류별 중 산소소비량이 중(heavy)에 해당되는 것은?

① 2.5[l/분]　② 1.5~2.0[l/분]
③ 1.0~1.5[l/분]　④ 0.5~1.0[l/분]

해설

산소소비량 중작업 : 1.5~2.0[l/분]

25 ★★ 신체의 안전성을 증대시키는 조건이 아닌 것은?

① 모멘트의 균형을 고려한다.
② 몸의 무게 중심을 낮춘다.
③ 몸의 무게 중심을 기저 내에 들게 한다.
④ 기저를 작게 한다.

해설

기저를 크게 해야 한다.

26 ★★★ 인간의 모든 신체부위의 동작은 기본적인 몇 가지로 분류한다. 몸의 중심선으로부터 밖으로 이동하는 동작을 지칭하는 용어는?

① 외전　② 외선
③ 내전　④ 내선

해설

신체부위의 운동

① 굴곡(flexion) : 부위간의 각도가 감소
　신전(extension) : 부위간의 각도가 증가
② 내전(adduction) : 몸의 중심선으로의 이동
　외전(abduction) : 몸의 중심선으로부터의 이동
③ 내선(medial rotation) : 몸의 중심선으로의 회전
　외선(lateral rotation) : 몸의 중심선으로부터의 회전
④ 하향(pronation) : 손바닥을 아래로
　상향(supination) : 손바닥을 위로

27 ★★ 다음 중 진전(tremor)이 가장 적게 일어나는 경우는?

① 손이 어깨높이에 있을 때
② 손이 심장높이에 있을 때
③ 손이 배꼽높이에 있을 때
④ 손이 무릎높이에 있을 때

해설

진전이 제일 많이 일어나는 작업은 서서 작업하는 것이다.

28 ★★ 인간의 실수원인 중 개인특성에 해당되는 것이 아닌 것은?

① 심신기능　② 건강상태
③ 작업부적성　④ 지식부족

해설

인간의 실수원인 중 개인특성

심신기능, 건강상태, 작업부적성

29 ★★★ 인간과 기계는 상호 보완적인 기능을 담당하며 하나의 체계로서 임무를 수행한다. 다음 중 인간 기계 체계에 의해서 수행되는 기본기능이 아닌 것은?

① 감지　② 의사결정
③ 행동　④ 감시

해설

인간-기계의 기본기능은 ①, ②, ③ 외 정보의 저장기능이 있다.

30 ★★ 감각적으로 물리현상을 왜곡하는 지각현상에 해당되는 것은?

① 주의산만　② 착각
③ 피로　④ 부주의

해설

주의산만, 피로, 부주의는 심리적이고 정신적인 현상이다.

31 ★ 자극-반응조합의 공간, 운동관계자가 인간의 기대와 모순되지 않는 성질을 무엇이라고 하는가? 21. 9. 12 기

① 적응성　② 변별성
③ 양립성　④ 신뢰성

해설

본문은 양립성의 설명이다.

[정답] 24 ② 25 ④ 26 ① 27 ② 28 ④ 29 ④ 30 ② 31 ③

32 ★★ 작업강도는 에너지대사율(RMR)로써 측정될 수 있다. 사무작업이나 감시작업의 에너지대사율은?

① 0~1RMR ② 2~4RMR
③ 4~7RMR ④ 7~9RMR

해설

에너지 대사율(RMR)

① 0~1RMR : 사무감시작업
② 7RMR 이상 : 초중작업

33 ★ 다음 중 다른 것으로 착각하여 실행한 error는?

① extraneous error ② time error
③ omission error ④ commission error

해설

④는 다른 것의 착각이다.

34 ★★ 흰 바탕에 검은 문자나 숫자의 경우 최적독해성(最適讀解性)을 주는 획폭비(strokewidth ratio)로 적당한 것은?

① 1 : 5 ② 1 : 8
③ 1 : 10 ④ 1 : 13.3

해설

획폭비

① 문자나 숫자의 획폭은 보통문자나 숫자의 높이에 대한 획굵기의 비로써 나타낸다.
② 최적획폭비는 흰 바탕에 검은 숫자의 경우는 1 : 8, 검은 바탕에 흰 숫자의 경우는 1 : 13.3이다.

35 ★★★ 진전(tremor)과 표동(drift)이 문제가 되는 동작은?

① 정지조정(static reaction)
② 계열동작(serial movement)
③ 연속동작(continuous movement)
④ 반복동작(repetitive movement)

해설

저항의 분류 19. 9. 21 산

① 탄성저항 : 조종장치의 변위에 따라 변한다.
② 점성저항 : 출력과 반대방향으로 그 속도에 비례해서 작용하는 힘 때문에 생기는 항력이다.
③ 관성(inertia) : 기계장치의 질량(중량)으로 인한 운동에 대한 저항으로 가속도에 따라 변한다.
④ 정지 및 미끄럼 마찰 : 처음 움직임에 대한 저항력인 정지마찰은 급속히 감소하나, 미끄럼 마찰은 계속하여 운동에 저항하여 변위나 속도와는 무관하다.

36 ★★★★★ 다음 중 누적손상장애(CTDs)의 원인으로 거리가 먼 것은? 16. 10. 1 기 17. 3. 5 기 19. 9. 21 산 20. 6. 7 기

① 진동공구의 사용
② 과도한 힘의 사용
③ 높은 장소에서의 작업
④ 부적절한 자세에서의 작업

해설

누적손상장애(CTD)

(1) CTD_s(누적외상병)의 원인
① 부적절한 자세
② 무리한 힘의 사용
③ 과도한 반복작업
④ 연속작업(비휴식)
⑤ 낮은 온도 등

(2) CTD_s의 예방대책

관리적인 면	짧은 간격의 작업전환(짧게 자주 휴식), 준비운동, 수공구의 적절한 사용 등
공학적인 면	자동화 작업, 직무 재설계, 작업장 재설계, 수공구의 재설계, 작업의 순환배치 등
치료적인 면	충분한 휴식, 영양분 섭취, 초음파 적용, 보호구 사용, 적절한 투약, 외과 수술 등

37 ★★★★★ 일반적인 조건에서 정량적 표시장치의 두 눈금 사이의 간격은 0.13[cm]를 추천하고 있다. 다음 중 142[cm]의 시야거리에서 가장 적당한 눈금 사이의 간격은 얼마인가?

① 0.065[cm] ② 0.13[cm]
③ 0.26[cm] ④ 0.39[cm]

해설

$$Y = \frac{0.13 \times X}{0.71} = \frac{0.13 \times 1.42}{0.71} = 0.26[\text{cm}]$$

참고 ① X의 단위는 [m]이다.
② 정량적 표시장치 관측거리 : 71 [cm] 기억

[정답] 32 ① 33 ④ 34 ② 35 ① 36 ③ 37 ③

작업환경관리

중점 학습내용

본 장은 작업환경관리로서 인간과 가장 밀접한 장으로서 열교환방법, 불쾌지수, 조명, 온도, 색채 등을 기술했다. 특히 통제비와 통제기능 등을 기술하여 자기자신을 항상 재해에 대비하여 점검할 수 있도록 하였고 산업체에서 산업재해가 일어나지 않도록 하기 위하여 21세기 실무안전관리자의 역할을 할 수 있도록 하였다. 시험에 출제가 예상되는 그 중심적인 내용은 다음과 같다.

❶ 작업조건과 환경조건
❷ 작업환경과 인간공학

구 분	종 류
연속적인 조절	① knob ② crank ③ handle ④ lever ⑤ pedal
불연속적인 조절	① hand push button ② foot push button ③ toggle switch ④ rotary switch
안전(통제) 장치	① push button의 오목면이용 ② toggle switch의 커버설치 ③ 안전장치와 통제장치는 겸하여 설치하는 것이 더 효율적

1 작업조건과 환경조건

1. 열교환방법 18. 9. 15 산 19. 9. 21 기

인간과 주위와의 열교환 과정은 다음과 같이 열균형 방정식으로 나타낼 수 있다.

S(열축적)=M(대사열)−E(증발)±R(복사)±C(대류)−W(한 일)

여기서, S는 열이득 및 열손실량이며, 열평형 상태에서는 0이다.

(1) 대사열 19. 3. 3 산

① 인체는 대사활동의 결과로 계속 열을 발생한다.(성인남자 휴식상태 : 1[kcal/분]≒70[W], 앉아서 하는 활동 : 1.5~2[kcal/분], 보통 신체활동 5[kcal/분]≒350[W], 중노동 : 10~20[kcal/분])

② **에너지대사** : 체내에서 유기물을 합성화하거나 분해하는데 필요한 에너지

(2) 대류

고온의 액체나 기체가 고온대에서 저온대로 직접 이동하여 일어나는 열전달이다.

(3) 복사(radiation)

광속으로 공간을 퍼져 나가는 전자에너지이다.

합격예측

열교환방법
S(열축적) = M(대사열) − E(증발) ± R(복사) ± C(대류) − W(한 일)

색채의 생물학적 작용
① 적색은 신경에 대한 흥분작용을 가지고 조직호흡면에서 환원작용을 촉진한다.
② 청색은 진정작용을 갖고 있고 조직호흡면에서 산화작용을 촉진한다.

Q 은행문제

인체의 피부와 허파로부터 하루에 600[g]의 수분이 증발된다면 이러한 증발로 인한 열손실률은 몇 와트[Watt]나 되겠는가?(단, 물 1[g]을 증발시키는 데 필요한 에너지는 2,410[J/g]이다.)

① 약 15[Watt]
② 약 17[Watt]
③ 약 19[Watt]
④ 약 21[Watt]

정답 ②

해설 열손실률
① 600/24 = 25[g/h]
② 열손실률(R) = $\frac{Q}{t}$
$= \frac{25[g/h] \times 2,410[J/g]}{60[h] \times 60[s]}$
= 16.736[J/s] = 17[Watt]

합격예측

불쾌지수

① 70 이하 : 불쾌감이 없이 쾌적한 상태
② 70~75 이하 : 불쾌감을 느끼기 시작
③ 76~80 이하 : 절반정도가 불쾌감을 느낌
④ 80 이상 : 모든 사람이 불쾌감을 가짐

합격예측

권장무게한계(RWL : Recommended Weight Limit) 17. 3. 25 ㉑

① 건강한 작업자가 그 작업조건에서 작업을 최대 8시간 계속해도 요통의 발생 위험이 증대되지 않는 취급물 중량의 한계값이다.
② 권장무게 한계값은 모든 남성의 99[%], 모든 여성의 75[%]가 안전하게 들 수 있는 중량물 값이다.
③ RWL = LC × HM × VM × DM × AM × FM × CM
- LC = 부하상수 = 23[kg]
- HM = 수평계수 = 25/H
- VM = 수직계수 = 1 − (0.003 × |V−75|)
- DM = 거리계수 = 0.82 + (4.5/D)
- AM = 비대칭계수 = 1−(0.0032 × A)
- FM = 빈도계수(표 이용)
- CM = 결합계수(표 이용)

④ LI(Lifting Index : 들기지수)
LI = 작업물 무게/RWL

합격예측

동작시간

신호에 따라서 동작을 실행하는데 걸리는 시간 약 0.3[초](조종활동에서의 최소치)이다.
① 총반응시간 = 단순반응시간 + 동작시간 = 0.2 + 0.3 = 0.5[초]
② 예상치 못할 경우 반응시간 : 0.1[초]

Q 은행문제

감작스러운 큰 소음으로 인하여 생기는 생리적 변화가 아닌 것은? 19. 9. 21 산

① 혈압상승
② 근육이완
③ 동공팽창
④ 심장박동수 증가

정답 ②

(4) 증발(evaporation)

37[℃]의 물 1[g]을 증발시키는 데 필요한 증발열(에너지)은 2,410[joule/g](575.7[cal/g])이며, 매 [g]의 물이 증발할 때마다 이만한 에너지가 제거된다.

$$\text{열손실률(R)} = \frac{\text{증발에너지(Q)}}{\text{증발시간(t)}}$$

(5) P4SR(추정 4시간 발한율)

주어진 일을 수행하는 데 순환된 젊은 남자의 4시간 동안의 발한량을 건습구 온도, 공기유동속도, 에너지소비, 피복을 고려하여 추정한 지수이다.

(6) Oxford지수 17. 3. 5 기 17. 9. 23 기 18. 4. 28 산 18. 9. 15 기 20. 6. 14 산 21. 8. 14 기

습건(WD)지수라고도 하며, 습구·건구온도의 가중 평균치로서 다음과 같이 나타낸다.

WD=0.85W(습구온도)+0.15D(건구온도)

여기서 W : 습구온도, D : 건구온도

(7) 열 및 냉에 대한 순화(acclimatization)

사람이 열 또는 냉에 습관적으로 노출되면 일련의 생리적인 적응이 일어나면서 순화된다.

(8) 실효온도(감각온도, effective temperature) 19. 8. 4 기

실효온도는 온도, 습도 및 공기 유동이 인체에 미치는 열효과를 하나의 수치로 통합한 경험적 감각지수로 상대습도 100[%]일 때의 (건구)온도에서 느끼는 것과 동일한 온감(溫感)이다.

① **실효온도에 영향을 주는 요인** : 온도, 습도, 기류(대류 : 공기유동) 15. 8. 16 산 18. 8. 19 산 21. 5. 15 기

② **허용한계**

㉮ 정신작업(사무작업) : 60~64[℉]

㉯ 경작업 : 55~60[℉]

㉰ 중작업 : 50~55[℉]

③ **보온율**(clo 단위) : 보온 효과는 clo 단위로 측정한다.

$$\text{clo단위} = \frac{0.18[℃]}{[\text{kcal/m}^2\text{hr}]} = \frac{℉}{\text{Btu/ft}^2\text{/hr}} \qquad \text{열유동률}(R) = \frac{A \cdot \Delta T}{\text{clo}}$$

④ **열교환(증발)에 영향을 주는 4요소** : 기온, 습도, 복사온도, 대류

(9) 불쾌지수 19. 4. 27 산

① 기온과 습도에 의하여 감각온도의 개략적 단위로서 사용하는 불쾌지수가 있다.

② 불쾌지수=섭씨(건구온도+습구온도)×0.72±40.6

③ 불쾌지수=화씨(건구온도+습구온도)×0.4+15

④ 불쾌지수가 80 이상일 때는 모든 사람이 불쾌감을 가지기 시작하고, 75의 경우는 절반 정도가 불쾌감을 가지며, 70~75에서는 불쾌감을 느끼기 시작하며, 70 이하는 모두 쾌적하다.

2. 조 명

(1) 조명의 정의

생산안전환경의 쾌적성에 크게 미치므로 적절한 조명은 생산성을 향상시키고, 작업 및 제품에 불량이 감소되며, 피로가 경감되어 재해가 감소된다.

(2) 조명단위 18. 3. 4 산

① fc(foot-candle) : 1촉광[cd]의 점광원으로부터 1[foot] 떨어진 곡면에 비추는 광의 밀도(1[lumen/ft^2])

③ 거리가 증가할 때에 조도는 역제곱의 법칙에 따라 감소한다.

$$조도=\frac{광도[cd]}{(거리)^2}$$ 17. 3. 5 기 19. 3. 3 기 20. 6. 14 산

*조도 : 단위 면적에 비추는 빛의 양(밀도) 21. 9. 12 기 22. 3. 5 기

(3) 반사율(reflectance) 17. 5. 7 산 18. 3. 4 기 19. 8. 4 산

표면에 도달하는 조명과 광속발산도의 관계

$$반사율[\%]=\frac{광속발산도[fL]}{소요조명[fc]}\times 100$$

① 옥내 최적반사율 16. 3. 6 산 16. 10. 1 기 17. 8. 26 산 17. 9. 23 산 18. 3. 4 기 18. 9. 15 산 19. 4. 27 기 산 19. 9. 21 산

㉮ 천장 : 80~90[%]

㉯ 벽 : 40~60[%]

㉰ 가구 : 25~45[%]

㉱ 바닥 : 20~40[%]

② 천장과 바닥의 반사비율은 최소한 3 : 1 이상 유지해야 한다.

3. 휘광(glare)

(1) 휘광(glare)의 정의

눈부심은 눈이 적용된 휘도보다 훨씬 밝은 광원(직사휘광) 혹은 반사광(반사휘광)이 시계 내에 있음으로써 생기며 성가신 느낌과 불편감을 주고 시성능(visual performance)을 저하시킨다.

합격예측 17. 8. 26 산

IES추천 조명반사율 권고

① 바닥 : 20~40[%]
② 기구, 사용기기, 책상 : 25~40[%]
③ 창문발(blind), 벽 : 40~ 60[%]
④ 천장 : 80~90[%]

합격예측

추천 조명수준

① 세밀한 조립작업 : 300[fc](foot-candle)
② 아주 힘든 검사작업 : 500[fc]
③ 보통 기계작업 : 100[fc]
④ 드릴 또는 리벳작업 : 30[fc]

합격예측 17. 3. 5 기 17. 8. 26 기 19. 3. 3 기 20. 8. 22 기 23. 6. 4 기

조명(조도)수준

① 초정밀작업 : 750[Lux]이상
② 정밀작업 : 300[Lux] 이상
③ 보통작업 : 150[Lux] 이상
④ 그 밖의 작업 : 75[Lux]이상

합격예측

광도

단위면적당 표면에서 반사 또는 방출되는 광량을 말하며, 주관적 느낌으로서의 휘도에 해당되나 휘도는 여러 가지 요소에 의해 영향을 받는다.

구분	정의
Lambert [L] 18. 9. 15 기	완전발산 또는 반사하는 표면이 1[cm] 거리에서 표준 촛불로 조명될 때의 조도와 같은 광도
milli-lambert [mL]	1[L]의 1/1,000로서, 1foot-Lambert와 비슷한 값을 갖는다.
foot-Lambert [fL]	완전발산 또는 반사하는 표면이 1[fc]로 조명될 때의 조도와 같은 광도
nit [cd/m^2]	완전 발산 또는 반사하는 평면이 π[lux]로 조명될 때의 조도와 같은 광도

합격예측

휘도
단위 면적 당 표면을 떠나는 빛의 양

조도
조도는 광도에 비례하고 거리의 자승에 반비례한다.
① 조도 = $\frac{광도}{(거리)^2}$
② 반사율(%) = $\frac{광속발산도(fL)}{소요조명(fc)}$
③ 대비 = $\frac{L_b - L_t}{L_b}$

합격예측 16. 5. 8 기 18. 3. 4 산 22. 3. 5 기 22. 4. 24 기

습구 흑구 온도지수(WBGT)
① 옥외(태양광선이 내리 쬐는 장소)
WBGT = 0.7 × 자연습구온도(T_{wb}) + 0.2 × 흑구온도(T_g) + 0.1 × 건구온도(T_{db})
② 옥내 또는 옥외(태양광선이 내리쬐지 않는 장소)
WBGT(℃) = 0.7 × 자연습구온도(T_{wb}) + 0.3 × 흑구온도(T_g)

용어정의

반응시간(reaction time)
① 동작을 개시할 때까지의 총 시간을 말한다.
② 총반응시간
= 단순반응시간 + 동작시간
= 0.2 + 0.3 = 0.5[초]

Q 은행문제

열중독증(heat illness)의 강도를 올바르게 나열한 것은?
15. 3. 8 산 20. 9. 27 기

ⓐ 열소모(heat exhaustion)
ⓑ 열발진(heat rash)
ⓒ 열경련(heat cramp)
ⓓ 열사병(heat stroke)

① ⓒ<ⓑ<ⓐ<ⓓ
② ⓒ<ⓑ<ⓓ<ⓐ
③ ⓑ<ⓒ<ⓐ<ⓓ
④ ⓑ<ⓓ<ⓐ<ⓒ

정답 ③

① **광원으로부터의 직사휘광 처리방법** 16. 5. 8 산 17. 9. 23 산 19. 3. 3 산
㉮ 광원의 휘도를 줄이고 광원의 수를 늘린다.
㉯ 광원을 시선에서 멀리 위치시킨다.
㉰ 휘광원 주위를 밝게 하여 광속 발산(휘도)비를 줄인다.
㉱ 가리개(shield), 갓(hood) 혹은 차양(visor)을 사용한다.

② **창문으로부터의 직사휘광 처리방법**
㉮ 창문을 높이 단다.
㉯ 창의 바깥쪽에 드리우개(overhang)를 설치한다.
㉰ 창문 안쪽에 수직날개(fin)를 달아 직사광선을 제한한다.
㉱ 차양(shade) 혹은 발(blind)을 사용한다.

③ **반사휘광의 처리방법**
㉮ 발광체의 휘도를 줄인다.
㉯ 일반(간접) 조명 수준을 높인다.
㉰ 산란광, 간접광, 조절판(baffle), 창문에 차양(shade) 등을 사용한다.
㉱ 반사광이 눈에 비치지 않게 광원을 위치시킨다.
㉲ 무광택 도료, 빛을 산란시키는 표면색을 한 사무용 기기, 윤기를 없앤 종이 등을 사용한다.

④ **신호 및 경보등**
점멸등이나 상점등(常點燈)을 이용하여 빛의 검출성에 따라 신호, 경보효과가 달라진다. 빛의 검출성에 영향을 주는 인자는 다음과 같다.
㉮ 크기, 광속발산도(luminance) 및 노출시간 : 섬광을 검출할 수 있는 절대역치는 광원의 크기, 광속 발산도, 노출시간의 조합에 관계된다.
㉯ 색광 : 효과 척도가 빠른 순서는 백 → 황 → 녹 → 등 → 자 → 적 → 청 → 흑색 순이다.
㉰ 점멸속도 : 점멸 융합 주파수보다 적어야 한다. 주의를 끌기 위해서는 초당 3~10회의 점멸속도에 지속시간 0.05[초] 이상이 적당하다.
㉱ 배경광 : 배경 불빛이 신호등과 비슷하면 신호광의 식별이 힘들어진다. 만약 점멸 잡음광의 비율이 $\frac{1}{10}$ 이상이면 상점등을 신호로 사용하는 것이 더 효과적이다.

4. 온 도

(1) 온도의 영향

① 안전활동에 가장 적당한 온도인 19~21[℃]보다 상승하거나 하강함에 따라 사고 빈도는 증가된다.
② 심한 고온이나 저온 상태에서는 사고의 강도가 증가된다.

③ 극단적인 온도의 영향은 연령이 많을수록 현저하다.

④ 고온은 심장에서 흐르는 혈액의 대부분을 냉각시키기 위하여 외부 모세혈관으로 순환을 가용하게 되므로 뇌중추에 공급할 혈액의 순환예비량을 감소시킨다.

⑤ 심한 저온상태와 관련된 사고는 수족 부위의 한기(寒氣) 또는 손재주의 감퇴와 관계가 깊다.

⑥ 안락한계 ┌ 한기 : 17~29[℃]
　　　　　 └ 열기 : 22~24[℃]

⑦ 불쾌한계 ┌ 한기 : 17[℃]
　　　　　 └ 열기 : 24~41[℃]

(2) 온도에 따른 증상(변화)

① 10[℃] 이하 : 옥외작업 금지, 수족이 굳어짐

② 10~15.5[℃] : 손재주 저하

③ 18~21[℃] : 최적상태

④ 37[℃] : 갱내 온도는 37[℃] 이하로 유지

(3) 온도변화에 따른 인체의 적응

① 적온에서 추운 환경으로 바뀔 때(저온스트레스) 17. 5. 7 기 19. 3. 3 기 19. 8. 4 산 20. 6. 7 기

㉮ 피부온도가 내려간다.

㉯ 피부를 경유하는 혈액순환량이 감소하고, 많은 양의 혈액이 몸의 중심부를 순환한다.

㉰ 직장(直腸)온도가 약간 올라간다.

㉱ 소름이 돋고 몸이 떨린다.

② 적온에서 더운 환경으로 변할 때(고온스트레스) 16. 3. 6 산

㉮ 피부온도가 올라간다.

㉯ 많은 양의 혈액이 피부를 경유한다.

㉰ 직장온도가 내려간다.

㉱ 발한이 시작된다.

③ 열압박(heat stress)

㉮ 체심(core)온도가 가장 우수한 피로지수이다.

㉯ 체심온도는 38.8[℃]만 되면 기진하게 된다.

㉰ 실효온도가 증가할수록 육체작업의 기능은 저하된다.

㉱ 열압박은 정신활동에도 악영향을 미친다.

④ 열압박 지수(HSI) 20. 8. 23 산

HSI = E_{req}(요구되는 증발량)/F_{max}(최대증발량) × 100

합격예측

실효온도

① 실효온도(체감온도 또는 감각온도)에 영향을 주는 요인 : 온도, 습도, 대류(공기유동)

② 허용한계 :
정신(사무작업)(60~64[°F]),
경작업(55~60[°F]),
중작업(50~55[°F])

합격예측

거리에 따른 음의 강도 변화식

dB수준으로는

$dB_2 = dB_1 - 20\log\left(\frac{d_2}{d_1}\right)$

합격예측

단순반응시간 (simple reaction time)

하나의 특정한 자극만이 발생할 수 있을 때 반응에 걸리는 시간으로 자극을 예상하고 있을때 반응시간은 0.15~0.2[초] 정도이다(특정기관, 강도, 지속시간 등의 자극의 특성, 연령, 개인차 등에 따라 차이가 있음).

Q 은행문제

1. 다음 중 음성통신에 있어 소음환경과 관련하여 성격이 다른 지수는? 14. 3. 2 기 18. 4. 28 기

① AI(Articulation Index)
② MAMA(Minimum Audible Movement Angle)
③ PNC(Preferred Noise Criteria Curve)
④ PSIL(Preferred-octave Speech Interference Level)

정답 ②

해설
MAMA : 청각신호위치식별

2. 음의 강약을 나타내는 기본 단위는? 19. 4. 27 산

① dB ② pont
③ hertz ④ diopter

정답 ①

5. 소음(noise : 원치 않는 소리, 주관적인 판단)

(1) 소음대책 16. 3. 6 기 16. 8. 21 기 18. 3. 4 산 18. 4. 28 기 18. 8. 19 기 19. 3. 3 산 19. 4. 27 기 19. 8. 4 산

① 소음원 통제 : 기계의 적절한 설계, 적절한 정비 및 주유, 기계에 고무받침대(mounting) 부착, 차량에 소음기(muffler) 등을 사용한다.(가장 효과적인 방법)
② 소음의 격리 : 씌우개(enclosure), 방, 장벽 등을 사용하며, 집의 창문을 닫을 경우 약 10[dB] 감음된다.
③ 차폐장치 및 흡음재 사용
④ 음향처리재 사용
⑤ 적절한 배치(layout)
⑥ 배경음악(BGM : Back Ground Music) : 60±3[dB]
⑦ 방음보호구 사용 : 귀마개, 귀덮개(소극적인 대책)

(2) 복합소음

① 같은 소음수준의 기계가 2대 이상일 경우 3[dB]이 증가된다.
② 두 소음수준의 차가 10[dB] 이내인 경우 복합소음이 발생된다.

(3) masking 현상 19. 9. 21 기

① 두 음의 차가 10[dB] 이상인 경우 발생된다.
② 10[dB] 이상의 차에 의해 높은 음이 낮은 음을 상쇄시켜 높은 음만 들려 낮은 음이 들리지 않는 현상이다.
③ 90[dB]과 60[dB]이 발생되는 기계가 공존시 60[dB]이 발생되는 기계는 90[dB] 소음이 발생되는 기계에 의해 상쇄되는 현상으로 90[dB]의 소리만 들린다.

[표] 음압과 허용노출관계(120[dB] 이상격벽설치) 16. 8. 26 기 산 20. 8. 22 기 21. 8. 14 기 22. 4. 24 기

dB 기준	90	95	100	105	110	115
허용노출시간	8시간	4시간	2시간	1시간	30분	15분

[참고] 표는 강렬한 소음작업의 기준임

(4) 청력 손실 16. 3. 6 산 16. 10. 1 기

① 청력 손실의 정도는 노출되는 소음 수준에 따라 증가한다.
② 청력 손실은 4,000[Hz]에서 가장 크게 나타난다.
③ 강한 소음은 노출기간에 따라 청력 손실을 증가시키지만 약한 소음의 경우에는 관계 없다.
④ 초음파 소음
㉮ 가청영역위의 주파수를 갖는 소음(일반적으로 20,000[Hz] 이상)
㉯ 노출한계 : 20,000[Hz] 이상에서 110[dB]로 노출한정

합격예측 21. 3. 7 기

Fechner의 법칙 23. 6. 4 기

① 특정감관의 변화감지역(ΔL)은 사용되는 표준자극(I)에 비례($\Delta I/I$ = 상수)한다는 관계를 Weber 법칙이라 하며, 어떤 한정된 범위 내에서 동일한 양의 인식(감각)의 증가를 얻기 위해서는 자극은 지수적으로 증가해야 한다는 법칙을 Fechner법칙이라고 한다.
② 음높이의 변화감지역은 진동수의 대수치에 비례하고, 시력은 조명강도의 대수치에 비례하며, 음의 강도를 측정하는 dB 눈금은 대수적이라는 것 등이다.

참고

① 소음작업 17. 3. 5 산
1일 8시간 작업을 기준으로 85[dB] 이상의 소음을 발생하는 작업
② 충격소음(최대음압수준) : 140[dBA]

합격예측

복합소음

두 기계의 dB소음수준이 10[dB] 이내일 경우 높은 소음에 3[dB] 정도 증가한다.

합격예측 16. 5. 8 기

충격 소음의 노출기준

충격소음의 강도 [dB(A)] 초과	140	130	120
1일 노출 횟수 이상	100	1,000	10,000

충격소음이란 최대 음압수준에 120[dB(A)] 이상인 소음이 1[초] 이상 간격으로 발생하는 것

Q 은행문제

경보사이렌으로부터 10[m] 떨어진 곳에서 음압수준이 140[dB] 이면 100[m] 떨어진 곳에서 음의 강도는 얼마인가? 16. 10. 1 기/산

① 100[dB] ② 110[dB]
③ 120[dB] ④ 140[dB]

정답 ③

6. 시력

(1) 정(靜)시력

① 정지된 물체나 물건 등을 식별할 수 있는 시각적 능력

② 최소가분(可分)시력(간격해상력)의 역수로 나타낸다.

$$시각(분) = \frac{57.3 \times 60 \times L}{D}$$ 20. 8. 22 기

여기서, D : 물체와 눈 사이의 거리

L : 시선과 직각으로 측정한 물체의 크기(글자인 경우 획폭)

③ 시력이 1.0이란 최소가분시력이 1(또는 $\frac{1}{60[°]}$)이라 할 수 있다.

④ 57.3과 60은 시각이 60분 이하일 때 radian 단위를 분으로 환산하기 위한 상수이다.

(2) 동(動)시력

① 움직이는 물체를 식별할 수 있는 시각적 능력

② 초당 물체의 이동각도로 표시한다.

③ 60[°/sec] : 초당 물체의 이동속도가 60[°] 이상이면 시력은 급격히 감소

④ 정상인의 시계 : 200[°]

⑤ 물체의 색채를 식별할 수 있는 시계 : 70[°]

⑥ 인간이 노화에 따라 가장 먼저 감퇴되는 것 : 시력(시각)

⑦ 시각의 최소감지범위 : 10^{-6}[ml]

⑧ 시각의 최대감지범위 : 10^{4}[ml]

⑨ 20~25세의 시성능이 1.0이라 할 때 연령에 따른 필요한 조명기준

㉮ 40세 : 1.17배

㉯ 50세 : 1.58배

㉰ 65세 : 2.66배의 조명이 필요하다.

(3) 굴절률(D : Diopter) 17. 8. 26 기

① 광학렌즈에서 빛의 굴절을 재는 단위로서 초점거리의 역수로 나타낸다.

② $디옵터(D) = \frac{1}{단위\ 초점거리[m]}$

③ $사람눈의\ 굴절률 = \frac{1}{0.017} = 59D$

④ D값이 클수록 초점거리는 가까워진다.

⑤ 젊은 사람의 눈은 보통 59D에서 70D까지 11D 정도 굴절률을 증가시킬 수 있으며 이것을 조절폭이라 한다.

합격예측 16. 3. 6 산 19. 3. 3 기 산 19. 4. 27 기 21. 5. 15 기

음의 크기의 수준 22. 4. 24 기

① Phon : 1,000[Hz] 순음의 음압수준(dB)을 나타낸다.

② sone : 1,000[Hz], 40[dB]의 음압수준을 가진 순음의 크기(=40[Phon])를 1 [sone]이라 한다.

③ sone과 Phon의 관계식

∴ $sone치 = 2^{(phon-40)/10}$

④ 인식소음 수준

㉮ PN[dB](perceived noise level)의 척도는 910~1,090[Hz]대의 소음 음압수준

㉯ PL[dB](perceived level of noise)의 척도는 3,150[Hz]에 중심을 둔 1/3 옥타브대 음을 기준으로 사용

⑤ 음압레벨(PWL, Sound Power Lever)

$PWL = 10\log\left(\frac{P}{P_0}\right)dB$

(P : 음압(Watt), P_0 : 기준의 음압 10~12[Watt])

합격예측 17. 5. 7 산 20. 8. 22 기

masking(은폐 : 차폐)현상

dB이 높은 음과 낮은 음이 공존할 때 낮은 음이 강한 음에 가로막혀 숨겨져 들리지 않게 되는 현상을 말한다.

참고 17. 5. 7 산

(1) 부분적 소음 노출분량 = $\frac{소리수준에서\ 실제\ 소모된\ 시간}{소리수준에서\ 최대\ 허용\ 가능한\ 시간}$

(2) 고진동수 소음 노출 시의 생체 피해 3단계

매우 짧은 노출에도 정상적인 청각기능에 영구적인 피해 가능성

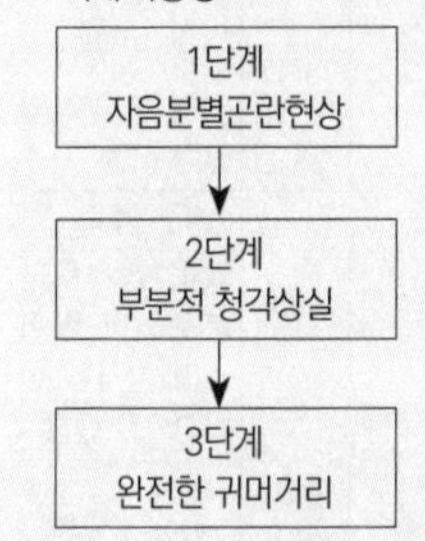

제2편

합격예측

① 명도가 높은 색채는 빠르고 경쾌하게 느껴지고 낮은 색채는 둔하고 느리게 느껴진다.
② 느리고 둔한 색에서 가볍고 경쾌한 느낌을 주는 색의 순서를 들어보면 다음과 같다.
∴ 흑 → 청 → 적 → 자 → 등 → 녹 → 황 → 백
③ 팽창색에서 수축색으로 향하는 색의 순서를 나타내면 다음과 같다.
∴ 황 → 등 → 적 → 자 → 녹 → 청

Q 은행문제

다음 중 인간의 제어 및 조정 능력을 나타내는 법칙인 Fitts' law와 관련된 변수가 아닌 것은?

① 표적의 너비
② 표적의 색상
③ 시작점에서 표적까지의 거리
④ 작업의 난이도(Index of Difficulty)

정답 ②

합격예측

귀의 구조 및 기능

<table>
<tr><th colspan="2">구조</th><th colspan="2">기능</th></tr>
<tr><td rowspan="2">외이</td><td>귓바퀴</td><td colspan="2">소리를 모음</td></tr>
<tr><td>외이도</td><td colspan="2">소리의 이동 통로</td></tr>
<tr><td rowspan="3">중이</td><td>고막</td><td colspan="2">소리에 의해 최초로 진동하는 얇은 막</td></tr>
<tr><td>청소골</td><td colspan="2">고막의 소리를 증폭시켜 내이(난원창)로 전달(22배 증폭) 18. 9. 15 기</td></tr>
<tr><td>유스타키오관</td><td colspan="2">외이와 중이의 압력 조절</td></tr>
<tr><td rowspan="3">내이</td><td>달팽이관</td><td colspan="2">(임파액으로 차 있음)청세포가 분포되어 있어 소리 자극을 청신경으로 전달</td></tr>
<tr><td>전정기관</td><td>위치감각</td><td rowspan="2">평형감각기관</td></tr>
<tr><td>반고리관</td><td>회전감각</td></tr>
</table>

7. 색 채

(1) 먼셀(Munsell)의 표색계에서 색의 3요소

HV/C－H : Hue(색상), V : Value(명도), C : Chroma(채도)

① 색의 3속성 : 색상, 명도, 채도
② 조명의 3요소 : 휘도, 광도, 조도
③ 무채색의 3요소 : 흑색, 회색, 백색
④ CIE색계(빛의 3원색) : 적색(X), 녹색(Y), 청색(Z)

(2) 시 식별(시력·대비) 영향요인(인자) 19. 8. 4 산

① 광도 ② 조도 ③ 광속발산도 ④ 대비
⑤ 반사율 ⑥ 노출시간 ⑦ 이동 ⑧ 휘도(glare)

(3) CAS란

① 색채조절(color conditioning) ② 공기조절(air conditioning)
③ 음향조절(sound conditioning)

(4) 색채와 심리(Therapy : 테라피)

① 빨간색 : 공포, 열정, 애정, 활기, 용기
② 노란색 : 주의, 조심, 희망, 광명, 향상
③ 파란색 : 진정, 냉담, 소극, 소원
④ 녹색 : 안전, 안식, 평화, 위안
⑤ 보라색 : 우미, 고취, 불안, 영원

(5) 색채조절의 효과 및 목적

① 피로의 경감 ② 생산성 향상 ③ 재해감소 ④ 작업의 질적 향상
⑤ 밝기의 증가 ⑥ 기술향상 ⑦ 불량품 감소 ⑧ 능률향상
⑨ 동기유발 ⑩ 재해사고방지를 위한 표지의 명확화

[표] 소음의 ABCD측정 척도

구분	기준
A측정치	가장 공통적으로 사용하는 것으로 인간귀의 특성에 가장 가깝게 반응(소리의 세기, 시끄러움, 성가심 등은 A측정치에 근거)
B측정치	사람들이 중간세기의 소리에 얼마나 잘 반응하는가를 표시하기 위해 사용(드물게 사용)
C측정치	모두 거의 동일하게 주파수가중치 부여
D측정치	주로 항공기 소음을 위해 고안된 것

[표] 눈의 구조·기능·모양

구조	기 능	모 양
각막	최초로 빛이 통과하는 곳, 눈을 보호 18. 4. 28 산	
홍채	동공의 크기를 조절해 빛의 양 조절	
모양체	수정체의 두께를 변화시켜 원근 조절	
수정체	렌즈의 역할, 빛을 굴절시킴	
망막	상이 맺히는 곳, 시세포 존재, 두뇌전달 16. 10. 1 기	
맥락막	망막을 둘러싼 검은 막, 어둠 상자 역할	

(6) 대비(luminance contrast)[%] 17. 5. 7 기 17. 9. 23 산 18. 8. 19 산 20. 6. 7 기

보통 표적의 광속발산도(L_t)와 배경의 광속발산도(L_b)의 차를 나타내는 척도인데 다음 공식에 의해 계산된다.

$$대비=\frac{L_b-L_t}{L_b}\times 100$$

① 표적이 배경보다 어두울 경우 : 대비값은 +100[%]~0 사이
② 표적이 배경보다 밝을 경우 : 대비값은 0~−∞ 사이

(7) 암조응(Dark Adaptation) 19. 4. 27 산 22. 4. 24 기

① 밝은 곳에서 어두운 곳으로 갈 때 : 원추세포의 감수성상실, 간상세포에 의해 물체 식별
② 완전 암조응 : 보통 30~40분 소요(명조응 : 수초 내지 1~2분)

2 작업환경과 인간공학

1. 통제의 개요

(1) 통제기기의 선택조건

① 계기지침의 일치성
② 통제기기가 복잡하고 정밀한 조절이 필요한 때에는 멀티로테이션 컨트롤 기기를 사용하는 것이 좋다.
③ 통제기기의 선택 중에서 그 조작력과 세팅 범위가 중요한 경우에는 통제표시비 내용을 검토하여야 한다.
④ 특정목적에 사용되는 통제기기는 단일보다는 여러 개를 조합하여 사용하는 것이 효과적이다.

합격예측 19. 9. 21 기

ISO(international organization for standardization : 국제표준화기구) 소음기준

① 소음평가지수(noise rating number : NRN)로 85를 기준
② 500, 1,000, 2,000[Hz]를 중심주파수로 하며 최대치의 평균으로 산출
③ 가장 낮은 범위 : 4~8[Hz]

합격예측

통제비 설계시 고려해야 할 사항 5가지 18. 8. 19 산 20. 6. 14 산

① 계기의 크기 ② 공차
③ 방향성 ④ 조작시간
⑤ 목측거리

용어정의

(1) coriolis현상
비행기와 함께 선회하던 조종사가 머리를 선회면 밖으로 움직일 때 평형감각을 상실하는 현상
(2) JND
물리적 자극의 변화여부를 감지할 수 있는 최소자극 단위

합격예측

① 시각 전달 경로
빛 → 각막 → 동공 → 수정체 → 유리체 → 망막 → 시세포 → 시신경 → 대뇌

[표] 황반과 맹점

구분	특징
황반	망막의 중심부로 시세포가 밀집하여 상이 뚜렷하게 맺히는 곳
맹점	시신경이 지나가는 부분으로 시세포가 없어 상이 맺혀도 보이지 않는 경우

② 망막의 감광요소

구분	특징
원추체(cone)	밝은 곳에서 기능, 색구별, 황반에 집중, 색맹, 색약세포
간상체(rod)	조도 수준이 낮을 때 기능, 흑백의 음영 구분, 망막주변에 분포

합격예측

통제장치를 조작하는데 가장 시간이 적게 드는 순서

수동푸시버튼<토글스위치<발푸시버튼<로터리스위치

합격예측

거시동작

① 위치동작 ② 연속동작
③ 조작동작 ④ 반복동작
⑤ 축차동작 ⑥ 정적조절

미시동작

① therblig ② MTM 등

합격예측 17. 5. 7 기 21. 9. 12 기 22. 4. 24 기

양립성(compatibility)

정보입력 및 처리와 관련한 양립성은 인간의 기대와 모순되지 않는 자극들간의, 반응들 간의 또는 자극반응조합의 관계를 말하는 것

합격예측

heat illness(열중독증)

① 열발진(heat rash) : 작업환경에서 가장 흔히 발생하는 피부장해(땀띠)
② 열경련(heat cramp) : 고열 작업환경에서 심한 근육작업 후에 근육의 수축이 격렬하게 일어나며, 탈수와 체내 염분농도 부족에 의해 야기되는 장해
③ 열소모(heat exhaustion) : 땀을 많이 흘려 수분과 염분 손실이 많을 때 발생하며 두통, 구역감, 현기증, 무기력증, 갈증 등의 증상이 발생
④ 열사병(heat stroke) : 땀을 많이 흘려서 수분과 염분 손실이 많을 때 발생하고, 갑자기 의식상실에 빠지는 경우
⑤ 열허탈(heat collapse) : 고온 노출이 계속되어 심박수 증가가 일정 한도를 넘었을 때 일어나는 순환장해
⑥ 열피로(heat fatigue) : 고열에 순환되지 않은 작업자가 장시간 고열환경에서 정적인 작업을 할 경우 발생

(2) 통제표시비의 설계시 고려사항 19. 3. 3 산

① **계기의 크기** : 계기의 조절시간에 짧게 소요되는 사이즈(size)를 선택해야 하며, 사이즈가 작으면 오차가 많이 발생하므로 상대적으로 생각해야 한다.

② **공차** : 계기에 인정할 수 있는 공차가 주행시간의 단축과 관계를 고려하여 짧은 주행 시간 내에 공차의 인정 범위를 초과하지 않는 계기를 마련해야 한다.

③ **목측거리**(目測距離) : 작업자의 눈과 계기표시판과의 거리는 주행과 조절에 크게 관계되고 있다. 목측거리가 길면 길수록 조절의 정확도는 작아지면서 시간이 많이 걸리게 된다.

④ **조작시간** : 통제기기 시스템에서 발생하는 조작시간의 지연은 직접적으로 통제표시비가 크게 작용하고 있다. 작업자의 조절 동작과 계기의 반응운동간의 지연시간을 가져오는 경우에는 통제비를 감소시키는 것 이외에 방법이 없다.

⑤ **방향성** : 통제기기의 조작방향과 표시 지표의 운동방향이 일치하지 않으면 작업자의 동작에 혼란을 가져오고 작업시간이 오래 걸리면 또한 오차도 커진다. 계기의 방향성은 안전과 능률에 크게 영향을 미치고 있으므로 설계시에 가장 주의해야 한다.

2. 통제표시비(통제비)

(1) 통제표시비의 개념

통제표시비를 일명 C/D라고도 하며, 통제기기와 시각표시 관계를 나타내는 비율로서 이는 연속조종장치에만 적용되는 개념이다. 통제표시비를 간단히 통제비라고도 하며, 통제기기의 변위량을 X[cm]로 하고 표시 계기의 지침의 변위량을 Y[cm]로 할 때에 $\frac{C}{D}=\frac{X}{Y}$로 나타낸다.

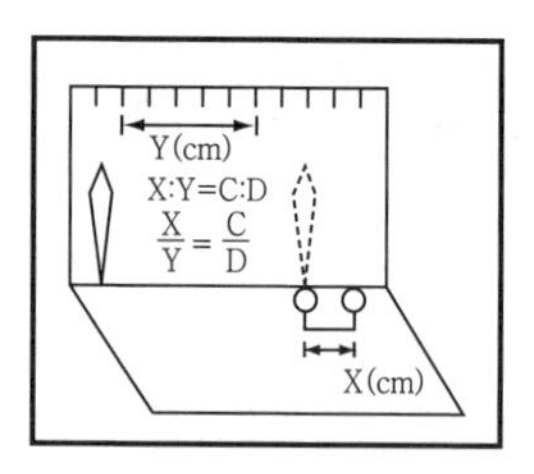

[그림] 통제표시비

(2) 통제표시비와 조작시간과의 관계[젠킨스(W. L. Jenkins)시험]

회전 노브(knob)를 사용한 통제기기의 표시판에 불이 켜지자 동작을 개시하여 목적하는 표시까지 바늘을 움직이는 데 요하는 시간과 목표 근처에서 목표와 바늘을 일치시키는 데 소요되는 시간, 즉 조절시간의 3단계로 구분하게 된다. 즉 불이 켜지면 시각의 감지시간, 통제기기의 주행시간, 그리고 조종시간의 3요소가 조작시간에 포함되는 시간이다. 최적통제비는 1.18~2.42의 범위가 가장 효과적이다.

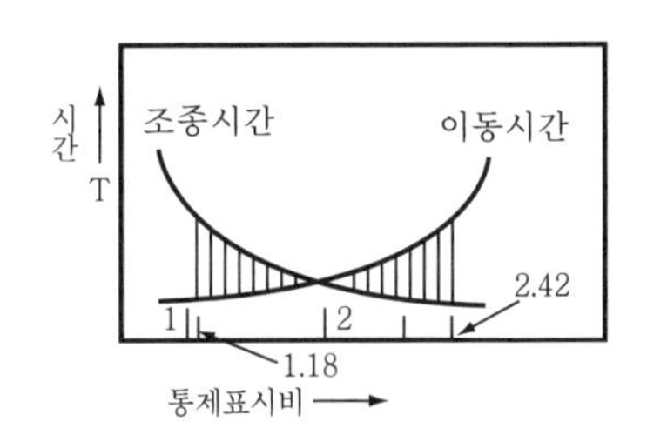

[그림] 통제표시비와 조작시간

(3) 조종구(ball control)에서의 C/D비 또는 C/R비 18. 4. 28 (산) 19. 4. 27 (산) 19. 8. 4 (산)

회전운동을 하는 조종장치가 선형 표시장치를 움직일 때는 L을 반경(지레 길이), α를 조종장치가 움직인 각도라 할 때 $C/D=\dfrac{(\alpha/360)\times 2\pi L}{\text{표시장치 이동거리}}$로 정의된다.

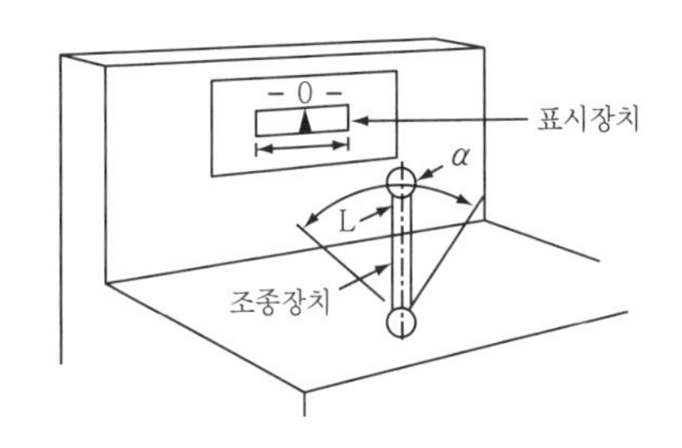

[그림] 선형 표시장치를 움직이는 조종구에서의 C/D

[그림] C/R비 17. 3. 5 (산)

3. 자동제어

(1) 자동제어의 장점

① 품질의 향상이 현저하고 균일한 제품이 나온다.
② 생산속도가 상승한다.
③ 원료, 연료 및 동력이 절약된다.
④ 노동조건의 향상과 위험한 환경의 안전화가 이루어진다.
⑤ 생산설비의 수명이 연장된다.
⑥ 생산설비의 감소화가 될 수 있다.

(2) 서보기구(servo mechanism)

① 물체의 위치, 방위, 자세 등을 제어량으로 하고 목표값의 임의의 변화에 항시 추종하도록 구성된 제어계
② 레이더의 제어, 선박이나 항공기 등의 자동조타장치, 공작기계의 제어, 자동평형계기 등이 있다.

합격예측

직각 또는 착오의 유형
- 위치의 오인
- 순서의 오인
- 패턴의 오인
- 형태의 오인
- 기억의 틀림

16. 5. 8 (산) 18. 9. 15 (기) 19. 3. 3 (산) 20. 6. 14 (산) 21. 9. 12 (기)

합격예측

수공구 설계원칙
① 손목을 곧게 펼 수 있도록 : 손목이 팔과 일직선일 때 가장 이상적
② 손가락으로 지나친 반복동작을 하지 않도록 : 검지의 지나친 사용은 「방아쇠 손가락」증세 유발
③ 손바닥면에 압력이 가해지지 않도록(접촉면적을 크게) : 신경과 혈관에 장애(무감각증, 떨림현상)
④ 그 밖에 설계원칙
㉮ 안전측면을 고려한 디자인
㉯ 적절한 장갑의 사용
㉰ 왼손잡이 및 장애인을 위한 배려
㉱ 공구의 무게를 줄이고 균형유지 등

합격예측

(1) 최적 C/D비 19. 8. 4 (기)
① 이동 동작과 조종 동작을 절충하는 동작이 수반
② 최적치는 두 곡선의 교점 부호
③ C/D비가 작을수록 이동시간은 짧고, 조종은 어려워서 민감한 조종장치이다.

(2) C/D비교 18. 3. 4 (산) 18. 9. 15 (산)
① 선형 조종장치가 선형 표시장치를 움직일 때는 각각 직선변위의 비(제어표시비)

$C/D비=\dfrac{\text{조종장치(제어기기)의 이동거리}}{\text{표시장치(표시기기)의 반응거리}}$

② 회전 운동을 하는 조종장치가 선형 표시장치를 움직일 경우

$C/D비=\dfrac{(\alpha/360)\times 2\pi L}{\text{표시장치의 이동거리}}$

L : 반경(지레의 길이), α : 조종장치가 움직인 각도

제2편

합격예측

인간 기술의 종류

① 전신적(gross bodily) 기술 : 보행, 균형유지 등
② 조작적(manipulative) 기술 : 연속적, 수차적(數次的), 이산적(離散的) 형태 포함
③ 인식적(perceptual) 기술
④ 언어(language) 기술 : 의사소통, 수학, 은유 또는 컴퓨터 언어 같이 사람들이 사고할 때나 문제에 사용하는 여러 가지 표현방식

합격예측

암호체계 사용상 일반적 지침

① 암호의 검출성(감지장치로 검출)
② 암호의 변별성(인접자극의 상이도 영향)
③ 부호의 양립성(인간의 기대와 모순되지 않을 것)
④ 부호의 의미
⑤ 암호의 표준화
⑥ 다차원 암호의 사용(정보전달 촉진)

합격예측

가속도

① 가속도는 물체의 운동변화율(중력가속도는 9.8[m/sec²])
② 성능에 미치는 영향 : 읽기, 반응시간, 추적 및 제어 임무, 고도의 정신기능 등에 악영향
③ 감속에 의한 2차충돌 보호
　㉮ 좌석벨트(속박용구)
　㉯ 에어백(충돌시 팽창)
　㉰ 단축되는 운전대 등

Q 은행문제

반사형 없이 모든 방향으로 빛을 발하는 점광원에서 5[m] 떨어진 곳의 조도가 120[lux]라면 2[m] 떨어진 곳의 조도는 약 얼마인가?

17. 3. 5 ㉠, ㉢

[해설]
① 조도$=\frac{광도}{(거리)^2}$
② 5[m] 떨어진 지점의 광도를 구하면
③ $120=\frac{x}{(5)^2}=\frac{x}{25}$이므로 $x=120\times25=3000$이다.
④ 2[m] 떨어진 지점의 조도(lux)를 구하면 $x=\frac{3000}{(2)^2}=750$[lux]

(3) 시퀀스(sequential)제어

지시대로 동작을 하며 수정을 할 수 없다.

(4) 공정제어(process control)

압력, 유량, 온도 등 상태나 양을 제어한다.

(5) feedback제어

① 제어결과를 측정하여 목표로 하는 동작이나 상태와 비교하여 잘못된 점을 수정하여 가는 제어 방식
② 제어계의 동작 상태를 방해하는 외부의 작용을 제거할 수 있다.
③ 제어대상의 특성을 파악할 수 없어도 소기의 목적을 달성할 수 있다.
④ 되먹임제어(feed－back control) : 폐쇄루프제어(closed loop control)

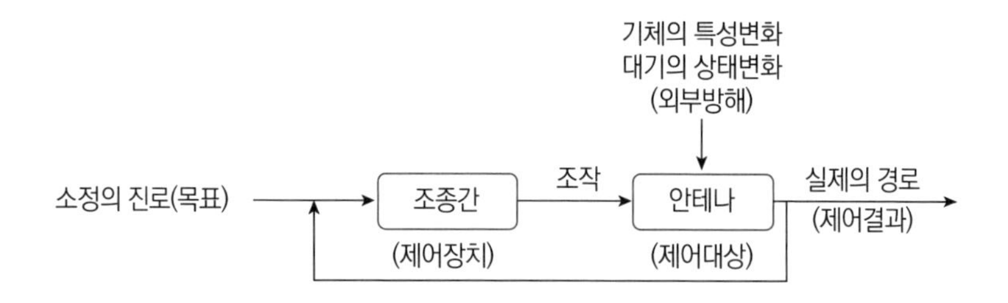

⑤ 개방루프제어(open loop control)

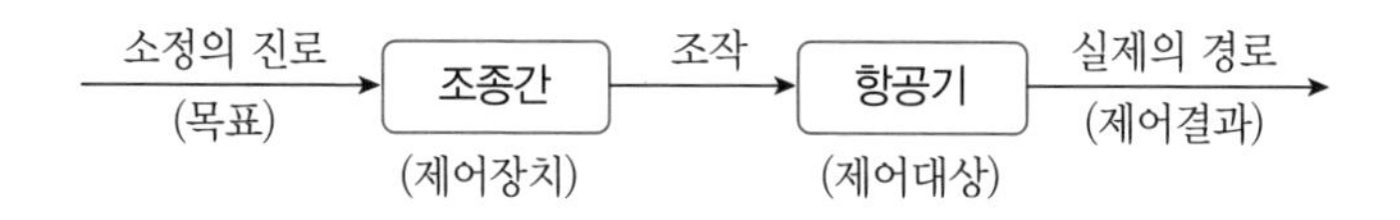

4. 기계의 통제기능(machine control function)

(1) 양의 조절에 의한 통제(연속조절조종장치)

투입되는 연료량, 전기량(저항, 전류, 전압), 음량, 회전량 등의 양을 조절하여 통제하는 장치

① 노브(knob) : 보통노브, 동심노브, 손잡이노브, 문자반 회전노브
② 크랭크(crank)
③ 핸들(hand wheel)
④ 레버(lever)
⑤ 페달(pedal) : 회전식, 왕복식, 직동식

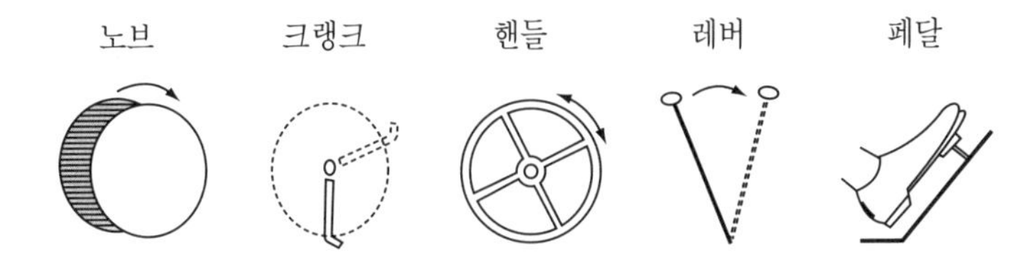

[그림] 양의 조절에 의한 통제

(2) 개폐에 의한 통제(불연속조절 통제장치)

on-off로 동작 자체를 개시하거나 중단하도록 통제하는 장치

① 수동식 푸시버튼(hand push button)

② 발푸시버튼(foot push button)

③ 토글스위치(toggle switch)

④ 로터리스위치(rotary selector switch)

[그림] 개폐에 의한 통제

(3) 반응에 의한 통제

계기, 신호 또는 감각에 의하여 행하는 통제장치(예 자동경보 시스템)

합격예측 21. 9. 12 기 22. 3. 5 기

(1) 양립성(compatibility)

정보입력 및 처리와 관련한 양립성은 인간의 기대와 모순되지 않은 자극들 간의, 반응들 간의 또는 자극반응 조합의 관계를 말하는 것으로 다음의 4가지가 있다.

① 공간적 양립성 : 표시장치가 조종장치에서 물리적 형태나 공간적인 배치의 양립성

② 운동 양립성 : 표시 및 조종장치, 체계반응의 운동방향의 양립성

③ 개념 양립성 : 사람들이 가지고 있는 개념적 연상(어떤 암호체계에서 청색이 정상을 나타내 듯이)의 양립성

④ 양식 양립성 : 직무에 알맞은 자극과 응답의 양식의 존재에 대한 양립성 예 음성과업에 대해서는 청각적 자극 제시와 음성 응답 과업에서 갖는 양립성 18. 8. 19 산

(2) 음압수준(Sound Pressure Level : SPL)

① 음의 강도의 척도는 bel의 1/10인 데시벨(decibel : dB)로 나타내며, 음압수준으로 표시하면 다음과 같이 된다.

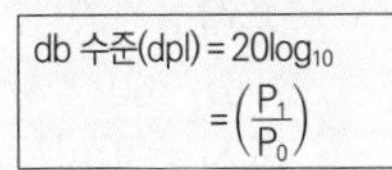

$$\text{db 수준(dpl)} = 20\log_{10}\left(\frac{P_1}{P_0}\right)$$

여기서,

P_0 : 기준음압(2×10^{-5}[N/m^2] : 1,000[Hz]에서의 최소 가청치)

P_1 : 측정하려는 음압

② dB은 상대적 단위로서, P_1과 P_2의 음압을 갖는 두 음의 강도차는 다음과 같다.

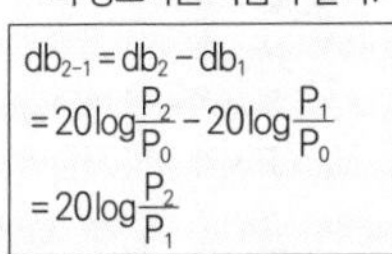

$$db_{2-1} = db_2 - db_1 = 20\log\frac{P_2}{P_0} - 20\log\frac{P_1}{P_0} = 20\log\frac{P_2}{P_1}$$

참고

전신진동이 인간성능에 끼치는 영향 16. 3. 6 기

① 진동은 진폭에 비례하여 시력을 손상하며 10~25[Hz]의 경우 가장 심하다.

② 진동은 진폭에 비례하여 추적능력을 손상하며 5[Hz] 이하의 낮은 진동수에서 가장 심하다.

③ 안정되고 정확한 근육조절을 요하는 작업은 진동에 의해서 저하된다. 반응시간, 감시, 형태식별 등 주로 중앙신경처리에 달린 임무는 진동의 영향을 덜 받으며, 시력 및 추적능력 등은 진동의 영향을 많이 받는다.

VDT(영상 표시 단말기) 작업의 안전

(1) 작업자세

① 시선은 화면상단과 눈높이가 일치할 정도로 하고 시야 범위는 수평선상으로부터 10~15[°] 밑에 오도록 하며 화면과 눈과의 거리는 40[cm] 이상 확보

② 위팔은 자연스럽게 늘어뜨리고 어깨가 들리지 않아야 하며 팔꿈치 내각은 90[°] 이상 아래 팔은 손등과 수평을 유지하여 키보드 조작

③ 무릎의 내각은 90[°] 전후로 하며 종아리와 대퇴부에 무리한 압력이 없도록 할 것

(2) 조명과 채광

① 주변환경의 조도기준 08. 7. 27 기

화면의 바탕색상	검은색 계통	흰색 계통
조도기준	300~500[lux]	500~700[lux]

② 화면을 보는 시간이 많을수록 화면밝기와 작업대 주변 밝기의 차를 줄일 것

③ 문서간의 밝기비 = 1 : 10

Chapter 04

작업환경관리

출제예상문제

출제예상문제는 복습, 예습문제로 엮었습니다. *WHY : 실제시험에도 순서에 관계없이 출제됩니다. 예습 후 다음장에 공부한 문제가 있으면 기억이 배가 됩니다.

01 ★★★★★ **그림의 조종구(ball control)와 같이 상당한 회전운동을 하는 조종장치가 선형 표시장치를 움직인 각도라 할 때, 조종표시장치의 이동비율(control display ratio)을 나타낸 것은?** 16. 10. 1 ㉮

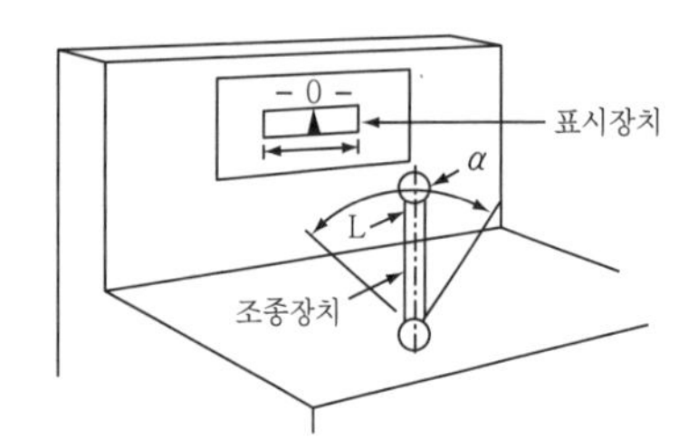

① $\dfrac{(\alpha/360)\times 2\pi L}{\text{표시장치 이동거리}}$ ② $\dfrac{\text{표시장치 이동거리}}{(\alpha/360)\times 4\pi L}$

③ $\dfrac{(\alpha/360)\times 4\pi L}{\text{표시장치 이동거리}}$ ④ $\dfrac{\text{표시장치 이동거리}}{(\alpha/360)\times 2\pi L}$

해설

통제표시비(통제비)

일명 C/D비라고도 하며 통제기기와 시각 표시의 관계를 나타내는 비율로서 통제기기의 이동거리 X를 표시판의 지침이 움직인 거리 Y로 나눈 값을 말한다.

$$\frac{C}{D}\text{비} = \frac{X}{Y}$$

X : 통제기기의 변위량(cm)

Y : 표시계기의 지침의 변위량(cm)

$$\frac{C}{D}\text{비} = \frac{(\alpha/360)\times 2\pi L}{\text{표시계기의 이동거리}}$$

α : 조종장치가 움직인 각도

L : 반경(지레의 길이)

02 ★★★★★ **진전(손떨림, tremor)을 감소시킬 수 있는 손의 높이는?**

① 입높이 ② 심장높이

③ 배꼽높이 ④ 무릎높이

해설

진전(tremor)

① 진전(tremor)과 표동(drift)이 문제가 되는 동작 : 정지조정(static reaction)

② 정지조정(static reaction)에서 문제가 되는 것 : 진전

③ 진전이 일어나기 쉬운 조건 : 떨지 않도록 노력할 때

④ 진전이 가장 많이 일어나는 운동 : 수직운동

⑤ 진전이 적게 일어나는 경우 : 손이 심장높이에 있을 때

03 ★★★ **인간의 대뇌에서의 정보처리 과정에서 복잡하고 높은 수준의 정보가 계속되어 당황하거나 공포를 느끼게 될 때 어떤 상태로 진행되기 쉬운가?**

① 의식의 혼란 ② 의식의 공황

③ 의식의 지연 ④ 의식의 우회

해설

부주의 현상

(1) 의식의 단절(의식의 중단)

① 지속적인 의식의 흐름에 단절이 생기고, 공백의 상태가 나타난 경우의 것으로서, 특수한 질병의 경우에 나타나고, 심신과 함께 건강한 경우에는 나타나지 않는다.

② 위험요소가 존재하는 시점에서의 의식의 단절이 오면 사고를 면할 수 없게 된다.

③ 위험시점에서의 의식수준은 phase 0 상태이다.

위험요소

안전작업수준 .... 의식의 흐름

[그림] 의식의 단절 상태도

(2) 의식의 우회

① 의식의 흐름이 샛길로 빗나갈 경우의 것으로, 일을 하고 있을 때 우연히 걱정, 고뇌, 욕구불만 등에 의해 다른 것에 주의하는 것이 이것에 해당된다.

② 잠재위험 부분에 의식이 집중되지 않고 그 부분에서의 의식이 우회되면 또한 재난을 당하게 될 것이다. 이때의 위험부분에 대한 의식수준 역시 phase 0 상태가 된다.

[정답] 01 ① 02 ② 03 ①

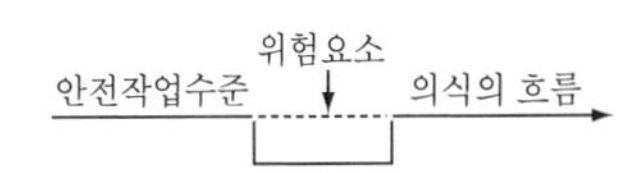

[그림] 의식의 우회 상태도

(3) 의식수준의 저하
① 뚜렷하지 않은 머리의 상태, 심신이 피로할 때나, 단조로운 작업 등의 경우에 일어나기 쉽다.
② 작업 중 위험요소가 잠재되어 있는 부분에서 의식수준이 저하되거나 의식이 열화되면 위험에 대응할 수 없다.
③ 작업자의 의식수준은 대체로 phase 1 이하로 되는 상태이다.

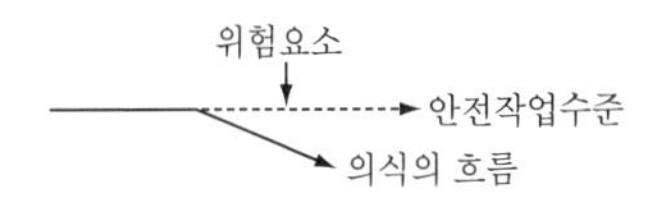

[그림] 의식수준의 저하 상태도

(4) 의식의 혼란
외부의 자극이 애매모호하거나, 너무 강하거나 또는 약할 때와 같이 외적 조건에 문제가 있을 때 의식이 혼란되고, 외적 자극에 의식이 분산되어 작업에 잠재되어 있는 위험 요인에 대응할 수 없게 된다.

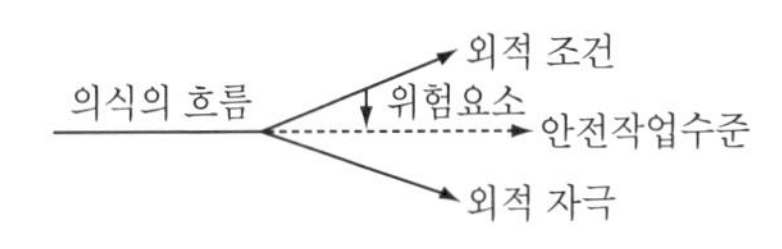

[그림] 의식의 혼란 상태도

(5) 의식의 과잉
① 돌발사태 및 긴급이상사태에 직면하면 순간적으로 긴장되고, 의식이 한 방향으로만 쏠리는 주의 일점 집중현상이 생긴다.
② 판단력이 둔화 또는 정지되고 주의력이 떨어진다.
③ 의식수준은 phase Ⅳ 상태로 된다.

04 ★★ 기초대사(basal metabolism)와 여가(leisure)의 필요대사량은?

① 약 1,500[kcal/일]
② 약 1,800[kcal/일]
③ 약 2,300[kcal/일]
④ 약 2,700[kcal/일]

해설

1일 필요대사량
① 하루 동안에 보통 사람이 낼 수 있는 에너지 : 약 4,300[kcal/일]
② 하루 동안에 기초대사와 여가대사에 필요한 에너지 : 약 2,300[kcal/일]
③ 4,300 - 2,300 = 2,000[kcal/일](여유분, 축적분)

05 ★★ 작업위험분석시 고려사항으로 틀린 것은?

① 안전관계
② 작업표준
③ 작업환경조건
④ 개인 보호구

해설

작업위험분석시 고려조건
① 육체적 요구조건
② 작업환경
③ 보건상 위험
④ 그 밖에 잠재적 위험
⑤ 안전관계
⑥ 개인 보호구
⑦ 기기 제조원의 책임(인간공학의 결함이나 부적합성)

06 ★★★ 건구온도 30[℃], 습구온도 20[℃]일 때의 옥스퍼드(Oxford) 지수는 몇 도인가?

① 21.5[℃]
② 22.5[℃]
③ 23.5[℃]
④ 24.5[℃]

해설

Oxford 지수 : WD(습건)지수라고도 하며, 습구·건구 온도의 가중평균치로 나타낸다.
WD = 0.85(습구온도) + 0.15(건구온도)
= (0.85×20) + (0.15×30) = 21.5[℃]

07 ★★★ 소음을 통제하는 일반적인 방법에 해당되지 않는 것은?

① 흡음제 사용
② 차폐장치 사용
③ 음향처리제 사용
④ 귀마개 및 귀덮개 사용

해설

소음통제의 일반적인 방법
① 기계의 적절한 설계
② 적절한 정비 및 주유
③ 기계에 고무받침대(mounting) 부착
④ 차량에 소음기(muffler) 사용

[정답] 04 ③ 05 ② 06 ① 07 ④

08 ★★ 1촉광의 광원으로부터 1[foot] 떨어진 곡면의 1[ft^2]가 받는 광량은 1[m] 떨어진 곡면의 1[ft^2]가 받는 광량의 몇 배인가?

① 약 3배　② 약 9배
③ 약 27배　④ 같다

해설

① foot-candle(fc) : 1촉광의 점광원으로부터 1[foot] 떨어진 곡면에 비추어진 빛의 밀도, 즉 1[lumen/ft^2]이다.
② lux(meter-candle) : 1촉광의 점광원으로부터 1[m] 떨어진 곡면에 비추어진 빛의 밀도 1[lumen/ft^2], 즉 10[ft^2]는 약 1[m^2]이므로 10[lumen/ft^2] = 1[lumen/m^2] = 10[lux] = 1[foot·candle]이 된다.
③ 조도의 역자승(逆自乘)의 법칙 : 거리가 증가함에 따라 조도는 다음과 같은 역자승의 법칙에 따라 감소하게 된다.

$$조도 = \frac{광도}{(거리)^2}$$

09 ★★ 작업이나 운동이 격렬해져서 근육에 생성되는 젖산이 적시에 제거되지 못하면 작업이 끝난 후에도 남아 있는 젖산을 제거하기 위해 여분의 산소가 필요하게 되므로, 이를 보충하기 위해 맥박과 호흡도 서서히 감소한다. 이 여분의 산소필요량을 무엇이라고 하는가?

① 호기 산소　② 혐기 산소
③ 산호 잉여　④ 산소빚

해설

본 문제는 산소빚의 명쾌한 설명이다.

10 ★★★ 다음과 같은 실내표면에서 반사율이 가장 낮아야 하는 것은?

① 바닥　② 천장
③ 가구　④ 벽

해설

반사율

(1) 옥내 최적반사율(추천 반사율)
① 천장 : 80~90[%]
② 벽 : 40~60[%]
③ 가구 : 25~45[%]
④ 바닥 : 20~45[%]

(2) 천장과 바닥의 반사비율은 최소한 3 : 1 이상이 유지되어야 한다.

11 ★★★ 빛의 반사율이 낮아야 하는 순서를 바르게 배열한 것은?

A : 바닥　B : 천장　C : 가구　D : 벽

① A>B>C>D　② A>C>D>B
③ A>C>B>D　④ A>D>C>B

해설

10번 문제의 해설을 참조할 것

12 ★★ 색채는 근로자의 안전과 생산 능률에 많은 영향을 준다. 다음 중 옳지 않은 것은?

① 적색은 위험의 경고이다.
② 엷은 청색은 스위치함의 내부와 정지 조절의 내부 표시용이다.
③ 황색은 경고용이며 녹색은 안전표시이다.
④ 흑백색은 지시표시용이다.

해설

청색은 지시표시이며, 흑백색은 방향표시 및 통획구획선 표시이다.

13 ★★★ 사무실 설계시 반사율이 낮은 것부터 나열한 것은?

㉠ 바닥　㉡ 벽
㉢ 천장　㉣ 사용 기기

① ㉠-㉡-㉢-㉣　② ㉢-㉣-㉠-㉡
③ ㉠-㉣-㉡-㉢　④ ㉠-㉢-㉣-㉡

해설

반사율(reflectance)

① 표면에 도달하는 조명과 광속발산도의 관계
② $반사율[\%] = \frac{광속발산도(fL)}{소요조명(fc)} \times 100$

[정답] 08④ 09④ 10① 11② 12④ 13③

14 ★★ 피로란 같은 일을 지속할 수 없게 되는 정신적, 생리적 상태를 말한다. 다음 중 경과시간에 따른 피로분류에 해당되지 않는 것은?

① 반복성 ② 급성
③ 일주성 ④ 만성

해설

피로분류
① 정신 ② 육체 ③ 급성 ④ 만성 ⑤ 기계

15 ★★★★ 산업안전보건법상의 조명도가 잘못 연결된 것은?

① 초정밀작업 : 750[lux] 이상
② 정밀작업 : 400[lux] 이상
③ 보통작업 : 150[lux] 이상
④ 그 밖의 작업 : 75[lux] 이상

해설

법적 조도기준
① 초정밀작업 : 750[lux] 이상 ② 정밀작업 : 300[lux] 이상
③ 보통작업 : 150[lux] 이상 ④ 그 밖의 작업 : 75[lux] 이상

16 ★★★ 다음 색채 중 경쾌하고 가벼운 느낌을 주는 배열이 잘된 순서는?

① 흑색 – 청색 – 적색 – 회색
② 백색 – 흑색 – 적색 – 청색
③ 자색 – 녹색 – 황색 – 백색
④ 검정 – 청색 – 회색 – 흰색

해설

① 명도를 생각하면 된다.
② 완전 흑 : 0
③ 완전 백 : 10

17 ★★ 다음 각 작업별로 조명수준이 높은 작업에서 낮은 작업 순으로 나열한 것은?

㉠ 세밀한 조립 작업 ㉡ 아주 힘든 검사 작업
㉢ 보통 기계 작업 ㉣ 드릴 또는 리벳 작업

① ㉠–㉡–㉢–㉣ ② ㉡–㉢–㉣–㉠
③ ㉡–㉠–㉢–㉣ ④ ㉠–㉡–㉣–㉢

해설

추천조명수준(IES) 단위 : fc
① 세밀한 조립작업 : 300
② 아주 힘든 검사작업 : 500
③ 보통 기계작업 및 편지 고르기 : 100
④ 드릴, 리벳, 줄질 : 30

18 ★★ 시간 – 동작연구가들이 밝힌 효율적인 작업에 관한 규칙과 일치하지 않는 것은?

① 근로자들이 기계를 조작할 때 움직여야만 하는 거리를 최소화시킨다.
② 양손은 동시에 시작하고 끝나야 한다.
③ 동작은 가능한 대칭에 가까워야 한다.
④ 동작이 반복적으로 빠르게 되려면 직선으로 움직이는 것이 효과적이다.

해설

동작경제의 원칙(Barnes)
직선으로 움직이는 동작은 피해야 한다.

참고 건설안전기사 p.3-96(3. 동작경제의 3원칙)

19 ★★ 소음노출로 인한 청력손실에 관한 내용 중 관계가 먼 것은?

① 청력손실의 정도는 노출소음수준에 따라 증가한다.
② 청력손실은 1,000[Hz]에서 크게 나타난다.
③ 강한 소음에 대해서는 노출기간에 따라 청력손실도 증가한다.
④ 약한 소음에 대해서는 노출기간과 청력손실이 관계가 없다.

해설

청력손실은 4,000[Hz]에서 크게 나타난다.(일명 C_5dip)

[정답] 14 ① 15 ② 16 ③ 17 ③ 18 ④ 19 ②

20 ★★★ 동작의 합리화를 위한 동작경제의 법칙에서 벗어난 것은?

① 동작을 가급적 조합하여 하나의 동작으로 할 것
② 양손의 동작은 동시에 시작하고, 동시에 끝낼 것
③ 동작의 수는 줄이고, 동작의 속도는 적당히 할 것
④ 동작의 범위는 최소로 하되 사용하는 신체의 범위는 크게 할 것

해설

동작의 범위가 최소이며 신체의 범위도 최소화해야 한다.

21 ★★ 다음은 조명방법을 설명한 것이다. 잘못된 것은?

① 실내 전체를 조명할 때는 전반 조명이 좋다.
② 작업에 필요한 곳이나 시간적으로 강한 빛을 필요로 하는 조명은 투명 조명이 좋다.
③ 유리나 플라스틱 모서리 조명은 투명조명이 좋다.
④ 긴 터널의 경우는 완화 조명이 필요하다.

해설

유리나 플라스틱 조명은 투명조명을 하면 사고의 원인이 된다.

22 ★★ 조명이 주는 영향에 관한 연구 결과 중 맞는 것은?

① 밝을수록 작업 수행이 좋아진다.
② 반사광은 세밀한 작업을 하는 데 도움을 준다.
③ 작업장 전체 공간에서 빛이 골고루 퍼지게 하는 것이 좋다.
④ 독서를 하는 데에는 직조명이 더 효과적이다.

해설

작업장 전체에 빛이 골고루 있어야만 시력을 보호할 수 있다.

23 ★★ 다음 중 공기의 온열조건의 4요소가 아닌 것은?

① 복사온도 ② 전도열
③ 습도 ④ 공기의 유동

해설

공기의 온열조건의 4요소(열교환에 영향을 주는 요소)

① 기온(온도)
② 습도
③ 복사온도
④ 공기의 유동(대류·기류·풍속)

참고 2015년 8월 16일(문제 32번)

24 물건이 보이기 위한 기본조건이 아닌 것은?

① 시간 ② 색채
③ 대비 ④ 시각

해설

물건이 보이기 위한 기본 조건

(1) 물건이 잘 보이는 조건은 색채(색상, 명도, 채도), 대비, 시각이 필요하다.
(2) 시식별에 영향을 주는 조건
① 광도 ② 조도 ③ 광속발산도 ④ 반사율 ⑤ 대비

25 ★★ 인간의 작업은 인간의 골격 체계를 활용함으로써 가능하다. 다음 중 수작업을 분석하는 경우 골격체계의 구성요소가 아닌 것은?

① 뼈 ② 신경
③ 근육 ④ 관절

해설

골격체계의 구성요소

① 근육 ② 신경 ③ 관절

26 ★★★ EMG(electromyogram)를 바르게 설명한 것은 어느 것인가? 16. 10. 1 기

① 정신활동의 척도
② 근육활동의 척도
③ 신체활동의 측정 기준
④ 신체기능의 계량

[정답] 20 ④ 21 ③ 22 ③ 23 ② 24 ① 25 ① 26 ②

해설

① 근전도(EMG : electromyogram) : 근육활동의 전위차
② 심전도(ECG : electrocardiogram) : 심장근의 근전도
③ ENG(electroneurogram) : 신경활동전위차
④ 피부전기반사(GSR : galvanic skin reflex) : 작업 부하의 정신적 부담도가 피로와 함께 증대하는 양상을 수장(手掌) 내측의 전기저항의 변화에서 측정하는 것으로, 피부전기저항 또는 정신전류현상이라고도 한다.
⑤ 플리커값(CFF) : 정신적 부담이 대뇌피질의 활동수준에 미치고 있는 영향을 측정한 값이다.

27 ★★ **인간이 원하는 정보를 검출함에 있어, 주변소음(noise)의 영향을 파악하려는 경우 다음 중 어떤 분야의 이론에 가장 관계가 있는가?**

① 정보처리이론
② 신호검출이론
③ 웨버의 법칙
④ 상대식별

해설

신호검출이론(SDT)

① 잡음(noise)에 실린 신호분포는 잡음만의 분포와 뚜렷이 구분되어야 한다.
② 어느 정도의 중첩이 불가피한 경우에는(허위정보와 신호를 검출하지 못하는 과오 중) 어떤 과오를 좀더 묵인할 수 있는가를 결정하여 관측자의 판정기준설정에 도움을 주어야 한다.

28 ★★ **제어계통에서 제어동작이 멈추면 체계반응이 거꾸로 돌아오는 현상은?**

① 이력현상(hysteresis)
② 사공간(deadspace)
③ 관성(inertia)
④ 사정효과(range effect)

해설

이력현상

① 이력현상은 반발(backlash)을 말한다.
② 특히 C/D비가 낮은(민감) 경우에 반발의 악영향이 두드러지므로, C/D비가 낮은 체계에서는 체계오차를 줄이기 위해 이력현상을 최소화시켜야 하고 이것이 비현실적인 경우에는 C/D비를 높여주어야 한다.

29 **다음 중 암호체계 사용상의 일반적인 지침에 해당하지 않는 것은?** 19. 8. 4 기

① 암호의 검출성　② 부호의 양립성
③ 암호의 표준화　④ 암호의 단일 차원화

해설

암호체계 사용상 일반적 지침

① 암호의 검출성(감지장치로 검출)
② 암호의 변별성(인접자극의 상이도 영향)
③ 부호의 양립성(인간의 기대와 모순되지 않을 것)
④ 부호의 의미
⑤ 암호의 표준화
⑥ 다차원 암호의 사용(정보전달 촉진)

30 **50[phon]의 기준 음을 들려준 후 70[phon]의 소리를 듣는다면 작업자는 주관적으로 몇 배의 소리로 인식하는가?**

① 1.5배　② 2배
③ 3배　④ 4배

해설

① 음량 수준이 10[phon]이 증가하면 음량(sone)은 2배로 된다. 따라서 50[phon]에서 70[phon]으로 20[phon]이 증가하였으므로 sone치는 4배로 된다.
② sone치 = $2^{(phon-40)/10}$
③ 50[phon] : sone치 = $2^{(50-40)/10} = 2$[sone]
④ 70[phon] : sone치 = $2^{(70-40)/10} = 2^3 = 8$[sone]
⑤ 4배로 들린다.

31 **다음 중 기능식 생산에서 유연생산시스템 설비의 가장 적합한 배치는?** 17. 3. 5 산

① 유자(U)형 배치　② 일자(一)형 배치
③ 합류(Y)형 배치　④ 복수라인(二)형 배치

해설

유연생산시스템(Flexible Manufacturing System : FMS)

① 다양한 부품의 생산·가공
② 가공준비 및 대기시간의 단축에 의한 제조시간의 최소화
③ 설비 이용률 향상(U자형 배치)
④ 생산 인건비의 감소
⑤ 제품 품질의 향상
⑥ 공정 제공품의 감소
⑦ 종합생산 system에 의한 생산관리능력 향상

[정답] 27 ② 28 ① 29 ④ 30 ④ 31 ①

시스템 위험분석

중점 학습내용

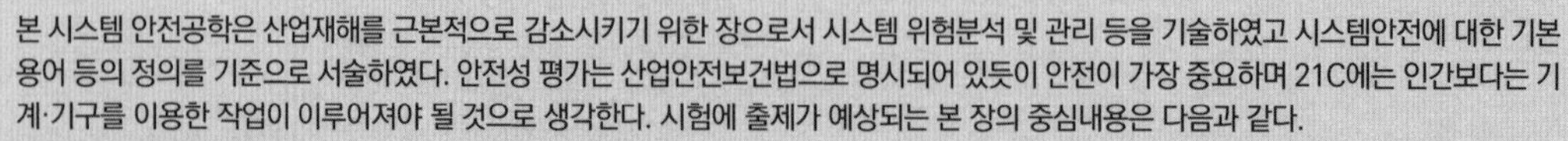

본 시스템 안전공학은 산업재해를 근본적으로 감소시키기 위한 장으로서 시스템 위험분석 및 관리 등을 기술하였고 시스템안전에 대한 기본 용어 등의 정의를 기준으로 서술하였다. 안전성 평가는 산업안전보건법으로 명시되어 있듯이 안전이 가장 중요하며 21C에는 인간보다는 기계·기구를 이용한 작업이 이루어져야 될 것으로 생각한다. 시험에 출제가 예상되는 본 장의 중심내용은 다음과 같다.

❶ 시스템 위험분석 및 관리
❷ 시스템 위험분석기법
❸ 미 국방성(DOD)
  ㉮ 시스템 안전에 대한 가장 일반적이고 많이 쓰이는 접근법은 미국방성(Department of Defense : DOD)과 국방성 계약자에 의해 얻어진다.
  ㉯ 근본적으로 시스템 안전 프로그램을 발전시키고 수행한다.
  ㉰ 미 국방성(DOD)의 접근법은 시스템 안전 프로그램의 필요조건인 MIL-STD-882B를 기초로 한다.

합격예측

시스템안전공학

① 시스템 안전공학은 과학적, 공학적 원리를 적용해서 시스템 내의 위험성을 적시에 식별하고 그 예방 또는 제어에 필요한 조치를 도모하기 위한 시스템 공학의 한 분야이다.
② 시스템의 안전성을 명시, 예측 또는 평가하기 위한 공학적 설계, 안전해석의 원리 및 수법을 기초로 한다.
③ 수학, 물리학 및 관련 과학분야의 전문적 지식과 특수기술을 기초로 하여 성립한다.

용어정의

시스템안전

시스템 전체에 대하여 종합적이고 균형이 잡힌 안전성을 확보하는 것이다.

1 시스템 위험분석 및 관리

1. system의 개요

(1) system이란 18. 4. 28 산 19. 9. 21 산

① 요소의 집합에 의해 구성되고
② system 상호간에 관계를 유지하면서
③ 정해진 조건 아래에서
④ 어떤 목적을 위하여 작용하는 집합체라 할 수 있다.

(2) 시스템안전(system safety)이란

어떤 시스템에 있어서 기능, 시간, 코스트(cost) 등의 제약조건하에서 인원 및 설비가 당하는 상해 및 손상을 최소한으로 줄이는 것이다. 특히 시스템 안전을 달성하기 위해서는 시스템의 계획 → 설계 → 제조 → 운용 등의 단계를 통하여 시스템의 안전관리 및 시스템안전공학을 정확히 적용시키는 것이 필요하다.

(3) 산업시스템이란

① 시스템 구성요소와 재료　　② 부품
③ 기계　　④ 설비
⑤ 일하는 사람

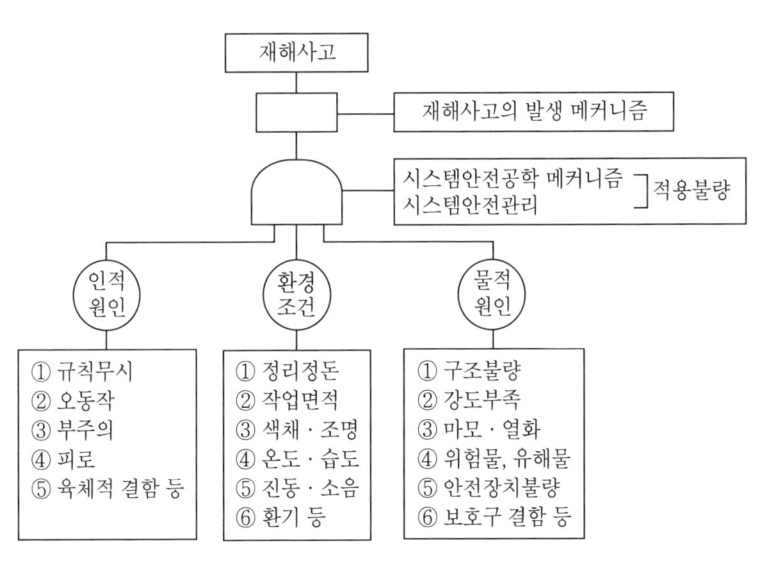

[그림] system에 따른 재해사고

2. 시스템의 기능 및 달성방법

(1) 시스템의 기능

① 정보의 전달
② 물질 혹은 에너지의 생산
③ 사람, 물질, 에너지의 수송

(2) 시스템안전관리의 업무수행요건 18. 3. 4 산

① 시스템의 안전에 필요한 사항의 동일성의 식별(identification)
② 안전활동의 계획, 조직 및 관리
③ 다른 시스템 프로그램 영역과의 조정
④ 시스템안전에 대한 목표를 유효하게 적시에 실현하기 위한 프로그램의 해석 검토 및 평가

(3) 시스템의 안전성 확보책(MIL-STD-882B) 17. 8. 26 산

① 제1단계 : 위험상태의 존재 최소화(fail safe)설계(설계 및 공정계획시 위험 제거)
② 제2단계 : 안전장치의 설치(채택)
③ 제3단계 : 경보장치의 설치(채택)
④ 제4단계 : 특수 수단 개발과 표식 등의 규격화(절차 및 교육훈련 개발)

합격예측

시스템안전 프로그램의 내용
① 계획의 개요
② 안전조직
③ 계약조건
④ 관련부문과의 조정
⑤ 안전기준
⑥ 안전해석
⑦ 안전성의 평가
⑧ 안전데이터의 수집 및 분석
⑨ 경과 및 결과의 분석

합격예측

체계설계 과정에서 가장 먼저 실시하는 것
성능명세서결정

합격예측

MIL-STD-882A
미국군 안전물자조달을 위한 군용규격을 나타내는 것

Q 은행문제

1. 시스템안전 계획의 수립 및 작성 시 반드시 기술하여야 하는 것으로 거리가 가장 먼 것은?
① 안전성 관리 조직
② 시스템의 신뢰성 분석 비용
③ 작성되고 보존하여야 할 기록의 종류
④ 시스템 사고의 식별 및 평가를 위한 분석법

정답 ②

2. 시스템 설계자가 통상적으로 하는 평가방법 중 거리가 먼 것은?
① 기능평가 ② 성능평가
③ 도입평가 ④ 신뢰성 평가

정답 ③

(4) 시스템의 안전달성방법

① 재해예방
　㉮ 위험의 소멸
　㉯ 위험수준의 제한
　㉰ 유해·위험물의 대체사용 및 완전 차폐
　㉱ 페일세이프(fail safe)의 설계
　㉲ 고장의 최소화
　㉳ 중지 및 회복 등

② 피해의 최소화 및 억제
　㉮ 격리　　㉯ 탈출 및 생존
　㉰ 보호구 사용　　㉱ 구조
　㉲ 적은 손실의 용인

③ 시스템 안전달성을 위한 프로그램 진행단계
제1단계 구상단계 → 제2단계 사양결정단계 → 제3단계 설계단계 → 제4단계 제작(제조)단계 → 제5단계 운영(조업)단계

2 시스템 위험분석기법

1. 시스템 분석의 종류

(1) 작용하는 프로그램의 단계에 따라

① 예비위험분석(PHA)
② 서브시스템 사고분석(sub-system hazard analysis)
③ 시스템 사고분석
④ 운용사고분석(O&S)

(2) 해석의 수리적 방법에 따라

① 정성적 분석
② 정량적 분석

(3) 논리적 견지에 따라

① 귀납적 분석
② 연역적 분석

합격예측

시스템 안전설계의 원칙

① 1단계 : 위험상태의 존재를 최소화(페일세이프 도입)
② 2단계 : 안전장치의 채용
③ 3단계 : 경보장치의 채용
④ 4단계 : 특수한 수단의 강구

합격예측

시스템의 구조

① 기본시스템 :

② 체계중복 :

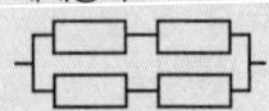

③ 부품중복(신뢰도상) :

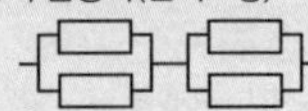

④ 절충중복 :

Q 은행문제 17. 3. 5 기

1. 조종 장치의 우발작동을 방지하는 방법 중 틀린 것은?

① 오목한 곳에 둔다.
② 조종 장치를 덮거나 방호해서는 안 된다.
③ 작동을 위해서 힘이 요구되는 조종 장치에는 저항을 제공한다.
④ 순서적 작동이 요구되는 작업일 때 순서를 지나치지 않도록 잠김 장치를 설치한다.

정답 ②

2. 일반적으로 위험(Risk)은 3가지 기본요소로 표현되며 3요소(Troplets)로 정의된다. 3요소에 해당되지 않는 것은? 17. 3. 5 기

① 사고 시나리오(S_i)
② 사고 발생 확률(P_i)
③ 시스템 불이용도(Q_i)
④ 파급효과 또는 손실(X_i)

정답 ③

(4) 시스템의 구상단계(제조·설계 단계)에서 이루어져야 할 사항

: 시스템 안전계획(SSP : System Safety Plan) 작성

① 시스템안전 프로그램의 설정 및 실시 방법 기술
② 시스템안전 부문의 작업진행상황을 평가하기 위한 기초 문서
③ 작업목표 및 목표달성을 기술한 관리상의 문서
④ SSP에 기술될 내용
　㉮ 시스템안전 프로그램의 설정 및 실시 방법 기술
　㉯ 허용수준까지 최소화 또는 제거되어야 할 사고의 종류
　㉰ 시스템에서 생기는 모든 사고의 식별 및 평가를 위한 분석법(해석법)의 양식
　㉱ 작성되고 보존되어야 할 기록의 종류

(5) 안전성 평가의 4가지 기법

① 체크리스트에 의한 방법(check list)
② 위험의 예측 평가(layout의 검토)
③ 고장형 영향 분석(FMEA법)
④ FTA법

(6) Risk 처리(위험조정)기술 4가지 17. 9. 23 기 18. 8. 19 기 19. 3. 3 산

① 위험회피(Avoidance)
② 위험제거(경감, 감축 : Reduction)
③ 위험보유, 보류(Retention)
④ 위험전가(Transfer) : 보험으로 위험조정

(7) 불대수(G.Boole)의 기본공식 21. 3. 7 기 22. 3. 5 기

① 항등정리
　A+0 =A, A×1 = A
　(A에 0과 1을 각각 대입하면 A에 대입한 값이 나오므로 결과는 A가 된다.)
　A+1 =1
　(A에 0과 1을 넣어도 결과는 언제나 1이 된다. 왜냐하면 불대수는 0과 1로 이루어진 2진수이므로)
　A×0 = 0 (A에 0과 1을 넣어도 결과는 언제나 0이 된다.)
② 멱등법칙
　A+A=A
　A×A=A
　(+는 합집합, ×는 교집합으로서 A와 A의 교집합과 합집합은 항상 A이다.)

합격예측

명제의(예)

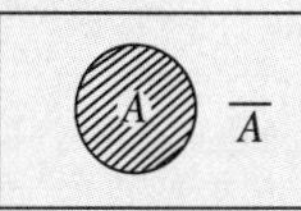

$A+\overline{A}=1$

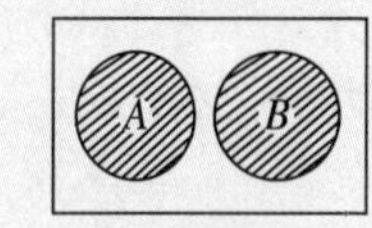

$A+B$

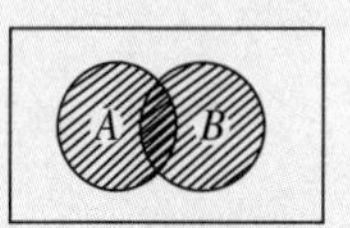

$A+B$

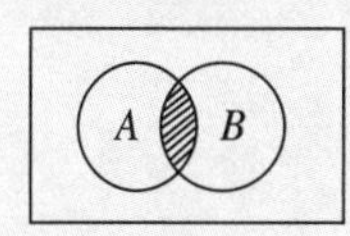

$A \cdot B$

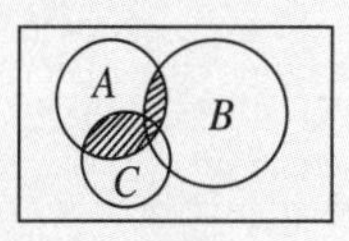

$A \cdot (B+C)$
$=(A \cdot B)+(A \cdot C)$

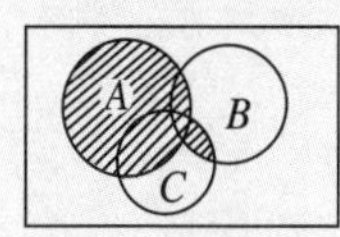

$A+(B \cdot C)$
$=(A+B) \cdot (A+C)$

합격예측

위험처리기술 17. 3. 5 산

① 위험의 회피
② 위험의 제거(경감)
　㉮ 위험 방지
　㉯ 위험 분산
　㉰ 위험 결합
　㉱ 위험 제한
③ 위험의 보유(보류)
④ 위험의 전가

$A+A'=1$ (A와 non A의 합집합은 1, 즉 신호있음)

$A \times A'=0$ (A와 non A의 교집합은 0, 즉 신호없음)

③ 교환법칙 18. 9. 15 기

$A+B = B+A$ (A와 B의 합집합은 B와 A의 합집합과 같다.)

$A \times B = B \times A$ (A와 B의 교집합은 B와 A의 교집합과 같다.)

④ 결합법칙

$A+(B+C)=(A+B)+C$

(B와 C의 합집합에 A를 합한 것은 A와 B의 합집합에 C를 합한 것과 같다.)

$A \times (B \times C)=(A \times B) \times C$

(B와 C의 교집합과 A와의 교집합은 A와 B의 교집합과 C와의 교집합과 같다.)

⑤ 분배법칙

$A \times (B+C)=(A \times B)+(A \times C)$

$A+(B \times C)=(A+B) \times (A+C)$

⑥ 흡수법칙

$A+A \times B = A$ (A와 B의 교집합과 A의 합집합은 A이다.)

$A+A' \times B = A+B$

(non A와 B의 교집합과 A의 합집합은 A와 B의 합집합과 같다.)

⑦ 보수정리

$A+A'=1$ (A와 non A의 합집합은 A)

$A \times A'=0$ (A와 non A의 교집합은 0)

⑧ 다중부정

$A''=A$ (non A의 non은 A)

⑨ 드 모르간의 법칙

$A'+B' = (A \times B)'$

(non A와 non B의 합집합은 A와 B의 교집합의 non과 같다.)

2. 예비위험분석(PHA : Preliminary Hazards Analysis) 17. 3. 5 산 19. 4. 27 산

PHA는 모든 시스템안전 프로그램의 최초 개발 단계의 분석으로서 시스템 내의 위험요소가 얼마나 위험한 상태에 있는가를 정성적으로 평가하는 것이다.

(1) PHA의 목적 16. 5. 8 산 20. 6. 7 기 20. 6. 14 산

시스템 개발 단계에서 시스템 고유의 위험 영역을 식별하고 예상되는 재해의 위험 수준을 구상단계에서 적용하고 평가하는 데 있다. 12. 3. 4 기 18. 8. 19 기 19. 3. 3 기 19. 9. 21 기 21. 5. 15 기 22. 3. 5 기 22. 4. 24 기

(2) PHA의 기법

① check list에 의한 기법
② 기술적 판단에 의한 기법
③ 경험에 따른 기법

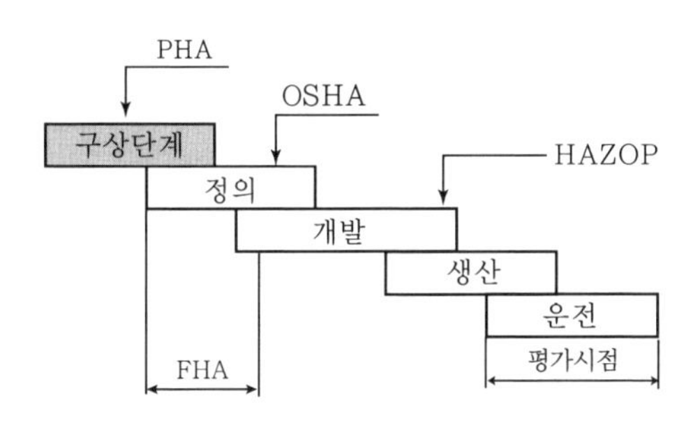

[그림] PHA·OSHA·FHA·HAZOP

(3) PHA의 카테고리 분류 16. 5. 8 기 18. 9. 15 기 20. 9. 27 기 22. 3. 5 기

① Class 1 : 파국적(Catastrophic)－사망, 시스템 손상
인간의 과오, 환경, 설계의 특성, 서브시스템의 고장 또는 기능 불량이 시스템의 성능을 저하시켜 그 결과 시스템의 손실을 초래하는 상태

② Class 2 : 위기적(Critical)－심각한 상해, 시스템 중대 손상
인간의 과오, 환경, 설계의 특성, 서브시스템의 고장 또는 기능 불량이 시스템의 성능을 저하시켜 시스템에 중대한 지장을 초래하거나 인적 부상을 가져오므로 즉시 수정 조치를 필요로 하는 상태

③ Class 3 : 한계적(Marginal)－경미한 상해, 시스템 성능 저하
시스템의 성능 저하가 인원의 부상이나 시스템 전체에 중대한 손해를 입히지 않고 제어가 가능한 상태 20. 6. 14 산

④ Class 4 : 무시(Negligible)－경미 상해 및 시스템 저하 없음
시스템의 성능, 기능이나 인적 손실이 전혀 없는 상태

3. 결함위험분석(FHA : Fault Hazards Analysis)

(1) 정 의

FHA는 분업에 의하여 여럿이 분담 설계한 subsystem간의 interface를 조정하여 각각의 subsystem 및 전 시스템의 안전성에 악영향을 끼치지 않게 하기 위한 분석기법이다.

합격예측

PHA의 4가지 주요목표

(1) 시스템에 대한 모든 주요한 사고를 식별하고 대충의 말로 표시할 것(사고발생의 확률은 식별 초기에는 고려되지 않음)
(2) 사고를 유발하는 요인을 식별할 것
(3) 사고가 발생한다고 가정하고 시스템에 생기는 결과를 식별하고 평가할 것
(4) 식별된 사고의 4가지 범주로 분류할 것
① 파국적
② 중대(위기적)
③ 한계적
④ 무시

합격예측

위험관리내용

① 위험의 파악
② 위험의 처리
③ 사고발생확률 및 예측

참고

FTA 방법

• 연역적
• 정량적

합격예측

(1) 위험관리 4단계
① 제1단계 : 위험파악
② 제2단계 : 위험분석
③ 제3단계 : 위험평가
④ 제4단계 : 위험처리
(2) SSPP에 포함되어야 할 사항
① 계획의 개요
② 안전조직
③ 계약조건
④ 관련부문과의 조정
⑤ 안전기준
⑥ 안전해석
⑦ 안전성평가
⑧ 안전자료 수집과 갱신
(3) SSPP시스템 안전 업무 18. 3. 4 산
① 정성해석
② 운용해석
③ 프로그램 심사의 참가

합격예측

시스템 안전계획(SSP : system safety plan)의 작성 : SSP의 내용

① 안정성 관리조직 및 다른 프로그램 기능과의 관계
② 시스템에 발생하는 모든 사고의 식별 및 평가를 위한 분석법의 양식
③ 허용수준까지 최소화 또는 제거되어야 할 사고의 종류
④ 작성되고 보존되어야 할 기록의 종류

참고

(1) FMEA 방법
- 정성적
- 귀납적

(2) Boolean algebra
① 영국의 수학자 G.Boole에 의해서 창시된 논리수학으로 논리 대수를 사용한 연산 과정이 정의되어 있는 대수계이다.
② 논리곱(AND), 논리합(OR), 부정(NOT), IF-THEN 등과 같은 논리연산자(operator)를 사용함으로써 수학적인 연산이 가능하다.
③ 컴퓨터 등에 사용되는 전자 회로 설계 및 안전에도 적용되고 있다.

Q 은행문제

안전성의 관점에서 시스템을 분석 평가하는 접근방법과 거리가 먼 것은? 18. 3. 4 산

① "이런 일은 금지한다."의 개인판단에 따른 주관적인 방법
② "어떻게 하면 무슨 일이 발생할 것인가?"의 연역적인 방법
③ "어떤 일은 하면 안 된다."라는 점검표를 사용하는 직관적인 방법
④ "어떤 일이 발생하였을 때 어떻게 처리하여야 안전한가?"의 귀납적인 방법

정답 ①

(2) FHA의 기재사항

① 서브시스템의 요소
② 그 요소의 고장형
③ 고장형에 대한 고장률
④ 요소 고장시 시스템의 운용 형식
⑤ 서브시스템에 대한 고장의 영향
⑥ 2차 고장
⑦ 고장형을 지배하는 뜻밖의 일
⑧ 위험성의 분류
⑨ 전 시스템에 대한 고장의 영향
⑩ 기타

프로그램 : 세화　　　　　시스템 : FHA

#1 구성 요소 명칭	#2 구성 요소 위험 방식	#3 시스템 작동 방식	#4 서브 시스템에서 위험 영향	#5 서브 시스템, 대표적 시스템 위험 영향	#6 환경적 요인	#7 위험 영향을 받을 수 있는 2차 요인	#8 위험 수준	#9 위험 관리

[그림] FHA 작업표

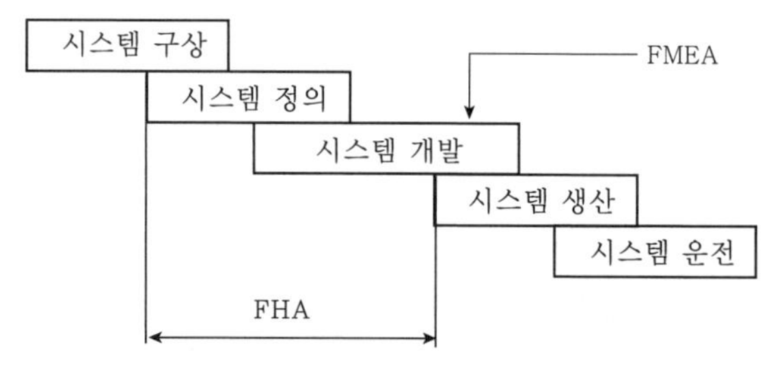

[그림] FHA·FMEA 적용단계 18. 9. 15 기 22. 3. 5 기

4. 고장 형태 및 영향분석(FMEA : Failure Modes and Effects Analysis)

(1) 정 의

FMEA는 서브시스템 위험분석이나 시스템 위험분석을 위하여 일반적으로 사용되는 전형적인 정성적, 귀납적 분석방법으로 시스템에 영향을 미치는 모든 요소의 고장을 형태별로 분석하여 그 영향을 검토하는 것이다. 18. 8. 19 산 21. 3. 7 기

(2) FMEA의 실시 순서

시스템이나 기기의 설계 단계에서 FMEA의 실시 순서는 다음과 같다.

[표] FMEA 실시 순서

순 서	주 요 내 용
제1단계 대상 시스템의 분석	① 기기·시스템의 구성 및 기능의 전반적 파악 ② FMEA 실시를 위한 기본 방침의 결정 ③ 기능 block과 신뢰성 block의 작성
제2단계 고장형태와 그 영향의 해석	① 고장형태의 예측과 설정 ② 고장원인의 상정 ③ 상위 항목의 고장 영향의 검토 ④ 고장 검지법의 검토 ⑤ 고장에 대한 보상법이나 대응법의 검토 ⑥ FMEA 워크시트에 기입 ⑦ 고장 등급의 평가
제3단계 치명도 해석과 개선책의 검토	① 치명도 해석 ② 해석 결과의 정리와 설계 개선으로 제언

(3) FMECA(고장의 형과 영향 및 치명도분석) 16. 3. 6 기 19. 4. 27 산

FMEA와 CA를 병용한 안전해석 기법으로 정량적 해석이 가능하다.

[표] FMEA 고장영향과 발생확률 16. 3. 6 기

고장의 영향	발생 확률(β의 값)	비고
실제의 손실	$\beta=1.00$	자주
예상되는 손실	$0.10 \le \beta < 1.00$	보통
가능한 손실	$0 < \beta < 0.10$	드물게
영향 없음	$\beta=0$	무

(4) FMEA에서의 고장의 형태

① 개로 또는 개방 고장
② 폐로 또는 폐쇄 고장
③ 기동 고장
④ 정지 고장
⑤ 운전 계속의 고장
⑥ 오작동 고장

합격예측 18. 3. 4 산 19. 3. 3 기

FMEA의 장·단점 19. 8. 4 산

① 장점 : 서식이 간단하고 비교적 적은 노력으로 특별한 훈련없이 분석을 할 수 있다.
② 단점 : 논리성이 부족하고 특히 각 요소 간의 영향을 분석하기 어렵기 때문에 동시에 두 가지 이상의 요소가 고장날 경우 분석이 곤란하며, 또한 요소가 물체로 한정되어 있기 때문에 인적원인을 분석하는 데는 곤란이 있다.

합격예측

β값의 조건부 확률

고장의 영향	β의 값
대단히 자주 일어나는 손실	$\beta=1.00$
보통 일어날 수 있는 손실	$0.10 \le \beta < 1.00$
적지만 일어날 수 있는 손실	$0<\beta<0.10$
영향 없음	$\beta=0$

FMEA 고장등급의 결정

고장등급	고장구분	판단기준	대책내용
Ⅰ	치명고장	임무 수행 불능, 인명 손실	설계 변경이 필요
Ⅱ	중대고장	임무의 중대한 부분 불달성	설계의 재검토가 필요
Ⅲ	경미고장	임무의 일부 불달성	설계 변경은 불필요
Ⅳ	미소고장	영향이 전혀 없음	설계 변경은 전혀 불필요

합격예측

CCA(원인결과분석)

① 잠재된 사고의 결과 및 사고의 근본적인 원인을 찾아내고 사고결과와 원인 사이의 상호관계를 예측하여 위험성을 정량적으로 평가하는 기법
② FTA와 ETA 혼합형

합격예측
CA(치명도 분석 : 정량적 분석)
고장이 직접 시스템의 손실과 사상에 연결되어 높은 위험도(criticality)를 가진 요소나 고장의 형태에 따른 분석법

참고
DOD 시스템 역사
① MIL-STD-882B에 능숙한 것은 DOD 시스템 안전 프로그램을 이해하기 위해 필요하다.
② 공식적으로 MIL-STD-882A(1997년 6월 28일)를 대체하기 위해 1984년 3월 30일에 나왔고, 1987년 7월 1일에 갱신하였다.

합격예측
안전해석 기법의 종류
① FTA(결함수분석법) : 정량적, 연역적 분석법
② PHA(예비사고분석) : 최초단계(개발단계) 분석법, 정성적 분석법
③ FMEA(고장형과 영향분석) : 정성적·귀납적 분석법
④ FHA(결함수위험분석) : 서브시스템 분석법
⑤ DT와 ETA(사상수분석법) : 정량적, 귀납적 분석법
⑥ THERP(인간과오율 예측기법) : 인간과오의 정량적 분석법
⑦ MORT(경영소홀 및 위험수분석) : 광범위한 안전도모 및 고도의 안전달성

Q 은행문제
시스템이 저장되고 이동되고 실행됨에 따라 발생하는 작동 시스템의 기능이나 과업, 활동으로부터 발생되는 위험에 초점을 맞춘 위험분석 차트는?
① 결함수분석(FTA : Fault Tree Analysis)
② 사상수분석(ETA : Event Tree Analysis)
③ 결함위험분석(FHA : Fault Hazard Analysis)
④ 운용위험분석(OHA : Operating Hazard Analysis)

정답 ④

(5) FMEA 고장등급 평가요소 5가지 18. 4. 28 기 19. 4. 27 기 21. 8. 14 기

① C_1 : 기능적 고장의 영향의 중요도
② C_2 : 영향을 미치는 시스템의 범위
③ C_3 : 고장 발생의 빈도
④ C_4 : 고장방지의 가능성
⑤ C_5 : 신규 설계의 정도

(6) 평가요소 전부를 사용하는 경우 고장 평점 C_s는

$$C_s=(C_1\cdot C_2\cdot C_3\cdot C_4\cdot C_5)^{\frac{1}{5}}$$

[표] MIL-STD-882B DOD 분류 17. 9. 23 기

분류	범주	해당 재난
파국(catastrophic)	Ⅰ	사망 또는 시스템 상실
중대재해(critical)	Ⅱ	중상, 직업병 또는 중요 시스템 손상
경미재해(marginal)	Ⅲ	경상, 경미한 직업병 또는 시스템의 가벼운 손상
무시재해(negligible)	Ⅳ	사소한 상처, 직업병 또는 시스템 손상

5. MORT(Management Oversight and Risk Tree : 경영소홀 및 위험수 분석)

17. 5. 7 기 17. 9. 23 산 19. 8. 4 기 19. 9. 21 산

① 1970년 이후 미국의 W.G.Johnson 등에 의해 개발된 최신 시스템 안전프로그램으로서 원자력 산업의 고도 안전 달성을 위해 개발된 분석기법이다. 이는 산업안전을 목적으로 개발된 시스템안전 프로그램으로서의 의의가 크다.
② FTA와 같은 논리기법을 이용하여 관리, 설계, 생산, 보전 등의 광범위한 안전을 도모하는 원자력산업 외에 일반 산업안전에도 적용이 기대된다.

6. 운용 및 지원위험분석(Operating and Support → O&S Hazard Analysis)

16. 10. 1 기 17. 3. 5 기

(1) 정 의

시스템의 모든 사용 단계에서 생산, 보전, 시험, 운반, 저장, 운전, 비상탈출, 구조, 훈련 및 폐기 등에 사용되는 인원, 순서, 설비에 관하여 위험을 동정하고 제어하며 그들의 안전 요건을 결정하기 위하여 실시하는 해석이며 위험에 초점을 맞춘 위험분석 차트이다.

(2) 운용 및 지원위험해석의 결과는 다음의 경우에 있어서 기초 자료가 된다.

① 위험의 염려가 있는 시기와 그 기간 중의 위험을 최소화하기 위해 필요한 행동의 동정
② 위험을 배제하고 제어하기 위한 설계변경
③ 방호장치, 안전설비에 대한 필요조건과 그들의 고장을 검출하기 위하여 필요한 보전 순서의 동정
④ 운전 및 보전을 위한 경보, 주의, 특별한 순서 및 비상용 순서
⑤ 취급, 저장, 운반, 보전 및 개수를 위한 특정한 순서

7. 디시전 트리(Decision Trees)

(1) decision trees는 요소의 신뢰도를 이용하여 시스템의 신뢰도를 나타내는 시스템 모델의 하나로 귀납적이고, 정량적인 분석방법이다.

(2) decision trees가 재해사고의 분석에 이용될 때는 event tree라고 하며, 이 경우 trees는 재해사고의 발단이 된 요인에서 출발하여 2차적 원인과 안전 수단의 적부 등에 의해 분기되고 최후에 재해 사상에 도달한다.

(3) 디시전 트리의 작성방법

① 통상 좌로부터 우로 진행된다.

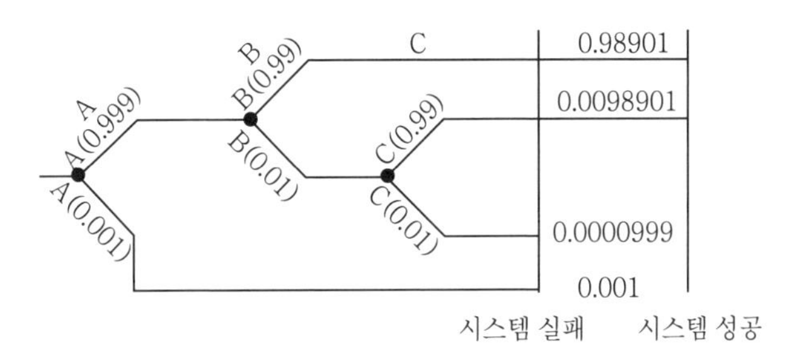

[그림] decision tree의 예

② 요소 또는 사상을 나타내는 시점에서 성공 사상은 상방에, 실패 사상은 하방에 분기된다.
③ 분기마다 안전도와 불안전도의 발생확률(분기된 각 사상의 확률의 합은 항상 1이다)이 표시된다.

합격예측

푸아송 분포 19. 9. 21 기
(Poisson distribution)

① 단위 시간안에 어떤 사건이 몇 번 발생할 것인지를 표현하는 이산 확률분포이다.
② 푸아송 분포는 18세기에 시메옹 드니 푸아송의 1838년 "민사사건과 형사사건 재판의 확률에 관한 연구"라는 논문을 통해 알려졌다.

용어정의

① 의도(intention) : 어떤 부분이 어떻게 작동될 것으로 기대된 것을 의미하는 것으로 서술적일 수도 있고 도면화될 수도 있다.
② 이상(deviations) : 의도에서 벗어난 것을 말하며 유인어를 체계적으로 적용하여 얻어진다.
③ 원인(causes) : 이상이 발생한 원인을 의미한다.
④ 결과(consequences) : 이상이 발생할 경우 그것에 대한 결과이다.
⑤ 위험(hazard) : 손실, 손상, 부상 등을 초래할 수 있는 결과를 의미한다.

Q 은행문제

1. 작업장 내의 색채조절이 적합하지 못한 경우에 나타나는 상황이 아닌 것은?
① 안전표지가 너무 많아 눈에 거슬린다.
② 현란한 색배합으로 물체 식별이 어렵다.
③ 무채색으로만 구성되어 중압감을 느낀다.
④ 다양한 색채를 사용하면 작업의 집중도가 높아진다.

정답 ④

2. 압박이나 긴장에 대한 척도 중 생리적 긴장의 화학적 척도에 해당하는 것은?
① 혈압 ② 호흡수
③ 혈액 성분 ④ 심전도

정답 ③

17. 3. 5 산 17. 5. 7 산 17. 9. 23 기 19. 8. 4 산

8. THERP(인간과오율 예측기법 : Technique for Human Error Rate Prediction)

① 시스템에 있어서 인간의 과오(human error)를 정량적으로 평가하기 위하여 1963년 Swain 등에 의해 개발된 기법이다.
② 인간의 과오율 추정법 등 5개의 스텝으로 되어 있다. 여기에 표시하는 것은 그 중 인간의 동작이 시스템에 미치는 영향을 나타내는 그래프적 방법이다.
③ 기본적으로 ETA의 변형이라고 볼 수 있는데 루프(loop : 고리), 바이패스(bypass)를 가질 수가 있고 man-machine system의 국부적인 상세분석에 적합하다.(100만 운전시간당 과오도수를 기본과오율로 평가)

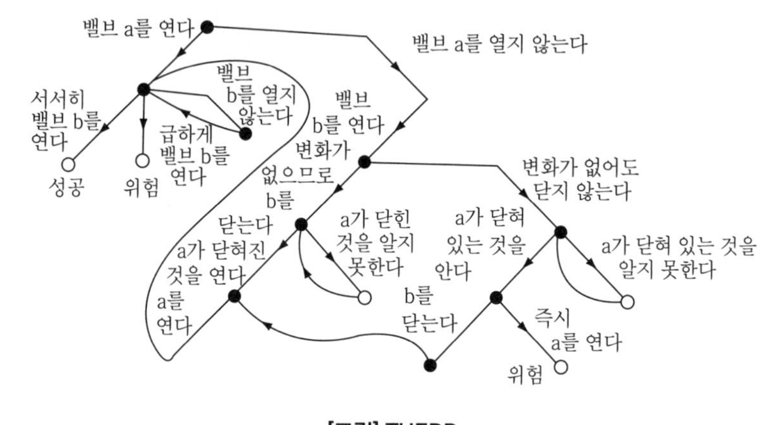

[그림] THERP

9. ETA, FAFR, CA

(1) ETA(Event Tree Analysis : 사건수분석) 16. 5. 8 산 17. 5. 7 기 18. 9. 15 산 21. 8. 14 기

① 사상의 안전도를 사용하는 연속된 사건들의 시스템 모델의 하나이다.
② 귀납적, 정량적 분석(정상 또는 고장)으로 발생경로 파악하는 방법이다.
③ 재해의 확대 요인의 분석(나무가지가 갈라지는 형태)에 적합하다.
④ ETA의 작성은 좌에서 우로 진행한다.
⑤ 각 사상의 확률의 합은 1.0이다.

(2) FAFR(Fatality Accident Frequency Rate)

① 클레츠(Kletz)가 고안
② 위험도를 표시하는 단위로 10^8시간당 사망자 수를 나타낸다. 즉, 일정한 업무 또는 작업행위에 직접 노출된 10^8시간(1억 시간)당 사망확률
③ 단위시간당 위험률로서, 근로자 수가 1,000명의 사업장에서 50년간 근로 총시간 수를 의미
④ 화학공업의 FAFR : 0.35~0.4 → 4×10^8시간당 1회 사망을 의미

(3) CA(Criticality Analysis : 치명도 분석)

① 고장이 직접 시스템의 손실과 인명의 사상에 연결되는 높은 위험도(criti-cality)를 가진 요소나 고장의 형태에 따른 정량적 분석법이다.
② 고장의 형태가 기기 전체의 고장에 어느 정도 영향을 주는가를 정량적으로 평가하는 방법이다.
③ 정성적 방법에 의한 FMEA에 대해 정량적 및 귀납적 성격을 부여한다. (예 항공기 안전성 평가사용)
④ 고장 등급의 평가

치명도(C_E)$=C_1 \times C_2 \times C_3 \times C_4 \times C_5$

여기서, C_1 : 고장 영향의 중대도
C_2 : 고장의 발생빈도
C_3 : 고장 검출의 곤란도
C_4 : 고장 방지의 곤란도
C_5 : 고장 시정시 단의 여유도

[표] 고장형의 위험도의 분류(SAE : 미국자동차협회)

category Ⅰ	생명의 상실
category Ⅱ	작업의 실패
category Ⅲ	운용의 지연 또는 손실
category Ⅳ	극단적인 계획 외의 관리로 이어질 고장

10. 위험 및 운용성 분석

(1) 위험 및 운용성 분석(HAZOP : HAZard and OPerability study) 20. 6. 14 산 22. 3. 5 기

각각의 장비에 대해 잠재된 위험이나 기능저하, 운전 잘못 등과 전체로서의 시설을 결과적으로 미칠 수 있는 영향 등을 평가하기 위해서 공정이나 설계도 등에 체계적이고 비판적인 검토를 행하는 것을 말한다. (예 화학공장 등 위험성 평가)

(2) 위험 및 운용성 분석의 성패를 좌우하는 중요요인

① 팀의 기술능력과 통찰력
② 사용된 도면, 자료 등의 정확성
③ 발견된 위험의 심각성을 평가할 때 팀의 균형감각 유지 능력
④ 이상(deviation), 원인(cause), 결과(consequence)들을 발견하기 위해 상상력을 동원하는데 보조수단으로 사용할 수 있는 팀의 능력

Chapter 05

시스템 위험분석

출제예상문제

CBT

출제예상문제는 복습, 예습문제로 엮었습니다. *WHY : 실제시험에도 순서에 관계없이 출제됩니다. 예습 후 다음장에 공부한 문제가 있으면 기억이 배가 됩니다.

01 ★★ **시스템의 설계단계에서 이루어져야 할 시스템 안전부문의 작업이 아닌 것은?**

① 구상단계에서 작성된 시스템안전 프로그램 계획을 실시한다.
② 장치설계에 반영할 안전성 설계기준을 결정하여 발표한다.
③ 예비위험분석을 완전한 시스템안전 위험분석으로 갱신 발전시킨다.
④ 운용 안전성 분석을 실시한다.

해설

운용 안전성 분석기법(OSA)

① 시스템 요건의 지정된 시스템의 모든 사용 단계에서 생산, 보전, 시험, 운반, 순서, 설비에 관한 Hazard를 동정하고 제어한다.
② 안전요건을 결정하기 위하여 실시하는 해석이다.
③ 제조, 조립, 시험 단계에서 실시한다.

02 ★★★★★ **인간-기계 체계에서 인간의 실수와 그것으로 인해 생길 수 있는 위험을 예측하는 기법은?**

① FHA　② PHA
③ FMEA　④ THERP

해설

THERP

(1) FHA(결함 사고위험분석 : Fault Hazard Analysis)
　① subsystem의 분석에 사용되는 분석방법
　② subsystem : 전체 system을 구성하고 있는 system의 한 구성요소
　③ FHA의 기재사항
　　㉮ subsystem의 요소
　　㉯ 요소의 고장형태
　　㉰ 고장형에 대한 고장률
　　㉱ 요소 고장시 system의 운용 형식
　　㉲ subsystem에 대한 고장 영향
　　㉳ 2차 고장
　　㉴ 고장형을 지배하는 뜻밖의 일
　　㉵ 위험성의 분류
　　㉶ 전 system에 대한 고장 영향
　④ 위험성의 평가순서
　　㉮ 위험성의 검출과 확인
　　㉯ 위험성 측정과 분석평가
　　㉰ 위험성 처리
　　㉱ 위험성 처리 방법과 확인
　　㉲ 계속적인 위험성 감시
(2) THERP(Technique for Human Error Rate Prediction)
　① system에 있어서 인간의 과오(Human Error)를 정량적으로 평가하기 위해 개발된 기법
　② ETA의 변형으로 고리(loop), 바이패스(by-pass)를 가질 수 있다.
　③ man-machine system의 국부적인 상세한 분석에 적합
　④ 인간의 동작이 system에 미치는 영향을 그래프적 방법으로 나타냄
　⑤ 인간과오율 추정법 등으로 구성되었다.

03 ★★★ **시스템안전 달성을 위하여 실시하여야 할 사항과 거리가 먼 것은?**

① 경보장치를 채택
② 위험상태의 존재를 최대화
③ 안전장치를 채용
④ 안전달성을 위한 특수 수단 개발과 표식 등을 규격화

해설

시스템안전의 우선도

① 위험상태의 존재 최소화
② 안전장치의 채택
③ 경보장치의 채택
④ 특수한 수단의 개발(위험의 제어를 위한 순서 및 훈련)과 표식 등의 규격화

[정답] 01 ④ 02 ④ 03 ②

04 ★★ FTA의 특징과 관계없는 것은?

① 재해의 정량적 예측 가능
② 간단한 FT도의 작성으로 정량적 해석 가능
③ 컴퓨터 처리 가능
④ 귀납적 해석 가능

해설

FTA의 특징

① 정상사상인 재해현상으로부터 기본사상인 재해원인을 향해 연역적인 분석을 행하므로 재해현상과 재해원인의 상호관련을 정확하게 해석하여 안전대책을 검토할 수 있다.
② 정량적 해석이 가능하므로 정량적 예측을 행할 수 있다.

05 ★★ 시스템안전에 대한 접근방법 중 연역적 방법은?

① 예비위험분석 ② 결함위험분석
③ 시스템위험분석 ④ 결함수분석

해설

① PHA : 정성적
② FTA : 연역적 + 정량적
③ FHA : subsystem 분석

06 ★★ 다음 중 시스템 안전관리 프로그램의 기본적인 분야가 아닌 것은?

① 운용안전계획 ② 사고·사건계획
③ 비상대책계획 ④ 안전통제계획

해설

시스템 프로그램의 기본적 분야

① 운용안전계획 ② 비상대책계획 ③ 안전통제계획

07 ★★ 복잡한 시스템을 설계, 가동하기 전의 구상 단계에서 시스템의 근본적인 위험성을 평가하는 가장 기초적인 위험도 분석기법은 무엇인가?

① 결함수분석법(FTA)
② 예비위험분석(PHA)
③ 고장의 형과 영향분석(FMEA)
④ 운용 안전성 분석(OSA)

해설

PHA(Preliminary Hazards Analysis : 예비위험분석)

시스템 안전 프로그램에 있어 최초 개발 단계의 분석으로 위험요소가 얼마나 위험한 상태인가를 정성적으로 평가함으로써 설계변경 등을 하지 않고 효과적이고 경제적인 시스템의 안전성을 확보할 수 있는 것이며, 분석 방법에는 ① 점검 카드의 사용, ② 경험에 따른 방법, ③ 기술적 판단에 의한 방법이 있다.

08 ★ 시스템의 안전계획에 기술되어야 할 내용과 관계가 없는 것은?

① 안전성 관리 조직 및 타의 프로그램 기능과의 관계
② 시스템에 생기는 모든 사고의 식별 및 평가를 위한 해석법의 양식
③ 시스템의 위험요인에 대한 구체적인 개선 대책
④ 허용수준까지 최소화 또는 제거되어야 할 사고의 종류

해설

system safety plan은 ①, ②, ④ 외 작성하고 보존되어야 할 기록의 종류

09 ★★ 시스템안전 분석에서 가장 필요한 것은?

① 각 단계별 비용 대 효과 분석
② 모든 과정에서 정확한 한계 방법
③ 계획을 수행하기 위한 특수 기술
④ 시스템의 개념적 모델 선정

해설

시스템의 개념적 모델 선정이 안전 분석에서 가장 중요하다.

10 ★★★★★ 다음의 시스템에 있어서의 신뢰도는?

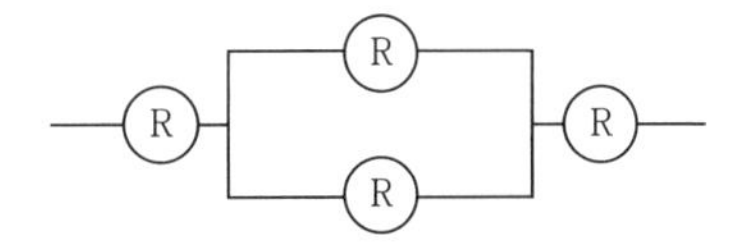

① R^4 ② $2R-R^2$
③ $2R^3-R^4$ ④ $2R^2-R^4$

해설

$R_s = R\{1-(1-R)(1-R)\} \times R = 2R^3 - R^4$

[정답] 04 ④ 05 ④ 06 ② 07 ② 08 ③ 09 ④ 10 ③

11 ★★★ 다음 그림은 무슨 사상을 나타내는가?

① 결함사상
② 기본사상
③ 통상사상
④ 생략사상

해설

① : 기본사상 ② : 통상사상

12 ★★ 시스템안전 프로그램의 목표사항으로 보증할 필요가 있지 않은 것은?

① 사명 및 필요사항과 모순되지 않는 안전성의 시스템 설계에 의한 구체화
② 신재료 및 신제조, 시험 기술의 채용 및 사용에 따른 위험의 최소화
③ 유사한 시스템 프로그램에 의하여 작성된 과거 안전성 데이터의 고찰 및 이용
④ 시스템의 사고조사에 관한 구체적 기준

해설

시스템안전 프로그램 보증사항 : ①, ②, ③

13 ★★ 시스템 분석 및 설계에 있어서 인간공학의 가치와 거리가 먼 것은?

① 작업 숙련도의 감소 ② 사용자의 수용도 향상
③ 성능의 향상 ④ 사고 및 오용의 감소

해설

인간공학의 가치 : ②, ③, ④

14 ★★★★★ FT도에 사용되는 기호 중 더 이상의 세부적인 분류가 필요없는 사상을 의미하는 기호는?

① 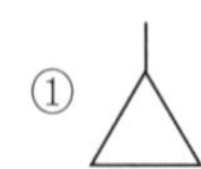 ② 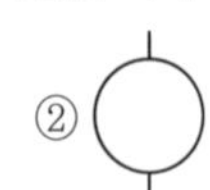 ③ 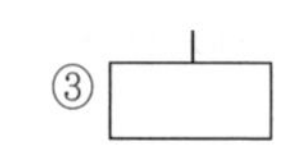 ④ 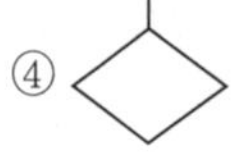

해설

FTA기호

① : 전이기호 ③ : 개별적 결함사상 ④ : 생략사상

15 ★★★★★ 입력현상 중에서 어떤 현상이 다른 현상보다 먼저 일어나 출력현상이 생기는 수정 게이트는?

① AND 게이트 ② 우선적 AND 게이트
③ 조합 AND 게이트 ④ 배타적 OR 게이트

해설

수정게이트

(1) AND 게이트 : 모든 입력사상이 공존할 때 출력사상이 발생
(2) 조합 AND 게이트 : 3개 이상의 입력 현상 중에 언젠가 2개가 일어나면 출력이 생긴다.
(3) 배타적 OR 게이트 : OR 게이트이지만 2개 또는 2 이상의 입력이 동시에 존재하는 경우에는 출력이 생기지 않는다.

16 ★★★ 인간과 기계의 신뢰도에서 인간 60[%], 기계 95[%]의 병렬 작업시 신뢰도는 다음 중 어느 것인가?

① 98[%] ② 99[%]
③ 97[%] ④ 96[%]

해설

$R = 1-(1-r_1)(1-r_2) = 1-(1-0.6)(1-0.95)$
$= 0.98 \times 100[\%] = 98[\%]$

17 ★★ 다음 그림은 무엇을 나타내는가?

① 기본사상 ② 통상사상
③ 생략사상 ④ 전이기호

해설

① FTA 기호를 본문에서 꼭 확인할 것
② 전이기호를 나타낸다.

[정답] 11 ① 12 ④ 13 ① 14 ② 15 ② 16 ① 17 ④

18 ★★ 시스템의 설계단계에서 이루어져야 할 시스템안전 부분의 작업이 아닌 것은?

① 구상단계에서 작성된 시스템안전 프로그램 계획을 실시한다.
② 장치설계에 반영할 안전성 설계기준을 결정하여 발표한다.
③ 예비위험분석을 완전히 시스템 안전위험분석으로 갱신 발전시킨다.
④ 운용 안전성 분석을 실시한다.

해설

시스템안전 부분작업

(1) ①, ②, ③ 외 3가지가 있다.
(2) 하청업자나 대리점에 대한 시방서 중에 시스템안전을 위한 필요사항을 정의하여 포함시킬 것
(3) 시스템안전이 손상되지 않게 하기 위하여 설계 트레이드 오프 회의에 참가할 것
(4) 안전부문의 모든 결정 사항은 문서로 하며, 정확한 시스템안전에 관한 것은 파일로 하여 보존할 것

19 ★ 시스템의 신뢰도 중에 고장원인의 기여율이 가장 낮은 것은?

① 부품 ② 설계
③ 제품 ④ 사용

해설

제품의 고장은 없다.

20 ★★ 다음 중 직렬계의 특성은?

① 요소의 수가 많을수록 신뢰도는 높아진다.
② 요소 전부가 고장이어야 계는 고장이다.
③ 계의 수명은 요소 중에서 수명이 가장 짧은 것으로 정하여진다.
④ 요소의 수가 많을수록 수명이 길어진다.

해설

①, ②, ④는 병렬계의 특성이다.

21 ★★★ 결함수에서 입력현상이 생겨서 어떤 일정한 시간이 지속된 때에 출력이 생기고, 만약 그 시간이 지속되지 않으면 출력이 생기지 않는 기호는?

① 전이기호 ② 위험지속기호
③ 시간지연기호 ④ 시간연장기호

해설

기 호	명 칭	설 명
위험지속시간	위험 지속 AND 게이트	입력사상이 생겨서 어떤 일정한 기간이 지속될 때에 출력이 생긴다. 만약 그 시간이 지속되지 않으면 출력은 생기지 않는다.

22 ★★ 입력 B_1과 B_2의 어느 한쪽이 일어나면 출력 A가 생기는 경우를 '논리합'의 관계라 한다. 이때 입력과 출력 사이에는 무슨 게이트로 연결되는가?

① AND 게이트 ② 억제 게이트
③ OR 게이트 ④ 부정 게이트

해설

논리곱 : AND 게이트

23 ★★★ 다음 그림과 같은 FT(Fault Tree)도가 있을 때 G_1의 발생확률은 얼마인가?(단, ⓐ의 발생확률이 0.3, ⓑ는 0.4, ⓒ는 0.3, ⓓ는 0.5이다.) 19. 9. 21 기 20. 9. 12 기

① 0.078
② 0.00078
③ 0.0078
④ 0.78

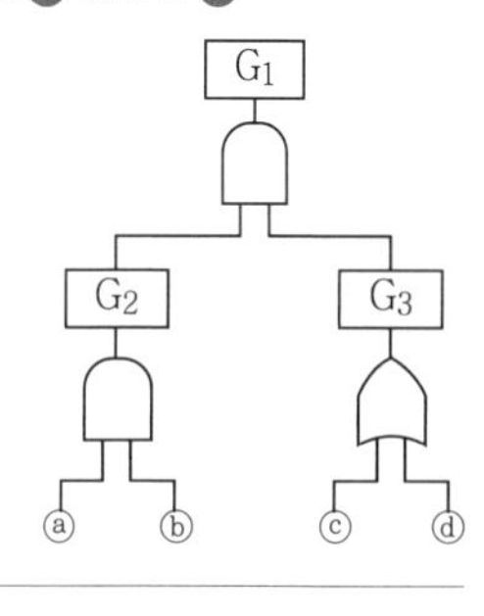

해설

(1) $G_1 = G_2 \times G_3 = 0.12 \times 0.65 = 0.078$
(2) $G_2 =$ ⓐ×ⓑ $= 0.3 \times 0.4 = 0.12$
(3) $G_3 = 1-(1-$ⓒ$)(1-$ⓓ$) = 1-(1-0.3)(1-0.5) = 0.65$
∴ G_1의 발생확률은 0.078이다.

[정답] 18④ 19③ 20③ 21② 22③ 23①

24 ★★ FT도 중에서 그림에서 제시된 T의 재해 발생확률은? 21. 3. 7 기

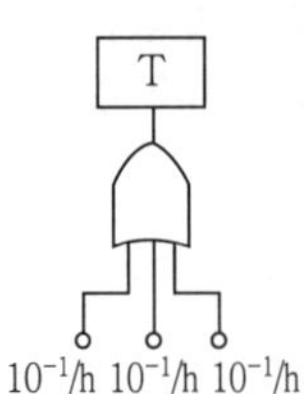

① 0.171
② 0.192
③ 0.242
④ 0.271

해설

T의 재해발생률(병렬)

$R_s = 1-[(1-0.1)(1-0.1)(1-0.1)] = 0.271$

25 ★★★★ 다음 시스템의 신뢰도는 어느 것인가? (단위 : %)

17. 5. 7 기
18. 3. 4 기
18. 4. 28 산
19. 4. 27 산
20. 6. 7 기
21. 3. 7 기

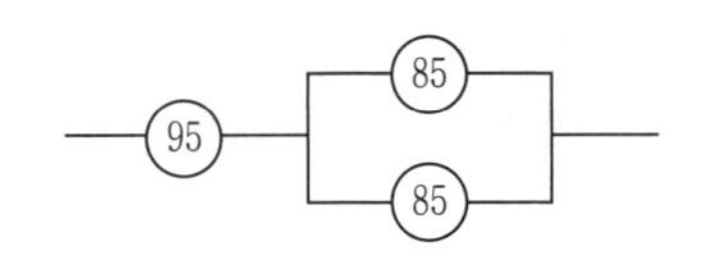

① 90.9[%] ② 92.9[%]
③ 88.9[%] ④ 86.9[%]

해설

$R_s = 0.95 \times \{1-(1-0.85)(1-0.85)\} = 0.9286 \times 100 = 92.9[\%]$

26 ★★★ 위험 및 운전성 검토의 절차에서 제4단계에 해당하는 것은?

① 목적과 범위결정 ② 검토준비
③ 검토실시 ④ 후속조치후 결과기록

해설

검토절차 5단계

① 1단계 : 목적과 범위 결정
② 2단계 : 검토팀의 선정
③ 3단계 : 검토준비
④ 4단계 : 검토실시
⑤ 5단계 : 후속조치후 결과기록

27 ★★ 위험 및 운전성 검토시에 고려해야 할 위험의 형태가 아닌 것은?

① 지역 기간산업의 위험
② 작업중인 인원 및 일반대중에 대한 위험
③ 제품 품질에 대한 위험
④ 환경에 대한 위험

해설

검토시 고려할 위험의 형태

① 공장 및 기계설비에 대한 위험
② 작업중인 인원 및 일반대중에 대한 위험
③ 제품 품질에 대한 위험
④ 환경에 대한 위험

28 ★★★ ETA의 7단계에 해당되지 않는 것은?

① 설계 ② 심사
③ 제작 ④ 확인

해설

ETA의 7단계 순서

① 설계 ② 심사 ③ 제작 ④ 검사
⑤ 보전 ⑥ 운전 ⑦ 안전대책

29 ★★ 다음 중 서브시스템 해석에 주로 사용되는 시스템 해석기법은?

① FMEA ② PHA
③ ETA ④ FHA

해설

FHA(Fault Hazard Analysis)

결함위험분석으로 서브시스템 해석 등에 사용되는 해석법이다.

참고 시스템안전에서의 사실의 발견방법

① FTA(Fault Tree Analysis) : 결함수 분석(목분석법)
② ETA(Event Tree Analysis) : 귀납적, 정량적 분석
③ FMEA(Failure Mode and Effect Analysis) : 고장의 유형과 영향 분석
④ FMECA(Failure Mode Effect and Criticality Analysis) : FMEA + CA(정성적 + 정량적)
⑤ THERP(Technique for Human Error Rate Prediction) : 인간과 오율 예측법
⑥ OS(Operability Study) : 안전요건 결정기법
⑦ MORT(Management Oversight and Risk Tree) : 연역적, 정량적 분석기법

[정답] 24 ④ 25 ② 26 ③ 27 ① 28 ④ 29 ④

Chapter 06

결함수 분석법

제2편

중점 학습내용

본 장은 결함수 분석법으로 FTA 개요와 특징을 비롯한 시스템안전의 모든 것을 기술하였다. 특히 안전성 평가기법을 기술하여 자기자신을 항상 산업재해에 대비하여 점검과 예방을 할 수 있도록 하였고 산업체에서 산업재해가 일어나지 않도록 하기 위하여 21세기 실무안전관리자의 역할을 할 수 있도록 하였다. 시험에 출제가 예상되는 그 중심적인 내용은 다음과 같다.

❶ 결함수 분석
❷ 정성적, 정량적 분석

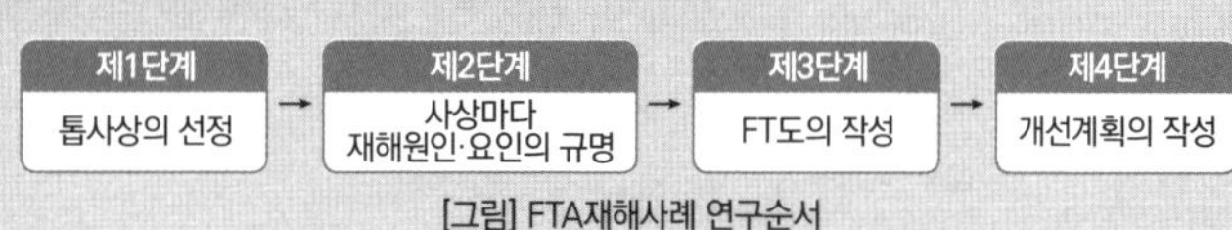

[그림] FTA재해사례 연구순서

1 결함수[FTA(fault tree : 故障樹木)] 분석

1. FTA에 의한 고장해석 : 결함수 분석(목분석)법

(1) FTA(Fault Tree Analysis)

① 고장 계통 분석
② 고장의 나무 해석
③ 고장목 해석
④ 폴트 트리 해석
⑤ FTA의 특징 22. 4. 24 ㉠

㉮ FTA는 시스템이나 기기의 신뢰성이나 안전성을 그림으로 그려 해석하는 방법으로, 대륙간 탄도탄(ICBM : Intercontinental Ballistic Missile)의 고장에 곤욕을 치르고 있던 미 국방성이 BTL에 의뢰하여 W. A. Watson 등에 의해 고안되어 1961년 개발 미사일의 발사 제어 시스템의 안전성 확립에 활용하여 성과를 거두고, 1965년 Boeing 항공회사의 D. F. Haasl에 의해 보완됨으로써 실용화되기 시작한 시스템의 고장 해석 방법이다.

㉯ FTA는 미사일 발사제어 시스템의 안전성 해석에 활용된 이외에 원자력 플랜트, 화학 플랜트, 교통 시스템 등의 안전성 해석에도 활용되어 효과를 인정받아 신뢰성 해석에도 응용되기 시작했다.

합격예측

FTA

정상사상인 재해현상으로부터 기본사상인 재해원인을 향해 연역적 분석을 행하는 것이 특징이다.

합격예측

FTA 창안자

1962년 미국 벨전화연구소의 Watson에 의해 군용으로 고안되었다.

Q 은행문제

인간공학에 있어 기본적인 가정에 관한 설명으로 틀린 것은? 18. 8. 19 ㉠

① 인간 기능의 효율은 인간-기계 시스템의 효율과 연계된다.
② 인간에게 적절한 동기부여가 된다면 좀 더 나은 성과를 얻게 된다.
③ 개인이 시스템에서 효과적으로 기능을 하지 못하여도 시스템의 수행도는 변함없다.
④ 장비, 물건, 환경 특성이 인간의 수행도와 인간-기계 시스템의 성과에 영향을 준다.

정답 ③

합격예측

FTA에 의한 재해사례연구순서 16. 10. 1 기 19. 3. 3 기

① 제1단계 : 톱사상의 선정
② 제2단계 : 사상마다의 재해원인및 요인 규명
③ 제3단계 : FT도 작성
④ 제4단계 : 개선계획 작성
⑤ 제5단계 : 개선안 실시계획

참고

운용중인 시스템이나 동작중인 기기에 발생하면 좋지 않은 사상(톱사상)을 정상에 두고, 그 사상이 발생하는 데에 필요한 1차 요인, 2차 요인 및 그 이하의 요인들을 그 밑에 차례로 전개하고, 이들 요인들을 논리기호로 결합한다.
이와 같이 하면 나무를 거꾸로 세운 모양의 그림이 얻어지므로 이를 FT도라고 부르고, FT도를 작성하고 해석하는 것을 FTA라고 한다.

Q 은행문제

1. 청각에 관한 설명으로 틀린 것은? 17. 8. 26 기
① 인간에게 음의 높고 낮은 감각을 주는 것은 음의 진폭이다.
② 1000[Hz] 순음의 가청최소음압을 음의 강도 표준치로 사용한다.
③ 일반적으로 음이 한 옥타브 높아지면 진동수는 2배 높아진다.
④ 복합음은 여러 주파수대의 강도를 표현한 주파수별 분포를 사용하여 나타낸다.

정답 ①

2. 초음파 소음(ultrasonic noise)에 대한 설명으로 잘못 된 것은? 17. 8. 26 기
① 전형적으로 20000[Hz] 이상이다.
② 가청영역 위의 주파수를 갖는 소음이다.
③ 소음이 3[dB] 증가하면 허용기간은 반감한다.
④ 20000[Hz] 이상에서 노출 제한은 110[dB]이다.

정답 ③

㉰ FTA는 시스템의 고장을 발생시키는 사상(event)과 그 원인과의 인간관계를 논리기호(AND와 OR)를 활용하여 나뭇가지 모양의 그림으로 나타낸 고장계통도(Fault Tree Diagram : 고장나무 그림, 故障木圖, 故障樹形圖, FT圖)로 작성하고, 이에 의거하여 시스템의 고장확률을 구함으로써 문제가 되는 부분을 찾아내어 시스템의 신뢰성을 개선하는 계량적인 고장 해석 및 신뢰성 평가방법이다.

(2) FTA의 일반적 절차

① 순서 1 : 해석의 대상이 되는 시스템 및 기구의 구성, 기능, 작동을 조사하고 조작 방법을 파악한다.
② 순서 2 : 톱사상을 파악한다.
③ 순서 3 : 톱사상에 관련된 1차 요인을 톱 사상 아래에 열거한다.
④ 순서 4 : 톱사상과 1차 요인을 논리기호로 연결한다.
⑤ 순서 5 : 1차 요인마다 2차 요인을 열거하고 서로 논리기호로 연결한다.
⑥ 순서 6 : 순서 5에서와 같이 3차, 4차, …, n차 요인을 열거하고 각각 상위의 요인과 논리기호로 연결하여 FT도를 완성한다.
⑦ 순서 7 : Boole대수를 이용하여 FT도를 간소화한다.
⑧ 순서 8 : 각 요인에 발생 확률을 배당한다. 이때 기본사상, 비전개사상 모두에 발생 확률이 배당되는지를 반드시 확인한다.
⑨ 순서 9 : 논리기호에 의거, 톱사상의 발생확률을 계산한다.
⑩ 순서 10 : 톱 사상의 발생확률시 요구 수준 이하인가를 확인한다. 요구수준에 미달하면 대책을 강구한다.

(3) FTA의 간소 절차

① 순서 1 : FT도를 작성한다.
② 순서 2 : 최하위 고장원인인 기본사상에 대한 고장확률을 추정한다.
③ 순서 3 : 기본사상에 중복이 있는 경우 Boole 대수에 의거하여 고장목(故障木)을 간소화한다.
④ 순서 4 : 시스템의 고장확률을 계산하고 문제점을 찾는다.
⑤ 순서 5 : 문제점의 개선 및 신뢰성의 향상대책을 강구한다.

2. FTA의 실시

(1) FTA의 활용 및 기대 효과 18. 3. 4 산 19. 4. 27 기 21. 8. 14 기

① 사고원인 규명의 간편화
② 사고원인 분석의 일반화

③ 사고원인 분석의 정량화
④ 노력, 시간의 절감
⑤ 시스템의 결함진단
⑥ 안전점검 체크리스트 작성

(2) 톱 사상의 선정

톱 사상은 FTA의 출발점이며, 톱 사상에 의해 해석의 내용이 달라지므로 신중하게 선정해야 한다.

복잡한 시스템에 대해 FTA를 실시할 경우 바라지 않는 사상이 상당히 많이 있을 수 있으므로 적절히 톱 사상을 선정하지 않으면 FTA의 효과는 기대하기 힘들다. 따라서 다음 사항을 고려해야 한다.

① 사상이 명확히 정의되어야 하고 또한 평가될 수 있어야 함
② 가능한 한 다수의 하위 레벨 사상을 포함하는 사상이어야 함
③ 설계상 또는 기술상 대처 가능한 사상이어야 함

일반적으로 한 시스템이나 기기에 대해 2종류의 고장 유형을 톱 사상으로 선정하여 FT도를 작성하여 검토하면 충분하다. 예를 들어, 문짝의 경우에는

• 문짝이 닫히지 않는다.
• 문짝이 닫힌 상태에서 열리지 않는다.

시스템이나 기기를 구성하고 있는 서브시스템이나 컴포넌트에 대해 각각의 임무달성을 방해하는 톱사상을 선정하여 FT도를 작성하여 검토할 수 있다.

(3) 1차 요인

1차 요인은 톱사상이 발생하는 직접적인 원인의 하나로 서로 독립적인 사상이다. 따라서, 1차 요인 중 하나 또는 둘 이상이 그 기능을 다하지 않으면 톱사상이 발생한다.

1차 요인은 시스템이나 기기의 기본 기능을 달성하기 위해 필요한 기본적인 요인을 가리키며, 부수 기능을 달성하기 위해 필요한 요인은 포함하지 않는다. 그러나 환경 조건까지 포함한 모든 요인을 망라해야 한다.

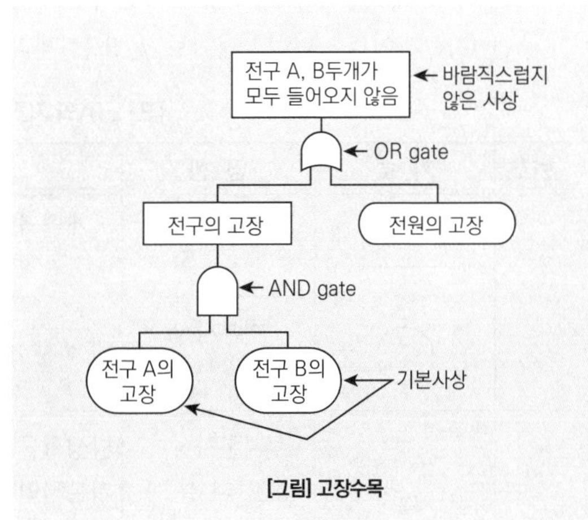

[그림] 고장수목

합격예측

FTA의 순서 3단계

① 정상적 FT의 작성단계 : 공정 또는 작업내용파악, 예상재해조사, 해석대상이 되는 재해결정, 예비해석, FT의 작성
② FT의 정량화 단계 : 재해발생확률 계산, 목표치설정, 실패대수표시, 고장발생확률과 인간에러 확률, 재해발생 확률 계산
③ 재해방지대책의 수립 : 중요도 해석, FT의 수정 및 재해석, 최적안전대책수립

합격예측

MTBF(평균고장간격 : Mean Time Between Failures)

① 체계의 고장발생 순간부터 수리가 완료되어 정상작동하다가 다시 고장이 발생하기까지의 평균시간
② 고장률(λ) = $\frac{\text{고장건수}(r)}{\text{총가동시간}(T)}$
③ MTBF = $\frac{1}{\lambda} = \left(\frac{T}{R}\right)$

Q 은행문제

스트레스에 반응하는 신체의 변화로 맞는 것은? 18. 4. 28 기

① 혈소판이나 혈액응고 인자가 증가한다.
② 더 많은 산소를 얻기 위해 호흡이 느려진다.
③ 중요한 장기인 뇌·심장·근육으로 가는 혈류가 감소한다.
④ 상황 판단과 빠른 행동 대응을 위해 감각기관은 매우 둔감해진다.

정답 ①

보충학습

고장수목

대규모 시스템에서는 랜덤한 이상이 거듭되어 바람직스럽지 못한 사상(事象)이 발생할 때가 많다. 이와 같은 이상의 조합을 조직적으로 구하는 그림과 같은 논리 다이어그램을 고장수목이라 한다.

합격예측

① 우선적 AND Gate

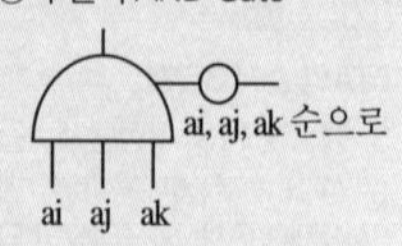

② 짜맞춤 AND Gate

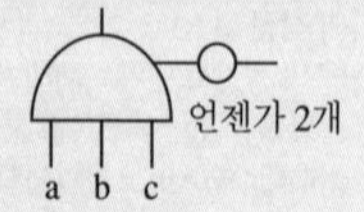

③ 위험지속 기호

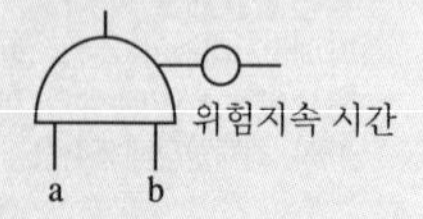

④ 배타적 OR Gate

동시 발생 안됨

a b c

합격예측

MTTF(평균고장시간)

① 체계가 작동하기 시작한 후 고장이 발생하기까지의 평균시간 System의 수명

② 직렬계의 경우 :

계의 수명 = $\frac{MTTF}{n}$

③ 병렬계의 수명의 경우 :

계의 수명 = $MTTF\left(1+\frac{1}{2}+\frac{1}{3}+\cdots+\frac{1}{n}\right)$

MTTF : 평균고장시간

n : 직렬 또는 병렬계의 요소

Q 은행문제

다음 내용의 ( )안에 들어갈 내용을 순서대로 정리한 것은? 18. 8. 19 기

> 근섬유의 수축단위는 (A)(이)라 하는데, 이것은 두 가지 기본형의 단백질 필라멘트로 구성되어 있으며, (B)이(가) (C) 사이로 미끄러져 들어가는 현상으로 근육의 수축을 설명하기도 한다.

① A: 근막, B: 마이오신, C: 액틴

② A: 근막, B: 액틴, C: 마이오신

③ A: 근원섬유, B: 근막, C: 근섬유

④ A: 근원섬유, B: 액틴, C: 마이오신

정답 ④

(4) 논리기호

FT도 작성을 위해 필요한 최소한의 기호는 다음(다음 페이지의 표)과 같다.

- 신뢰성 블록도와 FT도의 관계

① **직렬 신뢰성 블록도와 FT도의 관계** : 직렬 블록도는 다음과 같이 AND 게이트로 결합된 FT도이다.

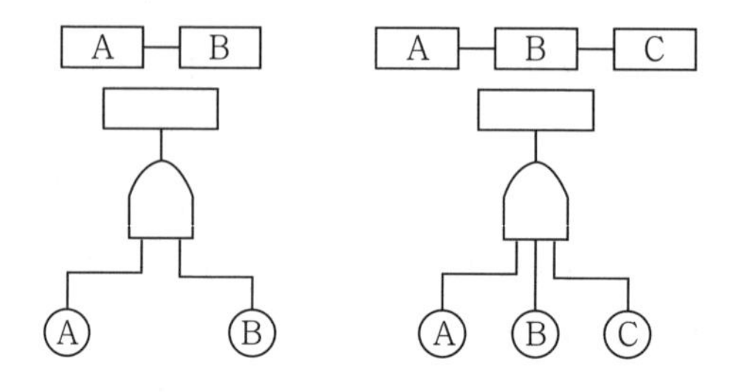

② 병렬 신뢰성 블록도와 FT도의 관계 : 병렬 블록도는 다음과 같이 OR 게이트로 결합된 FT도이다.

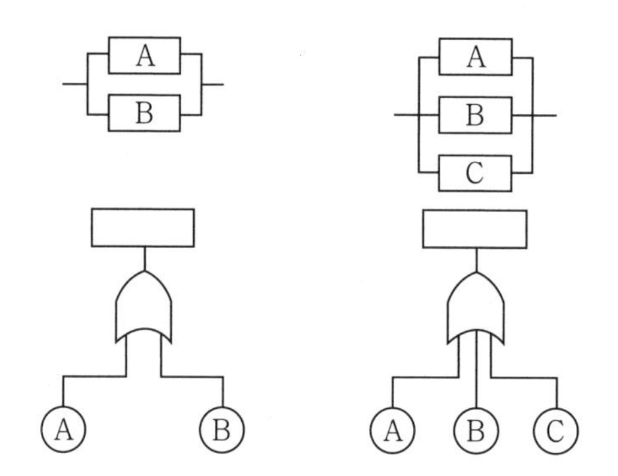

③ **논리게이트** 17. 5. 7 산 18. 4. 28 기 18. 9. 15 산

㉮ OR 게이트－입력사상 발생확률의 합(단, 각 블록의 발생확률 0.1 이하)

㉯ AND 게이트－입력사상과 발생확률의 곱

㉰ 제약 게이트－입력사상과 조건사상 발생확률의 곱으로 계산된다.

㉱ OR 게이트, AND 게이트 및 또는 제약(억제) 게이트로 혼합결합된 FT도

[표] FTA의 기호 19. 9. 21 산

번호	기 호	명 칭	입 · 출력현상
1		결함사상 21. 8. 14 기	• 개별적인 결함사상(비정상적 사건) 21. 5. 15 기 • 중간 또는 정상사상
2		기본사상 17. 8. 26 산 18. 8. 19 산 20. 6. 14 산	더 이상 전개되지 않는 기본적인 사상
3		기본사상 (인간의 실수)	발생확률이 단독적으로 얻어지는 낮은 레벨의 기본적인 사상

4		통상사상 16. 10. 1 (산) 17. 8. 26 (기) 18. 3. 4 (기) 22. 4. 24 (기)	통상발생이 예상되는 사상(예상되는 원인)
5		생략사상 17. 8. 26 (기) 17. 5. 7 (기) 21. 5. 15 (기)	정보부족, 해석기술의 불충분으로 더 이상 전개할 수 없는 사상. 작업진행에 따라 해석이 가능할 때는 다시 속행한다.
6		생략사상 (인간의 실수)	
7		전이기호(IN) 18. 4. 28 (산)	FT도상에서 부분에의 이행 또는 연결을 나타낸다. 삼각형 정상의 선은 정보의 전입 루트를 뜻한다.
8		전이기호 (OUT)	FT도상에서 다른 부분에의 이행 또는 연결을 나타낸다. 삼각형 옆의 선은 정보의 전출을 뜻한다.
9		전이기호 (수량이 다르다)	
10	출력 입력	AND 게이트 (논리기호)	모든 입력사상이 공존할 때만이 출력사상이 발생한다.
11	출력 입력	OR 게이트 (논리기호) 20. 9. 27 (기)	입력사상 중 어느 것이나 하나가 존재할 때 출력사상이 발생한다.
12	입력 출력 조건	수정 게이트	입력사상에 대해서 이 게이트로 나타내는 조건이 만족하는 경우에만 출력사상이 발생한다.
13	Ai, Aj, Ak 순으로 Ai Aj Ak	우선적 AND 게이트 17. 3. 5 (산) 17. 9. 23 (기) 19. 4. 27 (산)	입력사상 중에 어떤 현상이 다른 현상보다 먼저 일어날 때에 출력현상이 생긴다. 16. 10. 1 (기)
14	2개의 출력 Ai Aj Ak	조 합 AND 게이트	3개 이상의 입력현상 중에 언젠가 2개가 일어나면 출력이 생긴다. 16. 5. 8 (기), (산) 17. 3. 5 (기) 17. 9. 23 (산) 19. 4. 27 (기) 19. 8. 4 (기) 21. 9. 12 (기)
15	동시발생 없음	배타적 OR 게이트 20. 6. 7 (기)	OR Gate로 2개 이상의 입력이 동시에 존재할 때에는 출력사상이 생기지 않는다. 예를 들면 '동시에 발생하지 않는다'라고 기입한다.
16	위험지속시간	위험 지속 AND 게이트 19. 3. 3 (산) 19. 9. 21 (기)	입력현상이 생겨서 어떤 일정한 기간이 지속될 때에 출력이 생긴다. 만약 그 시간이 지속되지 않으면 출력은 생기지 않는다.

합격예측

우선적 AND Gate

입력사상 가운데 어느 사상이 다른 사상보다 먼저 일어났을 때에 출력사상이 생긴다. 예를 들면 「A는 B보다 먼저」와 같이 기입한다.

합격예측

MTTR(평균수리시간 : Mean Time To Repair)

체계의 고장발생 순간부터 수리가 완료되어 정상작동하기까지의 평균시간

합격예측

(1) MIL-STD-882B의 시스템 안전 필요사항에 대한 우선권 순서

최소 리스트를 위한 설계→안전장치 설치 → 경보장치 설치 → 절차 및 교육훈련 개발

(2) MIL-STD-882B의 위험성평가 매트릭스(Matrix) 분류 20. 6. 7 (기)

① 자주 발생(Frequent)
② 보통 발생(Probable)
③ 가끔 발생(Occasional)
④ 거의 발생하지 않음 (Remote)
⑤ 극히 발생하지 않음 (Improbable)

합격예측

억제 Gate(논리기호)

10. 9. 5 기 19. 3. 3 기
19. 8. 4 산

수정 Gate의 일종으로 억제 모디파이어(Inhibit Modifier)라고도 하며 입력현상이 일어나 조건을 만족하면 출력이 생기고, 조건이 만족되지 않으면 출력이 생기지 않는다.

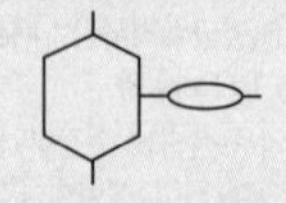

[그림] 억제 Gate

합격예측

짜맞춤 AND Gate

3개 이상의 입력사상 가운데 어느 것이든 2개가 일어나면 출력사상이 생긴다. 예를 들면 「어느 것이든 2개」라고 기입한다.

(5) 여타의 기호 및 사상

① Tabular AND Gate : AND 게이트의 입력사상으로 매우 많은 종국사상이 있을 때를 표시

② m-out-of-n Gate : n개의 입력사상 중 적어도 m개의 사상이 발생할 때에만 출력사상이 발생하는 경우를 표시. m개의 입력사상이 동시에 발생할 필요는 없다.

③ Exclusive OR Gate : 입력사상 중 어느 하나만 발생하고, 나머지는 발생하지 않을 때를 표시

④ Priority AND Gate : 2개의 사상 중 1개의 사상이 먼저 발생하고 다른 사상은 나중에 발생할 때를 표시

예 화재 경보기가 고장나고 다음에 화재가 발생

⑤ Inhibit Gate : 입력사상이 일어났을 때의 조건을 표시하며, 사상이 발생한 때만 출력사상이 일어남을 표시

예 입력사상이 자동차의 전조등 고장이고 출력사상이 도로를 보지 못할 때, 억제조건은 밤이 어두울 때임.

⑥ AND-NOT Gate : 한 사상이 발생되고 두번째 사상이 발생되지 않을 때의 조건을 표시

⑦ 정상사상(Top Event) : 고장목의 정상에 오는 사상으로, 보통 '바람직하지 않은 사상'이 정상사상이 된다.

예 시스템 정지, 용기 파괴, 압력 저하 등

⑧ 중간사상(Intermediate Event) : 정상사상을 제외하고 더 분해되어 정상사상으로 야기할 수 있는 사상

⑨ 종국사상(Terminal Event) : 더 이상 분해될 수 없는 사상으로, 다음과 같이 분류된다.

㉮ 미전개사상(Undeveloped Event) : 원래는 더 전개해야 하는 사상이나, 설계 단계에서 원인 규명을 위한 정보 부족으로 전개할 수 없거나 더 이상 해석의 필요가 없는 사상

㉯ 기본사상(Basic Event) : 더 이상 분해될 수 없는 컴포넌트 레벨의 사상이나 외부사상을 가리키고 컴포넌트 고장은 컴포넌트의 상태별로 1차 고장, 2차 고장, 명령 고장으로 분류된다. 1차 고장(Primary failure)은 컴포넌트 결함의 결과로 작동 조건과 환경 조건이 설계 한계 내에 있을 때 발생, 2차 고장(secondary failure)은 비정상적인 작동 조건이나 환경 조건의 결과로 발생하는 고장이다. 명령고장[command failures(signal failure)]은 컴포넌트에 잘못된 명령이자 신호를 입력했을 때 발생하는 고장임.

㉰ 가형사상(House Event) : 신뢰성 분석자가 켜거나 끌 수 있는 종국사상의 특별한 형태로서, 어떤 시나리오하에서 시스템의 고장 습성을 연구하기 위해 사용된다.

3. FTA의 중요 분야별 효과

(1) 설계 등에 대한 효과

기본 설계 단계에서 FMEA를 실시함으로써 중대한 고장 유형들을 찾아낸 후 이들 중 1~2개의 고장 유형을 톱사상으로 한 FTA를 실시함으로써 고장을 많이 발생시키는 기본사상을 파악, 설계변경 등에 의해 그와 같은 고장유형을 제거한다. 기본설계단계에서 FMEA를 실시하지 않고 상세설계단계에서 설계변경을 하면 손실이 크게 된다.

안전성 해석에서도 활용하여 인명, 건물 등에 위험을 초래하는 기본 사상들을 제거할 수 있다.

(2) 고장해석에 대한 효과

FTA는 시장에서 발생하는 중대한 트러블에 대해 고장해석을 하여 대책을 세우고자 할 때 사용하면 효과가 크다.

FTA를 활용하면, 다음과 같은 효과가 있다.

① 논리기호를 이용하여 그림으로 전개하므로 입력부터 출력까지 계통적으로 검토할 수 있다.

② 고장원인에는 컴포넌트 부품 등 하드웨어의 고장 이외에 인간의 조작 미스, 지시서나 도면의 미스, 컴퓨터 소프트웨어의 미비 등 소프트웨어의 문제 및 온도변화, 습도 등 자연현상에 기인하는 것도 적지 않은바, FTA에 의하면 이들에 대해서도 검토가 가능하다.

③ FTA도에는 톱사상, 1차 요인, 2차 요인과 기본사상과의 관계 및 해석 결과가 명시되어 있으므로 검토 누락을 방지할 수 있다.

(3) FTA특징 17. 5. 7 산 17. 8. 26 기 18. 4. 28 기 19. 8. 4 기

① Top down형식(연역적)

② 정량적 해석기법(컴퓨터 처리가 가능)

③ 논리기호를 사용한 특정사상에 대한 해석

④ 서식이 간단해서 비전문가도 짧은 훈련으로 사용할 수 있다.

⑤ Human Error의 검출이 어렵다.

합격예측

부정 Gate

부정 모디파이어 라고도 하며 입력현상의 반대인 출력이 된다. 18. 8. 19 기 22. 3. 5 기

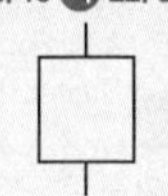

[그림] 부정 Gate

합격용어

배타적 OR Gate

OR Gate로 2개 이상의 입력이 동시에 존재할 때에는 출력사상이 생기지 않는다. 예를 들면 「동시에 발생하지 않는다.」라고 기입한다.

① 귀납법 : 개별적인 특수한 사실로부터 일반적인 원리를 이끌어내는 방법

예 귀납적 탐구 방법 : 자연현상을 관찰하여 얻은 자료를 종합하고 분석하여 규칙성을 발견하고, 이로부터 일반적인 원리나 법칙을 이끌어내는 탐구 방법.
- 여러 개별적인 사실로부터 결론을 이끌어내며, 가설 설정 단계가 없음.

② 연역법 : 일반적인 원리로부터 개별적인 특수한 사실을 이끌어내는 방법

합격예측

① AND 게이트는 논리적(곱)의 확률을 나타낸다.
② OR 게이트는 논리화(합)의 확률을 나타낸다.

합격예측

위험지속기호

입력사상이 생겨 어느 일정시간 지속하였을 때에 출력사상이 생긴다. 예를 들면 「위험지속시간」과 같이 기입한다.

Q 은행문제

재해예방 측면에서 시스템의 FT에서 상부측 정상사상의 가장 가까운 쪽에 OR 게이트를 인터록이나 안전장치 등을 활용하여 AND 게이트로 바꿔주면 이 시스템의 재해율에는 어떠한 현상이 나타나겠는가?

16. 3. 6 기

① 재해율에는 변화가 없다.
② 재해율의 급격한 증가가 발생한다.
③ 재해율의 급격한 감소가 발생한다.
④ 재해율의 점진적인 증가가 발생한다.

정답 ③

4. FTA에 의한 고장해석 사례

예제문제

그림과 같은 신뢰성 블록선도로 표현되는 시스템의 고장목(fault tree)을 만들고 시스템의 고장률을 구하라.(숫자는 각 요소의 고장확률이다.)

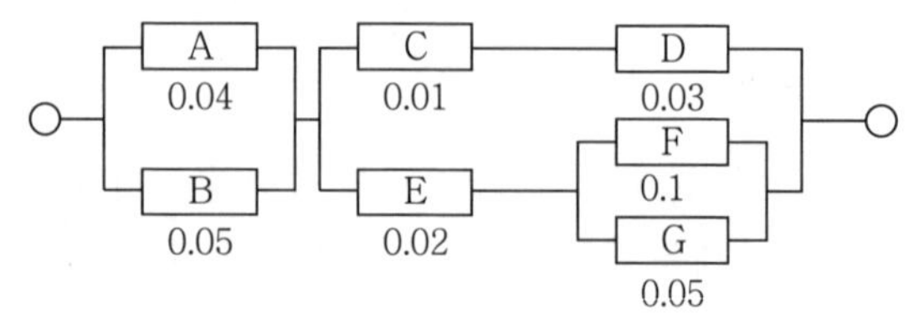

○위 그림의 고장목을 만들고 시스템의 고장률을 구하면 아래 그림과 같다.

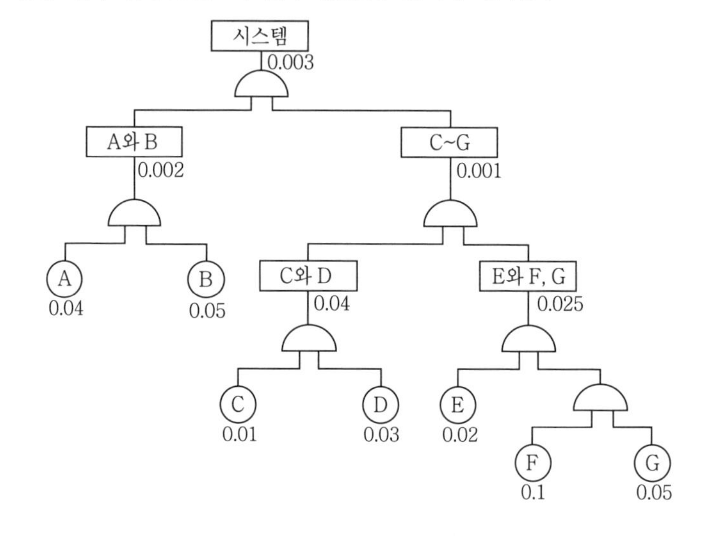

[표] 논리연산표 18. 3. 4 산

연산	의 미	논리기호	연산식	진리표	집합	스위치 회로
AND	두 개의 입력이 1일 때 1출력		$Y=A\cdot B$	입력: A B / 출력: Y 0 0 / 0 0 1 / 0 1 0 / 0 1 1 / 1	교집합 ∩	
OR	한 개 이상 입력이 1일 때 1출력		$Y=A+B$	입력: A B / 출력: Y 0 0 / 0 0 1 / 1 1 0 / 1 1 1 / 1	합집합 ∪	
NOT	입력과 반대출력		$Y=\overline{A}$	입력: A / 출력: Y 0 / 1 1 / 0	여집합 ⊂	

연산	의 미	논리기호	연산식	진리표	집합	스위치 회로
XOR	두 개의 입력이 서로 다를 때 1이 출력		$Y=A\oplus B$ $=\overline{A}B+A\overline{B}$	입력 A B / 출력 Y: 0 0 0, 0 1 1, 1 0 1, 1 1 0		
NAND	AND에 NOT를 연결		$Y=\overline{(A\cdot B)}$ $=\overline{A}+\overline{B}$	입력 A B / 출력 Y: 0 0 1, 0 1 1, 1 0 1, 1 1 0		
NOR	OR에 NOT를 연결		$Y=\overline{(A+B)}$ $=\overline{A}\cdot\overline{B}$	입력 A B / 출력 Y: 0 0 1, 0 1 0, 1 0 0, 1 1 0		
XNOR	XOR에 NOT를 연결		$Y=\overline{(A\oplus B)}$ $=\overline{A}\cdot\overline{B}+$ AB	입력 A B / 출력 Y: 0 0 1, 0 1 0, 1 0 0, 1 1 1		

(1) FTA의 작성시기

① 기계설비를 설치 가동할 경우
② 위험 내지는 고장의 우려가 있거나 그러한 사유가 발생하였을 경우
③ 재해가 발생하였을 경우

(2) D. R. Cheriton의 FTA에 의한 재해사례 연구순서 16. 10. 1 기 17. 3. 5 기 18. 9. 15 기 19. 9. 21 산 20. 6. 7 기 20. 8. 23 산 21. 9. 12 기

① 제1단계 : 톱(top)사상의 선정
② 제2단계 : 사상마다 재해원인 및 요인규명
③ 제3단계 : FT(Fault Tree)도의 작성
④ 제4단계 : 개선계획 작성
⑤ 제5단계 : 개선안 실시계획

5. 동작 경제의 3원칙(Barnes) 10. 3. 7 기 18. 3. 4 기 19. 3. 3 기 21. 3. 7 기 21. 5. 15 기

동작경제의 3원칙은 길브레드(F. B. Gilbreth)가 처음 사용하고, 반즈(R. M. Barnes)가 개량, 보완

합격예측

결함사상은 최상단(정상사상)이나 중간(중간사상)에 사용

합격예측

FTA(결함수 분석법)의 활용 및 기대효과

① 사고원인 규명의 간편화
② 사고원인 분석의 일반화
③ 사고원인 분석의 정량화
④ 노력시간의 절감
⑤ 시스템의 결함진단
⑥ 안전점검표 작성

합격예측

부적응의 유형

구분	특징
망상 인격	자기주장이 강하고 빈약한 대인관계
순환 인격	울적한 상태에서 명랑한 상태로 상당히 장기간에 걸쳐 기분 변동
분열 인격	자폐적, 수줍음, 사교를 싫어하는 형태, 친밀한 인간관계 회피
폭발 인격	갑자기 예고없이 노여움 폭발, 흥분 잘하고 과민성, 자기행동의 합리화
강박 인격	양심적, 우유부단, 욕망제지, 타인으로부터 인정받기를 지나치게 원함(완전주의)
기타	히스테리인격, 소극적 공격적 인격, 무력인격, 부적합인격, 반사회인격 등

합격예측 17. 5. 7 기 17. 9. 23 기 18. 3. 4 산 18. 4. 28 산 18. 9. 15 기 21. 3. 7 기

① 최소컷셋(minimal cut set) : 어떤 고장이나 실수를 일으키면 재해가 일어날까 하는 식으로 결국은 시스템의 위험성(반대로 말하면 안전성)을 표시하는 것
② 최소패스셋(minimal path set) : 어떤 고장이나 실수를 일으키지 않으면 재해는 일어나지 않는다고 하는 것. 즉 시스템의 신뢰성을 나타낸다. 18. 8. 19 기

합격예측 19. 3. 3 기 산 19. 4. 27 산

위험 및 운전성 검토의 검토목적

① 기존시설의 안전도 향상
② 설비구입 여부 결정
③ 설계의 검사
④ 작업수칙의 검토
⑤ 공장건설 여부와 건설장소 결정
⑥ 공급자에게 문의사항 획득

참고

추정적 개연성

10,000~100,000시간 내에 결함발생 1건일 때 추정적 개연성이 있다고 한다.

합격예측

길브레드(Gilbrete) 동작경제의 3원칙 06. 8. 6 기

(1) 동작능력 활용의 원칙
① 발 또는 왼손으로 할 수 있는 것은 오른손을 사용하지 않는다.
② 양손으로 동시에 작업하고 동시에 끝낸다.
(2) 작업량 절약의 원칙
① 적게 운동할 것
② 재료나 공구는 취급하는 부근에 정돈할 것
③ 동작의 수를 줄일 것
④ 동작의 양을 줄일 것
⑤ 물건을 장시간 취급할 시 장구를 사용할 것
(3) 동작개선의 원칙
① 동작을 자동적으로 리드미컬한 순서로 할 것
② 양손은 동시에 반대의 방향으로, 좌우 대칭적으로 운동하게 할 것
③ 관성, 중력, 기계력 등을 이용할 것

(1) 신체의 사용에 관한 원칙(Use of The human body)

① 두 손의 동작은 같이 시작하고 같이 끝나도록 한다.
② 휴식시간을 제외하고는 양손이 동시에 쉬지 않도록 한다.
③ 두 팔의 동작은 동시에 서로 반대방향으로 대칭적으로 움직이도록 한다.
④ 손과 신체의 동작은 작업을 원만하게 처리할 수 있는 범위 내에서 가장 낮은 동작 등급을 사용하도록 한다.
⑤ 가능한 한 관성을 이용하여 작업을 하도록 하되 작업자가 관성을 억제하여야 하는 경우에는 발생되는 관성을 최소화하도록 한다.
⑥ 손의 동작은 원활하고 연속적인 동작이 되도록 하며, 방향이 급작스럽게 크게 변화하는 모양의 직선동작은 피하도록 한다.
⑦ 탄도동작은 제한되거나 통제된 동작보다 더 신속하고 용이하며 정확하다.
⑧ 가능하다면 쉽고도 자연스러운 리듬이 작업동작에 생기도록 작업을 배치한다.
⑨ 눈의 초점을 모아야 작업을 할 수 있는 경우는 가능하면 없애고 불가피한 경우에는 눈의 초점이 모아져야 하는 두 작업 지점간의 거리를 최소화한다.

(2) 작업장의 배치에 관한 원칙(Arrangement of the workplace) 19. 9. 21 기

① 모든 공구나 재료는 제 위치에 있도록 한다.
② 공구재료 및 제어기기는 사용위치에 가까이 두도록 한다.
③ 중력 이송원리를 이용한 부품상자나 용기를 이용하여 부품을 부품사용장소에 가까이 보낼 수 있도록 한다.
④ 가능하다면 낙하식 운반방법을 사용한다.
⑤ 공구나 재료는 작업조작이 원활하게 수행되도록 그 위치를 정한다.
⑥ 작업자가 잘 보면서 작업을 할 수 있도록 한다. 이를 위해서는 적절하게 조명을 해 주는 것이 첫 번째 요건이다.
⑦ 작업자가 작업 중 자세의 변경, 즉 앉거나 서는 것을 임의로 할 수 있도록 작업대와 의자높이가 조정되도록 한다.
⑧ 작업자가 좋은 자세를 취할 수 있도록 의자는 높이 뿐만 아니라 디자인도 좋아야 한다.

(3) 공구 및 설비 디자인에 관한 원칙(Design of tools and equipment)

① 치구나 발로 작동시키는 기기를 사용할 수 있는 작업에서는 이러한 기기를 활용하여 양손이 다른 일을 할 수 있도록 한다.
② 공구의 기능은 결합하여서 사용하도록 한다.
③ 공구와 자재는 가능한 한 사용하기 쉽도록 미리 위치를 잡아준다.
④ 각 손가락이 서로 다른 작업을 할 때에는 작업량을 각 손가락의 능력에 맞도록 분배해야 한다.

⑤ 레버, 핸들 및 통제기기는 작업자가 몸의 자세를 크게 바꾸지 않더라도 조작하기 쉽도록 배열한다.

[표] 서블릭(therblig)의 분류

구분	동작	방법
효율적인 therblig	기본적인 동작	빈손이동, 운반, 쥐기, 내려놓기, 미리놓기
	동작의 목적을 가지는 동작	사용, 조립, 분해
비효율적인 therblig	정신적 또는 반정신적 동작	찾기, 고르기, 바로놓기, 검사, 계획
	정체적인 부분의 동작	불가피한 지연, 피할 수 있는 지연, 휴식, 잡고있기

6. 컷셋·미니멀 컷셋 요약

(1) 16. 10. 1 기 21. 8. 14 기 22. 4. 24 기

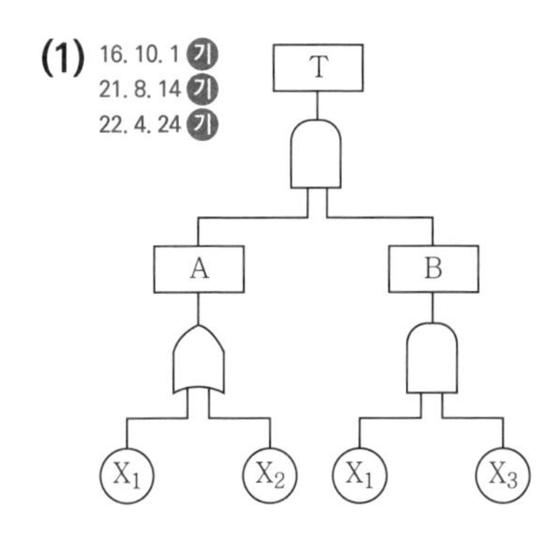

$$T = A \cdot B = \frac{X_1}{X_2} \cdot B = X_1X_1X_3 \quad X_2X_1X_3$$

즉, 컷셋은 $(X_1X_3)(X_1X_2X_3)$

미니멀 컷셋은 (X_1X_3)

(2) 20. 9. 27 기

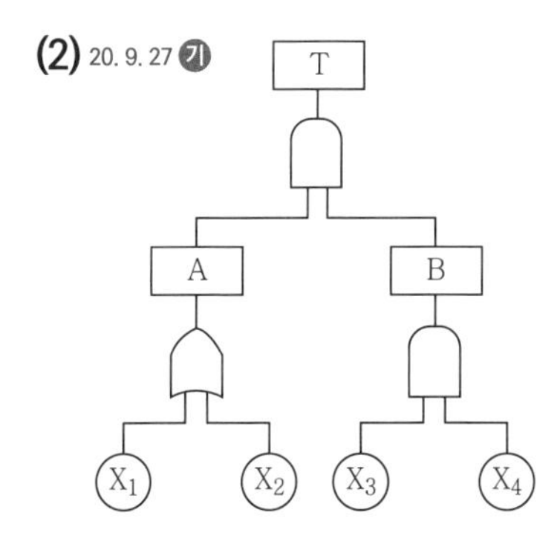

$$T = A \cdot B = \frac{X_1}{X_2} \cdot B = X_1X_3X_4 \quad X_2X_3X_4$$

즉, 컷셋은 $(X_1X_3X_4)(X_2X_3X_4)$

미니멀 컷셋은 $(X_1X_3X_4)$

또는 $(X_2X_3X_4)$

(3)

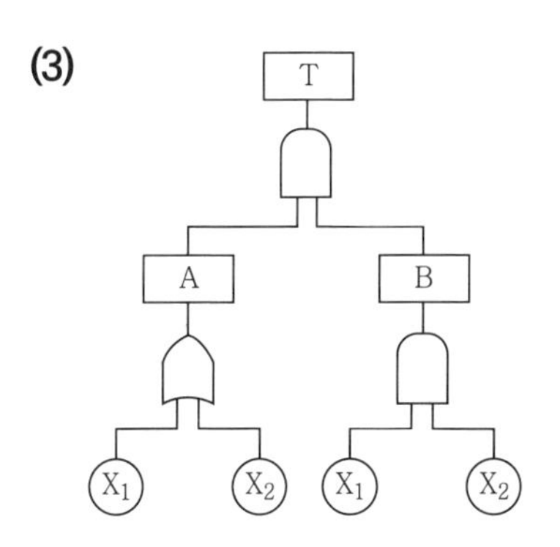

$$T = A \cdot B = \frac{X_1}{X_2} \cdot B = X_1X_1X_2 \quad X_2X_1X_2$$

즉, 컷셋 및 미니멀 컷셋 (X_1X_2)

합격예측 18. 3. 4 산 19. 4. 27 산

① 컷셋(cut set) : 정상사상을 발생시키는 기본사상의 집합으로 그 안에 포함되는 모든 기본사상이 발생할 때 정상사상을 발생시킬 수 있는 기본사상의 집합

② 패스셋(path set) : 모든 기본사상이 일어나지 않을 때 처음으로 정상사상이 일어나지 않는 기본사상의 집합(고장나지 않도록 하는 사상의 조합) 17. 5. 7 기 18. 4. 28 산 20. 9. 27 기

Q 은행문제 20. 6. 7 기 20. 6. 14 산

1. 다음 중 FTA에서 어떤 고장이나 실수를 일으키지 않으면 정상사상(top event)은 일어나지 않는다고 하는 것으로 시스템의 신뢰성을 표시하는 것은?

① cut set
② minimal cut set
③ free event
④ minimal path set

정답 ④

2. 그림과 같이 FTA로 분석된 시스템에서 현재 모든 기본 사상에 대한 부품이 고장난 상태이다. 부품 X_1부터 부품 X_5까지 순서대로 복구한다면 어느 부품을 수리 완료하는 순간부터 시스템은 정상가동이 되겠는가? 17. 3. 5 기

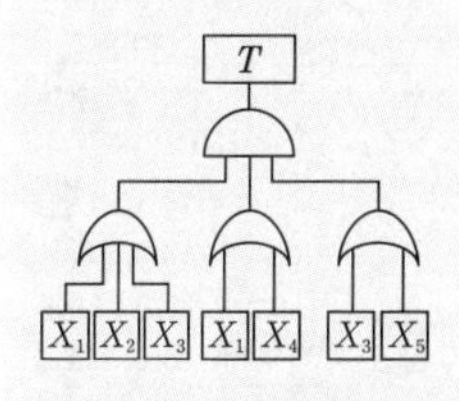

① 부품 X_2 ② 부품 X_3
③ 부품 X_4 ④ 부품 X_5

정답 ②

[해설]
① AND게이트는 모든 입력사상이 공존할 때만이 출력사상이 발생
② OR게이트는 입력사상 중 어느것이나 존재할 때 출력사상이 발생

제2편

(4) 19. 9. 21 산

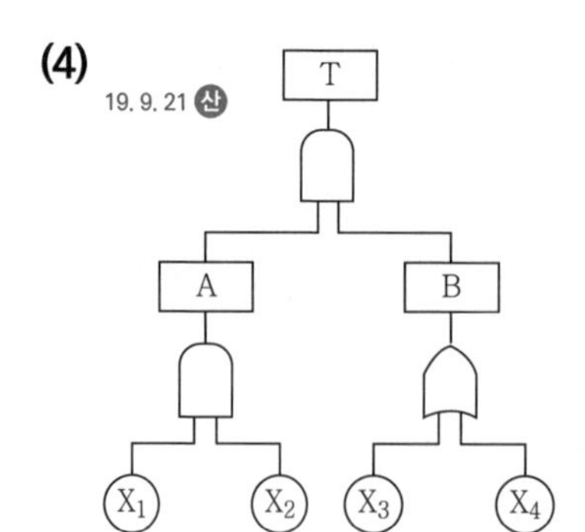

$T = A \cdot B$

$= \dfrac{X_1}{X_2} \cdot B$

$= X_1X_2X_3$

$\quad X_1X_2X_4$

즉, 컷셋은 $(X_1X_2X_3)(X_1X_2X_4)$

미니멀 컷셋은 $(X_1X_2X_3)$ 또는 $(X_1X_2X_4)$

(5) 17. 3. 5 기

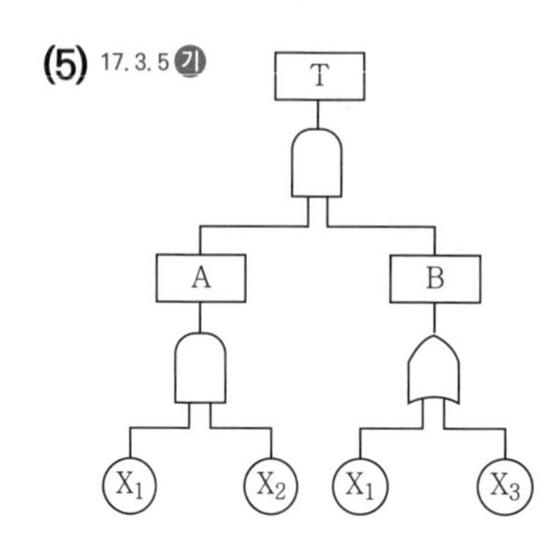

$T = A \cdot B$

$= \dfrac{X_1}{X_2} \cdot B$

$= X_1X_2X_1$

$\quad X_1X_2X_3$

즉, 컷셋은 $(X_1X_2)(X_1X_2X_3)$

미니멀 컷셋은 (X_1X_2)

(6)

$T = A \cdot B$

$= \dfrac{X_1}{X_2} \cdot B$

$= X_1X_2X_1$

$\quad X_1X_2X_2$

컷셋·미니멀 컷셋은 (X_1X_2)

(7) $(X_1X_2)(X_1X_2X_3)(X_1X_2X_4)$ → 미니멀 컷셋은 (X_1X_2)

(8) $(X_1X_3)(X_1X_2X_3)(X_1X_3X_4)$ → 미니멀 컷셋은(X_1X_3)

즉, 구해진 컷셋 중 어느 것이든 한 조만 있으면 그것이 바로 미니멀 컷셋이 된다.

7. ETA(Event Tree Analysis : 사건수 분석)

(1) 사상 계통 분석

(2) 사상의 나무 해석

(3) 사상의 목 해석

① ETA는 FTA와 유사하게 시스템이나 기기의 인간관계를 도시하여 검토하는 데에 사용하는 방법이다.

합격예측 16. 3. 6 산

시스템 안전관리

① 시스템안전에 필요한 사항의 동일성의 식별(identification)
② 안전활동의 계획, 조직과 관리
③ 다른 시스템 프로그램 영역과 조정
④ 시스템안전에 대한 목표를 유효하게 적시에 실현시키기 위한 프로그램의 해석, 검토 및 평가 등의 시스템 안전업무

합격예측 17. 5. 7 산

bit(binary unit의 합성어)

① bit란 실현가능성이 같은 2개의 대안 중 하나가 명시되었을 때 얻을 수 있는 정보량
② 정보량 : 실현가능성이 같은 n개의 대안이 있을 때 총 정보량
$H = \log_2 n$

합격예측 19. 8. 4 기

FT도에서 최소컷셋

(Minimal cut set)
$(X_1)(X_2, X_3)$

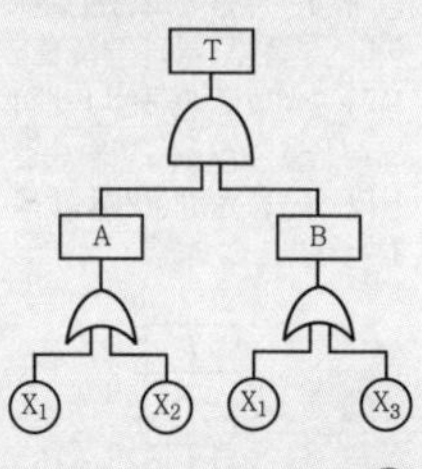

Q 은행문제 16. 10. 1 산 17. 3. 5 산 20. 6. 14 산 20. 8. 23 산

반복되는 사건이 많이 있는 경우에 FTA의 최소 컷셋을 구하는 알고리즘이 아닌 것은?

① Fussel Algorithm
② Boolean Algorithm
③ Monte Carlo Algorithm
④ Limnios & Ziani Algorithm

정답 ③

② FTA－톱사상(결과) → 복수의 기본사상(원인)

③ ETA－하나의 기본사상(원인) → 톱사상(결과)

예를 들어 탱크의 기름유출로부터 화재발생의 과정을 ET도로 나타내면 다음과 같다.

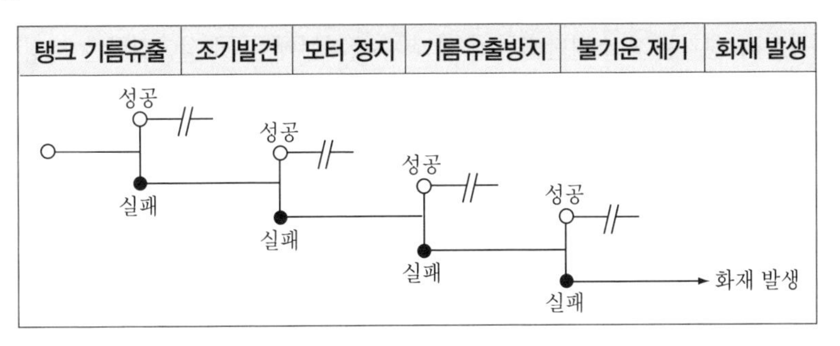

합격예측

MORT(Managment Oversight and Risk Tree)
미국에너지연구개발청(ERDA)의 Johnson에 의해 개발된 시스템안전 프로그램이다.

제2편

2 정성적, 정량적 분석

1. 고장목의 정량적 평가

고장목의 정량적 해석은 고장목의 논리적 구조를 확률의 형태로 바꾸고, 기본사상의 발생확률로부터 정상사상의 발생확률을 계산하는 방법이다. 이를 위해서는 고장발생확률이나 인간오류 발생확률과 같은 수치가 준비되어서 이 수치가 기본사상에 할당되어야 한다.

① 최소절단집합을 이용하는 방법으로, 각 절단을 이루고 있는 기본고장의 고장확률을 곱해서 최소절단집합의 확률을 구하고 이를 이용하여 정상사상의 확률을 구하는 방법이다. 일반식은 다음과 같고, M은 최소절단집합의 수이다.

$$P[T]=\sum_{j=1}^{M}\left\{\prod_{i\in M_j}^{n} P[E_i]\right\}$$

② 최소절단집합에 대한 정보가 없어도 고장목의 구조만으로 확률을 아는 방법으로, 계산은 원리적으로 AND 게이트에 대해서는 곱셈(∩)으로, OR 게이트에 대해서는 덧셈(∪)의 확률 계산이다. 일반식은 다음과 같고, 여기서 R은 입력사상의 신뢰성을, F는 입력사상의 고장률을 나타내며, 이때 발생되는 모든 입력사상은 상호 독립적이다.

㉮ OR 게이트 : $F_E=1-\prod_{i=1}^{n}(1-F_i)$

$R_E=1-\prod_{i=1}^{n}R_i$

㉯ AND 게이트 : $F_E=1-\prod_{i=1}^{n}F_i$

$R_E=1-\prod_{i=1}^{n}(1-R_i)$

합격예측

시스템에 영향을 미치는 고장의 형태

① 노출 또는 개방된 고장
② 폐쇄 또는 차단된 고장
③ 가동 및 정지의 고장
④ 운전단속의 고장
⑤ 오작동 등

참고

MIL-STD-882B 용어 정의

① hazard : 예측할 수 있는 재해의 상태
② risk : 위험중요도와 위험 가능성의 형태로 재난의 발생 표현
③ safety : 죽음과 부상, 직업병을 야기시킬 수 있는 요인 또는 설비나 재산에 손실을 줄 수 있는 상황에서 벗어난 상태
④ system safety : 시스템의 수명곡선을 통하여 작업효율, 시간, 비용을 제한하는 최적의 안전을 위하여 기술과 관리의 원칙과 규정 그리고 기법들을 적용한 시스템

2. 고장목의 정성적 평가

① FTA는 바람직하지 못한 사상을 발견하여 발생을 제어하거나, 허용 수준 이하로 억제하기 위한 해석이므로, 기본사상의 어떤 조합이 정상사상 발생에 많은 영향을 가지고 있는 것이 중요하다.

② 정성적 평가는 최소절단집합에 따라 수행되는데, 최소절단집합은 고장을 발생시키기에 불가결한 기본고장의 집합으로, 기본고장에 대한 최소절단집합은 유일하며, 시스템의 고장은 최소절단집합의 합집합으로 표현이 가능하다.

③ 정성적 평가는 최소절단집합에 따라 수행된다.

④ 절단집합의 치명도는 절단집합 안의 기본사상의 수(차수)에 달려 있다.

⑤ 차수 1의 절단집합은 차수 2 또는 그 이상의 절단집합보다 더 치명적이다.

⑥ 중요한 인자로는 최소 절단집합의 기본사상의 유형이다. 다음 순위에 따라 기본사상의 치명도를 정한다. 이 순위는 인간의 실수가 작동중인 설비의 고장보다 더 많이 발생하고 작동중인 설비의 고장은 대기중인 설비의 고장보다 더 많이 발생한다는 가정에 근거한다. 기본사상이 둘일 때는 다음 표에 따른다.

※ 순위 : 인간의 실수 → 작동중인 설비고장 → 대기중인 설비고장

[표] 기본사상의 순위

순위	기본사상 1	기본사상 2
1	인간실수	인간실수
2	인간실수	작동중인 설비의 고장
3	인간실수	대기중인 설비의 고장
4	작동중인 설비의 고장	작동중인 설비의 고장
5	작동중인 설비의 고장	대기중인 설비의 고장
6	대기중인 설비의 고장	대기중인 설비의 고장

합격예측

MIL-STD-882E 심각도 카테고리 20. 8. 23 산

설명	심각도 카테고리	사고 결과 기준
재앙 수준	1	다음 중 하나 이상을 유발할 수 있다. : 사망, 영구적 완전장애, 회복 불가한 중대한 환경 영향 또는 $10M 이상의 금전적 손실
임계 수준	2	다음 중 하나 이상을 유발할 수 있다. : 영구적 부분 장애, 3명 이상의 입원을 유발할 수 있는 직업병이나 상해, 회복 가능한 중대한 환경 영향 또는 $1M~$10M의 금적적 손실
미미한 수준	3	다음 중 하나 이상을 유발할 수 있다. : 1일 이상 결근을 유발하는 직업병이나 상해, 회복 가능한 중간정도의 환경 영향 또는 $100K~ $1M의 금전적 손실
무시 가능 수준	4	다음 중 하나 이상을 유발할 수 있다. : 결근을 유발하지 않는 직업병이나 상해, 최소한의 환경 영향 또는 $100K 이하의 금전적 손실

3. 절단집합과 통과집합의 정의

① 고장목의 절단집합(Cut Set)은 어떤 기본사상이 (동시에) 발생시 정상사상이 발생하는 것을 보장하는 기본사상의 집합이다. 최소 절단집합 안의 기본사상들의 수는 절단집합의 차수(order)라 한다.

② 고장목의 통과집합(Path Set)은 (동시에) 정상사상이 발생하지 않게 하는 기본사상들이 집합이다.

4. 최소절단집합과 최소통과집합의 의미

① 절단집합은 시스템의 기능을 저지하는 기본사상의 집합이며 그 속에 포함되어 있는 모든 기본사상이 발생시에 정상사상이 발생하는 것을 말한다.

② 보통은 여러 개의 절단집합이 존재하며 절단집합 등 정상사상을 발생시키는 절단집합을 최소절단집합이라 한다.

③ 최소절단집합은 최소절단집합 내에 포함되는 기본사상이 전수 발생한 때에 최초의 정상사상이 발생하는 기본사상의 집합이다.

④ 최소절단집합 내의 어느 기본사상 중 하나라도 발생하지 않으면 정상사상이 발생하지 않는 집합을 말한다. 따라서 최소절단집합은 각 절단집합 중 중복되는 집합을 제거한 것이 된다.

⑤ 고장목에서 정상사상의 발생에 기여도가 높은 기본사상들의 조합을 찾아내는 방법으로 최소절단집합(minimal cut set) 또는 최소통과집합(minimal path set)이 사용된다.

⑥ 정상사상을 일으키기 위한 최소한의 절단을 최소절단이라 하며 이는 어떤 고장이나 실수를 일으키면 재해가 일어날까 하는 것으로 결국 시스템의 위험성(안전성)을 표시하는 것이고, 최소통과는 어떤 고장이나 실수를 일으키지 않으면 재해는 일어나지 않는다고 하는 것, 다시 말하면 시스템의 신뢰성을 표시하는 것이다.

5. 고장목의 작성과 단순화

① 고장목의 작성은 FTA에 있어서 가장 많은 시간이 소요되는 과정이며, 본 단계에서는 모든 정보가 정리되므로 중요하게 다루어야 하는 단계이다. 또한 정확한 고장목을 작성하려면 분석자는 먼저 시스템을 완전히 이해하고 있어야 하며, 일반적으로 고장목은 다음과 같은 단계를 거쳐 작성된다.

㉮ 예방될 수 있는 하나의 정상사상(Top Event)을 선정한다.

㉯ 정상사상의 원인이 되는 모든 종류의 1차적 사상과 2차적 사상을 결정한다.

㉰ AND Gate와 OR Gate를 사용하여 정상사상과 원인사상의 관계를 정한다.

㉱ 각 사상을 더 분석할 것인지의 여부를 결정한다.

② 완성된 고장목은 동일한 기본사상이 2개 이상 반복하여 발생될 수 있는데, 이러한 경우는 단순화가 필요하다. 고장목의 단순화는 논리기호에 따라서 상위사상의 발생의 성립 요건을 조사하면 좋고 그것에는 Boolean대수를 사용하는 것이 적절하다. OR 게이트로만 구성되는 고장목의 경우는 논리적으로 전부가 정상사상에 대하여 하나의 OR 게이트로 연결된 것과 같은 형태이며, 또한 실제 발생확률은 적지만 AND 게이트만으로 구성된 고장목의 경우도 전체가 AND 게이트로 구성된 다. 단순화를 고려할 사항은 다음과 같다.

합격예측

① FTA(결함수분석법) : 정량적, 연역적 분석법
② PHA(예비사고분석) : 최초단계(개발단계) 분석법, 정성적 분석
③ FMEA(고장형과 영향분석) : 정성적·귀납적 분석법
④ FHA(결함위험분석) : 서브 시스템 분석법
⑤ DT와 ETA(사상수분석법) : 정량적, 귀납적 분석법
⑥ THERP(인간과오율 예측기법) : 인간과오의 정량적 분석법
⑦ MORT(경영소홀 및 위험수분석) : FTA와 논리기법이 같음.

합격예측

(1) OAT접근방법
① 감지
② 진단
③ 반응
(2) 인간신뢰도 예측을 위한 컴퓨터 모의실험
① Monte Carlo 모의실험
② 확정적 모의실험

합격예측

결함수 분석법(FTA)의 절차에서 최우선으로 결정할 사항은 정상(top)사상 즉 해석할 재해를 결정하는 것이다.

용어정의

전이기호(이행기호)

FT도상에서 다른 부분에의 이행 또는 연결을 나타내는 기호로 사용된다.

㉮ AND 게이트의 바로 아래에 있는 매우 높은 확률의 사상(>0.99)은 삭제될 수 있다.

㉯ 종국사상 자체가 정상사상을 일으킨다면, 복합확률이 적어도 단일사상의 절단집합의 확률합보다 작은 차수인 AND 게이트 바로 아래의 종국사상은 제거될 수 있다.

㉰ 고장목의 단일사상의 최소절단집합의 확률보다 작은 크기의 차수인 OR 게이트 바로 아래의 종국사상은 제거될 수 있다.

[표] FTA 도표에 사용하는 논리기호

명칭	기호	명칭	기호	명칭	기호
AND Gate		OR Gate		생략사상(간소화)	
기본사상	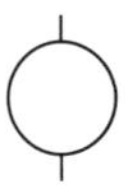	생략사상	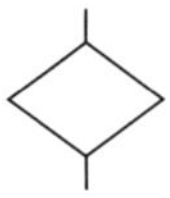	전이기호	
기본사상(인간의 실수)		생략사상(인간의 실수)	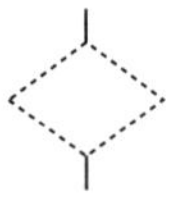	전이기호(전출)	
기본사상(조작자의 간과)	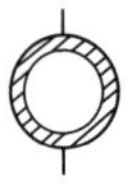	생략사상(조작자의 간과)		전이기호(수량이 다르다.)	

6. 인간에러(human error)예방대책 18. 3. 4 ㉑

① 작업상황 개선

② 요원변경

③ 체계의 영향감소

인간실수가 체계에 미치는 영향감소	① 인간실수를 포용하는 체계설계 ② 중복설계(redundancy) ③ 기계는 인간성능 감시, 인간은 기계성능 감시 ④ 중요한 작업의 요원중복 활용 ⑤ 주체계를 후원하기 위한 예비품 대기
체계의 영향을 감소시킨 설계	① 수많은 점검항목 ② 중복설계 ③ 안전규정 → 심각한 인간실수가 특정순서대로 범해져야 심각한 사고유발

결함수 분석법

출제예상문제

출제예상문제는 복습, 예습문제로 엮었습니다. *WHY : 실제시험에도 순서에 관계없이 출제됩니다. 예습 후 다음장에 공부한 문제가 있으면 기억이 배가 됩니다.

01 ★★★ **결함수 분석(FTA : Fault Tree Analysis)에서 시스템의 안전성을 정량적으로 평가할 때, 이 평가에 포함되는 5개 항목에 대한 위험 점수가 합산해서 몇 점 이상이면 결함수 분석을 다시 하게 되는가?** 20. 9. 27 기

① 10점 이상 ② 14점 이상
③ 16점 이상 ④ 20점 이상

해설

정량적 평가

(1) 정량적 평가 5항목에 의해 A(10점), B(5점), C(2점), D(0점)으로 판정하고 폭발 등급(위험 등급)은 1급이 합산한 점수가 16점 이상, 2급은 11~16점 사이, 3급은 11점 미만(10점 이하)으로서 안전대책을 강구

(2) 정량적 평가 5항목
① 해당 화학설비의 취급물질
② 해당 화학설비의 용량
③ 온도
④ 압력
⑤ 조작

참고 온도상승속도(℃/분 → A÷(B×C×D)

02 ★★ **어떤 결함수의 쌍대결함수를 구하여 컷셋을 구하면 이 컷셋은 본래 결함수의 무엇에 해당되는가?**

① 컷셋 ② 패스셋
③ 최소컷셋 ④ 최소패스셋

해설

미니멀 패스셋(minimal path set)

미니멀 패스를 구하기 위해서는 미니멀 컷과 미니멀 패스의 쌍대성(雙對性)을 이용하여 용이하게 구할 수 있다. 즉, 대상 FT의 쌍대 FT(Dual Fault Tree)를 구하면 된다. 쌍대 FT란 원래의 FT의 논리곱을 논리합으로, 논리합을 논리곱으로 치환시켜 모든 사상이 일어나지 않게 할 경우를 상정하여 FT를 그리고, 그 쌍대 FT의 미니멀 컷을 구하면 그것이 원하는 FT의 미니멀 패스가 되는 것이다.

03 ★★ **다음은 FTA(Fault Tree Analysis)에 사용되는 논리기호이다. 맞지 않는 것은?**

① (직사각형 기호) : 결함사상

② (오각형 기호) : 기본사상

③ (집 모양 기호) : 통상사상(가형사상)

④ (마름모 기호) : 이하 생략의 결함사상

해설

(원 기호) : 기본사상

04 ★★★ **FTA에 의한 재해사례 연구순서 중 제1단계는?**

① 사상(事象)의 재해원인 규명
② FT도(圖)의 작성
③ 톱(top)사상의 선정
④ 개선계획의 작성

해설

D. R. Cheriton의 FTA에 의한 재해사례 연구순서

① 제1단계 : Top사상의 선정
② 제2단계 : 사상의 재해 원인의 규명
③ 제3단계 : FT도의 작성
④ 제4단계 : 개선계획의 작성

[정답] 01 ③ 02 ④ 03 ② 04 ③

05 ★★ FTA의 기호 중 통상상태를 나타내는 기호는?

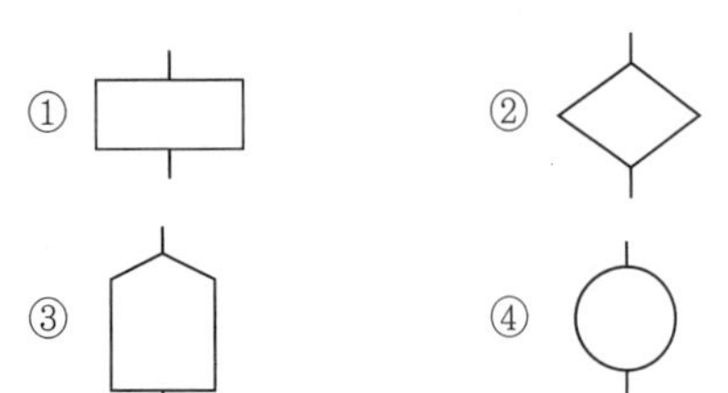

해설

FTA의 기호

기 호	명 칭	특 징
	결함사상	개별적인 결함사상
	기본사상	더 이상 전개되지 않는 기본적인 사상
	통상사상	통상 발생이 예상되는 사상 (예상되는 원인)
	생략사상	정보 부족, 해석 기술의 불충분으로 더 이상 전개할 수 없는 사상. 작업 진행에 따라 해석이 가능할 때는 다시 속행한다.

06 ★★★ 다음의 FT도에서 몇 개의 미니멀 컷셋(minimal cut set)이 존재하는가?

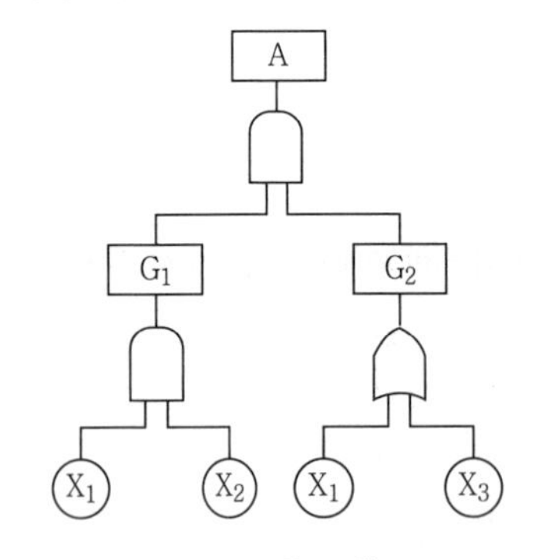

① 1개 ② 2개
③ 3개 ④ 4개

해설

$A = G_1 \cdot G_2$

$= \begin{matrix} X_1 \\ X_2 \end{matrix} \cdot G_2$

$= X_1, X_2, X_1$ ┐ 컷셋
$\quad X_1, X_2, X_3$ ┘

○ 컷셋 중 1개조가 미니멀 컷셋이 된다.

07 ★★ 사고원인 가운데 인간의 과오에 기인된 원인분석위험을 계산함으로써 제품의 결함을 감소시키기 위해 개발된 것은?

① PHA ② FMEA
③ THERP ④ MORT

해설

(1) MORT(Management Oversight and Risk Tree)
 ① 미국 에너지연구개발청(ERDA)의 존슨에 의해 1990년 개발된 시스템 안전 프로그램이다.
 ② MORT 프로그램은 트리를 중심으로 FTA와 같은 논리 기법을 이용하여 관리, 설계, 생산, 보존 등의 광범위하게 안전을 도모하는 것으로서 고도의 안전 달성을 목적으로 한 것이다.(원자력 산업에 이용)
(2) THERP(Technique for Human Error Rate Prediction)시스템에 있어서 인간의 과오를 정량적으로 평가하기 위하여 1963년에 개발된 기법이다.

08 ★ 최소컷셋(minimal cut set)이란?

① 컷세트 중에 타 컷셋을 포함하고 있는 것을 배제하고 남은 컷셋들을 의미한다.
② 어느 고장이나 에러를 일으키지 않으면 재해가 일어나지 않는 시스템의 신뢰성이다.
③ 기본사상이 일어났을 때 정상사상을 일으키는 기본사상의 집합이다.
④ 기본사상이 일어나지 않을 때 정상사상이 일어나지 않는 기본사상의 집합이다.

해설

② : 미니멀 패스
③ : 컷
④ : 패스와 미니멀 패스

09 ★★ 시스템 A의 확률은? 20. 6. 7 기

① 0.64
② 0.82
③ 0.92
④ 0.97

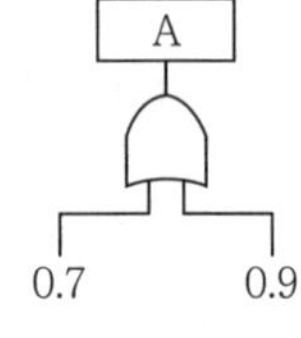

해설

$A = 1 - (1 - 0.7)(1 - 0.9) = 0.97$

[정답] 05 ③ 06 ② 07 ③ 08 ① 09 ④

10 ★★ 기업에서 설비효율 향상을 위해 작업자의 자주보전 활동과 설비의 예방보전활동을 전사적으로 추진하는 것을 무엇이라 하는가?

① TQC(Total Quality Control)
② TPM(Total Productive Maintenance)
③ TSM(Total Safety Management)
④ FTA(Fault Tree Analysis)

해설

② : 전사적 생산 예방보전활동

11 ★★ FTA(Fault Tree Analysis)란 무엇인가?

① 재해발생을 귀납적, 정성적으로 해석, 예측할 수 있다.
② 재해발생을 연역적, 정성적으로 해석, 예측할 수 있다.
③ 재해발생을 연역적, 정량적으로 해석, 예측할 수 있다.
④ 재해발생을 귀납적, 정량적으로 해석, 예측할 수 있다.

해설

FTA

① FTA는 시스템의 고장 상태를 먼저 선정하고 그 고장의 요인을 순차 하위 레벨로 전개하여 가면서 해석을 진행하여 나가는 하향식(top-down) 방법으로, 고장발생의 인간관계를 AND Gate나 OR Gate를 사용하여 논리표(logic diagram)의 형으로 나타내는 시스템 안전 해석 방법이다.
② 재해발생을 연역적, 정량적으로 해석하고 예측한다.

12 ★★★ 특정조합의 기본사상들이 동시에 결함을 발생하였을 때 정상사상을 일으키는 기본사상의 집합을 무엇이라 하는가?

① cut sets　　② minimal cut sets
③ path sets　　④ minimal path set

해설

컷과 패스

① 컷(cut) : 컷이란 그 속에 포함되어 있는 모든 기본사상(여기서는 통상사상, 생략, 결함사상 등을 포함한 기본사상)이 일어났을 때 정상사상을 일으키는 기본사상의 집합을 말한다.
② 미니멀 컷(minimal cut sets) : 컷 중 그 부분 집합만으로는 정상사상을 일으키는 일이 없는 것, 즉 정상사상을 일으키기 위한 필요 최소한의 컷을 미니멀 컷이라 한다.
③ 패스(path)와 미니멀 패스(minimal path set) : 패스란 그 속에 포함되는 기본사상이 일어나지 않을 때 처음으로 정상사상이 일어나지 않는 기본사상의 집합으로서, 미니멀 패스는 그 필요 최소한 것이다.
④ 미니멀 컷은 어느 고장이나 에러를 일으키면 재해가 일어나는가 하는 것. 즉, 시스템의 위험성(반대로 안전성)을 나타내는 것이며, 미니멀 패스는 어느 고장이나 에러를 일으키지 않으면 재해가 일어나지 않는다는 것. 즉, 시스템의 신뢰성을 나타내는 것이라 할 수 있다. 다시 말하면 미니멀 컷은 시스템의 기능을 마비시키는 사고요인의 집합이며, 미니멀 패스는 시스템의 기능을 살리는 요인의 집합이라 할 수 있다.

13 ★ 시스템안전 프로그램에서의 최초 단계 해석으로서 시스템 내의 위험한 요소가 어떤 위험상태에 있는가를 정성적으로 평가하는 방법은?

① FHA　　② FTA
③ FMEA　　④ PHA

해설

PHA : 예비위험분석

14 ★★ FTA를 수행할 때 각 기본사상들의 발생이 독립적이 아닌 경우에는 FT를 직·병렬 혼합구조로 파악하여 정상사상의 발생확률의 범위를 구한다. 다음 그림을 보고 정상사상 발생확률의 하한과 상한을 구하면?(단, 발생확률은 $Q_1 = 0.1$, $Q_2 = 0.2$, $Q_3 = 0.3$이다)

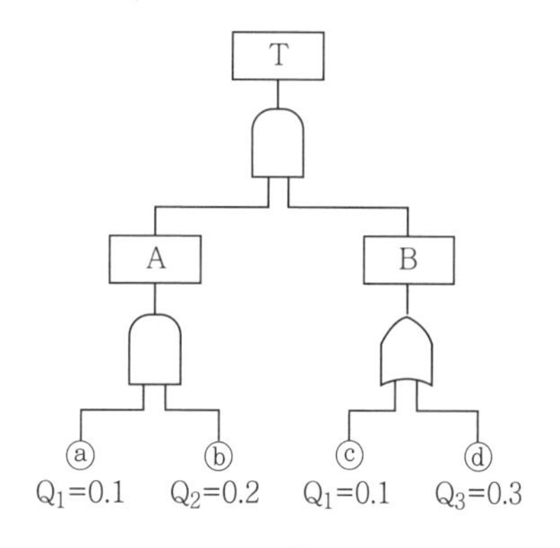

① 0.02, 0.37　　② 0.03, 0.02
③ 0.04, 0.3　　④ 0.01, 0.4

[정답] 10② 11③ 12① 13④ 14①

제2편

해설

T = A × B
A = ⓐ × ⓑ
B = 1 − (1 − ⓒ)(1 − ⓓ)

15 ★★★★★ 다음 FTA의 논리기호 중 시스템의 기본사상을 나타내는 것은?

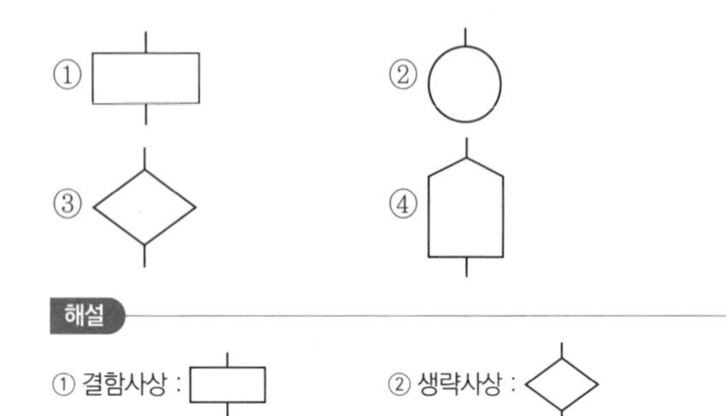

해설

① 결함사상 :
② 생략사상 :
③ 통상사상 :

16 ★★★★★ FTA의 논리기호 중 OR 게이트는?

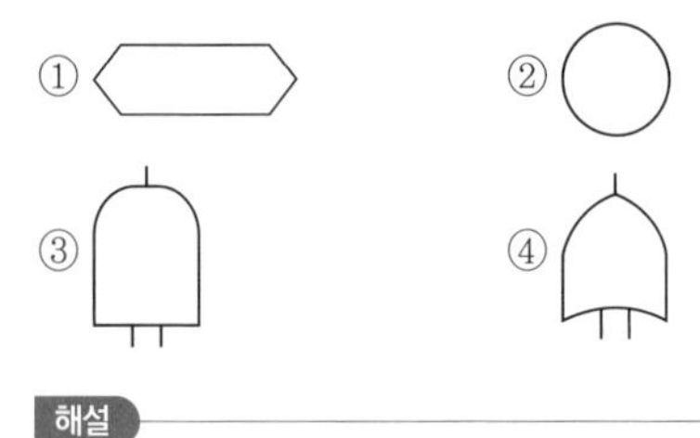

해설

① : 조건 ② : 기본사상 ③ : AND Gate

17 ★★★★★ 다음은 FTA(Fault Tree Analysis)에 사용되는 논리기호이다. 맞지 않는 것은?

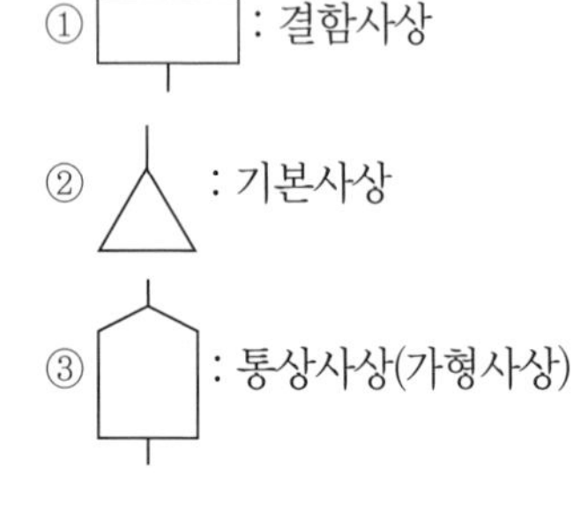

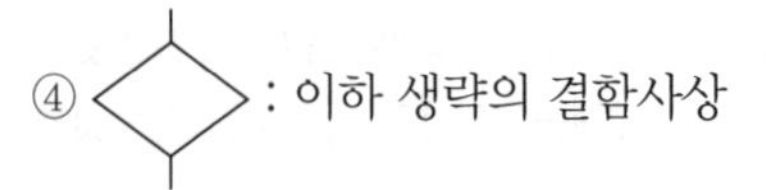

해설

① 기본사상 :
② 이행기호 :

18 ★★ 다음은 결함수 분석법의 절차를 나타낸 것이다. 맞는 것은?

① 제일 먼저 FT(Fault Tree)를 작성한다.
② 제일 먼저 cut set, minimal cut set를 구성한다.
③ 재해의 위험도를 검토하여 해석할 재해를 결정하는 것이 최우선이다.
④ 해석하는 재해의 발생확률을 제일 먼저 계산한다.

해설

결함수 분석법의 절차(순서)

① 재해의 위험도를 검토하여 해석할 재해를 결정한다(PHA 실시)
② 재해의 위험도를 고려하여 재해발생확률의 목표치 결정
③ 해석하는 재해에 관계되는 모든 결함원인조사(PHA, FMEA 실시)
④ FT 작성
⑤ cut set, minimal cut set를 구한다.

19 ★★★ 부품 A, B, C, D의 신뢰도가 r로 동일할 때 그림과 같은 시스템의 신뢰도를 구하면? 22. 3. 5 기

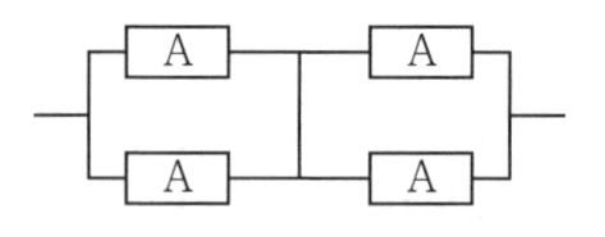

① $r^2(2-r)^2$ ② $r^2(2-r^2)$
③ $r^2(2-r)$ ④ $r(2-r^2)$

해설

신뢰도 계산

$R = [1-(1-r)(1-r)] \times [1-(1-r)(1-r)]$
$= r^2(2-r)^2$

[정답] 15 ② 16 ④ 17 ② 18 ③ 19 ①

20 ★★ FT를 작성하기 위해서는 몇 가지 기본 기호를 사용하여야 한다. 그림의 삼각형 기호는 다음 중 어느 것을 나타내는가?

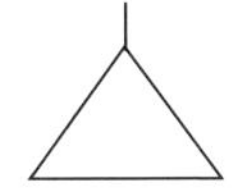

① 결함사상
② 기본사상
③ 조건기호
④ 전이기호

해설

(in : 전입) (out : 전출)
① 삼각형은 tree를 한 장의 종이에 쓸 수 없을 때에 사용
② 전송전기 또는 연결한 것을 나타내는 기호로 적용한다.

21 ★★★ 아래의 FT도(圖)에 있어 A의 사상(事象)이 발생할 수 있는 확률을 구하시오.(단, 사상 ⓐ, ⓑ, ⓒ의 발생확률은 각각 0.1, 0.2, 0.15이다)

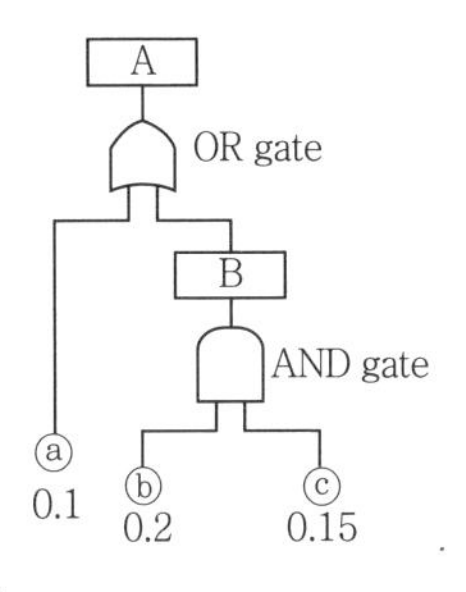

① 1.27×10^{-1}　② 3.5×10^{-1}
③ 3.25×10^{-2}　④ 7.3×10^{-2}

해설

$R_s = 1-(1-ⓐ)(1-B)$
$= 1-(1-0.1)(1-0.03) = 0.127$

22 ★★★★★ 결함수 분석법의 활용 및 기대 효과와 거리가 먼 것은?

① 사고원인 규명의 간편화
② 사고원인 규명의 이중화
③ 사고원인 분석의 정량화
④ 사고원인 분석의 일반화

해설

결함수 분석법의 기대 효과(FTA 효과)
① 사고원인 규명의 간편화
② 사고원인 규명의 일반화
③ 사고원인 분석의 정량화
④ 노력시간 절감
⑤ 시스템 결함 진단
⑥ 안전점검표 작성

23 ★★★★ 다음 그림과 같은 결함수에 대해 기본사상의 발생이 상호 독립적이 아닌 경우의 정상사상 발생 확률의 범위를 구하고자 한다. 옳은 것은?(단, 0.1, 0.2는 기본사상의 발생확률을 나타낸다.)

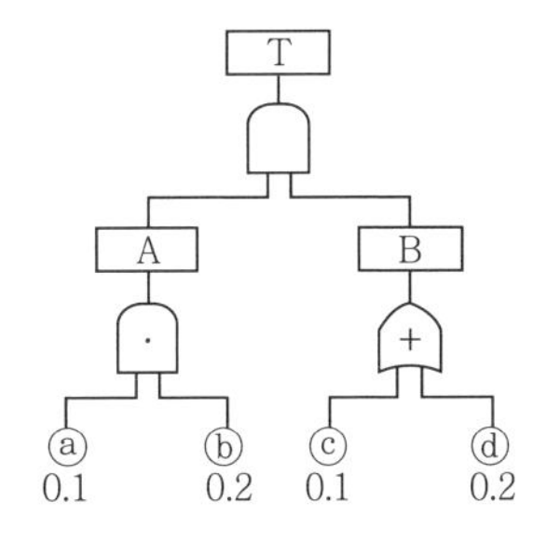

① (0.1~0.42)　② (0.02~0.28)
③ (0.3~0.37)　④ (0.4~0.37)

해설

① $A = R_S = 0.1\times0.2 = 0.02$
② $B = R_S = 1-(1-0.1)(1-0.2) = 0.28$

24 ★★★ 다음의 결함수에서 정상사상의 재해발생확률을 구하면?(단, 기본사상 ⓐ, ⓑ의 발생확률은 각각 0.1, 0.2이다)

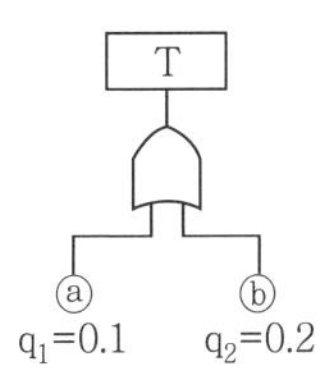

① 0.02　② 0.3
③ 0.28　④ 0.2

해설

$R_S = 1-(1-0.1)(1-0.2) = 0.28$

[정답] 20 ④　21 ①　22 ②　23 ②　24 ③

25 ★★ 결함수 분석법(FTA)에 해당되지 않는 사항은?

① 새로운 시스템의 개발과 설계 및 생산시 안전관리 측면에서 적용되는 방법
② 결함의 원인과 요인을 추적하지만 상이한 조직의 결함은 직접 발견할 수 없는 점
③ 조직의 기능역할 중에서 주요도가 높은 구성적 요소의 결함으로 인해 발생하는 경로 요인 분석
④ 원하지 않는 결과를 연구할 수 있도록 모든 사건을 추적하는 논리적 도표

해설

상이한 조직의 결함을 발견할 수 있는 것이 FTA이다.

26 ★ 다음 그림은 무슨 사상을 나타내는가?

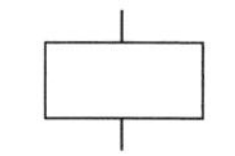

① 결함사상 ② 기본사상
③ 통상사상 ④ 생략사상

해설

FTA 기호

① 기본사상 ② 생략사상 ③ 통상사상

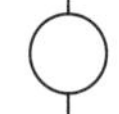
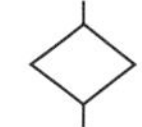
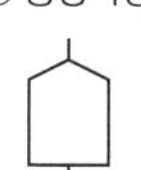

27 ★★★ 예비위험분석에서 달성하기 위하여 노력하여야 하는 4가지 주요 사항이 아닌 것은?

① 시스템에 관한 주요 사고를 식별하고, 개략적인 말로 표시할 것
② 사고를 초래하는 요인을 식별할 것
③ 사고 발생 확률을 계산할 것
④ 식별된 위험을 4가지 범주로 분류할 것

해설

(1) 식별된 위험을 4가지 범주로 분류하는 것은 FMEA(고장형태와 영향분석)법에도 통용된다.
(2) ①, ②, ④ 외 사고가 발생한다고 가정하고 시스템에 결과를 식별하여 평가

28 ★★★ 결함수상의 다음 그림의 기호는 무슨 게이트를 나타내는가?

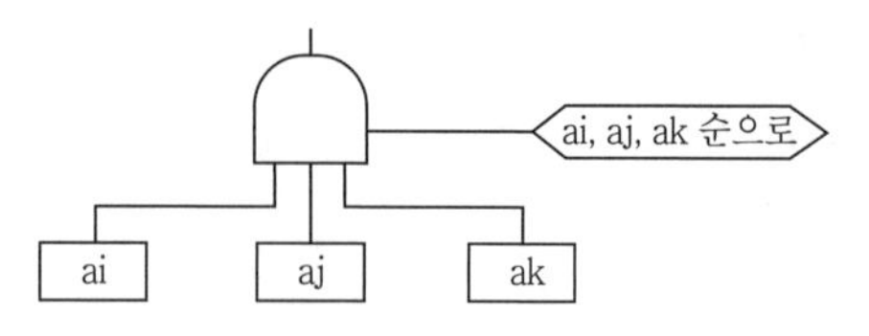

① 우선적 AND 게이트
② 조합 AND 게이트
③ 배타적 AND 게이트
④ AND 게이트

해설

그림을 잘 보라. AND 게이트에 ai, aj, ak 순으로 되어 있음을 알 수 있다.

29 ★★ 다음 그림의 결함수를 간략히 한 것은?

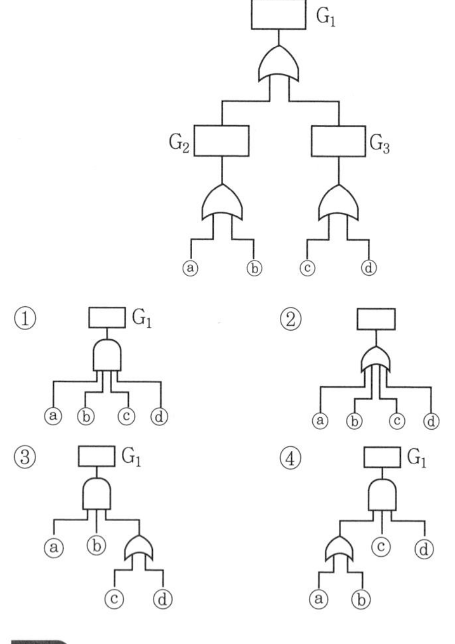

해설

tree의 간략화

$G_1=G_2=G_3+G_2=$ⓐ+ⓑ, $G_3=$ⓒ+ⓓ
∴ ⓐ+ⓑ+ⓒ+ⓓ

[정답] 25 ② 26 ① 27 ③ 28 ① 29 ②

30 ★★★★★ Safety Assessment 점검 6단계에서 잠재 위험성을 정량적으로 평가하는 단계는?

① 제1단계　② 제2단계
③ 제3단계　④ 제4단계

해설

① 제1단계 : 관계자료의 정비 검토
② 제2단계 : 정성적 평가
③ 제3단계 : 정량적 평가
④ 제4단계 : 안전대책수립
⑤ 제5단계 : 재해정보(사례)에 의한 평가
⑥ 제6단계 : FTA에 의한 재평가

31 ★★ 결함수 분석상 다음 그림의 정상사상의 발생확률이 맞는 것은?

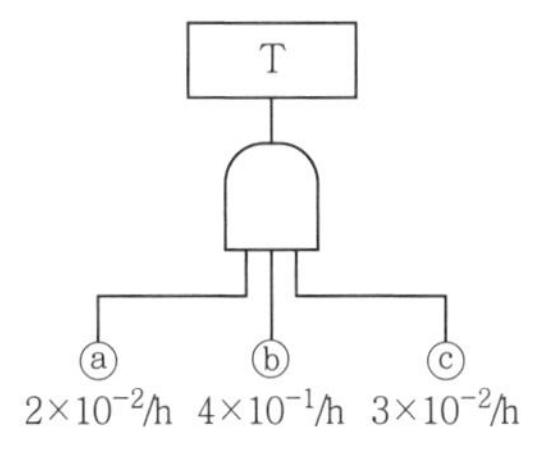

① 9×10^{-2}/h　② 9×10^{-5}/h
③ 24×10^{-4}/h　④ 24×10^{-5}/h

해설

T = ⓐ×ⓑ×ⓒ
$= (2\times10^{-2})\times(4\times10^{-1})\times(3\times10^{-2})$
$= 24\times10^{-5}$/h

32 ★★★ 결함수의 OR 게이트이지만 2개 또는 2 이상의 입력이 동시에 존재하는 경우에는 출력이 생기지 않는 게이트는?

① OR 게이트　② 조합 OR 게이트
③ 배타적 OR 게이트　④ 우선적 OR 게이트

해설

배타적 OR 게이트

AND Gate는 OR Gate에서 이 수정기호를 병용함으로써 여러 가지의 조건부 Gate를 구성할 수 있는 편리한 것이다. 기호 내에 다음에 나타내는 조건을 기입한다.

(1) 우선적 AND Gate
입력사상 가운데 어느 사상이 다른 사상보다 먼저 일어났을 때에 출력사상이 생긴다. 예를 들면 'A는 B보다 먼저'와 같이 기입한다.
(2) 짜맞춤 AND Gate
3개 이상의 입력사상 가운데 어느 것인가 2개가 일어나면 출력사상이 생긴다. 예를 들면 '어느 것인가 2개'라고 기입한다.
(3) 위험지속기호
입력사상이 생겨 어느 일정 시간 지속하였을 때에 출력사상이 생긴다. 예를 들면 '위험 지속 시간'과 같이 기입한다.
(4) 배타적 OR Gate
OR Gate로 2개 이상의 입력이 동시에 존재할 때에는 출력사상이 생기지 않는다. 예를 들면 '동시에 발생하지 않는다'라고 기입한다.

33 ★★★ 결함수상의 다음 그림의 기호는?

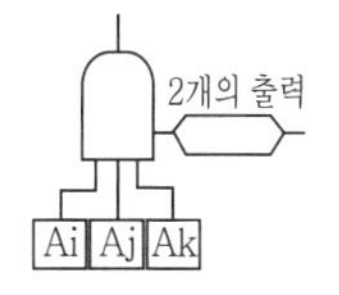

① 우선적 AND 게이트
② 조합 AND 게이트
③ AND 게이트
④ 배타적 OR 게이트

해설

2개의 출력이라고 되어 있으니까 조합이다.

34 ★★★★ 운영 안전성 분석(OSA)은 제품개발 사이클의 무슨 단계에서 실시하는가?

① 구상단계
② 설계단계
③ 제조, 조립 및 시험단계
④ 운영단계

해설

OSA(운영 및 지원위험해석)

시스템 요건이 지정된 시스템의 모든 사용 단계에서 생산, 보전, 시험, 운반, 저장, 운전, 비상탈출, 구조, 훈련 및 폐기 등에 사용되는 인원, 순서, 설비에 관하여 해저드를 동정하고 제어하면서 그들의 안전 요건을 결정하기 위하여 실시하는 해석이다.

[정답] 30 ③　31 ④　32 ③　33 ②　34 ③

35 ★★★ 그림에서 나타내는 기호는 무슨 사상을 나타내는가?

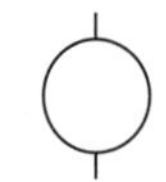

① 결함사상 ② 기본사상
③ 통상사상 ④ 생략사상

해설

FTA 기본논리기호

기호	명칭	기호	명칭
	결함사상		생략사상 (인간의 실수)
	기본사상		생략사상 (조작자의 간과)
	기본사상 (인간의 실수)		생략사상 (간소화)
	기본사상 (조작자의 간과)		전이기호
	통상사상		전이기호 (전출)
	생략사상		전이기호 (수량이 다르다)

36 ★★ 결함수 해석법(FTA)을 최초로 사용하기 시작한 사람은 누구인가?

① 하인리히 ② 시몬스
③ 왓슨 ④ 레오드

해설

결함수 분석법(FTA)의 발달과정

① 1962년 벨 전화 연구소의 Watson에 의해 처음 고안
② 벨 전화 연구소 Mearns에 의해 개량(미사일의 우발사고 예측 문제 해결)
③ 보잉사의 Haasl, Schroder, Jakson 등이 컴퓨터를 이용한 시뮬레이션의 개발, 본격적 발달
④ 1960년대 중반 : 항공 우주안전 분야 → 원자력 산업 → 산업안전 분야로 발달
⑤ 1965년 Kolodner나 Recht 등에 의해 산업안전 분야에 소개

37 ★★ 시스템 안전접근방법 중 귀납적, 정량적 방법인 것은?

① OS ② ETA
③ FTA ④ FMEA

해설

ETA(Event Tree Analysis : 사상수 분석법)

귀납적, 정량적 안전분석기법

38 ★★★ 보기와 같은 위험관리의 단계를 순서대로 올바르게 나열한 것은?

> ㉠ 위험의 분석 ㉡ 위험의 파악
> ㉢ 위험의 처리 ㉣ 위험의 평가

① ㉠-㉡-㉢-㉣ ② ㉡-㉢-㉠-㉣
③ ㉡-㉠-㉣-㉢ ④ ㉠-㉢-㉡-㉣

해설

위험관리의 4단계

① 제1단계 : 위험의 파악
② 제2단계 : 위험의 분석
③ 제3단계 : 위험의 평가
④ 제4단계 : 위험의 처리

39 ★★★ 다음 중 설비보전관리에서 설비이력카드, MTBF분석표, 고장원인대책표와 관련이 깊은 관리는? 20. 6. 14 산

① 보전기록관리 ② 보전자재관리
③ 보전작업관리 ④ 예방보전관리

해설

보전기록관리

① 신뢰성·보전성을 효과적으로 개선하기 위한 보전기록 자료
② MTBF 분석표, 설비이력카드, 고장원인 대책표 등

[정답] 35 ② 36 ③ 37 ② 38 ③ 39 ①

안전성 평가

중점 학습내용

본 장은 안전성 평가로 목적, 개념, 단계 등을 기술하였다. 특히 안전성 평가 6단계 기법을 기술하여 자기자신을 항상 산업재해에 대비하여 점검과 예방을 할 수 있도록 하였고 산업체에서 산업재해가 일어나지 않도록 하기 위하여 21세기 실무안전관리자의 역할을 할 수 있도록 하였다. 그 중심적인 내용은 다음과 같다.

❶ 평가의 개요
❷ 위험분석·관리·신뢰도 및 안전도 계산

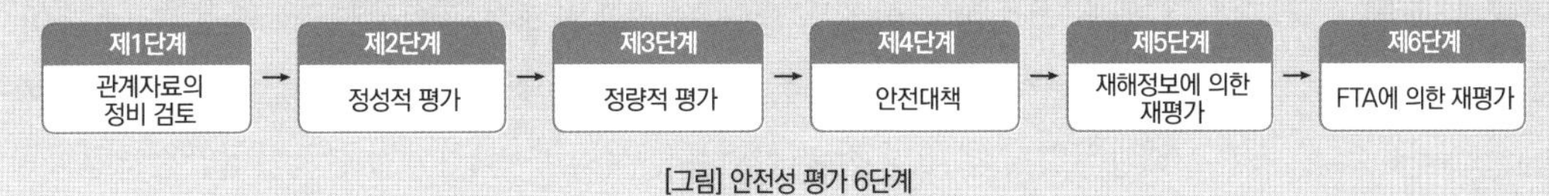

[그림] 안전성 평가 6단계

1 평가의 개요

1. 개 요

(1) Assessment의 정의

Assessment란 설비나 제품의 설비, 제조, 사용에 있어서 기술적, 관리적 측면에 대하여 종합적인 안전성을 사전에 평가하여 개선책을 제시하는 것을 말한다.

(2) 안전평가의 종류 21. 8. 14 기

① 테크놀로지 어세스먼트(Technology Assessment) : 기술개발과정에서 효율성과 위험성을 종합적으로 분석 판단함과 아울러 대체수단의 이해득실을 평가하여 의사결정에 필요한 포괄적인 자료를 체계화한 조직적인 계측과 예측의 process라고 말한다. 일명 '기술개발의 종합평가'라고도 말할 수 있다.
② 세이프티 어세스먼트(Safety Assessment)=Risk Assessment : 설비의 전공정에 걸친 안전성 사전평가 행위
③ Risk Assessment(Risk Management) : 위험성 평가
④ Human Assessment : 인간, 사고상의 평가

합격예측

리스크(risk : 위험) 처리기술
① 회피(avoidance)
② 경감, 감축(reduction)
③ 보류(retention)
④ 전가(transfer)

합격예측

① 신뢰도 : $R(t)=e^{-\lambda t}$
② 불신뢰도 : $R(t)=1-e^{-\lambda t}$

Q 은행문제

위험성평가(risk assessment)의 순서가 올바르게 나열한 것은? 19. 3. 30 지

ㄱ. 위험요인의 결정
ㄴ. 유해위험 요인별 위험성 조사·분석
ㄷ. 기록 및 검토
ㄹ. 위험성 감소조치의 실시
ㅁ. 유해 위험요인 파악

① ㄱ→ㄴ→ㄷ→ㄹ→ㅁ
② ㄱ→ㄴ→ㄹ→ㄷ→ㅁ
③ ㄴ→ㅁ→ㄱ→ㄹ→ㄷ
④ ㅁ→ㄴ→ㄱ→ㄹ→ㄷ

정답 ④

> **합격예측**
> **안전성 평가의 6단계**
> 18. 8. 19 기 산
> ① 1단계 : 관계자료의 정비 검토
> ② 2단계 : 정성적 평가
> ③ 3단계 : 정량적 평가
> ④ 4단계 : 안전대책
> ⑤ 5단계 : 재해정보에 의한 재평가
> ⑥ 6단계 : FTA에 의한 재평가

> **참고**
> **유해·위험방지계획서 제출서류(제조업)**
> 19. 3. 3 기 18. 9. 15 기
> ① 건축물 각 층의 평면도
> ② 기계·설비의 개요를 나타내는 서류
> ③ 기계·설비의 배치도면
> ④ 원재료 및 제품의 취급, 제조 등의 작업방법의 개요
> ⑤ 그 밖에 고용노동부장관이 정하는 도면 및 서류

> **합격예측**
> **정량적 평가의 5항목**
> ① 해당 화학설비의 취급물질
> ② 용량 ③ 온도
> ④ 압력 ⑤ 조작

> 17. 3. 5 산
> **Q 은행문제** 21. 5. 15 기
> 중량물 들기작업을 수행하는데, 10분 간의 산소소비량을 측정한 결과 200[L]의 배기량 중에 산소가 16[%], 이산화탄소가 4[%]로 분석되었다. 해당 작업에 대한 분당 산소소비량[L/min]은 얼마인가?(단, 공기 중 질소는 79vol[%], 산소는 21vol[%]이다.)
> [해설]
> ① 분당 배기량 :
> $V_2=\frac{\text{총 배기량}}{\text{시간}}=\frac{200}{10}$
> $=20[L/min]$
> ② 분당 흡기량 :
> $V_1=\frac{(100-O_2-CO_2)}{79}\times V_2$
> $=\frac{(100-16-4)}{79}\times 20$
> $=20.25[L/min]$
> ③ 분당 산소소비량 :
> $=(V_1\times 21[\%])-(V_2\times 16[\%])$
> $=(20.25\times 0.21)-(20\times 0.16)$
> $=1.05[L/min]$

(3) 안전성 평가의 목적

① 화학설비의 안전성의 평가의 목적은 다음과 같다. 화학물질을 제조, 저장, 취급하는 화학설비(건조설비 포함)를 신설, 변경, 이전하는 경우, 설계단계에서 화학설비의 안전성을 확보하기 위하여 안전성 평가를 실시함으로써 화학설비의 사용시 발생할 위험을 근원적으로 예방하고자 하는 데 평가의 목적이 있다.

② 사업장의 근본적 안전을 확보하기 위해서 기계·설비의 설계단계에서 안전성을 충분히 검토하여 위험의 발견시 필요한 조치를 강구함으로써 재해를 사전에 예방하고자 하는 데 그 목적이 있다.

③ 법적 목적 : 산업안전보건법에서는 고용노동부령이 정하는 업종 및 규모에 해당하는 사업의 사업주는 해당 사업에 관계있는 건설물, 기계·기구 및 설비 등을 설치, 이전하거나 그 주요 구조부분을 변경할 때는 유해·위험방지계획서를 해당작업시작 15일 전(건설업은 공사착공 전날)까지 한국산업안전보건공단에 2부를 제출하도록 하고 있다. 16. 3. 6 기 17. 9. 23 기 22. 4. 24 기 24. 5. 9 기

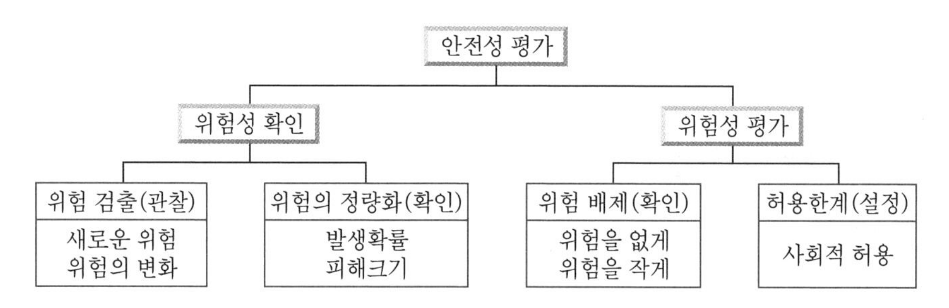

[그림] 안전성 평가

2. 안전성 평가 6단계 16. 3. 6 산 18. 4. 28 산 19. 8. 4 기 19. 9. 21 기

(1) 1단계 : 관계 자료의 정비 검토(작성 준비) 16. 10. 1 기 17. 3. 5 산

① 입지조건
② 화학설비 배치도
③ 건조물의 평면도, 단면도 및 입면도
④ 제조공정의 개요
⑤ 기계실 및 전기실의 평면도, 단면도 및 입면도
⑥ 공정계통도
⑦ 운전요령
⑧ 요원배치 계획
⑨ 배관이나 계장 등의 계통도
⑩ 제조공정상 일어나는 화학반응
⑪ 원재료, 중간체, 제품 등의 물리화학적인 성질 및 인체에 미치는 영향

(2) 2단계 : 정성적 평가 16. 5. 8 기 16. 10. 1 산 17. 3. 5 기 17. 8. 26 기 18. 3. 4 기 19. 3. 3 기 21. 3. 7 기

① 정성적 평가내용에 포함사항

㉮ 입지조건 ㉯ 공장 내의 배치

㉰ 소방설비 ㉱ 공정기기

㉲ 수송·저장 ㉳ 원재료, 중간체, 제품

② 1·2단계의 입지조건에 포함 사항

㉮ 지형은 적절한가, 지반은 연약하지 않은가, 배수는 적당한가

㉯ 지진, 태풍 등에 대한 준비는 충분한가

㉰ 물, 전기, 가스 등의 사용 설비는 충분히 확보되어 있는가

㉱ 철도, 공항, 시가지, 공공시설에 관한 안전을 고려하고 있는가

㉲ 긴급시에 소방서, 병원 등의 방재구급기관의 지원 체제는 확보되어 있는가

(3) 3단계 : 정량적 평가항목 16. 3. 6 기 19. 3. 3 산 19. 4. 27 기 20. 6. 7 기

① 해당 화학설비의 취급물질

② 해당 화학설비의 용량

③ 온도

④ 압력

⑤ 조작

[표] 정량적 평가법

구분	A(10점)	B(5점)	C(2점)	D(0점)
물질	① 폭발성 물질 ② 발화성 물질 중 금속리튬, 금속칼륨, 금속나트륨, 황린 ③ 가연성 가스 중 1[m^2]당 2[kg] 이상의 압력을 가진 아세틸렌 ④ 위의 ①~③과 동일한 정도의 위험성이 있는 물질	① 발화성의 물질 중 황화인, 적린 ② 산화성의 물질 중 염소산염류, 과염소산염, 무기과산화물 ③ 인화성의 물질 중 인화점이 영하 30[℃] 미만의 물질 ④ 가연성 가스 ⑤ 위의 ①~④와 동일한 정도의 위험성이 있는 물질	① 발화성의 물질 중 셀룰로이드류, 탄화칼슘, 인화석회, 마그네슘분말, 알루미늄 분말 ② 인화성의 물질 중 인화점이 영하 30[℃] 이상 30[℃] 미만의 물질 ③ 위의 ①~②와 동일한 위험성이 있는 물질	A·B 및 C 어느 것에도 속하지 않는 물질
	여기서 말한 물질이란 원재료, 중간체 및 생성물 중 가장 위험성이 큰 것을 말함. 폭발한계의 10[%] 미만의 미량으로 취급하는 경우는 고려하지 않음			

합격예측

안전성 평가의 4가지

① 체크리스트에 의한 평가
② 위험의 예측평가
③ 고장형과 영향분석
④ FTA법

합격예측

비간략구조의 신뢰도 구하는 방법

① 사상공간법
② 경로추적법
③ 분해법
④ minimum cut-set
⑤ minimum tie-set

합격예측

정성적 평가(제2단계)

① 설계관계 22. 3. 5 기
입지조건, 공장내의 배치, 건조물, 소방용 설비 등
② 운전관계
원재료, 중간제품 등의 위험성, 프로세스의 운전조건 수송, 저장 등에 대한 안전대책, 프로세스기기의 선정요건

합격예측

위험도 등급 및 점수

① 1등급(16점 이상) : 위험도가 높다
② 2등급(11~15점 이하) : 주위 상황, 다른 설비와 관련해서 평가한다.
③ 3등급(10점 이하) : 위험도가 낮다.

합격예측

예방보전(Preventive Maintenance : PM)

① 예방보전(豫防保全)은 기계설비의 성능이 표준이하의 상태(고장)로 떨어지는 것을 사전에 방지하는 보전활동을 말한다.
② 설비의 예방보전(PM)이란 예정한 시기에 점검 및 시험·급유·조정·분해정비(overhaul)·계획적 수리 및 부분품 갱신 등을 행하여, 설비성능의 저하와 고장 및 사고를 미연에 방지하고, 설비의 성능을 표준 이상으로 유지하는 보전활동이다.

구 분	A(10점)	B(5점)	C(2점)	D(0점)
화학 설비의 용량	1,000 이상	500 이상 1,000 미만	100 이상 500 미만	100 미만
	100 이상	50 이상 100 미만	10 이상 50 미만	10 미만
	• 촉매 등을 충전한 반응 장치 등에 관해서는 충전물을 제외한 공간체적으로 함. • 기액혼합계에 있어서의 반응장치에 관해서는 반응형태에 따라, 정제장치에 관해서는 정제 형태에 따라 선택하되 화학반응이 일어나지 않는 정제장치 및 저장장치에 관해서는 1등급을 감하여 평가한다. 단, D급의 것에 대하여는 그대로 한다. ① 기체로 취급하는 경우의 용량(단위 : m^3) ② 액체로 취급하는 경우의 용량(단위 : m^3)			
온도	1,000[℃] 이상으로 취급되는 경우에 그 취급온도가 발화 온도 이상의 경우	① 1,000[℃] 이상으로 취급되는 경우에 그 취급온도가 발화 온도 미만의 경우 ② 250[℃] 이상 1,000[℃] 미만에서 취급온도가 발화온도 이상인 경우	① 250[℃] 이상 1,000[℃] 미만에서 취급하는 경우에 그 취급온도가 발화 온도 미만의 경우 ② 250[℃] 미만에서 취급하는 경우에 그 취급온도가 발화 온도 이상의 경우	250[℃] 미만에서 취급하는 경우에 그 취급온도가 발화온도 미만의 경우
압력 (1[cm^2]당 [kg])	1,000 이상	200 이상 1,000 미만	10 이상 200 미만	10 미만
조작	폭발범위 또는 그 부근에서의 조작	① 온도 상승속도가 400 이상의 조작 ② 운전조건이 통상의 조건에서 25[%] 변화하면 위 ①의 상태로 되는 조작 ③ 운전자의 판단으로 조작이 행해지는 것 ④ 설비 내에 공기 등의 불순물이 들어가 위험한 반응을 일으킬 가능성이 있는 조작 ⑤ 분진폭발을 일으킬 염려가 있는 먼지 혹은 증기를 취급하는 조작 ⑥ 위의 ①~⑤와 동일한 정도의 위험성이 있는 조작	① 온도 상승속도가 4 이상 400 미만의 조작 ② 운전 조건이 통상의 조건에서 25[%] 변화하면 위 ①의 상태로 되는 조작 ③ 그 조작이 미리 기계에 프로그램화되어 있는 것 ④ 정제조작 중 화학반응이 따르는 것 ⑤ 위의 ①~④와 동일한 정도의 위험성이 있는 조작	① 온도 상승속도가 4 미만의 조작 ② 운전조건이 통상조건에서 25[%] 변화하면 위 ①의 상태로 되는 조작 ③ 반응용기 내에 70[%] 이상의 물이 들어 있는 것 ④ 정제조작 중 화학반응이 따르지 않는 것 및 저장 ⑤ 위의 ①~④ 외에 A, B 및 C의 어느 것에도 속하지 않는 조작

※ 주 : 온도 상승속도(1분당 섭씨 몇 도) = A ÷ (B × C × D)
여기서, A : 반응에 따른 발열속도(1분당 킬로칼로리 : kcal/min)
B : 화학설비 내의 물질의 비열(섭씨 1도 및 1킬로칼로리 : kcal/kg·℃)
C : 화학설비 내의 물질의 밀도(1세제곱미터당 킬로그램)
D : 화학설비 내의 용량(세제곱미터)

(4) 4단계 : 안전대책수립 18. 9. 15 기 21. 5. 15 기

① 설비 등에 관한 대책(위험등급 1·2등급의 물적 안전조치사항)

㉮ 소화용수 및 살수설비설치

㉯ 특수한 계장 또는 설비

㉰ 폐기설비 및 급랭설비

㉱ 용기 내 폭발방지설비설치

㉲ 원격조작

㉳ 경보장치설치

㉴ 가스검지기설치

㉵ 배기설비설치

㉶ 비상용 전원장치설치

㉷ 폭풍으로부터 보호대책(1급 : 30[m] 이상 격리, 2급 : 15[m] 이상 격리)

② 위험등급 3등급시 설비 등에 관한 대책

㉮ 소화용수 및 살수설비설치

㉯ 정전기 방지대책강구

㉰ 배기설비설치

③ 관리적 대책

㉮ 적정한 인원배치 ㉯ 보전 ㉰ 안전교육훈련

(5) 5단계 : 재해 사례(정보)에 의한 평가

(6) 6단계 : FTA에 의한 재평가

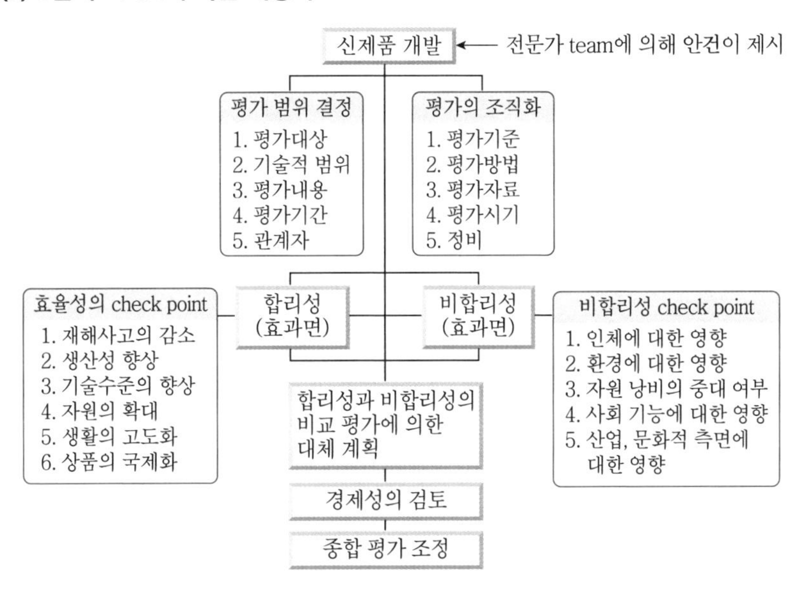

[그림] 기술개발의 종합평가도

합격예측

안전점검의 멀티플 체크의 순서

① 1단계(시스템 어프로치) : 대상에 대한 시스템에 어떤 문제 있는가를 명확히 한다.
② 2단계 : 체크리스트에 의하여 안전진단을 행한다.
③ 3단계(FMEA) : 주요 요인에 대한 잠재위험성을 정량적으로 평가하여 중요도를 정한다.
④ 4단계(안전대책의 시행) : FMEA 결과를 기초로 안전대책을 실행한다.
⑤ 5단계(what if) : 재해상정에 의한 제4단계까지의 경과를 평가하여 보고 "만약에 …라면" 등으로 살펴본다.
⑥ 6단계 : EAT와 FTA를 활용하여 종합 평가한다.

합격예측

비합리성의 체크포인트

① 사회기능에 대한 영향
② 산업, 문화적 측면에 대한 영향
③ 인체에 대한 영향
④ 자연환경에 대한 영향
⑤ 자원낭비의 증대여부

합격예측

생략사상을 나타내는 기호

① 생략사상

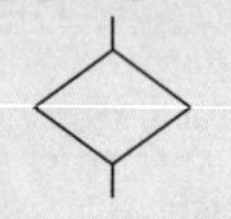

② 생략사상(인간의 에러)

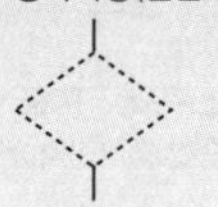

③ 생략사상(간소화)

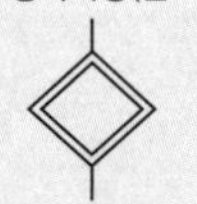

④ 생략사상(조작자의 간과)

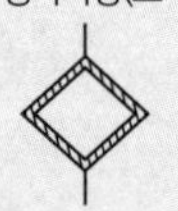

2 위험분석 · 관리 · 신뢰도 및 안전도 계산

1. 용어 및 유인어

(1) 용어정리

① **의도**(intention) : 의도는 어떤 부분이 어떻게 작동될 것으로 기대된 것을 뜻한다. 이것은 서술적일 수 있고 도면화될 수도 있다. 많은 경우에 플로 시트나 라인 다이어그램을 사용한다.

② **이상**(deviation) : 이상은 의도에서 벗어난 것을 뜻하며 유인어를 체계적으로 적용하여 얻어진다.

③ **원인**(cause) : 이상이 발생한 원인을 뜻한다. 이상이 있을 수 있거나 현실적인 원인을 가질 경우, 의미있는 것으로 취급한다.

④ **결과**(consequence) : 이상이 발생할 경우 그 결과이다.

⑤ **위험**(hazard) : 손상, 부상 또는 손실을 초래할 수 있는 결과를 뜻한다.

(2) 유인어(guide words) 16. 5. 8 기 18. 3. 4 기 20. 8. 22 기 20. 9. 27 기

간단한 말로써 창조적 사고를 유도하고 자극하여 이상(deviation)을 발견하기 위하여 의도(intention)를 한정시키기 위해 사용한다. 즉, 구성원들의 사고를 이용해 조작방법이나 오동작을 개선하는 것이다.

① NO 또는 NOT : 설계 의도의 완전한 부정을 의미

② AS Well AS : 성질상의 증가를 나타내는 것으로 설계의도와 운전조건 등 부가적인 행위와 함께 일어나는 것을 의미

③ PART OF : 성질상의 감소, 성취나 성취되지 않음을 나타냄

④ MORE LESS : 양의 증가 또는 양의 감소로 양과 성질을 함께 나타냄

⑤ OTHER THAN : 완전한 대체를 의미 21. 9. 12 기 22. 4. 24 기

⑥ REVERSE : 설계의도와 논리적인 역을 의미

(3) 사고발생확률 계산

현상 A, B, C … N의 발생확률을 $q_A q_B q_C$ … q_N으로 하면 그것들의 논리곱 및 논리합의 확률은 다음과 같다. n개의 논리 현상에 대하여

① **논리곱(AND 게이트)확률** : $q(A \cdot B \cdot C \cdots N) = q_A \cdot q_B \cdot q_C \cdots q_N$

② **논리합(OR 게이트)확률** : $q(A+B+C \cdots N) = 1-(1-q_A)(1-q_B)(1-q_C)$

$$= 1-(1-q_N)$$

따라서 불 대수와 이들의 확률 현상의 계산식을 사용함으로써 FT의 모든 최하단의 현상발생확률이 주어지면 그 FT의 정상 현상, 즉 구하고자 하는 재해의 발생확률을 계산할 수 있다.

(4) minimal cut과 minimal path

① minimal cut : FT는 신뢰성 그래프에서 대응하고 있는 것에서 얻어진 개념으로 FT에서의 cut이란 그 중에 포함되는 모든 기본사상이 일어났을 때 정상사상이 일어나게 되는 기본사상의 짜임인 것이다. 이와 같은 cut 중 정상사상이 일어나기 위한 필요 최소한도의 cut을 minimal cut이라 한다. FTA에 있어서 이러한 minimal cut은 시스템의 약점을 표시한다.

② minimal path : path란 그 속에 포함되는 모든 기본사상이 일어나지 않았을 때 정상사상이 일어나지 않게 되는 기본사상의 짜임으로 그 필요 최소한의 것을 minimal path라고 한다. FTA에 있어서 이러한 minimal path는 대책의 필요점을 표시한다.

2. 위험관리 절차

(1) 위험 및 운전성 검토절차

① 목적과 범위를 결정한다.
② 검토 팀(team)을 선정한다.
③ 검토 준비를 한다.
④ 검토를 행한다.
⑤ 후속조치를 취한다.
⑥ 결과를 기록한다.

(2) 위험 및 운전성 검토 구성원 : 구성인원은 3~5명

① 연구개발담당자
② 생산관리부장
③ 화공기술자
④ 기계기술자
⑤ 설계관리감독자

(3) 위험 및 운전성 검토준비작업 4단계

① 1단계 : 자료의 수집
② 2단계 : 수집된 자료의 수정
③ 3단계 : 검토순서 계획의 수립
④ 4단계 : 필요한 회의 수집

합격예측

효율성의 체크 point
① 재해사고의 감소
② 생산성의 향상
③ 기술수준의 향상
④ 자원의 확대
⑤ 생활의 고도화
⑥ 상품의 고도화

합격예측

- 최소컷셋 : 시스템의 위험성
- 최소패스셋 : 시스템의 신뢰성

Q 은행문제 17. 9. 23 기

1. 위험관리 단계에서 발생빈도보다는 손실에 중점을 두며, 기업 간 의존도, 한 가지 사고가 여러가지 손실을 수반하는 것에 대해 유의하여 안전에 미치는 영향의 강도를 평가하는 단계는?
① 위험의 파악 단계
② 위험의 처리 단계
③ 위험의 분석 및 평가 단계
④ 위험의 검출확인, 측정방법 단계

정답 ③

2. 다음의 위험관리 단계를 순서대로 나열한 것으로 맞는 것은? 19. 9. 21 산

[다음]
㉠ 위험의 분석
㉡ 위험의 파악
㉢ 위험의 처리
㉣ 위험의 평가

① ㉠-㉡-㉢-㉣
② ㉡-㉠-㉣-㉢
③ ㉠-㉢-㉡-㉣
④ ㉡-㉢-㉠-㉣

정답 ②

합격예측

기술개발의 종합평가

① 1단계 : 사회적 복리기여도
② 2단계 : 실현가능성
③ 3단계 : 안전성과 위험성
④ 4단계 : 경제성
⑤ 5단계 : 종합평가(조성)

용어정의

컷(cut)

컷이란 그 속에 포함되어 있는 모든 기본사상(여기서는 통상사상, 생략 결함사상 등을 포함한 기본사상)이 일어났을 때 정상사상을 일으키는 기본사상의 집합을 말한다.

Q 은행문제 22. 4. 24 ㉮

다음에서 설명하는 용어는?

> 유해·위험요인을 파악하고 해당 유해·위험요인에 의한 부상 또는 질병의 발생 가능성(빈도)과 중대성(강도)을 추정·결정하고 감소대책을 수립하여 실행하는 일련의 과정을 말한다.

① 위험성 결정
② 위험성 평가
③ 위험빈도 추정
④ 유해·위험요인 파악

정답 ②

(4) 위험성 평가(risk assessment)

risk management(위험관리)와 동의어로서, 산업안전에 속하는 위험관리는 바로 안전성 평가이다.

(5) 위험성 평가의 순서

① 위험성의 검출과 확인
② 위험성 측정과 분석평가
③ 위험성의 처리(위험성의 제거 내지 극소화)
④ 위험성 처리방법의 선택
⑤ 계속적인 위험성 감시

(6) 기술개발의 종합평가(technology assessment)

① technology assessment : 기술개발의 과정에서 효율성과 비합리성을 종합적으로 분석, 판단하고 대체수단의 이해득실을 평가하여 의사결정에 필요한 종합적인 자료를 체계화한 조직적인 계획과 예측의 과정을 의미한다.

② technology assessment의 5단계

㉮ 1단계 : 사회적 복리 기여도
㉯ 2단계 : 실현 가능성
㉰ 3단계 : 안전성과 위험성
㉱ 4단계 : 경제성
㉲ 5단계 : 종합평가 조정

(7) TOP이론(콤페스, P.C.Compes)

① T(Technology) : 기술적 사항으로 불안전한 상태를 지칭
② O(Organization) : 조직적 사항으로 불안전한 조직을 지칭
③ P(Person) : 인적사항으로 불안전한 행동을 지칭

(8) 시스템 안전해석

① 인간-기계 시스템 해석(man-machine system analysis)
② 정성적 해석 및 정량적 해석
③ 연역적 해석 및 귀납적 해석
④ 결함수 분석(FTA), 사건수 분석(ETA), 고장형태와 영향해석(FMEA), 중요도해석(FMECA), 특성요인도, MORT 해석

안전성 평가

출제예상문제

출제예상문제는 복습, 예습문제로 엮었습니다. *WHY : 실제시험에도 순서에 관계없이 출제됩니다. 예습 후 다음장에 공부한 문제가 있으면 기억이 배가 됩니다.

01 ★★ 다음의 decision tree에서 (㉠), (㉡), (㉢)에 들어갈 숫자는? 10. 9. 5 기

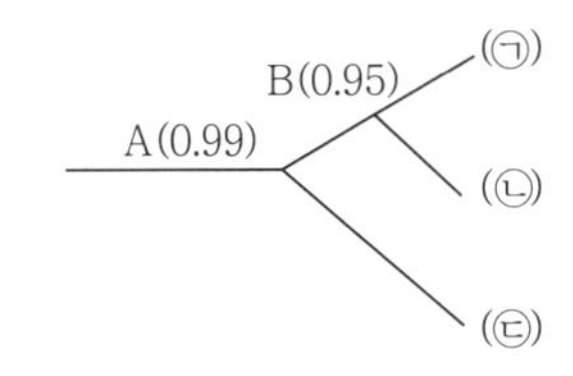

① 0.9405, 0.0495, 0.01
② 0.9999, 0.0495, 0.05
③ 0.9995, 0.9905, 0.05
④ 1.94, 1.04, 0.01

해설

DT계산

㉠ A×B = 0.99×0.95 = 0.9405
㉡ A×(1−B) = 0.99×(1 − 0.95) = 0.0495
㉢ (1−A) = 1 − 0.99 = 0.01

02 ★★★★★ FMEA에서 고장의 발생확률을 β라 하고, $0.10 \le \beta < 1.00$일 때의 고장의 영향은?

① 영향 없음 ② 실제의 손실
③ 가능한 손실 ④ 예상되는 손실

해설

FMEA의 고장발생확률

고장의 영향	발생확률(β)
실제의 손실	$\beta = 1.00$
예상되는 손실	$0.10 \le \beta < 1.00$
가능한 손실	$0 < \beta < 0.10$
영향 없음	$\beta = 0$

03 ★★★★ FMEA의 위험성 분류 중 카테고리(Ⅲ)에 해당되는 것은?

① 영향 없음 ② 활동의 지연
③ 임무수행의 실패 ④ 생명 또는 가옥의 상실

해설

FMEA의 위험성 분류

① Category (Ⅰ) : 생명 또는 가옥의 상실
② Category (Ⅱ) : 임무수행의 실패
③ Category (Ⅲ) : 활동의 지연
④ Category (Ⅳ) : 영향 없음

04 ★★★ 고장영향의 β값을 정량화한 것 중 보통 일어날 수 있는 손실을 표시한 것은?

① $\beta = 1.00$ ② $0.10 \le \beta < 1.00$
③ $0 < \beta < 0.10$ ④ $\beta = 1$

해설

고장영향분류

영 향	발 생 확 률
• 실제의 손실 • 예상되는 손실 • 가능한 손실 • 영향 없음	$\beta = 1.00$ $0.10 \le \beta < 1.00$ $0 < \beta < 0.10$ $\beta = 0$

05 ★★★ 작업위험분석의 방법이 아닌 것은?

① 면접법 ② 시찰법
③ 질문지법 ④ 시범법

[정답] 01 ① 02 ④ 03 ② 04 ② 05 ④

해설

(1) 작업위험 분석방법
① 면접
② 관찰(시찰)
③ 설문방법(질문지법)
④ ①+②+③ (혼합방식)

(2) 작업위험 분석시 고려조건
① 육체적 요구조건
② 작업환경
③ 보건상 위험
④ 그 밖에 잠재적 위험
⑤ 안전관계
⑥ 개인 보호구
⑦ 기기 제조원의 책임(인간공학의 결함이나 부적합성)

06 ★★★ 입력 B_1과 B_2의 어느 한쪽이 일어나면 출력 A가 생기는 경우를 '논리합'의 관계라 한다. 이때 입력과 출력 사이에는 무슨 게이트로 연결되는가?

① AMD 게이트 ② 억제 게이트
③ OR 게이트 ④ 부정 게이트

해설

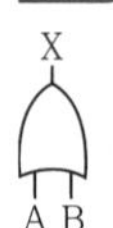

OR 게이트 : 출력 X의 사상은 A, B의 어느 것이나 한 가지 또는 그 구성이(어떤 것이든 무방) 존재할 때 발생하는 것임을 나타내는 게이트이다.

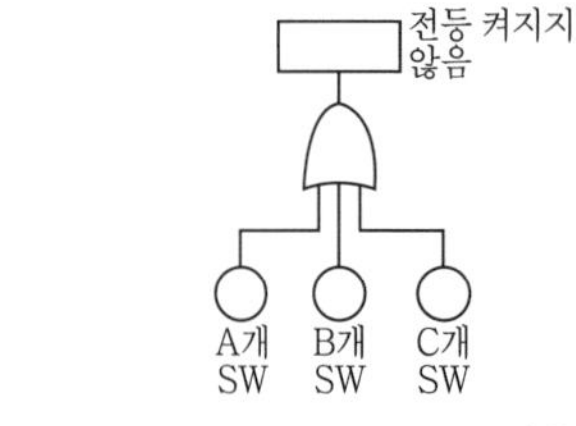

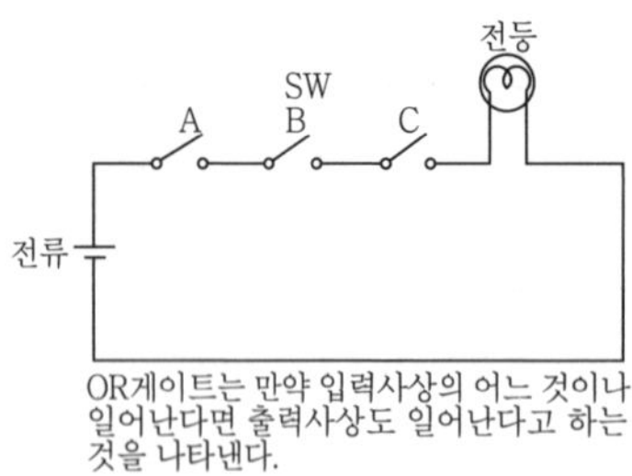

이 기호는 (OR) 또는 (+)와 같이 표시되는 경우가 많다. 예를 들어 그림에서 '불이 켜지지 않음'이라고 하는 사상이 발생하기 위해서는 A, B, C의 스위치 중 어느 하나가 off가 되면 되는 것이므로 입력사상, 출력사상을 연결하는 논리 게이트는 OR 게이트라야만 한다.

07 ★★ 기계설비의 안전성 평가시 본질적인 안전화를 진전시키기 위하여 검토해야 할 사항과 거리가 먼 것은?

① 작업자측에 실수나 잘못이 있어도 기계설비측에서 이를 커버하여 안전을 확보할 것
② 기계설비의 유압회로나 전기회로에 고장이 발생하거나 정전 등 이상상태 발생시 안전 쪽으로 이행
③ 작업방법, 작업속도, 작업자세 등을 작업자가 안전하게 작업할 수 있는 상태로 강구함
④ 재해를 분석하여 근로자의 안전작업방법에 대한 교육을 강화

해설

기계설비의 안전성 평가시 검토해야 할 사항은 ①, ②, ③이다.

08 ★★ 시스템 위험분석을 위한 정성적, 귀납적 분석 방법으로 시스템에 영향을 미치는 모든 요소의 고장을 형태별로 분석, 검토하는 기법은?

① PHA ② FHA
③ FMEA ④ MORT

해설

① PHA : 구상단계, 발주단계에서 실시
② MORT : 연역적, 정량적 분석

09 ★★★★★ 안전성 평가는 다음의 6단계에 의하여 평가되는데 이에 해당되지 않는 것은?

① 관계자료의 정비검토 ② 정성적 평가
③ 작업조건의 평가 ④ 안전대책

해설

안전성 평가의 6단계
① 제1단계 : 관계자료의 정비
② 제2단계 : 정성적 평가
③ 제3단계 : 정량적 평가
④ 제4단계 : 안전대책
⑤ 제5단계 : 재해정보에 의한 재평가
⑥ 제6단계 : FTA에 의한 재평가

[정답] 06 ③ 07 ④ 08 ③ 09 ③

10 ★★★★ 다음 중 안전성 평가의 단계로 맞는 것은?

① 정성적 평가－정량적 평가－안전대책－작성 준비－재평가
② 정량적 평가－정성적 평가－작성 준비－안전대책－재평가
③ 작성 준비－정성적 평가－정량적 평가－안전대책－재평가
④ 작성 준비－정량적 평가－정성적 평가－안전대책－재평가

해설

안전성 평가항목의 6단계(순서)

① 제1단계 : 관계자료의 정비(자료작성준비)
② 제2단계 : 정성적 평가
③ 제3단계 : 정량적 평가
④ 제4단계 : 안전대책수립
⑤ 제5단계 : 재해사례(정보)에 의한 재평가
⑥ 제6단계 : FTA에 의한 재평가

11 ★★ 다음의 시스템안전 분석기법 중 정성적(定性的) 분석방법과 정량적(定量的) 분석방법을 동시에 사용하는 기법은?

① OS ② FTA
③ ETA ④ FMECA

해설

FMECA = 정성적 + 정량적

12 ★★★ 다음 FT도에서 minimal cut set를 구하면?(단, ⓐ~ⓓ는 기본사상)

① (ⓐ, ⓑ, ⓒ, ⓓ)
② (ⓐ, ⓒ, ⓓ)
③ (ⓐ, ⓑ)
④ (ⓒ, ⓓ)

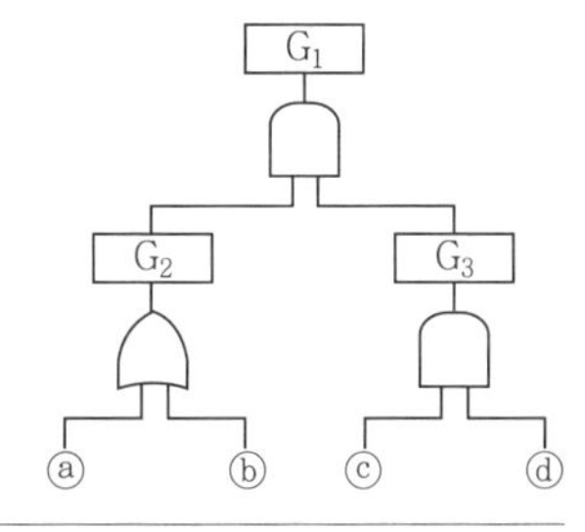

해설

모든 기본사상이 일어났을 때 정상사상을 일으키는 기본사상의 집합을 cut set라 하며 cut set 중 cut set를 포함하는 것을 배제한 최소한의 cut set를 minimal cut set라 한다.

13 ★★ 위험성 분석에 사용되는 일반적 목표의 위험 레벨은?

① 1×10^{-3}의 위험 레벨
② 1×10^{-4}의 위험 레벨
③ 1×10^{-5}의 위험 레벨
④ 1×10^{-6}의 위험 레벨

해설

위험성 분류의 일반적 목표의 레벨은 통상 1×10^{-5}이다.

14 ★★ 안전성 평가의 3단계를 설명한 것은?

① 관계자료의 준비 ② 단계별 평가
③ 정성적 평가 ④ 정량적 평가

해설

안전성 평가 5단계

① 제1단계 : 관계자료의 작성 준비
② 제2단계 : 정성적 평가
③ 제3단계 : 정량적 평가
④ 제4단계 : 안전대책
⑤ 제5단계 : 재평가 ┌ 재해정보에 의한 평가
　　　　　　　　　　└ FTA에 의한 평가

15 ★★ 안전성 평가는 6단계 과정을 거쳐 실시되는데 이에 해당되지 않는 것은?

① 작업조건의 측정 ② 정성적 평가
③ 안전대책 ④ 관계자료의 정비검토

해설

안전성 평가 6단계는 실기에도 자주 출제된다.

16 ★★★ 다음 중 시스템안전 해석방법이 아닌 것은?

① PHA ② OJT
③ DT ④ MORT

해설

OJT는 사업 내 안전교육방법이다.

[정답] 10 ③ 11 ④ 12 ④ 13 ③ 14 ④ 15 ① 16 ②

Chapter 08

각종 설비의 유지관리

중점 학습내용

본 장은 각종 설비의 유지관리의 장으로 안전성 검토의 목적, 개념 및 유해방지 계획서의 제출대상 등을 기술하였다. 특히 안전성 평가단계의 내용과 보전성 설계기법을 기술하여 자기자신을 항상 산업재해에 대비하여 점검과 예방을 할 수 있도록 하였고 산업체에서 산업재해가 일어나지 않도록 하기 위하여 21세기 실무안전관리자의 역할을 할 수 있도록 하였다. 시험에 출제가 예상되는 그 중심적인 내용은 다음과 같다.

❶ 안전성 검토
❷ 공장설비의 안전성 평가
❸ 보전성 공학

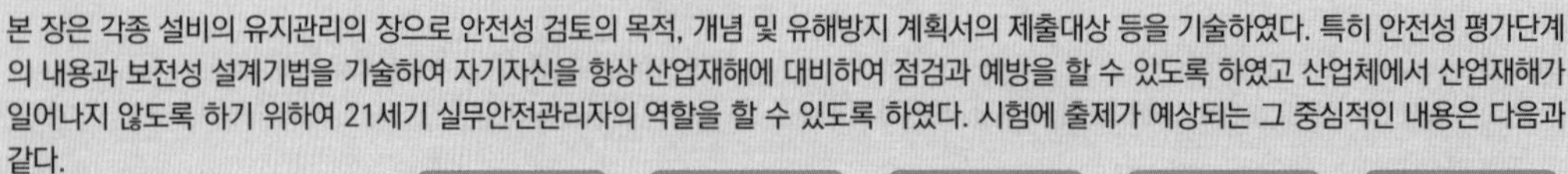

[그림] Risk Assessment의 순서

합격날개

합격예측

유해위험방지계획서 첨부서류 : 제42조 제3항 관련(공사 개요 및 안전보건관리계획)
18. 3. 4 산 20. 8. 23 산

① 공사 개요서(별지 제101호 서식)
② 공사현장의 주변 현황 및 주변과의 관계를 나타내는 도면(매설물 현황을 포함한다)
③ 건설물, 사용 기계설비 등의 배치를 나타내는 도면
④ 전체 공정표
⑤ 산업안전보건관리비 사용계획(별지 제102호서식)
⑥ 안전관리 조직표
⑦ 재해 발생 위험 시 연락 및 대피방법

1 안전성 검토

1. 유해위험방지계획서 제출대상 사업장 19. 4. 27 기 20. 9. 27 기

(제조업 분야 : 전기계약용량 300[kW] 이상인 사업)

① 금속가공제품 제조업 : 기계 및 가구 제외
② 비금속 광물제품 제조업
③ 기타 기계 및 장비 제조업
④ 자동차 및 트레일러 제조업
⑤ 식료품 제조업
⑥ 고무제품 및 플라스틱제품 제조업
⑦ 목재 및 나무제품 제조업
⑧ 기타 제품 제조업
⑨ 1차 금속 제조업
⑩ 가구 제조업
⑪ 화학물질 및 화학제품 제조업
⑫ 반도체 제조업
⑬ 전자부품 제조업

2. 유해위험방지계획서의 제출대상 기계·기구 및 설비 18. 3. 4 기 19. 9. 21 기

① 금속이나 그 밖의 광물의 용해로
② 화학설비
③ 건조설비
④ 가스집합용접장치
⑤ 근로자의 건강에 상당한 장해를 일으킬 우려가 있는 물질로서 고용노동부령으로 정하는 물질의 밀폐·환기·배기를 위한 설비

3. 유해위험방지계획서 제출 대상 건설공사

16. 5. 8 기 17. 3. 5 산 18. 4. 28 기 18. 8. 19 기 산 18. 9. 15 기 19. 3. 3 기 산 19. 4. 27 기 산 19. 8. 4 산 19. 9. 21 기 20. 8. 22 기 22. 4. 24 기

(1) 건축물 또는 시설 등의 건설·개조 또는 해체공사
 가. 지상높이가 31미터 이상인 건축물 또는 인공구조물
 나. 연면적 3만제곱미터 이상인 건축물
 다. 연면적 5천제곱미터 이상인 시설
  ① 문화 및 집회시설(전시장 및 동물원·식물원은 제외한다)
  ② 판매시설, 운수시설(고속철도의 역사 및 집배송시설은 제외한다)
  ③ 종교시설
  ④ 의료시설 중 종합병원
  ⑤ 숙박시설 중 관광숙박시설
  ⑥ 지하도상가
  ⑦ 냉동·냉장 창고시설
(2) 연면적 5천제곱미터 이상인 냉동·냉장 창고시설의 설비공사 및 단열공사
(3) 최대지간길이가 50[m] 이상인 교량건설 등 공사
(4) 터널건설 등의 공사
(5) 다목적댐, 발전용댐 및 저수용량 2천만톤 이상의 용수전용댐, 지방상수도 전용댐 건설 등의 공사
(6) 깊이 10[m] 이상인 굴착공사

2 공장설비의 안전성 평가

1. 기계설비의 안전평가

(1) 신제품의 안전성 평가방법

① 연구개발단계에서부터 안전성에 대한 정보수집이 이루어져야 하며 이에 따른 재해예방기술의 개발도 병행해 나가야 한다. 필요한 때에는 기계장치의 안전설계에 필요한 자료를 얻기 위한 여러 가지 실험과 연구를 통하여 사고 방지를 위한 공학적 자료를 수집해야 한다

② 원재료의 성질을 어떤 것으로 할 것인지, 그 재료에 대한 물리적, 화학적, 기계적 성질을 충분히 조사·검토해야 한다.

③ 모든 설계는 구조, 강도, 기능과 조작성, 보수성, 신뢰성 등을 충분히 감안하여 설정된 안전설계기준에 의하여 본질적 안전화를 기초로 해야 하며 여기에 풀프루프(foolproof), 페일세이프(fail-safe) 등의 안전장치를 채용하여 잘못 사용, 오조작, 고장시의 대책을 세우고 과부하 등에 대한 충분한 검토가 있어야 한다.

합격예측 및 관련법규

제45조(심사결과의 구분)

① 공단은 유해·위험방지계획서의 심사결과에 따라 다음 각 호와 같이 구분·판정한다. 17. 8. 26 기 18. 8. 19 기 24. 2. 5 기
 1. 적정 : 근로자의 안전과 보건상 필요한 조치가 구체적으로 확보되었다고 인정되는 경우
 2. 조건부 적정 : 근로자의 안전과 보건을 확보하기 위하여 일부 개선이 필요하다고 인정되는 경우
 3. 부적정 : 건설물·기계·기구 및 설비 또는 건설공사가 심사기준에 위반되어 공사착공 시 중대한 위험발생의 우려가 있거나 계획에 근본적 결함이 있다고 인정되는 경우

② 공단은 심사결과 적정판정 또는 조건부 적정판정을 한 경우에는 별지 제20호 서식의 유해·위험방지계획서 심사결과통지서에 보완사항을 포함 (조건부 적정판정을 한 경우에 한한다)하여 해당사업주에게 교부하고 지방고용노동관서의 장에게 보고하여야 한다.

③ 공단은 심사결과 부적정 판정을 한 경우에는 지체없이 별지 제21호 서식의 유해·위험방지계획서 심사결과 (부적정)통보서에 그 이유를 기재하여 지방고용노동관서의 장에게 통보하고 사업장 소재지 특별자치도지사·시장·군수·구청장에게 그 사실을 통보하여야 한다.

④ 제3항에 따른 통보를 받은 지방고용노동관서의 장은 사실여부를 확인한 후 공사착공중지명령·계획변경명령 등 필요한 조치를 하여야 한다.

⑤ 사업주는 지방고용노동관서의 장으로부터 공사착공중지명령 또는 계획변경명령을 받은 경우에는 계획서를 보완 또는 변경하여 공단에 제출하여야 한다.

④ 생산에 사용되는 재료는 설계서에 지정된 재료인지, 구입된 재료나 부품은 규격표시 제품인지, 설계대로 가공되고 있는지, 생산관리가 제대로 되고 있는지 등을 충분히 검토해야 한다.

(2) 사용중인 기계의 안전성 평가방법

기존 기계에 대한 안전성 평가는 실제로 기계를 사용하는 입장에서 검토되는 것으로 경험을 통하여 평가를 하므로 어렵지는 않다. 그러나 여기서 주의해야 할 것은 장시간 사용으로 인한 기계의 노후, 부품의 노후, 재질의 노후 등 보이지 않는 기계 자체의 물성적 변화에 의한 잠재적 위험을 평가할 것이냐 하는 것이다.

(3) 사용중인 기계의 개조에 대한 안전성 평가방법

사용중인 기계에 새로 부착되는 부분은 신제품의 안전성 평가 중 고려되어야 할 사항이 적용되어야 하며, 기존 부분의 안전성 평가는 사용중인 기계의 안전성 평가에 따라서 한다. 다만, 새로운 부분과 기존 부분의 연결점에 있어서는 노후된 기존 부분에 대한 설계상의 충분한 검토가 있어야 한다.

(4) 시설배치에 따른 안전성 평가방법

① 작업의 흐름에 따라 기계를 설치한다. 불필요한 운반 작업을 제거할 수 있으며 공간을 경제적으로 이용할 수 있게 된다. 크레인, 포크리프트 등을 이용하는 운반기계설비의 자동화에 크게 도움이 된다.
② 기계설비 주위에 충분한 운전 공간, 보수점검 공간을 확보한다. 재료, 반제품, 공구상자 등을 놓을 수 있는 공간도 고려해야 한다.
③ 공장 내외는 안전한 통로를 두어야 하며 통로는 선을 그어 작업장과 명확히 구별하도록 한다.
④ 기계설비를 통로측에 설치할 수 없을 경우에는 작업자가 통로 쪽으로 등을 향하여 일하지 않도록 배치한다.
⑤ 원재료나 제품을 놓을 장소를 충분히 확보한다.
⑥ 기계설비의 설치에 있어서 기계설비의 사용중 필요한 보수·점검이 용이하도록 배치한다.
⑦ 비상시에 쉽게 대피할 수 있는 통로를 마련하고 사고 진압을 위한 활동 통로가 반드시 마련되어야 한다.
⑧ 장래의 확장을 고려하여 배치한다.

합격예측

페일세이프 설계

① 페일 패시브(자동감지) : 고장시에 에너지를 최적화(정지)시킨다.
② 페일 액티브(자동제어) : 고장시에 대책을 취할 때까지 안전상태로 유지시킨다.
③ 페일 오퍼레이셔널(차단 및 조정) : 고장시에 시정조치를 취할 때까지 안전하게 기능을 유지시킨다.

합격예측

NLE(들기작업 지침 : NIOSH Lifting Equation)

(1) 개발목적
들기작업에 대한 권장무게한계(RWL)를 쉽게 산출하도록 하여 작업의 위험성을 예측하여 인간공학적인 작업방법의 개선을 통해 작업자의 직업성 요통을 사전에 예방하는 것이다.
(2) 개요
① 취급중량과 취급횟수, 중량물 취급위치·인양거리·신체의 비틀기·중량물 들기 쉬움 정도 등 여러 요인을 고려한다.
② 정밀한 작업평가, 작업설계에 이용한다.
③ 중량물 취급에 관한 생리학·정신물리학·생체역학·병리학의 각 분야에서의 연구 성과를 통합한 결과이다.

합격예측

NLE 장·단점

① 장점
㉮ 들기작업시 안전하게 작업할 수 있는 작업물의 중량을 계산할 수 있다.
㉯ 인간공학적 작업부하, 작업자세로 인한 부하, 생리학적 측면의 작업부하 모두를 고려한 것이다.
② 단점
㉮ 전문성이 요구된다.
㉯ 들기작업에만 적절하게 쓰일 수 있으며, 반복적인 작업자세, 밀기, 당기기 등과 같은 작업에 대해서는 평가가 어렵다.

[표] NLE

작업분석/평가도구	분석가능 유해요인	적용 신체부위	적용가능 업종
NIOSH 들기 작업지침 (NIOSH Lifting Equation)	• 반복성 • 부자연스런 또는 취하기 어려운 자세 • 과도한 힘	• 허리	• 포장물 배달 • 음료 배달 • 조립작업 • 인력에 의한 중량물 취급작업 • 무리한 힘이 요구되는 작업 • 고정된 들기작업

• **NLE 분석절차 :** NLE 분석절차는 먼저 자료 수집(작업물 하중, 수평거리, 수직거리 등)을 하여서 단순작업인지 복합작업인지를 밝혀야 한다. 복합작업이면 복합작업 분석을 해야 하고 단순작업일 때 NLE를 분석하는데 분석할 때 권장무게한계(RWL)와 들기 지수(LI)를 구해서 평가한다.

[표] 공장시설배치에 따른 안전성 평가의 일반적 유의사항

시설물	추천기준
철로 인입선	• 1.2[m] 이내의 주위에 시설물을 두지 않는다. • 철로 위 7[m] 이내에는 시설물을 두지 않는다. • 철로와 고압선간에는 최소 10[m] 간격을 유지한다.
통로	• 차량이 통행하는 통로는 가장 큰 차량의 폭보다 70[cm] 이상 넓어야 한다. • 일방통행이 아니고 쌍방통행일 경우에는 가장 넓은 차량의 2배보다 1[m] 넓게 한다. 또한 차량 속도 제한은 10[km/hr] 이내로 한다.
출구	비상용으로도 적합해야 한다. 따라서 작업장에는 적어도 서로 반대방향에 2개의 출구가 있는 것이 좋다.
층계	경사각이 30~35[°] 이하로 해야 하며, 각 단 높이는 20[cm] 이하로 하고 미끄러지지 않는 재료를 사용해야 한다.
층계 손잡이	0.8[m] 이상 높이의 층계에는 손잡이를 설치하는 것이 좋다. 폭이 1.1[m] 이하인 경우에는 한쪽에 손잡이를 두는 것이 좋으며 1.1[m] 이상인 경우에는 양쪽에, 그리고 2.2[m] 이상인 경우에는 중간에도 손잡이를 두는 것이 좋다.
바닥	평평하여야 하며 미끄러지지 않아야 한다.
바닥개구부	1[m] 높이로 사방 손잡이를 둘러 세우고 중간 0.5[m] 높이에도 둘러주는 것이 좋다. 바닥에는 턱을 두르는 것이 좋다.
보수유지용 통로	모든 기계설비는 보수유지를 위한 통로, 사다리, 난간이 마련되어야 한다. 사다리와 난간은 미끄러지지 않는 재질로 되어야 하며 보호손잡이나 울을 설치해야 한다.
머리 위의 시설물	적어도 2[m] 위에 설치되어야 한다.
전기시설물	고전압기계는 허가된 작업자만 취급하도록 하여야 한다. 스위치판, 변압기, 접지 등의 모든 전기 시설물은 전기사업법에 준하여야 하며, 위험·경고표지가 있어야 한다.
고압증기 보일러	고압가스안전관리법에 준해서 한다.
압력용기	ASME Code에 준함이 바람직하며 안전판·파열판·용융 플러그 등은 정기적 검사·보수유지가 필수적으로 시행되어야 한다.
조명	충분한 조명이 유지되어야 한다.
환기	먼지·가스 등의 환기가 잘 되어야 하며 필요한 곳에는 국소배기장치가 설치되어야 한다.
배관	각종 배관은 내용물에 따라 색칠하여 구분함이 바람직하다. 소방용 배관은 적색, 위험물 배관은 황색, 안전한 물질 배관은 녹색
경고표시	위험지역, 금연지역, 고압전기시설, 기계가동, 밸브개폐 등의 지역에는 경고 표지 등의 알맞은 표지를 부착해야 한다.
응급조치 시설	최소한의 응급조치시설이 있어야 하며 상임 의사가 없는 소규모 사업장에서는 응급조치를 할 수 있는 사람이 있어야 한다.

합격예측 및 관련법규

제46조(확인)

① 법 제42조제1항 제1호 및 제2호에 따라 유해·위험방지계획서를 제출한 사업주는 해당 건설물·기계·기구 및 설비의 시운전단계에서, 법 제42조제1항제3호에 따른 사업주는 건설공사 중 6개월 이내마다 법 제43조 제1항에 따라 다음 각 호의 사항에 관하여 공단의 확인을 받아야 한다.

1. 유해·위험방지계획서의 내용과 실제공사 내용이 부합하는지 여부
2. 법 제42조제6항에 따른 유해·위험방지계획서 변경내용의 적정성
3. 추가적인 유해·위험요인의 존재 여부

② 공단은 제1항에 따른 확인을 할 경우에는 그 일정을 사업주에게 미리 통보해야 한다.

③ 제44조제4항에 따른 건설물·기계·기구 및 설비 또는 건설공사의 경우 사업주가 고용노동부장관이 정하는 요건을 갖춘 지도사에게 확인을 받고 별지 제22호 서식에 따라 그 결과를 공단에 제출하면 공단은 제1항에 따른 확인에 필요한 현장방문을 지도사의 확인 결과로 대체할 수 있다. 다만, 건설업의 경우 최근 2년간 사망재해(별표 1 제3호 마목에 따른 재해는 제외한다)가 발생한 경우에는 그렇지 아니한다.

④ 제3항에 따른 유해·위험방지계획서에 대한 확인은 제44조제4항에 따라 평가를 한 자가 하여서는 안된다.

제49조(보고 등)

공단은 유해·위험방지계획서의 작성·제출·확인업무와 관련하여 다음 각 호의 하나에 해당하는 사업장을 발견한 경우에는 지체없이 해당 사업장의 명칭·소재지 및 사업주명 등을 명시하여 지방고용노동관서의 장에게 보고하여야 한다.

1. 유해·위험방지계획서를 제출하지 아니한 사업장
2. 유해·위험방지계획서 제출기간이 경과한 사업장
3. 제43조 각 호의 자격을 갖춘 자의 의견을 듣지 아니하고 유해·위험방지계획서를 작성한 사업장

Q 은행문제

어떤 작업을 수행하는 작업자의 배기량을 5분간 측정하였더니 100[L]이었다. 가스미터를 이용하여 배기 성분을 조사한 결과 산소가 20[%], 이산화탄소가 3[%]이었다. 이 때 작업자의 분당 산소소비량(A)과 분당 에너지소비량(B)은 약 얼마인가?(단, 흡기 공기 중 산소는 21[vol%], 질소는 79 [vol%]를 차지하고 있다.)

① A : 0.038[L/min] B : 0.77[kcal/min]
② A : 0.058[L/min] B : 0.57[kcal/min]
③ A : 0.073[L/min] B : 0.36[kcal/min]
④ A : 0.093[L/min] B : 0.46[kcal/min]

정답 ④

[해설]
① 분당배기량
V_2=100L/5mm =20L/mm
② 분당흡입량
$V_1=\frac{100\%-O_2-CO_2}{100\%-21\%}\times 20L/min=19.49L/min$
③ 분당산소소비량
$=(V_1\times 21\%)-(V_2\times 20\%)=0.093L/min$
④ 분당에너지 소비량
$=0.093L/min\times 5=0.46kcal/min$

합격예측 17. 5. 7 ㉠

근섬유(muscle fibers)
긴 원주형 세포로 대부분 근원섬유(myofibrils)이라 불리는 수축성 요소들로 구성된다.
① 근육섬유(fiber)는 패스트 트위치(백근 fast tsitch : FT)와 슬로 트위치(적근 slow twitch : ST)의 2가지 섬유가 있다.
② 패스트 트위치는 미오글로빈이 적어서 백색으로 보이며(백근), 슬로 트위치는 반대로 많아서 암적색으로 보인다.(적근)
③ FT섬유는 무산소성 운동에 동원되며, 단거리 달리기와 같이 단시간 운동에 많이 사용된다.
④ ST섬유는 유산소성 운동에 동원되며, 장시간 지속되는 운동에 사용된다.
⑤ FT는 ST보다 근육섬유가 거의 2배 빨리 최대 장력에 도달하고, 빨리 완화된다.
⑥ FT섬유(백근)는 ST섬유(적근)보다 지름도 더 크며, 고농축 마이오신 ATP아제(myosin-ATPase)로 되어 있다.
⑦ 이러한 차이 때문에 FT섬유가 보다 높은 장력을 나타내지만, 피로도 빨리 오게 된다.

2. Potential FMEA에서의 평가요소

미국의 3대 자동차회사('빅 3')인 제너럴 모터스, 포드, 크라이슬러가 공동으로 마련한 QS9000 규격의 Potential FMEA에서의 평가요소로는 빈도, 강도, 검출이 있고, 위험순위(RPN : Risk Priority Number)에 따라 식별된 고장 모드를 순위화한다. 이러한 요소들의 순위는 FMEA의 유형과 대상에 따라 다른 평가요소값을 가지며 평가요소를 정하는 방법으로는 정성적 방법과 정량적 방법이 있다.

① 빈도(Occurrence) – 고장의 빈도
② 강도(Severity) – 고장의 심각도
③ 검출(Detection) – 고객에게 도달하기 전의 고장검출력
④ RPN = (빈도) × (강도) × (검출)

(1) 정성적 방법

컴포넌트의 이론적인(예상되는) 습성에 따라야 한다. 예로, 빈도의 경우에 기대되는 습성이 정규성이라면, 이런 습성의 시간에 대한 빈도들은 정규분포를 따른다. 강도의 경우, 예상 습성이 로그 정규성이라면 치명적, 재앙적의 반대인 사소한 범주에 속해 척도는 오른쪽이나 왼쪽으로 쏠린다(skew). 검출의 경우, 이산형 분포하면 조직 내에서 고장을 발견하는 것의 반대인 고객에 의해 발견되는 것이 더 문제이므로 이산적인 결과(고객 대 내부조직)를 나타낸다.

(2) 정량적 방법

실제 데이터, 통계적 공정관리 데이터, 역사적 데이터들로 정확해야 한다.

3 보전성공학

1. 보전(Maintenance)

(1) 정 의

수리 가능한 부품이나 시스템을 사용 가능한 상태로 유지시키고 고장이나 결함을 회복시키기 위한 제반 조치 및 활동을 뜻한다.

㉠ KS A 3004 정의 : 아이템을 사용 및 작동이 가능한 상태로 유지하거나, 또는 고장, 결점 등을 회복하기 위한 모든 조치 및 활동(M1, 보전)

(2) 보전의 분류 22. 4. 24 기

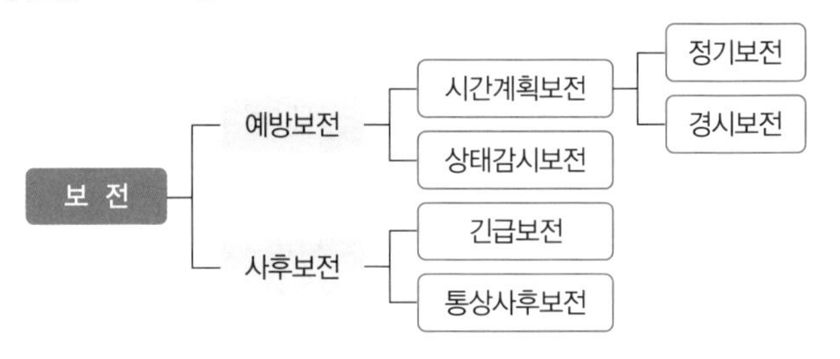

① 예방보전(Preventive Maintenance) : 아이템 사용중의 고장을 미연에 방지하거나 아이템을 사용가능한 상태로 유지하기 위하여 계획적으로 하는 보전(KS A 3004)

② 사후보전(Corrective Maintenance, Breakdown Maintenance) : 고장이 발생한 후에 아이템을 작동가능상태로 회복하기 위하여 하는 보전(KS A 3004)

③ 시간계획보전(Scheduled Maintenance) : 예정된 시간계획에 의한 예방보전의 총칭

④ 상태감시보전(Condition-based Maintenance) : 사용 및 사용중의 동작상태를 확인, 열화경향의 검출, 고장이나 결함의 표적, 고장에 이르는 결과의 기록 및 추적 등의 목적으로 어느 시점에 있어서의 동작치 및 그 경향을 점검, 시험, 계측, 경보 등의 수단 또는 장치에 의하여 감시하는 것

⑤ 정기보전(Periodic Maintenance) : 예정된 시간간격으로 행하는 예방보전

⑥ 경시보전(Age-based Maintenance) : 시스템, 재질, 부품 등이 예정된 동작시간에 달하였을 때 행하는 예방보전

[표] 보전예방(Maintenance Prevention : MP)

실시시기	① 기계설비의 노후화가 진행되어 일반적인 보전으로 cost나 생산성에 있어 효율성이 없을 경우 ② 부품 등의 공급에 지장이 있을 경우
실시방법	① 설비의 갱신 ② 갱신의 경우 보전성, 안전성, 신뢰성 등의 보전실시 ② 기존설비의 보전보다 설계, 제작단계까지 소급하여 보전이 필요없을 정도의 안전한 설계 및 제작이 필요

[표] 보전작업의 형태

서비스	주유, 청소, 유효 수명부품의 교체
점검 및 검사	규모와 형태에 따라 점검, 검사 또는 분해 세부 검사로 분류
시정조치	수리, 조정, 교환

Q 은행문제

1. 설비관리 책임자 A는 동종업종의 TPM 추진사례를 벤치마킹하여 설비관리 효율화를 꾀하고자 한다. 설비관리 효율화 중 작업자 본인이 직접 운전하는 설비의 마모율 저하를 위하여 설비의 윤활관리를 일상에서 직접 행하는 활동과 가장 관계가 깊은 TPM 추진단계는?

① 개별개선활동단계
② 자주보전활동단계
③ 계획보전활동단계
④ 개량보전활동단계

정답 ②

2. 다음 [보기]가 설명하는 보전은?

> **[보기]**
> 미국의 GE사가 처음으로 사용한 보전으로, 설계에서 폐기에 이르기까지 기계설비의 전과정에서 소요되는 설비의 열화손실과 보전 비용을 최소화하여 생산성을 향상시키는 보전방법

① 생산보전 ② 계량보전
③ 사후보전 ④ 예방보전

정답 ①

3. 설치보전 방법 중 설비의 열화를 방지하고 그 진행을 지연시켜 수명을 연장하기 위한 점검, 청소, 주유 및 교체 등의 활동은? 21. 5. 15 기

① 사후 보전 ② 계량 보전
③ 일상 보전 ④ 보전 예방

정답 ③

Q 은행문제

다음 설명에 혜당하는 설비보전방식의 유형은?

17. 5. 7 기 19. 8. 4 기

[다음]
설비보전 정보와 신기술을 최초로 신뢰성, 조작성, 보전성, 안전성, 경제성 등이 우수한 설비의 선정, 조달 또는 설계를 통하여 궁극적으로 설비의 설계, 제작 단계에서 보전활동이 불필요한 체제를 목표로 한 설비보전 방법을 말한다.

① 계량보전 ② 보전예방
③ 사후보전 ④ 일상보전

정답 ②

(3) 보전성

① 정의 : 주어진 조건에서 규정된 기간에 보전을 완료할 수 있는 성질 또는 능력을 보전성이라 하며 이 성질을 확률로 나타낼 경우 보전도라고 한다.

② 보전성의 척도

㉮ 평균수리시간(Mean Times To Repair : MTTR)

$$\text{MTTR}=\frac{1}{\text{평균수리율}(\mu)}$$

㉯ 평균정지시간(MDT) : 설비의 보전을 위해 설비가 정지된 시간의 평균을 평균정지시간이라 하며 다음 식에 의해 구한다.

$$\text{MDT}=\frac{\text{총보전작업시간}}{\text{총보전작업건수}}$$

(4) 집중보전의 장·단점

① 장점

㉮ 기동성

㉯ 인원배치의 유연성

㉰ 노동력의 유효한 이용

㉱ 보전용 설비공구의 유효한 이용

㉲ 보전원 기능향상의 유리성

㉳ 보전비 통제의 확실성

㉴ 보전기술자 육성의 유리성

㉵ 보전 책임의 명확성

② 단점

㉮ 운전과의 일체감의 결합성

㉯ 현장감독의 곤란성

㉰ 현장 왕복시간 증대

㉱ 작업일정 조정의 곤란성

㉲ 특정설비에 대한 습숙의 곤란성

(5) 신뢰성 시험

① 현지시험

② 모의 시험

㉮ 파괴시험

㉠ 수명시험

- 정상수명시험
- 가속수명시험
- 강제열화시험
- 방치시험

㉡ 한계시험

㉯ 비파괴 시험

㉠ 동작시험

- 환경시험
- 정상시험

㉡ 방치시험

2. 공정안전보고서의 세부 내용 등

(1) 공정안전자료 23. 2. 28 기

① 취급·저장하고 있거나 취급·저장하려는 유해·위험물질의 종류 및 수량
② 유해·위험물질에 대한 물질안전보건자료
③ 유해하거나 위험한 설비의 목록 및 사양
④ 유해하거나 위험한 설비의 운전방법을 알 수 있는 공정도면
⑤ 각종 건물·설비의 배치도
⑥ 폭발위험장소 구분도 및 전기단선도
⑦ 위험설비의 안전설계·제작 및 설치 관련 지침서

(2) 공정위험성 평가서 및 잠재위험에 대한 사고예방·피해 최소화 대책

공정위험성 평가서는 공정의 특성 등을 고려하여 다음 각 목의 위험성평가 기법 중 한 가지 이상을 선정하여 위험성평가를 한 후 그 결과에 따라 작성하여야 하며, 사고예방·피해최소화 대책의 작성은 위험성평가 결과 잠재위험이 있다고 인정되는 경우만 해당한다.

① 체크리스트(Check List)
② 상대위험순위 결정(Dow and Mond Indices)
③ 작업자 실수 분석(HEA)
④ 사고 예상 질문 분석(What-if)
⑤ 위험과 운전 분석(HAZOP)
⑥ 이상위험도 분석(FMECA)
⑦ 결함 수 분석(FTA)
⑧ 사건 수 분석(ETA)
⑨ 원인결과 분석(CCA)
⑩ ①목부터 ⑨목까지의 규정과 같은 수준 이상의 기술적 평가기법

(3) 안전운전계획

① 안전운전지침서
② 설비점검·검사 및 보수계획, 유지계획 및 지침서
③ 안전작업허가

Q 은행문제

신뢰성과 보전성을 효과적으로 개선하기 위해 작성하는 보전기록 자료로서 가장 거리가 먼 것은?

19. 3. 3 산 19. 4. 27 산

① 자재관리표
② MTBF 분석표
③ 설비이력카드
④ 고장원인대책표

정답 ①

Q 은행문제

NIOSH 지침에서 최대허용한계(MPL)는 활동한계(AL)의 몇 배인가? 21. 9. 12 기

① 1배 ② 3배
③ 5배 ④ 9배

정답 ②

[해설]
중량물 취급 기준(NOISH)
(1) 중량물 취급 감시기준(AL)
AL[kg]=40×(15/H)×{1−0.004(V−75)}×(0.7+7.5/D×(1−F/Fmax)
H=대상물체의 수평거리
V=대상물체의 수직거리
D=대상물체의 이동거리
F=중량물 취급작업의 빈도
(2) 중량물 취급 최대허용기준(MPL)
MPL=3×AL

합격예측

연속적 직무에서의 인간 실수율
① 연속적인 직무의 유형
㉮ 경계(vigilance)
㉯ 안정화(stabilizing)
㉰ 추적(tracking)
② 인간실수율

$$인간실수율(\lambda) = \frac{실수수}{총직무기간}$$

합격예측

지역보전의 장·단점
(1) 장점
① 운전과의 일체감
② 현장감독의 용이성
③ 현장왕복시간 단축
④ 작업일정 조정 용이
⑤ 특정설비에 대한 습숙성
(2) 단점
① 노동력의 유효이용 곤란
② 인원배치의 유연성 제약
③ 보전용 설비공구의 중복

④ 도급업체 안전관리계획
⑤ 근로자 등 교육계획
⑥ 가동 전 점검지침
⑦ 변경요소 관리계획
⑧ 자체감사 및 사고조사계획
⑨ 그 밖에 안전운전에 필요한 사항

(4) 비상조치계획

① 비상조치를 위한 장비·인력보유현황
② 사고발생 시 각 부서·관련 기관과의 비상연락체계
③ 사고발생 시 비상조치를 위한 조직의 임무 및 수행 절차
④ 비상조치계획에 따른 교육계획
⑤ 주민홍보계획
⑥ 그 밖에 비상조치 관련 사항

3. 보전의 3요소

① 물품
② 사람
③ 보수용 부품 및 설비

[표] 예방보전

예방보전(PM) : 상시 또는 정기적으로 감시하여 고장 및 결함을 사전에 검출	시간기준보전(TBM)	돌발적인 고장이나 프로세스의 에러 등을 예방하기 위하여 보전주기에 의해 실시
	상태기준보전(CBM)	고장이나 예상되는 부분에 계측장비 등을 설치하여 이상현상을 미리 검출하여 설비의 상태에 따라 보전주기나 방법을 결정
	적응보전(AM)	설비의 노후나 생산환경 등 주변의 여건도 고려하여 설비 상태를 파악, 보전하는 경우

4. 인간실수 확률에 대한 추정기법 적용

(1) 위급사건기법(CIT : Critical Incident Technique)

① **위급사건의 정보화 자료** : 예방수단 개발의 귀중한 실제결함이나 행태적 특이성반영 단서제공
② **정보수집을 위한 면접** : 위험했던 경험들을 확인
㉮ 사고나 위기 일발 ㉯ 조작실수 ㉰ 불안전한 조건과 관행 등

(2) 직무위급도 분석(pickrel, et, al의 실수효과 심각성의 4등급)

① 안전 ② 경미 ③ 중대 ④ 파국적

(3) THERP(Technique for Human Error Rate Prediction)

① 인간실수율 예측기법(THERP)은 인간신뢰도 분석에서의 HEP에 대한 예측기법

② 인간신뢰도 분석 사건나무

㉮ 분석하고자 하는 작업을 기본적 행위로 분할하여 각 행위의 성공 또는 실패확률을 결합하여 성공확률을 추정하는 정량적 분석방법

㉯ A가 먼저 수행되고 B가 수행되므로 작업 B에 대한 확률은 모두 조건부로 표현

㉰ 소문자는 작업의 성공, 대문자는 작업의 실패

㉱ 각 가지에 성공 또는 실패의 조건부 확률이 주어지면 각 경로의 확률계산 가능

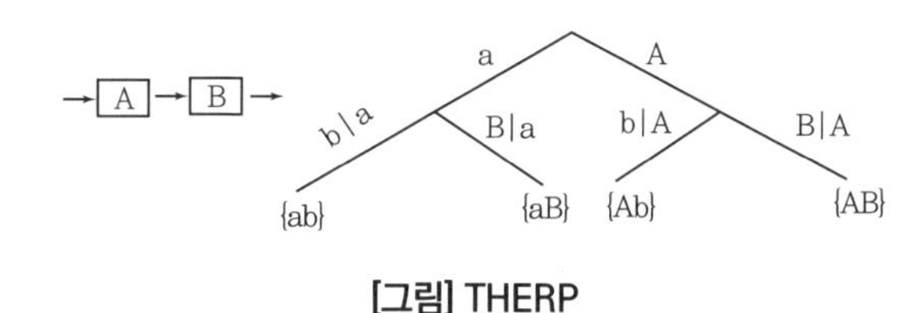

[그림] THERP

(4) 조작자 행동나무(OAT : Operator Action Tree)

① OAT접근방법 : ㉮ 감지 ㉯ 진단 ㉰ 반응

② 기본적 OAT

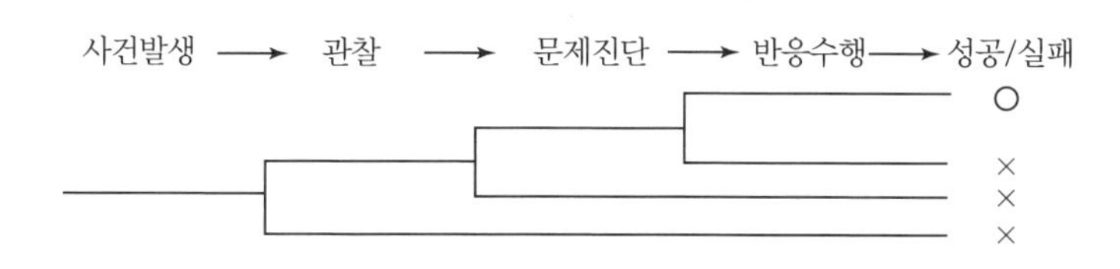

(5) 간헐적 사건의 결함나무(FTA : Fault Tree Analysis)

기초결함 집합의 영향이 논리적 AND나 OR gate를 통해 명시된 전체체계 실패에 이를 때까지 전파

(6) 인간신뢰도 예측을 위한 컴퓨터 모의실험

① Monte Carlo 모의실험

② 확정적 모의실험

합격예측

인간정보처리 과정에서 실수(error)가 일어나는 것

① 입력에러 : 확인미스
② 매개에러 : 결정미스
③ 동작에러 : 동작미스
④ 판단에러 : 의지결정의 미스

합격예측

부문보전의 장·단점

(1) 장점
① 운전과의 일체감
② 현장감독의 용이성
③ 현장왕복시간 단축
④ 작업일정 조정 용이
⑤ 특정설비에 대한 습숙성

(2) 단점
지역보전의 결점 이외에 다음과 같은 단점이 있다.
① 생산우선에 의한 보전 경시
② 보전기술 향상이 곤란
③ 보전책임의 분할

합격예측

윤활제의 작용

① 감마작용 ② 냉각작용
③ 밀봉작용 ④ 청정작용
⑤ 녹부식방지작용
⑥ 방진작용
⑦ 동력전달작용

합격예측

윤활제의 종류 및 점도

구분	종류
액체	스핀들유, 절연유, 냉동기유, 터빈유, 압축기유, 실린더유, 디젤엔진유, 절삭유 등
반고체 액상	그리스, 기어콤파운드 등
고체	그라파이트, 2유화몰리브덴
점도	기름의 유동성을 나타내는 척도로서 점도가 높을수록 유동성이 좋지 않다.

> **참고**
> VDT작업
> (1) 온도 및 습도
> ① 온도 : 18~24[℃]
> ② 습도 : 40~70[%] 유지
> (2) 컴퓨터단말기조작업무에 대한 조치사항
> ① 실내는 명암의 차이가 심하지 아니하도록 하고 직사광선이 들어오지 아니하는 구조로 할 것
> ② 저휘도형의 조명기구를 사용하고 창·벽면 등은 반사되지 아니하는 재질을 사용할 것
> ③ 컴퓨터단말기 및 키보드를 설치하는 책상 및 의자는 작업에 종사하는 근로자에 따라 그 높낮이를 조절할 수 있는 구조로 할 것
> ④ 연속적인 컴퓨터단말기작업에 종사하는 근로자에 대하여는 작업시간 중에 적정한 휴식시간을 부여할 것

> **합격예측** 17. 5. 7 산 / 18. 3. 4 산
> ① 가용도 = $\frac{작동가능시간}{작동가능시간+작동불능시간}$
> ② 설비고장 강도율 = $\frac{설비고장정지시간}{설비가동시간}$
> ③ 설비종합효율 = 시간가동률 × 성능가동률 × 양품률
> ④ 제품단위당보전비 = $\frac{총보전비}{제품수량}$
> ⑤ 설비고장도수율 = $\frac{설비고장건수}{설비가동시간}$
> ⑥ 계획공사율 = $\frac{계획공사공수(工數)}{전공수(全工數)}$
> ⑦ 운전1시간당보전비 = $\frac{총보전비}{설비운전시간}$

5. 인간에러(Human Error) 18. 3. 4 기

(1) 작업상황 개선

① 전문가의 점검

정확한 원인 식별(상황 점검) ➡ 실수에 미치는 영향평가 ➡ 설계변화 추진

② 작업자의 참여

실수원인 제거(ECR : Error Cause Removal) 프로그램 → 품질관리 분임조(생산착오와 결함감소)

(2) 요원 변경

① 만족스런 작업상황에서의 실수(인간요소)
㉮ 불충분한 숙련도
㉯ 시력결함
㉰ 불량한 태도
㉱ 안전의식 부족 등

② 인간과 직무의 완전한 조화 : 신체적 및 정신적 적성이 절대적인 영향 요소일 수 있다.

③ 필요할 경우 작업순환 → 적정한 작업발견에 도움

(3) 체계의 영향 감소

① 인간실수가 체계에 미치는 영향감소
㉮ 인간실수를 포용하는 체계설계
㉯ 중복설계(redundancy)
㉰ 기계는 인간성능감시, 인간은 기계성능감시
㉱ 중요한 작업의 요원중복 활용
㉲ 주체계를 후원하기 위한 예비품 대기

② 체계의 영향 감소시킨 설계
㉮ 수많은 점검항목
㉯ 중복설계
㉰ 안전규정
→ 심각한 인간실수가 특정순서대로 범해져야 심각한 사고유발

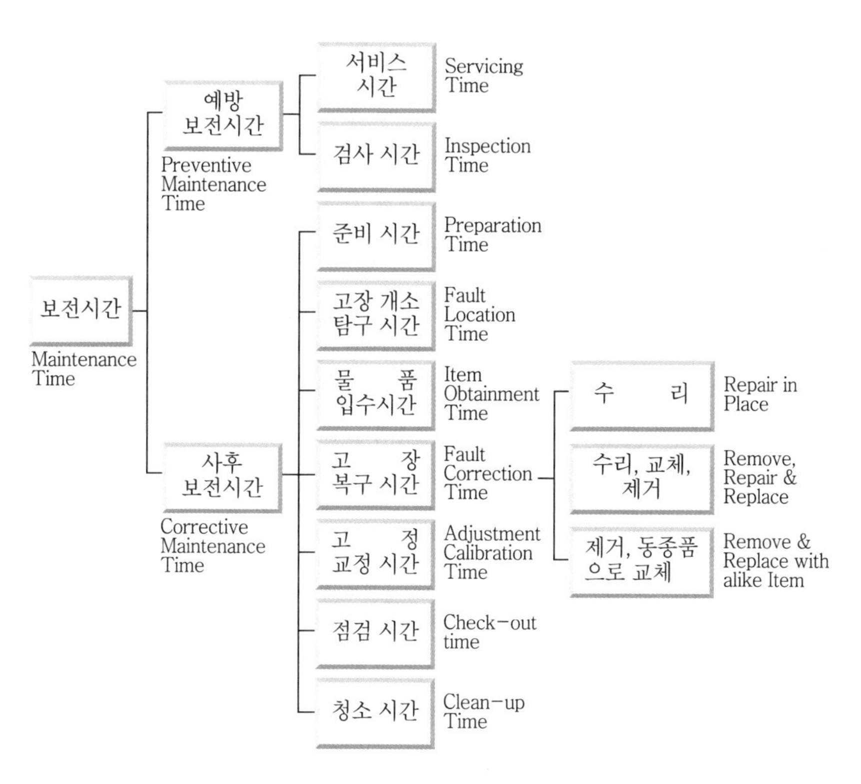

[그림] 보전시간의 구성(MIL-STD-721 B)

6. 제조물 책임(Product Liability : PL) 19. 3. 3 산

(1) 개요

① 제조물 책임이란 결함 제조물로 인해 생명·신체 또는 재산 손해가 발생할 경우 제조업자 또는 판매업자가 그 손해에 대하여 배상 책임을 지는 것

② 유럽에서는 100여년의 역사를 가지고 있으며, 미국, 일본에서도 1960~70년대부터 사회문제로 대두되어 '소비자 위험부담시대'에서 '판매자 위험부담시대'로 변환(우리나라의 제조물 책임법은 2000년 1월 12일 제정되어 2002년 7월 1일 부터 시행)

③ 제조업에서 사고발생을 방지할 책임이 있기 때문에 결함 제조물에 대한 전적인 책임이 있다.

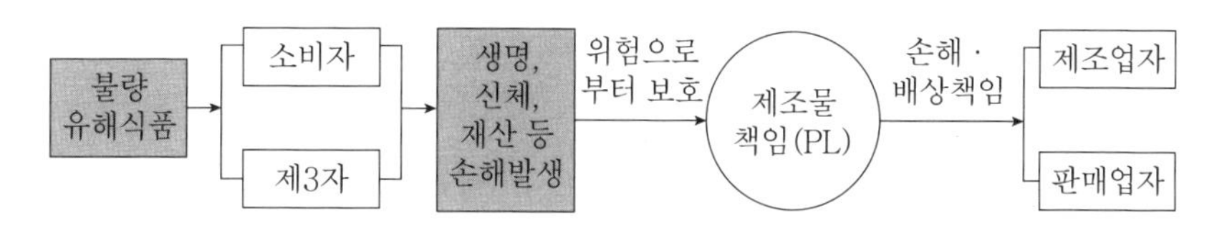

[그림] 제조물 책임

합격예측

집중보전과 지역보전 절충형의 장·단점

(1) 장점
① 집중그룹의 기동성
② 지역그룹의 운전과의 일체감

(2) 단점
① 집중그룹의 보행손실
② 지역그룹의 노동효율

참고

① 보전의 3요소 : 장치 그 자체의 보전품질, 보전과 관계된 인간요소, 보전시설과 조직의 질
② 보전성 결정요소 : 보전시간, 설계상 판단, 보전방침, 보전요원

Q 은행문제

1. 기계설비가 설계 사양대로 성능을 발휘하기 위한 적정 윤활의 원칙이 아닌 것은?
① 적량의 규정 18. 4. 28 기
② 주유방법의 통일화
③ 올바른 윤활법의 채용
④ 윤활기간의 올바른 준수

정답 ②

2. 작업장 인공조명 설계 시 고려사항으로 가장 거리가 먼 것은?
① 조도는 작업상 충분할 것
② 광색은 붉은색에 가까울 것
③ 취급이 간단하고 경제적일 것
④ 유해가스를 발생하지 않고, 폭발성이 없을 것

정답 ②

④ 제조물 결함으로 인한 손해 제조업자 등의 손해배상 책임규정 피해자 보호도모 국민생활 안전향상 국민경제의 건전한 발전에 기여

(2) 제조물 책임(PL)의 권리

① 1964년 미국의 케네디 대통령이 소비자의 4대 권리를 주장하고 법령으로 제정

② 소비자의 4대 권리

㉮ 알리는 권리(The Right to be Informed)

㉯ 안전의 권리(The Right to be Safety)

㉰ 선택의 권리(The Right to be Chosen)

㉱ 들어주는 권리(The Right to be Heard)

[사진] 존 F. 케네디
(1917.5.29~1963.11.22)

(3) PL의 방향

① **미국** : PL 청구에 대한 관례법으로 손해를 배상하도록 책임부여

㉮ 과실책임 17. 3. 25 ㉨

㉠ 설계상의 과실

㉡ 제조상의 과실

㉢ 경고 과실의 과실

㉯ 보증(담보)책임 : 명시보증, 묵시보증

㉰ 엄격책임 : 불합리하고 위험한 상태의 제조물에 대한 책임

② **일본** : 민법으로 손해배상에 대한 청구를 심의

㉮ 계약책임

㉯ 불법행위책임

㉰ 보증보험

㉱ PL에 대한 형법적용 : 업무상 과실치사 등

(4) 대책

① 법률은 어떠한 경우라도 소비자에게 손해를 입혀서는 안 된다는 안전이념이 철저해야 한다.(제조업자, 판매업자의 안전의식 토착화)

② 우리나라에서도 하루 속히 이러한 법규들을 정리해서 안전이 국민생활에 장착될 수 있도록 노력하여야 한다.

(5) 결함 16. 3. 6 ㉦

"결함"이란 제품의 안전성이 결여된 것을 의미하는데, "제품의 특성", "예견되는 사용형태", "인도된 시기"등을 고려하여 결함의 유무를 결정한다.

Q 은행문제

사용조건을 정상사용조건보다 강화하여 사용함으로써 고장발생시간을 단축하고 검사비용의 절감효과를 얻고자 하는 수명시험은? 19. 9. 21 ㉦

① 중도중단시험
② 가속수명시험
③ 감속수명시험
④ 정시중단시험

정답 ②

합격예측

열화의 종류와 분류

① 절대적 열화 : 노후화
② 기술적 열화 : 성능 변화
③ 경제적 열화 : 가치 감소
④ 상대적 열화 : 구식화

Q 은행문제 17. 8. 26 ㉦

시스템의 운용단계에서 이루어져야 할 주요한 시스템안전 부분의 작업이 아닌 것은?

① 생산시스템 분석 및 효율성 검토
② 안전성 손상 없이 사용설명서의 변경과 수정을 평가
③ 운용, 안전성 수준유지를 보증하기 위한 안전성 검사
④ 운용, 보전 및 위급 시 절차를 평가하여 설계시 고려사항과 같은 타당성 여부 식별

정답 ①

용어정의

① 제조물 : 다른 동산이나 부동산의 일부를 구성하는 경우를 포함한 제조 또는 가공된 동산
② 제조 : 제조물의 설계, 가공, 검사, 표시를 포함한 일련의 행위

① 설계상의 결함 : 제조업자가 합리적인 대체설계를 채용하였더라면 피해나 위험을 줄이거나 피할 수 있었음에도 대체 설계를 채용하지 아니하여 해당 제조물이 안전하지 못하게 된 경우

② 제조상의 결함 : 제조업자가 제조물에 대한 제조, 가공상의 주의 의무 이행 여부에 불구하고 제조물이 의도한 설계와 다르게 제조, 가공됨으로써 안전하지 못하게 된 경우

③ 경고 표시상의 결함 : 제조업자가 합리적인 설명, 지시, 경고, 기타의 표시를 하였더라면 해당 제조물에 의하여 발생될 수 있는 피해나 위험을 줄이거나 피할 수 있었음에도 이를 하지 아니한 경우

(6) 제조물 책임의 소멸시효

① 손해배상 책임이 있는 제조업자를 안 날로부터 3년(단기 소멸시효)

② 제조업자가 제조물을 공급한 날로부터 10년(다만, 잠복기간 경과 후 손해 발생 시에는 손해가 발생한 때로부터 기산)

Q 은행문제

중량물을 반복적으로 드는 작업의 부하를 평가하기 위한 방법인 NIOSH 들기지수를 적용할 때 고려되지 않는 항목은? 18. 3. 4 기

① 들기빈도
② 수평이동거리
③ 손잡이 조건
④ 허리 비틀림

정답 ②

합격예측

제조물 책임법의 영향

긍정적	① 제품의 안전성 향상 ② 소비자 권익 향상 ③ 기업경쟁력 향상
부정적	① 전제품의 원가상승 ② 클레임의 증가에 따른 기업경영악화 ③ 신제품 개발지연 ④ 기업 이미지의 저하

읽을거리

1961.1.20 제35대 미 대통령 취임 연설

"국민 여러분, 조국이 여러분을 위해 무엇을 할 수 있을 것인지 묻지 말고, 여러분이 조국을 위해 무엇을 할 수 있는지 스스로에게 물어보십시오. 세계의 시민 여러분, 미국이 여러분을 위해 무엇을 베풀 것인지 묻지 말고 우리모두가 손잡고 인간의 자유를 위해 무엇을 할 수 있을지 스스로에게 물어보십시오."

참고

• 보전성 관련 용어 및 정의

① maintain ——— 보전하다 — 유지하다
② maintenance —— 보전 —— 유지보수
③ maintenability —— 보전성 —— 유지보수성
보전도 —— 유지보수도
④ 보전 : 아이템을 사용 및 작동이 가능한 상태로 유지하거나, 또는 고장, 결점 등을 회복하기 위한 모든 조치 및 활동비교 – 정비라고도 함

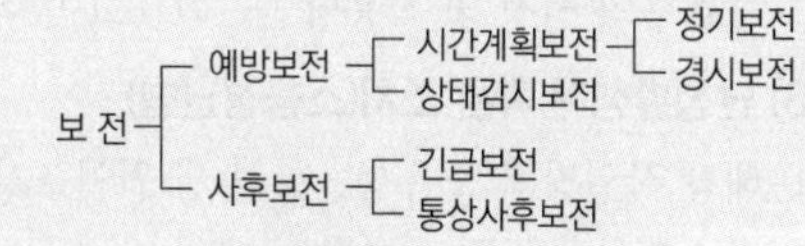

• 방책~	60	PM(생산보전)	: Productive M	
	70~	TPM	: Total PM	
• 방식~	40	BM(사후보전)	: Breakdown M	
	50~	PM(예방보전)	: Preventive M	(시간베이스)
		CM(계량보전)	: Corrective M	~70 정기보전
	80~	PM(예지보전)	: Predictive M	80~ 예지보전
		MP(보전예방)	: M Prevention	(시간베이스)

합격예측

위험성 평가 기대효과 및 이익

① 재해에 따른 직·간접적인 손실비용 절감
② 정부규제 완화로 행정업무 부담 경감
③ 산업재해 발생시 사업주에 대한 벌칙 및 과태료 완화
④ 사업장에 맞는 안전보건 체계 구축 가능
⑤ 단계적 투자에 의한 사업장 경제력 증가
⑥ 산재 발생에 대한 사업주의 심리적 부담 완화

Q 은행문제 21. 5. 15 기

2016년 H작업장 내의 설비 3대에서는 각각 80[dB]과 86[dB] 및 78[dB]의 소음을 발생시키고 있다. H작업장의 전체 소음은 약 몇 [dB]인가?

PWL(dB)

$= 10\log\left(10^{\frac{A_1}{10}} + 10^{\frac{A_2}{10}} + 10^{\frac{A_3}{10}}\right)$

$= 10\log\left(10^{\frac{80}{10}} + 10^{\frac{86}{10}} + 10^{\frac{78}{10}}\right)$

≒87.5

합격예측

조명 방법

(1) 직접조명
① 조명기구 간단, 효율성 좋고 설치비용 저렴
② 기구구조에 따라 눈부심 현상 있음, 균일한 조도 얻기 힘들고 강한 음영 생성

(2) 간접조명
① 눈부심 현상 없고 조도가 균일
② 설치가 복잡, 기구효율이 나쁘고 실내입체감이 작아짐

(3) 전반조명
① 균등한 조도를 얻기 위해 일정한 간격과 일정한 높이로 광원배치
② 공장 등에서 많이 사용

(4) 국소조명
① 작업면상의 필요한 장소만 높은 조도를 취하는 방법
② 밝고 어둠의 차가 심해 눈부심 현상이 나타나고 눈의 피로가중

(5) 전반·국소조명 혼합
① 작업면 전반에 적당한 조도 제공
② 필요한 장소에는 높은 조도를 주는 방식

보충학습

1. 소음의 영향

(1) 인체에 미치는 영향

구 분	특 징
생리적 영향	교감신경과 내분비계통을 흥분(맥박증가, 혈압상승, 근육의 긴장, 혈액성분과 소변의 변화, 타액과 위액분비억제, 부신호르몬의 이상분비 등)
심리적 영향	불쾌감과 소음으로 인한 수면 방해, 사고나 집중력 방해, 두뇌작업이나 노동의 악영향, 대화나 텔레비전 청취 방해 등 일상생활 방해로 인한 초조감
신체적 영향	동맥경화, 위궤양, 태아의 발육저하 등
청력 손실	일시적 또는 영구적 난청현상 발생

(2) 직업적 청력상실 영향 18. 4. 28 산

구 분	특 징
일시적 난청	① 큰 소리 들은 후 순간적으로 일어나는 청력 저하 → 일반적으로 수일 휴식 후는 정상 청력 회복 ② Corti씨 기관의 신경발달에 손상 → 신경의 전도성이 저하되는 비가역적 피로현상
영구적 난청 (소음성 난청) 16. 10. 1 기	① Corti씨 기관내의 유모 세포의 불가역적 파괴현상 ② 고주파음에 오랜시간 노출시에 발생 ③ C5-dip-4,000[Hz]를 중심으로 청력손실이 가장 크다. ④ 4,000[cps] 이상의 높은 음역과 4,500[cps] 이하의 청력 장해
불연속적인 소음으로부터 청력손실	① 간헐적인 소음, 충돌소음, 그리고 충격소음 등을 포함 ② 심한 노출시 청력상실(난청판정구분기호 : D_1)

2. 강렬한 소음작업 등의 관리기준

(1) 소음 감소 조치기준

① 기계기구 등의 대체　② 시설의 밀폐　③ 흡음 또는 격리 등

(2) 소음 수준의 주지(근로자에게 알려야 하는 사항)

① 해당 작업장소의 소음 수준　② 인체에 미치는 영향 및 증상
③ 보호구의 선정 및 착용방법　④ 그 밖에 소음건강장해 방지에 필요한 사항

(3) 난청발생에 따른 조치(소음성난청)

① 해당 작업장의 소음성난청 발생 원인조사
② 청력손실감소 및 재발방지 대책 마련
③ ②의 규정에 의한 대책의 이행여부 확인
④ 작업전환 등 의사의 소견에 따른 조치

(4) 보호구 착용

① 청력 보호구의 지급 : 개인별 전용의 것으로 지급
② 청력 보호구의 상시점검 및 이상 시 보수 또는 교환

③ 아래의 경우에는 청력보호 프로그램 시행
　㉮ 소음의 작업환경측정결과 소음수준이 90[dB]을 초과하는 사업장
　㉯ 소음으로 인하여 근로자에게 건강장해가 발생한 작업장

3. 위험성 평가(HAZOP : Hazard and operability study)

(1) 개요

사업장의 유해·위험요인을 파악하고 해당 유해·위험요인에 의한 부상 또는 질병의 발생 가능성(빈도)과 중대성(강도)을 추정·결정하고 감소대책을 수립하여 실행하는 일련의 과정

• 위험성 평가 우수사업장 인정 혜택

① 인정유효기간(3년)동안 정부의 안전보건 감독을 유예받음
② 정부 포상 또는 표창의 우선 추천
③ 위험성 평가 감소 대책 실행을 위한 해당 시설 및 기기 등에 대하여 보조금 또는 융자금 신청시 우선 지원
④ 위험성 평가 우수사업장 인정시 산재보험료 20[%] 할인 혜택, 사업주 위험성 평가 교육 이수시 산재보험료 10[%] 할인 혜택

※ 다음년도 보험료율 일할 계산(둘 중 높은 요율 적용)

(2) 법적 근거 제36조(위험성 평가의 실시)

① 사업주는 건설물, 기계·기구, 설비, 원재료, 가스, 증기, 분진 등에 의하거나 작업행동, 그 밖에 업무에 기인하는 유해·위험요인을 찾아내어 위험성을 결정하고, 그 결과에 따라 이 법과 이 법에 따른 명령에 의한 조치를 하여야 하며 근로자의 위험 또는 건강장해를 방지하기 위하여 필요한 경우에는 추가적인 조치를 하여야 한다.
② 사업주는 제1항에 따른 평가 시 고용노동부장관이 정하여 고시하는 바에 따라 해당 작업장의 근로자를 참여시켜야 한다.
③ 사업주는 제1항에 따른 평가의 결과와 조치사항을 고용노동부령으로 정하는 바에 따라 기록하여 보존하여야 한다.
④ 제1항에 따른 평가의 방법, 절차 및 시기, 그 밖에 필요한 사항은 고용노동부장관이 정하여 고시한다.

(3) 위험성 평가 우수사업장

① 위험성 평가 우수사업장 인정
　위험성평가 인정신청서를 제출한 사업장에 대해 사업장의 위험성 평가 실태를 위험성 평가 기준 및 인정절차에 따라 객관적으로 심사하여 적합한 사업장에 대하여 한국산업안전보건공단 이사장이 증명서를 발급
② 위험성 평가 인정 신청 대상 사업장
　상시 근로자 수 100명 미만 사업장(건설공사를 제외)

※ 법 제64조 제1항에 따른 사업의 일부 또는 전부를 도급에 의하여 행하는 사업의 경우는 도급을 준 도급인의 사업장과 도급을 받은 수급인의 사업장 각각의 근로자수를 이 규정에 의한 상시 근로자 수로 본다. －총 공사금액 120억원(토목공사는 150억원) 미만의 건설공사

③ 위험성 평가 우수사업장 인정절차
④ 위험성 평가 우수사업장 인정 혜택

합격예측

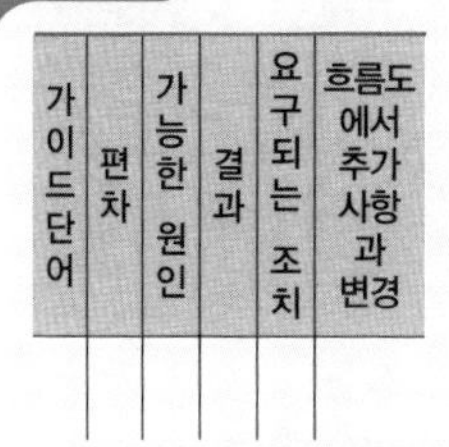

가이드단어	편차	가능한 원인	결과	요구되는 조치	흐름도에서 추가사항과 변경

[그림] HAZOP 작업표 양식

Q 은행문제

다음 중 기계 설비의 안전성 평가시 정밀진단기술과 가장 관계가 먼 것은?

① 파단면 해석
② 강제열화 테스트
③ 파괴 테스트
④ 인화점 평가 기술

정답 ④

참고

NIOSH(National Institute of Occupational Safety & Health)

NIOSH는 미국 국립산업안전보건연구원을 나타내는 것으로서 이는 미국의 산업안전보건법에 의하여 1972년에 설립되어 1974년 보건복지부 산하의 질병관리·예방센터로 편입되었으며 행정규제력이 없는 순수 연구기관이다.

NIOSH의 주요 업무는 다음과 같다.

① 근로자 또는 사업주의 요청에 의한 작업장 유해요인 조사
② 작업관련 안전보건 연구 및 권고안 제출
③ 작업장 내 화학물질, 기계 등의 유해위험성 평가
④ 산업안전보건청(OSHA) 또는 광산안전보건청(MSHA)에 적절한 기준 제안
⑤ 산업안전보건 인력양성 실시

[표] 근골격계 질환 평가 방법

OWAS	와스
RULA	루라
OSHA	오샤
BRIEF	브랠
SI	시
ANSI	안시
REBA	레바

인정유효기간(3년)동안 정부의 안전보건 감독을 유예, 정부 포상 또는 표창의 우선 추천, 위험성평가 감소 대책 실행을 위한 해당 시설 및 기기 등에 대하여 보조금 또는 융자금 신청시 우선 지원, 위험성 평가 우수사업장 인정시 산재보험료 20[%] 할인 혜택, 사업주 위험성 평가 교육 이수시 산재보험료 10[%] 할인 혜택
※ 다음년도 보험료율 일할 계산(둘 중 높은 요율 적용)

4. 근골격계부담작업(고용노동부 고시 제2020-12호)

「산업안전보건법」 제39조제1항제5호 및 안전보건규칙 제656조제1호에 따른 근골격계부담작업이란 다음 각 호의 어느 하나에 해당하는 작업을 말한다. 다만, 단기간작업 또는 간헐적인 작업은 제외한다. 18. 8. 19 기 22. 3. 5 기

1. 하루에 4시간 이상 집중적으로 자료입력 등을 위해 키보드 또는 마우스를 조작하는 작업
2. 하루에 총 2시간 이상 목, 어깨, 팔꿈치, 손목 또는 손을 사용하여 같은 동작을 반복하는 작업
3. 하루에 총 2시간 이상 머리 위에 손이 있거나, 팔꿈치가 어깨위에 있거나, 팔꿈치를 몸통으로부터 들거나, 팔꿈치를 몸통 뒤쪽에 위치하도록 하는 상태에서 이루어지는 작업
4. 지지되지 않은 상태이거나 임의로 자세를 바꿀 수 없는 조건에서, 하루에 총 2시간 이상 목이나 허리를 구부리거나 트는 상태에서 이루어지는 작업
5. 하루에 총 2시간 이상 쪼그리고 앉거나 무릎을 굽힌 자세에서 이루어지는 작업
6. 하루에 총 2시간 이상 지지되지 않은 상태에서 1kg 이상의 물건을 한손의 손가락으로 집어 옮기거나, 2kg 이상에 상응하는 힘을 가하여 한손의 손가락으로 물건을 쥐는 작업
7. 하루에 총 2시간 이상 지지되지 않은 상태에서 4.5kg 이상의 물건을 한 손으로 들거나 동일한 힘으로 쥐는 작업
8. 하루에 10회 이상 25kg 이상의 물체를 드는 작업
9. 하루에 25회 이상 10kg 이상의 물체를 무릎 아래에서 들거나, 어깨 위에서 들거나, 팔을 뻗은 상태에서 드는 작업
10. 하루에 총 2시간 이상, 분당 2회 이상 4.5kg 이상의 물체를 드는 작업
11. 하루에 총 2시간 이상 시간당 10회 이상 손 또는 무릎을 사용하여 반복적으로 충격을 가하는 작업

5. 산업안전보건기준에 관한 규칙

제657조(유해요인 조사) ① 사업주는 근로자가 근골격계부담작업을 하는 경우에 3년마다 다음 각 호의 사항에 대한 유해요인조사를 하여야 한다. 다만, 신설되는 사업장의 경우에는 신설일부터 1년 이내에 최초의 유해요인 조사를 하여야 한다.

1. 설비·작업공정·작업량·작업속도 등 작업장 상황
2. 작업시간·작업자세·작업방법 등 작업조건
3. 작업과 관련된 근골격계질환 징후와 증상 유무 등

② 사업주는 다음 각 호의 어느 하나에 해당하는 사유가 발생하였을 경우에 제1항에도 불구하고 지체 없이 유해요인 조사를 하여야 한다. 다만, 제1호의 경우는 근골격계부담작업이 아닌 작업에서 발생한 경우를 포함한다.

1. 법에 따른 임시건강진단 등에서 근골격계질환자가 발생하였거나 근로자가 근골격계질환으로 「산업재해보상보험법 시행령」 별표 3 제2호가목·마목 및 제12호라목에 따라 업무상 질병으로 인정받은 경우
2. 근골격계부담작업에 해당하는 새로운 작업·설비를 도입한 경우
3. 근골격계부담작업에 해당하는 업무의 양과 작업공정 등 작업환경을 변경한 경우

③ 사업주는 유해요인 조사에 근로자 대표 또는 해당 작업 근로자를 참여시켜야 한다.

제658조(유해요인 조사 방법 등) 사업주는 유해요인 조사를 하는 경우에 근로자와의 면담, 증상 설문조사, 인간공학적 측면을 고려한 조사 등 적절한 방법으로 하여야 한다. 이 경우 제657조제2항제1호에 해당하는 경우에는 고용노동부장관이 정하여 고시하는 방법에 따라야 한다.

제659조(작업환경 개선) 사업주는 유해요인 조사 결과 근골격계질환이 발생할 우려가 있는 경우에 인간공학적으로 설계된 인력작업 보조설비 및 편의설비를 설치하는 등 작업환경 개선에 필요한 조치를 하여야 한다.

제660조(통지 및 사후조치) ① 근로자는 근골격계부담작업으로 인하여 운동범위의 축소, 쥐는 힘의 저하, 기능의 손실 등의 징후가 나타나는 경우 그 사실을 사업주에게 통지할 수 있다.

② 사업주는 근골격계부담작업으로 인하여 제1항에 따른 징후가 나타난 근로자에 대하여 의학적 조치를 하고 필요한 경우에는 제659조에 따른 작업환경 개선 등 적절한 조치를 하여야 한다.

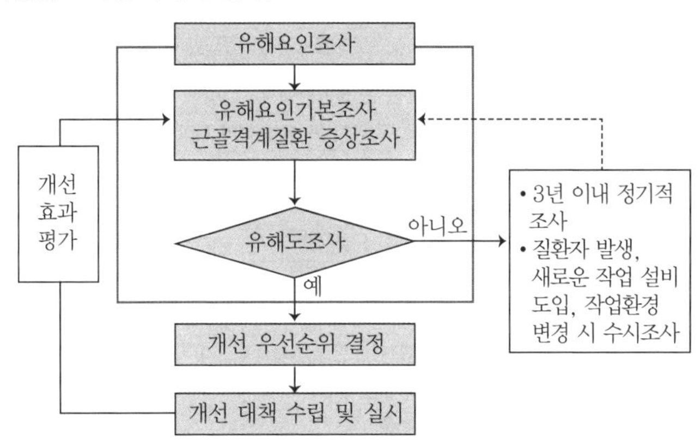

[그림] 근골격계질환 유해요인조사 절차

제661조(유해성 등의 주지) ① 사업주는 근로자가 근골격계부담작업을 하는 경우에 다음 각 호의 사항을 근로자에게 알려야 한다.

1. 근골격계부담작업의 유해요인
2. 근골격계질환의 징후와 증상
3. 근골격계질환 발생 시의 대처요령
4. 올바른 작업자세와 작업도구, 작업시설의 올바른 사용방법
5. 그 밖에 근골격계질환 예방에 필요한 사항

② 사업주는 제657조제1항과 제2항에 따른 유해요인 조사 및 그 결과, 제658조에 따른 조사방법 등을 해당 근로자에게 알려야 한다.

③ 사업주는 근로자대표의 요구가 있으면 설명회를 개최하여 제657조제2항제1호에 따른 유해요인 조사 결과를 해당 근로자와 같은 방법으로 작업하는 근로자에게 알려야 한다.

제662조(근골격계질환 예방관리 프로그램 시행) ① 사업주는 다음 각 호의 어느 하나에 해당하는 경우에 근골격계질환 예방관리 프로그램을 수립하여 시행하여야 한다.

1. 근골격계질환으로 「산업재해보상보험법 시행령」 별표 3 제2호가목·마목 및 제12호라목에 따라 업무상 질병으로 인정받은 근로자가 연간 10명 이상 발생한 사업장 또는 5명 이상 발생한 사업장으로서 발생 비율이 그 사업장 근로자 수의 10퍼센트 이상인 경우
2. 근골격계질환 예방과 관련하여 노사 간 이견(異見)이 지속되는 사업장으로서 고용노동부장관이 필요하다고 인정하여 근골격계질환 예방관리 프로그램을 수립하여 시행할 것을 명령한 경우

② 사업주는 근골격계질환 예방관리 프로그램을 작성·시행할 경우에 노사협의를 거쳐야 한다.

③ 사업주는 근골격계질환 예방관리 프로그램을 작성·시행할 경우에 인간공학·산업의학·산업위생·산업간호 등 분야별 전문가로부터 필요한 지도·조언을 받을 수 있다.

합격예측

[표] 평가기법

평가도구명 (Analysis Tools)	구분	평가 요소
(1) REBA (레바 : Rapid Entire Body Assessment)	평가되는 위해요인	반복성, 힘, 불편한 자세
	관련된 신체부위	손목, 팔, 어깨, 목, 상체, 허리, 다리
	적용대상 직업종류	간호사, 청소부, 주부 등의 작업이 비고정적인 형태의 서비스업계통
	한계점	반복성 미고려
(2) OWAS 22. 4. 24 기 (와스 : Ovaco Working Posture Analysing System)	평가되는 위해요인	자세, 힘, 노출시간
	관련된 신체부위	상체, 허리, 하체
	적용대상 직업종류	중량물 취급
	한계점	중량물작업 한정, 반복성 미고려
(3) JSI (시 : Job Strain index : 작업긴장도 지수)	평가되는 위해요인	반복성, 힘, 불편한 자세
	관련된 신체부위	손, 손목
	적용대상 직업종류	경조립작업, 검사, 육류가공, 포장, 자료입력, 세탁
	한계점	손, 손목부위 작업 한정, 평가의 객관성
(4) RULA (루라 : Rapid Upper Limb Assessment)	평가되는 위해요인	반복성, 힘, 불편한 자세
	관련된 신체부위	손목, 팔, 팔꿈치, 어깨, 목, 상체
	적용대상 직업종류	조립작업, 목공작업, 정비작업, 육류가공, 교환대, 치과
	한계점	반복성과 정적자세의 고려가 다소 미흡, 전문성 요구
(5) Revised NIOSH Lifting Equation (NIOSH 들기 작업 지침)	평가되는 위해요인	반복성, 힘, 불편한 자세
	관련된 신체부위	허리
	적용대상 직업종류	물자취급(운반, 정리), 음료수운반, 4[kg] 이상의 중량물취급, 과도한 힘을 요하는 작업, 고정된 들기 작업
	한계점	전문성 요구

각종 설비의 유지관리
출제예상문제

출제예상문제는 복습, 예습문제로 엮었습니다. *WHY : 실제시험에도 순서에 관계없이 출제됩니다. 예습 후 다음장에 공부한 문제가 있으면 기억이 배가 됩니다.

제2편

01 ★★★★ **제조물 책임(PL : Product Liability)에서 제품손해배상의 대상이 아닌 것은?**

① 제조결함　② 보전결함
③ 설계결함　④ 경고결함

해설

과실책임
① 설계결함　② 제조결함　③ 경고결함

02 ★★ **FMEA에서 고장의 발생확률을 β라 하고, $0 < \beta < 0.10$일 때의 고장의 영향은?**

① 영향 없음　② 가능한 손실
③ 예상되는 손실　④ 실제의 손실

해설

영 향	발생확률
실제의 손실	$\beta=1.00$
예상되는 손실	$0.10 \le \beta < 1.00$
가능한 손실	$0<\beta<0.10$
영향 없음	$\beta=0$

03 ★★ **디버깅(debugging)이란?**

① 초기고장기간의 고장원인 도출과정
② 우발고장기간의 고장원인 도출과정
③ 마모고장기간의 고장원인 도출과정
④ 고장원인 도출과는 상관이 없다.

해설

기계설비 고장유형
(1) 초기고장 : 감소형(DFR), 디버깅 기간, 번인 기간, 예방대책 → 위험분석
　① 디버깅 기간 : 기계의 결함을 찾아내 고장률을 안정시키는 기간
　② 번인 기간 : 물품을 실제로 장기간 움직여 보고 그 동안에 고장난 것을 제거하는 기간
(2) 우발고장 : 일정형(CFR), 사용조건상의 고장을 말하며 고장률이 가장 낮다. CFR 기간의 길이를 내용수명(耐用壽命)이라 한다.
(3) 마모고장 : 증가형(IFR), 정기진단(검사) 필요, 설비의 피로에 의해 생기는 고장

04 ★★★ **어느 부품 1만개를 1만 시간 가동중에 5개의 불량품이 발생하였다. 평균 고장시간(MTBF)은?**

① 1×10^6시간　② 2×10^7시간
③ 1×10^8시간　④ 2×10^9시간

해설

$\text{MTBF}=\dfrac{1}{\lambda}=\dfrac{10{,}000\times10{,}000}{5}=2\times10^7$시간

05 ★★ **n개의 요소를 가진 병렬계에 있어서 요소의 수명(MTTF)이 지수분포에 따를 경우, 계의 수명은?**

① $\text{MTTF}\times n$
② $\text{MTTF}\times\dfrac{1}{n}$
③ $\text{MTTF}\times\left(1+\dfrac{1}{2}+\cdots+\dfrac{1}{n}\right)$
④ $\text{MTTF}\times\left(1\times\dfrac{1}{2}\times\cdots\times\dfrac{1}{n}\right)$

해설

고장까지의 평균시간(Mean Time Failure)

[정답] 01 ② 02 ② 03 ① 04 ② 05 ③

06 ★ 기계의 기능에서 전형적인 고장률을 표시하는 곡선이 있다. 유용수명 기간중에 우발적인 고장 기간은 언제부터 주로 발생하는가?

① 기계의 시운전시에 발생한다.
② 기계의 일정 안정기에 들어서 발생한다.
③ 기계부품의 수명이 다 되었을 때 발생한다.
④ 기계 초기부터 계속 발생하는 현상이다.

해설

(1) ①, ④ 는 초기고장이며 감소형이다.
(2) ② 는 우발고장이며 일정형이다.
(3) ③ 은 마모고장이며 증가형이다.

07 ★★ 시스템안전 달성을 위한 설계단계 중 위험 상태의 최소화 단계에 해당되는 것은?

① 경보장치　　② 페일세이프
③ 안전장치　　④ 특수수단 강구

해설

시스템안전 프로그램의 5단계

(1) 제1단계 : 구상단계(요구되는 기능의 검토)
(2) 제2단계 : 시방결정단계(기능의 결정 : 종류, 용량, 성능, 안전도, 신뢰도)
(3) 제3단계 : 설계단계(기본설계 및 세부설계)
　① 첫째 : 우선 위험상태를 최소로 한다. (fail safe 및 용장성 도입)
　② 둘째 : 안전장치, 안전울타리, interlock 방식 등
　③ 셋째 : 경보장치 채택
(4) 제4단계 : 제작단계(작업표준 보전방식 안전점검 기초)
(5) 제5단계 : 조업단계

08 ★★ 세이프티 어세스먼트 점검 6단계에서 잠재 위험성을 정량적으로 평가하는 단계는?

① 제1단계　　② 제2단계
③ 제3단계　　④ 제4단계

해설

안전성 평가 6단계

① 제1단계 : 관계자료의 작성 준비
② 제2단계 : 정성적 평가
③ 제3단계 : 정량적 평가
④ 제4단계 : 안전대책
⑤ 제5단계 : 재평가
⑥ 제6단계 : FTA에 의한 재평가

09 ★★ 수리하면서 사용하는 체계에서 고장과 고장 사이 시간의 평균치는?

① MTBF　　② MTTF
③ MTTFF　　④ MTBME

해설

MTBF

① 평균고장간격
② 고장까지의 평균시간

10 ★★★ 화학설비의 안전성 평가단계를 다음의 보기를 가지고 바르게 나타낸 것은?

> ㉠ 관계자료의 정비검토　㉡ 정성적 평가
> ㉢ 정량적 평가　㉣ 안전대책

① ㉠-㉡-㉢-㉣　　② ㉠-㉢-㉡-㉣
③ ㉠-㉢-㉣-㉡　　④ ㉠-㉡-㉣-㉢

해설

화학설비의 안전성 평가 6단계(기본순서)

① 제1단계 : 관계자료의 정비검토
② 제2단계 : 정성적 평가
③ 제3단계 : 정량적 평가
④ 제4단계 : 안전대책
⑤ 제5단계 : 재해정보에 의한 재평가
⑥ 제6단계 : FTA에 의한 재평가

11 ★★ 프레스에 있어서 가이드포스트의 설치위치로 적절한 것은?

① 작업위치의 상형
② 작업위치의 하형
③ 작업위치의 반대측의 상형
④ 작업위치 반대측의 하형

해설

프레스 금형의 기본명칭

Guide Post(기둥)는 반드시 작업자 위치 정면 하형이다.

[정답] 06 ② 07 ② 08 ③ 09 ① 10 ① 11 ②

12 ★★ 설비는 사용함에 따라 점차 성능의 저하나 고장이 발생하는데 이와 같은 설비 열화의 대책으로 가장 좋은 방법은?

① 일상보전 ② 예방보전
③ 개량보전 ④ 설비갱신

해설

보전에는 예방이 가장 중요하다.

13 ★★ 항공기의 안전성 평가에 널리 사용되는 기법으로서 각 중요 부품의 고장률, 운용, 형태, 보정계수, 사용시간, 비율 등을 고려하여 정량적, 귀납적으로 부품의 위험도를 평가하는 분석 기법은? 21. 5. 15 기

① FMEA ② CA
③ FTA ④ ETA

해설

CA

(1) FMEA : 가장 일반적이고 전형적인 방법, 정성적, 귀납적 해석방법
(2) CA : 위험성이 높은 요소, 직접 시스템의 손상이나 인원의 사상에 연결되는 요소에 대해서 특별한 주의와 해석이 필요하며 항공기 안전성 평가에 적용
(3) FTA : 결함수 분석법
(4) ETA : 귀납적, 정량적 방법이며 작성은 좌에서 우로, 성공사상은 상측에, 실패사상은 하측에 분기된다. ETA에서 분기된 각 사상의 확률의 합은 항상 1이다.

14 ★★★ 위험관리 내용을 가장 잘 설명한 것은?

① 위험의 식별 ② 위험의 양적 제시
③ 위험수준의 결정 ④ 위험성의 확인 및 평가

해설

위험관리는 위험수준을 결정하기 위한 것이며 위험 및 운전성 검토 등 합성 경험을 제공하는 것이다.

15 ★★ 위험 및 운전성 검토를 수행하기 위하여 필요한 4단계 준비작업에 적합하지 않은 것은?

① 자료의 수집
② 안전수칙의 작성
③ 검토 순서 계획의 수립
④ 필요한 회의 소집

해설

준비작업 4단계

① 자료의 수집
② 수집된 자료를 적당한 형태로 수정
③ 검토순서 계획의 수립
④ 필요한 회의 소집

16 ★ 많은 부품들이 직렬구조로 이루어진 시스템에서, 아주 적은 t에 대해서 부품의 고장률이 $h_i(t) = \lambda_i + K_i t^n$이고, 상당부분을 차지하는 부품들이 $\lambda_i \neq 0$이면, 이 시스템의 고장은 어떤 분포를 따른다고 할 수 있는가? 21. 5. 15 기

① 와이블분포 ② 지수분포
③ 정규분포 ④ t 분포

해설

지수분포를 설명하고 있다.

17 ★★ FTA를 수행함에 있어 기본사상들의 발생이 서로 독립인가 아닌가의 여부를 파악하기 위해서는 다음 중 어느 값을 계산해 보아야 가장 적합한가?

① 발생확률 ② 고장률
③ 분산 ④ 공분산

해설

공분산의 설명이다.

18 ★★★ 어떤 전자기기의 수명은 지수분포에 따르며, 그 평균수명은 1,000시간이라고 한다. 그런데 이러한 기기를 1,000시간 사용하였으나 아직은 고장없이 작동하고 있다. 이 기기가 앞으로 500시간 동안 고장없이 정상 작동할 확률은? 17. 5. 7 산 21. 9. 12 기

① $e^{-0.5}$ ② $e^{-1.5}$
③ $1-e^{-0.5}$ ④ $1-e^{-1.5}$

[정답] 12 ② 13 ② 14 ③ 15 ② 16 ② 17 ④ 18 ①

해설

(1) MTBF(평균고장간격 : Mean Time Between Failures)
① 고장이 발생되어도 다시 수리를 해서 쓸 수 있는 제품을 의미
→ 무고장 시간의 평균

$MTBF = \frac{1}{\lambda} = t_0 \quad \therefore t_0 = \frac{1}{\lambda}$

λ : 고장률 $= \frac{\text{고장(불량품) 건수}}{\text{총 가동시간}}$

② 고장에서 고장까지의 정상상태에 머무르는 무고장 동작시간의 평균치
③ 평균고장발생의 시간 길이로 수리하면서 사용하는 제품의 신뢰도 척도

(2) MTTF(고장까지의 평균시간 : Mean Time to Failure)
① 기계의 평균수명으로 모든 기계가 to를 갖지 않기 때문에 확률분포로 파악
② 고장이 발생하면 그것으로 수명이 없어지는 제품
③ 한번 고장이 발생하면 수명이 다한 것으로 생각하여 수리하지 않고 폐기하거나 교환하는 제품의 고장까지의 평균시간

(3) 마모고장
① 증가형(IFR : Increasing Failure Rate) : C
② 점차로 고장률이 상승하는 형으로 볼 베어링 등 기계적 요소나 부품의 마모, 사람의 노화현상
③ 마모나 노화에 의해 어떤 시점에서 집중적으로 고장나는 특징을 가진다.
④ 고장이 집중적으로 일어나기 직전에 교환을 하면 고장을 사전에 방지할 수 있다.

(4) 감소형(DFR)
① 보전효과 : 예방보전(PM)을 하지 않음. debugging이 유효
② 신뢰도 R_ω

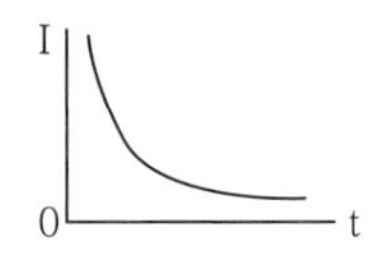

③ 고장밀도함수 f_ω

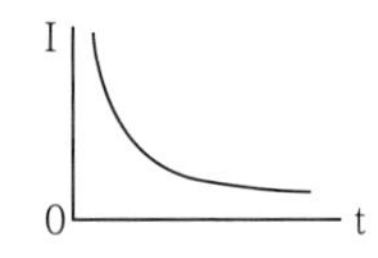

④ 고장률 λ_ω

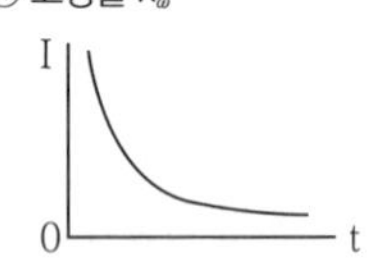

(5) 일정형(CFR)
① 예방보존효과(PM)
② 신뢰도 R_ω

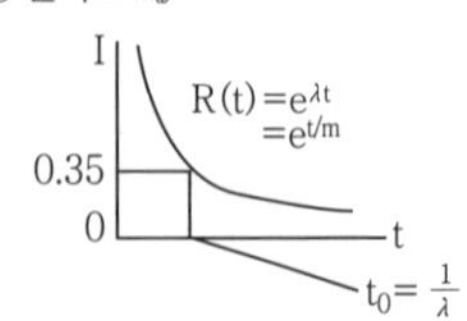

③ 고장밀도함수 f_ω

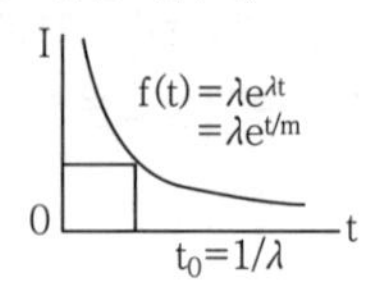

④ 고장률 λ_ω

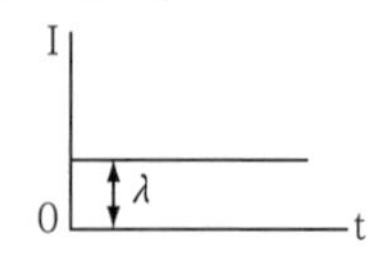

(6) $R(t) = e^{-\lambda t} = e^{-\frac{t}{t_0}} = e^{-\frac{500}{1000}} = e^{-0.5} = 0.6065$

19 공장의 안전점검 중 설비의 안전상태 유지 확보를 위한 가장 적합한 점검방법은?

① 설계 사전검사　② 수입검사
③ 시업검사(始業檢査)　④ 기본동작검사

해설

시업검사
① 시업검사는 설비의 안전상태 유지확보를 위해 작업을 시작하기 전에 실시한다.
② 설비의 안전점검을 말한다.

20 어느 부품 1만개를 1만 시간 가동 중에 5개의 불량품이 발생하였다. 평균고장시간(MTBF)은?

① 1×10^6시간　② 2×10^7시간
③ 1×10^8시간　④ 2×10^9시간

해설

MTBF 계산

$MTBF = \frac{\text{총작동시간}}{\text{고장개수}}$

$= \frac{10^4 \times 10^4}{5} = 2 \times 10^7$

합격자의 조언
샘물은 퍼낼수록 맑은 물이 솟아난다. 아낌없이 베풀어라.

[정답] 19 ③ 20 ②

정재수(靑波:鄭再琇)

인하대학교 공학박사/GTCC 교육학명예박사/한양대학교 공학석사/공학사/문학사/각종국가고시 출제, 검토, 채점, 감독, 면접위원역임/매경TV/EBS/KBS라디오 출연 및 강사/중소기업진흥공단 강사/대한산업안전협회 강사/호원대학교, 신성대학교, 대림대학교, 수원대학교 외래교수/울산대학교, 군산대학교, 한경대학교 등 특강/한국폴리텍 II 대학 산학협력단장, 평생교육원장, 산학기술연구소장, 디자인센터장/한국폴리텍 대학 교수/한국폴리텍대학남인천캠퍼스 학장/대한민국산업현장 교수/(사)대한민국에너지상생포럼 집행위원장/(사)한국안전돌봄서비스협회 회장/(사)대한민국 청렴코리아 공동대표/협성대학교 IPP추진기획단 특별위원/인천광역시 새마을문고 회장/한국요양신문 논설위원/생명살림운동 강사/GTCC 대학교 겸임교수/ISO국제선임심사원/산업안전 우수 숙련기술자 선정/**한국방송통신대학교 및 한국 폴리텍 대학 공동 선정 동영상 강의**

[저서]
- 산업안전공학(도서출판 세화)
- 기계안전기술사(도서출판 세화)
- 건설안전기술사(도서출판 세화)
- 산업안전기사(필기, 실기 필답형, 작업형)(도서출판 세화)
- 건설안전기사(필기, 실기 필답형, 작업형)(도서출판 세화)
- 산업안전지도사 시리즈(도서출판 세화)
- 산업보건지도사 시리즈(도서출판 세화)
- 산업안전보건(한국산업인력공단)
- 공업고등학교안전교재(서울교과서)
- 산업안전보건동영상(한국산업인력공단) 등 60여권 저술
- 한국방송통신대학과 한국폴리텍대학 선정 동영상 촬영

[상훈]
대한민국 근정 포장(대통령)/국무총리 표창/행정자치부 장관표창/300만 인천광역시민상 수상과 효행표창 등 8회 수상/인천광역시 교육감 상 수상/Vision2010교육혁신대상수상/2018년 대한민국청렴대상수상/30년이상봉사 새마을기념장 수상/몽골 옵스 주지사 표창 수상/남동구 자원봉사상 수상

[출강기업(무순)]
삼성(전자, 건설, 중공업, 조선, 물산)/현대(건설, 자동차, 중공업, 제철)/대우(건설, 자동차, 조선), SK(정유, 건설)/GS건설/에스원(S1)/두산(건설, 중공업), 동부(반도체), POSCO건설, 멀티캠퍼스, e-mart, CJ, 한국수자원공사 등 100여기업/이상 안전자격증특강

국가기술자격 필기시험 집중 대비서(녹색자격증, 녹색직업)

건설안전산업기사[필기] – 1권

27판 40쇄 발행	**2025. 01. 20. (24.09.30.인쇄)**	17판 30쇄 발행	2016. 1. 1.	8판 19쇄 발행	2008. 1. 01.	4판 8쇄 발행	2004. 4. 10.
		16판 29쇄 발행	2015. 1. 1.	7판 18쇄 발행	2007. 7. 10.	4판 7쇄 발행	2004. 1. 10.
26판 39쇄 발행	2023. 11. 1.	15판 28쇄 발행	2014. 1. 1.	7판 17쇄 발행	2007. 3. 30.	3판 6쇄 발행	2001. 7. 5.
25판 38쇄 발행	2023. 3. 30.	14판 27쇄 발행	2013. 1. 1.	7판 16쇄 발행	2007. 1. 10.	2판 5쇄 발행	1999. 9. 30.
24판 37쇄 발행	2022. 7. 1.	13판 26쇄 발행	2013. 1. 1.	6판 15쇄 발행	2006. 6. 20.	2판 4쇄 발행	1999. 6. 10.
23판 36쇄 발행	2022. 1. 22.	12판 25쇄 발행	2012. 1. 1.	6판 14쇄 발행	2006. 4. 10.	2판 3쇄 발행	1999. 1. 10.
22판 35쇄 발행	2021. 1. 18.	11판 24쇄 발행	2011. 5. 20.	6판 13쇄 발행	2006. 1. 10.	1판 2쇄 발행	1998. 7. 10.
21판 34쇄 발행	2020. 2. 10.	11판 23쇄 발행	2011. 1. 1.	5판 12쇄 발행	2005. 6. 10.	1판 1쇄 발행	1998. 1. 5.
20판 33쇄 발행	2019. 1. 10.	10판 22쇄 발행	2010 1. 1.	5판 11쇄 발행	2005. 3. 20.		
19판 32쇄 발행	2018. 1. 10.	9판 21쇄 발행	2009. 1. 1.	5판 10쇄 발행	2005. 1. 10.		
18판 31쇄 발행	2017. 1. 1.	8판 20쇄 발행	2008. 3. 20.	4판 9쇄 발행	2004. 6. 30.		

지은이 정재수
펴낸이 박 용
펴낸곳 도서출판 세화 **주소** 경기도 파주시 회동길 325-22(서패동 469-2)
영업부 (031)955-9331~2 **편집부** (031)955-9333 **FAX** (031)955-9334
등록 1978. 12. 26 (제 1-338호)

정가 43,000원 (1권 / 2권 / 3권)
ISBN 978-89-317-1298-8 13530
※ 파손된 책은 교환하여 드립니다.

본 도서의 내용 문의 및 궁금한 점은 더 정확한 정보를 위하여 저자분에게 문의하시고, 저희 홈페이지 수험서 자료실이나 저자 이메일에 문의바랍니다.
저자명 정재수(jjs90681@naver.com) TEL 010-7209-6627

개정때마다 새롭게 태어납니다.

타 교재와 비교하십시오
탁월한 선택의 즐거움이 커집니다.

건설안전산업기사 필기 1

- 본서의 요점정리는 간단하고 명료하게 구체적으로 표현을 했다.
- 본문의 요점에서 이해하지 못했다면 출제예상문제에서 반드시 이해할 수 있도록 하였다.
- 본서는 최근 심도있게 거론이 되고 있는 출제예상문제를 빠짐없이 수록하여 타 교재와 차별화가 되도록 구성하였다.
- 건설안전산업기사 자격 취득의 결론은 본서의 요점과 예상문제 및 합격날개 합격예측으로 합격을 보장할 수 있도록 엮었다.
- 최근까지 출제된 과년도 출제 문제와 상세해설 수록 및 7개년 7회분 무료 동영상 강의로 수험준비에 만전을 기하였다.

본서의 구성

제1권

- **제1편** 산업안전관리론
- **제2편** 인간공학 및 시스템안전공학

제2권

- **제3편** 건설시공학
- **제4편** 건설재료학
- **제5편** 건설안전기술
- **찾아보기**

제3권

- **부록 과년도 출제문제**

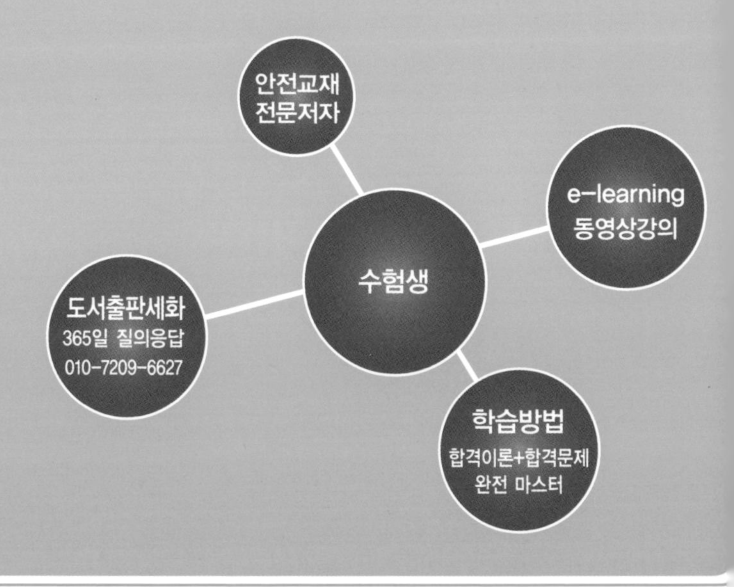

특별부록 QR자료 다운로드

- **1주일에 끝나는 합격요점QR**

지은이 정재수 **펴낸이** 박용 **펴낸곳** 도서출판 세화
등록번호 1978.12.26 (제1-338호) **주소** 경기도 파주시 회동길 325-22(서패동469-2)
구입문의 (031)955-9331~2 **편집부** (031)955-9333 **fax** (031)955-9334

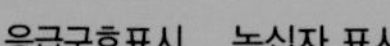

보행금지 인화성물질경고 고압전기경고 안전모착용 응급구호표시 녹십자 표시

CBT 백과사전식 NCS적용 문제해설

▸ISO 9001:2015 인증
▸안전연구소 인정

2025
개정27판 총40쇄

녹색자격증 녹색직업

세계유일무이
365일 저자상담직통전화
010-7209-6627

ONLY ONE 합격교재 전과목 7개년 7회분 무료강좌

건설안전산업기사 필기 2

안전공학박사/명예교육학박사
대한민국산업현장교수/기술지도사
정 재 수 지음

제3편 · 건설시공학
제4편 · 건설재료학
제5편 · 건설안전기술

네이버 검색창에 검색해 보세요.

"정재수의 안전스쿨"
http://cafe.naver.com/anjeonschool
카페에 가입하시면 무료 동영상

QR코드를 스캔하여 특별부록을 다운로드 하세요. 홈페이지에서도 다운 받으실 수 있습니다.

동영상 강의

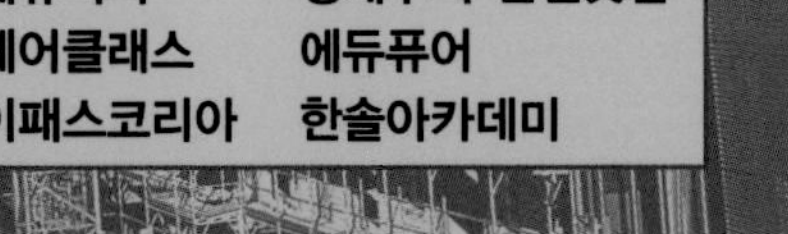

"산업안전 우수 숙련기술자" 선정

안전분야 베스트셀러 34년 독보적 판매
최신 기출문제 수록

건설안전기사, 산업안전기사 · 지도사 · 기능장 · 기술사 등 관련자격 및 의문사항에 대하여 365일 성심 성의껏 답변해 드리고 있습니다. 저자와 상담 후 교재를 구입하세요.

www.sehwapub.co.kr

대한민국 최초, 최다, 최고, 최상, 최적 적중률의 안전관리 완벽합격!

•특허 제 10-2687805 호•
명칭 : 국가직무능력표준에 따른 자격사 교육 콘텐츠 생성 자동화 방법, 장치 및 시스템

도서출판 세화

2025
개정27판 총40쇄

koita 한국산업기술진흥협회

CBT 백과사전식 NCS적용 문제해설

▸ISO 9001:2015 인증
▸안전연구소 인정

녹색자격증 녹색직업

세계유일무이
365일 저자상담직통전화
010-7209-6627

건설안전산업기사 필기 2

안전공학박사/명예교육학박사
대한민국산업현장교수/기술지도사 정 재 수 지음

제 3 편 · 건설시공학
제 4 편 · 건설재료학
제 5 편 · 건설안전기술

"산업안전 우수 숙련기술자" 선정

안전분야 베스트셀러
34년 독보적 1위
최신 기출문제 수록

건설안전, 산업안전 기사 · 지도사 · 기능장 · 기술사 등 관련 자격 및 의문사항에 대하여 365일 성심 성의껏 답변해 드리고 있습니다. 저자와 상담 후 교재를 구입하세요.

www.sehwapub.co.kr

대한민국 최초, 최다, 최고, 최상, 최적 적중률의 안전관리 완벽합격!

•특허 제10-2687805호•
명칭 : 국가직무능력표준에 따른 자격사 교육 콘텐츠 생성 자동화 방법, 장치 및 시스템

도서출판 세화

contents

차례

제3편 건설시공학

Chapter 01 시공 일반

Chapter 02 토공사

contents

contents

contents

제4편 건설재료학

Chapter 01 목재

Chapter 02 시멘트 및 콘크리트

contents

Chapter 04 금속재

Chapter 05 미장 및 방수재료

Chapter 06 합성수지

contents

contents

contents

contents

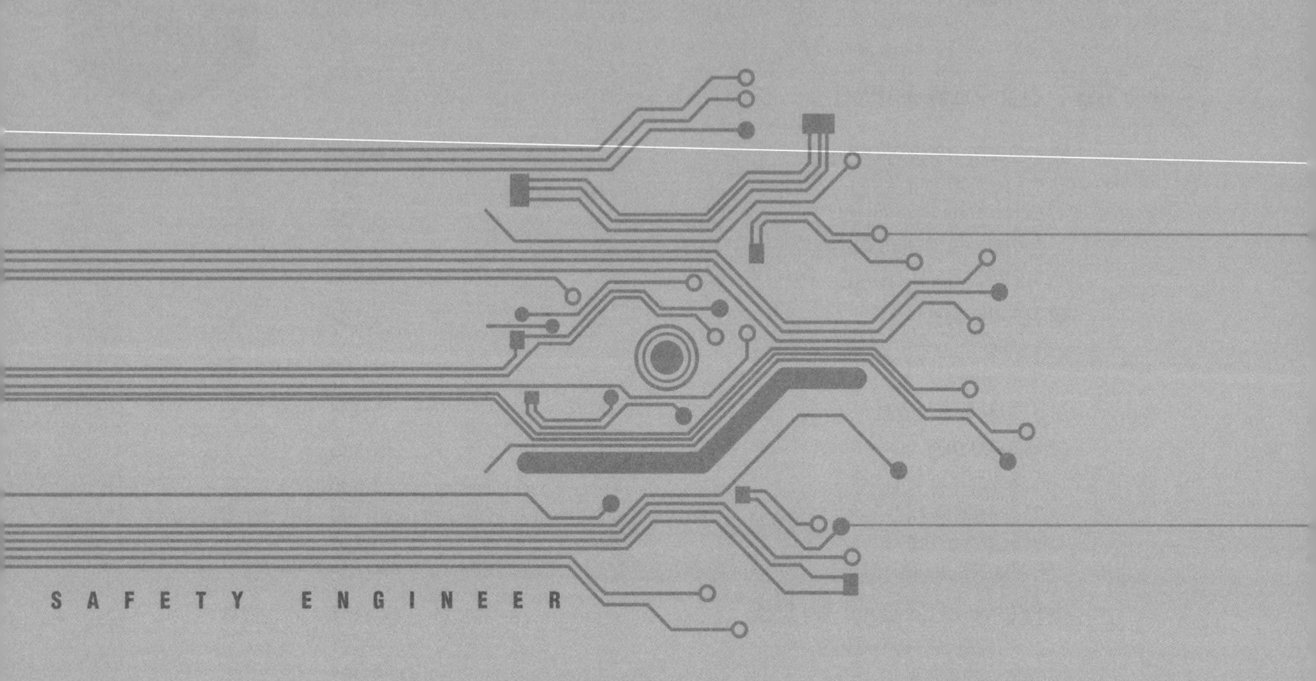
S A F E T Y E N G I N E E R

건설시공학

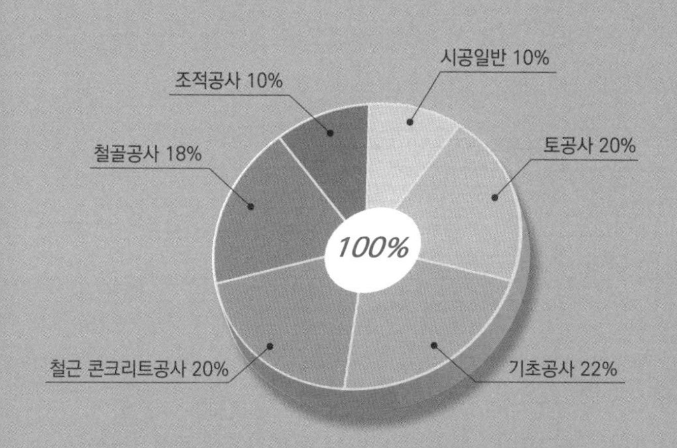

출제기준 및 비중(적용기간 : 2021.1.1~2025.12.31)
NCS기준과 2025년 합격기준을 정확하게 적용하였습니다.

시공 일반

중점 학습내용

건설안전기사/건설안전산업기사 합격을 위해서 다음 내용을 충실히 공부해야 한다.

1 공사시공에서 도급계약방식(일식도급, 분할도급, 공동도급)의 특징
2 경쟁입찰방식(공개, 지명, 제한)의 장·단점
3 공사계획 전, 수립시 고려사항
4 공사현장관리 용어와 기초를 비교

시험에 출제가 예상되는 그 중심적인 내용은 다음과 같다.

❶ 공사시공방식
❷ 공사계획
❸ 공사현장관리

공사비 구성체계
① 총공사비(견적가격)=총원가+이윤 ② 총원가=공사원가+일반관리비 ③ 이윤=총원가×이윤율[%]

합격예측 16. 3. 6 기 / 18. 9. 15 산

건축시공의 현대화 방안
① 새로운 경영기법의 도입 및 활용
② 작업의 표준화, 단순화, 전문화(3S)
③ 재료의 건식화, 건식 공법화
④ 기계화 시공, 시공기법의 연구개발
⑤ 건축생산의 공업화, 양산화, Pre-Fab화
⑥ 도급기술의 근대화
⑦ 가설재료의 강재화
⑧ 신기술 및 과학적 품질관리 기법의 도입

합격예측

(1) 건축생산 3대 목표(건축시공 3대 관리)
① 원가관리
② 공정관리
③ 품질관리

(2) CIC(Computer Integrated Construction)
건축공사에 컴퓨터기술의 활용을 통하여 설계와 시공을 통합함으로써 공사시공관리업무의 합리화와 생산공장과 조립현장 간의 생산체제를 유기적으로 통합관리하는 방법

1 공사시공방식

1. 건설시공의 의의

(1) 건설시공은 각종 천연재료, 인공재료를 이용하여 인간의 생활 목적에 적합한 건축물을 설계도에 의하여 최저의 공비로 최단시일 내에 완성시키는 과학적 기술이다.

(2) 건설시공의 과정

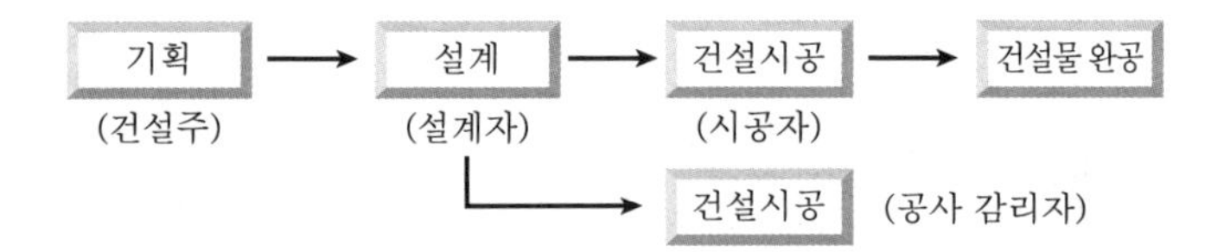

2. 공사관련자 및 업무

(1) 건축주

건축을 기획하고 자금을 투자하는 개인이나 공공단체 또는 정부기관으로서 도급공사에서는 주문자, 직영 공사에서는 시행주 자체이다.

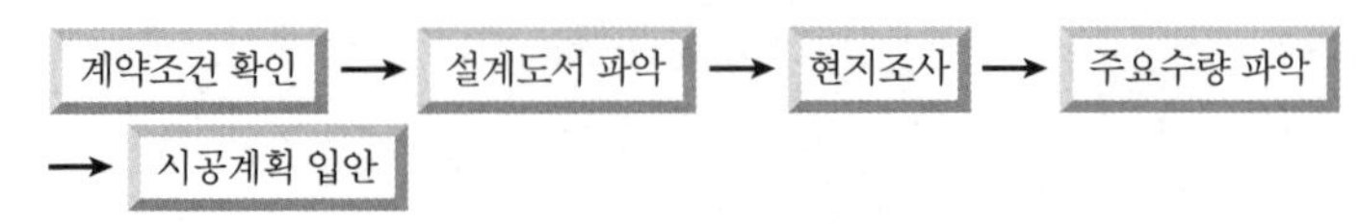

[그림] 시공계획순서

(2) 공사감리자

일정한 자격이 있는 건축사 또는 감리전문업체가 맡게 되며 업무는 아래와 같다.

① 시공의 적정성 확인
② 시공계획, 공정표의 검토·확인
③ 공정 및 기성고 검토·확인
④ 설계변경사항의 검토·확인
⑤ 사용자재의 적합성 검토·확인
⑥ 안전관리 검토·확인
⑦ 품질관리계획의 검토·확인
⑧ 하도급에 대한 타당성 검토

(3) 공사관리자

도급공사에서 시공관계업무를 담당하는 책임자로 도급 업무자편에 속하여 재료, 노무동원, 공사추진 등 공사 일체를 책임맡아 시행하는 자를 말한다.(예 현장소장)

(4) 시공자

건축주의 주문에 따라 일정한 기간 내에 공사를 책임 완성시키는 자를 말한다.

3. 도급업자의 분류

(1) 원도급업자

건축주와 직접 도급계약을 한 시공업자를 말한다.

(2) 재도급

원도급업자가 도급공사의 전부를 건축주와 관계없이 다른 공사자에게 도급을 주어 시행하는 것을 말한다.

(3) 하도급

도급공사를 부분적으로 분할하여 제3자에게 도급을 주어 시행하는 것을 말한다.

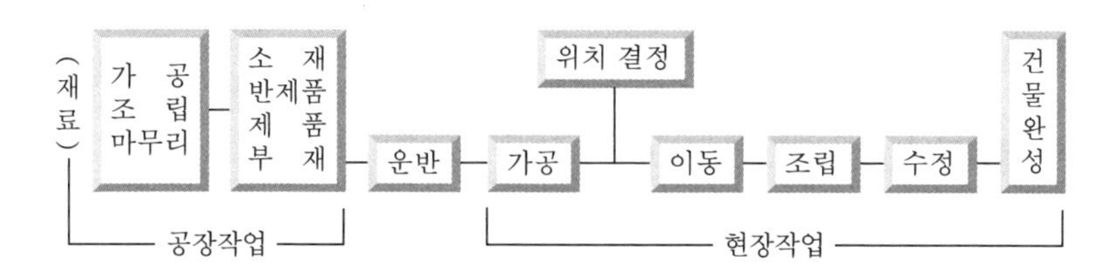

[그림] 건설 공사 과정

합격예측

건축생산 5대 관리목표(건축시공 5대 관리)
① 원가관리
② 공정관리
③ 품질관리
④ 안전관리
⑤ 환경관리

합격예측

상량식(上梁式) 16. 5. 8 기

건축식전 중 철골조와 목조건축에서는 지붕대들보를 올릴 때 행하는 의식이며, 철근콘크리트조에서는 최상층의 거푸집 혹은 철근배근 시 또는 콘크리트를 타설한 후 행하는 식

참고

공사실시방법에 따른 도급분류
① 총(일식)도급
② 분할도급
③ 공동도급

용어정의 16. 5. 8 기 17. 5. 7 산 18. 4.28 산 23. 6. 4 기

① VE(Value Enginnering) : 건설현장에서 필요한 기능을 품질저하 없이 유지하며 가장 적은 비용으로 공사를 관리하는 원가절감기법(가치공학) : 기능/비용
② EC(Enginnering Construction) : 종래의 단순시공에서 벗어나 고부가가치를 추구하기 위한 사업발굴에서 유지관리에 이르기까지 사업전반에 관한 것을 종합, 계획관리하는 업무영역 확대기법 17. 9. 23 산
③ CM(건설관리) : 설계, 시공을 통합관리하며 주문자를 위해 서비스하는 전문가 집단의 관리기법 18. 9. 15 기 22. 3. 5 기

합격예측

업무범위에 따른 계약방식 구분

(1) 턴키 계약방식(Turn-key base contract)
(2) 사업관리 계약제도(Construction management contract) 20. 6. 7 기 20. 8. 22 기 22. 3. 5 기
① CM for fee방식(대리인형 CM방식)
② CM at risk 방식(시공자형 CM방식)
(3) 프로젝트 관리방식(Project management 방식)
(4) Partnering방식
(5) BOT방식 17. 3. 5 산 (Build-Operate-Transfer)
① 발주자측이 사업의 공사비를 부담하는게 아니라 민간수주측이 자본을 대고 준공 후 일정기간 시설물을 운영하여 투자금을 회수하고 차후에 발주자측에 소유권을 이전하는 방식
② 대규모 사회간접자본 사업(SOC사업) 등에서 사용되는 방식

합격예측

(1) 도급금액 결정방법에 따른 도급분류
① 정액도급
② 단가도급
③ 실비정산(청산) 보수가산도급
(2) 5M
① Men : 노무관리
② Material : 자재관리
③ Machine : 기계, 장비관리
④ Money : 자금, 회계, 경비관리
⑤ Method : 시공방법
(3) 5R
① Right price(적정 가격)
② Right time(적정 시기)
③ Right product (적정 제품)
④ Right quality (적정 품질)
⑤ Right quantity (적정수량)

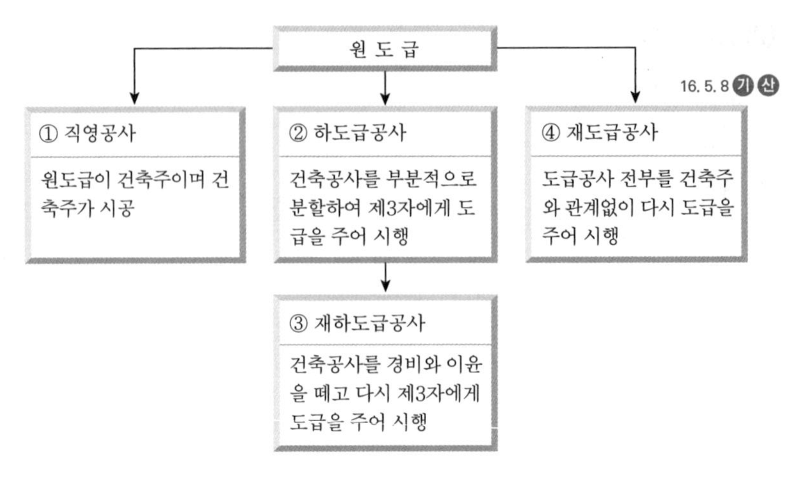

[그림] 도급공사의 분류

[표] 고용형태의 비교

직용 노무자	정용 노무자
① 원도급자에게 직접 고용되어 임금을 받는 노무자이다. ② 미숙련 노무자가 많다.	① 직종별 전문업자 또는 하도급자에 상시 종속되어 있는 노무자이다. ② 전문적 도편수에 종속되는 기능 노무자이다. ③ 출근일수로 임금을 받는다.

[표] 임금형태의 비교

정액 임금제	기성고 임금제
① 일일 출근일수에 따라 임금을 지불하는 것이다. ② 작업질의 향상효과가 있다. ③ 노무관리 능률증진에는 불리하다.	① 작업수행량에 따라 임금을 지불하는 방식이다. ② 능률향상효과가 있다. ③ 작업정밀도의 저하 우려가 있다. ④ 노무자 수입의 불안정

4. 견적의 종류

(1) 개산견적(Approxmate Estimate)

과거 유사한 건물의 통계실적을 토대로 하여 개략적으로 공사비를 산출하며, 설계도서가 불완전시, 또는 정밀산출의 시간이 없을 때 한다. 개념견적, 기본견적이라고 한다.

(2) 명세견적(Detailed Estimate)

명세견적은 완비된 설계도서·현장설명·질의 응답 또는 계약조건 등에 의거하여 면밀히 적산·견적을 하여 공사비를 산출하는 것이다. 최종견적, 상세견적, 입찰견적이라고 한다.

2 공사계획

1. 공사계획의 개요

(1) 공사계획전에 조사할 일

① 동력이용의 편리여부 ② 사용재료공급 ③ 노력공급
④ 기후 ⑤ 불의의 재해 ⑥ 급·배수
⑦ 교통 ⑧ 현장과 주변 관계 ⑨ 지형 및 토질상태

(2) 공기를 지배하는 3요소 16. 3. 6 산

① 1차적 요소 : 구조, 규모, 용도
② 2차적 요소 : 청부자 능력, 자금사정, 기후
③ 3차적 요소 : 발주자 요구, 설계적부, 감사능력

2. 공사계획내용

(1) 시공계획의 내용 및 순서 18. 3. 4 기 18. 4.28 기 22. 4. 24 기

① 현장원 편성 ② 공정표 작성 ③ 실행예산 편성
④ 하도급자의 선정 ⑤ 가설준비물 결정 ⑥ 재료선정 및 결정
⑦ 재해방지대책 및 의료대책

(2) 공정표 작성

① 작성시기 : 공사착수 전
② 작성시 가장 기본이 되는 사항 : 각 공사별 공사량

(3) 실행예산의 편성방법(공사항목의 종류)

종류	세부항목	
재료비	① 직접재료비	② 간접재료비
	③ 운임·보험료·보관비	④ 작업설(作業屑)·부산물
노무비	① 직접노무비	② 간접노무비
경비	① 직접계상경비	② 승율계상경비 등 28개 항목

① 영업비 : 급료, 수당, 여비, 통신비, 도서비, 세금, 이자, 보험료, 광고료, 잡비 등
② 가설비
㉮ 직접가설비 : 규준틀, 비계, 보양 청소 등
㉯ 공통가설비 : 창고, 일간, 현장사무소, 가설울타리, 공사용수, 공사용 동력, 공사용 도로 등

합격예측 17. 3. 5 산
공사작업계획의 목표
① 품질확보
② 공기준수
③ 작업의 안전성 확보와 제3자의 재해방지

참고
공사원가=재료(자재)비+노무비+경비

합격예측 18. 9. 15 산
공사가격의 구성요소
① 직접공사비 = 재료비 + 노무비 + 외주비 + 경비
② 순공사비=직접공사비 + 간접공사비
③ 공사원가 = 순공사비 + 현장경비
④ 총원가 = 공사원가 + 일반관리비
⑤ 총공사비 = 총원가 + 이윤
⑥ 총공사비 = 견적가격

용어정의
작업계획
특정공법의 실현을 위한 최적 해법을 추구하는 것

보충학습
작업설·부산물이란?
① 계약목적물의 시공 중에 발생되는 물품의 가치
② 철근, 파이프 고재 등 공사 목적물의 시공 중에 발생하는 작업설, 부산물, 연산품 등은 그 매각액 또 가치를 추산하여 재료비로부터 공제하여 계산

Q 은행문제 17. 3. 5 기
일반적인 공사의 시공속도에 관한 설명으로 옳지 않은 것은?
① 시공속도를 느리게 할수록 직접비는 증가된다.
② 급속공사를 강행할수록 품질은 나빠진다.
③ 시공속도는 간접비와 직접비의 합이 최소가 되도록 함이 가장 적절하다.
④ 시공속도를 빠르게 할수록 간접비는 감소된다.

합격예측

재료비 항목의 종류

① 직접재료비
② 간접재료비
③ 운임 · 보험료 · 보관비
④ 부산물, 작업설(作業屑)

합격예측

직접공사비 항목

① 재료비
② 노무비
③ 외주비
④ 경비

예정가격의 계산방법

① 재료비 = 재료량 × 단위당 가격
② 노무비 = 노무량 × 단위당 가격
③ 경비 = 소요량 × 단위당가격
④ 이윤 = (노무비 + 경비 + 일반관리비) × 이윤율[%]
※ 이윤은 15[%] 초과계상금지

합격예측

[표] 관리기법

관리 기법	주요 정의
SE	최적시공계획
IE	최소비용 시공방법
OR	생산계획의 최적방법
CIC	정보의 통합관리
QC	품질관리
TQC	전사적 품질관리
PERT/ CPM	합리적 공정관리
CAD	컴퓨터를 이용한 설계
VE	원가절감방법
LCC	건축물의 총생애 비용
EC	종합건설업 제도

가치(VE) = $\frac{기능}{비용}$ 23. 6. 4 기

(4) 공사비 지불순서

착공급(전도급)	중간불(기성불)	준공불(완공불)	하자보증금
도급금액의 1/5~1/3	① 월별 ② 공정구분별	건물인도 후 대금 청산하고 계약해체	① 준공검사 후 하자에 대한 보증으로 부실공사방지를 위한 담보 ② 1~3년 이하 동안 계약금의 2/100~ 5/100 예치

3. 공정표의 종류[(gantt)식 공정표]

(1) 횡선식 공정표(Bar Chart)

공사 종목별로 각 항을 순서대로 배열하고 시간 경과에 따른 공정을 횡선으로 표시한 공정표를 말한다.

(2) 사선식 공정표

작업의 관련성을 나타낼 수는 없으나 공사의 기성고를 표시하는 데는 대단히 편리하다.

(3) 열기식 공정표

공사착수와 완료 기일 등을 글자로서 나열시키는 방법으로 가장 간단한 형식이다.

(4) 일순 공정표

1주일이나 10일 단위로 상세히 작성한 공정표이다.

4. 네트워크(network) 공정표

(1) Network(계획공정)

전체공정의 요소작업의 상호 선후 관계를 약식화한 도표이다.

① **작업활동**(Activity job) : 선행작업, 후속작업, 병행작업

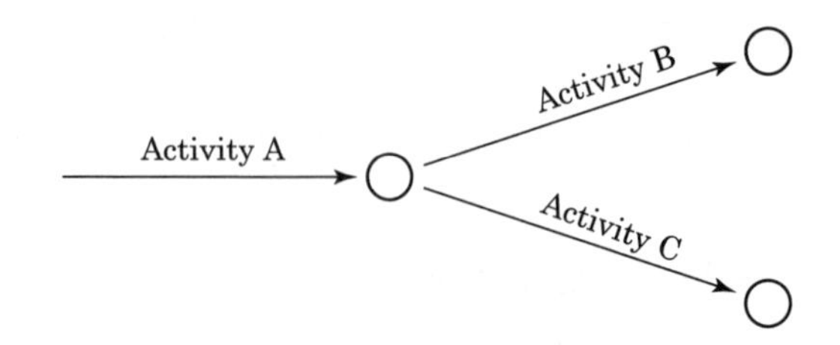

② Network 사용기호

㉮ Node(event, 마디) : ○

- 작업의 시작과 끝을 나타낼 때 쓰인다.
- 정적인 상태
- 자원의 소모가 없는 상태

㉯ Arrow : 방향의 위치를 나타내는 화살표(활동)

–작업 : Arrow 길이와 작업시간은 관계가 없다.

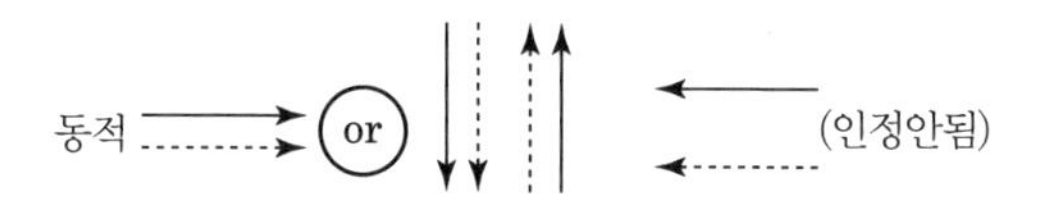

㉰ Dummy activity(가상적 활동)

→ 작업의 소요시간은 0이다.

–C의 선행작업은 A, D의 선행작업은 A와 B

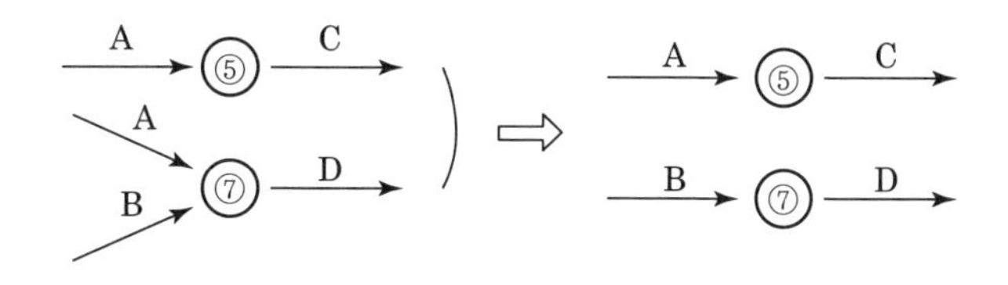

㉱ Logical dummy activity : 작업의 선후 관계

–Numbering dummy activity : 같은 event에서 시작해서 같은 event로 끝나는 작업(2개 이상이 있을 때 사용)

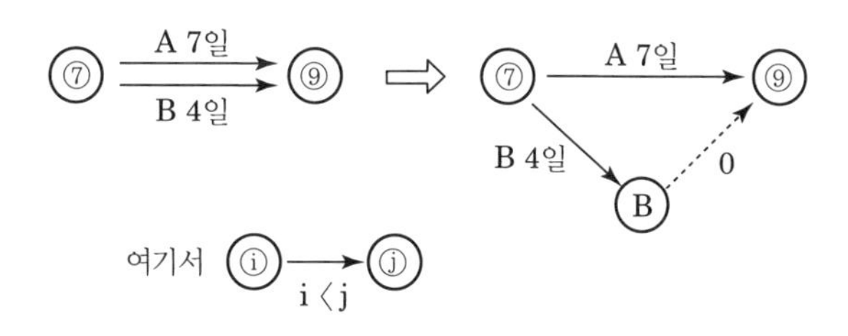

(2) Network 작성상 기본원칙

① **공정원칙** : 모든 공정은 어떤 특정공정에 대한 대체 공정이 아닌 각각 독립된 공정으로 간주되어야 하며 모든 공정은 의무적으로 수행되어야만 목표가 완수된다.

② **단계원칙** : 어떤 단계로 연결 유도된 모든 활동이 완수될 때까지 그 단계는 그 시점에 발생할 수 없다.

합격예측

공정계획수립순서

① Project를 단위작업으로 분해한다.
② 작업순서를 붙이고 네트워크로 표현
③ 각 작업시간 산정
④ 일정계산(시간계산)
⑤ 공사기일 조정
⑥ 공정표 작성

합격예측

개산견적의 종류

① 단위기준에 의한 견적
  ㉮ 단위설비에 의한 견적 (호텔 : 1개실당 통계가격×객실수 = 총공사비)
  ㉯ 단위면적에 의한 견적 (m^2당, 평당 : 비교적 정확도 높음)
  ㉰ 단위 체적에 의한 견적 (m^3당, 층고가 높거나, 특수건물인 경우)
② 비례기준에 의한 견적
  ㉮ 가격비율에 의한 견적
  ㉯ 수량비율에 의한 견적

참고

① 기본공정표 (Master plan) : 전체공기와 주요공정을 표시
② 상세공정표 : 각 공사부분의 세부일정 계획을 표시

Q 은행문제

1. 공사 관리기법 중 VE(Value Engineering)가치향상의 방법으로 옳지 않은 것은? 23. 6. 4 기

① 기능은 올리고 비용은 내린다.
② 기능은 많이 내리고 비용은 조금 내린다.
③ 기능은 많이 올리고 비용은 약간 올린다.
④ 기능은 일정하게 하고 비용은 내린다.

정답 ②

2. 다음 중 건설공사용 공정표의 종류에 해당되지 않는 것은? 18. 3. 4 산

① 횡선식 공정표
② 네트워크 공정표
③ PDM기법
④ WBS

정답 ④

③ **활동원칙** : 어떤 활동이 시작될 때 이에 선행하는 모든 활동은 완료되어야 한다. 그리고 필요에 따라 명목상 활동은 도입되어야 한다.

④ **연결원칙** : Network를 작성할 때는 각 활동은 한쪽 방향의 화살표로만 표시되어야 하며 우측으로 일방통행원칙이 적용되는 것이 "연결원칙"이다.

(3) Critical Path(CP : 주공정선) 16. 5. 8 기

① 주어진 Project(Network로 표현)에서 소요시간이 가장 긴 일련의 작업들의 경로이다.

② Network가 작성되면 각 Activity의 float(여유)가 계산되며, 그 결과 total float zero의 Activity가 발견된다.

③ 하나의 경로로 형성하는데 이 경로를 Critical Path라 한다.

(4) 일정계산(시간계산)

① 단계중심의 일정계산

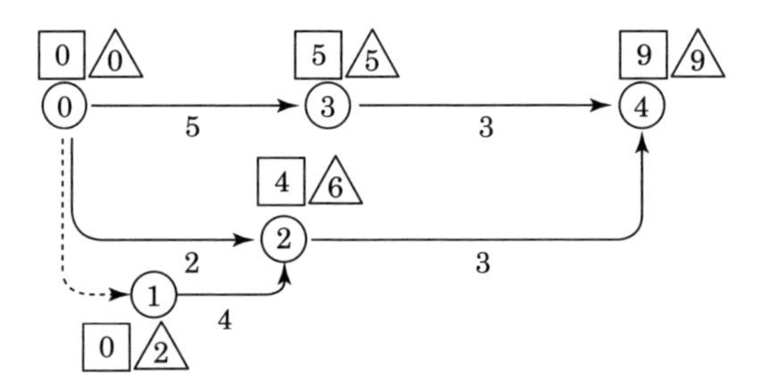

[표] PERT와 CPM의 차이점 비교

구분	PERT	CPM
개발배경	1958년 미해군 Polaris 핵잠수함건조계획시 개발	1956년 미국의 Dupant사에서 연구개발
주목적	공기단축	공사비절감
주대상	신규사업, 비반복사업-경험이 없는 사업	반복사업-경험이 있는 사업
소요시간추정	3점 추정(낙관·정상·비관) $T_e = \frac{t_o + 4t_m + t_p}{6}$	1점 추정(정상) $T_e = t_m$
일정계산	결합점(Event) 중심 TE, TL	활동(Activity) 중심 EST, EFT, LST, LFT
여유시간	SLACK	Float-TF(전체여유), FF(자유여유), DF(간섭여유)
MCX(최소비용)	이론이 없다.	CPM의 핵심이론이다.

합격예측

네트워크 공정표의 단점
20. 9. 27 기

① 다른 공정표에 비하여 초기 작성기간이 많이 걸린다.
② 작성 및 검사에 특별한 기능이 요구된다.
③ N/W 표기상 작업의 세분화에는 어느 정도 한계가 있다.
④ 공정표의 표기법과 공기단축시 수정시간이 소요된다.

합격예측

네트워크 공정표의 장점

① 개개의 관련작업이 도시되어 있어 내용을 파악하기 쉽다.
② 계획관리면에서 신뢰도가 높으며 전자계산기의 이용이 가능하다.
③ 공정이 원활하게 추진되며, 여유시간 관리가 편리하다.
④ 상호관계가 명확하여 주공정선의 현장인원의 중점배치가 가능하다.
⑤ 건축주, 관련업자의 공정회의에 대단히 편리(이해가 용이)

합격예측

네트워크 공정표의 특징

① 네트워크 공정표는 작업의 상호관계를 ○표와 → (화살표)로 표시한 망상도(망형도)이며 CPM과 PERT 수법이 대표적이다.
② 최저비용 공기단축기법(MCX 이론)은 CPM의 핵심이론이다.

Q 은행문제

네트워크 공정표의 구성요소 중 부주공정(Semi-Critical Path)에 관한 설명으로 옳지 않은 것은? 17. 9. 23 기

① 여유시간이 상대적으로 적은 공정을 의미한다.
② 공정이 부분적 또는 불연속적으로 발생한다.
③ 공기단축 시 관리대상에서는 제외된다.
④ 주공정화 할 가능성이 많은 공정이다.

정답 ③

 (Earliest expected time, 가장 빠른 작업시간)

① 각 단계가 가장 빨리 시작될 수 있는 시점
② Network의 시작 event로 순차적으로 계산한다.

TL (Latest allowable times, 가장 늦은 작업시간)

① TE에서 계산한 시기에 맞도록 역산하여 각 단계가 가장 늦게 시작해도 좋은 시점
② 전체일정에 영향을 미치지 않으면서 각 event에서 시작되는 작업의 가장 늦은 작업시작시점

[표] 공정표의 종류

표내용	표시방법
전체 공정	열기식 공정표
	횡선식 공정표
	그래프식 공정표
각종 공사(상세) 공정	다이어그램식 공정표

② 활동여유(Float)의 계산

㉮ TF(Total Float, 총여유시간)

$$TF = LST - EST = LFT - EFT$$
$$= \text{TL}\,j - (\text{TE}\,i + dij)$$

㉯ FF(Free Float, 자유여유시간)

$$FF = \text{다음 단계의 } EST - EFT$$
$$= \text{TE}\,j - (\text{TE}\,i + dij)$$

㉰ DF(Dependence Float, 간섭여유시간)

$$DF = TF - FF$$

㉱ Slack j : $\text{TL}\,j - \text{TE}\,j$

합격예측

PERT/CPM이란?

① PERT/CPM기법은 네트워크식 공정표이다.
② 네트워크식 공정표는 주공정선의 중점관리가 가능하고 공사통제가 가능하다.

합격예측

직계식(Line) 건설조직

① 소규모 건설현장에서 많이 사용한다.
② 가장 대표적인 조직체계이다.

합격예측

공정표 작성시 주의사항

① 공정표의 작성은 시공자(경험이 풍부한 자)가 작성한다.
② 공정표 작성시 기본이 되는 사항은 각 공사별 공사량(작업량)이다.
③ 공정계획은 일단 작성한 후 공사진척상황에 따라 변경하여 실시한다.
④ 공정표 작성은 한 공사가 완전히 끝난 후에 다음 공사를 진행할 것이 아니라 공사를 중첩시켜 공사기간을 단축시켜야 한다.
⑤ 시공기계 · 기구 및 공사재료가 공사진행 및 공사순서에 맞추어서 현장에 반입하는 것이 현장관리에 유리하다.

제3편

Q 은행문제

공사현장의 소음 · 진동관리를 위한 내용 중 옳지 않은 것은? 18. 3. 4 산

① 일정면적 이상의 건축공사장은 특정공사 사전신고를 한다.
② 방음벽 등 차음 · 방진 시설을 설치한다.
③ 파일 공사는 가능한 타격공법을 시행한다.
④ 해체공사 시 압쇄공법을 채택한다.

정답 ③

합격예측

공사현장의 공무적관리 종류

① 공정관리
② 공사관리 및 품질관리
③ 자금(회계)관리
④ 작업관리(안전 및 노무관리)
⑤ 재료(자재)관리

합격예측

① 공사시방서 : 해당 공사용 시방서(특정공사용시방)
② 안내(참고)시방서 : 공사시방서 작성시 참고, 지침이 되는 시방서

합격예측

(1) 건축시공의 5대 관리
① 공정관리
② 원가관리
③ 품질관리
④ 안전관리
⑤ 환경관리

(2) CALS(Computer Aided Logistic Support)
건설산업지원 통합전산망으로, 기획·계약·설계·시공·유지관리 등 건설활동 전 과정의 정보를 발주자 및 건설관련자가 전산망을 통하여 신속히 교환·공유케 함으로써 건설산업을 지원하는 통합정보시스템

(3) PMIS(Project Management Information System)
사업전반에 걸쳐서 조직을 관리·운영하고 경영의 계획 및 전략을 수립하도록 관련 정보를 신속·정확하게 경영자에게 전해줌으로써 합리적인 경영을 유도하는 프로젝트별 경영정보체계

Q 은행문제

경쟁입찰에서 예정가격 이하의 최저가격으로 입찰한 자 순으로 당해계의 이행능력을 심사하여 낙찰자를 선정하는 방식은?

① 제한적 평균가 낙찰제
② 적격심사제
③ 최적격 낙찰제
④ 부찰제

정답 ②

[표] 용어와 기호

용 어	기 호	내용 및 설명
Event	○	작업의 결합점, 개시점 또는 종료점
Activity	⟶	작업, 프로젝트를 구성하는 작업단위
Dummy 17. 9. 23 기 22. 3. 5 기	⋯⋯▸	가상적 작업(시간이나 작업량 없음) 23. 9. 2 기
가장 빠른 개시시각	EST	Earliest starting time 작업을 시작하는 가장 빠른 시각
가장 빠른 종료시각	EFT	Earliest finishing time 작업을 끝낼 수 있는 가장 빠른 시각
가장 늦은 개시시각	LST	Latest starting time 공기에 영향이 없는 범위에서 작업을 늦게 개시하여도 좋은 시각
가장 늦은 종료시각	LFT	Latest finishing time 공기에 영향이 없는 범위에서 작업을 늦게 종료하여도 좋은 시각
Path		네트워크 중 둘 이상의 작업이 이어짐
Longest Path	LP	임의의 두 결합점간의 패스 중 소요 시간이 가장 긴 패스
Critical Path	CP	작업의 시작점에서 종료점에 이르는 가장 긴 패스
Float		작업의 여유시간
Slack	SL	결합점이 가지는 여유시간
Total Float	TF	최초 개시일에 작업을 시작하여 가장 늦은 종료일에 완료할 때 생기는 여유일 (그 작업의 LFT－그 작업의 EFT)
Free Float	FF 17. 3. 5 기 20. 6. 7 기	최초 개시일에 작업을 시작하여 후속작업을 최초 개시일에 시작할 때 생기는 여유일 (후속작업의 EST－그 작업의 EFT)
Dependence Float	DF	후속작업의 TF에 영향을 주는 플로트 (기간) (DF＝TF－FF)

3 공사현장관리

1. 건축시공 계약제도

(1) 직영공사 17. 3. 5 기

건축주가 직접 재료 구입, 노무자 고용, 시공기계, 가설재 등을 확보하여 공사를 시행하는 것을 말한다.

[특징]

① 공사내용이 단순하고 시공과정이 용이하다.
② 풍부하고 저렴한 노동력, 재료의 보유 또는 구입 편의가 있다.
③ 시급한 준공을 필요로 하지 않을 때 가능하다.
④ 일반도급으로 단가를 정하기 곤란할 때 특수성이나 실험연구과정이 필요할 때 채용한다.

[표] 직영공사의 특징 18. 4.28 산 20. 6. 7 기

장점	단점
① 영리를 도외시한 확실성 있는 공사 가능 ② 계약에 구속됨이 없이 임기응변 처리가 가능 ③ 발주계약 등의 수속 절감	① 공사비 증대 ② 재료의 낭비 또는 잉여 ③ 시공관리 능력부족

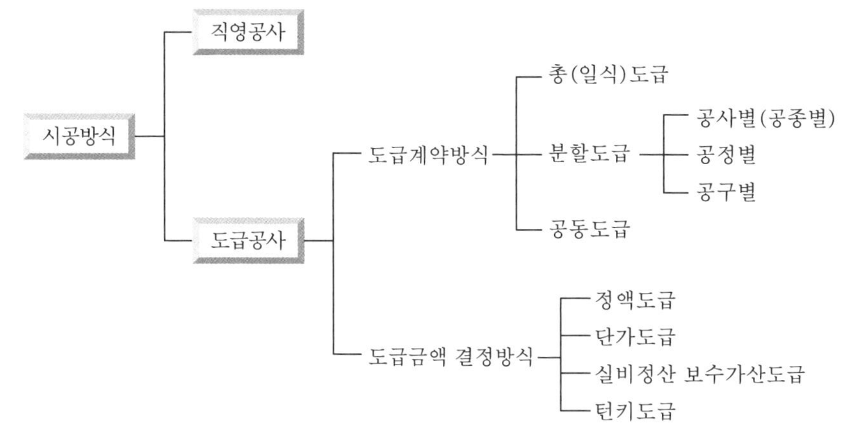

[그림] 건설시공 계약제도

(2) 도급계약방식에 의한 도급

종류	특징
일식도급	• 특징 : 한 공사의 전부를 한 도급자에게 맡기는 방식 • 장점 ① 계약, 감독이 간단 ② 전체 공사 진척 원활 ③ 재도급자의 선택 용이 ④ 가설재의 중복이 없음 • 단점 ① 건축주의 의향이나 설계도상의 취지가 충분히 이행되지 못함 ② 도급자의 이윤이 가산되어 공사비 증대 ③ 공사 조잡 우려

참고

직영공사 적용 18. 9. 15 기

발주자가 어느 정도 현장 관리 능력이 있을 때 유리하며, 자재, 노무 종류가 다종 다양하여 현장 관리가 복잡할 때는 불리하다.

합격예측

전문공종별 분할도급의 특징

① 특정설비공사에 주로 채택
② 전문화로 시공향상
③ 기업주와 의사소통원활
④ 공사전체 관리의 어려움
⑤ 공사비 증대 우려

용어정의

① 일반시방서 : 비기술적 사항을 표기한 시방서
② 건축공사표준시방서 : 공사 전반의 제반규정에 대해 국토해양부가 제정한 시방서

Q 은행문제

1. 총공사 금액을 부기(附記)한 뒤 당해연도 예산범위내에서 차수별로 계약을 체결하여 수년에 걸쳐서 공사를 이행하는 계약방식은?
① 단년도 계약방식
② 계속비 계약방식
③ 주계약자 관리방식
④ 장기계속 계약방식

정답 ④

2. 설계 · 시공 일괄계약제도에 관한 설명으로 옳지 않은 것은? 17. 3. 5 산
① 단계별 시공의 적용으로 전체 공사기간의 단축이 가능하다.
② 설계와 시공의 책임 소재가 일원화 된다.
③ 발주자의 의도가 충분히 반영될 수 있다.
④ 계약 체결 시 총 비용이 결정되지 않으므로 공사비용이 상승할 우려가 있다.

정답 ③

합격예측

공정별 분할도급의 특징

① 시공과정별로 도급을 주는 방식
② 예산배정이 용이
③ 설계완료 부분만 발주 가능
④ 선공사 지연시 후속공사에 지장 초래
⑤ 후속업자 교체곤란, 공사금액 결정곤란

합격예측 20. 8. 22 기

공구별 분할도급의 특징

① 대규모 공사에서 지역별로 발주
② 중소업자에게 균등기회 부여 가능
③ 경쟁으로 공기단축, 시공기술향상
④ 등록사무, 감독사무가 복잡

참고

(1) 일식도급의 하도급

일식도급자는 자신이 직접 전체공사를 완성하는 것이 아니고 분할하여 전문하도급자(Subcontractor)에 시공시키고 전체공사를 감독하여 완성하므로 하도급된 금액이 원도급 금액보다 저액이 되므로 공사가 조잡해질 우려가 있다. 하도급의 도수(度數)가 심할수록 이런 경향은 현저하다.

(2) 분할도급은 세분화할 수 있는 부분이 많지만 크게 보면 두 가지로 요약된다.

① 설비부분(냉난방, 위생, 전기, 승강기 등)을 일반도급공사에 포함시키지 않고 분할하여 직접 전문업자에게 도급주는 분할방식이 있다.
② 분할도급 의미를 건축물 골조 자체까지 확장하여 각 공사별로 입찰도급시켜 우수한 시공을 하려는 분할방식(공사별 도급계약제도)이 있다.
③ 분할도급은 전문업자에게 건축주의 의도나 설계 도서상 취지가 잘 반영되는 우량한 시공을 기대할 수 있다. 그러나 감독상 업무가 많아지기도 한다.

종류	특징
분할 도급	• 특징 : 공사를 유형별로 분류하여 각기 다른 전문 도급자를 선정하고 도급 계약을 맺는 방식 • 장점 ① 우량 시공 기대(전문업자 시공) ② 건축주와 시공자와의 의사소통 원활 • 단점 ① 공사감독자 노무증대 ② 현장 종합관리 복잡 ③ 경비가산 • 종류 17. 9. 23 기 18. 4.28 기 20. 8. 22 기 ① 전문공사별 분할도급 : 설비공사를 주체공사에서 분리하여 전문업자와 직접 계약하는 방식 ② 공정별 분할도급 : 정지, 기초, 구체, 마무리 공사 등의 과정별로 나누어 도급주는 방식 ③ 공구별 분할도급 : 대규모 공사에서 지역별로 공사를 구분하여 발주하는 방식
공동 도급 (joint venture contract) 17. 3. 5 산 17. 9. 23 기 18. 4.28 기 18. 9. 15 산 20. 6. 7 기	• 특징 : 1개 회사가 단독으로 도급을 맡기에는 규모가 클 경우 또는 특수공사일 때 2개 회사가 임시로 결합하여 공동연대책임으로 공사를 하고 공사완성 후 해산 • 장점 20. 8. 23 산 ① 융자력 증대 ② 기술의 확충 ③ 위험의 분산 ④ 공사시공의 확실성 ⑤ 신용도의 증대 ⑥ 공사도급 경쟁완화 • 단점 : 한 회사의 도급공사보다 경비 증대

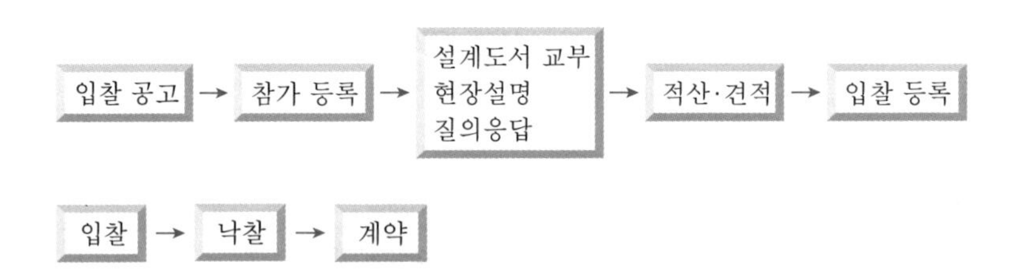

[그림] 건설공사 입찰 및 계약 17. 5. 7 기

(3) 낙찰자 선정방식

① **최저가 낙찰제** : 입찰자 중 예정가격 범위 내에서 최저가격으로 입찰한 자 선정(부적격자 낙찰 우려) 22. 4. 24 기 23. 6. 4 기

② **제한적 최저가 낙찰제** : Dumping에 의한 부실공사의 방지 목적으로 예정가격의 90% 이상자 중 가장 최저가로 입찰한 자 선정

③ **부찰제** : 예정가격 85% 이상 입찰자 중 평균가격을 산정하고 이 평균가격 밑으로 가장 근접한 입찰자를 선정

④ **최적격 낙찰제** : 건설업체의 기술능력, 시공경험, 재정능력, 성실도 등을 종합적으로 평가하여 적격자에게 낙찰시키는 방법

(4) 도급금액 결정방식에 의한 도급

종류	특징
정액 도급 18. 3. 4 산	• 특징 : 공사비 총액을 확정하여 계약 • 장점 ① 공사관리 업무간편 ② 자금, 공사계획 등의 수립이 명확 • 단점 ① 공사변경에 따른 도급금액의 증감이 곤란 ② 이윤관계로 공사가 조잡 ③ 설계도서가 완성되어야 하므로 대규모, 장기공사, 설계변경이 많은 공사에는 부적당
단가 도급 18. 3. 4 산 19. 9. 21 산	• 특징 : 단위공사 부분에 대한 단가만을 확정하고 공사완료시 실시수량의 확정에 따라 청산하는 방식 • 장점 ① 공사의 신속한 착공 ② 설계변경으로 인한 수량증감의 계산이 용이, 시급한 공사일 경우 간단한 계약가능 • 단점 ① 자재, 노무비를 절감하고자 하는 의욕의 저하와 공사량에 따르는 단위가격 변동 불합리 ② 단순한 작업, 단일공사 채용
실비정산 보수 가산도급 19. 9. 21 기 22. 4. 24 기	• 특징 : 공사의 실비를 건축주와 도급자가 확인 정산하고 시공주는 미리 정한 보수율에 따라 도급자에게 보수액을 지불하는 방법 • 장점 : 양심적인 공사가능 • 단점 : 시공업자는 공사비 절감의 노력이 없어지고 공기지연
턴키 베이스도급 (turnkey base contract) 18. 3. 4 산 19. 9. 21 산 20. 9. 27 기 23. 6. 4 기	모든 요소를 포괄한 도급계약방식으로, 건설업자는 대상 계획의 기업, 금융, 토지조달, 설계, 시공, 기계기구설치, 시운전 및 조업지도까지 모든것을 조달하여 주문자에게 인도하는 방식 17. 5. 7 기

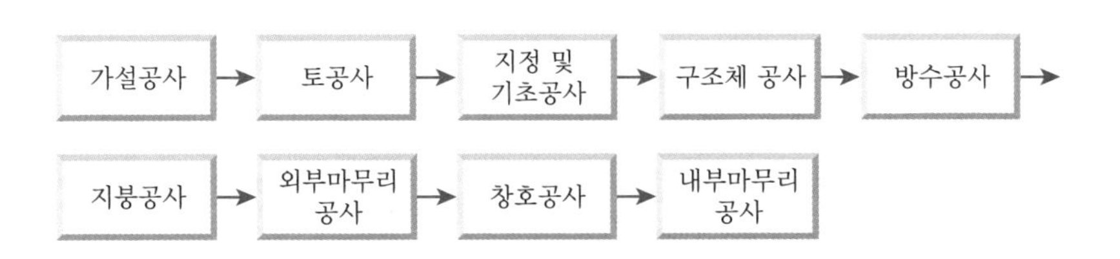

[그림] 공사도급계약체결 후의 공사순서 18. 9. 15 산

합격예측

직종별, 공정별 분할 도급의 특징

① 전문직별이나 각 공종별 도급
② 직영에 가까운 형태, 건축주 의도가 잘 반영된다.
③ 현장관리사무가 번잡, 경비가산
④ 긴급공사에는 채택이 불가하다.

상식

Turn-key 계약방식의 유래

"건축주가 열쇠만 돌리면 사용할 수 있다"라는 뜻에서 유래되었다.

참고

정액도급과 단가도급의 비교

① 정액도급이 단가도급과 비교시 제일 두드러지는 것은 사전에 상당한 시일을 요하는 도급계약제도라는 것이다. 그래서 설계 도서가 완성되어야 하므로 대규모 장기공사, 설계변경이 많은 공사에는 적용시키기 어려운 제도이다.
② 단가도급계약제도는 공사수량을 정하지 않기 때문에 도급자가 고가로 견적하게 되므로 공사비가 상승된다. 이를 막기 위해서는 가능한 한 공사수량을 조사하여 공정한 단가를 결정해야 한다. 공사량에 따른 단위가격의 변동을 고려하면 건축주에게 불리한 계약제도이다.

Q 은행문제

공사의 진척에 따라 정해진 시기에 실비와 이 실비에 미리 계약된 비율을 곱한 금액을 보수로서 시공자에게 지불하는 실비정산식 시공계약제도는?

① 실비비율보수가산식
② 실비한정비율보수가산식
③ 실비정액보수가산식
④ 단가도급식

정답 ①

제3편

2. 입찰 및 계약방식

(1) 경쟁입찰방식 17. 5. 7 산

종류	특징
공개 경쟁입찰	• 특징 : 공입찰이라고도 하며 유자격자에게 모두 참가할 수 있는 기회 부여 • 장점 : ① 담합의 우려가 적음 ② 공사비 절감 • 단점 : ① 입찰수속이 번잡 ② 공사조잡 우려 18. 4. 28 산
지명 경쟁입찰	• 특징 : 건축주가 그의 판단기준에 의하여 3~7개의 시공업자를 미리 선정하여 입찰하게 하는 방식 • 장점 : ① 시공상의 신뢰성 ② 부당한 업자 제거 • 단점 : 담합의 우려
제한 경쟁입찰	• 특징 : 일정자격 외에 특수한 기술, 실적 등 추가적 요건을 갖춘 불특정 다수인을 참여시키는 제도로서 불성실, 무능력자 배제가 목적이다. • 제한경쟁대상 ① 대규모 공사(예 예정가격 20억 이상) ② 특수한 기술, 공법이 요구되는 공사 ③ 지역 제한 대상 공사(예 예정가격 20억 미만) ④ 공사를 다량으로 발주하는 경우 ⑤ 제한을 중복해서 적용할 수는 없다.

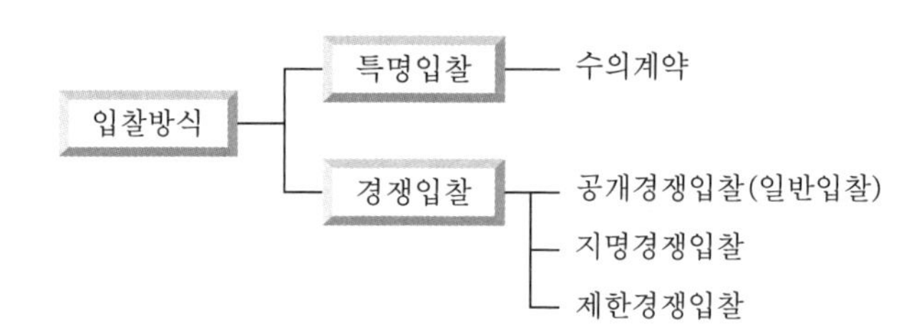

[그림] 입찰방식 구분

(2) 특명입찰방식 18. 3. 4 기 20. 8. 23 산

특정의 시공업자를 선정하여 도급계약체결하는 방식

① **장점** : 공사기밀유지, 입찰수속이 간단, 우량공사기대

② **단점** : 공사비가 높아짐, 공사금액 결정이 불명확

㉮ 수의계약 : 재입찰 후에도 낙찰자가 없을 때 최저 입찰자 순으로 내정가격 이내에서 교섭하여 희망자와 계약을 체결하는 방법

㉯ 성능발주방식 : 건축주가 제시하는 기본요건(면적, 용도, 환경)에 맞게 도급자가 제시한 시공법, 공사비 등을 대상으로 심사하여 적격자에게 시공시키는 일종의 특명입찰방식

합격예측

특명입찰의 특징

① 개찰결과 입찰가격이 예정가격을 초과한 때에는 입찰은 무효화되고(유찰) 일정한 시간 후에 다시 재입찰을 실시한다.

② 재입찰과 제3입찰을 하여도 낙찰자가 없는 경우는 최저입찰자로부터 순차교섭하여 예정가격 이내의 금액으로 계약을 체결하는데 이것을 수의계약 또는 특명입찰이라 한다.

합격예측

파트너링 방식(Partnering 방식) 16. 3. 6 산

발주자가 직접 설계, 시공에 참여하고 프로젝트 관련자들이 상호신뢰를 바탕으로 team을 구성해서 project의 성공과 상호이익확보를 공동목표로 하여 프로젝트를 집행, 관리하는 새로운 공사수행 방식

합격예측

① 부대입찰제도

건설업계의 하도급 계열화를 촉진하고 불공정 하도급거래를 예방하고자 운영되는 제도

② PQ(Pre-Qualification)

매 공사마다 자격을 얻은 업체들만 입찰에 참여시키는 입찰참가자격의 사전심사제도

Q 은행문제

1. 공사에 필요한 특기 시방서에 기재하지 않아도 되는 사항은?

① 인도시 검사 및 인도시기
② 각 부위별 시공방법
③ 각 부위별 사용재료
④ 사용재료의 품질

정답 ①

2. 건설공사 완료 후 보수 및 재시공을 보증하기 위하여 공사발주처 등에 예치하는 공사금액의 명칭은? 17. 9. 23 산

① 입찰보증금
② 계약보증금
③ 지체보증금
④ 하자보증금

정답 ④

3. 도급계약서 및 시방서

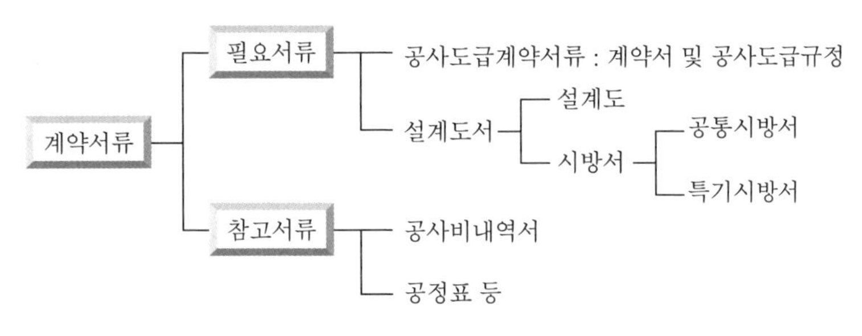

[그림] 계약서류

(1) 도급계약서 첨부도서 16. 3. 6 산

① 계약서
② 계약유의사항(약관)
③ 설계도면
④ 시방서
⑤ 현장설명서
⑥ 질의응답서
⑦ 지급재료명세서
⑧ 공사비내역서
⑨ 공정표

(2) 시방서

공사설명과 설계도면만으로는 나타낼 수 없는 부분에 대하여 기재한 문서로 각 공사의 항목별 내용을 명확히 하는 것이다.

① 시방서 종류
　㉮ 표준시방서 : 모든 공사의 공통적인 사항을 규정한 시방서
　㉯ 특기시방서 : 당해공사에서만 적용되는 특수한 조건에 따라 표준시방서의 내용에서 변경, 추가, 삭제를 규정한 시방서 16. 3. 6 산 18. 9. 15 기

② 시방서 기재내용 17. 9. 23 산
　㉮ 공사전체의 개요
　㉯ 시방서의 적용범위, 공통주의사항
　㉰ 시공방법(준비사항, 공사의 정도, 사용장비, 주의사항 등)
　㉱ 사용재료(종류, 품질, 필요한 시험, 저장방법, 검사방법 등)
　㉲ 특기사항

③ 시방서 기재시 주의사항 19. 9. 21 기
　㉮ 시공순서에 맞게 기재할 것
　㉯ 간결할 것
　㉰ 누락된 것이 없을 것
　㉱ 중복되지 않을 것
　㉲ 오자, 오기가 없을 것
　㉳ 재료, 공법은 정확하게 지시할 것
　㉴ 공사범위를 명시할 것

참고

(1) 지명경쟁과 제한경쟁의 차이점
일정 자격 외에 추가로 기술·실적을 갖춘 자에게 지명경쟁은 특정 소수인(5인 이상 10인 이하) 만 참여시키나, 제한경쟁은 불특정 다수인을 참여시킨다는 것이 차이점이다.

(2) 견적기간
① 1억원 미만 → 5일
② 1억 이상~10억 미만 → 10일
③ 10억 이상~30억 미만 → 15일(난공사 20일)
④ 30억 이상→ 20일(난공사 30일)

(3) 입찰공고
현장설명일의 전일부터 가산하여 7일 이전에 한다.(긴급, 재공고 입찰은 5일 이전)

합격예측

대표적인 건설공사 Claim 유형
① 공사지연
② 작업범위 클레임
③ 현장조건 변경
④ 계약파기
⑤ 공사비 지불 지연
⑥ 작업기간단축(작업가속)
⑦ 계약조건에 대한 해석차이
⑧ 작업중단(공사중지)
⑨ 도면과 시방서의 하자(불일치)
⑩ 기타 손해배상

합격예측

(1) 공사비 지불순서
착공금(착수금·전도금) → 중간불(기성불) → 준공불(완공불) → 하자보증금(2/100~5/100)

(2) 계약서 기재내용(건설업법 시행령
① 공사내용(규모, 도급금액)
② 공사착수시기, 완공시기(물가변동에 대한 도급액 변경)
③ 도급액 지불방법, 지불시기
④ 인도, 검사 및 인도시기
⑤ 설계변경, 공사중지의 경우 도급액 변경, 손해부담에 대한 사항

4. 품질관리

(1) 전사적 품질관리(TQC)의 7가지 도구 16. 3. 6 기 16. 5. 8 기 17. 5. 7 기 23. 6. 4 기

구분	특징
히스토그램 19. 9. 21 산	데이터가 어떤 분포를 하고 있는지를 알아보기 위해 작성(분포도)
파레토그램 22. 3. 5 기	불량 등의 발생건수를 분류항목별로 나누어 크게 순서대로 나열(영향도, 하자도)
특성요인도	결과에 원인이 어떻게 관계하고 있는가를 한눈에 알 수 있도록 작성(원인결과도)
체크시트 19. 9. 21 기 20. 8. 22 기	계수치의 데이터가 분류항목의 어디에 집중되어 있는가를 알아보기 쉽게 나타냄(집중도)
산점도	대응되는 두개의 짝으로 된 데이터를 그래프 용지위에 점으로 나타냄(상관도, 산포도)
층 별	집단을 구성하고 있는 데이터를 특징에 따라 몇 개의 부분집단으로 나누는 것(부분집단도)
관리도 (Control Chart)	불량 발생 건수 등의 추이를 파악하여 목표관리를 행하는데 필요한 월별 관리선을 설정하여 관리하는 방법

(2) 품질관리의 근본목적 4가지

① 시공능률의 향상
② 품질 및 신뢰성의 향상
③ 설계의 합리화
④ 작업의 표준화

(3) 계약서 기재내용(건설업법 시행령) 17. 9. 23 산

① 공사내용(규모, 도급금액)
② 공사착수시기, 완공시기(물가변동에 대한 도급액 변경)
③ 도급액 지불방법, 지불시기
④ 인도, 검사 및 인도시기
⑤ 설계변경, 공사중지의 경우 도급액 변경, 손해부담에 대한 사항

합격예측

감리자의 업무
① 공사비내역 명세의 조사
② 공사의 지시, 입회검사
③ 시공방법의 지도
④ 공사의 진도 파악
⑤ 공사비 지불에 대한 조서작성(공사비 사정)
⑥ 공사현장 안전관리지도

참고

(1) 시방서의 설계도면의 우선순위 20. 6. 14 산 22. 4. 24 기
시방서와 설계도면에 표시된 사항이 다를 때 또는 시공상 부적당하다고 인정되는 때 현장책임자는 공사감리자와 협의한다.

(2) 시방서와 설계도면의 우선순위
① 특기시방서
② 표준시방서
③ 설계도면

합격예측

(1) 시공계획의 수립순서
① 현장원 편성 및 시공계획 작성(구체적 시공계획을 가장 먼저 실시)
② 공정표작성(공사 착수전에 작성)
③ 실행 예상 편성
④ 하도급자 선정
⑤ 자재 반입계획, 시공기계 및 장비설치계획(가설준비물 결정)
⑥ 노무계획(노무 동원 계획), 노력공수 결정
⑦ 재해방지 대책의 수립

(2) 시공도의 작성
18. 3. 4 기
시공도는 감리자 요구에 의해 시공자가 작성하며 시공도(제작도)작성을 위하여 현치도, 원척도 등이 필요하다. 공사계획시 우선 고려할 사항은 아니다.

시공 일반

출제예상문제

출제예상문제는 복습, 예습문제로 엮었습니다. *WHY : 실제시험에도 순서에 관계없이 출제됩니다. 예습 후 다음장에 공부한 문제가 있으면 기억이 배가 됩니다.

01 ★★ 다음 사람 중 공사관계자가 될 수 없는 사람은?

① 기업주 ② 설계감리자
③ 공사감리자 ④ 노무자

해설

건설시공 관계자

① 기업주 ② 설계자
③ 공사감리자 ④ 시공자

참고 노무자 : 도급자 또는 원도급자에게 고용되어 건축공사의 현장 작업에 종사하는 자로서, 특정의 기능을 가진 건설기능공과 단순노동자로 구별할 수 있다.

◐시험에 합격해서 관계자가 됩시다.

02 ★ 공사계획에 있어서 중요사항이 아닌 것은?

① 가설계획 ② 공사도급계획
③ 노무동원계획 ④ 가공계획

해설

공사계획에 있어서 중요한 사항

① 가설계획 ② 노무동원계획
③ 재료반입계획 ④ 시공기계설치계획

03 ★★★ 다음 중 공사별 공정표로서 재료의 반입량과 노무자와 월일과의 관계를 표시한 공정표는?

① 횡선식공정표 ② 열기식공정표
③ 일순공정표 ④ 사선공정표

해설

공정표의 정의

① 횡선식 공정표 : 공사종목을 세로로, 월일을 가로로 잡고 공정을 막대 그래프로 표시하고 이것에 기성고와 공사진척 상황을 기입하고 예정과 실시를 비교하면서 공정을 관리하는 공정표를 말한다.
② 열기식 공정표 : 공사의 착수와 완료기일 등을 글자로 나열한 가장 간단한 형식의 공정표를 말하며, 각 부분공사 상호간의 지속관계를 한 번에 알 수 없고 부분공사의 기성고를 표시하지 못한다는 것이 단점이다.
③ 일순공정표 : 공사중의 1주간 또는 10일간 실시 중의 각 공사의 관계를 표시한 공정표로 각 공사의 진척 변화에 대하여 적절히 처리하여 다음 주의 예정을 하는 것이다.
④ 사선공정표 : 횡선공정표의 결함을 보완하는 공정표로 세로에 공사량, 총인부수를 기입하고 가로에 월일 일수 등을 취해서 예정한 절선을 가지고 공사의 진행상태를 수량적으로 나타내며 각 부분별 공사의 진척상태를 파악할 수 있어 주로 상세공정표로 이용한다.

04 ★★★★★ 현장의 공무적 관리와 관계가 없는 것은?

① 자재관리 ② 노무관리
③ 안전관리 ④ 현장관리

해설

① 현장관리는 사무적 관리에 포함된다.
② 현장관리는 전반적인 관리이다.

05 ★ 공사도급계약서에 표시되지 않은 사항은?

① 계약의 목적 ② 자금계획
③ 이행기간 ④ 수량, 이동, 설계변경 등

해설

공사도급계약서에 표시되는 사항

① 계약의 목적 ② 이행기간
③ 수량 ④ 이동
⑤ 설계변경 ⑥ 계약보증금
⑦ 위험부담 ⑧ 인도검사 및 인도시기
⑨ 계약불이행시 계약보증금의 처분방법
⑩ 도급금액 지불방법 및 시기에 관한 사항

[정답] 01 ④ 02 ④ 03 ④ 04 ④ 05 ②

06 ★★ 다음 중 network 공정표에서 사용되는 용어가 아닌 것은 어느 것인가?

① connector
② Free Float(FF)
③ Duration(D)
④ Longest Path(LP)

해설

네트워크 용어정의

용 어	영 문	기호	해설 및 정의
결합점	node, event		화살표형 네트워크의 작업(dummy)과 작업(dummy)을 결합하는 점 및 개시점 · 종료점
소요시간	duration	D	작업을 완수하는 데 필요한 시간
시간계산			네트워크상에서의 소요시간을 기본으로 한 작업시간 · 결합점 시간 · 공기 등을 계산하는 것
가장 빠른 개시시간	earliest starting time	EST	작업을 시작하는 가장 빠른 시간
가장 빠른 종료시간	earliest finishing time	EFT	작업을 끝낼 수 있는 가장 빠른 시간
가장 늦은 개시시간	latest starting time	LST	공기에 영향이 없는 범위에서 작업을 가장 늦게 개시하여도 좋은 시간
가장 늦은 종료시간	latest finishing time	LFT	공기에 영향이 없는 범위에서 작업을 가장 늦게 종료하여도 좋은 시간
결합점 시간	node time		화살표형 네트워크에서 시간계산이 된 결합점 시간
가장 빠른 결합점 시간	earliest node time	ET	개시결합점에서 최종 결합점에 이르는 경로 중 시간적으로 가장 긴 경로를 통과하여 종료시간에 될 수 있는 개시 시간
가장 늦은 결합점 시간	latest node time	LT	임의의 결합점에서 최종 결합점에 이르는 경로 중 시간적으로 가장 긴 경로를 통과하여 종료시간에 될 수 있는 개시시간
지정공기		TO	미리 지정된 공기
계산공기		T	네트워크상에서의 시간계산으로 구한 공기
잔공기			화살표 네트워크에서 어느 결합점에서 종료 결합점에 이르는 최장경로의 소요시간, 서클 네트워크에서 어느 작업에의 최후작업에 이르는 최장 경로의 소요시간
최장패스	longest path	LP	임의의 두 결합점간의 경로 중 소요시간이 가장 긴 경로
크리티컬 패스	critical path	CP	개시결합점에서 종료 결합점에 이르는 가장 긴 경로
플로트	float		작업의 여유시간
토털 플로트	total float	TF	가장 빠른 개시시간에 시작하여 가장 늦은 종료시간으로 완료할 때 생기는 여유시간
프리 플로트	free float	FF	가장 빠른 개시시간에 시작하여 후속하는 작업도 가장 빠른 개시시간에 시작하여 존재하는 여유시간
디펜던스 플로트	depend-ence float	DF	후속 작업의 TF에 영향을 미치는 작업의 여유시간
슬랙	slack	SL	결합점이 가지는 여유시간

참고 network 용어는 자주 출제되며 빈도가 매우 높다.

07 ★★ network 공정표의 작성순서로 옳은 것은?

① 작성 준비－작성 시간－시간 계산－공사 기간 조정－공정표의 작성
② 작성 준비－작성 시간－공정표의 작성－시간 계산－공사 기간 조정
③ 작성 준비－공사 기간 조정－공정표의 작성－작성 시간－시간 계산
④ 작성 준비－시간 계산－작성 시간－공사 기간 조정－공정표의 작성

해설

네트워크 공정표 작성순서

네트워크 작성 준비 – 네트워크 작성 시간 – 일정 계산(시간 계산) – 공사 기간 조정 – 공정표의 작성

08 ★★ 도급제도 중 급한 공사일 경우에 가장 유리한 형식은?

① 일식도급 계약제도
② 분할도급 계약제도
③ 정액도급 계약제도
④ 단가도급 계약제도

해설

단가도급 계약제도의 특징

(1) 장점
① 공사가 급할 경우에 이용되는 도급제도이다.
② 설계변경에 의한 수량의 증감이 용이하다.

(2) 단점
① 전체공사비를 예측하기가 어렵다.
② 공사비가 증대될 염려가 크다.

[정답] 06 ① 07 ① 08 ④

09 ★★ 다음 중 현장 자재관리에 있어 습기에 가장 주의해야 할 재료는 다음 중 어느 것인가?

① 타일 ② 시멘트
③ 목재 ④ 암면

해설

시멘트는 습기에 의하여 경화된다.

10 ★★ 다음 중 네트워크 용어와 관계가 없는 것은 어느 것인가?

① float ② duration
③ well point ④ dummy activity

해설

welll point는 배수공법이다.

문제 6번 참조

11 ★★ 건설공사가 공정표보다 대단히 늦은 경우 공사 관리자로서 먼저 해야 할 일은 무엇인가?

① 새로운 공정표를 작성한다.
② 공사비를 증가시킨다.
③ 노무자를 증가시킨다.
④ 공사의 지연원인을 분석한다.

해설

공사가 공정표보다 늦을 경우 공사관리자는 계획담당자와 협의하여 지연원인을 분석한다.

12 ★★★ network 공정표에 대한 기술 중 틀린 것은 어느 것인가?

① 도표식으로 표시한다.
② 설계시공의 공정관리에 이용된다.
③ 세부공정표로서 공사 전체 파악이 어렵다.
④ 각 작업의 공정이 분리되는 상호관계가 명확하다.

해설

network 공정표는 전체공정표로서 작업 상호 관계를 명확히 파악할 수 있다.

13 ★ 공사기성 부분에 대한 중간지불금은 기성부분 전액의 얼마 정도를 지불하는가?

① $\frac{9}{10}$ 이하 ② $\frac{9}{10}$ 이상
③ $\frac{7}{10}$ 이하 ④ $\frac{7}{10}$ 이상

해설

기성고에 대한 중간지불금은 기성부분 전액의 9/10 이하로 지불한다.

14 ★★ 화살형 네트워크에서 EST, EFT의 계산 방법과 관계가 없는 사항은?

① 작업의 흐름에 따라 후진 계산한다.
② 개시결합점에서 나간 작업의 EST=0으로 한다.
③ 어느 작업의 EFT는 그 작업의 EST에 소요일수를 가하여 구한다.
④ 복수작업에 종속되는 작업의 EST는 선행작업 중 EFT의 최댓값으로 하고 이 EFT의 값이 계산공기에 해당된다.

해설

EFT

① 네트워크의 최종결합점에는 결합점에서 끝나는 작업의 EFT의 최댓값으로 한다.
② EFT의 값은 계산공기에 해당된다.

[정답] 09 ② 10 ③ 11 ④ 12 ③ 13 ① 14 ①

15 ★★ **공사계약에 있어 시공자와 낙찰가격을 결정하는 데 기준이 되는 것은?**

① 설계견적
② 개산견적
③ 경쟁견적
④ 개산견적 및 경쟁견적

해설

설계견적은 실시 도면에 의한 각 공정별 공사비를 정확히 산출한 내역서로 낙찰가격을 결정하는 기준으로 삼고 있다.

16 ★★★★ **다음 중 공사현장에서 공정표를 작성하는 데 가장 기본이 되는 사항은?**

① 기후
② 실행예산
③ 재료의 반입계획
④ 각 공정별 공사량

해설

공정계획시 유의사항

① 공사의 종류, 성질, 규모, 대지의 위치 및 상황 등을 잘 파악한다.
② 공사의 내용, 각 부분의 공사량, 재료의 반입관계, 노무관계, 예산과 자금관계, 사용기계의 능력, 시공방식, 현장원의 능력과 배치 등의 여러 방면에 대한 충분한 연구와 검토를 한다.
③ 특히 계절과 기후를 고려하여 공정계획을 세워야 한다.

17 ★★★★ **다음 중 공사순서가 맞는 순서대로 된 것은 어느 것인가?**

① 수평보기 규준틀－기초－주체 공사－지붕－목공사－건구－미장
② 수평보기 규준틀－기초－주체 공사－지붕－미장－목공사－건구
③ 수평보기 규준틀－기초－주체 공사－지붕－목공사－미장－건구
④ 기초－수평보기 규준틀－주체 공사－지붕－목공사－미장－건구

해설

공사의 순서

수평보기 규준틀 - 기초 - 주체 공사 - 지붕 - 목공사 - 미장 - 건구

18 ★★★★★ **현장에서 설계도면과 시방서의 내용이 서로 다를 때, 시공자가 취해야 할 조치로서 가장 적당한 것은 어느 것인가?**

① 설계도면대로 시공한다.
② 시방서대로 시공한다.
③ 먼저 감독관에게 신고하여 그의 지시에 따라 시공한다.
④ 내역명세서를 참고하여 스스로 판단한 결과대로 시공한다.

해설

현장에서 설계도면과 시방서의 내용이 서로 다른 경우, 시공자는 먼저 감독관에게 그 내용을 신고하고 감독관 지시에 따라 시공하여야 한다.

19 ★★★ **다음 공사의 시공계약제도 중 입찰 및 계약의 번잡함을 피할 수 있는 것은 어느 것인가?**

① 직영제도
② 일식도급 계약제도
③ 공동도급계약제도
④ 단가도급 계약제도

해설

직영제도의 특징

건축주 자신이 재료구입, 인부 등을 고용하고 기타의 실무를 직접 감독하여 실비로서 시공하는 방법이 직영제도이다.

(1) 장점
  ① 입찰 및 계약과정에서 생기는 여러 가지 번잡함을 피할 수 있다.
  ② 확실성 있는 공사를 진행할 수 있다.
  ③ 소규모 건설물에 유리한 형식이다.

(2) 단점
  ① 정확한 공사비산출이 어려우며 공사비의 증대와 더불어 공사지연을 초래할 수 있다.
  ② 재료의 낭비 및 재료의 잉여가 되기 쉽다.

보충학습

공정관리 자원배당대상

① 인력(Labor, Manpower)
② 장비, 설비(Equipment, Machine)
③ 자재(Material)
④ 자금(Money)

[정답] 15 ① 16 ④ 17 ③ 18 ③ 19 ①

20 ★★ 공사계획에 관한 기술로서 부적당한 것은 다음 중 어느 것인가?

① 건설공사는 야외 작업이 주가 되므로 기후관계를 충분히 고려하여 공사기일을 결정한다.
② 법률로 정한 지역 내에서는 관계법령에 따른 건축공사에 대한 제반 허가를 받아야 한다.
③ 시공계획은 공사착공과 동시에 수립하여 재료 및 노무계획을 공사기일 내에 완성토록 한다.
④ 계약체결 후의 공사진행은 토공사, 기초공사 이전에 가설공사를 한다.

해설

공사 착공전에 시공계획을 수립한다.

21 ★★★ network 공정표상 결합점(event)에 해당하는 것은?

① 거푸집의 제작완료
② 1층 바닥거푸집 제거
③ 필요 설비의 목록작성
④ 바닥 철근에 배근 및 조립

해설

event(결합점)
① event는 작업의 시점과 종료점을 나타내는 점이다.
② 1단계의 작업이 끝나는 것을 의미한다.

22 ★★★ 네트워크 공정표의 장점에 관한 다음의 기술 중 틀린 것은 어느 것인가?

① 공정계획의 작성시간을 단축할 수 있다.
② 공사의 진척 관리를 정확히 실행할 수 있다.
③ 공기단축 기능요소의 발견이 용이하다.
④ 작업 상호간의 관련여부를 파악하기 쉽다.

해설

① 네트워크 공정표는 다른 공정표와 비교하여 숙달될 때까지의 작성시간이 요구되는 것이 단점이다.
② 작성시간이 장기간이다.

23 ★★★ QC의 7가지 도구 중에서 공사 또는 제품의 품질상태가 만족한 상태에 있는가의 여부를 판단하는 데 사용되는 것은?

① 히스토그램 ② 체크시트
③ 관리도 ④ 산포도

해설

(1) 히스토그램
① 데이터가 어떤 분포를 하고 있는지를 알아보기 위해 작성하는 그림(분포도)이다.
② 공사 또는 품질관리 상태의 만족여부를 판단하기 위하여, 가로축에 특성치, 세로축에 도수를 잡아 도수분포를 분석한 것이다.
(2) 체크시트
① 계수치의 데이터가 분류항목의 어디에 집중되어 있는가를 알아보기 쉽게 나타낸 그림이다.
② 집중도라고도 한다.
(3) 관리도
가로축에 로트(lot), 세로축에 품질특성치의 항목을 잡아 중심선과 상, 하위의 관리한계선을 설정하여 공정상의 이상유무를 판정한 것이다.
(4) 산점도(산포도)
① 대응되는 두 개의 짝으로 된 데이터를 그래프용지 위에 점으로 나타낸 그림이다.
② 상관도라고도 한다.

24 ★★★ 철골공사에서 강재의 기계적 성질, 화학성분 외관 및 치수공차 중 제원과 제조회사 확인으로 제품의 품질확보를 위해 공인된 시험기관에서 발행하는 검사증명서는?

17. 9. 23 ㉮

① Mill sheet
② Full size drawing
③ 표준 시방서
④ stop drawing

해설

밀시트(mill sheet)
: 강재 제조업체가 발행하는 품질보증서
① 제품의 제원(길이, 두께, 중량 등)
② 제품의 역학적 성능(인장, 항복강도, 연신율 등)
③ 제품의 화학적 성능(탄소, 철, 기타 금속의 함유량 등)
④ 시험종류와 기준(시험방법, 시험기관, 시험기준 등)
⑤ 제품의 제조사항(제조사, 제조연월일, 공장, 제품번호 등)

[정답] 20 ③ 21 ① 22 ① 23 ① 24 ①

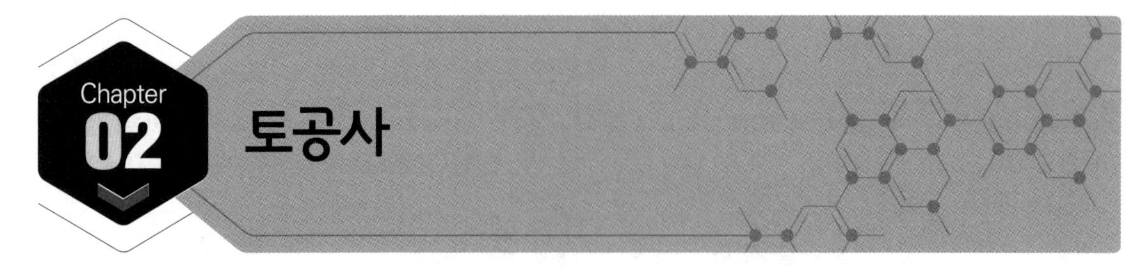

토공사

중점 학습내용

건설안전기사/건설안전산업기사 합격을 위해서 다음 내용을 충실히 공부해야 한다.

1 흙막이공사의 용어(버팀대, 띠장) 기억필수
2 Heaving 및 Boiling을 꼭 기억하고 지반조건 필수항목
3 지반조사방법 중 표준관입시험, 베인테스트, 지내력시험, Boring 등 암기한다.
4 토공기계의 종류 및 특징은 필기뿐 아니라 실기작업형에도 출제된다.

시험에 출제가 예상되는 그 중심적인 내용은 다음과 같다.

❶ 흙파기 ❷ 토공기계
❸ 흙막이 ❹ 기타 토공사 관련사항

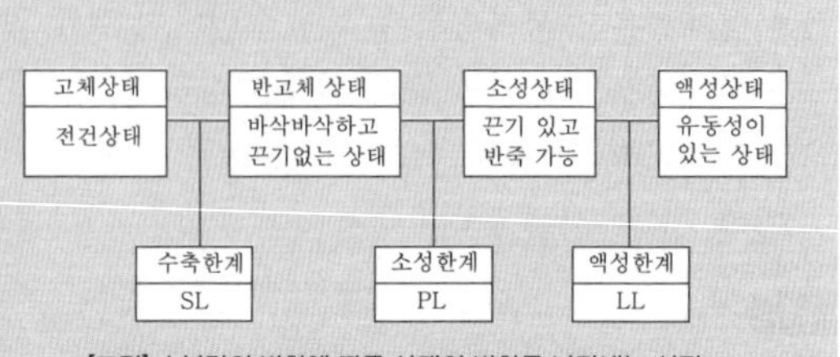

[그림] 수분량의 변화에 따른 상태의 변화를 나타내는 성질

합격날개

합격예측

휴식각(자연경사각)

① 토사의 안식각(휴식각 : angle of repose)이란 안정된 비탈면과 원지면(原地面)이 이루는 흙의 사면(斜面) 각도를 말하며, 안식각이라고도 한다.

② 흙입자간의 응집력, 부착력을 무시한채 즉 마찰력만으로 중력에 대하여 정지하는 흙의 사면각도가 휴식각(안식각)이며 터파기 각도는 휴식각의 2배이다.

용어정의

① **액성한계(液性限界 : Liquid limit)**
외력에 전단저항이 0이 되는 최대함수비

② **점토의 비화작용**
액상상태에 있는 흙을 건조시키면 고체로 되었다가 재차 흡수하면 토립자간의 결합력이 감소되어 갑자기 붕괴되는 현상

1 흙파기

1. 흙파기의 일반사항

(1) 흙막이 설치하지 않을 경우 19. 9. 21 산

① 흙파기 경사는 휴식각의 2배
② 기초파기 윗면나비는 밑면나비 + 0.6H

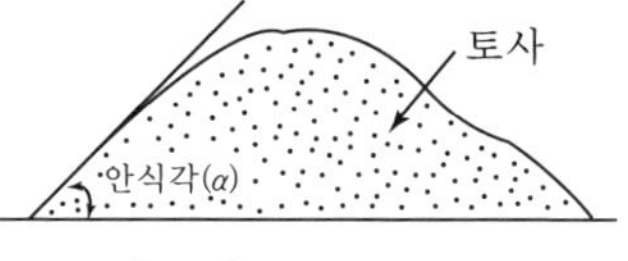

[그림] 토사의 안식각

(2) 기초파기시 여유길이 : 좌우 15[cm]

(3) 보통 1인 1일 흙파기량 : 2.8~5[m^3]

(4) 삽으로 던질 수 있는 거리

수평 2.5~3[m]
수직 1.5~2[m]

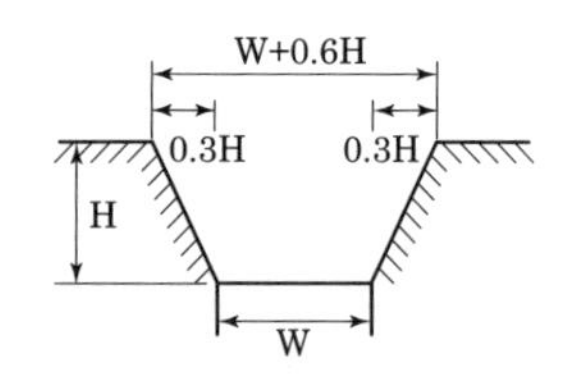

[그림] 흙파기 경사 17. 9. 23 산

[표] 토질에 종류에 따른 휴식각 16. 3. 6 기

토질		휴식각(도)	토질		휴식각(도)
모래	건조 습기 포화	20~35 30~45 20~40	진흙	건조 습기 포화	40~50 35 20~25
보통흙	건조 습기 포화	20~45 25~45 25~30	자갈		30~48
			모래 진흙 섞인 자갈		20~37

(5) 흙의 부피 증가율

토질		부피 증가율
모래		15~20[%]
자갈		5~15[%]
진흙		15~20[%]
모래, 점토, 자갈 혼합물		30[%]
암반	연암	25~60[%]
	경암	70~90[%]

(6) 성토시 30[cm] 두께마다 적당한 기구로 다짐

[표] 흙막이가 없는 경우(여유폭)

높이(H)	터파기 여유폭(D)
1.0[m] 이하	20[cm]
2.0[m] 이하	30[cm]
4.0[m] 이하	50[cm]
4.0[m] 이상	60[cm]

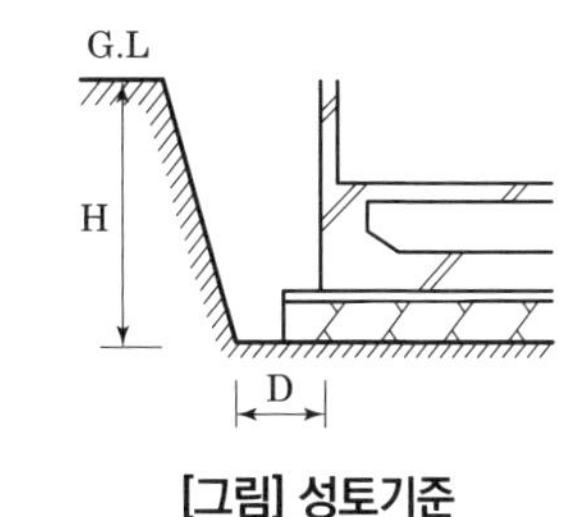

[그림] 성토기준

2. 흙파기 공법

(1) 아일랜드컷(Island cut) 공법

① 중앙부를 파서 기초를 만든 다음, 이 기초에서 경사지게 버팀대를 대고 주변 부분을 파는 공법이다.(굳은 모래층, 단단한 Loam(양질토)층 등 효과)
② 짧은 변이 50[cm] 이상, 지하 3층 정도의 건물에 적합하다.
③ 면적이 넓을수록 효과적이다.
④ 토압의 대부분 중앙부 구조물이 저항한다.

(2) 트렌치컷(Trench cut) 공법

① 2중 널말뚝을 박고 그 사이를 파서 건물 바깥둘레의 공사를 먼저 시공하여 이 것을 흙막이벽으로 하는 공법이다.(아일랜드컷 공법의 역순)
② 히빙현상이 예견될 때 적용한다.
③ 주변 토압변위를 가장 작게 할 수 있다.
④ 지반이 연약하여 온통파기 곤란시 적용한다.

3. 흙막이 공법

(1) 수평버팀대 공법 20. 6. 7 기

① 가장 일반적인 공법이다.
② 널말뚝을 박고 흙파기를 하면서 수평버팀대를 댄다.
③ 깊이 12~16[m], 긴 변 50[m] 정도의 건물에 적합하다.

합격예측

모래(사질지반)의 특징
① 점착성, 수축성이 적다.
② 단기압밀침하한다.(급격히 침하)
③ 내부마찰각이 크다.(투수성이 크다)
④ 동결피해가 적다.
⑤ 전단강도가 크다.
⑥ 가소성이 없고 함수량이 작다.

합격예측

① 소성한계(塑性限界 : Plastic limit) : 파괴없이 변형을 시킬 수 있는 최대의 함수비
② 소성한계 시험 : 흙속에 수분이 거의 없고 바삭바삭한 상태의 정도를 알아보기 위한 시험
③ 함수량에 따른 강도의 크기 : 수축한계 〉 소성한계 〉 액성한계

합격예측

(1) 언더피닝 공법 및 역구축 공법 17. 3. 5 산 18. 9. 15 산
① 언더피닝 공법(underpinning) : 기존 건물 가까이에 구조물을 축조할 때 기존건물의 지반과 기초를 보강하는 공법
② 역구축 공법(top down : 탑다운 공법) : 지하구조물을 지상에서 점차 지하로 진행하며 완성시키는 구체 흙막이 공법

(2) 오픈컷(open cut) 공법
① 비탈면 오픈컷 공법
㉮ 굴착단면을 토질의 안전구배인 사면이 유지되도록 하면서 파내는 공법이다.
㉯ 흙파기하는 면적에 비해 대지면적이 클 때 유효하다.
② 흙막이벽 오픈컷 공법 : 널말뚝을 건물의 주위에 박고 소정의 깊이까지 파내어 기초를 구축하는 공법이다.
㉮ 타이로드(tie rod)공법
㉯ 버팀대 공법
㉰ 자립흙막이벽 공법

합격예측

(1) 수평버팀대

경사 1/100~1/200 정도로 처음부터 중앙부를 처지게 해야 한다. 주변 말뚝박기 등으로 상향력을 받으면 받침기둥이 떠오르기 때문이다. [이유]

(2) 띠장

주로 휨모멘트를 받으므로 그 이음은 버팀대 간격의 1/4 지점에 둔다.

합격예측

점토(진흙질)의 특징

① 건조하면 수축한다.(수축량이 크다)
② 장기압밀침하를 일으킨다.(서서히 침하)
③ 적당한 수분이 있으면 점착력이 강하다.
④ 동상피해가 크다.(동결피해)
⑤ 전단강도가 작다.
⑥ 가소성이 크고 함수량이 크다.

용어정의

수축한계(收縮限界 : Shrinkage limit)

함수비가 감소해도 부피의 감소가 없는 최대의 함수비

합격예측

부동침하의 방지대책

(1) 상부구조대책
① 건물의 경량화
② 평면길이를 짧게 할 것
③ 건물의 강성을 높일 것
④ 이웃건물과 거리를 넓게 할 것
⑤ 건물중량의 균등배분

(2) 기초구조대책
① 마찰말뚝을 사용할 것
② 굳은층(경질지반)에 지지시킬 것
③ 지하실을 설치할 것
④ 복합기초를 사용할 것

(3) 지반
고결, 탈수, 치환, 다지기 등의 처리

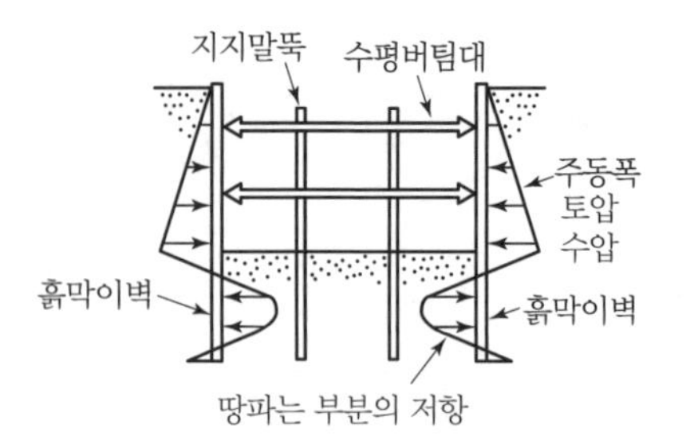

[그림] 수평버팀대 공법

(2) Earth Anchor 공법 16. 3. 6 산

버팀대 대신 흙막이벽의 배변 흙속에 앵커체를 설치하여 흙막이를 지지하는 공법

[표] 점토질과 사질지반의 비교

비교 항목	사질	점토
① 투수계수	크다	작다
② 장기압밀	작다	크다
③ 가소성	없다	있다
④ 건조수축	어렵다	쉽다
⑤ 압밀속도	빠르다	느리다
⑥ 내부마찰각	크다	작다
⑦ 점착성	없다	있다
⑧ 전단강도	크다	작다
⑨ 동결피해	적다	크다
⑩ 불교란시료	채취가 어렵다	쉽다

(주) 액상화(Liquefaction) 현상 : 사질토층에서 지진, 진동 등에 의해서 간극수압의 상승으로 유효응력이 감소하여 전단저항을 상실하여 액체와 같이 급격히 변형을 일으키는 현상이다.

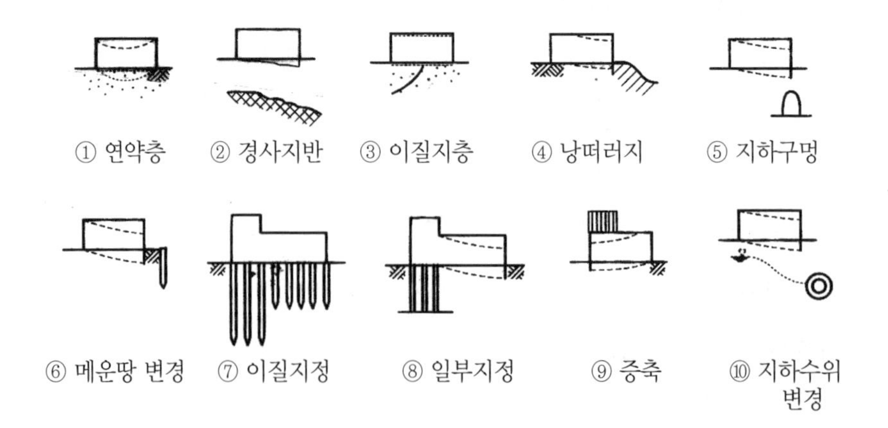

[그림] 부동침하원인

2 토공기계

(1) 굴삭량 1,000[m³] 이상시에 유리하고 그 이하의 양은 인력에 의한 것이 유리하다.

[표] 토공기계의 종류 및 특징 16. 3. 6 산 16. 5. 8 기

종류	특징
파워셔블 (Power shovel : 디퍼셔블) 20. 6. 14 산	① 기계가 서 있는 위치보다 높은 곳의 굴착에 적당하다. ② 굴삭높이는 1.5~3[m]에 적당하다. ③ 버킷용량은 0.6~1.0[m³] 정도이다. ④ 굴삭깊이는 지반 밑으로 2[m] 정도이다. ⑤ 선회각은 90[°]이다.
드래그라인 (Drag line : 롤러형) 17. 9. 23 기 18. 9. 15 산 19. 9. 21 산	① 기계가 서 있는 위치보다 낮은 곳의 굴착에 좋다. ② 넓은 면적을 팔 수 있으나 파는 힘은 강력하지 못하다. ③ 굴삭깊이 : 8[m] 정도이다. ④ 선회각 : 110[°]까지 선회할 수 있다. ⑤ 용도 : 골재 채취 20. 8. 23 산
백호 (Backhoe : 드래그 셔블)	① 기계가 서 있는 지반보다 낮은 곳의 굴착에 좋다. ② 굴착력도 크다.(도랑파기 적합) ③ 굴삭깊이 : 5~8[m] 정도이다. ④ 굴삭폭 : 8~12[m] 정도이다. ⑤ 버킷용량 : 0.3~1.9[m³] 정도이다. ⑥ boom의 길이 : 4.3~7.7[m] 정도이다.
클램쉘 (Clamshell) 17. 3. 5 산 17. 9. 23 산	① 사질지반의 굴삭에 적당하다. ② 좁은 곳의 수직굴착에 좋다. ③ 굴삭깊이 : 최대 18[m], 보통 8[m] 정도이다. ④ 버킷용량 : 2.45[m³] 정도이다.

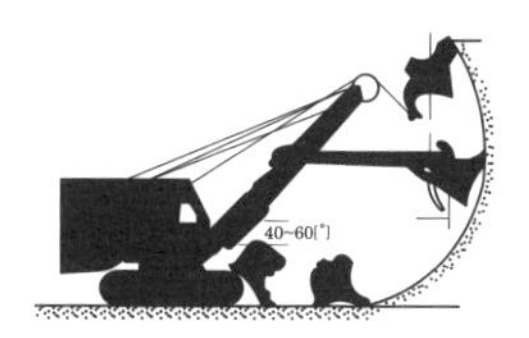

[그림] 파워셔블(크롤러형 기계 로프식)

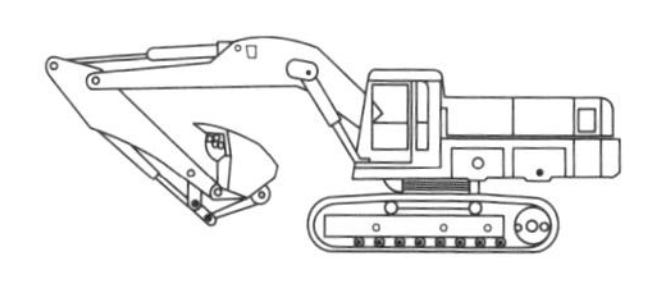
[그림] 드래그셔블(크롤러형 유압식)

보충학습

기준점(Bench Mark)

공사 중 건축물의 각 부위의 높이의 기준을 삼고자 설정하는 것

① 공사 중에 건축물의 높이의 기준을 삼고자 설치하는 것
② 건물의 지반선(Ground Line)은 현지에 지정되거나 입찰 전 현장설명 시에 지정된다.
③ 기준점은 바라보기 좋고 공사에 지장이 없는 곳에 설치한다.
④ 기준점은 공사 중에 이동될 우려가 없는 인근건물의 벽, 담장 등에 설치하는 것이 좋다.
⑤ 바라보기 좋은 곳에 2개소 이상 여러 곳에 표시해두는 것이 좋다.
⑥ 기준점은 지반면에서 0.5~1[m] 위에 두고 그 높이를 기록한다.
⑦ 기준점은 공사가 끝날때까지 존치한다.

합격예측

대표적 토공기계의 종류

(1) 불도저
① 운반거리 50~60[m] 정도에 적당(최대거리 100 [m])
② 배토작업에 주로 사용된다.

(2) 드래그셔블(백호)
① 기계가 서 있는 지반보다 낮은 곳의 굴착에 좋다.
② 굴착깊이 2~8[m]

(3) 그레이더
① 땅고르기, 정지작업, 도로정리 등에 적당하다.
② 배토작업에 적당하다.

(4) Carry all Scraper
① 흙을 깎으면서 동시에 기체내에서 담아 운반하고 깔기를 겸한다.
② 작업거리는 100~1,500 [m] 정도의 중거리용이다.

(5) 파워셔블
기계가 서 있는 지반보다 높은 곳의 굴삭에 적당하며 굴삭력이 좋다.

참고

피압수

① 펌프 사용없이 물이 솟아나는 자분샘물을 말하며 주변 지하수보다 압력이 크다.
② 사질지반의 보일링현상의 원인이 되기도 한다.

Q 은행문제

1. 다음 중 철골 공사와 관계가 없는 것은?
① 가이데릭(Gay derrick)
② 고력 볼트(High tension bolt)
③ 맞댐 용접(Butt welding)
④ 램머(Rammer)

정답 ④

2. 말뚝박기 기계 중 디젤헤머(Diesel hammer)에 관한 설명으로 옳지 않은 것은? 18. 3. 4 기
① 타격 정밀도가 높다.
② 타격 시의 압축 · 폭발 타격력을 이용하는 공법이다.
③ 타격 시 소음이 작아 도심지 공사에 적용된다.
④ 램의 낙하 높이 조정이 곤란하다.

정답 ③

(2) 로더(Loader) 17. 5. 7 산

① 로더는 트랙터의 앞 작업장치에 버킷을 붙인 것으로 셔블도저(Shovel Dozer) 또는 트랙터셔블(Tractor Shovel)이라고도 하며, 버킷에 의한 굴착, 상차를 주 작업으로 하는 기계이다.

② 부속장치를 설치하여 암석 및 나무뿌리 제거, 목재의 이동 제설작업 등도 할 수 있다.

③ 종류 : 휠식로더, 트랙식로더, 셔블로더 등

[표] 흙막이 공법

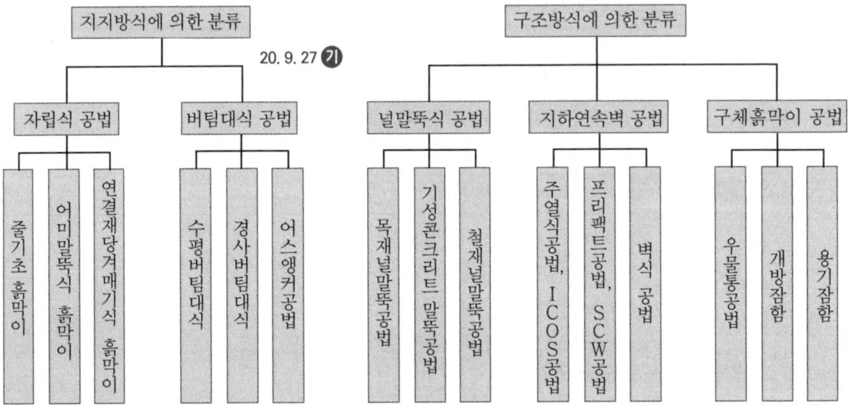

[표] 토량산출방법

종류	산출방법
굴삭토량 산출 17. 3. 5 기	굴삭기계에 의한 단위작업 시간당 시공량 굴삭토량 $(V)=Q\times\frac{3,600}{c_m}\times E\times K\times f$ Q : 버킷용량　　K : 굴삭계수 c_m : 사이클 타임　　f : 굴삭토의 용적변화계수 E : 작업효율
독립기초 토량 산출	$V=\frac{h}{6}\{(2a+a')b+(2a'+a)b'\}$ 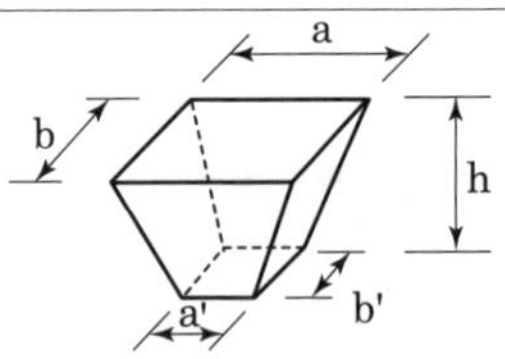
줄기초토량 산출	$V=\left(\frac{a+a'}{2}\right)\times h\times L$ 여기서 L : 줄기초 길이 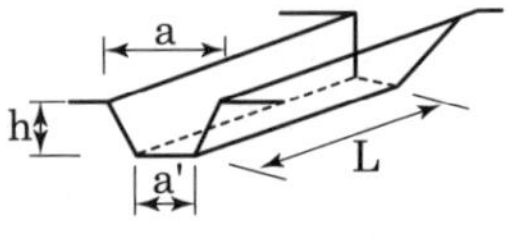

합격예측

흙파기 형식에 따른 분류

① Open Cut 공법
지반이 양호하고 여유있을 때 사용, 경사면 Open Cut, 흙막이 Open Cut 방식이 있다.(자립공법, 단지어파기, 버팀대공법, Tie Rod 앵커공법 등)

② Island Cut 공법
중앙부 먼저 굴착하여 기초 축조 후 버팀대를 받치고 주변부를 굴착하여 주변부 기초 축조 완성

③ Trench Cut 공법
Island와 역순. 이중널말뚝, 주변부 파고 기초구축 중앙부 굴착후 기초 축조 완성

합격예측

아일랜드 공법

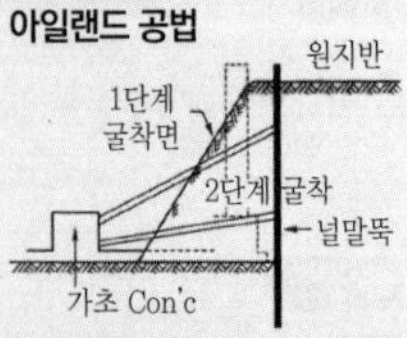

합격예측

트랜치 컷 공법

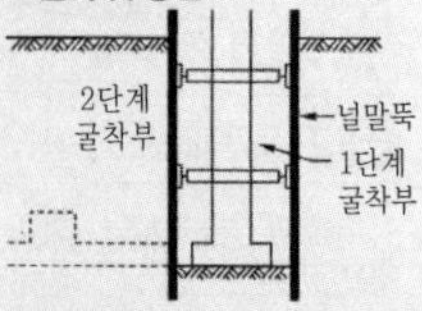

합격예측

① 예민비 = $\frac{\text{자연시료의 강도(천연시료의 강도)}}{\text{이긴시료의 강도(흐트러진 시료의 강도)}}$

② 잔토처리량=굴토량+증가량
=굴토량×증가율[%]
17. 9. 23 산

3 흙막이

1. 흙막이에 미치는 토압

(1) 흙막이개요

기초파기 공사를 할 때 주위의 토사가 붕괴 또는 유출되는 것을 방지하기 위한 것이며 버팀대와 널말뚝으로 이루어진다.

① 흙파기 깊이가 3[m] 이상일 때는 토질에 관계없이 흙막이를 설치한다.

② 흙파기 깊이가 3[m] 이하일 경우는 적당한 경사를 두어야 한다.

③ 1[m] 이하의 기초파기에는 흙막이를 설치하지 않는다.

(2) 측압계수

측압계수는 토질, 지하수위에 따라 변화한다.

[표] 측압계수

구분	지반	측압 계수 : K
모래지반	지하수위가 얕을 경우	0.3 ~ 0.7
	지하수위가 깊을 경우	0.2 ~ 0.4
점토지반	연한 점토	0.5 ~ 0.8
	단단한 점토	0.2 ~ 0.5

(3) 히빙과 보일링

① 히빙(Heaving)현상 18. 3. 4 산 18. 4.28 산 18. 9. 15 기

㉮ 정의 : 지면, 특히 기초파기한 바닥면이 부풀어오르는 현상을 Heaving이라 한다.

㉯ 대책

㉠ 강성이 높은 강력한 흙막이벽의 밑 끝을 양질의 지반속까지 깊게 박는다. (가장 안전한 대책)

㉡ 굴착주변 지표면의 상재하중을 제거한다.

㉢ 흙막이벽 재료를 강도가 높은 것을 사용하고 버팀대의 수를 증가시킨다.

② 보일링(Boiling, Quick Sand)현상 16. 5. 8 기

㉮ 정의 : 모래 속에서 위쪽으로 흐르는 물의 압력 때문에 모래입자도 함께 솟아오르는 현상을 Boiling이라 한다.

㉯ 대책

㉠ 굴착배면의 지하수위를 낮춘다.

㉡ 흙막이벽(토류벽)의 근입깊이를 깊게 한다.

㉢ 흙막이벽 하단부에 버팀대를 보강한다.

㉣ 흙막이벽 선단에 코어 및 필터층을 설치한다.

합격예측

(1) 히빙파괴현상 17. 9. 23 산
흙막이나 흙파기를 할 때 하부지반이 연약하면 흙파기 저면선에 대하여 흙막이 바깥에 있는 흙의 중량과 지표 재하중의 중량에 못 견디어 저면 흙이 붕괴되고, 바깥에 있는 흙이 안으로 밀려 불룩하게 되는 현상

(2) 방지대책 18. 3. 4 산
① 강성이 큰 흙막이벽을 양질지반 속에 깊이 밑둥넣기
② 지반개량
③ 설계변경

합격예측

보일링
(Boiling, Quick Sand)

(1) 흙파기 하부지반에 투수성이 좋은 사질지반에 지하수가 얕게 있을 때, 또는 하부지반 부근에 피압수(被壓水)가 있을 때는 하부지반에서 상승하는 유수(流水)로 인하여 모래입자가 부력을 받아 지반의 지지력이 급격히 없어지는 현상을 말한다. 투수계수가 좋은 사질지반에서만 일어난다.

(2) 투수계수가 적고 점착력이 큰 점토질 지반에서는 잘 일어나지 않는다. 왜냐하면 점성토는 유효응력이 0이 되어도 점착력 때문에 전단강도가 0이 되지 않기 때문이다.

(3) 방지대책
① 흙막이벽을 경질지반까지 연장
② 차수성이 큰 흙막이 설치
③ 지하수위 저하
④ 약액주입 등으로 굴착저면 지수

합격예측

피압수 : 펌프 사용없이 물이 솟아나는 자분샘물을 말하며 주변 지하수보다 압력이 크다. 사질지반의 보일링 현상의 원인이 되기도 한다.

참고

함수량에 따른 강도의 크기

수축한계 > 소성한계 > 액성한계

Q 은행문제

1. 깊이 7[m] 정도의 우물을 파고 이곳에 수중 모터펌프를 설치하여 지하수를 양수하는 배수공법으로 지하용수량이 많고 투수성이 큰 사질지반에 적합한 것은?

① 집수정(sump pit) 공법
② 깊은 우물(deep well) 공법
③ 웰 포인트(well point) 공법
④ 샌드 드레인(sand drain) 공법

정답 ②

2. 지내력 시험을 통하여 다음과 같은 하중-침하량 곡선을 얻었을 때 장기하중에 대한 허용 지내력도로 옳은 것은?(단, 장기하중에 대한 허용지내력도=단기하중에 대한 허용지내력도 × $\frac{1}{2}$)

17. 8. 26 산 17. 9. 23 기 23. 9. 2 기

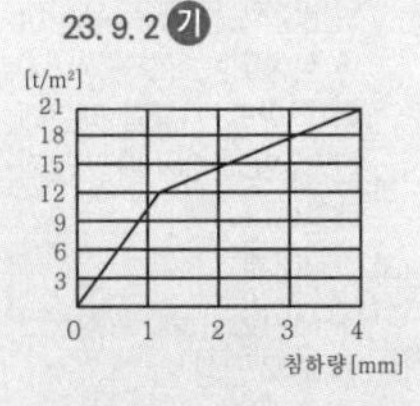

[그림] 하중 침하량 곡선도

① 6[t/m²] ② 7[t/m²]
③ 12[t/m²] ④ 14[t/m²]

해설

지내력도

① 장기하중에 대한 허용지내력은 단기하중 허용지내력 $\frac{1}{2}$
② 12(단기하중) × $\frac{1}{2}$ =6[t/m²]

정답 ①

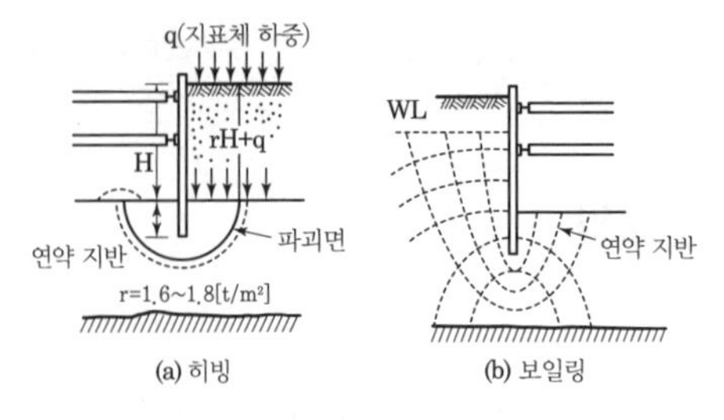

[그림] 히빙과 보일링

2. 흙막이의 종류

종류	특징
목재널말뚝	① 높이 4[m]까지 사용한다. ② 낙엽송, 소나무 등의 생나무를 사용한다. ③ 두께 : t ≥ 1/60 또는 5[cm] 이상이다. ④ 나비 : b ≤ 3t 또는 25[cm] 이하이다.
철재널말뚝	① 용수가 많고, 토압이 크고, 기초가 깊을 때 적합하다. ② 종류로는 테르루즈식, 라르젠식, 락크완나식, 유니버설식, US스틸식 등이 있으며 보통 라르젠식이 많이 사용된다.

(1) 흙막이 버팀대 위치

① 기초파기 밑바닥에서 그 깊이의 1/3 위치에 설치한다.
② 띠장 음 위치 : 버팀대 간격의 1/4 위치에 설치한다.

(2) 띠장 및 버팀대

① 주위의 말뚝박기 등으로 상향력을 받으면 받침기둥이 떠오르게 되므로 처음으로 중앙부를 처지게 하면 좌굴방향이 결정되고 받침기둥은 항상 위에서 압축력을 받게 되면서 떠오르지 않게 된다.
② 수평 버팀대는 보통 1/100~1/200 정도 처지게 시공한다.

3. 토질시험의 종류

(1) 전단 및 압축시험

① 비중시험 ② 투수시험 ③ 액성한계시험 ④ 소성한계시험
⑤ 간극비 ⑥ 함수비 ⑦ 일축압축시험 ⑧ 삼축압축시험
⑨ 압밀시험 ⑩ 전단시험 ⑪ 다지기시험

(2) 일축압축시험

직접하중을 가해 파괴 시험하는 방법

(3) 삼축압축시험

① 흙의 강도 및 변형계수 측정
② 고무막으로 둘러싸여 있는 원통형 압력실의 중앙에 원추형 공시체를 넣고 액체로 측압을 가하면서 공시체에 수직하중을 가하여 파괴시키는 시험

4 기타 토공사 관련사항

1. 지반조사

(1) 흙의 성질

① 예민비 : 흙의 이김에 의해 약해지는 정도 17. 5. 7 산 18. 9. 15 기 20. 6. 7 기 20. 6. 14 산

$$예민비 = \frac{흐트러지지\ 않은\ 천연(자연)시료의\ 강도}{흐트러진(이긴)\ 시료의\ 강도}$$

② 예민비가 모래는 1에 가깝고 점토는 크다.
③ 예민비가 4이상이며 높다고 함.

2. 간극비(Void ratio), 함수비(Moisture content), 포화도(Degree of saturation)

흙은 흙입자와 흙입자사이의 간극으로 구성되어 있으며, 간극은 물과 공기나 가스로 구성되어 있다. 18. 3. 4 기, 산

$$간극비 = \frac{간극의\ 용적}{흙입자의\ 용적}$$

$$함수비 = \frac{물의\ 중량}{흙입자의\ 중량} \times 100[\%]$$

$$포화도 = \frac{물의\ 용적}{간극의\ 용적} \times 100[\%]$$

$$간극률 = \frac{간극의\ 용적}{흙\ 전체의\ 용적} \times 100[\%]$$

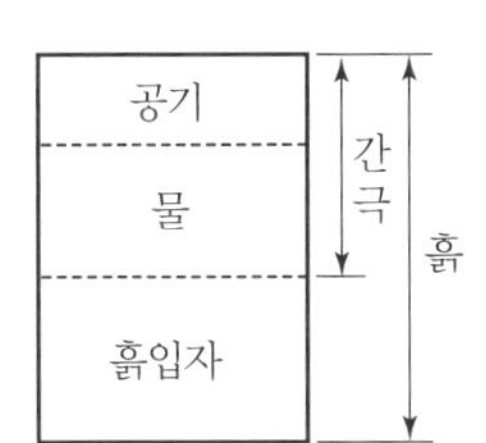

[그림] 흙의 구성

[표] 모래질과 점토질 비교

점토질	모래질
① 건조하면 수축한다. ② 장기압밀침하를 일으킨다. ③ 적당한 수분이 있으면 점착력이 강하다. ④ 동상피해가 크다.(동결피해) ⑤ 장기하중에 의한 크리프가 발생한다. ⑥ 전단강도가 작다.	① 압밀성, 점착성, 수축성이 적다. ② 내부마찰각이 크다. ③ 표준관입시험의 N값과 다진 정도에 큰 차이가 있다. ④ 전단강도가 크다. ⑤ 동결피해가 적다.

[표] 조립토와 세립토의 특성비교

토질 특성	조립토	세립토
공극물	작다	크다
점착성	거의 없다	있다
압밀량	작다	크다
압밀속도	순간침하	장기침하
소성	비소성	소성토
투수성	크다	작다
마찰력	크다	작다

참고

① 간극비 = $\frac{간극의\ 용적}{흙입자의\ 용적}$
② 함수비 = $\frac{물의\ 중량}{흙입자의\ 중량} \times 100[\%]$
③ 포화도 = $\frac{물의\ 용적}{간극의\ 용적} \times 100[\%]$
④ 흙의 전단강도(coulomb식) 16. 5. 8 기
$\therefore S = C + \sigma \tan\phi$
여기서,
S : 흙의 전단강도(kg/cm²)
C : 점착력(kg/cm²)
σ : 전단면(파괴면)에 작용하는 수직응력(kg/cm²)
ϕ : 내부마찰각

합격예측

평판측량(Plane table surveying)의 특징
① 적은 부지 측량에 편리한 측량법으로 측량 실시와 동시 현장에서 즉시 제도할 수 있다.
② 정밀도가 정확치 않다. (토지의 건습에 의한 신축오차 발생)

용어정의

표준관입시험
주로 사질지반의 밀도와 전단강도를 측정하는 대표적인 원위치시험이다.

합격예측

표준관입시험 장치

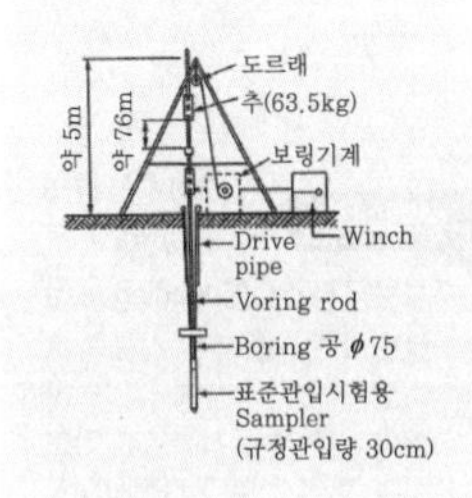

제3편

합격예측

Boring의 특징

① 직접 지반을 천공하여 정확한 시료를 채취하는 방법이다.
② 보링 깊이는 통상 20[m]이상 행하나 경미한 기초는 기초폭의 1.5~2.0배 정도로 한다.
③ 간격은 30[m] 정도 보통 3개소 이상 행한다.
④ Boring의 종류 : 수세식 보링, 회전식 보링, 충격식 보링 등이 있다.

합격예측

동결선(凍結線 : Frost line)

① 동결작용은 지표의 수분이 빙점이하의 대기상태에서 지표에 박빙층을 형성하고 하부로 확대되어 진행된다.
② 대기온도의 영향이 없는 두께가 되면 동결진행은 정지되며 일정한 층을 유지한다.
③ 동결층까지의 깊이를 동결심도(Depth of freezing)라 하고 그 하부를 동결선이라 한다.

합격예측

보링(Boring)

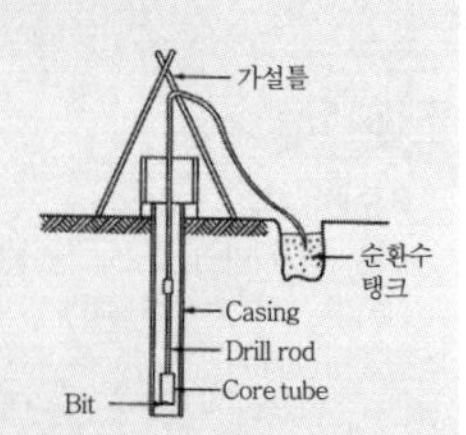

합격예측

Boring 사용기구

① Bit ② core tube
③ Rod ④ casing(외관)

합격예측 16. 5. 8 산 17. 3. 5 기 18. 4. 28 산

사운딩 테스트(Sounding test)

로드의 선단에 붙은 스크루 포인트를 회전시키면서 압입하거나 원추콘을 정적으로 압입하여 흙의 경도나 다짐상태를 조사하는 방법

① 표준관입시험
② 베인테스트
③ 스웨덴식 사운딩
④ 네덜란드식 관입시험
⑤ 콘 관입시험

3. 지반조사방법

(1) 지하탐사방법

① 터파보기(trial pit : 시험파기)
　㉮ 생땅의 위치 또는 얕은 지층의 토질 지하수위 등을 알기 위하여 현재의 건축물의 위치에 삽으로 구멍을 파보는 것이다.
　㉯ 거리간격 5~10[m], 크기는 지름 1[m], 깊이는 3[m] 정도까지 가능하다.(가장 정확한 지하탐사방식)

② 짚어보기(sound rod : 쇠꽂이 찔러보기)
　㉮ 지름 9[mm] 정도의 철봉을 땅 속에 인력으로 박아보고 그 저항 울림, 꽂히는 속도, 내려 박히는 손짐작으로 지반의 단단함을 판단한다.
　㉯ 중요 공사에는 쓰지 않는다.

③ 물리적 탐사법
　㉮ 전기저항식과 탄성파식 탐사법이 있다.
　㉯ 지층의 변화 심도를 확인하는 데 편리하다.(광대한 대지의 심층구조파악)

(2) 보링(Boring : 관입시험)

① 수세식 보링 : 2중관을 박고 끝에 충격을 주며 물을 뿜어내어 파진 흙과 물을 같이 배출시켜 이 흙탕물을 침전시켜 지층의 토질 등을 판별한다.
② 충격식 보링 : 와이어로프 끝에 충격날(bit)을 달고 60~70[cm] 상하로 낙하 충격을 주어 토사, 암석을 천공한다. 16. 5. 8 산
③ 회전식 보링 : 날을 회전시켜 천공하는 방법이며, 불교란 시료의 채취가 가능하다.(가장 정확한 방식) 18. 3. 4 기

[표] 지반의 허용지내력 [kN/m²]

지반		장기응력에 대한 허용지내력	단기응력에 대한 허용지내력
경암반	화강암, 석록암, 편마암, 안산암 등의 화성암 및 굳은 역암 등의 암반	4000	각각 장기응력에 대한 허용지내력 값의 1.5배로 한다.
연암반	판암, 편암 등의 수성암의 암반	2000	
	혈암, 토단반 등의 암반	1000	
자갈		300	
자갈과 모래와의 혼합물		200	
모래 섞인 점토 또는 롬토		150	
모래 또는 점토		100	

주 건축물의 구조기준 등에 관한 규칙 [별표 8]

보충학습

① 액상화(Liquefaction) 현상 : 사질지반에서 지진·진동 등에 의해 간극수압 상승으로 흙의 유효응력 감소 및 전단응력이 상실되어 지반이 액체와 같이 되는 현상
② 언더피닝 공법(Under pinning method) : 기존 건물에 근접하여 터파기공사를 실시할 경우 기존 건물의 변형 및 침하를 예방하기 위해 기존 건물의 지반과 기초를 보강하는 공법 17. 5. 7 산

(3) 표준관입시험(Standard penetration test) 16. 5. 8 기 17. 3. 5 산 17. 5. 7 산 18. 3. 4 산 18. 4. 28 산

① 주로 사질토지반에서 불교란 시료를 채취하기 곤란하므로 밀실도를 측정하기 위해 사용되는 방법이다.
② 표준 샘플러를 관입량 30[cm]에 박는 데 요하는 타격횟수 N을 구한다.
③ 이때 추는 63.5[kg], 낙고는 76[cm]로 한다.
④ N값에 따른 모래지반의 밀도

[표] 관입에 필요한 타격수

N값	모래의 상대밀도
0 ~ 4	많이 무르다
4 ~ 10	무르다
10 ~ 30	보통상태
50 이상	밀실한 상태

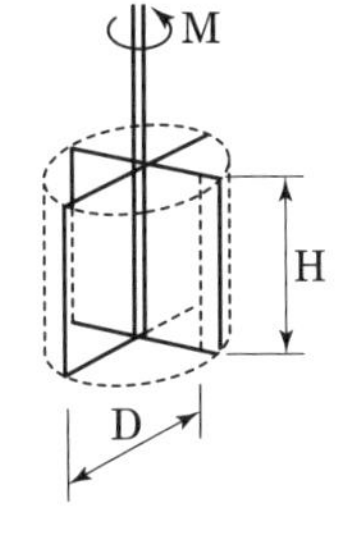

[그림] Vane 전단시험기

(4) 베인테스트(Vane test) 17. 5. 7 산

① 보링구멍을 이용하여 +자 날개형의 베인테스터를 지반에 때려 박고 회전시켜 그 저항력에 의하여 진흙의 점착력을 판별한다.
② 연한 점토질에 사용된다.

(5) 지내력 시험

① 재하판에 하중을 가하여 2[cm] 침하될 때까지의 하중을 구하여 지내력도를 구한다.
② 재하판은 면적 2,000[cm^2](45[cm]각)를 표준으로 한다.
③ 매회 재하는 1[ton] 이하 또 예정파괴하중의 1/5 이하로 한다.
④ 침하의 증가가 2시간에 0.1[mm]의 비율 이하가 될 때는 침하가 정지된 것을 확인하고 하중을 가한다.
⑤ 총침하량이 2[cm]에 달했을 때까지의 하중을 그 지반에 대한 단기허용지내력도라 한다. 총침하량이 2[cm] 이하이더라도 지반이 항복상태를 보이면 그때까지의 하중을 그 지반에 대한 단기허용지내력도로 한다.
⑥ 장기하중에 대한 허용내력은 단기하중지내력의 1/2로 본다.
⑦ 소요되는 허용지내력 값은 장기하중에 대한 허용지내력 값이다.

4. 배수·지반개량공법

(1) 배수공법

공법의 종류	특징
섬프(Sump)공법	굴삭면에 스며나온 물을 섬프(수채통)에 모아 펌프로 배수하는 공법이다.

합격예측

(1) 아일랜드컷 공법의 특징
① 중앙부를 파서 기초를 만든 다음, 이 기초에서 경사지게 버팀대를 대고 주변부분을 파는 공법이다.
② 짧은 변이 50[m] 이상, 지하 3층 정도의 건물에 적합하다.

(2) 트렌치컷 공법의 특징
① 2중 널말뚝을 박고 그 사이를 파서 건물 바깥 둘레의 공사를 먼저 시공하여 이것을 흙막이 벽으로 하는 공법이다.
② 넓은 건축물에 채용된다.
③ 아일랜드컷 공법의 역순이다.

합격용어

지반의 동결선
① 중부 이북 : 최대 1.5[m], 평균 1.2[m]
② 중부 지방 : 최대 1.0[m], 평균 0.75[m]
③ 중부 이남 : 최대 0.8[m], 평균 0.6[m]

Q 은행문제

보기는 지하연속벽(slurry wa-ll) 공법의 시공내용이다. 그 순서를 알맞게 연결한 것은?

[보기]
A : 트레미관을 통한 콘크리트 타설
B : 굴착
C : 철근망의 조립 및 삽입
D : quide wall 설치
E : end pipe 설치

① A→B→C→E→D
② D→B→E→C→A
③ B→D→E→C→A
④ B→D→C→E→A

정답 ②

합격예측 23. 6. 4 기

지하연속벽(slurry wall) 공법
벤토나이트 이수(泥水)를 사용해서 지반을 굴착하여 여기에 철근망을 삽입하고 콘크리트를 타설하여 지중에 철근콘크리트 연속벽체를 형성하는 공법

합격날개

공법의 종류	특징
깊은 우물공법 (deep well)	① 지름 30[cm] 정도의 케이싱을 박아 깊은 우물을 만들어 펌프로 배수하는 공법이다. ② 1970년경 유럽에서 발달, 현재는 별로 사용하지 않는다.
전기침투법	땅 속에 전기를 통하게 하여 대전한 물을 전류와 함께 이동시키는 방법이다.
웰포인트 공법 (well point)	① 라이저 파이프를 1~2[m] 간격으로 박아 5[m] 이내의 지하수를 펌프로 배수하는 공법이다. ② 지반이 압밀되어 흙의 전단저항이 커진다. ③ 수압 및 토압이 줄어 흙막이벽의 응력이 감소한다. ④ 점토질지반에는 적용할 수 없다. ⑤ 인접 지반의 침하를 일으키는 경우가 있다.

(2) 지반개량공법

공법의 종류	특징
샌드드레인 공법 (Sand drain method)	① 연약한 점토층의 수분을 빼내어 지반을 경화 개량시키는 공법이다. ② 지름 40~60[cm]의 철판을 박고 그 속에 모래를 다져 넣어 모래말뚝을 형성한 후, 지표면에 하중을 가하여 진흙 중의 수분을 모래 말뚝을 통해 탈출시키는 공법이다.
페이퍼드레인 공법 (Paper drain method)	모래 대신 흡수지를 사용하여 물을 빼내는 공법이다.
생석회공법 (Pack drain method)	모래 대신 산화칼슘(CaO)을 넣어 흙 중의 수분과 반응시켜 지반을 굳히는 공법이다. $CaO + H_2O = Ca(OH)_2$
그라우팅 공법 (Grouting method)	① 지하수의 유입을 방지하는 공법이다. ② 지반의 공극에 시멘트 페이스트, 규산나트륨, 벤토나이트 등을 주입하여 흙의 투수성을 저하시키는 공법이다.
동결공법	지반에 액체질소, 프레온가스를 직접 주입하거나 순환파이프로 동결시켜 지하수의 유입을 방지하는 공법이다.

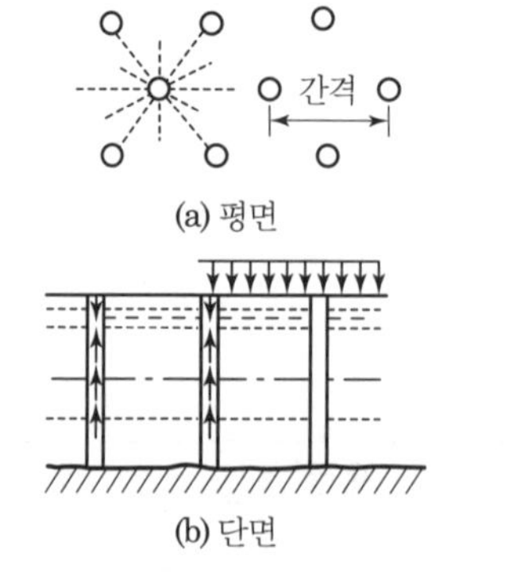

[그림] 샌드드레인 공법

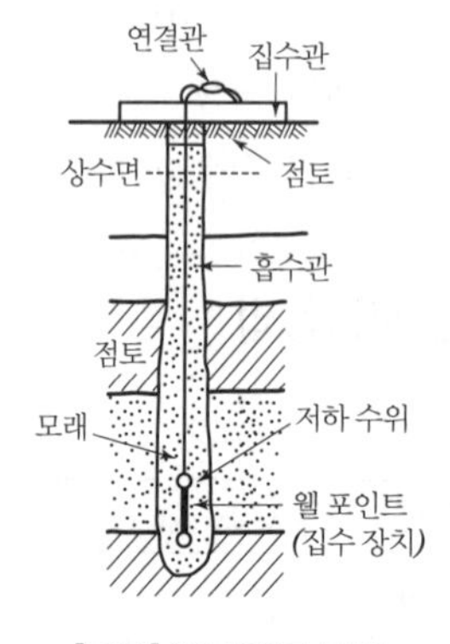

[그림] 웰포인트 공법

합격예측

지하연속벽(체)의 공법특징

20. 8. 22 기 20. 8. 23 산
20. 9. 27 기 22. 4. 24 기

① 저소음, 저진동 공법으로 인접건물의 근접시공이 가능하며 안정적 공법이다.
② 차수성이 우수하며 물막이 벽체로도 가능하다.
③ 벽체 강성이 커서 본구조체로 이용이 가능하며, 수평변위에 대해서 안정적이며 영구 지하 벽체나 깊은 기초 적용이 가능하다.
④ 임의형상 차수가 가능하며 지반조건에 좌우되지 않는다.
⑤ 타공법에 비해 시공비가 고가이며, 수평연속성이 부족하고, 장비가 크고 이동이 느리다.

합격예측 17. 3. 5 기 산

역타공법(Top-Down)

지하연속벽과 기둥을 시공한 후 영구바닥 슬래브를 형성시켜 벽체를 지지하면서 위에서 지하로 굴착해 가면서 지상층을 동시에 시공하는 공법

① 장점
- 지하와 지상을 동시에 작업함으로 공기 단축 가능
- 인접건물 및 도로 침하방지 억제에 효과적
- 주변지반에 영향 적음
- 1층 바닥은 작업장으로 활용함으로 부지의 여유가 없을 때도 좋음
- 지하공사중 소음발생우려가 적음
- 가설자재를 절약할 수 있음

② 단점
- 기둥, 벽 등의 수직부재 역조인트 발생으로 이음부 처리가 곤란
- 작업능률 및 작업환경 조건이 떨어짐
- 소형의 고성능 장비가 필요
- 시공정밀도, 품질관리에 유의
- 시공비가 비쌈

용어정의

ICOS pile method

지수벽을 만드는 공법으로 주열식으로 말뚝을 나열하는 공법이다.

토공사

출제예상문제

출제예상문제는 복습, 예습문제로 엮었습니다. *WHY : 실제시험에도 순서에 관계없이 출제됩니다. 예습 후 다음장에 공부한 문제가 있으면 기억이 배가 됩니다.

01 ★★★★★ 점성토 지반의 토질시험에 가장 적합한 것은?

① 샘플링 ② 베인테스트

③ 표준관입시험 ④ 전기적 탐사법

해설

토질시험의 종류 및 특징

(1) 샘플링(sampling)

① 보링과 함께 보통의 토질시료를 채취하는 것을 말한다.

② 수세식 보링에서 수세에 의하여 지표에 유출되는 토사 등에 대하여 보링구멍 바닥에서 채취된 샘플로 시험하는 방법이다.

(2) 베인테스트(vane test)

① 대지 조사상의 지반조사방법의 하나이다.

② 연한 점토질지반 조사에 적합하다.

③ 보링의 구멍을 이용하여 +자 날개형의 베인테스트를 지반에 때려 박고 회전시켜서 그 회전력에 의하여 진흙의 점착력을 판단한다.

(3) 표준관입시험(standard penetration test)

① 보링구멍을 이용하여 로드(rod) 끝에 지름 5[cm], 길이 81[cm]의 샘플러를 단 것을 무게 63.5[kg]를 76[cm]에서 낙하시켜 30[cm] 박는 데 소요되는 타격횟수(N)를 측정하여 토양의 상대밀도를 측정하는 방법을 말한다.

(4) 전기적 탐사법

① 지반조사방법의 하나이다.

② 토질의 전기 저항을 측정, 지하수 상부의 건조 토질의 공극률, 지하수위 이하 토질의 공극수의 양과 그 속에서 용해되는 전해질의 양과 질에 의한 저항의 변화를 파악할 수 있어 토질의 변화와 그 심도 판정이 가능하다.

③ 흙의 밀도, 강도의 크기 등이 판명되므로 이를 경험 및 과거 자료와 비교하여 대략 지반의 상태를 조사하는 방법이다.

02 ★★ 지반의 성질에 관한 다음의 설명 중 부적당한 것은 어느 것인가?

① 진흙층은 건조하면 수축현상을 일으킨다.

② 흙의 투수계수는 간극비가 클수록 크다.

③ 점토층에 하중을 가하면 급속히 압밀침하된다.

④ 모래층은 투수성이 좋고 압밀침하를 일으키기 쉽다.

해설

지반의 성질

① 흙의 투수계수는 간극비가 크면 크다.

② $\text{간극비} = \dfrac{\text{간극의 용적}}{\text{흙(토)입자의 용적}} \times 100[\%]$

③ 진흙의 압밀침하는 장기적으로 계속된다.

03 ★★ 점토층에 관한 다음의 설명 중 틀린 것은 어느 것인가?

① 점토층은 함수율이 감소하면 전단 저항이 증가한다.

② 건조하면 수축한다.

③ 적량의 물이 있으면 점착력이 강해진다.

④ 점토는 함수량이 감소하면 지내력도 감소한다.

해설

점토는 함수량이 감소하면 지내력은 더욱 증가한다.

04 ★★★ 다음 터파기기계(굴삭기계) 중 지반면보다 위에 있는 흙의 배토작업에 적당한 것은 어느 것인가?

① power shovel ② drag line

③ back hoe ④ bulldozer

해설

굴삭기계의 특징

(1) power shovel의 특징

① 이동 기중기의 긴 붐(300[m]) 대신 짧고 강력한 디퍼암(dipper arm)을 대고 그 끝에 디퍼를 댄 것이다.

② 기중기를 써서 강줄에 의해 디퍼가 흙을 떠내는 작용을 한다.

③ 떠내기 능력은 30~70[회/h]이다.

④ 디퍼의 회전, 전체 기계의 이동 등에 유리하다.

⑤ 건설공사의 흙파기용 기계로 활용한다.

⑥ 레일과 무한궤도에 의하여 자유로이 이동되는 종류도 있다.

[정답] 01 ② 02 ③ 03 ④ 04 ①

⑦ 동력에는 증기, 전기, 가솔린, 디젤기관에 의한 것이 사용된다.

(2) drag line의 특징

① 건설공사의 흙파기용 굴삭기계로 셔블계 굴착기의 일종이다.
② 붐 상단에 매달린 버킷의 저부 끝에 흙깎기날이 있어 지면을 끌어 당기며 파는 것이다.
③ 대체로 기계가 서 있는 지반면보다 낮은 곳을 팔 때 적당하다.
④ 수중굴착도 가능하며 하천공사에서 가장 좋은 기계이다.

(3) back hoe의 특징

① 토공용 기계로 셔블계 굴착기의 일종이다.
② 파워셔블은 디퍼로 떠올리지만 이것은 자기 앞으로 토사를 긁어 담는 식이다.
③ 파워셔블의 디퍼를 반대로 붙인 것이다.
④ 도량을 파는 데 적당하며 후퇴하여 파므로 "풀 셔블(pull shovel)" 이라고도 한다.

(4) bulldozer의 특징

① 토공용의 건설기계이다.
② 도저의 하나로 보통 트랙터에 토공판을 부착한 구조이다.
③ 토공판의 올리고 내림은 와이어로프 또는 유압에 의한다.
④ 최대견인력은 약 37[t]이며 기관은 디젤기관이다.
⑤ 주행속도는 0~12.7[km/h]이다.
⑥ 흙파기, 땅고르기, 다지기, 운반, 제설 등 다방면으로 활용된다.

05 ★★ 대규모 깊은 지하 구조물에 쓰이며 지하 구조체의 전부 또는 일부를 지상에 구축하고 침하시켜 굳은 지반에 정착시키는 기초공법은 무엇인가?

① 잠함기초　　② 하양기초
③ 우물통기초　　④ 온통기초

해설

잠함기초공법의 특징

① 지상에서 구축한 철근 콘크리트 구조체나 지하 구조물(기초 구축물, 하부 구조물)로서 지반 밑을 굴착하여 소정의 위치까지 침하시키는 공법을 말한다.
② 잠함을 이용하여 실시하는 공법을 말한다.
③ 수중에서의 교각구축이나 고층건물의 기초, 지하실 건축에 쓰이는 공법을 말한다.
④ 종류 : 오픈 케이슨 공법, 뉴매틱 케이슨 공법
⑤ 오픈 케이슨 공법
　㉮ 개방잠함공법
　㉯ 지하 구조체의 바깥벽 밑에 칼날형을 달아 지상에서 구축하여 중앙의 흙을 파내어 구조체의 자중으로 침하시켜 지하 구조물을 구축하는 공법을 말한다.
⑥ 뉴매틱 케이슨 공법
　㉮ 용기잠함기초
　㉯ 장방형, 원통형 부분에 압축공기를 넣어 내부의 수압과 대항시킴으로써 침수를 막으면서 작업하는 공법을 말한다.
⑦ 장점
　㉮ 소음, 진동이 작다.
　㉯ 출수가 많은 곳에 유리하다.
⑧ 단점
　㉮ 침하량 판단 및 경사각의 측정,조정이 어렵다.
　㉯ 정확한 시공을 요하며 공사비가 많이 든다.

정보제공

하양공법 : 1층을 지상에서 축조한 후 1층을 수평버팀대판으로 하여 지하층을 축조하는 공법을 말한다.

06 ★★ 목조흙막이에 관한 것 중 틀린 것은?

① 두께 40~120[mm] 정도가 좋다.
② 나비 120~250[mm] 정도가 좋다.
③ 될수록 나비가 큰 것을 양면 대패질하지 않고 사용한다.
④ 깊이 약 5.5[m]까지 사용한다.

해설

목조흙막이 나비가 큰 경우에는 마찰력을 줄이기 위하여 양면 대패질하여 사용해야 한다.

07 ★★ 지반조사에 관한 기술 중 옳지 않은 것은 어느 것인가?

① 과거 또는 현재의 지층 표면의 변천사항을 조사한다.
② 상수면의 위치와 지하수방향을 조사한다.
③ 지하매설물 유무와 위치를 파악한다.
④ 각종 지반조사를 먼저 실시한 후 기존의 조사 자료와 대조하여 본다.

해설

지반조사시 검토사항

① 과거 또는 현재의 지층표면의 변천사항을 확인한다.
② 각 지층의 구성, 토질, 각 지층의 깊이, 치밀성, 지내력을 시험한다.
③ 지하수, 용수량, 상수면, 위치, 수질, 지하유수 방향을 조사한다.
④ 동결선을 검토한다.

08 ★★ 표준관입시험에 관한 다음의 기술 중 옳지 않은 것은?

① 토질시험의 일종이다.
② 추의 무게는 63.5[kg]이다.
③ N의 값은 30[cm] 관입하는 데 요하는 타격횟수이다.
④ 추의 낙하고는 1[m] 정도이다.

[정답] 05 ① 06 ③ 07 ④ 08 ④

해설

표준 관입 시험의 추의 낙하고는 76[cm]이다.

09 ★★★ 다음의 부동침하의 원인에 대한 기술 중 틀린 것은 어느 것인가?

① 밀실한 자갈층
② 경사지반
③ 이질지정
④ 건물의 일부를 증축할 때

해설

부동침하 원인의 종류

① 연약지층에 건설할 경우
② 경사지반에 건설할 경우
③ 이질지층을 구성할 경우
④ 낭떠러지면을 이용할 경우
⑤ 건물 일부를 증설할 경우
⑥ 지하수위를 변경할 경우
⑦ 지하에 구멍이 있을 경우
⑧ 메운 땅에 흙막이를 할 경우
⑨ 일부지정 또는 이질지정을 할 경우

10 ★★★ 지하수가 많은 지반을 탈수하여 건조한 지반을 개량하기 위한 공법으로 부적당한 것은 어느 것인가?

① 생석회 공법
② well point 공법
③ 진공 콘크리트 공법
④ sand drain 공법

해설

(1) 생석회 공법의 특징
① 연약한 점토층을 경화 개량하는 공법을 말한다.
② 지름 40~60[cm]의 철판을 적당한 간격으로 때려 박고 그 구멍 속에 산화칼슘을 채워넣고 토중의 수분과 반응시켜 수산화칼슘을 형성시키는 공법이다.
(2) 웰포인트(well point) 공법의 특징
① 기초파기를 하는 주위에 양수관을 박아 배수함으로써 지하수위를 낮추어 안전하게 굴착하는 특수한 기초파기 공법
② 지하수위를 낮게 하고 흙파기하는 공법으로서 투수성이 나쁜 점토지반에는 배수가 곤란하므로 부적당하고 사질지반에 유효하다.
③ 양수관은 끝에 여과기가 부착되어 있고 굵기, 깊이 등은 지하수위 및 지하수의 대소에 따라 정하며 보통 1[m] 내외로 한다.
(3) 진공 콘크리트 공법의 특징
① 부어넣은 콘크리트 표면에 진공매트(vacuum mat)를 덮고 과잉 수분을 제거함과 동시에 다져서 품질을 향상시키는 콘크리트 공법을 말한다.
② 도로의 콘크리트 포장 등과 같은 곳에 초기강도를 크게 하기 위하여 또는 댐 표면에 부배합의 표면층을 만드는 데 이용되기도 한다.
(4) 샌드드레인(sand drain) 공법의 특징
① 연약한 점토질의 지반 중에 샌드드레인을 사용하여 함수량을 감소시키고 압밀을 촉진함과 동시에 전단강도를 강화시켜 지반을 경화 개량시키는 공법을 말한다.
② 웰포인트 공법과 동시에 행하는 경우도 있다.

11 ★★ 기초의 온통파기에 있어 아일랜드식 흙막이 공법에 관한 다음의 기술 중 옳은 것은 어느 것인가?

① 넓은 대지에 적합한 공법이다.
② 중앙의 지반을 발판으로 남기고 주위에서부터 파내려가는 공법이다.
③ 출수가 많고, 깊은 터파기에 좋은 공법이다.
④ 중앙부분을 먼저 파고 구조물의 기초를 축조하는 공법이다.

해설

아일랜드 공법의 특징

① 낮은 굴착(10~15[m])시에 쓰이고, 그 이상일 경우에는 불리하여 사용하지 않는다.
② 중앙부 굴착(1차 굴착)이 많고 주위 굴착(2차 굴착)이 적은 경우에 유리하다.
③ 굳은 롬(loam)층(양토 : 모래, 점토, 유기물이 섞인 비옥한 흙)이나 견고한 사층에서 유리하고 silt질 지반(모래보다 곱고, 진흙보다 거친 침적토)에는 쓰이지 않는다.
④ 중앙부분을 파고 구조물의 기초를 축조한 후 기초에 버팀대를 설치하여 주변의 흙을 파내고 지하 구조물을 완성하는 공법이다.(이와 역순의 공법을 가진 것이 트렌치컷 공법)

12 ★★ 지반을 조사하는 데 가장 적당하지 않은 것은?

① 지내력시험 ② 시험파기
③ 보링테스트 ④ 우물통공법

해설

우물통공법

기초터 파기 장내에 깊은 우물을 파고 스트레이너(strainer)를 부착한 파이프를 삽입하여 수중 펌프로 양수하는 배수공법이다.

[정답] 09 ① 10 ③ 11 ④ 12 ④

13 ★ 지반조사에 관한 다음의 기술 중 부적당한 것은 어느 것인가?

① 지하매설물 유무와 위치를 파악한다.
② 상수면의 위치와 지하유수방향을 조사한다.
③ 과거 또는 현재의 지층 표면의 변천사항을 조사한다.
④ 각종 지반조사를 먼저 실시한 후 기존의 조사 자료와 대조하여 본다.

해설

지반조사의 특징
① 예비조사를 통한 충분한 자료를 수집한 후에 본조사를 실시한다.
② 본조사시 미약한 부분을 추가로 조사한다.

14 ★ 흙막이에 사용되는 널막뚝에 관한 다음의 기술 중 부적당한 것은?

① 목재널말뚝은 낙엽송, 소나무 등의 생나무가 좋다.
② 나무말뚝에 사용할 수 있는 흙막이의 높이는 6[m] 정도이다.
③ 널말뚝의 두께는 길이의 $\frac{1}{60}$ 또는 5[cm] 이상이어야 한다.
④ 널말뚝의 나비는 두께의 3배 또는 25[cm] 이내로 한다.

해설

나무말뚝을 사용할 수 있는 흙막이의 높이는 4[m]이다.

참고 산업안전보건법 산업안전기준에도 4[m]로 되어 있다.

15 ★★ 지내력시험이 중요한 이유로서 바른 것은 다음 중 어느 것인가?

① 가장 적당한 기초구조를 결정하기 위함이다.
② 말뚝의 종류를 결정하기 위함이다.
③ 건물의 부동침하방지를 위함이다.
④지층의 상태를 정확히 파악하기 위함이다.

해설

지내력시험(재하시험)
① 기초저면까지 판 자리에서 직접 재하하여 허용지내력을 구하는 방법
② 적당한 기초구조를 결정하기 위하여 재하시험을 한다.

16 ★★★ 목조흙막이에 관한 설명 중 옳지 않은 것은?

① 일반적으로 나비가 큰 것을 사용한다.
② 쪽매는 오늬쪽매, 제혀쪽매 등으로 하여 물이 새지 않도록 한다.
③ 양면은 대패질을 하지 않는다.
④ 나무널막기는 소나무, 밤나무의 재료가 좋다.

해설

목조흙막이 재료
① 나비를 적당하게 하여야 한다
② 나비가 크면 토압을 많이 받으므로 파손되기 쉽다.

17 ★★★ 지반면보다 5[m] 정도 낮은 깊이의 터파기를 할 때 가장 적당한 굴삭기계는 어느 것인가?

① tractor shovel ② power shovel
③ drag shovel ④ bulldozer

해설

(1) power shovel의 특징
① 이동 기중기의 긴 통 300[m] 대신 짧고 강력한 디퍼 암(dipper arm)을 대고 그 끝에 디퍼를 댄 것이다.
② 기중기를 써서 강줄에 의해 디퍼가 흙을 떠내는 작용을 한다.
③ 떠내기 능력은 30~70[회/h]이다.
④ 디퍼의 회전, 전체 기계의 이동 등에 유리하다.
⑤ 건설공사의 흙파기용 기계로 활용한다.
⑥ 레일과 무한궤도에 의하여 자유로이 이동되는 shovel계도 있다.
⑦ 동력에는 증기, 전기, 가솔린, 디젤기관에 의한 것이 사용된다.
(2) drag line
① 건축공사의 흙파기용 굴삭 기계로 셔블계 굴착기의 일종이다.
② 붐 상단에 매달린 버킷의 저부 끝에 흙깎기날이 있어 지면을 끌어 당기며 파는 것이다.
③ 대체로 기계가 서 있는 지반면보다 낮은 곳을 팔 때 적당하다.
④ 수중굴착도 가능하며 하천 공사에서 가장 좋은 기계이다.
(3) back hoe
① 토공용 기계로 셔블계 굴착기의 일종이다.
② 파워셔블은 디퍼로 떠올리지만 이것은 자기 앞으로 긁어 담는 식이다.
③ 파워셔블의 디퍼를 반대로 붙인 것이 back hoe이다.
④ 도랑을 파는 데 적당하며 후퇴하여 파므로 "풀셔블"이라고도 한다.

구분	drag line	back hoe
폭	14[m]	10[m]
길이	10[m]	6.4[m]

[정답] 13 ④ 14 ② 15 ① 16 ① 17 ③

(4) bulldozer

① 토공용의 건설기계이다.
② 도저의 하나로 보통 트랙터에 토공판을 부착한 구조이다.
③ 토공판의 올리고 내림은 와이어로프 또는 유압에 의한다.
④ 최대견인력은 약 37[t]이며 기관은 보통 디젤 기관이다.
⑤ 주행속도는 0~127[km/h]이다.
⑥ 흙파기, 땅고르기, 다지기, 운반, 제설 등 다방면으로 활용한다.

18 ★★ 지반조사의 방법을 대별하였으나 서로 관계가 맞지 않는 것은?

① 지하탐사법 : 물리적 탐사법
② 보링 : 토질시험
③ 토질시험 : 시료채취
④ 지내력시험 : 하중시험

해설

지반조사방법

① 지하탐사법 : 터파보기, 탐사간(쇠꽂이 찔러보기), 물리적 탐사법
② 보링 : 철관 박아넣기, 시료채취, 관입시험, 베인테스트
③ 토질시험 : 시료채취

19 ★★★ 지반의 허용지내력도가 가장 좋은 것은 다음 중 어느 것인가?

① 모래 ② 자갈과 모래가 반 섞인 것
③ 진흙 ④ 모래 섞인 점토

해설

지반의 허용지내력 [단위 : kN/m²]

지반의 종류		장기응력에 대한 허용지내력
경암반	화강암, 석록암, 편마암, 안산암 등의 화산암 및 굳은 역암 등의 암반	4000
연암반	판암, 편암 등의 수성암의 암반	2000
	혈암, 토단반 등의 암반	1000
자갈		300
자갈과 모래와의 혼합물		200
모래 섞인 점토 또는 롬토		150
모래 또는 점토		100

㈜ 건축물의 구조기준 등에 관한 규칙 [별표 8]

20 ★★ 다음 중 불교란 시료의 토질시험과 관련이 없는 것은?

① 토립자의 비중
② 신축압축시험
③ 함수량시험
④ 조립률

해설

불교란 시료의 토질시험종류

① 토립자 비중시험
② 함수량시험
③ 흙의 입도시험
④ 액성한계시험
⑤ 흙의 소성한계시험
⑥ 흙의 원심함수당량시험
⑦ 현장 함수당량시험
⑧ 흙의 수축계수시험
⑨ 흙의 다지기시험

21 ★★ 다음과 같은 조건의 굴삭기로 2시간 작업할 경우의 작업량은 얼마인가?(단, 버킷용량 0.8[m³], 사이클타임 40초, 작업효율 0.8, 굴삭계수 0.7, 굴삭토의 용적변화계수 1.1)

① 128.5[m³] ② 107.7[m³]
③ 88.7[m³] ④ 66.5[m³]

해설

셔블계 굴삭기계의 단위시간당 시공량(m³/hr)

굴삭토량

$$Q=q\times\frac{3,600}{C_m}E\times K\times f$$

여기서, q : 버킷 용량(m³)
C_m : 사이클 타임(sec)
E : 작업효율
K : 굴삭계수
f : 굴삭토의 용적변화계수

$$Q=\frac{0.8\times3,600\times0.8\times0.7\times1.1}{40}$$
$=44.352[m^3/h]\times2[hr]$
$=88.704[m^3]$

[정답] 18 ② 19 ② 20 ④ 21 ③

제3편

22 ★★ 모래의 증가율이 15[%]이고, 굴토량이 261[m^3]라면 잔토처리량은?

① 300[m^3]　　② 250[m^3]
③ 231[m^3]　　④ 200[m^3]

해설

잔토처리량(반출량) 산정

굴착토량+(굴착토량×부피증가율)
=261[m^3]+(261[m^3]×0.15)=300.15[m^3]

23 ★★★ 깊이 2.0[m], 잡석다짐 나비 1.5[m]인 줄기초를 팔 때 지변에서 파기 시작하는 줄기초의 최소나비로서 적당한 것은?

① 2.0[m]　　② 2.5[m]
③ 2.7[m]　　④ 3.0[m]

해설

① 경사도가 주어지지 않았을 때 적용
② 1.5[m]+(0.6×2[m])=2.7[m]

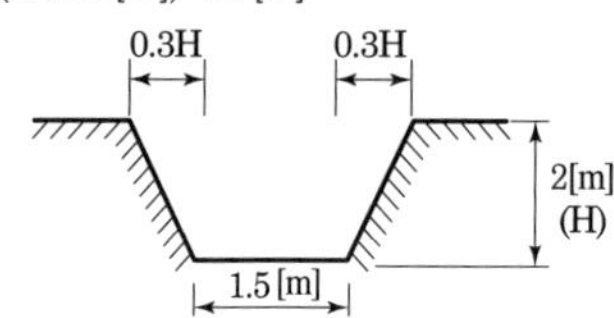

24 ★★★ 지하 벽체거푸집에서 측압에 대비하여 버팀대를 삼각형으로 일체화한 공법은? 17. 3. 5 기 20. 9. 27 기

① 1회용 리브라스 거푸집
② 와플 거푸집(Waffle form)
③ 무폼타이 거푸집(tie-less formwork)
④ 단열 거푸집

해설

tie-less formwork

① 개요
㉠ 벽체 거푸집의 설치시 벽체 양면에 거푸집의 설치가 곤란한 경우가 발생하는데, 이때 한 면에만 거푸집을 설치하여, 폼타이 없이 거푸집에 작용하는 콘크리트의 측압을 지지하도록 한 거푸집 공법을 무폼타이 거푸집이라 한다.
㉡ 무폼타이 거푸집 공법은 폼타이 설치작업의 번거로움을 없애고, 거푸집을 지지하기 위한 브레이스 프레임(brace frame)을 사용하므로, 브레이스 프레임 공법이라고도 한다.

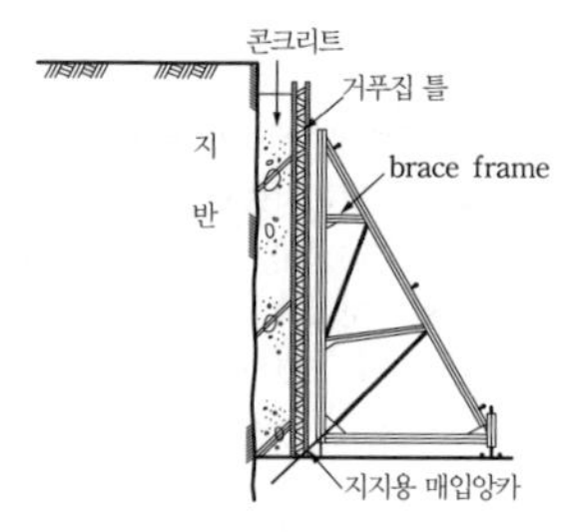

[그림] 브레이스 프레임 공법

② 특징
㉠ 폼타이를 설치하기 위한 용접작업 등의 번거로움이 없어진다.
㉡ 폼타이용 철물에 의한 누수가 방지된다.
㉢ 흙막이벽 공사시 주로 사용된다.
㉣ 공법이 단순하고 거푸집 설치·해체 품이 절약된다.
㉤ 사용 횟수에 대한 전용률이 아주 높다.
㉥ 하부 앙카 매입을 위한 지지층이 필요하다.

③ 시공시 주의사항
㉠ 앙카 매입시 콘크리트 측압에 대한 구조 계산이 필요하다.
㉡ 앙카 매입 후 지지력 시험을 실시한다.(인발시험)
㉢ 앙카 매입 길이는 콘크리트 또는 경질지반에 260~430[mm] 정도 매입한다.

25 ★★★ 외관검사 결과 불합격된 철근 가스압접 이음부의 조치 내용으로 옳지 않은 것은? 18. 3. 4 기

① 심하게 구부러졌을 때는 재가열하여 수정한다.
② 압접면의 엇갈림이 규정값을 초과했을 때는 재가열하여 수정한다.
③ 형태가 심하게 불량하거나 또는 압접부에 유해하다고 인정되는 결함이 생긴 경우는 압접부를 잘라내고 재압접한다.
④ 철근중심축의 편심량이 규정값을 초과했을 때는 압접부를 떼어내고 재압접한다.

해설

외관검사로 불합격이 된 압접부의 수정 방법

① 압접부의 부풀음(돌출부)의 직경과 길이가 규정치에 미달할 경우에는 다시 가열하고 압력을 주어 소정의 부풀음으로 한다.
② 압접면의 어긋남이 규정치를 초과했을 경우에는 압접부를 잘라내고 다시 압접한다.
③ 압접부에 있어서 철근 서로의 편심량이 규정치를 초과했을 경우에는 압접부를 잘라내고 다시 압접한다.
④ 압접부에 명백하게 꺾여 구부러짐이 생겼을 경우에는 재가열해서 수정한다.
⑤ 압접부의 부풀음이 심하거나, 심한 균열이 생겼을 경우, 기타 압접부에 해롭다고 인정되는 결함이 생겼을 경우에는 압접부를 잘라내고 다시 압접한다.

[정답] 22 ① 23 ③ 24 ③ 25 ②

Chapter 03 기초공사

중점 학습내용

건설안전기사/건설안전산업기사 합격을 위해서 다음 내용을 충실히 공부해야 한다.
1 지정의 종류와 특징 암기
2 말뚝의 특징 비교
3 제자리 콘크리트 말뚝의 종류와 특징
4 말뚝박기 간격, 주의사항
5 기초의 종류(독립, 복합, 연속, 온통)와 특징

시험에 출제가 예상되는 중심적인 내용은 다음과 같다.
❶ 지정
❷ 기초(Foundation)

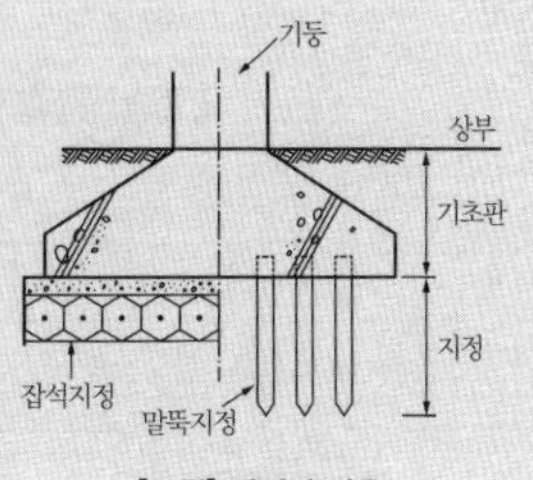

[그림] 지정과 기초

어스앵커 공법
- 흙막이 벽의 배면을 원통형으로 굴착하고 앵커체를 설치하여 주변지반을 지지하는 공법
- 어스앵커는 흙막이 벽의 타이 백앵커로 이용되는 외에도 교량에서의 반력용, 옹벽의 수평 저항용, 토사 붕괴 방지용 등 다양한 용도로 사용

제3편

1 지정

1. 지정의 종류 및 특징

(1) 보통지정 20. 6. 14 산

종류	특징
잡석지정	① 지름 10~25[cm] 정도의 막생긴 돌을 옆세워 깔고 사이사이에 사춤자갈을 넣어 다진다. ② 사춤(틈막이)자갈량은 30[%] 정도이다.
모래지정 17. 3. 5 기 17. 5. 7 기	기초밑 지반이 연약하고 그 하부 2[m] 이내에 굳은 층이 있을 때 전부를 파내고 모래를 넣어 물다짐한다. 모래장기허용 압축강도 : 20~40[t/m^2]
자갈지정	① 잡석 대신 자갈을 사용한다. ② 5~10[cm]로 자갈을 깐 후 사춤 잔자갈을 채운다.
밑창 콘크리트 지정	① 잡석다짐이나 자갈다짐 위 두께 5~6[cm] 정도의 콘크리트(배합이 1 : 3 : 6)를 평평하게 친다. ② 사용 목적 ㉠ 먹줄치기가 용이하다. ㉡ 거푸집설치가 용이하다. ㉢ 철근배근이 용이하다. ㉣ 바깥 방수의 바탕이 된다.

① **기초** : 건물의 상부하중을 지반에 안전하게 전달시키는 구조부분(기초판+지정)
② **지정** : 기초를 보강하거나 지반의 지지력을 증가시키기 위한 구조부분

합격예측

잡석지정의 특징
① 지름 10~25[cm] 정도의 호박돌을 옆세워 깔며 목적은 전단력 유지
② 사이사이 사춤자갈을 넣고 가장자리에서 중앙부를 다진다.
③ 두께는 100~300[mm] 정도이다.
④ 사춤자갈량은 잡석량이 30[%]이다.

용어정의

잡석지정의 근본목적
① 이완된 지표면의 다짐
② 배수, 방습의 역할
③ Concrete 타설두께의 절약

[그림] 잡석깔기

보충학습

설계기준강도 : 15[MPa] 이상(단, 설계도서에서 정한 바 없을시)

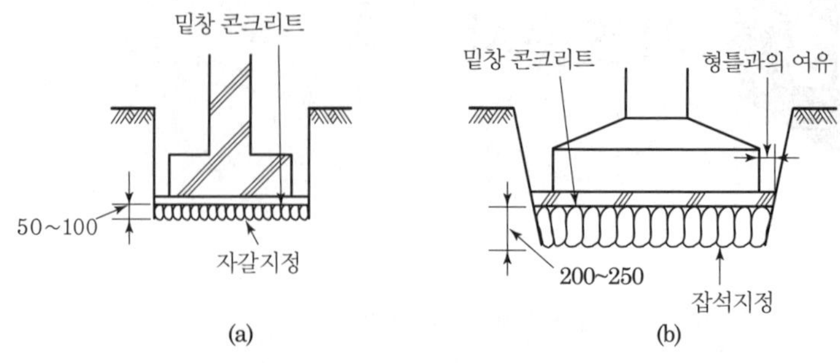

[그림] 자갈지정 및 잡석지정(단위 : mm)

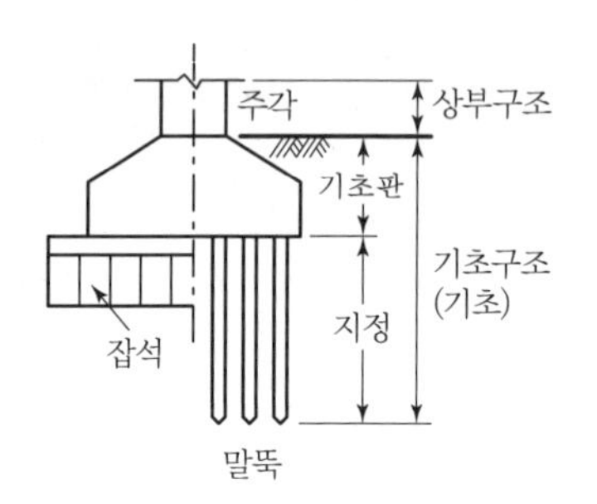

[그림] 지정과 기초

(2) 말뚝지정비교(재료상의 분류) 17. 3. 5 산

종별	중심간격	길이	지지력	특징
나무 말뚝	2.5D 또는 60[cm] 이상	7[m] 이하	최대 10[ton]	• 상수면 이하에 타입 • 끝마구리 직경 : 12[cm] 이상
기성 콘크리트 말뚝 (RC)	2.5D 또는 75[cm] 이상 18. 4.28 산 20. 8. 23 산	최대 15[m] 이하	최대 50[ton]	• 주근 6개 이상 • 철근량 : 0.8[%] 이상 • 피복두께 : 3[cm] 이상
강재 말뚝	직경이나 폭의 2배 이상 또는 75[cm] 이상	최대 70[m] 이하	최대 100[ton]	• 깊은 기초에 사용 • 폐단 강관말뚝 간격 : 2.5배 이상
매입 말뚝	2.0D 이상	RC말뚝과 강재말뚝	최대 50~100[ton]	• Pre-Boring 공법 • SIP 공법
현장타설 콘크리트 말뚝	2.0D 이상 또는 D+1[m] 이상	보통 30~90[m]	보통 200[ton] 최대 900[ton] 이상	• 주근 6개 이상 • 철근량 : 0.4[%] 이상 • 피복두께 : 6[cm] 이상
공통 적용	• 간격 : 보통 3~4D • D : 말뚝외경(직경) • 연단거리 : 1.25D 이상, 보통 2D 이상 • 배치방법 : 정열, 엇모, 동일건물에 2종 말뚝 혼용금지			

합격예측

나무말뚝의 간격

① 말뚝지름의 2.5배
② 나무말뚝은 60[cm] 이상
③ 둘 중 큰 값을 적용한다.

참고

기초와 지정의 차이

① 기초 : 기초 슬래브와 지정을 총칭한 것이며, 상부구조에 대한 하중을 지반에 전달한다.
② 지정 : 기초 슬래브를 지지하기 위해 자갈, 호박돌, 말뚝을 박아 다진 부분이다.

합격예측

직접기초(直接基礎 : Direct Foundation)

견고한 지반이 지표 가까이 있을 때 구조물을 그 지반에 직접 설치하는 것

용어정의

언더피닝(Underpinning) 공법 17. 5. 7 기 18. 4. 28 기 23. 6. 4 기

인접한 건물 또는 구조물의 침하방지를 목적으로 하는 지반 보강 방법의 총칭

합격예측

말뚝박기 공법

① 수동식 공법 : 쇠메, 모둥달고, 손달고, 떨공이
② 타격식 공법 : 드롭해머, 디젤해머, 스팀해머
③ 진동식 공법 : 진동 말뚝박기 기계(vibro hammer)
④ 압입식 공법 : 압입식 말뚝박기 기계
⑤ 프리보링공법(preboring) : 미리 구멍을 뚫고 그 구멍에 말뚝박기를 하는 것으로 무소음, 무진동 공법이다. 20. 6. 7 기
⑥ 중굴식 공법 : 오거로 PC 말뚝 중공부를 통해 구멍을 뚫고 말뚝 끝부분에 콘크리트를 타설·고정하는 방법

(3) 시험 말뚝박기 주의사항

① 말뚝의 허용지지력을 측정하기 위한 시험으로 말뚝공이의 중량은 말뚝무게의 1~3배로 한다.
② 시험용 말뚝은 실제 말뚝과 똑같은 조건으로 박는다.
③ 시험용 말뚝은 3본 이상 박는다.
④ 시험용 말뚝은 항상 확고한 위치에 수직으로 박는다.
⑤ 연속으로 박되 휴식시간을 두어서는 안 된다.
⑥ 최종관입량은 5회 또는 10회 타격한 평균값으로 한다.
⑦ 소정의 위치에 도달하면 무리하게 박지 않는다.
⑧ 떨공이의 낙하고는, 낙하시키는 높이가 가벼운 공일 때 2~3[m], 무거운 공일 때 1~2[m]로 한다.
⑨ 기초면적이 1,500[m^2]는 2개, 3,000[m^2]는 3개의 시험말뚝박기를 한다.
⑩ 5회 타격한 총관입량이 6[mm] 이하인 경우에는 거부현상으로 본다.

(4) 나무말뚝지정

① 수종은 육송 또는 소나무의 생나무를 사용한다.
② 벌목시기는 늦가을부터 초겨울이 적당하다.
③ 벌목 후 여름 15일, 겨울 30일 이내에 사용한다.
(지름 15~20[cm], 길이 6[m] 정도)
④ 휨 정도
㉮ 길이의 1/50 이하이다.
㉯ 양마구리 중심선의 재 안에 들도록 한다.
㉰ 지름의 변화가 균일해야 한다.
⑤ 말뚝 제조
㉮ 껍질을 벗겨 사용하고 다듬는다.
㉯ 머리에 쇠가락지를 씌운다.
㉰ 말뚝 아래 끝은 말뚝지름의 1~1.5배로 빗깎고 쇠신을 씌운다.
⑥ 상수면 이하에 박는다(방부).
⑦ 나무말뚝은 상수면에서 30~60[cm] 정도(50[cm] 정도) 낮게 박고 단단한 지반에 1[m] 정도 깊게 박는다.
⑧ 잡석다짐은 말뚝머리보다 6[cm] 정도 낮은 수평면으로 깔고 말뚝머리는 기초판에 물리게 한다.

참고 **깊은 기초 지정**
① 우물통식 기초지정
② 잠함기초지정(개방잠함, 용기잠함기초)
③ 말뚝기초

합격예측

(1) 지지말뚝
① 말뚝이 굳은 지반까지 도달되어 기둥처럼 하중을 지지하는 말뚝이다.
② 독립기초 등 좁은 면적에 사용한다.
(2) 마찰말뚝
① 말뚝이 굳은 지반까지 도달되지 못한 것으로 흙의 마찰력으로 하중을 지지하는 말뚝이다.
② 온통기초 등에 사용된다.

참고 18. 9. 15 기

① 지름이 큰 말뚝을 일반적으로 Pier라 하고, 말뚝과 구별하고 있으며, 우물기초나 깊은 기초 공법은 Pier기초에 속한다.
② 주로 기계로 굴착하여 대구경의 Pile을 구축한다.

참고

용도에 의한 분류
① 가설용 앵커 공법
㉮ 흙막이 배면에 작용하는 토압에 대응하기 위하여 설치하는 앵커로서 지하 구조체가 완성되는 되메우기 전에 철거
㉯ 지내력 시험의 반력용으로도 사용
② 영구용 앵커 공법
㉮ 옹벽의 높이가 높아 별도의 보강이 필요하다고 판단될 때는 영구용 앵커를 보강하여 시공
㉯ 구조물의 부상 방지용, 옹벽의 수평 저항용, 교량의 보강용

합격예측

말뚝박기시 주의사항 17. 9. 23 산
① 정확한 위치에 수직으로 박는다.
② 말뚝박기는 중단하지 말고 연속적으로 최종까지 계속해서 박는다.
③ 나무말뚝은 껍질을 벗겨서 상수면 이하에 박는다.
④ 말뚝지지력의 증가를 위해 주위의 말뚝을 먼저 박고 점차 중앙부에 말뚝을 박는다.
⑤ 동일 건물에는 말뚝 길이를 달리하거나, 말뚝을 혼용하지 않는 것이 좋다.

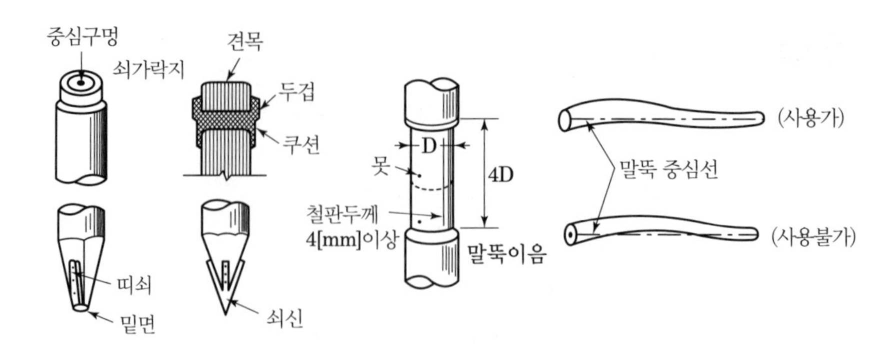

[그림] 나무말뚝

(5) 기성 콘크리트말뚝 16. 5. 8 기 19. 9. 21 기

① 단면형식은 원형, 사각형, 육각형, 팔각형 등(주근 6개 이상)
② 지름은 20~50[cm](보통 25, 30, 35[cm]) 정도이다.
③ 길이는 지름의 45배 이하(보통 25배) 최대 15[m]이다.
④ 철근비는 1[%] 이상(기둥은 0.8[%] 이상)이다.
⑤ 허용압축강도 : 원심력 제품은 80[kg/cm^2] 이하이다.
⑥ 보통 콘크리트 제품은 50[kg/cm^2] 이하이다.

(6) 기초의 분류(Slab 형식에 의한 분류 : 얕은 기초) 17. 3. 5 기 17. 9. 23 기

구분	특징
독립기초	(Independent footing) : 단일기둥을 기초판이 받친다.
복합기초	(Combination footing) : 2개 이상 기둥을 한 기초판에 지지
연속기초	(줄기초 : Strip footing) : 연속된 기초판이 벽, 기둥을 지지
온통기초	(Mat foundation) : 건물하부 전체를 기초판으로 한 것

2. 제자리 콘크리트말뚝 지정 16. 3. 6 기 20. 9. 27 기

종류	특징
심플렉스 파일 (Simplex pile) : 관입공법	(1) 철관을 쳐서 박아넣고 이 속에 콘크리트를 부어넣어 중추로 다지며 외관을 뽑아내는 공법이다. (2) 지하수가 많을 때에는 철관의 내측에 얇은 철관을 넣어 이것을 지중에 매몰하는 공법 등이 있다. (3) 시공순서 ① 굳은 지반에 외관을 박는다. ② 콘크리트를 추로 다져 넣는다. ③ 외관을 서서히 빼낸다.

합격예측

Concrete말뚝의 제조, 운반, 취급방법

① Concrete 타설후 14일 이내 이동금지
② 재령 28일 이상의 것을 사용
③ 저장 2단 이하이나 가능한 1단으로 한다.
④ 제작 14일 이내 운반금지
⑤ 박기 장비는 이동이 편리한 Roller 방식 채택이 원칙

합격예측

Earth 앵커의 지지방식

① 마찰형 ② 지압형
③ 복합형

용어정의

Bentonite액

① Boring 구멍 속에 넣은 이수(泥水)로써 응회암, 석영 조변암 등의 유기질 부분이 풍화분해된 진흙으로 물에 7~8배 팽창된다.
② 평창진흙, 현탁액, 안정액이라고도 한다.

합격예측

깊은 기초

① 말뚝기초 : 나무말뚝, 강재말뚝, 기성콘크리트말뚝
② 피어(pier)기초 : 제자리콘크리트 말뚝기초
③ 케이슨(cassion)기초(우물통 기초, 잠함기초)
④ 심초공법(well공법)

Q 은행문제

기성 콘크리트말뚝에 표기된 PHC-A·450-12의 각 기호에 대한 설명으로 옳지 않은 것은? 17. 9. 23 기 22. 4. 24 기

① PHC : 원심력 고강도 프리스트레스트 콘크리트 말뚝
② A : A종
③ 450 : 말뚝 바깥지름
④ 12 : 말뚝 삽입 간격

해설

PHC-A·450-12

① PHC : 원심력 고강도 프리스트레스트 콘크리트 말뚝
② A : A종
③ 450 : 말뚝 바깥지름[mm]
④ 12 : 말뚝의 길이[m]

정답 ④

종류	특징
컴프레솔 파일 (Compressol pile) : 관입공법	(1) 원추형의 추를 낙하시켜 구멍을 뚫고 이 말뚝구멍에 잡석과 콘크리트를 교대로 투입하면서 추로 다지는 공법이다. (2) 지하수가 적은 굳은 지반에 짧은 말뚝으로 사용한다. (3) 시공순서 ① 끝이 뾰족한 추로 구멍을 뚫고 콘크리트를 부어 넣는다. ② 끝이 둥근 추로 다진 다음 평면의 추로 다진다.(3가지 추 사용)
페디스탈 파일 (Pedestal pile) : 관입공법	(1) 심플렉스 파일을 개량한 것으로 지내력을 증대하기 위하여 말뚝 선단에 구근을 형성하는 점이 특징이다. (2) 말뚝 1본당 지지력은 20~30[t] 정도이다. (3) 시공순서 ① 외관과 내관을 소정의 깊이까지 박는다. ② 내관을 빼고 콘크리트를 넣는다. ③ 다시 내관을 넣어 다진다. ④ 여러번 내관을 반복하여 구조를 만든다. ⑤ 구근이 완성되면 외관을 빼낸다.(외관 빼낸 후 완성) ⑥ 구근지름은 70~80[cm] 정도이다. ⑦ 샤프트 부분지름은 45[cm] 정도이다.
이코스 파일 (ICOS pile) : 관입공법 18. 4.28 기	① 지수벽을 만드는 공법이다. ② 보링비트나 해머그래브로 구멍을 뚫고 벤토나이트용액을 펌프로 순환시켜 스크린으로 분리 제거하며 사용한다. ③ 흙막이로 효과가 좋다. ④ 도시 소음방지에 좋다. ⑤ 인접건물의 침하 우려가 있을 때 유효하다.
레이몬드 파일 (Raymond pile) : 관입공법	① 얇은 철판재의 외관에 심대(Core)를 박는다. ② 심대(내관)를 빼내고 콘크리트를 다져 놓는다.
프랭키 파일 (Franky pile) : 관입공법	① 심대 끝에 주철제 원추형 마개가 달린 외관을 박는다. ② 소정의 깊이에 도달하면 내부의 마개와 추를 빼낸다. ③ 콘크리트를 다져넣고 추로 다져 구근을 만든다. ④ 외관을 서서히 빼낸다. ⑤ 마개 대신 나무말뚝을 사용하면 상수면이 깊은 곳에 합성말뚝으로 사용하기 편리하다.
프리(플레이스트) 팩트 파일 (Prepacked pile) : 주열공법	(1) 정의 ① 프리팩트말뚝에는 3종류가 있으나 CIP 말뚝이 대표적인 것이다. ② 보통 프리팩트 콘크리트말뚝이라 불리고 있는 것은 이것을 말한다. 17. 9. 23 기 18. 3. 4 기 18. 4. 28 산 (2) CIP말뚝(Cast In Place Pile) 20. 8. 22 기 ① 오거로 구멍을 뚫은 후 이에 자갈을 충전시킨 다음 모르타르를 주입하는 공법으로 지지말뚝에 적당하다.

참고

피어기초공사

(1) Tremie관
① 수중 콘크리트 타설에 일반적으로사용되는철관으로 내경은 25~30[cm] 정도가 많다.
② 밑 뚜껑을 부착하여 철관을 들면 콘크리트가 타설되는 타입과 플런저(Plunger)를 삽입하여 관내에 물을 배제하면서 타설한다.
(2) 어스오거(Earth auger) : 굴삭용 기구로 Pier 기초 구축시 사용되고 말뚝을 매립할 때도 사용된다.
(3) Pile(말뚝)을 타입하는 기구로 널리 쓰인다.

용어정의

잠함기초
(Caisson foundation)
지하구조체를 지상에서 구축, 침하시키는 공법으로 본체를 강체로 간주할 수 있는 큰 수직, 수평지지력이 얻어지는 기초형식을 Caisson기초라고 한다.

용어정의

어스앵커(earth anchor)
• 장점
① 버팀대 없이 굴착공간을 넓게 활용
② 대형 기계의 반입이 용이
③ 공기단축이 용이
④ 작업공간이 좁은 곳에서도 시공 가능
• 단점
① 시공후 검사가 곤란
② 인접한 구조물의 기초나 매설물이 있는 경우 부적합
③ 사질토 지반과 굴착 심도가 깊어지면 시공 곤란

Q 은행문제

말뚝재하시험의 주요목적과 거리가 먼 것은? 23. 6. 4 기
① 말뚝길이의 결정
② 말뚝 관입량 결정
③ 지하수위 추정
④ 지지력 추정

정답 ③

합격예측

Benoto 공법(올케이싱 공법)의 특징

① 굴착하는 전체에 외관(Casing)을 박고 공사하여 공벽 붕괴를 방지한다.
② 공사비가 고가이고, 기계가 대형이며, 케이싱 인발시 철근피복파괴가 우려된다.
③ 프랑스 베노토회사가 개발

합격예측

Slurry Wall 특징

① 60[m] 이상 깊은 벽체 축조 가능
② 타 흙막이보다 공사비 고가
③ 수평연속성 부족, 품질유의
④ 고도의 기술, 경험 필요

S.C.W의 특징

① 이동이 빠르고 작업능률 우수
② 암반, 자갈층 시공시 비경제적
③ 토층변화에 따른 배합의 어려움

합격예측

컴프레솔(Compressol) pile

① 1.0~2.5[ton]의 3가지 추 사용
② 원추형추로 낙하천공 후 잡석과 Concrete를 교대 투입 추로 다짐
③ 지하수 유출이 작은 굳은 지반의 짧은 말뚝으로 사용

Q 은행문제

시트 파일(steel sheet pile) 공법의 주된 이점이 아닌 것은? 18. 3. 4 기 18. 9. 15 산 22. 3. 5 기

① 타입시 지반의 체적 변형이 커서 항타가 어렵다.
② 용접접합 등에 의해 파일의 길이연장이 가능하다.
③ 몇 회씩 재사용이 가능하다.
④ 적당한 보호처리를 하면 물위나 아래에서 수명이 길다.

정답 ①

종류	특징
프리(플레이스) 팩트 파일 (Prepacked pile) : 주열공법	② 공법은 오거머신으로 말뚝구멍을 굴착한 후 철근을 조립하고 모르타르 주입관을 삽입한 다음 자갈을 충전한 후 모르타르를 주입하는 공법이다. (3) PIP말뚝(Packed In Place Pile) 18. 3. 4 기 ① 스크루오거(Screw auger)로 소정의 깊이까지 뚫은 다음 흙과 오거를 함께 끌어올리면서 오거 중심간의 선단을 통하여 모르타르, 잔자갈, 콘크리트를 주입하여 말뚝을 형성하는 공법이다. ② 케이싱을 사용하는 경우도 있으나 일반적으로 케이싱을 사용할 필요가 없는 것이 특징이다. (4) MIP말뚝(Mixed In Place Pile) 파이프 회전용의 선단에 커터(Cutter)를 장치하여 흙을 뒤섞으며 지중으로 파들어간 다음 파이프 선단에서 모르타르를 분출시켜 흙과 모르타르를 혼합하면서 파이프를 빼내는 소위 소일 콘크리트(Soil concrete)말뚝을 형성하는 공법이다.

2 기초(Foundation)

1. 기초의 개요

약한 지층이 깊어서 말뚝으로서는 지지력을 기대하기 어려운 고층건물의 기초 구조로서 지정이 되는 동시에 기초가 되는 공법이다.

2. 기초의 종류

(1) 우물통식 기초(Well foundation)

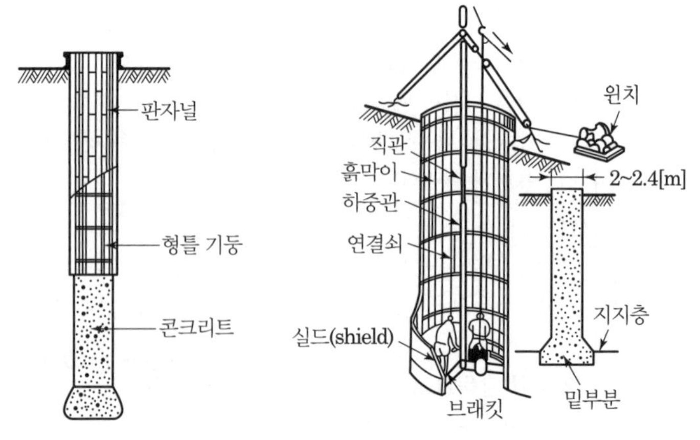

[그림] 말뚝식 우물기초　　[그림] 강판제 우물통기초

① 널말뚝식 우물통기초 : 지하 2층 이상의 철골철근 콘크리트 구조로서 철골을 주구조체로 할 때 사용된다.
② 강판제 우물통기초 : 지름 1~2[m]의 우물통을 #18 이상의 아연도금 철판에 ㄱ형강 등으로 안에 테를 둘러 만들어 넣고 그 안에서 흙을 파내어 내려앉힌다.
③ 철근 콘크리트조 우물통기초 : 우물통의 하부는 뾰족하게 하고, 암석 등이 섞인 지반에서는 쇠신을 씌워준다. 상부에서 구축하는 우물통의 높이는 1~1.25[m]로 한다.

(2) 잠함기초

지하 2층 이상 또는 굳은 지층이 깊고 중간 지층이 약할 때 쓰이는 특수공법으로서, 개방잠함과 공기잠함이 있다.

① 개방잠함(Open well caisson) : 경질지층이 깊이 있을 때 사용하는 것으로, 콘크리트통을 지상에서 축조하여 그 내부의 흙을 자중이나 재하중량에 의하여 지하의 경질지반까지 침하시키는 공법인데, 침하가 마찰로 인하여 잘 내려가지 않거나 기울어질 때에는 물분출법(Water jet)으로 그 주위를 무르게 하여 침하시킨다.

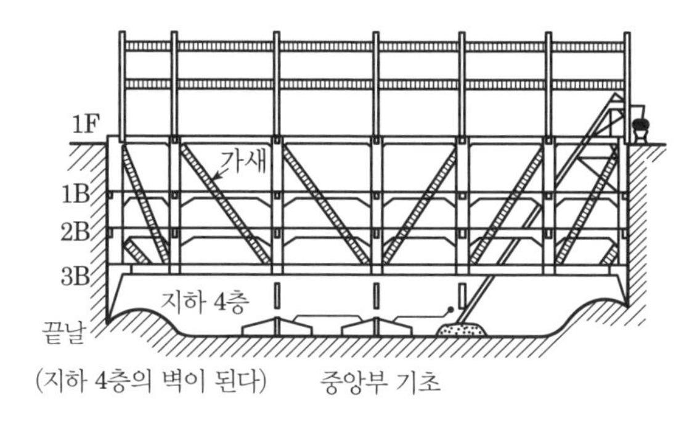

[그림] 개방잠함공법

② 공기잠함(Pneumatic caisson)
㉮ 지하수량이 많을 때, 압축공기를 잠함 속에 넣어 그 압력으로 물, 토사 등의 유입을 배제하며 침하시키는 공법이다.
㉯ 이것은 뚜껑이 있는 콘크리트의 원통 또는 세모통의 저부에 굴착작업을 하는 작업실과, 외계로 연결하는 세모통 및 그 상부에 설치한 에어로크(Air lock)가 장치된다.
㉰ 에어로크에는 상부 2개소에 공기 마개가 있어 압축공기의 누출을 방지해 주고, 지하 구조체는 침하되는 대로 지상에서 이어 만들어 소기의 지반에 도달하면, 작업실에 콘크리트를 채워 넣어 기초를 구축한다.

합격예측

리버스 서큘레이션 공법(Reverse circulation drill : 역순환 공법) 17. 5. 7 기
① 점토, 실트층에 적용된다.
② 굴착심도 30~70[m], 직경 0.9~3[m] 정도
③ 지하수위보다 2[m] 이상 물을 채워 정수압(2[t/m²])으로 공벽유지

합격예측

Diesel hammer 용도
18. 3. 4 기
① 대규모 말뚝과 널말뚝타입 시 사용한다.
② 연약지반에서는 능률이 떨어지고 규모가 크고 딱딱한 지반에 적용된다.
③ 단위시간당 타격횟수가 많고 능률적, 타격음이 크다.
④ 말뚝부두 파손우려 있으므로 대책수립이 요망된다.
⑤ Diesel연료의 폭발로 피스톤의 연속운동으로 말뚝을 타입한다.

합격예측

기초파기의 종류
① 줄기초파기(Trenching) : 지중보, 벽 구조의 기초 등에서 도랑모양으로 파는 것
② 구덩이파기(Pit excavation) : 독립기초 등과 같이 국부적으로 파는 것
③ 온통기초파기(Overall excavation) : 총기초, 지하실의 파기에서와 같이 넓게 전체적으로 파는 것

합격예측

Pre-Stessed Concrele Pile (PS Pile)

① 프리텐션(소규모 단일부재), 포스트텐션(대형부재)방식이 있다.
② 4주 정도는 500[kgf/cm²] 이상, 고강도 PS Pile : 800~1,000[kgf/ cm²] 등의 강도를 가진다.
③ 프리텐션 방식의 말뚝은 고강도말뚝으로 제작할 수 있다.

용어정의

역순환공법

특수비트의 회전으로 굴착토사를 Drill Rod 내의 물과 함께 배출하여 침전지에 토사를 침전 후 물을 다시 공내에 환류시켜 굴삭후 철근망을 삽입하고 트레미관에 의해 콘크리트를 타설하여 말뚝을 형성하는 공법

합격예측

굴착공법의 종류

① 이코스파일공법
② 어스드릴공법
③ 베노토공법
④ 칼웰드공법
⑤ 리버스서큘레이션공법

Q 은행문제

강구조공사 시 볼트의 현장시공에 관한 설명으로 옳지 않은 것은?19. 9. 21 산

① 볼트조임 작업 전에 마찰접합면의 녹, 밀스케일 등은 마찰력 확보를 위하여제거하지 않는다.
② 마찰내력을 저감시킬 수 있는 틈이 있는 경우에는 끼움판을 삽입해야 한다.
③ 현장조임은 1차 조임, 마킹, 2차 조임(본조임), 육안검사의 순으로 한다.
④ 1군의 볼트조임은 중앙부에서 가장자리의 순으로 한다.

정답 ①

(3) Pier(피어) 기초 18. 4.28 기

① 피어기초란 지름이 큰 말뚝을 말한다.
② 지름이 큰 구멍을 굴착하여 굴착구멍속에 콘크리트를 타설하여 만들어진 기둥형태의 기초이다.(예 63빌딩)

[표] Pier 기초공법의 분류

구분	종류
굴착공법	• Earth drill 공법 • Benoto 공법(All Casing 공법) • R.C.D(Reverse circulation drill)공법
Prepacked concrete pile	• C.I.P(Cast In Place Pile) • P.I.P(Packet In Place Pile) • M.I.P(Mixed In Place Pile)
Well point 공법 (우물통 기초 공법) 18. 4. 28 산 19. 9. 21 기 20. 9. 27 기 22. 3. 5 기	• 철근콘크리트로 만든 원형, 장방형의 통을 소정의 위치까지 도달시키고 우물통 내부에 철근과 Con'c를 넣고 기초를 만드는 방법

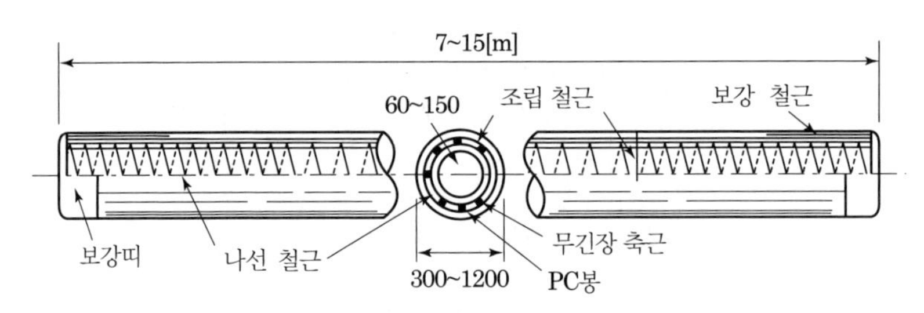

(a) 프리캐스트 콘크리트말뚝

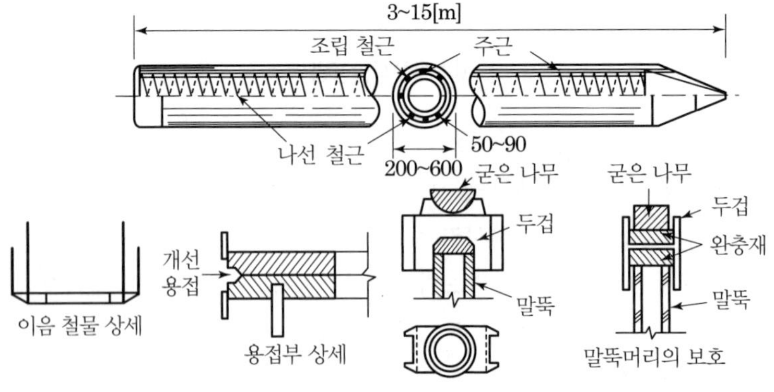

(b) 철근 콘크리트말뚝

[그림] 원심력 철근 콘크리트말뚝

(4) 강재말뚝

H형강이나 강관을 사용하여 양질지반이 깊을 때 이용한다. 고가이지만 중량이 가볍고 휨저항이 큰 것이 유리하며, 박기도 용이하다.

[표] 강재말뚝 지정의 특징 19. 9. 21 기 산 20. 8. 22 기

장점	단점
• 깊은지지층까지 박을 수 있다. • 길이조정이 용이하며 경량이므로 운반취급이 편리하다. • 휨모멘트 저항이 크다. • 말뚝의 절단·가공 및 현장 용접이 가능하다. • 중량이 가볍고, 단면적이 작다. • 강한타격에도 견디며 다져진 중간기층의 관통도 가능하다. • 지지력이 크고 이음이 안전하고 강하여 장척이 가능하다.	• 재료비가 비싸다. • 부식되기 쉽다.

(5) 제자리 콘크리트말뚝

① 페디스털말뚝(pedestal pile)　② 컴프레솔말뚝(compressol pile)
③ 심플렉스말뚝(simplex pile)　④ 레이몬드말뚝(raymond pile)
⑤ 프랭키말뚝(franky pile)

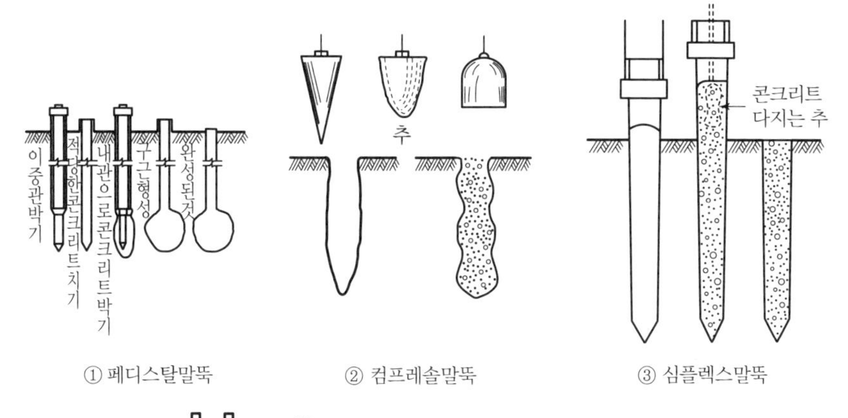

① 페디스탈말뚝　② 컴프레솔말뚝　③ 심플렉스말뚝

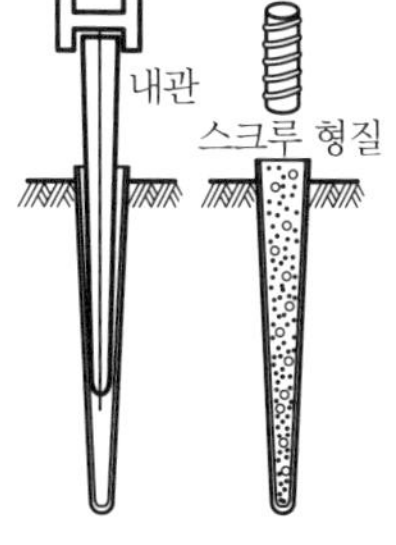

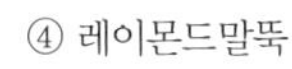
④ 레이몬드말뚝

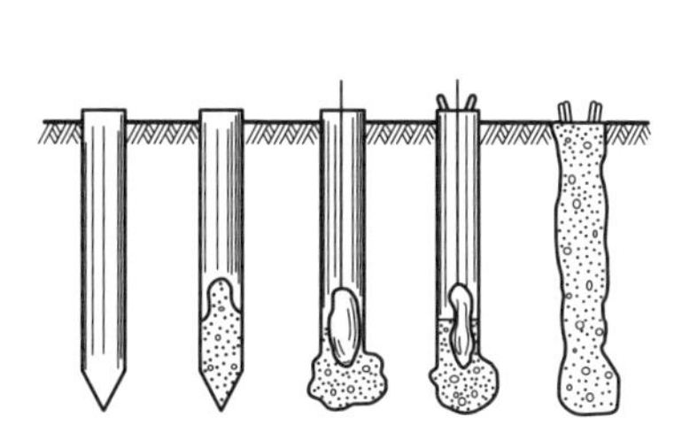
⑤ 프랭키말뚝

[그림] 제자리 콘크리트말뚝의 종류

합격예측

강재말뚝의 특징 19. 9. 21 기

① 중량이 가볍고, 휨저항이 크고, 타입이 용이하다.
② 지지층에 깊이 관입 가능, 지지력이 크다.
③ 경질층 관통이 가능하다.
④ 강관말뚝과 H형강 말뚝, 주로 강관말뚝에 사용된다.
⑤ 말뚝의 현장접합이 용이하고 길이조절이 가능하다.
⑥ 부식에 의한 내구성 저하(열화(劣化) 현상 우려)가 있다.
⑦ 부식(0.05~0.1[mm/year]로 예측)은 외부 2[mm], 내부 5[mm] 단면 공체이다.
⑧ 단점 : 가격이 비싸다.

참고

어스드릴 공법(칼웰드 공법) 20. 8. 22 기 23. 6. 4 기

① 어스드릴 굴삭기를 이용한다.
② 기계가 간단하며, 기동성 굴착속도가 빠르다.
③ 지하수 없는 점성토 지반에 사용한다.
④ 5[m] 이상의 사력층에서 굴착이 곤란하며, Slime 처리의 어려움이 있다.

Q 은행문제

1. 말뚝의 이음 공법 중 강성이 가장 우수한 방식은? 18. 3. 4 산

① 장부식 이음
② 충전식 이음
③ 리벳식 이음
④ 용접식 이음

정답 ④

2. 지반개량 지정공사 중 응결공법이 아닌 것은? 18. 4. 28 기 23. 6. 4 기

① 플라스틱 드레인 공법
② 시멘트 처리공법
③ 석회 처리공법
④ 심층혼합 처리공법

정답 ①

Chapter 03

기초공사

출제예상문제

출제예상문제는 복습, 예습문제로 엮었습니다. *WHY : 실제시험에도 순서에 관계없이 출제됩니다. 예습 후 다음장에 공부한 문제가 있으면 기억이 배가 됩니다.

01 ★★★ **말뚝박기에 관한 설명 중 부적당한 것은 어느 것인가?**

① 말뚝 중앙으로부터 박기 시작하고 점차 주위로 향하여 박는다.
② 쇠메, 손달고 등은 2[m] 내외의 짧은 나무말뚝을 박는 데 쓰이는 공구이다.
③ 떨공이의 무게는 나무말뚝 무게의 2~3배 정도로 한다.
④ 떨공이의 낙하높이는 1~2[m] 이내로 한다.

해설

말뚝박기방법
① 말뚝은 지지력이 증가되도록 주위 말뚝을 먼저 박는다.
② 점차 중앙부 말뚝을 박는다.

02 ★★ **잡석지정에 관한 다음의 기술 중 부적당한 것은 어느 것인가?**

① 잡석의 다짐은 다짐봉(달고)으로 한다.
② 견고한 자갈층에도 잡석지정을 해야 한다.
③ 잡석의 폭은 기초의 폭보다 넓게 한다.
④ 잡석은 콘크리트 기초로부터 하중을 넓게 전달시킨다.

해설

잡석지정
① 견고한 지층에 잡석지정을 하면 지반의 지내력을 감소시킨다.
② 견고한 지층에는 잡석지정이 불가능하다.

03 ★★★★★ **나무말뚝을 상수면 이하에 박는 이유로 옳은 것은 어느 것인가?**

① 공기공급을 차단하기 위하여
② 내진성을 높이기 위하여
③ 지내력을 높이기 위하여
④ 부동침하를 방지하기 위하여

해설

① 나무말뚝머리를 상수면 이하에 두는 이유는 목재의 부패를 방지하기 위해서이다.
② 공기공급이 차단되면 부패가 방지된다.

참고 말뚝 사항은 본서의 요점을 명확하게 공부하세요.

04 ★★★★ **용수량이 많고 깊은 기초를 구축할 때 사용되는 공법은?**

① 공기잠함기초 ② 강판제 우물통기초
③ 하양기초 ④ 개방잠함기초

해설

(1) 잠함기초의 특징
① 지상에서 구축한 철근 콘크리트 구조체나 지하 구조물(기초 구축물, 하부 구조물)로서 지반 밑을 굴착하여 소정의 위치까지 침하시키는 공법을 말한다.
② 잠함을 이용하여 실시하는 공법을 말한다.
③ 수중에서의 교각구축이나 고층건물의 기초, 지하실 건축에 쓰이는 공법을 말한다.
④ 종류 : 오픈 케이슨 공법, 뉴매틱 케이슨 공법
⑤ 오픈 케이슨 공법
㉮ 개방잠함공법
㉯ 지하 구조체의 바깥벽 밑에 칼날형을 달아 지상에서 구축하여 하부 중앙의 흙을 파내어 구조체의 자중으로 침하시켜 지하 구조물을 구축하는 공법을 말한다.
⑥ 뉴매틱 케이슨 공법
㉮ 공기잠함기초
㉯ 장방형, 원통형 부분에 압축공기를 넣어 내부의 수압과 대항시킴으로써 침수를 막으면서 작업하는 공법을 말한다.
⑦ 장점
㉮ 소음, 진동이 작다.
㉯ 출수가 많은 곳에 유리하다.
⑧ 단점
㉮ 침하량 판단 및 경사각의 측정, 조정이 어렵다.
㉯ 정확한 시공을 요하며 공사비가 많이든다.
(2) 하양공법의 특징 : 1층을 지상에서 축조한 후 1층을 수평버팀대판으로 하여 지하층을 축조하는 공법을 말한다.

[정답] 01 ① 02 ② 03 ① 04 ①

05 ★★ 다음은 말뚝간격에 대한 기술이다. 틀린 것은?

① 나무말뚝의 간격은 말뚝지름의 1.5배 이상으로 한다.
② 기성 콘크리트말뚝의 간격은 75[cm] 이상으로 한다.
③ 기초판 끝에서 나무말뚝간격은 1.25배 이상으로 한다.
④ 기초판 끝에서 기성 콘크리트말뚝의 간격은 37.5[cm] 이상으로 한다.

해설

나무말뚝의 간격은 말뚝지름의 2.5배 이상이나 60[cm] 이상으로 한다.

참고 산업안전·보건기준에도 명시되어 있다.

06 ★★★ 말뚝박기시 주의할 점으로 부적당한 것은 다음 중 어느 것인가?

① 말뚝박기는 지반면에 대하여 수직으로 박는다.
② 말뚝박기는 휴식시간을 두지 말고 최종까지 연속적으로 박는다.
③ 말뚝박기는 말뚝의 예정 위치까지 도달 시키려고 무리하게 말뚝을 박지 말아야 한다.
④ 말뚝박기는 예정 위치에 도달되어도 소요의 최종 관입량 이상일 때에는 그만 박는다.

해설

말뚝박기시 주의사항

① 말뚝박기시 예정 위치에 도달되어도 계속하여 침하될 경우에는 말뚝 이어박기를 한다.
② 수량의 증가 또는 기초저면의 변경을 고려하여야 한다.

07 ★ 말뚝지정에 사용되는 나무 재종으로 부적당한 것은 어느 것인가?

① 삼송　　② 가문비나무
③ 육송　　④ 낙엽송

해설

① 가문비나무는 결이 아름답고 부드러워 주로 내장재로 사용된다.
② 가문비나무는 재질이 연하고 습기에 약하므로 말뚝의 재료로는 부적당하다.

08 ★★★ 다음 중 강철말뚝의 특징으로 잘못 기술된 것은 어느 것인가?

① 말뚝을 이어서 긴 말뚝으로 쓸 수 있다.
② 무게가 가볍고 취급이 간단하다.
③ 굽힘에 강하고 수평력을 받는 말뚝에 적합하다.
④ 말뚝머리 부분을 상부구조와 직접 연결할 수 없다.

해설

강철말뚝의 특징

① 말뚝 재료가 균일하며 대량생산이 가능하다.
② 재질을 균일하게 할 수 있다.
③ 재료의 강도가 크다.
④ 이음이 용이하다.
⑤ 가볍고 취급이 용이하다.
⑥ 재사용이 가능하다.
⑦ 시공설비가 간단하고 시공속도가 빠르다.
⑧ 단점으로 부식의 우려가 있다.
⑨ 굳은 지반이 깊을 경우 타 말뚝보다 지지력을 크게 할 수 있다.
⑩ 말뚝길이가 짧을 경우에 공사비가 상승한다.

09 ★★★ 기성 콘크리트말뚝에 관한 다음 기술 중 옳지 않은 것은?

① 원심력을 이용하여 만든 중공형 원주로서 재령 28일 이상의 것을 사용한다.
② 콘크리트를 부은 후 충분히 양생을 하고 2주간 경과하지 않은 것은 이동해서는 안 된다.
③ 말뚝의 길이는 바깥지름의 25배 이하로 한다.
④ 박기 중심거리는 바깥지름의 2.5배 이상 또는 75[cm] 이상으로 한다.

해설

말뚝의 길이는 바깥지름의 45배 이하로 한다.

10 ★★★ 기초말뚝박기공사에서 말뚝간격의 최소 한도로 다음 중 옳은 것은?(단, D는 말뚝지름이다.)

① 4D　　② 3D
③ 2.5D　　④ 2D

[정답] 05 ① 06 ④ 07 ② 08 ④ 09 ③ 10 ③

해설

말뚝박기간격 및 특징

(1) 나무말뚝
① 지름의 2.5배 이상 또는 60[cm] 이상으로 한다.
② 기초판 끝으로부터 1.25배 이상(보통 2배 이상)으로 한다.
(2) 기성 콘크리트말뚝
① 75[cm] 이상(보통 120[cm] 이상)으로 한다.
② 기초판으로부터 37.5[cm] 이상(끝마무리 지름의 2.5배 이상)으로 한다.

11 ★★ 강재말뚝에 관한 다음의 기술 중 틀린 것은 어느 것인가? 20. 6. 7 기

① 깊은 지지층까지 도달시킬 수 있다.
② 해안매립지 또는 양질지반이 상당히 깊이 있을 경우에 이용된다.
③ 중량이 무겁고 휨저항이 작으며 박기도 힘들다.
④ 진동소음이 적고 유리하고 지지력도 증대되며 뽑아내기도 가능하다.

해설

강재말뚝의 특징

① 중량이 작다.
② 휨저항이 매우 크며 박기도 용이하다.

12 ★★ 말뚝박기공사에 관한 다음의 기술 중 부적당한 것은?

① 기성 콘크리트말뚝의 최소간격은 75[cm] 이상으로 한다.
② 제자리 콘크리트말뚝의 최소간격은 80[cm] 이상으로 한다.
③ 나무말뚝은 껍질을 벗겨 사용한다.
④ 나무말뚝은 지하수위가 높은 지반에 좋다.

해설

① 제자리 콘크리트말뚝 박기시 지정의 간격은 90[cm] 이상으로 한다.
② 최소간격이 90[cm] 이상 되어야 한다.

13 ★★★ 자갈지정에 관한 다음의 기술 중 부적당한 것은?

① 굳은 지반에서 사용되는 공법이다.
② 연약한 점토지반에서 사용되는 공법이다.
③ 지정은 두께 5~10[cm] 정도로 자갈깔기를 한다.
④ 자갈을 잘 다진 위에 밑창 콘크리트를 한다.

해설

자갈지정의 특징

① 굳은 지반에 사용된다.
② 자갈을 얇게 펴서 밑창 콘크리트를 설치하는 방법이다.
③ 45[mm] 내외의 막자갈, 또는 모래가 반 섞인 자갈을 사용한다.

14 ★★★ 표준관입시험의 기술 중 틀린 것은?

① 추의 무게는 63.5[kg]
② 추의 낙하높이는 100[cm]
③ N치는 30[cm] 관입하는 타격횟수
④ 토질시험의 일종임

해설

표준관입시험(Penetration test) 20. 6. 7 기

주로 사질토지반에서 불교란 시료를 채취하기 곤란하므로 밀실도를 측정하기 위해 사용되는 방법이며, 표준샘플러를 관입량 30[cm]에 박는데 요하는 타격횟수 N을 구한다. 이때 추는 63.5[kg], 낙고는 76[cm]로 한다.

[표] 표준관입시험 N값에 의한 밀도측정

모래질지반	N값	점토지반	N값
밀실한 모래	30~50	매우 단단한 점토	30~50
중정도 모래	10~50	단단한 점토	8~15
느슨한 모래	5~50	중정도 점토	4~9
아주 느슨한 모래	5 이하	무른 점토	2~4
		아주 무른 점토	0~2

15 ★★★ 원심력 철근 콘크리트말뚝에 관한 기술 중 옳지 않은 것은?

① 소요길이, 크기를 자유로이 할 수 있다.
② 재질이 균일하다.
③ 말뚝재료의 입수가 용이하다.
④ 강도가 크므로 지지말뚝에 적합하다.

[정답] 11 ③ 12 ② 13 ② 14 ② 15 ①

해설

철근 콘크리트말뚝의 특징

① 현장제작 PC말뚝은 6각이나 8각으로 현장에서 나무로 형틀을 짜서 만든다.
② 원심력 PC말뚝은 원심력을 이용하여 흄관을 만드는 방식으로 만든 말뚝, 재질이 균일하고 재료입수가 용이하며 지지말뚝에 적당하다.
③ 고강도 PC말뚝은 프리텐션 방식의 프리스트레스트힘을 도입한 말뚝이며 900[kgf/cm^2]되는 것도 있다.
④ 운반시 12[m] 이하로 제작하며 이음이 자유롭지 못하여 자유로운 크기 제작에 불리하다.

16 ★★★ **잡석다짐량이 5[m^3]일 때 틈막이로 넣는 자갈의 양은?**

① 3.0[m^3] ② 1.0[m^3]
③ 1.5[m^3] ④ 2.0[m^3]

해설

다짐량

① 잡석지정에서 틈막이자갈은 잡석량의 30[%] 정도이다.
② 5[m^3]×0.3 = 1.5[m^3] 정도이다.

17 ★★★ **모래섞인 점토층지반에 지하실이 없는 철근 콘크리트조 3층 학교를 신축하려고 한다. 가장 적당하다고 생각되는 지정은 다음 중 어느 것인가?**

① 잡석지정
② 나무말뚝지정
③ 기성 콘크리트 말뚝지정
④ 모래지정

해설

① 철근 콘크리트조의 3층 학교건물로 기성 콘크리트말뚝으로 기초를 하여야 한다.
② ①, ②, ④의 지정은 주택이나 단층건물 등의 간단한 기초보강용으로 가능하다.

18 ★★★ **기초공사에서 잡석지정을 하는 목적에 대한 설명 중 옳지 않은 것은?**

① 철근의 피복두께를 확보하기 위하여 한다.
② 이완된 지표면을 다진다.
③ 콘크리트 두께를 절약한다.
④ 기초 또는 바닥 밑의 방습 및 배수처리에 이용된다.

해설

잡석지정의 목적

(1) ②, ③, ④가 해당이 된다.
(2) 철근의 피복두께 유지나 철근의 오손방지와는 전혀 관계없다.

19 ★★★ **토류벽공법 중에서 지반을 천공한 후 그 공 내에 H형강을 삽입하고 현장에서 파낸 흙과 시멘트를 섞어 주입하여 토류벽을 형성하는 공법은?**

① PIP공법
② CIP공법
③ 소일콘크리트 말뚝공법
④ 프래캐스트콘크리트 말뚝공법

해설

소일콘크리트 말뚝공법

① 토류벽공법으로 지반을 천공한 후 그 공 내에 H형강을 삽입한다.
② 현장에서 파낸 흙과 시멘트를 섞어 주입한다.

20 ★★★ **L.W(Labiles Wasserglass) 공법에 관한 설명으로 옳지 않은 것은?** 17. 9. 23 산

① 물유리용액과 시멘트 현탁액을 혼합하면 규산수화물을 생성하여 겔(gel)화하는 특성을 이용한 공법이다.
② 지반강화와 차수목적을 얻기 위한 약액주입공법의 일종이다.
③ 미세공극의 지반에서도 그 효과가 확실하여 널리 쓰인다.
④ 배합비 조절로 겔타임 조절이 가능하다.

해설

미세공극의 지반효과가 불확실하다.

[정답] 16 ③ 17 ③ 18 ① 19 ③ 20 ③

Chapter 04

철근 콘크리트공사

중점 학습내용

건설안전기사/건설안전산업기사 합격을 위해서 다음 내용을 충실히 공부해야 한다.
1 콘크리트공사의 용어는 필수적이다.
2 철근의 정착위치, 조립순서, 간격
3 콘크리트와 거푸집측압
4 거푸집의 종류와 특징
5 시멘트의 종류와 특징
6 콘크리트의 부어넣기 방법, 혼화제 등

시험에 출제가 예상되는 중심적인 내용은 다음과 같다.
❶ 콘크리트공사
❷ 철근공사
❸ 거푸집공사

합격날개

1 콘크리트공사

1. 개요

(1) 용어의 정리

① 유효 흡수율 $= \dfrac{\text{표면건조(표건) 포화상태 중량}-\text{공기중 건조(기건)상태 중량}}{\text{공기중 건조(기건)상태중량}} \times 100[\%]$

② 워커빌리티(Workability) : 콘크리트 묽기 정도(시공연도)를 말한다.

③ 디스펜서(Dispenser) : AE제 계량장치를 말한다.

④ 워싱턴 미터(Washington meter) : 공기량 측정기를 말한다. 18. 4.28 기

⑤ 배칭 플랜트(Batching plant) : 콘크리트 배합시 각 재료의 자동중량계량장치를 말한다.

⑥ 이넌데이터(Inundator) : 모래계량장치를 말한다.

⑦ 워세크리터(Wacecretor) : 물시멘트비를 일정하게 유지시키면서 골재를 계량하는 장치이다.

⑧ 블리딩(Bleeding) : 아직 굳지 않은 콘크리트에서 물이 상승하는 현상을 의미한다.

⑨ 레이턴스(Laitance) : 콘크리트 부어넣기 후 수분과다로 수분과 함께 떠오른 미세한 물질을 말한다.

⑩ Inundate현상 : 절건상태와 습윤상태의 모래의 용적이 동일한 현상 18. 4.28 산

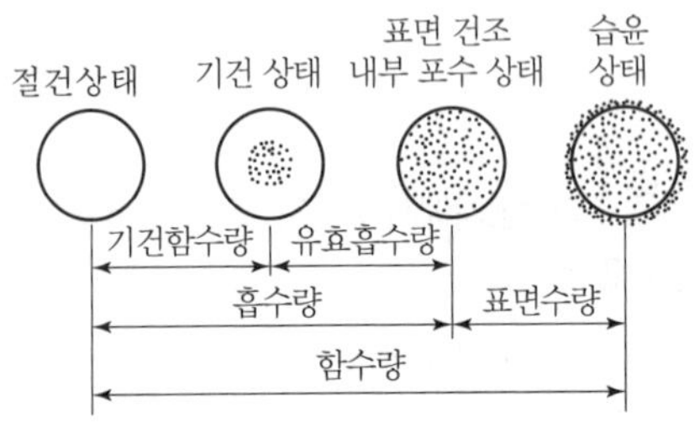

[그림] 골재의 함수량 18. 9. 15 산

합격예측

경량 콘크리트

① 천연, 인공경량골재를 일부 혹은 전부 사용하고 설계기준강도가 15[MPa] 이상 24[Mpa] 이하이다.
② 기건단위 용적질량이 1.4~2.0[t/m³]의 범위에 속하는 Concrete이다.

참고

모래는 완전침수, 완전건조 상태일 때 가장 무겁고 함수율 5~8[%]일 때 부피는 크고 가볍다.(10~30[%] 증가)

참고

골재의 흡수율

$\dfrac{\text{표건중량}-\text{절건중량}}{\text{절건중량}} \times 100[\%]$

함수율(Water content)

골재 표면 및 내부에 있는 물의 전 중량에 대한 절대건조상태의 골재중량에 대한 백분율

함수율(%)= $\dfrac{\text{습윤상태중량}-\text{절건상태중량}}{\text{절건상태중량}} \times 100$

2. 콘크리트 재료

(1) 시멘트

종류	특징
보통 포틀랜드 시멘트	① 비중 : 3.05 이상 ② 단위용적중량 : 1,500[kg/m^3] 정도 ③ 분말도 : 분말도가 큰 것일수록 조기강도는 크다. 그러나 풍화되기 쉽다. ④ 응결 : 초결은 1시간 후 종결은 10시간 이내이다.
조강 포틀랜드 시멘트	① 보통 포틀랜드 시멘트보다도 석회분과 알루미나분을 조금 많이 한 시멘트로 분말도가 높고 24시간, 3일, 7일 등의 단기강도가 특히 큰 시멘트이다.(7일만에 28일 압축강도) ② 응결시간 및 장기강도는 보통 시멘트와 큰 차이가 없다. ③ 발열량이 크고 단기강도가 크기 때문에 한중, 수중공사에 적합하다. ④ 균열의 위험성에 대해서 주의해야 한다.
중용열 포틀랜드 시멘트 18. 3. 4 산	① Mass concrete용으로 많이 사용되고 방사선 차폐용에 적합하다. ② 수화반응이 서서히 이루어지는 까닭에 초기재령에서 발열량이 적고 강도의 증진은 늦어지지만 장기재령은 보통 시멘트보다 일반적으로 커진다. ③ 원료 중의 알루미나, 석회, 마그네시아의 양은 적게 하고 실리카와 산화철을 많이 넣어서 수화열을 적게 한다. ④ 화학저항성이 크고 내산성이 우수하다.
백색 포틀랜드 시멘트	① 석회석은 흰색의 석회석을 사용한 시멘트이다. ② 점토는 천연의 점토로 산화철이 없고 망간 등과 같이 색을 가진 것은 곤란하다. ③ 미장재나 인조석 원료이다.
고로 시멘트 16. 3. 6 산	① 비중이 낮다(2.9). ② 응결시간이 길며 단기강도가 부족하다. ③ 바닷물에 대한 저항이 크다. ④ 수화열이 적으며 수축균열이 적다. ⑤ 대단면 공사, 해안공사, 지중구조물 등에 사용된다.
알루미나 시멘트	① 단기강도는 크나 장기강도는 적다. ② 해수, 화학약품에 대한 저항력이 크다. ③ 취약성이 있고 수화열량이 크다. ④ 긴급공사, 해안공사, 동기공사에 사용된다. ⑤ 조기강도는 24시간에 보통 포틀랜드 시멘트 28일 강도를 낸다.

(2) 골재 선정시의 유의사항 22. 4. 24 기

① 자갈은 둥글고 표면이 약간 거친 것을 선택(길죽하거나 넓적하지 않은 것)한다.
② 비중이 2.60 이상인 것을 사용한다.
③ 입도(粒度)는 조세립(粗細粒)이 연속적으로 혼합된 것을 사용한다.
④ 골재강도는 콘크리트의 시멘트 강도보다 커야 한다.

합격예측

① 흡수량(Absorption) : 표면건조, 내부포수상태의 골재 중에 포함되는 물의 양(수량)
② 흡수율(吸水率) : 절건상태의 골재중량에 대한 흡수량의 백분율

흡수율(%)= $\frac{\text{표건상태중량}-\text{절건상태중량}}{\text{절건상태중량}} \times 100$

③ 유효흡수량(Effective absorption) : 흡수량과 기건상태의 골재내에 함유된 수량과의 차
④ 함수량(Total water Content) : 습윤상태의 골재의 내외에 함유하는 전수량
⑤ 표면수량 : 함수량과 흡수량과의 차
⑥ 표면수율(Surface water content) : 골재에 붙어있는 수량(표면수량)에 대한 표면건조포화상태의 골재중량에 대한 백분율

표면수율(%)= $\frac{\text{습윤상태중량}-\text{표건상태중량}}{\text{표건상태중량}} \times 100$

합격예측 18. 9. 15 산

콘크리트내의 염분함유량 기준

① 염소이온량으로 0.3[kg/m^3] 이하가 원칙
② 0.3[kg/m^3] 초과시 철근방청대책수립
③ 방청조치후라도 0.6[kg/m^3] 초과 금지

합격예측

시멘트의 시험방법

① 비중시험 : 르샤틀리에 비중병
② 분말도시험 : 체가름방식, 비표면적시험(마노미터, 브레인 공기투과장치)
③ 응결시험 : 길모아침(바늘), 비카침에 의한 시험
④ 안전성시험
　㉮ 오토클레이브(auto clave) 양생기를 이용한 팽창도시험
　㉯ 안전성시험에서 시멘트의 팽창균열원인은 유리석회, 마그네시아의 과잉함유
⑤ 강도시험 : 표준 모래를 사용하여 휨시험, 압축강도시험
⑥ 마모도 측정시험 : 로스엔젤레스 시험기

합격예측

골재시험의 종류

① 비중시험
② 체분석시험
③ 유기불순물시험(혼탁비색법)
④ 흡수량시험
⑤ 입도시험
⑥ 단위용적 중량시험
⑦ 안전성시험
⑧ 마모도시험(로스엔젤레스 시험기)

용어정의

(1) 잔골재
5[mm] 체에서 중량비 85[%] 이상 통과 골재를 말한다.
(2) 굵은골재
① 5[mm] 체에서 중량비 85[%] 이상 남는 골재를 말한다.
② 최대치수 : 25[mm]

합격예측

골재시험

① 로스엔젤레스(Los angeles)시험 : 굵은 골재 마모저항시험
② 혼탁비색법 : 잔골재 유기불순물시험

합격예측

백화현상

① 백태라고 하며 벽에 침투하는 빗물에 의해서 Mortar 중의 석회분이 공기중의 탄산가스(CO_2)와 결합하여 벽돌이나 조적 벽면에 흰가루가 돋는 현상(벽돌의 황산나트륨과 결합하여서도 생긴다.)
② 백화물질의 96.6[%] 이상이 $CaCO_3$이다.
③ 반응식
㉮ $Ca(OH)_2 + CO_2 = CaCO_3 + H_2O$
㉯ $Na_2SO_4 + CaCO_3 = Na_2CO_3 + CaSO_4$

[표] 골재의 크기 17. 9. 23 ㉭

구분	크기기준
철근 콘크리트용	10~25[mm](쇄석 : 20[mm] 이하)
무근 콘크리트	40[mm](단면의 1/4 이하)

⑤ 염분(NaCl)이 0.1[%]가 넘는 잔골재는 물로 씻어서 0.04[%] 이하로 한다. (기준값 : 0.02[%] 이하)
⑥ 염분이 0.04[%]가 넘는 골재를 사용할 경우는 철근에 대한 녹막이 대책을 취한다.

(3) 물

① 콘크리트의 용수는 청정하고 유해량의 기름, 산, 알칼리, 유기 불순물을 포함하지 않아야 한다.
② 일반적으로 식용에 적당한 물이라면 지장이 없다고 보아야 한다.
③ 무근 콘크리트에는 해수를 사용해도 좋다는 연구 결과도 있으나 철근 콘크리트에서는 철근 부식의 원인이 되는 위험이 있으므로 해수를 사용하지 않는 것이 좋다.
④ 불가피하게 해수를 사용할 경우에는 적정한 부배합과 양호한 시공으로 수밀 콘크리트로 하고 충분한 피복두께를 취함으로써 철근 콘크리트로서의 수명이 유지되도록 조치를 취하여야 한다.

(4) 고로 슬래그 및 실리카퓸

① 고로슬래그 : 제철용 고로에서 나온 용융상태의 슬래그(slag)를 급랭시켜 입상화한 것
② 실리카퓸 : 규소합금을 제조하는 과정에서 발생되는 부유부산물

[표] 콘크리트 혼화재료

종류	특징
표면 활성제	① 분산제로 콘크리트를 비빌 때 물의 표면장력을 저하시켜 시공연도를 증진시킨다. 17. 9. 23 ㉭ ② 단위수량을 적게 들게 한다. ③ 워커빌리티를 향상시키고 재료분리, 블리딩이 감소되고 쇄석의 사용도 유리하다. ④ 수밀성이 향상된다. ⑤ 콘크리트 경화에 따른 발열량이 감소된다. ⑥ 철근과의 부착강도는 다소 감소한다. ⑦ 공기량을 증가시킨다.

성질개량 및 증량제	(1) 포졸란(Pozzolan) 20. 6. 14 산 ① 시공연도가 좋아지고 블리딩 및 재료의 분리가 감소된다. ② 수밀성이 향상된다. ③ 강도증진은 늦어도 장기강도가 커진다. ④ 발열량이 적어진다. ⑤ 해수 등에 화학적 저항이 커진다. ⑥ 인장강도와 시공능력이 커진다. ⑦ 건조수축이 커진다. (2) 플라이애시(Flyash) ① 분탄이 연소한 재를 수집한 것이다. ② 시공연도를 향상시킬 수 있다. ③ 건축공사보다는 댐, 프리팩트 콘크리트 등에 증량제로 사용한다.
발포제 시멘트	① 알루미늄분말 또는 아연분말을 사용한다. ② 시멘트 중의 알칼리와 반응하여 수소가스를 발생시키고 기포 콘크리트를 만든다.
방동제	① 염화칼슘, 식염을 사용한다. ② 콘크리트의 동결을 방지하기 위하여 빙점을 내린다. ③ 다량 사용시 강도가 저하된다. ④ 식염은 철근 콘크리트 공사시는 사용하지 않는다.
응결, 경화 촉진제	① 급결제 또는 급경제라고 한다. ② 종류로는 염화칼슘, 염화제이철, 염화알루미늄, 염화마그네슘, 탄산소다, 탄산칼륨, 규산소다 등이 쓰인다.

[주] 용어구분 17. 9. 23 산

① 혼화재(Additive : 混和材)
콘크리트의 물성을 개선하기 위하여 다량(시멘트량의 5[%] 이상)으로 사용
예 포졸란, 플라이애시, 고로슬래그
② 혼화제(Agent : 混和劑)
㉮ 콘크리의 성질을 개선하기 위하여 소량(시멘트량의 5[%] 미만)으로 사용
예 AE제, 분산제, 경화촉진제, 방동제
㉯ 작용 ; 기포작용, 분산작용, 습윤작용 18. 9. 15 기

3. 콘크리트 배합의 결정

(1) 배합설계순서

① 설계강도결정 ② 소요강도결정
③ 배합강도결정 ④ 시멘트강도결정
⑤ 물시멘트비선정 ⑥ Slump값 결정
⑦ 굵은골재 최대치수결정 ⑧ 잔골재율 결정
⑨ 단위수량결정 ⑩ 시방배합(표준배합)산출
⑪ 현장배합의 조정

합격예측

콘크리트용 쇄석의 원료
① 경질석회암, 경질사암, 안산암, 현무암 등이 쓰인다.
② 화강암은 경질이나 내화도가 떨어지므로 사용 안한다.
③ 우선순위는 현무암, 안산암, 경질석회암 등이다.
④ 응회암 : 다공질이며 내화재, 장식재로 이용한다. 또한 암석 중 흡수율이 19[%]로 가장 크고, 강도가 작아서 골재로는 부적당하다.

Q 은행문제

철근콘크리트 구조물의 내구성 저하요인과 거리가 먼 곳은?
① 백화
② 염해
③ 중성화
④ 동해

정답 ①

합격예측

(1) 혼화재료는 콘크리트의 물성을 개선시키기 위한 다음과 같은 목적으로 사용한다.
① 워커빌리티를 좋게 하기 위하여
② 재료분리를 적게 하기 위하여
③ 응결경화를 촉진하기 위하여
④ 마감면을 양호하게 하기 위하여
⑤ 수밀성을 증가시키기 위하여
(2) AE 공기량의 변화
18. 9. 15 기 산 22. 3. 5 기
① 기계비빔이 손비빔보다 증가한다.
② 3~5분까지 증가하고 그 이상은 감소한다.
③ 자갈입도에는 거의 영향 없다.
④ 모래일 때 가장 중대한다.

제3편

합격예측

배합의 일반적인 특징

① Slump값이 클수록 모래(세골재)량이 많아지고 시멘트량이 증가한다.
② 동일 슬럼프일 때는 물시멘트비가 적을수록 시멘트 사용량이 많아진다.
③ 감수제를 사용해 W/C비를 줄이면 시멘트량은 절약된다.
④ 동일 W/C비일 때는 슬럼프가 클수록 시멘트 사용량이 많아 진다.
⑤ Slump값 15[cm] 이상에는 동일 W/C비의 경우 슬럼프가 커질수록 모래의 사용량은 많아진다.

합격예측

KSF4009의 기준콘크리트체적 23. 6. 4 기

150[m³]당 1회 강도시험

참고

내구성 확보를 위한 시방서 규정

① 단위수량 최댓값 185[kg/m³] 이하
② 단위시멘트량 최솟값 270[kg/m³] 이하

Q 은행문제

유동화 콘크리트를 제조할 때 유동화제를 첨가하기 전 기본배합 콘크리트인 베이스 콘크리트의 슬럼프 기준은?(단, 일반콘크리트의 경우)

① 150[mm] 이하
② 180[mm] 이하
③ 210[mm] 이하
④ 240[mm] 이하

정답 ①

(2) 소요강도(F_c)결정

$$F_c = 3 \times \text{장기허용응력도}$$
$$= 1.5 \times \text{단기허용응력도}$$

일반적으로 F_c는 150[kg/cm²], 180[kg/cm²], 210[kg/cm²] 등으로 한다.

(3) 배합강도(F)결정

$$F \geq F_c + T + r[kg/cm^2]$$

F = 배합강도, F_c = 소요강도, T = 온도보정, r = 표준편차

[표] 기온에 의한 콘크리트 강도의 보정값 T

시멘트 종류	콘크리트 부어넣기 후 4주간의 예상평균기온[℃]			
조강 포틀랜트 시멘트	15[℃] 이상	7~15[℃]	4~7[℃]	2~4[℃]
보통 포틀랜드 시멘트	15[℃] 이상	9~15[℃]	5~9[℃]	3~5[℃]
콘크리트 강도의 기온에 따른 보정값 [kg/cm²]	0	30	45	60

[표] 시공급별에 의한 콘크리트 강도의 표준편차(σ)[kg/cm²]

시공급별	시공관리의 정도	표준편차(σ)
A급	전자동 Batcher plant, Ready mixed concrete 등에 의하고 또한 시공관리가 우수하고 재시험을 시행할 때	25
B급	간이 Batcher plant, Ready mixed concrete 또는 일반중량 방식으로서 관리가 우수하고 재시험을 시행할 때	35
C급	용적계량으로 어느 정도의 재시험을 시행할 때	45

(주) 손비빔으로 할 때는 표준편차를 50[kg/cm²]로 한다.

(4) 시멘트 강도결정(시멘트강도 K의 최댓값)

시멘트 종류	K의 최댓값[kg/cm²]
조강 포틀랜드 시멘트	400
보통 포틀랜드 시멘트	370
중용열 포틀랜드 시멘트	350
고로 시멘트, 실리카 시멘트	350

(5) 물시멘트비(Water Cement Ratio : W/C)

시멘트물의 농도를 나타내고 콘크리트 강도, 내구성을 지배하는 가장 중요한 요소이다.

[표] 물시멘트비의 산정식

보통 포틀랜트 시멘트 사용 표준치	조강 포틀랜트 시멘트 사용 극한치	고로, 실리카 시멘트 사용 극한치
$X=\frac{61}{\frac{F}{K}+0.34}[\%]$	$X=\frac{41}{\frac{F}{K}+0.03}[\%]$	$X=\frac{110}{\frac{F}{K}+1.09}[\%]$

(6) 슬럼프시험(Slump test) : 콘크리트 시공연도측정

[표] 표준 슬럼프값(cm)

장소	진동다짐일 때	진동다짐이 아닐 때
기초, 바닥판, 보	5~10	15~19
기둥, 벽	10~15	19~22

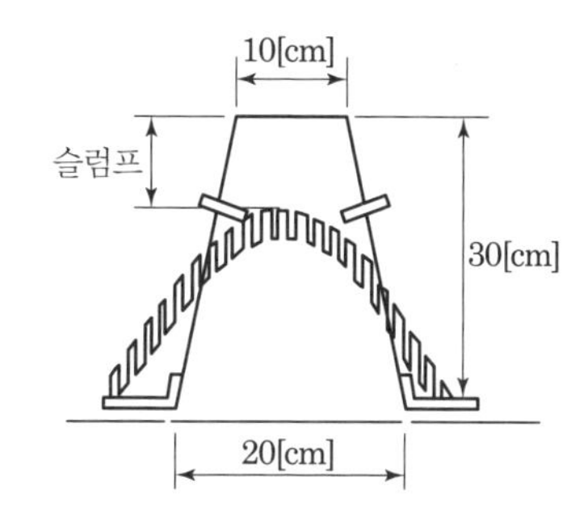

[그림] 슬럼프몰드

(7) 슬럼프시험 방법 16. 3. 6 산 22. 3. 5 기

① 슬럼프몰드의 내부를 젖은 걸레로 닦고, 수밀한 평판 위에 놓은 다음, 움직이지 않도록 한다.

② 시료를 몰드용적의 $\frac{1}{3}$(깊이 약 7[cm])되게 넣고 다짐대로 전면에 걸쳐 25번 균일하게 다진다.(총다짐회수=25번×3=75번)

③ 용적의 $\frac{2}{3}$, 깊이 약 16[cm]까지 시료를 넣고 다짐대로 25번 다진다. 이때 다짐대가 콘크리트 속으로 들어가는 깊이는 9[cm]로 한다.

④ 마지막으로 몰드에 넘칠 정도로 시료를 넣고 다짐대로 25번 다진다.

⑤ 시료의 표면을 몰드의 상단에 맞추어 평평하게 한다.

⑥ 몰드를 가만히 위로 빼올린다.

⑦ 콘크리트가 내려앉은 길이를 측정하고 이것을 슬럼프값(cm)으로 한다.

합격예측

콘크리트의 워커빌리티를 측정하는 시험의 종류

① Slump test(슬럼프시험)
② Flow(흐름)시험
③ 구관입(Kelly ball) 시험
④ 드롭테이블시험(다짐계수 측정시험)
⑤ Remolding시험
⑥ Vee-bee시험

참고

콜드조인트(Cold joint)

계획되지 않은 줄눈으로 일체화시공에 가장 주의를 기울여야 하고 시공불량이 생기지 않도록 주의하여야 한다.

20. 6. 7 기

합격예측

조절줄눈

콘크리트 부재에 균열이 생길 만한 곳에 미리 줄눈을 설치하고, 그 결함부위로 균열이 집중적으로 생기게 하여 다른 부분의 균열을 방지하는 줄눈

합격예측

Workability에 영향을 미치는 요인 18. 4. 28 기

① 분말도가 높은 시멘트 일수록 워커빌리티가 좋다.
② 공기량을 증가시키면 워커빌리티가 좋아진다.
③ 비빔온도가 높을수록 워커빌리티가 저하한다.
④ 시멘트 분말도가 높을수록 수화작용이 빠르다.
⑤ 단위수량을 과도하게 증가시키면 재료분리가 쉬워 워커빌리티가 좋아진다고 볼 수 없다.
⑥ 비빔시간이 길수록 수화작용을 촉진시켜 워커빌리티가 저하한다.
⑦ 쇄석을 사용하면 워커빌리티가 저하한다.
⑧ 빈배합이 워커빌리티가 좋다.

합격예측

콘크리트 이어붓기 위치의 구획요령

① 이음은 짧게 되게 하며 전단력이 최소인 지점에서 행한다.
② 보·바닥판은 중앙에서 이어붓기하는데 중앙부는 휨모멘트가 최대로 걸리며, 중앙에서 전단력이 최소가 된다.
③ 이음위치는 단면이 작은 곳에 두고 응력에 직각방향으로 수직, 수평으로 한다.

참고

진동기 효과가 큰 콘크리트

① 빈배합 된비빔(빈배합 저슬럼프)
② 빈배합 묽은비빔(빈배합 고슬럼프)
③ 부배합 묽은비빔(부배합 고슬럼프)

합격예측

콘크리트의 이음(joint)

① 컨스트럭션 조인트(construction joint : 시공줄눈) : 시공에 있어서 콘크리트를 한 번에 계속하여 타설하지 못하는 경우에 생기는 줄눈
② 콜드 조인트(cold joint) : 시공과정 중 응결이 시작된 콘크리트에 새로운 콘크리트를 이어칠 때 일체화가 저해되어 생기는 줄눈 20. 6. 7 기
③ 컨트롤 조인트(control joint : 조절줄눈) : 바닥판의 수축에 의한 표면 균열방지를 목적으로 설치하는 줄눈
④ 익스팬드 조인트(expand joint : 신축줄눈) : 기초의 부동침하와 온도, 습도 등의 변화에 따라 신축팽창을 흡수시킬 목적으로 설치하는 줄눈 18. 9. 15 기

(8) 콘크리트의 강도 검사 및 시험법

① 압축강도에 의한 콘크리트 품질검사 17. 3. 5 산
㉮ 지름 15[cm], 높이 30[cm]의 공시체로 1회 시험값은 동일위치에서 채취한 공시체 3개의 평균값으로 한다.
㉯ 시험시료 채취 시기는 1일 1회, 또는 일반 120[m^3], 레미콘 150[m^3] 마다 1회, 배합이 변경될때 마다 한다.
② 판정기준 : 재령 28일 공시체의 평균이 설계기준강도 이상
③ 강도추정을 위한 비파괴 시험법
㉮ 강도법(반발경도법, 슈미트해머법) ㉯ 초음파법(음속법)
㉰ 복합법(반발경도법+초음파법) ㉱ 자기법(철근탐사법)
㉲ 인발법

4. 콘크리트 부어넣기 및 방법

(1) 부어넣기 계획

① 구조물의 강도에 영향이 적은 곳에 둔다.
② 이음길이가 짧게 되는 위치에 둔다.
③ 시공순서에 무리없는 곳에 둔다.
④ 이음위치는 대체로 단면이 작은 곳에 두어 이어붓기면은 짧게 되게 하고 또 응력에 직각방향, 수직, 수평으로 한다.

(2) 콘크리트 이어붓기 위치 16. 5. 8 기 17. 3. 5 산 18. 4.28 산

① 보 바닥판의 이음은 그 간 사이의 중앙부에 수직으로 한다.
② 캔틸레버로 내민보나 바닥판은 이어붓지 않는다.
③ 바닥판은 그 간 사이의 중앙부에 작은보가 있을 때는 작은보 나비의 2배 정도 떨어진 곳에서 이어붓는다.
④ 벽은 문꼴 등 끊기 좋고 또는 이음자리 막기와 떼어내기에 편리한 곳에 수직 또는 수평으로 댄다.
⑤ 아치의 이음은 아치축에 직각으로 한다.
⑥ 기둥은 기초판, 연결보 또는 바닥 위에 수평으로 한다.

(3) 콘크리트 부어넣기(치기 : 타설하기) 16. 3. 6 기 16. 5. 8 기 18. 4.28 산 19. 9. 21 기 20. 8. 22 기

① 콘크리트는 기둥과 같이 깊이가 깊을수록 묽게 하고 상부에 갈수록 된비빔으로 하여 기포가 생기지 않게 한다.(친콘크리트 거푸집 안에서 횡방향 이동 금지)
② 주입높이는 될 수 있는 대로 낮은 곳에서 주입한다.(보통 1.5[m], 최대 2[m], 2[m] 이상 높은 곳은 홈통, 깔때기 등을 사용한다.)

③ 콘크리트 부어넣기는 낮은 곳에서부터 기둥, 벽, 계단, 보, 바닥판의 순서로 부어나간다.(초고층타설 : 피스톤으로 압송)

④ 일단 계획한 작업구획은 완료될 때까지 계속해서 부어넣는다. 콘크리트는 비비는 곳에서 먼 곳으로부터 부어넣기 시작한다.

⑤ 한 구획에 있어서의 콘크리트 부어넣기는 표면이 거의 수평이 되도록 부어간다.

(4) 진동다짐 17. 3. 5 산 18. 4.28 기 18. 9. 15 기 산 20. 9. 27 기

① 콘크리트를 거푸집 구석구석까지 충진시키고 밀실하게 콘크리트를 넣기 위함이 목적이다.

② **콘크리트 진동다짐기계(Vibrator)의 사용원칙** : Slump 15[cm] 이하의 된비빔 콘크리트에 사용함을 원칙으로 한다.

③ **배합** : 가급적 모래의 양을 적게 한다.

④ 콘크리트 붓기(진동 다짐 1회) 높이는 30~60[cm]를 표준으로 한다.

⑤ **진동기의 수** : 막대진동기는 1일 콘크리트 작업량 20[m^3]마다 1대로 잡는 것을 표준으로 한다.(3대 사용할 때 예비진동기 1대)

⑥ **진동기 종류** 19. 9. 21 기

- 내부진동기 : 막대진동기(슬럼프 15[cm] 이하 사용)
- 외부진동기 : 거푸집진동기, 표면진동기

(5) 진동기 사용할 때 유의점

① 수직으로 사용한다.

② 철근에 닿지 않도록 한다.

③ 간격은 진동이 중복되지 않는 범위에서 60[cm] 이하로 한다.

④ **사용기간** : 30~40초가 적당하다.

⑤ 콘크리트에 구멍이 남지 않도록 서서히 빼낸다.

⑥ 굳기 시작한 콘크리트에는 사용하지 않는다.

5. 콘크리트 운반계획

(1) 운반과정

믹서 → 버킷 → tower hopper → 경사슈트 → 플로어호퍼 → 손차 → 타설

(2) 타워높이

① 최고높이 70[m] 이하, 15[m]마다 4개의 당김줄로 지지한다.

② **높이 산출식**

$$H = h + \frac{l}{2} + 12[m]$$

합격예측 18. 9. 15 기

진동기 사용요령 23. 9. 2 기

① 한곳에 오래 사용되면 재료분리가 생기므로 시멘트풀이 올라올 정도로 사용한다.

② 철근이나 거푸집에 직접 진동을 주지 않는다.

③ 진동기는 콘크리트에 10[cm] 정도 찔러넣어 다짐한다.

참고

(1) 콘크리트 다짐의 목적

① 콘크리트를 밀실하게 충진시켜 소요강도, 수밀한 콘크리트를 얻기 위한 것이다.

② 골재분리를 방지할 수 있다.

(2) 콘크리트 타설에 앞서 물을 뿌리는 이유 : 거푸집의 수분흡수방지

합격예측

서중 콘크리트

하루 평균기온이 25℃ 또는 최고온도가 30℃를 초과하는 때에 사용하는 콘크리트

① 재료의 온도가 높지 않게 한다(골재의 온도가 콘크리트에 미치는 영향이 큼).

② 단위수량 및 단위시멘트량을 가능한 적게 한다(온도 10℃ 상승에 단위수량은 2~5% 증가).

③ 콘크리트비비기 후 되도록 빨리 타설한다(1.5시간 이내 타설해야 한다).

④ 부어넣을 때의 콘크리트 온도가 35℃ 이하로 한다.

⑤ 콘크리트 타설 직후 양생을 하여 콘크리트표면이 건조되지 않도록 한다(최소 24시간은 습윤상태 유지, 양생은 최소 5일 이상 실시).

H : 타워높이(지하부 포함)

l : 타워에서 호퍼까지 수평거리

h : 부어넣는 콘크리트의 최고부 높이

③ 슈트 : 경사는 4/10~7/10이 적당하다.

④ 버킷 : U자형, V자형이 있다.

⑤ 기계비빔 : 회전의 주속도(매초 약 1[m]로 1분 이상)

⑥ 버킷용량은 믹서용량보다 20[%] 정도 큰 것을 사용한다.

(3) 믹서(Mixer)

① 믹서, 윈치용 동력

믹서용량(절)	6, 8, 10	12, 14, 16	21	비고
믹서용 동력(HP)	7.5	10	156	1[HP]=0.75[kW]
윈치용 동력(HP)	10	15	20~25	

② 믹서의 1일 비벼내기량

믹서의 공칭용량		1일 비벼내기량	
m^3	절	m^3	입평
0.4	14	65~85	11~14
0.45	16	75~95	12~16
0.60	21	95~120	16~20

③ 믹서 1일 비벼내기량

㉮ 1절=0.3[m]×0.3[m]×0.3[m]=0.027[m^3]

㉯ 1일 비벼내는 횟수

㉠ 1회 비빔시간 : (재료투입 1분+회전시간 1분+재료배출 1분)=3분

㉡ 1시간 : 60분÷3분=20회

㉢ 1일(8시간 노동기준) : 8시간×20회=160회

6. 보양(양생)

(1) 보양시의 주의사항

① 일광의 직사, 풍우, 강설에 대해 노출면을 보호한다.

② 콘크리트가 충분히 경화할 때까지 충격 및 하중을 가하지 않게 보호한다.

③ 상당한 온도(5[℃] 이상)를 유지하여 경화를 도모하고 급격한 건조를 막을 수 있도록 한다.

④ 수화작용이 충분히 되도록 항상 습윤상태를 유지하도록 한다.

⑤ 거푸집은 공사에 지장이 없는 한 오래 존치하는 것이 유리하다.

합격예측

W/C비 17. 5. 7 ㉵

① 부어넣기 직후의 Mortar나 Concrete 속에 포함된 시멘트 물속의 시멘트에 대한 물의 중량 백분율

② 물시멘트비(W/C비)는 콘크리트의 강도를 결정하는 가장 중요한 것으로 W/C비가 크면 내부 공극의 증가로 강도가 작아진다.

③ W/C비의 결정은 소요의 강도, 내구성, 시공연도(Workability), 수밀성, 균일성이 유지되는 범위 내에서 가능한 작게 해주는 것이 좋다.

합격예측

① AE제, 포졸란, 플라이애시, 발포제 등은 시공연도를 개선하는 효과가 있다.

② 응결경화를 촉진시키는 혼화제는 시공연도를 저하시킨다.

합격예측

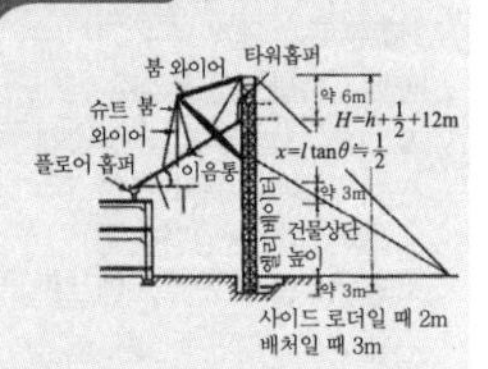

[그림] 콘크리트 타워

Q 은행문제

철근의 가공에 관한 설명 중 오롷지 않은 것은?

① 한 번 구부린 철근은 다시 펴서 사용해서는 안 된다.

② 철근은 시어 커터(shear cutter)나 전동톱에 의해 절단한다.

③ 인력에 의한 절곡은 규정상 불가하다.

④ 철근은 열을 가하여 절단하거나 절곡해서는 안 된다.

정답 ③

(2) 보양방법

① **습윤보양** : 보통 수중보양 또는 살수보양으로 한다.

② **증기보양** : 거푸집을 빨리 제거하고 단시일에 소요강도를 내기 위해서 고온, 고압 증기로 보양하는 것으로 한중 콘크리트에도 유리하다.

③ **전기보양** : 콘크리트 중에 저압교류를 통해 전기저항열을 이용한다.

④ **피막보양** : 포장 콘크리트보양에 쓰인다.

7. 특수 콘크리트

(1) 수중 콘크리트

① 분리되지 않도록 트레미관을 이용한다.

② 온도 0[℃]의 수중 또는 흙탕물 속에서는 공사할 수 없다.

③ 배합은 공기 중에서 하는 것보다 시멘트를 10~30[%] 증가시킨다.

(2) 한중 콘크리트

① 콘크리트의 응결 및 경화는 고온일수록 급진적이고 저온일수록 완만하여 4[℃] 이하가 되면 더욱 완만하다.

② −3[℃]에서 완전동결, 경화되지 않는다.(초기동해방지 압축강도 : 5[MPa]

㉮ 한랭기 콘크리트 : 콘크리트 주입 후 4주까지의 월평균기온이 10~20[℃]인 달을 포함하는 콘크리트를 말한다.

㉠ 골재 : 포장 정도의 간단한 보온설비를 한다.

㉡ 물 : 가열하여 사용한다.

㉢ 콘크리트를 부어넣을 때의 온도는 2[℃] 이하가 되지 않게 5일간 유지한다.

㉯ 극한기 콘크리트 : 콘크리트 주입 후 4주까지의 월평균기온이 2[℃] 이하의 달에 시공한 콘크리트를 말한다. 17. 9. 23 기 19. 9. 21 기

㉠ 물시멘트비는 60[%] 이하로 하고 표면활성제를 사용한다.

㉡ 재료가열온도는 60[℃] 이하이다.

㉢ 시멘트 투입 전 믹서 내 온도는 40[℃] 이하로 조절한다.

㉣ 부어넣는 콘크리트 온도는 10~20[℃] 정도이다.

㉤ 부어넣은 후 10일간은 5[℃] 이상으로 유지한다.

[표] 극한기의 재료 가열온도 20. 6. 14 산

작업중 기온	가열재료
2~5[℃]	물
0[℃] 이하	물·모래
−10[℃] 이하	물·모래·자갈

합격예측

고압증기(오토클레이브)양생 (High pressure steam curing) 18. 3. 4 산

① 압력용기 오토클레이브 가마에서 양생
② 24시간에 28일 압축강도 달성하여 높은 고강도화가 가능하다.
③ 내구성 향상, 동결융해 저항성, 백화현상이 방지된다.
④ 건조수축, Creep현상 감소, 수축률도 1/6 ~ 1/3로 감소된다.
⑤ Silica 시멘트도 적용가능, 수축률도 1/2 정도이다.

참고

기포제(발포제)

① 알미늄, 아연분말이용
② 시멘트 중 알칼리와 반응하여 수소가스를 생성
③ 시공연도 증진

합격예측

콘크리트의 품질검사

① 레미콘을 받는 지점에서 강도실험을 실시
② 강도시험은 사용 콘크리트 양 100~150[m^3]마다 1회 이상 실시
③ 1회 시험의 강도는 3개의 공시체의 28일 압축강도의 평균치
④ 시료의 양생은 양생온도 20±3[℃]
⑤ 1회 시험의 압축강도는 설계기준강도의 80[%] 이상(상용 콘크리트) 또는 70[%] 이상(고급 콘크리트)

합격예측 17. 5. 7 산

양생분(養生粉)

뿌리는 목적 : 혼합수(混合水)의 증발을 막기 위해서

합격예측

AE 콘크리트의 특징 22. 4. 24 기

① AE 콘크리트는 공기의 연행에 의하여 워커빌리티를 크게 개선하고 내구성을 향상시킬 수 있다.
② AE제에 의한 약 5[%]의 공기량을 포함한 콘크리트는 보통 콘크리트에 비해 내구성 향상, 염류 및 동결에 대한 저항력이 향상된다.

보충학습

LOB(Line of Balance) 기법

① 일정통제 균형선 기법이라고도 한다.
② 2차 세계대전 중 미 해군이 전동기 제작, 비행기 조립공정과 같이 공기가 비교적 길고 여러 단계의 조립과정에서 다양한 부품을 사용하여, 제작이 진행된 만큼씩 납품해야 하는 조립라인의 일정통제를 위하여 개발된 그래픽 형태의 기법이다.

참고

공기량 성질

① AE제를 넣을수록 공기량은 증가한다.
② AE제에 의한 콘크리트량은 기계비빔이 손비빔보다 증가하고 비빔시간은 3~5분까지는 증대하고 그 이상은 감소한다.
③ AE 공기량은 온도가 높아질수록 감소한다.
④ 진동을 주면 감소한다.
⑤ 자갈의 입도에는 거의 영향이 없고 잔골재의 입도에는 영향이 크며 0.5~1.0[mm] 정도의 모래일 때 공기량이 가장 증대된다.

(3) AE 콘크리트

콘크리트 속에 공기 연행제(Air Entrained Agent) 즉 AE제를 혼합하여 시공 연도를 좋게 한 콘크리트이다.

[표] AE 콘크리트 성질 및 특징 22. 4. 24 기

AE 콘크리트의 성질	AE 콘크리트 특징
① 공기량이 많을수록 슬럼프는 증대된다. ② 공기량이 많을수록 강도는 저하(공기량 1[%]에 대해 압축강도는 3~ 5[%] 감소한다.) ③ AE제에 의한 약 5[%]의 공기량을 포함한 콘크리트는 보통 콘크리트에 비해 내구성 향상, 염류 및 동결에 대한 저항력이 향상된다.	① 단위수량이 적게 든다. ② 워커빌리티가 좋아지고 재료분리, 블리딩이 감소되고 골재로서 깬자갈의 사용도 유리하게 된다. ③ 수밀성이 향상된다. ④ 콘크리트 경화에 따른 발열이 작아진다. ⑤ 철근과의 부착 강도는 다소 작아진다.

(4) 레디믹스트 콘크리트(Ready mixed concrete)

① 특징

장점	① 협소한 장소에서 대량의 콘크리트를 얻을 수 있다. ② 공사추진 정확, 기일연장 등이 없다. ③ 품질이 균등하다. ④ 콘크리트의 품질을 확보하고 가격이 명백해지며 결과적으로 비용이 저렴해진다.
단점	① 현장과 제조자와 충분한 협의가 필요하다. 17. 9. 23 기 ② 운반차 출입경로, 짐부리기 설비가 필요하다. ③ 부어넣기 작업도 운반과 견주어 강행해야 한다. ④ 운반 중 재료분리, 시간경과의 우려가 많다. (외기온도 기준 : 30[℃] 이상, 0[℃] 이하)

참고

(1) 콘크리트의 압축강도시험
일반적으로 조기재령의 압축강도에 의한다.
① 지름 15[cm], 높이 30[cm]의 원통형 콘크리트를 사용한다.
② 공시체 3개의 28일 압축강도의 평균치로 그 압축강도를 정한다.
③ 시험횟수는 콘크리트 20~150[m³]마다 1회로 한다.
④ 공시체는 제작 24시간 뒤에 탈형하고 20±3[℃]의 수중에서 시험 직전까지 양생한다.

(2) Con'c 강도 추정을 위한 비파괴시험 17. 3. 5 산 18. 3. 4 기 18. 4.28 기
① 타격법(표면경도법) : 슈미트해머법을 주로 사용한다.
② 초음파법(음속법) : 초음파의 전달속도로 강도를 추정한다.
③ 공진법 : 고유진동주기를 이용하여 강도를 추정한다.
④ 복합법 : 슈미트해머법과 초음파법을 병행하여 사용한다.
⑤ 인발법 : Con'c에 묻힌 볼트를 인발하여 강도를 추정한다.

Q 은행문제

철근 콘크리트 타설에서 외기온이 25[℃] 미만일 때 이어붓기 시간간격의 한도로 옳은 것은?

① 120분 ② 150분
③ 180분 ④ 210분

정답 ②

해설 이어치기 시간

구분	외기온 25[℃] 이상	외기온 25[℃] 미만
비빔→부어넣기	1.5시간 이내	2시간 이내
이어붓기	2시간 이내(수밀콘크리트 1.5시간 이내)	2.5시간 이내(수밀콘크리트 2시간 이내)

② 레미콘 종류 16. 5. 8 기

㉮ 센트럴 믹스트 : 고정믹서로 비비기가 완료된 콘크리트를 트럭믹서로 운반하여 현장까지 운반한다.

㉯ 슈링크 믹스트 : 고정믹서에서 어느 정도 비빈 것을 운반 도중 완전히 비벼 도착과 동시 타설하는 방식이다.

㉰ 트랜시트 믹스트 : 트럭믹서에 모든 재료가 공급되고 운반 도중에 비벼지는 것이다.

(5) 프리스트레스트 콘크리트

① 특징

장점	① 내구성과 복원성이 크다. ② 구조물에 대한 적응성과 안정성이 크다. ③ 공기가 단축되며 거푸집, 가설물 등이 없어도 된다. ④ 작은 단면으로 큰 응력에 견딜 수 있으므로 구조물의 자중을 감소시킬 수 있고 큰 Span 횡가재로도 적당하다.
단점	① 고강도의 강재나 각종 보조재료 및 Grouting 비용 등이 소요되어 단가가 비싸다. ② 강성이 적어 하중에 의한 처짐 및 충격에 의한 진동이 크다. ③ 제작에 고도의 기술과 세심한 주의를 요한다.

② PS 콘크리트 종류

㉮ 프리텐션(Pretension) : 강재에 미리 인장력을 가한 상태로 콘크리트를 넣고 완전 경화 후 강재 단부에서 인장력을 푸는 방법이며 강선을 긴장하기 위한 지주가 사용된다.([압축강도 : 30[MPa]) 18. 4.28 산

㉯ 포스트텐션(Posttension) : 콘크리트를 부어넣기 전에 얇은 시스(Sheath)를 묻어두고 콘크리트를 부어넣은 후 시스 구멍에 강재를 통하여 긴장시키고 고정하며 고정 방법은 일반적으로 시멘트 페이스트를 그라우팅 방법으로 한다.

(6) 경량 콘크리트 17. 5. 7 산 18. 4.28 기 19. 9. 21 산

① 기건 비중 2.0 이하, 단위 중량 1,700[kg/m^3] 정도의 콘크리트로 건축물을 경량화하고 열을 차단하는 데 유리하다.

② 경량 골재는 흡수성이 크므로 사용 3일 전 충분히 물을 뿌려 표면 건조 내부 포수 상태로 한다.

③ 경량 콘크리트는 흙 또는 물에 항상 접해 있는 부분에는 사용하지 않는다.

합격예측

응결경화 촉진제의 특징

① 급결제 또는 급경제라고 하며 종류로는 염화칼슘, 염화마그네슘, 탄산나트륨, 규산소오다 등이 있다.
② 시멘트양의 2[%] 사용시 조기강도 증진, 4[%] 이상 사용시 순간응결, 장기강도 감소, 건조수축 증가
③ 알칼리골재 반응을 촉진시킬 수 있다.

합격예측

exposed concrete (제치장콘크리트)

외장을 하지 않고 콘크리트 노출면 자체가 마감면이 되는 콘크리트

• 특징
① 거푸집 비용이 증가한다.
② 철근 피복두께는 보통때보다 1[cm] 정도 두껍게 하는 것이 바람직하다.
③ 배합은 부배합, 된비빔을 한다.
④ 혼합은 충분히 하여 균등하고 플라스틱한 콘크리트를 사용하는 것이 좋다.
⑤ 콘크리트를 부어넣을 때 슈트에서 직접 기둥이나 보에 떨어뜨리지 않고 비빔판에 받아 각삽으로 떠 넣는다.
⑥ 벽, 기둥은 한 번에 꼭대기까지 넣는다.
⑦ 자갈은 최대지름 25[mm] 이하를 사용한다.
⑧ 콘크리트 색상이 차이가 나지 않도록 동일한 회사의 제품을 사용한다.

합격예측

운반설비

① 트럭 에지데이터(Truck agitator) : 미리 비벼진 콘크리트를 교반하면서 운반하는 기계
② 믹서트럭(Mixer truck) : 재료를 공급받아 운반하면서 교반하는 기계

합격예측

초기균열의 종류 및 특징

① 소성수축균열 : 표면에 급격한 건조시 발생
② 소성침하균열 : 비중 차이로 발생, 블리딩이 주된 원인
③ 온도균열 : 수화열에 의한 콘크리트 내부 온도상승으로 팽창 · 수축의 반복으로 발생
④ 시공중 균열 : 거푸집 변형, 동바리침하, 경화전 진동, 충격 등이 원인

합격예측 17. 5. 7 기 22. 3. 5 기

매스(Mass) Concrete

Concrete 단면이 80[cm] 이상, 하부가 구속된 50[cm] 이상의 벽체 등과 Concrete 내부 최고 온도와 외부 기온차가 25[℃] 이상으로 예상되는 Concrete를 말한다.

① 시멘트 선정 : 수화열이 낮은 중용열 시멘트를 사용한다.
② 단위수량, 시멘트양, Slump값은 가능한 작게 되도록 배합설계를 한다.

중량 Concrete(차폐용 콘크리트 : Shielding Concrete)

주로 생물체의 방호를 위해 X선, γ선 및 중성자선을 차폐할 목적으로 쓰이는 중량 2.5[t/m³](비중 2.5~6.9) 이상의 원자로 관련시설, 의료용 조사실에 사용되는 콘크리트를 말한다.

[표] 경량 콘크리트 특징

구분	특징
장점	① 자중이 작다. 콘크리트 운반, 부어넣기 노력 절감 ② 내화성이 크고 열전도율이 적으며 방음효과가 크다.
단점	① 시공이 번거롭고 재료 처리가 필요하다. ② 강도가 작고, 건조수축이 크고 다공질이다.

(7) 수밀 콘크리트 16. 3. 6 산 20. 6. 14 산

① 콘크리트 자체의 밀도가 높고 내구적 방수적이어서 물의 침투를 방지하는 데 쓰인다. W/C=50[%] 이하를 표준으로 한다.
② 골재는 둥글고 양호한 것으로 조골재는 최대지름이 규정된 치수 이하인 적당한 입도의 것을 사용한다.
③ 진동다짐을 원칙으로 한다.
④ 될 수 있는 한 이음을 두지 말고 부득이 둘 때는 방수처리한다.
⑤ 혼합은 3분 이상 충분히 하고 Slump값은 18[cm] 이하로 한다.
⑥ 표면활성제(AE제)를 사용한다.

(8) 쇄석 콘크리트(깬자갈 콘크리트)

① 강도는 보통 콘크리트보다 10~20[%] 정도 증가한다.
② 시공연도는 좋지 않으므로 AE제를 사용하여 시공연도를 조절한다.
③ 배합 설계시 주의사항
㉮ 시멘트양 : 보정하지 않는다.
㉯ 모래의 양 : 가는 모래 10[%] 증가한다.
㉰ 모르타르량 : 8[%] 증가한다.
㉱ 자갈의 양 : 10[%] 감소한다.

(9) 프리팩트 콘크리트(Prepacked concrete) 18. 9. 15 산

① 굵은 골재는 거푸집에 넣고 그 사이에 특수 모르타르를 적당한 압력으로 주입(Grouting)하는 콘크리트이다.
② 재료의 분리수축이 보통 콘크리트의 1/2 정도이다.
③ 재료 투입 순서는 물－주입 보조재－플라이애시－시멘트－모래 순이다.

(10) 숏 크리트(Shot crete)

① 거나이트(Gunite)라고도 하며 모르타르를 압축 공기로 분사하여 바르는 것이다.
② 종류 : 시멘트건(Cement gun), 본닥터(Bon doctor), 제트크리트(Jet crete) 등이 있다.

③ 여러 재료의 표면에 시공하면 밀착이 잘되며 수밀성, 강도, 내구성이 커진다.
④ 표면뿐만 아니라 얇은 벽바름 녹막이에 유효하다.
⑤ 균열이 생기기 쉽고 다공질이며 외관이 좋지 않다.

(11) 배큠 콘크리트(Vacuum concrete)

콘크리트가 경화하기 전에 진공매트로 공기를 흡수, 내구성 향상. 주로 바닥 포장용에 쓰인다.

8. 콘크리트 비벼내기량 산출법

(1) 콘크리트 비벼내기량 V[m³]는 다음과 같이 근사식으로 구한다.

현장 배합비 1 : m : n일 때

$$V=1.1\times m+0.57\times n$$

시멘트 소요량	$C=1{,}500\times\frac{1}{V}$[kg] $C=\frac{37.5\times 1}{V}$[m³](40[kg] 들이 포대 수)
모래 소요량	$S=\frac{m}{V}$[m³]
자갈 소요량	$G=\frac{n}{V}$[m³]

예제문제

콘크리트 1 : 3 : 6의 배합일 때 콘크리트 1[m³]에 소요되는 각 재료량은 얼마인가?

$V=1.1\cdot m+0.57\cdot n=1.1\times 3+0.57\times 6=6.72$

① 시멘트 : $C=\frac{37.5}{6.72}\fallingdotseq 5.58$포대

② 모래 : $S=\frac{3}{6.72}\fallingdotseq 0.45$[m³]

③ 자갈 : $G=\frac{6}{6.72}\fallingdotseq 0.89$[m³]

(2) 적산에 관한 사항 17. 5. 7 산

1 : 2 : 4 콘크리트 1[m³]를 만드는 데 필요한 재료량	시멘트 : 320[kg](8포) 모래 : 0.45[m³] 자갈 : 0.9[m³]	철근 : 125[kg] 거푸집 : 6~8[m²] 결속선 : 0.6~1[kg]
1 : 3 : 6 콘크리트 1[m³]를 만드는 데 필요한 재료량	시멘트 : 220[kg](5.5포) 자갈 : 0.94[m³]	모래 : 0.47[m³]
연면적 1[m²]당 필요한 재료량	철근 : 0.06~0.09[t] 철골 : 0.06~0.12[t]	콘크리트 : 0.5~0.7[m³] 거푸집 : 4~5[m²]

합격예측

콘크리트의 재료상 균열원인
① 시멘트의 이상반응결과 팽창
② Bleeding에 의한 콘크리트의 침하
③ 강재부식에 의한 팽창
④ 해사, 피복부족, 산 · 염류 침식
⑤ 시멘트의 수화열에 의한 초기균열
⑥ 건조수축(시멘트, 물, 혼화제 등)
⑦ 알칼리골재 반응(반응성 골재 사용)
⑧ 콘크리트의 중성화

합격예측

중성(탄산)화 방지대책 19. 9. 21 산
① 초기에 탄산가스 접촉금지
② 피복두께와 부재단면 증가
③ 습도는 높고, 온도 낮게 유지
④ AE 감수제, 유동화제 사용
⑤ W/C비를 낮출 것, 다짐양생철저
⑥ 경량골재, 혼합시멘트 사용금지

합격예측

시험용액
페놀프탈레인용액

참고

경량골재는 다공질이므로 중성화가 빠르다. 포졸란, 플리이애시, 고로슬래그 시멘트 등 혼합시멘트는 중성화가 빠르다.

합격예측

Thermo Concrete : 서모콘의 특징
① 모래, 자갈 사용 안하고 시멘트, 물, 발포제를 배합하여 제작
② 비중 : 0.8~0.9
③ 중량 : 1.2~1.6[t/m³] 정도
④ W/C비 : 43[%]
⑤ 건조수축 : 보통 콘크리트의 5배 정도

합격예측

(1) 콘크리트 시공상 균열원인

① 혼화재료의 불균질한 분산(비빔불량)
② 펌프압송시의 품질열화
③ 급속한 타설, 불균질한 타설(곰보, 재료분리)
④ Cold joint 처리불량
⑤ 급속한 초기건조, 초기동해피해(양생불량)
⑥ 거푸집 조기제거, 동바리침하, 이동변형
⑦ 경화전, 진동, 재하, 충격
⑧ 철근배근 이동에 따른 피복두께 부족

(2) 테두리보(wall girder)

① 벽체를 일체화하여 건축물의 강도를 증진시킨다.
② 집중하중을 균등 분산한다.
③ 세로철근을 정착시킨다.
④ 지붕, 바닥틀 등에 의한 집중하중에 대한 보강을 한다.
⑤ 춤 : 벽두께의 1.5배 이상 30[cm] 이상

(3) 인방보(lintel)

① 개구부 상부의 하중과 벽체 자중에 대하여 안전을 위하여 보강블록조의 가로근을 배근하는 것으로 wall girder의 역할도 한다.
② 인방블록인 경우는 좌우 벽면에 20[cm] 이상 걸치고 철근 40d 이상 정착한다.

(4) 기초보(footing beam)

① 기초의 부동침하 방지
② 내력벽을 연결하여 벽체를 일체화시키고, 상부하중을 균등히 지반에 전달
③ 기초판의 두께는 15[cm] 이상

예제문제

시멘트 56포대, 모래 4.4[m³], 자갈 9[m³], 물시멘트비 60[%]일 때 필요한 물의 양은 얼마인가?

물의 양을 환산할 때는 시멘트양만 환산
① 시멘트 $56 \times 40 = 2{,}240$[kg]
② 물 $2{,}240 \times 0.6 = 1{,}344$[kg]($l$)
③ 비중 1이므로 1[m³]=1,000[kg](l)
④ 물의 양 $1{,}344[kg] \div 1{,}000[kg] = 1.344[m^3]$

(3) 단위중량

① 자갈의 단위중량 : 1.6~1.7[t/m³]
② 모래의 단위중량 : 1.5~1.6[t/m³]
③ 목재의 단위중량 : 0.5[t/m³]
④ 시멘트 1[m³] : 1,500[kg](1포대는 40[kg])
⑤ 못 한 가마 : 50[kg]
⑥ 철근 콘크리트 단위중량 : 2,400[kg/m³]
⑦ 무근 콘크리트 단위중량 : 2,300[kg/m³]
⑧ 경량 콘크리트 단위중량 : 1,700[kg/m³]

예제문제

1 : 3으로 모르타르 1[m³]을 배합하는 데 사용하는 시멘트양은 얼마인가?

1 : m일 때

$$C = \frac{1}{(1+m)(1-n)}[m^3]$$

$$\therefore C = \frac{1}{(1+3)(1-0.25)} = \frac{1}{3}[m^3] = 500[kg]$$

C : 시멘트, m : 모래 배합, n : 할증률

2 철근공사

1. 철근 재료

(1) 철근의 종류 16. 5. 8 산

① 원형 철근: 표면에 리브 또는 마디 등의 돌기가 없는 봉강(KSD 3504규정)
② 이형 철근 : 보통 원형 철근보다 부착력이 40~50[%] 이상 증가된다.
③ 피아노선 : 프리스트레스트 콘크리트에 사용. 보통 원형 철근의 4~6배 정도 고강도. 보통 원형 철근이나 이형 철근에 비해 신장률은 작다.

(2) 철근 가공 17. 5. 7 산 22. 4. 24 기

① 구부리기

㉮ 25[mm] 이하는 상온에서 가공한다.(상온가공=냉간가공)

㉯ 28[mm] 이상은 가열하여 가공한다.(열간가공)

② 원형 철근의 말단부는 원칙적으로 Hook을 둔다.

③ 이형 철근은 기둥 또는 굴뚝을 제외한 부분은 Hook을 생략할 수 있다.

(3) 철근 구부리기 표준

① 철근의 구부림 각도 및 지름

종 별	180[°]	135[°]	90[°]
철근 지름	ϕ16 이상	ϕ13 이하	ϕ13 이하
용도	주근(기둥, 보)	늑근, 띠근	경미한 바닥근, 띠근
구부림 반지름	r≥1.5d	r≥1.5d	r≥1.5d
끝마무리부	180° 10.3d 4d 이상	135° 7.8d 4d 이상	90° 7.2d 4d 이상

② Hook(갈고리)을 반드시 두어야 할 곳

㉮ 원형 철근 말단부

㉯ 캔틸레버근

㉰ 단순보 지지단

㉱ 굴뚝철근

㉲ 보, 기둥철근

③ 갈고리(Hook) 설치 이유 : 부착강도 증진

2. 철근이음 및 정착

(1) 철근의 이음 및 정착길이

위 치	보통 콘크리트	경량 콘크리트	비고
압축력 또는 작은 인장력	25d	30d	d : 철근지름
기타의 부분	40d	50d	

합격예측

콘크리트 비빔 원칙

① 기계비빔을 원칙으로 하며 Mixer로 콘크리트를 비비는 것이다.
② 재료투입은 동시투입이 이상적이다. 실제로는 모래+시멘트+물+자갈 순이다.
③ 이론적으로는 입자가 작은 순으로 물+시멘트+모래+자갈 순이다.
④ 손비빔 재료투입순서 : 모래+시멘트+자갈+물
⑤ 비빔시간은 최소 1분 이상(수밀 Concrete : 3분 정도), 1시간의 비빔횟수는 최대 20회, 1일 150~160회이다.
⑥ 믹서의 외주 회전속도는 1초에 1[m] 정도이다.

참고

철근간격의 결정방법

① 굵은골재 최대치수의 $\frac{4}{3}$(1.33)배 이상
② 철근공칭 지름의 1.5배 이상
③ 25[mm](2.5[cm]) 이상 중 큰 값으로 결정된다.

합격예측

철근이음의 종류 16. 5. 8 산 17. 9. 23 기

① 겹침이음
② 용접이음
③ 가스압접
④ 기계식 이음

Q 은행문제

철근보관 및 취급에 관한 설명으로 옳지 않은 것은?

① 철근고임대 및 간격재는 습기방지를 위하여 직사일광을 받는 곳에 저장한다.
② 철근저장은 물이 고이지 않고 배수가 잘되는 곳이어야 한다.
③ 철근저장 시 철근의 종별, 규격별, 길이별로 적재한다.
④ 저장장소가 바닷가 해안 근처일 경우에는 창고 속에 보관하도록 한다.

정답 ①

제3편

합격예측

철근의 정착위치

① 기둥 주근 : 기초 또는 바닥판
② 보의 주근 : 기둥 또는 큰보
③ 보밑 기둥이 없을 때 : 보 상호간
④ 지중보 주근 : 기초 또는 기둥
⑤ 벽철근 : 기둥, 보, 바닥판
⑥ 바닥철근 : 보 또는 벽체
※작은보 주근은 큰보에 정착

참고

철근 피복두께의 유지목적

18. 4. 28 기 22. 3. 5 기 23. 2. 28 기

① 내화성능 유지
② 내구성능 유지
③ 소요의 구조내력확보. 즉, 콘크리트의 유동성, 부착력, 강도확보 등

합격예측 18. 3. 4 산

(1) 조립순서(배근순서)

① 철근의 조립순서 : 기초→기둥→벽→보→바닥판→계단
② 철골의 조립순서 : 기초→기둥→보→벽→바닥판→계단

(2) 이음길이

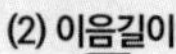
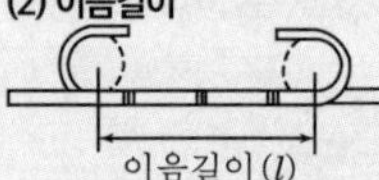

① 압축력 : $l=25d$
② 작은 인장력 : $l=25d$
③ 큰 인장력 : $l=40d$

Q 은행문제

다음은 표준시방서에 따른 철근의 이음에 관한 내용이다. 빈칸에 공통으로 들어갈 내용으로 옳은 것은? 18. 3. 4 기

( )를 초과하는 철근은 겹침이음을 할 수 없다. 다만, 서로 다른 크기의 철근을 압축부에서 겹침 이음하는 경우 ( ) 이하의 철근과 ( )를 초과하는 철근은 겹침이음을 할 수 있다.

① D25 ② D29
③ D32 ④ D35

정답 ④

(2) 철근의 이음 및 정착위치 17. 9. 23 기·산 20. 6. 7 기 20. 9. 27 기

이음 위치	정착 위치 19. 9. 21 산 20. 8. 22 기
① 큰 응력을 받는 곳은 피하고 엇갈려 잇게 함이 원칙이다. ② 한곳에 철근수의 반 이상을 이어서는 안 된다. ③ D35 이상의 철근은 겹침이음으로 하지 않는다. ④ 보 철근은 이음시 인장력이 작은 곳에서 잇는다. ⑤ 기둥, 벽 철근 이음은 층높이의 2/3 이하에서 엇갈리게 한다. ⑥ 갈고리는 이음길이에 포함하지 않는다.	① 기둥의 주근은 기초에 정착한다. ② 보의 주근은 기둥에, 작은보의 주근은 큰보에, 또 직교하는 단부 보 밑에 기둥이 없을 때는 상호간에 정착한다. ③ 지중보의 주근은 기초 또는 주근에 정착한다. ④ 벽철근은 기둥보 또는 바닥판에 정착한다. ⑤ 바닥철근은 보 또는 벽체에 정착한다.

(3) 철근가공(이음 및 장착)시 주의사항 22. 3. 5 기

① 구부림은 냉간가공으로 한다.
② 원형 철근의 말단부는 반드시 갈고리(Hook)를 만든다.
③ 철근과 철근의 간격은 굵은골재 최대치수의 $\frac{4}{3}$(1.33배) 이상, 25[mm] 이상 또는 공칭지름의 1.5배 이상으로 한다.(단, 기둥의 축방향 철근의 순간격은 40[mm] 이상
④ D35 이상은 겹침이음을 하지 않는다. 18. 3. 4 기
⑤ 갈고리(hook)는 정착, 이음길이에 포함하지 않는다.
⑥ 지름이 다른 겹침이음 길이는 작은 철근지름에 의한다.
⑦ 철근의 정착은 기둥 및 보의 중심을 지나서 구부리도록 한다.

3. 가스압접

(1) 접합온도는 1,200～1,300[℃] 정도이다.
(2) 압접소요시간은 1개소에 16[mm] 기준으로 40~50[초] 걸린다.
(3) 압접의 장점

① 콘크리트 부어넣기가 용이하다.
② 잔토막도 유효하게 이용된다.
③ 겹침이음이 필요없다.
(적용 예 미국 : 철도레일 연결,
일본 : 철근이음 응용)

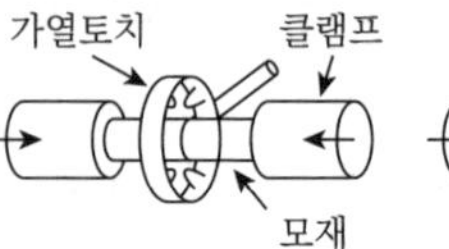

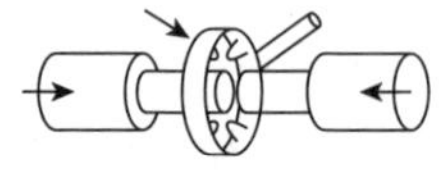

[그림] ① 밀착법 ② 개방법

(4) 압접시공의 유의사항 23. 6. 4 기

① 압접작업은 철근을 완전히 조립하기 전에 행한다.
② 철근의 지름이나 종류가 같은 것을 압접하는 것이 좋다.(지름의 차가 6[mm]를 넘는 것은 압접하지 않는다.)
③ 기둥, 보 등의 압접 위치는 한 곳에 집중되지 않게 한다.
④ 매초 5[m] 이상의 바람이나 눈, 비가 압접면에 닿을 염려가 있을 때는 작업을 중지한다.

4. 철근의 간격 및 피복두께

(1) 철근의 간격 17. 3. 5 기 22. 3. 5 기

① 철근지름의 1.5배 이상
② 2.5[cm] 이상
③ 굵은 골재지름의 1.25배 이상
④ ①, ②, ③ 중 가장 큰 값

(2) 피복두께

① 피복두께의 최솟값 17. 3. 5 산 17. 5. 7 기

구조 부분의 종별			최솟값[cm]
옥외의 공기나 흙에 직접 접하지 않는 콘크리트	셸, 철판부재		2[cm]
	슬래브, 벽체, 장선	D35 이하 철근	2[cm]
		D35 초과 철근	4[cm]
	보, 기둥		4[cm]
흙에 접하거나 옥외의 공기에 직접 노출되는 콘크리트		D16 이하 철근·철선	4[cm]
		D25 이하 철근	5[cm]
		D29 이상 철근	6[cm]
흙에 접하고 영구히 흙에 있는 콘크리트			8[cm]
수중에서 타설하는 콘크리트			10[cm]

(주) 보, 기둥에서 설계기준강도 f_{ck} 가 400[kg/cm²] 이상이면 1[cm] 저감시킬 수 있다.

② 철근피복 목적(KDS 14 20 50 콘크리트구조 철근 상세 설계기준) 17. 3. 5 기
㉮ 내화성 유지
㉯ 내구성(철근의 방청) 유지
㉰ 시공상 콘크리트 치기의 유동성 유지(굵은 골재의 유동성 유지)
㉱ 부착력 증대
㉲ 소요구조 내력확보

합격예측

철근콘크리트의 장점

① 철근과 콘크리트가 일체가 되어 내구적이다.
② 철근이 콘크리트에 의해 피복되므로 내화적이다.
③ 재료의 공급이 용이하며 경제적이다.
④ 부재의 형상과 치수가 자유롭다.

참고

(1) 철근의 이음길이

① 산정법
산정은 갈구리(Hook) 중심간 길이로 산정한다.
② Hook는 길이 산정에서 제외된다.

(2) 철근이음의 방법
18. 3. 4 산 20. 8. 23 산

① 겹침이음(Lab Splice)
2개의 철근을 단순히 겹쳐 대고 결속선(#18~#20 철선)으로 묶는 방법
② 용접이음
(Welded joint) : 용접에 의한 이음 방법
③ 가스압접 : 접합하려는 부재의 면에 축방향으로 압축력을 가하면서 가스불꽃으로 가열하여 접합하는 방법
④ Sleeve joint
18. 4.28 산
㉮ Sleeve압착(칼라압착) 이음 : 강재 sleeve(강관)를 현장에서 유압 Jack으로 압착
㉯ 충진식 이음 : Sleeve 구멍을 통하여 에폭시나 모르타르를 충진하는 방법
㉰ 나사식(커플러)이음 : 철근에 숫나사를 만들고 coupler양단을 nut로 조여서 이음하는 방법
㉱ Cad welding : Sleeve를 끼우고 철근과 Sleeve 사이의 공간에 발파제 및 Cad weld 금속분을 넣어 발파시켜 용융접합하는(순간폭발) 방법
16. 5. 8 산 18. 9. 15 기 23. 9. 2 기
㉲ G-loc splice : 깔때기 모양의 G-loc sleeve를 하단철근에 끼우고 이음철근을 위에서 끼워 G-loc wedge를 망치로 쳐서 조이는 방법(철근규격이 다를 때는 reducer insert 사용) - 수직철근 전용

③ 화재시의 콘크리트 내부온도

화재시간(화염시의 온도 약 900~1,100[℃])	1시간	2시간	3시간	4시간
내부온도가 600[℃]로 되는 깊이	2[cm]	3[cm]	5[cm]	8[cm]

④ 피복두께에 의한 내구연수

$$T=7.2t^2(t : 피복두께)$$

(3) 철근의 조립(배근)순서

① 철근 콘크리트 : 거푸집 조립순서에 맞추어 조립

기둥 – 벽 – 보 – 슬래브

② 철골 철근 콘크리트 : 철골의 조립 및 리벳치기가 완료된 부분부터 철근조립

기둥 – 보 – 벽 – 슬래브

(4) 철근조립시 결속선

① 철근 교차점은 0.8~0.85[mm] 이상, #18~20 이상의 구운 철선으로 결속한다.
② 겹침이음의 경우 2개소 이상을 결속한다.

(5) 철근 선 조립순서 16. 5. 8 산 23. 6. 4 기

시공도 → 공장절단 → 가공 → 이음·조립 → 운반 → 현장부재양중 → 이음·설치

3 거푸집공사

1. 개요

(1) 기본개요

① 거푸집공사는 전체 공사비의 10[%] 이상이다.
② 골조공사비의 1/3 이상이다.
③ 전체 공기의 25[%] 정도의 비중을 차지한다.

(2) 거푸집공사에서 사회·기술환경의 변화에 따른 합리적인 공법으로서의 발전방향

① 부재의 경량화
② 부재단면의 효율화
③ 거푸집의 대형화
④ 설치의 단순화를 위한 유닛화
⑤ 공장제작 조립화
⑥ 높은 전용회수
⑦ 기계를 사용한 운반설치

합격예측

철근의 정착길이

① 갈고리(Hook)를 두면 정착길이는 작아도 된다.
② 이형철근의 부착력이 크므로 정착길이는 작아도 된다.
③ 정착길이는 철근의 강도와 무관하다.
④ 콘크리트 강도가 작으면 정착길이는 커진다.
⑤ 경량 콘크리트의 정착길이가 더 크다.

용어정의

바닥판철근 배근간격

① 주근 : 2[cm] 이하
② 부근(온도철근, 배력근) : 30[cm] 이하 또는 바닥판 두께의 3배 이내

Q 은행문제 19. 9. 21 산

1. 현장에서 철근공사와 관련된 사항으로 옳지 않은 것은?
① 철근공사 착공 전 구조도면과 구조계산서를 대조하는 확인작업 수행
② 도면오류를 파악한 후 정정을 요구하거나 철근상세도를 구조평면도에 표시하여 승인 후 시공
③ 품질이 규격값 이하인 철근의 사용배제
④ 구부러진 철근을 다시 펴는 가공작업을 거친 후 재사용

정답 ④

2. 철근공사의 철근트러스 입체화 공법의 특징이 아닌 것은? 17. 3. 5 산
① 현장조립의 거푸집공사를 공장제 기성품으로 대체
② 구조적 안정성 확보
③ 가설작업장의 면적 증가
④ Support 감소, 지보공 수량 감소로 작업의 안전성 확보

정답 ③

2. 거푸집 시공상 주의사항 17. 5. 7 산

① 형상치수가 정확하고 처짐, 배부름, 뒤틀림 등의 변형이 생기지 않게 할 것
② 거푸집널의 쪽매는 수밀하게 되어 시멘트풀이 새지 않게 할 것
③ 외력에 충분히 안전하게 할 것
④ 조립 제거할 때 파손, 손상되지 않게 할 것
⑤ 소요자재가 절약되고 반복사용이 가능하게 할 것

3. 거푸집의 측압에 영향을 주는 요소 17. 9. 23 산 22. 3. 5 기

① Concrete 타설 속도 : 속도가 빠를수록 측압이 크다.
② 컨시스턴시 : 묽은 콘크리트 일수록, 슬럼프값이 클수록 측압이 크다.
③ 콘크리트의 비중 : 비중이 클수록 측압이 크다.
④ 시멘트양 : 부배합 일수록 크다.
⑤ Concrete의 온도 및 습도 : 온도가 높고 습도가 낮으면 경화가 빠르므로 Concrete 측압은 작아진다.
⑥ 시멘트의 종류 : 조강(早强) 등 응결시간이 빠를수록 작아진다.
⑦ 거푸집 표면의 평활도 : 표면이 평활하면 마찰계수가 적게 되어 측압이 크다.
⑧ 거푸집의 투수성 및 누수성 : 투수성 및 누수성이 클수록 측압이 작다.
⑨ 거푸집의 수평단면 : 단면이 클수록 측압이 크다.
⑩ 바이브레이터의 사용 : 바이브레이터를 사용하여 다질수록 측압이 크다.(30[%] 정도 증가한다.) 19. 9. 21 산
⑪ 붓기방법 : 높은 곳에서 낙하시켜 충격을 주면 측압은 커진다.
⑫ 거푸집의 강성 : 거푸집의 강성이 클수록 측압은 크다.
⑬ 철골 또는 철근량 : 철골 또는 철근량이 많을수록 측압은 작게 된다.

합격예측 20. 9. 27 기

구분	통나무비계	강관파이프비계	강관틀비계
비계기둥 간격	2.5[m] 이하	• 도리(띠장)방향 : 1.85[m] 이하 • 장선방향 : 1.5[m] 이하	주틀간의 간격 : 1.8[m] 이하
기둥 1본 분담하중		700[kg]	① 2,500[kg] : (콘크리트 판 등 견고한 기초 위) ② 수직하중 : 24,500[N]
기둥과 기둥 사이 하중 (기둥 사이 1.8[m] 경우)		400[kg]	400[kg]
하부고정	60[cm] 밑둥박기	Base plate설치	Base plate설치

합격예측

철근콘크리트의 단점

① 부재의 단면과 중량이 크다.
② 습식구조이므로 동절기 공사가 어렵다.
③ 공사기간이 길며 균질한 시공이 어렵다.
④ 재료의 재사용 및 제거작업이 어렵다.

참고

거푸집 시공상 안전사항

① 측압에 의해 다소 부풀어도 무시하고 설계 치수대로 제작한다.
② 충분한 물축임(콘크리트의 수분 흡수 방지)을 한다.
③ 조립순서 : 기초 - 기둥 - 보받이내력벽 - 큰보 - 작은보 - 바닥 - 외벽

Q 은행문제 16. 5. 8 산 17. 3. 5 산

벽식 철근콘크리트 구조를 시공할 경우 벽과 바닥의 콘크리트 타설을 한 번에 가능하게 하기 위하여, 벽체용 거푸집과 슬래브 거푸집을 일체로 제작하여 한번에 설치하고 해체할 수 있도록 한 거푸집은?

① 유로폼(Euro Form)
② 갱폼(Gang Form)
③ 터널폼(Tunnel Form)
④ 워플폼(Waffle Form)

정답 ③

합격예측

철근 Hook을 두어야 하는 곳

(1) 원형철근 말단부는 반드시 설치한다.
(2) 이형철근의 Hook 설치 방법
  ① 늑근(Stirrup), 대근(Hoop), 띠철근(Spiral Bar)
  ② 굴뚝철근
  ③ 기둥, 보의 돌출부, 말단부 철근
  ④ 단순보지지단, 캔틸레베보, 바닥판의 상부철근 등

용어정의

바닥판(Slab)의 두께

8[cm] 이상 또는 그 단변길이의 1/40 이상으로 한다.

17. 5. 7 기
17. 9. 23 기
18. 9. 15 산

합격예측

거푸집 설계시 고려하중

(1) 바닥판, 보 밑 등 수평부재(연직방향하중)
  ① 작업하중
  ② 충격하중
  ③ 생 콘크리트의 자중
(2) 벽, 기둥, 보 옆 등 수직부재
  ① 생 콘크리트의 자중
  ② 생 콘크리트의 측압

용어정의

측압이란

콘크리트 타설시 기둥, 벽체의 거푸집에 가해지는 콘크리트의 수평압력

• 최대측압

벽	0.5[m]	1[t/m²]
기둥	1[m]	2.5[t/m²]

4. 거푸집 측압 16. 5. 8 기 17. 5. 7 산

① 슬럼프가 클수록, 배합이 좋을수록, 벽두께가 두꺼울수록 측압은 커진다.
② 부어넣기 속도가 빠를수록 커진다.
③ 온도가 낮을수록 측압은 커진다.
④ 다지기가 충분할수록 커진다.(진동기 사용할 때 30[%] 증가)

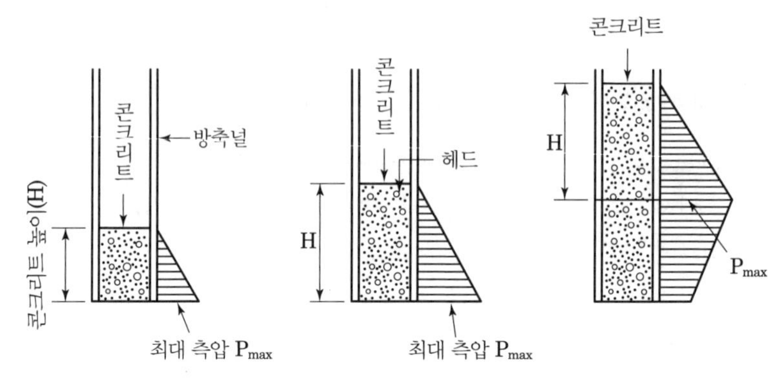

[그림] 콘크리트의 측압

(주) 콘크리트 헤드 : 벽체콘크리트용 거푸집 등의 수평방향에 가해진 압력으로 타설높이에 따라 특압이 상승되나 어느 일정한 높이에 도달하면 측압이 감소하게 되는 점

5. 거푸집공법

종 류	특 징
메탈폼 (Metal form) 22. 3. 5 기	강재거푸집 ① 조립이 간단하다. ② 콘크리트를 정확히 주입할 수 있다. ③ 콘크리트면이 평활하다. ④ 콘크리트면이 너무 평활하여 모르타르의 접착이 나쁜 점과 메탈 폼의 녹이 콘크리트 표면과 내부에 묻게 된다.
슬라이딩폼 (Sliding form) 17. 9. 23 기 18. 4. 28 기 19. 9. 21 기 23. 6. 4 기	거푸집 높이는 약 1[m]이고 하부가 약간 벌어진 원형 철판 거푸집을 요크(Yoke)로 서서히 끌어올리는 공법으로 Silo 공사 등에 적당하다. ① 공기가 약 1/3 단축된다. ② 소요 경비가 절감된다. ③ 연속적으로 부어넣으므로 일체성을 확보할 수 있다.
워플폼 (Waffle form)	무량판 구조 또는 평판 구조에서 특수상자 모양의 기성재 거푸집(돔 팬 : dome pan)으로 크기는 60~90[cm], 각 높이는 9~18[cm]이고 모서리는 둥그스름하게 되어 있어 2방향 장선 바닥판 구조를 만들 수 있는 거푸집이다. 17. 3. 5 기 17. 9. 23 산

<table>
<tr><th colspan="2">종 류</th><th>특 징</th></tr>
<tr><td rowspan="2">무지주공법</td><td>보빔
(Bow beam)</td><td>① 서포트를 쓰지 않고 수평지지보를 걸어서 거푸집을 지지하는 것이다.
② 건물 높이가 높을 때 쓴다.
150×100(소나무)
새들
120×100
현재
철판1.6
2,000 2,000 2,000</td></tr>
<tr><td>페코빔
(Pecco beam)</td><td>간 사이에 따라 신축이 가능한 무지주 공법의 수평지지보이다.
① 신축가능 : 외부빔과 내부빔의 조절에 따라 2.9~7.7[m]까지 가능하다.
② 자체 변경 : 길이 조절용 나사의 조임상태에 따라 Span의 1/400 ~1/800 정도 변형이 생긴다.
4,700 ~ 6,440</td></tr>
<tr><td colspan="2">유로폼
(Euro Form)</td><td>① 공장에서 경량형강과 코팅합판으로 거푸집을 제작한 것
② 현장에서 못을 쓰지 않고 웨지핀을 사용하여 간단히 조립할 수 있는 거푸집
③ 가장 초보적인 단계의 시스템거푸집
④ 거푸집의 현장제작에 소요되는 인력을 줄여 생산성을 향상 시키고 자재의 전용횟수를 증대시키는 목적으로 사용
⑤ 하나의 판으로 벽, 기둥, 슬래브 조립</td></tr>
</table>

[표] 거푸집의 계산용 하중

구분	계산용 하중
보, Slab밑면	① 생 Concrete 중량 ② 작업하중 ③ 충격하중
벽, 기둥, 보옆	① 생 Concrete 중량 ② 생 Concrete 측압력

6. 거푸집 존치기간 16. 3. 6 산 16. 5. 8 산 17. 5. 7 기 18. 3. 4 산

(1) 콘크리트의 압축강도를 시험할 경우 거푸집널의 해체 시기

<table>
<tr><th colspan="2">부 재</th><th>콘크리트 압축강도</th></tr>
<tr><td colspan="2">확대기초, 보, 기둥 등의 측면</td><td>5[MPa] 이상</td></tr>
<tr><td rowspan="2">슬래브 및 보의 밑면, 아치 내면</td><td>단층구조의 경우</td><td>설계기준압축강도의 2/3배 이상
또한, 최소 14[MPa] 이상</td></tr>
<tr><td>다층구조의 경우</td><td>설계기준 압축강도 이상(필러 동바리 구조를 이용할 경우는 구조계산에 의해 기간을 단축할 수 있음. 단, 이 경우라도 최소강도는 14[MPa] 이상으로 함)</td></tr>
</table>

합격예측 16. 3. 6 산

(1) 거푸집의 시공목적
① Concrete 형상과 치수 유지
② Concrete 경화에 필요한 수분과 시멘트풀의 누출방지
③ 양생을 위한 외기 영향 방지

(2) 거푸집의 구비조건
① 수밀성(조립의 밀실성)
② 외력, 측압에 대한 안전성
③ 충분한 강성과 치수 정확성
④ 조립해체의 간편성
⑤ 이동 간편성, 우수한 전용성(이동용이, 반복사용 가능)

(3) 거푸집 시공상 주의점(안전성) 검토
① 조립, 해체 전용 계획에 유의
② 바닥, 보의 중앙부 치켜올림 고려 : l/300~l/500 22. 4. 24 기
③ 갱폼, 터널폼은 이동성, 연속성 고려
④ 재료의 허용응력도는 장기 허용응력도의 1.2배까지 택함
⑤ 비계나 가설물에 연결하지 않는다.

참고

무지주공법
Bow beam이나 Pecco beam처럼 서포트를 쓰지 않고 래터스보를 형성하여 거푸집을 유지하는 것을 말한다.

참고

Flying Form(Table Form)
20. 8. 23 산
① 바닥에 콘크리트를 타설하기 위한 거푸집으로서 장선, 멍에, 서포트 등을 일체로 제작하여 부재화한 공법이다.
② Gang Form과 조합사용이 가능하며 시공정밀도, 전용성이 우수하고 처짐, 외력에 대한 안전성이 우수하다.

합격예측

거푸집의 구비조건

① 수밀성(조립의 밀실성)
② 외력, 측압에 대한 안전성
③ 충분한 강성과 치수 정확성
④ 조립해체의 간편성
⑤ 이동간편성, 우수한 전용성 (이동용이, 반복사용 가능)

참고

Climbing Form

① 벽체용 거푸집으로 거푸집과 벽체 마감공사를 위한 비계틀을 일체로 조립하여 한꺼번에 인양시켜 설치하는 공법이다.
② Gang Form에 거푸집 설치용 비계틀과 기 타설된 콘크리트의 마감용 비계를 일체로 한 것이다.
③ 고층구조물의 내부코어시스템에 적당하다.

합격예측

거푸집 존치기간 결정요인

① 시멘트 종류
② 구조물 부위
③ 기온

Q 은행문제

1. 섬유재 거푸집에 관한 설명으로 옳지 않은 것은?
 ① 탈수효과로 표면강도가 약간 감소한다.
 ② 경화시간이 단축된다.
 ③ 동결융해 저항성이 향상된다.
 ④ 통기효과로 인한 블리딩 감소 및 잉여수의 배출로 미관이 좋아진다.

정답 ①

2. 거푸집 공사에서 거푸집 검사 시 받침기둥(지주의 안전하중)검사와 가장 거리가 먼 것은? 17. 9. 23 산
 ① 서포트의 수직 여부 및 간격
 ② 폼타이 등 조임철물의 재질
 ③ 서포트의 편심, 처짐 및 나사의 느슨함 정도
 ④ 수평연결대 설치 여부

정답 ②

(2) 콘크리트의 압축강도를 시험하지 않을 경우 거푸집널의 해체 시기(기초, 보, 기둥 및 벽의 측면) 18. 4. 28 산 19. 3. 3 산 19. 9. 21 기 23. 6. 4 기

시멘트의 종류 / 평균기온	조강포틀랜드 시멘트	보통포틀랜드시멘트 고로슬래그시멘트(1종) 포틀랜드포졸란시멘트(1종) 플라이애쉬시멘트(1종)	고로슬래그시멘트(2종) 포틀랜드포졸란시멘트(2종) 플라이애쉬시멘트(2종)
20[℃] 이상	2일	4일	5일
20[℃] 미만 10[℃] 이상	3일	6일	8일

(3) 해체시 강도 확인 사항

설계기준강도	위치
85[%]	Slab 밑
100[%]	보 밑

(4) 거푸집의 제거시 주의사항

① 진동, 충격 등을 주지 말 것
② 지주 바꾸어 세우는 동안 상부의 작업을 제한한다.
③ 차양 등으로 낙하물의 충격 우려가 있는 것은 존치 기간을 연장한다.
④ 거푸집 추락 및 손상을 방지한다.
⑤ 청소 정리 정돈한다.

(5) 지주 바꾸어 세우기 순서

지주를 바꾸어 세울 때는 상부 작업을 제한한다.
① 큰보 ② 작은보 ③ Slab

현행시방서는 지주 바꾸기는 원칙적으로 하지 않는다.

(6) 거푸집 조립순서

① 기초 → ② 기둥 → ③ 내벽 → ④ 큰보 → ⑤ 작은보 → ⑥ 바닥판 → ⑦ 계단 → ⑧ 외벽의 순서이다.

외벽중 내부면은 기둥과 동시 또는 기둥 다음에 한다.

7. 거푸집 면적산출

위 치	산출 방법
기둥	기둥면적 산출은 기둥둘레길이×기둥높이로 하며 기둥높이는 바닥판 내부간의 높이이다.
벽	벽은 (벽면적－개구부면적)×2로 하며 벽면적은 기둥과 보의 면적을 뺀 것이다.
기초	㉮ $\theta \geq 30$[°] 경우에는 경사면 거푸집을 계산한다. ㉯ $\theta < 30$[°] 경우에는 기초 주위의 수직면 거푸집(A)만을 계산한다. A
보	면적 산출은 기둥간 내부길이×바닥판 두께를 뺀 보 옆면적×2로 한다. (보의 밑부분은 바닥판에 포함한다.)
바닥	면적 산출은 외벽의 두께를 뺀 내벽간 바닥면적으로 한다.

8. 용어정의

(1) 잔골재 : 5[mm]의 체에서 중량비로 85[%] 이상 통과하는 콘크리트용 골재

(2) 굵은골재 : 5[mm]의 체에서 중량비로 85[%] 이상 남는 콘크리트용 골재

(3) 경량골재 : 콘크리트의 중량을 경감시키기 위하여 사용되는 보통 골재보다 비중이 작은 골재. 겉비중 2.5 이하 골재. 경량 Concrete. 비중 2.0, 단위중량 1.7[t/m^3]

(4) 공기량 : 부어넣기 직후의 Concrete Cement Paste 속의 공기의 Concrete에 대한 용적 백분율

① Entrained Air : AE제에 의한 Concrete 속의 미세한 기포(3~5[%])

② Entrapped Air : 일반 Concrete 속에 자연적으로 들어 있는 공기량(1~2[%])

(5) 블리딩(Bleeding) : 아직 굳지 않은 시멘트 풀 · 모르타르 및 콘크리트에 있어서 물이 윗면에 스며오르는 현상

(6) 레이턴스(Laitance) : 콘크리트의 부어넣기 후 블리딩에 따라 그 표면에 나오는 미세한 물질

(7) 중량배합 : 콘크리트 1[m^3]에 소요되는 재료를 중량으로 표시한 배합

(8) 현장계량 용적배합 : 콘크리트 1[m^3]에 소요되는 재료 중 시멘트는 포대, 골재는 KS F2505의 셔블에 의한 방법으로 다짐하지 않은 상태의 용적으로 표시한 배합

합격예측

거푸집 시공상 주의점

① 조립, 해체 전용 계획에 유의
② 바닥, 보의 중앙부 지켜 올림 고려 : $l/300$~$l/500$
③ 갱폼, 터널폼은 이동성, 연속성 고려
④ 재료의 허용응력도는 장기허용응력도의 1.2배까지 택함
⑤ 비계나 가설물에 연결하지 않는다.

참고

System 거푸집

① 작은 부재를 사용시마다 조립, 제작, 해체하지 않고 거푸집 부재와 서포트, 작업틀을 일체화하여 한 번에 해체, 이동 조립하는 거푸집 시스템을 말한다.
② 주로 강재를 이용, 대형판넬화, 자주화를 추구한다.
예 터널폼

합격예측

콘크리트 이음의 종류

① Construction joint
② Expansion joint
③ Control joint
④ Sliding joint
⑤ Slip joint
⑥ Shrink joint (delay joint)

Q 은행문제

철골구조물에 콘크리트슬래브를 설치하기 위한 구조재료로서 거푸집을 대용할 수 있는 것은?

① 액세스플로어 (access floor)
② 데크 플레이트 (deck plate)
③ 커튼 월(curtain wall)
④ 익스팬션 조인트 (expansion joint)

정답 ②

합격예측

Gang Form의 특징

16. 3. 6 (기) 17. 5. 7 (기)

① 사용할 때마다 작은 부재의 조립, 분해를 반복하지 않고 대형화, 단순화하여 한 번에 설치하고 해체하는 거푸집 시스템으로 주로 외벽의 두꺼운 벽체나 옹벽, 피어 기초 등에 이용된다.
② 거푸집 + 철재서포트 + 작업틀의 일체화 거푸집이다.
③ 전용횟수는 80~100회, 공기단축, 높은 안전성이 있다.
④ 중량이 크고, 초기투자비 증가, 세부가공의 어려움이 있다.

합격예측

지중보 역할

주각을 서로 연결시켜 고정상태로 하여 부동침하방지

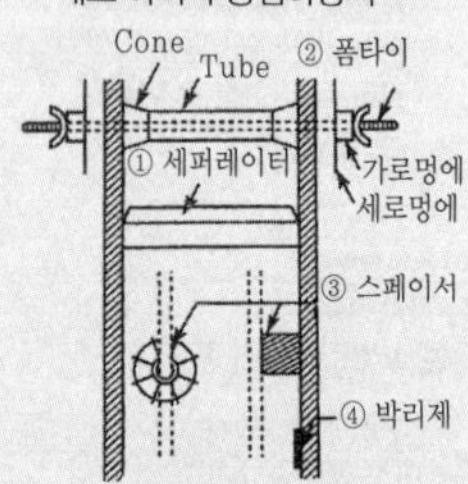

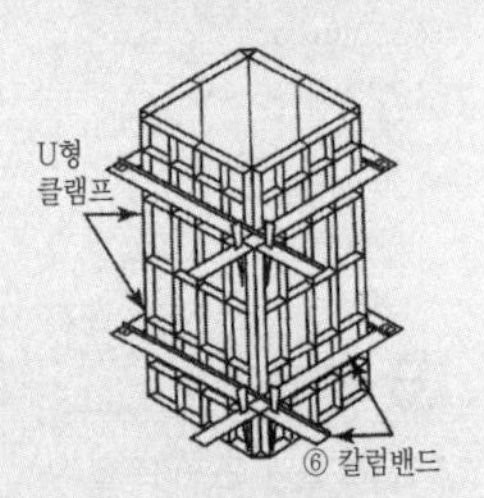

[그림] 거푸집 부속재료

Q 은행문제

해체 및 이동에 편리하도록 제작된 수평활동 시스템 거푸집으로서 터널, 교량, 지하철 등에 주로 적용되는 거푸집은? 18. 3. 4 (기)

① 유로 폼(Euro Form)
② 트래블링 폼(Traveling Form)
③ 워플 폼(Waffle Form)
④ 갱 폼(Gang Form)

정답 ②

(9) 되비빔(Retempering) : Concrete 또는 Mortar가 엉기기 시작한 것을 다시 비비는 것

(10) Workability(시공연도) : 컨시스턴시에 의한 작업이 난이의 정도 및 재료분리에 저항하는 정도 등 복합적인 의미에서의 시공 난이정도

(11) Consistency(반죽질기) : 수량에 의해 변화하는 콘크리트 유동성의 정도, 혼합물의 묽기정도(유동성) : 콘크리트의 변형능력의 총칭

(12) Plasticity(성형성) : 거푸집 등의 형상에 순응하여 채우기 쉽고, 분리가 일어나지 않은 성질, 거푸집에 잘 채워질 수 있는지의 난이정도 17. 9. 23 (산) 20. 6. 14 (산)

(13) Finishability(마감성) : 골재의 최대치수에 따르는 표면정리의 난이정도, 마감작업의 용이성, 마감성의 난이를 표시하는 성질

(14) Pumpability(압송성) : 펌프시공 콘크리트의 경우 펌프에 콘크리트가 잘 밀려나가는 지의 난이정도 · 펌프압송의 용이성을 말한다.

(15) 거푸집에 사용되는 부속재료 용어정의 16. 5. 8 (기), (산) 19. 4. 27 (산)

① 격리재(Separator) : 거푸집 상호간의 간격을 유지, 측벽 두께를 유지하기 위한 것 18. 3. 4 (산) 20. 6. 7 (기)
② 긴장재(Form tie) : 콘크리트를 부어 넣을 때 거푸집이 벌어지거나 변형되지 않게 연결 고정하는 것이며, 조임용 철선은 달구어 누구린 철선을 두겹으로 탕개를 틀어 조여맨 것 18. 4. 28 (산) 23. 2. 28 (기)
③ 간격재(spacer) : 철근과 거푸집의 간격 유지를 위한 것
④ 박리제(formoil) : 중유, 석유, 동식물유, 아마인유, 파라핀, 합성수지 등을 사용, 콘크리트와 거푸집의 박리를 용이하게 하는 것 18. 3. 4 (산)
⑤ 캠버(camber) : 처짐을 고려하여 보나 슬래브 중앙부를 1/300~1/500 정도 미리 치켜올림, 높이 조절용 쐐기 20. 8. 22 (기) 23. 6. 4 (기)
⑥ 컬럼밴드 : 기둥거푸집을 고정시켜주는 밴드

철근 콘크리트공사
출제예상문제

출제예상문제는 복습, 예습문제로 엮었습니다. *WHY : 실제시험에도 순서에 관계없이 출제됩니다. 예습 후 다음장에 공부한 문제가 있으면 기억이 배가 됩니다.

01 ★★ **철근 콘크리트 보의 늑근 배근에 관한 다음의 기술 중 옳은 것은 어느 것인가?**

① 보의 중앙에 집중 배치한다.
② 보의 양단에 이를수록 많이 배홀답근한다.
③ 보의 양단에 이를수록 적게 배근한다.
④ 보의 중앙에는 배근하지 않아도 된다.

해설

늑근 배근
① 보의 늑근은 사인장력에 대한 균열 방지 및 주근의 위치 고정을 한다.
② 전단력이 큰 부분에 배근하다.

02 ★★ **한중기 콘크리트에 관한 다음의 기술 중 틀린 것은 어느 것인가?**

① 콘크리트의 응결, 경화작용은 고온일수록 완만하다.
② 콘크리트의 응결, 경화작용은 4[℃] 이하가 되면 더욱 완만하다.
③ 압축강도가 $40[kg/cm^2]$ 또는 소요 강도의 $\frac{1}{4}$이상이 되면 동결의 피해가 적다.
④ 부어넣은 콘크리트는 그 주위를 빈틈없이 잘 싸서 보온해야 하며 콘크리트 주입 후의 온도는 10~20[℃]가 되게 하여야 한다.

해설

콘크리트의 응결, 경화 작용
① 고온일수록 급진적이다.
② 저온일수록 완만하다.

03 ★★ **조골재를 먼저 투입한 후에 골재와 골재 사이 빈틈에 시멘트 모르타르를 주입하여 제작하는 방식의 콘크리트는 어느 것인가?**

① 프리팩트 콘크리트　② 배큠 콘크리트
③ 수밀 콘크리트　④ AE 콘크리트

해설

프리팩트 콘크리트
(1) 정의
굵은 골재를 미리 거푸집 내에 밀실하게 채우고 파이프를 통하여 유동성이 좋은 모르타르를 적당한 압력으로 주입하여 만든 콘크리트를 말한다.
(2) 특징
① 재료의 분리와 수축이 매우 작다.(보통 콘크리트의 $\frac{1}{2}$ 정도이다.)
② 기성 콘크리트나 암반 또는 철근과의 부착력이 커서 구조물 수리 및 개조에 유리하다.
③ 수밀성 및 내구성이 크다.
④ 초기 강도는 떨어지나 장기 강도는 보통 콘크리트와 차이가 없다.
⑤ 시공이 용이하며 수중 콘크리트 공사용이나 지수벽 등에 사용된다.

04 ★ **철근 2-D16의 공칭 단면적은 얼마인가?**

① $3.97[cm^2]$　② $4.16[cm^2]$
③ $2.87[cm^2]$　④ $5.96[cm^2]$

해설

2-D16
① $A=\pi r^2$ 에서 $R=\frac{D}{2}$
$\therefore A=\pi r^2=\pi\left(\frac{D}{2}\right)^2=\frac{\pi D^2}{4}$
② 철근이 2본이고 D16의 공칭 지름은 15.9[mm]이므로
③ $A=\frac{3.14\times1.59^2}{4}\times2=3.969$
[결론] 공칭 단면적은 약 3.970이다.

[정답] 01 ② 02 ① 03 ① 04 ①

제3편

05 ★★★ 콘크리트 이어붓기에 관한 다음의 기술 중 바르지 못한 것은 어느 것인가?

① 구조물의 강도에 영향을 주는 곳에 둔다.
② 이음 길이가 짧게 되는 위치에 둔다.
③ 이음 위치는 대체로 단면이 작은 곳에 둔다.
④ 믹서의 용량은 이어붓기 구획과 관계가 없다.

해설

콘크리트 이어붓기 방법

① 구조물의 강도에 영향을 주지 않는 곳에서 실시한다.
② 이음 길이가 짧게 되는 위치에서 실시한다.
③ 시공 순서에 차질이 생기지 않는 곳에서 실시한다.
④ 이음 위치는 대체로 단면이 작은 곳에 둔다.
⑤ 이음면이 되도록 수평, 수직이 되게 해야 한다.

06 ★★★ 물시멘트비는 콘크리트의 성질을 결정하는 중요한 요소이다. 이와 가장 밀접한 관계가 있는 것은?

① 시공연도 ② 강도
③ 중량 ④ 응결속도

해설

시멘트의 강도에 영향을 주는 요소

① 물시멘트비
② 시멘트의 강도
③ 슬럼프값
④ 골재의 배합

07 ★ 제치장 콘크리트의 시공상 특징에 관한 설명으로 옳지 않은 것은 어느 것인가?

① 거푸집의 공작법과 콘크리트 시공이 대단히 중요하다.
② 시멘트는 시종일관 동일 공장 제품을 사용한다.
③ 철근의 피복은 구조 내력성을 고려하여 1[cm] 정도 얇게 하는 것이 좋다.
④ 벽, 기둥의 콘크리트 타설은 한 번에 꼭대기까지 부어넣어야 한다.

해설

제치장 콘크리트

① 콘크리트 배합은 부배합으로 한다.
② 피복두께는 구조상보다 1~3[cm] 더 해야 한다.

08 ★★★ 진공 콘크리트에 관한 다음의 기술 중 틀린 것은 어느 것인가?

① 내구성이 개선된다.
② 초기강도가 작다.
③ 강도가 극도로 높아진다.
④ 콘크리트가 경화하기 전에 진공 매트로 콘크리트 중의 수분과 공기를 흡수하는 공법이다.

해설

진공 콘크리트

(1) 정의
보통 콘크리트를 시공한 후 진공 매트 또는 진공 패널에 의해 콘크리트 표면을 진공으로 하여 물과 공기를 제거하고 대기의 압력으로 다진 콘크리트이다.

(2) 특징
① 초기강도, 내구성, 내마모성이 커진다.
② 건조, 수축을 작게 할 수 있으므로 기성재 제조에 이용된다.
③ 물을 적게 사용하므로 물시멘트비가 작게 되어 이로 인하여 기공 등의 결점을 적게 할 수 있다.

09 ★★ 19[mm] 철근을 사용할 경우 인장력이 큰 곳에서 이음을 할 경우 이음길이는 얼마인가?

① 720[mm] ② 740[mm]
③ 760[mm] ④ 780[mm]

해설

인장력 계산법

① 철근이음에 있어 인장력을 크게 받는 곳은 이음길이를 주근지름의 40배 이상으로 해야 하므로 L=40d이다.
② $L = 40 \times 19$[mm] = 760[mm]

10 ★★★ 거푸집 제거시 주의사항에 관한 기술 중 바르지 못한 것은 어느 것인가?

① 진동, 충격을 주지 않고 콘크리트가 손상되지 않도록 순서 있게 제거한다.
② 지주를 바꿔 세울 동안에는 상부의 작업을 제한하여 하중을 적게 하고, 집중 하중을 받는 부분의 지주는 그대로 둔다.

[정답] 05 ① 06 ② 07 ③ 08 ② 09 ③ 10 ④

③ 제거한 거푸집은 재사용할 수 있도록 적당한 장소에 정리하여 둔다.
④ 구조물의 손상을 고려하여 제거시 찢어져 남은 거푸집을 폭넓은 그대로 두고 미장공사를 한다.

해설

거푸집 제거시 주의사항
① 제거할 개소 및 범위 등을 정확하게 작업원이 인식하도록 해야 한다.
② 지주 바꾸어 세우기를 할 경우 공사감독을 철저하게 한다.
③ 콘크리트가 진동이나 충격에 의하여 파손되지 않도록 철거 순서를 정확하게 한다.
④ 거푸집 철거시 추락에 의한 안전 사고에 유의한다.(추락 2[m] 이상 높이)
⑤ 바닥판, 보 등의 높은 곳에 위치한 거푸집은 완전 제거하도록 한다.
⑥ 철거된 거푸집에 묻은 콘크리트는 깨끗하게 털어내고 파손된 것은 수리하여 보관한다.

11 ★★★ **기계비빔에서 콘크리트를 혼합하는 경우 재료 전부를 투입한 후의 최소혼합시간은?(단, 믹서의 외주속도 1[m/sec])**

① 30초 이상　② 1분 이상
③ 2분 이상　④ 3분 이상

해설

① 외주 회전 속도를 1[m/sec]로 할 경우 1분간 20회 내외로 한다.
② 최소혼합시간은 1분 이상 해야 한다.

12 ★★ **콘크리트 타워의 설치 높이 한도는 몇 [m]인가?**

① 30[m]　② 50[m]
③ 70[m]　④ 90[m]

해설

콘크리트 타워높이 계산
① 콘크리트 타워의 높이는 70[m] 이하로 쓴다.
② 콘크리트 타워높이$(H)=h+\frac{h'}{2}+12$[m]
　h : 지표에서 콘크리트를 부어넣어야 할 최고부까지의 높이
　h′ : 타워에서 플로어 호퍼까지의 수평 거리

13 ★★★ **프리팩트 콘크리트에 관한 다음의 기술 중 바르지 못한 것은 어느 것인가?**

① 수중 콘크리트 시공에는 부적합하다.
② 미리 제작한 거푸집 속에 자갈을 충전하고 특수 모르타르를 주입한 콘크리트이다.
③ 파이프(25[mm])를 1.5~2[m] 정도의 간격으로 배치하여 콘크리트를 주입한다.
④ 재료의 투입 순서는 물, 주입 보조재, 플라이애시, 시멘트, 모래 순이다.

해설

프리팩트 콘크리트
(1) 정의
　굵은 골재를 거푸집에 넣고 그 사이에 특수 모르타르를 적당한 압력으로 주입한 콘크리트를 말한다.
(2) 특징
　① 재료의 분리와 수축이 적다.(보통 콘크리트의 $\frac{1}{2}$ 정도이다.)
　② 구조물의 수리, 개조가 용이하다.
　③ 수밀성이 크고, 내구성이 좋다.
　④ 수중 시공에 적합하다.
　⑤ 시공이 용이하다.

14 ★★★★ **철근의 정착 위치에 관한 다음의 기술 중 부적당한 것은 어느 것인가?**

① 기둥의 주근은 기초에 정착시킨다.
② 보의 주근은 바닥에 정착한다.
③ 지중보의 주근은 기초 또는 기둥에 정착한다.
④ 벽철근은 기둥, 보, 또는 바닥판에 정착한다.

해설

철근의 정착위치 설정방법
① 보의 주근은 기둥에 정착한다.
② 작은보의 주근은 큰보에, 직교하는 단부보 밑에 기둥이 없을 경우에는 상호간에 정착한다.
③ 바닥 철근은 보 또는 벽체에 정착한다.
④ 보 및 바닥판 철근의 정착은 기둥 및 보의 중심을 지나서 구부리도록 한다.

[정답] 11 ② 12 ③ 13 ① 14 ②

15 ★★ 거푸집 공사비의 비율 중 적합한 것은 어느 것인가?

① 총(전체)공사비의 10~15[%]
② 건축 공사비의 10~15[%]
③ 구체 공사비의 10~15[%]
④ 콘크리트 공사비의 10~15[%]

해설

거푸집 공사비율

① 거푸집공사는 철근 콘크리트 공사 전공정의 $\frac{1}{2}$ ~ $\frac{2}{3}$ 정도이다.
② 철근 콘크리트 공사비 총액의 약 20~30[%]이다.

16 ★ 손배합 콘크리트일 경우 재료 투입 순서로 옳은 것은 어느 것인가?

① 모래–물–시멘트–자갈
② 시멘트–자갈–모래–물
③ 물–시멘트–모래–자갈
④ 시멘트–모래–자갈–물

해설

손배합시 재료의 투입 순서 : 시멘트-모래-자갈-물

17 ★★★ 철근 콘크리트조 기둥, 벽에 사용하는 콘크리트의 슬럼프값으로 가장 적당한 것은?

① 16[cm] ② 18[cm]
③ 21[cm] ④ 23[cm]

해설

표준 슬럼프값 [단위 cm]

위치	진동다짐일 경우	진동다짐이 아닐 경우
기초, 바닥판, 보	5~10	15~19
기둥, 벽	10~15	19~22

18 ★★★ 철근 콘크리트에 사용되는 최대의 자갈 크기로 적당한 것은?

① 10[mm] ② 15[mm]
③ 20[mm] ④ 25[mm]

해설

골재의 크기

골재의 최대 치수는 철근의 최소배근간격 기준으로 25 [mm] 이하로 한다.

19 ★★ 콘크리트 시공에 있어서 다지거나 진동을 주는 목적으로 옳은 것은 어느 것인가?

① 점도를 증가시켜 준다.
② 시멘트를 절약시킨다.
③ 동결을 방지하고 경화를 촉진시킨다.
④ 콘크리트를 거푸집 구석구석까지 충전시킨다.

해설

진동기의 사용 목적

① 균질한 콘크리트 시공을 하기 위함이다.
② 콘크리트를 밀실하게 하기 위함이다.
③ 콘크리트를 거푸집 구석까지 충전하기 위함이다.

20 ★★ 다음의 콘크리트 공사에 관한 기술 중 틀린 것은?

① 보의 주근의 이음은 응력이 적은 곳에 둔다.
② 보의 콘크리트 이어 붓기는 인장력이 가장 적은 곳에 둔다.
③ 차양 등의 철근은 콘크리트의 위쪽에만 배근해도 무방하다.
④ 콘크리트와 철근의 열팽창 계수는 비슷하다.

해설

① 보, 바닥판의 이음은 간 사이의 중앙부에서 수직으로 한다.
② 콘크리트 철근의 열팽창 계수는 비슷하다.

21 ★★ 포졸란의 특징에 관한 다음의 기술 중 틀린 것은 어느 것인가?

① 인장강도와 신장능력이 크다.
② 건조수축이 작다.
③ 강도 증진은 늦으나 장기강도는 크다.
④ 해수 등에 화학적 저항이 크다.

[정답] 15 ① 16 ④ 17 ③ 18 ④ 19 ④ 20 ② 21 ②

해설

포졸란의 특징

① 인장강도 및 신장능력이 매우 크다.
② 시공연도가 좋아지고 블리딩 및 재료 분리가 감소된다.
③ 수밀성이 좋다.
④ 장기강도가 크다.
⑤ 수화작용이 늦어지고 발열량이 감소된다.
⑥ 단위사용수량을 많이 써야 되는 것이 많다.
⑦ 시멘트의 절약과 콘크리트의 성질을 개선하기 위하여 포졸란을 사용한다.

22 ★★★ **콘크리트의 내부 진동기 사용법에 관한 기술 중 옳지 않은 것은 어느 것인가?**

① 진동기는 가급적 수직 방향으로 사용하는 것이 좋다.
② 진동기의 운행 간격은 60[cm]를 넘지 않는 것이 좋다.
③ 진동기는 뽑을 때 서서히 뽑아내는 것이 좋다.
④ 진동기는 1개소에 대하여 1분 이상 사용하는 것이 좋다.

해설

진동기계의 사용법

① 진동기의 사용 시간은 15초 정도이다.
② 된비빔 콘크리트일 경우 최대 1분 이내로 하고 보통 30~40초가 적당하다.

23 ★ **거푸집 공사에 따른 용어 중 잘못 기술된 것은 어느 것인가?**

① pipe support－높이 조절이 간단하다.
② metal form－콘크리트면이 정확하고 평활하다.
③ sliding form－silo 등의 콘크리트 붓기에 적당하다.
④ bow beam－support가 필요하다.

해설

bow beam(무지주 공법)

① 철근의 장력을 이용하여 만든 조립법이다.
② 버팀 기둥(support)이 필요없다.

24 ★★★ **콘크리트의 소요 강도 및 골재의 입도가 결정되어 있을 경우 콘크리트의 조합 결정 순서로 옳은 것은?**

[보기]
㉠ 시멘트강도
㉡ 슬럼프값
㉢ 시멘트, 모래, 자갈의 비율
㉣ 물시멘트비

① ㉠－㉢－㉣－㉡
② ㉡－㉣－㉠－㉢
③ ㉢－㉡－㉠－㉣
④ ㉠－㉣－㉡－㉢

해설

콘크리트강도

① 콘크리트의 강도에 큰 영향을 주는 요소는 시멘트의 강도와 W/C(물시멘트비)이다.
② 시멘트의 강도가 크면 클수록 콘크리트의 강도가 커진다.
③ W/C(물시멘트비)가 작으면 작을수록 강도는 커진다.

25 ★★ **콘크리트 시공에 관한 다음의 기술 중 옳은 것은?**

① 콘크리트용 세골재는 입도가 작을수록 강도가 크다.
② 벽의 콘크리트 이어 붓기는 사면 대각선 방향으로 한다.
③ 14절(0.4[m^2]) 믹서에 사용하는 동력은 10[HP] 정도이다.
④ 콘크리트 보양은 통풍과 채광이 양호할수록 잘된다.

해설

콘크리트시공

① 세골재는 콘크리트의 강도에 영향을 주지 않는다.
② 벽의 콘크리트 이어 붓기는 수직이나 수평으로 한다.
③ 전단력이 약한 곳에 이어 붓기한다.

26 ★★ **최저기온이 10[℃]일 때 바닥, 보 밑의 거푸집 존치 기간은 며칠인가?**

① 5일
② 7일
③ 8일
④ 11일

[정답] 22④ 23④ 24④ 25③ 26③

해설

거푸집 존치기간(일수)

기온	기초, 보옆, 기둥, 벽	슬래브, 보 밑면
10[℃] 이상	6일	8일
5[℃] 이상	8일	11일
5[℃] 이하	10일	22일

27 ★★ **콘크리트 부어넣기용 "chute"의 경사도로서 적당한 것은 어느 것인가?**

① $\frac{1}{10} \sim \frac{3}{10}$　② $\frac{2}{10} \sim \frac{4}{10}$

③ $\frac{3}{10} \sim \frac{5}{10}$　④ $\frac{4}{10} \sim \frac{7}{10}$

해설

슈트의 특징

① 슈트의 경사가 낮으면 콘크리트가 잘 흘러내리지 않는다.
② 경사가 급하면 굵은 골재가 먼저 흘러내리므로 재료 분리 현상이 일어난다.

28 ★★ **거푸집 철거시 지주 바꾸어 세우기 순서 중 제일 먼저 실시하여야 하는 것은?**

① 큰보　② 작은보
③ 바닥판　④ 계단

해설

지주 바꾸어 세우기 순서 : 큰보-작은보-바닥판

29 ★★★ **시멘트에 관한 다음의 기술 중 부적당한 것은 어느 것인가?**

① KS에서 분류한 시멘트 중 제1종 시멘트는 조강 시멘트이다.
② 시멘트 제조 후 3개월 이상 경과한 것은 사용하지 않는 것이 좋다.
③ 고로 시멘트, 실리카 시멘트, 플라이애시 시멘트는 혼합 시멘트의 일종이다.
④ 시멘트 제조시에 소량의 점토를 혼합하는 데 이는 시멘트의 가소성을 조절하기 위함이다.

해설

KS에서 시멘트의 종류 중 제1종 시멘트는 보통 포틀랜드 시멘트를 말한다.

30 ★ **다음에 열거하는 콘크리트 중 물시멘트비의 최댓값이 가장 작은 것은 어느 것인가?**

① 한중 콘크리트
② 수밀 콘크리트
③ thermo-con
④ 경량 콘크리트로서 상시 물과 접하는 부분

해설

물시멘트비값

① 한중 콘크리트 : 60[%] 이하
② 수밀 콘크리트 : 50[%] 이하
③ 경량 콘크리트로서 상시 물과 접하는 부분 : 55[%] 이하
④ thermo-con : 43[%] 이하

31 ★★★ **거푸집 시공상 주의해야 할 사항 중 바르지 못한 것은?**

① 형상치수가 정확해야 하나 처짐, 배부름, 뒤틀림 등은 콘크리트를 부어넣으면 바로잡힌다.
② 외력에 충분히 안전할 것
③ 조립, 제거시 파손, 손상되지 않게 할 것
④ 소요 자재가 절약되고 반복 사용이 가능하게 할 것

해설

거푸집 시공상 주의사항

① 거푸집 시공시 형상치수를 정확히 하여야 한다.
② 배부름, 뒤틀림 등의 변형이 생기지 않도록 한다.
③ 거부집의 쪽매는 수밀하게 하여 시멘트풀이 새지 않도록 하여야 한다.

[정답] 27 ④ 28 ① 29 ① 30 ③ 31 ①

32 ★★★★ 슬라이딩 폼(sliding form)에 관한 다음 기술 중 틀린 것은 어느 것인가?

① 공사기간을 단축할 수 있다.
② 연속적으로 콘크리트를 부어넣으므로 콘크리트의 일체성이 확보된다.
③ 사일로(silo) 등의 공사에는 부적당하다.
④ 내외부의 비계가 필요없다.

해설

사일로(silo) 등의 공사에 이용되는 방법이 슬라이딩 폼이다.

33 ★★ 거푸집공사와 관계가 없는 것은 어느 것인가?

① separator　② bow beam
③ icos 공법　④ sliding form

해설

icos 공법은 기초공법이다.

34 ★★★ 철근 콘크리트공사 중 거푸집이 벌어지거나 우그러지지 않게 하는 긴장재는 어느 것인가?

① 세퍼레이터　② 스페이서
③ 폼타이　④ 인서트

해설

용어정의

① 폼타이 : 거푸집 조립시 조이기 위한 철물을 말한다.
② 세퍼레이터 : 거푸집의 조립시 간격을 일정하게 유지시키기 위한 기구이다.
③ 스페이서 : 거푸집 널과 철근 또는 철근과 철근의 간격을 일정하게 유지시키기 위한 간격재이다.
④ 인서트 : 콘크리트 타설 후 달대를 매달기 위하여 사용하며 콘크리트 타설 전에 매립시키는 철물이다.

35 철근 콘크리트 구조에 관한 기술 중 옳지 않은 것은 어느 것인가?

① 일체식 구조이고 내구적으로 유리하다.
② 저온에서의 시멘트는 경화하기 어렵기 때문에 동기 공사는 일반적으로 곤란하다.
③ 화재 때는 철근이 팽창하기 때문에 파괴되기 쉽다.
④ 콘크리트 강도상의 결함을 철근의 사용에 의해 보강하는 합리적인 구조체이다.

해설

철근 콘크리트 구조체의 특징

① 콘크리트는 철근의 부식 및 녹을 방지한다.
② 철근과 콘크리트의 선팽창 계수가 거의 같다.
③ 콘크리트는 내구성, 내화성이 있고 철근을 피복하므로 철근 콘크리트 구조체는 내구적, 내화적이다.
④ 철근이 콘크리트와 강력히 부착되면 철근의 좌굴이 방지되며, 압축력도 상승한다.

36 철근 콘크리트 기둥의 최소나비는 얼마인가?

① 20[cm]　② 30[cm]
③ 40[cm]　④ 50[cm]

해설

기둥의 나비

① 기둥의 최소나비는 층높이의 $\frac{1}{15}$이상이나 20[cm] 이상으로 해야 한다.
② 기둥의 최소단면적은 600[cm^2]로 한다.

37 ★★ 철근이음에 있어 가스압접의 특징에 관한 다음의 기술 중 틀린 것은?

① 철근의 겹침이음이 필요없고 잔토막도 유용하게 이용된다.
② 단부의 복잡한 철근 조립부가 조잡해진다.
③ 콘크리트 부어넣기가 용이하다.
④ 용접 소요시간은 1개소에 22[mm] 기준으로 65~80초 정도이다.

해설

가스압접(용접)의 특징

① 단부의 복잡한 철근의 조립부가 정리정돈된다.
② 밀실한 콘크리트 타설에 매우 적합하다.
③ 지름 16[mm] 이상은 용접이 매우 경제적이다.
④ 가공이 단순하므로 작업장이 협소해도 된다.
⑤ 성분 원소의 조직 변화가 적다.
⑥ 접합부의 강도가 높다.

[정답] 32 ③　33 ③　34 ③　35 ③　36 ①　37 ②

38 ★★ 시멘트가 응결하는 데 필요한 시간은 보통 몇 시간인가?

① 1~2시간 ② 2~3시간
③ 1~10시간 ④ 2~6시간

해설

시멘트 응결시간

① 시멘트에 물을 투입한 후 1시간이 지난 후부터 응결이 시작된다.
② 10시간 동안 응결이 계속 지속된다.

39 제치장 콘크리트에 관한 기술 중 틀린 것은?

① 콘크리트는 된비빔으로 한다.
② 모래는 5[mm] 이하, 보통 2.5[mm]로 하고 산지도 일정 장소의 것을 사용한다.
③ 비빔은 믹서로 하고 진동기로 충분히 다진다.
④ 제치장 콘크리트는 공비를 절약할 목적으로 쓰인다.

해설

제치장 콘크리트

① 의장을 하지 않고 노출된 콘크리트면 자체가 치장이 되게 만든다.
② 자연적인 형태의 미적 효과를 얻을 수 있다.

40 ★★★ 철근의 이음에 관한 다음의 기술 중 틀린 것은?

① 이음길이는 갈고리 중심간의 거리로 한다.
② 이음 및 정착길이는 작은 인장을 받는 것은 철근 지름의 25배로 한다.
③ 철근의 지름이 다를 경우에는 지름이 큰 철근을 기준으로 한다.
④ 이음은 큰 응력을 받는 곳을 피하고 엇갈려 잇게 함을 원칙으로 한다.

해설

철근이음시 주의사항

① 철근의 지름이 서로 다를 경우에는 작은 지름을 기준으로 이음한다.
② 경미한 압축근의 이음 길이는 20배로 할 수 있다.
③ 압축근 또는 작은 인장력을 받는 곳은 주근 지름의 25배 이상으로 한다.
④ 큰 인장력을 받는 곳은 40배 이상으로 한다.
⑤ 정착길이와 이음길이는 철근의 종류, 콘크리트의 종류, 강도 등에 따라 다르게 한다.
⑥ 주근의 이음은 구조 부재에 있어서 인장력이 가장 작은 부분에 두어야 한다.

41 ★★ 철근 콘크리트에 있어 철근의 피복두께에 관한 다음의 기술 중 틀린 것은 어느 것인가?

① 기초는 6[cm] 이상으로 한다.
② 접지하는 벽, 기둥, 바닥, 보는 4[cm] 이상으로 한다.
③ 내력벽, 보는 5[cm] 이상으로 한다.
④ 바닥, 비내력벽, 옥내 유효 마무리를 한 내력벽은 3[cm] 이상으로 한다.

해설

기초 피복 두께

철근에 대한 경량콘크리트 피복 두께는 기초 7[cm] 이상으로 한다.

42 ★★ 철근의 가스압접 개소 산출에 있어 계산값으로 산출할 경우 단위길이는 몇 [m]를 기준으로 하는가?

① 4[m] ② 6[m]
③ 2[m] ④ 7[m]

해설

가스압접(용접) 개소

① 압접 개소는 실수량으로 한다.
② 개략값을 산정할 때의 철근의 단위길이는 6[m]를 기준으로 한다.

43 ★★ 철근 콘크리트의 착색제에 관한 조합으로 잘못된 것은?

① 빨강 – 제2산화철
② 노랑 – 산화크롬
③ 파랑 – 군청
④ 검정 – 카본블랙

해설

착색제

① 산화크롬은 초록색을 나타낸다.
② 노랑색을 나타내는 재료는 크롬산바륨이다.

[정답] 38 ③ 39 ④ 40 ③ 41 ① 42 ② 43 ②

44 ★ 서열기 콘크리트에 관한 다음의 기술 중 틀린 것은?

① 고온에서 경화된 콘크리트(서열기 콘크리트)는 장기 강도가 증가된다.
② 서열기 콘크리트의 슬럼프값은 18[cm] 이하로 한다.
③ 콘크리트의 비빔 온도는 30[℃] 이하로 한다.
④ 부어넣을 때의 콘크리트의 온도는 35[℃] 이하로 한다.

해설

고온에서 경화된 콘크리트는 장기강도가 저하한다.

45 ★★ 기둥의 주근은 최소 몇 본 이상으로 해야 하는가?

① 2본 ② 3본
③ 4본 ④ 6본

해설

기둥의 주근
① 기둥의 주근은 4본 이상 배근하여야 한다.
② 철근의 단면적은 사용되는 부재단면적의 0.8[%] 이상으로 하여야 한다.

46 ★★★ 철근 콘크리트 공사에서 콘크리트의 믹서 혼합 시간으로 가장 적당한 것은 어느 것인가?

① 1분 ② 3분
③ 5분 ④ 7분

해설

콘크리트 믹서시간
① 콘크리트의 믹서 시간은 1분 정도가 가장 적당하다.
② 2분 이상 비빔을 하여도 효과는 크지 않다.

47 ★★★★ 콘크리트 부어넣기에 대한 다음의 기술 중 틀린 것은?

① 1구획에 있어서 콘크리트 부어넣기는 표면이 거의 수평이 되도록 부어넣는다.
② 높은 벽과 기둥의 부어넣기는 될 수 있는 한 하부는 된비빔으로 하고, 상부로 갈수록 묽은 비빔으로 한다.
③ 콘크리트는 비비는 곳에서 먼 곳으로 부어넣기 시작한다.
④ 일단 계획한 작업 구획은 완료될 때까지 계속해서 부어넣는다.

해설

콘크리트 부어넣기
① 기둥과 같이 깊이가 깊을수록 묽게 하고 상부로 갈수록 된비빔으로 한다.
② 콘크리트면에 흠이 생기지 않도록 한다.

48 ★★★★★ 다음 중 물시멘트비를 정확히 유지시키기 위한 것은?

① 워세크리터(wacecretor)
② 이넌데이터(inundator)
③ 콘크리트믹서(concrete mixter)
④ 펌프크리트(pump crete)

해설

용어정의
(1) 워세크리터
  ① 모래를 물과 포화된 상태로 달아서 모래의 부피와 물의 부피를 일정하게 계량한다.
  ② 동시에 자갈, 시멘트, 물에도 정량장치가 달린 것이다.
(2) 콘크리트믹서는 공사용 콘크리트 혼합기계를 말한다.
(3) 펌프크리트는 공사용 콘크리트용 펌프를 말한다.
(4) 이넌데이터는 모래계량장치이다.

49 ★★★★★ 다음 중 거푸집의 조립 순서에 대한 과정으로 맞는 것은 어느 것인가?

① 외벽－내벽－기둥－큰보－작은보－바닥
② 기둥－내벽－큰보－외벽－작은보－바닥
③ 외벽－기둥－내벽－큰보－작은보－바닥
④ 기둥－보받이내력벽－큰보－작은보－바닥－외벽

해설

거푸집의 조립 순서
① 기둥, 보 거푸집을 우선 설치하고 바닥 거푸집을 설치한 후 외벽 거푸집을 최종으로 설치한다.
② ①항이 원칙이며 반드시 이렇게 해야 안전하다.

[정답] 44 ① 45 ③ 46 ① 47 ② 48 ① 49 ④

50 ★★★★★ 콘크리트 배합시 결정해야 할 사항 중 순서가 옳은 것은?

① 콘크리트의 강도－물시멘트비－슬럼프－골재의 입도－배합비
② 슬럼프－골재의 강도－물시멘트비－배합비－콘크리트의 강도
③ 물시멘트비－슬럼프－콘크리트의 강도－골재의 입도－배합비
④ 물시멘트비－골재의 입도－콘크리트의 강도－슬럼프－배합비

해설

콘크리트 배합시 결정순

① 시멘트 강도
② 물시멘트비(W/C)
③ 슬럼프 결정
④ 골재의 입도
⑤ 배합비

51 ★★★ 다음은 철골 기둥세우기 공사의 제목이다. 순서대로 나열한 것은?

[보기]
㉠ 베이스 플레이트(base plate) 레벨 조정용 liner plate 고정
㉡ 기초볼트 위치 재점검
㉢ 기둥 중심선 먹매김
㉣ 기둥세우기
㉤ 주각(株脚)부 모르타르를 채움

① ㉢－㉡－㉠－㉣－㉤
② ㉡－㉢－㉠－㉣－㉤
③ ㉡－㉢－㉠－㉤－㉣
④ ㉢－㉠－㉡－㉤－㉣

해설

기둥세우기

(1) 기둥세우기 순서
기둥중심선 먹매김-기초볼트 위치 재점검-Base plate 높이 조정용 Liner plate 고정-기둥세우기-주각부 모르타르 채움
(2) 앵커볼트 묻기
① 고정매입공법 : 시공상 정밀도가 요구되나 구조적으로 튼튼하다.
② 나중매입공법 : 시공은 쉽지만 구조적으로 약하다.

52 ★★★★★ 슬래브에서 4변 고정인 경우 철근배근을 가장 많이 하여야 하는 부분은? 23. 9. 2 기

① 단변 방향의 주간대
② 단변 방향의 주열대
③ 장변 방향의 주간대
④ 장변 방향의 주열대

해설

철근을 많이 사용하는 순서

① 슬래브에서 4변 고정인 경우 휨 모멘트가 가장 큰 부분인 짧은(단변) 방향의 주열대에서 철근배근을 많이 해야 한다.
② 슬래브 배근 중 철근을 많이 사용해야 하는 순서
단방향주열대 > 단방향 주간대 > 장방향 주열대 > 장방향 주간대

53 ★★★ 콘크리트 공사용 재료의 취급 및 저장에 관한 설명으로 옳지 않은 것은? 17. 3. 5 기

① 시멘트는 종류별로 구분하여 풍화되지 않도록 저장한다.
② 골재는 잔골재, 굵은골재 및 각 종류별로 저장하고, 먼지, 흙 등의 유해물의 혼입을 막도록 한다.
③ 골재는 잔·굵은 입자가 잘 분리되오록 취급하고, 물빠짐이 좋은 장소에 저장한다.
④ 혼화재료는 품질의 변화가 일어나지 않도록 저장하고 또한 종류별로 저장한다.

해설

골재는 구분하여 저장한다.

54 ★★★★★ 철근가공에 관한 설명으로 옳지 않은 것은? 17. 9. 23 산

① 대지의 여유가 없어도 정밀도 확보를 위해 현장가공을 우선적으로 고려한다.
② 철근 가공은 현장가공과 공장가공으로 나눌 수 있다.
③ 공장가공은 현장가공에 비해 절단손실을 줄일 수 있다.
④ 공장가공은 현장가공보다 운반비가 높은 경우가 많다.

해설

현장가공은 대지확보가 필수이다.

[정답] 50 ① 51 ① 52 ② 53 ③ 54 ①

철골공사

중점 학습내용

건설안전기사/건설안전산업기사 합격을 위해서 다음 내용을 충실히 공부해야 한다.

1. 강재시험, 리벳시험의 특징
2. 건립공정 수립시 특히 기후에 의한 영향(풍속과 강우량)
3. 용접용어 및 불량원인과 대책
4. 철골세우기 기계의 종류 및 각도

특히 시험에 출제가 예상되는 본 교재의 중심적인 내용은 다음과 같다.

❶ 철골작업 공작
❷ 철골세우기

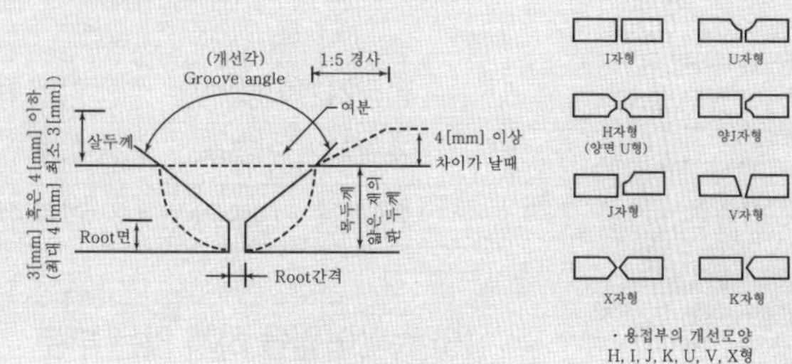

[그림] 맞댄용접(Butt Weld)

1 철골작업 공작

1. 철골 일반

(1) 재료시험

강재시험	리벳시험
① 인장·휨(상온)시험을 행한다.	① 기계시험(인장, 상온휨, 종압축)을 행한다.
② 단면이 다를 때마다 1개씩 한다.	② 중량 2[t]마다 1개씩 시험한다.
③ 중량 20[t]마다 1개씩 시험한다.	③ 지름이 다를 때마다 시험한다.

(2) 공장가공 순서

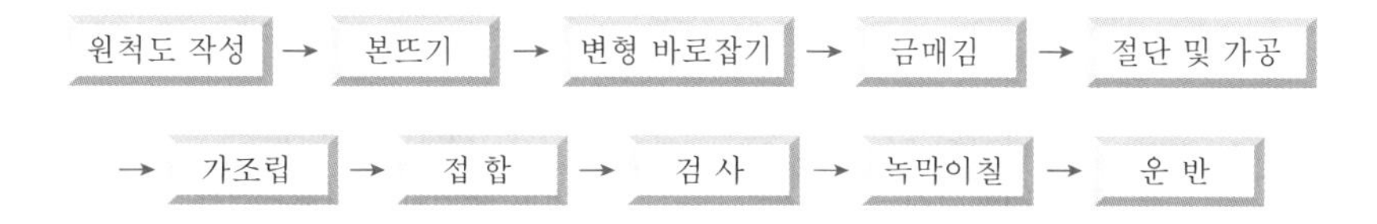

(3) 구멍뚫기

① **펀칭(Punching)** : 부재의 두께가 13[mm] 이하 또는 리벳지름이 9[mm] 이하일 때 쓰인다.(단, 기밀성이 요구되는 곳이나 주철재일 경우는 쓰지 않는다.)

② **송곳뚫기(Drilling)** : 부재의 두께가 13[mm] 이상인 때 또는 주철재일 때나 물탱크, 기름 탱크 등 기밀성이 요구되는 곳에 사용한다.

합격날개

합격예측

철골구조의 특징

(1) 장점
① 재료가 균등하고 자중이 작다.
② 공법이 자유롭고 공기단축이 가능하다.
③ 큰 간사이구조가 가능하다.
④ 고층화가 가능하다.

(2) 단점
① 재료의 인성이 크다.
② 비내화적이며 피복에 유의한다.
③ 고가이다.
④ 가공조립에 시공정밀도가 요구된다.

참고 17. 3. 5 기 20. 8. 22 기 22. 4. 24 기

정밀도가 우수한 순서
① 톱절단 > ② 전단절단 > ③ 가스절단 순

Q 은행문제

철골기둥의 이음부분면을 절삭가공기를 사용하여 마감하고 충분히 밀착시킨 이음에 해당하는 용어는?

① 밀 스케일(mill scale)
② 스캘럽(scallop)
③ 스패터(spatter)
④ 메탈터치(metal touch)

정답 ④

③ 구멍가심(Reaming) : 조립시 리벳구멍 위치가 다르면 리머(Reamer)로 구멍 가시기를 한다. 구멍의 최대편심거리는 1.5[mm] 이하로 한다. 3장 이상 겹칠 때는 송곳으로 구멍지름보다 1.5[mm] 작게 뚫고 드릴 또는 리머로 조절한다.(구멍지름 오차 ±2[mm] 이하) 22. 4. 24 기

(4) 리벳수와 가조립 볼트수

구 분	리 벳 수
현장치기 리벳수	전 리벳수의 1/3(30[%])
공장치기 리벳수	전 리벳수의 2/3 이상(70[%])
세우기용 가볼트수	전 리벳수의 20~30[%] 또는 현장치기 리벳수의 1/5 이상

(5) 녹막이칠을 하지 않는 부분 17. 9. 23 기 18. 3. 4 산 18. 4. 28 기 20. 9. 27 기 23. 6. 4 기

① 콘크리트에 매립되는 부분
② 조립에 의하여 맞닿는 면
③ 현장용접을 하는 부위 및 그곳에 인접하는 양측 100[mm] 이내(용접부에서 50[mm] 이내)
④ 고장력볼트 마찰 접합부의 마찰면
⑤ 폐쇄형 단면을 한 부재의 밀폐된 면
⑥ 기계깎기 마무리면

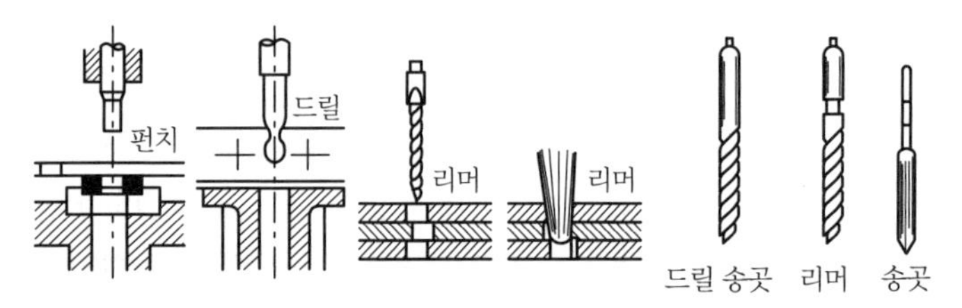

[그림] 펀치, 드릴, 리머

(6) 철골 ton당 리벳 개수

종 류	개 수
일반리벳	300 ~ 400개
공장리벳치기	200 ~ 250개(전체의 2/3)
현장리벳치기	100 ~ 150개(전체의 1/3)

(7) 방청페인트 철골 1[ton]당 도장면적의 계산값

① 큰 부재(간단한 것) : 25~30[m^2]
② 보통 부재(보통) : 30~45[m^2]
③ 작은 부재(복잡한 것) : 45~60[m^2]

합격예측

리벳치기

① 리벳의 최소 Pitch(최소간격)는 리벳지름의 2.5배 이상, 보통 4배 정도로 한다.
② Rivet으로 접합할 수 있는 판의 총두께를 Grip이라 하며 리벳지름의 5배 이하로 한다.
③ 리벳은 둥근리벳, 평리벳, 민리벳 등이 있으며 둥근리벳을 가장 많이 사용한다.
④ 연단거리는 리벳구멍, 볼트구멍 중심에서 부재 끝단까지의 거리이며, 연단거리는 최소 2.5d 이상 최대 12t, 15[cm] 이하로 본다.
⑤ Gauge line은 리벳의 중심축선을 연결하는 선, 리벳을 타정하는 기준선이다.
⑥ 리벳의 가열온도는 600[℃]~1,100[℃]이며 600[℃] 이하는 타격을 금지한다.

참고

리벳의 피치	
인장재	압축재
12d, 30t 이하	8d, 15t 이하

Q 은행문제

다음 금속커튼월 공사의 작업 흐름 중 ( )에 가장 적합한 것은?

기준먹매김 - ( ) - 커튼월 설치 및 보양 - 부속재료의 설치 - 유리 설치

① 자재정리
② 구체 부착철물의 설치
③ seal 공사
④ 표면마감

정답 ①

합격예측

원척도의 도면표기사항

① 높이, 총연장
② 강재의 형상
③ 강재 치수
④ 띠장, 중도리의 배치

2. 리벳접합

(1) 리벳(Rivet)치기

① 리벳 가열온도 : 600~1,100[℃](800[℃]가 적당)

② 리벳구멍 지름크기

리벳 지름	구멍지름크기
20[mm] 미만	d+1.0[mm] 이하
20[mm] 이상	d+1.5[mm] 이하

(주) d : 리벳지름

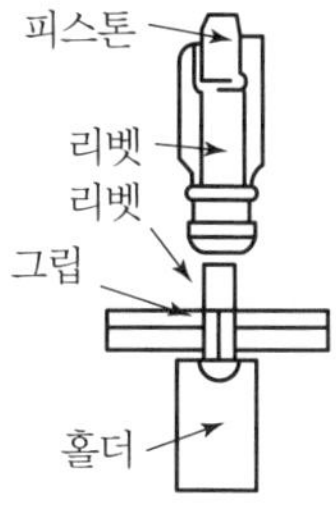

③ 리벳간격(Pitch)

최솟값	리벳지름의 2.5d 이상
표준값	리벳지름의 4d 이상
최댓값	인장재 12d 또는 30t 이상
	압축재 8d 또는 15t 이하

(주) ① d : 리벳지름 ② t : 가장 얇은 판의 두께

[그림] 현장리벳치기

(2) 불량 리벳

① 건들거리는 것

② 머리와 축선이 일치하지 않은 것

③ 밀착되지 않은 것

④ 머리 모양이 틀린 것

⑤ 리벳머리가 갈라진 것

⑥ 강재간에 틈새있는 것

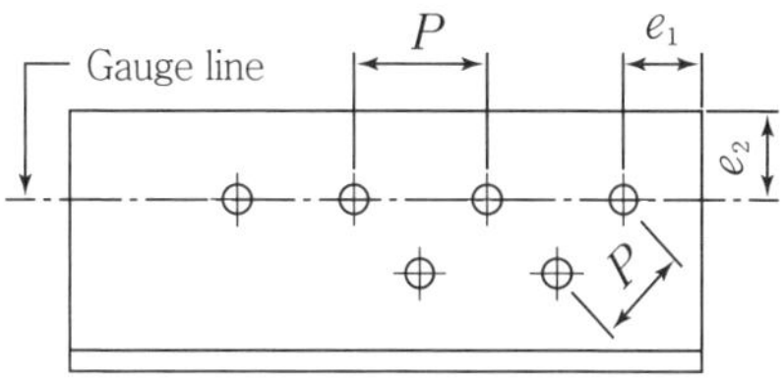

[그림] 리벳간격

(주) ① P : Pitch ② e_1, e_2 : 연단거리

(3) 게이지라인(Gauge line)

리벳의 중심선을 연결하는 선

(4) 게이지(Gauge)

게이지라인과 게이지라인과의 거리

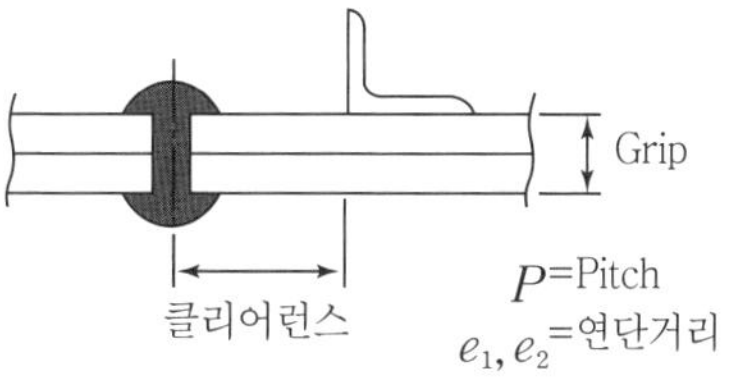

[그림] 그립

(5) 연단거리

① 리벳구멍에서 부재 끝단까지 거리를 말한다.

② 응력방향으로 3개 이상 배치되지 않을 때의 최소연단거리는 2.5d 이상

③ 최대연단거리는 12t 이하 또는 15[cm] 이하(d : 리벳지름, t : 재료의 두께)

(6) 그립(Grip)

① 리벳으로 접하는 재의 총두께

② 그립의 길이는 5d 이하(d : 리벳지름)

합격예측 16. 3. 6 기 16. 5. 8 기 17. 5. 7 기 18. 9. 15 산

용접완료 후 용접부의 비파괴 검사법

① 방사선 투과 검사(Radiographic Test) : 100회 이상도 검사가능, 가장 많이 사용, 기록으로 남길 수 있다. 20. 9. 27 기

② 초음파 탐상법 20. 6. 7 기 (Ultra-sonic Test) : 기록성이 없다. 50[mm] 이상 불가능, 검사 속도는 빠르다. 복잡한 부위는 불가능, 모재의 결함과 두께측정 가능

③ 자기분말 탐상법(Magnetic Particle Test) : 15[mm] 정도까지 가능, 미세부분도 측정가능, 자화력 장치가 크다.

④ 침투 탐상법(Penetration Test) : 자광성 기름 이용, 검사간단, 비용저렴, 넓은 범위 검사가능, 내부결함 검출곤란

합격예측

(1) 용접부 검사

① 용접 착수 전 : 트임새 모양, 모아 대기법, 구속법, 자세의 적부

② 용접 작업 중 : 용접봉, 운봉, 전류(제1층 용접 완료 후 뒷용접 전)

③ 용접 완료 후 : 외관 판단, X선 및 γ선 투과 검사, 자기, 초음파, 침투수압 등의 검사 시험법이 있고, 절단검사는 피한다.

(2) Scallop(스캘럽)

철골부재의 접합 및 이음 중 용접 접합시에 H형강 등의 용접부위가 타부재 용접 접합시 재용접되어서 열영향부의 취약화를 방지하는 목적으로 곡선 모따기를 하는 것을 말한다. 가공은 절삭가공기나 부속장치가 딸린 수동 가스 절단기를 사용한다.(반지름 30[mm] 표준)

(3) 드리프트핀(Drift pin) : 가조립할 때 구멍을 맞추는 공구

보충학습

가조립

각 부재는 1~2개의 볼트(bolt)나 핀(pin)으로 가조립하고 drift pin으로 구멍을 맞춘 다음 임팩트렌치(impact wrench)나 토크렌치(torque wrench)로 조인다.

제3편

합격예측 17. 3. 5 산

용접봉 피복제(Flux)의 역할

① 용접시 가스가 용접아크 주위를 보호하며 산화, 질화 등 변질을 방지한다.
② 중성 또는 환원성의 분위기를 만들어 대기 중의 산소나 질소의 침입을 방지하고 용융금속을 보호한다.
③ 함유원소를 이온화해 아크를 안정시킨다.
④ 용착금속에 합금원소를 가한다.
⑤ 용융금속의 탈산정련을 한다.
⑥ 표면의 냉각, 응고속도를 낮춘다.

용어정의 17. 5. 7 기

Gas gouging 18. 9. 15 산

철골공사에서 산소아세틸렌 불꽃을 이용하여 강재의 표면에 홈을 따내는 방법

용어정의 18. 9. 15 기

플럭스(Flux) 22. 4. 24 기

철골가공 및 용접에 있어 자동용접의 경우 용접봉의 피복재 역할로 쓰이는 분말상의 재료를 말한다.

합격예측

(1) 고장력 볼트접합

① 장점
· 화재위험이 없고 소음이 적다.
· 현장시공설비가 간단하다.
· 응력집중이 적고 반복응력에 강하다.

② 단점
· 나사의 마무리 정도가 어렵다.
· 판의 접촉면 상황의 관리가 어렵다.

(2) 고장력 볼트접합의 조임방법

① 1차 예비조임은 표준장력의 80[%]로 하고 2차조임에서 표준장력을 얻는다.
② 조임은 중앙에서 주변부(단부)로 조여 나간다.

(7) 클리어런스(Clearance)

리벳과 수직 재면과의 거리

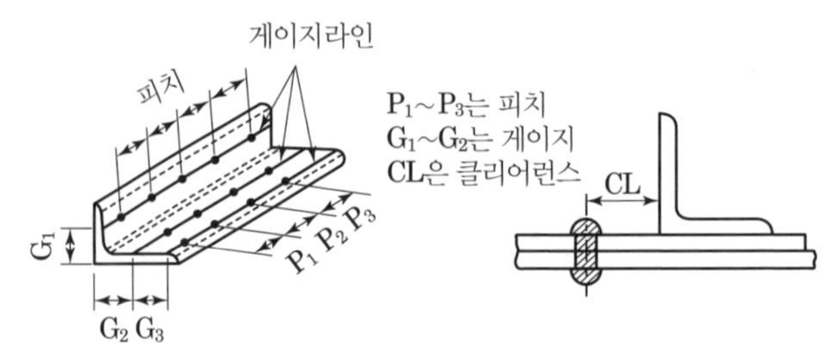

[그림] 리벳접합

(8) 볼트 및 핀구멍 지름크기 16. 3. 6 산

(단위 mm)

종류	구멍지름(D)	공칭축 직경(d)
고력 볼트	$d+2.0$ $d+3.0$	M16, M20, M22 M24, M27, M30
볼트	$d+0.5$	—
앵커 볼트	$d+5.0$	—
리벳	$d+1.0$ $d+1.5$	$d<20$ $d\geq 20$

3. 용접접합

(1) 용접의 종류 16. 3. 6 기 17. 5. 7 산

종 류	용접방법
가스압접	① 가스불꽃을 이용하는 압접방법이다. ② 접합하려는 부재의 면에 축방향의 압축력을 가하고 접합부위를 가열하여 접합한다. ③ 철근의 지름과 종류는 같은것 사용
가스용접	가스불꽃의 열을 이용하여 철재의 일부를 녹여 접합한다.
아크용접	① 아크에 의한 발열을 이용하여 금속을 용접하는 방법 ② 3,500[℃]의 아크열을 사용한다. ③ 모재와 용접봉이 용해되어 모재 사이에 틈 또는 살붙임 피복으로 한다. ④ 철골공사에 가장 많이 사용한다.
전기저항 용접	① 접합하는 양 금속을 접합시켜 전류를 흐르게 하면 접촉부는 고온이 된다. ② 기계적 압력을 가하여 접합시키는 용접법이다.

(2) 용접 결함

① 슬래그 감싸돌기 : 용접봉의 피복재 심선과 모재가 변하여 생긴 회분이 용착 금속 내에 혼입되는 현상을 말한다.
② 언더컷(Under-cut) : 모재가 녹아 용착 금속이 채워지지 않고 홈으로 남게 된 부분. 원인은 전류의 과대 또는 용접봉의 부적당에 기인된다.
③ 오버랩(Over-lap) : 용접 금속과 모재가 융합되지 않고 겹쳐지는 것이다.
④ 공기구멍(Blow hole) : 금속이 녹아들 때 생기는 기포나 작은 틈을 말한다.
⑤ 크랙(Crack) : 용접 후 냉각시에 생기는 갈라짐을 말한다.
⑥ 피트(Pit) : 용접부에 생기는 미세한 홈을 말한다.
⑦ 크레이터(Crater) : Arc용접시 끝부분이 항아리모양으로 패인 것을 말한다.

(3) 용접에 대한 주의사항 17. 9. 23 산

① 기온이 0[℃] 이하일 때에는 용접을 하여서는 안 되며, 기온이 0~15[℃] 이하일 때라도 용접 시작부에서 10[cm] 이내에 있는 모재의 온도를 36[℃] 이상이 되도록 하면서 용접을 진행시키도록 한다.
② 현장용접을 할 부재는 그 용접선에서 50[mm] 이내에 도장을 하여서는 안 된다. 단, KS 규격으로 정한 보일유의 얇은 층은 무방하다.
③ 맞대기용접의 살올림 높이는 손용접은 3[mm], 서브머지드 자동용접은 4[mm]를 넘지 않는다.

(4) 용접의 장단점

① 장점
㉮ 공해(소음, 진동)가 없다.
㉯ 철골 중량이 감소된다.
㉰ 단면이음이 간단하고 자유롭다.
㉱ 응력전달이 확실하다.
㉲ 의장적으로 쾌적하다.

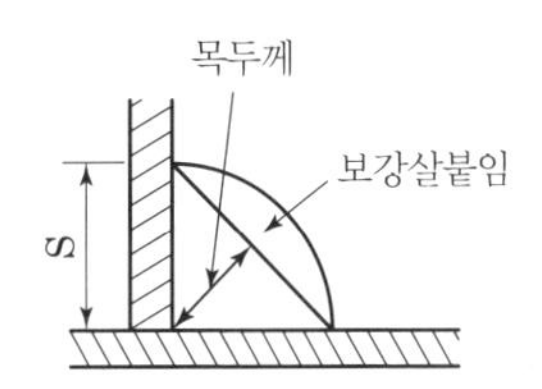

[그림] 모살용접 17. 3. 5 기 17. 9. 23 기 22. 3. 5 기

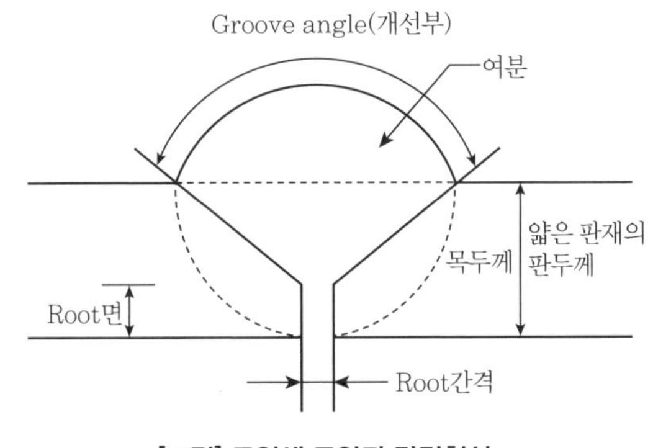

[그림] 트임새 모양과 단면형식

합격예측
Spatter(스패터)
아크용접이나 가스용접에서 용접 중 비산하는 Slag 및 금속입자가 경화된 것

합격예측
모살(Fillet) 용접의 종류
① 연속용접
② 단속용접
③ 병렬용접
④ 한면용접
⑤ 엇모용접(지그재그용접)

합격예측 20. 8. 22 기 20. 9. 27 기
철골의 내화피복공법
① 습식공법 : 타설공법, 조적공법, 미장공법, 뿜칠공법
② 건식공법 : 성형판 붙임공법, 멤브레인공법
③ 합성공법 : 천장판, PC판 등 마감재와 동시에 피복공사를 한다.
④ 복합공법 : 하나의 제품으로 2개의 기능을 충족시키는 내화피복 공법으로 내화피복과 커튼월, 천장판 등의 복합기능을 추구하는 공법

용어정의 17. 5. 7 기 18. 4. 28 산 19. 9. 21 산 20. 8. 23 산
Weeping과 Weaving
용접봉의 운행을 뜻하는 용어

Q 은행문제
철골공사 중 고장력볼트접합에 대한 설명 중 옳지 않은 것은?
① 고장력볼트란 항복강도 700[MPa] 이상, 인장강도 900[MPa] 이상인 볼트다.
② 접합방식의 종류는 마찰접합, 지압접합, 인장접합이 있다.
③ 볼트의 호칭지름에 의한 분류는 D16, D20, D22, D24로 한다.
④ 조임은 토크관리법과 너트회전법에 따른다.

정답 ③

② 단점 19. 9. 21 기

㉮ 강재의 재질적인 영향이 크다.

㉯ 용접 내부의 결함을 육안으로 알 수 없다.

㉰ 용접열에 의한 변형이나 왜곡이 생긴다.

㉱ 검사가 어렵고 비용과 시간이 걸린다.

㉲ 일체 구조가 되므로 응력집중이 민감하다.

㉳ 용접공 개인의 기능에 의존도가 크다.

2 철골세우기

1. 기둥세우기

(1) 현장철골 기둥세우기 순서 23. 2. 28 기

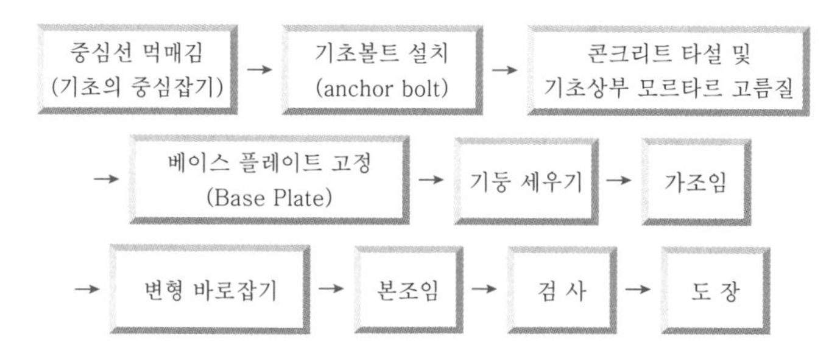

(2) 기초상부 고름질(기둥밑창 고르기)

① 정의 : 철골세우기에서 기초상부는 베이스판을 완전수평으로 밀착시키기 위해서 30~50[mm] 두께로 모르타르를 펴 바른다.

② 종류

㉮ 전면바름 마무리법 ㉯ 나중채워넣기 중심바름법

㉰ 나중채워넣기 십자(+)바름법 ㉱ 완전나중채워넣기법

2. 세우기용 기계 17. 5. 7 기 18. 4.28 기

종류	특징
가이데릭 (Guy derrick) 23. 6. 4 기	① 가장 일반적으로 사용되는 기중기의 일종 ② 5~10[ton] 정도의 것이 많다. ③ Guy의 수 : 6~8개 ④ 붐(Boom)의 회전범위 : 360[°] ⑤ 7.5[ton] 데릭을 1일 세우기 능력 : 철골재 15~20[ton] ⑥ 붐의 길이는 주축으로 Mast보다 짧게 한다. ⑦ 당김줄은 지면과 45[°] 이하가 되도록 한다.

합격예측

초음파 탐상법의 특징

① 방사선 투과시험은 인체에 해로우나 초음파법은 해로운 유해물질 발생이 없다.

② 필름이 없고 기록성이 없으며 검사비용이 싸고 빠르다.

③ X선 판정불가 부분과 T형 접합 미세부분 판정이 가능하다.

④ 판두께 5[mm] 이상은 판정불가능하며 판정결과에 개인차이가 있다.

⑤ 방사선투과시험(X선탐사)은 두께 100[mm] 이상도 검사가 가능하다.

용어정의

시어 커넥터 18. 3. 4 기 **(Shear connector)**

① 콘크리트와의 합성구조에서 양재간에 발생하는 전단력의 전달, 보강 및 일체성 확보를 위해 설치하는 연결재를 말한다.

② 부재명칭 : stud(스터드)

합격예측

기초(Ancher) 볼트의 매입공법

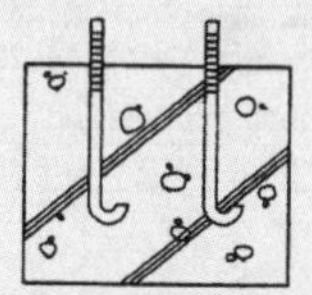
① 고정매입

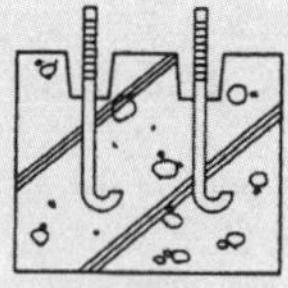
② 가동매입

③ 나중매입

스티프레그데릭 (Stiffleg derrick) 18. 3. 4 기	① 3각형 토대 위에 철골재 3각을 놓고 이것으로 붐을 조작한다. ② 가이데릭에 비해 수평이동이 가능하므로 층수가 낮은 긴 평면에 유리하다. ③ 회전범위 : 270[°](작업범위 180[°])
진폴 (Gin pole)	① 1개의 기둥을 세워 철골을 매달아 세우는 가장 간단한 설비이다. ② 소규모 철골공사에 사용한다. ③ 옥탑 등의 돌출부에 쓰이고 중량재료를 달아 올리기에 편리하다.
트럭크레인 (Truck crane)	① 트럭에 설치한 크레인이다. ② 이동이 용이하고 작업능률이 높다.
타워크레인 (Tower crane)	타워 위에 크레인을 설치한 것이다.

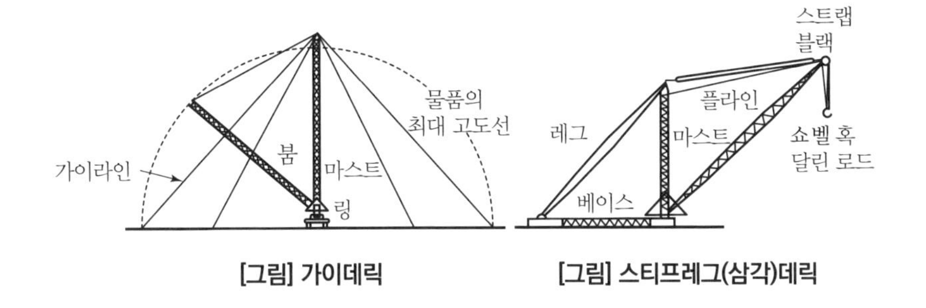

[그림] 가이데릭 [그림] 스티프레그(삼각)데릭

3. 기초(Ancher) 볼트 매입공법의 종류

(1) 고정매입공법

① 정밀한 검사, 중요공사에 사용, 앵커 볼트 지름이 클 때 사용.
② 앵커볼트를 정확한 위치에 고정시키고 콘크리트 타설, 위치수정이 불가능, 구조적으로 튼튼하다.

(2) 가동매입공법

① 깔대기 모양의 통을 미리 매설하여 콘크리트타설
② 두부가 나중에 다소 조절이 가능하고, 경미한 공사에 사용된다

(3) 나중매입공법

① 기초볼트 자리를 콘크리트가 채워지지 않도록 타설하였다가 나중에 앵커 볼트를 묻고 그라우팅으로 고정
② 위치 수정이 가능하며, 기계설치 등 소규모 공사에 이용된다.

합격예측

고력볼트접합의 장점
① 접합부의 강성이 높다.
② 마찰접합, 소음이 없다.
③ 피로강도가 높다.
④ 불량부분 수정이 쉽다.
⑤ 노동력 절약, 공기단축이 가능하다.
⑥ 화재, 재해의 위험이 적다.
⑦ 현장시공설비가 간단하다.
⑧ 너트가 풀리지 않는다.

합격예측

용접결함 17. 5. 7 기

①
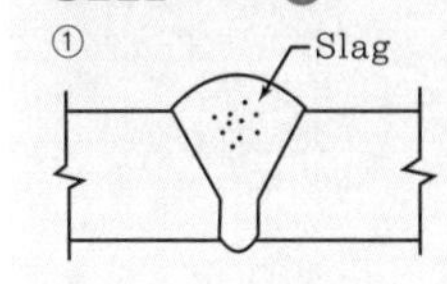

②
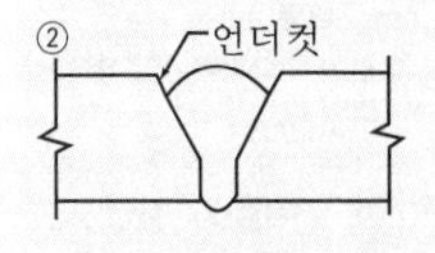

③
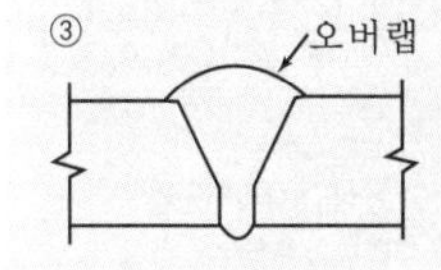

④
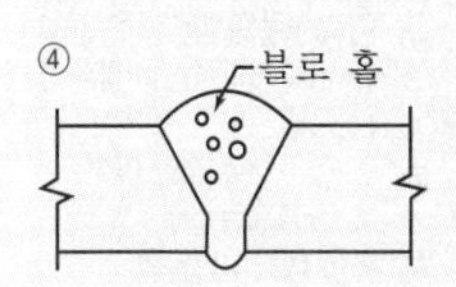

⑤
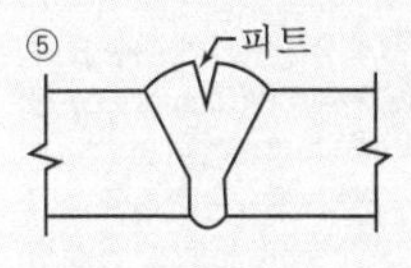

⑥
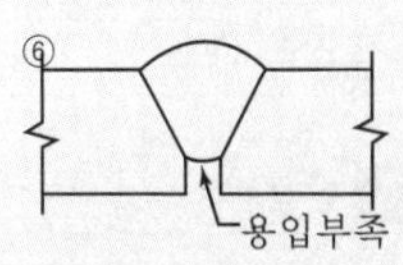

참고

주각부형식의 종류
① 노출주각
② 보강주각
③ 매립주각

합격예측

(1) 습식 내화피복공법 17. 3. 5 산 17. 5. 7 기 18. 4. 28 산 20. 6. 7 기

① 타설공법 : 철골구조체 주위에 거푸집을 설치하고 보통 Con'c, 경량 Con'c를 타설하는 공법

② 뿜칠공법 : 철골표면에 접착제를 도포한 후 내화재를 도포하는 공법 (뿜칠암면, 습식뿜칠암면, 뿜칠Mortar, 뿜칠Plaster)

③ 미장공법 : 철골에 용접철망을 부착하여 모르타르로 미장하는 방법 (철망Mortar, 철망펄라이트 Mortar)

④ 조적공법 : Con'c 블록, 경량 Con'c 블록, 돌, 벽돌

(2) 건식 내화피복공법(성형판 붙임공법)

내화단열이 우수한 성형판의 접착제나 연결철물을 이용하여 부착하는 공법 (P.C판, A.L.C판, 석면시멘트판, 석면규산칼슘판, 석면성형판)

(3) 합성 내화피복공법

이종재료를 적층하거나, 이질재료의 접합으로 일체화하여 내화성능을 발휘하는 공법

① 이종재료 적층공법

② 이질재료 접합공법

(4) 복합 내화피복공법

하나의 제품으로 2개의 기능을 충족시키는 공법

(5) 멤브레인(Membrane) 공법 20. 6. 14 산

암면 흡음판을 철골 주위에 붙여시공하는 공법(흡음성과 내화성)

Q 은행문제

경량형강공사에 사용되는 부재 중 지붕에서 지붕내력을 받는 경사진 구조부재로서 트러스와 달리 하현재가 없는 것은? 18. 3. 4 기

① 스터드 ② 윈드 칼럼
③ 아웃리거 ④ 래프터

정답 ④

4. 고력볼트(high tension bolt) 접합

체결을 위해 여러 가지로 배려된 볼트, 너트 또는 와셔로 구성된 고력볼트의 세트이며, 고탄소강 또는 합금강을 열처리해서 만든다.(항복점 $7[t/cm^2]$ 이상, 인장강도 $9[t/cm^2]$ 이상)

(1) 특징 19. 9. 21 산

① 강한 조임력으로 너트의 풀림이 생기지 않는다.
② 응력방향이 바뀌더라도 혼란이 일어나지 않는다.(불량개소수정용이)
③ 응력집중이 적으므로 반복응력에 대해서 강하다.
④ 고력볼트의 전단응력과 판의 지압응력이 생기지 않는다.
⑤ 유효단면적당 응력이 작으며, 피로강도가 높다.

(2) 종류

① 일반적으로 고력볼트접합이라고 하면 마찰접합을 의미한다.
② 호칭지름은 M12 등으로 표시한다.

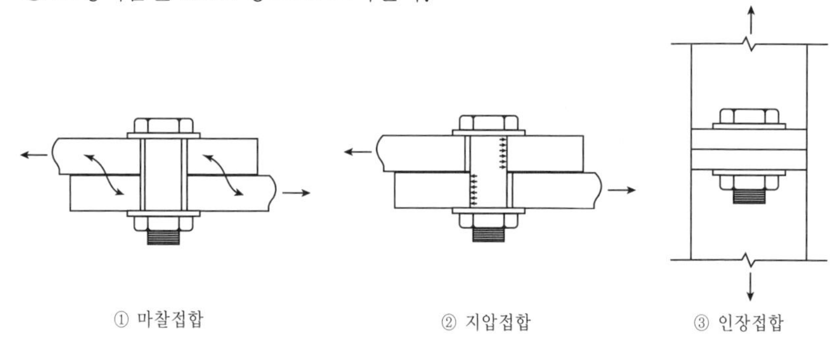

[그림] 접합의 종류

핀테일은 계속 돌려서 조여지면 안정상태이후에서 떨어져나가는 부재인데, 성능시험할 때 쓰인다.

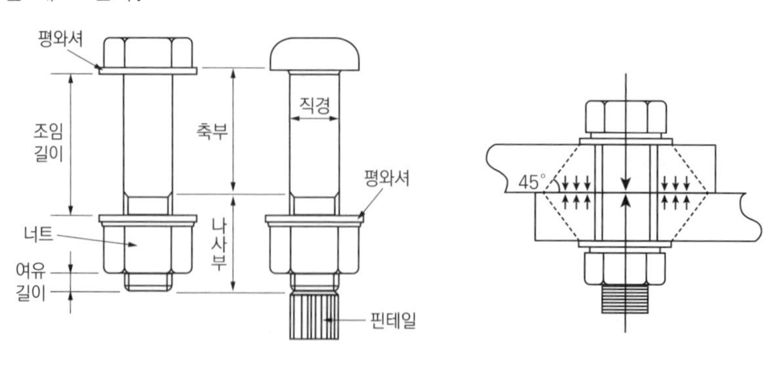

[그림] 고력볼트 각부의 명칭 **[그림] 응력전달기구**

(3) 접합방법

① **마찰접합** : 고력볼트의 강력한 조임력에 의해 부재간에 발생하는 마찰력에 의해 응력을 전달하는 접합형식이다. 응력의 흐름이 원활하며 접합부의 강성이 높으며, 부재의 접합면에서 응력이 전달되기 때문에 국부적인 응력집중현상이 생길 염려가 없다.

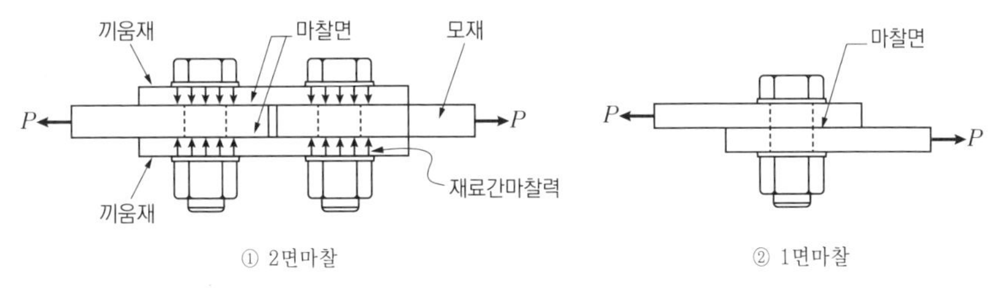

[그림] 마찰접합

② **지압접합** : 부재간 발생하는 마찰력과 고력볼트 축의 전단력 및 부재의 지압력을 동시에 발생시켜 응력을 부담하는 접합방법이다. 고력볼트 자체의 고강도성을 유효하게 이용하고자 하는 접합법이기 때문에 종국내력이 고력볼트의 전단내력에 의해 결정되는 이음부의 접합방식으로 이용된다.

③ **인장접합** : 고력볼트를 조일 때의 부재간 압축력을 이용하여 응력을 전달시키지만, 마찰이 관여하지 않는다는 점에서 마찰접합과 본질적으로 다름. 충분한 축력에 의하여 조임된 접합부에 인장외력이 작용할 때 부재간 압축력과 인장력이 평형산태를 이루기 때문에 부가되는 축력은 미소하게 됨. 따라서 접합부의 변형은 적고, 강서잉 대단히 크며 조립시공시 편리하다.

(4) 베이스 플레이트(철골공사 시방서) 17. 3. 5 기

① 베이스 플레이트 하부에 채워 넣는 베이스 모르타르는 무수축 모르타르로 한다.

② 모르타르의 두께는 30[mm] 이상 50[mm] 이내로 한다.

③ 모르타르의 크기는 200[mm] 각 또는 직경 200[mm] 이상으로 한다.

④ 베이스 모르타르는 철골 설치 전 3일 이상 양생하여야 한다.

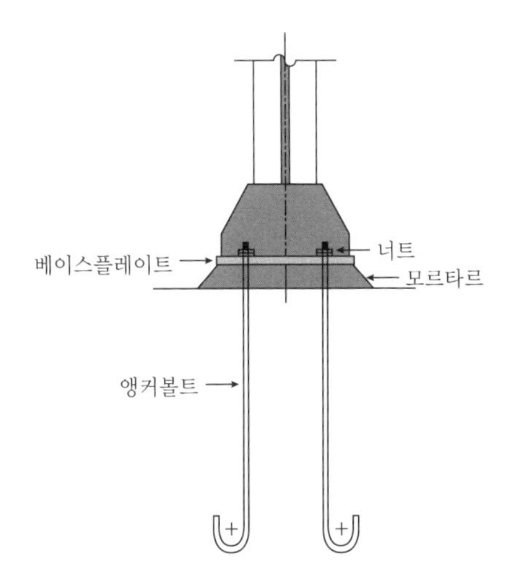

[그림] 베이스 플레이트

Q 은행문제 17. 5. 7 기

콘크리트 충전강관구조(CFT)에 관한 설명으로 옳지 않은 것은?

① 일반형강에 비하여 국부좌굴에 불리하다.
② 콘크리트 충전 시 내부의 콘크리트와 외부 강관의 역학적 거동에서 합성구조라 볼 수 있다.
③ 콘크리트 충전 시 별도의 거푸집이 필요하지 않다.
④ 접합부 용접기술이 발달한 일본 등에서 활성화되어 있다.

해설

콘크리트 충전강관구조(CFT)

(1) 개요
① 콘크리트 충전강관구조는 원형 또는 각형강관의 내부에 고강도 콘크리트를 충전한 구조이다.
② 강관이 콘크리트를 구속하는 특성에 의해 강성, 내력, 변형, 내화시공 등 여러면에서 뛰어난 공법이다.

(2) 장점
① 강재나 철근콘크리트 기둥에 비해 세장비가 작아 단면적 축소가능
② 강관과 콘크리트의 효율적인 합성작용에 의해 횡력 저항성능 우수
③ 연성과 에너지 흡수능력이 뛰어나 초고층 구조물의 내진성 유리
④ 강관이 거푸집의 역할을 하므로 거푸집 불필요
⑤ 콘크리트 충전작업이 공정에 영향을 미치지 않아 공기단축

(3) 단점
① 내화성능이 우수하나 별도의 내화피복 필요
② 콘크리트 충전성 확인 곤란
③ 보와 기둥의 연속접합 시공 곤란
④ 강관내부 습기에 의한 동결 및 화재에 의해 파열 가능성

정답 ①

Chapter 05

철골공사
출제예상문제

출제예상문제는 복습, 예습문제로 엮었습니다. *WHY : 실제시험에도 순서에 관계없이 출제됩니다. 예습 후 다음장에 공부한 문제가 있으면 기억이 배가 됩니다.

01 ★★★★★ 철골세우기용 기계설비가 아닌 것은?

① clamshell ② guy derrick
③ gin pole ④ truck crane

해설

철골 세우기용 기계의 특징

(1) 가이데릭
① 가이로 마스트를 지지하는 형식으로 철골세우기에 사용된다.
② 가장 많이 사용되는 철골 세우기용 기중기이다.
③ 능력이 크고 중량물의 장내 운반에도 쓰이며, 공사 전체에 유효하다.
④ 설비 자체가 중량물이고 크므로 기초가 안전해야 사용한다.
⑤ 수평이동이 불가능하다.
⑥ 붐의 행동범위는 360[°]이다.
⑦ 기계 대수의 결정요인
㉮ 평면높이의 가동범위
㉯ 조립능력
㉰ 공사기간

(2) 트럭크레인
① 운반작업에 매우 편리하다.
② 평면적인 넓은 장소에 사용하기 적합하다.
③ 철골세우기 작업 때는 사용 장소의 출입이 곤란하다.

(3) 진폴
① 폴데릭이라고도 한다.
② 중량 재료를 달아올리는 데 사용한다.
③ 소규모 또는 가이데릭으로 할 수 없는 펜트하우스 등의 돌출부에 사용한다.
④ 널말뚝 빼기와 목조건물 세우기에 사용한다.

02 ★★ 철골조의 장·단점에 대한 다음의 설명 중 부적당한 것은 어느 것인가?

① 공법이 자유롭다.
② 철근 콘크리트조에 비하여 자중이 크다.
③ 비내화적이다.
④ 강재는 재질이 균등하다.

해설

철골조의 특징

① 균등한 품질을 기대할 수 있다.
② 내하력이 큰 반면에 구조체 자체의 중량(자중)은 작다.
③ 부재가 세장하므로 변형, 좌굴 등이 발생한다.
④ 정밀도가 높은 공장가공으로 완성된 부재를 현장으로 운반하여 조립하므로 공기를 단축할 수 있다.
⑤ 가구식 구조이므로 조립시 주의해야 한다.
⑥ 내화, 내구성에 특별히 주의해야 한다.

03 ★★★ 철골조 건축물의 가공순서로 맞는 것은 어느 것인가?

① 원척도 – 본뜨기 – 금매김 – 절단 – 구멍뚫기 – 가조립 – 리벳치기 – 검사 – 운반
② 원척도 – 금매김 – 본뜨기 – 구멍뚫기 – 절단 – 가조립 – 리벳치기 – 검사 – 운반
③ 원척도 – 본뜨기 – 구멍뚫기 – 금매김 – 절단 – 가조립 – 리벳치기 – 검사 – 운반
④ 원척도 – 가조립 – 구멍뚫기 – 절단 – 금매김 – 본뜨기 – 리벳치기 – 검사 – 운반

해설

철골조 건축물 가공순서

① 원척도 작성 ② 본뜨기 ③ 금매김 ④ 절단
⑤ 구멍뚫기 ⑥ 가조립 ⑦ 리벳치기 ⑧ 검사
⑨ 녹막이칠 ⑩ 운반

04 ★★ 다음 중 철골공사에서 두께 13[mm] 이상의 철판을 뚫을 때 쓰이는 공구는?

① gas ② punching machine
③ drill ④ reamer

[정답] 01 ① 02 ② 03 ① 04 ③

해설

구멍뚫기방법

(1) 송곳뚫기방법
  ① 부재의 두께가 13[mm] 이상일 경우 사용
  ② 주철재일 경우 사용
  ③ 물탱크, 기름탱크일 경우 사용
  ④ 주요 세밀한 부분 사용
(2) 13[mm] 이상의 철판을 뚫을 경우에는 드릴(drill)을 사용한다.

05 ★★ 다음 용접에 관한 기술 중 옳지 않은 것은 어느 것인가?

① 교류아크용접기는 값이 싸고 고장이 적어 많이 쓰인다.
② 용접봉의 심선은 4[mm]가 표준이고, 6[mm]는 고능률용으로 쓰인다.
③ 용접 상부를 따라 모재가 녹아 용착 금속이 채워지지 않는 것을 언더컷이라 한다.
④ 판두께가 다를 때의 맞댐용접은 높은 면에서 낮은 면으로 매끈하게 이행되도록 용착 붙임을 한다.

해설

① 판두께가 다를 때의 맞댐용접은 두께가 얇은 면에서 두꺼운 면으로 한다.
② 용접시 표면이 매끈하게 이행되도록 용착붙임을 한다.

06 ★★ 용접작업시 주의해야 할 사항으로 부적당한 것은 어느 것인가?

① 용접할 소재는 치수에 여분을 두어서는 안 된다.
② 우설, 강풍시에는 야외 용접은 하지 않는 것을 원칙으로 한다.
③ 용접설비는 누전, 전격 등의 위험이 있으므로 화재 및 아크광선에 대한 장해 방지에 주의해야 한다.
④ 현장용접을 해야 할 부재는 그 용접선에서 50[mm] 이내는 얇은 보일유 이외의 칠을 해서는 안 된다.

해설

① 용접할 소재는 고열수열로 인해 수축, 균열, 팽창한다.
② 마무리 작업시에 부재 치수의 여분을 두어야 한다.

07 ★★★ 다음 중 철골공사에서 가장 많이 사용되는 용접방식은 어느 것인가?

① 가스용접　② 가스압접
③ 아크용접　④ 전기저항용접

해설

철골공사 용접방식

① 철골공사에서 가장 많이 사용되는 용접은 아크용접이다.
② 아크에 의한 발열을 이용하여 금속을 용접하는 방법이다.
③ 3,500[℃] 정도의 아크를 일으켜 그 열로 모재의 접합부를 녹임과 동시에 용접부의 끝이 용해되어 모재 사이의 틈 또는 살붙임 피복으로 작업한다.

08 ★★★ 다음 중 단순한 철골구조 1[ton]당 도장면적으로 적당한 것은 몇 [m^2]인가?

① 10~15[m^2]　② 25~30[m^2]
③ 51~65[m^2]　④ 65~76[m^2]

해설

철골 1[ton]당 도장면적

① 간단한 구조 : 25~30[m^2]
② 보통의 구조 : 33~50[m^2]
③ 복잡한 구조 : 51~65[m^2]

09 ★ 다음 중 철골공사에서 원척도를 그릴 때 리벳을 배치하는 위치로 적당한 것은 어느 것인가?

① 게이지라인　② 부재의 중심선
③ 피치라인　④ 부재의 응력중심선

해설

① 리벳의 중심을 연결한 선이 게이지라인이다.
② 원척도 작성시 게이지라인에 따라 리벳(rivet)을 배치한다.

10 ★★ 다음 중 철골 철근 콘크리트조 건물에 있어서 톤당 사용하는 공장의 리벳수는?

① 100~200본　② 200~250본
③ 300~400본　④ 400~500본

[정답] 05 ④ 06 ① 07 ③ 08 ② 09 ① 10 ②

제3편

해설

(1) 철골공사에 있어 공장 리벳수는 단위톤당 200~250본이며 중량은 40~60[kg]이다.
(2) 철골 부재 1톤당 리벳의 소요량
 ① 래티스보 : 300~400본
 ② 지붕틀 : 450~500본
 ③ 강판기둥 : 200~1,300본

11 ★★ 다음 중 철골공사에서 용접이 리벳치기보다 유리한 점은?

① 실내 작업이다.
② 접합점이 견고하다.
③ 철강의 양을 줄일 수 있다.
④ 공사기간을 단축할 수 있다.

해설

① 용접이음은 볼트나 리벳접합에 비하여 결합점을 견고하게 접합할 수 있는 것이 특징이다.
② 용접이음은 어떠한 결합방식보다도 이음효율이 가장 견고하다.

12 ★ 다음 중 철골공사 공정에서 가장 나중에 실시되는 공정은 무엇인가?

① 녹막이칠　② 금긋기
③ 리벳치기　④ 구멍뚫기

해설

철골공사 공정순서
원척도 제작-본뜨기-변형 바로잡기-금긋기-절단 및 가공-구멍뚫기-가볼트 죄기-리벳치기-볼트조임-검사-녹막이칠-운반

참고 문제 3번 해설 참조

13 ★★★ 다음 중 guy derrick에 관한 기술 중 바르지 못한 것은?

① mast의 길이는 boom의 길이보다 3~5[m] 짧다.
② boom의 수평 회전 한도는 360[°] 회전이 가능하다.
③ boom은 그 바닥판을 핀 접합으로 하여 올릴 수 있게 붙인다.
④ guy derrick은 1본의 mast 밑부분에 boom을 붙인다.

해설

guy derrick의 특징
① 철골구조를 세우기에 가장 많이 사용되는 기계로 5~10[t] 정도의 재료의 장내 운반에 사용되며 공사 전체에 유효하게 사용된다.
② boom의 길이는 mast의 길이보다 3~5[m] 정도 짧게 하여 회전할 때까지 wire rope에 걸리지 않게 세워 회전한다.

14 ★★ 리벳치기에 있어 최소리벳 상호간의 중심 거리로서 옳은 것은?

① 2.0d　② 2.5d
③ 3.0d　④ 3.5d

해설

리벳치기
① 리벳의 피치는 2.5d 이상으로 한다.
② 리벳의 표준은 3~4d이다.

15 ★★ 철골 용접작업 중 운봉을 용접방향에 대하여 가로로 왔다갔다 움직여 금속을 녹여 붙이는 것의 용어로서 옳은 것은? 17. 5. 7 산

① 밀 스케일(mill scale)　② 그루브(groove)
③ 위핑(weeping)　④ 블로홀(blow hole)

해설

위핑(weeping)
(1) weeping
 용접방향과 직각으로 용접봉 끝을 움직여 용착나비를 증가시켜 용접층수를 작게 하여 능률적으로 용접을 행하는 운봉법(열변형 방지)
(2) 목적
 용착나비 증가, 위핑 폭은 총지름의 3배 이하(2배 적당), blow hole 방지, slag 발생

16 ★★★ 연약지반의 공사장 주변을 원활하게 이동하면서 철골세우기가 가능한 장비는?

① 가이데릭　② 스티프레그데릭
③ 트럭크레인　④ 크롤러크레인

[정답] 11 ② 12 ① 13 ① 14 ② 15 ③ 16 ④

해설

철골세우기용 기계의 특징

① 가이데릭 : 가장 일반적으로 많이 사용되는 기중기이다. 붐의 회전범위가 360[°]이고, 철골의 장내 운반에도 이용된다.
② 스티프레그데릭 : 삼각데릭이라고도 하며, 수평이동이 용이하므로 층수가 낮은 긴 평면건물에 유리하다.
③ 트럭크레인 : 자주, 자립이 가능하며, 기동력이 좋아 대규모 공장건물 등에 적합하다.
④ 크롤러크레인 : 셔블을 기본 본체로 크레인 연결부를 본체에 부착시킨 것이다.

17 ★★★★★ 철골조립 및 설치에 있어서 사용되는 기계와 관계가 없는 것은?

① 진폴(gin pole)
② 윈치(winch)
③ 타워크레인(tower crane)
④ 리버스 서큘레이션 드릴(reverse circulation drill)

해설

리버스 서큘레이션 드릴은 토공사와 기초(pier)파기용 기계이다.

18 ★★★ 철골공사에서 세우기 계획을 수립할 때 철골제작공장과 협의해야 할 사항이 아닌 것은? 17. 5. 7 산

① 반입철골의 중량　② 반입시간의 확인
③ 반입부재수의 확인　④ 부재반입의 순서

해설

철골세우기 계획수립시 철골제작 공장과 협의할 사항 3가지

① 부재반입순서 확인
② 반입부재수의 확인
③ 반입시간의 확인

19 ★★ 다음 중 철골세우기에 있어서의 주의사항과 거리가 먼 것은?

① 가조립 볼트의 수는 현장치기 리벳수의 1/8 이상으로 한다.
② 기둥의 베이스 플레이트는 중심선 및 높이를 정확히 조립한다.
③ 층수가 적고 긴 평면의 건물일 때는 스티프레그데릭이 유리하다.
④ 세우기의 순서는 구성부재를 높은 반대편에서 시작함이 좋다.

해설

세우기용 가 볼트수

① 전 리벳수의 20~30[%]
② 현장 리벳수의 1/5 이상

보충학습

(1) 너트풀림 방지법
① 스프링와셔 사용
② 이중너트 사용
③ 너트를 용접
④ Con'c에 매립

(2) 경량철골(형강)
경량형강은 1.6~4.0mm의 두께로 여러종류가 있으며, 그 중 립(lip)이 달린 ㄷ 형강(lip channel)이 많이 쓰인다.
① 강재의 양은 적으면서 휨 및 좌굴강도는 크다.
② 단면계수, 단면 2차 변경이 크고, 경량이므로 경제적이다.
③ 판두께가 얇기 때문에 국부좌굴, 국부변형, 비틀림 등이 생기기 쉽다.
④ 가공순서 : 재료반입 → 절단 → 용접조립재의 가공 → 녹막이칠

20 ★★★★★ 상하기복형으로 협소한 공간에서 작업이 용이하고 장애물이 있을 때 효과적인 장비로서 초고층건축물 공사에 많이 사용되는 장비는?

① 호시스트카　② 타워크레인
③ 러핑크레인　④ 데릭

해설

L형(Luffing) 타워크레인의 주요 구조

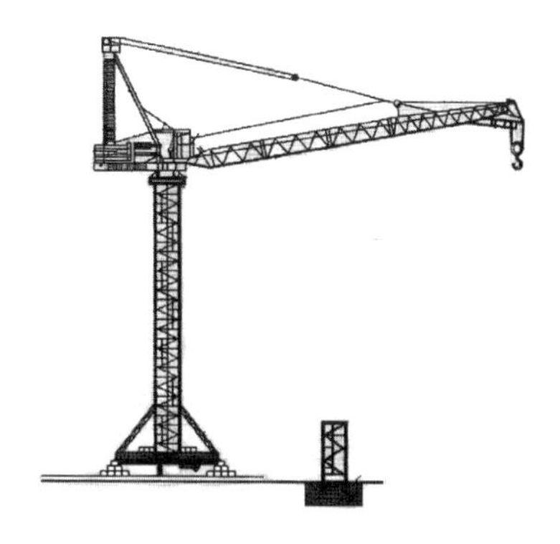

[정답] 17④ 18① 19① 20③

Chapter 06

조적공사

중점 학습내용

건설안전기사/건설안전산업기사 합격을 위해서 다음 내용을 충실히 공부해야 한다.

1 벽돌쌓기 방법
2 벽돌쌓기 형식, 균열 등의 대책
3 백화현상
4 블록쌓기 요령 및 종류
5 석재의 종류, 특징

시험에 출제가 예상되는 본 교재의 중심적인 내용은 다음과 같다.

❶ 벽돌공사
❷ 블록공사
❸ 석조공사
❹ 타일공사

CBT 합격날개

합격예측 17. 3. 5 기 19. 9. 21 기

백화현상
벽돌벽외부에 공사완료후 흰 가루가 돋는 조성

백화현상의 방지대책 23. 6. 4 기
① 잘 구워진 벽돌(소성이 잘 된 벽돌)을 사용한다.
② 줄눈의 방수처리 철저, 예방이 중요하다.
③ 조립률이 큰 모래, 분말도가 큰 시멘트를 사용한다.
④ 차양, 루버, 돌림띠 등 비막이를 설치한다.
⑤ 표면에 파라핀 도료나 실리콘 뿜칠하여 수산화칼슘 유출을 방지한다.
⑥ 우중시공을 철저히 금지시킨다.

참고

경량벽돌의 특징
① 공동벽돌(Hollow block)
② 건물경량화 도모
③ 다공벽돌
④ 보온 및 방음방열
⑤ 못치기 용도

1 벽돌공사

1. 시멘트벽돌

① 시멘트와 골재를 배합하여 성형 제작한 것이다.

[표] 콘크리트 벽돌 종류

종류	압축강도[N/mm^2]	흡수율[%]	용도
1종	13이상	7이하	옥외, 내력 구조
2종	8이상	13이하	옥내, 비내력 구조

② 성형 후에도 500도시(도시란 온도와 시간을 곱한 수치로서 500도시는 21[℃]로 약 24시간 유지한 수치임) 이상 다습 상태에서 보양하여야 한다.

2. 붉은벽돌

① 소성온도 : 900~1,000[℃]이며, 일반 조적 구조재 등에 사용
② 벽돌치수[단위 : mm]

[표] 벽돌치수 및 허용값(규격)

구분		길이	나비	두께
표준형	치수(mm)	190	90	57
일반형	치수(mm)	210	100	60
허용값		±5[%]	±3[%]	±2.5[%]

③ 품질(붉은 벽돌 : KSL 4201, 2019.11.11.) 17. 5. 7 기 18. 4.28 산

등급	압축강도압축강도[N/mm²]	흡수율
1종	24.50 이상	10[%] 이하
2종	14.70 이상	15[%] 이하

3. 내화벽돌(Fire brick)

(1) 제게르추(Seger-Keger cone, S.K)

① 제게르추는 세모뿔형으로 된 것으로 노 중의 고온도(600~2,000[℃])를 측정하는 온도계이다.

② 세모뿔의 경화 정도로써 온도를 알 수가 있다.

③ 내화벽돌은 S.K NO.26(내화 온도 1,580[℃]) 이상의 내화도를 가지고 있다.

④ 굴뚝, 난로 등의 내부쌓기용으로는 S.K NO.26~29 정도의 것이 사용된다.

(2) 내화벽돌의 기준치수

구 분	길 이	나 비	두 께
치수[mm]	230	114	65
허용값	±3.5[%]	±2[%]	±2[%]

(3) 내화벽돌의 내화도

등 급	S.K-No	내화온도
저급	26~29	1,580~1,650[℃]
보통	30~33	1,670~1,730[℃]
고급	34~42	1,750~2,000[℃]

(4) 벽돌쌓기 시공에 대한 주의사항 17. 5. 7 기 18. 3. 4 기 18. 4.28 기

① 줄눈은 가로는 벽돌벽 기준틀에 수평실을 치고 세로는 다림추로 일직선상에 오도록 한다.

② 굳기 시작한 모르타르는 사용하지 않는다.(물을 부어 비빈 후 1시간 이내에 쓰도록 한다.)

③ 벽돌벽은 가급적 균일한 높이로 쌓고 1일 쌓기높이는 1.2~1.5[m](18~22켜) 정도로 한다.

④ 붉은벽돌은 쌓기 전에 충분한 물축임을 한다.(시멘트벽돌은 쌓으면서 뿌리거나 쌓는 벽 옆에서 뿌린다.)

⑤ 도중에 쌓기를 중단할 때에는 층단들여쌓기로 하고 직각으로 교차되는 벽의 물림은 켜걸름들여쌓기로 한다.

합격예측

벽돌쌓기 기본

① 강도상 벽돌, 블록쌓기는 막힌줄눈쌓기가 원칙이다.
② 보강 콘크리트 블록은 통줄눈이 생긴다.

합격예측

① 내화벽돌 줄눈 표준높이 : 6[mm]
② 벽돌면 내벽의 시멘트모르타르 바름 두께 표준 : 18[mm] 18. 9. 15 산

용어정의

괄벽돌(과소벽돌)의 특징

① 지나치게 높은 온도로 구워진 벽돌로 강도는 우수하고 흡수율은 적다.
② 치장재, 기초쌓기용으로 사용한다.

합격예측

벽체의 종류

① 내력벽(bearing wall)
상부 구조물의 하중을 기초에 전달하는 벽, 일반적으로 외측벽
② 장막벽
(비내력벽, curtain wall)
벽 자체의 하중만을 받고 자립하는 벽, 경미한 칸막이벽
③ 이중벽
(중공벽, cavity hallow wall)
중간부에 공간을 두게 이중으로 쌓는 벽, 보온·방습 등의 목적

합격예측

기초상부 고름질 방법

기초상부와 베이스 플레이트를 수평으로 밀착시킬 목적으로 1:1 또는 1:2 모르타르를 30mm 두께로 바른다.
① 전면바름법
② 나중 채워 넣기 중심바름법
③ 나중 채워 넣기+자바름법
④ 나중 채워 넣기 방법

⑥ 통줄눈은 피하여 특별한 때 이외에는 영국식쌓기 및 화란식쌓기로 한다.
⑦ 줄눈나비는 가로 세로 10[mm]를 표준으로 하고 줄눈에 모르타르가 빈틈없이 채워지도록 한다.

(5) 세로 규준틀에 기입해야 할 사항

① 블록의 칸수 ② 창문틀 위치
③ 앵커볼트의 위치 ④ 나무벽돌 위치

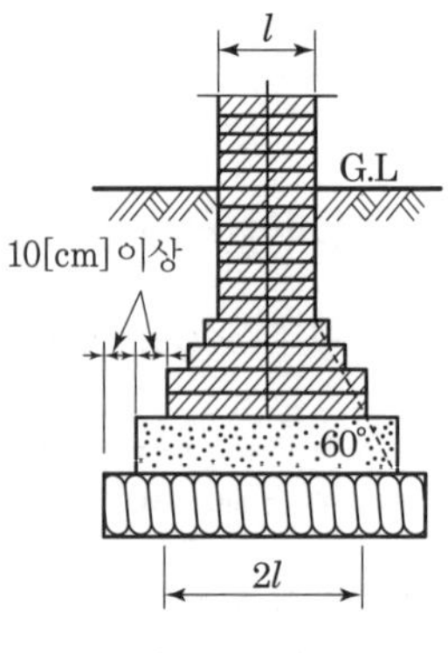

[그림] 기초쌓기

(6) 모르타르 배합비

① 일반쌓기용－1：3~1：5
② 아치쌓기용－1：2
③ 치장줄눈용－1：1

(7) 내화벽돌쌓기 시공에 대한 주의사항

① 내화벽돌은 기건성이므로 물축이기를 하지 않고 쌓아야 되며, 보관시에도 우로를 피해야 하고 모르타르는 내화 모르타르 또는 단열 모르타르를 사용한다.
② 줄눈나비는 6[mm]를 표준으로 한다.
③ 굴뚝, 연도 등의 안쌓기는 구조 벽체에서 0.5B 정도 떼어 공간을 두고 쌓되 거리 간격 60[cm] 정도마다 엇갈림으로 구조 벽체와 접촉하여 자립할 수 있게 쌓는다.
④ 내화벽돌쌓기가 끝나는 대로 줄눈을 흙손으로 눌러 두고 줄눈은 줄바르고 평활하게 바른다.

(8) 벽돌쌓기형식

① 쌓기방법에 의한 분류

㉮ 영식쌓기：한 켜는 마구리쌓기 다음 켜는 길이쌓기로 하고, 모서리나 벽끝에는 이오토막을 쓴다. 벽돌쌓기 중 가장 튼튼한 법이다.(도면 및 시방서에 쌓기법 없을 때도 적용) 20. 8. 22 기

㉯ 네덜란드식쌓기(화란식쌓기)：영식쌓기와 거의 같고 모서리 끝에는 칠오토막을 쓴다.

㉰ 프랑스식쌓기(불식쌓기)：매켜에 길이쌓기와 마구리쌓기를 번갈아 쌓는 것이고 외관이 아름다워 강도를 요하지 않는 벽체 또는 벽돌담에 쓰인다.

㉱ 미식쌓기：뒷면은 영식쌓기, 표면에는 치장벽돌로 쌓는 것으로 5켜까지는 길이쌓기로 하고 다음 한 켜는 마구리쌓기로 하여 뒷벽돌에 물려서 쌓는 방법이다.

합격예측

벽돌벽두께 계산법

① 표준형 벽돌크기 9[cm]×9[cm]×5.7[cm]
② 1.5B 쌓기 두께 9[cm]+9[cm]=28[cm]
③ 줄눈두께 1[cm] 포함하여 29[cm]이다.
④ 4.5B쌓기는 1.5B 두께×3=87[cm]이며 여기에 줄눈이 2번 들어가므로 87[cm]+2[cm]=89[cm]가 적당하다.

참고

내화벽돌의 종류

① 산성내화벽돌
② 염기성내화벽돌
③ 중성내화벽돌

합격예측

벽돌쌓기 방법

(1) 기둥쌓기
① 수직으로 정확히 쌓아 올리며, 횡력 또는 충격이 예상되는 곳에는 충분한 보강을 한다.
② 두께는 최소 1.5B 이상으로 하며, 통줄눈이 생기지 않도록 한다.

(2) 기초쌓기
① 벽돌조의 기초는 줄기초(연속기초)로 한다.
② 기초에 사용되는 벽돌은 모양보다 강도가 크고 흡수율이 적은 것이 좋다.
③ 내쌓기는 한 켜당 1/8B, 또는 두 켜당 1/4B로 하고, 맨 밑켜는 벽체 두께의 2배 이상으로 길이 쌓기가 유리하다.

(3) 중간내쌓기 19. 9. 21 기
① 내쌓기 정도는 켜당 1/8B 또는 두 켜당 1/4B로 하고, 내미는 정도는 2B로 한다.
② 내쌓기는 마구리쌓기로 하는 것이 강도상 유리하며, 맨 위켜는 두 켜 내쌓기로 한다.

(4) 층단떼어쌓기
공사의 일시 중지시 통줄눈의 발생을 막기 위해 층단으로 떼어쌓는다.

② 기본쌓기 방법

㉮ 마구리쌓기 : 원형굴뚝, 사일로(Silo) 등 벽두께 1.0B 이상 쌓기에 쓰인다.

㉯ 길이쌓기 : 0.5B 두께의 칸막이벽에 쓰인다.(가장 얇은 벽돌쌓기)

㉰ 공간쌓기 : 습기, 열, 음향의 차단효과가 있다. 안팎면의 간격은 0.5B 이내(보통 5~10[cm])로 하고 안팎면 벽을 연결하는 벽돌철선(#8)의 간격은 50~75[cm](보통 60[cm])이며 벽 바깥쪽 밑에는 물빠짐구멍(지름 10[mm] 정도)을 2[m] 정도의 간격으로 설치하여 배수를 고려해야 한다.

㉱ 세워쌓기 : 길이면이 보이도록 벽돌 벽면을 수직으로 세워쌓는다.

㉲ 옆세워쌓기 : 마구리면이 내보이도록 벽돌 벽면을 수직으로 쌓는다.

18. 9. 15 기
22. 4. 24 기

(9) 벽돌벽의 균열

계획 설계상의 미비 균열	시공상의 결함 균열
① 기초의 부동침하 ② 건물의 평면 입면의 불균형 및 벽의 불합리 배치 ③ 불균형 또는 큰 집중하중, 횡력 및 충격 ④ 벽돌벽의 길이, 높이, 두께와 벽돌 벽체의 강도 ⑤ 문꼴 크기의 불합리 불균형 배치	① 벽돌 및 모르타르의 강도부족과 신축성 ② 벽돌벽의 부분적 시공결함 ③ 이질재와의 접합부 ④ 장막벽의 상부 ⑤ 모르타르 바름의 들뜨기

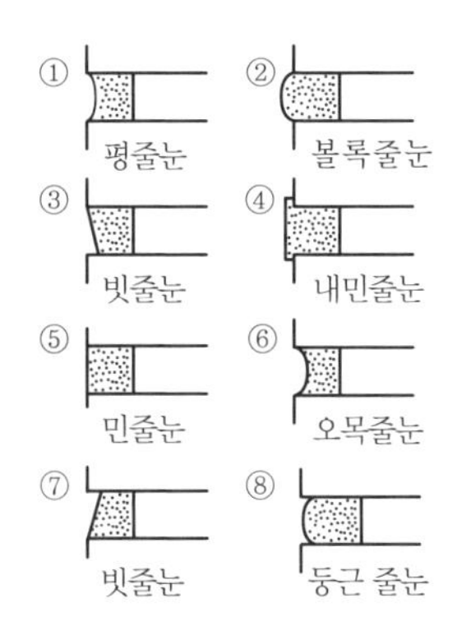

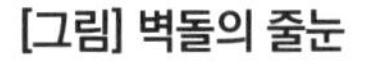
[그림] 벽돌의 줄눈

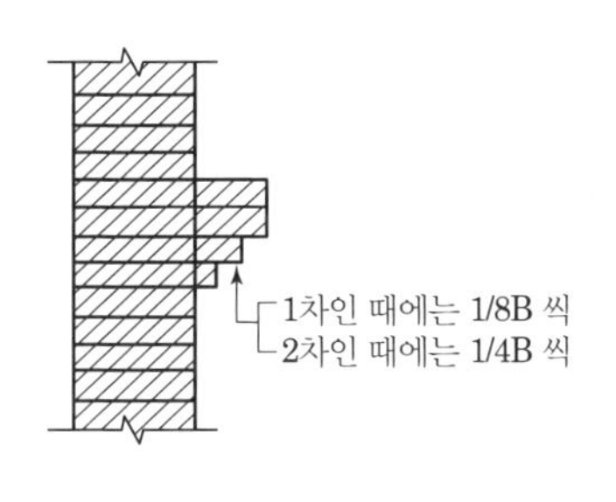

[그림] 내쌓기

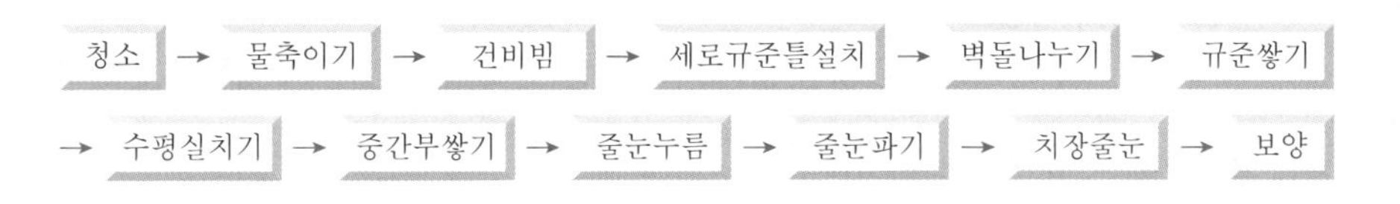

[그림] 벽돌쌓기 순서 17. 5. 7 기

합격예측

모서리 교차부쌓기

① 통줄눈, 토막벽돌 금지
② 교차부 1/4B씩 켜걸음들여쌓기
③ 사춤 모르타르는 충분히 할 것

참고

(1) 물축이기 원칙

① 붉은벽돌 : 사전에 축이기
② 시멘트벽돌 : 쌓으면서 쌓기 바로전 축이기
③ 내화벽돌 : 물축이기를 하지 않는다.

(2) 벽돌쌓기 방식

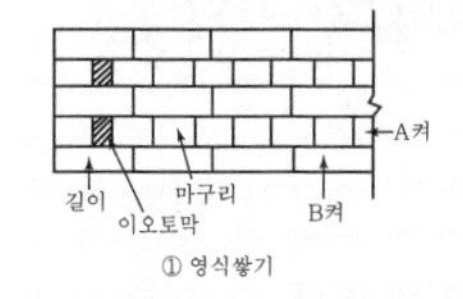

① 영식쌓기

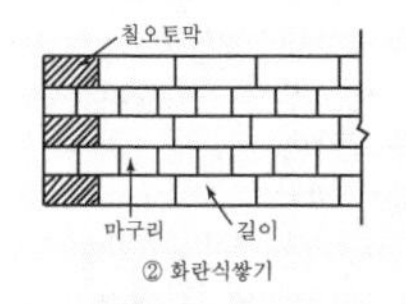

② 화란식쌓기

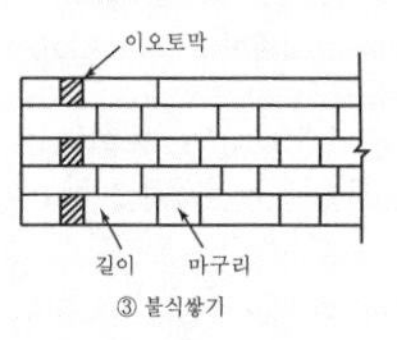

③ 불식쌓기

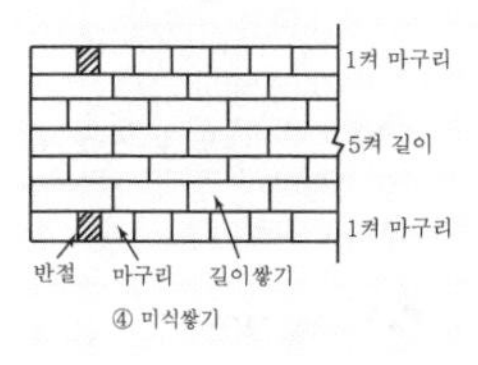

④ 미식쌓기

합격예측

(1) 구멍뚫기용 공구

① 드릴(Drill)
② 펀칭해머(Punching hammer)
③ 리머(Reamer)

(2) 리벳치기 및 제거용공구

① 조리벳터(Jor riveter)
② 뉴매틱리벳팅해머(Pneumatic rivetting hammer)
③ 치핑해머(Chipping hammer)
④ 리벳컷터(Rivet cutter)

합격예측

모르타르 강도

① 벽돌강도와 동일 이상
② 경화시간 : 1~10시간(1시간 이내 사용)
③ 동기공사(내한제를 섞는다)
④ 내화벽돌(내화 모르타르 사용)

참고

(1) 줄눈
① 10[mm] 표준 (내화벽돌 : 6[mm])
② 막힌 줄눈 원칙
③ 벽돌에서 막힌줄눈을 원칙으로 하는 이유는 벽돌벽의 강도를 유지하기 위함이다.

(2) 거푸집 블록공사
ㄱ자형, ㄷ자형, ㅁ자형 등으로 살두께가 작고 속이 없는 블록 안에 철근을 배근하여 콘크리트를 부어넣는 것이다.

(3) 내력벽
수평하중과 상부의 수직하중을 받는 구조내력상 주요벽체
① 벽량

$$벽량 = \frac{내력벽\ 길이의\ 합계}{바닥면적[m^2]}$$

② 내력벽의 길이는 10[m] 이하로 한다.
③ 내력벽의 두께는 15[cm] 이상 또는 상층벽 두께 이상으로 하되 또한 중요한 지점간 수평거리의 1/50 이상으로 하여야 한다.
④ 내력벽으로 둘러싸인 부분의 바닥면적은 80[m²] 이하로 한다.

Q 은행문제

철골부재의 절단 및 가공조립에 사용되는 기계의 선택이 잘못된 것은? 18. 3. 4 산

① 메탈터치부위 가공 - 페이싱머신(facing machine)
② 형강류 절단 - 해크소(hack saw)
③ 판재류 절단 - 플레이트 쉐어링기(plate shearing)
④ 볼트접합부 구멍 가공 - 로터리 플레이너(rotary planer)

정답 ④

4. 적산방법

(1) 벽돌량 산출방법(m^2당 0.5B 쌓기식)

① 기존형 벽돌(21×10×6[cm])일 때

$$A = \frac{1 \times 1}{(0.21+0.1) \times (0.06+0.01)} \fallingdotseq 65매$$

② 표준형 벽돌(19×9×5.7[cm])일 때

$$A = \frac{1 \times 1}{(0.19+0.01) \times (0.057+0.01)} \fallingdotseq 75매$$

(2) 벽돌쌓기 기준량(m^2당)

벽두께 / 벽돌규격	0.5B[매]	1.0B[매]	1.5B[매]	2.0B[매]
210×100×60 기존형(구형)	65	130	195	260
190×90×57 표준형(신형)	75	149	224	299
230×114×65 내화벽돌	61(59)	122(118)	183(177)	244(236)

※ ① 내화벽돌의 수량은 할증률 3[%]가 포함된 양이며 ( ) 안은 정미량
② 벽면적 1[m²]당 정미 소요블록매수 : 12.5매

(3) 벽돌의 할증률

① 시멘트벽돌 : 5[%] ② 붉은벽돌 : 3[%] ③ 시멘트블록 : 4[%]

(4) 모르타르 소요량

[표] 벽돌 1,000매당 모르타르량[m³]

두 께	표준형	기존형
0.5B	0.25	0.3
1.0B	0.33	0.37
1.5B	0.35	0.4

(주) 개략 0.4[m³]로 한다.

(5) 벽돌공사의 시공순서

① 규준틀 → ② 기초 → ③ 조적(벽돌, 블록, 돌) → ④ 지붕 → ⑤ 창호 → ⑥ 내장 → ⑦ 외장 → ⑧ 도장

(6) 용어정의

① 기준점(Bench Mark) : 공사중의 높이 기준점이다.
② 수평규준틀 : 건축물의 기초 내력벽 및 각부 위치를 설정하기 위해 설치한다.

③ 세로규준틀

㉮ 벽돌, 블록, 돌쌓기 등의 고저 및 수직면의 기준을 위해 설치한다.

㉯ 표시내용 : 창문의 위치, 줄눈 간격, 나무벽돌의 위치, Bolt의 위치 등

2 블록공사

1. 치수 및 강도

(1) 형상 및 치수(단위 : [mm]) 18. 9. 15 기

형 상	치 수		
	길 이	높 이	두 께
기본블록	390	190	190 150 100
이형블록	길이, 높이, 두께의 최소 치수를 90[mm] 이상으로 한다.		

(2) 블록의 등급 17. 9. 23 기

구분	기건비중	전단면에 대한 압축강도 [N/mm²]	흡수율[%]
A종 블록	1.7 미만	4.0 이상	–
B종 블록	1.9 미만	6.0 이상	–
C종 블록	–	8.0 이상	10 이하

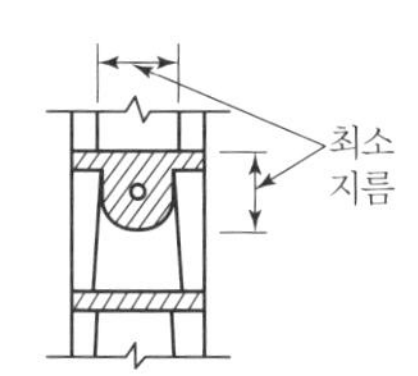

[그림] 가로근용 블록

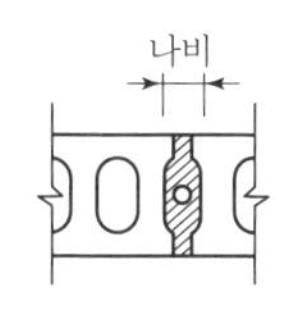

[그림] 기본블록

(3) 속빈 콘크리트 블록(hollow concrete block : 중공벽돌)

콘크리트 블록의 경량화나 보강용 철근을 삽입할 목적으로 구멍을 뚫은 블록

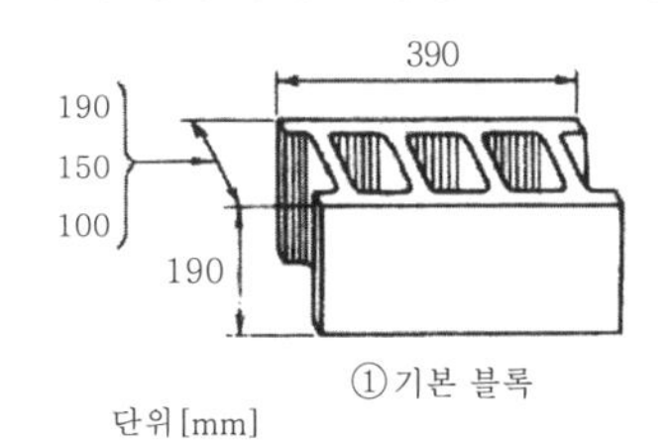

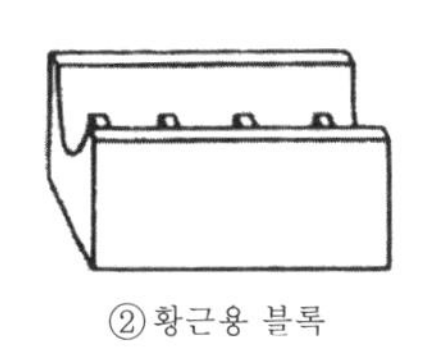

[그림] 속빈 콘크리트 블록

합격예측

가로근의 특징

① 단부는 180[°] 갈구리를 내어 세로근에 연결한다.
② 모서리부분 ϕ9[mm] 이상 철근수직으로 구부려 60[cm] 간격배근 40d 이상 정착
③ 피복두께 : 2[cm] 이상
④ 횡근배근용 블록사용이 바람직하다
⑤ 세로근과 긴결하다.

참고

사춤

① Concrete 또는 Mortar 사춤 매단이나, 2단 걸음으로 한다.
② 이어붓기는 블록 윗면에서 5[cm] 하부에 둔다.

Q 은행문제

아치벽돌, 원형벽체를 쌓는 데 쓰이는 원형벽돌과 같이 형상, 치수가 규격에서 정한 바와 다른 벽돌로서 특수한 구조체에 사용될 목적으로 제조되는 것은?

① 오지벽돌 ② 이형벽돌
③ 포도벽돌 ④ 다공벽돌

정답 ②

합격예측

(1) 기본형 블록

BI형, BM형, BS형 및 재래형이 있으나 우리나라에서 BI형을 기본으로 한다.

(2) 이형블록

① 창대블록 : 창대밑 쌓는 물흘림이 달린 특수블록
② 인방블록(U블록) : 창문틀 위에 쌓아 철근을 배근하고 콘크리트를 그 속에 다져넣어 인방보를 만들 수 있게 보강한 U자형의 특수블록
③ 잼블록(Jamb block) : 창문틀의 좌우옆에 쌓아 창문틀이 잘 물리도록 만든 특수블록

2. 블록쌓기법 18. 3. 4 기 20. 9. 27 기

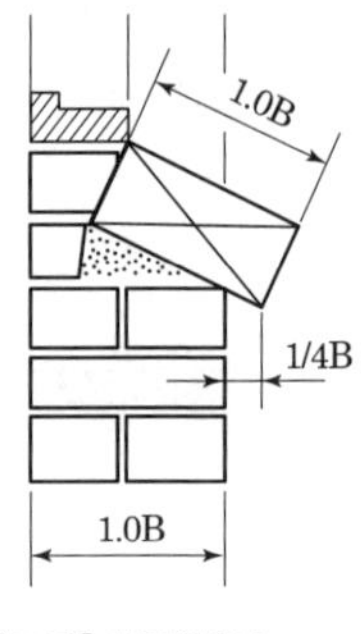

[그림] 창대쌓기

① 반입된 블록의 치수 및 평균오차를 측정하여 먼저 쌓은 것과 대조하고 모양, 치수 및 강도 등에 대한 검사를 엄밀히 한다.

② 기초 또는 바닥판 윗면은 깨끗이 청소하고 충분히 물축이기를 한다.

③ 쌓기 시작은 먼저 모서리, 중간 요소 및 신축줄눈부에 기준쌓기를 정확히 하고 상하좌우 벽면은 평활하게 쌓는다.

④ 블록은 살두께가 두꺼운 편이 위로 가게 한다.

⑤ 치장블록면의 줄눈은 가만히 눌러두고 2~3켜를 쌓은 다음 줄눈파기를 하고 블록면은 청소한다.

⑥ 1일 쌓기높이는 1.2[m](6켜)를 표준으로 하고 최고 1.5[m](7켜) 이하로 한다.

3. 각부 블록쌓기

(1) 창문틀 세우기

① 창문틀 먼저 세우기

② 창문틀 나중 세우기

③ 창문틀 옆쌓기는 잼블록(Jamb block)을 쓰거나 보통블록을 쓰고 옆은 모르타르나 콘크리트로 빈틈없이 채워 넣는다.

(2) 인방보, 테두리보

① 인방보

㉮ 인방블록은 세로형과 가로형이 있고 문꼴 좌우벽에 20~40[cm]까지 물린다.

㉯ 제자리 철근 콘크리트 인방보와 기성 철근 콘크리트 인방보로 구분한다.

② 테두리보

㉮ 인방블록을 쓸 때와 제자리 철근 콘크리트로 할 때가 있다.

㉯ 주근은 직교하는 철근과 연결하거나 수직으로 구부려 40d 이상 정착시킨다.

㉰ 두께는 블록두께 이상으로 하고 그 춤은 두께의 1.5배 이상으로 한다.

(3) Wall girder(거더 : 테두리보)의 사용목적 18. 4. 28 기

① 목조트러스 구조를 쓰기 위해서

② 벽에 개구부를 설치하기 위해서

③ 지붕하중을 균등하게 전달하기 위해서

④ 내력벽과 일체가 되어 건축물의 강도를 증가시키기 위해서

합격예측

인방보(Lintel beam)의 설치목적

① 창문틀 보강용이다.
② 개구부폭이 1.8[m] 이상인 경우는 철근 콘크리트 인방을 설치한다.
③ 종류는 인방 Block(U Block), 기성 콘크리트 인방보, 현장 콘크리트타설 인방보 등을 사용한다.
④ 인방보 설치시 벽면 양에 20[cm] 이상 걸친다.
⑤ 철근은 40d 이상 정착한다.
⑥ 인방보는 보강 블록조의 가로근을 배근하는 것으로 Wall girder의 역할도 겸할 수 있다.

참고

보강근, 보강철물

① 굵은 철근보다는 가는 철근을 많이 넣는다.
② 와이어메시(#8~#10번 철선용접이음)는 2~3단마다 한다.

Q 은행문제

철근콘크리트 보강블록쌓기에 대한 설명으로 옳지 않은 것은? 18. 9. 15 기

① 가로근은 배근 상세도에 따라 가공하되, 그 단부는 180[°]의 갈구리로 구부려 배근한다.
② 블록의 공동에 보강근을 배치하고 콘크리트를 다져넣기 때문에 세로줄눈은 막힌줄눈으로 하는 것이 좋다.
③ 세로근은 기초 및 테두리보에서 위층의 테두리보까지 이음없이 배근하여 그 정착길이를 철근 직경의 40배 이상으로 한다.
④ 철근은 굵은 것보다 가는 철근을 많이 넣는 것이 좋다.

정답 ②

합격예측 20. 8. 22 기

블록쌓기 시공순서

① 접착면 청소
② 세로규준틀 설치
③ 규준 쌓기
④ 중간부 쌓기
⑤ 줄눈누르기 및 파기
⑥ 치장줄눈

4. 보강 콘크리트 블록 16. 3. 6 기

(1) 철근의 배근 : 지름과 간격에 따라 배근이 정해진다.

(2) 세로근 : 내력벽은 끝부분과 벽의 모서리 부분에서는 12[mm] 이상 배치하고 벽에는 9[mm] 이상의 철근을 80[cm] 이하로 하여야 한다.

(3) 가로근

① 단부를 180[°]의 갈고리를 내어 세로근에 걸게 한다.
② 이음길이는 40d 이상이어야 한다.
③ 가로근의 지름은 9[mm] 이상, 간격은 80[cm] 이하이어야 한다.

(4) 사춤 : 이어붓기는 블록 윗면에서 5cm 하부에 둔다.

(5) 줄눈 : 보강블록조는 원칙적으로 통줄눈 쌓기로 한다. 18. 9. 15 기

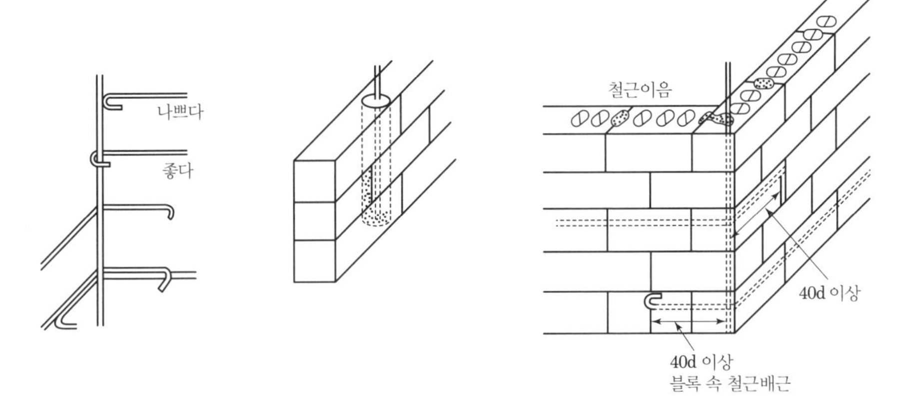

[그림] 벽 가로근

[표] 적산 사항(1[m2]당 블록량)

형태	치수 \ 구분	블록(개)	쌓기(모르타르)	시멘트[kg]	모래[m^2]	블록공	인 부
기본형	390×190×190	13	0.01	5.10	0.011	0.2	0.1
	390×190×150	13	0.009	4.59	0.01	0.17	0.08
	390×190×100	13	0.006	3.06	0.007	0.15	0.07
장려형	290×190×190	17	0.012	6.12	0.0132	0.23	0.12
	290×190×150	17	0.01	5.10	0.011	0.2	0.1
	290×190×100	17	0.007	3.57	0.008	0.17	0.08

(주) 시멘트 블록의 할증률은 4[%]이며 위 표에서 블록량은 할증률이 포함된 값이다.

합격예측

테두리보의 설치목적
① 내력벽을 일체화시켜 건축물의 강도를 증가시키기 위하여 사용한다.
② 분산된 벽체를 일체화 한다.
③ 수축균열을 최소화한다.
④ 집중하중을 균등분산한다.
⑤ 지붕슬래브의 하중을 보강한다.

참고

화성암(火成巖)의 종류
① 화강암(Granite)
② 안산암(Andesite)
③ 현무암
④ 감람석(橄欖石)
⑤ 화산암

합격예측

(1) 석재의 가공순서 및 공구
① 혹두기(쇠메) → ② 정다듬(정) → ③ 도드락다듬(도드락망치) → ④ 잔다듬(날망치) → ⑤ 물갈기(숫돌)
※ ( )안은 공구명칭

(2) 블록쌓기 순서
먹매김→하부고르기 및 물축이기→세로규준틀 설치→블록쌓기→와이어메시 및 철근세우기→사춤콘크리트 채우기

(3) 시공도의 작성내용
① 블록의 평면, 입면 나누기 및 블록의 종류를 표기하여 둔다.
② 벽체의 중심선간 치수를 표기한다.
③ 창문틀 및 기타 개구부의 안목치수를 표기한다.
④ 철근삽입, 철근이음의 위치 및 철근지름 및 개수를 표기하여 둔다.

합격예측

(1) 돌쌓기 방법 23. 6. 4 기

① 바른층쌓기 : 돌쌓기의 1켜의 높이는 모두 동일한 것을 쓰고 수평줄눈이 일직선으로 연결되게 쌓는 것
② 허튼층쌓기 : 면이 네모진 돌을 수평줄눈이 부분적으로만 연속되게 쌓으며, 일부 상하 세로줄눈이 통하게 된 것
③ 건쌓기(건성쌓기) : 돌, 석축 등을 모르타르나 콘크리트 등을 쓰지 않고 잘 물려서 그냥 쌓는 돌쌓기법
④ 찰쌓기 : 돌과 돌 사이의 맞댐면에 모르타르를 다져넣고 뒷면(뒷고임)에도 모르타르나 콘크리트를 채워넣는 돌쌓기법
⑤ 귀갑쌓기 : 거북 등의 껍질모양(정육각형)으로 된 무늬, 돌면이 육각형으로 두드러지게 특수한 모양을 한 돌쌓기법
⑥ 모르타르 사춤쌓기 : 돌의 맞댐자리에 모르타르나 콘크리트를 깔고 뒤에는 잡석 다짐을 하는 견치돌 석출쌓기 방법

(2) 석축쌓기 16. 3. 6 기

① 건성쌓기

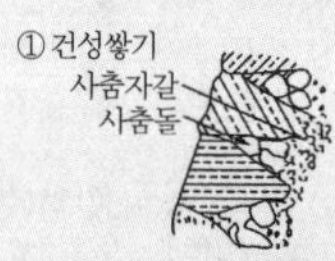

② 사춤쌓기

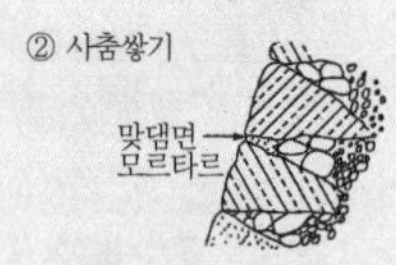

③ 찰쌓기

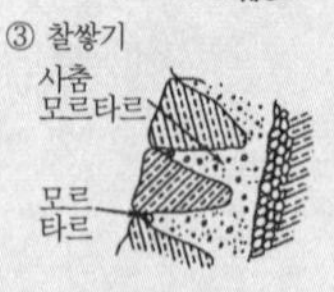

합격예측

변성암(變成巖)의 종류

① 대리석
② 트래버틴(Travertine)
③ 석면(石綿 : Asbestos)
④ 사문암

3 석공사

1. 석재의 종류 및 특성

(1) 화강암 : 견고, 대재를 얻기 쉽고 외관이 미려, 내산성에 강하다.

(2) 사암 : ① 흡수성이 크다.
② 알칼리와 물에 약하다.

(3) 응회암 : 화산재가 응고된 것으로 다공질이고 내화도가 높다.

(4) 대리석 : ① 색채와 반점이 아름답다.
② 산과 열에 약하다.
③ 외부용으로는 사용 불가능하다.

(5) 점판암, 이판암 : 천연슬레이트, 바닥타일 대용, 비석, 숫돌 등으로 쓰인다.

(6) 트래버틴 : 대리석의 일종으로 다공질, 용도는 대리석과 비슷하다.

2. 석재의 강도 17. 3. 5 기

① 비중이 큰 것은 강도가 크다.
② 압축강도가 크다.
화강암(1,920) > 대리석(1,200) > 안산암(1,150) > 사암(450) 〉 응회암(180) > 부석(30~18)
③ 인장강도는 압축강도의 1/10~1/20 정도이다.

3. 내화성

(1) 석재의 내화도

① 대리석 : 700[℃]($CaCo_3$가 열분해)
② 화강석 : 800[℃](석영의 변태점 575[℃])
③ 화산석 : 1,000[℃](변색할 정도이고 내화도가 가장 높다.)

(2) 석재의 수명

① 석회석 : 40년 ② 조소사암 : 50년 ③ 대리석 : 100년 ④ 화강석 : 200년

(3) 열팽창계수가 작은 성분에서 균열발생

4. 표면가공 마무리 순서

① 혹떼기(메다듬) : 쇠메
② 정다듬 : 정
③ 도드락다듬 : 도드락망치
④ 잔다듬(날망치다듬) : 양날망치
⑤ 물갈기 : 연마기
⑥ 광내기 : 왁스

5. 돌쌓기 순서

① 공사 착수 전에 배열도, 공작도를 작성한다.
② 수평실을 띄우고 기준 위치부터 쌓기 시작한다.
③ 뒷면에 1 : 3 모르타르를 채우고 인접된 돌 사이에 줄눈두께의 쐐기를 끼워 완전히 고정한다.
④ 사춤 모르타르는 줄눈을 헝겊 등으로 막고 1 : 2 배합비를 사용한다.
⑤ 1일 시공단수는 3~4단으로 한다.

6. 돌붙이기(대리석 붙이기)

① 붙이기 밑바탕면과 붙이기 뒷면과의 사이는 25~30[mm]를 표준으로 한다.
② 돌붙임은 꺾쇠, 촉, 긴결철물(대리석 1장당 2~4개소)을 사용한다.
③ 줄눈 모르타르가 경화되면 호분, 백지를 붙여 오염되는 것을 방지한다.
④ 돌쌓기가 완료되면 종이·널 등은 제거하여 깨끗한 헝겊으로 잘 닦고 필요할 때는 왁스를 얇게 여러 번 칠하고 문질러 끝낸다.
⑤ 화강암 표면에 묽은 시멘트풀을 제거하기 위해 염산을 사용할 경우 즉시 깨끗이 닦아낸다.

7. 보양

① 깨끗한 물로 이물질 등을 제거한 후, 24시간 동안 4[℃] 이상 유지되도록 보온조치를 취해야 한다.
② 보양재료는 호분, 하트론지, 종이, 널판 등이 있다.
③ 돌면은 호분, 백지 등을 발라 보양한다.
④ 모서리 돌출부에는 널판을 대어 보양한다.

8. 줄눈 모르타르

① 조적용 – 1 : 3(시멘트 : 모래)
② 사춤용 – 1 : 3(시멘트 : 모래)
③ 치장용 – 1 : 1(시멘트 : 모래)
④ 대리석 붙이기용 모르타르 – 1 : 1 (시멘트 : 석고)

합격예측

- 층지어쌓기 : 막돌 · 둥근돌 등을 중간 켜에서는 돌의 모양대로 수직 수평줄눈에 관계없이 흐트려 쌓되 2~3켜마다 수평줄눈이 일직선으로 연속되게 쌓는 것
- 허튼층쌓기 : 막돌 · 잡석 · 둥근돌 · 야산석 등을 수평 · 수직줄눈에 관계없이 돌의 생김새대로 흐트려 놓아 쌓는 것

합격예측

석재의 시공상 주의사항
17. 3. 5 기

① 석재는 균일제품을 사용하므로 공급계획, 물량계획을 잘 세운다.
② 석재는 중량이 크므로 최대치수는 운반상 문제를 고려하여 정한다.
③ 휨, 인장강도가 약하므로 압축응력을 받는 곳에만 사용한다.
④ 1[m^3]상 석재는 높은 곳에 사용하지 않는다.
⑤ 내화가 필요한 경우는 열에 강한 석재를 사용한다.
⑥ 일반적으로 석재는 열을 가하면 균열이 발생하며, 일반적으로 강도가 크면 열에 약하므로 열영향을 받는 부위는 석재시공을 피한다.
⑦ 외장, 바닥사용시에는 내수성과 산에 강한 것을 사용한다.
⑧ 대리석은 비중이 크고 강도가 크지만, 산, 알칼리에 취약하므로 외장재료의 사용을 피한다.
⑨ 석재는 예각을 피하고 재질에 따른 가공을 한다.

참고

퇴적암(堆積巖)의 종류 22. 3. 5 기

① 사암(Sand stone)
② 이판암(泥板岩)
③ 점판암
④ 응회암(Tuff)
⑤ 석회석

합격예측

인조대리석(테라조)의 특징

① 공장제품, 현장물갈기 등이 있다.
② 현장시공인 경우 줄눈대로써 황동줄눈대가 사용되며 공장제작제품은 와이어메시철선이 사용된다.
③ 공장제작 테라조판은 충분한 습윤양생, 수중양생의 절차를 거친다.
④ 최근에 합성수지계 인근석 제품이 많이 사용된다.

합격예측

인서트

반자틀, 덕트 등을 매달기 위해서 콘크리트 슬래브 등에 매설하는 철물

Q 은행문제

석공사에서 건식공법 시공에 대한 설명으로 옳지 않은 것은?

① 하지철물의 부식문제와 내부단열재 설치문제 등이 나타날 수 있다.
② 긴결 철물과 채움 모르타르로 붙여 대는 것으로 외벽공사 시 빗물이 스며들어 들뜸, 백화현상 등이 발생하지 않도록 한다.
③ 실런트(Sealant) 유성분에 의한 석재면의 오염문제는 비오염성 실런트로 대체하거나, Open Joint공법으로 대체하기도 한다.
④ 강재트러스, 트러스지지공법 등 건식공법은 시공정밀도가 우수하고, 작업능률이 개선되며, 공기단축이 가능하다.

정답 ②

4 타일공사

1. 타일의 종류

종 류	소성온도	흡 수 율	주된 용도
자기질 타일	1,200 이상	1[%] 이하	바닥, 내외장용
석기질 타일	1,200~1,350	8[%] 이하	바닥, 내외장용
반자기질 타일	1,230~1,260	15[%] 이하	바닥, 내외장용
경질도기 타일	1,160(유약 800~1,000[℃])	15[%] 이하	바닥, 내외장용
도기질 타일	1,140~1,230	20[%] 이하	내장용

2. 타일붙이기 23. 9. 2 기

① 바탕은 바르게 하는 정도로 모르타르를 바르고, 되풀이하여 손질을 한다.
② 바탕 처리 후에는 물로 깨끗이 씻어내고 정확하게 타일나누기를 한다.
③ 붙이기 방법은 타일나누기에 의하여 수평실을 치고 비틀림이나 그릇됨이 없도록 정확하게 붙여 올라간다.
④ 붙이기한 뒤 약 3시간이 지나서 줄눈 둘레를 청소하고, 치장줄눈의 경우는 줄눈을 파서 표면을 물씻기한 후 적당한 치장줄눈을 하고, 다시 청소한 뒤 신문지나 하드롱지류로 양생한다.
⑤ 타일 붙임 모르타르는 붙임면의 뒤에 틈이 남아 있지 않도록 주의해야 한다.
⑥ 붙임 모르타르의 불완전은 빗물의 침입으로 에플로레센스(백화현상)를 석출하는 원인이 된다.
⑦ 모자이크타일 붙이기는 30[cm]×30[cm] 정도의 종이 붙임한 것으로, 붙임용 모르타르(시멘트 1 : 모래 적량)를 바른 뒤에 붙이고, 완전히 붙은 뒤에 물을 축여 겉종이를 떼어낸 후 치장줄눈을 한다.
⑧ 벽타일 붙임의 단자붙이기는 타일 뒷면에 모르타르(시멘트 1 : 모래 2.5)를 충분히 발라서 붙이는 공법이다.
⑨ 벽타일 붙임의 접착(압착)붙이기는 바탕면에 합성수지 접착재(MC)를 적당히 혼입한 접착용 모르타르(시멘트 1 : 모래 적량)를 두께 5[mm] 정도로 고르게 바르고 줄눈을 고르며 타일 뒷면에 빈틈이 없이 보기 좋게 나란히 눌러 붙이는 공법이다.
⑩ 벽모자이크타일 붙이기는 일종의 압착공법으로 하는데, 접착용 모르타르의 바름두께는 3[mm] 정도이다.
⑪ 도장바름은 타일의 뒷면에 공극이 있으므로 줄눈으로 침투한 물의 통로가 되어 에플로레센스의 원인이 되기 쉬우나, 접착(압착)공법은 그 단점을 최소한 줄이므로 외벽용으로 적당하다.

⑫ 도기질, 석기질, 반자기질은 붙이기 전에 물적심을 한다.
⑬ 바탕의 청소 및 물적심은 타일붙이기 직전에 한다.

3. 공 법

(1) 벽타일붙이기

공 법	내 용
압착공법 (압착 붙이기)	① 미장공사의 재벌 바르기까지 한 면에 타일 접착용 모르타르를 전면에 바르고 타일을 눌러 붙이는 공법 ② 모르타르 두께 : 5~7[mm] 정도이다. ③ 창문, 출입구, 모퉁이 등에 이형 타일을 먼저 붙인다.
떠붙임공법	① 타일의 뒷면에 모르타르를 얹어서 콘크리트 바탕에 1장씩 붙이는 공법이다. ② 바탕과 타일의 틈새 : 20~25[mm]이다. ③ 1일 붙이는 높이는 1.2[m] 이내로 한다.
접착공법	① 접착제를 바탕에 2~3[mm] 두께로 바르고 타일을 붙이는 공법이다. ② 1회 붙이는 면적은 2[m^2] 이내이다.

(2) 바닥타일붙이기

공 법	내 용
바닥용 타일 붙이기	① 징두리나 걸레받이의 마무리가 끝난 다음에 착수한다. ② 바닥에 모르타르를 깔아 고르고 수평실을 띄워 마무리 경사와 높이를 확인한다. ③ 모르타르 배합 : 된비빔(시멘트 1 : 모래 3)을 한다. ④ 바름두께는 20~30[mm] 정도로 한다. ⑤ 모르타르 위에 시멘트 페이스트를 2[mm] 정도 바르고 타일을 붙인다.
바닥 모자이크 타일 붙이기	① 모자이크타일 유닛을 붙인다. ② 대지는 붙인 2~3시간 후에 물을 축여 벗긴다. ③ 구석, 모퉁이, 바닥배수기구 및 변기 등의 주위는 1장씩 줄눈너비에 주의해서 붙인다. ④ 경사가 있을 때는 바탕에서 경사를 잡고 페이스트로는 경사를 잡지 않는다.
클링커타일 붙이기	① 바닥용 타일에 준해서 붙인다. ② 지붕방수층 위에 시공할 때는 보호층의 신축줄눈 위에 줄눈을 잡는다. ③ 모르타르의 두께는 3[cm] 정도(된비빔)이다. ④ 페이스트의 두께는 3[mm] 정도이다. ⑤ 페이스트로는 경사를 잡지 않는다.

합격예측

미장공사의 뿜칠마감요령

20[mm] 두께 초과시 초벌, 재벌, 정벌 3회 뿜칠을 하고 20[mm] 이하시 재벌을 생략하며 10[mm] 정도는 정벌만 한다.

용어정의

미끄럼막이(Non slip)

계단의 디딤판 끝에 대어 미끄러지지 않게 하는 철물

합격예측

블록의 품질

① 블록은 겉모양이 균일하고 비틀림, 해로운 균열 또는 흠 등이 없어야 한다.
② 블록 개개의 강도차가 적고 전부 균일한 것이 좋다.
③ 기건상태의 체적비중이 1.9 이상은 중량블록, 1.9 미만인 것은 경량블록이다.
④ 사춤모르타르에 쓰는 모래는 세조립이 적당히 혼합되어야 하고, 그 최대치수는 2.5[mm], 또는 5[mm]로 한다.
⑤ 물은 콘크리트 및 철근에 악영향을 미치는 기름·산·알칼리 등이 없는 깨끗한 것을 사용한다.

합격예측

돌붙임시 앵커긴결공법에서 사용하는 철물

18. 3. 4 기 22. 3. 5 기

① 앵커 ② 볼트
③ 촉
④ 연결철물(fastener)

Q 은행문제

돌붙임 앵커 긴결공법 중 파스너 설치방식이 아닌 것은?

17. 5. 7 기

① 논 그라우팅 싱글 파스너 방식
② 논 그라우팅 더블 파스너 방식
③ 그라우팅 더블 파스너 방식
④ 그라우팅 트리플 파스너 방식

정답 ④

합격예측

① Clamp(클램프) : 꺾쇠, 거멀쇠
② High Strength Bolt : 고장력 볼트 - 철골공사용
③ Dubel(듀벨) : 전단력에 견디는 목부 보강 철물
④ Coach Screw(코치 스크루) : 큰 응력을 받는 네모 머리로 된 나사못

참고

아치쌓기의 특징

① 하중이 중심축선을 따라 압축력으로 전달되어 인장력이 생기지 않는다.
② 가장 흔히 쓰이는 것은 평아치(Flat arch) · 반원아치(Round arch) · 결원아치(Segmental arch) 등이다.
③ 나비 1~1.2[m] 정도는 평아치로 1.8[m] 이상은 철근 콘크리트 인방보 설치

[표] 아치쌓기 종류 및 특징

종 류	특 징
본아치	아치벽돌을 사다리꼴 모양으로 제작하여 쓴 것
막만든 아치	보통 벽돌을 쐐기 모양으로 다듬어 쓴 것
거친 아치	보통 벽돌을 사용하고 줄눈을 쐐기 모양으로 한 것
층두리 아치	아치나비가 넓을 때 여러 겹으로 겹쳐 쌓은 아치
결원 아치	줄눈이 원호의 중심에 모이게 만든 아치
반원 아치	줄눈이 양지점간의 1/2점에 모이게 만든 아치

참고

줄눈대

보드와 보드, 이질재와 접합시 이음새를 감추어 누르는데 사용한다.

(3) 공법

① 줄눈의 처리가 조잡하면 외부의 타일은 침수하여 타일이 떨어지거나 백화현상이 나타나고, 바닥과 내벽이 들뜨는 원인이 된다.
② 기온이 2[℃] 이하로 된 때는 시공 중지, 시공 후 24시간 이내에 기온이 5[℃]가 될 염려가 있을 때는 적당하게 보양을 한다.
③ 청소는 물로 씻는 것을 원칙으로 하고 염산으로 씻을 때는 줄눈메우기를 한 후 1일이 지나서 한다.

(4) 타일의 종류

① **무유타일** : 표면에 유약을 바르지 않은 것으로 바닥용 타일에 쓰인다.(clinker tile, nonslip tile)
② **시유타일** : 표면에 유약을 바른 것으로 외장용 타일에 쓰인다.(ceramic tile)
③ **모자이크타일** : 4[cm] 각 이하의 소형타일로 30[cm] 각의 하트론지에 일정하게 붙여서 바닥에 쓰인다.
④ **면처리타일** : 천무늬타일, 클링커타일, 스크래치타일(scratch tile), 태피스트리타일

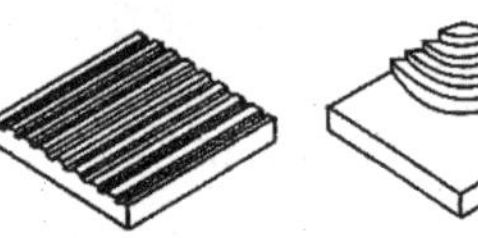

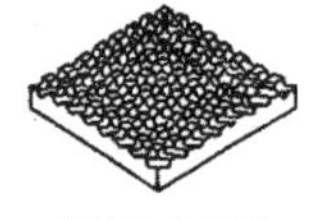

[그림] 면처리 타일

4. 강관 Pipe 구조

(1) 개요

경량이며 외관이 미려하고 부재형상이 단순하여 대규모 공장, 창고, 체육관, 동·식물원, 각종 Pipe Truss 등 의장적 요소, 구조적 요소로 사용된다.

(2) 강관 Pipe 구조의 장 · 단점

장점	단점
① 폐쇄형 단면으로 강도의 방향성이 없다.	① 접합이음이 복잡하다.
② 휨강성, 비틀림 강성이 크다.	② 접합부 및 관끝의 신속한 절단가공이 어렵다.
③ 국부좌굴, 가로좌굴에 유리하다.	③ 리벳접합이 불가능하다.
④ 조립, 세우기가 안전하다.	④ 이음, 맞춤부의 정밀도가 떨어진다.
⑤ 살두께가 적고 경량이다.	⑤ 위치오차, 변형방지를 위해 조립틀을 이용해야 한다.
⑥ 외관이 경쾌하고 미려하다.	

5. 가공순서

가공원척도 → 본뜨기 → 금매김 → 절단 → 조립 → 세우기

보충학습 대기환경보전법 시행규칙[시행 2022. 5. 3.]

[별표 13] 비산먼지 발생 사업(제57조 관련)

건설업

가. 건축물축조공사 : 「건축법」에 따른 건축물의 증·개축, 재축 및 대수선을 포함하고, 연면적이 1,000제곱미터 이상인 공사 18. 3. 4 ㉠

나. 토목공사

1) 구조물의 용적 합계가 1,000세제곱미터 이상, 공사면적이 1,000제곱미터 이상 또는 총 연장이 200미터 이상인 공사

2) 굴정(구멍뚫기)공사의 경우 총 연장이 200미터 이상 또는 굴착(땅파기)토사량이 200세제곱미터 이상인 공사

다. 조경공사 : 면적의 합계가 5,000제곱미터 이상인 공사

라. 지반조성공사

1) 건축물해체공사의 경우 연면적이 3,000제곱미터 이상인 공사

2) 토공사 및 정지공사의 경우 공사면적의 합계가 1,000제곱미터 이상인 공사

3) 농지조성 및 농지정리 공사의 경우 흙쌓기(성토) 등을 위하여 운송차량을 이용한 토사 반출입이 함께 이루어지거나 농지전용 등을 위한 토공사, 정지공사 등이 복합적으로 이루어지는 공사로서 공사면적의 합계가 1,000제곱미터 이상인 공사

마. 도장공사 : 「공동주택관리법」에 따라 장기수선계획을 수립하는 공동주택에서 시행하는 건물외부 도장공사

바. 그 밖에 가목부터 마목까지의 공사에 준하는 공사로서 해당 가목부터 마목까지의 공사 규모 이상인 공사

Chapter 06

조적공사
출제예상문제

출제예상문제는 복습, 예습문제로 엮었습니다. *WHY : 실제시험에도 순서에 관계없이 출제됩니다. 예습 후 다음장에 공부한 문제가 있으면 기억이 배가 됩니다.

01 ★★ **다음 벽돌공사에서 줄눈에 대한 기술 중 틀린 것은 어느 것인가?**

① 1 : 1 배합비로 한다.
② 모르타르에 방수제를 넣기도 한다.
③ 색상 모르타르를 사용하기도 한다.
④ 벽돌쌓기 후 1주일 정도 지난 후 줄눈넣기를 한다.

해설

치장줄눈
① 벽돌쌓기가 끝난 직후 벽돌면에서 8~10[mm] 정도 줄눈파기를 실시한다.
② 일정 시간이 지난 후에 1 : 1 모르타르로 줄눈넣기를 한다.
③ 시멘트 모르타르 대신에 줄눈용 컬러 시멘트를 사용하여 시공하기도 한다.

02 ★ **다음의 조적조 내력벽에 관한 기술 중 틀린 것은 어느 것인가?**

① 내력벽 기초는 연속기초로 한다.
② 내력벽의 길이는 10[m] 이내로 한다.
③ 토압을 받는 내력벽의 길이는 3[m] 이내로 한다.
④ 내력벽으로 둘러싸인 바닥면적은 80[m^2]를 넘을 수 없다.

해설

벽돌벽 하루쌓기높이 : 1.2[m](17켜)

03 ★★ **블록의 형상 중 기본블록의 치수로 부적당한 것은 어느 것인가?**

① 390×190×190 ② 390×190×150
③ 390×190×100 ④ 390×190×90

해설

기본블록의 규격

형 상		치수[mm]			허용값[mm]			중량 [kg/장]
		길이	높이	두께	길이	높이	두께	
기본 블록	BI형	390	190	210 190 150 100	+2	+2	+3	17 13 9

04 ★ **돌의 표면에 붙은 시멘트 모르타르를 닦아내기 위하여 사용하는 물질은 어느 것인가?**

① 황산 ② 염산
③ 질산 ④ 초산

해설

모르타르 닦아내기
① 시멘트, 돌가루 등이 묻었을 경우 5[%]정도의 희석된 염산을 사용하여 세척한다.
② 석재 표면에 묻은 시멘트 모르타르를 닦아낸 후 즉시 물로 씻어내야 한다.

05 ★★ **조적조의 벽체에 그 층높이에 연속하여 $\frac{3}{4}$ 이상 세로홈을 설치할 경우 그 홈의 깊이는 벽돌벽 두께의 얼마 이하로 하는 것이 원칙인가?**

① $\frac{1}{3}$ 이하 ② $\frac{1}{4}$ 이하
③ $\frac{1}{5}$ 이하 ④ $\frac{1}{6}$ 이하

[정답] 01 ④ 02 ③ 03 ④ 04 ② 05 ①

해설

조적조의 홈의 깊이 및 벽체두께

① 조적조인 벽체에 그 층높이의 $\frac{3}{4}$이상 연속된 세로홈을 설치하는 경우에는 그 홈의 깊이는 벽체두께의 $\frac{1}{3}$ 이하로 한다.

② 가로홈을 설치하는 경우에는 그 홈의 깊이는 벽체두께의 $\frac{1}{3}$ 이하로 하고 길이는 3[m] 이하로 하여야 한다.

06 ★★ 속빈 콘크리트 블록쌓기에서 잘못된 것은?

① 블록은 살두께가 두꺼운 편을 아래로 하여 쌓는다.
② 쌓기용 모르타르는 1 : 3 배합으로 한다.
③ 1일 쌓기 높이는 1.2~1.5[m] 정도로 한다.
④ 철근 보강쌓기는 통줄눈으로 할 수 있다.

해설

블록은 살두께가 두꺼운 부분이 위로 가도록 쌓는 것이 원칙이다.

참고 화물 적재시는 두껍고 무거운 것이 아래로 가야 한다.

07 ★★ 각종 벽돌벽 1B쌓기에 관한 기술 중 틀린 것은 어느 것인가?

① 화란식쌓기에서 칠오토막은 마구리쌓기 켜에서 볼 수 있다.
② 미식쌓기는 치장벽돌을 길이쌓기한 것으로 5~6 켜에 한 켜씩 마구리쌓기를 한 것이다.
③ 영식쌓기의 모서리 부분에 통줄눈이 생기지 않게 하려면 반절을 사용해야 한다.
④ 불식쌓기를 외부에서 보았을 때는 통줄눈이 보이지 않는다.

해설

화란식쌓기

칠오토막은 길이쌓기 켜에서 볼 수 있는 것이다.

08 ★★★ 붉은벽돌 2등급의 압축강도 및 흡수율은?

	압축강도	흡수율
①	24.50[MPa] 이상	10[%] 이하
②	21.50[MPa] 이상	20[%] 이하
③	14.70[MPa] 이상	15[%] 이하
④	11.10[MPa] 이상	23[%] 이하

해설

벽돌의 등급과 압축강도

등 급	압축강도[MPa]	흡수율
1종	24.50 이상	10[%] 이하
2종	14.70 이상	15[%] 이하

09 ★★ 다음의 설명 중 옳지 않은 것은 어느 것인가?

① 경질의 사암은 외벽재나 경구조재로 사용한다.
② 화산암은 내화재로 사용한다.
③ 응회암은 내화도가 크므로 구조재로 사용한다.
④ 점판암은 슬레이트로 지붕재, 비석, 부석 등에 이용된다.

해설

응회암의 정의

① 화산재, 화산모래, 화산자갈 등으로 구성되어 있다.
② 석질은 다공질의 것이 많으며 내화도가 높고 조잡하므로 구조재료로는 부적당한다.
③ 특수 장식재나 경량골재, 내화재 등으로 사용된다.

10 ★★ 벽돌의 하루쌓기높이를 1.5[m] 정도로 하는데, 그 이유는 무엇인가?

① 벽돌이 약하므로
② 1일에 1.5[m]밖에 쌓을 수 없기 때문에
③ 모르타르가 굳지 않아 붕괴를 우려하여
④ 가급적 균일한 높이로 쌓아 올라가기 위하여

[정답] 06 ① 07 ① 08 ③ 09 ③ 10 ③

해설

벽돌의 하루쌓기

① 1일 쌓기높이는 1.2[m](17켜 정도)를 표준으로 하고 최대 1.5[m](21켜) 이내로 한다.
② 1일 벽체쌓기높이를 크게 하면 모르타르가 굳기 전에 벽체만의 자중에 의한 균열이 생기거나 외력에 의해 붕괴할 우려가 있다.

11 ★ 조적조에서 벽량의 단위로 옳은 것은 어느 것인가?

① kg/cm^2　② vol
③ cm/m^2　④ %

해설

벽량의 정의

① 내력벽 길이의 총합계(cm)를 그 층의 건축(바닥)면적(m^2)으로 나눈 값을 말한다.
② 단위바닥면적에 대한 그 면적 내에 있는 벽길이의 비를 말한다.
③ 내력벽의 양이 많을수록 횡력에 대응하는 힘이 커지므로 큰 건물일수록 벽량을 증가할 필요가 있다.

12 ★★ 다음의 블록조쌓기 방식에 관한 기술 중 부적당한 것은 어느 것인가?

① 블록은 살두께가 두꺼운 편이 위로 올라가게 하여 쌓는다.
② 블록을 쌓을 때 모르타르의 모래는 어느 정도 굵은 것이 좋다.
③ 인방보의 지지폭은 40[cm] 정도로 한다.
④ 벽량의 계산에서 내력벽이 일정한 두께 이상이면 벽길이는 할증할 수 있다.

해설

블록조쌓기 방식

① 블록조의 내력벽 최소두께는 그 높이의 $\frac{1}{16}$ 이상으로 한다.
② 벽길이는 10[m] 이하로 하고 부축벽, 붙임벽 등을 설치할 경우 10[m] 이상으로 할 수 있다.
③ 내력벽이 일정 두께 이상이면 벽길이를 할증할 수 있다.

13 ★★ 시멘트 벽돌 제작시 배합비로 적당한 것은 어느 것인가?

① 1 : 3　② 1 : 5
③ 1 : 7　④ 1 : 9

해설

벽돌제작시 배합비

① 시멘트 벽돌 제작시 시멘트와 모래의 배합비는 1 : 7로 한다.
② 보통 시멘트 한 포대로 시멘트 벽돌 170매를 제작할 수 있다.

14 ★★★ 벽돌쌓기 중 모서리 또는 끝에서 칠오토막을 사용하는 쌓기법은?

① 영식쌓기　② 불식쌓기
③ 미식쌓기　④ 화란식쌓기

해설

벽돌쌓기의 종류

① 영식쌓기 : 한 켜는 마구리쌓기, 한 켜는 길이쌓기로 하고 벽의 모서리나 끝에는 반절이나 이오토막을 사용하여 상하가 일치하도록 하는 가장 견고한 쌓기방식이다.
② 불식쌓기 : 길이와 마구리가 한 켜에서 번갈아 쌓게 되어 이오토막을 사용하는데 통줄눈이 많이 생겨 강도를 받는 곳에서는 불리한 편이다.
③ 미식쌓기 : 뒷면은 영식쌓기로 하고 앞면에는 치장벽돌을 사용하여 5켜 정도는 길이쌓기를 하고 다음 한 켜는 마구리쌓기하는 방식이다.
④ 화란식쌓기 : 영식쌓기 방식과 거의 같으나 모서리에 칠오토막을 사용하여 길이쌓기의 다음에 마구리쌓기를 하는 방법으로 시공이 편리하다.

15 ★★ 다음 중 벽돌쌓기에서 벽체최대길이는 어느 정도로 하는가?

① 6[m]　② 10[m]
③ 8[m]　④ 12[m]

해설

벽의 높이 및 길이 기준

① 2층 또는 3층의 건축물 최상층 벽의 높이는 4[m] 이하로 한다.
② 벽의 길이는 10[m] 이하로 한다.
③ 벽으로 둘러싸인 부분의 바닥면적은 80[m^2] 이하로 한다.

[정답] 11 ③　12 ②　13 ③　14 ④　15 ②

16 ★★ 보강 콘크리트 블록조에서 빗물이 새는 원인에 대한 다음의 기술 중 틀린 것은 어느 것인가?

① 블록과 인방보의 시공불량
② 블록의 건조에 의한 균열
③ 블록의 팽창에 의하여 생긴 틈
④ 설계상 빗물막이의 불비와 창틀의 건조수축에 의하여 생긴 틈

해설

블록조에서 빗물이 새는 원인
① 블록과 줄눈 모르타르, 테두리보의 콘크리트가 다른 이질재이므로 그 접착면의 모세관현상으로 침투한다.
② 콘크리트 블록이 경화수축되어 외벽에 균열이 생겨 침투한다.
③ 창틀 등에서 틈이 생겨 침투한다.

17 ★ 보강 콘크리트조 시공에서 철근배근에 관한 다음의 기술 중 틀린 것은?

① 가로근은 원형철근 9~12[mm]를 사용한다.
② 가로 철근은 블록 3~4켜마다 넣는다.
③ 세로 철근은 블록의 매 공동마다 넣는다.
④ 가로근의 이음길이는 25d 이상으로 한다.

해설

철근배근
① 보강 콘크리트 블록에 철근을 넣는 위치는 모서리, 벽체, 교차부, 창문 갓 둘레에는 반드시 배근한다.
② 세로방향으로 80[cm] 이하 간격으로 놓는다.

18 ★★ 다음 중 벽돌벽 2.5B의 두께는?(단, 벽돌의 크기는 190×90×57[mm])

① 270[mm] ② 330[mm]
③ 490[mm] ④ 750[mm]

해설

벽돌벽 두께의 기준(단위 : mm)

벽체	0.5B	1.0B	1.5B	2.0B	2.5B	3.0B	0.5B 증가시
벽두께	90	190	290	390	490	590	0.5B기준 100을 더함

19 ★ 콘크리트 블록을 쌓을 때 줄눈의 크기가 가장 적당한 것은?

① 5[mm] ② 10[mm]
③ 12[mm] ④ 15[mm]

해설

콘크리트 블록의 줄눈크기는 10[mm] 정도가 적당하다.

20 ★ 다음 중 내력벽의 두께는 층수가 많을수록 두껍게 처리하여야 하는데 내력벽의 최소두께로 적당한 것은?

① 두께 15[cm] 이상
② 두께 20[cm] 이상
③ 두께 25[cm] 이상
④ 두께 30[cm] 이상

해설

내력벽의 두께
① 일반 비내력벽일 경우 벽체의 최소두께는 0.5B로 한다.
② 내력벽일 경우에는 최소 1.0B 이상으로 하여야 한다.

21 ★★ 벽돌공간쌓기를 하는 주된 이유는?

① 방습 ② 방음
③ 단열 ④ 방한

해설

벽돌공간쌓기 이유
① 외부에 면한 벽돌조의 외벽을 공간쌓기로 하는 주된 이유는 습기방지를 위함이다.
② 겨울철 외부와 내부의 온도차이에 의한 결로현상으로 인하여 습기 및 물방울이 내부 벽체에 전달되는 것을 방지하기 위함이다.

22 ★ 다음 중 화강암의 압축강도로 적당한 것은 어느 것인가?

① 600[kg/cm^2] ② 1,000[kg/cm^2]
③ 1,500[kg/cm^2] ④ 2,000[kg/cm^2]

[정답] 16 ③ 17 ③ 18 ③ 19 ② 20 ② 21 ① 22 ④

제3편

해설

석재의 압축강도

석재 종류	압축강도 [kg/cm²]	비중	흡수율[°/wt]
화 강 암	1,900 정도	2.65 정도	0.30
안 산 암	1,150 정도	2.45 정도	2.52
응 회 암	200 정도	1.45 정도	19.04
사 암	450 정도	2.02 정도	다량
대 리 석	1,200 정도	2.27 정도	0.14
부 석	50 정도	1.12 정도	다량

23 ★★ **아래 보기는 석재의 가공을 나타낸 것이다. 석재가공 공정을 바르게 나타낸 것은?**

[보기]
㉠ 혹두기(메다듬) ㉡ 정다듬
㉢ 잔다듬 ㉣ 도드락다듬
㉤ 갈 기

① ㉠－㉡－㉢－㉣－㉤
② ㉠－㉢－㉡－㉣－㉤
③ ㉠－㉣－㉢－㉡－㉤
④ ㉠－㉡－㉣－㉢－㉤

해설

석재표면 가공순서

① 메다듬 : 마름돌의 거친 면을 쇠메로 다듬는 것으로 혹의 크기에 따라 큰 혹두기, 중 혹두기, 작은 혹두기 등으로 분류한다.
② 정다듬 : 정으로 쪼아 평탄하고 거친 면으로 한 것으로 조밀의 정도에 따라서 거친 정다듬, 중 정다듬, 고운 정다듬 등이 있다.
③ 줄정다듬 : 정다듬의 일종으로서 정을 일정방향으로 줄지어 쪼아 평탄하게 한 것이며 줄의 간격에 따라 대, 중, 소로 나눈다.
④ 도드락다듬 : 약 3.5[cm]각의 네모 망치형에 네모뿔대 날이 돋힌 작은 메로써 거친 정다듬을 한 면을 평탄하게 다듬은 것을 말한다.
⑤ 잔다듬 : 양날이 있는 망치로 표면을 평탄하고 균일하게 다듬는 것으로 외관이 아름답다.
⑥ 물갈기 : 화강석, 대리석 등에 쓰이는 마무리법으로 잔다듬 또는 톱켜기면에 철사, 금강사, 카보런덤, 모래숫돌 등을 사용하여 물을 주어 가면서 갈아서 광택을 내는 작업을 말한다.

24 ★ **콘크리트 블록조시공에 관한 내용이 바르지 못한 것은?**

① 기건상태의 체적비중이 1.8 이하를 경량블록이라 한다.
② 벽의 가로근은 배근 상세도에 따라 가공해서 그 단부는 180[°] 갈고리로 구부려 배근한다.
③ 블록을 쌓기 전에 물을 충분히 축여서 시공한다.
④ 보강블록조와 라멘구조가 접촉되는 부분은 원칙적으로 블록을 먼저 쌓고 라멘 콘크리트체를 나중에 시공한다.

해설

블록공사시 유의사항

① 불합격품, 형상 및 치수가 일정하지 않은 것은 사용하지 않는다.
② 블록은 모르타르, 콘크리트의 접착부분만 사전에 적당히 습윤하게 한다.
③ 물을 너무 많이 축이지 않도록 한다.
④ 모르타르, 콘크리트의 배합은 정확히 하고 잘 다져 넣어 접착이 고르게 되도록 한다.
⑤ 철근의 위치는 정확히 하고, 도중에 구부러지지 않게 하여야 한다.
⑥ 사춤 콘크리트는 1회 4단 이내 높이로 잘 채워 넣는다.

25 ★ **석재 사용상의 주의사항과 관계가 없는 것은?**

① 석재를 다듬어 쓸 때에는 그 질이 균일한 것을 써야 한다.
② 석재는 압축 및 전단강도가 크므로 인장력을 받는 장소에 사용하고, 재질에 따라 적소에 사용하도록 한다.
③ 조각용으로 쓰일 석재는 경연이 적당한 것이라야 한다.
④ 높은 곳의 돌출부에 석재를 쓸 경우에는 그 석재의 질과 모양을 고려해야 한다.

해설

석재 사용상의 주의사항

① 크기는 운반상, 자연상 등을 고려하여 최대치수를 결정한다.
② 인장, 휨강도가 적으므로 항상 압축을 받는 장소에 사용한다.
③ 비내화적이므로 내화를 요하는 부분에는 열에 강한 것을 사용한다.
④ 조각용으로 쓸 때에는 석재의 경연이 적당한 것이라야 한다.
⑤ 높은 곳의 돌출부에 석재를 사용할 경우에는 그 석재의 질과 모양을 고려하여야 한다.

[정답] 23 ④ 24 ③ 25 ②

26 ★ 벽돌쌓기법에 관한 설명 중 바르지 못한 것은 어느 것인가?

① 영식쌓기는 한 켜는 마구리쌓기 다음 켜는 길이쌓기로 하고 모서리벽 끝에 이오토막을 사용한다.
② 화란식쌓기는 매 켜에 길이쌓기와 마구리쌓기가 번갈아 나온다.
③ 마구리쌓기는 원형 굴뚝, silo 등에 쓰이고 벽두께 1.0B 이상 쌓기에 쓰인다.
④ 길이쌓기는 0.5B 두께의 칸막이벽에 쓰인다.

해설

불식쌓기
① 매 켜에 길이쌓기와 마구리쌓기가 나오는 것은 불식 쌓기이다.
② 화란식쌓기는 한 켜 건너 마구리쌓기와 길이쌓기가 번갈아 나온다.

27 ★★ 다음 중 보강 시멘트블록조에 있어서 시공상 적당하지 않은 것은 어느 것인가?

① 기초에서 세운 세로근은 테두리보 하부 철근까지만 한다.
② 철근단부의 정착길이는 40d 이상으로 한다.(단, d : 철근지름)
③ 기초에서 세운 세로근은 블록의 공동 중심에 정착하게 배치한다.
④ 블록의 1일간의 쌓기높이는 1.5[m] 이하로 한다.

해설

정착길이
① 세로근은 원칙적으로 잇지 않고 기초에서 테두리보까지 직통되게 한다.
② 정착길이는 40d 이상으로 한다.

28 ★ 다음의 석조의 장 · 단점에 관한 설명 중 옳지 못한 것은 어느 것인가?

① 타 구조체에 비하여 외관이 장중하다.
② 지진이나 횡력에 약하다.
③ 시공이 용이하나 공사비가 많이 든다.
④ 내구적이며 내화성 및 내수성이 크다.

해설

석조공사
① 석조는 타 구조에 비하여 시공이 어렵다.
② 석조공사는 공기가 장기간 소요된다.

29 ★★ 벽돌쌓기방식 중 우리나라에서 가장 많이 사용하는 방식은?

① 불식쌓기　② 미식쌓기
③ 영식쌓기　④ 화란식쌓기

해설

우리나라 벽돌쌓기방식 중에는 견고한 영식쌓기를 사용하고 있다.

30 ★ 보강 콘크리트조에 대한 다음의 기술 중 틀린 것은?

① 내력벽에 세로근은 원칙적으로 이음을 하지 않는다.
② 줄기초 또는 테두리보의 정착길이는 40d로 한다.
③ 이음길이 정착은 철근 콘크리트 공사에 준한다.
④ 철근의 피복두께는 3[cm]로 한다.

해설

보강 콘크리트조
① 모르타르 또는 콘크리트를 사춤할 때에 보강철근은 정확히 유지한다.
② 철근은 이동, 변형이 없게 한다.
③ 철근의 피복두께는 2[cm] 이상으로 한다.

31 ★★ 마름돌이란 무엇을 말하는가?

① 도르락망치로 다듬은 것
② 정으로 쪼아낸 것
③ 돌의 거친 면을 쇠메로 다듬은 것
④ 채석 후 다듬지 않은 것

해설

마름돌(切石 : cut stone rubble)
① 일정한 형태, 치수로 깨낸 석재를 절석이라 한다.
② 다듬지 않은 석재를 보통 절석이라 한다.

[정답] 26 ② 27 ① 28 ③ 29 ③ 30 ④ 31 ④

32 ★ 석재의 물끊기 홈에 관한 다음의 기술 중 부적당한 것은 어느 것인가?

① 물끊기 홈은 창대돌 등이 벽면에서 돌출된 재의 밑면에 홈을 파서 물이 안쪽으로 흘러 들어가지 않도록 한 것이다.
② 홈의 크기는 깊이 및 나비를 9~15[mm]로 한다.
③ 두겁돌, 창대, 돌림띠 등에 물끊기나 물흘림경사를 둘 필요가 없다.
④ 돌출부 밑에는 물끊기 홈을 정확히 파서 물막이에 주의한다.

해설

물끊기 홈
① 두겁돌, 창대, 돌림띠(징두리돌림, 허리돌림, 처마돌림) 등의 상부에는 물끊기 및 물흘림경사가 있어야 한다.
② 홈의 크기는 깊이, 나비는 9~15[mm]이다.

33 ★ 다음 중 보통 잔다듬의 줄눈나비로 적당한 것은 어느 것인가?

① 4~10[mm] 정도 ② 6~12[mm] 정도
③ 8~14[mm] 정도 ④ 10~16[mm] 정도

해설

잔다듬의 줄눈나비는 6~12[mm]가 적당하다.

34 ★★ 다음 중 아스팔트타일의 시공상 주의할 사항으로 바르지 못한 것은 어느 것인가?

① 바닥표면은 평탄하고 매끈하게 하며 충분히 건조시킨다.
② 타일은 20~30[℃] 정도로 가온하여 누그려 붙인다.
③ 타일붙이기가 끝나면 2~3일은 통행을 금지하며 보온조치를 한다.
④ 타일면에 묻은 고착제는 휘발유를 사용하여 닦아낸다.

해설

아스팔트타일 시공시 주의사항
① 고착제는 칼, 샌드페이퍼, 주걱 등으로 긁어 제거한다.
② 휘발유 등의 휘발성 용제를 사용하면 표면의 타일을 손상시킨다.

35 ★★★ 경질타일붙임의 압착 모르타르의 배합비로 적당한 것은?

① 시멘트 : 모래=1 : 1
② 시멘트 : 모래=1 : 2
③ 시멘트 : 모래=1 : 3
④ 시멘트 : 모래=1 : 4

해설

모르타르 배합비
① 경질타일인 경우=(시멘트) 1 : (모래) 1
② 연질타일인 경우=(시멘트) 1 : (모래) 3

36 ★ 벽돌검사시 가장 우선적으로 고려되어야 할 사항은 무엇인가?

① 색상이 균일할 것
② 형상이 바를 것
③ 소성상태가 좋을 것
④ 치수가 정확할 것

해설

벽돌공사시 고려사항
① 벽돌의 품질은 압축강도와 흡수율에 의해서 결정된다.
② 우선적으로 그 소성상태를 고려하여야 한다.
③ 벽돌이 잘 구워지지 않은 것은 흙이나 다름없다.

37 ★ 벽돌쌓기의 줄눈은 몇 [mm]를 표준으로 하는가?

① 10[mm] ② 12[mm]
③ 15[mm] ④ 20[mm]

해설

벽돌쌓기 표준
① 줄눈은 보통 8~10[mm]를 기준으로 한다.
② 보통 10[mm]를 표준으로 한다.

[정답] 32 ③ 33 ② 34 ④ 35 ① 36 ③ 37 ①

38 ★★ 다음 중 타일치장줄눈넣기에 있어 줄눈파기는 타일붙임시공 후 얼마 정도 지난 후 실시하는가?

① 1시간 ② 2시간
③ 3시간 ④ 4시간

해설

줄눈파기는 타일붙임시공 후 3시간 경과 후 실시한다.

39 ★ 다음의 돌쌓기에서 줄눈(나비)의 크기에 관한 기술 중 틀린 것은 어느 것인가?

① 갈기 마무리일 때는 1~2[mm] 정도로 한다.
② 잔다듬일 경우에는 3~6[mm] 정도로 한다.
③ 정다듬일 경우에는 6~9[mm] 정도로 한다.
④ 거친 돌 막쌓기일 경우에는 맞대기로 한다.

해설

거친 돌 막쌓기는 줄눈의 나비를 보통 9~25[mm]로 한다.

40 ★★★ 블록쌓기에 대한 유의사항 중 부적당한 것은?

① 블록은 살두께가 두꺼운 쪽을 아래로 하여 쌓는 것이 하중 분산에 적합하다.
② 하루 쌓아 올리는 높이는 1.5[m] 이내로 한다.
③ 가로줄눈 모르타르는 블록 상단 전면에 바르고 세로줄눈은 한쪽 접촉면에 미리 모르타르를 충분히 부착시켜서 쌓는다.
④ 줄눈시공은 방수를 위하여 같은 깊이로 줄눈파내기를 한 다음 가능한 한 방수제를 첨가한 모르타르로 치장줄눈을 하여야 한다.

해설

블록쌓기법

① 반입된 블록의 치수 및 평균오차를 측정하여 먼저 쌓은 것과 대조하고 모양, 치수 및 강도 등에 대한 검사를 엄밀히 한다.
② 기초 또는 바닥판 윗면은 깨끗이 청소하고 충분히 물축이기를 한다.
③ 쌓기 시작은 먼저 모서리, 중간요소 및 신축줄눈부에 기준쌓기를 정확히 하고 상하좌우 벽면은 평활하게 쌓는다.
④ 블록은 살두께가 두꺼운 편이 위로 가게 한다.
⑤ 치장블록면의 줄눈은 가만히 눌러 두고 2~3켜를 쌓은 다음 줄눈파기를 하고 블록면은 청소한다.
⑥ 1일 쌓기높이는 1.2[m](6켜)를 표준으로 하고 최고 1.5[m](7켜) 이하로 한다.

41 ★ 다음 중 각 층의 대린벽으로 구획된 조적조벽에 있어 그 벽의 길이가 12[m]인 경우 개구부 나비의 합계는?

① 2.0[m] 이하 ② 3.0[m] 이하
③ 4.0[m] 이하 ④ 6.0[m] 이하

해설

개구부나비

① 각 층이 대린벽으로 구획된 벽에서 문꼴의 나비의 합계는 그 벽길이의 $\frac{1}{2}$ 이하로 해야 한다.
② 개구부나비는 $\frac{12}{2}=6$[m]이다.

42 ★★ 벽돌쌓기시 시공방법에 관한 설명 중 가장 부적합한 것은?

① 벽 중간 일부를 쌓지 못하게 될 때에는 층단떼어 쌓기로 한다.
② 기둥의 단면은 벽돌나비의 배수로 정하고 통줄눈이 생기지 않도록 한다.
③ 벽돌면에서 내쌓기를 할 때에는 두 켜씩 1/4B 내쌓는다.
④ 공간쌓기시 사용되는 모르타르는 1 : 1 배합 모르타르를 사용한다.

해설

모르타르 배합비

① 일반쌓기용 - 1 : 3~1 : 5
② 아치쌓기용 - 1 : 2
③ 치장줄눈용 - 1 : 1

43 ★★★ 콘크리트 블록공사의 중공벽(Cavity wall) 쌓기 중 긴결철물의 수직간격은 얼마 이하가 적당한가?

① 30[cm] 이하 ② 45[cm] 이하
③ 60[cm] 이하 ④ 90[cm] 이하

[정답] 38 ③ 39 ④ 40 ① 41 ④ 42 ④ 43 ②

제3편

해설

블록중공벽(이중벽쌓기)의 특징

① 블록은 390(길이)×190(너비)의 치수를 가장 많이 쓰는데 너비는 190(8″), 150(6″), 100(4″) 블록이 있다.
② 이중벽쌓기는 주로 4인치 블록을 이용한다.
③ 중공벽쌓기는 방음(차음), 방습(방수), 보온(단열)이 목적이다.
④ 긴결철물은 벽면적 0.5[cm²]마다 1개씩 배치하며 수직간격은 45[cm] 이하, 수평간격은 90[cm] 이하로 하여 서로 엇갈리게 배치하도록 한다.
⑤ 긴결철물은 방청철물을 사용된다.

44 ★★ 콘크리트 블록공사의 방수 및 방습처리에 대한 설명 중 가장 거리가 먼 것은?

① 방습층은 마루 밑이나 콘크리트 바닥판 밑에 접근되는 세로줄눈의 위치에 둔다.
② 액체방수 모르타르를 10[mm] 두께로 블록 윗면 전체에 바른다.
③ 물빼기구멍은 콘크리트의 윗면에 두거나 물끊기·방습층 등의 바로 위에 둔다.
④ 물빼기구멍의 지름은 10[mm] 이내, 간격 120[cm]로 한다.

해설

방습층(vapor barrier), 방습대(dampproof course)의 특징

① 지면에 접하는 콘크리트, 블록, 벽돌 및 유사재료의 벽체, 바닥에 습기를 흡수하거나 투과방지의 불투습성의 층을 일괄하여 방습층이라 한다.
② 방습층 재료는 아스팔트 루핑, 알미늄판 등 금속판, 플라스틱 비닐, 방수 모르타르 등이 있다.
③ 접지된 벽돌, 블록, 석조 등의 벽체에 습기가 상승하는 것을 방지할 목적으로 수평으로 설치할 방습층을 방습대(Dampproof course)라 한다.
④ 블록 외벽하부에는 물빼기구멍을 설치하여 시멘트액체방수, 도막방수, 침투성 방수재료 등을 도포한다.

45 ★★ 조적조로 담을 쌓을 경우 최대로 쌓는 높이는? [단위 : m] 22. 3. 5 ㉠

① 2　　② 2.5
③ 3　　④ 3.5

해설

조적조 담장 최대높이 : 3[m] 이하

46 ★★ ALC 블록공사의 비내력벽쌓기에 대한 기준으로 옳지 않은 것은? 17. 3. 5 ㉠ 20. 9. 27 ㉠

① 슬래브나 방습턱 위에 고름 모르타르를 10~20[mm] 두께로 깐 후 첫단 블록을 올려놓고 고무망치 등을 이용하여 수평을 잡는다.
② 쌓기 모르타르는 교반기를 사용하여 배합하며 2시간 이내에 사용해야 한다.
③ 줄눈의 두께는 1~3[mm] 정도로 한다.
④ 블록 상·하단의 겹침길이는 블록길이의 1/3~ 1/2을 원칙으로 하고 100[mm] 이상으로 한다.

해설

ALC 블록공사 비내력벽 쌓기기준

① A.L.C는 석회질, 규산질 원료와 기포제 및 혼합제를 물과 혼합하여 고온고압증기 양생하여 만든 경량콘크리트의 일종이다.
② 쌓기 모르타르는 교반기를 사용하여 배합하며 1시간 이내에 사용해야 한다.
③ 줄눈의 두께는 1~3[mm] 정도로 한다.
④ 블록 상단의 겹침길이는 블록길이의 1/3~1/2을 원칙으로 하고 최소 100[mm] 이상으로 한다.
⑤ 하루 쌓기높이는 1.8[m]를 표준으로 하고 최대 2.4[m] 이내로 한다.
⑥ 연속되는 벽면의 일부를 트이게 하여 나중쌓기로 할 때에는 그 부분을 층단 떼어쌓기로 한다.
⑦ 공간쌓기의 경우 바깥쪽을 주벽체로 하고 내부공간은 50~90[mm] 정도로 하고, 수평거리 900[mm], 수직거리 600[mm] 마다 철물연결재로 긴결한다.

47 ★★ 흙막이 지지공법 중 수평버팀대 공법에 대한 장·단점으로 옳지 않은 것은?

① 토질에 대해 영향을 적게 받는다.
② 가설구조물이 적어 중장비작업이나 토량제거작업의 능률이 좋다.
③ 인근 대지로 공사범위가 넘어가지 않는다.
④ 강재를 전용함에 따라 재료비가 비교적 적게 든다.

해설

버팀대가 거미줄처럼 얽혀 있어 중장비 작업용 작업성은 어스앵커공법 등에 비해 떨어진다.

[정답] 44 ① 45 ③ 46 ② 47 ②

48 ★★ 건식 석재공사에 관한 설명으로 옳지 않은 것은?

17. 9. 23 기

① 촉구멍 깊이는 기준보다 3[mm] 이상 더 깊이 천공한다.
② 석재는 두께 30[mm] 이상을 사용한다.
③ 석재의 하부는 고정용으로 석재의 상부는 지지용으로 설치한다.
④ 모든 구조재 또는 트러스 철물은 반드시 녹막이 처리한다.

해설

① 석재하부 : 지지용
② 석재상부 : 고정용

49 다음과 같이 정상 및 특급공기와 공비가 주어질 경우 비용구배(cost slope)는?

정 상		특 급	
공기	공비	공기	공비
20[일]	120,000[원]	15[일]	180,000[원]

① 9,000[원/일] ② 12,000[원/일]
③ 15,000[원/일] ④ 18,000[원/일]

해설

비용구배(비용경사)

비용구배는 작업을 1일 단축할 때 추가되는 직접비용을 말한다.

$$비용구배=\frac{특급비용-표준비용}{표준시간-특급시간}=\frac{180,000-120,000}{20-15}$$
$$=12,000[원/일]$$

① 특급비용 : 공기를 최대한 단축할 때 비용
② 특급시간 ; 공기를 최대한 단축할 수 있는 가능한 시간
③ 표준비용 : 정상적인 소요일수에 대한 공비
④ 표준시간 : 정상적인 소요시간

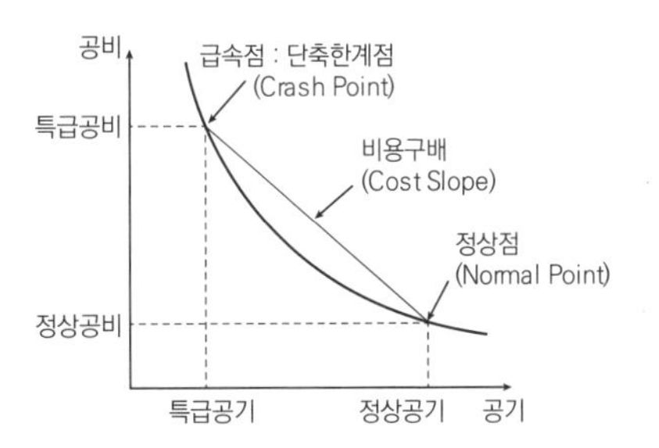

50 다음 데이터의 B의 비용구배는?

작업명	정상계획		급속계획		Cost Slope
	공기[일]	비용[원]	공기[일]	비용[원]	
A	5	120,000	5	120,000	가
B	6	60,000	4	90,000	나
C	10	150,000	5	200,000	다

① 12,000 ② 13,000
③ 14,000 ④ 15,000

해설

① A작업은 표준일수와 특급일수가 같으므로 단축이 불가능한 작업이다.
② B작업의 비용구배

$$=\frac{90,000원-60,000원}{6일-4일}=15,000[원/일]$$

즉, 1일 단축시마다 15,000원씩 비용이 추가되는 것으로 계산한다.
③ C작업의 비용구배

$$=\frac{200,000원-150,000원}{10일-5일}=10,000[원/일]$$

즉, 1일 단축시마다 10,000원씩 비용이 추가되는 것으로 계산한다.

보충학습

① MCX란 : 각 공정을 최소의 비용으로 최적의 공기를 찾아 공정을 수행하는 관리기법이다.
② 특급점 : 직접비 곡선에서 특급공사비와 특급공기가 만나는 포인트로 더이상 소요공기를 단축할 수 없는 한계점이다.
③ 특급비용 : 공기를 최대한 단축할 때 발생되는 추가 직접비용
④ 비용구배 : 작업을 1일 단축할 때 추가되는 직접비용
⑤ 최장패스 : 임의의 두 결합점간의 경로 중 소요기간이 가장 긴 경로
⑥ 주공정선 : 개시 결합점에서 종료 결합점에 이르는 가장 긴 경로

[정답] 48 ③ 49 ② 50 ④

제3편

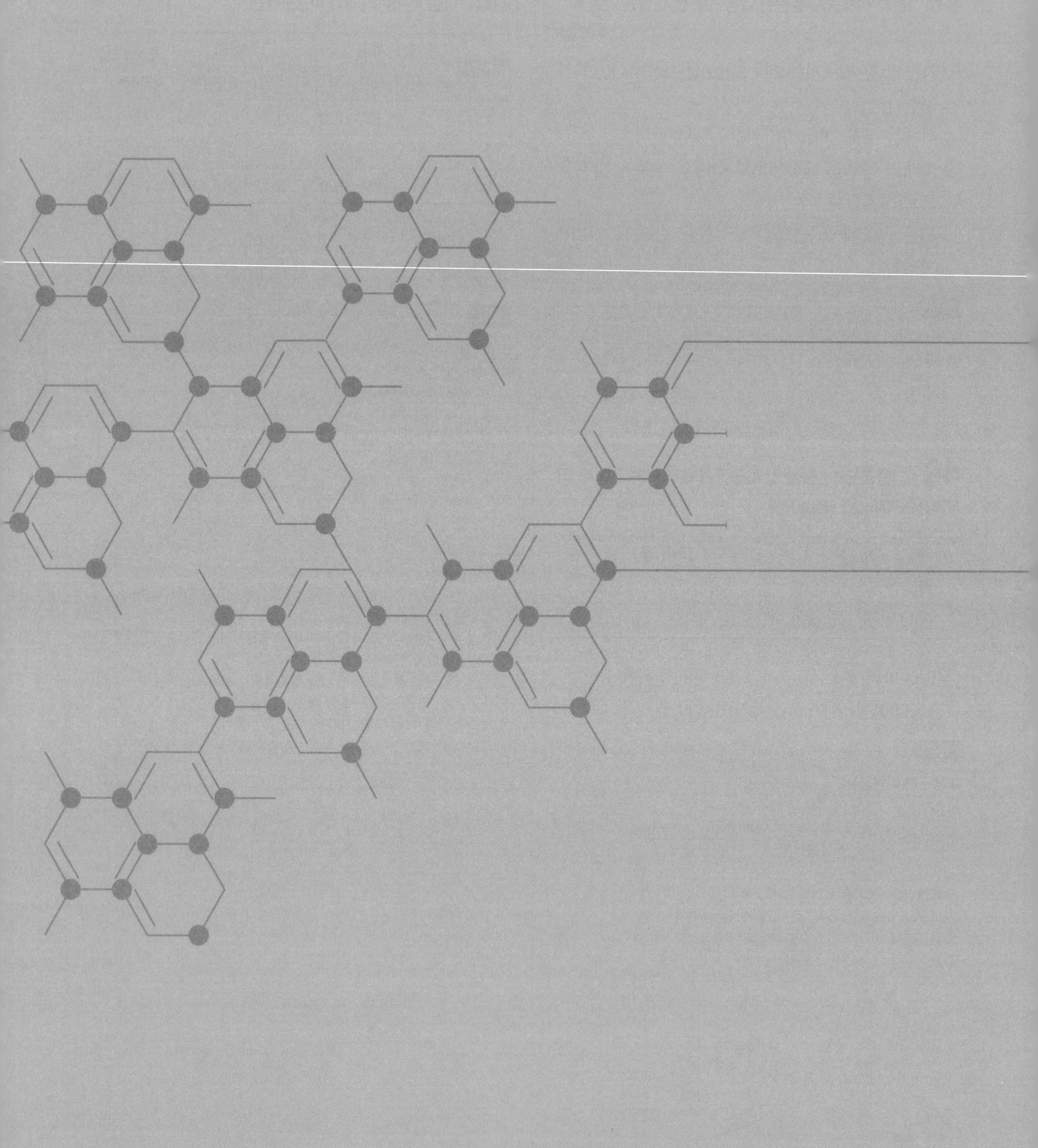

건설재료학

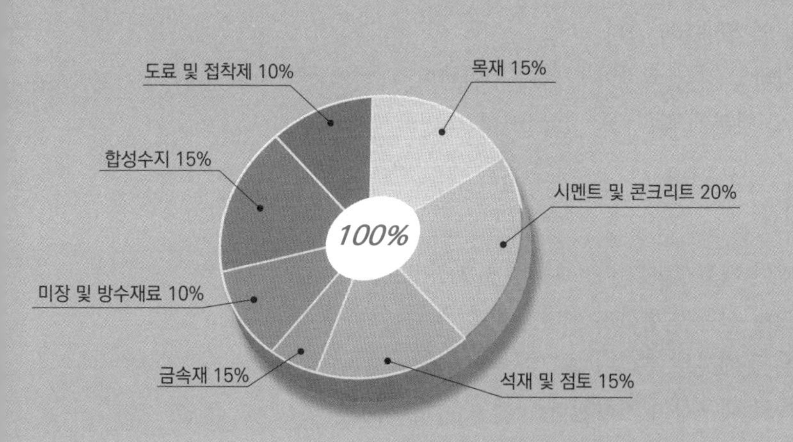

출제기준 및 비중(적용기간 : 2021.1.1~2025.12.31)
NCS기준과 2025년 합격기준을 정확하게 적용하였습니다.

Chapter 01

목 재

건설안전기사/건설안전산업기사 합격을 위해서 다음 내용을 충실히 공부해야 한다.
1 목재의 물리적 성질 및 기타 성질
2 목재의 연소온도
3 목재의 강도 : 인장 > 압축 > 전단
4 목재의 자연건조법과 인공건조법 비교

시험에 출제가 예상되는 중심적인 내용은 다음과 같다.
❶ 목재 일반 ❷ 집성목재
❸ 마루판 ❹ 벽, 천장재
❺ 섬유판

합격날개

합격예측

① 목재의 함수율 $=\frac{\text{목재중의수분}}{\text{전건목재중량}}\times 100[\%]$
② 목재전건 중량 = 부피×비중
③ 목재 중의 수분 = 목재무게 - 전건목재무게
④ 목섬유의 비중 : 1.54

용어정의

소성(塑性, Plasticity)
부재가 외력을 받아서 변형이 생길 때 그 외력을 제거해도 원래 상태로 되돌아오지 않는 성질
예 소성체

Q 은행문제

목재의 특성으로 옳지 않은 것은? 17. 3. 5 기
① 가연성 이다.
② 진동 감속성이 작다.
③ 섬유포화전 이하에 함수율 변동에 따라 변형이 크다.
④ 콘크리트 등 다른 건축재료에 비해 내구성이 약하다.

정답 ②

1 목재 일반

1. 목재의 장점 17. 5. 7 산 18. 3. 4 산

① 가볍고 가공이 용이하며, 감촉이 좋다.
② 비중에 비하여 강도, 인성, 탄성이 크다.(비강도가 크다.)
③ 열전도율과 열팽창률이 작다.
④ 종류가 다양하고 각각 외관이 다르며 우아하다.
⑤ 산성 약품 및 염분에 강하다.

2. 목재의 단점

① 착화점이 낮아 내화성이 적다.(목재의 착화점 250[℃])
② 흡수성이 크며 신축 변형하기 쉽다.
③ 습기가 많은 곳에서는 부식이 생긴다.
④ 충해나 풍화로 내구성이 저하된다.

[표] 목재의 열전도율 22. 3. 5 기

(단위 : kcal/m·h·℃)

재료	공기	코르크판	소나무	회반죽벽	유리	콘크리트	벽돌
열전도율	0.026	0.04	0.12	0.54	0.70	1.00	1.10

3. 목재의 분류

(1) 성장에 의한 분류

① 외장수의 분류

㉮ 침엽수 : 적송, 흑송, 회송, 전나무, 잣나무, 은행나무, 낙엽송 등

㉯ 활엽수 : 오동나무, 참나무, 느티나무, 박달나무, 밤나무, 단풍나무 등

[표] 목재의 세포조직

구 분	침엽수	활엽수
나무섬유	90~97[%]	40~75[%], 견고, 강도 유지
물관(도관)	없음	줄기 배치, 양분과 수분 통로
수선	잘 보이지 않음	잘 나타남, 줄기 직각방향, 양분, 수분통로, 방사상 모양
수지관	많음, 수지 이동저장	드물게 있음

② 내장수의 분류

㉮ 대나무　　㉯ 야자수

(2) 재질에 의한 분류

① 연재 : 소나무, 전나무 및 침엽수류

② 경재 : 떡갈나무, 참나무 및 활엽수류

(3) 용도에 의한 분류

① 구조용재　　② 장식용재

(4) 침엽수재의 특징

① 송백과에 속하며 가볍고 연목에 속한다.

② 직통대재가 많고 가공이 매우 용이하다.

③ 구조재와 장식재로 쓰인다.

(5) 활엽수재의 특징

① 송백과 이외의 목재로 경목이 많다.

② 종류가 다양하며 성질이 각각 다르다.

③ 장식재로 많이 쓰인다.

4. 목재의 조직

(1) 세포의 종류

① 섬유(가도)관 : 목세포

㉮ 침엽수에서는 헛물관이라고 하며 수목 전 용적의 90~97[%]를 차지하고 있다.

합격예측

목재의 함수율

① 절건상태(전건재) : 0[%]
② 기건상태(기건재) : 15[%]
③ 섬유포화점 : 30[%]

참고

① 건축 재료는 대개 외장수가 사용되며, 외장수 중에서 침엽수에 속하는 목재는 일반적으로 목질이 무른 것이 많으므로 연목재(soft wood)라 한다.
② 활엽수의 목재는 일반적으로 목질이 단단하므로 경목(hardwood)이라 한다.

합격예측

취성(脆性, Brittleness)

① 재료에 외력을 가했을 때에 작은 변형에도 파괴되는 성질을 말한다.
② 일반적으로 주철, 유리 등 영계수가 큰 재료가 취성이 크고, 충격강도와도 밀접한 관계가 있다.
③ 취성파괴는 저온에서 일어나기 쉽다.

합격예측

목재의 인화점, 착화점, 발화점

구분	온도[℃]
수분소실, 열분해 시작, 가스방출	100 내외
탄화점	160
인화점	평균 240
착화점(화재위험온도)	평균 250
발화점	평균 450

㉯ 길이 1~4[mm]의 주머니 모양으로 되어 끝이 차차 가늘어져서 막혀 있다.

㉰ 중간에 구멍이 있어 옆의 섬유와 통하여 수액의 통로가 된다.

② 물(도)관

㉮ 활엽수에만 있는 것으로 크고 길며, 줄기 방향으로 배치되어 주로 양분과 수분의 통로가 된다.

㉯ 나무의 종류를 구별하는 표준이 되기도 하고 건조한 목재는 종단면 위에 크고 진한 색깔의 무늬가 나타난다.

③ 수 선

㉮ 침엽수에서는 가늘며 잘 보이지 않고 활엽수에서는 잘 나타난다.

㉯ 종단면에서는 암색 반문과 광택이 나는 뚜렷한 무늬로 나타난다.

㉰ 수목줄기의 중심에서 겉껍질 방향에 방사상으로 들어 있는 물관과 비슷한 세포이다.

④ 수지관

㉮ 수지의 이동이나 저장을 하는 곳으로서 나무줄기 방향으로 나타나는 것과 직각방향으로 나타나는 것이 있다.

㉯ 침엽수재에 많고 활엽수재에는 극히 드물다.

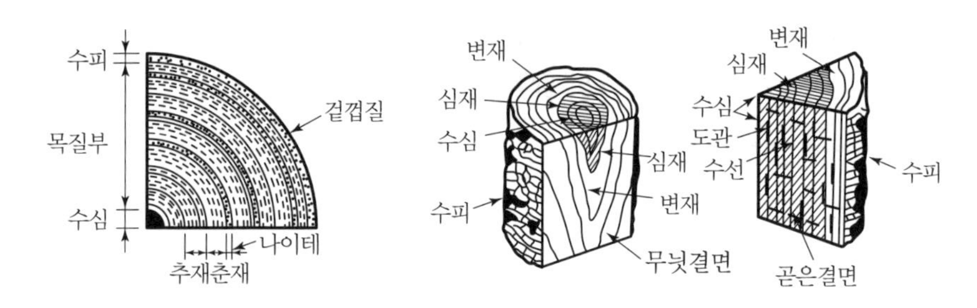

[그림] 나무줄기의 횡단면　　**[그림] 목재의 조직** 18. 4. 28 산

(2) 목재의 결

① 나이테

㉮ 봄, 여름에 생긴 세포는 크며, 세포막은 얇고 유연하지만 가을, 겨울철에 생긴 세포는 작다.

㉯ 줄기에는 해마다 새로운 세포가 생긴다.

㉰ 춘재, 추재는 수심을 중심으로 하여 동심원으로 나타나게 되며, 춘재와 추재의 1쌍을 합한 것을 나이테라 한다.

㉱ 나이테는 수목의 성장연수를 나타내는 동시에 강도의 표준이 되기도 하고, 연중기후의 변화가 있다.

합격예측

강도의 변화

① 섬유포화점 이상에서는 강도의 변화, 건조수축의 변화가 거의 없다.

② 섬유포화점 이하에서는 건조수축이 크고, 강도도 증대되어, 전건재의 강도는 섬유포화점의 3배 정도이다.

참고

강성(剛性, Rigidity)

① 부재나 구조물이 외력을 받았을 때 변형에 저항하는 성질을 말한다.

② 강도와 직접 관계는 없다.

③ 탄성계수가 큰 재료, 변형이 작은 재료가 강성이 크다.

Q 은행문제

목재의 강도에 관한 설명 중 옳지 않은 것은?

① 목재의 제강도 중 섬유 평행방향의 인장강도가 가장 크다.

② 목재를 기둥으로 사용할 때 일반적으로 목재는 섬유의 평행방향으로 압축력을 받는다.

③ 함수율이 섬유포화점 이상으로 클 경우 함수율 변동에 따른 강도변화가 크다.

④ 목재의 인장강도 시험 시 죽은 옹이의 면적을 뺀 것을 재단면으로 가정한다.

정답 ③

추재 춘재 추재

한 나이테

[그림] 나이테

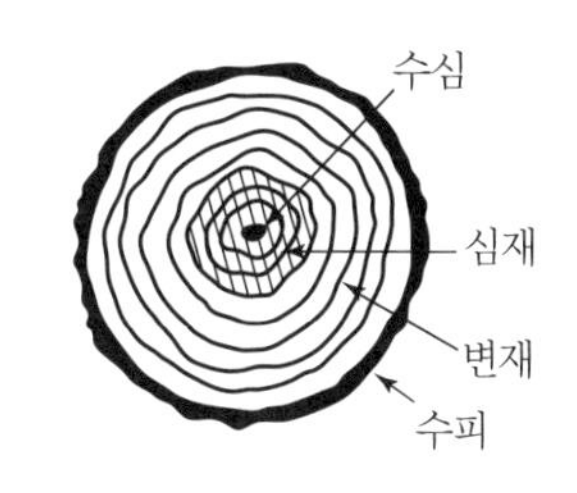

[그림] 수목의 횡단면

② 무 늬

㉮ 절단선이 마구리면의 수심을 통하여 나이테에 직각방향이 되게 한 것으로서 구조재로 쓰인다.

㉯ 건조를 해도 변형이 적다.

㉰ 폭넓은 판자가 많이 나오지 않고 목재를 버리는 부분이 많아서 값이 비싸다.

(3) 심재와 변재

① 심재의 특징

㉮ 목재의 수심 가까이에 위치하고 있는 암색부분으로서 심재부분의 세포는 견고성을 높여 준다.

㉯ 목질부가 굳고 함수율이 작다.

② 변재의 특징 18. 4. 28 기 18. 9. 15 기 23. 6. 4 기

㉮ 목재의 겉껍질에 가까이 위치하며 담색부분이다.

㉯ 변재부분의 세포는 수액의 유통과 저장 역할을 한다.

㉰ 변재는 심재에 비하여 건조됨에 따라 수축변형이 심하고, 내구성이 부족하여 충해를 받기 쉽다.

[표] 심재와 변재와의 차이 17. 5. 7 기

심재의 특징	변재의 특징
① 변재보다 다량의 수액을 포함하고 있으며 비중이 크다. ② 변재보다 신축이 작다. ③ 변재보다 내후성, 내구성이 크다. ④ 일반적으로 변재보다 강도가 크다.	① 심재보다 비중이 적으나 건조하면 변하지 않는다. ② 심재보다 신축이 크다. ③ 심재보다 내후성, 내구성이 약하다. ④ 일반적으로 심재보다 강도가 약하다.

합격예측

생재(生財)의 함수율

① 변재부 : 80~200[%] 정도
② 심재부 : 40~100[%] 정도

참고

경도(硬度, Hardness)

① 국부적 전단력, 마모 등에 대한 저항성으로 강재의 기본적 성질의 하나이다.
② 브리넬경도로 보통 표시한다.
③ 인장강도값의 약 2.0배이다.

합격예측

심재와 변재의 비교 23. 6. 4 기

비교	심재	변재
비중	크다	작다
강도	크다	작다
내구성	크다	작다
수축성	작다	크다
흠 발생	거의 없다	많다

Q 은행문제

목재의 함수율에 관한 설명 중 옳지 않은 것은?

① 목재의 함유수분 중 자유수는 목재의 중량에는 영향을 끼치지만, 목재의 물리적 또는 기계적 성질과는 관계가 없다. 17. 3. 5 기
② 침엽수의 경우 심재의 함수율은 항상 변재의 함수율보다 크다.
③ 섬유포화상태의 함수율은 30% 정도이다.
④ 기건상태란 목재가 통상 대기의 온도, 습도와 평형된 수분을 함유한 상태를 말하며, 이때의 함수율은 15% 정도이다.

정답 ②

제4편

합격예측

목재 강도에 영향을 주는 요인

① 수종 : 활엽수가 침엽수보다 강도가 크다.
② 비중 : 비중이 클수록 강도가 크다.
③ 함수율 : 함수율이 낮을수록 강도는 증가된다.
④ 가력방향 : 나무섬유의 평행방향에 대한 강도가 나무섬유의 직각방향에 대한 강도보다 크다.
⑤ 심재와 변재 : 심재가 변재에 비하여 강도가 크다.
⑥ 목재의 결함 : 옹이는 강도에 가장 악영향을 미친다.
⑦ 목재의 수령 : 수령이 많은 목재가 강도가 크다.
⑧ 벌목의 시기 : 추재가 춘재보다 강도가 크다.

합격예측

비강도

① 비강도는 강도를 비중으로 나누어 준 값을 말한다.

예 소나무 : $\frac{590[kgf/cm^2]}{0.5} = 1,180$

② 역학적으로 강하면서 경량이며, 이상적인 재료라 하겠다.(비강도 값이 클수록 좋다.)
③ 비강도값의 크기 비교
소나무 > 알루미늄 > 연강 > 비닐 > 유리 > 콘크리트

[표] 심재와 변재의 비교

항목	심재	변재
비중	크다	작다
신축성(수축률)	작다	크다
내후 • 내구성	크다	작다
강도	강하다	약하다
목재의 흠	거의 없다	많이 발생한다

(4) 목재의 흠

① 옹이(Knot) 22. 4. 24 기

㉮ 산 옹이

㉠ 나무세포의 배열과는 달리 가지 방향에 평행으로 섬유가 뻗쳐 있어서 목재면에 암갈색의 반점이 생기게 된다.

㉡ 산 옹이는 다른 목질부보다는 약간 굳고 단단한 부분이 되어 가공이 좀 불편하다.

㉯ 죽은 옹이

㉠ 수목이 성장하는 도중에 가지를 잘라버린 자국으로 섬유세포가 죽어서 그 자리의 목질이 단단히 굳어 진한 흑갈색으로 된 것이다.

㉡ 너무 견고하여 가공하기가 어려워 용재로는 적당하지 않다.

㉰ 썩은 옹이

㉠ 죽은 가지의 자국이 썩어서 목질부의 옹이부분도 썩어 있는 것이다.

㉡ 목재의 질을 저하시키므로 이런 구멍이 많은 목재는 사용할 수 없다.

② 갈라짐(Crack)

㉮ 심재성형 갈라짐 : 벌목 후 건조수축에 의하여 생긴다.

㉯ 변재성형 갈라짐 : 침입된 수분이 동결하여 팽창된 결과 생긴다.

㉰ 원형 갈라짐 : 수심의 수축이나 균일의 원인이 된다.

③ 입피

㉮ 수목이 세로방향의 외상으로 인해 수피가 말려 들어간 것이다.

㉯ 활엽수에 많다.

5. 벌목, 제재, 건조

(1) 벌 목

① 벌목의 시기

㉮ 봄, 여름은 수목의 성장시기이므로 수액이 많아 재질이 무르고 함수율이 많아 건조가 잘 되지 않고 벌목에도 불리하다.

㉯ 가을, 겨울에는 수액이 적으므로 건조가 빠르고 목질도 견고하고 운반도 용이하며, 노임도 싸므로 벌목하는 데 가장 좋은 계절이다.

② 벌목의 적령기 및 특징

㉮ 유목기 : 유목기의 수목을 벌목하면 재적이 적을 뿐 아니라 재질도 심재가 거의 없고 변재만 있어 무르고 함수율이 많아 약하고 썩기 쉽다.

㉯ 장목기 : 어떤 나무이든지 잘 자라서 줄기도 상당히 굵고 가지가 썩거나 죽은 것이 없는 장년기에 해당하는 장목기의 수목을 벌목하는 것이 재적도 많고 재질도 좋다.

㉰ 노목기 : 노목기는 수목의 성장기가 지나고 노쇠기가 되어 가지가 부분적으로 죽고, 심재의 일부가 적어 재적도 감소되고 재질도 약해져 용재로서는 좋지 않다.

(2) 제 재

① 제재 계획

㉮ 제재 계획은 건조에 대한 수축을 생각하여 여유있게 한다.

㉯ 나뭇결을 생각하여 효과적인 목재면을 얻도록 한다.

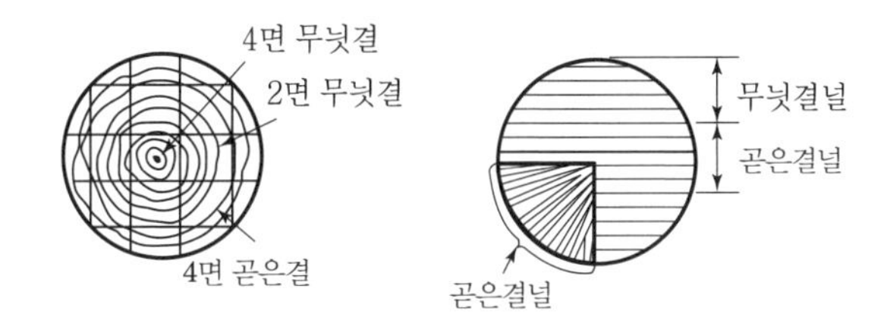

[그림] 제재의 계획 20. 6. 7 기

② 단 위

㉮ 길이 : 182[cm](6자), 273[cm](9자), 364[cm](12자)

㉯ 각재의 단면 : 21[mm]각(7푼각), 30[mm]각(1치각), 36[mm]각(1치 2푼각), 45[mm]각(1치 5푼각), 51[mm]각(1치 7푼각), 60[mm]각(2치각), 75[mm]각(2치 5푼각), 90[mm]각(3치각), 105[mm]각(3치 5푼각), 120[mm]각(4치각)

③ 주문재

㉮ 주문재는 설계도에 따라 실제 필요한 치수의 것을 주문받아 제재한 것이다.

㉯ 목재의 재적단위에는 [m^3]가 쓰인다.

㉰ 종래에는 사이가 쓰여졌으며 1사이라 함은 1치각 12자 길이의 나무부피를 말한다.

㉱ 미국에서는 보드피트[bf]가 쓰이는데 1[bf]라 함은 1인치 두께 1피트각의 나무부피를 말한다.

합격예측

재적(사이수)계산 방법

1사이 = 1치 × 1치 × 12자이므로 계산하려는 목재를 치×치×자로 통일한 후 ÷12를 하면 된다.

Q 은행문제

1. 목재가 건조과정에서 방향에 따른 수축률의 차이로 나이테에 직각방향으로 갈라지는 결함은?
   ① 변색
   ② 뒤틀림
   ③ 할렬
   ④ 수지낭

정답 ③

2. 목재의 치수표시로 제재치수(lumbering size)와 마무리치수(Finishing size)에 관한 설명으로 옳은 것은?
   17. 9. 23 기
   ① 창호제와 가구제 치수는 제재치수로한다.
   ② 구조재는 단면을 표시한 지정치수에 특기가 없으면 마무리 치수로 한다.
   ③ 제재치수는 제재된 목제의 실제 치수를 말한다.
   ④ 수장재는 단면을 표시한 지정치수에 특기가 없으면 마무리 치수로 한다.

정답 ③

합격예측

부패균의 번식인자

① 적당한 온도 : 20~40[℃]
② 습도 : 90[%] 정도
③ 공기 : 목재부피의 20[%] 정도 필요
④ 양분

합격예측

목재의 허용응력

1/7~1/8

합격예측

(1) 대기건조법(자연건조법)

① 직사광선, 비를 막고 통풍만으로 건조하며 20[cm] 이상 굄목을 받친다.
② 정기적으로 바꾸어 쌓는다.
③ 마구리 페인트칠 : 급결 건조방지
④ 오림목 고루괴기 : 뒤틀림 방지

(2) 건조 전 처리(수액제거법)

① 침수법 : 원목을 1년 이상 방치, 뗏목으로 6개월 침수, 해수에 3개월 침수하여 수액 제거, 열탕가열(자비법) 증기법, 훈연법 등을 병용하여 제거 기간을 단축한다.
② 수액을 제거해야 건조가 빠르다.

Q 은행문제

목재의 부패 조건에 관한 설명 중 옳지 않은 것은?

① 대부분의 부패균은 약 20~40[℃] 사이에서 가장 활동이 왕성하다.
② 목재의 증기 건조법은 살균효과도 있다.
③ 부패균의 활동은 약 90[%] 이상의 습도에서 가장 활발하고, 이를 약 20[%] 이하로 건조시키면 번식이 중단된다.
④ 수중에 잠긴 목재는 습도가 높기 때문에 부패균의 발육이 왕성하다.

정답 ④

(3) 건 조 17. 9. 23 기 20. 9. 27 기

① 건조시키는 정도는 대체적으로 생나무 무게의 1/3 이상이 경감될 때까지 한다.
② 구조용재는 함수율 15[%] 이하, 수장재 및 가구용재는 10[%]까지 건조시키는 것이 바람직하다.
③ 잘 건조된 목재는 수축균열이나 변형이 일어나지 않을 뿐 아니라 부패균이 생기는 것을 방지할 수 있다.
④ 강도도 좋고 또 가공하기도 용이하다.
⑤ 자연건조방법
  ㉮ 제재한 목재를 직접 일광을 받거나 비를 맞지 않도록 옥내에 쌓아 놓거나 옥외에 쌓아두고 직사광선을 막기 위하여 짚으로 덮고 통풍으로만 건조시킨다.
  ㉯ 건조비가 적게 들고 재질도 변질이 적어서 좋으나 건조시간이 길고 변형이 생기기 쉽다.
  ㉰ 지면에서의 흡수를 막기 위하여 30[cm] 정도의 굄나무를 지면에 놓고 쌓는다.
⑥ 인공건조방법 17. 5. 7 산 19. 9. 21 산
  ㉮ 증기법 : 건조실을 증기로 가열하여 목재를 건조시키는 방법이다.
  ㉯ 열기법 : 건조실 내의 공기를 가열하거나 가열공기를 넣어 건조시키는 방법이다.
  ㉰ 훈연법 : 짚이나 톱밥 등을 태운 연기를 건조실에 도입하여 건조시키는 방법이다.
  ㉱ 진공법 : 원통형 탱크 속에 목재를 넣고 밀폐하여 고온, 저압상태에서 수분을 없애는 방법이다.
  ㉲ 현재 가장 많이 쓰이는 방법은 증기건조법이다.

(4) 목재의 건조목적 20. 8. 22 기

① 건조수축이나 건조변형을 방지할 수 있다.
② 건조재는 자체의 무게가 경감되어 운반 시공상 편하다.
③ 건조재는 강도가 크다.

6. 목재의 성질

(1) 목재의 비중 17. 3. 5 산

① 목재의 비중은 실용적으로는 기건재의 단위용적무게[g/cm^3]에 상당하는 값으로 나타낸다.

② 목재를 구성하고 있는 세포막의 두께, 도관막의 두께에 따라 다르다.
③ 세포 자체의 비중은 수종에 관계없이 대체로 1.54이다.
④ 목재의 비중은 대체로 0.3~1.0이며 오동나무가 0.3 정도로 가장 작고 삼나무, 회나무, 소나무, 느티나무, 티크, 떡갈나무의 순으로 점점 커지며 떡갈나무의 비중은 약 0.95가 된다.
⑤ 자단, 흑단과 같이 1.0 이상 되는 것도 있고, 같은 수종이라도 나이테의 밀도, 생산지, 수령 또는 심재, 변재 등에 따라 비중이 다르다.

$$공극율(V) = (1 - \frac{W}{1.54}) \times 100$$

16. 5. 8 기
18. 4.28 산
18. 9. 15 산

W : 전건 상태의 비중

(2) 함수율의 영향

① 함수율
㉮ 목재에 포함되어 있는 수분을 완전히 건조한 목재 무게에 대한 백분율로 나타낸다.
㉯ 생나무에는 40~80[%](때로는 100[%])의 수분이 포함되어 있으며 그 양은 수종, 수령, 생산지 및 심재, 변재 등에 따라 계절에 따라서 다소 차이가 있다.
㉰ 생나무가 건조되어 수분이 점점 증발함으로써 약 30[%]의 함수상태가 되었을 때를 섬유포화점이라 한다.
㉱ 건조하여 대기중의 습도와 균형상태가 되면 함수율은 약 15[%]가 되어 이것을 기건상태라 하고 이 상태의 목재를 기건재라 한다.
㉲ 기건재가 더욱 건조되어 함수율이 0[%]가 된 것을 전건재라 한다.
㉳ 전건재는 대기중에 방치하면 다시 기건상태가 되며 포화수증기 중에서는 섬유포화점에 도달한다.
㉴ 물속에서는 약 100[%], 때로는 그 이상이 될 때도 있고 같은 목재일지라도 마구리면이 가장 빠르고 무늬결면이 다음이며 곧은결면이 가장 더디다.

$$함수율 = \frac{(W_1 - W_2)}{W_2} \times 100$$

17. 9. 23 산

W_1 : 함수율을 구하고자 하는 목재편의 중량
W_2 : 100~105[℃]의 온도에서 일정량이 될 때까지 건조시켰을 때의 전건중량

합격예측

방향에 따른 목재의 변형률(신축률)

(1) 섬유의 평행방향
(축방향 : y방향) : 0.35[%]
(2) 섬유의 직각방향
(지름방향 : x방향) : 8[%]
(3) 지름의 접선방향
(축방향 : z방향) : 14[%]

합격예측

전수축률

① 무늬결 나비방향이 가장 크다.(14[%])
② 곧은결 나비방향은 무늬결의 1/2(8[%])
③ 길이방향은 무늬결의 1/20(0.35[%])
④ 전수축比 : 섬유방향(1)<곧은결 나비방향(10)<널결방향(20)
⑤ 목재는 건조에 따라 수축하는데 연륜방향(촉방향)의 수축은 연륜의 직각방향(지름방향)의 약 2배이며, 수피부(변재)는 수심부(심재)보다 수축이 크다.

합격예측

① 활엽수가 침엽수보다 비중이 크며, 목재는 비중이 클수록 수축변형이 크다.
② 섬유포화점 이하에서는 함수율이 클수록 강도가 작아진다.

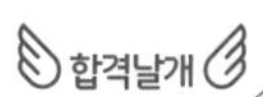

합격예측

목재의 강도

① 목재의 강도 순서
인장강도>휨>압축강도>전단강도
② 목재의 비강도값은 강재보다 크다.

합격예측

인성(靭性, Toughness)

① 충격에 대한 재료의 저항성, 하중을 받아 파괴 시까지의 에너지 흡수능력으로 나타낸다.
② 높은 응력에 견디고 또한 큰 변형을 나타내는 성질(재료가 질긴 성질)을 말한다.
③ 샤르피 충격시험기, 아이조드 충격시험기로 시험한다.

Q 은행문제

목재의 물리적인 성질에 관한 설명으로 옳지 않은 것은?

① 목재의 섬유 방향의 강도는 인장>압축>전단 순이다.
② 목재의 기건 상태에서의 함수율은 13~17% 정도이다.
③ 보통 사용상태에서는 목재의 흡습팽창은 열팽창에 비해 영향이 적다.
④ 목재의 화재 연화온도는 260℃ 정도이다.

정답 ③

[표] 섬유포화점, 기건재, 전건재 16. 5. 8 기 17. 3. 5 산 18. 3. 4 기, 산 22. 3. 5 기

분 류	특 징
섬유포화점	세포 내의 빈 부분 또는 세포 사이의 공간 부분이 증발하고 세포막에 흡수되어 있는 수분의 상태를 말하며, 생나무를 건조하여 함수율이 30[%]가 된 상태이다.
기건재	대기 중의 습도와 균형상태로 함수율이 15[%]가 된 상태이다.
전건재	기건재가 더욱 건조하여 함수율이 0[%]가 된 상태이다.

② 함수율 증감에 따른 변형 17. 5. 7 기

㉮ 함수율의 증감에 따라 팽창, 수축되어 갈래, 휨, 뒤틀림 등의 변형이 생기게 되는 것은 목재의 큰 결점의 하나이다.

㉯ 팽창, 수축은 함수율이 섬유포화점 이상에서는 생기지 않으나 그 이하가 되면 거의 함수율에 비례하여 신축한다. 18. 9. 15 산 19. 9. 21 기

㉰ 팽창수축률은 함수율 15[%]일 때의 목재의 길이를 기준 길이로 한다.

㉱ 무늿결 및 곧은결 나비를 길이로 재어 함수율 1[%]의 변화에 대한 팽창 수축률로 표시하는 방법과 전수축률로 표시하는 방법이 있다.

[표] 목재의 비중 및 팽창수축률

종류	기건비중	전건비중	팽창수축률[%]		
			무늿결	곧은결	용적
소나무	0.61	0.56	0.29	0.16	0.45
삼나무	0.44	0.38	0.29	0.14	0.48
회나무	0.44	0.41	0.26	0.12	0.38
오동나무	0.32	0.30	0.22	0.09	0.31
느티나무	0.66	0.62	0.29	0.16	0.45

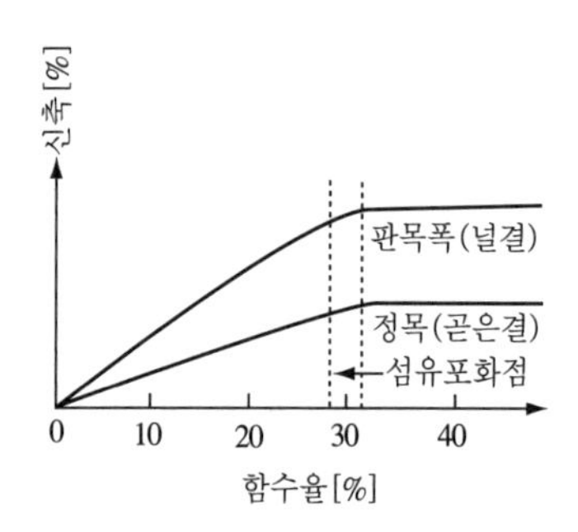

[그림] 건조에 의한 수축, 갈래, 뒤틀림

(3) 수축률

① 전수축률

㉮ 수축률은 무늿결 나비방향이 가장 크다.(6~10[%])

㉯ 곧은결 나비방향은 무늿결 나비방향의 1/2 정도(2.5~4.5[%])이다.

㉰ 길이(섬유)방향은 곧은결 나비방향의 1/20 정도(0.1~0.3[%])이다.

$$전수축률(\%)=\frac{l_1-l_0}{l_1}\times 100$$

l_1 : 생나무의 길이

l_0 : 전건상태로 되었을 때의 길이

② 목재의 방향에 따른 수축률

㉮ 축방향이 0.35[%]로 가장 작다. －Y방향

㉯ 지름방향이 8[%]로 중간 정도이다. －X방향

㉰ 촉방향이 14[%]로 가장 크다. －Z방향

③ 수축 및 팽창을 줄이는 방법

㉮ 기건상태로 건조한 목재를 사용한다.(급속건조를 피할 것)

㉯ 곧은결 목재를 사용한다.(무늿결이 곧은결보다 수축이 큼)

㉰ 외력에 저항할 수 있는 한 될 수 있으면 가벼운 목재를 쓴다.
(비중이 크면 용적변화가 크다.)

㉱ 널결판은 뒤(심재 쪽)를 약간 파둔다.

㉲ 합판은 결을 서로 교차해서 만든다.

㉳ 고온도로 건조한 목재를 사용한다.

㉴ 겉면을 도장하거나 기름 등을 주입한다.

㉵ 저장창고의 공기습도를 일정하게 유지한다.

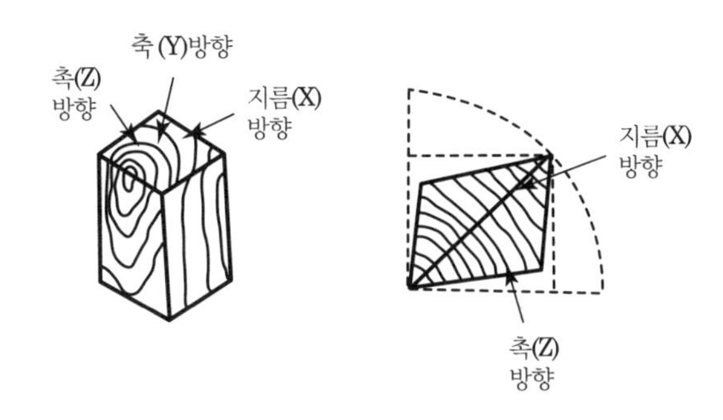

[그림] 목재방향 수축률

합격예측

목재의 강도

① 섬유포화점 이하에서는 함수율이 낮을수록 강도가 크다.
② 생나무의 강도에 비해 기건재는 1.5배, 전건재는 약 3.0배 정도 크다.
③ 섬유포화점 이상에서는 강도의 변화가 없다.
④ 팽창과 수축은 섬유포화점 이상에는 생기지 않으나 섬유포화점 이하에서는 거의 함수율에 비례하여 수축한다.
⑤ 목재의 강도 크기 순서는 섬유방향에 평행한 강도가 그 직각 방향보다 크다.
⑥ 강도 크기의 순서 16. 3. 6 산
인장(200)＞휨(150)＞압축(100)＞전단(16)
(섬유에 평행한 압축강도를 100으로 보았을 때의 수치)
⑦ 목재의 강도는 불균일하므로 최대강도의 1/7~1/8을 허용강도값으로 한다.
⑧ 목재의 옹이, 갈램, 썩음 등은 강도저하의 원인이다. (특히 옹이, 썩음의 영향이 크다.)

합격예측

도관의 역할

① 도관(道管)은 활엽수에만 있고 침엽수에는 없다.
② 변재에서의 도관은 수액을 운반하는 역할을 하며 심재에서는 수지나 광물질로 채워져 기능이 없다.

합격예측

공극률[%]

$=(1-\frac{W}{1.54})\times 100$

* W : 목재의 전건비중

용어정의

섬유포화점

생나무가 건조하여 함수율이 30[%]가 된 상태로, 세포공 내의 유리수가 증발하고 세포벽 내의 세포수가 충만한 상태

(4) 목재의 강도

① 비중과 강도 17. 9. 23 기

㉮ 목재의 강도는 일반적으로 비중과 정비례한다.

㉯ 함수율이 일정하고 결함이 없으면 비중이 클수록 강도는 크다.

② 함수율과 강도

㉮ 섬유포화점 이상의 함수상태에서는 함수율이 변화해도 목재의 강도는 일정하다.

㉯ 섬유포화점 이하에서는 함수율이 작을수록 강도는 커진다.

③ 심재 및 변재의 강도

㉮ 일반적으로 심재가 변재에 비하여 강도가 크다.

㉯ 심재와 변재와의 강도의 차이는 비중의 차이로 볼 수 있다.

④ 흠과 강도

㉮ 목재에 옹이, 갈라짐, 썩정이 등의 흠이 있으면 강도가 떨어진다.

㉯ 흠이 있으면 높은 강도가 나타나지 않는다.

⑤ 가력방향과 강도 18. 9. 15 기

㉮ 목재에 힘을 가하는 방향에 따라 강도가 다르다.

㉯ 일반적으로 섬유방향에 평행하게 가한 힘에 대해서는 가장 강하다.

㉰ 직각으로 가한 힘에 대해서는 가장 약하다.

㉱ 중간의 각도(10~70[°])에서는 각도의 변화에 비례하여 약해진다.

[표] 목재의 강도

수종		기건비중	압축강도 [kg/cm²]	인장강도 [kg/cm²]	휨강도 [kg/cm²]	전단강도 [kg/cm²]
침엽수	삼나무	0.33~0.41	300~635	515~750	300~750	40~85
	회나무	0.34~0.47	300~400	850~1,500	510~850	60~115
	소나무	0.43~0.65	370~530	840~1,860	360~1,180	50~120
	전나무	0.36~0.59	285~550	700~1,420	550~950	45~90
	솔송나무	0.47~0.60	420~690	700~1,400	450~1,050	55~100
	문송	0.437	580	–	950	–
활엽수	오동나무	0.26~0.52	195~225	253	345~365	45~55
	느티나무	0.50~0.86	485~610	540~1,405	815~1,185	85~210
	밤나무	0.55~0.60	353	300~505	485~575	75~90
	떡갈나무	0.80~1.00	795~865	555~925	815~1,535	85~145
	백나왕	0.56	700	–	914	63

[표] 목재의 허용강도

분류	목재의 종류	장기응력에 대한 허용강도 [kg/cm²]			단기응력에 대한 허용강도 [kg/cm²]		
		압축	인장 또는 휨	전단	압축	인장 또는 휨	전단
침엽수	육송, 아카시아	50	60	4	장기응력에 대한 압축, 인장, 휨 또는 전단허용강도의 각 값의 2배로 한다.		
	전나무, 가문비나무	60	70	5			
	삼나무, 미솔송, 잣나무, 벚나무	70	80	6			
	낙엽송, 적송, 흑송, 솔송, 일본송, 미송	80	90	7			
활엽수	밤나무, 물참나무	70	95	10			
	느티나무	80	110	12			
	떡갈나무	90	125	14			

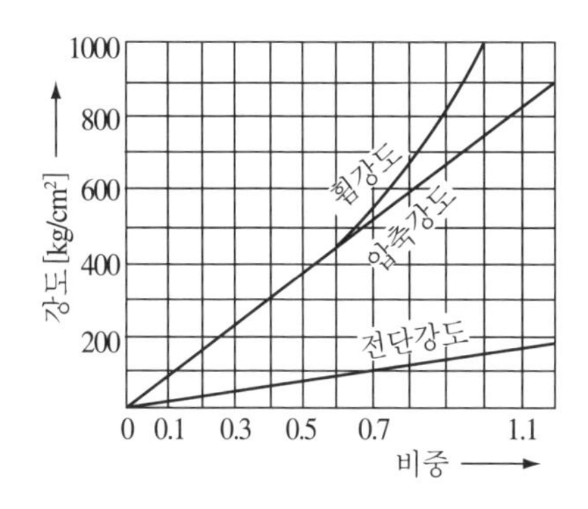

[그림] 목재의 비중과 각종 강도와의 관계

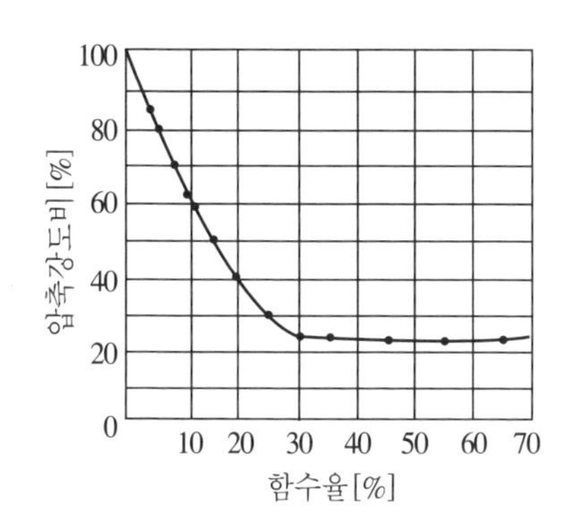

[그림] 함수율과 압축강도와의 관계

(5) 목재의 연소온도 18. 4. 28 기 22. 4. 24 기

① 목재의 수분증발은 100[℃]에서 발생한다.
② 가소성 가스증발은 180[℃]에서 발생한다.
③ 목재의 착화점은 260~270[℃](화재위험온도) 정도이다.
④ 자연발화점은 400~450[℃]이다.(자연발화온도)
⑤ 발화 후 10~20분의 단시간에 1,000~1,200[℃]의 최고온도를 나타내고 그 후 급격히 온도가 떨어져 500[℃] 정도가 되며 서서히 저하된다.

합격예측

목재의 함수율 [단위 : %]

	전건재	기건재	섬유 포화점
함수율	(절대 건조) 0	(공기 중) 15	30
수장재 함수율	A종 18 이하	B종 20 이하	C종 24 이하
구조재	18~24 내의 것을 사용한다.		

용어정의

침지법
방부액이나 물에 담가 산소공급을 차단하는 방법

합격예측

목재의 역학적 성질 17. 3. 5 기

① 섬유에 평행할 때의 강도의 관계
인장강도(200) > 휨강도(150) > 압축강도(100) > 전단강도(16)
② 인장강도와 압축강도
섬유에 평행방향에 대한 강도가 가장 크고 섬유의 직각방향에 대한 것이 가장 작다.
③ 전단강도
목재의 전단강도는 섬유의 직각방향이 평행방향보다 강하다.
④ 휨강도
목재의 휨강도는 옹이의 위치, 크기에 따라 다르다.
⑤ 경도
목재의 경도는 마구리면이 경도가 가장 크고 곧은결면과 널결면은 큰 차이가 없다.

합격예측

항복비(降伏比, Yield ratio)

① 항복점 또는 내력과 인장강도의 비를 항복비라 한다.
② 보통 강재(41[kgf/mm²])는 0.6~0.9 정도이다.
③ 고장력강(80[kgf/mm²])은 0.9 정도이다.

참고

주입법 20. 6. 7 기

① 방부제(Creosote, PCP)를 주입한다.
② 상압주입, 가압주입, 생리적 주입법 등이 있다.

합격예측

목재의 건조법

(1) 수액제거법(건조 전 처리)
 ① Seasonning법 : 벌목 장소에 벌목한 채로 방치하여 수액을 제거하는 방법
 ② 수침법 : 목재를 물속에 저장하여 수액을 제거하는 방법
 ③ 자비법 : 물속에 목재를 넣어 끓이는 방법
(2) 자연건조법
 직사광선을 피하고 통풍이 잘 되도록 쌓아 건조시키는 방법
(3) 인공건조법
 ① 열기건조법 : 가열공기 등을 보내 건조시키는 방법
 ② 증기건조법 : 적당한 습도의 증기를 보내 건조하는 방법

합격예측 16. 3. 6 산 18. 4. 28 기

목재의 보존법

① 표면탄화법
② 침지법
③ 도포법
④ 가압주입법 : 침투 깊이가 깊고, 신속하고 내구성이 양호

(6) 목재의 내구성

① 부 패

㉮ 목질부에는 단백질, 녹말 등의 영양분이 포함되어 있으므로 부패균이 침입하여 그 영양분을 섭취하고 번식하면서 균에서 분비되는 효소에 의하여 목재의 섬유질을 용해 감소시켜 목질이 분해되어 부패하는데, 부패한 목재는 무게나 강도가 감소되고 건습의 속도가 빨라지며 착화점도 낮아진다.

㉯ 부패균의 번식은 온도, 습도, 산소, 양분 등과 밀접한 관계가 있으며 이 중 하나라도 없으면 생존할 수 없다.

㉰ 균은 4[℃] 이하에서는 발육하지 못하지만 25~30[℃]에서는 가장 활동이 왕성하고 또 55[℃] 이상에서는 소멸된다.

㉱ 습도는 80[%] 내외이며 20[%] 이하에서도 소멸된다.

② 풍 화

㉮ 목재가 오랜 세월 동안 햇볕, 비바람, 기온의 변화 등을 받으면 수지성분이 증발하여 광택이 없어지고 표면이 변색, 변질되는데 이것을 풍화라 한다.

㉯ 풍화는 최초에는 갈색이 되며 더 진행되면 은백색이 된다.

③ 충 해

㉮ 목재를 침식하는 동물은 주로 곤충류이며 그 중에서 가장 충해를 많이 주는 것은 흰개미, 굼벵이 등이다.

㉯ 건설물에서는 토대, 기둥, 보 등의 밑에서 침식하여 껍질만 남기고 속은 비게 하는 것을 볼 수 있다.

(7) 목재의 보존법

① 방부, 방충법

㉮ 목재는 균류에 의하여 부패되어 변색, 변질된다.

㉯ 곤충류의 피해를 받아 구조물에 손상을 주게 되므로 미리 방부, 방충 처리를 해야 한다.

② 표면탄화법

㉮ 목재의 부패균 침입을 방지하기 위하여 목재 표면을 약간 태워서 탄소로 표면을 씌워버린다.

㉯ 표면탄화두께는 약 6~10[mm] 정도이므로 일시적으로는 유효하나 1~2년 지나면 탄소가 떨어져서 효과가 없어진다.

㉰ 부재 표면이 탄소분으로 더러워져서 외관이 좋지 않고 탄소분이 인체에 부착되는 등 결점이 있으므로 가설재 등에 임시로 사용될 정도이다.

③ 방부제 사용법

㉮ 목재에 침투가 잘되고 방부성이 큰 것이 좋다.

㉯ 목재에 접촉되는 금속이나 인체에 피해가 없어야 한다.

㉰ 악취가 나거나 목재를 변색시키는 일이 없어야 한다.

㉱ 방부처리를 하고도 표면에 페인트칠을 할 수 있는 것이 좋다.

㉲ 목재의 인화성, 흡수성 증가가 없어야 한다.

㉳ 목재가공이 용이해야 한다.

㉴ 방부제의 값이 싸며 방부처리가 용이해야 한다.

④ 방부제의 종류 및 특징

㉮ 수용성 방부제

㉠ 황산구리 1[%] 용액은 방부성은 좋으나 철재부식과 인체에 유해하고 효능이 오래 가지 못한다.

㉡ 염화아연 4[%] 용액은 방부효과는 좋으나 목질부를 약화시키고 전기전도율이 증가되고 비내구성이다. 20. 6. 14 산

㉢ 염화제2수은 1[%] 용액은 방부효과는 좋으나 철재부식과 인체에 유해하다.

㉣ 플루오르화소다 2[%] 용액은 방부효과가 좋고 철재나 인체에 무해하고 페인트도장도 가능하나, 내구성이 부족하고 값이 비싼 것이 결점이다.

㉯ 유성 방부제

㉠ 크레오소트 오일(creosote oil) 17. 3. 5 기 17. 9. 23 기 20. 8. 22 기 22. 4. 24 기 23. 6. 4 기

ⓐ 방부성은 좋으나 목재가 흑갈색으로 착색되고 악취가 있고 흡수성이 있다.

ⓑ 외관이 아름답지 않으므로 보이지 않는 곳의 토대, 기둥, 도리 등에 사용한다.

ⓒ 값도 싸고 침투성도 크고 시공도 편리하다.

㉡ 콜타르(coal tar)

ⓐ 가열도포하면 방부성은 좋으나 목재를 흑갈색으로 착색하고 페인트칠도 불가능하다.

ⓑ 보이지 않는 곳이나 가설재 등에 이용한다.

㉢ 아스팔트(asphalt)

ⓐ 가열용해하여 목재에 도포하면 방부성이 크나 흑색으로 착색되며 페인트도장이 안된다.

ⓑ 보이지 않는 곳에만 사용한다.

합격예측

목재의 단위

① 1分(푼) =3.03[mm]≒3[mm]
② 1寸(치) =30.3[mm]≒3[cm]
③ 1尺(자, 척) =303[mm]≒30[cm]
④ 1[inch]=2.54[cm]

참고

표면탄화법

① 목재 표면 3~4[mm]를 태워 수분제거
② 탄화 부분의 흡수성 증가

합격예측

PCP(Penta Chloro Phenol)

① 방부력이 가장 우수하며 열이나 약재에도 안정하다.
② 자극적 냄새로 인체에 피해를 주기도 하여 사용을 규제하고 있다.

제4편

Q 은행문제

목재의 방부처리법 중 압력용기 속에 목재를 넣어서 처리하는 방법으로 가장 신속하고 효과적인 것은? 20. 6. 7 기

① 침지법
② 표면탄화법
③ 가압주입법
④ 생리적 주입법

정답 ③

합격예측

미터[m]제

① 1[m³]
=1[m](두께)×1[m](나비)×1[m](길이)
=100[cm]×100[cm]×100[cm]
=1,000,000[cm³]
=1,000[dm³]

② 1[m³]=299,475재, 1[m³]=423.8[bf], 1[dm³](=[l])=1,000[cm³]

용어정의

도포법
방부제칠, 유성페인트, 니스, 아스팔트, 콜타르칠을 한다.

Q 은행문제

화재에 의한 목재의 가연 발생을 막기 위한 방화법 중 옳지 않은 것은?

① 유성페인트 도포
② 난연처리
③ 불연성 막에 의한 피복
④ 대 단면화

정답 ①

㉣ 페인트(paint)

ⓐ 유성페인트를 목재에 도포하면 피막을 형성하여 목재 표면을 피복하므로 방습, 방부효과가 있다.

ⓑ 착색이 자유로우므로 외관을 미화하는 효과도 겸한다.

⑤ 방화법 16. 3. 6 산

㉮ 목재의 표면에 불연성 도료를 칠하여 방화막을 만든다.

㉯ 방화재를 목재에 주입시켜 발염성을 적게 하고, 인화점을 높인다.

㉰ 목재의 표면은 단열성이 큰 시멘트 모르타르나 벽돌 등으로 둘러싸서 화재 위험을 방지한다.

(8) 죽 재

① 성 질

㉮ 나이테가 없고, 줄기가 곧고 탄력성이 크며 강도가 매우 크다.

㉯ 쪼개지기 쉽고 썩기 쉽다.

㉰ 비중은 생대나무가 1.1~2.2 정도이다.

㉱ 기건재의 비중은 0.3~0.4이다.

㉲ 인장강도 1,500~2,500[kg/cm²], 압축강도 600~900[kg/cm²]이다.

㉳ 휨 강도 2,000[kg/cm²] 정도이다.

② 벌목과 건조

㉮ 용재로는 3년생 정도가 좋다.

㉯ 서까래, 장대 등과 같은 강도를 필요로 하는 것은 5년생이 좋다.

㉰ 벌목시기는 봄, 여름철에는 충해의 염려가 있고 또 색깔도 황갈색으로 변하여 내구성이 저하되므로 죽순이 생기는 시기에서면 10월~11월경이 좋다.

㉱ 인공건조 시는 온도 46[℃], 습도 55[%] 이하로 한다.

㉲ 건조가 빠르며 쪼갠 것은 10~20일, 통재는 3~4개월이면 건조되며 담황갈색이 된다.

③ 가공성

㉮ 대나무는 쪼개지기 쉽고 탄성, 인성, 강도가 크다.

㉯ 속이 비고 가벼운 점 및 건습에 따른 신축변형이 작다.

㉰ 대나무를 0.3[%]의 알칼리로 처리하면 연해지므로 쪼개어 평판으로 만들 수 있다.

㉱ 재질이 단단하므로 톱니가 쉽게 상하기 쉽다.

7. 목재 제품

(1) 합 판(plywood)

① 합판의 개요

㉮ 얇은 판을 1장마다 섬유방향과 직교되게 3, 5, 7, 9 등의 홀수겹으로 겹쳐 붙여 댄 것을 합판이라 한다.

㉯ 1장의 얇은 판을 단판이라 한다.

㉰ 변형에 대한 방향성을 제거할 수 있으며 내수성이 있고 접합성이 강한 합성수지계 접착제를 써서 가압하여 만든 것은 방수성이 있으므로 내외부 어디든지 쓸 수 있는 장점이 있다.

(2) 합판의 제법 16. 3. 6 산

① 단판에 접착제를 칠한 다음 여러 겹으로 겹쳐서 접착제의 종류에 따라 상온가압 또는 열압하여 접착시킨다.

② 열압의 경우 15~20매의 합판을 한꺼번에 열압해서 잠시후 꺼내어 죔쇠로 24시간 죄어 둔다.

③ 압력은 보통 10~18[kg/cm^2]이고 열압을 할 때의 온도는 150~160[℃]이다.

(3) 합판의 특성 17. 9. 23 산 20. 8. 22 기 22. 4. 24 기 23. 6. 4 기

① 판재에 비하여 균질이며 우수한 품질좋은 재료를 많이 얻을 수 있다.

② 단판을 서로 직교(수직)시켜 붙인 것이므로 잘 갈라지지 않으며 방향에 따른 강도의 차이가 적다.(함수율 변화에 따라 신축변형이 작다.)

③ 단판은 얇아서 건조가 빠르고 뒤틀림이 없으므로 팽창, 수축을 방지할 수 있다.

④ 아름다운 무늬가 되도록 얇게 벗긴 단판을 합판 양 표면에 사용하면 값싸게 무늬가 좋은 판을 얻을 수 있다.

⑤ 나비가 큰 판을 얻을 수 있고 쉽게 곡면판으로 만들 수 있다.

(4) 합판의 종류

① 보통 합판

㉮ 두께는 보통 3, 4, 5, 6, 9, 12, 15 …… 24[mm] 등이 있다.

㉯ 크기는 91[cm]×182[cm](3자×6자) 및 121[cm]×242[cm](4자×8자)의 두 종류가 있다.

② 내습성, 내수성

㉮ 1류 합판 : 접착제로 페놀수지(Phenol resin)를 사용한 것이며 장기간의 외기 및 습윤상태에서 견디며 내수성이 가장 큰 것이다.

합격예측

척(尺)제

① 1재(才)
=1치×1치×12자
=3[cm]×3[cm]×3.6[m]
=0.00324[m^3]

② 1석(石)
=1자×1자×10자
=10입방척
=83.3재

③ 1척제(尺締)
=1자×1자×12자
=0.324[m^3]
=100재

④ 1bf(board feet)
=1[inch]×1[feet]×1[feet]
또는
=1[inch]×[1inch]×12[feet]
=1″×1′×1′
또는
=1″×1″×12′
=0.706재

용어정의

유용성 방부제 PCP (Penta Chloro Phenol)

① 무색이며 방부력이 가장 우수하다.

② 석유 등의 용제로 녹여 사용하며 그 위에 페인트칠을 할 수 있다.

참고

목재제품 KS기준

① KS F 3101 : 보통합판
② KS F 3104 : 파티클 보드
③ KS F 3103 : 플로어링 보드
④ KS F 3021 : 구조용 집성재
⑤ KS F 3118 : 수장용 집성재

㉯ 2류 합판 : 접착제로 요소수지 또는 멜라민(Melamine)수지를 쓴 것으로 습도가 높은 곳에 잘 견디며 높은 내구성을 가진 것이다.

㉰ 3류 합판 : 접착제로 카세인 등을 쓴 것으로 보통 합판을 말한다.

③ **특종 합판** : 표면에 오버레이(Overlay), 프린트, 도장 등의 가공을 한 것이다.

㉮ 화장합판 : 미관용으로 표면에 괴목 등의 얇은 단판을 붙인 합판이며 무늬목 합판이라고도 한다.

㉯ 멜라민 화장합판 : 표면에 종이 또는 섬유질 재료를 멜라민수지와 결합하여 입힌 합판이다.

㉰ 폴리에스테르 화장합판 : 멜라민수지 대신 폴리에스테르는 목재량도 적게 들고 구조의 변형도 적게 되어 편리하다.

㉱ 염화비닐 화장합판 : 표면에 염화비닐시트 또는 필름을 오버레이 가공한 합판이다.

㉲ 프린트합판 : 표면을 인쇄 가공한 합판이다.

㉳ 도장합판 : 표면을 투명 또는 불투명하게 도장, 가공한 합판이다.

㉴ 에폭시(Epoxy)수지, 폴리프로필렌(Polypropylene)수지 등을 써서 오버레이 가공한 화장합판도 있고, 하드보드, 코르크, 석면판 등을 입힌 가공품도 있다.

④ **방화합판, 방부합판** : 목재의 보존법에서 설명한 방화, 방부 재료 등을 써서 가공한 합판을 말한다.

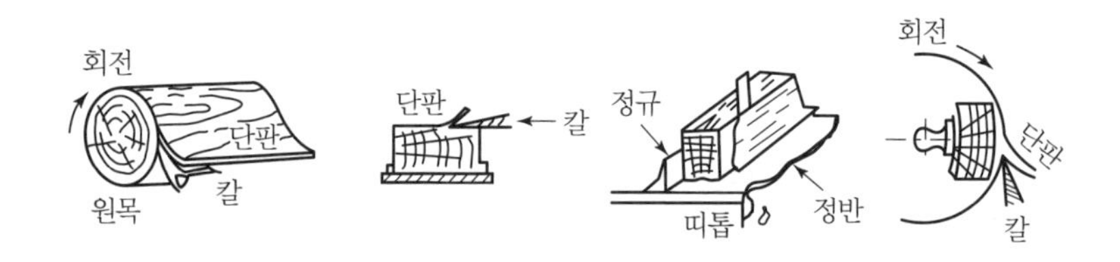

(1) rotary veneer (2) sliced veneer (3) sawed veneer (4) 반 rotary veneer

[그림] 베니어 제법

[표] 베니어판 제조방법 및 특징

구 분	제조 방법	특 징	두께 [mm]
로터리 베니어	일정한 길이로 자른 원목의 양마구리의 중심을 축으로 하여 원목이 회전함에 따라 넓은 기계대패로 나이테에 따라 두루마리를 펴듯이 연속적으로 벗기는 것이다.	① 얼마든지 넓은 단판을 얻을 수 있으며, 원목의 낭비가 적다. ② 단판이 널결만이어서 표면이 거친 결점이 있다. ③ 생산 능률이 높으므로 합판 제조의 80~90[%]를 이 방식에 의존한다.	0.3~3.0

합격예측

탄성(彈性)(Elasticity)

① 부재가 외력을 받아서 변형이 생길 때 그 외력을 제거하면 원래 상태로 되는 성질을 말한다.
② 탄성체가 대표 예이다.

참고

개미, 굼벵이의 방충법

creosote, 콜타르, 염화아연, 불화나트륨 등을 주입

합격예측

수장용 집성재 및 집성판의 품질 기준

16.5.8 산 기

구분		
접착강도	침지 박리 시험	
	블록 전단 시험	전단강도
		목파율
함수율(건량)		
폼알데하이드 방출량		SE_0
		E_0
		E_1
굽음, 뒤틀림		
옹이	넓은재면 면적 $0.5m^2$ 미만	
	넓은재면 면적 $0.5m^2$ 이상, $0.7m^2$ 미만	
	넓은재면 면적 $0.7m^2$ 이상, $1.5m^2$ 미만	
	넓은재면 면적 $1.5m^2$ 이상	
수심(주1)		
수지구(주1)		
핑거조인트(주2)		
무결점재면(주2)	넓은재면 면적 $0.7m^2$ 미만	
	넓은재면 면적 $0.7m^2$ 이상, $1.0m^2$ 미만	
	넓은재면 면적 $1.0m^2$ 이상, $1.5m^2$ 미만	
	넓은재면 면적 $1.5m^2$ 이상	
기타결점		

(주1) 침엽수에 한하여 적용.
(주2) 활엽수에 한하여 적용.

슬라이스트 베니어	상하 또는 수평으로 이동하는 나비가 넓은 대팻날로 얇게 절단한 것이다.	① 합판 표면에 곧은결 등의 아름다운 결을 장식적으로 이용한다. ② 원목의 지름 이상인 넓은 단판은 불가능하다.	0.5~1.5
소드 베니어	판재를 만드는 것과 같은 방법으로 얇게 톱으로 쪼개서 단판으로 만든 것이다.	① 아름다운 결을 얻을 수 있다. ② 결의 무늬를 좌우 대칭의 위치로 배열한 합판을 만들 때 효과적이다.	1.0~6.0

2 집성목재

1. 개 요 18. 9. 15 산 20. 9. 27 기

① 두께 1.5~3[cm]의 단판을 몇 장 또는 몇 겹으로 접착한 것으로서 합판과 다른 점은 판의 섬유방향을 평행으로 붙인 점, 홀수가 아니라도 되는 점, 또한 합판과 같은 박판이 아니고 보나 기둥에 사용할 수 있는 단면을 가진 점 등이다.
② 접착제로서는 요소수지가 많이 쓰이고 외부 수분, 습기를 받는 부분에는 페놀수지를 쓴다.

[그림] 각종 단면을 가진 집성목재 hand rail

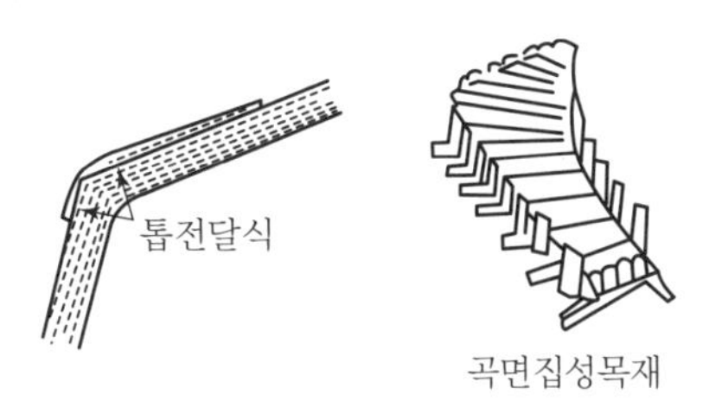

[그림] 곡면집성목재

합격예측

피로강도(Fatique strength)
① 강재에 반복하중이 작용하면 항복점 이하의 범위에서도 물체가 파괴되는 현상을 말한다.
② 이때의 하중을 피로하중이라 한다.

용어정의

코르크판
① 알갱이 모양으로 만들어서 도료를 Concrete 천장, 벽면흡음판(음악실, 방송실), 단열판(냉장고, 제빙공장)으로 사용한다.
② 천연코르크판도 용도가 많다.

Q 은행문제

1. 구조용 집성재의 품질기준에 따른 구조용 집성재의 접착강도 시험에 해당되지 않는 것은? 17. 5. 7 기
① 침지 박리 시험
② 블록 전단 시험
③ 삶음 박리 시험
④ 할렬 인장 시험

정답 ④

2. 퍼티, 코킹, 실런트 등의 총칭으로써 건축물의 프리페브 공법, 커튼월 공법 등의 공장생산화가 추진되면서 주목받기 시작한 재료는? 19. 9. 21 산
① 아스팔트
② 실링제
③ 셀프 레벨링제
④ FRP 보강재

정답 ②

합격예측

Particle board

① Chip board라고도 하며 각은 나무조각에 합성수지 접착제를 고열, 고압으로 성형하여 제판한 것이다.
② 변형이 극히 적고 방부, 방화성을 높일 수 있다.
③ 강도가 크고 흡음성, 열 차단성이 좋아서 선반, 마룻널, 칸막이 가구 등의 용도로 쓰인다.

합격예측

전성(展性, Mallability)

① 압력과 타격에 의해 금속을 가늘고 넓게 판상으로 소성변형시킬 수 있는 성질을 말한다.
② 가단성(可鍛性)이라고도 하며 납이 가장 전성이 좋다.

Q 은행문제

바닥강화재의 사용목적과 가장 거리가 먼 것은?

① 내마모성 증진
② 내화학성 증진
③ 분진방지성 증진
④ 내수성 증진

정답 ④

참고

파키트리 패널의 용도
: 마루판재
18. 4. 28 기 20. 9. 27 기

2. 집성목재의 장점 19. 9. 21 산

① 강도를 인공적으로 조절할 수 있다.
② 응력에 따라 제품을 만든다.
③ 아치와 같은 굽은 재를 만들 수 있다.
④ 구조변형이 편리하다.
⑤ 길고 단면이 큰 부재를 간단히 만들 수 있다.

3 마루판

1. 마루판(Flooring)의 개요

① 목질부가 굳고 무늬가 아름다운 참나무, 미송, 나왕, 시오지, 아피톤 등을 말한다.
② 공장 가공하여 판재(Board)로 만들어 공장 생산할 수 있다.

2. 종 류

(1) 플로어링 보드(Flooring board)

① 견목재로 두께 9[mm], 나비 60[mm], 길이 600[mm] 정도의 판으로 한다.
② 표면은 상대패 마감하고 양측면은 제혀쪽매로 하여 접합을 쉽게 만든 것이다.

(2) 파키트리 보드(Parquetry board)

① 견목재판을 두께 9~15[mm], 나비 60[mm], 길이는 나비의 3~5배로 하여 양측면을 제혀쪽매로 한다.
② 표면은 상대패 마감한 판자이다.

(3) 파키트리 블록(Parquetry block) 16. 3. 6 기

① 두께 15[mm]의 파키트리 보드를 4매씩 조합하여 240×240[mm] 각판으로 접착제나 파정으로 붙인 것이다.
② 판은 목재 무늬를 잘 이용하여 의장적으로 미화하고 견목재의 목질부의 견고성과 아울러 충분히 건조된 작은 판의 조합재이므로 건조변형이 적고 마모성도 적어서 마루판으로는 우수한 재료이다.
③ 목조 마루틀 위에 2중판으로 깔거나 콘크리트 슬래브 위에 아스팔트 피치 등으로 방습 정착 시공할 수가 있다.

[그림] 플로어링 보드

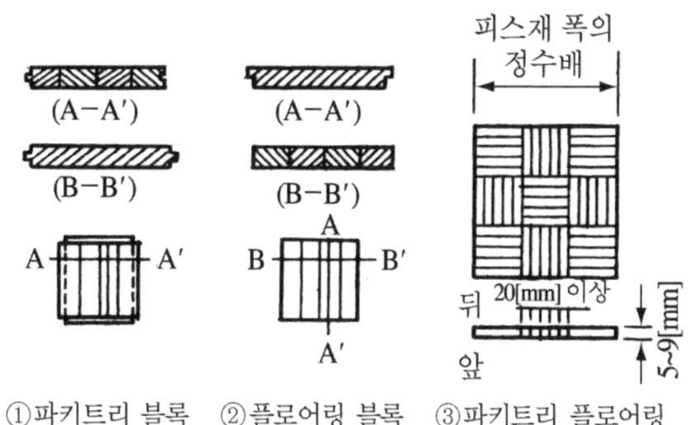

[그림] 각종 플로어링

4 벽, 천장재

1. 코펜하겐 리브(Copenhagen rib) 07. 9. 2 산 17. 5. 7 산 17. 9. 23 산 18. 3. 4 산

① 보통 두께 3[cm], 나비 10[cm] 정도의 긴 판, 자유곡선으로 깎아 수직 평행선이 되게 리브(rib)를 만든 것이다.

② 면적이 넓은 강당, 극장 안벽에 음향조절 및 장식효과로 사용한다.

3×4.5
2.1×4.5

2.1×6.6
1.5×6.6

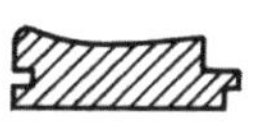
1.5×6.6

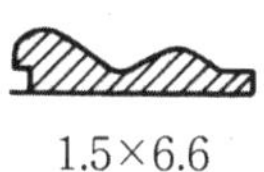
1.5×6.6

[그림] 코펜하겐 리브

합격예측

목재의 수분증발은 100[℃] 전후 평균 160[℃]에서 착색된다.

참고

연성(延性, Ductility)

① 재료가 탄성한계 이상의 힘을 받아도 파괴되지 않고 가늘고 길게 늘어나는 성질

② 크기는 금<은<알루미늄<철<니켈<구리<아연<주석<납 순

Q 은행문제

코펜하겐 리브판에 관한 설명 중 옳지 않은 것은?

① 두께 50[mm], 나비 100[mm] 정도의 판을 가공한 것이다.

② 집회장, 강당, 영화관, 극장에 붙여 음향조절 효과를 낸다.

③ 열의 차단성이 우수하며 강도도 커서 외장용으로 주로 사용된다.

④ 원래 코펜하겐의 방송국 벽에 음향효과를 내기 위해 사용한 것이 최초이다.

정답 ③

합격예측
① 인화점(Flash point) : 200[℃] 전후 평균 240[℃]
② 착화점(Burning point) : 화재위험온도, 평균 260[℃]
③ 발화점(Ignition point) : 평균 450[℃] 정도

합격예측
석고보드 19. 9. 21 기
천장, 내벽마감재의 보드 중 내습성은 좋지 않지만 방화성과 차음성이 우수하다.

Q 은행문제

1. 건물의 바닥충격음을 저감시키는 방법에 대한 설명으로 옳지 않은 것은?
① 유리면 등의 완충재를 바닥 공간 사이에 넣는다.
② 부드러운 표면마감재를 사용하여 충격력을 작게 한다.
③ 바닥을 띄우는 이중바닥으로 한다.
④ 바닥슬래브의 중량을 작게 한다.

정답 ④

2. 흡음재료의 특성에 대한 설명으로 옳은 것은?
① 유공판재료는 재료내부의 공기진동으로 고음역의 흡음효과를 발휘한다.
② 판상재료는 뒷면의 공기층에 강제진동으로 흡음효과를 발휘한다.
③ 다공질재료는 적당한 크기나 모양의 관통구멍을 일정 간격으로 설치하여 흡음효과를 발휘한다.
④ 유공판재료는 연질섬유판, 흡음텍스가 있다.

정답 ②

2. 코르크판(Cork board)

① 코르크나무 표피를 원료로 하여 분말로 된 것을 판형으로 열압한 것인데 탄성, 보온, 흡음성 등이 크다.
② 열전도율은 0[℃]에서 0.035[kcal/mh℃]이다.
③ 흡음률은 다른 어떤 재료보다도 효과적이어서 방송실 내부 등의 흡음판으로 이용된다.
④ 코르크판은 가볍고 비중이 0.22~0.26이다.

3. 파티클 보드 17. 5. 7 기 18. 3. 4 기 20. 8. 22 기 22. 3. 5 기

(1) 개 요

① 칩보드라고도 부른다.
② 목재를 두께 0.1~0.5[mm], 나비 2~10[mm], 길이 1~5[cm]로 깎은 나뭇조각에 합성수지계 접착제를 섞어서 고열고압으로 성형제판한 비중 0.4 이상의 판이다.

(2) 특 징

① 방향성 없이 열압성형제판한 것이므로 강도와 섬유방향에 따른 방향성이 없고 변형도 극히 적고 방부방화제의 첨가에 따라 방부방화성을 높일 수 있다.
② 흡음성과 열의 차단성도 좋다.
③ 강도가 크므로 구조용으로 어느 정도 적당하여 선반, 마룻널, 칸막이, 가구 등에 쓰인다.

5 섬유판

1. 개 요

짚, 종이 등의 식물성 섬유를 원료로 하고 여기에 접착제, 방부제 등을 첨가하여 제판한 것

[표] 섬유판의 종류와 특징

종 류	비 중	함수율[%]	휨강도[kg/cm²]	흡수율[%]	두께[mm]
연질 섬유판	0.4 미만	16 이하	10 이상	–	9, 12, 18, 25
반경질 섬유판	0.4~0.8	14 이상	50 이상	–	4, 5, 6, 9, 12
경질 T450 섬유판 S350	0.9 이상 0.8 이상	5~13 5~13	450 이상 350 이상	20 이하 25 이하	3, 4, 5, 6, 9 12

2. 연질섬유판

① 초목의 섬유를 원료로 하여 펄프로 만든 것에 접착제, 방부제 등을 첨가하여 이것을 원통 사이를 통하여 가압 탈수시켜, 성형건조한 것이다.
② 표면은 황갈색 또는 회갈색이며 가볍고 흡음성, 단열성이 우수하다.
③ 휨강도가 약하고 흡수성이 크므로 넓은 판으로 만들면 습기로 인하여 휘어서 처지기 쉽다.
④ 내장재로 쓰이는 외에 벽이나 지붕 밑 바탕재로 쓰인다.
⑤ 연질섬유판은 인슐레이션 보드(Insulation board) 또는 텍스(Tex)라고도 한다.

3. 텍스(Tex)

(1) 정 의

목재의 펄프를 주원료로 하여 접착제를 섞어서 필요로 하는 치수로 제판한 섬유판을 텍스라 하며 보온흡음재로 사용한다.

(2) 종 류

① 펄프의 형태에 따라 분말로 만든 것은 "섬유판"이라 한다.
② 작은 조각들로 된 것은 "파티클 보드(Particle board)"라 한다.
③ 경질판(Hard board)은 건조시킬 때 가열판으로 압축건조시켜 질이 굳으며 표면이 매끈하다.
④ 연질판(Soft board)은 건조시킬 때 압축을 가하지 않고 수분을 증발시켜 질이 무르고 표면이 거칠다.

4. 경질섬유판(hard fiber board) 및 반경질섬유판

① 원목에서 2[cm] 정도의 칩(Chip)을 만들어 정선 → 섬유화 → 방수제 등의 첨가 → 교반가열성형 → 양생 → 재단 → 끝마감 등의 순서를 거쳐 완성된다. (양면 열압건조하고, 비중 0.8 이상, 용도 : 수장판)
② 경질섬유판, 반경질섬유판을 각각 하드보드(Hard board), 세미하드보드라고도 한다.
③ 휨강도 450[kg/cm^2] 이상, 350[kg/cm^2] 이상의 것으로 구분한다.
④ 강도나 굳기는 가압력과 가열온도가 클수록 크고 그 정도에 따라 경질, 반경질로 구분된다.
⑤ 색깔은 짙은 갈색으로 굳은 것일수록 흡습성이 작다.

합격예측

인공건조법의 종류
① 증기법 : 건조실을 증기로 가열하여 건조시키는 방법(가장 많이 사용)
② 송풍법 : 건조실내 공기를 가열하여 순환하는 방식
③ 진공법 : 원통형 탱크 속에 목재를 넣고 밀폐하여 고온, 저압상태에서 수분을 제거하는 방법

참고

광엽수(廣葉樹), 활엽수(闊葉樹)
① 송백과 이외의 목재로 경목이다.
② 밤나무, 느티나무, 단풍나무, 박달나무 등 수종이 다양하고 성질도 다양하다.
③ 주로, 장식재로 사용된다.

합격예측

(1) 섬유판(Fiber Board) 19. 9. 21 기
① 원목을 정선하여 섬유화시켜 방수제를 첨가하여 교반, 가압, 가열성형, 양생한 뒤 재단한 것이 경질섬유판이다.
② 섬유판의 종류, 특징
㉮ 연질, 경질, 반경질이 있다.
㉯ 연질 : 내장, 보온 목적으로 성형, 비중 0.4 미만의 제품이다.
㉰ 반경질 : 유공흡음판, 수장판에 사용한다.
㉱ 경질섬유판(Hard Board) : 강도와 성능이 우수하다. 수장재, 천장판 등에 사용하며 자동차 등 공업용으로도 쓴다. 비중은 0.8이상이다.

(2) 중질섬유판(MDF) 19. 9. 21 산
① 연질식물섬유를 주원료로 혼합하여 탈수 성형하여 만든 것으로 제판할 때 열압하여 만든다.
② 비중 : 0.4~0.8 미만
③ 장점
㉮ 흡음 및 단열성능이 우수하다.
㉯ 가공성 및 접착성이 우수하여 마감이 깨끗하다.
④ 단점 : 습기에 약하고 무겁다.
⑤ 용도 : 실내벽의 수장재, 천장판

합격예측

전수축률

① 무늬결 나비방향이 가장 크다. (14[%])
② 곧은결 나비방향은 무늬결의 1/2이다.(8[%])
③ 길이방향은 무늬결의 1/20이다.(0.35[%])

참고

전수축비

섬유방향(1)<곧은결 나비방향(10)<널결방향(20)

Q 은행문제

다음 목재 중 실내 치장용으로 사용하기에 적합하지 않은 것은? 17. 3. 5 산

① 느티나무
② 단풍나무
③ 오동나무
④ 소나무

정답 ④

5. 소음 방지 방법

(1) 흡음에 의한 방법

음원으로부터 소리의 진동이나 에너지를 흡수하여 음원실의 발생 소음을 줄임

(2) 차음에 의한 방법

음원으로부터 소리가 전달되지 않도록 차폐하여 소음 전달을 방지

(3) 완충에 의한 방법

음원과 목적물의 중간에서 소리를 감소시켜 소음의 level을 줄이는 방법

(4) 차음계수(STC : Sound Transmission Class)

차음계수란 차음등급 기준선인 표준곡선과 1/3 옥타브 대역의 16개 주파수의 실측 TL 곡선을 비교하여, 기준곡선 밑의 모든 주파수 대역별 투과손실과 기준곡선 값의 차의 평균이 2[dB] 이내이고 8[dB]를 초과하지 않는 원칙 하에서 기준곡선상 500[Hz]에서의 음향투과손실을 말한다.

(5) 투과율

① 입사음 Energy에 대한 투과음 Energy성분의 비

② 투과율$(\tau)=\dfrac{T}{I}$ (T : 투과음 에너지, I : 입사음 에너지)

(6) 흡음률(N.R.C : Noise Rating Criteria)

흡음률이란 입사 Energy에 대하여 재료에 흡수되거나 투과된 음 Energy합의 비를 말한다.

① $I=R+A+T$

② 흡음률$(\alpha)=\dfrac{I}{A+T}$

(I : 입사 에너지, A : 흡수 에너지, T : 투과 에너지, R : 반사 에너지)

참고

재료의 물리적 성질

① 비중(specific gravity) : 물질의 단위용적의 무게와 표준물질(4[℃]의 물)의 무게와의 비를 말한다.
② 용융점(melting point) : 고체가 액체로 변화하는 온도점이며, 금속 중에서 텅스텐은 3,400[℃]로 가장 높고, 수은은 −38.8[℃]로서 가장 낮다. 순철의 용융점은 1,530[℃]이다.
③ 비열(specific heat) : 단위중량의 물체의 온도를 1[℃] 올리는 데 필요한 열량으로 단위는 [cal/g℃]이다.
④ 선팽창계수(coefficient of linear expansion) : 물체의 단위길이에 대하여 온도가 1[℃]만큼 높아지는 데에 따라 막대의 길이가 늘어나는 양이다.
⑤ 열전도율(thermal conductivity) : 길이 1[cm]에 대하여 1[℃]의 온도차가 있을 때 1[cm²]의 단면을 통하여 1초간에 전해지는 열량으로 단위는 [cal/cm·sec·℃]이며, 열전도율이 좋은 금속은 은>구리>백금>알루미늄 등의 순서이다.
⑥ 전기전도율(electric conductivity) : 전기전도율은 은>구리>금>알루미늄>마그네슘>아연>니켈>철>납>안티몬 등의 순서로 좋아진다.
⑦ 금속 및 합금의 성질 : 금속에는 노랑색, 회백색 등이 있으며 합금에는 자색, 붉은색, 황금색, 흰색이 있다. 금속 색깔은 탈색력이 큰 주석>니켈>알루미늄>철>구리>아연>백금>은>금 등의 순서로 탈색된다.
⑧ 이온화 경향이 큰 금속의 순서 : K>Na>Ca>Mg>Al>Zn>Fe>Ni>Sn>Pb>Cu 순이다.

목 재

출제예상문제

출제예상문제는 복습, 예습문제로 엮었습니다. *WHY : 실제시험에도 순서에 관계없이 출제됩니다. 예습 후 다음장에 공부한 문제가 있으면 기억이 배가 됩니다.

01 ★★ 목재의 내화성에서 인화점은 몇 [℃]인가?

① 160[℃] ② 200[℃]
③ 250[℃] ④ 450[℃]

해설

목재의 연소온도

① 표면탄화(인화)온도 : 160[℃]
② 가연성 가스 분해온도 : 장시간 200[℃] 이하
③ 착화온도 : 250~260[℃]
④ 발화온도 : 450[℃] 전후
⑤ 보통목재 인화점 : 240[℃]

02 ★★ 다음 재료 중 최대강도가 가장 큰 것으로 옳은 것은?

① 육송 ② 콘크리트
③ 시멘트 벽돌 ④ 시멘트 블록

해설

최대강도(단위 : [kg/cm²])

① 육송의 휨강도 : 600 ② 인장강도 : 520
③ 압축강도 : 40 ④ 전단강도 : 75

03 ★★★ 목재의 방부제로서 효과가 없는 것은 어느 것인가?

① P.C.P ② 크레오소트
③ 페인트 ④ 테레빈유

해설

방부제의 종류

① 콜타르(Coaltar) 아스팔트
② 크레오소트 오일(Creosote oil)
③ P.C.P(Penta-Chloro Phenol)
④ 황산구리, 플루오르화소다, 염화아연, 페인트 등

04 ★★ 다음 중 합판의 장점이 아닌 것은?

① 합판의 강도에는 방향성이 적다.
② 적당히 구성하면 반곡변형이 작다.
③ 구성을 잘못하면 소재보다 변형이 더 커진다.
④ 함수율 변화에 따라 길이 폭의 신축변형이 작다.

해설

합판의 특성

① 신축변형이 작고 방향성이 없다.
② 얇은 판임에도 강도가 크고 방향성이 없다.
③ 규격화되어 있어 사용에 편리하다.
④ 외목은 소경재라도 넓은 단판을 만들 수 있다.
⑤ 곡면을 가공하여도 균열이 없고 무늬도 일정하다.
⑥ 값이 싸며 무늬가 좋은 판을 얻을 수 있다.

05 ★★★ 목재의 강도 중 가장 강도가 큰 것은?

① 섬유방향 압축력 ② 섬유방향 인장력
③ 섬유직각방향 압축력 ④ 전단강도

해설

① 섬유방향의 강도가 가장 강하다.
② 섬유방향과 직각인 방향의 강도가 가장 작다.
③ 목재의 강도순서 : 인장강도>휨강도>압축강도>전단강도

06 ★★ 목재의 강도 중 가장 작은 것은?

① 섬유방향 압축력
② 섬유방향 인장력
③ 섬유직각방향 전단강도
④ 섬유직각방향 압축력

[정답] 01 ① 02 ① 03 ④ 04 ③ 05 ② 06 ③

제4편

해설

문제 5번을 확인해 보세요.

07 ★★ 목재에 관한 다음 설명 중 옳지 않은 것은?

① 활엽수가 침엽수보다 수축이 크다.
② 가벼운 목재일수록 열전도율이 낮다.
③ 목재의 섬유포화점은 25~30[%]일 때를 말한다.
④ 목재의 허용강도는 최대강도의 1/5~1/6 정도로 한다.

해설

① 안전율을 크게 취하기 때문에 최대허용강도 1/7~1/8 정도로 하고 있다.
② 강도에 가장 큰 영향을 미치는 것이 썩은 옹이다.

08 ★★★ 마루판(flooring)류로서 적합하지 않은 것은 어느 것인가?

① 플로어링 보드(flooring board)
② 코펜하겐 리브(copenhagen rib)
③ 파키트리 블록(parquetry block)
④ 파키트리 보드(parquetry board)

해설

(1) 마루판류(flooring)
① flooring board
② parquetry board
③ parquetry panel
④ parquetry block
(2) 코펜하겐 리브(copenhagen rib)
강당, 집회장 등의 음향조절용으로 사용, 두께 3[cm], 나비 10[cm] 정도의 긴 판이다.

09 ★★ 다음 음(音)의 조절판으로서 부적당한 것은 어느 것인가?

① 연질섬유판 ② 합판
③ 파키트리 보드 ④ 코펜하겐 리브

해설

파키트리 보드는 마루판류로 사용된다.

10 ★★★ 목재의 강도에 관한 설명 중에서 옳지 않은 것은?

① 추재는 일반적으로 춘재보다 강도가 크다.
② 심재가 변재보다 강도가 크다.
③ 옹이가 많은 것은 강도가 낮다.
④ 함수율이 많을수록 강도가 크다.

해설

목재의 강도
① 비중이 크고, 함수율이 낮은 것, 옹이가 적은 것이 강도가 크다.
② 비중을 측정하여 목재의 강도 상태를 추정할 수 있다.

11 ★★★ 침엽수의 취재율은 몇 [%] 이상이 요망되는가?

① 50[%] ② 60[%]
③ 70[%] ④ 80[%]

해설

취재율
① 활엽수 : 50[%]
② 침엽수 : 70[%] 이상

12 ★★ 다음 각재 중 값이 가장 비싼 것은 어느 것인가?

① 널결 ② 곧은결
③ 사정목 ④ 죽각재

해설

사정목은 마구리를 제외한 사면 곧은결 각재로 각재 중 값이 제일 비싸다.

13 ★★ 다음 중 목재의 부패균이 가장 활동이 왕성한 온도와 습도의 조건은 어느 상태인가?

구 분	①	②	③	④
온 도	5~15[℃]	15~25[℃]	25~45[℃]	35~45[℃]
습 도	70[%]	75[%]	80[%]	85[%]

[정답] 07 ④ 08 ② 09 ③ 10 ④ 11 ③ 12 ③ 13 ③

해설

목재의 부패

① 온도 4[℃]에서 발육이 중단된다.
② 55[℃] 이상에서 사멸된다.
③ 습도에서는 15[%] 이하에서 건조로 번식이 중단된다.
④ 왕성한 조건은 25~45[℃]의 온도와 80[%]의 습도이다.

14 ★★★ 목재 흠의 파열(crack)에 대한 다음 종류 중 동결(凍結)로 인하여 생긴 것은?

① 변재성형 갈라짐
② 심재성형 갈라짐
③ 원형 갈라짐
④ 타박 전단상

해설

목재의 갈라짐(crack)

① 심재성형 갈라짐은 벌목 후 건조수축에 의한 것이다.
② 변재성형 갈라짐은 동결로 인한 것이다.
③ 원형 갈라짐은 수심수축에 의한 것이다.
④ 타박 전단상은 외부충격에 의한 것이다.

15 ★★★★ 목재의 섬유포화점의 함수율은 몇 [%]인가?

① 15[%] ② 20[%]
③ 30[%] ④ 40[%]

해설

① 목재의 섬유포화점은 25~30[%]일 때를 말한다.
② 함수율 $= \frac{W_1 - W_2}{W_2} \times 100$

16 ★★ 목재가 전건상태에 이르면 그 강도가 섬유포화점 강도의 몇 배 증가되는가?

① 변함없다. ② 2배
③ 3배 ④ 4배

해설

목재의 전건상태

① 전건상태는 함수율이 0[%]인 것을 뜻한다.
② 섬유포화점(30[%])과 비교해서 3배가 된다.

17 ★★★ 목재의 건조에 관한 설명 중 옳지 못한 것은 어느 것인가?

① 건조하면 비틀림을 방지하는 효과가 있다.
② 침수건조는 대기건조에 비하여 그 기간이 오래 걸린다.
③ 상승온도를 100~200[℃]로 한다.
④ 건조할수록 강도는 증대된다.

해설

(1) 침수건조의 기간은 원목을 2주 이상 침수시키면 되지만 대기건조(자연건조)는 침엽수의 경우는 3[cm]각이 3~6개월, 활엽수는 3~12개월의 오랜 시일이 요구된다.
(2) 건조가 잘된 목재의 성질
 ① 수축이나 균열·변형이 일어나지 않는다.
 ② 부패균 생성을 방지할 수 있다.
 ③ 강도가 커지고 가공하기도 쉽다.

18 ★★ 다음의 목재에 관한 설명 중 틀린 것은?

① 나이테의 조밀은 목재의 비중과 관계가 없다.
② 야자수, 대나무 등에는 나이테가 없다.
③ 열대지방의 목재는 우수와 건조에 따라 나이테가 명확하지 않다.
④ 추재는 일반적으로 춘재보다 강하다.

해설

(1) 나이테의 조밀은 목재의 비중과 강도에 절대적인 관계가 있다.
(2) 공극률(V) $= (1 - \frac{W}{1.54}) \times 100$
 W : 전건상태 비중

19 ★★★★ 아래 그림과 같은 나무를 달아 보았더니 14[kg]이었다. 이 나무의 함수율은?(단, 이 나무의 비중은 0.50이다.)

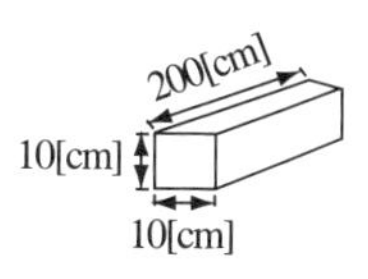

① 30[%] ② 40[%]
③ 50[%] ④ 60[%]

[정답] 14 ① 15 ③ 16 ③ 17 ② 18 ① 19 ②

제4편

해설

① 목재의 함수율

$$= \frac{\text{목재 중의 수분}}{\text{전건재 중량}} \times 100 = \frac{4,000}{10,000} \times 100 = 40[\%]$$

② 전건재 중량=목재 부피×비중
10×10×200×0.5=10,000
③ 목재 중의 수분=목재의 무게-전건재 중량
14,000-10,000=4,000

20 ★★★★ 목재의 건조법 중에서 가장 틀린 것은?

① 건조법에 의한 때에는 일찍 주문하여 그늘에서 건조한다.
② 직사일광을 받으면 뒤틀림, 갈라짐 등이 생긴다.
③ 대기건조법과 침수법은 오랜 시일이 필요없다.
④ 인공건조법은 보통 증기실, 열기실에서 건조한다.

해설

(1) 대기건조법이나 침수법은 많은 기간이 걸린다.
(2) 목재건조법의 종류
① 수액제거법 ② 자연건조법 ③ 인공건조법

21 ★★★ [2치×1자×3자]되는 목재는 몇 재(才)인가?

① 0.5재 ② 1재
③ 5재 ④ 6재

해설

목재의 치수
① 1재(才)=1사이=1치×1치×12자
② 1자=10치
③ (2치×1자×3자)÷12자=(2치×10치×30치)÷120치=5재(才)

22 ★★★ 목재의 가공제품이 아닌 것은?

① 코펜하겐 리브(Copenhagen rib)
② 경질섬유판(Hard fiber board)
③ 펄라이트(Perlite)
④ 파키트리 블록(Parquetry block)

해설

펄라이트(Perlite)
팽창진주암으로서 경량골재에 이용된다.

23 ★★★ 가력방향이 섬유와 평행할 경우, 목재의 강도에 관한 대소관계가 옳은 것은?

① 압축>전단>휨
② 압축>휨>전단
③ 인장>전단>압축
④ 인장>압축>전단

해설

섬유방향에 대한 강도의 크기 순서
인장강도>휨강도>압축강도>전단강도

24 ★★★ 목재에 관한 기술 중 옳지 않은 것은?

① 활엽수는 일반적으로 침엽수에 비해 단단한 것이 많아 경재(硬材)라 부른다.
② 인장강도는 응력방향이 섬유방향에 수직인 경우에 최대가 된다.
③ 불에 타는 단점이 있으나 열전도도가 아주 낮아 여러 가지 보온재료로 사용된다.
④ 섬유포화점 이상의 함수상태에서는 함수율의 증감에도 불구하고 신축을 일으키지 않는다.

해설

목재의 강도
① 인장강도는 응력방향이 섬유에 평행한 경우 최대가 된다.
② 섬유에 직각방향의 강도크기는 압축>휨>인장 순이다.

25 ★ 비강도(比强度)의 크기가 가장 작은 재료는?

① 구조용강 ② 대나무
③ 피아노선 ④ 소나무

해설

비강도값
① 구조용강 : 약 450
② 대나무 : 약 5,000
③ 피아노선 : 약 700
④ 소나무 : 약 1,180

[정답] 20 ③ 21 ③ 22 ③ 23 ④ 24 ② 25 ①

Chapter 02 시멘트 및 콘크리트

건설안전기사/건설안전산업기사 합격을 위해서 다음 내용을 충실히 공부해야 한다.
1 시멘트의 성질(비중, 강도, 응결시간) 암기 필수
2 시멘트의 종류 및 특징
3 시멘트 혼화제의 종류와 AE제의 사용목적
4 콘크리트의 각종 성질 및 용도
5 워커빌리티, 블리딩 원인 및 대책

시험에 출제가 예상되는 중심적인 내용은 다음과 같다.
❶ 시멘트 ❷ 시멘트 제품 ❸ 콘크리트

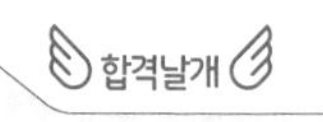

제4편

1 시멘트

1. 개요 및 연혁

(1) 개 요

① 시멘트(Cement)라 하면 넓은 의미로서는 무기질 접착제를 말한다.
② 시멘트란 물과 혼합하면 시간이 지남에 따라 굳어지는 성질을 가진 수경성 물질 중에서 많이 쓰이는 석회질 수경성 시멘트인 포틀랜드 시멘트(Portland cement)를 말한다.
③ 시멘트는 석회석과 규산질 점토를 기본 원료로 한다.
④ 기본 조성은 CaO(석회), SiO_2(실리카), Al_2O_3(알루미나)이다.
⑤ 물과 골재를 혼합한 콘크리트 형태로 사용된다.
⑥ 시멘트에 물만 더하여 응고시킨 것은 모르타르(mortar)라 한다.

(2) 연 혁

① 시멘트를 사용하여 가장 오래된 것으로 현재 남아 있는 건축물인 이집트의 피라미드에 쓰인 시멘트는 소석고와 석회와의 혼합물이다.
② 고대 그리스와 로마시대에는 석회에 모래를 혼합한 모르타르를 사용하였고 화산활동에 의하여 쌓인 화산재에 석회와 모래를 혼합하여 수경성이며 내구성인 모르타르를 사용하기에 이르렀다.
③ 문명은 이러한 시멘트에 만족하지 않고 더 강력한 시멘트를 요구하기에 이르렀다.

합격예측

시멘트의 구성
① 석회석+점토 +(약간의 사철, Slag)
② CaO : 약 65[%]

합격예측

Cement 1[t]에 대한 배합비
석회석(1.2[t]) + 점토(0.3[t]) + 산화철(0.03[t]) + 규석(약간) = 원료 합계(1.5[t])

Q 은행문제

깬자갈을 사용한 콘크리트가 동일한 시공연도의 보통 콘크리트보다 유리한 점은? 22. 3. 5 기
① 시멘트 페이스트와의 부착력 증가
② 수밀성 증가
③ 내구성 증가
④ 단위수량 감소

정답 ①

합격예측 16. 3. 6 산 17. 5. 7 산

시멘트 보관(저장)방법

① 시멘트 창고 설치 시 주위에 배수도랑을 두고 누수를 방지한다.
② 바닥은 지면에서 30[cm] 이상 띄우고 방습처리한다.
③ 저장장소는 방습적이어야 한다.
④ 필요한 출입구 및 채광창 이외에 공기유통을 막기 위하여 될 수 있는 대로 개구부를 설치하지 아니한다.(환기창 설치금지)
⑤ 채광은 고려하되 풍화방지를 위하여 통풍은 가급적 억제시킨다.
⑥ 반입, 반출구는 따로 두고 먼저 반입한 것을 먼저 쓴다.
⑦ 쌓기단수는 13포 이하로 보관한다.(장기저장 시 7포 이하)
⑧ 3개월 이상 경과한 시멘트는 체시험을 거친 후 사용한다.

합격예측

(1) 시멘트의 풍화현상 17. 9. 23 기

$Ca(OH)_2 \rightarrow CaCO_3 + H_2O$ (중성화, 백화현상)

(2) KSL5201 보통 포틀랜드 시멘트 5종 18. 4. 28 기

① 1종 : 보통 포틀랜드 시멘트
② 2종 : 중용열 포틀랜드 시멘트
③ 3종 : 조강 포틀랜드 시멘트
④ 4종 : 저열 포틀랜드 시멘트
⑤ 5종 : 내황산염 포틀랜드 시멘트

Q 은행문제

풍화된 시멘트를 사용했을 경우에 관한 설명으로 옳지 않은 것은? 17. 9. 23 산

① 응결이 늦어진다.
② 수화열이 증가한다.
③ 비중이 작아진다.
④ 강도가 감소된다.

정답 ②

④ 영국의 스미턴(Smeaton, John. 1724~1972)이 점토분을 포함하는 석회석을 구워 우수한 수경성 석회를 발명하여 내해수성의 모르타르를 사용하였다.
⑤ 40년 후인 1996년 파커(Parker, James)가 수경성 시멘트를 규산질의 석회석을 구워 만들어 특허를 얻었으며 이를 파커 시멘트라 부르게 되었다.(Roman Cement)
⑥ 비카(Vicat, L. J.)가 석회석과 점토를 습식분쇄기로 갈아 잘 혼합한 것을 구워서 인공적인 수경성 석회를 만든 것이 포틀랜드 시멘트 제조의 시초라 볼 수 있다.
⑦ 1824년 영국의 벽돌공이었던 애습딘(Aspdin, Joseph)이 석회석과 점토를 혼합한 것을 구워서 포틀랜드 시멘트의 특허를 얻었으며 이 시멘트가 굳은 뒤의 겉모양이 포틀랜드 지방에서 산출되는 건축용 석회석과 비슷하다 하여 포틀랜드 시멘트라 부르게 되었다.

2. 시멘트의 분류 및 제법

(1) 포틀랜드 시멘트(Potland cement)의 종류

① 보통 포틀랜드 시멘트 16. 3. 6 산

㉮ 실리카(SiO_2), 알루미나(Al_2O_3), 산화철(Fe_2O_3), 석회(CaO) 등이 포함된 원료를 혼합하여 용융소성한 클링커에 소량의 석고(3[%])를 가압하여 미분쇄한 것이다.

㉯ 수경성 시멘트의 대표적인 것으로 모르타르(Mortar)와 콘크리트(Concrete) 및 인조석의 재료로 사용되는데 일반 구조물의 중요한 재료이다.

② 조강 포틀랜드 시멘트(제3종 포틀랜드 시멘트) 16. 5. 8 산

㉮ 보통 포틀랜드 시멘트와 원료는 동일하고 조기강도가 높고 수화 발열량이 많으므로 한중 콘크리트나 긴급 공사용 콘크리트 재료로 이용된다.

㉯ 경화건조될 때에는 수축이 크며 발열량이 많으므로 대형 단면부재에서는 내부응력으로 균열이 발생하기 쉽다.

③ 중용열(저열) 포틀랜드 시멘트(제2종 포틀랜드 시멘트) 17. 3. 5 산 17. 9. 23 기 18. 4. 28 산 19. 9. 21 산

㉮ 시멘트의 성분 중에 CaO, Al_2O_3, MgO 등을 적게 하고 SiO_2, Fe_2O_3 등을 많게 한 것이다.

㉯ 경화시에 발열량이 적고 내식성이 있고 안정도가 높으며 내구성이 크고 수축률이 작아서 대형 단면부재에 쓸 수 있으며 방사선 차단효과가 있다.

④ 백색 포틀랜드 시멘트

㉮ 성분 중에 Fe_2O_3의 포함률이 0.5[%] 이내이며 연료로는 액체연료를 완전 연소시켜 회분이 남지 않게 하여 백색제품으로 만든 것이다.

㉯ 주로 미장재료나 인조석원료로 쓰인다.

(2) 혼합시멘트의 종류

① 고로 (슬래그) 시멘트 16. 3. 6 기 17. 3. 5 기·산 20. 8. 22 기 20. 9. 27 기 22. 4. 24 기

㉮ 시멘트의 클링커와 슬래그의 혼합물인데 단기강도가 부족하다.

㉯ 콘크리트는 발열량이 적고 염분에 대한 저항이 크므로 해안공사나 대형 단면부재공사에 이용한다.(해수에 내식성이 크다.)

② 실리카 (포졸란) 시멘트

㉮ 시멘트의 클링커와 규산질물(Silica)을 혼합한 것으로 단기강도가 적으나 장기강도는 포틀랜드 시멘트와 유사하게 높다.

㉯ 수화열이 적고 수밀성이 크고 해수에 대한 저항도 크다.

③ 알루미나 시멘트 16. 5. 8 산 19. 9. 21 산 20. 6. 7 기

㉮ 성분 중에는 Al_2O_3가 많으므로 조기강도가 높고 염분이나 화학적 저항이 크다.

㉯ 수화열량이 높아서 대형 단면부재에는 부적당하나 긴급공사나 동기공사에 좋다.

(3) 시멘트 제법

① 시멘트 제조는 원료배합, 고온소성(Burning), 분쇄(Crush) 등 3가지 공정으로 제조된다.

② 원료로는 석회석(CaO 함유)과 점토(SiO_2, Al_2O_3와 Fe_2O_3 함유)를 4 : 1로 섞어서 용융할 때까지 회전가마에서 소성하여 얻어진 클링커에 응결조정제로 1~3[%] 이하의 석고($CaSO_4 \cdot 2H_2O$)를 첨가한다.

③ 대략 1[ton]의 시멘트 생산에 석회석 1,300[kg], 점토 300[kg], 광재 30[kg]의 원료가 필요하다.

④ 노에 넣어 1,450[℃] 정도로 소성하는데 석탄 약 300[kg], 전력 140[kWh]가 소요된다.

⑤ 석회석과 점토혼합방법

㉮ 건식법 : 건조 후 분쇄하여 회전로에 투입, 먼지가 많으나 효율이 좋고 품질이 양호하다.

㉯ 습식법 : 물을 30~40[%] 넣어 원료를 경단으로 만든다.

㉰ 반습식법 : 물을 15~20[%] 넣어 원료를 소립상으로 만들며 열량 손실이 많다. 물을 습식법의 절반만 넣은 것이 반습식법이다.

합격예측

강열감량 23. 6. 4 기

① 900~1,000[℃]로 60분간 강열을 가했을 때의 감량을 말한다.(시멘트 풍화 척도)

② Cement 중 H_2O와 CO_2의 양을 말하며 풍화와 중성화 정도를 아는 척도이다.

③ 저장기간이 길수록 커진다. (0.4[%]~0.8[%] 정도)

합격예측

① HM(수경률)

$$= \frac{CaO - 0.7SO_3}{SiO_2 + Al_2O_3 + Fe_2O_3}$$

② 수경률(水硬率, Hydraulic Modulus)

: 포틀랜드 시멘트의 적정(適正)한 화학성분의 비율 즉 시멘트 속의 염기(鹽基)성분과 산(酸)성분의 비율을 말한다.

합격예측

(1) 조기강도순서

알루미나 시멘트 – 보통 포틀랜드 시멘트 – 고로 시멘트

(2) 플라이애시 시멘트

① 포틀랜드 시멘트에 플라이애시를 혼합하여 만든 시멘트

② 초기강도가 작고, 장기강도 증진이 크다.

③ 화학저항성이 크다.

④ 수밀성이 크다.

⑤ 워커빌리티가 좋아진다.

⑥ 수화열과 건조수축이 적다.

⑦ 매스콘크리트용 등에 사용

(3) 폴리머 시멘트

① 시멘트에 폴리머(고분자재료)를 혼입시킨 시멘트

② 변형성능, 방수성, 내약품성, 접착성, 내마모성, 내충격성 향상

③ 내화성이 약하다.

합격예측

분말도가 클 때의 현상
18. 9. 15 기

① 표면적이 크다.
② 수화작용이 빠르다.
(물과의 접촉면이 커지므로)
③ 발열량이 커지고, 초기강도가 크다.
④ 시공연도가 좋고, 수밀한 Conerete가 가능하다.
⑤ 균열발생이 크고 풍화되기 쉽다.
⑥ 장기강도는 저하된다.

참고

시멘트비중 = $\frac{\text{시멘트의 중량(g)}}{\text{비중병의 눈금 차이(cc)}}$

Q 은행문제

1. 보통포틀랜드시멘트의 비중에 관한 설명으로 옳지 않은 것은?
① 동일한 시멘트인 경우에 풍화한 것일수록 비중이 작아진다.
② 일반적으로 3.15 정도이다.
③ 르샤틀리에의 비중병으로 측정된다.
④ 소성온도와 상관없이 일정하며, 제조 직후의 값이 가장 작다.

정답 ④

2. 시멘트에 물을 가하여 혼합하여 만들어진 시멘트 페이스트가 시간경과에 따라 유동성을 잃고 응고하는 현상을 무엇이라 하는가?
① 응결
② 풍화
③ 건조수축
④ 경화

정답 ①

3. 성분 및 반응

(1) 성 질

① **화학성분** : CaO 석회(64.8[%]), SiO_2 실리카(22.1[%]), Al_2O_3 알루미나(5.7 [%]), Fe_2O_3 산화철(3.2[%]), MgO 마그네시아(1.3[%]), SO_3 무수황산(1.2[%]), 감열감량(1.1[%]), 불용해잔량(0.4[%]) 등으로 구성되어 있다.
② **경화작용** : 발열량이 높을수록 경화가 촉진되고 방동효과가 있다. 발열량이 높은 시멘트는 큰 구조체의 내부 열응력이 발생하는 원인이 된다.
③ **풍화(수화)작용** : 시멘트가 공기 중의 수분을 흡수하여 수화작용을 하므로 생긴 수산화칼슘이 공기 중에서 탄산가스와 작용하여 탄산칼슘이 되는 작용이다. 시멘트 성분의 탄산칼슘화된 분량이 클수록 시멘트의 풍화로 제 기능을 상실하게 되어, 응결이 늦어지고 경화물의 강도가 저하되며 비중이 낮아지고 감열감량이 높아져서 시멘트의 질이 떨어진다.

(2) 비 중

① 비중은 3.05~3.15이다.
② 비중 감소의 원인
㉮ 풍화작용이 생길 때
㉯ 소성온도가 부족할 때
㉰ 성분 중에 SiO_2, Fe_2O_3가 부족할 때
㉱ 혼화제를 혼합할 때
③ 시멘트의 단위용적중량은 1.5[t/m^3]이고 1포대의 무게는 40[kg]이다.

(3) 분말도 17. 5. 7 기 18. 3. 4 산 20. 6. 7 기

① 분말도가 크면 수화작용이 빠르므로 초기강도가 크다.
② 시공연도, 공기량, 수밀성, 내구성 등이 높아지며 풍화작용도 크게 된다.
③ 표준체 공경 0.088[mm]로 쳐서 발량이 10[%] 이내여야 한다.
④ 분말도 측정 : 블레인 시험

(4) 응결 16. 5. 8 산 18. 9. 15 산 19. 9. 21 기

① 사용 수량이 많을수록 응결이 늦고 온도가 높고 분말도가 클수록 응결이 빠르다.(석고를 첨가하면 응결조절가능)
② 온도 20±3[℃], 습도 80[%] 이상일 때 시멘트의 응결은 시(초)결이 1시간 종결이 10시간이므로 콘크리트의 작업도 혼합 후 응결이 되기 전인 1시간 이내에 마치는 것이 좋다.(KSL5201 : 비카시험)

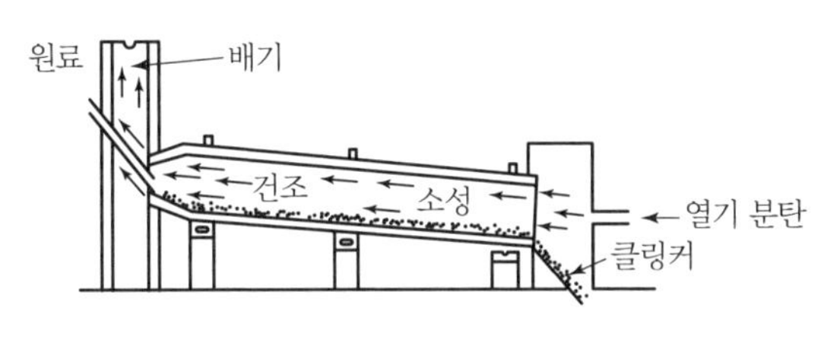

[그림] 회전가마의 구조와 역할

4. 시멘트의 강도

(1) 정 의

① 강도는 그 종류와 분말도에 따라 다르다.
② 동일 시멘트라도 시멘트에 대한 물의 양과 성질, 골재의 성질과 입도, 시험체의 형상과 크기, 양생방법과 재료, 시험방법 등에 따라 달라진다.

(2) 강도에 영향을 주는 요인

① **분말도** : 분말도가 크면 초기강도는 증가한다.
② **수량** : 최적의 수량보다 많으면 강도에 반비례한다.
③ **풍화** : 시멘트가 풍화되면 비중과 비표면적이 감소하고 초기, 장기강도도 떨어지며 응결시간이 지연된다.(시멘트 풍화 척도 : 강열감량) 23. 6. 4 기
④ **양생조건** 20. 8. 22 기
㉮ 양생온도는 30[℃] 이하에서는 비례하고 재령과 비례한다.
㉯ 온도가 낮으면 강도(특히 조기강도)가 저하된다.

(3) 시멘트 경화 시 불안정하게 되는 이유

① 시멘트의 클링커 중의 산화마그네슘(MgO), 무수황산(SO_3), 유리석회 등의 함유량이 클 경우에 불안정하다.
② 시멘트 원료의 성분이나 배합방법이 불완전할 경우에 불안정한다.
③ 소성온도가 낮아 유리석회분이 많아진 경우에 불안정하다.
④ 클링커가 냉각되기 전에 석고를 넣거나 석고분이 많은 경우에 불안정하다.
⑤ 안정성시험은 팽창과 균열을 검사하는 방법으로 침수법과 비등법이 있다.

(4) 시멘트 풍화

① 시멘트가 공기중의 수분과 결합하여 미세한 수화반응으로 생긴 수산화칼슘과 공기중의 탄산가스(이산화탄소)가 결합하여 탄산칼슘이 생기는 것이며, 특징은 강도저하, 응결지연, 비중감소, 내구성 저하, 강열감량 증가 등이 있다.

합격예측

Blaine(블레인) 방법
① 비표면적은 시멘트의 1[g]이 가지는 총 표면적을 말한다.
② 공기의 투과속도로부터 비표면적을 구할 수 있으며 보통 2,600[cm^2/g] 이상이다.

참고

고로 slag의 잠재 수경성
그 자체는 경화하지 않으나 석회나 알칼리염 등과 혼합하면 이들의 화학작용에 의하여 경화되는 성질

Q 은행문제

1. 고로슬래그 분말을 시멘트 혼화재로 사용한 콘크리트의 성질에 대한 설명 중 옳지 않은 것은?
① 초기강도는 낮지만 슬래그의 잠재 수경성 때문에 장기강도는 크다.
② 해수, 하수 등의 화학적 침식에 대한 저항성이 크다.
③ 슬래그 수화에 의한 포졸란 반응으로 공극 충전효과 및 알칼리 골재반응 억제효과가 크다.
④ 슬래그를 함유하고 있어, 건조수축에 대한 저항성이 크다.

정답 ④

2. 다음 중 시멘트 풍화의 척도로 사용되는 것은? 23. 6. 4 기
① 불용해 잔분
② 강열감량
③ 수경률
④ 규산율

정답 ②

3. 재료배합 시 간수($MgCl_2$)를 사용하여 백화현상이 많이 발생되는 재료는? 17. 9. 23 기
① 돌로마이트 플라스터
② 무수석고
③ 마그네시아 시멘트
④ 실리카 시멘트

정답 ③

합격예측

응결이 빠른 경우

① 분말도가 클수록
② 온도가 높고, 습도가 낮을수록
③ C_3A 성분이 많을수록

합격예측

규산칼슘판

무기질 단열재료 중 규산질 분말과 석회분말을 오토클레이브 중에서 반응시켜 얻은 겔에 보강섬유를 첨가하여 프레스 성형하여 만든 것

참고

유리석회

미결합 석회분(CaO)으로, 시멘트응결 후 수화반응을 일으켜 체적팽창 및 균열을 일으키는 원인이 된다.

Q 은행문제

1. 혼화재료 중 사용량이 비교적 많아서 그 자체의 부피가 큰 콘크리트 비비기 용적에 계산되는 혼화제에 해당되지 않는 것은? 22. 3. 5 기

① 플라이애시
② 팽창재
③ 고성능 AE 감수제
④ 고로슬래그 미분말

정답 ③

2. 킨즈시멘트 제조 시 무수석고의 경화를 촉진시키기 위해 사용하는 혼화재료는?

① 규산백토
② 플라이애시
③ 화산회
④ 백반

정답 ④

5. 혼화재료

(1) 포졸란(Pozzolan)

① 개 요

㉮ 실리카질, 실리카 및 알루미나가 주성분이며 자체에는 수경성이 없으나 $Ca(OH)_2$와 혼합되어 불용성 물질을 만든다.

㉯ 천연산으로는 화산재, 규산백토, 석회 등이 있고 인공제품으로는 광재, 플라이애시, 소성점토 등이 있다.

② 포졸란의 효과 16. 5. 8 산

㉮ 시공연도(Workability)가 좋아지고 블리딩(Bleeding)과 재료분리가 적어진다.(공극충전에 가장 적합)

㉯ 수밀성이 증가된다.

㉰ 수화작용이 늦어지고 발열량이 감소되고 장기강도는 증가한다.

㉱ 해수에 대한 저항이 커진다.

㉲ 인장강도와 신율이 증가된다.

㉳ 건조수축이 증가된다.

(2) 플라이애시(Fly ash) 17. 3. 5 기 18. 4.28 기 19. 9. 21 기 22. 4. 24 기 23. 6. 4 기

① 인공제품으로 가장 널리 쓰이는 포졸란의 일종이다.

② 주로 시공연도조절 등으로 사용된다.(주성분 : 석탄재)

(3) AE제(Air entraining agent) 16. 3. 6 산 20. 6. 14 산

① 개요 : 미세한 기포(연행공기)를 발생시켜 콘크리트의 시공연도 및 볼베어링 효과를 나타내게 하는 혼화제가 AE이다.

② AE제의 효과

㉮ 단위수량이 감소되어 동해가 적게 된다.

㉯ 시공연도(Workability)가 좋게 되어 쇄석골재를 써도 시공이 용이하다.

㉰ 수밀성이 증가된다.

㉱ 빈배합 콘크리트에서는 AE제를 쓴 것이 압축강도가 크게 된다.

㉲ 경량골재를 쓴 콘크리트에도 시공이 좋아진다.

㉳ 철재의 부착력이 감소되고 콘크리트의 표면 활성이 증가한다.

(4) 경화촉진제

① 개 요

㉮ 동기의 공사 시 경화를 촉진하기 위하여 염화칼슘, 규산소다, 소금 등을 쓴다.

㉯ $CaCl_2$를 2[%] 정도 혼합하면 응결이 촉진되어서 방동효과가 있다.

② 경화촉진제를 사용할 때 효과
㉮ 단기강도, 조기발열량이 높아지나 4[%] 이상 사용하면 유해하다.
㉯ 마모저항이 커지고 건조수축도 증가된다.
㉰ 시공연도가 급격히 감소하므로 시공작업을 신속히 해야 한다.

(5) 방수제

① **공극충전법** : 콘크리트에 소석회소분, 규산백토, 플라이애시, 염화암모니아 등을 혼입하는 방법이다.
② **방수성방법** : 명반, 수지비누, 파라핀, 아스팔트, 실리콘수지 등을 혼입하는 방법이다.
③ **$Ca(OH)_2$ 유출방지법** : 포졸란, 발포제를 혼입하는 방법이다.

(6) 발포제

① 콘크리트에 알루미늄, 아연분말 등을 혼입하면 알칼리와 반응하여 수소를 발생시키고 과산화수소와 표백분을 혼입하면 산소를 발생시켜 콘크리트에 기포가 생긴다.
② 각종 AE를 사용하여도 기포가 발생한다.

(7) 지연제

① 응결을 늦추는 목적으로 서중 콘크리트 장거리용 레미콘과 수조, 사일로 등 연속타설을 요하는 부분에 사용한다.
② 콘크리트의 이음방지효과가 크다.
③ 종류는 리그닌설폰산염, 옥시카르본산, 인산염 등이 있다.

(8) 고로슬래그 18. 4. 28 기 20. 8. 22 기

① 장기강도 향상
② 수화열 감소
③ 화학저항성 향상
④ 알카리골재 반응 억제
⑤ 초기강도가 낮다.

수축균열 팽창균열

[그림] 시멘트의 균열

(9) 실리카퓸

① 강도증진
② 수밀성 향상
③ 화학적 저항성 향상
④ 블리딩 감소
⑤ 단위량을 증대시키므로 고성능감수제 사용이 필수적

합격예측

응결이 느린 경우
① W/C비가 많을수록
② 풍화된 시멘트일수록

합격예측

시멘트의 각종 시험

종류	시험방법·내용
비중 시험	시멘트의 중량[g] 비중병의 눈금차이 [cc] =시멘트 비중
분말도 시험	① 체가름 방법 (표준체 잔분표 시법) ② 비표면적시험 (블레인법)
응결 시험	① 길모아(Gilmore) 침에 의한 응결 시간 시험방법 ② 비카(Vicat)침에 의한 응결시간 시험방법
안정성 시험	오토 클레이브 팽창도 시험방법 18. 9. 15 산

참고

시멘트의 화합물 중 수화작용이 가장 빠른 것 : C_3A(알루민산3석회 : $3CaO \cdot Al_2O_3$)

Q 은행문제

1. 콘크리트의 건조수축, 구조물의 균열 및 변형을 방지할 목적으로 사용되는 혼화재료는?
① 지연제(Retarder)
② 플라이애시(Fly ash)
③ 실리카퓸(Silica fume)
④ 팽창제(Expansive producing admixtures)

정답 ④

2. 석회석을 900~1,200℃로 소성했을 때 생성되는 것은?
① 돌로마이트 석회
② 생석회
③ 회반죽
④ 소석회

정답 ②

(10) 팽창제 14. 3. 2 산 17. 5. 7 산 18. 9. 15 산

① 콘크리트는 건조하면 수축하는 성질이 있어 균열이 발생하기 쉽다.
② 균열을 보완하기 위해 거품을 넣거나 기포를 발생시키거나 콘크리트를 부풀게 하는 팽창제를 첨가한다.

합격예측

시멘트의 수화작용

① 시멘트와 물이 접촉하여 응결(Setting), 경화(Hardening)가 진행되는 현상을 말한다.
② 온도 20[℃]±3[℃], 습도 80[%] 이상 상태에서 응결, 경화시간은 1~10시간 정도이다.
③ 수화작용은 온도가 높을수록 시멘트의 분말도가 높을수록 빨리 진행된다.
③ 시멘트의 수화열 : 시멘트가 물과 반응하면 125[cal/g] 정도의 열이 발생하며, 시멘트 풀의 온도가 40~60[℃]까지 올라간다.
④ 응결에 영향을 주는 요소에는 시멘트의 성분, 혼합물, 혼화제 성질, 온·습도, 풍화의 정도, 분말도 등이 있다.

참고

혼합시멘트의 종류

① 포졸란(실리카) 시멘트
② 고로 시멘트
③ 플라이애시 시멘트

2 시멘트 제품

1. 시멘트벽돌

① 시멘트와 모래를 배합하여 가압, 성형한 후 양생한 것이 벽돌이다.
② 골재는 모래, 자갈, 쇄석이며 최대크기는 10[mm] 이하이다.
③ 혼합은 믹서로 하거나 유사한 방법에 의한다.
④ 성형은 진동과 압축을 병용한 방법으로 한다.
⑤ 성형 후에는 500[℃·H] 이상, 습도 100[%]에 가까운 상태로 둔 다음 성형 후에 통상 4,000[℃·H] 이상, 다습상태에서 양생하며 7일 이상 보존하여 출하한다.[℃·H란 양생온도(℃)와 양생시간(H)을 곱한 값이다.]

[표] 콘크리트 벽돌 종류

종류	압축강도[N/mm²]	흡수율[%]	용도
1종	13이상	7이하	옥외, 내력 구조
2종	8이상	13이하	옥내, 비내력 구조

Q 은행문제

콘크리트의 유동성 증대를 목적으로 사용하는 유동화제의 주성분이 아닌 것은? 17. 9. 23 기

① 나프탈렌설폰산염계 축합물
② 폴리알킬아릴설폰산제 축합물
③ 멜라민설폰산염계 축합물
④ 변성 리그닌설폰산계 축합물

정답 ②

2. 시멘트블록

① 시멘트와 골재를 1 : 5~1 : 7의 비율로 혼합한 잔자갈의 콘크리트 또는 굵은 모래의 모르타르를 형틀에 채워 넣은 다음에 진동, 가압하여 성형한 것이 시멘트 블록이다.
② 성형한 후 40~60[℃]의 온도와 80~100[%]의 습도로 500[℃·H]의 증기보양한 다음 2,000[℃·H] 이상으로 대기보양하여 사용한다.

참고

사용목적에 따른 혼화재의 분류

① 콘크리트의 강도, 수밀성, 해수에 대한 화학적 저항성 증대 : 포졸란
② 시멘트 입자를 분산 : 분산제
③ 시멘트 경화를 촉진 : 경화촉진제(염화칼슘, 규산나트륨)
④ 수밀성을 증대 : 방수제
⑤ 공기를 콘크리트 중에 발생 : AE제
⑥ Workability를 증대 : 유동화제
⑦ 시멘트량을 절약 : 증량제
⑧ 주로 알루미늄분말을 사용하며 미세한 수소가스가 발생됨 : 발포제

참고 시멘트 벽돌

종류	치수			허용치
	길이	너비	두께	
A형	210	100	60	+3 −2
B형	190	90	57	
C형	190	90	90	

(주) 표준형벽돌의 규격 : 190(길이)×90(너비)×57(두께)

③ 크기에 따라 기본블록, 이형블록으로 구분한다.
④ 수밀성에 따라 보통블록과 방수블록으로 구분한다.
⑤ 사용골재에 따라 경량블록과 중량블록으로 구분한다.

[표] 콘크리트 Block의 품질[KSF 4002]

구분	기건 비중	전 단면적에 대한 압축강도 [N/mm^2]	흡수율 [%]	투수성 [$Mℓ/m^2 \cdot h$]
A종 블록	1.7 미만	4(41) 이상	–	–
B종 블록	1.9 미만	6(61) 이상	–	–
C종 블록	–	8(82) 이상	10 이하	300 이하

(주) 전 단면적이란 가압면(길이x두께)으로서, 속빈 부분 및 블록 양끝의 오목하게 들어간 부분의 면적도 포함한다.

[표] 블록의 형상 및 치수[KSF 4002]

형 상	치수[mm] 허용오차±2		
	길 이	높 이	두 께
기본블록	390	190	190, 150, 100
이형블록	횡근용 블록, 모서리용 블록과 같이 기본블록과 동일한 크기인 것의 치수 및 허용차는 기본 블록에 준한다.		

3. 기 와

① 시멘트와 모래를 1 : 3의 비율로 혼합한 것이 기와이다.
② 성형은 간단한 제기와를 써서 철제롤러로 다지면서 고른다.
③ 소량의 시멘트 또는 착색 시멘트를 뿌리고 다시 롤러로 고른다.
④ 성형 후에는 양생실에서 다음 날까지 온도양생을 한 후 탈형하여 7~10일간 습윤양생하고 또 다시 7일 이상 보존한 다음 출하한다.
⑤ 지붕잇기 재료로서는 외관의 미, 강도, 흡수율, 기타 내구성 등이 좋아야 한다.

[표] 시멘트 기와의 규격 18. 9. 15 ㉮

길이 [mm]	나비 [mm]	두께 [mm]	3.3[m^2(1평)당] (장수)	휨파괴 하중 [kg]	흡수율 [%]
340	300	15	45 이상	80 이상	12 이하

4. 후형 슬레이트(가압 시멘트기와)

① 시멘트와 모래의 배합비를 1 : 2(무게비)로 하여 모르타르를 형틀에 담아 50[kg/cm^2] 이상의 압력을 가하여 성형한 것이 후형 슬레이트이다.
② 시멘트 기와에 비하여 강도가 매우 크다.

합격예측

수경률(水硬率, Hydraulic Modulus)

포틀랜드 시멘트의 적정(適正)한 화학성분의 비율, 시멘트 속의 염기(鹽基) 성분과 산(酸) 성분의 비율

$$HM(수경률) = \frac{CaO-0.7SO_3}{SiO_2+Al_2O_3+Fe_2O_3}$$

① 보통 포틀랜드 시멘트 : 2.05~2.15
② 조강 포틀랜드 시멘트 : 2.20~2.26
③ 초조강 포틀랜드 시멘트 : 2.27~2.40
④ 중용열 포틀랜드 시멘트 : 1.95~2.00

합격예측

수화작용에 관계있는 혼합물과 특성

① C_3A(알루민산3석회) : 수화작용이 가장 빠르다.(3~7일 초기강도에 영향) 공기 중 수축이 크고, 수중 팽창도 크다. 수화발열량이 가장 크다.
② C_3S(규산3석회) : 수화작용이 빠르다.(장, 단기강도에 영향) 공기 중 수축이 작고, 수중 팽창도 크다.(수경성이 크다.)
③ C_2S(규산2석회) : 수화작용이 늦다.(장기강도에 공헌) 공기 중 수축이 조금 있다. 수중 팽창이 작은 편이다. 초기강도는 작다.
④ 수화작용이 빠른 순서(발열량이 크다) : $C_3A > C_3S > C_4AF > C_2S$

합격예측

백색 포틀랜드 시멘트의 특징

① 색상 때문에 Fe_2O_3를 0.3[%] 이하가 되도록 한다.
② 백색으로 내구성, 내마모성이 우수하며, 강도가 크다.
③ 단기강도는 조강 시멘트와 비슷하다.
④ 타일줄눈, 테라조공사, 교통관계표식에 사용한다.

참고

시멘트의 단위용적중량

1.5[t/m³]

(1) 벽돌 압축강도 시험
① 시험체는 가압 양면을 시험체 벽들의 세로축에 직각이 되도록 평활하게 마무리 한다.
② 그 후 시험체를 2시간 이상 맑은 물속에 담가 흡수시켜 시험을 진행한다.
③ 압축강도 시험은 중앙에 구접면을 갖는 전압장치를 사용하여 시험한다.
④ 가압 속도는 가압면의 단면적에 대하여 매초 약 0.2~0.3[N/mm²]가 되도록 한다.
⑤ 얻을 수 있는 최대하중으로부터 벽돌의 압축강도를 아래 식에 따라 계산한다.
압축강도[N/mm²]=P/A1
P : 최대하중[N]
A1 : 시험체 가압면의 단면적[mm²]

(2) 벽돌 흡수율 시험
① 흡수율 시험에 사용하는 시험체는 벽돌 전체 모양 그대로를 사용한다.
② 실온 15[℃]의 맑은 물속에 24시간 침지시킨 후 즉시 물속에서 꺼내어 철망위에 놓고 1분간 물기를 뺀다.
③ 젖은 헝겊으로 표면을 닦아내고 시험체의 표건질량을 측정한다.
④ 100[℃]에서 110[℃]의 공기 건조기 안에서 24시간 건조시켜 시험체의 절건질량을 측정한다.
흡수율[%]=(m0−m1/m1)×100
m0 : 시험체의 표건질량[g]
m1 : 시험체의 절건질량[g]

[표] 후형 슬레이트의 표준 종류

종류		길이[mm]	나비[mm]	두께[mm]	3.3[m²(1평)당](장수)	휨파괴 하중[kg]	흡수율[%]
평형	1종	364	375	12	36	130 이상	10 이상
	2종	330	330	12	42	130 이하	
S형	1종	364	337	11	36	150 이상	10 이상
	2종	364	355	11	34	150 이하	
일본형	1종	315	305	12	49	120 이상	10 이상
	2종	295	295	12	56	120 이하	
양식형		423	267	12	40	120 이상	10 이하

5. 목모 시멘트판

① 목모와 시멘트판의 무게비를 4.5 : 5.5로 하여 물에 반죽한 후 압축성형한 얇은 판이 목모 시멘트판이다.
② 목모는 목재를 두께 0.5[mm], 나비 1~5[mm], 길이 25~40[cm]로 얇고 길게 깎은 것으로 주로 소나무의 통나무를 목조 제조기에 넣어 만들어낸다.
③ 모르타르 도포 바탕, 흡음, 보온, 수장을 목적으로 사용된다.
④ 내벽 및 천장의 마감재, 지붕의 단열재, 콘크리트의 거푸집 등으로 쓰인다.

6. 목편 시멘트판

① 목모 대신 나뭇조각을 방부처리한 후 시멘트와 혼합하여 판, 블록으로 가압, 성형한 경량제품을 말한다.
② 상품명은 두리졸(Durisol)이라 하고, 목모 시멘트판을 보다 향상시킨 것이라 할 수 있다.
③ 단열보온재 또는 칸막이판으로 사용되며, 철근을 보강한 판으로 바닥이나 지붕을 만들 수 있다.
④ 나뭇조각이 목모보다 짧기 때문에 휨강도는 목모 시멘트판에 비해 약하다.

7. 석면 시멘트판류

(1) 골석면 슬레이트

① 시멘트와 석면의 무게배합비는 4 : 1이다.
② 골석면 슬레이트에는 소골, 대골, 리브골 슬레이트 등이 있다.
③ 지붕잇기에 사용된다.

(2) 석면 시멘트판

① 배합비 4 : 1 가량의 석면 시멘트 평판(Asbestos cement board)이 있다.
② 배합비 2 : 1 가량의 석면 시멘트 플렉시블 평판(Asbestos cement flex－ible board)이 있다.
③ 강도가 크고 마멸이 적어 주로 벽이나 천장재로 쓰인다.
④ 석면 시멘트판에 여러 개의 작은 구멍을 뚫은 흡음판은 강당이나 집회장의 천장재로 쓰인다.

8. 석면 시멘트관

① 시멘트와 석면의 배합비를 6 : 1 정도로 압축, 성형한 것이 석면 시멘트관이다.
② 원통의 곧은관, +자관, 굽은관, T자관 등 이형관이 있으며 굴뚝이나 환기통에 사용된다.
③ 수도용 석면 시멘트관은 이터닛 파이프라고도 한다.
④ 주철관에 비해 부식되지 않고 경제적이나 강도가 약한 단점이 있다.
⑤ 간이수도, 공장의 배수관에 쓰인다.

9. 철근 콘크리트관

① 흄관(Hume pipe)이라 하며 철제의 원통 형틀 속에 철근을 조립해 넣고, 형틀을 동력으로 회전시키면서 혼합된 콘크리트를 넣으면 원심력에 의하여 형틀 안쪽에 콘크리트가 압착된다.
② 일정 두께가 되면 약 20분간 회전, 가압시킨 다음 증기보양을 하여 형틀을 떼어내고 수중보양을 하여 완제품을 만든다.
③ 제품에는 보통관과 압력관이 있으며 보통관은 외부의 압력에 견딜 수 있도록 설계된 것이며 하수관 등에 쓰인다.
④ 압력관은 1~10[kg/cm^2]의 수압에 견딜 수 있도록 설계한 것이다.
⑤ 상수도관 등은 안지름 7.5[cm]에서 180[cm]까지 있다.

10. 철근 콘크리트말뚝

① 제법은 철근 콘크리트관과 동일하다.
② 나무말뚝에 비하여 내구력이 있다.
③ 상수면 위치에 관계없이 널리 쓰인다.
④ 말뚝에는 바깥지름이 20~50[cm], 길이가 3~15[m] 정도의 여러 가지가 있다.
⑤ 머리에는 철관을 씌우고, 밑에는 철제의 신을 씌워 타격으로 인한 파손에 대비한 것이다.

합격예측

시멘트의 풍화현상

① 시멘트의 풍화란 습기가 침투된 시멘트와 공기 중 CO_2가 접촉하여 $CaCO_3$로 굳어지는 것이다.
② 풍화된 시멘트는 응결지연, 강도저하, 이상응결, 비중저하, 감열감량이 증가한다.
③ 풍화된 시멘트는 1개월에 5[%] 정도 압축강도가 감소된다.

참고

시멘트의 비중

3.05~3.15(3.05 이상)

합격예측

골재의 함수상태 17. 5. 7 ㉮

① 절건상태 : 110[℃] 정도의 온도에서 24시간 이상 골재를 건조시킨 상태. 단위용적 질량계산시 적용
② 기건상태 : 실내에 방치한 경우 골재입자의 표면과 내부의 일부가 건조한 상태
③ 표건상태 : 골재입자의 표면에 물은 없으나 내부의 공극에는 물이 꽉 차 있는 상태
④ 습윤상태 : 골재입자의 내부에 물이 채워져 있고 표면에도 물이 부착되어 있는 상태

Q 은행문제

콘크리트의 배합을 정할 때 목표로 하는 압축강도로 품질의 편차 및 양생온도 등을 고려하여 설계기준강도에 할증한 것을 무엇이라 하는가?

18. 4.28 ㉯

① 배합강도 ② 설계강도
③ 호칭강도 ④ 소요강도

정답 ①

합격예측

포졸란반응

① 콘크리트 중 실리카가 수산화칼슘과 반응하여 불용성의 화합물을 만드는 반응
② 규산칼슘 생성반응이다.
③ $Ca(OH)_2 + SiO_2 + H_2O$
$\rightarrow CaSiO_3 \cdot 2H_2O$(C-S-H)

합격예측

시멘트 응결시간

1시간~10시간 정도

합격예측

ALC(Autoclaved Lightweight Concrete : 경량기포 콘크리트)

(1) 정의 17. 5. 7 기 17. 9. 23 기 20. 9. 27 기 22. 4. 24 기

규사, 생석회, 시멘트 등에 발포제인 알루미늄 분말과 기포안정제 등을 넣어 고온, 고압 증기 양생(Autoclave 양생)을 거쳐 건물의 내외벽체, 지붕 및 바닥재 등에 사용되며 건축물의 대형화, 고층화, 경량화, 공업화 추세에 따라 그 사용이 늘어나고 있다.

(2) 특징

① 가볍다(경량성).
② 단열성능이 우수하다.
③ 내화성, 흡음, 방음성 이 우수하다.
④ 치수 정밀도가 우수하다.
⑤ 가공성이 우수하다.
⑥ 중성화가 빠르다.
⑦ 흡수성이 크다.
⑧ ALC는 중량이 보통 콘크리트의 1/4 정도이며, 보통 콘크리트의 10배 정도의 단열성능을 갖는다.

Q 은행문제

미리 거푸집 속에 특정한 입도를 가지는 굵은골재를 채워놓고 그 간극에 모르타르를 주입하여 제조한 콘크리트는?

18. 4. 28 산

① 폴리머 시멘트 콘크리트
② 프리플레이스트 콘크리트
③ 수밀 콘크리트
④ 서중 콘크리트

정답 ②

11. 철근 콘크리트기둥(Pole)

① 송배전선, 통신선용 전주로 쓰인다.
② 큰 휨모멘트에 저항하기 위하여 강봉은 고강도의 것을 사용한다.
③ 길이는 7~15[m]의 원통형으로, 밑에서 위로 갈수록 지름이 작다.
④ 끝마무리 지름은 14~19[cm]이다.

12. 프리스트레스트 제품

(1) 개요

① 철근 콘크리트 제품의 일종이며, 인장측 콘크리트에 압축응력이 있도록 한 것이다.
② 제법에는 프리텐션(Pre-tension), 포스트텐션(Post-tension) 등 2가지 방법이 있다.

(2) 장점

① 내구성과 복원성이 있다.
② 탄성강도가 크고 안정성도 있다.
③ 건조수축에 의한 균열을 줄이고 자중을 감소시킬 수 있다.

(3) 단점

① 고강도 강재나 보조 재료 등 비용이 많이 든다.
② 강성이 적어 하중에 의한 처짐과 충격에 의한 진동이 매우 크다.
③ 제작에 기술과 세심한 주의가 필요하다.

13. ALC 제품 18. 9. 15 산 22. 4. 24 기

(1) 개 요

① ALC(Autoclaved Lightweight Concrete)란 벽돌에 기포를 넣어 경량화한 제품을 말한다.
② 강도가 40[kg/cm^2] 정도로, 구조재로서는 적합하지 못하다.

(2) 특 징

① 경량이므로 단열성이나 시공성이 매우 우수하다.
② 내화성이 크고 차음성이 있어 매우 경제적이다.
③ 사용 후 변형이나 균열이 비교적 적다.

3 콘크리트

1. 개 요

(1) 정 의 16. 5. 8 산

① 시멘트, 잔골재, 굵은골재에 물을 넣어서 세 가지를 잘 혼합하여 만든 것이 콘크리트이며 혼화재를 넣은 것도 있다.

② 굵은골재를 넣지 않은 것을 모르타르(Mortar)라 하고 시멘트와 물을 반죽한 것을 시멘트풀(Cement paste)이라 한다.

③ 콘크리트의 체적을 대부분 차지하고 있는 골재의 빈틈에 시멘트풀이 채워져서 골재를 결합시켜 준다.

④ 시멘트풀이 경화하면 콘크리트가 굳어지고 굳은 콘크리트는 강도, 수밀성 및 내구성을 가지게 된다.

⑤ 콘크리트의 품질을 좋게 하기 위하여 시멘트의 품질, 물시멘트비, 골재의 품질과 입도, 시공관리 등에 대하여 충분한 검토가 있어야 한다.

(2) 특 징

① 장 점

㉮ 압축강도가 크다.

㉯ 내화적이다.

㉰ 내수적이다.

㉱ 내구적이다.

㉲ 강과의 접착이 잘되고 방청력이 크다.

㉳ 강과 병용함으로써 더욱 뚜렷해진다.

② 단 점

㉮ 중량이 크다.

㉯ 인장강도가 작다.

㉰ 경화할 때 수축에 의한 균열이 발생하기 쉽고 이들의 보수, 제거가 곤란하다.

2. 재 료

(1) 시멘트 16. 5. 8 기

① 비중, 분말도 등이 적당하며 풍화되지 않은 신선한 재료이어야 한다.

② 소정의 성질을 보유한 규격품이어야 한다.

합격예측

콘크리트의 강도 17. 9. 23 산

① 압축강도는 대단히 크다.
② 인장강도는 압축강도의 1/10~1/13 정도이다.
③ 휨강도는 압축강도의 1/5~1/8 정도이다.
④ 전단강도는 압축강도의 1/4~1/6 정도이다.

참고

(1) 절대용적배합

콘크리트 1[m³]에 소요되는 재료의 양을 절대용적(*l*)으로 표시

(2) 실적률(ratio of absolute volume, 實積率) 19. 9. 21 기 22. 3. 5 기

분체(粉體)나 입체(立體)를 넣었을 때의 용기의 용적에 대한 분체나 입체의 체적 비율

$$실적률(d) = \frac{W}{P} \times 100[\%]$$

여기서,
P : 골재의 비중
W : 단위용적당 중량[kg/*l*]

Q 은행문제

1. 고강도 콘크리트 건축물의 폭렬방지 대책으로 콘크리트에 혼입하여 사용하는 섬유는?

① 강섬유
② 탄소섬유
③ 아라미드섬유
④ 폴리프로필렌섬유

정답 ④

2. 콘크리트에 관한 설명으로 옳지 않은 것은?

① 콘크리트의 강도는 대체로 물시멘트비에 의해 결정된다.
② 콘크리트는 장기간 화재를 당해도 결정수를 방출할 뿐이므로 강도상 영향은 없다.
③ 콘크리트는 알칼리성이므로 철근콘크리트의 경우 철근을 방청하는 큰 장점이 있다.
④ 콘크리트는 온도가 내려가면 경화가 늦으므로 동절기에 타설할 경우에는 충분히 양생하여야 한다.

정답 ②

제4편

합격예측

배합설계의 목적

① 소요의 강도유지(강도확보)
② 경제적 배합(경제성 추구)
③ 소요의 시공연도(시공성)의 확보
④ 소요의 내구성 확보
⑤ 단위용적중량 확보
⑥ 균질성, 수밀성 확보
⑦ 균열저항성 확보
⑧ 철근이나 강재 보호성능

합격예측

골재의 함수량 19. 9. 21 산

① 흡수량(Absorption) : 표면건조 내부포수상태의 골재 중에 포함되는 물의 양(W_m)
② 흡수율(吸水率) : 절건상태의 골재 중량에 대한 흡수량의 백분율
③ 유효 흡수량(Effective Absorption)=표면 건조 내부 포수수량(W_m) – 기건 상태 수량(W_1) 18. 3. 4 기 22. 4. 24 기
④ 함수량(Total Water Content) : 습윤 상태에서 골재 내외에 함유되어 있는 전수량(W_m+W_2)
⑤ 표면수량 : 함수량과 흡수량과의 차 $\{(W_m+W_2)-W_m=W_2\}$

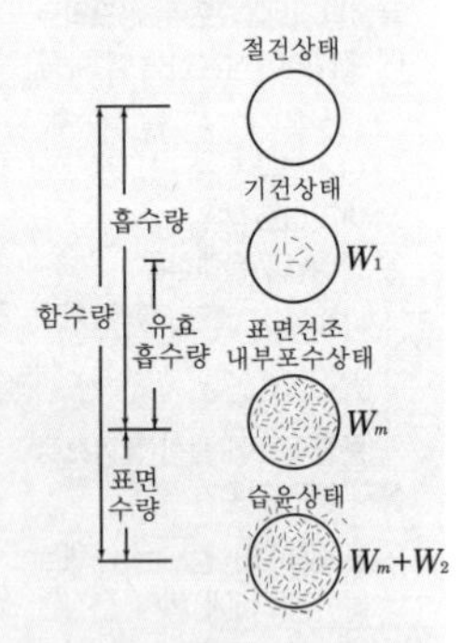

[그림] 함수량
18. 9. 15 산 23. 9. 2 기

합격예측

중량배합

콘크리트 1[m³]에 소요되는 재료의 양을 중량(g)으로 표시한 배합

(2) 골재의 요구 성능 16. 3. 6 기 18. 3. 4 기 20. 9. 27 기

① 골재의 성질은 시멘트 혼합물의 강도보다 굳어야 하므로 석회석, 사암 등의 연질수성암은 부적당하다.
② 골재는 불순물이 포함되지 않아야 한다.
③ 점토분, 유기물질, 염분, 지방질 등 유해량이 3[%] 이상 포함되면 안 된다.
④ 골재의 입형은 구형이 가장 좋으며 약간 거친 것이 좋다.
⑤ 골재의 입도는 조립에서 세립까지 골고루 섞여야 한다.
⑥ 골재의 최대, 최소치수범위 내의 골재를 선택한다.
⑦ 골재는 경석에 속하는 것으로 대략 비중 2.6 이상의 것을 쓴다.

(3) 용 수

① 콘크리트에 쓰이는 물은 기름기, 산분, 점토분, 유기질 등이 유해량 이상 포함되어 있지 않아야 한다.
② 맑은 물이 좋다.

3. 강 도

(1) 정 의

① 콘크리트의 강도는 압축강도가 가장 크고 기타의 인장, 전단, 부착강도 등은 극히 적다.(인장강도는 압축강도의 약 $\frac{1}{10}\sim\frac{1}{13}$) 17. 9. 23 산 18. 3. 4 산
② 강도는 콘크리트의 재료 품질, 조합비, 혼합정도 W/C, 양생정도, 재령 등에 따라 다르다.
③ 4주 압축강도는 200~250[kg/cm²] 정도이다.
④ 장기허용강도는 대략 최대강도의 $\frac{1}{3}$ 로 하므로 허용압축강도는 60~70[kg/cm²]으로 본다.

(2) 물시멘트비(W/C) 17. 3. 5 산

① 충분히 혼합될 수 있는 범위 내에서 W/C가 작을수록 강도는 크다.
② W/C의 적용범위는 50~70[%]이다.

(3) 아브람스(Abrams)의 물시멘트비설

① 현재 가장 많이 사용되는 이론이다.
② 골재의 주위 및 공극을 시멘트풀로 충만시켜 가소성을 부여하여 플라스틱(Plastic)한 콘크리트에서는 경화 후의 압축강도는 사용 시멘트량과 물과의 중량비 즉 물시멘트비에 의하여 주로 지배되는 것이다.

③ 골재의 최대치수, 입도, 배합에는 큰 영향이 없다.

$$F = \frac{a}{b^x} \left\{ \begin{array}{l} F : \text{콘크리트 강도},\ x : W/C \\ a, b : \text{시멘트 골재의 품질에 의한 상수} \end{array} \right\}$$

(4) 리스(Lyse)의 물시멘트비설

① 압축강도는 사용 수량을 일정하게 할 때 사용한다.

② 시멘트량에 의하여 결정된다는 이론이다.

$$F_4 = -210 + 215\frac{C}{W}[kg/cm^2]$$

(F_4 : 콘크리트의 4주 압축강도)

(5) 물시멘트비의 결정(W/C=X) 17. 5. 7 산

① 보통 포틀랜드 시멘트 $X(\%) = \dfrac{61}{\dfrac{F}{K} + 0.34}$

② 조강 포틀랜드 시멘트 $X(\%) = \dfrac{41}{\dfrac{F}{K} + 0.03}$

③ 고로 시멘트 $X(\%) = \dfrac{110}{\dfrac{F}{K} + 1.09}$

(①②③에서 K : 시멘트 강도, F : 배합 강도의 결정)

④ 물시멘트비 $= \dfrac{\text{물 무게}}{\text{시멘트 무게}}$ → 50~70[%] 정도가 된다.

⑤ 배합비 및 물시멘트비 결정골재 상태 : 표면건조내부 포수상태(시료의 질량)

⑥ 흡수율 $= \dfrac{\text{표면건조 내부 포수상태 중량} - \text{절건상태중량}}{\text{절건상태중량}} \times 100[\%]$ 18. 4. 28 기 20. 8. 23 산

⑦ 표면수율 $= \dfrac{\text{습윤중량} - \text{표면건조포화상태의 중량}}{\text{표면건조 포화상태의 중량}} \times 100[\%]$

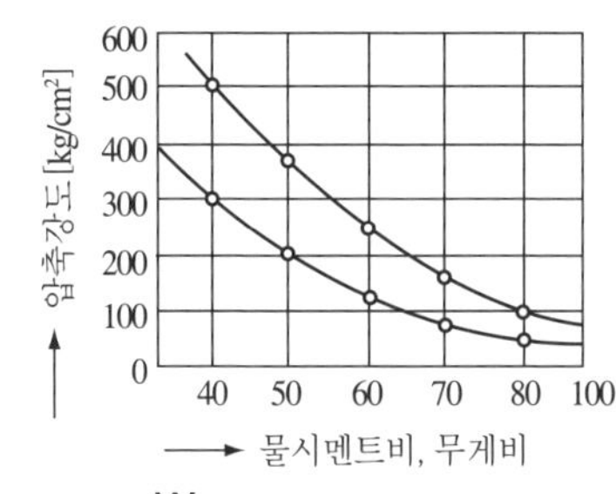

[그림] $\frac{W}{C}$와 콘크리트 강도와의 관계

합격예측 17. 5. 7 기 18. 3. 4 기 18. 4.28 기

Workability(시공연도)

컨시스턴시에 의한 작업의 난이의 정도 및 재료분리에 저항하는 정도 등 복합적인 의미에서의 시공 난이정도

• 영향을 미치는 요인

① 분말도가 높은 시멘트 일수록 워커빌리티가 좋다.

② 공기량을 증가시키면 워커빌리티가 좋아진다.

③ 비빔온도가 높을수록 워커빌리티가 저하한다.

④ 시멘트 분말도가 높을수록 수화작용이 빠르다.

⑤ 단위수량을 과도하게 증가시키면 재료분리가 쉬워 워커빌리티가 좋아진다고 볼 수 없다.

⑥ 비빔시간이 길수록 수화작용을 촉진시켜 워커빌리티가 저하한다.

⑦ 쇄석을 사용하면 워커빌리티가 저하한다.

⑧ 빈배합이 워커빌리티가 좋다.

합격예측 18. 3. 4 산 18. 4.28 산

① 조립률(Fineness Modulus) : 골재의 입도를 수량적으로 나타내는 방법으로 10개체를 1개조로 하는 체가름 시험을 행한다.

② $FM = \dfrac{\text{각 체에 남는 누계량[\%]의 합계}}{100}$

③ 잔골재(모래)는 2.6~3.1 사이, 굵은골재(자갈)는 6~8 정도를 조립률이 좋다고 한다.

④ 모르타르 주입용 1.4~2.2

합격예측

표준계량용적배합

콘크리트 1[m³]에 소요되는 재료의 양을 표준계량용적[m³]으로 표시한 배합으로, 시멘트는 1,500[kg]을 1[m³]로 한다.

합격예측

깬자갈 사용 시 시멘트 페이스트와의 부착력 증가

합격예측

골재의 염화물 함유량

① 잔골재의 염화물이온(Cl^-)량 : 골재 절건중량의 0.02[%] 이하, 염분(NaCl : 염화나트륨)으로 환산하면 0.04[%]에 해당

② 콘크리트의 염화물이온(Cl^-)량 : 0.3[kg /m³] 이하

합격예측

물시멘트비

① 물시멘트비는 소요의 강도, 내구성, 수밀성 및 균열저항성 등을 고려하여 정한다.
② 압축강도와 물시멘트비와의 관계는 시험에 의해 정하는 것이 원칙이다.
③ 보통 콘크리트의 W/C비는 60[%] 이하가 원칙이다.
④ 수밀 콘크리트의 W/C비는 55[%] 이하이다.

합격예측

Pumpability(압송성)

펌프시공 콘크리트의 경우 펌프에 콘크리트가 잘 밀려나가는 지의 난이정도

합격예측

골재의 함수량

① 전함수량=습윤상태 수량-절건상태 수량
② 표면수량=습윤상태 수량-표건상태 수량
③ 흡수량=표건상태 수량-절건상태 수량
④ 기건함수량=기건상태 수량-절건상태 수량
⑤ 유효흡수량=표건상태 수량-기건상태 수량
⑥ 흡수율=(표면건조 내부 포수상태중량-절건상태중량)/절건상태중량×100
⑦ 표면수율=(습윤중량-표면건조 포화상태의 중량)/표면건조 포화상태의 중량×100
⑧ 표면건조 내부 포화상태의 비중 = $\frac{A}{B-C}$ 16. 5. 8 기·산

여기서,
A : 공시체의 건조무게(g)
B : 공시체 침수 후 표면건조 내부 포화상태의 공시체 무게(g)
C : 공시체의 수중무게(g)

4. 콘크리트 시공법

(1) 배 합

① 개 요

㉮ 콘크리트 배합비는 시멘트 : 잔골재 : 굵은골재 또는 시멘트 : 골재 등으로 표시한다.

㉯ 시멘트에 대한 물의 무게비를 물시멘트비라고 한다.

㉰ 물시멘트비(W/C) = $\frac{\text{물 무게}}{\text{시멘트 무게}}$

㉱ 배합방법에 따라 콘크리트의 성질이 달라지며 물시멘트비가 미치는 영향이 가장 크다.

② 배합의 목적

㉮ 소요강도가 충분해야 한다.

㉯ 균질 소요의 연도를 가지며 소성되고 분리가 일어나지 않아야 한다.

㉰ 내구적이며 경제적이어야 한다.

㉱ 배합은 수밀성, 방수성, 내마모성 등을 목적으로 한다.

③ 배합의 기본조건

㉮ 소요강도 시방서에 요구된 시공연도, 균일성, 내구성을 만족시켜야 한다.

㉯ 골재에 대한 재질 및 규격(AE제 포함)에 맞아야 한다.

㉰ 콘크리트 및 시멘트의 강도는 KS에 규정된 재령 28일 압축강도에 의한다.

㉱ 시공연도(Workability)는 KS에 의한 슬럼프(Slump)값으로 구한다.

④ 배합설계 시 결정사항

㉮ 물시멘트비를 결정한다.

㉯ 시멘트, 모래, 자갈의 배합비로 결정한다.

㉰ AE제 및 혼화제의 사용량으로 결정한다.

⑤ 배합 방법

㉮ 무게배합 : 재료의 무게에 의해 배합하는 방법으로 주로 실험실에서 쓰인다.

㉯ 용적배합

㉠ 절대용적배합

㉡ 표준계량용적배합

㉢ 현장계량용적배합

㉰ 표준배합표에 의한 배합

㉠ 절대용적배합

㉡ 무게배합

㉢ 표준계량배합

㉣ 현장계량용적배합

[표] 시멘트의 각종 시험

종류	시험방법 내용	사용기구
비중시험	$\frac{\text{시멘트의 중량(g)}}{\text{비중병의 눈금차이(cc)}}$=시멘트비중	르샤틀리에 비중병(르샤틀리에 플라스크)
분말도시험	① 체가름 방법(표준체 전분표시법) ② 비표면적시험(블레인법)	① 표준체 : No.325, No.170 ② 블레인 공기투과 장치 사용
응결시험	① 길모아(Gillmore)침에 의한 응결시간 시험방법 ② 비카(Vicat)침에 의한 응결시간 시험방법	① 길모아 장치 ② 비카 장치
안정성시험	오토 클레이브 팽창도 시험방법	오토 클레이브 17. 9. 23 산 18. 9. 15 산 20. 8. 23 산

5. 콘크리트의 기타 성질

(1) 탄성적 성질

① 콘크리트는 극히 작은 탄성한계를 가진 불완전 탄성체로 볼 수 있다.

② 탄성한계는 압축강도에서는 150~200[kg/cm^2]일 때에 변형도 0.14~0.19[%], 인장강도 12~20[kg/cm^2]일 때에 변형도는 0.01~0.012[%] 정도이다.

(2) 풍화작용

① 콘크리트가 풍화되어 중성이 되는 데는 반영구적이나 철근 콘크리트에서는 철근의 피복두께인 콘크리트 부분이 중화되는 기간을 내구연한으로 본다.

② 피복부분의 중화연수에 관한 식은 다음과 같다.

$$t = \frac{0.3(1+3W_0)}{(W_0-0.3)^2}x^2 \quad \begin{cases} W_0 : W/C, \quad x : \text{피복두께} \\ t : \text{중화연수} \end{cases}$$

(3) 시공연도(Workability) 측정법

① 슬럼프시험(Slump test) 16. 5. 8 기

㉮ 철재 원통형의 시험기는 윗지름이 10[cm]이고 아랫지름이 20[cm]이며 높이가 30[cm]이다.

㉯ 시험 콘크리트를 3등분으로 넣으면서 쇠막대로 20~25회 정도씩 다져서 고르게 넣은 후에 손잡이를 잡고 들면, 시험체만이 밑으로 빠져 남게 되고 빠져나온 미경화 콘크리트는 밑판 위에서 옆으로 퍼지면서 높이가 낮아진다.

㉰ 낮아지는 정도는 반죽 여하에 따라 달라진다.

㉱ 응결되기까지 높이가 축소되어 고정되면 처음 높이인 30[cm]에서 얼마나 낮아졌는가를 측정하여 그 값을 슬럼프값으로 한다.

합격예측

Workability 측정방법의 종류

① Slump 시험
② Flow(흐름) 시험
③ 구관입(Kelly Ball)시험
④ 드롭테이블 시험(다짐계수 측정시험)
⑤ Remolding 시험
⑥ Vee-Bee 시험

합격예측

Consistency(반죽질기)

① 수량에 의해 변화하는 콘크리트 유동성의 정도
② 혼합물의 묽기정도
③ 콘크리트 변형능력의 총칭

[표] 잔골재 및 굵은골재 유해물 함유량 한도(질량 백분율)

종류	최댓값	
	잔골재	굵은골재
점토덩어리	1.0	0.25
0.08[mm]체 통과량		1.0
– 콘크리트 표면이 마모작용을 받는 경우	3.0	
– 기타 경우	5.0	
석탄, 갈탄 등 밀도 0.002[g/mm^2]의 액체에 뜨는 것		
– 콘크리트 외관이 중요한 경우	0.5	0.5
– 기타 경우	1.0	1.0
염화물(NaCl 환산량)	0.04	
연한 석편		5.0

Q 은행문제 17. 5. 7 산

콘크리트의 배합설계 시 표준이 되는 골재의 상태는?

① 절대건조상태
② 기건상태
③ 표면건조 내부포화상태
④ 습윤상태

정답 ③

합격예측

골재의 시험방법

① 로스엔젤레스 시험 : 굵은골재(부순돌, 자갈)의 마모저항 시험방법
② 혼탁비색법 : 잔골재의 유기불순물 측정방법

합격예측

(1) Plasticity(성형성)

17. 9. 23 산

① 거푸집 등의 형상에 순응하여 채우기 쉽고, 분리가 일어나지 않는 성질
② 거푸집에 잘 채워질 수 있는지의 난이도

(2) 프리플레이스트 콘크리트 (preplaced concrete)

18. 4. 28 산 19. 9. 21 기

① 굵은 골재를 거푸집 속에 미리 넣어두고 후에 파이프를 통해서 모르타르를 압입하여 타설한다.
② 중량 골재나 굵은 골재를 쓰는 콘크리트의 시공에 사용하는 공법으로, 골재간에 압입하는 모르타르의 유동성을 좋게 하기 위해 모르타르 속에 특수한 혼합재를 사용한다.
③ 수중 콘크리트의 타설에 널리 쓰인다.

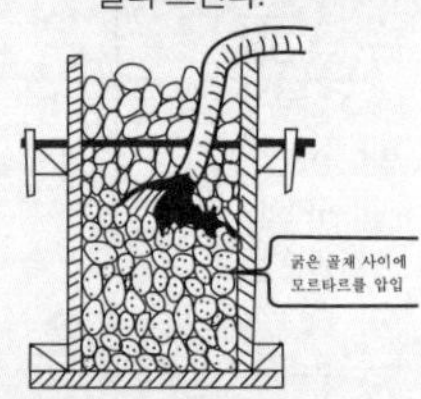

Q 은행문제

콘크리트의 열적성질 및 내구성에 관한 설명으로 옳지 않은 것은? 17. 9. 23 기

① 콘크리트의 열팽창계수는 상온의 범위에서 1×10^{-5}/[℃] 전후이며 500[℃]에 이르면 가열전에 비하여 약 40[%]의 강도발현을 나타낸다.
② 콘크리트의 내동해성을 확보하기 위해서는 흡수율이 적은 골재를 이용하는 것이 좋다.
③ 콘크리트에 염화물이온이 일정량 이상 존재하면 철근표면의 부동태 피막이 파괴되어 철근부식을 유발하기 쉽다.
④ 공기량이 동일한 경우 경화콘크리트의 기포간극계수가 작을수록 내동해성은 저하된다.

정답 ④

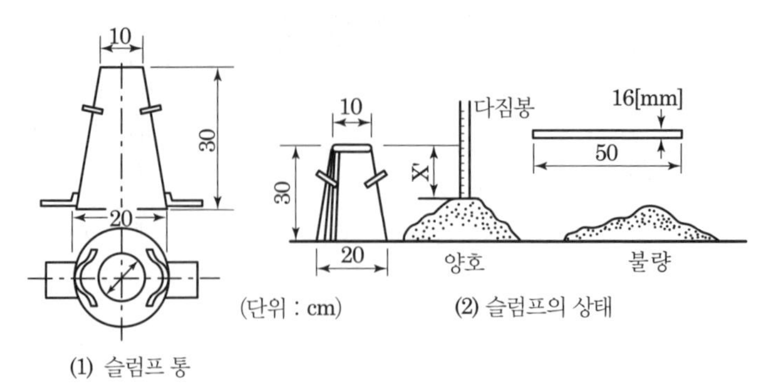

[그림] 슬럼프시험

[표] 건축공사 표준시방서의 슬럼프 표준범위

장 소	슬럼프 [cm]	
	진동다지기일 때	진동다지기가 아닐 때
기초, 바닥판	5~10	15~19
보, 기둥, 벽	10~15	19~22

② 플로시험(Flow test)

㉮ 시멘트 모르타르의 플로시험과 거의 같다.

㉯ 통의 상면지름이 17[cm], 하면지름이 25.5[cm]이고 상하운동의 낙차가 13[mm]이며 10초 동안에 15회 운동시켜 시료의 흐름정도를 나타낸다.

㉰ 플로값은 슬럼프값과 관계가 있다.

(4) 재 령

① 경량 콘크리트가 동일 조건하에서는 시공 후 경과 일수에 따라 강도가 증가된다.

② 온도 20[℃] 이상, 습도 80[%] 이상으로 보양된 콘크리트는 28일 이상만 경과되면 강도를 충분히 가지게 되므로 장기강도(4주) 시험이 불가능한 경우에는 1주 강도만 측정한다.

$F_4=F_1+0.8F_1$ (F_4 : 4주 강도, F_1 : 1주 강도)

6. 특수 콘크리트

(1) 경량 콘크리트

① 개 요

㉮ 콘크리트의 자중을 경감시키고 단열, 방음 등의 효과를 가지게 하기 위하여 미경화 콘크리트를 감압하거나 발포제 또는 경량골재를 사용하여 콘크리트 내부를 다공질로 만든 것이다.

㉯ 강도가 저하되고 수밀성이 부족하므로, 시공 시 유의사항으로는 골재를 충분히 적신 후 6~7시간 경과된 후에 사용하며 콘크리트 타설 후의 보양은 물론 표면의 방수처리에 유의하여야 한다.

② 경량골재의 성질
㉮ 골재조직이 균일하고 내부의 기공이 가급적 작고 독립된 것이 좋다.
㉯ 골재표면이 가급적 매끈하고 구형에 가까운 것이 좋다.
㉰ 조립에서부터 세립까지 적당한 배열로 분포된 것이 좋다.
㉱ 비중은 작으면서 필요한 강도가 있는 것이어야 한다.
㉲ 유해물이 없고 내구성이 있고 동해를 받지 않는 것이어야 한다.
㉳ 가격이 싸고 용이하게 대량공급이 가능한 것이어야 한다.

(2) AE 콘크리트 16. 5. 8 기 23. 6. 4 기

① 개 요
㉮ 콘크리트에 발포제를 혼합한 것이다.
㉯ 다공질 제품의 콘크리트이다.

② 특 징
㉮ 미세기포가 볼베어링(Ball bearing)의 역할을 하며 콘크리트의 시공연도를 개선한다.
㉯ 용수량을 감소시키므로 W/C가 적어져서 블리딩현상이 생기지 않고 건조수축도 작아진다.
㉰ 표면이 평활하게 되어 수장 겸용 콘크리트로 쓸 수 있다.
㉱ 공기량이 증가되므로 압축강도가 5[%] 감소하며 철근 부착력이 감소되고 미장재 부착력도 작아진다.
㉲ 경량 콘크리트는 동기공사 및 수면공사의 방동 콘크리트, 엑스포우즈드 콘크리트, 시멘트 제품 포장용 등으로도 쓰인다.

(3) 레미콘(Ready mixed concrete)

① 개 요
㉮ 토목공사용으로 1920년경부터 사용되기 시작하였다.
㉯ 레미콘은 공사현장의 부지가 좁은 곳(도심지, 지하부)으로 콘크리트 작업이 곤란하거나 재료의 보관이 불가능할 경우는 물론 긴급공사, 소규모 공사, 양질 콘크리트를 필요로 하는 특수한 조건의 공사에 이용된다.
㉰ 가설비, 동력비, 용수비, 기계손료, 인건비 등이 절약되어 대규모공사가 아닌 경우에 공사비 절약을 기할 수 있다.

합격예측

표면활성제(계면활성제)
콘크리트 속에 다수의 미세기포를 발생시키거나 시멘트 입자를 분산시켜 시공연도를 증가시키거나 감수제 역할을 하는 혼화제

합격예측

유리섬유보강 콘크리트
유리섬유보강 콘크리트(GRC, GFRC)는 시멘트 매트릭스에 GF단섬유를 혼입하여 인장, 충격강도를 증대시킨 콘크리트이다.

합격예측

Finishability(마감성)
① 골재의 최대치수에 따르는 표면정리의 난이정도
② 마감작업의 용이성
③ 마감성의 난이를 표시하는 성질

합격예측

콘크리트 비중
① 보통콘크리트 : 2.3
② 경량콘크리트 : 2.0 이하
③ 초경량콘크리트 : 1.0 이하 (예 : 펄라이트)

Q 은행문제

경량기포콘크리트(Autoclaved Lightweight Concrete)에 관한 설명 중 옳지 않은 것은? 23. 2. 28 기
① 단열성이 낮아 결로가 발생한다.
② 강도가 낮아 주로 비내력용으로 사용된다.
③ 내화성능을 일부 보유하고 있다.
④ 다공질이기 때문에 흡수성이 높다.

정답 ①

합격예측

크리프(Creep)현상

콘크리트에 일정한 하중이 계속 작용하면 하중의 증가없이도 시간과 더불어 변형이 증가하는 현상

합격예측

Creep파괴

Creep변형은 탄성변형보다 크며, 지속응력의 크기가 정적강도의 80[%] 이상이 되면 파괴현상이 일어나는 현상

합격예측

매스 콘크리트(Mass concrete) 17. 5. 7 ㉮ 18. 4. 28 ㉯

부재의 단면 최소치수가 넓은 슬래브에서는 80[cm] 이상이고, 하단이 구속된 벽에서는 50[cm] 이상이며 중앙부와 콘크리트 표면의 온도 차이가 25[℃] 이상일 때의 콘크리트

(1) 이어붓기 시간 간격
① 기온이 25[℃] 미만일 때 : 120분
② 기온이 25[℃] 이상일 때 : 90분

(2) 프리쿨링(Pre-cooling)과 파이프쿨링(Pipe-cooling) 등을 이용하여 콘크리트치기 시 발생하는 수화열을 낮춘다.

(3) Mass con'c 양생방법
① Pre-cooling
재료(물, 골재 등)를 미리 냉각시켜 Con'c치기 온도를 낮춘다.
② Pipe-cooling
Con'c치기 후 온도저감대책으로 Con'c 내부에 pipe를 묻고 그 속으로 냉매를 보내어 수화열을 낮추는 방법

(4) 균열방지 대책
중용열 포틀랜드 시멘트 사용

② 종 류

㉮ Central mixed concrete

㉠ 공장의 Mixer에서 충분히 혼합된 콘크리트를 트럭으로 현장까지 운반하는 것으로 비교적 단거리의 현장으로 운반시간이 40분 이내가 되는 곳에 사용한다.

㉡ 운반 및 형틀에 주입까지 1시간 이내에 작업을 완료할 수 있어야 한다.

㉯ Strink mixed concrete

㉠ 믹서에서 반 정도 혼합한 것을 애지테이터 트럭(Agitator truck)에서 운반 도중에 계속 혼합하여 사용한다.

㉡ 중거리용이다.

㉰ Transit mixed concrete

㉠ 트럭믹서에 재료만 공급받아 가지고 가다가 적당한 거리에 도달하였을 때 트럭믹서에서 혼합하여 현장에 도착하여 넣는다.

㉡ 현장이 거리가 멀 때에 이용하는 원거리용이다.

(4) PS 콘크리트(Prestressed concrete)

① 개 요

㉮ 고강도 피아노선이나 고강도 강봉에 인장력을 주어 미리 콘크리트 부재에 인장력을 압축력으로 도입하여 하중에 의해 생기는 인장력을 상쇄함으로써 하중에 의한 콘크리트의 균열을 방지하여 큰 하중에 견딜 수 있게 만들어진 것이다.

㉯ 프리텐션(Pre-tension) 공법과 포스트텐션(Post-tension) 공법이 있다.

② PS 콘크리트의 특징

㉮ 설계하중 내에서는 콘크리트에 균열이 생기지 않게 할 수 있다.

㉯ 단면을 작게 할 수 있고 자중을 크게 경감시킬 수 있다.

㉰ 강재의 양을 적게 할 수 있다.

㉱ 기성 콘크리트로 하면 효과를 더욱 크게 할 수 있다.

㉲ 제작과 취급에 숙련을 요하며 장치 및 제작비가 높다.

[표] 골재의 입도 표준

종 류		알갱이의 크기	무게비[%]
잔골재	모래	5[mm] 체를 통과하는 것	90~100
		0.35[mm] 체를 통과하는 것	10~35
		0.15[mm] 체를 통과하는 것	0~6
		씻기시험으로 없어지는 것	0~3

굵은골재	자갈	25[mm] 체를 통과하는 것	100
		20[mm] 체를 통과하는 것	90~100
		10[mm] 체를 통과하는 것	20~55
		5[mm] 체를 통과하는 것	0~10
	깬자갈	25[mm] 체를 통과하는 것	100
		20[mm] 체를 통과하는 것	95~100
		10[mm] 체를 통과하는 것	25~55
		5[mm] 체를 통과하는 것	0~10
흡수율	KSF 2527 기준 : 3[%] 이하		

(5) 한중 콘크리트 17. 3. 5 (기) 17. 8. 26 (산) 20. 8. 23 (산) 23. 2. 28 (기)

① 4[℃] 이하의 기온에서는 합당한 시공을 해야 한다.
② 콘크리트를 칠 때의 온도는 10[℃] 이상으로 한다.
③ 시멘트 중량의 1[%] 정도의 염화칼슘을 가하거나 AE제를 사용하는 것이 좋다.
④ 사용 수량은 가능한 한 적게 한다.
⑤ 물과 골재는 가열하여도 되나 시멘트는 가열하여 사용할 수 없다.
⑥ 동결해가 있든가 빙설이 섞여 있는 골재는 그대로 사용할 수 없다.

(6) 서중 콘크리트 16. 3. 6 (산) 17. 3. 5 (기) 18. 3.4 (산)

① 고온의 시멘트는 사용하지 않는다.
② 골재와 물은 저온의 것을 사용한다.
③ 거푸집은 사용하기 전에 충분히 적신다.
④ 콘크리트 타설 시의 온도는 30[℃] 이하라야 한다.
⑤ 혼합과 타설의 모든 작업은 1시간 이내에 완료하여야 한다.
⑥ 콘크리트를 타설한 후 표면이 습윤 상태로 유지되도록 보양에 유의한다.

(7) 프리캐스트 콘크리트(PC : Precast concrete) 20. 8. 23 (산)

① 공장에서 만들어진 기성 콘크리트를 말한다.(WPC공법 적용)
② 철근 콘크리트, PS 콘크리트 제품 등이 있으며 공장에서 배합양생 등의 과정을 합리적으로 하므로 강도를 높일 수 있다.
③ 현장에서 즉시 조립, 시공할 수 있어 공기를 단축할 수 있는 방법이다.

합격예측

Creep가 증가되는 현상 23. 6. 4 (기)

① 초기재령 시
② 하중이 클수록
③ W/C가 클수록
④ 부재의 단면치수가 작을수록
⑤ 부재의 건조정도가 높을수록
⑥ 온도가 높을수록
⑦ 양생, 보양이 나쁠수록
⑧ 단위 시멘트량이 많을수록

참고

ALC(Autoclaved Lightweight Concrete) : 경량기포 콘크리트 18. 3. 4 (기)

① 규사, 생석회, 시멘트 등에 발포제인 알루미늄분말과 기포안정제 등을 넣어 고온, 고압증기양생(Autoclave 양생)을 거쳐 건물의 내외벽체, 지붕 및 바닥재 등에 사용된다.
② 건축물의 대형화, 고층화, 경량화, 공업화 추세에 따라 그 사용이 점점 늘어나고 있다.

Q 은행문제

1. 환경문제 해결에 부응하는 특수 콘크리트 중 제올라이트(zeolite) 등을 콘크리트에 적용하여 습도상승 등을 억제하는 콘크리트는?

① 조습성 콘크리트
② 저소음 콘크리트
③ 자원순환 콘크리트
④ 다공질 식생 콘크리트

정답 ①

2. P.S.콘크리트 부재 제작 시 프리스트레스(prestress)를 도입시키기 위해 개발된 시멘트는?

① 제트 시멘트
② 알루미나 시멘트
③ 인산 시멘트
④ 팽창 시멘트

정답 ④

합격예측

ALC의 특징

① 가볍다.(경량성 : 중량이 보통 콘크리트의 1/4 정도)
② 단열성능이 우수하다.(보통 콘크리트의 10배)
③ 내화성, 흡음, 방음성이 우수하다.
④ 치수 정밀도가 우수하다
⑤ 가공성이 우수하다.
⑥ 중성화가 빠르다.
⑦ 흡수성이 크다.

합격예측 09. 8. 30 기 20. 9. 27 기

1. 한중 콘크리트의 특징

① 일평균기온 4[℃] 이하의 동결위험 기간 내에 시공하는 콘크리트를 말한다.
② W/C비 : 60[%] 이하(가급적 작게 한다. 하절기보다 낮춘다.)
③ 재료가열온도 : 60[℃] 이하(시멘트는 절대 가열 안함)
④ 믹서 내 온도 : 40[℃] 이하(시멘트는 맨 나중 투입)
⑤ 부어넣기 온도 : 10~20 [℃] (콘크리트 표준시방서 : 5~20[℃])
⑥ AE제, AE감수제, 고성능 AE감수제 중 하나는 반드시 사용
⑦ 급열양생, 단열양생, 보온양생, 피복양생 중 한 가지 이상의 방법을 선택
⑧ 초기강도 5[MPa]까지는 보양(기타 10~15[Mpa]까지)
⑨ 5[℃] 이상 유지하여 초기양생(최소 2일 이상 0[℃] 이상 유지)

2. 중량콘크리트(차폐용 콘크리트) 18. 4. 28 기

① 중량골재를 사용하여 만든 콘크리트로서 주로 방사선의 차폐를 목적으로 사용한다.
② 사용골재 : 중정석, 자철광 갈철광, 사철 등

7. 콘크리트 시험

(1) 골재시험

① 개 요

㉮ 모르타르 또는 콘크리트를 만들기 위하여 시멘트 및 물 등에 의해서 일체로 굳어진 불활성의 입자상 재료를 골재라 한다.
㉯ 골재는 자연작용에 의해서 암석으로부터 생긴 모래 및 자갈, 암석이나 슬래그를 깨어서 인공적으로 만든 깬자갈, 절건비중 2 이하의 경량골재, 자철광 및 바라이트 및 철편 등 방사선 차폐를 목적으로 한 중량골재 등 그 종류의 범위가 넓다.
㉰ 입도의 크기에 의해서 콘크리트용 체규격 5[mm] 망체를 중량으로 90[%] 이상 통과하는 세골재와, 같은 체를 중량으로 90[%] 이상 잔류하는 조골재로 분류한다.
㉱ 콘크리트 중의 골재의 접하는 용적은 70~75[%]에 이르므로 그 양부가 콘크리트의 강도 및 내구성, 워커빌리티에 미치는 영향은 크고 경제적으로도 그 선택의 적부가 중요한 문제이다.

② 콘크리트용 골재의 필요한 성질

㉮ 골재는 청정, 견경, 내구적인 것으로 유해량의 먼지, 흙, 유기불순물 등을 포함하지 않아야 한다.
㉯ 골재의 강도는 콘크리트 중의 경화 시멘트 페이스트의 강도 이상이어야 한다.
㉰ 골재의 입형은 될 수 있는 대로 편평세장하지 않아야 한다.
㉱ 세골재는 세정시험에서 손실량이 3.0[%] 이하이어야 한다.
㉲ 세골재는 유기불순물 시험에 합격한 것이어야 한다.
㉳ 세골재의 염분 허용한도는 0.01[%](NaCl)로 한다.

(2) 체분석시험

① 실험의 목적

㉮ 골재가 콘크리트 공사용으로 적당한 것인가 아닌가를 입도의 측면에서 검토하기 위한 시험이다.
㉯ 건축공사 표준시방서에 표시된 표준배합표는 골재의 크기별로 건축공사용 콘크리트의 조합을 표시하고 있다.
㉰ 배합을 구하기 위해서는 체분석시험을 하지 않으면 안 된다.

② 사용기구

㉮ 체

㉠ KS(표준체)에 규정된 표준 망체의 체를 사용한다.

㉡ 0.15, 0.3, 0.6, 1.2, 2.5, 5 및 10, 15, 20, 25, 30, 40, 50, 60, 80, 100체는 망체를 사용하고 판체를 사용하지 않는다.

㉢ 체형틀은 원형이고 통상 안지름은 200[mm] 상면부터 체면까지 깊이 60[mm]의 것으로 동일 지름의 체를 종합하여 조합 사용할 수 있다.

㉯ 저 울

㉠ 시료의 전 중량의 0.1[%] 이상 강도를 가진 것을 사용하고 시료의 전 중량은 골재의 크기에 따라 다르다.

㉡ 한 개의 저울로 조골재부터 세골재까지 측정하는 것은 곤란하다.

㉢ 0.5[g]~0.1[g]의 감도가 필요한 세골재의 측정에는 조골재의 비중 측정용을 사용하는 것도 한 방법이다.

㉰ 체진동기

㉠ 시료에 상하 및 수평운동을 주어 체진동을 할 수 있는 것이다.

㉡ 전동식과 수동식의 것이 있다.

③ 시험방법

㉮ 시 료

㉠ 4분법 또는 시료분취기에 의해서 골재의 대표적 시료를 채취한다.

㉡ 양은 100[℃]를 넘지 않는 온도로 정중량이 될 때까지 건조시킨 후 대략 (체분석시험에 사용되는 시료의 양)에 표시되는 중량을 표준으로 한다.

㉯ 시 험

㉠ 시료가 세골재인 경우에는 더욱 손으로 쳐서 1분간에 각 체 통과량이 상기의 값보다 작게 되는 것을 확인할 필요가 있다.

㉡ 잔류한 시료의 중량을 측정한다.

㉰ 결과의 계산 및 보고

㉠ 체가름분석 시험결과는 시료 전 중량에 대하여 백분율로 표시하며 각 체를 통과하는 백분율(통과율), 각 체에 잔류하는 백분율(잔류율[%]) 또는 연속한 각 체에 잔류하는 백분율 등을 보고한다.

㉡ 보고하는 백분율은 이것에 가장 가까운 정수로 고친 것으로 한다.

㉢ 통과율은 각 체마다 다음 식에 의해서 표시된다.

합격예측

일반경량 콘크리트의 단점

① 시공이 번거롭고 사전 재료 처리가 필요하다.
② 표건내포상태유자가 필요하다.
③ 강도가 작다.
④ 건조수축이 크다.
⑤ 다공질이다.
⑥ 흡수율이 크다.

합격예측

(1) 경량 콘크리트

① 천연, 인공경량골재를 일부 혹은 전부 사용하고 설계기준강도가 15[MPa] 이상 24[MPa] 이하이다.
② 기건단위 용적질량이 1.4~2[t/m³]의 범위에 속하는 콘크리트이다.

(2) 콘크리트의 건조수축

20. 6. 7 기 20. 8. 23 산

① 시멘트의 화학성분이나 분말도에 따라 건조수축량이 변화한다.
② 경화한 콘크리트의 건조수축은 초기에 급격히 진행하고 시간이 경과함에 따라 완만히 진행된다.
③ 콘크리트는 물을 흡수하면 팽창하고 건조하면 수축한다.
④ 건조수축은 단위 시멘트량이나 단위수량이 많은 만큼 커진다.
⑤ 건조수축은 골재의 탄성계수가 크고 경질인 만큼 작아진다.
⑥ 부재치수가 큰 만큼 건조가 진행하지 않아 수축은 작아진다.
⑦ 단위수량이 동일한 경우 단위 시멘트량을 증가시켜도 수축량은 크게 변하지 않는다.(감소된다)
⑧ 물시멘트비가 크면 건조수축이 크게 발생된다.
⑨ 시멘트의 분말도가 크고 C_3A 성분이 많은 시멘트는 수축량이 증가된다.
⑩ 철근을 많이 사용한 콘크리트는 건조수축이 작아진다.

합격예측

플라스틱 콘크리트

(Polymer Concrete : 합성수지 콘크리트) 20. 9. 27 기

① 콘크리트재료 중 물, 시멘트의 일부나 전부를 Polymer(유기고분자 재료 중합체)로 대체하여 경화시킨 복합재료이다.
② 인장강도, 휨, 신장능력이 증대된다.

합격예측

플라스틱 콘크리트 장·단점

(1) 장점
① 내수, 내마모성 우수
② 접착력, 시공성이 우수
③ 내약품성이 우수

(2) 단점
내화성능이 작다.

합격예측

(1) 재료분리 현상을 일으키는 원인
① 굵은골재의 치수가 너무 큰 경우
② 거친 입자와 잔골재를 사용하는 경우
③ 단위 골재량이 너무 많은 경우
④ 단위수량이 너무 많은 경우
⑤ 배합이 적정하지 않을 경우

(2) 재료분리 현상을 줄이기 위해 유의해야 할 사항 20. 6. 14 산
① 잔골재율을 크게 하고, 잔골재중의 0.15~0.3[mm] 정도의 세입분을 많게 한다.
② 물·시멘트비를 작게 한다.
③ 콘크리트의 플라스티시티(plasticity)를 증가시킨다.
④ AE제, 플라이애시 등을 사용한다.

[표] 체분석시험에 사용되는 시료의 양

골재별	체분석시험	시료의 양
세골재	1.2[mm] 체를 95[%](중량비) 이상 통과하는 것	100[g]
	1.2[mm] 체에 5[%](중량비) 이상 남는 것	500[g]
조골재	10[mm] 정도	1,000[g]
	15[mm] 정도	2,500[g]
	20[mm] 정도	5,000[g]
	25[mm] 정도	10,000[g]
	40[mm] 정도	15,000[g]
	50[mm] 정도	20,000[g]
	60[mm] 정도	25,000[g]
	80[mm] 정도	30,000[g]
	100[mm] 정도	35,000[g]

$$W_1(\%) = \frac{W - W_1}{W} \times 100$$

$$W_2(\%) = \frac{W - (W_1 + W_2)}{W} \times 100$$

$$W_n(\%) = \frac{W - \Sigma W_n}{W} \times 100$$

W_1, W_2……W_n : 체눈이 큰 것부터 1, 2……n번째 체의 체 통과율[%]
W : 시료의 전 중량
W_1, W_2……W_n : 체 크기가 큰 것으로부터 1, 2……n번째 체에 잔류하는 중량

④ 화학작용

㉮ 미경화 콘크리트(Fresh concrete)
㉠ 사용 골재나 용수 중에 포함된 산, 염기, 유분, 염분 등의 불순물은 경화작용을 저하시키며 콘크리트의 내구성, 수밀성 등의 저하를 가져온다.
㉡ 혼화재가 기준량 이상만 포함되어도 콘크리트는 붕괴된다.

㉯ 경화 콘크리트
㉠ 산류는 콘크리트를 분해시켜 파괴한다.
㉡ 알칼리는 콘크리트에 큰 피해를 주지 않는다.
㉢ 염기류는 성분 중의 $Ca(OH)_2$와 작용하여 가용성 물질을 만들어 용해시키며 염기성 물질과 작용하여 복염을 형성하면 콘크리트의 결정수를 탈취하여 팽창붕괴시킨다.

8. 블리딩과 레이턴스

(1) 분리(Segregation)

① 재료의 선택, 배합불량으로 워커빌리티가 좋지 못할 때는 콘크리트는 점성, 가소성이 적고 조골재와 모르타르, 골재와 시멘트풀(Cement paste) 등이 분리되기 쉽다.

② 콘크리트는 섞어 넣은 후 공극이 발생하고 불균질이 되어 강도, 내구성을 저해할 뿐만 아니라, 곰보현상 및 수밀성이 결여되어 풍화되기도 쉽다.

(2) 침하(Settling), 블리딩(Bleeding) 17. 3. 5 산 18. 3. 4 기 20. 8. 22 기

① 좋은 콘크리트라고 생각되는 것이라도 섞어 넣은 후 정치하면 콘크리트 윗면은 침하되고 내부의 잉여수는 공극, 내부공기, 시멘트 또는 강도에 기여하지 않는 $Ca(OH)_2$의 일부와 함께 유리석회로 되어 기타 부유 미분자와 같이 떠오른다.

② 분리수의 상승현상을 블리딩이라 한다.

③ 수평철근의 부착력을 감소시킨다.

(3) 레이턴스(Laitance) 17. 9. 23 산

① 블리딩과 같이 떠오른 미립물이 콘크리트 표면에 얇은 막으로 침적된다. 이를 레이턴스(Laitance)라 한다.

② 얇은 막은 강도나 부착력이 없는 비경화층이므로 이음 콘크리트할 때 접착강도가 감소된다.

(4) 크리프(Creep) 17. 3. 5 기 17. 5. 7 기

구분	내용
정 의	콘크리트에 일정한 하중이 지속적으로 작용할 때 하중의 증가가 없어도 시간이 경과함에 따라 콘크리트의 변형이 증가하는 현상
크리프 계수	$\Phi t = \dfrac{\varepsilon c(\text{크리프 변형량})}{\varepsilon e(\text{탄성 변형량})}$ εc : 크리프 변형량, εe : 탄성 변형량

참고

적산에 관한 사항

구분	내용
1 : 2 : 4 콘크리트 1[m³]를 만드는 데 필요한 재료량	시멘트 : 320[kg](8포) 철 근 : 125[kg] 모 래 : 0.45[m³] 거푸집 : 5~8[m²] 자 갈 : 0.9[m³] 결속선 : 0.6~1[kg]
1 : 3 : 6 콘크리트 1[m³]를 만드는 데 필요한 재료량	시멘트 : 220[kg](5.5포) 모 래 : 0.47[m³] 자 갈 : 0.94[m³]
연면적 1[m²]당 필요한 재료량	철 근 : 0.05~0.09[t] 콘크리트 : 0.5~0.7[m³] 철 골 : 0.06~0.12[t]

합격예측

프리스트레스트 콘크리트(Prestressed Concrete, PS Concrete)

PC강재(Prestressing Steel) 또는 PC강선(Prest-ressing Wire)을 써서 인장력을 미리 부여해 작은 단면으로 큰 응력을 받을 수 있게 한 철근 콘크리트

Q 은행문제

1. 건축재료 중 압축강도가 일반적으로 가장 큰것부터 작은 순서대로 나열된 것은? 17. 3. 5 산

① 화강암 - 보통콘크리트 - 시멘트벽돌 - 참나무
② 보통콘크리트 - 화강암 - 참나무 - 시멘트벽돌
③ 화강암 - 참나무 - 보통콘크리트 - 시멘트벽돌
④ 보통콘크리트 - 참나무 - 화강암 - 시멘트벽돌

정답 ③

2. 철근콘크리트구조의 부착강도에 관한 설명으로 옳지 않은 것은? 18. 4. 28 산

① 최초 시멘트페이스트의 점착력에 따라 발생한다.
② 콘크리트 압축강도가 증가함에 따라 일반적으로 증가한다.
③ 거푸집강성이 클수록 부착강도의 증가율은 높아진다.
④ 이형철근의 부착강도가 원형철근보다 크다.

정답 ③

제4편

합격예측

콘크리트 벽돌(KSF4004)(단위 : [mm])

① 치수 : 190(길이)×57(높이) ×90(두께), 허용오차±2
② 벽돌의 품질 및 시험항목

구분		기건 비중	압축 강도[MPa]	흡수율[%]
A종 벽돌		1.7 미만	8(82) 이상	–
B종 벽돌		1.9 미만	12(122)이상	–
C종 벽돌	1급	–	16(163) 이상	7 이하
	2급	–	8(82) 이상	10 이하

Chapter 02

시멘트 및 콘크리트

출제예상문제

출제예상문제는 복습, 예습문제로 엮었습니다. *WHY : 실제시험에도 순서에 관계없이 출제됩니다. 예습 후 다음장에 공부한 문제가 있으면 기억이 배가 됩니다.

01 ★★★ **콘크리트 배합설계에 관한 기술 중 옳지 않은 것은?**

① A·E제를 사용하면 배합표에 의한 모래 표준량에서 일정량의 모래를 증가시킨다.
② 시멘트 강도의 최대치는 370[kg/cm^2]로 한다.
③ 쇄석을 골재로 사용하면 배합표에 의한 표준 조골재량에서 일정량의 쇄석을 감소시킨다.
④ 시공관리의 정밀도가 높을수록 시공급별 표준편차는 작다.

해설

콘크리트 배합설계에서 AE제(공기연행제)를 사용한 경우는 표준 재료량에 대하여 다음과 같이 보정한다.
① 시멘트량 : 보정 없음　② 모래량 : 15[ℓ/m^3] 감소
③ 물의 양 : 8[%] 감소

02 ★★★★ **다음의 혼화제 중 콘크리트의 시공연도를 좋게 하고 내마모성을 증가시키는 것은?**

① 염화칼슘　② 알루미늄분말
③ 석고 분말　④ AE제

해설

AE제 사용효과
① 시공연도가 좋아진다.
② 수밀성과 내구성이 커진다.
③ 동결작용에 대한 저항력이 커진다.

03 ★★ **콘크리트 강도 및 AE 콘크리트에 관한 기술 중 옳지 않은 것은?**

① AE제를 사용한 콘크리트의 AE 공기량은 온도가 높을수록 감소한다.
② 동일한 시멘트의 양을 사용할 경우 물시멘트의 비가 큰 것일수록 강도가 낮다.
③ 재료배합비 및 시공연도가 일정한 경우 큰 골재가 많이 포함될수록 강도가 크다.
④ 시공연도가 일정한 경우 깬자갈 콘크리트가 강자갈을 사용한 콘크리트보다 강도가 낮다.

해설

AE 콘크리트
① 콘크리트를 비빌 때 AE제를 넣어 인공적으로 미세한 기포가 생기게 하여 다공질로 만든 콘크리트이다.
② 미세한 콘크리트는 ball bearing 역할을 한다.

04 ★★★ **다음 포졸란(pozzolan)의 특징 중에서 틀린 것은?**

① 워커빌리티가 좋아지고 재료분리가 감소된다.
② 수밀성이 증가된다
③ 발열량이 작다.
④ 해수 등에 화학적 저항이 작다.

해설

포졸란
① 발열량이 작고 건조수축률이 증가된다.
② 종류는 화산재, 규산백토, 슬래그, 플라이애시 등이 있다.

05 ★★ **콘크리트의 고강도화와 관계가 적은 것은?**

① 워커빌리티가 클수록 재료분리가 증가된다.
② 수밀성이 증가된다
③ 발열량이 작다.
④ 해수 등에 화학적 저항이 작다.

[정답] 01 ①　02 ④　03 ④　04 ④　05 ②

해설

아브람스(Abrams)의 이론

재료의 품질이 동일할 때 콘크리트 강도는 물시멘트비(W/C)가 클수록 작아진다.

06 ★ 시멘트의 촉진제에 관한 기술 중 틀린 것은?

① 수중이나 한중공사에서 조기강도나 수화열을 필요로 할 때 사용한다.
② 염화칼슘은 시멘트량의 4[%] 이상을 사용해야 효과가 좋다.
③ 규산나트륨은 콘크리트의 공극을 메우고 내수성 및 마모저항성을 증대시키는 데 효과가 있다.
④ 촉진제에는 염화칼슘과 규산나트륨이 있다.

해설

① 염화칼슘은 시멘트량의 1~2[%]를 사용하면 조기강도가 증대된다.
② 1~2[%] 이상은 피해야 한다.

07 ★★ Air Entrained(AE) concrete에 관한 다음 설명 중 옳지 않은 것은?

① 방수성이 현저하고 화학작용에 대한 저항성이 크다.
② 연도가 증대되고 응집력이 있어 재료분리가 적다.
③ 철근 부착 강도도 저하되고 감소 비율도 압축강도보다 작다.
④ 마감 모르타르 및 타일 접부용 모르타르의 부착력도 약간 저하된다.

해설

① 방수성과 AE제는 관련이 없다.
② AE제는 시공연도를 증진시키고 단위수량을 감소할 수 있다.

08 ★★★ 콘크리트 1[m^3] 배합 중 잔골재의 양이 500[kg/m^3]이고 굵은골재량이 750[kg/m^3]일 때 잔골재율(S/A)을 구하면?(단, 잔골재 비중은 2.5이고 굵은골재 비중은 3.0이다.)

① 40[%] ② 44.4[%]
③ 66.7[%] ④ 80[%]

해설

① 잔골재율(모래율) $= \dfrac{\text{잔골재 절대용적}}{\text{잔골재 절대용적+굵은골재 절대용적}} \times 100[\%]$

② 잔골재 : $\dfrac{500}{2.5} = 200[l/m^3]$

③ 굵은골재 : $\dfrac{750}{3.0} = 250[l/m^3]$

④ 잔골재율 $= \dfrac{200}{200+250} \times 100 = 44.4[\%]$

09 ★★★★ 콘크리트 배합설계에 있어서 골재를 110[℃] 이하의 온도로 일정 중량이 될 때까지 가열건조한 상태는?

① 기건상태
② 전건상태
③ 표면건조상태
④ 내부포수상태

해설

(1) 기건상태
 ① 대기 공기중의 건조상태를 말한다.
 ② 공기중의 습도와 재료의 습도가 평행이 된 상태이다.
 ③ 골재를 대기중에 방치하며 건조시킨 것으로서 내부에 약간의 수분이 있는 상태이다.
(2) 표면건조, 내부포수상태
 ① 골재 외면은 건조하다.
 ② 내부는 물로 충만되어 있는 상태이다.

10 ★★★★★ 슬럼프시험으로 아직 굳지 않은 콘크리트의 성질 중 가장 잘 표현될 수 있는 것은?

① 성형성(Plasticity)
② 반죽질기(Consistency)
③ 마감성(Finishability)
④ 펌프압송성(Pumpability)

해설

굳지 않은 콘크리트의 성상

① Workability(작업성) : 묽기정도 및 재료분리에 저항하는 정도
② Consistency(반죽질기) : 단위수량에 의해 지배되는 묽기정도
③ Plasticity(성형성) : 거푸집에 잘 채워질 수 있는 난이정도
④ Finishability(마감성) : 도로포장 등 표면정리의 난이정도
⑤ Pumpability(압송성) : 펌프에 콘크리트가 잘 밀려가는지의 난이정도

[정답] 06 ② 07 ① 08 ② 09 ② 10 ②

제4편

11 ★★ 다음에 열거하는 콘크리트 중 물시멘트비의 최대치가 가장 작은 것은?

① 한중 콘크리트
② 수밀 콘크리트
③ thermo-con
④ 경량 콘크리트로서 상시 흙과 물에 접한 부분

해설

thermo-con은 물시멘트비가 가장 작다.

12 ★★★ 콘크리트 중의 공기량에 관한 기술 중 적당하지 않은 것은?

① 시공 시 온도가 낮을수록 공기량은 증대된다.
② 슬럼프가 약 17~18[cm]까지는 묽은 비빔일수록 공기량은 감소한다.
③ 골재의 세립분이 많을수록 증가한다.
④ 공기량은 3~5[%]가 적량이다.

해설

배합의 일반적인 경향

① 동일 슬럼프일 때 : 물시멘트비가 작을수록 시멘트 사용량이 많아진다.
② 동일 물시멘트비일 때 : 슬럼프가 클수록 시멘트 사용량이 많아진다.
③ 동일 물시멘트비, 동일 슬럼프일 때
  ㉮ 모래입자가 작을수록 시멘트 사용량이 많아진다.
  ㉯ 자갈입자가 작을수록 시멘트 사용량이 많아진다.
  ㉰ 모래입자가 작을수록 자갈의 사용량이 많아진다.
  ㉱ 자갈입자가 작을수록 모래의 사용량이 많아진다.
  ㉲ 자갈이 굵을수록 자갈의 사용량이 많아진다.
④ 물시멘트비 60[%] 이하의 경우, 동일 슬럼프에서는 물시멘트비에 관계없이 자갈의 사용량은 동일하다.
⑤ 슬럼프 15[cm] 이상에서는 동일 물, 시멘트비의 경우 슬럼프가 커질수록 모래의 사용량이 많다.

13 ★★ Bleeding이 생기는 원인은?

① 부적당한 골재나 지나치게 큰 자갈을 사용하기 때문이다.
② 철근의 이음에 원인이 있다.
③ 거푸집 제거에 원인이 있다.
④ 물을 적게 사용하기 때문이다.

해설

bleeding의 원인은 부적당한 골재, 큰 자갈 사용이 원인이다.

14 ★ 흄관의 주원료가 되는 것은?

① 석회
② 석면
③ 점토
④ 콘크리트

해설

흄관(hume pipe, hume concrete pipe)

① 원심력을 이용하여 콘크리트를 균일하게 만든 철근 콘크리트관(전신주, 상하수도관 등)이다.
② 조직이 매우 치밀하다.

15 ★★★ 콘크리트의 배합강도 185[kg/cm²], 시멘트의 28일 압축강도 310[kg/cm²]일 때, 물시멘트의 비는?(단, 보통 포틀랜드 시멘트를 사용할 경우임)

① 55[%] ② 60[%]
③ 65[%] ④ 70[%]

해설

$$X=\frac{61}{\frac{F}{K}+0.34}=\frac{61}{\frac{185}{310}+0.34}=65.12[\%]$$

16 ★★ 콘크리트 허용응력도가 단기 120[kg/cm²], 장기 60[kg/cm²]일 때의 소요강도는?

① 60[kg/cm²]
② 120[kg/cm²]
③ 180[kg/cm²]
④ 210[kg/cm²]

해설

소요강도 = 단기강도 + 장기강도
= 120 + 60
= 180[kg/cm²]

[정답] 11 ③ 12 ② 13 ① 14 ④ 15 ③ 16 ③

17 ★★★ 다음 중 재료 실험명과 실험기구의 조합이 옳지 않은 것은?

① 모래의 비중 : 르샤틀리에 비중병
② 석재의 마모 : 로스안젤스 시험기
③ 시멘트의 분말도 : 블레인 공기투과장치
④ 시멘트의 응결현상 : 비카장치

해설

시멘트의 비중시험방법[KS L 5110] : 르샤틀리에 비중병 사용

18 ★★ 콘크리트 계획 배합을 정하는 데 있어서 단위 시멘트량의 최솟값 중 타당한 것은?

① 콘크리트의 품질이 보통일 때는 270[kg/m³]
② 콘크리트의 품질이 보통일 때는 250[kg/m³]
③ 콘크리트의 품질이 최고일 때는 310[kg/m³]
④ 콘크리트의 품질이 고급일 때는 290[kg/m³]

해설

콘크리트의 시멘트량 최솟값은 270[kg/m³]이다.

정보제공

2012. 3. 4. 산업기사(문제 65번) 출제

19 ★★ 알루미나 시멘트의 특징이 아닌 것은?

① 발열량이 작으며 양생에도 별다른 주의가 필요없다.
② 매우 조강성이며 W/C(물시멘트비)가 작아 수량이 적으며 보통 포틀랜드 시멘트의 28일 강도를 하루에 낸다.
③ 포틀랜드 시멘트와 혼용해서 사용하면 순결성이 된다.
④ 석회분이 적기 때문에 화학적 저항성이 크다.

해설

① 알루미나 시멘트는 발열량이 매우 크며 양생온도 약 28[℃] 이하에는 특별한 주의가 필요하다.
② 보크사이트와 석회석을 섞어서 전기로, 반사로 등으로 만든다.

20 ★★★ 슬럼프 테스트(slump test)는 무엇을 측정하는 것인가?

① 콘크리트 강도
② 콘크리트 시공연도
③ 골재의 입도율
④ 시멘트와 모래의 비율

해설

슬럼프 테스트

① 콘크리트 반죽의 묽기정도인 시공연도(施工軟度 : workability)의 척도를 시험하는 것이다.
② 시공연도측정에 flow test도 이용된다.

21 ★★★★★ 콘크리트 배합 시 품질에 직접 영향을 주는 요소가 아닌 것은?

① 시멘트 강도
② 물시멘트비
③ 철근의 품질
④ 골재의 입도

해설

콘크리트의 강도에 영향을 주는 요소

① 수량
② 재료의 품질(물, 시멘트, 골재 등)
③ 시공방법(비빔방법, 부어넣기방법 등)
④ 보양 및 재령
⑤ 시험방법

22 ★★ 슬럼프시험에 관한 다음 기술 중 틀린 것은?

① 슬럼프시험은 시공연도를 판단하기 위하여 행한다.
② 기초용 콘크리트의 표준 슬럼프값은 진동다짐일 때 통상 15~19[cm]로 한다.
③ 기둥용 콘크리트의 표준 슬럼프값은 진동다짐일 때 통상 10~15[cm]로 한다.
④ 건축에 쓰이는 슬럼프값의 표준은 5~22[cm]의 범위이다.

[정답] 17 ① 18 ① 19 ① 20 ② 21 ③ 22 ②

해설

슬럼프 표준범위

장 소	슬 럼 프[cm]	
	진동다짐	진동다지기 아님
기초 바닥판	5~10	15~19
보·기둥벽	10~15	19~22

23 ★★★ 다음 시멘트의 종류 중 내화성 및 급결성이 가장 강한 시멘트는? 16. 5. 8 산

① 보통 포틀랜드 시멘트
② 알루미나 시멘트
③ 고로 시멘트
④ 실리카 시멘트

해설

알루미나 시멘트

① H_2O_3가 많다.
② 수화열량이 높아 긴급공사에 적합하다.

보충학습

고로 시멘트(슬래그 시멘트)

① 슬래그를 포틀랜드 시멘트 클링커에 섞고 석고를 넣어 가루로 만든 것이다.
② 응결시간이 느리고, 조기강도가 작고, 장기강도가 좋다.
③ 내화학성이 좋아 해수, 하수, 공장폐수와 같은 콘크리트공사에 사용된다.

24 ★★★★ 다음 시멘트 중 조기강도가 가장 작은 것은?

① 중용열 시멘트
② 백색 시멘트
③ 포졸란 시멘트
④ 보통 시멘트

해설

중용열 시멘트

① 수화열을 적게 하기 위하여 규산삼석회와 알루민산삼석회의 양을 제한해서 만든 것이다.
② 수화열이 적고, 건조수축이 작다.
③ 용도는 단면이 큰 콘크리트용으로 쓰인다.

25 ★★★ 시멘트의 표준계량에서 단위용적중량은?

① 1,400[kg/m³] ② 1,500[kg/m³]
③ 1,600[kg/m³] ④ 1,700[kg/m³]

해설

① 시멘트의 표준계량에서 1,500[kg/m³]로 본다.
② 시멘트는 계량방법에 따라 단위용적중량이 변동된다.

26 ★★★ 포틀랜드 시멘트에 관한 기술 중 틀린 것은?

① 백색 포틀랜드 시멘트는 원료 중의 점토에서 실리카질을 제거함으로써 만들어진다.
② 조강 포틀랜드 시멘트는 일반적으로 재령 7일에서 보통 포틀랜드 시멘트 재령 28일 정도의 강도를 내며 한중공사나 수중공사에 적합한 시멘트이다.
③ 조강 포틀랜드 시멘트는 응결할 때 발열량이 많고 저온에서는 강도가 저하된다.
④ 댐 등의 매시브(massive)한 콘크리트에서는 수화열을 적게 하고 동시에 상당한 강도와 소요 성질을 가진 시멘트가 필요한데 이때 중용열 포틀랜드 시멘트를 쓰면 효과적이다.

해설

보통 포틀랜드 시멘트 원료 중의 점토에서 산화철을 제거함으로써 백색을 띠게 된다.

27 ★★ 콘크리트용 굵은골재의 최대치수가 25[mm]인 골재는?

① 25[mm] 체를 85[%] 통과하고 20[mm] 체를 75[%] 통과한 골재
② 25[mm] 체를 91[%] 통과하고 20[mm] 체를 84[%] 통과한 골재
③ 25[mm] 체를 95[%] 통과하고 20[mm] 체를 91[%] 통과한 골재
④ 25[mm] 체를 99[%] 통과하고 20[mm] 체를 95[%] 통과한 골재

[정답] 23 ② 24 ① 25 ② 26 ① 27 ②

해설

골재 크기

① 잔골재 : 5[mm] 체를 90[%] 통과(모래)
② 굵은골재 : 5[mm] 체에 90[%] 이상 걸리는 것(자갈)

28 ★★★★ 표면건조포화상태의 잔골재 500[g]을 건조시켜 기건상태에서 측정한 결과 460[g], 절대건조상태에서 측정한 결과 440[g]이었다. 흡수율(%)은? 17. 5. 7 기

① 8[%] ② 8.7[%]
③ 12[%] ④ 13.6[%]

해설

흡수율

① 흡수율의 정의 : 절건상태의 골재중량에 대한 흡수량의 백분율

$흡수율[\%] = \frac{B-A}{A} \times 100$

A : 절건중량
B : 표면건조포화상태의 중량
A = 440[g], B = 500[g]

② $흡수율 = \frac{500-440}{440} \times 100 = 13.6[\%]$

29 ★★ 골재의 단위용적중량이 1.7[t]일 때 공극률(%)은? (단, 비중은 2.6이다.) 17. 9. 23 기 22. 4. 24 기 23. 6. 4 기

① 25[%] ② 30[%]
③ 35[%] ④ 40[%]

해설

공극률(V)

$V = \left(1 - \frac{단위용적중량}{비중}\right) \times 100 = \left(1 - \frac{1.7}{2.6}\right) \times 100$
$= 35[\%]$

30 ★ 콘크리트의 강도에 가장 큰영향을 끼치는 것은?

① 자갈의 입도 ② 물시멘트비
③ 골재의 배합비 ④ 시멘트 사용량

해설

① 물시멘트비는 콘크리트 강도에 가장 중요한 요소이다.
② 물시멘트비(W/C=X)는 콘크리트의 강도와 직결된다.
③ 아브람스(Abrams)의 이론에 의하면 $F = \frac{a}{b^x}$로 된다.

31 ★★ 나비 30[cm], 춤 60[cm], 길이 10[m]인 구형 철근콘크리트보가 10개 있다. 이 구형 보의 총무게는 다음 중 어느 것인가? 17. 5. 7 산

① 41.4[t] ② 43.2[t]
③ 45[t] ④ 46.7[t]

해설

재료의 단위중량

① 자갈의 단위중량 : 1.6~1.7[t/m³]
② 모래의 단위중량 : 1.5~1.6[t/m³]
③ 목재의 단위중량 : 0.5[t/m³]
④ 시멘트 1[m³] : 1,500[kg](1포대는 40[kg])
⑤ 못 한 가마 : 50[kg]
⑥ 철근 콘크리트 단위중량 : 2,400[kg/m³]
⑦ 무근 콘크리트 단위중량 : 2,300[kg/m³]
⑧ 경량 콘크리트 단위중량 : 1,700[kg/m³]
⑨ 시멘트 모르타르 단위중량 : 2,100[kg/m³]

32 ★★ 다음 중 쇼트크리트(Shot crete)와 가장 관계가 없는 것은?

① 거나이트(gunite)
② 본닥터(bon doctor)
③ 제트크리트(jet crete)
④ 그라우팅(grouting) 공법

해설

쇼트크리트(Shot crete)

거나이트(Gunite)라고도 하며 모르타르를 압축공기로 분사하여 바르는 것
① 종류 : 시멘트건(Cement gun), 본닥터(Bon doctor), 제트크리트(Jet crete)
② 여러 재료의 표면에 시공하면 밀착이 잘 되며 수밀성, 강도, 내구성이 커진다. 표면뿐만 아니라 얇은 벽에 바르면 녹막이에 유효하다.
③ 균열이 생기기 쉽고 다공질이며 외관이 좋지 않다.

33 ★ 일반적으로 설계에 있어서 콘크리트의 열팽창계수로 옳은 것은? 17. 3. 5 산

① 1×10^{-4}/[℃] ② 1×10^{-5}/[℃]
③ 1×10^{-6}/[℃] ④ 1×10^{-7}/[℃]

해설

① 콘크리트 열팽창 계수 : 1×10^{-5}/[℃]
② 경감 열팽창 계수 : 11×10^{-6}/[℃]

[정답] 28 ④ 29 ③ 30 ② 31 ② 32 ④ 33 ②

제4편

Chapter 03

석재 및 점토

건설안전기사/건설안전산업기사 합격을 위해서 다음 내용을 충실히 공부해야 한다.
1 석재의 흡수율[%] 순서
2 석재의 경도에 의한 분류, 용도에 의한 분류
3 석재의 물리적 성질에서 인장강도와 압축강도
4 펄라이트의 특징
5 점토의 강도 및 일반적 성질

시험에 출제가 예상되는 중심적인 내용은 다음과 같다.
❶ 석재 ❷ 석재 제품
❸ 점토(Clay) ❹ 점토 제품

합격날개

합격예측

석재의 장점

① 외관이 장중하며 미려하다.
② 압축강도가 크고, 내수, 내화학적이다.
③ 불연성이고, 내구성, 내마모성이 있다.
④ 방한, 방서, 차음성이 있다.
⑤ 종류가 다양하고, 동일한 석재도 산지나 조직에 따라 다른 외관과 색조를 지닌다.

합격예측

절리(節理, Joint)

① 암석 특유의 자연적으로 갈라진 눈(일정방향으로 갈라지기 쉬운 금 : 석물)을 말하며 화성암이 현저하다.
② 평행한 것을 층리, 불규칙한 것을 편리라 한다.

1 석 재

1. 석재의 조직 및 분류

(1) 석재 조직

① 조암광물

㉮ 암석을 구성하는 광물을 조암광물이라 한다.
㉯ 백색의 견고한 석영, 회색·홍색·청색 등의 담색 광물인 장석, 박편으로 분리되는 흙, 백운모, 흑색·갈색 광물인 각섬석, 휘석, 암록색 광물인 감람석, 백색 광물인 방해석 등이다.
㉰ 운모, 각섬석, 휘석 및 감람석 등은 유색 광물이라 한다.

② 절리와 석목

㉮ 암석 중에 있는 갈라진 금을 절리라 하고 암석은 절리에 따라 채석하게 된다.
㉯ 절리는 암석이 냉각할 때의 수축으로 인하여 자연적으로 수평수직의 두 방향으로 갈라지기 때문에 생긴 것이다.
㉰ 석목은 절리 이외에 작게 쪼개지기 쉬운 면을 말하며 석재의 가공에 사용된다.
㉱ 석목이 분명한 것은 화강암이다.
㉲ 석재가 쪼개지기 쉬운 금을 일괄하여 돌결이라고 하기도 한다.

(2) 석재의 분류

① 화성암

㉮ 화산작용으로 용융한 마그마(암장)가 냉각응고한 것이다.

㉯ 응고한 위치에 따라 석재의 조직이 다르다.

㉰ 마그마가 지표로부터 깊은 곳에서 냉각하여 굳은 것일수록 결정입자가 큰데 심성암이 이에 해당한다.

㉱ 지표 또는 지표 가까이에서 굳은 것은 결정입자가 작으며 화산암이 이에 해당한다.

㉲ 내부에서 굳은 것을 반심성암 또는 맥암이라고도 한다.

② 수성암

㉮ 기존 암석의 풍화 분쇄물이 물에 용해된 광물질, 동식물질 등이 교착제에 응고된 것이 수성암이다.

㉯ 물속에 침전되거나 지상에 퇴적되어 오랜 세월 동안 지열과 지압의 영향을 받아 응고경화한 것이다.

③ 변성암

㉮ 화성암, 수성암이 지각의 변동으로 압력과 열을 받아 변질된 것이다.

㉯ 화성암계와 수성암계로 구분된다.

(3) 석재의 가공

① 혹두기(메다듬) : 쇠메나 망치로 돌의 면을 다듬는 것이다.

② 정다듬 : 혹두기면을 정으로 곱게 쪼아 표면에 미세하고 조밀한 흔적을 내어 평탄하고 거친 면으로 만든 것이다.

③ 도드락다듬 : 거친 정다듬한 면을 도드락망치로 더욱 평탄하게 다듬는 것으로 면에 특이한 아름다움이 있다.

④ 잔다듬 : 정다듬한 면을 양날망치로 평행방향으로 치밀하게 곱게 쪼아 표면을 더욱 평탄하게 만든 것이다. 18. 3. 4 산

⑤ 물갈기

㉮ 화강암, 대리석과 같은 치밀한 돌을 갈아 광택을 낸다. 잔다듬한 면에 금강사를 뿌려 철판숫돌 등으로 물을 주어 간 다음 산화주석을 헝겊에 묻혀서 잘 문지르면 광택이 나타난다.

㉯ 가공기계에는 와이어톱, 다이아몬드톱, 그라인더톱, 원반톱, 플레이너, 그라인더 등이 쓰인다.

합격예측

석재의 단점

① 중량이 크고 운반, 가공이 어렵다.
② 인장강도가 작고 취도계수가 크다.(압축강도의 1/20 ~1/40 내외)
③ 장대재를 얻기 어려워 가구재로는 부적합하다.

합격예측

석리(石理, Texture)

20. 6. 7 기

암석을 구성하고 있는 조암광물의 조성에 따라 생기는 암석 조직상의 갈라진 눈

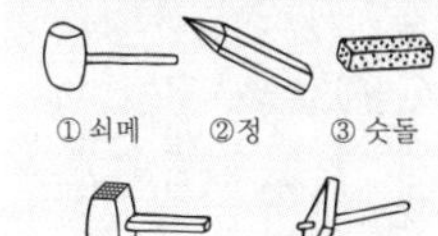

[그림] 석재가공 공구

제4편

합격예측

석재의 압축강도 순서

화강암>대리석>안산암>점판암>사문암>사암>응회암>부석

합격예측

암석의 압축강도에 의한 분류

분류	경석	준경석	연석
압축강도 [kgf/cm²]	500 이상	100~500	100 이하
흡수율 [%]	5 이하	5~15	15 이상
비중	2.5~2.7	2~2.5	2.0 이하
석재 예	화강암 안산암 대리석	경질 사암, 경질 석회암	연질 응회암, 연질 사암

합격예측

편리(片利)

변성암에 나타나는 불규칙하고 얇고 작게 갈라지는 성질

합격예측

(1) 현무암

① 입자가 잘거나 치밀하다.
② 비중 2.9~3.1로서 석질이 견고하다.
③ 토대석, 석축 암면의 원료 등에 쓰인다.

(2) 감람석

크롬철광 등으로 된 흑색의 치밀한 석재이다.

(3) 부석

화사에서 분출되는 암장이 급속히 냉각될 때 가스가 방출되면서 다공질의 파리질로 된 석재이다.

2. 석재의 종류 및 특징

(1) 화성암의 종류

① 화강암(쑥돌, Granite) 16. 3. 6 기 18. 9. 15 기 23. 6. 4 기

㉮ 압축강도 1,500[kg/cm²]이고 석질이 견고하고 풍화작용이나 마멸에 강하다.

㉯ 건축, 토목재의 구조재, 내외장재로 사용된다.(주성분 : 석영, 장석, 운모)

㉰ 흑운모, 각섬석, 휘석 등이 있으며 검은색을 나타내고, Fe_2O_3를 포함하면 미홍색이 된다.

② 안산암(Andesite)

㉮ 종류에는 휘석, 안산암, 각섬안산암, 석영안산암이 있고 화강암 다음으로 많은 석재로서 치밀한 조직을 가졌으므로 가공이 용이하며 조각품을 만드는 데 사용된다.

㉯ 내화성이 높으며 잔다듬한 정도로 하여 사용한다.

③ 부석(Pumice stone)

㉮ 마그마가 급속히 냉각될 때 가스가 방출되면서 다공질의 파리질로 된 것으로 비중은 0.7~0.8로서 석재 중에서 가장 가벼우며 내산성이 강하고 열전도율이 작아서 화학공장의 특수장치용이나 방열용 등에 쓰인다.

㉯ 색은 회색 또는 담홍색이고 콘크리트의 골재로도 쓰인다.

(2) 수성암의 종류

① 점판암(Clay stone)

㉮ 점토가 강물에 녹아 바다 밑에 침전 응결된 것을 이판암이라 하며 점판암은 이것이 다시 오랜 세월 동안 지열지압으로 인하여 변질되어 층상으로 응고된 것이다.

㉯ 용도는 지붕재로 쓸 수 있다.

② 사암(Sand stone) : 석영질의 모래가 압력을 받아 규산질, 산화철, 탄산석회질, 점토질 등의 교착재에 의하여 응고 경화된 암석을 사암이라 한다.

③ 응회암(Tuff) 16. 3. 6 산 20. 8. 22 기

㉮ 화산재, 화산모래 등이 퇴적응고되거나 이것이 물에 의하여 운반되어 암석 분쇄물과 혼합되어 침전된 것이다.

㉯ 다공질이며 강도 내구성이 작아 구조재로는 적합하지 않으며 조각하기 쉬워 내화재, 장식재로 사용된다.

④ 석회암(Limestone) 20. 6. 7 기

㉮ 화강암이나 동식물의 잔해 중에 포함되어 있는 석회분이 물에 녹아 바닷속에 침전되어 퇴적 응고한 것이다.

㉯ 주성분은 탄산석회($CaCO_3$)로서 시멘트의 원료이며, 회백색이다.
㉰ 주로 석회나 시멘트의 원료로 이용된다.

(3) 변성암의 종류

① 대리석 17. 9. 23 산

㉮ 석회암이 오랜 세월 동안 땅속에서 지열지압으로 변질되어 결정화된 것이다.
㉯ 주성분은 탄산석회($CaCO_3$)이며 성질은 치밀 견고하고 포함된 성분에 따라 경도, 색채, 무늬 등이 매우 다양하여 아름답고 갈면 광택이 난다.
㉰ 장식용 석재 중에서는 가장 고급재로 쓰이나 열, 산에 약하다.

② 트래버틴(Travertine)

㉮ 대리석의 한 종류로서 다공질이며 석질이 균일하지 못하다.
㉯ 암갈색의 무늬가 있어 석판으로 만들어 물갈기를 하면 평활하고 광택이 나는 부분과 구멍과 골진 부분이 있다.
㉰ 특수한 실내장식재로 이용된다.

③ 사문암(Serpentine)

㉮ 흑녹색의 치밀한 화강석인 감람석 중에 포함되었던 철분이 변질되어 흑녹색 바탕에 적갈색의 무늬를 가진 것으로 물갈기를 하면 광택이 난다.
㉯ 대리석 대용으로 이용되기도 한다.

(4) 기타 석재의 종류 및 공법

① 석면(Asbestos)

㉮ 석면은 단열재가 되는 석면포에 쓰이기도 하나 이를 분쇄해서 시멘트 등과 혼합하여 석면 시멘트판이나 관 등을 만드는 데 쓰인다.
㉯ 내화온도 1,200~1,300[℃]. 사문암, 각섬암이 열과 압력을 받아 변질된 것이다.

② 활석(talc)

㉮ 재질은 연하고 비중은 2.6~2.8, 담녹, 담황색의 진주와 같은 광택이 있으며 분말은 흡수성, 고착성, 활성, 내화성 및 작열 후에 경도 증가 특성이 있다.
㉯ 마그네시아(MgO)를 포함하는 여러 가지 암석이 변질된 것으로 페인트의 혼화제, 아스팔트 루핑 등의 표면정활제, 유리의 연마제 등으로 쓰인다.

③ GPC공법 20. 8. 23 산

㉮ 공장에서 석재와 콘크리트를 일체화하여 현장에서 조립식판넬 방법으로 시공하는 방법
㉯ 석재를 미리 붙인 후 콘크리트를 타설하여 일체화하는 방법

합격예측

석재의 내화도 크기 순

응회암, 부석>안산암, 점판암>사암>대리석>화강암

합격예측

암석의 용도

구조용 석재	화강암, 안산암, 사암 등	견치돌, 벽, 기둥 등에 사용
장식용 석재 (마감용)	대리석, 사문암, 트래버틴	내장용
	화강암, 안산암, 점판암 등	외장용

합격예측

층리(層理)

① 퇴적암, 변성암 등에 나타나는 평행상 절리를 말한다.
② 퇴적할 때 계절, 기후, 수류의 변화가 영향을 준다.

Q 은행문제

다음 중 실(seal)재가 아닌 것은? 20. 8. 23 산

① 코킹재
② 퍼티
③ 개스킷
④ 트래버틴

정답 ④

합격예측

석재의 비중크기 순서

사문암>점판암,대리석>화강암>안산암>사암>응회암

합격예측

절리의 종류

① 괴상(怪狀)
② 판상(板狀)
③ 주상(柱狀)

합격예측

석재의 흡수율 순서

응회암>사암>안산암>화강암>점판암>대리석

합격예측

(1) 석재의 내구성

화강암(200년)>대리석(100년)>석회암(40년)

(2) 석재의 시장성

① 잡석, 둥근돌(호박돌) : 직경 20~30[cm] 정도의 막 생긴 돌이다.
② 간사 : 직경 20~30[cm] 정도의 네모진 돌로 간단한 석축쌓기용으로 쓰인다.
③ 견치돌 : 개의 송곳니처럼 네모뿔형 돌로서 석축쌓기용으로 쓰인다.
④ 각석 : 단면이 각형으로 길게 된 돌로서 장대롤(장석)이라고도 한다.
⑤ 판돌 : 두께에 비하여 넓이가 큰 돌이다.(주로 바닥깔기 또는 벽체부착공사에 쓰인다.)

Q 은행문제

석재의 일반적인 성질에 관한 설명으로 옳지 않은 것은?

17. 3. 5 기

① 화강암의 내구연한은 75 ~ 200년 정도로서 다른 석재에 비하여 비교적 수명이 길다.
② 흡수율은 동결과 융해에 대한 내구성의 지표가 된다.
③ 인장강도는 압축강도의 1/10 ~ 1/20 정도이다.
④ 비중이 클수록 강도가 크며, 공극률이 클수록 내화성이 작다.

정답 ④

3. 석재의 성질

(1) 물리적 성질

① 석재의 비중은 기건상태의 것을 표준으로 한다.
② 압축강도는 비중이 큰 것일수록 크다.
③ 인장강도는 극히 약하여 압축강도의 $\frac{1}{10} \sim \frac{1}{20}$이다.

[표] 암석의 물리적 성질

종 류	비 중	흡수율[%]	평균압축강도 [kg/cm²]	평균인장강도
화강암	2.637	0.58	1318.6	18.64
안산암	2.583	2.12	863.5	17.71
석회암	2.175	0.56	1402.0	15.86
응회암	2.430	8.2	565.0	17.30
점판암	2.810	0.196	1800.0	11.0

(2) 내화성

① 열전도율이 작아 열응력이 생기기 쉽다.
② 조암광물의 종류에 따라 팽창계수가 다르다.
③ 용융되며 석재를 가열하여 그 온도의 변화에 따라 압축강도가 다르다.

(3) 내구성

① 빗물 속의 산소, 이산화탄소 등에 의하여 석재 표면이 침해된다.
② 온도의 변화에 따라 암석을 구성하는 광물이 팽창과 수축을 반복한다.
③ 동결과 용해작용을 반복한다.
④ 채석이나 가공과정에서 석재에 준 충격, 대기나 빗물 속의 산소, 이산화탄소 등의 작용으로 가장 심한 침해를 받는 것은 석회암, 대리석, 운모질 사암 등이며 동결용해작용으로 인한 해는 공극이 많은 석재일수록 또 흡수율이 큰 석재일수록 크다.
⑤ 석재의 수명
㉮ 사암 : 10~15년
㉯ 석회암 : 40년
㉰ 대리석 : 100년
㉱ 화강암 : 200년

2 석재 제품

1. 제품의 종류 및 특징

(1) 암 면

① 안산암, 사문암 등을 원료로 하여 이를 고열로 녹여 작은 구멍을 통하여 분출시킨 것을 고압공기로 불어 날리면 솜 모양의 것이 된다. 이것을 암면이라 한다.
② 흡음, 단열, 보온성 등이 우수한 불연재이다.
③ 열, 음향의 차단재로 사용한다.
④ 두께 5~30[mm], 크기 100[cm]×100[cm] 정도이다.
⑤ 두께 10~50[mm]의 암면 펠트도 있다.

(2) 질 석

① 비중 0.2~0.4인 다공질 경석이다.
② 질석 제품으로는 질석(Vermiculite)을 혼합하여 만든 콘크리트 블록, 콘크리트판, 벽돌 등이 있다.
③ 운모계와 사문암계 광석이다.
④ 운모계의 광석을 800~1,000[℃]로 가열하면 부피가 5~6배로 팽창된다.

(3) 퍼라이트 18. 9. 15 기

① 진주석, 흑요석을 분쇄한 가루를 가열, 팽창시키면 백색 또는 회백색의 초경량골재인 퍼라이트(Perlite)가 된다.
② 제법, 성질, 용도 등은 질석과 거의 같다.

(4) 인조석(cast stone)

① 대리석, 화강암 등의 아름다운 쇄석(종석)과 백색 시멘트, 안료 등을 혼합하여 물로 반죽해 다져서 색조나 성질이 천연석재와 비슷하게 만든 것이다.
② 주로 벽의 수장재로 쓰인다.

(5) 테라죠(terrazzo) 17. 9. 23 산

대리석의 종석을 사용, 색조가 나게 표면을 그물갈기한 것을 테라죠(terrazzo)라 한다.

합격예측

석재의 시공상 주의사항 18. 3. 4 기

① 균일제품을 사용하고 동일 건축물에는 동일석재로 시공한다.
② 석재는 중량이 크므로 최대치수는 운반상 문제를 고려해서 정한다.
③ 휨, 인장강도가 약하므로 압축응력을 받는 곳에만 사용한다.
④ 1[m³] 이상 석재는 높은 곳에 사용하지 말아야 한다.
⑤ 내화가 필요한 경우는 열에 강한 석재를 사용한다.
⑥ 외장, 바닥 사용 시에는 내수성과 산에 강한 것을 사용한다.
⑦ 석재 형태에 예각부가 생기면 결손되기 쉽고 풍화방지에 해롭다.

Q 은행문제

1. 인조석 및 석재가공제품에 관한 설명으로 옳지 않은 것은? 17. 5. 7 산
① 테라죠는 대리석, 사문암 등의 종석을 백색시멘트나 수지로 결합시키고 가공하여 생산한다.
② 에보나이트는 주로 가구용 테이블 상판, 실내벽면 등에 사용된다.
③ 초경량 스톤패널은 로비(lobby) 및 엘리베이터의 내장재 등으로 사용된다.
④ 패블스톤은 조약돌의 질감을 내지만 백화현상의 우려가 있다.

정답 ④

2. 석재를 대상으로 실시하는 시험의 종류와 거리가 먼 것은? 18. 4. 28 산
① 비중시험
② 흡수율시험
③ 압축강도 시험
④ 인장강도 시험

정답 ④

합격예측

점토 제품의 소성온도의 크기 순서

자기>석기>도기>토기

합격예측

파인세라믹스

(1) 정의

고도로 정선된 원료를 이용해 정밀하게 제어된 화학 조성을 부여하고, 우수한 제어 공업의 제조 기술에 의해 제조 가공함으로써, 정확히 설계된 구조와 우수한 특성을 가지는 세라믹스를 말한다.

(2) 제조방법

일반적인 세라믹스는 점토, 도석, 석회석 등의 천연 소재로 만들어지는 반면 파인세라믹스는 인공적인 재료를 치밀하게 제어하여 소성된다.

(3) 기능별 분류

① 구조용 세라믹스
　㉮ 엔지니어링 세라믹스 : 내열 재료, 내마모 재료(절삭 공구)
　㉯ 일렉트로닉스 세라믹스 : 반도체, 자성체
② 기능성 세라믹스
　㉮ 바이오 세라믹스 : 인공 뼈, 인공 치아
　㉯ 광학 세라믹스 : 광섬유
　㉰ 초전도세라믹스

Q 은행문제

점토의 공학적 특성에 관한 설명으로 옳지 않은 것은?

17. 3. 5 기

① 인장강도는 점토의 조직에 관계하며 입자의 크기가 큰 영향을 준다.
② 점토제품의 색상은 철산화물 또는 석회질물질에 의해 나타난다.
③ 점토를 가공 소성하여 냉각하면 금속성의 강성을 나타낸다.
④ 사질점토는 적갈색으로 내화성이 높은 특성이 있다.

정답 ④

보충학습

고령토 : 카오린이라고도 부르며 카오린 원토란 칼슘장석의 분해성물인 카오린과 미분해물의 혼합물로 회색 혹은 갈색이 깃든 백색 물질이다.

3 점토(Clay)

1. 개요 및 생성

(1) 개 요

① 점토는 암석이 풍화, 분해되어 만들어진 가는 입자로 되어 있는데 물에 젖으면 가소성이 생기고, 건조하면 굳어지며, 높은 온도로 구웠다가 식히면 그 강도가 더욱 커지고 또 물에 적셔도 연화되지 않는 물질이다.

② 점토는 암석을 구성하는 여러 가지 광물의 풍화 합성물이므로 화학 조성도 모암에 따라 다르다.

③ 함수 규산알루미나($Al_2O_3 \cdot 2SiO_2 \cdot 2H_2O$)를 주성분으로 하고 있다.

④ 풍화 정도에 따라 그 입도도 다르다.

(2) 점토의 생성

① 잔류 점토(1차 점토)
　㉮ 모암이 풍화한 위치에 그대로 잔류되어 있는 점토를 말한다.
　㉯ 순수하기는 하지만 모암이나 분해하지 않은 석영, 운모의 입자를 함유하고 있어 가소성이 빈약하다.

② 침적 점토(2차 점토)
　㉮ 모암이 분해된 미립자들이 바람 또는 물의 힘으로 이동하여 침적된 것이다.
　㉯ 순수 양질의 점토를 얻을 수도 있으나 대개는 각종 잡물이 포함되어 있다.
　㉰ 가소성은 풍부하다.

(3) 점토의 성질

① 비중 2.5~2.6이며 입자의 크기는 0.1~25[μm]이다.

② 함수율이 40~45[%]일 때 가소성이 가장 크다.

③ 약 30[%]일 때 최대수축을 보인다.

④ 건조에 따른 최대수축률은 길이방향으로 5~6[%], 용적에서 17[%] 정도이다.

⑤ 화학성분은 내화성, 소성변형, 색채 등에 영향을 준다.

⑥ 다기류 등 고급제품을 만드는 데 쓰이는 점토는 대부분 카올린(Kaolin, $Al_2O_3 \cdot 2SiO_2 \cdot 2H_2O$)으로 되어 있다.

⑦ 점토의 대부분은 원래의 암석성분에 따라 산화철, 석회, 산화마그네슘, 산화칼륨, 산화나트륨 등을 포함하고 있다.

(4) 온도측정법

① 소성온도는 점토의 성분이나 제품의 종류에 따라 다르다. 18. 3. 4 산

② 소성온도 측정법에는 1886년 제게르(Seger)가 고안하고 1908년 시모니스(Simonis)가 개량한 제게르콘(Seger cone)법이 있으며 제게르-케게르(Seger-Keger)의 소성온도는 표와 같다.

[표] 제게르-케게르의 소성온도표

SK	온도[℃]	SK	온도[℃]	SK	온도[℃]
0.22	600	0.2	1,060	19	1,520
0.21	650	0.1	1,080	20	1,530
0.20	670	1	1,100	26	1,580
0.19	690	2	1,120	27	1,610
0.18	710	3	1,140	28	1,630
0.17	730	4	1,160	29	1,650
0.16	750	5	1,180	30	1,670
0.15	790	6	1,200	31	1,690
0.14	815	7	1,230	32	1,710
0.13	835	8	1,250	33	1,730
0.12	855	9	1,280	34	1,750
0.11	880	10	1,300	35	1,770
0.10	900	11	1,320	36	1,790
0.9	920	12	1,350	37	1,825
0.8	940	13	1,380	38	1,850
0.7	960	14	1,410	39	1,880
0.6	980	15	1,435	40	1,920
0.5	1,000	16	1,460	41	1,960
0.4	1,020	17	1,480	42	2,000
0.3	1,040	18	1,500		

4 점토 제품

1. 분류 및 제법

(1) 점토 제품의 분류 17. 5. 7 산 19. 9. 21 기 20. 9. 27 기 23. 6. 4 기

종류	소성온도[℃]	흡수율[%]	색깔	투명도	건축재료	비 고
토기	790~1,000	20 이상	유색	불투명	기와, 벽돌, 토관	최저급 원료(전답토 : 일반점토), 취약하다.

합격예측

점토의 특성

점토는 수분에 의한 점착성, 가소성과 고온으로 가열 시 단단해지는 소고성 등의 성질을 가지고 있다.

합격예측 17. 3. 5 산

점토 제품의 흡수율 크기 순서

자기(1[%] 이하)<석기(3~10[%])<도기(10~20[%])<토기(20[%] 이상)

합격예측

백화발생의 개요 23. 9. 2 기

① 백화는 시멘트 벽돌, 타일, 석재, 콘크리트 등의 표면에 생기는 흰색 수산화칼슘 결정체를 말한다.
② 백화현상은 시멘트 중의 수산화칼슘이 공기 중의 탄산가스와 반응하여 생성되며, 마감면을 훼손하는 하자이다.
③ 화학식 : $CaO + H_2O$
  $\rightarrow Ca(OH)_2+CO_2$
  $\rightarrow CaCO_3+H_2O$

Q 은행문제

석재 백화현상의 원인이 아닌 것은? 17. 3. 5 산

① 빗물처리가 불충분한 경우
② 줄눈시공이 불충분한 경우
③ 줄눈폭이 큰 경우
④ 석재 배면으로부터의 누수에 의한 경우

정답 ③

합격예측

도자기

① 도자기는 넓은 의미에서의 세라믹스이다.
② 점토를 주원료로 하고 규산질 장석과 석영을 배합한 재료를 성형, 소성한 소결 제품의 총칭이다.
③ 조성, 유약 및 소성 온도의 차이에 의해 토기, 도기, 석기, 자기 등으로 분류된다.
④ 내화물이나 건축용 제품은 제외한다.

도기(도토)	1,100~1,230	10	백색 유색	불투명	타일, 테라코타 타일, 위생도기	다공질로서 흡수성이 있고 질이 굳으며, 두드리면 탁음이 나고 유약을 사용한다.
석기(양질 점토)	1,160~1,350	3~10	유색	불투명	마루 타일, 클링커 타일	유약 대신 식염유를 사용한다.
자기 22. 4. 24 기	1,230~1,460	0~1	백색	투명	자기질 타일, 모자이크 타일, 위생도기	양질의 도토 또는 장석분을 원료로 하고 금속음이 난다.

(2) 제법의 순서

2. 벽 돌

(1) 보통벽돌 및 이형벽돌

① 터널가마 또는 호프만가마 등에서 만들어지는 보통벽돌은 논밭에서 나오는 점토를 원료로 한다.

② 우리나라에서 사용되는 벽돌은 210[mm]×100[m]×60[mm]와 190[mm]×90[mm]×57[mm] 등이 있다.

(2) 쌓는 법

① 시멘트, 모르타르를 조적할 때는 벽돌 사이를 모르타르로 잘 채우고 통줄눈을 피해야 한다. 쌓기높이는 1일에 15단 이하로 하고 쌓기 전에 충분히 물에 적셔서 모르타르 경화를 잘되게 하여야 한다.

② **점토벽돌 1종** 17. 9. 23 산 18. 3. 4 기

㉮ 외관 및 치수가 정확하고 적갈색이다.

㉯ 두드리면 쇳소리가 나며 압축강도가 24.50[MPa] 이상이다.

㉰ 흡수율이 10[%] 이하인 양질 벽돌이다.(구조재, 수장재로 사용)

③ **점토벽돌 2종**

㉮ 소성온도가 부족하여 황갈색이다.

㉯ 압축강도는 20.59[MPa] 이상이며 흡수율은 13[%] 이하이다.

㉰ 내력벽 이외의 간이구조재로 쓸 수 있고 벽면은 시멘트 모르타르 등으로 싸서 바르는 것이 좋다.

④ **점토벽돌 3종** : 흡수율은 15[%] 이하, 압축강도는 10.78[MPa] 이상이다.

합격예측

수경성

① 물에 의해 경화되는 성질을 말하며, 점토는 물에 의해 경화되지는 않는다.
② 점토는 기경성 재료이다.

합격예측

공종별 백화발생 방지대책

(1) 콘크리트공사
① 타설 시 다짐관리 및 수밀성 콘크리트 관리
② W/C비 낮게 배합설계 관리
③ 양생관리 및 균열발생 방지대책 마련

(2) 타일공사
① 제품선택 시 흡수율 낮은 자재 선택
② 붙임모르타르 100[%] 충전 시공
③ 줄눈채움 철저 및 신축줄눈 설치

(3) 미장공사
① 물끊기홈 설치로 우수침투 방지
② 혼화재 사용 검토
③ 동절기 공사로 인한 동해발생 방지

(4) 석공사
① 석재 배면 도포제 처리로 흡수율 낮춤
② 줄눈 코킹 등 시공관리로 물 침투 방지

Q 은행문제

1. 다음 중 도료의 건조제로 사용되지 않는 것은? 18. 4. 28 기
① 리사지 ② 나프타
③ 연단 ④ 이산화망간

정답 ②

2. 콘크리트 구조물의 강도 보강용 섬유소재로 적당하지 않은 것은? 19. 9. 21 기
① PCP
② 유리섬유
③ 탄소섬유
④ 아라미드섬유

정답 ①

[표] 공동벽돌의 치수

(단위 : [mm])

종별	치수	길이	나비	두께
1종	1장형	210	100	60
	2장형	130	210	100
	3장형	200	210	100
	4장형	270	210	100
	6장형	320	210	130

종별	치수	길이	나비	두께
2종	8[cm]형	240	240	80
	12[cm]형	240	240	120
	16[cm]형	240	240	160
	20[cm]형	240	240	200
	24[cm]형	240	240	240

⑤ 과소품

㉮ 치수가 변형되어 부정형이 된 것이다.

㉯ 색채가 흑갈색이고 검은 흙이 생겨 외관이 좋지 못하다.

㉰ 압축강도는 200[kg/cm^2]이며 흡수율은 15[%] 이하이다.

㉱ 지하부의 기초, 벽재, 지상부의 부분적인 장식용으로 이용된다.

⑥ 토 막

㉮ 길이의 1/4로 자르면 2.5토막이다.

㉯ 길이의 1/2로 자르면 반토막이다.

㉰ 길이의 3/4으로 자르면 7.5(칠오)토막이다.

㉱ 나비를 1/2로 자르면 반절, 반절의 반토막은 반반절이라 한다.

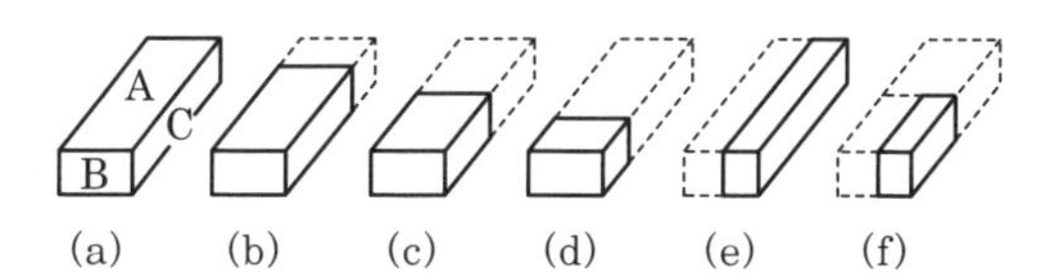

(a) 온장(A:면, B:마구리, C:길이)
(b) 칠오 토막
(c) 반토막
(d) 이오 토막
(e) 반절
(f) 반반절

[그림] 벽돌의 가공

(3) 경량벽돌(Hollow Brick : 공동벽돌)

경량벽체를 쌓는 재료로서, 벽돌의 무게를 감소시키기 위하여 내부에 공극을 포함시켜서 "단열효과와 흡음효과"를 가지게 한 것이다.

(4) 다공질벽돌

점토와 유기질분말을 원료로 하여 구워내면 유기질분말은 타석재가 되어 비중이 가볍고 공극도 커져서 절단가공이 쉬우며 못을 박을 수도 있다.

합격예측 16. 5. 8 산 18. 9. 15 기 20. 6. 14 산 22. 4. 24 기

점토의 특성

① 불순물이 많은 점토일수록 비중이 작고 강도가 떨어진다.
② 순수한 점토일수록 비중이 크고 강도도 크다.
③ 점토의 압축강도는 인장강도의 약 5배이다.
④ 기공률은 전 점토용적의 백분율로 표시되며, 30~90[%]로 보통상태에서는 50[%] 내외이다.
⑤ 함수율은 기건상태에서 적은 것은 7~10[%], 많은 것은 40~45[%] 정도이다.
⑥ 알루미나가 많은 점토는 가소성이 우수하며, 가소성이 너무 큰 경우는 모래 또는 구운점토 분말인 Schamo-tte로 조절한다.
⑦ 제품의 성형에 가장 중요한 성질이 가소성이다.

합격예측

소성온도가 높을수록 강도가 크고, 흡수율이 적다.

Q 은행문제

1. 점토벽돌(KS L 4201)의 성능 시험방법과 관련된 항목이 아닌 것은?
① 겉모양
② 압축강도
③ 내충격성
④ 흡수율

정답 ③

2. 점토광물 중 적갈색으로 내화성이 부족하고 보통벽돌, 기와, 토관의 원료로 사용되는 것은? 17. 3. 5 산
① 석기점토
② 사질점토
③ 내화점토
④ 자토

정답 ②

3. 건물 바닥용 제품에 해당되지 않는 것은? 18. 3. 4 기
① 염화비닐 타일
② 아스팔트 타일
③ 시멘트 사이딩 보드
④ 리놀륨

정답 ③

(5) 내화벽돌 17. 5. 7 기 18. 9. 15 기 19. 9. 21 산

① 용광로, 시멘트 소성가마, 유리소성가마, 굴뚝 등 높은 온도를 요하는 장소에 쓰이는 벽돌이다.(산성내화, 염기성내화, 중성내화 벽돌로 구분)

② 내화도는 SK26(1,580[℃]) 이상이며 온도는 1,500~2,000[℃]이다.

③ 주원료 : 납석

(6) 속빈 벽돌(Hollow block)

점토를 원료로 속을 비게 하여 구워낸 벽돌이다.

① 치수는 6[cm]×10[cm]×21[cm], 10[cm]×21[cm]×32[cm], 6[cm]×18[cm]×27[cm](구멍벽돌) 등이다.

② 속빈 벽돌은 방음벽, 단열층, 보온벽 등에 사용된다.

③ 구멍의 수 : 1공형, 2공형, 3공형 등이 있다.

(7) 기 타

① 점토 제품에 속하는 것은 아니나 시멘트 벽돌, 슬래그(Slag) 벽돌 등이 있다.

② 슬래그 벽돌은 용광로에서 나오는 광재를 원료로 하여 만든 벽돌이다.

3. 기 와

(1) 개 요

① 논밭에서 나오는 저급점토를 원료로 하여 만든다.

② 기와의 색깔은 바르는 유약의 종류에 따라 달라진다.

③ 식염을 유약으로 쓴 것은 적갈색이 되어 표면이 매끈하고 광택이 있으며 방수성도 있고 견고하다.

④ 소성할 때 소나무 등의 잎이나 가지를 태워 그 연기로 그을려서 만드는 훈와는 흡수율이 작은 검은색 기와이다.

(2) 기와의 종류

① 한식기와 : 우리나라의 재래식기와로서 지붕의 각 부분에 쓰이는 기와모양에 따라 다르다.

② 일식기와 : 경사지붕에 많이 쓰이며 암키와, 수키와의 구별이 없는 것이 한식기와와의 차이점이다.

③ 양식기와 : 유럽 각국에서 발달된 기와로서 영국식, 프랑스식, 에스파니아식, 그리스식 등이 있다.

(3) 품질시험 : 흡수율 18. 9. 15 기

합격예측

건축용 적벽돌의 색상 18. 3. 4 산

① 가장 많이 관계되는 것이 철화합물인 산화철 성분이다.
② 망간화합물 소성 시 결정상태(소결상황), 소성온도 등에 따라 달라진다.

합격예측

포도벽돌 18. 3. 4 기

① 경질이며 흡습성이 작다.
② 도로나 마루바닥에 까는 두꺼운 벽돌이다.
③ 원료는 연와토를 사용한다.
④ 식염유로 시유소성한다.

합격예측

(1) 과소벽돌의 특징
① 너무 고온에서 소성되어 형태가 고르지 못하나 강도가 크다.
② 색채가 흑갈색이고, 검은 혹이 생겨 외관이 좋지 못하다.
③ 주로 지하부의 기초, 벽체, 지상부의 일부 장식용으로 이용된다.

(2) 특수벽돌
이형벽돌(홍예벽돌, 원형벽돌, 둥근모벽돌 등), 오지벽돌, 검정벽돌(치장용), 보도용 벽돌 등

Q 은행문제

다음 중 외벽용 타일 붙임재료로 가장 적합한 것은? 23. 6. 4 기
① 시멘트 모르타르
② 아크릴 에멀젼
③ 합성고무 라텍스
④ 에폭시 합성고무 라텍스

정답 ①

합격예측

점토벽돌의 색채에 영향을 주는 요소 20. 8. 23 산
① 산화철 – 적색(붉은색)
② 석회 – 황색
③ 망간화합물
④ 소성온도

4. 타 일

(1) 개 요

① 자토나 도토 또는 내화점토 등을 원료로 하여 두께 5[mm] 정도의 판형으로 만든 것이다.
② 시유타일이 대부분이나 무유타일도 있다.
③ 표면은 매끄럽고 광택이 나는 것, 모양은 정사각형, 직사각형, 육각형, 팔각형, 원형, 부정형 등이 있다.
④ 크기에 대한 구분이 없다. 크기가 작은 것을 모자이크타일(Mosaic tile)이라 한다.
⑤ 타일은 질에 따라 자기질타일, 도기질타일, 석기질타일로 나누어지는데 도기질 타일은 실내에, 자기질이나 석기질타일은 외부에 사용하며 벽의 모서리나 구석, 걸레받이, 논슬립 등의 용도에 쓰이는 부속 타일 및 특수용 타일이 있다.

(2) 타일의 종류

명 칭	특 징
정방형 타일	① 정방형타일이라 함은 클링커타일이나 모자이크타일을 제외한 벽 혹은 타일용 백색, 유색타일을 말한다. ② 크기는 4.5[cm]각, 5.5[cm]각, 7.5[cm]각, 15[cm]각 등의 여러 가지 타일이 있는데 도기타일은 사용 후 표면에 잔금이 생긴다.
스크래치 타일	① 스크래치타일은 겉이 긁어져 있는 것같이 만든 6[cm]×21[cm]의 벽돌 길이 방향과 같은 크기의 것으로 외장용이다. ② 시유타일과 무유타일이 있으며 먼지가 앉는 것이 흠이다.
클링커 타일	① 클링커타일은 소과타일을 말하는데 평지붕, 현관 등에 적합하다. ② 크기는 18[cm] 두께는 약 2.5[cm]. 석기질로 모양을 낼 수 있고 식염유를 발라 진한 다갈색이다. ③ 표면의 모양은 장식효과뿐 아니라 미끄럼막이로도 유효하다.
논슬립 타일 18. 9. 15 기	① 논슬립타일은 계단디딤판 끝에 붙여 미끄럼막이를 하는 것으로 크기는 6×11[cm], 7.5×15[cm], 9×15[cm] 것이 있다. ② 원료에 점토를 쓰지 않고 카보런덤 가루를 구워서 만든 것을 알런덤타일(Alundum tile)이라 하며 최고급품이다.
모자이크 타일	① 모자이크타일은 1.8[cm]각, 4[cm]각이 많은데 바닥용이 주이므로 자기질이고 색은 여러 가지이다. ② 내외벽용으로도 쓰인다. ③ 모자이크타일 중에서 11[mm]의 정도의 것을 아크모자이크 또는 라스모자이크라고도 한다. ④ 모양이나 그림을 표현할 수도 있다.

합격예측

chamotte(샤모트)의 특성

(1) 정의

점토를 한 번 구워 분쇄한 것을 chamotte라 하며, 가소성을 조절할 때 사용한다.

(2) 종류

① 가소성 조절용 : 샤모트, 규석, 규사
② 용융성 조절용 : 장석, 석회석, 알칼리성 물질 등
③ 내화성 증대용 : 고령토

합격예측

벽돌의 품질 결정에 가장 중요한 것은 압축강도와 흡수율이다.

Q 은행문제

1. 타일의 소지(素地)중 규산을 화학성분으로 한 석영 · 수정 등의 광물로서 도자기 속에 넣으면 점성을 제거하는 효과가 있으며, 소지 속에서 미분화하는 것은?

① 고령토
② 점토
③ 규석
④ 납석

정답 ③

2. 점토제품의 원료와 그 역할이 올바르게 연결된 것은?

① 규석, 모래 - 점성 조절
② 장석, 석회석 - 균열방지
③ 샤모트(chamotte) - 내화성 증대
④ 식염, 붕사 - 용융성 조절

정답 ①

3. 건물 바닥용 제품에 해당되지 않는 것은? 18. 3. 4 기

① 염화비닐 타일
② 아스팔트 타일
③ 시멘트 사이딩 보드
④ 리놀륨

정답 ③

합격예측

위생도기의 구비조건

① 자토 또는 양질도토로 만들어진다.
② 욕조, 대변기, 소변기, 세면기 등을 말한다.
③ 흡수성이 가장 작고 내산성, 알칼리성이어야 한다.
④ 위생도기는 표면에 흠이 없고 깨끗하며 아름답다.

합격예측

벽돌의 구분

① 완전연소로 소성한 벽돌 : 붉은벽돌
② 불완전연소로 소성한 벽돌 : 검정벽돌

Q 은행문제

1. 타일에 관한 설명으로 옳지 않은 것은?
① 타일은 점토 또는 암석의 분말을 성형, 소성하여 만든 박판제품을 총칭한 것이다.
② 타일은 용도에 따라 내장타일, 외장타일, 바닥타일 등으로 분류할 수 있다.
③ 일반적으로 모자이크타일 및 내장타일은 습식법, 외장타일은 건식법에 의해 제조된다.
④ 타일의 백화현상은 수산화석회와 공기중 탄산가스의 반응으로 나타난다.

정답 ③

2. 내약품성, 내마모성이 우수하여 화학공장의 방수층을 겸한 바닥 마무리로 가장 적합한 것은?
① 에폭시 도막방수
② 아스팔트 방수
③ 무기질 침투방수
④ 합성고분자 방수

정답 ①

합격예측

점토색상

① 점토의 색상은 철산화물, 석회물질에 의해 나타난다. 20. 8. 22 기
② 철산화물이 많으면 적색, 석회물질이 많으면 황색을 띤다.

5. 테라코타(Terra-cotta) 23. 6. 4 기

(1) 개 요

① 석재 조각물 대신에 사용되는 장식용 점토 제품이다.
② 버팀벽, 주두, 돌림띠 등에 장식적으로 사용되는 일이 많은데 속을 비게 하여 가볍게 만든다.
③ 복잡한 모양의 것은 형틀에 묽은 점토를 부어 넣어서 만든다.

(2) 특 징

① 건축에 쓰이는 점토 제품으로는 가장 미술적인 것으로서 색채도 석재보다 자유롭다.
② 일반 석재보다 가볍고, 압축강도는 800~900[kg/m^2] 로서 화강암의 1/2 정도이다.
③ 화강암보다 내화력이 강하고 대리석보다 풍화에 강하므로 외장에 적당하다.

6. 기타 점토 제품 16. 3. 6 산

종 류	원 료	소성온도[℃]	흡수율	성 질	제 품
토기류	연와토 혈암점토	790~ 1,000	크다	① 회백색, 적갈색의 불투명이다. ② 취약성이 있어 강도가 부족하다.	벽돌, 기와, 토관
석기류	석암점토	1,160~ 1,350	작다	① 유색 불투명이고 경도가 크다. ② 시유, 소성하면 방수성이 크고 견고해진다.	토관, 오지기와, 도기
도기류	도토	1,100~ 1,230	작다	① 백색 불투명 경질이며 시유, 소성하면 광택이 생긴다. ② 방수성도 증가된다	위생도기, 도기타일
자기류	자토	1,230~ 1,460	작다	① 백색 반투명, 견고하다. ② 투명유약을 쓰면 바탕의 무늬를 투명하게 나타낼 수 있다	자기질 타일, 고급 도자기류

7. 본드 브레이커(Bond breaker)

① U자형 줄눈에 충전하는 실링재를 밑면에 접착시키지 않기 위해 붙이는 테이프
② 3면 접착에 의한 파단을 방지하기 위한 것

석재 및 점토

출제예상문제

출제예상문제는 복습, 예습문제로 엮었습니다. *WHY : 실제시험에도 순서에 관계없이 출제됩니다. 예습 후 다음장에 공부한 문제가 있으면 기억이 배가 됩니다.

01 ★★ **다음 석재의 용도로서 연결이 잘못된 것은?**

① 점판암 – 지붕이음용 ② 대곡석 – 바닥용
③ 화강암 – 외장용 ④ 대리석 – 장식용

해설

화강암은 구조재와 내외장식재로, 대리석은 내부장식재로 쓰인다.

보충학습

대곡석

① 흡수성이 크고 내구성이 작다.
② 용도는 특수 장식재나 경량 골재 내화재 등에 사용한다.

02 ★★★ **내화벽돌 중에서 산성내화벽돌의 종류가 아닌 것은?**

① 다이나스 내화벽돌 ② 샤모트 내화벽돌
③ 탄소내화벽돌 ④ 내화점토벽돌

해설

탄소내화벽돌

① 중성내화벽돌의 일종이다.
② 내화벽돌은 내화점토를 구워서 만든 것이며 높은 온도를 요하는 장소에 쓰인다.

03 ★★★ **다음 이형벽돌의 설명에서 틀린 것은?**

① 처음부터 특수한 용도에 맞도록 만든 것이다.
② 형상이 다른 벽돌과는 다른 벽돌이다.
③ 창 입구, 천장 등 특수 구조부에 쓰인다.
④ 경량이며 소리와 열의 차단용으로 사용된다.

해설

① 경량이고 소리와 열의 차단용으로 사용되는 것은 경량벽돌이다.
② 이형벽돌은 특수한 모양으로 처음부터 나오는 벽돌이다.

04 ★★ **다음 다공질벽돌의 설명에서 틀린 것은?**

① 톱질이나 못박음이 가능하다.
② 벽돌의 비중은 1.2~1.7 정도이다.
③ 중앙에 공동이 있어 가볍고 단열성에 효과가 있다.
④ 점토에 30~50[%]의 분말, 톱밥 등을 혼합하여 소성하면 이들이 열간 다공질이 된다.

해설

① 다공질벽돌 중앙에 공동이 있고 단열성, 방음성이 있는 벽돌은 공동벽돌(hollow block)이다.
② 다공질벽돌은 비중이 작고 강도도 약하다.

05 ★★ **타일을 만들 수 없는 점토는?**

① 석암점토 ② 도토
③ 법랑점토 ④ 자토

해설

(1) 석암점토 : 기와, 벽돌, 토관 등을 만든다.
(2) 점토의 성질
 ① 비중은 2.5~2.6이다.
 ② 화학성분은 내화성, 소성변형, 색채 등에 영향을 준다.

06 ★★★★ **타일(tile)의 소성온도는?**

① 1,000~1,300[℃] ② 1,200~1,500[℃]
③ 1,400~1,700[℃] ④ 1,600~1900[℃]

해설

타일의 소성온도

① 타일의 소성 초벌구이 온도는 900~1,000[℃]이다.
② 타일의 재벌구이 온도는 1,250~1,300[℃] 정도이다.

[정답] 01 ② 02 ③ 03 ④ 04 ③ 05 ① 06 ①

제4편

07 ★★ 위생도기는 어떤 점토로 만들어지는가?

① 내화점토　② 연화점토
③ 석암점토　④ 도토 및 자토

해설

위생도기
① 자토 또는 양질도토로 만들어진다.
② 욕조, 대변기, 소변기, 세면기 등을 말한다.
③ 흡수성이 적고 내산, 내알칼리성이어야 한다.
④ 위생도기는 표면에 흠이 없고 깨끗하며 아름답다.

08 ★ 천연재료가 아닌 것은?

① 석면　② 테라조
③ 트래버틴　④ 철평석

해설

(1) 테라조
　① 상벌모르타르에 백색 페인트, 대리석, 안료를 쓴 것이다.
　② 표면은 물갈기 마감한 인조대리석판이다.
　③ 종석(돌알)은 대리석 부스러기로 사용한다.
(2) 트래버틴은 대리석의 일종이다.

09 ★★ 암면을 30[%] 이상 배합한 것으로 강도가 크며 두께 5~3[mm], 크기는 100×100인 판은?

① 암면판　② 암면흡음판
③ 암면펠트　④ 인조석판

해설

암면
① 불연성의 접착제이다.
② 판모양으로 굳은 것이다.
③ 안산암, 사문암 등을 원료로 한다.
④ 열이나 음향의 차단재로 광범위하게 쓰인다.

10 ★★ 암면 원료에 속하지 않는 것은?

① 이판암　② 현무암
③ 안산암　④ 사문암

해설

암면 원료의 종류
① 현무암　② 안산암　③ 사문암　④ 광재(slag)

참고 문제 9번 해설 참조

11 ★★ 토관에 대한 설명 중에서 틀린 것은?

① 토관은 전답토와 같은 저급토를 사용하여 1,000[℃] 이하로 소성하고 도관은 양질점토를 1,000[℃] 이상 소성한다.
② 토관은 흡수성이 있어야 한다.
③ 가장 많이 사용되는 형은 곡관, 변곡관, 지부관 등이 있다.
④ 배수관, 배선관, 연통 등에 사용되는 도관토관을 말한다.

해설

토관
① 토관은 흡수성이 없어야 한다.
② 용도는 배수용, 하수도용에 쓰인다.

12 ★★★ 기와를 만드는 데 사용되는 원료는?

① 자토　② 도토
③ 석암점토　④ 저급점토

해설

기와의 특징
① 기와를 만드는 데 쓰이는 원료는 최저급점토로서 취약성이 있고 강도가 부족하다.
② 저급점토를 700~900[℃]로 소성하여 만든다.

13 ★★★ 기와의 질을 검사하는 방법 중 가장 좋은 것은?

① 단면으로 판정　② 색으로 판정
③ 흡수율의 검사　④ 두드려 음으로 판정

해설

기와의 질을 검사하는 방법
① 흡수율을 검사하는 방법이 가장 좋은 방법이다.
② 기와의 색깔은 바르는 유약의 종류에 따라 달라진다.

[정답] 07 ④　08 ②　09 ①　10 ①　11 ②　12 ④　13 ③

14 ★★★ 화강암의 종류 중에서 연결이 잘못된 것은?

① 갈색 화강암 : 풍화에 의하여 전체에 갈색물이 생긴 것이다.
② 소립 화강암 : 외관적 의장효과는 적으나 내마모성이 좋다.
③ 흑화강암 : 입자가 크고 풍화가 잘되며 특수장식용으로 사용한다.
④ 도색 화강암 : 장석에 1[%] 정도의 Fe_2O_3를 포함한 것이다.

해설

흑화강암
① 흑운모를 다량 함유한 것이다.
② 화강암은 석질이 견고하며 풍화 작용이나 마멸에 강하다.
③ 화강암의 압축강도는 1,500[kg/cm²] 정도이다.

15 ★★ 석재에 관한 기술 중 틀린 것은?

① 화강암은 내구력이 크고 용도가 넓으나 내화력이 작다.
② 안산암은 화강암보다 대재를 얻기 쉬우나 생산력이 작다.
③ 대리석은 화강암보다 흡수율이 작으나 외장용으로는 내구력이 작다.
④ 응회암은 일반적으로 경질이나 내화성이 크다.

해설

석재
① 석재 안산암은 화강암보다 대재를 얻을 수 없다.
② 화강암이 석재가 제일 많고 안산암이 다음이다.
③ 조각을 필요로 하는 곳에 안산암이 사용된다.

16 ★★★★ 운모계 광석이며, 1,000[℃]까지 가열팽창시켜 체적이 5~6배로 된 다공질적 경석인 것은?

① 석회석(lime stone)
② 질석(vermiculite)
③ 안산암(andesite)
④ 인조석판

해설

질석
① 운모계 사문암계 광석으로 800~1,000[℃]로 가열 팽창시켜 사용한다.
② 5~6배로 팽창이 되어 비중이 0.2~0.4인 다공질 경석이다.
③ 단열, 흡음, 보온, 내화성이 우수하다.

17 ★★ 보통 콘크리트용 쇄석의 원석으로서 가장 부적당한 것은?

① 현무암 ② 안산암
③ 석회암 ④ 응회암

해설

석회암(lime stone)
① 연질의 수성암이므로 콘크리트용 골재로서 부적당한다.
② 주성분은 탄산석회($CaCO_3$)로서 회백색이다.
③ 석재는 부적당하며 시멘트 원료로 이용된다.

18 ★★ 대리석은 어떤 암석이 변성된 것인가?

① 이판암 ② 점판암
③ 응회석 ④ 석회암

해설

대리석
① 석회암이 변성 결정화한 것으로 주성분은 $CaCO_3$이다.
② 염산 등에 약하다.
③ 치밀 견고하며 광택이 나므로 장식용 석재 중에는 가장 고급재이다.

19 ★★★★ 점토 제품의 제조과정순서로 옳은 것은?

① 원토처리 → 반죽 → 성형 → 시유 → 건조 → 소성
② 원토처리 → 반죽 → 성형 → 건조 → 소성 → 시유
③ 원토처리 → 반죽 → 성형 → 건조 → 시유 → 소성
④ 원토처리 → 반죽 → 성형 → 소성 → 시유 → 정제

해설

점토 젯법
원토처리 → 원료배합 → 반죽 → 성형 → 건조 → 소성 → 시유 → 소성
└──→ (시유)→소성

[정답] 14 ③ 15 ② 16 ② 17 ③ 18 ④ 19 ③

제4편

20 ★★★★ 점토 원료인 샤모트(chamotte)의 사용처는?

① 가소성 조절용 ② 용융성 조절용
③ 내화성 증대용 ④ 표면시유제

해설

Chamotte

① 점토를 한 번 구워서 분쇄한 것을 말한다.
② 점성(가소성)조절제로 쓴다.

21 ★★★ 점토 제품에서 S·K란 번호는?

① 소성온도를 표시하는 것
② 제품의 종류를 표시하는 것
③ 점토의 성분을 표시하는 것
④ 소성하는 가마를 표시하는 것

해설

① S·K 번호는 1886년 H.Seger가 고안했다.
② 1908년 Simonis가 개량한 것이다.
③ 여러 가지 온도에 연화되도록 만들어진 59종의 각추가 있다.
④ 추의 번호로 소성온도를 나타낸다.

22 ★ 점토재료 품질시험으로 적당치 않은 것은?

① 벽돌 : 흡수율과 압축강도
② 기와 : 흡수율과 인장강도
③ 타일 : 흡수율
④ 내화벽돌 : 내화도

해설

타일의 종류

① 자기질타일
② 석기질타일
③ 도기질타일

참고 ① 건설안전기사 필기 p.5-37(표 : 시멘트기와의 규격)
② 건설안전기사 필기 p.5-70(3. 기와의 품질시험)

KEY ▶ 2018년 9월 5일 출제

보충학습

점토기와(KS F 3510)의 품질시험종목(건설공사 품질관리 업무지침)

① 겉모양 및 치수
② 흡수율
③ 휨 파괴 하중
④ 내동해성

23 ★★ 점토 제품에 관한 기술 중 옳은 것은?

① 건축재료로 사용되는 토기에는 소성온도 800~1,000[℃]로 만든 흡수성이 큰 기와·벽돌·토관 등이 있다.
② 점토질 내화벽돌은 S·K 35 이상의 산성내화 벽돌이다.
③ 테라코타의 특성은 일반석재보다 가볍고 압축강도는 400~600[kg/cm^2]이다.
④ 타일의 성형에는 프레스법과 압출법이 있으며, 프레스법은 건식이고 압출법은 습식제법이다.

해설

타일은 도토나 자토 또는 양질의 점토 등을 원료로 하여 두께 5[mm] 정도의 판형으로 만든 것이다.

24 ★★ 다음 재료 중 점토로 만든 것은?

① 슬레이트 ② 테라코타
③ 흄파이프 ④ 리노타일

해설

테라코타

① 건물의 부벽, 돌림띠, 기둥머리 등의 장식용으로 쓰인다.
② 공동으로 된 점토소성제품이다.
③ 속을 비게 하여 가볍게 만든다.

25 ★★★ 테라코타(terra cotta)의 특성으로 틀린 것은?

① 화강암이나 대리석보다 풍화에 약하다.
② 한 개의 크기는 제조와 취급상 0.5[m^2] 또는 0.3[m^2] 이하가 적당하다.
③ 건축에 쓰이는 제품으로서 가장 미술적인 것으로 색도 석재보다 자유롭다.
④ 일반석재보다 가볍고 압축강도는 800~900 [kg/cm^2]로서 화강암의 1/2 정도이다.

[정답] 20 ① 21 ① 22 ② 23 ④ 24 ② 25 ①

해설

테라코타

① 화강암이나 대리석보다 내화열에 강하고 풍화에도 강해서 외장에 적당하다.
② 석재 조각물 대신에 사용되는 점토소성제품이다.

26 ★★ 화강암의 화재로 인한 피해의 주요한 이유는?

① 화학적인 성분의 열분해작용
② 열전도율이 작을 때의 열응력의 발생
③ 조암광물의 종류에 의한 팽창계수의 차이
④ 용융상태

해설

화강암

① 조암광물의 종류에 의한 팽창계수의 차이에 의해서 피해가 온다.
② 기타 일반적인 석재의 화열에 의한 파손이다.

27 ★ 다음 석재 중 화성암에 포함되지 않은 것은?

① 안산암 ② 감람석
③ 부석 ④ 사암

해설

화성암의 분류

① 심성암 : 화강암, 섬록암, 반려암
② 화산암 : 안산암(휘석, 각섬, 운모, 석영)

28 ★★ 각종 석재 중 응회암은?

① 화강석 ② 철평석
③ 천연슬레이트 ④ 대곡석

해설

① 대곡석은 응회암의 대표적인 돌이다.
② 응회암, 사질응회암, 각력질응회암 등은 수성암에 포함된다.

29 ★ 석재의 경석은 압축강도 얼마 이상을 기준으로 하는가?

① 200[kg/cm^2] ② 400[kg/cm^2]
③ 600[kg/cm^2] ④ 800[kg/cm^2]

해설

압축강도에 의한 분류

① 연석 : 200[kg/cm^2] 이하
② 준경석 : 200~600[kg/cm^2]
③ 경석 : 600[kg/cm^2]

30 ★★★ 석재 중 마모가 큰 순서로 되어 있는 것은?

① 응회암 > 석회암 > 사암
② 석회암 > 사암 > 응회암
③ 석회암 > 응회암 > 사암
④ 사암 > 응회암 > 석회암

해설

석재 마모 순서

① 화강암, 안산암에 비하여 응회암이 가장 약하다.
② 석회암은 5배, 사암은 4배의 마모량을 나타낸다.

31 ★★★ 화강암에 가장 많이 함유된 성분은?

① 석영 ② 운모
③ 장석 ④ 휘석

해설

화강암의 함유 성분

① 석영 30[%]
② 장석 65[%]
③ 운모, 휘석, 각섬석

32 ★★★ 트래버틴(travertine)은 어떤 암석의 일종인가?

① 화강암 ② 안산암
③ 대리석 ④ 응회석

해설

트래버틴

① 대리석의 일종이다.
② 고급 실내장식재로 쓰인다.

[정답] 26 ③ 27 ④ 28 ④ 29 ③ 30 ① 31 ③ 32 ③

33 ★★★ 부석(浮石 : pumice stone)의 설명 중 틀린 것은?

① 부석은 경량골재로 사용된다.
② 부석은 다공질의 파리질로 된 것이다.
③ 비중은 0.7~0.8로서 화산에서 분출되는 암장이 급속히 냉각될 때 가스가 분출되면서 생성된 것이다.
④ 석회암이 변화되어 결정화된 것이다.

해설

부석
① 석재 중 가장 가벼워 경량 콘크리트 골재로 쓰인다.
② 내산성이 강하고 열전도율이 작다.
③ 화학공장의 특수 장치용이나 방열용에 쓰인다.

34 ★★★ 한수석이 건축용으로 적절한 용도는?

① 콘크리트 골재용
② 인조석 갈기용
③ 기와 대용 지붕재
④ 단열재

해설

한수석
① 인조석, 테라조에 쓰이는 잘게 부순 돌을 종석이라 한다.
② 화강석, 백화석(백색 한수석)이 그 대표적으로 대리석, 기타 자연석을 부수어 잔돌을 만든 것이다.

35 ★★ 암석을 구성하고 있는 3가지 중요한 광물은?

① 장석, 운모, 휘석
② 운모, 휘석, 석영
③ 휘석, 석영, 장석
④ 석영, 장석, 운모

해설

암석을 구성하는 중요한 광물 3가지
① 석영
② 장석
③ 운모
④ 기타 : 휘석, 각섬석, 감람석, 방해석

36 ★ 암석 중 결정질이 아닌 것은?

① 화강암 ② 안산암
③ 현무암 ④ 대리석

해설

현무암은 비결정질인 파리질 또는 유리질이다.

37 ★★ 석목(石目)의 주성분은?

① 석영 ② 장석
③ 운모 ④ 휘석

해설

석목
① 암석에서 서로 직교하는 3방향의 가장 쪼개지기 쉬운 면이다.
② 석목의 주성분은 장석이다.
③ 석목은 화강암에서 분명히 나타난다.

38 ★★ 석재의 공극률에 대한 사항 중 틀린 것은?

① 공극률이 클수록 흡수율이 크다.
② 공극률이 작을수록 열전도율이 크다.
③ 내화성은 공극률이 클수록 크다.
④ 표면이 평활할수록 결로 현상이 작다.

해설

석재의 공극률은 표면이 평활할수록 결로현상이 크다.

39 ★★★ 다음 석재의 흡수율의 순서로서 맞는 것은?

① 응회암 > 사암 > 안산암 > 화강암 > 대리석
② 사암 > 응회암 > 화강암 > 안산암 > 대리석
③ 화강암 > 안산암 > 응회암 > 사암 > 대리석
④ 대리석 > 화강암 > 사암 > 응회암 > 안산암

해설

흡수율
① 흡수율은 비중이 큰 것일수록 더 작다.
② 응회암 > 사암 > 안산암 > 화강암 > 대리석의 순이다.

[정답] 33 ④ 34 ② 35 ④ 36 ③ 37 ② 38 ④ 39 ①

40 ★★ 건축재료 가운데 압축응력도가 강한 순서로 나열된 것은?

① 콘크리트-화강암-벽돌-송재
② 콘크리트-송재-화강암-벽돌
③ 화강암-콘크리트-송재-벽돌
④ 화강암-송재-콘크리트-벽돌

해설

압축응력도
① 화강암 : 1,720[kg/cm^2]
② 콘크리트 : 500[kg/cm^2]
③ 송재 : 440[kg/cm^2]
④ 벽돌 : 200[kg/cm^2]

41 ★★★ 타일 붙임재료는 접착력이 강하여야 한다. 최소한 어느 정도 이상의 접착력을 가져야 하는가?

① 2[kgf/cm^2]　② 4[kgf/cm^2]
③ 6[kgf/cm^2]　④ 8[kgf/cm^2]

해설

타일의 검사방법
① 두드림검사 : 붙임 Mortar 경화 후 검사봉으로 두드려 보아서 들뜸, 균열발생 시 다시 붙인다.
② 타일은 600[m^2]당 1장씩 현장 접착력시험을 행한다.
③ 시험은 타일시공 후 4주 이상일 때 하고, 접착강도가 4[kgf/cm^2] 이상이어야 한다.

42 ★★ 주로 석기질 점토나 상당히 철분이 많은 점토를 원료로 사용하며, 건축물의 패러핏, 주두 등의 장식에 사용되는 공동의 대형 점토제품으로 가장 올바른 것은? 23. 6. 4 기

① 테라조　② 도관
③ 타일　④ 테라코타

해설

테라코타의 특징
① 석재보다 가볍고 색상이 다양하다.
② 미술품, 회화 등에 이용된다.
③ 압축강도는 800~900[kgf/cm^2]로 화강암의 1/2이다.
④ 화강암보다 내화력이 강하다.
⑤ 대리석보다 풍화에 강하므로 외장에 적당하다.

43 ★★ 다음의 인조석 및 석재가공제품에 대한 설명 중 틀린 것은?

① 테라조는 대리석, 사문암 등의 종석을 백색시멘트나 수지로 결합시키고 가공하여 생산한다.
② 에보나이트는 주로 가구용 테이블 상판, 실내벽면 등에 사용된다.
③ 페블스톤은 조약돌의 질감을 내지만 백화현상의 우려가 있다.
④ 초경량 스톤패널은 로비(Lobby) 및 엘리베이터의 내외장재로 사용된다.

해설

석재가공 제품
① 테라조 : 인조대리석, 백시멘트나 합성수지를 이용한 수지계 모조석(의석)을 만든다.
② 에보나이트(Ebonite) : 가황고무, 경질고무, 절연성, 화학적 저항성이 우수, 광택이 좋다.
③ 페블스톤(Pebble Stone) : 조약돌의 자연적 질감을 갖는 내·외부 마감재로 백화현상이 없다.

44 ★★ 골재의 조립률(Fineness Modulus)에 관한 설명 중 옳지 않은 것은?

① 모래보다 자갈의 조립률이 크다.
② 자갈의 조립률이 2.6~3.1이면 입도가 좋은 편이다.
③ 같은 골재라도 입경(粒徑)이 크면 조립률은 커진다.
④ 조립률을 구하기 위해서 체가름 시험방법을 활용한다.

해설

① 조립률(FM)= $\dfrac{\text{각 체에 남는 누계[\%]량의 합계}}{100}$
② 잔골재(모래)는 2.6~3.1 사이이면 조립률이 좋다.
③ 굵은골재(자갈)는 6~8 정도이면 조립률이 좋다.

[정답] 40 ③　41 ②　42 ④　43 ③　44 ②

제4편

금속재

중점 학습내용

건설안전기사/건설안전산업기사 합격을 위해서 다음 내용을 충실히 공부해야 한다.
1 금속종류 및 장·단점
2 강의 탄소(C) 함유량에 따른 물리적 성질 및 제 성질
3 강의 기계적 성질 중 응력, 연신율
4 비철금속 중 Al·Cu
5 금속 제품 중에서 리벳, 볼트, 듀벨의 용도는 필수이다.

시험에 출제가 예상되는 중심적인 내용은 다음과 같다.
❶ 금속재 일반
❷ 금속 제품

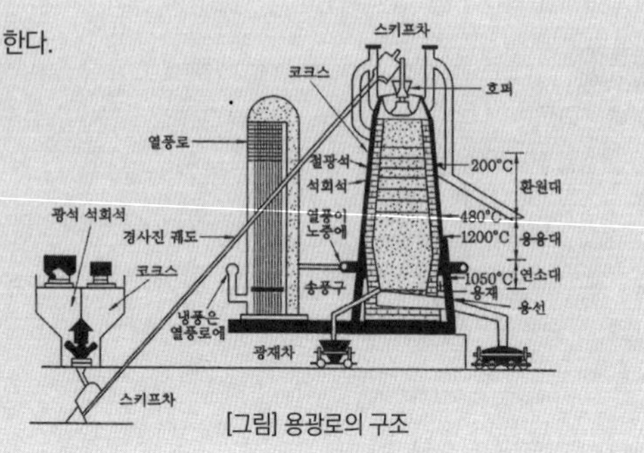

[그림] 용광로의 구조

합격날개

합격예측

철강의 제조공정
제철→제강→압연→가공

합격예측 20. 8. 23 산

① 알칼리에 약한 금속 : 동, 알루미늄, 아연, 납
② 해수에 약한 금속 : 동, 알루미늄, 아연

합격예측

용광로 내부에서 생기는 화학변화
① $3Fe_2O_3 + CO \rightarrow 2Fe_3O_4 + CO_2$
② $Fe_3O_4 + CO \rightarrow 3FeO + CO_2$
③ $FeO + CO \rightarrow Fe + CO_2$

1 금속재 일반

1. 개 요

① 금속재료는 철금속과 비철금속으로 크게 나뉜다.
② 철강, 알루미늄, 구리, 납, 주석, 아연과 이들의 합금이다.

2. 금속의 특징 16. 3. 6 기

(1) 장 점

① 열과 전기의 양도체이다.(열전도율이 크다.)
② 경도, 강도, 내마멸성이 크다.
③ 소성변형을 할 수 있으며 전연성이 풍부하다.
④ 금속 특유의 광택을 나타낸다.

(2) 단 점

① 비중이 크다.(대부분 7.0 이상이며 4.5 이상은 중금속이다.)
② 녹슬기 쉽다.(산화가 된다.)
③ 색채가 단조롭다.
④ 가공 시 가공비가 많이 든다.

3. 철강의 분류

(1) 개 요

① 철(Fe)은 자체만으로 너무 연하여 실용적이지 못하다.

② 공업용으로는 철 외에 탄소(C), 규소(Si), 망간(Mn), 인(P), 황(S)을 함유하고 특히 탄소량에 따라 여러 가지 성질을 나타낸다.

(2) 탄소강의 조직 성분

탄소의 함유량에 따라 선철(주철), 강, 연철(철)로 구분한다.

명 칭	C함유량[%]	녹는점[℃]	비 중	성 질
선(주)철 (Pig iron)	1.7~4.5	1,100~1,250	백선철 7.6 회선철 7.05	① 굳고 취약, 가열하면 고체에서 직접 용체로 변한다. ② 주조한 것이 주철이다.
강 (Steel)	0.04~1.7	1,450 이상	7.6~7.93	구조용 철재, 강도가 크고 열처리할 수 있다.
연철 (Wrought iron)	0.04 이하	1,480 이상	7.6~7.85	① 연하여 가공 용이하다. ② 극연강으로 취급하기 힘들다.

(3) 응력변형률, 인장강도

강재에 인장력을 작용시켜 인장응력과 변형과의 관계를 그래프로 나타낸 그림을 응력변형률 곡선이라 한다.

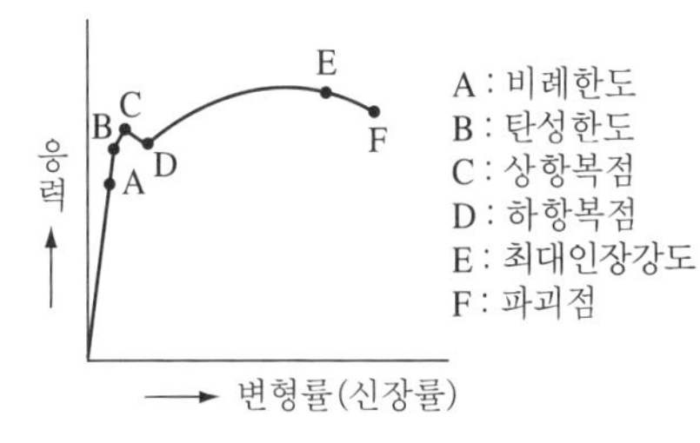

[그림] 응력변형률 곡선

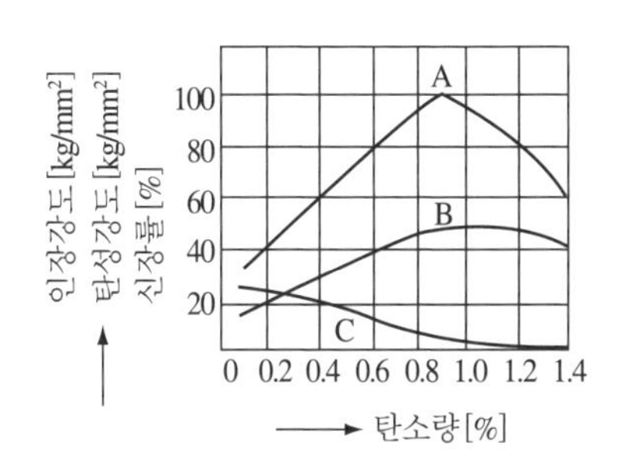

[그림] 탄소함유량에 따른 성질

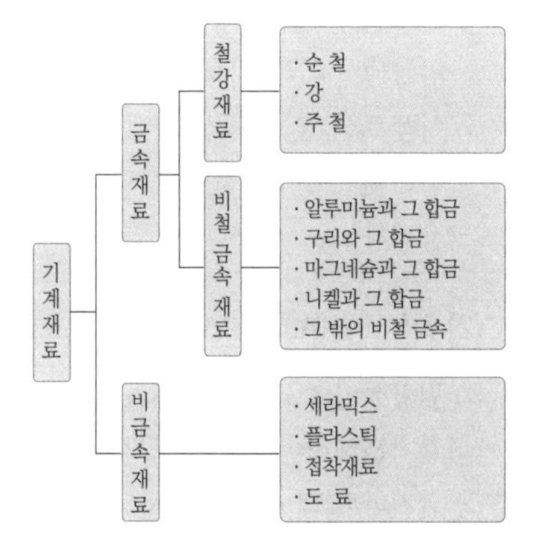

[그림] 기계재료 분류 17. 3. 5 산

합격예측

탄소함유량에 따른 강의 물리적 성질 16. 5. 8 산 18. 3. 4 기

일반적으로 강은 탄소함유량이 증가함에 따라 비중, 열팽창계수, 열전도율이 떨어지고 비열, 전기저항 등은 커진다.

합격예측

20. 8. 22 기

$$크리프계수 = \frac{크리프\ 변형량}{탄성\ 변형량}$$

합격예측

(1) 탄소량의 증가 시 변화

17. 3. 5 산

① 내장강도, 경도는 증가

② 신율, 수축률은 감소

(2) 강재의 인장강도 최대온도

250~300[℃]

합격예측

제강법의 종류

① 평로 제강법

② 전로 제강법

③ 전기로 제강법

④ 도가니로 제강법

⑤ 퍼들로 제강법

Q 은행문제

1. 강을 제조할 때 사용하는 제강법의 종류가 아닌 것은?

① 평로 제강법

② 전기로 제강법

③ 반사로 제강법

④ 도가니로 제강법

정답 ③

2. 건설용 강재(철근 등)의 재료시험 항목에서 일반적으로 제외되는 것은?

18. 3. 4 기

① 압축강도 시험

② 인장강도 시험

③ 굽힘 시험

④ 연신율 시험

정답 ①

16. 5. 8 산 18. 3. 4 기

합격예측

Al의 장점

① 가볍고 비중에 비해 강도가 크다.
② 열·전기전도율이 높고, 가공성이 우수하다.
③ 0.006[mm]까지의 박판이 가능하다.
④ 비중이 작다.(2.77로 철의 1/3이다.)
⑤ 공기중 산화알미늄 피막이 형성된다.
⑥ 녹슬지 않고, 기밀, 수밀성이 우수하다.

합격예측 23. 4. 1 지 23. 6. 4 기

단조가공

① 금속재료를 소성 유동하기 쉬운 상태에서 압축력 또는 충격력을 가하여 단련하는 가공
② 일반적으로 결정입자를 미세화하고, 조직을 균등하게 하여 강도나 인성을 좋게 하는 가공

합격예측 18. 3. 4 산 18. 9. 15 기 20. 6. 7 기

① 탄소함유량 0.9[%]까지는 인장강도, 경도는 증가한다.
② 0.85[%]에서 최대가 된다.

용어정의

① 석출 경화(Al의 열처리법) : 급랭으로 얻은 과포화 고용체에서 과포화된 용해물을 석출시켜 안정화시킴(석출 후 시간경과와 더불어 시효 경화됨)
② 인공 내식 처리법 : 알루마이트법, 황산법, 크롬산법

Q 은행문제

알루미늄 창호의 특징으로 가장 거리가 먼 것은? 17. 9. 23 기

① 동작이 자유롭고 기밀성이 우수하다.
② 도장 등 색상의 자유도가 있다.
③ 이중금속과 접촉하면 부식되고 알칼리에 약하다.
④ 내화성이 높아 방화문으로 주로 사용된다.

정답 ④

4. 강의 일반 열처리 16. 5. 8 기 17. 5. 7 기 19. 9. 21 기

구분 종류	열처리 방법	특징
불림(소준) (Normalizing)	강을 800~1,000[℃]로 가열한 후 공기 중에서 천천히 냉각시킨다.	① 강철의 결정입자가 미세화된다. ② 변형이 제거된다. ③ 조직이 균일화된다.
풀림(소둔) (Annealing)	강을 800~1,000[℃]로 가열한 후 노 속에서 천천히 냉각시킨다.	① 강철의 결정이 미세화된다. ② 결정이 연화된다.
담금질(소입) (Quenching)	강을 800~1,000[℃]로 가열한 후 물 또는 기름 속에서 급히 냉각시킨다.	① 강도와 경도가 증가한다. ② 탄소함유량이 클수록 담금질효과가 크다.
뜨임질(소려) (Tempering)	담금질한 후 다시 200~600[℃]로 가열한 다음 공기 중에서 천천히 냉각시킨다.	① 강의 변형이 없어진다. ② 강에 인성을 부여하여 강인한 강이 된다.

5. 비철금속 17. 3. 5 산

(1) 구리(Cu) 20. 6. 14 산 23. 6. 4 기

① 황동강($CuFeS_2$: 황동석)의 원광석을 용광로 또는 전로에서 거친 구리물로 만들고 이것을 전기분해에 의하여 구리로 정련한다.
② 구리는 연성과 전성이 크다.
③ 열이나 전기의 전도율이 크다.
④ 습기를 받으면 이산화탄소의 작용으로 부식하여 녹청색을 나타내는데 내부까지는 부식하지 않는다.
⑤ 건조한 공기중에서는 변화하지 않는다.
⑥ 암모니아, 알칼리성 용액에는 침식이 잘 된다.
⑦ 아세트산, 진한 황산 등에는 잘 용해된다.
⑧ 건축재료로서 지붕잇기, 홈통, 철사, 못, 철망, 온돌용 파이프 등의 제조에 사용된다.

(2) 알루미늄(Al) 16. 3. 6 산 17. 5. 7 산 17. 9. 23 산 18. 3. 4 산 20. 9. 27 기

① 원광석인 보크사이트(Bauxite)로 순수한 알루미나(Al_2O_3)를 만들고 이것을 전기분해하여 만든 은백색의 금속이다.
② 전기나 열의 전도율이 높다.
③ 전성과 연성이 풍부하며 가공이 용이하다.

④ 공기중에서 표면에 산화막이 생겨 내부를 보호하는 역할을 하므로 내식성이 크다.
⑤ 산, 알칼리에는 약하다.
⑥ 콘크리트에 접할 때에는 방식처리를 해야 한다.
⑦ 방식법으로 알루마이트(Alumite) 처리를 한다.
⑧ 용도는 지붕잇기, 실내장식, 가구, 창호, 커튼의 레일 등에 쓰인다.

(3) 알루미늄합금

① 대표적인 것은 두랄루민(Duralumin)이다.
② 알루미늄에 구리 4[%], 마그네슘 0.5[%], 망간 0.5[%]를 넣은 것이다.
③ 두랄루민은 보통 온도에서 균열이 생기고 압연되지 않으나 430~470[℃]의 온도에서 압연이 된다.
④ 염분이 있는 바닷물에는 부식이 잘되는 결점이 있다.
⑤ 비중 2.7, 인장강도 40[kg/mm^2]이다.

(4) 주석(Sn) 18. 4. 28 기

① 청백색의 광택이 있다.(주조성, 단조성 우수)
② 전성과 연성이 풍부하다.
③ 내식성이 크고 산소나 이산화탄소의 작용을 받지 않는다.
④ 유기산에 거의 침식되지 않는다.
⑤ 공기중이나 수중에서 녹지 않으나 알칼리에는 천천히 침식된다.
⑥ 식료품이나 음료수용 금속재료의 방식피복재료로 사용된다.

(5) 납(Pb) 17. 3. 5 기 17. 5. 7 산 18. 4.28 기 19. 9. 21 산

① 비중(11.34)이 크고 연하다.
② 주조 가공성 및 단조성이 풍부하다.
③ 열전도율은 작으나 온도의 변화에 따른 신축이 크다.
④ 알칼리에는 침식된다.
⑤ 송수관, 가스관, X선실, 방사선 차단 안벽붙임 등에 쓰인다.

(6) 아연(Zn)

① 연성 및 내식성이 양호하다.
② 공기중에서 거의 산화되지 않는다.
③ 습기 및 이산화탄소가 있을 때에는 표면에 탄산염이 생긴다.
④ 철강의 방식용 피복재로 사용된다.

합격예측

Al의 단점

① 강도 탄성계수가 낮다. (강의 1/2~2/3 정도)
② 알칼리, 해수에 침식된다.
③ 콘크리트, 회반죽에 부식된다.
④ 열팽창계수가 크다. (철과 콘크리트의 약 2배)
⑤ 용융점이 낮다. (640[℃] 정도)
⑥ 이질금속과 접촉하면 부식된다.

합격예측

강의 물리적 성질 18. 9. 15 산

강의 탄소함유량이 증가함에 따라, 비중, 열전도율, 열팽창계수 등은 감소하고 비열 및 전기저항 등은 증가한다.

Q 은행문제

1. 스테인리스강에 대한 설명으로 옳지 않은 것은?
① 강도가 높고 열에 대한 저항성이 크다.
② 먼지가 잘 끼고 표면이 더러워지면 청소가 어렵다.
③ 크롬(Cr)의 첨가량이 증가할수록 내식성이 좋아진다.
④ 전기저항성이 크고 열전도율이 낮다.

정답 ②

2. 은백색의 굳은 금속원소로서 불순물이 포함되면 강해지는 경향이 있으며, 스테인리스강보다 우수한 내식성을 갖는 합금은? 17. 3. 5 기
① 티타늄과 그 합금
② 연과 그 합금
③ 주석과 그 합금
④ 니켈과 그 합금

정답 ①

제4편

합격예측

황동(놋쇠,Brass)의 특징

① 동+아연(15~45[%])의 합금
② 연성이 크고, 황색이다.
③ 구리보다 단단하다.
④ 주조가 잘되고 외관이 아름답다.

합격예측

청동(Bronze)의 특징 18. 4. 28 산 20. 8. 22 기

① 구리+주석(5~12[%])의 합금
② 강도, 내식성이 크다.
③ 청담색이고 창호, 장식철물, 미술품으로 사용되고 가공이 쉽다.

합격예측

스테인리스강(stainless steel)의 특징 16. 3. 6 기

① stain(녹)+less(없음)의 의미를 담고 있다.
② 스테인리스강은 '녹이 생기지 않는 강'이란 뜻이다.
③ 스테인리스강도 녹이 전혀 발생하지 않는 것은 아니므로 엄밀하게는 '녹 발생이 어려운 강'으로 생각된다.
④ 설명한 것처럼 Fe에 Cr을 첨가한 고합금강이고 내식성을 향상시키는 목적으로 크롬 또는 크롬과 니켈을 함유시킨 합금, 일반적으로는 크롬 함유량이 약 11[%] 이상인 강을 스테인리스강이라 한다.
⑤ 조직에 의해 마텐자이트계, 페라이트계, 오스테나이트계, 오스테나이트-페라이트계, 석출경화계의 5종류로 분류한다.
⑥ 내열강으로 사용되고 있는 12[%] Cr강은 스테인리스강이라고 하지는 않으며, 일반적으로 스테인리스강의 Cr 양은 13[%] 이상이다.
⑦ STS304의 용도 : 내외장제

(7) 니켈(Ni)

① 전성과 연성이 좋다.
② 내식성이 커서 공기, 습기에 산화되지 않는다.
③ 주로 도금하여 장식용으로 쓰일 뿐이며 대부분은 합금하여 사용한다.

(8) 양은

① 구리, 니켈, 아연의 합금이다.
② 화이트브론즈(White bronze)라고 한다.
③ 색깔이 아름답고 내산, 내알칼리성이 있어 문짝, 전기기구 등에 쓰인다.

2 금속 제품

1. 구조용 강재

(1) 형강의 구분

① 압연롤러로 특수한 단면으로 압연한 강재이다.
② 종류에는 L형강, I형강, T형강, H형강, ㄷ형강 등이 있다.
③ 용도로는 철골 구조물, 철골철근 콘크리트 구조물에 사용한다.

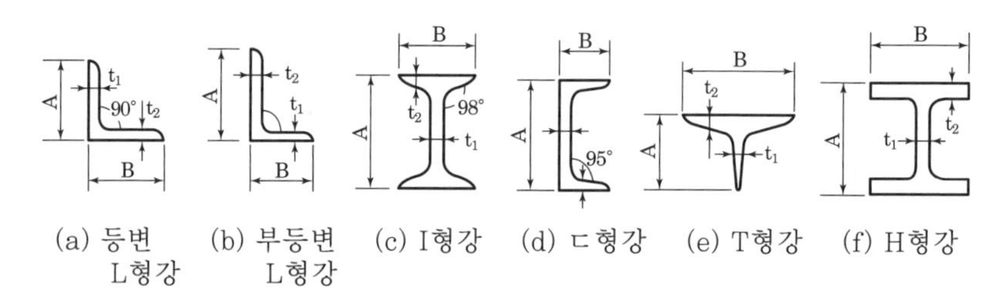

[그림] 형강의 종류

[표] 형강의 규격 치수의 보기[단위 : mm]

종 류	A×B	t	t_1	t_2
등변 L형강	40×40~250×250	3~35		
부등변 L형강	90×75~150×100	7~15		
I형강	100×75~600×190		5~16	8~35
ㄷ형강	75×40~380×100		5~13	7~20
T형강	40×40~100×150	6~12.5		
H형강	100×50~912×302		4.5~45	7~70

(2) 봉강

① 단면이 원형으로 된 것 이외에 사각, 육각 등이 있다.

② 철근 콘크리트 구조에 쓰이는 봉강에는 원형철근과 이형철근이 있다.

③ 이형철근은 철근의 부착강도를 높이기 위하여 표면에 마디를 만든 것이다.

(3) 강판

① 강괴를 롤러에 넣어 압연하여 판으로 만든 다음 마무리 롤러에 걸어 두께 0.15~150[mm], 나비 1~3.6[m]로 마무리한 것이다.

② 후판은 두께 3[mm] 이상(철골건축물, 교량, 기계 등), 큰 치수로는 나비 4~5[m], 길이 25[m]가 되는 것도 있으며 박판은 두께 3[mm] 이하이다.

(4) 강관 및 주철관

① 강관은 용도에 따라 배관용 탄소강 강관, 일반 구조용 탄소강 강관 등이 있으며 급배수, 난방, 전기공사 등의 건축설비공사 및 강관비계, 받침기둥 등의 가설용 재료로 쓰인다.

② 주철관은 강관에 비하여 저항력이 약하여 구부릴 수는 없으나 내식성은 강관보다 크므로 급배수관에 사용된다.

(5) 경량형강 16. 3. 6 기

① 열간압연에 의한 보통의 형강과는 달리 얇은 강판을 냉간성형하여 여러 가지 단면형상으로 만든 형강이다.

② 판두께는 1.6~4.5[mm](일부 6[mm]도 있다)이다.

(6) PC강재

① 프리스트레스트(Prestressed) 콘크리트에 쓰이는 특수 성상의 강재를 총칭한다.

② 고탄소강을 반복해서 냉간, 인발가공하여 가는 줄로 만든 것으로 철근에 비해 4~6배의 강도를 가진 고인장강이며 신장률이 작다.

③ 단면은 원형으로 되어 있다.

④ 종류는 PC강선의 단선으로 된 것과 PC강 연선(Strand)을 2줄 이상 꼬아서 만든 것이 있다.

⑤ PC강선의 응력변형률 곡선은 직선부분이 없고 전부 곡선이다.

⑥ 영구변형이 0.2[%]로 되는 응력을 항복점이라 한다.

(7) PC강봉

① 10[mm] 이상의 강재를 팽팽하게 당겨두고 콘크리트에 프리스트레스를 주게 한 특수 강봉을 PC강봉이라 한다.

② 재질에 실리콘(Si), 망간(Mn) 성분이 포함되어 있다.

③ 인장강도 90~140[kg/mm^2]이며 항복강도 65~110[kg/mm^2]이고 신장률 5~8[%]이다.

합격예측

금속의 이온화 경향

① 금속이 전해질 용액 중에 들어가면 양이온으로 되려고 하는 경향이 있다. 이러한 대소를 금속의 이온화 경향이라고 한다.

② 큰 순서 18. 9. 15 기
K>Ca>Na>Mg>Al>Zn>Fe>Ni>Sn>Pb>Cu

합격예측

열 및 전기전도율

순금속	20[℃]에서의 열(전기)전도율 [cal/cm^2·s·℃]
Ag	1.0
Cu	0.94
Au	0.71
Al	0.53
Zn	0.27
Ni	0.22
Fe	0.18
Pt	0.17
Sn	0.16
Pb	0.083
Hg	0.0201

합격예측

미끄럼막이(Non-slip)

① 계단, 디딤판 끝에 대어 미끄러지지 않게 하는 철물을 말한다.

② 황동제, 타일제품, 석재, 접착 sheet 등 다양하다.

Q 은행문제

초고층 인텔리전트 빌딩이나, 핵융합로 등과 같이 강력한 자기장이 발생할 가능성이 있는 철골 구조물의 강재나, 철근 콘크리트용 봉강으로 사용되는 것은?

① 초고장력강
② 비정질(Amorphous)금속
③ 구조용 비자성강
④ 고크롬강

정답 ③

2. 구조용 긴결철물

(1) 리벳(Rivet)

① 형강, 평강 등의 긴결용이다.
② 종류는 둥근머리리벳, 냄비머리리벳, 접시머리리벳, 둥근접시머리리벳, 나사리벳 등이 있다.
③ 지름은 6~40[mm]까지 있으나 건축용으로는 16, 19, 22[mm]의 것이 많이 쓰인다.
④ 나사리벳은 창호, 가구, 전기용으로 쓰인다.

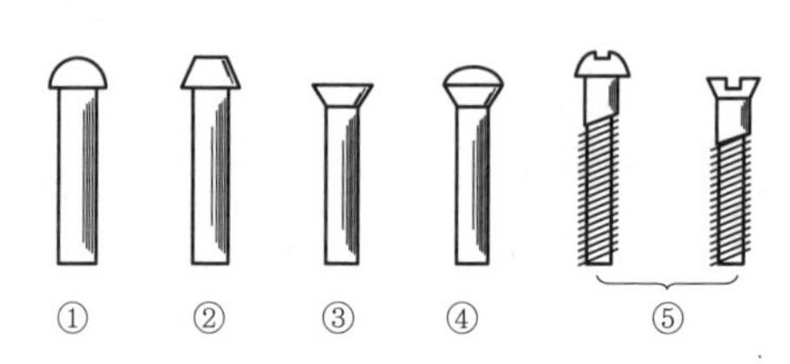

[그림] 리벳의 종류

(2) 볼트(Bolt)

① 종 류
㉮ 재질에 따라 흑볼트, 중볼트, 상볼트로 구분한다.
㉯ 형상에 따라 양나사볼트, 외나사볼트, 갈고리볼트, 주걱볼트, 가시볼트 등이 있다.
㉰ 이 밖에 리벳 대신 쓰이는 고장력볼트 등이 있다.

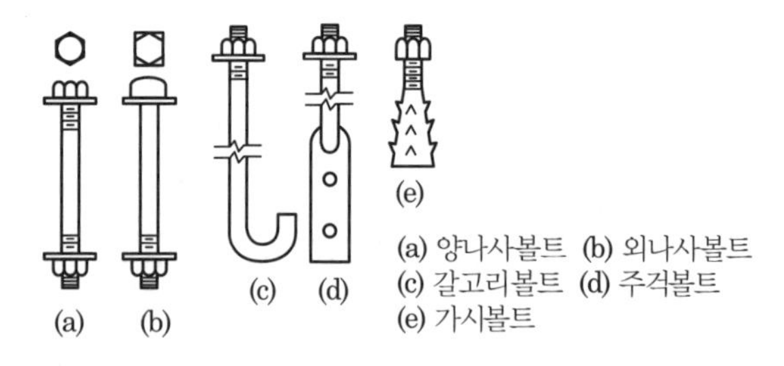

[그림] 볼트의 종류

(3) 듀벨 16. 5. 8 ㉾

목재이음을 할 때에 접합부의 어긋남을 방지하기 위해 볼트 죔과 같이 사용한다.

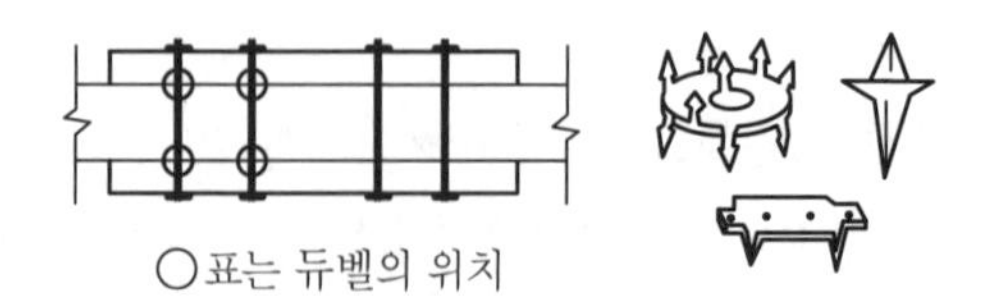

[그림] 듀벨과 그 사용(예)

합격예측

리벳 · 볼트재질
① 리벳, 철골의 형강재, 철근 등은 연강(탄소함유량 0.08~0.2[%])을 사용한다.
② Boltsk Sheet Pile(철재널말뚝), 등은 반경강(탄소함유량 0.2~0.5[%])을 사용한다.

합격예측

강의 제조법
구조용 강재는 원광석을 고로에서 용융하여 선철을 만들고 다시 평로, 전로 또는 전기로에서 정제하여 강괴로 만든 것을 소요형태의 구조용 강으로 압연성형한 압연강재가 주로 사용된다.

합격예측

철의 부식
① 철은 공기 중의 습기, 탄산가스와 결합하여 녹이 발생한다.
② 철은 산에는 부식되고 알칼리에는 부식되지 않는다.
③ 이종금속이 접촉하면 이온화 경향이 큰 금속이 부식된다.(이온화 경향이 큰 순서 : K > Ca > Na > Mg > Al > Mn > Zn > Fe > Ni > Sn > Pb > H > Cu > Hg > Ag > Au)
④ 철강은 바닷물속에서는 빨리 부식된다.
⑤ 철강은 물과 공기에 교대로 접촉시키면 부식이 더 빠르다.
⑥ 땅 속과 물 속에서는 공기 중보다 부식이 덜 된다.

3. 박판 선재 및 그 가공품

(1) 박판류와 그 가공품 22. 3. 5 기

① 박강판 : 종류 ┬ 흑판 : 압연판
　　　　　　　　└ 마판 : 냉간압연하여 표면을 평활하게 마무리한 것

② 두께 16[mm] 이하의 판. 바탕에 페인트칠을 하거나 아연도금, 주석도금을 하거나 법랑을 올려 사용한다.

③ 아연철판은 막강판에 ~~용융~~아연도금을 한 것으로 함석이라 한다.

④ 제품 ┬ 평판 : 914×1,829[mm]
　　　 └ 골판 : 골함석이라 한다.

⑤ 두께는 번(#)으로 표시하며 번수가 작을수록 두껍다.

⑥ 보통 16~32번이 가장 많이 쓰이며, 지붕, 홈통재료 등에 사용된다.

[표] 주철의 분류

<table>
<tr><th>분류</th><th colspan="2">명칭</th><th>주요 성분[%]</th><th>특징 및 용도</th></tr>
<tr><td>보통주철</td><td colspan="2">회주철</td><td>C : 3.0~3.6
Si : 1.5~2.6</td><td>대표적인 주철, 가정용 기기에서 일반 기계부품까지 용도가 넓다.</td></tr>
<tr><td>강인주철</td><td colspan="2">펄라이트 주철
(개량 회주철, 고급주철)</td><td>C : 2.8~3.1
Si : 1.4~1.8</td><td>보통주철보다 강도·인성이 크다 : 대형부품, 엔진부품 등에 사용</td></tr>
<tr><td rowspan="6">특수주철</td><td colspan="2">합금주철</td><td>Mn, Si, Ni, Cr, Mo, V, Al, Cu 등</td><td>인성을 강화한 주철</td></tr>
<tr><td colspan="2">구상 흑연 주철</td><td>C : 3.2~4.0
Si : 2.0~3.0
Mg : 0.04~0.08</td><td>탄소강과 유사한 강도와 인성 : 기어, 크랭크축, 캠 등에 사용</td></tr>
<tr><td colspan="2">칠드주철</td><td></td><td>표면층이 단단하고 내마모성 우수</td></tr>
<tr><td rowspan="3">가단
주철</td><td>흑심
가단 주철</td><td>C : 2.2~3.0
Si : 0.8~1.3
Mn : 0.2~0.35</td><td>인성 양호 : 자동차부품, 철도부품, 관류, 송전선부품 등에 적용</td></tr>
<tr><td>펄라이트
가단 주철</td><td>C : 2.2~3.0
Si : 0.8~1.3
Mn : 0.2~0.35</td><td>강도 및 내마모성 양호 : 크랭크축, 캠축</td></tr>
<tr><td>백심
가단 주철</td><td>C : 2.8~3.2
Si : 0.6~0.8
Mn : 0.2~0.4</td><td>가단성 : 자전거 부품 등</td></tr>
</table>

합격예측 17. 5. 7 기

강의 열처리 종류 4가지

① 풀림(소둔) : 결정의 미세화, 조직의 연질화
② 불림(소준) : 결정의 미세화, 조직의 균질화
③ 뜨임질(소려) : 충격강도 증가, 연성, 인성을 개선
④ 담금질(소입) : 경도 및 강도 증가

합격예측

코너비드

기둥, 벽 등의 모서리에 대어 미장바름을 보호하는 철물

합격예측 17. 9. 23 기 19. 9. 21 산 20. 6. 14 산

철의 방식(부식 방지법) 20. 8. 22 기 22. 4. 24 기

① 서로 다른 금속은 인접 또는 접촉시키지 않는다.
② 균질한 것을 선택하고 사용할 때 큰 변형을 주지 않도록 주의한다.
③ 표면을 평활, 청결하게 하고 건조상태를 유지한다.
④ 부분적인 녹은 빨리 제거한다.
⑤ 큰 변형을 받은 것은 풀림하여 사용한다.
⑥ 철의 표면을 아연, 주석 등 내식성이 있는 금속으로 도금한다.
⑦ 철의 표면에 피막을 만든다.
⑧ 철의 표면을 방청도료, 아스팔트, 콜타르로 칠한다.
⑨ 철의 표면을 모르타르, 콘크리트로 피복한다.

Q 은행문제

철재의 표면 부식방지 처리법으로 옳지 않은 것? 17. 5. 7 기

① 유성페인트, 광명단을 도포
② 시멘트 모르타르 피복
③ 마그네시아 시멘트 모르타르로 피복
④ 아스팔트, 콜타르를 도포

정답 ③

합격예측

바닥용 줄눈대(황동줄눈대)

① 인조석 테라조갈기에 쓰이는 황동압출재로 I자형이다.
② 두께 4~5[mm], 높이 12[mm], 길이 90[cm]가 표준이다.
③ 사용 목적은 Crack 방지, 보수용이, 바닥바름 구획의 조정용으로 사용한다.

합격예측

철망(Wire lath)

① 원형, 마름모, 갑형 등 3종류가 있다.
② 철선을 꼬아서 만든 것으로 벽, 천장의 미장공사에 쓰인다.

Q 은행문제

1. 장부가 구멍에 들어 끼어 돌게 만든 철물로서 회전창에 사용되는 것은?
① 크레센트
② 스프링힌지
③ 지도리
④ 도어체크

정답 ③

2. 건축용 접착제로서 요구되는 성능에 해당되지 않는 것은? 22. 4. 24 기
① 진동, 충격의 반복에 잘 견딜 것
② 취급이 용이하고 독성이 없을 것
③ 장기부하에 의한 크리프가 클 것
④ 고화 시 체적수축 등에 의한 내부변형을 일으키지 않을 것

정답 ③

[표] 평판의 치수[단위 : mm]

호칭	길이	나비	호칭	길이	나비
3×6	1,829	914	2.5×5	1,524	762
3×7	2,134	914	2.5×6	1,824	762
3×8	2,438	914	2.5×7	2,134	762
3×9	2,743	914	2.5×8	2,438	762
3×10	3,048	914	2.5×9	2,743	762
1×2	2,000	1,000	2.5×10	3,048	762

4. 구리판 및 황동판

① 표면처리 상태에 따라 양면마판, 한면마판, 흑판 등으로 분류한다.
② 크기 300[mm]×600[mm]~1,250[mm]×2,500[mm] 등이 있다.
③ 용도
　㉮ 구리판 : 지붕, 홈통재료 등
　㉯ 황동판 : 장식 가공품 등

5. 알루미늄판 18. 3. 4 기

① 순도가 높은 것은 내식성이 크고 빛이나 열의 반사성이 커서 지붕잇기 재료로 적당하다.
② 가공품은 흡음판, 새시 등으로 쓰인다.

6. 메탈라스(Metal lath) 17. 9. 23 산 22. 4. 24 기

① 박강판에 일정한 간격으로 자른 자국을 많이 내고 이것을 옆으로 잡아당겨 그물코 모양으로 만든 것이다.
② 바름벽 바탕에 사용한다.

7. 펀칭메탈(Punching metal)

① 두께 1.2[mm] 이하의 박강판을 여러 가지 무늬 모양으로 구멍을 뚫어 만든 것이다.
② 용도는 환기구멍, 방열기덮개 등으로 쓰인다.

8. 코너비드(Corner bead) 16. 3. 6 산 16. 5. 8 기 18. 3. 4 산

① 미장공사에서 기둥이나 벽의 모서리 부분을 보호하기 위하여 쓰는 철물이다.
② 재질은 아연철판, 황동판 제품 등이 쓰인다.

9. 기 타

① 조이너, 금속타일, 천장판 등이 있다.

② 조이너는 아연철판, 황동판을 여러 가지 모양으로 프레스하여 만든 것이다.

③ 바닥, 벽, 천장 등에 인조석, 보드류를 붙여 댈 때 이음줄눈으로 사용하며 길이는 보통 180[cm] 정도이다.

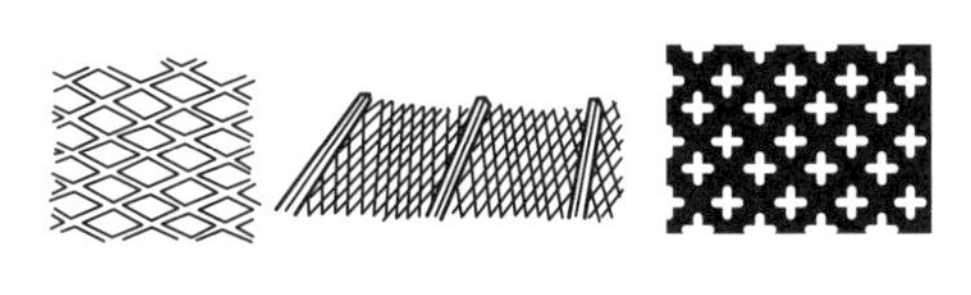

(a) 메탈라스 (b) 펀칭메탈

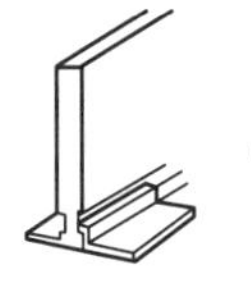

(c) 줄눈불꽃 (d) 코너비드

[그림] 박강판 가공품

보통경첩

바닥붙이식 도어스톱

돔형 도어스톱

벽붙이식 도어스톱

갈고리도어홀더(바닥붙이식)

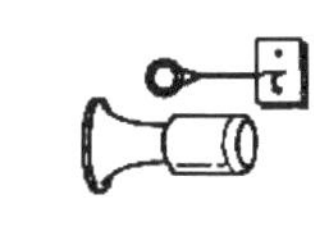

갈고리도어홀더(벽붙이식)

크레센트 19. 9. 21 기 23. 9. 2 기

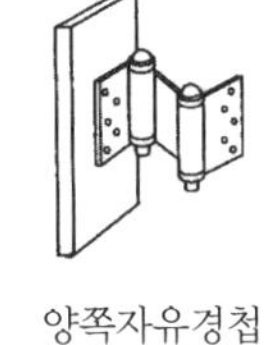

양쪽자유경첩

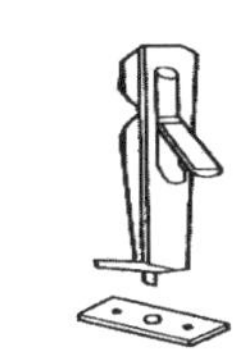

오르내리 꽂이식

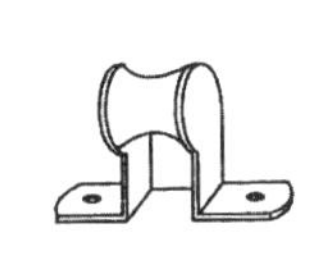

도드래

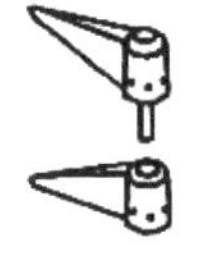

들쩌귀

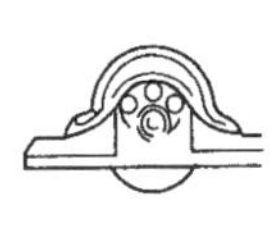

호차

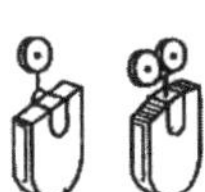

도어 행거

오목손걸이

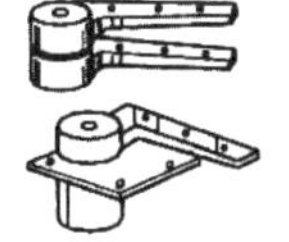

피벗 힌지

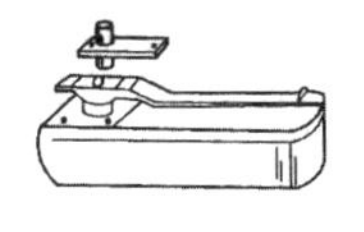

플로어 힌지

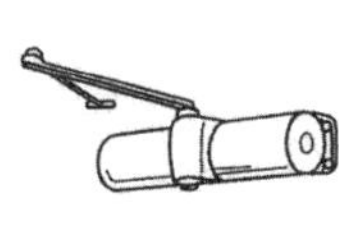

도어 클로저

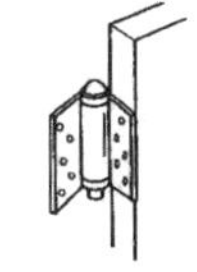

자유경첩

손걸이

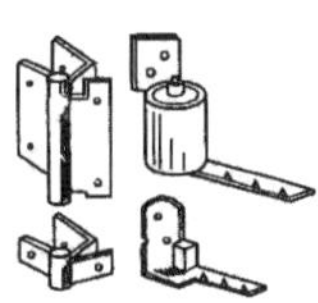

레버터리 힌지

[그림] 창호철물

합격예측

인서트(Insert)

① 달대를 매달기 위한 수장철물로 Concrete 바닥판에 미리 묻어 놓는다.

② 철근, 철물, Pin, Bolt 등도 사용된다.

익스팬션 Bolt

① 삽입된 연결 Plug에 나사못을 채운 것이다.

② 인발력 : 270~500[kgf] 정도이다.

참고

벽, 천장, 바닥용 줄눈대(Joiner) 20. 6. 7 기

아연도금 철판제, 경금속재, 황동제의 얇은 판을 프레스한 길이 1.8[m] 정도의 줄눈가림재로, 이질재와의 접촉부에 사용한다.

Q 은행문제

건축물의 창호나 조인트의 충전재로서 사용되는 실(seal)재에 대한 설명 중 옳지 않은 것은?

① 퍼티 : 탄산칼슘, 연백, 아연화 등의 충전재를 각종 건성유로 반죽한 것을 말한다.

② 유성 코킹재 : 석면, 탄산칼슘 등의 충전재와 천연유지 등을 혼합한 것을 말하며 접착성, 가소성이 풍부하다.

③ 2액형 실링재 : 휘발성분이 거의 없어 충전 후의 체적변화가 적고 온도변화에 따른 안정성도 우수하다.

④ 아스팔트성 코킹재 : 전색재로서 유지나 수지 대신에 블로운 아스팔트를 사용한 것으로 고온에 강하다.

정답 ④

금속재

출제예상문제

출제예상문제는 복습, 예습문제로 엮었습니다. *WHY : 실제시험에도 순서에 관계없이 출제됩니다. 예습 후 다음장에 공부한 문제가 있으면 기억이 배가 됩니다.

01 ★★★★

재료 시험에서 직접 측정 인장강도의 계산식은?(단, T : 인장강도[kg/cm²], P : 최대하중[kg], A : 원단면적[cm²])

① $T = P \cdot A$[kg/cm²] ② $T = P - A$[kg/cm²]

③ $T = \frac{P}{A}$[kg/cm²] ④ $T = \frac{A}{P}$[kg/cm²]

해설

인장강도시험

① 인장강도시험에는 만능 인장시험기(universal testing machine)가 이용되고 있다.
② 기타 인장 전용의 쇼퍼(Schopper)시험기를 사용하는 경우도 있다.
③ 인장시험의 목적은 재료의 인성, 강도, 연신율 등을 알기 위함이다.

02 ★★

반복시험에서 반복하중의 가력속도는?

① 1분간 1,000~3,000회 정도
② 1분간 10,000~30,000회 정도
③ 1초간 1,000~3,000회 정도
④ 상황에 따라 10~30회 정도

해설

반복하중

① 반복하중 재료에 따라 $1 \times 10^5 \sim 10^8$ 정도의 일정 횟수를 정하여 놓고 그 횟수에서 파괴되지 않는 응력변동의 최대범위를 측정한다.
② 1분간의 반복하중의 가력속도는 1,000~3,000회 정도이다.

03 ★★★

공사에 사용되는 재료의 품질을 검사하여 구조물의 질을 확보하기 위하여 실시하는 자재시험은?

① 검사시험 ② 관리시험
③ 선정시험 ④ 감리시험

해설

건설공사의 품질검사와 구조물 질의 확인은 관리시험이다.

04 ★★★

강의 경도와 내마모성이 필요한 공구를 만들 때의 열처리방법은?

① 소둔 ② 소준
③ 소입 ④ 소려

해설

소입(담금질 : quenching)

① 칼끝 및 날 등은 강을 물에 급랭하면 경도 및 내마모성이 증대한다.
② 담금질은 경도를 증가함이 목적이다.

05 ★★★

다음 철의 종류 중 탄소량이 가장 많은 것은?

① 선철 ② 강
③ 연철 ④ 순철

해설

철의 C 함유량

① 선철(주철) : 1.7~4.5[%] ② 강 : 0.04~1.7[%]
③ 연철 : 0.04[%] 이하 ④ 순철 : 0[%]

06 ★★

철강재 중 급배수용 철관에 사용하는 것은?

① 연철 ② 주철
③ 강철 ④ 순철

해설

주철(cast iron)

① 주철의 용도는 각종 기구, 기계의 부속품, 라디에이터, 장식용 제품, 급배수용 철판, 맨홀 등에 사용한다.
② 종류는 보통주철, 가단주철, 주강 등이 있다.

[정답] 01 ③ 02 ① 03 ② 04 ③ 05 ① 06 ②

07 ★★ 와이어로프(wire rope)에 관한 사항 중 틀린 것은?

① 엘리베이터, 크레인, 케이블카 등에 쓰인다.
② PC강선을 7~61가닥 합하여 꼰 것이다.
③ 로프심으로 마승을 넣는다.
④ 로프심으로 연강선을 넣은 것도 있다.

해설

로프(rope)
① 자승을 6본 합하여 꼰 것이다.
② 자승은 7~61가닥 꼰 것이 있다.

08 ★★ 목재비계를 조립할 때 사용하는 철선은?

① 보통철선
② 열처리철선
③ 아연도금철선
④ 경강철선

해설

열처리철선
① 연강철선을 열처리하여 사용한다.
② 비계조립 시 보통철선은 연강선재를 상온에서 제선기에 넣어서 뽑아낸다.

09 ★★★ 비철금속에 관한 설명 중 옳지 않은 것은?

① 동(copper)에 아연을 합금시킨 것이 황동으로 일반적인 황동은 아연함유량이 40[%] 이하이다.
② 구조용 알루미늄합금은 4~5[%]의 동을 함유하므로 내식성이 좋다.
③ 주로 합금재료로 쓰이는 주석은 유기산에는 거의 침해되지 않는다.
④ 아연은 철강의 방식용에 피복재로서 사용할 수 있다.

해설

황동(놋쇠)
① 구리에 아연을 10~40[%] 정도 넣어 만든 합금이다.
② 구리보다 단단하고 주조 및 가공이 용이하다.
③ 기계적 내식성이 크고 외관이 아름답다.

10 ★★★★ 휨강도의 계산식은?(단, M : 파괴하중에서 산출한 최대휨모멘트[kg·cm], Z : 시험 전 공시체 단면에서 구한 단면계수[cm³])

① 휨강도 $=\dfrac{M}{Z}$[kg/cm²]
② 휨강도 $=M\cdot Z$[kg/cm²]
③ 휨강도 $=\dfrac{B}{M}$[kg/cm²]
④ 휨강도 $=M+Z$[kg/cm²]

해설

최대휨모멘트를 단면계수로 나눈 값이다.

11 ★★★ 순철의 성질 중에서 부적당한 것은?

① 비중은 7.87이다.
② 용융점은 1,535[℃]이다.
③ 인장강도가 3,000[kg/cm²]이다.
④ 단면이 은백색이다.

해설

순철(pure iron)
① 순철의 인장강도 18~25[kg/mm²] 정도이다.
② 순철의 용도는 전기철심 등에 사용되며 기계재료로는 부적당하다.

12 ★★★ 강의 탄소함유량이 몇 [%]일 때 인장강도 및 경도가 최대에 도달하는가?

① 0.3[%] ② 0.5[%]
③ 0.7[%] ④ 0.9[%]

해설

① 인장강도는 탄소가 0.9[%]일 때 최대이고 넘으면 감소한다.
② 경도는 0.9[%]일 때 최대이고 그 이상은 일정하다.

[정답] 07 ② 08 ② 09 ② 10 ① 11 ③ 12 ④

13 ★★ 철골로 쓰이는 형강의 가공법은?

① 인발법 ② 주조법
③ 압연법 ④ 단련법

해설

압연법

① 강괴(steel ingot)를 가열하여 불순물을 제거하고 조직을 치밀하게 한 후 소요 치수로 분리한다.
② 강괴를 재가열하여 압연기에 넣어 고온압연하여 소요의 형상과 치수로 제조한 것이다.

14 ★★ 두께가 1.6~3.2[mm]의 띠강을 적당한 구멍으로 만들어 곡재로 사용한 것은?

① PC강재 ② 익스팬드 형강
③ 메탈라스 ④ 경량형강

해설

익스팬드 형강

① 띠강에 철선을 넣어 확대하면서 냉간가공한 것이다. 두께는 1.6~3.2[mm]의 범위이다.
② 단면적이 형강에 비하여 3.04배의 단면 2차 모멘트를 가지게 되어 대곡력 부재를 쓸 때는 극히 유효하다.

15 ★ 굵은 보통철선을 격자형으로 짜서 각 접점을 전기용접하여 콘크리트 보강재로 사용하는 것은?

① metal lath ② wire lath
③ punching metal ④ wire mesh

해설

① lath류는 모르타르 바탕 보강재로 쓴다.
② 펀칭메탈은 장식용 커버에 쓴다.
③ 와이어메시는 바닥용 콘크리트 보강재로 쓴다.

16 ★★ 재료의 기술 중 사용용도가 적당치 않은 것은?

① 메탈라스는 0.6[mm] 정도의 박판에 구멍을 뚫어 목조 천장의 미장바탕에 사용한다.
② 조이너는 계단디딤판 모서리에 보강 및 미끄럼막이 금속으로 아연도금철판, 알루미늄판, 놋쇠판 등이 있다.
③ 인서트는 9[mm] 철근을 사용하여 콘크리트 슬래브에 묻어 천장 달대받이용으로 사용한다.
④ 스크루앵커는 콘크리트 구조에 삽입된 금속의 플러그(plug)에 나사못을 박은 것이다.

해설

조이너(joiner)

① 천장이나 내벽, 판유리 접합부를 가리기 위하여 아연 도금철판, 알루미늄판, 놋쇠판 등으로 20~30[mm] 넓이의 덮개를 만들어 붙이는 것이다.
② 모양은 사용 개소에 따라 알맞게 무늬나 몰딩(molding)을 넣어서 장식효과를 가지게 된다.

17 ★★ 철에 대한 기술 중 틀린 것은?

① 탄소강은 탄소량이 증가함으로써 인장강도는 상승한다.
② 탄성한도는 탄소량의 증가에 의하여 상승한다.
③ 강의 휨은 탄소량이 적을수록 크다.
④ 탄소량의 증가에 의한 그 탄소강의 신축은 적어진다.

해설

① 탄소량이 0.9[%]일 때 인장력이 최고가 되고, 탄소량이 그 이상으로 증가하면 인장강도는 낮아진다.
② C의 함유량이 증가하면 경도는 상승한다.

18 ★★ 다음의 각종 시험에 사용하는 기구와 사용 개소의 조합 중 옳지 않은 것은?

① 슈미트테스트해머(Schmidt test hammer) - 철골리벳시험
② 페니트로미터(penetrometer) - 토질시험
③ 공기량 측정기(Air Meter) - 콘크리트시험
④ 다이얼게이지(Dial Gauge) - 지내력시험

해설

슈미트테스터해머는 콘크리트 강도측정용 기구이다.

[정답] 13 ③ 14 ② 15 ④ 16 ② 17 ① 18 ①

19 ★★ 금속 제품에 대한 설명 중 옳지 않은 것은?

① 법랑철판은 0.6~2.0[mm] 두께의 저탄소 강판을 760~820[℃]로 유기질 유약을 소성한 것으로 욕조, 주방용품 등에 쓰인다.
② 리벳으로 조여지는 판두께는 리벳지름의 10배 이하라야 한다.
③ 와이어메시(wire mesh)의 철선굵기는 2.6~6[mm] 정도의 것으로 격자형으로 짜서 정점을 용접한 것으로 콘크리트 보강용으로 많이 쓴다.
④ 익스팬드(expand) 형강은 띠강에 철선을 넣어 확대하면서 냉간가공한 것으로 대곡력 부재로 쓸 때 극히 유효하다.

해설

① 리벳으로 조여지는 판두께는 리벳지름의 5배 이하라야 한다.
② 5배 이상 사용 시 강도에 견디지 못한다.

20 ★★ 콘크리트가 금속에 주는 영향을 설명한 것 중 틀린 것은?

① 아연(Zn)은 약간 침식된다.
② 동(Cu)은 약간 침식된다.
③ 철(Fe)은 부식되지 않는다.
④ 납(Pb)은 침식되지 않는다.

해설

납(Pb)은 콘크리트에 침식되므로 아스팔트로 보호해야 한다.

21 ★★★ 코너비드와 가장 관계가 깊은 것은?

① 기둥의 모서리 ② 변소 칸막이
③ 형틀 ④ 계단 손잡이

해설

코너비드(corner bead)

① 미장공사의 벽 모서리의 줄을 곧게 할 목적으로 철판, 놋쇠판 등을 구부려 각을 만들고 양측에 메탈라스로 날개를 붙인 것이다.
② 벽의 모서리 부분을 보호하기 위하여 쓰는 철물이다.

22 ★★ PC강선 중 피아노선의 지름은 몇 [mm] 이하인가?

① 9[mm] ② 12[mm]
③ 15[mm] ④ 18[mm]

해설

선과 봉의 분류

① 10[mm] 이하의 강선을 피아노선이라 말한다.
② 10[mm] 이상을 강봉이라 한다.

23 ★★★ 다음 중 PC강재에 속하는 것은?

① 피아노선 ② 용접봉
③ 연강선 ④ 강판

해설

피아노선의 특징

① PS 콘크리트에 쓰이는 특수 성상의 강재의 총칭이고 여기서는 PC 강선, 꼬임강선, PC 강봉의 3종류가 있다.
② 지름 10[mm] 이하의 강선을 피아노선이라 한다.
③ 철근에 비해 4~6배의 강도를 가진 고인장강이며, 신장률이 작다.

제4편

24 ★★ 용접봉의 성분이 아닌 것은?

① 탄소 ② 망간
③ 철 ④ 청동

해설

용접봉의 성분

① 산화철(Fe) 이외에 탄소(C) 0.01[%], 규소(Si) 0.03[%], 망간(Mn) 0.35[%]~0.65[%], 인(P) 0.02[%], 황(S) 0.02[%] 등으로 구성되어 있다.
② 청동은 Cu + Sn의 합금이다.

25 ★ 내식성이 높아서 녹이 생기지 않는 특수강은?

① 스테인리스강 ② 탄소강
③ 니켈강 ④ 크롬강

해설

스테인리스강

① 철 + 니켈 + 크롬으로 결합된 것으로 인장강도, 인성, 내식성이 높다.
② 용도는 공구, 기계재료로 적합하다.
③ 녹이 발생하지 않는다.

[정답] 19 ② 20 ④ 21 ① 22 ① 23 ① 24 ④ 25 ①

26 ★★ 구리가 침식되지 않는 것은

① 암모니아 ② 초산
③ 알칼리 ④ 염산

해설

Cu(구리)

① 암모니아, 알칼리에는 약하다.
② 초산(아세트산), 황에는 녹기 쉬우나 염산에는 강하다.

27 ★★★ 강의 경도를 증가시키기 위한 열처리 방법은?

① 뜨임 ② 풀림
③ 불림 ④ 담금질

해설

강의 일반 열처리

① 불림 : 결정입자에서 조직균질화가 목적이다.
② 풀림 : 강의 결정 미세 및 연화가 목적이다.
③ 담금질 : 경도증가가 목적이다.
④ 뜨임 : 인성증가가 목적이다.

28 ★★ 다음 재료시험 중 탄성계수를 구할 때 변형측정에 이용하는 기구 중 가장 정밀도가 높은 것은?

① 다이얼게이지(dial gauge)
② 콤퍼레이터(comparator)
③ 마이크로미터(micrometer)
④ 와이어 스트레인 게이지(wire strain gauge)

해설

① ② ③은 선의 측정용 측정기이다.

29 ★ 크리프시험(creep test)에 관한 기술 중 틀린 것은?

① 목재의 기건재에서 압축크리프한도는 0.5×보통의 압축강도이다.
② 목재의 기건재에서 휨파괴계수의 크리프한도는 (0.4~0.5)×보통 휨파괴계수이다.
③ 크리프한도의 하중을 장시간 받는 목재의 변형은 압축의 5배이다.
④ 콘크리트의 크리프한도는 (0.8~0.9)×보통 압축강도이다.

해설

크리프시험

① 크리프한도의 하중을 장시간 받는 목재의 변형은 압축의 2배이다.
② 휨은 1.6~2배 정도이다.

30 ★★ 다음 중 선철의 원료가 아닌 것은?

① 철광석 ② 코크스
③ 석회석 ④ 광재(slag)

해설

광재

① 선철 제조 시 부산물로 생긴다.
② 철광석은 Fe의 함유량이 40[%] 이상을 말한다.

31 ★ 니켈강(Ni-Steel)은 철의 니켈함유량이 얼마 정도인가?

① 1.5~5[%] ② 3~10[%]
③ 10~15[%] ④ 15~25[%]

해설

니켈강(Ni)

① 니켈함유량이 1.5~5[%] 정도이다.
② 탄소함유량은 0.25~0.35[%] 정도이다.

32 ★★★ 양은의 합금은?

① Cu+Zn
② Cu+Ni+Zn+Sn
③ Al+Cu+Mn+Mg
④ Cu+Sn

해설

합금의 성분

① Cu+Zn : 황동(양은, 신주)
② Al+Cu+Mg+Mn : 두랄루민
③ Cu+Sn : 청동

[정답] 26 ④ 27 ④ 28 ④ 29 ③ 30 ④ 31 ① 32 ①

33 ★★ 주석을 입힌 철판은?

① 생철판 ② 도장철판
③ 프린트철판 ④ 법랑철판

해설

보통철판에 주석을 입힌 철판을 생철판이라 한다.

34 ★★ 알루미늄의 내식성에 관한 기술 중 옳은 것은?

① 순도가 높은 알루미늄은 내식성이 낮다.
② 구조용 알루미늄 합금은 강도가 크고 내식성도 우수하다.
③ 알루미늄 새시의 콘크리트 접촉 부분은 부식을 막기 위하여 광명단계 도료를 사용함이 좋다.
④ 알루미늄 합금은 강, 동 등 중금속과 접촉하면 전해작용을 일으킨다.

해설

알루미늄의 내식성
① 공기 중에 산화막이 생겨 내부를 보호하므로 내식성이 크다.
② 산, 알칼리에 약하므로 콘크리트 접합 시 방식처리를 한다.

35 ★★ 알루미늄새시에 관한 기술 중 옳지 않은 것은?

① 스틸새시에 비해 내화성이 약하다.
② 알칼리에 강하므로 설치 시 오염 염려가 없다.
③ 비중이 철의 약 1/3로 여닫음이 경쾌하다.
④ 녹슬지 않고 사용연한이 길다.

해설

알루미늄새시
① 알루미늄은 알칼리에 약하므로 접촉을 피하도록 한다.
② 징크크로메이트(zinc chromate) 등의 내식도료를 칠하여 보호조치를 하여야 한다.

36 ★★★ 비철금속에 대한 내용 중 틀린 것은?

① 황동(brass)은 동과 아연의 합금이며 강도는 크나 연성이 작고 아연 함유량이 증가될수록 색이 담황색으로 된다.
② 청동(bronze)은 동과 주석의 합금이며 대기중에서 내식성이 강하므로 옥외 장식재료와 창호철물재료로 적합하다.
③ 알루미늄의 성분은 $Al_2O_3 \cdot 2H_2O$, 열팽창계수는 철의 약 2배이고 강도와 탄성계수는 강의 1/2~2/3 정도이다.
④ 납은 염산이나 황산에는 작용하지 않으나 알칼리에 침식되므로 콘크리트에 접촉하여 사용하는 것이 적당치 못하다.

해설

황동
① 구리(Cu)+아연(Zn)의 합금이다.
② 구리에 아연을 10~40[%] 정도로 넣어 만든 합금이다.

37 ★★★ 불순물이 포함되면 강해지는 경향이 있으며, 스테인리스강보다 우수한 내식성을 갖는 합금은? 17. 3. 5 기

① 티타늄과 그 합금
② 연과 그 합금
③ 주석과 그 합금
④ 니켈과 그 합금

해설

티타늄(티탄)의 특징
① 내식성이 우수하다.
② 내열성이 좋다.
③ 냉간 가공 시 가공 경화율이 크다.
④ 티탄 합금은 강도가 크고 내식성이 우수하다.
⑤ 용도는 초음속 항공기의 몸체, 송풍기의 날개 등에 쓰인다.

[정답] 33 ① 34 ② 35 ② 36 ① 37 ①

Chapter 05 미장 및 방수재료

중점 학습내용

건설안전기사/건설안전산업기사 합격을 위해서 다음 내용을 충실히 공부해야 한다.
1 미장재료의 성질 및 구성요소
2 벽토(초벌, 재벌, 정벌)의 특징
3 아스팔트의 종류, 성질, 용도
4 아스팔트 방수와 시멘트 방수의 특징과 용도

시험에 출제가 예상되는 중심적인 내용은 다음과 같다.
❶ 미장재료
❷ 방수재료

CBT 합격날개

합격예측 16. 3. 6 산 20. 9. 27 기

수경성(水硬性) 재료
시멘트 모르타르, 석고 플라스터 등 물과 화학변화하여 굳어지는 재료

합격예측

(1) 리그노이드(Lignoid)
① 마그네시아 시멘트 모르타르에 탄성재료인 코르크분말, 안료 등을 혼합한 미장재료
② 주용도 : 바닥포장재

(2) 킨즈시멘트(keen's cement : 경석고 플라스터) 16. 5. 8 기 17. 3. 5 기 17. 9. 23 기·산 19. 9. 21 산 22. 4. 24 기
경석고에 백반 등의 촉진재를 배합한 것으로 약간 붉은 빛을 띤 백색을 나타내는 플라스터이다. 23. 9. 2 기
① 무수석고를 화학처리하여 만든 것으로 경화한 후 매우 단단하다.
② 강도가 크다.
③ 경화가 빠르다.
④ 경화 시 팽창한다.
⑤ 산성으로 철류를 녹슬게 한다.
⑥ 수축이 매우 작다.
⑦ 표면강도가 크고 광택이 있다.

1 미장재료

1. 개 요

① 건축물의 내외벽이나 바닥, 천장 속에 흙손 또는 스프레이를 이용하여 일정한 두께로 마무리하는 데에 사용하는 재료를 총칭해서 미장재료라 한다.
② 회반죽, 회사벽 반죽 등이 사용되었으나, 시공의 번거로움 때문에 현재는 석고 플라스터, 시멘트 모르타르, 인조석바름 등이 이용되고 있다.
③ 재료공법이 발달함에 따라 석고플라스터도 옛날에 비하여 그 사용범위가 점차 축소되어 가고 있다.
④ 시멘트계 미장재료만이 그 명맥을 오늘날 유지하고 있을 뿐이다.
⑤ 넓은 면적을 이음매 없이 마무리할 수 있다는 장점이 있으나, 반드시 물을 사용해야만 하는 습식재료이므로 공기의 단축이 어렵다.
⑥ 마무리 표면은 순전히 미장공의 기능에 의존해야 하는데, 숙련된 미장공이 그리 많지 않다는 단점이 있다.

2. 벽토의 종류 및 특징

(1) 초벌벽토

① 논, 밭에서 채취한 진흙을 체로 쳐서 물로 반죽하여 사용한다.
② 2~3일 후 모래와 6[cm]로 자른 짚여물을 섞어 이긴 것을 말한다.

(2) 재벌벽토

진흙을 물에 이겨 1주일 후 2[cm] 정도의 짚여물을 섞어 이긴 것을 말한다.

(3) 정벌벽토

① 점판암, 이판암 등의 풍화물과 2[cm] 정도의 짧은 짚여물을 쓴다.
② 회반죽바름 또는 회사벽바름을 하거나 바로 벽지 등을 바른다.

3. 회반죽의 종류 및 특징 17. 5. 7 산

(1) 석 회

① 석회는 천연석회석이나 조개껍데기를 구워서 만든다.
② 주성분은 탄산칼슘($CaCO_3$)이며, 순수한 것은 탄산마그네슘과 규산을 약간 함유하고 있다.
③ 900~1,300[℃] 정도 가열하면 생석회가 되며 이 과정을 하소라 한다.
④ 생석회는 비중이 3.0~3.15로서 물과 결합하면 소리와 열을 내면서 용적이 팽창하여 미세한 가루가 되는데 이 현상을 소화 또는 수산화작용이라 한다.
⑤ 소석회 또는 수산화칼슘[$Ca(OH)_2$]이라고 한다.
⑥ 소화법에는 습식법과 건식법이 있는데 전자는 점성 및 소성이 큰 양질의 석회죽을 만들 수 있고 후자는 분쇄한 생석회에 물을 뿌리는 방법이다.

(2) 돌로마이트 석회 16. 3. 6 기 16. 5. 8 산 17. 5. 7 기·산 18. 3. 4 산

① 백운석(Dolomite)을 원료로 하며 제조는 소석회와 같다.
② 탄산마그네슘을 상당량 함유하고 있으며 15~20[%]의 수산화마그네슘 [$Mg(OH)_2$]도 함유하고 있어 마그네슘석회라고도 한다.
③ 돌로마이트 플라스터의 원료가 된다.(기경성 : CO_2와 결합해서 경화) 17. 9. 23 산
④ 장점
　㉮ 소석회보다 비중이 크되 굳으면 강도가 크다.
　㉯ 점성이 높아 풀을 넣을 필요가 없다.
　㉰ 냄새, 곰팡이가 없고 변색되지 않는다.
⑤ 단점
　㉮ 건조수축이 커서 균열이 생기기 쉽다.
　㉯ 물에 약하다.

보충학습 20. 8. 23 산

회반죽의 주성분 : 소석회 + 모래 + 해초풀 + 여물

합격예측

기경성(氣硬性) 재료
소석회, 돌로마이트 플라스터, 진흙, 회반죽 등 공기 중 탄산가스와 반응하여 경화하는 재료

합격예측

결합재
시멘트 플라스터, 소석회, 합성수지 등 다른 미장재료를 결합하여 경화시키는 재료

합격예측

시멘트모르타르 미장바름 방법
① 실내의 미장바름 순서는 천장-벽-바닥 순이다.
② 초벌바름 후 1주 이상 방치하여 충분히 균열을 발생시킨 후 고름질하고 재벌바름을 한다.
③ 1회 바름두께는 6[mm]를 표준으로 한다.
④ 바닥은 1회 바름으로 마감하고 벽, 기타는 2~3회 나누어 바른다.(얇게 여러 번 바르는 것이 균열방지에 좋다.)
⑤ 모르타르의 배합용적비는 초벌, 재벌 모두 1 : 3의 배합으로 한다.

Q 은행문제

돌로마이트에 화강석 부스러기, 색모래, 안료 등을 섞어 정벌바름하고 충분히 굳지 않은 때에 표면에 거친솔, 얼레빗 같은 것으로 긁어 거친 면으로 마무리한 것은? 18. 4. 28 산
① 리신바름
② 라프코트
③ 섬유벽바름
④ 회반죽바름

정답 ①

합격예측

미장 및 뿜칠의 검사
① 시공면적 5[m^2] 당 1개소로 두께를 확인
② 뿜칠 시공의 경우 코어를 채취하여 두께 및 비중을 측정
③ 뿜칠 측정빈도는 각 층마다 또는 1,500[m^2] 마다 각 부위별로 1회씩 실시(1회 : 5개)

합격예측

혼화제

① 결합재의 결점, 즉 수축, 균열, 점성, 보수성 부족, 강도 등을 보완하고 응결경화시간을 조절하기 위한 재료이다.
② 작업성 증대, 방수, 방동의 저항성이 증대된다.

합격예측

① 해초풀의 역할 : 점성, 부착성증진, 보수성 유지, 바탕흡수 방지 19. 9. 21 산
② 외벽용 풀재료 : 청각채, 듬북, 은행초 등

합격예측

석고 플라스터와 돌로마이트 플라스터

구분	석고	돌로마이트
주성분	석고	마그네시아 석고
경화	빠르다	늦다
경도	높다	낮다
마감	희고 곱다	곱지못하다
도장	도장 가능	도장불가능
성질	중성	알칼리성
반응	수경성	기경성
가격	비싸다	싸다

합격예측

재료의 사용한도 기간

① 시멘트 모르타르 : 1시간 이내
② 회반죽 : 24시간 이내
③ 순석고 플라스터 : 즉시
④ 배합석고 플라스터 : 2시간 이내
⑤ 돌로마이트 플라스터 : 24시간 이후

Q 은행문제 17. 3. 5 기 18. 4. 28 기 22. 4. 24 기 23. 6. 4 기

미장공사의 바탕조건으로 옳지 않은 것은?

① 미장층보다 강도는 크지만 강성은 작을 것
② 미장층과 유해한 화학반응을 하지 않을 것
③ 미장층의 경화, 건조에 지장을 주지 않을 것
④ 미장층의 시공에 적합한 흡수성을 가질 것

정답 ①

(3) 석 고

① 천연석고와 화학석고 두 종류가 오늘날 많이 이용되고 있다.
② 석고는 180~190[℃]로 가열하면 결정수의 일부를 잃고 소석고가 된다.

$$CaSO_4 \cdot 2H_2O \rightarrow CaSO_4 \cdot nH_2O + (2-n)H_2O \uparrow$$

③ 소석고를 200[℃] 이상의 온도로 굽거나 가열시간이 너무 길어지면 모두 잃고 무수석고가 된다.
④ 약품처리 방법으로 만든 제품에 킨즈시멘트(Keen's cement)가 있다.

(4) 석고 플라스터 16. 5. 8 기 18. 9. 15 산

① 소석고는 물을 가한 다음 5~20분이 되면 체적이 팽창되면서 응결이 끝나므로 그대로 미장재료로 사용하기에 부적당하다.
② 석회, 돌로마이트 석회, 점토 등을 섞어 넣는데, 혼합 석고 플라스터는 미리 이러한 혼합제를 넣은 것이다.
③ 장점
㉮ 여물을 필요로 하지 않는다.(경화속도가 빠르다.)
㉯ 내부가 단단하며 방화성도 크다.(건조 시 무수축성)
㉰ 목재의 부식을 막으며 유성페인트를 즉시 칠할 수 있다.
④ 단점
㉮ 혼합재의 사용이 부적당하다.
㉯ 체적팽창으로 벗겨진다.

(5) 풀과 여물 18. 9. 15 산

① 풀
㉮ 해초풀 : 파래, 청각, 불가사리 등의 해초를 끓인 물을 체로 거른 것이다.
㉯ 해초는 봄철에 채취하여 2~3년 묵힌 것이 좋다.
② 여물(hair) 20. 8. 22 기
㉮ 삼여물 : 생삼을 씻어 바랜 것이나 삼으로 만든 낡은 로프나 그물을 풀어 잘라서 쓴다.
㉯ 짚여물 : 낡은 새끼, 가마니를 푼 것이나 짚을 3~10[cm]로 자른 것이다.
㉰ 기타 여물 : 종이여물(한지), 털여물(모직), 종려털여물(종려나무섬유) 등이 있다.
㉱ 여물의 섬유는 질기고 가늘며 부드럽고 흰색일수록 상품이다.

4. 시멘트 모르타르

(1) 마그네시아 시멘트 모르타르 17. 9. 23 기

① 산화마그네슘(MgO, 마그네시아)에 염화마그네슘($MgCl_2$, 간수) 수용액을 가하면 경화되는데 이것을 마그네시아 시멘트 또는 소렐 시멘트(Sorel's cement)라 한다.

② 모래, 한수적분, 목분, 규조토, 규산백토, 안료 등을 혼합하여 모르타르를 만들어 쓰는데 단기강도가 포틀랜드 시멘트에 가까울 정도로 커서 바닥미장에 많이 이용된다.

③ 장점은 강도가 크며, 조기경화성이 있고 아름답고 광택이 있으며 착색이 잘된다.

④ 단점은 흡습성이 있고, 물에 약하며 공기 및 습기에 광택이 없어지고 철을 부식시키며, 백화가 생기기 쉬우며 경화수축도 큰 편이다.

(2) 시멘트 모르타르 17. 9. 23 기

① 일반 시멘트 모르타르 20. 8. 22 기

㉮ 시멘트+모래+물을 혼합한 것으로 사용장소에 따라 배합비를 달리 한다.

㉯ 접착성, 보수성, 방수성을 가지며 균열 방지를 위해 석면가루, 플라이애시, 규산백토, 돌로마이트 석회, 소석회 등의 무기질 혼합재 또는 합성수지 혼합재를 섞어 넣기도 하는데 이때 종류 선정, 사용법 등이 부적당하여 오히려 나쁜 결과가 없도록 주의한다.

② 특수 시멘트 모르타르

㉮ 방수 시멘트 모르타르 : 염화칼슘, 물유리, 규산질 광물의 가루, 파라핀, 아스팔트 등의 방수제를 시멘트 모르타르에 섞어 넣은 것이다.

㉯ 경량 시멘트 모르타르 : 모르타르 골재로 비중이 작은 모래를 쓰거나 발포제를 혼합하면 보온성과 흡음성이 있는 경량미장재료가 된다.

㉰ 백색 시멘트 모르타르 : 백색 포틀랜드 시멘트를 사용한 모르타르로 백색 타일의 줄눈, 인조석바름 등에 쓰이며 이 모르타르에 무기질안료를 넣으면 여러 가지 색깔을 낼 수 있다.

5. 미장재료의 분류 17. 3. 5 기

(1) 고결재 : 미장 바름의 주체가 되는 재료(소석회, 돌로마이트 석회, 석고, 마그네시아 시멘트 등)

(2) 결합재 : 고결재의 결점 보완, 응결경화시간을 조절(여물, 풀 수염 등)

(3) 골재 : 중량 또는 치장을 목적으로 사용(모래)

합격예측

특수 mortar의 종류

① 바라이트 mortar(방사선차단용)
② 질석 mortar(경량구조용)
③ 합성수지 mortar(특수치장용)
④ Asphalt morta(내산바닥용)

합격예측

(1) 기경성 재료의 종류

① 진흙질
② 회반죽
③ 돌로마이트 plaster
④ 아스팔트 mortar

(2) 돌로마이트 플라스터의 특징

① 경화가 느리다.
18. 4. 28 산
18. 9. 15 기·산 22. 3. 5 기
② 수축성이 커서 균열발생이 쉽다.
③ 시공이 용이하고 값이 싸다.
④ 알칼리성이다.
⑤ 페인트칠이 불가능하다.
⑥ 기경성이다.

Q 은행문제

1. 펄라이트 모르타르 바름에 대한 설명으로 틀린 것은?
13. 3. 10 산 14. 5. 25 산

① 재료는 진주암 또는 흑요석을 소성 팽창시킨 것이다.
② 펄라이트는 비중 0.3 정도의 백색입자이다.
③ 내화피복재 바름으로 쓰인다.
④ 균열이 거의 발생하지 않는다.

정답 ④

2. 미장재료로서 내수성 및 강도가 큰 수경성 재료는?

① 소석회
② 시멘트 모르타르
③ 진흙
④ 돌로마이트 플라스터

정답 ②

합격예측

방수 모르타르의 종류

① 액체방수 모르타르
② 발수성 모르타르
③ 규산질 모르타르

합격예측

수경성 재료의 종류

① 순석고 plaster
② 혼합석고 plaster
③ 경석고 plaster
④ 시멘트 plaster

용어정의

아스팔트 양부 중요성질 18. 4. 28 기

① 침입도
Asphalt의 양·부를 판별하는데 가장 중요한 Asphalt의 경도를 나타내는 것으로 25[℃]에서 100[g]의 추로 5초 동안 바늘을 누를 때 시료 속에 0.1[mm] 들어가는 것을 침입도 1이라 한다.
② 연화점
아스팔트를 가열하여 일정한 액상의 점도에 도달했을 때의 온도
③ 신도
신장을 나타내는 정도
④ 감온비
0[℃], 200[g], 1[min]의 침입도에 대한 45[℃] 50[g], 5[sec]의 침입도의 비

합격예측

(1) 도막방수법 종류
18. 3. 4 산 20. 8. 23 산 22. 3. 5 기
① 유제형(emulsion) 도막방수
② 용제형(solvent) 도막방수
③ 에폭시계 도막방수

(2) 도막방수에 사용되는 재료 19. 9. 21 기
① 우레탄 도막제
② 아크릴고무 도막제
③ 고무아스팔트 도막제

2 방수재료

1. 아스팔트 방수재료

(1) 천연 아스팔트

① 레이키 아스팔트(Laky asphalt) : 규석, 교질점토 등이 포함되어 있고, 용도로는 도로포장, 방수 및 내산공사에 주로 이용된다.
② 록 아스팔트(Rock asphalt) : 역청분이 모래, 사암, 석회석 등에 침투되어 천연적으로 생산되는 것으로, 함유량은 15~40[%]이다. 이것을 증류하여 아스팔트만을 분리, 제품화한 것이다.
③ 아스팔트 타이트(Asphalt tight) : 검고 견고한 고체로 연화점이 높고, 방수, 포장, 절연재료 등의 원료로 사용된다.

(2) 석유 아스팔트 18. 3. 4 산 20. 6. 7 기

① 스트레이트 아스팔트(Straight asphalt) : 신축성이 좋고 교착력이 우수하나 연화점이 낮고 내구력이 다소 떨어지므로, 건축공사에서는 많이 사용되지 않는다.
② 블론 아스팔트(Blown asphalt) : 건축공사에 많이 사용되며, 중질원유를 가열하면서 공기를 넣어 연화점을 높여 연도를 조절한 것(용도 : 아스팔트루핑재료)
③ 아스팔트 콤파운드(Asphalt compound) : 아스팔트에 동식물성 유지나 광물성 분말을 혼합하여 탄성, 접착성, 내구성, 내열성을 개량한 것이며 가장 신축이 크며 최우량품이다.
④ 컷백아스팔트

(3) 아스팔트 프라이머(Asphalt primer) 18. 9. 15 기

① 아스팔트에 휘발성 용제를 넣어 묽게 하여 방수층의 바탕에 침투시켜 아스팔트가 잘 부착되도록 한 것이다.(밀착용)
② 아스팔트 프라이머는 바탕이 충분히 건조된 후 청소하고 솔칠 또는 뿜칠로 바탕면에 균등하게 침투시켜 도포한다.

[표] 아스팔트 프라이머의 품질

원 료	배합비(무게)	규 격
블론 아스팔트	40~50	침입도 10~20[%]의 것으로, 규격기준에 합격한 것
솔벤트 나프타 (solvent naphta)	30~35	정제품
가솔린	25~30	보메(Baumé)비중계로 40~50의 것

(4) 아스팔트 제품

① 아스팔트 유제

㉮ 유화제를 넣은 수용액에 아스팔트분말을 많이 넣은 것으로, 도포하면 수분이 증발하여 아스팔트막을 형성한다.

㉯ 바탕에 침투가 쉽게 되며, 수용성이나 프라이머보다 접착력이 약하다.

② 아스팔트 코킹재

㉮ 구성재의 틈서리, 줄눈 등에 사춤하여 방수처리하는 것이다.

㉯ 아스팔트 외에 합성수지계와 합성고무계 등이 있다.

㉰ 코킹용 총을 사용하여 사춤을 하기도 한다.

③ 아스팔트 코팅제

㉮ 아스팔트, 가솔린, 석면 등을 혼합하여 방수층의 치켜올림 등에 사용하면 흘러내리지 않는다.

㉯ 상온에서 3[mm] 정도 거친 면으로 도포한 다음, 모르타르 바름 바탕을 할 수도 있다.

(5) 펠트, 루핑류

① 아스팔트 펠트 18. 9. 15 ㉾

㉮ 유기성 섬유를 펠트(Felt)상으로 만든 원지에 가열, 용융한 침투용 아스팔트를 흡입시켜 형성한 것이다.(용도 : 아스팔트 방수 중간층 재료)

㉯ 크기는 0.9×23[m]를 1권으로 중량은 20, 25, 30[kg]의 3종류가 있다.

② 타르 펠트 : 얇은 원지에 콜타르를 도포한 것으로 경미한 지붕 등에 사용된다.

③ 아스팔트 루핑

㉮ 원지에 아스팔트를 침투시킨 다음, 그 양면에 피복용 아스팔트를 도포하고 광물질가루, 활석 또는 운모가루를 살포하여 마무리한 것이다.

㉯ 1권의 중량은 25, 35, 40[kg]의 3종류가 있다.

④ 특수 루핑

㉮ 마포, 면포 등을 원지 대신 사용한 것으로, 망형 루핑이라고도 한다.

㉯ 구리망, 유리솜(Glass fiber) 또는 경금속망을 넣은 것도 있다.

[표] 아스팔트방수와 시멘트 액체방수와의 비교

종 별	바탕재와의 관계	신뢰성	보호층	결함보수	시공성	온도에 의한 변화
아스팔트 방수	영향이 작음	높음	절대 필요함	발견이 곤란하고 보수비가 많이 듦	번거롭고 까다로움	큼
시멘트 액체방수	영향이 큼	낮음	간략하게 할 수 있음	발견이 용이하고 보수비가 적음	용이함	작음

합격예측 20. 6. 14 ㉾

스트레이트 아스팔트의 특징

① 연화점이 낮고 온도에 대한 강도와 유연성 변화가 크다.
② 점성, 신도(신장률), 침입도, 침투성이 크다.
④ 아스팔트 펠트, 아스팔트 루핑의 바탕재에 침투시키기도 하고 지하실 방수에 사용되기도 한다.

합격예측

아스팔트의 비교

① 감온비는 블론 아스팔트가 작다.
② 신도, 접착성, 침입도, 유동성, 감온비는 스트레이트 아스팔트가 크다.

합격예측 23. 2. 28 ㉴

회반죽(Lime Plaster)

① 소석회+모래+여물을 해초풀로 반죽한 것.
② 물은 사용하지 않음.
③ 해초풀의 역할 : 접착력 증대
④ 여물의 역할 : 균열 방지
⑤ 여물은 수축을 분산시키고 균열을 예방하기 위해 첨가하며 삼여물, 짚여물, 종이여물, 털여물 등이 사용됨.
⑥ 충분히 건조된 질긴삼, 종려털, 마닐라삼 같은 수염을 바탕에(벽에는 70[cm] 정도, 천장용은 55[cm] 정도의 수염을 2등분으로 접어서 못으로 고정) 사용하여 바름벽의 탈락을 방지함.

Q 은행문제

미장바름의 종류 중 돌로마이트에 화강석 부스러기, 색모래, 안료 등을 섞어 정벌바름하고 충분히 굳지 않은 때에 거친 솔 등으로 긁어 거친면으로 마무리한 것은? 18. 4. 28 ㉾

① 모조석 ② 라프코트
③ 리신바름 ④ 흙바름

정답 ③

합격예측

아스팔트의 특징

구분	스트레이트 아스팔트	블론 아스팔트
상태	반고체	고체
신도	크다	작다
연화점	35~60[℃]	60~80[℃]
감온성	크다	작다
인화점	낮다	높다
접착성	매우 크다	작다
유동성	크다	작다
내후성	좋다	매우 좋다
침입도	20~40	20~30

합격예측

(1) Asphalt compound
블론 아스팔트에 동식물성 유와 광물질섬유, 석분 등을 혼입하여 아스팔트의 내열성, 내산성, 내후성, 접착성 등을 보완한 최우량품이다.

(2) 돌로마이트 플라스터 20. 6. 7 기
① 소석회와 수산화 마그네슘을 포함한 미장 재료의 일종이다.
② 기경성(起硬性)이고 여물을 필요로 한다.
③ 백색의 미분재로, 물과 비벼서 사용한다.
④ 벽 · 천장 등의 정벌칠 재료로 사용된다.
⑤ 건조수축이 커서 균열이 생긴다.

Q 은행문제

두꺼운 아스팔트 루핑을 4각형 또는 6각형 등으로 절단하여 경사지붕재로 사용되는 것은? 19. 9. 21 기
① 아스팔트 싱글
② 망상 루핑
③ 아스팔트 시트
④ 석면 아스팔트 펠트

정답 ①

2. 방수법 비교

(1) 아스팔트 방수와 시멘트 방수

[표] 아스팔트 방수와 시멘트 방수의 비교 17. 3. 5 산

내 용	아스팔트 방수	시멘트 방수
① 바탕처리	완전건조, 바탕처리를 한다.	보통건조, 바탕정리 철저, 시멘트풀 땜질을 한다.
② 외부영향	작다.	크다.
③ 방수층 신축성	크다.	아주 작다.
④ 균열상태	비교적 안전하다.	생긴다.
⑤ 방수층 중량	비교적 크다.	비교적 작다.
⑥ 시공난이도	복잡하다.	용이하다.
⑦ 시공기간	비교적 길다.	비교적 짧다.
⑧ 보호층 유무	서열층과 보호층이 필요하다.	서열층은 필요하고 보호층은 필요없다.
⑨ 경제성	비교적 고가이다.	비교적 싸다.
⑩ 신뢰도	비교적 높다.	비교적 불안하다.
⑪ 재료 및 취급	번잡하나 명확하다.	간단하나 분명하지 못하다.
⑫ 하자부분 발견	용이하지 못하다.	용이하다.
⑬ 보수범위	광범위할 수 있고 전반적으로 고가이다.	국부적이며 용이하고 싸다.
⑭ 방수층 처리	불확실하고 난점이 많다.	확실하고 간단하다.
⑮ 내구도	일반적으로 크다.	일반적으로 작다.

(2) 안 방수와 바깥 방수

[표] 안 방수와 바깥 방수의 비교

내 용	안 방수	바깥 방수
① 경제성(공사비)	비교적 싸다.	비교적 고가이다.
② 공사순서	간단하다.	상당한 절차가 필요하다.
③ 공사시기	자유로이 선택할 수 있다.	본공사에 선행하여야 한다.
④ 공사용이성	간단하다.	상당한 난점이 있다.
⑤ 수압처리	압력에 견디도록 하기 곤란하다.	수압을 감당한다.
⑥ 바탕만들기	따로 만들 필요가 없다.	따로 만들어야 한다.
⑦ 보호누름	필요하다.	없어도 무방하다.
⑧ 본공사 추진	방수공사에 관계없이 본공사를 추진할 수 있다.	방수공사 완료 전에는 본공사 추진이 잘 안된다.
⑨ 사용환경	비교적 수압이 낮은 지하실에 적당하다.	수압에 상관없이 할 수 있다.

(3) 아스팔트 방수

아스팔트 방수층은 아스팔트 프라이머 및 아스팔트를 도포하여 펠트 붙임을 거듭하고, 마지막에 아스팔트를 도포하여 완료하는 수를 통산하여 6층, 8층, 10층 방수 등으로 호칭하는 습관이 있다. 또 아스팔트 펠트의 겹수로 나타내어 2겹 조립(2Ply build up water proof course), 3겹 조립 등으로 호칭할 때가 있다.

(4) 시멘트 방수

시멘트의 가수분해로 생기는 소석회의 유출을 방지하는 것

① 제1공정은 방수액 침투－시멘트풀－방수액 침투－시멘트 모르타르 순이다.

② 제2공정은 방수액 침투－시멘트풀－방수액 침투－시멘트 모르타르 순이다.

(5) 지붕 아스팔트 방수층의 표준공정[m^2]

표 준		중요한 방수		보통 정도의 방수					
종 별		A－1		A－2		A－3		A－4	
		품명	m^{2}당 수량	품명	m^{2}당 수량	품명	m^{2}당 수량	품명	m^{2}당 수량
1겹 조립	1층 2층 3층	A.P A.C F	0.4[kg] 1.5[kg] 1.1[m^2]	A.P A.C F	0.4[kg] 1.5[kg] 1.1[m^2]	A.P B_1A F	0.4[kg] 1.5[kg] 1.1[m^2]	A.P B_2A F	0.4[kg] 1.5[kg] 1.1[m^2]
2겹 조립	4층 5층	A.C R.S	1.5[kg] 1.1[m^2]	A.C R.S	1.5[kg] 1.1[m^2]	B_1A R.S	1.5[kg] 1.1[m^2]	R_2A R	1.5[kg] 1.1[m^2]
3겹 조립	6층	A.C R.S	2.0[kg] 1.1[m^2]	A.C R A.C	20[kg] 1.1[m^2] 2.1[kg]	B_1A R B_1A	20[kg] 1.1[m^2] 2.1[kg]	B_2A R B_2A	20[kg] 1.1[m^2] 2.1[kg]
4겹 조립	8층	A.C R A.C	20[kg] 1.1[m^2] 2.1[kg]						

※ A－1 : 발전소, 변전소, 전화교환실, 충전실

A－2, A－3, A－4 : 사무실, 학교, 병원, 창고

3. 지붕 및 일반바닥에 가장 일반적으로 사용되는 것으로 주제와 경화제를 일정 비율 혼합하여 사용하는 2성분형과 주제와 경화제가 이미 혼합된 1성분형으로 나누어지는 도막방수재는? 18. 4. 28 기

① 우레탄고무계 도막재
② FRP 도막재
③ 고무아스팔트계 도막재
④ 클로로프렌고무계 도막재

정답 ①

합격예측

아스팔트 프라이머(Asphalt primer)의 특징

① 콘크리트와 아스팔트의 밀착을 좋게 하기 위하여 블론 아스팔트를 휘발성용제(휘발유 등)에 녹인 흑갈색 용액이다.
② 콘크리트의 모체에 침투가 용이하며 아스팔트 방수층의 시공 시 부착이 잘 되게 가장 먼저 도포하는 재료이다.

합격예측

아스팔트 루핑(Roofing)

원지에 스트레이트 아스팔트를 침투시키고 블론 아스팔트나 아스팔트 콤파운드를 양면에 용융 또는 피복시켜 만든다.

Q 은행문제

1. 벤토나이트 방수재료에 대한 설명으로 옳지 않은 것은?

① 팽윤특성을 지닌 가소성이 높은 광물이다.
② 염분을 포함한 해수에서는 벤토나이트의 팽창반응이 강화되어 차수력이 강해진다.
③ 콘크리트 시공조인트용 수팽창 지수재로 사용된다.
④ 콘크리트 믹서를 이용하여 혼합한 벤토나이트와 토사를 롤러로 전압하여 연약한 지반을 개량한다.

정답 ②

2. 블로운 아스팔트(blown asphalt)를 휘발성용제에 녹이고 광물분말 등을 가하여 만든 것으로 방수, 접합부 충전 등에 쓰이는 아스팔트 제품은? 16. 5. 8 기 22. 4. 24 기

① 아스팔트 코팅(asphalt coating)
② 아스팔트 그라우트(asphalt grout)
③ 아스팔트 시멘트(asphalt cement)
④ 아스팔트 콘크리트(asphalt concrete)

정답 ①

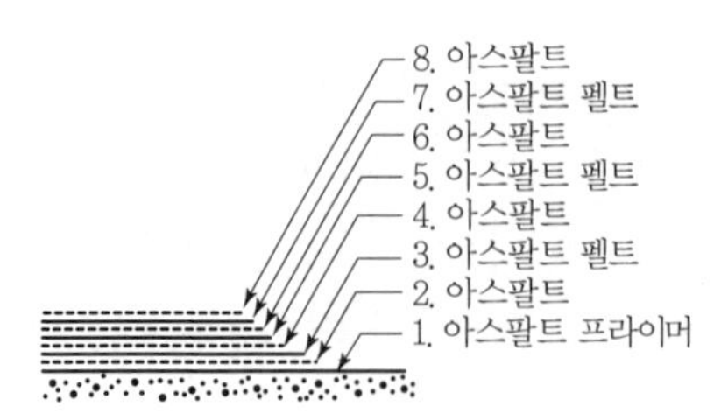

[그림] 아스팔트 방수층

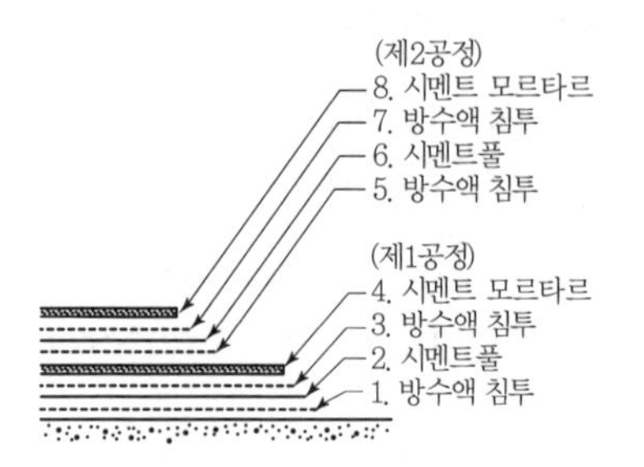

[그림] 시멘트 방수층

(6) Asphalt 재료의 품질시험항목

종 류	아스팔트	1급 블론 아스팔트		2급 블론 아스팔트	
침입도(針入度) (25[℃], 100[g], 5[Sec])	15~25	10~20	20~30	10~20	20~30
연화점(軟化點) (구환식 25[℃])	100[℃] 이상	85[℃] 이상	75[℃] 이상	65[℃] 이상	60[℃] 이상
이황화탄소(CS_2) 가용분	98[%] 이상	98[%] 이상	98[%] 이상	98[%] 이상	98[%] 이상
감온비 (感溫比)	3 이하	4 이하	5 이하	6 이하	7 이하
신도(伸度) (다우스미스식 25[℃])	2 이하	1 이상	2 이상	1 이상	2 이상
비중	1.01~1.04	1.01~1.04	1.01~1.04	1.01~1.03	1.01~1.03
가열감량 (加熱減量) (163[℃], 50[g], 5[hrs])	0.5[%] 이하	0.5[%] 이하	0.5[%] 이하	0.5[%] 이하	0.5[%] 이하
인화점 (引火點)	210[℃] 이하	210[℃] 이하	210[℃] 이하	210[℃] 이하	210[℃] 이하
고정탄소 (固定炭素)	22[%] 이하	22[%] 이하	22[%] 이하	22[%] 이하	22[%] 이하

합격예측

감온비

① 감온성(感溫性) : 아스팔트는 온도에 따라 변화가 매우 크며, 이것을 감온비로 나타낸다. 감온성이 너무 크면 저온 시에 취성을 나타내고, 고온 시에는 연질을 나타낸다.
② 감온비란 0[℃], 200[g], 1[min]의 침입도에 대한 46[℃], 50[g], 5[sec]의 침입도의 비를 말한다.
③ 감온비

$$A=\frac{0[℃]\text{ 침입도}}{25[℃]\text{ 침입도}}$$

$$B=\frac{46[℃]\text{ 침입도}}{25[℃]\text{ 침입도}}$$

합격예측

아스팔트 펠트(Felt)

펠트는 스트레이트 아스팔트를 원지 중량의 150[%]정도 침투시켜서 만든 중간층재이다.

Q 은행문제

1. 유화제를 써서 아스팔트를 미립자로 수중에 분산시킨 다갈색 액체로서 깬 자갈의 점결제 등으로 쓰이는 아스팔트 제품은?
① 아스팔트 프라이머
② 아스팔트 에멀젼
③ 아스팔트 그라우트
④ 아스팔트 컴파운드

정답 ②

2. 석고보드공사에 관한 설명으로 옳지 않은 것? 17. 5. 7 산
① 석고보드는 두께 9.5[mm] 이상의 것을 사용한다.
② 목조 바탕의 띠장 간격은 200[mm] 내외로 한다.
③ 경량철골 바탕의 칸막이벽 등에서는 기둥, 샛기둥의 간격을 450[mm] 내외로 한다.
④ 석고보드용 평머리못 및 기타 설치용 철물은 용융아연 도금 또는 유니크롬 도금이 된 것으로 한다.

정답 ②

3. 멤브레인 방수공사와 관련된 용어에 관한 설명으로 옳지 않은 것은? 18. 4.28 산
① 멤브레인 방수층 – 불투수성 피막을 형성하는 방수층
② 절연용 테이프 – 바탕과 방수층 사이의 국부적인 응력집중을 막기 위한 바탕면 부착 테이프
③ 프라이머 – 방수층과 바탕을 견고하게 밀착시킬 목적으로 바탕면에 최초로 도포하는 액상 재료
④ 개량 아스팔트 – 아스팔트 방수층을 형성하기 위해 사용하는 시트 형상의 재료

정답 ④

미장 및 방수재료

출제예상문제

출제예상문제는 복습, 예습문제로 엮었습니다. *WHY : 실제시험에도 순서에 관계없이 출제됩니다. 예습 후 다음장에 공부한 문제가 있으면 기억이 배가 됩니다.

01 ★★ 아스팔트타일의 설명 중 적당하지 않은 것은?

① 아스팔트타일의 표면 마무리로서 기름으로 닦아서 광을 낸다.
② 한 장의 중량은 대개 95[kg]이고 각종 특수형이 있어서 실내의 장식효과가 있다.
③ 내구성을 요하는 곳에는 두께 4.8[mm]의 것을 사용한다.
④ 원료로는 염화비닐수지를 정결제로 하고 석면 등을 혼합한다.

해설

표면 마무리재로는 니스를 칠한다.

02 ★★ 모체에 대한 시멘트 액체방수층 시공순서 중 옳은 것은?

① 시멘트 페이스트 도포－방수액 침투－시멘트 페이스트 도포－시멘트 모르타르
② 방수액 침투－시멘트 페이스트 도포－방수액 침투－시멘트 모르타르
③ 시멘트 모르터－방수액 침투－시멘트 페이스트 도포－방수액 침투
④ 방수액 침투－시멘트 모르타르－방수액 침투－시멘트 페이스트 도포

해설

액체방수층 시공순서

방수액 침투→시멘트 페이스트 도포→방수액 침투→시멘트 모르타르

03 ★ 바라이트 모르타르는 어떤 재료에 사용되는가?

① 방사선 차단재료
② 백시멘트를 쓴 모르타르 착색재료
③ 축전실 기타 산을 쓰는 실내바닥재료
④ 합성수지를 혼합한 표면재료

해설

barite mortar

① 중원소 바륨을 원료로 하는 분말재로 모래, 시멘트를 혼합하여 사용한다.
② 용도는 방사선차단재료로 쓰인다.

04 ★★★ 다음 미장재료 중 수축균열이 적고 경도 및 강도가 가장 높은 재료는?

① 회반죽 ② 돌로마이트 플라스터
③ 소석고 플라스터 ④ 킨즈시멘트

해설

킨즈시멘트(Keen's cement)

① 경석고에 황산염, 붕사, 규사, 점토를 넣은 시멘트 대용품이다.
② 수축이 적고 경도 및 강도가 가장 크다.

05 ★★★ 식물질 섬유재의 절연재료가 아닌 것은?

① 목재섬유판 ② 짚섬유판
③ 펄라이트 ④ 코르크판

해설

펄라이트 : 경량 콘크리트재 단열재료이다.

[정답] 01 ① 02 ② 03 ① 04 ④ 05 ③

06 ★★ 다음 재료 중 건물의 바닥마무리 재료로서 적당한 것은?

① 리그노이드 ② 코르크판
③ 짚섬유판 ④ 리신

해설

건물의 바닥, 마루의 재료는 리그노이드가 사용된다.

07 ★★ 아스팔트 방수공사에 대한 다음 사항 중 틀린 것은?

① 기온이 0[℃] 이하 또는 강우 시에는 시공을 하지 않는다.
② 아스팔트는 200[℃] 정도로 가열하여 사용하는 것이 좋다.
③ 지붕방수에는 침입도가 크고 연화점이 높은 것을 사용한다.
④ 바탕에 습기가 있는 경우 되도록 뜨거운 아스팔트를 사용한다.

해설

아스팔트 방수공사
① 바탕은 절대 습기가 없어야 한다.
② 아스팔트의 가열온도는 연화점에 140[℃]를 가산한 230[℃] 이상을 넘으면 안 된다.

08 ★★ 방수공사에 관한 기술 중 옳지 못한 것은?

① 난간벽 등의 방수 치켜올림 높이는 30[cm] 이상이다.
② 루핑의 이음새는 엇갈리게 하고 가로, 세로 각각 90[mm] 이상 겹쳐 포개 붙인다.
③ 방수 모르타르의 배합비는 1 : 2 또는 1 : 3으로 하고 매회 바름두께는 6~9[mm]로 한다.
④ 아스팔트는 240[℃] 이상 가열하여 사용하고 기온이 0[℃] 이하일 때는 작업을 중지시킨다.

해설

아스팔트 방수공사 온도
① 연화점에 140[℃]를 가산한 230[℃] 이상 넘어서는 안 된다.
② 200[℃] 정도가 가장 적당하다.

09 ★★ 열전도율이 가장 큰 것은?

① 구리 ② 철
③ 콘크리트 ④ glass wool

해설

열전도율이 큰 순서
구리>철>콘크리트>유리섬유

10 ★★ 규조토의 열전도율은?

① 0.0775[kcal/m·hr·℃]
② 0.04[kcal/m·hr·℃]
③ 0.034[kcal/m·hr·℃]
④ 0.037[kcal/m·hr·℃]

해설

재료의 열전도율
② : 코르크판
③ : 암면
④ : 다층 알루미늄박 방수지

11 ★ 목모시멘트판의 열전도율은?

① 0.08[kcal/m·hr·℃]
② 0.032[kcal/m·hr·℃]
③ 0.0465[kcal/m·hr·℃]
④ 0.0870[kcal/m·hr·℃]

해설

재료의 열전도율
① : 오동나무
② : 유리섬유
③ : 우모펠트

[정답] 06 ① 07 ④ 08 ④ 09 ① 10 ① 11 ④

12 ★ 바닥 모르타르 바름에서 가장 그 결과가 좋게 되는 것은?

① 콘크리트 바닥이 충분히 굳은 후에 바른다.
② 균열방지를 위하여 1 : 5의 배합으로 하여 바른다.
③ 콘크리트를 부은 직후에 고름질을 하고 즉시 바른다.
④ 굳은 콘크리트 바닥에 시멘트 페이스트를 칠하고 바른다.

해설

모르타르 바름
① 콘크리트를 부은 직후 즉시 바른다.
② 기준막대로 반드시 고름질을 해야 한다.

13 ★ 다음 기술 중 틀린 것은?

① 펄프연질판은 흡음, 보온효과가 있다.
② 펄프경질판은 내장 및 가구용 수장효과가 있다.
③ 석면보온판은 1,000[℃]까지의 고열에도 쓸 수 있다.
④ 유리섬유판은 흡음, 내식, 내수성이 있다.

해설

석면보온판
① 350~550[℃]까지의 내열성이 있다.
② 550[℃] 이하의 고열에만 사용 가능하다.

14 ★★ 다음 재료 중 단열재로서 가장 효과가 작은 것은?

① 암면 ② 유리섬유
③ 아스팔트 펠트 ④ 연질텍스

해설

단열재로서 효과가 작은 순서
① 아스팔트 펠트<연질텍스<암면<유리섬유
② 단열은 유리섬유가 가장 좋다.

15 ★★ 아스팔트의 침입도시험에 있어서 일반적으로 아스팔트의 온도는 몇 [℃]를 기준하는가?

① 15[℃] ② 25[℃]
③ 35[℃] ④ 45[℃]

해설

① 침입도시험은 보통 25[℃]를 기준으로 한다.
② 온도변화의 영향을 알려고 할 때는 0[℃]와 46[℃]에서도 행한다.

16 ★★ 건축공사의 방수용 아스팔트 콤파운드의 침입도는 다음 중 어느 것을 사용하는가?

① 5도 ② 15도
③ 30도 ④ 35도

해설

① 아스팔트 콤파운드의 침입도는 15도~25도를 적당값으로 한다.
② 일반적 침입도시험은 25[℃]를 기준으로 한다.

참고 문제 15번 참고

17 ★★★ 방수공사에서 쓰이는 아스팔트의 양부를 판별하는 성질 중 가장 중요하지 않은 것은?

① 마모도 ② 침입도
③ 신도 ④ 연화점

해설

방수공사에서 아스팔트의 양부 결정요소
① 침입도 ② 신도 ③ 연화점
④ 점도 ⑤ 감온성

18 ★★ 간수($MgCl_2$)용액에 넣어 반죽하여 마루 재료인 리그노이드의 주원료가 되는 재료는?

① 석고보드 ② 킨스시멘트
③ 리놀륨 ④ 마그네시아 시멘트

[정답] 12 ③ 13 ③ 14 ③ 15 ② 16 ② 17 ① 18 ④

해설

리그노이드와 킨즈시멘트

① 리그노이드 : 마그네시아 시멘트에 톱밥, 코르크가루, 염료 등을 혼합하여 도장한 마루재료이다.
② 킨스시멘트
㉮ 경석고 플라스터라고 한다.
㉯ 경도는 높으나 철재를 녹슬게 한다.

19 ★★ **마그네시아 시멘트에 톱밥, 코르크분말, 염료 등을 혼합하여 도장한 것으로 탄력성이 있어 건물, 선박, 차량 등의 바닥재료에 사용되는 것은?**

① 목모시멘트판 ② 리그노이드
③ 돌로마이트 ④ 석고보드

해설

리그노이드

① 리그노이드는 도벽재료로는 부적당하다.
② 바닥재료나 인조석판으로 이용된다.

20 ★★ **회반죽바름에서 균열방지방법 중 틀린 것은?**

① 졸대는 두꺼운 것이 좋다.
② 정벌은 두껍게 바른다.
③ 초벌, 재벌, 정벌에 적당히 여물을 넣는다.
④ 수염을 충분히 넣는다.

해설

회반죽바름

① 미장바름은 일반적으로 초벌, 재벌, 정벌 순으로 한다.
② 바름두께는 가급적 얇게 바르는 것이 좋다.
③ 두껍게 바르면 박리, 균열 등의 염려가 생긴다.

21 ★★ **미장바름에 쓰이는 착색재에 요구되는 성질 중 옳지 않은 것은?**

① 입자가 굵어야 한다.
② 내알칼리성이어야 한다.
③ 물에 녹지 않고 물에 잘 분산되어야 한다.
④ 미장재료에 나쁜 영향을 주지 않는 것이어야 한다.

해설

미장바름의 입자는 가늘어야 한다.

22 ★★ **회반죽 얼룩이 생기는 원인은?**

① 초벌의 건조가 나쁠 때
② 회반죽이 두꺼울 때
③ 회반죽이 얇을 때
④ 회반죽면의 요철이 심할 때

해설

회반죽

① 회반죽은 초벌건조가 나쁘면 균열박리현상이 일어난다.
② 초벌건조 후에 습기로 인해서 표면에 얼룩이 생긴다.

23 ★★ **실내 회반죽 벽바르기의 기술 중에서 틀린 것은?**

① 창문을 열어 통풍이 잘되게 한다.
② 일광의 직사를 피한다.
③ 정벌바름층은 재벌바름층이 반 정도 건조할 때 바른다.
④ 가급적 심한 통풍을 피한다.

해설

① 회반죽 벽바르기에서 통풍은 되도록 없는 것이 좋다.
② 초벌, 고름질, 정벌바름 후에는 적당히 통풍이 되도록 한다.
③ 급하게 건조되면 균열이 생기므로 가급적 심한 통풍은 피하여야 한다.

24 ★★ **석고보드 제조에 사용되는 석고는?**

① 경석고 ② 소석고
③ 무수석고 ④ 가용성 무수석고

해설

석고보드

① 경석고에 톱밥, 석면을 넣은 판상재료이다.
② 석고보드 제조에 경석고가 사용된다.

25 ★★ **다음 아스팔트 중 일반적으로 지하실방수에 사용하는 것은?**

① 스트레이트 아스팔트 ② 블론 아스팔트
③ 아스팔트 콤파운드 ④ 아스팔트 코팅

[정답] 19 ② 20 ② 21 ① 22 ① 23 ① 24 ① 25 ①

해설

스트레이트 아스팔트

① 사용용도는 지하실 방수나 아스팔트 펠트 삼투용으로 쓰인다.
② 석유 아스팔트이며 점성, 신성, 침투성 등이 크다.

26 ★ 아스팔트 제품 중 도로포장에 사용되지 않는 것은?

① 아스팔트 매스틱 ② 아스팔트 콘크리트
③ 아스팔트 유제 ④ 아스팔트 그라우트

해설

아스팔트 그라우트

① 아스팔트에 적은 양의 모래를 섞어 가열한 것이다.
② 용도는 줄눈 또는 방수를 목적으로 한 틈메우기로 쓰인다.

27 ★★ 아스팔트 루핑의 설명 중 적당하지 않은 것은?

① 내후성이 크고 내산성, 내열성도 있다.
② 흡수성, 투습성이 있고 단단한 재료이다.
③ 표면은 접착력을 막기 위해서 운모, 활석, 점토 분말을 산포한다.
④ 아스팔트 펠트의 이면에 블론 아스팔트를 가열 응용하여 만든 것이다.

해설

아스팔트 루핑

① 치수 : 폭 1[m] 길이 21[m] 중량 22[kg], 30[kg] 정도이다.
② 흡수성과 투수성이 작고 유연하다.
③ 온도가 높으면 더욱 유연해진다.

28 ★★ 아스팔트 블록의 설명 중 틀린 것은?

① 줄눈은 1 : 2 시멘트 모르타르를 채운다.
② 소음방지나 방수성이 없다.
③ 주재료는 부순돌, 모래, 석분, 광재, 석면 등이다.
④ 용도로는 도로 포장용, 건축물, 공장, 창고, 사무소 등의 지붕, 마루용으로 쓰인다.

해설

아스팔트 블록

① 닳음이 적고 견고하고 모양이 균일하다.
② 표면이 평활하며 소음방지, 방수성이 있으므로 먼지가 나지 않는다.

29 ★★ 미장재료에 관한 기술로서 옳지 않은 것은?

① 회반죽의 주성분은 수산화칼슘이다.
② 굵은 모래를 사용하면 바름면의 균열을 적게 할 수 있다.
③ 아스팔트 모르타르는 내산성이 크다.
④ 석고 플라스터는 공기 중의 탄산가스를 흡수하여 경화한다.

해설

석고 플라스터

① 수경성이며 화학적으로 경화되는 것이다.
② 내부까지 단단하고 결합수로 인하여 방화성도 크다.

30 ★★ 공기가 짧은 공원 숙사의 내벽 천장을 단열 방화로 해서 유성페인트 바름을 끝맺음하는 데에 다음 재료에서 적당한 것은? 23. 6. 4 기

① 석고보드 ② 경질텍스
③ 석면슬레이트 대평판 ④ 회반죽칠

해설

석고보드

① 경석고에 톱밥, 석면 등을 넣어서 판상으로 굳히고 그 양면에 석고액을 침지시킨 회색의 두꺼운 종이를 부착시켜 압축성형한 것이다.
② 방화, 보온, 방습성이 우수하며, 비교적 염가이고 벽바탕에 많이 쓴다.
③ 유성페인트 바름을 끝맺음하는 데에 좋다.

31 ★★ 아스팔트 방수공사용 재료에 대한 기술 중 틀린 것은?

① 아스팔트 루핑 침투용 아스팔트는 스트레이트 아스팔트이다.
② 아스팔트 펠트의 침투용 아스팔트는 블론 아스팔트이다.
③ 붙임에 사용하는 아스팔트는 블론 아스팔트 혹은 아스팔트 콤파운드이다.
④ 아스팔트 프라이머는 블론 아스팔트를 용제로 용해한 것이다.

[정답] 26 ④ 27 ② 28 ② 29 ④ 30 ① 31 ②

제4편

해설

아스팔트 펠트

① 목면, 마사, 양모, 폐지 등의 섬유를 물속에서 풀어서 제지기계에서 두꺼운 원지를 만들어 여기에 연질 스트레이트 아스팔트를 침투시킨 것이다.
② 아스팔트 펠트는 스트레이트 아스팔트이다.

32 ★★ **방수공사에 사용하는 아스팔트의 양부판정 중 필요한 것은?**

① 비중　② 연화점
③ 마모도　④ 크리프

해설

아스팔트의 양부판정

① 가장 중요한 요소는 연화점이다.
② 천연 아스팔트와 석유 아스팔트로 분류한다.

33 ★★★ **돌로마이트 플라스터에 대한 다음 성질 중 틀린 것은?**

① 강도는 석회석보다 높다.
② 점도는 생석회보다 낮아 풀을 많이 넣는다.
③ 건조경화 시 수축률이 크다.
④ 결점은 집중균열이 생기기 쉽다.

해설

돌로마이트 플라스터

점성이 높으며, 강도는 석회석보다 높다.

34 ★★★ **돌로마이트 플라스터 공사 중 적당하지 않은 것은?**

① 초벌하고 5일 경과 후 고르기를 바른다.
② 초벌 후 경화가 늦고 수축성이 있다.
③ 반죽 후 수일간에 사용함이 좋다.
④ 반죽하는 물은 차가울수록 좋다.

해설

돌로마이트 석회의 특징

① 돌로마이트 석회는 점성이 많아 물로 반죽하고 뜨거울수록 좋으며 수축균열이 많이 발생한다.
② 소석회와 같이 기경성이다.
③ 기경성이란 공기중의 이산화탄소에 의하여 경화되는 것이다.
④ 백운석은 탄산나트륨을 다량 함유하고 있는 석회석이다.

35 ★★★ **교실벽을 다음 재료 중 어느 것으로 마무리하면 가장 빨리 유성페인트를 칠할 수 있겠는가?**

① 석고 플라스터　② 시멘트 모르타르
③ 회반죽　④ 돌로마이트 플라스터

해설

석고 플라스터

① 순석고 플라스터는 현장에서 소화하여 석회죽을 바른다.
② 혼합 석고 플라스터는 석고 플라스터와 석회가 혼합되어 제품화된 것이다.
③ 경석고 플라스터는 건조 시멘트이다.

36 ★★ **회반죽용 해초풀에 대한 사항 중 틀린 것은?**

① 물을 넣어 끓인 후 곧 사용하는 것이 좋다.
② 풀의 농도가 크면 수축률이 감소된다.
③ 풀의 농도가 크면 휨강도가 증가한다.
④ 소석회와 혼합하면 점도가 증가한다.

해설

해초풀 19. 9. 21 산

① 풀의 농도가 크면 수축률이 증가한다.
② 소석회와 혼합하면 점도는 증가한다.(소석회는 점성이 없다.)
③ 해초는 봄철에 채취하여 2~3년 묵힌 것이 좋다.

37 ★★ **여물 중 가성소다로 처리하여 사용하는 여물은?**

① 삼여물　② 짚여물
③ 종이여물　④ 털여물

해설

여물

① 털여물은 가성소다로 세척하여 사용한다.
② 여물은 건조수축에 의한 균열을 방지할 목적으로 첨가한다.

38 ★★★ **회반죽에 여물을 넣는 이유는?**

① 균열을 방지하기 위하여
② 점성을 높이기 위하여
③ 경화를 촉진하기 위하여
④ 경도를 높이기 위하여

[정답] 32 ② 33 ② 34 ④ 35 ① 36 ② 37 ④ 38 ①

해설

회반죽

① 수축을 분산시켜 균열을 방지하기 위하여 여물을 넣는다.
② 회반죽에 소석회, 여물, 해초가 필요하다.

39 ★★★ 지하실 방수법에 관한 기술 중 옳은 것은?

① 바깥 방수법은 안 방수법보다 시공하기가 쉽다.
② 안 방수법은 수압처리가 곤란하다.
③ 수압이 큰 깊은 지하실에는 안 방수법이 유리하다.
④ 얕은 지하실에는 바깥 방수법이 쓰인다.

해설

방수법

① 바깥 방수법은 시공이 어렵다.
② 수압이 큰 깊은 지하에는 바깥 방수법이 용이하다.
③ 얕은 지하실은 안 방수법이 유리하다.

40 ★★ 보통 미장용 석회성분은?

① CaO　　② $CaCO_3$
③ $Ca(OH)_2$　　④ $CaSO_4$

해설

소석회

① 생석회에 물을 넣으면 소석회가 된다.
② 천연석회석, 조개껍데기를 900~1,300[℃]로 가열하면 생석회가 된다.

41 ★★ 석회는 수중에서 혼연하여 공기 중에서 경화하는데 어느 것의 작용을 받는가?

① 공기 중의 산소　　② 공기 중의 질소
③ 공기 중의 탄산가스　　④ 수중의 산소

해설

소석회

① 소석회의 경화는 공기 중의 탄산가스를 흡수하여 원석의 탄산석회로 환원한다.
② 경화에는 공기 중의 탄산가스가 반드시 필요하다.

참고 문제 40번

42 ★★ 단열재의 선정조건 중 옳지 않은 것은?

① 비중이 작을 것　　② 투기성이 클 것
③ 흡수율이 낮을 것　　④ 열전도율이 낮을 것

해설

단열재의 선정조건

① 비중이 작을 것
② 투기성이 작을 것
③ 흡수율이 낮을 것
④ 열전도율이 낮을 것

43 ★★ 콜타르에 대한 설명으로 옳지 않은 것은?

① 건류에 의하여 얻어진 것은 경유를 가하여 증류하고, 수분을 제거하여 정제한다.
② 인화점은 60~160[℃]이며, 흑색 또는 흑갈색을 띤다.
③ 방부제로도 이용되나, 크레오소트유에 비하여 효과가 떨어진다.
④ 일광에 의한 산화나 중합은 아스팔트보다 약하고 휘발분의 증발로 인해 연성이 크게 된다.

해설

(1) 콜타르(Coal Tar)

① 석탄을 건류하여 얻은 것
② 비중 : 1.1~1.3
③ 인화점 : 아스팔트보다 낮음
④ 120[℃] 이상 가열 시 인화
⑤ 방수포장, 방수도료, 방부제로 사용

(2) 피치(Pitch)

① 콜타르를 증류시킨 나머지 부분이며 하급품이다.
② 지하방수제로 코크스의 원료, 비휘발성, 인화점이 낮다.

[정답] 39 ② 40 ③ 41 ③ 42 ② 43 ④

Chapter 06

합성수지

중점 학습내용

건설안전기사/건설안전산업기사 합격을 위해서 다음 내용을 충실히 공부해야 한다.
1 합성수지의 성질과 용도
2 열경화성수지, 열가소성수지의 종류
3 열경화성수지, 열가소성수지의 특징과 용도
시험에 출제가 예상되는 중심적인 내용은 다음과 같다.
❶ 합성수지 일반
❷ 합성수지 제품

합성수지

천연수지성 물질과 닮은 합성 고분자물질, 플라스틱이라 불리는 것의 대부분은 합성수지이다. 합성수지는 광택, 경도, 열가소성 등이 천연수지와 닮았다. 가공상, 크게 나누어 열가소성수지와 열경화성수지로 구별된다. 합성수지는 경량으로 질량당 강도가 크고 전기, 열의 절연성이 좋으나, 내열성이 나쁘고 열팽창률이 크다. 최근에는 이 결점이 적은 고성능수지가 개발되어 있다. 도금에서는 도금수조 등의 처리수조나 배수처리수조, 배기장치, 치공구의 절연피막 등에 합성수지가 사용되고 있다.

플라스틱

가소성(plasticity)물질 또는 플라스틱스라고도 한다. 크게 천연수지와 합성수지(synthetic resin)로 구별되며, 플라스틱이라고 하면 합성수지를 가리킨다. 플라스틱은 최종적인 고형(固形)이며 분자량이 많은 것이 되지만, 거기에 이르는 제조공정의 어떤 단계에서 유동성을 가지며, 이때 성형이 이루어지는 것이라야 한다. 또 원칙적으로는 유기화합물로서 고분자화합물이 될 수 있는 것이지만, 이러한 것을 본질적 성분으로 하는 재료 전반을 포함해서 플라스틱이라고 한다.

합격날개

합격예측

열가소성수지의 종류
① 염화비닐수지
② 초산비닐수지
③ ABS수지
④ 아크릴수지
⑤ 폴리아미드수지
⑥ 폴리프로필렌수지
⑦ 불소수지
⑧ 폴리스티렌수지
⑨ 폴리에틸렌수지

합격예측

열가소성수지(중합형)의 특징
① 단량체(Monomer)가 상호 결합하는 중합반응으로 고분자로 된 것이다.
② 유기용제에 녹고, 2차 성형이 가능하다.
③ 연화온도는 60~80[℃]이다.

Q 은행문제

플라스틱 제품 중 비닐 레더(vinyl leather)에 관한 설명으로 옳지 않은 것은? 17. 9. 23 기 20. 9. 27 기 23. 9. 2 기
① 색채, 모양, 무늬 등을 자유롭게 할 수 있다.
② 면포로 된 것은 찢어지지 않고 튼튼하다.
③ 두께는 0.5~1[mm]이고, 길이는 10[m] 두루마리로 만든다.
④ 커튼, 테이블크로스, 방수막으로 사용된다.

정답 ④

1 합성수지 일반

1. 종류 및 특징

(1) 열가소성수지

① 비닐계수지

㉮ 염화비닐은 내알칼리성, 전기절연성, 내후성이 크고 값이 싸서 판, 타일, 시트, 파이프, 도료, 필름, 인조가죽 등의 제품으로 많이 사용된다.

㉯ 비중이 1.4이며 사용온도범위는 −10~60[℃]이다.

㉰ 아세트산비닐은 강도 및 내후성이 떨어지나 접착성 및 광택이 좋으므로 염화비닐과 중합시켜 도료를 만드는 일이 많다. 염화비닐리덴은 값이 비싸지만 내열성, 내화성이 커서 염화비닐과 중합시켜 섬유제품을 만드는 데 쓰인다.

② 아크릴수지 18. 3. 4 기 18. 9. 15 기 22. 4. 24 기

㉮ 유기질유리라 하여 일찍이 비행기의 방풍유리로 사용해 왔다.

㉯ 무색투명판은 광선 및 자외선의 투과성이 크고 내약품성, 전기절연성이 크며 내충격강도는 무기재료보다 8~10배 정도이다.

㉰ 스크린, 칸막이판, 창유리, 건물 내·외장용 스프레이 코팅재료로 쓰이나 누렇게 변하는 결점이 있다.

③ 폴리에틸렌(Polyetylene)수지 23. 9. 2 기

㉮ 불투명한 백색이며 내충격성이 보통 수지의 4~6배이다.

㉯ 전기절연성 및 내약품성이 크며 취화온도는 −60[℃]이다.

④ 폴리스티렌(Polystyrene)수지 17. 3. 5 기·산 17. 9. 23 기

㉮ 무색투명하고 착색하기 쉬우며 내화학성, 전기절연성, 가공성이 우수하다.

㉯ 단단하나 부서지기 쉬운 결점이 있다.(용도 : 건축물 천장재, 블라인드)

⑤ 플루오르(Fluor)수지

㉮ 사(4)플루오르화에틸렌수지는 물리적 화학적 성질이 우수하여 만능수지라 고 한다.

㉯ 내수성, 내열성, 내약품성, 내전기성이 좋다.

㉰ 상용온도는 −100~250[℃]. 삼(3)플루오르화에틸렌은 내약품성이 떨어지나 반영구적이다.

(2) 열경화성수지

① 페놀수지

㉮ 페놀(석탄산), 포름알데히드를 원료로 한다.

㉯ 산이나 알칼리를 촉매로 하여 만든다.

② 폴리에스테르(Polyester)수지

㉮ 포화 폴리에스테르수지와 불포화 폴리에스테르수지가 있다.

㉯ 다알코올(글리세린 등)과 다염기산(무수프탈레인 등)의 축합으로 만들어진다.(용도 : 항공기 및 차량구조재, 건축창호재, 칸막이벽 등)

③ 요소수지 : 요소를 포르말린과 반응시켜 만든다.

④ 멜라민수지 : 멜라민과 포르말린을 반응시켜 만든다.

⑤ 실리콘(Silicone)수지 : 제법에 따라 액체, 고무수지 등이 만들어진다.

⑥ 푸란수지 : 푸란을 알코올로 처리한 것이다.

⑦ 에폭시(epoxy)수지 : 에피클로로히드린(Epichlorohydrin)과 비스페놀에이(Bisphenol A)를 알칼리로 반응시켜 만든 것이다.

(3) 셀룰로오스계수지

① 셀룰로오스계수지는 식물성 물질의 구성 성분으로 자연계에 많이 있다.

② 고분자물질을 질산, 아세트산(초산) 등의 화학약품에 의해 변성한 것으로 반합성수지이다.

③ 셀룰로이드(celluloid), 아세트산 섬유소수지가 있다.

(4) 고무 및 합성고무

① 고 무

㉮ 보통 고무라 함은 라텍스에 황을 혼합하여 가공한 가황고무이며 라텍스를 정제한 것을 생고무라 한다.

㉯ 황을 함유하는 양에 따라 연질고무(6[%]), 경질고무(30[%])로 나뉘고 염소나 염산을 작용시켜 염화고무, 염산고무가 되어 고무유도체를 만든다.

합격예측

열경화성수지의 종류
18. 4. 28 산 18. 9. 15 산
19. 9. 21 기 20. 8. 23 산
22. 3. 5 기

① 페놀수지
② 요소수지
③ 멜라민수지
④ 알키드수지
⑤ 폴리에스테르수지
⑥ 우레탄수지
⑦ 에폭시수지
⑧ 실리콘수지
⑨ 푸란수지

참고

(1) 열경화성수지
가열하면 굳어져서 더 이상 가열하여도 연화되거나 녹지 않는다.

(2) 열가소성수지
가열하면 연화되어 변형하나, 냉각시키면 그대로 굳어진다.

합격예측

(1) 폴리우레탄수지
18. 3. 4 기

① 발포시킨 것은 강하고 내노화성(耐老化性), 내약품성이 좋다.
② 내열성, 열전도율이 작다.
③ 탄력성과 내마모성이 우수하다.
④ 용도 : 보온단열재, 방음재, 접착제, 바닥재

(2) 폴리에스테르 강화판 [유리섬유 보강플라스틱 : FRP(Fiberglass Reinforced Plastics)]
17. 5. 7 산 18. 9. 15 기

① 가는 유리섬유에 불포화 폴리에스테르수지를 넣어 상온 · 가압하여 성형한 것으로서 건축재료로는 섬유를 불규칙하게 넣어 사용한다.
② FRP는 강철과 유사한 강도를 가지며, 비중은 철의 1/3 정도이다.
③ 100~150[℃]가 사용한계이다.
④ 용도는 항공기, 차량 구조재, 건축창호재, 칸막이벽 등에 사용된다.
⑤ 포화 폴리에스테르수지 : 알키드수지라 하며 래커, 바니시 등 페인트의 원료로 쓰인다.

② 합성고무

㉮ 부나에스(Buna S), 부나엔(Buna N), 네오프렌(Neoprene)의 세 가지가 많이 쓰인다.

㉯ 용도를 보면 부나에스는 공업시설의 주요재료로서, 네오프렌은 석유화학공장에서 많이 쓰인다.

㉰ 부나엔은 주로 타이어를 만드는 데 사용된다.

2 합성수지 제품

1. 바닥재료 제품

(1) 염화비닐 타일

① 염화비닐에 가소제를 넣어 연질로 만들고 석분, 석면, 코르크가루 등과 안료를 혼합한 뒤, 가열하면서 동시에 혼합 롤러로 압연성형하여 제조한다.

② 값이 비교적 싸고 착색이 자유로우며, 탄력성, 내마멸성, 내약품성이 있어 바닥재료로 쓰인다.

③ 제품의 치수는 두께가 2~3[mm], 크기가 30[cm]×30[cm]가 표준제품이다.

④ 탄력성이 있어 보행음이 없고 내마모성이 있고, 내약품성도 강하다.

⑤ 맨발로 걸으면 냉기를 느끼게 된다.

⑥ 실온이 15~20[℃] 이상일 때 시공해야 하고 그 이하일 때는 타일의 온도를 높여 시공한다.

(2) 아스팔트 타일

① 아스팔트와 석면을 주재료로 하여 만든 암색 타일이었으나, 쿠마론 인덴(Cumarone inden)수지의 출현으로 밝은 색상의 타일이 시판되고 있다.

② 비닐 타일에 비하여 가열변형의 정도가 큰 편이다.

③ 유지용제로 연화되기 쉬우므로 중량물이나 기름용제 등을 많이 취급하는 건물바닥에는 부적당하다.

(3) 비닐시트 16. 3. 6 산

① 우리나라에서 시판되고 있는 모놀륨, 골드륨과 같은 제품이 비닐시트이다.

② 두께가 약 2[mm], 폭이 90~120[cm], 길이가 약 10[m]의 두루마리제품이다.

③ 제작사에 따라 탄력성을 많게 하고 보행감을 좋게 하기 위하여 중간층에 스펀지시트를 첨가하는 예도 있다.

합격예측

플라스틱의 장점

① 우수한 가공성으로 성형이 쉽다.
② 경량, 착색용이, 비강도값이 크다.
③ 내구, 내수, 내식, 내충격성이 강하다.
④ 접착성이 강하고 전기절연성이 크다.
⑤ 내산, 내알칼리성 등 화학약품에 대한 저항성이 크다.

합격예측

열경화성수지(축합성)의 특징

① 원료가 결합할 때 물, 염산, 알코올 등을 발생시키며 축합반응으로 고분자화한다.
② 성형품은 용제에 안 녹는다.
③ 2차 성형이 불가능하다.
④ 연화온도는 130~200[℃]이다.

합격예측

폴리카보네이트(polycarbonate) 23. 6. 4 기

전기절연성, 치수 안정성이 좋고, 소화성(消火性), 내산성이 있으며, 내후성(耐候性)이 크고, 내충격성은 폴리아세탈 다음으로 큰 특징이 있어 전기부품으로 가장 많이 사용된다. 연속적으로 힘이 작용하는 부품에는 부적당하나 단속적으로 강한 충격을 받는 부품에는 적당하므로 안전 헬멧, 포터블 툴하우징, 스포츠용품 등에 주로 사용된다.

Q 은행문제

다음 벽지에 관한 설명으로 옳은 것은? 17. 5. 7 기

① 종이벽지는 자연적 감각 및 방음효과가 우수하다.
② 비닐벽지는 물청소가 가능하고 시공이 용이하며, 색상과 디자인이 다양하다.
③ 직물벽지는 벽지 표면을 코팅 처리함으로서 내오염, 내수, 내마찰성이 우수하다.
④ 초경벽지는 먼지를 많이 흡수하고 퇴색하기 쉽지만 단열 효과 및 통기성이 우수하다.

정답 ②

(4) 리놀륨 20. 8. 22 기

① 리녹신(아마인유의 산화물)에 수지를 가하여 리놀륨 시멘트를 만들고 여기에 코르크 분말, 톱밥, 안료 등을 섞어 마포에 도포한 후 롤러로 열합하여 성형한 제품이다.

② 내구력이 비교적 크고 탄력성, 내수성 등이 있다.

2. 플라스틱 제품

(1) 신축줄눈(Joint)

① 실리콘고무, 네오프렌, 테플론 등은 탄력성이 있다.

② 충전줄눈이 있다.

(2) 개스킷(Gasket)

① 유리 끼우는 틀 등에 적당하다.

② 기밀성, 수밀성으로는 이상적이다.

(3) 조이너

① 보드의 이음부를 가리기 위한 줄눈재이다.

② 경질 염화비닐제가 많다.

(4) 블라인드(Blind)

① 롤블라인드(Roll blind)는 각종 합성섬유로 만들어진다.

② 보통 가소성수지로 만들어지며 태양열에 연화되어 중앙이 처지는 결점이 있다.

(5) 계단용 논슬립(Non-slip)

① 염화비닐 제품이 많이 쓰인다.

② 계단의 미끄럼방지용으로 쓰인다.

3. 합성수지계 접착제의 종류 및 특성

종 류	특 징
에폭시수지 접착제 (Epoxy resin paste) 16. 5. 8 기 17. 3. 5 기 18. 3. 4 기 19. 9. 21 기	내수성, 내습성, 내약품성, 전기절연성이 우수, 접착력이 강하다. 피막이 단단하고 유연성 부족, 값이 비싸다. 금속, 항공기 접착에도 쓰인다. 현재까지의 접착제 중 가장 우수하다. 20. 8. 22 기
페놀수지 접착제 (Phenol resinpaste)	합판, 목재제품 등에 사용된다. 접착력, 내열, 내수성이 우수하다. 유리나 금속의 접착에는 적당하지 않다. 16. 5. 8 기
초산비닐수지 접착제 (Vinyl resin paste)	값이 싸고 작업성이 좋고, 다양한 종류의 접착에 알맞다. 일반적으로 많이 사용한다. 목재가구 및 창호, 종이도배, 천도배, 논슬립 등의 접착에 사용한다. 내수성은 좋지 않다. 17. 3. 5 기
요소수지 접착제 (Ureaformaldehyde resin paste)	목재접합, 합판제조 등에 사용, 가장 값이 싸고, 접착력이 우수, 집성목재, 파티클보드에 많이 쓰인다. 내수성이 부족하다. 17. 5. 7 기

합격예측

플라스틱의 단점
17. 9. 23 기·산
18. 3. 4 산 20. 6. 14 산

① 내마모성, 표면경도가 약하다.
② 열에 의한 신장(팽창, 수축)이 크다.
③ 내열성, 내후성이 약하다.
④ 압축강도 이외의 강도, 탄성계수가 작다.
⑤ 흡수팽창과 건조수축도 비교적 크다.

합격예측

(1) FRP(Fiberglass Reinforced Plastics)

유리섬유보강 플라스틱, 유리섬유로 보강된 불포화 폴리에스테르수지이다.

(2) 폴리초산비닐(Poly Vinyl) 23. 6. 4 기

합성 풀의 재료로 폴리초산비닐의 에멀션(emulsion)으로 사용한다. 폴리초산비닐은 물에 녹지 않으므로 30[%]의 농도로써 PVA나 다른 유화제와 함께 유화해 수지 풀로 시판되고 있다.

Q 은행문제

1. 비닐벽지에 관한 설명으로 옳지 않은 것은?

① 시공이 용이하다.
② 오염이 되더라도 청소가 용이하다.
③ 통기성 부족으로 결로의 우려가 있다.
④ 타 벽지에 비해 경제적으로 가격이 비싸다.

정답 ④

2. 다음 합성수지 중 투명도가 가장 큰 것은?

① 페놀수지
② 메타크릴수지
③ 네오프렌수지
④ A.B.S수지

정답 ②

멜라민수지 접착제 (Melamine resin paste)	내수성, 내열성이 좋고, 목재와의 접착성이 우수하다. 내수합판 등에 쓰인다. 값이 비싸다. 단독으로 쓸 경우는 적다. 금속, 고무, 유리 접착은 부적당하다.
실리콘수지 접착제 (Silicon resin paste)	특히 내수성이 우수하다. 내열성(200[℃]), 내연성, 전기적 절연성이 우수하고, 유리섬유판, 텍스, 피혁류 등 모든 접착이 가능하다. 방수제로도 사용한다. 16. 3. 6 산 16. 5. 8 기 19. 9. 21 산 20. 6. 14 산 20. 9. 27 기
푸란수지 접착제 (Furabn resin paste)	내산, 내알칼리, 접착력이 좋다. 화학공장의 벽돌, 타일붙이기의 유일한 접착제(180[℃]까지 고온에 견딤)이다.

[표] 재료의 성질을 나타내는 용어

종 류	특 징
항복비(降伏比) (Yield Ratio)	항복점 또는 내력과 인장강도의 비를 항복비라 한다. 보통 강재(41[kgf/mm²]) : 0.6~0.9 고장력강(80[kgf/mm²]) : 0.9 정도
경도(硬度) (Hardness)	경도란 국부적 전단력, 마모 등에 대한 저항성으로 강재의 기본적 성질의 하나이다. 브리넬 경도로 보통 표시(인장강도 값의 약 2.0배이다)
인성(靭性) (Toughness)	충격에 대한 재료의 저항성, 하중을 받아 파괴 시까지의 에너지 흡수능력으로 나타냄, 높은 응력에 견디고 또한 큰 변형을 나타내는 성질(재료가 질긴 성질) : 샤르피 충격시험기, 아이조드 충격시험기로 시험
취성(脆性) (Brittleness)	어떤 재료에 외력을 가했을 때에 작은 변형에도 파괴되는 성질이다. 일반적으로 주철, 유리 등 영계수가 큰 재료가 취성이 크고, 충격 강도와 도 밀접한 관계가 있다. 취성파괴는 저온에서 일어나기 쉽다.
강성(强性) (Rigidity)	부재나 구조물이 외력을 받았을 때 변형에 저항하는 성질로, 강도와 직접 관계는 없고 탄성계수가 큰 재료, 변형이 작은 재료가 강성이 크다.
연성(延性) (Ductility)	재료가 탄성한계 이상의 힘을 받아도 파괴되지 않고 가늘고 길게 늘어나는 성질을 말한다. 크기 : 금<은<알루미늄<철<니켈<구리<아연<주석<납
전성(展性) (Malleability)	압력과 타격에 의해 금속을 가늘고 넓게 판상으로 소성변형시킬 수 있는 성질로, 가단성(可鍛性)이라고도 하며 납이 가장 전성이 좋다.
피로강도 (Fatique Strength)	강재에 반복하중이 작용하면 항복점 이하의 범위에서도 물체가 파괴되는 현상으로 이때 하중을 피로하중이라 한다.
탄성(彈性) (Elasticity)	부재가 외력을 받아서 변형이 생길 때 그 외력을 제거하면 원래 상태로 되는 성질을 말한다. 예 탄성체
소성(塑性) (Plasticity)	부재가 외력을 받아서 변형이 생길 때 그 외력을 제거해도 원래상태로 되돌아오지 않는 성질을 말한다. 예 소성체

합격예측

아크릴수지판의 특성

① 아크릴수지의 투광률은 90[%], 비닐수지의 투광율은 85~90[%]에 이른다.
② 착색이 자유롭고, 내충격강도는 무기유리의 8~10배 정도이다.
③ 연화점은 100~120[℃] 정도이다.
④ 내유성, 내약품성, 전기절연성이 좋다.
⑤ 상온에서도 절단, 구멍뚫기 등 가공이 용이하다.

합격예측

합성고무의 특징

① 네오프렌은 석유제품 취급에 관계되는 호스, 튜브, 패킹 등에 사용된다.
② 부나S : 타이어용, 내산, 내알칼리 도료
③ 부나N : 타이어용, 절연재

Q 은행문제

1. 콘크리트 구조물의 강도 보강용 섬유소재로 적당하지 않은 것은?

① 석면섬유
② 유리섬유
③ 탄소섬유
④ 아라미드섬유

정답 ①

2. 합성수지의 일반적인 성질에 관한 설명으로 옳지 않은 것은?

① 마모가 크고 탄력성이 작으므로 바닥재료로 사용이 곤란하다.
② 내산, 내알칼리 등의 내화학성이 우수하다.
③ 전성, 연성이 크고 피막이 강하다.
④ 내열성, 내화성이 적고 비교적 저온에서 연화, 연질된다.

정답 ①

합성수지

출제예상문제

출제예상문제는 복습, 예습문제로 엮었습니다. *WHY : 실제시험에도 순서에 관계없이 출제됩니다. 예습 후 다음장에 공부한 문제가 있으면 기억이 배가 됩니다.

01 ★★ 경질 염화비닐 제품의 설명 중 틀린 것은?

① 강도는 연관의 3배이며 전기의 불량도체이다.
② 가공배관이 용이하다.
③ 열팽창은 강의 10배 정도이다.
④ 성질은 관내 저항이 작아서 물의 유량이 철판보다 30[%] 많으며 녹이 슬지 않는다.

해설

경질 염화비닐의 특징

① 경질 염화비닐의 사용범위는 –20[℃]~45[℃]이다.
② 열의 팽창은 강의 6배 정도이다.
③ 절단 등 가공은 목공구로 가능하고 120~130[℃] 가열하여 용이하게 굽힐 수 있다.

02 ★★★ 합성고무의 일반적 용도 중에서 잘못된 것은?

① 부나S는 타이어용 내산·내알칼리 도료에 쓰인다.
② 네오프렌은 재질이 견고하지 못하여 패킹, 튜브 등에는 못쓴다.
③ 부나N은 타이어용, 절연제 등에 사용된다.
④ 네오프렌은 내유성, 탄산수소계에 대한 저항성을 고려한 석유제품에 관계되는 튜브에 사용한다.

해설

Neoprene

① 내유성, 탄산수소계에 대한 저항성이 크다.
② 패킹, 튜브 등에 사용한다.

03 ★★★ 다음 합성수지 중 방수성이 가장 강한 것은?

① 푸란수지 ② 알키드수지
③ 실리콘수지 ④ 에폭시수지

해설

실리콘수지

① 극도의 혐수성이다.
② 물을 튀기는 성질이 있어 방수용에 쓰인다.

04 ★★ 에폭시수지의 설명 중 잘못된 것은?

① 내용제성과 내약품성이 뛰어나고, 경화할 때 휘발유의 발생이 없다.
② 금속유리, 목재나 알루미늄과 같은 경금속의 접착제에 사용된다.
③ 에폭시수지는 접착성이 우수하다.
④ 벽판, 천장판, 루버, 칸막이 등의 용도로 사용된다.

해설

에폭시수지의 용도

① 주형재료, 접착제, 도료에 쓰인다.
② 적층품으로서는 유리섬유의 보강품이 만들어진다.

05 ★★ 플라스틱 제품을 사용하는 공사에서 주의할 사항 중 옳지 않은 것은?

① 아크릴재에는 아세트산에스테르, 아세톤류 등의 도료용 용재가 묻어서는 안 된다.
② 청소는 양생 후에 부드러운 헝겊에 비눗물 또는 휘발유를 적셔서 한다.
③ 열가소성 평판의 곡면가공은 반지름을 판두께의 300배 이내로 한다.
④ 열가소성의 경질판 플라스틱재의 정착에 있어서는 열에 의한 신축의 여유를 두어서는 안 된다.

[정답] 01 ③ 02 ② 03 ③ 04 ④ 05 ④

제4편

해설

합성수지의 성질

① 내열, 내화성이 작아서 150[℃] 이상의 온도에 견디기가 어렵다.
② 경량에 비해 강도가 큰 것이 있으나 탄성이 1/10 정도이며 강성이 작아 구조재로서 불리한 점이 있다.

참고

① 가소성 : 물질에 어떤 힘을 가하여도 깨지지 아니하고 형체만이 변하는 성질
② 열가소성수지 : 가열하면 가소성이 되고, 냉각하면 굳어지며 다시 가열하면 가소성이 되는 합성수지
③ 열경화성수지 : 가열하면 가소성이 되었다가 냉각하면 어떤 온도에서 굳어지고 다시 가열했을 때 가소성이 되지 않는 합성수지

06 ★★ 콘크리트 거푸집으로 사용할 수 있는 합성수지판은?

① 베이클라이트판
② 페놀강화목재 적층관
③ 페놀마감합판
④ 멜라민마감 적층판

해설

페놀수지마감합판

① 내수, 내구성이 크다.
② 용도는 콘크리트 거푸집에 적당하다.

07 ★★ 다음 합성수지 중에서 파이프, 튜브, 물받이통 등의 제품에 가장 많이 사용되는 것은?

① ABC수지
② 폴리에틸렌수지
③ 아세트산비닐수지
④ 염화비닐수지

해설

염화비닐수지

① 안정제 안료를 넣어 성형한 것으로서 전기불량도체이다.
② 강도, 내식성, 내구성이 커서 일반적으로 가장 많이 이용되고 있다.

08 ★ Linoleum에 관한 설명 중 옳지 않은 것은?

① 줄무늬, 구름무늬가 내부까지 있는 것을 쟈즈뻬리놀륨이라고 한다.
② 공장생산의 마루마감재료로 원료는 latex수지, 코르크분말 등이 쓰인다.
③ 내구력이 비교적 크고 탄력성, 내수성이 있으나 장기간 그대로 두면 탄성이 줄고 취약해진다.
④ 두께 3.0[mm]짜리는 1권의 길이가 27[m], 무게가 3.60[kg/m^2], 넓이는 50[m^2]이다.

해설

① 리놀륨의 원료 : 아마인유 건조체, 수지, 코르크분말, 톱밥, 안료, 황마포 등
② 고무제품의 원료 : 라텍스

09 ★★ 다음 합판수지타일 및 시트 중에서 신을 신고 보행하는 마루에 부적당한 것은?

① 염화비닐타일
② 아스팔트타일
③ 폴리스티렌타일
④ 비닐마루용 시멘트

해설

폴리스티렌타일

① 흠이 잘 생겨 신을 신고 보행하는 마루에 부적당하다.
② 건축물 벽에 사용한다.

10 ★★ 아크릴평판의 설명 중 부적당한 것은?

① 특색은 광선의 굴절률이 크다.
② 성형할 때 압력으로 만든다.
③ 색이 자유롭고 투명, 반투명, 불투명품이 있다.
④ 용도로는 채광판, 곡면천장, 스테인드글라스, 내외장재, 간판조명기구 등에 사용한다.

해설

아크릴평판

① 입상의 성형 원료를 열에 녹여 롤러로 성형한다.
② 압력은 거의 필요치 않다.

[정답] 06 ③ 07 ④ 08 ② 09 ③ 10 ②

11 ★★ 합성수지의 용도에서 관계깊은 것끼리 짝지어지지 않은 것은?

① 염화비닐수지 – 지붕덮개용
② 아크릴수지 – door용
③ 폴리에스테르 – tile
④ 멜라민수지 – 책상판용

해설

폴리에스테르수지
① 각종 도료의 원료가 된다.
② 래커바니시, 페인트 등에 쓰인다.

12 ★★ 멜라민마감 금속판의 기술 중 부적당한 것은?

① 전기냉장고, 자동차 등의 도장법이다.
② 채광판에 사용된다.
③ 건축에서는 평판 제품을 외벽에 사용할 수 있다.
④ 알루미늄강판 표면에 멜라민, 알키드 도료를 고온건조한 것이다.

해설

멜라민마감 금속판
① 유색 제품으로 사용된다.
② 채광판에는 사용하지 않는다.

13 ★★ 다음 합성수지판 중에서 강도 및 내구성이 가장 뛰어난 것은?

① 멜라민마감 적층판
② 폴리에스테르판
③ 염화비닐평판
④ 아크릴평판

해설

폴리에스테르판
① 강도 및 내구성이 플라스틱 중에서 가장 뛰어나다.
② 21C에는 구조재로 쓰이게 될 것이다.

14 ★★★ 다음 중 열가소성수지가 아닌 것은?

① 폴리에스테르수지
② 염화비닐리덴수지
③ 폴리에틸렌수지
④ 아크릴수지

해설

폴리에스테르수지
① 유리섬유를 보강제로 하여 성형한 것이다.
② 저압적층용 및 접착용수지이다.

15 ★★★★ 다음 열가소성수지 중 수지시멘트로 사용되는 합성수지는?

① 염화비닐수지
② 폴리스티렌수지
③ 폴리프로필렌수지
④ ABS수지

해설

① 베이클라이트 강화판 : 종이에 페놀수지를 침지시켜 석면, 유리섬유, 목재펄프, 종이, 목분 등의 충전재를 첨가하여 열압으로 만든 것
② 강화목재 적층판 : 얇은 나무판에 페놀수지를 침지시켜 열압한 것
③ 염화비닐시트(sheet) : 염화비닐에 석면, 목분 등의 충전재와 안료를 가하여 롤러로 성형한 것으로 두께 2.5[mm] 이하, 나비 90[cm]의 두루마리로서 목조 마루, 온돌, 콘크리트 바닥면에 사용한다.

16 ★★★ 건축물의 천장재, 블라인드 등을 만드는 합성수지 중 열가소성수지는?

① 알키드수지 ② 요소수지
③ 폴리스티렌수지 ④ 실리콘수지

해설

폴리스티렌수지
① 끓는점 142.5[℃]인 무색투명한 액체이다.
② 유기용제에 침해되기 쉽고 취약한 것이 결점이다.
③ 성형품은 내수, 내화학 약품성, 전기절연성, 가공성이 우수하다.

[정답] 11 ③ 12 ② 13 ② 14 ① 15 ① 16 ③

17 ★★ **합성수지 중 전기냉장고, 자동차 등의 금속판 도장에 사용되지 않는 것은?**

① 멜라민수지 ② 알키드수지
③ 요소수지 ④ 염화비닐수지

해설

금속판 도장
① 알루미늄, 강판 등에 멜라민, 알키드, 요소수지 도료를 고온 결부한다.
② 염화비닐수지는 수지시멘트로 사용된다.

18 ★★ **건축재료에 관한 다음의 설명 중 틀린 것은?**

① 합성수지 에멀션페인트는 일반적으로 실내의 모르타르 마감면의 도장에 사용한다.
② 알루미늄은 가공성이 풍부하고 연성이 크다.
③ 아크릴계수지의 도막은 무색투명하고 내약품성이 크다.
④ 페놀수지는 전기절연재료로서는 부적당하다.

해설

페놀수지
① 전기통신 기자재류로 사용된다.
② 비율은 통상 60[%] 정도이다.

19 ★★ **유리섬유판 제조 시 어떤 수지를 넣어 성형하는가?**

① 멜라민수지 ② 아크릴수지
③ 염화비닐수지 ④ 폴리에스테르수지

해설

유리섬유판
① 지름이 5~9[mm]의 유리섬유에 폴리에스테르수지를 넣어 성형한다.
② 폴리에스테르수지가 유리판섬유에 사용된다.

20 ★ **건축의 천장, 루버 등의 재료로 사용되는 합성수지 제품은?**

① 알키드수지 ② 실리콘수지
③ 폴리에스테르수지 ④ 요소수지

해설

폴리에스테르수지
① 건축방면으로 대부분 사용된다.
② 용도는 아케이드 천장, 루버, 칸막이 등에 쓰인다.

21 ★★ **다음 중 아크릴수지 에나멜의 특성이 아닌 것은?**

① 내후성과 내알칼리성이 있다.
② 건조가 빠르다.
③ 자외선을 받으면 일반도료보다 광택이 없어진다.
④ 밀착성이 좋다.

해설

아크릴수지
① 내충격강도가 유리보다 8~10배 정도 크다.
② 유기유리라 하며 비행기 방풍유리로 사용된다.

22 ★★ **열경화성수지 중 알칼리를 촉매로 써서 축합반응 작용으로 만든 것으로서 석면 혼합품은 +125[℃]까지 사용할 수 있는 수지로 전기절연성 및 내후성이 큰 수지는?**

① 페놀수지 ② 요소수지
③ 멜라민수지 ④ 푸란수지

해설

페놀수지
① 페놀(석탄산), 포름알데히드를 원료로 한다.
② 판류, 접착재, 도장재, 단열재, 포장재 등에 사용한다.

참고 페놀수지는 열경화성수지에 속한다.

23 ★★★ **열가소성수지를 성형하는 방법은?**

① 이송성형법 ② 진공성형법
③ 적층성형법 ④ 주조성형법

해설

진공성형법
① 가열된 열가소성수지를 틀 속에 진공으로 하여 성형하는 것을 말한다.
② 가소성이란 어떤 온도범위 안에서 여러 가지 모양의 물체를 만들기 쉬운 성질이다.

[정답] 17 ④ 18 ④ 19 ④ 20 ③ 21 ④ 22 ① 23 ②

24 ★★ 다음 중 열가소성수지는?

① 페놀수지 ② 멜라민수지
③ 실리콘수지 ④ 아크릴수지

해설

아크릴수지

① 아크릴산 또는 에스테르의 중합으로 된 수지이다.
② 투명성, 유연성, 내후성, 내약품성도 우수하다.
③ 도료, 섬유처리, 시멘트 혼합제, 표면박리 방지제로 사용한다.

25 ★★ 합성수지 건축재료를 설명한 것 중 가장 타당하지 않은 것은?

① 흡수율이 작다.
② 표면이 매끈하며 착색이 자유롭고 광택이 좋다.
③ 내열성이 콘크리트보다 낮다.
④ 강도에서 인장강도 및 압축강도는 낮으나 탄성이 금속재보다 우수하다.

해설

합성수지의 탄성계수

① 강철의 1/10 정도이다.
② 강도는 매우 크다.

26 ★★★ 다음 재료 중 열경화성수지에 속하지 않는 것은?

① 페놀수지 ② 알키드수지
③ 아세트산비닐수지 ④ 멜라민수지

해설

열경화성수지

① 축합반응에 의하여 얻은 고분자물질을 말한다.
② 종류는 페놀수지, 요소수지, 멜라민수지, 푸란수지, 폴리에스테르수지, 알키드수지, 실리콘, 에폭시수지 등이 있다.

27 ★★★ 콘크리트 바탕에 어떤 장치나 시설물을 매달기 위하여 바닥이나 벽 내부에 매설하는 철물을 무엇이라 하는가?

① 익스팬션볼트(Expansion bolt)
② 스크루앵커(Screw anchor)
③ 드라이브핀(Drive pin)
④ 인서트(Insert)

해설

고정 금속철물의 특징

종 류		특 징
고정철물	인서트 (Insert)	달대를 매달기 위한 수장철물로 콘크리트 바닥판에 미리 묻어 놓는다. (철근, 철물, 핀, 볼트 등도 사용)
	익스팬션 Bolt	삽입된 연결 플러그에 나무못을 채운 것이다. (인발력 : 270~500[kg])
	스크루 앵커	익스팬션 볼트와 같은 원리이다. (인발력 : 50~115[kg])
	Drivit Gun (Drivit Pin)	소량의 화약과 폭발력을 이용하여 Concrete, 벽돌벽, 강재 등에 Drivit Pin(특수가공한 못)을 순간적으로 쳐 박는 기계이다.
	펀칭메탈	판두께 1.2[mm] 이하의 얇은 판에 각종 무늬의 구멍을 천공한 것으로 장식용, 라디에이터 커버 등에 쓰인다.
	메탈실링	박강판의 천장판으로 여러 무늬가 박혀지거나 펀칭된 것이다.
	법랑철판	0.6~2.0[mm] 두께의 저탄소강판에 법랑(유기질 유약)을 소성한 것으로 주방용품, 욕조 등에 쓰인다.
	타일가공철판	타일면의 감각을 나타낸 철판이다.

28 ★★★ 콘크리트 보강용으로 사용되고 있는 유리섬유에 대한 설명으로 옳지 않은 것은?

① 고온에 견디며, 불에 타지 않는다.
② 화학적 내구성이 있기 때문에 부식하지 않는다.
③ 전기절연성이 크다.
④ 내마모성이 크고, 잘 부서지거나 부러지지 않는다.

해설

유리섬유의 특징

① 내화성 및 단열성이 우수하다.
② 인장강도가 작아 잘 부서진다.

[정답] 24 ④ 25 ④ 26 ③ 27 ④ 28 ④

도료 및 접착제

중점 학습내용

건설안전기사/건설안전산업기사 합격을 위해서 다음 내용을 충실히 공부해야 한다.
1 도료의 개요와 특징
2 유성과 수성페인트 특징 및 용도
3 접착제의 종류와 용도

시험에 출제가 예상되는 중심적인 내용은 다음과 같다.
❶ 도료
❷ 접착제

합격예측

합성수지 도료의 특징
① 내산, 알칼리성이고 건조가 빠르다.
② 투광성이 우수하고 색이 선명하다.
③ 콘크리트, 회반죽면에도 도장이 가능하다.

합격예측

연단(광명단)칠
① 보일드유를 유성페인트에 녹인 것이다.
② 용도는 주로 철재에 사용한다.

Q 은행문제

알키드수지 · 아크릴수지 · 에폭시수지 · 초산비닐수지를 용제에 녹여서 착색제를 혼입하여 만든 재료로 내화학성, 내후성, 내식성 및 치장효과가 있는 내 · 외장 도장재료는?
① 비닐모르타르
② 플라스틱 라이닝
③ 플라스틱 스펀지
④ 합성수지 스프레이 코팅재

정답 ④

1 도료

1. 도료

① 도장재료는 물체의 표면에 칠하여 부식을 방지하고 표면을 보호한다.
② 광택, 색채, 무늬 등을 이용하여 아름답게 하는 재료이다.
③ 내습성, 내후성, 내약품성, 내유성 등을 가지는 재료이어야 한다.
④ 특수 목적으로 교통표지, 공장의 안전표지 등과 같이 어떤 사실을 알리는 것과 방음, 방화, 방열 등의 목적을 가지는 것도 있다.

2. 페인트

(1) 유성페인트

① 아마인유, 대마유, 들기름, 동유, 콩기름 등의 건성유를 가열처리한 보일(Boil)유에 안료를 혼합하고 건조제인 코발트, 망간, 납 등의 나프텐산염 용제로서 테레빈유, 벤젠 등을 첨가한 것이다.
② 장점
㉮ 값이 싸다.
㉯ 밀착성, 내후성이 좋다.
③ 단점 17. 9. 23 기
㉮ 경도가 낮고 건조속도가 늦은 편이다.
㉯ 광택, 내화성이 나쁘다.
㉰ 도장 후 귀얄 자국이 남기 쉽다.
㉱ 내알카리성에 약하다.

(2) 수성페인트 16. 3. 6 기 19. 9. 21 기 20. 9. 27 기 22. 3. 5 기

① 광물성(탄산칼슘, 규산알루미늄) 가루에 티탄백 안료를 첨가하고 수용성 호질물(카세인, 녹말 등)을 혼합한 것으로 내외장 모두에 사용할 수 있다.
② 시멘트질 수성페인트와 건성유 또는 아세트산비닐, 아크릴산 등을 에멀션화하여 물에 분산시킨 에멀션형 수성페인트는 시멘트 모르타르나 콘크리트 바탕에 도장하기 쉽다. 예 수성페인트+합성수지유화제=에멀션페인트

(3) 수지성페인트

① 합성수지와 안료 및 휘발성 용제를 주원료로 한 도료이다.
② 휘발성 용제를 사용하지 않는 것을 무용제형이라 하며 열가소성수지에 열을 가해 녹여서 칠한다.
③ 수지성페인트는 유성페인트와 비교하여 내알칼리성, 내산성, 내구성이 우수하고 광택 및 건조성이 좋으며 녹막이 도료, 방수 도료로도 좋다.

(4) 특수 유성페인트

① 녹막이 페인트 16. 3. 6 기
㉮ 연단(광명단)페인트가 가장 많이 쓰인다.
㉯ 연백페인트 등과 수분을 비활성화시키는 징크로메이트계 도료, 징크 더스트계 도료, 크롬산 아연 등이 있으며 오일 프라이머를 주원료로 한 유성페인트도 쓰인다.
② 알루미늄 페인트
㉮ 알루미늄박편을 미세한 가루로 만들어 안료로 사용한 유성페인트이다.
㉯ 광선 및 열선을 잘 반사하여 열의 차단효과가 있다.
㉰ 도장면의 풍화를 방지하여 강판제의 기름탱크, 난방기구 및 항공기 도장 등 이외에 내열, 방수, 녹막이 도장에 널리 쓰인다.
③ 에나멜 페인트
㉮ 유성니스에 안료를 혼합한 도료로서 에나멜(Enamel)이라 부르기도 한다.
㉯ 색이 선명하고 광택이 매우 좋다.
㉰ 자연에서 용제가 증발하여 표면이 형성(예 염화비닐수지에나멜) 18. 9. 15 기

합격예측

투명래커의 특징
18. 4. 28 산
① 내수성이 작다.
② 용도는 보통 내부(목재면)에 주로 사용한다.

합격예측

(1) 방청·산화철 도료
① 오일스테인이나 합성수지+산화철, 아연분말로 널리 사용된다.
② 내구성이 우수하고 정벌칠에도 사용된다.

(2) 알루미늄 도료
① 방청효과 및 열반사효과가 있다.
② 알루미늄분말이 안료이다.

Q 은행문제

1. 도료를 건조과정에 의해 분류할 때 가열건조형에 속하는 것은?
① 바니시
② 비닐수지 도료
③ 아미노알키드수지 도료
④ 에멀션 도료

정답 ③

2. 도료의 저장 중 온도의 상승 및 저하의 반복작용에 의해 도료 내에 작은 결정이 무수히 발생하며 도장 시 도막에 좁쌀 모양이 생기는 현상은?
18. 3. 4 산
① skinning ② seeding
③ bodying ④ sagging

정답 ②

3. 다음 중 방청도료와 가장 거리가 먼 것은?
① 알루미늄 페인트
② 역청질 페인트
③ 워시 프라이머
④ 오일 서페이서

정답 ④

합격예측

스키닝(sknning)
① 페인트 용기 내에서 액체의 상단에 막이 형성되는 것을 말한다.
② 중후한 톱 코트의 언더레이어 내의 용제가 증발하기 전에 그 톱 코트에 막이 형성되는 것을 말한다.

흐름현상(sagging)
① 수직면에 도포한 경우 건조 시까지 도료의 층이 부분적으로 아래로 흘러내려 두께가 불균등하게 나타난 현상을 말한다.
② 반원상, 고드름상, 액상 등에서 나타나며, 너무 두껍게 칠했을 때 도료의 유동 특성의 부적합 또는 상태의 부적합 등에 의해서 발생한다.

합격예측

래커에나멜의 특징

① 연마성이 좋고 외부용은 자동차 외장용으로 사용된다.
② 내후성 보강이 필요하다.

합격예측

(1) 역청질도료

① 역청질원료 + 건성유에 수지유를 첨가한다.
② 일시적 방청효과가 기대된다.

(2) 징크로메이트 칠

① 크롬산아연 + 알키드수지로 구성된다.
② 알루미늄 및 아연철판 녹막이칠에 사용된다.

Q 은행문제

1. 도료의 저장 중 또는 용기 내 방치 시 도료의 표면에 피막이 형성되는 현상의 발생 원인과 가장 관계가 먼 것은? 20. 6. 7 기

① 피막방지제의 부족이나 건조제가 과잉일 경우
② 용기 내 공간이 커서 산소의 양이 많을 경우
③ 부적당한 시너로 희석하였을 경우
④ 사용잔량을 뚜껑을 열어둔 채 방치하였을 경우

정답 ③

2. 목부의 옹이땜, 송진막이, 스밈막이 등에 사용되나, 내후성이 약한 도장재는? 14. 3. 2 기

① 캐슈
② 워셔프라이머
③ 셀락니스
④ 페인트 시너

정답 ③

3. 수직면으로 도장하였을 경우 도장직후에 도막이 흘러 내리는 형상의 발생 원인과 가장 거리가 먼 것은? 18. 3. 4 기

① 얇게 도장하였을 때
② 지나친 희석으로 점도가 낮을 때
③ 저온으로 건조시간이 길 때
④ airless 도장시 팁이 크거나 2차압이 낮아 분무가 잘 안되었을 때

정답 ①

3. 니 스(Vanish)

(1) 휘발성니스

① 천연수지성니스
㉮ 가장 많이 사용되는 것은 셸락을 알코올에 녹인 셸락니스이다.
㉯ 다마르(Dammar)고무를 미네랄테르펜(Mineral terpene)에 녹인 다마르니스이다.
㉰ 코펄고무를 알코올에 녹인 것, 로진(Rosin)을 알코올 또는 벤젠에 녹인 것 등이 있다.

② 합성수지성니스
㉮ 아스팔트, 피치 등 역청물질이나 니트로셀룰로이드 등 섬유소계 합성수지를 휘발성 용제에 녹인 것이다.
㉯ 휘발성니스는 빨리 건조하여 건축, 가구 등에 많이 쓰인다.

(2) 유성니스(오일 바니시) 17. 9. 23 기

① 수지와 건성유의 양(혼합)의 비율에 따라 단유성니스(골드 사이즈), 중유성 니스(코펄니스), 장유성니스(보디니스 또는 스파니스)로 구분한다.
② 건조가 더디고 광택이 있고 투명 단단하나 내화학성이 나쁘고 시간이 지나면 누렇게 변한다.
③ 내구, 내수성이 크다.(외부용으로 불가능) 20. 6. 14 산 23. 2. 28 기

4. 옻과 감즙

(1) 옻

① 옻나무에서 나온 진을 생옻이라 한다.
② 나무껍질 및 불순물을 제거하여 상온에서 잘 저어서 균질로 만든 다음 낮은 온도에서 수분을 증발시킨 것을 정제옻이라 한다.
③ 25~30[℃]의 온도와 80[%] 이상의 습도가 있는 상태에서 잘 굳는다.
④ 경화된 옻은 내산성, 내구성, 기밀성 및 수밀성이 크며 내열성도 크나 직사광선에 약하며 내알칼리성이 부족하다.

(2) 감 즙

① 감나무의 열매를 짜서 만든 것으로 5[%] 정도 함유된 타닌은 굳으면 물, 알코올에 녹지 않는다.
② 방부성, 내구성이 크다.

5. 퍼티 및 코킹재

(1) 퍼 티

① 유지 혹은 수지와 탄산칼슘, 연백, 티탄백 등의 충전재를 혼합하여 만든 것이다.
② 성질에 따라 경화성 퍼티와 비경화성 퍼티로 창유리를 끼우는 데 주로 사용된다.

(2) 유성코킹재

① 천연, 혹은 합성된 유지, 수지와 석면, 탄산칼슘 등을 혼합하여 만든 것이다.
② 새시 주위의 균열보수, 줄눈 등의 틈을 메우는 데 쓰인다.

(3) 합성수지 코킹재

① 폴리술파이트, 실리콘, 폴리우레탄 등의 합성수지에 충전제, 경화제 등을 혼합하여 만든 것이다.
② 접착성, 탄성이 매우 우수하며 두 종류의 액체코킹재를 혼합하는 2액성 코킹재와 그대로 사용하는 1액성 코킹재가 있다.

2 접착제

1. 동물성 접착제

(1) 아 교

① 개 요
㉮ 재료로는 소, 말, 돼지 등 짐승의 가죽이나 근육 또는 뼈, 그 밖에 물고기의 껍질 등을 이용한다.
㉯ 물로 깨끗이 씻은 원료를 석회수로 처리한 다음 다시 씻어 석회를 제거하고 산처리를 한다.
㉰ 물에 끓여 점액을 내어서 농축한 다음 식혀서 건조시킨 것이다.
㉱ 좋은 아교는 엷은 색으로, 투명성과 탄성이 크며, 악취가 없는 것으로서, 물속에 넣으면 잘 녹지 않는 것, 물을 많이 흡수하여 크게 불어나는 것, 불어나는 데 걸리는 시간이 긴 것, 가열하여 녹이면 점성이 큰 것 등이 있다.
㉲ 주성분으로 콜라겐(Collagen)이라는 일종의 단백질로서, 충분히 불려서 천천히 가열하면 젤라틴(Gelatin)으로 변하여 접착성을 가진다.
㉳ 성질은 접착력이 좋고 빨리 굳으나, 내수성이 없어 암모니아, 포르말린, 중크롬산칼륨 등을 첨가하여 방부성 및 접착성을 증가시킨다.

합격예측

합성수지와 목재용 접착제의 성능비교
① 접착력의 크기
에폭시 > 요소 > 멜라민 > 페놀(석탄산계)
② 내수성의 크기
실리콘 > 에폭시 > 페놀 > 멜라민 > 요소 > 아교

합격예측

단백질계 접착제의 종류
① 카세인 20. 8. 22 기
② 대두단백
③ 알부민
④ 아교

Q 은행문제

1. 에폭시 도장에 대한 설명 중 옳지 않은 것은? 17. 9. 23 산 20. 6. 14 산
① 내마모성이 우수하고, 수축, 팽창이 거의 없다.
② 내약품성, 내수성, 접착력이 우수하다.
③ 자외선에 특히 강하여 외부에 주로 사용한다.
④ Non-Slip 효과가 있다.

정답 ③

2. 일반적으로 단열재에 습기나 물기가 침투하면 어떤 현상이 발생하는가? 23. 2. 28 기 13. 6. 2 기 20. 6. 7 기
① 열전도율이 높아져 단열성능이 좋아진다.
② 열전도율이 높아져 단열성능이 나빠진다.
③ 열전도율이 낮아져 단열성능이 좋아진다.
④ 열전도율이 낮아져 단열성능이 나빠진다.

정답 ②

3. 건성유에 연백 또는 안료를 더하여 만든 것으로 주로 유성페인트의 바탕만들기에 사용되는 퍼티는?
① 하드오일 퍼티
② 오일 퍼티
③ 페인트 퍼티
④ 캐슈수지 퍼티

정답 ③

합격예측

초산비닐수지 접착제(Vinyle resin paste)의 특징

① 값이 싸고 작업성이 좋고, 다양한 종류의 접착에 알맞다.
② 목재가구 및 창호, 종이도배, 천도배, 논슬립 등의 접착에 사용한다.
③ 온도에 약해 0[℃] 이하나 60[℃] 이상에는 접착력이 떨어진다.
④ 내수성 및 내크리프(Creep) 성능도 작아진다.

합격예측

(1) 전분질계 접착제의 종류

① 녹말(쌀, 보리)
② 가공녹말(텍스트린)

(2) 합성수지 도료

① 합성수지를 주체로 하여 만든 도료의 총칭이다.
② 건조시간이 빠르고 도막이 단단하다.
③ 내산성, 내알칼리성이 있어 콘크리트면에 바를 수 있다.
④ 내방화성이 있다.
⑤ 투명한 합성수지를 이용하면 더욱 선명한 색을 낼 수 있다.

(3) 에멀션페인트 17. 3. 5 산

① 수성페인트에 합성수지와 유화제를 섞은 것이다.
② 내수성, 내구성이 좋다.
③ 실내·외 모두 사용 가능하다.
④ 건조가 빠르다.
⑤ 광택이 없다.
⑥ 콘크리트면, 모르타르면에 사용 가능하다.

Q 은행문제

건축재료의 요구성능 중 마감재료에서 필요성이 가장 적은 항목은? 17. 5. 7 기 23. 6. 4 기

① 화학적 성능
② 역학적 성능
③ 내구성능
④ 방화·내화 성능

정답 ②

㉳ 용도는 나무나 가구의 맞춤, 나무와 종이 등의 접착제로서 습기가 많은 곳에서는 쓰지 않는다.

② 사용 시 주의사항

㉮ 바로 물을 부어 끓이지 말고 충분히 불린 다음 물을 붓고, 60~80[℃]의 온도로 미음을 끓이듯 천천히 녹인다.

㉯ 일단 녹인 아교는 일정한 온도를 유지시키도록 한다.

㉰ 사용하다 남은 것은 될 수 있는 대로 다시 사용하지 않도록 한다.

㉱ 될 수 있는 대로 피접물의 붙일 부분을 따뜻하게 데워서 붙이고, 붙인 후 갑자기 식히지 않는 것이 좋다.

(2) 알부민 접착제

① 혈액알부민

㉮ 재료로는 소, 말, 돼지 등의 신선한 혈액 속의 알부민의 접착성을 이용한다.

㉯ 혈장을 70[℃] 이하의 온도에서 건조시킨 회황색가루이다.

㉰ 성질은 시간의 경과에 따라 품질이 떨어지며, 특히 사용하기 위해 물에 풀어 놓으면 품질의 저하가 심하다.

㉱ 1~2시간 정도 물에 담가 녹인 후 알부민 무게에 대하여 암모니아 4[%], 소석회 2~3[%], 물 25[%]를 넣고 거품이 나지 않게 저어서 쓴다.

㉲ 가열 및 가압은 피접부분을 90~110[℃]로 가열하여 4~7[kg/cm^2]의 압력을 가한다.

② 난백알부민

㉮ 난백(달걀의 흰자)을 원료로 하여 타닌산 혹은 아세트산을 가해 정제한 담황색가루이다.

㉯ 1.5시간 정도 물에 담갔다가 암모니아, 석회수를 조금 넣고 거품이 일지 않게 저어서 쓴다.

㉰ 장점은 상온에서 사용할 수 있다.

㉱ 단점은 혈액알부민에 비해 값이 비싸고, 시간이 지나면 품질이 나빠지는데, 수분을 흡수하면 더욱 심하다.

㉲ 용도는 직물가공에 주로 쓰인다.

(3) 카세인풀

① 지방질을 빼낸 우유를 자연산화시키거나, 황산, 염산 등을 가해 카세인(Casein)을 분리한 다음 물로 씻어 55[℃] 정도의 온도로 건조시킨 황색을 띤 가루이다.

② 사용할 때에는 카세인 무게에 대하여 소석회 3[%] 정도를 혼합하여 물에 풀어 쓰는데, 접착력을 증가시키려면 수산화나트륨, 플루오르화나트륨 등 나트륨염이나 물유리를 섞으며, 사용가능 시간은 6~7시간 정도이다.
③ 용도는 수성도료의 접착제이다.

2. 식물성 접착제

(1) 콩풀

① 지방을 뺀 콩을 가루로 만든 것으로, 접착력은 콩가루에 50[%] 정도 포함되어 있는 단백질인 리그닌에 의한다.
② 20~30[℃]로 데운 2.5~3배의 물에 천천히 콩가루를 탄 다음 소석회 15~20[%]를 혼합하여 거품이 일지 않게 천천히 저어 사용하며, 동물질 카세인 5~10[%]와 수산화나트륨 또는 규산나트륨을 약간 넣으면 접착력이 커지고, 오랫동안 접착력을 유지할 수 있다.
③ 8~10시간 정도 10~14[kg/cm^2]의 압력으로 눌러준다.
④ 장점은 값이 싸고 내수성도 크며 상온에서 붙일 수 있다.
⑤ 단점은 점성이 작고 색이 나쁘며 오염되기 쉽다.
⑥ 용도로는 연목이나 합판을 붙이는 데 쓰이며, 견목에는 부적당하다.

(2) 녹말풀

① 쌀, 밀, 옥수수, 감자 등에 포함된 녹말의 접착성을 이용한 풀이다.
② 녹말가루에 1.5배의 물을 부어 70[℃] 가까이 가열하거나 희석한 알칼리 용액을 혼합하여 저어서 쓴다.
③ 장점은 제법이 간단하고 값이 싸며, 시간 경과에 의한 품질저하도 적다.
④ 단점은 부패하기 쉽고, 내수성, 내구성이 나쁘다.
⑤ 용도로는 종이나 천 등을 바를 때 사용한다.

(3) 식물성 접착제의 종류

① 해초풀
㉮ 황각, 미역 등을 따서 말린 것이다.
㉯ 회반죽재료에 풀기를 주기 위한 것으로서, 끓지 않을 정도로 천천히 고은 다음 물을 타서 회반죽에 혼합하여 사용한다.
② 옻풀
㉮ 생옻에 밀가루를 타서 반죽한 것이다.
㉯ 목재 세공품, 도자기 등의 접착에 사용한다.
③ 아마인유 등 18. 4. 28 산

합격예측

푸란수지 접착제의 특징
① 내산, 내알칼리이며 접착력이 좋다.
② 화학공장의 벽돌, 타일붙이기의 유일한 접착제이다. (180[℃]까지 고온에 견딤)

합격예측

(1) 합성수지계 접착제의 종류
① 에폭시수지
② 페놀수지
③ 요소수지
④ 멜라민수지

(2) 에나멜페인트
① 유성바니시에 안료를 혼합하여 만든 페인트이다.
② 건조가 빠르다.
③ 도막이 견고하고 광택이 좋다.
④ 내수성, 내열성, 내약품성이 좋다.
⑤ 내알칼리성이 약하다.
⑥ 종류 : 목재면 초벌용 에나멜, 무광택에나멜, 은색에나멜, 알루미늄페인트

(3) 래커 20. 6. 7 기
① 뉴트로셀룰로오스+수지+가소제를 기본으로 안료를 첨가하지 않으면 투명래커, 안료를 첨가하면 래커에나멜이다.
② 건조가 빠르고 도막이 견고하다.
③ 광택이 좋고 연마가 용이하다.
④ 내수성, 내유성, 내후성 등이 좋다.
⑤ 도막이 얇고 부착력이 약하다.
⑥ 건조가 빠르므로 스프레이로 뿌린다.
⑦ 클리어래커 : 안료를 가하지 않은 무색 투명한 것으로 바탕무늬가 투명하게 보이므로 목재의 무늬결을 살릴 수 있다.
⑧ 래커에나멜 : 안료를 혼합한 것이다.

합격예측

실리콘수지 접착제 (Silicon resin paste)의 특징

① 내수성이 매우 우수하다.
② 내열성 (200[℃]), 내연성, 전기적 절연성이 우수하다.
③ 유리섬유판, 텍스, 피혁류 등 모든 접착이 가능하다.
④ 방수제로 사용한다.

합격예측

고무계 접착제의 종류

① 천연고무 ② 네오프렌
③ 치오콜

Q 은행문제

1. 접착제를 사용할 때의 주의 사항으로 옳지 않은 것은?

① 피착제의 표면은 가능한 한 습기가 없는 건조상태로 한다.
② 용제, 희석제를 사용할 경우 과도하게 희석시키지 않도록 한다.
③ 용제성의 접착제는 도포 후 용제가 휘발한 적당한 시간에 접착시킨다.
④ 접착처리 후 일정한 시간 내에는 가능한 한 압축을 피해야 한다.

정답 ④

2. 건축용 코킹재의 일반적인 특징에 관한 설명으로 옳지 않은 것은? 18. 4. 28 기

① 수축률이 크다.
② 내부의 점성이 지속된다.
③ 내산,내알칼리성이 있다.
④ 각종 재료에 접착이 잘 된다.

정답 ①

3. 실링재와 같은 뜻의 용어로 부재의 접합부에 충전하여 접합부를 기밀·수밀하게 하는 재료는? 18. 4.28 산

① 백업재 ② 코킹재
③ 가스켓 ④ AE감수제

정답 ②

3. 수지계 접착제

(1) 고무계 접착제

① 천연고무풀

㉮ 천연고무, 재생고무 등을 사염화탄소, 벤젠, 에테르, 알코올의 휘발성 용제에 녹인 것이다.

㉯ 접착력, 내수성이 크고, 상온에서 사용할 수 있으며, 황을 혼합하면 열경화성이 된다.

㉰ 용도는 목재, 플라스틱, 종이, 펠트, 천, 가죽, 도자기 등을 붙일 때 사용한다.

② 아라비아고무풀

㉮ 아카시아 속의 나무줄기에서 채취한 액체를 가공한 것이다.

㉯ 2~3배의 물에 타서 뜨겁지 않게 데워 쓴다.

㉰ 습기에 대단히 약하다.

③ 합성고무풀 : 합성고무를 휘발성 용제에 녹인 것

㉮ 네오프렌 : 클로로프렌(Chloroprene)의 중합체이다.

㉯ 금속, 목재, 고무, 합성수지, 콘크리트, 유리 등을 붙일 때 사용한다.

㉰ 내수성, 내산성, 내알칼리성이 크다.

㉱ 산화마그네슘, 아연화 등과 함께 황을 혼합하면 내유성, 내약품성이 커진다.

④ 부나

㉮ 부타디엔(Butadiene)계 고무이다.

㉯ 스티렌(Styrene) 또는 아크릴로니트릴(Acrylronitrile)을 혼성중합시킨 것을 부나에스 또는 부나엔이라 한다.

㉰ 부나에스는 천의 접착에 강하다.

㉱ 부나엔은 금속, 천, 목재, 유리, 가죽, 종이의 접착에 사용한다.

⑤ 치오콜(Thiokol)

㉮ 다황화올레핀계 고무이다.

㉯ 내유성이 우수하고 내약품성도 좋아 주로 코킹재로 사용된다.

(2) 합성수지계 접착제

① 개 요

㉮ 접착력 및 내수성, 내약품성, 내열성이 크고 안정도가 높으며, 도자기, 섬유 제품 등을 붙일 때 사용한다.

㉯ 목재, 금속, 콘크리트 등 구조재의 접착에도 이용한다.

② 페놀수지풀 16. 5. 8 기

㉮ 내수합판을 만드는 데 쓰이는 풀이다.

㈏ 페놀수지를 알코올이나 아세톤에 녹여서 붙일 부분에 뿜어 바르거나, 페놀수지가루를 뿌려 알코올을 뿜은 다음 45분 정도 200[kg/cm^2]의 압력을 가하면서 130[℃]의 온도를 유지시키면 접착된다.

㈐ 접착력, 내수성, 내용제성, 내열성, 내한성이 크나, 금속이나 유리를 붙이는 데는 부적당하다.

③ 요소수지풀 17. 5. 7 기

㉮ 요소수지와 포르말린에 암모니아 0.3~0.5[%]를 타서 80[℃]로 2~3시간 가열하면 점성 액체가 되는 수지풀이다.

㈏ 상온에서 사용할 수 있고, 접착성도 크나 내수성이 부족하다.

㈐ 목재접착, 합판제조에 쓰인다.

④ 멜라민수지풀

㉮ 암모니아계 합성수지풀로서, 내열성, 내수성, 접착성이 모두 커서 요소수지풀보다 우수하다.

㈏ 목재, 합판 등의 접착에 쓰이며, 요소수지와 멜라민수지를 혼합해서 내수합판 제조에 이용한다.

⑤ 폴리에스테르수지풀

㉮ 용제를 사용하지 않은 열경화성수지 접착제이다.

㈏ 종류

㉠ 알키드수지풀

ⓐ 금속이나 도자기의 접착에 사용한다.

ⓑ 내열성이 우수하나 300[℃]의 고온에서 경화시켜야 한다.

㉡ 아크릴수지풀 : 광학유리의 접착에 사용한다.

㉢ 불포화 폴리에스테르수지

ⓐ 금속, 목재, 플라스틱, 시멘트 제품의 접착에 사용한다.

ⓑ 접착력이 강력하여 항공기나 구조재의 접착에도 쓰인다.

ⓒ 붙일 부분에 수분이 있으면 접착성이 크게 나빠진다.

⑥ 비닐수지풀

㉮ 종류는 용제형, 에멀션형이 있다.

㈏ 비닐계 합성수지 제품 등의 접착에 좋고, 금속, 유리, 천 등의 접착에 사용한다.

㈐ 내열성, 내수성이 좋지 않아 외부용으로는 부적당하다.

⑦ 실리콘수지풀

㉮ 알코올, 벤졸 등의 유기 용제로 60[%] 정도의 농도가 되게 녹여서 사용한다.

㈏ 200[℃]의 온도에도 견디며, 전기 절연성, 내수성이 매우 우수하다.

㈐ 가죽제품 이외의 모든 재료를 붙일 수 있다.

합격예측

도료의 특징

(1) 규산염 도료

① 규산염+아마인유
② 내화도료로 사용된다.

(2) 연시아나이드 도료

① 녹막이 효과가 있다.
② 주철제품의 녹막이 칠에 사용된다.

(3) 이온교환수지

전자제품의 철제면 녹막이 도료로 사용한다.

(4) 그라파이트칠

녹막이칠의 정벌칠에 쓰인다.

합격예측

섬유소계 접착제의 종류

① 초화면접착제
② 나트륨 카르복시메틸셀룰로오스

Q 은행문제

1. 습도와 물을 특별히 고려할 필요가 없는 장소에 설치하는 목재 창호용 접착제로 적합한 것은?

① 페놀수지 목재 접착제
② 요소수지 목재 접착제
③ 초산비닐수지 에멀션 목재 접착제
④ 실리콘수지 접착제

정답 ③

2. 다음 중 자연에서 용제가 증발하여 표면에 피막이 형성되어 굳는 도료는?

① 유성조합페인트
② 염화비닐수지 에나멜
③ 에폭시수지 도료
④ 알키드수지 도료

정답 ②

3. 콘크리트 표면도장에 가장 적합한 도료는?

① 염화비닐수지 도료
② 조합페인트
③ 클리어래커
④ 알루미늄페인트

정답 ①

합격예측

폴리에스테르계수지 접착제

① 알키드수지 접착제 : 금속이나 도기류 등의 접착에 쓰이고 내열성이 우수하다. 경화 시 약 300[℃]의 고온이 필요하다.
② 불포화 폴리에스테르 접착제 : 내약품성, 내충격성이 크다. 전기적 성질이 우수하고 인장강도가 크다. 항공기, 자동차, 선박 등의 구조재 및 접착제로 사용된다.
③ 아크릴수지 접착제 : 광학용 유리접착제로 사용된다.

용어정의

에칭유리 20. 6. 14 산 23. 6. 4 기

유리면에 부식액의 방호막을 붙이고 이 막을 모양에 맞게 오려내고 그 부분에 유리부식액을 발라 소요 모양으로 만들어 장식용으로 사용하는 유리

합격예측

(1) 아스팔트계 접착제

아스팔트 프라이머

(2) 방청도료

19. 9. 21 기 20. 9. 27 기

① 광명단(연단) 도료 : 광명단과 보일드유를 혼합
② 알루미늄 도료 : 알루미늄 분말 사용, 방청 효과, 열반사 효과
③ 역청질 도료 : 아스팔트, 타르에 건성유, 수지류를 첨가한 것
④ 징크로메이트 도료 : 알키드수지를 전색제로 하고 크롬산 아연을 안료로 한 것
⑤ 워시프리이머 : 합성수지를 전색제로 안료와 인산을 첨가한 도료
⑥ 방청 산화철 도료
⑦ 규산염 도료 : 규산염, 방청안료 등을 혼합한 것

Q 은행문제 22. 4. 24 기

도장재료 중 물이 증발하여 수지입자가 굳는 융착건조경화를 하는 것은?

① 알키드수지 도료
② 에폭시수지 도료
③ 불소수지 도료
④ 합성수지 에멀션 페인트

정답 ④

⑧ 에폭시수지풀 16. 5. 8 기 17. 5. 7 기

㉮ 경화수축이 일어나지 않는 열경화성수지풀이다.
㉯ 액체상태나 용융상태의 수지에 경화제를 넣어서 사용한다.
㉰ 상온에서 사용할 수 있으며, 접착력이 강하고, 내수성, 내산성, 내알칼리성, 내용제성, 내한성, 내열성 등이 크다.
㉱ 합성수지, 유리, 목재, 천, 콘크리트 등을 붙이는 데 쓰이며, 더욱이 항공기, 기계부품의 접착에도 이용된다.

⑨ 섬유소계 수지풀

㉮ 셀룰로이드를 아세톤, 아세트산아밀 등에 녹인 것이다.
㉯ 가죽, 종이, 천 등의 접착에 사용한다.

4. 아스팔트 접착제 18. 4. 28 기 23. 6. 4 기

① 아스팔트(Asphalt)를 용제에 녹여 광물질을 첨가한 것으로서, 아스팔트 시멘트라고도 한다.
② 아스팔트 타일, 시트, 루핑(Roofing), 펠트 등의 접착제로 사용한다.
③ 접착성이 우수하고, 접착면이 부드러우며, 습기를 막고 내화학적이며 값이 싸다.
④ 건조속도에 따라 속경성, 중경성, 지경성으로 분류된다.

5. 유리

고온의 액체 상태인 무기질 재료를 냉각할 때 결정화하지 않고 점차 점성이 증가되어 유동성을 잃어 비정질의 고체가 된 것을 유리(glass)라고 부른다.

① 열역학적으로 비평형한 상태의 망목형 고체이다.
② 무정형 상태, 즉 어모포스(amorphous)의 대표적인 물질이다.

(1) 물유리

① 산화규소(SiO_2)에 200~400[%]의 탄산나트륨을 혼합해서 용융시켜 만든다.
② 값이 싸나, 알칼리성이기 때문에 붙이는 부분을 오염시킬 우려가 있고, 내수성도 없기 때문에 용도가 제한되어 주로 보색제로 사용된다. 20. 9. 27 기

(2) 스팬드럴 유리

① 건축물의 외벽 층간이나 내·외부 장식용 유리로 사용한다.
② 판유리 한쪽면에 세라믹질의 도료를 도장한 후 고온에서 융착, 반강화한 것으로 내구성이 뛰어나다.
③ 색상이 다양하고 중후한 질감을 갖고 있으며 건축물의 모양에 따라 선택의 폭이 넓다.
④ 열충격에 대한 저항이 크다.

(3) 신유리(new galss)

① 정의 : 무정형 물질이 가진 기능 중 특정의 기능에 주목해서 그 기능을 최대한 발휘하도록 화학 조성, 순도, 미세 조직, 형태를 제어하여 제조 가공된 무기질의 무정형 재료 및 무정형 재료의 결정화에 의해 얻을 수 있는 재료를 말한다.

② 용도 : 통신용 유리, 레이저용 유리, 평면 디스플레이용 기판 유리, 메모리 디스크 기판용 유리, 고강도 결정화 유리, 강화 유리, 유리 섬유

6. 도장공사

(1) 재료의 종류 및 특징

종 류	특 징
용제	도막구성 요소를 녹여서 유동성을 갖게 만드는 물질이다.
	㉮ 건성유 : 아마인유, 동유, 마실유 등
	㉯ 반건성유 : 대두유, 채종유, 어유 등
건조제	㉮ 납·망간, 코발트의 수지산, 지방산염류 : 가열하여 기름에 용해 20. 6. 7 기
	㉯ 연단, 초산염, 이산화망간, 수산화망간 : 상온에서 기름에 용해
희석제	도료 자체를 희석, 솔칠이 잘 되게 하고 적당한 휘발, 건조속도 유지
	휘발유, 석유, 테레빈유, 벤졸, 알코올, 아세톤 등을 사용 ※래커의 희석제 : 벤졸, 알코올, 초산 Ester 등을 사용
수지(樹脂)	천연수지(Resin, Shellac, Copal 등)와 합성수지를 사용
안 료	착색 목적 : 유채안료 / 피복에 은폐력 부여 : 체질안료
	녹색 : Cr(크롬) 금속색 : 알루미늄 적색 : 연단(Pb_3O_4), 산화제이철 청색 : 감청, 코발트 황색 : 황연, 아연황 흑색 : Carbon black(흑연) 백색 : 산화아연, TiO_2(티탄), 연백 등
착색제	바니스 스테인, 수성 스테인 : 작업성 우수, 색상 선명, 건조가 늦다. 알코올 스테인 : 퍼짐 우수, 건조 빠르고, 색상 선명(왁스 스테인) 유성 스테인 : 작업성 우수, 건조 빠르고, 얼룩이 생길 우려
가소제	도료의 영구적 탄성, 교착성, 가소성 부여, 프탈산에스테르 등이 있다.

(2) 인조석(테라조)바름

① 재료는 종석(화강석, 한수석), 백색 포틀랜드 시멘트, 안료, 돌가루를 배합하여 반죽한다.

② 돌가루는 균열방지용으로 혼입한다.

합격예측

레조르시놀수지 접착제(Resorcinol resin paste)의 특징

① 레졸시놀과 포름알데히드(Formaldehyde)를 사용하여 만든 접착제를 말한다.
② 요소수지, 페놀수지 접착제보다 내수성 및 내열성이 우수하다.
③ 완전 내수합판, 옥외용 접성목재 제작에 쓰인다.

합격예측

규산소다계 접착제

규산소다(물유리) 접착제

합격예측

[표] 유리의 명칭 및 성분

20. 8. 23 산

유리 명칭	주요 성분	특징 및 용도
소다석회 유리(크라운 유리)	SiO_2 Na_2O CaO	창유리, 범용 유리
석영 유리(수정 포함)	SiO_2	진동자, 장식품
붕규산 유리	SiO_2 H_2BO_3	이화학, 의료 기구, 약품 용기
납유리(크리스탈 유리)	SiO_2 PbO	광학 유리, 이화학용, 장식품
유약	–	도자기의 유약

합격예측

실링재(sealing commpound meterial, sealant sealing meterial)

① 줄눈에 충전하여 수밀성, 기밀성을 확보하는 재료이다.
② 통상은 부정형(不定形)의 것을 가리키나 넓은 뜻으로는 정형의 것도 포함한다.
③ 코킹재와 구별하여 사용할 때는 크게 무브먼트가 예상되는 줄눈에 충전하는 것을 가리킨다.

합격예측 17. 5. 7 산 18. 3. 4 기

(1) 환경표지 인증마크(환경마크)

제품 생산의 전과정을 평가(Life Cycle Assessment)하여 환경성이 우수한 제품임을 인증한 마크이다.

(2) 우수재활용(GR)인증마크

폐자원을 재활용하여 제조한 제품 가운데 품질이 우수한 제품을 인증하여 표시한 마크이다.

(3) 에너지절약마크

e마크라고도 하며, 에너지 절약 효과가 일반제품보다 30~50[%] 이상이 되며 제품을 사용하지 않는 시간에 자동적으로 절전모드로 전환되거나, 플러그만 꽂아둔 상태에서 대기소비전력을 기준치 이하로 최소화하는 제품에 부착되는 마크이다.

(4) 탄소성적표지(저탄소상품 인증마크)

탄소배출량 인증을 받은 제품이 온실가스 감축노력을 통해 저탄소상품 인증기준(최소탄소배출량과 최소탄소감축률)을 충족할 경우 인증 부여되는 마크이다.

③ 종석의 크기는 백색 석회석인 경우 5.0[mm]체에 100[%] 통과하고 2.5[mm]체에 50[%] 정도 통과한 것으로 하고, 테라조용 대리석은 15[mm]체에 100[%] 통과 5[mm]체에 50[%] 통과된 것으로 한다.

④ 마무리는 인조석갈기, 씻어내기, 잔다듬의 3가지가 있다.

⑤ 정벌바름하여 경화한 후 석재다듬용 공구로 잔다듬하여 마무리 한 것을 인조석 잔다듬(Cast stone)이라 한다.

⑥ 자연석과 유사한 느낌의 마무리이다.

⑦ 인조석 정벌바름 후 숫돌로 갈아서 매끈하게 마감하는 방법을 인조석 물갈기라 한다.

보충학습

[표1] 열가소성 플라스틱

종류		기호	특징	용도
폴리에틸렌		PE	무독성, 유연성	포장성 필름(지퍼백, 랩)
고밀도 폴리에틸렌		HDPE	경질 PE	샴푸 용기, 세제 용기
저밀도 폴리에틸렌		LDPE	연질 PE	마요네즈 용기, 롤비닐 봉투
폴리프로필렌		PP	가볍고, 열에 약함	로프, 섬유, 케이스
오리엔티드폴리프로필렌		OPP	투명성, 방습성	투명 테이프, 방습 포장
폴리염화비닐		PVC	내수성, 전기절연성	수도관, 배수관, 전선 피복
스티롤계	폴리스티렌	PS	굳지만 충격에 약함	컵, 케이스
	아크릴니트릴스티렌	AS	인장강도 우수, 내유성	선풍기 날개
	아크릴니트로부타디엔스티렌	ABS	내충격성	가전성형품, 자동차 부품
	발포 폴리스티렌	EPS	경량, 보온, 방음	건축용 단열재, 스티로폼
폴리메틸메타아크릴레이트		PMMA	빛의 투과율이 높음	광섬유
폴리사불화에틸렌		PTFE	발수성, 내약품성	테플론
폴리초산비닐		PVA	접착성	접착제, 껌

[표2] 열가소성 엔지니어링 플라스틱

종류	기호	특징	용도
폴리옥시메틸렌	POM	강도가 크고 내피로성, 내약품성이 우수함	가전품, 자동차 용품
폴리아미드	PA	경량, 고강도	나일론, 나사, 자동차 용품
폴리카보네이트	PC	내충격성 우수	차량의 창유리, 헬멧, CD
폴리페닐렌옥사이드	PPO/PPE	난연성	의료 기구, 전기 제품
폴리에틸렌테레프탈레이트	PET	기계적·전기적 특성 양호, 투명, 인장파열 저항성	사출성형품, 가전품
폴리부틸렌테레프탈레이트	PBT	고내열성, 고강도	전기, 전자부품, 기계 부품

[표3] 열경화성 플라스틱

종류		기호	특징	용도
페놀수지		PF	강도가 크고 내열성이 우수함	전기 부품, 베크라이트
불포화 폴리에스테르		UP	유리 섬유에 함침 가능	FRP용
아미노계	요소수지	UF	접착성 우수	접착제
	멜라민수지	MF	표면 경도가 크고 내열성이 우수함	테이블 상판
폴리우레탄		PU	탄성, 내유성, 내한성	우레탄 고무, 합성 피혁
에폭시		EP	금속과의 접착력 우수	실링, 절연 니스, 도료
실리콘(Silicone)			열안정성, 전기절연성	그리스, 내열 절연재

7. 세라믹파이버(Ceramic Fiber)

세라믹이 고온에서 강하다는 장점이 있지만, 충격에 약하다는 단점을 극복하기 위한 방법으로 세라믹파이버를 이용한다. 세라믹파이버는 유리섬유나 암면보다도 내열성이 높아 단열재, 내열성 보온재료, 내화벽돌, 표면코팅, 우주항공 기재용으로 사용하고 마그네타이트 소자, 컴퓨터 메모리 등의 전자기기에 안료, 착색제, 레이저용 텅스텐산 칼슘의 단결정 등의 광학분야에 쓰인다.

(1) 파인 세라믹스의 정의

고도로 정선된 원료를 이용해 정밀하게 제어된 화학 조성을 갖게 하고, 우수한 제어 공업의 제조기술로 제조 및 가공함으로써 정확히 설계된 구조와 우수한 특성을 가지는 세라믹스를 말한다.

(2) 파인 세라믹스의 제조

일반적인 세라믹스는 점토, 도석, 석회석 등의 천연 소재로 만들어지는 반면 파인 세라믹스는 인공적인 재료를 치밀하게 제어하여 소성된다.

(3) 파인 세라믹스의 기능별 분류

① 구조용 세라믹스
- ㉮ 엔지니어링 세라믹스 : 내열 재료, 내마모 재료(절삭 공구)
- ㉯ 일렉트로닉스 세라믹스 : 반도체, 자성체

② 기능성 세라믹스
- ㉮ 바이오 세라믹스 : 인공 뼈, 인공 치아
- ㉯ 광학 세라믹스 : 광섬유
- ㉰ 초전도 세라믹스

합격예측

(5) 환경성적표지 인증마크

소비자들에게 제품에 대한 정확하고 투명한 환경성 정보를 제공함으로써 소비자가 주고하여 환경제품을 구매할 수 있도록 하는 마크이다.

(6) 재활용 가능마크

제품을 포장한 후에 발생하는 폐기물이 재활용이 가능한지를 소비자가 쉽게 알 수 있도록 용기나 포장, 물품에 표시한 마크이다.

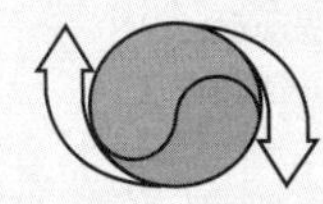

이 종이는 재활용이 가능합니다.

(7) 분리배출 마크

소비자가 포장재의 재질별로 쉽게 분리배출할 수 있도록 표시한 마크이다. 플라스틱, 비닐 원료 재질별, 캔 재질별 등으로 표시하여 원료별로 재활용이 용이하도록 표시하고 있다.

Q 은행문제

건물의 바닥 충격음을 저감시키는 방법에 대한 설명으로 틀린 것은?

① 유리면 등의 완충재를 바닥공간 사이에 넣는다.
② 부드러운 표면마감재를 사용하여 충격력을 작게 한다.
③ 바닥을 띄우는 이중바닥으로 한다.
④ 바닥슬래브의 중량을 작게 한다.

정답 ④

참고

① NET(신기술인증)
: 한국산업기술진흥협회
(www.netmark.or.kr)
☞ 1년 3회 신청

② NEP(신제품인증)
: 국가기술표준원
(www.kats.go.kr)
☞ 수시접수

Q 은행문제 19. 9. 21 산

1. 적외선을 반사하는 도막을 코팅하여 방사율을 낮춘 고단열 유리로 일반적으로 복층유리로 제조되는 것은?
① 로이(Low-E)유리
② 망입유리
③ 강화유리
④ 배강도유리

정답 ①

2. 흙바름재의 외바탕에 바름하는 재래식 재료가 아닌 것은? 17. 3. 5 산
① 진흙
② 새벽흙
③ 짚여물
④ 고무 라텍스

정답 ④

3. 화재 시 유리가 파손되는 원인과 관계가 적은 것은? 17. 5. 7 산
① 열팽창 계수가 크기 때문이다.
② 급가열시 부분적 면내(面內)온도차가 커지기 때문이다.
③ 용융온도가 낮아 녹기 때문이다.
④ 열전도율이 작기 때문이다.

정답 ③

4. 다음 중 내열성이 좋아서 내열식기에 사용하기에 가장 적합한 유리는? 17. 5. 7 기
① 소다석회유리
② 칼륨연 유리
③ 붕규산 유리
④ 물유리

정답 ③

(4) 파인 세라믹스의 성분별 분류

① 산화물계 : 연마제, 도가니, 단열재
② 비산화물계
　㉮ 탄화물계 : 절삭 공구, 연마제
　㉯ 질화물계 : 고온 기계 부품, 연마제, LSI기판
　㉰ 보론화물계

(5) 세라믹 파이버의 특성 17. 9. 23 산

① **고온 안정성** : 안전사용온도 1,100[℃]/1,260[℃]/1,400[℃]/1,600[℃]
② **낮은 열전도율** : 고온에서 열전도율이 매우 낮으므로 우수한 단열효과를 가진다.
③ **낮은 축열량** : 밀도가 내화벽돌보다 매우 작아 축적되는 열량이 작다.
④ **경량, 유연성** : 일반 내화물에 비해 가볍고 유연성이 좋아 어느 곳에서도 시공이 가능하다.
⑤ **화학적 안정성** : 산, 알칼리 등 화학물질에 강하고 화학적으로도 안정된 제품이다.
⑥ **경제성** : 우수한 단열효과로 연료비를 절약, 시공성이 좋아 공기단축으로 인하여 인건비를 절감, 보수가 용이해 경제적이다.

8. 단열재

(1) 단열재의 선정조건 20. 8. 23 산

① 열전도율, 흡수율이 작을 것
② 비중, 투기성이 작을 것
③ 내화성이 크고 내부식성이 좋을 것
④ 시공성이 좋고 기계적인 강도가 있을 것
⑤ 재질의 변질이 없고 균일한 품질일 것
⑥ 가격이 저렴하고 연소 시 유독가스 발생이 없을 것

(2) 무기질 단열재료 18. 3. 4 산 20. 6. 7 기

① 유리면
　㉮ 용융시킨 유리를 압축공기로 불어 섬유형태로 만든 것
　㉯ 보온성, 단열성, 흡음성, 방음성, 내식성, 내수성, 전기절연성 우수
　㉰ 단열재, 보온재, 방음재, 전기절연재, 축전지용 격벽재 등에 사용

② 암면

㉮ 안산암, 현무암, 사문암 등을 용융시킨 후 급랭하여 섬유상태로 만든 것

㉯ 내화성 우수, 열전도율이 작고, 흡음율이 높다.

㉰ 보온재, 단열재, 흡음재 등에 사용

③ 세라믹 파이버(섬유)

㉮ 원료 : 실리카, 알루미나

㉯ 내열성이 높아 1,000℃ 이상에서도 사용할 수 있다.

㉰ 열전도율이 매우 낮음

㉱ 단열재, 내열성 보온재, 우주항공기 등에 사용

④ 펄라이트판

㉮ 펄라이트 입자를 압축성형하여 만든다.

㉯ 내열성이 높아 배관단열재 등에 사용

⑤ 규산칼슘판

㉮ 규산질분말과 석회분말을 주원료로 오토클레이브 처리하여 보강섬유를 첨가하여 만든다.

㉯ 가볍고 내열성, 단열성, 내수성이 우수하다.

㉰ 단열재, 철골 내화피복재 등에 사용

⑥ 경량 기포콘크리트

(3) 유기질 단열재료

① 셀룰로즈 섬유판

㉮ 천연의 목질섬유를 가공처리하여 만든다.

㉯ 단열성, 보온성 우수

② 연질섬유판

㉮ 식물섬유를 물리적, 화학적 처리하여 섬유화하여 열압성형하여 만든다.

㉯ 단열, 보온, 흡음성이 있다.

③ 폴리스틸렌 폼

㉮ 무색투명한 수지로 전기절연성, 단열성이 좋다.

㉯ 단열재, 보온재로 사용

④ 경질 우레탄 폼

㉮ 단열성이 매우 뛰어나다.

㉯ 전기냉장고, 냉동선 등에 사용

합격예측 16. 3. 6 산

(단열재에서 전열의 3요소

① 전도 ② 대류 ③ 복사

합격예측

((1) 혼합석고 플라스터 17. 3. 5 산

① 소석고에 소석회, 돌로마이트 플라스터, 점토, 접착제, 아교질재 등을 혼합한 플라스터

② 중성

③ 가격이 저렴, 물, 모래 등을 혼합하면 즉시 사용가능

(2) 보드용 석고 플라스터

① 혼합석고 플라스터 보다 소석고의 함유량을 많이 하여 접착성, 강도를 크게 한 제품

② 부착성이 좋다.

③ 석고보드 바탕의 초벌 바름용으로 사용

(3) 크림용 석고 플라스터(순석고 플라스터)

소석고와 생석회 죽을 혼합한 플라스터

(4) 경석고 플라스터(킨스 시멘트) 17. 9. 23 산

① 무수석고를 백반으로 화학처리하여 만든 것으로 경화 한 후 매우 단단하다. 20. 6. 7 기

② 강도가 크다.

③ 경화가 빠르다.

④ 경화시 팽창한다.

⑤ 산성으로 철류를 녹슬게 한다.

⑥ 수축이 매우 작다.

⑦ 표면강도가 크고 광택이 있다.

Q 은행문제

1. 2장 이상의 판유리 사이에 강하고 투명하면서 접착성이 강한 플라스틱 필름을 삽입하여 제작한 안전유리를 무엇이라 하는가? 18. 3. 4 산

① 접합유리 ② 복층유리
③ 강화유리 ④ 프리즘 유리

정답 ①

2. 다음 중 특수유리와 사용장소의 조합이 적절하지 않은 것은? 18. 4. 28 기 20. 6. 14 산

① 진열용 창 – 무늬유리
② 병원의 일광욕실 – 자외선 투과유리
③ 채광용 지붕 – 프리즘유리
④ 형틀 없는 문 – 강화유리

정답 ①

제4편

도료 및 접착제

출제예상문제

출제예상문제는 복습, 예습문제로 엮었습니다. *WHY : 실제시험에도 순서에 관계없이 출제됩니다. 예습 후 다음장에 공부한 문제가 있으면 기억이 배가 됩니다.

01 ★★★★ **도장공사에서 뿜칠로 해야만 그 효과가 가장 좋은 도장재료는?**

① 유성페인트(oil paint)
② 래커(lacquer)
③ 수성페인트(water paint)
④ 니스(varnish)

해설

래커

(1) 스프레이건(spray gun)은 분사칠에 사용되는 기구로 초기건조가 빠른 래커에 많이 이용된다.
(2) 보통 도료의 건조속도는 lacquer – lake–varnish – oil paint의 순서로 빠르다.
① 뿜칠압력 : 3.5[kg/cm³]
② 건(gun)의 운행속도 : 30[cm/min]
③ 건의 1pass : 30[cm] 정도
④ 건과 칠면과의 거리 : 30[cm] 정도

02 ★★ **다음 도료 중 희석제로서 석유 건류품(mineral spirit)을 주로 사용하지 않는 것은?**

① 유성 paint ② 유성 varnish
③ 래커(lacquer) ④ 에나멜(enamel)

해설

래커의 희석제 종류

① 벤졸
② 알코올
③ 아세트산에스테르 등의 혼합물을 사용

03 ★★ **안료인 lake는 어떤 색(色)에만 사용하는가?**

① 백색 ② 적색
③ 흑색 ④ 황색

해설

유기 안료색 lake는 오로지 적색에만 사용한다

04 ★★★ **에폭시수지 접착제의 특성 중 틀린 것은?**

① 경화제를 반드시 필요로 하고 그 양의 다소가 접착제에 영향을 끼친다.
② 수지접착제 중 가장 우수한 것이다.
③ 접착할 때에는 200[kg/cm²] 이상의 압력이 필요하다.
④ 금속제 접착에 우수하며 항공기재의 접착에 쓰인다.

해설

접착할 때에는 가압이 필요없다.

05 ★★ **다음 중에서 합판 접착제로서 가장 좋은 것은?**

① 카세인
② 아교
③ 멜라민수지풀
④ 해초풀

해설

멜라민수지풀

① 목재에 접착성이 좋다.
② 금속, 고무, 유리 등에는 접착성이 부족하다.
③ 내수성, 내열성이 우수하므로 요소수지와 혼합하여 내수합판접착제로 쓴다.

[정답] 01 ② 02 ③ 03 ② 04 ③ 05 ③

06 ★ 도장공사에 관한 사항 중 옳지 않은 것은?

① 유성페인트보다도 합성수지계 도료 쪽이 공정 능률이 좋다.
② 뿜칠은 겹쳐지면 두께가 틀려지므로 절대 겹쳐서는 안 된다.
③ 여름은 겨울보다도 건조제를 적게 넣는다.
④ 뿜칠은 보통 30[cm] 거리로 칠면에 직각으로 일정 속도로 이행(移行)한다.

해설

뿜칠은 얇게 여러 차례 겹쳐서 한다.

07 ★★ 유성니스의 종류인 골드 사이즈의 성질 중 틀린 것은?

① 건조성이 빠르다.
② 탄성이 크다.
③ 접착성이 좋다.
④ 연마성이 크다.

해설

유성니스 혼합제
① 수지+건성유+희석제
② 탄성이 적다.

08 ★ 아교풀을 끓일 때 가열온도는 몇 [℃] 이상을 상한선으로 하는가?

① 40[℃]　② 60[℃]
③ 80[℃]　④ 100[℃]

해설

아교풀
① 60[℃] 이상이면 가수분해가 일어난다.
② 60[℃]가 상한선이다.

09 ★★ 카세인이 잘 녹는 성분은?

① 알코올　② 알칼리
③ 페놀수지　④ 에테르

해설

카세인
① 알코올, 물, 에테르에는 녹지 않는다.
② 알칼리에는 잘 녹는다.

10 ★★★ 목재의 교착제가 아닌 것은?

① 카세인　② 멜라민수지
③ 페놀수지　④ 스티롤수지

해설

스티롤수지
① 성형품, 도료, 스폰지, 저온단열재에 사용한다.
② 보온재로도 사용한다.

11 ★★ 도료의 설명 중 틀린 것은?

① 습도가 낮으면 건조가 빠르다.
② 건성유란 아마유, 오동유, 삼씨기름 등을 말한다.
③ 온도가 높으면 건조가 늦다.
④ 빨리 건조시키면 균열이 발생하기 쉬우므로 서서히 건조시키는 것이 좋다.

해설

도료의 건조
① 도장 도료용 건성 유지 건조는 온도가 높으면 건조가 빠르다.
② 습도가 낮으면 건조가 빠르다.

12 ★ 도료의 건조제(dryer) 중 상온건조제가 아닌 것은?

① 망간(Mn)　② 이산화망간(MnO_2)
③ 붕산망간　④ 수산화망간

해설

건조제
① 건조의 속도를 촉진 또는 조절하기 위해 사용한다.
② 건조제 망간은 가열건조제이다.
③ 나프텐산염(코발트, 망간, 납)이 있다.

[정답] 06 ② 07 ② 08 ② 09 ② 10 ④ 11 ③ 12 ①

13 ★ 유성페인트 도장에 대한 다음 사항 중 건성유(boiled oil)를 가장 적게 사용하는 것은?

① 외부 유광택 상도용
② 내부 유광택 상도용
③ 내부 무광택 상도용
④ 외부 목부 하도용

해설

보일유(boiled oil)
① 건성유를 가열처리한 것이다.
② 건성유의 양을 늘리면 광택과 내구력이 증가하므로 내부 무광택 상도에 가장 적게 사용한다.
③ 종류는 아마인유, 대마유, 들기름, 동유, 콩기름이다.

14 ★★ 칠공사에서 목부의 유성페인트칠과 관계가 가장 적은 것은?

① 안료 ② 실리콘
③ 보일유 ④ 테레빈유

해설

유성페인트의 구성 : 보일유+안료+건조제+희석제

15 ★★★ 다음 래커의 종류 중 백화(白化) 현상이 일어나지 않는 것은?

① Clear래커
② Enamel래커
③ High soild래커
④ Hot래커

해설

백화현상
① 용제가 증발할 때 열을 도막에서 흡수하기 때문에 일어난다.
② 우천 시나 고온 시에도 발생한다.
③ 이런 경우에는 Hot래커를 사용하면 좋다.

16 ★★ 다음 도료 중 합성수지 도료가 아닌 것은?

① 용제형 도료(합성수지+용제+안료)
② enamel paint
③ 무용제형(합성수지+중합제+안료)
④ emulsion

해설

에나멜페인트
① 바니시계 페인트이다.
② 구성은 유성니스+안료이다.

17 ★ 합성수지 도료에 관한 다음 설명 중 옳지 않은 것은?

① 석탄산수지 도료는 내수성은 있으나 내광성이 불량하며 변색한다.
② 프탈산수지 도료는 부착성이 좋고 경금속에 적당하다.
③ 에폭시수지 도료는 내약품성이 우수하고 경도 및 인성이 가장 큰 도료이다.
④ 멜라민수지 도료는 피막이 굳고 광택이 양호하나 산에 약하다.

해설

도료로 많이 사용하는 합성수지
① 염화비닐수지
② 아세트산비닐수지
③ 요소수지
④ 멜라민수지

18 ★ 에폭시수지 도료의 저항성과 적응성에 관한 사항 중 옳지 않은 것은?

① 알칼리에 침식되지 않으나 산에는 비교적 약하다.
② 도막이 충격에 비교적 강하고 내마모성도 좋다.
③ 용재와 혼합성이 좋다.
④ 습기에 대한 변질의 염려가 적다.

해설

에폭시수지 도료
① 산, 알칼리에 대한 내약품성이 크며 내열성, 내마모성도 좋다.
② 습기에 변질이 거의 없다.

[정답] 13③ 14② 15④ 16② 17④ 18①

19 ★★ 다음 칠들의 관계 중 틀린 것은?

① 바니시 – 셸락
② 유성페인트 – 보일유
③ 수성페인트 – 중합제
④ 합성수지페인트 – 아크릴

해설

수지성페인트 : 합성수지 + 안료 + 휘발성 용제가 주원료

20 ★★★ 도료에 관한 기술 중 틀린 것은?

① 유성페인트는 목재 바탕에 칠할 수 있다.
② 기름바니시는 옥외에 칠할 수 있다.
③ 에나멜래커는 도막은 얇으나 견고하다.
④ 페인트에 건조제를 많이 넣으면 균열이 생긴다.

해설

기름바니시
① 건조가 빠르고, 견고하고 광택이 있다.
② 내열, 내광성이 부족하여 내장용 가구 등에 쓰인다.

21 ★★ 다음 착색제(stain)의 설명 중 부적당한 것은?

① 바니시 스테인은 알코올 또는 물에 용해된다.
② 수성 스테인은 물에 용해되고 경목에 바른다.
③ oil stain은 휘발성 용제와 소량의 아마인유에 녹인다.
④ 알코올 스테인은 알코올 또는 에테르(ether)에 용해된다.

해설

바니시 + 스테인은 바니시 또는 래커에 착색제를 섞는다.

22 ★ 도료에 관한 다음 기술 중 옳지 않은 것은?

① Oil varnish는 내후성이 크므로 옥외에 사용함이 좋다.
② Oil paint는 목재 내외부의 바탕에 칠할 수 있다.
③ Paint를 칠할 때 건조제를 너무 많이 넣으면 도막(途膜)이 수축하고 균열이 생긴다.
④ Enamel lacquer는 유성에나멜 페인트보다 도막은 얇으나 견고하고 기계적 성질도 우수하고 닦으면 은색이 난다.

해설

니스(varnish)
① 유성니스는 건축차량의 내부도장에 쓰인다.
② 수지 + 건성유 + 희석제로 구성되어 있다.

23 ★★★ 라텍스(latex)의 설명 중 잘못된 것은? 17. 3. 5 산

① 응고방지제로서는 암모니아를 사용한다.
② 생고무로 만들 때는 응고방부제로는 점토분을 넣으면 된다.
③ 라텍스란 고무나무에서 분비되는 유상의 즙액이다.
④ 비중은 1.02이고 수시간 방치해 두면 응고한다.

해설

생고무
① 비중이 0.91~0.92 정도이며 4[℃]에서 경직하여 탄성이 감소되고 130[℃]에서 연화되고 200[℃]에서 분해를 일으킨다.
② 생고무의 응고방지제로는 암모니아를 넣는다.

24 ★ 합성수지 중 접착력이 가장 큰 것은?

① 페놀수지
② 요소수지
③ 푸란수지
④ 멜라민수지

해설

푸란수지
① 온도를 조절하면 목재, 고무, 가죽, 종이, 천, 금속, 유리, 도자기 등을 접착할 수 있다.
② 수지 중 가장 접착력이 강하다.

[정답] 19 ④ 20 ② 21 ① 22 ① 23 ② 24 ③

제4편

25 ★★ 흑바니시의 성질 중 적당하지 않은 것은?

① 유성흑바니시는 건조시간이 빠르다.
② 전기절연성이 있다.
③ 미관에 관계없는 장소의 방청, 내수, 내약품용으로 쓰인다.
④ 유성흑바니시는 역청질을 건성유와 같이 가열 융합시켜 terpentine oil에 녹인 것이다.

해설

유성흑바니시

① 내후성은 약간 양호하다.
② 건조시간이 8시간 정도 늦은 편이다.

26 ★ 주택의 칠공사에서 회반죽 천장에 가장 좋은 칠은?

① 수성도료칠 ② 유성도료칠
③ 바니시칠 ④ 크레오소트칠

해설

회반죽 천장에는 수성도료칠을 한다.

27 ★★ 크롬산아연을 안료로 하고, 알키드수지를 전색제로 한 것으로서 알루미늄 녹막이 초벌칠에 적당한 것은?

① 광명단
② 징크로메이트 도료
③ 그래파이트 도료
④ 알루미늄 도료

해설

알루미늄 부식방지법

① 납을 함유하지 않는 징크로메이트 등의 도료를 접합부에 칠하여 녹막이를 방지한다.
② 초벌칠에 적당하다.

28 ★★ 도료 중 성분에 의한 바니시의 종류가 아닌 것은?

① 유성바니시 ② 에나멜페인트
③ 휘발성바니시 ④ 유성페인트

해설

유성페인트 구성

① 건성유+건조제+안료+희석제를 혼합한 것이다.
② 페인트계 도료이다.

29 ★★★ 바니시(varnish)의 설명 중 적당하지 않은 것은?

① 바니시는 무색 또는 담갈색의 투명 도료로서 목재에 도장한다.
② 옥외도장에 적당한 재료이다.
③ 염료를 넣은 바니시를 바니시 스테인이라 한다.
④ 수지류나 섬유소를 건성유나 휘발성 용제로 용해한 것이다.

해설

바니시

① 일반적으로 유성페인트이나 내후성이 작아서 옥외에는 별로 쓰이지 않는다.
② 건축 및 차량 내부용이다.

30 ★★ 페인트칠의 경우 초벌과 재벌 등은 바를 때마다 그 색을 약간씩 다르게 하는 이유는 다음 중 어느 것인가?

① 희망하는 색을 얻기 위해서
② 색이 진하게 되는 것을 방지하기 위하여
③ 착색안료를 낭비하지 않고 경제적으로 하기 위하여
④ 다음 칠을 하였는지 안하였는지 구별하기 위하여

해설

페인트칠을 할 때의 주의점

① 바람이 강하게 부는 날에는 작업하지 않는다.
② 칠의 건조 및 칠막 형성 조건은 온도 20[℃], 습도 70[%]이다.
③ 온도 5[℃] 이하나 35[℃] 이상 또 습도가 85[%] 이상일 때는 작업을 중지하거나 다른 조치를 취한다.
④ 칠막의 각 층은 얇게 하고 충분히 건조시킨다.
⑤ 칠하는 횟수(재벌, 정벌)를 구분하기 위해 색을 바꾸는 것이 좋다.
⑥ 솔질은 위에서 밑으로, 왼편에서 오른편으로 재의 길이 방향으로 한다.

[정답] 25 ① 26 ① 27 ② 28 ④ 29 ② 30 ④

31 ★★ 공사에서 목부에 유성페인트를 칠할 경우 불필요한 재료는?

① 드라이어 ② 보일유
③ 테레빈유 ④ 실리콘유

해설

유성페인트 원료 : 건성유+건조제+안료+희석제(신선제)

① 건성유 : 아마인유, 오동유, 들기름, 콩기름 등이 있다.
② 희석제(신선제) : 테레빈유, 미네랄스피리트, 벤진, 에틸알코올 등이 있다.
③ 건조제 : 리사지, 연단, 수산화망간, 붕산망간, 염화코발트 등이 있다.
④ 안료 : 연백, 아연화, 바라이트(중정석), 산화제2철, 산화크롬 등이 있다.

32 ★★★ 다음에 기술한 녹막이 도료(塗料) 중 알루미늄 녹막이 초벌칠에 적합한 도료는?

① 광명단
② 징크로메이트(Zinc chromate) 도료
③ 아연분말 도료
④ 역청질 도료

해설

방청 도료

① 광명단칠 : Pb_3O_4(광명단)을 보일유에 녹인 유성페인트의 일종. 가장 많이 쓰이며 비중이 크고 저장이 곤란하다.
② Zinc chromate Paint : 크롬산아연+알키드수지, 녹막이 효과가 좋다. 알루미늄판이나 아연철판의 초벌용으로 가장 적합하다.

33 ★★ 아마인유의 산화물인 리녹신에 수지, 안료 등을 섞어 압연 성형한 제품으로 탄력성이 있어 바닥재로 사용 시 부드럽고 보행감이 우수한 재료는?

① 리놀륨 ② 비닐 타일
③ 비닐코팅 시트 ④ 폴리스티렌수지 타일

해설

리놀륨(Linoleum)

(1) 정의
리놀륨은 리녹신에 고무와 코르크가루를 넣어 만든 타일형 바닥재이다.
(2) 특징
① 흡수신장(염화비닐의 3~10배)과 내유성이 크다.
② 내알칼리성이 작고, 고온에서 연화되지 않고 변질된다.
③ 국부압력에 흔적이 남는다.
④ 장기간 존치할 경우 산화유가 분해되어 탄력성이 줄고 부서지기 쉬워서, 옥외사용은 불가하다.

34 ★ 특수도료 중 방청도료의 종류에 해당하지 않는 것은?

19. 9. 21 기 20. 9. 27 기

① 인광 도료
② 광명단 도료
③ 워시 프라이머
④ 징크로메이트 도료

해설

방청도료(녹막이칠)의 종류 18. 9. 15 기

① 연단(광명단)칠 : 보일드유를 유성 Paint에 녹인 것. 철재에 사용
② 방청·산화철 도료 : 오일스테인이나 합성수지+산화철, 아연분말 등이 원료이고 널리 사용, 내구성 우수, 정벌칠에도 사용
③ 알루미늄 도료 : 방청 효과, 열반사 효과, 알루미늄 분말이 안료
④ 역청질 도료 : 역청질 원료+건성유, 수지유 첨가, 일시적 방청효과 기대
⑤ 징크로메이트 칠 : 크롬산아연+알키드수지, 알루미늄, 아연철판 녹막이칠
⑥ 규산염 도료 : 규산염+아마인유. 내화도료로 사용
⑦ 연시아나이드 도료 : 녹막이 효과, 주철제품의 녹막이칠에 사용
⑧ 이온교환수지 : 전자제품, 철제면 녹막이 도료
⑨ 그라파이트 칠 : 녹막이칠의 정벌칠에 사용

35 ★★ 보통판유리에 미량의 금속산화물을 첨가한 것으로 열에 의한 온도차에 의해 파손될 우려가 있어 창면 일부만이 그늘지거나 온도차가 많이 나는 곳의 사용을 피하는 유리는?

① 프리즘유리 ② 자외선흡수유리
③ 열선흡수유리 ④ 스팬드럴유리

해설

유리의 종류

① 열선흡수유리 : 본 문제 질의 내용 16. 3. 6 기
② 크라운유리(Crown Glass) : 소다석회유리, 소다유리라고도 하며, 일반 건물의 채광용 창유리이다. 산에 강하나 알칼리에 약하다. 팽창률이 크고 강도도 크다. 투광률이 크다. 내화성은 약하다.
③ 강화유리 : 내충격, 하중강도가 보통 판유리의 3~5배 정도이며, 휨강도는 6배 정도이다. 200[℃] 이상 고온에도 견디므로 강철유리라고도 한다.현장에서 절단이 불가능하다. 18. 9. 15 산 19. 9. 21 산
④ 복층유리 : 결로현상방지용

[정답] 31 ④ 32 ② 33 ① 34 ① 35 ③

S A F E T Y   E N G I N E E R

건설안전기술

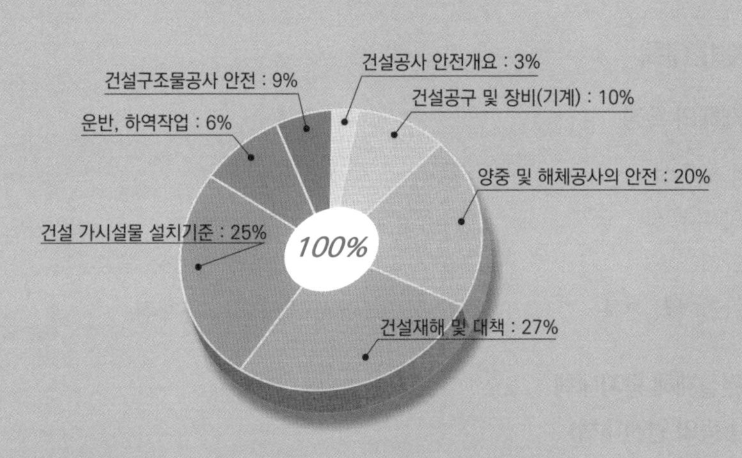

출제기준 및 비중(적용기간 : 2021.1.1~2025.12.31)
NCS기준과 2025년 합격기준을 정확하게 적용하였습니다.

건설공사 안전개요

중점 학습내용

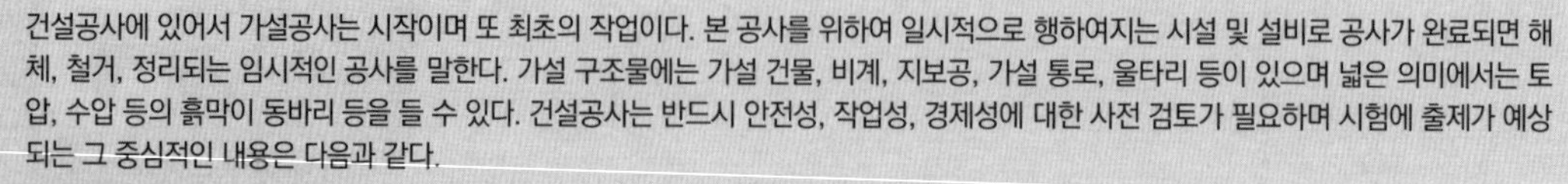

건설공사에 있어서 가설공사는 시작이며 또 최초의 작업이다. 본 공사를 위하여 일시적으로 행하여지는 시설 및 설비로 공사가 완료되면 해체, 철거, 정리되는 임시적인 공사를 말한다. 가설 구조물에는 가설 건물, 비계, 지보공, 가설 통로, 울타리 등이 있으며 넓은 의미에서는 토압, 수압 등의 흙막이 동바리 등을 들 수 있다. 건설공사는 반드시 안전성, 작업성, 경제성에 대한 사전 검토가 필요하며 시험에 출제가 예상되는 그 중심적인 내용은 다음과 같다.

❶ 공정계획 및 안전성 검사
❷ 지반의 안전성
❸ 공사계획의 안전성
❹ 건설업 산업안전보건관리비 계상 및 사용기준
❺ 유해·위험 건설재료의 취급 및 안전성 검토(유해 위험 방지 계획서)

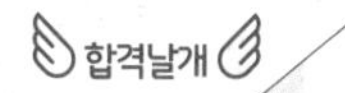

합격예측

직접가설비

직접적인 역할을 하는 공사비
① 규준틀
② 비계 및 발판
③ 먹매김
④ 건축물 보양설비
⑤ 양중, 운반, 타설설비
⑥ 안전시설 중 낙하물 방지망

참고

흙의 단립구조

① 자갈, 모래, 실트 등의 조립토가 물속에 침강할 때 생긴 구조이다.
② 입자가 크고 모가 날수록 강도가 크다.
③ d는 0.074[mm] 이상의 모래분과 조약돌이다.

Q 은행문제 16. 10. 1 기

온도가 하강함에 따라 토중수가 얼어 부피가 약 9[%] 정도 증대하게 됨으로써 지표면이 부풀어오르는 현상은? 23. 9. 2 기
① 동상현상
② 연화현상
③ 리칭현상
④ 액상화현상

정답 ①

1 공정계획 및 안전성 심사

공정계획은 결정된 예정계획에서 제품을 제조하기 위한 구체적 제조과정의 순서·작업경로·제조방법 등을 결정하는 기능

1. 건설 재해 예방 대책

(1) 건설공사 재해의 특징

① 작업환경의 특수성
② 작업 자체의 위험성
③ 공사 계약의 유무성
④ 근로자의 유동성
⑤ 고용의 불안정
⑥ 신공법, 신기술의 안전기술 부족
⑦ 근로자의 안전의식 부족
⑧ 하도급에서 발생되는 문제점

(2) 근본적인 건설재해 방지대책 (설계, 적산 등의 안전대책)

① 공기, 공정의 적정화
② 안전보건 경비의 적정기준 설정
③ 적정한 시공업자 선정
④ 하도급 계약의 적정화
⑤ 설계사, 적산담당기술사, 안전보건 교육 실시

2 지반의 안정성

지층이나 토층의 층서(層序), 지하수의 상태, 각층의 강도나 변형 특성 및 물리적 성질 등을 밝혀 구조물의 설계·시공의 기초적인 자료를 구하는 조사. 예비 조사와 본조사로 나뉜다.

1. 지반의 조사

(1) 지반조사 자료항목

① 보링주상도, 지하수위, 토질 시험 자료 등
② 암반 위의 중요 구조물인 경우는 암석의 조인트, 크랙, 강도시험, 공내 재하시험자료, 투시시험 결과, 암반 절취면의 안정성 검토
③ 보링 깊이는 최소한 굴착 깊이보다 깊고 응력 범위까지 굴착하고, 배면 지반의 조건 등도 파악하는 것이 좋다.

(2) 인접건물 답사자료 항목

① 인접건물의 기초 또는 가설 구조물의 종류 파악
② 인접 구조물의 현황 및 노후도 파악
③ 굴착에 따른 영향 검토

(3) 인접 매설물 현황 자료

① 상하수도관, 가스관로 ② 송유관, 통신케이블 ③ 지하철, 한전케이블

2. 건설 지반의 특성

(1) 지반의 허용지내력

① 흙의 종류에는 암반, 모래, 진흙, 부식토, 역암 등이 있다.
② 지반에 대한 허용지내력은 아래 [표]와 같다.

[표] 지반의 허용응력도

단위 : [kN/m²]

지반		장기응력에 대한 허용지내력	단기응력에 대한 허용지내력
경암반	화강암, 석록암, 편마암, 안산암 등의 화성암 및 굳은 역암 등의 암반	4000	각각 장기응력에 대한 허용지내력 값의 1.5배로 한다.
연암반	편암, 판암 등의 수성암의 암반	2000	
	혈암, 토단암 등의 암반	1000	
자갈		300	
자갈과 모래와의 혼합물		200	
모래 섞인 점토 또는 롬토		150	
모래 또는 점토		100	

㈜ 건축물의 구조기준 등에 관한 규칙 [별표 8]

합격예측

(공통가설비
간접적인 역할을 하는 공사비
① 가설 건물비
② 준비비(대지측량, 정리 등)
③ 동력, 용수, 광열비
④ 시험 조사비
⑤ 정리 청소비
⑥ 기계 기구비
⑦ 운반비 등

참고

지반의 조사 순서
사전조사 → 예비조사 → 본조사 → 추가조사

합격예측

(흙의 전단강도(쿨롱의 법칙)
(1) 개요 21. 8. 14 기
① 전단강도란 흙에 관한 역학적 성질로 기초의 극한 지지력을 알 수 있다.
② 기초의 하중이 흙의 전단강도 이상이면 흙은 붕괴되고 기초는 침하된다.
(2) 전단강도 공식(coulomb의 법칙)
$\tau = c + \sigma\tan\phi$
= 점착력 + 마찰력
여기서, τ : 전단강도
c : 점착력
σ : 수직응력
ϕ : 마찰각
$\sigma\tan\phi$: 마찰력
(3) 모래와 점토의 전단강도
① 모래
• $\tau \fallingdotseq \sigma\tan\phi$(모래의 점착력 $c = 0$)
• 내부마찰각 ϕ 산정 : 표준관입시험
② 점토
• $\tau \fallingdotseq c$(점토의 내부마찰각 $\phi = 0$)
• 점착력 c 산정 : 직접전단시험, Vane Test

합격예측

흙의 벌집구조(봉소구조)특징

① 실트나 점토가 물속에 침강하여 이룬 구조
② 간극비가 크고 충격과 진동에 약하다.
③ d는 0.074~0.005[mm]의 실트질이다.

참고

지하탐사법의 종류

① 터파보기
② 짚어보기
③ 물리적 탐사법

합격예측

(1) 지반조사 필요성 17. 3. 5 기

① 구조물에 적합한 기초 형식 및 근입 깊이 결정
② 기초지반의 조건과 특성에 적합한 시공방법의 결정
③ 토질의 공학적인 특성 파악
④ 잠재적인 지반의 문제점에 대한 평가 및 대책수립
⑤ 지하수위 및 피압수 여부 파악

(2) 지반조사단계

① 예비조사
㉮ 자료조사 - 지질도, 수리학적 자료, 지형도
㉯ 현지답사 - 일반적인 지형, 배수구, 지하수 상황, 식생
㉰ 물리적 탐사법
ⓐ 탄성파 탐사법
ⓑ 전기 비저항법
② 본조사
㉮ 보링(boring)
㉯ 사운딩(sounding)

(2) 투수압(透水壓)

① 터파기 지반의 경우 투수성은 배수 등의 측면에서 건설공사에 지대한 영향을 주며 또한 기초 굴착 공사시 지하수의 처리가 극히 중요하다.
② 점토 지반의 투수성은 압밀침하의 시간을 지배하게 된다.

(3) 지반조사의 토질 정수 결정방법 23. 9. 2 기

① 조사시 보링 깊이가 흙막이 굴착 깊이보다 얕은 경우
② 지반 조사 보링, 토질 및 암석 실험, 구조계산에 상호연관성이 없는 경우
③ 토압 산정과 구조 계산을 위한 토질 정수를 N값으로 추정하는 경우
④ 암반 지역의 중요 대형 빌딩 시공시 형식적인 BX 보링으로 설계
㉮ 토질 파라미터 결정을 위해서 NX 보링과 코어 시험이 필요
㉯ 토질 시험 데이터가 필요

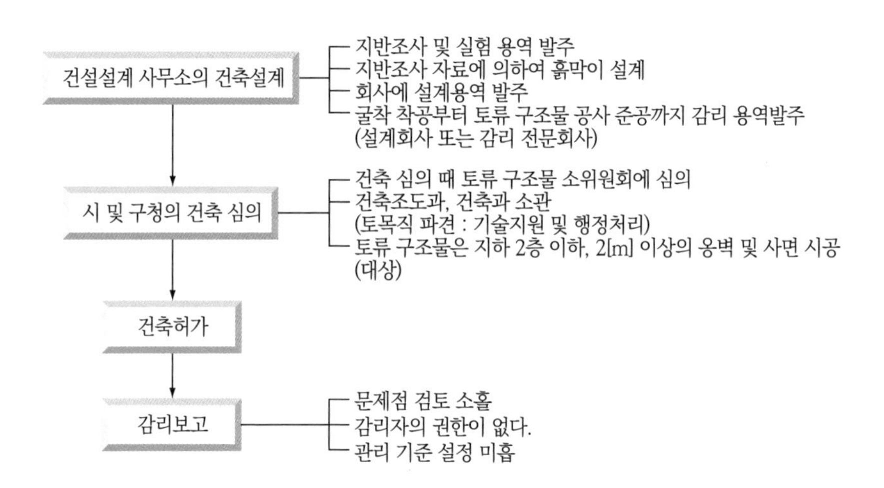

[그림] 설계·허가 및 시공절차

(4) 침수유량

유량은 Darcy의 법칙에 의해 구할 수 있다.
침수유량 = 투수계수 × 수두기울기 × 단면적
여기서, 투수계수는 다음의 특성을 가진다.

① 투수계수가 크면 침투량이 크고, 모래는 투수계수가 크다.
② 투수계수는 모래에 있어서 평균 입자 지름의 제곱에 비례하고 간극비의 제곱에 비례한다.
③ 투수계수는 불교란 시료의 투수 시험에 의하거나 양수량과 투수계수를 알기 위해 행해지는 양수 시험에 의해 구할 수 있다. 일반적으로 투수성과 관계 있는 공법에는 웰 포인트 공법(well point method)과 샌드 드레인 공법(sand drain method)이 있다.

3. 지반조사방법

(1) 예비조사항목

① 인근 지반의 지반 조사 자료나 시공 자료의 수집
② 지형이나 지하 수위, 우물 등의 현황 조사
③ 인접 구조물의 크기, 기초의 형식 및 그 현황 조사
④ 주변의 환경(하천, 지표지질, 도로, 교통 등)
⑤ 기상 조건 변동에 따른 영향 검토

(2) 본조사 방법

① 예비조사의 결과로 얻어진 흙막이 구조물의 선정에 대응한 설계, 시공 및 관리에 필요하다고 생각되는 자료를 구하기 위해 실시되는 조사이다.
② 지반조사의 기본은 지반의 구성을 분명히 하는 것과 각 층의 역학적, 물리적 특성을 알기 위함이다.
③ 조사의 범위는 대략 50~100[m] 간격으로 설계근입장+α깊이까지 실시한다.
④ 조사 범위 검토에 있어서 작용 응력이 미치는 범위를 고려할 필요가 있다.

[표] 지반조사항목

항 목	매립 특성	역학 특성	압축 특성	지하수	비 고
강널말뚝	△	○	○	○	○꼭 필요한 조사
지하연속벽	△	○	○	○	△가능하면 조사하는 것이
앵커사용시	○	○	△	○	좋은 조사

(3) 예민비(sensitivity ratio)

① 흙을 이김에 의하여 약해지는 점토를 표시하는 것이다.

예민비$=\dfrac{\text{자연 시료의 강도}}{\text{이긴 시료의 강도}}$이다.

② 강도는 1축압축강도를 말하며 예민비의 높고 낮음은 점토의 종류에 따라 달라진다.
③ 간극비가 1보다 작은 점토에서는 예민비가 1에 가까운 것이 많고 간극비가 1보다 큰 점토에서는 예민비가 4~10 정도 된다.

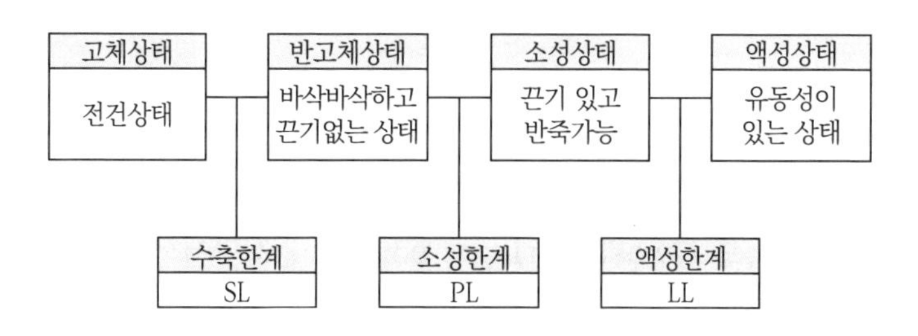

[그림] 흙의 연경도

합격예측

흙의 면모구조의 특징

① 0.005[mm] 이하의 콜로이드 같은 미세입자가 물속에서 이루어진 것이다.
② 간극비가 크고 압축성이 커서 기초지반의 흙으로 부적당하다.
③ d는 0.005[mm] 이하의 점토분과 콜로이드분이다.

용어정의

예민비

① 흙의 함수량을 변화시키지 않고 흐트러트리면 강도가 감소되는 현상으로, 압축강도의 감소비가 예민비이다.
② 모래는 1 정도로 작고, 점토는 4~10 정도로 크다.

Q 은행문제

1. 지하매설물의 인접작업 시 안전지침과 거리가 먼 것은?
① 사전조사
② 매설물의 방호조치
③ 지하매설물의 파악
④ 소규모 구조물의 방호

정답 ④

2. 안전관리계획서의 작성내용과 거리가 먼 것은?
① 건설공사의 안전관리 조직
② 산업안전보건관리비 집행방법
③ 공사장 및 주변 안전관리 계획
④ 통행안전시설 설치 및 교통소통계획

정답 ②

합격예측

흙의 구성

① 흙은 토립자와 간극으로 구성된다.
② 간극에는 물과 공기가 가스로 구성되어 있다.

합격예측 19. 3. 3 기 21. 5. 15 기 24. 2. 15 기

(1) 보일링(Boiling)현상
투수성이 좋은 사질지반의 흙막이 지면에서 수두차로 인한 상향의 침투압이 발생 유효응력이 감소하여 전단강도가 상실되는 현상으로 지하수가 모래와 같이 솟아오르는 (모래의 액상화)현상
(2) 파이핑(Piping) 현상
사질지반의 지하수위 이하 굴착시 수위차로 인해 상향의 침투류가 발생하여 전단강도 상실, 흙이 물과 함께 분출하는 Quick sand의 진전된 현상
(3) 방지대책(공통)
17. 8. 26 기 17. 9. 23 기 18. 3. 4 산 22. 3. 5 기
① Filter 및 차수벽 설치
② 흙막이 근입깊이를 깊게(불투수층까지)
③ 약액주입 등의 굴착면 고결
④ 지하수위저하
⑤ 압성토 공법 등

참고

보링(boring)의 종류

① 수세식 보링
② 충격식 보링
③ 회전식 보링
④ 오거 보링

(4) 간극비·함수비·포화도

일반적으로 흙은 흙입자와 흙입자 간극으로 구성되고 간극은 물 공기 또는 가스로 구성되며 간극비, 함수비 및 포화도의 산출 공식은 다음과 같다. 18. 4. 28 기 19. 3. 3 기 20. 6. 14 산

① 간(공)극비 $= \dfrac{\text{간극의 용적}}{\text{흙입자의 용적}} = \dfrac{V_v}{V_s}$

② 간(공)극률 $= \dfrac{\text{간극의 용적}}{\text{흙 전체의 용적}} \times 100[\%] = \dfrac{V_v}{V} \times 100[\%]$

③ 포화도 $= \dfrac{\text{물의 용적}}{\text{간극의 용적}} \times 100[\%] = \dfrac{V_w}{V_v} \times 100[\%]$

④ 함수비 $= \dfrac{\text{물의 중량}}{\text{흙입자의 중량}} \times 100[\%] = \dfrac{W_w}{W_s} \times 100[\%]$

[표] 사층과 점토층에 대한 흙의 특성 비교

흙의 특성	사 층(사질토)	점 토 층(점성토)
투수계수	크다	작다
압 밀 성	작다	크다
가 소 성	없다	있다
건조수축	수축이 어렵다	수축이 용이하다

(주) 압밀 : 흙의 간극이 감소하는 성질

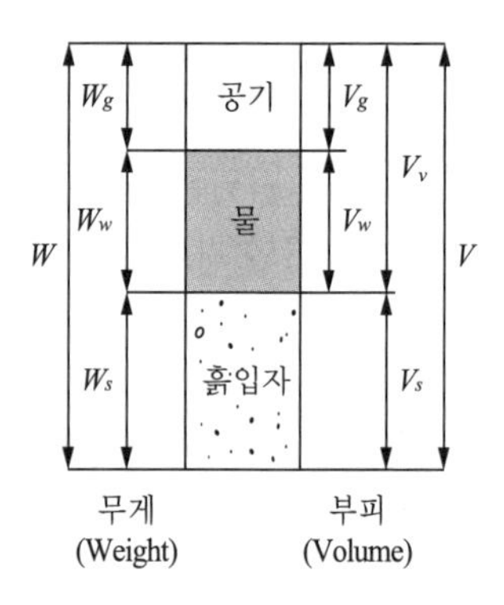

[그림] 흙의 구성

(5) boring(보링)

① 보링(boring)시 주의사항 19. 3. 3 산

㉮ 보링의 깊이는 경미한 건물은 기초폭의 1.5~2.0배, 일반적인 경우는 약 20[cm] 또는 지지층 이상으로 한다.

㉯ 간격은 약 30[m]로 하고 중간지점은 물리적 지하 탐사법에 의해 보충한다.

㉰ 한 장소에서 3개소 이상 실시한다.

㉱ 보링 구멍은 수직으로 판다.

㉲ 채취 시료는 충분히 양생해야 한다.

② 보링의 종류 17. 5. 7 산

㉮ 기계식

㉠ 회전식 보링(rotary boring) : 천공날을 회전시켜 천공하는 공법으로 가장 많이 사용되며 천공구멍 밑바닥의 지층을 흐트러지지 않게 하면서 토질의 성질을 분석한다.(지질상태 가장 정확하게 파악)

㉡ 수세식 보링(wash boring) : boring 내 선단에서 물을 뿜어내어 나온 진흙물을 침전시켜 지층의 토질을 분석하는 것으로 깊은 지층조사가 가능하다.

㉢ 충격식 보링(percussion boring) : 낙하, 충격에 의해 파쇄되는 토사나 암석을 이용하여 분석하는 것으로 W/R에 충격날을 설치하여 낙하시켜 토질을 분석한다.

㉣ 오거 보링(auger boring) : boring에 쓰이는 송곳(auger)을 이용해 깊이 10[m] 이내의 시추에 사용되며 hand auger를 이용해 사람이 지중에 박아 2[m] 내외의 얕은 지층의 점토층 토질분석을 한다.

4. 토질시험의 종류 및 특징

(1) 전단시험 19. 8. 4 기

직접전단시험은 시험장치를 이용하여 수직력을 변화시켜 이에 대응하는 전단력을 측정한다.(예 1면 전단시험, 베인테스트, 일축압축시험)

(2) 표준관입시험(standard penetration test)

① 지반 내에서 직접 모래를 채취하여 모래의 밀도를 측정하는 것이다.
② 표준 샘플러를 63.5[kg]의 해머로 76[cm]의 낙하로 쳐 박아 관입량 30[cm]에 달하는 데 요하는 타격횟수를 구한다.
③ 타격횟수(N)의 값이 클수록 밀실한 토질이다.
④ 용도 : 주로 사질 지반에 사용

(3) 베인테스트(vane test) 18. 9. 15 기 20. 8. 22 기

보링의 구멍을 이용하여 십자 날개형의 베인 테스터를 지반에 박고 이것을 회전시켜 그 회전력에 의하여 10[m]이내 점토(진흙)의 점착력을 판별하는 것이다.

5. 지하탐사법의 종류 및 특징

(1) 터파보기

① 지층의 토질, 지하수 등을 조사하기 위하여 삽으로 구멍을 파 보는 방법으로 활석 기초의 얇고 경미한 건물의 기초에 사용된다.
② 구멍은 거리 간격 5~10[m], 지름의 크기 60~90[cm], 깊이 1.5~3.0[m] 정도가 가능하다.

(2) 짚어보기

① 철근을 땅속에 박아 그 저항, 울림, 침하력 등에 의하여 지반의 단단함을 판단하는 것이다.
② 얇은 기초의 생땅을 발견시 사용되는 방법이다.

합격예측

토질시험의 종류

(1) 흙의 분류 및 물리적 성질을 위한 시험
① 함수량시험
② 투수시험
③ 입도시험
④ 비중시험
⑤ 연경도시험(액성한계, 소성한계, 수축한계)

(2) 흙의 역학적 성질을 구하기 위한 시험
① 다짐시험
② 전단시험
③ 압밀시험
④ 압축시험
⑤ 삼축압축시험

합격예측

[표] 타격횟수에 따른 지반 밀도 20. 9. 27 기

N값	모래지반 상대밀도
0~4	몹시 느슨
4~10	느슨
10~30	보통
30~50	조밀
50 이상	대단히 조밀

N값	점토지반 점착력
0~2	아주 연약
2~4	연약
4~8	보통
8~15	강한 점착력
15~30	매우 강한 점착력
30 이상	견고(경질)

합격예측

Penetration test(관입시험)의 목적

토질시험으로 밀실도를 측정

합격예측 18. 4. 21 산

작업면에 대한 조도 기준

작업기준	기준
막장구간	70[Lux] 이상
터널중간구간	50[Lux] 이상
터널입·출구, 수직구 구간	30[Lux] 이상

합격예측

소성한계 18. 3. 4 산
① 반죽된 흙을 손으로 밀어서 지름 3[mm]의 국수모양으로 만들어 부슬해질 때의 함수비를 말한다.
② 소성토를 이용한 세립토의 성질을 이용한다.

용어정의

① "밀폐공간"이란 산소결핍, 유해가스로 인한 화재·폭발 등의 위험이 있는 장소
② "유해가스"란 밀폐공간에서 탄산가스·황화수소 등의 유해 물질이 가스 상태로 공기 중에 발생하는 것을 말한다.
③ "적정공기"란 산소농도의 범위가 18[%] 이상 23.5 [%] 미만, 이산화탄소의 농도가 1.5[%] 미만, 일산화탄소의 농도가 30[ppm] 미만, 황화수소의 농도가 10[ppm], 미만인 수준의 공기를 말한다.
④ "산소결핍"이란 공기 중의 산소농도가 18[%] 미만인 상태를 말한다. 17. 3. 5 기
⑤ "산소결핍증"이란 산소가 결핍된 공기를 들이마심으로써 생기는 증상을 말한다. 18. 9. 15 기

합격예측

(1) 건설공사의 안전관리
① 설계 및 적산 단계에서부터 안전대책을 강화
② 기계·설비공법 등의 안전을 확보
③ 안전보건관리 체제의 정비확보
④ 안전기술의 정비
⑤ 안전교육훈련의 강화
⑥ 건강재해대책의 강화
(2) 건축시공 3대관리
① 원가관리 ② 품질관리
③ 공정관리
(3) 5M
① Men : 노무관리
② Material : 자재관리
③ Machine : 기계, 장비관리
④ Money : 자금, 회계, 경비관리
⑤ Method : 시공방법
(4) 5R
① Right price(적정 가격)
② Right time(적정 시기)
③ Right product (적정 제품)
④ Right quality (적정 품질)
⑤ Right quantity (적정 수량)

(3) 물리적 탐사법

① 지하지반의 구성층을 진단하는 데 사용되며 필요한 곳을 보링과 병행하여 정밀 조사를 실시한다.
② 탐사법에는 탄성파식 지하탐사법, 강제진동지하탐사법 및 전기저항식 지하탐사법이 있다.

3 공사계획의 안전성

1. 건설공사 안전계획

(1) 입지 및 환경

① 주변의 교통 ② 통행인(거주인)
③ 부지 상황 ④ 매설물
⑤ 유해물 ⑥ 지역특성 등의 현황의 기술

(2) 건설안전관리 중점목표

① 전 공기에 해당되는 목표 달성
② 착공에서 준공까지 각 단계의 중점 목표를 결정
③ 각 공정별 중점 목표를 결정
④ 구체적이고 실천 가능한 목표를 설정
⑤ 긴급성과 경제성을 고려한 목표를 설정

(3) 공정별 위험요소와 재해 예측

주요공사 공정을 근거로 공정별 위험요소와 재해를 예측하여 이들 항목을 기록하고 배치해야 할 유자격자 등을 명시한다.

(4) 사고예방을 위한 구체적 실시 계획

공사 구분 및 재해항목(위험요소 포함)을 근거로 사고예방을 위한 구체적인 실시 내용과 교육계획을 수립한다.

(5) 안전행사 계획

① 일일 계획 ② 주간 계획
③ 월간 계획 ④ 수시 계획

(6) 안전업무 분담표

업무 추진의 역할분담을 명확히 하여 정·부 책임자 및 보조자를 결정하여 책임을 분담시킨다.

(7) 긴급연락망

사내, 감독관서, 경찰서, 소방서, 병원, 전력, 수도가스 등 각각에 대한 연락처의 일람표를 작성하여 공사현장, 사무실, 협력업자 사무소 등에 게시한다.

(8) 긴급시 업무 분담

재해, 화재, 도난 등의 예측불능한 사태 발생시 업무에 대한 분담을 명확히 하여 공사현장 실정에 맞게 규정으로 설정, 담당책임자에게 각각의 임무를 이해시키고 만일의 경우에 대비한 훈련을 실시한다.

2. 건설재해의 예방대책

(1) 경영자의 투철한 안전의식

① 경영자는 생산성을 높이기 위하여 재해 예방 활동에 노력한다.
② 경영자는 기업의 사회적 가치를 확보하기 위한 재해 예방활동에 노력한다.
③ 안전관리를 위한 투자가 생산성 증가임을 경영자는 인식한다.
④ 재해 예방이 원만한 노사관계를 유지할 수 있다는 것을 인식한다.

(2) 재해예방을 위한 적절한 공사기간의 확보

(3) 근로자 안전 교육 철저

[표] 건설공사 단계별 점검사항 17. 3. 5 기

단 계	구 분	점검사항
제1단계	조사설계단계	① 기술용역 심의 사항 ② 기술용역 평가 강화 ③ 설계 심의 내실화 ④ 사후 관리 평가 강화
제2단계	공사시공단계	① 발주자, 공사 감독 및 감리 강화 ② 시공 계획의 적정성 검토 ③ 검사 시험 및 준공검사 철저 ④ 기성 및 준공검사 철저
제3단계	운영관리단계	① 우수 공사 우대 ② 부실 시공 제재 ③ 설계 및 시공의 객관적 평가 관리

합격예측

건설재해 예방대책

① 안전을 고려한 설계
② 무리가 없는 공정계획
③ 안전관리 체제확립
④ 작업지시 단계에서 안전사항 철저지시
⑤ 작업원의 안전의식강화
⑥ 관리감독자 지정
⑦ 안전보호구 착용
⑧ 작업자 이외 출입금지
⑨ 악천후시 작업중지
⑩ 고소작업시 방호조치
⑪ 건설기계에 의한 충돌·협착방지
⑫ 붕괴·도괴방지
⑬ 낙하·비래에 의한 위험방지
⑭ 건설기계의 전도방지
⑮ 상·하 동시 작업금지

합격예측 16. 8. 21 산

흙의 휴식각(Angle of repose : 안식각, 자연경사각)

① 흙 입자간의 응집력, 부착력을 무시한 때 즉, 마찰력만으로써 중력에 의하여 정지되는 흙의 사면각도이다.
② 터파기경사각은 휴식각의 2배로 보고 있다.

합격예측

지반투수계수 21. 3. 7 기

(1) 정의
① 물이 흙의 간극을 통과하여 이동하는 속도(cm/sec)를 투수계수라 한다.
② 점토지반에서 투수성은 압밀침하의 시간을 결정한다.
③ 투수성을 이용한 대표적 공법은 샌드드레인 공법과 웰포인트공법이다.

(2) 영향인자
① 입경 : 입경의 제곱에 비례
② 점성계수 : 점성계수에 반비례
③ 간극비 : 간극비에 비례

합격예측 및 관련법규

제1조(목적) 이 고시는 「산업안전보건법」 제72조, 같은 법 시행령 제59조 및 제60조와 같은 법 시행규칙 제89조에 따라 건설업의 산업안전보건관리비 계상 및 사용기준을 정함을 목적으로 한다.

제2조(정의) ① 이 고시에서 사용하는 용어의 뜻은 다음과 같다.

1. "건설업 산업안전보건관리비"(이하 "안전관리비"라 한다)란 산업재해 예방을 위하여 건설공사 현장에서 직접 사용되거나 해당 건설업체의 본점 또는 주사무소(이하 "본사"라 한다)에 설치된 안전전담부서에서 법령에 규정된 사항을 이행하는 데 소요되는 비용을 말한다.
2. "안전관리비 대상액"(이하 "대상액"이라 한다)이란 「예정가격 작성기준」(기획재정부 계약예규) 및 「지방자치단체 입찰 및 계약집행기준」(행정안전부 예규) 등 관련 규정에서 정하는 공사원가계산서 구성항목 중 직접재료비, 직접노무비를 합한 금액(발주자가 재료를 제공할 경우에는 해당 재료비를 포함한 금액)을 말한다.
3. "자기공사자"란 건설공사의 시공을 주도하여 총괄·관리하는 자(건설공사 발주자로부터 건설공사를 최초로 도급받은 수급인은 제외한다)를 말한다.

합격예측

11. 8. 21 기

시정 (Action) | 계획 (Plan) | 검토 (Check) | 실시 (Do)

[그림] 안전관리 cycle 4단계

4 건설업 산업안전보건관리비 계상 및 사용기준

1. 안전관리비 항목 및 사용금액 18. 8. 19 기

항 목	( )월 사용금액	누계 사용금액
계		
1. 안전·보건관리자 임금 등		
2. 안전시설비 등		
3. 보호구 등		
4. 안전보건진단비 등		
5. 안전보건교육비 등		
6. 근로자 건강장해예방비 등		
7. 건설재해예방전문지도기관 기술지도비		
8. 본사 전담조직 근로자 임금 등		
9. 위험성평가 등에 따른 소요비용		

16. 3. 6 산 16. 10. 1 산 17. 3. 5 기 17. 8. 26 기 19. 3. 3 기 20. 6. 14 산 20. 8. 22 기 24. 2. 15 기

[표] 공사종류 및 규모별 안전보건관리비 계상기준표

구분 / 공사종류	대상액 5억원 미만	대상액 5억원 이상 50억원 미만		대상액 50억원 이상	영 별표5에 따른 보건관리자 선임대상 건설공사
		비율(X)	기초액(C)		
건축공사	2.93[%]	1.86[%]	5,349,000원	1.97[%]	2.15[%]
토목공사	3.09[%]	1.99[%]	5,499,000원	2.10[%]	2.29[%]
중건설공사	3.43[%]	2.35[%]	5,400,000원	2.44[%]	2.66[%]
특수건설공사	1.85[%]	1.20[%]	3,250,000원	1.27[%]	1.38[%]

2. 관리감독자 안전보건업무 수행시 수당지급 작업

① 건설용 리프트·곤돌라를 이용한 작업

② 콘크리트 파쇄기를 사용하여 행하는 파쇄작업(2[m] 이상인 구축물 파쇄에 한정한다.)

③ 굴착 깊이가 2[m] 이상인 지반의 굴착작업

④ 흙막이지보공의 보강, 동바리 설치 또는 해체작업

⑤ 터널 안에서의 굴착작업, 터널거푸집의 조립 또는 콘크리트 작업

⑥ 굴착면의 깊이가 2[m] 이상인 암석 굴착 작업

⑦ 거푸집지보공의 조립 또는 해체작업

⑧ 비계의 조립, 해체 또는 변경 작업

⑨ 건축물의 골조, 교량의 상부구조 또는 탑의 금속제의 부재에 의하여 구성되는 것(5[m] 이상에 한정한다)의 조립, 해체 또는 변경작업
⑩ 콘크리트 공작물(높이 2[m] 이상에 한정한다)의 해체 또는 파괴 작업
⑪ 전압이 75[V] 이상인 정전 및 활선작업
⑫ 맨홀작업, 산소결핍장소에서의 작업
⑬ 도로에 인접하여 관로, 케이블 등을 매설하거나 철거하는 작업
⑭ 전주 또는 통신주에서의 케이블 공중가설작업
⑮ 영 별표 2의 위험방지가 특히 필요한 작업

[표] 공사진척에 따른 안전관리비 사용기준 17. 5. 7 기 17. 9. 23 기 19. 8. 4 산 20. 6. 7 기

공 정 률	50[%] 이상 70[%] 미만	70[%] 이상 90[%] 미만	90[%] 이상
사용 기준	50[%] 이상	70[%] 이상	90[%] 이상

(주) 공정률은 기성공정률을 기준으로 한다.

3. 설계변경 시 안전관리비 조정·계상 방법

(1) 설계변경에 따른 안전관리비는 다음 계산식에 따라 산정한다.

• 설계변경에 따른 안전관리비 = 설계변경 전의 안전관리비 + 설계변경으로 인한 안전관리비 증감액

(2) 제(1)호의 계산식에서 설계변경으로 인한 안전관리비 증감액은 다음 계산식에 따라 산정한다.

• 설계변경으로 인한 안전관리비 증감액 = 설계변경 전의 안전관리비 × 대상액의 증감 비율

(3) 제(2)호의 계산식에서 대상액의 증감 비율은 다음 계산식에 따라 산정한다. 이 경우, 대상액은 예정가격 작성시의 대상액이 아닌 설계변경 전·후의 도급계약서 상의 대상액을 말한다.

• 대상액의 증감 비율 = [(설계변경후 대상액 − 설계변경 전 대상액) / 설계변경 전 대상액] × 100%

합격예측 및 관련법규

제3조(적용범위) 이 고시는 법 제2조제11호의 건설공사 중 총공사금액 2천만 원 이상인 공사에 적용한다. 다만, 다음 각 호의 어느 하나에 해당되는 공사 중 단가계약에 의하여 행하는 공사에 대하여는 총계약금액을 기준으로 적용한다.
16. 3. 6 기 17. 5. 7 산 17. 8. 26 기·산 19. 8. 4 기 22. 4. 24 기 24. 5. 9 기
1. 「전기공사업법」 제2조의 규정에 따른 전기공사로서 저압·고압 또는 특별고압 작업으로 이루어지는 공사
2. 「정보통신공사업법」제2조에 따른 정보통신공사

합격예측

아터버그한계 16. 5. 8 기
(一限界, Atterberg limit)
토양의 수분함량이 달라지면 외력에 의한 유동·변형에 대한 저항성 즉 결지성이 달라진다. 수분상태에 의한 결지성 형태의 전이점은 수분함량으로 결정하는데 이를 연구한 Albert Atterberg의 이름을 따서 아터버그한계 혹은 결지성한계(consistence limit)라고 한다. 아터버그한계는 원래 7개 결지성한계를 총칭하는 것이었으나 현재 중요하게 다루어지는 것은 액성한계(liquid limit, LL), 소성한계(plastic limit, PL)와 소성지수(plasticity number, plasticity index, PI)이다. 토양이 소성을 나타내는 최소 및 최대의 수분함량(%)을 각각 소성한계, 액성한계라 하고 그 차이를 소성지수라 한다.

$$PI = LL - PL$$

17. 3. 5 산 18. 3. 4 산 19. 9. 21 기

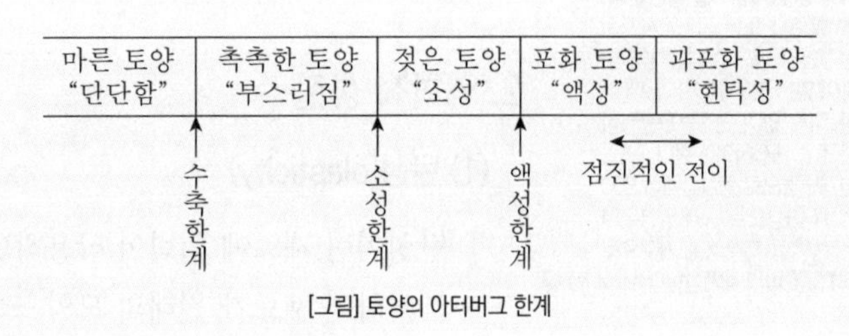

[그림] 토양의 아터버그 한계

합격예측 및 관련법규

제4조(계상의무 및 기준) ① 건설공사발주자(이하 "발주자"라 한다)가 도급계약 체결을 위한 원가계산에 의한 예정가격을 작성하거나, 자기공사자가 건설공사 사업 계획을 수립할 때에는 다음 각 호와 같이 안전보건관리비를 계상하여야 한다. 다만, 발주자가 재료를 제공하거나 일부 물품이 완제품의 형태로 제작·납품되는 경우에는 해당 재료비 또는 완제품 가액을 대상액에 포함하여 산출한 안전보건관리비와 해당 재료비 또는 완제품 가액을 대상액에서 제외하고 산출한 안전보건관리비의 1.2배에 해당하는 값을 비교하여 그 중 작은 값 이상의 금액으로 계상한다.

1. 대상액이 5억 원 미만 또는 50억 원 이상인 경우: 대상액에 별표 1에서 정한 비율을 곱한 금액
2. 대상액이 5억 원 이상 50억 원 미만인 경우: 대상액에 별표 1에서 정한 비율을 곱한 금액에 기초액을 합한 금액
3. 대상액이 명확하지 않은 경우: 제4조제1항의 도급계약 또는 자체사업계획상 책정된 총공사금액의 10분의 7에 해당하는 금액을 대상액으로 하고 제1호 및 제2호에서 정한 기준에 따라 계상

② 발주자는 제1항에 따라 계상한 안전보건관리비를 입찰공고 등을 통해 입찰에 참가하려는 자에게 알려야 한다.

③ 발주자와 법 제69조에 따른 건설공사도급인 중 자기공사자를 제외하고 발주자로부터 해당 건설공사를 최초로 도급받은 수급인(이하 "도급인"이라 한다)은 공사계약을 체결할 경우 제1항에 따라 계상된 안전보건관리비를 공사도급계약서에 별도로 표시하여야 한다.

④ 별표 1의 공사의 종류는 별표 5의 건설공사의 종류 예시표에 따른다. 다만, 하나의 사업장 내에 건설공사 종류가 둘 이상인 경우(분리발주한 경우를 제외한다)에는 공사금액이 가장 큰 공사종류를 적용한다.

⑤ 발주자 또는 자기공사자는 설계변경 등으로 대상액의 변동이 있는 경우 별표 1의3에 따라 지체 없이 안전보건관리비를 조정 계상하여야 한다. 다만, 설계변경으로 공사금액이 800억 원 이상으로 증액된 경우에는 증액된 대상액을 기준으로 제1항에 따라 재계상한다. 19. 4. 27 산

5 유해·위험 건설재료의 취급 및 사전 안전성 검토(유해 위험 방지계획서)

1. 물리적 성질

(1) 비중(specific gravity) 21. 9. 12 기 23. 9. 2 기

① 재료의 중량을 그와 동일한 체적의 4[℃]인 물의 중량으로 나눈 값을 비중이라 한다.

② 재료의 비중은 공극과 수분을 포함하지 않는 실질적인 비중인 진비중(true specific gravity)과 공극·수분을 포함시킨 겉보기비중(apparent specific gravity)으로 구분한다.

③ 건축재료의 비중은 겉보기비중으로 표시하는 것이 많다.

④ 진비중과 겉보기비중을 알면 그 재료 속에 공극이 얼마나 있는가 또는 실적이 얼마나 있는가를 알게 되어 재료를 다루는 데 편리한 때가 많다.
진비중을 G_t, 겉보기비중을 G_a라 하면
㉮ 공극률[%] $=(1-G_a/G_t)\times 100$ ㉯ 실적률[%] $=(1-G_t/G_a)\times 100$
㉰ 공극률[%]+실적률[%]=100으로 표시된다.

⑤ 비중의 단위는 무명수이지만 단위용적 중량으로 표시하면 $[g/cm^3]$, $[kg/m^3]$ 또는 $[kg/l]$가 된다.

(2) 함수율(water content) 21. 9. 12 기

① 함수율은 재료 중에 포함되어 있는 수분의 중량을 그 재료의 건조시의 중량으로 나눈 값이다. 완전히 건조된 재료의 함수율은 0이다.

② 습윤중량 함수율보다는 건조중량 함수율을 쓰는 경우가 많다.

$$\text{건조중량 함수율}=\frac{\text{함수량}}{\text{건조중량}}\times 100[\%]$$

(3) 흡수율(coefficient of water absorption)

① 흡수율은 재료를 일정 시간 물속에 넣었을 때 재료의 건조중량에 대한 흡수량의 비율이며 중량 백분율(O/W_t)로 표시한다.

② 재료의 흡수율은 물질의 다공성, 조직 침수기간, 압력 상태에 따라 달라진다.

2. 역학적 성질

(1) 탄성(elasticity)

① 탄성이란 재료에 외력이 작용하면 변형(deformation)이 생기며, 이 외력을 제거하면 재료가 원래의 모양·크기로 되돌아가는 성질을 말한다.

② 한편 외력을 제거하여도 재료가 원상으로 돌아가지 않고 변형된 그대로의 상태로 남아 있는 성질을 소성(plasticity)이라고 한다.
③ 탄성의 성질을 가진 물체를 탄성체(elastic body)라 하고 소성의 성질을 가진 물체를 소성체(plastic body)라고 한다.
④ 건축 재료의 대부분은 양쪽의 성질을 다 가진 경우가 많으며 완전탄성체나 완전소성체는 없고 대개 외력의 어느 한도 내에서는 탄성변형(elastic deformation)을 하지만 외력이 커지면 소성변형(plastic deformation)을 한다.
⑤ 탄성변형을 하는 외력의 한도가 큰 물체를 탄성재료, 한도가 작은 것을 소성재료라고 한다.
⑥ 완전탄성체가 아니면 외력에 의하여 행해지는 일(work)의 일부는 비탄성적인 변형태에서 생기는 열로서 소멸한다.
⑦ 외력이 작용하였을 때의 변형이 하중속도에 따라 변화되는 성질, 즉 엿 또는 아라비아 고무와 같이 유동하려고 할 때 각 부에 서로 저항이 생기는 성질을 점성(viscosity)이라 한다.
⑧ 소성과 점성을 총칭하여 비탄성이라고 하며 건축재료 중 비탄성적 성질을 가진 것도 많다.

(2) 강도(strength)

① **정적강도** : 재료에 비교적 느린 속도로 하중이 작용할 때 이에 대한 저항성을 정적 강도라 한다. 보통 재료의 강도는 정적 강도를 가리킨다.
② **충격강도** : 재료에 충격적인 하중이 작용할 때 이에 대한 저항성을 충격강도라 한다. 충격강도는 재료의 파괴에 요구되는 에너지로 나타내며, 이것을 충격치(impact value)라 한다.
③ **피로강도** : 재료가 반복하중을 받는 경우 정적 강도보다도 낮은 강도에서 파괴되는 수가 있다. 이러한 현상을 피로(fatigue)라 하며 그 응력의 한계를 피로강도라 한다.
④ **크리프강도** : 일정한 하중을 장시간 작용시킨 채로 두면 하중을 더 늘리지 않아도 천천히 변형이 진행된다. 이러한 현상을 크리프(creep)라 하며 그 응력의 한계를 크리프강도라 한다.

(3) 응력-변형률 곡선(stress-strain curve)

① 재료의 외력과 변형의 관계는 보통 응력-변형률 곡선으로 나타낸다.
② 탄성 성질을 나타내는 재료의 수직응력(normal stress)

즉, $\sigma = \dfrac{P}{A}$가 성립된다.

합격예측 및 관련법규

제9조(사용내역의 확인) ① 도급인은 안전보건관리비 사용내역에 대하여 공사 시작 후 6개월마다 1회 이상 발주자 또는 감리자의 확인을 받아야 한다. 다만, 6개월 이내에 공사가 종료되는 경우에는 종료 시 확인을 받아야 한다.
② 제1항에도 불구하고 발주자, 감리자 및 「근로기준법」 제101조에 따른 관계 근로감독관은 안전보건관리비 사용내역을 수시 확인할 수 있으며, 도급인 또는 자기공사자는 이에 따라야 한다.
③ 발주자 또는 감리자는 제1항 및 제2항에 따른 안전보건관리비 사용내역 확인 시 기술지도 계약 체결, 기술지도 실시 및 개선 여부 등을 확인하여야 한다.

합격예측

제21조(통로의 조명) 사업주는 근로자가 안전하게 통행할 수 있도록 통로에 75[lux] 이상의 채광 또는 조명시설을 하여야 한다. 다만, 갱도 또는 상시 통행을 하지 아니하는 지하실 등을 통행하는 근로자에게 휴대용 조명기구를 사용하도록 한 경우에는 그러하지 아니하다.
16. 10. 1 산 17. 8. 26 산

제22조(통로의 설치) ① 사업주는 작업장으로 통하는 장소 또는 작업장 내에 근로자가 사용할 안전한 통로를 설치하고 항상 사용할 수 있는 상태로 유지하여야 한다.
② 통로의 주요 부분에는 통로표시를 하고, 근로자가 안전하게 통행할 수 있도록 하여야 한다.
③ 통로면으로부터 높이 2[m] 이내에는 장애물이 없도록 하여야 한다.

③ 탄성체는 인장력이나 압축력이 작용할 때 외력의 방향으로 변형이 생기지만 외력과 직각의 방향으로도 변형이 생긴다. 이들 두 변형률의 비를 푸아송비(Poisson's ratio)라 하고 이것의 역수를 푸아송수(Poisson's number)라 하는데, 이 값은 재료에 따라 일정하며 보통은 3~4이다.

$$\text{푸아송비}(v)=\frac{\text{횡방향변형률}}{\text{총 가동시간}}=\frac{1}{m},\quad \text{푸아송수}(m)=\frac{1}{v}$$

(4) 경도(hardness) 21. 5. 15 기

① 재료의 단단한 정도를 경도라 하는데 재료의 용도에 따라 그 표시 방향이 달라진다.

② 표시 방법으로는 광물은 모스(Mohs)의 긁기법(scratch), 금속·목재 등은 브리넬(Brinell)의 타각법(indentation)과 쇼어(Shore)의 탄력에너지법(탄력법 : resilience) 또는 모저항법 등이 쓰이는데, 서로간의 관련성은 분명하지 않다.

③ 주로 유리·석재의 경도를 표시하는 데 쓰이고 건축 재료의 경도로는 브리넬 경도, 모스 경도가 많이 이용된다.

(5) 강성(rigidity, stiffness)

① 재료가 외력을 받아도 잘 변형되지 않는 성질을 재료의 강성이라 하며 외력을 받아도 변형을 적게 일으키는 재료를 강성이 큰 재료라 한다.

② 강성은 탄성계수와 밀접한 관계가 있으나 강도와는 직접적인 관계가 없다.

(6) 연성(ductility)

① 재료가 탄성한계 이상의 힘을 받아도 파괴되지 않고 가늘고 길게(넓고 또는 얇게) 늘어나는 성질을 연성이라 한다.

② 연성이 풍부한 재료란 인장력을 주어 가늘고 길게 늘어나게 할 수 있는 재료를 말한다.

(7) 취성(brittleness) 17. 3. 5 기

① 재료가 외력을 받아도 변형되지 않거나 극히 미미한 변형을 수반하고 파괴되는 성질을 취성이라 한다.

② 주철 등 취성을 가진 금속 재료는 충격강도와 밀접한 관계가 있어 갑자기 파괴될 위험성이 크다.

③ 유리와 콘크리트 등도 취성이 큰 재료이다.

합격예측 및 관련법규

제23조(가설통로의 구조)

사업주는 가설통로를 설치하는 경우 다음 각 호의 사항을 준수하여야 한다.

1. 견고한 구조로 할 것
2. 경사는 30[°] 이하로 할 것. 다만, 계단을 설치하거나 높이 2[m] 미만의 가설통로로서 튼튼한 손잡이를 설치한 경우에는 그러하지 아니하다.
3. 경사가 15[°]를 초과하는 경우에는 미끄러지지 아니하는 구조로 할 것 22. 4. 24 기 24. 2. 15 기
4. 추락할 위험이 있는 장소에는 안전난간을 설치할 것. 다만, 작업상 부득이한 경우에는 필요한 부분만 임시로 해체할 수 있다.
5. 수직갱에 가설된 통로의 길이가 15[m] 이상인 경우에는 10[m] 이내마다 계단참을 설치할 것
6. 건물공사에 사용하는 높이 8[m] 이상인 비계다리에는 7[m] 이내마다 계단참을 설치할 것 17. 3. 5 산 17. 5. 7 산 17. 9. 23 기 18. 4. 28 기 산 18. 8. 19 산 18. 9. 15 산 20. 6. 7 기 20. 6. 14 산 21. 5. 15 기

합격예측

제59조(기술지도계약 체결 대상 건설공사 및 체결 시기)

① 법 제73조제1항에서 "대통령령으로 정하는 건설공사도급인"이란 공사금액 1억원 이상 120억원(「건설산업기본법 시행령」 별표 1의 토목공사업에 속하는 공사는 150억원) 미만인 공사를 하는 자와 「건축법」제11조에 따른 건축허가의 대상이 되는 공사를 하는 자를 말한다. 다만, 다음 각 호의 어느 하나에 해당하는 공사를 하는 자는 제외한다.

1. 공사기간이 1개월 미만인 공사
2. 육지와 연결되지 아니한 섬지역(제주특별자치도는 제외한다)에서 이루어지는 공사
3. 사업주가 별표 4에 따른 안전관리자의 자격을 가진 사람을 선임(같은 광역자치단체의 지역 내에서 같은 사업주가 경영하는 셋 이하의 공사에 대하여 공동으로 안전관리자 자격을 가진 사람 1명을 선임한 경우를 포함한다)하여 제16조제1항 각 호에 따른 안전관리자의 업무만을 전담하도록 하는 공사.
4. 법 제42조제1항에 따라 유해·위험방지계획서를 제출하여야 하는 공사

사용명세서 작성 및 보존 : 매월작성(공사가 1개월 이내 종료되는 경우 공사종료 시)하고 공사종료 후 1년간 보존

〈법적근거 : 산업안전보건법 시행령〉

(8) 인성(toughness)

① 재료가 외력을 받아 변형을 나타내면서도 파괴되지 않고 견딜 수 있는 성질을 인성이라 한다.
② 극한 강도와 연신성이 큰 재료일수록 인성이 크다.

(9) 전성(malleability)

① 압력이나 타격에 의해서 파괴됨이 없이 판상(가늘고 길게 또는 넓게)으로 되는 성질을 전성이라 한다.
② 금속 재료의 일반적 성질의 하나로서 금·은·알루미늄·구리 등은 전성이 큰 대표적인 재료이다.

3. 열적 성질

(1) 비열(specific heat)

① 중량이 1[g]인 재료의 온도를 1[℃] 높이는 데 필요한 열량을 그 재료의 비열이라 한다.
② 단위는 [cal/g·℃], [kcal/kg·℃]이다.
③ 물의 비열은 1[cal/g·℃]이다.

(2) 열전도(thermal conduction)

① 열전도란 동일한 재료 내에서 온도차가 있을 경우 높은 온도의 분자로부터 인접한 다른 분자로 열이 전달되는 과정을 의미한다.
② 열이 존재하는 장소로부터 가장 가까운 부분의 인성은 떨어진다.
③ 화학조성에 의해서 보통주강(탄소강주강)과 특수주강(저합금강주강 및 고합금강주강)으로 분류된다.
④ 고합금강주강은 다시 그 화학성분 및 용도에 따라서 스테인리스주강·내열강주강 및 고망간주강 등으로 분류한다.

4. 안전보건기준

(1) 작업장의 바닥

사업주는 넘어지거나 미끄러지는 등의 위험이 없도록 작업장 바닥을 안전하고 청결한 상태로 유지하여야 한다.

(2) 작업 발판

사업주는 선반·롤러기 등의 기계가 해당 작업에 종사하는 근로자의 신장에 비하여 현저하게 높은 때에는 안전하고 적당한 높이의 작업 발판을 설치하여야 한다.

합격예측 및 관련법규

제24조(사다리식 통로 등의 구조)

① 사업주는 사다리식 통로 등을 설치하는 경우 다음 각 호의 사항을 준수하여야 한다.
16. 10. 1 산 17. 5. 7 기·산 18. 4. 28 산 19. 3. 3 기
1. 견고한 구조로 할 것
2. 심한 손상·부식 등이 없는 재료를 사용할 것
3. 발판의 간격은 일정하게 할 것
4. 발판과 벽과의 사이는 15[cm] 이상의 간격을 유지할 것 19. 3. 3 산 19. 4. 27 산 22. 4. 24 기
5. 폭은 30[cm] 이상으로 할 것 18. 8. 19 기
6. 사다리가 넘어지거나 미끄러지는 것을 방지하기 위한 조치를 할 것
7. 사다리의 상단은 걸쳐놓은 지점으로부터 60[cm] 이상 올라가도록 할 것 18. 9. 15 산 19. 4. 27 기
8. 사다리식 통로의 길이가 10[m] 이상인 경우에는 5[m] 이내마다 계단참을 설치할 것 18. 9. 15 기 20. 8. 22 기 24. 5. 9 기
9. 사다리식 통로의 기울기는 75[°] 이하로 할 것. 다만, 고정식 사다리식 통로의 기울기는 90[°] 이하로 하고, 그 높이가 7[m] 이상인 경우에는 다음 각 목의 구분에 따른 조치를 할 것
가. 등받이울이 있어도 근로자 이동에 지장이 없는 경우 : 바닥으로부터 높이가 2.5미터 되는 지점부터 등받이울을 설치할 것
나. 등받이울이있으면근로자가 이동이 곤란한 경우 : 한국산업표준에서 정하는 기준에 적합한 개인용 추락 방지 시스템을 설치하고 근로자로 하여금 한국산업표준에서 정하는 기준에 적합한 전신안전대를 사용하도록 할 것
10. 접이식 사다리 기둥은 사용시 접혀지거나 펼쳐지지 않도록 철물 등을 사용하여 견고하게 조치할 것

다음 페이지에 계속 →

합격예측 및 관련법규

② 잠함(潛函) 내 사다리식 통로와 건조·수리 중인 선박의 구명줄이 설치된 사다리식 통로(건조·수리작업을 위하여 임시로 설치한 사다리식 통로는 제외한다)에 대해서는 제1항제5호부터 제10호까지의 규정을 적용하지 아니한다.

합격예측 16. 10. 1 기 19. 4. 27 산 20. 8. 23 산

(1) 히빙(Heaving) 현상
연약성 점토지반 굴착시 굴착외측 흙의 중량에 의해 굴착저면의 흙이 활동 전단 파괴되어 굴착내측으로 부풀어 오르는 현상

(2) 히빙 방지대책 16. 3. 6 기
① 흙막이 근입깊이를 깊게
② 표토제거 하중감소
③ 지반개량
④ 굴착면 하중증가
⑤ 어스앵커설치 등

합격예측

(1) 액화 또는 액상화 (Liguefaction) 현상
느슨하고 포화된 사질토가 진동에 의해 간극수압이 발생하여 유효응력이 감소하고 전단강도가 상실되는 현상

(2) 방지대책 21. 3. 7 기
① 간극수압제거
② well point 등의 배수공법(가장 효과적인 방법)
③ 치환 및 다짐공법
④ 지중연속벽 설치 등

[그림] 물질의 상태변화

참고

대상자별 안전보건교육의 종류
① 관리감독자 정기교육
② 근로자 정기교육
③ 신규채용시 교육
④ 특별안전보건교육
⑤ 작업내용 변경시 교육

(3) 작업장의 창문

사업주는 작업장에 창문을 설치함에 있어서는 작업장의 창문을 열었을 때 근로자가 작업하거나 통행하는 데 방해가 되지 아니하도록 설치하여야 한다.

(4) 작업장의 출입문

사업주는 작업장에 출입문(비상구를 제외한다. 이하 같다)을 설치하는 때에는 다음 각 호의 사항을 준수하여야 한다.

① 출입문의 위치·수 및 크기가 작업장의 용도와 특성에 적합하도록 할 것
② 근로자가 쉽게 열고 닫을 수 있도록 할 것
③ 주목적이 하역 운반 기계용인 출입구에는 인접한 보행자용 문을 따로 설치할 것
④ 하역 운반 기계의 통로와 인접하여 있는 출입문에서 접촉에 의하여 근로자에게 위험을 미칠 우려가 있는 때에는 비상등·비상벨 등 경보장치를 할 것

(5) 동력으로 작동되는 문의 설치조건

사업주는 동력으로 작동되는 문을 설치하는 때에는 다음 각 호의 기준에 적합한 구조로 설치하여야 한다.

① 동력으로 작동되는 문에 협착 또는 전단의 위험이 있는 2.5[m] 높이까지는 위급 또는 위험한 사태가 발생한 때에 문의 작동을 정지시킬 수 있는 등의 안전조치를 할 것(위험구역에 사람이 없어야만 문이 작동되도록 안전장치가 설치되어 있거나 운전자가 특별히 지정되어 상시 조작하는 때에는 그러하지 아니하다)
② 손으로 조작하는 동력식 문은 제어장치를 해제하면 즉시 정지되는 구조로 할 것
③ 동력식 문의 비상정지 스위치는 근로자가 잘 알아볼 수 있고 쉽게 조작할 수 있을 것
④ 동력식 문의 동력이 중단되거나 차단된 때에는 즉시 정지되도록 할 것(방화문의 경우에는 그러하지 아니하다)
⑤ 수동으로 개폐가 가능하도록 할 것

5. 사전안전성 검토(유해위험방지 계획서)

(1) 위험성 평가(Risk Assessment : Risk Management)

사업주는 건설물, 기계·기구, 설비, 원재료, 가스, 증기, 분진 등에 의하거나 작업행동, 그 밖에 업무에 기인하는 유해·위험요인을 찾아내어 위험성을 결정하고, 그 결과에 따라 조치를 하는것으로 위험성 평가를 실시한 경우에는 실시 내용 및 결과를 3년간 기록·보존하여야 한다.

(2) 위험성평가 절차

제1단계 사전준비	제2단계 유해·위험 요인파악	제3단계 위험성 추정	제4단계 위험성 결정	제5단계 위험성 감소 대책 수립 및 실행

① 사전 준비 : 위험성평가 실시계획서 작성, 평가 대상 선정, 평가에 필요한 각종 자료 수집

② 유해·위험요인 파악 : 사업장 순회 점검 및 안전·보건 체크리스트 등을 활용하여 사업장의 유해요인과 위험요인 파악

③ 위험성 추정 : 유해·위험요인이 부상 또는 질병으로 이어질 수 있는 가능성 및 중대성의 크기를 추정하여 위험성의 크기를 산출

④ 위섬성 결정 : 유해·위험요인별 위험성 추정 결과와 사업장에서 설정한 허용 가능한 위험성의 기준을 비교하여, 추정된 위험성의 크기가 허용 가능한지 여부를 판단

⑤ 위험성 감소대책 수립 및 실행 : 위험성평가 결과, 허용 불가능한 위험성을 합리적으로 실천 가능한 범위에서 가능한 낮은 수준으로 감소시키기 위한 대책을 수립하고 실행

(3) 유해위험방지계획서 제출 대상 건설공사 19. 4. 27 기 22. 4. 24 기

① 건축물 또는 시설 등의 건설·개조 또는 해체공사
  ㉮ 지상높이가 31미터 이상인 건축물 또는 인공구조물
  ㉯ 연면적 3만제곱미터 이상인 건축물
  ㉰ 연면적 5천제곱미터 이상인 시설
    ⓐ 문화 및 집회시설(전시장 및 동물원·식물원은 제외한다)
    ⓑ 판매시설, 운수시설(고속철도의 역사 및 집배송시설은 제외한다)
    ⓒ 종교시설
    ⓓ 의료시설 중 종합병원
    ⓔ 숙박시설 중 관광숙박시설
    ⓕ 지하도상가
    ⓖ 냉동·냉장 창고시설

② 연면적 5천제곱미터 이상인 냉동·냉장 창고시설의 설비공사 및 단열공사

③ 최대지간길이가 50[m] 이상인 교량건설 등 공사 24. 2. 15 기

④ 터널건설 등의 공사

⑤ 다목적댐, 발전용댐 및 저수용량 2천만톤 이상의 용수전용댐, 지방상수도 전용댐 건설 등의 공사

⑥ 깊이 10[m] 이상인 굴착공사

합격예측

리스크(risk : 위험) 처리기술
① 회피(avoidance)
② 경감, 감축(reduction)
③ 보류(retention)
④ 전가(transfer)

Q 은행문제

위험성평가(risk assessment)의 순서가 올바르게 나열한 것은?

ㄱ. 위험요인의 결정
ㄴ. 유해위험 요인별 위험성 조사·분석
ㄷ. 기록 및 검토
ㄹ. 위험성 감소조치의 실시
ㅁ. 유해 위험요인 파악

① ㄱ→ㄴ→ㄷ→ㄹ→ㅁ
② ㄱ→ㄴ→ㄹ→ㄷ→ㅁ
③ ㄴ→ㅁ→ㄱ→ㄹ→ㄷ
④ ㅁ→ㄴ→ㄱ→ㄹ→ㄷ

정답 ④

합격예측

토양 수분의 형태(종류)
① 흡착수 : 건조시켜도 없어지지 않는 수분
② 모관수 : 토양공극에 자리잡고 있는 수분
③ 중력수 : 중력에 의해 흐르는 수분

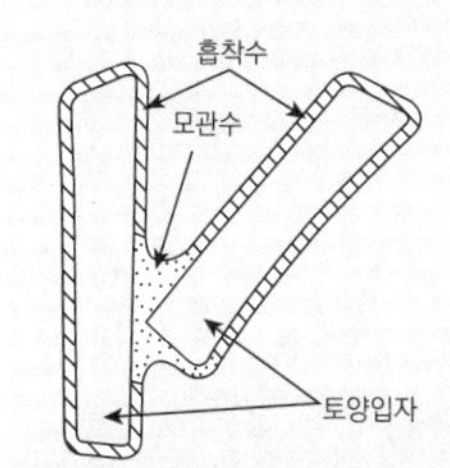

[그림] 토양수분의 형태

참고

유해·위험방지계획서 제출서류(제조업)

① 건축물 각 층의 평면도
② 기계·설비의 개요를 나타내는 서류
③ 기계·설비의 배치도면
④ 원재료 및 제품의 취급, 제조 등의 작업방법의 개요
⑤ 그 밖에 고용노동부장관이 정하는 도면 및 서류

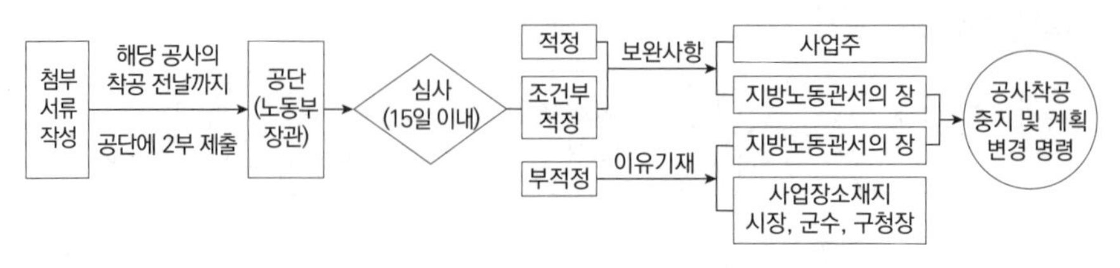

주 공단 : 한국산업안전보건공단

(4) 제출시 첨부서류 21. 9. 12 기 22. 3. 5 기

① 공사개요서
② 공사현장의 주변현황 및 주변과의 관계를 나타내는 도면(매설물 현황 포함)
③ 건설물, 사용 기계설비 등의 배치를 나타내는 도면
④ 전체공정표
⑤ 산업안전보건관리비 사용계획서
⑥ 안전관리 조직표
⑦ 재해발생 위험 시 연락 및 대피방법

(5) 유해위험방지계획서의 확인사항

① 사업주는 건설공사 중 6개월 이내마다 다음 각 호의 사항에 관하여 공단의 확인을 받아야 한다.
　㉮ 유해·위험방지계획서의 내용과 실제공사 내용이 부합하는지 여부
　㉯ 유해·위험방지계획서 변경내용의 적정성
　㉰ 추가적인 유해·위험요인의 존재 여부
② 자체심사 및 확인업체의 사업주는 해당 공사 준공 시 까지 6개월 이내마다 자체확인을 하여야 한다. 다만, 그 공사 중 사망재해가 발생한 경우에는 공단의 확인을 받아야 한다.
③ 유해위험 방지계획서 심사 결과의 구분
　㉮ 적정 : 근로자의 안전과 보건을 위하여 필요한 조치가 구체적으로 확보되었다고 인정되는 경우
　㉯ 조건부 적정 : 근로자의 안전과 보건을 확보하기 위하여 일부 개선이 필요하다고 인정되는 경우
　㉰ 부적정 : 기계·설비 또는 건설물이 심사기준에 위반되어 공사착공 시 중대한 위험발생의 우려가 있거나 계획에 근본적 결함이 있다고 인정되는 경우

건설공사 안전개요

출제예상문제

출제예상문제는 복습, 예습문제로 엮었습니다. *WHY : 실제시험에도 순서에 관계없이 출제됩니다. 예습 후 다음장에 공부한 문제가 있으면 기억이 배가 됩니다.

01 ★★★★ **재료에서 안전계수라 함은 다음 중 어느 것인가?**

① 최대응력을 비례한도로 나눈 것
② 최대응력을 탄성한도로 나눈 것
③ 최대응력을 항복점 응력으로 나눈 것
④ 최대응력을 허용응력으로 나눈 것

해설

안전계수(율) 공식

$$\text{안전계수(안전율)} = \frac{\text{극한강도}}{\text{최대설계응력}} = \frac{\text{파단하중}}{\text{안전하중}} = \frac{\text{파괴(절단)하중}}{\text{최대사용하중}} = \frac{\text{최대응력}}{\text{허용응력}}$$

02 ★★★ **다음 중 가설구조물이 갖추어야 할 구비요건으로 맞는 것은?**

① 영구성, 안전성, 작업성 ② 영구성, 안전성, 경제성
③ 안전성, 작업성, 경제성 ④ 영구성, 작업성, 경제성

해설

가설 구조물의 구비조건

① 경제성 ② 안전성 ③ 작업성(사용성)

03 ★★ **다음은 연약지반 위에 성토를 쌓거나 직접기초를 다지는 경우 지층, 점토층의 압밀을 촉진시키기 위하여 사용하는 탈수 공법이다. 이 중에서 가장 적당하지 않은 공법은?**

① Sand Drain 공법 ② Well Point 공법
③ Paper Drain 공법 ④ 진공배수공법

해설

웰 포인트(Well point)공법

① 웰 포인트 흡수관을 지하에 박아 진공펌프로 지하수를 뽑아 올려 지반을 안정시키는 방법
② 실트질, 사질토 지반에 효과적
③ 가압 탈수 공법으로 점성토 지반은 비경제적이다.

04 ★★★ **재료에서 안전율이라 함은 다음 중 어느 것인가?**

① 최대응력을 비례한도로 나눈 것
② 최대응력을 탄성한도로 나눈 것
③ 최대응력을 항복점 응력으로 나눈 것
④ 최대응력을 허용응력으로 나눈 것

해설

안전율(계수)

① $\text{안전계수(안전율)} = \frac{\text{극한강도}}{\text{최대설계응력}} = \frac{\text{최대응력}}{\text{허용응력}}$

② $\text{로프의 안전율} = \frac{\text{로프가닥수} \times \text{로프파단력}}{\text{최대설계응력달기하중}}$

합격자의 조언

① 동일문제를 변형시킨 것이다.
② 문제 1번 확인
③ 안전보건규칙 제163조, 제164조

05 ★★★★★ **건설업에서 유해위험방지계획서를 고용노동부 장관에게 제출해야 할 사업이 아닌 것은?** 16. 10. 1 산 21. 5. 15 기

① 최대 지간길이가 50[m] 이상인 교량건설공사
② 지상 높이가 30[m] 이상인 건축물의 건설개조공사
③ 깊이 10[m] 이상 굴착공사
④ 터널 건설공사

해설

대상건설공사

① 인간공학 및 시스템 안전에서 확인하세요. (동시에 출제됨)
② 지상 높이 31[m] 이상인 건축물의 건설개조공사

[정답] 01 ④ 02 ③ 03 ② 04 ④ 05 ②

제5편

06 ★★★★ 하부지반이 연약할 때 흙파기 지면선에 대하여 흙막이 바깥에 있는 흙의 중량과 지표 재하중의 중량에 못 견디어 저면흙이 붕괴되고 흙막이 바깥에 있는 흙이 안으로 밀려 불룩하게 되어 흙막이가 파괴되는 현상을 무엇이라 하는가?

① 보일링(boiling)파괴
② 히빙(heaving)파괴
③ 수동토압(passive earth pressure)파괴
④ 주동토압(active earth pressure)파괴

해설

히빙과 보일링 지반 비교

① 히빙의 지반 : 연약성 점토 지반
② 보일링 : 지하수위가 높은 사질토

07 ★★ 다음은 터널 시공에서 낙반 등에 의한 위험방지사항이다. 옳지 않은 것은?

① 터널 지보공을 설치한다.
② 출입구 부근에는 흙막이 지보공이나 방호망을 친다.
③ 환기 또는 조명 시설을 한다.
④ 관계자 외 출입을 금지시킨다.

해설

터널 시공 낙반 위험 방지 기준

① 터널 지보공 및 록볼트 설치, 부석 제거
② 출입 금지 및 시계 유지
③ 흙막이 지보공 및 방호망 설치

정보제공

㉠ 산업안전보건기준에 관한 규칙 제351조
㉡ 산업안전보건기준에 관한 규칙 제352조
㉢ 산업안전보건기준에 관한 규칙 제353조

08 ★★★ 다음과 같은 중건설 공사의 산업안전보건관리비를 구하라.

㉠ 전체공사비 : 80억원　㉡ 재료비 : 52억원
㉢ 직접노무비 : 24억원　㉣ 간접노무비 : 8억원

① 18,544만원　② 15,765만원
③ 14,288만원　④ 12,008만원

해설

산업안전보건관리비 = (52억원 + 24억원) × 2.44[%] = 18,544만원

09 ★★ 물로 포화된 점토에 다지기를 하면 물이 나오지 않는 한 흙이 압축되며 압축하중으로 지반이 침하하는데 이로 인하여 간극 수압이 높아져 물이 배출되면서 흙의 간극(공극)이 감소하는 현상을 무엇이라고 하는가?

① 압축　② 압밀침하
③ 흙의 consistency　④ 함수비

해설

압밀침하현상

① 외력에 의하여 간극 내의 물이 빠져 흙의 입자 사이가 좁아지며 침하되는 것을 말한다.
② 진흙의 압밀 침하는 장기간 계속된다.

10 ★★★ 기존 건물에 인접된 장소에서 새로운 깊은 기초를 시공하고자 한다. 이때 기존 건물의 기초가 얕아 안전상 보강하는 공법 중 가장 적당한 것은? 16. 10. 1 산 17. 9. 23 기 19. 8. 4 산 23. 6. 4 기

① 압성토공법　② Preloading공법
③ Underpinning공법　④ 치환공법

해설

지반개량공법의 종류

(1) 점성토 지반개량공법
① 치환공법 : 굴착치환공법, 강제치환공법(압출치환, 폭발치환)
② 여성토(Preloading)공법
③ 압성토(부제)공법
④ Sand Drain공법 및 Paper Drain공법
⑤ 침투압공법(MAIS)
⑥ Chemico Pile(생석회 말뚝)공법
⑦ 전기침투 공법 및 전기화학적 고결공법
(2) 일시적 지반개량공법
① 웰 포인트(Well Point)공법
② 동결공법
③ 소결공법
(3) 사질토 지반개량공법
① 약액주입공법(고결안정 공법)
② 전기충격공법
③ 폭파다짐공법
④ 바이브로 플로테이션(Vibro Floatation)공법
⑤ 다짐말뚝공법
⑥ 다짐모래말뚝(콤포저공법, Sand Compaction Pile)공법
(4) 특수 지반개량공법
① Slurry Wall(연속지하벽)공법
② Dynamic Compaction(동결다짐)공법
③ Underpinning(언더피닝)공법

[정답] 06 ② 07 ③ 08 ① 09 ② 10 ③

보충학습

언더피닝 공법의 정의

(1) 인접된 기존 건물의 기초부분을 신설, 개축, 보강하는 공법이다.
(2) 인접된 구조물의 기초부분을 영구적으로 하며, 기존 구조물은 기능을 유지하는 방법
(3) 지지공(shoring) : 일시적 지지이며 언더피닝이 완성되면 제거한다.
(4) 언더피닝은 영구 지지이며 실시 이유는 다음과 같다.
① 불충분한 기초 침하 방지(기존 기초의 지지력 부족)
② 인접건설공사의 지지 설비를 위하여(기존 기초, 기초 저면 이하 굴착)
③ 기존 구조물 아래 다른 구조물 신설시
④ 증가한 하중을 부담할 수 있는 기초를 만들기 위하여(지지력 부족)

11 ★★ **점토질 지반에 구조물을 세울 경우, 점토의 예민비와 안전율과의 관계 중 옳은 것은?**

① 예민비가 높으면 안전율도 높게 보아야 한다.
② 예민비가 낮으면 안전율도 높게 보아야 한다.
③ 예민비와 안전율은 관계가 전혀 없다.
④ 예민비는 안전율의 다른 표현이며, 같은 의미로 쓰이는 말이다.

해설

$$\text{예민비} = \frac{\text{자연시료의 강도}}{\text{이긴시료의 강도}}$$

12 ★★ **기초지반의 공학적 성질을 적극적으로 개량하기 위한 지반개량 공법으로서 가장 적당하지 않은 공법은?**

① 치환 공법 ② 지주 공법
③ 탈수 공법 ④ 다짐 공법

해설

10번 문제의 해설을 참조할 것

13 ★★★★ **흙의 종류 중 조립토(粗粒土 : 입자가 큰 흙)의 마찰력은?**

① 작다. ② 거의 없다.
③ 비소성이다. ④ 크다.

해설

조립토와 세립토의 특성비교

토질특성	조 립 토	세 립 토
공 극 률	작다	크다
점 착 성	거의없다	있다
압 밀 량	작다	크다
압밀속도	순간침하	장기침하
소 성	비소성	소성토
투 수 성	크다	작다
마 찰 력	크다	작다

14 ★★★★★ **깊은 층의 지반 조사를 위해 행하는 보링(boring) 방법 중 가장 많이 이용되는 것은?**

① 수세식 보링 ② 회전식 보링
③ 충격식 보링 ④ 오거(auger)보링

해설

보링방법

① 오거(auger)보링 : 깊이 10[m] 내의 보링·점토층에 적합
② 수세식(wash)보링 : 철판 끝에 충격을 주며 물을 뿜어내어 파진 흙과 물을 같이 배출시켜 이 흙탕물을 침전시켜 지층의 토질 판별
③ 회전식 보링 : 가장 널리 사용되며 깊은 층의 지반 조사를 할 수 있다.

15 ★★★ **지표면에서 소정의 위치까지 파 내려간 후 구조물을 축조하고 되메운 후 지표면을 원상태로 복구시키는 공법은?**

① 프리로딩 공법
② 개착식 터널공법(open cut and cover)
③ 압성토 공법
④ 사면선단재하공법

해설

재하공법(압밀공법)의 종류

① 프리로딩공법(Pre-Loading) : 사전에 성토를 미리하여 흙의 전단강도를 증가
② 압성토공법(Surcharge) : 측방에 압성토하여 압밀에 의해 강도증가
③ 사면선단재하공법 : 성토한 비탈면 옆부분을 덧붙임하여 비탈면 끝의 전단강도를 증가

[정답] 11 ① 12 ② 13 ④ 14 ② 15 ②

16 ★★ 건설공사 산업안전보건관리비에 해당되지 않는 것은?

① 건축물 축조에 소요되는 비용
② 안전보건진단비
③ 안전보건교육비
④ 위험성평가 등에 소요되는 비용

해설

건설공사 산업안전보건관리비의 기본 비용(모든 건설현장에서 공통으로 산정해야 하는 안전관리비)

① 안전·보건관리자 임금 등
② 안전시설비 등
③ 보호구 등
④ 안전보건진단비 등
⑤ 안전보건교육비 등
⑥ 근로자 건강장해예방비 등
⑦ 건설재해예방전문지도기관 기술지도비
⑧ 본사 전담조직 근로자 임금 등
⑨ 위험성평가 등에 따른 소요비용

합격정보
2023년 6월 25일 시행고시 적용

17 ★★★ 노천 굴착 작업을 할 때 경암의 비탈면 기울기는 1 : 0.3이 적당하다. 이때 1 : 0.3의 경사각은?

① 30[°] ② 48[°]
③ 73[°] ④ 84[°]

해설

수학의 삼각함수에서

$\tan X = \frac{1}{0.3} = 3.3$

$X^{\circ} = \tan^{-1} = 3.33 = 73[^{\circ}]$

18 ★★★★★ 히빙(heaving) 현상은 다음 중 어떤 경우에 발생하는가?

① 암반을 파쇄 굴착할 경우
② 연약 점토지반을 굴착할 경우
③ 굴착한 부분을 다시 매립할 경우
④ 흙을 굴착한 부분이 갑자기 건조될 경우

해설

히빙

① 연약성 점토에서 발생
② 굴착저면 하부의 피압수

19 ★★ 다음 중 건설공사 안전관리비의 안전시설 비용에 해당되지 않는 것은?

① 추락 방지용 안전시설비
② 낙하, 비래물 보호용 설비비
③ 유도 또는 신호자의 인건비 또는 업무수당
④ 스마트 안전장비 구입비용

해설

건설공사 안전관리비 중 안전시설비

① 산업재해 예방을 위한 안전난간, 추락방호망, 안전대 부착설비, 방호장치(기계 · 기구와 방호장치가 일체로 제작된 경우, 방호장치 부분의 가액에 한함) 등 안전시설의 구입 · 임대 및 설치를 위해 소요되는 비용
②「건설기술진흥법」 제62조의3에 따른 스마트 안전장비 구입 · 임대 비용의 5분의 1에 해당하는 비용. 다만, 제4조에 따라 계상된 안전보건관리비 총액의 10분의 1을 초과할 수 없다.
③ 용접 작업 등 화재 위험작업 시 사용하는 소화기의 구입 · 임대비용

20 ★★★ 다음 중 흙의 함수비는?

① $\frac{\text{물의 중량}}{\text{흙의 중량}} \times 100[\%]$

② $\frac{\text{물의 중량}}{\text{흙의 체적}} \times 100[\%]$

③ $\frac{\text{물의 중량}}{\text{흙, 물, 공기의 중량}} \times 100[\%]$

④ $\frac{\text{물의 중량}}{\text{흙, 물의 중량}} \times 100[\%]$

해설

흙의 구성

① 함수비 = $\frac{\text{물의 중량}}{\text{흙의 중량}} \times 100[\%]$

② 간극비(공극비) = $\frac{\text{간극의 용적(공기의 체적)}}{\text{토립자의 용적(흙의 체적)}} \times 100[\%]$

③ 포화도 = $\frac{\text{물의 용적}}{\text{간극의 용적}} \times 100[\%]$

④ 보통 모래의 함수량은 20~40[%] 정도이다.
⑤ 진흙의 함수량은 200[%] 이상도 있다.

[정답] 16 ① 17 ③ 18 ② 19 ③ 20 ①

21 ★★ 법면 붕괴에 대한 재해로서 적합지 못한 것은?

① 성토 법면의 붕괴는 성토 직후에 발생되기 쉽다.
② 법면의 붕괴는 토질과 깊은 관계가 있다.
③ 지표수와 지하수는 법면 붕괴의 원인이 된다.
④ 법면 붕괴를 줄이기 위하여 법면구배를 증가해야 한다.

해설

구배를 줄여야 한다.

22 ★★★★★ 보일링(boiling) 현상에 대한 설명 중 틀린 것은?

① 지하수위가 높은 모래 지반을 굴착할 때 발생하는 현상이다.
② 보일링 현상의 경우 흙막이보에는 지지력이 없어진다.
③ 지하수위를 낮게 저하시킬 필요가 없다.
④ 아래 부분의 토사가 수압을 받아 굴착한 곳으로 밀려나와 굴착부분을 다시 메우는 현상

해설

보일링(boiling) : 지하수위가 높은 지반을 굴착할 때 주의하지 않으면 보일링이 발생한다. 사질토 지반을 굴착시, 굴착부와 지하수위 차가 있을 경우 수두차(水頭差)에 의하여 침투압이 생겨 흙막이벽 근입부분을 침식하는 동시에 모래가 액상화(液狀化)되어 솟아오르는 현상인 보일링이 일어나 흙막이벽의 근입부가 지지력을 상실하여 흙막이공의 붕괴를 초래한다.
(1) 지반 조건 : 지하수위가 높은 사질토에 적합하다.
(2) 현상
  ① 굴착면과 배면토의 수두차에 의한 침투압이 발생한다.
  ② 시트 파일 등의 저면에 액상화 현상(quick sand)이 일어난다.
(3) 대책
  ① 작업을 중지시킨다.
  ② 굴착토를 즉시 원상매립한다.
  ③ 주변 수위를 저하시킨다.
  ④ 토류벽 근입도를 증가하여 동수구배를 저하시킨다.

23 ★★ 흙의 연화현상을 방지하는 대책으로 틀린 것은?

① 흙속의 수분을 신속히 배제한다.
② 동결부분의 함수량 증가를 방지한다.
③내수층을 동결 깊이 아래부분에 설치한다.
④ 동결부분을 눌러서 수분을 제거한다.

해설

흙의 연화현상 방지대책 : ①, ②, ③

24 산업안전보건관리비 중 안전관리자 등의 인건비 및 각종 업무수당 등의 항목에서 사용할 수 없는 내역은?

① 교통통제를 위한 신호수의 인건비
② 덤프트럭 등 건설기계의 신호자의 인건비
③ 건설용 리프트의 운전자의 인건비
④ 고소작업대 작업시 하부통제를 위한 신호자의 인건비

해설

안전관리자·보건관리자의 임금 등
① 법 제17조제3항 및 법 제18조제3항에 따라 안전관리 또는 보건관리 업무만을 전담하는 안전관리자 또는 보건관리자의 임금과 출장비 전액
② 안전관리 또는 보건관리 업무를 전담하지 않는 안전관리자 또는 보건관리자의 임금과 출장비의 각각 2분의 1에 해당하는 비용
③ 안전관리자를 선임한 건설공사 현장에서 산업재해예방 업무만을 수행하는 작업지휘자, 유도자, 신호자 등의 임금 전액
④ 별표 1의2에 해당하는 작업을 직접 지휘·감독하는 직·조·반장 등 관리감독자의 직위에 있는 자가 영 제15조제1항에서 정하는 업무를 수행하는 경우에 지급하는 업무수당(임금의 10분의 1 이내)

합격정보

2023년 10월 5일(고시 2023-49호) 적용

제5편

25 ★★ 다음은 건설안전의 위험성에 대한 예측 설명이다. 옳지 않은 것은?

① 과거의 경험
② 정보의 수집
③ 측정 및 관측
④ 규정기준의 준수

해설

규정기준 준수는 사후대책이다.

[정답] 21 ④ 22 ③ 23 ④ 24 ① 25 ④

26 ★★★ 유해 또는 위험방지를 위하여 필요한 조치를 하여야 할 기구에 속하지 않는 것은?

① 예초기 ② 원심기
③ 지게차 ④ 페이퍼 드레인 머신

해설

유해·위험방지를 위하여 방호조치가 필요한 기계·기구의 종류

① 예초기
② 원심기
③ 공기압축기
④ 금속절단기
⑤ 지게차
⑥ 포장기계(진공포장기, 랩핑기로 한정한다)

참고 산업안전보건법시행령 [별표 7]유해·위험방지를 위하여 방호조치가 필요한 기계·기구 등

27 ★★★★ 콘크리트 공시체의 지름이 15[cm], 높이가 30[cm]인 것을 압축시험 결과 38,000[kg]에서 파괴되었다. 압축강도로 옳은 것은?

① 213[kg/cm^2] ② 215[kg/cm^2]
③ 220[kg/cm^2] ④ 230[kg/cm^2]

해설

$$압축강도 = \frac{파괴하중}{공시체단면적} = \frac{38,000}{\frac{3.14 \times 15^2}{4}} ≒ 215[kg/cm^2]$$

28 ★★★ 단면적이 154[mm^2]인 철근을 인장시험하였더니 10,500[kg]에서 파단되었다. 이 철근의 인장강도는 얼마인가? 21. 3. 7 기 21. 9. 12 기

① 68[kg/mm^2] ② 70[kg/mm^2]
③ 72[kg/mm^2] ④ 74[kg/mm^2]

해설

$$P = \frac{W}{A} = \frac{10,500[kg]}{154[mm^2]} = 68.18[kg/mm^2]$$

29 ★★★ 콘크리트의 유동성과 묽기를 시험하는 방법은?

① 다짐시험 ② 슬럼프시험
③ 압축강도시험 ④ 평판시험

해설

Slump test

① 콘크리트의 소요 시공 연도(유동성과 묽기)를 확인하기 위한 콘크리트 타설 전 시험이다.
② 일반적으로 콘크리트의 slump치는 12~18[cm] 정도이다.

30 ★★★ 연약지반의 이상현상 중 하나인 히빙(heaving) 현상에 대한 안전대책이 아닌 것은?

① 흙막이벽의 관입깊이를 깊게 한다.
② 굴착 저면에 토사 등으로 하중을 가한다.
③ 흙막이 배면의 표토를 제거하여 토압을 경감시킨다.
④ 주변 수위를 높인다.

해설

(1) 히빙의 특징
 연약성 점토지반 굴착시 굴착외측 흙의 중량에 의해 굴착저면의 흙이 활동 전단 파괴되어 굴착내측으로 부풀어 오르는 현상
(2) 방지대책
 ① 흙막이 근입깊이를 깊게
 ② 표토제거 하중감소
 ③ 지반개량
 ④ 굴착면 하중증가
 ⑤ 어스앵커설치 등

[정답] 26 ④ 27 ② 28 ① 29 ② 30 ④

Chapter 02

건설공구 및 장비(건설기계)

중점 학습내용

건설공사에서 건설기계재해의 대부분은 굴착, 토공기계 등이며, 차지하는 비율은 매우 크고, 그 운용과 안전관리가 매우 중요한 부분을 차지하고 있다. 또한 건설 작업시 발생하는 재해는 대부분 추락, 낙하, 비래, 도괴 및 협착 등으로 인한 중대재해이므로 이에 대한 관리는 무엇보다 중요하다. 시험에 출제가 예상되는 그 중심 내용은 다음과 같다.

❶ 건설공구
❷ 굴착기계 및 안전수칙
❸ 토공기계 및 안전수칙
❹ 운반기계 및 다짐장비 등 안전수칙

1 건설공구

1. 석재가공

(1) 석재가공 공구

① 석재는 시공 상세도와 줄 나누기도를 기준으로 줄눈 나누기 및 형상과 치수를 정한다.

② 경석(硬石)과 연석(軟石)은 가공 방법이 다르며 가공 및 마감의 종류에 따라 돌 쪼개기, 돌 다듬기, 돌 갈기로 구분한다.

③ 석재 가공에 있어서 가장 기본적으로 쓰는 공구는 정과 망치이다.

(2) 석재의 가공

① 돌쪼개기 가공

돌쪼개기는 부리쪼갬과 톱켜기가 있으며, 부리쪼갬은 돌눈에 따라 얕고 작은 구멍의 줄을 일렬로 파서 쐐기를 받아 쪼개는 것을 말하며, 톱켜기는 계단디딤돌, 외장붙임돌 등에 사용할 화강암, 대리석 등을 톱으로 켜는 것이다.

② 돌 다듬기 가공

다듬기 가공은 정이나 망치 등을 이용하여 석재의 거친 면을 다듬는 방법으로 사용 공구의 종류, 다듬기 순서, 횟수 등에 따라 구분하며, 수공구로 가공하는 것을 손다듬이라 하고, 공장에서 기계로 가공하는 것을 기계 다듬이라 한다.

③ 석재 가공 순서

㉮ 혹두기 : 돌의 표면을 쇠메로 다듬는 것으로 혹모양의 거친 상태로 가공

㉯ 정다듬 : 혹두기면을 정으로 쪼아 평탄하게 다듬는 것

합격예측 및 관련법규

제132조(양중기)

"양중기(揚重機)"라 함은 다음 각 호의 기계를 말한다. 20. 9. 27 기 18. 9. 15 산 19. 4. 27 기 23. 6. 4 기

① 크레인(호이스트를 포함한다)
② 이동식크레인
③ 리프트(이삿짐운반용 리프트의 경우에는 적재하중이 0.1[t] 이상인 것으로 한정한다.)
④ 곤돌라
⑤ 승강기

참고

파워셔블(Power shovel)

중기가 위치한 지면보다 높은 장소의 땅을 굴착하는데 적합하며, 산지에서의 토공사, 암반으로부터 점토질까지 굴착할 수 있다.

Q 은행문제

무한궤도식 장비와 타이어식(차륜식) 장비의 차이점에 관한 설명으로 옳은 것은? 19. 4. 27 산

① 무한궤도식은 기동성이 좋다.
② 타이어식은 승차감과 주행성이 좋다.
③ 무한궤도식은 경사지반에서의 작업에 부적당하다.
④ 타이어식은 땅을 다지는데 효과적이다.

정답 ②

제5편

합격예측

크레인 방호장치 종류

① 과부하방지장치
② 권과방지장치
③ 비상정지장치
④ 제동장치

합격예측

제98조(제한속도의 지정 등)

① 사업주는 차량계 하역운반기계, 차량계 건설기계(최대제한속도가 시속 10[km] 이하인 것은 제외한다)를 사용하여 작업을 하는 경우 미리 작업장소의 지형 및 지반 상태 등에 적합한 제한속도를 정하고, 운전자로 하여금 준수하도록 하여야 한다. 18. 3. 4 ㉮

② 사업주는 궤도작업차량을 사용하는 작업, 입환기로 입환작업을 하는 경우에 작업에 적합한 제한속도를 정하고, 운전자로 하여금 준수하도록 하여야 한다.

③ 운전자는 제1항과 제2항에 따른 제한속도를 초과하여 운전해서는 아니 된다.

참고

드래그셔블(back hoe)

중기가 위치한 지면보다 낮은 곳의 땅을 파는데 적합하며, 수중굴착도 가능하다.

Q 은행문제

장비가 위치한 지면보다 낮은 장소를 굴착하는 데 적합한 장비는? 21. 5. 15 ㉮

① 트럭크레인 ② 파워셔블
③ 백호우 ④ 진폴

정답 ③

보충학습

굴착기

토사의 굴착을 주목적으로 하는 장비로서 붐, 암, 버킷과 이들을 작동시키는 유압 실린더 파이프 등으로 작동되며 별도의 장치 부착을 통해 파쇄·절단작업 등이 가능한 기계

[그림] 굴착기

㉰ 도드락다듬 : 도드락망치로 정다듬한 석재표면을 다듬어 요철을 없애 평활한면으로 만드는 것

㉱ 잔다듬 : 정다듬한 면을 양날치기로 쪼아 표면을 더욱 평활하게 다듬는 것

㉲ 물갈기 : 잔다듬 한 면을 숫돌 등으로 간면을 광택 내는 것

2. 철근가공 공구

(1) 철근가공

① 철근은 대부분 현장에서 가공을 한다.

② 가공한 철근은 운반이 곤란하고 가공이 용이하기 때문에 철근의 절단은 인력이나 기계 또는 유압식으로 한다.

(2) 철근가공 공구

① 철선작두 : 철선(steel wire)을 필요로 하는 길이나 크기로 사용하기 위해 철선을 자르는 공구

② 철선가위 : 철선 작두와 같이 철선을 필요한 치수로 절단하는 것으로 철선을 자르는 공구

③ 철근 절단기(bar cutter) : 지레의 힘 또는 동력을 이용하여 철근을 필요한 치수로 절단하는 공구

④ 철근 굽히기 : 철근을 필요한 치수 또는 형태로 굽힐 때 사용하는 공구

2 굴착(삭)기계 및 안전수칙

1. 셔블(shovel : 삽) : 굴착기계 18. 3. 4 ㉯

(1) 종 류

① 파워셔블
② 드래그라인
③ 클램쉘
④ 엑스커베이터
⑤ 프런트어태치먼트(앞부속) : 크레인, 항타기, 어스드릴

(2) 주행 상태에 의한 분류

① 무한궤도식 ② 휠형 ③ 트럭형

참고 Soil Nailling공법

① Soil Nailing 공법은 NATM과 동일한 개념의 원위치 지반보강공법으로 이 공법은 붕괴 위험이 큰 자연 사면이나 굴착에 의한 인공 사면의 안전성을 확보하기 위한 공법이다.
② 지하 토공사시 계측관리를 통한 정보화 시공으로 안전성을 확보하고 주변으로의 영향을 최소화하여야 한다.

(3) 작업에 따른 분류

① 파워셔블(power shovel)[dipper shovel : 동력삽] 16. 5. 8 기 18. 9. 15 산 19. 9. 21 산 20. 8. 22 기 21. 5. 15 기

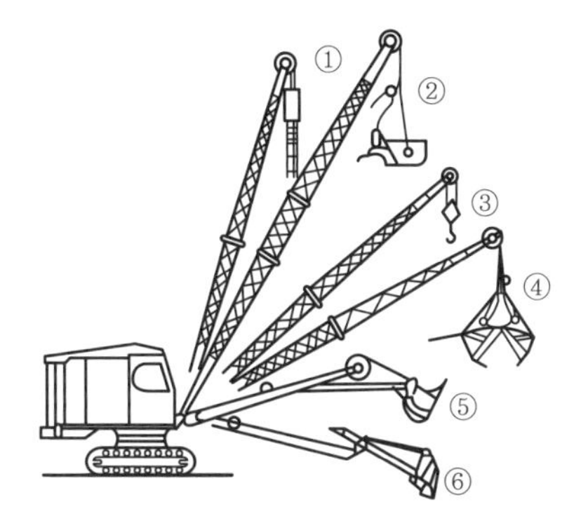

[그림] 굴착기의 앞부속장치

㉮ 굳은 점토 등 지반면보다 높은 곳의 땅파기에 적합하다.
㉯ 앞으로 흙을 긁어서 굴착하는 방식이다.
㉰ 셔블계 굴착기 중에서 가장 기본적인 것으로서 기계가 서 있는 지면보다 높은 곳을 파는 데 가장 좋으므로 산의 절삭 등에도 적합하고, 붐(boom)이 단단하여 굳은 지반의 굴착에도 사용된다.

[그림] 파워셔블

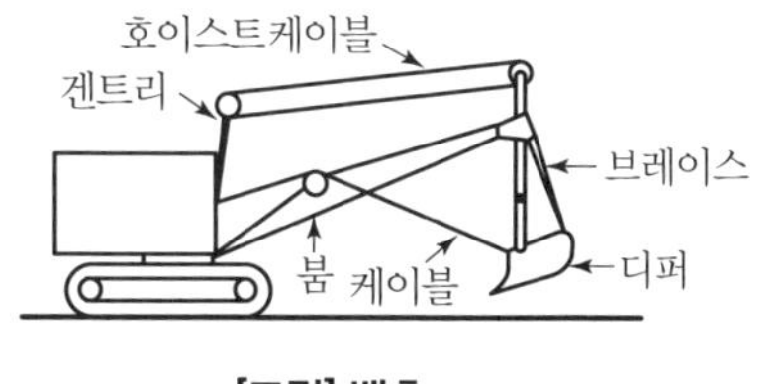

[그림] 백호

② 백호(back hoe)[드래그셔블(drag shovel)] 18. 8. 19 기 20. 6. 7 기 21. 5. 15 기 24. 5. 9 기

㉮ 토목공사나 수중굴착에 많이 사용된다.
㉯ 지하층이나 기초의 굴착에 사용된다.

합격예측

이동식크레인 방호장치

① 과부하방지장치
② 권과방지장치
③ 비상정지장치
④ 제동장치

참고

스크레이퍼

굴착, 싣기, 운반, 하역 등의 일관작업을 하나의 기계로서 연속적으로 작업을 할 수 있는 굴착기와 운반기를 조합한 토공만능기계

합격예측

사질토 연약지반개량공법

구분	방법
진동다짐공법(vibro floata-tion)	수평방향으로 진동하는 vibro float를 이용 사수와 진동을 동시에 일으켜 느슨한 모래지반 개량
다짐모래말뚝공법	충격, 진동, 타입에 의해서 지반에 모래를 삽입하여 모래 말뚝을 만드는 방법
폭파다짐공법	다이너마이트를 이용, 인공지진을 일으켜 느슨한 사질지반을 다지는 공법
전기충격공법	지반 속에 방전 전극을 삽입한 후 대전류를 흘려 지반 속에서 고압방전을 일으켜 발생하는 충격력으로 다지는 공법
약액주입공법	지반 내에 주입관을 삽입, 화학약액을 지중에 충진하여 gel time이 경과한 후 지반을 고결하는 공법
동다짐공법	무거운 추를 자유낙하시켜 연약지반을 다지는 공법

합격예측

리프트 방호장치

① 과부하방지장치
② 권과방지장치
③ 비상정지장치

참고

드래그라인(drag line)

작업범위가 광범위하고 수중굴착 및 연약한 지반의 굴착에 적합하고 기계가 위치한 면보다 낮은 곳 굴착에 가능하다.

합격예측

점성토 지반개량공법

구분	종류	방법
치환공법	굴착치환	굴착기계로 연약층 제거후 양질의 흙으로 치환
	미끄럼치환	양질토를 연약지반에 재하하여 미끄럼 활동으로 치환
	폭파치환	연약지반이 넓게 분포할 경우 폭파에너지 이용, 치환
압밀(재하)공법	Preloading공법	연약지반에 하중을 가하여 압밀시키는 공법(샌드드레인공법 병용)
	사면선단 재하공법	성토한 비탈면 옆 부분을 더돋움하여 전단강도 증가후 제거하는 공법
	압성토공법(surcharge)	토사의 측방에 압성토 하거나 법면 구배를 작게 하여 활동에 저항하는 모멘트 증가
탈수공법	sand drain 공법	지반에 sand pile을 형성한 후 성토하중을 가하여 간극수를 단시간내 탈수하는 공법
	paper drain 공법	드레인 paper를 특수기계로 타입하여 설치하는 공법
	pack drain 공법	sand drain의 결점인 절단, 잘록함을 보완. 개량형인 포대에 모래를 채워 말뚝을 만드는 공법
배수공법	deep well 공법	우물관을 설치하여 수중 펌프로 배수하는 방법
	well point 공법	투수성이 좋은 사질지반에 well point를 설치하여 배수하는 공법
기타공법		고결공법(생석회말뚝, 동결, 소결), 동치환공법, 전기침투 공법 등

㉰ 기계가 서 있는 지면보다 낮은 장소의 굴착에도 적당하고 수중굴착도 가능하다.

㉱ 파워셔블과 같이 굳은 지반의 토질에서도 정확한 굴착이 된다.

③ 드래그라인(drag line) 20. 8. 23 산

㉮ 작업 범위가 광범위하고 수중굴착 및 연약한 지반의 굴착에 적합하다.

㉯ 기체는 높은 위치에서 깊은 곳을 굴착하는 데 적합하다.

㉰ 기계가 서 있는 위치보다 낮은 장소의 굴착에 적당하고 백호만큼 굳은 토질에서의 굴착은 되지 않지만 굴착 반지름이 크다.

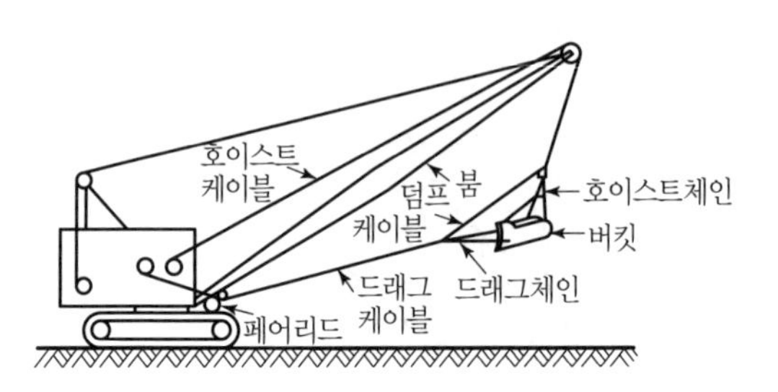

[그림] 드래그라인

④ 클램쉘(clamshell) 16. 5. 8 산 17. 5. 7 산 19. 8. 4 기

㉮ 연약지반이나 수중굴착 및 자갈 등을 싣는 데 적합하다.

㉯ 깊은 땅파기 공사와 흙막이 버팀대를 설치하는 데 사용한다.

㉰ 수중굴착 및 수조물의 기초바닥 등과 같은 협소하고 상당히 깊은 범위의 굴착과 호퍼(hopper)에 적당하다.

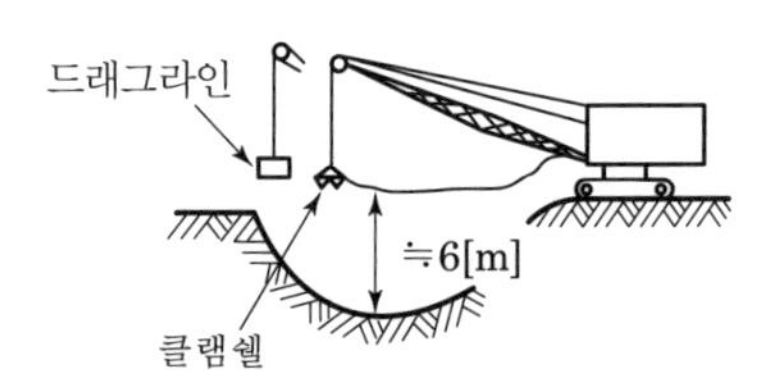

[그림] 드래그라인과 클램쉘의 작업

⑤ 항타기(pile driver) 18. 4. 28 산

붐(boom)에 항타용 부속장치를 부착하여 낙하 해머(drop hammer) 또는 디젤해머(diesel hammer)에 의하여 강관말뚝·콘크리트말뚝·널말뚝(sheet pile) 등의 항타작업에 사용된다.

⑥ 어스드릴(earth drill)

㉮ 붐에 어스드릴용 장치를 부착하여 땅속에 규모가 큰 구멍을 파서 기초공사 작업에 사용한다.

㉯ 상부선회체를 대선(臺船)과 고정하여 준설(浚渫)과 호퍼 작업, 크레인 작업 등에도 사용된다.

㉰ 셔블계 굴착기에서는 디퍼(dipper) 또는 버킷(bucket)의 들어올리기, 밀어내기 또는 끌어당기기·붐의 기도(起倒)·선회·주행 등의 5가지 동작을 하기 위하여 원동기로부터 동력이 전달된다.

㉱ 동력을 전달하는 축의 배치 방법에 의해 들어올리기와 밀어내기에 사용되는 드럼을 같이 사용하여 1개의 축 위에 놓이는 1축식과 2개의 축으로 된 2축식이 있는데, 일반적으로 2축식이 많이 사용된다.

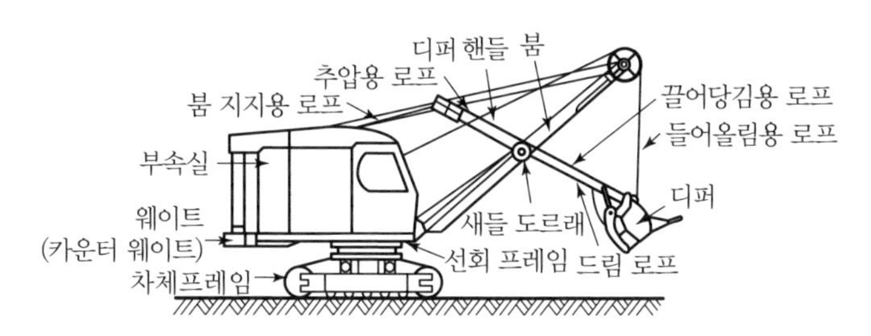

[그림] 셔블계 굴착기계의 명칭

[표] 부속체의 종류와 작업의 특징

구 분		셔 블	백 호	드래그라인	클램쉘
굴 착 력		◎	◎	○	△
굴착 재료	굳은 흙이나 연암	◎	◎	×	×
	중정도의 굳은 흙	◎	◎	○	○
	연한 곳	◎	◎	○	○
	수중 굴착	△	○	◎	◎
굴착 위치	지면보다 훨씬 높은 곳	◎	△	△	○
	지상	○	○	○	○
	지면보다 훨씬 낮은 곳	△	◎	◎	○
	넓은 범위	△	△	◎	○
	정확한 굴착	◎	◎	△	◎

주 ◎ 최적, ○ 보통, △ 쓰이기는 하나 다른 기계보다 성능 저하, × 부적합

2. 안전기준

(1) 셔블계 굴착기계의 안전장치

① **붐 전도 방지장치** : 붐이 굴곡면 주행중에 흔들려 후방으로 전도하는 것을 막기 위해 붐 전도 방지장치를 설치하여야 한다.

② **붐 기복 방지장치** : 드래그 라인, 기계식 클램쉘 등을 사용할 경우에는 붐 기복 방지장치를 설치하여야 하며 이 장치가 설치되어 있어도 붐 강도를 80[°] 가까이 하여 사용할 경우에는 주의를 하여 작업하여야 한다.

합격예측

승강기 방호장치
① 과부하방지장치
② 파이널 리밋스위치(final limit switch)
③ 비상정지장치
④ 속도조절기
⑤ 출입문 인터록

합격예측

곤돌라 방호장치
① 과부하방지장치
② 권과방지장치
③ 제동장치
④ 비상정지장치

합격예측 17. 3. 5 산 / 19. 3. 3 산

리퍼(Ripper)
아스팔트 포장도로 지반의 파쇄 또는 토사 중에 있는 암석 제거에 가장 적당한 장비

[그림] 리퍼

합격예측

리프트

동력을 사용하여 사람이나 화물을 운반하는 것을 목적으로 하는 기계설비로서 다음 각 목의 것을 말한다.

① 건설용 리프트 : 동력을 사용하여 가이드레일을 따라 상하로 움직이는 운반구를 매달아 화물을 운반할 수 있는 설비 또는 이와 유사한 구조 및 성능을 가진 것으로 건설현장에서 사용하는 것을 말한다.
② 산업용 리프트 : 동력을 사용하여 가이드레인을 따라 상하로 움직이는 운반구를 매달아 화물을 운반할 수 있는 설비 또는 이와 유사한 구조 및 성능을 가진 것으로 건설현장 외의 장소에서 사용하는 것
③ 자동차정비용 리프트: 동력을 사용하여 가이드레일을 따라 움직이는 지지대로 자동차 등을 일정한 높이로 올리거나 내리는 구조의 리프트로서 자동차 정비에 사용하는 것
④ 이삿짐운반용 리프트: 연장 및 축소가 가능하고 끝단을 건축물 등에 지지하는 구조의 사다리형 붐에 따라 동력을 사용하여 움직이는 운반구를 매달아 화물을 운반하는 설비로서 화물자동차 등 차량 위에 탑재하여 이삿짐 운반 등에 사용하는 것

참고

크레인

동력을 사용하여 중량물을 매달아 상하 및 좌우 (수평 또는 선회를 말한다)로 운반하는 것을 목적으로 하는 기계 또는 기계장치를 말한다.

Q 은행문제

불도저를 이용한 작업 중 안전조치사항으로 옳지 않은 것?

20. 9. 27 기

① 작업종료와 동시에 삽날을 지면에서 띄우고 주차 제동장치를 건다.
② 모든 조종간은 엔진 시동전에 중립 위치에 놓는다.
③ 장비의 승차 및 하차 시 뛰어내리거나 오르지 말고 안전하게 잡고 오르내린다.
④ 야간작업 시 자주 장비에서 내려와 장비 주위를 살피며 점검하여야 한다.

정답 ①

③ **붐 권상 드럼의 역회전 방지장치** : 붐 권상 드럼의 역회전 방지장치는 붐 호이스트 드럼의 기어에 훅을 걸고 드럼의 하중으로 인해 와이어 로프의 권하 방향으로 회전하는 것을 막기 위한 안전장치로서 붐 시건장치는 붐 권하중에 작용시키면 드럼의 기어 또는 훅 등이 파손되기 때문에 붐 권하중에는 절대로 넣어서는 안 된다.

(2) 운행시 안전대책

① 버킷이나 다른 부수장치, 혹은 뒷부분에 사람을 태우지 말아야 한다.
② 유압계를 분리시에는 반드시 붐을 지면에 놓고 엔진을 정지시킨 다음 유압을 제거한 후 행하여야 한다.
③ 장비의 주차시는 경사지나 굴착 작업장으로부터 충분히 이격시켜 주차하고, 버킷은 반드시 지면에 놓아야 한다.
④ 절대로 운전 반경 내에 사람이 있을 때에는 회전하여서는 안 된다.
⑤ 전선(고압선) 밑에서는 주의하여 작업하여야 하며, 특히 전선과 장치의 안전간격을 반드시 유지하여야 한다.

3 토공기계 및 안전수칙

1. 트랙터계 기계

(1) 종 류

① 셔블불도저
② 버킷도저
③ 휠불도저
④ 모터스크레이퍼
⑤ 피견인식 스크레이퍼

(2) 용 도

① 토사의 굴착 및 단거리 운반, 깔기, 고르기, 메우기 등에 사용한다.
② 특수 블레이드(blade)를 부착하고 스크레이퍼의 푸셔로 사용한다.
③ 트랙터로서는 스크레이퍼, 롤러(roller)류, 플라우(plough), 해로(harrow)
④ 유압 리퍼에 의한 연암 굴삭에 사용한다.

(3) 작업 능력

작업 능력은 1시간당의 시공량[m^3/h]으로 표시한다.

(1회 작업량)×(1시간 내의 작업횟수)

$$(1회\ 작업량)\times\frac{60}{1사이클시간[분]}$$

(4) 작업량

불도저의 1시간당 작업량(Q)은 다음 식과 같다.

$$Q=\frac{q\times f\times 60\times E}{C_m}[m^3/h]=q_0E$$

여기서 q : 블레이드 용량(1회의 흙 운반량)[m^3]

q_0 : 거리를 고려하지 않는 삽날 이용량

E : 불도저의 작업 효율

f : 토량 환산 계수

C_m : 사이클 시간[min]

2. 불도저(bulldozer) 분류

(1) 회전장치에 의한 분류

① 크롤러형(crawler type)

㉮ 연약한 지역이나 습지 지역의 작업에 용이하며, 암석지에서도 마모에 강하고 등판 능력과 견인력이 크다(무한궤도식).

㉯ 트랙슈(track shoe : 履板)를 연속하여 조립한 트랙(track : 履帶)으로 주행하는 것으로서 변화하는 지세에 대하여 넓은 적용성을 지니고 있다.

㉰ 중작업과의 연결에 적당하고 강한 견인력을 갖는 장점이 있다.

㉱ 돌기(grouser)가 있는 보통 불도저와 습지용의 삼각형 트랙을 가진 습지 불도저가 있다.

② 타이어형(휠형)

㉮ 고무타이어식은 크롤러식에 비하여 기동성과 이동성이 양호하며 평탄한 지면이나 포장도로에서 작업하기 좋다(휠식).

㉯ 트랙터에 4개의 저압타이어를 부착한 것으로서 타이어 도저(tire dozer)라고도 한다.

㉰ 크롤러식에 비하여 작업속도는 빠르지만, 부정지나 연약지의 작업에서는 크롤러식보다 뒤진다.

(2) 블레이드의 조작방식에 의한 분류

① 블레이드의 조작방식에는 와이어로프식과 유압식이 있다.

② 유압 기술의 향상에 의하여 최근에는 유압식이 많이 사용된다.

합격예측

승강기

건축물이나 고정된 시설물에 설치되어 일정한 경로에 따라 사람이나 화물을 승강장으로 옮기는 데에 사용되는 설비로서 다음 각 목의 것을 말한다.

① 승객용 엘리베이터 : 사람의 운송에 적합하게 제조·설치된 엘리베이터

② 승객화물용 엘리베이터 : 사람의 운송과 화물 운반을 겸용하는데 적합하게 제조·설치된 엘리베이터

③ 화물용 엘리베이터 : 화물 운반에 적합하게 제조·설치된 엘리베이터로서 조작자 또는 화물취급자 1명은 탑승할 수 있는 것(적재용량이 300킬로그램 미만인 것은 제외한다)

④ 소형화물용 엘리베이터 : 음식물이나 서적 등 소형 화물의 운반에 적합하게 제조·설치된 엘리베이터로서 사람의 탑승이 금지된 것

⑤ 에스컬레이터 : 일정한 경사로 또는 수평로를 따라 위·아래 또는 옆으로 움직이는 디딤판을 통해 사람이나 화물을 승강장으로 운송시키는 설비

참고

곤돌라

달기발판 또는 운반구·승강장치 그 밖의 장치 및 이들에 부속된 기계부품에 의하여 구성되고, 와이어로프 또는 달기강선에 의하여 달기발판 또는 운반구가 전용의 승강장치에 의하여 오르내리는 설비를 말한다.

합격예측 및 관련법규

제133조(정격하중 등의 표시)
사업주는 양중기(승강기는 제외한다.) 및 달기구를 사용하여 작업하는 운전자 또는 작업자가 보기 쉬운 곳에 해당 기계의 정격하중·운전속도·경고표시 등을 부착하여야 한다. 다만, 달기구는 정격하중만 표시한다.

제37조(악천후 및 강풍 시 작업 중지)
① 사업주는 비·눈·바람 또는 그 밖의 기상상태의 불안정으로 인하여 근로자가 위험해 질 우려가 있는 경우 작업을 중지하여야 한다. 다만, 태풍 등으로 위험이 예상되거나 발생되어 긴급 복구 작업을 필요로 하는 경우는 그러하지 아니하다.
② 사업주는 순간 풍속이 초당 10[m]를 초과하는 경우 타워크레인의 설치·수리·점검 또는 해체 작업을 중지하여야 하며, 순간 풍속이 초당 15[m]를 초과하는 경우에는 타워크레인의 운전작업을 중지하여야 한다. 18. 4. 28 산

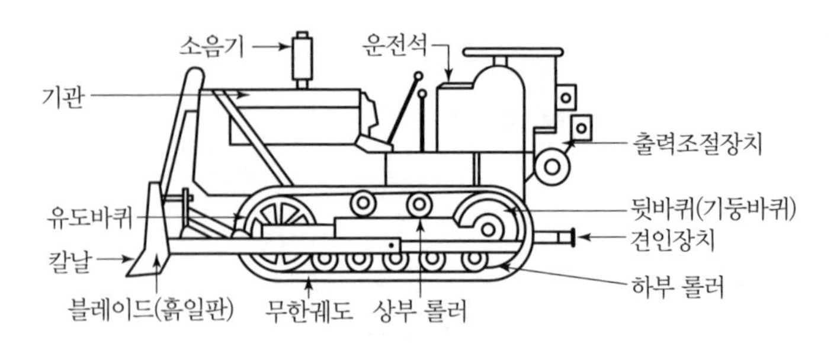

[그림] 불도저 각부 명칭

(3) 블레이드 각도에 의한 분류

① **스트레이트도저** : 블레이드가 수평이고, 또 불도저의 진행 방향에 직각으로 블레이드면을 부착한 것으로서 주로 중굴착 작업에 사용된다.

② **앵글도저** : 블레이드면의 방향이 진행 방향의 중심선에 대하여 좌우20~30[°]의 경사가 진 것으로서 이것은 사면굴착·정지·흙메우기 등으로 차체의 진행에 따라 흙을 측면으로 보내는 작업에 적당하다. 20. 8. 23 산 21. 7. 21 기실

③ **틸트도저** : 블레이드면 좌우의 높이를 변경할 수 있는 것으로서 단단한 흙의 도랑파기 절삭에 적당하다.(좌우 상하 25~30[°]까지 조절가능)

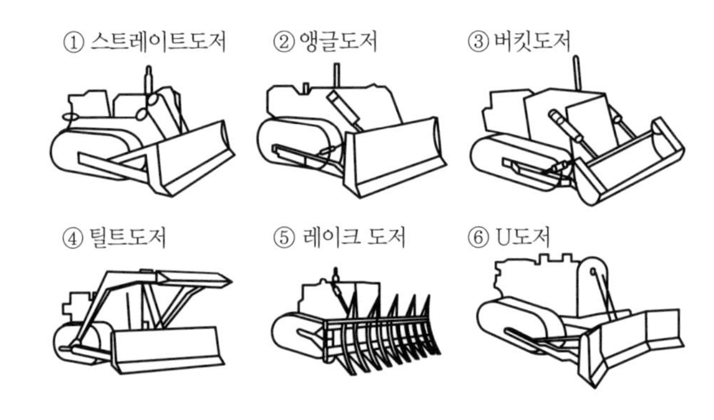

[그림] 불도저 작업장치

3. 스크레이퍼(scraper)

(1) 기능

① 무른 토사나 토괴로 된 평탄한 지형의 지표면을 얇게 깎거나 일정한 두께로 흙쌓기할 경우에 사용한다.

② 불도저보다 운반거리가 크다.

③ 스크레이퍼 구동륜은 2륜과 4륜 구동식이 있으며, 2륜 구동식은 신뢰성이 좋고 어떠한 곳에서도 통과성이 좋으며, 4륜 구동식은 안정성이 좋고, 장거리와 고속도로 건설작업에 적합하다.

④ 용도는 굴착·적재·운반·성토·흙깔기·흙다지기 등의 작업을 하나의 기계로 시공할 수 있는 기계로서 트랙터로 견인하는 피견인식 트랙터스크레이퍼와 자주식 모터스크레이퍼가 있다.
⑤ 스크레이퍼는 암석이 많은 산지의 토공관계에는 부적당하지만 저목장의 정지·부지의 조성 등에는 가장 적당한 것이다.
⑥ 얇은 수평층으로 토사를 이동시켜 광범위한 성토와 정지작업에 가장 적당하다.
⑦ 일반적으로 도로·주택지의 조성, 공장용지의 조성 등에 널리 사용된다.
⑧ 피견인식 스크레이퍼의 운반거리는 200~1,000[m], 자주식 모터스크레이퍼의 운반거리는 400~2,000[m]까지 가능하다.

(2) 작업량 증대 방법

① 1회 작업량을 크게 한다.
② 주행속도를 빠르게 한다.
③ 운반거리를 짧게 한다.

(3) 용 도

① 채굴(digging)
② 성토적재(loading)
③ 운반(hauling)
④ 하역(dumping)

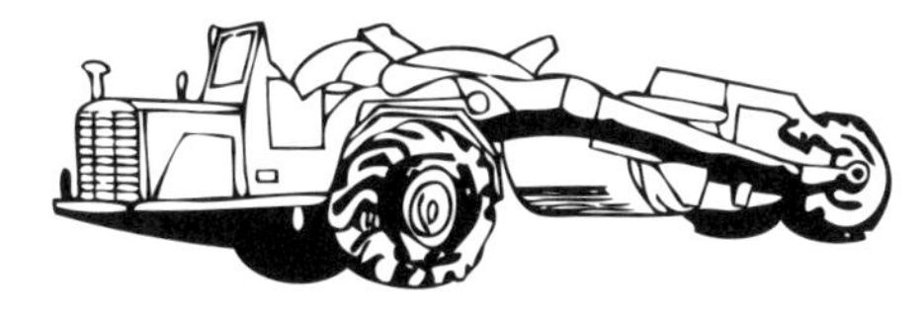

[그림] 자주식 모터 스크레이퍼

4. 트렌처(trench)

(1) 구조 및 기능

① 일반적으로 크롤러식 트랙터 등의 차체 위에 굴착장치를 설치하고, 트랙터의 엔진에 의해 구동된다.
② 굴착장치는 벨트컨베이어로서 파낸 토사를 측방향으로 방출하는 것으로서, 로더식과 휠식이 있으나 로더식이 기동성, 굴착 깊이 등에서 양호하다.

(2) 용 도

가스관, 수도관, 암거(暗渠) 및 그 밖에 배수관 등을 매설하기 위한 작업이나 기초(基礎)굴착 또는 매립(埋立)공사 등에 사용한다.

5. 모터그레이더(motor grader) 17. 3. 5 기 17. 9. 23 기 20. 6. 7 기

(1) 끝마무리 작업, 정지작업에 유효 : 전륜을 기울게 할 수 있어 비탈면 고르기 작업도 가능(예 땅 고르기 작업)

(2) 상하작동, 좌우회전 및 경사, 수평선회가 가능

참고

조종석이 설치되지 아니한 크레인에 대하여는 다음 각 호의 조치를 하여야 한다.
① 고용노동부장관이 고시하는 크레인의 제작기준과 안전기준에 맞는 무선원격제어기 또는 펜던트스위치를 설치·사용할 것
② 무선원격제어기 또는 펜던트스위치를 취급하는 근로자에게는 작동요령 등 안전조작에 관한 사항을 충분히 주지시킬 것

보충학습

지게차(Fork Lift)
포크(fork) 등의 화물을 적재하는 장치와 이것을 승강시키는 마스트(mast)를 구비한 하역운반기계

4 운반기계 및 다짐장비 등 안전수칙

1. 기본안전사항

(1) 화물적재시 조치사항

① 편하중이 생기지 않도록 적재할 것
② 운전자의 시야를 가리지 않도록 화물을 적재할 것
③ 구내 운반차 또는 화물 자동차에 있어서 화물의 붕괴 또는 낙하로 인한 근로자의 위험을 방지하기 위하여 화물에 로프를 거는 등 필요한 조치를 할 것

(2) 운전 위치 이탈시 조치사항(차량계 하역운반기계, 건설기계 공통) 18. 8. 19 산

① 포크, 버킷, 디퍼 등의 장치를 가장 낮은 위치 또는 지면에 내려 둘 것
② 원동기를 정지시키고 브레이크를 확실히 거는 등 갑작스러운 주행이나 이탈을 방지하기 위한 조치를 할 것
③ 운전석을 이탈하는 경우에는 시동키를 운전대에서 분리시킬 것. 다만, 운전석에 잠금장치를 하는 등 운전자가 아닌 사람이 운전하지 못하도록 조치한 경우에는 그러하지 아니하다.

(3) 100[kg] 이상의 화물을 싣거나 내리는 작업시 작업 지휘자의 준수사항

① 작업 순서 및 그 순서마다의 작업 방법을 정하고 작업을 지휘할 것
② 기구 및 공구를 점검하고 불량품을 제거할 것
③ 해당 작업을 행하는 장소에 관계 근로자 외의 출입을 금지시킬 것
④ 로프를 풀거나 덮개를 벗기는 작업을 행하는 때에는 적재함이 낙하할 위험이 없음을 확인한 후에 해당 작업을 하도록 할 것

2. 지게차(fork lift)

(1) 정의

① 앞바퀴 구동에 뒷바퀴로 환향하고 최소회전반경이 적으며, 전면에 적재용 포크와 안내 레일의 역할을 하는 승강용 마스터(mast)를 갖추고 있다.
② 마스터의 경사각은 전경각 5~6[°], 후경각 10~12[°] 범위이다.
③ 경화물의 적재, 운반에 이용하며, 원동기식(engine type)과 전동식(battery type)이 있다.

(2) 전경각, 후경각

구분	최대 경사각
전경사각	마스터의 수직 위치에서 앞으로 기울인 경우의 최대경사각을 말하며 5~6[°] 범위이다
후경사각	마스터의 수직 위치에서 뒤로 기울인 경우의 최대경사각을 말하며 10~12[°] 범위이다.

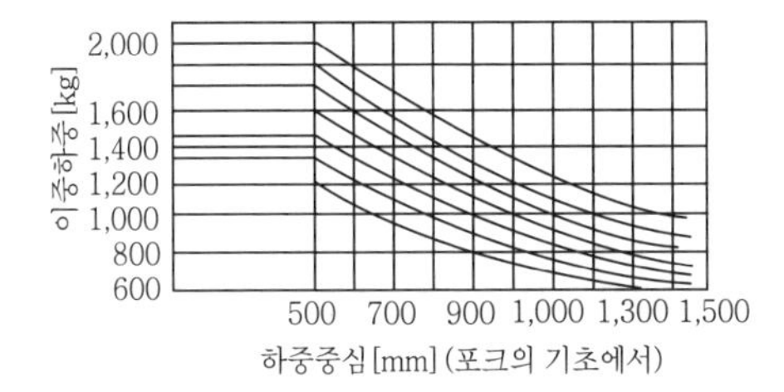

[그림] 포크리프트의 인양 높이와 허용하중과의 관계

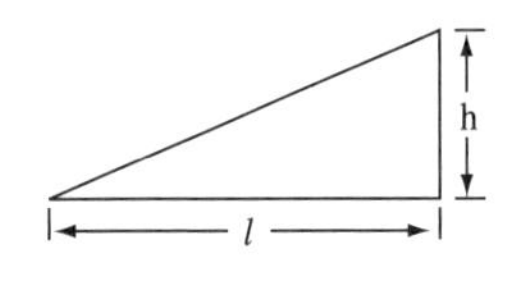

[그림] 포크리프트의 안정도값 (안정도 = h/l × 100[%])

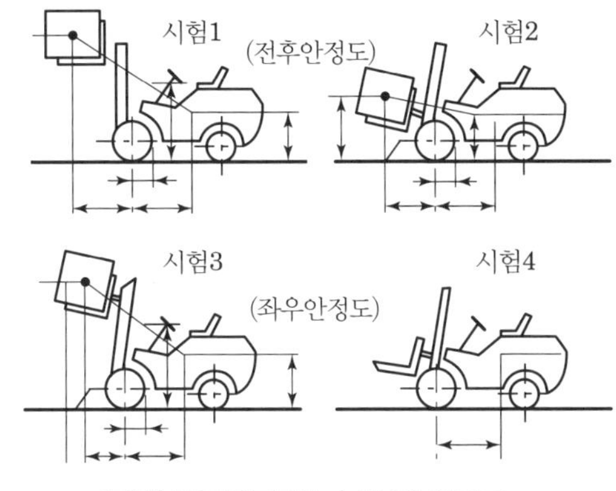

[그림] 포크리프트(fork lift)의 안정도

[표] 포크리프트의 안정도값

시험 번호	시험의 종류	바퀴의 상태	밑바닥 기울기[%]
1	전후안정도	기준 하중 상태에서 포크리프트를 최고로 올린 상태	4(최대하중 5[t] 미만) 3.5(최대하중 5[t] 이상)
2	전후안정도	주행시의 기준 부하 상태	18
3	좌우안정도	기준 부하 상태에서 포크를 최고로 올리고, 마스트를 최대 후경(後傾)한 상태	6
4	좌우안정도	주행시의 기준 부하 상태	15+1.1V

※ V=최고속도[km/h]

합격예측 및 관련법규

제135조(과부하의 제한)

사업주는 양중기에 그 적재하중을 초과하는 하중을 걸어서 사용하도록 하여서는 아니 된다.

합격예측

화물차 12. 8. 26 산

① 대표적 운반기계

② 불특정 지역을 연속적으로 운반시 사용된다.

보충학습

화물운반트럭

화물적재공간을 갖추고 오로지 화물을 운반하는 구조의 자동차

[그림] 화물운반트럭

합격예측 및 관련법규

제86조(탑승의 제한)

사업주는 크레인을 사용하여 근로자를 운반하거나 근로자를 달아 올린 상태에서 작업에 종사시켜서는 아니 된다. 다만, 크레인에 전용 탑승설비를 설치하고 추락위험을 방지하기 위하여 다음 각 호의 조치를 한 경우에는 그러하지 아니하다.

1. 탑승설비가 뒤집히거나 떨어지지 아니하도록 필요한 조치를 할 것
2. 안전대 또는 구명줄을 설치하고, 안전난간을 설치할 수 있는 구조인 경우 안전난간을 설치할 것
3. 탑승설비를 하강시키는 때에는 동력하강방법으로 할 것

합격예측 및 관련법규

제143조(폭풍 등으로 인한 이상 유무 점검)

사업주는 순간풍속이 초당 30[m]를 초과하는 바람이 불거나 중진(中震) 이상 진도의 지진이 있은 후에 옥외에 설치되어 있는 양중기를 사용하여 작업을 하는 경우에는 미리 기계 각 부위에 이상이 있는지를 점검하여야 한다. 16. 3. 6 산

(3) 지게차의 헤드가드 구비조건 18. 4. 28 산

① 강도는 지게차의 최대하중의 2배 값(4톤을 넘는 값에 대해서는 4톤으로 한다)의 등분포정하중(等分布靜荷重)에 견딜 수 있을 것

② 상부틀의 각 개구의 폭 또는 길이가 16센티미터 미만일 것

③ 운전자가 앉아서 조작하거나 서서 조작하는 지게차의 헤드가드는 한국산업표준에서 정하는 높이 기준 이상일 것(좌식 : 0.903m, 입식 : 1.88m 이상)

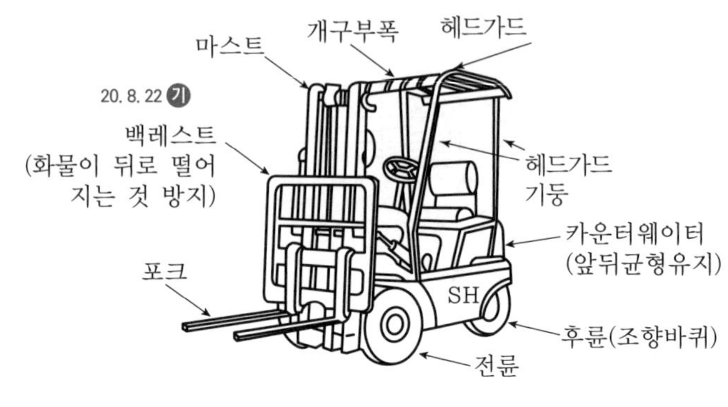

[그림] 포크리프트

(4) 안전기준

① 주행시 포크는 반드시 내리고 운전해야 한다.

② 지면 또는 상판 등 지반이 포크 중량에 견딜 수 있는가 확인한 후 운행해야 한다.

③ 운전원 외의 어떤 자도 절대로 승차시키지 말아야 한다.

④ 오버헤드가드를 설치, 운전원 자신을 보호해야 한다.

⑤ 경사진 위험한 곳에 장비를 주차시키지 말아야 한다.

⑥ 짐을 인양한 밑으로 사람이 들어가거나 통과시키는 것을 금한다.

⑦ 포크 다리 위에 사람을 태워 올리거나 전후진해서는 안 된다.

⑧ 철판 또는 각목을 다리 대용으로 해서 통과할 때는 반드시 강도를 확인해야 한다.

⑨ 주차시 포크를 반드시 내려놓고 후진할 때는 반드시 정차 후 뒤를 확인해야 한다.

⑩ 마스트 이상 짐을 높이 실어 작업을 해서는 안 된다.

⑪ 짐을 싣고 내리막길을 내려갈 시는 후진으로 해야 한다.

⑫ 과적 운반은 절대로 피하고 짐을 높이 든 채 앞으로 기울이지 말아야 한다.

⑬ 작업은 서두르지 말고 안전을 확인한 후 정확하게 수행해야 한다.

⑭ 작업장 부근에는 사람이 접근하지 않게 해야 한다.

⑮ 그 밖에 모든 규칙을 잘 수행해야 한다.

3. 컨베이어(conveyor)

(1) 정 의

① 자재 및 콘크리트 등의 수송에 주로 사용한다.
② 설비가 용이하고 경제적이므로 많이 사용된다.

(2) 종 류

① **포터블(portable) 컨베이어** : 모래, 자갈의 운반과 채취에 사용한다.
② **스크루(screw) 컨베이어** : 모래, 시멘트, 콘크리트 운반에 사용한다.
③ **벨트(belt) 컨베이어** : 흙, 쇄석(碎石), 골재 운반에 가장 널리 사용한다.
④ **대형 컨베이어** : 흙, 모래, 자갈, 쇄석 등의 수송에 사용한다.

(3) 트랙터 및 트레일러

① 트랙터의 후미에 트레일러를 장치하여 사용하고, 중량물이나 긴 물체를 운반하는 데 이용한다.
② 주행장치는 타이어식과 무한궤도식이 있다.

[표] 유도자를 배치하는 기계 및 작업

기 계 명	작업종류	상 황
아스팔트 피니셔	아스팔트 혼합재 갈기	덤프트럭이 후퇴해 오고 호퍼에 혼합재를 투입공급
타이어롤러	전압(轉壓)	부근에 작업원이 있는 경우
머캐덤롤러	전압	부근에 작업원이 있는 경우
탠덤롤러	전압	부근에 작업원이 있는 경우
3축 롤러	전압	부근에 작업원이 있는 경우
그레이더	정형(整形)	부근에 작업원이 있는 경우, 특히 후퇴시
불도저	굴착, 정지, 골재	부근에 작업원이 있는 경우
셔블도저	굴착, 적재	부근에 작업원이 있는 경우
파워셔블	굴착, 적재	부근에 작업원이 있는 경우

보충학습

컨베이어
재료·반제품·화물 등을 동력에 의하여 운반하는 기계장치

[그림] 컨베이어

합격예측 및 관련법규

제141조(조립 등의 작업시 조치사항)
사업주는 크레인의 설치·조립·수리·점검 또는 해체작업을 하는 때에는 다음 각 호의 조치를 하여야 한다.
1. 작업순서를 정하고 그 순서에 의하여 작업을 실시할 것
2. 작업을 할 구역에 관계근로자가 아닌 사람의 출입을 금지하고 그 취지를 보기 쉬운 곳에 표시할 것
3. 비·눈 그 밖의 기상상태의 불안정으로 인하여 날씨가 몹시 나쁠 경우에는 그 작업을 중지시킬 것
4. 작업장소는 안전한 작업이 이루어질 수 있도록 충분한 공간을 확보하고 장애물이 없도록 할 것
5. 들어올리거나 내리는 기자재는 균형을 유지하면서 작업을 하도록 할 것
6. 크레인의 성능, 사용조건 등에 따라 충분한 응력을 갖는 구조로 기초를 설치하고 침하 등이 일어나지 않도록 할 것
7. 규격품인 조립용 볼트를 사용하고 대칭되는 곳을 차례로 결합하고 분해할 것

합격예측

크레인 사용시 관리감독자 업무
① 작업방법과 근로자의 배치를 결정하고 해당 작업을 지휘하는 일
② 재료의 결함유무 또는 기구 및 공구의 기능을 점검하고 불량품을 제거하는 일
③ 작업중 안전대와 안전모의 착용상황을 감시하는 일

합격예측 및 관련법규

타워크레인 설치·조립 해체 작업시 작업계획서 내용

① 타워크레인의 종류 및 형식
② 설치·조립 및 해체순서
③ 작업도구·장비·가설설비(假設設備) 및 방호설비
④ 작업인원의 구성 및 작업근로자의 역할범위
⑤ 지지방법

합격예측

다짐기계의 종류

①

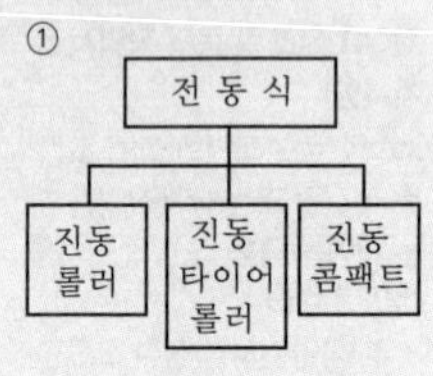

② 21. 9. 12 기

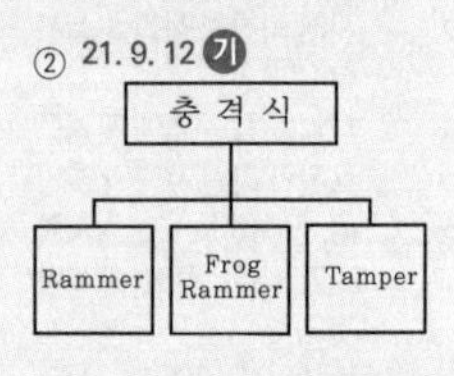

③

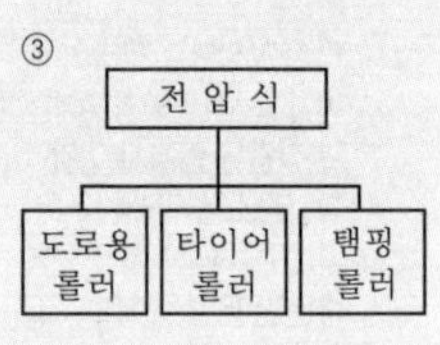

Q 은행문제 16. 3. 6 산

말뚝박기 해머(hammer) 중 연약지반에 적합하고 상대적으로 소음이 적은 것은?

① 드롭 해머(drop hammer)
② 디젤 해머(diesel hammer)
③ 스팀 해머(steam hammer)
④ 바이브로 해머(vibro hammer)

정답 ④

[표] 컨베이어의 분류

구 분	종 류
벨트 컨베이어 (belt conveyor)	고무벨트 컨베이어 강철벨트 컨베이어 철망벨트 컨베이어
체인 컨베이어 (chain conveyor)	슬레이트 컨베이어(slate conveyor) 에이프런 컨베이어(apron conveyor) 팬 컨베이어(pan conveyor) 피보티드 버킷 컨베이어(pivoted bucket conveyor) 트롤리 컨베이어(trolley conveyor) 토우 컨베이어(tow conveyor) 플랫 톱 컨베이어(flat top conveyor) 드래그 체인 컨베이어(drag chain conveyor) 스크레이퍼 컨베이어(scraper conveyor) 철망 체인 컨베이어
롤러 컨베이어 (roller conveyor)	보통 롤러 컨베이어 구동식 롤러 컨베이어 휠 컨베이어(wheel conveyor)
나사 컨베이어 (screw conveyor)	보통 롤러 컨베이어 커트 플라이트 나사 컨베이어 리본 나사 컨베이어 파들 나사 컨베이어
연속 흐름 컨베이어 (continuous flow conveyor)	연속 흐름 컨베이어
진동 컨베이어 (vibrating conveyor)	기계식 진동 컨베이어 전기식 진동 컨베이어
유체 컨베이어 (fluid conveyor)	공기 컨베이어(air conveyor) 수력 컨베이어(hydraulic conveyor)
엘리베이터 (elevator)	버킷 엘리베이터(bucket elevator) 암 엘리베이터 트레이 엘리베이터(tray elevator)
콤베 컨베이어	커브 컨베이어 에어 슬라이드

4. 다짐장비

(1) 개요

① 롤러는 2개 이상의 매끈한 드럼 롤러를 바퀴로 하는 다짐기계로 전압기계(轉壓機械)라고도 하며 주로 도로, 제방, 활주로 등의 노면에 전압을 가하기 위하여 사용된다.

② 다짐력을 가하는 방법에 따라 전압식, 진동식, 충격식 등이 있다.

(2) 전압식 다짐장비

① 머캐덤 롤러(macadam roller)

㉮ 3개의 롤러를 자동 3륜차처럼 배치한 롤러로써 6~16[ton] 정도로 분류되고 가장 많이 사용되는 것은 자중이 8~12[ton]이다.

㉯ 용도로는 하중 노면전압용 이지만 최근에는 아스팔트 포장의 전압에도 사용된다.

② 탠덤 롤러(tandem roller)

㉮ 차륜의 배열이 전후, 탠덤에 배열된 것으로 2륜인 것을 단순히 탠덤롤러, 3축을 3축탠덤롤러라 한다.

㉯ 탠덤은 메캐덤롤러보다 중량이나 전압이 작고 자중은 2~10[ton] 정도이다.

㉰ 용도는 머캐덤 작업 후 끝손질 작업을 하거나 노면의 평탄성을 높이기 위한 작업을 한다.

③ 탬핑 롤러(tamping roller)

㉮ 롤러의 표면에 돌기를 만들어 부착한 것으로 전압층에 의해 풍화암을 파쇄함에 사용되며 흙속의 간극수압을 적게한다.

㉯ 큰 점질토의 다짐에 적당하고 다짐깊이가 대단히 크다.

④ 타이어 롤러(tire roller)

㉮ 공기가 들어 있는 타이어의 특성을 이용한 다짐작업을 하는 기계

㉯ 아스팔트 포장의 끝마무리 전압을 주로한 대부분의 작업과 성토의 전압 등에 사용

⑤ 진동 롤러(vibration roller) 24. 2. 15 기

편심축을 회전하여 다짐차륜을 진동시켜 토압간의 마찰저항을 감소시켜 진동과 자중을 다지기에 이용

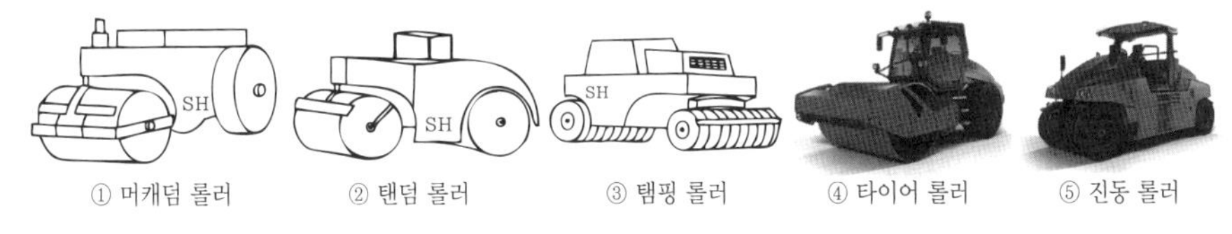

① 머캐덤 롤러 ② 탠덤 롤러 ③ 탬핑 롤러 ④ 타이어 롤러 ⑤ 진동 롤러

[그림] 전압식 다짐기계

(2) 충격식 다짐기계

사질토의 다짐에 효과적인 다짐 장비

(3) 진동식 Compactor

① 점토질이 함유되지 않은 사질토의 다짐에 적합

② 도로, 제방, 활주로 등의 보수 공사 등

Chapter 02

건설공구 및 장비(건설기계)

출제예상문제

출제예상문제는 복습, 예습문제로 엮었습니다. *WHY : 실제시험에도 순서에 관계없이 출제됩니다. 예습 후 다음장에 공부한 문제가 있으면 기억이 배가 됩니다.

01 ★★★★ **건설기계 재해방지설비에 대한 설명으로 틀린 것은?**

① 차량계 건설기계로 작업할 때 노견 붕괴 방지, 지반 침하 방지, 노폭의 유지 등 필요한 조치를 해야 한다.
② 차량계 건설기계의 이송시 싣거나 내리는 작업은 평탄하고 견고한 장소에서 한다.
③ 차량계 건설기계는 주용도 이외의 다른 용도로 사용해서는 안 된다.
④ 항타기 및 항발기를 버팀줄만으로 안정시킬 때는 버팀줄을 2개 이상으로 해야 한다.

해설

무너짐 방지
① 연약한 지반에 설치하는 경우에는 아웃트리거·받침 등 지지구조물의 침하를 방지하기 위하여 깔판·깔목 등을 사용할 것
② 시설 또는 가설물 등에 설치하는 경우에는 그 내력을 확인하고 내력이 부족하면 그 내력을 보강할 것
③ 아웃트리거·받침 등 지지구조물이 미끄러질 우려가 있는 경우에는 말뚝 또는 쐐기 등을 사용하여 해당 지지구조물을 고정시킬 것
④ 궤도 또는 차로 이동하는 항타기 또는 항발기에 대해서는 불시에 이동하는 것을 방지하기 위하여 레일클램프(rail clamp) 및 쐐기 등으로 고정시킬 것
⑤ 상단 부분은 버팀대·버팀줄로 고정하여 안정시키고, 그 하단 부분은 견고한 버팀·말뚝 또는 철골 등으로 고정시킬 것

참고 산업안전보건기준에 관한 규칙 제209조(무너짐의 방지)

02 ★★ **지하 굴착 작업중 케이블 절단 사고가 발생하여 장시간 전파가 중단되었다. 이 사고의 원인이 될 수 없는 것은?**

① 지하 매설물 사전조사 미흡
② 장비 운전원의 작업 미숙
③ 안전교육 미흡
④ 케이블 보호시설 미흡

해설

안전교육 미흡은 작업자 해당 사항이다.

03 ★★ **차량계 건설기계가 아닌 것은?**

16. 10. 1 기, 산 17. 3. 5 기 17. 5. 7 산

① 모터그레이더	② 타워크레인
③ 어스드릴	④ 항타기

해설

차량계 건설기계의 종류
① 도저형 건설기계(불도저, 스트레이트도저, 틸트도저, 앵글도저, 버킷도저 등)
② 모터그레이더
③ 로더(포크 등 부착물 종류에 따른 용도 변경 형식을 포함한다)
④ 스크레이퍼
⑤ 크레인형 굴착기계(클램쉘, 드래그라인 등)
⑥ 굴삭기(브레이커, 크러셔, 드릴 등 부착물 종류에 따른 용도 변경 형식을 포함한다)
⑦ 항타기 및 항발기
⑧ 천공용 건설기계(어스드릴, 어스오거, 크롤러드릴, 점보드릴 등)
⑨ 지반 압밀침하용 건설기계(샌드드레인머신, 페이퍼드레인머신, 팩드레인머신 등)
⑩ 지반 다짐용 건설기계(타이어롤러, 매커덤롤러, 탠덤롤러 등)
⑪ 준설용 건설기계(버킷준설선, 그래브준설선, 펌프준설선 등)
⑫ 콘크리트 펌프카
⑬ 덤프트럭
⑭ 콘크리트 믹서 트럭
⑮ 도로포장용 건설기계(아스팔트 살포기, 콘크리트 살포기, 아스팔트 피니셔, 콘크리트 피니셔 등)
⑯ 제1호부터 제15호까지와 유사한 구조 또는 기능을 갖는 건설기계로서 건설작업에 사용하는 것

참고 산업안전보건기준에 관한 규칙 [별표 6] 차량계 건설기계

04 ★★ **다음은 도저의 종류를 열거한 것이다. 해당되지 않는 것은?**

① 앵글도저	② 로드도저
③ 틸트도저	④ 스트레이트도저

[정답] 01 ④ 02 ③ 03 ② 04 ②

해설

도저의 종류
① 앵글도저
② 틸트도저
③ 스트레이트도저

05 ★★★ **다음은 건설기계 재해방지설비에 대한 설명이다. 옳지 않은 것은?**

① 헤드가드를 갖추어야 할 차량용 건설기계는 불도저, 페이로더, 트랙터 등이다.
② 차량계 건설기계로 작업시 전도 또는 전락 등에 의한 근로자의 위험을 방지하기 위해 노견의 붕괴 방지, 지반 침하 방지 조치를 해야 한다.
③ 차량계 건설기계의 붐, 암 등을 올리고 그 밑에서 수리, 점검, 작업 등을 할 때 안전 지주 또는 안전 블록을 사용해야 한다.
④ 항타기 및 항발기를 사용할 때 버팀대만으로 상단 부분을 안정시키는 때에는 2개 이상으로 하고 그 하단 부분을 고정시켜야 한다.

해설

항타기 고정방법
① 상단 부분은 버팀대·버팀줄로 고정하여 안정
② 하단 부분은 견고한 버팀·말뚝 또는 철골 등으로 고정

참고 필기 p.6-40(문제 1번)

06 ★★ **건설용 시공 기계에 관한 기술 중 옳지 않은 것은?**

① 타워크레인은 고층 건물의 건설용으로 쓰여지고 있는 것이 많다.
② 백호는 중기가 지면보다 높은 곳의 땅을 파는 데 적합하다.
③ 가이데릭은 철골 세우기 공사에 사용된다.
④ 바이브레이션 롤러는 콘크리트치기할 때 다지기에 사용된다.

해설

백호는 기계가 지면보다 낮은 곳의 흙을 파는 데 적당하다.

07 ★★ **토공기계 중 굴착기계인 것은?**

① clamshell ② road roller
③ shovel loader ④ belt conveyor

해설

clamshell의 용도
① 깊은 홈파기용 ② 좁은 홈 및 연약지반 적합 ③ hopper용

08 ★★★ **많은 토량을 빠른 속도로 운반거리 300 ~ 1,500[m]의 범위에서 굴착, 운반, 평탄지 공사를 하는 데 가장 적합한 건설용 기계는?**

① 드래그셔블(drag shovel)
② 로더(loader)
③ 불도저(bulldozer)
④ 모터스크레이퍼(motor scraper)

해설

④ : 흙을 깎으면서 운반하며 캐리어 스크레이퍼도 동일하다.

09 ★★ **다음 중 셔블계 굴착기계의 작업에 따른 분류에 속하지 않는 것은?**

① 드래그라인 ② 파워셔블
③ 모터그레이더 ④ 클램쉘

해설

모터그레이더는 절삭기계로써 땅 고르기에 적합하며 비탈 고르기에도 가능하다.

10 ★ **차량계 건설기계가 아닌 것은?**

① 모터그레이더 ② 셔블로더
③ 버킷 굴삭기 ④ 롤러

해설

차량계 하역 운반기계의 종류
① 지게차 ② 구내 운반차 ③ 화물자동차 ④ 셔블로더

참고 산업안전보건기준에 관한 규칙 [별표 6] 차량계 건설기계
⊙문제 3번 해설을 다시 보세요.

[정답] 05 ④ 06 ② 07 ① 08 ④ 09 ③ 10 ②

제5편

11 ★★ 건설용 시공기계에 관한 기술 중 옳지 않은 것은?

① 타워크레인(tower crane)은 고층건물의 건설용으로 쓰여지고 있는 것이 많다.
② 백호(backhoe)는 중기가 위치한 지면보다 높은 곳의 땅을 파는데 적합하다.
③ 가이데릭(guy derrick)은 철골 세우기 공사에 사용한다.
④ 바이브레이션 롤러(vibration roller)는 콘크리트치기할 때 다지기에 사용된다.

해설

백호(일명 드래그셔블 또는 트럭셔블)

① 도랑, 기초 등 낮은 지반의 단단한 토질의 굴착
② 포크레인이라고도 하며 초기 굴착과 수직 파내려가기에 적당
③ 지반 밑 5~6[m]까지의 굴착에 적당

12 ★★ 크롤러 크레인을 사용할 때의 준수사항 중 틀린 것은?

① 아우트리거가 있어 경사지 작업에 적합하다.
② 운반에서 수송차가 필요하다.
③ 붐의 조립, 해체 장소를 고려해야 한다.
④ 크롤러의 폭을 넓게 할 수 있는 형을 사용할 경우에는 최대의 폭을 고려하여 계획한다.

해설

크롤러 크레인은 경사지작업에 불안정하다.

13 ★★ 다음은 인력을 주로 하는 토사 굴착요령이다. 안전사항으로 옳지 않은 것은?

① 작업면적을 될 수 있는 한 넓게 한다.
② 흙깍기는 될 수 있으면 중력을 이용하는 방법으로 한다.
③ 편측 절취를 할 때는 비탈면 끝손질과 배수 측구의 완성을 토공시 시행해야 한다.
④ 신기 높이는 2[m] 이상이면 인력으로 힘이 들기 때문에 신기 높이는 될 수 있으면 낮게 해야 한다.

해설

신기 높이 규정은 없다.

14 ★★ 다음 중 차량계 건설기계에 속하지 않는 것은?

① 불도저 ② 스크레이퍼
③ 항타기 ④ 타워크레인

해설

문제 3번 해설을 참고할 것

15 ★★ 다음은 건설기계 재해 방지 설비에 대한 설명이다. 옳지 않은 것은?

① 헤드가드를 갖추어야 할 차량용 건설기계는 불도저, 페이 로더, 트랙터 등이다.
② 차량계 건설기계로 작업시 전도 또는 전락 등에 의한 근로자의 위험을 방지하기 위한 노견의 붕괴방지, 지반 침하 방지 조치를 해야한다.
③ 차량계 건설기계의 붐, 암 등을 올리고 그 밑에서 수리, 점검작업 등을 할 때 안전지주 또는 안전블록을 사용해야 한다.
④ 항타기 및 항발기를 사용할 때 버팀만으로 상당부분을 안정시키는 때에는 2개 이상으로 하고 그 하단 부분을 고정시켜야 한다.

해설

버팀대는 3개 이상 등간격으로 한다.

16 ★★ tunnel 굴착 작업시 안전대책이 아닌 것은?

① 터널 내부 출입시 안전모 착용
② 터널 입구에 응급 치료소 설치
③ 환기 및 배기 시설은 주 1회 이상 점검
④ 터널 입구에 출입자 명단 비치

해설

(1) 환기 및 배수 시설은 수시로 이상 유무를 점검한다.
(2) 안전모의 착용
굴착 작업을 하는 때에는 물체의 비산 또는 낙하에 의한 근로자의 위험을 방지하기 위하여 해당 작업에 종사하는 근로자로 하여금 안전모를 착용하도록 한다.

참고 산업안전보건기준에 관한 규칙 제32조(보호구의 지급 등)

[정답] 11 ② 12 ① 13 ④ 14 ④ 15 ④ 16 ③

17 ★★ 차량계 건설기계가 아닌 것은?

① 모터그레이더 ② 셔블로더
③ 버킷 굴삭기 ④ 롤러

해설

문제 3번 해설을 참고할 것

18 ★★★ 채석작업계획에 포함되어야 할 사항 중 안전과 가장 관계가 적은 사항은?

① 채석방법
② 굴착 장소의 면적
③ 굴착면의 소단 위치와 깊이
④ 발파방법

해설

채석작업계획
① 노천굴착과 갱내굴착의 구별 및 채석방법
② 굴착면의 높이와 기울기
③ 굴착면의 소단의 위치와 넓이
④ 갱내에서의 낙반 및 붕괴방지의 방법
⑤ 발파방법
⑥ 암석의 분할방법
⑦ 암석의 가공장소
⑧ 사용하는 굴착기계, 분할기계, 적재기계 또는 운반기계
⑨ 토석 또는 암석의 적재 및 운반방법과 운반경로
⑩ 표토 또는 용수의 처리방법

19 ★★★ 유해, 위험방지를 위하여 방호조치가 필요한 기계기구에 해당하지 않는 것은?

① 예초기 ② 페이퍼 드레인 머신
③ 원심기 ④ 금속절단기

해설

유해·위험 방지를 위하여 방호조치가 필요한 기계기구
① 예초기
② 원심기
③ 공기압축기
④ 금속절단기
⑤ 지게차
⑥ 포장기계(진공포장기, 랩핑기로 한정한다)

참고 산업안전보건법 시행령 [별표 7]

20 ★★★ 굴착작업에서 보링 등 적절한 방법으로 지반의 안정성을 조사해야 한다. 이에 대한 사항으로 옳지 않은 것은?

① 형상, 지질 및 지층의 상태
② 균열, 함수, 용수 상태
③ 지반 배수 상태
④ 매설물의 유무 상태

해설

굴착작업 장소의 사전조사내용
① 형상·지질 및 지층의 상태
② 균열·함수·용수 및 동결의 유무 또는 상태
③ 매설물 등의 유무 또는 상태
④ 지반의 지하수위 상태

참고 산업안전보건기준에 관한 규칙 [별표 4](사전조사 및 작업계획서 내용)

21 ★★★★ 채석을 위한 굴착작업시 관리감독자의 직무사항이 아닌 것은?

① 대피 방법 주지
② 발파 후 발파 장소 및 균열 유무 점검
③ 작업 시작 후 부석 및 균열 유무 확인
④ 폭우가 내린 후 부석 및 균열 유무 확인

해설

채석 작업의 관리감독자 직무
① 대피 방법을 미리 교육하는 일
② 작업을 시작하기 전 또는 폭우가 내린 후에는 암석·토사의 낙하·균열의 유무 또는 함수·용수 및 동결의 상태를 점검하는 일
③ 발파한 후에는 발파 장소 및 그 주변의 암석·토사의 낙하·균열의 유무를 점검하는 일

참고 산업안전보건기준에 관한 규칙 [별표 2]
(관리 감독자의 유해·위험 방지 업무)

22 ★★★ 굴착작업시 위험방지를 위한 조사사항이 아닌 것은?

① 형상, 지질 및 지층의 상태
② 균열, 함수, 용수 및 동결 유무 상태
③ 낙반
④ 매설물 등의 유무 또는 상태

[정답] 17 ② 18 ② 19 ② 20 ③ 21 ③ 22 ③

제5편

해설

굴착작업시 조사사항

① 형상·지질 및 지층의 상태
② 균열·함수(含水)·용수 및 동결의 유무 또는 상태
③ 매설물 등의 유무 또는 상태
④ 지반의 지하수위 상태

참고 산업안전보건기준에 관한 규칙 [별표 4]
(사전조사 및 작업계획서 내용)

23 **앞뒤 두 개의 차륜이 있으며(2축 2륜) 각각의 차축이 평행으로 배치된 것으로 찰흙, 점성토 등의 두꺼운 흙을 다짐하는 데는 적당하나 단단한 각재를 다지는 데는 부적당한 로드 롤러는?**

① 머캐덤 롤러(Macadam Roller)
② 탠덤 롤러(Tandem Roller)
③ 탬핑 롤러(Tamping Roller)
④ 진동 롤러(Vibrating Roller)

해설

전압식 다짐기계

종류	용도 및 특징
머캐덤 롤러 (Macadam Roller)	① 3륜으로 구성 ② 쇄석기층 및 자갈층 다짐에 효과적이다.
탠덤 롤러 (Tandem Roller)	① 도로용 롤러이며, 2륜으로 구성되어 있다. ② 아스팔트 포장의 끝손질 점성토 다짐에 사용된다.
타이어 롤러 (Tire Roll-er)	① Ballast 아래에 다수의 고무타이어를 달아서 다짐한다. ② 사질토, 소성이 낮은 흙에 적합하며 주행속도 개선
탬핑 롤러 (Tamping Roller)	① 롤러 표면에 돌기를 만들어 부착, 땅 깊숙이 다짐 가능 ② 토립자를 이동 혼합하여 함수비 조절 용이(간극수압제거) ③ 고함수비의 점성토지반에 효과적, 유효다짐 깊이가 깊다. ④ 흙덩어리(풍화암 등)의 파쇄효과 및 맞물림효과가 크다.

합격자의 조언

- 제2장 건설기계도 대부분 기계적인 문제가 아닙니다. 법적인 문제입니다. 결론은 본문 내용보다 문제에 충실하세요.
- 부족하다고 생각하시면 과년도(기출) 10년치 문제를 반복해서 보세요.(틀림없이 안전한 합격이 됩니다.)

[정답] 23 ②

Chapter 03

양중 및 해체공사의 안전

중점 학습내용

본 장의 양중 및 해체용 기구의 안전은 양중기의 종류, 용어 등을 폭넓게 기술하였다.
특히 해체용 기계기구 등의 취급기준 등을 기술하여 자기자신을 항상 기계기구 재해에 대비하여 점검과 예방을 할 수 있도록 하고 현장에서 산업재해가 일어나지 않도록 하기 위하여 21세기 실무안전관리자의 역할을 할 수 있도록 하였다. 또 시험에 출제가 예상되는 그 중심적인 내용은 다음과 같다.

❶ 해체용 기구의 종류 및 취급안전 ❷ 양중기의 종류 및 안전수칙

1 해체용 기구의 종류 및 취급 안전

1. 압쇄기

(1) 개 요

① 유압잭으로 파쇄 해체하는 공법이며 셔블에 압쇄기를 부착하여 사용하는 기계이다.
② 벽체의 해체에 용이하며 능률이 우수하다.
③ 해체 높이에 제한이 없고, 취급·조작이 용이하고, 인력이 절감된다.
④ 20[m] 높이까지 작업이 가능하며 철골·철근 절단도 가능하다.
⑤ 단점으로 분진이 발생하므로 반드시 살수 조치가 필요하다.

(2) 취급상 안전기준

① 압쇄기의 중량 등을 고려, 차체에 무리를 초래하는 중량의 압쇄기 부착을 금지하여야 한다.
② 압쇄기 부착과 해체는 경험이 많은 사람이 하도록 하여야 한다.
③ 그리스 주유를 빈번히 실시하고 보수 점검을 수시로 하여야 한다.
④ 기름이 새는지 확인하고 배관부분의 접속부가 안전한지를 점검하여야 한다.
⑤ 절단칼은 마모가 심하기 때문에 적절히 교환하여야 한다.

(3) 건물해체순서 18. 4. 28 기

슬래브 → 보 → 벽체 → 기둥

합격예측 및 관련법규

제142조(타워크레인의 지지)

① 사업주는 타워크레인을 자립고(自立高) 이상의 높이로 설치하는 경우 건축물 등의 벽체에 지지하도록 하여야 한다. 다만, 지지할 벽체가 없는 등 부득이한 경우에는 와이어로프에 의하여 지지할 수 있다.
② 사업주는 타워크레인을 벽체에 지지하는 경우 다음 각 호의 사항을 준수하여야 한다.
1. 「산업안전보건법 시행규칙」 제58조의4제1항제2호에 따른 서면심사에 관한 서류(「건설기계관리법」 제18조에 따른 형식승인서류를 포함한다) 또는 제조사의 설치작업설명서 등에 따라 설치할 것
2. 제1호의 서면심사 서류 등이 없거나 명확하지 아니한 경우에는 「국가기술자격법」에 따른 건축구조·건설기계·기계안전·건설안전기술사 또는 건설안전분야 산업안전지도사의 확인을 받아 설치하거나 기종별·모델별 공인된 표준방법으로 설치할 것
3. 콘크리트 구조물에 고정시키는 경우에는 매립이나 관통 또는 이와 같은 수준 이상의 방법으로 충분히 지지되도록 할 것

다음 페이지에 계속 →

4. 건축 중인 시설물에 지지하는 경우에는 그 시설물의 구조적 안정성에 영향이 없도록 할 것
③ 사업주는 타워크레인을 와이어로프로 지지하는 경우 다음 각 호의 사항을 준수하여야 한다. 18. 3. 4 기 20. 8. 22 기
1. 제2항제1호 또는 제2호의 조치를 취할 것
2. 와이어로프를 고정하기 위한 전용 지지프레임을 사용할 것
3. 와이어로프 설치각도는 수평면에서 60도 이내로 하되, 지지점은 4개소 이상으로 하고, 같은 각도로 설치할 것 24. 2. 15 기
4. 와이어로프와 그 고정부위는 충분한 강도와 장력을 갖도록 설치하고, 와이어로프를 클립·샤클(shackle) 등의 고정기구를 사용하여 견고하게 고정시켜 풀리지 아니하도록 하며, 사용 중에는 충분한 강도와 장력을 유지하도록 할 것
5. 와이어로프가 가공전선(架空電線)에 근접하지 않도록 할 것

제140조(폭풍에 의한 이탈방지)
사업주는 순간풍속이 초당 30[m]를 초과하는 바람이 불어올 우려가 있는 경우 옥외에 설치되어 있는 주행크레인에 대하여 이탈방지장치를 작동시키는 등 이탈 방지를 위한 조치를 하여야 한다. 18. 9. 15 기

제144조(건설물 등과의 사이의 통로)
① 사업주는 주행크레인 또는 선회크레인과 건설물 또는 설비와의 사이에 통로를 설치하는 때에는 그 폭을 0.6[m] 이상으로 하여야 한다. 다만, 그 통로 중 건설물의 기둥에 접촉하는 부분에 대하여는 0.4 [m] 이상으로 할 수 있다.
② 사업주는 제1항의 규정에 의한 통로 또는 주행궤도상에서 정비·보수·점검 등의 작업을 하는 경우에는 그 작업에 종사하는 근로자가 주행하는 크레인에 접촉될 우려가 없도록 크레인의 운전을 정지시키는 등 필요한 안전조치를 하여야 한다.

2. 잭(jack)

(1) 개 요

① 들어올려 파쇄하는 공법이다.
② 보, 바닥 해체에 적당하다.
③ 단점으로 해체물이 많으면 기동성이 떨어지고 낙하물 보호조치가 필요하다.

(2) 취급상의 안전기준

① 잭을 설치하거나 해체할 때는 경험이 많은 사람이 하도록 하여야 한다.
② 유압호스 부분에서 기름이 새는지, 접속부는 이상이 없는지를 확인하여야 한다.
③ 장시간 작업의 경우에는 호스의 커플링과 고무가 연결한 곳에 균열이 발생될 우려가 있으므로 적절히 교환하여야 한다.
④ 보수점검을 수시로 하여야 한다.

3. 철해머

(1) 개 요

① 이동식 크레인에 철해머를 부착하는 기계이다.
② 타격으로 주로 파쇄에 사용되며, 기둥, 보, 바닥, 벽체 해체에 적합하고 능률이 좋다.
③ 단점으로 소음 진동이 매우 크고, 비산물이 많아 매설물 보호가 필요하다.
④ 지하 콘크리트 파쇄에는 적합하지 않다.

(2) 취급상의 안전기준

① 해머는 해체 대상물에 적합한 형상과 중량의 것을 선정하여야 한다.
② 해머는 중량과 작업반경을 고려, 차체의 붐, 프레임 및 차체에 무리가 없는 것을 부착토록 하여야 한다.
③ 해머를 매단 와이어로프의 종류와 직경 등은 적절한 것을 사용하여야 한다.
④ 해머와 와이어로프의 결속은 경험이 많은 사람으로 하여금 실시토록 하여야 한다.
⑤ 와이어로프와 결속부는 사용 전·후 항상 점검하여야 한다.

4. 해체공사 전 확인사항

(1) 해체 대상 건물조사

① 구조(철근 콘크리트조, 철골철근 콘크리트조 등), 층수, 건물높이, 연면적, 기준층 면적
② 평면 구성 상태, 폭, 층고, 벽 배치 상태

③ 부재별 치수, 배근 상태, 해체시 주의하여야 할 구조적으로 약한 부분
④ 해체시 떨어질 우려가 있는 내외장재
⑤ 설비 기구, 전기 배선, 배관 설비 계통
⑥ 건물의 설립 연도
⑦ 건물의 노후정도, 재해(화재, 동해 등) 유무
⑧ 재이용 또는 이설을 요하는 부재 현황 등
⑨ 그 밖의 해당 건물 특성에 따른 내용

(2) 부지 상황 조사

① 부지 내 공지 유무, 해체용 기계 설치 위치, 발생재 처리 장소
② 해체 공사 착수에 앞서 철거, 이설, 보호해야 할 필요가 있는 공사상의 장애물
③ 접속 도로 및 그 폭, 출입구 개수 및 폭, 매설물의 종류 및 개폐 위치

(3) 인근 주변조사

① 인근 건물 동수 및 거주자
② 도로, 상황조사, 가공고압선 유무
③ 차량 대기 장소 유무 및 교통량(통행인 포함)

(4) 해체작업시 해체계획 작성항목

① 해체의 방법 및 해체의 순서도면
② 가설설비, 방호설비, 환기설비 및 살수, 방화설비 등의 방법
③ 사업장 내 연락 방법
④ 해체물의 처분계획
⑤ 해체 작업용 기계, 기구 등의 작업계획서
⑥ 해체 작업용 화약류 등의 사용계획서
⑦ 그밖의 안전·보건에 관련된 사항

5. 해체용 기구의 취급안전

(1) 대형 브레이커 안전

① 대형 브레이커는 중량을 고려, 차체의 붐, 프레임 및 차체에 무리가 없는 것을 부착하도록 하여야 한다.
② 대형 브레이커의 부착과 해체는 경험이 많은 사람이 하도록 하여야 한다.
③ 보수 점검은 수시로 실시하여야 한다.
④ 유압식일 경우는 유압이 높기 때문에 수시로 유압 호스가 새거나 막힌 곳을 점검하여야 한다.
⑤ 끝의 형상에 따라 적합한 용도에 사용하여야 한다.

합격예측 및 관련법규

제145조(건설물 등의 벽체와 통로와의 간격 등)
사업주는 다음 각 호에 규정된 간격을 0.3[m] 이하로 하여야 한다. 다만, 근로자가 추락할 위험이 없는 경우에는 그러하지 아니하다.
17. 3. 5 ㉮ 20. 6. 7 ㉮ 20. 6. 14 ㉯

1. 크레인의 운전실 또는 운전대를 통하는 통로의 끝과 건설물 등의 벽체의 간격
2. 크레인거더의 통로의 끝과 크레인거더와의 간격
3. 크레인거더의 통로로 통하는 통로의 끝과 건설물 등의 벽체의 간격

제146조(크레인 작업시의 조치)
사업주는 크레인을 사용하여 작업을 하는 때에는 다음 각 호의 조치를 준수하여야 하고, 그 작업에 종사하는 관계근로자가 그 조치를 준수하도록 하여야 한다. 17. 3. 5 ㉯

1. 인양할 하물(荷物)을 바닥에서 끌어당기거나 밀어 작업하지 아니할 것
2. 유류드럼이나 가스통 등 운반 도중에 떨어져 폭발하거나 누출될 가능성이 있는 위험물용기는 보관함(또는 보관고)에 담아 안전하게 매달아 운반할 것
3. 고정된 물체를 직접 분리·제거하는 작업을 하지 아니할 것
4. 미리 근로자의 출입을 통제하여 인양중인 하물이 작업자의 머리위로 통과하지 않도록 할 것
5. 인양할 하물이 보이지 아니하는 경우에는 어떠한 동작도 하지 아니할 것(신호하는 사람에 의하여 작업을 하는 경우는 제외한다)

합격예측 및 관련법규

제134조(방호장치의 조정)

① 사업주는 다음 각 호의 양중기에 과부하방지장치, 권과방지장치(捲過防止裝置), 비상정지장치 및 제동장치, 그 밖의 방호장치[승강기의 파이널 리미트 스위치(final limit switch), 속도조절기, 출입문 인터록(inter lock) 등을 말한다]가 정상적으로 작동될 수 있도록 미리 조정해 두어야 한다.
10. 3. 7 산 16. 5. 8 기
17. 8. 26 산 20. 8. 23 산

1. 크레인
2. 이동식 크레인
3. 「자동차관리법」에 따라 차량작업부에 탑재되는 이삿짐운반용 리프트
4. 간이리프트(자동차정비용 리프트는 제외한다)
5. 곤돌라
6. 승강기

② 제1항제1호 및 제2호의 양중기에 대한 권과방지장치는 훅·버킷 등 달기구의 윗면(그 달기구에 권상용 도르래가 설치된 경우에는 권상용 도르래의 윗면)이 드럼, 상부 도르래, 트롤리프레임 등 권상장치의 아랫면과 접촉할 우려가 있는 경우에 그 간격이 0.25[m] 이상[직동식(直動式) 권과방지장치는 0.05[m] 이상으로 한다]이 되도록 조정하여야 한다.

③ 제2항의 권과방지장치를 설치하지 않은 크레인에 대해서는 권상용 와이어로프에 위험표시를 하고 경보장치를 설치하는 등 권상용 와이어로프가 지나치게 감겨서 근로자가 위험해질 상황을 방지하기 위한 조치를 하여야 한다.

(2) 화약류의 안전

① 화약 사용시에는 적절한 발파기술을 사용하며 화약사용에 대한 문제점 등을 파악한 후에 세밀한 계획하에 시행하여야 한다.

② 특히 취급상의 소음으로 인한 공해, 진동, 비산파편에 대한 예방대책이 있어야 한다.

③ 화약류 취급에 대하여는 총포, 도검, 화약류 단속법과 산업안전보건법 등 관계법에서 규정하는 바에 의해 취급하여야 한다.

④ 시공 순서는 화약 취급 절차에 의하여야 한다.

(3) 핸드브레이커의 안전 19. 3. 3 산

① 25~40[kg]의 브레이커를 작동시키게 되므로 현장 정리가 잘되어 있어야 한다.

② 끝의 부러짐을 방지하기 위하여 작업자세는 항상 하향 수직방향으로 유지하여야 한다.

③ 기계는 항상 점검하고 호스가 교차되거나 꼬여 있지 않은지를 점검하여야 한다.

(4) 팽창제의 안전 20. 6. 7 기

① 팽창제와 물과의 혼합 비율을 확인하여야 한다.

② 구멍이 너무 작으면 팽창력이 작아 비효과적이고 너무 커도 좋지 않다. 천공 직경은 30~50[mm] 정도를 유지하여야 한다.

③ 천공 간격은 콘크리트 강도에 의하여 결정되나 30~70[cm] 정도가 적당하다.

④ 팽창제를 저장하는 경우에는 건조한 장소에 보관하고 직접 바닥에 두지 말고 습기를 피하여야 한다.

⑤ 개봉된 팽창제는 사용하지 않아야 하며 쓰다 남은 팽창제 처리에 유의하여야 한다.

(5) 절단톱의 안전

① 작업 현장은 정리정돈이 잘되어야 한다.

② 절단기에 사용되는 전기시설과 급배수설비를 수시 정비 점검하여야 한다.

③ 회전날에는 접촉 방지 커버를 부착토록 하여야 한다.

④ 회전날의 조임 상태는 안전한지 작업 전에 점검하여야 한다.

⑤ 절단중 회전날을 식히기 위한 물이 충분한지 점검하고 불꽃이 많이 비산되거나 수증기 등이 발생하면 과열된 것이므로 주의하여야 한다.

⑥ 절단 방향은 직선이 좋고 부재 중의 철근 등에 의해 절단이 안 될 경우에는 최소 단면으로 절단하여야 한다.

⑦ 절단기는 매일 점검하고 정비해 두어야 한다.

(6) 잭의 안전

① 잭을 설치하거나 해체할 때는 경험이 많은 사람이 하도록 하여야 한다.
② 유압 호스 부분에서 기름이 새는지, 접속부는 이상이 없는지를 확인하여야 한다.
③ 장시간 작업의 경우에는 호스의 커플링과 고무가 연결된 곳에 균열이 발생될 우려가 있으므로 적절히 교환하여야 한다.
④ 보수 점검을 수시로 하여야 한다.

(7) 화염방사기의 안전

① 고온의 용융물이 비산하고 연기가 많이 발생되므로 화재 발생에 주의하여야 한다.
② 소화기를 준비하여 불꽃 비산으로 인접 부분에 발화될 경우에 대비하여야 한다.
③ 작업자는 방열복, 마스크, 장갑 등의 보호구를 착용하여야 한다.
④ 산소 용기가 넘어지지 않도록 조치하여야 한다.
⑤ 용기 내 압력은 온도에 의해 상승하기 때문에 항상 40[℃] 이하로 보존하여야 한다.
⑥ 호스는 결속물로 확실하게 결속하도록 하고 균열되었거나 노후된 것은 사용하지 말아야 한다.

(8) 쐐기 타입기의 안전

① 구멍에 굴곡이 있으면 타입기 자체에 큰 응력이 생겨 쐐기가 휠 우려가 있으므로 천공된 구멍은 굴곡부가 없이 똑바라야 한다.
② 천공 구멍은 타입기 삽입 부분의 직경과 거의 같아야 한다.
③ 쐐기가 절단된 경우는 즉시 교체하여야 한다.
④ 보수 점검은 수시로 하여야 한다.

6. 해체용 기계 병용공법 안전기준

(1) 핸드브레이커 공법과 전도 공법의 병용

① 안전작업 순서
㉮ 해체 건물 외곽에 방호용 비계를 설치한다.
㉯ 바닥판을 일정 크기로 핸드 브레이커로 파쇄한 뒤 철근을 절단하여 낙하시킨다.
㉰ 보의 양단부를 브레이커로 파쇄한 뒤 철근을 절단하여 낙하시킨다.
㉱ 내부의 벽과 기둥 아래쪽을 파쇄한 뒤 전도시킨다.
㉲ 외벽은 일정 크기로 파쇄한 뒤 전도시킨다.
㉳ 해체물의 절단이 끝난 뒤 해체 부재를 반출한다.

합격예측 및 관련법규

사업주는 탑승설비에 대하여는 추락에 의한 근로자의 위험을 방지하기 위하여 다음 각 호의 조치를 하여야 한다.
1. 탑승설비가 뒤집히거나 떨어지지 아니하도록 필요한 조치를 할 것
2. 안전대 및 구명줄을 설치하고, 안전난간의 설치가 가능한 구조인 경우에는 안전난간을 설치할 것
3. 탑승설비와 탑승자의 총중량의 1.3배에 상당하는 중량에 500[kg]을 가산한 수치가 이동식 크레인의 정격하중을 초과하지 아니하도록 할 것

합격예측 및 관련법규

제150조(경사각의 제한)
사업주는 이동식 크레인을 사용하여 작업을 하는 때에는 이동식크레인 명세서에 기재되어 있는 지브의 경사각(인양하중이 3[t] 미만인 이동식 크레인의 경우에는 제조한 자가 지정한 지브의 경사각)의 범위에서 사용하도록 하여야 한다.

합격예측

항타기 항발기 구분
① 타입식
㉮ 낙추해머 (drop hammer)
㉯ 증기해머 (steam hammer)
㉰ 디젤해머 (diesel hammer)
② 진동식해머 (vibro hammer)
③ 압입식(N = 30까지 가능)
④ 사수식(점성토에는 불가)

② 작업시 안전기준

㉮ 내벽과 외벽의 전도 작업(대형 브레이커 공법과 전도 공법의 병용 작업을 참조)

㉯ 절단 부재의 크기는 반출용 윈치와 크레인의 능력을 고려하여 결정하여야 한다.

㉰ 절단 순서는 바닥판 → 보 → 내벽 → 내부기둥 → 외벽 → 외곽 기둥 순으로 하되 전체적인 안전을 고려하여야 한다.

㉱ 예상치 못한 전도와 낙하를 방지하려면 필요에 따라 서포트와 와이어 로프를 사용하여 이에 대한 대비를 하여야 한다.

㉲ 핸드 브레이커 작업과 가스 절단 작업이 동시에 이루어지므로 항상 자신의 안전에 주의하여 위험이 예상되는 경우에는 안전대를 사용하여 추락에 대비하여야 한다.

㉳ 핸드 브레이커 운전자는 방진 마스크, 보호안경, 방진 장갑, 귀마개 등을 사용하고 적당한 휴식을 취하게 하여야 한다.

(2) 압쇄 공법과 대형 브레이커 공법 병용

① 안전작업 순서

㉮ 해체 건물 외곽에 방호용 비계를 설치한다.

㉯ 해체물 장외 방출용 출입구와 바닥판에 해체물 처리용 낙하구 등을 설치한다.

㉰ 압쇄기와 대형 브레이커를 옥상에 인양한다.

㉱ 위층에서 아래층으로 1층씩 압쇄기와 대형 브레이커로 해체한다.

㉲ 한 층 해체시는 중앙 부분을 먼저 해체하고 외벽을 마지막으로 해체한다.

㉳ 압쇄기 및 대형 브레이커를 아래층으로 이동시킨다.

㉴ 해체물은 적절히 반출하고 비계를 순차적으로 철거해 나간다.

② 작업시 안전기준

㉮ 압쇄기로 슬래브, 보 내벽 등을 해체하고 대형 브레이커로 기둥을 해체해 가므로 중기와의 안전거리를 충분히 확보하여야 한다.

㉯ 대형 브레이커의 엔진으로 인한 소음을 최대한 줄일 수 있는 수단을 강구하여야 한다.

(3) 대형 브레이커 공법과 전도 공법 병용

① 안전작업 순서

㉮ 해체 건물 외곽에 방호 비계를 설치한다.

㉯ 해체물 장외 반출용 출입구와 바닥판에 해체물 처리용 낙하구 등을 설치한다.

㉰ 옥상에 대형 브레이커 및 연료, 공구 등을 인양한다.

㉱ 위층에서 아래층으로 1층씩 대형 브레이커를 이용하여 해체된 구조물을 전도시키면서 작업해 나간다.

합격예측 및 관련법규

제51조(구축물 또는 이와 유사한 시설물 등의 안전 유지)

사업주는 구축물 또는 이와 유사한 시설물에 대하여 자중(自重), 적재하중, 적설, 풍압(風壓), 지진이나 진동 및 충격 등에 의하여 붕괴·전도·폭발하거나 무너지는 등의 위험을 예방하기 위하여 다음 각 호의 조치를 하여야 한다.
16. 10. 1 기 19. 3. 3 기 19. 9. 21 기

1. 설계도서에 따라 시공했는지 확인
2. 건설공사 시방서(示方書)에 따라 시공했는지 확인
3. 「건축물의 구조기준 등에 관한 규칙」에 따른 구조기준을 준수했는지 확인

합격예측 및 관련법규

제153조(피트청소시의 조치)

사업주는 리프트의 피트 등의 바닥을 청소하는 경우 운반구의 낙하에 의한 근로자의 위험을 방지하기 위하여 다음 각 호의 조치를 하여야 한다.

1. 승강로에 각재 또는 원목 등을 걸칠 것
2. 제1호에 따라 걸친 각재 또는 원목 위에 운반구를 놓고 역회전 방지기가 붙은 브레이크를 사용하여 구동모터 또는 윈치(winch)를 확실하게 제동해 둘 것

Q 은행문제

파쇄하고자 하는 구조물에 구멍을 천공하여 이 구멍에 가력봉을 삽입하고 가력봉에 유압을 가압하여 천공한 구멍을 확대시킴으로써 구조물을 파쇄하는 공법은? 21. 9. 12 기

① 핸드 브레이커(Hand Breaker)
② 강구(Steel Ball)공법
③ 마이크로파(Microwave)공법
④ 록잭(Rock Jack)공법

정답 ④

㉮ 한 층의 해체는 중앙 부분을 먼저 해체하고 외벽을 최후로 전도하는 등 안전성 확보와 공해 방지에 노력한다.

㉯ 해체물과 잔재는 해체 건물면적에 따라 적절히 반출시킨다.

② 작업시 안전기준

㉮ 크레인 설치위치의 적성 여부를 확인하여야 한다.

㉯ 철해머를 매단 와이어 로프는 사용 전 반드시 점검하도록 하고 작업중에도 와이어 로프가 손상하지 않도록 주의하여야 한다.

㉰ 철해머 작업변경 내와 해체물이 낙하할 우려가 있는 곳은 사람의 출입을 통제하여야 한다.

㉱ 슬래브와 보 등과 같이 수평재는 수직으로 낙하시켜 해체하고 벽, 기둥 등은 수평으로 선회시켜 두드려 해체하도록 한다. 특히 벽과 기둥의 상단을 두드리지 않도록 주의하여야 한다.

㉲ 기둥과 벽은 철해머를 수평으로 선회시켜 해체하며, 이때 선회 거리와 속도 등에 주의하여야 한다.

㉳ 분진 발생 방지 조치를 취하여야 한다.

㉴ 철근 절단은 높은 곳에서 이루어지므로 안전대를 사용하고 무리한 작업을 피하여야 한다.

㉵ 철해머 공법에 의한 해체작업은 자칫하면 현장의 혼란을 초래하여 위험하게 되므로 정리정돈에 노력하여야 한다.

(4) 철해머 공법과 대형 브레이커 공법 병용

① 안전작업 순서

㉮ 해체 건물 외곽에 방호용 비계를 설치한다.

㉯ 해체물 장외반출용 출입구와 바닥판에 해체물 낙하구를 설치한다.

㉰ 옥상에 소형 크레인과 대형 브레이커를 인양한다.

㉱ 위층에서 아래층으로 한 층씩 철해머와 대형 브레이커를 사용하여 파쇄하면서 전도 공법을 병용하여 해체해 나간다.

㉲ 한 층의 해체는 중앙 부분에서 먼저 해체해 마지막으로 외벽을 전도시킨다.

㉳ 철해머로 슬래브를 해체한다. 원칙적으로 소형 크레인이 설치된 슬래브는 뒤로 후퇴하면서 해체하고, 나머지 부분은 아래층으로 이동한 뒤 해체한다.

㉴ 대형 브레이커는 내벽과 내부 기둥을 전진하면서 해체한다.

㉵ 해체물과 잔재는 개구부를 이용해 적절히 반출한다.

㉶ 방호용 비계는 해체 작업과 같이 한 층씩 철거해 나간다.

② 작업시 안전기준

㉮ 크레인과 대형 브레이커 인양시는 크레인 작업반경, 중량 등을 고려하여 인양토록 한다.

합격예측 및 관련법규

제154조(붕괴 등의 방지)

① 사업주는 지반침하, 불량한 자재사용 또는 헐거운 결선(結線) 등으로 인하여 리프트가 붕괴되거나 넘어지지 아니하도록 필요한 조치를 하여야 한다.
② 사업주는 순간풍속이 매초당 35[m]를 초과하는 바람이 불어올 우려가 있는 때에는 건설작업용 리프트(지하에 설치되어 있는 것은 제외한다)에 대하여 받침의 수를 증가시키는 등 그 붕괴 등을 방지하기 위한 조치를 하여야 한다.
17. 5. 7 산 22. 4. 24 기

합격예측 및 관련법규

제156조(조립 등의 작업)

① 사업주는 리프트의 설치·조립·수리·점검 또는 해체 작업을 하는 경우 다음 각 호의 조치를 하여야 한다.
1. 작업을 지휘하는 사람을 선임하여 그 사람의 지휘하에 작업을 실시할 것
2. 작업을 할 구역에 관계근로자가 아닌 사람의 출입을 금지하고 그 취지를 보기 쉬운 장소에 표시할 것
3. 비·눈 그 밖의 기상상태의 불안정으로 인하여 날씨가 몹시 나쁜 경우에는 그 작업을 중지시킬 것

② 사업주는 제1항제1호의 작업을 지휘하는 자로 하여금 다음 각호의 사항을 이행하도록 하여야 한다.
1. 작업방법과 근로자의 배치를 결정하고 해당 작업을 지휘하는 일
2. 재료의 결함유무 또는 기구 및 공구의 기능을 점검하고 불량품을 제거하는 일
3. 작업중 안전대 등 보호구의 착용상황을 감시하는 일 16. 10. 1 기

합격예측

양중기란 동력을 사용하여 화물, 사람 등을 운반하는 기계·설비 19. 8. 4 기 21. 5. 15 기 22. 3. 5 기

① 크레인(호이스트 포함)
② 이동식 크레인
③ 리프트(이삿짐운반용 리프트의 경우에는 적재하중이 0.1[t] 이상인 것)
④ 곤돌라
⑤ 승강기

Q 은행문제

도심지 폭파해체공법에 관한 설명으로 옳지 않은 것은? 20. 9. 27 기

① 장기간 발생하는 진동, 소음이 적다.
② 해체 속도가 빠르다.
③ 주위의 구조물에 끼치는 영향이 적다.
④ 많은 분진 발생으로 민원을 발생시킬 우려가 있다.

정답 ③

㈏ 중기 운전자는 풍부한 경험을 가진 자를 선임하도록 하여야 한다.

㈐ 중기를 슬래브 위에 설치할 경우에는 미리 구조 강도를 조사하여 안전성 여부를 확인하여야 한다. 특히 중기가 설치된 슬래브에는 해체물이 적재되므로 필요에 따라 대형 지지물 등의 설치를 고려하여야 한다.

㈑ 철해머는 슬래브 위를 후퇴하면서 해체하고 대형 브레이커는 아래층의 슬래브 위를 전진하면서 내벽과 내부 기둥을 해체하게 되므로 중기 상호간 안전거리를 항상 유지하여야 한다.

㈒ 중기의 작업반경 내 및 해체물이 비산할 가능성이 있는 범위 내에는 사람의 출입을 통제하여야 한다.

㈓ 보 해체시는 양단부를 대형 브레이커로 일부 파쇄시킨 후 철해머로 해체하도록 하여야 한다.

㈔ 철해머를 매단 와이어는 작업 전에 손상 유무를 점검하고 작업중에도 수시로 점검토록 하여야 한다.

㈕ 물 뿌리는 작업은 바닥판이 단단하고 시야가 양호한 장소를 선택해 작업하고 필요에 따라 안전대를 착용하여야 한다.

2 양중기의 종류 및 안전수칙

1. 크레인(crane)

(1) 드래그크레인(drag crane)

① 구조 및 기능

㈎ 크레인 선회부분을 고무 타이어의 트럭 섀시 위에 장치한 기계로서 안정도를 높이기 위해 4곳에 아우트리거(outrigger)를 설치하였으며, 엔진은 크레인용, 섀시용이 따로 탑재되어 있다.

㈏ 대용량으로 표준 암과 연장 붐의 것이 많으며, 지브 붐(jib boom)의 설치가 가능하다.

㈐ 접지압이 크므로 연약지 작업이 불가능하나 기동성이 크고 미세한 인칭(inching)이 가능하다.

② 용 도

㈎ 고층 건물의 철골 조립, 자재의 적재, 운반, 항만 하역 작업 등에 사용한다.

㈏ 부속장치를 교환하여 파워셔블(power shovel), 백호(back hoe), 드래그라인(drag line), 클램쉘(clamshell), 파일해머(pile hammer)로도 사용할 수 있다.

(2) 휠크레인(wheel crane)

① 구조 및 기능

㉮ 크롤러크레인의 크롤러 대신 차륜을 장치한 것으로서 드래그크레인보다 소형이며, 모빌 크레인이라고도 한다.

㉯ 크레인 운전실에서도 주행 조작이 가능하다.

② 용도 : 공장과 같이 작업범위가 제한되어 있는 장소에 적합하다.

(3) 크롤러크레인(crawler crane) 16. 8. 21 기 20. 8. 23 산

① 구조 및 기능

㉮ 크롤러셔블에 크레인 부속장치를 설치한 것으로서 주행장치가 굴삭기용보다 긴 것이나 너비가 넓은 것을 사용하여 안정성이 70[%]이며, 다목적이다.

㉯ 엔진, 제어장치, 케이블 드럼, 조정실, 평면추로 구성되어 있다.

② 용도 : 좁은 장소나 습지대 등에서도 작업이 가능하다.(아우트리거가 없다)

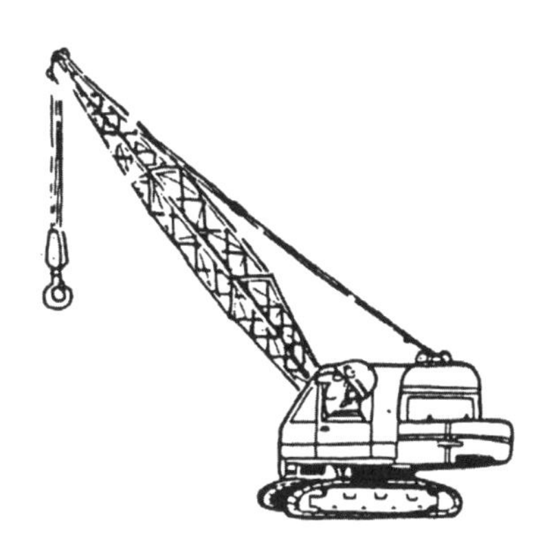

[그림] 크롤러크레인

(4) 케이블크레인(cable crane)

① 구조 및 기능

㉮ 양끝의 타워(tower)에 굵은 케이블을 쳐서 트롤리를 달아 운반물을 달아 올리는 방식의 기계이며, 권상 능력은 1[ton]에서 25[ton]까지이다.

㉯ 타워형은 양측 고정형, 한쪽 주행형, 양쪽 주행형 등이 있다.

② 용도 : 댐 공사 등에서 콘크리트나 자재 운반시에 이용한다.

(5) 천장주행(走行) 크레인

천장형 크레인에 양다리를 달고 여기에 주행 레일을 설치하여 이동하도록 한 기계이며, 주로 콘크리트 빔의 제작이나 가공 현장 등에서 사용한다.

용어정의

① 리프트 : 동력을 사용하여 사람이나 화물을 운반하는 것을 목적으로 하는 기계설비

② 승강기 : 건축물이나 고정된 시설물에 설치되어 일정한 경로에 따라 사람이나 화물을 승강장으로 옮기는 데에 사용되는 설비

합격예측

크레인의 종류

(1) 고정식 크레인

① 타워크레인 : 높이 들어올리는 것이 가능, 작업범위 넓음

② 지브크레인 : 주행식, 고정식이 있으며 조립해체가 용이

③ 호이스트크레인 : 건물의 길이방향으로 2개의 주행레일을 설치하여 화물운반

(2) 이동식 크레인

① 트럭크레인 : 기동성이 우수, 안정확보를 위해 아우트리거 설치

② 크롤러크레인 : 연약지반 위에서 주행성능이 좋으나 기동성은 저조

③ 유압크레인 : 이동속도가 빠르고 안정을 확보하기 위해 아우트리거 설치

(6) 타워크레인(tower crane)

① 구조 및 기능

㉮ 높은 탑 위에 호이스트식 지브(hoist type jib)나 수평 한쪽 지지식 지브 붐을 설치한 것으로서 360[°] 회전이 가능하다.

㉯ 종류로는 자립고정식과 주행차에 의한 주행식이 있다.

② 용도 : 주로 높이를 필요로 하는 건축 현장이나 빌딩 고층화 등에 사용한다.

(7) 이동식 크레인

동력을 이용해서 짐을 달아 올리거나 수평 운반을 목적으로 하며, 기계장치에 있어서 원동기를 내장하며, 불특정의 장소로 이동시킬 수 있는 방식의 것을 말한다.

(8) 트랙터크레인

셔블계 굴착기의 상체부에 크레인을 장착한 것으로 주행장치에 따라 휠식(車輪式) 크레인, 장궤식(裝軌式) 크레인 등으로 나누며, 주로 고르지 못한 지형이나 연약 지반에서의 작업에는 장궤식, 고속 주행을 요할 경우는 휠식 크레인이 사용된다.

(9) 적용 제외

이동식 크레인, 데릭, 엘리베이터, 간이 엘리베이터, 건설용 리프트는 크레인에 적용하지 않는다.

2. 양중기 용어의 정의

(1) 달아올리기 하중

크레인, 이동식 크레인 또는 데릭의 구조 및 재료에 따라 부하시킬 수 있는 최대하중을 말한다.

(2) 규정(정격)하중 19. 4. 27 ㉠

지브(jib)를 갖지 않는 크레인, 또는 붐(boom)을 갖지 않는 크레인, 또는 붐을 갖지 않는 데릭에 있어서는 달아올리기 하중으로부터, 지브를 갖는 크레인(이하 지브 크레인이라 함), 이동식 크레인 또는 붐을 갖는 데릭에 있어서는 그 구조 및 재료와 아울러 지브 혹은 붐의 경사각 및 길이 또는 지브 위에 놓이는 도르래의 위치에 따라 부하시킬 수 있는 최대하중으로부터 각각 훅(hook), 버킷(bucket) 등의 달아올리기 기구의 중량에 상당하는 하중을 공제한 하중을 말한다.

(3) 적재하중

엘리베이터, 간이 리프트 또는 건설용 리프트의 구조 및 재료에 따라서 운반기에 사람 또는 짐을 올려놓고 승강시킬 수 있는 최대하중을 말한다.

합격예측

타워크레인 선정시 사전 검토사항 19. 3. 3 ㉠ 19. 8. 4 ㉠

① 작업반경
② 입지조건
③ 건립기계의 소음영향
④ 건물형태
⑤ 인양능력

합격예측

크레인의 방호장치
18. 8. 19 ㉠ 19. 3. 3 ㉠ 21. 9. 12 ㉠
22. 4. 24 ㉠ 24. 2. 15 ㉠

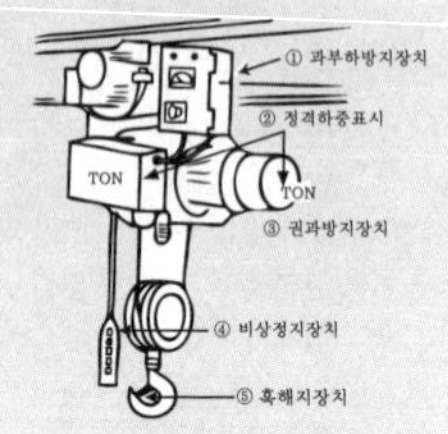

합격예측 및 관련법규

제136조(안전밸브의 조정)
사업주는 유압을 동력으로 사용하는 크레인의 과도한 압력상승을 방지하기 위한 안전밸브에 대하여 정격하중(지브크레인은 최대의 정격하중으로 한다)를 건 때의 압력 이하로 작동되도록 조정하여야 한다. 다만, 하중시험 또는 안전도시험을 하는 경우 그러하지 아니하다.

제137조(해지장치의 사용)
사업주는 훅걸이용 와이어로프 등이 훅으로부터 벗겨지는 것을 방지하기 위한 장치(이하 "해지장치"라 한다)를 구비한 크레인을 사용하여야 하며, 그 크레인을 사용하여 짐을 운반하는 경우에는 해지장치를 사용하여야 한다. 11. 10. 2 ㉠

(4) 정격속도

크레인, 이동식 크레인 또는 데릭에 있어서는 그것에 정규하중에 상당하는 하중의 짐을 달아올리기, 주행, 선행 트롤리(trolley)의 횡행(橫行) 등의 작동을 행하는 경우에 있어서 각각 최고의 속도와, 엘리베이터, 간이 엘리베이터 또는 건설용 리프트에 있어서는 운반기의 적재하중에 상당하는 하중의 짐을 상승시키는 경우의 최고속도를 말한다.

(5) 크레인

동력을 이용해서 짐을 달아올리거나 그것을 수평으로 운반하는 것을 목적으로 하는 기계 중에서 이동식 크레인 또는 데릭에 해당하는 것을 제외한 것을 말한다.

(6) 이동식 크레인

동력을 이용해서 짐을 달아올리거나 그것을 운반하는 것을 목적으로 한다. 기계장치에 있어서 원동기를 내장하며, 불특정의 장소로 이동시킬 수 있는 방식의 것을 말한다.

(7) 데릭(derrick)

동력을 이용해서 짐을 달아올리는 것을 목적으로 하는 기계장치이며, 붐을 갖고 원동기를 설치하여 와이어로프에 의해 조작되는 것을 말한다.

(8) 승강기

건축물이나 고정된 시설물에 설치되어 일정한 경로에 따라 사람이나 화물을 승강장으로 옮기는 데에 사용되는 설비

(9) 자동차정비용 리프트

동력을 사용하여 가이드레일을 따라 움직이는 지지대로 자동차 등을 일정한 높이로 올리거나 내리는 구조의 리프트로서 자동차 정비에 사용하는 것

(10) 건설용 리프트

동력을 사용하여 가이드레일을 따라 상하로 움직이는 운반구를 매달아 사람이나 화물을 운반할 수 있는 설비 또는 이와 유사한 구조 및 성능을 가진 것으로 건설현장에서 사용하는 것

합격예측

① 와이어로프란 양질의 고탄소강에서 인발한 소선(Wire)을 꼬아서 가닥(Strand)으로 만들고 이 가닥을 심(Core) 주위에 일정한 피치(Pitch)로 감아서 제작한 로프

② 안전계수

$$= \frac{\text{절단하중}}{\text{최대사용하중}}$$

합격예측 및 관련법규

제163조(와이어로프 등 달기구의 안전계수)

17. 8. 26 ㉮ 17. 9. 23 ㉮ 19. 8. 4 ㉯

① 사업주는 양중기의 와이어로프 등 달기구의 안전계수(달기구 절단하중의 값을 그 달기구에 걸리는 하중의 최댓값으로 나눈 값을 말한다)가 다음 각 호의 구분에 따른 기준에 맞지 아니한 경우에는 이를 사용해서는 아니 된다. 17. 5. 7 ㉮

1. 근로자가 탑승하는 운반구를 지지하는 달기와이어로프 또는 달기체인의 경우 : 10 이상
2. 화물의 하중을 직접 지지하는 달기와이어로프 또는 달기체인의 경우 : 5 이상
3. 훅, 샤클, 클램프, 리프팅 빔의 경우 : 3 이상
4. 그 밖의 경우 : 4 이상

합격예측 및 관련법규

제161조(폭풍에 의한 무너짐 방지)

사업주는 순간풍속이 초당 35미터를 초과하는 바람이 불어올 우려가 있는 경우 옥외에 설치되어 있는 승강기에 대하여 받침의 수를 증가시키는 등 승강기가 무너지는 것을 방지하기 위한 조치를 하여야 한다.

제162조(조립 등의 작업)

① 사업주는 사업장에 승강기의 설치·조립·수리·점검 또는 해체 작업을 하는 경우 다음 각 호의 조치를 하여야 한다.
  1. 작업을 지휘하는 사람을 선임하여 그 사람의 지휘하에 작업을 실시할 것
  2. 작업을 할 구역에 관계 근로자가 아닌 사람의 출입을 금지하고 그 취지를 보기 쉬운 장소에 표시할 것
  3. 비, 눈, 그 밖에 기상상태의 불안정으로 날씨가 몹시 나쁜 경우에는 그 작업을 중지시킬 것

② 사업주는 제1항제1호의 작업을 지휘하는 사람에게 다음 각 호의 사항을 이행하도록 하여야 한다.
  1. 작업방법과 근로자의 배치를 결정하고 해당 작업을 지휘하는 일
  2. 재료의 결함 유무 또는 기구 및 공구의 기능을 점검하고 불량품을 제거하는 일
  3. 작업 중 안전대 등 보호구의 착용 상황을 감시하는 일

3. 안전기준

(1) 크레인의 작업 시작 전 점검사항

① 권과방지장치, 브레이크, 클러치 및 운전장치의 기능
② 주행로의 상측 및 트롤리가 횡행하는 레일의 상태
③ 와이어로프가 통하고 있는 곳의 상태

(2) 와이어로프의 사용제한 조건 17. 5. 7 기·산 24. 2. 15 기

① 이음매가 있는 것
② 와이어로프의 한 꼬임에서 끊어진 소선의 수가 10[%] 이상인 것
③ 지름의 감소가 공칭지름의 7[%]를 초과하는 것
④ 꼬인 것
⑤ 심하게 변형 또는 부식된 것
⑥ 열과 전기 충격에 의해 손상된 것

(3) 달기체인의 사용제한 조건 16. 10. 1 기

① 달기체인의 길이의 증가가 그 달기체인이 제조된 때의 길이의 5[%]를 초과한 것
② 링의 단면 지름의 감소가 그 달기체인이 제조된 때의 해당 링의 지름의 10[%]를 초과한 것
③ 균열이 있거나 심하게 변형된 것

(4) 크레인 운전 안전수칙

① 작업 전에 아우트리거(잭)를 완전히 설치해야 한다.
② 작업장은 수평되고 견고한 지면을 선택하여 장비를 설치하여야 한다.
③ 작업장의 협소로 아우트리거를 사용하지 않을 때는 받침목을 고이고 규정된 타이어 공기압을 확인 유지해야 한다.
④ 붐을 세운 채로 현장 주행을 금지해야 한다.
⑤ 화물 인양시에는 능력표와 필히 비교한 후 인양해야 한다.
⑥ 작업 반경과 인양능력은 밀접한 관계가 있으니 특히 주의해야 하며, 작업반경 내에는 불필요한 사람의 접근을 금한다.
⑦ 중량품을 취급할 경우 로프(크레인 붐, 호이스트 와이어)가 늘어나므로 실작업반경보다 약간 길게 인양능력을 계산해야 한다.
⑧ 작업반경이 클수록 인양능력은 저하되므로 무리한 작업을 할 경우는 크레인이 전복되기 쉽고, 반면 반경이 작을 때는 좀 무리한 작업을 하더라도 전복은 되지 않으나 크레인이 파손될 우려가 있으니 절대로 무리한 작업을 해서는 안 된다.

⑨ 화물을 인양한 채 운전석 이탈을 절대로 금지해야 한다.
⑩ 작업중의 드럼에는 언제나 완전히 두 바퀴 이상 감길 수 있도록 와이어 로프가 감겨야 한다.
⑪ 작업신호는 지정된 책임자 또는 지정된 요원에 의해 실시하고 현장 인부나 무경험자가 신호를 해서는 안 되며, 신호자가 책임을 가짐을 주지시켜야 한다.
⑫ 드럼에는 회전제어기나 역회전방지기가 장치되어야 한다.
⑬ 정지시킬 때에는 모든 조작 레버를 중 위치에 둔 다음 메인 스위치를 뺀다.
⑭ 그 밖에 모든 규칙을 잘 수행해야 하며 스윙(회전)시는 일단 정지 후 반대로 회전한다.

합격예측 및 관련법규

제170조(링 등의 구비)

① 사업주는 엔드레스(endless)가 아닌 와이어로프 또는 달기체인에 대하여는 그 양단에 훅·샤클·링 또는 고리를 구비한 것이 아니면 크레인 또는 이동식 크레인의 고리걸이용구로 사용하여서는 아니 된다.
② 제1항의 규정에 의한 고리는 꼬아넣기[아이스플라이스(eye splice)를 의미한다. 이하 같다] 압축멈춤 또는 이러한 것과 같은 정도 이상의 힘을 유지하는 방법으로 제작된 것이어야 한다. 이 경우 꼬아넣기는 와이어로프의 모든 꼬임을 3회 이상 끼워 짠 후 각각의 꼬임의 소선 절반을 잘라내고 남은 소선을 다시 2회 이상(모든 꼬임을 4회 이상 끼워짠 경우에는 1회 이상) 끼워 짜야 한다.

4. 리프트 안전기준

(1) 조립시 안전기준

① 기초와 기초틀은 볼트로 긴결(緊結)하여 수평으로 조립한다.
② 각 부의 볼트가 느슨하지 않도록 조인다.
③ 레일 서포트(rail-support)는 1.8[m] 이내마다 철물을 사용해서 설치한다.
④ 가이 로프(guy rope)는 1.8[m] 정도로서 안전을 확보할 수 있도록 한다.
⑤ 작업 바닥면으로부터 1.8[m]까지 울을 설치한다.
⑥ 플레이트 홈은 각 단 동일 방향으로 '주의' 표지를 붙인다.
⑦ 하대(荷臺)의 최종 위치를 와이어로프 등으로 표시하여 지나치게 상승하는 것을 방지한다.
⑧ 운전원으로부터 각 층을 보는 것이 곤란한 경우는 버저, 램프 등의 신호장치를 둔다.
⑨ 각 와이어로프의 클립, 윈치드럼의 끝 손잡이 등은 와이어로프가 빠지지 않도록 긴결한다.
⑩ 윈치는 플리트 앵글(fleet angle)을 적절히 취해 안정한 상태로 설치한다.
⑪ 접지는 확실하게 한다.

(2) 작업시 안전기준

① 운전은 기능자를 선정하여 정해진 사람이 행한다.
② 승강작업의 신호는 정해진 사람이 행한다.
③ 권상(卷上) 윈치의 와이어 로프는 엉키지 않도록 주의한다.
④ 권상 로프의 통로에 이상이 없는가 주의한다.
⑤ 하대의 짐내리기는 원활히 행하고 가능한 한 충격을 주지 않도록 한다.
⑥ 타워머리의 좌우 움직임은 중심으로부터 좌우 45[°] 이상 흔들리지 않도록 윈치를 설치한다.

합격예측 및 관련법규

제171조(전도 등의 방지)

사업주는 차량계 하역운반기계 등을 사용하는 작업을 할 때에 그 기계가 넘어지거나 굴러 떨어짐으로써 근로자에게 위험을 미칠 우려가 있는 경우에는 그 기계를 유도하는 사람(이하 "유도자"라 한다)을 배치하고 지반의 부동침하(不同沈下) 방지 및 갓길 붕괴를 방지하기 위한 조치를 하여야 한다.

16. 10. 1 ㉮ 18. 9. 15 ㉮ 19. 4. 27 ㉮

제173조(화물적재시의 조치)

① 사업주는 차량계 하역운반기계 등에 화물을 적재하는 경우에는 다음 각 호의 사항을 준수하여야 한다.

17. 5. 7 ㉮ 17. 8. 26 ㉮ 19. 4. 27 ㉯ ㉮

1. 하중이 한쪽으로 치우치지 않도록 적재할 것
2. 구내운반차 또는 화물자동차의 경우 화물의 붕괴 또는 낙하에 의한 위험을 방지하기 위하여 화물에 로프를 거는 등 필요한 조치를 할 것
3. 운전자의 시야를 가리지 않도록 화물을 적재할 것

② 제1항의 화물을 적재하는 경우에는 최대적재량을 초과하여서는 아니 된다.

합격예측

곤돌라

달기발판 또는 운반구, 승강장치, 그 밖의 장치 및 이들에 부속된 기계부품에 의하여 구성되고, 와이어로프 또는 달기강선에 의하여 달기발판 또는 운반구가 전용 승강장치에 의하여 오르내리는 설비

⑦ 안전율

$$S = \frac{NP}{Q},\ Q = \frac{NP}{S}$$

여기서 S : 안전율 N : 로프 가닥수
P : 로프의 파단강도[kg] Q : 허용응력[kg]

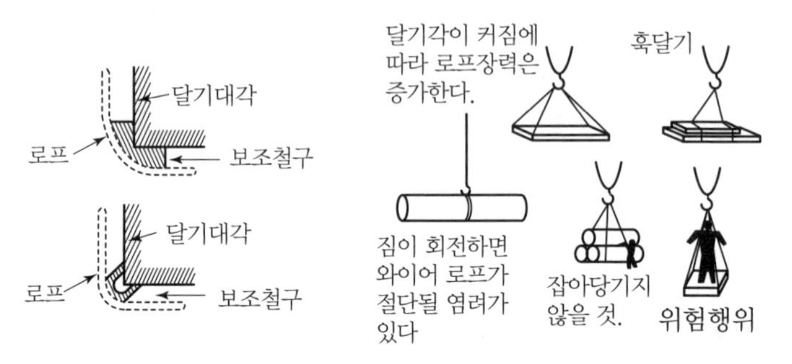

[그림] 로프의 보호줄걸이 작업(예)

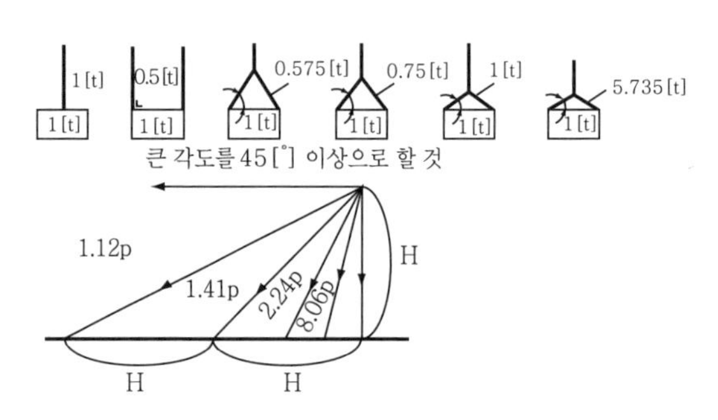

[그림] 와이어로프의 사용각도

5. 곤돌라 안전기준

(1) 낙하방지 안전기준

① 가반식 곤돌라를 사용할 때, 달아내리기 위해서 와이어 로프가 1개인 곤돌라를 사용할 때는 옥상 등의 견고한 기둥에 확실하게 구명선을 취부하여 안전대 등을 사용한다.

② 달아 내리기 위한 와이어로프가 2개 이상인 상설식 곤돌라를 사용할 때는 케이지(곤돌라) 또는 작업상에 안전대 등을 착용한다.

(2) 작업중 주의 사항

① 곤돌라 조작은 지정한 자만 사용할 수 있다.

② 작업은 반드시 케이지를 정지하여 시작한다.

③ 케이지에는 잘 보이는 곳에 적재하중을 표시하고, 또 그 적재하중을 초과하는 무게는 싣지 않을 것

④ 케이지 안에는 발판, 사다리 등을 사용하지 말 것
⑤ 상설식 곤돌라를 회전하기도 하고, 암(arm)의 회전을 바꿀 때는 케이지를 정지시켜서 행할 것
⑥ 상설식 곤돌라에서는 작업상은 항상 수평을 유지하고, 만일 경사시에는 즉시 작업을 중단하여 점검 수리를 실시하고, 안전을 확인하고 나서 작업할 것
⑦ 가반식 곤돌라에서는 좌우 구동부위를 조절하면서 항상 수평을 유지해야 한다.
⑧ 건축물의 외벽에서 가이드레일 등의 설비가 되어 있지 않을 때는 벽면에 케이지의 전면이 닿지 않도록 유의하여 게이지를 승강시켜 필요한 경우에는 케이지 전면에 보호물을 취부할 것
⑨ 상설식 곤돌라를 이동시킬 때는 작업상 최상부까지는 상승시켜 행할 것
⑩ 가반식 곤돌라를 이동시킬 때는 작업상을 최상부까지 들어올리고 행하든가 또는 노상 등의 최하부까지 내려서 행할 것
⑪ 전동식 곤돌라를 사용하는 경우에 있어서 정전 고장 때는 작업원이 승강제어기가 정지위치에 있는 것을 확인시켜 감시원을 통한 지시에 따라야 한다.
⑫ 상설식 곤돌라는 작업 종료 후, 소정의 위치에 격납하고, 케이지가 달린 채 놓지 말 것
⑬ 가반식 곤돌라는 작업 종료 후, 건물의 최상부 또는 최하부에 놓고, 케이지는 고정시켜 놓을 것
⑭ 곤돌라의 조작에 대해서 일정한 신호를 정해 놓고 신호를 하는 자로 지명된 자로 하여금 신호를 하도록 할 것
⑮ 곤돌라를 조작하고 있는 자는 곤돌라 사용시에 조작 위치에서 이탈하지 말 것

6. 기타 양중기 안전

(1) 가이데릭(guy derrick) 18. 4. 28 기

① 구조 및 기능
㉮ 마스터(master), 붐(boom), 블록(block)류, 가이 로프(guy rope)로 이루어진 고정식으로서 마스터 최상부에 6~8개의 가이 로프로 지지되고, 경사진 붐이 설치되어 있으며, 붐 끝에는 하중 권상 블록, 호이스트가 달려 있다.
㉯ 훅(hook), 붐의 경사, 회전 등은 윈치(winch)로 조정되며, 360[°] 선회가 가능하다.
㉰ 보통 붐은 마스터 높이 80[%] 정도의 길이까지 사용한다.
② 용도 : 중량물의 이동, 하역작업, 철골조립 작업, 항만 하역 설비 등에 사용한다.

합격예측 및 관련법규

제174조(차량계 하역운반기계 등의 이송)
사업주는 차량계 하역운반기계 등을 이송하기 위하여 자주 또는 견인에 의하여 화물자동차에 싣거나 내리는 작업을 할 때에 발판·성토 등을 사용하는 경우에는 해당 차량계 하역운반기계 등의 전도 또는 전락에 의한 위험을 방지하기 위하여 다음 각 호의 사항을 준수하여야 한다. 17. 5. 7 산
1. 싣거나 내리는 작업은 평탄하고 견고한 장소에서 할 것
2. 발판을 사용하는 경우에는 충분한 길이·폭 및 강도를 가진 것을 사용하고 적당한 경사를 유지하기 위하여 견고하게 설치할 것
3. 가설대 등을 사용하는 경우에는 충분한 폭 및 강도와 적당한 경사를 확보할 것
4. 지정운전자의 성명·연락처 등을 보기 쉬운 곳에 표시하고 지정운전자 외에는 운전하지 않도록 할 것

Q 은행문제

화물용 엘리베이터를 설계하면서 와이어로프의 안전하중은 10 [ton]이라면 로프의 가닥수를 얼마로 하여야 하는가?(단, 와이어로프 한 가닥의 파단강도는 4[ton]이며 화물용 승강기 와이어로프의 안전율은 6으로 한다.)
① 10가닥 ② 15가닥
③ 20가닥 ④ 30가닥

정답 ②

합격예측 및 관련법규

제177조(싣거나 내리는 작업)

사업주는 차량계 하역운반기계 등에 단위화물의 무게가 100[kg] 이상인 화물을 싣는 작업(로프걸이작업 및 덮개를 덮는 작업을 포함한다. 이하 같다) 또는 내리는 작업(로프풀기작업 또는 덮개를 벗기는 작업을 포함한다. 이하 같다)을 하는 경우에는 해당 작업의 지휘자를 지정하여 다음 각 호의 사항을 준수하도록 하여야 한다. 10. 3. 7 ㉭

1. 작업순서 및 그 순서마다의 작업방법을 정하고 작업을 지휘할 것
2. 기구 및 공구를 점검하고 불량품을 제거할 것
3. 해당 작업을 행하는 장소에 관계근로자가 아닌 사람이 출입하는 것을 금지할 것
4. 로프풀기 작업 또는 덮개 벗기기 작업은 적재함의 화물이 떨어질 위험이 없음을 확인한 후에 하도록 할 것

(2) 3각데릭(triangle derrick) 19. 8. 4 ㉭

① **구조 및 기능** : 마스터를 2개의 다리(leg)로 지지한 것으로서 스티프레그 데릭이라고 하며 붐은 2개의 다리가 있으므로 270[°]까지 회전한다.

② **용 도**

㉮ 가이 로프의 길이가 길 필요가 없는 빌딩의 옥상 등 협소한 장소의 작업에 적합하다.

㉯ 기초가 없어도 되며, 차륜에 설치한 경우 이동이 간단하므로 파일 해머 작업, 교량 가설, 항만 하역 작업 등에 사용한다.

(3) 승강기

건축물이나 고정된 시설물에 설치되어 일정한 경로에 따라 사람이나 화물을 승강장으로 옮기는 데에 사용되는 설비

(4) 리프트 11. 6. 12 ㉮

동력을 사용하여 사람이나 화물을 운반하는 것을 목적으로 하는 기계설비

① **건설용 리프트** : 동력을 사용하여 가이드레일을 따라 상하로 움직이는 운반구를 매달아 사람이나 화물을 운반할 수 있는 설비 또는 이와 유사한 구조 및 성능을 가진 것으로 건설현장에서 사용하는 것

② **산업용 리프트** : 동력을 사용하여 가이드레일을 따라 상하로 움직이는 운반구를 매달아 화물을 운반할 수 있는 설비 또는 이와 유사한 구조 및 성능을 가진 것으로 건설현장 외의 장소에서 사용하는 것

③ **자동차정비용 리프트** : 동력을 사용하여 가이드레일을 따라 움직이는 지지대로 자동차 등을 일정한 높이로 올리거나 내리는 구조의 리프트로서 자동차 정비에 사용하는 것

④ **이삿짐운반용 리프트** : 연장 및 축소가 가능하고 끝단을 건축물 등에 지지하는 구조의 사다리형 붐에 따라 동력을 사용하여 움직이는 운반구를 매달아 화물을 운반하는 설비로서 화물자동차 등 차량 위에 탑재하여 이삿짐운반 등에 사용하는 것

[표] 안전계수의 구분

구 분	안전계수
근로자가 탑승하는 운반구를 지지하는 경우	10 이상
화물의 하중을 직접 지지하는 경우	5 이상
훅, 샤클, 클램프, 리프팅 빔의 경우	3 이상
그 밖의 경우	4 이상

Chapter 03

양중 및 해체공사의 안전

출제예상문제

출제예상문제는 복습, 예습문제로 엮었습니다. *WHY : 실제시험에도 순서에 관계없이 출제됩니다. 예습 후 다음장에 공부한 문제가 있으면 기억이 배가 됩니다.

01 ★★★★ **재해사고를 방지하기 위하여 크레인에 설치된 안전장치가 아닌 것은?**

① 과부하방지장치 ② 권과방지장치
③ 브레이크 ④ 와이어로프

해설

크레인(crane)계의 안전장치

① 감아올림과 감아내림의 제어에 대한 안전장치 : 로드 브레이크(rod brake)
② 권과방지장치 : 일정 한도 이상으로 와이어로프가 드럼에 감겨서 위험 상태에 이르게 되면 자동적으로 동력이 차단되는 장치
③ 그 밖에 안전장치 : 과부하방지장치, 비상정지장치

참고) 산업안전보건기준에 관한 규칙 제134조(방호장치의 조정)

02 ★★★★★ **크레인(crane) 작업시 고압선으로부터 최소한 몇 [m]의 거리를 두고 작업을 해야 하는가?**

① 1[m] ② 1.5[m]
③ 3[m] ④ 5[m]

해설

크레인계의 안전이격거리(NSC)

전 압	이격거리
50[kV] 이하	3[m]
154[kV] 이하	4.3[m]
345[kV] 이하	6.8[m]

03 ★★★★★ **다음 중 건설용 양중기에 해당하지 않는 것은?**

① 리프트 ② 크레인
③ 선반 ④ 곤돌라

해설

선반 : 둥근 공작물을 가공하는 공작기계

04 ★★★★ **다음은 팽창제에 의한 해체시의 안전기준을 설명한 것이다. 틀린 것은?**

① 팽창제와 물과의 혼합 비율을 확인하여야 한다.
② 천공 간격은 콘크리트 강도에 의하여 결정되나 30~70[cm] 정도가 적당하다.
③ 개봉된 팽창제는 사용하지 않는다.
④ 천공직경은 100[mm] 이상을 유지하여야 한다.

해설

팽창제의 천공직경은 30~50[mm] 이하가 적합하다.

05 ★★★★★ **항타기 또는 항발기의 권상용 와이어로프의 사용금지에 해당되지 않는 것은?**

① 이음매가 있는 것
② 와이어로프의 한 꼬임에서 끊어진 소선(필러선을 제외한다)의 수가 5[%] 이상인 것
③ 심하게 변형되거나 부식된 것
④ 지름의 감소가 공칭지름의 7[%]를 초과한 것

해설

권상용 와이어로프 등의 사용금지 기준

① 끊어진 소선의 수가 10[%] 이상인 것
② 이음매가 있는 것
③ 심하게 변형되거나 부식된 것
④ 지름의 감소가 공칭지름의 7[%]를 초과한 것

참고) 산업안전보건기준에 관한 규칙 제63조(달비계의 구조)

[정답] 01 ④ 02 ③ 03 ③ 04 ④ 05 ②

제5편

06 ★★★ 해체공사 전 해체 대상 건물 조사 내용에 포함되지 않는 것은?

① 구조, 층수, 건물높이, 연면적, 기준층 면적
② 건물의 설립 연도
③ 재이용 또는 이설을 요하는 부재 현황 등
④ 도로 상황조사, 가공 고압선 유무

해설

해체 공사 건물 조사 내용

① 구조, 층수, 건물높이, 연면적, 기준층 면적
② 건물의 설립 연도
③ 재이용 또는 이설을 요하는 부재 현황 등

07 ★★★★ 다음은 해체작업 계획작성시 포함되어야 할 사항이다. 옳지 않은 것은?

① 해체방법 및 해체순서도면
② 작업구역 내에는 관계 근로자 외의 자의 출입을 금지시킬 것
③ 작업장 내 연락방법
④ 해체물의 처분계획

해설

해체작업 계획의 작성

① 해체의 방법 및 해체순서도면
② 가설설비·방호설비·환기설비 및 살수·방화설비 등의 방법
③ 사업장 내 연락방법
④ 해체물의 처분계획
⑤ 해체작업용 기계·기구 등의 작업 계획서
⑥ 해체작업용 화약류 등의 사용계획서
⑦ 그 밖에 안전·보건에 관련된 사항

참고 산업안전보건기준에 관한 규칙 [별표 4](사전조사 및 작업계획서 내용)

08 ★★ 해체작업용 기계·기구가 아닌 것은?

① 압쇄기 ② 핸드브레이커
③ 철해머 ④ 분쇄기

해설

각종 해체 공법의 조합 사용

작업 구분	해체 공법의 조합
압쇄 공법을 주로 한 작업	① 압쇄 단독 공법 ② 압쇄 공법과 전도 공법 ③ 압쇄 공법과 대형 브레이커 공법
대형 브레이커 공법을 주로 한 작업	① 대형 브레이커 단독공법 ② 대형 브레이커 공법과 전도공법 ③ 대형 브레이커 공법과 철해머 공법
철해머 공법을 주로 한 작업	① 철해머 단독공법 ② 철해머 공법과 전도공법

09 ★★★ 다음 해체작업 설명 중 옳지 않은 것은?

① 전도 공법은 매설물에 대한 배제가 필요하다.
② 화약발파 공법은 슬래브벽 파쇄에 적당하다.
③ 압쇄 공법은 20[m] 이상은 불가능하다.
④ 쐐기타일 공법은 1회 파괴량이 적다.

해설

화약발파공법 : 슬래브 및 벽파쇄 분리

10 ★★★ 달기체인의 사용제한 조건이 아닌 것은?

① 체인길이가 제조 당시보다 5[%] 이상 늘어난 것
② 균열이 있는 것
③ 고리 단면 직경이 제조 당시보다 20[%] 이상 감소된 것
④ 고리 단면 직경이 제조 당시보다 10[%] 이상 감소된 것

해설

산업안전보건기준에 관한 규칙 제63조
달기체인은 고리 단면 직경이 10[%] 이상 감소된 것

[정답] 06 ④ 07 ② 08 ④ 09 ② 10 ③

11 ★★★ 다음 중 해체작업으로 사용되는 공법이 아닌 것은?

16. 5. 8 기

① 압쇄 공법 ② 팽창압 공법
③ 화염 공법 ④ 진공 공법

해설

해체 공법의 종류

① 압쇄 공법
② 대형 브레이커 공법
③ 전도 공법
④ 철해머에 의한 공법
⑤ 화약발파 공법
⑥ 핸드 브레이커 공법
⑦ 팽창압 공법
⑧ 절단 공법
⑨ 잭 공법
⑩ 쐐기타입 공법
⑪ 화염 공법

12 ★★ 말뚝 기초공사에 사용되는 말뚝의 안전을 결정하는 데 고려해야 할 사항이 아닌 것은?

① 극한 지지력의 결정 방법
② 상부구조의 형식과 하중 상태
③ 표준관입시험
④ 허용침하

해설

③은 흙의 성질을 알기 위한 방법이다.

13 ★★ 기중기의 안전작업 규칙 중 옳지 않은 것은?

① 조작자는 두 사람의 신호에 의해서만 작업을 하여야 한다.
② 기중기는 경사진 곳에 놓고 사용해서는 안 된다.
③ 기중기의 '로프', '클러치' 등은 매주 특별점검을 해야 한다.
④ 기중기는 화물을 인양할 때 옆구리로부터 인양함을 금한다.

해설

신호는 반드시 1인이 한다.

14 ★★ 타워크레인을 사용할 때 지켜야 할 사항으로 가장 적합하지 않은 것은?

① 작업자가 기중자재에 올라타는 일은 절대로 금해야 한다.
② 운전실에 신호수가 동승하여 운전원에게 신호를 알려 주어야 한다.
③ 크레인에는 반드시 취급책임자와 부책임자를 선정·배치하여야 한다.
④ 기중 장비의 드럼에 감겨진 쇠줄은 적어도 두 바퀴 이상 남아 있어야 한다.

해설

함께 동승하면 안 된다.

15 ★★ 타워크레인의 운전작업 전에 점검하는 사항이 아닌 것은?

① 붐의 경사각도
② 과부하경보장치
③ 와이어로프가 통하는 개소의 상태
④ 과잉 감김방지장치

해설

경사각은 규정이다.

16 ★★★ 다음의 해체공법 중 잭 공법의 특징은?

① 소음 진동은 없으나 기둥과 기초 부분 해체시 사용이 불가능하다.
② 파괴력이 크고 공기를 단축할 수 있다.
③ 능률은 좋으나, 지하 매설 콘크리트 해체에서는 효율이 낮다.
④ 능률은 높으나 소음과 진동이 크다.

[정답] 11 ④ 12 ③ 13 ① 14 ② 15 ① 16 ①

해설

해체 공법의 종류 및 특징

공법		원리	특징	단점
압쇄 공법	자주식	유압압쇄날에 의한 해체	취급과 조작이 용이하고 철근, 철골 전단이 가능. 저소음, 저진동	20[m] 이상은 불가능. 분진비산을 막기 위해 살수 설비가 필요
	현수식			
대형 브레이커 공법	압축공기 자주식	압축공기에 의한 타격파쇄	능률이 높으며 높은 곳 사용이 가능하다. 보, 기둥, 슬래브, 벽체 파쇄에 유리	소음과 진동이 크며, 분진 발생에 주의하여야 한다.
	유압 자주식	유압에 의한 타격 파쇄		
전도 공법		부재를 절단하여 쓰러뜨린다.	원칙적으로 한 층씩 해체하고 전도축과 전도 방향에 주의해야 한다.	전도에 의한 진동과 매설물에 대한 배려가 필요
철해머에 의한 공법		무거운 철제 해머로 타격	능률이 좋으나 지하매설 콘크리트 해체에는 효율이 낮다. 기둥, 보, 슬래브, 벽 파쇄에 유리하다.	소음과 진동이 크고 파편이 많이 비산된다.
화약발파 공법		발파충격파 가스 압력으로 파쇄	파괴력이 크고 공기를 단축할 수 있으며 노동력 절감에 기여	발파 전문자격자가 필요, 비산물 방호장치설치, 폭음과 진동이 있으며 지하매설물에 영향 초래, 슬래브, 벽파쇄에 불리
핸드 브레이커 공법	압축 공기식	압축공기에 의한 타격 파쇄	광범위한 작업이 가능하고 좁은 장소나 작은 구조물 파쇄에 유리. 진동은 작다.	방진마스크, 안경 등 보호구 필요. 소음이 크고 분진 발생에 주의를 요한다.
	유압식	유압에 의한 타격 파쇄		
팽창압 공법		가스압력과 팽창 압력에 의한 파쇄	보관 취급이 간단. 책임자 불필요. 무근콘크리트에 유효, 공해가 거의 없다.	천공 때 소음과 분진발생, 슬래브와 벽 등에는 불리
절단 공법		회전톱에 의한 절단	질서정연한 해체나 무진동이 요구될 시에 유리하고 최대절단길이는 30[cm] 전후	절단기 냉각수가 필요하며, 해체물 운반 크레인이 필요
잭 공법		유압식 잭으로 들어올려 파쇄	소음, 진동이 없다.	기둥과 기초에는 사용 불가. 슬래브와 보 해체시 잭을 받쳐 줄 발판 필요
쐐기타입 공법		구멍에 쐐기를 밀어 넣어 파쇄	균열이 직선적이므로 계획적으로 해체할 수 있다. 무근콘크리트에 유리	1회 파괴량이 적다. 코어보링시 물을 필요로 한다. 천공시 소음과 분진에 주의
화염 공법		연소시켜서 용해하여 파쇄	강재 절단이 용이, 거의 실용화되어 있지 못하다.	방열복 등 개인보호구가 필요하며, 용융물, 불꽃처리 대책 필요
통전 공법		구조체에 전기쇼트를 이용 파쇄	거의 실용화되어 있지 못함	

17 ★★ 암석 절취 작업장의 안전조치사항으로서 적합한 방법이 아닌 것은?

① 토석의 낙하를 방지하기 위한 설비를 한다.
② 낙하의 위험이 있는 암석은 미리 제거한다.
③ 추락의 위험이 있는 장소는 추락방지용의 줄을 사용한다.
④ 절취장소 하부에 대피호를 판다.

해설

③의 추락은 고소작업에서 발생한다.

18 ★ 다음 중 건설공사에서 운반기계로 분류되지 않는 것은?

① 어스오거 ② 클램쉘
③ 스크레이퍼 ④ 로더

해설

어스오거 : 굴착기계

19 ★★ 리프트(Lift) 작업 지휘자가 지켜야 할 사항 중 옳지 않은 것은?

① 작업원의 배치를 정한다.
② 공구의 기능을 점검하며 불량품을 제거한다.
③ 작업 방법은 운전자 의사에 따라 실시한다.
④ 작업중 안전대, 안전모의 착용 상태를 감독한다.

해설

작업 지휘자의 지시에 따른다.

[정답] 17 ③ 18 ① 19 ③

20 ★★ 갱도 발파 실시 전에 미리 하여야 할 일 중 적당치 않은 것은?

① 표토의 제거
② 붕괴 예정선 부근의 수목 제거
③ 심토의 굴착
④ 부스러기 등의 운반

해설

심토의 굴착은 발파 후 사항이다.

21 차량계 하역운반기계 등을 사용하여 작업을 하는 때에는 작업지휘자를 지정하여 작업계획에 따라 지휘하도록 하여야 하는데 고소작업대의 경우에는 이 사항이 적용되려면 작업이 몇 [m] 이상의 높이에서 이루어져야 하는가?

① 5[m] ② 10[m]
③ 15[m] ④ 20[m]

해설

작업지휘자의 지정
① 사업주는 차량계 하역운반기계 등을 사용하여 작업을 하는 때에는 해당 작업의 지휘자를 지정하여 작업계획에 따라 지휘하도록 하여야 한다.
② 고소작업대의 경우에는 10[m] 이상의 높이에서 사용되는 경우에 한한다.

22 타워크레인을 자립고(自立高) 이상의 높이로 설치할 때 지지벽체가 없어 와이어로프로 지지하는 경우의 준수사항으로 옳지 않은 것은?

① 와이어로프를 고정하기 위한 전용 지지프레임을 사용할 것
② 와이어로프 설치각도는 수평면에서 60[°] 이내로 하되, 지지점은 4개소 이상으로 하고, 같은 각도로 설치할 것
③ 와이어로프와 그 고정부위는 충분한 강도와 장력을 갖도록 설치하되, 와이어로프를 클립·샤클(shaclke) 등의 기구를 사용하여 고정하지 않도록 유의할 것
④ 와이어로프가 가공전선(架空電線)에 근접하지 않도록 할 것

해설

와이어로프와 그 고정부위는 충분한 강도와 장력을 갖도록 설치하고, 와이어로프를 클립·샤클(shackle) 등의 고정기구를 사용하여 견고하게 고정시켜 풀리지 아니하도록 하며, 사용 중에는 충분한 강도와 장력을 유지하도록 할 것

참고) 산업안전보건기준에 관한 규칙 제142조(타워크레인의 지지)

보충학습

풍속에 따른 안전기준 18. 3. 4 산 19. 3. 3 산
① 순간풍속이 10[m/s] 초과 : 타워크레인 등 설치, 조립, 해체, 점검 작업 중지
② 순간풍속이 15[m/s] 초과 : 타워크레인 등 운전 작업 중지
③ 순간풍속이 30[m/s] 초과 : 옥외주행크레인 이탈방지 조치
④ 순간풍속이 30[m/s] 초과하거나 중진 이상 진동의 지진이 있은 후 : 옥외 양중기의 이상 유무 점검
⑤ 순간풍속이 35[m/s] 초과 : 옥외 승강기 및 건설 작업용 리프트의 붕괴방지 조치

합격자의 조언
- 양중기의 종류는 크레인, 이동식크레인, 리프트, 곤돌라, 승강기 등 입니다.
- 필기는 물론 실기의 필답형, 작업형에 모두 출제됩니다.
- 합격예측 및 관련법규 를 꼭 보셔야 안전하게 합격합니다.

[정답] 20 ③ 21 ② 22 ③

제5편

Chapter 04

건설재해 및 대책

중점 학습내용

건설재해 및 안전대책의 학습 내용은 건설공사에 있어서 가장 기본적인 작업이다. 작업 내용은 토공사의 흙파기, 흙막이, 운반, 되메우기 등의 과정을 통해 지하 구조물 등을 구축하기 위한 공사를 말한다. 토공사 중에서 제일 먼저 시작하는 작업이 굴착공사이다. 굴착공사는 터널 굴착과 노천 굴착으로 구분할 수 있다. 노천 굴착 공사는 건설 재해의 25[%] 정도를 차지하고 있으며, 굴착공사의 무너짐 대형사고는 사회적인 문제가 야기되므로 철저한 사전조사와 적합하고 안전한 공법 선택 및 계측, 관리, 정밀시공에 역점을 두어야 하며, 추락, 낙하, 비래 등의 안전대책도 기술하였으며 시험에 출제가 예상되는 그 중심적인 내용은 다음과 같다.

❶ 떨어짐(추락) 재해
❷ 무너짐(붕괴) 재해
❸ 떨어짐(낙하), 날아옴(비래) 재해

1 떨어짐(추락) 재해 및 대책

합격예측 및 관련법규

제180조(헤드가드)

사업주는 다음 각 호의 규정에 의한 적합한 헤드가드(head guard)를 갖추지 아니한 지게차를 사용하여서는 아니 된다. 다만, 화물의 낙하에 의하여 지게차의 운전자에게 위험을 미칠 우려가 없는 경우에는 그러하지 아니하다.

1. 강도는 지게차의 최대하중의 2배의 값(그 값이 4[t]을 넘는 것에 대하여서는 4[t]으로 한다)의 등분포정하중에 견딜 수 있는 것일 것
2. 상부틀의 각 개구의 폭 또는 길이가 16[cm] 미만일 것
3. 운전자가 앉아서 조작하거나 서서 조작하는 지게차의 헤드가드는 한국산업표준에서 정하는 높이 기준 이상일 것 (좌식 : 0.903m, 입식 : 1.88m 이상)

1. 개 요

(1) 정 의

추락(墜落)이란 사람이나 물체가 중간 단계의 접촉 없이 낙하(자유낙하)하는 것이고 전락(轉落)이란 계단이나 경사면에서 굴러 떨어지는 것을 말한다. 동일하게 떨어지는 것이라도 물체의 경우는 낙하(落下)라고 하여 그 어휘를 구분하고 있다.

(2) 추락의 재해 결과

① 충격 부위가 다리인 경우는 상해가 적으나, 머리인 경우는 사망에 이르기 쉽다.
② 충격 장소가 부드러운 경우는 상해가 작고, 딱딱한 경우는 상해가 크다.
③ 대체로 추락 높이가 높을수록 상해가 크지만, 한편으로 2[m] 정도에서 사망한 경우와 30[m] 이상에서 생존한 경우가 있다.
④ 고령자일수록 상해가 크고, 10세 이하, 특히 3세 이하는 상해가 작다.
⑤ 체조선수나 유도선수와 같이 신체가 유연하고, 언제나 낙법 등으로 훈련하고 있는 사람들은 상해가 작다.
⑥ 자살이나 중독환자의 경우는 상해가 작다
⑦ 사람 머리의 내충격성에 관한 연구에 의하면, "사람의 두개골은 대개 노송나무 정도로 딱딱하고, 평균적으로 대부분 1[m] 높이로부터 딱딱한 평지 위로 낙하하면 두개골 골절을 일으킨다"라고 되어 있다.

(3) 추락의 형태

① 고소에서의 추락
② 개구부 및 작업대 끝에서의 추락
③ 비계로부터의 추락
④ 사다리 및 작업대에서의 추락
⑤ 철골 등의 조립작업시의 추락
⑥ 해체작업중의 추락 등

2. 안전대책

(1) 물적 측면에 대한 안전대책

① 추락이 일어나지 않도록 한다.(추락방지)
㉮ 발판, 작업대 등은 파괴 및 동요하지 않도록 견고하고 안정된 구조여야 한다.
㉯ 작업대와 통로는 미끄러지거나, 발에 걸려 넘어지지 않게 평탄하고 미끄럼 방지성이 뛰어난 것으로 한다.
㉰ 작업대와 통로 주변에는 난간이나 보호대를 설치하고 수평개구부에는 발판 등의 보호물을 설치한다.
② 만일 추락해도 재해가 일어나지 않도록 한다.(추락방호)
작업 사정에 따라 추락방지가 곤란한 경우에는 안전대를 착용하거나 안전네트 등의 방호설비를 설치한다.

(2) 인적 측면에 대한 안전대책

① 작업의 방법과 순서를 명확히 하여 작업자에게 주지시킨다.
② 작업자의 능력과 체력을 감안하여 적정한 배치를 꾀한다.
③ 안전교육훈련을 통해 작업자에게 추락의 위험을 인식시킴과 동시에 자율적 규제를 촉구한다.
④ 작업 지휘자를 지명하여 집단작업을 통제한다.

3. 추락재해 방지설비

(1) 추락방지용 방망(net)의 구조 등 안전기준

① **구조** : 방망(net), 망테두리, 재봉사, 매다는 망으로 구성된 것이어야 한다.
② **재료** : 방망의 재료는 합성섬유 또는 그 이상의 재질을 보유한 것이어야 한다.
③ **그물코** : 그물코는 가로, 세로가 10[cm] 이하이어야 한다. 18. 9. 15 기 19. 3. 3 산 19. 4. 27 산 19. 9. 21 산
④ **그물바닥** : 뒤틀리거나 어긋나지 않는 구조이어야 한다.
⑤ **재봉** : 망테두리는 주변의 그물코를 통한 후 어긋나는 일이 없도록 재봉실과 망사와 연결한 것이어야 한다.
⑥ **망테두리와 매다는 망의 접속** : 망테두리와 매다는 망과의 연결은 3회 이상을 엮어 묶는 방법 또는 이와 동등 이상의 확실한 방법으로 묶은 것이어야 한다.

합격예측 및 관련법규

제182조(팔레트 등)
사업주는 지게차에 의한 하역운반작업에 사용하는 팔레트(pallet) 또는 스키드(skid)는 다음 각 호에 해당하는 것을 사용하여야 한다.
1. 적재하는 화물의 중량에 따른 충분한 강도를 가질 것
2. 심한 손상·변형 또는 부식이 없을 것

제184조(제동장치 등)
사업주는 구내운반차(작업장 내 운반을 주목적으로 하는 차량으로 한정한다)를 사용하는 경우에 다음 각 호의 사항을 준수하여야 한다.
1. 주행을 제동하거나 정지상태를 유지하기 위하여 유효한 제동장치를 갖출 것
2. 경음기를 갖출 것
3. 핸들의 중심에서 차체 바깥측까지의 거리가 65[cm] 이상일 것
4. 운전석이 차 실내에 있는 것은 좌우에 한 개씩 방향지시기를 갖출 것
5. 전조등과 후미등을 갖출 것. 다만, 작업을 안전하게 하기 위하여 필요한 조명이 있는 장소에서 사용하는 구내운반차에 대해서는 그러하지 아니하다.

제37조(악천후 및 강풍시 작업 중지)
① 사업주는 비·눈·바람 또는 그 밖의 기상상태의 불안정으로 인하여 근로자가 위험해질 우려가 있는 경우 작업을 중지하여야 한다. 다만, 태풍 등으로 위험이 예상되거나 발생되어 긴급 복구작업을 필요로 하는 경우에는 그러하지 아니하다.
② 사업주는 순간풍속이 초당 10[m]를 초과하는 경우 타워크레인의 설치·수리·점검 또는 해체 작업을 중지하여야 하며, 순간풍속이 초당 15[m]를 초과하는 경우에는 타워크레인의 운전작업을 중지하여야 한다.
15. 3. 8 기 18. 4. 28 기 19. 4. 27 산

합격예측 및 관련법규

제186조(고소작업대 설치 등의 조치) 17. 3. 5 산 17. 9. 23 산 22. 4. 24 기

① 사업주는 고소작업대를 설치하는 경우에는 다음 각 호에 해당하는 것을 설치하여야 한다.
1. 작업대를 와이어로프 또는 체인으로 올리거나 내릴 경우에는 와이어로프 또는 체인이 끊어져 작업대가 떨어지지 아니하는 구조여야 하며, 와이어로프 또는 체인의 안전율은 5 이상일 것
2. 작업대를 유압에 의해 올리거나 내릴 경우에는 작업대를 일정한 위치에 유지할 수 있는 장치를 갖추고 압력의 이상저하를 방지할 수 있는 구조일 것
3. 권과방지장치를 갖추거나 압력의 이상상승을 방지할 수 있는 구조일 것
4. 붐의 최대 지면경사각을 초과 운전하여 전도되지 않도록 할 것
5. 작업대에 정격하중(안전율 5 이상)을 표시할 것
6. 작업대에 끼임·충돌 등 재해를 예방하기 위한 가드 또는 과상승방지장치를 설치할 것
7. 조작반의 스위치는 눈으로 확인할 수 있도록 명칭 및 방향표시를 유지할 것

② 사업주는 고소작업대를 설치하는 경우에는 다음 각 호의 사항을 준수하여야 한다.
1. 바닥과 고소작업대는 가능하면 수평을 유지하도록 할 것
2. 갑작스러운 이동을 방지하기 위하여 아우트리거 또는 브레이크 등을 확실히 사용할 것

③ 사업주는 고소작업대를 이동하는 경우에는 다음 각 호의 사항을 준수하여야 한다.
1. 작업대를 가장 낮게 내릴 것
2. 작업대를 올린 상태에서 작업자를 태우고 이동하지 말 것. 다만, 이동 중 전도 등의 위험예방을 위하여 유도하는 사람을 배치하고 짧은 구간을 이동하는 경우에는 그러하지 아니하다.
3. 이동통로의 요철상태 또는 장애물의 유무 등을 확인할 것

④ 사업주는 고소작업대를 사용하는 경우에는 다음 각 호의 사항을 준수하여야 한다.
1. 작업자가 안전모·안전대 등의 보호구를 착용하도록 할 것 16. 5. 8 산 19. 8. 4 산
2. 관계자가 아닌 사람이 작업구역에 들어오는 것을 방지하기 위하여 필요한 조치를 할 것
3. 안전한 작업을 위하여 적정수준의 조도를 유지할 것
4. 전로(電路)에 근접하여 작업을 하는 경우에는 작업감시자를 배치하는 등 감전사고를 방지하기 위하여 필요한 조치를 할 것
5. 작업대를 정기적으로 점검하고 붐·작업대 등 각 부위의 이상 유무를 확인할 것
6. 전환스위치는 다른 물체를 이용하여 고정하지 말 것
7. 작업대는 정격하중을 초과하여 물건을 싣거나 탑승하지 말 것
8. 작업대의 붐대를 상승시킨 상태에서 탑승자는 작업대를 벗어나지 말 것. 다만, 작업대에 안전대 부착설비를 설치하고 안전대를 연결하였을 때에는 그러하지 아니하다.

[표] 그물코 인장강도

그물코의 종류	인장강도
10[cm]	120[kg]
5[cm]	50[kg]

(2) 추락방지용 방망의 설치기준

① 방망사의 강도

방망사는 시험용사로부터 채취한 시험편의 양단을 인장시험기로 시험하거나 또는 이와 유사한 방법으로서 등속 인장 시험을 한다. 등속 인장 시험은 한국공업규격(KS)에 적합하도록 한다.

[표] 방망사의 신품에 대한 인장강도 16. 5. 8 기 17. 3. 5 기 17. 8. 26 기 18. 4. 28 산 18. 8. 19 기 19. 3. 3 기 19. 8. 4 기 20. 8. 22 기 21. 8. 14 기 24. 2. 15 기

그물코의 크기 (단위 : [cm])	방망의 종류(단위 : [kg])	
	매듭 없는 방망	매듭 방망
10	240	200
5		110

[표] 방망사의 폐기시 인장강도 19. 4. 27 기 20. 6. 7 기

그물코의 크기 (단위 : [cm])	방망의 종류(단위 : [kg])	
	매듭 없는 방망	매듭 방망
10	150	135
5		60

② 설치 간격

㉮ 3층 이내마다 1개씩 설치한다.

㉯ 망은 이음을 철저히 하고 빈틈이 없도록 할 것

③ **지지점의 강도** : 600[kg]의 외력에 견딜 것 17. 3. 5 산

④ **방망의 처짐** : 낙하물이 방망에 도달시 망 밑부분이 바닥이나 기계설비 등에 충돌되지 않도록 할 것

⑤ **방망의 표시사항** 19. 3. 3 기

㉮ 제조자명　㉯ 제조연월　㉰ 재봉치수

㉱ 그물코　㉲ 신품인 때의 방망의 강도

⑥ **방망의 사용제한**

㉮ 방망사가 규정한 강도 이하인 방망

㉯ 인체 또는 이와 동등 이상의 무게를 갖는 낙하물에 대해 충격을 받은 방망

㉰ 파손한 부분을 보수하지 않은 방망

㉱ 강도가 명확하지 않은 방망

⑦ **낙하높이** : 작업면과 방망이 부착된 위치와의 수직거리(낙하높이)는 다음과 같이 산술하고 얻는 값 이하이어야 한다.

㉮ 하나의 방망(net)일 경우

$L < A$일 때 $H_1 = 0.25(L+2A)$

$L \geq A$일 때 $H_1 = 0.75L$

㉯ 두 개의 방망(net)일 경우

$L < A$일 때 $H_1 = 0.20(L+2A)$

$L \geq A$일 때 $H_1 = 0.60L$

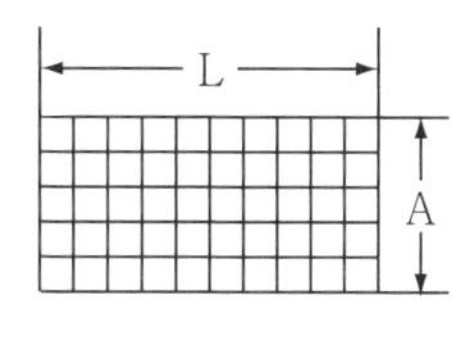

[그림] 방망이 하나일 때

[그림] 방망이 둘일 때

⑧ **방망의 처짐** : 방망의 늘어뜨리는 길이는 다음 식에 따라 산술한 값 이하로 하여야 한다.

$L < A$일 때 $S = 0.25(L+2A) \times \frac{1}{3}$

$L \geq A$일 때 $S = 0.75L \times \frac{1}{3}$

⑨ **방망과 바닥면과의 높이** : 방망을 설치한 위치에서 망 밑부분에 충돌 위험이 있는 바닥면 또는 기계설비와의 수직거리(이하 '방망 하부와의 간격'이라 한다)는 계산하는 값 이상이어야 한다.

㉮ 10[cm] 그물코의 경우 16. 3. 6 산

㉠ $L < A$일 때 $H_2 = \frac{0.85}{4}(L+3A)$

㉡ $L \geq A$일 때 $H_2 = 0.85L$ 21. 9. 12 기

합격예측 및 관련법규

제187조(승강설비)

사업주는 바닥으로부터 짐 윗면과의 높이가 2[m] 이상인 화물자동차에 짐을 싣는 작업 또는 내리는 작업을 하는 경우에는 근로자의 추락 위험을 방지하기 위하여 해당 작업에 종사하는 근로자가 바닥과 적재함의 짐 윗면간을 안전하게 오르내리기 위한 설비를 설치하여야 한다. 19. 8. 4 기 21. 8. 14 기

제188조(꼬임이 끊어진 섬유로프 등의 사용금지)

사업주는 다음 각 호의 어느 하나에 해당하는 섬유로프 등을 화물자동차의 짐걸이로 사용하여서는 아니 된다.

1. 꼬임이 끊어진 것
2. 심하게 손상되거나 부식된 것

제189조(섬유로프 등의 점검 등)

① 사업주는 섬유로프 등을 화물자동차의 짐걸이에 사용하는 경우에는 해당 작업시작전에 다음 각 호의 조치를 하여야 한다.

1. 작업순서와 순서별 작업방법을 결정하고 작업을 직접 지휘하는 일
2. 기구 및 공구를 점검하고 불량품을 제거하는 일
3. 해당 작업을 행하는 장소에 관계근로자 아닌 사람의 출입을 금지하는 일
4. 로프풀기작업 및 덮개를 벗기는 작업을 하는 경우에는 적재함의 화물에 낙하위험이 없음을 확인한 후에 해당 작업의 착수를 지시하는 일

② 사업주는 제1항에 따른 섬유로프 등에 대하여 이상유무를 점검하고 이상이 발견된 섬유로프 등을 교체하여야 한다.

제198조(낙하물 보호구조)

사업주는 토사등이 떨어질 우려가 있는 등 위험한 장소에서 차량계 건설기계[불도저, 트랙터, 굴착기, 로더(loader : 흙 따위를 퍼올리는 데 쓰는 기계), 스크레이퍼(scraper : 흙을 절삭·운반하거나 펴 고르는 등의 작업을 하는 토공기계), 덤프트럭, 모터그레이더(motor grader : 땅 고르는 기계), 롤러(roller : 지반 다짐용 건설기계), 천공기, 항타기 및 항발기로 한정한다]를 사용하는 경우에는 해당 차량계 건설기계에 견고한 낙하물 보호구조를 갖춰야 한다.〈개정 2024. 7. 1〉

합격예측

그물코 인장강도

그물코의 종류	인장강도
10[cm]	120[kg]
5[cm]	50[kg]

합격예측

그차량계 건설기계 작업계획에 포함사항 17. 5. 7 ㊹

① 사용하는 차량계 건설기계의 종류 및 성능
② 차량계 건설기계의 운행경로
③ 차량계 건설기계에 의한 작업방법

합격예측

그방망사의 신품에 대한 인장강도

그물코의 크기 (단위 :[cm])	방망의 종류 (단위 : [kg])	
	매듭없는 방망	매듭 방망
10	240	200
5		110

방망사의 폐기시 인장 강도

그물코의 크기 (단위 :[cm])	방망의 종류 (단위 : [kg])	
	매듭없는 방망	매듭 방망
10	150	135
5		60

합격예측 및 관련법규

제199조(전도 등의 방지)

사업주는 차량계 건설기계를 사용하는 작업을 할 때에 그 기계가 넘어지거나 굴러 떨어짐으로써 근로자가 위험해질 우려가 있는 경우에는 유도하는 사람을 배치하고 지반의 부동침하방지, 갓길의 붕괴방지 및 도로의 폭의 유지 등 필요한 조치를 하여야 한다.

18. 4. 28 ㉑ 19. 9. 21 ㉑

㉯ 5[cm] 그물코의 경우

㉠ $L < A$일 때 $H_2 = \frac{0.95}{4}(L+3A)$

㉡ $L \geq A$일 때 $H_2 = 0.95L$

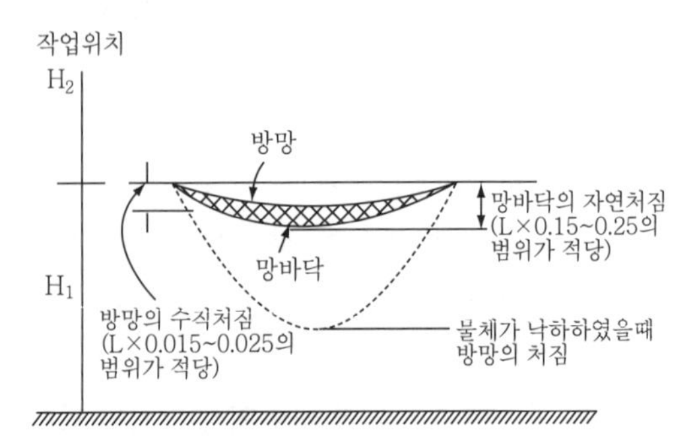

[그림] 방망과 바닥높이

⑩ 최하사점

㉮ 정의 : 최하사점이란 1개걸이 안전대를 사용할 때 로프의 길이, 로프의 신장길이, 작업자의 키 등을 고려하여 적정길이의 로프를 사용해야 추락시 근로자의 안전을 확보할 수 있다는 이론이다.

㉯ 최하사점 공식

㉠ $H > h$ = 로프의 길이(l)+로프의 신장길이($l \cdot \alpha$)+작업자의 키의 $\frac{1}{2}$

㉡ H : 로프지지 위치에서 바닥면까지의 거리

㉢ h : 추락시 로프지지 위치에서 신체 최하사점까지의 거리

㉰ 로프 길이에 따른 결과

㉠ $H > h$: 안전　　㉡ $H = h$: 위험

㉢ $H < h$: 중상 또는 사망

4. 시설물 안전대책

(1) 개구부에 대한 안전조치사항

① 안전난간으로 방호울을 설치하며, 4면 중 1면은 유동적인 구조로 한다.
② 낙하물 방지를 위해 방호울에는 바닥에 충분히 접하도록 수직으로 망을 설치하거나 폭목을 설치하고 안전표지판을 부착한다.
③ 추락 방지용 방망을 높이 10[m] 이내마다 설치하고 로프를 사용하여 일시적으로 해체 가능한 구조로 한다.
④ 지하층 개구부 주변은 충분히 밝게 하고 정리정돈을 철저히 한다.
⑤ 작업 형편상 일시적으로 해체한 방호울 또는 안전난간은 작업 종료와 동시에 원상태로 복구시킨다.
⑥ 작업시 안전난간 등에 기대는 작업을 금지한다.

(2) 계단의 안전

① 계단의 강도 : 계단 및 계단참은 500[kg/m²] 이상 20. 6. 7 기
② 계단의 폭 : 1[m] 이상
③ 계단참 설치 : 높이 3[m]마다 1.2[m] 이상의 계단참 설치
④ 계단 기둥 간격 : 2[m] 이하
⑤ 계단의 난간 : 100[kg] 이상의 하중에 견딜 것 18. 3. 4 산
⑥ 계단의 단수가 4단 이상 : 난간 설치

[표] 재해방지설비

기 능		용도, 사용장소, 조건	설 비
추락방지	안전한 작업이 가능한 작업대	• 높이 2[m] 이상 장소에서 추락의 우려가 있는 작업에 따른 경우	비계, 달비계, 수평통로
	추락자를 보호할 수 있는 것	• 작업대 설치가 어렵거나 • 개구부 주위로 난간 설치가 어려운 곳	추락방호망
	추락의 우려가 있는 위험장소에서의 작업자의 행동을 제한하는 곳	• 개구부 • 작업상의 끝	안전난간, 울타리, 추락 위험개소 접근금지 방책
	작업자의 신체를 보호할 수 있는 것	• 안전한 작업대도 난간설비도 할 수 없는 경우	안전대, 구명줄, 안전대 걸이용 로프

(3) 경사로 안전기준

① 경사로의 최소폭은 90[cm] 이상
② 높이 7[m] 이내마다 계단참 설치
③ 지지기둥간의 간격 : 3[m] 이하

(4) 이동용 사다리 안전기준 16. 3. 6 산

① 평탄하고 견고하며 미끄럽지 않은 바닥에 이동식 사다리를 설치할 것
② 이동식 사다리의 넘어짐을 방지하기 위해 다음 각 목의 어느 하나 이상에 해당하는 조치를 할 것
  ㉮ 이동식 사다리를 견고한 시설물에 연결하여 고정할 것
  ㉯ 아웃트리거(outrigger, 전도방지용 지지대)를 설치하거나 아웃트리거가 붙어있는 이동식 사다리를 설치할 것
  ㉰ 이동식 사다리를 다른 근로자가 지지하여 넘어지지 않도록 할 것
③ 이동식 사다리의 제조사가 정하여 표시한 이동식 사다리의 최대사용하중을 초과하지 않는 범위 내에서만 사용할 것
④ 이동식 사다리를 설치한 바닥면에서 높이 3.5미터 이하의 장소에서만 작업할 것

참고

L, A, H_1은 다음과 같은 값이다.
• L : 1개의 방망일 때 가장 짧은 변의 길이 또는 2개의 방망일 때 가장 짧은 변의 길이 중 최소의 길이(단위 : [m])
• A : 방망 주변의 지지점 간격(단위 : [m])
• H_1 : 낙하높이(단위 : [m])

합격예측

L, A는 위의 참고와 동일
S는 방망 늘어뜨리는 길이 표시(단위 : [m])

합격예측 및 관련법규

제200조(접촉 방지) ① 사업주는 차량계 건설기계를 사용하여 작업을 하는 경우에는 운전중인 해당 차량계 건설기계에 접촉되어 근로자가 부딪칠 위험이 있는 장소에 근로자를 출입시켜서는 아니 된다. 다만, 유도자를 배치하고 해당 차량계 건설기계를 유도하는 경우에는 그러하지 아니하다.
② 차량계 건설기계의 운전자는 제1항 단서의 유도자가 유도하는 대로 따라야 한다.

합격예측 18. 4. 28 기 20. 8. 23 산

추락시 로프의 지지점에서 최하단까지의 거리 h를 계산하면? (단, 로프길이 = 150[cm], 신장률 = 30[%], 근로자의 신장 = 180[cm]임)

$$h = 150 + 150 \times 30[\%] + 180 \times \frac{1}{2} = 285[\text{cm}]$$

보충학습

이동식 사다리
높은 곳에 디디고 오르내릴 수 있도록 만든 기구

[그림] 이동식 사다리

합격예측 및 관련법규

제201조(차량계 건설기계의 이송)

사업주는 차량계 건설기계를 이송하기 위하여 자주 또는 견인에 의하여 화물자동차 등에 싣거나 내리는 작업에 있어서 발판·성토 등을 사용하는 경우에는 해당 차량계 건설기계의 전도 또는 전락에 의한 위험을 방지하기 위하여 다음 각 호의 사항을 준수하여야 한다.

1. 싣거나 내리는 작업은 평탄하고 견고한 장소에서 할 것
2. 발판을 사용하는 때에는 충분한 길이·폭 및 강도를 가진 것을 사용하고 적당한 경사를 유지하기 위하여 견고하게 설치할 것
3. 자루·가설대 등을 사용하는 때에는 충분한 폭 및 강도와 적당한 경사를 확보할 것

Q 은행문제

건설공사에서 발코니 단부, 엘리베이터 입구, 재료 반입구 등과 같이 벽면 혹은 바닥에 추락의 위험이 우려되는 장소를 의미하는 용어는?

16. 10. 1 산

① 중간난간대
② 가설통로
③ 개구부
④ 비상구

정답 ③

⑤ 이동식 사다리의 최상부 발판 및 그 하단 디딤대에 올라서서 작업하지 않을 것. 다만, 높이 1미터 이하의 사다리는 제외한다.

⑥ 안전모를 착용하되, 작업 높이가 2미터 이상인 경우에는 안전모와 안전대를 함께 착용할 것

⑦ 이동식 사다리 사용 전 변형 및 이상 유무 등을 점검하여 이상이 발견되면 즉시 수리하거나 그 밖에 필요한 조치를 할 것

(5) 사다리의 기준

① 사다리식 통로의 구조

㉮ 견고한 구조로 할 것
㉯ 발판의 간격은 일정하게 할 것
㉰ 발판과 벽과의 사이는 15[cm] 이상의 간격을 유지할 것
㉱ 사다리가 넘어지거나 미끄러지는 것을 방지하기 위한 조치를 할 것
㉲ 사다리의 상단은 걸쳐놓은 지점으로부터 60[cm] 이상 올라가도록 할 것
㉳ 사다리식 통로의 길이가 10[m] 이상인 경우에는 5[m] 이내마다 계단참을 설치할 것
㉴ 사다리식 통로의 기울기는 고정식은 90[°] 이동식은 75[°] 이하로 할 것

② 고정사다리

㉮ 고정사다리는 90[°]의 수직이 가장 적합하며 경사를 둘 필요가 있는 경우에는 수직면으로부터 15[°]를 초과해서는 안 된다.
㉯ 옥외용 사다리는 철재를 원칙으로 한다.

합격예측 및 관련법규

제206조(수리 등의 작업시 조치)

사업주는 차량계 건설기계의 수리나 부속장치의 장착 및 제거작업을 하는 경우에는 그 작업을 지휘하는 사람을 지정하여 다음 각 호의 사항을 준수하도록 하여야 한다.

1. 작업순서를 결정하고 작업을 지휘할 것
2. 제205조의 안전지주 또는 안전블록 등의 사용상황 등을 점검할 것

제207조(조립·해체 시 점검사항)

① 사업주는 항타기 또는 항발기를 조립하거나 해체하는 경우 다음 각 호의 사항을 준수해야 한다. 〈신설 2022. 10. 18.〉

1. 항타기 또는 항발기에 사용하는 권상기에 쐐기장치 또는 역회전방지용 브레이크를 부착할 것
2. 항타기 또는 항발기의 권상기가 들리거나 미끄러지거나 흔들리지 않도록 설치할 것
3. 그 밖에 조립·해체에 필요한 사항은 제조사에서 정한 설치·해체 작업 설명서에 따를 것

② 사업주는 항타기 또는 항발기를 조립하거나 해체하는 경우 다음 각 호의 사항을 점검해야 한다. 〈개정 2022. 10. 18.〉

1. 본체 연결부의 풀림 또는 손상의 유무
2. 권상용 와이어로프·드럼 및 도르래의 부착상태의 이상 유무
3. 권상장치의 브레이크 및 쐐기장치 기능의 이상 유무
4. 권상기의 설치상태의 이상 유무
5. 리더(leader)의 버팀 방법 및 고정상태의 이상 유무
6. 본체·부속장치 및 부속품의 강도가 적합한지 여부
7. 본체·부속장치 및 부속품에 심한 손상·마모·변형 또는 부식이 있는지 여부 [제목개정 2022. 10. 18.]

2 무너짐(붕괴) 재해 및 대책

1. 토석붕괴 재해의 원인 17. 9. 23 기·산 18. 3. 4 산 18. 9. 15 기 19. 4. 27 산 22. 4. 24 기

(1) 외적 요인

① 사면, 법면의 경사 및 기울기의 증가
② 절토 및 성토 높이의 증가
③ 공사에 의한 진동 및 반복하중의 증가
④ 지표수 및 지하수의 침투에 의한 토사 중량의 증가
⑤ 지진, 차량, 구조물의 중량
⑥ 토사 및 암석의 혼합층 두께

(2) 내적 요인 16. 5. 8 산 19. 8. 4 산 19. 9. 21 산

① 절토 사면의 토질·암질
② 성토 사면의 토질
③ 토석의 강도 저하

2. 붕괴의 형태

(1) 미끄러져 내림(sliding)

광범위한 붕괴 현상으로 일반적으로 완만한 경사에서 완만한 속도로 붕괴된다.

(2) 절토면의 붕괴

비교적 소규모의 급경사면에 발생되는 붕괴로서 미끄러져 내리는 토석의 두께는 2[m] 이하가 많다. 폭우와 지진에 의하여 발생된다.

(3) 얕은 표층의 붕괴

법면이 침식되기 쉬운 토사로 구성된 경우 지표수와 지하수가 침투하여 법면이 부분적으로 붕괴된다. 절토 법면이 암반인 경우에도 파쇄가 진행됨에 따라서 틈이 많이 발생되고, 풍화하기 쉬운 암반의 경우에는 표층부가 탈락되어 붕괴가 발생되었다면 법면의 심층부에서 붕괴될 가능성이 높다.

합격예측 16. 10. 1 산 21. 8. 14 기 23. 7. 8 기

사면의 붕괴 형태

① 사면 선단 파괴 (Toe Failure)
② 사면 내 파괴 (Slope Failure)
③ 사면 저부 파괴 (Base Failure)

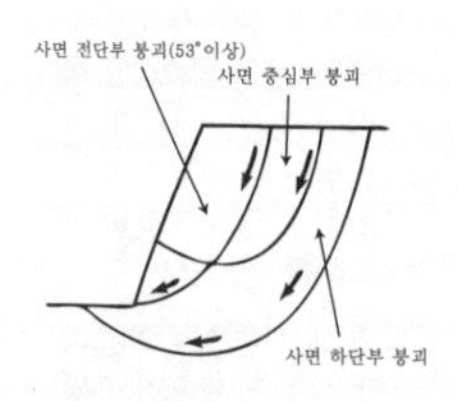

[그림] 사면 붕괴 형태

합격예측 및 관련법규

제210조(이음매가 있는 권상용 와이어로프의 사용 금지)

사업주는 항타기 또는 항발기의 권상용 와이어로프로 제63조제1항제1호 각 목에 해당하는 것을 사용해서는 안 된다. 〈개정 2021. 5. 28., 2022. 10. 18.〉

제211조(권상용 와이어로프의 안전계수)

사업주는 항타기 또는 항발기의 권상용 와이어로프의 안전계수가 5 이상이 아니면 이를 사용하여서는 아니 된다. 16. 5. 8 기 16. 10. 1 산 17. 3. 5 기 18. 8. 19 산 20. 6. 7 기

제209조(무너짐의 방지)

사업주는 동력을 사용하는 항타기 또는 항발기에 대하여 무너짐을 방지하기 위하여 다음 각 호의 사항을 준수해야 한다. 〈개정 2023. 11. 14.〉

1. 연약한 지반에 설치하는 경우에는 아우트리거·받침 등 지지구조물의 침하를 방지하기 위하여 깔판·받침목 등을 사용할 것
2. 시설 또는 가설물 등에 설치하는 경우에는 그 내력을 확인하고 내력이 부족하면 그 내력을 보강할 것
3. 아우트리거·받침 등 지지구조물이 미끄러질 우려가 있는 경우에는 말뚝 또는 쐐기 등을 사용하여 해당 지지구조물을 고정시킬 것
4. 궤도 또는 차로 이동하는 항타기 또는 항발기에 대해서는 불시에 이동하는 것을 방지하기 위하여 레일 클램프(rail clamp) 및 쐐기 등으로 고정시킬 것
5. 상단 부분은 버팀대·버팀줄로 고정하여 안정시키고, 그 하단 부분은 견고한 버팀·말뚝 또는 철골 등으로 고정시킬 것 20. 8. 22 기

합격예측

[표] 사면파괴

구분	특징
사면선(선단)파괴(toe failure)	경사가 급하고 비점착성 토질
사면 저부(바닥면)파괴(base failure) 19. 3. 3 산	경사가 완만하고 점착성인 경우, 사면의 하부에 암반 또는 굳은 지층이 있을 경우
사면 내 파괴	견고한 지층이 얕게 있는 경우

합격예측 및 관련법규

제212조(권상용 와이어로프의 길이 등) 21. 8. 14 기

사업주는 항타기 또는 항발기에 권상용 와이어로프를 사용하는 경우는 다음 각 호의 사항을 준수해야 한다.

1. 권상용 와이어로프는 추 또는 해머가 최저의 위치에 있는 때 또는 널말뚝을 빼내기 시작할 때를 기준으로 하여 권상장치의 드럼에 적어도 2회 감기고 남을 수 있는 충분한 길이일 것
2. 권상용 와이어로프는 권상장치의 드럼에 클램프·클립 등을 사용하여 견고하게 고정할 것
3. 항타기의 권상용 와이어로프에서 추·해머 등과의 연결은 클램프·클립 등을 사용하여 견고하게 할 것
4. 제2호 및 제3호의 클램프·클립 등은 한국산업표준 제품이거나 한국산업표준이 없는 제품의 경우에는 이에 준하는 규격을 갖춘 제품을 사용할 것

제213조(널말뚝 등과의 연결)

사업주는 항발기의 권상용 와이어로프·도르래 등은 충분한 강도가 있는 샤클·고정철물 등을 사용하여 말뚝·널말뚝 등과 연결시켜야 한다.

(4) 성토법면의 붕괴

성토의 직후에 붕괴가 발생되기 쉽다. 다지기가 덜 된 상태에서 빗물이나 지표수, 지하수 등이 침투되어 공극수압이 증가되어 양옆에 붕괴가 발생된다. 성토 자체에 결함이 없어도 지반이 약한 경우는 붕괴된다. 풍화가 심한 급경사면과 미끄러져 내리기 쉬운 지층 구조의 경사면에서 일어나는 성토붕괴의 경우에는 성토된 흙의 중량이 지반에 부가되어 붕괴된다.

(5) 토석붕괴 작업시 3대 만족 조건

① 안전성
② 경제성
③ 공기 적정

(6) 점성토 공사 안전대책(굴착면의 기울기 및 높이)

① 토사붕괴를 예방하기 위하여 지반의 종류에 따라서 안전 기준을 준수하여야 한다.
② 암반은 굴착면의 높이가 5[m] 미만시 굴착면의 기울기를 90[°] 이하로 하고, 5[m] 이상시에는 기울기를 75[°] 이하로 한다.
③ 사질의 지반(점토질을 포함하지 않은 것)은 굴착면의 기울기를 35[°] 이하로 하고, 높이는 5[m] 미만으로 한다.
④ 발파 등에 의해서 붕괴하기 쉬운 상태의 지반 및 다시 매립하거나 반출시켜야 할 지반의 굴착면의 기울기는 45[°] 이하 또는 높이 2[m] 미만으로 한다.
⑤ 그 밖에 지반의 경우 굴착면의 높이가 2[m] 미만일 경우 기울기를 90[°] 이하, 2[m] 이상 5[m] 미만일 경우 기울기를 70[°] 이하, 굴착면의 높이가 5[m] 이상일 경우 60[°] 이하로 한다.
⑥ 굴착면의 끝단을 파는 것은 엄금하여야 하며 부득이한 경우 안전상의 조치를 한다.

[표] 굴착면의 기울기 기준 16. 5. 8 기 산 17. 3. 5 기 17. 9. 23 기 18. 8. 19 산 19. 4. 27 기 산 20. 6. 7 기 20. 8. 22 기 21. 9. 12 기 24. 2. 15 기 24. 5. 9 기

지반의 종류	굴착면의 기울기
모래	1 : 1.8
연암 및 풍화암	1 : 1.0
경암	1 : 0.5
그 밖의 흙	1 : 1.2

3. 토석붕괴의 예방대책

(1) 붕괴의 발생 예방대책

① 적절한 법면의 기울기를 계획하여야 한다.

② 법면의 기울기가 당초 계획과 차이가 발생하면 즉시 재검토하여 계획을 변경시켜야 한다.

(2) 붕괴방지공법 16. 3. 6 기 21. 5. 15 기

① 활동할 가능성이 있는 토사는 제거하여야 한다.

② 비탈면 또는 법면의 하단을 다져서 활동이 안 되도록 저항을 만들어야 한다.

③ 지표수가 침투되지 않도록 배수를 시키고 지하수위를 낮추기 위하여 수평 보링(boring)을 하여 배수시켜야 한다.

④ 말뚝(강관, H형강, 철근 콘크리트)을 박아 지반을 강화시킨다.

(3) 점검사항

① 전 지표면의 답사

② 법면의 지층 변화부 상황 확인

③ 부식의 상황 변화의 확인

④ 결빙과 해빙에 대한 상황의 확인

⑤ 용수의 발생 유무 또는 용수량의 변화 확인

⑥ 각종 법면 보호공의 변화 유무

⑦ 점검 시기는 다음과 같다.

㉮ 작업 전후

㉯ 비 온 후

㉰ 인접 작업 구역에서 발파한 경우

(4) 토석붕괴시 조치사항

① **동시작업의 금지** : 붕괴 토석의 최고 도달거리는 경사 비탈면 높이의 약 2배에 달하므로 이 범위 내에서는 굴착공사, 배수관의 매설, 콘크리트 타설 작업 등을 해서는 안 된다.

② **대피 통로 및 공간의 확보 등** : 붕괴의 범위에 따라 다르지만, 일반적으로 발생되는 붕괴는 높이에 비례하지만 그 폭(수평방향)은 작으므로 작업장 좌우에 피난 통로 등을 확보하여야 한다.

③ **2차 재해의 방지** : 일반적으로 작은 규모의 붕괴가 발생하여 인명 구출 등 구조작업에서 대형 붕괴가 재차 발생할 가능성이 많으므로 붕괴면의 주변 상황을 충분히 확인하고 안전하다고 판단되었을 경우에 복구 작업에 임하여야 한다.

합격예측

사면의 붕괴 형태 18. 3. 4 기

① 1 : 0.5 (경암)

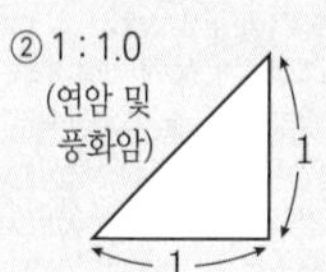

② 1 : 1.0 (연암 및 풍화암)

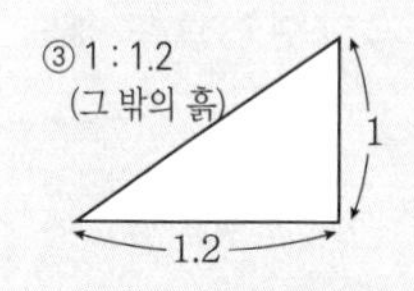

③ 1 : 1.2 (그 밖의 흙)

1
1.2

합격예측 및 관련법규

제216조(도르래의 부착 등)

① 사업주는 항타기나 항발기에 도르래나 도르래 뭉치를 부착하는 경우에는 부착부가 받는 하중에 의하여 파괴될 우려가 없는 브래킷·섀클 및 와이어로프 등으로 견고하게 부착하여야 한다.

② 사업주는 항타기 또는 항발기의 권상장치의 드럼축과 권상장치로부터 첫 번째 도르래의 축 간의 거리를 권상장치 드럼폭의 15배 이상으로 하여야 한다.

③ 제2항의 도르래는 권상장치의 드럼 중심을 지나야 하며 축과 수직면상에 있어야 한다. 18. 8. 19 기

④ 항타기나 항발기의 구조상 권상용 와이어로프가 꼬일 우려가 없는 경우에는 제2항과 제3항을 적용하지 아니한다.

합격예측 및 관련법규

제217조(사용 시의 조치 등)

① 사업주는 증기나 압축공기를 동력원으로 하는 항타기나 항발기를 사용하는 경우에는 다음 각 호의 사항을 준수하여야 한다.16. 10. 1 기

1. 해머의 운동에 의하여 공기호스와 해머의 접속부가 파손되거나 벗겨지는 것을 방지하기 위하여 그 접속부가 아닌 부위를 선정하여 공기호스를 해머에 고정시킬 것
2. 공기를 차단하는 장치를 해머의 운전자가 쉽게 조작할 수 있는 위치에 설치할 것

② 사업주는 항타기나 항발기의 권상장치의 드럼에 권상용 와이어로프가 꼬인 경우에는 와이어로프에 하중을 걸어서는 아니 된다.

③ 사업주는 항타기나 항발기의 권상장치에 하중을 건 상태로 정지하여 두는 경우에는 쐐기장치 또는 역회전 방지용 브레이크를 사용하여 제동하는 등 확실하게 정지시켜 두어야 한다.

합격예측 및 관련법규

제221조의2(충돌위험 방지 조치)

① 사업주는 굴착기에 사람이 부딪히는 것을 방지하기 위해 후사경과 후방영상표시장치 등 굴착기를 운전하는 사람이 좌우 및 후방을 확인할 수 있는 장치를 굴착기에 갖춰야 한다.

② 사업주는 굴착기로 작업을 하기 전에 후사경과 후방영상표시장치 등의 부착상태와 작동 여부를 확인해야 한다.

[본조신설 2022. 10. 18.]
[시행일 : 2023. 7. 1.]

제221조의3(좌석안전띠의 착용)

① 사업주는 굴착기를 운전하는 사람이 좌석안전띠를 착용하도록 해야 한다.

② 굴착기를 운전하는 사람은 좌석안전띠를 착용해야 한다.

[본조신설 2022. 10. 18.] [시행일 : 2023. 7. 1.]

3 떨어짐(낙하)·날아옴(비래) 재해대책

1. 낙하물 재해방지설비

(1) 재해의 발생원인

① 고소에 자재 및 잔재, 공구 등의 정리정돈이 되지 않는다.
② 작업 바닥의 구조(폭 및 간격 등)가 불량하다.
③ 고소에서 투하설비 없이 물체를 던져 내린다.
④ 위험장소에 출입금지 및 감시원 배치 등의 조치를 취하지 않는다.
⑤ 작업원이 재료·공구 등을 함부로 취급한다.
⑥ 안전모를 착용하지 않는다.
⑦ 낙하·비래 위험장소에 이를 방지하기 위한 시설이 없다.
⑧ 동일 직선상에 동시작업을 한다.
⑨ 자재 운반시 운반기계의 회전반경 내에 작업자가 출입한다.

(2) 재해방지대책

① 고소작업장에서는 작업 공간과 자재를 적치할 장소를 충분히 확보해야 한다.
② 낙하·비래물에 대한 방호시설을 설치한다.
③ 안전한 작업 방법, 자재의 취급 및 저장 취급방법 등에 대한 교육을 실시한다.

2. 낙하·비래재해의 예방대책에 관한 사항 16. 3. 6 기 16. 10. 1 산 17. 3. 5 산 17. 9. 23 산

① 낙하물방지망의 규격은 그물코 가로, 세로가 각각 10[cm] 이하일 것
② 낙하물방지망 설치는 지상에서 10[m] 이내에 첫번째 방지망을 설치하고, 매 10[m] 이내마다 반복하여 설치하며, 설치각도는 20~30[°]를 유지한다.
③ 겹치는 부분의 연결은 틈이 없도록 하며 겹친 폭은 30[cm] 이상으로 한다.
④ 낙하물방지망의 돌출길이는 수평으로 2[m] 이상이 되도록 설치한다.
⑤ 건축물과 비계 사이 공간을 낙하물방지망으로 방호한다.
⑥ 구조물 전체 높이가 20[m] 이하인 경우 1단 이상, 20[m] 이상인 경우 2단 이상 설치한다.
⑦ 최하단의 방호 선반은 지상에서 10[m] 이내에 설치하되 보통 5[m] 정도 높이에 설치하는 것이 적당하다.
⑧ 건물 외부 비계 방호시트에서 2[m] 이상(수평거리) 돌출하고 수평면과 20[°] 이상의 각도를 유지한다.
⑨ 선반을 목재로 구성할 경우 두께 1.5[cm] 이상, 금속판을 이용할 경우는 목재와 동등 이상의 내력을 보유한다.

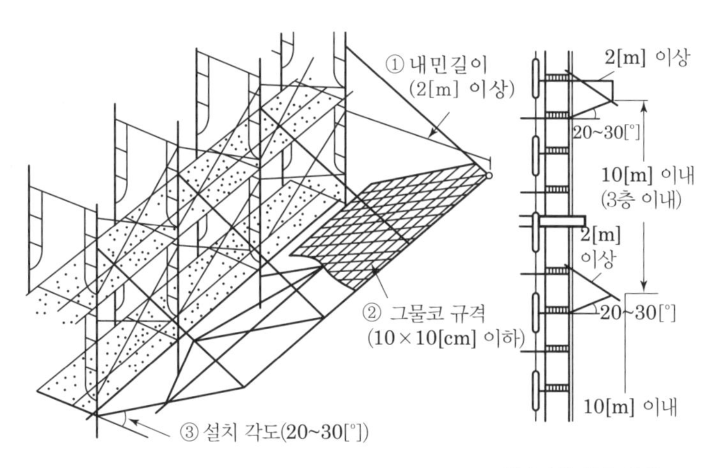

[그림] 낙하물방지망(방호선반) 18. 3. 4 ⓖ 18. 8. 19 ⓢ 19. 4. 27 ⓢ 20. 8. 23 ⓢ

[표] 전압식 다짐기계의 종류 및 특징

종 류	특 징
머캐덤 롤러 (Macadam Roller)	2축 3륜으로 구성, 쇄석지층 및 자갈층 다짐에 효과적이다. 예 노반 다지기, 아스팔트 포장 등
탠덤 롤러 17. 3. 5 ⓢ (Tandem Roller)	도로용 롤러이며, 2륜으로 구성되어 있고, 아스팔트 포장의 끝손질의 점성토 다짐에 사용한다.
타이어 롤러 (Tire Roller)	① Ballast 아래에 다수의 고무타이어를 달아서 다짐한다. ② 사질토, 소성이 낮은 흙에 적합하며 주행속도 개선
탬핑 롤러 18. 4. 28 ⓢ (Tamping Roller)	① 롤러 표면에 돌기를 만들어 부착, 땅 깊숙이 다짐 가능 ② 토립자를 이동 혼합하여 함수비 조절 용이(간극수압제거) ③ 고함수비의 점성토 지반에 효과적, 유효다짐 깊이가 깊다. ④ 흙덩어리(풍화암 등)의 파쇄 효과 및 맞물림 효과가 크다.

합격예측 및 관련법규

제14조(낙하물에 의한 위험의 방지)

① 사업주는 작업장의 바닥, 도로 및 통로 등에서 낙하물이 근로자에게 위험을 미칠 우려가 있는 경우 보호망을 설치하는 등 필요한 조치를 하여야 한다.
② 사업주는 작업으로 인하여 물체가 떨어지거나 날아올 위험이 있는 경우 낙하물방지망, 수직보호망 또는 방호선반의 설치, 출입금지구역의 설정, 보호구의 착용 등 위험을 방지하기 위하여 필요한 조치를 하여야 한다. 이 경우 낙하물방지망 및 수직보호망은 「산업표준화법」 제12조에 따른 한국산업표준(이하 "한국산업표준"이라 한다)에서 정하는 성능기준에 적합한 것을 사용하여야 한다.
③ 제2항에 따라 낙하물방지망 또는 방호선반을 설치하는 경우에는 다음 각 호의 사항을 준수하여야 한다.
1. 높이 10미터 이내마다 설치하고, 내민 길이는 벽면으로부터 2미터 이상으로 할 것
2. 수평면과의 각도는 20도 이상 30도 이하를 유지할 것

합격예측 및 관련법규

제221조의4(잠금장치의 체결)

사업주는 굴착기 퀵커플러(quick coupler)에 버킷, 브레이커(breaker), 클램셸(clamshell) 등 작업장치(이하 "작업장치"라 한다)를 장착 또는 교환하는 경우에는 안전핀 등 잠금장치를 체결하고 이를 확인해야 한다.
[본조신설 2022. 10. 18.] [시행일 : 2023. 7. 1.]

합격예측

다짐기계의 종류 20. 8. 22 ⓖ 21. 9. 12 ⓖ

전압식
- 도로용 롤러
- 타이어 롤러
- 탬핑 롤러

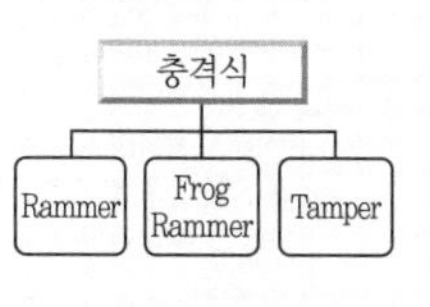

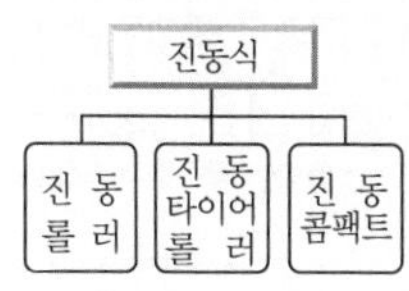

합격예측

암반 사면의 파괴형태

① 원형파괴(Circular Failure) : 불연속면이 불규칙하게 발달된 사면에서 발생하는 파괴형태
② 평면파괴(Plane Failure) : 불연속면이 한방향으로 발달된 사면에서 발생하는 파괴형태
쐐기파괴(Wedge Failure) : 불연속면이 두 방향으로 발달하여 서로 교차되는 사면에서 발생하는 파괴형태
전도파괴(Toppling Failure) : 절개면의 경사면과 불연속면의 경사방향이 반대인 사면에서 발생하는 파괴형태

합격예측 및 관련법규

제221조의5(인양작업 시 조치)

① 사업주는 다음 각 호의 사항을 모두 갖춘 굴착기의 경우에는 굴착기를 사용하여 화물 인양작업을 할 수 있다.
1. 굴착기의 퀵커플러 또는 작업장치에 달기구(훅, 걸쇠 등을 말한다)가 부착되어 있는 등 인양작업이 가능하도록 제작된 기계일 것
2. 굴착기 제조사에서 정한 정격하중이 확인되는 굴착기를 사용할 것
3. 달기구에 해지장치가 사용되는 등 작업 중 인양물의 낙하 우려가 없을 것

② 사업주는 굴착기를 사용하여 인양작업을 하는 경우에는 다음 각 호의 사항을 준수해야 한다.
1. 굴착기 제조사에서 정한 작업설명서에 따라 인양할 것
2. 사람을 지정하여 인양작업을 신호하게 할 것
3. 인양물과 근로자가 접촉할 우려가 있는 장소에 근로자의 출입을 금지시킬 것
4. 지반의 침하 우려가 없고 평평한 장소에서 작업할 것
5. 인양 대상 화물의 무게는 정격하중을 넘지 않을 것

③ 굴착기를 이용한 인양작업 시 와이어로프 등 달기구의 사용에 관해서는 제163조부터 제170조까지의 규정(제166조, 제167조 및 제169조에 따라 준용되는 경우를 포함한다)을 준용한다. 이 경우 "양중기" 또는 "크레인"은 "굴착기"로 본다.
[본조신설 2022. 10. 18.]

3. 옹벽의 안정조건 3가지

안정조건	안전율을 높이는 방법
전도(over turning)에 대한 안정	① Fs=(저항모멘트/전도모멘트)≥2.0 ② 옹벽높이를 낮게 ③ 뒷굽길이를 길게(하중합력의 작용점이 저판의 중앙 1/3 이내에 위치하는 것이 바람직)
활동(sliding)에 대한 안정	① Fs=(수평저항력/토압의수평력)≥1.5 ② 저판의 폭을 크게 ③ 활동방지벽(shear key)설치
지반지지력 [침하(settlement)]에 대한 안정	① 저판폭을 크게 ② 양질의 재료로 치환 ③ 말뚝기초시공 최대지반 반력이 허용지지력 이하가 되면 안전. Fs=(허용지지력/최대지반반력)≥1.0

4. 붕괴 등에 의한 위험방지(전체작업)

(1) 구축물 또는 이와 유사한 시설물 등의 안전유지

① 자중, 적재하중, 적설, 풍압, 지진이나 진동 및 충격 등에 의하여 붕괴, 전도, 도괴, 폭발 등의 위험 예방

② 조치사항 16. 10. 1 기

㉮ 설계도서에 따라 시공했는지 확인

㉯ 건설공사 시방서(示方書)에 따라 시공했는지 확인

㉰ 「건축물의 구조기준 등에 관한 규칙」에 따른 구조기준을 준수했는지 확인

(2) 붕괴·낙하에 의한 위험방지(지반붕괴, 구축물붕괴, 토석의 낙하 등)

① 지반은 안전한 경사로 하고 낙하의 위험이 있는 토석을 제거하거나 옹벽·흙막이지보공 등을 설치할 것

② 지반의 붕괴 또는 토석의 낙하원인이 되는 빗물이나 지하수 등을 배제할 것

③ 갱내의 낙반·측벽(側壁) 붕괴의 위험이 있는 경우에는 지보공을 설치하고 부석을 제거하는 등 필요한 조치를 할 것

건설재해 및 대책

출제예상문제

출제예상문제는 복습, 예습문제로 엮었습니다. *WHY : 실제시험에도 순서에 관계없이 출제됩니다. 예습 후 다음장에 공부한 문제가 있으면 기억이 배가 됩니다.

01 ★★★ **건설공사중 물체가 낙하 또는 비래할 위험이 있을 때 조치할 사항으로 틀린 것은?** 17. 8. 26 기 19. 9. 21 기 20. 6. 7 기 21. 5. 15 기

① 방망의 설치
② 보호구의 착용
③ 출입금지구역의 설정
④ 안전난간대 설치

해설

(1) 낙하, 비래에 의한 위험방지 안전기준
① 낙하물 방지망
② 수직보호망
③ 방호 선반의 설치
② 출입금지 구역의 설정
③ 보호구 착용
(2) 안전 난간대는 추락 방지 안전기준이다.

02 ★★ **노면의 안정을 위한 동상방지대책 중 틀린 것은?**

① 배수구 설치로 지하수위를 저하시키는 방법
② 동결 깊이 하부에 있는 흙을 동결되지 않는 재료로 치환하는 방법
③ 흙속에 단열 재료를 매립하는 방법
④ 지하의 흙을 화학 약액으로 처리하는 방법

해설

흙의 동상방지대책
① 배수구를 설치하여 지하수위를 낮춘다.
② 지하수 상승을 방지하기 위해 차단층(콘크리트, 아스팔트, 모래 등)을 설치한다.
③ 흙속에 단열재료를 넣는다.
④ 동결심도 상부의 흙을 비동결 흙으로 치환한다.
⑤ 흙을 화학약품 처리하여 동결온도를 내린다.(지표의 흙만 화학처리)

03 ★ **다음은 터널시공에서 낙반 등에 의한 위험방지 사항이다. 옳지 않은 것은?**

① 터널 지보공을 실시한다.
② 출입구 부근에는 흙막이 지보공이나 방호망을 친다.
③ 환기 또는 조명시설을 한다.
④ 관계자 외 출입을 금지시킨다.

해설

환기나 조명시설은 시공계획 작성시 해야 한다.

04 ★★★ **다음 중 토사붕괴로 인한 피해를 방지하기 위한 흙막이 지보공 설비가 아닌 것은?** 22. 4. 24 기

① 흙막이판 ② 말뚝
③ 턴버클 ④ 띠장

해설

흙막이벽 부재(설비)의 종류
① 버팀대(strut) ② 띠장(wale)
③ 버팀대 기둥 ④ 모서리 버팀대

05 ★★★ **토석붕괴방지 공법 중 틀린 것은?** 18. 8. 19 산

① 말뚝(강관, H형강, 철근 콘크리트)을 박아 지반을 강화시킨다.
② 활동할 가능성이 있는 토석은 제거하여야 한다.
③ 지표수가 침투되지 않도록 배수시키고 지하수위 저하를 위해 수평보링을 하여 배수시킨다.
④ 비탈면, 법면의 상단을 다져서 활동이 안 되도록 저항을 만들어야 한다.

[정답] 01 ④ 02 ② 03 ③ 04 ③ 05 ④

해설

토사붕괴 예방대책

① 적절한 경사면의 기울기를 계획하여야 한다.
② 경사면의 기울기가 당초 계획과 차이가 발생되면 즉시 재검토하여 계획을 변경시켜야 한다.
③ 활동할 가능성이 있는 토석은 제거하여야 한다.
④ 경사면의 하단부에 압성토 등 보강공법으로 활동에 대한 저항 대책을 강구하여야 한다.
⑤ 말뚝(강관, H형강, 철근 콘크리트)을 타입하여 지반을 강화시킨다.

06 ★★★★ **추락을 방지하기 위하여 사용하는 안전대의 사용방법은?**

① U자 걸이 전용 ② 1개 걸이 전용
③ 안전블록 ④ 2개 걸이 전용

해설

안전대의 U자 걸이와 1개 걸이 착용 요령

① U자 걸이 : 안전대의 로프를 구조물 등에 U자 모양으로 둘린 뒤 훅을 D링에, 신축조절기를 각링에 연결하여 신체의 안전을 꾀하는 방법을 말한다.
② 1개 걸이 : 로프의 한쪽 끝을 D링에 고정시키고 훅을 구조물에 걸거나 로프를 구조물 등에 한 번 돌린 후 다시 훅을 로프에 거는 등 추락에 의한 위험을 방지하기 위한 방법을 말한다.

보충학습

[표] 안전대의 종류 4가지 16. 10. 1 기

종류	사용구분	
벨트식 안전그네식	1개 걸이용	공용
	U자 걸이용	
안전그네식	추락방지대	
	안전블록	

07 ★★ **건설공사의 붕괴재해 중 일반적으로 가장 많이 발생하는 것은?**

① 토사 ② 암석
③ 콘크리트 ④ 철골

해설

붕괴재해의 대부분이 토사 재해이다.

08 ★★★ **물로 포화된 점토에 다지기를 하면 물이 나오지 않는 한 흙이 압축되며 압축하중으로 지반이 침하하는데 이로 인하여 간극수압이 높아져 물이 배출되면서 흙의 간극(공극)이 감소하는 현상을 무엇이라 하는가?**

① 압축 ② 압밀
③ 흙의 consistency ④ 함수비

해설

압밀침하(consolidation)

① 압밀침하란 외력에 의하여 간극 내의 물이 빠져 흙의 입자 사이가 좁아져 침하되는 것을 말하며 진흙의 압밀침하는 장기간 계속된다.
② 진흙의 투수성이 나쁘기 때문이다.
③ 압밀시간은 투수성과 흙의 압축성에 의해 지배된다.

09 ★★ **높이 2[m] 이상인 높은 작업장소의 개구부에서 추락을 방지하기 위한 설비가 아닌 것은?**

① 보호난간 ② 안전대 또는 구명줄
③ 방호선반 ④ 울타리

해설

개구부의 방호조치

① 안전난간 설치
② 울 및 손잡이 설치
③ 덮개 설치
④ 방망 설치
⑤ 안전대 착용

10 ★★★ **지반의 붕괴나 토석의 낙하에 의하여 근로자에게 위험의 우려가 있을 때 위험방지를 위하여 취하여야 할 조치 중 적당치 않은 것은?**

① 지반은 안전한 기울기로 한다.
② 안전모를 착용시켜서 작업을 한다.
③ 낙하 위험 토석의 제거 및 옹벽 흙막이 지보공을 설치한다.
④ 빗물이나 지하수를 배제한다.

해설

산업안전보건기준에 관한 규칙 제50조(붕괴·낙하에 의한 위험방지)

[정답] 06 ② 07 ① 08 ② 09 ③ 10 ②

11 ★★ 점착성이 있는 묽은 액체 상태로부터 함수량의 감소에 따라서 고체 상태로 된다. 이와 같이 하여 얻어진 고체 상태의 흙을 침수시키면 다시 액체 상태로 되지 아니하고 한계점에서 갑자기 붕괴하게 된다. 이러한 현상을 무엇이라 하는가?

① 흙의 유동 지수　② 흙의 비화 작용
③ 흙의 팽창 작용　④ 흙의 함수 당량

해설

본문은 비화(沸化)작용(slaking)의 설명이다.

합격KEY 2014년 4월 20일 실기필답형 출제

12 ★★★★ 근로자의 추락 위험성이 많은 통로나 작업장에 근로자의 추락을 방지하기 위하여 조치하여야 할 사항 중 가장 중요한 것은? 18. 4. 28 산　20. 9. 27 기

① 감시인 배치　② 울타리 설치
③ 안전모 착용　④ 추락방호망 설치

해설

추락의 방지설비

① 비계　② 추락방호망　③ 달비계　④ 수평통로
⑤ 난간　⑥ 울타리　⑦ 구명줄　⑧ 안전대

참고) 산업안전보건기준에 관한 규칙 제42조(추락의 방지) : 사업주는 작업장이나 기계·설비의 바닥·작업 발판 및 통로 등의 끝이나 개구부로부터 근로자가 추락하거나 넘어질 위험이 있는 장소에는 안전난간, 울, 손잡이 또는 충분한 강도를 가진 덮개등을 설치하는 등 필요한 조치를 하여야 한다.

13 ★★★ 지반의 전단강도가 감소하는 원인이 아닌 것은?

① 점토지반의 흡수
② 간극수압의 증대
③ 점토지반의 진동 및 충격
④ 동결토의 응력

해설

① 지반을 다질 때 진동이나 충격을 준다.
② 점토지반의 흡수는 강도가 향상된다.

14 ★★★ 다음은 비탈면의 붕괴 원인 중 전단강도의 감소 원인이다. 옳지 않은 것은?

① 빗물이 흙에 흡수되면 팽창으로 소성이 감소된다.
② 건조로 인하여 사질토가 접착력을 상실한다.
③ 장기응력으로 탄성 변형한다.
④ 점성토의 수축이나 팽창으로 균열이 발생한다.

해설

① 장기응력 : 소성 변형
② 단기응력 : 탄성 변형

15 ★★ 침투수가 없고 점착력이 없는 비점토성 사면에서 사면의 경사각이 30[°]일 때 이 사면이 안전하기 위해서는 흙의 내부마찰각은 최소 몇 도 이상인가?

① 15[°]　② 20[°]
③ 30[°]　④ 45[°]

해설

내부마찰각

$\theta = 45 - \frac{\phi}{2} = 45 - \frac{30}{2} = 30[°]$

16 ★★ 어느 사질토의 내부마찰각이 42[°]였고, 이 사질토의 기울기가 30[°]이었다면 이 사질토의 안정 여부와 안전율을 구하면?

① 불안정, 0.64　② 불안정, 0.86
③ 안정, 1.17　④ 안정, 1.56

해설

$F = \frac{\tan\phi}{\tan i} = \frac{42[°]}{30[°]} = 1.56 (i < \phi)$

17 ★★★ 사다리식 통로의 길이가 10[m] 이상일 때 얼마마다 계단참을 설치해야 하는가?

① 3[m] 이내　② 4[m] 이내
③ 5[m] 이내　④ 6[m] 이내

해설

산업안전보건기준에 관한 규칙 제24조 참조(사다리식 통로의 구조)

[정답] 11 ② 12 ④ 13 ① 14 ③ 15 ③ 16 ④ 17 ③

제5편

18 ★★ 건설공사 현장에서 낙하물에 의한 공사 현장 주변에 위험이 발생할 우려가 있을 때 설치하는 방호 철망의 철망 호칭으로 적당한 것은?

① #8~#10 ② #13~#16
③ #18~#22 ④ #25~#30

해설

방호철망(낙하물 방지) 안전기준

① 철망호칭 #13 내지 #16의 것을 사용한다.
② 아연도금 철선으로 철선 지름 0.9[mm](#20) 이상의 것을 사용한다.
③ 15[cm] 이상 겹쳐대고 60[cm] 이내 간격으로 긴결하여 틈이 생기지 않도록 한다.
④ 수평에 대하여 20~30[°] 정도
⑤ 높이는 지상 2층 바닥 부분, 그 위는 6층 이내마다 설치한다.

19 ★★★★★ 풍화암의 굴착면 기울기 기준으로 맞는 것은?

① 1 : 0.5 ② 1 : 1.0
③ 1 : 0.3 ④ 1 : 1.5

해설

굴착면 기울기

(1) 굴착면의 구배기준

지반의 종류	굴착면의 기울기
모래	1 : 1.8
연암 및 풍화암	1 : 1.0
경암	1 : 0.5
그 밖의 흙	1 : 1.2

(2) 1 : 1.0 예

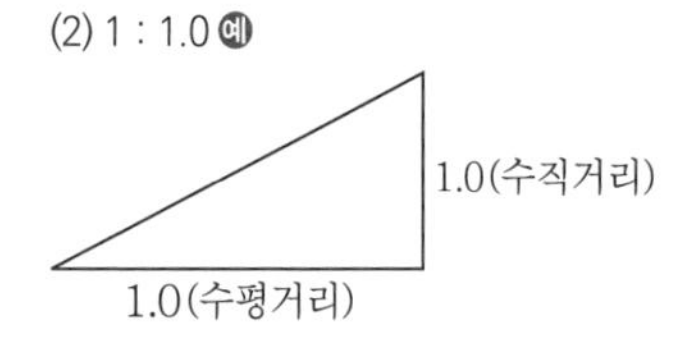

20 ★★★ 다음은 토사 붕괴시의 조치사항이다. 틀린 것은?

① 2차 재해의 방지
② 입체작업 금지
③ 대피 통로 및 공간의 확보
④ 붕괴 방지 공법의 활용

해설

토사붕괴 조치사항

① 대피 통로 및 공간 확보
② 동시작업 금지
③ 2차 재해 방지

21 ★★★★★ 토사붕괴의 예방대책으로 적당치 않은 것은?

① 적절한 법면 기울기를 계획
② 지표수가 침투되지 않도록 배수
③ 지하수위를 높인다.
④ 부석의 상황변화 확인

해설

토사붕괴의 원인

(1) 외적 요인
① 사면·법면의 경사 및 기울기의 증가
② 절토 및 성토 높이의 증가
③ 지진, 차량, 구조물의 중량 증가
④ 공사에 의한 진동 및 반복하중의 증가
⑤ 지표수 및 지하수의 침투에 의한 토사 중량의 증가
(2) 내적 요인
① 성토 사면의 토질
② 토석의 강도 저하
③ 절토 사면의 토질, 암질

22 ★★ 추락 위험이 있는 곳에 손잡이를 설치할 경우 몇 [cm] 이상 설치하여야 하는가?

① 45[cm] 이상 ② 50[cm] 이상
③ 60[cm] 이상 ④ 90[cm] 이상

해설

추락 위험의 손잡이는 90~120[cm]이다.

23 ★★★ 흙의 안식각은 어느 각을 말하는가?

① 자연경사각 ② 비탈면각
③ 시공경사각 ④ 계획경사각

해설

안식각 : 경사면과 수평면이 이루는 자연경사각으로 보통 30~35[°]이다.

[정답] 18 ② 19 ② 20 ④ 21 ③ 22 ④ 23 ①

24 ★★ 일반적으로 사면이 가장 위험한 때에는 어느 경우인가?

① 사면의 수위가 급격히 하강할 때
② 사면의 수위가 서서히 하강할 때
③ 사면이 완전포화 상태에 있을 때
④ 사면이 완전건조 상태에 있을 때

해설

사면의 수위가 급격하면 당연히 붕괴 위험이 크다.

25 ★★★★★ 토석붕괴의 외적 원인이 아닌 것은?

① 사면, 법면의 경사 및 기울기의 증가
② 절토 및 성토 높이의 증가
③ 토석의 강도 저하
④ 공사에 의한 진동 및 반복하중의 증가

해설

토사붕괴

(1) 토석붕괴의 외적 원인
 ① 사면, 법면의 경사 및 기울기의 증가
 ② 절토 및 성토 높이의 증가
 ③ 공사에 의한 진동 및 반복하중의 증가
 ④ 지표수 및 지하수의 침투에 의한 토사 중량의 증가
(2) 토석붕괴의 내적 원인
 ① 절토 사면의 토질 및 암질 ② 성토 사면의 토질
 ③ 토석의 강도 저하
(3) 토석의 붕괴 형태
 ① 미끄러져 내림(sliding) ② 절토면의 붕괴
 ③ 얇은 표층의 붕괴 ④ 깊은 절토 법면의 붕괴
 ⑤ 성토 법면의 붕괴

26 ★★★★★ 다음 굴착면의 기울기 기준 중 잘못된 것은?

① 경암−1 : 0.5 ② 연암−1 : 1.0
③ 풍화암−1 : 1.0 ④ 그밖의 흙−2 : 1.5

해설

굴착면의 기울기 기준

지반의 종류	굴착면의 기울기
모래	1 : 1.8
연암 및 풍화암	1 : 1.0
경암	1 : 0.5
그 밖의 흙	1 : 1.2

27 ★★★ 물체가 낙하 또는 비래할 위험이 있을 때 위험 방지 조치가 아닌 것은?

① 방망 설치 ② 출입구역 설정
③ 보호구 사용 ④ 작업지휘자 선정

해설

(1) 낙하비래 방호조치
 ① 방망의 설치 ② 출입구역 설정 ③ 보호구 사용
(2) 실기에 자주 출제되니 기억 바란다.

28 ★★ 붕괴 및 낙반장치에 관한 설명 중 틀린 것은?

① 붕괴의 위험이 있는 지반하에서 작업시킬 때는 적당한 토사유출방지의 흙막이공을 할 것
② 굴진중 낙반의 위험이 있을 때는 지주재 등을 가까운 곳에 배치할 것
③ 붕괴의 원인이 되는 우수, 지하수 등의 배수시설을 할 것
④ 낙반의 위험이 있는 곳은 공사를 중지하고 설계를 변경할 것

해설

낙반 붕괴에 의한 위험 방지

사업주는 갱내에서의 낙반 또는 측벽의 붕괴에 의하여 근로자에게 위험을 미칠 우려가 있을 때에는 지보공을 설치하고 부석을 제거하는 등 해당 위험을 방지하기 위하여 필요한 조치를 한다.

29 ★ 흙의 사면 안전에 관한 내용 중 틀린 것은?

① 사면의 안전율은 작을수록 안전한 편에 속한다.
② 연약점토의 단순 사면에 경사각이 53[°]보다 크면 선단 파괴가 된다.
③ 연약점토의 단순 사면에 심도계수가 3보다 클 때 저부 파괴가 된다.
④ 연직 사면의 안전계수는 3.85이고 심도계수가 무한대일 경우 안전계수는 5.52이다.

해설

안전율이 크면 안전하다.

[정답] 24 ① 25 ③ 26 ④ 27 ④ 28 ② 29 ①

제5편

30 ★★ 굴착작업시 지반의 붕괴에 의한 위험을 방지하기 위해 관리감독자가 작업 시작 전에 점검해야 할 사항이 아닌 것은?

① 작업장소 선정
② 부석, 균열 유무 점검
③ 작업 순서 결정
④ 함수, 용수 및 동결 상태

해설

토석붕괴 위험 방지
사업주는 굴착작업을 하는 경우 지반의 붕괴 또는 토석의 낙하에 의한 근로자의 위험을 방지하기 위하여 법 제14조 제1항에 따른 관리감독자로 하여금 작업 시작 전에 작업 장소 및 그 주변의 부석·균열의 유무, 함수(含水)·용수(湧水) 및 동결상태의 변화를 점검하도록 하여야 한다.

31 ★★ 토사붕괴의 예측에 사용하는 Coulomb의 법칙의 식으로 맞는 것은?(단, τ = 전단응력, σ = 수평응력, θ = 내부마찰각, C = 점착력)

① $\tau = \sigma\cos\theta - C$
② $\tau = \sigma\cos\theta + C$
③ $\tau = \sigma\tan\theta - C$
④ $\tau = \sigma\tan\theta + C$

해설

재료 시공의 기본문제에 상세설명 확인

32 ★ 터널공사에서 불의의 낙반으로 인한 후방차단에 대한 사전준비에 관한 설명 중 옳지 않은 것은?

① 송기관, 송수관의 배관 재료는 선택 및 부설 방법에 대하여 강구할 것
② 작업반마다 반드시 1개 이상의 휴대용 전등을 준비할 것
③ 작업인원을 항상 파악할 것
④ 라이터나 성냥을 반드시 지참할 것

해설

④는 폭발의 원인이다.

33 ★★ 건설중인 철탑이나 철골, 그 밖에 시설 조립, 임시 공사 등에 있어서는 안전발판이 없기 때문에 극히 불안전하며 이러한 작업에는 반드시 다음의 어느 것을 사용하여 추락을 방지하지 않으면 안되는가?

① 안전경
② 안전복
③ 안전대
④ 안전의

해설

추락 방지에는 안전대 착용이 의무사항이다.

34 ★★ 비탈면은 강우나 용수 또는 풍화 등으로 세굴 유출되고 붕괴되므로 적당한 방법으로 보호하여야 한다. 다음 중 비탈면 보호공의 종류가 아닌 것은?

① 떼붙임
② 돌붙임
③ 터돋기
④ 돌망태입

해설

비탈면 보호공의 종류
① 떼붙임 ② 돌붙임 ③ 돌망태입

35 ★★★ 터널작업시 토석의 낙하에 의해 근로자에게 위험을 미칠 우려가 있을 때의 위험방지조치가 아닌 것은?

① 터널지보공 설치
② 부석 제거
③ 울 설치
④ 록 볼트 설치

해설

낙반 등에 의한 위험방지
① 터널지보공 설치 ② 부석 제거 ③ 록 볼트 설치

36 ★★ 다음 중 추락재해 방지설비가 아닌 것은?

① 비계
② 발판
③ 안전대
④ 버팀대

해설

산업안전보건기준에 관한 규칙 제42조~제45조 (추락에 의한 위험방지) 참조

[정답] 30 ③ 31 ④ 32 ④ 33 ③ 34 ③ 35 ③ 36 ④

Chapter 05

건설 가시설물 설치기준

중점 학습내용

가설 구조물은 영구적 또는 반영구적인 구조물에 비해 불안전한 구조를 갖고 있어 산업재해 발생 가능성이 높으므로 제작, 설치시 철저한 안전관리가 요구된다. 가설 구조물 공사는 연결재가 불안전한 구조가 되기 쉽고 부재의 결합이 간결하며, 불안전한 결합이 많은 것이 특징이다. 부재는 과소단면이거나 결함이 있는 재료가 사용되기 쉽고 통상의 구조물이라는 개념이 미흡하여 조립의 정밀도가 낮다. 특히 시험에 출제가 예상되는 그 중심내용은 다음과 같다.

❶ 비계설치기준
❷ 작업통로 설치기준
❸ 작업발판 설치기준
❹ 안전망 설치기준
❺ 거푸집, 동바리 설치기준 및 흙막이 계측장치

1 비계설치기준

1. 가설공사 개요

(1) 가설 구조물의 특징

① 연결재가 부족하여 불안정해지기 쉽다.
② 부재 결합이 간략하고 불완전 결합이 많다.
③ 구조물이라는 통상의 개념이 확고하지 않아 조립의 정밀도가 낮다.
④ 부재는 과소 단면이거나 결함이 있는 재료가 사용되기 쉽다.

(2) 가설공사 작업성의 조건

① 작업과 통행이 자유로운 넓이, 자재를 임시로 둘 수 있는 작업상면 넓이를 확보한다.(중작업시 80[m^2], 경작업시 40[m^2] 이상 확보한다.)
② 추락을 방지하기 위하여 개구부의 방호, 비계 외측에 난간 등을 설치한다.
③ 통행, 작업에 방해되지 않는 공간을 확보해야 한다.
④ 400[kg/m^2] 이상의 수직 방향 지지력을 가져야 한다.

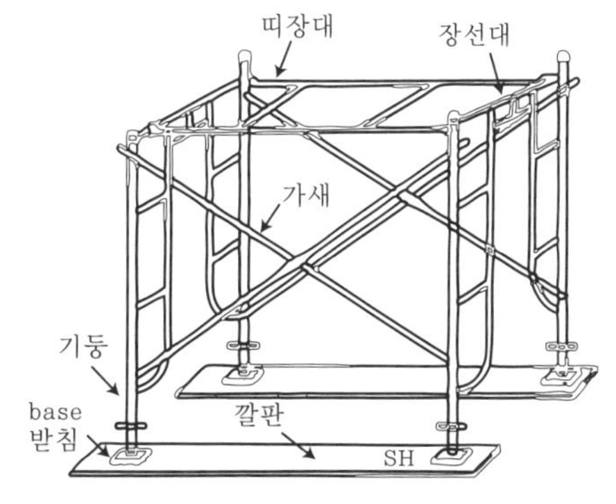

[그림] 강관틀 비계 20. 8. 22 기

합격예측 및 관련법규

제331조(조립도)

① 사업주는 거푸집 및 동바리를 조립하는 경우에는 그 구조를 검토한 후 조립도를 작성하고 그 조립도에 따라 조립하도록 해야 한다.
② 제1항의 조립도에는 거푸집 및 동바리를 구성하는 부재(部材)의 재질·단면규격·설치간격 및 이음방법 등을 명시해야 한다.

합격예측 및 관련법규

제332조의2(동바리 유형에 따른 동바리 조립 시의 안전조치)

16. 10. 1 기 17. 5. 7 기 17. 8. 26 산

1. 동바리로 사용하는 파이프 서포트의 경우
   가. 파이프서포트를 3개 이상 이어서 사용하지 않도록 할 것 19. 8. 4 기
   나. 파이프서포트를 이어서 사용할 경우에는 4개 이상의 볼트 또는 전용철물을 사용하여 이을 것
   다. 높이가 3.5[m]를 초과할 경우에는 높이 2[m] 이내마다 수평연결재를 2개 방향으로 만들고 수평연결재의 변위를 방지할 것

18. 3. 4 산 기 18. 8. 19 기 18. 9. 15 산 20. 8. 22 기 20. 8. 23 산 22. 4. 24 기 24. 2. 15 기

제5편

합격예측 및 관련법규

제332조의2(동바리 유형에 따른 동바리 조립 시의 안전조치)

4. 시스템 동바리(규격화 · 부품화된 수직재, 수평재 및 가새재 등의 부재를 현장에서 조립하여 거푸집을 지지하는 지주 형식의 동바리를 말한다)의 경우
   가. 수평재는 수직재와 직각으로 설치해야 하며, 흔들리지 않도록 견고하게 설치할 것
   나. 연결철물을 사용하여 수직재를 견고하게 연결하고, 연결부위가 탈락 또는 꺾어지지 않도록 할 것
   다. 수직 및 수평하중에 대해 동바리의 구조적 안정성이 확보되도록 조립도에 따라 수직재 및 수평재에는 가새재를 견고하게 설치할 것
   라. 동바리 최상단과 최하단의 수직재와 받침철물은 서로 밀착되도록 설치하고 수직재와 받침철물의 연결부의 겹침길이는 받침철물 전체길이의 3분의 1 이상 되도록 할 것
5. 보 형식의 동바리[강제 갑판(steel deck), 철재트러스 조립 보 등 수평으로 설치하여 거푸집을 지지하는 동바리를 말한다]의 경우
   가. 접합부는 충분한 걸침길이를 확보하고 못, 용접 등으로 양끝을 지지물에 고정시켜 미끄러짐 및 탈락을 방지할 것
   나. 양끝에 설치된 보 거푸집을 지지하는 동바리 사이에는 수평연결재를 설치하거나 동바리를 추가로 설치하는 등 보 거푸집이 옆으로 넘어지지 않도록 견고하게 할 것
   다. 설계도면, 시방서 등 설계도서를 준수하여 설치할 것

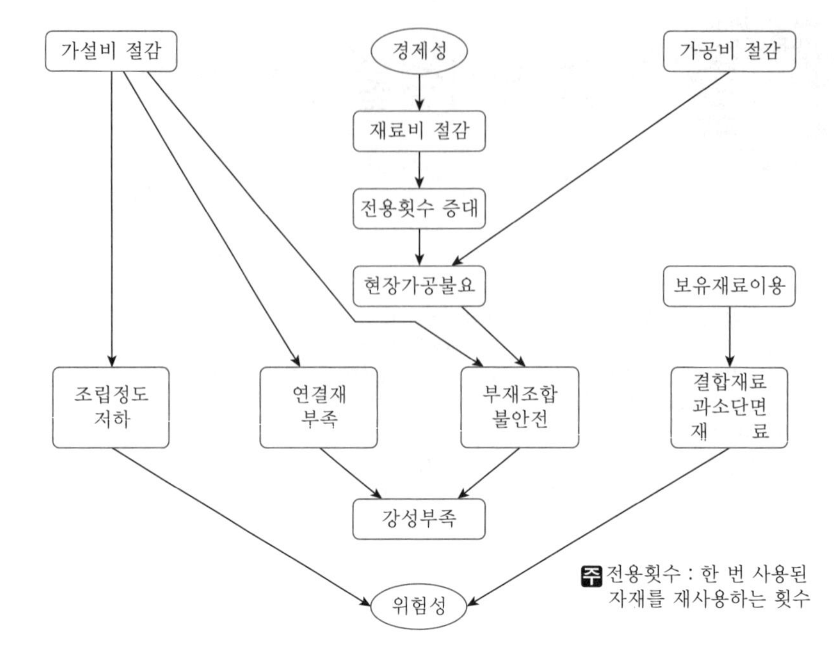

[그림] 가설 구조물의 구조

2. 비계의 개요

(1) 비계(가설구조물)의 요건

① 안전성 19. 4. 27 산

㉮ 파괴·도괴에 대한 안전성 : 충분한 강도

㉯ 동요에 대한 안전성 : 작업·통행시에 동요하지 않는 강도

㉰ 추락에 대한 안전성 : 난간 등이 방호되어 있는 구조

㉱ 낙하물에 대한 안전성 : 틈이 없는 바닥판 구조 및 상부 방호

㉲ 중작업을 할 때 본비계와 건축 자재를 가설치할 경우에는 250~300 [kg/m^2] 하중에 대한 강도가 필요하다.

㉳ 경작업을 할 때 이동식 비계와 같이 건축 자재의 일시적인 적재가 필요없는 경우에는 120~150[kg/m^2] 하중에 대한 강도가 필요하다.

합격예측

(1) 비계의 종류
① 통나무비계 ② 강관비계
③ 강관틀비계 ④ 달비계
⑤ 달대비계 ⑥ 말비계
⑦ 이동식 비계 ⑧ 시스템 비계

(2) **가설공사시 안전율** : 재료의 파괴응력도와 허용응력도의 비율 16. 5. 8 산

(3) 안전계수 = $\frac{\text{절단하중}}{\text{최대하중}}$

합격예측

비계(Scaffolding, 飛階)

건축공사 때에 높은 곳에서 일할 수 있도록 설치하는 임시가설물로, 재료운반이나 작업원의 통로 및 작업을 위한 발판이 되는데, 재료면에서 통나무비계·파이프비계, 용도면에서 외부비계·내부비계·수평비계·달비계·간이비계·사다리비계, 공법면에서 외줄비계·겹비계·쌍줄비계 등으로 구분한다.

② 경제성

㉮ 가설·철거비 : 가설·철거의 신속 용이함

㉯ 가공비 : 현장 가공의 불필요화

㉰ 상각비 : 사용 연수가 긴 재료의 사용, 다양한 현장에서의 적응성 확보

③ 작업성

㉮ 넓은 작업상면 : 통행·작업이 자유로운 넓이, 자재를 임시로 둘 수 있는 넓이(중작업일 때는 80[m^2] 이상, 경작업일 때는 40[m^2] 이상)

㉯ 넓은 작업공간 : 통행, 작업을 방해하는 부재가 없는 구조

㉰ 적정한 작업자세 : 무리가 없는 자세로 작업을 행하는 위치로의 설치 작업성이 좋도록 하려면 작업상의 넓이가 넓을수록 좋지만, 반면에 추락의 위험성이 있다. 추락을 방지하기 위해서는 개구부의 방호, 비계의 외측에 난간을 설치해야 한다.

(2) 비계재해의 유형

① 비계 발판 또는 그 지지재의 파괴

② 비계 발판의 탈락 또는 그 지지재의 변위, 변형

(①, ② → 파괴재해(재료 불량, 부재 결합 불비, 부재 단면 부족, 실수))

③ 풍압에 의한 도괴

④ 지주의 좌굴에 의한 도괴

3. 비계 조립 안전기준

(1) 기초 조립

① 비계의 조립 장소를 정지한다.

② 지면에는 깔판 등을 사용한다.

③ 기둥틀 각주 하단에는 잭형 베이스 철물을 사용하고, 1단의 기둥틀 높이를 갖추어야 한다.

합격예측 및 관련법규 18. 3. 4 기 산 18. 9. 15 기 19. 3. 3 기 19. 9. 21 기 21. 5. 15 기 22. 4. 24 기 24. 5. 15 기

제332조(동바리조립 시의 안전조치)

사업주는 동바리를 조립하는 경우에는 하중의 지지상태를 유지할 수 있도록 다음 각 호의 사항을 준수해야 한다.

1. 받침목이나 깔판의 사용, 콘크리트 타설, 말뚝박기 등 동바리의 침하를 방지하기 위한 조치를 할 것
2. 동바리의 상하 고정 및 미끄러짐 방지 조치를 할 것
3. 상부·하부의 동바리가 동일 수직선상에 위치하도록 하여 깔판·받침목에 고정시킬 것
4. 개구부 상부에 동바리를 설치하는 경우에는 상부하중을 견딜 수 있는 견고한 받침대를 설치할 것
5. U헤드 등의 단판이 없는 동바리의 상단에 멍에 등을 올릴 경우에는 해당 상단에 U헤드 등의 단판을 설치하고, 멍에 등이 전도되거나 이탈되지 않도록 고정시킬 것
6. 동바리의 이음은 같은 품질의 재료를 사용할 것
7. 강재의 접속부 및 교차부는 볼트·클램프 등 전용철물을 사용하여 단단히 연결할 것
8. 거푸집의 형상에 따른 부득이한 경우를 제외하고는 깔판이나 받침목은 2단 이상 끼우지 않도록 할 것
9. 깔판이나 받침목을 이어서 사용하는 경우에는 그 깔판·받침목을 단단히 연결할 것

Q 은행문제

1. 가설 구조물 부재의 강성이 부족하여 가늘고 긴 부재가 압축력에 의하여 파괴되는 현상은? 16. 10. 1 산

① 좌굴 ② 피로파괴
③ 지압파괴 ④ 폭열현상

정답 ①

2. 건설공사도급인은 건설공사 중에 가설 구조물의 붕괴 등 산업재해가 발생할 위험이 있다고 판단되면 건축·토목 분야의 전문가의 의견을 들어 건설공사 발주자에게 해당 건설공사의 설계변경을 요청할 수 있는데, 이러한 가설 구조물의 기준으로 옳지 않은 것은? 21. 9. 5 기

① 높이 20[m] 이상인 비계
② 작업발판 일체형 거푸집 또는 높이 6[m] 이상인 거푸집동바리
③ 터널의 지보공 또는 높이 2[m] 이상인 흙막이지보공
④ 동력을 이용하여 움직이는 가설 구조물

정답 ①

해설 가설 구조물의 기준

① 높이가 31미터 이상인 비계
② 브래킷(bracket) 비계
③ 작업발판 일체형 거푸집 또는 높이가 5미터 이상인 거푸집 및 동바리
④ 터널의 지보공(지보공) 또는 높이가 2미터 이상인 흙막이 지보공
⑤ 동력을 이용하여 움직이는 가설 구조물
⑥ 높이 10미터 이상에서 외부작업을 하기 위하여 작업발판 및 안전시설물을 일체화하여 설치하는 가설 구조물
⑦ 공사현장에서 제작하여 조립·설치하는 복합형 가설 구조물
⑧ 그 밖에 발주자 또는 인·허가기관의 장이 필요하다고 인정하는 가설 구조물

합격정보

건설기술 진흥법 시행령 제101조의2(가설구조물의 구조적 안전성 확인)

합격예측 및 관련법규

제332조의2(동바리 유형에 따른 동바리 조립 시의 안전조치)

2. 동바리로 사용하는 강관틀의 경우
   가. 강관틀과 강관틀과의 사이에 교차(交叉)가새를 설치할 것
   나. 최상층 및 5층 이내마다 거푸집동바리의 측면과 틀면의 방향 및 교차가새의 방향에서 5개 이내마다 수평연결재를 설치하고 수평연결재의 변위를 방지할 것
   다. 최상층 및 5층 이내마다 거푸집동바리의 틀면의 방향에서 양단 및 5개틀 이내마다 교차가새의 방향으로 띠장틀을 설치할 것
3. 동바리로 사용하는 조립강주의 경우 : 조립강주의 높이가 4[m]를 초과할 경우에는 높이 4[m] 이내마다 수평연결재를 2개 방향으로 설치하고 수평연결재의 변위를 방지할 것

합격예측 16. 10. 1 산

비계의 무너짐 및 파괴

① 비계, 발판 또는 지지대의 파괴
② 비계, 발판의 탈락 또는 그 지지대의 변위, 변형
③ 풍압
④ 지주의 좌굴(Buckling) : 압축력에 의해 파괴되는 현상

④ 기둥틀이 각각 가새면과 직각이 되도록 잭형 베이스 철물을 배치하고 깔판 등에 고정하여야 한다.

⑤ 콘크리트 위에 직접 잭형 베이스를 설치할 경우는 직각 2배 방향으로 보강재를 설치하여야 한다.

⑥ 한 방향으로 깔판 등을 사용할 경우에는 깔판에 직각 방향으로 보강재를 설치하여야 한다.

(2) 기둥틀 조립

① 기둥틀은 1단씩 조립해 갈 때마다 양측에 교차가새를 부착한다.

② 기둥조인트의 조임은 기둥틀을 장치하는 데에 따라서 반드시 하여야 한다.

③ 회전식에 의해서 조이는 구조는 그때그때 실시하지 않으면 불가능하므로 반드시 실시해야 한다.

(3) 교차가새 조립

① 틀조립의 각 기둥틀 간격에는 원칙적으로 양면에 반드시 교차가새를 장치해야 한다.

② 부득이한 경우에는 생략해도 되지만 벽연결이 되는 지간층은 떼어내서는 안 된다.

(4) 띠장틀, 작업상 부착 띠장틀 조립

① 띠장틀은 최소한 매 2단마다, 간이틀에 대해서는 각 단마다 설치한다. 이 경우에 띠장틀은 기둥틀 폭과 같은 폭으로 설치하든가, 작업상 부착 띠장틀은 2매를 나란히 붙이고 간격이 없도록 한다.

② 띠장틀을 연결시키는 철물은 완전하게 조이고, 아래면으로 떨어지지 않도록 하여야 한다.

(5) 승강설비 설치방법

① 계 단

㉮ 계단을 설치할 때는 2~3개 지간에 걸쳐서 계단틀을 가설해야 한다.

㉯ 계단에 따라서 높이 90~100[cm]의 높이에 난간을 설치하여야 한다.

② 비계다리

㉮ 잔교의 기울기는 30[°] 이내로 해야 한다.

㉯ 경사가 15[°] 이상인 경우는 발판에 미끄럼 방지를 하여야 한다.

㉰ 잔교 기울기에 따라서 높이 90~100[cm]의 난간을 설치하여야 한다.

㉱ 비계높이 8[m] 이상에 설치된 다리는 7[m] 이내마다 계단참을 설치하여야 한다.

(6) 벽연결 역할 기능 14. 9. 20 기

① 비계 전체 좌굴을 방지한다.(최우선 기능) 23. 9. 2 기 24. 2. 15 기
② 위험방지판, 네트 프레임(net frame) 등에 의한 편심하중을 지탱하여 도괴를 방지한다.
③ 풍하중에 의한 도괴를 방지한다.

(7) 벽연결 설치시 주의사항

① 벽연결에는 인장력과 압축력이 작용하므로 여기서 견딜 수 있는 구조의 것을 사용해야 한다.
② 벽연결은 가능하면 직각으로 설치하여야 한다.
③ 벽연결용 앵커볼트(anchor bolt)를 매립할 때는 전용의 것을 사용하여야 한다.
④ 벽연결을 틀조립 비계에 설치할 때는 기둥에 해야 하지만 가능하면 조인트 부분 가까운 곳에 설치하는 것이 바람직하다.
⑤ 벽연결에 단관과 연결철물을 조합시켜 사용할 때는 연결부가 미끄럽지 않도록 하여야 한다.

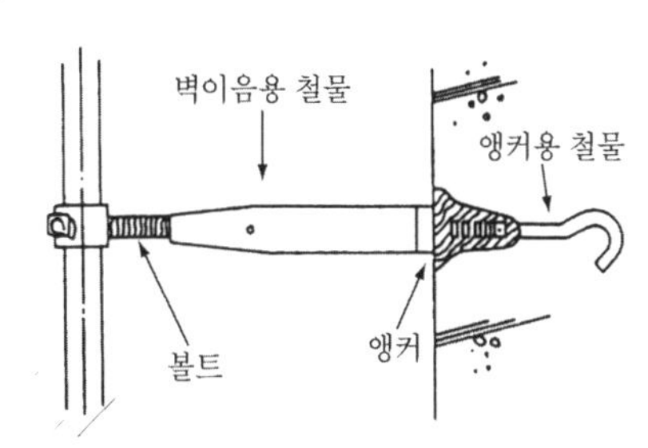

[그림] 벽이음 연결철물(앵커볼트)

4. 비계 재료

(1) 작업발판

① 발판 재료는 작업시의 하중치를 견딜 수 있도록 견고한 것으로 할 것
② 작업발판(달비계를 제외)의 폭은 40[cm] 이상, 발판 재료간의 틈은 3[cm] 이하로 할 것
③ 추락의 위험이 있는 장소에는 안전난간을 설치할 것
④ 작업발판의 지지물은 하중에 의하여 파괴될 우려가 없는 것을 사용할 것
⑤ 작업발판 재료는 뒤집히거나 떨어지지 아니하도록 2 이상의 지지물에 연결하거나 고정시킬 것
⑥ 작업발판을 작업에 따라 이동시킬 때에는 위험방지에 필요한 조치를 할 것

합격예측

휨응력의 산정

$\sigma = \pm \frac{M}{I} \cdot y$

여기서,
M : 휨모멘트[kg·cm]
I : 단면2차 모멘트[cm^4]
y : 중립축으로부터 거리[cm]
σ : 휨응력[kg/cm^2]

최대휨응력(σmax) : 단순보

$\sigma_{max} = \frac{M_{max}}{Z}$

$Z = \frac{bh^2}{6}$

여기서,
b : 폭, Z : 단면계수, h : 높이

등분포하중 $M_{max} = \frac{wl^2}{8}$

집중하중 $M_{max} = \frac{pl}{4}$

Q 은행문제

1. 가설구조물에서 많이 발생하는 중대 재해의 유형으로 가장 거리가 먼 것은? 16. 3. 6 기

① 무너짐재해
② 낙하물에 의한 재해
③ 굴착기계와의 접촉에 의한 재해
④ 추락재해

정답 ③

합격예측 및 관련법규

제334조(콘크리트의 타설작업) 16. 5. 8 기 16. 10. 1 산 17. 3. 5 산 21. 5. 15 기 21. 8. 14 기

사업주는 콘크리트의 타설작업을 하는 경우에는 다음 각 호의 사항을 준수하여야 한다.

1. 당일의 작업을 시작하기 전에 해당 작업에 관한 거푸집 및 동바리를 변형·변위 및 지반의 침하유무 등을 점검하고 이상이 있으면 보수할 것
2. 작업중에는 거푸집동바리 등의 변형·변위 및 침하유무 등을 감시할 수 있는 감시자를 배치하여 이상이 있으면 작업을 중지시키고 근로자를 대피시킬 것
3. 콘크리트의 타설작업시 거푸집붕괴의 위험이 발생할 우려가 있는 경우에는 충분한 보강조치를 할 것
4. 설계도서상의 콘크리트 양생기간을 준수하여 거푸집 및 동바리를 해체할 것
5. 콘크리트를 타설하는 경우에는 편심이 발생하지 않도록 골고루 분산하여 타설할 것

합격예측 및 관련법규

제55조(작업발판의 최대적재하중)

① 사업주는 비계의 구조 및 재료에 따라 작업발판의 최대 적재하중을 정하고 이를 초과하여 실어서는 아니 된다.

16. 10. 1 산 18. 3. 4 기 산 18. 8. 19 산 19. 3. 3 기 20. 6. 7 기 21. 8. 14 기 24. 5. 9 기

② 달비계(곤돌라의 달비계를 제외한다)의 최대적재하중을 정하는 경우 그 안전계수는 다음 각 호와 같다.

1. 달기와이어로프 및 달기강선의 안전계수는 10 이상
2. 달기체인 및 달기훅의 안전계수는 5 이상
3. 달기강대와 달비계의 하부 및 상부지점의 안전계수는 강재의 경우 2.5 이상, 목재의 경우 5 이상

③ 제2항의 안전계수는 그 와이어로프 등의 절단하중 값을 그 와이어로프 등에 걸리는 하중의 최댓값으로 나눈 값을 말한다.

합격예측

(1) 재료에 의한 분류
- ① 통나무비계
- ② 강관(pipe)비계

(2) 구조에 의한 분류
- ① 외줄비계
- ② 겹비계
- ③ 쌍줄비계(고층 건축물, 중량물 시공시에 유리)
- ④ 틀비계
- ⑤ 달비계
- ⑥ 말비계
- ⑦ 내민비계

(3) 위치에 의한 분류
- ① 외부비계
- ② 내부비계
- ③ 비계다리

(2) 비계용 통나무 조건

① 형상이 곧고 나뭇결이 바르며, 큰 옹이, 부식, 갈라짐 등 흠이 없고, 건조된 것으로, 썩거나 다른 결점이 없어야 한다.

② 끝말구의 지름은 4.5[cm] 이상이어야 한다.

③ 휨 정도는 길이의 1.5[%] 이내이어야 한다.

④ 가느러짐 정도는 1[m]당 0.5~0.7[cm]가 이상적이나, 1.5[cm]를 초과하지 말아야 한다.

⑤ 갈라진 길이는 전체 길이의 1/5 이내, 깊이는 통나무 직경의 1/4을 넘지 말아야 한다.

(3) 철 선

① 일반적으로 사용하는 철선은 직경 3.2[mm]의 #10선과 직경 3.8[mm]의 #8선이며, 안전강도는 #10선이 410[kg/cm^2], #8선이 485[kg/cm^2]이다.

② 부러지기 쉬운 철선이나 산화, 부식된 것을 사용해서는 안 된다.

(4) 강관 조립 철물

① **연결 철물** : 강관을 교차시켜 조립, 결합하는 철물은 연결 성능이 좋아야 하며, 안전내력은 300[kg] 이상이어야 한다.

② **이음 철물** : 강관을 잇는 이음철물로 마찰형과 전단형이 있으나 마찰형은 인장강도를 그다지 필요로 하지 않는 곳에 사용하여야 한다.

③ **밑받침(베이스) 철물** : 비계의 하중을 지반에 전달하고 비계의 각부를 조정하는 철물로서 고정형과 조절형이 있다.

5. 비계의 종류

(1) 강관비계

① 조립기준

㉮ 비계기둥에는 미끄러지거나 침하하는 것을 방지하기 위하여 밑받침 철물을 사용하거나 깔판·깔목 등을 사용하여 밑둥잡이를 설치하는 등의 조치를 할 것

합격예측 및 관련법규

제335조(콘크리트 타설장비 사용 시의 준수사항)

사업주는 콘크리트 타설작업을 하기 위하여 콘크리트 플레이싱 붐(placing boom), 콘크리트 분배기, 콘크리트 펌프카 등(이하 이 조에서 "콘크리트타설장비"라 한다)을 사용하는 경우에는 다음 각 호의 사항을 준수해야 한다.

1. 작업을 시작하기 전에 콘크리트타설장비를 점검하고 이상을 발견하였으면 즉시 보수할 것
2. 건축물의 난간 등에서 작업하는 근로자가 호스의 요동 · 선회로 인하여 추락하는 위험을 방지하기 위하여 안전난간 설치 등 필요한 조치를 할 것
3. 콘크리트타설장비의 붐을 조정하는 경우에는 주변의 전선 등에 의한 위험을 예방하기 위한 적절한 조치를 할 것
4. 작업 중에 지반의 침하나 아웃트리거 등 콘크리트타설장비 지지구조물의 손상 등에 의하여 콘크리트타설장비가 넘어질 우려가 있는 경우에는 이를 방지하기 위한 적절한 조치를 할 것

㉯ 강관의 접속부 또는 교차부는 적합한 부속철물을 사용하여 접속하거나 단단히 묶을 것
㉰ 교차가새로 보강할 것
㉱ 외줄비계·쌍줄비계 또는 돌출비계에 대하여는 다음에 정하는 바에 따라 벽이음 및 버팀을 설치할 것
㉠ 강관, 통나무 등의 재료를 사용하여 견고한 것으로 할 것
㉡ 인장재와 압축재로 구성되어 있는 때에는 인장재와 압축재의 간격을 1[m] 이내로 할 것
㉲ 가공전로에 근접하여 비계를 설치하는 때에는 가공전로를 이설하거나 가공전로에 절연용 방호구를 장착하는 등 가공전로와의 접촉을 방지하기 위한 조치를 할 것

[표] 강관비계 조립 간격 16. 5. 8 기 17. 9. 23 산 18. 8. 19 기 19. 9. 21 기 20. 6. 7 기 21. 5. 15 기 21. 8. 14 기 23. 6. 4 기 24. 2. 15 기

강관비계의 종류	조립 간격(단위 : [m])	
	수직방향	수평방향
단관비계	5	5
틀비계(높이 5[m] 미만인 것은 제외)	6	8

② 강관을 이용한 단관비계의 조립기준 16. 5. 8 산 17. 8. 26 기 19. 8. 4 산 21. 9. 12 기
㉮ 비계기둥의 간격은 띠장 방향에서는 1.85[m] 이하, 장선 방향에서는 1.5[m] 이하로 할 것
㉯ 지상 첫번째 띠장은 2[m] 이하, 그밖에도 2.0[m] 이내마다 설치할 것
㉰ 비계기둥의 최고부로부터 31[m]되는 지점 밑부분의 비계기둥은 2본의 강관으로 묶어 세울 것
㉱ 비계기둥간의 적재하중은 400[kg]을 초과하지 아니하도록 할 것 17. 5. 7 산

[그림] 이음부속철물

합격예측 및 관련법규

제333조(조립·해체 등 작업 시의 준수사항) 17. 3. 5 산 17. 5. 7 기 19. 8. 4 산

① 사업주는 기둥·보·벽체·슬래브 등의 거푸집동바리 등을 조립하거나 해체하는 작업을 하는 경우에는 다음 각 호의 사항을 준수해야 한다.
1. 해당 작업을 하는 구역에는 관계 근로자가 아닌 사람의 출입을 금지할 것
2. 비, 눈, 그 밖의 기상상태의 불안정으로 날씨가 몹시 나쁜 경우에는 그 작업을 중지할 것
3. 재료, 기구 또는 공구 등을 올리거나 내리는 경우에는 근로자로 하여금 달줄·달포대 등을 사용하도록 할 것
4. 낙하·충격에 의한 돌발적 재해를 방지하기 위하여 버팀목을 설치하고 거푸집동바리 등을 인양장비에 매단 후에 작업을 하도록 하는 등 필요한 조치를 할 것

② 사업주는 철근조립 등의 작업을 하는 경우에는 다음 각 호의 사항을 준수하여야 한다.
1. 양중기로 철근을 운반할 경우에는 두 군데 이상 묶어서 수평으로 운반할 것
2. 작업위치의 높이가 2[m] 이상일 경우에는 작업발판을 설치하거나 안전대를 착용하게 하는 등 위험 방지를 위하여 필요한 조치를 할 것

합격예측

콘크리트 강도추정을 위한 비파괴시험법 16. 5. 8 산
① 강도법(반발경도법, 슈미트해머법)
② 초음파법(음속법)
③ 복합법(반발경도법+초음파법)
④ 자기법(철근탐사법)
⑤ 코어채취법
⑥ 인발법

합격예측 및 관련법규

제56조(작업발판의 구조)

사업주는 비계(달비계, 달대비계 및 말비계는 제외한다)의 높이가 2[m] 이상인 작업장소에 다음 각 호의 기준에 맞는 작업발판을 설치하여야 한다.

17. 8. 26 기 산 18. 4. 28 기
18. 9. 15 산 19. 3. 3 기
19. 4. 27 기 20. 8. 23 산

1. 발판재료는 작업할 때의 하중을 견딜 수 있도록 견고한 것으로 할 것
2. 작업발판의 폭은 40[cm] 이상으로 하고, 발판재료 간의 틈은 3[cm] 이하로 할 것. 다만, 외줄비계의 경우에는 고용노동부장관이 별도로 정하는 기준에 따른다.
3. 제2호에도 불구하고 선박 및 보트 건조작업의 경우 선박블록 또는 엔진실 등의 좁은 작업공간에 작업발판을 설치하기 위하여 필요하면 작업발판의 폭을 30[cm] 이상으로 할 수 있고, 걸침비계의 경우 강관기둥 때문에 발판재료 간의 틈을 3[cm] 이하로 유지하기 곤란하면 5[cm] 이하로 할 수 있다. 이 경우 그 틈 사이로 물체 등이 떨어질 우려가 있는 곳에는 출입금지 등의 조치를 하여야 한다.
4. 추락의 위험이 있는 장소에는 안전난간을 설치할 것. 다만, 작업의 성질상 안전난간을 설치하는 것이 곤란한 경우, 작업의 필요상 임시로 안전난간을 해체할 때에 추락방호망을 설치하거나 근로자로 하여금 안전대를 사용하도록 하는 등 추락위험 방지 조치를 한 경우에는 그러하지 아니하다.
5. 작업발판의 지지물은 하중에 의하여 파괴될 우려가 없는 것을 사용할 것
6. 작업발판재료는 뒤집히거나 떨어지지 않도록 둘 이상의 지지물에 연결하거나 고정시킬 것
7. 작업발판을 작업에 따라 이동시킬 경우에는 위험 방지에 필요한 조치를 할 것

③ 취급·보관시 유의사항

㉮ 강관은 운반이나 높은 곳에 오르내릴 때에는 변형, 탈락, 손상 등이 일어나지 않도록 소중히 취급하여야 하며, 투하하는 행동은 삼가야 한다.

㉯ 부속품 및 도구는 적당한 용기를 사용하여 운반하며, 분실, 파손을 방지하여야 한다.

㉰ 해체작업에서 연결부분을 풀 때는 1개소만 먼저 풀고, 일부는 강판에 붙은 대로 해체하여 피해를 방지한다.

㉱ 해체 후에는 반드시 재료의 점검을 실시하여 변형이나 파손된 것은 보수하고, 도장이 벗겨진 것은 재도장하는 등 손질을 하여 보관한다.

㉲ 해체한 재료는 될 수 있는 한 옥내에 보관하여 부식을 방지하도록 한다.

㉳ 보관장소는 습기가 없는 곳을 택하고, 흙이나 젖은 콘크리트 바닥 위에 직접 놓지 않도록 한다.

㉴ 강관을 쌓을 때에는 그 위에 중량물을 쌓지 않도록 주의하고, 보호 울타리를 사용하며, 한 번 쌓은 높이를 1.5[m] 이하로 무너져 내리지 않도록 쐐기, 버팀재 등을 설치하여야 한다.

㉵ 강관을 세워서 보관할 때에는 틀을 사용하거나 서로 묶어 쓰러지지 않도록 하여야 한다.

㉶ 저장할 때에는 강관의 길이, 구경, 재질, 부속 접합물을 종류별로 분류하여 정리·보관한다.

[표] 비계의 용도별, 구조별 분류

구조별 / 용도별	지주비계		선반비계	기계비계	기타
	본비계	외쪽비계			
외벽공사용	틀조립비계 단관비계 통나무비계 내민비계	외쪽비계 브래킷비계		기계구동식 비계	브래킷비계
내장공사용		틀조립비계 단관비계 통나무비계			이동식 비계 각립비계 말비계
가구공사용			선반비계 달비계		
보수공사용	틀조립비계	외쪽비계 브래킷비계	선반비계 달조립비계	곤돌라	이동식 비계 각립비계 말비계

(2) 틀비계

① 재 료

㉮ 틀비계는 한국공업규격에 합당한 것이어야 한다.

㉯ 부재는 외력에 의한 변형 또는 불량품이 없는 것이어야 한다.

② 조 립

㉮ 비계기둥의 밑둥에는 밑받침 철물을 사용하여야 하며 밑받침에 고저차가 있는 경우에는 조절형 밑받침 철물을 사용하여 각각 틀비계가 항상 수평 및 수직을 유지하도록 하여야 한다.

㉯ 높이가 20[m]를 초과하거나 중량물의 적재를 수반하는 작업을 할 경우에는 주틀간의 간격은 1.8[m] 이하로 하여야 한다. 19. 3. 3 산 19. 8. 4 기

㉰ 주틀간에 교차가새를 설치하고 최상층 및 5층 이내마다 수평재를 설치하여야 한다.

㉱ 수직방향으로 6[m], 수평방향으로 8[m] 이내마다 벽이음을 하여야 한다.

㉲ 길이가 띠장방향으로 4[m] 이하이고 높이가 10[m]를 초과하는 경우는 10[m] 이내마다 띠장방향으로 버팀기둥을 설치하여야 한다.

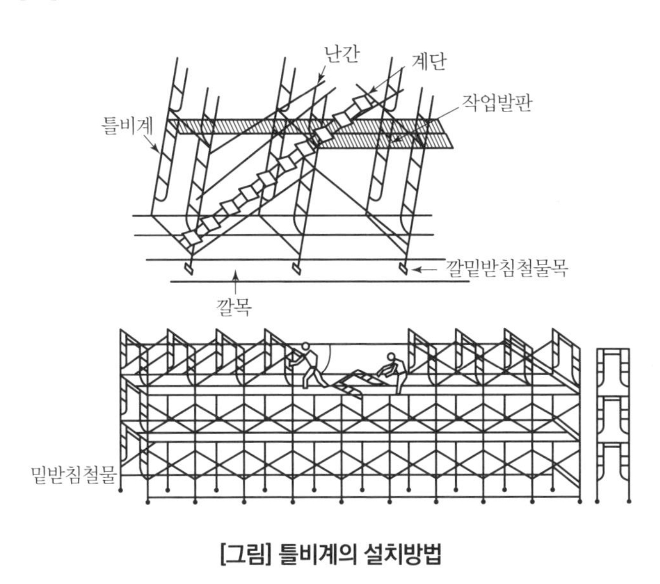

[그림] 틀비계의 설치방법

합격예측

좌굴(Buckling)

① 기둥의 길이가 그 횡단면의 치수에 비해 클 때, 기둥의 양단에 압축하중이 가해졌을 경우 하중방향과 직각방향으로 변위가 생기는 현상 17. 9. 23 산 21. 8. 14 기

② 오일러의 좌굴하중(P_{cr})

$$P_{cr}=\frac{n\pi^2EI}{l^2}=\frac{\pi^2EI}{(kl)^2}$$ 23. 7. 8 기

여기서,
n : 지지상태에 따른 좌굴계수
E : 탄성계수
I : 단면 2차모멘트
l : 기둥길이
kl : 유효길이

③ 기둥의 유효길이

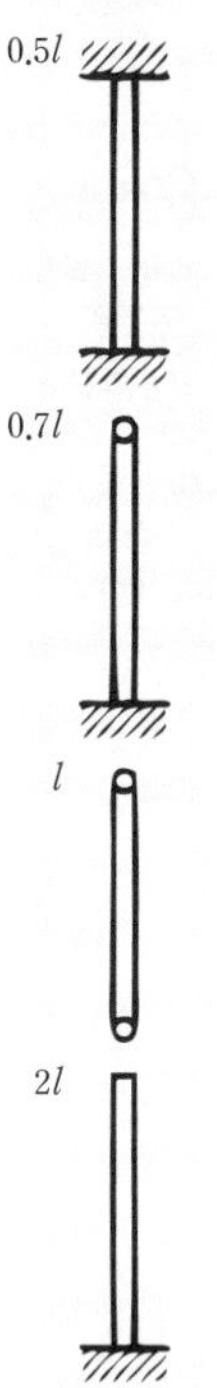

합격예측 및 관련법규

제57조(비계 등의 조립·해체 및 변경) 19. 3. 3 기 19. 4. 27 기

① 사업주는 달비계 또는 높이 5[m] 이상의 비계를 조립·해체하거나 변경하는 작업을 하는 경우 다음 각 호의 사항을 준수하여야 한다.
1. 근로자가 관리감독자의 지휘에 따라 작업하도록 할 것
2. 조립·해체 또는 변경의 시기·범위 및 절차를 그 작업에 종사하는 근로자에게 주지시킬 것
3. 조립·해체 또는 변경 작업구역에는 해당 작업에 종사하는 근로자가 아닌 사람의 출입을 금지하고 그 내용을 보기 쉬운 장소에 게시할 것
4. 비, 눈, 그 밖의 기상상태의 불안정으로 날씨가 몹시 나쁜 경우에는 그 작업을 중지시킬 것
5. 비계재료의 연결·해체작업을 하는 경우에는 폭 20[cm] 이상의 발판을 설치하고 근로자로 하여금 안전대를 사용하도록 하는 등 추락을 방지하기 위한 조치를 할 것
6. 재료·기구 또는 공구 등을 올리거나 내리는 경우에는 근로자가 달줄 또는 달포대 등을 사용하게 할 것

② 사업주는 강관비계 또는 통나무비계를 조립하는 경우 쌍줄로 하여야 한다. 다만, 별도의 작업발판을 설치할 수 있는 시설을 갖춘 경우에는 외줄로 할 수 있다.

합격예측

제58조(비계의 점검 및 보수)

사업주는 비, 눈, 그 밖의 기상상태의 악화로 작업을 중지시킨 후 또는 비계를 조립·해체하거나 변경한 후에 그 비계에서 작업을 하는 경우에는 해당 작업을 시작하기 전에 다음 각 호의 사항을 점검하고, 이상을 발견하면 즉시 보수하여야 한다.
10. 9. 5 산 18. 4. 28 산

1. 발판재료의 손상 여부 및 부착 또는 걸림 상태
2. 해당 비계의 연결부 또는 접속부의 풀림 상태
3. 연결재료 및 연결철물의 손상 또는 부식 상태
4. 손잡이의 탈락 여부
5. 기둥의 침하, 변형, 변위(變位) 또는 흔들림 상태
6. 로프의 부착상태 및 매단 장치의 흔들림 상태

Q 은행문제 16. 10. 1 산

비계 설치작업 시 유의사항으로 옳지 않은 것은?

① 항상 수평, 수직이 유지되도록 한다.
② 파괴, 무너짐, 동요에 대한 안전성을 고려하여 설치한다.
③ 비계의 무너짐 방지를 위해 가새 등 경사재는 설치하지 않는다.
④ 외쪽비계와 같은 특수비계는 문제점을 충분히 검토하여 설치한다.

정답 ③

(3) 이동식 비계

① 재 료

㉮ 비계에 사용된 강관은 한국공업규격에 합당한 것이어야 하며, 부식, 균열, 변형 등이 없는 것이어야 한다.

㉯ 재료는 곧고 줄이 바르며, 균열, 부식, 충해, 큰 옹이 등이 없는 양호한 것을 사용하여야 한다.

㉰ 비계의 발판은 폭 40[cm], 두께 3.5[cm] 이상의 것을 사용하여야 한다.

② 조 립

㉮ 이동식 비계의 바퀴에는 뜻밖의 갑작스러운 이동을 방지하기 위하여 브레이크·쐐기 등으로 바퀴를 고정시킨 다음 비계의 일부를 견고한 시설물에 잡아매는 등의 조치를 할 것

㉯ 승강용 사다리는 견고하게 설치할 것

㉰ 비계의 최상부에서 작업을 할 때에는 안전난간을 설치할 것

③ 작 업 20. 6. 14 산

㉮ 작업 감독자의 지휘하에 작업을 행하여야 한다.

㉯ 절대로 작업원이 탄 채로 이동해서는 안 된다.

㉰ 비계의 이동에는 충분한 인원 배치를 하여야 한다.

㉱ 안전모를 착용하여야 하며 구명 로프 등을 소지하여야 한다.

㉲ 재료, 공구의 오르내리기에는 포대, 로프 등을 사용하여야 한다.

㉳ 작업장 부근에 고압전선 등이 있는가를 확인하고 직접 방호조치를 하여야 한다.

㉴ 상하에서 동시에 작업을 할 때에는 충분한 연락을 취하면서 작업을 하여야 한다.

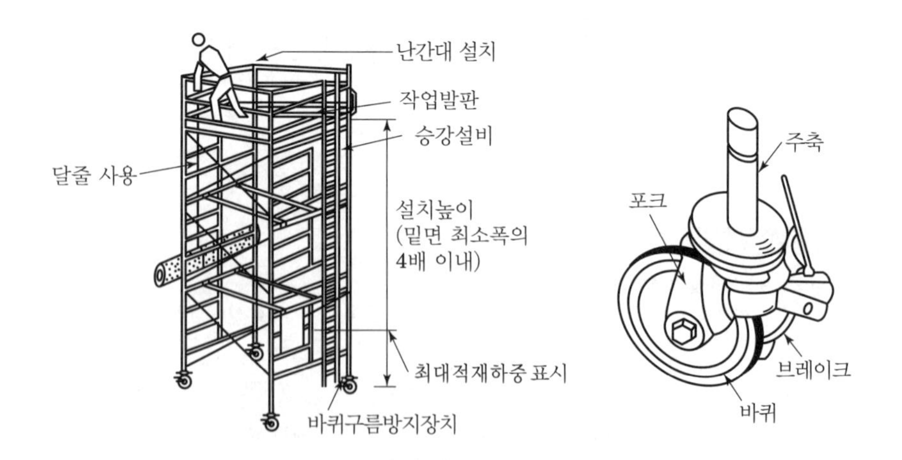

[그림] 이동식 비계

(4) 달비계

① 달비계의 안전계수(곤돌라 달비계 제외)

㉮ 달기와이어로프 및 달기강선의 안전계수 : 10 이상

㉯ 달기체인 및 달기훅의 안전계수 : 5 이상

㉰ 달기강대와 달비계의 하부 및 상부지점의 안전계수

㉠ 강재 : 2.5 이상

㉡ 목재 : 5 이상

② 작업의자형 달비계 설치시 준수사항 19. 3. 3 기

㉮ 달비계의 작업대는 나무 등 근로자의 하중을 견딜 수 있는 강도의 재료를 사용하여 견고한 구조로 제작할 것

㉯ 작업대의 4개 모서리에 로프를 매달아 작업대가 뒤집히거나 떨어지지 않도록 연결할 것

㉰ 작업용 섬유로프는 콘크리트에 매립된 고리, 건축물의 콘크리트 또는 철재 구조물 등 2개 이상의 견고한 고정점에 풀리지 않도록 결속(結束)할 것

㉱ 작업용 섬유로프와 구명줄은 다른 고정점에 결속되도록 할 것

㉲ 작업하는 근로자의 하중을 견딜 수 있을 정도의 강도를 가진 작업용 섬유로프, 구명줄 및 고정점을 사용할 것

㉳ 근로자가 작업용 섬유로프에 작업대를 연결하여 하강하는 방법으로 작업을 하는 경우 근로자의 조종 없이는 작업대가 하강하지 않도록 할 것

㉴ 작업용 섬유로프 또는 구명줄이 결속된 고정점의 로프는 다른 사람이 풀지 못하게 하고 작업 중임을 알리는 경고표지를 부착할 것

㉵ 작업용 섬유로프와 구명줄이 건물이나 구조물의 끝부분, 날카로운 물체 등에 의하여 절단되거나 마모(磨耗)될 우려가 있는 경우에는 로프에 이를 방지할 수 있는 보호 덮개를 씌우는 등의 조치를 할 것

③ 높이 5[m] 이상의 비계를 조립·해체·변경 작업시 관리감독자의 직무

㉮ 재료의 결함 유무를 점검하고 불량품을 제거하는 일(해체작업은 제외)

㉯ 기구·공구·안전대 및 안전모 등의 기능을 점검하고 불량품을 제거하는 일

㉰ 작업 방법 및 근로자의 배치를 결정하고 작업 진행 상태를 감시하는 일

㉱ 안전대와 안전모 등의 착용 상황을 감시하는 일

④ 달기체인의 사용제한 조건 16. 10. 1 기

㉮ 달기체인의 길이의 증가가 그 달기 체인이 제조된 때의 길이의 5[%]를 초과한 것

㉯ 링크의 단면 지름의 감소가 그 달기체인이 제조된 때의 해당 링의 지름의 10[%]를 초과하는 것

㉰ 균열이 있거나 심하게 변형된 것

합격예측 및 관련법규

제70조(시스템비계의 조립 작업 시 준수사항)

사업주는 시스템 비계를 조립 작업하는 경우 다음 각 호의 사항을 준수하여야 한다.

1. 비계 기둥의 밑둥에는 밑받침 철물을 사용하여야 하며, 밑받침에 고저차가 있는 경우에는 조절형 밑받침 철물을 사용하여 시스템 비계가 항상 수평 및 수직을 유지하도록 할 것
2. 경사진 바닥에 설치하는 경우에는 피벗형 받침 철물 또는 쐐기 등을 사용하여 밑받침 철물의 바닥면이 수평을 유지하도록 할 것
3. 가공전로에 근접하여 비계를 설치하는 경우에는 가공전로를 이설하거나 가공전로에 절연용 방호구를 설치하는 등 가공전로와의 접촉을 방지하기 위하여 필요한 조치를 할 것
4. 비계 내에서 근로자가 상하 또는 좌우로 이동하는 경우에는 반드시 지정된 통로를 이용하도록 주지시킬 것
5. 비계 작업 근로자는 같은 수직면상의 위와 아래 동시 작업을 금지할 것
6. 작업발판에는 제조사가 정한 최대적재하중을 초과하여 적재해서는 아니 되며, 최대적재하중이 표기된 표지판을 부착하고 근로자에게 주지시키도록 할 것

합격예측 및 관련법규

제59조(강관비계 조립 시의 준수사항)

사업주는 강관비계를 조립하는 경우에 다음 각 호의 사항을 준수하여야 한다. 19. 3. 3 기

1. 비계기둥에는 미끄러지거나 침하하는 것을 방지하기 위하여 밑받침철물을 사용하거나 깔판·깔목 등을 사용하여 밑둥잡이를 설치하는 등의 조치를 할 것
2. 강관의 접속부 또는 교차부(交叉部)는 적합한 부속철물을 사용하여 접속하거나 단단히 묶을 것
3. 교차 가새로 보강할 것 17. 9. 23 기
4. 외줄비계·쌍줄비계 또는 돌출비계에 대해서는 다음 각 목에서 정하는 바에 따라 벽이음 및 버팀을 설치할 것. 다만, 창틀의 부착 또는 벽면의 완성 등의 작업을 위하여 벽이음 또는 버팀을 제거하는 경우, 그 밖에 작업의 필요상 부득이한 경우로서 해당 벽이음 또는 버팀 대신 비계기둥 또는 띠장에 사재(斜材)를 설치하는 등 비계가 넘어지는 것을 방지하기 위한 조치를 한 경우에는 그러하지 아니하다.
   가. 강관비계의 조립 간격은 단관비계는 수직방향에서는 5[m], 수평방향에서는 5[m], 틀비계(높이가 5[m] 미만인 것은 제외한다)는 수직방향에서는 6[m], 수평방향에서는 8[m]로 할 것
   나. 강관·통나무 등의 재료를 사용하여 견고한 것으로 할 것
   다. 인장재(引張材)와 압축재로 구성된 경우에는 인장재와 압축재의 간격을 1[m] 이내로 할 것
5. 가공전로(架空電路)에 근접하여 비계를 설치하는 경우에는 가공전로를 이설(移設)하거나 가공전로에 절연용 방호구를 장착하는 등 가공전로와의 접촉을 방지하기 위한 조치를 할 것

(5) 달대비계 16. 3. 6 산

① 달대비계의 재료

㉮ 달대비계의 매다는 철선은 달구어 누그린 철선(소철선)으로 #8선을 가장 많이 사용하며(4가닥 정도 꼬아서) 하중에 대한 안전계수가 8 이상 확보하여야 한다.

㉯ 달대비계의 매다는 재료로 철근을 사용할 때에는 공칭지름이 19[mm] 이상되는 것을 사용하여야 한다.

② 달대비계 조립시 유의사항

㉮ 달대비계를 조립하여 사용할 때에는 하중에 충분히 견딜 수 있도록 조치하여야 한다.

㉯ 달비계 또는 달대비계 위에서 높은 디딤판, 사다리 등을 사용하여 근로자에게 작업을 시켜서는 안 된다.

(6) 말비계 16. 5. 8 산 17. 3. 5 산 17. 5. 7 기 17. 9. 23 기 18. 4. 28 기 19. 4. 27 산

① 조립시 유의사항

㉮ 지주부재의 하단에는 미끄럼 방지장치를 하고, 양측 끝부분에 올라서서 작업하지 않도록 한다.

㉯ 지주부재와 수평면과의 기울기를 75[°] 이하로 하고, 지주부재와 지주부재 사이를 고정시키는 보조부재를 설치한다.

㉰ 말비계의 높이가 2[m]를 초과할 경우에는 작업발판의 폭을 40[cm] 이상으로 한다.

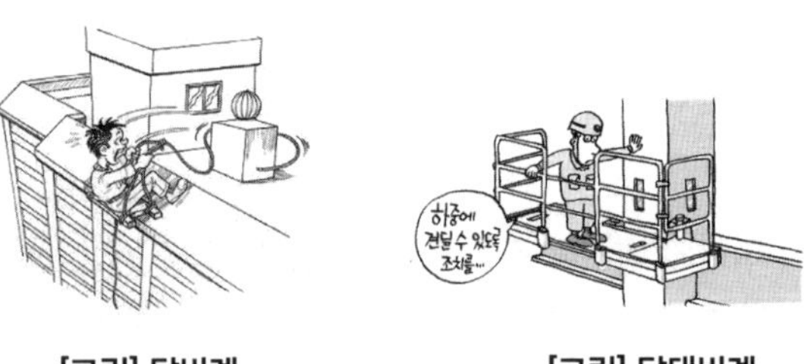

[그림] 달비계 [그림] 달대비계

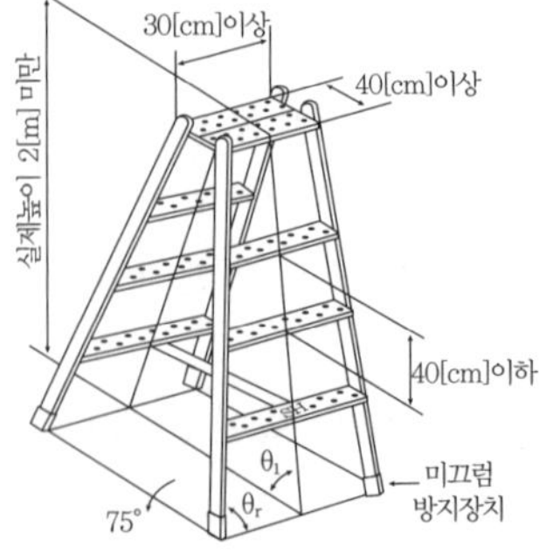

[그림] 말비계 18. 8. 19 산 20. 8. 22 기

2 작업통로 설치기준

1. 개 요

(1) 설치기준

① 공사 기간중에 재료의 운반, 작업원의 통로로 활용되는 가설 구조물로서 폭풍·진동 등의 외력에 안전해야 한다.

② 작업원이 이동할 때 추락·전도·미끄러짐에 대한 예방대책이 있어야 한다.

③ 낙하물에 의한 위험요소가 제거될 수 있도록 방호설비가 있어야 한다.

④ 근로자가 오르내리기 편리하게 설치되어야 한다.

⑤ 폭풍은 10분간 평균풍속이 10[m/sec] 이상인 경우이다.

(2) 통로 설치시 고려사항

① 작업장과 통하는 통로에는 불용품을 적치해 두지 않으며, 항상 그 주변을 깨끗이 정리 정돈한다.

② 가설통로면이 미끄러워서 전도되는 일이 없도록 한다.

③ 목재 거푸집의 패널(panel)을 통로판으로 사용하지 않는다.

④ 가설통로에 근접하여 고압전선 등이 있는 경우는 접촉에 의한 감전사고를 방지하기 위해 방호조치가 강구되어야 한다.

⑤ 가설통로에는 조명상태가 충분하여야 한다.

합격예측 및 관련법규

제60조(강관비계의 구조)

사업주는 강관을 사용하여 비계를 구성하는 경우 다음 각 호의 사항을 준수하여야 한다.
17. 3. 5 기 17. 8. 26 기 산
18. 3. 4 기 19. 8. 4 산
20. 8. 23 산 21. 8. 14 기
24. 5. 15 기

1. 비계기둥의 간격은 띠장 방향에서는 1.85[m] 이하, 장선(長線) 방향에서는 1.5[m] 이하로 할 것
2. 띠장 간격은 2.0[m] 이하로 설치하되, 첫 번째 띠장은 지상으로부터 2 [m] 이하에 설치할 것. 다만, 작업의 성질상 이를 준수하기가 곤란하여 쌍기둥틀 등에 의하여 해당 부분을 보강한 경우에는 그러하지 아니하다.
3. 비계기둥의 제일 윗부분으로부터 31[m]되는 지점 밑부분의 비계기둥은 2개의 강관으로 묶어 세울 것. 다만, 브래킷(bra-cket) 등으로 보강하여 2개의 강관으로 묶을 경우 이상의 강도가 유지되는 경우에는 그러하지 아니하다. 16. 10. 1 기 20. 8. 23 산 21. 5. 15 기
4. 비계기둥 간의 적재하중은 400[kg]을 초과하지 않도록 할 것
17. 5. 7 산 17. 9. 23 산
18. 9. 15 기 23. 5. 13 산

2. 종류 및 특징

(1) 경사로

① 경사로는 항상 정비하고 안전통로를 확보하여야 한다.

② 비탈면의 경사각은 30[°] 이내로 한다.

③ 경사로의 폭은 최소 90[cm] 이상이어야 한다.

④ 높이 7[m] 이내마다 계단참을 설치하여야 한다.

합격예측

가설통로

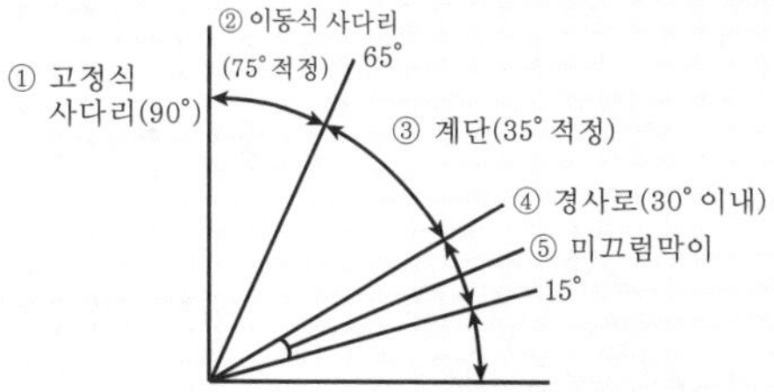

[표] 미끄럼막이 간격

경사각	미끄럼막이 간격	경사각	미끄럼막이 간격
30[°]	30[cm]	22[°]	40[cm]
29[°]	33[cm]	19°20[′]	43[cm]
27[°]	35[cm]	17[°]	45[cm]
24[°]15[′]	37[cm]	15[°] 초과	47[cm]

⑤ 추락 방지용 손잡이는 견고하게 설치하여야 한다.
⑥ 목재는 미송, 육송 또는 동등 이상의 재질을 가진 것이어야 한다.
⑦ 경사로 지지기둥은 3[m] 이내마다 설치하여야 한다.
⑧ 발판은 폭 40[cm] 이상으로 하고, 간격은 3[cm] 이내로 설치하여야 한다.
⑨ 발판이 이탈하거나 한쪽 끝을 밟으면 다른 쪽이 들리지 않게 장선에 연결하여야 한다.
⑩ 연결용 못이나 철선이 발에 걸리지 않아야 한다.
⑪ 발판은 3개 이상의 장선에 지지되어야 한다.

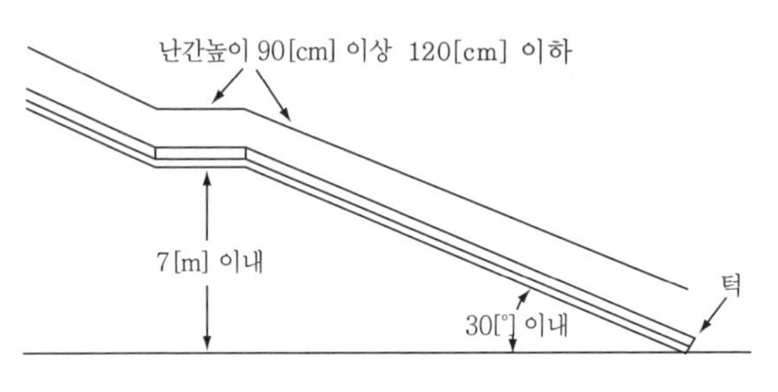

[그림] 경사로 높이

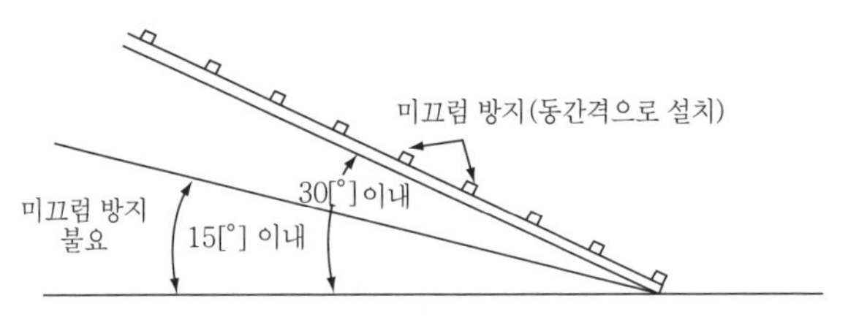

[그림] 경사로 설치기준

(2) 통로발판

① 근로자가 작업 또는 이동하기에 충분한 넓이가 확보되어야 한다.
② 추락의 위험이 있는 곳에는 높이 90~120[cm] 정도의 견고한 손잡이 또는 철책을 설치하여야 한다.
③ 발판은 폭 40[cm] 이상, 두께 3.5[cm] 이상, 길이는 3.6[m] 이내의 것을 이용하여야 한다.

합격예측 및 관련법규

제331조의3(작업발판 일체형 거푸집의 안전조치)

(1) "작업발판 일체형 거푸집"이란 거푸집의 설치·해체, 철근 조립, 콘크리트 타설, 콘크리트 면처리 작업 등을 위하여 거푸집을 작업발판과 일체로 제작하여 사용하는 거푸집으로서 다음 각 호의 거푸집을 말한다.
17. 9. 23 ㉮ 21. 5. 15 ㉮ 21. 8. 14 ㉮
① 갱 폼(gang form)
② 슬립 폼(slip form)
③ 클라이밍 폼(climbing form)
④ 터널 라이닝 폼(tunnel lining form)
⑤ 그 밖에 거푸집과 작업발판이 일체로 제작된 거푸집 등

(2) 제1항제1호의 갱 폼의 조립·이동·양중·해체(이하 이 조에서 "조립 등"이라 한다) 작업을 하는 경우에는 다음 각 호의 사항을 준수해야 한다.
① 조립 등의 범위 및 작업절차를 미리 그 작업에 종사하는 근로자에게 주지시킬 것
② 근로자가 안전하게 구조물 내부에서 갱 폼의 작업발판으로 출입할 수 있는 이동통로를 설치할 것
③ 갱 폼의 지지 또는 고정철물의 이상 유무를 수시점검하고 이상이 발견된 경우에는 교체하도록 할 것
④ 갱 폼을 조립하거나 해체하는 경우에는 갱 폼을 인양장비에 매단 후에 작업을 실시하도록 하고, 인양장비에 매달기 전에 지지 또는 고정철물을 미리 해체하지 않도록 할 것
⑤ 갱 폼 인양 시 작업발판용 케이지에 근로자가 탑승한 상태에서 갱 폼의 인양작업을 하지 아니할 것

(3) 사업주는 제1항제2호부터 제5호까지의 조립 등의 작업을 하는 경우에는 다음 각 호의 사항을 준수하여야 한다.
① 조립 등 작업 시 거푸집 부재의 변형 여부와 연결 및 지지재의 이상 유무를 확인할 것
② 조립 등 작업과 관련한 이동·양중·운반 장비의 고장·오조작 등으로 인해 근로자에게 위험을 미칠 우려가 있는 장소에는 근로자의 출입을 금지하는 등 위험 방지 조치를 할 것
③ 거푸집이 콘크리트면에 지지될 때에 콘크리트의 굳기정도와 거푸집의 무게, 풍압 등의 영향으로 거푸집의 갑작스런 이탈 또는 낙하로 인해 근로자가 위험해질 우려가 있는 경우에는 설계도서에서 정한 콘크리트의 양생기간을 준수하거나 콘크리트면에 견고하게 지지하는 등 필요한 조치를 할 것
④ 연결 또는 지지 형식으로 조립된 부재의 조립 등 작업을 하는 경우에는 거푸집을 인양장비에 매단 후에 작업을 하도록 하는 등 낙하·붕괴·전도의 위험 방지를 위하여 필요한 조치를 할 것

④ 발판을 겹쳐 이을 때는 장선 위에서 이음을 하고, 겹침길이는 20[cm] 이상으로 하여야 한다.

⑤ 발판 1개에 지지물은 2개 이상이어야 한다.

⑥ 작업발판은 파손되기 쉬운 벽돌, 배수관 등으로 엉성하게 지지되어서는 안 된다.

⑦ 작업발판의 최대폭은 1.6[m] 이내이어야 한다.

⑧ 작업발판 위에는 돌출된 못, 옹이, 철선 등이 없어야 한다.

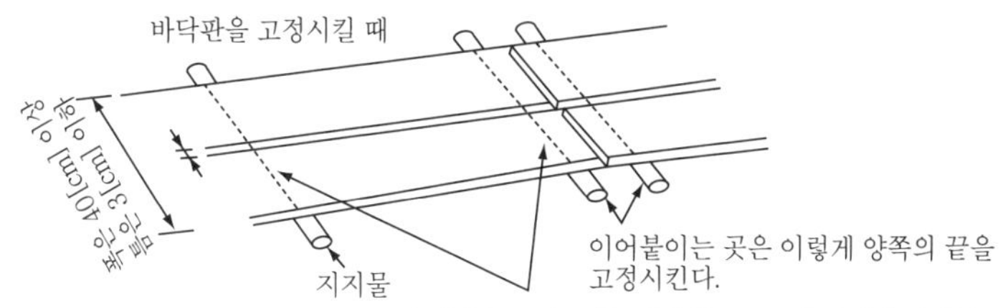

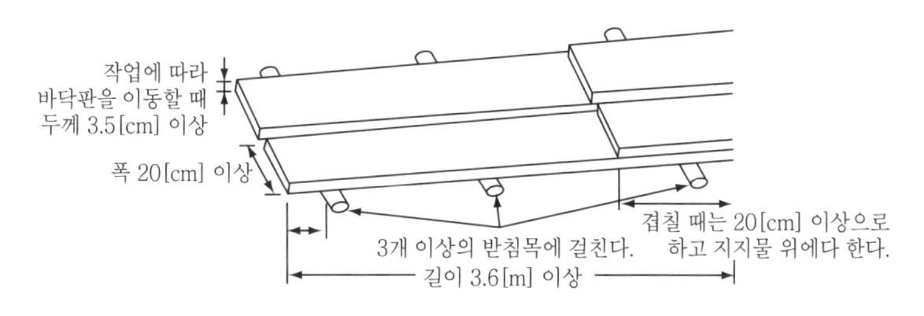

[그림] 가설통로발판

합격예측 및 관련법규

제62조(강관틀비계)

사업주는 강관틀비계를 조립하여 사용하는 경우 다음 각 호의 사항을 준수하여야 한다.

1. 비계기둥의 밑둥에는 밑받침철물을 사용하여야 하며 밑받침에 고저차가 있는 경우에는 조절형 밑받침철물을 사용하여 각각의 강관틀비계가 항상 수평 및 수직을 유지하도록 할 것
2. 높이가 20[m]를 초과하거나 중량물의 적재를 수반하는 작업을 할 경우에는 주틀간의 간격이 1.8[m] 이하로 할 것
   19. 3. 3 (산) 19. 8. 4 (기)
3. 주틀간에 교차가새를 설치하고 최상층 및 5층 이내마다 수평재를 설치할 것
   18. 4. 28 (기) 21. 5. 15 (기)
4. 수직방향으로 6[m], 수평방향으로 8[m] 이내마다 벽이음을 할 것
5. 길이가 띠장방향으로 4[m] 이하이고 높이가 10[m]를 초과하는 경우에는 10[m] 이내마다 띠장방향으로 버팀기둥을 설치할 것
   20. 8. 22 (기)

합격예측 및 관련법규

제63조(달비계의 구조) 17. 3. 5 (기) 18. 4. 28 (산) 19. 8. 4 (기) 22. 4. 24 (기)

① 사업주는 곤돌라형 달비계를 설치하는 경우에 다음 각 호의 사항을 준수해야 한다.

1. 다음 각 목의 어느 하나에 해당하는 와이어로프를 달비계에 사용해서는 아니 된다.
   가. 이음매가 있는 것
   나. 와이어로프의 한 꼬임[스트랜드(strand)를 말한다. 이하 같다]에서 끊어진 소선(素線)[필러(pillar)선은 제외한다]의 수가 10[%] 이상(비자전로프의 경우에는 끊어진 소선의 수가 와이어로프 호칭지름의 6배 길이 이내에서 4개 이상이거나 호칭지름 30배 길이 이내에서 8개 이상)인 것
   다. 지름의 감소가 공칭지름의 7[%]를 초과하는 것 24. 2. 15 (기)
   라. 꼬인 것
   마. 심하게 변형되거나 부식된 것
   바. 열과 전기충격에 의해 손상된 것
2. 다음 각 목의 어느 하나에 해당하는 달기체인을 달비계에 사용해서는 아니 된다. 16. 10. 1 (기) 18. 4. 28 (기)
   가. 달기체인의 길이가 달기체인이 제조된 때의 길이의 5[%]를 초과한 것
   나. 링의 단면지름이 달기체인이 제조된 때의 해당 링의 지름의 10[%]를 초과하여 감소한 것
   다. 균열이 있거나 심하게 변형된 것
3. 삭제〈2021. 11. 19〉
4. 달기강선 및 달기강대는 심하게 손상·변형 또는 부식된 것을 사용하지 않도록 할 것
5. 달기와이어로프, 달기체인, 달기강선, 달기강대 또는 달기섬유로프는 한쪽 끝을 비계의 보 등에, 다른 쪽 끝을 내민 보, 앵커볼트 또는 건축물의 보 등에 각각 풀리지 않도록 설치할 것
6. 작업발판은 폭을 40[cm] 이상으로 하고 틈새가 없도록 할 것 21. 9. 12 (기)
7. 작업발판의 재료는 뒤집히거나 떨어지지 않도록 비계의 보 등에 연결하거나 고정시킬 것
8. 비계가 흔들리거나 뒤집히는 것을 방지하기 위하여 비계의 보·작업발판 등에 버팀을 설치하는 등 필요한 조치를 할 것
9. 선반 비계에서는 보의 접속부 및 교차부를 철선·이음철물 등을 사용하여 확실하게 접속시키거나 단단하게 연결시킬 것
10. 근로자의 추락 위험을 방지하기 위하여 다음 각 목의 조치를 할 것
   가. 달비계에 구명줄을 설치할 것
   나. 근로자에게 안전대를 착용하도록 하고 근로자가 착용한 안전줄을 달비계의 구명줄에 체결(締結)하도록 할 것
   다. 달비계에 안전난간을 설치할 수 있는 구조인 경우에는 달비계에 안전난간을 설치할 것

합격예측

미끄럼방지장치

① 사다리 지주의 끝에 고무, 코르크, 가죽, 강스파이크 등을 부착시켜 바닥과의 미끄럼을 방지하는 안전장치가 있어야 한다.
② 쐐기형 강스파이크는 지반이 평탄한 맨땅위에 세울 때 사용하여야 한다.
③ 미끄럼방지 판자 및 미끄럼 방지 고정쇠는 돌마무리 또는 인조석 깔기마감한 바닥용으로 사용하여야 한다.
④ 미끄럼방지 발판은 인조고무 등으로 마감한 실내용을 사용하여야 한다.

(3) 사다리

① 고정사다리

㉮ 고정사다리는 90[°]의 수직이 가장 적합하며 경사를 둘 필요가 있는 경우에도 수직면으로부터 15[°]를 초과해서는 안 된다.

㉯ 옥외용 사다리는 철재를 원칙으로 하며, 높이 10[m]를 초과하는 사다리는 5[m]마다 계단참을 두어야 하고, 사다리 전면의 사방 75[cm] 이내에는 장애물이 없어야 한다.

㉰ 고정사다리는 목재와 철재 사다리가 있다.

㉱ 목재사다리 벽면과의 이격거리는 20[cm] 이상으로 한다.

㉲ 발 받침대의 간격은 25~35[cm] 등간격으로 설치한다.

㉳ 물탱크, 고가탱크, 아파트 단지 굴뚝 등에 설치한다.

② 이동용 사다리

㉮ 길이가 6[m]를 초과해서는 안 된다.

㉯ 다리의 벌림은 벽높이의 1/4 정도가 가장 적당하다.

㉰ 다리 부분에는 미끄럼 방지 장치를 하여야 한다.

㉱ 벽면 상부로부터 최소한 60[cm] 이상의 상부연장길이가 있어야 한다.

㉲ 미끄럼 방지장치 설치기준

㉠ 사다리 지주의 끝에 고무, 코르크, 가죽, 강스파이크 등을 부착시켜 바닥과의 미끄럼을 방지하는 안전장치가 있어야 한다.

㉡ 쐐기형 강스파이크는 지반이 평탄한 맨땅 위에 세울 때 사용하여야 한다.

㉢ 미끄럼방지 발판은 인조고무 등으로 마감한 실내용을 사용하여야 한다.

㉣ 미끄럼방지 판자 및 미끄럼방지 고정쇠는 돌마무리 또는 인조석 깔기로 마감한 바닥용으로 사용하여야 한다.

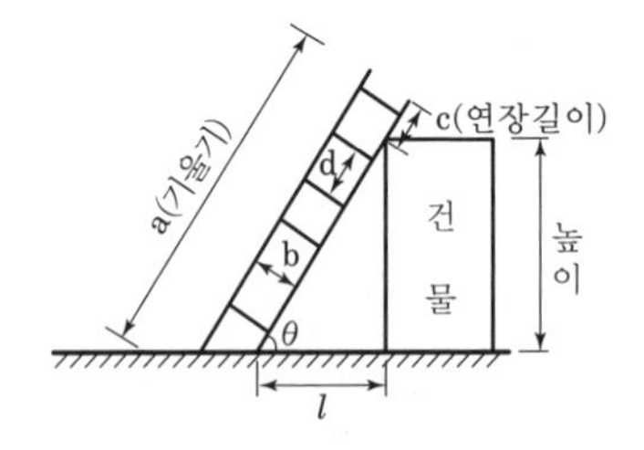

[그림] 이동용 사다리

③ 사다리 작업의 안전지침

㉮ 안전하게 수리될 수 없는 사다리는 작업장 외로 반출시켜야 한다.

㉯ 사다리는 작업장에서 최소한 위로 60[cm]는 연장되어 있어야 한다.

㉰ 상부와 하부가 움직이지 않도록 고정하여야 한다.

㉱ 상부 또는 하부가 움직일 염려가 있을 때는 작업자 이외의 감시자가 있어야 한다.
㉲ 부서지기 쉬운 벽돌 등을 받침대로 사용하여서는 안 된다.
㉳ 작업자는 복장을 단정히 하여야 하며, 미끄러운 장화나 신발을 신어서는 안 된다.
㉴ 지나치게 부피가 크거나 무거운 짐을 운반하는 것은 피해야 한다.
㉵ 출입문 부근에 사다리를 설치할 경우에는 반드시 감시자가 있어야 한다.
㉶ 금속사다리는 전기설비가 있는 곳에서는 사용하지 말아야 한다.
㉷ 사다리를 다리처럼 사용하여서는 안 된다.

(4) 가설계단의 안전기준

① 가설계단은 1단의 높이가 22[cm], 발판은 25~30[cm]를 표준으로 하며, 계단발판에서 높이 90~120[cm] 이하의 난간대를 설치하여야 한다.
② 계단폭은 1[m] 이상으로 한다.
③ 지주 및 난간 기둥은 개방된 측면에 안전난간을 설치하며 적절한 조명설비를 갖춘다.
④ 계단의 경사는 30~35[°]가 가장 적당하다.

(5) 공사용 가설도로

① 도로의 표면은 장비 및 차량이 안전운행을 할 수 있도록 유지·보수하여야 한다.
② 장비 사용을 목적으로 하는 진입로, 경사로 등은 주행하는 차량 통행에 지장을 주지 않도록 만들어야 한다.
③ 도보와 작업장의 높이에 차이가 있을 때에 바리케이드 또는 연석(curb stone) 등을 설치하여 차량의 위험 및 사고를 방지하도록 하여야 하며, 또한 모든 커버는 통상적으로 도로폭보다 좀더 넓게 만들고 시계에 장애가 없도록 설치하여야 한다. 커브 구간에서는 차량이 도로 가시거리의 절반 이내에서 정지할 수 있도록 차량의 속도를 제한하여야 한다.
④ 최고허용경사도는 부득이한 경우를 제외하고는 10[%]를 넘어서는 안 된다.
⑤ 필요한 전기시설(교통신호등 포함), 신호수, 표지판, 바리케이드, 노면 마스크 등으로 교통안전 운행을 위한 것이 제공되어야 한다.
⑥ 안전운행을 위하여 먼지가 일어나지 않도록 물을 뿌려주고 겨울철에는 눈이 쌓이지 않도록 조치하여야 한다.

합격예측 및 관련법규

제67조(말비계)

사업주는 말비계를 조립하여 사용할 경우에는 다음 각 호의 사항을 준수하여야 한다.
17. 9. 23 ㉮ 19. 3. 3 ㉯
19. 4. 27 ㉯ 20. 8. 22 ㉮

1. 지주부재의 하단에는 미끄럼방지장치를 하고, 양측 끝부분에 올라서서 작업하지 않도록 할 것
2. 지주부재와 수평면과의 기울기를 75[°] 이하로 하고, 지주부재와 지주부재 사이를 고정시키는 보조부재를 설치할 것
3. 말비계의 높이가 2[m]를 초과할 경우에는 작업발판의 폭을 40[cm] 이상으로 할 것

합격예측 및 관련법규

제68조(이동식 비계)

사업주는 이동식 비계를 조립하여 작업을 하는 경우는 다음 각 호의 사항을 준수하여야 한다. 17. 8. 26 ㉮
17. 3. 5 ㉯ 18. 3. 4 ㉮

1. 이동식 비계의 바퀴에는 뜻밖의 갑작스러운 이동 또는 전도를 방지하기 위하여 브레이크·쐐기 등으로 바퀴를 고정시킨 다음 비계의 일부를 견고한 시설물에 고정하거나 아우트리거를 설치하는 등의 조치를 할 것
2. 승강용 사다리는 견고하게 설치할 것
3. 비계의 최상부에서 작업을 하는 경우에는 안전난간을 설치할 것
4. 작업발판은 항상 수평을 유지하고 작업발판 위에서 안전난간을 딛고 작업을 하거나 받침대 또는 사다리를 사용하여 작업하지 않도록 할 것
5. 작업발판의 최대적재하중은 250[kg]을 초과하지 않도록 할 것
18. 8. 19 ㉮ 22. 4. 24 ㉮

합격예측 및 관련법규

제69조(시스템 비계의 구조)

사업주는 시스템 비계를 사용하여 비계를 구성하는 경우에 다음 각 호의 사항을 준수하여야 한다.

1. 수직재·수평재·가새재를 견고하게 연결하는 구조가 되도록 할 것
2. 비계 밑단의 수직재와 받침철물은 밀착되도록 설치하고, 수직재와 받침철물의 연결부의 겹침길이는 받침철물 전체길이의 3분의 1 이상이 되도록 할 것
3. 수평재는 수직재와 직각으로 설치하여야 하며, 체결 후 흔들림이 없도록 견고하게 설치할 것
4. 수직재와 수직재의 연결철물은 이탈되지 않도록 견고한 구조로 할 것
5. 벽 연결재의 설치간격은 제조사가 정한 기준에 따라 설치할 것

16. 5. 8 기 17. 9. 23 기 18. 8. 19 기 19. 4. 27 산 21. 5. 15 기

합격예측 및 관련법규

제338조(굴착작업 사전조사 등)

사업주는 굴착작업을 할 때에 토사등의 붕괴 또는 낙하에 의한 위험을 미리 방지하기 위하여 다음 각 호의 사항을 점검해야 한다.

1. 작업장소 및 그 주변의 부석·균열의 유무
2. 함수(含水)·용수(湧水) 및 동결의 유무 또는 상태의 변화

3 작업발판 설치기준

1. 작업발판 설치방법

① 작업원이 직접 또는 이동하기에 충분한 넓이가 확보되어야 한다.

② 추락의 위험이 있는 장소에는 높이 90~120[cm] 정도의 견고한 안전난간 또는 방책을 실시한다.

③ 발판은 폭 40[cm], 발판재료간의 틈은 3[cm] 이하로 할 것 21. 9. 12 기

④ 발판은 빠지거나 이완되지 않도록 발판 1개에 2개 이상의 지지물에 견고히 고정하고, 겹쳐 이을 때는 20[cm] 이상 겹치도록 한다. 단, 겹침이음은 발판을 경사지게 하므로, 미끄럼을 유발시킬 수 있기 때문에 가능한 한 피한다.

⑤ 재료를 적재하여야 할 경우는 폭이 최소한 60[cm] 이상이어야 한다.

⑥ 발판 위로 돌출된 못, 철선, 옹이 등이 없어야 한다.

⑦ 발끝막이판의 높이는 10[cm] 이상이어야 한다.

2. 안전난간 설치기준

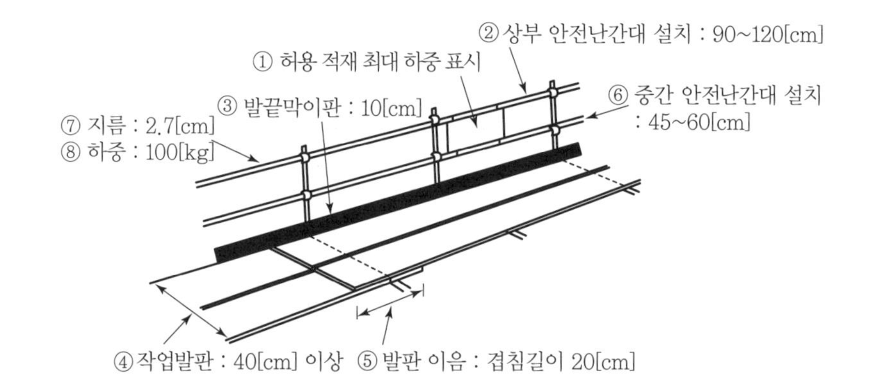

[그림] 안전난간 18. 8. 19 기 21. 8. 14 기 22. 4. 24 기 24. 5. 9 기

[표] 안전난간 설치기준

번호	안전대책	안전 설치기준
①	표지판 부착	작업발판 최대 적재하중 표시, 위험경고 및 지시판 부착
②	난간대 설치	상부 난간(90[cm] 이상~120[cm] 이하)
③	발끝막이판	물체의 낙하가 예상되는 곳에 높이 10[cm] 이상의 판자로 설치
④	작업발판	발판의 폭은 40[cm] 이상, 발판간의 간격은 3[cm] 이하, 발판 1개당 2개소 이상 지지
⑤	이 음 부	20[cm] 이상 겹치고 겹친 중앙부는 장선의 중앙 위에 놓일 것

4 안전망 설치기준

1. 용어의 정의

① '방망'이라 함은 그물코가 다수 연속된 것을 말한다.
② '매듭'이라 함은 그물코의 정점을 만드는 방망사의 매듭을 말한다.
③ '테두리로프'라 함은 방망 주변을 형성하는 로프를 말한다.
④ '재봉사'라 함은 테두리로프와 방망을 일체화하기 위한 실을 말한다. 여기서 사는 방망사와 동일한 재질의 것을 말한다.
⑤ '달기로프'라 함은 방망을 지지점에 부착하기 위한 로프를 말한다.
⑥ '시험용사'라 함은 등속인장시험에 사용하기 위한 것으로서 방망사와 동일한 재질의 것을 말한다.

2. 구 조

(1) 구조 및 치수

① **소재** : 합성섬유 또는 그 이상의 물리적 성질을 갖는 것이어야 한다.
② **그물코** : 사각 또는 마름모로서 그 크기는 10[cm] 이하이어야 한다.
③ **방망의 종류** : 매듭 방망으로서 매듭은 원칙적으로 단매듭으로 한다.
④ **테두리로프와 방망의 재봉** : 테두리로프는 각 그물코를 관통시키고 서로 중복됨이 없이 재봉사를 결속한다.
⑤ **테두리로프 상호의 접합** : 테두리로프를 중간에서 결속하는 경우는 충분한 강도를 갖도록 한다.
⑥ **달기로프의 결속** : 달기로프는 3회 이상 엮어 묶는 방법 또는 이와 동등 이상의 강도를 갖는 방법으로 테두리로프에 결속하여야 한다.
⑦ 시험용사는 방망 폐기시 방망사의 강도를 점검하기 위하여 테두리로프에 연하여 방망에 재봉한 방망사이다.

합격예측 및 관련법규

제346조(조립도) 17. 8. 26 기 18. 3. 4 기

① 사업주는 흙막이지보공(支保工)을 조립하는 경우는 미리 조립도를 작성하여 그 조립도에 따라 조립하도록 하여야 한다.
② 제1항의 조립도는 흙막이판·말뚝·버팀대 및 띠장 등 부재의 배치·치수·재질 및 설치방법과 순서가 명시되어야 한다.

합격예측 및 관련법규

제339조(굴착면의 붕괴 등에 의한 위험방지)

① 사업주는 지반 등을 굴착하는 경우 굴착면의 기울기를 별표 11의 기준에 맞도록 해야 한다. 다만, 「건설기술 진흥법」 제44조제1항에 따른 건설기준에 맞게 작성한 설계도서상의 굴착면의 기울기를 준수하거나 흙막이 등 기울기면의 붕괴 방지를 위하여 적절한 조치를 한 경우에는 그렇지 않다.
② 사업주는 비가 올 경우를 대비하여 측구(側溝)를 설치하거나 굴착경사면에 비닐을 덮는 등 빗물 등의 침투에 의한 붕괴재해를 예방하기 위하여 필요한 조치를 해야 한다. 21. 5. 15 기 23. 6. 4 기

합격예측 및 관련법규

제340조(굴착작업 시 위험방지)

사업주는 굴착작업 시 토사등의 붕괴 또는 낙하에 의하여 근로자에게 위험을 미칠 우려가 있는 경우에는 미리 흙막이 지보공의 설치, 방호망의 설치 및 근로자의 출입 금지 등 그 위험을 방지하기 위하여 필요한 조치를 해야 한다.

합격예측 및 관련법규

제341조(매설물 등 파손에 의한 위험방지)

① 사업주는 매설물·조적벽·콘크리트벽 또는 옹벽 등의 건설물에 근접한 장소에서 굴착작업을 할 때에 해당 가설물의 파손 등에 의하여 근로자가 위험해질 우려가 있는 경우에는 해당 건설물을 보강하거나 이설하는 등 해당 위험을 방지하기 위한 조치를 하여야 한다.
② 사업주는 굴착작업에 의하여 노출된 매설물 등이 파손됨으로써 근로자가 위험해질 우려가 있는 경우에는 해당 매설물 등에 대한 방호조치를 하거나 이설하는 등 필요한 조치를 하여야 한다.
③ 사업주는 제2항의 매설물 등의 방호작업에 대하여 관리감독자에게 해당 작업을 지휘하도록 하여야 한다.

합격예측 및 관련법규

제347조(붕괴 등의 위험방지)

① 사업주는 흙막이지보공을 설치하였을 때에는 정기적으로 다음 각 호의 사항을 점검하고 이상을 발견하면 즉시 보수하여야 한다.

17. 3. 5 기 17. 9. 23 기 19. 3. 3 기 산 20. 6. 7 기 20. 8. 23 산 21. 9. 12 기 23. 2. 28 기 23. 3. 1 산 24. 2. 15 기

1. 부재의 손상·변형·부식·변위 및 탈락의 유무와 상태
2. 버팀대의 긴압의 정도
3. 부재의 접속부·부착부 및 교차부의 상태
4. 침하의 정도

② 사업주는 제1항의 점검외에 설계도서에 따른 계측을 실시하고 계측분석결과 토압의 증가 등 이상한 점을 발견한 경우에는 즉시 보강조치를 하여야 한다.

Q 은행문제

다음은 산업안전보건법령에 따른 추락의 방지를 위하여 설치하는 안전방망에 관한 내용이다. ( )안에 들어갈 내용으로 옳은 것은?

16. 10. 1 산 18. 4. 28 산 19. 4. 27 산

안전방망은 수평으로 설치하고, 망의 처짐은 짧은 변 길이의 ( )퍼센트 이상이 되도록 할 것

① 8 ② 12
③ 15 ④ 20

정답 ②

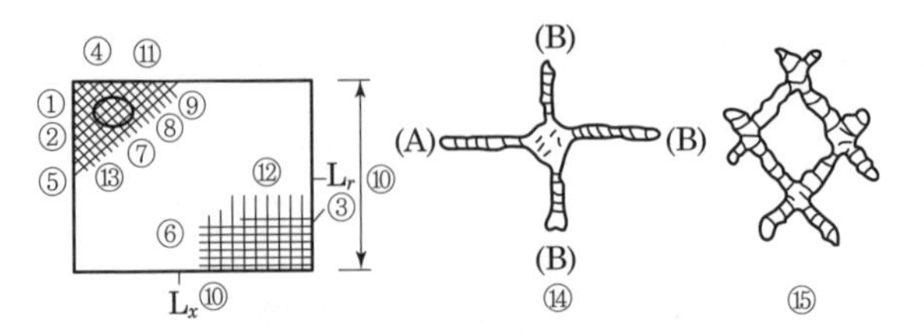

[그림] 방망의 구조 및 치수

[표] 네트 각부의 명칭(그림 관련)

번 호	명 칭	번 호	명 칭
①	방망사	⑨	매듭
②	테두리로프	⑩	재봉 치수
③	재봉사	⑪	방망
④	달기로프	⑫	사각그물코
⑤	중간 달기로프	⑬	마름모 그물코
⑥	시험용사	⑭	매듭방망
⑦	그물코	⑮	매듭 없는 방망
⑧	그물코 치수		

3. 강 도

(1) 테두리로프 및 달기로프

① 테두리로프 및 달기로프는 방망에 사용되는 로프와 동일한 시험편의 양단을 인장시험기로 체크하거나 또는 이와 유사한 방법으로 인장속도가 매분 20[cm] 이상 30[cm] 이하의 등속인장시험(이하 '등속인장시험'이라 한다)을 행한 경우 인장강도가 1,500[kg] 이상이어야 한다.

② 제1항의 경우 시험편의 유효길이는 로프 지름의 30배 이상으로, 시험편 수는 5개 이상으로 하고, 산술평균하여 로프의 인장강도를 산출한다.

[표] 방망사의 신품에 대한 인장강도 10. 9. 5 기

그물코의 크기 (단위 : [cm])	방망의 종류(단위 : [kg])	
	매듭 없는 방망	매듭 방망
10	240	200
5		110

[표] 방망사의 폐기시 인장강도

그물코의 크기 (단위 : [cm])	방망의 종류(단위 : [kg])	
	매듭 없는 방망	매듭 방망
10	150	135
5		60

(2) 방망사의 강도

① 방망사는 시험용사로부터 채취한 시험편의 양단을 인장시험기로 시험하거나 또는 이와 유사한 방법으로 등속 인장시험을 한 경우 그 강도는 표 및 표에 정한 값 이상이어야 한다.
② 등속 인장시험은 한국공업규격(KS)에 적합하도록 행하여야 한다.

[표] 방망사의 허용낙하높이

높이종류 / 조건	낙하 높이(H1)		방망과 바닥면 높이(H2)		방망의 처짐 길이(S)
	단일 방망	복합 방망	10[cm] 그물코	5[cm] 그물코	
L < A	$\frac{1}{4}(L+2A)$	$\frac{1}{5}(L+2A)$	$\frac{0.85}{4}(L+3A)$	$\frac{0.95}{4}(L+3A)$	$\frac{1}{4}(L+2A)$ $\frac{1}{3}$
L ≥ A	$\frac{3}{4}L$	$\frac{3}{5}L$	0.85L	0.95L	$\frac{3}{4}L\times\frac{1}{3}$

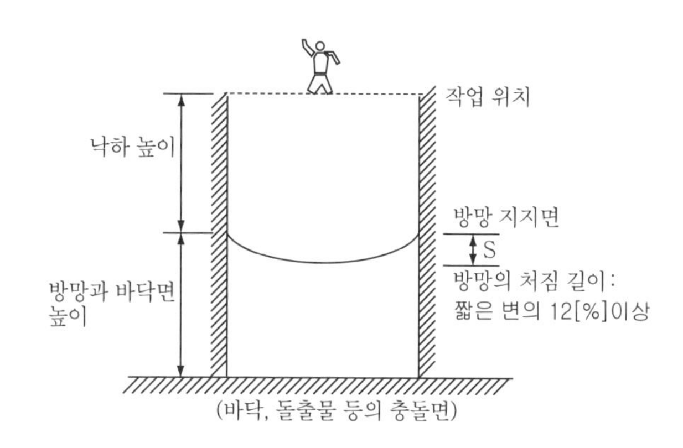

[그림] 허용낙하높이

또 L, A의 값은 다음 그림에 의한다.

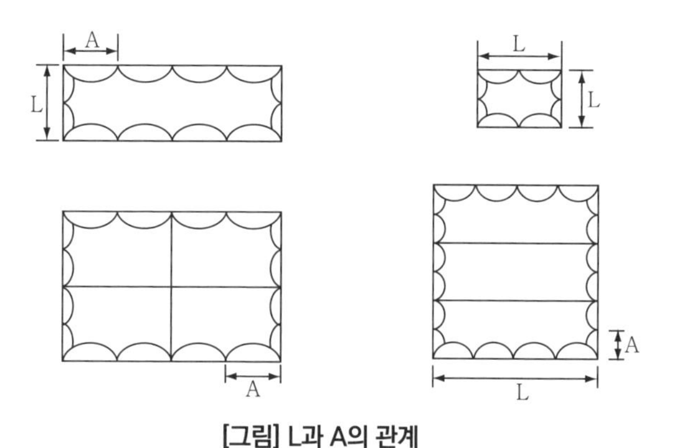

[그림] L과 A의 관계

합격예측 및 관련법규

제350조(인화성 가스의 농도 측정 등)

① 사업주는 터널공사 등의 건설작업을 할 때에 인화성 가스가 발생할 위험이 있는 경우에는 폭발이나 화재를 예방하기 위하여 인화성 가스의 농도를 측정할 담당자를 지명하고, 그 작업을 시작하기 전에 가스가 발생할 위험이 있는 장소에 대하여 그 인화성 가스의 농도를 측정하여야 한다.

② 사업주는 제1항에 따라 측정한 결과 인화성 가스가 존재하여 폭발이나 화재가 발생할 위험이 있는 경우에는 인화성 가스 농도의 이상 상승을 조기에 파악하기 위하여 그 장소에 자동경보장치를 설치하여야 한다.

③ 지하철도공사를 시행하는 사업주는 터널굴착[개착식(開鑿式)을 포함한다] 등으로 인하여 도시가스관이 노출된 경우에 접속부 등 필요한 장소에 자동경보장치를 설치하고, 「도시가스사업법」에 따른 해당 도시가스사업자와 합동으로 정기적 순회점검을 하여야 한다.

④ 사업주는 제2항 및 제3항에 따른 자동경보장치에 대하여 당일 작업 시작 전 다음 각 호의 사항을 점검하고 이상을 발견하면 즉시 보수하여야 한다. 20. 8. 22 ㉮ 21. 9. 12 ㉮ 23. 7. 8 ㉯

1. 계기의 이상 유무
2. 검지부의 이상 유무
3. 경보장치의 작동상태

(3) 지지점의 강도

① 방망 지지점은 600[kg]의 외력에 견딜 수 있는 강도를 보유하여야 한다.(다만, 연속적인 구조물이 방망 지지점인 경우의 외력이 다음 식에 계산한 값에 견딜 수 있는 것은 제외한다.)

$$F = 200B$$ 17. 5. 7 ㉯ 19. 3. 3 ㉯

여기에서 F는 외력(단위:kg), B는 지지점 간격(단위:m)이다.

② 지지점의 응력은 다음 표에 따라 규정한 허용응력 이상이어야 한다.

[표] 지지 재료에 따른 허용응력

허용응력 / 지지재료	압 축	인장	전단	휨	부착
일반 구조용 강재	2,400	2,400	1,350	2,400	
콘크리트	4주 압축강도의 2/3	4주 압축 강도의 1/15			14(경량골재를 사용하는 것은 12)

(4) 정기시험 방법 10. 9. 5 ㉮ 17. 8. 26 ㉯

① 방망의 정기시험은 사용 개시 후 1년 이내로 하고, 그후 6개월마다 1회씩 정기적으로 시험용사에 대해서 등속 인장시험을 하여야 한다. 다만, 사용 상태가 비슷한 다수의 방망의 시험용사에 대하여는 무작위 추출한 5개 이상을 인장시험했을 경우 다른 방망에 대한 등속 인장시험을 생략할 수 있다.

② 방망의 마모가 현저한 경우나 방망이 유해가스에 노출된 경우에는 사용 후 시험 용사에 대해서 인장시험을 하여야 한다.

(5) 보관방법

① 방망은 깨끗하게 보관하여야 한다.

② 방망은 자외선, 기름, 유해가스가 없는 건조한 장소에서 보관하여야 한다.

합격예측 및 관련법규

제348조(발파의 작업기준)

사업주는 발파작업에 종사하는 근로자에게 다음 각 호의 사항을 준수하도록 하여야 한다. 17. 9. 23 ㉯ ㉮ 18. 4. 28 ㉯ 18. 8. 19 ㉯

1. 얼어붙은 다이나마이트는 화기에 접근시키거나 그 밖의 고열물에 직접 접촉시키는 등 위험한 방법으로 융해되지 않도록 할 것
2. 화약이나 폭약을 장전하는 경우에는 그 부근에서 화기를 사용하거나 흡연을 하지 않도록 할 것
3. 장전구(裝塡具)는 마찰·충격·정전기 등에 의한 폭발의 위험이 없는 안전한 것을 사용할 것
4. 발파공의 충진재료는 점토·모래 등 발화성 또는 인화성의 위험이 없는 재료를 사용할 것
5. 점화 후 장전된 화약류가 폭발하지 아니한 경우 또는 장전된 화약류의 폭발 여부를 확인하기 곤란한 경우에는 다음 각 목의 사항을 따를 것
   가. 전기뇌관에 의한 경우에는 발파모선을 점화기에서 떼어 그 끝을 단락시켜 놓는 등 재점화되지 않도록 조치하고 그 때부터 5분 이상 경과한 후가 아니면 화약류의 장전장소에 접근시키지 않도록 할 것
   나. 전기뇌관 외의 것에 의한 경우에는 점화한 때부터 15분 이상 경과한 후가 아니면 화약류의 장전장소에 접근시키지 않도록 할 것
6. 전기뇌관에 의한 발파의 경우 점화하기 전에 화약류를 장전한 장소로부터 30[m] 이상 떨어진 안전한 장소에서 전선에 대하여 저항측정 및 도통(導通)시험을 할 것

(6) 방망의 사용제한

① 방망사가 규정한 강도 이하인 방망
② 인체 또는 이와 동등 이상의 무게를 갖는 낙하물에 대해 충격을 받는 방망
③ 파손한 부분을 보수하지 않은 방망
④ 강도가 명확하지 않은 방망

(7) 방망의 표시사항 10. 9. 5 기

① 제조자명
② 제조연월
③ 재봉 치수
④ 그물코
⑤ 신품인 때의 방망의 강도

5 거푸집, 동바리 설치기준 및 흙막이 계측장치

1. 거푸집공사

(1) 재료의 검사

① 거푸집 검사시는 직접 거푸집을 제작, 조립한 책임자와 현장관리 책임자가 검사하여야 한다.
② 여러 번 사용으로 인한 흠집이 많은 거푸집과 합판의 접착부분이 떨어져 구조적으로 약한 것은 사용하지 않도록 하여야 한다.
③ 거푸집의 띠장은 부러진 곳이 없나 확인하고 부러지거나 금이 나 있는 것은 완전보수한 후에 사용하여야 한다.
④ 거푸집에 못이 돌출되어 있거나 날카로운 것이 돌출되어 있는지를 확인하고 제거하여야 한다.
⑤ 강재 거푸집을 사용할 때는 형상이 찌그러지거나 비틀려 있는 것은 형상을 교정한 후 사용하여야 한다.
⑥ 강재 거푸집의 표면에 녹이 많이 나 있는 것은 쇠솔(wire brush) 또는 샌드페이퍼(sand paper) 등으로 닦아내고 박리제(form oil)를 얇게 칠해 두어야 한다.
⑦ 사용한 강재 거푸집에 붙은 콘크리트 부착물은 완전히 제거하고 박리제를 칠해 두어야 한다.

합격예측 및 관련법규

제351조(낙반 등에 의한 위험의 방지)
사업주는 터널 등의 건설작업을 하는 경우에 낙반 등에 의하여 근로자가 위험해질 우려가 있는 경우에 터널 지보공 및 록볼트의 설치, 부석(浮石)의 제거 등 위험을 방지하기 위하여 필요한 조치를 하여야 한다. 16. 5. 8 산 18. 3. 4 기 19. 8. 4 산 20. 8. 22 기

제352조(출입구 부근 등의 지반 붕괴에 의한 위험의 방지)
사업주는 터널 등의 건설작업을 할 때에 터널 등의 출입구 부근의 지반의 붕괴나 토사 등의 낙하에 의하여 근로자가 위험해질 우려가 있는 경우에는 흙막이지보공이나 방호망을 설치하는 등 위험을 방지하기 위하여 필요한 조치를 하여야 한다.

제20조(출입의 금지 등)
사업주는 다음 각 호의 작업 또는 장소에 울타리를 설치하는 등 관계 근로자가 아닌 사람의 출입을 금지하여야 한다. 다만, 제2호 및 제7호의 장소에서 수리 또는 점검 등을 위하여 그 암(arm) 등의 움직임에 의한 하중을 충분히 견딜 수 있는 안전지지대 또는 안전블록 등을 사용하도록 한 경우에는 그러하지 않다.

1. 추락에 의하여 근로자에게 위험을 미칠 우려가 있는 장소
2. 유압(流壓), 체인 또는 로프 등에 의하여 지탱되어 있는 기계·기구의 덤프, 램(ram), 리프트, 포크(fork) 및 암 등이 갑자기 작동함으로써 근로자에게 위험을 미칠 우려가 있는 장소
3. 케이블 크레인을 사용하여 작업을 하는 경우에는 권상용(卷上用) 와이어로프 또는 횡행용(橫行用) 와이어로프가 통하고 있는 도르래 또는 그 부착부의 파손에 의하여 위험을 발생시킬 우려가 있는 그 와이어로프의 내각측(內角側)에 속하는 장소
4. 인양전자석(引揚電磁石) 부착 크레인을 사용하여 작업을 하는 경우에는 달아 올려진 화물의 아래쪽 장소

5. 인양전자석 부착 이동식 크레인을 사용하여 작업을 하는 경우에는 달아 올려진 화물의 아래쪽 장소
6. 리프트를 사용하여 작업을 하는 다음 각 목의 장소
가. 리프트 운반구가 오르내리다가 근로자에게 위험을 미칠 우려가 있는 장소
나. 리프트의 권상용 와이어로프 내각측에 그 와이어로프가 통하고 있는 도르래 또는 그 부착부가 떨어져 나감으로써 근로자에게 위험을 미칠 우려가 있는 장소
7. 지게차·구내운반차(작업장 내 운반을 주목적으로 하는 차량으로 한정한다. 이하 같다)·화물자동차 등의 차량계 하역운반기계 및 고소(高所)작업대(이하 "차량계 하역운반기계등"이라 한다)의 포크·버킷(bucket)·암 또는 이들에 의하여 지탱되어 있는 화물의 밑에 있는 장소. 다만, 구조상 갑작스러운 하강을 방지하는 장치가 있는 것은 제외한다.
8. 운전 중인 항타기(杭打機) 또는 항발기(杭拔機)의 권상용 와이어로프 등의 부착 부분의 파손에 의하여 와이어로프가 벗겨지거나 드럼(drum), 도르래 뭉치 등이 떨어져 근로자에게 위험을 미칠 우려가 있는 장소
9. 화재 또는 폭발의 위험이 있는 장소
10. 낙반(落磐) 등의 위험이 있는 다음 각 목의 장소
가. 부석의 낙하에 의하여 근로자에게 위험을 미칠 우려가 있는 장소
나. 터널지보공(支保工)의 보강작업 또는 보수작업을 하고 있는 장소로서 낙반 또는 낙석 등에 의하여 근로자에게 위험을 미칠 우려가 있는 장소
11. 토석(土石)이 떨어져 근로자에게 위험을 미칠 우려가 있는 채석작업을 하는 굴착작업장의 아래 장소

⑧ 강판, 목재, 합판, 거푸집은 창고에 보관하여 두거나 야적시에는 천막 등으로 덮어 두어 녹이 슬거나 부식을 방지토록 하여야 한다.
⑨ 동바리재는 현저한 손상, 변형, 부식이 있는 것과 큰 옹이가 깊숙이 박혀 있는 것은 사용을 피하여야 한다.

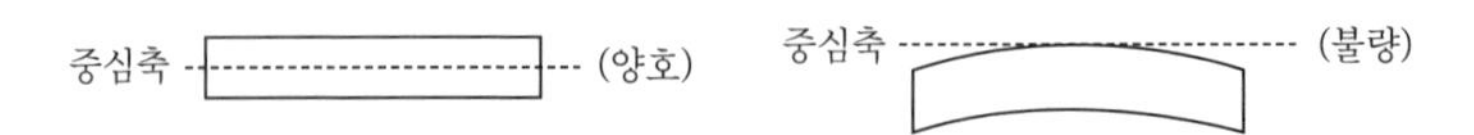

[그림] 동바리재로 사용되는 각재 또는 강관의 중심축

⑩ 동바리재로 사용되는 각재 또는 강관은 양끝을 일직선으로 그은 선 안에 있어야 하고 일직선 밖으로 굽어져 있는 것은 사용을 금하여야 한다.
⑪ 강관 동바리, 보 등을 조합한 구조의 것은 최대 사용하중을 넘지 않는 부위에 사용하여야 한다.
⑫ 연결재는 다음 사항을 고려하여 선정하여야 한다.
㉮ 작업원이 많이 사용하여 손에 익숙한 것으로 하여야 한다.
㉯ 정확하고 충분한 강도가 있는 것으로 하여야 한다.
㉰ 회수, 해체하기가 쉬운 것이어야 한다.
㉱ 조합 부품수가 적은 것이어야 한다.

(2) 거푸집의 구비조건 19. 4. 27 산

① 거푸집은 조립·해체·운반이 용이할 것
② 최소한의 재료로 여러번 사용할 수 있는 형상과 크기일 것
③ 수분이나 모르타르 등의 누출을 방지할 수 있는 수밀성이 있을 것
④ 시공 정확도에 알맞는 수평·수직·직각을 유지하고 변형이 생기지 않는 구조일 것
⑤ 콘크리트의 자중 및 부어넣기 할 때의 충격과 작업하중에 견디고, 변형(처짐·배부름·뒤틀림)을 일으키지 않을 강도를 가질 것

(3) 시공계획

① 콘크리트 계획
② 거푸집 조립도
③ 거푸집 및 거푸집 지보공의 응력 계산
④ 거푸집 공정표
⑤ 가공도 등

[표] 거푸집 지보공의 분류

구 조 별	명 칭
지주식	파이프서포트식 틀 조립식 삼각틀 조립식 단관지주식 목재지주식 조립강주식
보 식	경지보공식 중지보공식

(4) 거푸집 조립

① 거푸집지보공의 조립시에는 작업 책임자를 선임하여야 한다.
② 거푸집의 운반, 설치 작업에 필요한 작업장 내 필요한 통로 및 비계가 충분한가를 확인하여야 한다.
③ 거푸집지보공은 다음 하중에 충분한 것을 사용하여야 한다.

> (타설되는 콘크리트 중량)+(철근 중량)+(가설물 중량)+(호퍼, 버킷, 가드류의 중량)+(작업원의 중량)+150[kg/m^2]

④ 동바리의 침하를 방지하고 또 각부가 활동하지 않는 방법을 취하여야 한다.
⑤ 강재와 강재와의 접속부 및 교차부는 볼트, 클램프 등의 철물로 연결하여야 한다.
⑥ 철선 사용을 가급적 피하여야 한다.
⑦ 거푸집이 곡면일 경우에는 버팀대의 부착 등 그 거푸집의 부상을 방지하기 위한 조치를 하여야 한다.
⑧ 동바리로 사용하는 강관에 대해서는 높이 2[m] 이내마다 수평연결재를 2개 방향으로 만들고 수평연결재의 변위를 방지하여야 한다.
⑨ 파이프서포트를 3본 이상 이어서 사용하지 말고, 또 높이가 3.5[m] 이상의 경우에는 높이 2[m] 이내마다 수평연결재를 2개 방향으로 만들고 수평 연결재의 변위가 일어나지 않도록 이음부분은 견고하게 이어 좌굴을 방지하도록 하여야 한다.
⑩ 틀비계를 동바리로 사용할 경우에는 각 비계간 교차가새를 만들고, 최상층 5층 이내마다 거푸집 지보공의 측면과 틀면의 방향 및 교차가새의 방향에서 5개 이내마다 수평연결재를 설치하고, 수평이음의 변위를 방지하여야 한다.

12. 암석 채취를 위한 굴착작업, 채석에서 암석을 분할가공하거나 운반하는 작업, 그 밖에 이러한 작업에 수반(隨伴)한 작업(이하 "채석작업"이라 한다)을 하는 경우에는 운전 중인 굴착기계·분할기계·적재기계 또는 운반기계(이하 "굴착기계 등"이라 한다)에 접촉함으로써 근로자에게 위험을 미칠 우려가 있는 장소
13. 해체작업을 하는 장소
14. 하역작업을 하는 경우에는 쌓아놓은 화물이 무너지거나 화물이 떨어져 근로자에게 위험을 미칠 우려가 있는 장소
15. 다음 각 목의 항만하역 작업 장소
   가. 해치커버[해치보드(hatch board) 및 해치빔(hatch beam)을 포함한다]의 개폐·설치 또는 해체작업을 하고 있어 해치보드 또는 해치빔 등이 떨어져 근로자에게 위험을 미칠 우려가 있는 장소
   나. 양화장치(揚貨裝置) 붐(boom)이 넘어짐으로써 근로자에게 위험을 미칠 우려가 있는 장소
   다. 양화장치, 데릭(derrick), 크레인, 이동식 크레인(이하 "양화장치 등"이라 한다)에 매달린 화물이 떨어져 근로자에게 위험을 미칠 우려가 있는 장소
16. 벌목, 목재의 집하 또는 운반 등의 작업을 하는 경우에는 벌목한 목재 등이 아래 방향으로 굴러 떨어지는 등의 위험이 발생할 우려가 있는 장소
17. 양화장치 등을 사용하여 화물의 적하[부두 위의 화물에 훅(hook)을 걸어 선(船) 내에 적재하기까지의 작업을 말한다] 또는 양하(선 내의 화물을 부두 위에 내려놓고 훅을 풀기까지의 작업을 말한다)를 하는 경우에는 통행하는 근로자에게 화물이 떨어지거나 충돌할 우려가 있는 장소

합격예측 및 관련법규

제353조(시계의 유지)

사업주는 터널건설작업을 할 때에 터널 내부의 시계(視界)가 배기가스나 분진 등에 의하여 현저하게 제한되는 경우에는 환기를 하거나 물을 뿌리는 등 시계를 유지하기 위하여 필요한 조치를 하여야 한다.

합격예측 및 관련법규

제356조(용접 등 작업 시의 조치)

사업주는 터널건설작업을 할 때에 그 터널 등의 내부에서 금속의 용접·용단 또는 가열작업을 하는 경우에는 화재를 예방하기 위하여 다음 각 호의 조치를 하여야 한다.

1. 부근에 있는 넝마, 나무부스러기, 종이부스러기, 그 밖의 인화성 액체를 제거하거나, 그 인화성 액체에 불연성 물질의 덮개를 하거나, 그 작업에 수반하는 불티 등이 날아 흩어지는 것을 방지하기 위한 격벽을 설치할 것
2. 해당 작업에 종사하는 근로자에게 소화설비의 설치장소 및 사용방법을 주지시킬 것
3. 해당 작업 종료 후 불티 등에 의하여 화재가 발생할 위험이 있는지를 확인할 것

Q 은행문제

철골공사에서 용접작업을 실시함에 있어 전격예방을 위한 안전조치 중 옳지 않은 것은?

19. 3. 3 산

① 전격방지를 위해 자동전격방지기를 설치한다.
② 우천, 강설시에는 야외작업을 중단한다.
③ 개로 전압이 낮은 교류 용접기는 사용하지 않는다.
④ 절연 홀더(Holder)를 사용한다.

정답 ③

⑪ 틀비계를 동바리로 사용할 경우에는 상단의 강재에 단판을 부착시켜 이것을 보 또는 작은보에 고정시켜야 한다.

⑫ 높이가 4[m]를 초과할 때는 4[m] 이내마다 수평연결재를 2개 방향으로 설치하고, 수평연결재의 변위를 방지하여야 한다.

⑬ 목재를 동바리로서 사용하는 경우 높이 2[m] 이내마다 수평연결재를 설치하고, 수평연결재의 변위방지 조치를 취하여야 한다.

⑭ 목재를 이어서 사용할 경우에는 2본 이상의 덧댐목을 대고 4개소 이상 견고하게 묶은 후 상단을 보 또는 멍에에 고정시켜야 한다.

⑮ 지보공 하부에 깔판 또는 깔목은 2단 이상 끼우지 않도록 하고 작업 인원의 보행에 지장이 없어야 하며, 이탈되지 않도록 고정시켜야 한다.

⑯ 보, 슬래브 등의 거푸집은 작업원이 용이하게 작업할 수 있는 위치에서부터 점차로 조립해 나가도록 하여야 한다.

⑰ 재료, 기구, 공구를 올리거나 내릴 때에는 달줄, 달포대 등을 사용하여야 한다.

⑱ 거푸집 조립 작업장 주위에는 작업원 이외의 통행을 제한하고 슬래브 거푸집 조립시에는 많은 인원이 한곳에 집중되지 않도록 넓은 지역으로 고루 분산시켜야 한다.

⑲ 안전 사다리 또는 이동식 틀비계를 사용하여 작업할 때에는 항상 보조원이 대기하여야 한다.

⑳ 거푸집은 다음 순서에 의하여 조립하여야 한다.

기둥 → 보받이내력벽 → 큰보 → 작은보 → 바닥 → 내벽 → 외벽

㉑ 강풍, 폭우, 폭설 등 악천후 때문에 조립 작업 실시에 위험이 따를 것이 예상되는 경우에는 작업을 중지하여야 한다.

㉒ 조립 작업위치에서는 거푸집 제작을 가급적 피하고 다른 장소에서 제작한 후 조립토록 하여야 한다.(톱질, 망치질 등으로 인한 재해 발생 방지)

㉓ 콘크리트를 타설할 때에는 거푸집이 변형되지 않도록 설치되어 있어야 하며, 흔들림막이, 턴버클, 가새 등은 필요한 곳에 적절히 설치되어 있는지를 확인하여야 한다.

㉔ 조립 작업은 조립 → 검사 → 수정 → 고정을 주기로 하여 부분을 요약해서 행하고 전체를 진행하여 나가야 한다.

2. 거푸집의 부위별 점검사항

(1) 기초 거푸집 점검사항

① 버팀 콘크리트면의 기초 먹줄의 치수와 위치는 도면과 일치하는가?
② 거푸집을 설치하는 데 있어 터파기는 여유있게 되어 있는가?
③ 거푸집선이 정확하고 조립 상태가 정확한가?
④ 콘크리트 타설시 콘크리트 타설 한계 위치는 정확하게 표시되어 있는가?
⑤ 기초의 철근 배근은 빠짐없이 되어 있는가?
⑥ 관통구멍, 앵커볼트, 차출근의 위치, 수량, 지름 등은 정확한가?
⑦ 독립 기초의 경우 거푸집이 콘크리트 타설시에 떠오르든지 또 이동하지 않도록 고정되어 있는가?

(2) 기둥, 벽의 거푸집 점검사항

① 거푸집 하부의 위치는 정확한가?
② 기둥 및 벽 거푸집의 요소에 추를 내렸을 때 수직인가?
③ 건물의 요철부분은 정확하게 조립되어 있는지를 확인하고 특히 돌출부는 콘크리트 타설시 이탈되지 않도록 견고하게 조립되어 있는가?
④ 하부에는 청소구가 있는가를 확인하고 콘크리트 타설시는 완전히 닫도록 조치되어 있는가?
⑤ 개구부의 위치와 치수 및 상자넣기(나무토막) 등의 설치 위치는 정확한가?
⑥ 콘크리트 타설면, 특히 이어치기면에는 이물이 있어서는 안 되며 완전 제거 후 이어지도록 되었는가?
⑦ 거푸집 해체는 용이하도록 되어 있는가?

(3) 보, 슬래브의 거푸집 점검사항

① 보, 거푸집의 치수는 정확한가?
② 모서리는 정확하게 조립되어 있는가?
③ 슬래브의 중앙부는 처짐에 대해 약간 솟음을 두었는가?
④ 슬래브 및 보 등에는 기계설비 및 천장 설치용 고정장치 등이 설치되어 있는가?
⑤ 보 등에는 벌어짐에 대하여 견딜 수 있도록 견고하게 조립되어 있는가?

(4) 지보공 점검사항

① 거푸집 조립도대로 조립되어 있는가?
② 동바리의 위치와 간격, 부재를 제대로 설치하고 견고히 연결하도록 하며 열을 지어 일직선상에 있고 수직인가?

합격예측 및 관련법규

제362조(터널지보공의 구조)
사업주는 터널지보공을 설치하는 장소의 지반과 관계되는 지질·지층·함수·용수·균열 및 부식의 상태와 굴착방법에 상응하는 견고한 구조의 터널지보공을 사용하여야 한다.

합격예측 및 관련법규

제363조(조립도)
① 사업주는 터널지보공을 조립하는 경우에는 미리 그 구조를 검토한 후 조립도를 작성하고 그 조립도에 따라 조립하도록 하여야 한다.
② 제1항의 조립도에는 부재의 재질·단면규격·설치간격 및 이음방법 등을 명시하여야 한다.

17. 8. 26 기 21. 5. 15 기

합격예측 및 관련법규

제364조(조립 또는 변경시의 조치)
사업주는 터널 지보공을 조립하거나 변경하는 경우에는 다음 각 호의 사항을 조치하여야 한다. 18. 4. 28 기
1. 주재(主材)를 구성하는 1세트의 부재는 동일 평면 내에 배치할 것
2. 목재의 터널지보공은 그 터널지보공의 각 부재의 긴압 정도가 균등하게 되도록 할 것
3. 기둥에는 침하를 방지하기 위하여 받침목을 사용하는 등의 조치를 할 것
4. 강(鋼)아치지보공의 조립은 다음 각 목의 사항을 따를 것
가. 조립간격은 조립도에 따를 것
나. 주재가 아치작용을 충분히 할 수 있도록 쐐기를 박는 등 필요한 조치를 할 것
다. 연결볼트 및 띠장 등을 사용하여 주재 상호간을 튼튼하게 연결할 것
라. 터널 등의 출입구 부분에는 받침대를 설치할 것
마. 낙하물이 근로자에게 위험을 미칠 우려가 있는 경우에는 널판 등을 설치할 것

다음 페이지에 계속 →

5. 목재지주식 지보공은 다음 각 목의 사항을 따를 것
가. 주기둥은 변위를 방지하기 위하여 쐐기 등을 사용하여 지반에 고정시킬 것
나. 양끝에는 받침대를 설치할 것
다. 터널 등의 목재지주식 지보공에 세로방향의 하중이 걸림으로써 넘어지거나 비틀어질 우려가 있는 경우에는 양끝 외의 부분에도 받침대를 설치할 것
라. 부재의 접속부는 꺾쇠 등으로 고정시킬 것
6. 강아치지보공 및 목재지주식 지보공 외의 터널 지보공에 대해서는 터널 등의 출입구 부분에 받침대를 설치할 것

③ 동바리를 지반에 설치할 때에는 밑둥잡이 또는 깔목을 설치하여 부동침하를 방지토록 하고 활동이 없는가?
④ 동바리를 경사가 있는 콘크리트면에 세울 때에는 미끄러지지 않도록 조치하였는가?
⑤ 동바리에는 하중이 균등하게 작용하도록 설치하였는가?
⑥ 콘크리트 타설시 거푸집의 흔들림을 방지토록 하고 흔들림을 방지하기 위한 턴버클, 가새 등은 필요한 위치에 충분히 설치되어 있는가?
⑦ 지보공의 높이 조절용 받침목, 철편 등은 이탈되지 않았는가?
⑧ 강관 동바리 사용시 접속부의 나사는 마모되어 있지 않는가?
⑨ 이동용 틀비계를 지보공 대용으로 사용할 때에는 활차가 고정되어 있었는가?
⑩ 거푸집이 비계 등에 접촉되어 있지 않은가?
⑪ 그 밖에 전기 설비, 급배수 설비, 승강기 설비 등과 같은 설비공사 등 관련공사와도 지장이 없도로 충분한 검사가 수행되었는가?

(5) 거푸집 재료의 특징

[표] 철재 거푸집의 장·단점

장 점	단 점
① 강성이 크고 정밀도가 높다 ② 평면이 평활한 콘크리트가 된다. ③ 수밀성이 좋다. ④ 강도가 크다. ⑤ 전용도가 극히 좋다.	① 콘크리트가 녹물로 오염될 우려가 있다. ② 중량이 무거워 취급이 어렵다. ③ 미장 마무리를 할 때에는 정으로 쪼아서 거칠게 하여야 한다. ④ 외부 온도의 영향을 받기 쉬우므로 한랭한 시기에는 특히 주의해야 한다. ⑤ 초기의 투자율이 높다.

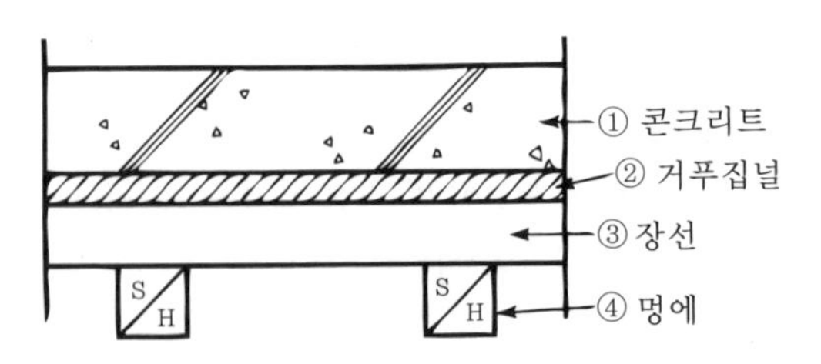

[그림] 거푸집 구조

[표] 합판 거푸집의 장·단점

장 점	단 점
① 콘크리트의 표면이 평활하고 아름답다. ② 재료의 신축이 작으므로 누수의 염려가 적다. ③ 보통 목재 패널(panel)보다 강성이 크고, 정밀도 높은 시공이 가능하다.	① 무게가 무겁다. ② 내수성이 불충분하여 표면이 손상되기 쉽다.

(6) 철재 거푸집과 비교하였을 때 합판 거푸집의 장점

① 녹이 슬지 않으므로 보관하기 쉽다.
② 가볍다.
③ 보수가 간단하다.
④ 삽입기구(insert)의 삽입이 간단하다.
⑤ 외기온도의 영향이 적다.

(7) 거푸집의 해체시 안전수칙 17. 5. 7 산 17. 8. 26 기 19. 4. 27 기 24. 5. 9 기

① 거푸집 지보공 해체시에는 작업 책임자를 선임하여야 한다.
② 거푸집 해체 작업장 주위에는 관계자를 제외하고 출입을 금지시켜야 한다.
③ 강풍, 폭우, 폭설 등 악천후 때문에 작업 실시에 위험이 예상될 때에는 해체 작업을 중지시켜야 한다.
④ 해체된 거푸집, 그 밖에 각목 등을 올리거나 내릴 때에는 달줄 또는 달포대 등을 사용하여야 한다.
⑤ 해체된 거푸집 또는 각목 등에 박혀 있는 못 또는 날카로운 돌출물은 즉시 제거하여야 한다.
⑥ 해체된 거푸집 또는 각목은 재사용 가능한 것과 보수하여야 할 것을 선별, 분리하여 적치하고 정리정돈을 하여야 한다.
⑦ 거푸집의 해체는 순서에 입각하여 실시하여야 한다.
⑧ 해체시 작업원은 안전모와 안전화를 착용하도록 하고, 고소에서 해체할 때에는 반드시 안전대를 사용하여야 한다.
⑨ 보 또는 슬래브 거푸집을 제거할 때에는 한쪽 먼저 해체한 다음 밧줄 등을 이용하여 묶어두고 다른 한쪽을 서서히 해체한 다음 천천히 달아내려 거푸집 보호는 물론, 거푸집의 낙하 충격으로 인한 작업원의 돌발적 재해를 방지하여야 한다.
⑩ 거푸집 해체가 용이하지 않다고 구조체에 무리한 충격, 또는 큰 힘에 의한 지렛대 사용은 금하여야 한다.
⑪ 제3자에 대한 보호는 완전히 하여야 한다.
⑫ 상하에서 동시작업할 때에는 상하가 긴밀히 연락을 취하여야 한다.

용어정의

① 거푸집(form) : 부어넣은 콘크리트가 소정의 형상, 치수를 유지하며 콘크리트가 적합한 강도에 도달하기까지 지지하는 가설 구조물의 총칭
② 동바리(floor post : 지보공) : 타설된 콘크리트가 소정의 강도를 얻을 때까지 거푸집 및 장선, 멍에를 적정한 위치에 유지시키고 상부하중을 지지하기 위하여 설치하는 부재
③ Workability(시공연도) : 컨시스턴시에 의한 작업이 난이의 정도 및 재료분리에 저항하는 정도 등 복합적인 의미에서의 시공 난이 정도
④ Consistency(반죽질기) : 수량에 의해 변화하는 콘크리트 유동성의 정도, 혼합물의 묽기 정도(유동성), 콘크리트의 변형능력의 총칭
⑤ Plasicticity(성형성) : 거푸집 등의 형상에 순응하여 채우기 쉽고, 분리가 일어나지 않은 성질. 거푸집에 잘 채워질 수 있는지의 난이 정도
⑥ Finishability(마감성) : 골재의 최대치수에 따르는 표면정리의 난이 정도, 마감작업의 용이성, 마감성의 난이를 표시하는 성질
⑦ Pumpability(압송성) : 펌프시공 콘크리트의 경우 펌프에 콘크리트가 잘 밀려나가는 지의 난이 정도·펌프압송의 용이성

합격예측 및 관련법규

제366조(붕괴 등의 방지)

사업주는 터널지보공을 설치한 경우에는 다음 각호의 사항을 수시로 점검하여야 하며 이상을 발견한 경우에는 즉시 보강하거나 보수하여야 한다.
17. 3. 5 산 18. 3. 4 기 19. 4. 27 기 19. 8. 4 기

1. 부재의 손상·변형·부식·변위 탈락의 유무 및 상태
2. 부재의 긴압의 정도
3. 부재의 접속부 및 교차부의 상태
4. 기둥침하의 유무 및 상태

합격예측 및 관련법규

채석작업시 작업계획서 내용

① 노천굴착과 갱내굴착의 구별 및 채석방법
② 굴착면의 높이와 기울기
③ 굴착면의 소단(小段)의 위치와 넓이
④ 갱내에서의 낙반 및 붕괴방지의 방법
⑤ 발파방법
⑥ 암석의 분할방법
⑦ 암석의 가공장소
⑧ 사용하는 굴착기계·분할기계·적재기계 또는 운반기계(이하 "굴착기계 등"이라 한다)의 종류 및 능력
⑨ 토석 또는 암석의 적재 및 운반방법과 운반경로
⑩ 표토 또는 용수의 처리방법

[표 1] 콘크리트의 압축강도를 시험할 경우 거푸집널의 해체 시기

부 재		콘크리트 압축강도
확대기초, 보, 기둥, 등의 측면		5[Mpa] 이상
슬래브 및 보의 밑면, 아치 내면	단층구조의 경우	설계기준압축강도의 2/3배이상 또한, 최소 14 [Mpa] 이상
	다층구조의 경우	설계기준 압축강도 이상 (필러 동바리 구조를 이용할 경우는 구조계산에 의해 기간을 단축할 수 있음. 단, 이 경우라도 최소강도는 14 [Mpa] 이상으로 함)

[표 2] 콘크리트의 압축강도를 시험하지 않을 경우 거푸집널의 해체 시기 (기초, 보, 기둥, 및 벽의 측면)KCS(2021.2.18)

시멘트의 종류 / 기온	조강 포틀랜드 시멘트	보통포틀랜드 시멘트 고로 슬래그 시멘트 (1종) 포틀랜드포졸란시멘트(1종) · 혼합 시멘트(1종)	고로 슬래그 시멘트 (2종) 포틀랜드포졸란시멘트(2종) 플라이 애쉬 시멘트 (2종)
20 [℃] 이상	2일	4일	5일
20 [℃] 미만 10 [℃] 이상	3일	6일	8일

(8) 거푸집동바리 및 거푸집의 강재 사용기준

① 개 요

거푸집동바리 및 거푸집의 재료로 변형·부식 또는 심하게 손상된 것을 사용해서는 안 되며, 사용하는 동바리·보 등 주요 부분의 강재는 강재의 사용기준에 적합한 것을 사용하여야 한다.

② 재료 선정시 고려사항

㉮ 강도
㉯ 강성
㉰ 내구성
㉱ 작업성
㉲ 타설 콘크리트의 영향력
㉳ 경제성

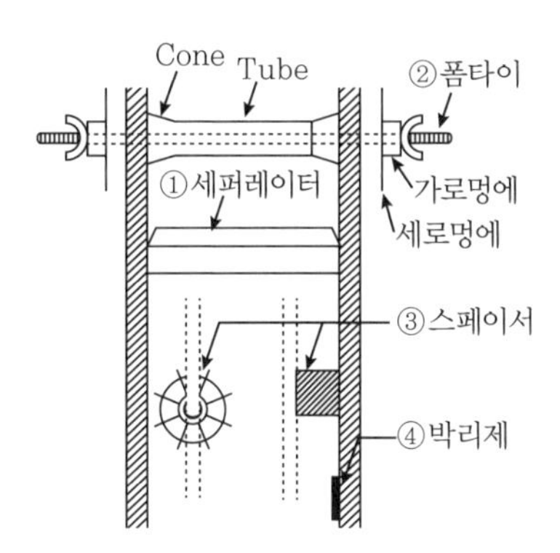

[그림] 거푸집 부속재료

[표] 강재 사용기준

강재의 종류	인장강도[kg/mm^2]	신장률[%]
강 관	34 이상 41 미만	25 이상
	41 이상 50 미만	20 이상
	50 이상	10 이상
강판, 형강, 평강, 경량형강	34 이상 41 미만	21 이상
	41 이상 50 미만	16 이상
	50 이상 60 미만	12 이상
	60 이상	8 이상
봉 강	34 이상 41 미만	25 이상
	41 이상 50 미만	20 이상
	50 이상	18 이상

③ 필요조건

㉮ 각종 외력(콘크리트 하중과 작업하중)에 견디는 충분한 강도 및 변형이 없을 것

㉯ 형상과 치수가 정확히 유지될 수 있는 정밀성과 수용성을 갖출 것

㉰ 재료비가 싸고 반복 사용으로 경제성이 있을 것

㉱ 가공·조립·해체가 용이할 것

㉲ 운반취급·적치에 용이하도록 가벼울 것

㉳ 청소와 보수가 용이할 것

용어정의

① 격리재(Separator) : 거푸집 상호간의 간격을 유지, 측벽 두께를 유지하기 위한 것
② 긴장재(Form tie) : 콘크리트를 부어 넣을 때 거푸집이 벌어지거나 변형되지 않게 연결 고정하는 것이며, 조임용 철선은 달구어 누구린 철선을 두겹으로 탕개를 틀어 조여맨 것
③ 간격재(Spacer) : 철근과 거푸집의 간격 유지를 위한 것
④ 박리제(formoil) : 중유, 석유, 동식물유, 아마인유, 파라핀, 합성수지 등을 사용, 콘크리트와 거푸집의 박리를 용이하게 하는 것
⑤ 캠버(camber) : 처짐을 고려하여 보나 슬래브 중앙부를 1/300~1/500 정도 미리 치켜올림, 높이 조절용 쐐기

합격예측 및 관련법규

제370조(지반붕괴 위험방지)

사업주는 채석작업을 하는 경우 지반의 붕괴 또는 토사 등의 낙하로 인하여 근로자에게 발생할 우려가 있는 위험을 방지하기 위하여 다음 각 호의 조치를 하여야 한다.

1. 점검자를 지명하고 당일 작업 시작 전에 작업장소 및 그 주변 지반의 부석과 균열의 유무와 상태, 함수·용수 및 동결상태의 변화를 점검할 것
2. 점검자는 발파 후 그 발파 장소와 그 주변의 부석 및 균열의 유무와 상태를 점검할 것

Q 은행문제

거푸집 해체 시 확인해야 할 사항이 아닌 것은?

18. 4. 28 기

① 거푸집의 내공 치수
② 수직, 수평부재의 존치기간 준수여부
③ 소요강도 확보 이전에 지주의 교환 여부
④ 거푸집해체용 압축강도 확인시험 실시 여부

정답 ①

(9) 계측장치의 종류 및 설치목적

16. 3. 6 산 16. 10. 1 산 17. 3. 5 산 17. 5. 7 기·산 18. 4. 28 기 18. 9. 15 기 19. 3. 3 산 19. 4. 27 기 21. 9. 12 기 23. 2. 28 기

종류	설치목적
건물 경사계(tilt meter)	지상 인접구조물의 기울기 측정
지표면 침하계(level and staff)	주위 지반에 대한 지표면의 침하량 측정
지중 경사계(inclinometer)	지중수평변위를 측정하여 흙막이의 기울어진 정도 파악
지중 침하계(extension meter)	지중수직변위를 측정하여 지반의 침하정도 파악
변형률계(strain gauge)	흙막이 버팀대의 변형 정도 파악
하중계(load cell)	흙막이 버팀대에 작용하는 토압, 토류벽 어스앵커의 인장력 등을 측정
토압계(earth pressure meter)	흙막이에 작용하는 토압의 변화 파악
간극수압계(piezo meter)	굴착으로 인한 지하의 간극수압 측정
지하수위계(water level meter)	지하수의 수위변화 측정

합격예측 및 관련법규

제63조(달비계의 구조)

② 사업주는 작업의자형 달비계를 설치하는 경우에는 다음 각 호의 사항을 준수해야 한다. 〈신설 2021. 11. 19.〉

1. 달비계의 작업대는 나무 등 근로자의 하중을 견딜 수 있는 강도의 재료를 사용하여 견고한 구조로 제작할 것
2. 작업대의 4개 모서리에 로프를 매달아 작업대가 뒤집히거나 떨어지지 않도록 연결할 것
3. 작업용 섬유로프는 콘크리트에 매립된 고리, 건축물의 콘크리트 또는 철재 구조물 등 2개 이상의 견고한 고정점에 풀리지 않도록 결속(結束)할 것
4. 작업용 섬유로프와 구명줄은 다른 고정점에 결속되도록 할 것
5. 작업하는 근로자의 하중을 견딜 수 있을 정도의 강도를 가진 작업용 섬유로프, 구명줄 및 고정점을 사용할 것
6. 근로자가 작업용 섬유로프에 작업대를 연결하여 하강하는 방법으로 작업을 하는 경우 근로자의 조종 없이는 작업대가 하강하지 않도록 할 것
7. 작업용 섬유로프 또는 구명줄이 결속된 고정점의 로프는 다른 사람이 풀지 못하게 하고 작업 중임을 알리는 경고표지를 부착할 것
8. 작업용 섬유로프와 구명줄이 건물이나 구조물의 끝부분, 날카로운 물체 등에 의하여 절단되거나 마모(磨耗)될 우려가 있는 경우에는 로프에 이를 방지할 수 있는 보호 덮개를 씌우는 등의 조치를 할 것
9. 달비계에 다음 각 목의 작업용 섬유로프 또는 안전대의 섬유벨트를 사용하지 않을 것
   가. 꼬임이 끊어진 것
   나. 심하게 손상되거나 부식된 것
   다. 2개 이상의 작업용 섬유로프 또는 섬유벨트를 연결한 것
   라. 작업높이보다 길이가 짧은 것
10. 근로자의 추락 위험을 방지하기 위하여 다음 각 목의 조치를 할 것
    가. 달비계에 구명줄을 설치할 것
    나. 근로자에게 안전대를 착용하도록 하고 근로자가 착용한 안전줄을 달비계의 구명줄에 체결(締結)하도록 할 것

Chapter 05

건설 가시설물 설치기준
출제예상문제

출제예상문제는 복습, 예습문제로 엮었습니다. *WHY : 실제시험에도 순서에 관계없이 출제됩니다. 예습 후 다음장에 공부한 문제가 있으면 기억이 배가 됩니다.

01 ★★★★ **거푸집에 가해지는 콘크리트 측압에 관한 기술 중 틀린 것은?** 16. 10. 1 기 17. 3. 5 기

① 슬럼프가 클수록 크다.
② 벽 두께가 두꺼울수록 크다.
③ 물시멘트비가 클수록 크다.
④ 콘크리트 단위중량이 작을수록 크다.

해설

콘크리트 타설시 거푸집 측압에 영향을 미치는 인자
① 슬럼프가 클수록 크다.
② 단면이 클수록 크다.
③ 배합이 좋을수록 크다.
④ 붓는(타설) 속도가 클수록 크다.
⑤ 콘크리트 단위중량(밀도)이 클수록 크다.
⑥ 대기의 온도, 습도가 낮을수록 크다.

02 ★★★ **거푸집 설계시 적용되는 철근 콘크리트의 단위중량은?**

① 2.0[t/m³] ② 2.1[t/m³]
③ 2.3[t/m³] ④ 2.4[t/m³]

해설

단위중량
① 자갈의 단위중량 : 1.6~1.7[t/m³]
② 모래의 단위중량 : 1.5~1.6[t/m³]
③ 목재의 단위중량 : 0.5[t/m³]
④ 시멘트 1[m³] : 1,500[kg](1포대는 40[kg])
⑤ 못 한 가마 : 50[kg]
⑥ 철근 콘크리트 단위중량 : 2.4[t/m³]
⑦ 무근 콘크리트 단위중량 : 2.3[t/m³]
⑧ 경량 콘크리트 단위중량 : 1.7[t/m³]

03 ★★★ **흙막이 지보공을 설치할 때에는 미리 조립도를 작성하여야 하는데 조립도에 반드시 명기되어야 할 사항과 거리가 먼 것은?**

① 부재 명칭 ② 부재 설치 순서
③ 부재 치수 ④ 부재 배치

해설

흙막이 지보공의 조립도
조립도에는 흙막이판·말뚝·버팀대 및 띠장 등 부재의 배치·치수·재질 및 설치방법과 순서가 명시되어야 한다.

참고 산업안전보건기준에 관한 규칙 제346조(조립도)

04 ★★★ **거푸집의 무너짐(도괴) 방지를 위한 대책에 해당되지 않는 것은?**

① 지주, 이음매, 마디 등 부재의 배치 및 치수가 명시된 조립도를 작성한 후 시공한다.
② 거푸집동바리는 침하 및 활동 방지를 위한 조치를 한다.
③ 목재 지주의 경우 3[m] 이내마다 수평 연결재로 고정한다.
④ 거푸집 재료는 부식, 변형, 손상된 것을 사용하지 않는다.

해설

목재 지주는 높이 2[m]마다 수평연결재는 2개 방향으로 만들고 수평연결재의 변화를 방지한다.

[정답] 01 ④ 02 ④ 03 ① 04 ③

제5편

05 ★★ 거푸집지보공의 분류 중 지주식 구조가 아닌 것은?

① 파이프 서포트식　② 틀 조립식
③ 삼각틀 조립식　④ 강재 보(beam)식

해설

거푸집 지보공의 분류

구조별	명 칭	비 고
지주식	① 파이프 서포트식 ② 틀 조립식 ③ 삼각틀 조립식 ④ 단관지주식 ⑤ 목재지주식 ⑥ 조립강주식	KSF 8001
보 식	① 경지보공식 ② 중지보공식	

06 ★★★ 거푸집지보공의 안전조치를 기술한 것이다. 틀린 것은?

① 깔목의 사용, 콘크리트의 타설, 말뚝박기 등은 동바리의 침하를 방지하기 위한 조치이다.
② 동바리 고정 등은 동바리의 미끄럼을 방지하는 조치이다.
③ 강재와 강재의 접속부, 교차부는 클램프 등의 철물을 사용하여 단단하게 연결한다.
④ 동바리의 이음은 겹친이음으로 한다.

해설

거푸집의 조립에 관한 안전기준

① 거푸집 지보공 조립시 작업 책임자 선임
② 거푸집의 운반, 설치 작업에 필요한 작업장 내 통로 및 비계가 충분한가 확인
③ 충분한 하중의 것을 사용
타설되는 콘크리트 중량 + 철근중량 + 가설물중량 + 호퍼, 버킷, 가드류 중량 + 작업원의 중량 + 150[kg/m²]
④ 멍에 등을 상단에 올릴 때에는 해당 상단에 강재의 단판을 부착하여 멍에 등을 고정시킬 것
⑤ 거푸집이 곡면인 때에는 버팀대 부착 등 그 거푸집의 부상을 방지하기 위한 조치를 할 것
⑥ 강재와 강재와의 접속부 및 교차부는 볼트, 클램프 등 전용 철물을 사용하여 단단히 연결할 것
⑦ 동바리로 사용하는 강관은 높이 2[m] 이내마다 수평연결재를 2개의 방향으로 만들고 수평연결재의 변위를 방지할 것
⑧ 파이프서포트를 3개 이상 이어서 사용하지 말고 또 높이가 3.5[m] 이상인 경우는 높이 2[m] 이내마다 수평연결재를 2개의 방향으로 만들고 수평연결재의 변위가 일어나지 않도록 한다.
⑨ 틀비계를 동바리로 사용할 경우에는 각 비계간 교차가새를 만들고, 최상층 및 5층 이내마다 거푸집지보공의 측면과 틀면의 방향 및 교차가새의 방향에서 5개틀 이내마다 수평연결재를 설치하고 수평 이음의 변위 방지 조치를 할 것
⑩ 틀비계를 동바리로 사용할 경우에는 상단의 강재에 단판을 부착시켜 이것을 보 또는 작은보에 고정시킬 것
⑪ 높이가 4[m]를 초과할 때에는 4[m] 이내마다 수평 연결재를 2개의 방향으로 설치하고 수평방향의 변위를 방지할 것
⑫ 목재를 동바리로 사용하는 경우 높이 2[m] 이내마다 수평연결재를 설치하고, 수평연결재의 변위를 방지할 것
말구(末口)가 7[cm] 정도되는 통나무로서 갈라짐, 부식, 옹이 등이 없는 것으로 만곡되지 않은 축선이 1/3 이내의 것을 사용
⑬ 안전 사다리 또는 이동식 틀비계를 사용하여 작업시 보조원이 항시 대기한다.
⑭ 거푸집의 조립순서
기둥 → 보받이 내력벽 → 큰보 → 작은보 → 바닥 → 내벽 → 외벽
⑮ 조립 작업 위치에서 거푸집 제작을 가급적 피하고 다른 장소에서 제작한 후 조립한다.(톱질, 망치질로 인한 재해가 발생되는 것을 방지하기 위해)
⑯ 콘크리트 타설시 거푸집이 변형되지 않도록 설치해야 하며, 흔들림 막이, 턴버클, 가새 등은 필요한 곳에 적절히 설치되어 있는지 확보한다.
⑰ 조립 작업은 조립 → 검사 → 수정 → 고정을 하여 부분을 요약해서 행하고 전체를 진행해 나가야 한다.

07 ★★★★★ 강관비계의 조립간격으로 맞는 것은?

① 단관비계 수직방향 : 4[m]
② 단관비계 수평방향 : 4[m]
③ 틀비계(높이 5[m] 미만 제외, 수직방향 : 6[m])
④ 틀비계(높이 5[m] 미만 제외, 수평방향 : 6[m])

해설

강관비계 조립 간격 17. 9. 23 산

강관비계의 종류	조립간격(단위 : m)	
	수직 방향	수평 방향
단관비계	5	5
틀비계(높이가 5[m] 미만인 것을 제외한다.)	6	8

08 ★★ 거푸집 동바리가 침하하는 것을 방지하기 위한 조치로 적당하지 않은 것은? 22. 4. 24 기

① 깔목의 사용　② 콘크리트의 타설
③ 말뚝박기　④ 수평연결재 사용

해설

거푸집동바리의 침하방지조건

① 받침목 사용 ② 깔판의 사용 ③ 콘크리트 타설 ④ 말뚝 박기

[정답] 05 ④ 06 ④ 07 ③ 08 ④

09 ★★ **비계다리의 적정 경사(물매)의 표준으로 옳은 것은?**

① 2/10 ② 3/10
③ 4/10 ④ 5/10

해설

비계다리 기준
① 너비 : 90[cm]
② 경사 : 4/10
③ 각 : 17[°]

10 ★★ **달비계 위에서 작업시 작업발판의 폭은 얼마 이상이어야 하는가?**

① 30[cm] ② 40[cm]
③ 50[cm] ④ 60[cm]

해설

달비계의 구조
작업발판은 폭을 40[cm] 이상으로 하고 틈새가 없도록 할 것

참고 산업안전보건기준에 관한 규칙 제63조(달비계의 구조)

11 ★★★ **강관 비계조립의 안전지침으로 적합하지 않은 것은?**

① 지상에서 첫번째 띠장은 높이 2[m] 이하로 해야 한다.
② 비계 높이가 31[m] 초과시 그 아랫부분은 강관 2개를 묶어서 사용한다.
③ 띠장과 장선은 1.5[m] 이하의 간격으로 설치한다.
④ 강관 비계와 벽면은 연결시키지 않는다.

해설

강관 비계의 구조
① 비계기둥의 간격은 띠장방향에서는 1.5[m] 내지 1.8[m], 장선방향에서는 1.5[m] 이하로 할 것
② 첫 번째 띠장은 지상으로부터 2[m] 이하의 위치에 설치할 것
③ 비계기둥의 최고부로부터 31[m]되는 지점 밑부분의 비계기둥은 2본의 강관으로 묶어 세울 것
④ 비계기둥간의 적재하중은 400[kg]을 초과하지 않도록 할 것

12 ★★★ **연속적인 비계띠장이 최소한 겹쳐야 하는 길이는?**

① 0.5[m] ② 1[m]
③ 2[m] ④ 3[m]

해설

겹침이음의 경우 1[m] 이상 2개소 이상 묶어야 한다.

13 ★★ **거푸집동바리 설치작업시 관리감독자의 직무가 아닌 것은?**

① 안전유지 담당자의 지휘, 감독
② 작업 방법의 결정 및 작업 지휘
③ 재료, 기구 등의 결함 여부 점검 업무
④ 안전대, 안전모의 착용 상황 점검 업무

해설

거푸집동바리 고정·조립 또는 해체 작업시 관리감독자의 직무
① 안전한 작업 방법을 결정하고 작업을 지휘하는 일
② 재료·기구의 결함 유무를 점검하고 불량품을 제거하는 일
③ 작업중 안전대 및 안전모 등 보호구 착용 상황을 감시하는 일

참고 산업안전보건기준에 관한 규칙 [별표 2](관리감독자의 유해·위험방지업무)

14 ★★★★ **다음 중 토사붕괴로 인한 재해를 방지하기 위한 흙막이지보공 설비가 아닌 것은?**

① 흙막이판 ② 말뚝
③ 턴버클 ④ 띠장

해설

흙막이 지보공의 조립도
조립도에는 흙막이판·말뚝·버팀대 및 띠장 등 부재의 배치·치수·재질 및 설치방법과 순서가 명시되어야 한다.

[정답] 09 ③ 10 ② 11 ④ 12 ② 13 ① 14 ③

15 ★★ 다음 식은 연속적인 방망 지지점의 강도를 나타내는 식이다. 맞는 것은?(단, F : 외력[kg], B : 지지점의 간격[m]) 17. 5. 7 산

① F = 200B　　② F = 250B
③ F = 300B　　④ F = 350B

해설

방망 지지점 강도

① 방망 지지점은 600[kg]의 외력에 견딜 수 있는 강도를 보유하여야 한다.
② 연속적인 지지점의 강도는 다음과 같다. F = 200B(F : 외력, B : 지지점 간격)

16 ★ 다음 중 철근 콘크리트 거푸집 조립 해체시 준수사항으로 옳지 않은 것은?

① 거푸집 재료 및 연결, 조임 재료는 점검하여야 한다.
② 작업 책임자를 선임해야 한다.
③ 거푸집 해체는 수직재를 먼저, 다음 수평재 순서로 해체하여야 한다.
④ 거푸집 존치기간은 충분해야 한다.

해설

거푸집 해체는 방향을 적용하지 않는다.

합격정보

콘크리트 공사 표준안전 작업지침 제9조(해체)

17 ★★★ 다음 통로발판의 안전지침으로 옳지 않은 것은?

① 발판 폭은 40[cm] 이상, 두께 3.5[cm] 이상, 길이는 3.6[m] 이내의 것을 사용하여야 한다.
② 발판의 겹친 길이는 30[cm] 이상으로 하여야 한다.
③ 발판 위에는 돌출된 못, 옹이 등이 없어야 한다.
④ 작업발판의 최대폭은 1.6[m] 이내이어야 한다.

해설

통나무비계 조립의 안전지침

(1) 재료
① 나뭇결이 바르며, 균열, 충해, 부식, 옹이 등 결점이 없는 것으로 곧은 것을 사용하여야 한다.
② 통나무의 굵기는 1[m]당 0.5~0.7[cm] 정도로 가늘어져야 한다.
③ 비계 결속용 철선은 #8 또는 #10선 소철선을 사용하여야 한다.
④ 비계발판은 폭 40[cm] 이상, 두께 3.5[cm] 이상, 길이 3.6[m] 이내의 것을 사용하여야 한다.

(2) 조립
① 비계기둥의 간격은 2.5[m] 이하로 하고 지상으로부터 첫 번째 띠장은 3[m] 이하의 위치에 설치할 것
② 비계기둥이 미끄러지거나 침하하는 것을 방지하기 위하여 비계기둥의 하단부를 묻고, 밑둥잡이를 설치하거나 깔판을 사용하는 등의 조치를 할 것
③ 비계기둥의 이음이 겹침이음인 때에는 이음부분에서 1[m] 이상을 서로 겹쳐서 2개소 이상을 묶고, 비계기둥의 이음이 맞댄 이음인 때에는 비계기둥을 쌍기둥틀로 하거나 1.8[m] 이상의 덧댐목을 사용하여 4개소 이상을 묶을 것
④ 비계기둥·띠장·장선 등의 접속부 및 교차부는 철선 그 밖에 튼튼한 재료로 견고하게 묶을 것
⑤ 교차가새로 보강할 것
⑥ 외줄비계·쌍줄비계 또는 돌출비계에 대하여는 다음 각 목의 정하는 바에 의하여 벽이음 및 버팀을 설치할 것
　㉮ 간격은 수직방향에서 5.5[m] 이하, 수평방향에서는 7.5[m] 이하로 할 것
　㉯ 강관·통나무 등의 재료를 사용하여 견고한 것으로 할 것
　㉰ 인장재와 압축재로 구성되어 있는 때에는 인장재와 압축재의 간격은 1[m] 이내로 할 것

18 ★★★★ 다음 빈 칸에 알맞은 숫자는?

파이프서포트(pipe support)는 (㉠)본 이상 이어서 사용해서는 안되고 높이가 (㉡)[m] 이상일 때에는 (㉢)[m]마다 수평연결을 하여 변위가 일어나지 않도록 한다.

① ㉠ : 2, ㉡ : 3, ㉢ : 3
② ㉠ : 3, ㉡ : 3.5, ㉢ : 2
③ ㉠ : 3, ㉡ : 3, ㉢ : 3
④ ㉠ : 2, ㉡ : 3.5, ㉢ : 3

해설

산업안전보건기준에 관한 규칙 제332조의2(동바리 유형에 따른 동바리 조립 시의 안전조치)

[그림] 파이프서포트

[정답] 15① 16③ 17② 18②

19 ★★ 다음은 비계로 사용될 통나무의 조건을 열거한 것이다. 틀린 것은?

① 끝말구의 지름은 4.5[cm] 이상이어야 한다.
② 휨 정도는 길이의 1.5[%] 이내이어야 한다.
③ 갈라진 길이는 전체 길이의 1/2 이내, 깊이는 통나무 직경의 1/4을 넘지 말아야 한다.
④ 가늘어짐 정도는 1[m]당 0.5~0.7[cm]가 이상적이나 1.5[cm]를 초과하지 말아야 한다.

해설

① 갈라진 길이는 전체 길이의 1/5 이내, 통나무 직경의 1/4 미만
② 굵기는 1[m]당 0.5~0.7[cm] 정도 이내. 점점 가늘어져야 한다.

20 댐 콘크리트에서 거푸집 떼어내기에 관한 기술 중 옳지 않은 것은?★★

① 거푸집 떼어내기 시기 및 순서는 책임기술자의 승인을 얻은 후라야 한다.
② 거푸집 떼어내기는 콘크리트 압축강도가 35[kg/cm^2] 정도에 도달할 때이다.
③ 개구부는 일광의 직사를 받지 않으므로 압축강도가 100[kg/cm^2] 정도로 되면 될 수 있는 한 빨리 거푸집을 떼어내어 양생의 효과를 올리는 것이 좋다.
④ 거푸집의 떼어내기는 보통 연직 방향을 수평방향보다 먼저 떼어내는 것이 좋다.

해설

거푸집 떼어내기 순서
떼어내기는 방향을 적용하지 않는다.

합격정보
콘크리트 공사 표준안전 작업지침 제9조(해체)

21 ★★★ 달비계 등의 재료의 연결, 해체작업을 하는 때에는 폭 ( ) 이상의 발판을 설치하고, 근로자로 하여금 ( )를 사용하도록 하는 등 근로자의 추락 방지를 위한 조치를 할 것. ( )에 알맞은 것은?

① 15[cm], 안전모 ② 15[cm], 안전대
③ 20[cm], 안전모 ④ 40[cm], 안전대

해설

산업안전보건기준에 관한 규칙 제63조(달비계의 구조)
① 작업발판폭 : 40[cm] 이상
② 추락방지대책 : 안전대 및 구명줄

22 ★★ 다음은 공사용 가설도로에 대한 설명이다. 옳지 않은 것은?

① 도로 표면은 장비 및 차량이 안전 운행할 수 있도록 유지 보수되어야 한다.
② 최고 허용경사도는 20[%]를 넘어서는 안 된다.
③ 안전운행을 위하여 먼지가 일어나지 않도록 물을 뿌려야 한다.
④ 도로는 배수를 위해 도로 중앙부를 약간 높게 하거나 배수시설을 하여야 한다.

해설

최고허용경사도는 특별한 이유가 없는 한 10[%]를 초과할 수 없다.

23 ★★ 동바리를 조립할 때 안전조치를 해야 할 사항이 아닌 것은?

① 동바리의 침하를 방지하기 위한 조치를 할 것
② 개구부 상부에 동바리 설치시 견고한 받침대를 설치할 것
③ 동바리의 이음은 맞댄이음 또는 장부이음으로 한다.
④ 재료, 기구 또는 공구를 올릴 때에는 달줄, 달포대 등을 사용한다.

해설

산업안전보건기준에 관한 규칙 제332조(동바리 조립 시의 안전조치) 참조

[정답] 19 ③ 20 ④ 21 ④ 22 ② 23 ④

24 ★★★ 터널지보공을 설치할 때 수시로 점검해야 할 사항이 아닌 것은? 18. 3. 4 ㉮

① 부재의 긴압 정도
② 기둥 침하의 유무 및 상태
③ 부재의 접속부 및 교차부 상태
④ 부재의 강도

해설

붕괴 등의 위험방지

사업주는 터널 지보공을 설치한 때에는 다음 각 호의 사항을 수시로 점검하여야 하며 이상을 발견한 때에는 즉시 보강하거나 보수하여야 한다.
① 부재의 손상·변형·부식·변위·탈락의 유무 및 상태
② 부재의 긴압 정도
③ 부재의 접속부 및 교차부의 상태
④ 기둥 침하의 유무 및 상태

25 ★★ 비계 높이에 대한 설명 중 틀린 것은?

① 외쪽비계 : 본비계를 세울 여유가 없는 곳에 높이 10[m] 정도까지 가능하다.
② 단관비계 : 원칙적으로 35[m] 이하 높이까지 사용 가능하며, 35[m]를 초과할 때는 비계 기둥을 2본으로 한다.
③ 틀조립비계 : 높이 45[m] 이하에서 사용한다.
④ 이동식 비계 : 단면폭의 4배 이하에서 사용한다.

해설

비계기둥의 최고부로부터 31[m] 되는 지점의 밑부분은 2본 강관으로 묶어 세워야 한다.

26 ★★★★★ 비계의 점검 보수시 유의사항이 아닌 것은?

① 재료의 손상 여부
② 각 부분의 연결 상태
③ 최대 적재하중 적재 시험
④ 손잡이의 탈락 여부

해설

비계의 점검 보수사항

① 발판 재료의 손상 여부 및 부착 또는 걸림 상태
② 해당 비계의 연결부 또는 접속부의 풀림 상태
③ 연결재료 및 연결철물의 손상 또는 부식 상태
④ 손잡이의 탈락 여부
⑤ 기둥의 침하·변형·변위 또는 흔들림 상태
⑥ 로프의 부착 상태 및 매단 장치의 흔들림 상태

27 ★★ 다음 중 외부 온도의 영향을 가장 적게 받는 것은?

① 철재 거푸집 ② 목재 거푸집
③ 경금속 거푸집 ④ 플라스틱 거푸집

해설

자연 상태와 가장 가까운 재료를 선택하면 된다.

28 ★★★ 고소 작업에서 사다리를 사용할 때 걸치는 경사각도는 수평에 대하여 몇 도 정도가 적당한가?

① 45[°] ② 60[°]
③ 75[°] ④ 85[°]

해설

산업안전보건기준에 관한 규칙 제24조(사다리 통로 등의 구조)

29 ★★★★ 다음은 가설 경사로에 대한 설명이다. 틀린 것은?

① 비탈면의 경사각도는 30[°] 이내로 한다.
② 경사로의 폭은 최소 90[cm] 이상이어야 한다.
③ 높이 9[m] 이내마다 계단참을 설치한다.
④ 경사로의 지지 기둥은 3[m] 이내마다 설치하여야 한다.

해설

가설 경사로의 설치기준

① 비계 등의 승강로의 경사가 30[°] 이내이면 경사로를 사용하며 경사로의 높이가 8[m]를 초과할 경우 7[m] 이내마다 계단참(평평한 장소)을 설치한다.
② 경사도가 15[°]를 넘으면 미끄럼 방지장치를 설치하여야 한다.
③ 경사도가 15[°] 이내면 미끄럼 방지 장치를 하지 않아도 되나 강우, 강설시 미끄러지지 않도록 가마니 또는 마대 등을 깔고 작업한다.
④ 경사로 폭이 40[cm] 이상이면 경사로 바닥에서 높이 90[cm] 이상의 위치에 난간을 설치하여야 한다. 난간 높이가 85[cm] 이상이면 바닥 양측에 바닥턱(토 보드)을 설치한다.

[정답] 24 ④ 25 ② 26 ③ 27 ② 28 ③ 29 ③

30 ★★★★ 다음 중 달비계의 작업발판 폭으로 옳은 것은?

① 20[cm]　② 30[cm]
③ 40[cm]　④ 50[cm]

해설

산업안전보건기준에 관한 규칙 제63조(달비계의 구조)

31 ★★★★ 다음 중 단관비계의 도괴 또는 전도를 방지하기 위하여 사용하는 벽연결 간격으로 맞는 것은?

① 수직 5[m] 이하, 수평 5[m] 이하
② 수직 5[m] 이하, 수평 6[m] 이하
③ 수직 6[m] 이하, 수평 7[m] 이하
④ 수직 6[m] 이하, 수평 8[m] 이하

해설

단관비계

① 비계기둥에는 깔판, 깔목 등을 사용하고 밑둥잡이를 설치할 것
② 비계기둥 간격은 띠장방향에서는 1.85[m]. 장선 방향은 1.5[m] 이하일 것
③ 지상에서 첫 번째 띠장은 높이 2[m] 이하로 설치할 것
④ 띠장간격 : 2.0[m] 이하, 장선간격 : 1.5[m] 내외로 설치할 것
⑤ 비계기둥간의 적재하중은 400[kg]을 초과하지 않도록 할 것
⑥ 비계기둥의 최고부로부터 31[m]되는 지점의 밑부분은 2본의 강관으로 묶어 세울 것
⑦ 벽면과의 연결은 수직방향 5[m], 수평방향 5[m] 이내마다 연결할 것
⑧ 교차가새로 보강할 것

32 ★★ 통나무 비계 조립작업시의 안전지침으로 적합하지 않은 항목은?

① 비계기둥의 하부는 침하 방지장치를 해야 한다.
② 지반이 연약할 때는 땅에 매립하여 고정시킨다.
③ 비계기둥을 겹침이음할 때는 1[m] 이상 겹친다.
④ 인접한 비계기둥의 이음은 동일선상에 있도록 해야 한다.

해설

참고) 산업안전보건기준에 관한 규칙 제71조(통나무비계의 구조)

33 ★★★ 비계의 부재 중에서 기둥과 기둥을 연결시키는 부재가 아닌 것은?

① 띠장　② 장선
③ 가새　④ 작업발판

해설

비계의 정의 및 특징

(1) 비계기둥 간격
1.2~2.0[m](보통 1.5~1.8[m]), 땅속에 60[cm] 이상 묻는다.(하부고정)
(2) 띠장 및 장선간격
장선 1.5[m] 이하, 띠장 1.5[m] 내외
(3) 비계목이음
겹침이음은 1[m] 이상, 맞댐이음은 1.8[m] 이상(이음자리는 2~4개소) 못박기는 피한다.
(4) 가새
45[°]방향(간격은 수평거리 14[m] 내외로 한다.)
(5) 벽체와 연결 간격
수직방향 5.5[m] 이하, 수평방향 7.5[m] 이하 간격
(6) 비계다리
① 폭 : 90[cm] 이상
② 경사 : 물매 4/10를 표준으로 하고 각 층마다(층의 구분이 없을 때는 7[m] 이내마다) 되돌음 또는 다리참을 두고 여기에서 각 층으로 출입할 수 있도록 연결한다.
③ 발판널 : 내밀리지 않도록 깔고 이음부분은 될 수 있는 한 겹침이음을 피하고 비계장선 등에 완전히 고정시킨다.
④ 미끄럼막이 : 발판 널에는 단면 1.5[cm]×3.0 [cm] 정도의 미끄럼막이를 30[cm] 내외의 간격으로 고정한다.
⑤ 건평 1,600[m^2]마다 1개소씩 설치
(7) 비계 결속
사용기간이 3개월 이상이면 철선으로 해야 한다.

34 ★★ 가설공사시 안전에 특별히 고려해야 할 공통에 해당되지 않는 것은?

① 비계　② 지보공
③ 방재설비　④ 용수통신설비

해설

가설공사 공통사항

① 비계
② 지보공
③ 방재설비

[정답] 30 ③　31 ①　32 ④　33 ④　34 ④

35 ★★★★★ 다음 중 강관비계의 조립 간격이 통나무 조립일 때 맞는 것은?

① 수직 5[m] 이하, 수평 5[m] 이하
② 수직 5[m] 이하, 수평 5.5[m] 이하
③ 수직 5.5[m] 이하, 수평 7[m] 이하
④ 수직 5.5[m] 이하, 수평 7.5[m] 이하

해설

강관비계 및 통나무비계 조립 간격 17. 9. 23 산

강관비계의 종류	조립 간격(단위 : [m])	
	수직방향	수평방향
단관비계 틀비계(높이가 5[m] 미만의 것을 제외한다.)	5 6	5 8
통나무비계(외줄, 쌍줄, 돌출 비계)	5.5	7.5

36 ★★★★★ 추락 방지용 방망의 그물코가 5[cm]일 때 망사의 인장강도로 옳은 것은?

① 50[kg] ② 60[kg]
③ 70[kg] ④ 80[kg]

해설

그물코 인장강도
① 10[cm] 그물코 : 120[kg/cm^2]
② 5[cm] 그물코 : 50[kg/cm^2]

37 ★★ 다음 중 거푸집지보공 조립시에 기준이 되는 도면은?

① 구조도 ② 상세도
③ 조립도 ④ 시방서

해설

조립도 표시사항
동바리·멍에 등 부재의 재질, 단면 규격, 설치간격 및 이음 방법 등을 명시하여야 한다.

참고 산업안전보건기준에 관한 규칙 제331조(조립도)

38 ★★★ 콘크리트 거푸집의 동바리 바꾸어 세우기 순서 중 제일 먼저 하여야 하는 것은?

① 큰보 ② 작은보
③ 바닥판 ④ 계단

해설

기둥 → 보받이 내력벽 → 큰보 → 작은보 → 바닥 → 내벽 → 외벽

39 ★★ 사다리식 통로에 권상장치가 설치된 때에는 권상장치와 근로자의 접촉에 의한 위험이 있는 장소에 설치하여야 하는 것은?

① 판자벽 ② 울
③ 건널다리 ④ 덮개

해설

판자벽 : 권상장치 접촉방지

40 ★★★★ 다음 중 가설통로의 설치기준으로 잘못된 것은?

① 수직갱에 가설된 통로의 길이가 15[m] 이상일 경우에는 15[m] 이내마다 계단참을 설치할 것
② 경사가 15[°]를 초과하는 때에는 미끄러지지 아니하는 구조로 할 것
③ 높이 8[m] 이상인 비계다리에는 7[m] 이내에 계단참을 설치할 것
④ 추락의 위험이 있는 장소에는 안전난간을 설치할 것

해설

가설통로 설치기준
① 견고한 구조로 할 것
② 경사는 30[°] 이하로 할 것(계단을 설치하거나 높이 2[m] 미만의 가설통로로서 튼튼한 손잡이를 설치한 때에는 그러하지 아니하다.)
③ 경사가 15[°]를 초과하는 때에는 미끄러지지 아니하는 구조로 할 것
④ 추락의 위험이 있는 장소에는 안전난간을 설치할 것(작업상 부득이한 때에는 필요한 부분에 한하여 임시로 이를 해체할 수 있다.)
⑤ 수직갱에 가설된 통로의 길이가 15[m] 이상인 때에는 10[m] 이내마다 계단참을 설치할 것
⑥ 건설공사에 사용하는 높이 8[m] 이상인 비계 다리에는 7[m] 이내마다 계단참을 설치할 것

참고 산업안전보건기준에 관한 규칙 제23조(가설통로의 구조)

[정답] 35 ④ 36 ① 37 ③ 38 ① 39 ① 40 ①

41 ★★★★★ 다음 중 가설 구조물이 갖추어야 할 구비 요건으로 맞는 것은?

① 영구성, 안전성, 작업성
② 영구성, 안전성, 경제성
③ 안전성, 작업성, 경제성
④ 영구성, 작업성, 경제성

해설

가설 구조물의 구비조건
① 경제성 ② 안전성 ③ 작업성(사용성)

42 ★★ 비계발판의 치수는 폭 두께의 얼마 이상이 되어야 하는가?

① 2배 ② 3배
③ 4배 ④ 5배

해설

비계발판의 치수 폭 = 두께(t)×5.0

43 ★★★ 4단 이상 계단의 개방된 측면의 난간높이는 얼마 이상 되어야 하는가? 20. 9. 27 기

① 70[cm] ② 80[cm]
③ 90[cm] ④ 140[cm]

해설

안전난간의 구조 및 설치요건
① 상부난간대·중간난간대·발끝막이판 및 난간기둥으로 구성할 것(중간난간대·발끝막이판 및 난간기둥은 이와 비슷한 구조 및 성능을 가진 것으로 대체할 수 있다)
② 상부난간대는 바닥면·발판 또는 경사로의 표면(이하 "바닥면 등"이라 한다)으로부터 90[cm] 이상 120[cm] 이하에 설치하고, 중간난간대는 상부난간대와 바닥면 등의 중간에 설치할 것
③ 발끝막이판은 바닥면 등으로부터 10[cm] 이상의 높이를 유지할 것(물체가 떨어지거나 날아올 위험이 없거나 그 위험을 방지할 수 있는 망을 설치하는 등 필요한 예방조치를 한 장소를 제외한다)
④ 난간기둥은 상부난간대와 중간난간대를 견고하게 떠받칠 수 있도록 적정간격을 유지할 것
⑤ 상부난간대와 중간난간대는 난간길이 전체에 걸쳐 바닥면 등과 평행을 유지할 것
⑥ 난간대는 지름 2.7[cm] 이상의 금속제 파이프나 그 이상의 강도를 가진 재료일 것
⑦ 안전난간은 임의의 점에서 임의의 방향으로 움직이는 100[kg] 이상의 하중에 견딜 수 있는 튼튼한 구조일 것

참고 산업안전보건기준에 관한 규칙 제13조(안전난간의 구조 및 설치요건)

44 ★★★★ 이동식 사다리를 조립할 때 준수해야 할 사항이 아닌 것은?

① 폭 10[cm] 이상
② 견고한 구조
③ 미끄럼 방지장치 부착
④ 재료는 손상, 부식이 없는 것 사용

해설

이동식 사다리
① 견고한 구조로 할 것
② 재료는 심한 손상·부식 등이 없는 것으로 할 것
③ 폭은 30[cm] 이상으로 할 것
④ 다리부분에는 미끄럼 방지장치를 설치하는 등 미끄러지거나 넘어지는 것을 방지하기 위해 필요한 조치를 할 것
⑤ 발판의 간격은 동일하게 할 것

45 ★★★ 이동식 비계의 가로, 세로의 길이가 각각 2[m], 3[m]일 때 이 비계의 사용 가능 최대 높이는?

① 6[m] ② 8[m]
③ 9[m] ④ 12[m]

해설

이동식 비계의 최대높이는 밑면 최소폭의 4배이다. (2×4 = 8)

46 ★★★★ 가설통로 설치시 고려사항에 직접 해당되지 않는 사항은?

① 시공하중 또는 폭풍 등 위험에 안전
② 작업원의 추락, 전도, 미끄러짐의 방지대책
③ 낙하물에 의한 위험요소 제거
④ 보호망 설치

해설

가설통로 설치시 유의점
① 작업장과 통하는 통로에는 불용품을 쌓아 두지 않으며, 항상 그 주변을 깨끗이 정리정돈한다.
② 가설 통로의 바닥이 미끄러워서 전도되는 일이 없도록 한다.
③ 목재 거푸집의 패널(panel)을 통로판으로 사용하지 않는다.
④ 가설 통로에 근접하여 고압전선 등이 있을 때에는 접촉에 의한 감전사고를 방지하기 위한 방호조치를 강구하여야 한다.
⑤ 가설 통로에는 조명 상태가 충분하여야 한다.

[정답] 41 ③ 42 ④ 43 ③ 44 ① 45 ② 46 ①

47 ★★ 건물에 고정된 돌출보 등에서 밧줄로 매단 비계명은?

① 달비계(suspended scaffold)
② 트래슬 비계(trestle scaffold)
③ 아우트리거 비계(outrigger scaffold)
④ 폴 비계(pole scaffold)

해설

달비계 : 간단한 물품이나 작업자가 승강할 수 있는 발판

참고

제63조(달비계의 구조) 사업주는 달비계를 설치하는 경우에 다음 각 호의 사항을 준수하여야 한다.

1. 다음 각 목의 어느 하나에 해당하는 와이어로프를 달비계에 사용해서는 아니 된다.
   가. 이음매가 있는 것
   나. 와이어로프의 한 꼬임[스트랜드(strand)를 말한다. 이하 같다]에서 끊어진 소선(素線)[필러(pillar)선은 제외한다]의 수가 10[%] 이상(비자전로프의 경우에는 끊어진 소선의 수가 와이어로프 호칭지름의 6배 길이 이내에서 4개 이상이거나 호칭지름 30배 길이 이내에서 8개 이상)인 것
   다. 지름의 감소가 공칭지름의 7[%]를 초과하는 것
   라. 꼬인 것
   마. 심하게 변형되거나 부식된 것
   바. 열과 전기충격에 의해 손상된 것
2. 다음 각 목의 어느 하나에 해당하는 달기 체인을 달비계에 사용해서는 아니 된다.
   가. 달기 체인의 길이가 달기 체인이 제조된 때의 길이의 5[%]를 초과한 것
   나. 링의 단면지름이 달기 체인이 제조된 때의 해당 링의 지름의 10[%]를 초과하여 감소한 것
   다. 균열이 있거나 심하게 변형된 것
3. 다음 각 목의 어느 하나에 해당하는 섬유로프 또는 섬유벨트를 달비계에 사용해서는 아니 된다.
   가. 꼬임이 끊어진 것
   나. 심하게 손상되거나 부식된 것
4. 달기 강선 및 달기 강대는 심하게 손상·변형 또는 부식된 것을 사용하지 않도록 할 것
5. 달기 와이어로프, 달기 체인, 달기 강선, 달기 강대 또는 달기 섬유로프는 한쪽 끝을 비계의 보 등에, 다른 쪽 끝을 내민 보, 앵커볼트 또는 건축물의 보 등에 각각 풀리지 않도록 설치할 것
6. 작업발판은 폭을 40[cm] 이상으로 하고 틈새가 없도록 할 것
7. 작업발판의 재료는 뒤집히거나 떨어지지 않도록 비계의 보 등에 연결하거나 고정시킬 것
8. 비계가 흔들리거나 뒤집히는 것을 방지하기 위하여 비계의 보·작업발판 등에 버팀을 설치하는 등 필요한 조치를 할 것
9. 선반 비계에서는 보의 접속부 및 교차부를 철선·이음철물 등을 사용하여 확실하게 접속시키거나 단단하게 연결시킬 것
10. 근로자의 추락 위험을 방지하기 위하여 달비계에 안전대 및 구명줄을 설치하고, 안전난간을 설치할 수 있는 구조인 경우에는 안전난간을 설치할 것

48 ★★ 터널공사의 전기발파작업에 관한 설명으로 옳지 않은 것은? 17. 5. 7 기

① 전선은 점화하기 전에 화약류를 충진한 장소로부터 30[m] 이상 떨어진 안전한 장소에서 도통시험 및 저항시험을 하여야 한다.
② 점화는 충분한 허용량을 갖는 발파기를 사용하고 규정된 스위치를 반드시 사용하여야 한다.
③ 발파 후 발파기와 발파모선의 연결을 유지한 채 그 단부를 절연시킨다.
④ 모선을 분리하여야 하며 발파책임자의 엄중한 관리하에 두어야 한다.

해설

전기발파 시 준수사항

① 미지전류의 유무에 대하여 확인하고 미지전류가 0.01[A] 이상일 때에는 전기발파를 하지 않아야 한다.
② 전기발파기는 충분한 기동이 있는지의 여부를 사전에 점검하여야 한다.
③ 도통시험기는 소정의 저항치가 나타나는가에 대해 사전에 점검하여야 한다.
④ 약포에 뇌관을 장치할 때에는 반드시 전기뇌관의 저항을 측정하여 소정의 저항치에 대하여 오차가 ±0.1[Ω] 이내에 있는가를 확인하여야 한다.
⑤ 발파모선의 배선에 있어서는 점화장소를 발파현장에서 충분히 떨어져 있는 장소로 하고 물기나 철관, 궤도 등이 없는 장소를 택하여야 한다.
⑥ 점화장소는 발파현장이 잘 보이는 곳이어야 하며 충분히 떨어져 있는 안전한 장소로 택하여야 한다.
⑦ 전선은 점화하기 전에 화약류를 충진한 장소로부터 30m 이상 떨어진 안전한 장소에서 도통시험 및 저항시험을 하여야 한다.
⑧ 점화는 충분한 허용량을 갖는 발파기를 사용하고 규정된 스위치를 반드시 사용하여야 한다.
⑨ 점화는 선임된 발파책임자가 행하고 발파기의 핸들을 점화할 때 이외는 시건장치를 하거나 모선을 분리하여야 하며 발파책임자의 엄중한 관리하에 두어야 한다.
⑩ 발파 후 즉시 발파모선을 발파기로부터 분리하고 그 단부를 절연시킨 후 재점화가 되지 않도록 하여야 한다.
⑪ 발파 후 30분 이상 경과한 후가 아니면 발파장소에 접근하지 않아야 한다.

합격자의 조언

- 1문제 1문제가 합격을 좌우합니다. 정독하세요.
- 우리교재의 미 버클리대 공부 지침서를 보세요. 당신은 천재입니다.
- Robert Eliot가 "피할 수 없으면 즐겨라"하였습니다. 안전기사 합격은 즐겁게 공부합시다.

[정답] 47 ① 48 ③

건설 구조물 공사안전

중점 학습내용

본 장은 건설공사의 구조물 안전으로 콘크리트 슬래브 구조안전, 콘크리트 측압, 가설발판 지지력, 철골공사 및 PC공법의 안전 등을 폭넓게 기술하였으며, 특히 구조물 등의 취급기준 등을 기술하여 자기자신을 항상 기계기구 재해에 대비하여 점검과 예방을 할 수 있도록 하고 현장에서 산업재해가 일어나지 않도록 하기 위하여 21세기 실무안전관리자의 역할을 할 수 있도록 하였다. 시험에 출제가 예상되는 그 중심 내용은 다음과 같다.

❶ 콘크리트 구조물 공사 안전
❷ 콘크리트 측압
❸ 철골공사 안전
❹ PC(Percast Concrete) 공사 안전

1 콘크리트 구조물 공사 안전

1. 거푸집 및 동바리(지보공)에 작용하는 하중(구조검토시 고려하중)

국가건설기준 KDS 21 50 00 거푸집 및 동바리 설계기준 (단위 1[kg]=1[kgf]=9.8[N])

- 설계 시 고려하여야 할 하중 : 연직하중, 수평하중, 콘크리트 측압 및 풍하중, 편심하중 등

(1) 연직하중 : 고정하중 + 작업하중 16. 5. 8 산 18. 4. 28 산 19. 3. 3 산 19. 8. 4 산 19. 9. 21 산 23. 3. 1 산

① 고정하중 : 철근콘크리트의 중량 + 거푸집의 무게(최소 0.4 [kN/㎡] 이상)
② 작업하중 : 작업원+경량의 장비+기타 자재 및 공구 등의 시공하중+충격하중
㉮ 콘크리트 타설 높이가 0.5[m] 미만 : 구조물의 수평투영면적 당 최소 2.5[kN/㎡] 이상
㉯ 콘크리트 타설 높이가 0.5[m] 이상 : 3.5 [kN/㎡]
㉰ 콘크리트 타설 높이가 0.5[m] 이상 : 5.0 [kN/㎡]

- 적설하중이 작업하중을 초과하는 경우 적설하중을 적용(구조물의 특성에 적합하도록)
- 연직하중은 콘크리트 타설높이와 관계없이 최소 5.0 [kN/㎡] 이상 적용

합격예측

구조물(structure, 構造物)
교량, 터널, 댐 등과 같이 천연 또는 인공재료를 써서 하중을 기초에 전달하고 그 사용 목적에 유익하도록 건조된 공작물의 총칭

합격예측 및 관련법규

제376조(급격한 침하로 인한 위험방지)
사업주는 잠함 또는 우물통의 내부에서 근로자가 굴착작업을 하는 경우에는 잠함 또는 우물통의 급격한 침하에 의한 위험을 방지하기 위하여 다음 각 호의 사항을 준수하여야 한다.
1. 침하관계도에 따라 굴착 방법 및 재하량(載荷量) 등을 정할 것
2. 바닥으로부터 천장 또는 보까지의 높이는 1.8[m] 이상으로 할 것

Q 은행문제

거푸집 동바리에 작용하는 횡하중이 아닌 것은? 18. 8. 19 산

① 콘크리트 측압
② 풍하중
③ 자중
④ 지진하중

정답 ③

제5편

합격예측 및 관련법규

제377조(잠함 등 내부에서의 작업)

① 사업주는 잠함·우물통·수직갱 그 밖에 이와 유사한 건설물 또는 설비(이하 "잠함 등"이라 한다)의 내부에서 굴착작업을 하는 때에는 다음 각 호의 사항을 준수하여야 한다.
18. 3. 4 산 18. 8. 19 기

1. 산소결핍의 우려가 있는 경우에는 산소의 농도를 측정하는 사람을 지명하여 측정하도록 할 것
2. 근로자가 안전하게 오르내리기 위한 설비를 설치할 것
3. 굴착깊이가 20[m]를 초과하는 경우에는 해당 작업장소와 외부와의 연락을 위한 통신설비 등을 설치할 것 24. 5. 15 기

② 사업주는 제1항제1호의 측정결과 산소결핍이 인정되거나 굴착깊이가 20[m]를 초과하는 경우에는 송기를 위한 설비를 설치하여 필요한 양의 공기를 송급해야 한다.

Q 은행문제

철근콘크리트 슬래브에 발생하는 응력에 관한 설명으로 옳지 않은 것은? 19. 4. 27 산

① 전단력은 일반적으로 단부보다 중앙부에서 크게 작용한다.
② 중앙부 하부에는 인장응력이 발생한다.
③ 단부 하부에는 압축응력이 발생한다.
④ 휨응력은 일반적으로 슬래브의 중앙부에서 크게 작용한다.

정답 ①

(2) 수평하중

① 동바리에 고려하는 최소 수평하중은 고정하중의 2[%]와 수평길이 당 1.5[kN/m] 이상 중에서 큰 값의 하중이 최상단에 작용하는 것으로 한다.(최소 수평하중은 동바리 설치면에 대하여 X방향 및 Y방향에 대하여 각각 적용)
② 벽체 및 기둥 거푸집에 고려하는 최소 수평하중은 거푸집면 투영면적당 0.5 kN/m² 이 추가작용하는 것으로 적용

(3) 콘크리트 측압 : 사용재료, 배합, 타설 속도, 타설 높이, 다짐 방법 및 타설할 때의 콘크리트 온도, 사용하는 혼화제의 종류, 부재의 단면 치수, 철근량 등에 의한 영향을 고려하여 산정

(4) 풍하중 : 가시설물의 재현기간에 따른 중요도계수를 적용한다.

(5) 특수하중 : 콘크리트를 비대칭으로 타설할 때의 편심하중, 콘크리트 내부 매설물의 양압력, 포스트텐션(post tension) 시에 전달되는 하중, 크레인 등의 장비하중 그리고 외부진동다짐에 의한 영향

(6) 하중조합 : 연직하중과 수평하중을 동시에 고려

보충학습

구조검토 사항
① 하중계산 : 가설물에 작용하는 하중 및 외력의 종류, 크기를 산정함
② 응력계산 : 하중+외력에 의하여 각 부재에 생기는 응력을 구함
③ 단면계산 : 각 부재에 생기는 응력에 대하여 안전한 단면을 결정함
④ 조립도작성 : 사용부재의 재질, 간격, 접합방법, 연결철물 등을 기재함

2. 거푸집 및 동바리(지보공) 재료 선정 및 사용시 고려사항

(1) 재료 선정시 고려사항

① 강도
② 강성
③ 내구성
④ 작업성
⑤ 타설 콘크리트의 영향력
⑥ 경제성

(2) 사용시 고려사항

① 목재거푸집

㉮ 흠집 및 옹이가 많은 거푸집과 합판의 접착 불량으로 구조적으로 약한 것은 사용 금지

㉯ 거푸집의 띠장은 부러지거나 균열이 있는 것은 사용 금지

② 강재거푸집

㉮ 형상이 찌그러지거나, 비틀림 등 변형이 있는 것은 교정한 다음 사용

㉯ 표면의 녹은 Wire Brush, Sand Paper 등으로 닦아내고 박리제(Form Oil)를 얇게 도포

③ 동바리(지보공)재

㉮ 현저한 손상, 변형, 부식, 옹이가 깊숙이 박혀 있는 것은 사용 금지

㉯ 각재 또는 강관지주는 양끝이 일직선인 것을 사용

㉰ 강관동바리(지주), 보 등을 조합한 구조는 최대허용하중을 초과하지 않는 범위에서 사용

④ 연결재

㉮ 정확하고 충분한 강도가 있는 것

㉯ 회수, 해체하기가 쉬운 것

㉰ 조합 부품수가 적은 것

3. 거푸집 및 강관동바리(지주) 조립시 준수사항

(1) 거푸집 조립시 준수사항 18. 4. 28 산

① **관리감독자 배치** : 거푸집동바리 조립시 관리감독자 배치

② **통로 및 비계 확인** : 거푸집 운반, 설치작업에 필요한 작업장 내의 통로 및 비계가 충분한가를 확인

③ **달줄, 달포대 등을 사용** : 재료, 기구, 공구를 올리거나 내릴 때에는 달줄, 달포대 등을 사용

④ **악천후시 작업 중지** : 강풍, 폭우, 폭설 등의 악천후에는 작업을 중지

[표] 악천후시 작업 중지 기준 16. 5. 8 산 기 16. 10. 1 산 17. 5. 7 기 17. 9. 23 산 18. 3. 4 산 19. 3. 3 산

구분	일반작업	철골공사
강풍	10분간 평균풍속이 10[m/sec] 이상	평균풍속이 10[m/sec] 이상
강우	1회 강우량이 50[mm] 이상	1시간당 강우량이 1[mm] 이상
강설	1회 강설량이 25[cm] 이상	1시간당 강설량이 1[cm] 이상

합격예측 및 관련법규

제379조(가설도로)

사업주는 공사용 가설도로를 설치할 경우에는 다음 각 호의 사항을 준수하여야 한다.

1. 도로는 장비 및 차량이 안전하게 운행할 수 있도록 견고하게 설치할 것
2. 도로와 작업장이 접하여 있을 경우에는 방책 등을 설치할 것
3. 도로는 배수를 위하여 경사지게 설치하거나 배수시설을 설치할 것
4. 차량의 속도제한 표지를 부착할 것

합격예측 및 관련법규

제42조(추락의 방지)

① 사업주는 근로자가 추락하거나 넘어질 위험이 있는 장소[작업발판의 끝·개구부(開口部) 등을 제외한다] 또는 기계·설비·선박블록 등에서 작업을 할 때에 근로자가 위험해질 우려가 있는 경우 비계(飛階)를 조립하는 등의 방법으로 작업발판을 설치하여야 한다.

② 사업주는 제1항에 따른 작업발판을 설치하기 곤란한 경우 다음 각 호의 기준에 맞는 추락방호망을 설치하여야 한다. 다만, 추락방호망을 설치하기 곤란한 경우에는 근로자에게 안전대를 착용하도록 하는 등 추락위험을 방지하기 위하여 필요한 조치를 하여야 한다. 17. 3. 5 기 18. 4. 28 산

1. 추락방호망의 설치위치는 가능하면 작업면으로부터 가까운 지점에 설치하여야 하며, 작업면으로부터 망의 설치지점까지의 수직거리는 10 [m]를 초과하지 아니할 것
2. 추락방호망은 수평으로 설치하고, 망의 처짐은 짧은 변 길이의 12[%] 이상이 되도록 할 것 16. 10. 1 산 19. 4. 27 산
3. 건축물 등의 바깥쪽으로 설치하는 경우 추락방호망의 내민 길이는 벽면으로부터 3[m] 이상 되도록 할 것. 다만, 그물코가 20[mm] 이하인 추락방호망을 사용한 경우에는 제14조제3항에 따른 낙하물방지망을 설치한 것으로 본다. 17. 3. 5 산

⑤ **작업 인원의 집중 금지(하중의 집중 금지)** : 작업장 주위에는 작업원 이외의 통행을 제한하고, 슬래브거푸집 조립시 많은 인원의 집중 금지

⑥ **보조원 대기** : 사다리 또는 이동식 틀비계 사용 작업시에는 항상 보조원을 대기

⑦ **거푸집의 현장 제작** : 거푸집을 현장에서 제작시에는 별도의 작업장에서 제작

(2) 강관동바리(지주) 조립시 준수사항

① **거푸집의 변형방지** : 거푸집이 곡면일 경우 버팀대의 부착 등으로 거푸집의 변형 방지

② **동바리의 침하방지 및 설치** : 동바리의 침하를 방지하고 미끄러지지 않도록 견고하게 설치

③ **접속부 및 교차부 연결** : 강재와 강재의 접속부 및 교차부는 볼트, 클램프 등의 철물로 정확하게 연결 19. 3. 3 ㉑

④ **파이프서포트 이음 및 변위방지**

㉮ 파이프서포트는 3본 이상 이어서 사용하지 말 것

㉯ 높이가 3.5[m] 이상의 경우 높이 2[m] 이내마다 수평연결재를 2개 방향으로 설치하여 수평연결재 변위방지

⑤ **받침판 또는 받침목의 삽입 및 고정**

㉮ 지보공 하부의 받침판 또는 받침목은 2단 이상 삽입 금지

㉯ 작업인원의 보행에 지장이 없어야 하며 이탈되지 않도록 고정 방향으로 견고하게 고정한다.

4. 거푸집 공사시 점검사항

(1) 거푸집 점검사항

① 직접 거푸집을 제작, 조립한 책임자가 검사

② 기초 거푸집 검사시 터파기 폭 점검

③ 거푸집의 형상 및 위치 등 정확한 조립 상태 점검

④ 거푸집에 못, 날카로운 것 등의 돌출물 제거

(2) 동바리(지주) 점검사항

① 지반에 설치할 때 받침철물, 받침목 등을 설치하여 부등침하 방지

② 강관동바리(지주) 사용시 접속부 나사 등의 손상 상태 점검

③ 이동식 틀비계를 동바리(지보공) 대용으로 사용시 바퀴의 제동장치 점검

합격예측 및 관련법규

제43조(개구부 등의 방호 조치)

① 사업주는 작업발판 및 통로의 끝이나 개구부로서 근로자가 추락할 위험이 있는 장소에는 안전난간, 울타리, 수직형 추락방망 또는 덮개 등(이하 이 조에서 "난간 등"이라 한다)의 방호 조치를 충분한 강도를 가진 구조로 튼튼하게 설치하여야 하며, 덮개를 설치하는 경우에는 뒤집히거나 떨어지지 않도록 설치하여야 한다. 이 경우 어두운 장소에서도 알아볼 수 있도록 개구부임을 표시하여야 한다.

② 사업주는 난간 등을 설치하는 것이 매우 곤란하거나 작업의 필요상 임시로 난간 등을 해체하여야 하는 경우 제42조제2항 각 호의 기준에 맞는 추락방호망을 설치하여야 한다. 다만, 추락방호망을 설치하기 곤란한 경우에는 근로자에게 안전대를 착용하도록 하는 등 추락할 위험을 방지하기 위하여 필요한 조치를 하여야 한다. 20. 8. 23 ㉤

합격예측 및 관련법규

제44조(안전대의 부착설비 등)

① 사업주는 추락할 위험이 있는 높이 2[m] 이상의 장소에서 근로자에게 안전대를 착용시킨 경우 안전대를 안전하게 걸어 사용할 수 있는 설비 등을 설치하여야 한다. 이러한 안전대 부착설비로 지지로프 등을 설치하는 경우에는 처지거나 풀리는 것을 방지하기 위하여 필요한 조치를 하여야 한다.

② 사업주는 제1항에 따른 안전대 및 부속설비의 이상 유무를 작업을 시작하기 전에 점검하여야 한다.

(3) 콘크리트 타설시 점검사항

① 거푸집의 부상 및 이동 방지 : 콘크리트 타설시 거푸집의 부상 및 이동 방지 조치
② 거푸집의 이탈 방지 : 건물의 보, 요철부분, 내민 부분의 조립 상태 및 콘크리트 타설시 이탈 방지 조치
③ 거푸집 청소구 확인 및 폐쇄 : 청소구의 유무 확인 및 콘크리트 타설시 폐쇄 조치
④ 거푸집의 흔들림 방지 : 턴버클, 가새 등의 필요한 조치로 거푸집의 흔들림 방지

(4) 거푸집 해체 작업시 준수사항

① 관리감독자 배치 : 해체 작업시 관리감독자(작업책임자)를 배치하여야 하며 거푸집 및 지보공(동바리) 해체는 순서에 의하여 실시
② 안전보호장구 착용 : 해체 작업시 안전모 등 안전 보호장구 착용
③ 관계자 외 출입 금지 : 해체 작업중 주위에는 관계자 외 출입금지
④ 상하 동시작업 금지 : 상하 동시작업은 원칙적으로 금지하며, 부득이한 경우 긴밀히 연락을 취하며 작업 실시
⑤ 무리한 충격이나 지렛대 사용금지 : 거푸집 해체 때 구조체에 무리한 충격이나 큰 힘에 의한 지렛대 사용금지
⑥ 작업원의 돌발적 재해 방지 : 보 또는 슬래브 거푸집 제거시 거푸집의 낙하 충격으로 인한 작업원의 돌발적 재해를 방지
⑦ 돌출물 제거

(5) 타설 준비

① 콘크리트의 운반, 타설기계는 설치 계획시 성능을 확인하여야 한다.
② 사용 전·후 검사는 물론 사용중에도 점검에 소홀함이 없어야 한다.
③ 콘크리트 타워를 설치할 경우에는 근로자에게 작업기준을 지시하고 작업 책임자를 지정하여 설치 작업중에는 항상 상주하여 현장에서 지휘하도록 하여야 한다.

(6) 콘크리트 타설시 준수사항 16. 5. 8 산 17. 3. 5 산 18. 4. 28 기 20. 6. 14 산

① 타설 속도는 표준시방서에 정해진 속도를 유지하여야 한다.
② 높은 곳으로부터 콘크리트를 세게 거푸집 내에 처넣지 않도록 하고, 반드시 호퍼로 받아 거푸집 내에 꽂아 넣는 벽형 슈트를 통해서 부어넣어야 한다.
③ 계단실에 콘크리트를 부어넣을 때에는 책임자를 정하고, 주의해서 시공하며 계단의 바닥이나 난간은 정규의 치수로 밀실하게 부어 넣는다.
④ 바닥 위에 흘린 콘크리트는 완전히 청소하여야 한다.

합격예측 및 관련법규

제45조(지붕 위에서의 위험 방지)

① 사업주는 근로자가 지붕 위에서 작업을 할 때에 추락하거나 넘어질 위험이 있는 경우에는 다음 각 호의 조치를 해야 한다.
1. 지붕의 가장자리에 제13조에 따른 안전난간을 설치할 것
2. 채광창(skylight)에는 견고한 구조의 덮개를 설치할 것
3. 슬레이트 등 강도가 약한 재료로 덮은 지붕에는 폭 30센티미터 이상의 발판을 설치할 것

② 사업주는 작업 환경 등을 고려할 때 제1항제1호에 따른 조치를 하기 곤란한 경우에는 제42조제2항 각 호의 기준을 갖춘 추락방호망을 설치해야 한다. 다만, 사업주는 작업 환경 등을 고려할 때 추락방호망을 설치하기 곤란한 경우에는 근로자에게 안전대를 착용하도록 하는 등 추락 위험을 방지하기 위하여 필요한 조치를 해야 한다.[전문개정 2021. 11. 19.]
10. 3. 7 산 16. 10. 1 산 17. 3. 5 산 19. 4. 27 산

합격예측 및 관련법규

제46조(승강설비의 설치)

사업주는 높이 또는 깊이가 2[m]를 초과하는 장소에서 작업하는 경우 해당 작업에 종사하는 근로자가 안전하게 승강하기 위한 건설작업용 리프트 등의 설비를 설치하여야 한다. 다만, 승강설비를 설치하는 것이 작업의 성질상 곤란한 경우에는 그러하지 아니하다.
17. 5. 7 산 17. 8. 26 산 20. 8. 23 산

합격예측 및 관련법규

제48조(울타리의 설치)

사업주는 근로자에게 작업 중 또는 통행 시 전락(轉落)으로 인하여 근로자가 화상·질식 등의 위험에 처할 우려가 있는 케틀(kettle), 호퍼(hopper), 피트(pit) 등이 있는 경우에 그 위험을 방지하기 위하여 필요한 장소에 높이 90센티미터 이상의 울타리를 설치하여야 한다. 19. 4. 27 기

합격예측 및 관련법규

제12조(동력으로 작동되는 문의 설치 조건)
사업주는 동력으로 작동되는 문을 설치하는 경우 다음 각 호의 기준에 맞는 구조로 설치하여야 한다.

1. 동력으로 작동되는 문에 근로자가 끼일 위험이 있는 2.5[m] 높이까지는 위급하거나 위험한 사태가 발생한 경우에 문의 작동을 정지시킬 수 있도록 비상정지장치 설치 등 필요한 조치를 할 것. 다만, 위험구역에 사람이 없어야만 문이 작동되도록 안전장치가 설치되어 있거나 운전자가 특별히 지정되어 상시 조작하는 경우에는 그러하지 아니하다.
2. 동력으로 작동되는 문의 비상정지장치는 근로자가 잘 알아볼 수 있고 쉽게 조작할 수 있을 것
3. 동력으로 작동되는 문의 동력이 끊어진 경우에는 즉시 정지되도록 할 것. 다만, 방화문의 경우에는 그러하지 아니하다.
4. 수동으로 열고 닫을 수 있도록 할 것
5. 동력으로 작동되는 문을 수동으로 조작하는 경우에는 제어장치에 의하여 즉시 정지시킬 수 있는 구조일 것

Q 은행문제

다음 ( )안에 들어갈 내용으로 옳은 것은? 17. 9. 23 산

콘크리트 측압은 콘크리트 타설속도, (　　), 단위용적질량, 온도, 철근배근상태 등에 따라 달라진다.

① 골재의 형상
② 콘크리트 강도
③ 박리제
④ 타설높이

정답 ④

⑤ 철골보의 하측, 철골, 철근의 복잡한 개소, 배관류, 박스류 등이 집중된 곳, 복잡한 거푸집의 부분 등은 책임자를 결정하여 완전한 시공이 되도록 하여야 한다.

⑥ 콘크리트를 한곳에만 치우쳐서 부어넣으면 거푸집 전체가 기울어져 변형되거나 밀려나게 되므로 특히 주의하여야 한다.

⑦ 콘크리트를 치는 도중에는 지보공, 거푸집 등의 이상 유무를 확인하여야 하고, 상황을 감시하는 감시인을 배치하여 이상 발생시에는 신속히 처리하여야 한다.

⑧ 최상부의 슬래브는 이어붓기를 되도록 피하고 일시에 전체를 타설하도록 하여야 한다.

⑨ 타워에 연결되어 있는 슈트의 접속은 확실한가와 달아매는 재료는 견고한가를 점검하여야 한다.

⑩ 손수레는 붓는 위치에까지 천천히 운반하여 거푸집에 충격을 주지 않도록 천천히 부어야 한다.

⑪ 손수레로 콘크리트를 운반할 때에는 적당한 간격을 유지하여야 한다.

⑫ 손수레에 의해 운반할 때는 뛰어서는 안 된다. 또한 통로 구분을 명확히 하여야 한다.

⑬ 운반통로에는 방해가 되는 것은 없는가를 확인하고, 즉시 제거하도록 하여야 한다.

2 콘크리트 측압

1. 개 요 16. 5. 8 산 20. 8. 23 산

① 벽, 보, 기둥 옆의 거푸집은 콘크리트를 타설함에 따라 압력이 생기는데 이를 측압이라 한다.

② 콘크리트의 측압은 온도, 부어넣기 속도에 관계하고 콘크리트 높이에 따라 측압은 상승하나 일정 높이 이상이 되면 측압은 더 이상 증가되지 않는다.

2. 측압 분류

(1) 콘크리트 헤드

① 콘크리트 헤드(concrete head)
측압은 타설에 따라 조금씩 증가하고 일정 높이에 달하면 다시 저하하는데 이때 측압이 가장 높을 때의 높이를 콘크리트 헤드라 한다.

② 측압의 분포

[그림] 타설 시작

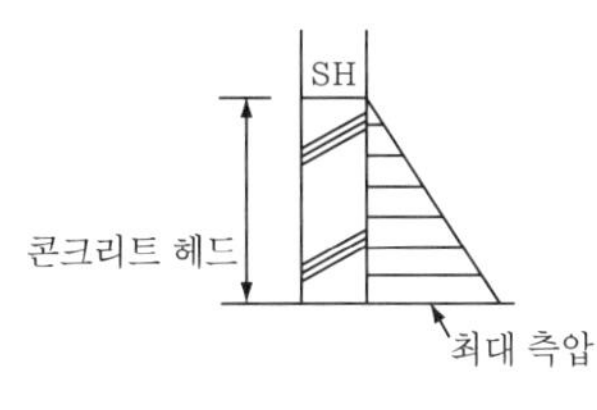

[그림] 콘크리트 헤드 도달

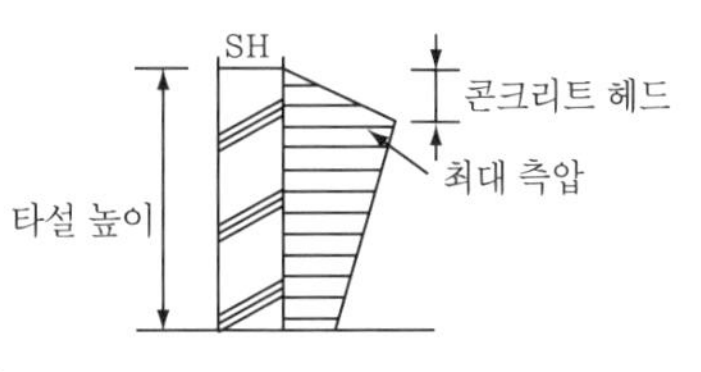

[그림] 콘크리트 헤드 초과

(2) 콘크리트 헤드 및 측압의 최댓값

① 콘크리트 헤드의 최댓값
㉮ 벽 : 약 0.5[m]
㉯ 기둥 : 약 1.0[m]

② 콘크리트 측압의 최댓값
㉮ 벽 : 1.0[t/m^2]
㉯ 기둥 : 2.5[t/m^2]

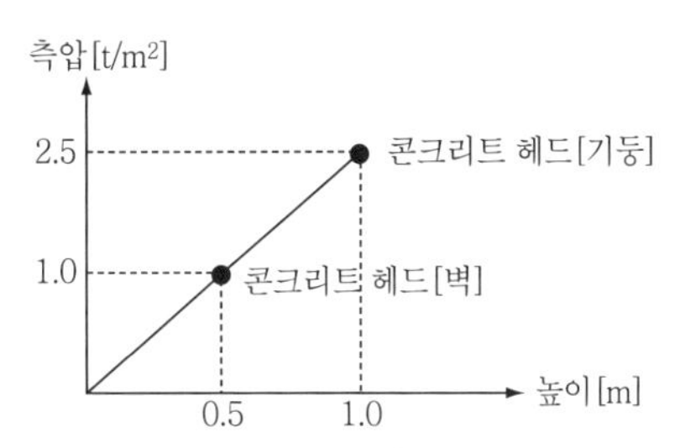

[그림] 콘크리트 헤드 및 측압의 최댓값

[표] 거푸집 측압의 설계용 표준값[t/m^2]

분류	진동기 미사용	진동기 사용
벽	2	3
기둥	3	4

(3) 측압에 영향을 주는 요인(측압이 큰 경우)

16. 5. 8 (산) 16. 10. 1 (기) 17. 5. 7 (산) 18. 8. 19 (기) (산) 18. 9. 15 (기) 19. 8. 4 (기) 20. 6. 7 (기) 20. 8. 23 (산) 21. 9. 12 (기) 23. 9. 2 (기) 23. 4. 1 (지) 24. 5. 15 (기)

① 거푸집 부재 단면이 클수록
② 거푸집 수밀성이 클수록
③ 거푸집 강성이 클수록
④ 거푸집 표면이 평활할수록
⑤ 시공연도(workability)가 좋을수록
⑥ 철골 또는 철근량이 적을수록
⑦ 외기온도가 낮을수록
⑧ 타설속도가 빠를수록
⑨ 다짐이 좋을수록
⑩ 슬럼프가 클수록
⑪ 콘크리트 비중이 클수록
⑫ 조강시멘트 등 응결시간이 빠른 것을 사용할수록
⑬ 습도가 낮을수록

합격예측 및 관련법규

제13조(안전난간의 구조 및 설치요건)

사업주는 근로자의 추락 등의 위험을 방지하기 위하여 안전난간을 설치하는 경우 다음 각 호의 기준에 맞는 구조로 설치해야 한다. 19. 3. 3 (기) 21. 8. 14 (기)

① 상부난간대, 중간난간대, 발끝막이판 및 난간기둥으로 구성할 것. 다만, 중간난간대, 발끝막이판 및 난간기둥은 이와 비슷한 구조와 성능을 가진 것으로 대체할 수 있다.
② 상부난간대는 바닥면·발판 또는 경사로의 표면(이하 "바닥면 등"이라 한다)으로부터 90[cm] 이상 지점에 설치하고, 상부난간대를 120[cm] 이하에 설치하는 경우에는 중간난간대는 상부난간대와 바닥면 등의 중간에 설치하여야 하며, 120[cm] 이상 지점에 설치하는 경우에는 중간난간대를 2단 이상으로 균등하게 설치하고 난간의 상하 간격은 60[cm] 이하가 되도록 할 것. 다만, 난간기둥 간의 간격이 25센티미터 이하인 경우에는 중간 난간대를 설치하지 않을 수 있다.
③ 발끝막이판은 바닥면 등으로부터 10[cm] 이상의 높이를 유지할 것. 다만, 물체가 떨어지거나 날아올 위험이 없거나 그 위험을 방지할 수 있는 망을 설치하는 등 필요한 예방 조치를 한 장소는 제외한다.
④ 난간기둥은 상부난간대와 중간난간대를 견고하게 떠받칠 수 있도록 적정한 간격을 유지할 것
⑤ 상부난간대와 중간난간대는 난간길이 전체에 걸쳐 바닥면 등과 평행을 유지할 것
⑥ 난간대는 지름 2.7[cm] 이상의 금속제 파이프나 그 이상의 강도가 있는 재료일 것 24. 5. 9 (기)
⑦ 안전난간은 구조적으로 가장 취약한 지점에서 가장 취약한 방향으로 작용하는 100[kg] 이상의 하중에 견딜 수 있는 튼튼한 구조일 것 17. 9. 23 (산) 18. 3. 4 (산)

합격예측 및 관련법규

제17조(비상구의 설치)

① 사업주는 별표 1에 규정된 위험물질을 제조·취급하는 작업장과 그 작업장이 있는 건축물에 제11조에 따른 출입구 외에 안전한 장소로 대피할 수 있는 비상구 1개 이상을 다음 각 호의 기준을 충족하는 구조로 설치해야 한다.

1. 출입구와 같은 방향에 있지 아니하고, 출입구로부터 3[m] 이상 떨어져 있을 것
2. 작업장의 각 부분으로부터 하나의 비상구 또는 출입구까지의 수평거리가 50[m] 이하가 되도록 할 것
3. 비상구의 너비는 0.75[m] 이상으로 하고, 높이는 1.5[m] 이상으로 할 것
4. 비상구의 문은 피난 방향으로 열리도록 하고, 실내에서 항상 열 수 있는 구조로 할 것

② 사업주는 제1항에 따른 비상구에 문을 설치하는 경우 항상 사용할 수 있는 상태로 유지하여야 한다.

합격예측

한중 콘크리트 17. 8. 26 ㉑

① 4[℃] 이하의 기온에서는 합당한 시공을 해야 한다.
② 콘크리트를 칠 때의 온도는 10[℃] 이상으로 한다.
③ 시멘트 중량의 1[%] 정도의 염화칼슘을 가하거나 AE제를 사용하는 것이 좋다.
④ 사용 수량은 가능한 한 적게 한다.
⑤ 물과 골재는 가열하여도 되나 시멘트는 가열하여 사용할 수 없다.
⑥ 동결해가 있든가 빙설이 섞여 있는 골재는 그대로 사용할 수 없다.

[표] 콘크리트 양생법 16. 3. 6 ㉤

종류	특징
습윤양생	수분을 유지하기 위해 매트, 모포 등을 적셔서 덮거나 살수하여 습윤상태를 유지하는 양생
증기양생	거푸집을 빨리 제거하고, 단시일내에 소요강도를 내기 위해서 고온고압의 증기로 양생하는 방법
전기양생	콘크리트 중에 저압교류를 통하여 전기저항에 의하여 생기는 저항열을 이용하여 양생
피막양생	콘크리트 표면에 피막양생제를 뿌려 큰크리트 중의 수분증발을 방지하는 양생방법
고온증기양생 (오토클레이브양생)	압력용기(Autoclave 가마)에서 양생하여 24시간에 28일 강도 발현

(4) 측압의 측정방법

① **수압판에 의한 방법** : 수압판을 거푸집면의 바로 아래에 대고 탄성 변형에 의한 측압을 측정하는 방법
② **측압계를 이용하는 방법** : 수압판에 strain gauge(변형계)를 달고 탄성변형량을 전기적으로 측정하는 방법
③ **죄임철물 변형에 의한 방법** : 죄임철물에 strain gauge를 부착시켜 응력 변화를 체크하는 방식
④ **OK식 측압계** : 죄임철물의 본체에 센터홀의 유압잭을 장착하여 인장의 변화에 의한 측정 방식

3. 콘크리트공사 안전

(1) 콘크리트 타설시 안전수칙(안전대책)

① **타설 계획** : 타설순서 계획에 의하여 실시
② **콘크리트 타설시 이상유무확인** : 콘크리트 타설시 거푸집, 지보공 등의 이상 유무 확인, 담당자를 배치하여 이상 발생시 신속한 처리
③ **타설속도** : 건설부 재정 콘크리트 표준시방서에 의함
④ **손수레 운반시 준수사항**
　㉮ 손수레를 타설 위치까지 천천히 운반하여 거푸집에 충격을 주지 않도록 타설
　㉯ 손수레로 콘크리트 운반시 적당한 간격유지, 뛰어서는 안 되며 통로 구분을 명확히 할 것
　㉰ 운반 통로에 방해가 되는 것은 즉시 제거
⑤ **기자재 설치, 사용시 준수사항**

㉮ 콘크리트 운반, 타설기계를 설치하여 작업시 성능을 확인
㉯ 콘크리트 운반, 타설기계는 사용 전·중·후 반드시 점검

⑥ 타설순서 준수
콘크리트를 한곳에 집중 타설시 거푸집 변형, 탈락에 의한 붕괴 사고가 발생되므로 타설 순서 준수

⑦ 진동기(콘크리트 vibrator) 사용
㉮ 진동기는 적절히 사용
㉯ 지나친 진동은 거푸집 도괴의 원인이 될 수 있으므로 각별히 주의

(2) pump car에 의해 콘크리트 타설시 안전수칙(안전대책)

① 차량 안내자 배치 : 차량 안내자를 배치하여 레미콘 트럭과 pump car를 적절히 유도
② pump 배관용 기계 사전점검 : pump 배관용 기계를 사전점검하고 이상시에는 보강 후 작업
③ pump car의 배관 상태 확인 : 레미콘 트럭과 pump car와 호스 선단의 연결작업 확인 및 pump car 배관 상태 확인
④ 호스 선단 요동 방지 : 콘크리트 타설시 호스 선단이 요동하지 않도록 확실히 붙잡고 타설
⑤ 콘크리트 비산 주의 : 공기압송 방법의 pump car 사용시 콘크리트 비산에 주의하여 타설
⑥ 붐대 이격거리 준수 : pump car 붐대 조정시 주변 전선 등 지장물을 확인하고 이격거리를 준수
⑦ pump car의 전도 방지 : 아우트리거를 사용시 지반의 부동침하로 인한 pump car의 전도 방지
⑧ 안전표지판 설치 : pump car 전후에 식별이 용이한 안전표지판 설치

3 철골공사 안전

1. 철골공사 전 검토사항

(1) 설계도 및 공작도 검토

① 부재의 형상 등 확인 : 부재의 길이, 부재의 형상, 접합부의 위치, 브래킷, 돌출 치수, 부재의 최대폭 및 두께, 건물의 최고 높이 외에 건립 형식이나 건립 작업상의 문제점, 관련 가설 설비 등을 검토하여야 한다.

합격예측 및 관련법규

제380조(철골조립 시의 위험 방지)
사업주는 철골을 조립하는 경우에 철골의 접합부가 충분히 지지되도록 볼트를 체결하거나 이와 동등 이상의 견고한 구조가 되기 전에는 들어 올린 철골을 걸이로프 등으로부터 분리해서는 아니 된다.

제381조(승강로의 설치)
사업주는 근로자가 수직방향으로 이동하는 철골부재(鐵骨部材)에는 답단(踏段) 간격이 30센티미터 이내인 고정된 승강로를 설치하여야 하며, 수평방향 철골과 수직방향 철골이 연결되는 부분에는 연결작업을 위하여 작업발판 등을 설치하여야 한다. 18. 8. 19 ㉮

제382조(가설통로의 설치)
사업주는 철골작업을 하는 경우에 근로자의 주요 이동통로에 고정된 가설통로를 설치하여야 한다. 다만, 제44조에 따른 안전대의 부착설비 등을 갖춘 경우에는 그러하지 아니하다.

제383조(작업의 제한)
사업주는 다음 각 호의 어느 하나에 해당하는 경우에 철골작업을 중지하여야 한다.
16. 5. 8 ㉷
1. 풍속이 초당 10미터 이상인 경우
2. 강우량이 시간당 1밀리미터 이상인 경우
3. 강설량이 시간당 1센티미터 이상인 경우

용어정의

철골(鐵骨)
① 굳세게 생긴 골격
② 철재로 된 건축물의 뼈대

② **부재의 수량 및 중량의 확인** : 부재의 최대 중량과 전하중의 검토사항에 따라 건립기계의 종류를 선정하고 부재 수량에 따라 건립 공정을 검토하여 시공기간 및 건립기계의 대수를 결정하여야 한다.

③ **철골의 자립도 검토** : 철골은 건립중에 강풍이나 무게 중심의 이탈 등으로 도괴될 뿐 아니라 건립 완료 후에도 완전히 구조체가 완성되기 전에는 강풍이나 가설물의 적재 등에 따라서 도괴될 위험이 있다.

또한 철골철근 콘크리트조의 경우 본체결이 완료 후에도 도괴의 위험이 있으며 특히 도괴의 위험이 큰 다음과 같은 종류의 건물은 강풍에 대하여 안전한지 여부를 설계자에게 확인하도록 하여야 한다. 17. 9. 23 기 18. 3. 4 기 18. 9. 15 산 19. 4. 27 기 19. 8. 4 산

㉮ 높이 20[m] 이상인 구조물
㉯ 구조물의 폭과 높이의 비가 1 : 4 이상인 구조물
㉰ 건물, 호텔 등에서 단면 구조에 현저한 차이가 있는 것
㉱ 연면적당 철골량이 50[kg/m^2] 이하인 구조물
㉲ 기둥이 타이 플레이트(tie plate)형인 구조물
㉳ 이음부가 현장 용접인 경우

④ **볼트구멍, 이음부, 접합 방법 등의 확인** : 현장 용접의 유무, 이음부의 난이도를 확인하고 건립 작업 방법을 결정하여야 한다.

⑤ **철골 계단의 유무** : 특히 철골철근 콘크리트의 경우 철골 계단이 있으면 편리하므로 건립 순서 등을 검토하고 안전작업에 이용하여야 한다.

⑥ **건립 순서 검토** : 한 곳에 크게 돌출되어 있는 보가 있는 기둥은 취급이 곤란하므로 건립 순서 등을 검토하고 안전작업에 이용하여야 한다.

⑦ **건립 작업성의 검토** : 건립 후에 가설 부재나 부품을 부착하는 것은 위험한 고소 작업을 동반하므로 다음 사항을 검토하여야 한다. 17. 9. 23 기

㉮ 외부비계 및 화물승강 장치
㉯ 기둥 승강용 트랩
㉰ 구명줄 설치용 고리
㉱ 건립 때 필요한 와이어 걸이용 고리
㉲ 난간 설치용 부재
㉳ 기둥 및 보 중앙의 안전대 설치용 고리
㉴ 방망 설치용 부재
㉵ 비계 연결용 부재
㉶ 방호 선반 설치용 부재
㉷ 인양기 설치용 보강재

⑧ **건립용 기계 및 건립 순서** : 입지조건, 주변상황, 건물형태, 건립공기, 건립순서 등을 고려한 건립용 기계와 건물의 형태, 건립 기계의 특성, 후속 작업, 전체 공정 중에서 분할 작업을 고려한 건립 순서를 검토하여야 한다.

Q 은행문제

철골기둥, 빔 및 트러스트 등의 철골구조물을 일체화 또는 지상에서 조립하는 이유로 가장 타당한 것은? 18. 4. 28 기

① 고소작업의 감소
② 화기사용의 감소
③ 구조체 강성 증가
④ 운반물량의 감소

해설

철골기둥, 빔, 트러스 등의 철골구조물을 지상에서 조립하는 이유 : 고소작업의 감소

정답 ①

합격예측 및 관련법규

와이어로프 사용금지 기준

① 이음매가 있는 것
② 와이어로프의 한 꼬임[스트랜드(strand)를 말한다. 이하 같다]에서 끊어진 소선(素膳)[필러(piller)선은 제외한다]의 수가 10[%] 이상(비자전로프의 경우에는 끊어진 소선의 수가 와이어로프 호칭지름의 6배 길이 이내에서 4개 이상이거나 호칭지름 30배 길이 이내에서 8개 이상)인 것
③ 지름의 감소가 공칭지름의 7[%]를 초과하는 것
④ 꼬인 것
⑤ 심하게 변형되거나 부식된 것
⑥ 열과 전기충격에 의해 손상된 것

달기 체인을 달비계에 사용금지기준 17. 5. 7 산

① 달기 체인의 길이가 달기 체인이 제조된 때의 길이의 5[%]를 초과한 것
② 링의 단면지름이 달기 체인이 제조된 때의 해당 링의 지름의 10[%]를 초과하여 감소한 것
⑨ 균열이 있거나 심하게 변형된 것

섬유로프 또는 섬유벨트의 사용금지기준

① 꼬임이 끊어진 것
② 심하게 손상되거나 부식된 것

⑨ **사용 전력 및 가설 설비** : 건립 기계, 용접기 등의 사용에 필요한 전력과 기둥의 승강용 트랩, 구명줄, 방망, 비계, 보호 철망, 통로 등의 배치 및 설치 방법을 검토하여야 한다.

⑩ **안전관리 체제** : 현장 기사, 신호수, 일반 근로자, 감시인, 차량 유도자 등 지휘 명령 계통과 기계 공구류의 점검 및 취급 방법, 신호 방법, 악천후에 대비한 처리 방법 등을 검토하여야 한다.

(2) 현지 조사

① **현장 주변 환경 조사** : 건립 작업에 발생되는 소음, 낙하물 등이 인근주민, 통행인, 가옥 등에 위해를 끼칠 우려가 없는지 조사하고 대책을 수립하여야 한다.

② **수송로와 재료 적치장 조사** : 차량 통행이 인근 가옥, 전주, 가로수, 가스관, 수도관 및 케이블 등의 지하 매설물에 지장을 주는지, 통행인 또는 차량 진행에 방해가 되는 것은 없는지, 재료 적치장의 소요면적은 충분한지를 조사하여야 한다.

③ **인접가옥, 공작물, 가공 전선 등의 조사** : 건립용 기계의 붐이 오르내리거나 선회하는 작업반경 내에 인접 가옥 또는 전선 등의 지장물이 없는지, 또 그것들과의 간격과 높이 등을 조사하여야 한다.

(3) 건립 공정 수립시 검토사항

① **입지조건에 의한 영향** : 운반로 교통 체제 또는 장애물에 의한 부재 반입의 제약, 작업시간의 제약 등을 고려하여 1일 작업량을 결정하여야 한다.

참고 흙막이 공법 17. 3. 5 기 20. 9. 27 기

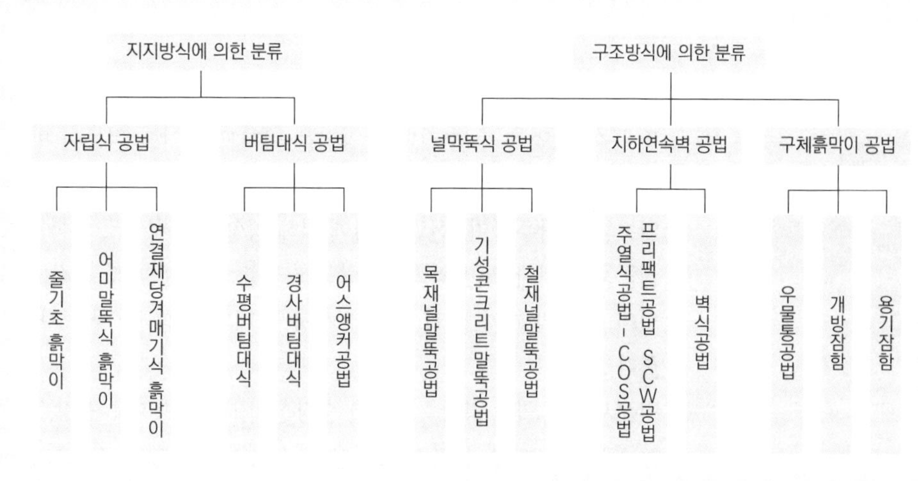

② **기후에 의한 영향** : 강풍, 폭우 등과 같은 악천후시에는 작업을 중지토록 하여야 한다. 특히 강풍시에는 높은 곳에 부재나 공구류가 날아가지 않도록 조치하여야 하며, 다음과 같은 경우에는 작업을 중지토록 하여야 한다.
㉮ 풍속 : 평균풍속이 1초당 10[m] 이상
㉯ 강우량 : 강우량이 1시간당 1[mm] 이상일 때

[표] 풍속 판정 요령

풍력 등급	10분간 평균풍속 [m/sec]	상태
0	0.3 미만	연기가 똑바로 올라간다.
1	0.3~1.6 미만	연기가 옆으로 쓰러진다.
2	1.6~3.4 미만	얼굴에 바람기를 느끼고 나뭇잎이 흔들린다.
3	3.4~5.5 미만	나뭇잎이나 가느다란 가지가 끊임없이 흔들린다.
4	5.5~8.0 미만	먼지가 일며, 종이조각이 날아오르며, 작은 나뭇가지가 움직인다.
5	8.0~10.8 미만	연못의 수면에 잔물결이 일며 나무가 흔들리는 것이 눈에 보인다.
6	10.8~13.9 미만	큰 가지가 움직이고 우산을 쓰기 어려우며 전선이 운다.
7	13.9~17.2 미만	수목 전체가 흔들린다.(작은 가지가 부러진다.)
8	17.2~20.8 미만	바람을 향해 걸을 수 없다.
9	20.8~24.5 미만	인가에 약간의 피해를 준다.
10	24.5~28.5 미만	수목의 뿌리가 뽑힌다.(인가에 큰 피해가 발생한다.)

[표] 풍속 작업 범위

풍 속[m/sec]	종 별	작업 능률
0~7	안전작업범위	전작업 실시
7~10	주의경보	외부용접, 도장작업 중지
10~14	경고경보	건립작업 중지
14 이상	위험경보	고소작업자는 즉시 하강 안전대피

③ **철골 부재 및 접합 형식에 의한 영향** : 철골 부재의 수량 및 접합 형식과 난이도 등이 작업 능률에 커다란 영향을 미치므로 이를 검토하여야 한다.
④ **건립 순서에 의한 영향** : 건립용 기계의 이동이나 인양에 따른 정체시간이 작업능률을 좌우하며, 건립 순서에 의해 영향을 미치므로 이를 검토하여야 한다.
⑤ **건립용 기계에 의한 영향** : 건립용 기계는 종류에 따라 각각 그 특유의 특성에 있어 능률의 차가 있기 때문에 사용 기계의 기종 및 사용 대수를 고려하여야 한다.
⑥ **안전시설에 의한 영향** : 견고한 승강설비, 추락 방지용 방망, 가설 작업대 등은 고소작업에 따른 심리적 불안을 감소시키는 면에서 건립작업의 능률을 좌우하는 요소가 되므로 이를 검토하여야 한다.

(4) 건립 순서 검토

① 건립 순서 계획시 일반적인 주의사항

㉮ 철골 건립에 있어 중요한 것은 현장 건립 순서와 공장 제작 순서를 일치시키는 것이다. 소규모의 건물에서는 모든 부재를 공장에서 제작하여 현장에 적치해 두었다가 순서를 따라 사용하면 되지만 그 외의 것은 현장 건립 순서에 맞추어 공장 제작을 하지 않을 수 없기 때문에 공장 제작 순서, 재고품 등 실태를 고려하여 계획을 수립하여야 한다.

㉯ 어느 면이든지 2층 이상을 한번에 세우고자 할 경우는 1개 폭 이상 가능한 조립이 되도록 계획하여 도괴 방지에 대한 대책을 강구하여야 한다.

㉰ 건립 기계의 작업반경과 진행 방향을 고려하여 먼저 세운 것이 방해가 되지 않도록 계획하여야 한다.

㉱ 기둥을 2줄 이상 세울 때는 반드시 계속하도록 하고 그동안 보를 설치하는 것을 원칙으로 하며 기둥을 세울 때마다 보를 설치하여 안정성을 검토하면서 건립을 진행시켜 나가야 한다.

㉲ 건립중 도괴를 방지하기 위하여 가볼트 체결을 가능한 한 단축하도록 후속공사를 계획하여야 한다.

(5) 건립 기계 선정시 검토사항 15. 9. 19 ㉠

① **입지조건** : 건립 기계의 출입로, 설치장소, 기계 설치에 필요한 면적 등 이동식 크레인은 건물 주위에 주행 통로 유무에 따라, 또한 타워 크레인, 가이 데릭 등 지선을 필요로 하는 정치식 기계인 경우는 지선을 펼 수 있는 공간과 면적 등을 검토하여야 한다.

② **건립 기계의 소음 영향** : 주로 이동식 크레인의 엔진 소음이 부근의 환경을 해칠 우려가 있다. 특히 학교, 병원, 주택 등이 근접되어 있는 경우에는 소음 측정을 하여 그 영향을 조사하여야 한다.

③ **건물형태** : 공장, 창고, 초등학교 등과 같이 비교적 저층으로 긴 건물인 경우와 빌딩, 호텔 등과 같은 고층건물의 경우에는 건물 형태에 적합한 건립 기계를 사용하여야 한다.

④ **인양하중** : 기둥, 보와 같이 큰 단일 부재일 경우 중량에 따라 사용하는 건립용 기계의 성능, 기종을 선정하여야 한다.

⑤ **작업반경** : 타워크레인, 가이데릭, 삼각데릭 등 정치적 건립기계의 경우, 그 기계의 작업 반경이 건물 전체를 건립하는 데 가능한지, 또 붐이 안전하게 인양할 수 있는 하중범위, 수평거리, 수직높이를 검토하여야 한다.

용어정의

철골 세우기 공사용 기계

① 짐을 동력을 사용해 매달아 올리는 것을 목적으로 하는 기계장치이다.
② 마스트(mast) 또는 붐(boom)이 있고 원동기를 따로 설치해 와이어로프에 의해 조작되는 것을 데릭이라 한다.
③ 데릭은 일반적으로 스테이 와이어(가이로프를 포함)에 지지되고 있는 마스트 또는 붐, 윈치, 와이어로프, 달기구(기구) 및 이들에 부속되는 물건 등으로 구성되어 있으며, 건설물의 벽, 철골, 건설용 리프트의 타워 등에 붐을 직접 부착한 것이다.

2. 철골공사용 기계

(1) 건립용 기계의 종류

① **타워크레인** : 타워크레인은 정치식과 이동식이 있으나 대별하면 붐이 상하로 오르내리는 기복형과 수평을 유지하고 트롤리 호이스트가 수평으로 움직이는 수평형이 있다. 초고층 작업이 용이하고 인접물에 장해가 없이 360[°] 작업이 가능하며 가장 능률이 좋은 건립 기계이다. 장거리 기동성이 있고 붐을 현장에서 조립하여 소정의 길이를 얻을 수 있다. 붐의 신축과 기복을 유압에 의하여 조작하는 유압식이 있다. 한 장소에서 360[°] 선회 작업이 가능하고 기계 종류도 소형에서 대형까지 다양하다. 기계식 트럭크레인은 인양하중이 150[t]까지 가능한 대형도 있다.

② **크롤러크레인** : 이는 트럭크레인의 타이어 대신 크롤러를 장착한 것으로, 아우트리거를 갖고 있지 않아 트럭크레인보다 흔들림이 크고 하물 인양시 안정성이 부족하다. 크롤러식 타워크레인은 차체는 크롤러크레인과 같지만 직립 고정된 붐 끝에 기복이 가능한 보조 붐을 가지고 있다.

③ **가이데릭** : 주기둥과 붐으로 구성되어 있고 6~8줄의 지선으로 주기둥이 지탱되며 주 각부에 붐을 설치, 360[°] 회전이 가능하다. 인양하중이 크고 경우에 따라서 쌓아올림도 가능하지만 타워크레인에 비하여 선회성, 안전성이 뒤떨어지므로 인양 하물의 중량이 특히 클 때 필요로 할 뿐이다.

④ **삼각데릭** : 가이데릭과 비슷하나 주기둥을 지탱하는 지선 대신에 2줄의 다리에 의해 고정된 것으로 작업 회전반경은 약 270[°] 정도로 가이데릭과 성능은 거의 같다. 이것은 비교적 높이가 낮은 면적의 건물에 유효하다. 특히 최상층 철골 위에 설치하여 타워크레인 해체 후 사용하거나, 또 증축 공사인 경우 기존 건물 옥상 등에 설치하여 사용되고 있다. 17. 8. 26 산

⑤ **진폴데릭** : 통나무, 철파이프 또는 철골 등으로 기둥을 세우고 3줄 이상의 지선을 매어 기둥을 경사지게 세워 기둥 끝에 활차를 달고 윈치에 연결시켜 권상시키는 것이다. 간단하게 설치할 수 있으며 경미한 건물의 철골 건립에 사용된다.

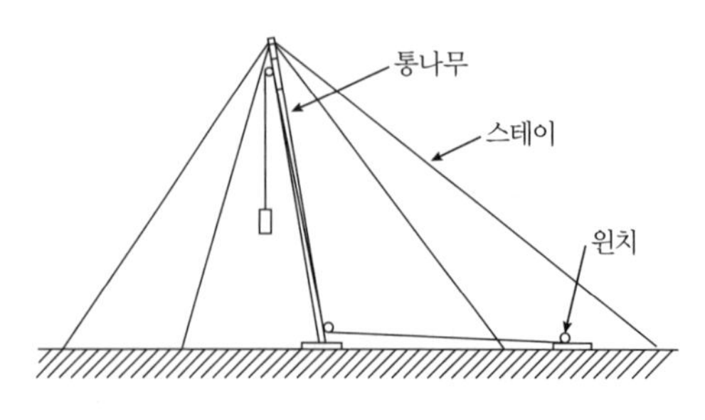

[그림] 진폴데릭 (gin pole derrick)

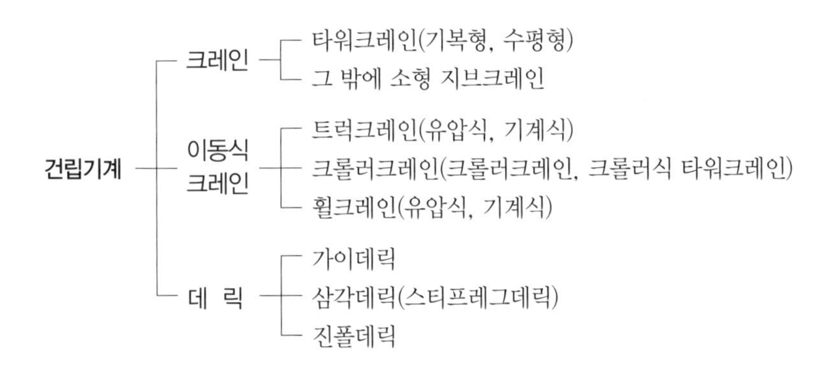

[그림] 건립 기계의 분류

(2) 기계 기구 취급상 안전기준

① 건립용 기계의 인양정격하중을 초과하여서는 안 된다.

② 기계의 책임자는 정격하중을 표시하여 운전자 및 훅 걸이 책임자가 볼 수 있도록 하여야 한다.

③ 현장 책임자는 안전기준에 의한 신호법을 작업자 및 신호수에게 주지시켜 적절히 사용토록 하고 운전자가 단독으로 작업하지 않게 하여야 한다.

④ 현장 책임자는 기계 운전자 이외의 근로자가 기계에 탑승하지 않도록 하여야 한다.

⑤ 건립 기계의 운전자가 화물을 인양한 채로 운전석을 이탈하지 않도록 하여야 한다.

⑥ 건립 기계의 와이어로프가 절단되거나 지브 및 붐이 파손되어 작업자에게 위험이 미칠 우려가 있을 때는 해당 작업범위 내에 타 작업자가 들어가지 못하도록 하여야 한다.

⑦ 와이어로프의 가닥이 절단되어 있거나 손상 또는 해지되어 있는 것과 지름의 감소가 공칭지름의 7[%]를 초과하는 것은 사용하지 말아야 한다.

⑧ 현장책임자는 건립용 기계를 다른 용도에 사용하지 않도록 하여야 한다.

⑨ 현장책임자는 사용 기계의 권과방지장치, 안전장치, 브레이크, 클러치, 훅의 손상유무 등을 정기적으로 점검하도록 하여야 한다.

⑩ 건립용 기계를 이용하여 화물을 인양시킬 때에는 와이어로프를 거는 훅에 해지장치를 하여 인양시 와이어로프가 훅에서 이탈하는 것을 막아야 한다.

⑪ 지브크레인 또는 이동식 크레인과 같은 붐이 부착된 기계를 사용할 경우에는 해당 기계의 경사각의 범위를 초과하여서는 안 된다.

합격예측 및 관련법규

제70조(시스템비계의 조립 작업 시 준수사항)

사업주는 시스템비계를 조립 작업하는 경우 다음 각 호의 사항을 준수하여야 한다.

① 비계기둥의 밑둥에는 밑받침철물을 사용하여야 하며, 밑받침에 고저차가 있는 경우에는 조절형 밑받침철물을 사용하여 시스템 비계가 항상 수평 및 수직을 유지하도록 할 것

② 경사진 바닥에 설치하는 경우에는 피벗형 받침철물 또는 쐐기 등을 사용하여 밑받침철물의 바닥면이 수평을 유지하도록 할 것

③ 가공전로에 근접하여 비계를 설치하는 경우에는 가공전로를 이설하거나 가공전로에 절연용 방호구를 설치하는 등 가공전로와의 접촉을 방지하기 위하여 필요한 조치를 할 것

④ 비계 내에서 근로자가 상하 또는 좌우로 이동하는 경우에는 반드시 지정된 통로를 이용하도록 주지시킬 것

⑤ 비계작업 근로자는 같은 수직면상의 위와 아래 동시 작업을 금지할 것

⑥ 작업발판에는 제조사가 정한 최대적재하중을 초과하여 적재해서는 아니 되며, 최대적재하중이 표기된 표지판을 부착하고 근로자에게 주지시키도록 할 것

3. 철골 건립 작업

(1) 철골 반입

① 다른 작업을 고려하여 장해가 되지 않는 곳에 철골을 적치하여야 한다.

② 받침대는 적당한 간격으로 적치될 부재의 중량을 고려, 안정성 있는 것으로 하여야 한다.

③ 부재 반입시는 건립의 순서 등을 고려하여 반입토록 하여야 한다.

④ 부재 하차시는 쌓여 있는 부재의 도괴를 대비하여야 한다.

⑤ 부재를 하차시킬 때 트럭 위에서의 작업은 불안정하기 때문에 인양시킬 부재가 무너지지 않도록 하여야 한다.

⑥ 부재에 로프를 체결하는 작업자는 경험이 풍부한 사람이 하도록 하여야 한다.

⑦ 인양 기계의 운전자는 서서히 들어올려 일단 안정 상태인가를 확인한 다음 다시 서서히 들어올려 트럭 적재함으로부터 2[m] 정도가 되면 수평 이동시켜야 한다.

⑧ 수평 이동시 주의사항

㉮ 전선 등 다른 장해물에 접촉할 우려가 없는지 확인한다.

㉯ 유도 로프를 끌거나 누르거나 하지 않도록 한다.

㉰ 인양된 물건 아래쪽에 작업자가 들어가지 않도록 한다.

㉱ 내려야 될 지점에서 일단 정지 후 흔들림을 정지시킨 다음 서서히 내리도록 하고 받침대 위에서도 일단 정지한 후 서서히 내리도록 한다.

㉲ 적치시는 사용에 대비, 높게 쌓지 않도록 한다.

㉳ 한 개의 부재를 단독으로 적치하였을 경우에는 체인 등으로 묶어두거나 버팀대를 대어 넘어지지 않도록 한다.

(2) 건립 준비 및 기계 기구의 배치 19. 3. 3 기

① **작업장의 정비** : 지상 작업장에서 건립 준비 및 기계 기구를 배치할 경우에는 낙하물의 위험이 없는 평탄한 장소를 선정하여 정비하고 경사지에서는 작업대나 임시 발판 등을 설치하는 등 안전하게 한 후 작업하여야 한다.

합격예측 및 관련법규

제390조(하역작업장의 조치 기준)

사업주는 부두·안벽 등 하역 작업을 하는 장소에 다음 각 호의 조치를 하여야 한다.

① 작업장 및 통로의 위험한 부분에는 안전하게 작업할 수 있는 조명을 유지할 것

② 부두 또는 안벽의 선을 따라 통로를 설치하는 경우에는 폭을 90[cm] 이상으로 할 것 17. 9. 23 기

③ 육상에서의 통로 및 작업장소로서 다리 또는 선거(船渠) 갑문(閘門)을 넘는 보도(步道) 등의 위험한 부분에는 안전난간 또는 울타리 등을 설치할 것

합격예측

(1) 앵커볼트의 매립(입)공법

종류	방법	그림
고정매입 공법	기초 철근 조립시 동시에 앵커볼트를 기초상부에 정확히 묻고 con'c 타설	
가동매입 공법	앵커볼트 상부부분을 조정할 수 있게 con'c 타설 전 사전조치	
나중매입 공법	con'c 타설전 앵커볼트 묻을 구멍을 조치하거나 타설 후 core 장비로 천공 고정	

(2) 앵커볼트 매립시 주의사항 16. 3. 6 산

① 앵커볼트는 매립 후에 수정하지 않도록 설치

② 앵커볼트는 견고하게 고정시키고 이동변형이 발생하지 않도록 주의하면서 콘크리트 타설

② **장해물의 제거** : 건립 작업장에 지장이 되는 수목이나 전주 등은 제거하거나 이설하여 작업능률을 저하시키지 않도록 하여야 한다. 22. 4. 24 기

③ **타 공작물의 방호** : 인근에 건축물 또는 고압선 등이 있을 경우에는 이에 대한 방호조치를 하여야 한다.

④ **기계 기구의 점검 정비** : 작업 능률 및 작업시의 안전을 확보하기 위해 기계 기구에 대하여 정비 불량은 없는가, 보수를 필요로 하지 않는지 등을 충분히 점검한 후 사용토록 하여야 한다.

⑤ 기계가 계획대로 배치되어 있는가, 특히 윈치의 위치는 작업능률과 안전 등을 좌우하기 때문에 작업 전체를 관망할 수 있는 위치인가를 확인하고, 또 기계에 부착된 지선과 기초는 튼튼한지, 지반 상황을 조사하여 충분한 강도를 갖고 있는지 검토하여야 한다.

합격예측 및 관련법규

제391조(하적단의 간격)

사업주는 바닥으로부터의 높이가 2[m] 이상 되는 하적단(포대·가마니 등으로 포장된 화물이 쌓여 있는 것만 해당한다)과 인접 하적단 사이의 간격을 하적단의 밑부분을 기준하여 10[cm] 이상으로 하여야 한다.

(3) 건립 작업

① 기둥의 건립

㉮ 기둥 인양

㉠ 인양 와이어로프와 섀클 받침대, 유도 로프, 구명용 마닐라 로프(기둥, 승강용), 큰 지렛대, 드래프트 핀, 조립기구 등을 준비하여야 한다.

㉡ 중량, 중심 상태 및 발디딜 곳과 손잡을 곳, 안전대를 설치할 장치가 되었는지 확인하여야 한다.

㉢ 기둥 인양시는 기둥의 꼭대기 볼트구멍을 이용해 인양용 작은 평철판을 덧대어 하중에 충분히 견디도록 볼트 접합 수량을 검토하고 덧댄 철판이 구부러지지 않게 하여야 한다.

㉣ 매달 철판에 와이어로프를 설치할 때는 섀클을 사용하고 섀클용 구멍이나 볼트구멍에 와이어로프를 걸어 사용하지 않아야 한다.

합격예측

앵커볼트 매립 정밀도 범위 16. 8. 26 기 24. 5. 9 기

① 기둥 중심은 기준선 및 인접기둥의 중심에서 5[mm] 이상 벗어나지 않을 것

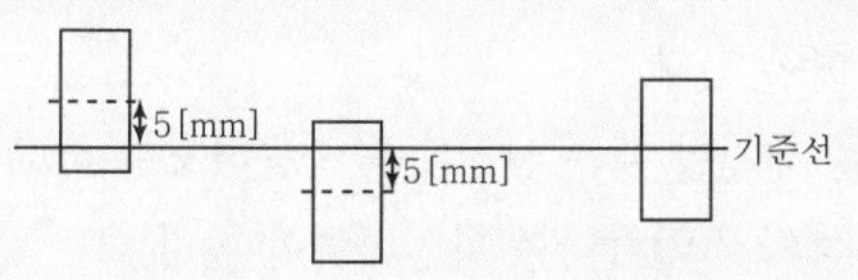

③ 앵커볼트는 기둥 중심에서 2[mm] 이상 벗어나지 않을 것

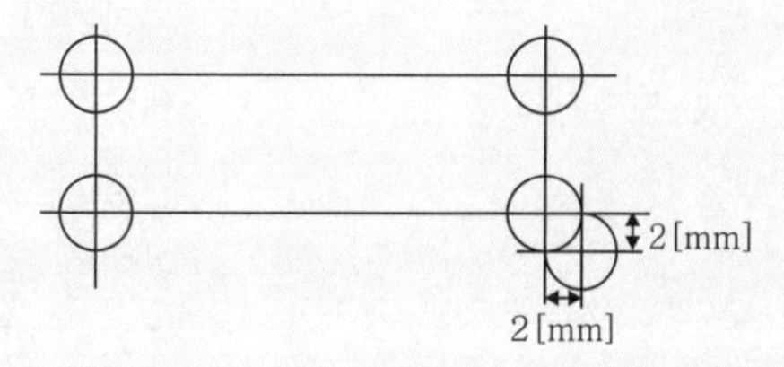

② 인접기둥간 중심거리의 오차는 3[mm] 이하일 것

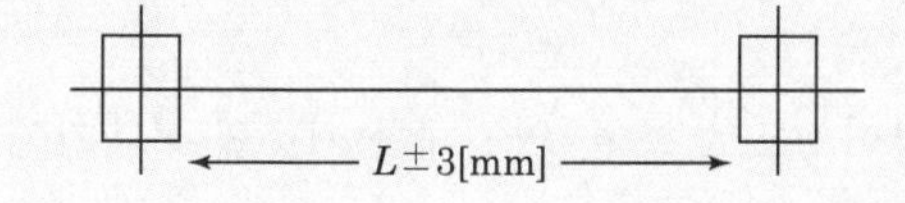

④ Base Plate의 하단은 기준높이 및 인접기둥 높이에서 3[mm] 이상 벗어나지 않을 것 16. 5. 8 산 18. 9. 15 산

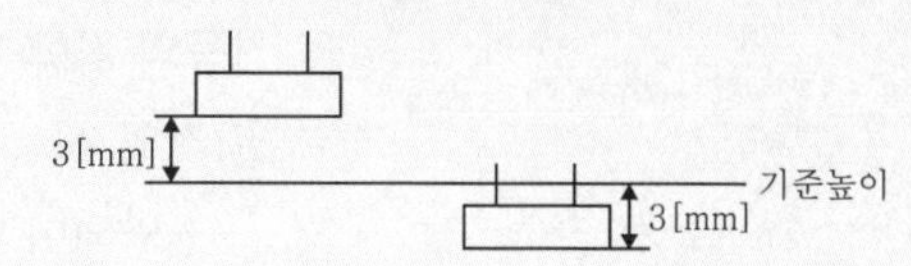

제5편

합격예측 및 관련법규

제392조(하적단의 붕괴 등에 의한 위험방지)

① 사업주는 하적단의 붕괴 또는 화물의 낙하에 의하여 근로자가 위험해질 우려가 있는 경우에는 그 하적단을 로프로 묶거나 망을 치는 등 위험을 방지하기 위하여 필요한 조치를 하여야 한다.
② 하적단을 쌓는 경우에는 기본형을 조성하여 쌓아야 한다.
③ 하적단을 헐어내는 경우에는 위에서부터 순차적으로 층계를 만들면서 헐어내어야 하며, 중간에서 헐어내어서는 아니 된다.

㉤ 보와 연결된 브래킷 아랫부분에 와이어로프를 걸 경우에는 와이어로프를 매는 아랫부분에 보호용 굄재를 넣어 인양시킨다.

㉥ 훅에 인양 와이어로프를 걸 때는 중심에 걸어야 한다.

㉦ 기둥 인양시 부재가 변형되거나 옆으로 미끄러지지 않도록 다음 사항에 유의하여야 한다.

ⓐ 기둥을 일으켜 세울 때는 밑부분이 미끄러지지 않게 서서히 들어올린다.

ⓑ 밑부분에 무리한 하중이 실리지 않도록 한다.

ⓒ 좌우 회전시 급히 움직이면 원운동이 생겨 위험하기 때문에 서서히 움직이도록 한다.

ⓓ 인양된 기둥이 흔들릴 때는 일단 지상에 대어 흔들리는 것을 멈추게 한 뒤 교정하여 다시 들어올린다.

㉧ 인양하여 수평 이동할 때는 이동범위 내에 사람이 있는지 없는지 확인한다.

㉨ 인양 부재에 로프를 체결하는 작업자는 경험이 풍부한 자가 하도록 한다.

㉯ 기둥 세우기

㉠ 앵커볼트로 조립할 경우에는 다음 요령에 의하여 실시하여야 한다.

ⓐ 조립할 위치의 직상에서 기둥을 일단 멈추고, 손이 닿는 위치까지 내린다.

ⓑ 방향을 확인하고 앵커볼트의 직상까지 흔들림이 없게 유도하여 서서히 내린다.

ⓒ 작업자들은 힘을 합쳐 기둥 베이스플레이트 구멍과 앵커볼트를 보면서 유도하고, 손과 발이 끼이지 않도록 하고 다른 볼트가 손상되지 않도록 조립한다.

ⓓ 잘 들어갔는지를 확인하고 앵커볼트는 전체를 평균하게 조여 들어간다.

㉡ 인양 와이어로프를 제거할 때는 기둥의 트랩을 이용하여 기둥 꼭대기로 올라간다. 이 경우 항상 양손으로 견고한 부재를 꼭 잡고 안전한 작업자세로 오르도록 하여야 한다.

㉢ 인양 와이어로프를 제거할 때는 안전대를 사용하도록 하고 로프의 섀클핀이나 로프가 손상되지 않았나를 확인하여야 한다.

㉣ 제거한 와이어로프는 훅에 건다. 기둥에서 내려올 때에도 추락하지 않도록 주의하여야 한다.

㉰ 기둥의 접합

㉠ 작업자는 두 사람이 2조로 하여, 안전대를 기둥의 꼭대기에 설치한 후 인양되어 온 기둥을 기다린다.

㉡ 기둥이 아래층 기둥의 윗부분 가까이까지 이동해 오면 일단 멈춘다.

㉢ 인양된 기둥이 흔들리거나, 기둥의 접합방향이 맞지 않을 때는 신호를 명확히 하여 유도한다.

㉣ 접합에 앞서 꼭대기의 커버플레이트가 설치된 볼트를 제거한다.

㉤ 아래층 기둥 꼭대기에 가까이 오면 작업자는 협력하여 서서히 내리고 수공구 등을 이용하여 커버플레이트가 맞닿는 면을 확인하고 조립한다.

㉥ 볼트는 필요한 만큼 신속하게 체결한다.

② 보의 조립

㉮ 보 인양 16. 5. 8 기 16. 8. 21 산

㉠ 인양 와이어로프의 매단 각도는 60[°] 안전하중이 고려된 적당한 길이를 사용하여야 한다.

㉡ 조립되는 순서에 따라 사용될 부재가 밑에 쌓여 있을 때는 반드시 위에 있는 것을 제거하고 사용하도록 하여야 한다.

㉢ 위에 쌓여 있는 부재가 불량하다고 하여 무너뜨려 밑에 있는 것을 꺼내 쓰지 않도록 하여야 한다.

㉣ 인양시는 다음에 유의하여야 한다.

ⓐ 인양 부재의 중량, 중심을 확인하고 달아 올린다.

ⓑ 인양 와이어로프는 훅의 중심에 건다.

ⓒ 운전자에게 보의 설치위치를 지시한다.

ⓓ 신호자는 운전자가 잘 보이는 위치에서 신호한다.

ⓔ 불안정하거나 매단 부재가 경사져 있으면 다시 내려 묶은 위치를 교정한다.

㉤ 유도 로프는 확실히 설치하여야 한다.

㉥ 인양 부재 체결 부속으로 클램프를 사용할 경우

ⓐ 클램프는 수평으로 체결하고 두 군데 이상 설치한다. 18. 9. 15 기

ⓑ 클램프의 정격 용량 이상은 인양하지 않는다.

ⓒ 부득이 한 군데를 매어 사용할 경우는 위험이 적은 장소와 간단한 이동이 가능한 경우에 한하고 작업 순서에 맞게 작업한다.

ⓓ 체결 작업중 클램프 본체가 장애물에 부딪치지 않게 한다.

ⓔ 인양 부재가 지상에서 떨어진 순간 잠시 인양을 멈추고 톱니가 완전히 물렸는지 중심 상태는 정확한지를 점검하고 들어 올린다.

㉯ 보의 인양 및 선회 17. 9. 23 산

㉠ 급격히 인양하거나 선회시키지 않는다.

㉡ 옆으로 매어 달지 않는다.

㉢ 흔들리거나 회전하지 않도록 유도 로프로 유도한다.

㉣ 장애물에 닿지 않게 주의하여 이동한다.

합격예측 및 관련법규

제393조(화물의 적재)

사업주는 화물을 적재하는 경우에는 다음 각 호의 사항을 준수하여야 한다.

17. 8. 26 산 18. 3. 4 산 19. 3. 3 산 19. 4. 27 기

1. 침하의 우려가 없는 튼튼한 기반위에 적재할 것
2. 건물의 칸막이나 벽 등이 화물의 압력에 견딜만큼의 강도를 지니지 아니한 때에는 칸막이나 벽에 기대어 적재하지 않도록 할 것
3. 불안정할 정도로 높이 쌓아 올리지 말 것
4. 하중이 한쪽으로 치우치지 않도록 쌓을 것

합격예측 및 관련법규

제396조(무포장 화물의 취급 방법)

① 사업주는 선창 내부의 밀·콩·옥수수 등 무포장 화물을 내리는 작업을 할 때에는 시프팅보드(shift-ing board), 피더박스(feeder box) 등 화물 이동 방지를 위한 칸막이벽이 넘어지거나 떨어짐으로써 근로자가 위험해질 우려가 있는 경우에는 그 칸막이벽을 해체한 후 작업을 하도록 하여야 한다.

② 사업주는 진공흡입식 언로더(unloader) 등의 하역기계를 사용하여 무포장 화물을 하역할 때 그 하역기계의 이동 또는 작동에 따른 흔들림 등으로 인하여 근로자가 위험해질 우려가 있는 경우에는 근로자의 접근을 금지하는 등 필요한 조치를 하여야 한다.

[표] 클램프 명칭 및 치수

정격 용량	개구부 치수[mm]		사용 유효 치수[mm]
	A	B	
1[ton]	29	62	3~26
2[ton]	36	87	3~33
3[ton]	42	97	5~39
4[ton]	70	116	20~67

㉰ 보의 설치 : 작업자는 한 곳에 2명, 다른 방향에 1인 또는 2명으로 구성하여 기둥에 올라간다. 이때 작업자는 설치위치에서 안전대를 착용하고 보가 도착되기를 기다려야 한다.

㉠ 거싯(gusset) 형태 보의 경우

이 형태에서 보의 설치위치에서 작업자는 기둥에 매달려 작업하게 되고 보의 볼트를 체결한 후가 아니면 보에 걸터앉아서는 안 된다.

ⓐ 인양에 앞서 보의 양단부 래티스플레이트(lattice plate) 상하에 체결된 가볼트를 풀고 또한 플랜지 사이에 쐐기를 박아 넣는다.

ⓑ 인양시킨 보를 거싯 가까이까지 이동한 후 일단 멈춘다.

ⓒ 보가 흔들릴 때는 설치 방향을 확인하고 신호를 명확히 하여 거싯 윗부분까지 끌어올린다.

ⓓ 양쪽의 작업자는 협력하여 거싯플레이트가 보의 플랜지 틈에 끼워지도록 약간씩 내리면서 양단이 기울어지지 않도록 하여 서서히 내린다.

ⓔ 상단 플랜지의 볼트구멍부터 볼트를 체결한다.

ⓕ 쐐기를 빼낸다.

ⓖ 볼트구멍에 맞지 않을 경우는 신속하게 드래프트 핀을 꽂는다.

ⓗ 상하 플랜지에 필요한 볼트를 완전 체결한다.

㉡ 브래킷 형태 보의 경우

ⓐ 인양에 앞서 플랜지 상단의 커버플레이트(cover plate)의 가볼트를 풀러 한쪽 커버플레이트 브래킷 아래쪽에 볼트로 체결하여야 한다.

ⓑ 인양된 보가 브래킷 가까이까지 이동하면 일단 멈추어야 한다.

ⓒ 인양된 보가 흔들릴 때는 설치 방향을 확인하고 신호를 명확히 하여 브래킷의 바로 윗부분에 오도록 하여야 한다.

ⓓ 양단의 작업자는 서로 협력하고 수공구를 유효하게 이용하여 브래킷의 구멍에 맞추어야 한다.

ⓔ 볼트구멍에 맞지 않는 경우는 신속히 드래프트 핀을 꽂아야 한다.

ⓕ 플랜지 상단과 웨브의 커버플레이트를 필요한 만큼의 볼트로 체결한다. 그때 플레이트가 떨어지지 않게 주의하여야 한다.

㉢ 브래킷이 없는 형태 보의 경우
ⓐ 인양된 보가 설치위치까지 오면 일단 멈추어야 한다.
ⓑ 인양된 보가 흔들릴 때는 설치방향을 확인하고 신호를 명확히 하여 설치위치까지 유도하여야 한다.
ⓒ 볼트구멍이 맞지 않을 때는 신속히 드래프트 핀을 꽂아야 한다.
ⓓ 거싯플레이트의 볼트구멍에 필요한 만큼의 볼트를 체결하여야 한다.

㉱ 보 설치시 주의사항
㉠ 보 설치 작업에 있어서는 반드시 안전대를 기둥 또는 기둥 승강용 트랩에 설치해 추락을 방지토록 하여야 한다.
㉡ 드래프트 핀을 박는 데 있어서는 필요 이상 무리하게 박아 넣어 볼트구멍이 손상되거나 커지면 안 된다.
㉢ 드래프트 핀을 박아 넣을 때 구멍이 맞지 않아 튀어나오거나 핀의 머리가 쪼개진 파편이 비래하여 부상을 입게 되므로 주의해야 한다.
㉣ 가볼트는 미리 정해진 수량에 따라 필요한 곳에 체결하여야 한다.
㉤ 볼트는 먼저 체결한 다음 인양 와이어로프를 해체하도록 한다. 특히 조립용 수공구 등을 꽂고 해체하지 않도록 하여야 한다.
㉥ 인양 와이어로프를 해체할 때는 안전대를 착용하고 보 위를 걸어와 해체하고 이때 안전대를 설치할 구명줄을 양쪽 기둥에 튼튼히 매어야 한다.
㉦ 기둥 사이에 구명줄을 걸치지 않을 경우는 보 위에 양발을 벌리고 앉아 플랜지를 양손으로 잡고 이동하고 와이어로프를 해체할 때까지 안전대를 착용하여야 한다.
㉧ 해체된 와이어로프는 훅에 걸어야 하고 밑으로 던져서는 안 된다.

③ 소규모 건물의 건립
㉮ 소규모 건물에서는 앵커볼트로 기둥을 세워 자립할 수 있도록 하고 대규모 건물은 풍압 등에 대하여 위험이 예측된 경우에는 버팀줄 등을 설치하여야 한다.
㉯ 보가 원활하게 설치될 수 있도록 기둥이 지면에 수직인가를 확인하여야 한다.
㉰ 건물의 뒷부분에 건립용 크레인이 지나갈 수 없을 때에는 미리 붐을 해체하였다가 다시 조립토록 하여야 한다.
㉱ 대규모 건물의 거더(girder) 또는 설치될 빔(beam)에 매단 발판을 설치할 때는 빔을 설치하기 전에 지상에서 발판, 안전방망, 난간 등을 먼저 부착토록 하여야 한다.
㉲ 중, 소규모 건물에서 외부 비계를 필요로 할 경우에는 철골 건립과 병행해 비계를 가설하여야 한다.

합격예측 및 관련법규

제397조(선박승강설비의 설치)
① 사업주는 300[t]급 이상의 선박에서 하역작업을 하는 때에는 근로자들이 안전하게 승강할 수 있는 현문(舷門)사다리를 설치하여야 하며, 이 사다리밑에 안전망을 설치하여야 한다.
17. 9. 23 기 18. 3. 4 기
② 제1항의 규정에 의한 현문사다리는 견고한 재료로 제작된 것으로 너비는 55[cm] 이상이어야 하고, 양측에 82[cm] 이상의 높이로 방책을 설치하여야 하며, 바닥은 미끄러지지 아니하도록 적합한 재질로 처리되어야 한다.
③ 제1항의 현문사다리는 근로자의 통행에만 사용하여야 하며 화물용 발판 또는 화물용 보판으로 사용하도록 하여서는 아니 된다.

합격예측

비계면적의 산출방법
① 쌍줄비계 면적 :
$A = H(L + 8 \times 0.9)$
② 겹침비계, 외줄비계 :
$A = H(L + 8 \times 0.45)$
③ 파이프비계 :
$A = H(L + 8 \times 1)$
H(m) : 건물높이
A(m^2) : 비계면적
L(m) : 건물외벽 길이

(4) 철골가공 작업장

철골가공 작업장에서는 안전과 능률을 고려, 다음 사항에 주의하여야 한다.

① 부재의 받침대는 H형강 등을 사용하여 수평으로 설치한다.
② 부재를 겹쳐 쌓을 때는 건립 순서에 맞춰 먼저 사용되는 부재가 위로 오도록 하고 1단마다 굄목 등을 넣어 쌓고 특히 작은 부재와 큰 부재를 나누어 보관하여야 한다.
③ 건립 장소와 가공 작업장이 멀리 떨어져 있을 때는 트럭 등을 사용하고 트럭에 적재할 때에는 원거리 운반시와 같이 편하중이 생기지 않도록 신중하게 적재토록 하여야 한다.
④ 트럭 운반시 보조자는 적재함에 타지 말고 승차석에 동승토록 하여야 한다.
⑤ 트럭에 적재된 부재가 길어 트럭의 앞과 뒤로 돌출되었을 경우는 인양 방법을 고려하고 적재시 부재가 미끄러져 손이나 발이 끼이지 않도록 하여야 한다.
⑥ 트럭으로 운반되어 온 부재를 내릴 때는 작업 지휘자의 지휘에 의해 내리도록 하고 차 위에 뛰어오르거나 뛰어내리지 않도록 하여야 한다.

4. 철골공사의 가설설비

(1) 재료 적치 장소와 통로

철골 건립의 진행에 따라 공사용 재료, 공구, 용접기 등을 둘 적치 장소와 통로를 가설하여야 하며 이는 구체 공사에도 이용할 수 있게 계획되어야 한다.

① **작업장 설치** : 철골철근 콘크리트조의 경우 작업장은 통상 연면적 1,000[m^2]에 1개소를 설치하고 그 면적은 50[m^2] 이상이어야 한다. 또한 동일층에서 2개소 이상 설치할 경우에는 작업장간 상호 연락 통로를 가설하여야 한다.
② **작업장 설치위치와 용도** : 작업장 설치위치는 기중기의 선회범위 내에서 수평 운반거리를 가장 짧게 하는 것이 중요하다. 계획상 최대적재하중과 작업 내용 공정 등을 검토하여 작업장에 적재되는 물건의 수량, 배치 방법 등의 제한 요령을 명확히 하여야 할 필요가 있다.
③ **철판통로** : 철골조의 바닥에 철판을 부설하여 통로로 사용할 수는 있지만 재료를 쌓아둘 수는 없으므로 큰 구조물 폭의 건물에서는 강재로 부설하여 사용토록 하여야 한다.
④ **돌출 작업장** : 철판의 부설이 끝나고 철근을 배근할 때는 용접용 기자재의 배치는 다른 공사의 작업에 영향을 주므로 건물 외부에 돌출된 작업장에 설치하여 작업토록 하고 이 경우 적재하중과 작업하중을 고려하여 충분한 안전성을 갖게 하여야 한다. 특히 작업자가 추락하지 않도록 난간과 낙하 방지를 위한 안전설비를 갖추도록 하여야 한다.

참고

동바리(Support) 계산방법
① 동바리의 체적 계산은 (공[m^3])로 산출한다.
② 공[m^3]의 산출을 상층 바닥판 면적에 층의 안목간의 높이를 곱한 것의 90[%]로 한다.(단, 1개소당[m^2] 이상의 개구부면적은 공제한다.)
③ 동바리 체적(공[m^3]) = {(상층바닥면적[m^2] - 공제부분)×층 안목간의 높이}×0.9

합격예측

철골구조의 역학적 분류
① 라멘구조(Riged frame)
② 트러스구조 (Truss frame)
③ 브레이스구조 (Braced frame)

참고

라멘구조
① 철골의 접합의 각절점이 강하게 접합되어 있는 구조이다.
② 역학적으로 휨재, 압축재, 인장재가 결합되어 있는 형식이다.

⑤ **가설통로** : 가설통로는 가설 작업장에 따라 재료를 소운반하거나 작업자의 통행에 사용되기 위하여 설치하는 것으로 사용 목적에 따라 안전성을 충분히 고려하여야 하며 설치시는 통로 양측에 높이 75[cm] 이상의 견고한 손잡이를 설치하여야 한다.

(2) 동력 및 용접설비

① **크레인용 동력** : 타워크레인을 사용하는 고층 빌딩의 경우에는 크레인이 상층으로 점차 이동하기 때문에 크레인용과 용접용의 동력도 승강이 가능하도록 최상층 높이까지 이동할 수 있는 케이블 등을 준비하여야 한다.

② **용접용 동력** : 현장 용접을 할 필요가 있을 경우에는 공사 공정에 따른 용접량, 용접 방법, 용접기의 대수 등을 정확히 파악하여야 한다.

③ **용접기기 보관소 설치** : 용접기, 용접봉, 건조기 등은 보관소를 설치하여 작업 장소의 이동에 따라 이를 이동시키면서 작업하도록 계획하여야 한다.

(3) 재해방지설비

철골 공사 중 주로 발생하는 재해의 형태로는 추락, 비래, 낙하, 기계 기구에 기인하는 경우가 많고 재해의 발생시는 사망 등과 같은 중대 재해가 많이 발생하고 있으므로 표와 같은 재해방지설비를 갖추어야 한다.

[표] 재해 방지 설비 등

기능		용도, 사용장소, 조건	설비 등
추락 방지	안전한 작업이 가능한 작업대	• 높이 2[m] 이상 장소에서 추락의 우려가 있는 작업에 따른 경우	비계, 달비계, 수평통로
	추락자를 보호할 수 있는 것	• 작업대 설치가 어려운 곳 • 개구부 주위로 난간 설치가 어려운 곳	추락방호망
	추락의 우려가 있는 위험장소에서의 작업자의 행동을 제한하는 것	• 개구부 • 작업상의 끝	난간, 울타리
	작업자의 신체를 보호할 수 있는 것	• 안전한 작업대도 난간설비도 할 수 없는 경우	안전대, 구명줄
비래낙하 및 비산방지	상부에서 낙하해 온 것을 막는다.	• 철골 조립 및 볼트 체결 • 그 밖에 상하작업	방호철망, 방호울타리
	제3의 위험 행동으로 인한 보호	• 볼트, 콘크리트 제품, 형틀재, 일반자재, 먼지 등 낙하 비산할 우려가 있는 작업	방호철망, 방호시트, 울타리, 방호 선반
	불꽃, 비산 방지	• 용접, 용단을 병행한 작업	석면포

합격예측

강풍여부 설계자 확인사항 6가지 16. 5. 8 ㉑ 18. 3. 4 ㉑

① 연면적당 철골량이 50[kg/m²] 이하인 구조물
② 기둥이 타이플레이트(tie plate)형인 구조물
③ 이음부가 현장용접인 구조물
④ 높이가 20[m] 이상인 구조물
⑤ 구조물의 폭과 높이의 비가 1 : 4 이상인 구조물
⑥ 고층건물, 호텔 등에서 단면구조가 현저한 차이가 있는 것

> **참고**
> **트러스구조**
> ① 트러스구조는 골조의 각 결점이 모두 핀으로 접합되어 있다.
> ② 각 부재가 삼각형을 구성하는 골조이다.
> ③ 역학적으로는 절점에 하중이 작용하면 각 부재에는 축방향력만이 전달된다.

> **합격예측**
> **용접의 용어설명**

종류	해설
루트(Root)	용접이음부 홈 아랫부분(맞댄용접의 트임새 간격)
목두께	용접부의 최소유효폭, 구조계산용 용접이음두께
그루브(groove=개선부)	용접부의 최소유효폭, 구조계산용 용접이음두께
위빙(Weaving=위핑)	용접작업 중 운봉을 용접방향에 대하여 엇갈리게 움직여 용가금속을 용착시키는 것
스패터(Spatter)	아크용접과 가스용접에서 용접 중 튀어나오는 슬래그 또는 금속입자
엔드탭(End Tap)	용접결함을 방지하기 위해 Bead의 시작과 끝 지점에 부착하는 보조강판
가우징(Gas Gouging)	홈을 파기 위한 목적으로 한 화구로서 산소아세틸렌 불꽃으로 용접부의 뒷면을 깨끗이 깎는 작업
스터드(Stud)	철골보와 콘크리트 슬래브를 연결하는 시어커넥터 역할을 하는 부재

① **고소작업에 따른 추락방지설비** : 건립에 지장이 없는 작업대와 추락방지용 방망을 설치하도록 하고 작업자는 안전대를 반드시 사용하도록 하여야 하며 안전대 사용을 위해 미리 철골에 안전대 설치용 철물을 설치해 두어야 한다. 구명줄을 설치할 경우에는 1가닥의 구명줄에 몇 명이 동시 사용하면 1인이 추락하면 다른 작업자에게도 추락의 위험이 있으므로 이를 고려하여야 한다.

② **비래낙하 및 비산 방지설비** 11. 3. 20 산

㉮ 건물 외부에 비계와 같이 설치한 경우 : 설비의 설치시기는 지상층의 건립개시 전으로 하고 특히 건물의 높이가 지상 2[m] 이하일 때는 방호 선반을 1단 이상 설치하고, 20[m] 이상의 경우에는 2단 이상 설치토록 하며 설치방법은 다음 그림에서와 같이 건물 외부 비계 방호 시트에서 2[m] 이상(수평거리) 돌출하고 수평면과 20[°] 이상의 각도를 유지하여야 한다.

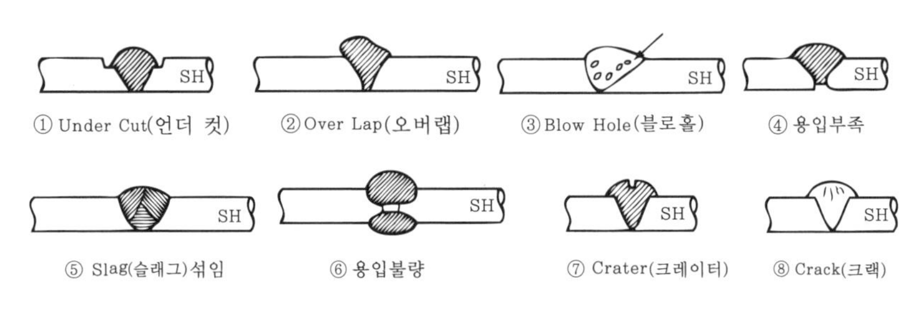

[그림] 용접결함의 종류 17. 3. 5 산 19. 3. 3 기 산 20. 9. 27 기 21. 5. 15 기 21. 9. 12 기

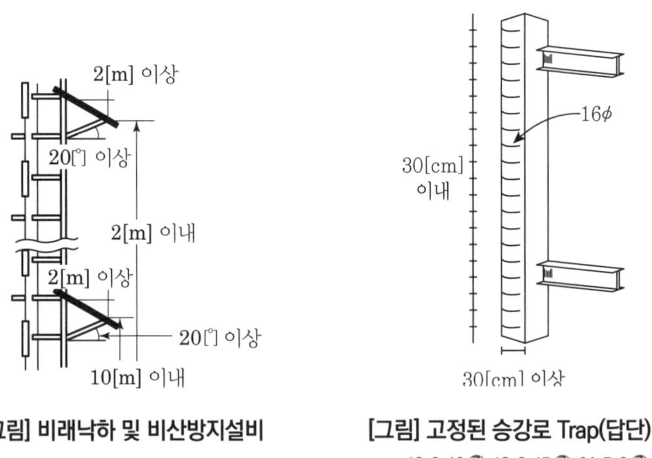

[그림] 비래낙하 및 비산방지설비

[그림] 고정된 승강로 Trap(답단) 18. 8. 19 기 18. 9. 15 기 24. 5. 9 기

㉯ 건물 외부에 비계가 없을 때 설치할 경우 : 외부 비계를 필요로 하지 않는 공법을 사용하는 경우에는 보를 이용하여 설치하여야 한다.

㉰ 용접, 용단 불꽃 비산 방지 : 화기에 사용할 경우에는 그곳에 불연재료로 울타리를 설치하여야 한다.

㉣ 건물 내부의 비래, 낙하 비산 방지 시설 : 건물 내부에 비래, 낙하 비산 방지 시설을 설치할 경우에는 일반적으로 3층 간격마다 수평으로 철망을 설치하여 작업자의 추락 방지 시설을 겸하도록 하되 기둥 주위에 공간이 생기지 않도록 조치하여야 한다.

③ **승강 설비** : 철골 건립 중 건립 위치까지 작업자가 올라가는 방법은 계단의 설치, 외부 비계, 승강용 엘리베이터 등을 이용하지만 건립이 실시되는 층에서는 작업자는 주로 기둥을 이용하여 올라가는 경우가 많으므로 기둥 승강설비는 기둥 제작시 직접 16[mm] 철근 등을 이용, 트랩(답단)을 부착하고 트랩 간격은 보통 30[cm] 이내로 하고 그 폭도 최소 30[cm] 이상으로 하여야 한다.

합격예측

철골작업 시 기후에 의한 작업 중지사항 3가지

17. 9. 23 산 18. 8. 19 산
18. 9. 15 기 19. 3. 3 산
19. 8. 4 산

① 풍속 : 10[m/sec] 이상
② 강우량 : 1[mm/hr] 이상
③ 강설량 : 1[cm/hr] 이상

참고

산업안전보건기준에 관한 규칙 제383조(작업의 제한)

합격예측

브레이스구조

브레이스구조는 가새(brace)를 이용하여 풍압력이나 지진력에 전달할 수 있게 하는 구조이다.

참고

오일러의 한계하중

$$P=\frac{\pi^2 EI}{l^2}$$

4 PC(Precast Concrete) 공사 안전

1. PC 운반·조립·설치의 안전

(1) 개 요

① PC공법은 공장에서 부재를 제작
② 현장에서 양중장비를 이용하여 조립
③ 공업화, 대량화에 적용되는 공사

합격예측

비탈(사)면 보호공법의 구분 16. 3. 6 기 21. 3. 7 기

분류	구분	방법
식생공법	떼붙임공	떼를 일정한 간격으로 심어서 비탈면을 보호하는 공법(평떼, 줄떼)
	식생공 18. 8. 19 기	법면에 식물을 번식시켜 법면의 침식과 표면활동 방지 20. 9. 27 기 21. 5. 15 기
	식수공	떼붙임공, 식생공으로 부족할 경우 나무를 심어서 사면보호
	파종공	종자, 비료, 안정제, 양성제, 흙 등을 혼합하여 압력으로 비탈면에 뿜어 붙이는 공법
구조물 보호공법	블록(돌)붙임공	법면의 풍화, 침식방지를 목적으로 완구배의 점착력이 없는 토사 및 비탈면
	블록(돌)쌓기공	비교적 급구배의 높은 비탈면 보호에 사용(메쌓기, 찰쌓기)
	콘크리트블록 격자공	점착력이 없고 용수가 있는 붕괴하기 쉬운 비탈면에 채택하는 공법
	뿜어붙이기공	비탈면에 용수가 없고 큰 위험을 없으나 풍화되기 쉬운 암 토사 등에서 식생이 곤란할 때 사용
응급대책방법	배수공	사면내의 물은 지반의 강도를 저하시켜 사면의 활동을 촉진시키므로 지표수 배제공 또는 지하수 배제공으로 배수시키는 공법
	배토공	활동예상 토사를 제거하여 활동 모멘트를 경감시켜 안정화시키는 공법
	압성토공	자연사면의 선단부에 압성토하여 활동에 대한 저항력을 증가시키는 공법
항구대책방법	옹벽공	지표면에서 사면의 활동 토괴를 관통하여 부동지반까지 말뚝을 박는 공법
	soil nailing 공법	비탈면에 강철봉을 타입해서 전단력과 인장력에 저항하도록 하는 공법
	earth anchor 공법	고강도 강재를 비탈면에 삽입하고 그라우팅을 하여 지반에 정착시킨 후 Anchor에 인장력을 가하여 주는 공법

합격예측

크레인의 종류

(1) 타워크레인
① 타워크레인은 정치식과 이동식이 있으나 대별하면 붐이 상하로 오르내리는 기복형과 붐을 수평으로 유지하고 트롤리 호이스트가 움직이는 수평형이 있다.
② 초고층 작업이 용이하고 인접물에 장해가 없기 때문에 360[°] 회전이 가능하고 가장 안전성이 높고, 능률이 좋은 크레인이다.

(2) 정치식 타워크레인
① 높은 철제탑에 경사지브 또는 수평지브가 있는 크레인이며 고정식이다.
② 양 하중은 15~20[t/m]이고, 붐의 길이는 50~170[m], 중량은 20~90[t]에 이른다.

(3) 크롤러크레인
① 트럭크레인이 타이어 대신 크롤러를 장착한 것이다.
② 작업장치를 갖고 있지 않아 트럭크레인보다 약간의 흔들림이 크며 하중인양시 안전성이 약하다.
③ 크롤러식 타워크레인의 자체는 크롤러크레인과 같지만 직립 고정된 붐 끝에 기복이 가능한 보조 붐을 가지고 있다.
④ 양 하중은 6~32[t], 붐의 길이는 9~42[m], 전 장비의 중량은 10~32[t]에 이른다.

(4) 이동식 크레인
① 이동식이 정치식과 동일하나 단, 궤도위를 이동하는 방식이다.
② 양 하중은 28~48[t], 붐의 길이는 25~50[m], 중량은 10~30[t]에 이른다.

(5) 트럭크레인
① 장거리 기동성이 있고 붐을 현장에서 조립하여 소정의 길이를 얻을 수 있다.
② 붐의 신축과 기복을 유압에 의하여 조작하는 유압식이 있고, 한 장소에서 360[°] 선회작업이 가능하며 기계 종류도 소형에서 대형까지 다양하다.
③ 현대에는 기계식 트럭크레인의 인양하중이 750[t] 까지 가능한 대형도 있다.
④ 최소작업환경은 1.5~6[m]의 범위 정도이다.

(2) PC부재 조립

① PC부재는 대형이고 중량이 크므로 운반 및 양중시 운반로의 확보, 안전에 주의
② PC부재의 야적 시 충분한 공간 확보
③ PC부재의 야적 시 양중장비 능력을 고려
④ PC부재의 조립 시 정밀도를 고려
⑤ PC부재의 접합 시 접합부의 시공에 주의를 기울여야 한다.
⑥ PC부재는 단열에 취약하여 결로가 발생하기 쉬우므로 결로 방지대책 수립

(3) 프리캐스트콘크리트(Precast Concrete : PC)공법 장·단점

① 장점
㉮ 기후에 영향이 적어 동절기 시공 가능, 공사기간 단축
㉯ 현장작업 감소, 생산성 향상되어 인력절감 가능
㉰ 공장제작으로 양질의 제품이 가능(장기처짐, 균열발생 적다)
㉱ 현장작업의 감소

② 단점
㉮ 현장타설공법처럼 자유로운 형상이 어렵다.
㉯ 운반비가 상승한다.
㉰ 공장제작이므로 초기 시설 투자비의 증가
㉱ 중량이 무거워서 장비비가 많이 든다.

2. PC공법의 분류

(1) 구조형식에 따른 분류

① 상자식공법(Box Method)
② 패널식공법(Panel Method)
③ 골조식공법(Frame Method)
④ 특수공법(Special Method)

(2) 접합방식에 따른 분류

① 습식접합(Wet Joint) : 모르타르, 콘크리트 채움
② 건식접합(Dry Joint) : 볼트, 용접, 루프(Loop)처리
③ 기타 접합 : 합성수지 등

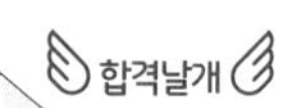

보충학습

[표] 용접의 종류 및 작업방법

종 류	작업 방법
가스압접	① 가스 불꽃을 이용하는 압접 ② 접합하려는 부재의 면에 축방향의 압축력을 가하고, 접합부위를 가열하여 접합
가스용접	① 가스 불꽃의 열을 이용 ② 철재의 일부를 녹여 접합
아크용접	① 아크에 의한 발열을 이용하여 금속을 용접 ② 3,500[℃]의 아크열 사용 ③ 모재와 용접봉이 용해되어 모재 사이에 틈 또는 살붙임 피복으로 함 ④ 철골공사에 가장 많이 사용하는 방법
전기 저항용접	① 기계적 압력을 가하여 접합시키는 용접법 ② 접합하는 양금속을 접합시켜 전류를 흐르게 하면 접촉부는 고온이 됨

용어정의

wheel barrow =
hand barrow = 2륜 손수레

보충학습

[추락] : 떨어지지 말고
[전도] : 넘어지지 말고
[낙하/비래] : 날아오는 물체 조심하고
[충돌] : 부딪히지 말고
[협착] : 끼이지 말고
[절단/베임/찔림] : 베이거나 잘리거나 찔리지 않도록

Chapter 06

건설 구조물 공사안전

출제예상문제

출제예상문제는 복습, 예습문제로 엮었습니다. *WHY : 실제시험에도 순서에 관계없이 출제됩니다. 예습 후 다음장에 공부한 문제가 있으면 기억이 배가 됩니다.

01 ★★ **철근작업에 대한 점검사항으로 틀린 것은?**

① 달아올리기, 달아내리기는 수평달기를 해야 한다.
② 결속선은 던져 주고 받아서는 안 된다.
③ 비계 위에 대량의 철근을 임시로 적재하는 것은 상관없다.
④ 무리한 자세로 작업을 해서는 안 된다.

해설

비계 위에는 어떠한 경우라도 철근을 적재해서는 안 된다.

02 ★★ **굴착공사에서 중대 재해가 많이 발생하는 이유로서 틀린 것은?**

① 공사량이 많고 암반의 낙석, 붕괴의 위험성이 높다.
② 굴착 방법 및 시공 장비가 다양하다.
③ 토사의 안정 조건이 다르다.
④ 지반의 성질이 지역 및 위치에 따라 유사하다.

해설

① 토사는 안정 조건이 다르다.
② 지반의 성질이 지역 및 위치에 따라 다르다.

03 ★ **콘크리트용 골재의 저장 유의사항 중 옳지 않은 것은?**

① 굵은 골재와 잔골재를 적당한 입도가 되도록 혼합하여 저장한다.
② 골재의 표면수가 균등하게 되도록 적당한 조치를 한다.
③ 골재는 빙설의 혼입 또는 동결을 방지하는 적당한 처치를 한다.
④ 여름에는 직사광선을 피하고, 먼지, 잡물의 혼입을 방지한다.

해설

골재는 혼합이 되지 않도록 大, 中, 小 분리하여 저장한다.

04 ★★ **철근 콘크리트 부재의 극한강도 설계에 있어 시방서에 안전에 대한 규정을 하였는데 그 중 재료의 변화, 시공시의 치수차, 약산에 의한 오차 등에서 오는 위험성에 대비하는 안전규정 내용은 다음 중 어느 것인가?**

① 안전율 ② 감소율
③ 변형률 ④ 오차율

해설

본 문제의 결론은 안전이다.

05 ★★ **낙하추의 무게가 400[kg], 낙하고 2[m]에서 침하량이 2[cm]였다. 이때 말뚝 1개의 지지력은 얼마인가?(단. $P = W_R \cdot h/8\sigma$)**

① 3,000[kg] ② 3,750[kg]
③ 5,000[kg] ④ 7,500[kg]

해설

지지력 $= \frac{400\times200}{8\times2} = \frac{80,000}{16} = 5,000$[kg]

06 ★★★ **다음 보철근의 주근 배근 중 가장 안전한 것은?**

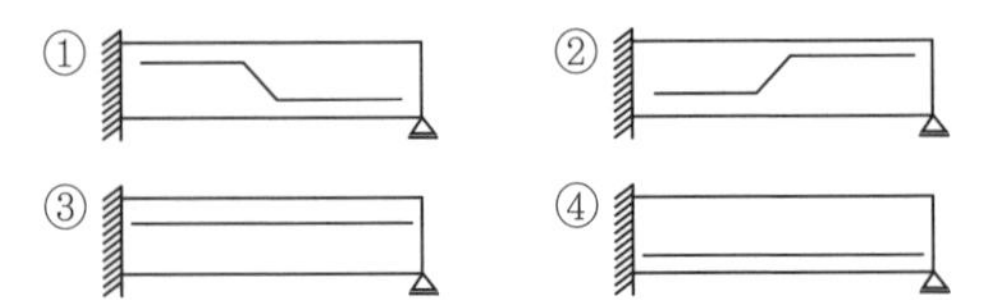

[정답] 01 ③ 02 ④ 03 ① 04 ① 05 ③ 06 ④

해설

① 등분포하중이 가장 안전하다.
② 동일한 경우 하중의 중심이 아래에 있어야 한다.

07 ★ 강관 조립의 철물 종류가 아닌 것은?

① 긴결철물 ② 이음철물
③ 베이스철물 ④ 폼철물

해설

강관 조립의 철물 종류
① 이음철물 : 마찰형, 전단형
② 긴결철물 : 직교형, 자재형, 특수형
③ 베이스철물 : 고정형, 조절형

08 ★★★★★ 콘크리트 타설시 검사사항이다. 이 중 적당하지 않은 것은?

① 작업 전 발파, 거푸집 또는 지보공을 점검 보수한다.
② 호퍼나 슈트의 경사와 접속부를 점검한다.
③ 타설중 거푸집, 슈트, 호퍼의 밑을 확인한다.
④ 타설은 평형이 유지되도록 높은 곳에서 낮은 곳으로 콘크리트를 친다.

해설

콘크리트 타설시 안전수칙
① 타설속도는 표준시방서에 정해진 속도를 유지하여야 한다.
② 높은 곳으로부터 콘크리트를 세게 거푸집 내에 처넣지 않도록 하고, 반드시 호퍼로 받아 거푸집 내에 꽂아 넣는 벽형 슈트를 통해서 부어 넣어야 한다.
③ 계단실에 콘크리트를 부어넣을 때는 책임자를 정하고, 주의해서 시공하며 계단의 바닥이나 난간은 정규의 치수로 밀실하게 부어넣는다.
④ 바닥 위에 흘린 콘크리트는 완전히 청소하여야 한다.
⑤ 철골부의 하측, 철골, 철근의 복잡한 개소, 배관류, 박스류 등이 집중된 곳, 복잡한 거푸집의 부분 등은 책임자를 결정하여 완전한 시공이 되도록 하여야 한다.
⑥ 콘크리트를 한 곳에만 치우쳐서 부어넣으면 거푸집 전체가 기울어져 변형되거나 밀려나게 되므로 특히 주의하여야 한다.
⑦ 콘크리트를 치는 도중에는 지보공, 거푸집 등의 이상 유무를 확인하여야 하고, 상황을 감시하는 감시인을 배치하여 이상 발생시는 신속히 처리하여야 한다.
⑧ 최상부의 슬래브는 이어붓기를 되도록 피하고 일시에 전체를 타설하도록 하여야 한다.
⑨ 타워에 연결되어 있는 슈트의 접속은 확실한가와 달아매는 재료는 견고한가를 점검하여야 한다.
⑩ 손수레로 붓는 위치에까지 천천히 운반하여 거푸집에 충격을 주지 않도록 천천히 부어야 한다.
⑪ 손수레로 콘크리트를 운반할 때에는 적당한 간격을 유지하여야 한다.
⑫ 손수레에 의해 운반할 때는 뛰어서는 안 된다. 또한 통로 구분을 명확히 하여야 한다.
⑬ 운반통로에는 방해가 되는 것이 없는가를 확인하고, 즉시 제거토록 하여야 한다.

09 ★★★★★ 팽창제에 의해 파괴할 때 사용물질 취급상의 안전기준으로 틀리는 것은?

① 팽창제를 저장하는 경우 건조한 장소
② 팽창제와 물과의 혼합비율을 확인할 것
③ 개봉된 팽창제는 별도 장소에 보관하여 사용하고 쓰다 남은 팽창제 처리에 유의할 것
④ 천공간격은 콘크리트 강도에 의해 결정되나 30~70[cm] 정도가 적당하다.

해설

팽창제
반응에 의해 발열, 팽창하는 분말성 물질을 구멍에 집어넣고 그 팽창압에 의해 파괴할 때 사용하는 물질로 취급상의 안전기준은 다음과 같다.
① 팽창제와 물과의 혼합비율을 확인하여야 한다.
② 구멍이 너무 작으면 팽창력이 작아 비효과적이고, 너무 커도 좋지 않다. 천공 직경은 30~50[mm] 정도를 유지하여야 한다.
③ 천공 간격은 콘크리트 강도에 의하여 결정되나 30 ~ 70[cm] 정도가 적당하다.
④ 팽창제를 저장하는 경우에는 건조한 장소에 보관하고 직접 바닥에 두지 말고 습기를 피하여야 한다.
⑤ 개봉된 팽창제는 사용하지 않아야 하며 쓰다 남은 팽창제 처리에 유의하여야 한다.

10 ★★★★★ 콘크리트 타설시 유의사항 중 틀린 것은?

① 휠 배로(wheel barrow)로 콘크리트를 운반할 때는 연속적으로 한다.
② 타설속도는 하계(夏季) 1.5[m/h], 동계(冬季) 1.0[m/h]를 표준으로 한다.
③ 손수레에 의해 콘크리트를 운반할 때는 뛰어서는 안 된다.
④ 최상부의 슬래브는 이어붓기를 되도록 피하고 일시에 전체를 타설한다.

해설

손수레는 운반시 적당한 간격을 유지해야 한다.

[정답] 07 ④ 08 ④ 09 ③ 10 ①

제5편

11 ★★ 콘크리트 강도에 가장 큰 영향을 주는 것은?

① 골재의 입도
② 시멘트량
③ 물·시멘트비
④ 배합 방법

해설

콘크리트 강도에 가장 큰 영향을 주는 것은 물·시멘트비이다.

12 ★★★★★ 철골 공사용 기계기구 취급상 안전기준으로 옳지 않은 것은?

① 건립용 기계의 인양 정격하중을 초과해서는 안 된다.
② 현장책임자는 기계운전자 이외의 근로자가 기계에 탑승하지 않도록 하여야 한다.
③ 건립기계의 운전자가 화물을 인양한 채로 운전석을 이탈하지 않도록 하여야 한다.
④ 와이어로프의 지름 감소가 공칭지름의 10[%]를 초과하는 것은 사용하지 말아야 한다.

해설

와이어로프의 사용 금지

(1) 와이어로프는 다음 각 목의 1에 해당하는 것을 사용하지 않도록 할 것
 ① 와이어로프의 한 꼬임에서 끊어진 소선(필러선을 제외한다)의 수가 10[%] 이상인 것
 ② 지름의 감소가 공칭지름의 7[%]를 초과하는 것
 ③ 심하게 변형 또는 부식된 것
 ④ 꼬인 것
(2) 다음 각 목의 1에 해당하는 달기체인을 사용하지 않도록 할 것
 ① 달기체인의 길이의 증가가 그 달기체인이 제조된 때의 길이의 5[%]를 초과한 것
 ② 링의 단면지름의 감소가 그 달기체인이 제조된 때의 해당 링의 지름의 10[%]를 초과한 것
 ③ 균열이 있거나 심하게 변형된 것
(3) 달기 섬유 로프는 다음 각 목의 1에 해당하는 것을 사용하지 않도록 할 것
 ① 꼬임이 끊어진 것
 ② 심하게 손상 또는 부식된 것

13 ★★★ 콘크리트 거푸집 조립시 다음 사항 중 맞는 것은?

① 지보공 하부의 깔판 또는 깔목은 3단 이상 끼우지 않도록 하고 작업 인원의 보행에 지장이 없도록 고정한다.
② 조립작업 위치는 거푸집 가공장소와 같은 곳에 두어 작업능률을 향상시킨다.
③ 보 밑, 슬래브 등의 거푸집은 바닥에서 제작하여 들어올려 설치한다.
④ 거푸집은 기둥, 보받이 내력벽, 보, 바닥, 내벽, 외벽 순으로 시공한다.

해설

거푸집의 조립 순서

기둥 → 보받이 내력벽 → 큰보 → 작은보 → 바닥 → 내벽 → 외벽

14 ★★★ 오일러의 좌굴하중 공식 $P_{cr} = \frac{\pi^2 EI}{l^2}$에서 기둥 단부의 구속 조건으로서 맞은 것은?

① 양단 고정
② 일단 고정 타단 자유단
③ 일단 고정 타단 힌지
④ 양단 힌지

해설

오일러 공식은 양단 회전일 때 각 재료에 적용한다.

15 ★★★★★ 단면적이 154[mm²]인 인장철근을 인장하였더니 11,500[kg]에서 파단되었다. 이때 인장강도로 옳은 것은?

① 70[kg/mm²] ② 72[kg/mm²]
③ 75[kg/mm²] ④ 78[kg/mm²]

해설

인장강도 $= \frac{하중}{단면적} = \frac{11,500}{154} = 74.7$[kg/mm²]

[정답] 11 ③ 12 ④ 13 ④ 14 ④ 15 ③

16 ★ **벽체 콘크리트 타설시 거푸집이 터져서 콘크리트가 쏟아진 사고가 발생하였다. 이 사고의 가장 큰 원인은 무엇인가?**

① 콘크리트를 부어넣는 속도가 빠르다.
② 진동기를 사용하지 않았다.
③ 철근 사용량이 적다.
④ 시멘트 사용량이 많다.

해설

속도의 문제이다.

17 ★★ **철근 콘크리트 박기용 장비가 아닌 것은?**

① 철 hammer ② 팽창제
③ reamer ④ hand breaker

해설

팽창제 : 해체용 폭약
2003년 3월 16일(문제 104번)

18 ★★ **지주용으로 사용하는 강관의 안전조치로서 적당하지 않은 것은?**

① 높이 3[m] 이내마다 수평연결재를 2방향으로 만든다.
② 조립 전에 단관의 변형, 파손 등이 없는가 확인한다.
③ 지주용 단관은 2본까지로 제한한다.
④ 지주가 높을 경우에는 적절한 곳에 발판을 설치한다.

해설

산업안전보건기준에 관한 규칙 제332조 참조
(거푸집동바리 등의 안전조치)

19 ★★ **시멘트 1[m³]의 중량은 다음 중 어느 것인가?**

① 1,500[kg] ② 1,400[kg]
③ 1,300[kg] ④ 1,200[kg]

해설

①시멘트의 대략 중량 : 1,300~2,000[kg/m³]
② 시멘트의 평균중량 : 1,500[kg]

20 ★★★ **말뚝의 하중 지지도 중 올바른 것은?**

①
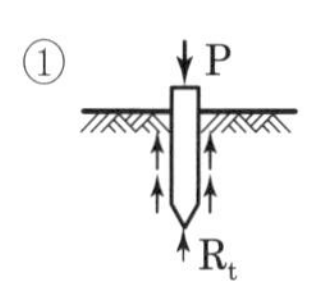

②
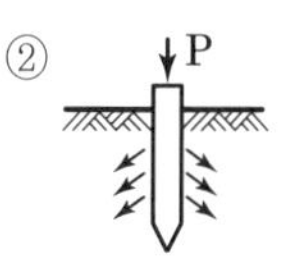

③
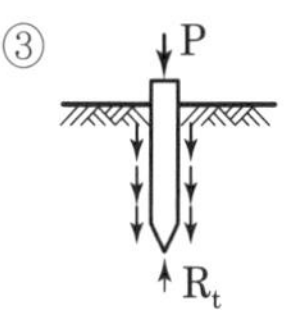

④
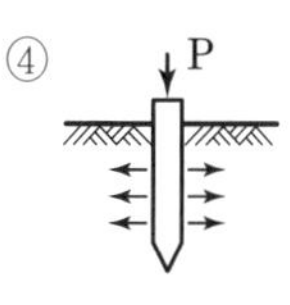

해설

①의 방법이 하중지지도가 크다.

21 ★★★★ **다음 말뚝박기 해머(hammer) 중 비교적 소음이 적은 것은?**

① 디젤해머(diesel hammer)
② 스팀해머(steam hammer)
③ 바이브로해머(vibro hammer)
④ 드롭해머(drop hammer)

해설

기초공사용 기계

(1) 불도저(도저)
토사의 운반, 정지, 굴착 등에 사용 : 굴삭운반, 정지, 제설 등 100[m] 전후의 단거리용, 수평 운반거리는 60[m] 이하
(2) 스크레이퍼
① 많은 토량을 고속으로 굴착 및 운반(흙을 싣고 이동할 수 있다.)
② 평탄지의 토목 공사로 능률이 가장 좋다.
③ 연약토질은 곤란하다.(단, 캐리어 스크레이퍼는 연약토질에 적합하고 100[m] 이상 장거리용)
(3) 드롭해머
좁은 장소에서 가능하며 널말뚝 등 각종 타설용
(4) 어스드릴
연속 말뚝의 타설, 도로 교통 등의 기초공사용
(5) 진동해머
말뚝빼기 작업이나 말뚝박기 작업에 사용
(6) 디젤해머
도시 등에서 콘크리트나 시트 파일 등의 타설용
(7) 기동해머
1회 타격힘은 드롭 해머보다 떨어지나 수차례의 타격으로 타격 능률 효과가 좋다.

[정답] 16① 17② 18① 19① 20① 21③

22 ★★ 다음은 concrete tower 사용중의 안전 점검사항이다. 틀린 것은?

① 모터에 스위치를 넣기 전에 클러치를 밟는다.
② 와이어로프 드럼이 회전하고 있을 때에는 브레이크로부터 발을 떼어서는 안 된다.
③ 버킷을 내릴 때에는 타워 하단부 2~3[m] 앞에서 일단 정지하고 다음에 조용히 내린다.
④ 도중에서 정지시키고자 할 때에는 반드시 래칫이 걸려 있는지를 확인한다.

해설

스위치를 넣은 후 클러치를 밟는다.

23 ★★ 강관 조립 철물에서 긴결철물의 안전내력은 얼마 이상이어야 하는가?

① 300[kg] ② 350[kg]
③ 400[kg] ④ 450[kg]

해설

강관비계의 조립

(1) 비계기둥에는 미끄러지거나 침하하는 것을 방지하기 위하여 밑받침 철물을 사용하거나 깔판·깔목 등을 사용하여 밑둥잡이를 설치하는 등의 조치를 할 것
(2) 강관의 접속부 또는 교차부는 적합한 부속 철물을 사용하여 접속하거나 단단히 묶을 것
(3) 교차가새로 보강할 것
(4) 외줄비계·쌍줄비계 또는 돌출비계에 대하여는 다음 각 목의 정하는 바에 따라 벽이음 및 버팀을 설치할 것
 ① 강관비계의 조립간격은 단관비계는 수직 방향 5[m], 수평방향 5[m], 틀비계(높이가 5[m] 미만인 것은 제외)는 수직방향 6[m], 수평방향 8[m]로 한다.
 ② 강관·통나무 등의 재료를 사용하여 견고한 것으로 할 것
 ③ 인장재와 압축재로 구성되어 있는 때에는 인장재와 압축재의 간격을 1[m] 이내로 할 것
(5) 가공전로에 근접하여 비계를 설치하는 때에는 가공전로를 이설하거나 가공전로에 절연용 방호구를 장착하는 등 가공전로와의 접촉을 방지하기 위한 조치를 할 것

보충학습

강관비계의 구조

(1) 비계 기둥의 간격은 띠장방향에서는 1.85[m], 장선방향에서는 1.5[m] 이하로 할 것
(2) 띠장간격은 2.0[m] 이하로 설치하되, 첫 번째 띠장은 지상으로부터 2[m] 이하의 위치에 설치할 것
(3) 비계기둥의 최고부로부터 31[m] 되는 지점 밑부분의 비계기둥은 2본의 강관으로 묶어 세울 것(브래킷 등으로 보강하여 그 이상의 강도가 유지되는 경우에는 그러하지 아니하다)
(4) 비계기둥간의 적재하중은 400[kg]을 초과하지 아니하도록 할 것

참고) 긴결철물안전내력 : 300[kg] 이상

24 ★★★ 다음 중 비계로부터의 추락 재해의 원인으로 가장 적합하지 않은 것은?

① 난간이 붙어 있지 않았다.
② 작업상 판자를 어긋나게 놓았다.
③ 비계 위를 올라갔다.
④ 비계와 신체간의 안전거리를 유지했다.

해설

④는 정상적인 방법이다.

25 ★★ 철근 콘크리트 거푸집 존치기간 순으로 옳은 것은?

① 슬래프 < 보 < 기둥 ② 보 < 슬래브 < 기둥
③ 슬래브 < 기둥 < 보 ④ 기둥 < 보 < 슬래브

해설

거푸집 존치기간

① 기둥 : 4일 ② 보 : 4~5일 ③ 슬래브 : 7~8일

26 ★ 다음은 흙막이 말뚝에 대한 지하수 재해 방지상 유의하여야 할 점을 기술한 것이다. 다음 중 틀린 것은?

① 토압, 수압, 적재하중 등에 대해서 상정한 것과 시공중의 관찰 측정의 결과를 비교 검토한다.
② 흙막이말뚝의 근입깊이를 짧게 하여 히빙, 보일링 현상을 방지한다.
③ 지하수, 복류수 등의 상황을 고려하여 충분한 지수효과를 갖게 하는 조치를 검토한다.
④ 누수, 출수의 조기발견에 힘써야 하며 우려가 있을 경우에는 적절한 조치를 취한다.

해설

흙막이말뚝의 근입깊이를 길게 하여야 히빙 및 보일링 현상을 방지할 수 있다.

[정답] 22 ① 23 ① 24 ④ 25 ④ 26 ②

27 ★★ 철골 구조물의 기둥을 인양할 때 기둥의 꼭대기에 평철판을 덧대어 볼트로 체결하고 평철판의 꼭대기에 구멍을 뚫어 와이어슬링 등으로 인양하고자 하는데 와이어슬링이 이 구멍에 안 들어가므로 연결철물을 사용하는데 이 명칭은?

① 섀클(shackle) ② 클램프(clamp)
③ 브래킷(bracket) ④ 유도 로프(rope)

해설

섀클
① 철골구조물 기둥인양시 사용
② 평철판의 꼭대기에 구멍 뚫어 사용

28 ★ 다음은 철근작업에 대한 점검사항이다. 옳지 않은 것은?

① 달아올리기 달아내리기에는 수평달기를 해야 한다.
② 결속선을 던져서 주고받아서는 안 된다.
③ 비계 위에는 대량의 철근을 임시로 두어도 된다.
④ 무리한 자세로 작업을 해서는 안 된다.

해설

임시로 두어서는 안 된다.

29 ★★★★ 다음 종류의 구조물은 강풍에 대한 안전 여부를 설계자에게 확인해야 한다. 이 중 옳지 않은 것은?

① 높이 20[m] 이상의 건물
② 폭과 높이의 비가 1 : 5 이상의 건물
③ 연면적당 철골량이 50[kg/m²] 이하의 건물
④ 이음부가 현장용접인 경우

해설

폭과 높이 비 1 : 4 이상 건물

30 ★★ 터널 건설작업에서 강아치 지보공을 조립할 때 조립 간격으로 가장 적당한 것은?

① 0.5[m] 이하 ② 1.5[m] 이하
③ 2.5[m] 이하 ④ 3.0[m] 이하

해설

산업안전보건기준에 관한 규칙 제420조(2003년에 개정)(터널지보공의 위험방지)

31 ★★ 철골공사에 있어 원척도를 작성해야 할 사항에 해당되지 않는 것은?

① 기본 구조물(중주, 축주, 보, 트러스 등)
② 단짓는 부분
③ 지붕 및 벽체의 각 부재 간격
④ 주두, 주각 및 그 접합 부분

해설

원척도 제작
현치도 제작이라고 하며 설계도 및 시방서를 기준하여 원척공이 원척소의 바닥 위에 각 부 상세 및 재의 길이 등을 원척으로 그린다.

32 ★★★★ 콘크리트 공시체 지름이 15[cm], 높이가 30[cm]인 공시체를 압축 시험 결과 38,000[kg]에서 파괴되었다. 압축강도로 옳은 것은?

① 213[kg/cm²] ② 215[kg/cm²]
③ 220[kg/cm²] ④ 230[kg/cm²]

해설

$$\text{압축강도} = \frac{\text{하중}}{\text{단면적}} = \frac{38{,}000}{\frac{\pi d^2}{4}} = 215.14[\text{kg/cm}^2]$$

33 ★★ 터널 굴착 공사에 있어 뿜어 붙이기 콘크리트의 효과 중 틀린 것은?

① 굴착면을 덮어 지반의 침식은 방지하나 하중을 부담하지는 못한다.
② 굴착면의 요철을 줄이고 응력집중을 완화한다.
③ rock bolt의 힘을 지반에 분산시켜 전달한다.
④ 암반의 크랙을 보강한다.

해설

하중부담이 가능하다.

[정답] 27 ① 28 ③ 29 ② 30 ② 31 ③ 32 ② 33 ①

운반·하역작업

중점 학습내용

본 장은 운반, 하역작업 안전으로 운반작업, 하역작업 등의 안전사항을 폭넓게 기술하였으며, 특히 양중기의 신호 및 취급기준 등을 기술하여 자기자신을 항상 기계기구 재해에 대비하여 점검과 예방을 할 수 있도록 하고 현장에서 산업재해가 일어나지 않도록 하기 위하여 21세기 실무안전관리자의 역할을 할 수 있도록 하였다. 특히 이번시험에 출제가 예상되는 그중심 내용은 다음과 같다.

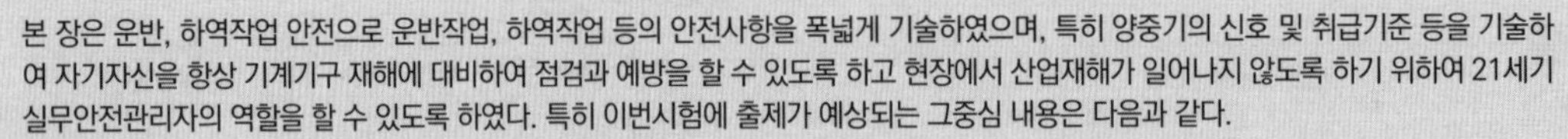

❶ 운반작업
❷ 하역작업

합격날개

합격예측

취급, 운반의 3조건

① 운반거리를 단축시킬 것
② 운반을 기계화할 것
③ 손이 닿지 않는 운반방식으로 할 것

합격예측

인력운반 하중기준

보통 체중의 40[%] 정도의 운반물을 60~80[m/min]의 속도록 운반하는 것이 바람직하다.

1 운반작업

1. 인력운반

(1) 운반작업의 개요

① 운반작업은 생산활동에 수반되는 필수행위이다.
㉮ 가공비의 30~40[%]가 운반비
㉯ 공정시간의 80~90[%]가 운반에 소요되는 시간
㉰ 노동으로 인한 재해의 85[%](전체 재해의 약 30[%])가 운반에서 발생하고 있다.
② 생산활동에서 운반시간, 운반재해를 줄여 운반안전을 기하는 것이 기업경영에 반드시 필요한 조건이다.

(2) 인력운반 하중기준

① 사람이 운반 가능한 중량의 한계는 짧은 거리 30[kg], 먼 거리 15[kg](여자는 남자의 55~60[%] 적당)
② 실제로 정한 바에 의하면 보통 남자의 하루 인력 운반 한계는 50[t]이다.
③ 50[kg] 이상은 필히 2명이 운반한다.

(3) 물건을 들 때, 움직일 때, 내려놓을 때의 안전

① 등을 반듯이 편 상태에서만 물건을 들어올리고 내린다.
② 필요한 경우 운반 작업은 대퇴부 및 둔부 근육에만 부하를 주는 상태에서만 무릎을 쪼그려 수행한다.

③ 물건을 올리고 내릴 때 움직이는 높이의 차이를 피한다.
④ 몸에는 대칭적으로 부하가 걸리게 한다.
⑤ 짐을 몸에 가까이 붙여서 든다.
⑥ 가능하면 벨트, 운반대, 운반멜대 등과 같은 보조구를 사용한다.
⑦ 나를 때는 몸을 반듯이 편다.
⑧ 길이가 긴 물건은 앞쪽을 높여 운반한다. 24. 2. 15 기

(4) 여러 사람이 공동으로 운반할 때의 안전

① 물건을 들어올리고 내릴 때 행동을 동시에 행한다.
② 모든 사람에게 균등한 부하가 걸리게 한다.
③ 긴 짐은 같은 쪽의 어깨에 올려서 운반한다.
④ 최소한 한 손으로는 짐을 받친다.
⑤ 명령과 지시는 한 사람만이 내린다.
⑥ 3명 이상일 때는 한 동작으로 발을 맞추어야 한다.

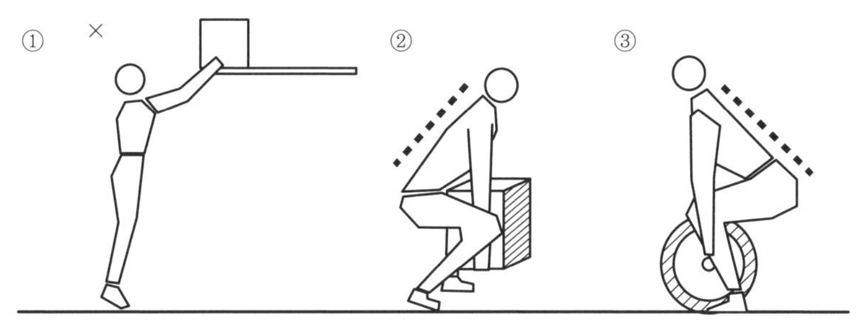

①: 많은 요통은 물건을 잘못 들어올린 데서 발생한다. 따라서 물건을 들 때는 등을 굽히지 않고, 상체를 앞으로 기울이지 않으며 절대로 짐을 충격적으로 들어올려서는 안 된다.
②와 ③: 물건을 바르게 들어올리면 허리가 보호된다. 경험 많은 역도선수처럼 들어올린다. 상체를 곧게 세우고 등을 반듯이 하여 무릎을 굽힌 자세에서 들어 올린다. 짐은 가급적 몸 가까이 가져온다.

[그림] 들어올리기의 올바른 자세

[표] 운반보조기구

경량 운반	중량 운반
① 손자석 ② 수동사이펀 ③ 운반집게(클램프) ④ 운반벨트	① 아이언바(iron bar) ② 에지아이언(edge iron) ③ 롤러아이언바(roller iron bar) ④ 롤러 ⑤ 롤러바퀴 ⑥ 운반장치

합격예측

취급, 운반의 5원칙
17. 8. 26 기 18. 4. 28 기 19. 3. 3 산
① 직선운반을 할 것
② 연속운반을 할 것
③ 운반작업을 집중화시킬 것
④ 생산을 최고로 하는 운반을 생각할 것
⑤ 최대한 시간과 경비를 절약할 수 있는 운반방법을 고려할 것

합격예측

안전하중기준
① 일반적으로 성인남자의 경우 25[kg] 정도
② 성인여자의 경우에는 15[kg] 정도가 무리하게 힘이 들지 않는 안전하중이 된다.

합격예측 및 관련법규

제98조(제한속도의 지정 등)
18. 3. 4 기 24. 2. 15 기
① 사업주는 차량계 하역운반기계, 차량계 건설기계(최대제한속도가 시속 10킬로미터 이하인 것은 제외한다)를 사용하여 작업을 하는 경우 미리 작업장소의 지형 및 지반 상태 등에 적합한 제한속도를 정하고, 운전자로 하여금 준수하도록 하여야 한다.
② 사업주는 궤도작업차량을 사용하는 작업, 입환기로 입환작업을 하는 경우에 작업에 적합한 제한속도를 정하고, 운전자로 하여금 준수하도록 하여야 한다.
③ 운전자는 제1항과 제2항에 따른 제한속도를 초과하여 운전해서는 아니 된다.

2. 취급·운반의 기본 원칙

(1) 취급·운반의 3조건

① 운반거리를 단축시킬 것
② 운반을 기계화할 것
③ 손이 닿지 않는 운반방식으로 할 것

(2) 취급·운반의 5원칙

① 직선운반을 할 것
② 연속운반을 할 것
③ 운반작업을 집중화시킬 것
④ 생산을 최고로 하는 운반을 생각할 것
⑤ 최대한 시간과 경비를 절약할 수 있는 운반방법을 고려할 것

(3) 운반의 가치 증진

① 시간적 효용의 증진
② 형태적 효용의 증진
③ 소유가치 이전의 증진
④ 장소적 효용의 증진

(4) 인력운반시 재해

① **요통** : 물건을 무리하게 또는 갑작스럽게 올리거나 운반하다가 허리를 삐어 발생한다.
② **협착(압상)** : 중량물을 들어올리거나 내릴 때 또는 발이 취급 중량물과 지면, 건축물 등에 끼어 발생한다.
③ **낙하** : 중량물을 들어올리거나 운반하다 힘에 겨워 중량물을 떨어뜨려 발생한다.
④ **충돌** : 물건을 운반하는 중에 다른 사람과 부딪쳐 발생한다.

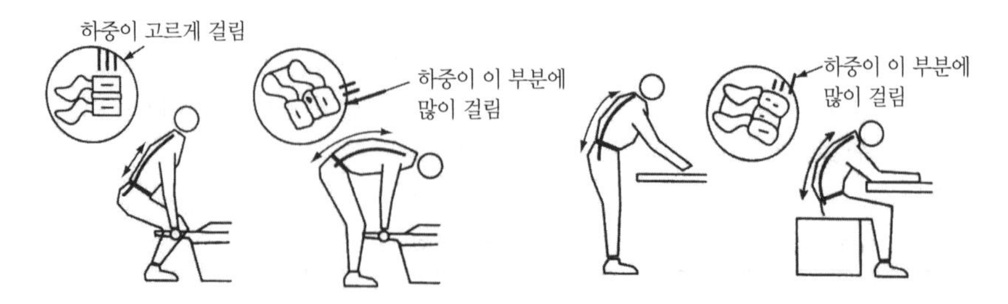

[그림] 자세에 따른 요추 부위의 하중 차이 21. 8. 14 기

합격예측

공동작업시 운반사항

① 긴 물건은 같은 쪽의 어깨에 메고 운반한다.
② 모든 사람에게 무게가 균등한 부하가 걸리게 한다.
③ 물건을 올리고 내릴 때에는 행동을 동시에 취한다.
④ 명령과 지시는 한 사람 만이 내린다.
⑤ 3명 이상이 운반시에는 한 동작으로 발을 맞추어 운반한다.

용어정의

① 소형 중량물 : 총 무게 50[t] 미만
② 중형 중량물 : 총 무게 50~150[t]
③ 대형 중량물 : 총 무게 150[t] 이상

합격예측 및 관련법규

제99조(운전위치 이탈 시의 조치)

(1) 사업주는 차량계 하역운반기계등, 차량계 건설기계의 운전자가 운전위치를 이탈하는 경우 해당 운전자에게 다음 각 호의 사항을 준수하도록 하여야 한다. 17. 9. 23 기
① 포크, 버킷, 디퍼 등의 장치를 가장 낮은 위치 또는 지면에 내려 둘 것
② 원동기를 정지시키고 브레이크를 확실히 거는 등 갑작스러운 주행이나 이탈을 방지하기 위한 조치를 할 것
③ 운전석을 이탈하는 경우에는 시동키를 운전대에서 분리시킬 것. 다만, 운전석에 잠금장치를 하는 등 운전자가 아닌 사람이 운전하지 못하도록 조치한 경우에는 그러하지 아니하다.
(2) 차량계 하역운반기계등, 차량계 건설기계의 운전자는 운전위치에서 이탈하는 경우 제1항 각 호의 조치를 하여야 한다.

[표] 요통방지대책

기계화 운반기기	포크리프트, 호이스트, 컨베이어 등 하역 기계의 활용
취급중량 한계	① 원칙적으로 단독작업은 30[kg] 이하로 한다. ② 물건의 중량은 장시간 작업시에는 일반적으로 체중의 40[%]를 한도로 한다.
동작 자세 16. 10. 1 산	① 물건에 될 수 있는 대로 접근하여 중심을 낮게 한다. ② 어깨보다 높이 들어올리지 않는다. ③ 무리한 자세를 장시간 지속하지 않는다.
시간 작업량	① 30[kg]의 물건은 취급량 1일 1인에 15[t] 이내(30[kg]×500개) ② 운반거리 2[km] 이내(4[m]×500개) ③ 실동(實動) 시간 2.5시간 이내(15초×500=125분) ④ 1연속 작업 20분 이내
휴식 조건	① 뒤에 기댈 수 있는 의자를 이용할 것 ② 잠깐 쉬는 시간도 의자에 의하여 휴식을 취할 것
체조(작업 전)	① 요부를 중심으로 한 체조를 실시한다. ② 지휘자, 음악 등에 의한 것은 더욱 좋을 것이다.
적성 건진(健診)	① 운전 기능 검사 실시 ② 요부의 건강 실시
교육 훈련	① 작업표준을 규정한다. ② 표준에 의하여 훈련한다.

[표] 연령별, 성별 운반 무게 비교

연 령	남성[kg]	여성[kg]
14~16세	15	10
16~18세	19	12
18~20세	23	14
20~35세	25	15
35~50세	21	13
50세 이상	16	10

⑤ 운반능력(일[kg·m] = 들어올리는 중량([kg]×들어올리는 거리[m])

㉮ 상면 : 요고까지 들어올림

(들어올리는 중량)$W = W_1 +$(체중)$\times 40[\%]$

㉯ 요고 : 견고대까지 들어올림

(들어올리는 중량)$W = W_2 +$(체중)$\times 40[\%]$

㉰ 일반적으로 보아 체중의 40[%] 정도에서 보행은 60~80[m/분]이 가장 적합한 상태라고 한다.

합격예측

중량물 운반 공동작업시 안전수칙

① 작업지휘자를 반드시 정할 것
② 체력과 기량이 같은 사람을 골라 보조와 속도를 맞출 것
③ 운반 도중 서로 신호 없이 힘을 빼지 말 것
④ 긴 목재를 둘이서 메고 운반할 때에는 서로 소리를 내어 동작을 맞출 것
⑤ 들어올리거나 내릴 때에는 서로 신호를 하여 동작을 맞출 것

합격예측

요통재해를 일으키는 인자 20. 6. 14 산

① 물건의 중량
② 작업자세
③ 작업시간

합격예측

요통 방지대책

① 단위시간당 작업량을 적절히 한다.
② 작업전 체조 및 휴식을 부여한다.
③ 적정배치 및 교육훈련을 실시한다.
④ 운반작업을 기계화한다.
⑤ 취급중량을 적절히 한다.
⑥ 작업자세의 안전화를 도모한다.

합격예측

대표적인 작업자세 평가방법

기법	OWAS	RULA
개념	작업자의 부적절한 작업자세를 정의하고 평가하기 위해 개발한 방법	어깨, 팔목, 손목, 목 등의 상지에 초점을 두고 작업자세로 인한 작업부하를 쉽고 빠르게 평가
특징	현장에 적용하기 쉬우나 몸통과 팔의 자세분류가 부정확하고 팔목 등에 대한 정보 미반영	근육피로, 정적 또는 반복적인 작업에 필요한 힘의 크기 등에 관한 부하평가 및 나쁜 작업자세의 비율을 쉽고 빠르게 파악

㉣ 가장 적당한 중량보다 가볍게 하여도 에너지는 감소되지 않는다. 초과하면 급격히 증가한다.

3. 운반작업의 기계화

(1) 기계화하여야 할 인력작업의 표준

① 3~4인 정도가 상당한 시간에 계속되어야 하는 운반 작업의 경우
② 발밑에서부터 머리 위까지 들어올리는 작업의 경우
③ 발밑에서 어깨까지 25[kg] 이상의 물건을 들어올리는 작업일 경우
④ 발밑에서 허리까지 50[kg] 이상의 물건을 들어올리는 작업일 경우
⑤ 발밑에서부터 무릎까지 75[kg] 이상의 물건을 들어올리는 작업일 경우
⑥ 두 걸음 이상 가로로(밑으로) 운반하는 작업이 연속되는 경우
⑦ 3[m] 이상 연속하여 운반 작업을 하는 경우
⑧ 1시간에 10[t] 이상의 운반량이 있는 작업인 경우

(2) 작업방법을 개선하는 방법

① 작은 물건을 상자나 용기에 넣어 운반한다.
② 트럭, 손수레 등을 이용한다.
③ 슈트(chute) 등을 설치하여 중력을 이용한다.
④ 컨베이어, 기중장치(동력, 수동), 포크리프트 등을 이용한다.
⑤ 작업장 내의 정리정돈과 조명을 적절히 한다.
⑥ 작업표준을 정하고 이를 준수한다.

[표] 인력과 기계운반작업 20. 8. 22 기

인력 운반	기계 운반
• 두뇌적인 판단이 필요한 작업 –분류, 판독, 검사 • 단독적이고 소량 취급 작업 • 취급물의 형상, 성질, 크기 등이 다양한 작업 • 취급물이 경량물인 작업	• 단순하고 반복적인 작업 • 표준화되어 있어 지속적이고 운반량이 많은 작업 • 취급물의 형상, 성질, 크기 등이 일정한 작업 • 취급물이 중량인 작업

(3) 기계화 작업수행 기준

① 에너지 대사율(RMR)이 7 이상인 경우에는 권장하고 10 이상인 경우에는 필수적임
② 2인 이상이 협동하여 장시간 계속적으로 하는 작업
③ 발끝에서 머리 위까지 들어올리는 작업

(4) 에너지 대사율로 구분한 작업강도

① 경(가벼운)작업에서는 0~2
② 중경도(보통)작업에서는 2~4
③ 중도(힘든)작업에서는 4 이상

(5) 운반작업시 안전기준

① 운반대 위에는 여러 사람이 타지 말 것
② 미는 운반차에 화물을 실을 때에는 앞을 볼 수 있는 시야를 확보할 것
③ 운반차의 출입구는 운반차의 출입에 지장이 없는 크기로 할 것
④ 운반차의 화물 적재 높이는 구미 여러 나라에서는 1,500±50[mm]이나 우리 나라는 한국인의 체격에 맞게 1,020[mm]를 중심으로 함이 적당
⑤ 운반차를 밀 때의 자세는 750~850[mm] 가량의 높이가 적당
⑥ 운반차에 물건을 쌓을 때에는 될 수 있는 대로 전체의 중심이 밑이 되도록 쌓을 것
⑦ 무게가 다른 것을 쌓을 때에는 무거운 물건을 밑에서부터 순차적으로 쌓아 실을 것

합격예측

화물 적재시 준수사항
17. 8. 26 산 18. 3. 4 산 19. 3. 3 산

① 침하의 우려가 없는 튼튼한 기반 위에 적재할것
② 건물의 칸막이나 벽 등에 화물의 압력에 견딜 만큼의 강도를 지니지 아니한 때에는 칸막이나 벽에 기대어 적재하지 아니하도록 할 것
③ 불안정할 정도로 높이 쌓아 올리지 말 것
④ 하중이 한 쪽으로 치우치지 않도록 쌓을 것

참고

산업안전보건기준에 관한 규칙 제393조(화물의 적재)

4. 운반기계

(1) 운반기계 선정시 일반적인 기준

① 2점간의 계속적 운반에는 컨베이어 이용 방식
② 일정지역 내에서의 계속적인 운반에는 크레인 이용 방식
③ 불특정 지역을 계속적으로 운반하는 데는 트럭 이용 방식

(2) 양중기의 종류

① **크레인** : 천장크레인, 호이스트크레인(hoist crane), 타워크레인(tower crane) 및 지브크레인(jib crane)
② **이동식 크레인** : 휠크레인(wheel crane), 크롤러크레인(crawler crane) 및 트럭크레인(truck crane)
③ **리프트(lift)** : 건설용 리프트, 산업용 리프트, 자동차 정비용 리프트, 이삿짐 운반용 리프트 등
④ **승강기(elevator)** : 화물용 승강기, 인화공용 승강기 및 에스컬레이터(공항 내에 설치되어 있는 수평보행기 포함)

합격예측

기계화해야 할 인력작업

① 3~4인 정도가 상당한 시간 계속해서 작업해야 되는 운반작업일 경우
② 발밑에서부터 머리 위까지 들어 올려야 되는 작업일 경우
③ 발밑에서부터 어깨까지 25[kg] 이상의 물건을 들어 올려야 되는 작업일 경우
④ 발밑에서부터 허리까지 50[kg] 이상의 물건을 들어 올려야 되는 작업일 경우
⑤ 발밑에서부터 무릎까지 75[kg] 이상의 물건을 들어 올려야 되는 작업일 경우

[표] 크레인의 종류

종 류	용도 및 특성
천장 크레인	고속, 고빈도, 중(重)작업용, 하중지지 브레이크, 기계브레이크, 전기 또는 유압 브레이크
특수 천장 크레인	고빈도, 중작업용, 공장 내 연기, 분진 등을 고려하여 운전 성능·보수 점검 등에 유의할 것
벽 크레인(wall-crane)	건물벽 등에 장착, 소형물(物) 하역용 360[°]회전 가능(jib 부착)
데릭(derrick)	재료가 적게 들며 각 부재의 각주는 해체 조립이 용이
해머형 크레인 (hammer crane)	경사신 지브(jib)가 없어 높은 양정과 긴 반경을 갖는다. 주로 조선소에서 사용
탑형 지브(jib) 크레인	경미한 인입운동이 가능 빈도가 많은 하역작업에 적합
자주 크레인	증기, 디젤 동력 레일대차 위에 jib 크레인을 장치
모빌 크레인	원동기가 있어 자유로이 작업현장을 바꿀 수 있는 이점이 있음
교량(가교)형 크레인	교량식 크레인을 문(門)형 크레인이라고도 함
케이블 크레인(cable crane)	산간의 교량, 수문 등의 조립시 사용 원목 운반에 사용
언더 로더	석탄, 광석 등을 선반에서 양육시 사용
크롤러 크레인(crawler crane)	주행차가 복대식(crawler)의 이동식 등

(3) 크레인 작업의 안전기준

① 작업중인 크레인 운전반경(작업반경) 내에 접근하지 않는다.
② 작업중인 운전자에게는 연락사항을 반드시 수신호로 한다.
③ 운전자의 주의력을 혼란케 하는 일은 삼간다.
④ 운전 전에 각 작동부분을 공회전시켜 본다.
⑤ 붐은 반드시 규정된 안전각도를 유지시킨다.
⑥ 급회전하지 않는다.
⑦ 운전석 위로 스윙하지 않는다.
⑧ 고압선으로부터 3[m] 이내에 크레인을 접근시키지 않는다.
⑨ 작업시 시계가 양호한 방향으로 스윙한다.
⑩ 붐의 각도를 20[°] 이하나 78[°] 이상으로 하여 작업하지 않는다.
⑪ 트럭 크레인은 평탄한 곳에 세워 아우트리거(outrigger)를 뻗어 안정성을 유지시킨다.

5. 와이어로프(wire rope)

(1) 와이어로프의 개요

① 로프 풀리에 로프를 걸어서 전동하는 것으로, 주로 옥외 작업의 동력 전달에 쓰이며 여러 가닥의 로프를 감아 쓰면 큰 힘을 전달할 수 있는 것이 특징이다.
② 와이어로프는 여러 개의 와이어로 1개의 가닥(strand)을 만들어 이것을 6개 이상 꼬아서 1개의 로프로 만든 것이다.
③ 여러 가닥 중 중심에는 기름을 포함시킨 대마 심선을 집어넣는다.
④ 로프의 크기는 지름의 굵기로서 표시하고 속도는 6~10[m/s](최대 25 [m/s])이며, 재료에는 연철과 강철이 사용되고 있다.

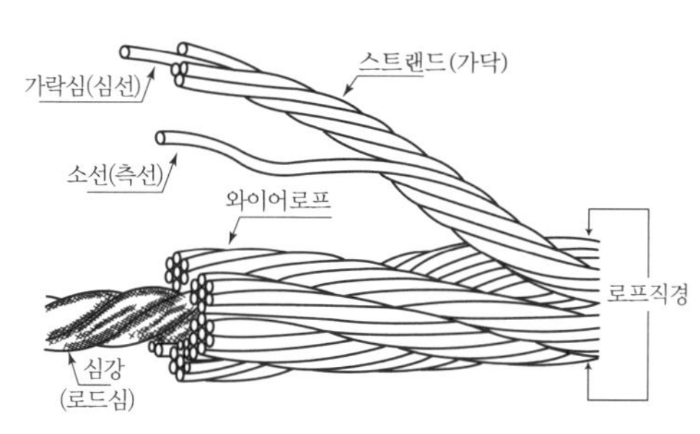

[그림] 와이어로프의 형태

(2) 와이어로프 선택시 고려할 사항

① 내마모성
② 내굽힘성 및 피로성
③ 내파단강도
④ 내진동 피로성
⑤ 잔류강도

① 보통 Z꼬임 ② 보통 S꼬임 ③ 랭Z꼬임 ④ 랭S꼬임

[그림] 로프 꼬임의 종류(KS D 7013)

호칭	7개선 6꼬임	12개선 6꼬임	19개선 6꼬임	24개선 6꼬임
구성기호	6×7	6×12	6×19	6×24
단면				
호칭	30개선 6꼬임	37개선 6꼬임	61개선 6꼬임	실형 19개선 6꼬임
구성기호	6×30	6×37	6×61	6×S(19)
단면				

[그림] 와이어로프 호칭 및 구성기호

합격예측

하역작업의 안전수칙

① 섬유로프 등의 꼬임이 끊어진 것이나 심하게 손상 또는 부식된 것을 사용하지 않는다.
② 바닥으로부터의 높이가 2[m] 이상 되는 하적단(포대, 가마니 등의 용기로 포장화물에 의하여 구성된 것에 한한다)은 인접 하적단의 간격을 하적단의 밑부분에서 10[cm] 이상으로 하여야 한다.
③ 바닥으로부터의 높이가 2[m] 이상인 하적단 위에서 작업을 하는 때에는 추락 등에 의한 근로자의 위험을 방지하기 위하여 해당 작업에 종사하는 근로자로 하여금 안전모 등의 보호구를 착용하도록 하여야 한다.

합격예측

와이어로프의 구성

(1) 구성요소 21. 5. 8 기 22. 4. 24 기
① 소선(wire)
② 가닥(strand)
③ 심(core) 또는 심강

(2) 필러선(filler wire)
① 와이어로프에 유연성과 내(耐)굽힘피로성과 내마모성을 주고 또 와이어로프의 모양이 망가지는 것을 방지하기 위해 와이어로프의 외층(外層) 소선(素線)수를 내층(內層)의 소선수의 2배로 해서 외층과 내층 극간에 내층과 같은 수를 짜 넣어진 가는 선
② 필러선은 스트랜드(strand)의 구성요소 선으로 취급되지 않는 선

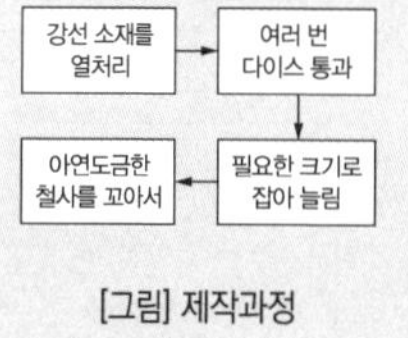

[그림] 제작과정

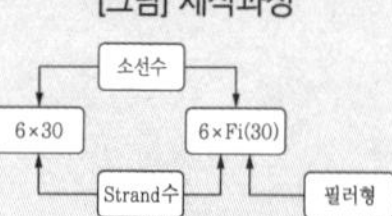

[그림] 와이어로프의 구성 표시 방법

제5편

합격예측

운반작업시 안전기준

① 짐을 몸 가까이 접근하여 물건을 들어 올린다.
② 몸에는 대칭적으로 부하가 걸리게 한다.
③ 물건을 운반시에는 몸을 반듯이 편다.
④ 물건을 올리고 내릴 때에는 움직이는 높이의 차이를 피한다.
⑤ 등을 반드시 핀 상태에서 물건을 들어 올린다.
⑥ 필요한 경우 운반작업은 대퇴부 및 둔부 근역에만 부하를 주는 상태에서만 무릎을 쪼그려 수행한다.
⑦ 가능하면 벨트, 운반대, 운반멜대 등과 같은 보조기구를 사용한다.

[표] 와이어로프의 꼬임 방법 19. 3. 3 기 19. 4. 27 기

꼬임 / 특징	보통 꼬임	랭 꼬임
외관	• 소선과 로프축은 평행이다.	• 소선과 로프축은 각도를 가진다.
장점	• 킹크(kink)를 잘 일으키지 않으므로 취급이 쉽다. • 꼬임이 견고하기 때문에 모양이 잘 흐트러지지 않는다.	• 소선은 긴 거리에 걸쳐서 외부와 접촉하므로 로프의 내마모성이 크다. • 유연하다.
단점	• 소선이 짧은 거리에 걸쳐 외부와 접촉하므로 국부적으로 단선을 일으키기 쉽다.(가닥과 소선 꼬임이 반대)	• 킹크를 일으키기 쉬우므로 취급주의가 필요하다.(가닥과 소선이 같은 방향)
용도	• 일반용	• 광산 삭도용

주 킹크라는 것은 꼬임이 되돌아가든가 서로 걸려서 엉킴(kink)이 생기는 상태

(3) 로프를 드럼에 감는 방법

① 로프를 감고 풀 때는 킹크가 생기지 않도록 주의한다.
② 다음 그림과 같이 제1단이 바르게 줄지어 감겨져서 제2단부터는 정확하게 감긴다. 반대 방향으로 감으면 교차하거나 겹쳐져서 변형, 마모 및 탈선의 원인이 되어 위험하다.
③ 지브 및 드럼의 직경 D와 와이어로프 직경 d와의 비 D/d가 클수록 로프 수명이 길어지므로 조건이 허용하는 한 지브 및 드럼이 큰 것을 사용하는 것이 안전에 효과적이다.
④ 지브 홈의 직경은 로프 공칭직경의 1.07배 가량이 적합하다.

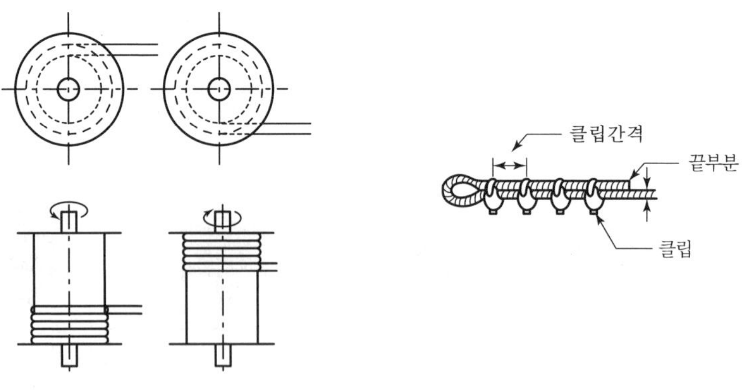

[그림] 와이어로프 감는 법

[그림] 클립(clip)수 4개 이상 체결

(4) 와이어로프의 안전율 19. 8. 4 기

$$S = \frac{NP}{Q}$$

여기서, S : 안전율
P : 로프의 파단강도[kg]
N : 로프 가닥수
Q : 안전하중[kg]

[표] 권상용 와이어로프의 안전율(n)

운반기계별	안전율(n)	
크레인	n=5 이상	
리프트	화 물 용	n=6 이상
	인·화공용	n=10 이상
승강기	승 용	n=10 이상
	화 물 용	n=6 이상

주 ① 크레인의 권상용 체인은 안전율 5 이상일 것
② 운반 보조를 위한 지지용 와이어로프 n = 4 이상

(5) 와이어로프 폐기기준(금지사항)

① 와이어의 파손 또는 변형으로 인하여 기능, 내구력이 없어진 것
② 와이어의 한 꼬임에서 끊어진 소선의 수가 10[%] 이상인 것
③ 마모로 인하여 지름의 감소가 공칭지름의 7[%]를 초과하는 것
④ 킹크가 생긴 것
⑤ 심하게 부식되거나 변형된 것
⑥ 열과 전기충격에 의해 손상된 것

[표] wire rope 가공(단말처리)방법 23. 6. 17 지단

그 림	명 칭	효 과	특 징	결 점	비 고
	약 식 묶음법	30~50 [%]	간단하여 응급 사용목적	극히 위험하고 본격적인 사용은 불가	공구가 없고 긴급시 적용
	수편이음 (사스마법)	60~90 [%]	기계 필요 없고 현장 작업 가능	숙련에 따라 불안전하고 위험	고래적인 방식
	U bolt 클립법	약 80 [%]	간단히 부착되며 점검이 용이	볼트 조임 조절이 어렵고 지나치면 위험	높은 시설물 등에 직접 부착시 적용

참고

진폴데릭

① 통나무, 철파이프 또는 철골 등으로 기둥을 세우고 3[t] 이상의 지선을 매어 기둥을 경사지게 세워 기둥 끝에 활차를 달고 윈치에 연결시켜 권상시키는 것이다.
② 간단하게 설치할 수 있으며 경미한 건물을 철골건립에 사용된다.

Q 은행문제

기계운반하역 시 걸이 작업의 준수사항으로 옳지 않은 것은? 16. 10. 1 산

① 와이어로프 등은 크레인의 후크 중심에 걸어야 한다.
② 인양 물체의 안정을 위하여 2줄 걸이 이상을 사용하여야 한다.
③ 매다는 각도는 70° 정도로 한다.
④ 근로자를 매달린 물체위에 탑승시키지 않아야 한다.

정답 ③

참고

삼각데릭 17. 8. 26 산

① 가이데릭과 비슷하나 주기둥을 지탱하는 지선 대신에 2본의 다리에 의해 고정된 것으로 작업 회전반경은 약 270[°] 정도로 가이데릭과 성능은 거의 같다.
② 비교적 높이가 낮은 면적의 건물에 유효하다.
③ 최상층 철골 위에 설치하여 타워크레인 해체후 사용하거나, 또 증축공사인 경우 기존 건물 옥상 등에 설치하여 사용되고 있다.

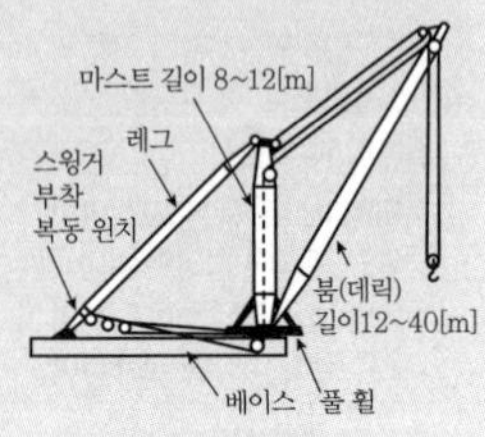

[그림] 삼각데릭
(stiffleg derrick)

	클램프법 (lock 가공법)	약 100 [%]	미려하고 극히 안전함	특수 고압 기계가 필요함	구미 여러 나라에서 많이 적용. 안전관리상, 경제상, 작업환경상 우수함
	소 켓 (socket)법	약 100 [%]	효율 좋고 사용상 안전함	소켓 부분의 손상이 쉽고 작업 불편	합금(아연주물) 사용, 금구끼리 연결용
	본계수법	약 100 [%]	삭도 및 endless 필요	가공기술 필요하고 세물만 가공 가능	endless용으로 가공

(6) 로프에 걸리는 하중 계산방법

① 그림과 같은 하물을 들어올릴 때 권상로프에 걸리는 총하중(W_0)은

$$W_0 = 정하중(W_1) + 동하중(W_2)$$

$$\left\{ 동하중 = \frac{W_1}{9.8[m/sec^2]} \times 가속도[m/sec^2] \right\}$$

② sling wire 한 가닥에 걸리는 하중 19. 8. 4 산

$$하중 = \frac{하물의\ 무게}{2} \div \cos\frac{\theta}{2}$$

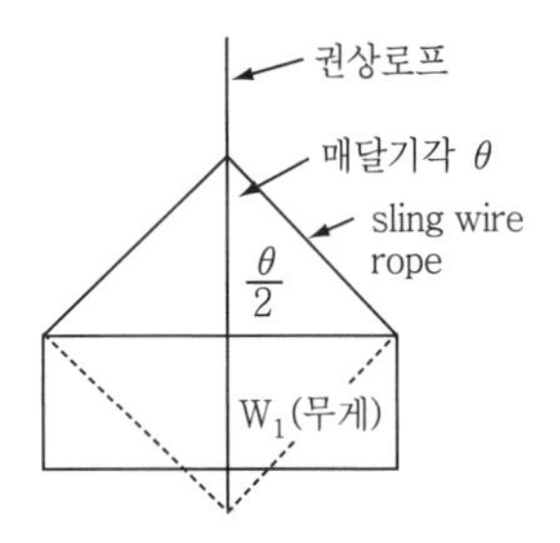

(7) 체인블록의 사용 제한 조건

① 안전율 : 5 이하
② 링크지름 : 1/4 이상 마모
③ 영구신장률 : 링크에 대하여 5[%] 이상

[표] 유볼트(U Bolt) 고정방법 (단위 : [mm])

로프의 직경	클립 간격	클립의 수	로프의 직경	클립 간격	클립의 수
9~16	80	4	28	180	5
18	11	5	32	200	6
22	130	5	36	230	7
24	150	5	38	250	8

(8) 체인의 강도와 수명

① 길이의 증가가 제조시 길이의 5[%]를 초과하지 않을 것. 단, 5개 ring 이상 측정

② 링의 단면지름의 감소가 링 제조 당시의 지름의 10[%]를 초과한 것(또는 링의 단면지름 d가 0.9 이하)

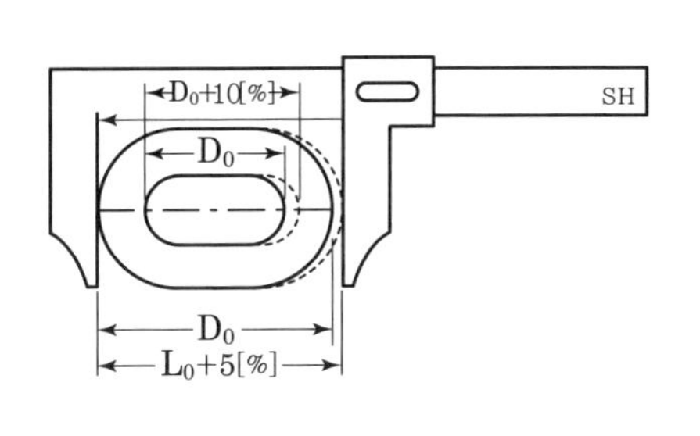

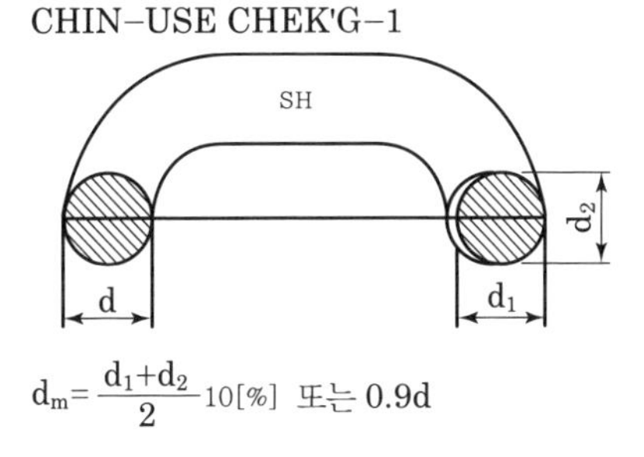

$d_m = \frac{d_1+d_2}{2}$ 10[%] 또는 0.9d

[그림] 체인 측정

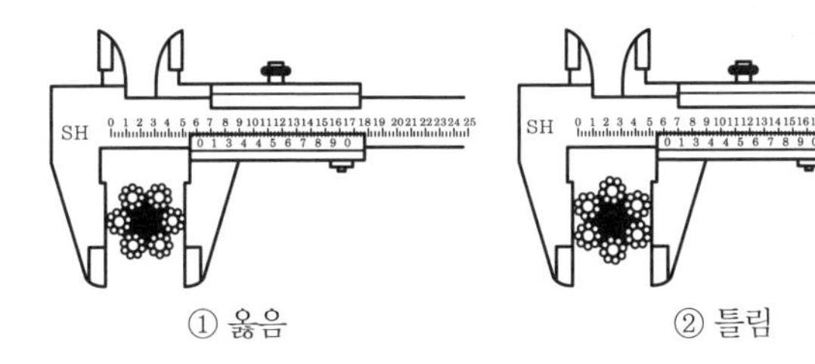

① 옳음　　② 틀림

[그림] 버니어캘리퍼스 이용 로프지름 측정

6. 철근운반시 준수사항 및 안전기준

(1) 인력운반 안전기준 17. 5. 7 산 19. 3. 3 기 19. 9. 21 기 산

① 1인당 무게는 25[kg] 정도가 적절하며, 무리한 운반 금지

② 2인 이상 1조가 되어 어깨메기로 하여 운반하는 등 안전을 도모

③ 긴 철근을 1인이 운반시 앞쪽을 높게하여 어깨에 메고 뒤쪽 끝을 끌면서 운반

④ 운반시 양끝을 묶어 운반

⑤ 내려놓을 때는 던지지 말고 천천히 내려놓을 것

⑥ 공동 작업시 신호에 따라 작업(신호 준수)

(2) 기계운반 안전기준

① 작업책임자를 배치하여 수신호 또는 표준신호 방법에 의하여 시행

② 달아올릴 때에는 로프와 기구의 허용하중을 검토하여 과중하게 달아올리지 말 것

합격예측

가이데릭 18. 4. 28 산

① 주기둥과 붐으로 구성되어 있고 6~8본의 지선으로 주기둥이 지탱되고 주 각부에 붐을 설치 360[°] 회전이 가능하다.

② 인양하중이 크고 경우에 따라서 쌓아 올림도 가능하지만 타워크레인에 비하여 선회성, 안전성이 뒤떨어지므로 인양하물의 중량이 특히 클 때 필요로 할 뿐이다.

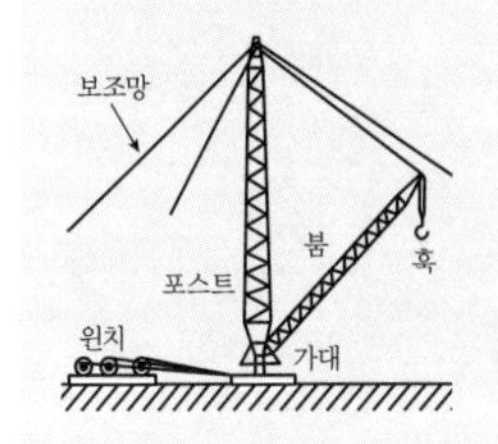

[그림] guy derrick

제5편

합격예측

방호철망의 설치기준

① 철망호칭 #13 내지 #16의 것을 사용한다.
② 아연도금 철선으로 지름 0.9[mm](#20) 이상의 것을 사용한다.
③ 15[cm] 이상 겹쳐대고 60[cm] 이내의 간격으로 간결하여 틈이 생기지 않도록 한다.

③ 비계, 거푸집 등에 대량의 철근 적치 금지
④ 달아올리는 부근에 관계 근로자 이외 출입 금지
⑤ 권양기 운전자는 현장책임자가 지정

(3) 철근운반시 감전사고 등의 예방

① 철근 운반작업을 하는 바닥 부근에는 전선 배선 금지
② 철근 운반작업 주변의 전선은 사용철근의 최대길이 이상의 높이에 배선, 이격거리는 최소 2[m] 이상
③ 운반 장비는 반드시 전선의 배선 상태를 확인한 후 운행

2 하역작업

1. 개 요

(1) 하역운반의 기본조건

① 운반 장소 ② 운반 수단
③ 운반 시간 ④ 운반 물건
⑤ 작업 주체

(2) 하역작업의 개선시 고려사항

① 운반목표를 명확하게 설정한다.
② 운반설비의 배치를 검토하여 시정한다.
③ 운반능력의 균형을 검토한다.
④ 최소 작업 단위로 작업 동작을 통합해야 한다.
⑤ 연락의 조직화, 합리화를 도모한다.

2. 하역작업의 안전

(1) 항만 하역작업의 안전기준 17. 5. 7 기·산 18. 4. 28 기

① 부두, 안벽 등 하역 작업을 하는 장소에 대하여는 다음 조치를 하여야 한다.
㉮ 작업장 및 통로의 위험한 부분에는 안전하게 작업할 수 있는 조명을 유지할 것
㉯ 부두 또는 안벽의 선을 따라 통로를 설치할 때에는 폭을 90[cm] 이상으로 할 것 17. 9. 23 기 18. 4. 28 기 19. 3. 3 기 20. 6. 14 산 21. 5. 15 기

㉰ 육상에서의 통로 및 작업 장소로서, 다리 또는 갑문을 넘는 보도 등의 위험한 부분에는 적당한 울 등을 설치할 것

② 갑판의 윗면에서 선창 밑바닥까지의 깊이가 1.5[m]를 초과하는 선창의 내부에서 화물 취급작업을 하는 때에는 해당 작업에 종사하는 근로자가 안전하게 통행할 수 있는 설비를 설치하여야 한다. 다만, 안전하게 통행할 수 있는 설비가 선박에 설치되어 있을 때에는 그러하지 아니하다. 19. 8. 4 기

③ 다음에 해당하는 장소에 근로자를 출입하게 하여서는 안 된다.

㉮ 해치커버의 개폐·설치 또는 해치 빔의 부착 또는 해체 작업을 하고 있는 장소의 아래로서 해치보드 또는 해치빔 등의 낙하에 의하여 근로자에게 위험을 미칠 우려가 있는 장소

㉯ 양화장치 붐이 넘어짐으로써 근로자에게 위험을 미칠 우려가 있는 장소

㉰ 양화장치 등에 매달린 화물이 떨어져 근로자에게 위험을 미칠 우려가 있는 장소

④ 항만 하역작업을 시작하기 전에 해당 작업을 하는 선창의 내부, 갑판의 위 또는 안벽 위에 있는 화물 중에 부식성 물질, 위험물 또는 염소, 시안산, 4알킬연 등 급성 중독을 일으킬 우려가 있는 물질이 있는지 여부를 조사하여 급성 중독물질이 있는 경우에는 급성 중독물질 등의 안전한 취급 방법을, 급성 중독물질 등이 날아 흩어지거나 누출되는 경우에는 그 처리 방법을 정하여 해당 작업에 종사하는 근로자에게 교육하여야 한다.

⑤ 300[t]급 이상의 선박에서 하역 작업을 하는 때에는 근로자들이 안전하게 승강할 수 있는 현문 사다리를 설치하여야 하며, 이 사다리 밑에 안전망을 설치하여야 한다. 또한 현문 사다리는 견고한 재료로 제작된 것으로 너비는 55[cm] 이상이어야 하며 양측에 82[cm] 이상 높이로 방책을 설치하고, 바닥은 미끄러지지 아니하도록 적합한 재질로 처리되어야 한다. 17. 9. 23 기 18. 3. 4 기 20. 8. 22 기

⑥ 양화장치 등을 사용하여 양화작업을 할 때에는 선창 내부의 화물을 안전하게 운반할 수 있도록 미리 해치의 수직 하부에 옮겨 놓아야 한다.

⑦ 양화장치 등을 사용하여 드럼통 등의 화물 권상 작업을 행하는 때에는 해당 화물이 벗어지거나 탈락하지 아니하도록 하는 구조의 해지 장치가 설치된 후 부착 슬링을 사용해야 한다.

⑧ 선내 하역 작업을 할 때에는 관리감독자로 하여금 다음 각 호의 사항을 이행하도록 하여야 한다.

㉮ 작업 방법을 결정하고 작업을 지휘하는 일

㉯ 통행 설비, 하역기계, 보호구 및 기구, 공구를 점검, 정비하고 이들의 사용 상황을 감시하는 일

㉰ 주변 작업자간의 연락 조정을 행하는 일

합격예측

콘크리트 타설시 거푸집의 측압에 미치는 영향 17. 5. 7 산

① 슬럼프가 클수록 크다(물·시멘트비가 클수록 크다).
② 기온이 낮을수록 크다.(대기중에 습도가 낮을수록 크다.)
③ 콘크리트의 치어붓기 속도가 클수록 크다.
④ 거푸집의 수밀성이 높을수록 크다.
⑤ 콘크리트의 다지기가 강할수록 크다.(진동기 사용시 측압은 30[%] 정도 증가)
⑥ 거푸집의 수평단면이 클수록 크다.(벽두께가 클수록 크다.)
⑦ 거푸집의 강성이 클수록 크다.
⑧ 거푸집 표면이 매끄러울수록 크다.
⑨ 콘크리트의 비중이 클수록 크다.(단위중량이 클수록 크다.)
⑩ 묽은 콘크리트일수록 크다.
⑪ 철근량이 적을수록 크다.
⑫ 측압은 생콘크리트의 높이가 높을수록 커지는 것이나 일정한 높이에 이르면 측압의 증대는 없게 된다.

참고

풍하중의 계산 방법

① 풍하중은 다음 식에 의해 계산된다. 이 경우 폭풍시 풍속은 35[m/s], 폭풍이외의 풍속은 16[m/s]로 한다.

$$W=qCA$$

여기서,
W : 풍하중(kg)
q : 속도압(kg/cm²)
C : 풍력계수
A : 수압면적(m²)

② 속도압의 값은 다음 식에 의해 계산된다.

$$q=\frac{v^2}{30}\sqrt{h}$$

여기서,
q : 속도압(kg/cm²)
v : 풍속(m/sec)
h : 바람받는 면의 지상으로부터 높이[m](높이 15[m] 미만일 때는 15)

③ 풍력계수의 값은 시험에 의할 때를 제외하고는 고시상에 정한 값으로 한다.

합격예측 및 관련법규

제389조(화물 중간에서 화물 빼내기 금지)

사업주는 차량 등에서 화물을 내리는 작업을 하는 경우에 해당 작업에 종사하는 근로자에게 쌓여 있는 화물 중간에서 화물을 빼내도록 해서는 아니 된다. 18. 8. 19 ㉮ 21. 8. 14 ㉮

제390조(하역작업장의 조치기준) 21. 5. 15 ㉮ 23. 2. 28 ㉮

사업주는 부두·안벽 등 하역 작업을 하는 장소에 다음 각 호의 조치를 하여야 한다.

1. 작업장 및 통로의 위험한 부분에는 안전하게 작업할 수 있는 조명을 유지할 것
2. 부두 또는 안벽의 선을 따라 통로를 설치하는 경우에는 폭을 90센티미터 이상으로 할 것 24. 2. 15 ㉮
3. 육상에서의 통로 및 작업장소로서 다리 또는 선거(船渠) 갑문(閘門)을 넘는 보도(步道) 등의 위험한 부분에는 안전난간 또는 울타리 등을 설치할 것

제391조(하적단의 간격)

사업주는 바닥으로부터의 높이가 2미터 이상 되는 하적단(포대·가마니 등으로 포장된 화물이 쌓여 있는 것만 해당한다)과 인접 하적단 사이의 간격을 하적단의 밑부분을 기준하여 10센티미터 이상으로 하여야 한다.

(2) 화물취급의 안전기준 18. 8. 19 ㉮

① 섬유로프 등의 가닥이 끊어졌거나 심하게 손상 또는 부식된 것을 사용하지 않는다.

② 바닥으로부터의 높이가 2[m] 이상 되는 하적단(포대·가마니 등의 용기로 포장화물에 의하여 구성된 것에 한한다.)은 인접 하적단과의 간격을 하적단의 밑부분에서 10[cm] 이상으로 하여야 한다.

③ 바닥으로부터의 높이가 2[m] 이상인 하적단 위에서 작업을 하는 때에는 추락 등에 의한 근로자의 위험을 방지하기 위하여 해당 작업에 종사하는 근로자로 하여금 안전모 등의 보호구를 착용하도록 하여야 한다.

④ 화물을 적재하는 때에는 다음 각 호의 사항을 준수하여야 한다.
㉮ 침하의 우려가 없는 튼튼한 기반 위에 적재할 것
㉯ 건물의 칸막이나 벽 등이 화물의 압력에 견딜 만큼의 강도를 지니지 아니한 때에는 칸막이나 벽에 기대어 적재하지 아니하도록 할 것
㉰ 불안정할 정도로 높이 쌓아올리지 말 것
㉱ 편하중이 생기지 아니하도록 적재할 것

⑤ 섬유로프 등을 사용하여 화물 취급 작업을 하는 때에는 해당 섬유로프 등을 점검하고 이상을 발견한 섬유 로프 등을 즉시 교체하여야 한다.

⑥ 관리감독자는 다음의 업무를 이행하도록 하여야 한다.
㉮ 작업 방법 및 순서를 결정하고 작업을 지휘하는 일
㉯ 기구 및 공구를 점검하고 불량품을 제거하는 일
㉰ 그 작업 장소에는 관계 근로자 외의 자의 출입을 금지시키는 일
㉱ 로프 등의 해체 작업을 하는 때에는 하대 위 화물의 낙하 위험 유무를 확인하고 그 작업의 착수를 지시하는 일

(3) 차량계 하역운반 기계 및 건설기계 통로 폭 및 속도

① 운반차량의 구내 속도 : 8[km/h] 이내의 속도를 유지한다.

② 운반통로에서 우선 통과 순위 : ㉮ 기중기 ㉯ 짐을 실은 차 ㉰ 빈 차 ㉱ 사람

③ 부두 안벽선 통로 폭 : 90[cm] 이상

④ 물자 운반용 차량의 통로 폭
㉮ 일방통행용 : W = B+60[cm]
㉯ 양방통행용 : W = 2B+90[cm]
여기서 B : 운반차량의 폭

⑤ 제한속도를 정하지 않아도 되는 차량계 건설기계 : 10[km/h] 이하 17. 8. 26 ㉮

(4) 크레인의 손에 의한 공통적인 표준신호방법

운전구분	1. 운전자 호출	2. 운전방향 지시	3. 주권 사용	4. 보권 사용	5. 위로 올리기	6. 천천히 조금씩 위로 올리기
몸짓	호각 등을 사용하여 운전자와 신호자의 주의를 집중시킨다.					
방법		집게손가락으로 운전방향을 가리킨다.	주먹을 머리에 대고 떼었다 붙였다 한다.	팔꿈치에 손바닥을 떼었다 붙였다 한다.	집게손가락을 위로해서 수평원을 크게 그린다.	한 손을 들어올려 손목을 중심으로 작은 원을 그린다.
호각	아주 길게 아주 길게	짧게 길게	짧게 길게	짧게 길게	길게 길게	짧게 짧게

운전구분	7. 아래로 내리기	8. 천천히 조금씩 아래로 내리기	9. 수평이동	10. 물건걸기	11. 정지	12. 비상정지
몸짓						
방법	팔을 아래로 뻗고 집게손가락을 아래로 향해서 수평원을 그린다.	한 손을 지면과 수평하게 들고 손바닥을 지면 쪽으로 하여 2, 3회 작게 흔든다.	손바닥을 움직이고자 하는 방향의 정면으로 하여 움직인다.	양쪽 손을 몸 앞에다 대고 두 손을 깍지 낀다.	한 손을 들어올려 주먹을 쥔다.	양손을 들어올려 크게 2, 3회 좌우로 흔든다.
호각	길게 길게	짧게 짧게	강하고 짧게	길게 짧게	아주 길게	아주 길게 아주 길게

운전구분	13. 작업완료	14. 뒤집기	15. 천천히 이동	16. 기다려라	17. 신호불명	18. 기중기의 이상발생
몸짓						
방법	거수경례 또는 양손을 머리위에 교차시킨다.	양손을 마주보게 들어서 뒤집으려는 방향으로 2, 3회 절도있게 역전시킨다.	방향을 가리키는 손바닥 밑에 집게손가락을 위로 해서 원을 그린다.	오른손으로 왼손을 감싸 2, 3회 작게 흔든다.	운전자는 손바닥을 안으로 하여 얼굴 앞에서 2, 3회 흔든다.	운전자는 사이렌을 울리거나 한쪽 손의 주먹을 다른 손의 손바닥으로 2, 3회 두드린다.
호각	아주 길게	길게 짧게	짧게 길게	길게	짧게 짧게	강하고 짧게

합격예측 및 관련법규

유기화합물 취급 특별 장소

① 선박의 내부
② 차량의 내부
③ 탱크의 내부(반응기 등 화학설비 포함)
④ 터널이나 갱의 내부
⑤ 맨홀의 내부
⑥ 피트의 내부
⑦ 통풍이 충분하지 않은 수로의 내부
⑧ 덕트의 내부
⑨ 수관(水管)의 내부
⑩ 그 밖에 통풍이 충분하지 않은 장소

합격예측 및 관련법규

제392조(하적단의 붕괴 등에 의한 위험방지)

① 사업주는 하적단의 붕괴 또는 화물의 낙하에 의하여 근로자가 위험해질 우려가 있는 경우에는 그 하적단을 로프로 묶거나 망을 치는 등 위험을 방지하기 위하여 필요한 조치를 하여야 한다.
② 하적단을 쌓는 경우에는 기본형을 조성하여 쌓아야 한다.
③ 하적단을 헐어내는 경우에는 위에서부터 순차적으로 층계를 만들면서 헐어내어야 하며, 중간에서 헐어내어서는 아니 된다.

제396조(무포장 화물의 취급방법)

① 사업주는 선창 내부의 밀·콩·옥수수 등 무포장 화물을 내리는 작업을 할 때에는 시프팅보드(shift-ing board), 피더박스(feeder box) 등 화물 이동 방지를 위한 칸막이벽이 넘어지거나 떨어짐으로써 근로자가 위험해질 우려가 있는 경우에는 그 칸막이벽을 해체한 후 작업을 하도록 하여야 한다.
② 사업주는 진공흡입식 언로더(unloader) 등의 하역기계를 사용하여 무포장 화물을 하역할 때 그 하역기계의 이동 또는 작동에 따른 흔들림 등으로 인하여 근로자가 위험해질 우려가 있는 경우에는 근로자의 접근을 금지하는 등 필요한 조치를 하여야 한다.

합격예측

거푸집의 측압이 커지는 조건

① 기온이 낮을수록(대기중의 습도가 낮을수록) 크다.
② 치어붓기 속도가 클수록 크다.
③ 묽은 콘크리트 일수록(물·시멘트비가 클수록, 슬럼프값이 클수록, 시멘트·물비가 적을수록) 크다.
④ 콘크리트의 비중이 클수록 크다.
⑤ 콘크리트의 다지기가 강할수록 크다.
⑥ 철근양이 작을수록 크다.
⑦ 거푸집의 수밀성이 높을수록 크다.
⑧ 거푸집의 수평단면이 클수록(벽 두께가 클수록) 크다.
⑨ 거푸집의 강성이 클수록 크다.
⑩ 거푸집의 표면이 매끄러울수록 크다.
⑪ 측압은 생콘크리트의 높이가 높을수록 커지는 것이다. 어느 일정한 높이에 이르면 측압의 증대는 없게 된다.
⑫ 응결이 빠른 시멘트를 사용할 경우 크다.

(5) 데릭을 이용한 작업시의 신호방법

운전구분	1. 붐 위로 올리기	2. 붐 아래로 내리기	3. 붐을 올려서 짐을 아래로 내리기	4. 붐을 내리고 짐을 올리기	5. 붐을 늘리기	6. 붐을 줄이기
몸짓						
방법	팔을 펴 엄지손가락을 위로 향하게 한다.	팔을 펴 엄지손가락을 아래로 향하게 한다.	엄지손가락을 위로해서 손바닥을 폈다 오므렸다 한다.	팔을 수평으로 뻗고 엄지손가락을 밑으로 해서 손바닥을 폈다 오므렸다 한다.	두 주먹을 몸허리에 놓고 두 엄지손가락을 밖으로 향한다.	두 주먹을 몸허리에 놓고 두 엄지손가락을 서로 안으로 마주 보게 한다.
호각	짧게, 짧게, 길게	짧게 짧게	짧게 길게	짧게 길게	강하고 짧게	길게 길게

(6) Magnetic 크레인 사용 작업시의 신호방법

운전구분	1. 마그넷 붙이기	2. 마그넷 떼기
몸짓		
방법	양쪽 손을 몸 앞에다 대고 꽉 낀다.	양손을 몸앞에서 측면으로 벌린다.(손바닥은 지면으로 향하도록 한다.)
호각	길게 짧게	길게

3. 건설업체 산업재해발생률 및 산업재해발생 보고의무 위반건수의 산정 기준과 방법

1. 산업재해발생률 및 산업재해 발생 보고의무 위반에 따른 가감점 부여대상이 되는 건설업체는 매년 「건설산업기본법」 제23조에 따라 국토교통부장관이 시공능력을 고려하여 공시하는 건설업체 중 고용노동부장관이 정하는 업체로 한다.

2. 건설업체의 산업재해발생률은 다음의 계산식에 따른 업무상 사고사망만인율(이하 "사고사망만인율"이라 한다)로 산출하되, 소수점 셋째 자리에서 반올림한다.

$$사고사망만인율(‱) = \frac{사고사망자\ 수}{상시\ 근로자\ 수} \times 10{,}000$$

3. 제2호의 계산식에서 사고사망자 수는 다음과 같은 기준과 방법에 따라 산출한다.
   가. 사고사망자 수는 사고사망만인율 산정 대상 연도의 1월 1일부터 12월 31일까지의 기간 동안 해당 업체가 시공하는 국내의 건설 현장(자체사업의 건설 현장은 포함한다. 이하 같다)에서 사고사망재해를 입은 근로자 수를 합산하여 산출한다. 다만, 별표 26 제2호마목에 따른 이상기온에 기인한 질병사망자는 포함한다.
      1) 「건설산업기본법」 제8조에 따른 종합공사를 시공하는 업체의 경우에는 해당 업체의 소속 사고사망자 수에 그 업체가 시공하는 건설현장에서 그 업체로부터 도급을 받은 업체(그 도급을 받은 업체의 하수급인을 포함한다. 이하 같다)의 사고사망자 수를 합산하여 산출한다.
      2) 「건설산업기본법」 제29조제3항에 따라 종합공사를 시공하는 업체(A)가 발주자의 승인을 받아 종합공사를 시공하는 업체(B)에 도급을 준 경우에는 해당 도급을 받은 종합공사를 시공하는 업체(B)의 사고사망자 수와 그 업체로부터 도급을 받은 업체(C)의 재해자 수를 도급을 한 종합공사를 시공하는 업체(A)와 도급을 받은 종합공사를 시공하는 업체(B)에 반으로 나누어 각각 합산한다. 다만, 그 산업재해와 관련하여 법원의 판결이 있는 경우에는 산업재해에 책임이 있는 종합공사를 시공하는 업체의 사고사망자 수에 합산한다.
      3) 제75조제1항에 따른 산업재해조사표를 제출하지 않아 고용노동부장관이 산업재해 발생연도 이후에 산업재해가 발생한 사실을 알게 된 경우에는 그 알게 된 연도의 사고사망자 수로 산정한다.
   나. 둘 이상의 업체가 「국가를 당사자로 하는 계약에 관한 법률」 제25조에 따라 공동계약을 체결하여 공사를 공동이행 방식으로 시행하는 경우 해당 현장에서 발생하는 사고사망자 수는 공동수급업체의 출자 비율에 따라 분배한다.
   다. 건설공사를 하는 자(도급인, 자체사업을 하는 자 및 그의 수급인을 포함한다)와설치, 해체, 장비 임대 및 물품 납품 등에 관한 계약을 체결한 사업주의 소속 근로자가 그 건설공사와 관련된 업무를 수행하는 중 사고사망재해를 입은 경우에는 건설공사를 하는 자의 사고사망자 수로 산정한다.

합격예측

$$사고사망만인율(‱) = \frac{사고사망자\ 수}{상시\ 근로자\ 수} \times 10{,}000$$

합격예측 및 관련법규

16. 8. 21 ㉮

제233조(가스용접 등의 작업)

사업주는 인화성 가스, 불활성 가스 및 산소(이하 "가스 등"이라 한다)를 사용하여 금속의 용접·용단 또는 가열작업을 하는 경우에는 가스 등의 누출 또는 방출로 인한 폭발·화재 또는 화상을 예방하기 위하여 다음 각 호의 사항을 준수하여야 한다.

1. 가스 등의 호스와 취관(吹管)은 손상·마모 등에 의하여 가스 등이 누출할 우려가 없는 것을 사용할 것
2. 가스 등의 취관 및 호스의 상호 접촉부분은 호스밴드, 호스클립 등 조임기구를 사용하여 가스등이 누출되지 않도록 할 것
3. 가스 등의 호스에 가스 등을 공급하는 경우에는 미리 그 호스에서 가스 등이 방출되지 않도록 필요한 조치를 할 것
4. 충격을 가하지 않도록 할 것
5. 운반하는 경우에는 캡을 씌울 것
6. 사용하는 경우에는 용기의 마개에 부착되어 있는 유류 및 먼지를 제거할 것
7. 밸브의 개폐는 서서히 할 것
8. 사용 전 또는 사용 중인 용기와 그 밖의 용기를 명확히 구별하여 보관할 것
9. 용해아세틸렌의 용기는 세워 둘 것
10. 용기의 부식·마모 또는 변형상태를 점검한 후 사용할 것

라. 삭제 〈2018. 12. 31.〉

마. 사고사망자 중 다음의 어느 하나에 해당하는 경우로서 사업주의 법 위반으로 인한 것이 아니라고 인정되는 재해에 의한 사고사망자는 사고사망자 수 산정에서 제외한다.

1) 방화, 근로자간 또는 타인간의 폭행에 의한 경우

2) 「도로교통법」에 따라 도로에서 발생한 교통사고에 의한 경우(해당 공사의 공사용 차량·장비에 의한 사고는 제외한다)

3) 태풍·홍수·지진·눈사태 등 천재지변에 의한 불가항력적인 재해의 경우

4) 작업과 관련이 없는 제3자의 과실에 의한 경우(해당 목적물 완성을 위한 작업자간의 과실은 제외한다)

5) 삭제 〈2018. 12. 31.〉

6) 그 밖에 야유회, 체육행사, 취침·휴식 중의 사고 등 건설작업과 직접 관련이 없는 경우

바. 삭제 〈2014.3.12.〉

사. 재해 발생 시기와 사망 시기의 연도가 다른 경우에는 재해 발생 연도의 다음연도 3월 31일 이전에 사망한 경우에만 산정 대상 연도의 사고사망자수로 산정한다.

4. 제2호의 계산식에서 상시 근로자 수는 다음과 같이 산출한다.

$$\text{상시 근로자 수} = \frac{\text{연간 국내공사 실적액} \times \text{노무비율}}{\text{건설업 월평균임금} \times 12}$$

21. 9. 12 기

가. '연간 국내공사 실적액'은 「건설산업기본법」에 따라 설립된 건설업자의 단체, 「전기공사업법」에 따라 설립된 공사업자단체, 「정보통신공사업법」에 따라 설립된 정보통신공사협회, 「소방시설공사업법」에 따라 설립된 한국소방시설협회에서 산정한 업체별 실적액을 합산하여 산정한다.

나. '노무비율'은 「고용보험 및 산업재해보상보험의 보험료징수 등에 관한 법률 시행령」 제11조제1항에 따라 고용노동부장관이 고시하는 일반 건설공사의 노무비율(하도급 노무비율은 제외한다)을 적용한다.

다. '건설업 월평균임금'은 「고용보험 및 산업재해보상보험의 보험료징수 등에 관한 법률 시행령」 제2조제1항제3호가목에 따라 고용노동부장관이 고시하는 건설업 월평균임금을 적용한다.

5. 고용노동부장관은 제3호마목에 따른 사고사망자 수 산정 여부 등을 심사하기 위하여 다음 각 목의 어느 하나에 해당하는 사람 각 1명 이상으로 심사단을 구성·운영할 수 있다.

가. 전문대학 이상의 학교에서 건설안전 관련 분야를 전공하는 조교수 이상인 사람

나. 공단의 전문직 2급 이상 임직원

다. 건설안전기술사 또는 산업안전지도사(건설안전 분야에만 해당한다) 등 건설안전 분야에 학식과 경험이 있는 사람

6. 산업재해 발생 보고의무 위반건수는 다음 각 목에서 정하는 바에 따라 산정한다.

가. 건설업체의 산업재해 발생 보고의무 위반건수는 국내의 건설현장에서 발생한 산업재해의 경우 법 제57조제3항에 따른 보고의무를 위반(제75조제1항에 따른 보고기한을 넘겨 보고의무를 위반한 경우는 제외한다)하여 과태료 처분을 받은 경우만 해당한다.

나. 「건설산업기본법」 제8조에 따른 종합공사를 시공하는 업체의 산업재해 발생 보고의무 위반건수에는 해당 업체로부터 도급받은 업체(그 도급을 받은 업체의 하수급인은 포함한다)의 산업재해 발생 보고의무 위반건수를 합산한다.

다. 「건설산업기본법」 제29조제3항에 따라 종합공사를 시공하는 업체(A)가 발주자의 승인을 받아 종합공사를 시공하는 업체(B)에 도급을 준 경우에는 해당 도급을 받은 종합공사를 시공하는 업체(B)의 산업재해 발생 보고의무 위반건수와 그 업체로부터 도급을 받은 업체(C)의 산업재해 발생 보고의무 위반건수를 도급을 준 종합공사를 시공하는 업체(A)와 도급을 받은 종합공사를 시공하는 업체(B)에 반으로 나누어 각각 합산한다.

라. 둘 이상의 건설업체가 「국가를 당사자로 하는 계약에 관한 법률」 제25조에 따라 공동계약을 체결하여 공사를 공동이행 방식으로 시행하는 경우 산업재해 발생 보고의무 위반건수는 공동수급업체의 출자비율에 따라 분배한다.

합격예측

산업재해의 기본원인 4M

외적(환경적) 요인(4M)

① 인간관계요인(Man) : 인간관계 불량으로 작업의욕 침체, 능률저하, 안전의식 저하 등을 초래

② 설비적(물적)요인(Machine) : 기계설비 등의 물적 조건, 인간공학적 배려 및 작업성, 보전성, 신뢰성 등을 고려

③ 작업적 요인(Media)

㉮ 작업의 내용, 방법, 정보 등의 작업방법적 요인

㉯ 작업을 실시하는 장소에 관한 작업환경적 요인

④ 관리적 요인(Management) : 안전법규의 철저, 안전기준, 지휘감독 등의 안전관리

㉮ 교육훈련 부족

㉯ 감독지도 불충분

㉰ 적성배치 불충분

보충학습 1

사전조사 및 작업계획서 내용

작업명	사전조사 내용	작업계획서 내용
1. 타워크레인을 설치·조립·해체하는 작업	–	① 타워크레인의 종류 및 형식 ② 설치·조립 및 해체순서 ③ 작업도구·장비·가설설비(假設設備) 및 방호설비 ④ 작업인원의 구성 및 작업근로자의 역할 범위 ⑤ 산업안전보건기준에 관한 규칙 제142조에 따른 지지 방법
2. 차량계 하역운반기계 등을 사용하는 작업	–	① 해당 작업에 따른 추락·낙하·전도·협착 및 붕괴 등의 위험 예방대책 ② 차량계 하역운반기계 등의 운행경로 및 작업방법
3. 차량계 건설기계를 사용하는 작업	해당 기계의 굴러 떨어짐, 지반의 붕괴 등으로 인한 근로자의 위험을 방지하기 위한 해당 작업장소의 지형 및 지반상태	① 사용하는 차량계 건설기계의 종류 및 성능 ② 차량계 건설기계의 운행경로 ③ 차량계 건설기계에 의한 작업방법 16. 5. 8 기 17. 5. 7 산 21. 8. 14 기
4. 화학설비와 그 부속설비 사용 작업	–	① 밸브·콕 등의 조작(해당 화학설비에 원재료를 공급하거나 해당 화학설비에서 제품 등을 꺼내는 경우만 해당한다.) ② 냉각장치·가열장치·교반장치(攪拌裝置) 및 압축장치의 조작 ③ 계측장치 및 제어장치의 감시 및 조정 ④ 안전밸브, 긴급차단장치, 그 밖의 방호장치 및 자동경보장치의 조정 ⑤ 덮개판·플랜지(flange)·밸브·콕 등의 접합부에서 위험물 등의 누출 여부에 대한 점검 ⑥ 시료의 채취 ⑦ 화학설비에서는 그 운전이 일시적 또는 부분적으로 중단된 경우의 작업방법 또는 운전 재개 시의 작업방법 ⑧ 이상 상태가 발생한 경우의 응급조치 ⑨ 위험물 누출 시의 조치 ⑩ 그 밖에 폭발·화재를 방지하기 위하여 필요한 조치

작업명	사전조사 내용	작업계획서 내용
5. 제318조에 따른 전기작업	–	① 전기작업의 목적 및 내용 ② 전기작업 근로자의 자격 및 적정 인원 ③ 작업 범위, 작업책임자 임명, 전격·아크 섬광·아크 폭발 등 전기 위험 요인 파악, 접근 한계거리, 활선접근 경보장치 휴대 등 작업시작 전에 필요한 사항 ④ 산업안전보건기준에 관한 규칙 제328조의 전로차단에 관한 작업계획 및 전원(電源) 재투입 절차 등 작업 상황에 필요한 안전 작업 요령 ⑤ 절연용 보호구 및 방호구, 활선작업용 기구·장치 등의 준비·점검·착용·사용 등에 관한 사항 ⑥ 점검·시운전을 위한 일시 운전, 작업 중단 등에 관한 사항 ⑦ 교대 근무 시 근무 인계(引繼)에 관한 사항 ⑧ 전기작업장소에 대한 관계 근로자가 아닌 사람의 출입금지에 관한 사항 ⑨ 전기안전작업계획서를 해당 근로자에게 교육할 수 있는 방법과 작성된 전기안전작업계획서의 평가·관리계획 ⑩ 전기 도면, 기기 세부 사항 등 작업과 관련되는 자료
6. 굴착작업 18. 3. 4 산	① 형상·지질 및 지층의 상태 ② 균열·함수(含水)·용수 및 동결의 유무 또는 상태 ③ 매설물 등의 유무 또는 상태 ④ 지반의 지하수위 상태 23. 9. 2 기	① 굴착방법 및 순서, 토사 반출 방법 ② 필요한 인원 및 장비 사용계획 ③ 매설물 등에 대한 이설·보호대책 ④ 사업장 내 연락방법 및 신호방법 ⑤ 흙막이 지보공 설치방법 및 계측계획 ⑥ 작업지휘자의 배치계획 ⑦ 그 밖에 안전·보건에 관련된 사항
7. 터널굴착작업	보링(boring) 등 적절한 방법으로 낙반·출수(出水) 및 가스폭발 등으로 인한 근로자의 위험을 방지하기 위하여 미리 지형·지질 및 지층상태를 조사	① 굴착의 방법 ② 터널지보공 및 복공(覆工)의 시공방법과 용수(湧水)의 처리방법 ③ 환기 또는 조명시설을 설치할 때에는 그 방법 18. 9. 15 기 19. 4. 27 기

합격예측

터널공법 16. 5. 8 기

① 재래공법(ASSM)
② 최신공법
　㉮ NATM : 산악터널
　㉯ TBM : 암반터널
　㉰ Shield : 토사구간
③ 기타 공법
　㉮ 개착식 공법 : 도심지 터널
　㉯ 침매공법 : 하저터널
　㉰ 잠함침하공법 : 하저터널
　㉱ Pipe Roof공법 : 보조공법

용어정의

① 위험성평가 : 유해·위험요인을 파악하고 해당 유해·위험요인에 의한 부상 또는 질병의 발생가능성(빈도)과 중대성(강도)을 추정·결정하고 감소대책을 수립하여 실행하는 일련의 과정을 말한다.
② 유해·위험요인 : 유해·위험을 일으킬 잠재적 가능성이 있는 것의 고유한 특징이나 속성을 말한다.
③ 유해·위험요인 파악 : 유해요인과 위험요인을 찾아내는 과정을 말한다.
④ 위험성 : 유해·위험요인이 부상 또는 질병으로 이어질 수 있는 가능성(빈도)과 중대성(강도)을 조합한 것을 의미한다.
⑤ 위험성 추정 : 유해·위험요인별로 부상 또는 질병으로 이어질 수 있는 가능성과 중대성의 크기를 각각 추정하여 위험성의 크기를 산출하는 것을 말한다.
⑥ 위험성 결정 : 유해·위험요인별로 추정한 위험성의 크기가 허용 가능한 범위인지 여부를 판단하는 것을 말한다.
⑦ 위험성 감소대책 수립 및 실행 : 위험성 결정 결과 허용 불가능한 위험성을 합리적으로 실천 가능한 범위에서 가능한 한 낮은 수준으로 감소시키기 위한 대책을 수립하고 실행하는 것을 말한다.
⑧ 기록 : 사업장에서 위험성평가 활동을 수행한 근거와 그 결과를 문서로 작성하여 보존하는 것을 말한다.

Q 은행문제

건설공사 위험성평가에 관한 내용으로 옳지 않은 것은? 18. 8. 19 기

① 건설물, 기계·기구설비 등에 의한 유해·위험 요인을 찾아내어 위험성을 결정하고 그 결과에 따른 조치를 하는 것을 말한다.
② 사업주는 위험성평가의 실시내용 및 결과를 기록 보존하여야 한다.
③ 위험성평가기록물의 보존기간은 2년이다.
④ 위험성평가 기록물에는 평가대상의 유해위험요인, 위험성결정의 내용 등이 포함된다.

정답 ③

작업명	사전조사 내용	작업계획서 내용
8. 교량작업	–	① 작업 방법 및 순서 ② 부재(部材)의 낙하·전도 또는 붕괴를 방지하기 위한 방법 ③ 작업에 종사하는 근로자의 추락 위험을 방지하기 위한 안전조치 방법 ④ 공사에 사용되는 가설 철구조물 등의 설치·사용·해체 시 안전성 검토 방법 ⑤ 사용하는 기계 등의 종류 및 성능, 작업방법 ⑥ 작업지휘자 배치계획 ⑦ 그 밖에 안전·보건에 관련된 사항
9. 채석작업	지반의 붕괴·굴착기계의 굴러 떨어짐 등에 의한 근로자에게 발생할 위험을 방지하기 위한 해당 작업장의 지형·지질 및 지층의 상태	① 노천굴착과 갱내굴착의 구별 및 채석방법 ② 굴착면의 높이와 기울기 ③ 굴착면 소단(小段)의 위치와 넓이 ④ 갱내에서의 낙반 및 붕괴방지 방법 ⑤ 발파방법 ⑥ 암석의 분할방법 ⑦ 암석의 가공장소 ⑧ 사용하는 굴착기계·분할기계·적재기계 또는 운반기계(이하 "굴착기계 등"이라 한다.)의 종류 및 성능 ⑨ 토석 또는 암석의 적재 및 운반방법과 운반경로 ⑩ 표토 또는 용수(湧水)의 처리방법
10. 건물 등의 해체 작업	해체건물 등의 구조, 주변 상황 등	① 해체의 방법 및 해체 순서도면 ② 가설설비·방호설비·환기설비 및 살수·방화설비 등의 방법 ③ 사업장 내 연락방법 ④ 해체물의 처분계획 ⑤ 해체작업용 기계·기구 등의 작업계획서 ⑥ 해체작업용 화약류 등의 사용계획서 09. 7. 26 산 ⑦ 그 밖에 안전·보건에 관련된 사항 18. 9. 15 기
11. 중량물의 취급 작업 18. 4. 28 산 19. 3. 3 산 21. 9. 12 기	–	① 추락위험을 예방할 수 있는 안전대책 ② 낙하위험을 예방할 수 있는 안전대책 ③ 전도위험을 예방할 수 있는 안전대책 ④ 협착위험을 예방할 수 있는 안전대책 ⑤ 붕괴위험을 예방할 수 있는 안전대책
12. 궤도와 그 밖의 관련설비의 보수·점검작업 13. 입환작업(入換作業)	–	① 적절한 작업 인원 ② 작업량 ③ 작업순서 ④ 작업방법 및 위험요인에 대한 안전조치방법 등

보충학습 2

[표] 건설업의 제재조치

구분	내용
재해율 조사 및 등급관리	(1) 매년 재해율 조사 후 등급관리 : 청색(양호), 적색(불량) (2) SOC현장 : 청색(양호), 황색(보통), 적색(불량)
입찰자격(PQ) 심사시 제한	(1) 재해율 : +2점(환산재해율 0.25배 미만) [반영 비율 : 최근 년도 50[%], 1년 전 30[%], 2년 전 20[%]) (2) 산업안전보건관리비 과태료: −1점 [1,000만원 이상 : 1차 적발 −0.5점, 2차 적발 −1점] (3) 산재위반 보고 : −2점[1회마다 0.2점 감점, 10회시 −2점) • 중상자 2인=사망자 1인으로 간주

사망자수(동시)	영업정지	입찰 제한	과징 금액
2~5명	2개월	3개월	3천만원
6~9명	3개월	6개월	4천만원
10명 이상	4개월	12개월	5천만원

[표] 계측의 종류

구분	방법	특징
일상 관리 계측 항목	내공변위 측정	변위량, 변위속도 등을 파악하여 주변지반 안전성 확인 2차 복공의 실시 시기 등의 판단
	천단침하 측정	터널 천장부의 침하측정으로 안정성여부 판단
	지표침하 측정	터널 굴착에 따른 지표면의 영향 및 안정성 파악, 침하 방지대책 수립 등
	Rock Bolt 인발시험, 갱내 관찰조사 등	
대표 위치 계측 항목	지중침하 측정	지중 매설물의 안정성 및 터널의 이완범위 등 파악
	지중변위 측정	터널내부에 설치하여 터널 주변의 이완정도 및 지반의 안정성 파악
	지하수위 측정	굴착으로 인한 지하수위의 변화량 파악(차수효과의 판단 등)
	간극수압 측정	지중에 작용하는 수압의 측정(치수공법으로 인한 압력 판단)
	Shotcrete 응력측정, Rock Bolt 축력측정, 지중수평 변위측정 등	

합격예측

위험성평가에 활용되는 안전정보 16. 10. 1 ㉑

① 작업표준, 작업절차 등에 관한 정보
② 기계·기구, 설비 등의 사양서, 물질안전보건자료(MSDS) 등의 유해·위험요인에 관한 정보
③ 기계·기구, 설비 등의 공정 흐름과 작업 주변의 환경에 관한 정보
④ 같은 장소에서 사업의 일부 또는 전부를 도급을 주어 행하는 작업이 있는 경우 혼재 작업의 위험성 및 작업 상황 등에 관한 정보
⑤ 재해사례, 재해통계 등에 관한 정보
⑥ 작업환경측정결과, 근로자 건강진단결과에 관한 정보
⑦ 그 밖에 위험성평가에 참고가 되는 자료 등

Chapter 07

운반·하역작업

출제예상문제

출제예상문제는 복습, 예습문제로 엮었습니다. *WHY : 실제시험에도 순서에 관계없이 출제됩니다. 예습 후 다음장에 공부한 문제가 있으면 기억이 배가 됩니다.

01 ★★ **하역작업시 위험방지에 대한 설명으로 옳지 않은 것은?** 18. 4. 28 ㉮

① 하역작업시에는 관계 근로자 외의 출입을 금지시켜야 한다.
② 관리감독자는 기구 및 공구를 점검하고 불량품을 제거해야 한다.
③ 하적단 높이가 2[m] 이상 되는 포대, 가마니 등은 인접 하적단과 하적단 밑부분에서 10[cm] 이상 간격을 두어야 한다.
④ 부두 또는 안벽의 선을 따라 통로를 설치할 때는 폭을 75[cm] 이상으로 해야 한다.

해설

부두 또는 안벽의 통로의 폭은 90[cm] 이상

참고 산업안전보건기준에 관한 규칙 제390조(하역작업장의 조치기준)

02 ★★ **화물을 적재할 때 준수사항 중 틀린 것은?**

① 침하 우려가 없는 튼튼한 곳에 적재
② 편하중이 생기지 않도록 적재
③ 칸막이나 벽에 기대어 적재
④ 불안전할 정도로 높이 쌓아올리지 말 것

해설

칸막이나 벽에 기대면 붕괴의 우려가 있다.

참고 산업안전보건기준에 관한 규칙 제393조(화물의 적재)

03 **물이 결빙되는 위치로 지속적으로 유입되는 조건에서 온도가 하강함에 따라 토중수가 얼어 생성된 결빙크기가 계속 커져 지표면이 부풀어오르는 현상은?**

① 압밀침하(consolidation settlement)
② 연화(frost boil)
③ 지반경화(hardening)
④ 동상(frost heave)

해설

동상(frost heave)의 정의 : 본 문제 질의내용

04 ★★★★ **다음은 철근운반에 대한 설명이다. 옳지 않은 것은?**

① 긴 철근은 두 사람이 1조가 되어 어깨메기로 운반하는 것은 좋다.
② 운반시에는 중앙을 묶어 운반한다.
③ 운반시 1인당 무게는 25[kg] 정도가 적절하다.
④ 긴 철근을 한 사람이 운반할 때는 한쪽을 어깨에 메고 한 끝을 땅에 끌면서 운반한다.

해설

인력운반의 안전수칙

① 긴 철근은 가급적 두 사람이 1조가 되어 어깨메기로 하여 운반하는 등 안전성을 도모하여야 한다.
② 긴 철근을 부득이 한 사람이 운반할 때는 한 곳을 드는 것보다 한쪽을 어깨에 메고 한쪽 끝을 땅에 끌면서 운반하여야 한다.
③ 운반시에는 항상 양끝을 묶어 운반토록 하여야 한다.
④ 1회 운반시 1인당 무게는 25[kg] 정도가 적절하며, 무리한 운반을 삼가도록 하여야 한다.
⑤ 내려놓을 때는 천천히 내려놓고 던지지 않도록 하여야 한다.
⑥ 공동작업시에는 신호에 따라 작업한다.

[정답] 01 ④ 02 ③ 03 ④ 04 ②

05 ★ 원목 하역시 주의해야 할 사항이 아닌 것은?

① 크기 중량을 확인한다.
② 공간을 없앤다.
③ 원목 위에 미끄러지지 않도록 주의
④ 하중의 중심을 파악 후 작업

해설

① 원목 적재 단위별로 공간을 두어야 훅걸이 등 인양이 가능하다.
② 하적단의 간격
바닥으로부터의 높이가 2[m] 이상 되는 하적단(포대, 가마니 등의 용기로 포장화물에 의하여 구성된 것에 한한다.)은 인접 하적단과의 간격을 하적단의 밑부분에서 10[cm] 이상으로 하여야 한다.

참고 산업안전보건기준에 관한 규칙 제391조(하적단의 간격)

06 ★★ 다음은 하역작업시 위험방지에 대한 설명이다. 옳지 않은 것은?

① 관리감독자는 작업 방법 및 순서를 결정하고 작업을 지휘한다.
② 밧줄 가닥이 절단된 섬유 로프 등을 사용해서는 안 된다.
③ 부두 또는 안벽의 선을 따라 통로를 설치할 때는 폭을 75[cm] 이상으로 해야 한다.
④ 포대, 가마니 등의 하적단 높이가 2[m] 이상 되는 경우는 인접 하적단과 하적단 밑부분에서 10[cm] 이상 간격을 두어야 한다.

해설

안벽의 폭은 90[cm] 이상

참고 산업안전보건기준에 관한 규칙 제390(하역작업장의 조치기준)

07 ★★★★ 선내 하역 작업시 관리감독자의 직무사항이 아닌 것은?

① 작업 방법 결정
② 주변 작업자간의 연락 조정
③ 작업 지휘
④ 작업 진행 상태 감시

해설

하역 작업시 관리감독자 직무

① 작업 방법을 결정하고 작업을 지휘하는 일
② 통행설비·하역기계·보호구 및 기구·공구를 점검·정비하고 이들의 사용상황을 감시하는 일
③ 주변 작업자간의 연락 조정을 행하는 일

참고 산업안전보건기준에 관한 규칙 [별표 2](관리감독자의 유해·위험방지업무)

08 ★★ 다음은 화물운반시 걸기용 보조구 설명이다. 옳지 않은 것은?

① 달대 주머니는 파이프류 등을 달아올릴 때 벗겨져 떨어지는 것을 막기 위해 쓰인다.
② 보조망은 화물의 요동이나 회전을 막기 위해 쓴다.
③ 섀클은 걸기 쉽게 또는 와이어 로프의 상처를 막기 위해 쓰인다.
④ 깔판은 많은 양의 화물을 들어올릴 때 사용된다.

해설

깔판은 넓은 물건 사용시 사용한다.

09 ★★ 갑판의 윗면에서 선창 밑바닥까지 깊이가 몇 [m]를 초과하는 선창의 내부에서 화물 취급 작업을 하는 때에는 해당 작업 근로자가 안전하게 통행할 수 있는 설비를 설치하여야 하는가?

① 1.0[m] ② 1.2[m]
③ 1.3[m] ④ 1.5[m]

해설

산업안전보건기준에 관한 규칙 제394조(통행설비의 설치 등)

10 ★★ 부두 등의 하역작업장에서 부두 또는 안벽의 선에 따라 통로를 개설할 때의 폭은? 18. 4. 28 기

① 90[cm] 이상 ② 75[cm] 이상
③ 60[cm] 이상 ④ 80[cm] 이상

해설

부두 및 하역 작업장 통로 폭 : 90[cm] 이상

[정답] 05 ② 06 ③ 07 ④ 08 ④ 09 ④ 10 ①

11 ★★ 다음은 인력운반작업에 대한 안전사항이다. 적합하지 않은 것은? 18. 8. 19 ㉮

① 보조기구를 효과적으로 사용한다.
② 긴 물건은 뒤쪽으로 높히고 원통물은 굴려서 운반한다.
③ 무거운 물건은 공동작업을 한다.
④ 무거운 물건을 들어올리는 데는 팔과 무릎을 이용하여 척추는 꼿꼿이 한다.

해설

① 긴 물건은 앞쪽을 올려야 한다.
② 어떠한 경우라도 굴려서 운반해서는 안 된다.

12 ★★★ 덤프트럭이 적재 위치에서 출발하여 되돌아오는 시간이 40[분], 싣기 기계가 트럭 1[대]에 흙을 싣는 시간이 8[분] 걸린다면 몇 [대]의 트럭을 조합 배치하여야 하는가? (단, 1일 기준)

① 3[대] ② 6[대]
③ 8[대] ④ 12[대]

해설

$$\text{트럭대수} = \frac{\text{되돌아 오는 시간[초]}}{\text{싣는 시간[초]}} + 1 = \frac{40\times60}{8\times60} + 1 = 6[\text{대}]$$

13 ★★ 그림과 같은 와이어에서 한쪽 로프에 걸리는 하중은 각각 몇 [kg]인가?

① 125[kg]
② 289[kg]
③ 433[kg]
④ 500[kg]

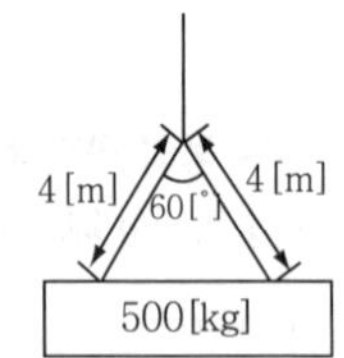

해설

sling wire 한 가닥에 걸리는 하중

$$\text{하중} = \frac{\text{화물의 무게}}{2} \div \cos\left(\frac{\theta}{2}\right) = \frac{500}{2} \div \cos\left(\frac{60}{2}\right) = 288.5[\text{kg}]$$

참고) 계산시 로프 길이와는 무관하다.

14 ★★ 화물취급작업시 관리감독자의 직무사항으로 틀린 것은?

① 관계자외 출입금지
② 기구 및 공구 점검
③ 주변 작업자간의 업무 조정
④ 작업 방법 및 순서 결정

해설

화물취급작업시 관리감독자 직무
① 작업 방법 및 순서를 결정하고 작업을 지휘하는 일
② 기구 및 공구를 점검하고 불량품을 제거하는 일
③ 그 작업 장소에는 관계 근로자 외의 자의 출입을 금지시키는 일
④ 로프 등의 해체 작업을 하는 때에는 하대 위 화물의 낙하 위험 여부를 확인하고 그 작업의 착수를 지시하는 일

참고) 산업안전보건기준에 관한 규칙 [별표 2] (관리감독자의 유해·위험방지)

15 ★★ 프리캐스트 부재의 현장야적에 대한 설명으로 옳지 않은 것은?

① 오물로 인한 부재의 변질을 방지한다.
② 벽 부재는 변형을 방지하기 위해 수평으로 포개 쌓아 놓는다.
③ 부재의 제조번호, 기호 등을 식별하기 쉽게 야적한다.
④ 받침대를 설치하여 휨, 균열 등이 생기지 않게 한다.

해설

프리캐스트 부재 야적장
① 야적장의 위치는 조립장비의 작업반경 내로 하며, 운반차량이 돌아나갈 수 있도록 여유가 있어야 한다.
② 야적장소는 평탄하고, 다른 작업으로 재료가 손상되는 일이 없는 곳을 택한다.
③ 야적장의 바닥은 모래나 잡석 등을 이용하여 잘 다지거나, 콘크리트나 아스팔트로 포장한다.
④ 야적장 주변에는 배수로를 설치하여 물이 고이지 않도록 한다.
⑤ 벽부재는 수평으로 쌓아놓으면 안 된다.

합격자의 조언
- 처음부터 끝까지 진짜로 고생했습니다. 합격에 자신이 있습니까? 자신없으면 1번만 더 보세요.
- 안전한 합격을 위해서 다시 한 번 강조합니다. 기출문제(과년도)문제 최소 10년치(안전한 합격기준)를 반복해서 눈으로 공부하세요. 틀림없이 합격됩니다.

[정답] 11 ② 12 ② 13 ② 14 ③ 15 ②

녹색자격증, 녹색휴식코너

2025년
삼위일체 합격 건배사

잔을 높이 들면서 이상은 높게!
잔을 밑으로 내리면서 현실은 겸손하게!
잔을 함께 모으면서 잔은 평등하게!
우리의 성공과 안전기사 합격을
위하여! 위하여! 위하여!

잔을 높이 들면서 드라이버는 높고 멀리 시원하게!
잔을 밑으로 내리면서 퍼터는 정확하게!
잔을 함께 모으면서 아이언샷은 부드럽게!
우리의 만남과 안전기사 합격을
위하여! 위하여! 위하여!

잔을 높이 들면서 산은 정상까지!
잔을 밑으로 내리면서 하산은 천천히 안전하게!
잔을 함께 모으면서 등산은 자기 수준에 맞게!
우리의 행복·건강과 안전기사 합격을
위하여! 위하여! 위하여!

한국방송통신대학교와 한국폴리텍대학 공통 선정교재

SAFETY ENGINEER

찾아보기

부록 찾아보기

영문·숫자

ㄱ

ㄴ

ㄷ

ㄹ

ㅁ

ㅂ

ㅅ

ㅇ

ㅈ

ㅊ

ㅋ

ㅌ

ㅍ

ㅎ

정재수(靑波:鄭再琇)

인하대학교 공학박사/GTCC 교육학명예박사/한양대학교 공학석사/공학사/문학사/각종국가고시 출제, 검토, 채점, 감독, 면접위원역임/매경TV/EBS/KBS라디오 출연 및 강사/중소기업진흥공단 강사/대한산업안전협회 강사/호원대학교, 신성대학교, 대림대학교, 수원대학교 외래교수/울산대학교, 군산대학교, 한경대학교 등 특강/한국폴리텍Ⅱ대학 산학협력단장, 평생교육원장, 산학기술연구소장, 디자인센터장/한국폴리텍 대학 교수/한국폴리텍대학남인천캠퍼스 학장/대한민국산업현장 교수/(사)대한민국에너지상생포럼 집행위원장/(사)한국안전돌봄서비스협회 회장/(사)대한민국 청렴코리아 공동대표/협성대학교 IPP추진기획단 특별위원/인천광역시 새마을문고 회장/한국요양신문 논설위원/생명살림운동 강사/GTCC 대학교 겸임교수/ISO국제선임심사원/산업안전 우수 숙련기술자 선정/**한국방송통신대학교 및 한국 폴리텍 대학 공동 선정 동영상 강의**

[저서]
- 산업안전공학(도서출판 세화)
- 기계안전기술사(도서출판 세화)
- 건설안전기술사(도서출판 세화)
- 산업안전기사(필기, 실기 필답형, 작업형)(도서출판 세화)
- 건설안전기사(필기, 실기 필답형, 작업형)(도서출판 세화)
- 산업안전지도사 시리즈(도서출판 세화)
- 산업보건지도사 시리즈(도서출판 세화)
- 산업안전보건(한국산업인력공단)
- 공업고등학교안전교재(서울교과서)
- 산업안전보건동영상(한국산업인력공단) 등 60여권 저술
- 한국방송통신대학과 한국폴리텍대학 선정 동영상 촬영

[상훈]
대한민국 근정 포장(대통령)/국무총리 표창/행정자치부 장관표창/300만 인천광역시민상 수상과 효행표창 등 8회 수상/인천광역시 교육감 상 수상/Vision2010교육혁신대상수상/2018년 대한민국청렴대상수상/30년이상봉사 새마을기념장 수상/몽골 옵스 주지사 표창 수상/남동구 자원봉사상 수상

[출강기업(무순)]
삼성(전자, 건설, 중공업, 조선, 물산)/현대(건설, 자동차, 중공업, 제철)/대우(건설, 자동차, 조선), SK(정유, 건설)/GS건설/에스원(S1)/두산(건설, 중공업), 동부(반도체), POSCO건설, 멀티캠퍼스, e-mart, CJ, 한국수자원공사 등 100여기업/이상 안전자격증특강

국가기술자격 필기시험 집중 대비서(녹색자격증, 녹색직업)

건설안전산업기사[필기] – 2권

27판 40쇄 발행	**2025. 01. 20. (24.09.30.인쇄)**	17판 30쇄 발행	2016. 1. 1.	8판 19쇄 발행	2008. 1. 01.	4판 8쇄 발행	2004. 4. 10.
		16판 29쇄 발행	2015. 1. 1.	7판 18쇄 발행	2007. 7. 10.	4판 7쇄 발행	2004. 1. 10.
26판 39쇄 발행	2023. 11. 1.	15판 28쇄 발행	2014. 1. 1.	7판 17쇄 발행	2007. 3. 30.	3판 6쇄 발행	2001. 7. 5.
25판 38쇄 발행	2023. 3. 30.	14판 27쇄 발행	2013. 1. 1.	7판 16쇄 발행	2007. 1. 10.	2판 5쇄 발행	1999. 9. 30.
24판 37쇄 발행	2022. 7. 1.	13판 26쇄 발행	2013. 1. 1.	6판 15쇄 발행	2006. 6. 20.	2판 4쇄 발행	1999. 6. 10.
23판 36쇄 발행	2022. 1. 22.	12판 25쇄 발행	2012. 1. 1.	6판 14쇄 발행	2006. 4. 10.	2판 3쇄 발행	1999. 1. 10.
22판 35쇄 발행	2021. 1. 18.	11판 24쇄 발행	2011. 5. 20.	6판 13쇄 발행	2006. 1. 10.	1판 2쇄 발행	1998. 7. 10.
21판 34쇄 발행	2020. 2. 10.	11판 23쇄 발행	2011. 1. 1.	5판 12쇄 발행	2005. 6. 10.	1판 1쇄 발행	1998. 1. 5.
20판 33쇄 발행	2019. 1. 10.	10판 22쇄 발행	2010 1. 1.	5판 11쇄 발행	2005. 3. 20.		
19판 32쇄 발행	2018. 1. 10.	9판 21쇄 발행	2009. 1. 1.	5판 10쇄 발행	2005. 1. 10.		
18판 31쇄 발행	2017. 1. 1.	8판 20쇄 발행	2008. 3. 20.	4판 9쇄 발행	2004. 6. 30.		

지은이 정재수
펴낸이 박 용
펴낸곳 도서출판 세화 **주소** 경기도 파주시 회동길 325-22(서패동 469-2)
영업부 (031)955-9331~2 **편집부** (031)955-9333 **FAX** (031)955-9334
등록 1978. 12. 26 (제 1-338호)

정가 43,000원 (1권 / 2권 / 3권)
ISBN 978-89-317-1298-8 13530
※ 파손된 책은 교환하여 드립니다.

본 도서의 내용 문의 및 궁금한 점은 더 정확한 정보를 위하여 저자분에게 문의하시고, 저희 홈페이지 수험서 자료실이나 저자 이메일에 문의바랍니다.
저자명 정재수(jjs90681@naver.com) TEL 010-7209-6627

개정때마다 새롭게 태어납니다.

타 교재와 비교하십시요

탁월한 선택의 즐거움이 커집니다.

건설안전산업기사 필기 2

- 본서의 요점정리는 간단하고 명료하게 구체적으로 표현을 했다.
- 본문의 요점에서 이해하지 못했다면 출제예상문제에서 반드시 이해할 수 있도록 하였다.
- 본서는 최근 심도있게 거론이 되고 있는 출제예상문제를 빠짐없이 수록하여 타 교재와 차별화가 되도록 구성하였다.
- 건설안전산업기사 자격 취득의 결론은 본서의 요점과 예상문제 및 합격날개 합격예측으로 합격을 보장할 수 있도록 엮었다.
- 최근까지 출제된 과년도 출제 문제와 상세해설 수록 및 7개년 7회분 무료 동영상 강의로 수험준비에 만전을 기하였다.

본서의 구성

제1권

- **제1편** 산업안전관리론
- **제2편** 인간공학 및 시스템안전공학

제2권

- **제3편** 건설시공학
- **제4편** 건설재료학
- **제5편** 건설안전기술
- **찾아보기**

제3권

- **부록 과년도 출제문제**

특별부록 QR자료 다운로드

- **1주일에 끝나는 합격요점QR**

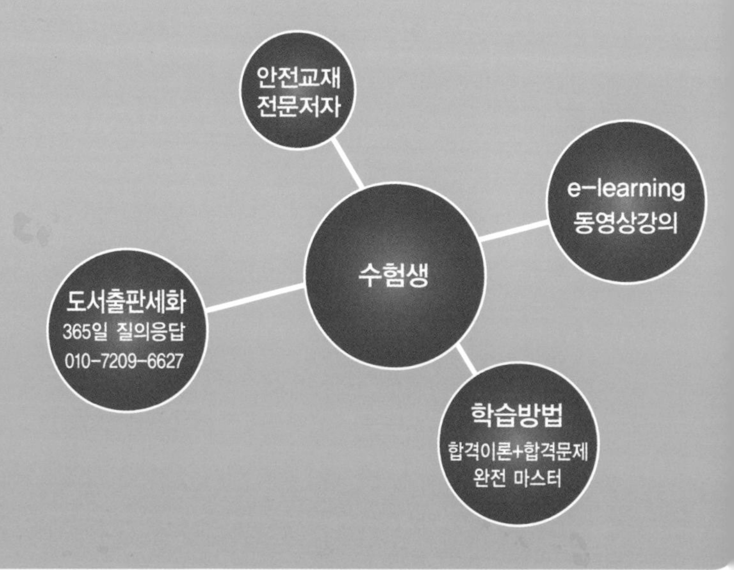

지은이 정재수 **펴낸이** 박용 **펴낸곳** 도서출판 세화
등록번호 1978.12.26 (제1-338 호) **주소** 경기도 파주시 회동길 325-22(서패동469-2)
구입문의 (031)955-9331~2 **편집부** (031)955-9333 **fax** (031)955-9334

보행금지 인화성물질경고 고압전기경고 안전모착용 응급구호표시 녹십자 표시

CBT 백과사전식 NCS적용 문제해설

2025

개정27판 총40쇄

▸ISO 9001:2015 인증
▸안전연구소 인정

녹색자격증 녹색직업

세계유일무이
365일 저자상담직통전화
010-7209-6627

ONLY ONE 합격교재 전과목 7개년 7회분 무료강좌

건설안전산업기사

필기 3

안전공학박사/명예교육학박사
대한민국산업현장교수/기술지도사
정 재 수 지음

부록 · 과년도 출제문제

네이버 검색창에 검색해 보세요.
"정재수의 안전스쿨"
http://cafe.naver.com/anjeonschool
카페에 가입하시면 무료 동영상
정재수의 안전스쿨

QR코드를 스캔하여 특별부록을 다운로드 하세요. 홈페이지에서도 다운 받으실 수 있습니다.

도서출판 세화

동영상 강의

에듀피디	정재수의 안전닷컴
에어클래스	에듀퓨어
이패스코리아	한솔아카데미

안전분야 베스트셀러
34년 독보적 판매
최신 기출문제 수록

"산업안전 우수 숙련기술자" 선정

건설안전기사, 산업안전기사 · 지도사 · 기능장 · 기술사 등 관련자격 및 의문사항에 대하여 365일 성심 성의껏 답변해 드리고 있습니다. 저자와 상담 후 교재를 구입하세요.

www.sehwapub.co.kr

대한민국 최초, 최다, 최고, 최상, 최적 적중률의 안전관리 완벽합격!

●특허 제 10-2687805 호●

명칭 : 국가직무능력표준에 따른 자격사 교육 콘텐츠 생성 자동화 방법, 장치 및 시스템

도서출판 세화

40년의 열정, 40년의 노력, 40년의 경험

정부가 위촉한 대한민국 산업현장 교수!
안전수험서 판매량 1위 교재 집필자인
정재수 안전공학박사가 제안하는
과목별 **321** 공부법!!

[되고 법칙]

돈이 없으면 벌면 되고 잘못이 있으면 고치면 되고 안되는 것은 되게 하면 되고, 모르면 배우면 되고, 부족하면 메우면 되고, 잘 안되면 될때까지 하면 되고, 길이 안보이면 길을 찾을때까지 찾으면 되고, 길이 없으면 길을 만들면 되고, 기술이 없으면 연구하면 되고, 생각이 부족하면 생각을 하면 된다.

*수험정보나 일정에 대하여 궁금하시면 세화홈페이지(www.sehwapub.co.kr)에 접속하여 내려받으시고 게시판에 질문을 남기시거나 궁금한 점이 있으시면 언제든지 아래의 번호로 전화하세요.

3 단계 대비학습 | 365일 합격상담직통전화 **010-7209-6627**

---

1 필기 합격

3단계 합격단계 — · 합격날개 · 과목별 필수요점 및 문제

2단계 기본단계 — · 필수문제 · 최근 3개년 3단계 과년도

1단계 만점단계 — · 알짬QR · 1주일에 끝나는 합격요점

2 필기 과년도 33년치 3주 합격

3단계 합격단계
- 기사-공개문제 22개년도 (2003~2024년)기출문제
- 산업기사-공개문제 23개년도 (2002~2024년)기출문제

2단계 기본단계
- 기사-미공개문제 11개년도 (1992~2002년)기출문제
- 산업기사-미공개문제 10개년도 (1992~2001년)기출문제

1단계 만점단계 — · 알짬QR ·
- 1주일에 끝나는 계산문제총정리
- 미공개 문제 및 지난과년도

산업안전 우수 숙련 기술자 (숙련 기술장려법 제10조)

정/직한 수험서!
재/수있는 수험서!
수/석예감 수험서!

• 특허 제 10-2687805호 •

자격증 취득은 기초부터 차근차근 다져나가는 것이 중요합니다. 필기에서는 과목별 요점정리와 출제예상문제를, 과년도에서는 최근 기출문제와 계산문제 총정리를, 실기 필답형에서는 합격예상작전과 과년도 기출문제를, 실기 작업형에서는 최근 기출문제 풀이 중심으로 공부하시면 됩니다.

필기시험 합격자에게는 2년간 실기시험 수험의 응시가 주어지고, 최종 실기시험 합격자는 21C 유망 녹색자격증 취득의 기쁨이 주어지게 됩니다.

일품 필기 → 일품 필기 과년도 → 일품 실기 필답형 → 일품 실기 작업형

3 실기 필답형 4주 합격

3단계	합격단계	과목별 필수요점 및 출제예상문제
2단계	기본단계	· 기본 : 과년도 출제문제 (1991~2000년) · 필수 : 과년도 출제문제 (2001~2024년)
1단계	만점단계	• 알짬QR • · 실기필답형 1주일 최종정리 · 1991~2010년 기출문제

4 실기 작업형 1주 합격

3단계	합격단계	과년도 출제문제 (2017~2024년)
2단계	기본단계	각 과목별 필수 요점 및 문제
1단계	만점단계	• 알짬QR • · 2000~2016년 기출문제

2025
개정27판 총40쇄

koita
한국산업기술진흥협회

CBT 백과사전식
NCS적용 문제해설

▸ISO 9001:2015 인증
▸안전연구소 인정

녹색자격증
녹색직업

세계유일무이
365일 저자상담직통전화
010-7209-6627

건설안전산업기사

필기 3

인전공학박사/명예교육학박사
대한민국산업현장교수/기술지도사
정 재 수 지음

부록 · 과년도 기출문제

안전분야 베스트셀러
34년 독보적 1위
최신 기출문제 수록

"산업안전 우수 숙련기술자" 선정

건설안전, 산업안전 기사 · 지도사 · 기능장 · 기술사 등 관련 자격 및 의문사항에 대하여
365일 성심 성의껏 답변해 드리고 있습니다. 저자와 상담 후 교재를 구입하세요.

www.sehwapub.co.kr

대한민국 최초, 최다, 최고, 최상, 최적 적중률의 안전관리 완벽합격!

•특허 제10-2687805호•
명칭 : 국가직무능력표준에 따른 자격사 교육 콘텐츠 생성 자동화 방법, 장치 및 시스템

contents

차례

부 록 과년도 출제문제

CBT 합격대비

과년도 출제문제(산업기사)

2022년도

산업기사 정기검정 제1회 (2022년 03월 02일~03월 13일 시행)
산업기사 정기검정 제2회 (2022년 04월 17일~04월 27일 시행)
산업기사 정기검정 제4회 (2022년 09월 14일~10월 19일 시행)

2023년도

산업기사 정기검정 제1회 (2023년 03월 02일 시행)
산업기사 정기검정 제2회 (2023년 05월 13일 시행)
산업기사 정기검정 제4회 (2023년 09월 02일 시행)

2024년도

산업기사 정기검정 제1회 (2024년 02월 15일 시행)
산업기사 정기검정 제2회 (2024년 05월 09일 시행)
산업기사 정기검정 제3회 (2024년 07월 05일 시행)

건설안전산업기사 필기

2022년 03월 02일~13일 CBT 시행 제1회

2022년 04월 17일~27일 CBT 시행 제2회

2022년 09월 14일~10월 19일 CBT 시행 제4회

2022년도 산업기사 정기검정 제1회 CBT(2022년 3월 2일~13일 시행)

자격종목 및 등급(선택분야)

건설안전산업기사

종목코드	시험시간	수험번호	성명
2390	2시간30분	20220302	도서출판세화

※ 본 문제는 복원문제 및 예적(예상적중) 문제로 실제문제와 동일하지 않을 수 있습니다.

1 산업안전관리론

01 다음 중 무재해운동의 기본이념 3원칙에 포함되지 않는 것은?

① 무의 원칙　② 선취의 원칙
③ 참가의 원칙　④ 라인화의 원칙

해설

무재해운동 기본이념 3대원칙
① 무의 원칙('0'의 원칙)
② 선취의 원칙(안전제일의 원칙)
③ 참가의 원칙

참고) 건설안전산업기사 필기 p.1-8(2. 무재해운동 기본이념 3대 원칙)

KEY ▶ ① 2016년 5월 8일 기사 출제
② 2016년 10월 1일 출제
③ 2017년 3월 5일, 9월 23일 기사 출제
④ 2017년 8월 26일 출제
⑤ 2019년 4월 27일 기사 · 산업기사 동시 출제

02 리더십(leadership)의 특성에 대한 설명으로 옳은 것은?

① 지휘형태는 민주적이다.
② 권한부여는 위에서 위임된다.
③ 구성원과의 관계는 넓다.
④ 권한근거는 법적 또는 공식적으로 부여된다.

해설

leadership과 headship의 비교

개인과 상황 변수	leadership	headship
권한 행사	선출된 리더	임명적 헤드
권한 부여	밑으로부터 동의	위에서 위임
권한 귀속	집단 목표에 기여한 공로 인정	공식화된 규정에 의함
상사와 부하와의 관계	개인적인 영향	지배적
부하와의 사회적 관계(간격)	좁음	넓음
지휘 형태	민주주의적	권위주의적
책임 귀속	상사와 부하	상사
권한 근거	개인적	법적 또는 공식적

참고) 건설안전산업기사 필기 p.2-39(5. leadership과 headship의 비교)

KEY ▶ ① 2016년 3월 6일 기사 출제
② 2016년 8월 21일 기사 출제
③ 2016년 10월 1일 기사 출제
④ 2017년 5월 7일 기사 출제
⑤ 2017년 9월 23일 기사 출제
⑥ 2018년 3월 4일 기사 · 산업기사 동시 출제
⑦ 2018년 8월 19일 산업기사 출제
⑧ 2019년 9월 21일 기사 출제
⑨ 2020년 8월 23일(문제 1번) 출제

03 재해예방의 4원칙이 아닌 것은?

① 손실 우연의 원칙　② 예방 가능의 원칙
③ 사고 연쇄의 원칙　④ 원인 계기의 원칙

해설

하인리히의 산업재해 예방4원칙
① 예방가능의 원칙
② 손실우연의 원칙
③ 원인연계(계기)의 원칙
④ 대책선정의 원칙

참고) 건설안전산업기사 p.1-46(6. 하인리히의 산업재해 예방 4원칙)

KEY ▶ ① 2016년 5월 8일 산업기사 출제
② 2016년 10월 1일 기사 출제
③ 2017년 3월 5일, 9월 23일 기사 출제
④ 2017년 5월 7일 산업기사 출제
⑤ 2018년 3월 4일 기사·산업기사 동시 출제
⑥ 2018년 8월 19일 산업기사 출제
⑦ 2019년 3월 3일 기사·산업기사 동시 출제
⑧ 2019년 9월 21일 기사 출제
⑨ 2020년 6월 7일 기사 출제
⑩ 2020년 6월 14일(문제 3번), 8월 23일(문제 11번) 출제
⑪ 2022년 3월 5일 기사 출제

[정답] 01 ④ 02 ① 03 ③

04 안전모에 있어 착장체의 구성요소가 아닌 것은?

① 턱끈
② 머리고정대
③ 머리받침고리
④ 머리받침끈

해설

안전모의 구조

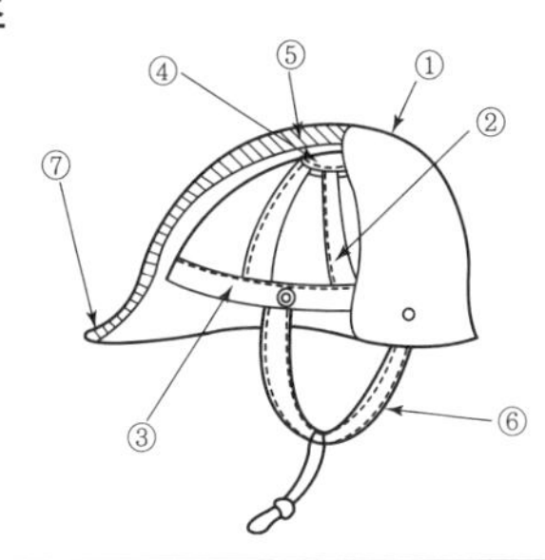

번호	명칭	
①	모체	
② ③ ④	착장체	머리받침끈 머리받침(고정)대 머리받침고리
⑤ ⑥ ⑦	충격흡수재(자율안전확인에서 제외 턱끈 모자챙(사양)	

참고 건설안전산업기사 필기 p.1-90(그림. 안전모의 구조)

KEY ① 2016년 10월 1일 기사 출제
② 2017년 9월 23일(문제 6번) 출제

05 재해의 원인 분석법 중 사고의 유형, 기인물 등 분류 항목을 큰 순서대로 도표화하여 문제나 목표의 이해가 편리한 것은?

① 관리도(Control chart)
② 파레토도(Pareto diagram)
③ 클로즈 분석도(Close analysis)
④ 특정요인도(cause-reason diagram)

해설

파레토도(Pareto diagram)

① 관리 대상이 많은 경우 최소의 노력으로 최대의 효과를 얻을 수 있는 방법
② 분류항목을 큰 값에서 작은 값의 순서로 도표화하는 데 편리

참고 건설안전산업기사 필기 p.1-59(1. 파레토도)

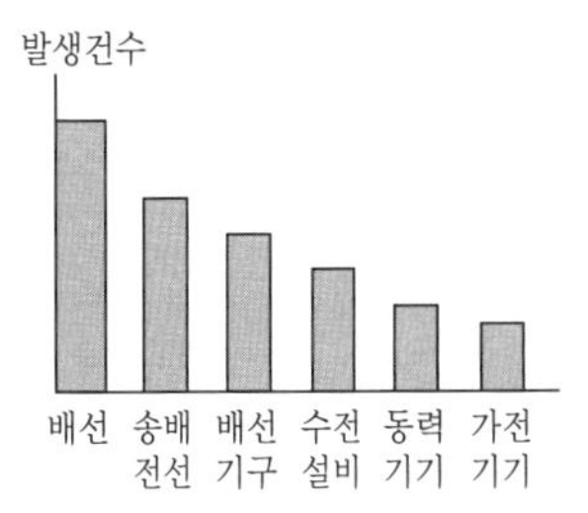

[그림] 예 전기설비별 감전사고 분포(파레토도)

KEY ① 2017년 8월 26일 기사 출제
② 2018년 3월 4일 기사 출제
③ 2018년 9월 15일 산업기사 출제
④ 2019년 9월 21일 기사 출제
⑤ 2020년 6월 14일(문제 15번) 출제

06 모랄 서베이(Morale Survey)의 효용이 아닌 것은?

① 조직 또는 구성원의 성과를 비교 · 분석한다.
② 종업원의 정화(Catharsis)작용을 촉진시킨다.
③ 경영관리를 개선하는 데에 대한 자료를 얻는다.
④ 근로자의 심리 또는 욕구를 파악하여 불만을 해소하고, 노동의욕을 높인다.

해설

모랄 서베이의 효용

① 근로자의 심리, 욕구를 파악하여 불만을 해소하고 노동 의욕을 높인다.
② 경영관리를 개선하는 데 자료를 얻는다.
③ 종업원의 정화작용을 촉진시킨다.

참고 건설안전산업기사 필기 p.2-5(1. 모랄 서베이의 효용)

KEY ① 2017년 8월 26일 기사 출제
② 2019년 3월 3일(문제 5번) 출제

보충학습

정화작용(catharsis : 淨化作用)

집단구성원이 감정의 공감을 얻고 자신의 경험을 노출하도록 격려받음으로써 마음속에 사무친 감정적 응어리를 충분히 푸는 경험

07 재해손실비 중 직접손실비에 해당하지 않는 것은?

① 요양급여 ② 휴업급여
③ 간병급여 ④ 생산손실급여

[정답] 04 ① 05 ② 06 ① 07 ④

해설

간접비의 종류

① 인적 손실
② 물적 손실
③ 생산 손실
④ 특수 손실
⑤ 그 밖의 손실

참고 건설안전산업기사 필기 p.1-57(표. 직접비의 구분)

KEY ① 2002년 3월 10일(문제 3번)
② 2014년 3월 2일(문제 5번) 출제
③ 2022년 3월 5일 기사 출제

합격정보

산업재해보상보험법 제36조(보험급여의 종류와 산정기준 등)

08 기억의 과정 중 과거의 학습경험을 통해서 학습된 행동이 현재와 미래에 지속되는 것을 무엇이라 하는가?

① 기명(memorizing)
② 파지(retention)
③ 재생(recall)
④ 재인(recognition)

해설

기억의 과정

기명(memorizing)→파지(retention)→재생(recall)→재인(recognition)

① 기억 : 과거의 경험이 어떠한 형태로 미래의 행동에 영향을 주는 작용이라 할 수 있다.
② 기명 : 사물의 인상을 마음에 간직하는 것을 말한다.
③ 파지 : 간직, 인상이 보존(지속)되는 것을 말한다.
④ 재생 : 보존된 인상이 다시 의식으로 떠오르는 것을 말한다.
⑤ 재인 : 과거에 경험했던 것과 같은 비슷한 상태에 부딪혔을 때 떠오르는 것을 말한다.

참고 ① 건설안전산업기사 필기 p.2-72(3. 기억의 과정)
② 2013년 3월 10일(문제 2번) 출제

09 다음 설명에 해당하는 위험예지활동은?

> "작업을 오조작 없이 안전하게 하기 위하여 작업공정의 요소에서 자신의 행동을 하고 대상을 가리킨 후 큰 소리로 확인하는 것"

① 지적확인 ② Tool Box Meeting
③ 터치 앤 콜 ④ 삼각위험예지훈련

해설

지적확인

① 작업을 안전하게 오조작 없이 하기 위하여 작업공정의 요소요소에서 자신의 행동을 [○○좋아!]라고 대상을 지적하여 큰 소리로 확인하는 것을 말한다.
② 눈, 팔, 손, 입, 귀 등을 총동원하여 확인하는 것이다.

참고 건설안전산업기사 필기 p.1-10(합격날개 : 합격예측)

KEY 2013년 3월 10일(문제 9번) 출제

보충학습

① T.B.M 위험예지훈련 : 현장에서 그때 그 장소의 상황에서 즉응하여 실시하는 위험예지활동으로 즉시즉응법이라고도 한다.
② 터치 앤 콜 : 현장에서 팀 전원이 각자의 왼손을 맞잡아 원을 만들어 팀 행동목표를 지적확인하는 것을 말한다.
③ 삼각위험예지훈련 : 보다 빠르고 보다 간편하게 명실공히 전원 참여로 말하거나 쓰는 것이 미숙한 작업자를 위하여 개발한 것이다.

10 기계·기구 또는 설비의 신설, 변경 또는 고장수리 등 부정기적인 점검을 말하며 기술적 책임자가 시행하는 점검을 무슨 점검이라 하는가?

① 정기점검 ② 수시점검
③ 특별점검 ④ 임시점검

해설

특별점검

① 기계, 기구, 설비의 신설, 변경 또는 고장, 수리 등을 할 경우
② 정기점검기간을 초과하여 사용하지 않던 기계설비를 다시 사용하고자 할 경우
③ 강풍(순간풍속 30[m/s] 초과) 또는 지진(중진 이상 지진) 등의 천재지변 후

참고 건설안전산업기사 필기 p.1-71(3. 안전점검의 종류)

KEY 2010년 3월 7일(문제 16번) 출제

11 다음 중 매슬로우(Maslow)가 제창한 인간의 욕구 5단계 이론을 단계별로 옳게 나열한 것은?

① 생리적 욕구 → 안전 욕구 → 사회적 욕구 → 존경의 욕구 → 자아 실현의 욕구
② 안전 욕구 → 생리적 욕구 → 사회적 욕구 → 존경의 욕구 → 자아 실현의 욕구
③ 사회적 욕구 → 생리적 욕구 → 안전 욕구 → 존경의 욕구 → 자아 실현의 욕구

[정답] 08 ② 09 ① 10 ③ 11 ①

④ 사회적 욕구 → 안전 욕구 → 생리적 욕구 → 존경의 욕구 → 자아 실현의 욕구

해설

Maslow의 욕구

① 제1단계 : 생리적 욕구(기본적 욕구, 종족 보존, 기아, 갈등, 호흡, 배설, 성욕 등)
② 제2단계 : 안전욕구(안전을 구하려는 욕구)
③ 제3단계 : 사회적 욕구(애정, 소속에 대한 욕구, 친화 욕구)
④ 제4단계 : 인정받으려는 욕구(자기존경 욕구, 자존심, 명예, 성취, 자위, 승인의 욕구)
⑤ 제5단계 : 자아실현의 욕구(잠재적 능력실현 욕구, 성취욕구)

참고 건설안전산업기사 필기 p.2-28(5. 매슬로우의 욕구 5단계 이론)

KEY 2020년 6월 14일(문제 10번) 출제

합격자의 조언

20번 이상 출제된 문제

12 상해의 종류 중 칼날 등 날카로운 물건에 찔린 상해를 무엇이라 하는가?

① 골절 ② 자상
③ 부종 ④ 좌상

해설

상해종류

분류 항목	세부 항목
골절	뼈가 부러진 상태
동상	저온물 접촉으로 생긴 상해
부종	국부의 혈액순환의 이상으로 몸이 퉁퉁 부어 오르는 상해
찔림(자상)	칼날 등 날카로운 물건에 찔린 상해
타박상(삠, 좌상)	타박, 충돌, 추락 등으로 피부표면보다는 피하조직 또는 근육부를 다친 상해

참고 ① 건설안전산업기사 필기 p.1-54(합격날개 : 합격예측)
② 건설안전산업기사 필기 p.1-48(합격날개 : 은행문제)

KEY 2021년 3월 2일(문제 6번) 출제

13 교육 대상자수가 많고, 교육 대상자의 학습능력의 차이가 큰 경우 집단 안전교육방법으로서 가장 효과적인 방법은?

① 문답식 교육 ② 토의식 교육
③ 시청각 교육 ④ 상담식 교육

해설

시청각 교육 적용

시청각 교육 : 집단 안전교육에 적합 예 예비군 훈련 등

참고 건설안전산업기사 필기 p.2-88(합격날개:은행문제)

KEY ① 2014년 3월 2일(문제 5번) 출제
② 2014년 5월 25일(문제 5번) 출제
③ 2016년 3월 9일(문제 9번) 출제

14 다음의 설명과 그림은 어떤 착시 현상과 관계가 깊은가?

그림에서 선 ab와 선 cd는 그 길이가 동일한 것이지만, 시각적으로는 선 ab가 선 cd보다 길어 보인다.

① 헬름홀츠(Helmholtz)의 착시
② 쾰러(Köhler)의 착시
③ 뮐러-라이어(Müller-Lyer)의 착시
④ 포겐도르프(Poggendorf)의 착시

해설

착시(착오)현상

① 헬름홀츠(Helmholtz)

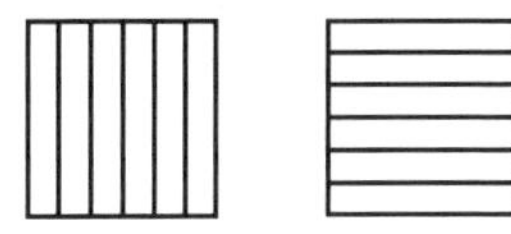

② 쾰러(Köhler)

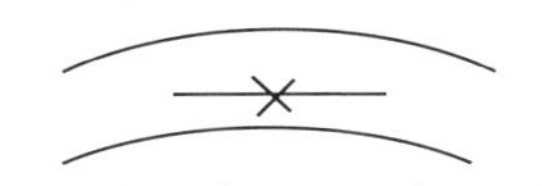

③ 포겐도르프(Poggendorf)

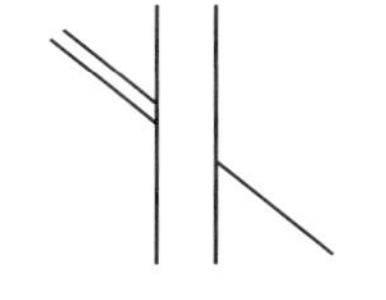

④ 헤링(Hering)

합격자의 조언

① 필기는 눈으로 공부한다.
② 그림이 중요하다.

KEY ① 2004년 3월 7일(문제 5번) 출제
② 2005년 5월 29일(문제 2번) 출제
③ 2007년 5월 13일(문제 11번) 출제

[정답] 12 ② 13 ③ 14 ③

2022

15 하버드 학파의 5단계 교수법에 해당되지 않는 것은?

① 교시(Presentation)
② 연합(Association)
③ 추론(Reasoning)
④ 총괄(Generalization)

해설

하버드 학파의 5단계 교수법

① 제1단계 : 준비시킨다.
② 제2단계 : 교시시킨다.
③ 제3단계 : 연합한다.
④ 제4단계 : 총괄한다.
⑤ 제5단계 : 응용시킨다.

참고 건설안전산업기사 필기 p.2-69(3. 하버드 학파의 5단계 교수법)

KEY ① 2016년 3월 6일 문제 11번 출제
② 2018년 4월 28일 기사 출제
③ 2019년 3월 3일(문제 11번) 출제

16 토의법의 유형 중 다음에서 설명하는 것은?

> 교육과제에 정통한 전문가 4~5명이 피교육자 앞에서 자유로이 토의를 실시한 다음에 피교육자 전원이 참가하여 사회자의 사회에 따라 토의하는 방법

① 포럼(forum)
② 패널 디스커션(panel discussion)
③ 심포지엄(symposium)
④ 버즈 세션(buzz session)

해설

패널 디스커션(Panel Discussion : Workshop)

① 패널 멤버(교육과제에 정통한 전문가 4~5명)가 피교육자 앞에서 자유로이 토의
② 토의 후에 피교육자 전원이 참가하여 사회자의 사회에 따라 토의하는 방법

한두 명의 발제자가 주제에 대한 발표
↓
4~5명의 패널이 참석자 앞에서 자유로운 논의
↓
사회자에 의해 참가자의 의견을 들으면서 상호 토의

[그림] 패널 디스커션

참고 건설안전산업기사 필기 p.2-68(1. 토의식 교육방법)

KEY ① 2016년 3월 6일 기사 출제
② 2017년 5월 7일(문제 18번) 출제

17 연간 근로자수가 300명인 A공장에서 지난 1년간 1명의 재해자(신체장해등급 1급)가 발생하였다면 이 공장의 강도율은? (단, 근로자 1인당 1일 8시간 씩 연간 300일을 근무하였다.)

① 4.27 ② 6.42
③ 10.05 ④ 10.42

해설

$$\text{강도율} = \frac{\text{총요양근로손실일수}}{\text{연근로시간수}} \times 1{,}000$$
$$= \frac{7500}{300 \times 8 \times 300} \times 1{,}000 = 10.42$$

참고 건설안전산업기사 필기 p.1-55(4. 강도율)

KEY ① 2016년 3월 6일 기사 · 산업기사 동시 출제
② 2020년 6월 7일 기사 출제
③ 2020년 8월 23일(문제 18번) 출제

합격정보
산업재해통계업무처리 규정 제3조(산업재해 통계의 산출방법 및 정의)

18 제조업자는 제조물의 결함으로 인하여 생명·신체 또는 재산에 손해를 입은 자에게 그 손해를 배상하여야 하는데 이를 무엇이라 하는가? (단, 당해 제조물에 대해서만 발생한 손해는 제외한다.)

① 입증 책임 ② 담보 책임
③ 연대 책임 ④ 제조물 책임

해설

제조물책임법(PL)

① 제조물 책임이란 결함 제조물로 인해 생명·신체 또는 재산 손해가 발생할 경우 제조업자 또는 판매업자가 그 손해에 대하여 배상 책임을 지는 것
② 유럽에서는 100여년의 역사를 가지고 있으며, 미국, 일본에서도 1960~70년대부터 사회문제로 대두되어 '소비자 위험부담시대'에서 '판매자 위험부담시대'로 변환
③ 제조업에서 사고발생을 방지할 책임이 있기 때문에 결함 제조물에 대한 전적인 책임이 있다.

참고 건설안전산업기사 필기 p.2-135(6. 제조물 책임)

KEY 2019년 10월 3일 문제 10번 출제

합격정보
제조물책임법 제3조(제조물 책임)

[정답] 15 ③ 16 ② 17 ④ 18 ④

19 다음 중 부주의의 현상과 가장 거리가 먼 것은?

① 의식의 단절 ② 의식의 과잉
③ 의식의 우회 ④ 의식의 회복

해설

부주의 현상의 5가지 의식수준 상태

① 의식의 단절 : Phase 0 상태
② 의식의 우회 : Phase 0 상태
③ 의식수준의 저하 : Phase Ⅰ 이하 상태
④ 의식의 과잉 : Phase Ⅳ 상태
⑤ 의식의 혼란

참고 건설안전산업기사 필기 p.2-45(3. 부주의)

KEY 2013년 9월 28일(문제 17번) 출제

20 산업안전보건법령상 안전보건표지 중 안내표지의 종류에 해당하지 않는 것은?

① 들것
② 세안장치
③ 비상용 기구
④ 허가대상물질 작업장

해설

안내표지 종류 8가지

녹십자표지	응급구호표지	들것	세안장치
비상용기구	비상구	좌측비상구	우측비상구
비상용 기구			

참고 건설안전산업기사 필기 p.1-97(4. 안내표지)

 ① 2013년 3월 10일(문제 18번) 출제
② 2022년 3월 5일 기사 출제

2 인간공학 및 시스템 안전공학

21 그림과 같은 시스템에서 전체 시스템의 신뢰도는 얼마인가?(단, 네모 안의 숫자는 각 부품의 신뢰도이다.)

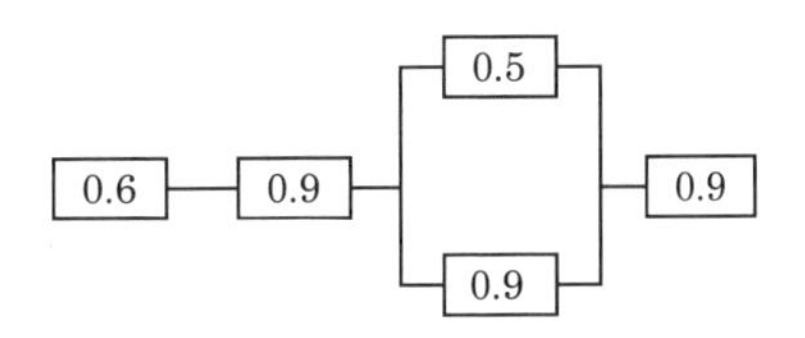

① 0.4104 ② 0.4617
③ 0.6314 ④ 0.6804

해설

신뢰도 계산

$Rs = 0.6 \times 0.9 \times [(1-(1-0.5)(1-0.9)] \times 0.9 = 0.4617$

참고 건설안전산업기사 필기 p.2-87(문제 25번)

KEY ① 2017년 5월 7일 기사 출제
② 2018년 3월 4일 기사 출제
③ 2018년 4월 28일(문제 21번) 출제

22 작업자가 직무를 수행하는 과정에서 해야 할 것을 하지 않은, 즉 직무를 생략하여 발생한 형태의 휴먼에러는?

① time error
② sequential error
③ commission error
④ omission error

해설

심리적 분류(Swain) : 불확실성, 시간지연, 순서착오

① omission error[부작위(생략적)오류] : 필요한 태스크(task : 작업) 절차를 수행하지 않음
② time error(시간오류) : 수행지연
③ commission error[작위(수행적)오류] : 불확실한 수행
④ sequential error(순서오류) : 순서의 잘못 이해

참고 건설안전산업기사 필기 p.2-31[2. 인간실수(휴먼에러)의 분류]

KEY 2009년 8월 30일(문제 22번) 출제

[정답] 19 ④ 20 ④ 21 ② 22 ④

2022

23 동전던지기에서 앞면이 나올 확률이 0.7이고, 뒷면이 나올 확률이 0.3일 때, 앞면이 나올 확률의 정보량(A)와 뒷면이 나올 확률의 정보량(B)의 연결이 옳은 것은?

① A : 0.10[bit], B : 3.32[bit]
② A : 0.51[bit], B : 1.74[bit]
③ A : 0.10[bit], B : 3.52[bit]
④ A : 0.15[bit], B : 3.52[bit]

해설

정보량 계산

① $A = \dfrac{\log\left(\dfrac{1}{0.7}\right)}{\log 2} = 0.51[\text{bit}]$

② $B = \dfrac{\log\left(\dfrac{1}{0.3}\right)}{\log 2} = 1.74[\text{bit}]$

참고 건설안전산업기사 필기 p.2-99(합격날개 : 합격예측)

KEY ① 2010년 5월 9일(기사문제 58번)
② 2012년 9월 15일(문제 22번) 출제

24 시스템의 평가척도 중 시스템의 목표를 잘 반영하는가를 나타내는 척도를 무엇이라 하는가?

① 신뢰성 ② 타당성
③ 측정의 민감도 ④ 무오염성

해설

시스템 척도

① 적절성 : 기준이 의도된 목적에 적당하다고 판단되는 정도
② 무오염성 : 기준척도는 측정하고자 하는 변수외의 다른 변수 등의 영향을 받아서는 안 된다.
③ 기준척도의 신뢰성 : 척도의 신뢰성은 반복성을 의미
④ 민감도 : 피실험자 사이에서 볼 수 있는 예상 차이점에 비례하는 단위로 측정
⑤ 타당성 : 시스템의 목표를 잘 반영하는가를 나타내는 척도

참고 건설안전산업기사 필기 p.2-96(문제 40번)

KEY 2010년 5월 9일(문제 24번) 출제

25 다음 중 정보의 청각적 제시방법이 적절한 경우는?

① 수신자가 여러 곳으로 움직여야 할 때
② 정보가 복잡하고 길 때
③ 정보가 공간적인 위치를 다룰 때
④ 즉각적인 행동을 요구하지 않을 때

해설

청각적 제시방법

① 전언이 간단할 경우
② 전언이 짧을 경우
③ 전언이 후에 재 참조되지 않을 경우
④ 전언이 시간적인 사상(event)을 다룰 경우
⑤ 전언이 즉각적인 행동을 요구할 경우
⑥ 수신자의 시각 계통이 과부하 상태일 경우
⑦ 수신 장소가 너무 밝거나 암조응 유지가 필요할 경우
⑧ 직무상 수신자가 자주 움직이는 경우

참고 건설안전산업기사 필기 p.2-28[표 : 청각장치와 시각장치 사용경위]

KEY ① 1998년 9월 6일(문제 32번) 출제
② 2001년 6월 3일(문제 26번) 출제
③ 2001년 9월 23일(문제 33번) 출제
④ 2003년 5월 25일(문제 24번) 출제
⑤ 2006년 3월 5일(문제 34번) 출제
⑥ 2006년 9월 10일(문제 24번) 출제

26 다음 통제용 조종장치의 형태 중 그 성격이 다른 것은?

① 노브(knob)
② 푸시버튼(push button)
③ 토글스위치(toggle switch)
④ 로터리선택스위치(rotary select switch)

해설

개폐에 의한 통제

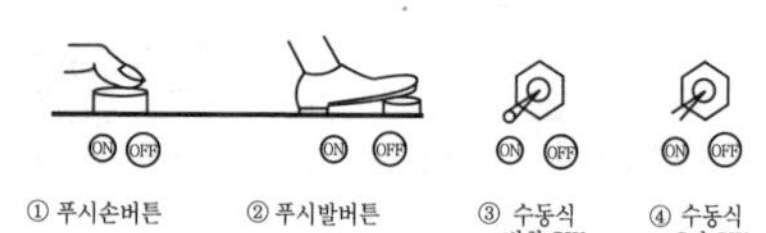

참고 건설안전산업기사 필기 p.2-66(2. 개폐에 의한 통제)

KEY ① 2014년 3월 2일(문제 23번) 출제
② 2014년 3월 2일(문제 23번) 출제

보충학습

노브(Knob) : 양의 조절에 의한 통제

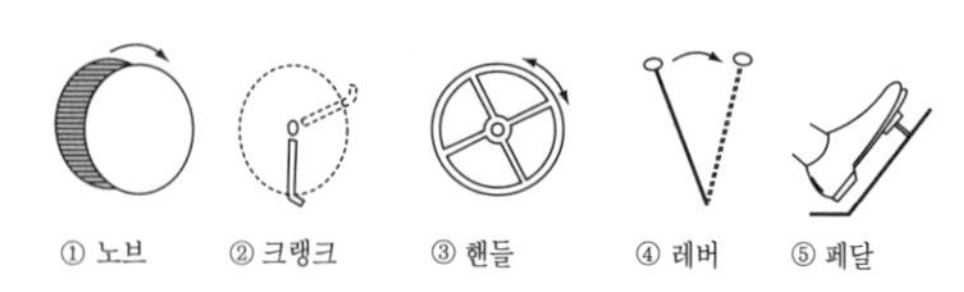

[그림] 양의 조절에 의한 통제

[정답] 23 ② 24 ② 25 ① 26 ①

27 일반적인 수공구의 설계원칙으로 볼 수 없는 것은?

① 손목을 곧게 유지한다.
② 반복적인 손가락 동작을 피한다.
③ 사용이 용이한 검지만 주로 사용한다.
④ 손잡이는 접촉면적을 가능하면 크게 한다.

해설

수공구 설계원칙

① 손목을 곧게 펼 수 있도록 : 손목이 팔과 일직선일 때 가장 이상적
② 손가락으로 지나친 반복동작을 하지 않도록 : 검지의 지나친 사용은 「방아쇠 손가락」증세 유발
③ 손바닥면에 압력이 가해지지 않도록(접촉면적을 크게) : 신경과 혈관에 장애(무감각증, 떨림현상)
④ 그 밖의 설계원칙
㉮ 안전측면을 고려한 디자인
㉯ 적절한 장갑의 사용
㉰ 왼손잡이 및 장애인을 위한 배려
㉱ 공구의 무게를 줄이고 균형유지 등

참고 건설안전산업기사 필기 p.2-64(합격날개 : 합격예측)

KEY ① 2014년 3월 2일 문제 31번 출제
② 2016년 5월 8일 기사 출제
③ 2019년 3월 3일(문제 27번) 출제

28 다음 중 시스템의 수명곡선에서 고장의 발생형태가 일정하게 나타나는 구간은?

① 초기고장구간 ② 우발고장구간
③ 마모고장구간 ④ 피로고장구간

해설

수명곡선 3가지 유형

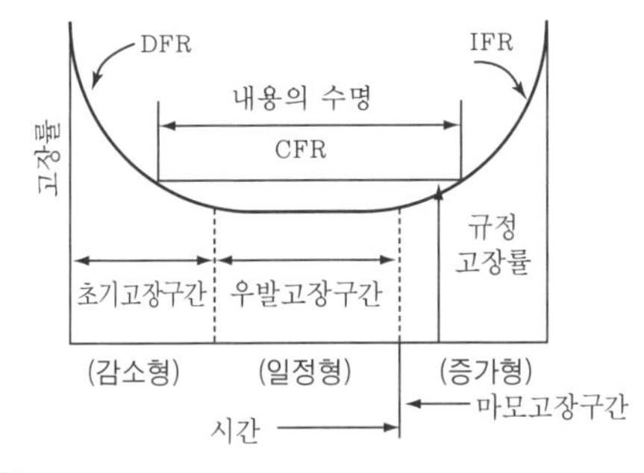

참고 건설안전산업기사 필기 p.2-12(그림 : 기계설비 고장유형)

KEY 2013년 9월 28일 문제 28번 출제

29 신뢰성과 보전성을 효과적으로 개선하기 위해 작성하는 보전기록 자료로서 가장 거리가 먼 것은?

① 자재관리표 ② MTBF 분석표
③ 설비이력카드 ④ 고장원인대책표

해설

신뢰성과 보전성을 개선하기 위한 보전기록 자료

① MTBF분석표
② 설비이력카드
③ 고장원인대책표

참고 건설안전산업기사 필기 p.2-131(합격날개 : 은행문제)

KEY ① 2011년 6월 12일 문제 30번 출제
② 2019년 3월 3일(문제 29번) 출제

보충학습

MTBF(Mean time between failure)
평균 고장 시간 간격

30 시스템이나 서브시스템 위험분석을 위하여 일반적으로 사용되는 전형적인 정성적, 귀납적 분석기법으로 시스템에 영향을 미치는 모든 요소의 고장을 형태별로 분석하여 그 영향을 검토하는 분석기법은?

① PHA ② FMEA
③ SSHA ④ ETA

해설

FMEA(고장형태와 영향분석법)

① 시스템에 영향을 미치는 모든 요소의 고장을 형별로 분석한다.
② 고장이 미치는 영향을 분석하는 방법으로 치명도 해석(CA)을 추가할 수 있다.
③ 귀납적, 정성적 분석법이다.

참고 건설안전산업기사 필기 p.2-78(4. 고장형태와 영향분석)

KEY 2007년 5월 13일(문제 30번) 출제

31 신체 부위의 운동 중 몸의 중심선으로 이동하는 운동을 무엇이라 하는가?

① 굴곡 운동 ② 내전 운동
③ 신전 운동 ④ 외전 운동

[정답] 27 ③ 28 ② 29 ① 30 ② 31 ②

해설

신체부위 운동구분

① 내전(adduction) : 몸의 중심선으로의 이동
② 외전(abduction) : 몸의 중심선으로부터 멀어지는 이동
③ 외선 : 몸의 중심선으로부터 회전하는 동작
④ 내선 : 몸의 중심선으로 회전하는 동작
⑤ 굴곡 : 신체 부위 간의 각도의 감소

참고 ① 건설안전산업기사 필기 p.2-47(2. 신체부위의 운동)
② 건설안전산업기사 필기 p.2-52(문제 26번)

KEY 2009년 5월 10일(문제 23번) 출제

32 산업안전보건법령상 정밀작업 시 갖추어져야할 작업면의 조도 기준은?(단, 갱내 작업장과 감광재료를 취급하는 작업장은 제외한다.)

① 75럭스 이상 ② 150럭스 이상
③ 300럭스 이상 ④ 750럭스 이상

해설

조명(조도)수준

① 초정밀작업 : 750[Lux] 이상
② 정밀작업 : 300[Lux] 이상
③ 보통작업 : 150[Lux] 이상
④ 그 밖의 작업 : 75[Lux] 이상

참고 건설안전산업기사 필기 p.2-56[합격날개 : 합격예측]

KEY ① 2020년 8월 23일(문제 30번) 출제
② 2022년 3월 5일 기사 출제

정보제공
산업안전보건기준에 관한 규칙 제302조(조도)

33 FT도에 사용되는 다음의 기호가 의미하는 내용으로 옳은 것은?

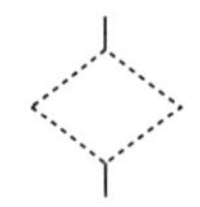

① 생략사상으로서 간소화
② 생략사상으로서 인간의 실수
③ 생략사상으로서 조작자의 간과
④ 생략사상으로서 시스템의 고장

해설

생략사상 기호

생략사상	생략사상(인간의 에러)
(실선 마름모)	(점선 마름모)
생략사상(간소화)	**생략사상(조작자의 간과)**
(이중선 마름모)	(빗금 이중 마름모)

참고 건설안전산업기사 필기 p.2-117(합격날개 : 합격예측)

KEY 2013년 3월 10일 문제 40번 출제

34 다음 중 판단과정의 착오 원인이 아닌 것은?

① 자신 과신 ② 능력 부족
③ 정보 부족 ④ 감각차단 현상

해설

착오 요인

인지과정	판단과정	조치과정
① 생리·심리적 능력의 한계 ② 정보량 저장의 한계 ③ 감각차단 현상 ④ 정서 불안정	① 능력부족 ② 정보부족 ③ 합리화 ④ 환경조건 불비	① 잘못된 정보의 입수 ② 합리적 조치의 미숙

참고 감각차단 현상 : 단순한 것을 반복 작업할 때 발생

KEY 2006년 9월 10일(문제 35번) 출제

35 결함수분석의 최소 컷셋과 가장 관련이 없는 것은?

① Boolean Algebra
② Fussell Algorithm
③ Generic Algorithm
④ Limnios & Ziani Algorithm

[정답] 32 ③ 33 ② 34 ④ 35 ③

해설

미니멀 컷셋(minimal cut set : min cut set)

① 1972년 Fussel Algorithm 개발
② BICS(Boolean Indicated Cut Set)

KEY ① 2014년 9월 20일(문제 26번) 출제
② 2016년 10월 1일(문제 23번) 출제

36 **레버를 10[°] 움직이면 표시장치는 1[cm] 이동하는 조종 장치가 있다. 레버의 길이가 20[cm]라고 하면 이 조종 장치의 통제표시비(C/D비)는 약 얼마인가?**

① 1.27 ② 2.38
③ 3.49 ④ 4.51

해설

통제비 계산

$$C/D = \frac{(\alpha/360)\times 2\pi L}{\text{표시장치 이동거리}}$$

$$= \frac{\left(\frac{10}{360}\right)\times 2\times\pi\times 20}{1} = 3.488 = 3.49$$

참고 건설안전산업기사 필기 p.2-64(3. 조종구에서 C/D 또는 C/R비)

KEY ① 2018년 4월 28일 출제
② 2019년 4월 27일(문제 26번) 출제

37 **수평작업대 설계에 있어서 최대작업역에 대한 설명으로 옳은 것은?**

① 전완만으로 편하게 뻗어 파악할 수 있는 구역
② 전완과 상완을 곧게 펴서 파악할 수 있는 구역
③ 상완만을 뻗어 파악할 수 있는 구역
④ 사지를 최대한으로 움직여 파악할 수 있는 구역

해설

수평작업대 설계

① 정상작업역(正常作業域)
상완(上腕)을 자연스럽게 수직으로 늘어뜨린 채 전완(前腕)만으로 편하게 뻗어 파악할 수 있는 구역(34~45[cm])
② 최대작업역(最大作業域)
전완과 상완을 곧게 펴서 파악할 수 있는 구역(55~65[cm])

참고 건설안전산업기사 필기 p.2-44(2. 수평작업대)

KEY 2007년 3월 4일(문제 40번) 출제

38 **인간공학의 중요한 연구과제인 계면(interface)설계에 있어서 다음 중 계면에 해당되지 않는 것은?**

① 작업공간 ② 표시장치
③ 조종장치 ④ 조명시설

해설

인간-기계체계 단계

① 제1단계 : 목표 및 성능 설정
체계가 설계되기 전에 우선 목적이나 존재 이유 및 목적은 통상 개괄적으로 표현
② 제2단계 : 시스템의 정의
목표, 성능 결정 후 목적을 달성하기 위해 어떤 기본적인 기능이 필요한지 결정
③ 제3단계 : 기본설계
㉮ 기능의 할당
㉯ 인간 성능 요건 명세
㉰ 직무 분석
㉱ 작업 설계
④ 제4단계 : 계면(인터페이스)설계
체계의 기본설계가 정의되고 인간에게 할당된 기능과 직무가 윤곽이 잡히면 인간-기계의 경계를 이루는 면과 인간-소프트웨어 경계를 이루는 면의 특성에 신경을 쓸 수가 있다.
예 작업공간, 표시장치, 조종장치, 제어, 컴퓨터대화 등
⑤ 제5단계 : 촉진물(보조물) 설계
체계설계과정 중 이 단계에서의 주 초점은 만족스러운 인간성능을 증진시킬 보조물에 대해서 계획하는 것이다. 지시수첩, 성능보조자료 및 훈련도구와 계획이 있다.

KEY 2014년 5월 25일(문제 39번) 출제

보충학습

감성공학

① 인간-기계 체계 인터페이스(계면) 설계에 감성적 차원의 조화성을 도입하는 공학이다.
② 인간과 기계(제품)가 접촉하는 계면에서의 조화성은 신체적 조화성, 지적 조화성, 감성적 조화성의 3가지 차원에서 고찰할 수 있다.
③ 신체적·지적 조화성은 제품의 인상(감성적 조화성)으로 추상화된다.

39 **다음 중 소음에 의한 청력손실이 가장 크게 나타나는 주파수는?**

① 500[Hz] ② 1,000[Hz]
③ 2,000[Hz] ④ 4,000[Hz]

해설

청력손실이 가장 크게 발생하는 주파수 : 4,000[Hz]

참고 건설안전산업기사 필기 p.2-70(문제 19번)

KEY 2009년 3월 1일(문제 32번) 출제

[정답] 36 ③ 37 ② 38 ④ 39 ④

40 **사용자의 잘못된 조작 또는 실수로 인해 기계의 고장이 발생하지 않도록 설계하는 방법은?**

① FMEA ② HAZOP
③ fail safe ④ fool proof

해설

풀 프루프(fool proof)

① 인간의 실수가 있어도 안전장치가 설치되어 사고나 재해로 연결되지 않는 구조
② 바보가 작동을 시켜도 안전하다는 뜻

참고 건설안전산업기사 필기 p.1-6(합격날개 : 합격예측)

KEY ① 2020년 5월 24일 실기필답형 출제
② 2020년 8월 23일(문제 33번) 출제

3 건설시공학

41 **다음과 같은 조건에서 콘크리트의 압축강도를 시험하지 않을 경우 거푸집널의 해체시기로 옳은 것은?(단, 기초, 보, 기둥 및 벽의 측면)**

- 조강포틀랜드시멘트 사용
- 평균기온 20[℃]이상

① 2일 ② 3일
③ 4일 ④ 6일

해설

압축강도를 시험하지 않을 경우

시멘트의 종류 / 평균기온	조강 포틀랜드 시멘트	보통포틀랜드시멘트 고로슬래그시멘트(1종) 포틀랜드포졸란시멘트(1종) 플라이애쉬시멘트(1종)	고로슬래그시멘트(2종) 포틀랜드포졸란시멘트(2종) 플라이애쉬시멘트(2종)
20[℃] 이상	2일	4일	5일
20[℃] 미만 10[℃] 이상	3일	6일	8일

참고 ① 건설안전산업기사 필기 p.3-74(2. 콘크리트 압축강도를 시험하지 않을 경우 거푸집보의 해체시기)
② 건설안전산업기사 필기 p.5-114([표 2] 콘크리트 압축강도를 시험하지 않을 경우 거푸집보의 해체시기)

KEY ① 2018년 4월 28일 기사·산업기사 동시 출제
② 2021년 5월 9번(문제 41번) 출제

42 **다음 ( )속에 들어갈 내용을 순서대로 연결한 것은?**

표준관입시험은 ( )지반의 밀실도를 측정할 때 사용되는 방법이며, 표준 샘플러를 관입량( )[cm]에 ( )[kg], 낙하고는 ( )[cm]로 한다.

① 점토질－20－43.5－36
② 사질－20－43.5－36
③ 사질－30－63.5－76
④ 점토질－30－63.5－76

해설

표준관입시험

① 주로 사질토지반에서 불교란 시료를 채취하기 곤란하므로 밀실도를 측정하기 위해 사용되는 방법이다.
② 표준 샘플러를 관입량 30[cm]에 박는 데 요하는 타격횟수 N을 구한다.
③ 추는 63.5[kg], 낙하고는 76[cm] 이다.

참고 건설안전산업기사 필기 p.3-31(3. 표준관입시험)

KEY 2013년 9월 28일(문제 41번) 출제

43 **흙막이 벽에 미치는 간극수압의 영향을 계측할 수 있는 장비로 적당한 것은?**

① Water level meter
② Inclinometer
③ Extension meter
④ Piezo meter

해설

계측기 및 용도

① 지중경사계(inclinometer) : 토류벽 또는 배면지반에 설치하여 기울기 측정
② 하중계(load cell) : 버팀대 또는 어스앵커에 설치하여 축하중 변화상태를 측정하여 부재의 안정상태 파악 및 원인규명에 이용
③ 변형률계(strain gauge) : 버팀대 또는 토류벽에 설치 후 응력 변화를 측정하여 변형을 파악
④ 토압계(earth pressure meter) : 토류벽 배면에 설치하여 하중으로 인한 토압의 변화를 측정하여 토류 구조체의 안정여부 판단
⑤ 간극수압계(piezo meter) : 배면 연약지반에 설치하여 굴착에 따른 과잉간극수압의 변화를 측정하여 안정성 판단
⑥ 지하수위계(water level meter) : 토류벽 배면지반에 설치하여 지하수의 변화를 측정
⑦ 지중침하계(extension meter) : 토류벽 배면에 설치하여 지층의 침하상태를 파악하여 보강대상과 범위의 침하량을 예측

[정답] 40 ④ 41 ① 42 ③ 43 ④

⑧ 지표침하계(level and staff) : 토류벽 배면에 설치하여 지표면의 침하량 절대치의 변화를 측정
⑨ 건물경사계(tilt meter) : 인접건축물 벽면에 설치하여 구조물의 경사 변형상태를 측정하여 구조물의 안전진단에 활용

참고 2003년 8월 31일(문제 44번)

KEY ① 2003년 3월 16일(문제 47번) 출제
② 2004년 5월 23일(문제 43번) 출제
③ 2006년 3월 5일(문제 42번) 출제

44 연약한 지반을 굴착할 때 기초저면 부분이 부풀어 오르고 흙막이 지보공을 파괴시켜 붕괴하는 현상은?

① 파이핑(Piping) ② 보일링(Boiling)
③ 히빙(Heaving) ④ 캠버(Camber)

해설

흙의 파괴 현상
① 히빙 : 연질점토 지반에서 굴착에 의한 흙막이 내·외면의 흙의 중량 차이로 인해 굴착저면이 부풀어 올라오는 현상
② 보일링 : 사질토 지반에서 굴착저면과 흙막이 배면과의 수위 차이로 인해 굴착저면의 흙과 물이 함께 위로 솟구쳐 오르는 현상
③ 파이핑 : 보일링 현상으로 인하여 지반내에서의 물의 통로가 생기면서 흙이 세굴도는 현상

참고 2003년 3월 16일(문제 42번)

KEY ① 2002년 9월 8일(문제 45번) 출제
② 2004년 5월 23일(문제 51번) 출제
③ 2006년 3월 5일(문제 43번) 출제
④ 2022년 3월 5일 기사 출제

45 철근의 이음을 검사할 때 가스압접이음의 검사항목이 아닌 것은?

① 이음위치 ② 이음길이
③ 외관검사 ④ 인장시험

해설

가스압접이음의 검사항목
① 이음위치
② 외관검사
③ 인장시험

참고 건설안전산업기사 필기 p.3-66(합격날개 : 은행문제)

KEY 2021년 5월 9일(문제 45번) 출제

46 사질 지반을 굴착할 때 기초저면 부분이 부풀어 오르고 흙과 물이 함께 솟구쳐 오르는 현상은?

① 파이핑(Piping)
② 보일링(Boiling)
③ 히빙(Heaving)
④ 캠버(Camber)

해설

흙의 파괴 현상
① 히빙 : 연질점토 지반에서 굴착에 의한 흙막이 내·외면의 흙의 중량 차이로 인해 굴착저면이 부풀어 올라오는 현상
② 보일링 : 사질토 지반에서 굴착저면과 흙막이 배면과의 수위 차이로 인해 굴착저면의 흙과 물이 함께 위로 솟구쳐 오르는 현상
③ 파이핑 : 보일링 현상으로 인하여 지반내에서의 물의 통로가 생기면서 흙이 세굴도는 현상

참고 2003년 3월 16일(문제 42번)

 ① 2002년 9월 8일(문제 45번) 출제
② 2004년 5월 23일(문제 51번) 출제
③ 2006년 3월 5일(문제 43번) 출제

47 콘크리트를 수직부재인 기둥과 벽, 수평부재인 보, 슬래브를 구획하여 타설하는 공법을 무엇이라 하는가?

① V.H 분리타설공법
② N.H 분리타설공법
③ H.S 분리타설공법
④ H.N 분리타설공법

해설

V·H 타설공법
① 동시타설과 분리타설방법이 있다.
② 분리타설방법은 수직부재와 수평부재를 분리하여 타설하는 방법으로 기둥, 벽 등 수직부재를 먼저 타설하고 수평부재를 나중에 타설하는 방법이다.
③ 콘크리트의 침하균열 영향을 예방하는 방법으로 주로 공장제작한 슬래브공법 등에서 행한다.

보충학습
① V.H 분리타설 : 수직부재인 기둥과 벽(V), 수평부재인 보, 슬래브(H)를 별도의 구획으로 타설
② V.H 동시타설 : 수직부재인 기둥과 벽(V), 수평부재인 보, 슬래브(H)를 일체의 구획으로 타설

KEY 2008년 9월 7일(문제 44번) 출제

[정답] 44 ③ 45 ② 46 ② 47 ①

2022

48 공정별 검사항목 중 용접 전 검사에 해당되지 않는 것은?

① 트임새모양　② 비파괴검사
③ 모아대기법　④ 용접자세의 적부

해설

비파괴 검사 : 용접 완료 후 검사

참고 건설안전산업기사 필기 p.3-89(합격날개 : 합격예측)

KEY ① 2016년 3월 6일 기사 출제
② 2016년 5월 8일 기사 출제
③ 2017년 5월 7일 기사 출제
④ 2018년 9월 15일(문제 49번) 출제
⑤ 2021년 5월 9일(문제 50번) 출제

49 철골 내화피복공사 중 멤브레인공법에 사용되는 재료는?

① 경량 콘크리트　② 철망 모르타르
③ 뿜칠 플라스터　④ 암면 흡음판

해설

내화피복공사의 종류

(1) 습식 공법
① 타설공법 : 거푸집을 설치하고 콘크리트 또는 경량콘크리트를 타설하고 임의 형상, 치수 제작가능
② 조적공법 : 벽돌 또는 (경량)콘크리트블록을 시공
③ 미장공법 : 철골부재에 메탈라스를 부착하고 단열 모르타르 시공
④ 도장공법 : 내화페인트를 피복
⑤ 뿜칠공법 : 암면과 시멘트 등을 혼합하여 뿜칠 방식으로 큰 면적의 내화피복을 단시간에 시공
(2) 건식 공법
① 성형판 붙임공법 : PC판, ALC판, 무기섬유강화 석고보드 등을 철골부재의 기둥과 보에 부착
② 멤브레인공법 : 암면 흡음판을 철골에 붙여 시공

KEY ① 2003년 3월 16일(문제 60번)
② 2004년 5월 23일(문제 58번)
③ 2007년 5월 13일(문제 50번) 출제

50 주로 바닥판 슬래브, 보 및 계단거푸집을 설계할 때 고려하여야 할 연직방향하중으로 거리가 가장 먼 것은?

① 콘크리트의 자중　② 거푸집의 자중
③ 충격하중　④ 작업하중

해설

연직방향하중

바닥판, 보 밑	벽, 기둥, 보 옆
· 생 콘크리트 중량 · 작업하중　· 충격하중	· 생 콘크리트 중량 · 생 콘크리트 측압력

참고 2003년 5월 25일(문제 48번)

KEY 2006년 3월 5일(문제 52번) 출제

51 철골공사에서 각 용접부의 명칭에 관한 설명으로 옳지 않은 것은?

① 앤드 탭(End Tab) : 모재 양쪽에 모재와 같은 개선 형상을 가진 판
② 뒷댐재 : 루트 간격 아래에 판을 부착한 것
③ 스캘럽 : 용접선의 교차를 피하기 위하여 부채꼴과 같이 오목, 들어가게 파 놓은 것
④ 스패터 : 모살용접이 각진 부분에서 끝날 경우 각진 부분에서 그치지 않고 연속적으로 그 각을 돌아가며 용접하는 것

해설

스패터(Spatter)

아크용접이나 가스용접에서 용접 중 비산하는 Slag 및 금속입자가 경화된 것

참고 건설안전산업기사 필기 p.5-150(합격날개 : 합격예측)

KEY ① 2015년 5월 31일(문제 43번)
② 2021년 5월 9일(문제 43번) 출제

52 공사현장의 공정표 내용 중 가장 기본이 되는 것은?

① 재료반입량　② 노무출력량
③ 공사량　④ 기후 및 기온

해설

공정표의 기본

① 공정표 : 공사계획의 진척상황과 시간(일정)의 상관관계를 도식화한 공사완성 예정계획서이다.
② 공정표 표기 항목
㉮ 공사착수와 완성기일
㉯ 공사 진척속도
㉰ 단위공정의 공사량(공사구성비)

[정답] 48 ② 49 ④ 50 ② 51 ④ 52 ③

참고 2002년 3월 10일(문제 42번)

KEY ① 2000년 7월 23일(문제 49번) 출제
② 2006년 9월 10일(문제 49번) 출제

53 다음 용어에 대한 정의로 틀린 것은?

① 함수비$=\frac{\text{물의 무게}}{\text{토립자의 무게(건조중량)}}\times 100[\%]$

② 간극비$=\frac{\text{간극의 부피}}{\text{토립자의 부피}}\times 100[\%]$

③ 포화도$=\frac{\text{물의 부피}}{\text{간극의 무게}}\times 100[\%]$

④ 간극률$=\frac{\text{물의 부피}}{\text{전체의 부피}}\times 100[\%]$

해설

간극률$=\frac{\text{흙 간극의 부피(용적)}}{\text{흙 전체의 부피(용적)}}\times 100[\%]$

참고 건설안전산업기사 필기 p.3-29(1. 지반조사)

KEY 2008년 5월 11일(문제 58번) 출제

54 콘크리트 강도에 가장 큰 영향을 미치는 배합요소는 어느 것인가?

① 모래와 자갈의 비율
② 물과 시멘트의 비율
③ 시멘트와 모래의 비율
④ 시멘트와 자갈의 비율

해설

물시멘트비(W/C)
콘크리트를 배합할 때 물과 시멘트의 중량 백분율을 말하며, 콘크리트의 강도·시공연도 등을 지배하는 요인이 된다.

KEY ① 1992년 8월 2일(문제 44번)
② 2001년 6월 3일(문제 58번) 출제
③ 2003년 3월 16일(문제 45번) 출제
④ 2003년 8월 31일(문제 47번)
⑤ 2004년 5월 23일(문제 57번) 출제
⑥ 2006년 3월 5일(문제 53번)
⑦ 2006년 9월 10일(문제 59번) 출제

55 배치도에 나타난 건물의 위치를 대지에 표시하여 대지경계선과 도로경계선 등을 확인하기 위한 것은?

① 수평규준틀 ② 줄쳐보기
③ 기준점 ④ 수직규준틀

해설

줄쳐보기
① 건물의 위치를 대지에 표시
② 대지경계선과 도로경계선 확인

참고 건설안전산업기사 필기 p.3-25(보충학습 : 기준점)

보충학습
(1) 기준점(Bench Mark) : 공사 중의 높이 기준점
① 변형 및 이동의 염려가 없어야 한다.
② 2개소 이상 설치한다.
③ 공사 중 바라보기 좋고, 공사에 지장이 없는 곳에 설정한다.
④ 대개 지정 지반면에서 0.5~1[m] 위에 둔다.(기준표 밑에 높이 기재)
(2) 수평규준틀
건물의 각부 위치 및 높이, 너비를 결정하기 위한 것이다.
(3) 수직규준틀
벽돌, 블록, 돌쌓기 등 조적공사에서 고저 및 수직면의 기준을 삼고자 할 때 설치하는 것으로 세로규준틀이라고도 한다.

KEY 2021년 5월 9일(문제 57번) 출제

56 기존건물 공작물의 기초나 지정을 보강하거나 또는 거기에 새로운 기초를 삽입하거나 지지면을 더 깊은 지반에 옮겨 안전하게 하기 위한 공법은?

① 치환공법 ② 언더피닝공법
③ 탈수공법 ④ 바이브로 플로테이션공법

해설

언더피닝공법의 특징
① 기존건축물의 기초를 보강하여 건축물을 보호하기 위한 공법
② 인접건축물의 기초 저면보다 깊은 건축물을 시공할 경우 지하수위 변동 등으로 인한 기존건축물의 침하 이동을 방지하기 위한 공법
③ 보통 건축구조물에서 언더피닝이 실시되는 경우
㉮ 건물의 침하나 경사가 생겼기 때문에 이것을 복원하는 경우
㉯ 건물의 침하나 경사를 미연에 방지할 경우
㉰ 건물을 이동할 경우
㉱ 지하구조물 밑에 지중구조물을 설치하는 경우

참고 2003년 5월 25일(문제 56번) 해설

KEY ① 2001년 9월 23일(문제 42번) 출제
② 2004년 9월 5일(문제 54번) 출제
③ 2005년 5월 29일(문제 43번) 출제
④ 2006년 5월 14일(문제 60번) 출제

[정답] 53 ④ 54 ② 55 ② 56 ②

2022

57 **공사관리계약(Construction Managemerit Contract) 방식의 장점이 아닌 것은?**

① 시공 시 단계별 시공법을 적용할 수 있어 설계 및 시공기간을 단축시킬 수 있다.
② 설계과정에서 설계가 시공에 미지는 영향을 예측할 수 있어 설계도서의 현실성을 향상시킬 수 있다.
③ 기획 및 설계과정에서 발주자와 설계자 간의 의견대립 없이 설계대안 및 특수공법의 적용이 가능하다.
④ 대리인형 CM(CM for fee)방식은 공사비와 품질에 직접적인 책임을 지는 공사관리계약 방식이다.

해설

사업관리 계약제도(Construction management contract)
① CM(건설관리) : 설계, 시공을 통합관리하며 주문자를 위해 서비스하는 전문가 집단의 관리비법
② CM for fee방식(대리인형 CM방식) : 발주자의 컨설턴트 역할
③ CM at risk 방식(시공자형 CM방식)

참고 건설안전산업기사 필기 p.3-4(합격날개 : 합격예측)

KEY ① 2018년 9월 15일(문제 66번) 출제
② 2020년 6월 7일 출제
③ 2020년 8월 22일(문제 71번) 출제
④ 2022년 3월 5일 기사 출제

58 **철골구조의 내화피복에 관한 설명으로 옳지 않은 것은?**

① 조적공법은 용접철망을 부착하여 경량 모르타르, 펄라이트 모르타르와 플라스터 등을 바름하는 공법이다.
② 뿜칠공법은 철골표면에 접착제를 혼합한 내화피복재를 뿜어서 내화피복을 한다.
③ 성형판 공법은 내화단열성이 우수한 각종 성형판을 철골주위에 접착제와 철물 등을 설치하고 그 위에 붙이는 공법으로 주로 기둥과 보의 내화피복에 사용된다.
④ 타설공법은 아직 굳지 않은 경량콘크리트나 기포모르타르 등을 강재주위에 거푸집을 설치하여 타설한 후 경화시켜 철골을 내화피복하는 공법이다.

해설

내화 피복공법 및 재료의 종류
① 내화도료공법 : 팽창성 내화도료
② 타설공법 : 콘크리트, 경량콘크리트
③ 조적공법 : 콘크리트 블록, 경량콘크리트 블록, 돌, 벽돌
④ 미장공법 : 철망 모르타르, 철망 펄라이트 모르타르
⑤ 뿜칠공법 : 뿜칠 암면, 습식 뿜칠 암면, 뿜칠 모르타르, 뿜칠 플라스터, 실리카, 알루미나 계열 모르타르
⑥ 성형판 붙임공법 : 무기섬유혼입 규산칼슘판, ALC판, 무기섬유강화 석고보드, 석면 시멘트판, 조립식 패널, 경량콘크리트 패널, 프리캐스트 콘크리트판
⑦ 세라믹울 피복공법 : 세라믹 섬유 블랭킷
⑧ 합성공법 : 프리캐스트 콘크리트판, ALC판

참고 건설안전산업기사 필기 p.3-70(2. 철근피복 목적)

보충학습
조적(調積) : 벽돌이나 콘크리트 블록

59 **철근콘크리트에서 염해로 인한 철근의 부식 방지대책으로 옳지 않은 것은?**

① 콘크리트 중의 염소 이온량을 적게 한다.
② 에폭시 수지 도장 철근을 사용한다.
③ 방청제 투입을 고려한다.
④ 물-시멘트비를 크게 한다.

해설

염해에 대한 철근 부식 방지 대책
① 콘크리트중의 염소 이온량을 적게 한다.
② 에폭시 수지 도장 철근을 사용한다.
③ 방청제 투입이나 전기제어 방식을 취한다.
④ 철근 피복 두께를 충분히 확보한다.
⑤ 수밀콘크리트를 만들고 콜드조인트가 없게 시공한다.
⑥ 물-시멘트비를 최소로 하고 광물질 혼화재를 사용한다.
⑦ pH11 이상의 강알칼리 환경에서는 철근 표면에 부동태막이 생겨 부식을 방지한다.

KEY ① 2006년 5월 14일(문제 79번) 출제
② 2019년 3월 3일(문제 63번) 출제

[정답] 57 ④ 58 ① 59 ④

60 **웰 포인트 공법(well point method)에 관한 설명으로 옳지 않은 것은?**

① 사질지반보다 점토질 지반에서 효과가 좋다.
② 지하수위를 낮추는 공법이다.
③ 1~3[m]의 간격으로 파이프를 지중에 박는다.
④ 인접지 침하의 우려에 따른 주의가 필요하다.

해설

웰 포인트 공법(Well point method)
① 사질지반에서 1~2[m] 간격으로 파이프를 박아 진공펌프로 지하수를 강제 배수하는 공법
② 사질지반의 대표적 강제 배수공법

참고 건설안전산업기사 필기 p.3-46(표. Pier 기초공법의 분류)

KEY ① 2019년 9월 21일(문제 72번) 출제
② 2022년 3월 5일 기사 출제

4 건설재료학

61 **다음 중 금속제품과 그 용도를 짝지은 것 중 옳지 않은 것은?**

① 데크 플레이트-콘크리트 슬래브의 거푸집
② 조이너-천장, 벽 등의 이음새 노출방지
③ 코너비드-기둥, 벽의 모서리 미장바름 보호
④ 펀칭메탈-천장 달대를 고정시키는 철물

해설

펀칭메탈(Punching metal)
① 두께 1.2[mm] 이하의 박강판을 여러 가지 무늬 모양으로 구멍을 뚫어 만든 것이다.
② 용도는 환기구멍, 방열기덮개 등으로 쓰인다.

참고 건설안전산업기사 필기 p.4-88(7. 펀칭메탈)

KEY 2009년 5월 10일(문제 62번) 출제

62 **프탈산과 글리세린 수지에 지방산, 유지, 천연수지를 넣어 변성시킨 포화폴리에스테르수지로서 페인트, 바니시, 래커 등의 도료로 이용되는 것은?**

① 실리콘수지 ② 멜라민수지
③ 알키드수지 ④ 폴리우레탄수지

해설

포화폴리에스테르수지 : 알키드(Alkyd)수지
① 무수프탈산과 글리세린의 순수 수지를 각종의 지방산, 유지, 천연수지로 변성한 수지이다.
② 유지, 수지의 종류 및 양에 따라 성질이 다양하다.
③ 내후성, 밀착성, 가소성이 좋다.
④ 내수성, 내알칼리성은 작다.
⑤ 래커, 바니시, 페인트 등의 원료로 사용된다.

참고 건설안전산업기사 필기 p.4-115(3. 합성수지계 접착제의 종류 및 특성)

보충학습

불포화폴리에스테르(FRP) 수지
① 강도가 우수하다.
② 차량·항공기 등의 구조재, 욕조, 창호재 등에 사용

KEY 2008년 9월 7일(문제 63번) 출제

63 **집성목재의 특징에 관한 설명으로 옳지 않은 것은?**

① 응력에 따라 필요로 하는 단면의 목재를 만들 수 있다.
② 목재의 강도를 인공적으로 자유롭게 조절할 수 있다.
③ 3장 이상의 단판인 박판을 홀수로 섬유방향에 직교하도록 접착제로 붙여 만든 것이다.
④ 외관이 미려한 박판 또는 치장합판, 프린트합판을 붙여서 구조재, 마감재, 화장재를 겸용한 인공목재의 제조가 가능하다.

해설

집성목재
① 두께 1.5~5[cm]의 단판을 몇 장 또는 몇 겹으로 접착한 것
② 합판과 다른 점은 판의 섬유방향을 평행으로 붙인 점, 홀수가 아니라도 되는 점
③ 합판과 같은 박판이 아니고 보나 기둥에 사용할 수 있는 단면을 가진 점
④ 접착제로서는 요소수지가 많이 쓰이고 외부 수분, 습기를 받는 부분에는 페놀수지를 사용

참고 건설안전산업기사 필기 p.4-19(2. 집성목재)

KEY 2018년 9월 15일(문제 63번) 출제

[정답] 60 ① 61 ④ 62 ③ 63 ③

64 특수도료 중 방청도료의 종류에 해당하지 않는 것은?

① 인광 도료
② 광명단 도료
③ 워시 프라이머
④ 징크크로메이트 도료

해설

방청도료(녹막이칠)의 종류

① 연단(광명단)칠 ② 방청·산화철 도료
③ 알미늄 도료 ④ 역청질 도료
⑤ 징크크로메이트 도료 ⑥ 규산염 도료
⑦ 연시아나이드 도료 ⑧ 이온 교환 수지
⑨ 그라파이트칠

KEY 2010년 3월 7일(문제 64번) 출제

보충학습

발광도료

형광·인광도료, 방사성 동위원소를 전색제에 분산한 도료, 형광·인광 안료만을 사용한 도료는 형광 도료라 하며 도로표지 등에 사용된다. 형광 안료와 방사성 동위체를 병용한 도료는 야광 도료, 발광 도료라 칭하며 시계의 문자판 표시 등 어두운 곳에서 표시용으로 사용된다.

65 목재 및 그 밖에 식물의 섬유질 소편에 합성수지 접착제를 도포하여 가열압착 성형한 판상제품은?

① 파티클보드 ② 시멘트 목질판
③ 집성목재 ④ 합판

해설

파티클보드

목재 및 기타 식물의 섬유질 소편에 합성수지 접착제를 도포, 가열압착 성형한 판상제품이다.
① 특성
㉮ 강도와 섬유방향에 따른 방향성이 있다.
㉯ 변형이 없다.
㉰ 방부, 방화성을 크게 할 수 있다.
㉱ 흡음, 열의 차단성이 높다.
② 용도 : 강도가 크므로 구조용으로 사용, 선박, 마룻널, 칸막이, 가구 등에 쓰인다.

참고 2003년 5월 25일(문제 78번)

 ① 2000년 7월 23일(문제 76번) 출제
② 2001년 6월 3일(문제 72번) 출제
③ 2006년 3월 5일(문제 65번) 출제
④ 2022년 3월 5일 기사 출제

66 목재 건조의 목적 및 효과가 아닌 것은?

① 중량의 경감
② 강도의 증진
③ 가공성 증진
④ 균류 발생의 방지

해설

목재의 건조목적

① 건조수축이나 건조변형을 방지할 수 있다.
② 건조재는 자체의 무게가 경감되어 운반 시공상 편하다.
③ 건조재는 강도가 크다.

참고 건설안전산업기사 필기 p.4-8(4. 목재의 건조목적)

KEY 2014년 9월 20일(문제 65번) 출제

67 석재의 일반적인 특징에 대한 설명 중 틀린 것은?

① 내구성, 내화학성, 내마모성이 우수하다.
② 외관이 장중하고 석질이 치밀한 것을 갈면 미려한 광택이 난다.
③ 압축강도에 비해 인장강도가 작다.
④ 가공성이 좋으며 장대재를 얻기 용이하다.

해설

석재의 단점

① 중량이 크고, 운반, 가공이 어렵다.
② 인장강도가 작다. 취도계수가 크다.(압축강도가 1/20~1/40 내외)
③ 내화도가 낮고, 내진구조가 아니다.
④ 장대재를 얻기 어려워 가구재로는 부적합하다.

참고 ① 2000년 5월 14일(문제 66번) 출제
② 2006년 3월 5일(문제 78번) 출제

KEY 2006년 9월 10일(문제 65번) 출제

보충학습

석재의 장점

① 압축강도가 크다.
② 내구성, 내수성 및 내마모성이 우수한 재료이고, 종류가 다양하다.
③ 색조와 광택이 있어 외관이 장중 미려하다.

[정답] 64 ① 65 ① 66 ③ 67 ④

68 **아스팔트는 온도에 의한 반죽질기가 현저하게 변화하는데, 이러한 변화가 일어나기 쉬운 정도를 무엇이라 하는가?**

① 감온성 ② 침입도
③ 신도 ④ 연화성

해설

감온성(感溫性)

아스팔트는 온도에 따라 변화가 매우 크며, 이것을 감온비로 나타낸다. 감온성이 너무 크면 저온 시에 취성을 나타내고, 고온 시에는 연질을 나타낸다.

참고 건설안전산업기사 필기 p.4-104(합격예측:감온비)

KEY 2011년 10월 2일(문제 68번) 출제

보충학습

① 침입도 : 아스팔트의 견고성 정도를 평가
② 신도 : 아스팔트의 늘어나는 정도
③ 연화성 : 아스팔트를 가열하면 연해져 유동성이 생기는 정도

69 **시멘트의 안정성 시험에 해당하는 것은?**

① 슬럼프시험
② 블레인법
③ 길모아시험
④ 오토클레이브 팽창도시험

해설

시멘트 시험

종류	시험방법 내용	사용기구
비중 시험	$\frac{\text{시멘트의 중량(g)}}{\text{비중병의 눈금차이(cc)}}$ = 시멘트비중	르샤틀리에 비중병 (르샤틀리에 플라스크)
분말도 시험	① 체가름 방법(표준체 전분표시법) ② 비표면적시험(블레인법)	① 표준체 : No.325, No.170 ② 블레인 공기투과 장치 사용
응결 시험	① 길모아(Gillmore)침에 의한 응결시간 시험방법 ② 비카(Vicat)침에 의한 응결시간 시험방법	① 길모아장치 ② 비카장치
안정성 시험	오토클레이브 팽창도 시험방법	오토클레이브

참고 건설안전산업기사 필기 p.4-45(표. 시멘트의 각종 시험)

KEY 2017년 9월 23일(문제 69번) 출제

70 **절대건조비중(r)이 0.75인 목재의 공극률은?**

① 약 48.7[%] ② 약 75.0[%]
③ 약 25.0[%] ④ 약 51.3[%]

해설

목재 공극률 계산

$$\text{공극률} = \left(1-\frac{r}{1.54}\right)\times 100 = \left(1-\frac{0.75}{1.54}\right)\times 100 = 51.3[\%]$$

참고 건설안전산업기사 필기 p.4-8(6. 목재의 성질)

KEY ① 2003년 2회, 2005년 2회 연속출제
② 2009년 8월 30일(문제 62번) 출제

71 **다음 중 실(seal)재가 아닌 것은?**

① 코킹재 ② 퍼티
③ 실링재 ④ 트래버틴

해설

트래버틴(travertine)

① 대리석의 일종이다.
② 고급 실내장식재로 쓰인다.

참고 건설안전산업기사 필기 p.4-77(문제 32번)

KEY ① 2004년 출제
② 2010년 3월 7일(문제 68번) 출제

72 **다음의 합성수지판류 중 색이나 투명도가 자유로우나 화재 시 Cl_2 가스 발생이 큰 것은?**

① 염화비닐판 ② 폴리에스테르판
③ 멜라민 치장판 ④ 페놀수지판

해설

염화비닐판의 결점 : 화재 시 Cl_2 가스발생

KEY ① 2006년 3월 5일(문제 73번) 출제
② 2022년 3월 5일 기사 출제

보충학습

염소(Cl_2)

염소가스가 신체에 닿을 경우 염산으로 변해 심각한 화상을 입을 수 있으며, 공기보다 무거워 10[PPM]~20[PPM]만 흡입하면 몸속 장기들이 찢어지거나 녹아내리게 할 수 있는 유독물질이다.

[정답] 68 ① 69 ④ 70 ④ 71 ④ 72 ①

73 다음 중 천연 아스팔트에 속하지 않는 것은?

① 스트레이트 아스팔트
② 아스팔타이트
③ 록 아스팔트
④ 레이크 아스팔트

해설

천연 아스팔트의 종류
① 록 아스팔트
② 레이크 아스팔트
③ 아스팔타이트
④ 샌드 아스팔트

참고 건설안전산업기사 필기 p.4-100(1. 아스팔트 방수재료)

KEY 2007년 5월 13일(문제 72번) 출제

74 원목을 적당한 각재로 만들어 칼로 엷게 절단하여 만든 베니어는?

① 로터리 베니어(rotary veneer)
② 하프라운드 베니어(half round veneer)
③ 소드 베니어(sawed veneer)
④ 슬라이스드 베니어(slicecd veneer)

해설

슬라이스드 베니어 제조방법
상하 또는 수평으로 이동하는 나비가 넓은 대팻날로 얇게 절단한 것이다.

참고 건설안전산업기사 필기 p.4-19(표. 베니어판 제조방법 및 특징)

KEY 2011년 6월 12일(문제 72번) 출제

보충학습

① 로터리 베니어 : 원목을 회전시키면서 연속적으로 엷게 벗기는 것으로 넓은 단판을 얻을 수 있고 원목의 낭비가 적다.
② 하프 라운드 베니어 : 반원재 또는 플리치를 스테이로그에 고정해서 하프라운드로 단판
③ 소드 베니어 : 각재의 원목을 엷게 톱으로 자른 단판

75 용융하기 쉽고, 산에는 강하나 알칼리에 약한 특성이 있으며 건축 일반용 창호유리, 병유리에 자주 사용되는 유리는?

① 소다석회유리 ② 칼륨석회유리
③ 보헤미아유리 ④ 납유리

해설

크라운유리(소다석회유리, 소다유리)의 특징
① 일반 건물의 채광용 유리이다.
② 산에 강하나 알칼리에 약하다.
③ 팽창률, 강도, 투과율이 크다.
④ 내화성은 약하다.

참고 2010년 9월 5일(문제 65번)

KEY 2010년 9월 5일(문제 80번) 출제

보충학습

(1) 칼륨석회유리(보헤미아유리)
① 성질
㉮ 잘 용융되지 않는다.
㉯ 내약품성이 있고 투명도가 크다.
② 용도
프리즘, 이화학기구, 장식용품, 공예품, 식기 등
(2) 납유리
① 성질
㉮ 플린트유리(flint glass)라고도 한다.
㉯ 소다석회유리의 알칼리 성분을 적게 하는 대신 Pb(납)를 첨가한 유리로 연화온도가 낮다.
㉰ 가공성이 우수하다.
㉱ 알칼리 성분의 감소로 인해 비교적 전기절연성이 좋다.
㉲ 비유전율이 커서 유리콘덴서의 유전체로 이용된다.
② 용도
소형진공관용유리, 광학용유리

76 고온으로 충분히 소성한 석기질 타일로서 표면은 거칠게 요철무늬를 넣고 두께는 2.5[cm] 정도이며 테라스, 옥상 등에 쓰이는 바닥용 타일은?

① 스크래치타일 ② 모자이크타일
③ 클링커타일 ④ 카보런덤타일

해설

클링커타일
① 클링커타일은 소성타일을 말하는데 평지붕, 현관 등에 적합하다.
② 크기는 18[cm] 두께는 약 2.5[cm], 석기질로 모양을 낼 수 있고 식염유를 발라 진한 다갈색이다.
③ 표면의 모양은 장식효과뿐 아니라 미끄럼막이로도 유효하다.

참고 건설안전산업기사 필기 p.4-71(2. 타일의 종류)

KEY 2009년 5월 10일(문제 76번) 출제

보충학습

① 스크래치타일 : 표면에 긁힌 모양을 낸 것으로 외장용으로 사용
② 모자이크타일 : 내외벽 및 바닥에 사용되는 4[cm] 각 이하의 소형타일
③ 카보런덤타일 : 내마모성이 강하므로 바닥에 많이 사용

[정답] 73 ① 74 ④ 75 ① 76 ③

77 **다음의 시멘트 분말도에 관한 설명 중 옳지 않은 것은?**

① 분말도가 클수록 수화작용이 빠르다.
② 분말도가 클수록 초기강도의 발생이 빠르다.
③ 분말도가 너무 크면 풍화되기 쉽다.
④ 분말도 측정에는 주로 바비(vabe)시험기가 사용된다.

해설

분말도 시험방법
① 물과 혼합 시 접촉하는 표면적이 크므로 수화작용이 빠르다.
② 초기강도가 크며, 강도 증진율이 높다.
③ 블리딩이 작고 시공연도가 좋다.
④ 풍화하기 쉽고 건조수축이 커져서 균열이 발생하기 쉽다.
⑤ 분말도 측정
㉮ 체분석법
㉯ 피크노미터법
㉰ 브레인법(대표적)

참고 1997년 5월 25일(문제 78번)

KEY 2006년 3월 5일(문제 77번) 출제

78 **투사광선의 방향을 변화시키거나 집중 또는 확산시킬 목적으로 만든 이형 유리제품으로 주로 지하실 또는 지붕 등의 채광용으로 사용되는 것은?**

① 프리즘 유리 ② 복층 유리
③ 망입 유리 ④ 강화 유리

해설

프리즘 유리
① 투사 광선의 방향을 변화시키거나 집중, 확산 목적으로 사용
② 지하실이나 지붕 등의 채광용

참고 건설안전산업기사 필기 p.4-135(합격날개 : 은행문제2)

KEY 2020년 6월 14일(문제 80번) 출제

79 **파손방지, 도난방지 또는 진동이 심한 장소에 적합한 망입(網入)유리의 제조 시 사용되지 않는 금속선은?**

① 철선(철사) ② 황동선
③ 청동선 ④ 알루미늄선

해설

망입유리(網入琉璃)
① 두꺼운 판유리에 망 구조물을 넣어 만든 유리
② 철 또는 알루미늄 망이 사용되며 충격으로 파손될 경우에도 파편이 흩어지지 않는다.

KEY 2022년 3월 5일 기사(문제 99번) 출제

80 **목재의 결점 중 벌채시의 충격이나 그 밖의 생리적 원인으로 인하여 세로축에 직각으로 섬유가 절단된 형태를 의미하는 것은?**

① 수지낭 ② 미숙재
③ 컴프레션페일러 ④ 옹이

해설

Compression Failure
① 목재의 결점 중 벌채시의 충격이나 그 밖의 생리적 원인
② 세로축에 직각으로 섬유가 절단된 형태

KEY 2022년 3월 5일 기사(문제 100번) 출제

5 건설안전기술

81 **유해·위험방지계획서 제출 시 첨부서류로 옳지 않은 것은?**

① 공사현장의 주변 현황 및 주변과의 관계를 나타내는 도면
② 공사개요서
③ 전체공정표
④ 작업인부의 배치를 나타내는 도면 및 서류

해설

건설업 유해위험방지계획서 첨부서류
① 공사개요서
② 공사현장의 주변 현황 및 주변과의 관계를 나타내는 도면(매설물 현황을 포함한다)
③ 건설물, 사용 기계설비 등의 배치를 나타내는 도면
④ 전체 공정표
⑤ 산업안전보건관리비 사용계획
⑥ 안전관리 조직표
⑦ 재해 발생 위험 시 연락 및 대피방법

[정답] 77 ④ 78 ① 79 ③ 80 ③ 81 ④

KEY ① 2016년 3월 6일(문제 113번) 출제
② 2017년 3월 5일(문제 105번) 출제
③ 2020년 9월 27일(문제 119번) 출제
④ 2021년 9월 12일(문제 107번) 출제

정보제공
산업안전보건법 시행규칙 [별표 10] 유해위험방지계획서 첨부서류

82 추락·재해방지 설비 중 근로자의 추락재해를 방지할 수 있는 설비로 작업발판 설치가 곤란한 경우에 필요한 설비는?

① 경사로 ② 추락방호망
③ 고정사다리 ④ 달비계

해설

작업발판 설치가 곤란한 경우 : 추락방호망 설치

합격정보
산업안전보건기준에 관한 규칙 제42조(추락의 방지)

83 산업안전보건관리비 중 안전시설의 항목에서 사용할 수 있는 항목에 해당하는 것은?

① 외부인 출입금지, 공사장 경계표시를 위한 가설울타리
② 작업발판
③ 절토부 및 성토부 등의 토사유실 방지를 위한 설비
④ 용접작업 등 화재 위험작업 시 사용하는 소화기의 구입 · 임대비용

해설

안전시설비 등
① 산업재해 예방을 위한 안전난간, 추락방호망, 안전대 부착설비, 방호장치(기계·기구와 방호장치가 일체로 제작된 경우, 방호장치 부분의 가액에 한함) 등 안전시설의 구입·임대 및 설치를 위해 소요되는 비용
② 「건설기술진흥법」 제62조의3에 따른 스마트 안전장비 구입·임대 비용의 5분의 1에 해당하는 비용. 다만, 제4조에 따라 계상된 안전보건관리비 총액의 10분의 1을 초과할 수 없다.
③ 용접 작업 등 화재 위험작업시 사용하는 소화기의 구입·임대비용

참고 건설안전산업기사 필기 p.5-23(문제 24번) 적중

KEY ① 2017년 5월 7일 산업기사 출제
② 2018년 3월 4일 기사 출제
③ 2019년 3월 3일 산업기사 출제

정보제공
2023. 10. 5(제2023-49호) 개정고시 적용

84 가설통로의 설치기준으로 옳지 않은 것은?

① 경사가 15[°]를 초과하는 때에는 미끄러지지 않는 구조로 한다.
② 건설공사에 사용하는 높이 8[m] 이상인 비계다리에는 7[m] 이내마다 계단참을 설치한다.
③ 수직갱에 가설된 통로의 길이가 15[m] 이상일 경우에는 15[m] 이내 마다 계단참을 설치한다.
④ 추락의 위험이 있는 장소에는 안전난간을 설치한다.

해설

수직갱에 가설된 통로의 길이가 15[m] 이상인 경우에는 10[m] 이내마다 계단참을 설치할 것

합격정보
산업안전보건기준에 관한 규칙 제23조(가설통로의 구조)

KEY 2021년 3월 7일(문제 112번) 출제

85 비계의 높이가 2[m] 이상인 작업장소에 작업발판을 설치할 경우 준수하여야 할 기준으로 옳지 않은 것은?

① 작업발판의 폭은 30[cm] 이상으로 한다.
② 발판재료간의 틈은 3[cm] 이하로 한다.
③ 추락의 위험성이 있는 장소에는 안전난간을 설치한다.
④ 발판재료는 뒤집히거나 떨어지지 않도록 2개 이상의 지지물에 연결하거나 고정시킨다.

해설

작업발판 폭 : 40[cm]이상

참고 건설안전산업기사 필기 p.5-92(합격날개 : 합격예측 및 관련법규)

KEY 2021년 9월 12일(문제 102번) 출제

합격정보
산업안전보건기준에 관한 규칙 제56조(작업 발판의 구조)

[정답] 82 ② 83 ④ 84 ③ 85 ①

86 가설구조물의 문제점으로 옳지 않은 것은?

① 도괴재해의 가능성이 크다.
② 추락재해 가능성이 크다.
③ 부재의 결합이 간단하나 연결부가 견고하다.
④ 구조물이라는 통상의 개념이 확고하지 않으며 조립의 정밀도가 낮다.

해설

가설 구조물의 특징
① 연결재가 부족하여 불안정해지기 쉽다.
② 부재 결합이 간략하고 불완전 결합이 많다.
③ 구조물이라는 통상의 개념이 확고하지 않아 조립의 정밀도가 낮다.
④ 부재는 과소 단면이거나 결함이 있는 재료가 사용되기 쉽다.

참고 건설안전산업기사 필기 p.5-85(1. 가설 구조물의 특징)

87 거푸집 해체작업 시 유의사항으로 옳지 않은 것은?

① 일반적으로 수평부재의 거푸집은 연직부재의 거푸집보다 빨리 떼어낸다.
② 해체된 거푸집이나 각목 등에 박혀있는 못 또는 날카로운 돌출물은 즉시 제거하여야 한다.
③ 상하 동시 작업은 원칙적으로 금지 하여 부득이 한 경우에는 긴밀히 연락을 위하며 작업을 하여야 한다.
④ 거푸집 해체작업장 주위에는 관계자를 제외하고는 출입을 금지시켜야 한다.

해설

거푸집 해체 순서
① 거푸집은 일반적으로 연직부재를 먼저 떼어낸다.
② 이유 : 하중을 받지 않기 때문

참고 건설안전산업기사 필기 p.5-113(7. 거푸집의 해체 시 안전수칙)

KEY
① 2017년 5월 7일 산업기사 출제
② 2017년 8월 26일 산업기사 출제
③ 2019년 4월 27일 기사(문제 102번) 출제

88 법면 붕괴에 의한 재해 예방조치로서 옳은 것은?

① 지표수와 지하수의 침투를 방지한다.
② 법면의 경사를 증가한다.
③ 절토 및 성토높이를 증가한다.
④ 토질의 상태에 관계없이 구배조건을 일정하게 한다.

해설

붕괴방지공법
① 활동할 가능성이 있는 토사는 제거하여야 한다.
② 비탈면 또는 법면의 하단을 다져서 활동이 안 되도록 저항을 만들어야 한다.
③ 지표수가 침투되지 않도록 배수를 시키고 지하수위를 낮추기 위하여 수평 보링(boring)을 하여 배수시켜야 한다.
④ 말뚝(강관, H형강, 철근 콘크리트)을 박아 지반을 강화시킨다.

참고 건설안전산업기사 필기 p.5-75(2. 붕괴방지 공법)

KEY
① 2016년 3월 6일 출제
② 2021년 5월 15일(문제 119번) 출제

합격정보
굴착공사 표준안전 작업지침 제31조(예방)

89 취급·운반의 원칙으로 옳지 않은 것은?

① 운반 작업을 집중하여 시킬 것
② 생산을 최고로 하는 운반을 생각할 것
③ 곡선 운반을 할 것
④ 연속 운반을 할 것

해설

취급, 운반의 5원칙
① 직선운반을 할 것
② 연속운반을 할 것
③ 운반작업을 집중화시킬 것
④ 생산을 최고로 하는 운반을 생각할 것
⑤ 최대한 시간과 경비를 절약할 수 있는 운반방법을 고려할 것

참고 건설안전산업기사 필기 p.5-161(합격날개 : 합격예측)

KEY
① 2017년 8월 26일 출제
② 2018년 4월 28일 기사 출제
③ 2019년 3월 3일 산업기사 출제

참고 건설안전산업기사 필기 p.5-161(합격날개 : 합격예측)

[정답] 86 ③ 87 ① 88 ① 89 ③

2022

90 철골작업 시 철골부재에서 근로자가 수직 방향으로 이동하는 경우에 설치하여야 하는 고정된 승강로의 최대 답단 간격은 얼마 이내인가?

① 20[cm]　　② 25[cm]
③ 30[cm]　　④ 40[cm]

해설

승강로 답단간격

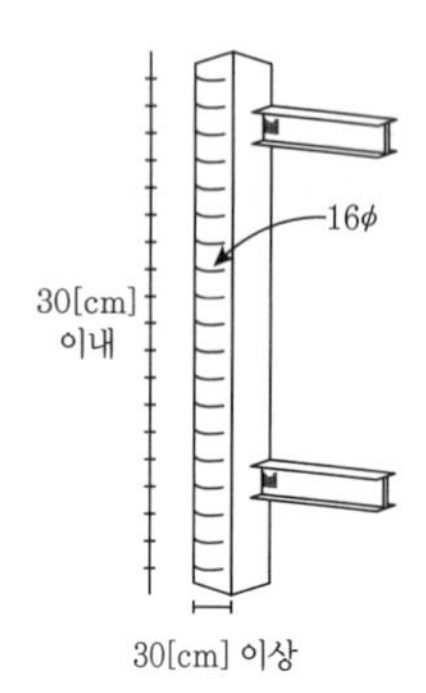

[그림] 고정된 승강로 Trap(답단)

참고) 건설안전산업기사 필기 p.5-150 (그림 : 고정된 승강로 Trap)

KEY ① 2018년 8월 19일 기사 출제
② 2018년 7월 7일 기사 작업형 출제
③ 2018년 9월 15일(문제 11번) 출제

정보제공

산업안전보건기준에 관한 규칙 제381조(승강로의 설치)

사업주는 근로자가 수직방향으로 이동하는 철골부재(鐵骨部材)에는 답단(踏段) 간격이 30센티미터 이내인 고정된 승강로를 설치하여야 하며, 수평방향 철골과 수직방향 철골이 연결되는 부분에는 연결작업을 위하여 작업발판 등을 설치하여야 한다.

91 재해사고를 방지하기 위하여 크레인에 설치된 방호장치로 옳지 않은 것은?

① 공기정화장치　　② 비상정지장치
③ 제동장치　　④ 권과방지장치

해설

크레인의 방호장치

종류	용도
권과방지 장치	양중기의 권상용 와이어로프 또는 지브등의 붐 권상용 와이어로프의 권과 방지 ㉠ 나사형 제동개폐기 ㉡ 롤러형 제동개폐기 ㉢ 캠형 제동개폐기
과부하 방지 장치	정격하중 이상의 하중 부하시 자동으로 상승정지되면서 경보음이나 경보등 발생
비상 정지장치	돌발사태 발생시 안전유지 위한 전원차단 및 크레인 급정지시키는 장치
제동 장치	운동체와 정지체의 기계적접촉에 의해 운동체를 감속하거나 정지 상태로 유지하는 기능을 하는 장치
기타 방호 장치	① 해지장치 ② 스토퍼(Stopper) ③ 이탈방지장치 ④ 안전밸브 등

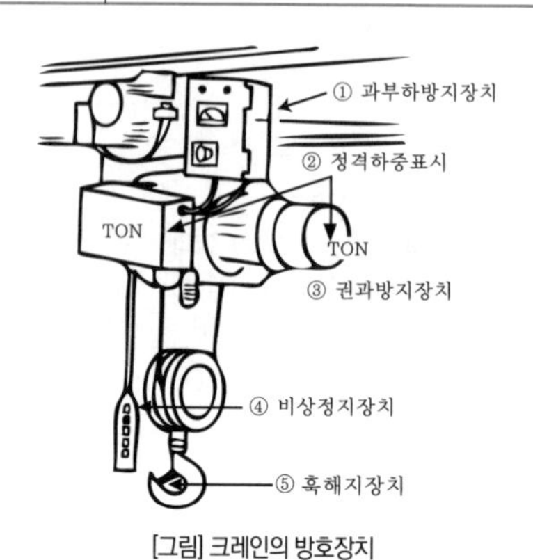

[그림] 크레인의 방호장치

참고) 건설안전산업기사 필기 p.5-54(합격날개 : 합격예측)

KEY ① 2018년 8월 19일 기사 출제
② 2019년 3월 7일 기사(문제 118번) 출제
③ 2021년 9월 12일 기사(문제 103번) 출제

92 작업장 출입구 설치 시 준수해야 할 사항으로 옳지 않은 것은?

① 출입구의 위치 · 수 및 크기가 작업장의 용도와 특성에 맞도록 한다.
② 출입구에 문을 설치하는 경우에는 근로자가 쉽게 열고 닫을 수 있도록 한다.
③ 주된 목적이 하역운반기계용인 출입구에는 보행자용 출입구를 따로 설치하지 않는다.
④ 계단이 출입구와 바로 연결된 경우에는 작업자의 안전한 통행을 위하여 그 사이에 1.2[m] 이상 거리를 두거나 안내표지 또는 비상벨 등을 설치한다.

[정답] 90 ③ 91 ① 92 ③

해설

산업안전보건기준에 관한 규칙

제11조(작업장의 출입구) 사업주는 작업장에 출입구(비상구는 제외한다. 이하 같다)를 설치하는 경우 다음 각 호의 사항을 준수하여야 한다.

1. 출입구의 위치, 수 및 크기가 작업장의 용도와 특성에 맞도록 할 것
2. 출입구에 문을 설치하는 경우에는 근로자가 쉽게 열고 닫을 수 있도록 할 것
3. 주된 목적이 하역운반기계용인 출입구에는 인접하여 보행자용 출입구를 따로 설치할 것
4. 하역운반기계의 통로와 인접하여 있는 출입구에서 접촉에 의하여 근로자에게 위험을 미칠 우려가 있는 경우에는 비상등 · 비상벨 등 경보장치를 할 것
5. 계단이 출입구와 바로 연결된 경우에는 작업자의 안전한 통행을 위하여 그 사이에 1.2미터 이상 거리를 두거나 안내표지 또는 비상벨 등을 설치할 것. 다만, 출입구에 문을 설치하지 아니한 경우에는 그러하지 아니하다.

93 옥외에 설치되어 있는 주행크레인에 대하여 이탈방지장치를 작동시키는 등 그 이탈을 방지하기 위한 조치를 하여야 하는 순간풍속에 대한 기준으로 옳은 것은?

① 순간풍속이 초당 10[m]를 초과하는 바람이 불어올 우려가 있는 경우

② 순간풍속이 초당 20[m]를 초과하는 바람이 불어올 우려가 있는 경우

③ 순간풍속이 초당 30[m]를 초과하는 바람이 불어올 우려가 있는 경우

④ 순간풍속이 초당 40[m]를 초과하는 바람이 불어올 우려가 있는 경우

해설

옥외 주행크레인 이탈방지조치 풍속기준 : 30[m/sec]

참고 건설안전산업기사 필기 p.5-46(합격날개 : 합격예측 및 관련법규)

정보제공

산업안전보건기준에 관한 규칙 제140조(폭풍에 의한 이탈 방지)

94 지반 등의 굴착작업 시 연암의 굴착면 기울기로 옳은 것은?

① 1 : 0.3　② 1 : 0.5

③ 1 : 0.8　④ 1 : 1.0

해설

굴착면의 기울기 기준

지반의 종류	굴착면의 기울기
모래	1 : 1.8
연암 및 풍화암	1 : 1.0
경암	1 : 0.5
그 밖의 흙	1 : 1.2

예 1 : 1.0

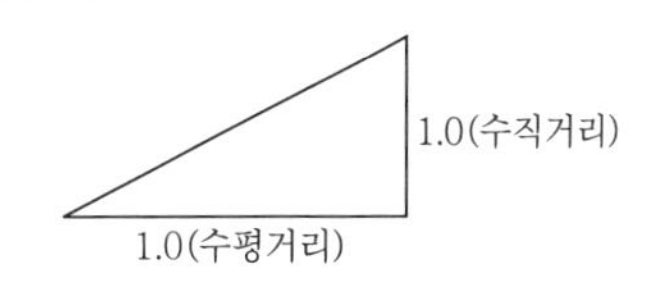

참고 건설안전산업기사 필기 p.5-74(표. 굴착면의 기울기 기준)

KEY ① 2016년 5월 8일 기사 · 산업기사 동시 출제
② 2020년 6월 7일(문제 111번) 출제
③ 2020년 9월 27일(문제 115번) 출제
④ 2021년 9월 12(문제 115번) 출제

정보제공

산업안전보건기준에 관한 규칙 [별표 11] 굴착면의 기울기 기준

95 사면지반 개량 공법으로 옳지 않은 것은?

① 전기 화학적 공법

② 석회 안정처리 공법

③ 이온 교환 공법

④ 옹벽 공법

해설

지반개량공법

① 점토질 지반개량공법 : 탈수공법(센드드레인, 페이퍼드레인, 프리로딩, 침투압, 생석회 말뚝)과 치환공법
② 사질토 지반개량공법 : 다짐공법(다짐말뚝, 컴포우저, 바이브로플로테이션, 전기충격, 폭파다짐), 배수공법(웰 포인트), 고결공법(약액주입)
③ 일시적 개량공법 : 웰 포인트, 동결, 소결공법이 있다.

참고 건설안전산업기사 필기 p.5-27(합격날개 : 합격예측)

KEY ① 2013년 6월 2일 기사(문제 116번)
② 2015년 3월 8일 기사(문제 118번)
③ 2016년 3월 6일 기사(문제 106번) 출제

[정답] 93 ③ 94 ④ 95 ④

96 **흙막이벽의 근입깊이를 깊게하고, 전면의 굴착부분을 남겨두어 흙의 중량으로 대항하게 하거나, 굴착예정부분의 일부를 미리 굴착하여 기초콘크리트를 타설하는 등의 대책과 가장 관계 깊은 것은?**

① 파이핑현상이 있을 때
② 히빙현상이 있을 때
③ 지하수위가 높을 때
④ 굴착깊이가 깊을 때

해설

히빙

(1) 히빙(Heaving)의 정의
연약성 점토지반 굴착시 굴착외측 흙의 중량에 의해 굴착저면의 흙이 활동전단 파괴되어 굴착내측으로 부풀어 오르는 현상
(2) 방지대책
① 흙막이 근입깊이를 깊게
② 표토제거 하중감소
③ 지반개량
④ 굴착면 하중증가
⑤ 어스앵커설치 등

참고 건설안전산업기사 필기 p.5-16(합격날개 : 합격예측)

KEY ① 2014년 5월 25일(문제 110번)
② 2015년 3월 8일(문제 105번)
③ 2016년 3월 6일(문제 112번) 출제

97 **사다리식 통로 등을 설치하는 경우 통로 구조로서 옳지 않은 것은?**

① 발판의 간격은 일정하게 한다.
② 발판과 벽과의 사이는 15[cm] 이상의 간격을 유지한다.
③ 사다리의 상단은 걸쳐놓은 지점으로부터 60[cm] 이상 올라가도록 한다.
④ 폭은 40[cm] 이상으로 한다.

해설

사다리식 통로 폭 : 30[cm]이상

참고 건설안전산업기사 필기 p.5-15(합격날개 : 합격예측 및 관련법규)

KEY ① 2016년 10월 1일 산업기사 출제
② 2017년 5월 7일 기사·산업기사 동시출제
③ 2018년 4월 28일 산업기사 출제

98 **콘크리트 타설작업을 하는 경우에 준수해야할 사항으로 옳지 않은 것은?**

① 당일의 작업을 시작하기 전에 해당 작업에 관한 거푸집동바리 등의 변형 · 변위 및 지반의 침하 유무 등을 점검하고 이상이 있으면 보수한다.
② 작업 중에는 거푸집동바리 등의 변형 · 변위 및 침하 유무 등을 감시할 수 있는 감시자를 배치하여 이상이 있으면 작업을 빠른 시간 내 우선 완료하고 근로자를 대피시킨다.
③ 콘크리트 타설작업 시 거푸집붕괴의 위험이 발생할 우려가 있으면 충분한 보강 조치를 한다.
④ 콘크리트를 타설하는 경우에는 편심이 발생하지 않도록 골고루 분산하여 타설한다.

해설

산업안전보건기준에 관한 규칙 제334조(콘크리트의 타설작업)

사업주는 콘크리트의 타설작업을 하는 경우에는 다음 각 호의 사항을 준수하여야 한다.

1. 당일의 작업을 시작하기 전에 해당 작업에 관한 거푸집동바리 등의 변형·변위 및 지반의 침하유무 등을 점검하고 이상이 있으면 보수할 것
2. 작업중에는 거푸집동바리 등의 변형·변위 및 침하유무 등을 감시할 수 있는 감시자를 배치하여 이상이 있으면 작업을 중지시키고 근로자를 대피시킬 것
3. 콘크리트의 타설작업시 거푸집붕괴의 위험이 발생할 우려가 있는 경우에는 충분한 보강조치를 할 것
4. 설계도서상의 콘크리트 양생기간을 준수하여 거푸집동바리 등을 해체할 것
5. 콘크리트를 타설하는 경우에는 편심이 발생하지 않도록 골고루 분산하여 타설할 것

참고 건설안전산업기사 필기 p.5-89(합격날개 : 합격예측 및 관련법규)

KEY ① 2016년 5월 8일 기사 출제
② 2016년 10월 1일 산업기사 출제
③ 2017년 3월 5일 산업기사 출제
④ 2021년 5월 15일 기사 출제
⑤ 2021년 8월 14일 기사 출제

[정답] 96 ② 97 ④ 98 ②

99 **건설작업장에서 근로자가 상시 작업하는 장소의 작업면 조도기준으로 옳지 않은 것은?(단, 갱내 작업장과 감광재료를 취급하는 작업장의 경우는 제외)**

① 초정밀 작업 : 600럭스[lux] 이상
② 정밀 작업 : 300럭스[lux] 이상
③ 보통 작업 : 150럭스[lux] 이상
④ 초정밀, 정밀, 보통작업을 제외한 기타 작업 : 75럭스[lux] 이상

해설

조명(조도)수준

① 초정밀작업 : 750[Lux] 이상
② 정밀작업 : 300[Lux] 이상
③ 보통작업 : 150[Lux] 이상
④ 그 밖의 작업 : 75[Lux] 이상

참고 건설안전산업기사 필기 p.2-56(합격날개 : 합격예측)

KEY ① 2017년 3월 5일 기사 출제
② 2017년 8월 26일 기사 출제
③ 2019년 3월 3일(문제 117번) 출제

정보제공

산업안전보건기준에 관한 규칙 제2조(조도)

100 **강관틀비계를 조립하여 사용하는 경우 준수해야 할 기준으로 옳지 않은 것은?**

① 수직방향으로 6[m], 수평방향으로 8[m] 이내마다 벽이음을 할 것
② 높이가 20[m]를 초과하거나 중량물의 적재를 수반하는 작업을 할 경우에는 주틀 간의 간격을 2.4[m] 이하로 할 것
③ 길이가 띠장 방향으로 4[m] 이하이고 높이가 10[m]를 초과하는 경우에는 10[m] 이내마다 띠장 방향으로 버팀기둥을 설치할 것
④ 주틀 간에 교차 가새를 설치하고 최상층 및 5층 이내마다 수평재를 설치할 것

해설

높이 20[m]이상 시 주틀간의 간격 : 1.8[m] 이하

참고 건설안전산업기사 필기 p.5-99(합격날개 : 합격예측 및 관련법규)

KEY ① 2016년 5월 8일(문제 101번) 출제
② 2017년 9월 23일 산업기사 출제
③ 2018년 8월 19일 기사 출제
④ 2019년 9월 21일(문제 103번) 출제

합격정보

① 산업안전보건기준에 관한 규칙(별표 5) 강관비계의 조립간격
② 산업안전보건기준에 관한 규칙 제62조(강관틀 비계)

[정답] 99 ① 100 ②

2022년도 산업기사 정기검정 제2회 CBT(2022년 4월 17일~27일 시행)

자격종목 및 등급(선택분야)

건설안전산업기사

종목코드	시험시간	수험번호	성명
2390	2시간30분	20220417	도서출판세화

※ 본 문제는 복원문제 및 예적(예상적중) 문제로 실제문제와 동일하지 않을 수 있습니다.

1 산업안전관리론

01 산업안전보건법령상 안전보건관리규정 작성에 관한 사항으로 ( )에 알맞은 기준은?

> 안전보건관리규정을 작성하여야 할 사업의 사업주는 안전보건관리규정을 작성해야 할 사유가 발생한 날부터 ( )일 이내에 안전보건관리규정을 작성해야 한다.

① 7　② 14
③ 30　④ 60

해설

제25조(안전보건관리규정의 작성)

① 법 제25조제3항에 따라 안전보건관리규정을 작성해야 할 사업의 종류 및 상시근로자 수는 별표 2와 같다.
② 제1항에 따른 사업의 사업주는 안전보건관리규정을 작성해야 할 사유가 발생한 날부터 30일 이내에 별표 3의 내용을 포함한 안전보건관리규정을 작성해야 한다. 이를 변경할 사유가 발생한 경우에도 또한 같다.
③ 사업주가 제2항에 따라 안전보건관리규정을 작성할 때에는 소방 · 가스 · 전기 · 교통 분야 등의 다른 법령에서 정하는 안전관리에 관한 규정과 통합하여 작성할 수 있다.

참고 건설안전산업기사 필기 p.1-153

합격정보
산업안전보건법 시행규칙 제25조(안전보건관리규정의 작성)

02 산업안전보건법령상 안전관리자를 2인 이상 선임하여야 하는 사업이 아닌 것은? (단, 기타 법령에 관한 사항은 제외한다.)

① 상시 근로자가 500명인 통신업
② 상시 근로자가 700명인 발전업
③ 상시 근로자가 600명인 식료품 제조업
④ 공사금액이 1000억이며 공사 진행률(공정률) 20%인 건설업

해설

우편 및 통신업 안전관리지수 : 상시근로자수 1천명 이상-2명

참고 건설안전산업기사 필기 p.1-141[별표 3] 안전관리자의 수 및 선임방법

합격정보
산업안전보건법 시행령 [별표 2]

03 산업재해보상법령상 보험급여의 종류를 모두 고른 것은?

> ㄱ. 장례비　ㄴ. 요양급여
> ㄷ. 간병급여　ㄹ. 영업손실비용
> ㅁ. 직업재활급여

① ㄱ, ㄴ, ㄹ
② ㄱ, ㄴ, ㄷ, ㅁ
③ ㄱ, ㄷ, ㄹ, ㅁ
④ ㄴ, ㄷ, ㄹ, ㅁ

해설

보험급여의 종류

① 요양급여
② 휴업급여
③ 장해급여
④ 간병급여
⑤ 유족급여
⑥ 상병(傷病)보상연금
⑦ 장례비
⑧ 직업재활급여

참고 건설안전산업기사 필기 p.1-57(표 : 직접비와 간접비)

KEY 2021년 5월 15일 기사 등 10번 이상 출제

합격정보
산업재해 보상보험법 제36조(보험급여의 종류와 산정기준 등)

[정답] 01 ③ 02 ① 03 ②

04 안전관리조직의 형태에 관한 설명으로 옳은 것은?

① 라인형 조직은 100명 이상의 중규모 사업장에 적합하다.
② 스태프형 조직은 100명 미만의 소규모 사업장에 적합하다.
③ 라인형 조직은 안전에 대한 정보가 불충분하지만 안전지시나 조치에 대한 실시가 신속하다.
④ 라인 · 스태프형 조직은 1000명 이상의 대규모 사업장에 적합하나 조직원 전원의 자율적 참여가 불가능하다.

해설

안전관리 조직 형태 3가지
① Line형(직계식) : 100명 미만의 소규모 사업장
② Staff형(참모식) : 100~1,000명의 중규모 사업장
③ Line-staff형(복합식) : 1,000명 이상의 대규모 사업장

참고 건설안전산업기사 필기 p.1-31(2. 안전보건 관리조직 형태)

KEY ① 2016년 3월 6일 기사, 산업기사 출제
② 2016년 10월 2일 산업기사 출제
③ 2017년 3월 5일 출제
④ 2017년 5월 7일 출제
⑤ 2017년 8월 26일 기사 , 산업기사 출제
⑥ 2019년 3월 3일 출제
⑦ 2019년 8월 4일 기사, 산업기사 출제
⑧ 2019년 9월 21일 산업기사 출제
⑨ 2020년 8월 22일 출제
⑩ 2020년 8월 23일 산업기사 출제
⑪ 2021년 3월 7일 기사(문제 20번) 출제
⑫ 2021년 5월 15일 기사(문제 3번) 출제

05 재해 예방을 위한 대책선정에 관한 사항 중 기술적 대책(Engineering)에 해당되지 않는 것은?

① 작업행정의 개선
② 환경설비의 개선
③ 점검 보존의 확립
④ 안전 수칙의 준수

해설

안전수칙의 준수는 관리적 대책이다.

참고 건설안전산업기사 필기 p.1-43(합격날개 : 합격예측)

06 산업안전보건법령상 산업안전보건위원회의 심의 · 의결을 거쳐야 하는 사항이 아닌 것은? (단, 그 밖에 필요한 사항은 제외한다.)

① 작업환경측정 등 작업환경의 점검 및 개선에 관한 사항
② 산업재해에 관한 통계의 기록 및 유지에 관한 사항
③ 안전장치 및 보호구 구입 시 적격품 여부 확인에 관한 사항
④ 사업장의 산업재해 예방계획의 수립에 관한 사항

해설

산업안전보건위원회 심의 의결사항
① 제15조제1항제1호부터 제5호까지 및 제7호에 관한 사항
② 제15조제1항제6호에 따른 사항 중 중대재해에 관한 사항
③ 유해하거나 위험한 기계·기구·설비를 도입한 경우 안전 및 보건 관련 조치에 관한 사항
④ 그 밖에 해당 사업장 근로자의 안전 및 보건을 유지·증진시키기 위하여 필요한 사항

참고 건설안전산업기사 필기 p.1-124(합격날개 : 합격예측)

KEY ① 2021년 3월 7일(문제 15번) 출제
② 2021년 5월 15일(문제 4번) 출제

보충학습

제15조(안전보건관리책임자) ① 사업주는 사업장을 실질적으로 총괄하여 관리하는 사람에게 해당 사업장의 다음 각 호의 업무를 총괄하여 관리하도록 하여야 한다.
1. 사업장의 산업재해 예방계획의 수립에 관한 사항
2. 제25조 및 제26조에 따른 안전보건관리규정의 작성 및 변경에 관한 사항
3. 제29조에 따른 안전보건교육에 관한 사항
4. 작업환경측정 등 작업환경의 점검 및 개선에 관한 사항
5. 제129조부터 제132조까지에 따른 근로자의 건강진단 등 건강관리에 관한 사항
6. 산업재해의 원인 조사 및 재발 방지대책 수립에 관한 사항
7. 산업재해에 관한 통계의 기록 및 유지에 관한 사항
8. 안전장치 및 보호구 구입 시 적격품 여부 확인에 관한 사항
9. 그 밖에 근로자의 유해 · 위험 방지조치에 관한 사항으로서 고용노동부령으로 정하는 사항

② 제1항 각 호의 업무를 총괄하여 관리하는 사람(이하 "안전보건관리책임자"라 한다)은 제17조에 따른 안전관리자와 제18조에 따른 보건관리자를 지휘 · 감독한다.
③ 안전보건관리책임자를 두어야 하는 사업의 종류와 사업장의 상시근로자 수, 그 밖에 필요한 사항은 대통령령으로 정한다.

합격정보

산업안전보건법 제15조, 제24조

[정답] 04 ③ 05 ④ 06 ③

2022

07 산업안전보건법령상 안전보건표지의 색채를 파란색으로 사용하여야 하는 경우는?

① 주의표지 ② 정지신호
③ 차량 통행표지 ④ 특정 행위의 지시

해설

안전보건표지의 색도기준 및 용도

색채	색도기준	용도	사용 例
빨간색	7.5R4/14	금지	정지신호, 소화설비 및 그 장소, 유해행위의 금지
		경고	화학물질 취급장소에서의 유해 · 위험 경고
노란색	5Y8.5/12	경고	화학물질 취급장소에서의 유해 · 위험 경고 이외의 위험 경고, 주의표지 또는 기계방호물
파란색	2.5PB 4/10	지시	특정 행위의 지시 및 사실의 고지
녹색	2.5G4/10	안내	비상구 및 피난소, 사람 또는 차량의 통행표지
흰색	N9.5		파란색 또는 녹색에 대한 보조색
검은색	N0.5		문자 및 빨간색 또는 노란색에 대한 보조색

참고 건설안전산업기사 필기 p.1-98(5. 안전보건표지의 색도기준 및 용도)

KEY ① 2017년 3월 5일 기사 출제
② 2017년 8월 26일 산업기사 출제
③ 2018년 3월 4일 기사 출제
④ 2019년 9월 21일 기사, 산업기사 출제
⑤ 2020년 8월 22일 기사 출제
⑥ 2020년 9월 27일 기사 출제
⑦ 2021년 3월 7일 기사 출제
⑧ 2021년 5월 15일 기사 출제

합격정보
산업안전보건법 시행규칙 [별표 8] 안전보건표지의 색도기준 및 용도

08 시설물의 안전 및 유지관리에 관한 특별법령상 안전등급별 정기안전점검 및 정밀안전진단 실시시기에 관한 사항으로 ( )에 알맞은 기준은?

안전등급	정기안전점검	정밀안전진단
A 등급	(ㄱ)에 1회 이상	(ㄴ)에 1회 이상

① ㄱ : 반기, ㄴ : 4년
② ㄱ : 반기, ㄴ : 6년
③ ㄱ : 1년, ㄴ : 4년
④ ㄱ : 1년, ㄴ : 6년

해설

안전점검, 정밀안전진단 및 성능평가의 실시시기

안전등급	정기안전점검	정밀안전점검		정밀안전진단	성능평가
		건축물	건축물 외 시설물		
A등급	반기에 1회 이상	4년에 1회 이상	3년에 1회 이상	6년에 1회 이상	5년에 1회 이상
B · C등급		3년에 1회 이상	2년에 1회 이상	5년에 1회 이상	
D · E등급	1년에 3회 이상	2년에 1회 이상	1년에 1회 이상	4년에 1회 이상	

참고 건설안전산업기사 필기 p.1-182(표 : 안전점검, 정밀안전진단 및 성능평가의 실시 시기)

합격정보
시설물의 안전 및 유지관리에 관한 특별법 시행령[별표 3]

09 다음의 재해사례에서 기인물과 가해물은?

작업자가 작업장을 걸어가던 중 작업장 바닥에 쌓여 있던 자재에 걸려 넘어지면서 바닥에 머리를 부딪혀 사망하였다.

① 기인물 : 자재, 가해물 : 바닥
② 기인물 : 자재, 가해물 ; 자재
③ 기인물 : 바닥, 가해물 : 바닥
④ 기인물 : 바닥, 가해물 : 자재

해설

재해발생의 분석시 3가지
① 기인물 : 불안전한 상태에 있는 물체(환경포함)
② 가해물 : 직접 사람에게 접촉되어 위해를 가한 물체
③ 사고의 형태(재해형태) : 물체(가해물)와 사람과의 접촉현상

참고 건설안전산업기사 필기 p.1-33(합격날개 : 합격예측)

KEY ① 2018년 4월 28일 출제
② 2019년 3월 3일 출제
③ 2021년 5월 15일(문제 11번) 출제

[정답] 07 ④ 08 ② 09 ①

10 **산업재해통계업무처리규정상 산업재해통계에 관한 설명으로 틀린 것은?**

① 총요양근로손실일수는 재해자의 총 요양기간을 합산하여 산출한다.
② 휴업재해자수는 근로복지공단의 휴업급여를 지급받은 재해자수를 의미하여, 체육행사로 인하여 발생한 재해는 제외된다.
③ 사망자수는 통상의 출퇴근에 의한 사망을 포함하여 근로복지공단의 유족급여가 지급된 사망자수는 제외된다.
④ 재해자수는 근로복지공단의 유족급여가 지급된 사망자 및 근로복지공단에 최초요양신청서를 제출한 재해자 중 요양승인을 받은 자를 말한다.

해설

용어정의

"사망자수"는 근로복지공단의 유족급여가 지급된 사망자(지방고용노동관서의 산재미보고 적발 사망자를 포함한다)수를 말한다. 다만, 사업장 밖의 교통사고(운수업, 음식숙박업은 사업장 밖의 교통사고도 포함)·체육행사·폭력행위·통상의 출퇴근에 의한 사망, 사고발생일로부터 1년을 경과하여 사망한 경우는 제외한다.

참고 건설안전산업기사 필기 p.1-52(2. 사망자 수)2022. 5. 2. 기준

합격정보

① 산업재해 통계 업무처리규정 제3조(산업재해 통계의 산출방법 및 정의)
② 2022년 5월 2일 개정고시 적용

11 **에너지대사율(RMR)의 따른 작업의 분류에 따라 중(보통)작업의 RMR 범위는?**

① 0~2　　② 2~4
③ 4~7　　④ 7~9

해설

RMR범위(작업강도 구분)

① 0~2RMR(가벼운 작업)
② 2~4RMR(보통 작업)
③ 4~7RMR(힘든 작업)
④ 7RMR 이상(굉장히 힘든 작업)

참고 건설안전산업기사 필기 p.2-30(2. 작업강도 범위)

KEY 2021년 5월 15일(문제 25번) 출제

12 **조직 구성원의 태도는 조직성과와 밀접한 관계가 있는데 태도(attitude)의 3가지 구성요소에 포함되지 않는 것은?**

① 인지적 요소　　② 정서적 요소
③ 성격적 요소　　④ 행동경향 요소

해설

태도의 3가지 구성요소

① 인지적 요소
② 정서적 요소
③ 행동경향 요소

참고 건설안전산업기사 필기 p.2-81(합격날개 : 은행문제)

KEY 2019년 4월 27일(문제 38번) 출제

보충학습

태도형성

① 태도의 기능에는 작업적응, 자아방어, 자기표현, 지식기능 등이 있다.
② 한 번 태도가 결정되면 오랫동안 유지되므로 신중한 태도 교육이 진행되어야 한다.
③ 행동결정을 판단하고 지시하는 것은 내적 행동체계에 해당한다.
④ 개인의 심적 태도교정보다 집단의 심적 태도교정이 용이하다.

13 **다음에서 설명하는 학습방법은?**

학생이 생활하고 있는 현실적인 장면에서 당면하는 여러 문제들에 대한 해결해 나가는 과정으로 지식, 기능, 태도, 기술 등을 종합적으로 획득하도록 하는 학습방법

① 롤 플레잉(Role Playing)
② 문제법(Problem Method)
③ 버즈 세션(Buzz Session)
④ 케이스 메소드(Case Method)

해설

문제법(Problem Method : 문제해결법)

① 문제의 인식　　② 해결방법의 연구계획
③ 자료의 수집　　④ 해결방법의 실시
⑤ 정리와 결과의 검토 단계
　예 지식, 기능, 태도, 기술 종합교육 등

참고 건설안전산업기사 필기 p.2-68(1. 토의식 교육방법)

KEY ① 2012년 5월 20일(문제 30번) 출제
② 2019년 4월 27일(문제 23번) 출제

[정답] 10 ③ 11 ② 12 ③ 13 ②

2022

14 호손(Hawthorne) 실험의 결과 작업자의 작업능률에 영향을 미치는 주요 원인으로 밝혀진 것은?

① 작업조건
② 인간관계
③ 생산기술
④ 행동규범의 설정

해설

호손(Hawthorne)공장 실험

① 인간관계 관리의 개선을 위한 연구로 미국의 메이요(E.Mayo, 1880~1949) 교수가 주축이 되어 호손 공장에서 실시되었다.
② 작업능률을 좌우하는 것은 단지 임금, 노동시간 등의 노동조건과 조명, 환기, 그 밖에 작업환경으로서의 물적 조건보다 종업원의 태도, 즉 심리적, 내적 양심과 감정이 중요하다.
③ 물적 조건도 그 개선에 의하여 효과를 가져올 수 있으나 종업원의 심리적 요소가 더욱 중요하다.
④ 결론은 인간관계가 작업 및 작업설계에 영향을 준다.

참고 건설안전산업기사 필기 p.2-4(2. 호손 공장 실험)

KEY ① 2018년 3월 4일 출제
② 2018년 9월 15일 출제
③ 2019년 4월 27일 출제
④ 2019년 9월 21일 산업기사 출제
⑤ 2020년 9월 5일 출제
⑥ 2021년 5월 15일(문제 26번) 출제
⑦ 2022년 3월 5일(문제 36번) 출제

15 심리학에서 사용하는 용어로 측정하고자 하는 것을 실제로 적절히, 정확히 측정하는지의 여부를 판별하는 것은?

① 표준화
② 신뢰성
③ 객관성
④ 타당성

해설

학습평가도구의 기본적인 기준 4가지

① 타당도 : 측정하고자 하는 본래 목적과 적절히, 정확히 일치하느냐의 정도를 나타내는 기준이다.
② 신뢰도 : 신용도로서 측정의 오차가 얼마나 적으냐를 나타내는 것이다.
③ 객관도 : 측정의 결과에 대해 누가 보아도 일치된 의견이 나올 수 있는 성질이다.
④ 실용도 : 사용에 편리하고 쉽게 적용시킬 수 있는 기준이 실용도가 높은 것이다.

참고 건설안전산업기사 필기 p.2-75(합격날개 : 합격예측)

KEY 2017년 3월 5일(문제 22번) 출제

16 Kirkpatrick의 교육훈련 평가 4단계를 바르게 나열한 것은?

① 학습단계→반응단계→행동단계→결과단계
② 학습단계→행동단계→반응단계→결과단계
③ 반응단계→학습단계→행동단계→결과단계
④ 반응단계→학습단계→결과단계→행동단계

해설

교육훈련평가의 4단계

① 1단계 : 반응단계
② 2단계 : 학습단계
③ 3단계 : 행동단계
④ 4단계 : 결과단계

참고 건설안전산업기사 필기 p.2-91(합격날개 : 합격예측)

KEY 2018년 3월 4일(문제 22번) 출제

17 사고 경향성 이론에 관한 설명 중 틀린 것은?

① 사고를 많이 내는 여러 명의 특성을 측정하여 사고를 예방하는 것이다.
② 개인의 성격보다는 특정 환경에 의해 훨씬 더 사고가 일어나기 쉽다.
③ 어떠한 사람이 다른 사람보다 사고를 더 잘 일으킨다는 이론이다.
④ 사고경향성을 검증하기 위한 효과적인 방법은 다른 두 시기 동안에 같은 사람의 사고기록을 비교하는 것이다.

해설

사고는 환경보다는 소질적(성격) 결함자가 많다.

참고 건설안전산업기사 필기 p.2-26(합격날개 : 은행문제 1)적중

KEY 2019년 3월 3일(문제 30번) 출제

보충학습

재해의 비중[%]

① 불안전한 행동 : 88
② 불안전한 상태 : 10
③ 간접(환경 등) 원인 : 2

[정답] 14 ② 15 ④ 16 ③ 17 ②

18 Off JT(Off the Job Training)의 특징으로 옳은 것은?

① 전문 강사를 초빙하는 것이 가능하다.
② 개개인에게 적절한 지도훈련이 가능하다.
③ 직장의 실정에 맞게 실제적 훈련이 가능하다.
④ 훈련에 필요한 업무의 계속성이 끊어지지 않는다.

해설

OJT와 OFF JT 특징

OJT의 특징	OFF JT의 특징
① 개개인에게 적절한 지도훈련이 가능하다. ② 직장의 실정에 맞게 구체적이고 실제적 훈련이 가능하다. ③ 즉시 업무에 연결되는 관계로 몸과 관련이 있다. ④ 훈련에 필요한 업무의 계속성이 끊어지지 않는다. ⑤ 효과가 곧 업무에 나타나며 훈련의 좋고 나쁨에 따라 개선이 쉽다. ⑥ 훈련효과를 보고 상호 신뢰, 이해도가 높아지는 것이 가능하다.	① 다수의 근로자에게 조직적 훈련을 행하는 것이 가능하다. ② 훈련에만 전념하게 된다. ③ 각자 전문가를 강사로 초청하는 것이 가능하다. ④ 특별 설비기구를 이용하는 것이 가능하다. ⑤ 각 직장의 근로자가 많은 지식이나 경험을 교류할 수 있다. ⑥ 교육 훈련 목표에 대하여 집단적 노력이 흐트러질 수 있다.

참고 건설안전산업기사 필기 p.2-67(표 : OJT와 OFF JT특징)

KEY ① 2021년 3월 7일(문제 29번) 등 20회 이상 출제
② 2021년 5월 15일(문제 37번) 출제
③ 2022년 3월 5일(문제 26번) 출제

19 직무분석을 위한 정보를 얻는 방법과 거리가 가장 먼 것은?

① 관찰법　② 직무수행법
③ 설문지법　④ 서류함기법

해설

직무분석방법 5가지

① 관찰법
② 면접법
③ 설문조사법
④ 작업일지법
⑤ 결정사건법

참고 건설안전산업기사 필기 p.2-85(합격날개 : 은행문제)

20 산업안전보건법령상 타워크레인 신호작업에 종사하는 일용근로자의 특별교육 교육시간 기준은?

① 1시간 이상　② 2시간 이상
③ 4시간 이상　④ 8시간 이상

해설

근로자 안전보건교육

<table>
<tr><th>교육과정</th><th colspan="2">교육대상</th><th>교육시간</th></tr>
<tr><td rowspan="4">정기교육</td><td colspan="2">사무직 종사 근로자</td><td>매반기 6시간 이상</td></tr>
<tr><td rowspan="2">사무직 종사 근로자 외의 근로자</td><td>판매업무에 직접 종사하는 근로자</td><td>매반기 6시간 이상</td></tr>
<tr><td>판매업무에 직접 종사하는 근로자 외의 근로자</td><td>매반기 12시간 이상</td></tr>
<tr><td colspan="2">관리감독자의 지위에 있는 사람</td><td>연간 16시간 이상</td></tr>
<tr><td rowspan="2">채용시의 교육</td><td colspan="2">일용근로자</td><td>1시간 이상</td></tr>
<tr><td colspan="2">일용근로자를 제외한 근로자</td><td>8시간 이상</td></tr>
<tr><td rowspan="2">작업내용 변경시의 교육</td><td colspan="2">일용근로자</td><td>1시간 이상</td></tr>
<tr><td colspan="2">일용근로자를 제외한 근로자</td><td>2시간 이상</td></tr>
<tr><td>특별교육</td><td colspan="2">별표 5 제1호라목 각 호의 어느 하나에 해당하는 작업에 종사하는 일용근로자</td><td>2시간 이상</td></tr>
<tr><td rowspan="3">특별교육</td><td colspan="2">별표 5 제1호라목 제39호의 타워크레인 신호작업에 종사하는 일용근로자</td><td>8시간 이상</td></tr>
<tr><td colspan="2" rowspan="2">별표 5 제1호라목 각 호의 어느 하나에 해당하는 작업에 종사하는 일용근로자를 제외한 근로자</td><td>-16시간 이상(최초 작업에 종사하기 전 4시간 이상 실시하고 12시간은 3개월 이내에서 분할하여 실시가능)</td></tr>
<tr><td>-단기간 작업 또는 간헐적 작업인 경우에는 2시간 이상</td></tr>
<tr><td>건설업 기초 안전보건교육</td><td colspan="2">건설 일용근로자</td><td>4시간 이상</td></tr>
</table>

참고 건설안전산업기사 필기 p.1-280(표 : 안전보건교육 교육과정별 교육시간)

KEY ① 2016년 5월 8일 기사 출제
② 2020년 6월 7일 기사 출제
③ 2020년 8월 23일 산업기사 출제
④ 2022년 3월 5일 산업안전기사 출제

정보제공

산업안전보건법 시행규칙 [별표 4] 안전보건교육 교육과정별 교육시간

[정답] 18 ① 19 ④ 20 ④

2022

2 인간공학 및 시스템안전공학

21 위험분석 기법 중 시스템 수명주기 관점에서 적용 시점이 가장 빠른 것은?

① PHA ② FHA
③ OHA ④ SHA

해설

시스템 분석

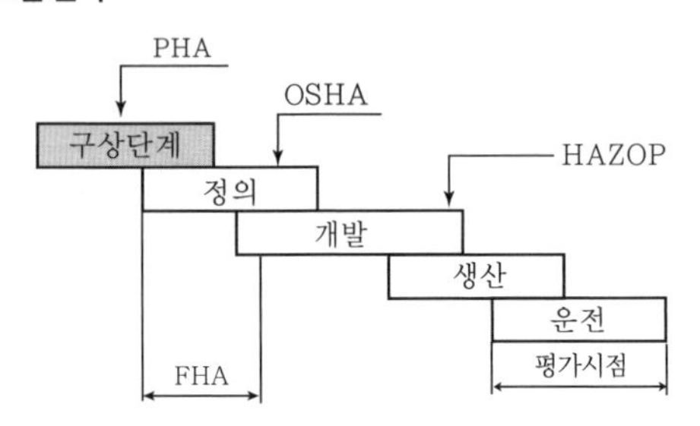

[그림] PHA · OSHA · FHA · HAZOP

참고 건설안전산업기사 필기 p.2-77(2. 예비 위험 분석)

KEY
① 2012년 3월 4일 출제
② 2016년 5월 8일 산업기사 출제
③ 2018년 8월 19일 출제
④ 2019년 3월 3일, 9월 21일출제
⑤ 2020년 6월 7일 출제
⑥ 2020년 6월 14일 산업기사 출제
⑦ 2022년 3월 5일(문제 38번) 출제

22 상황해석을 잘못하거나 목표를 잘못 설정하여 발생하는 인간의 오류 유형은?

① 실수(Slip) ② 착오(Mistake)
③ 위반(Violation) ④ 건망증(Lapse)

해설

인간의 오류 5가지 모형

구분	특징
착각(Illusion)	감각적으로 물리현상을 왜곡하는 지각 오류
착오(Mistake)	상황해석을 잘못하거나 목표를 잘못 이해하고 착각하여 행하는 인간의 실수로 위치, 순서, 패턴, 형상, 기억오류 등 외부적 요인에 의해 나타나는 오류
실수(Slip)	의도는 올바른 것이었지만, 행동이 의도한 것과는 다르게 나타나는 오류
건망증(Lapse)	일련의 과정에서 일부를 빠뜨리거나 기억의 실패에 의해 발생하는 오류
위반(Violation)	정해진 규칙을 알고 있음에도 의도적으로 따르지 않거나 무시한 경우에 발생하는 오류

참고 건설안전산업기사 필기 p.2-31(합격날개 : 합격예측)

KEY
① 2009년 5월 10일(문제 35번) 출제
② 2017년 8월 26일 출제
③ 2019년 3월 3일(문제 21번) 출제
④ 2019년 4월 27일(문제 47번) 출제
⑤ 2021년 5월 15일(문제 42번) 출제
⑥ 2021년 9월 12일(문제 59번) 출제

23 A작업의 평균에너지소비량이 다음과 같을 때, 60분간의 총 작업시간 내에 포함되어야 하는 휴식시간(분)은?

- 휴식중 에너지소비량 : 1.5[kcal/min]
- A작업시 평균 에너지소비량 : 6[kcal/min]
- A기초대사를 포함한 작업에 대한 평균 에너지소비량 상한 : 5[kcal/min]

① 10.3 ② 11.3
③ 12.3 ④ 13.3

해설

휴식시간 계산

휴식시간$(R) = \frac{60(E-5)}{E-1.5} = \frac{60(6-5)}{6-1.5} = 13.33$[분]

여기서, R : 휴식시간(분)
E : 작업 시 평균 에너지 소비량[kcal/분]
60분 : 총작업 시간
1.5[kcal/분] : 휴식시간 중 에너지 소비량
5[kcal/분] : 기초대사량을 포함한 보통작업에 대한 평균 에너지(기초대사량을 포함하지 않을 경우 : 4[kcal/분])

참고 건설안전산업기사 필기 p.2-30(3. 휴식)

KEY
① 2016년 5월 8일 기사 출제
② 2016년 10월 1일 기사 출제
③ 2018년 9월 15일(문제 43번) 출제

[정답] 21 ① 22 ② 23 ④

24 **시스템의 수명곡선(욕조곡선)에 있어서 디버깅(Debugging)에 관한 설명으로 옳은 것은?**

① 초기고장의 결함을 찾아 고장률을 안정시키는 과정이다.
② 우발 고장의 결함을 찾아 고장률을 안정시키는 과정이다.
③ 마모 고장의 결함을 찾아 고장률을 안정시키는 과정이다.
④ 기계 결함을 발견나기 위해 동작시험을 하는 기간이다.

해설

초기고장

① 디버깅(Debugging)기간 : 기계의 초기 결함을 찾아내 고장률을 안정시키는 기간
② 번인(Burn - in)기간 : 물품을 실제로 장시간 가동하여 그 동안에 고장난 것을 제거하는 기간
③ 비행기 : 에이징(Aging)이라 하여 3년 이상 시운전
④ 욕조곡선(Bath - tub) : 예방보전을 하지 않을 때의 곡선은 서양식 욕조 모양과 비슷하게 나타나는 현상

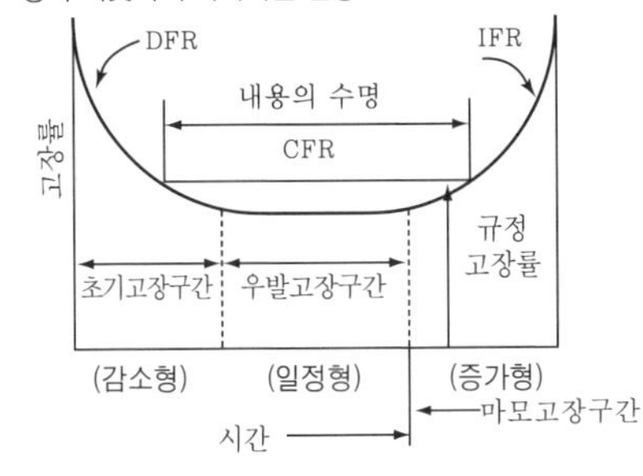

[그림] 기계설비 고장유형

참고 건설안전산업기사 필기 p.2-11(2. 기계설비 고장 유형)

KEY 2018년 3월 4일(문제 44번) 출제

25 **밝은 곳에서 어두운 곳으로 갈 때 망막에 조응이 형성되는 생리적 과정인 암조응이 발생하는데 완전 암조응(Dark adaptation)이 발생하는데 소요되는 시간은?**

① 약 3~5분 ② 약 10~5분
③ 약 30~40분 ④ 약 60~90분

해설

암조응

① 밝은 곳에서 어두운 곳으로 갈 때 : 원추세포의 감수성 상실, 간상세포에 의해 물체 식별
② 완전 암조응 : 보통 30~40분 소요(명조응 : 수초 내지 1~2분)

참고 건설안전산업기사 필기 p.2-62(7. 암조응)

KEY 2019년 4월 27일 산업기사 출제

26 **인간공학에 대한 설명으로 틀린 것은?**

① 인간-기계 시스템의 안전성, 편리성, 효율성을 높인다.
② 인간을 작업과 기계에 맞추는 설계 철학이 바탕이 된다.
③ 인간이 사용하는 물건, 설비, 환경의 설계에 적용된다.
④ 인간의 생리적, 심리적인 면에서의 특성이나 한계점을 고려한다.

해설

인간공학

기계, 기구, 환경 등의 물적 조건을 인간의 특성과 능력에 잘 조화하도록 설계하기 위한 수단을 연구하는 학문이다.

참고 건설안전산업기사 필기 p.2-2(합격날개 : 합격용어)

KEY ① 2015년 5월 31일(문제 34번) 출제
② 2015년 8월 16일(문제 38번) 출제
③ 2017년 9월 23일 출제
④ 2019년 4월 27일 출제

27 **HAZOP 기법에서 사용하는 가이드워드와 그 의미가 잘못 연결된 것은?**

① Part of : 성질상의 감소
② As well as : 성질상의 증가
③ Other than : 기타 환경적인 요인
④ More/Less : 정량적인 증가 또는 감소

해설

유인어(guide words)

① NO 또는 NOT : 설계 의도의 완전한 부정을 의미
② AS Well AS : 성질상의 증가를 나타내는 것으로 설계의도와 운전조건 등 부가적인 행위와 함께 일어나는 것을 의미
③ PART OF : 성질상의 감소, 성취나 성취되지 않음을 나타냄
④ MORE LESS : 양의 증가 또는 양의 감소로 양과 성질을 함께 나타냄
⑤ OTHER THAN : 완전한 대체를 의미
⑥ REVERSE : 설계의도와 논리적인 역을 의미

[정답] 24 ① 25 ③ 26 ② 27 ③

참고 건설안전산업기사 필기 p.2-117(2. 유인어)

KEY ① 2016년 5월 8일 출제
② 2018년 3월 4일(문제 37번) 출제
③ 2020년 9월 27일(문제 58번) 출제
④ 2021년 9월 12일(문제 55번) 출제

28 그림과 같은 FT도에 대한 최소 컷셋(minimal cut sets)으로 옳은 것은?(단, Fussell의 알고리즘을 따른다.)

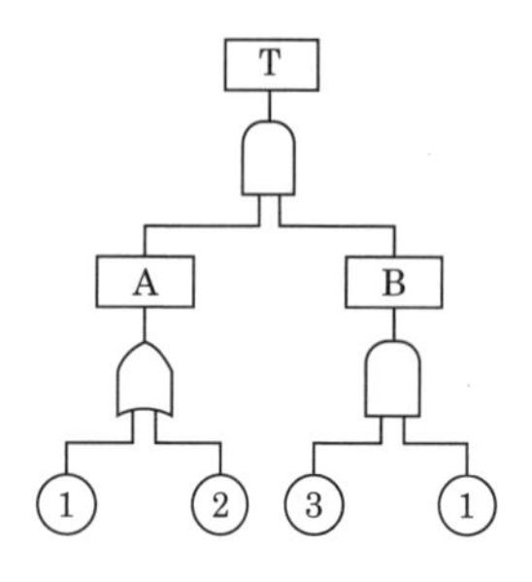

① {1, 2} ② {1, 3}
③ {2, 3} ④ {1, 2, 3}

해설

최소컷셋

① $T = A \cdot B$

$= \begin{matrix} X_1 \\ X_2 \end{matrix} \cdot B$

$= X_1X_1X_3$

$\quad X_2X_1X_3$

② 컷셋 = $(X_1X_3)(X_1X_2X_3)$

③ 미니멀(최소) 컷셋 = (X_1X_3)

참고 건설안전산업기사 필기 p.2-98(5. 컷셋·미니멀 컷셋 요약)

 ① 2016년 10월 1일 출제
② 2021년 8월 14일(문제 28번) 출제

29 경계 및 경보신호의 설계지침으로 틀린 것은?

① 주의를 환기시키기 위하여 변조된 신호를 사용한다.

② 배경소음의 진동수와 다른 진동수의 신호를 사용한다.

③ 귀는 중음역에 민감하므로 500~3,000[Hz]의 진동수를 사용한다.

④ 300[m] 이상의 장거리용으로는 1,000[Hz]를 초과하는 진동수를 사용한다.

해설

경계 및 경보신호(청각적 표시장치) 선택시 지침

① 귀는 중음역에 가장 민감하므로 500~3,000[Hz]의 진동수를 사용
② 고음은 멀리가지 못하므로 300[m] 이상 장거리용으로는 1,000[Hz] 이하의 진동수 사용

참고 건설안전산업기사 필기 p.2-27(2. 경계 및 경보신호선택시 지침)

KEY ① 2016년 3월 6일 산업기사 출제
② 2017년 3월 5일 산업기사 출제
③ 2017년 9월 23일 산업기사 출제
④ 2018년 3월 4일(문제 38번) 출제

30 FTA(Fault Tree Analysis)에서 사용되는 사상기호 중 통상의 작업이나 기계의 상태에서 재해의 발생 원인이 되는 요소가 있는 것을 나타내는 것은?

①
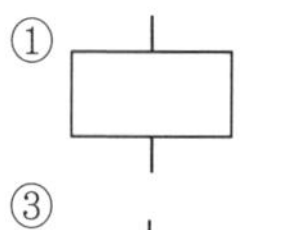

②
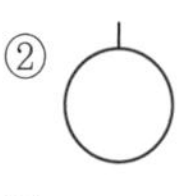

③
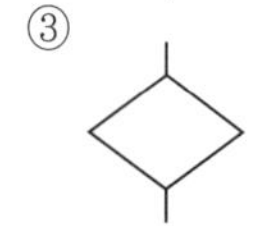

④
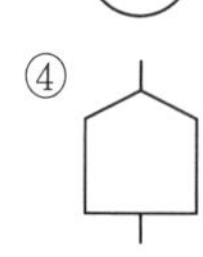

해설

FTA 기호

기 호	명 칭	기 호	명 칭
	결함사상		생략사상
	기본사상		통상사상

참고 건설안전산업기사 필기 p.2-91(표 : FTA 기호)

KEY ① 2007년 8월 5일(문제 33번) 출제
② 2016년 10월 1일 산업기사 출제
③ 2017년 5월 7일 기사 출제
④ 2017년 8월 19일 산업기사 출제
⑤ 2017년 8월 26일 기사, 산업기사 출제
⑥ 2018년 3월 4일 기사 출제
⑦ 2018년 8월 19일 산업기사 출제
⑧ 2020년 6월 14일 산업기사 출제
⑨ 2021년 5월 15일 기사 출제
⑩ 2021년 8월 14일(문제 33번) 출제

[정답] 28 ② 29 ④ 30 ④

31 불(Bool) 대수의 정리를 나타낸 관계식 중 틀린 것은?

① $A \cdot 0=0$　② $A+1=1$
③ $A \cdot \overline{A}=1$　④ $A(A+B)=A$

해설

멱등법칙
① $A+A=A$
② $A \times A=A$(+합집합, ×는 교집합으로서 A와 A의 교집합과 합집합은 항상 A이다)
③ $A+A'=1$(A와 non A의 합집합은 1, 즉 신호 있음)
④ $A \times A'=0$(A와 non A의 교집합은 0, 즉 신호 없음)

참고 건설안전산업기사 필기 p.2-76(7. 불대수 기본공식)

KEY ① 2018년 9월 15일 출제
② 2020년 3월 7일 출제
③ 2022년 3월 5일(문제 39번) 출제

32 근골격계질환 작업분석 및 평가 방법인 OWAS의 평가요소를 모두 고른 것은?

ㄱ. 상지　ㄴ. 무게(하중)
ㄷ. 하지　ㄹ. 허리

① ㄱ, ㄴ　② ㄱ, ㄷ, ㄹ
③ ㄴ, ㄷ, ㄹ　④ ㄱ, ㄴ, ㄷ, ㄹ

해설

OWAS의 평가도구

평가도구명 (Abaktsus Tools)	구분	평가요소
OWAS(와스 : Ovaco Working Posture Anslysing System)	평가되는 위해요인	자세, 힘, 노출시간
	관련된 신체부위	상체, 허리, 하체
	적용대상 작업종류	중량물 취급
	한계점	중량물작업 한정, 반복성 미고려

참고 건설안전산업기사 필기 p.2-141(표. 평가 기법)

33 다음 중 좌식작업이 가장 적합한 작업은?

① 정밀 조립 작업
② 4.5[kg] 이상의 중량물을 다루는 작업
③ 작업장이 서로 떨어져 있으며 작업장 간 이동이 잦은 작업
④ 작업자의 정면에서 매우 높거나 낮은 곳으로 손을 자주 뻗어야 하는 작업

해설

좌식작업이 적합한 작업 : 정밀조립 작업(예 시계수리하는 사람)

참고 건설안전산업기사 필기 p.2-47(보충문제)

34 n개의 요소를 가진 병렬 시스템에 있어 요소의 수명(MTTF)이 지수분포를 따를 경우 이 시스템의 수명으로 옳은 것은?

① $\text{MTTF} \times n$
② $\text{MTTF} \times \frac{1}{n}$
③ $\text{MTTF}\left(1+\frac{1}{2}+\cdots+\frac{1}{n}\right)$
④ $\text{MTTF}\left(1 \times \frac{1}{2} \times \cdots \times \frac{1}{n}\right)$

해설

MTTF(고장까지의 평균시간 : Mean Time To Failure)
① 기계의 평균수명으로 모든 기계가 t_0를 갖지 않기 때문에 확률분포로 파악
② 고장이 발생하면 그것으로 수명이 없어지는 제품
③ 한번 고장이 발생하면 수명이 다하는 것으로 생각하여 수리하지 않고 폐기 또는 교환하는 제품의 고장까지의 평균시간
④ $MTTF(1+\frac{1}{2}+\cdots+\frac{1}{n})$

참고 건설안전산업기사 필기 p.2-10(4. MTTF)

KEY ① 2011년 3월 20일(문제 55번) 출제
② 2013년 6월 2일(문제 52번) 출제
③ 2019년 9월 21일 건설안전산업기사(문제 50번) 출제

35 인간 – 기계 시스템에 관한 설명으로 틀린 것은?

① 자동 시스템에서는 인간요소를 고려하여야 한다.
② 자동차 운전이나 전기 드릴 작업은 반자동 시스템의 예시이다.
③ 자동 시스템에서 인간은 감시, 정비유지, 프로그램 등의 작업을 담당한다.
④ 수동 시스템에서 기계는 동력원을 제공하고 인간의 통제 하에서 제품을 생산한다.

[정답] 31 ③ 32 ④ 33 ① 34 ③ 35 ④

2022

해설

인간-기계 시스템

① 수동체계의 경우 : 장인과 공구, 가수와 앰프
② 기계화 체계의 경우 : 운전하는 사람과 자동차 엔진
③ 자동화 체계 : 인간은 주로 감시, 프로그램 입력, 정비유지

참고 건설안전산업기사 필기 p.2-8(합격날개 : 합격예측)

KEY ① 2019년 3월 3일 산업기사 출제
② 2019년 9월 21일 건설안전산업기사(문제 46번) 출제

36 양식 양립성의 예시로 가장 적절한 것은?

① 자동차 설계 시 고도계 높낮이 표시
② 방사능 사업장에 방사능 폐기물 표시
③ 청각적 자극 제시와 이에 대한 음성 응답
④ 자동차 설계 시 제어장치와 표시장치의 배열

해설

양립성(compatibility)

정보입력 및 처리와 관련한 양립성은 인간의 기대와 모순되지 않는 자극 반응조합의 관계를 말하는 것

참고 ① 건설안전산업기사 필기 p.2-5(4. 양립성)
② 건설안전산업기사 필기 p.2-63(합격날개 : 합격예측)

KEY ① 2018년 3월 4일 산업기사 출제
② 2018년 4월 28일 기사·산업기사 동시 출제

보충학습

양립성의 종류

종류	특징
공간(spatial)	표시장치나 조종장치에서 물리적 형태 및 공간적 배치
운동(movement)	표시장치의 움직이는 방향과 조종장치의 방향이 사용자의 기대와 일치
개념(conceptual)	이미 사람들이 학습을 통해 알고있는 개념적 연상
양식(modality)	직무에 맞는 응답양식 존재 예 청각적 자극 제시

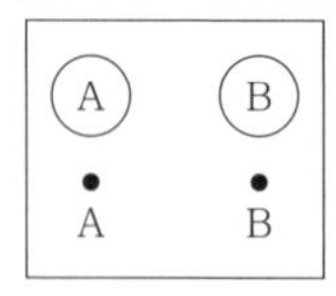

[그림1] 공간 양립성

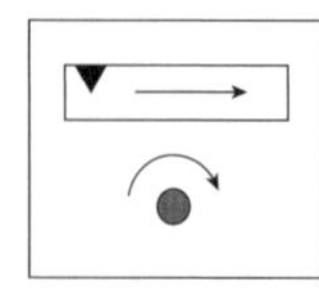
[그림2] 운동 양립성

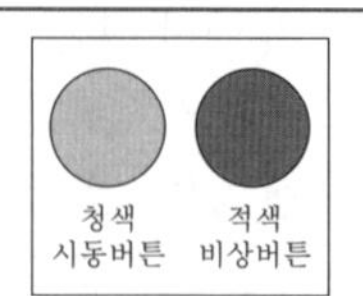

[그림3] 개념 양립성

37 다음에서 설명하는 용어는?

유해 · 위험요인을 파악하고 해당 유해 · 위험요인에 의한 부상 또는 질병의 발생 가능성(빈도)과 중대성(강도)을 추정 · 결정하고 감소대책을 수립하여 실행하는 일련의 과정을 말한다.

① 위험성 결정
② 위험성 평가
③ 위험빈도 추정
④ 유해 · 위험요인 파악

해설

위험성 평가 용어정의

① "위험성평가"란 유해·위험 요인을 파악하고 해당 유해·위험요인에 의한 부상 또는 질병의 발생 가능성(빈도)과 중대성(강도)을 추정·결정하고 감소대책을 수립하여 실행하는 일련의 과정을 말한다.
② "유해 위험요인"이란 유해·위험을 일으킬 잠재적 가능성이 있는 것의 고유한 특징이나 속성을 말한다.
③ "유해·위험요인 파악"이란 유해요인과 위험요인을 찾아내는 과정을 말한다.
④ "위험성"이란 유해·위험요인이 부상 또는 질병으로 이어질 수 있는 가능성(빈도)과 중대성(강도)을 조합한 것을 의미한다.

참고 건설안전산업기사 필기 p.2-119(합격날개 : 은행문제)

합격정보

사업장 위험성 평가에 관한 지침 제3조(정의)

38 태양광선이 내리쬐는 옥외장소의 자연습구 온도 20[℃], 흑구온도 18[℃], 건구온도 30[℃] 일 때 습구흑구 온도지수(WBGT)는?

① 20.6[℃]
② 22.5[℃]
③ 25.0[℃]
④ 28.5[℃]

해설

습구 흑구 온도지수(WBGT)

① 옥외(태양광선이 내리 쬐는 장소)
WBGT = 0.7 × 자연습구온도(NWB) + 0.2 × 흑구온도(GT) + 0.1 × 건구온도(DB) = 0.7 × 20[℃] + 0.2 × 18[℃] + 0.1 × 30[℃] = 20.6[℃]
② 옥내 또는 옥외(태양광선이 내리쬐지 않는 장소)
WBGT(℃) = 0.7 × 자연습구온도(NWB) + 0.3 × 흑구온도(GT)

참고 건설안전산업기사 필기 p.2-57(합격날개 : 합격예측)

KEY 2016년 5월 8일(문제 57번) 출제

[정답] 36 ③ 37 ② 38 ①

39 **FTA(Fault Tree Analysis)에 관한 설명으로 옳은 것은?**

① 정성적 분석만 가능하다.
② 복잡하고 대형화된 시스템의 신뢰성 분석 및 안정성 분석에 이용되는 기법이다.
③ FT에 동일한 사건이 중복되어 나타나는 경우 상향식(Bottom up)으로 정상 사건 T의 발생 확률을 계산 할 수 있다.
④ 기초사건과 생략사건의 확률값이 주어지게 되더라도 정상 사건의 최종적인 발생확률을 계산할 수 없다.

해설

FTA의 특징
① FTA는 시스템이나 기기의 신뢰성이나 안전성을 그림으로 그려 해석하는 방법
② 대륙간 탄도탄(ICBM : Intercontinental Ballistic Missile)의 고장에 곤욕을 치르고 있는 미 국방성이 BTL에 의뢰하여 W.A.Watson 등에 의해 고안되어 1961년 개발 미사일의 발사 제어 시스템의 안전성 확립에 활용하여 성과를 거둠
③ 1965년 Boeing 항공회사의 D.F.Haasl에 의해 보완됨으로써 실용화되기 시작한 시스템의 고장 해석방법

참고 건설안전산업기사 필기 p.2-88(5. FTA 특징)

40 **1sone에 관한 설명으로 ( )에 알맞은 수치는?**

1sone : (ㄱ)[Hz], (ㄴ)[dB]의 음압수준을 가진 순음의 크기

① ㄱ : 1,000, ㄴ : 1 ② ㄱ : 4,000, ㄴ : 1
③ ㄱ : 1,000, ㄴ : 40 ④ ㄱ : 4,000, ㄴ : 40

해설

음의 크기의 수준
① Phon : 1,000[Hz] 순음의 음압수준(dB)을 나타낸다.
② sone : 1,000[Hz], 40[dB]의 음압수준을 가진 순음의 크기 (=40[Phon])를 1 [sone]이라 한다.
③ sone과 Phon의 관계식
∴ sone치 = $2^{(phon-40)/10}$

참고 건설안전산업기사 필기 p.2-60(합격날개 : 합격예측)

KEY ① 2015년 8월 16일(문제 22번) 출제
② 2016년 3월 6일 기사, 산업기사 동시 출제
③ 2019년 3월 3일(문제 29번), 4월 27일(문제 55번)출제
④ 2021년 5월 15일(문제 30번) 출제

3 건설 시공학

41 **통상적으로 스팬이 큰 보 및 바닥판의 거푸집을 걸 때에 스팬의 캠버(camber)값으로 옳은 것은?**

① 1/300~1/500 ② 1/200~1/350
③ 1/150~/1250 ④ 1/100~1/300

해설

거푸집 시공상 주의점(안전성) 검토
① 조립, 해체 전용 계획에 유의
② 바닥, 보의 중앙부 치켜 올림 고려 : l/300~l/ 500
③ 갱폼, 터널폼은 이동성, 연속성 고려
④ 재료의 허용응력도는 장기 허용응력도의 1.2배까지 택함
⑤ 비계나 가설물에 연결하지 않는다.

참고 건설안전산업기사 필기 p.3-72(합격날개 : 합격예측)

보충학습

캠버(Camber)
① 사태 방지재의 부착고정, 흄관의 이동 방지 등에 사용되는 쐐기 모양의 나무 조각
② 차도 또는 보도의 횡단 형상에서 중간이 높게 된 것 또는 횡단 물매

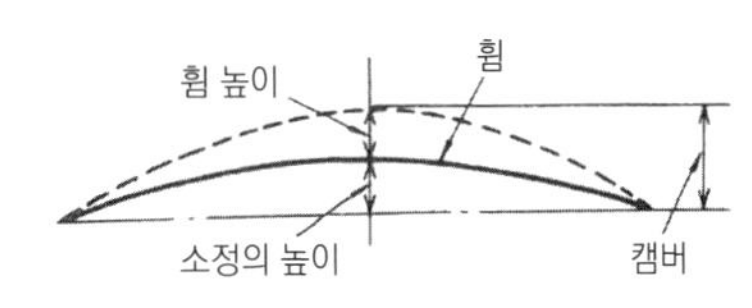

[그림] 캠버

42 **지반개량 공법 중 동다짐(dynamic compaction)공법의 특징으로 옳지 않은 것은?**

① 시공 시 지반진동에 의한 공해문제가 발생하기도 한다.
② 지반 내에 암괴 등의 장해물이 있으면 적용이 불가능하다.
③ 특별한 약품이나 자재를 필요로 하지 않는다.
④ 깊은 심도의 지반개량에 대해서는 초대형 장비가 필요하다.

[정답] 39 ② 40 ③ 41 ① 42 ②

해설

동다짐 공법

(1) 개요
① 동다짐은 10~40톤 가량의 무거운 추를 높은 지점에서 떨어뜨리는 과정을 반복해서 지반을 다지는 공법
② 지반에 충분한 에너지가 전달되면 흙입자들이 재배열되고 간극이 붕괴되어 지층이 조밀하게 되거나 간극수를 배출시켜 유효 응력이 증가하여 강도가 증가되고 압축성이 감소되는 효과를 얻게 됨

(2) 동다짐공법 특징
① 장비가 간단하다.
② 공사진행중에 다짐 효과를 확인할 수 있다.
③ 돌부스러기, 호박돌 뿐만 아니라 폐기물 매립지에 대한 다짐효과가 우수하다.
④ 투수성 지반의 경우 적용성이 뛰어나며 실트 점토와 같은 세립토의 다짐도 가능하다.
⑤ 다른 개량 공법에 비해 시공비가 저렴하다.

KEY ▶ 2018년 9월 15일 기사(문제 76번) 출제

43 기성콘크리트 말뚝에 표기된 PHC-A · 450-12의 각 기호에 대한 설명으로 옳지 않은 것은?

① PHC-원심력 고강도 프리스트레스트 콘크리트 말뚝
② A-A종
③ 450-말뚝바깥지름
④ 12-말뚝삽입 간격

해설

PHC-A·450-12 규격

① PHC : 원심력 고강도 프리스트레스트 콘크리트말뚝
② A : A종
③ 450 : 말뚝바깥지름
④ 12 : 말뚝의 길이[m]

참고) 건설안전산업기사 필기 p.3-42(합격날개 : 은행문제)

KEY ▶ ① 2013년 6월 2일(문제 67번) 출제
② 2017년 9월 23일(문제 69번) 출제

44 흙막이 공법과 관련된 내용의 연결이 옳지 않은 것은?

① 버팀대공법-띠장, 지지말뚝
② 지하연속공법-안정액, 트레미관
③ 자립식공법-안내벽, 인터록킹 파이프
④ 어스앵커공법-인장재, 그라우팅

해설

자립식 공법

구분	특징
장점	① 지보재(Strut, Raker, Earth Anchor 등)가 필요 없음 ② 강재 사용 절감 굴착 작업공간의 확보가 용이
단점	① 굴착심도의 제한(최대 10[m] 이내) ② 시공사례가 적다.

KEY ▶ 2020년 5월 10일 작업형 출제

45 흙막이 공법 중 지하연속벽(slurry wall)공법에 대한 설명으로 옳지 않은 것은?

① 흙막이벽 자체의 강도, 강성이 우수하기 때문에 연약지반의 변형 및 이면침하를 최소한으로 억제할 수 있다.
② 차수성이 좋아 지하수가 많은 지반에도 사용할 수 있다.
③ 시공 시 소음, 진동이 작다.
④ 다른 흙막이벽에 비해 공사비가 적게 든다.

해설

slurry wall [지하연속벽(체)]공법의 특징

① 저소음, 저진동 공법으로 인접건물의 근접시공이 가능하며 안정적 공법이다.
② 차수성이 우수하며 물막이 벽체로도 가능하다.
③ 벽체 강성이 커서 본구조체로 이용이 가능하며, 수평변위에 대해서 안정적이며 영구 지하 벽체나 깊은 기초 적용이 가능하다.
④ 임의형상 치수가 가능하며 지반조건에 좌우되지 않는다.
⑤ 타공법에 비해 시공비가 고가이며, 수평연속성이 부족하고, 장비가 크고 이동이 느리다.

참고) 건설안전산업기사 필기 p.3-32(합격날개 : 합격예측)

KEY ▶ ① 2020년 8월 22일(문제 61번) 출제
② 2020년 9월 27일 기사(문제 80번) 출제

46 건축물의 지하공사에서 계측관리에 관한 설명으로 틀린 것은?

① 계측관리의 목적은 위험의 징후를 발견하는 것이다.
② 계측관리의 중점관리사항으로는 흙막이 변위에 따른 배면지반의 침하가 있다.
③ 계측관리는 인적이 뜸하고 위험이 적은 안전한 곳에 설치하여 주기적으로 실시한다.

[정답] 43 ④ 44 ③ 45 ④ 46 ③

④ 일일점검항목으로는 흙막이벽체, 주변지반, 지하수위 및 배수량 등이 있다.

해설

계측시 유의사항

① 착공시부터 준공시까지 계속 계측관리
② 계측관리계획에 입각하여 계측부위, 위치 선정
③ 공사 준공후 일정기간 동안 계측 실시할 것
④ 계측자료를 그래픽화하여 관리
⑤ 오차를 적게할 것
⑥ 전담자 운영 배치
⑦ 계측계획은 경험자가 수립
⑧ 관련성 있는 계측기는 집중배치 할 것
⑨ 계측도중 변화치수가 없다고 중단하지 말 것

47 벽길이 10[m], 벽높이 3.6[m]인 블록벽체를 기본블록(390[mm]×190[mm]×150[mm])으로 쌓을 때 소요되는 블록의 수량은?(단, 블록은 온장으로 고려하고, 줄눈나비는 가로, 세로 10[mm], 할증은 고려하지 않음)

① 412매 ② 468매
③ 562매 ④ 598매

해설

블록의 수량 계산

① 벽체 전체면적계산＝길이×높이
▶10[m]×3.6[m]＝36[m²]
② 기본형 블럭 1장 면적계산＝(가로×줄눈)＋(세로×줄눈)
▶(0.39[m]×0.01)＋(0.19×0.01)＝0.08[m²]
③ 1[m²]당 블록 소요수량 계산＝1[m²]÷기본형블럭 1장 면적
▶1[m²]÷0.08＝12.5장≒13장
(참고 : 1[m²]당 13장은 건설공사 표준품셈 블록쌓기 기준량임)
④ 벽체 전체면적×1[m²]당 기본형블럭 소요수량 13장
∴ 36[m²]×13장＝468장

참고 건설안전산업기사 필기 p.3-104(4. 적산방법)

48 외관 검사 결과 불합격된 철근 가스압접 이음부의 조치 내용으로 옳지 않은 것은?

① 심하게 구부러졌을 때는 재가열하여 수정한다.
② 압점면의 엇갈림이 규정값을 초과했을 때는 재가열하여 수정한다.
③ 형태가 심하게 불량하거나 또는 압접부에 유해하다고 인정되는 결함이 생긴 경우는 압접부를 잘라내고 재압접한다.
④ 철근중심축의 편심량이 규정값을 초과했을 때는 압접부를 떼어내고 재압접한다.

해설

철근압접 시공시 주의사항

① 철근 압접이음시 인접철근의 이음은 750[mm] 이상 떨어져서 서로 엇갈리게 하여야 한다.
② 초음파탐상검사는 1검사 로트마다 30개소 이상
③ 인장시험은 1검사 로트마다 3개(설계기준항복강도의 125[%])
㈜ 1검사 로트는 원칙적으로 동일 작업반이 동일한 날에 시공 압접개소로서 그 크기는 200개소 정도를 표준으로 함.

보충학습

판정기준

① 겉모양 시험의 결과는 모든 시험편이 시험 항목을 만족시켜야 한다.
② 압접부에 있어서 서로의 철근 중심축의 편심량은 철근의 지름 또는 공칭지름의 5/1 이하
③ 압접부의 압접 덧살의 지름은 원칙적으로 철근의 공칭이름의 1.4배 이상
④ 압접부는 심한 태 모양, 처짐이나, 굽음 등이 없을 것

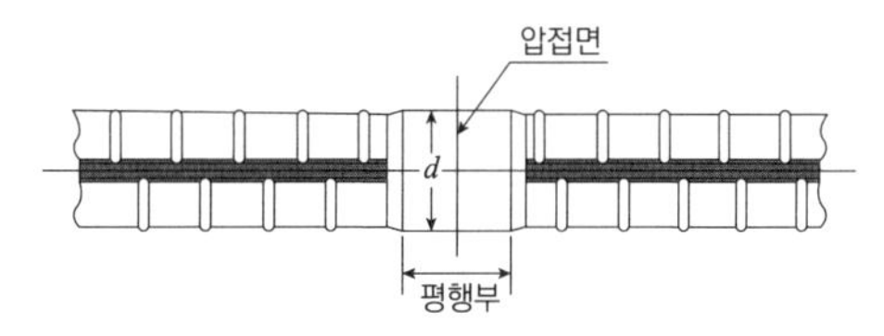

[그림] 수동 가스 압접 및 자동 가스 압접의 굽힘 시험편의 치수

49 철골부재조립 시 구멍의 위치가 다소 다를 때 구멍을 맞추기 위한 작업은?

① 송곳뚫기(driling) ② 리이밍(reaming)
③ 펀칭(punching) ④ 리벳치기(riveting)

해설

구멍가심(Reaming)

① 조립시 리벳구멍 위치가 다르면 리머(Reamer)로 구멍가시기를 한다.
② 구멍의 최대편심거리는 1.5[mm] 이하로 한다.
③ 3장 이상 겹칠 때는 송곳으로 구멍지름보다 1.5[mm] 작게 뚫고 드릴 또는 리머로 조절한다.(구멍지름 오차 ±2[mm] 이하)

참고 건설안전산업기사 필기 p.3-88(3. 구멍 가심)

[정답] 47 ② 48 ② 49 ②

2022

50 철골작업용 장비 중 절단용 장비로 옳은 것은?

① 프릭션 프레스(frixtion press)
② 플레이트 스트레이닝 롤(plate straining roll)
③ 파워 프레스(power press)
④ 핵 소우(hack saw)

해설

hack saw(쇠톱, 활톱)

① 금속의 공작물을 자를 때 사용되며, 일반적으로 손작업용 쇠톱이 쓰인다.
② 톱날을 고정하는 프레임은 톱날 길이에 따라 몇 단계로 조절이 가능하다.
③ 톱날을 수직·수평 어느 방향으로도 끼울 수 있다.

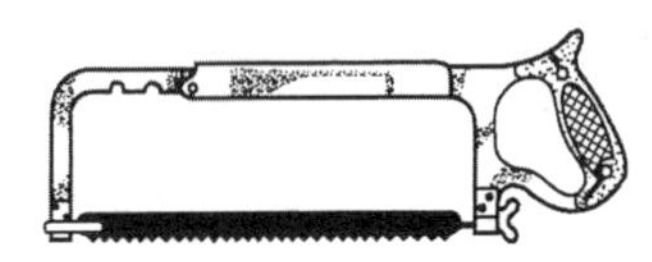

[그림] hack saw

참고 건설안전산업기사 필기 p.3-87(합격날개 : 합격예측)

 ① 2017년 3월 5일 출제
② 2019년 4월 27일(문제 69번) 출제

51 시방서 및 설계도면 등이 서로 상이할 때의 우선순위에 대한 설명으로 옳지 않은 것은?

① 설계도면과 공사시방서가 상이할 때는 설계도면을 우선한다.
② 설계도면과 내역서가 상이할 때는 설계도면을 우선한다.
③ 표준시방서와 전문시방서가 상이할 때는 전문시방서를 우선한다.
④ 설계도면과 상세도면이 상이할 때는 상세도면을 우선한다.

해설

시방서의 설계도면의 우선순위

시방서와 설계도면에 표시된 사항이 다를 때 또는 시공상 부적당하다고 인정되는 때 현장책임자는 공사감리자와 협의한다.

참고 건설안전산업기사 필기 p.3-16(합격날개 : 참고)

KEY 2020년 6월 14일 건설안전산업기사 (문제 56번) 출제

보충학습

시방서와 설계도면의 우선순위

① 특기시방서 ② 표준시방서 ③ 설계도면

52 예정가격범위 내에서 최저가격으로 입찰한 자를 낙찰자로 선정하는 낙찰자 선정 방식은?

① 최적격 낙찰제
② 제한적 최저가 낙찰제
③ 최저가 낙찰제
④ 적격 심사 낙찰제

해설

낙찰자 선정방식

① 최저가 낙찰제 : 입찰자 중 예정가격 범위 내에서 최저가격으로 입찰한 자 선정(부적격자 낙찰 우려)
② 제한적 최저가 낙찰제 : Dumping에 의한 부실공사의 방지 목적으로 예정가격의 90% 이상자 중 가장 최저가로 입찰한 자 선정
③ 부찰제 : 예정가격 85% 이상 입찰자 중 평균가격을 산정하고 이 평균가격 밑으로 가장 근접한 입찰자를 선정
④ 최적격 낙찰제 : 건설업체의 기술능력, 시공경험, 재정능력, 성실도 등을 종합적으로 평가하여 적격자에게 낙찰시키는 방법

참고 건설안전산업기사 필기 p.3-12(3. 낙찰자 선정방식)

53 설계도와 시방서가 명확하지 않거나 설계는 명확하지만 공사비 총액을 산출하기 곤란하고 발주자가 양질의 공사를 기대할 때 채택될 수 있는 가장 타당한 도급방식은?

① 실비정산 보수가산식 도급
② 단가 도급
③ 정액 도급
④ 턴키 도급

해설

실비정산 보수가산식 도급

① 특징 : 공사의 실비를 건축주와 도급자가 확인 정산하고 시공주는 미리 정한 보수율에 따라 도급자에게 보수액을 지불하는 방법
② 장점 : 양심적인 공사가능
③ 단점 : 시공업자는 공사비 절감의 노력이 없어지고 공기지연

참고 건설안전산업기사 필기 p.3-13(4. 도급금액 결정방식에 의한 도급)

KEY 2019년 9월 21일 기사(문제 70번) 출제

[정답] 50 ④ 51 ① 52 ③ 53 ①

54 철근공사에 대하여 옳지 않은 것은?

① 조립용 철근은 철근을 구부리기할 때 철근의 위치를 확보하기 위하여 쓰는 보조적인 철근이다.
② 철근의 용접부에 순간최대풍속 2.7m/s 이상의 바람이 불 때는 철근을 용접할 수 없으며, 풍속을 2.7m/s 이하로 저감시킬 수 있는 방풍시설을 설치하는 경우에만 용접할 수 있다.
③ 가스압점이음은 철근의 단면을 산소-아세틸렌 불꽃 등을 사용하여 가열하고 기계적 압력을 가하여 용접한 맞댓이음을 말한다.
④ D35를 초과하는 철근은 겹침이음을 할 수 없다. 다만, 서로 다른 크기의 철근을 압축부에서 겹침이음하는 경우 D35 이하의 철근과 D35를 초과하는 철근은 겹침이음을 할 수 있다.

해설

조립용 철근
주철근을 조립할 때 철근의 위치를 확보하기 위해 넣는 보조 철근

KEY 2017년 5월 7일 건설안전산업기사(문제 49번) 출제

55 철골공사의 용접접합에서 플럭스(flux)를 옳게 설명한 것은?

① 용접 시 용접봉의 피복제 역할을 하는 분말상의 재료
② 압연강판의 층 사이에 균열이 생기는 현상
③ 용접작업의 종단부에 임시로 붙이는 보조판
④ 용접부에 생기는 미세한 구멍

해설

플럭스(Flux)
① 철골가공 및 용접에 있어 자동용접의 경우 용접봉의 피복재 역할
② 분말상의 재료

참고 건설안전산업기사 필기 p.3-90 (합격날개 : 용어정의)

KEY 2018년 9월 15일(문제 63번) 출제

56 착공단계에서의 공사계획을 수립할 때 우선 고려하지 않아도 되는 것은?

① 현장 직원의 조직편성
② 예정 공정표의 작성
③ 유지관리지침서의 변경
④ 실행예산편성

해설

시공계획의 내용 및 순서
① 현장원 편성
② 공정표 작성
③ 실행예산 편성
④ 하도급자의 선정
⑤ 가설준비물 결정
⑥ 재료선정 및 결정
⑦ 재해방지대책 및 의료대책

참고 건설안전산업기사 필기 p.3-5(2. 공사계획의 내용)

KEY ① 2018년 3월 4일 출제
② 2018년 4월 28일(문제 73번) 출제

57 AE콘크리트에 관한 설명으로 옳은 것은?

① 공기량은 기계비빔이 손비빔의 경우보다 적다.
② 공기량은 비벼놓은 시간이 길수록 증가한다.
③ 공기량은 AE제의 양이 증가할수록 감소하나 콘크리트의 강도는 증대한다.
④ 시공연도가 증진되고 재료분리 및 블리딩이 감소한다.

해설

AE콘크리트 특징
① 공기량은 기계비빔이 더 많다.
② 공기량은 비벼놓은 시간이 길수록 감소한다.
③ 공기량은 AE제의 양이 증가할수록 증가하나 콘크리트의 강도는 감소한다.

참고 건설안전산업기사 필기 p.3-63 [표] AE콘크리트 성질 및 특징

KEY 2022년 3월 5일(문제 90번) 출제

[정답] 54 ① 55 ① 56 ③ 57 ④

58 콘크리트의 고강도화와 관계가 적은 것은?

① 물시멘트비를 작게 한다.
② 시멘트의 강도를 크게 한다.
③ 폴리머(polymer)를 함침(含浸)한다.
④ 골재의 입자분포를 가능한 한 균일 입자분포로 한다.

해설

골재 선정시의 유의사항

① 자갈은 둥글고 표면이 약간 거친 것을 선택(길죽하거나 넓적하지 않은 것)한다.
② 비중이 2.60 이상인 것을 사용한다.
③ 입도(粒度)는 조세립(粗細粒)이 연속적으로 혼합된 것을 사용한다.(강도증진)
④ 골재강도는 콘크리트의 시멘트 강도보다 커야 한다.

참고 건설안전산업기사 필기 p.3-54(2. 골재선정시 유의사항)

59 벽돌쌓기법 중에서 마구리를 세워 쌓는 방식으로 옳은 것은?

① 옆세워 쌓기　② 허튼 쌓기
③ 영롱 쌓기　④ 길이 쌓기

해설

옆세워쌓기

마구리면이 내보이도록 벽돌 벽면을 수직으로 쌓는 방식

참고 건설안전산업기사 필기 p.3-103 (2. 기본 쌓기 방법)

KEY 2018년 9월 15일(문제 79번) 출제

보충학습

마구리쌓기

원형굴뚝, 사일로(Silo) 등 벽두께 1.0B 이상 쌓기에 쓰인다.

60 바닥판 거푸집의 구조계산 시 고려해야 하는 연직하중에 해당하지 않는 것은?

① 작업하중　② 충격하중
③ 고정하중　④ 굳지 않은 콘크리트의 측압

해설

연직방향 하중

① 타설콘크리트 고정하중
② 타설시 충격하중
③ 작업원 등의 작업하중

참고 건설안전산업기사 필기 p.5-129(1. 연직방향하중)

KEY ① 2016년 5월 8일 산업기사 출제
② 2018년 4월 28일 산업기사 출제
③ 2019년 3월 3일(문제 88번) 출제
④ 2019년 9월 21일 산업기사(문제 98번) 출제

4 건설 재료학

61 플라이애시시멘트에 대한 설명으로 옳은 것은?

① 수화할 때 불용성 규산칼슘 수화물을 생성한다.
② 화력발전소 등에서 완전 연소한 미분탄의 회분과 포틀랜드시멘트를 혼합한 것이다.
③ 재령 1~2시간 안에 콘크리트 압축강도가 20MPa에 도달할 수 있다.
④ 용광로의 선철제작 부산물을 급랭시키고 파쇄하여 시멘트와 혼합한 것이다.

해설

플라이애시(Fly ash)

① 인공제품으로 가장 널리 쓰이는 포졸란의 일종이다.
② 주로 시공연도조절 등으로 사용된다.(주성분 : 석탄재)
③ 블리딩이 적어진다.

참고 건설안전산업기사 필기 p.4-34(2. 플라이애시)

KEY ① 2017년 3월 5일기사 출제
② 2018년 4월 28일 기사 출제
③ 2019년 9월 21(문제 84번) 출제

62 건축용 접착제로서 요구되는 성능에 해당되지 않는 것은?

① 진동, 충격의 반복에 잘 견딜 것
② 취급이 용이하고 독성이 없을 것
③ 장기부하에 의한 크리프가 클 것
④ 고화 시 체적수축 등에 의한 내부변형을 일으키지 않을 것

[정답] 58 ④ 59 ① 60 ④ 61 ② 62 ③

해설

장기부하(하중)에 의한 크리프가 작을 것

참고 ① 건설안전산업기사 필기 p.4-88(합격날개 : 은행문제 2)
② 건설안전산업기사 필기 p.4-125(2. 접착제)

63 골재의 함수상태에서 유효흡수량의 정의로 옳은 것은?

① 습윤상태와 절대건조상태의 수량의 차이
② 표면건조포화상태와 기건상태의 수량의 차이
③ 기건상태와 절대건조상태의 수량의 차이
④ 습윤상태와 표면건조포화상태의 수량의 차이

해설

유효 흡수량(Effective Absorption) = 표면 건조 내부포수수량(W_m) - 기건 상태수량(W_1)

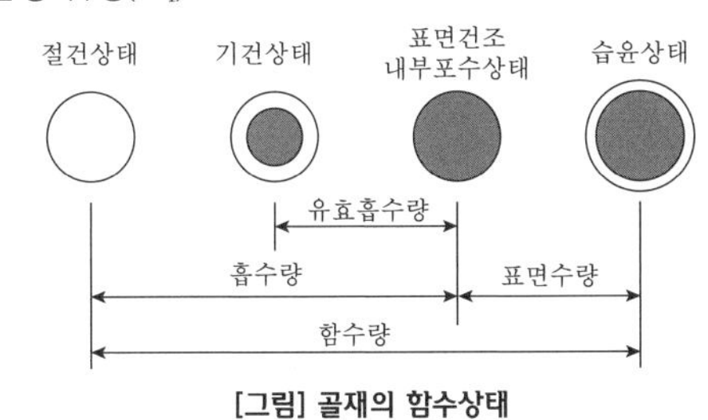

[그림] 골재의 함수상태

참고 건설안전산업기사 필기 p.4-42(합격날개 : 합격예측)

KEY 2018년 3월 4일 기사(문제 91번) 출제

64 도장재료 중 물이 증발하여 수지입자가 굳는 융착건조경화를 하는 것은?

① 알키드수지 도료
② 애폭시수지 도료
③ 불소수지 도료
④ 합성수지 에멀션 페인트

해설

도장재료 특징

① 합성수지에멀션페인트의 특징 : 물이 증발하여 수지입자가 굳는 융착건조경화
② 초산비닐수지 에멀션 목재 접착제의 특징 : 습도와 물을 고려없는 장소에 적합한 목재창호용

참고 건설안전산업기사 필기 p.4-130(합격날개 : 은행문제)

65 목재의 역학적 성질에 대한 설명으로 옳지 않은 것은?

① 목재 섬유 평행방향에 대한 인장강도가 다른 여러 강도 중 가장 크다.
② 목재의 압축강도는 옹이가 있으면 증가한다.
③ 목재를 휨부재로 사용하여 외력에 저항할 때는 압축, 인장, 전단력이 동시에 일어난다.
④ 목재의 전단강도는 섬유간의 부착력, 섬유의 곧음, 수선의 유무 등에 의해 결정된다.

해설

옹이(knot)

① 옹이지름이 크며 압축강도는 감소한다.
② 옹이는 강도에 가장 악영향을 끼친다.

참고 건설안전산업기사 필기 p.4-6(1. 옹이)

66 합판에 대한 설명으로 옳지 않은 것은?

① 단판을 섬유방향이 서로 평행하도록 홀수로 적층하면서 접착시켜 합친 판을 말한다.
② 함수율 변화에 따라 팽창·수축의 방향성이 없다.
③ 뒤틀림이나 변형이 적은 비교적 큰 면적의 평면재료를 얻을 수 있다.
④ 균일한 강도의 재료를 얻을 수 있다.

해설

합판의 특성

① 판재에 비하여 균질이며 우수한 품질좋은 재료를 많이 얻을 수 있다.
② 단판을 서로 직교(수직) 붙인 것이므로 잘 갈라지지 않으며 방향에 따른 강도의 차이가 적다.(함수율 변화에 따라 신축변형이 작다.)

참고 건설안전산업기사 필기 p.4-17(3. 합판의 특성)

KEY ① 2017년 9월 23일 산업기사 출제
② 2020년 8월 22일(문제 99번) 출제

[정답] 63 ② 64 ④ 65 ② 66 ①

67 미장바탕의 일반적인 성능조건과 가장 거리가 먼 것은?

① 미장층보다 강도가 클 것
② 미장층과 유효한 접착강도를 얻을 수 있을 것
③ 미장층보다 강성이 작을 것
④ 미장층의 경화, 건조에 지장을 주지 않을 것

해설

미장바탕이 갖추어야 할 조건
① 미장층과 유효한 접착강도를 얻을 수 있을 것
② 미장층의 경화, 건조에 지장을 주지 않을 것
③ 미장층과 유해한 화학반응을 하지 않을 것
④ 미장층 시공에 적합한 평면상태, 흡수성을 가질 것

참고 건설안전산업기사 필기 p.4-98(합격날개 : 은행문제)

 ① 2017년 3월 5일 출제
② 2018년 4월 28일 기사(문제 81번) 출제

68 절대건조밀도가 2.6[g/cm³]이고, 단위용적질량이 1,750[kg/m³]인 굵은 골재의 공극률은?

① 30.5%　　② 32.7%
③ 34.7%　　④ 36.2%

해설

공극률
① 일정한 크기의 용기 내에서 공극의 비율을 백분율로 나타낸 것
② 공극률이 작으면 시멘트풀의 양이 적게 들고 수밀성, 내구성 및 마모저항 등이 증가되며 건조수축에 의한 균열발생의 위험이 감소된다.
③ 공극률(ν) = $\left(1-\dfrac{\text{단위용적중량}(\omega)}{\text{비중}(\rho)}\right)\times 100(\%)$

$$= \left(1-\frac{1.75}{2.6}\right)\times 100$$
$$= 32.69[\%]$$

참고 건설안전산업기사 필기 p.4-59(문제 29번)

KEY ① 2017년 9월 23일 기사(문제 95번) 출제
② 2018년 9월 15일 기사(문제 94번) 출제

보충학습

단위 정의
$[kg/m^3] = \dfrac{1,000[g]}{1,000[cm^3]} = [g/cm^3]$

69 목재의 내연성 및 방화에 대한 설명으로 옳지 않은 것은?

① 목재의 방화는 목재 표면에 불연소성 피막을 도포 또는 형성시켜 화염의 접근을 방지하는 조치를 한다.
② 방화재로는 방화페인트, 규산나트륨 등이 있다.
③ 목재가 열에 닿으면 먼저 수분이 증발하고 160℃ 이상이 되면 소량의 가연성가스가 유출된다.
④ 목재는 450℃에서 장시간 가열하면 자연발화 하게 되는데, 이 온도를 화재위험온도라고 한다.

해설

목재의 연소온도
① 목재의 수분증발은 100[℃]에서 발생한다.
② 가소성 가스증발은 180[℃]에서 발생한다.
③ 목재의 착화점은 260~270[℃](화재위험온도) 정도이다.
④ 자연발화점은 400~450[℃]이다.(자연발화온도)
⑤ 발화 후 10~20분의 단시간에 1,000~1,200[℃]의 최고온도를 나타내고 그 후 급격히 온도가 떨어져 500[℃] 정도가 되며 서서히 저하된다.

참고 건설안전산업기사 필기 p.4-13(5. 목재의 연소온도)

KEY 2018년 4월 28일 기사(문제 99번) 출제

70 금속의 부식방지를 위한 관리대책으로 옳지 않은 것은?

① 부분적으로 녹이 발생하면 즉시 제거할 것
② 큰 변형을 준 것은 가능한 한 풀림하여 사용할 것
③ 가능한 한 이종 금속을 인접 또는 접촉시켜 사용할 것
④ 표면을 평활하고 깨끗이 하며, 가능한 한 건조상태로 유지할 것

해설

철의 방식(부식 방지법)
① 서로 다른 금속은 인접 또는 접촉시키지 않는다.
② 균질한 것을 선택하고 사용할 때 큰 변형을 주지 않도록 주의한다.
③ 표면을 평활, 청결하게 하고 건조상태를 유지한다.
④ 부분적인 녹은 빨리 제거한다.

참고 건설안전산업기사 필기 p.4-87(합격날개 : 합격예측)

 ① 2017년 9월 23일 기사 출제
② 2019년 9월 21일 산업기사 출제
③ 2020년 6월 14일 산업기사 출제
④ 2020년 8월 22일 기사(문제 90번) 출제

[정답] 67 ③ 68 ② 69 ④ 70 ③

71 다음의 미장재료 중 균열저항성이 가장 큰 것은?

① 회반죽 바름　　② 소석고 플라스터
③ 경석고 플라스터　　④ 돌로마이트 플라스터

해설

keen's(킨즈)시멘트(경석고 플라스터)

① 무수석고를 화학처리하여 만든 것으로 경화한 후 매우 단단하다.
② 강도가 크다.
③ 경화가 빠르다.
④ 경화 시 팽창한다.
⑤ 산성으로 철류를 녹슬게 한다.
⑥ 수축이 매우 작다.
⑦ 표면강도가 크고 광택이 있다.

참고 건설안전산업기사 필기 p.4-96(합격날개 : 합격예측)

KEY ① 2016년 5월 8일 출제
② 2017년 3월 5일 출제
③ 2017년 9월 23일 기사·산업기사 동시 출제
④ 2017년 9월 23일 기사(문제 97번) 출제

72 점토의 물리적 성질에 관한 설명으로 옳지 않은 것은?

① 점토의 인장강도는 압축강도의 약 5배 정도이다.
② 입자의 크기는 보통 $2\mu m$ 이하의 미립자지만 모래알 정도의 것도 약간 포함되어 있다.
③ 공극률은 점토의 입자 간에 존재하는 모공용적으로 입자의 형상, 크기에 관계한다.
④ 점토입자가 미세하고, 양질의 점토일수록 가소성이 좋으나, 가소성이 너무 클 때는 모래 또는 샤모트를 섞어서 조절한다.

해설

점토의 물리적 성질

① 불순물이 많은 점토일수록 비중이 작고 강도가 떨어진다.
② 순수한 점토일수록 비중이 크고 강도도 크다.
③ 점토의 압축강도는 인장강도의 약 5배이다.
④ 기공률은 전 점토용적의 백분율로 표시되며, 30~90 [%]로 보통상태에서는 50 [%] 내외이다.
⑤ 함수율은 기건상태에서 적은 것은 7~10[%], 많은 것은 40~45[%] 정도이다.
⑥ 알루미나가 많은 점토는 가소성이 우수하며, 가소성이 너무 큰 경우는 모래 또는 구운점토 분말인 Schamotte로 조절한다.
⑦ 제품의 성형에 가장 중요한 성질이 가소성이다.

참고 건설안전산업기사 필기 p.4-69(합격날개 : 합격예측)

KEY ① 2016년 5월 8일 산업기사 출제
② 2018년 9월 15일 기사 출제
③ 2020년 6월 14일 산업기사 출제

73 일반 콘크리트 대비 ALC의 우수한 물리적 성질로서 옳지 않은 것은?

① 경량성　　② 단열성
③ 흡음, 차음성　　④ 수밀성, 방수성

해설

ALC(경량기포콘크리트)의 우수한 물리적 성질

① 가볍다(경량성).
② 단열성능이 우수하다.
③ 내화성, 흡음, 방음성이 우수하다.
④ 치수 정밀도가 우수하다.
⑤ 가공성이 우수하다.
⑥ 중성화가 빠르다.
⑦ 흡수성이 크다.
⑧ ALC는 중량이 보통 콘크리트의 1/4 정도이며, 보통 콘크리트의 10배 정도의 단열성능을 갖는다.

참고 건설안전산업기사 필기 p.4-40(합격날개 : 합격예측)

① 2017년 5월 7일 출제
② 2017년 9월 23일 출제
③ 2020년 9월 27일 출제

74 콘크리트 바탕에 이음매 없는 방수 피막을 형성하는 공법으로, 도료상태의 방수재를 여러번 칠하여 방수막을 형성하는 방수공법은?

① 아스팔트 루핑 방수
② 합성고분자 도막 방수
③ 시멘트 모르타르 방수
④ 규산질 침투성 도포 방수

해설

합성고분자도막 방수특징

① 이음매가 없고 일체형으로 형성한다.
② 고무에 의한 신축성으로 균열이 적고 상온시공으로 안전하다.
③ 바탕면에 균일한 두께시공이 어렵다.
④ 피막이 얇아 모체균열에 의해 파단과 외부충격에 의한 손상 우려가 존재한다.
⑤ 방수의 신뢰도가 떨어져 옥상층에는 불리하다.
⑥ 핀홀이 생길 수 있다.
⑦ 용제형 도막방수는 인화성으로 화재의 위험 및 중독될 수 있다.

보충학습

종류

① 도막방수　② 시트방수　③ 시일재방수

[정답] 71 ③ 72 ① 73 ④ 74 ②

2022

75 열경화성수지가 아닌 것은?

① 페놀수지　② 요소수지
③ 아크릴수지　④ 멜라민수지

해설

아크릴수지

① 유기질유리라 하여 일찍이 비행기의 방풍유리로 사용해 왔다.
② 무색투영판은 광선 및 자외선의 투과성이 크고 내약품성, 전기절연성이 크며 내충격강도는 무기재료보다 8~10배 정도이다.
③ 열가소성수지 이다.

참고 건설안전산업기사 필기 p.4-112 (2. 아크릴 수지)

KEY ① 2018년 3월 4일 기사 출제
② 2018년 9월 15일(문제 81번) 출제

76 블로운 아스팔트(blown asphalt)를 휘발성 용제에 녹이고 광물분말 등을 가하여 만든 것으로 방수, 접합부 충전 등에 쓰이는 아스팔트 제품은?

① 아스팔트 코팅(asphalt coating)
② 아스팔트 그라우트(asphalt grout)
③ 아스팔트 시멘트(asphalt cement)
④ 아스팔트 콘크리트(asphalt concrete)

해설

아스팔트 코팅의 용도 : 방수, 접합부 충전

참고 건설안전산업기사 필기 p.4-103(합격날개 : 은행문제 2)

KEY 2016년 3월 6일(문제 87번) 출제

77 연강판에 일정한 간격으로 그물눈을 내고 늘여 철망 모양으로 만든 것으로 옳은 것은?

① 메탈라스(metal lath)
② 와이어메시(wire mesh)
③ 인서트(insert)
④ 코너비드(comer bead)

해설

메탈라스(Metal lath)

① 박강판에 일정한 간격으로 자른 자국을 많이 내고 이것을 옆으로 잡아당겨 그물코 모양으로 만든 것이다.
② 바름벽 바탕에 사용한다.

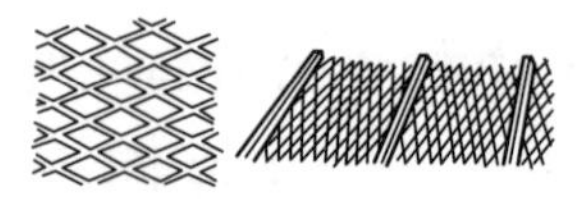

[그림] 메탈라스

참고 건설안전산업기사 필기 p.4-88(6. 메탈라스)

KEY 2017년 9월 23일 산업기사 (문제 63번) 출제

78 고로슬래그 쇄석에 대한 설명으로 옳지 않은 것은?

① 철을 생산하는 과정에서 용광로에서 생기는 광재를 공기중에서 서서히 냉각시켜 경화된 것을 파쇄하여 만든다.
② 투수성은 보통골재의 경우보다 작으므로 수밀콘크리트에 적합하다.
③ 고로슬래그 쇄석을 활용한 콘크리트는 다른 암석을 사용한 콘크리트보다 건조수축이 적다.
④ 다공질이기 때문에 흡수율이 크므로 충분히 살수하여 사용하는 것이 좋다.

해설

혼화재의 구분

구분	특징
플라이애시	화력 발전의 연소 과정에서 유래 유동성 증가, 경화 지연, 삼투성 감소, 초반 압축강도가 감소하나 시간이 지나면 증가한다.(내구성 증가)
고로슬래그	철강 강업의 선철 제조 과정에서 유래 유동성 증가, 하지만 미세한 입자일수록 슬럼프(유동성)가 낮다. 경화 지연, 삼투성 감소, 초반 압축강도가 감소하나 시간이 지나면 증가한다.(내구성 증가)
실리카퓸	실리콘 합금 제조 과정에서 유래 유동성 감소, 경화 지연, 삼투성 감소

참고 ① 건설안전산업기사 필기 p.4-31(2. 혼합시멘트의 종류)
② 2010년 5월 9일 기사(문제 92번)
③ 2013년 6월 2일 기사(문제 93번)

KEY ① 2006년 9월 10일 기사(문제 88번) 출제
② 2011년 10월 2일 기사(문제 100번) 출제
③ 2020년 9월 27일 출제

보충학습

고로시멘트의 특징

① 시멘트의 클링커와 슬래그의 혼합물인데 단기강도가 부족하다.
② 콘크리트는 발열량이 적고 염분에 대한 저항이 크므로 해안공사나 대형 단면부재공사에 이용한다.

[정답] 75 ③ 76 ① 77 ① 78 ②

③ 해수에 대한 내식성이 크다.
④ 투수성이 크다.

79 점토제품 중 소성온도가 가장 고온이고 흡수성이 매우 작으며 모자이크 타일, 위생도기 등에 주로 쓰이는 것은?

① 토기 ② 도기
③ 석기 ④ 자기

해설

점토제품의 분류

종류	소성온도[℃]	흡수율[%]
토기	790~1,000	20 이상
도기	1,100~1,230	10
석기	1,160~1,350	3~10
자기	1,230~1,460	0~1

참고 건설안전산업기사 필기 p.4-67(1. 점토제품의 분류)

KEY ① 2017년 5월 7일 산업기사 출제
② 2018년 4월 28일 (문제 82번) 출제
③ 2019년 9월 21일 (문제 85번) 출제
④ 2020년 9월 27일 (문제 95번) 출제

80 목재에 사용되는 크레오소트 오일에 대한 설명으로 옳지 않은 것은?

① 냄새가 좋아서 실내에서도 사용이 가능하다.
② 방부력이 우수하고 가격이 저렴하다.
③ 독성이 적다.
④ 침투성이 좋아 목재에 깊게 주입된다.

해설

크레오소트 오일(creosote oil)

① 방부성은 좋으나 목재가 흑갈색으로 착색되고 악취가 있고 흡수성이 있다.
② 외관이 아름답지 않으므로 보이지 않는 곳의 토대, 기둥, 도리 등에 사용한다.

참고 건설안전산업기사 필기 p.4-15(나. 유성 방부제)

KEY ① 2017년 3월 5일 기사 출제
② 2017년 9월 23일 기사 출제
③ 2020년 8월 22일(문제 99번) 출제

5 건설안전기술

81 건설현장에 거푸집동바리 설치 시 준수사항으로 옳지 않은 것은?

① 파이프 서포트 높이가 4.5[m]를 초과하는 경우에는 높이 2[m] 이내마다 2개 방향으로 수평연결재를 설치한다.
② 동바리의 침하 방지를 위해 깔목의 사용, 콘크리트 타설, 말뚝박기 등을 실시한다.
③ 강재와 강재의 접속부는 볼트 또는 클램프 등 전용철물을 사용한다.
④ 강관틀 동바리는 강관틀과 강관틀 사이에 교차가새를 설치한다.

해설

동바리로 사용하는 파이프서포트 안전기준

① 파이프서포트를 3개 이상 이어서 사용하지 아니하도록 할 것
② 파이프서포트를 이어서 사용할 경우에는 4개 이상의 볼트 또는 전용철물을 사용하여 이을 것
③ 높이가 3.5[m]를 초과할 경우에는 높이 2[m] 이내마다 수평연결재를 2개 방향으로 만들고 수평연결재의 변위를 방지할 것

참고 건설안전산업기사 필기 p.5-86(합격날개 : 합격예측 및 관련법규)

KEY ① 2018년 3월 4일 기사·산업기사 동시 출제
② 2018년 8월 19일 출제
③ 2018년 9월 15일 산업기사 출제
④ 2020년 8월 22일 출제
⑤ 2020년 8월 22일 산업기사등 20번 이상 출제

정보제공
산업안전보건기준에 관한 규칙 제332조(거푸집동바리 등의 안전조치)

82 고소작업대를 설치 및 이동하는 경우에 준수하여야 할 사항으로 옳지 않은 것은?

① 와이어로프 또는 체인의 안전율은 3 이상일 것
② 붐의 최대 지면경사각을 초과 운전하여 전도되지 않도록 할 것
③ 고소작업대를 이동하는 경우 작업대를 가장 낮게 내릴 것
④ 작업대에 끼임·충돌 등 재해를 예방하기 위한 가드 또는 과상승방지장치를 설치할 것

[정답] 79 ④ 80 ① 81 ① 82 ①

해설

고소작업대의 와이어로프 및 체인의 안전율 : 5 이상

참고 건설안전산업기사 필기 p.5-68(합격날개:합격예측 및 관련법규)

정보제공

산업안전보건기준에 관한규칙 제186조(고소작업대 설치 등의 조치)

KEY ① 2017년 3월 5일 산업기사 출제
② 2017년 9월 23일 산업기사 출제

83 건설공사의 유해·위험방지계획서 제출 기준일로 옳은 것은?

① 당해공사 착공 1개월 전까지
② 당해공사 착공 15일 전까지
③ 당해공사 착공 전날 까지
④ 당해공사 착공 15일 후까지

해설

유해·위험방지계획서 제출기간

① 건설업 : 공사착공 전날까지
② 제조업 : 해당작업 시작 15일 전까지
③ 제출처 : 한국산업안전보건공단

참고 건설안전산업기사 필기 p.2-113(3. 법적 목적)

① 2012년 5월 20일 건설안전산업기사(문제 57번) 출제
② 2016년 3월 6일 건설안전산업기사(문제 57번) 출제
③ 2017년 9월 23일 건설안전산업기사(문제 57번) 출제

정보제공

산업안전보건법 시행규칙 제42조(제출서류 등)

84 철골건립준비를 할 때 준수하여야 할 사항으로 옳지 않은 것은?

① 지상 작업장에서 건립준비 및 기계기구를 배치할 경우에는 낙하물의 위험이 없는 평탄한 장소를 선정하여 정비하여야 한다.
② 건립작업에 다소 지장이 있다하더라도 수목은 제거하거나 이설하여서는 안된다.
③ 사용전에 기계기구에 대한 정비 및 보수를 철저히 실시하여야 한다.
④ 기계에 부착된 앵카 등 고정장치와 기초구조 등을 확인하여야 한다.

해설

장해물의 제거

① 수목이나 전주 등은 제거 또는 이설
② 이유 : 작업능률을 저하 방지

참고 건설안전산업기사 필기 p.5-143(2. 건립 준비 및 기계 기구의 배치)

KEY ① 2015년 3월 8일 기사(문제 116번) 출제
② 2019년 3월 3일 기사(문제 108번) 출제

85 가설공사 표준안전 작업지침에 따른 통로발판을 설치하여 사용함에 있어 준수사항으로 옳지 않은 것은?

① 추락의 위험이 있는 곳에는 안전난간이나 철책을 설치하여야 한다.
② 작업발판의 최대폭은 1.6[m] 이내이어야 한다.
③ 비계발판의 구조에 따라 최대 적재하중을 정하고 이를 초과하지 않도록 하여야 한다.
④ 발판을 겹쳐 이음하는 경우 장선 위에서 이음을 하고 겹침길이는 10[cm] 이상으로 하여야 한다.

해설

안전난간 및 통로 발판

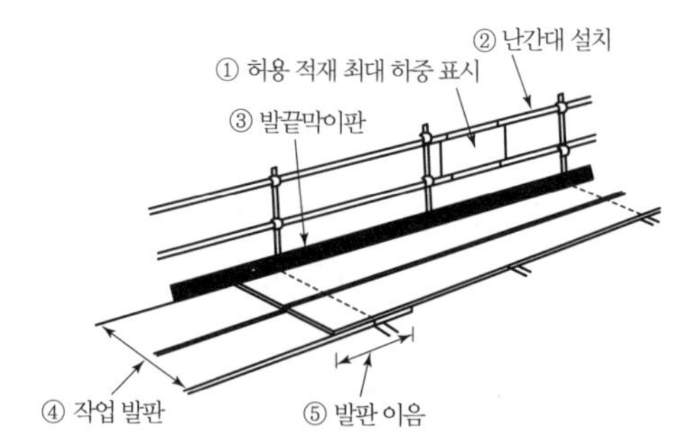

[그림] 안전난간·통로발판

참고 ① 건설안전산업기사 필기 p.5-103(2. 안전난간설치기준)
② 건설안전산업기사 필기 p.5-133(합격날개 : 합격예측)

KEY ① 2017년 9월 23일 산업기사 출제
② 2018년 3월 4일 산업기사 출제
③ 2018년 8월 19일 산업기사 출제
④ 2021년 8월 14일 기사(문제 105번) 출제

정보제공

산업안전보건기준에 관한 규칙 제13조(안전난간의 구조 및 설치요건)

[정답] 83 ③ 84 ② 85 ④

86 항타기 또는 항발기의 사용 시 준수사항으로 옳지 않은 것은?

① 증기나 공기를 차단하는 장치를 작업관리자가 쉽게 조작할 수 있는 위치에 설치한다.
② 해머의 운동에 의하여 증기호스 또는 공기호스와 해머의 접속부가 파손되거나 벗겨지는 것을 방지하기 위하여 그 접속부가 아닌 부위를 선정하여 증기호스 또는 공기호스를 해머에 고정시킨다.
③ 항타기나 항발기의 권상장치의 드럼에 권상용와이어로프가 꼬인 경우에는 와이어로프에 하중을 걸어서는 안된다.
④ 항타기나 항발기의 권상장치에 하중을 건 상태로 정지하여 두는 경우에는 쐐기장치 또는 역회전방지용 브레이크를 사용하여 제동하는 등 확실하게 정지시켜 두어야 한다.

해설

항타기·항발기 안전기준

① 해머의 운동에 의하여 증기호스 또는 공기호스와 해머의 접속부가 파손되거나 벗겨지는 것을 방지하기 위하여 그 접속부가 아닌 부위를 선정하여 증기호스 또는 공기호스를 해머에 고정시킬 것
② 증기나 공기를 차단하는 장치를 해머의 운전자가 쉽게 조작할 수 있는 위치에 설치할 것
③ 사업주는 항타기나 항발기의 권상장치의 드럼에 권상용 와이어로프가 꼬인 경우에는 와이어로프에 하중을 걸어서는 아니 된다.
④ 사업주는 항타기나 항발기의 권상장치에 하중을 건 상태로 정지하여 두는 경우에는 쐐기장치 또는 역회전방지용 브레이크를 사용하여 제동하는 등 확실하게 정지시켜 두어야 한다.

참고) 건설안전산업기사 필기 p.5-76(합격날개 : 합격예측 및 관련법규)

KEY ▶ 2016년 10월 1일 건설안전기사(문제 117번) 출제

정보제공
산업안전보건기준에 관한 규칙 제217조(사용시의 조치 등)

87 건설업 중 유해위험방지계획서 제출대상 사업장으로 옳지 않은 것은?

① 지상높이가 31[m] 이상인 건축물 또는 인공구조물, 연면적 30,000[m^2] 이상인 건축물 또는 연면적 5,000[m^2] 이상의 문화 및 집회시설의 건설공사
② 연면적 3,000[m^2] 이상의 냉동 · 냉장 창고시설의 설비공사 및 단열공사
③ 깊이 10[m] 이상인 굴착공사
④ 최대 지간길이가 50[m] 이상인 다리의 건설공사

해설

유해위험방지계획서 제출대상 건설공사

(1) 건축물 또는 시설 등의 건설·개조 또는 해체공사
  가. 지상높이가 31미터 이상인 건축물 또는 인공구조물
  나. 연면적 3만제곱미터 이상인 건축물
  다. 연면적 5천제곱미터 이상인 시설
    ① 문화 및 집회시설(전시장 및 동물원·식물원은 제외한다)
    ② 판매시설, 운수시설(고속철도의 역사 및 집배송시설은 제외한다)
    ③ 종교시설
    ④ 의료시설 중 종합병원
    ⑤ 숙박시설 중 관광숙박시설
    ⑥ 지하도상가
    ⑦ 냉동·냉장 창고시설
(2) 연면적 5천제곱미터 이상인 냉동·냉장 창고시설의 설비공사 및 단열공사
(3) 최대지간길이가 50[m] 이상인 교량건설 등 공사
(4) 터널건설 등의 공사
(5) 다목적댐, 발전용댐 및 저수용량 2천만톤 이상의 용수전용댐, 지방상수도 전용댐 건설 등의 공사
(6) 깊이 10[m] 이상인 굴착공사

참고) 건설안전산업기사 필기 p.2-124(3. 유해위험방지계획서 제출대상 건설공사)

KEY ▶
① 2016년 5월 8일 기사 출제
② 2017년 3월 5일 산업기사 출제
③ 2018년 4월 28일 기사 출제
④ 2018년 8월 19일 기사·산업기사 동시 출제
⑤ 2018년 9월 15일 기사 출제
⑥ 2019년 3월 3일 기사·산업기사 동시 출제
⑦ 2019년 4월 27일 기사·산업기사 동시 출제
⑧ 2019년 8월 4일 산업기사 출제
⑨ 2019년 9월 21일 기사 출제
⑩ 2020년 8월 22일 기사(문제 117번) 출제

정보제공
산업안전보건법시행령 제42조(유해위험방지계획서 제출대상)

88 건설용 타워크레인의 안전장치로 옳지 않은 것은?

① 비상정지장치
② 권과방지장치
③ 해지장치
④ 자동보수장치

[정답] 86 ① 87 ② 88 ④

해설

크레인의 방호장치

종류	용도
권과방지 장치	양중기의 권상용 와이어로프 또는 지브등의 붐 권상용 와이어로프의 권과 방지 ㉠ 나사형 제동개폐기 ㉡ 롤러형 제동개폐기 ㉢ 캠형 제동개폐기
과부하 방지 장치	정격하중 이상의 하중 부하시 자동으로 상승정지되면서 경보음이나 경보등 발생
비상 정지장치	돌발사태 발생시 안전유지 위한 전원차단 및 크레인 급정지시키는 장치
제동 장치	운동체와 정지체의 기계적접촉에 의해 운동체를 감속하거나 정지 상태로 유지하는 기능을 하는 장치
기타 방호 장치	① 해지장치 ② 스토퍼(Stopper) ③ 이탈방지장치 ④ 안전밸브 등

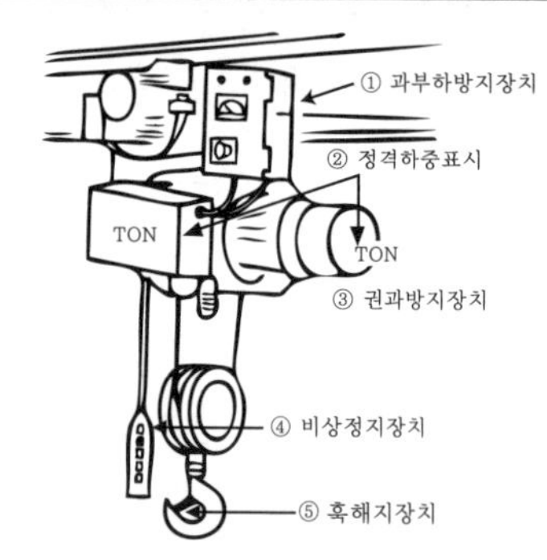

[그림] 크레인의 방호장치

참고) 건설안전산업기사 필기 p.5-54(합격날개 : 합격예측)

KEY ▶ ① 2018년 8월 19일 기사 출제
② 2019년 3월 3일 기사(문제 118번) 출제
③ 2020년 4월 24일(문제 54번) 출제

89 이동식비계를 조립하여 작업을 하는 경우의 준수사항으로 옳지 않은 것은?

① 비계의 최상부에서 작업을 할 때에는 안전난간을 설치하여야 한다.
② 작업발판의 최대적재하중은 400[kg]을 초과하지 않도록 한다.
③ 승강용 사다리는 견고하게 설치하여야 한다.
④ 작업발판은 항상 수평을 유지하고 작업발판 위에서 안전난간을 딛고 작업을 하거나 받침대 또는 사다리를 사용하여 작업하지 않도록 한다.

해설

이동식 비계 작업발판 최대적재 하중 : 250[kg] 초과 금지

참고) 건설안전산업기사 필기 p.5-101 (합격날개 : 합격예측 및 관련 법규)

KEY ▶ ① 2017년 8월 26일 출제
② 2017년 3월 5일 산업기사 출제
③ 2018년 3월 4일 출제
④ 2018년 8월 19일 기사(문제 113번) 출제

합격정보

산업안전보건기준에 관한 규칙 제68조 (이동식비계)

90 토사붕괴원인으로 옳지 않은 것은?

① 경사 및 기울기 증가 ② 성토 높이의 증가
③ 건설기계 등 하중작용 ④ 토사중량의 감소

해설

토석붕괴 재해의 원인

(1) 외적 요인
① 사면, 법면의 경사 및 기울기의 증가
② 절토 및 성토 높이의 증가
③ 공사에 의한 진동 및 반복하중의 증가
④ 지표수 및 지하수의 침투에 의한 토사 중량의 증가
⑤ 지진, 차량, 구조물의 중량
⑥ 토사 및 암석의 혼합층 두께

(2) 내적 요인
① 절토 사면의 토질·암질
② 성토 사면의 토질
③ 토석의 강도 저하

참고) 건설안전산업기사 필기 p.5-73(1. 토석붕괴 재해의 원인)

KEY ▶ ① 2016년 5월 8일 출제
② 2019년 4월 27일 산업기사 등 10번 이상 출제

91 건설용 리프트의 붕괴 등을 방지하기 위해 받침의 수를 증가시키는 등 안전 조치를 하여야 하는 순간풍속 기준은?

① 초당 15[m] 초과
② 초당 25[m] 초과
③ 초당 35[m] 초과
④ 초당 45[m] 초과

해설

건설용 리프트 붕괴 방지 풍속 : 순간 풍속 35[m/sec] 초과

[정답] 89 ② 90 ④ 91 ③

참고 건설안전산업기사 필기 p.5-51(합격날개 : 합격예측 및 관련 법규)

KEY 2017년 5월 7일 산업기사(문제 90번) 출제

정보제공

산업안전보건기준에 관한 규칙 제154조(붕괴 등의 방지)

92 토사붕괴에 따른 재해를 방지하기 위한 흙막이 지보공 부재로 옳지 않은 것은?

① 흙막이판 ② 말뚝
③ 턴버클 ④ 띠장

해설

흙막이벽 부재(설비)의 종류

① 버팀대(strut)
② 띠장(wale)
③ 버팀대 기둥
④ 모서리 버팀대

참고 건설안전산업기사 필기 p.5-79(문제 4번 적중)

보충학습

턴버클(turn buckle)

지지막대나 지지 와이어 로프 등의 길이를 조절하기 위한 기구, 철골 구조나 목조의 현장 조립 등에서 다시 세우기나 철근 가새 등에 사용

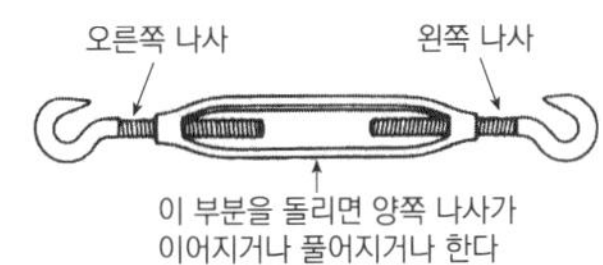

93 가설구조물의 특징으로 옳지 않은 것은?

① 연결재가 적은 구조로 되기 쉽다.
② 부재 결합이 간략하여 불안전 결합이다.
③ 구조물이라는 개념이 확고하여 조립의 정밀도가 높다.
④ 사용부재는 과소단면이거나 결함재가 되기 쉽다.

해설

가설 구조물의 특징

① 연결재가 부족하여 불안정해지기 쉽다.
② 부재 결합이 간략하고 불완전 결합이 많다.
③ 구조물이라는 통상의 개념이 확고하지 않아 조립의 정밀도가 낮다.
④ 부재는 과소 단면이거나 결함이 있는 재료가 사용되기 쉽다.

참고 건설안전산업기사 필기 p.5-86(1. 가설 구조물의 특징)

KEY 2022년 3월 5일(문제 106번) 출제

94 사다리식 통로 등의 구조에 대한 설치기준으로 옳지 않은 것은?

① 발판의 간격은 일정하게 할 것
② 발판과 벽과의 사이는 15[cm] 이상의 간격을 유지 할 것
③ 사다리식 통로의 길이가 10[m] 이상인 때에는 7[m] 이내마다 계단참을 설치할 것
④ 사다리의 상단은 걸쳐놓은 지점으로부터 60[cm] 이상 올라가도록 할 것

해설

사다리식 통로의 길이가 10[m] 이상인 경우에는 5[m] 이내마다 계단참을 설치할 것

참고 건설안전산업기사 필기 p.5-15(합격날개 : 합격예측 및 관련 법규)

KEY ① 2016년 10월 1일 산업기사 출제
② 2017년 5월 7일 기사·산업기사 동시출제
③ 2018년 4월 28일 산업기사 출제
④ 2022년 3월 5일(문제 117번) 출제

합격정보

산업안전보건기준에 관한 규칙 제24조 (사다리식 통로등의 구조)

95 가설통로를 설치하는 경우 준수해야할 기준으로 옳지 않은 것은?

① 경사는 30[°] 이하로 할 것
② 경사가 25[°]를 초과하는 경우에는 미끄러지지 아니하는 구조로 할 것
③ 건설공사에 사용하는 높이 8[m] 이상인 비계다리에는 7[m] 이내마다 계단참을 설치할 것
④ 수직갱에 가설된 통로의 길이가 15[m] 이상인 때에는 10[m] 이내마다 계단참을 설치할 것

해설

경사가 15[°]를 초과하는 경우 미끄러지지 아니하는 구조로 할 것

[정답] 92 ③ 93 ③ 94 ③ 95 ②

참고 건설안전산업기사 필기 p.5-14(합격날개 : 합격예측 및 관련 법규)

KEY ① 2021년 3월 7일(문제 112번) 출제
② 2022년 3월 5일(문제 104번) 출제

합격정보
산업안전보건기준에 관한 규칙 제23조(가설통로의 구조)

96 터널공사에서 발파작업 시 안전대책으로 옳지 않은 것은?

① 발파전 도화선 연결상태, 저항치 조사 등의 목적으로 도통시험 실시 및 발파기의 작동상태에 대한 사전점검 실시
② 모든 동력선은 발원점으로부터 최소한 15[m] 이상 후방으로 옮길 것
③ 지질, 암의 절리 등에 따라 화약량에 대한 검토 및 시방기준과 대비하여 안전조치 실시
④ 발파용 점화회선은 타동력선 및 조명회선과 한곳으로 통합하여 관리

해설
점화회선 · 타동력선 · 조명회선은 반드시 분리하여 관리한다.

KEY ① 2017년 9월 23일 기사·산업기사 동시출제
② 2018년 4월 28일 출제

합격정보
산업안전보건기준에 관한 규칙 제348조(발파의 작업 기준)

97 건설업 산업안전보건관리비 계상 및 사용기준은 산업재해보상 보험법의 적용을 받는 공사 중 총 공사금액이 얼마 이상인 공사에 적용하는가?(단, 전기공사업법, 정보통신공사업법에 의한 공사는 제외)

① 4천만원　② 3천만원
③ 2천만원　④ 1천만원

해설
제3조(적용범위) 이 고시는 「산업재해보상보험법」 제6조의 규정에 의하여 「산업재해보상보험법」의 적용을 받는 공사중 총공사금액 2천만원 이상인 공사에 적용한다. 다만, 다음 각 호의 어느 하나에 해당되는 공사중 단가계약에 의하여 행하는 공사에 대하여는 총계약금액을 기준으로 이를 적용한다.

참고 건설안전산업기사 필기 p.5-11(합격날개 : 합격예측 및 관련 법규)

KEY ① 2016년 3월 6일 기사 출제
② 2017년 5월 7일 산업기사 출제
③ 2017년 8월 26일 기사 · 산업기사 동시 출제
④ 2019년 8월 4일(문제 110번) 출제

정보제공
적용범위 : 2020년 7월 1일부터 2천만원 이상(고시2020-63호)

98 건설업의 공사금액이 850억 원일 경우 산업안전보건법령에 따른 안전관리자의 수로 옳은 것은?(단, 전체 공사기간을 100으로 할 때 공사 전·후 15에 해당하는 경우는 고려하지 않는다.)

① 1명 이상　② 2명 이상
③ 3명 이상　④ 4명 이상

해설
안전관리자 수
① 공사금액 60억 이상 800억 원 미만 : 1명(2022. 7. 1.기준)
② 공사금액 800억 이상 1,500억 원 미만 : 2명
③ 공사금액 1,500억 이상 2,200억 원 미만 : 3명
④ 공사금액 2,200억 이상 3,000억 원 미만 : 4명

참고 건설안전산업기사 필기 p.1-143(4. 건설업)

합격정보
산업안전보건법 시행령 [별표 3] 안전관리자의 수 및 선임방법

99 거푸집 동바리의 침하를 방지하기 위한 직접적인 조치로 옳지 않은 것은

① 수평연결재 사용
② 깔목의 사용
③ 콘크리트의 타설
④ 말뚝박기

해설
거푸집동바리의 침하 방지를 위한 직접적인 조치 4가지
① 받침목 사용
② 깔판의 사용
③ 콘크리트 타설
③ 말뚝박기

[정답] 96 ④ 97 ③ 98 ② 99 ①

참고 건설안전산업기사 필기 p.5-87(합격날개 : 합격예측 및 관련 법규)

정보제공

산업안전보건기준에 관한 규칙 제332조(동바리 조립시의 안전조치)

100 달비계를 사용하는 와이어로프의 사용금지 기준으로 옳지 않은 것은?

① 이음매가 있는 것
② 열과 전기충격에 의해 손상된 것
③ 지름의 감소가 공칭지름의 7[%]를 초과하는 것
④ 와이어로프의 한 꼬임에서 끊어진 소선의 수가 7[%] 이상인 것

해설

달비계에 사용하는 와이어로프 금지기준

① 이음매가 있는 것
② 와이어로프의 한 꼬임[스트랜드(strand)를 말한다. 이하 같다]에서 끊어진 소선(素線)[필러(pillar)선은 제외한다]의 수가 10[%] 이상(비자전로프의 경우에는 끊어진 소선의 수가 와이어로프 호칭지름의 6배 길이 이내에서 4개 이상이거나 호칭지름 30배 길이 이내에서 8개 이상)인 것
③ 지름의 감소가 공칭지름의 7[%]를 초과하는 것
④ 꼬인 것
⑤ 심하게 변형되거나 부식된 것
⑥ 열과 전기충격에 의해 손상된 것

참고 건설안전산업기사 필기 p.5-99(합격날개 : 합격예측 및 관련법규)

KEY ① 2017년 3월 5일 기사 출제
② 2018년 4월 28일 산업기사 출제
③ 2019년 8월 4일(문제 116번) 출제

정보제공

산업안전보건기준에 관한 규칙 제63조(달비계의 구조)

녹색직업 녹색자격증코너

오늘이 삶의 마지막 날인 것처럼

바둑시함을 할 때 자기에게 주어진 시간을 다 쓰고 나면 초 읽기를 합니다.
이때 바둑을 두지 못하면 시합은 끝나 버리게 되는 것이지요.
삶에 있어서도 마찬가지입니다.
만약 오늘이 나의 마지막 날이라고 생각해 보십시오.
마지막 날이라면 과연 어떻게 보낼 것인가?
권태롭다고 자리에 누워 짜증만 부리지는 않을 것입니다.
때때로 자신의 삶에 대하여 마감정신을 갖는 것이 필요합니다.
그렇게 함으로써 자신을 채찍질하고 분발하는 계기로 삼는 것입니다.
사실 누구나 자기 자신의 삶이 언제 어디서 어떻게 마감될는지 모릅니다.
때문에 철저하게 마감정신을 가지고 살아야 합니다.
이렇게 살다 보면 더욱 성실한 태도, 애정 어린 태도가 나타납니다.

두렵건데 마지막에 이르러 네 몸 네 육체가 쇠패할 때에
네가 한탄하여(잠언 5:11)

[정답] 100 ④

2022

2022년도 산업기사 정기검정 제4회 CBT(2022년 9월 14일~10월 19일 시행)

자격종목 및 등급(선택분야)

건설안전산업기사

종목코드	시험시간	수험번호	성명
2390	2시간30분	20220914	도서출판세화

※ 본 문제는 복원문제 및 예적(예상적중) 문제로 실제문제와 동일하지 않을 수 있습니다.

1 산업안전관리론

01 사고예방대책의 기본원리 5단계 중 사실의 발견 단계에 해당하는 것은?

① 작업환경 측정
② 안전성 진단, 평가
③ 점검, 검사 및 조사실시
④ 안전관리 계획수립

해설

제2단계 : 사실의 발견
① 사고 및 활동 기록의 검토
② 작업 분석
③ 점검 및 검사
④ 사고조사
⑤ 각종 안전회의 및 토의
⑥ 작업공정분석
⑦ 관찰

참고 건설안전산업기사 필기 p.1-46 (2) 제2단계 : 사실의 발견

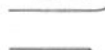

① 2016년 10월 1일 출제
② 2017년 3월 5일 기사 출제
③ 2018년 3월 4일 기사 출제

02 기업 내 교육방법 중 작업의 개선 방법 및 사람을 다루는 방법, 작업을 가르치는 방법 등을 주된 교육내용으로 하는 것은?

① CCS(Civil Communication Section)
② MTP(Management Training Program)
③ TWI(Training Within Industry)
④ ATT(American Telephone & Telegram Co)

해설

기업내정형교육(TWI)
① 작업 방법 훈련(Job Method Training : JMT) : 작업개선
② 작업 지도 훈련(Job Instruction Training : JIT) : 작업지도·지시
③ 인간 관계 훈련(Job Relations Training : JRT) : 부하 통솔
④ 작업 안전 훈련(Job Safety Training : JST) : 작업안전

참고 건설안전산업기사 필기 p.2-70 (1) 기업 내 정형교육

KEY
① 2016년 3월 6일 기사 출제
② 2016년 8월 21일 출제
③ 2017년 5월 7일, 8월 26일출제
④ 2018년 3월 4일 기사 · 산업기사 동시 출제
⑤ 2018년 4월 18일 기사 출제

03 보호구 안전인증 고시에 따른 방독마스크 중 할로겐용 정화통 외부 측면의 표시 색으로 옳은 것은?

① 갈색 ② 회색
③ 녹색 ④ 노랑색

해설

방독마스크 흡수관(정화통)의 종류

종 류	시험가스	정화통 외부측면 표시색
유기화합물용	시클로헥산(C_6H_{12}), 디메틸에테르(CH_3OCH_3), 이소부탄(C_4H_{10})	갈색
할로겐용	염소가스 또는 증기(Cl_2)	회색
황화수소용	황화수소가스(H_2S)	회색
시안화수소용	시안화수소가스(HCN)	회색
아황산용	아황산가스(SO_2)	노란색
암모니아용	암모니아가스(NH_3)	녹색

참고 건설안전산업기사 필기 p.1-92(표. 방독마스크 흡수관의 종류)

① 2016년 3월 6일 출제
② 2017년 3월 5일 기사 출제
③ 2018년 4월 28일 기사 출제
④ 2018년 8월 19일 기사 · 산업기사 동시 출제

[정답] 01 ③ 02 ③ 03 ②

04 OFF JT의 설명으로 틀린 것은?

① 다수의 근로자에게 조직적 훈련이 가능하다.
② 훈련에만 전념하게 된다.
③ 효과가 곧 업무에 나타나며 훈련의 좋고 나쁨에 따라 개선이 쉽다.
④ 교육훈련목표에 대해 집단적 노력이 흐트러질 수 있다.

해설

OJT의 특징
① 개개인에게 적절한 지도훈련이 가능하다.
② 직장의 실정에 맞게 구체적이고 실제적 훈련이 가능하다.
③ 즉시 업무에 연결되는 관계로 몸과 관련이 있다.
④ 훈련에 필요한 업무의 계속성이 끊어지지 않는다.
⑤ 효과가 곧 업무에 나타나며 훈련의 좋고 나쁨에 따라 개선이 쉽다.
⑥ 훈련효과를 보고 상호 신뢰, 이해도가 높아지는 것이 가능하다.

참고 건설안전산업기사 필기 p.2-67(표. OJT와 OFF JT 특징)

KEY ① 2016년 10월 1일 기사 출제
② 2017년 3월 5일 기사 출제
③ 2017년 9월 23일 기사 · 산업기사 출제
④ 2018년 3월 4일 기사 출제

05 산업스트레스의 요인 중 직무특성과 관련된 요인으로 볼 수 없는 것은?

① 조직구조 ② 작업속도
③ 근무시간 ④ 업무의 반복성

해설

산업스트레스 요인 중 직무특성 요인
① 작업속도
② 근무시간
③ 업무의 반복성

참고 건설안전산업기사 필기 p.2-32(합격날개 : 은행문제)

06 산업재해보상보험법에 따른 산업재해로 인한 보상비가 아닌 것은?

① 교통비 ② 장의비
③ 휴업급여 ④ 유족급여

해설

산업재해 보상비의 종류
① 요양급여
② 유족급여
③ 휴업급여
④ 장해급여
⑤ 상병보상 연금
⑥ 간병급여
⑦ 장의비

참고 건설안전산업기사 필기 p.1-57(표. 직접비와 간접비)

KEY ① 2016년 5월 8일 출제
② 2017년 3월 5일 기사 출제
③ 2017년 5월 7일 기사 출제
④ 2017년 9월 23일 기사 출제

07 매슬로우(A.H.Maslow) 욕구단계 이론의 각 단계별 내용으로 틀린 것은?

① 1단계 : 자아실현의 욕구
② 2단계 : 안전에 대한 욕구
③ 3단계 : 사회적(애정적) 욕구
④ 4단계 : 존경과 긍지에 대한 욕구

해설

매슬로우(Maslow, A.H.)의 욕구 5단계 이론
① 제1단계(생리적 욕구 : 생명유지의 기본적 욕구) : 기아, 갈증, 호흡, 배설, 성욕 등 인간의 가장 기본적인 욕구(종족보존)
② 제2단계(안전욕구) : 자기보존욕구
③ 제3단계(사회적 욕구) : 소속감과 애정욕구
④ 제4단계(존경욕구) : 인정받으려는 욕구
⑤ 제5단계(자아실현의 욕구) : 잠재적인 능력을 실현하고자 하는 욕구(성취욕구)

참고 건설안전산업기사 필기 p.2-28 (5) 매슬로의 욕구 5단계 이론

① 2016년 3월 6일 산업기사 출제
② 2016년 5월 8일 기사 출제
③ 2016년 8월 21일 기사 · 산업기사 동시 출제
④ 2016년 10월 1일 기사 · 산업기사 동시 출제
⑤ 2017년 3월 5일 기사 출제
⑥ 2017년 5월 7일 기사 출제
⑦ 2018년 3월 4일 산업기사 출제
⑧ 2018년 4월 28일 기사 · 산업기사 동시 출제
⑨ 2018년 8월 19일 산업기사 출제

[정답] 04 ③ 05 ① 06 ① 07 ①

08 위험예지훈련의 방법으로 적절하지 않은 것은?

① 반복 훈련한다.
② 사전에 준비한다.
③ 자신의 작업으로 실시한다.
④ 단위 인원수를 많게 한다.

해설

위험예지훈련 방법
① 반복훈련한다.
② 사전에 준비한다.
③ 자신의 작업으로 실시한다.
④ 단위 인원수를 최소로 한다.

09 일반적으로 교육이란 "인간행동의 계획적 변화"로 정의할 수 있다. 여기서 인간의 행동이 의미하는 것은?

① 신념과 태도
② 외현적 행동만 포함
③ 내현적 행동만 포함
④ 내현적, 외현적 행동 모두 포함

해설

교육
① 일반적교육 : 인간행동의 계획적 변화
② 인간행동 = 내현적 행동 + 외현적 행동

참고 건설안전산업기사 필기 p.2-60 (1) 교육이란

10 산업심리의 5대 요소에 해당되지 않는 것은?

① 동기 ② 지능
③ 감정 ④ 습관

해설

안전심리 5대 요소
① 동기
② 기질
③ 감정
④ 습성
⑤ 습관

참고 건설안전산업기사 필기 p.2-24 (1) 안전심리 5요소

① 2016년 5월 8일 기사 출제
② 2016년 3월 4일 출제

11 산업안전보건법령에 따른 안전검사대상 유해 · 위험 기계등의 검사 주기 기준 중 다음 ( )안에 알맞은 것은?

> 크레인(이동식 크레인은 제외), 리프트(이삿짐운반용 리프트는 제외) 및 곤돌라는 사업장에 설치가 끝난 날부터 3년 이내에 최초 안전검사를 실시하되, 그 이후부터 (㉠)년마다(건설현장에서 사용하는 것은 최초로 설치한 날부터 (㉡)개월마다)

① ㉠ 1, ㉡ 4 ② ㉠ 1, ㉡ 6
③ ㉠ 2, ㉡ 4 ④ ㉠ 2, ㉡ 6

해설

유해위험기계 안전검사 주기
① 최초 검사 : 3년 이내
② 그 이후 : 2년마다
③ 건설현장용은 최초 : 6개월마다

참고 건설안전산업기사 필기 p.1-80(표. 안전검사의 주기)

KEY ① 2016년 8월 21일 기사 출제
② 2017년 3월 5일 출제
③ 2018년 3월 4일 기사 · 산업기사 출제
④ 2018년 8월 19일 기사 · 산업기사 동시 출제

정보제공
산업안전보건법 시행규칙 제126조(안전검사의 주기와 합격표시 및 표시방법)

12 다음 중 교육의 3요소에 해당되지 않는 것은?

① 교육의 주체 ② 교육의 기간
③ 교육의 매개체 ④ 교육의 객체

해설

교육의 3요소

요소 분류	교육의 주체	교육의 객체	교육의 매개체
형식적 교육	교도자(강사)	학생(수강자 : 대상)	교재(내용)
비형식적 교육	부모, 형, 선배, 사회인사	자녀와 미성숙자	교육적 환경, 인간관계

참고 건설안전산업기사 필기 p.2-62 (4) 안전교육의 3요소

KEY ① 2017년 3월 5일 기사 출제
② 2017년 5월 7일 기사 출제
③ 2017년 8월 26일 산업기사 출제

[정답] 08 ④ 09 ④ 10 ② 11 ④ 12 ②

13 사업장의 도수율이 10.83이고, 강도율이 7.92일 경우의 종합재해지수(FSI)는?

① 4.63　② 6.42
③ 9.26　④ 12.84

해설

종합재해지수(FSI)

$=\sqrt{FR \times SR} = \sqrt{10.83 \times 7.92} = 9.26$

참고 건설안전산업기사 필기 p.1-55(5. 종합재해지수)

KEY ① 2016년 5월 8일 기사 출제
② 2017년 8월 26일 기사 출제

14 산업안전보건법령에 따른 최소 상시 근로자 50명 이상 규모에 산업안전보건위원회를 설치 · 운영하여야 할 사업의 종류가 아닌 것은?

① 토사석 광업
② 1차 금속 제조업
③ 자동차 및 트레일러 제조업
④ 정보서비스업

해설

상시근로자 50명 이상 산업안전보건위원회 설치 운영사업

① 토사석 광업
② 목재 및 나무제품 제조업(가구제외)
③ 화학물질 및 화학제품 제조업 : 의약품 제외(세제, 화장품 및 광택제 제조업과 화학섬유 제조업은 제외한다.)
④ 비금속 광물제품 제조업
⑤ 1차 금속 제조업
⑥ 금속가공제품 제조업(기계 및 가구 제외)
⑦ 자동차 및 트레일러 제조업
⑧ 기타 기계 및 장비 제조업(사무용 기계 및 장비 제조업은 제외한다.)
⑨ 기타 운송장비 제조업(전투용 차량 제조업은 제외한다.)

참고 건설안전산업기사 필기 p.1-147 [별표 9]

정보제공

산업안전보건법 시행령 [별표 9] 산업안전보건위원회를 구성해야 할 사업의 종류 및 사업장의 상시 근로자 수

보충학습

정보서비스업 : 상시근로자 300명 이상

15 직접 사람에게 접촉되어 위해를 가한 물체를 무엇이라 하는가?

① 낙하물　② 비래물
③ 기인물　④ 가해물

해설

기인물과 가해물

① 기인물 : 재해발생의 주원인이며 재해를 가져오게 한 근원이 되는 기계, 장치, 물(物) 또는 환경 등(불안전상태)
② 가해물 : 직접 사람에게 접촉하여 피해를 주는 기계, 장치, 물(物) 또는 환경 등

[그림] 기인물과 가해물

참고 건설안전산업기사 필기 p.1-42(합격날개 : 합격예측)

KEY ① 2016년 5월 8일 기사 출제
② 2017년 5월 7일 기사 출제
③ 2017년 9월 23일 기사 출제

16 산업안전보건법령에 따른 교육대상자별 안전보건교육 중 채용 시의 교육내용이 아닌 것은?(단, 산업안전보건법 및 일반관리에 관한 사항은 제외한다.)

① 사고 발생 시 긴급조치에 관한 사항
② 유해 · 위험 작업환경 관리에 관한 사항
③ 산업보건 및 직업병 예방에 관한 사항
④ 기계 · 기구의 위험성과 작업의 순서 및 동선에 관한 사항

해설

채용시 및 작업내용 변경시 교육내용

① 산업안전 및 사고 예방에 관한 사항
② 산업보건 및 직업병 예방에 관한 사항
③ 위험성 평가에 관한 사항
④ 산업안전보건법령 및 산업재해보상보험 제도에 관한 사항
⑤ 직무스트레스 예방 및 관리에 관한 사항
⑥ 직장 내 괴롭힘, 고객의 폭언 등으로 인한 건강장해 예방 및 관리에 관한 사항
⑦ 기계·기구의 위험성과 작업의 순서 및 동선에 관한 사항
⑧ 작업 개시 전 점검에 관한 사항
⑨ 정리정돈 및 청소에 관한 사항
⑩ 사고 발생 시 긴급조치에 관한 사항
⑪ 물질안전보건자료에 관한 사항

[정답] 13 ③ 14 ④ 15 ④ 16 ②

참고 건설안전산업기사 필기 p.1-280(2. 안전보건교육 교육대상별 교육내용 및 시간)

KEY ① 2016년 3월 6일 기사 · 산업기사 동시 출제
② 2017년 3월 5일 기사 출제
③ 2018년 4월 28일 기사 출제

정보제공
산업안전보건법시행규칙 [별표 5] 안전보건교육 교육대상별 교육내용

17 피로에 의한 정신적 증상과 가장 관련이 깊은 것은?

① 주의력이 감소 또는 경감된다.
② 작업의 효과나 작업량이 감퇴 및 저하된다.
③ 작업에 대한 몸의 자세가 흐트러지고 지치게 된다.
④ 작업에 대하여 무감각 · 무표정 · 경련 등이 일어난다.

해설

피로의 정신적 증상(심리적 현상)
① 주의력이 감소 또는 경감된다.
② 불쾌감이 증가된다.
③ 긴장감이 해지 또는 해소된다.
④ 권태, 태만해지고 관심 및 흥미감이 상실된다.
⑤ 졸음, 두통, 싫증, 짜증이 일어난다.

참고 건설안전산업기사 필기 p.2-31 (3) 피로의 증상

KEY ① 2017년 5월 7일 기사 출제
② 2018년 3월 4일 기사 출제

18 재해예방의 4원칙에 해당하지 않는 것은?

① 손실연계의 원칙 ② 대책선정의 원칙
③ 예방가능의 원칙 ④ 원인계기의 원칙

해설

산업재해 예방 4원칙
① 예방가능의 원칙
② 손실우연의 원칙
③ 원인연계의 원칙
④ 대책선정의 원칙

참고 건설안전산업기사 필기 p.1-46(6. 하인리히 산업재해예방의 4원칙)

KEY ① 2016년 5월 8일 출제
② 2017년 3월 5일 기사 출제
③ 2017년 9월 23일 기사 출제
④ 2016년 10월 1일 기사 출제

⑤ 2017년 5월 7일 출제
⑥ 2018년 3월 4일 기사 · 산업기사 동시 출제

19 산업안전보건법령에 따른 안전보건표지에 사용하는 색채기준 중 비상구 및 피난소, 사람 또는 차량의 통행표지의 안내용도로 사용하는 색채는?

① 빨간색 ② 녹색
③ 노란색 ④ 파란색

해설

안전보건표지의 색채, 색도기준 및 용도

색채	색도기준	용도	사용 예
빨간색	7.5R 4/14	금지	정지신호, 소화설비 및 그 장소, 유해행위의 금지
		경고	화학물질 취급장소에서의 유해 · 위험 경고
노란색	5Y 8.5/12	경고	화학물질 취급장소에서의 유해 · 위험 경고, 이외 위험 경고, 주의표지 또는 기계방호물
파란색	2.5PB 4/10	지시	특정 행위의 지시 및 사실의 고지
녹색	2.5G 4/10	안내	비상구 및 피난소, 사람 또는 차량의 통행표지
흰색	N9.5		파란색 또는 녹색에 대한 보조색
검은색	N0.5		문자 및 빨간색 또는 노란색에 대한 보조색

참고 건설안전산업기사 필기 p.1-98(5. 안전보건표지의 색도기준 및 용도)

KEY ① 2017년 3월 5일 기사 출제
② 2017년 8월 26일 출제
③ 2018년 3월 4일 기사 출제
④ 2018년 8월 19일 기사 · 산업기사 동시 출제

정보제공
산업안전보건법 시행규칙 [별표 8] 안전보건표지의 색도기준 및 용도

20 리더십(leadership)의 특성으로 볼 수 없는 것은?

① 민주주의적 지휘 형태
② 부하와의 넓은 사회적 간격
③ 밑으로부터의 동의에 의한 권한 부여
④ 개인적 영향에 의한 부하와의 관계 유지

[정답] 17 ① 18 ① 19 ② 20 ②

해설

leadership과 headship의 비교

개인과 상황 변수	leadership	headship
권한 행사	선출된 리더	임명적 헤드
권한 부여	밑으로부터 동의	위에서 위임
권한 귀속	집단 목표에 기여한 공로 인정	공식화된 규정에 의함
상사와 부하와의 관계	개인적인 영향	지배적
부하와의 사회적 관계 (간격)	좁음	넓음
지휘 형태	민주주의적	권위주의적
책임 귀속	상사와 부하	상사
권한 근거	개인적	법적 또는 공식적

참고 건설안전산업기사 필기 p.2-39 (5) leadership과 headship의 비교

KEY
① 2016년 3월 6일 기사 출제
② 2016년 8월 21일 기사 출제
③ 2016년 10월 1일 기사 출제
④ 2017년 5월 7일 기사 출제
⑤ 2017년 9월 23일 기사 출제
⑥ 2018년 3월 4일 기사 · 산업기사 동시출제

2 인간공학 및 시스템안전공학

21 인간-기계시스템에 관련된 정의로 틀린 것은?

① 시스템이란 전체목표를 달성하기 위한 유기적인 결합체이다.

② 인간-기계시스템이란 인간과 물리적 요소가 주어진 입력에 대해 원하는 출력을 내도록 결합되어 상호작용하는 집합체이다.

③ 수동시스템은 입력된 정보를 근거로 자신의 신체적 에너지를 사용하여 수공구나 보조기구에 힘을 가하여 작업을 제어하는 시스템이다.

④ 자동화시스템은 기계에 의해 동력과 몇몇 다른 기능들이 제공되며, 인간이 원하는 반응을 얻기 위해 기계의 제어장치를 사용하여 제어기능을 수행하는 시스템이다.

해설

자동화 시스템

① 미리 고정된 프로그램
② 동력 : 기계시스템

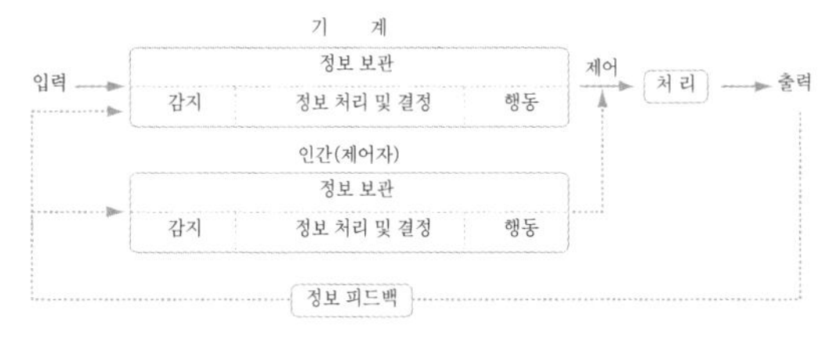

[그림] 자동시스템

참고 건설안전산업기사 필기 p.2-7(3. 자동시스템)

KEY 2017년 3월 5일 기사 출제

22 정보입력에 사용되는 표시장치 중 청각장치보다 시각장치를 사용하는 것이 더 유리한 경우는?

① 정보의 내용이 긴 경우

② 수신자가 직무상 자주 이동하는 경우

③ 정보의 내용이 즉각적인 행동을 요구하는 경우

④ 정보를 나중에 다시 확인하지 않아도 되는 경우

해설

시각장치 사용 예

① 전언이 복잡할 경우
② 전언이 긴 경우
③ 전언이 후에 재참조될 경우
④ 전언이 공간적인 위치를 다룰 경우
⑤ 전언이 즉각적인 행동을 요구하지 않을 경우
⑥ 수신자의 청각 계통이 과부하 상태일 경우
⑦ 수신 장소가 너무 시끄러울 경우
⑧ 직무상 수신자가 한 곳에 머무르는 경우

참고 건설안전산업기사 필기 p.2-28(표. 청각장치와 시각장치의 사용 경위)

KEY
① 2017년 5월 7일 출제
② 2018년 3월 4일 출제
③ 2018년 4월 28일 출제

[정답] 21 ④ 22 ①

23 **통신에서 잡음 중의 일부를 제거하기 위해 필터(filter)를 사용하였다면, 어느 것의 성능을 향상시키는 것인가?**

① 신호의 양립성 ② 신호의 산란성
③ 신호의 표준성 ④ 신호의 검출성

해설

신호의 검출성(통신잡음 제거 시 filter 사용) : 통신에서 대역폭 필터를 설치하여 원하는 대역폭 외의 신호는 제거하고 선택한 대역폭 내의 신호만 검출한다.

KEY 2013년 6월 2일(문제 40번) 출제

보충학습

암호체계 사용상의 일반적 지침

① 암호의 검출성(detectability)
② 암호의 변별성(discriminability)
③ 부호의 양립성(compatibility)
④ 부호의 의미
⑤ 암호의 표준화(standardization)
⑥ 다차원 암호의 사용(multidimensional)

24 **시스템에 영향을 미치는 모든 요소의 고장을 형태별로 분석하여 그 영향을 검토하는 분석기법은?**

① FTA
② CHECK LIST
③ FMEA
④ DECISION TREE

해설

시스템안전에서의 사실의 발견방법

① FTA(Fault Tree Analysis) : 결함수 분석(목분석법)
② ETA(Event Tree Analysis) : 귀납적, 정량적 분석
③ FMEA(Failure Mode and Effect Analysis) : 고장의 유형과 영향 분석
④ FMECA(Failure Mode Effect and Criticality Analysis) : FMEA + CA(정성적 + 정량적)
⑤ THERP(Technique for Human Error Rate Prediction) : 인간과오율 예측법
⑥ OS(Operability Study) : 안전요건 결정기법
⑦ MORT(Management Oversight and Risk Tree) : 연역적, 정량적 분석기법
⑧ HAZOP(Hazard and operability study) : 사업장의 유해요인 파악

참고 건설안전산업기사 필기 p.2-78(4. 고장형태와 영향분석)

KEY 2015년 3월 8일(문제 33번) 출제

25 **톱사상 T를 일으키는 컷셋에 해당하는 것은?**

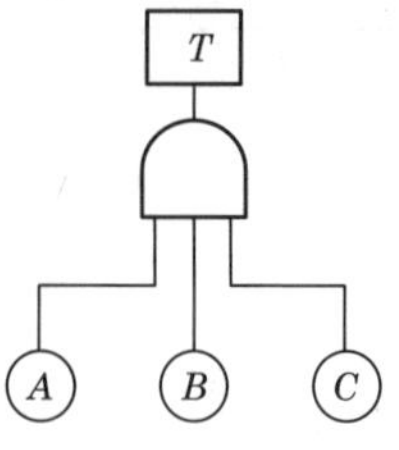

① $\{A\}$ ② $\{A, B\}$
③ $\{A, B, C\}$ ④ $\{B, C\}$

해설

Cut set

① AND 게이트이므로 T가 발생하기 위해서는 A, B, C 모두 입력되어야 한다.
② OR 게이트는 컷의 크기를 증가시킨다.

참고 건설안전산업기사 필기 p.2-98(5. 컷셋 미니멀컷셋 요약)

KEY ① 2015년 3월 8일(문제 31번) 출제
② 2018년 3월 4일 출제

26 **조도가 250럭스인 책상 위에 짙은 색 종이 A와 B가 있다. 종이 A의 반사율은 20[%]이고, 종이 B의 반사율은 15[%]이다. 종이 A에는 반사율 80[%]의 색으로, 종이 B에는 반사율 60[%]의 색으로 같은 글자를 각각 썼을 때의 설명으로 맞는 것은?(단, 두 글자의 크기, 색, 재질 등은 동일하다.)**

① 두 종이에 쓴 글자는 동일한 수준으로 보인다.
② 어느 종이에 쓰인 글자가 더 잘 보이는지 알 수 없다.
③ A종이에 쓰인 글자가 B종이에 쓰인 글자보다 눈에 더 잘 보인다.
④ B종이에 쓰인 글자가 A종이에 쓰인 글자보다 눈에 더 잘 보인다.

해설

대비(Luminance Contrast)

① A의 대비 $=\frac{80-20}{80}\times 100=75[\%]$
② B의 대비 $=\frac{60-15}{60}\times 100=75[\%]$

[정답] 23 ④ 24 ③ 25 ③ 26 ①

보충학습

$$대비 = \frac{L_b - L_t}{L_b} \times 100$$

L_b : 배경의 광속발산도
L_t : 표적의 광속발산도
① 표적이 배경보다 어두울 경우 : 대비는 + 100[%] ~ 0 사이
② 표적이 배경보다 밝을 경우 : 대비는 0 ~ − ∞ 사이
③ 대비가 같은 값으로 나오므로 동일한 수준으로 보인다.

참고 건설안전산업기사 필기 p.2-62(6. 대비)

KEY ① 2015년 8월 16일(문제 38번) 출제
② 2017년 5월 7일 기사 출제
③ 2017년 9월 23일 산업기사 출제

27 사후 보전에 필요한 평균수리시간을 나타내는 것은?

① MDT ② MTTF
③ MTBF ④ MTTR

해설

MTTR(평균수리시간 : Mean Time To Repair)
체계의 고장발생 순간부터 완료되어 정상적으로 작동을 시작하기까지의 평균고장시간

① $MTTR = \frac{1}{U(평균수리율)}$

② $MDT(평균정지시간) = \frac{총보전작업시간}{총보전작업건수}$

참고 건설안전산업기사 필기 p.2-10(5. MTTR)

KEY ① 2015년 3월 8일(문제 38번) 출제
② 2017년 3월 5일 기사 출제

보충학습
① MTTF(평균고장시간) : 제품 고장시 수명이 다하는 것으로 고장까지의 평균시간
② MTBF(평균고장간격) : 고장이 발생하여도 다시 수리를 해서 쓸 수 있는 제품을 의미

28 작업장의 실효온도에 영향을 주는 인자 중 가장 관계가 먼 것은?

① 온도 ② 체온
③ 습도 ④ 공기유동

해설

실효온도의 결정요소
① 온도 ② 습도 ③ 대류(공기유동)

참고 건설안전산업기사 필기 p.2-55(8. 실효온도)

KEY 2015년 8월 16일(문제 37번) 출제

29 FTA도표에서 사용하는 논리기호 중 기본사상을 나타내는 기호는?

① 
② 
③ 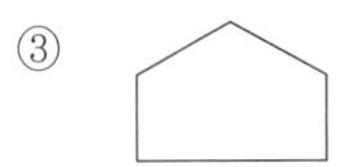
④ 

해설

FTA의 기호
FTA 기호

기 호	명 칭	기 호	명 칭
	결함사상		생략사상
	기본사상		통상사상

참고 건설안전산업기사 필기 p.2-91(표. FTA 기호)

KEY 2017년 8월 26일(문제 23번) 출제

30 제품의 설계단계에서 고유 신뢰성을 증대시키기 위하여 일반적으로 많이 사용되는 방법이 아닌 것은?

① 병렬 및 대기 리던던시의 활용
② 부품과 조립품의 단순화 및 표준화
③ 제조부문과 납품업자에 대한 부품규격의 명세제시
④ 부품의 전기적, 기계적, 열적 및 기타 작동조건의 경감

해설

제품의 설계단계에서 고유 신뢰성 증대방법
① 병렬 및 대기 리던던시의 활용
② 부품과 조립품의 단순화 및 표준화
③ 부품의 전기적, 기계적, 열적 및 기타 작동조건의 경감

참고 건설안전산업기사 필기 p.2-14(5. 병렬과 중복설계 구조)

[정답] 27 ④ 28 ② 29 ② 30 ③

2022

31 인간실수의 주원인에 해당하는 것은?

① 기술수준
② 경험수준
③ 훈련수준
④ 인간 고유의 변화성

해설

인간실수의 주원인 : 인간 고유의 변화성

참고 건설안전산업기사 필기 p.2-31(4. 인간의 신뢰성 3요소)

32 화학 설비의 안전성을 평가하는 방법 5단계 중 제3단계에 해당하는 것은?

① 안전대책 ② 정량적 평가
③ 관계자료 검토 ④ 정성적 평가

해설

안전성 평가의 6단계

① 1단계 : 관계자료의 정비 검토
② 2단계 : 정성적 평가
③ 3단계 : 정량적 평가
④ 4단계 : 안전대책
⑤ 5단계 : 재해정보에 의한 재평가
⑥ 6단계 : FTA에 의한 재평가

참고 건설안전산업기사 필기 p.2-113(2. 안전성 평가 6단계)

KEY ① 2016년 3월 6일 출제
② 2018년 4월 28일 출제
③ 2018년 8월 19일 기사 · 산업기사 동시 출제

33 러닝벨트 위를 일정한 속도로 걷는 사람의 배기가스를 5분간 수집한 표본을 가스성분 분석기로 조사한 결과, 산소 16[%], 이산화탄소 4[%]로 나타났다. 배기가스 전량을 가스미터에 통과시킨 결과, 배기량이 90[리터]였다면 분당 산소 소비량과 에너지가(에너지소비량)는 약 얼마인가?

① 0.95[리터/분]-4.75[kcal/분]
② 0.96[리터/분]-4.80[kcal/분]
③ 0.97[리터/분]-4.85[kcal/분]
④ 0.98[리터/분]-4.90[kcal/분]

해설

산소소비량과 에너지 소비량

(1) 산소소비량

= 흡기량 속의 산소량 - 배기량 속의 산소량

$=\left(\text{흡기량}\times\frac{21}{100}\right)[\%]-\left(\text{배기량}\times\frac{O_2}{100}\right)[\%]$

$=\left(18.22\times\frac{21}{100}\right)-\left(18\times\frac{16}{100}\right)$

$=0.95$[L/분]

① 흡기량 × 79[%] = 배기량 × N_2[%]

㉮ $N_2[\%]=100-CO_2[\%]-O_2[\%]$

㉯ $\text{흡기량}=\text{배기량}\times\frac{100-CO_2[\%]-O_2[\%]}{79}$

$=18\times\frac{(100-16-4)}{79}$

$=18.22$[L/분]

② 분당 배기량 $=\frac{90}{5}=18$[L/분]

(2) 에너지 소비량=산소소비량×5=0.95×5=4.75[kcal/min]

참고 산소 1[ℓ]의 에너지 소비량 : 5[kcal]

34 검사공정의 작업자가 제품의 완성도에 대한 검사를 하고 있다. 어느 날 10,000개의 제품에 대한 검사를 실시하여 200개의 부적합품을 발견하였으나, 이 로트에는 실제로 500개의 부적합품이 있었다. 이때 인간과오확률(Human Error Probability)은 얼마인가?

① 0.02 ② 0.03
③ 0.04 ④ 0.05

해설

인간 과오율

$HEP=\frac{500-200}{10,000}=0.03$

참고 건설안전산업기사 필기 p.2-34(합격날개 : 참고)

 ① 2015년 8월 16일(문제 36번) 출제
② 2017년 9월 23일 출제

35 시력 손상에 가장 크게 영향을 미치는 전신진동의 주파수는?

① 5[Hz] 미만 ② 5~10[Hz]
③ 10~25[Hz] ④ 25[Hz] 초과

[정답] 31 ④ 32 ② 33 ① 34 ② 35 ③

해설

시력손상에 가장 크게 영향을 미치는 전신진동의 주파수 : 10~25[Hz]

참고 건설안전산업기사 필기 p.2-27 ([표] 청각적 신호의 절대식별)

36 청각적 자극제시와 이에 대한 음성응답과업에서 갖는 양립성에 해당하는 것은?

① 개념적 양립성 ② 운동 양립성
③ 공간적 양립성 ④ 양식 양립성

해설

양립성의 종류

구분	특징
공간(spatial)양립성	표시장치나 조종장치에서 물리적 형태 및 공간적 배치
운동(movement)양립성	표시장치의 움직이는 방향과 조종장치의 방향이 사용자의 기대와 일치
개념(conceptual)양립성	이미 사람들이 학습을 통해 알고있는 개념적 연상 예 버튼
양식양립성	직무에 알맞은 자극과 응답이 양식의 존재에 대한 양립성이다. 음성 과업에 대해서는 청각적 자극의 제시와 이에 대한 음성 응답 등을 들 수 있다.

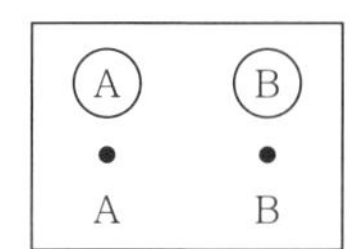

① 공간 양립성

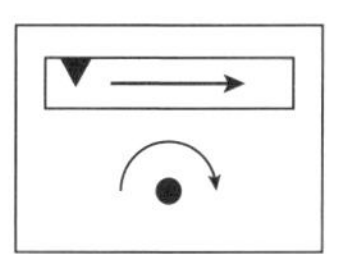
② 운동 양립성

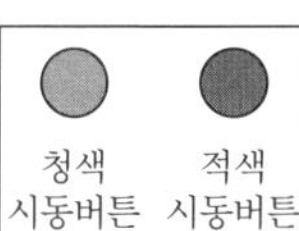

③ 개념 양립성

[그림] 양립성 구분

참고 건설안전산업기사 필기 p.2-66(합격날개 : 합격예측)

KEY 2018년 8월 17일(문제 25번) 출제

37 체계 설계 과정 중 기본설계 단계의 주요활동으로 볼 수 없는 것은?

① 작업 설계 ② 체계의 정의
③ 기능의 할당 ④ 인간 성능 요건 명세

해설

제3단계 : 기본설계

① 기능의 할당
② 인간 성능 요건 명세
③ 직무 분석
④ 작업 설계

참고 건설안전산업기사 필기 p.2-5(합격날개 : 합격예측)

KEY ① 2013년 6월 2일(문제 28번) 출제
② 2016년 3월 6일 기사 출제
③ 2018년 3월 4일 출제

38 결함수분석(FTA) 결과 다음과 같은 패스셋을 구하였다. X_4가 중복사상인 경우, 최소 패스셋(minimal path sets)으로 맞는 것은?

[다음]
$\{X_2, X_3, X_4\}$
$\{X_1, X_3, X_4\}$
$\{X_3, X_4\}$

① $\{X_3, X_4\}$
② $\{X_1, X_3, X_4\}$
③ $\{X_2, X_3, X_4\}$
④ $\{X_2, X_3, X_4\}$와 $\{X_3, X_4\}$

해설

최소 패스셋

① $T=(X_2+X_3+X_4)\cdot(X_1+X_3+X_4)\cdot(X_3+X_4)$

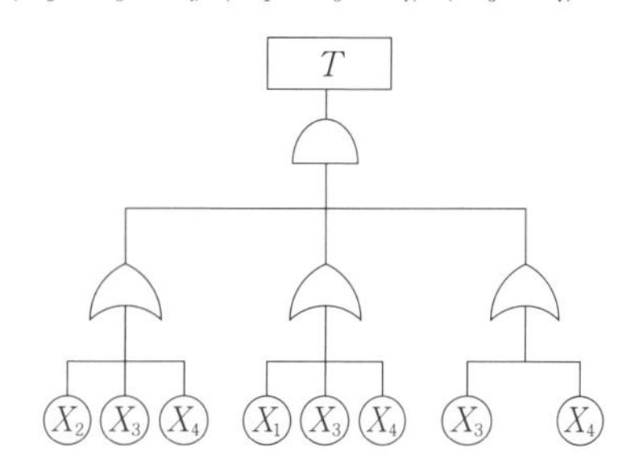

[그림] FT도

② 패스셋을 다음과 같이 표시할 수 있고, 패스셋 중 공통인 (X_3, X_4)를 FT도에 대입한다.

	Path set
$T=$	X_2, X_3, X_4,
	X_1, X_3, X_4,
	X_3, X_4,

③ FT에도 공통이 되는(X_3, X_4)를 대입하여 T가 발생하는지 확인

참고 건설안전산업기사 필기 p.2-98(5. 컷셋 · 미니멀 컷셋요약(2))

KEY 2015년 8월 16일(문제 29번) 출제

[정답] 36 ④ 37 ② 38 ①

39 통제표시비를 설계할 때 고려해야 할 5가지 요소에 해당하지 않는 것은?

① 공차 ② 조작시간
③ 일치성 ④ 목측거리

해설

통제비 설계시 고려해야 할 사항 5가지
① 계기의 크기 ② 공차
③ 방향성 ④ 조작시간
⑤ 목측거리

참고 건설안전산업기사 필기 p.2-62(합격날개 : 합격예측)

KEY 2015년 8월 16일 (문제 35번) 출제

40 작업공간에서 부품배치의 원칙에 따라 레이아웃을 개선하려 할 때, 부품배치의 원칙에 해당하지 않는 것은?

① 편리성의 원칙 ② 사용 빈도의 원칙
③ 사용 순서의 원칙 ④ 기능별 배치의 원칙

해설

부품배치의 4원칙 구분
(1) 일반적 위치 결정 원칙
① 중요성의 원칙 ② 사용빈도의 원칙
(2) 배치결정원칙
① 기능별 배치의 원칙 ② 사용순서의 원칙

참고 건설안전산업기사 필기 p.2-42(2. 공간배치의 원칙)

KEY ① 2015년 8월 16일(문제 8번) 출제
② 2018년 3월 4일 기사 · 산업기사 동시 출제

3 건설시공학

41 콘크리트 타설 후 진동다짐에 관한 설명으로 옳지 않은 것은?

① 진동기는 하층 콘크리트에 10[cm]정도 삽입하여 상하층 콘크리트를 일체화 시킨다.
② 진동기는 가능한 연직방향으로 찔러 넣는다.
③ 진동기를 빼낼 때는 서서히 뽑아 구멍이 남지 않도록 한다.
④ 된비빔 콘크리트의 경우 구조체의 철근에 진동을 주어 진동효과를 좋게 한다.

해설

진동기 사용요령
① 된비빔 콘크리트는 상부에 적용한다.
② 철근이나 거푸집에 직접 진동을 주어서는 안된다.

참고 건설안전산업기사 필기 p.3-59(4. 진동다짐)

KEY ① 2017년 3월 5일 산업기사 출제
② 2018년 4월 28일 기사 출제
③ 2018년 9월 15일 기사·산업기사 동시출제

42 속빈 콘크리트블록의 규격 중 기본블록치수가 아닌 것은? (단, 단위 : mm)

① 390×190×190 ② 390×190×150
③ 390×190×100 ④ 390×190×80

해설

속빈 콘크리트 블록 치수

형 상	치 수[mm]		
	길 이	높 이	두 께
기본블록	390	190	190 150 100
이형블록	길이, 높이, 두께의 최소 치수를 90[mm] 이상으로 한다.		

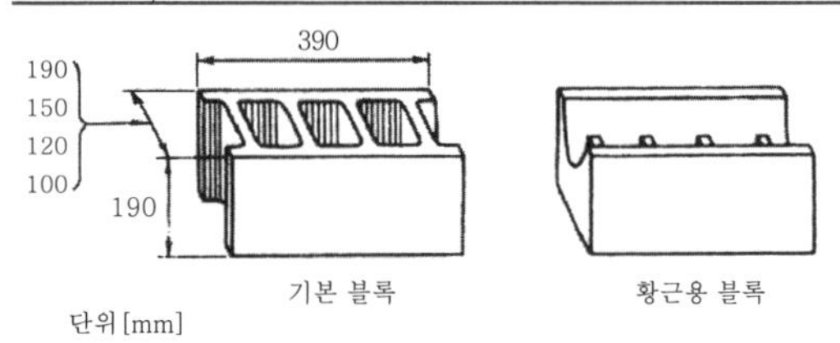

[그림] 속빈 콘크리트 블록

참고 건설안전산업기사 필기 p.3-105 (2. 블록공사)

43 철골공사의 용접접합에서 플럭스(flux)를 옳게 설명한 것은?

① 용접 시 용접봉의 피복제 역할을 하는 분말상의 재료
② 압연강판의 층 사이에 균열이 생기는 현상
③ 용접작업의 종단부에 임시로 붙이는 보조판
④ 용접부에 생기는 미세한 구멍

[정답] 39 ③ 40 ① 41 ④ 42 ④ 43 ①

해설

플럭스(Flux)

① 철골가공 및 용접에 있어 자동용접의 경우 용접봉의 피복재 역할
② 분말상의 재료

참고 건설안전산업기사 필기 p.3-90 (합격날개 : 용어정의)

44 콘크리트 측압에 관한 설명으로 옳지 않은 것은?

① 콘크리트의 비중이 클수록 측압이 크다.
② 외기의 온도가 낮을수록 측압은 크다.
③ 거푸집의 강성이 작을수록 측압이 크다.
④ 진동다짐의 정도가 클수록 측압이 크다.

해설

측압에 영향을 주는 요인

요소별 항목	콘크리트 측압에 미치는 영향
① 치어붓기의 속도	속도가 빠를수록 측압이 크다.
② 컨시스턴시	묽은 콘크리트일수록 측압이 크다.
③ 콘크리트의 비중	비중이 클수록 측압이 크다.
④ 시멘트의 종류	조강시멘트 등 응결시간이 빠른 것을 사용할수록 측압은 작게 된다.
⑤ 거푸집의 강성	거푸집의 강성이 클수록 측압은 크다.
⑥ 철골 또는 철근량	철골 또는 철근량이 많을수록 측압은 작게 된다.
⑦ 골재의 입경	입경의 크기가 어떠한 영향을 주는가는 아직 해명되어 있지 않다.
⑧ 콘크리트의 온도 및 기온	온도가 높을수록 측압은 적게 된다.
⑨ 거푸집 표면의 평활도	표면이 평활하면 마찰계수가 적게 되어 측압이 크다.
⑩ 거푸집의 투수성 및 누수성	투수성 및 누수성이 클수록 측압이 작다.
⑪ 거푸집의 수평단면	단면이 클수록 측압이 크다.
⑫ 바이브레이터의 사용	바이브레이터를 사용하여 다질수록 측압이 크다.
⑬ 치어붓기 방법	높은 곳에 낙하시켜 충격을 주면 측압이 커진다.

합격자의 조언
2018년 9월 15일 건설안전기술 기사 (문제115번)에서도 출제

45 철근 콘크리트 보강 블록공사에 관한 설명으로 옳지 않은 것은?

① 보강 블록조 쌓기에서 세로줄눈은 막힌줄눈으로 하는 것이 좋다.
② 블록을 쌓을 때 지나치게 물축이기하면 팽창수축으로 벽체에 균열이 생기기 쉬우므로, 접착면에 적당히 물축여 모르타르 경화강도에 지장이 없도록 한다.
③ 보강블록공사 시 철근은 굵은 것보다 가는 철근을 많이 넣는 것이 좋다.
④ 벽체를 일체화시키기 위한 철근콘크리트조의 테두리 보의 춤은 내력벽 두께의 1.5배 이상으로 한다.

해설

보강 블록조 쌓기 : 통줄눈 원칙

참고 ① 건설안전산업기사 필기 p.3-106(합격날개 : 은행문제)
② 건설안전산업기사 필기 p.3-107(5. 줄눈)

46 공사관리계약 (Construction Management Contract) 방식의 장점이 아닌 것은?

① 시공 시 단계별 시공법을 적용할 수 있어 설계 및 시공기간을 단축시킬 수 있다.
② 설계과정에서 설계가 시공에 미치는 영향을 예측할 수 있어 설계도서의 현실성을 향상시킬 수 있다.
③ 기획 및 설계과정에서 발주자와 설계자간의 의견 대립 없이 설계대안 및 특수공법의 적용이 가능하다.
④ 대리인형 CM(CM for fee)방식은 공사비와 품질에 직접적인 책임을 지는 공사관리계약 방식이다.

해설

CM(건설관리)

(1) CM의 정의 및 장점
① 건설의 전 과정에서 각 부문의 전문가들로 구성된 통합관리기술
② 주문자를 위해 서비스하는 전문가 집단의 관리기법

(2) CM 형태
① CM for Fee : 대리인형 CM, 발주자 - 하도급업체 직접계약 업무수행
② CM at Risk : 시공자형 CM, 발주자 직접계약 참여 책임이

참고 건설안전산업기사 필기 p.3-3 (합격날개 : 용어정의)

47 다음 중 깊은 기초지정에 해당되는 것은?

① 잡석지정 ② 피어기초지정
③ 밑창콘크리트지정 ④ 긴 주춧돌지정

[정답] 44 ③ 45 ① 46 ④ 47 ②

해설

피어기초지정

① 지름이 큰 말뚝을 일반적으로 Pier라 하고, 말뚝과 구별하고 있으며, 우물기초나 깊은 기초 공법은 Pier기초에 속한다.
② 주로 기계로 굴착하여 대구경의 Pile을 구축한다.

참고 건설안전산업기사 필기 p.3-41 (합격날개 : 참고)

48 당해 공사의 특수한 조건에 따라 표준시방서에 대하여 추가, 변경, 삭제를 규정한 시방서는?

① 안내시방서 ② 특기시방서
③ 자료시방서 ④ 공사시방서

해설

시방서 종류

① 표준시방서 : 모든 공사의 공통적인 사항을 규정한 시방서
② 특기시방서 : 당해공사에서만 적용되는 특수한 조건에 따라 표준시방서의 내용에서 변경, 추가, 삭제를 규정한 시방서

참고 건설안전산업기사 필기 p.3-15 (1. 시방서 종류)

KEY 2016년 3월 6일 산업기사 출제

49 흙막이공사의 공법에 관한 설명으로 옳은 것은?

① 지하연속벽(Slurry wall)공법은 인접건물의 근접 시공은 어려우나 수평방향의 연속성이 확보된다.
② 어스앵커공법은 지하 매설물 등으로 시공이 어려울 수 있으나 넓은 작업장 확보가 가능하다.
③ 버팀대(Strut)공법은 가설구조물을 설치하지만 토량제거 작업의 능률이 향상된다.
④ 강재 널말뚝(Steel sheet pile)공법은 철재판재를 사용하므로 수밀성이 부족하다.

해설

흙막이 공사

① 지하연속벽(slurry wall)공법 : 저소음 저진동 공법으로 인접건물의 근접시공이 가능하며 안정적 공법이다.
② 빗버팀대(경사버팀대 : raker) : 흙막이벽에 경사된 각도로 설치되어 띠장을 직접 지지해 주는 압축부재
③ Earth anchor 공법(Tie-rod 공법) : 흙막이 배면을 earth drill로 천공 후 인장재 삽입, 모르타르 주입, 경화 후 긴장 장착하는 공법
④ 강제 널말뚝 : 강제로 만든 말뚝

50 콘크리트 골재의 비중에 따른 분류로써 초경량골재에 해당하는 것은?

① 중정석 ② 퍼라이트
③ 강모래 ④ 부순자갈

해설

퍼라이트(perlite)

① 진주석, 흑요석을 분쇄한 가루
② 가열, 팽창시키면 백색 또는 회백색의 초경량골재

참고 건설안전산업기사 필기 p.4-65 (3. 퍼라이트)

51 자연상태로서의 흙의 강도가 1[Mpa]이고, 이긴상태로의 강도는 0.2[Mpa]라면 이 흙의 예민비는?

① 0.2 ② 2
③ 5 ④ 10

해설

$$\text{예민비} = \frac{\text{흐트러지지 않은 천연(자연)시료의 강도}}{\text{흐트러진(이긴) 시료의 강도}} = \frac{1}{0.2} = 5$$

참고 건설안전산업기사 필기 p.3-29 (1. 예민비)

KEY 2017년 5월 7일 산업기사 출제

52 철근 용접이음 방식 중 Cad Welding 이음의 장점이 아닌 것은?

① 실시간 육안검사가 가능하다.
② 기후의 영향이 적고 화재위험이 감소된다.
③ 각종 이형철근에 대한 적용범위가 넓다.
④ 예열 및 냉각이 불필요하고 용접시간이 짧다.

해설

Cad Welding 장단점

① 장점
　㉮ 기후의 영향이 적고, 화재위험 감소
　㉯ 예열 및 냉각이 필요 없고, 용접시간이 짧음
　㉰ 인장 및 압축에 대한 전달내력 확보 용이
　㉱ 각종 이형철근에 적용범위가 넓음
　㉲ 철근량(이음길이 감소) 감소 및 콘크리트 타설 용이

[정답] 48 ② 49 ② 50 ② 51 ③ 52 ①

② 단점
  ㉮ 육안검사가 불가능
  ㉯ 철근의 규격이 다른 경우 사용불가
  ㉰ X-ray·방사선투과법 등의 특수검사 필요

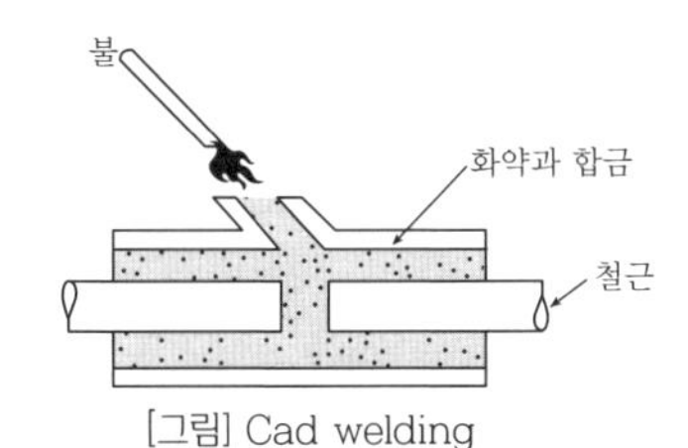

[그림] Cad welding

참고 건설안전산업기사 필기 p.3-69 (합격날개 : 합격예측)

53 공사계약 중 재계약 조건이 아닌 것은?

① 설계도면 및 시방서(specification)의 중대결함 및 오류에 기인한 경우
② 계약상 현장조건 및 시공조건이 상이(difference)한 경우
③ 계약사항에 중대한 변경이 있는 경우
④ 정당한 이유 없이 공사를 착수하지 않은 경우

해설

공사계약 중 재계약 조건
① 설계서의 내용이 불분명하거나 누락, 오류 또는 상호모순되는 점이 있을 경우
② 지질, 용수, 등 공사현장의 상태가 설계와 다를 경우
③ 새로운 기술, 공법 사용으로 공사비의 절감 및 시공기간의 단축 등의 효과가 현저할 경우
④ 기타 발주기관이 설계서를 변경할 필요가 있다고 인정할 경우 등
⑤ 설계도면 및 시방서(Specification)의 중대결함 및 오류에 기인한 경우
⑥ 계약상 현장조건 및 시공조건이 상이(Difference)한 경우
⑦ 계약사항에 중대한 변경이 있는 경우
⑧ ④는 취소조건

KEY ① 2018년 9월 15일 기사 출제
② 2021년 3월 7일 기사 출제

54 발주자가 수급자에게 위탁하지 않고 직영공사로 공사를 수행하기에 가장 부적합한 공사는?

① 공사 중 설계변경이 빈번한 공사
② 아주 중요한 시설물공사
③ 군비밀상 부득이 한 공사
④ 공사현장 관리가 비교적 복잡한 공사

해설

직영공사 적용
① 발주자가 어느 정도 현장 관리능력이 있을 때 유리
② 자재, 노무 종류가 다종 다양하여 현장 관리가 복잡할 때는 불리

참고 건설안전산업기사 필기 p.3-11 (합격날개 : 참조)

55 강재 중 SN 355 B에서 각 기호의 의미를 잘못 나타낸 것은?

① S : Steel
② N : 일반 구조용 압연강재
③ 355 : 최저 항복강도 355 [N/mm^2]
④ B : 용접성에 있어 중간 정도의 품질

해설

N : 내진용 강재

정보제공
국토교통부 고시 제2016-317호 (2016. 5. 31)

56 지반개량 공법 중 동다짐(Dynamic Compaction) 공법의 특징으로 옳지 않은 것은?

① 시공 시 지반진동에 의한 공해문제가 발생하기도 한다.
② 지반 내에 암괴 등의 장애물이 있으면 적용이 불가능하다.
③ 특별한 약품이나 자재를 필요로 하지 않는다.
④ 깊은 심도의 지반개량에 대해서는 초대형 장비가 필요하다.

해설

동압밀 공법(동다짐 공법 : Dynamic compaction 공법)
① 시공 시 지반진동에 의한 공해문제가 발생하기도 한다.
② 특별한 약품이나 자재를 필요로 하지 않는다.
③ 깊은 심도의 지반개량에 대해서는 초대형 장비가 필요하다.

참고 1960년대 후반 프랑스에서 개발

[정답] 53 ④ 54 ④ 55 ② 56 ②

57 철근콘크리트 구조물(5~6층)을 대상으로 한 벽, 지하 외벽의 철근 고임대 및 간격재의 배치표준으로 옳은 것은?

① 상단은 보 밑에서 0.5[m]
② 중단은 상단에서 2.0[m] 이내
③ 횡간격은 0.5[m] 정도
④ 단부는 2.0[m] 이내

해설

간격재(Spacer)
철근과 거푸집의 간격을 유지하기 위한 것

[그림] 간격재(Spacer)

[표] 철근공사 시공기술표준

부위	철근고임대 및 간격재의 수량 배치 간격	비고
슬래브	① 상/하단근 각각 가로, 세로 1[m]이내 ② 각 단부는 첫번째 철근에 설치	
보	간격 : 1.5[m] 내외, 단부는 0.9[m] 이내	
기둥	① 상단 : 제1단 띠철근에 설치 ② 중단 : 상단에서 1.5[m] 이내 ③ 기둥폭 1[m]까지 2개, 1[m] 이상시 3개 설치	
기초	8개/4[m^2] 또는 1.2[m] 이내	
지중보	간격 : 1.5[m] 내외	
벽체	① 상단 : 보 밑에서 0.5[m] 내외 ② 중단 : 상단에서 1.5[m] 내외 ③ 횡간격 : 1.5[m] 내외, 개구부 주위는 각변에 2개소 설치	(단, 변의 길이가 1.5[m] 이상일 경우는 3개소 설치)

58 철골부재 공장제작에서 강재의 절단 방법으로 옳지 않은 것은?

① 기계 절단법
② 가스 절단법
③ 로터리 베니어 절단법
④ 프라즈마 절단법

해설

로터리 베니어 절단
① 원목을 회전하여 넓은 대팻날로 두루마리처럼 벗기는 방식
② 합판 제조 방법

59 벽돌쌓기법 중에서 마구리를 세워쌓는 방식으로 옳은 것은?

① 옆세워 쌓기
② 허튼 쌓기
③ 영롱 쌓기
④ 길이 쌓기

해설

옆세워쌓기
마구리면이 내보이도록 벽돌 벽면을 수직으로 쌓는 방식

참고 건설안전산업기사 필기 p.3-103 (2. 기본 쌓기 방법)

보충학습

마구리쌓기
원형굴뚝, 사일로(Silo) 등 벽두께 1.0B 이상 쌓기에 쓰인다.

60 연약한 점토지반에서 지반의 강도가 굴착규모에 비해 부족할 경우에 흙이 돌아나오거나 굴착바닥면이 융기하는 현상은?

① 히빙
② 보일링
③ 파이핑
④ 틱소트로피

해설

히빙(Heaving)현상
① 정의 : 지면, 특히 기초파기한 바닥면이 부풀어오르는 현상
② 대책
㉮ 강성이 높은 강력한 흙막이벽의 밑 끝을 양질의 지반속까지 깊게 박는다.(가장 안전한 대책)
㉯ 굴착주변 지표면의 상재하중을 제거한다.
㉰ 흙막이벽 재료를 강도가 높은 것을 사용하고 버팀대의 수를 증가시킨다.
㉱ 아일랜드 공법을 적용한다.

참고 건설안전산업기사 필기 p.3-27 (1. 히빙)

KEY ① 2013년 3월 4일 산업기사 출제
② 2018년 4월 28일 산업기사 출제
③ 2018년 9월 15일 산업기사 (건설안전기술) 출제

[정답] 57 ① 58 ③ 59 ① 60 ①

4 건설재료학

61 평판성형되어 유리대체재로서 사용되는 것으로 유기질 유리라고 불리우는 것은?

① 아크릴수지　　② 페놀수지
③ 폴리에틸렌수지　　④ 요소수지

해설

아크릴수지

① 유기질유리라 하여 일찍이 비행기의 방풍유리로 사용해 왔다.
② 무색투영판은 광선 및 자외선의 투과성이 크고 내약품성, 전기절연성이 크며 내충격강도는 무기재료보다 8~10배 정도이다.

참고 건설안전산업기사 필기 p.4-112 (2. 아크릴 수지)

KEY 2018년 3월 4일 기사 출제

62 콘크리트에 사용되는 신축이음(Expansion Joint) 재료에 요구되는 성능 조건이 아닌 것은?

① 콘크리트의 수축에 순응할 수 있는 탄성
② 콘크리트의 팽창에 대한 저항성
③ 우수한 내구성 및 내부식성
④ 콘크리트 이음사이의 충분한 수밀성

해설

신축 이음

기초의 부동침하와 온도, 습도 등의 변화에 따라 신축팽창을 흡수시킬 목적으로 설치하는 줄눈

참고 건설안전산업기사 필기 p.3-58 (합격날개 : 합격예측)

63 다음 제품의 품질시험으로 옳지 않은 것은?

① 기와 : 흡수율과 인장강도
② 타일 : 흡수율
③ 벽돌 : 흡수율과 압축강도
④ 내화벽돌 : 내화도

해설

점토기와(KS F 3510)의 품질시험종목(건설공사 품질관리 업무지침)

① 겉모양 및 치수
② 흡수율
③ 휨 파괴 하중
④ 내동해성

참고 ① 건설안전산업기사 필기 p.4-37(표 : 시멘트기와의 규격)
② 건설안전산업기사 필기 p.4-70(3. 기와의 품질시험)
③ 건설안전산업기사 필기 p.4-76(문제 22번)

64 점토에 관한 설명으로 옳지 않은 것은?

① 가소성은 점토입자가 클수록 좋다.
② 소성된 점토제품의 색상은 철화합물, 망간화합물, 소성온도 등에 의해 나타난다.
③ 저온으로 소성된 제품은 화학변화를 일으키기 쉽다.
④ Fe_2O_3 등의 성분이 많으면 건조수축이 커서 고급 도자기 원료로 부적합하다.

해설

점토의 가소성

① 알루미나가 많은 점토는 가소성이 우수하며, 가소성이 너무 큰 경우는 모래 또는 구운점토 분말인 Schamotte로 조절한다.
② 제품의 성형에 가장 중요한 성질이 가소성이다.

참고 건설안전산업기사 필기 p.4-69 (합격날개 : 합격예측)

KEY 2016년 5월 8일 산업기사 출제

65 다음 중 이온화 경향이 가장 큰 금속은?

① Mg　　② Al
③ Fe　　④ Cu

해설

금속의 이온화 경향

① 금속이 전해질 용액 중에 들어가면 양이온으로 되려고 하는 경향이 있다. 이러한 대소를 금속의 이온화 경향이라고 한다.
② 큰 순서 ; K>Na>Ca>Mg>Al>Zn>Fe>Ni>Sn>Pb>Cu

참고 건설안전산업기사 필기 p.4-85 (합격날개 : 합격예측)

66 내화벽돌의 주원료 광물에 해당되는 것은?

① 형석　　② 방해석
③ 활석　　④ 납석

해설

내화벽돌 주원료 : 납석

[정답] 61 ① 62 ② 63 ① 64 ① 65 ① 66 ④

2022

참고 건설안전산업기사 필기 p.4-70 (5. 내화벽돌)

KEY 2017년 5월 7일 기사 출제

67 바닥용으로 사용되는 모자이크 타일의 재질로서 가장 적당한 것은?

① 도기질 ② 자기질
③ 석기질 ④ 토기질

해설

모자이크 타일

① 모자이크 타일은 1.8[cm]각, 4[cm]각이 많은데 바닥용이 주이므로 자기질이고 색은 여러 가지이다.
② 내외벽용으로도 쓰인다.
③ 모자이크 타일 중에서 11[mm]의 정도의 것을 아크모자이크 또는 라스모자이크라고도 한다.
④ 모양이나 그림을 표현할 수도 있다.

참고 건설안전산업기사 필기 p.4-71 (모자이크 타일)

68 콘크리트 공기량에 관한 설명으로 옳지 않은 것은?

① AE 콘크리트의 공기량은 보통 3~6[%]를 표준으로 한다.
② 콘크리트를 진동시키면 공기량이 감소한다.
③ 콘크리트의 온도가 높은면 공기량이 줄어든다.
④ 비빔시간이 길면 길수록 공기량은 증가한다.

해설

비빔시간이 길수록 공기량은 감소한다.

참고 건설안전산업기사 필기 p.3-55 (합격날개 : 합격예측)

정보제공
2018년 9월 15일 산업기사 (문제 58번)

69 목재의 심재와 변재에 관한 설명으로 옳지 않은 것은?

① 변재는 심재 외측과 수피 내측 사이에 있는 생활세포의 집합이다.
② 심재는 수액의 통로이며 양분의 저장소이다.
③ 심재는 변재보다 단단하여 강도가 크고 신축 등 변형이 적다.
④ 심재의 색깔은 짙으며 변재의 색깔은 비교적 엷다.

해설

수액의 유통과 저장 : 변재의 세포

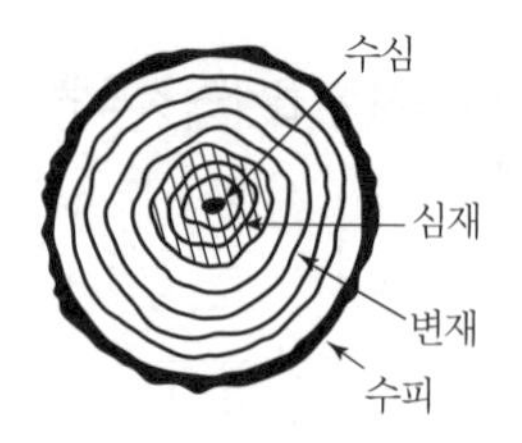

[그림] 수목의 횡단면

참고 건설안전산업기사 필기 p.4-5 (2. 변재의 특징)

KEY 2018년 4월 28일 기사 출제

70 금속재료의 녹막이를 위하여 사용하는 바탕칠 도료는?

① 알루미늄페인트 ② 광명단
③ 에나멜페인트 ④ 실리콘페인트

해설

방청도료(녹막이칠)의 종류

① 연단(광명단)칠 : 보일드유를 유성 Paint에 녹인 것. 철재에 사용
② 방청·산화철 도료 : 오일스테인이나 합성수지+산화철, 아연분말 등이 원료이고 널리 사용, 내구성 우수, 정벌칠에도 사용
③ 알루미늄 도료 : 방청 효과, 열반사 효과, 알루미늄 분말이 안료
④ 역청질 도료 : 역청질 원료+건성유, 수지유 첨가, 일시적 방청효과 기대
⑤ 징크로메이트 칠 : 크롬산아연+알키드수지, 알루미늄, 아연철판 녹막이칠
⑥ 규산염 도료 : 규산염+아마인유. 내화도료로 사용
⑦ 연시아나이드 도료 : 녹막이 효과, 주철제품의 녹막이칠에 사용
⑧ 이온교환수지 : 전자제품, 철제면 녹막이 도료
⑨ 그라파이트 칠 : 녹막이칠의 정벌칠에 사용

참고 건설안전산업기사 필기 p.4-141 (문제 34번)

71 콘크리트의 성질을 개선하기 위해 사용하는 각종 혼화재의 작용에 포함되지 않은 것은?

① 기포작용 ② 분산작용
③ 건조작용 ④ 습윤작용

해설

혼화제의 작용

① 기포작용 ② 분산작용 ③ 습윤작용

[정답] 67 ② 68 ④ 69 ② 70 ② 71 ③

참고 건설안전산업기사 필기 p.3-55 (2. 혼화제)

KEY 2017년 9월 23일 산업기사 출제

보충학습

① 혼화재(混和材)

콘크리트의 물성을 개선하기 위하여 다량(시멘트량의 5% 이상)으로 사용(포촐란, 플라이애시, 고로슬래그)

② 혼화제(混和劑)

콘크리의 성질을 개선하기 위하여 소량(시멘트량의 5% 미만)으로 사용(AE제, 분산제, 경화촉진제, 방동제)

72 돌로마이트 플라스터에 관한 설명으로 옳지 않은 것은?

① 건조수축에 대한 저항성이 크다.
② 소석회에 비해 점성이 높고 작업성이 좋다.
③ 변색, 냄새, 곰팡이가 없으며 보수성이 크다.
④ 회반죽에 비해 조기강도 및 최종강도가 크다.

해설

돌로마이트 플라스터의 특징

① 경화가 느리다.
② 수축성이 커서 균열발생이 쉽다.
③ 시공이 용이하고 값이 싸다.
④ 알칼리성이다.
⑤ 페인트칠이 불가능하다.
⑥ 기경성이다.

참고 건설안전산업기사 필기 p.4-99 (합격날개 : 합격예측)

KEY 2018년 4월 28일 기사 출제

73 자연에서 용제가 증발해서 표면에 피막이 형성되어 굳는 도료는?

① 유성조합페인트
② 에폭시수지도료
③ 알키드수지
④ 염화비닐수지에나멜

해설

염화비닐수지에나멜

① 자연에서 용제가 증발
② 표면에 피막이 형성

참고 건설안전산업기사 필기 p.4-123 (3. 에나멜 페인트)

74 절대건조밀도가 2.6[g/cm³]이고, 단위용적질량이 1,750 [kg/m³]인 굵은 골재의 공극률은?

① 30.5[%] ② 32.7[%]
③ 34.7[%] ④ 36.2[%]

해설

공극률

① 일정한 크기의 용기내에서 공극의 비율을 백분율로 나타낸 것
② 공극률이 작으면 시멘트풀의 양이 적게 들고 수밀성, 내구성 및 마모저항 등이 증가되며 건조수축에 의한 균열발생의 위험이 감소된다.

$$\text{실적률} = \frac{\text{단위용적중량}(\omega)}{\text{비중}(\rho)} \times 100[\%] = \frac{1.75}{2.6} \times 100 = 67.3\ [\%]$$

공극률 = 100 − 67.3 = 32.7[%]

보충학습

① 1 [m³] = 1,000[L]
② 1.75[kg/m³]=1.75[t/m³]
③ 2.6[g/cm³]=2.6[t/m³]

75 시멘트의 분말도가 높을수록 나타나는 성질변화에 관한 설명으로 옳은 것은?

① 시멘트 입자 표면적의 증대로 수화반응이 늦다.
② 풍화작용에 대하여 내구적이다.
③ 건조수축이 적다.
④ 초기강도 발현이 빠르다.

해설

분말도가 빠를수록(클 때) 나타나는 현상

① 표면적이 크다.
② 수화작용이 빠르다.(물과의 접촉면이 커지므로)
③ 발열량이 커지고, 초기강도가 크다.(발현이 빠르다)
④ 시공연도가 좋고, 수밀한 Conerete가 가능하다.
⑤ 균열발생이 크고 풍화되기 쉽다.
⑥ 장기강도는 저하된다.

참고 건설안전산업기사 필기 p.4-32 (합격날개 : 합격예측)

76 아스팔트 방수시공을 할 때 바탕재와의 밀착용으로 사용하는 것은?

① 아스팔트 컴파운드 ② 아스팔트 모르타르
③ 아스팔트 프라이머 ④ 아스팔트 루핑

[정답] 72 ① 73 ④ 74 ② 75 ④ 76 ③

2022

해설

아스팔트 프라이머(Asphalt primer)

① 아스팔트에 휘발성 용제를 넣어 묽게 하여 방수층의 바탕에 침투시켜 아스팔트가 잘 부착되도록 한 밀착용
② 바탕이 충분히 건조된 후 청소하고 솔칠 또는 뿜칠로 바탕면에 균등하게 침투시켜 도포한다.

참고 건설안전산업기사 필기 p.4-100 (3. 아스팔트 프라이머)

77 유리섬유를 폴리에스테르수지에 혼입하여 가압·성형한 판으로 내구성이 좋아 내·외수장재로 사용하는 것은?

① 아크릴평판 ② 멜라민치장판
③ 폴리스티렌투명판 ④ 폴리에스테르강화판

해설

폴리에스테르 강화판 [유리섬유 보강플라스틱 : FRP(Fiberglass Reinforced Plastics)]

① 가는 유리섬유에 불포화폴리에스테르수지를 넣어 상온·가압하여 성형한 것으로서 건축재료로는 섬유를 불규칙하게 넣어 사용한다.
② FRP는 강철과 유사한 강도를 가지며, 비중은 철의 1/3 정도이다.

참고 건설안전산업기사 필기 p.4-113 (합격날개 : 합격예측)

KEY ▶ 2017년 5월 7일 산업기사 출제

78 석재에 관한 설명으로 옳지 않은 것은?

① 석회암은 석질이 치밀하나 내화성이 부족하다.
② 현무암은 석질이 치밀하여 토대석, 석축에 쓰인다.
③ 테라조는 대리석을 종석으로 한 인조석의 일종이다.
④ 화강암은 석회, 시멘트의 원료로 사용된다.

해설

화강암(쑥돌, Granite)

① 압축강도 1,500[kg/cm²]이고 석질이 견고하고 풍화작용이나 마멸에 강하다.
② 건축, 토목재의 구조재, 내외장재로 사용된다.(주성분 : 석영, 장석, 운모)
③ 흑운모, 각섬석, 휘석 등이 있으며 검은색을 나타내고, Fe_2O_3를 포함하면 미홍색이 된다.

참고 건설안전산업기사 필기 p.4-62 (1. 화강암)

KEY ▶ 2016년 3월 6일 기사 출제

보충학습

① 석회, 시멘트의 원료로 사용되는 석재는 석회석이다.
② 석회석이 많은 지역은 영월, 단양, 동해 지역으로 이 지역에 많은 시켄트 제조사가 있다.

79 목재의 강도 중에서 가장 작은 것은?

① 섬유방향의 인장강도
② 섬유방향의 압축강도
③ 섬유 직각방향의 인장강도
④ 섬유방향의 휨강도

해설

가력방향과 강도

① 목재에 힘을 가하는 방향에 따라 강도가 다르다.
② 일반적으로 섬유방향에 평행하게 가한 힘에 대해서는 가장 강하다.
③ 직각으로 가한 힘에 대해서는 가장 약하다.
④ 중간의 각도(10~70[°])에서는 각도의 변화에 비례하여 약해진다.

참고 건설안전산업기사 필기 p.4-12 (5. 가력방향과 강도)

80 강재의 인장강도가 최대로 될 경우의 탄소 함유량의 범위로 가장 가까운 것은?

① 0.04~0.2[%] ② 0.2~0.5[%]
③ 0.8~1.0[%] ④ 1.2~1.5[%]

해설

탄소함유량과 인장강도

① 탄소함유량 0.9[%]까지는 인장강도, 경도는 증가한다.
② 0.85[%]에서 최대가 된다.

참고 건설안전산업기사 필기 p.4-82 (합격날개 : 합격예측)

KEY ▶ 2018년 3월 4일 산업기사 출제

5 건설안전기술

81 철골 작업 시 위험 방지를 위하여 철골작업을 중지하여야 하는 기준으로 옳은 것은?

① 강설량이 시간당 1[mm] 이상인 경우
② 강우량이 시간당 1[mm] 이상인 경우
③ 풍속이 초당 20[m] 이상인 경우
④ 풍속이 시간당 200[m] 이상인 경우

[정답] 77 ④ 78 ④ 79 ③ 80 ③ 81 ②

해설

철골작업 시 기후에 의한 철골 작업중지사항 3가지

① 풍속 : 10[m/sec] 이상
② 강우량 : 1[mm/hr] 이상
③ 강설량 : 1[cm/hr] 이상

참고 건설안전산업기사 필기 p.5-151(합격날개 : 합격예측)

KEY 2017년 9월 23일 출제

정보제공

산업안전보건기준에 관한 규칙 제383조(작업의 제한)

82 달비계의 최대 적재하중을 정하는 경우 달기 와이어로프의 최대하중이 50[kg]일 때 안전계수에 의한 와이어로프의 절단하중은 얼마인가?

① 1,000[kg] ② 700[kg]
③ 500[kg] ④ 300[kg]

해설

절단하중 = 최대하중 × 안전계수 = 50 × 10 = 500[kg]

참고 건설안전산업기사 필기 p.5-90(합격날개 : 합격예측 및 관련법규)

KEY ① 2016년 10월 1일 출제
② 2018년 3월 4일 기사 · 산업기사 동시 출제

정보제공

산업안전보건기준에 관한 규칙 제55조(작업발판의 최대 적재 하중)

보충학습

안전계수

① 달기와이어로프 및 달기강선의 안전계수 : 10 이상
② 달기체인 및 달기훅의 안전계수 : 5 이상
③ 달기강대와 달비계의 하부 및 상부지점의 안전계수 강재 : 2.5 이상, 목재 : 5 이상

83 차량계 하역운반기계의 운전자가 운전위치를 이탈하는 경우의 조치사항으로 부적절한 것은?

① 포크 및 버킷을 가장 높은 위치에 두어 근로자 통행을 방해하지 않도록 하였다.
② 원동기를 정지시키고 브레이크를 걸었다.
③ 시동키를 운전대에서 분리시켰다.
④ 경사지에서 갑작스런 주행이 되지 않도록 바퀴에 블록 등을 놓았다.

해설

차량계 하역운반기계 운전위치 이탈시 조치사항(건설기계 공통)

① 포크 및 셔블 등의 하역장치를 가장 낮은 위치에 둘 것
② 원동기를 정지시키고 브레이크를 확실히 거는 등 불시 주행을 방지하기 위한 조치를 할 것

참고 건설안전산업기사 필기 p.5-34(2. 운전위치 이탈시 조치사항)

정보제공

산업안전보건기준에 관한 규칙 제99조(운전위치 이탈시의 조치)

84 굴착면의 기울기 기준으로 옳지 않은 것은?

① 풍화암-1:1.0 ② 연암-1:1.0
③ 경암-1:0.2 ④ 모래-1:1.8

해설

굴착면의 기울기 기준

지반의 종류	굴착면의 기울기
모래	1 : 1.8
연암 및 풍화암	1 : 1.0
경암	1 : 0.5
그 밖의 흙	1 : 1.2

참고 건설안전산업기사 필기 p.5-75(표. 굴착면의 기울기 기준)

KEY ① 2016년 5월 8일 기사 · 산업기사 동시 출제
② 2017년 3월 5일, 9월 23일기사 출제

정보제공

산업안전보건기준에 관한 규칙 [별표11] 굴착면의 기울기 기준

85 안전난간의 구조 및 설치요건과 관련하여 발끝막이판은 바닥면으로부터 얼마 이상의 높이를 유지하여야 하는가?

① 10[cm] 이상 ② 15[cm] 이상
③ 20[cm] 이상 ④ 30[cm] 이상

해설

발끝막이판 높이 : 10[cm] 이상

참고 건설안전산업기사 필기 p.5-103(그림. 안전난간)

KEY ① 2016년 5월 8일 출제
② 2018년 4월 28일 출제

[정답] 82 ③ 83 ① 84 ③ 85 ①

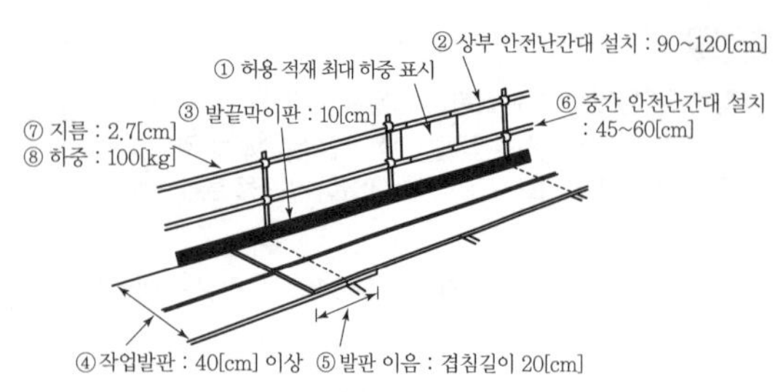

[그림] 안전난간

정보제공

산업안전보건기준에 관한 규칙 제13조(안전난간의 구조 및 설치요건)

86 항타기 또는 항발기의 권상용 와이어로프의 안전계수 기준으로 옳은 것은?

① 3 이상
② 5 이상
③ 8 이상
④ 10 이상

해설

항타기, 항발기 안전계수 : 5 이상

참고 건설안전산업기사 필기 p.5-73(합격날개 : 합격예측 및 관련 법규)

KEY ① 2016년 5월 8일 기사 출제
② 2016년 10월 1일 출제
③ 2017년 3월 5일 기사 출제

87 비탈면붕괴를 방지하기 위한 방법으로 옳지 않은 것은?

① 비탈면 상부의 토사제거
② 지하 배수공 시공
③ 비탈면 하부의 성토
④ 비탈면 내부 수압의 증가 유도

해설

토사붕괴 예방대책

① 적절한 경사면의 기울기를 계획하여야 한다.
② 경사면의 기울기가 당초 계획과 차이가 발생되면 즉시 재검토하여 계획을 변경시켜야 한다.
③ 활동할 가능성이 있는 토석은 제거하여야 한다.
④ 경사면의 하단부에 압성토 등 보강공법으로 활동에 대한 저항 대책을 강구하여야 한다.
⑤ 말뚝(강관, H형강, 철근 콘크리트)을 타입하여 지반을 강화시킨다.

참고 건설안전산업기사 필기 p.5-79(문제 5번)

88 추락에 의한 위험방지를 위해 해당 장소에서 조치해야 할 사항과 거리가 먼 것은?

① 추락방호망 설치
② 안전난간 설치
③ 덮개 설치
④ 투하설비 설치

해설

추락의 방지설비

① 비계
② 추락방망
③ 달비계
④ 수평통로
⑤ 난간
⑥ 울타리
⑦ 구명줄
⑧ 안전대

참고 건설안전산업기사 필기 p.5-81(문제 12번)

KEY 2018년 4월 28일 출제

보충학습

투하설비 : 높이 3[m] 이상 설치

정보제공

산업안전보건기준에 관한 규칙 제42조(추락의 방지)

사업주는 작업장이나 기계·설비의 바닥·작업 발판 및 통로 등의 끝이나 개구부로부터 근로자가 추락하거나 넘어질 위험이 있는 장소에는 안전난간, 울, 손잡이 또는 충분한 강도를 가진 덮개등을 설치하는 등 필요한 조치를 하여야 한다.

보충학습

산업안전보건기준에 관한규칙 제15조(투하설비 등)

89 작업으로 인하여 물체가 떨어지거나 날아올 위험이 있는 경우에 조치 및 준수하여야 할 사항으로 옳지 않은 것은?

① 낙하물방지망, 수직보호망 또는 방호선반 등을 설치한다.
② 낙하물방지망의 내민 길이는 벽면으로부터 2[m] 이상으로 한다.
③ 낙하물방지망의 수평면과의 각도는 20[°] 이상 30[°] 이하를 유지한다.
④ 낙하물방지망은 높이 15[m] 이내마다 설치한다.

해설

낙하물방지망 높이 : 10[m] 이내마다 설치

참고 건설안전산업기사 필기 p.5-77(2. 낙하 · 비래재해의 예방대책에 관한 사항)

[정답] 86 ② 87 ④ 88 ④ 89 ④

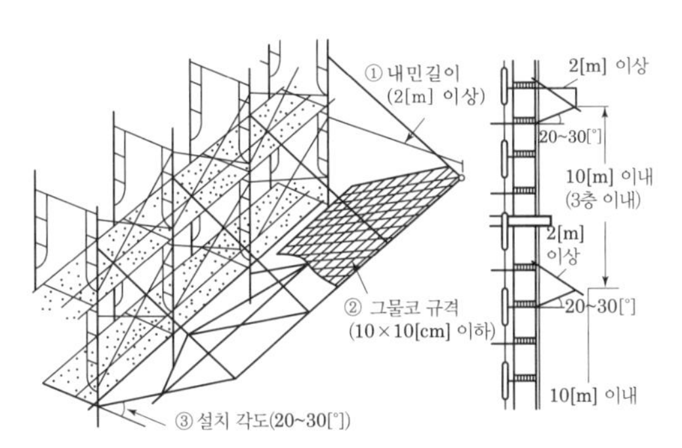

[그림] 낙하물 방지망(방호선반)

KEY ① 2016년 3월 6일 기사 출제
② 2016년 10월 1일 출제
③ 2017년 3월 5일 출제
④ 2017년 9월 23일 출제
⑤ 2018년 3월 4일 기사 출제

정보제공

산업안전보건기준에 관한 규칙 제14조(낙하물에 의한 위험의 방지)

90 절토공사 중 발생하는 비탈면 붕괴의 원인과 거리가 먼 것은?

① 함수비 고정으로 인한 균일한 흙의 단위중량
② 건조로 인하여 점성토의 점착력 상실
③ 점성토의 수축이나 팽창으로 균열 발생
④ 공사진행으로 비탈면의 높이와 기울기 증가

해설

함수비가 고정이며 붕괴는 일어나지 않는다.

보충학습

$$\text{함수비} = \frac{\text{물의 중량}}{\text{흙입자의 중량}} \times 100[\%]$$

91 산업안전보건법령에 따라 안전관리자와 보건관리자의 직무를 분류할 때 안전관리자의 직무에 해당되지 않는 것은?

① 산업재해에 관한 통계의 유지 · 관리 · 분석을 위한 보좌 및 지도 · 조언
② 산업재해 발생의 원인 조사 · 분석 및 재발방지를 위한 기술적 보좌 및 지도 · 조언
③ 해당 사업장 안전교육계획의 수립 및 안전교육 실시에 관한 보좌 및 지도 · 조언
④ 작업장 내에서 사용되는 전체 환기장치 및 국소 배기장치 등에 관한 설비의 점검과 작업방법의 공학적 개선에 관한 보좌 및 지도 · 조언

해설

안전관리자의 업무

① 산업안전보건위원회 또는 안전보건에 관한 노사협의체에서 심의·의결한 업무와 해당 사업장의 안전보건관리규정 및 취업규칙에서 정한 업무
② 안전인증대상 기계 등과 자율안전확인대상 기계 구입 시 적격품의 선정에 관한 보좌 및 지도·조언
③ 위험성평가에 관한 보좌 및 지도·조언
④ 해당 사업장 안전교육계획의 수립 및 안전교육 실시에 관한 보좌 및 지도·조언
⑤ 사업장 순회점검·지도 및 조치의 건의
⑥ 산업재해 발생의 원인 조사·분석 및 재발 방지를 위한 기술적 보좌 및 지도·조언
⑦ 산업재해에 관한 통계의 유지·관리·분석을 위한 보좌 및 지도·조언
⑧ 법 또는 법에 따른 명령으로 정한 안전에 관한 사항의 이행에 관한 보좌 및 지도·조언
⑨ 업무수행 내용의 기록·유지
⑩ 그 밖에 안전에 관한 사항으로서 고용노동부장관이 정하는 사항

참고 건설안전산업기사 필기 p.1-32(2. 안전관리자의 업무)

KEY ① 2017년 3월 5일 기사 출제
② 2017년 5월 7일 기사 출제
③ 2017년 9월 23일 기사 출제
④ 2018년 3월 4일 기사 출제
⑤ 2018년 4월 28일 기사 출제

정보제공

산업안전보건법시행령 제18조(안전관리자의 업무 등)

92 산업안전보건법령에서는 터널건설작업을 하는 경우에 해당 터널 내부의 화기나 아크를 사용하는 장소에는 필히 무엇을 설치하도록 규정하고 있는가?

① 소화설비 ② 대피설비
③ 충전설비 ④ 차단설비

해설

터널내부 화기 방지 설비 : 소화설비

정보제공

산업안전보건기준에 관한 규칙 제359조(소화설비 등)

[정답] 90 ① 91 ④ 92 ①

93 유해 · 위험 방지계획서 작성 대상 공사의 기준으로 옳지 않은 것은?

① 지상높이 31[m] 이상인 건축물 공사
② 저수용량 1천만톤 이상의 용수 전용 댐
③ 최대 지간길이 50[m] 이상인 교량 건설 등 공사
④ 깊이 10[m] 이상인 굴착공사

해설

유해위험 방지계획서 제출 대상 공사

(1) 건축물 또는 시설 등의 건설 · 개조 또는 해체공사
  가. 지상높이가 31미터 이상인 건축물 또는 인공구조물
  나. 연면적 3만제곱미터 이상인 건축물
  다. 연면적 5천제곱미터 이상에 해당하는 시설
    ① 문화 및 집회시설(전시장 및 동물원 · 식물원은 제외한다)
    ② 판매시설, 운수시설(고속철도의 역사 및 집배송시설은 제외한다)
    ③ 종교시설
    ④ 의료시설 중 종합병원
    ⑤ 숙박시설 중 관광숙박시설
    ⑥ 지하도상가
    ⑦ 냉동 · 냉장 창고시설
(2) 연면적 5천제곱미터 이상의 냉동·냉장창고시설의 설비공사 및 단열공사
(3) 최대지간길이가 50[m] 이상인 교량건설 등 공사
(4) 터널건설 등의 공사
(5) 다목적댐, 발전용댐, 저수용량 2천만톤 이상의 용수전용댐 및 지방상수도 전용댐의 건설 등 공사
(6) 깊이 10[m] 이상인 굴착공사

참고 건설안전산업기사 필기 p.2-124(3. 유해위험방지계획서 제출 대상 건설공사)

KEY ① 2016년 5월 8일 기사 출제
② 2017년 3월 5일 산업기사 출제
③ 2018년 8월 19일 기사 · 산업기사 동시 출제

정보제공
산업안전보건법 시행령 42조(유해위험방지계획서 제출대상)

94 높이 2[m]를 초과하는 말비계를 조립하여 사용하는 경우 작업발판의 최소 폭 기준으로 옳은 것은?

① 20[cm] 이상　② 30[cm] 이상
③ 40[cm] 이상　④ 50[cm] 이상

해설

말비계 작업 발판 최소 폭 : 40[cm] 이상

[그림] 달비계

[그림] 달대비계

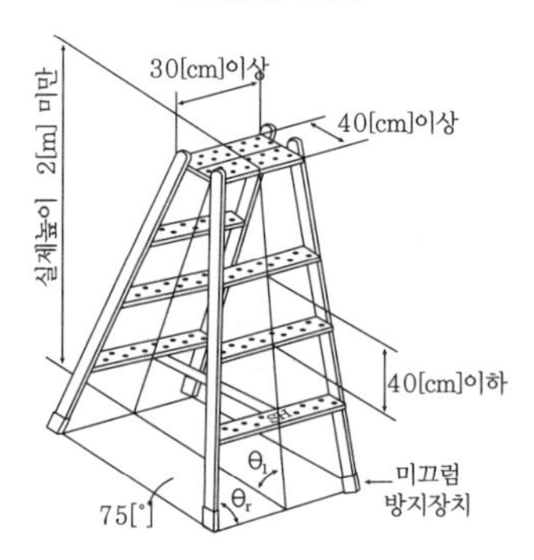

[그림] 말비계

참고 건설안전산업기사 필기 p.5-97(7. 말비계)

KEY ① 2016년 5월 8일 출제
② 2017년 3월 5일 출제
③ 2017년 9월 23일 기사 출제
④ 2018년 4월 28일 기사 출제

정보제공
산업안전보건기준에 관한 규칙 제67조(말비계)

95 발파작업에 종사하는 근로자가 준수해야 할 사항으로 옳지 않은 것은?

① 얼어붙은 다이나마이트는 화기에 접근시키거나 그 밖의 고열물에 직접 접촉시키는 등 위험한 방법으로 융해되지 않도록 할 것

[정답] 93 ② 94 ③ 95 ②

② 발파공의 충진재료는 점토 · 모래 등의 사용을 금할 것
③ 장전구(裝塡具)는 마찰 · 충격 · 정전기 등에 의한 폭발의 위험이 없는 안전한 것을 사용할 것
④ 전기뇌관에 의한 발파의 경우 점화하기 전에 화약류를 장전한 장소로부터 30[m] 이상 떨어진 안전한 장소에서 전선에 대하여 저항측정 및 도통(導通)시험을 할 것

해설

발파공의 충진재료
① 점토
② 모래
③ 발화성 및 인화성 위험이 없는 재료

참고 건설안전산업기사 필기 p.5-106(합격날개 : 합격예측 및 관련법규)

KEY ① 2017년 9월 23일 기사 · 산업기사 동시 출제
② 2018년 4월 28일 출제

정보제공
산업안전보건기준에 관한 규칙 제348조(발파의 작업 기준)

96 산업안전보건법령에 따른 가설통로의 구조에 관한 설치기준으로 옳지 않은 것은?

① 경사가 25[°]를 초과하는 경우에는 미끄러지지 아니하는 구조로 할 것
② 경사는 30[°] 이하로 할 것
③ 수직갱에 가설된 통로의 길이가 15[m] 이상인 경우에는 10[m] 이내마다 계단참을 설치할 것
④ 건설공사에 사용하는 높이 8[m] 이상인 비계다리에는 7[m] 이내마다 계단참을 설치할 것

해설

미끄러지지 않는 구조기준 : 경사 15[°] 초과

참고 건설안전산업기사 필기 p.5-14(합격날개 : 합격예측 및 관련법규)

KEY ① 2017년 3월 5일 출제
② 2017년 5월 7일 출제
③ 2017년 9월 23일 기사 출제
④ 2018년 4월 28일 기사 · 산업기사 동시 출제

정보제공
산업안전보건기준에 관한 규칙 제23조(가설통로의 구조)

97 건설업 산업안전보건관리비 항목으로 사용가능한 내역은?

① 경비원, 청소원 및 폐자재처리원의 인건비
② 외부인 출입금지, 공사장 경계표시를 위한 가설울타리 설치 및 해체비용
③ 원활한 공사수행을 위하여 사업장 주변 교통정리를 하는 신호자의 인건비
④ 중대재해 목격으로 발생한 정신질환을 치료하기 위해 소요되는 비용

해설

근로자 건강장해예방비 등
① 법·영·규칙에서 규정하거나 그에 준하여 필요로 하는 각종 근로자의 건강장해 예방에 필요한 비용
② 중대재해 목격으로 발생한 정신질환을 치료하기 위해 소요되는 비용
③ 「감염병의 예방 및 관리에 관한 법률」제2조제1호에 따른 감염병의 확산 방지를 위한 마스크, 손소독제, 체온계 구입비용 및 감염병병원체 검사를 위해 소요되는 비용
④ 법 제128조의2 등에 휴게시설을 갖춘 경우 온도, 조명설치·관리기준을 준수하기 위해 소요되는 비용
⑤ 건설공사 현장에서 근로자 심폐소생을 위해 사용되는 자동심장충격기(AED) 구입에 소요되는 비용

정보제공
고용노동부고시(2023년 10월 5일) 적용 제7조(사용기준)

98 거푸집 동바리에 작용하는 횡하중이 아닌 것은?

① 콘크리트 측압 ② 풍하중
③ 자중 ④ 지진하중

해설

자중(사하중 = 고정하중)

참고 ① 건설안전산업기사 필기 p.5-127(1. 거푸집동바리에 작용하는 하중)
② 건설안전산업기사 필기 p.5-127(합격날개 : 은행문제)

보충학습

위치	설계시 고려하여야 하는 하중
보밑, 바닥판	① 생콘크리트 중량 ② 작업하중 ③ 충격하중
벽, 기둥, 보옆	① 생콘크리트 중량 ② 생콘크리트 측압

[정답] 96 ① 97 ④ 98 ③

용어정의

횡하중(lateral load)

① 기준용어, 풍하중 또는 지진하중과 같이 횡방향으로 작용하는 하중
② 풍하중, 지진하중, 횡방향 토압 또는 유체압과 같이 수직방향 구조물에 수평으로 작용하는 하중

99 콘크리트 타설 시 거푸집의 측압에 영향을 미치는 인자들에 관한 설명으로 옳지 않은 것은?

① 슬럼프가 클수록 측압은 크다.
② 거푸집의 강성이 클수록 측압은 크다.
③ 철근량이 많을수록 측압은 작다.
④ 타설 속도가 느릴수록 측압은 크다.

해설

타설속도가 빠를수록 측압이 크다.

참고 건설안전산업기사 필기 p.5-133(2. 측압에 영향을 주는 요인)

① 2016년 5월 8일 출제
② 2016년 10월 1일 기사 출제
③ 2017년 5월 7일 출제
④ 2018년 8월 19일 기사 · 산업기사 동시 출제

100 앞쪽에 한 개의 조향륜 롤러와 뒤축에 두 개의 롤러가 배치된 것으로(2축 3륜), 하층 노반다지기, 아스팔트 포장에 주로 쓰이는 장비의 이름은?

① 머캐덤 롤러 ② 탬핑 롤러
③ 페이 로더 ④ 래머

해설

머캐덤롤러(macadam roller)

① 2축 3륜으로 구성
② 용도 : 노반다지기, 아스팔트 포장

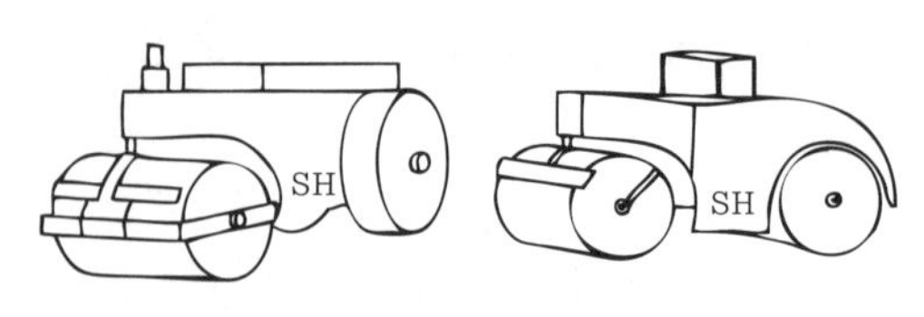

① 머캐덤 롤러 ② 탠덤 롤러

③ 타이어 롤러

[그림] 전압식 굴착기계

참고 건설안전산업기사 필기 p.5-77(표. 전압식 다짐기계의 종류 및 특징)

녹색직업 녹색자격증코너

내 마음이 메마를 때면

내 마음이 메마르고 외롭고 부정적인 일이 일어날 때면,
나는 늘 남을 보았습니다.
남 때문인 줄 알았기 때문입니다.
그러나 이제 보니 남 때문이 아니라
내 속에 사랑이 없었기 때문이라는 것을 알게 된 오늘,
내 마음에 사랑이라는 씨앗 하나를 떨어뜨려 봅니다.

\- 이해인 수녀

남 탓을 하게 되면
미움만 쌓이고 문제는 해결되지 않습니다.
내 탓을 하면, 잠시 괴로울 수 있으나,
문제도 해결되고 관계도 좋아집니다.
남 탓이 아닌, 내 탓을 먼저 해야 하는 이유입니다.

[정답] 99 ④ 100 ①

건설안전산업기사 필기

2023년 03월 02일 CBT 시행 **제1회**

2023년 05월 13일 CBT 시행 **제2회**

2023년 09월 02일 CBT 시행 **제4회**

2023년도 산업기사 정기검정 제1회 CBT(2023년 3월 2일 시행)

자격종목 및 등급(선택분야)

건설안전산업기사

종목코드	시험시간	수험번호	성명
2390	2시간30분	20230302	도서출판세화

※ 본 문제는 복원문제 및 예적(예상적중) 문제로 실제문제와 동일하지 않을 수 있습니다.

1 산업안전관리론

01 산업재해 예방의 4원칙 중 "재해발생에는 반드시 원인이 있다."라는 원칙은?

① 대책 선정의 원칙
② 원인 계기의 원칙
③ 손실 우연의 원칙
④ 예방 가능의 원칙

해설

하인리히 산업재해예방의 4원칙
① 예방가능의 원칙
② 손실우연의 원칙
③ 원인연계(계기)의 원칙
④ 대책선정의 원칙

참고 건설안전산업기사 필기 p.1-46(6. 하인리히 산업재해예방의 4원칙)

KEY
① 2016년 5월 8일 산업기사 출제
② 2016년 10월 1일 기사 출제
③ 2017년 3월 5일 기사 출제
④ 2017년 5월 7일 산업기사 출제
⑤ 2017년 9월 23일 기사 출제
⑥ 2018년 3월 4일 기사·산업기사 동시 출제
⑦ 2018년 8월 19일 산업기사 출제
⑧ 2019년 3월 3일 기사·산업기사 동시 출제
⑨ 2019년 9월 21일 기사 출제
⑩ 2020년 6월 7일 기사 출제

02 하인리히의 재해구성비율에 따라 경상사고가 87건 발생하였다면 무상해사고는 몇 건이 발생하였겠는가?

① 300건 ② 600건
③ 900건 ④ 1200건

해설

하인리히(H.W.Heinrich)의 1 : 29 : 300 법칙
① 경상 = 87건÷29 = 3
② 무상해 = 300×3 = 900건

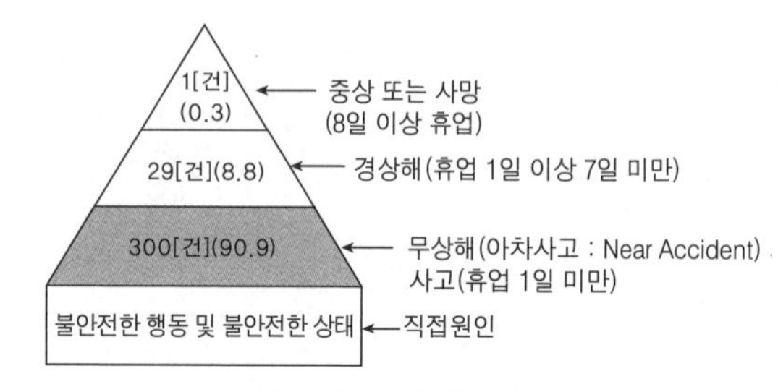

[그림] 하인리히 법칙[단위 : %]

참고 건설안전산업기사 필기 p.1-44(1. 하인리히(H.W.Heinrich)의 1 : 29 : 300)

KEY
① 2016년 10월 1일 기사 출제
② 2017년 9월 23일 산업기사 출제
③ 2018년 3월 4일 기사 출제
④ 2023년 2월 28일 기사 출제

03 조직이 리더에게 부여하는 권한으로 볼 수 없는 것은?

① 보상적 권한 ② 강압적 권한
③ 합법적 권한 ④ 위임된 권한

해설

조직이 지도자에게 부여하는 권한
① 보상적 권한
② 강압적 권한
③ 합법적 권한

참고 건설안전산업기사 필기 p.2-40(합격날개:합격예측)

KEY
① 2017년 3월 5일 산업기사 출제
② 2020년 6월 14일 산업기사 출제

보충학습

지도자 자신이 자신에게 부여하는 권한(부하직원들의 존경심)
① 위임된 권한
② 전문성의 권한

[정답] 01 ② 02 ③ 03 ④

04 안전심리의 5대 요소에 해당하는 것은?

① 기질(temper) ② 지능(intelligence)
③ 감각(sense) ④ 환경(environment)

해설

안전심리의 5요소
① 동기 ② 기질 ③ 감정 ④ 습관 ⑤ 습성

참고 건설안전산업기사 필기 p.2-24(1. 안전심리 5요소)

KEY ① 2016년 5월 8일 기사 출제
② 2022년 3월 5일 기사 출제

보충학습

습관에 영향을 주는 4요소
① 동기 ② 기질 ③ 감정 ④ 습성

05 산업안전보건법령상 안전인증대상 기계기구등이 아닌 것은?

① 프레스 ② 전단기
③ 롤러기 ④ 산업용 원심기

해설

안전인증대상 기계기구의 종류
① 프레스 ② 전단기(剪斷機) 및 절곡기(折曲機)
③ 크레인 ④ 리프트
⑤ 압력용기 ⑥ 롤러기
⑦ 사출성형기(射出成形機) ⑧ 고소(高所) 작업대
⑨ 곤돌라

참고 건설안전산업기사 필기 p.1-75(1. 기계·기구설비의 종류)

KEY ① 2017년 3월 5일 기사·산업기사 동시 출제
② 2020년 5월 15일 기사 출제

정보제공
산업안전보건법 시행령 제74조(안전인증대상 기계 등)

06 모랄 서베이(Morale Survey)의 효용이 아닌 것은?

① 조직 또는 구성원의 성과를 비교 · 분석한다.
② 종업원의 정화(Catharsis)작용을 촉진시킨다.
③ 경영관리를 개선하는 데에 대한 자료를 얻는다.
④ 근로자의 심리 또는 욕구를 파악하여 불만을 해소하고, 노동의욕을 높인다.

해설

모랄 서베이(사기 앙양)의 효용
① 근로자의 심리, 욕구를 파악하여 불만을 해소하고 노동 의욕을 높인다.
② 경영관리를 개선하는 데 자료를 얻는다.
③ 종업원의 정화작용을 촉진시킨다.

참고 건설안전산업기사 필기 p.2-5(1. 모랄 서베이의 효용)

KEY ① 2017년 8월 26일 기사 출제
② 2022년 3월 5일 기사 출제

07 추락 및 감전 위험방지용 안전모의 일반구조가 아닌 것은?

① 착장체 ② 충격흡수재
③ 선심 ④ 모체

해설

안전모의 구조

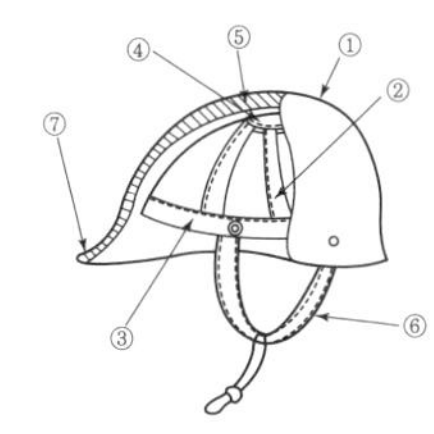

번호	명칭	
①	모체	
② ③ ④	착장체	머리받침끈 머리받침(고정)대 머리받침고리
⑤	충격흡수재(자율안전확인에서 제외)	
⑥	턱끈	
⑦	모자챙(차양)	

참고 건설안전산업기사 필기 p.1-90(그림. 안전모의 구조)

KEY ① 2016년 10월 1일 산업기사 출제
② 2017년 9월 23일 산업기사 출제

08 레빈(Lewin)은 인간행동과 인간의 조건 및 환경조건의 관계를 다음과 같이 표시하였다. 이때 "f"를 설명한 것으로 옳은 것은?

$$B=f(P \cdot E)$$

① 행동 ② 조명
③ 지능 ④ 함수

[정답] 04 ① 05 ④ 06 ① 07 ③ 08 ④

해설

레빈의 법칙

$B=f(P \cdot E)$

① B : Behavior(인간의 행동)
② f : function(함수관계)
③ P : Person(개체 : 연령, 경험, 심신상태, 성격, 지능 등)
④ E : Environment(심리적 환경 : 인간관계, 작업환경 등)

참고 건설안전산업기사 필기 p.2-7(7. K.Lewin의 법칙)

KEY ▶ 2023년 2월 28일 기사 등 20회 이상 출제

09 상시 근로자수가 75명인 사업장에서 1일 8시간 씩 연간 320일을 작업하는 동안에 4건의 재해가 발생하였다면 이 사업장의 도수율은 약 얼마인가?

① 17.68　② 19.67
③ 20.83　④ 22.83

해설

$$\text{도수(빈도)율}=\frac{\text{재해건수}}{\text{연근로시간수}}\times 1{,}000{,}000$$
$$=\frac{4}{75\times 8\times 320}\times 10^6=20.83$$

참고 건설안전산업기사 필기 p.1-54(3. 빈도율)

KEY ▶ ① 2016년 10월 1일 산업기사 출제
② 2017년 3월 5일 기사 · 산업기사 동시 출제
③ 2018년 8월 19일 기사 출제
④ 2019년 8월 4일 기사 출제
⑤ 2019년 9월 21일 기사 출제
⑥ 2020년 6월 14일 산업기사 등 20회 이상 출제

정보제공
산업재해 통계 업무처리 규정 제3조(산업재해통계의 산출방법 및 정의)

10 위험예지훈련 기초 4라운드(4R)에 관한 내용으로 옳은 것은?

① 1R : 목표설정　② 2R : 현상파악
③ 3R : 대책수립　④ 4R : 본질추구

해설

위험예지훈련의 4R(단계)

① 1단계 : 현상파악
② 2단계 : 본질추구
③ 3단계 : 대책수립
④ 4단계 : 목표설정

참고 건설안전산업기사 필기 p.1-12(합격날개:합격예측)

KEY ▶ 2023년 3월 5일 기사 등 20회 이상 출제

11 산업재해에 있어 인명이나 물적 등 일체의 피해가 없는 사고를 무엇이라고 하는가?

① Near Accident
② Good Accident
③ Ture Accident
④ Original Accident

해설

아차사고(Near Miss, Near Accident)

① 무 인명상해(인적 피해)
② 무 재산손실(물적 피해) 사고

참고 건설안전산업기사 필기 p.1-6(합격예측 : Near Accldent)

KEY ▶ 2017년 7월 23일 기사 출제

12 재해원인을 직접원인과 간접원인으로 나눌 때, 직접원인에 해당하는 것은?

① 기술적 원인　② 관리적 원인
③ 교육적 원인　④ 물적 원인

해설

직접원인(1차 원인)

시간적으로 사고발생에 가까운 원인
① 물적 원인 : 불안전한 상태(설비 및 환경)
② 인적 원인 : 불안전한 행동

참고 건설안전산업기사 필기 p.1-47(합격날개:합격예측)

KEY ▶ ① 2015년 3월 8일(문제 16번) 출제
② 2018년 9월 15일 기사 출제

보충학습

간접원인

재해의 가장 깊은 곳에 존재하는 재해원인
① 기초 원인 : 학교 교육적 원인, 관리적인 원인
② 2차 원인 : 신체적 원인, 정신적 원인, 안전교육적 원인, 기술적인 원인

[정답] 09 ③ 10 ③ 11 ① 12 ④

13 산업안전보건법령상 특별안전보건 교육의 대상 작업에 해당하지 않는 것은?

① 석면해체 · 제거작업
② 밀폐된 장소에서 하는 용접작업
③ 화학설비 취급품의 검수 · 확인 작업
④ 2m 이상의 콘크리트 인공구조물의 해체 작업

해설

특별안전보건교육 대상작업 : 화학설비의 탱크내 작업 등 39개 작업

참고 건설안전산업기사 필기 p.2-85(2. 특별안전보건교육)

KEY ① 2015년 5월 30일(문제 8번) 출제
② 2019년 3월 3일 산업기사 출제

정보제공
산업안전보건법 시행규칙 [별표 5] 안전보건교육 교육대상별 교육내용

14 적응기제(Adjustment Mechanism)의 도피적 행동인 고립에 해당하는 것은?

① 운동시합에서 진 선수가 컨디션이 좋지 않았다고 말한다.
② 키가 작은 사람이 키 큰 친구들과 같이 사진을 찍으려 하지 않는다.
③ 자녀가 없는 여교사가 아동교육에 전념하게 되었다.
④ 동생이 태어나자 형이 된 아이가 말을 더듬는다.

해설

고립(거부) : 외부와의 접촉을 끊음

참고 건설안전산업기사 필기 p.2-41(보충학습:적응기제 3가지)

KEY ① 2019년 3월 3일 기사, 산업기사 동시 출제
② 2021년 9월 12일 기사 출제

15 다음 중 안전점검 체크리스트 작성 시 유의해야 할 사항과 관계가 가장 적은 것은?

① 사업장에 적합한 독자적인 내용으로 작성한다.
② 점검 항목은 전문적이면서 간략하게 작성한다.
③ 관계자의 의견을 통하여 정기적으로 검토 · 보완 작성한다.
④ 위험성이 높고, 긴급을 요하는 순으로 작성한다.

해설

Check List 판정(작성) 시 유의사항
① 판정 기준의 종류가 두 종류인 경우 적합 여부를 판정할 것
② 한 개의 절대 척도나 상대 척도에 의할 때는 수치로써 나타낼 것
③ 복수의 절대 척도나 상대 척도에 조합된 문항은 기준 점수 이하로 나타낼 것
④ 대안과 비교하여 양부를 판정할 것
⑤ 경험하지 않은 문제나 복잡하게 예측되는 문제 등은 관계자와 협의하여 종합 판정할 것

참고 건설안전산업기사 필기 p.1-70(9. Check List 판정시 유의사항)

KEY 2013년 1회 출제

16 주의(attention)의 특성 중 여러 종류의 자극을 받을 때 소수의 특정한 것에만 반응하는 것은?

① 선택성 ② 방향성
③ 단속성 ④ 변동성

해설

주의의 특성 3가지
① 선택성 : 사람은 한 번에 여러 종류의 자극을 자각하거나 수용하지 못하며 소수의 특정한 것으로 한정해서 선택하는 기능이 있음
② 방향성 : 공간적으로 보면 시선의 초점에 맞았을 때는 쉽게 인지되지만 시선에서 벗어난 부분은 무시되기 쉬움
③ 변동(단속)성 : 주의는 리듬이 있어 언제나 일정한 수순을 지키지는 못함

참고 건설안전산업기사 필기 p.2-43(2. 인간의 주의 특성)

KEY ① 2016년 5월 8일 기사 출제
② 2016년 10월 1일 기사 출제
③ 2023년 2월 28일 기사 출제

17 산업안전보건법령상 안전보건표지의 종류와 형태 중 그림과 같은 경고 표지는? (단, 바탕은 무색, 기본모형은 빨간색, 그림은 검은색이다.)

① 부식성물질 경고 ② 폭발성물질 경고
③ 산화성물질 경고 ④ 인화성물질 경고

[정답] 13 ③ 14 ② 15 ② 16 ① 17 ④

해설

경고표지의 종류

인화성 물질경고	산화성 물질경고	폭발성 물질경고	급성독성 물질경고	부식성 물질경고
방사성 물질경고	고압전기 경고	매달린 물체경고	낙하물 경고	고온 경고
저온 경고	몸균형 상실경고	레이저 광선경고	발암성·변이원성·생식독성·전신독성·호흡기과민성 물질 경고	위험장소 경고

참고 산업안전기사 필기 p.1-97(2. 경고표지)

KEY ① 2017년 9월 23일 기사 출제
② 2018년 3월 4일 기사 출제
③ 2019년 4월 27일 산업기사 출제
④ 2020년 6월 7일 기사 출제

정보제공
산업안전보건법 시행규칙 [별표6] 안전보건표지의 종류와 형태

18 매슬로우(A.H.Maslow)의 인간욕구 5단계 이론에서 각 단계별 내용이 잘못 연결된 것은?

① 1단계 : 자아실현의 욕구
② 2단계 : 안전에 대한 욕구
③ 3단계 : 사회적 욕구
④ 4단계 : 존경에 대한 욕구

해설

Maslow의 욕구단계이론
① 1단계 : 생리적 욕구-기아, 갈증, 호흡, 배설, 성욕 등 인간의 가장 기본적인 욕구(종족 보존)
② 2단계 : 안전욕구-안전을 구하려는 욕구
③ 3단계 : 사회적 욕구-애정, 소속에 대한 욕구(친화욕구)
④ 4단계 : 인정을 받으려는 욕구-자기 존경의 욕구로 자존심, 명예, 성취, 지위에 대한 욕구(승인의 욕구)
⑤ 5단계 : 자아실현의 욕구-잠재적인 능력을 실현하고자 하는 욕구(성취욕구)

참고 건설안전산업기사 필기 p.2-28(5. 매슬로우의 욕구단계이론)

KEY ① 2014년 3월 2일(문제 18번)
② 2014년 5월 25일(문제 9번)
③ 2015년 5월 31일(문제 2번) 등 30회 이상 출제

19 무재해운동의 기본이념 3가지에 해당하지 않는 것은?

① 무의 원칙
② 자주 활동의 원칙
③ 참가의 원칙
④ 선취해결의 원칙

해설

무재해운동의 3원칙
① 무(zero)의 원칙
② 선취해결(안전제일)의 원칙
③ 참가의 원칙

참고 산업안전기사 필기 p.1-8(2. 무재해운동 기본 이념 3대 원칙)

KEY 2021년 5월 15일 기사 등 10회 이상 출제

20 다음 중 안전교육의 3단계에서 생활지도, 작업동작지도 등을 통한 안전의 습관화를 위한 교육을 무엇이라 하는가?

① 지식교육 ② 기능교육
③ 태도교육 ④ 인성교육

해설

태도교육의 교육목표 및 교육내용

교육목표	교육내용
① 작업 동작의 정확화	① 표준작업방법의 습관화
② 공구, 보호구 취급태도의 안전화	② 공구 보호구 취급과 관리 자세의 확립
③ 점검태도의 정확화	③ 작업 전후의 점검·검사요령의 정확한 습관화
④ 언어태도의 안전화	④ 안전작업 지시전달 확인 등 언어태도의 습관화 및 정확화
[결론] 안전에 대한 마음가짐을 몸에 익히는 심리적 교육방법	

[정답] 18 ① 19 ② 20 ③

참고 건설안전산업기사 필기 p.2-81(3. 3단계 : 태도교육)

KEY ① 2011년 8월 21일(문제 6번) 출제
② 2013년 6월 2일(문제 18번) 출제
③ 2021년 5월 15일 기사 출제

2 인간공학 및 시스템 안전공학

21 반복되는 사건이 많이 있는 경우에 FTA의 최소 컷셋을 구하는 알고리즘이 아닌 것은?

① Fussel Algorithm
② Boolean Algorithm
③ Monte Carlo Algorithm
④ Limnios & Ziani Algorithm

해설

FTA의 최소 컷셋을 구하는 알고리즘의 종류

① Boolean Algorithm(부울대수)
② Fussel Algorithm
③ Limnios & Ziani Algorithm

참고 건설안전산업기사 필기 p.2-99(합격날개:은행문제)

KEY ① 2014년 9월 20일 출제
② 2016년 10월 1일 출제

보충학습

Monter Carlo alogorithm
카지노에서 따온 이름으로, 컴퓨터과학에서 사용하는 알고리즘의 한 종류

22 시각적 표시 장치를 사용하는 것이 청각적 표시장치를 사용하는 것보다 좋은 경우는?

① 메시지가 후에 참고되지 않을 때
② 메시지가 공간적인 위치를 다룰 때
③ 메시지가 시간적인 사건을 다룰 때
④ 사람의 일이 연속적인 움직임을 요구할 때

해설

청각장치와 시각장치의 사용 경위

청각장치 사용(예)	시각장치 사용(예)
① 전언이 간단할 경우	① 전언이 복잡할 경우
② 전언이 짧을 경우	② 전언이 길 경우
③ 전언이 후에 재참조되지 않을 경우	③ 전언이 후에 재참조될 경우
④ 전언이 시간적인 사상(event)을 다룰 경우	④ 전언이 공간적인 위치를 다룰 경우
⑤ 전언이 즉각적인 행동을 요구할 경우	⑤ 전언이 즉각적인 행동을 요구하지 않을 경우
⑥ 수신자의 시각 계통이 과부하 상태일 경우	⑥ 수신자의 청각 계통이 과부하 상태일 경우
⑦ 수신 장소가 너무 밝거나 암조응(暗調應) 유지가 필요할 경우	⑦ 수신 장소가 너무 시끄러울 경우
⑧ 직무상 수신자가 자주 움직이는 경우	⑧ 직무상 수신자가 한 곳에 머무르는 경우

참고 건설안전산업기사 필기 p.2-28(표. 청각장치와 시각장치의 사용경위)

KEY ① 2017년 5월 7일 산업기사 출제
② 2021년 9월 12일 기사 등 10회 이상 출제

23 인체측정치 응용원칙 중 가장 우선적으로 고려해야 하는 원칙은?

① 조절식 설계
② 최대치 설계
③ 최소치 설계
④ 평균치 설계

해설

조절범위(조정범위 : 조절식 설계)

① 사무실 의자의 높낮이 조절, 자동차 좌석의 전후조절 등
② 통상 5[%]치에서 95[%]치까지에서 90[%] 범위를 수용대상으로 설계
③ 가장 우선적으로 고려한다.

참고 건설안전산업기사 필기 p.2-41(2. 조절범위)

KEY ① 2017년 9월 23일 기사 출제
② 2019년 3월 3일 기사 출제

보충학습

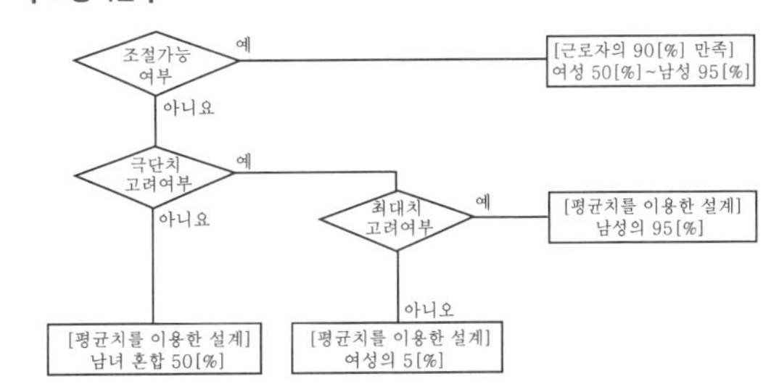

[그림] 인체측정치를 이용한 설계 흐름도

[정답] 21 ③ 22 ② 23 ①

2023

24 다음 FTA 그림에서 a, b, c의 부품고장률이 각각 0.01일 때, 최소 컷셋(minimal cutsets)과 신뢰도로 옳은 것은?

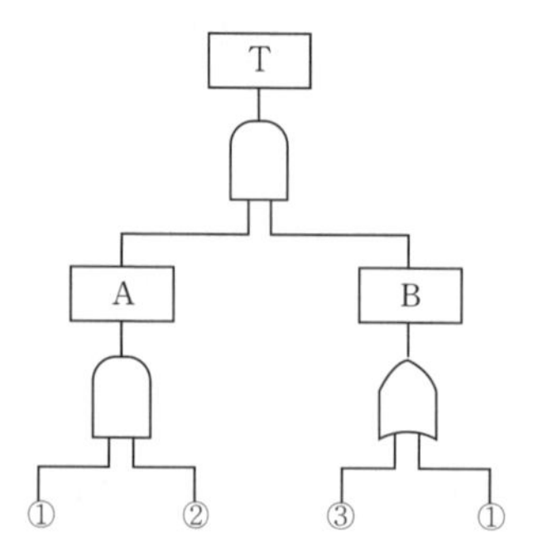

① {1, 2}, R(t)=99.99%
② {1, 2, 3}, R(t)=98.99%
③ {1, 3}
{1, 2}, R(t)=96.99%
④ {1, 3}
{1, 2, 3}, R(t)=97.99%

해설

컷셋과 신뢰도

(1) 최소 컷셋 구하기
① $A = 1 \cdot 2$
② $B = 3 + 1$
③ $T = A \cdot B = (1 \cdot 2) \cdot (3 + 1)$
$= (1 \cdot 2 \cdot 3) + (1 \cdot 2 \cdot 1)$
$= (1 \cdot 2 \cdot 3) + (1 \cdot 2)$
④ 다음과 같이 컷셋을 나타낼 수 있다.
$T = A \cdot B = (1 \cdot 2) \cdot (3,\ 1)$
= 1, 2, 3
1, 2, 1

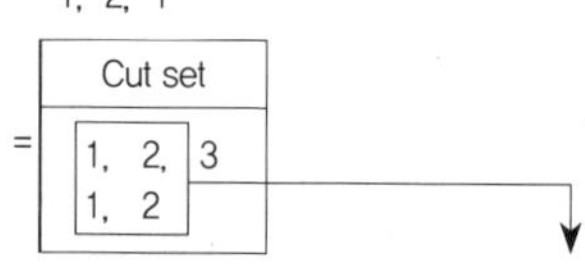

⑤ 최소컷셋은 컷셋 중에서 공통이 되는 1, 2

(2) 신뢰도
① $T = A \times B = 0.0001 \times 0.0199 = 0.00000199$
② $A = 0.01 \times 0.01 = 0.0001$
③ $B = 1 - (1 - 0.01)(1 - 0.01) = 0.0199$
④ $1 - 0.00000199 = 0.9999801 \times 100 = 99.99$

참고 건설안전산업기사 필기 p.2-98(5. 컷셋·미니멀 컷셋 요약)

KEY ① 2012년 5월 20일 문제 39번 출제
② 2023년 2월 28일 기사 출제

25 설비나 공법 등에서 나타날 위험에 대하여 정성적 또는 정량적인 평가를 행하고 그 평가에 따른 대책을 강구하는 것은?

① 설비보전
② 동작분석
③ 안전계획
④ 안전성 평가

해설

안전성 평가의 6단계

① 1단계 : 관계자료의 정비검토
② 2단계 : 정성적 평가
③ 3단계 : 정량적 평가
④ 4단계 : 안전대책
⑤ 5단계 : 재해정보에 의한 재평가
⑥ 6단계 : FTA에 의한 재평가

참고 건설안전산업기사 필기 p.2-113(2. 안전성 평가 6단계)

합격KEY ① 2016년 3월 6일 출제
② 2016년 10월 1일 기사 출제
③ 2023년 4월 1일 산업안전지도사 출제

26 다음 중 반복되는 사건이 많이 있는 경우에 FTA의 최소컷셋을 구하는 알고리즘이 아닌 것은?

① Boolean Algorithm
② Monte Carlo Algorithm
③ MOCUS Algorithm
④ Limnios & Ziani Algorithm

해설

Monte Carlo Algorithm

① 잘못된 결과를 낼 확률, 즉 Pr(error)이 0보다 큰 알고리즘이다.
② FTA에는 사용되지 않는다.
③ 시스템이 복잡해지면, 확률론적인 분석기법만으로는 분석이 곤란하여 컴퓨터 시뮬레이션을 이용한다.

참고 건설안전산업기사 필기 p.2-99(합격날개 : 은행문제)

KEY 2020년 8월 23일 산업기사 등 5회 이상 출제

보충학습

FTA 최소컷셋의 알고리즘

① Boolean : 불대수 기본연산
② MOCUS : 쌍대 FT를 작성 후 적용
③ Limnios & Ziani

[정답] 24① 25④ 26②

27 다음은 1/100초 동안 발생한 3개의 음파를 나타낸 것이다. 음의 세기가 가장 큰 것과 가장 높은 음은 무엇인가?

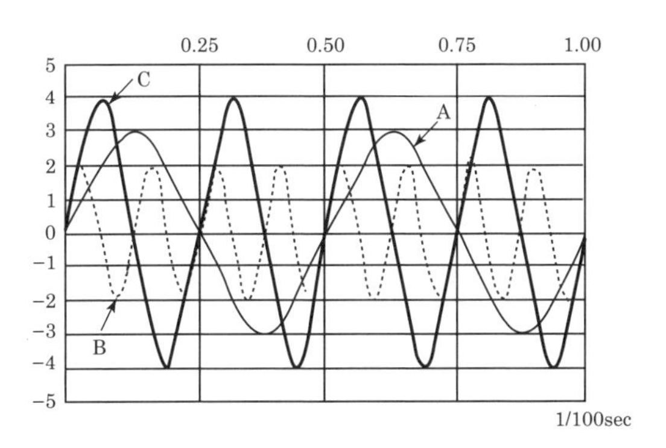

① 가장 큰 음의 세기 : A, 가장 높은 음 : B
② 가장 큰 음의 세기 : C, 가장 높은 음 : B
③ 가장 큰 음의 세기 : C, 가장 높은 음 : A
④ 가장 큰 음의 세기 : B, 가장 높은 음 : C

해설

음파 (Sound wave)
① 가장 큰음 : C
② 가장 높은 음 : B

KEY ① 2012년 3월 4일(문제 35번) 출제
② 2020년 6월 14일(문제 25번) 출제

보충학습

소리의 3요소
① 소리의 높낮이(고저) : 진동수가 클수록 고음이 난다.
② 소리의 세기(강약) : 진동수가 같을 때, 진폭이 클수록 강하다.
③ 소리 맵시(음색) : 음파의 모양(파형)에 따라 다르게 들린다.

합격자의 조언
실기 필답형에도 출제됩니다.

28 광원으로부터의 직사 휘광을 줄이기 위한 방법으로 적절하지 않은 것은?

① 휘광원 주위를 어둡게 한다.
② 가리개, 갓, 차양 등을 사용한다.
③ 광원을 시선에서 멀리 위치시킨다.
④ 광원의 수는 늘리고 휘도는 줄인다.

해설

광원으로부터의 직사휘광 처리방법
① 광원의 휘도를 줄이고 광원의 수를 늘린다.
② 광원을 시선에서 멀리 위치시킨다.
③ 휘광원 주위를 밝게 하여 광속 발산(휘도)비를 줄인다.
④ 가리개(shield), 갓(hood) 혹은 차양(visor)을 사용한다.

참고 건설안전산업기사 필기 p.2-57(① 광원으로부터의 직사휘광 처리방법)

KEY ① 2016년 5월 8일 기사 출제
② 2017년 9월 23일 기사 출제
③ 2019년 3월 3일 산업기사 출제

29 FT도에 사용되는 논리기호 중 AND 게이트에 해당하는 것은?

①
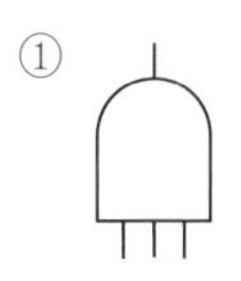
②
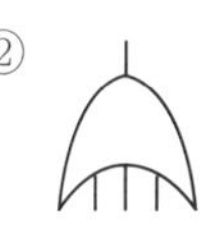
③
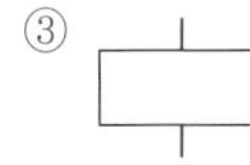
④
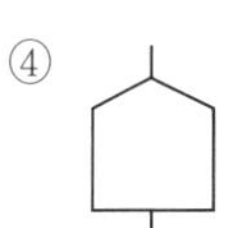

해설

FTA 기호

기호	명칭	설명
	결함사상	개별적인 결함사상
	통상사상	통상발생이 예상되는 사상(예상되는 원인)
출력 입력	AND 게이트	모든 입력사상이 공존할 때만이 출력사상이 발생한다.
출력 입력	OR 게이트	입력사상 중 어느 것이나 하나가 존재할 때 출력사상이 발생한다.

참고 건설안전산업기사 필기 p.2-91(표. FTA의 기호)

KEY ① 2014년 5월 25일(문제 38번) 출제
② 2014년 9월 20일(문제 31번) 출제

[정답] 27 ② 28 ① 29 ①

30 항공기 위치 표시장치의 설계원칙에 있어, 다음 보기의 설명에 해당하는 것은?

> 항공기의 경우 일반적으로 이동 부분의 영상은 고정된 눈금이나 좌표계에 나타내는 것이 바람직하다.

① 통합 ② 양립적 이동
③ 추종표시 ④ 표시의 현실성

해설

양립성[일명 모집단 전형(compatibility, 兩立性)]

① 자극들간의, 반응들간의 혹은 자극 - 반응들간의 관계가(공간, 운동, 개념적)인간의 기대에 일치되는 정도
② 양립성 정도가 높을수록, 정보처리시 정보변환(암호화, 재암호화)이 줄어들게 되어 학습이 더 빨리 진행
③ 반응시간이 더 짧아지고, 오류가 적어지며, 정신적 부하가 감소하게 된다.

참고 ① 건설안전산업기사 필기 p.2-5(4. 양립성)
② 건설안전산업기사 필기 p.2-5(합격날개 : 은행문제)

KEY ▶ 2018년 3월 4일(문제 27번) 출제

31 다음 중 통제비에 관한 설명으로 틀린 것은?

① C/D비라고도 한다.
② 최적통제비는 이동시간과 조종시간의 교차점이다.
③ 매슬로우(Maslow)가 정의하였다.
④ 통제기기와 시각표시 관계를 나타내는 비율이다.

해설

최적 C/D비

① 이동 동작과 조종 동작을 절충하는 동작이 수반된다.
② 최적치는 두 곡선의 교점 부호이다.
③ C/D비가 작을수록 이동시간은 짧고, 조종은 어려워서 민감한 조종장치이다.
④ 통제비는 W.L.Jenkins의 시험이다.

참고 ① 건설안전산업기사 필기 p.2-63(2. 통제표시비)
② 건설안전산업기사 필기 p.2-64(합격날개 : 합격예측)

32 동전던지기에서 앞면이 나올 확률이 0.7이고, 뒷면이 나올 확률이 0.3일 때, 앞면이 나올 사건의 정보량(A)과 뒷면이 나올 사건의 정보량(B)은 각각 얼마인가?

① A : 0.88[bit], B : 1.74[bit]
② A : 0.51[bit], B : 1.74[bit]
③ A : 0.88[bit], B : 2.25[bit]
④ A : 0.51[bit], B : 2.25[bit]

해설

정보량 계산

① 앞면 $= \dfrac{\log\left(\dfrac{1}{0.7}\right)}{\log 2} = 0.51[\text{bit}]$

② 뒷면 $= \dfrac{\log\left(\dfrac{1}{0.3}\right)}{\log 2} = 1.74[\text{bit}]$

참고 건설안전산업기사 필기 p.2-99(합격날개:합격예측)

KEY ▶ ① 2013년 3월 10일(문제 27번) 출제
② 2015년 5월 31일(문제 32번) 출제
③ 2024년 8월 14일 기사 등 10회 이상 출제

보충학습

bit(binary unit의 합성어)

① bit란 실현가능성이 같은 2개의 대안 중 하나가 명시되었을 때 얻을 수 있는 정보량
② 정보량 : 실현가능성이 같은 n개의 대안이 있을 때, 총 정보량 $H = \log_2 n$

33 모든 시스템 안전 프로그램 중 최초 단계의 분석으로 시스템 내의 위험요소가 어떤 상태에 있는지를 정성적으로 평가하는 방법은?

① CA ② FHA
③ PHA ④ FMEA

해설

예비위험분석(PHA : Preliminary Hazards Analysis)

① PHA는 모든 시스템안전 프로그램의 최초 단계의 분석기법
② 위험요소가 얼마나 위험한 상태에 있는가를 정성적으로 평가하는 것이다.

참고 건설안전산업기사 필기 p.2-77(2. 예비위험분석)

KEY ▶ ① 2016년 5월 8일 산업기사 출제
② 2023년 6월 4일 기사 출제

[정답] 30 ② 31 ③ 32 ② 33 ③

34 다음 그림 중 형상 암호화된 조종 장치에서 단회전용 조종장치로 가장 적절한 것은?

① 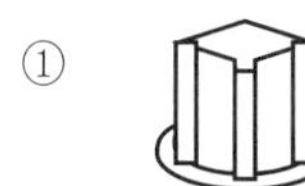
② 
③ 
④ 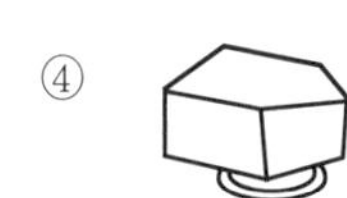

해설

제어장치의 형태코드법

① 부류A(복수회전) : 연속조절에 사용하는 놉(knob)으로 빙글빙글 돌릴 수 있는 조절범위가 1회전 이상이며 놉(knob)의 위치가 제어조작의 정보로 중요하지 않다.( ) : 다회전용
② 부류B(분별회전) : 연속조절에 사용하는 놉(knob)으로 빙글빙글 돌릴 필요가 없고 조절범위가 1회전 미만이며 놉(knob)의 위치가 제어조작의 정보로 중요하다.( ) : 단회전용
③ 부류C(멈춤쇠 위치조정 : 이산 멈춤 위치용) : 놉(knob)의 위치가 제어조작의 중요 정보가 되는 것으로 분산 설정 제어장치로 사용한다. ( )

참고 건설안전산업기사 필기 p.2-29(2. 제어장치의 형태코드법)

KEY ① 2010년 7월 25일(문제 32번) 출제
② 2014년 3월 3일(문제 36번) 출제

35 동작경제의 원칙에 해당하지 않는 것은?

① 가능하다면 낙하식 운반방법을 사용한다.
② 양손을 동시에 반대 방향으로 움직인다.
③ 자연스러운 리듬이 생기지 않도록 동작을 배치한다.
④ 양손을 동시에 작업을 시작하고, 동시에 끝낸다.

해설

동작경제의 3원칙(길브레드 : Gilbreth)

(1) 동작능력 활용의 원칙
① 발 또는 왼손으로 할 수 있는 것은 오른손을 사용하지 않는다.
② 양손으로 동시에 작업하고 동시에 끝낸다.
(2) 작업량 절약의 원칙
① 적게 운동할 것
② 재료나 공구는 취급하는 부근에 정돈할 것
③ 동작의 수를 줄일 것
④ 동작의 양을 줄일 것
⑤ 물건을 장시간 취급할 시 장구를 사용할 것
(3) 동작개선의 원칙
① 동작을 자동적으로 리드미컬한 순서로 할 것
② 양손은 동시에 반대의 방향으로, 좌우 대칭적으로 운동하게 할 것
③ 관성, 중력, 기계력 등을 이용할 것

참고 건설안전산업기사 필기 p.2-97(합격날개:합격예측)

KEY 2015년 3월 8일(문제 35번) 출제

36 인간-기계 시스템에서 기계와 비교한 인간의 장점으로 볼 수 없는 것은?(단, 인공지능과 관련된 사항은 제외한다.)

① 완전히 새로운 해결책을 찾아낸다.
② 여러 개의 프로그램된 활동을 동시에 수행한다.
③ 다양한 경험을 토대로 하여 의사결정을 한다.
④ 상황에 따라 변화하는 복잡한 자극 형태를 식별한다.

해설

정보처리 결정에서 인간의 장점

① 많은 양의 정보를 장시간 보관
② 관찰을 통한 일반화
③ 귀납적 추리
④ 원칙 적용
⑤ 다양한 문제 해결(정서적)

참고 건설안전산업기사 필기 p.2-8(표. 인간과 기계의 기능비교)

KEY ① 2018년 4월 28일 기사 출제
② 2018년 8월 19일 기사 출제
③ 2018년 9월 15일 기사 출제
④ 2019년 9월 21일 출제
⑤ 2023년 6월 4일 기사 출제

37 다음 중 예비위험분석(PHA)에서 위험의 정도를 분류하는 4가지 범주에 속하지 않는 것은?

① catastrophic ② critical
③ control ④ marginal

해설

PHA 위험정도 분류 4가지 범주

① Class - 1 : 파국(catastrophic)
② Class - 2 : 중대(critical)
③ Class - 3 : 한계(marginal)
④ Class - 4 : 무시가능(negligible)

참고 건설안전산업기사 필기 p.2-77(3. PHA의 카테고리 분류)

KEY 2022년 3월 5일 기사 등 5회 이상 출제

[정답] 34 ① 35 ③ 36 ② 37 ③

2023

38 **자연습구온도가 20[℃]이고, 흑구온도가 30[℃]일 때, 실내의 습구흑구온도지수(WBGT : wet-bulb globe temperature)는 얼마인가?**

① 20[℃] ② 23[℃]
③ 25[℃] ④ 30[℃]

해설

습구흑구온도지수
WBGT = 0.7 × 자연습구온도(T_w) + 0.3 × 흑구온도(T_g) = (0.7 × 20) + (0.3 × 30) = 23[℃]

참고 건설안전산업기사 필기 p.2-57(합격날개 : 합격예측)

KEY ① 2016년 5월 8일 기사 출제
② 2023년 6월 4일 기사 등 5회 이상 출제

39 **화학공장(석유화학사업장 등)에서 가동문제를 파악하는 데 널리 사용되며, 위험요소를 예측하고, 새로운 공정에 대한 가동문제를 예측하는 데 사용되는 위험성평가방법은?**

① SHA ② EVP
③ CCFA ④ HAZOP

해설

HAZOP
① 화학공장 등의 가동문제 파악
② 공정이나 설계도 등의 체계적인 검토
③ 정성적인 방법

참고 건설안전산업기사 필기 p.2-117(1. HAZOP)

KEY 2020년 6월 14일(문제 38번) 출제

40 **다음 중 음(音)의 크기를 나타내는 단위로만 나열된 것은?**

① dB, nit ② phon, lb
③ dB, psi ④ phon, dB

해설

단위 설명
① 음의 단위 : phon, dB
② 휘도의 단위 : nit
③ 무게의 단위 : lb
④ 압력의 단위 : psi

참고 건설안전산업기사 필기 p.2-60(합격날개:합격예측)

KEY ① 2008년 7월 27일(문제 25번)
② 2010년 5월 9일(문제 21번)

3 건설시공학

41 **톱다운(top-down) 공법에 관한 설명으로 옳지 않은 것은?**

① 1층 바닥을 조기에 완성하여 작업장 등으로 사용할 수 있다.
② 지하 · 지상을 동시에 시공하여 공기단축이 가능하다.
③ 소음 · 진동이 심하고 주변구조물의 침하 우려가 크다.
④ 기둥 · 벽 등 수직부재의 구조이음에 기술적 어려움이 있다.

해설

탑다운공법의 장점
① 지하와 지상을 동시에 작업함으로 공기를 단축할 수 있다.
② 인접건물 및 도로 침하방지 억제에 효과적
③ 주변지반에 영향이 적다.
④ 1층 바닥은 작업장으로 활용함으로 부지의 여유가 없을 때도 좋다.
⑤ 지하공사중 소음발생우려가 적다.
⑥ 가설자재를 절약할 수 있다.

참고 건설안전산업기사 필기 p.3-32(합격날개:합격예측)

KEY 2017년 3월 5일 기사 · 산업기사 동시 출제

42 **철근 보관 및 취급에 관한 설명으로 옳지 않은 것은?**

① 철근고임대 및 간격재는 습기방지를 위하여 직사일광을 받는 곳에 저장한다.
② 철근 저장은 물이 고이지 않고 배수가 잘되는 곳이어야 한다.
③ 철근 저장 시 철근의 종별, 규격별, 길이별로 적재한다.
④ 저장장소가 바닷가 해안 근처일 경우에는 창고 속에 보관하도록 한다.

[정답] 38 ② 39 ④ 40 ④ 41 ③ 42 ①

해설

철근보관 관리방법

① 땅에서의 습기나 수분에 의해 철근이 녹슬게 되거나 더러워지지 않게 땅바닥에 비닐 등을 깔고 지면에서 20[cm] 정도 떨어지도록 각목 등을 놓고 적재하여야 한다.(포장도로와 복공판상에 적치 시 비닐 생략)
② 우천에 대비하여 천막 등으로 덮어 보관하여 비나 이슬 등으로 인한 부식 등을 방지해야 하고 필요 시 주위로 배수구를 설치한다.
③ 야적된 상태에서 철근을 산소용접기를 사용하여 절단하지 않도록 관리한다.
④ 뜬녹이나 흙, 기름 등 부착저해요소는 철근조립 전 와이어브러시 등으로 제거한다.
⑤ 불용 철근, 녹슨 철근, 변형된 철근 등 사용이 부적절한 철근은 즉시 외부로 반출하여야 한다.
⑥ 지하나 터널갱내 등에 필요수량만 반입하여 사용하도록 하고 필요 이상의 철근을 반입하여 장기 적치함으로써 갱내의 습기 등에 의해 부식되지 않도록 한다.

참고 건설안전산업기사 필기 p.3-67(합격날개:은행문제)

KEY ① 2016년 3월 6일 기사(문제 47번) 출제
② 2020년 6월 14일(문제 43번) 출제

보충학습

철근은 직사일광을 받으면 팽창한다.

43 다음과 같은 조건에서 콘크리트의 압축강도를 시험하지 않을 경우 거푸집널의 해체시기로 옳은 것은?(단, 기초, 보, 기둥 및 벽의 측면)

- 조강포틀랜드시멘트 사용
- 평균기온 20[℃]이상

① 2일 ② 3일
③ 4일 ④ 6일

해설

압축강도를 시험하지 않을 경우

시멘트의 종류 / 평균기온	조강 포틀랜드 시멘트	보통포틀랜드시멘트 고로슬래그시멘트(1종) 포틀랜드포졸란시멘트(1종) 플라이애쉬시멘트(1종)	고로슬래그시멘트(2종) 포틀랜드포졸란시멘트(2종) 플라이애쉬시멘트(2종)
20[℃] 이상	2일	4일	5일
20[℃] 미만 10[℃] 이상	3일	6일	8일

참고 건설안전산업기사 필기 p.3-74(2. 콘크리트 압축강도를 시험하지 않을 경우 거푸집보의 해체시기)

KEY ① 2018년 4월 28일 기사·산업기사 동시 출제
② 2019년 3월 3일(문제 41번) 출제

44 시멘트 혼화재로서 규소합금 제조 시 발생하는 폐가스를 집진하여 얻어진 부산물이 초미립자(1[μm] 이하)로서 고강도 콘크리트를 제조하는 데 사용하는 혼화재는?

① 플라이애시 ② 실리카 흄
③ 고로 슬래그 ④ 포졸란

해설

혼화재(Additive)

① 포졸란(Pozzolan) : 시멘트가 수화할 때 발생하는 수산화칼슘($Ca(OH)_2$)과 화합하여 불용성의 화합물을 만들 수 있는 SiO_2를 함유하고 있는 분말재료
② 플라이애시(Fly-ash) : 보일러에서 분탄이 연소할 때 부유하는 회분을 전기집전기로 포집한 미세립자 분말재료로서 포졸란(Pozzolan)과 성질이 거의 같다.
③ 고로 슬래그 : 제철용 고로에서 나온 용융상태의 슬래그(slag)를 급랭시켜 입상화한 것
④ 실리카 흄 : 규소합금을 제조하는 과정에서 발생되는 부유부산물

참고 건설안전산업기사 필기 p.3-55(합격날개 : 합격예측)

KEY 2016년 3월 6일(문제 43번) 출제

45 고력볼트 접합에서 축부가 굵게 되어 있어 볼트구멍에 빈틈이 남지 않도록 고안된 볼트는?

① TC볼트 ② PI볼트
③ 그립볼트 ④ 지압형 고장력볼트

해설

볼트의 정의

① TC볼트 : 6각형의 핀테일과 브레이크 넥의 회전 방향력으로 조이는 방법
② PI볼트 : 표준 너트와 짧은 너트가 브레이크 넥으로 결합되어 있는 것으로 두 겹 너트 같은 모양을 하고 있다.
③ 그립볼트 : 볼트를 조임 건(gun)으로 물어 당겨 압착시키는 유압식 공법
④ 지압형 고장력볼트 : 볼트의 나사부분보다 축부가 굵게 되어 있어서 좁은 볼트구멍에 때려 박아 넣음으로써 볼트구멍에 빈틈이 남지 않도록 고안된 볼트

KEY 2015년 3월 8일(문제 43번) 출제

보충학습

(1) 고력 접합 방식

[그림] 마찰접합

[정답] 43 ① 44 ② 45 ④

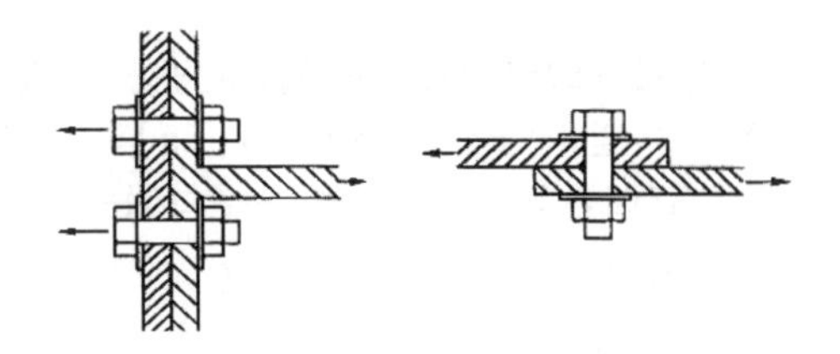

[그림] 인장접합 [그림] 지압접합

(2) 고력볼트의 종류
① T.S(Torque Shear) bolt
② T.S형 nut
③ Grip bolt
④ 지압형 bolt

(3) 고력볼트(high tension bolt) 접합의 특징
고탄소강 또는 합금강을 열처리해서 만든다.(항복점 7[t/cm^2] 이상, 인장강도 9[t/cm^2] 이상)
① 소음이 적다.
② 접합부의 강성이 크다.
③ 불량개수 수정이 용이하다.
④ 재해의 위험이 적다.
⑤ 현장 시공설비가 간단하다.
⑥ 너트가 풀리지 않는다.

46 콘크리트 타설 후 콘크리트의 소요강도를 단기간에 확보하기 위하여 고온·고압에서 양생하는 방법은?

① 봉함양생 ② 습윤양생
③ 전기양생 ④ 오토클레이브양생

해설

고압증기(오토클레이브)양생(High pressure steam euring)
① 압력용기 오토클레이브 가마에서 양생
② 24시간에 28일 압축강도 달성하여 높은 고강도화가 가능하다.
③ 내구성 향상, 동결융해 저항성, 백화현상이 방지된다.
④ 건조수축, creep현상 감소, 수축률도 1/6~1/3로 감소된다.
⑤ Silica 시멘트도 적용가능, 수축률도 1/2 정도이다.

참고 건설안전산업기사 필기 p.3-61(합격날개 : 합격예측)

KEY 2018년 3월 4일(문제 48번) 출제

47 웰포인트공법에 대한 설명 중 옳지 않은 것은?

① 지하수위를 낮추는 공법이다.
② 파이프의 간격은 1~3[m] 정도로 한다.
③ 일반적으로 사질지반에 이용하면 유효하다.
④ 점토질지반에 이용 시 샌드파일을 사용한다.

해설

웰포인트(well point)공법의 특징
① 라이저파이프를 1~2[m] 간격으로 박아 6[m] 이내의 지하수를 펌프로 배수하는 공법이다.
② 지반이 압밀되어 흙의 전단저항이 커진다.
③ 수압 및 토압이 줄어 흙막이벽의 응력이 감소한다.
④ 점토질 지반에는 적용할 수 없다.
⑤ 인접지반의 침하를 일으키는 경우가 있다.

참고 건설안전산업기사 필기 p.3-31(4. 지반개량공법)

KEY 2012년 3월 4일(문제 56번) 출제

48 한 구획 전체의 벽판과 바닥판을 ㄱ자형 또는 ㄷ자형으로 짜서 이동시키는 형태의 기성재 거푸집은?

① 슬라이딩 폼(Sliding) Form)
② 터널 폼(Tunnel Form)
③ 유로 폼(Euro Form)
④ 워플 폼(Waffle Form)

해설

터널폼(Tunnel Form)
① **벽과 바닥의 콘크리트 타설을 한 번에 할 수 있게 하기 위하여 벽체용 거푸집과 바닥 거푸집을 일체로 제작하여 한번에 설치하고 해체할 수 있도록 한 시스템거푸집**
② **한 구획 전체 벽과 바닥판을 ㄱ자형 ㄷ자형으로 만들어 이동시키는 거푸집**
③ **종류**
㉮ 트윈 쉘(Twin shell)
㉯ 모노 쉘(Mono shell)

참고 건설안전산업기사 필기 p.3-71(합격날개:은행문제)

① 2016년 5월 8일 출제
② 2017년 3월 5일(문제 57번) 출제

49 말뚝의 이음공법 중 강성이 가장 우수한 방식은?

① 장부식 이음
② 충전식 이음
③ 리벳식 이음
④ 용접식 이음

[정답] 46 ④ 47 ④ 48 ② 49 ④

해설

말뚝이음의 종류 및 특징

(1) 장부식 이음(Band식)
- ① 정의 : 이음부에 band를 채움
- ② 특징 : 간단하여 단시간 내 시공가능
  - ㉮ 타격 시 <형으로 구부러지기 쉽다.
  - ㉯ 강성이 약하며, 충격력에 의해 파손율이 높다.
  - ㉰ 연약점토에서 부마찰력에 의해 아래말뚝이 이탈하기 쉽다.

(2) 충전식 이음
- ① 정의 : 말뚝이음부의 철근을 따내어 용접한 후 상하부 말뚝을 연결하는 steel sleeve를 설치, Con'c 충진
- ② 특징 : 압축 및 인장에 저항, 내식성이 우수, 이음부 길이는 말뚝직경의 3배 이상, 콘크리트가 굳을 때까지 기다려야 함

(3) 볼트식 이음
- ① 정의 : 말뚝이음부분을 Bolt로 조여 시공
- ② 특징
  - ㉮ 시공이 간단
  - ㉯ 이음내력이 우수
  - ㉰ 가격이 비교적 고가이며 이음철물이 타격 시 변형 우려
  - ㉱ Bolt의 내식성이 문제

(4) 용접식 이음
- ① 정의 : PC말뚝은 단부에 철물을 붙이고 용접, 강재말뚝은 현장에서 직접 용접
- ② 특징
  - ㉮ 설계와 시공이 우수
  - ㉯ 강성이 우수
  - ㉰ Con'c 말뚝과 강재말뚝이음에 사용
  - ㉱ 이음부 내식성 및 현장용접시 시공정도가 철저하지 않으면 문제 발생

은행문제 건설안전산업기사 필기 p.3-47(합격날개 : 은행문제)

KEY 2014년 3월 2일(문제 54번) 출제

50 콘크리트의 측압에 관한 설명으로 옳지 않은 것은?

① 콘크리트의 타설 속도가 빠를수록 측압이 크다.
② 콘크리트의 비중이 클수록 측압이 크다.
③ 콘크리트의 온도가 높을수록 측압이 작다.
④ 진동기를 사용하여 다질수록 측압이 작다.

해설

바이브레이터의 사용

① 바이브리에터를 사용하여 다질수록 측압이 크다.
② 30[%] 정도 증가한다.

참고 건설안전산업기사 필기 p.3-72(3. 거푸집의 측압에 영향을 주는 요소)

KEY ① 2017년 9월 23일 출제
② 2019년 9월 21일(문제 48번) 출제
③ 2020년 6월 14일(문제 53번) 출제

51 다음 중 2개 이상의 기둥을 한 개의 기초판으로 받치는 기초는?

① 독립기초　　② 복합기초
③ 피어기초　　④ 온통기초

해설

기초의 분류(Slab 형식에 의한 분류)

분류	내용
독립기초((Independent footing)	단일기둥을 기초판이 지지
복합기초(Combination footing)	2개 이상 기둥을 한 기초판에 지지
연속기초(줄기초 : Strip footing)	연속된 기초판이 벽, 기둥을 지지
온통기초(Mat foundation)	건물하부 전체를 기초판으로 한 것

참고 건설안전산업기사 필기 p.3-42(6. 기초의 분류)

 ① 2008년 3월 2일(문제 44번) 출제
② 2011년 3월 20일(문제 42번) 출제

52 토공사용 기계에 관한 설명으로 옳지 않은 것은?

① 파워셔블(power shovel)은 위치한 지면보다 높은 곳의 굴착에 유리하다.
② 드래그셔블(drag shovel)은 대형기초굴착에서 협소한 장소의 줄기초파기, 배수관 매설공사 등에 다양하게 사용된다.
③ 클램쉘(clam shell)은 연한 지반에는 사용이 가능하나 경질층에는 부적당하다.
④ 드래그라인(drag line)은 배토판을 부착시켜 정지작업에 사용된다.

해설

드래그라인의 특징

① 기계가 서 있는 지반보다 낮은 곳의 굴착에 좋다.
② 넓은 면적을 팔 수 있으나 파는 힘은 강력하지 못하다.
③ 굴삭깊이 : 8[m] 정도이다.
④ 선회각 : 110[°] 까지 선회할 수 있다.
⑤ 용도 : 수로 골재 채취

참고 건설안전산업기사 필기 p.3-25(2. 토공기계)

KEY ① 2017년 9월 23일 기사 출제
② 2018년 9월 15일 기사 출제
③ 2019년 3월 3일(문제 49번) 출제

[정답] 50 ④ 51 ② 52 ④

53 콘크리트 강도에 가장 큰 영향을 미치는 배합요소는?

① 모래와 자갈의 비율
② 물과 시멘트의 비율
③ 시멘트와 모래의 비율
④ 시멘트와 자갈의 비율

해설

물시멘트비(W/C비)

① W/C비는 부어넣기 직후의 Mortar나 Concrete 속에 포함된 시멘트 풀 속의 시멘트에 대한 물의 중량 백분율이다.
② 콘크리트 강도를 지배하는 가장 중요한 요인이다.
③ 물시멘트비가 크면 강도 저하, 재료분리 증가, 균열 증가가 발생된다.
④ 물시멘트비는 소요의 강도, 내구성, 수밀성 및 균열저항성 등을 고려하여 정하며, 압축강도와 물시멘트비와의 관계는 시험에 의해 정하는 것이 원칙이다.
⑤ 내구성을 위한 단위수량 최대치는 180[kg/m^3] 이하, 단위시멘트량의 최소치는 270[kg/m^3] 이상이며, 단위수량과 물시멘트비로부터 정한다.
⑥ 보통 콘크리트의 W/C비는 60[%] 이하가 원칙이다.

참고 ① 건설안전산업기사 필기 p.3-57(5. 물시멘트비)
② 건설안전산업기사 필기 p.4-44(4. 콘크리트시공법)

KEY ① 2002년 기사 출제
② 1992년, 1999년 출제
③ 2013년 3월 10일(문제 48번) 출제

54 철골공사에서 용접검사 중 초음파탐상법의 특징이 아닌 것은?

① 기록이 없다.
② 미소한 blow-hole의 검출이 가능하다.
③ 검사속도가 빠른 편이다.
④ 인체에 위험을 미치지 않는다.

해설

초음파탐상시험

① 20[kHz]를 넘는, 인간이 들을 수 없는 주파수를 갖는 초음파(超音波)를 사용하여 결함을 탐지한다.
② 초음파 5~10[MHz] 범위의 주파수를 사용한다.
③ 미소한 blow-hole의 검출이 어렵다.

참고 건설안전산업기사 필기 p.3-89(합격날개:합격예측)

KEY 2016년 3월 6일(문제 54번) 출제

55 토공사 시 발생하는 히빙파괴(heaving failure)의 방지대책으로 가장 거리가 먼 것은?

① 흙막이벽의 근입깊이를 늘린다.
② 터파기 밑면 아래의 지반을 개량한다.
③ 지하수위를 저하시킨다.
④ 아일랜드컷 공법을 적용하여 중량을 부여한다.

해설

히빙(Heaving)현상

① 정의 : 지면, 특히 기초파기한 바닥면이 부풀어 오르는 현상을 Heaving이라 한다.
② 대책
㉮ 강성이 높은 강력한 흙막이벽의 밑 끝을 양질의 지반속까지 깊게 박는다.(가장 안전한 대책)
㉯ 굴착주변 지표면의 상재하중을 제거한다.
㉰ 흙막이벽 재료를 강도가 높은 것을 사용하고 버팀대의 수를 증가시킨다.

참고 건설안전산업기사 필기 p.3-27(1. 히빙현상)

KEY 2018년 3월 4일(문제 52번) 출제

56 공동도급(Joint Venture contract)의 이점이 아닌 것은?

① 융자력의 증대
② 위험부담의 분산
③ 기술의 확충, 강화 및 경험의 증대
④ 이윤의 증대

해설

공동도급

(1) 장점
① 융자력 증대
② 기술의 확충
③ 위험의 분산
④ 공사시공의 확실성
⑤ 신용도의 증대
⑥ 공사도급 경쟁완화
(2) 단점:한 회사의 도급공사보다 경비 증대

참고 건설안전산업기사 필기 p.3-12(공동도급)

KEY 2017년 3월 5일(문제 48번) 출제

[정답] 53 ② 54 ② 55 ③ 56 ④

57 철근의 이음을 검사할 때 가스압접이음의 검사항목이 아닌 것은?

① 이음위치　② 이음길이
③ 외관검사　④ 인장시험

해설

가스압접이음의 검사항목

① 이음위치 ② 외관검사 ③ 인장시험

참고 건설안전산업기사 필기 p.3-66(합격날개 : 은행문제)

KEY 2019년 3월 3일(문제 53번) 출제

보충학습

응력-변형율 곡선

비례한도에서 외력을 제거하여 원상으로 회복된다.

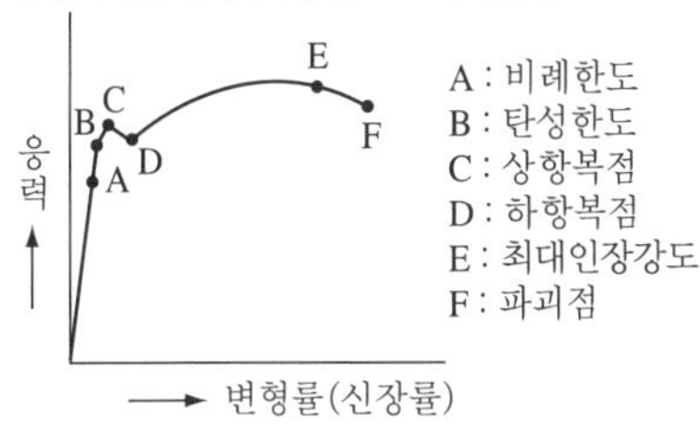

[그림] 응력변형률 곡선

58 시방서에 관한 설명으로 옳지 않은 것은?

① 설계도면과 공사시방서에 상이점이 있을 때는 주로 설계도면이 우선하다.
② 시방서 작성 시에는 공사 전반에 걸쳐 시공 순서에 맞게 빠짐없이 기재한다.
③ 성능시방서란 목적하는 결과, 성능의 판정기준, 이를 판별할 수 있는 방법을 규정한 시방서이다.
④ 시방서에는 사용재료의 시험검사방법, 시공의 일반사항 및 주의사항, 시공정밀도, 성능의 규정 및 지시 등을 기술한다.

해설

시방서의 설계도면의 우선순위

시방서와 설계도면에 표시된 사항이 다를 때 또는 시공상 부적당하다고 인정되는 때 현장책임자는 공사감리자와 협의한다.

참고 건설안전산업기사 필기 p.3-16(합격날개 : 참고)

KEY 2020년 6월 14일(문제 56번) 출제

보충학습

시방서와 설계도면의 우선순위

① 특기시방서 ② 표준시방서 ③ 설계도면

59 말뚝박기 기계인 디젤해머(Diesel hammer)에 대한 설명으로 옳지 않은 것은?

① 박는 속도가 빠르다.　② 타격음이 작다.
③ 타격에너지가 크다.　④ 운전이 용이하다.

해설

디젤해머(Diesel hammer)의 용도

① 대규모 말뚝과 널말뚝 타입 시 사용한다.
② 연약지반에서는 능률이 떨어지고 규모가 크고 딱딱한 지반에 적용된다.
③ 단위시간당 타격횟수가 많고 능률적, 타격음이 크다.
④ 말뚝부두 파손우려가 있으므로 대책수립이 요망된다.
⑤ Diesel연료의 폭발로 피스톤의 연속운동으로 말뚝을 타입한다.

[그림] 디젤해머

참고 건설안전산업기사 필기 p.3-45(합격날개:합격예측)

KEY 2015년 3월 8일(문제 53번) 출제

60 슬럼프 저하 등 워커빌리티의 변화가 생기기 쉬우며 동일슬럼프를 얻기 위한 단위수량이 많아 콜드조인트가 생기는 문제점을 갖고 있는 콘크리트는?

① 한중콘크리트　② 매스콘크리트
③ 서중콘크리트　④ 팽창콘크리트

해설

서중 콘크리트

① 고온의 시멘트는 사용하지 않는다.
② 골재와 물은 저온의 것을 사용한다.
③ 거푸집은 사용하기 전에 충분히 적신다.
④ 콘크리트 타설 시의 온도는 30[℃] 이하라야 한다.
⑤ 혼합과 타설의 모든 작업은 1시간 이내에 완료하여야 한다.
⑥ 콘크리트를 타설한 후 표면이 습윤 상태로 유지되도록 보양에 유의한다.

참고 건설안전산업기사 필기 p.4-49(6. 서중콘크리트)

[정답] 57 ② 58 ① 59 ② 60 ③

KEY ① 2016년 3월 6일 산업기사 출제
② 2017년 3월 5일 기사 출제
③ 2018년 3월 4일(문제 54번) 출제

4 건설재료학

61 다음 중 회반죽에 여물을 넣는 가장 주된 이유는?

① 균열을 방지하기 위하여
② 강도를 높이기 위하여
③ 경화속도를 높이기 위하여
④ 경도를 높이기 위하여

해설

회반죽
① 소석회+모래+여물을 해초풀로 반죽한 것. 물은 사용 안한다.
② 여물은 수축을 분산시키고 균열을 예방하기 위해 첨가하며, 충분히 건조된 질긴삼, 종려털, 마닐라삼 같은 수염을 사용하여 탈락을 방지한다.
③ 회반죽은 기경성 재료이며 물을 사용 안한다.
④ 질석 Mortar는 경량용으로 사용되며, 내화성능, 단열성능이 크다.

참고 건설안전산업기사 필기 p.4-111(문제 38번)

KEY 2011년 3월 20일(문제 64번) 출제

62 콘크리트의 워커빌리티에 영향을 주는 인자에 관한 설명으로 옳지 않은 것은?

① 단위수량이 많을수록 콘크리트의 컨시스턴시는 커진다.
② 일반적으로 부배합의 경우는 빈배합의 경우보다 콘크리트의 플라스티서티가 증가하므로 워커빌리티가 좋다고 할 수 있다.
③ AE제나 감수제에 의해서 콘크리트 중에 연행된 미세한 공기는 볼베어링 작용을 통해 콘크리트의 워커빌리티를 개선한다.
④ 둥근형상의 강자갈의 경우보다 편평하고 세장한 입형의 골재를 사용할 경우 워커빌리티가 개선된다.

해설

자갈은 둥글고 약간 거친 것을 선택해야 워크빌리티가 향상된다.

참고 건설안전산업기사 필기 p.3-54(2. 골재선정시 유의사항)

KEY 2019년 3월 3일(문제 68번) 출제

63 다음 접착제 중에서 내수성이 가장 강한 것은?

① 아교 ② 카세인
③ 실리콘수지 ④ 혈액알부민

해설

실리콘수지의 특징
① 내수성이 우수하다.
② 내열성이 우수하다.(200[℃])
③ 내연성, 전기적 절연성이 좋다.
④ 유리섬유판, 텍스, 피혁류 등 모든 접착이 가능하다.
⑤ 방수제로도 사용한다.

참고 ① 건설안전산업기사 필기 p.4-113(2. 열경화성수지 접착제)
② 건설안전산업기사 필기 p.4-116(표.실리콘수지 접착제)

KEY 2016년 3월 6일(문제 69번) 출제

64 돌로마이트 플라스터에 관한 설명으로 옳은 것은?

① 소석회에 비해 점성이 낮고, 작업성이 좋지 않다.
② 여물을 혼합하여도 건조수축이 크기 때문에 수축균열이 발생되는 결점이 있다.
③ 회반죽에 비해 조기강도 및 최종강도가 작다.
④ 물과 반응하여 경화하는 수경성 재료이다.

해설

돌로마이트 플라스터(기경성)
① 원료
돌로마이트에 석회암, 모래, 여물 등을 혼합하여 만든다.
② 특징
㉮ 기경성으로 지하실 등의 마감에는 좋지 않다.
㉯ 점성이 높고 작업성이 좋다.
㉰ 소석회보다 점성이 커서 풀이 필요 없으며 변색, 냄새, 곰팡이가 없다.
㉱ 석회보다 보수성, 시공성이 우수하다.
㉲ 해초풀을 사용하지 않는다.
㉳ 여물을 혼합하여도 건조수축이 커서 수축 균열이 발생하기 쉽다.

참고 건설안전산업기사 필기 p.4-97(2. 돌로마이트 석회)

KEY ① 2016년 3월 6일 기사 출제
② 2017년 5월 7일 기사 · 산업기사 동시 출제
③ 2018년 3월 4일(문제 61번) 출제

[정답] 61 ① 62 ④ 63 ③ 64 ②

65 목재의 역학적 성질에 관한 설명으로 옳지 않은 것은?

① 섬유 평행방향의 휨 강도와 전단강도는 거의 같다.
② 강도와 탄성은 가력방향과 섬유방향과의 관계에 따라 현저한 차이가 있다.
③ 섬유에 평행방향의 인장강도는 압축강도보다 크다.
④ 목재의 강도는 일반적으로 비중에 비례한다.

해설

목재의 역학적 성질

① 섬유에 평행할 때의 강도의 관계
인장강도(200) > 휨강도(150) > 압축강도(100) > 전단강도(16)
② 전단강도
목재의 전단강도는 섬유의 직각방향이 평행방향보다 강하다.
③ 휨강도
목재의 휨강도는 옹이의 위치, 크기에 따라 다르다.

참고 건설안전산업기사 필기 p.4-13(합격날개 : 합격예측)

KEY ① 2017년 3월 5일 기사 출제
② 2019년 3월 3일(문제 66번) 출제

66 KS F 2527에 규정된 콘크리트용 부순 굵은 골재의 물리적 성질을 알기 위한 시험항목 중 흡수율의 기준으로 옳은 것은?

① 1[%] 이하　② 3[%] 이하
③ 5[%] 이하　④ 10[%] 이하

해설

KS F 2527 규정 골재의 흡수율 : 3[%] 이하

참고 건설안전산업기사 필기 p.4-43(6. 흡수율)

KEY 2020년 6월 14일(문제 68번) 출제

67 중용열 포틀랜드시멘트에 관한 설명으로 옳지 않은 것은?

① 수축이 작고 화학저항성이 일반적으로 크다.
② 매스콘크리트 등에 사용된다.
③ 단기강도는 보통포틀랜드시멘트보다 낮다.
④ 긴급 공사, 동절기 공사에 주로 사용된다.

해설

중용열(저열)포틀랜드 시멘트(제2종 포틀랜드 시멘트)

① 시멘트의 성분 중에 CaO, Al_2O_3, MgO 등을 적게하고 SiO_2, Fe_2O_3 등을 많게 한 것이다.
② 경화시에 발열량이 적고 내식성이 있고 안정도가 높으며 내구성이 크고 수축률이 작아서 대형 단면부재에 쓸 수 있으며 방사선 차단효과가 있다.

참고 건설안전산업기사 필기 p.4-30(1. 포틀랜드시멘트)

KEY 2017년 3월 5일(문제 65번) 출제

보충학습

조강 포틀랜드 시멘트(제3종 포틀랜드 시멘트)

① 보통 포틀랜드 시멘트와 원료는 동일하고 조기강도가 높고 수화 발열량이 많으므로 한중 콘크리트나 긴급 공사용 콘크리트 재료로 이용된다.
② 경화건조될 때에는 수축이 크며 발열량이 많으므로 대형 단면부재에서는 내부응력으로 균열이 발생하기 쉽다.

68 플라스틱 제품에 관한 설명으로 옳지 않은 것은?

① 내수성 및 내투습성이 양호하다.
② 전기절연성이 양호하다.
③ 내열성 및 내후성이 약하다.
④ 내마모성 및 표면강도가 우수하다.

해설

플라스틱의 단점

① 내마모성, 표면강도가 약하다.
② 열에 의한 신장(팽창, 수축)이 크다.
③ 내열성, 내후성이 약하다.
④ 압축강도 이외의 강도, 탄성계수가 작다.
⑤ 흡수팽창과 건조수축도 비교적 크다.

참고 건설안전산업기사 필기 p.4-115(합격날개 : 합격예측)

KEY ① 2017년 9월 23일 기사 · 산업기사 동시 출제
② 2018년 3월 4일(문제 66번) 출제

69 석재 백화현상의 원인이 아닌 것은?

① 빗물처리가 불충분한 경우
② 줄눈시공이 불충분한 경우
③ 줄눈폭이 큰 경우
④ 석재 배면으로부터의 누수에 의한 경우

[정답] 65 ① 66 ② 67 ④ 68 ④ 69 ③

해설

석재 백화현상 원인

① 빗물처리가 불충분한 경우
② 줄눈시공이 불충분한 경우
③ 석재 배면으로부터의 누수에 의한 경우
④ 줄눈폭이 작은 경우

참고 건설안전산업기사 필기 p.4-67(합격날개:은행문제)

KEY 2017년 3월 5일 기사(문제 78번) 출제

70 구리(銅)에 관한 설명으로 옳지 않은 것은?

① 상온에서 연성, 전성이 풍부하다.
② 열 및 전기전도율이 크다.
③ 암모니아와 같은 약알칼리에 강하다.
④ 황동은 구리와 아연을 주체로 한 합금이다.

해설

CU의 특징

① 암모니아 알칼리성 용액에 침식된다.
② 황동 = 구리 + 아연
③ 청동 = 구리 + 주석

참고 건설안전산업기사 필기 p.4-82(1. 구리)

KEY 2020년 6월 14일 출제

71 벽, 기둥 등의 모서리를 보호하기 위하여 미장바름질을 할 때 붙이는 보호용 철물은?

① 줄눈대 ② 코너비드
③ 드라이브 핀 ④ 조이너

해설

코너비드(Corner bead)의 특징

① 미장공사에서 기둥이나 벽의 모서리 부분을 보호하기 위하여 쓰는 철물
② 재질 : 아연철판, 황동판 제품 등

참고 건설안전산업기사 필기 p.4-88(8. 코너비드)

KEY 2016년 3월 6일(문제 78번) 출제

72 아치벽돌, 원형벽체를 쌓는데 쓰이는 원형벽돌과 같이 형상, 치수가 규격에서 정한 바와 다른 벽돌로서 특수한 구조체에 사용될 목적으로 제조되는 것은?

① 오지벽돌 ② 이형벽돌
③ 포도벽돌 ④ 다공벽돌

해설

벽돌의 종류

① 특수벽돌 : 이형벽돌(홍예벽돌, 원형벽돌, 둥근모벽돌 등), 오지벽돌, 검정벽돌(치장용), 보도용 벽돌 등
  ㉮ 검정벽돌 : 불완전연소로 소성하여 검게 된 벽돌로 치장용으로 사용
  ㉯ 이형벽돌 : 형상, 치수가 규격에서 정한 바와 다른 벽돌로서 특수한 구조체에 사용될 목적으로 제조, 용도는 홍예벽돌(아치벽돌), 팔모벽돌, 둥근모벽돌, 원형벽돌 등
  ㉰ 오지벽돌 : 벽돌에 오지물을 칠해 소성한 벽돌로서, 건물의 내외장 또는 장식물의 치장에 쓰임
② 경량벽돌 : 공동벽돌(Hollow Brick), 건물경량화 도모, 다공벽돌, 보온, 방음, 방열, 못치기 용도
③ 내화벽돌 : 산성내화, 염기성내화, 중선내화벽돌 등이 있음
④ 괄벽돌(과소벽돌) : 지나치게 높은 온도로 구워진 벽돌로 강도는 우수하고 흡수율은 적다. 치장재, 기초쌓기용으로 사용

참고 건설안전산업기사 필기 p.3-103(합격날개:은행문제)

KEY 2015년 3월 8일 기사 출제

보충학습

(1) 이형블록
  가로 근용 블록, 모서리용 블록과 같이 기본 블록과 동일한 크기의 것의 치수 및 허용차는 기존 블록에 준한다.
(2) 포도벽돌
  ① 경질이며 흡습성이 적다.
  ② 마모, 충격, 내산, 내알칼리성에 강하다.
  ③ 원료로 연화토 등을 쓰고 식염유로 시유소성한 벽돌이다.
  ④ 도료, 옥상, 마룻바닥의 포장용으로 사용한다.
(3) 다공벽돌
  점토에 톱밥, 겨, 탄가루 등을 혼합, 소성한 것으로 방음, 흡음성이 좋다.
(4) 기타벽돌
  ① 광재벽돌 : 광재를 주원료로 한 벽돌이다.
  ② 날벽돌 : 굽지 않은 날흙의 벽돌이다.
  ③ 괄벽돌 : 지나치게 높은 온도로 구워진 벽돌로 강도는 우수하고 흡수율이 좋다.

73 건축재료 중 압축강도가 일반적으로 가장 큰 것부터 작은 순서대로 나열된 것은?

① 화강암-보통콘크리트-시멘트벽돌-참나무
② 보통콘크리트-화강암-참나무-시멘트벽돌
③ 화강암-참나무-보통콘크리트-시멘트벽돌
④ 보통콘크리트-참나무-화강암-시멘트벽돌

[정답] 70 ③ 71 ② 72 ② 73 ③

해설

콘크리트의 인장강도 및 휨강도

구 분	비 교
콘크리트의 인장강도	압축강도의 약 1/10~1/13
콘크리트의 휨강도	압축강도의 약 1/5~1/8

참고 건설안전산업기사 필기 p.4-53(합격날개:은행문제)

KEY 2017년 3월 5일(문제 74번) 출제

74 목재 가공품 중 판재와 각재를 접착하여 만든 것으로 보, 기둥, 아치, 트러스 등의 구조부재로 사용되는 것은?

① 파키트패널　　② 집성목재
③ 파티클보드　　④ 코펜하겐리브

해설

집성목재

① 두께 1.5~5[cm]의 단판을 몇장 또는 몇겹으로 접착한 것이다.
② 합판과 다른 점은 판의 섬유방향을 평행으로 붙인 점, 홀수가 아니라도 되는 점이다.
③ 합판과 같은 박판이 아니고 보나 기둥에 사용할 수 있는 단면을 가진다.
④ 특징
　㉮ 목재의 강도를 인공적으로 자유롭게 조절할 수 있다.
　㉯ 응력에 따라 필요로 하는 단면의 목재를 만들 수 있다.
　㉰ 길고 단면이 큰 부재를 얻을 수 있다.
　㉱ 아치와 같은 굽은 용재를 만들 수 있다.
　㉲ 보전처리에 의한 내구성을 증진시킬 수 있다.
　㉳ 접착의 신뢰도와 내구성의 판정이 곤란하다.
　㉴ 결점의 소재사용 시 강도의 저하가 크다.
　㉵ 장대한 재료를 수성하기 어렵다.
⑤ 용도
　㉮ 목구조의 보, 기둥, 아치 구조재료로 사용된다.
　㉯ 노출된 서까래 등의 장식용으로 쓰인다.

[그림] 각종 단면을 가진 집성목재 hand rail

참고 건설안전산업기사 필기 p.4-19(2. 집성목재)

KEY ① 2008년 5월 11일(문제 76번) 출제
② 2014년 3월 2일(문제 65번) 출제

75 잔골재를 각 상태에서 계량한 결과 그 무게가 다음과 같을 때 이 골재의 유효흡수율은?

- 절건상태 : 2,000g
- 기건상태 : 2,066g
- 표면건조 내부 포화상태 : 2,124g
- 습윤상태 : 2,152g

① 1.32[%]　　② 2.81[%]
③ 6.20[%]　　④ 7.60[%]

해설

유효흡수율

① 유효흡수율의 정의 : 기건상태의 골재중량에 대한 흡수량의 백분율
② 유효흡수율[%] $= \frac{B-A}{A} \times 100$

$$= \frac{2{,}124-2{,}066}{2{,}066} \times 100 = 2.81[\%]$$

A : 기건중량
B : 표면건조포화상태의 중량
$A=2{,}066[g]$, $B=2{,}124[g]$

참고 건설안전산업기사 필기 p.4-59(문제 28번)

KEY ① 2017년 5월 7일 기사 출제
② 2018년 4월 28일 기사 출제
③ 2019년 3월 3일(문제 74번) 출제

보충학습

① 함수율(Water content) : [°/wt]
　골재 표면 및 내부에 있는 물의 전 중량에 대한 절대건조상태의 골재중량에 대한 백분율
② 흡수율 : [°/wt]
　보통 24시간 침수에 의하여 표면건조 포수상태의 골재에 포함되어 있는 전수량에 대한 절대건조상태의 골재중량에 대한 백분율

76 도료의 사용 용도에 관한 설명 중 틀린 것은?

① 아스팔트 페인트 : 방수, 방청, 전기절연용으로 사용
② 유성 바니시 : 내후성이 우수하여 외부용으로 사용
③ 징크 크로메이트 : 알루미늄판이나 아연철판의 초벌용으로 사용
④ 합성수지페인트 : 콘크리트나 플라스터면에 사용

[정답] 74 ② 75 ② 76 ②

해설

유성니스(Varnish)

① 수지와 건성유의 양(혼합)의 비율에 따라 단유성니스(골드 사이즈), 중유성니스(코펄니스), 장유성니스(보디니스 또는 스파니스)로 구분한다.
② 건조가 더디고 광택이 있고 투명 단단하나 내화학성이 나쁘고 시간이 지나면 누렇게 변한다.
③ 내구, 내수성이 크다.(외부용으로 불가능)

참고 건설안전산업기사 필기 p.4-124(2. 유성니스)

KEY 2015년 3월 8일(문제 66번) 출제

77 금속재료의 부식을 방지하는 방법이 아닌 것은?

① 이종 금속을 인접 또는 접촉시켜 사용하지 말 것
② 균질한 것을 선택하고 사용 시 큰 변형을 주지 말 것
③ 큰 변형을 준 것은 풀림(annealing)하지 않고 사용할 것
④ 표면을 평활하고 깨끗이 하며, 가능한 건조 상태로 유지할 것

해설

금속재료 부식 방지 대책

① 큰 변형을 받은 것은 풀림하여 사용한다.
② 철을 표면을 모르타르, 콘크리트로 피복한다.

참고 건설안전산업기사 필기 p.4-87(합격날개 : 합격예측)

KEY ① 2017년 9월 23일 기사 출제
② 2019년 9월 21일 기사 출제
③ 2020년 6월 14일(문제 79번) 출제

78 솔, 롤러 등으로 용이하게 도포할 수 있도록 아스팔트를 휘발성 용제에 용해한 비교적 저점도의 액체로서 방수시공의 첫 번째 공정에 쓰는 바탕처리재는?

① 아스팔트 컴파운드 ② 아스팔트 루핑
③ 아스팔트 펠트 ④ 아스팔트 프라이머

해설

방수시공 첫 번째 공정

아스팔트 프라이머

참고 건설안전산업기사 필기 p.4-100(3. 아스팔트 프라이머)

KEY 2012년 3월 4일(문제 69번) 출제

79 석재를 다듬을 때 쓰는 방법으로 양날 망치로 정다듬한 면을 일정방향으로 찍어 다듬는 석재 표면 마무리 방법은?

① 잔다듬 ② 도드락다듬
③ 혹두기 ④ 거친갈기

해설

석재의 가공

① 혹두기(메다듬) : 쇠메나 망치로 돌의 면을 다듬는 것이다.
② 정다듬 : 혹두기면을 정으로 곱게 쪼아 표면에 미세하고 조밀한 흔적을 내어 평탄하고 거친 면으로 만든 것이다.
③ 도드락다듬 : 거친 정다듬한 면을 도드락망치로 더욱 평탄하게 다듬는 것으로 면에 특이한 아름다움이 있다.
④ 잔다듬 : 정다듬한 면을 양날망치로 평행방향으로 치밀하게 곱게 쪼아 표면을 더욱 평탄하게 만든 것이다.

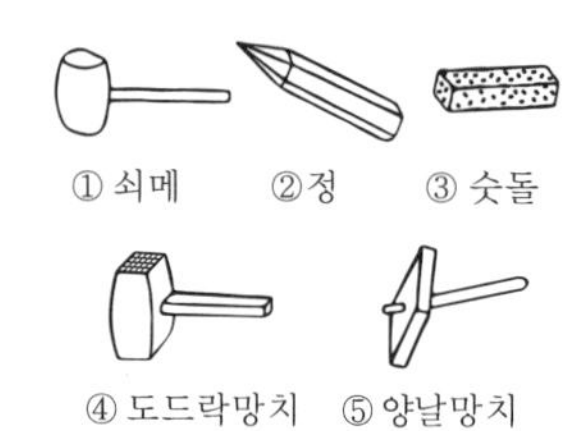

[그림] 석재가공 공구

참고 건설안전산업기사 필기 p.4-61(3. 석재의 가공)

KEY 2018년 3월 4일(문제 76번) 출제

80 크롬·니켈 등을 함유하며 탄소량이 적고 내식성, 내열성이 뛰어나며 건축 재료로 다방면에 사용되는 특수강은?

① 동강(Copper steel)
② 주강(Steel casting)
③ 스테인리스강(Stainless steel)
④ 저탄소강(Low Carbon Steel)

해설

스테인리스강의 특징

① 크롬(Cr), 니켈(Ni) 등을 함유하며 탄소량이 적고 내식성이 매우 우수한 특수강으로 일반적으로 전기저항성이 크고 열전도율은 낮으며, 경도에 비해 가공성도 좋다.
② 성분에 의해서 크롬계 스테인리스강과 크롬·니켈계 스테인리스강이 있다.
③ 탄소함유량이 적을수록 내식성이 우수하지만 강도가 작아진다.

참고 건설안전산업기사 필기 p.4-93(문제 25번)

[정답] 77 ③ 78 ④ 79 ① 80 ③

KEY 2013년 3월 10일(문제 72번) 출제

보충학습

강의 특징

① 일반적으로 강의 탄소함유량이 증가되면 비중, 열팽창계수, 열전도율이 떨어지고, 비열, 전기저항은 커진다.
② 불림은 공기 중에서 서서히 냉각처리한다.
③ 강의 강도는 250[℃] 정도에서 최대가 된다. 500[℃]에서 1/2, 600[℃]에서 상온의 1/3이 된다.

5 건설안전기술

81 깊이 10.5[m] 이상의 굴착공사시 흙막이 구조의 안전을 위하여 설치하여야 할 계측기가 아닌 것은?

① 양중기 ② 수위계
③ 경사계 ④ 응력계

해설

계측기의 종류

① 수위계
② 경사계
③ 하중 및 침하계
④ 응력계

 ① 2010년 3월 7일(문제 81번) 출제
② 2017년 3월 5일(문제 82번) 출제

정보제공

법개정으로 출제되지 않습니다.

82 안전난간의 구조 및 설치기준으로 옳지 않은 것은?

① 안전난간은 상부난간대, 중간난간대, 발끝막이판, 난간기둥으로 구성할 것
② 상부난간대와 중간난간대의 난간 길이 전체에 걸쳐 바닥면 등과 평행을 유지할 것
③ 발끝막이판은 바닥면 등으로부터 10[cm] 이상의 높이를 유지할 것
④ 안전난간은 구조적으로 가장 취약한 지점에서 가장 취약한 방향으로 작용하는 80[kg] 이상의 하중에 견딜 수 있는 튼튼한 구조일 것

해설

안전난간의 구조 및 설치기준

① 상부난간대, 중간난간대, 발끝막이판 및 난간기둥으로 구성할 것. 다만, 중간난간대, 발끝막이판 및 난간기둥은 이와 비슷한 구조와 성능을 가진 것으로 대체할 수 있다.
② 상부난간대는 바닥면·발판 또는 경사로의 표면(이하 "바닥면 등"이라 한다)으로부터 90[cm] 이상 지점에 설치하고, 상부 난간대를 120[cm] 이하에 설치하는 경우에는 중간난간대는 상부난간대와 바닥면 등의 중간에 설치하여야 하며, 120[cm] 이상 지점에 설치하는 경우에는 중간난간대를 2단 이상으로 균등하게 설치하고 난간의 상하 간격은 60[cm] 이하가 되도록 할 것
③ 발끝막이판은 바닥면 등으로부터 10[cm] 이상의 높이를 유지할 것. 다만, 물체가 떨어지거나 날아올 위험이 없거나 그 위험을 방지할 수 있는 망을 설치하는 등 필요한 예방 조치를 한 장소는 제외한다.
④ 난간기둥은 상부난간대와 중간난간대를 견고하게 떠받칠 수 있도록 적정한 간격을 유지할 것
⑤ 상부난간대와 중간난간대는 난간 길이 전체에 걸쳐 바닥면 등과 평행을 유지할 것
⑥ 난간대는 지름 2.7[cm] 이상의 금속제 파이프나 그 이상의 강도가 있는 재료일 것
⑦ 안전난간은 구조적으로 가장 취약한 지점에서 가장 취약한 방향으로 작용하는 100[kg] 이상의 하중에 견딜 수 있는 튼튼한 구조일 것

참고 건설안전산업기사 필기 p.5-133(합격날개:합격예측 및 관련법규)

KEY 2023년 2월 28일 기사 등 5회 이상 출제

정보제공

산업안전보건기준에 관한 규칙 제13조(안전난간의 구조 및 설치요건)

83 화물을 적재하는 경우 준수하여야 할 사항으로 옳지 않은 것은?

① 침하 우려가 없는 튼튼한 기반 위에 적재할 것
② 화물의 압력정도와 관계없이 건물의 벽이나 칸막이 등을 이용하여 화물을 기대어 적재할 것
③ 하중이 한쪽으로 치우치지 않도록 쌓을 것
④ 불안정할 정도로 높이 쌓아 올리지 말 것

해설

화물 적재시 준수사항

① 침하의 우려가 없는 튼튼한 기반위에 적재할 것
② 건물의 칸막이나 벽 등이 화물의 압력에 견딜만큼의 강도를 지니지 아니한 때에는 칸막이나 벽에 기대어 적재하지 않도록 할 것
③ 불안정할 정도로 높이 쌓아 올리지 말 것
④ 하중이 한쪽으로 치우치지 않도록 쌓을 것

2023

[정답] 81 ① 82 ④ 83 ②

참고 건설안전산업기사 필기 p.5-145(합격날개 : 합격예측및관련 법규)

KEY ① 2017년 8월 26일 산업기사 출제
② 2019년 4월 27일 기사 출제

정보제공
산업안전보건기준에 관한 규칙 제393조(화물의 적재)

84 이동식 비계 작업 시 주의사항으로 옳지 않은 것은?

① 비계의 최상부에서 작업을 하는 경우에는 안전난간을 설치한다.
② 이동 시 작업지휘자가 이동식 비계에 탑승하여 이동하며 안전여부를 확인하여야 한다.
③ 비계를 이동시키고자 할 때는 바닥의 구멍이나 머리 위의 장애물을 사전에 점검한다.
④ 작업발판은 항상 수평을 유지하고 작업발판 위에서 안전난간을 딛고 작업을 하거나 받침대 또는 사다리를 사용하여 작업하지 않도록 한다.

해설
비계 이동시 작업지휘나 작업원이 탄채로 이동하면 안된다.

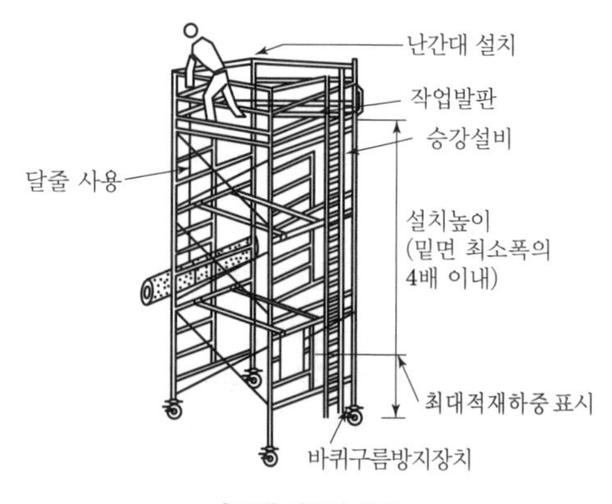

[그림] 이동식 비계

참고 건설안전산업기사 필기 p.5-95(4. 이동식 비계)

 ① 2011년 8월 21일(문제 81번) 출제
② 2020년 6월 14일(문제 85번) 출제

정보제공
산업안전보건기준에 관한 규칙 제68조(이동식비계)

85 해체용 기계·기구의 취급에 대한 설명으로 틀린 것은?

① 해머는 적절한 직경과 종류의 와이어로프에 매달아 사용해야 한다.
② 압쇄기는 셔블(shovel)에 부착설치하여 사용한다.
③ 차체에 무리를 초래하는 중량의 압쇄기 부착을 금지한다.
④ 해머 사용 시 충분한 견인력을 갖춘 도저에 부착하여 사용한다.

해설
해체용 기계·기구의 안전기준
① 해머는 적절한 직경과 종류의 와이어로프에 매달아 사용해야 한다.
② 압쇄기는 셔블(shovel)에 부착설치하여 사용한다.
③ 차체에 무리를 초래하는 중량의 압쇄기 부착을 금지한다.
④ 해머는 이동식 크레인에 부착한다.

참고 건설안전산업기사 필기 p.5-46(3. 철해머)

KEY 2015년 3월 8일(문제 89번) 출제

86 철근콘크리트공사에서 슬래브에 대하여 거푸집동바리를 설치할 때 고려해야 할 사항으로 가장 거리가 먼 것은?

① 철근콘크리트의 고정하중
② 타설 시의 충격하중
③ 콘크리트의 측압에 의한 하중
④ 작업인원과 장비에 의한 하중

해설
연직방향 하중
① 타설콘크리트 고정하중
② 타설 시 충격하중
③ 작업원 등의 작업하중

참고 건설안전산업기사 필기 p.5-127(1. 연직방향 하중)

KEY 2015년 3월 8일(문제 89번) 출제

보충학습
연직하중(W)
=고정하중+활하중
=(콘크리트+거푸집)중량+(충격+작업)하중
$=(r \cdot t+40)[kg/m^2]+250[kg/m^2]$
(r:철근콘크리트 단위중량$[kg/m^3]$, t:슬래브 두께$[m]$)

[정답] 84 ② 85 ④ 86 ③

87 산업안전보건관리비 중 안전시설비 등의 항목에서 사용가능한 내역은?

① 외부인 출입금지, 공사장 경계표시를 위한 가설 울타리
② 추락방호용 안전난간 등 안전시설의 구입비용
③ 절토부 및 성토부 등의 토사유실 방지를 위한 설비
④ 공장 화재 위험작업 시 사용하는 소화기의 구입 · 임대비용

해설

안전시설비 사용 가능 내역

① 산업재해 예방을 위한 안전난간, 추락방호망, 안전대 부착설비, 방호장치(기계·기구와 방호장치가 일체로 제작된 경우, 방호장치 부분의 가액에 한함) 등 안전시설의 구입·임대 및 설치를 위해 소요되는 비용
② 「건설기술진흥법」 제62조의3에 따른 스마트 안전장비 구입·임대 비용의 5분의 1에 해당하는 비용. 다만, 제4조에 따라 계상된 안전보건관리비 총액의 10분의 1을 초과할 수 없다.
③ 용접 작업 등 화재 위험작업 시 사용하는 소화기의 구입·임대비용
※ 외부비계, 작업발판, 가설계단 등은 제외

참고 건설안전산업기사 필기 p.5-23(문제 24번)

KEY ① 2017년 5월 7일 기사 출제
② 2018년 3월 4일 기사 출제
③ 2019년 3월 3일 산업기사 출제

정보제공
2023. 10. 5(제2023-49호) 개정고시 적용

88 철근을 인력으로 운반할 때의 주의사항으로서 옳지 않은 것은?

① 긴 철근은 2[인] 1[조]가 되어 어깨메기로 하여 운반한다.
② 긴 철근을 부득이 1[인]이 운반할 때는 철근의 한쪽을 어깨에 메고 다른 한쪽 끝을 땅에 끌면서 운반한다.
③ 1[인]이 1회에 운반할 수 있는 적당한 무게한도는 운반자의 몸무게 정도이다.
④ 운반시에는 항상 양끝을 묶어 운반한다.

해설

철근 인력 운반 시 주의사항

① 1[인]당 무게는 25[kg] 정도가 적절하며, 무리한 운반을 삼가야 한다.
② 2[인] 이상이 1[조]가 되어 어깨메기로 하여 운반하는 등 안전을 도모하여야 한다.
③ 긴 철근을 부득이 한 사람이 운반하는 경우에는 한쪽을 어깨에 메고 한쪽 끝을 끌면서 운반하여야 한다.
④ 운반하는 경우에는 양끝을 묶어 운반하여야 한다.
⑤ 내려놓을 때는 천천히 내려놓고 던지지 않아야 한다.
⑥ 공동 작업을 하는 경우에는 신호에 따라 작업을 하여야 한다.

참고 건설안전산업기사 필기 p.5-184(문제 4번) 출제

KEY 2011년 3월 20일(문제 95번) 출제

89 철골작업을 중지하여야 하는 풍속과 강우량 기준으로 옳은 것은?

① 풍속 : 10[m/sec] 이상, 강우량 : 1[mm/h] 이상
② 풍속 : 5[m/sec] 이상, 강우량 : 1[mm/h] 이상
③ 풍속 : 10[m/sec] 이상, 강우량 : 2[mm/h] 이상
④ 풍속 : 5[m/sec] 이상, 강우량 : 2[mm/h] 이상

해설

작업중지기준

구 분	일반작업	철골공사
강 풍	10분간 평균풍속이 10[m/sec] 이상	평균풍속이 10[m/sec] 이상
강 우	1회 강우량이 50[mm] 이상	1시간당 강우량이 1[mm] 이상
강 설	1회 강설량이 25[cm] 이상	1시간당 강설량이 1[cm] 이상

참고 건설안전산업기사 필기 p.5-129(표. 악천후 시 작업 중지 기준)

KEY ① 2016년 5월 8일 기사 · 산업기사 동시 출제
② 2016년 10월 1일 산업기사 출제
③ 2017년 5월 7일 기사 출제
④ 2017년 9월 23일 산업기사 출제
⑤ 2023년 2월 28일 기사 등 10회 이상 출제

정보제공
산업안전보건기준에 관한 규칙 제383조(작업의 제한)

90 흙의 동상방지대책으로 틀린 것은?

① 동결되지 않은 흙으로 치환하는 방법
② 흙속의 단열재료를 매입하는 방법
③ 지표의 흙을 화학약품으로 처리하는 방법
④ 세립토층을 설치하여 모관수의 상승을 촉진시키는 방법

[정답] 87 ② 88 ③ 89 ① 90 ④

2023

해설

흙의 동상방지대책

① 배수구를 설치하여 지하수위를 낮춘다.
② 지하수 상승을 방지하기 위해 차단층(콘크리트, 아스팔트, 모래 등)을 설치한다.
③ 흙속에 단열재료를 넣는다.
④ 동결심도 상부의 흙을 비동결 흙으로 치환한다.
⑤ 흙을 화학약품 처리하여 동결온도를 내린다.(지표의 흙만 화학처리)

참고 건설안전산업기사 필기 p.5-79(문제 2번)

KEY 2015년 3월 8일(문제 93번) 출제

91 강관틀비계의 높이가 20[m]를 초과하는 경우 주틀 간의 간격은 최대 얼마 이하로 사용해야 하는가?

① 1.0[m] ② 1.5[m]
③ 1.8[m] ④ 2.0[m]

해설

강관틀 비계의 높이가 20[m] 초과시 주틀간의 간격 : 1.8[m] 이하

참고 ① 건설안전산업기사 필기 p.5-94(② 조립)
② 건설안전산업기사 필기 p.5-99(합격날개 : 합격예측 및 관련법규)

KEY 2019년 3월 3일(문제 97번) 출제

정보제공
산업안전보건기준에 관한 규칙 제62조(강관틀비계)

92 유해위험방지계획서 제출대상 공사에 해당하는 것은?

① 지상높이가 21[m]인 건축물 해체공사
② 최대지간거리가 50[m]인 교량의 건설공사
③ 연면적 5,000[m^2]인 동물원 건설공사
④ 깊이가 9[m]인 굴착공사

해설

유해위험방지계획서 제출대상 건설공사

(1) 건축물 또는 시설 등의 건설·개조 또는 해체공사
 가. 지상높이가 31미터 이상인 건축물 또는 인공구조물
 나. 연면적 3만제곱미터 이상인 건축물
 다. 연면적 5천제곱미터 이상인 시설
  ① 문화 및 집회시설(전시장 및 동물원·식물원은 제외한다)
  ② 판매시설, 운수시설(고속철도의 역사 및 집배송시설은 제외한다)
  ③ 종교시설
  ④ 의료시설 중 종합병원
  ⑤ 숙박시설 중 관광숙박시설
  ⑥ 지하도상가
  ⑦ 냉동·냉장 창고시설
(2) 연면적 5천제곱미터 이상인 냉동·냉장 창고시설의 설비공사 및 단열공사
(3) 최대지간길이가 50[m] 이상인 교량건설 등 공사
(4) 터널건설 등의 공사
(5) 다목적댐, 발전용댐 및 저수용량 2천만톤 이상의 용수전용댐, 지방상수도 전용댐 건설 등의 공사
(6) 깊이 10[m] 이상인 굴착공사

참고 건설안전산업기사 필기 p.2-124(3. 유해위험방지계획서 제출대상 건설공사)

KEY 2022년 4월 24일 기사 등 10회 이상 출제

93 다음에서 설명하고 있는 건설장비의 종류는?

> 앞뒤 두 개의 차륜이 있으며(2축 2륜), 각각의 차축이 평행으로 배치된 것으로 찰흙, 점성토 등의 두꺼운 흙을 다짐하는데 적당하나 단단한 각재를 다지는 데는 부적당하며 머캐덤 롤러 다짐 후의 아스팔트 포장에 사용된다.

① 클램쉘 ② 탠덤 롤러
③ 트랙터 셔블 ④ 드래그 라인

해설

탠덤 롤러(Tandem Roller)

도로용 롤러이며, 2륜으로 구성되어 있고, 아스팔트 포장의 끝손질 점성토 다짐에 사용된다.

참고 건설안전산업기사 필기 p.5-77(표:전압식 다짐기계의 종류 및 특징)

KEY 2017년 3월 5일(문제 94번) 출제

94 다음 그림은 풍화암에서 토사붕괴를 예방하기 위한 기울기를 나타낸 것이다. x의 값은?

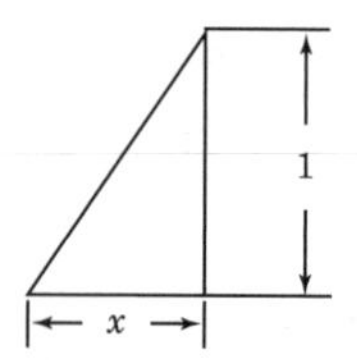

[정답] 91 ③ 92 ② 93 ② 94 ②

① 1.5　　② 1.0
③ 0.5　　④ 0.3

해설

굴착면의 기울기 기준

지반의 종류	굴착면의 기울기
모래	1 : 1.8
연암 및 풍화암	1 : 1.0
경암	1 : 0.5
그 밖의 흙	1 : 1.2

예 ① 1 : 1.8

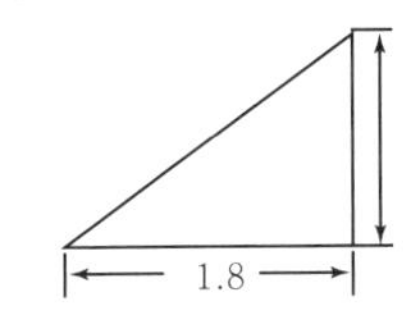

② 1 : 1

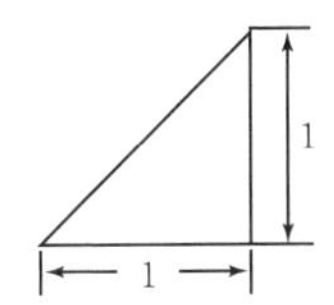

③ 1 : 0.5

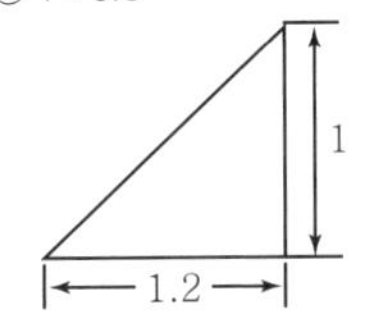

참고 건설안전산업기사 필기 p.5-75(표. 굴착면의 기울기 기준)

KEY ① 2016년 5월 8일 기사 · 산업기사 동시 출제
② 2017년 3월 5일 기사 출제
③ 2017년 9월 23일 기사 출제
④ 2018년 8월 19일 산업기사 출제
⑤ 2019년 4월 27일 기사 · 산업기사 동시 출제

정보제공
① 산업안전보건기준에 관한 규칙 [별표 1] 굴착면의 기울기 기준
② 2023년 11월 14일 개정법 적용

95 흙막이지보공을 설치하였을 때 정기적으로 점검하고 이상을 발견하면 즉시 보수하여야 하는 사항으로 거리가 먼 것은?

① 부재의 손상 변형, 부식, 변위 및 탈락의 유무와 상태
② 부재의 접속부, 부착부 및 교차부의 상태
③ 침하의 정도
④ 발판의 지지 상태

해설

흙막이지보공 정기점검사항
① 부재의 손상·변형·부식 ·변위 및 탈락의 유무와 상태
② 버팀대의 긴압의 정도
③ 부재의 접속부·부착부 및 교차부의 상태
④ 침하의 정도

참고 건설안전산업기사 필기 p.5-104(합격날개 : 합격예측 및 관련 법규)

KEY ① 2017년 3월 5일 기사 출제
② 2017년 9월 23일 기사 출제
③ 2019년 3월 3일 기사·산업기사 동시 출제
④ 2023년 2월 28일 기사 출제

정보제공
산업안전보건기준에 관한 규칙 제347조(붕괴등의 위험방지)

96 다음은 지붕 위에서의 위험방지를 위한 내용이다. 빈칸에 알맞은 수치로 옳은 것은?

> 슬레이트, 선라이트(sunlight) 등 강도가 약한 재료로 덮은 지붕 위에서 작업을 할 때에 발이 빠지는 등 근로자가 위험해질 우려가 있는 경우 폭 (　　) 이상의 발판을 설치하거나 안전방망을 치는 등 위험을 방지하기 위하여 필요한 조치를 하여야 한다.

① 20[cm]　　② 25[cm]
③ 30[cm]　　④ 40[cm]

해설

슬레이트 및 선라이트 작업 시 작업발판 폭 : 30[cm] 이상

참고 산업안전산업기사 필기 p.5-131(합격날개 : 합격예측 및 관련 법규)

KEY 2010년 3월 7일(문제 94번) 출제

합격정보
제45조(지붕 위에서의 위험 방지) ① 사업주는 근로자가 지붕 위에서 작업을 할 때에 추락하거나 넘어질 위험이 있는 경우에는 다음 각 호의 조치를 해야 한다.
1. 지붕의 가장자리에 제13조에 따른 안전난간을 설치할 것
2. 채광창(skylight)에는 견고한 구조의 덮개를 설치할 것
3. 슬레이트 등 강도가 약한 재료로 덮은 지붕에는 폭 30센티미터 이상의 발판을 설치할 것

② 사업주는 작업 환경 등을 고려할 때 제1항제1호에 따른 조치를 하기 곤란한 경우에는 제42조제2항 각 호의 기준을 갖춘 추락방호망을 설치해야 한다. 다만, 사업주는 작업 환경 등을 고려할 때 추락방호망을 설치하기 곤란한 경우에는 근로자에게 안전대를 착용하도록 하는 등 추락 위험을 방지하기 위하여 필요한 조치를 해야 한다.

[정답] 95 ④ 96 ③

97 강관비계 중 단관비계의 조립간격(벽체와의 연결간격)으로 옳은 것은?

① 수직방향 : 6[m], 수평방향 : 8[m]
② 수직방향 : 5[m], 수평방향 : 5[m]
③ 수직방향 : 4[m], 수평방향 : 6[m]
④ 수직방향 : 8[m], 수평방향 : 6[m]

해설

강관비계 및 통나무비계 조립 간격

구 분	조립 간격 (단위 : m)	
	수직방향	수평방향
단관비계	5	5
틀비계(높이 5[m] 미만의 것은 제외)	6	8

참고 건설안전산업기사 필기 p.5-123(문제 35번)

KEY 2004년 5월 23일(문제 93번)

98 옹벽 축조를 위한 굴착작업에 대한 다음 설명 중 옳지 않은 것은?

① 수평방향으로 연속적으로 시공한다.
② 하나의 구간을 굴착하면 방치하지 말고 기초 및 본체구조물 축조를 마무리한다.
③ 절취경사면에 전석, 낙석의 우려가 있고 혹은 장기간 방지할 경우에는 숏크리트, 록볼트, 캔버스 및 모르타르 등으로 방호한다.
④ 작업위치의 좌우에 만일의 경우에 대비한 대피통로를 확보하여 둔다.

해설

옹벽축조 굴착 기준

① 수평방향의 연속시공을 금하며, 블럭으로 나누어 단위시공 단면적을 최소화하여 분단시공을 한다.
② 하나의 구간을 굴착하면 방치하지 말고 기초 및 본체구조물 축조를 마무리한다.
③ 절취경사면에 전석, 낙석의 우려가 있고 혹은 장기간 방지할 경우에는 숏크리트, 록볼트, 캔버스 및 모르타르 등으로 방호한다.
④ 작업위치의 좌우에 만일의 경우에 대비한 대피통로를 확보하여 둔다.

KEY ① 2010년 7월 25일(문제 84번) 출제
② 2020년 6월 14일(문제 92번) 출제

보충학습

옹벽

옹벽이란 토사가 무너지는 것을 방지하기 위하여 설치하는 토압에 저항하는 구조물

99 달비계(곤돌라의 달비계는 제외)의 최대 적재하중을 정하는 경우 달기와이어로프 및 달기강선의 안전계수 기준으로 옳은 것은?

① 5 이상　　② 7 이상
③ 8 이상　　④ 10 이상

해설

안전계수

① 달기와이어로프 및 달기강선의 안전계수는 10 이상
② 달기체인 및 달기훅의 안전계수는 5 이상
③ 달기강대와 달비계의 하부 및 상부지점의 안전계수는 강재의 경우 2.5 이상, 목재의 경우 5 이상

참고 건설안전산업기사 필기 p.5-90(합격날개 : 합격예측 및 관련 법규)

KEY ① 2016년 10월 1일 산업기사 출제
② 2018년 3월 4일 기사·산업기사 동시 출제 등 10회 이상 출제

정보제공

① 산업안전보건기준에 관한 규칙 제55조(작업발판의 최대적재량)
② 2024. 6. 28 법개정으로 출제가 안됩니다.

100 콘크리트 타설작업을 하는 경우에 준수해야 할 사항으로 옳지 않은 것은?

① 당일의 작업을 시작하기 전에 해당 작업에 관한 거푸집 및 동바리의 변형·변위 및 지반의 침하 유무 등을 점검하고 이상이 있으면 보수할 것
② 작업 중에는 거푸집 및 동바리의 변형·변위 및 침하 유무 등을 감시할 수 있는 감시자를 배치하여 이상이 있으면 작업을 중지하고 근로자를 대피시킬 것
③ 설계도서상의 콘크리트 양생기간을 준수하여 거푸집 및 동바리를 해체할 것
④ 콘크리트를 타설하는 경우에는 편심을 유발하여 한쪽 부분부터 밀실하게 타설되도록 유도할 것

[정답] 97 ② 98 ① 99 ④ 100 ④

해설

콘크리트 타설작업시 준수사항

① 당일의 작업을 시작하기 전에 해당 작업에 관한 거푸집 및 동바리의 변형·변위 및 지반의 침하유무 등을 점검하고 이상이 있으면 보수할 것
② 작업중에는 거푸집 및 동바리의 변형·변위 및 침하유무 등을 감시할 수 있는 감시자를 배치하여 이상이 있으면 작업을 중지시키고 근로자를 대피시킬 것
③ 콘크리트의 타설작업시 거푸집 붕괴의 위험이 발생할 우려가 있는 경우에는 충분한 보강조치를 할 것
④ 설계도서상의 콘크리트 양생기간을 준수하여 거푸집 및 동바리를 해체할 것
⑤ 콘크리트를 타설하는 경우에는 편심이 발생하지 않도록 골고루 분산하여 타설할 것

참고 건설안전산업기사 필기 p.5-89(합격날개:합격예측 및 관련법규)

KEY ① 2016년 5월 8일 기사 출제
② 2016년 10월 1일 출제
③ 2021년 8월 14일 기사 출제

정보제공

산업안전보건기준에 관한규칙 제334조(콘크리트의 타설작업)

2023년도 산업기사 정기검정 제2회 CBT(2023년 5월 13일 시행)

자격종목 및 등급(선택분야)

건설안전산업기사

종목코드	시험시간	수험번호	성명
2390	2시간30분	20230513	도서출판세화

※ 본 문제는 복원문제 및 예적(예상적중) 문제로 실제문제와 동일하지 않을 수 있습니다.

1 산업안전관리론

01 다음 중 타박, 충돌, 추락 등으로 피부 표면보다는 피하조직 등 근육부를 다친 상해를 무엇이라 하는가?

① 골절 ② 자상
③ 부종 ④ 좌상

해설

자상과 좌상

① 자상(찔림) : 칼날 등 날카로운 물건에 찔린 상해
② 좌상(타박상, 삠) : 타박, 충돌, 추락 등으로 피부표면보다는 피하조직 또는 근육부를 다친 상해

참고 건설안전산업기사 필기 p.1-54(합격날개:합격예측)

보충학습

건설안전산업기사 필기 p.1-48(합격날개:은행문제)

02 ERG(Existence Relation Growth)이론을 주창한 사람은?

① 매슬로우(Maslow) ② 맥그리거(McGregor)
③ 테일러(Taylor) ④ 알더퍼(Alderfer)

해설

Alderfer의 ERG 이론

① 존재 욕구(E) ② 관계 욕구(R) ③ 성장 욕구(G)

참고 건설안전산업기사 필기 p.2-29(표. Maslow의 이론과 Alderfer 이론과의 관계)

03 비통제의 집단행동 중 폭동과 같은 것을 말하며, 군중보다 합의성이 없고, 감정에 의해서만 행동하는 특성은?

① 패닉(Panic)
② 모브(Mob)
③ 모방(Imitation)
④ 심리적 전염(Mental Epidemic)

해설

비통제 집단행동

① 군중(Crowd) : 공통된 규범이나 조직성 없이 우연히 조직된 인간의 일시적 집합
② 모브(Mob) : 비통제의 집단 행동 중 폭동과 같은 것을 의미. 군중보다 합의성이 없고 감정에 의해서만 행동하는 특성
③ 패닉(Panic) : 위험을 회피하기 위해서 일어나는 집합적인 도주현상(방어적 행동)
④ 심리적 전염(Mental Epidemic)

참고 건설안전산업기사 필기 p.2-36(합격날개:합격예측)

KEY 2017년 3월 5일 기사 출제

04 주의의 수준에서 중간 수준에 포함되지 않는 것은?

① 다른 곳에 주의를 기울이고 있을 때
② 가시시야 내 부분
③ 수면 중
④ 일상과 같은 조건일 경우

해설

주의의 중간레벨(수준)

① 다른 곳에 주의를 기울이고 있을 때
② 일상과 같은 조건일 경우
㉰ 가시 시야 내 부분

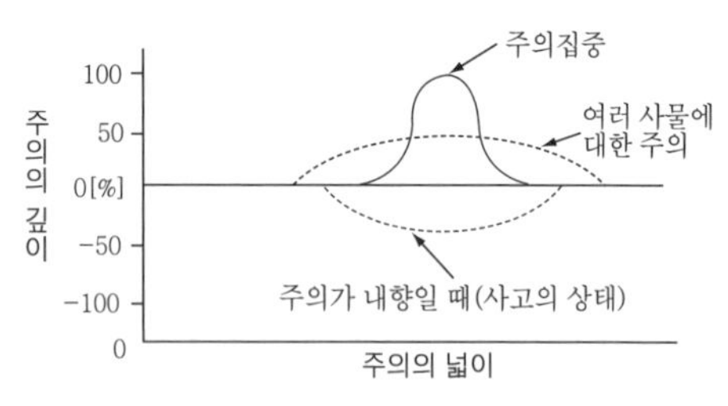

[그림] 주의의 깊이와 넓이

참고 건설안전산업기사 필기 p.2-44(3. 주의의 수준)

[정답] 01 ④ 02 ④ 03 ② 04 ③

05 안전모의 시험성능기준 항목이 아닌 것은?

① 내관통성　② 충격흡수성
③ 내구성　④ 난연성

해설

안전모의 시험성능기준 항목
① 내관통성
② 충격흡수성
③ 내전압성
④ 내수성
⑤ 난연성
⑥ 턱끈풀림

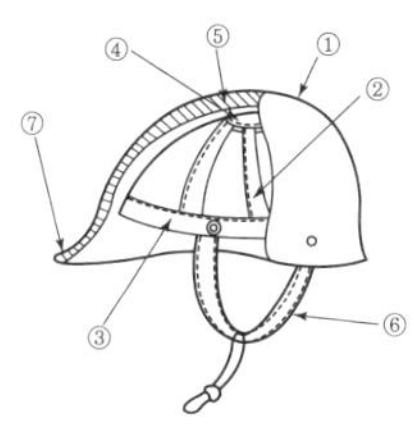

번호	명칭	
①	모체	
②	착장체	머리받침끈
③		머리받침(고정)대
④		머리받침고리
⑤	충격흡수재(자율안전확인에서 제외)	
⑥	턱끈	
⑦	모자챙(차양)	

[그림] 안전모

참고 건설안전산업기사 필기 p.1-90(합격날개 : 합격예측)

KEY ① 2016년 10월 1일 기사
② 2017년 3월 5일 출제
③ 2017년 8월 26일 산업기사 출제

06 연평균 1,000[명]의 근로자를 채용하고 있는 사업장에서 연간 24[명]의 재해자가 발생하였다면 이 사업장의 연천인율은 얼마인가?(단, 근로자는 1[일] 8[시간]씩 연간 300[일]을 근무한다.)

① 10　② 12
③ 24　④ 48

해설

연천인율 계산

$$\text{연천인율} = \frac{\text{연간재해자수}}{\text{연평균근로자수}} \times 1{,}000$$

$$= \frac{24}{1{,}000} \times 1{,}000 = 24$$

참고 건설안전산업기사 필기 p.1-54(2. 연천인율)

07 맥그리거(McGregor)의 X이론에 따른 관리처방이 아닌 것은?

① 목표에 의한 관리
② 권위주의적 리더십 확립
③ 경제적 보상체제의 강화
④ 면밀한 감독과 엄격한 통제

해설

X·Y 이론의 관리처방

X 이론	Y 이론
경제적 보상 체제의 강화	민주적 리더십의 확립
권위주의적 리더십의 확보	분권화의 권한과 위임
면밀한 감독과 엄격한 통제	목표에 의한 관리
상부책임제도의 강화	직무확장
조직구조의 고층성	비공식적 조직의 활용
	자체평가제도의 활성화

참고 건설안전산업기사 필기 p.2-28(표 : X·Y 이론의 관리처방)

KEY 2017년 3월 5일 기사 출제

08 리더십(leadership)의 특성에 대한 설명으로 옳은 것은?

① 지휘형태는 민주적이다.
② 권한부여는 위에서 위임된다.
③ 구성원과의 관계는 넓다.
④ 권한근거는 법적 또는 공식적으로 부여된다.

해설

leadership과 headship의 비교

개인과 상황 변수	leadership	headship
권한 행사	선출된 리더	임명적 헤드
권한 부여	밑으로부터 동의	위에서 위임
권한 귀속	집단 목표에 기여한 공로 인정	공식화된 규정에 의함
상사와 부하와의 관계	개인적인 영향	지배적
부하와의 사회적 관계(간격)	좁음	넓음
지휘 형태	민주주의적	권위주의적
책임 귀속	상사와 부하	상사
권한 근거	개인적	법적 또는 공식적

[정답] 05 ③ 06 ③ 07 ① 08 ①

참고 건설안전산업기사 필기 p.2-39(5. leadership과 headship의 비교)

KEY ① 2016년 3월 6일, 8월 21일, 10월 1일 기사 출제
② 2017년 5월 7일, 9월 23일 기사 출제
③ 2018년 3월 4일 기사 · 산업기사 동시 출제
④ 2018년 8월 19일 산업기사 출제
⑤ 2019년 9월 21일 기사 출제

09 다음 중 교육의 3요소에 해당되지 않는 것은?

① 교육의 주체
② 교육의 객체
③ 교육결과의 평가
④ 교육의 매개체

해설

교육의 3요소
① 교육의 주체 : 강사
② 교육의 객체 : 학생, 수강자
③ 교육의 매개체 : 교재

참고 산업안전산업기사 필기 p.1-168 (4) 안전교육의 3요소

10 파블로프(Pavlov)의 조건반사설에 의한 학습이론의 원리에 해당되지 않는 것은?

① 일관성의 원리
② 시간의 원리
③ 강도의 원리
④ 준비성의 원리

해설

파블로프의 조건반사설
① 일관성의 원리
② 강도의 원리
③ 시간의 원리
④ 계속성의 원리

참고 건설안전산업기사 필기 p.2-47(표. S-R 학습이론의 종류)

KEY 2016년 5월 8일 기사 출제

11 OJT(On the Job Tranining)에 관한 설명으로 옳은 것은?

① 집합교육형태의 훈련이다.
② 다수의 근로자에게 조직적 훈련이 가능하다.
③ 직장의 설정에 맞게 실제적 훈련이 가능하다.
④ 전문가를 강사로 활용할 수 있다.

해설

OJT의 특징
① 개개인에게 적절한 지도훈련이 가능하다.
② 직장의 실정에 맞게 실제적 훈련이 가능하다.
③ 즉시 업무에 연결되는 관계로 몸과 관련이 있다.
④ 훈련에 필요한 업무의 계속성이 끊어지지 않는다.
⑤ 효과가 곧 업무에 나타나며 훈련의 좋고 나쁨에 따라 개선이 쉽다.
⑥ 훈련효과를 보고 상호 신뢰, 이해도가 높아지는 것이 가능하다.

참고 건설안전산업기사 필기 p.2-67(표. OJT와 OFF JT 특징)

12 산업안전보건법령상 산업재해 조사표에 기록되어야 할 내용으로 옳지 않은 것은?

① 사업장 정보
② 재해 정보
③ 재해발생개요 및 원인
④ 안전교육 계획

해설

산업재해 조사표 기록내용
① 사업장 정보
② 재해정보
③ 재해발생 개요 및 원인
④ 재발방지 계획
⑤ 직장복귀 계획

참고 ① 건설안전산업기사 필기 p.1-48(8. 산업재해 조사표)
② 건설안전산업기사 필기 p.1-48(합격날개 : 은행문제3)

정보제공
산업안전보건법 시행규칙 [별지 30호 서식]

13 다음 중 보호구 안전인증기준에 있어 방독마스크에 관한 용어의 설명으로 틀린 것은?

① "파과"란 대응하는 가스에 대하여 정화통 내부의 흡착제가 포화상태가 되어 흡착능력을 상실한 상태를 말한다.
② "파과곡선"이란 파과시간과 유해물질의 종류에 대한 관계를 나타낸 곡선을 말한다.
③ "겸용 방독마스크"란 방독마스크(복합용 포함)의 성능에 방진마스크의 성능이 포함된 방독마스크를 말한다.
④ "전면형 방독마스크"란 유해물질 등으로부터 안면부 전체(입, 코, 눈)를 덮을 수 있는 구조의 방독마스크를 말한다.

[정답] 09 ③ 10 ④ 11 ③ 12 ④ 13 ②

해설

용어정의

"파과곡선 : 파과시간과 유해물질 농도와의 관계를 나타낸 곡선을 말한다.

보충학습

① 파과 : 대응하는 가스에 대하여 정화통 내부의 흡착제가 포화상태가 되어 흡착능력을 상실한 상태
② 파과시간 : 어느 일정농도의 유해물질 등을 포함한 공기를 일정 유량으로 정화통에 통과하기 시작부터 파과가 보일 때까지의 시간
③ 파과곡선 : 파과시간과 유해물질 등에 대한 농도와의 관계를 나타낸 곡선
④ 전면형 방독마스크 : 유해물질 등으로부터 안면부 전체(입, 코, 눈)를 덮을 수 있는 구조의 방독마스크
⑤ 반면형 방독마스크 : 유해물질 등으로부터 안면부의 입과 코를 덮을 수 있는 구조의 방독마스크
⑥ 복합용 방독마스크 : 2종류 이상의 유해물질 등에 대한 제독능력이 있는 방독마스크
⑦ 겸용 방독마스크 : 방독마스크(복합용 포함)의 성능에 방진마스크의 성능이 포함된 방독마스크

참고 건설안전산업기사 필기 p.1-92(합격날개 : 합격예측)

14 부주의 현상 중 의식의 우회에 대한 예방대책으로 옳은 것은?

① 안전교육
② 표준작업제도 도입
③ 상담
④ 적성배치

해설

내적 원인과 대책

① 소질적 문제 : 적성 배치
② 의식의 우회 : 카운슬링(상담)
③ 경험, 미경험자 : 안전교육훈련

위험요소
안전작업수준
의식의 흐름

[그림] 의식의 우회

참고 건설안전산업기사 필기 p.2-46(2. 내적원인과 대책)

KEY 2017년 5월 7일 출제

15 기능(기술)교육의 진행방법 중 하버드 학파의 5단계 교수법의 순서로 옳은 것은?

① 준비 → 연합 → 교시 → 응용 → 총괄
② 준비 → 교시 → 연합 → 총괄 → 응용
③ 준비 → 총괄 → 연합 → 응용 → 교시
④ 준비 → 응용 → 총괄 → 교시 → 연합

해설

하버드 학파의 5단계 교수법

① 제1단계 : 준비시킨다.
② 제2단계 : 교시시킨다.
③ 제3단계 : 연합한다.
④ 제4단계 : 총괄한다.
⑤ 제5단계 : 응용시킨다.

참고 건설안전산업기사 필기 p.2-69(3. 하버드 학파의 5단계 교수법)

16 인간의 특성에 관한 측정검사에 대한 과학적 타당성을 갖기 위하여 반드시 구비해야 할 조건에 해당되지 않는 것은?

① 주관성
② 신뢰도
③ 타당도
④ 표준화

해설

심리검사의 구비조건 5가지

① 표준화 : 검사절차의 일관성과 통일성의 표준화
② 객관성 : 채점자의 편견, 주관성 배제
③ 규준 : 검사결과를 해석하기 위한 비교의 틀
④ 신뢰성 : 검사응답의 일관성(반복성)
⑤ 타당성 : 측정하고자 하는 것을 실제로 측정하는 것

참고 건설안전산업기사 필기 p.2-2(합격날개:합격예측)

17 French와 Raven이 제시한, 리더가 가지고 있는 세력의 유형이 아닌 것은?

① 전문세력(expert power)
② 보상세력(reward power)
③ 위임세력(entrust power)
④ 합법세력(legitimate power)

해설

French와 Raven의 리더가 가지고 있는 세력의 유형

① 보상세력
② 합법세력
③ 전문세력
④ 강압세력
⑤ 참조세력

참고 건설안전산업기사 필기 p.2-40(합격날개 : 합격예측)

KEY ① 2011년 3월 20일(문제 19번) 출제
② 2014년 5월 25일(문제 20번)출제

[정답] 14 ③ 15 ② 16 ① 17 ③

2023

18 기업 내 정형교육 중 TWI의 훈련내용이 아닌 것은?

① 작업방법훈련 ② 작업지도훈련
③ 사례연구훈련 ④ 인간관계훈련

해설

기업내 정형교육 TWI의 훈련내용 4가지
① 작업 방법 훈련(Job Method Training, JMT) : 작업개선
② 작업 지도 훈련(Job Instruction Training, JIT) : 작업지도·지시
③ 인간 관계 훈련(Job Relations Training, JRT) : 부하 통솔
④ 작업 안전 훈련(Job Safety Training, JST) : 작업안전

참고 건설안전산업기사 필기 p.2-70(4. 관리감독자 교육)

KEY ① 2016년 3월 6일 기사·산업기사 동시 출제
② 2016년 8월 21일 출제

19 근로자가 작업대 위에서 전기공사 작업 중 감전에 의하여 지면으로 떨어져 다리에 골절상해를 입은 경우의 기인물과 가해물로 옳은 것은?

① 기인물–작업대, 가해물–지면
② 기인물–전기, 가해물–지면
③ 기인물–지면, 가해물–전기
④ 기인물–작업대, 가해물–전기

해설

재해발생의 요인분석 3가지
① 기인물 : 불안전한 상태에 있는 물체(환경포함 : 전기)
② 가해물 : 직접 사람에게 접촉되어 위해를 가한 물체(지면)
③ 사고의 형태(재해형태) : 물체(가해물)와 사람과의 접촉현상

참고 건설안전산업기사 필기 p.1-33(합격날개 : 합격예측)

20 학습 성취에 직접적인 영향을 미치는 요인과 가장 거리가 먼 것은?

① 적성 ② 준비도
③ 개인차 ④ 동기유발

해설

학습성취에 직접적인 영향을 미치는 요인
① 준비도
② 개인차
③ 동기유발

2 인간공학 및 시스템 안전공학

21 시스템 안전 분석기법 중 인적 오류와 그로 인한 위험성의 예측과 개선을 위한 기법은 무엇인가?

① FTA ② ETBA
③ THERP ④ MORT

해설

THERP
① 인간의 과오(human error)를 정량적으로 평가
② 1963년 Swain이 개발된 기법

참고 건설안전산업기사 필기 p.2-81(8.THERP)

KEY 2017년 3월 5일 출제

22 FT도에 사용되는 기호 중 "전이기호"를 나타내는 기호는?

①
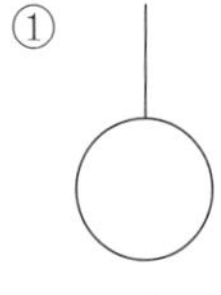
②
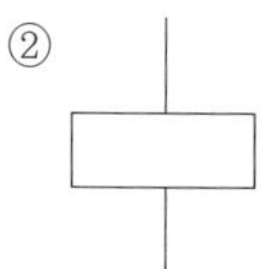
③
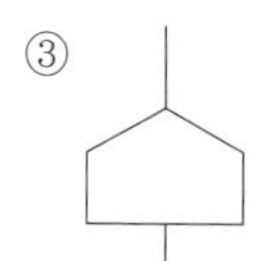
④
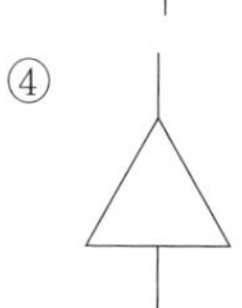

해설

FTA기호
① 기본사상 ② 결함사상
③ 통상사상

참고 건설안전산업기사 필기 p.2-91(표. FTA기호)

KEY 1993년부터 2018년까지 계속 출제

23 다음 중 체계 설계 과정의 주요 단계 중 가장 먼저 실시되어야 하는 것은?

① 기본설계 ② 계면설계
③ 체계의 정의 ④ 목표 및 성능 명세 결정

[정답] 18③ 19② 20① 21③ 22④ 23④

해설

인간-기계 시스템 설계 순서

① 1단계 : 시스템의 목표와 성능 명세 결정
② 2단계 : 시스템의 정의
③ 3단계 : 기본설계
④ 4단계 : 인터페이스설계
⑤ 5단계 : 보조물설계
⑥ 6단계 : 시험 및 평가

참고 건설안전산업기사 필기 p.2-22(문제 31번) 적중

KEY ① 2011년 3월 20일(문제 29번) 출제
② 2019년 3월 3일 기사 출제

24 표시 값의 변화방향이나 변화속도를 나타내어 전반적인 추이의 변화를 관측할 필요가 있는 경우에 가장 적합한 표시장치 유형은?

① 계수형(digital)
② 묘사형(descriptive)
③ 동목형(Moving Scale)
④ 동침형(Moving Pointer)

해설

정량적 표시 장치

구분	형태	특징
아날로그	정목동침형 (지침이동형)	정량적인 눈금이 정성적으로 사용되어 원하는 값으로부터의 대략적인 편차나, 고도를 읽을 때 그 변화방향과 율 등을 알고자 할 때
	정침동목형 (지침고정형)	나타내고자 하는 값의 범위가 클 때, 비교적 작은 눈금판에 모두 나타내고자 할 때
디지털	계수형 (숫자로 표시)	• 수치를 정확하게 충분히 읽어야 할 경우 • 원형 표시 장치보다 판독오차가 적고 판독시간도 짧다.(원형 : 3.54초, 계수형 : 0.94초)

참고 건설안전산업기사 필기 p.2-23(1. 정량적 표시장치)

KEY ① 2016년 5월 8일 기사출제
② 2018년 3월 4일 기사 출제

25 인간공학의 주된 연구 목적과 가장 거리가 먼 것은?

① 제품품질 향상
② 작업의 안전성 향상
③ 작업환경의 쾌적성 향상
④ 기계조작의 능률성 향상

해설

인간공학의 목표

① 첫째 : 안전성 향상과 사고방지
② 둘째 : 기계조작의 능률성과 생산성의 향상
③ 셋째 : 쾌적성

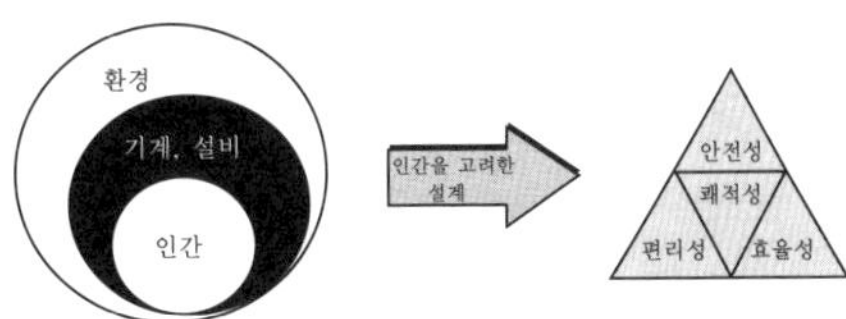

[그림] 인간공학의 목적

참고 건설안전산업기사 필기 p.2-2(합격날개:합격예측)

KEY 2014년 5월 25일(문제 23번)

26 FT도에서 정상사상 A의 발생확률은?(단, 사상 B_1의 발생확률은 0.3이고, B_2의 발생확률은 0.2이다.)

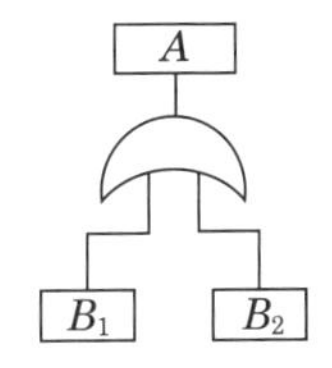

① 0.06 ② 0.44
③ 0.56 ④ 0.94

해설

$R_S=1-(1-B_1)(1-B_2)=1-(1-0.3)(1-0.2)=0.44$

참고 건설안전산업기사 필기 p.2-109(문제 24번)

27 휴먼 에러의 배후 요소 중 작업방법, 작업순서, 작업정보, 작업환경과 가장 관련이 깊은 것은?

① man ② machine
③ media ④ management

해설

미디어(Media)

① 인간과 기계를 잇는 매체란 뜻으로 작업의 방법이나 순서, 작업 정보의 실태나 환경과의 관계, 정리정돈 등이 포함된다.
② 환경개선 작업방법 개선 등

[정답] 24 ④ 25 ① 26 ② 27 ③

참고 건설안전산업기사 필기 p.2-30(1. 휴먼에러요인)

보충학습

4M의 종류

① Man(인간) : 인간적 인자, 인간관계
② Machine(기계) : 방호설비, 인간공학적 설계
③ Media(매체) : 작업방법, 작업환경
④ Management(관리) : 교육훈련, 안전법규 철저, 안전기준의 정비

28 **산업안전보건법에 따라 상시 작업에 종사하는 장소에서 보통작업을 하고자 할 때 작업면의 최소 조도(lux)로 맞는 것은? (단, 작업장은 일반적인 작업장소이며, 감광재료를 취급하지 않는 장소이다.)**

① 75 ② 150
③ 300 ④ 750

해설

조명(조도)수준

① 초정밀작업 : 750[lux] 이상
② 정밀작업 : 300[lux] 이상
③ 보통작업 : 150[lux] 이상
④ 그 밖의 작업 : 75[lux] 이상

참고 건설안전산업기사 필기 p.2-56(합격날개:합격예측)

정보제공

산업안전보건기준에 관한 규칙 제8조(조도)

29 **부품배치의 원칙 중 부품의 일반적인 위치를 결정하기 위한 기준으로 가장 적합한 것은?**

① 중요성의 원칙, 사용빈도의 원칙
② 기능별 배치의 원칙, 사용순서의 원칙
③ 중요성의 원칙, 사용순서의 원칙
④ 사용빈도의 원칙, 사용순서의 원칙

해설

부품배치의 4원칙

① 중요성의 원칙(위치결정)
② 사용빈도의 원칙(위치결정)
③ 기능별 배치의 원칙(배치결정)
④ 사용순서의 원칙(배치결정)

참고 건설안전산업기사 필기 p.2-42(2. 부품배치의 원칙)

KEY 2013년 3월 10일(문제 32번)

30 **주물공장 A작업자의 작업지속시간과 휴식시간을 열압박지수(HSI)를 활용하여 계산하니 각각 45분, 15분이었다. A작업자의 1일 작업량(TW)은 얼마인가? (단, 휴식시간은 포함하지 않으며, 1일 근무시간은 8시간이다.)**

① 4.5시간 ② 5시간
③ 5.5시간 ④ 6시간

해설

작업량계산

① 1[일] 작업량 $= \frac{WT}{WT+RT} \times 8 = \frac{\text{작업지속시간}}{\text{작업지속시간+휴식시간}} \times 8$

② 1[일] 작업량 $= \frac{45}{45+15} \times 8 = 6$[시간]

참고 건설안전산업기사 필기 p.2-58(4. 열 압박지수)

KEY 2011년 8월 21일(문제 24번) 출제

보충학습

1[일] 작업시간 : 8[시간]

31 **인간의 시각특성을 설명한 것으로 옳은 것은?**

① 적응은 수정체의 두께가 얇아져 근거리의 물체를 볼 수 있게 되는 것이다.
② 시야는 수정체의 두께 조절로 이루어진다.
③ 망막은 카메라의 렌즈에 해당된다.
④ 암조응에 걸리는 시간은 명조응보다 길다.

해설

암조응(Dark Adaptation)

① 밝은 곳에서 어두운 곳으로 갈 때 : 원추세포의 감수성 상실, 간상세포에 의해 물체 식별
② 완전 암조응 : 보통 30~40분 소요(명조응 : 수초 내지 1~2분)

[표] 눈의 구조 · 기능 · 모양

구조	기 능
각막	최초로 빛이 통과하는 곳, 눈을 보호
홍채	동공의 크기를 조절해 빛의 양 조절
모양체	수정체의 두께를 변화시켜 원근 조절
수정체	렌즈의 역할, 빛을 굴절시킴
망막	상이 맺히는 곳, 시세포 존재, 두뇌전달
맥락막	망막을 둘러싼 검은 막, 어둠 상자 역할

[정답] 28 ② 29 ① 30 ④ 31 ④

모 양

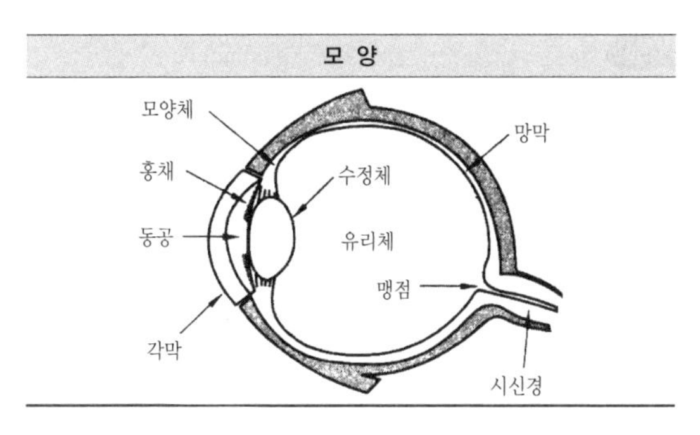

참고 건설안전산업기사 필기 p.2-62(7. 암조응)

KEY 2006년 8월 6일(문제 31번) 출제

32 설비보전 방식의 유형 중 궁극적으로는 설비의 설계, 제작 단계에서 보전 활동이 불필요한 체계를 목표로 하는 것은?

① 개량보전(corrective maintenance)
② 예방보전(preventive maintenance)
③ 사후보전(break-down maintenance)
④ 보전예방(maintenance prevention)

해설

보전예방(Maintenance Prevention : MP)

구분	특징
실시시기	① 기계설비의 노후화가 진행되어 일반적인 보전으로 cost나 생산성에 있어 효율성이 없을 경우 ② 부품 등의 공급에 지장이 있는 경우
실시방법	① 설비의 갱신 ② 갱신의 경우 보전성, 안전성, 신뢰성 등의 보전실시 ③ 기존설비의 보전보다 설계, 제작단계까지 소급하여 보전이 필요없을 정도의 안전한 설계 및 제작이 필요

참고 건설안전산업기사 필기 p.2-129(표. 보전예방)

33 다음 중 불대수(Boolean algebra)의 관계식으로 옳은 것은?

① $A(A \cdot B)=B$
② $A+B=A \cdot B$
③ $A+A \cdot B=A \cdot B$
④ $(A+B)(A+C)=A+B \cdot C$

해설

불대수 관계식

① 결합 → $A(A \cdot B)=(A \cdot A) \cdot B=A \cdot B$
② 교환 → $A+B=B+A$
③ 분배 → $A+A \cdot B=A \cdot (1+B)=A \cdot 1=A$
④ 전개 → $(A+B)(A+C)=AA+AC+BA+BC$
$=A+AB+AC+BC=A \cdot (1+B+C)+BC$
$=A+B \cdot C$

참고 건설안전산업기사 필기 p.2-76(7. 불대수의 기본공식)

KEY 2012년 제1회 출제

34 인체의 동작 유형 중 굽혔던 팔꿈치를 펴는 동작을 나타내는 용어는?

① 내전(adduction) ② 회내(pronation)
③ 굴곡(flexion) ④ 신전(extension)

해설

인체유형의 기본적인 동작

① 굴곡(flexion) : 부위간의 각도가 감소(팔꿈치 굽히기)
② 신전(extension) : 부위간의 각도가 증가(팔꿈치 펴기 운동)
③ 내전(adduction) : 몸의 중심선으로의 이동(팔·다리 내리기 운동)
④ 외전(abduction) : 몸의 중심선으로부터의 이동(팔·다리 옆으로 들기 운동)
⑤ 회외 : 손바닥을 외측으로 돌리는 동작
⑥ 회내 : 손바닥을 몸통(내측) 쪽으로 돌리는 동작

참고 건설안전산업기사 필기 p.2-47(2. 신체부위의 운동)

35 사고의 발단이 되는 초기 사상이 발생할 경우 그 영향이 시스템에서 어떤 결과(정상 또는 고장)로 진전해 가는지를 나뭇가지가 갈라지는 형태로 분석하는 방법은?

① FTA ② PHA
③ FHA ④ ETA

해설

ETA(Event Tree Analysis) : 사건수분석

① 사상의 안전도를 사용하는 시스템 모델의 하나이다.
② 귀납적, 정량적 분석 방법(정상 또는 고장)이다.
③ 재해의 확대 요인의 분석에 적합하다.(나뭇가지가 갈라지는 형태)
④ ETA의 작성은 좌에서 우로 진행한다.
⑤ 각 사상의 확률의 합은 1.0이다.

참고 건설안전산업기사 필기 p.2-81(9. ETA, FAFR, CA)

[정답] 32 ④ 33 ④ 34 ④ 35 ④

36 **작업기억(working memory)관 관련된 설명으로 옳지 않은 것은?**

① 오랜 기간 정보를 기억하는 것이다.
② 작업기억 내의 정보는 시간이 흐름에 따라 쇠퇴할 수 있다.
③ 작업기억의 정보는 일반적으로 시각, 음성, 의미 코드의 3가지로 코드화된다.
④ 리허설(rehearsal)은 정보를 작업기억 내에 유지하는 유일한 방법이다.

해설

작업기억(working memory)의 특징

① 작업기억 내의 정보는 시간이 흐름에 따라 쇠퇴할 수 있다.
② 작업기억의 정보는 일반적으로 시각, 음성, 의미 코드의 3가지로 코드화된다.
③ 리허설(rehearsal)은 정보를 작업기억 내에 유지하는 유일한 방법이다.

37 **한 사무실에서 타자기의 소리 때문에 말소리가 묻히는 현상을 무엇이라 하는가?**

① dBA ② CAS
③ phon ④ masking

해설

masking(은폐)현상

dB이 높은 음과 낮은 음이 공존할 때 낮은 음이 강한 음에 가로막혀 숨겨져 들리지 않게 되는 현상

참고 건설안전산업기사 필기 p.2-60(합격날개:합격예측)

합격자의 조언

21C 현실과 다른 문제도 출제됩니다.

38 **인간오류의 분류 중 원인에 의한 분류의 하나로 작업자 자신으로부터 발생하는 에러로 옳은 것은?**

① command error
② Secondary error
③ Primary error
④ Third error

해설

실수원인의 level(수준적) 분류

① 1차실수(Primary error : 주과오) : 작업자 자신으로부터 발생한 실수
② 2차실수(Secondary error : 2차과오) : 작업형태나 조건 중에서 문제가 생겨 발생한 실수, 어떤 결함에서 파생
③ 커맨드 실수(Command error : 지시과오) : 직무를 하려고 해도 필요한 정보, 물건, 에너지 등이 없어 발생하는 실수

참고 건설안전산업기사 필기 p.2-32[4. 실수원인의 level(수준적) 분류]

39 **다음 중 귀의 구조에서 고막에 가해지는 미세한 압력의 변화를 증폭하는 곳은?**

① 외이(Outer Ear) ② 중이(Middle Ear)
③ 내이(Inner Ear) ④ 달팽이관(Cochlea)

해설

귀의 구조 및 기능

구조		기능	
외이	귓바퀴	소리를 모음	
	외이도	소리의 이동 통로	
중이	고막	소리에 의해 최초로 진동하는 얇은 막	
	청소골	고막의 소리를 증폭시켜 내이(난원창)로 전달 (22배 증폭)	
	유스타키오관	외이와 중이의 압력 조절	
내이	달팽이관	(임파액으로 차 있음) 청세포가 분포되어 있어 소리 자극을 청신경으로 전달	
	진정기관	위치감각	평형감각기관
	반고리관	회전감각	

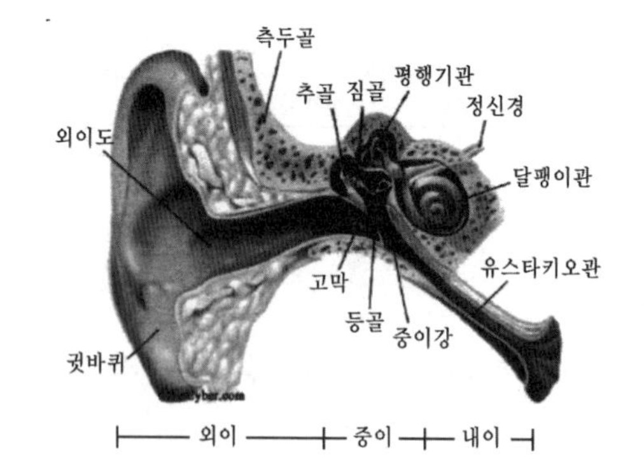

[그림] 귀의 구조

참고 건설안전산업기사 필기 p.2-61(합격날개:합격예측)

[정답] 36 ① 37 ④ 38 ③ 39 ②

40 인간공학적인 의자설계를 위한 일반적 원칙으로 적절하지 않은 것은?

① 척추의 허리부분은 요부 전만을 유지한다.
② 허리 강화를 위하여 쿠션은 설치하지 않는다.
③ 좌판의 앞 모서리 부분은 5[cm] 정도 낮아야 한다.
④ 좌판과 등받이 사이의 각도는 90~105[°]를 유지하도록 한다.

해설

의자설계 기본원칙

① 체중분포 : 둔부(臀部)중심에서 바깥으로 점차 체중이 작게 걸리도록 좌판(坐板)의 재질이 -2[cm] 이상 내려가지 않도록 한다.
② 좌판의 높이 : 의자 밑바닥에서 앉는 면까지의 높이는 오금(무릎의 구부리는 안쪽)높이보다 높지 않고 앞쪽은 약간 낮게 한다.
③ 좌판각도 : 의자 앉는 면의 앞과 뒤의 기울어진 각도가 있어야 한다.
④ 좌판 깊이와 폭 : 장딴지 여유와 대퇴압박이 닿지 않도록 한다.
⑤ 몸통의 안정 : 사무용 의자(좌판각도 3도, 등판 100도 정도)/휴식 및 독서는 더 큰 각도로 한다.
⑥ 휴식용 의자 : 사무용 의자보다 7~8[cm] 낮은 좌판 27~38[cm], 좌판각도 25~26도, 등판각도 105~108도, 등판에는 5[cm] 정도의 완충재로 한다.

3 건설시공학

41 시공계획서에 기재되어야 할 사항으로 부적합한 것은?

① 작업의 질과 양　② 시공조건
③ 사용재료　④ 마감시공도

해설

시공계획서의 기재내용

① 작업의 질과 양
② 시공조건
③ 사용재료

42 철골공사에서 쓰이는 내화피복 공법의 종류가 아닌 것은?

① 성형판 붙임공법　② 뿜칠공법
③ 미장공법　④ 나중매입공법

해설

나중매입공법

① 기초(ancher)볼트 자리를 콘크리트가 채워지지 않도록 타설하였다가 나중에 볼트를 묻고 그라우팅으로 고정
② 위치 수정이 가능하며, 기계설치 등 소규모 공사에 이용

참고 ① 건설안전산업기사 필기 p.3-93(3. 기초볼트매입공법의 종류)
② 건설안전산업기사 필기 p.3-94(4. 합격날개 : 합격예측)

43 파헤쳐진 흙을 담아 올리거나 이동하는 데 사용하는 기계로 셔블, 버킷을 장착한 트렉터 또는 크롤러 형태의 기계는?

① 불도저　② 앵글도저
③ 로더　④ 파워셔블

해설

로더(Loader)

① 로더는 트랙터의 앞 작업장치에 버킷을 붙인 것으로 셔블도저(Shovel Dozer) 또는 트랙터셔블(Tractor Shovel)이라고도 하며, 버킷에 의한 굴착, 상차를 주 작업으로 하는 기계이다.
② 부속장치를 설치하여 암석 및 나무뿌리 제거, 목재의 이동, 제설작업 등도 할 수 있다.

44 계획과 설계의 작업상황을 지속적으로 측정하여 최종 사업비용과 공정을 예측하는 기법은?

① CAD　② EVMS
③ PMIS　④ WBS

해설

용어정의

① EVMS(Earned Value Management system) : 성과와 진도를 비용과 함께 측정할 수 있는 프로젝트 매니지먼트 툴
② PMIS : 건설사업관리시스템(PMIS)은 건설사업의 Life-Cycle인 기획, 조사/설계, 시공, 유지관리 업무의 프로세스를 전자화하고 정보 및 자료를 통합하여 관리하는 시스템
③ WBS(Work Breakdown Structure) : 작업 분할 구조도

참고 ① 건설안전산업기사 필기 p.3-10(합격날개 : 은행문제)
② 2018년 3월 4일(문제 41번) 출제

[정답] 40 ② 41 ④ 42 ④ 43 ③ 44 ②

45 바닥판, 보의 거푸집 설계 시 고려하는 계산용 하중과 가장 거리가 먼 것은?

① 굳지 않은 콘크리트중량
② 거푸집의 자중
③ 작업하중
④ 충격하중

해설

거푸집 계산용 하중

구분	계산용 하중
보, Slab밑면	① 생 Concrete 중량 ② 작업하중 ③ 충격하중
벽, 기둥, 보옆	① 생 Concrete 중량 ② 생 Concrete 측압력

참고 건설안전산업기사 필기 p.3-73(표. 거푸집 계산용 하중)

46 강말뚝(H형강, 강관말뚝)에 관한 설명 중 옳지 않은 것은?

① 깊은 지지층까지 도달시킬 수 있다.
② 휨강성이 크고 수평하중과 충격력에 대한 저항이 크다.
③ 부식에 대한 내구성이 뛰어나다.
④ 재질이 균일하고 절단과 이음이 쉽다.

해설

강재말뚝의 장·단점

장점	단점
· 깊은 지지층까지 박을 수 있다. · 길이조정이 용이하며 경량이므로 운반취급이 편리하다. · 휨모멘트 저항이 크다. · 말뚝의 절단 · 가공 및 현장 용접이 가능하다. · 중량이 가볍고, 단면적이 작다. · 강한 타격에도 견디며 다져진 중간지층의 관통도 가능하다. · 지지력이 크고 이음이 안전하고 강하여 장척이 가능하다.	· 재료비가 비싸다. · 부식되기 쉽다.

참고 건설안전산업기사 필기 p.3-46(3. 강재말뚝)

47 공사 감리자에 대한 설명 중 틀린 것은?

① 시공계획의 검토 및 조언을 한다.
② 문서화된 품질관리에 대한 지시를 한다.
③ 품질하자에 대한 수정방법을 제시한다.
④ 건축의 형상, 구조, 규모 등을 결정한다.

해설

공사 감리자의 업무

① 공사비내역 명세의 조사
② 공사의 지시, 입회검사
③ 시공방법의 지도
④ 공사의 진도 파악
⑤ 공사비 지불에 대한 조서작성(공사비 사정)
⑥ 공사현장 안전관리지도

참고 건설안전산업기사 필기 p.3-16(합격날개:합격예측)

보충학습

설계자의 업무 : 건축의 형상, 구조, 규모 등의 설계도서를 정리

48 보기는 지하연속벽(slurry wall)공법의 시공내용이다. 그 순서를 옳게 나열한 것은?

[보기]
A. 트레미관을 통한 콘크리트 타설
B. 굴착
C. 철근망의 조립 및 삽입
D. guide wall 설치
E. end pipe 설치

① A → B → C → E → D
② D → B → E → C → A
③ B → D → E → C → A
④ B → D → C → E → A

해설

slurry wall 공법

안정액(벤토나이트)을 이용한 지중굴착으로 만들어지는 RC연속벽을 말한다.

[정답] 45 ② 46 ③ 47 ④ 48 ②

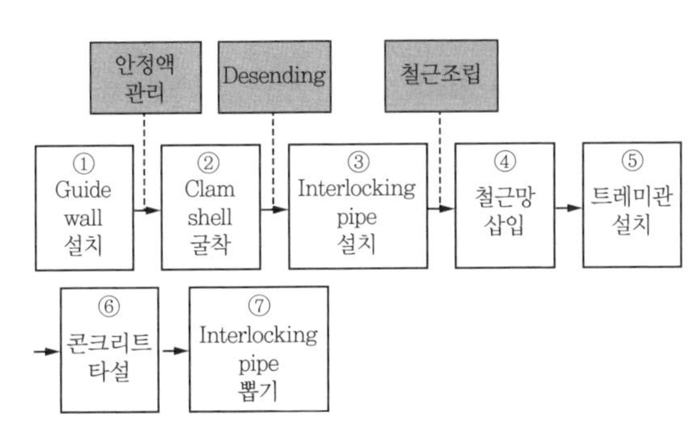

[그림] 시공순서

참고 건설안전산업기사 필기 p.3-32(합격날개 : 합격예측)

KEY 2020년 8월 22일 기사 출제

49 건축공사의 착수 시 대지에 설정하는 기준점에 관한 설명으로 옳지 않은 것은?

① 공사 중 건축물 각 부위의 높이에 대한 기준을 삼고자 설정하는 것을 말한다.
② 건축물의 그라운드 레벨(Ground level)은 현장에서 공사 착수 시 설정한다.
③ 기준점은 바라보기 좋고, 공사에 지장이 없는 곳에 설정한다.
④ 기준점은 대개 지정 지반면에서 0.5~1[m]의 위치에 두고 그 높이를 적어둔다.

해설

기준점(Bench Mark)

① 공사 중에 건축물의 높이의 기준을 삼고자 설치하는 것
② 건물의 지반선(Ground Line)은 현지에 지정되거나 입찰 전 현장설명시에 지정된다.
③ 기준점은 바라보기 좋고 공사에 지장이 없는 곳에 설치한다.
④ 기준점은 공사 중에 이동될 우려가 없는 인근건물의 벽, 담장 등에 설치하는 것이 좋다.
⑤ 바라보기 좋은 곳에 2개소 이상 여러 곳에 표시해두는 것이 좋다.
⑥ 기준점은 지반면에서 0.5~1[m] 위에 두고 그 높이를 기록한다.
⑦ 기준점은 공사가 끝날 때까지 존치한다.

참고 건설안전산업기사 필기 p.3-25(보충학습)

보충학습

Ground level

① 자연상태인 현재 지반레벨
② 건축설계시 설정한다.

50 독립기초에서 지중보의 역할에 관한 설명으로 옳은 것은?

① 흙의 허용지내력도를 크게 한다.
② 주각을 서로 연결시켜 고정상태로 하여 부동침하를 방지한다.
③ 지반을 압밀하여 지반강도를 증가시킨다.
④ 콘크리트의 압축강도를 크게 한다.

해설

기초의 분류(Slab 형식에 의한 분류 : 얕은 기초)

구분	특징
독립기초 (Independent footing)	단일기둥을 기초판이 받치는 것
복합기초 (Combination footing)	2개 이상 기둥을 한 기초판에 지지
연속기초 (줄기초 : Strip footing)	연속된 기초판이 벽, 기둥을 지지
온통기초 (Mat foundation)	건물하부 전체를 기초판으로 한 것

참고 건설안전산업기사 필기 p.3-42(6. 기초의 분류)

KEY ① 2017년 3월 5일 기사 출제
② 2017년 9월 23일 기사(문제 80번) 출제

보충학습

지중보

① 땅 밑의 기초와 기초를 연결한 보를 말한다.
② 주각을 서로 연결시켜 고정상태로 하여 부동침하를 방지한다.

51 연약지반 개량공법 중 동결공법의 특징이 아닌 것은?

① 동토의 역학적 강도가 우수하다.
② 지하수 오염과 같은 공해 우려가 있다.
③ 동토의 차수성과 부착력이 크다.
④ 동토형성에는 일정 기간이 필요하다.

해설

동결공법의 특징

① 지반에 액체질소, 프레온가스를 직접 주입하거나 순환파이프로 동결시켜 지하수의 유입을 방지하는 공법이다.(약액주입공법)
② 공해 우려가 없는 예방공법이다.
③ 열전도 이론을 이용하므로 함수비가 작은 지반이나 특수한 토질을 제외한 모든 토질에 적용 가능하다.

[정답] 49 ② 50 ② 51 ②

④ 동결토의 역학적 강도가 크므로 가설 내력 구조물로 이용한다.
⑤ 동결토의 차수성은 완벽하고 지중의 다른 구조물과의 부착력이 좋다.
⑥ 동결토는 균일성을 가지며, 동결관리와 동결범위의 예측이 쉽다.
⑦ 열전도를 이용하기 때문에 동결에 요하는 시간이 길다.
⑧ 지하수 유속이 빠른 경우 동결이 저해되므로 대책이 필요하다.
⑨ 동결에 의한 지반 팽창, 해동에 의한 지반 침하가 일어날 수 있어 주변에 나쁜 영향을 미치기도 하므로 이를 고려해야 한다.

참고 건설안전산업기사 필기 p.3-32(2. 지반개량공법)

합격자의 조언

동일 쪽에서 2문제 출제(문제 42번, 문제 50번)

52 콘크리트 이어붓기 위치에 관한 설명으로 옳지 않은 것은?

① 보 및 슬래브는 전단력이 작은 스팬의 중앙부에 수직으로 이어 붓는다.
② 기둥 및 벽에서는 바닥 및 기초의 상단 또는 보의 하단에 수평으로 이어 붓는다.
③ 캔틸레버로 내민보나 바닥판은 간사이의 중앙부에 수직으로 이어 붓는다.
④ 아치는 아치축에 직각으로 이어 붓는다.

해설

캔틸레버로 내민 보나 바닥판은 이어 붓지 않는다.

참고 건설안전산업기사 필기 p.3-58(2. 콘크리트 이어 붓기 위치)

KEY ① 2016년 5월 8일 기사 출제
② 2017년 3월 5일 출제

53 V.E(Value Engineering)에서 원가절감을 실현할 수 있는 대상 선정이 잘못된 것은?

① 수량이 많은 것
② 반복효과가 큰 것
③ 장시간 사용으로 숙달되어 개선효과가 큰 것
④ 내용이 간단한 것

해설

V.E
① 최소비용으로 최대의 목표를 달성하기 위해 전공사과정에서 원가절감요소를 찾아내는 개선활동
② 필요기능 이하의 것은 받아들일 수 없고 필요기능 이상은 불필요하다는 것이 VE가 추구하는 가치철학이다.

참고 ① 건설안전산업기사 필기 p.3-3(합격날개 : 용어정의)
② 건설안전산업기사 필기 p.3-7(합격날개 : 은행문제)

KEY ① 2014년 5월 25일(문제 44번) 출제
② 2016년 5월 8일 기사 출제

54 기성콘크리트 말뚝을 타설할 때 그 중심간격의 기준으로 옳은 것은?

① 말뚝머리지름의 1.5배 이상 또한 750[mm]이상
② 말뚝머리지름의 1.5배 이상 또한 1,000[mm]이상
③ 말뚝머리지름의 2.5배 이상 또한 750[mm]이상
④ 말뚝머리지름의 2.5배 이상 또한 1,000[mm]이상

해설

기성콘크리트 말뚝중심간격
① 2.5D 또는 75[cm] 이상
② 길이 : 최대 15[m] 이하

참고 건설안전산업기사 필기 p.3-40(2. 말뚝지정비교)

KEY 2018년 4월 28일 기사 출제

55 각종 시방서에 대한 설명 중 옳지 않은 것은?

① 자료시방서 : 재료나 자료의 제조업자가 생산제품에 대해 작성한 시방서
② 성능시방서 : 구조물의 요소나 전체에 대해 필요한 성능만을 명시해 놓은 시방서
③ 특기시방서 : 특정공사별로 건설공사 시공에 필요한 사항을 규정한 시방서
④ 개략시방서 : 설계자가 발주자에 대해 설계초기단계에 설명용으로 제출하는 시방서로서, 기본설계도면이 작성된 단계에서 사용되는 재료나 공법의 개요에 관해 작성한 시방서

해설

특기시방서
표준시방서에 기재되지 않은 특수재료, 특수공법 등을 설계자가 작성

참고 건설안전산업기사 필기 p.3-15(2. 시방서)

[정답] 52 ③ 53 ④ 54 ③ 55 ③

보충학습

시방서 종류

① 일반시방서 : 공사기일 등 공사전반에 걸친 비기술적인 사항을 규정한 시방서
② 표준시방서 : 모든 공사의 공통적인 사항을 국토교통부가 제정한 시방서(공통시방서라고도 함)
③ 공사시방서 : 특정공사별로 건설공사 시공에 필요한 사항을 규정한 시방서
④ 안내시방서 : 공사시방서를 작성하는 데 안내 및 지침이 되는 시방서

56 지반조사 방법 중 보링에 관한 설명으로 옳지 않은 것은?

① 보링은 지질이나 지층의 상태를 비교적 깊은 곳까지도 정확하게 확인할 수 있다.
② 충격식 보링은 토사를 분쇄하지 않고 연속적으로 채취할 수 있으므로 가장 정확한 방법이다.
③ 회전식 보링은 불교란시료 채취, 암석 채취 등에 많이 쓰인다.
④ 수세식 보링은 30[m]까지의 연질층에 주로 쓰인다.

해설

보링(Boring : 관입시험)의 종류 및 특징

① 수세식 보링 : 2중관을 박고 끝에 충격을 주며 물을 뿜어내어 파진 흙과 물을 같이 배출시켜 이 흙탕물을 침전시켜 지층의 토질 등을 판별한다.
② 충격식 보링 : 와이어로프 끝에 충격날(bit)을 달고 60~70[cm] 상하로 낙하충격을 주어 토사, 암석을 천공한다.
③ 회전식 보링 : 날을 회전시켜 천공하는 방법이며, 불교란 시료의 채취가 가능하다.(가장 정확한 방식)

참고 건설안전산업기사 필기 p.3-30(2. 보링)

57 강구조물 제작 시 마킹(금긋기)에 관한 설명으로 옳지 않은 것은?

① 강판 절단이나 형강 절단 등 외형 절단을 선행하는 부재는 미리 부재 모양별로 마킹기준을 정해야 한다.
② 마킹검사는 띠철이나 형판 또는 자동가공기(CNC)를 사용하여 정확히 마킹되었는가를 확인한다.
③ 주요 부재의 강판에 마킹할 때에는 펀치(punch) 등을 사용한다.
④ 마킹 시 용접열에 의한 수축 여유를 고려하여 최종 교정, 다듬질 후 정확한 치수를 확보할 수 있도록 조치해야 한다.

해설

마킹(금긋기)

① 강판 위에 주요 부재를 마킹할 때에는 주된 응력의 방향과 압연 방향을 일치시켜야 한다.
② 마킹을 할 때에는 구조물이 완성된 후에 구조물의 부재로서 남을 곳에는 원칙적으로 강판에 상처를 내어서는 안 된다. 특히, 고강도강 및 휨 가공하는 연강의 표면에는 펀치, 정 등에 의한 흔적을 남겨서는 안 된다. 다만 절단, 구멍뚫기, 용접 등으로 제거되는 경우에는 무방하다.
③ 주요 부재의 강판에 마킹할 때에는 펀치(punch) 등을 사용하지 않아야 한다.
④ 마킹 시 용접열에 의한 수축 여유를 고려하여 최종 교정, 다듬질 후 정확한 치수를 확보할 수 있도록 조치해야 한다.
⑤ 마킹검사는 띠철이나 형판 또는 자동가공기(CNC)를 사용하여 정확히 마킹되었는가를 확인하고 재질, 모양, 치수 등에 대한 검토와 마킹이 현도에 의한 띠철, 형판대로 되어 있는가를 검사해야 한다.

KEY ① 2017년 9월 23일(문제 43번)
② 2021년 9월 21일 기사 출제

정보제공

강구조 공사 표준시방서(3.2) 마킹(금긋기)

58 지형과 지반의 상태에 따라 지하수가 펌프 사용 없이 솟아나는 자분샘물을 무엇이라 하는가?

① 히빙　　② 보일링
③ 정압수　　④ 피압수

해설

피압수

① 펌프 사용 없이 솟아나는 자분샘물을 말한다.
② 주변 지하수보다 압력이 크다.
③ 보일링 현상의 원인이 된다.

참고 ① 건설안전산업기사 필기 p.3-25(합격날개:참고)
② 건설안전산업기사 필기 p.3-28(합격날개:합격예측)

[정답] 56 ② 57 ③ 58 ④

59 콘크리트의 건조수축을 크게 하는 요인에 해당되지 않는 것은?

① 분말도가 큰 시멘트 사용.
② 흡수량이 많은 골재를 사용할 때
③ 부재의 단면치수가 클 때
④ 온도가 높을 경우/습도가 낮을 경우

해설

콘크리트 건조수축을 크게 하는 요인
① 분말도가 큰 시멘트 사용.
② 흡수량이 많은 골재를 사용할 때
③ 온도가 높을 경우/습도가 낮을 경우

참고 건설안전산업기사 필기 p.3-68(2. 철근의 이음 및 정착위치)

KEY 2017년 9월 23일 기사, 산업기사 동시 출제

60 용접작업에서 용접봉을 용접방향에 대하여 서로 엇갈리게 움직여서 용가금속을 용착시키는 운봉방법은?

① 단속용접 ② 개선
③ 레그 ④ 위빙

해설

용접용어

종류	정의
루우트(Root)	용접이음부 홈아래부분(맞댄용접의 트임새 간격)
목두께	용접부의 최소 유효폭, 구조계산용 용접 이음두께
글로브 (groove=개선부)	두부재간 사이를 트이게 한 홈에 용착금속을 채워넣는 부분
위빙 (Weaving=위핑)	용접작업 중 운봉을 용접방향에 대하여 엇갈리게 움직여 용가금속을 융착시키는 것
스패터(Spatter)	아크용접과 가스용접에서 용접 중 튀어 나오는 슬래그 또는 금속입자
엔드 탭 (End Tap)	용접결함을 방지하기 위해 Bead의 시작과 끝 지점에 부착하는 보조강판
가우징 (Gas Gouging)	홈을 파기 위한 목적으로 한 화구로서 산호아세틸렌 불꽃으로 용접부의 뒷면을 깨끗이 깎는 작업
스터드 (Stud)	철골보와 콘크리트 슬라브를 연결하는 시어커넥터 역할을 하는 부재

참고 ① 건설안전산업기사 필기 p.3-91(합격날개 : 용어정의)
② 건설안전산업기사 필기 p.3-98(문제 15번) 적중

4 건설재료학

61 콘크리트의 건조수축 시 발생하는 균열을 보완, 개선하기 위하여 콘크리트 속에 다량의 거품을 넣거나 기포를 발생시키기 위해 첨가하는 혼화재는?

① 고로슬래그 ② 플라이애쉬
③ 실리카 흄 ④ 팽창재

해설

팽창재
① 콘크리트는 건조하면 수축하는 성질이 있어 균열이 발생하기 쉽다.
② 균열을 보완하기 위해 거품을 넣거나 기포를 발생시키거나 콘크리트를 부풀게 하는 팽창재를 첨가한다.

참고 건설안전산업기사 필기 p.4-35(10. 팽창재)

62 보의 이음부분에 볼트와 함께 보강철물로 사용되는 것으로 두 부재사이의 전단력에 저항하는 목구조용 철물은?

① 꺽쇠 ② 띠쇠
③ 듀벨 ④ 감잡이쇠

해설

듀벨
목재이음을 할 때에 접합부의 어긋남을 방지하기 위해 볼트 죔과 같이 사용

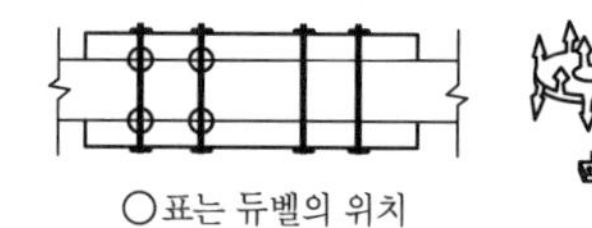

[그림] 듀벨과 그 사용 (예)

참고 건설안전산업기사 필기 p.4-87(3. 듀벨)

63 단열재의 선정조건으로 옳지 않은 것은?

① 흡수율이 낮을 것
② 비중이 클 것
③ 열전도율이 낮을 것
④ 내화성이 좋을 것

[정답] 59 ③ 60 ④ 61 ④ 62 ③ 63 ②

해설

단열재의 선정조건

① 열전도율, 흡수율이 작을 것
② 비중, 투기성이 작을 것
③ 내화성이 크고 내부식성이 좋을 것
④ 시공성이 좋고 기계적인 강도가 있을 것
⑤ 재질의 변질이 없고 균일한 품질일 것
⑥ 가격이 저렴하고 연소 시 유독가스 발생이 없을 것

참고 건설안전산업기사 필기 p.4-134(8. 단열재)

KEY 2021년 5월 9일(문제 68번) 출제

64 석재를 대상으로 실시하는 시험의 종류와 거리가 먼 것은?

① 비중 시험 ② 흡수율 시험
③ 압축강도 시험 ④ 인장강도 시험

해설

석재시험의 종류

① 비중 시험
② 흡수율 시험
③ 압축강도 시험

참고 건설안전산업기사 필기 p.4-65(합격날개 : 은행문제 2)

보충학습

인장강도 시험 : 금속 시험

65 금속면의 보호와 부식방지를 목적으로 사용하는 방청도료와 가장 거리가 먼 것은?

① 광명단조합페인트 ② 알루미늄 도료
③ 에칭프라이머 ④ 캐슈수지 도료

해설

캐슈도료(cashew resin paint)

① 열대성 식물인 옻나무과 캐슈의 과실 껍질에 함유되어 있는 액을 주원료로 한 유성도료로서 천연산 옻과 비슷한 성질로 합성 칠도료라고도 한다.
② 액에 포르말린 등을 작용시키면, 주성분인 카르단올과 카르돌이 중합하여, 점조성(粘稠性)의 흑갈색의 액체를 얻을 수 있다.
③ 내열성 ·내유성(耐油性) ·내약품성이며 전기절연도도 우수하다.
④ 광택은 우수하지만 천연 옻칠처럼 내후성(耐候性)에 약한 결점이 있다.
⑤ 차량이나 목공용 밑바탕 도료, 특히 가구의 도장(途裝)에 많이 쓰인다.

66 석고플라스터 미장재료에 대한 설명으로 옳지 않은 것은?

① 응결시간이 길고, 건조수축이 크다.
② 가열하면 결정수를 방출하므로 온도상승이 억제된다.
③ 물에 용해되므로 물과 접촉하는 부위에서의 사용은 부적합하다.
④ 일반적으로 소석고를 주성분으로 한다.

해설

석고플라스터의 장점

① 여물이나 물을 필요로 하지 않는다.
② 내부가 단단하며, 방화성도 크다.
③ 목재의 부식을 막으며, 유성페인트를 즉시 칠할 수 있다.(응결시간이 짧다.)

참고 ① 건설안전산업기사 필기 p.4-98(4. 석고플라스터)
② 2013년 3월 10일(문제 74번)

67 건물의 바닥 충격음을 저감시키는 방법에 대한 설명으로 틀린 것은?

① 유리면 등의 완충재를 바닥공간 사이에 넣는다.
② 부드러운 표면마감재를 사용하여 충격력을 작게 한다.
③ 바닥을 띄우는 이중바닥으로 한다.
④ 바닥슬래브의 중량을 작게 한다.

해설

바닥 충격음 저감법

① 유리면 등의 완충재를 바닥공간 사이에 넣는다.
② 부드러운 표면마감재를 사용하여 충격력을 작게 한다.
③ 바닥을 띄우는 이중바닥으로 한다.
④ 바닥슬래브의 중량을 크게 한다.

참고 건설안전산업기사 필기 p.4-133(합격예측:은행문제)

68 진주석 또는 흑요석 등을 900~1,200[℃]로 소성한 후에 분쇄하여 소성팽창하면 만들어지는 작은 입자에 접착제 및 무기질 섬유를 균등하게 혼합하여 성형한 제품은?

① 규조토 보온재 ② 규산칼슘 보온재
③ 질석 보온재 ④ 펄라이트 보온재

[정답] 64 ④ 65 ④ 66 ① 67 ④ 68 ④

해설

규조토(diatomaceous earth, 硅藻土)

① 수중에 사는 하등 해조류인 규조의 유해가 침전되어 형성된 토양을 말한다.
② 백색이며 화학성분은 이산화규소(SiO_2)이다.
③ 주로 해저, 호저, 온천 등에 많이 형성된다.
④ 규산의 농도가 높은 것이 순도가 높은 규조토이다.
⑤ 두께는 수[m]에서 수백[m]까지 나타난다. 절연체, 흡수재, 여과재 등으로 이용된다.

보충학습

보온재

① 일반적으로 열(熱)이 전도(傳導)나 복사(輻射)에 의해 달아나기 힘든 재료를 벽체(壁體) 또는 천장에 사용하여 방서(防署), 방한(防寒)효과를 갖게 하는 것을 말하는데, 그 재료에는 석면(石綿) · 암면(岩綿) · 유리섬유 · 펄라이트보드 · 스티로폼의 기포판(氣抱板) · 코르크 등이 있다.
② 단열재(斷熱材) · 차열재(遮熱材)라고도 한다.
③ 특수건축의 보온 · 보냉장치(保冷裝置)의 격벽재료(隔壁材料)로 사용되는 것도 있으며, 열전도율이 작은 재료이다.

KEY 2019년 4월 27일 기사 출제

69 목재의 함수율에 관한 설명 중 옳지 않은 것은?

① 목재의 함유수분 중 자유수는 목재의 중량에는 영향을 끼치지만 목재의 물리적 또는 기계적 성질과는 관계가 없다.
② 침엽수의 경우 심재의 함수율은 항상 변재의 함수율보다 크다.
③ 섬유포화상태의 함수율은 30[%] 정도이다.
④ 기건상태란 목재가 통상 대기의 온도, 습도와 평형된 수분을 함유한 상태를 말하며, 이때의 함수율은 15[%] 정도이다.

해설

목재의 함수율

① 함수율이 작아질수록 목재는 수축하며, 목재의 강도는 증가
② 섬유포화점 이상 – 강도 불변
③ 섬유포화점 이하 – 건조정도에 따라 강도 증가
④ 전건상태 – 섬유포화점 강도의 약 3배
⑤ 변재의 함수율이 심재의 함수율보다 큼

참고 건설안전산업기사 필기 p.4-5(합격날개:은행문제)

보충학습

심재와 변재

구분	특징
심재	수심을 둘러싸고 있는 생활기능이 줄어든 세포의 집합으로 내부의 짙은 색깔 부분이다.
변재	심재 외측과 나무껍질 사이에 엷은 색깔의 부분으로 수액의 이동통로이며 양분을 저장하는 장소이다.

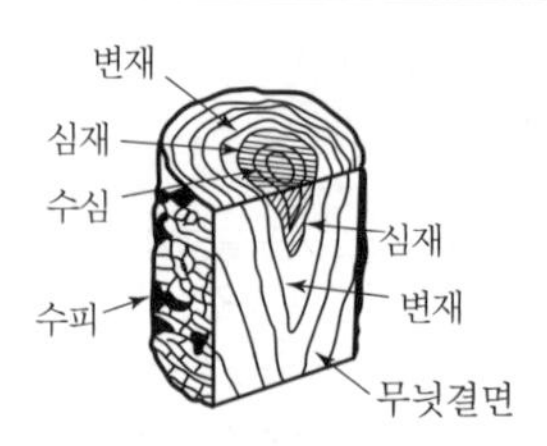

[그림] 목재조직의 구조

70 단백질계 접착제 중 동물성 단백질이 아닌 것은?

① 카세인 ② 아교
③ 알부민 ④ 아마인유

해설

접착제 및 수지구분

① 단백질계 : 아교, 카세인, 알부민, 탈지대두 단백질
② 열가소성 : 초산비닐수지, 염화비닐수지, 아크릴수지, 스타이렌수지, 폴리아미드수지, 알키드수지, 셀룰로오스수지, 폴리우레탄수지
③ 열경화성 : 페놀수지, 레소시놀수지, 요소수지, 멜라민수지, 푸란수지, 에폭시수지, 불포화폴리에스테르수지, 실리콘수지

참고 건설안전산업기사 필기 p.4-127(2. 식물성 접착제)

71 비철금속에 관한 설명으로 옳지 않은 것은?

① 청동은 동과 주석의 합금으로 건축장식철물 또는 미술공예재료에 사용된다.
② 황동은 동과 아연의 합금으로 산에는 침식되기 쉬우나 알칼리나 암모니아에는 침식되지 않는다.
③ 알루미늄은 광선 및 열의 반사율이 높지만 연질이기 때문에 손상되기 쉽다.
④ 납은 비중이 크고 전성, 연성이 풍부하다.

해설

알칼리와 해수

① 알칼리에 약한 금속 : 동, 알루미늄, 아연, 납
② 해수에 약한 금속 : 동, 알루미늄, 아연

참고 건설안전산업기사 필기 p.4-80(합격날개 : 합격예측)

[정답] 69 ② 70 ④ 71 ②

72 석고보드공사에 관한 설명으로 옳지 않은 것은?

① 석고보드는 두께 9.5[mm] 이상의 것을 사용한다.
② 목조 바탕의 띠장 간격은 200[mm] 내외로 한다.
③ 경량철골 바탕의 칸막이벽 등에서는 기둥, 샛기둥의 간격을 450[mm] 내외로 한다.
④ 석고보드용 평머리못 및 기타 설치용 철물은 용융아연 도금 또는 유리크롬 도금이 된 것으로 한다.

해설

석고보드공사

① 석고보드는 두께 9.5[mm] 이상의 것을 사용한다.
② 경량철골 바탕의 칸막이벽 등에서는 기둥, 샛기둥의 간격을 450[mm] 내외로 한다.
③ 석고보드용 평머리못 및 기타 설치용 철물은 용융아연 도금 또는 유리크롬 도금이 된 것으로 한다.

참고 건설안전산업기사 필기 p.4-104(합격날개 : 은행문제 2)

73 내화벽돌은 최소 얼마 이상의 내화도를 가진 것을 의미하는가?

① SK26 ② SK28
③ SK30 ④ SK32

해설

SK번호

① 소성온도 측정법에는 1886년 제게르(Seger)가 고안 (SK26 : 1580[℃] 기준)
② 1908년 시모니스(Simonis)가 개량한 제게르콘(Seger cone)법이 있으며 제게르-케게르(Seger-Korger)의 소성온도를 표시

참고 ① 건설안전산업기사 필기 p.4-67(4. 온도측정법)
② 건설안전산업기사 필기 p.4-76(문제 21번) 적중

KEY ① 2018년 3월 4일 출제
② 2019년 3월 3일 기사(문제 94번) 출제

74 금속제 용수철과 완충유와의 조합작용으로 열린문이 자동으로 닫히게 하는 것으로 바닥에 설치되며, 일반적으로 무게가 큰 중량창호에 사용되는 것은?

① 래버터리 힌지 ② 플로어 힌지
③ 피벗 힌지 ④ 도어 클로저

해설

플로어 힌지 용도

① 중량창호 용
② 자동닫힘장치

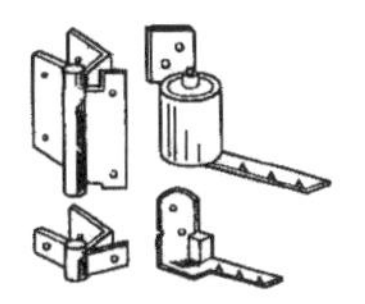
① 레버터리 힌지

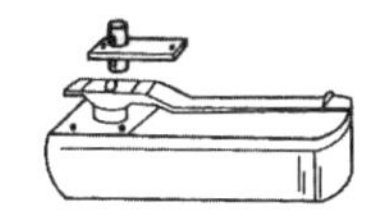
② 플로어 힌지

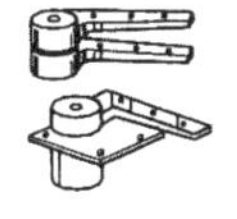
③ 피벗 힌지

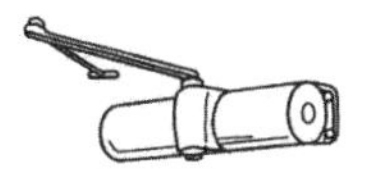
④ 도어 클로저

[그림] 창호철물

참고 건설안전산업기사 필기 p.4-89(그림. 창호철물)

KEY 2016년 5월 9일 CBT(문제 64번) 출제

75 재료의 단열성에 영향을 미치는 요인이 아닌 것은?

① 재료의 두께 ② 재료의 밀도
③ 재료의 강도 ④ 재료의 표면상태

해설

단열성에 영향을 미치는 요인

① 재료의 두께
② 재료의 밀도
③ 재료의 표면상태

참고 ① 건설안전산업기사 필기 p.5-14(3. 열적성질)
② 2013년 3월 10일(문제 61번)
③ 2013년 6월 2일(문제 74번)

76 합성수지에 대한 설명 중 옳지 않은 것은?

① 페놀수지는 내열성·내수성이 양호하여 파이프, 덕트 등에 사용된다.
② 염화비닐수지는 열가소성수지에 속한다.
③ 실리콘수지는 전기적 성능은 우수하나 내약품성·내후성이 좋지 않다.
④ 에폭시수지는 내약품성이 양호하며 금속도료 및 접착제로 쓰인다.

[정답] 72 ② 73 ① 74 ② 75 ③ 76 ③

해설

실리콘수지 접착제

① 내수성이 우수
② 내열성 우수(200[℃]), 내연성, 전기적 절연성 우수
③ 유리섬유판, 텍스, 피혁류 등 모든 접착가능
④ 방수제도로 사용가능

참고 건설안전산업기사 필기 p.4-115(3. 합성수지계 접착제의 종류 및 특성)

77 테라코타에 대한 설명으로 틀린 것은?

① 도토, 자토 등을 반죽하여 형틀에 넣고 성형하여 소성한 속이 빈 대형의 점토제품이다.
② 석재보다 가볍다.
③ 압축강도는 화강암과 거의 비슷하다.
④ 화강암보다 내화도가 높으며 대리석보다 풍화에 강하다.

해설

테라코타의 특징

① 건축에 쓰이는 점토제품으로는 가장 미술적인 것으로서 색채도 석재보다 자유롭다.
② 일반 석재보다 가볍고, 압축강도는 800~ 900[kg/m^2]로서 화강암의 1/2 정도이다.
③ 화강암보다 내화력이 강하고 대리석보다 풍화에 강하므로 외장에 적당하다.

참고 건설안전산업기사 필기 p.4-72(5. 테라코타)

78 모래의 함수율과 용적변화에서 이넌데이트(inundate) 현상이란 어떤 상태를 말하는가?

① 함수율 0~8[%]에서 모래의 용적이 증가하는 현상
② 함수율 8[%]의 습윤상태에서 모래의 용적이 감소하는 현상
③ 함수율 8[%]에서 모래의 용적이 최고가 되는 현상
④ 절건상태와 습윤상태에서 모래의 용적이 동일한 현상

해설

Inundate현상 : 절건 상태와 습윤상태에서 모래의 용적이 동일한 현상

참고 건설안전산업기사 필기 p.3-52(1. 용어의 정의 10)

79 시멘트를 저장할 때의 주의사항 중 옳지 않은 것은?

① 쌓을 때 너무 압축력을 받지 않게 13포대 이내로 한다.
② 통풍을 좋게 한다.
③ 3개월 이상된 것은 재시험하여 사용한다.
④ 저장소는 방습구조로 한다.

해설

통풍을 억제한다.

참고 건설안전산업기사 필기 p.4-30(합격날개 : 합격예측)

KEY 2016년 3월 16일 출제

80 건축공사의 일반창유리로 사용되는 것은?

① 석영유리 ② 붕규산유리
③ 칼라석회유리 ④ 소다석회유리

해설

소다석회유리(보통유리, 소다유리, 크라운유리)

① 용융되기 쉽다.
② 산에는 강하나 알칼리에 약하고 풍화되기 쉽다.
③ 용도 : 채광용 창유리, 일반 건축용 유리 등

참고 건설안전산업기사 필기 p.4-131(합격날개 : 합격예측)

5 건설안전기술

81 연약지반을 굴착할 때, 흙막이벽 뒷쪽 흙의 중량이 바닥의 지지력보다 커지면, 굴착저면에서 흙이 부풀어 오르는 현상은?

① 슬라이딩(Sliding) ② 보일링(Boiling)
③ 파이핑(Piping) ④ 히빙(Heaving)

해설

히빙(Heaving) 현상

연약성 점토지반 굴착시 굴착외측 흙의 중량에 의해 굴착저면의 흙이 활동 전단 파괴되어 굴착내측으로 부풀어 오르는 현상

참고 건설안전산업기사 필기 p.5-16(합격날개 : 합격예측)

KEY 2016년 10월 1일 출제

[정답] 77 ③ 78 ④ 79 ② 80 ④ 81 ④

82 산업안전보건법령에 따른 크레인을 사용하여 작업을 하는 때 작업시작 전 점검사항에 해당되지 않는 것은?

① 권과방지장치·브레이크·클러치 및 운전장치의 기능
② 주행로의 상측 및 트롤리(trolley)가 횡행하는 레일의 상태
③ 원동기 및 풀리(pulley)기능의 이상 유무
④ 와이어로프가 통하고 있는 곳의 상태

해설

크레인을 사용하여 작업을 할 때 작업시작전 점검사항
① 권과방지장치·브레이크·클러치 및 운전장치의 기능
② 주행로의 상측 및 트롤리가 횡행(橫行)하는 레일의 상태
③ 와이어로프가 통하고 있는 곳의 상태

참고 건설안전산업기사 필기 p.1-73(표. 작업시작 전 점검사항)

KEY ① 2016년 3월 6일 기사 출제
② 2017년 3월 5일 기사 출제
③ 2017년 9월 23일 산업기사 출제

정보제공
산업안전보건기준에 관한 규칙 [별표 3]작업시작전 점검사항

83 말비계에 설치되는 작업발판의 폭에 대한 기준으로 옳은 것은?

① 20[cm] 이상 ② 40[cm] 이상
③ 60[cm] 이상 ④ 80[cm] 이상

해설

말비계 작업발판 폭 : 40[cm] 이상

참고 건설안전산업기사 필기 p.5-101(합격날개:합격예측)

보충학습

말비계
말비계를 조립하여 사용할 경우에는 다음 각 호의 사항을 준수하여야 한다.
① 지주부재의 하단에는 미끄럼 방지장치를 하고, 양측 끝부분에 올라서서 작업하지 않도록 할 것
② 지주부재와 수평면과의 기울기를 75[°] 이하로 하고, 지주부재와 지주부재 사이를 고정시키는 보조부재를 설치할 것
③ 말비계의 높이가 2[m]를 초과할 경우에는 작업발판의 폭을 40[cm] 이상으로 할 것

84 다음은 이음매가 있는 권상용 와이어로프의 사용금지 규정이다. ( ) 안에 알맞은 숫자는?

> 와이어로프의 한 꼬임에서 소선의 수가 ( )[%]이상 절단된 것을 사용하면 안 된다.

① 5 ② 7
③ 10 ④ 15

해설

달비계 와이어로프 사용금지 기준
① 이음매가 있는 것
② 와이어로프의 한 꼬임[스트랜드(strand)]에서 끊어진 소선(素線)[필러(pillar)선은 제외한다]의 수가 10[%] 이상(비자전로프의 경우에는 끊어진 소선의 수가 와이어로프 호칭지름의 6배 길이 이내에서 4[개] 이상이거나 호칭지름 30배 길이 이내에서 8[개] 이상)인 것
③ 지름의 감소가 공칭지름의 7[%]를 초과하는 것
④ 꼬인 것
⑤ 심하게 변형되거나 부식된 것
⑥ 열과 전기충격에 의해 손상된 것

참고 건설안전산업기사 필기 p.5-100(합격날개:합격예측 및 관련법규)

KEY 2015년 5월 31일 기사 출제

정보제공
산업안전보건기준에 관한 규칙 제63조(달비계의 구조)

85 산업안전보건법령에 따른 중량물을 취급하는 작업을 하는 경우의 작업계획서 내용에 포함되지 않는 사항은?

① 추락위험을 예방할 수 있는 안전대책
② 낙하위험을 예방할 수 있는 안전대책
③ 전도위험을 예방할 수 있는 안전대책
④ 위험물 누출위험을 예방할 수 있는 안전대책

해설

중량물의 취급 작업
① 추락위험을 예방할 수 있는 안전대책
② 낙하위험을 예방할 수 있는 안전대책
③ 전도위험을 예방할 수 있는 안전대책
④ 협착위험을 예방할 수 있는 안전대책
⑤ 붕괴위험을 예방할 수 있는 안전대책

참고 건설안전산업기사 필기 p.5-182(11. 중량물 취급작업)

정보제공
산업안전보건기준에 관한 규칙 [별표 4] 사전조사 및 작업계획서 내용

[정답] 82 ③ 83 ② 84 ③ 85 ④

86 지반의 조사방법 중 지질의 상태를 가장 정확히 파악할 수 있는 보링방법은?

① 충격식 보링(percussion boring)
② 수세식 보링(wash boring)
③ 회전식 보링(rotary boring)
④ 오거 보링(auger boring)

해설

회전식 보링(Rotary Boring)

① 비트(Bit)를 약 40~150[rpm]의 속도로 회전시켜 흙을 펌프를 이용하여 지상으로 퍼내 지층상태를 판단하는 것
② 가장 정확한 지층상태 확인가능

참고 건설안전산업기사 필기 p.5-6(2. 보링의 종류)

87 철근콘크리트 현장타설공법과 비교한 PC(precast concrete)공법의 장점으로 볼 수 없는 것은 ?

① 기후의 영향을 받지 않아 동절기 시공이 가능하고, 공기를 단축할 수 있다.
② 현장작업이 감소되고, 생산성이 향상되어 인력절감이 가능하다.
③ 공사비가 매우 저렴하다.
④ 공장 제작이므로 콘크리트 양생 시 최적조건에 의한 양질의 제품생산이 가능하다.

해설

프리캐스트 콘크리트(Precast concrete)

① 보, 기둥, 슬라브 등을 공장에서 미리 만들어 현장에서 조립하는 콘크리트
② 인력절감, 공기단축
③ 균등한 품질확보
④ 부재의 규격화, 대량생산 가능
⑤ 공사비 절감, 생산성 향상
⑥ 접합부위, 연결부위의 일체성확보가 RC공사에 비해 불리하다.
⑦ 외기에 영향을 받지 않으므로 동절기 시공이 가능하다.
⑧ 다양한 형상제작이 곤란하므로 설계상의 제약이 따른다.
⑨ 대규모 공사에 적용하는 것이 유리하다.

참고 건설안전산업기사 필기 p.5-151(4. 프리캐스트 공사안전)

88 추락재해 방호용 방망의 신품에 대한 인장강도는 얼마인가?(단, 그물코의 크기가 10[cm]이며, 매듭 없는 방망)

① 220[kg] ② 240[kg]
③ 260[kg] ④ 280[kg]

해설

방망사의 신품에 대한 인장강도

그물코의 크기 (단위 :[cm])	방망의 종류(단위 : [kg])	
	매듭없는 방망	매듭 방망
10	240	200
5		110

참고 건설안전산업기사 필기 p.5-68(1. 방망사의 강도)

KEY ① 2016년 5월 8일 기사 출제
② 2017년 3월 5일 기사 출제
③ 2017년 8월 26일 기사 출제

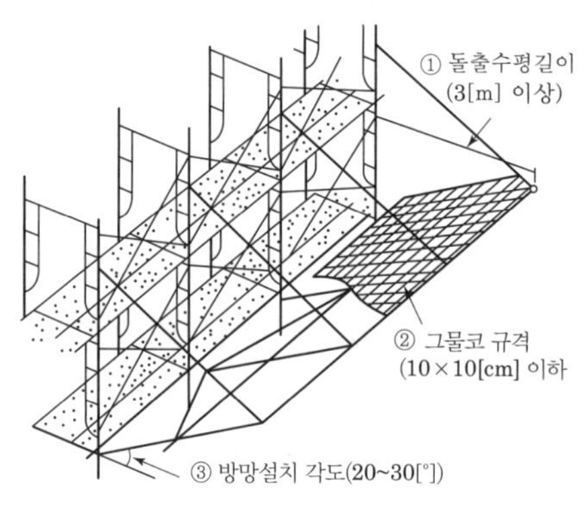

[그림] 추락 방호망

89 무한궤도식 장비와 타이어식(차륜식) 장비의 차이점에 관한 설명으로 옳은 것은?

① 무한궤도식은 기동성이 좋다.
② 타이어식은 승차감과 주행성이 좋다.
③ 무한궤도식은 경사지반에서의 작업에 부적당하다.
④ 타이어식은 땅을 다지는 데 효과적이다.

해설

자동차와 불도저를 생각하면 답이 보인다.

참고 ① 건설안전산업기사 필기 p.5-25(합격날개 : 은행문제)
② 건설안전산업기사 필기 p.5-31(2. 불도저 분류)

[정답] 86 ③ 87 ③ 88 ② 89 ②

90 사다리식 통로의 설치기준으로 틀린 것은?

① 폭은 30[cm] 이상으로 할 것
② 발판과 벽과의 사이는 15[cm] 이상의 간격을 유지할 것
③ 사다리의 상단은 걸쳐놓은 지점으로부터 60[cm] 이상 올라가도록 할 것
④ 사다리식 통로의 길이가 10[m] 이상인 경우에는 7[m] 이내마다 계단참을 설치할 것

해설

사다리식 통로 설치기준
① 견고한 구조로 할 것
② 심한 손상·부식 등이 없는 재료를 사용할 것
③ 발판의 간격은 일정하게 할 것
④ 발판과 벽과의 사이는 15[cm] 이상의 간격을 유지할 것
⑤ 폭은 30[cm] 이상으로 할 것
⑥ 사다리가 넘어지거나 미끄러지는 것을 방지하기 위한 조치를 할 것
⑦ 사다리의 상단은 걸쳐놓은 지점으로부터 60[cm] 이상 올라가도록 할 것
⑧ 사다리식 통로의 길이가 10[m] 이상인 경우에는 5[m] 이내마다 계단참을 설치할 것
⑨ 사다리식 통로의 기울기는 75[°] 이하로 할 것. 다만, 고정식 사다리식 통로의 기울기는 90[°] 이하로 하고, 그 높이가 7[m] 이상인 경우에는 바닥으로부터 높이가 2.5[m]되는 지점부터 등받이울을 설치할 것
⑩ 접이식 사다리 기둥은 사용 시 접혀지거나 펼쳐지지 않도록 철물 등을 사용하여 견고하게 조치할 것

참고 산업안전보건기준에 관한 규칙 제23조(가설통로의 구조)

91 지반의 투수계수에 영향을 주는 인자에 해당하지 않는 것은?

① 토립자의 단위중량
② 유체의 점성계수
③ 토립자의 공극비
④ 유체의 밀도

해설

투수계수(透水係數, hydraulic conductivity)
① 지층의 투수도를 나타내는 지표로 일정 단위의 단면적을 단위시간에 통과하는 수량(水量)으로 정의된다.
② 다공질재료의 물질성질에 의해 결정되는 것이지만 실내에서 실험적으로 이것을 구할 때는 실험 시의 수온에 따라 점성계수가 관련되므로 표준수온을 15[℃]로 하여 이것을 환산하는 방법이 사용되고 있다.
③ 투수계수의 기호는 K로 표시되며, 단위로 cm/sec, m/sec, m/day 등을 사용한다.

[표] 지층과 투수계수의 관계

투수도(透水度)	투수계수 [cm/sec]	지반을 구성하는 토(土)
높음	10^{-1} 이상	조립 또는 중립의 역(礫)
보통	10^{-1}~10^{-3}	세력(細礫)·조사(組砂)·중사(中砂)·세사(細砂)
낮음	10^{-3}~10^{-5}	극세사(極細砂)·실트질 모래·석분(石粉)
극히 낮음	10^{-5}~10^{-7}	단단한 실트·단단한 점토질 실트·점토
불투수	10^{-7} 이하	균질의 점토

참고 건설안전산업기사 필기 p.5-9(합격날개:합격예측)

보충학습

투수계수에 영향을 주는 인자
① 유체의 점성계수
② 유체의 밀도
③ 토립자의 공극비

92 다음은 산업안전보건법령에 따른 승강설비의 설치에 관한 내용이다. ( )에 들어갈 내용으로 옳은 것은?

> 사업주는 높이 또는 깊이가 ( )를 초과하는 장소에서 작업하는 경우 해당 작업에 종사하는 근로자가 안전하게 승강하기 위한 건설작업용 리프트 등의 설비를 설치하는 것이 작업의 성질상 곤란한 경우에는 그러하지 아니하다.

① 2[m] ② 3[m]
③ 4[m] ④ 5[m]

해설

승강설비 높이 및 길이 기준 : 2[m] 초과

참고 건설안전산업기사 필기 p.5-131(합격날개 : 합격예측 및 관련법규)

KEY ① 2017년 5월 7일 기사 출제
② 2017년 8월 26일 기사 출제

93 다음 중 굴착기의 전부장치와 거리가 먼 것은?

① 붐(Boom) ② 암(Arm)
③ 버킷(Bucket) ④ 블레이드(Blade)

[정답] 90 ④ 91 ① 92 ① 93 ④

2023

해설

굴착기

(1) 정의 : 굴착기는 주행하는 하부본체에 동력을 장착한 상부회전체 및 교체 가능한 전부장치로 구성되어 굴착 및 적재 등의 많은 작업을 할 수 있는 다목적 기계이다.
(2) 전부장치
① 백호(Back Hoe) : 엑스카베이터(excavator)라고도 하며 본체의 작업위치보다 낮은 굴착에 쓰이고 공사장 지하 및 도랑파기 등에 적합하다.
② 셔블(Shovel) : 작업위치보다 높은 곳 굴착작업에 이용되는 것으로 삽의 역할을 한다. 파워셔블은 토량을 빠른 속도로 굴착 운반할 때 사용
③ 드래그 라인(Drag Line) : 자연보다 낮은 곳을 넓게 굴착하는 데 사용하며 작업반경이 넓고, 수중굴착 및 긁어 파기에 이용된다.
④ 어스드릴(Earth Drill) : 무소음으로 직경이 크고 깊은 구멍을 굴착하여 도심의 소음방지면에서 건축물의 기초공사에 주로 사용한다.
⑤ 파일 드라이버(Pile Driver) : 콘크리트나 시트에 말뚝이나 기둥을 박는 역할을 한다.
⑥ 클램쉘(Clam shell) : 조개장치로서 정확한 수중굴착에 사용된다.

참고 건설안전산업기사 필기p.5-27(3. 작업에 따른 분류)

보충학습

블레이드

① 불도저의 부속장치
② 불도저는 배토정지용 기계

94 다음 ( )안에 들어갈 말로 옳은 것은?

콘크리트 측압은 콘크리트 타설속도, (   ), 단위용적질량, 온도, 철근배근상태 등에 따라 달라진다.

① 타설높이 ② 골재의 형상
③ 콘크리트 강도 ④ 박리제

해설

콘크리트 측압 결정요소

콘크리트 측압은 콘크리트 타설속도, 타설높이, 단위용적중량, 온도, 철근배근상태 등에 따라 달라진다.

95 차량계 하역운반기계 등을 이송하기 위하여 자주(自走) 또는 견인에 의하여 화물자동차에 싣거나 내리는 작업을 할 때 발판·성토 등을 사용하는 경우 기계의 전도 또는 전락에 의한 위험을 방지하기 위하여 준수하여야 할 사항으로 옳지 않은 것은?

① 싣거나 내리는 작업은 견고한 경사지에서 실시할 것
② 가설대 등을 사용하는 경우에는 충분한 폭 및 강도와 적당한 경사를 확보할 것
③ 발판을 사용하는 경우에는 충분한 길이·폭 및 강도를 가진 것을 사용할 것
④ 지정운전자의 성명·연락처 등을 보기 쉬운 곳에 표시하고 지정운전자 외에는 운전하지 않도록 할 것

해설

차량계 하역운반기계 전도·전락방지 대책

① 싣거나 내리는 작업은 평탄하고 견고한 장소에서 할 것
② 발판을 사용하는 경우에는 충분한 길이·폭 및 강도를 가진 것을 사용하고 적당한 경사를 유지하기 위하여 견고하게 설치할 것
③ 가설대 등을 사용하는 경우에는 충분한 폭 및 강도와 적당한 경사를 확보할 것
④ 지정운전자의 성명·연락처 등을 보기 쉬운 곳에 표시하고 지정운전자 외에는 운전하지 않도록 할 것

참고 건설안전산업기사 필기 p.5-59(합격날개:합격예측 및 관련법규)

정보제공

산업안전보건기준에 관한 규칙 제174조(차량계 하역운반기계 등의 이송)

96 공사현장에서 낙하물방지망 또는 방호선반을 설치할 때 설치높이 및 벽면으로부터 내민 길이 기준으로 옳은 것은?

① 설치높이 : 10[m] 이내마다, 내민 길이 2[m] 이상
② 설치높이 : 15[m] 이내마다, 내민 길이 2[m] 이상
③ 설치높이 : 10[m] 이내마다, 내민 길이 3[m] 이상
④ 설치높이 : 15[m] 이내마다, 내민 길이 3[m] 이상

해설

낙하물(안전)방망 설치기준

① 추락방호망의 설치위치는 가능하면 작업면으로부터 가까운 지점에 설치하여야 하며, 작업면으로부터 망의 설치지점까지의 수직거리는 10[m]를 초과하지 아니할 것
② 추락방호망은 수평으로 설치하고, 망의 처짐은 짧은 변 길이의 12[%] 이상이 되도록 할 것

[정답] 94 ① 95 ① 96 ①

③ 건축물 등의 바깥쪽으로 설치하는 경우 망의 내민 길이는 벽면으로부터 3[m] 이상 되도록 할 것. 다만, 그물코가 20[mm] 이하인 망을 사용한 경우에는 낙하물방지망을 설치한 것으로 본다.

참고 건설안전산업기사 필기 p.5-76(2. 낙하·비래재해의 예방대책에 관한 사항)

정보제공

산업안전보건기준에 관한 규칙 제42조(추락의 방지)

보충학습

내민 길이

① 벽면(안쪽) : 2[m] 이상
② 외부(바깥쪽) : 3[m] 이상

합격자의 조언

제42조에서 3문제 출제(문제 91번, 문제 93번, 문제 94번)

97 옹벽이 외력에 대하여 안정하기 위한 검토 조건이 아닌 것은?

① 전도 ② 활동
③ 좌굴 ④ 지반 지지력

해설

옹벽의 안정조건 3가지

① 활동
② 전도
③ 지반지지력

참고 건설안전산업기사 필기 p.5-77(3. 옹벽의 안정조건 3가지)

98 철근콘크리트 슬래브에 발생하는 응력에 관한 설명으로 옳지 않은 것은?

① 전단력은 일반적으로 단부보다 중앙부에서 크게 작용한다.
② 중앙부 하부에는 인장응력이 발생한다.
③ 단부 하부에는 압축응력이 발생한다.
④ 휨응력은 일반적으로 슬래브의 중앙부에서 크게 작용한다.

해설

전단력은 단부에서 크게 작용한다.

참고 건설안전산업기사 필기 p.5-128(합격날개 : 은행문제)

KEY 2014년 8월 17일(문제 91번) 출제

99 다음 중 구조물의 해체작업을 위한 기계·기구가 아닌 것은?

① 쇄석기 ② 데릭
③ 압쇄기 ④ 철제 해머

해설

데릭(derrick)

① 철골세우기용 대표적 기계
② 가장일반적인 기중기

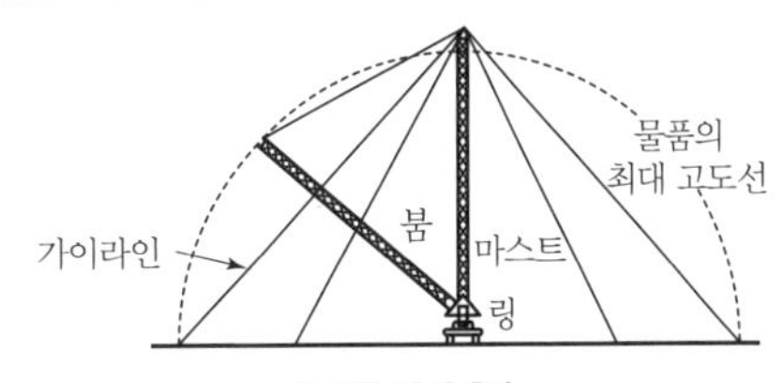

[그림] 가이데릭

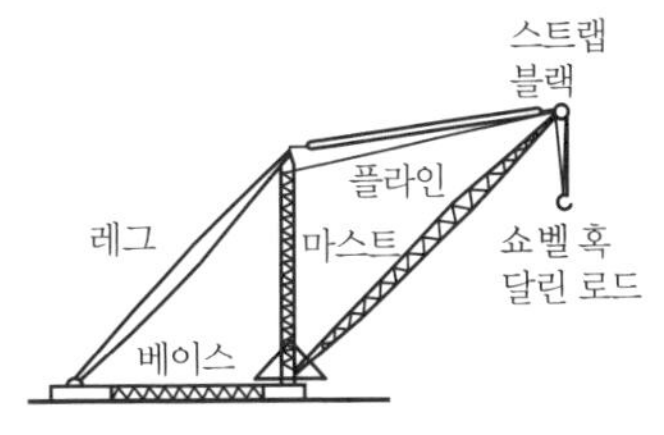

[그림] 스티프레그(삼각)데릭

참고 ① 건설안전산업기사 필기 p.5-59(1. 가이데릭)
② 건설안전산업기사 필기 p.5-171(합격날개 : 합격예측)

100 강관비계의 구조에서 비계기둥 간의 최대 허용 적재 하중으로 옳은 것은?

① 500[kg] ② 400[kg]
③ 300[kg] ④ 200[kg]

해설

강관비계의 비계기둥 간의 적재하중 : 400[kg]

참고 ① 건설안전산업기사 필기 p.5-92(라. 비계기둥 간의 적재하중)
② 건설안전산업기사 필기 p.5-97(합격날개:합격예측 및 관련법규)

KEY ① 2016년 10월 1일 기사 출제
② 2017년 3월 5일 기사 출제

정보제공

산업안전보건기준에 관한 규칙 제60조(강관비계의 구조)

[정답] 97 ③ 98 ① 99 ② 100 ②

2023년도 산업기사 정기검정 제4회 CBT(2023년 9월 2일 시행)

자격종목 및 등급(선택분야)

건설안전산업기사

종목코드	시험시간	수험번호	성명
2390	2시간30분	20230902	도서출판세화

※ 본 문제는 복원문제 및 예적(예상적중) 문제로 실제문제와 동일하지 않을 수 있습니다.

1 산업안전관리론

01 안전교육의 순서로 옳게 나열된 것은?

① 준비－제시－적용－확인
② 준비－확인－제시－적용
③ 제시－준비－확인－적용
④ 제시－준비－적용－확인

해설

교육의 4단계(안전교육의 순서)
도입(준비)→제시→적용→확인(평가)

참고 건설안전산업기사 필기 p.1-279(4. 교육진행 4단계 순서)

KEY ① 2016년 3월 6일 기사 출제
② 2016년 10월 1일 기사 출제
③ 2017년 3월 5일 기사 출제
④ 2017년 5월 7일 기사 출제
⑤ 2017년 9월 23일 기사 출제
⑥ 2018년 8월 19일 기사 출제
⑦ 2019년 9월 21일 산업기사 출제

02 매슬로우의 욕구단계 이론에서 자기의 잠재능력을 극대화하여 원하는 것을 이루고자 하는 욕구에 해당되는 것은?

① 자아실현의 욕구 ② 사회적 욕구
③ 존경의 욕구 ④ 안전의 욕구

해설

매슬로우 욕구 5단계
① 제1단계 : 생리적 욕구(의, 식, 주, 성 등 기본적 욕구)
② 제2단계 : 안전욕구(생명, 생활, 외부로부터 자기보호욕구)
③ 제3단계 : 사회적 욕구
④ 제4단계 : 존경의 욕구
⑤ 제5단계 : 자아실현의 욕구(성취욕구)

참고 건설안전산업기사 필기 p.1-222(5. 매슬로우의 욕구단계 이론)

KEY ① 2015년 5월 31일(문제 16번) 출제
② 2015년 9월 19일(문제 7번) 출제

03 산업안전보건법령상 다음 안전보건표지의 종류로 옳은 것은?

① 산화성물질 경고 ② 폭발성물질 경고
③ 부식성물질 경고 ④ 인화성물질 경고

해설

경고표지 15종

인화성 물질경고	산화성 물질경고	폭발성 물질경고	급성독성 물질경고	부식성 물질경고
방사성 물질경고	고압전기 경고	매달린물체 경고	낙하물 경고	고온 경고
저온 경고	몸균형 상실경고	레이저광선 경고	발암성·변이원성·생식독성·전신독성·호흡기과민성 물질경고	위험장소 경고

참고 건설안전산업기사 필기 p.1-97(2. 경고표지)

KEY 2017년 9월 23일(문제 4번) 출제

정보제공
산업안전보건법 시행규칙 [별표 6] 안전보건표지의 종류와 형태

[정답] 01 ① 02 ① 03 ④

04 스트레스(Stress)에 관한 설명으로 가장 적절한 것은?

① 스트레스 상황에 직면하는 기회가 많을수록 스트레스 발생 가능성은 낮아진다.
② 스트레스는 직무몰입과 생산성 감소의 직접적인 원인이 된다.
③ 스트레스는 부정적인 측면만 가지고 있다.
④ 스트레스는 나쁜 일에서만 발생한다.

해설

스트레스의 영향 : 직무 몰입 및 생산성 감소의 직접적 원인

참고 건설안전산업기사 필기 p.2-29(합격날개:합격예측)

KEY 2016년 10월 1일(문제 13번) 출제

05 평균 근로자수가 1,000명인 사업장의 도수율이 10.25이고 강도율이 7.25이었을 때 이 사업장의 종합재해지수는?

① 7.62　　② 8.62
③ 9.62　　④ 10.62

해설

종합재해지수(F.S.I)
$\sqrt{\text{빈도율} \times \text{강도율}} = \sqrt{FR \times SR} = \sqrt{10.25 \times 7.25} = 8.62$

참고 건설안전산업기사 필기 p.1-55(5. 종합재해지수)

KEY ① 2016년 5월 8일 기사 출제
② 2017년 8월 26일 기사 출제
③ 2018년 9월 15일 산업기사 출제

정보제공
산업재해통계업무처리 규정 제3조(산업재해통계의 산출방법 및 정의)

06 다음 중 불안전한 행동과 가장 관계가 적은 것은?

① 물건을 급히 운반하려다 부딪쳤다.
② 뛰어가다 넘어져 골절상을 입었다.
③ 높은 장소에서 작업 중 부주의로 떨어졌다.
④ 낮은 위치에 정지해 있는 호이스트의 고리에 머리를 다쳤다.

해설

재해의 직·간접원인
① 불안전한 행동(인적 원인) : ①·②·③
② 불안전한 상태(물적 원인) : ④

참고 건설안전산업기사 필기 p.1-41(1. 산업재해의 직·간접원인)

KEY 2013년 9월 28일(문제 10번) 출제

07 심리검사의 특징 중 "검사의 관리를 위한 조건과 절차의 일관성과 통일성"을 의미하는 것은?

① 규준　　② 표준화
③ 객관성　　④ 신뢰성

해설

심리검사의 구비조건 5가지
① 표준화 : 검사절차의 일관성과 통일성
② 객관성 : 채점자의 편견, 주관성 배제
③ 규준 : 검사결과를 해석하기 위한 비교의 틀
④ 신뢰성 : 검사응답의 일관성(반복성)
⑤ 타당성 : 측정하고자 하는 것을 실제로 측정하는 것

참고 건설안전산업기사 필기 p.2-2(합격날개:합격예측)

KEY 2014년 9월 20일 기사·산업기사 동시 출제

합격자의 조언
산업기사를 공부하시면 기사도 합격됩니다.

08 근로자가 중요하거나 위험한 작업을 안전하게 수행하기 위해 인간의 의식수준(Phase) 중 몇 단계 수준에서 작업하는 것이 바람직한가?

① 0 단계　　② Ⅰ단계
③ Ⅲ단계　　④ Ⅳ단계

해설

의식 수준의 단계적 분류

Phase	생리상태	신뢰성
0	수면, 뇌발작	0
Ⅰ	피로, 단조로움, 졸음, 주취	0.9 이하
Ⅱ	안정기거, 휴식, 정상 작업 시	0.99~0.99999
Ⅲ	적극적 활동 시	0.999999 이상
Ⅳ	감정 흥분(공포상태)	0.9 이하

참고 ① 건설안전산업기사 필기 p.2-15(문제 2번)
② 건설안전산업기사 필기 p.2-44(4. 의식 레벨의 단계)

KEY 2016년 10월 1일(문제 1번) 출제

[정답] 04 ② 05 ② 06 ④ 07 ② 08 ③

09 **재해원인의 분석방법 중 사고의 유형, 기인물 등 분류항목을 큰 순서대로 도표화하는 통계적 원인분석 방법은?**

① 특성 요인도 ② 관리도
③ 크로스도 ④ 파레토도

해설

파레토도(Pareto diagram)

① 관리 대상이 많은 경우 최소의 노력으로 최대의 효과를 얻을 수 있는 방법
② 분류항목을 큰 값에서 작은 값의 순서로 도표화하는 데 편리

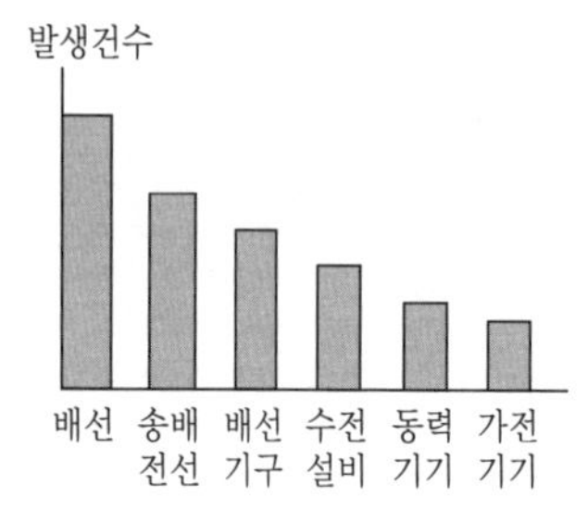

[그림] 전기설비별 감전사고 분포 파레토도 

참고 건설안전산업기사 필기 p.1-59(1. 파레토도)

KEY ① 2017년 8월 26일 기사 출제
② 2018년 3월 4일 기사 출제
③ 2018년 9월 15일 산업기사 출제

10 **작업현장에서 매일 작업 전, 작업 중, 작업 후에 실시하는 점검으로서 현장 작업자 스스로가 정해진 사항에 대하여 이상여부를 확인하는 안전점검의 종류는?**

① 정기점검 ② 임시점검
③ 일상점검 ④ 특별점검

해설

수시점검(일상점검)

① 매일 작업 전·작업 중 또는 작업 후에 일상적으로 실시하는 점검
② 작업자·작업책임자·관리감독자가 실시하고 사업주의 안전순찰도 넓은 의미에서 포함

참고 건설안전산업기사 필기 p.1-71(3. 안전점검의 종류)

KEY 2014년 9월 20일(문제 10번) 출제

11 **학습의 전이에 영향을 주는 조건이 아닌 것은?**

① 학습자의 지능 원인
② 학습자의 태도 요인
③ 학습장소의 요인
④ 선행학습과 후행학습 간 시간적 간격의 원인

해설

학습전이의 조건

① 학습정도
② 유이성
③ 시간적 간격
④ 학습자의 태도
⑤ 학습자의 지능

참고 건설안전산업기사 필기 p.2-69(합격날개 : 합격예측)

KEY ① 2016년 10월 1일 기사 출제
② 2017년 9월 23일 산업기사 출제
③ 2023년 9월 2일 기사 출제

12 **토의식 교육방법의 종류 중 새로운 자료나 교재를 제시하고 피교육자로 하여금 문제점을 제기하게 하거나 여러 가지 방법으로 의견을 발표하게 하고 청중과 토론자 간의 활발한 의견개진과 충돌로 합의를 도출해 내는 방법을 무엇이라 하는가?**

① 포럼(forum)
② 심포지엄(Symposium)
③ 버즈 세션(buzz session)
④ 케이스 메소드(case method)

해설

포럼(Forum)

① 새로운 자료나 교재를 제시하고 거기서의 문제점을 피교육자로 하여금 제기하게 하거나 의견을 여러 가지 방법으로 발표하게 하고 다시 깊이 파고들어 토의를 행하는 방법
② 대집단 토의방식

참고 건설안전산업기사 필기 p.2-68(1. 토의식 교육방법)

KEY 2013년 9월 28일(문제 8번) 출제

[정답] 09 ④ 10 ③ 11 ③ 12 ①

13 직장에서의 부적응 유형 중, 자기 주장이 강하고 대인관계가 빈약하며, 사소한 일에 있어서도 타인이 자신을 제외했다고 여겨 악의를 나타내는 특징을 가진 유형은?

① 망상인격　　② 분열인격
③ 무력인격　　④ 강박인격

해설

망상인격의 특징

① 자기주장은 강하고 대인관계빈약
② 사소한 일에도 타인이 자신을 제외했다고 악의를 나타내는 성격

KEY 2019년 9월 21일(문제 10번) 출제

14 재해의 발생은 관리구조의 결함에서 작전적, 전술적 에러로 이어져 사고 및 재해가 발생한다고 정의한 사람은?

① 버드(Bird)　　② 아담스(Adams)
③ 웨버(Weaver)　　④ 하인리히(Heinrich)

해설

아담스(Adams)의 재해연쇄이론

① 1단계 : 관리구조
② 2단계 : 작전적 에러(경영자, 감독자 행동)
③ 3단계 : 전술적 에러(불안전한 행동 or 조작)
④ 4단계 : 사고(물적사고)
⑤ 5단계 : 상해 또는 손실

참고 건설안전산업기사 필기 p.1-43(합격날개:합격예측)

KEY 2014년 9월 20일(문제 20번) 출제

15 사고예방대책의 기본원리 5단계에서 "사실의 발견" 단계에 해당하는 것은?

① 작업환경 측정　　② 안전진단 · 평가
③ 점검 및 조사 실시　　④ 안전관리 계획 수립

해설

제2단계(사실의 발견) 내용

① 사고 및 활동 기록의 검토　　② 작업 분석
③ 점검 및 검사　　④ 사고조사
⑤ 각종 안전회의 및 토의　　⑥ 작업 공정 분석
⑦ 관찰 및 보고서의 연구

참고 건설안전산업기사 필기 p.1-46(7. 사고예방대책 기본원리 5단계)

KEY 2015년 9월 19일(문제 1번) 출제

16 보호구 안전인증 고시에 따른 다음 방진 마스크의 형태로 옳은 것은?

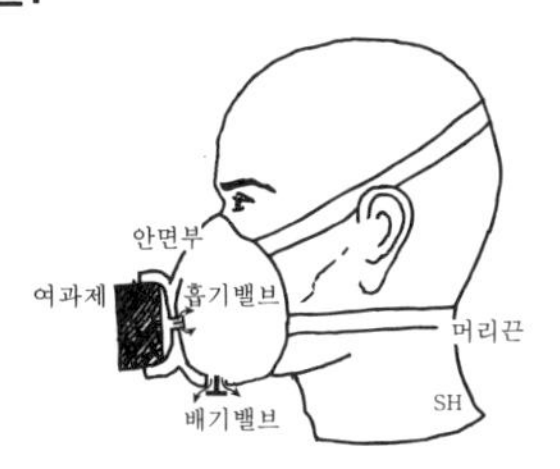

① 격리식 반면형　　② 직결식 반면형
③ 격리식 전면형　　④ 직결식 전면형

해설

방진마스크의 종류

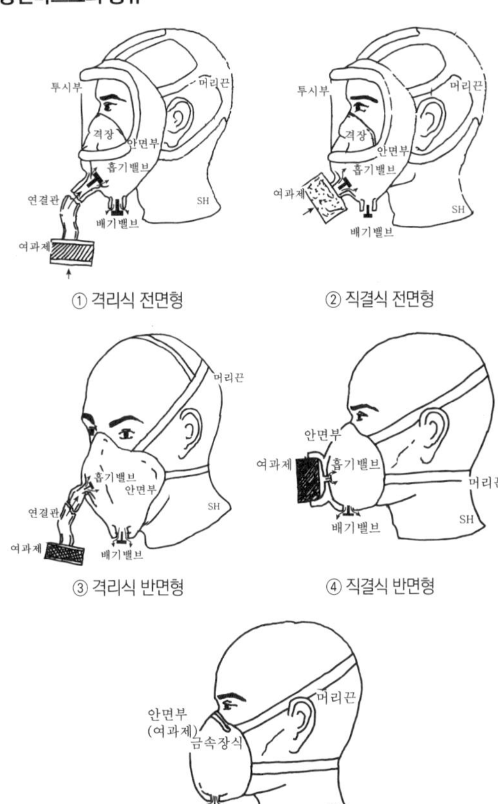

① 격리식 전면형　② 직결식 전면형
③ 격리식 반면형　④ 직결식 반면형
⑤ 안면부여과식

참고 건설안전산업기사 필기 p.1-92(2. 방진 · 방독마스크)

KEY ① 2016년 8월 21일 기사 출제
② 2018년 9월 15일 산업기사 출제

[정답] 13 ① 14 ② 15 ③ 16 ②

2023

17 **정지된 열차 내에서 창밖으로 이동하는 다른 기차를 보았을 때, 실제로 움직이지 않아도 움직이는 것처럼 느껴지는 심리적 현상을 무엇이라 하는가?**

① 가상운동　② 유도운동
③ 자동운동　④ 지각운동

해설

유도운동
실제로 움직이지 않는 것이 어느 기준의 이동에 유도되어 움직이는 것처럼 느껴지는 현상

참고 건설안전산업기사 필기 p.2-43(4. 인간의 착각현상)

KEY 2023년 9월 2일 기사 출제

보충학습

① 자동운동 : 암실 내에서 정리된 소광점을 응시하고 있으면 그 광점이 움직이는 것을 볼 수 있는데 이것을 자동운동이라 함
② 가현운동 : 객관적으로 정지하고 있는 대상물이 급속히 나타나거나 소멸하는 것으로 인하여 일어나는 운동으로 마치 대상물이 운동하는 것처럼 인식되는 현상(β-운동 : 영화 영상의 방법)

18 **팀워크에 기초하여 위험요인을 작업 시작 전에 발견·파악하고 그에 따른 대책을 강구하는 위험예지훈련에 해당하지 않는 것은?**

① 감수성 훈련　② 집중력 훈련
③ 즉흥적 훈련　④ 문제해결 훈련

해설

위험예지훈련의 종류
① 감수성 훈련 : 문제점파악 감수성 훈련
② 문제해결 훈련 : 문제점 해결방법 파악 훈련
③ 단시간 미팅 훈련 : TBM(Tool Box Metting) : 즉시즉응법
④ 집중력 훈련

참고 건설안전산업기사 필기 p.1-10(2. 위험예지훈련의 종류)

KEY 2019년 9월 21일(문제 1번) 출제

19 **산업안전보건법령상 자율안전확인대상에 해당하는 방호장치는?**

① 압력용기 압력방출용 파열판
② 가스집합 용접장치용 안전기
③ 양중기용 과부하방지장치
④ 방폭구조 전기기계·기구 및 부품

해설

자율안전확인 대상 방호장치의 종류
① 아세틸렌 용접장치용 또는 가스집합 용접장치용 안전기
② 교류 아크용접기용 자동전격방지기
③ 롤러기 급정지장치
④ 연삭기(研削機) 덮개
⑤ 목재 가공용 둥근톱 반발예방장치와 날접촉예방장치
⑥ 동력식 수동대패용 칼날 접촉방지장치
⑦ 산업용 로봇 안전매트
⑧ 추락·낙하 및 붕괴 등의 위험 방지 및 보호에 필요한 가설기자재(안전인증대상 기계에 해당되는 사항 제외)로서 고용노동부장관이 정하여 고시하는 것

참고 건설안전산업기사 필기 p.1-77(2. 방호장치의 종류)

KEY 2017년 9월 23일(문제 5번) 출제

정보제공

산업안전보건법 시행령 제77조(자율안전확인대상 기계 등)

20 **일반적으로 태도교육의 효과를 높이기 위하여 취할 수 있는 가장 바람직한 교육방법은?**

① 강의식　② 프로그램 학습법
③ 토의식　④ 문답식

해설

태도교육에 적합한 교육방식 : 토의식

참고 건설안전산업기사 필기 p.2-69(표. 토의식 교육과 강의식 교육의 비교)

KEY 2016년 10월 1일(문제 10번) 출제

2 인간공학 및 시스템 안전공학

21 **어떤 상황에서 정보 전송에 따른 표시장치를 선택하거나 설계할 때, 청각장치를 주로 사용하는 사례로 맞는 것은?**

① 메시지가 길고 복잡한 경우
② 메시지를 나중에 재참조하여야 할 경우
③ 메시지가 즉각적인 행동을 요구하는 경우
④ 신호의 수용자가 한 곳에 머무르고 있는 경우

[정답] 17② 18③ 19② 20③ 21③

해설

청각장치의 사용 예

① 전언이 간단할 경우
② 전언이 짧을 경우
③ 전언이 후에 재참조되지 않을 경우
④ 전언이 시간적인 사상(event)을 다룰 경우
⑤ 전언이 즉각적인 행동을 요구할 경우
⑥ 수신자의 시각 계통이 과부하 상태일 경우
⑦ 수신 장소가 너무 밝거나 암조응(暗調應) 유지가 필요할 경우
⑧ 직무상 수신자가 자주 움직이는 경우

참고 건설안전산업기사 필기 p.2-28(표. 청각장치와 시각장치의 사용 경위)

KEY ① 2017년 5월 7일 산업기사 출제
② 2018년 3월 4일 산업기사 출제
③ 2018년 4월 28일 산업기사 출제
④ 2018년 8월 19일 산업기사 출제
⑤ 2018년 9월 15일 산업기사 출제

22 다음 중 MIL-STD-882A에서 분류한 위험 강도의 범주에 해당하지 않는 것은?

① 위기(critical)
② 무시(negligible)
③ 경계(precautionary)
④ 파국(catastrophic)

해설

PHA의 카테고리(MIL-STD-882A) 분류

① Class 1 : 파국적(Catastrophic) – 사망, 시스템 손상
② Class 2 : 위기적(Critical) – 심각한 상해, 시스템 중대 손상
③ Class 3 : 한계적(Marginal) – 경미한 상해, 시스템 성능 저하
④ Class 4
㉮ 무시(Negligible) – 경미 상해 및 시스템 저하 없음
㉯ 시스템의 성능, 기능이나 인적 손실이 전혀 없는 상태

참고 건설안전산업기사 필기 p.2-77(2. 예비위험 분석)

23 물품을 일정시간 가동시켜 결함을 찾아내고 제거하여 고장률을 안정시키는 기간은?

① 우발고장기간 ② 말기고장기간
③ 초기고장기간 ④ 마모고장기간

해설

초기고장

① 불량제조나 생산과정에서의 품질관리의 미비로부터 생기는 고장으로서 점검작업이나 시운전 등으로 사전에 방지할 수 있는 고장
② 초기고장은 결함을 찾아내 고장률을 안정시키는 기간이라 하여 디버깅(debugging)기간이라고 하고 물품을 실제로 장시간 움직여 보고 그 동안에 고장난 것을 제거하는 공정이라 하여 번인(burn in) 기간이라고도 한다.

참고 건설안전산업기사 필기 p.2-11(1. 초기고장)

KEY 2017년 9월 23일(문제 29번) 출제

24 다음의 데이터를 이용하여 MTBF(Mean Time Between Failure)를 구하면 약 얼마인가?

가동시간	정지시간
$t_1=2.7$ 시간	$t_a=2.7$시간
$t_2=1.8$ 시간	$t_b=0.2$시간
$t_3=1.5$ 시간	$t_c=0.3$시간
$t_4=2.3$ 시간	$t_e=0.3$시간
부하시간=8시간	

① 1.8시간/회 ② 2.1시간/회
③ 2.8시간/회 ④ 3.1시간/회

해설

$$\text{MTBF}=\frac{t_1+t_2+t_3+t_4}{n}=\frac{2.7+1.8+1.5+2.3}{4}=\frac{8.3}{4}$$
$=2.075=2.1$시간/회

참고 건설안전산업기사 필기 p.2-10(3. MTBF)

보충학습

예제1 **한 대의 기계를 10시간 가동하는 동안 4회의 고장이 발생하였고, 이때의 고장수리시간이 다음 표와 같을 때 MTTR(Mean Time To Repair)은 얼마인가?**

가동시간(hour)	수리시간(hour)
$T_1=2.7$	$T_a=0.1$
$T_2=1.8$	$T_b=0.2$
$T_3=1.5$	$T_c=0.3$
$T_4=2.3$	$T_d=0.3$

① 0.225시간/회 ② 0.325시간/회
③ 0.425시간/회 ④ 0.525시간/회

풀이 MTTR(mean time to repair)
총수리시간을 수리횟수로 나눈 값
① 수리시간 : 0.1+0.2+0.3+0.3=9
② 수리횟수 : 4
③ 0.9÷4=0.225[시간/회]

참고 건설안전산업기사 필기 p.2-10(5. MTTR)

[정답] 22 ③ 23 ③ 24 ②

보충학습

MTTR(평균수리시간)

① $MTTR = \frac{1}{u(\text{평균 수리율})}$

② $MDT = (\text{평균정지시간}) = \frac{\text{총보전 작업시간}}{\text{총보전 작업건수}}$

③ $MTTR = \frac{\text{고장수리시간(hr)}}{\text{고장횟수}} = \frac{T_a + T_b + T_c + T_d}{4\text{회}}$

$= \frac{0.1+0.2+0.3+0.3}{4} = 0.225[\text{시간/회}]$

예제2 **어떤 공장에서 10,000[시간] 가동하는 동안 부품 15,000[개] 중 15[개]의 불량품이 발생하였다. 평균 고장간격(MTBF)은?**

① 1×10^6[시간]　② 2×10^6[시간]
③ 1×10^7[시간]　④ 2×10^7[시간]

풀이 MTBF

① $\text{고장률}(\lambda) = \frac{\text{고장건수}(r)}{\text{총가동시간}(t)} = \frac{\frac{15}{15,000}}{10,000}$

$= \frac{15}{15,000\times10,000} = 1\times10^{-7}$

② MTBF(평균고장간격)

$= \frac{1}{\lambda} = \frac{1}{1\times10^{-7}} = 1\times10^7[\text{시간}]$

25 인간 성능에 관한 척도와 가장 거리가 먼 것은?

① 빈도수 척도　② 지속성 척도
③ 자연성 척도　④ 시스템 척도

해설

인간 성능에 관한 척도
① 빈도수 척도
② 지속성 척도
③ 자연성 척도

참고 건설안전산업기사 필기 p.2-4(5. 인간기준의 종류)

KEY 2016년 10월 1일(문제 21번) 출제

26 다음 중 통제표시비를 설계할 때 고려해야 할 5가지 요소가 아닌 것은?

① 공차　② 조작시간
③ 일치성　④ 목측거리

해설

통제비 설계시 고려해야 할 사항 5가지
① 계기의 크기
② 공차
③ 방향성
④ 조작시간
⑤ 목측거리

참고 건설안전산업기사 필기 p.2-62(합격날개:합격예측)

KEY 2014년 9월 20일(문제 39번) 출제

27 다음 중 결함수 분석기법(FTA)의 활용으로 인한 장점이 아닌 것은?

① 귀납적 전개가 가능
② 사고원인 분석의 정량화
③ 사고원인 규명의 간편화
④ 한 눈에 알기 쉽게 Tree 상으로 표현 가능

해설

FTA의 활용 및 기대 효과
① 사고원인 규명의 간편화
② 사고원인 분석의 일반화
③ 사고원인 분석의 정량화
④ 노력, 시간의 절감
⑤ 시스템의 결함진단
⑥ 안전점검 체크리스트 작성

참고 건설안전산업기사 필기 p.2-89(2. FTA의 실시)

KEY 2013년 9월 28일(문제 39번) 출제

28 시스템안전 계획의 수립 및 작성 시 반드시 기술하여야 하는 것으로 거리가 가장 먼 것은?

① 안전성 관리 조직
② 시스템의 신뢰성 분석 비용
③ 작성되고 보존하여야 할 기록의 종류
④ 시스템 사고의 식별 및 평가를 위한 분석법

해설

시스템안전 계획 수립 및 작성 시 기술내용
① 안전성 관리 조직
② 작성되고 보존하여야 할 기록의 종류
③ 시스템 사고의 식별 및 평가를 위한 분석법

[정답] 25 ④　26 ③　27 ①　28 ②

참고 건설안전산업기사 필기 p.2-74(합격예측:은행문제)

KEY 2016년 10월 1일(문제 30번) 출제

29 다음 중 인체측정과 작업공간 설계에 관한 용어의 설명으로 틀린 것은?

① 정상작업영역 : 상완을 자연스럽게 수직으로 늘어뜨린 채, 손목을 움직여 닿을 수 있는 영역을 말한다.
② 최대작업영역 : 전완과 상완을 곧게 펴서 파악할 수 있는 영역을 말한다.
③ 정적 인체치수 : 마틴식 인체 측정기를 사용하여 측정한다.
④ 동적 인체치수 : 신체의 움직임에 따른 활동범위 등을 측정한다.

해설

정상작업영역
① 상완을 자연스럽게 수직으로 늘어뜨린 채, 전완만으로 편하게 뻗어 파악할 수 있는 구역
② 작업역 : 34~45[cm]

참고 건설안전산업기사 필기 p.2-43(합격날개:합격예측)

KEY 2015년 9월 19일(문제 28번) 출제

30 FT도 작성에 사용되는 기호에서 그 성격이 다른 하나는?

① 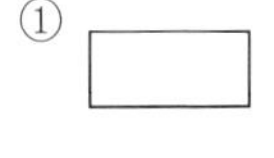
② 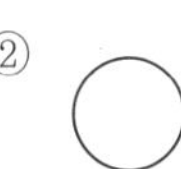
③ 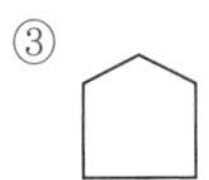
④ 

해설

FTA기호
① 결함사상 : 기본기호
② 기본사상 : 기본기호
③ 통상사상 : 기본기호
④ AND게이트 : 논리기호

참고 건설안전산업기사 필기 p.2-91(표. FTA의 기호)

KEY ① 2017년 5월 7일 산업기사 출제
② 2018년 4월 28일 기사 출제
③ 2018년 9월 15일 산업기사 출제

31 심장의 박동주기 동안 심근의 전기적 신호를 피부에 부착한 전극들로부터 측정하는 것으로 심장이 수축과 확장을 할 때, 일어나는 전기적 변동을 기록한 것은?

① 뇌전도계 ② 근전도계
③ 심전도계 ④ 안전도계

해설

심전도계(electrocardiograph)
① 심전도를 기록하는 장치
② 입력부, 증폭부, 기록부, 전원부로 구성

참고 건설안전산업기사 필기 p.2-12(합격날개 : 은행문제)

KEY 2017년 9월 23일(문제 21번) 출제

32 산업안전을 목적으로 ERDA(미국에너지연구개발청)에서 개발된 시스템안전 프로그램으로 관리, 설계, 생산, 보전 등의 넓은 범위의 안전성을 검토하기 위한 기법은?

① FTA ② MORT
③ FHA ④ FMEA

해설

MORT(Management Oversight and Risk Tree)
① 미국 에너지연구개발청(ERDA)의 존슨에 의해 1990년 개발된 시스템 안전 프로그램
② MORT프로그램은 트리를 중심으로 FTA와 같은 논리 기법을 이용하여 관리, 설계, 생산, 보존 등의 광범위하게 안전을 도모하는 것으로서 고도의 안전 달성을 목적으로 한 것(원자력 산업에 이용)

참고 건설안전산업기사 필기 p.2-79(5. MORT)

KEY ① 2017년 5월 7일 기사 출제
② 2017년 9월 23일 출제
③ 2019년 9월 21일(문제 27번) 출제

[정답] 29 ① 30 ④ 31 ③ 32 ②

33 암호체계 사용상의 일반적 지침 중 부호의 양립성(compatibility)에 관한 설명으로 옳은 것은?

① 자극은 주어진 상황하의 감지장치나 사람이 감지할 수 있는 것이어야 한다.
② 암호의 표시는 다른 암호 표시와 구별될 수 있어야 한다.
③ 자극과 반응 간의 관계가 인간의 기대와 모순되지 않아야 한다.
④ 일반적으로 2가지 이상을 조합하여 사용하면 정보의 전달이 촉진된다.

해설

암호체계 사용상 일반적 지침
① 암호의 검출성(감지장치로 검출)
② 암호의 변별성(인접자극의 상이도 영향)
③ 부호의 양립성(인간의 기대와 모순되지 않을 것)
④ 부호의 의미
⑤ 암호의 표준화
⑥ 다차원 암호의 사용(정보전달 촉진)

참고 건설안전산업기사 필기 p.2-72(문제 29번)

KEY ▶ 2012년 9월 15일(문제 26번) 출제

34 어떤 장치의 이상을 알려주는 경보기가 있어서 그것이 울리면 일정 시간 이내에 장치를 정지하고 상태를 점검하여 필요한 조치를 하게 된다. 그런데 담당 작업자가 정지조작을 잘못하여 장치에 고장이 발생하였다. 이때 작업자가 조작을 잘못한 실수를 무엇이라고 하는가?

① primary error ② command error
③ omission error ④ secondary error

해설

실수원인의 수준적 분류
① 1차실수(Primary error, 주과오) : 작업자 자신으로부터 발생한 실수
② 2차실수(Secondary error, 2차과오) : 작업형태나 조건 중에서 문제가 생겨 발생한 실수, 어떤 결함에서 파생
③ 커맨드 실수(Command error, 지시과오) : 직무를 하려고 해도 필요한 정보, 물건, 에너지 등이 없어 발생하는 실수

참고 건설안전산업기사 필기 p.2-32(4. 실수원인의 수준적 분류)

KEY ▶ 2016년 10월 1일(문제 40번) 출제

35 반사 눈부심을 최소화하기 위한 옥내 추천 반사율이 높은 순서대로 나열한 것은?

① 천정>벽>가구>바닥
② 천정>가구>벽>바닥
③ 벽>천정>가구>바닥
④ 가구>천정>벽>바닥

해설

IES추천 조명반사율 권고
① 바닥 : 20~40[%]
② 기구, 사용기기, 책상 : 25~40[%]
③ 창문발(blind), 벽 : 40~ 60[%]
④ 천장 : 80~90[%]

참고 건설안전산업기사 필기 p.2-56(1. 옥내최적반사율)

KEY ▶ ① 2016년 3월 6일 산업기사 출제
② 2016년 10월 1일 기사 출제
③ 2017년 8월 26일 산업기사 출제
④ 2017년 9월 23일 산업기사 출제
⑤ 2018년 3월 4일 기사 출제
⑥ 2018년 9월 15일 산업기사 출제

36 다음 중 반복되는 사건이 많이 있는 경우에 FTA의 최소컷셋을 구하는 알고리즘과 관계가 가장 적은 것은?

① MOCUS Algorithm
② Boolean Algorithm
③ Monte Carlo Algorithm
④ Limnios & Ziani Algorithm

해설

몬테카를로법(Monte Carlo Method)
① 몬테카를로법이란, 시뮬레이션 테크닉의 일종으로, 구하고자 하는 수치의 확률적 분포를 가능한 실험의 통계로부터 구하는 방법
② 확률변수에 의거한 방법이기 때문에, 1949년 Metropolis Uram이 모나코의 유명한 도박의 도시 몬테카를로(Monte Carlo)의 이름을 본떠 명명

KEY ▶ 2014년 9월 20일(문제 26번) 출제

보충학습

FTA 최소컷셋의 알고리즘
① MOCUS : 쌍대 FT를 작성 후 적용
② Boolean : 불대수 기본 연산
③ Limnios & Ziani

[정답] 33 ③ 34 ① 35 ① 36 ③

37 산업안전보건법령상 95[dB(A)]의 소음에 대한 허용 노출 기준시간은?(단, 충격소음은 제외한다.)

① 1시간　② 2시간
③ 4시간　④ 8시간

해설

소음작업기준

참고 건설안전산업기사 필기 p.2-59(표. 음압과 허용노출 관계)

KEY 2015년 9월 19일(문제 22번) 출제

보충학습

산업안전보건기준에 관한 규칙 제512조(정의)

38 시스템의 평가척도 중 시스템의 목표를 잘 반영하는가를 나타내는 척도는?

① 신뢰성　② 타당성
③ 민감도　④ 무오염성

해설

타당성

시스템의 평가척도 중 시스템의 목표를 잘 반영하는가를 나타내는 척도

KEY 2015년 9월 19일(문제 37번) 출제

보충학습

① 적절성 : 기준이 의도된 목적에 적당하다고 판단되는 정도이다.
② 무오염성 : 기준척도는 측정하고자 하는 변수외의 다른 변수들의 영향을 받아서는 안 된다.
③ 기준척도의 신뢰성 : 척도의 신뢰성은 반복성을 의미한다.
④ 민감도 : 피실험자 사이에서 볼 수 있는 예상 차이점에 비례하는 단위로 측정하여야 한다.

39 작업종료 후에도 체내에 쌓인 젖산을 제거하기 위하여 추가로 요구되는 산소량을 무엇이라고 하는가?

① ATP　② 에너지대사율
③ 산소부채　④ 산소최대섭취량

해설

산소빚(산소부채 : oxygen debt)

① 작업중에 형성된 젖산 등의 노폐물을 재분해하기 위한 것
② 추가분의 산소량

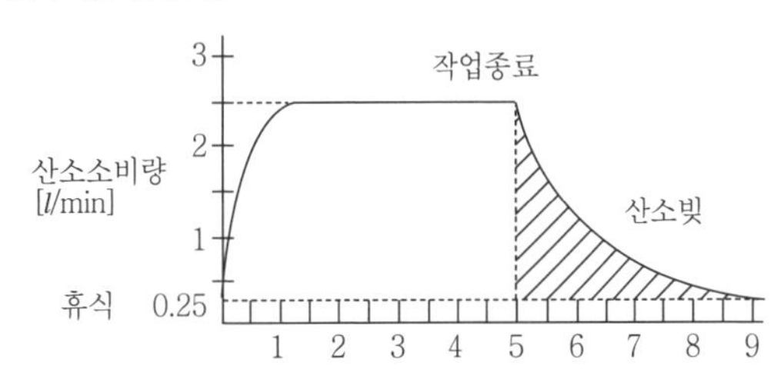

[그림] 산소빚(oxygen debt)

참고 건설안전산업기사 필기 p.2-33(나. 산소빚)

KEY ① 2010년 3월 7일 기사(문제 29번) 출제
② 2019년 9월 21일 산업기사(문제 38번) 출제

40 위험조정을 위해 필요한 방법으로 틀린 것은?

① 위험보류(retention)
② 위험감축(reduction)
③ 위험회피(avoidance)
④ 위험확인(confirmation)

해설

Risk 처리(위험조정)기술 4가지

① 위험회피(Avoidance)
② 위험제거(경감, 감축 : Reduction)
③ 위험보유(Retention)
④ 위험전가(Transfer) : 보험으로 위험조정

참고 건설안전산업기사 필기 p.2-76(6. Risk 처리기술 4가지)

KEY 2017년 9월 23일 기사·산업기사 동시 출제

[정답] 37 ③　38 ②　39 ③　40 ④

3 건설시공학

41 **연약한 점성토 지반을 굴착할 때 주로 발생하며 흙막이 바깥에 있는 흙이 안으로 밀려들어와 흙막이가 파괴되는 현상은?**

① 파이핑(Piping) ② 보일링(Boiling)
③ 히빙(Heaving) ④ 캠버(Camber)

해설

히빙(Heaving)

(1) 현상
흙막이나 흙파기를 할 때 하부지반이 연약하면 흙파기 저면선에 대하여 흙막이 바깥에 있는 흙의 중량과 지표 재하중의 중량에 못 견디어 저면 흙이 붕괴되고, 바깥에 있는 흙이 안으로 밀려 불룩하게 되는 현상

(2) 방지대책
① 강성이 큰 흙막이벽을 양질지반 속에 깊이 밑둥넣기
② 지반개량
③ 지하수위 저하
④ 설계변경

참고 건설안전산업기사 필기 p.3-27(합격날개 : 합격대책)

KEY 2017년 9월 23일(문제 44번) 출제

42 **턴키도급(Turn-Key base Contract)의 특징이 아닌 것은?**

① 공기, 품질 등의 결함이 생길 때 발주자는 계약자에게 쉽게 책임을 추궁할 수 있다.
② 설계와 시공이 일괄로 진행된다.
③ 공사비의 절감과 공기단축이 가능하다.
④ 공사기간 중 신공법, 신기술의 적용이 불가하다.

해설

턴키도급(Turn-key base contract)

(1) 장점
① 공사기간 및 공사비용의 절감 노력이 크다.(신기술 적용 가능)
② 시공자와 설계자가 동일하므로 공사진행이 쉽다.

(2) 단점
① 건축주의 의도가 잘 반영되지 못한다.
② 대규모 건설업체에 유리하다.

참고 건설안전산업기사 필기 p.3-13(4. 도급금액 결정 방식에 의한 도급)

KEY ① 2018년 3월 4일 출제
② 2019년 9월 21일(문제 47번) 출제

43 **다음 금속커튼월공사의 작업흐름 중 ( )에 가장 적합한 것은?**

기준먹매김 – (   ) – 커튼월 설치 및 보양 – 부속재료의 설치 – 유리설치

① 자재정리 ② 구체 부착철물의 설치
③ seal 공사 ④ 표면마감

해설

금속커튼월공사 순서

기준먹매김 – 구체 부착철물의 설치 – 커튼월 설치 및 보양 – 부속재료의 설치 – 유리설치 – 실(seal)공사 – 표면마감 – 화염방지층 시공 – 청소 및 검사

참고 건설안전산업기사 필기 p.3-88(합격날개:은행문제)

KEY 2015년 9월 19일(문제 47번) 출제

44 **지반의 토질시험 과정에서 보링구멍을 이용하여 +자형 날개를 지반에 박고 이것을 회전시켜 점토의 점착력을 판별하는 토질시험방법은?**

① 표준관입시험 ② 베인전단시험
③ 지내력시험 ④ 압밀시험

해설

베인테스트(Vane Test)

① 연약점토의 점착력 판별
② 십자(+)형 날개를 가진 베인(Vane)테스터를 지반에 때려박고 회전시켜 그 저항력에 의하여 진흙의 점착력을 판별
③ 연한 점토질에 사용

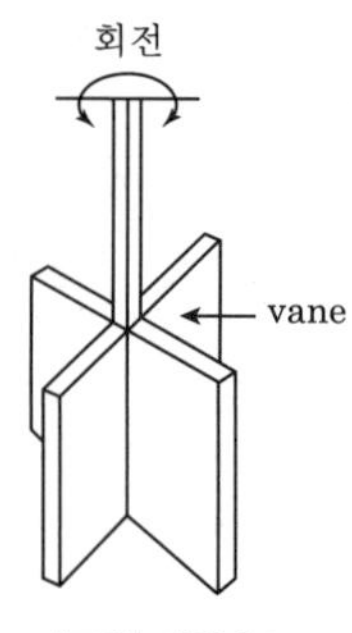

[그림] 베인테스트

KEY 2016년 10월 1일(문제 48번) 출제

[정답] 41 ③ 42 ④ 43 ② 44 ②

45 건설시공분야의 향후 발전방향으로 옳지 않은 것은?

① 친환경 시공화
② 시공의 기계화
③ 공법의 습식화
④ 재료의 프리패브(pre-fab)화

해설

건축시공의 현대화 방안
① 새로운 경영기법의 도입 및 활용
② 작업의 표준화, 단순화, 전문화(3S)
③ 재료의 건식화, 건식 공법화
④ 기계화 시공, 시공기법의 연구개발
⑤ 건축생산의 공업화, 양산화, Pre-Fab화
⑥ 도급기술의 근대화
⑦ 가설재료의 강재화
⑧ 신기술 및 과학적 품질관리기법의 도입

참고 건설안전산업기사 필기 p.3-2(합격날개 : 합격예측)

KEY ① 2016년 3월 6일 기사 출제
② 2018년 9월 15일 산업기사 출제

46 잡석지정에 대한 설명으로 틀린 것은?

① 잡석지정은 세워서 깔아야 한다.
② 견고한 자갈층이나 굳은 모래층에서는 잡석지정이 불필요하다.
③ 잡석지정을 사용하면 콘크리트 두께를 절약할 수 있다.
④ 잡석지정은 지내력을 증진시키기 위해서 중앙에서 가장자리로 다진다.

해설

잡석지정의 특징
① 지름 10~25[cm] 정도의 막생긴 돌을 옆세워 깔고 사이사이에 사춤자갈을 넣어 다진다.
② 사춤자갈량은 30[%] 정도이다.
③ 사춤자갈을 넣고 가장자리에서 중앙부를 다진다.

참고 건설안전산업기사 필기 p.3-39(합격날개:합격예측)

KEY 2014년 9월 20일(문제 47번) 출제

47 철골공사에서 현장 용접부 검사 중 용접 전 검사가 아닌 것은?

① 비파괴 검사 ② 개선 정도 검사
③ 개선면의 오염 검사 ④ 가부착 상태 검사

해설

용접 착수 전 검사
① 트임새 모양
② 모아 대기법
③ 구속법
④ 자세의 적부

참고 건설안전산업기사 필기 p.3-89(합격날개 : 합격예측)

KEY 2013년 9월 28일(문제 51번) 출제

보충학습

비파괴 검사 : 용접 완료 후 검사

48 무량판구조에 사용되는 특수상자모양의 기성재 거푸집은?

① 터널폼 ② 유로폼
③ 슬라이딩폼 ④ 와플폼

해설

와플폼(Waffle form) : 무량판(보가 없는)공법
① 무량판구조 또는 평판구조로서 특수상자모양의 기성재 거푸집이다.
② 크기는 60~90[cm], 높이는 9~18[cm]이고 모서리는 둥그스름하다.
③ 2방향 장선 바닥판구조를 만들 수 있는 구조이다.

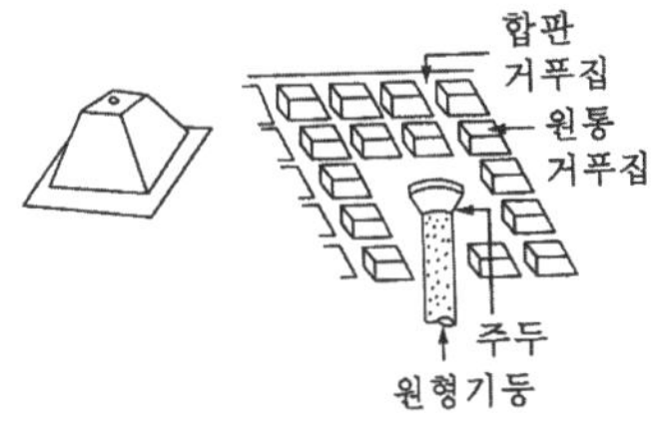

[그림] 와플폼

참고 건설안전산업기사 필기 p.3-72(5. 거푸집공법)

KEY 2017년 9월 23일(문제 52번) 출제

[정답] 45 ③ 46 ④ 47 ① 48 ④

49 그림과 같은 독립기초의 흙파기량으로 적당한 것은?

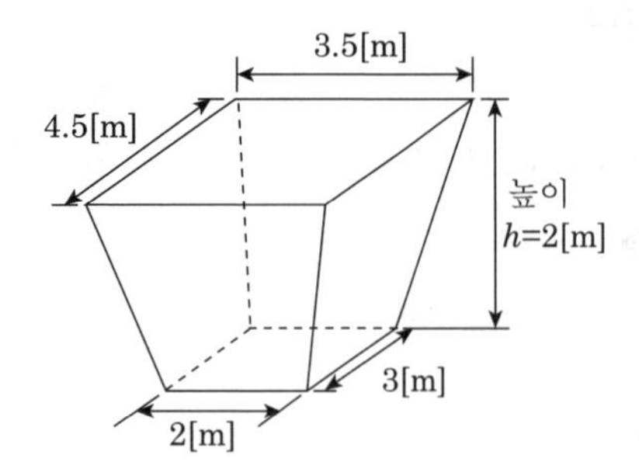

① 19.5[m^3]　　② 21.0[m^3]
③ 23.7[m^3]　　④ 25.4[m^3]

해설

독립기초 흙파기량

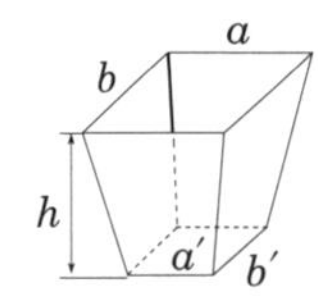

$$V=\frac{h}{6}\{(2a+a')b+(2a'+a)b'\}$$

$$=\frac{2}{6}\{(2\times3.5+2)\times4.5+(2\times2+3.5)\times3\}$$

$$=21.0[m^3]$$

참고) 건설안전산업기사 필기 p.3-26(2. 토량산출방법)

KEY ▶ 2015년 7월 19일(문제 48번) 출제

50 건설공사에서 래머(rammer)의 용도는?

① 철근절단　　② 철근절곡
③ 잡석다짐　　④ 토사적재

해설

Rammer의 특징

① 1기통 2사이클의 가솔린 엔진에 의해 기계를 튕겨 올리고 자중과 충격에 의해 지반, 말뚝을 박거나 다지는 것
② 보통 소형의 핸드 래머 외에 대형의 프로그래머가 있다.
③ 주용도 : 잡석다짐

KEY ▶ 2019년 9월 21일(문제 49번) 출제

[그림] 래머

51 콘크리트 공사에서 거푸집 설계 시 고려사항으로 가장 거리가 먼 것은?

① 콘크리트의 측압
② 콘크리트 타설 시의 하중
③ 콘크리트 타설 시의 충격과 진동
④ 콘크리트의 강도

해설

거푸집 설계 시 고려사항

① 콘크리트의 측압
② 콘크리트 타설 시의 하중
③ 콘크리트 타설 시의 충격과 진동

KEY ▶ 2016년 10월 1일(문제 55번) 출제

52 철근콘크리트 슬래브의 배근 기준에 관한 설명으로 옳지 않은 것은?

① 1방향 슬래브는 장변의 길이가 단변길이의 1.5배 이상되는 슬래브이다.
② 건조수축 또는 온도변화에 의하여 콘크리트 균열이 발생하는 것을 방지하기 위해 수축 · 온도철근을 배근한다.
③ 2방향 슬래브는 단변방향의 철근을 주근으로 본다.
④ 2방향 슬래브는 주열대와 중간대의 배근방식이 다르다.

해설

1방향 슬래브(slab with one way reinforcement)

① 철근 콘크리트판에 있어서 그 주철근이 보의 주철근처럼 한방향으로만 배치된 판 · 주철근에 직각 방향으로는 배력(配力) 철근이 배치되어 있다.
② 서로 마주보는 2변으로 직사각형 슬래브, 단순슬래브, 연속슬래브, 고정슬래브 등이 있다.
③ 1방향 슬래브 장변길이 : 단면길이의 2배이상

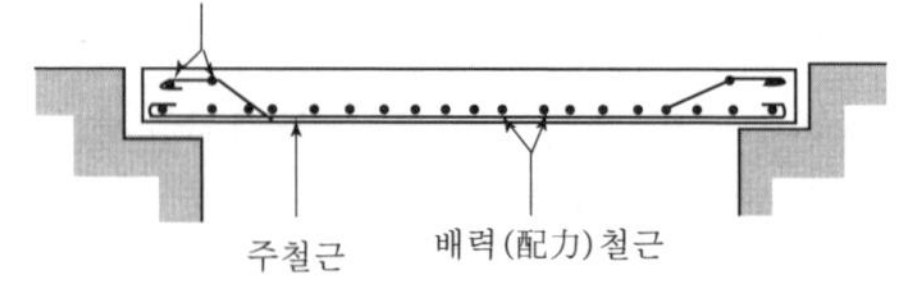

[그림] 1방향 슬래브

KEY ▶ ① 2023년 9월 2일 기사
② 2018년 9월 15일(문제 50번) 출제

[정답] 49 ② 50 ③ 51 ④ 52 ①

53 아일랜드컷(island cut)공법에서 토압의 대부분을 저항하는 것은?

① 흙막이 벽의 자체강성
② 주변부 구조물
③ 앵커 인발력
④ 중앙부 구조물

해설

아일랜드컷공법
① 중앙부를 파서 기초를 만든 다음, 이 기초에서 경사지게 버팀대를 대고 주변부분을 파는 공법이다.
② 짧은 변이 50[cm] 이상, 지하 3층 정도의 건물에 적합하다.
③ 면적이 넓을수록 효과적이다.
④ 토압의 대부분을 중앙부 구조물이 저항한다.

참고 건설안전산업기사 필기 p.3-23(2. 아일랜드컷공법)

KEY 2014년 9월 20일(문제 43번) 출제

54 초고층 건물의 콘크리트 타설 시 가장 많이 이용되고 있는 방식은?

① 자유낙하에 의한 방식
② 피스톤으로 압송하는 방식
③ 튜브속의 콘크리트를 짜내는 방식
④ 물의 압력에 의한 방식

해설

초고층 콘크리트 타설방식 : 피스톤압송방식
① 펌프카(트럭탑재형)
　㉮ 트럭과 압송장비의 일체식으로 이동이 가능
　㉯ 수평 및 수직거리 50[m]까지 가능
　㉰ 수직높이 8~10층 이하에 적용
② 포터블(트럭견인형)
　㉮ 압송장비를 트럭으로 연결(견인)해서 이동
　㉯ 펌프카 타설이 어려운 10층 이상의 고층 건물에 적용
　㉰ 고압 압송장비는 수직상승 500[m]까지 가능

KEY 2013년 9월 28일(문제 54번) 출제

55 구조물의 시공과정에서 발생하는 구조물의 팽창 또는 수축과 관련된 하중으로, 신축량이 큰 장경간, 연도, 원자력발전소 등을 설계할 때나 또는 일교차가 큰 지역의 구조물에 고려해야 하는 하중은?

① 시공하중　② 충격 및 진동하중
③ 온도하중　④ 이동하중

해설

온도하중 : 건축물 및 구조물에 온도에 따른 하중

정보제공
건축물 구조기준 등에 관한 규칙[국토교통부령 제1호]

KEY 2019년 9월 21일(문제 45번) 출제

56 현장용접 시 발생하는 화재에 대한 예방조치와 가장 거리가 먼 것은?

① 용접기의 완전한 접지(earth)를 한다.
② 용접부분 부근의 가연물이나 인화물을 치운다.
③ 착의, 장갑, 구두 등을 건조상태로 한다.
④ 불꽃이 비산하는 장소에 주의한다.

해설

현장용접 시 화재예방대책
① 용접기의 완전한 접지(earth)를 한다.
② 용접부분 부근의 가연물이나 인화물을 치운다.
③ 불꽃이 비산하는 장소에 주의한다.
④ 보호구는 안전한 것을 사용한다.

KEY 2015년 9월 19일(문제 54번) 출제

57 L.W(Labiles Wasserglass)공법에 관한 설명으로 옳지 않은 것은?

① 물유리용액과 시멘트 현탁액을 혼합하면 규산수화물을 생성하여 겔(gel)화하는 특성을 이용한 공법이다.
② 지반강화와 차수목적을 얻기 위한 약액주입공법의 일종이다.
③ 미세공극의 지반에서도 그 효과가 확실하여 널리 쓰인다.
④ 배합비 조절로 겔타임 조절이 가능하다.

[정답] 53 ④ 54 ② 55 ③ 56 ③ 57 ③

해설

L.W공법

(1) 정의

규산소다 수용액과 시멘트 현탁액을 혼합한 후, 지상의 Y자관을 통하여 지반에 주입시키는 공법으로서 지반의 공극을 시멘트 입자로 충진시켜 지반의 밀도를 높여 지반 강화 및 지수성을 향상시키는 저압침투공법이다.

(2) 특징

L.W 공법 목표는 언제나 토양의 고결화에 있다. 일반적으로 모래층은 대부분 고결화가 되며, 실트 및 점토층까지도 수지상으로 침투하여 토양을 개량한다. 타 주입공법으로 만족한 효과를 기대하기 어려운 경우 L.W공법의 효과는 탁월하며 실적용 범위는 다음과 같다.

① 주입 심도가 얕으며, 비교적 간극이 적은 모래층
② 지하수의 유동이 없고 절리가 발달된 점성토층
③ 토질층이 복잡하고 투수계수가 상이한 지층
④ 반복 주입이 요구되는 공극이 큰 지층
⑤ 정밀 주입과 복합 주입이 요구되는 지층

(3) 장점

① 약액주입공법 중에서 고결강도가 높고 침투성이 양호하다.
② 타공법에 비해 공사비가 저렴하다.
③ 소정의 위치에 균일하게 주입이 가능하므로 확실한 주입 효과가 있다.
④ 협소한 위치에서도 시공이 가능하다.
⑤ 동일 개소에 상이한 종류의 주입재를 반복 주입할 수 있다.
⑥ 주입 후 필요하다고 인정되는 개소에 쉽게 재주입할 수 있다.
⑦ 겔타임의 조절은 시멘트량의 증감에 의하므로 간단하다.
⑦ 천공과 주입으로 작업 공종을 분리하여 진행시킬 수 있으며 작업이 단순하고 시공관리가 용이하다.

(4) 단점

① 주입 압력의 세심한 측정이 필요하다.
② 장기적 상태에서는 차수효과가 떨어진다.(특히, 지하수 유동 시)
③ 외력에 의한 진동 및 충격에 저항이 작다.
④ 미세 공극의 지반 효과가 불확실하다.
⑤ 1열 시공 시 차수효과가 작다.

참고 건설안전산업기사 필기 p.3-51(문제 20번)

KEY 2017년 9월 23일(문제 58번) 출제

58 철골공사의 녹막이칠에 관한 설명으로 틀린 것은?

① 초음파탐상검사에 지장을 미치는 범위는 녹막이칠을 하지 않는다.
② 바탕만들기를 한 강재표면은 녹이 생기기 쉽기 때문에 즉시 녹막이칠을 하여야 한다.
③ 콘크리트에 묻히는 부분에는 녹막이칠을 하여야 한다.
④ 현장 용접부분은 용접부에서 100[mm] 이내에 녹막이칠을 하지 않는다.

해설

철골공사에서 녹막이칠을 하지 않는 부분

① 콘트리트에 매립되는 부분
② 조립에 의하여 맞닿는 면
③ 현장용접을 하는 부위 및 그곳에 인접하는 양측 100[mm] 이내(용접부에서 50[mm] 이내)
④ 고장력 볼트마찰 접합부의 마찰면
⑤ 폐쇄형 단면을 한 부재의 밀폐된 면
⑥ 기계깎기 마무리면

참고 건설안전산업기사 필기 p.3-88(5. 녹막이 칠을 하지 않는 부분)

KEY 2014년 9월 20일(문제 49번) 출제

59 공정계획에서 공정표 작성 시 주의사항으로 옳지 않은 것은?

① 기초공사는 옥외 작업이기 때문에 기후에 좌우되기 쉽고 공정변경이 많다.
② 노무, 재료, 시공기기는 적절하게 준비할 수 있도록 계획한다.
③ 공기를 단축하기 위하여 다른 공사와 중복하여 시공할 수 없다.
④ 마감공사는 기후에 좌우되는 것이 적으나 공정단계가 많으므로 충분한 공기(工期)가 필요하다.

해설

공정표 작성 시 주의사항

① 기초공사는 옥외 작업이기 때문에 기후에 좌우되기 쉽고 공정변경이 많다.
② 노무, 재료, 시공기기는 적절하게 준비할 수 있도록 계획한다.
③ 마감공사는 기후에 좌우되는 것이 적으나 공정단계가 많으므로 충분한 공기가 필요하다.

KEY 2016년 10월 1일(문제 53번) 출제

60 거푸집 내에 자갈을 먼저 채우고, 공극부에 유동성이 좋은 모르타르를 주입해서 일체의 콘크리트가 되도록 한 공법은?

① 수밀 콘크리트 ② 진공 콘크리트
③ 숏크리트 ④ 프리팩트 콘크리트

[정답] 58 ③ 59 ③ 60 ④

해설

프리팩트 콘크리트(Prepacked concrete)

① 굵은 골재는 거푸집에 넣고 그 사이에 특수 모르타르를 적당한 압력으로 주입(Grouting)하는 콘크리트이다.
② 재료의 분리수축이 보통 콘크리트의 1/2 정도이다.
③ 재료 투입 순서는 물 – 주입 보조재 – 플라이애시 – 시멘트 – 모래 순이다.

참고 건설안전산업기사 필기 p.3-65(9. 프리팩트 콘크리트)

KEY 2018년 9월 15일(문제 41번) 출제

4 건설재료학

61 보통벽돌에 관한 설명으로 옳지 않은 것은?

① 일반적으로 잘 구워진 것일수록 치수가 작아지고 색이 옅어지며, 두드리면 탁음이 난다.
② 건축용 점토소성벽돌의 적색은 원료의 산화철 성분에서 기인한다.
③ 보통벽돌의 기본치수는 190×90×57[mm]이다.
④ 진흙을 빚어 소성하여 만든 벽돌로서 점토벽돌이라고도 한다.

해설

1종벽돌의 특징

① 외관 및 치수가 정확하다.
② 두드리면 쇠소리가 난다.

참고 건설안전산업기사 필기 p.4-68(2. 1종)

KEY 2017년 9월 23일(문제 66번) 출제

62 금속의 종류 중 아연에 관한 설명으로 옳지 않은 것은?

① 인장강도나 연신율이 낮은 편이다.
② 이온화 경향이 크고, 구리 등에 의해 침식된다.
③ 아연은 수중에서 부식이 빠른 속도로 진행된다.
④ 철판의 아연도금에 널리 사용된다.

해설

아연(Zn)의 특징

① 연성 및 내식성이 양호하다.
② 공기중에서 거의 산화되지 않는다.
③ 습기 및 이산화탄소가 있을 때에는 표면에 탄산염이 생긴다.
④ 철강의 방식용 피복재로 사용된다.

참고 건설안전산업기사 필기 p.4-83(6. 아연)

KEY 2023년 9월 2일 기사 출제

63 목재 건조방법 중 인공건조법이 아닌 것은?

① 증기건조법 ② 수침법
③ 훈연건조법 ④ 진공건조법

해설

인공건조방법

① 증기법 : 건조실을 증기로 가열하여 목재를 건조시키는 방법이다.
② 열기법 : 건조실 내의 공기를 가열하거나 가열공기를 넣어 건조시키는 방법이다.
③ 훈연법 : 짚이나 톱밥 등을 태운 연기를 건조실에 도입하여 건조시키는 방법이다.
④ 진공법 : 원통형 탱크 속에 목재를 넣고 밀폐하여 고온, 저압상태에서 수분을 없애는 방법이다.

참고 건설안전산업기사 필기 p.4-8(6. 인공건조방법)

KEY ① 2017년 5월 7일 출제
② 2019년 9월 21일 산업기사 출제

64 다음 중 열경화성수지가 아닌 것은?

① 요소수지 ② 폴리에틸렌수지
③ 실리콘수지 ④ 알키드수지

해설

플라스틱 수지

(1) 열경화성수지
① 요소수지
② 실리콘수지
③ 알키드수지
(2) 열가소성수지
폴리에틸렌수지

참고 건설안전산업기사 필기 p.4-113(2. 열경화성수지)

KEY 2015년 9월 19일(문제 69번) 출제

[정답] 61 ① 62 ③ 63 ② 64 ②

65 **건설 구조용으로 사용하고 있는 각 재료에 관한 설명으로 옳지 않은 것은?**

① 레진 콘크리트는 결합재로 시멘트, 폴리머와 경화제를 혼합한 액상 수지를 골재와 배합하여 제조한다.
② 섬유보강콘크리트는 콘크리트의 인장강도와 균열에 대한 저항성을 높이고 인성을 대폭 개선시킬 목적으로 만든 복합재료이다.
③ 폴리머 함침 콘크리트는 미리 성형한 콘크리트에 액상의 폴리머원료를 침투시켜 그 상태에서 고결시킨 콘크리트이다.
④ 폴리머시멘트 콘크리트는 시멘트와 폴리머를 혼합하여 결합재로 사용한 콘크리트이다.

해설

레진 콘크리트(resinification concrete)
① 불포화 폴리에스테르 수지, 에폭시 수지 등을 액상(液狀)으로 하여 모래 · 자갈 등의 골재와 섞어 비벼서 만든 콘크리트
② 보통 콘크리트에 비해 강도, 내구성, 내약품성이 뛰어나다.

KEY 2018년 9월 15일(문제 62번) 출제

66 **시멘트가 공기 중의 수분을 흡수하여 일어나는 수화작용을 의미하는 용어는?**

① 풍화 ② 경화
③ 수축 ④ 응결

해설

시멘트의 풍화현상
$Ca(OH)_2 \rightarrow CaCO_3 + H_2O$
(중성화, 백화현상)

참고 건설안전산업기사 필기 p.4-30(합격날개 : 합격예측)

KEY 2023년 9월 2일 기사 출제

67 **습도와 물을 특별히 고려할 필요가 없는 장소에 설치하는 목재 창호용 접착제로 적합한 것은?**

① 페놀수지 목재 접착제
② 요소수지 목재 접착제
③ 초산비닐수지 에멀션 목재 접착제
④ 실리콘수지 접착제

해설

습도와 물이 필요 없는 장소의 목재 창호용 접착제 : 초산비닐수지 에멀션 목재 접착제

참고 건설안전산업기사 필기 p.4-129(은행문제)

KEY 2014년 9월 20일(문제 77번) 출제

68 **점토제품의 원료와 그 역할이 올바르게 연결된 것은?**

① 규석, 모래 – 점성 조절
② 장석, 석회석 – 균열 방지
③ 샤모트(Chamotte) – 내화성 증대
④ 식염, 붕사 – 용융성 조절

해설

Chamotte(샤모트)의 특성
(1) 정의
점토를 한 번 구워 분쇄한 것을 Chamotte라 하며 가소성 조절할 때 사용한다.
(2) 종류
① 가소성 조절용 : 샤모트, 규석, 규사
② 용융성 조절용 : 장석, 석회석, 알칼리성 물질 등
③ 내화성 증대용 : 고령토

참고 건설안전산업기사 필기 p.4-71(합격날개:합격예측)

KEY 2015년 9월 19일(문제 70번) 출제

보충학습

점토제품의 원료와 역할
① 장석, 석회석, 알칼리성 물질 – 용융성 조절
② 샤모트(chamotte) – 점성 조절
③ 식염, 붕사 – 표면 시유제
④ 고령토질 – 내화성 증대

69 **목면·마사·양모·폐지 등을 원료로 하여 만든 원지에 스트레이트 아스팔트를 가열·용융하여 충분히 흡수시켜 만든 방수지로 주로 아스팔트 방수 중간층재로 이용되는 것은?**

① 콜타르
② 아스팔트 프라이머
③ 아스팔트 펠트
④ 합성 고분자 루핑

[정답] 65 ① 66 ① 67 ③ 68 ① 69 ③

해설

아스팔트 펠트

① 유기성 섬유를 펠트(Felt)상으로 만든 원지에 가열, 용융한 침투용 아스팔트를 흡입시켜 형성한 것
② 크기는 0.9×23[m]를 1권으로 중량은 20, 25, 30[kg]의 3종류가 있다.

참고 건설안전산업기사 필기 p.4-101(1. 아스팔트 펠트)

KEY 2018년 9월 15일(문제 79번) 출제

70 감람석이 변질된 것으로 암녹색 바탕에 아름다운 무늬를 갖고 있으나 풍화성이 있어 실내장식용으로 사용되는 것은?

① 현무암　② 사문암
③ 안산암　④ 응회암

해설

사문암(Serpentine)의 특징

① 흑(암)녹색의 치밀한 화강석인 감람석 중에 포함되었던 철분이 변질되어 흑녹색 바탕에 적갈색의 무늬를 가진 것으로 물갈기를 하면 광택이 난다.
② 대리석 대용 및 실내장식용으로 사용된다.

참고 건설안전산업기사 필기 p.4-63(3. 변성암의 종류)

KEY 2013년 9월 28일(문제 80번) 출제

보충학습

① 현무암 : 암석 내지 흑색 미세립의 화산암으로 대부분 기둥모양의 투명한 라브라도라이트의 성분으로 이루어져 있다.
② 안산암 : 화강암과 비슷하나 화강암보다 내화력이 우수하고 광택이 없어 구조용에 많이 사용한다. 색상은 갈색, 흑색, 녹색 등이 있다.
③ 응회암 : 다공질로 내화성은 크나 강도는 약함

71 천연수지·합성수지 또는 역청질 등을 건섬유와 같이 열반응시켜 건조제를 넣고 용제에 녹인 것은?

① 유성페인트　② 래커
③ 바니쉬　④ 에나멜 페인트

해설

유성 바니쉬

① 유용성 수지를 건조성 오일에 가열·용해하여 휘발성 용제로 희석한 것
② 무색, 담갈색의 투명도료로 광택이 있고 강인하다.
③ 내수성, 내마모성이 크다.
④ 내후성이 작아 실내의 목재의 투명도장에 사용한다.
⑤ 건물 외장에는 사용하지 않는다.

참고 건설안전산업기사 필기 5-124(2. 유성니스)

KEY 2016년 10월 1일(문제 78번) 출제

72 한중콘크리트의 계획배합 시 물결합재비는 원칙적으로 얼마 이하로 하여야 하는가?

① 50[%]　② 55[%]
③ 60[%]　④ 65[%]

해설

한중콘크리트 물시멘트비 : 60[%] 이하

참고 건설안전산업기사 필기 p.3-62(나. 극학기 콘크리트)

KEY ① 2017년 9월 23일 출제
② 2019년 9월 21일 산업기사 출제

73 금속성형 가공제품 중 천장, 벽 등의 모르타르 바름 바탕용으로 사용되는 것은?

① 인서트
② 메탈라스
③ 와이어클리퍼
④ 와이어로프

해설

메탈라스(Metal lath)

① 박강판에 일정한 간격으로 자른 자국을 많이 내고 이것을 옆으로 잡아당겨 그물코 모양으로 만든 것이다.
② 바름벽 바탕에 사용한다.

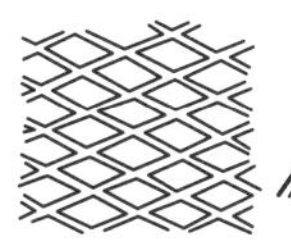

[그림] 메탈라스

참고 건설안전산업기사 필기 p.4-88(6. 메탈라스)

KEY 2017년 9월 23일(문제 63번) 출제

[정답] 70 ② 71 ③ 72 ③ 73 ②

74 목재의 심재와 변재에 대한 설명으로 옳지 않은 것은?

① 심재는 변재보다 강도가 크다.
② 변재는 흡수성이 커서 신축이 크다.
③ 심재는 목질부 중 수심 부근에 위치한다.
④ 변재는 심재보다 다량의 수액을 포함하고 있다.

해설

변재의 특징
① 심재보다 비중이 적으나 건조하면 변하지 않는다.
② 심재보다 신축이 크다.
③ 심재보다 내후성, 내구성이 약하다.
④ 일반적으로 심재보다 강도가 약하다.

참고 건설안전산업기사 필기 p.4-5(표. 심재와 변재와의 차이)

KEY 2014년 9월 20일(문제 61번) 출제

보충학습

심재의 특징
① 변재보다 다량의 수액을 포함하고 비중이 크다.
② 변재보다 신축이 적다.
③ 변재보다 내후성, 내구성이 크다.
④ 일반적으로 변재보다 강도가 크다.

75 건축용 단열재 중 무기질이 아닌 것은?

① 암면 ② 유리섬유
③ 세라믹파이버 ④ 셀룰로즈파이버

해설

무기질 단열재의 종류
① 유리면(섬유)
② 암면
③ 세라믹파이버(섬유)
④ 펄라이트판
⑤ 규산칼슘판
⑥ 경량기포콘크리트

참고 건설안전산업기사 필기 p.4-134(합격날개:합격예측)

KEY 2015년 9월 19일(문제 62번) 출제

보충학습

유기질 단열재
① 셀룰로즈파이버(섬유판)
② 연질섬유판
③ 폴리스틸렌폼
④ 경질우레탄폼

76 돌로마이트 플라스터에 관한 설명으로 옳지 않은 것은?

① 소석회에 비해 점성이 크다.
② 풀이 필요하지 않아 변색, 냄새, 곰팡이가 없다.
③ 회반죽에 비하여 조기강도 및 최종강도가 작다.
④ 건조수축이 크기 때문에 수축균열이 발생한다.

해설

석고 플라스터와 돌로마이트 플라스터

구분	석고	돌로마이트
주성분	석고	마그네시아 석고
경화	빠르다	늦다
경도	높다	낮다
마감	희고 곱다	곱지못하다
도장	도장 가능	도장불가능
성질	중성	알칼리성
반응	수경성	기경성
가격	비싸다	싸다

참고 건설안전산업기사 필기 p.4-99(합격날개 : 합격예측)

KEY ① 2018년 4월 28일 산업기사 출제
② 2018년 9월 15일 기사 · 산업기사 동시 출제

77 재료의 열에 관한 성질 중 '재료표면에서의 열전달→재료 속에서의 열전도→재료표면에서의 열전달'과 같은 열 이동을 나타내는 용어는?

① 열용량 ② 열관류
③ 비열 ④ 열팽창계수

해설

열관류(overall heat transmission, 熱貫流)
① 고체벽 양쪽의 기체나 액체의 온도가 다를 때, 고체벽을 통해서 고온측에서 저온측으로 열이 흐르는 현상
② 열관류시험을 통해 건축물의 열에너지 손실 방지 성능을 판단할 수 있다.
③ 건축 단열부재 및 벽, 창, 문 등의 단열성능을 측정할 수 있다.

참고 건설안전산업기사 필기 p.5-14(3. 열적 성질)

KEY 2016년 10월 1일(문제 62번) 출제

[정답] 74 ④ 75 ④ 76 ③ 77 ②

78 탄소함유량이 많은 순서대로 옳게 나열한 것은?

① 연철 > 탄소강 > 주철
② 연철 > 주철 > 탄소강
③ 탄소강 > 주철 > 연철
④ 주철 > 탄소강 > 연철

해설

탄소강의 성분

명칭	C함유량[%]	녹는점[℃]	비중
선(주)철 (Pig iron)	1.7~4.5	1,100~1,250	백선철 7.6 회선철 7.05
강 (Steel)	0.04~1.7	1,450[℃] 이상	7.6~7.93
연철 (Wrought iron)	0.04 이하	1,480[℃] 이상	7.6~7.85

참고 건설안전산업기사 필기 p.4-81(2. 탄소강의 조직성분)

KEY 2014년 9월 20일(문제 75번) 출제

79 플라스틱의 특성에 관한 설명으로 옳지 않은 것은?

① 전기절연성이 양호하다.
② 내열성 및 내후성이 강하다.
③ 착색이 자유롭고 높은 투명성을 가질 수 있다.
④ 내약품성이 있고 접착성이 우수하다.

해설

플라스틱의 단점

① 내마모성, 표면경도가 약하다.
② 열에 의한 신장(팽창, 수축)이 크다.
③ 내열성, 내후성이 약하다.
④ 압축강도 이외의 강도, 탄성계수가 작다.
⑤ 흡수팽창과 건조수축도 비교적 크다.

참고 건설안전산업기사 필기 p.4-115(합격날개 : 합격예측)

KEY ① 2006년 9월 10일 (문제 79번) 출제
② 2017년 9월 23일 기사·산업기사 동시 출제

80 미장재료인 회반죽을 혼합할 때 소석회와 함께 사용되는 것은?

① 카세인　　② 아교
③ 목섬유　　④ 해초풀

해설

해초풀

① 풀의 농도가 크면 수축률이 증가한다.
② 소석회와 혼합하면 점도는 증가한다(소석회는 점성이 없다.)
③ 해초는 봄철에 채취하여 2~3년 묵힌 것이 좋다.

참고 건설안전산업기사 필기 p.4-110(문제 36번) 해설

KEY 2019년 9월 21일(문제 61번) 출제

5 건설안전기술

81 크레인의 와이어로프가 일정 한계 이상 감기지 않도록 작동을 자동으로 정지시키는 장치는?

① 훅해지장치　　② 권과방지장치
③ 비상정지장치　　④ 과부하방지장치

해설

크레인 권과방지장치(prevention of over-winding device of crane, -卷過防止裝置)

① 크레인은 하중을 매달아 올릴 때 와이어로프를 드럼에 감아서 기능을 수행하지만, 잘못해서 와이어로프를 드럼에 지나치게 감으면 하중이 크레인에 충돌해서 낙하하여 중대한 재해를 발생하므로, 일정 이상의 짐을 권상하면 그 이상 권상되지 않도록 자동적으로 정지하는 장치
② 권과방지장치에는 리밋 스위치가 사용되며 드럼의 회전에 연동해서 권과를 방지하는 방식의 나사형 리밋 스위치, 캠형 리밋 스위치와 후크의 상승에 의해 직접 작동시키는 리밋 스위치가 있다.

KEY 2017년 9월 23일(문제 88번) 출제

82 부두·안벽 등 하역작업을 하는 장소에 대하여 부두 또는 안벽의 선을 따라 통로를 설치할 때 통로의 최소 폭 기준은?

① 70[cm] 이상　　② 80[cm] 이상
③ 90[cm] 이상　　④ 100[cm] 이상

해설

부두, 안벽 등 하역작업시 최소 폭 : 90[cm] 이상

KEY 2019년 9월 21일(문제 84번) 출제

정보제공

산업안전보건기준에 관한 규칙 제390조(하역작업장의 조치기준)

[정답] 78 ④ 79 ② 80 ④ 81 ② 82 ③

83 콘크리트의 재료분리현상 없이 거푸집 내부에 쉽게 타설할 수 있는 정도를 나타내는 것은?

① Bleeding
② Thixotropy
③ Workability
④ Finishability

해설

Workability(시공연도)
① 반죽질기(comsistency)에 의한 작업의 난이 정도
② 재료 분리없이 거푸집 내에 쉽게 타설할 수 있는 정도(시공의 난이 정도)

KEY 2016년 10월 1일(문제 89번) 출제

84 산소결핍에 의한 재해의 예방대책에 대한 설명으로 옳지 않은 것은?

① 작업시작 전 산소농도를 측정한다.
② 공기호흡기 등의 필요한 보호구를 작업 전에 점검한다.
③ 승인받은 밀폐공간이 아니면 절대 들어가서는 안된다.
④ 산소결핍의 위험이 있는 장소에서는 산소농도가 10[%] 이상 유지되도록 한다.

해설

"산소결핍"이란 공기 중의 산소농도가 18[%] 미만인 상태를 말한다.

참고 ① 건설안전산업기사 필기 p.1-92(2. 사용조건)
② 건설안전산업기사 필기 p.5-8(합격날개:용어정의)

KEY 2015년 9월 19일(문제 86번) 출제

정보제공
산업안전보건기준에 관한 규칙 제618조(정의)

85 산업안전보건관리비 중 안전관리자 등의 인건비 및 각종 업무수당 등의 항목에서 사용할 수 없는 내역은?

① 교통 통제를 위한 교통정리 신호수의 인건비
② 공사장 내에서 양중기 · 건설기계 등의 움직임으로 인한 위험으로부터 주변 작업자를 보호하기 위한 유도자 또는 신호자의 인건비
③ 전담 안전보건관리자의 인건비
④ 고소작업대 작업 시 낙하물 위험예방을 위한 하부통제, 화기작업 시 화재감시 등 공사현장의 특성에 따라 근로자 보호만을 목적으로 배치된 유도자 및 신호자 또는 감시자의 인건비

해설

안전시설비 사용기준
(1) 안전관리자·보건관리자의 임금 등
① 법 제17조제3항 및 법 제18조제3항에 따라 안전관리 또는 보건관리 업무만을 전담하는 안전관리자 또는 보건관리자의 임금과 출장비 전액
② 안전관리 또는 보건관리 업무를 전담하지 않는 안전관리자 또는 보건관리자의 임금과 출장비의 각각 2분의 1에 해당하는 비용
③ 안전관리자를 선임한 건설공사 현장에서 산업재해 예방 업무만을 수행하는 작업지휘자, 유도자, 신호자 등의 임금 전액
④ 별표 1의2에 해당하는 작업을 직접 지휘 · 감독하는 직 · 조 · 반장 등 관리감독자의 직위에 있는 자가 영 제15조제1항에서 정하는 업무를 수행하는 경우에 지급하는 업무수당(임금의 10분의 1 이내)
(2) 안전시설비 등
① 산업재해 예방을 위한 안전난간, 추락방호망, 안전대 부착설비, 방호장치(기계 · 기구와 방호장치가 일체로 제작된 경우, 방호장치 부분의 가액에 한함) 등 안전시설의 구입 · 임대 및 설치를 위해 소요되는 비용
② 「건설기술진흥법」 제62조의3에 따른 스마트 안전장비 구입 · 임대 비용의 5분의 1에 해당하는 비용. 다만, 제4조에 따라 계상된 안전보건관리비 총액의 10분의 1을 초과할 수 없다.
③ 용접 작업 등 화재 위험작업 시 사용하는 소화기의 구입 · 임대비용

참고 건설안전산업기사 필기 p.5-23 (문제 24번)

합격정보
2023년 10월 5일 개정고시 적용

86 산업안전보건기준에 관한 규칙에 따른 풍화암 지반의 굴착면 기울기 기준으로 옳은 것은?

① 1:0.3 ② 1:0.5
③ 1:1.0 ④ 1:1.5

해설

굴착면의 기울기 기준

지반의 종류	굴착면의 기울기
모래	1 : 1.8
연암 및 풍화암	1 : 1.0
경암	1 : 0.5
그 밖의 흙	1 : 1.2

KEY 2013년 3월 10일(문제 96번)등 20회 이상 출제

[정답] 83 ③ 84 ④ 85 ① 86 ③

합격정보

2023년 11월 14일 개정

87 건설현장에서 가설 계단 및 계단참을 설치하는 경우 안전율은 최소 얼마 이상으로 하여야 하는가?

① 3 ② 4

③ 5 ④ 6

해설

계단의 강도

① 사업주는 계단 및 계단참을 설치하는 경우 매제곱미터당 500킬로그램 이상의 하중에 견딜 수 있는 강도를 가진 구조로 설치

② 안전율[안전의 정도를 표시하는 것으로서 재료의 파괴응력도(破壞應力度)와 허용응력도(許容應力度)의 비율을 말한다.)] : 4 이상

KEY ① 2006년 5월 14일(문제 84번) 출제
② 2019년 9월 21일(문제 100번) 출제

정보제공

산업안전보건기준에 관한 규칙 제26조(계단의 강도)

88 리프트(Lift) 사용 중 조치사항으로 옳은 것은?

① 운반구 내부에 탑승조작장치가 설치되어 있는 리프트를 사람이 타지 않은 상태에서 작동하였다.

② 리프트 조작반은 관계근로자가 작동하기 편리하도록 항상 개방시켰다.

③ 피트 청소 시에 리프트 운반구를 주행로 상에 달아 올린 상태에서 정지시키고 작업하였다.

④ 순간풍속이 초당 35[m]를 초과하는 태풍이 온다하여 붕괴방지를 위한 받침수를 증가시켰다.

해설

리프트 붕괴방지 기준

① 사업주는 지반침하, 불량한 자재사용 또는 헐거운 결선(結線) 등으로 리프트가 붕괴되거나 넘어지지 않도록 필요한 조치를 하여야 한다.

② 사업주는 순간풍속이 초당 35[m]를 초과하는 바람이 불어올 우려가 있는 경우 건설용 리프트(지하에 설치되어 있는 것은 제외한다)에 대하여 받침의 수를 증가시키는 등 그 붕괴 등을 방지하기 위한 조치를 하여야 한다.

참고 산업안전보건기준에 관한 규칙 제154조(붕괴 등의 방지)

KEY 2014년 9월 20일(문제 91번) 출제

89 발파작업에 종사하는 근로자가 발파 시 준수하여야 할 기준으로 옳지 않은 것은?

① 벼락이 떨어질 우려가 있는 경우에는 화약 또는 폭약의 장전 작업을 중지하고 근로자들을 안전한 장소로 대피시켜야 한다.

② 근로자가 안전한 거리에 피난할 수 없는 경우에는 전면과 상부를 견고하게 방호한 피난장소를 설치하여야 한다.

③ 전기뇌관 외의 것에 의하여 점화 후 장전된 화약류의 폭발여부를 확인하기 곤란한 경우에는 점화한 때부터 15분 이내에 신속히 확인하여 처리하여야 한다.

④ 얼어붙은 다이나마이트는 화기에 접근시키거나 그 밖의 고열물에 직접 접촉시키는 등 위험한 방법으로 융해되지 않도록 한다.

해설

발파작업 시 폭발여부 확인시간

① 전기뇌관에 의한 경우에는 발파모선을 점화기에서 떼어 그 끝을 단락시켜 놓는 등 재점화되지 않도록 조치하고 그 때부터 5분 이상 경과한 후가 아니면 화약류의 장전장소에 접근시키지 않도록 할 것

② 전기뇌관 외의 것에 의한 경우에는 점화한 때부터 15분 이상 경과한 후가 아니면 화약류의 장전장소에 접근시키지 않도록 할 것

참고 건설안전산업기사 필기 p.5-106(합격날개 : 합격예측 및 관련법규)

KEY 2017년 9월 23일 기사·산업기사 동시 출제

정보제공

산업안전보건기준에 관한 규칙 제348조(발파의 작업기준)

90 비탈면 붕괴 재해의 발생 원인으로 보기 어려운 것은?

① 부식의 점검을 소홀히 하였다.

② 지질조사를 충분히 하지 않았다.

③ 굴착면 상하에서 동시작업을 하였다.

④ 안식각으로 굴착하였다.

[정답] 87 ② 88 ④ 89 ③ 90 ④

해설

흙의 휴식각(Angle of repose : 안식각, 자연경사각)

① 흙 입자간의 응집력, 부착력을 무시한 때 즉, 마찰력 만으로써 중력에 의하여 정지되는 흙의 사면각도이다.
② 파기경사각은 휴식각의 2배로 보고 있다.

KEY 2018년 9월 15일(문제 86번) 출제

91 깊이 10.5[m] 이상의 깊은 굴착의 경우 흙막이 구조의 안전을 예측하기 위해 설치해야 할 계측기기가 아닌 것은?

① 수위계
② 경사계
③ 하중 및 침하계
④ 내공변위 측정계

해설

깊이 10.5[m] 이상 흙막이 구조의 예측을 위한 계측기의 종류

① 수위계 ② 경사계 ③ 응력계 ④ 하중 및 침하계

참고 굴착공사 표준안전작업지침 제15조(착공전 조사)

KEY 2014년 9월 20일(문제 97번) 출제

92 중량물을 들어올리는 자세에 대한 설명 중 옳은 것은?

① 다리를 곧게 펴고 허리를 굽혀 들어올린다.
② 되도록 자세를 낮추고 허리를 곧게 편 상태에서 들어올린다.
③ 무릎을 굽힌 자세에서 허리를 뒤로 젖히고 들어올린다.
④ 다리를 벌린 상태에서 허리를 숙여서 서서히 들어올린다.

해설

자세는 낮추고 허리는 곧게 편다.

참고 건설안전산업기사 필기 p.5-160(1. 인력운반)

KEY 2015년 9월 19일(문제 100번) 출제

93 철근가공작업에서 가스절단을 할 때의 유의사항으로 옳지 않은 것은?

① 가스절단 작업 시 호스는 겹치거나 구부러지거나 밟히지 않도록 한다.
② 호스, 전선 등은 작업효율을 위하여 다른 작업장을 거치는 곡선상의 배선이어야 한다.
③ 작업장에서 가연성 물질에 인접하여 용접작업할 때에는 소화기를 비치하여야 한다.
④ 가스절단 작업 중에는 보호구를 착용하여야 한다.

해설

가스 절단시 호스, 전선 등은 직선이어야 한다.

KEY ① 2014년 8월 17일(문제 83번) 출제
② 2019년 9월 21일(문제 89번) 출제

94 흙의 다짐에 대한 목적 및 효과로 옳지 않은 것은?

① 흙의 밀도가 높아진다.
② 흙의 투수성이 증가한다.
③ 지반의 지지력이 증가한다.
④ 동상현상이나 팽창작용 등이 감소한다.

해설

흙 다짐 목적 및 효과

① 전단강도가 증가되고 사면의 안정성이 개선된다.
② 투수성이 감소된다.
③ 지반의 지지력이 증대된다.
④ 지반의 압축성이 감소되어 지반의 침하를 방지하거나 감소시킬 수 있다.
⑤ 물의 흡수력이 감소하고 불필요한 체적변화, 즉 동상현상이나 팽창작용 또는 수축작용 등을 감소시킬 수 있다.
⑥ 흙의 밀도가 높아진다.

참고 ① 건설안전산업기사 필기 p.3-23(합격날개 : 합격예측)
② 건설안전산업기사 필기 p.3-24(합격날개 : 합격예측)

KEY 2013년 9월 28일(문제 91번) 출제

[정답] 91 ④ 92 ② 93 ② 94 ②

95 유한사면에서 사면기울기가 비교적 완만한 점성토에서 주로 발생되는 사면파괴의 형태는?

① 저부파괴　　② 사면선단파괴
③ 사면내파괴　　④ 국부전단파괴

해설

사면의 붕괴 형태
① 사면 선단 파괴(Toe Failure)
② 사면 내 파괴(Slope Failure)
③ 사면 저부 파괴(Base Failure)

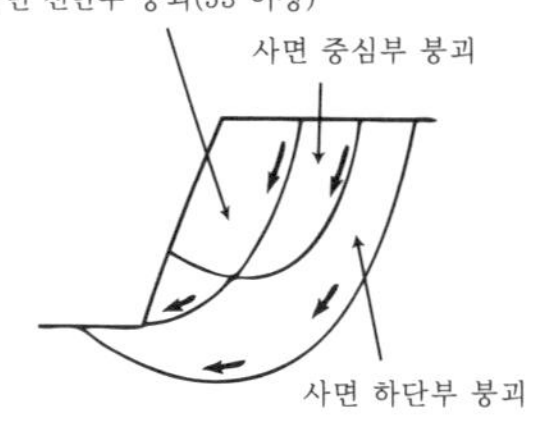

[그림] 사면 붕괴 형태

참고 건설안전산업기사 필기 p.5-73(합격날개:합격예측)

KEY 2016년 10월 1일(문제 99번) 출제

96 고소작업대를 설치 및 이동하는 경우의 준수사항으로 옳지 않은 것은?

① 바닥과 고소작업대는 가능하면 수평을 유지하도록 할 것
② 이동하는 경우에는 작업대를 가장 높게 올릴 것
③ 이동통로의 요철상태 또는 장애물의 유무 등을 확인할 것
④ 갑작스러운 이동을 방지하기 위하여 아우트리거 또는 브레이크 등을 확실히 사용할 것

해설

고소작업대 설치 및 이동 시 준수사항
(1) 사업주는 고소작업대를 설치하는 경우에는 다음 각 호의 사항을 준수하여야 한다.
① 바닥과 고소작업대는 가능하면 수평을 유지하도록 할 것
② 갑작스러운 이동을 방지하기 위하여 아우트리거 또는 브레이크 등을 확실히 사용할 것
(2) 사업주는 고소작업대를 이동하는 경우에는 다음 각 호의 사항을 준수하여야 한다.
① 작업대를 가장 낮게 내릴 것
② 작업대를 올린 상태에서 작업자를 태우고 이동하지 말 것. 다만, 이동 중 전도 등의 위험예방을 위하여 유도하는 사람을 배치하고 짧은 구간을 이동하는 경우에는 그러하지 아니하다.
③ 이동통로의 요철상태 또는 장애물의 유무 등을 확인할 것

참고 건설안전산업기사 필기 p.5-68(합격날개 : 합격예측 및 관련법규)

KEY ① 2016년 5월 8일 출제
② 2017년 3월 5일 출제
③ 2017년 9월 23일 산업기사 출제

정보제공
산업안전보건기준에 관한 규칙 제186조(고소작업대 설치 등의 조치)

97 아스팔트 포장도로의 파쇄굴착 또는 암석제거에 적합한 장비는?

① 스크레이퍼　　② 리퍼
③ 롤러　　④ 드래그라인

해설

Ripper(리퍼)
① 단단한 흙이나 연약한 암석을 파내는 갈고랑이 모양의 기계
② 아스팔트 포장도로 파쇄굴착에 적합

[그림] 리퍼

참고 건설안전산업기사 필기 p.5-24(3. 작업에 따른 분류)

KEY 2014년 9월 20일(문제 85번) 출제

98 철골공사 중 볼트작업 등을 하기 위하여 구조체인 철골에 매달아 작업발판을 만드는 비계로서 상하이동을 시킬 수 없는 것은?

① 말비계　　② 이동식 비계
③ 달대비계　　④ 달비계

해설

달대비계
철골공사 중 볼트작업 등을 하기 위하여 구조체인 철골에 매달아 작업발판을 만드는 비계로서 상하이동을 시킬 수 없다.

참고 건설안전산업기사 필기 p.5-96(6. 달대비계)

[정답] 95 ① 96 ② 97 ② 98 ③

KEY ▶ 2015년 9월 19일(문제 83번) 출제

정보제공

산업안전보건기준에 관한 규칙 제65조(달대비계)

보충학습

비계의 종류

① 말비계 : 실내 공사에 사용되는 것으로, 동일한 두 개의 사다리 상부를 작업발판으로 결합한 형태로 다리를 벌린 상태에서 사용되며, 실내공사에서 사용되는 단일 품목의 비계이다.
② 이동식 비계 : 틀비계의 강관을 이용하여 타워의 형태로 조립하여 비계 기둥의 하단에 바퀴를 부착시켜 이동할 수 있는 비계이다.
③ 달비계 : 와이어로프, 체인, 강재, 철선 등의 재료로 상부 지점에서 작업용 널판을 매다는 형식의 비계이다.
④ 강관비계 : 강관을 사용하여 클램프 등 전용 철물을 이용하여 시공자가 임의로 간격, 넓이 등을 자유로이 바꾸어 조립하는 것이 가능한 비계이다.
⑤ 강관틀비계 : 공장에서 강관을 규정된 치수로 전기 용접하여 강관틀을 만들고, 이를 현장에서 조립하여 사용하는 비계로서 조립 및 해체가 신속하다.

99 동바리로 사용하는 파이프 서포트의 높이가 3.5[m]를 초과하는 경우 수평연결재의 설치 높이 기준은?

① 1.5[m] 이내 마다
② 2.0[m] 이내 마다
③ 2.5[m] 이내 마다
④ 3.9[m] 이내 마다

해설

동바리로 사용하는 파이프서포트 안전기준

① 파이프서포트를 3개 이상 이어서 사용하지 아니하도록 할 것
② 파이프서포트를 이어서 사용할 경우에는 4개 이상의 볼트 또는 전용 철물을 사용하여 이을 것
③ 높이가 3.5[m]를 초과할 경우에는 높이 2[m] 이내마다 수평연결재를 2개 방향으로 만들고 수평연결재의 변위를 방지할 것

참고 건설안전산업기사 필기 p.5-85 (합격날개 : 참고)

KEY ▶ ① 2018년 3월 4일 산업기사 출제
② 2018년 9월 15일 산업기사 출제

정보제공

산업안전보건기준에 관한 규칙 제332조의2(동바리 유형에 따른 동바리 조립시의 안전조치)

KEY ▶ 2016년 10월 1일(문제 96번) 출제

100 가설구조물 부재의 강성이 부족하여 가늘고 긴 부재가 압축력에 의하여 파괴되는 현상은?

① 좌굴 ② 피로파괴
③ 지압파괴 ④ 폭열현상

해설

좌굴(Buckling) : 가늘고 긴 부재가 압축력에 의해 파괴되는 현상

참고 건설안전산업기사 필기 p.5-93(합격날개:합격예측)

KEY ▶ 2016년 10월 1일(문제 96번) 출제

[정답] 99 ② 100 ①

건설안전산업기사 필기

2024년 02월 15일 CBT시행 **제1회**

2024년 05월 09일 CBT시행 **제2회**

2024년 07월 05일 CBT시행 **제3회**

2024년도 산업기사 정기검정 제1회 CBT(2024년 2월 15일 시행)

자격종목 및 등급(선택분야)

건설안전산업기사

종목코드	시험시간	수험번호	성명
2381	2시간30분	20240215	도서출판세화

※ 본 문제는 복원문제 및 예적(예상적중) 문제로 실제문제와 동일하지 않을 수 있습니다.

1 산업안전관리론

01 산업재해 예방의 4원칙 중 "재해발생에는 반드시 원인이 있다."라는 원칙은?

① 대책 선정의 원칙 ② 원인 계기의 원칙
③ 손실 우연의 원칙 ④ 예방 가능의 원칙

해설

하인리히 산업재해예방의 4원칙

① 예방가능의 원칙
② 손실우연의 원칙
③ 원인연계(계기)의 원칙
④ 대책선정의 원칙

참고 건설안전산업기사 필기 p.1-48(6. 하인리히 산업재해예방의 4원칙)

KEY ① 2016년 5월 8일 출제
② 2016년 10월 1일 기사 출제
③ 2017년 3월 5일 기사 출제
④ 2017년 5월 7일 출제
⑤ 2017년 9월 23일 기사 출제
⑥ 2018년 3월 4일 기사·산업기사 동시 출제
⑦ 2018년 8월 19일 출제
⑧ 2019년 3월 3일 기사·산업기사 동시 출제
⑨ 2019년 9월 21일 기사 출제
⑩ 2020년 6월 7일 기사 출제
⑪ 2023년 3월 1일(문제 1번) 출제

02 산업안전보건법령상 안전보건표지의 종류와 형태 중 그림과 같은 경고 표지는? (단, 바탕은 무색, 기본모형은 빨간색, 그림은 검은색이다.)

① 부식성물질 경고 ② 폭발성물질 경고
③ 산화성물질 경고 ④ 인화성물질 경고

해설

경고표지의 종류

인화성 물질경고	산화성 물질경고	폭발성 물질경고	급성독성 물질경고	부식성 물질경고
방사성 물질경고	고압전기 경고	매달린 물체경고	낙하물 경고	고온 경고
저온 경고	몸균형 상실경고	레이저 광선경고	발암성·변이원성·생식독성·전신독성·호흡기과민성 물질 경고	위험장소 경고

참고 건설안전산업기사 필기 p.1-97(2. 경고표지)

KEY ① 2017년 9월 23일 기사 출제
② 2018년 3월 4일 기사 출제
③ 2019년 4월 27일 산업기사 출제
④ 2020년 6월 7일 기사 출제
⑤ 2023년 3월 1일(문제 17번) 출제

합격정보

산업안전보건법 시행규칙 [별표6] 안전보건표지의 종류와 형태

03 매슬로우(A.H.Maslow)의 인간욕구 5단계 이론에서 각 단계별 내용이 잘못 연결된 것은?

① 1단계 : 자아실현의 욕구
② 2단계 : 안전에 대한 욕구
③ 3단계 : 사회적 욕구
④ 4단계 : 존경에 대한 욕구

[정답] 01 ② 02 ④ 03 ①

해설

Maslow의 욕구단계이론

① 1단계 – 생리적 욕구 : 기아, 갈증, 호흡, 배설, 성욕 등 인간의 가장 기본적인 욕구 (종족 보존)
② 2단계 – 안전욕구 : 안전을 구하려는 욕구
③ 3단계 – 사회적 욕구 : 애정, 소속에 대한 욕구 (친화욕구)
④ 4단계 – 인정을 받으려는 욕구 : 자기 존경의 욕구로 자존심, 명예, 성취, 지위에 대한 욕구 (승인의 욕구)
⑤ 5단계 – 자아실현의 욕구 : 잠재적인 능력을 실현하고자 하는 욕구 (성취욕구)

참고 건설안전산업기사 필기 p.1-222 (5) 매슬로우의 욕구 5단계 이론

KEY ① 2023년 3월 1일(문제 18번) 등 30회 이상 출제
② 2024년 5월 14일 기사 출제

04 무재해운동의 기본이념 3가지에 해당하지 않는 것은?

① 무의 원칙　② 자주 활동의 원칙
③ 참가의 원칙　④ 선취 해결의 원칙

해설

무재해운동의 3원칙

① 무(zero)의 원칙
② 선취해결(안전제일)의 원칙
③ 참가의 원칙

참고 건설안전산업기사 필기 p.1-8(2. 무재해운동 기본 이념 3대 원칙)

KEY 2023년 3월 1일 기사·산업기사 등 10회 이상 출제

05 다음 중 안전교육의 3단계에서 생활지도, 작업동작지도 등을 통한 안전의 습관화를 위한 교육을 무엇이라 하는가?

① 지식교육　② 기능교육
③ 태도교육　④ 인성교육

해설

태도교육의 교육목표 및 교육내용

교육목표	교육내용
① 작업 동작의 정확화	① 표준작업방법의 습관화
② 공구, 보호구 취급태도의 안전화	② 공구 보호구 취급과 관리 자세의 확립
③ 점검태도의 정확화	③ 작업 전후의 점검·검사요령의 정확한 습관화
④ 언어태도의 안전화 결론 안전은 마음가짐을 몸에 익히는 심리적 교육방법	④ 안전작업 지시전달 확인 등 언어태도의 습관화 및 정확화

참고 건설안전산업기사 필기 p.1-279(표. 단계별 교육 목표 및 내용)

KEY ① 2011년 8월 21일(문제 6번) 출제
② 2013년 6월 2일(문제 18번) 출제
③ 2021년 5월 15일 기사 출제
④ 2023년 3월 1일(문제 20번) 출제

06 리더십(leadership)의 특성에 대한 설명으로 옳은 것은?

① 지휘형태는 민주적이다.
② 권한부여는 위에서 위임된다.
③ 구성원과의 관계는 넓다.
④ 권한근거는 법적 또는 공식적으로 부여된다.

해설

leadership과 headship의 비교

개인과 상황 변수	leadership	headship
권한 행사	선출된 리더	임명적 헤드
권한 부여	밑으로부터 동의	위에서 위임
권한 귀속	집단 목표에 기여한 공로 인정	공식화된 규정에 의함
상사와 부하와의 관계	개인적인 영향	지배적
부하와의 사회적 관계(간격)	좁음	넓음
지휘 형태	민주주의적	권위주의적
책임 귀속	상사와 부하	상사
권한 근거	개인적	법적 또는 공식적

참고 건설안전산업기사 필기 p.1-234(5. leadership과 headship의 비교)

KEY ① 2016년 3월 6일, 8월 21일, 10월 1일 기사 출제
② 2019년 9월 21일 기사 출제
③ 2020년 8월 23일(문제 1번) 출제
④ 2023년 5월 13일(문제 8번) 등 10회 이상 출제

07 파블로프(Pavlov)의 조건반사설에 의한 학습이론의 원리에 해당되지 않는 것은?

① 일관성의 원리　② 시간의 원리
③ 강도의 원리　④ 준비성의 원리

[정답] 04 ② 05 ③ 06 ① 07 ④

2024

해설

파블로프의 조건반사설

① 일관성의 원리
② 강도의 원리
③ 시간의 원리
④ 계속성의 원리

참고 건설안전산업기사 필기 p.1-270(2. 자극과 반응(Stimulus & Response) : S-R 이론)

KEY ① 2016년 5월 8일 기사 출제
② 2018년 4월 28일(문제 20번) 출제
③ 2023년 5월 13일(문제 10번) 출제

08 기업 내 정형교육 중 TWI의 훈련내용이 아닌 것은?

① 작업방법훈련 ② 작업지도훈련
③ 사례연구훈련 ④ 인간관계훈련

해설

기업 내 정형교육 중 TWI의 훈련내용 4가지

① 작업 방법 훈련(Job Method Training, JMT) : 작업개선
② 작업 지도 훈련(Job Instruction Training, JIT) : 작업지도·지시
③ 인간 관계 훈련(Job Relations Training, JRT) : 부하 통솔
④ 작업 안전 훈련(Job Safety Training, JST) : 작업안전

참고 건설안전산업기사 필기 p.1-266(2. 관리감독자 교육)

KEY ① 2016년 3월 6일 기사·산업기사 동시 출제
② 2016년 8월 21일 출제 등 10회 이상 출제
③ 2023년 5월 13일(문제 18번) 출제

09 학습 성취에 직접적인 영향을 미치는 요인과 가장 거리가 먼 것은?

① 적성 ② 준비도
③ 개인차 ④ 동기유발

해설

학습성취에 직접적인 영향을 미치는 요인

① 준비도
② 개인차
③ 동기유발

참고 건설안전산업기사 필기 p.1-282(합격날개 : 은행문제 2)

KEY ① 2020년 8월 23일(문제 12번) 출제
② 2023년 5월 13일(문제 20번) 출제

10 레빈(Lewin)의 법칙에서 환경조건(E)에 포함되는 것은?

$$B=f(P \cdot E)$$

① 지능 ② 소질
③ 적성 ④ 인간관계

해설

K. Lewin의 법칙

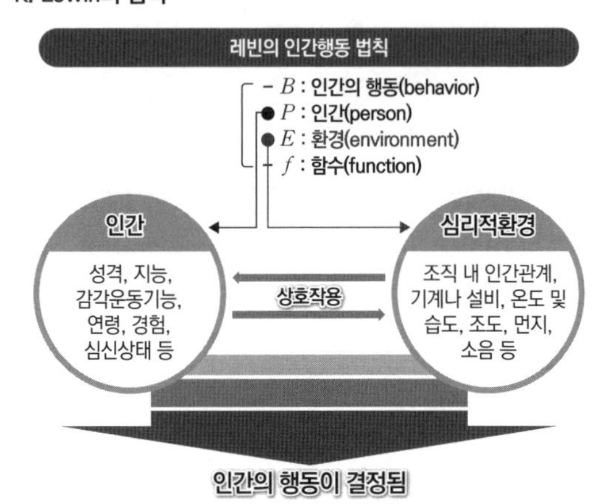

참고 건설안전산업기사 필기 p.1-201(7. K. Lewin의 법칙)

KEY ① 2016년 10월 1일 기사 출제
② 2017년 5월 7일, 8월 26일, 9월 23일 기사 출제
③ 2019년 4월 27일 산업기사 출제
④ 2023년 7월 8일(문제 3번) 출제

11 허즈버그(Herzberg)의 동기·위생이론 중 위생요인에 해당하지 않는 것은?

① 보수 ② 책임감
③ 작업조건 ④ 감독

해설

위생요인과 동기요인

위생요인(직무환경)	동기요인(직무내용)
회사 정책과 관리, 개인 상호간의 관계, 감독, 임금, 보수, 작업 조건, 지위, 안전	성취감, 책임감, 안정감, 성장과 발전, 도전감, 일 그 자체(일의 내용)

[정답] 08 ③ 09 ① 10 ④ 11 ②

참고 건설안전산업기사 필기 p.1-221(표. 위생요인과 동기요인)

KEY ① 2017년 3월 5일 출제
② 2017년 5월 7일 기사 출제
③ 2023년 7월 8일(12번) 출제

12 재해손실비 중 직접손실비에 해당하지 않는 것은?

① 요양급여 ② 휴업급여
③ 간병급여 ④ 생산손실급여

해설

간접비의 종류

① 인적 손실
② 물적 손실
③ 생산 손실
④ 특수 손실
⑤ 그 밖의 손실

참고 건설안전산업기사 필기 p.1-59(표. 직접비와 간접비)

KEY ① 2002년 3월 10일(문제 3번)
② 2014년 3월 2일(문제 5번) 출제
③ 2022년 3월 5일 기사 출제
④ 2022년 3월 2일(문제7번) 출제

13 기계·기구 또는 설비의 신설, 변경 또는 고장수리 등 부정기적인 점검을 말하며 기술적 책임자가 시행하는 점검을 무슨 점검이라 하는가?

① 정기점검 ② 수시점검
③ 특별점검 ④ 임시점검

해설

특별점검

① 기계, 기구, 설비의 신설, 변경 또는 고장, 수리 등을 할 경우
② 정기점검기간을 초과하여 사용하지 않던 기계설비를 다시 사용하고자 할 경우
③ 강풍(순간풍속 30[m/s] 초과) 또는 지진(중진 이상 지진) 등의 천재지변 후

참고 건설안전산업기사 필기 p.1-73(2. 안전점검의 종류)

KEY ① 2010년 3월 7일(문제 16번) 출제
② 2022년 3월 2일(문제 7번) 출제

14 산업안전보건법령상 관리감독자가 수행하는 안전 및 보건에 관한 업무에 속하지 않는 것은?

① 해당 작업의 작업장 정리·정돈 및 통로 확보에 대한 확인·감독
② 해당 작업에서 발생한 산업재해에 관한 보고 및 이에 대한 응급조치
③ 해당 사업장 안전교육계획의 수립 및 안전교육 실시에 관한 보좌 및 지도·조언
④ 관리감독자에게 소속된 근로자의 작업복·보호구 및 방호장치의 점검과 그 착용·사용에 관한 교육·지도

해설

관리감독자 업무 내용

① 사업장 내 관리감독자가 지휘·감독하는 작업과 관련된 기계·기구 또는 설비의 안전·보건 점검 및 이상 유무의 확인
② 관리감독자에게 소속된 근로자의 작업복·보호구 및 방호장치의 점검과 그 착용·사용에 관한 교육·지도
③ 해당작업에서 발생한 산업재해에 관한 보고 및 이에 대한 응급조치
④ 해당작업의 작업장 정리·정돈 및 통로 확보에 대한 확인·감독
⑤ 사업장의 다음 각 목의 어느 하나에 해당하는 사람의 지도·조언에 대한 협조
㉮ 안전관리자 또는 안전관리자의 업무를 같은 항에 따른 안전관리전문기관에 위탁한 사업장의 경우에는 그 안전관리전문기관의 해당 사업장 담당자
㉯ 보건관리자 또는 보건관리자의 업무를 같은 항에 따른 보건관리전문기관에 위탁한 사업장의 경우에는 그 보건관리전문기관의 해당 사업장 담당자
㉰ 안전보건관리담당자 또는 안전보건관리담당자의 업무를 안전관리전문기관 또는 보건관리전문기관에 위탁한 사업장의 경우에는 그 안전관리전문기관 또는 보건관리전문기관의 해당 사업장 담당자
㉱ 산업보건의
⑥ 위험성평가에 관한 다음 각 목의 업무
㉮ 유해·위험요인의 파악에 대한 참여
㉯ 개선조치의 시행에 대한 참여
⑦ 그 밖에 해당작업의 안전 및 보건에 관한 사항으로서 고용노동부령으로 정하는 사항

참고 건설안전산업기사 필기 p.1-34(2. 관리감독자 업무내용)

합격정보

산업안전보건법 시행령 제15조(관리감독자 업무 등)

KEY 2021년 8월 8일(문제 4번) 출제

안전관리자의 증언

안전교육 실시, 보좌, 지도, 조언은 나(안전관리자)의 업무이다.

[정답] 12 ④ 13 ③ 14 ③

2024

15 재해의 간접원인 중 기술적 원인에 속하지 않는 것은?

① 경험 및 훈련의 미숙
② 구조, 재료의 부적합
③ 점검, 정비, 보존 불량
④ 건물, 기계장치의 설계 불량

해설

기술적 원인
① 기계 · 기구 · 설비 등의 보호
② 경계 설비, 보호구 정비 구조재료의 부적당 등

참고 건설안전산업기사 필기 p.1-44(2. 간접원인)

KEY ① 2016년 5월 8일 출제
② 2017년 5월 7일 출제
③ 2018년 3월 4일 출제
④ 2021년 8월 8일(문제 10번) 출제

16 다음 중 정상적 상태이지만 생리적 상태가 휴식할 때에 해당하는 의식수준은?

① phase Ⅰ ② phase Ⅱ
③ phase Ⅲ ④ phase Ⅳ

해설

의식 level의 단계별 생리적 상태
① 범주(Phase) 0 : 수면, 뇌발작
② 범주(Phase) Ⅰ : 피로, 단조로움, 졸음, 술취함
③ 범주(Phase) Ⅱ : 안정기거, 휴식시, 정례작업시
④ 범주(Phase) Ⅲ : 적극활동시
⑤ 범주(Phase) Ⅳ : 긴급방위반응, 당황해서 panic

참고 건설안전산업기사 필기 p.1-239(4. 의식 수준(레벨)의 5단계)

KEY ① 2016년 10월 1일 산업기사 출제
② 2018년 4월 28일 기사 출제
③ 2018년 9월 15일 산업기사 출제
④ 2019년 3월 3일 기사 출제
⑤ 2021년 8월 8일(문제 17번) 출제

17 다음 중 하버드 학파의 5단계 교수법에 해당되지 않는 것은?

① 추론한다. ② 교시한다.
③ 연합시킨다. ④ 총괄시킨다.

해설

하버드 학파의 5단계 교수법
① 제1단계 : 준비시킨다. ② 제2단계 : 교시시킨다.
③ 제3단계 : 연합한다. ④ 제4단계 : 총괄한다.
⑤ 제5단계 : 응용시킨다.

참고 건설안전산업기사 필기 p.1-266(3. 하버드 학파의 5단계 교수법)

KEY ① 2018년 4월 28일(문제 21번) 출제
② 2021년 8월 8일(문제 18번) 출제

18 아담스(Edward Adams)의 사고연쇄 반응이론 중 관리자가 의사결정을 잘못하거나 감독자가 관리적 잘못을 하였을 때의 단계에 해당하는 것은?

① 사고 ② 작전적 에러
③ 관리구조결함 ④ 전술적 에러

해설

아담스(Adams)의 사고 연쇄 이론
① 제1단계 : 관리구조
② 제2단계 : 작전적 에러(관리감독에러)
③ 제3단계 : 전술적 에러(불안전한 행동 or 조작)
④ 제4단계 : 사고(물적 사고)
⑤ 제5단계 : 상해 또는 손실

참고 건설안전산업기사 필기 p.1-45(합격날개 : 합격예측)

KEY ① 2017년 5월 7일(문제 9번) 기사 출제
② 2024년 2월 15일 기사 출제

19 KOSHA GUIDE(안전보건 기술지침)의 설명이 틀린 것은?

① 법령에서 정한 최소 수준이 아닌 더 높은 수준의 기술적 사항을 정리한 자료이다.
② 자율적 안전보건가이드이다.
③ 분류기준 D는 안전설계 지침이다.
④ 법적 구속력이 있다.

해설

KOSHA GUIDE
① 안전보건기술지침이다.
② 문항 ④번이 틀린 이유 : 법적 구속력이 없다.

[정답] 15 ① 16 ② 17 ① 18 ② 19 ④

KEY ① 2024년 2월 15일 기사 출제
② 2024년 5월 14일 기사·산업기사 출제

20 **제조업자는 제조물의 결함으로 인하여 생명·신체 또는 재산에 손해를 입은 자에게 그 손해를 배상하여야 하는데 이를 무엇이라 하는가? (단, 당해 제조물에 대해서만 발생한 손해는 제외한다.)**

① 입증 책임 ② 담보 책임
③ 연대 책임 ④ 제조물 책임

해설

제조물책임(PL)

① 제조물 책임이란 결함 제조물로 인해 생명·신체 또는 재산 손해가 발생할 경우 제조업자 또는 판매업자가 그 손해에 대하여 배상 책임을 지는 것
② 유럽에서는 100여년의 역사를 가지고 있으며, 미국, 일본에서도 1960~70년대부터 사회문제로 대두되어 '소비자 위험부담시대'에서 '판매자 위험부담시대'로 변환
③ 제조업에서 사고발생을 방지할 책임이 있기 때문에 결함 제조물에 대한 전적인 책임이 있다.

참고 건설안전산업기사 필기 p.2-139(6. 제조물 책임)

KEY ① 2019년 3월 3일 기사 출제
② 2024년 2월 15일 기사 출제

2 인간공학 및 시스템안전공학

21 **신체반응의 측정에서 상완을 자연스럽게 수직으로 늘어뜨린 채, 전완만으로 편하게 뻗어 파악할 수 있는 구역을 무엇이라 하는가?**

① 정상작업역 ② 최대작업역
③ 최소작업역 ④ 전완작업역

해설

작업역(작업구역)

① 정상작업역 : 상완을 자연스럽게 수직으로 늘어뜨린 채, 전완만으로 편하게 뻗어 파악할 수 있는 구역(34~45[cm])
② 최대작업역 : 전완과 상완을 곧게 펴서 파악할 수 있는 구역(56~65[cm])

참고 건설안전산업기사 필기 p.2-46(2. 수평작업대)

22 **조종장치를 15[mm] 움직였을 때, 표시계기의 지침이 25[mm] 움직였다면 이 기기의 C/R비는?**

① 0.4 ② 0.5
③ 0.6 ④ 0.7

해설

$$\frac{C}{R} = \frac{\text{조종장치의 이동거리}}{\text{표시장치의 이동거리}} = \frac{15}{25} = 0.6$$

참고 건설안전산업기사 필기 p.2-67(합격날개 : 합격예측)

KEY ① 2018년 4월 28일 출제
② 2018년 9월 15일 출제
③ 2019년 4월 27일 출제
④ 2019년 8월 4일 출제
⑤ 2022년 7월 2일 출제

23 **반복되는 사건이 많이 있는 경우에 FTA의 최소 컷셋을 구하는 알고리즘이 아닌 것은?**

① Fussel Algorithm
② Boolean Algorithm
③ Monte Carlo Algorithm
④ Limnios & Ziani Algorithm

해설

FTA의 최소 컷셋을 구하는 알고리즘의 종류

① Boolean Algorithm(부울대수)
② Fussel Algorithm
③ Limnios & Ziani Algorithm

참고 건설안전산업기사 필기 p.2-104(합격날개 : 은행문제)

KEY ① 2014년 9월 20일 기사 출제
② 2016년 10월 1일 기사 출제
③ 2020년 8월 23일 산업기사 출제
④ 2023년 3월 1일(문제 21번) 출제

보충학습

Monte Carlo Alogorithm
카지노에서 따온 이름으로, 컴퓨터과학에서 사용하는 알고리즘의 한 종류

[정답] 20 ④ 21 ① 22 ③ 23 ③

24 FT도에 사용되는 논리기호 중 AND 게이트에 해당하는 것은?

① 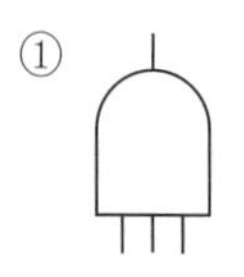

② 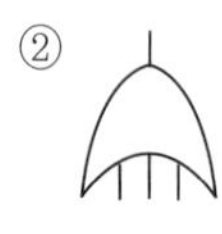

③ 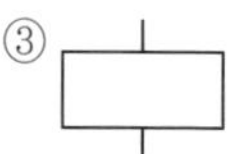

④ 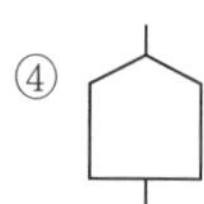

해설

FTA 기호

기호	명칭	설명
	결함사상	개별적인 결함사상
	통상사상	통상발생이 예상되는 사상(예상되는 원인)
출력 입력	AND 게이트	모든 입력사상이 공존할 때만 출력사상이 발생한다.
출력 입력	OR 게이트	입력사상 중 어느 것이나 하나가 존재할 때 출력사상이 발생한다.

참고 건설안전산업기사 필기 p.2-96(표. FTA기호)

 ① 2014년 5월 25일(문제 38번) 출제
② 2014년 8월 17일(문제 34번) 출제
③ 2023년 3월 1일(문제 29번) 출제

25 시스템 안전 분석기법 중 인적 오류와 그로 인한 위험성의 예측과 개선을 위한 기법은 무엇인가?

① FTA ② ETBA
③ THERP ④ MORT

해설

THERP(인간과오율 예측기법)

① 인간의 과오(human error)를 정량적으로 평가
② 1963년 Swain이 개발된 기법

참고 건설안전산업기사 필기 p.2-86(8.THERP)

KEY ① 2017년 3월 5일 출제
② 2023년 2월 28일 기사 출제
③ 2023년 5월 13일(문제 21번) 등 5회 이상 출제

26 다음 중 체계 설계 과정의 주요 단계 중 가장 먼저 실시되어야 하는 것은?

① 기본설계
② 계면설계
③ 체계의 정의
④ 목표 및 성능 명세 결정

해설

인간-기계 시스템 설계 순서

① 1단계 : 시스템의 목표와 성능 명세 결정
② 2단계 : 시스템의 정의
③ 3단계 : 기본설계
④ 4단계 : 인터페이스설계
⑤ 5단계 : 보조물설계
⑥ 6단계 : 시험 및 평가

참고 건설안전산업기사 필기 p.2-22(문제 31번) 적중

 ① 2011년 3월 20일(문제 29번) 출제
② 2019년 3월 3일 기사 출제
③ 2019년 4월 27일(문제 21번) 출제
④ 2023년 5월 13일(문제 23번) 등 5회 이상 출제
⑤ 2024년 2월 15일(문제 29번) 출제

27 산업안전보건법에 따라 상시 작업에 종사하는 장소에서 보통작업을 하고자 할 때 작업면의 최소 조도(lux)로 맞는 것은? (단, 작업장은 일반적인 작업장소이며, 감광재료를 취급하지 않는 장소이다.)

① 75 ② 150
③ 300 ④ 750

해설

조명(조도)수준

① 초정밀작업 : 750[lux] 이상
② 정밀작업 : 300[lux] 이상
③ 보통작업 : 150[lux] 이상
④ 그 밖의 작업 : 75[lux] 이상

참고 건설안전산업기사 필기 p.2-73(문제 15번) 적중

KEY ① 2017년 5월 7일(문제 21번) 출제
② 2023년 5월 13일(문제 28번) 등 5회 이상 출제

합격정보
산업안전보건기준에 관한 규칙 제8조(조도)

[정답] 24 ① 25 ③ 26 ④ 27 ②

28 다음 중 시스템에 영향을 미칠 우려가 있는 모든 요소의 고장을 형태별로 해석하여 그 영향을 검토하는 분석방법은?

① FTA ② ETA
③ MORT ④ FMEA

해설

FMEA의 정의

① FMEA는 서브시스템 위험분석이나 시스템 위험분석을 위하여 일반적으로 사용되는 전형적인 정성적, 귀납적 분석방법
② 시스템에 영향을 미치는 모든 요소의 고장을 형태별로 분석하여 그 영향을 검토

참고 건설안전산업기사 필기 p.2-82(4. 고장형태 및 영향분석)

KEY ① 2015년 3월 8일(문제 33번) 출제
② 2023년 7월 8일(문제 21번) 출제

29 체계 설계 과정 중 기본설계 단계의 주요활동으로 볼 수 없는 것은?

① 작업 설계 ② 체계의 정의
③ 기능의 할당 ④ 인간 성능 요건 명세

해설

제3단계 : 기본설계

① 기능의 할당
② 인간 성능 요건 명세
③ 직무 분석
④ 작업 설계

참고 건설안전산업기사 필기 p.2-22(문제 31번) 적중

① 2013년 6월 2일(문제 28번) 출제
② 2016년 3월 6일 기사 출제
③ 2018년 3월 4일 출제
④ 2023년 7월 8일(문제 24번) 출제
⑤ 2024년 2월 15일(문제 26번) 출제

30 다음 중 정보의 청각적 제시방법이 적절한 경우는?

① 수신자가 여러 곳으로 움직여야 할 때
② 정보가 복잡하고 길 때
③ 정보가 공간적인 위치를 다룰 때
④ 즉각적인 행동을 요구하지 않을 때

해설

청각적 제시방법이 적절한 경우

① 전언이 간단할 경우
② 전언이 짧을 경우
③ 전언이 후에 재 참조되지 않을 경우
④ 전언이 시간적인 사상(event)을 다룰 경우
⑤ 전언이 즉각적인 행동을 요구할 경우
⑥ 수신자의 시각 계통이 과부하 상태일 경우
⑦ 수신 장소가 너무 밝거나 암조응 유지가 필요할 경우
⑧ 직무상 수신자가 자주 움직이는 경우

참고 건설안전산업기사 필기 p.2-28(표. 청각장치와 시각장치의 사용 경위)

① 1998년 9월 6일(문제 32번) 출제
② 2001년 6월 3일(문제 26번) 출제
③ 2001년 9월 23일(문제 33번) 출제
④ 2003년 5월 25일(문제 24번) 출제
⑤ 2006년 3월 5일(문제 34번) 출제
⑥ 2006년 9월 10일(문제 24번) 출제
⑦ 2022년 3월 2일(문제 25번) 출제

31 신체 부위의 운동 중 몸의 중심선으로 이동하는 운동을 무엇이라 하는가?

① 굴곡 운동 ② 내전 운동
③ 신전 운동 ④ 외전 운동

해설

신체부위 운동구분

① 내전(adduction) : 몸의 중심선으로의 이동
② 외전(abduction) : 몸의 중심선으로부터 멀어지는 이동
③ 외선 : 몸의 중심선으로부터 회전하는 동작
④ 내선 : 몸의 중심선으로 회전하는 동작
⑤ 굴곡 : 신체 부위 간의 각도의 감소

참고 건설안전산업기사 필기 p.2-50(2. 신체부위의 운동)

① 2009년 5월 10일(문제 23번) 출제
② 2022년 3월 2일(문제 31번) 출제

32 인간공학의 중요한 연구과제인 계면(interface)설계에 있어서 다음 중 계면에 해당되지 않는 것은?

① 작업공간 ② 표시장치
③ 조종장치 ④ 조명시설

[정답] 28 ④ 29 ② 30 ① 31 ② 32 ④

해설

인간-기계체계 단계

① 제1단계 : 목표 및 성능 설정
체계가 설계되기 전에 우선 목적이나 존재 이유 및 목적은 통상 개괄적으로 표현

② 제2단계 : 시스템의 정의
목표, 성능 결정 후 목적을 달성하기 위해 어떤 기본적인 기능이 필요한지 결정

③ 제3단계 : 기본설계
㉮ 기능의 할당
㉯ 인간 성능 요건 명세
㉰ 직무 분석
㉱ 작업 설계

④ 제4단계 : 계면(인터페이스)설계
체계의 기본설계가 정의되고 인간에게 할당된 기능과 직무가 윤곽이 잡히면 인간-기계의 경계를 이루는 면과 인간-소프트웨어 경계를 이루는 면의 특성에 신경을 쓸 수가 있다.
예 작업공간, 표시장치, 조종장치, 제어, 컴퓨터대화 등

⑤ 제5단계 : 촉진물(보조물) 설계
체계설계과정 중 이 단계에서의 주 초점은 만족스러운 인간성능을 증진시킬 보조물에 대해서 계획하는 것이다. 지시수첩, 성능보조자료 및 훈련도구와 계획이 있다.

참고 건설안전산업기사 필기 p.2-4(7. 인간공학의 연구기준 중 체계묘사기준)

KEY ① 2014년 5월 25일(문제 39번) 출제
② 2022년 3월 2일(문제 38번) 출제

보충학습

감성공학

① 인간-기계 체계 인터페이스(계면) 설계에 감성적 차원의 조화성을 도입하는 공학이다.
② 인간과 기계(제품)가 접촉하는 계면에서의 조화성은 신체적 조화성, 지적 조화성, 감성적 조화성의 3가지 차원에서 고찰할 수 있다.
③ 신체적·지적 조화성은 제품의 인상(감성적 조화성)으로 추상화된다.

33 사용자의 잘못된 조작 또는 실수로 인해 기계의 고장이 발생하지 않도록 설계하는 방법은?

① FMEA ② HAZOP
③ fail safe ④ fool proof

해설

풀 프루프(fool proof)

① 인간의 실수가 있어도 안전장치가 설치되어 사고나 재해로 연결되지 않는 구조
② 바보가 작동을 시켜도 안전하다는 뜻

참고 건설안전산업기사 필기 p.1-6(합격날개 : 합격예측)

KEY ① 2020년 5월 24일 실기 필답형 출제
② 2020년 8월 23일(문제 33번) 출제
③ 2022년 3월 2일(문제 40번) 출제
④ 2024년 2월 15일(문제 42번) 출제

34 FTA(Fault Tree Analysis)에서 사용되는 사상기호 중 통상의 작업이나 기계의 상태에서 재해의 발생 원인이 되는 요소가 있는 것을 나타내는 것은?

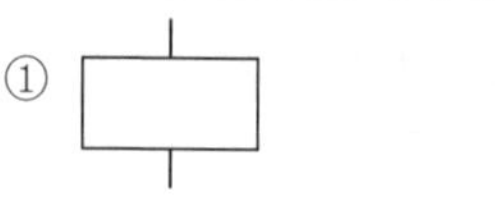
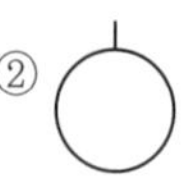
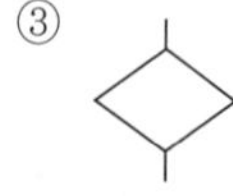
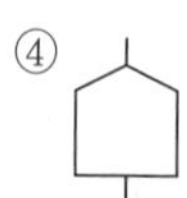

해설

FTA 기호

기 호	명 칭	기 호	명 칭
	결함사상		생략사상
	기본사상		통상사상

참고 건설안전산업기사 필기 p.2-96(표 : FTA 기호)

KEY ① 2007년 8월 5일(문제 33번) 출제
② 2016년 10월 1일 산업기사 출제
③ 2017년 5월 7일 기사 출제
④ 2017년 8월 19일 산업기사 출제
⑤ 2017년 8월 26일 기사, 산업기사 출제
⑥ 2018년 3월 4일 기사 출제
⑦ 2018년 8월 19일 산업기사 출제
⑧ 2020년 6월 14일 산업기사 출제
⑨ 2021년 5월 15일, 8월 14일(문제 33번) 출제
⑩ 2022년 4월 17일(문제 30번) 출제

35 동전던지기에서 앞면이 나올 확률이 0.2이고, 뒷면이 나올 확률이 0.8일 때, 앞면이 나올 확률의 정보량과 뒷면이 나올 확률의 정보량이 맞게 연결된 것은?

① 앞면:약 2.32[bit], 뒷면:약 0.32[bit]
② 앞면:약 2.32[bit], 뒷면:약 1.32[bit]
③ 앞면:약 3.32[bit], 뒷면:약 0.32[bit]
④ 앞면:약 3.32[bit], 뒷면:약 1.52[bit]

[정답] 33 ④ 34 ④ 35 ①

해설

정보량 계산

① 앞면$=\frac{\log\left(\frac{1}{0.2}\right)}{\log 2}=2.32$[bit] ② 뒷면$=\frac{\log\left(\frac{1}{0.8}\right)}{\log 2}=0.32$[bit]

참고 건설안전산업기사 필기 p.2-25(5. 정보의 측정단위)

KEY ① 2013년 3월 10일(문제 27번) 출제
② 2015년 5월 31일(문제 32번) 출제
③ 2022년 7월 2일(문제 29번) 출제

보충학습

bit(binary unit의 합성어)

① bit : 실현가능성이 같은 2개의 대안 중 하나가 명시되었을 때 얻을 수 있는 정보량
② 정보량 : 실현가능성이 같은 n개의 대안이 있을 때
③ 총 정보량 $(H)=\log_2 n$

36 건습지수로서 습구온도와 건구온도의 가중평균치를 나타내는 Oxford지수의 공식으로 맞는 것은?

① WD=0.65WB+0.35DB
② WD=0.75WB+0.25DB
③ WD=0.85WB+0.15DB
④ WD=0.95WB+0.05DB

해설

Oxford지수 공식

건습지수(WD)=0.85WB+0.15DB

참고 건설안전산업기사 필기 p.2-58(6. Oxford 지수)

KEY ① 2017년 3월 5일 기사 출제
② 2017년 9월 23일 기사 출제
③ 2021년 3월 2일(문제 22번) 출제

37 다음 설명에 해당하는 시스템 위험분석방법은?

[다음]
• 시스템의 정의 및 개발 단계에서 실행한다.
• 시스템의 기능, 과업, 활동으로부터 발생되는 위험에 초점을 둔다.

① 모트(MORT) ② 결함수분석(FTA)
③ 예비위험분석(PHA) ④ 운용위험분석(OHA)

해설

운용 및 지원위험분석
(O&SHA : operating and support hazard analysis)

① 지정된 시스템의 모든 사용단계에서 생산, 보전, 시험, 운반, 저장, 운전, 비상탈출, 구조, 훈련, 폐기 등에 사용되는 인원, 순서, 설비에 관하여 위험을 동정하고 제어
② ①의 인원, 순서, 설비에 관한 안전요건을 결정하기 위해 실시하는 분석법

참고 건설안전산업기사 필기 p.2-84(6. 운용 및 지원위험분석)

KEY ① 2014년 5월 25일(문제 29번) 출제
② 2021년 3월 2일(문제 28번) 출제

38 인체측정 자료를 장비, 설비 등의 설계에 적용하기 위한 응용원칙에 해당하지 않는 것은?

① 조절식 설계
② 극단치를 이용한 설계
③ 구조적 치수 기준의 설계
④ 평균치를 기준으로 한 설계

해설

인간계측자료의 응용 3원칙

① 최대치수와 최소치수 설계(극단치 설계)
② 조절범위(조절식 설계)
③ 평균치를 기준으로 한 설계

참고 건설안전산업기사 필기 p.2-43(2. 인체계측 자료의 응용 3원칙)

KEY ① 2017년 3월 5일, 9월 23일 출제
② 2017년 8월 26일 기사 출제
③ 2018년 3월 4일 출제
④ 2019년 8월 4일 기사 출제
⑤ 2021년 3월 2일(문제 32번) 출제

39 국제노동기구(ILO)에서 구분한 "일시 전노동 불능"에 관한 설명으로 옳은 것은?

① 부상의 결과로 근로기능을 완전히 잃은 부상
② 부상의 결과로 신체의 일부가 근로기능을 완전히 상실한 부상
③ 의사의 소견에 따라 일정 기간 동안 노동에 종사할 수 없는 상해
④ 의사의 소견에 따라 일시적으로 근로시간 중 치료를 받는 정도의 상해

[정답] 36 ③ 37 ④ 38 ③ 39 ③

해설

ILO의 국제 노동 통계의 구분(근로불능 상해의 종류)

① 사망 : 안전 사고로 사망하거나 혹은 입은 사고의 결과로 생명을 잃는 것 – 노동 손실일수 7,500일
② 영구 전노동불능 상해 : 부상 결과로 노동 기능을 완전히 잃게 되는 부상(신체 장애 등급 제1급에서 제3급에 해당) – 노동 손실일수 7,500일
③ 영구 일부노동불능 상해 : 부상 결과로 신체 부분의 일부가 노동 기능을 상실한 부상(신체 장애 등급 제4급에서 제14급에 해당)
④ 일시 전노동불능 상해 : 의사의 소견(진단)에 따라 일정기간 정규 노동에 종사할 수 없는 상해 정도(신체 장애가 남지 않는 일반적인 휴업재해)

참고 건설안전산업기사 필기 p.1-5(8. ILO(국제 노동 통계)의 근로불능 상해의 종류

KEY ① 2021년 제1회 CBT(문제 19번) 출제
② 2021년 3월 2일(문제 38번) 출제

40 어떤 소리가 1,000[Hz], 60[dB]인 음과 같은 높이임에도 4배 더 크게 들린다면, 이 소리의 음압수준은 얼마인가?

① 70[dB] ② 80[dB]
③ 90[dB] ④ 100[dB]

해설

음압수준

① 10[dB] 증가 시 소음은 2배 증가
② 20[dB] 증가 시 소음은 4배 증가

결론 $4\text{sone} = 2^{\frac{L_1 - 60}{10}}$

$$10 \times \log 4 = (L_1 - 60)\log 2$$

$$L_1 = \frac{10 \times \log 4}{\log 2} + 60 = 80$$

참고 건설안전산업기사 필기 p.2-63(합격날개 : 합격예측)

KEY ① 2002년, 2003년 연속 출제
② 2009년 8월 30일(문제 53번) 출제
③ 2018년 4월 28일(문제 35번) 출제
④ 2021년 8월 8일(문제 23번) 출제
⑤ 2024년 3월 30일 산업안전지도사 출제

보충학습

[표] phon과 sone의 관계

sone	1	2	4	8	16	32	64	128	256	512	1024
phon	40	50	60	70	80	90	100	110	120	130	140

예 10[phon]이 증가하면 2배의 소리 크기가 되며, 20[phon]이 증가하면 4배의 소리 크기가 된다.

3 건설시공학

41 턴키도급(Turn-Key base Contract)의 특징이 아닌 것은?

① 공기, 품질 등의 결함이 생길 때 발주자는 계약자에게 쉽게 책임을 추궁할 수 있다.
② 설계와 시공이 일괄로 진행된다.
③ 공사비의 절감과 공기단축이 가능하다.
④ 공사기간 중 신공법, 신기술의 적용이 불가하다.

해설

턴키도급(Turn-key base contract)

(1) 장점
① 공사기간 및 공사비용의 절감 노력이 크다.(신기술 적용 가능)
② 시공자와 설계자가 동일하므로 공사진행이 쉽다.

(2) 단점
① 건축주의 의도가 잘 반영되지 못한다.
② 대규모 건설업체에 유리하다.

참고 건설안전산업기사 필기 p.3-13(4. 도급금액 결정 방식에 의한 도급)

KEY ① 2018년 3월 4일 출제
② 2019년 9월 21일(문제 47번) 출제
③ 2023년 9월 2일(문제 42번) 출제
④ 2024년 2월 15일(문제 55번) 출제

42 무량판구조에 사용되는 특수상자모양의 기성재 거푸집은?

① 터널폼 ② 유로폼
③ 슬라이딩폼 ④ 와플폼

해설

와플폼(Waffle form) : 무량판(보가 없는)공법

① 무량판구조 또는 평판구조로서 특수상자모양의 기성재 거푸집이다.
② 크기는 60~90[cm], 높이는 9~18[cm]이고 모서리는 둥그스름하다.
③ 2방향 장선 바닥판구조를 만들 수 있는 구조이다.

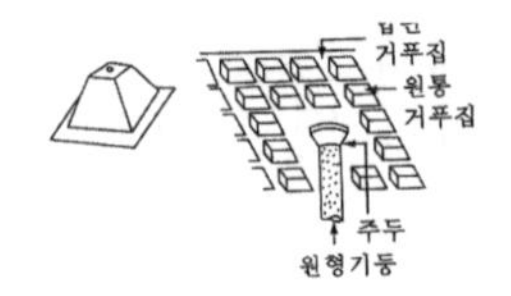

[그림] 와플폼

참고 건설안전산업기사 필기 p.3-72(5. 거푸집공법)

[정답] 40 ② 41 ④ 42 ④

KEY ① 2017년 9월 23일(문제 52번) 출제
② 2023년 9월 2일(문제 48번) 출제

43 초고층 건물의 콘크리트 타설 시 가장 많이 이용되고 있는 방식은?

① 자유낙하에 의한 방식
② 피스톤으로 압송하는 방식
③ 튜브속의 콘크리트를 짜내는 방식
④ 물의 압력에 의한 방식

해설

초고층 콘크리트 타설방식 : 피스톤압송방식

① 펌프카(트럭탑재형)
㉮ 트럭과 압송장비의 일체식으로 이동이 가능
㉯ 수평 및 수직거리 50[m]까지 가능
㉰ 수직높이 8~10층 이하에 적용
② 포터블(트럭견인형)
㉮ 압송장비를 트럭으로 연결(견인)해서 이동
㉯ 펌프카 타설이 어려운 10층 이상의 고층 건물에 적용
㉰ 고압 압송장비는 수직상승 500[m]까지 가능

KEY ① 2013년 9월 28일(문제 54번) 출제
② 2023년 9월 2일(문제 54번) 출제

44 철골공사의 녹막이칠에 관한 설명으로 틀린 것은?

① 초음파탐상검사에 지장을 미치는 범위는 녹막이칠을 하지 않는다.
② 바탕만들기를 한 강재표면은 녹이 생기기 쉽기 때문에 즉시 녹막이칠을 하여야 한다.
③ 콘크리트에 묻히는 부분에는 녹막이칠을 하여야 한다.
④ 현장 용접부분은 용접부에서 100[mm] 이내에 녹막이칠을 하지 않는다.

해설

철골공사에서 녹막이칠을 하지 않는 부분

① 콘트리트에 매립되는 부분
② 조립에 의하여 맞닿는 면
③ 현장용접을 하는 부위 및 그곳에 인접하는 양측 100[mm] 이내(용접부에서 50[mm] 이내)
④ 고장력 볼트마찰 접합부의 마찰면
⑤ 폐쇄형 단면을 한 부재의 밀폐된 면
⑥ 기계깎기 마무리면

참고 건설안전산업기사 필기 p.3-88(5. 녹막이 칠을 하지 않는 부분)

KEY ① 2014년 9월 20일(문제 49번) 출제
② 2023년 9월 2일(문제 58번) 출제

45 계획과 설계의 작업상황을 지속적으로 측정하여 최종 사업비용과 공정을 예측하는 기법은?

① CAD ② EVMS
③ PMIS ④ WBS

해설

용어정의

① EVMS(Earned Value Management system) : 성과와 진도를 비용과 함께 측정할 수 있는 프로젝트 매니지먼트 툴
② PMIS : 건설사업관리시스템(PMIS)은 건설사업의 Life-Cycle인 기획, 조사/설계, 시공, 유지관리 업무의 프로세스를 전자화하고 정보 및 자료를 통합하여 관리하는 시스템
③ WBS(Work Breakdown Structure) : 작업 분할 구조도

참고 ① 건설안전산업기사 필기 p.3-7(합격날개 : 은행문제)
② 2018년 3월 4일(문제 41번) 출제
③ 2023년 5월 13일(문제 44번) 출제

46 연약지반 개량공법 중 동결공법의 특징이 아닌 것은?

① 동토의 역학적 강도가 우수하다.
② 지하수 오염과 같은 공해 우려가 있다.
③ 동토의 차수성과 부착력이 크다.
④ 동토형성에는 일정 기간이 필요하다.

해설

동결공법의 특징

① 지반에 액체질소, 프레온가스를 직접 주입하거나 순환파이프로 동결시켜 지하수의 유입을 방지하는 공법이다.(약액주입공법)
② 공해 우려가 없는 예방공법이다.
③ 열전도 이론을 이용하므로 함수비가 작은 지반이나 특수한 토질을 제외한 모든 토질에 적용 가능하다.
④ 동결토의 역학적 강도가 크므로 가설 내력 구조물로 이용한다.
⑤ 동결토의 차수성은 완벽하고 지중의 다른 구조물과의 부착력이 좋다.
⑥ 동결토는 균일성을 가지며, 동결관리와 동결범위의 예측이 쉽다.
⑦ 열전도를 이용하기 때문에 동결에 요하는 시간이 길다.
⑧ 지하수 유속이 빠른 경우 동결이 저해되므로 대책이 필요하다.
⑨ 동결에 의한 지반 팽창, 해동에 의한 지반 침하가 일어날 수 있어 주변에 나쁜 영향을 미치기도 하므로 이를 고려해야 한다.

참고 건설안전산업기사 필기 p.3-32(2. 지반개량공법)

[정답] 43 ② 44 ③ 45 ② 46 ②

47 기성콘크리트 말뚝을 타설할 때 그 중심간격의 기준으로 옳은 것은?

① 말뚝머리지름의 1.5배 이상 또한 750[mm]이상
② 말뚝머리지름의 1.5배 이상 또한 1,000[mm]이상
③ 말뚝머리지름의 2.5배 이상 또한 750[mm]이상
④ 말뚝머리지름의 2.5배 이상 또한 1,000[mm]이상

해설

기성콘크리트 말뚝중심간격
① 2.5D 또는 75[cm] 이상
② 길이 : 최대 15[m] 이하

참고 건설안전산업기사 필기 p.3-40(2. 말뚝지정비교)

KEY ① 2018년 4월 28일 기사 출제
② 2023년 5월 13일(문제 54번) 출제

48 용접작업에서 용접봉을 용접방향에 대하여 서로 엇갈리게 움직여서 용가금속을 용착시키는 운봉방법은?

① 단속용접 ② 개선
③ 레그 ④ 위빙

해설

용접용어

종류	정의
루우트(Root)	용접이음부 홈아래부분(맞댄용접의 트임새 간격)
목두께	용접부의 최소 유효폭, 구조계산용 용접 이음두께
글로브(groove=개선부)	두부재간 사이를 트이게 한 홈에 용착금속을 채워넣는 부분
위빙(Weaving=위핑)	용접작업 중 운봉을 용접방향에 대하여 엇갈리게 움직여 용가금속을 융착시키는 것
스패터(Spatter)	아크용접과 가스용접에서 용접 중 튀어 나오는 슬래그 또는 금속입자
엔드 탭(End Tap)	용접결함을 방지하기 위해 Bead의 시작과 끝 지점에 부착하는 보조강판
가우징(Gas Gouging)	홈을 파기 위한 목적으로 한 화구로서 산호아세틸렌 불꽃으로 용접부의 뒷면을 깨끗이 깎는 작업
스터드(Stud)	철골보와 콘크리트 슬라브를 연결하는 시어커넥터 역할을 하는 부재

참고 ① 건설안전산업기사 필기 p.3-91(합격날개 : 용어정의)
② 건설안전산업기사 필기 p.3-98(문제 15번) 적중

KEY 2023년 5월 13일(문제 60번) 출제

49 콘크리트의 측압에 관한 설명으로 옳지 않은 것은?

① 콘크리트의 타설 속도가 빠를수록 측압이 크다.
② 콘크리트의 비중이 클수록 측압이 크다.
③ 콘크리트의 온도가 높을수록 측압이 작다.
④ 진동기를 사용하여 다질수록 측압이 작다.

해설

바이브레이터(진동기)의 사용
① 바이브리에터를 사용하여 다질수록 측압이 크다.
② 진동기 사용시 30[%] 정도 증가한다.

참고 건설안전산업기사 필기 p.3-71(3. 거푸집의 측압에 영향을 주는 요소)

KEY ① 2017년 9월 23일 출제
② 2019년 9월 21일 (문제 48번) 출제
③ 2021년 3월 2일(문제 41번) 출제

50 벽돌공사 시 벽돌쌓기에 관한 설명으로 옳은 것은?

① 연속되는 벽면의 일부를 트이게 하여 나중쌓기로 할 때에는 그 부분을 층단 들여쌓기로 한다.
② 벽돌쌓기는 도면 또는 공사시방서에서 정한바가 없을 때에는 미식쌓기 또는 불식쌓기로 한다.
③ 하루의 쌓기 높이는 1.8[m]를 표준으로 한다.
④ 세로줄눈은 구조적으로 우수한 통줄눈이 되도록 한다.

해설

벽돌쌓기
① 층단 들여쌓기 : 도중에 쌓기를 중단(나중 쌓기)할 때
② 켜걸름 들여쌓기 : 직각으로 교차되는 벽의 물림
③ 세로줄눈은 통줄눈을 피한다.
④ 특별한 조건이 없으며 영국식이나 화란식 쌓기로 한다.

참고 건설안전산업기사 필기 p.3-101(4. 벽돌쌓기 시공에 대한 주의사항)

KEY ① 2017년 5월 7일 기사 출제
② 2018년 3월 4일 기사 출제
③ 2018년 4월 28일 기사 출제
④ 2021년 3월 2일(문제 50번) 출제

[정답] 47 ③ 48 ④ 49 ④ 50 ①

51 콘크리트를 수직부재인 기둥과 벽, 수평부재인 보, 슬래브를 구획하여 타설하는 공법을 무엇이라 하는가?

① V.H 분리타설공법 ② N.H 분리타설공법
③ H.S 분리타설공법 ④ H.N 분리타설공법

해설

V.H 타설공법

① 동시타설과 분리타설 방법이 있다.
② 분리타설방법은 수직부재(V)와 수평부재(H)를 분리하여 타설하는 방법으로 기둥, 벽 등 수직부재를 먼저 타설하고 수평부재를 나중에 타설하는 방법이다.
③ 콘크리트의 침하균열 영향을 예방하는 방법으로 주로 공장제작한 슬래브공법 등에서 행한다.

KEY ① 2002년 출제
② 2008년 9월 7일(문제 44번)
③ 2021년 5월 9일(문제 42번) 출제

보충학습

① V.H 분리타설 : 수직부재인 기둥과 벽(V), 수평부재인 보, 슬래브(H)를 별도의 구획으로 타설
② V.H 동시타설 : 수직부재인 기둥과 벽(V), 수평부재인 보, 슬래브(H)를 일체의 구획으로 타설

52 거푸집 해체작업 시 주의사항 중 옳지 않은 것은?

① 지주를 바꾸어 세우는 동안에는 그 상부작업을 제한하여 하중을 적게 한다.
② 높은 곳에 위치한 거푸집은 제거하지 않고 미장공사를 실시한다.
③ 제거한 거푸집은 재사용을 위해 묻어 있는 콘크리트를 제거한다.
④ 진동, 충격 등을 주지 않고 콘크리트가 손상되지 않도록 순서에 맞게 거푸집을 제거한다.

해설

거푸집 제거(해체) 시 주의사항

① 진동, 충격 등을 주지 않는다.
② 지주를 바꾸어 세우는 동안 상부의 작업을 제한한다.
③ 차양 등으로 낙하물의 충격 우려가 있는 것은 존치 기간을 연장한다.
④ 거푸집 추락 및 손상을 방지한다.
⑤ 청소, 정리정돈을 한다.

참고 건설안전산업기사 필기 p.3-74(4. 거푸집의 제거 시 주의사항)

KEY 2021년 5월 9일(문제 52번) 출제

53 고장력볼트접합에 관한 설명으로 옳지 않은 것은?

① 현장에서의 시공 설비가 간편하다.
② 접합부재 상호간의 마찰력에 의하여 응력이 전달된다.
③ 불량개소의 수정이 용이하지 않다.
④ 작업 시 화재의 위험이 적다.

해설

고장력 볼트 접합 특징

① 강한 조임력으로 너트의 풀림이 생기지 않는다.
② 응력방향이 바뀌더라도 혼란이 일어나지 않는다.(불량개소 수정 가능)
③ 응력집중이 적으므로 반복응력에 대해서 강하다.
④ 고력볼트의 전단응력과 판의 지압응력이 생기지 않는다.
⑤ 유효단면적당 응력이 작으며, 피로강도가 높다.

참고 건설안전산업기사 필기 p.3-94(4. 고력볼트 접합)

KEY 2021년 5월 9일(문제 58번) 출제

54 고압증기양생 경량기포콘크리트(ALC)의 특징으로 거리가 먼 것은?

① 열전도율이 보통 콘크리트의 1/10 정도이다.
② 경량으로 인력에 의한 취급이 가능하다.
③ 흡수율이 매우 낮은 편이다.
④ 현장에서 절단 및 가공이 용이하다.

해설

ALC(경량기포콘크리트)

① 가볍다(경량성).
② 단열성능이 우수하다.
③ 내화성, 흡음, 방음성이 우수하다.
④ 치수 정밀도가 우수하다.
⑤ 가공성이 우수하다.
⑥ 중성화가 빠르다.
⑦ 흡수성이 크다.
⑧ ALC는 중량이 보통 콘크리트의 1/4 정도이며, 보통 콘크리트의 10배 정도의 단열성능을 갖는다.

참고 건설안전산업기사 필기 p.4-40(합격날개 : 합격예측)

KEY ① 2017년 5월 7일 (문제 62번) 출제
② 2021년 9월 5일(문제 43번) 출제

[정답] 51 ① 52 ② 53 ③ 54 ③

55 주문받은 건설업자가 대상 계획의 기업, 금융, 토지조달, 설계, 시공 등을 포괄하는 도급계약방식을 무엇이라 하는가?

① 실비청산 보수가산도급
② 정액도급
③ 공동도급
④ 턴키도급

해설

턴키도급(Turn-key base contract)

① 도급자가 공사의 계획, 금융, 토지확보, 설계, 시공, 기계 가구 설치, 시운전, 조업지도, 유지관리까지 모든 것을 제공한 후 발주자에게 완전한 시설물을 인계하는 방식
② 유래 : 건축주는 열쇠(key)를 돌리기만 하면 된다.

참고 건설안전산업기사 필기 p.3-13(4. 턴키 베이스 도급)

KEY ① 2017년 5월 7일 (문제 76번) 출제
② 2021년 9월 5일(문제 48번) 출제

56 다음 ( )속에 들어갈 내용을 순서대로 연결한 것은?

> 표준관입시험은 ( )지반의 밀실도를 측정할 때 사용되는 방법이며, 표준 샘플러를 관입량( )[cm]에 ( )[kg], 낙하고는 ( )[cm]로 한다.

① 점토질-20-43.5-36
② 사질-20-43.5-36
③ 사질-30-63.5-76
④ 점토질-30-63.5-76

해설

표준관입시험

① 주로 사질토지반에서 불교란 시료를 채취하기 곤란하므로 밀실도를 측정하기 위해 사용되는 방법이다.
② 표준 샘플러를 관입량 30[cm]에 박는데 요하는 타격횟수 N을 구한다.
③ 추는 63.5[kg], 낙하고는 76[cm] 이다.

참고 건설안전산업기사 필기 p.3-31(3. 표준관입시험)

① 2013년 9월 28일(문제 41번) 출제
② 2022년 3월 2일(문제 42번) 출제

57 철골 내화피복공사 중 멤브레인공법에 사용되는 재료는?

① 경량 콘크리트
② 철망 모르타르
③ 뿜칠 플라스터
④ 암면 흡음판

해설

내화피복공사의 종류

(1) 습식 공법
① 타설공법 : 거푸집을 설치하고 콘크리트 또는 경량콘크리트를 타설하고 임의 형상, 치수 제작가능
② 조적공법 : 벽돌 또는 (경량)콘크리트블록을 시공
③ 미장공법 : 철골부재에 메탈라스를 부착하고 단열 모르타르 시공
④ 도장공법 : 내화페인트를 피복
⑤ 뿜칠공법 : 암면과 시멘트 등을 혼합하여 뿜칠 방식으로 큰 면적의 내화피복을 단시간에 시공

(2) 건식 공법
① 성형판 붙임공법 : PC판, ALC판, 무기섬유강화 석고보드 등을 철골부재의 기둥과 보에 부착
② 멤브레인공법 : 암면 흡음판을 철골에 붙여 시공

KEY ① 2003년 3월 16일(문제 60번)
② 2004년 5월 23일(문제 58번)
③ 2007년 5월 13일(문제 50번) 출제
④ 2022년 3월 2일(문제 49번) 출제

58 철근콘크리트에서 염해로 인한 철근의 부식 방지대책으로 옳지 않은 것은?

① 콘크리트 중의 염소 이온량을 적게 한다.
② 에폭시 수지 도장 철근을 사용한다.
③ 방청제 투입을 고려한다.
④ 물-시멘트비를 크게 한다.

해설

염해에 대한 철근 부식 방지 대책

① 콘크리트중의 염소 이온량을 적게 한다.
② 에폭시 수지 도장 철근을 사용한다.
③ 방청제 투입이나 전기제어 방식을 취한다.
④ 철근 피복 두께를 충분히 확보한다.
⑤ 수밀콘크리트를 만들고 콜드조인트가 없게 시공한다.
⑥ 물-시멘트비를 최소로 하고 광물질 혼화재를 사용한다.
⑦ pH11 이상의 강알칼리 환경에서는 철근 표면에 부동태막이 생겨 부식을 방지한다.

① 2006년 5월 14일(문제 79번) 출제
② 2019년 3월 3일(문제 63번) 출제
③ 2022년 3월 2일(문제 59번) 출제

[정답] 55 ④ 56 ③ 57 ④ 58 ④

59 철골작업용 장비 중 절단용 장비로 옳은 것은?

① 프릭션 프레스(frixtion press)
② 플레이트 스트레이닝 롤(plate straining roll)
③ 파워 프레스(power press)
④ 핵 소우(hack saw)

해설

hack saw(쇠톱, 활톱)

① 금속의 공작물을 자를 때 사용되며, 일반적으로 손작업용 쇠톱이 쓰인다.
② 톱날을 고정하는 프레임은 톱날 길이에 따라 몇 단계로 조절이 가능하다.
③ 톱날을 수직·수평 어느 방향으로도 끼울 수 있다.

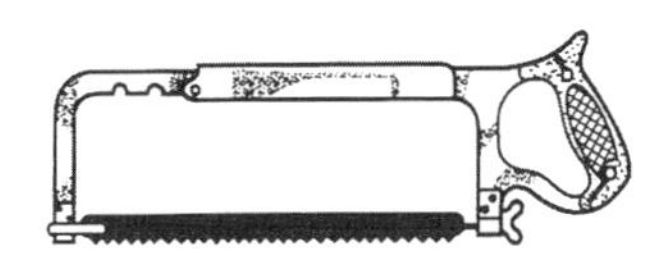

[그림] hack saw

참고 건설안전산업기사 필기 p.3-87(합격날개 : 합격예측)

① 2017년 3월 5일 출제
② 2019년 4월 27일(문제 69번) 출제
③ 2022년 4월 17일(문제 50번) 출제

60 철근콘크리트 구조물(5~6층)을 대상으로 한 벽, 지하외벽의 철근 고임대 및 간격재의 배치표준으로 옳은 것은?

① 상단은 보 밑에서 0.5[m]
② 중단은 상단에서 2.0[m] 이내
③ 횡간격은 0.5[m] 정도
④ 단부는 2.0[m] 이내

해설

간격재(Spacer)

철근과 거푸집의 간격을 유지하기 위한 것

[그림] 간격재(Spacer)

KEY 2022년 9월 14일(문제 57번) 출제

[표] 철근공사 시공기술표준

부위	철근고임대 및 간격재의 수량 배치 간격	비고
슬래브	① 상/하단근 각각 가로, 세로 1[m]이내 ② 각 단부는 첫번째 철근에 설치	
보	간격 : 1.5[m] 내외, 단부는 0.9[m] 이내	
기둥	① 상단 : 제1단 띠철근에 설치 ② 중단 : 상단에서 1.5[m] 이내 ③ 기둥폭 1[m]까지 2개, 1[m] 이상시 3개 설치	
기초	8개/4[m^2] 또는 1.2[m] 이내	
지중보	간격 : 1.5[m] 내외	
벽체	① 상단 : 보 밑에서 0.5[m] 내외 ② 중단 : 상단에서 1.5[m] 내외 ③ 횡간격 : 1.5[m] 내외, 개구부 주위는 각 변에 2개소 설치	(단, 변의 길이가 1.5[m] 이상일 경우는 3개소 설치)

4 건설재료학

61 석고플라스터 미장재료에 대한 설명으로 옳지 않은 것은?

① 응결시간이 길고, 건조수축이 크다.
② 가열하면 결정수를 방출하므로 온도상승이 억제된다.
③ 물에 용해되므로 물과 접촉하는 부위에서의 사용은 부적합하다.
④ 일반적으로 소석고를 주성분으로 한다.

해설

석고플라스터의 장점

① 여물이나 물을 필요로 하지 않는다.
② 내부가 단단하며, 방화성도 크다.
③ 목재의 부식을 막으며, 유성페인트를 즉시 칠할 수 있다.(응결시간이 짧다.)

참고 건설안전산업기사 필기 p.4-98(4. 석고플라스터)

① 2013년 3월 10일(문제 74번)
③ 2023년 5월 13일(문제 66번) 출제

[정답] 59 ④ 60 ① 61 ①

2024

62 진주석 또는 흑요석 등을 900~1,200[℃]로 소성한 후에 분쇄하여 소성팽창하면 만들어지는 작은 입자에 접착제 및 무기질 섬유를 균등하게 혼합하여 성형한 제품은?

① 규조토 보온재 ② 규산칼슘 보온재
③ 질석 보온재 ④ 펄라이트 보온재

해설

펄라이트(perlite)무기질 보온재

① 재질 : 진주암, 흑요석 등을 소성 팽창
② 석면 함유량 : 3 ~ 15%
③ 용도 : 고온용 무기질 보온재
④ 탄소의 농도 : 0.85%

보충학습

(1) 규조토(diatomaceous earth, 硅藻土)

① 수중에 사는 하등 해조류인 규조의 유해가 침전되어 형성된 토양을 말한다.
② 백색이며 화학성분은 이산화규소(SiO_2)이다.
③ 주로 해저, 호저, 온천 등에 많이 형성된다.
④ 규산의 농도가 높은 것이 순도가 높은 규조토이다.
⑤ 두께는 수[m]에서 수백[m]까지 나타난다. 절연체, 흡수재, 여과재 등으로 이용된다.

(2) 보온재

① 일반적으로 열(熱)이 전도(傳導)나 복사(輻射)에 의해 달아나기 힘든 재료를 벽체(壁體) 또는 천장에 사용하여 방서(防暑), 방한(防寒)효과를 갖게 하는 것을 말하는데, 그 재료에는 석면(石綿) · 암면(岩綿) · 유리섬유 · 펄라이트보드 · 스티로폼의 기포판(氣抱板) · 코르크 등이 있다.
② 단열재(斷熱材) · 차열재(遮熱材)라고도 한다.
③ 특수건축의 보온 · 보냉장치(保冷裝置)의 격벽재료(隔壁材料)로 사용되는 것도 있으며, 열전도율이 작은 재료이다.

KEY ① 2019년 4월 27일 기사 출제
② 2023년 5월 13일(문제 68번) 출제

63 내화벽돌은 최소 얼마 이상의 내화도를 가진 것을 의미하는가?

① SK26 ② SK28
③ SK30 ④ SK32

해설

SK번호

① 소성온도 측정법에는 1886년 제게르(Seger)가 고안 (SK26 : 1580[℃] 기준)
② 1908년 시모니스(Simonis)가 개량한 제게르콘(Seger cone)법이 있으며 제게르-케게르(Seger-Korger)의 소성온도를 표시

참고 ① 건설안전산업기사 필기 p.4-67(4. 온도측정법)
② 건설안전산업기사 필기 p.4-76(문제 21번) 적중

KEY ① 2018년 3월 4일 출제
② 2019년 3월 3일 기사(문제 94번) 출제
③ 2023년 5월 13일(문제 73번) 출제

64 건축공사의 일반창유리로 사용되는 것은?

① 석영유리 ② 붕규산유리
③ 칼라석회유리 ④ 소다석회유리

해설

소다석회유리(보통유리, 소다유리, 크라운유리)

① 용융되기 쉽다.
② 산에는 강하나 알칼리에 약하고 풍화되기 쉽다.
③ 용도 : 채광용 창유리, 일반 건축용 유리 등

참고 건설안전산업기사 필기 p.4-131(합격날개 : 합격예측)

KEY 2023년 5월 13일(문제 80번) 출제

65 금속의 종류 중 아연에 관한 설명으로 옳지 않은 것은?

① 인장강도나 연신율이 낮은 편이다.
② 이온화 경향이 크고, 구리 등에 의해 침식된다.
③ 아연은 수중에서 부식이 빠른 속도로 진행된다.
④ 철판의 아연도금에 널리 사용된다.

해설

아연(Zn)의 특징

① 연성 및 내식성이 양호하다.
② 공기중에서 거의 산화되지 않는다.
③ 습기 및 이산화탄소가 있을 때에는 표면에 탄산염이 생긴다.
④ 철강의 방식용 피복재로 사용된다.

참고 건설안전산업기사 필기 p.4-83(6. 아연)

KEY 2023년 9월 2일(문제 62번) 출제

66 점토제품의 원료와 그 역할이 올바르게 연결된 것은?

① 규석, 모래 – 점성 조절
② 장석, 석회석 – 균열 방지
③ 샤모트(Chamotte) – 내화성 증대
④ 식염, 붕사 – 용융성 조절

[정답] 62 ④ 63 ① 64 ④ 65 ③ 66 ①

해설

Chamotte(샤모트)의 특성

(1) 정의
점토를 한 번 구워 분쇄한 것을 Chamotte라 하며 가소성 조절할 때 사용한다.

(2) 종류
① 가소(점)성 조절용 : 샤모트, 규석, 규사
② 용융성 조절용 : 장석, 석회석, 알칼리성 물질 등
③ 내화성 증대용 : 고령토

참고 건설안전산업기사 필기 p.4-71(합격날개:합격예측)

KEY ① 2015년 9월 19일(문제 70번) 출제
② 2023년 9월 2일(문제 68번) 출제

보충학습

점토제품의 원료와 역할

① 장석, 석회석, 알칼리성 물질 - 용융성 조절
② 샤모트(chamotte) - 점성 조절
③ 식염, 붕사 - 표면 시유제
④ 고령토질 - 내화성 증대

67 감람석이 변질된 것으로 암녹색 바탕에 아름다운 무늬를 갖고 있으나 풍화성이 있어 실내장식용으로 사용되는 것은?

① 현무암　② 사문암
③ 안산암　④ 응회암

해설

사문암(Serpentine)의 특징

① 흑(암)녹색의 치밀한 화강석인 감람석 중에 포함되었던 철분이 변질되어 흑녹색 바탕에 적갈색의 무늬를 가진 것으로 물갈기를 하면 광택이 난다.
② 대리석 대용 및 실내장식용으로 사용된다.

참고 건설안전산업기사 필기 p.4-63(3. 변성암의 종류)

KEY ① 2013년 9월 28일(문제 80번) 출제
② 2023년 9월 2일(문제 70번) 출제

보충학습

① 현무암 : 암석 내지 흑색 미세립의 화산암으로 대부분 기둥모양의 투명한 라브라도라이트의 성분으로 이루어져 있다.
② 안산암 : 화강암과 비슷하나 화강암보다 내화력이 우수하고 광택이 없어 구조용에 많이 사용한다. 색상은 갈색, 흑색, 녹색 등이 있다.
③ 응회암 : 다공질로 내화성은 크나 강도는 약함

68 탄소함유량이 많은 순서대로 옳게 나열한 것은?

① 연철 > 탄소강 > 주철
② 연철 > 주철 > 탄소강
③ 탄소강 > 주철 > 연철
④ 주철 > 탄소강 > 연철

해설

탄소강의 성분

명칭	C함유량[%]	녹는점[℃]	비중
선(주)철 (Pig iron)	1.7~4.5	1,100~1,250	백선철 7.6 회선철 7.05
강 (Steel)	0.04~1.7	1,450[℃] 이상	7.6~7.93
연철 (Wrought iron)	0.04 이하	1,480[℃] 이상	7.6~7.85

참고 건설안전산업기사 필기 p.4-81(2. 탄소강의 조직성분)

KEY ① 2014년 9월 20일(문제 75번) 출제
② 2023년 9월 2일(문제 78번) 출제

69 목재의 역학적 성질에 관한 설명으로 옳지 않은 것은?

① 섬유 평행방향의 휨 강도와 전단강도는 거의 같다.
② 강도와 탄성은 가력방향과 섬유방향과의 관계에 따라 현저한 차이가 있다.
③ 섬유에 평행방향의 인장강도는 압축강도보다 크다.
④ 목재의 강도는 일반적으로 비중에 비례한다.

해설

목재의 역학적 성질

① 섬유에 평행할 때의 강도의 관계
인장강도(200) > 휨강도(150) > 압축강도(100) > 전단강도(16)
② 전단강도
목재의 전단강도는 섬유의 직각방향이 평행방향보다 강하다.
③ 휨강도
목재의 휨강도는 옹이의 위치, 크기에 따라 다르다.

참고 건설안전산업기사 필기 p.4-13(합격날개 : 합격예측)

KEY ① 2017년 3월 5일 기사 출제
② 2019년 3월 3일(문제 66번) 출제
③ 2023년 3월 2일(문제 65번) 출제

[정답] 67 ② 68 ④ 69 ①

70 석재 백화현상의 원인이 아닌 것은?

① 빗물처리가 불충분한 경우
② 줄눈시공이 불충분한 경우
③ 줄눈폭이 큰 경우
④ 석재 배면으로부터의 누수에 의한 경우

해설

석재 백화현상 원인
① 빗물처리가 불충분한 경우
② 줄눈시공이 불충분한 경우
③ 석재 배면으로부터의 누수에 의한 경우
④ 줄눈폭이 작은 경우

참고 건설안전산업기사 필기 p.4-67(합격날개:은행문제)

KEY ① 2017년 3월 5일 기사(문제 78번) 출제
② 2023년 3월 2일(문제 69번) 출제

71 크롬·니켈 등을 함유하며 탄소량이 적고 내식성, 내열성이 뛰어나며 건축 재료로 다방면에 사용되는 특수강은?

① 동강(Copper steel)
② 주강(Steel casting)
③ 스테인리스강(Stainless steel)
④ 저탄소강(Low Carbon Steel)

해설

스테인리스강의 특징
① 크롬(Cr), 니켈(Ni) 등을 함유하며 탄소량이 적고 내식성이 매우 우수한 특수강으로 일반적으로 전기저항성이 크고 열전도율은 낮으며, 경도에 비해 가공성도 좋다.
② 성분에 의해서 크롬계 스테인리스강과 크롬·니켈계 스테인리스강이 있다.
③ 탄소함유량이 적을수록 내식성이 우수하지만 강도가 작아진다.

참고 건설안전산업기사 필기 p.4-93(문제 25번)

KEY ① 2013년 3월 10일(문제 72번) 출제
② 2023년 3월 2일(문제 80번) 출제

보충학습

강의 특징
① 일반적으로 강의 탄소함유량이 증가되면 비중, 열팽창계수, 열전도율이 떨어지고, 비열, 전기저항은 커진다.
② 불림은 공기 중에서 서서히 냉각처리한다.
③ 강의 강도는 250[℃] 정도에서 최대가 된다. 500[℃]에서 1/2, 600[℃]에서 상온의 1/3이 된다.

72 콘크리트에 사용되는 신축이음(Expansion Joint) 재료에 요구되는 성능 조건이 아닌 것은?

① 콘크리트의 수축에 순응할 수 있는 탄성
② 콘크리트의 팽창에 대한 저항성
③ 우수한 내구성 및 내부식성
④ 콘크리트 이음사이의 충분한 수밀성

해설

신축 이음
기초의 부동침하와 온도, 습도 등의 변화에 따라 신축팽창을 흡수시킬 목적으로 설치하는 줄눈

참고 건설안전산업기사 필기 p.3-58 (합격날개 : 합격예측)

KEY 2022년 9월 14일(문제 62번) 출제

73 금속재료의 녹막이를 위하여 사용하는 바탕칠 도료는?

① 알루미늄페인트
② 광명단
③ 에나멜페인트
④ 실리콘페인트

해설

방청도료(녹막이칠)의 종류
① 연단(광명단)칠 : 보일드유를 유성 Paint에 녹인 것. 철재에 사용
② 방청·산화철 도료 : 오일스테인이나 합성수지+산화철, 아연분말 등이 원료이고 널리 사용, 내구성 우수, 정벌칠에도 사용
③ 알루미늄 도료 : 방청 효과, 열반사 효과, 알루미늄 분말이 안료
④ 역청질 도료 : 역청질 원료+건성유, 수지유 첨가, 일시적 방청효과 기대
⑤ 징크로메이트 칠 : 크롬산아연+알키드수지, 알루미늄, 아연철판 녹막이칠
⑥ 규산염 도료 : 규산염+아마인유. 내화도료로 사용
⑦ 연시아나이드 도료 : 녹막이 효과, 주철제품의 녹막이칠에 사용
⑧ 이온교환수지 : 전자제품, 철제면 녹막이 도료
⑨ 그라파이트 칠 : 녹막이칠의 정벌칠에 사용

참고 건설안전산업기사 필기 p.4-141 (문제 34번)

KEY 2022년 9월 14일(문제 70번) 출제

[정답] 70 ③ 71 ③ 72 ② 73 ②

74 절대건조밀도가 2.6[g/cm³]이고, 단위용적질량이 1,750 [kg/m³]인 굵은 골재의 공극률은?

① 30.5[%] ② 32.7[%]
③ 34.7[%] ④ 36.2[%]

해설

공극률

① 일정한 크기의 용기내에서 공극의 비율을 백분율로 나타낸 것
② 공극률이 작으면 시멘트풀의 양이 적게 들고 수밀성, 내구성 및 마모 저항 등이 증가되며 건조수축에 의한 균열발생의 위험이 감소된다.

$$\text{실적률} = \frac{\text{단위용적중량}(\omega)}{\text{비중}(\rho)} \times 100[\%] = \frac{1.75}{2.6} \times 100 = 67.3\ [\%]$$

공극률 = 100 − 67.3 = 32.7[%]

KEY 2022년 9월 14일(문제 74번) 출제

보충학습

① 1 [m³] = 1,000[L]
② 1.75[kg/m³]=1.75[t/m³]
③ 2.6[g/cm³]=2.6[t/m³]

75 골재의 함수상태에서 유효흡수량의 정의로 옳은 것은?

① 습윤상태와 절대건조상태의 수량의 차이
② 표면건조포화상태와 기건상태의 수량의 차이
③ 기건상태와 절대건조상태의 수량의 차이
④ 습윤상태와 표면건조포화상태의 수량의 차이

해설

유효 흡수량(Effective Absorption) = 표면 건조 내부포수수량(W_m) − 기건 상태수량(W_1)

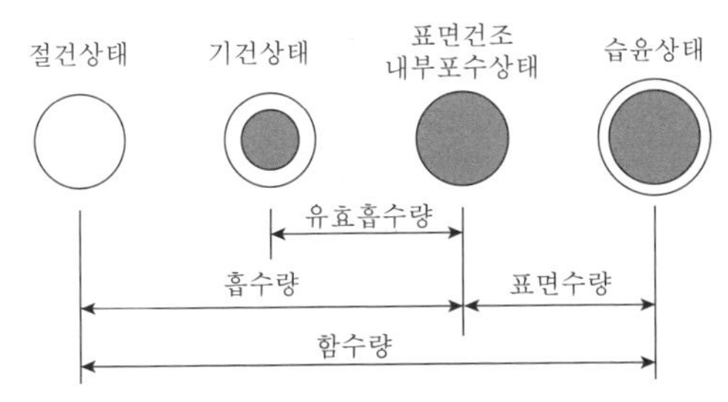

[그림] 골재의 함수상태

참고 건설안전산업기사 필기 p.4-42(합격날개 : 합격예측)

KEY ① 2018년 3월 4일 기사(문제 91번) 출제
② 2022년 4월 17일(문제 63번) 출제

76 다음의 미장재료 중 균열저항성이 가장 큰 것은?

① 회반죽 바름
② 소석고 플라스터
③ 경석고 플라스터
④ 돌로마이트 플라스터

해설

keen's(킨즈)시멘트(경석고 플라스터)

① 무수석고를 화학처리하여 만든 것으로 경화한 후 매우 단단하다.
② 강도가 크다.
③ 경화가 빠르다.
④ 경화 시 팽창한다.
⑤ 산성으로 철류를 녹슬게 한다.
⑥ 수축이 매우 작다.
⑦ 표면강도가 크고 광택이 있다.

참고 건설안전산업기사 필기 p.4-96(합격날개 : 합격예측)

KEY ① 2016년 5월 8일 출제
② 2017년 3월 5일, 9월 23일 기사(문제 97번) 출제
③ 2017년 9월 23일 기사·산업기사 동시 출제
④ 2022년 4월 17일(문제 71번) 출제

77 점토제품 중 소성온도가 가장 고온이고 흡수성이 매우 작으며 모자이크 타일, 위생도기 등에 주로 쓰이는 것은?

① 토기 ② 도기
③ 석기 ④ 자기

해설

점토제품의 분류

종류	소성온도[℃]	흡수율[%]
토기	790~1,000	20 이상
도기	1,100~1,230	10
석기	1,160~1,350	3~10
자기	1,230~1,460	0~1

참고 건설안전산업기사 필기 p.4-67(1. 점토제품의 분류)

KEY ① 2017년 5월 7일 산업기사 출제
② 2018년 4월 28일 (문제 82번) 출제
③ 2019년 9월 21일 (문제 85번) 출제
④ 2020년 9월 27일 (문제 95번) 출제
⑤ 2022년 4월 17일(문제 79번) 출제

[정답] 74 ② 75 ② 76 ③ 77 ④

78 집성목재의 특징에 관한 설명으로 옳지 않은 것은?

① 응력에 따라 필요로 하는 단면의 목재를 만들 수 있다.
② 목재의 강도를 인공적으로 자유롭게 조절할 수 있다.
③ 3장 이상의 단판인 박판을 홀수로 섬유방향에 직교하도록 접착제로 붙여 만든 것이다.
④ 외관이 미려한 박판 또는 치장합판, 프린트합판을 붙여서 구조재, 마감재, 화장재를 겸용한 인공 목재의 제조가 가능하다.

해설

집성목재

① 두께 1.5~5[cm]의 단판을 몇 장 또는 몇 겹으로 접착한 것
② 합판과 다른 점은 판의 섬유방향을 평행으로 붙인 점, 홀수가 아니라도 되는 점
③ 합판과 같은 박판이 아니고 보나 기둥에 사용할 수 있는 단면을 가진 점
④ 접착제로서는 요소수지가 많이 쓰이고 외부 수분, 습기를 받는 부분에는 페놀수지를 사용

참고 건설안전산업기사 필기 p.4-19(2. 집성목재)

KEY ① 2018년 9월 15일(문제 63번) 출제
② 2022년 3월 2일(문제 63번) 출제

79 목재 건조의 목적 및 효과가 아닌 것은?

① 중량의 경감
② 강도의 증진
③ 가공성 증진
④ 균류 발생의 방지

해설

목재의 건조목적

① 건조수축이나 건조변형을 방지할 수 있다.
② 건조재는 자체의 무게가 경감되어 운반 시공상 편하다.
③ 건조재는 강도가 크다.

참고 건설안전산업기사 필기 p.4-8(4. 목재의 건조목적)

KEY ① 2014년 9월 20일(문제 65번) 출제
② 2022년 3월 2일(문제 66번) 출제

80 다음의 합성수지판류 중 색이나 투명도가 자유로우나 화재 시 Cl_2 가스 발생이 큰 것은?

① 염화비닐판 ② 폴리에스테르판
③ 멜라민 치장판 ④ 페놀수지판

해설

염화비닐판의 결점 : 화재 시 Cl_2 가스발생

KEY ① 2006년 3월 5일(문제 73번) 출제
② 2022년 3월 5일 기사 출제
③ 2022년 3월 2일(문제 72번) 출제

보충학습

염소(Cl_2)

염소가스가 신체에 닿을 경우 염산으로 변해 심각한 화상을 입을 수 있으며, 공기보다 무거워 10[PPM]~20[PPM]만 흡입하면 몸속 장기들이 찢어지거나 녹아내리게 할 수 있는 유독물질이다.

5 건설안전기술

81 작업통로 경사로의 경사각이 30[°]일 때 미끄럼막이 간격으로 옳은 것은?

① 30[cm] ② 33[cm]
③ 35[cm] ④ 37[cm]

해설

미끄럼막이 간격

경사각	미끄럼막이 간격	경사각	미끄럼막이 간격
30[°]	30[cm]	22[°]	40[cm]
29[°]	33[cm]	19°20[′]	43[cm]
27[°]	35[cm]	17[°]	45[cm]
24[°]15[′]	37[cm]	15[°] 초과	47[cm]

참고 건설안전산업기사 필기 p.5-97(표. 미끄럼막이 간격)

82 철골작업을 중지하여야 하는 풍속과 강우량 기준으로 옳은 것은?

① 풍속 : 10[m/sec] 이상, 강우량 : 1[mm/h] 이상
② 풍속 : 5[m/sec] 이상, 강우량 : 1[mm/h] 이상
③ 풍속 : 10[m/sec] 이상, 강우량 : 2[mm/h] 이상
④ 풍속 : 5[m/sec] 이상, 강우량 : 2[mm/h] 이상

[정답] 78 ③ 79 ③ 80 ① 81 ① 82 ①

해설

작업중지기준

구 분	일반작업	철골공사
강 풍	10분간 평균풍속이 10[m/sec] 이상	평균풍속이 10[m/sec] 이상
강 우	1회 강우량이 50[mm] 이상	1시간당 강우량이 1[mm] 이상
강 설	1회 강설량이 25[cm] 이상	1시간당 강설량이 1[cm] 이상

참고 건설안전산업기사 필기 p.5-129(표. 악천후 시 작업 중지 기준)

KEY ① 2016년 5월 8일 기사·산업기사 동시 출제
② 2016년 10월 1일 산업기사 출제
③ 2017년 5월 7일 기사 출제
④ 2017년 9월 23일 산업기사 출제
⑤ 2023년 2월 28일 기사 등 10회 이상 출제
⑥ 2023년 3월 1일(문제 89번) 출제
⑦ 2024년 5월 14일 기사 출제

합격정보
산업안전보건기준에 관한 규칙 제383조(작업의 제한)

83 **다음 그림은 풍화암에서 토사붕괴를 예방하기 위한 기울기를 나타낸 것이다. x의 값은?**

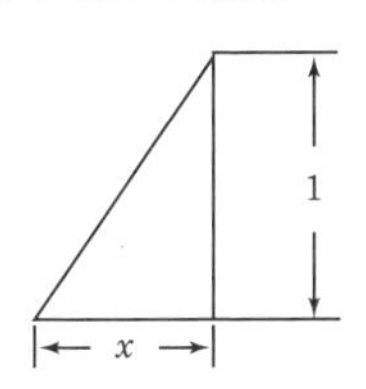

① 1.0 ② 0.8
③ 0.5 ④ 0.3

해설

굴착면의 기울기 기준

지반의 종류	굴착면의 기울기
모래	1 : 1.8
연암 및 풍화암	1 : 1.0
경암	1 : 0.5
그 밖의 흙	1 : 1.2

예 ① 1 : 1.8 ② 1 : 1

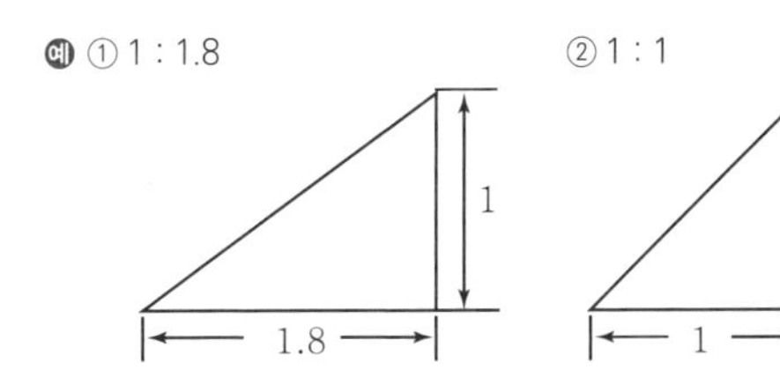

③ 1 : 1.2

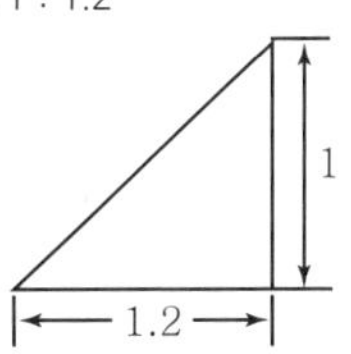

참고 건설안전산업기사 필기 p.5-74(표. 굴착면의 기울기 기준)

KEY ① 2016년 5월 8일 기사 · 산업기사 동시 출제
② 2017년 3월 5일 기사 출제
③ 2017년 9월 23일 기사 출제
④ 2018년 8월 19일 산업기사 출제
⑤ 2019년 4월 27일 기사 · 산업기사 동시 출제
⑥ 2023년 2월 28일 기사 출제
⑦ 2023년 3월 1일(문제 94번) 출제
⑧ 2024년 5월 14일 기사 출제

합격정보
산업안전보건기준에 관한 규칙 [별표 11] 굴착면의 기울기 기준

84 **흙막이지보공을 설치하였을 때 정기적으로 점검하고 이상을 발견하면 즉시 보수하여야 하는 사항으로 거리가 먼 것은?**

① 부재의 손상 변형, 부식, 변위 및 탈락의 유무와 상태
② 부재의 접속부, 부착부 및 교차부의 상태
③ 침하의 정도
④ 발판의 지지 상태

해설

흙막이지보공 정기점검사항
① 부재의 손상·변형·부식·변위 및 탈락의 유무와 상태
② 버팀대의 긴압의 정도
③ 부재의 접속부·부착부 및 교차부의 상태
④ 침하의 정도

참고 건설안전산업기사 필기 p.5-104(합격날개 : 합격예측 및 관련 법규)

KEY ① 2017년 3월 5일 기사 출제
② 2017년 9월 23일 기사 출제
③ 2019년 3월 3일 기사·산업기사 동시 출제
④ 2023년 2월 28일 기사 출제
⑤ 2023년 3월 1일(문제 95번) 출제

합격정보
산업안전보건기준에 관한 규칙 제347조(붕괴등의 위험방지)

[정답] 83 ① 84 ④

85 다음은 지붕 위에서의 위험방지를 위한 내용이다. 빈칸에 알맞은 수치로 옳은 것은?

> 슬레이트, 선라이트(sunlight)등 강도가 약한 재료로 덮은 지붕 위에서 작업을 할 때에 발이 빠지는 등 근로자가 위험해질 우려가 있는 경우 폭 (　) 이상의 발판을 설치하거나 안전방망을 치는 등 위험을 방지하기 위하여 필요한 조치를 하여야 한다.

① 20[cm]　② 25[cm]
③ 30[cm]　④ 40[cm]

해설

슬레이트 및 선라이트 작업시 작업발판 폭 : 30[cm]이상

참고) 건설안전산업기사 필기 p.5-131(합격날개 : 합격예측 및 관련 법규)

KEY ① 2019년 4월 27일 산업기사 등 5회 이상 출제
② 2023년 3월 1일(문제 96번) 출제

합격정보

산업안전보건기준에 관한 규칙 제45조(지붕 위에서의 위험 방지)

보충학습

사업주는 슬레이트, 선라이트(sunlight) 등 강도가 약한 재료로 덮은 지붕 위에서 작업을 할 때에 발이 빠지는 등 근로자가 위험해질 우려가 있는 경우 폭 30[cm] 이상의 발판을 설치하거나 안전방망을 치는 등 위험을 방지하기 위하여 필요한 조치를 하여야 한다.

86 달비계(곤돌라의 달비계는 제외)의 최대 적재하중을 정하는 경우 달기와이어로프 및 달기강선의 안전계수 기준으로 옳은 것은?

① 5 이상　② 7 이상
③ 8 이상　④ 10 이상

해설

안전계수

① 달기와이어로프 및 달기강선의 안전계수는 10 이상
② 달기체인 및 달기훅의 안전계수는 5 이상
③ 달기강대와 달비계의 하부 및 상부지점의 안전계수는 강재의 경우 2.5 이상, 목재의 경우 5 이상

KEY ① 2016년 10월 1일 산업기사 출제
② 2018년 3월 4일 기사·산업기사 동시 출제 등 10회 이상 출제
③ 2023년 3월 1일(문제 99번) 출제

합격정보

① 산업안전보건기준에 관한 규칙 제55조(작업발판의 최대적재량)
② 2024. 6. 28 법개정으로 안전계수가 삭제되었습니다.

87 콘크리트 타설작업을 하는 경우에 준수해야 할 사항으로 옳지 않은 것은?

① 당일의 작업을 시작하기 전에 해당 작업에 관한 거푸집동바리 등의 변형·변위 및 지반의 침하 유무 등을 점검하고 이상이 있으면 보수할 것
② 작업 중에는 거푸집동바리 등의 변형·변위 및 침하 유무 등을 감시할 수 있는 감시자를 배치하여 이상이 있으면 작업을 중지하고 근로자를 대피시킬 것
③ 설계도서상의 콘크리트 양생기간을 준수하여 거푸집동바리등을 해체할 것
④ 콘크리트를 타설하는 경우에는 편심을 유발하여 한쪽 부분부터 밀실하게 타설되도록 유도할 것

해설

콘크리트 타설작업시 준수사항

① 당일의 작업을 시작하기 전에 해당 작업에 관한 거푸집동바리 등의 변형·변위 및 지반의 침하유무 등을 점검하고 이상이 있으면 보수할 것
② 작업중에는 거푸집동바리 등의 변형·변위 및 침하유무 등을 감시할 수 있는 감시자를 배치하여 이상이 있으면 작업을 중지시키고 근로자를 대피시킬 것
③ 콘크리트의 타설작업시 거푸집붕괴의 위험이 발생할 우려가 있는 경우에는 충분한 보강조치를 할 것
④ 설계도서상의 콘크리트 양생기간을 준수하여 거푸집동바리 등을 해체할 것
⑤ 콘크리트를 타설하는 경우에는 편심이 발생하지 않도록 골고루 분산하여 타설할 것

참고) 건설안전산업기사 필기 p.5-89(합격날개 : 합격예측 및 관련 법규)

KEY ① 2016년 5월 8일 기사 출제
② 2016년 10월 1일 출제
③ 2021년 8월 14일 기사 출제
④ 2023년 3월 1일(문제 100번) 출제

합격정보

산업안전보건기준에 관한규칙 제334조(콘크리트 타설작업)

88 연약지반을 굴착할 때, 흙막이벽 뒤쪽 흙의 중량이 바닥의 지지력보다 커지면, 굴착저면에서 흙이 부풀어 오르는 현상은?

① 슬라이딩(Sliding)　② 보일링(Boiling)
③ 파이핑(Piping)　④ 히빙(Heaving)

[정답] 85 ③ 86 ④ 87 ④ 88 ④

해설

히빙(Heaving) 현상

연약성 점토지반 굴착시 굴착외측 흙의 중량에 의해 굴착저면의 흙이 활동 전단 파괴되어 굴착내측으로 부풀어 오르는 현상

참고 건설안전산업기사 필기 p.5-16(합격날개 : 합격예측)

KEY ① 2016년 10월 1일 기사출제
② 2023년 5월 13일(문제 81번) 등 5회 이상 출제

89 말비계에 설치되는 작업발판의 폭에 대한 기준으로 옳은 것은?

① 20[cm] 이상 ② 40[cm] 이상
③ 60[cm] 이상 ④ 80[cm] 이상

해설

말비계 작업발판 폭 : 40[cm] 이상

참고 건설안전산업기사 필기 p.5-96(7. 말비계)

KEY 2023년 5월 13일(문제 83번) 등 5회 이상 출제

보충학습

말비계

말비계를 조립하여 사용할 경우에는 다음 각호의 사항을 준수하여야 한다.

① 지주부재의 하단에는 미끄럼 방지장치를 하고, 양측 끝부분에 올라서서 작업하지 않도록 할 것
② 지주부재와 수평면과의 기울기를 75[°] 이하로 하고, 지주부재와 지주부재 사이를 고정시키는 보조부재를 설치할 것
③ 말비계의 높이가 2[m]를 초과할 경우에는 작업발판의 폭을 40[cm] 이상으로 할 것

90 산업안전보건법령에 따른 중량물을 취급하는 작업을 하는 경우의 작업계획서 내용에 포함되지 않는 사항은?

① 추락위험을 예방할 수 있는 안전대책
② 낙하위험을 예방할 수 있는 안전대책
③ 전도위험을 예방할 수 있는 안전대책
④ 위험물 누출위험을 예방할 수 있는 안전대책

해설

중량물의 취급 작업

① 추락위험을 예방할 수 있는 안전대책
② 낙하위험을 예방할 수 있는 안전대책
③ 전도위험을 예방할 수 있는 안전대책
④ 협착위험을 예방할 수 있는 안전대책
⑤ 붕괴위험을 예방할 수 있는 안전대책

참고 건설안전산업기사 필기 p.5-182(11. 중량물의 취급작업)

KEY ① 2018년 6월 30일 실기필답형 출제
② 2018년 4월 28일(문제 89번) 출제
③ 2023년 5월 13일(문제 85번) 등 5회 이상 출제

합격정보

산업안전보건기준에 관한 규칙 [별표 4] 사전조사 및 작업계획서 내용

91 추락재해 방호용 방망의 신품에 대한 인장강도는 얼마인가?(단, 그물코의 크기가 10[cm]이며, 매듭 없는 방망)

① 220[kg] ② 240[kg]
③ 260[kg] ④ 280[kg]

해설

방망사의 신품에 대한 인장강도

그물코의 크기 (단위 :[cm])	방망의 종류 (단위 : [kg])	
	매듭없는 방망	매듭 방망
10	240	200
5		110

참고 건설안전산업기사 필기 p.5-68(1. 방망사의 강도)

KEY ① 2016년 5월 8일 기사 출제
② 2017년 3월 5일 기사 출제
③ 2017년 8월 26일 기사 등 5회 이상 출제
④ 2023년 5월 13일(문제 88번) 출제

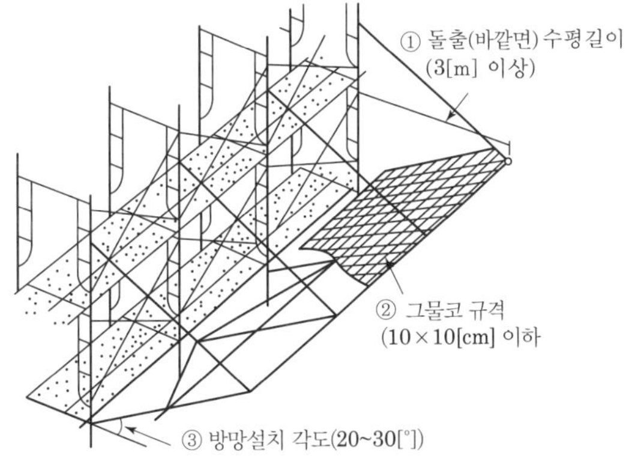

[그림] 추락 방호망

[정답] 89 ② 90 ④ 91 ②

92 건축공사에서 대상액이 5억원 이상 50억원 미만인 경우에 산업안전보건관리비의 비율(가) 및 기초액(나)으로 옳은 것은?

① (가) 1.86[%], (나) 5,349,000원
② (가) 1.99[%], (나) 5,499,000원
③ (가) 2.35[%], (나) 5,400,000원
④ (가) 1.57[%], (나) 4,411,000원

해설

공사종류 및 규모별 안전관리비 계상기준표

구 분 / 공사종류	대상액 5억원 미만	대상액 5억원 이상 50억원 미만 비율(X)	대상액 5억원 이상 50억원 미만 기초액(C)	대상액 50억원 이상	영 별표5에 따른 보건관리자 선임 대상 건설공사
건축공사	2.93[%]	1.86[%]	5,349,000원	1.97[%]	2.15[%]
토목공사	3.09[%]	1.99[%]	5,499,000원	2.10[%]	2.29[%]
중건설공사	3.43[%]	2.35[%]	5,400,000원	2.44[%]	2.66[%]
특수건설공사	1.85[%]	1.20[%]	3,250,000원	1.27[%]	1.38[%]

참고 건설안전산업기사 필기 p.5-10(별표1. 공사종류 및 규모별 안전관리비 계상기준표)

KEY ① 2016년 3월 6일, 10월 1일 산업기사 출제
② 2017년 3월 5일, 8월 26일 출제
③ 2019년 3월 3일 출제
④ 2020년 6월 14일 출제
⑤ 2020년 8월 22일 기사(문제 106번) 출제
⑥ 2023년 7월 8일(문제 86번) 출제

합격정보
고시 2023-49호 건설업산업안전보건관리비 계상 및 사용기준(개정 : 2023.10.5)

93 산업안전보건기준에 관한 규칙에 따라 계단 및 계단참을 설치하는 경우 매 [m²]당 최소 얼마 이상의 하중에 견딜 수 있는 강도를 가진 구조로 설치하여야 하는가?

① 500[kg] ② 600[kg]
③ 700[kg] ④ 800[kg]

해설

계단의 강도
계단 및 계단참은 500[kg/m²] 이상

KEY ① 2015년 8월 16일(문제 85번) 출제
② 2023년 7월 8일(문제 89번) 출제

합격정보
산업안전보건기준에 관한 규칙 제26조(계단의 강도)

94 터널공사 시 자동경보장치가 설치된 경우에 이 자동경보장치에 대하여 당일 작업시작 전 점검하고 이상을 발견하면 즉시 보수하여야 하는 사항이 아닌 것은?

① 계기의 이상 유무
② 검지부의 이상 유무
③ 경보장치의 작동 상태
④ 환기 또는 조명시설의 이상 유무

해설

터널건설작업시 자동경보장치 당일 작업시작전 점검사항 3가지
① 계기의 이상유무
② 검지부의 이상 유무
③ 경보장치의 작동상태

참고 건설안전산업기사 필기 p.5-106(합격날개 : 합격예측 및 관련법규)

KEY ①2020년 8월 22일 기사(문제 102번) 출제
② 2023년 7월 8일(문제 93번) 출제

합격정보
산업안전보건기준에 관한 규칙 제350조(인화성가스의 농도측정 등)

95 달비계의 최대 적재하중을 정하는 경우 달기 와이어로프의 최대하중이 50[kg]일 때 안전계수에 의한 와이어로프의 절단하중은 얼마인가?

① 1,000[kg] ② 700[kg]
③ 500[kg] ④ 300[kg]

해설

절단하중 = 최대하중 × 안전계수 = 50 × 10 = 500[kg]

참고 건설안전산업기사 필기 p.5-90(합격날개 : 합격예측 및 관련법규)

KEY ① 2016년 10월 1일 출제
② 2018년 3월 4일 기사·산업기사 동시 출제
③ 2023년 7월 8일(문제 94번) 출제

합격정보
산업안전보건기준에 관한 규칙 제55조(작업발판의 최대 적재 하중)

[정답] 92 ① 93 ① 94 ④ 95 ③

96 유해위험방지계획서 제출 시 첨부서류로 옳지 않은 것은?

① 공사현장의 주변 현황 및 주변과의 관계를 나타내는 도면
② 공사개요서
③ 전체공정표
④ 작업인부의 배치를 나타내는 도면 및 서류

해설

건설업 유해위험방지계획서 첨부서류

① 공사개요서
② 공사현장의 주변 현황 및 주변과의 관계를 나타내는 도면(매설물 현황을 포함한다)
③ 건설물, 사용 기계설비 등의 배치를 나타내는 도면
④ 전체 공정표
⑤ 산업안전보건관리비 사용계획
⑥ 안전관리 조직표
⑦ 재해 발생 위험 시 연락 및 대피방법

참고 건설안전산업기사 필기 p.5-18(4. 제출시 첨부서류)

KEY ① 2016년 3월 6일 기사(문제 113번) 출제
② 2017년 3월 5일 기사문제 105번) 출제
③ 2020년 9월 27일 기사(문제 119번) 출제
④ 2022년 3월 2일(문제 81번) 출제

합격정보
산업안전보건법 시행규칙 [별표 10] 유해위험방지계획서 첨부서류

97 거푸집 해체작업 시 유의사항으로 옳지 않은 것은?

① 일반적으로 수평부재의 거푸집은 연직부재의 거푸집보다 빨리 떼어낸다.
② 해체된 거푸집이나 각목 등에 박혀있는 못 또는 날카로운 돌출물은 즉시 제거하여야 한다.
③ 상하 동시 작업은 원칙적으로 금지하여 부득이한 경우에는 긴밀히 연락을 위하며 작업을 하여야 한다.
④ 거푸집 해체작업장 주위에는 관계자를 제외하고는 출입을 금지시켜야 한다.

해설

거푸집 해체 순서

① 거푸집은 일반적으로 연직부재를 먼저 떼어낸다.
② 이유 : 하중을 받지 않기 때문

참고 건설안전산업기사 필기 p.5-113(7. 거푸집의 해체 시 안전수칙)

KEY ① 2017년 5월 7일 산업기사 출제
② 2017년 8월 26일 산업기사 출제
③ 2019년 4월 27일 기사(문제 102번) 출제
④ 2022년 3월 2일(문제 87번) 출제

98 취급·운반의 원칙으로 옳지 않은 것은?

① 운반 작업을 집중하여 시킬 것
② 생산을 최고로 하는 운반을 생각할 것
③ 곡선 운반을 할 것
④ 연속 운반을 할 것

해설

취급, 운반의 5원칙

① 직선운반을 할 것
② 연속운반을 할 것
③ 운반작업을 집중화시킬 것
④ 생산을 최고로 하는 운반을 생각할 것
⑤ 최대한 시간과 경비를 절약할 수 있는 운반방법을 고려할 것

참고 건설안전산업기사 필기 p.5-161(합격날개 : 합격예측)

① 2017년 8월 26일 출제
② 2018년 4월 28일 기사 출제
③ 2019년 3월 3일 산업기사 출제
④ 2022년 3월 2일(문제 89번) 출제

99 다음은 타워크레인을 와이어로프로 지지하는 경우의 준수해야 할 기준이다. 빈칸에 들어갈 알맞은 내용을 순서대로 옳게 나타낸 것은?

> 와이어로프 설치각도는 수평면에서 ( )도 이내로 하되, 지지점은 ( )개소 이상으로 하고, 같은 각도로 설치할 것

① 45, 4　② 45, 5
③ 60, 4　④ 60, 5

[정답] 96 ④ 97 ① 98 ③ 99 ③

해설

와이어로프로 지지하는 경우 준수사항

① 「산업안전보건법 시행규칙」에 따른 서면심사에 관한 서류(「건설기계관리법」에 따른 형식승인서류를 포함한다) 또는 제조사의 설치작업설명서 등에 따라 설치할 것
② 제①호의 서면심사 서류 등이 없거나 명확하지 아니한 경우에는 「국가기술자격법」에 따른 건축구조·건설기계·기계안전·건설안전기술사 또는 건설안전분야 산업안전지도사의 확인을 받아 설치하거나 기종별·모델별 공인된 표준방법으로 설치할 것
③ 와이어로프를 고정하기 위한 전용 지지프레임을 사용할 것
④ 와이어로프 설치각도는 수평면에서 60도 이내로 하고, 지지점은 4개소 이상으로 할 것
⑤ 와이어로프와 그 고정부위는 충분한 강도와 장력을 갖도록 설치하고, 와이어로프를 클립·샤클(shackle) 등의 고정기구를 사용하여 견고하게 고정시켜 풀리지 아니하도록 할 것
⑥ 와이어로프가 가공전선(架空電線)에 근접하지 않도록 할 것

참고 건설안전산업기사 필기 p.5-45(합격날개 : 합격예측 및 관련법규)

KEY 2015년 5월 31일(문제 114번) 출제

정보제공

산업안전보건기준에 관한 규칙 제142조(타워크레인의 지지)

100 강관틀비계를 조립하여 사용하는 경우 준수해야 할 기준으로 옳지 않은 것은?

① 수직방향으로 6[m], 수평방향으로 8[m] 이내마다 벽이음을 할 것
② 높이가 20[m]를 초과하거나 중량물의 적재를 수반하는 작업을 할 경우에는 주틀 간의 간격을 2.4[m] 이하로 할 것
③ 길이가 띠장 방향으로 4[m] 이하이고 높이가 10[m]를 초과하는 경우에는 10[m] 이내마다 띠장 방향으로 버팀기둥을 설치할 것
④ 주틀 간에 교차 가새를 설치하고 최상층 및 5층 이내마다 수평재를 설치할 것

해설

높이 20[m]이상 시 주틀간의 간격 : 1.8[m] 이하

참고 건설안전산업기사 필기 p.5-99(합격날개 : 합격예측 및 관련법규)

KEY ① 2016년 5월 8일 기사(문제 101번) 출제
② 2017년 9월 23일 산업기사 출제
③ 2018년 8월 19일 기사 출제
④ 2022년 3월 2일(문제 100번) 출제

합격정보

① 산업안전보건기준에 관한 규칙 [별표 5] 강관비계의 조립간격
② 산업안전보건기준에 관한 규칙 제62조(강관틀비계)

[정답] 100 ②

2024년도 산업기사 정기검정 제2회 CBT(2024년 5월 9일 시행)

자격종목 및 등급(선택분야)

건설안전산업기사

종목코드	시험시간	수험번호	성명
2381	2시간30분	20240509	도서출판세화

※ 본 문제는 복원문제 및 2025년 예적(예상적중) 문제로 실제문제와 동일하지 않을 수 있습니다.

1 산업안전관리론

01 레빈(Lewin)의 법칙에서 환경조건(E)에 포함되는 것은?

$$B=f(P \cdot E)$$

① 지능 ② 소질
③ 적성 ④ 인간관계

해설

K. Lewin의 법칙

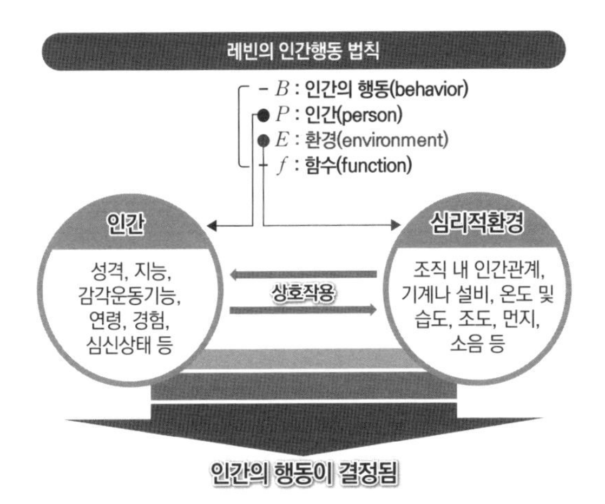

참고 건설안전산업기사 필기 p.1-201(7. K. Lewin의 법칙)

KEY
① 2016년 10월 1일 기사 출제
② 2017년 5월 7일 기사 출제
③ 2017년 8월 26일 기사 출제
④ 2017년 9월 23일 기사 출제
⑤ 2019년 4월 27일 산업기사 출제
⑥ 2023년 7월 8일(문제 3번) 출제

02 산업안전보건법령상 타워크레인 지지에 관한 사항으로 ( )에 알맞은 내용은?

타워크레인을 와이어로프로 지지하는 경우, 설치각도는 수평면에서 (㉠)도 이내로 하되, 지지점은 (㉡)개소 이상으로 하고, 같은 각도로 설치하여야 한다.

① ㉠ : 45, ㉡ : 3 ② ㉠ : 45, ㉡ : 4
③ ㉠ : 60, ㉡ : 3 ④ ㉠ : 60, ㉡ : 4

해설

타워크레인의 지지

① 와이어로프 설치각도 수평면에서 60도 이내
② 지지점은 4개소 이상

참고 건설안전산업기사 필기 p.5-45(합격날개 : 합격예측 및 관련법규)

KEY
① 2018년 3월 4일 출제
② 2020년 8월 22일 출제
③ 2023년 7월 8일(문제 6번) 출제
④ 2024년 2월 15일(문제 99번) 출제

합격정보
산업안전보건기준에 관한 규칙 제142조(타워크레인의 지지)

03 50인의 상시 근로자를 가지고 있는 어느 사업장에 1년간 3건의 부상자를 내고 그 휴업일수가 219일이라면 강도율은?

① 1.37 ② 1.50
③ 1.86 ④ 2.21

해설

$$강도율 = \frac{총요양근로손실일수}{연근로시간수} \times 1,000$$

[정답] 01 ④ 02 ④ 03 ②

2024

$$= \frac{219 \times \frac{300}{365}}{50 \times 2,400} \times 1,000 = 1.50$$

참고 건설안전산업기사 필기 p.1-57(4. 강도율)

KEY ① 2016년 3월 6일 기사·산업기사 동시 출제
② 2016년 10월 1일 기사 출제
③ 2017년 3월 5일 기사 출제
④ 2023년 7월 8일(문제 8번) 출제

04 연평균 1,000[명]의 근로자를 채용하고 있는 사업장에서 연간 24[명]의 재해자가 발생하였다면 이 사업장의 연천인율은 얼마인가?(단, 근로자는 1[일] 8[시간]씩 연간 300[일]을 근무한다.)

① 10 ② 12
③ 24 ④ 48

해설

$$연천인율 = \frac{연간\ 재해자수}{연평균\ 근로자수} \times 1,000$$
$$= \frac{24}{1,000} \times 1,000 = 24$$

참고 건설안전산업기사 필기 p.1-56(2. 천인율)

KEY ① 2014년 5월 25일(문제 4번) 출제
② 2021년 5월 15일 기사 등 10회 이상 출제
③ 2023년 5월 13일(문제 6번) 출제

05 파블로프(Pavlov)의 조건반사설에 의한 학습이론의 원리에 해당되지 않는 것은?

① 일관성의 원리 ② 시간의 원리
③ 강도의 원리 ④ 준비성의 원리

해설

파블로프의 조건반사설
① 일관성의 원리
② 강도의 원리
③ 시간의 원리
④ 계속성의 원리

참고 건설안전산업기사 필기 p.1-270(2. 자극과 반응 : S-R 이론)

KEY ① 2016년 5월 8일 기사 출제
② 2018년 4월 28일(문제 20번) 출제
③ 2023년 5월 13일(문제 10번) 출제

06 OJT(On the Job Tranining)에 관한 설명으로 옳은 것은?

① 집합교육형태의 훈련이다.
② 다수의 근로자에게 조직적 훈련이 가능하다.
③ 직장의 설정에 맞게 실제적 훈련이 가능하다.
④ 전문가를 강사로 활용할 수 있다.

해설

OJT의 특징
① 개개인에게 적절한 지도훈련이 가능하다.
② 직장의 실정에 맞게 실제적 훈련이 가능하다.
③ 즉시 업무에 연결되는 관계로 몸과 관련이 있다.
④ 훈련에 필요한 업무의 계속성이 끊어지지 않는다.
⑤ 효과가 곧 업무에 나타나며 훈련의 좋고 나쁨에 따라 개선이 쉽다.
⑥ 훈련효과를 보고 상호 신뢰, 이해도가 높아지는 것이 가능하다.

참고 건설안전산업기사 필기 p.1-263(표. OJT와 OFF JT 특징)

① 2016년 5월 8일(문제 14번) 등 20회 이상 출제
② 2023년 5월 13일(문제 11번) 출제

07 산업안전보건법령상 안전인증대상 기계기구등이 아닌 것은?

① 프레스 ② 전단기
③ 롤러기 ④ 산업용 원심기

해설

안전인증대상 기계기구의 종류
① 프레스
② 전단기(剪斷機) 및 절곡기(折曲機)
③ 크레인
④ 리프트
⑤ 압력용기
⑥ 롤러기
⑦ 사출성형기(射出成形機)
⑧ 고소(高所) 작업대
⑨ 곤돌라

참고 건설안전산업기사 필기 p.1-77(1. 안전인증대상 기계)

KEY ① 2017년 3월 5일 기사·산업기사 동시 출제
② 2020년 5월 15일 기사 출제
③ 2023년 3월 1일(문제 5번) 출제

합격정보
산업안전보건법 시행령 제74조(안전인증대상기계등)

[정답] 04 ③ 05 ④ 06 ③ 07 ④

08 **상시 근로자수가 75명인 사업장에서 1일 8시간 씩 연간 320일을 작업하는 동안에 4건의 재해가 발생하였다면 이 사업장의 도수율은 약 얼마인가?**

① 17.68 ② 19.67
③ 20.83 ④ 22.83

해설

$$\text{도수(빈도)율} = \frac{\text{재해건수}}{\text{연근로시간수}} \times 1{,}000{,}000$$
$$= \frac{4}{75 \times 8 \times 320} \times 10^6 = 20.83$$

참고) 건설안전산업기사 필기 p.1-56(3. 빈도율)

① 2016년 10월 1일 산업기사 출제
② 2017년 3월 5일 기사 · 산업기사 동시 출제
③ 2018년 8월 19일 기사 출제
④ 2019년 8월 4일 기사 출제
⑤ 2019년 9월 21일 기사 출제
⑥ 2020년 6월 14일 산업기사 출제
⑦ 2023년 3월 1일(문제 9번) 출제

합격정보
산업재해 통계 업무처리 규정 제3조(산업재해 통계의 산출방법 및 정의)

09 **재해원인을 직접원인과 간접원인으로 나눌 때, 직접원인에 해당하는 것은?**

① 기술적 원인 ② 관리적 원인
③ 교육적 원인 ④ 물적 원인

해설

직접 원인(1차 원인)

시간적으로 사고발생에 가까운 원인
① 물적 원인 : 불안전한 상태(설비 및 환경)
② 인적 원인 : 불안전한 행동

참고) 건설안전산업기사 필기 p.1-45(합격날개 : 합격예측)

① 2015년 3월 8일(문제 16번) 출제
② 2018년 9월 15일 기사 출제
③ 2023년 3월 1일(문제 12번) 출제

보충학습

간접 원인

재해의 가장 깊은 곳에 존재하는 재해원인
① 기초 원인 : 학교 교육적 원인, 관리적인 원인
② 2차 원인 : 신체적 원인, 정신적 원인, 안전교육적 원인, 기술적인 원인

10 **산업안전보건법령상 안전보건표지의 종류와 형태 중 그림과 같은 경고 표지는?**

① 위험장소 경고 ② 낙하물 경고
③ 몸균형상실 경고 ④ 매달린 물체 경고

해설

경고표지의 종류

인화성 물질경고	산화성 물질경고	폭발성 물질경고	급성독성 물질경고	부식성 물질경고
방사성 물질경고	고압전기 경고	매달린 물체경고	낙하물 경고	고온 경고
저온 경고	몸균형 상실경고	레이저 광선경고	발암성·변이원성·생식독성·전신독성·호흡기과민성 물질 경고	위험장소 경고

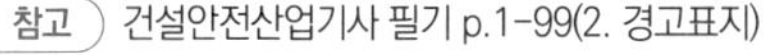

참고) 건설안전산업기사 필기 p.1-99(2. 경고표지)

① 2017년 9월 23일 기사 출제
② 2018년 3월 4일 기사 출제
③ 2019년 4월 27일 산업기사 출제
④ 2020년 6월 7일 기사 출제
⑤ 2023년 3월 1일(문제 17번) 출제
⑥ 2024년 2월 15일(문제 2번) 출제

합격정보
산업안전보건법 시행규칙 [별표 6] 안전보건표지의 종류와 형태

[정답] 08 ③ 09 ④ 10 ④

11 재해원인의 분석방법 중 사고의 유형, 기인물 등 분류항목을 큰 순서대로 도표화하는 통계적 원인분석 방법은?

① 특성 요인도　　② 관리도
③ 크로스도　　④ 파레토도

해설

파레토도(Pareto diagram)

① 관리 대상이 많은 경우 최소의 노력으로 최대의 효과를 얻을 수 있는 방법
② 분류항목을 큰 값에서 작은 값의 순서로 도표화하는 데 편리

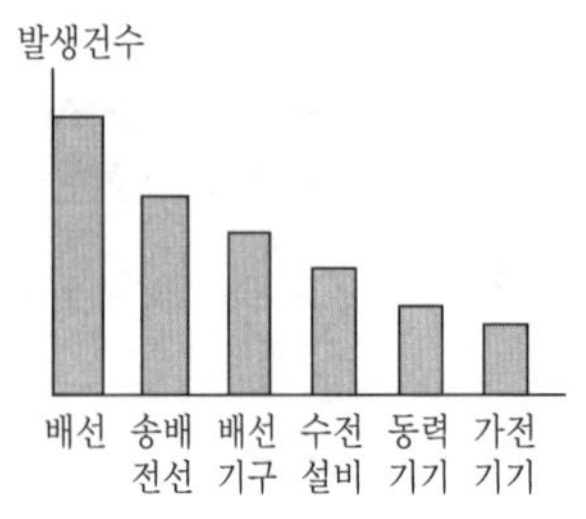

[그림] 전기설비별 감전사고 분포 파레토도 예

참고 건설안전산업기사 필기 p.1-61(1. 파레토도)

KEY ① 2017년 8월 26일 기사출제
② 2018년 3월 4일 기사 출제
③ 2022년 7월 2일(문제 2번) 출제

12 산업안전보건법령에 따른 교육대상별 교육내용 중 근로자 정기안전보건교육 내용이 아닌 것은?(단, 산업안전보건법 및 일반관리에 관한 사항은 제외한다)

① 산업재해보상보험 제도에 관한 사항
② 산업보건 및 직업병 예방에 관한 사항
③ 유해·위험 작업환경 관리에 관한 사항
④ 작업공정의 유해·위험과 재해 예방대책에 관한 사항

해설

근로자의 정기안전보건교육

① 산업안전 및 사고 예방에 관한 사항
② 산업보건 및 직업병 예방에 관한 사항
③ 위험성 평가에 관한 사항
④ 건강증진 및 질병예 방에 관한 사항
⑤ 유해·위험 작업환경 관리에 관한 사항
⑥ 산업안전보건법령 및 산업재해보상보험 제도에 관한 사항
⑦ 직무스트레스 예방 및 관리에 관한 사항
⑧ 직장 내 괴롭힘, 고객의 폭언 등으로 인한 건강장해 예방 및 관리에 관한 사항

참고 건설안전산업기사 필기 p.1-280 ((2) 근로자의 정기안전보건교육내용)

KEY 2022년 7월 2일(문제 11번) 출제

합격정보
산업안전보건법 시행규칙 [별표 5] 안전보건교육 교육대상별 교육내용

13 산업안전보건법령상 안전보건관리규정 작성에 관한 사항으로 ( )에 알맞은 기준은?

> 안전보건관리규정을 작성하여야 할 사업의 사업주는 안전보건관리규정을 작성해야 할 사유가 발생한 날부터 ( )일 이내에 안전보건관리규정을 작성해야 한다.

① 7　　② 14
③ 30　　④ 60

해설

제25조(안전보건관리규정의 작성)

① 법 제25조제3항에 따라 안전보건관리규정을 작성해야 할 사업의 종류 및 상시근로자 수는 별표 2와 같다.
② 제1항에 따른 사업의 사업주는 안전보건관리규정을 작성해야 할 사유가 발생한 날부터 30일 이내에 별표 3의 내용을 포함한 안전보건관리규정을 작성해야 한다. 이를 변경할 사유가 발생한 경우에도 또한 같다.
③ 사업주가 제2항에 따라 안전보건관리규정을 작성할 때에는 소방 · 가스 · 전기 · 교통 분야 등의 다른 법령에서 정하는 안전관리에 관한 규정과 통합하여 작성할 수 있다.

참고 건설안전산업기사 필기 p.1-155(제2절 안전보건관리규정)

KEY 2022년 4월 17일(문제 1번) 출제

합격정보
산업안전보건법 시행규칙 제25조(안전보건관리규정의 작성)

14 재해 예방을 위한 대책선정에 관한 사항 중 기술적 대책(Engineering)에 해당되지 않는 것은?

① 작업행정의 개선
② 환경설비의 개선
③ 점검 보존의 확립
④ 안전 수칙의 준수

[정답] 11 ④　12 ④　13 ③　14 ④

해설

안전수칙의 준수는 관리적 대책이다.

참고 건설안전산업기사 필기 p.1-48(4. 대책선정의 원칙)

KEY 2022년 4월 17일(문제 5번) 출제

15 산업재해통계업무처리규정상 산업재해통계에 관한 설명으로 틀린 것은?

① 총요양근로손실일수는 재해자의 총 요양기간을 합산하여 산출한다.

② 휴업재해자수는 근로복지공단의 휴업급여를 지급받은 재해자수를 의미하여, 체육행사로 인하여 발생한 재해는 제외된다.

③ 사망자수는 통상의 출퇴근에 의한 사망을 포함하여 근로복지공단의 유족급여가 지급된 사망자수는 제외한다.

④ 재해자수는 근로복지공단의 유족급여가 지급된 사망자 및 근로복지공단에 최초요양신청서를 제출한 재해자 중 요양승인을 받은 자를 말한다.

해설

용어정의

"사망자수"는 근로복지공단의 유족급여가 지급된 사망자(지방고용노동관서의 산재미보고 적발 사망자를 포함한다)수를 말함. 다만, 사업장 밖의 교통사고(운수업, 음식숙박업은 사업장 밖의 교통사고도 포함)·체육행사·폭력행위·통상의 출퇴근에 의한 사망, 사고발생일로부터 1년을 경과하여 사망한 경우는 제외함.

참고 건설안전산업기사 필기 p.3-54(2. 사망만인율)

KEY 2022년 4월 17일(문제 10번) 출제

합격정보

산업재해통계업무처리규정 제3조(산업재해통계의 산출방법 및 정의)

16 조직 구성원의 태도는 조직성과와 밀접한 관계가 있는데 태도(attitude)의 3가지 구성요소에 포함되지 않는 것은?

① 인지적 요소 ② 정서적 요소
③ 성격적 요소 ④ 행동경향 요소

해설

태도의 3가지 구성요소

① 인지적 요소
② 정서적 요소
③ 행동경향 요소

참고 건설안전산업기사 필기 p.1-279(합격날개 : 은행문제)

KEY ① 2019년 4월 27일(문제 38번) 출제
② 2022년 4월 17일(문제 12번) 출제

보충학습

태도형성

① 태도의 기능에는 작업적응, 자아방어, 자기표현, 지식기능 등이 있다.
② 한 번 태도가 결정되면 오랫동안 유지되므로 신중한 태도 교육이 진행되어야 한다.
③ 행동결정을 판단하고 지시하는 것은 내적 행동체계에 해당한다.
④ 개인의 심적 태도교정보다 집단의 심적 태도교정이 용이하다.

17 호손(Hawthorne) 실험의 결과 작업자의 작업능률에 영향을 미치는 주요 원인으로 밝혀진 것은?

① 작업조건 ② 인간관계
③ 생산기술 ④ 행동규범의 설정

해설

호손(Hawthorne)공장 실험

① 인간관계 관리의 개선을 위한 연구로 미국의 메이요(E.Mayo, 1880~1949) 교수가 주축이 되어 호손 공장에서 실시되었다.
② 작업능률을 좌우하는 것은 단지 임금, 노동시간 등의 노동조건과 조명, 환기, 그 밖에 작업환경으로서의 물적 조건보다 종업원의 태도, 즉 심리적, 내적 양심과 감정이 중요하다.
③ 물적 조건도 그 개선에 의하여 효과를 가져올 수 있으나 종업원의 심리적 요소가 더욱 중요하다.
④ 결론은 인간관계가 작업 및 작업설계에 영향을 준다.

참고 건설안전산업기사 필기 p.1-198 (2) 호손 공장 실험

KEY ① 2018년 3월 4일 출제
② 2018년 9월 15일 출제
③ 2019년 4월 27일 출제
④ 2019년 9월 21일 산업기사 출제
⑤ 2020년 9월 5일 출제
⑥ 2021년 5월 15일(문제 26번) 출제
⑦ 2022년 3월 5일(문제 36번) 출제
⑧ 2022년 4월 17일(문제 14번) 출제

[정답] 15 ③ 16 ③ 17 ②

18 리더십(leadership)의 특성에 대한 설명으로 옳은 것은?

① 지휘형태는 민주적이다.
② 권한부여는 위에서 위임된다.
③ 구성원과의 관계는 넓다.
④ 권한근거는 법적 또는 공식적으로 부여된다.

해설

leadership과 headship의 비교

개인과 상황 변수	leadership	headship
권한 행사	선출된 리더	임명적 헤드
권한 부여	밑으로부터 동의	위에서 위임
권한 귀속	집단 목표에 기여한 공로 인정	공식화된 규정에 의함
상사와 부하와의 관계	개인적인 영향	지배적
부하와의 사회적 관계(간격)	좁음	넓음
지휘 형태	민주주의적	권위주의적
책임 귀속	상사와 부하	상사
권한 근거	개인적	법적 또는 공식적

참고 건설안전산업기사 필기 p.1-234 (5) leadership과 headship의 비교

KEY ① 2016년 3월 6일, 8월 21일, 10월 1일 기사 출제
② 2017년 5월 7일, 9월 23일 기사 출제
③ 2018년 3월 4일 기사 · 산업기사 동시 출제
④ 2018년 8월 19일 산업기사 출제
⑤ 2019년 9월 21일 기사 출제
⑥ 2020년 8월 23일(문제 1번) 출제
⑦ 2022년 3월 2일(문제 2번) 출제

19 안전모에 있어 착장체의 구성요소가 아닌 것은?

① 턱끈 ② 머리고정대
③ 머리받침고리 ④ 머리받침끈

해설

안전모의 구조

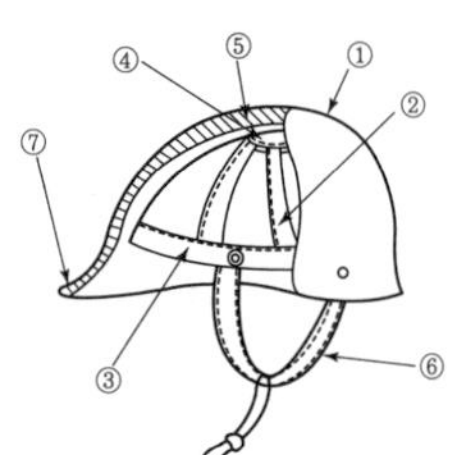

번호		명칭
①		모체
② ③ ④	착장체	머리받침끈 머리받침(고정)대 머리받침고리
⑤ ⑥ ⑦		충격흡수재(자율안전확인에서 제외) 턱끈 모자챙(차양)

참고 건설안전산업기사 필기 p.1-92(그림. 안전모의 구조)

KEY ① 2016년 10월 1일 기사 출제
② 2017년 9월 23일(문제 6번) 출제
③ 2022년 3월 2일(문제 4번) 출제

20 제조업자는 제조물의 결함으로 인하여 생명·신체 또는 재산에 손해를 입은 자에게 그 손해를 배상하여야 하는데 이를 무엇이라 하는가? (단, 당해 제조물에 대해서만 발생한 손해는 제외한다.)

① 입증 책임 ② 담보 책임
③ 연대 책임 ④ 제조물 책임

해설

제조물책임(PL)

① 제조물 책임이란 결함 제조물로 인해 생명·신체 또는 재산 손해가 발생할 경우 제조업자 또는 판매업자가 그 손해에 대하여 배상 책임을 지는 것
② 유럽에서는 100여년의 역사를 가지고 있으며, 미국, 일본에서도 1960~70년대부터 사회문제로 대두되어 '소비자 위험부담시대'에서 '판매자 위험부담시대'로 변환
③ 제조업에서 사고발생을 방지할 책임이 있기 때문에 결함 제조물에 대한 전적인 책임이 있다.

참고 건설안전산업기사 필기 p.2-139 (2) 제조물 책임

KEY ① 2019년 10월 3일(문제 10번) 출제
② 2022년 3월 2일(문제 18번) 출제

2 인간공학 및 시스템안전공학

21 다음 중 시스템에 영향을 미칠 우려가 있는 모든 요소의 고장을 형태별로 해석하여 그 영향을 검토하는 분석방법은?

① FTA ② ETA
③ MORT ④ FMEA

[정답] 18 ① 19 ① 20 ④ 21 ④

해설

FMEA의 정의

① FMEA는 서브시스템 위험분석이나 시스템 위험분석을 위하여 일반적으로 사용되는 전형적인 정성적, 귀납적 분석방법
② 시스템에 영향을 미치는 모든 요소의 고장을 형태별로 분석하여 그 영향을 검토

참고 건설안전산업기사 필기 p.2-82(4. 고장형태와 영향분석)

KEY ① 2015년 3월 8일(문제 33번) 출제
② 2023년 7월 8일(문제 21번) 출제
③ 2024년 2월 15일(문제 28번) 출제

22 체계 설계 과정 중 기본설계 단계의 주요활동으로 볼 수 없는 것은?

① 작업 설계　　② 체계의 정의
③ 기능의 할당　　④ 인간 성능 요건 명세

해설

제3단계 : 기본설계

① 기능의 할당
② 인간 성능 요건 명세
③ 직무 분석
④ 작업 설계

참고 건설안전산업기사 필기 p.2-22(문제 31번) 적중

KEY ① 2013년 6월 2일(문제 28번) 출제
② 2016년 3월 6일 기사 출제
③ 2018년 3월 4일 출제
④ 2023년 7월 8일(문제 24번) 출제
⑤ 2024년 2월 15일(문제 26번) 출제

23 시각적 표시장치와 청각적 표시장치 중 시각적 표시장치를 선택해야 하는 경우는?

① 메시지가 긴 경우
② 메시지가 후에 재참조되지 않는 경우
③ 직무상 수신자가 자주 움직이는 경우
④ 메시지가 시간적 사상(event)을 다룬 경우

해설

정보전송방법

① 시각적 표시장치 사용 : ①
② 청각적 표시장치 사용 : ②, ③, ④

참고 건설안전산업기사 필기 p.2-28(표. 청각장치와 시각장치의 사용 경위)

KEY ① 2017년 5월 7일 출제
② 2018년 3월 4일, 4월 28일, 8월 19일, 9월 15일 출제
③ 2019년 4월 27일, 8월 4일, 9월 21일 출제
④ 2020년 6월 7일 출제
⑤ 2021년 3월 2일 PBT 출제
⑥ 2021년 3월 7일(문제 53번), 5월 15일(문제 60번) 출제
⑦ 2023년 7월 8일(문제 25번) 출제
⑧ 2024년 2월 15일(문제 30번) 출제

24 어떤 기기의 고장률이 시간당 0.002로 일정하다고 한다. 이 기기를 100시간 사용했을 때 고장이 발생할 확률은?

① 0.1813　　② 0.2214
③ 0.6253　　④ 0.8187

해설

고장발생확률

① 신뢰도 $R(t)=e^{-\lambda t}$(λ : 0.002, t : 100)
$R(t)=e^{-(0.002\times100)}=0.8187$
② 고장발생확률(불신뢰도)
$F(t)=1-R(t)=1-0.8187=0.1813$

참고 건설안전산업기사 필기 p.2-10(3. MTBF)

KEY ① 2008년 3월 2일(문제 25번) 출제
② 2023년 7월 8일(문제 27번) 출제

25 인간의 오류모형에서 상황해석을 잘못하거나 목표를 잘못 이해하고 착각하여 행하는 경우를 뜻하는 용어는?

① 실수(Slip)　　② 착오(Mistake)
③ 건망증(Lapse)　　④ 위반(Violation)

해설

인간의 오류 5가지 모형

구분	특징
착각(Illusion)	감각적으로 물리현상을 왜곡하는 지각 오류
착오(Mistake)	상황해석을 잘못하거나 목표를 잘못 이해하고 착각하여 행하는 인간의 실수로 위치, 순서, 패턴, 형상, 기억오류 등 외부적 요인에 의해 나타나는 오류
실수(Slip)	의도는 올바른 것이었지만, 행동이 의도한 것과는 다르게 나타나는 오류
건망증(Lapse)	일련의 과정에서 일부를 빠뜨리거나 기억의 실패에 의해 발생하는 오류
위반(Violation)	정해진 규칙을 알고 있음에도 의도적으로 따르지 않거나 무시한 경우에 발생하는 오류

[정답] 22 ② 23 ① 24 ① 25 ②

참고 건설안전산업기사 필기 p.2-86(합격날개 : 합격예측)

KEY ① 2009년 5월 10일 출제
② 2017년 8월 26일 출제
③ 2019년 3월 3일 출제
④ 2019년 4월 27일 출제
⑤ 2023년 7월 8일(문제 32번) 출제
⑥ 2024년 2월 15일(문제 25번) 출제

26 **시스템 안전 분석기법 중 인적 오류와 그로 인한 위험성의 예측과 개선을 위한 기법은 무엇인가?**

① FTA ② ETBA
③ THERP ④ MORT

해설

THERP(인간과오율 예측기법)
① 인간의 과오(human error)를 정량적으로 평가
② 1963년 Swain이 개발된 기법

참고 건설안전산업기사 필기 p.2-86(8.THERP)

KEY ① 2017년 3월 5일 출제
② 2023년 2월 28일 기사 등 5회 이상 출제
③ 2023년 5월 13일(문제 21번) 출제

27 **FT도에 사용되는 기호 중 "전이기호"를 나타내는 기호는?**

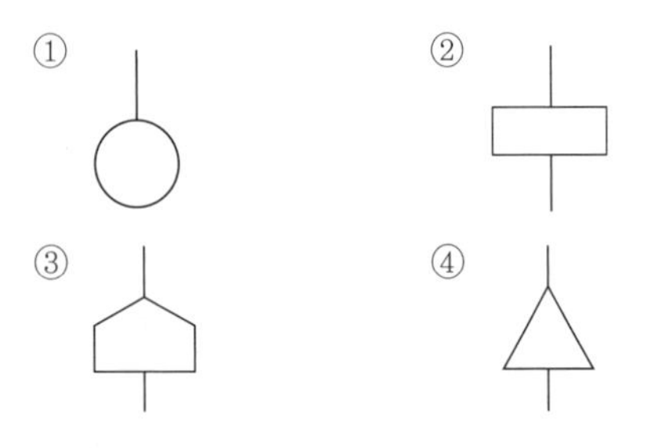

해설

FTA기호
① 기본사상
② 결함사상
③ 통상사상

참고 건설안전산업기사 필기 p.2-96(표. FTA기호)

KEY ① 1993년부터 2023년까지 계속 출제
② 2018년 4월 28일(문제 30번) 출제

28 **다음 중 체계 설계 과정의 주요 단계 중 가장 먼저 실시되어야 하는 것은?**

① 기본설계
② 계면설계
③ 체계의 정의
④ 목표 및 성능 명세 결정

해설

인간-기계 시스템 설계 순서
① 1단계 : 시스템의 목표와 성능 명세 결정
② 2단계 : 시스템의 정의
③ 3단계 : 기본설계
④ 4단계 : 인터페이스설계
⑤ 5단계 : 보조물설계
⑥ 6단계 : 시험 및 평가

참고 건설안전산업기사 필기 p.2-22(문제 31번) 적중

KEY ① 2011년 3월 20일(문제 29번) 출제
② 2019년 3월 3일 기사 출제
③ 2019년 4월 27일(문제 21번) 등 5회 이상 출제
④ 2023년 5월 13일(문제 23번) 출제
⑤ 2024년 2월 15일(문제 26번) 출제

29 **부품배치의 원칙 중 부품의 일반적인 위치를 결정하기 위한 기준으로 가장 적합한 것은?**

① 중요성의 원칙, 사용빈도의 원칙
② 기능별 배치의 원칙, 사용순서의 원칙
③ 중요성의 원칙, 사용순서의 원칙
④ 사용빈도의 원칙, 사용순서의 원칙

해설

부품배치의 4원칙
① 중요성의 원칙(위치결정)
② 사용빈도의 원칙(위치결정)
③ 기능별 배치의 원칙(일관성, 기능성 배치결정)
④ 사용순서의 원칙(배치결정)

참고 건설안전산업기사 필기 p.2-45(2. 부품(공간)배치의 4원칙)

KEY ① 2013년 3월 10일(문제 32번) 출제
② 2013년 6월 2일(문제 31번) 등 5회 이상 출제
③ 2023년 5월 13일(문제 29번) 출제

[정답] 26 ③ 27 ④ 28 ④ 29 ①

30 인체의 동작 유형 중 굽혔던 팔꿈치를 펴는 동작을 나타내는 용어는?

① 내전(adduction) ② 회내(pronation)
③ 굴곡(flexion) ④ 신전(extension)

해설

인체유형의 기본적인 동작

① 굴곡(flexion) : 부위간의 각도가 감소(팔꿈치 굽히기)
② 신전(extension) : 부위간의 각도가 증가(팔꿈치 펴기 운동)
③ 내전(adduction) : 몸의 중심선으로의 이동(팔·다리 내리기 운동)
④ 외전(abduction) : 몸의 중심선으로부터의 이동(팔·다리 옆으로 들기 운동)
⑤ 회외 : 손바닥을 외측으로 돌리는 동작
⑥ 회내 : 손바닥을 몸통(내측) 쪽으로 돌리는 동작

참고 건설안전산업기사 필기 p.2-50(2. 신체부위의 운동)

① 2015년 5월 31일(문제 25번) 출제
② 2023년 5월 13일(문제 34번) 출제
③ 2024년 2월 15일(문제 31번) 출제

31 인체측정치 응용원칙 중 가장 우선적으로 고려해야 하는 원칙은?

① 조절식 설계 ② 최대치 설계
③ 최소치 설계 ④ 평균치 설계

해설

조절범위(조정범위 : 조절식 설계)

① 사무실 의자의 높낮이 조절, 자동차 좌석의 전후조절 등
② 통상 5[%]치에서 95[%]치까지에서 90[%] 범위를 수용대상으로 설계
③ 가장 우선적으로 고려한다.

참고 건설안전산업기사 필기 p.2-43(2. 조절범위(조정범위) 설계)

① 2017년 9월 23일 기사 출제
② 2019년 3월 3일 기사 출제
③ 2023년 3월 1일(문제 23번) 출제

보충학습

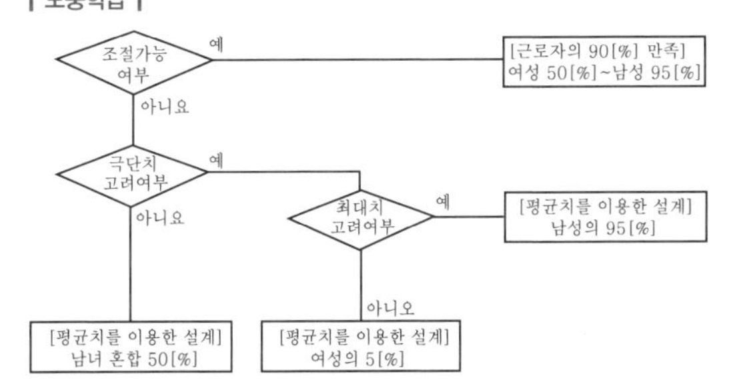

[그림] 인체측정치를 이용한 설계 흐름도

32 설비나 공법 등에서 나타날 위험에 대하여 정성적 또는 정량적인 평가를 행하고 그 평가에 따른 대책을 강구하는 것은?

① 설비보전 ② 동작분석
③ 안전계획 ④ 안전성 평가

해설

안전성 평가의 6단계

① 1단계 : 관계자료의 정비검토
② 2단계 : 정성적 평가
③ 3단계 : 정량적 평가
④ 4단계 : 안전대책
⑤ 5단계 : 재해정보에 의한 재평가
⑥ 6단계 : FTA에 의한 재평가

참고 건설안전산업기사 필기 p.2-118(1. 안전성 평가 6단계)

KEY
① 2016년 3월 6일 출제
② 2016년 10월 1일 기사 출제
③ 2023년 4월 1일 산업안전지도사 출제
④ 2023년 3월 1일(문제 25번) 출제

33 모든 시스템 안전 프로그램 중 최초 단계의 분석으로 시스템 내의 위험요소가 어떤 상태에 있는지를 정성적으로 평가하는 방법은?

① CA ② FHA
③ PHA ④ FMEA

해설

예비위험분석(PHA : Preliminary Hazards Analysis)

① PHA는 모든 시스템안전 프로그램의 최초 단계의 분석기법
② 위험요소가 얼마나 위험한 상태에 있는가를 정성적으로 평가하는 것이다.

참고 건설안전산업기사 필기 p.2-80(2. 예비위험분석)

KEY
① 2016년 5월 8일 산업기사 출제
② 2023년 2월 28일 기사 등 10회 이상 출제
③ 2023년 3월 1일(문제 33번) 출제

[정답] 30 ④ 31 ① 32 ④ 33 ③

34 동작경제의 원칙에 해당하지 않는 것은?

① 가능하다면 낙하식 운반방법을 사용한다.
② 양손을 동시에 반대 방향으로 움직인다.
③ 자연스러운 리듬이 생기지 않도록 동작을 배치한다.
④ 양손을 동시에 작업을 시작하고, 동시에 끝낸다.

해설

동작경제의 3원칙(길브레드 : Gilbrett)

(1) 동작능력 활용의 원칙
　① 발 또는 왼손으로 할 수 있는 것은 오른손을 사용하지 않는다.
　② 양손으로 동시에 작업하고 동시에 끝낸다.
(2) 작업량 절약의 원칙
　① 적게 운동할 것
　② 재료나 공구는 취급하는 부근에 정돈할 것
　③ 동작의 수를 줄일 것
　④ 동작의 양을 줄일 것
　⑤ 물건을 장시간 취급할 시 장구를 사용할 것
(3) 동작개선의 원칙
　① 동작을 자동적으로 리드미컬한 순서로 할 것
　② 양손은 동시에 반대의 방향으로, 좌우 대칭적으로 운동하게 할 것
　③ 관성, 중력, 기계력 등을 이용할 것

참고 건설안전산업기사 필기 p.2-102(합격날개 : 합격예측)

KEY ① 2015년 3월 8일(문제 35번) 출제
② 2023년 3월 1일(문제 35번) 출제

35 인간공학에 대한 설명으로 틀린 것은?

① 인간-기계 시스템의 안전성, 편리성, 효율성을 높인다.
② 인간을 작업과 기계에 맞추는 설계 철학이 바탕이 된다.
③ 인간이 사용하는 물건, 설비, 환경의 설계에 적용된다.
④ 인간의 생리적, 심리적인 면에서의 특성이나 한계점을 고려한다.

해설

인간공학
기계, 기구, 환경 등의 물적 조건을 인간의 특성과 능력에 잘 조화하도록 설계하기 위한 수단을 연구하는 학문이다.

참고 건설안전산업기사 필기 p.2-2(합격날개 : 합격용어)

KEY ① 2015년 5월 31일(문제 34번), 8월 16일(문제 38번) 출제
② 2017년 9월 23일 출제
③ 2019년 4월 27일 출제
④ 2022년 4월 17일(문제 26번) 출제

36 FTA(Fault Tree Analysis)에서 사용되는 사상기호 중 통상의 작업이나 기계의 상태에서 재해의 발생 원인이 되는 요소가 있는 것을 나타내는 것은?

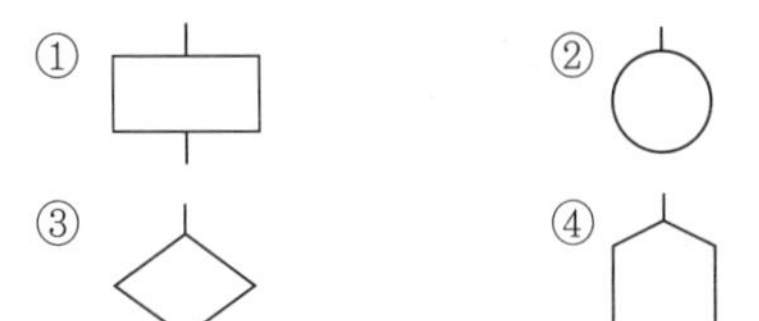

해설

FTA 기호

기 호	명 칭	기 호	명 칭
	결함사상		생략사상
	기본사상		통상사상

참고 건설안전산업기사 필기 p.2-96(표 : FTA 기호)

KEY ① 2007년 8월 5일(문제 33번) 출제
② 2016년 10월 1일 산업기사 출제
③ 2017년 5월 7일 기사 출제
④ 2017년 8월 19일 산업기사 출제
⑤ 2017년 8월 26일 기사, 산업기사 출제
⑥ 2018년 3월 4일 기사 출제
⑦ 2018년 8월 19일 산업기사 출제
⑧ 2020년 6월 14일 산업기사 출제
⑨ 2021년 5월 15일 기사 출제
⑩ 2021년 8월 14일(문제 33번) 출제
⑪ 2022년 4월 17일(문제 30번) 출제

37 다음에서 설명하는 용어는?

> 유해·위험요인을 파악하고 해당 유해·위험요인에 의한 부상 또는 질병의 발생 가능성(빈도)과 중대성(강도)을 추정·결정하고 감소대책을 수립하여 실행하는 일련의 과정을 말한다.

① 위험성 결정
② 위험성 평가
③ 위험빈도 추정
④ 유해·위험요인 파악

[정답] 34 ③　35 ②　36 ④　37 ②

해설

위험성 평가 용어정의

① "위험성평가"란 유해·위험 요인을 파악하고 해당 유해·위험요인에 의한 부상 또는 질병의 발생 가능성(빈도)과 중대성(강도)을 추정·결정하고 감소대책을 수립하여 실행하는 일련의 과정을 말한다.
② "유해 위험요인"이란 유해·위험을 일으킬 잠재적 가능성이 있는 것의 고유한 특징이나 속성을 말한다.
③ "유해·위험요인 파악"이란 유해요인과 위험요인을 찾아내는 과정을 말한다.
④ "위험성"이란 유해·위험요인이 부상 또는 질병으로 이어질 수 있는 가능성(빈도)과 중대성(강도)을 조합한 것을 의미한다.

참고 건설안전산업기사 필기 p.2-124(합격날개 : 은행문제)

KEY 2022년 4월 17일(문제 37번) 출제

합격정보
사업장 위험성 평가에 관한 지침 제3조(정의)

38 시스템의 평가척도 중 시스템의 목표를 잘 반영하는가를 나타내는 척도를 무엇이라 하는가?

① 신뢰성
② 타당성
③ 측정의 민감도
④ 무오염성

해설

시스템 척도

① 적절성 : 기준이 의도된 목적에 적당하다고 판단되는 정도
② 무오염성 : 기준척도는 측정하고자 하는 변수외의 다른 변수 등의 영향을 받아서는 안 된다.
③ 기준척도의 신뢰성 : 척도의 신뢰성은 반복성을 의미
④ 민감도 : 피실험자 사이에서 볼 수 있는 예상 차이점에 비례하는 단위로 측정
⑤ 타당성 : 시스템의 목표를 잘 반영하는가를 나타내는 척도

참고 건설안전산업기사 필기 p.2-5(합격날개 : 합격예측)

KEY ① 2010년 5월 9일(문제 24번) 출제
② 2022년 3월 2일(문제 24번) 출제

39 다음 중 시스템의 수명곡선에서 고장의 발생형태가 일정하게 나타나는 구간은?

① 초기고장구간 ② 우발고장구간
③ 마모고장구간 ④ 피로고장구간

해설

수명곡선 3가지 유형

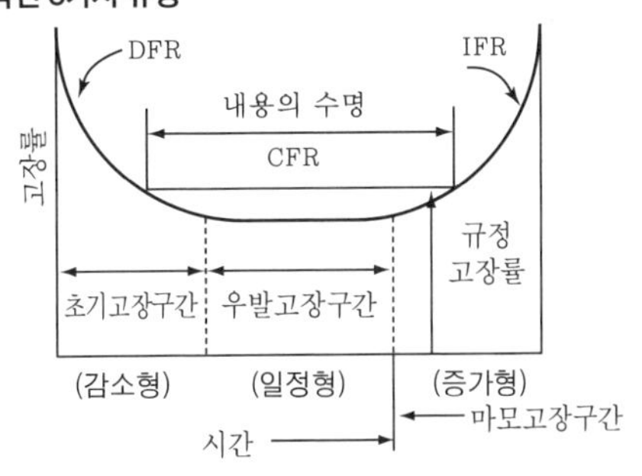

참고 건설안전산업기사 필기 p.2-12(그림 : 기계설비 고장유형)

KEY ① 2013년 9월 28일(문제 28번) 출제
② 2022년 3월 2일(문제 28번) 출제

40 사용자의 잘못된 조작 또는 실수로 인해 기계의 고장이 발생하지 않도록 설계하는 방법은?

① FMEA ② HAZOP
③ fail safe ④ fool proof

해설

풀 프루프(fool proof)

① 인간의 실수가 있어도 안전장치가 설치되어 사고나 재해로 연결되지 않는 구조
② 바보가 작동을 시켜도 안전하다는 뜻

참고 건설안전산업기사 필기 p.1-6(합격날개 : 합격예측)

KEY ① 2020년 5월 24일 실기 필답형 출제
② 2020년 8월 23일(문제 33번) 출제
③ 2022년 3월 2일(문제 40번) 출제
④ 2024년 2월 15일(문제 33번) 출제

3 건설시공학

41 지반의 토질시험 과정에서 보링구멍을 이용하여 +자형 날개를 지반에 박고 이것을 회전시켜 점토의 점착력을 판별하는 토질시험방법은?

① 표준관입시험 ② 베인전단시험
③ 지내력시험 ④ 압밀시험

[정답] 38 ② 39 ② 40 ④ 41 ②

2024

해설

베인테스트(Vane Test)

① 연약점토의 점착력 판별
② 십자(+)형 날개를 가진 베인(Vane)테스터를 지반에 때려박고 회전시켜 그 저항력에 의하여 진흙의 점착력을 판별
③ 연한 점토질에 사용

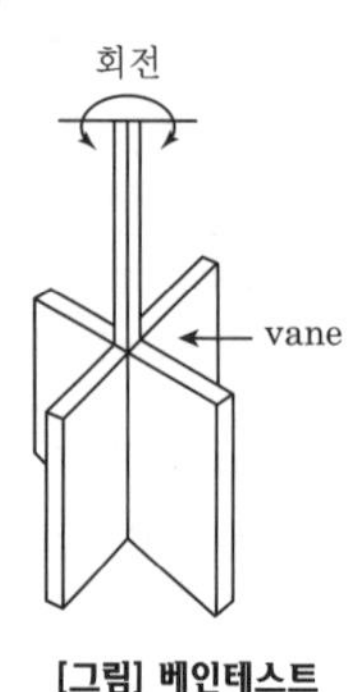

[그림] 베인테스트

KEY ① 2016년 10월 1일(문제 48번) 출제
② 2023년 9월 2일(문제 44번) 출제

42 **건설공사에서 래머(rammer)의 용도는?**

① 철근절단 ② 철근절곡
③ 잡석다짐 ④ 토사적재

해설

Rammer의 특징

① 1기통 2사이클의 가솔린 엔진에 의해 기계를 튕겨 올리고 자중과 충격에 의해 지반, 말뚝을 박거나 다지는 것
② 보통 소형의 핸드 래머 외에 대형의 프로그래머가 있다.
③ 주용도 : 잡석다짐

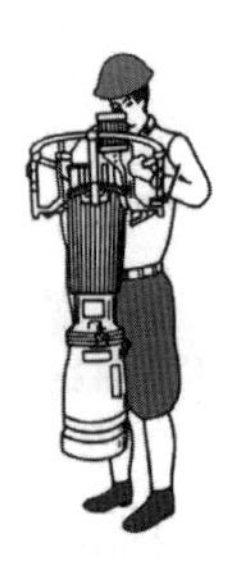

[그림] 래머

① 2019년 9월 21일(문제 49번) 출제
② 2023년 9월 2일(문제 50번) 출제

43 **현장용접 시 발생하는 화재에 대한 예방조치와 가장 거리가 먼 것은?**

① 용접기의 완전한 접지(earth)를 한다.
② 용접부분 부근의 가연물이나 인화물을 치운다.
③ 착의, 장갑, 구두 등을 건조상태로 한다.
④ 불꽃이 비산하는 장소에 주의한다.

해설

현장용접 시 화재예방대책

① 용접기의 완전한 접지(earth)를 한다.
② 용접부분 부근의 가연물이나 인화물을 치운다.
③ 불꽃이 비산하는 장소에 주의한다.
④ 보호구는 안전한 것을 사용한다.

① 2015년 9월 19일(문제 54번) 출제
② 2023년 9월 2일(문제 56번) 출제

44 **거푸집 내에 자갈을 먼저 채우고, 공극부에 유동성이 좋은 모르타르를 주입해서 일체의 콘크리트가 되도록 한 공법은?**

① 수밀 콘크리트
② 진공 콘크리트
③ 숏크리트
④ 프리팩트 콘크리트

해설

프리팩트 콘크리트(Prepacked concrete)

① 굵은 골재는 거푸집에 넣고 그 사이에 특수 모르타르를 적당한 압력으로 주입(Grouting)하는 콘크리트이다.
② 재료의 분리수축이 보통 콘크리트의 1/2 정도이다.
③ 재료 투입 순서는 물 – 주입 보조재 – 플라이애시 – 시멘트 – 모래 순이다.

참고 건설안전산업기사 필기 p.3-64(9. 프리팩트 콘크리트)

① 2018년 9월 15일(문제 41번) 출제
② 2023년 9월 2일(문제 60번) 출제

[정답] 42 ③ 43 ③ 44 ④

45 강말뚝(H형강, 강관말뚝)에 관한 설명 중 옳지 않은 것은?

① 깊은 지지층까지 도달시킬 수 있다.
② 휨강성이 크고 수평하중과 충격력에 대한 저항이 크다.
③ 부식에 대한 내구성이 뛰어나다.
④ 재질이 균일하고 절단과 이음이 쉽다.

해설

강재말뚝의 장·단점

장점	단점
· 깊은 지지층까지 박을 수 있다. · 길이조정이 용이하며 경량이므로 운반취급이 편리하다. · 휨모멘트 저항이 크다. · 말뚝의 절단·가공 및 현장 용접이 가능하다. · 중량이 가볍고, 단면적이 작다. · 강한 타격에도 견디며 다져진 중간지층의 관통도 가능하다. · 지지력이 크고 이음이 안전하고 강하여 장척이 가능하다.	· 재료비가 비싸다. · 부식되기 쉽다.

참고 건설안전산업기사 필기 p.3-47(3. 강재말뚝)

46 건축공사의 착수 시 대지에 설정하는 기준점에 관한 설명으로 옳지 않은 것은?

① 공사 중 건축물 각 부위의 높이에 대한 기준을 삼고자 설정하는 것을 말한다.
② 건축물의 그라운드 레벨(Ground level)은 현장에서 공사 착수 시 설정한다.
③ 기준점은 바라보기 좋고, 공사에 지장이 없는 곳에 설정한다.
④ 기준점은 대개 지정 지반면에서 0.5~1[m]의 위치에 두고 그 높이를 적어둔다.

해설

기준점(Bench Mark)

① 공사 중에 건축물의 높이의 기준을 삼고자 설치하는 것
② 건물의 지반선(Ground Line)은 현지에 지정되거나 입찰 전 현장설명 시에 지정된다.
③ 기준점은 바라보기 좋고 공사에 지장이 없는 곳에 설치한다.
④ 기준점은 공사 중에 이동될 우려가 없는 인근건물의 벽, 담장 등에 설치하는 것이 좋다.
⑤ 바라보기 좋은 곳에 2개소 이상 여러 곳에 표시해두는 것이 좋다.
⑥ 기준점은 지반면에서 0.5~1[m] 위에 두고 그 높이를 기록한다.
⑦ 기준점은 공사가 끝날 때까지 존치한다.

참고 건설안전산업기사 필기 p.3-25(보충학습)

보충학습

Ground level

① 자연상태인 현재 지반레벨
② 건축설계시 설정한다.

47 각종 시방서에 대한 설명 중 옳지 않은 것은?

① 자료시방서 : 재료나 자료의 제조업자가 생산제품에 대해 작성한 시방서
② 성능시방서 : 구조물의 요소나 전체에 대해 필요한 성능만을 명시해 놓은 시방서
③ 특기시방서 : 특정공사별로 건설공사 시공에 필요한 사항을 규정한 시방서
④ 개략시방서 : 설계자가 발주자에 대해 설계초기단계에 설명용으로 제출하는 시방서로서, 기본설계도면이 작성된 단계에서 사용되는 재료나 공법의 개요에 관해 작성한 시방서

해설

특기시방서

표준시방서에 기재되지 않은 특수재료, 특수공법 등을 설계자가 작성

참고 건설안전산업기사 필기 p.3-15(2. 시방서)

보충학습

시방서 종류

① 일반시방서 : 공사기일 등 공사전반에 걸친 비기술적인 사항을 규정한 시방서
② 표준시방서 : 모든 공사의 공통적인 사항을 국토교통부가 제정한 시방서(공통시방서라고도 함)
③ 공사시방서 : 특정공사별로 건설공사 시공에 필요한 사항을 규정한 시방서
④ 안내시방서 : 공사시방서를 작성하는 데 안내 및 지침이 되는 시방서

48 바닥판, 보 밑 거푸집 설계에서 고려하는 하중에 속하지 않는 것은?

① 굳지 않은 콘크리트 중량
② 작업하중
③ 충격하중
④ 측압

[정답] 45 ③ 46 ② 47 ③ 48 ④

해설

거푸집 설계시 고려하중

(1) 바닥판, 보 밑 등 수평부재(연직방향하중)
① 작업하중 ② 충격하중
③ 생 콘크리트의 자중
(2) 벽, 기둥, 보 옆 등 수직부재
① 생 콘크리트의 자중 ② 생 콘크리트의 측압

참고 건설안전산업기사 필기 p.3-72(합격날개 : 합격예측)

KEY ① 2017년 5월 7일 기사 출제
② 2017년 9월 23일 기사 출제
③ 2021년 3월 2일(문제 45번) 출제

보충학습

측압

콘크리트 타설시 기둥, 벽체의 거푸집에 가해지는 콘크리트의 수평압력

[표] 최대측압

벽	0.5[m]	1[t/m^2]
기둥	1[m]	2.5[t/m^2]

49 콘크리트 구조물의 품질관리에서 활용되는 비파괴 시험(검사) 방법으로 경화된 콘크리트 표면의 반발경도를 측정하는 것은?

① 슈미트해머 시험 ② 방사선 투과 시험
③ 자기분말 탐상시험 ④ 침투 탐상시험

해설

슈미트 해머시험

① 반발경도측정
② 강도법

참고 건설안전산업기사 필기 p.3-58(3. 강도추정을 위한 비파괴 시험법)

KEY 2021년 3월 2일(문제 52번) 출제

50 공사계약 중 재계약 조건이 아닌 것은?

① 설계도면 및 시방서(Specification)의 중대결함 및 오류에 기인한 경우
② 계약상 현장조건 및 시공조건이 상이(difference)한 경우
③ 계약사항에 중대한 변경이 있는 경우
④ 정당한 이유 없이 공사를 착수하지 않은 경우

해설

재계약 조건

① 계약사항의 변경
② 설계도면이나 시방서의 하자
③ 상이한 현장조건
④ 보기 ④는 취소조건

참고 건설안전산업기사 필기 p.3-15(합격날개 : 합격예측)

KEY 2021년 3월 2일(문제 57번) 출제

보충학습

대표적인 건설공사 Claim 유형

① 공사지연
② 작업범위 클레임
③ 현장조건 변경
④ 계약파기
⑤ 공사비 지불 지연
⑥ 작업기간단축(작업가속)
⑦ 계약조건에 대한 해석차이
⑧ 작업중단(공사중지)
⑨ 도면과 시방서의 하자(불일치)
⑩ 기타 손해배상

51 사질지반에 지하수를 강제로 뽑아내어 지하수위를 낮추어서 기초공사를 하는 공법은?

① 케이슨 공법
② 웰포인트공법
③ 샌드드레인공법
④ 레이몬드파일공법

해설

웰포인트공법(well point)

① 라이저 파이프를 1~2[m] 간격으로 박아 5[m] 이내의 지하수를 펌프로 배수하는 공법이다.
② 지반이 압밀되어 흙의 전단저항이 커진다.
③ 수압 및 토압이 줄어 흙막이벽의 응력이 감소한다.
④ 점토질지반에는 적용할 수 없다.
⑤ 인접 지반의 침하를 일으키는 경우가 있다.

참고 건설안전산업기사 필기 p.3-31(1. 배수공법)

KEY ① 2005년 1회 출제
② 2021년 5월 9일(문제 44번) 출제

[정답] 49 ① 50 ④ 51 ②

52 철근 콘크리트 공사에서 철근의 최소 피복두께를 확보하는 이유로 볼 수 없는 것은?

① 콘크리트 산화막에 의한 철근의 부식 방지
② 콘크리트의 조기강도 증진
③ 철근과 콘크리트의 부착응력 확보
④ 화재, 염해, 중성화 등으로부터의 보호

해설

철근의 피복두께 확보 목적

① 내화성 확보
② 내구성 확보
③ 유동성 확보
④ 부착강도 확보

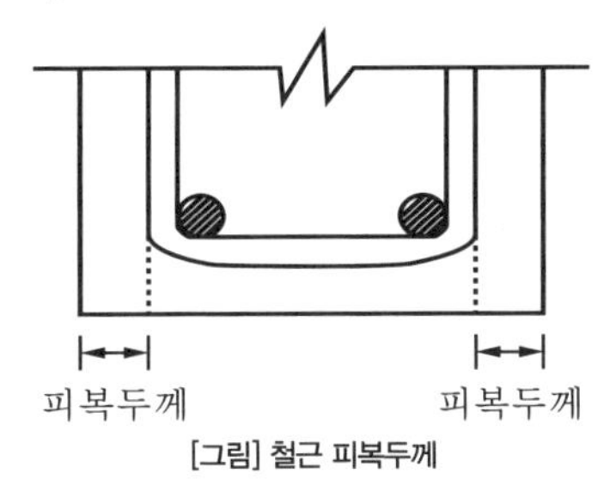

[그림] 철근 피복두께

참고 건설안전산업기사 필기 p.3-70(2. 철근피복의 목적)

 ① 2017년 3월 5일 PBT 출제
② 2021년 5월 9일(문제 54번) 출제

53 콘크리트 배합설계 시 강도에 가장 큰 영향을 미치는 요소는?

① 모래와 자갈의 비율
② 물과 시멘트의 비율
③ 시멘트와 모래의 비율
④ 시멘트와 자갈의 비율

해설

물시멘트비(Water Cement Ratio : W/C)

① 물의 양과 시멘트양의 중량비를 나타낸다.
② 콘크리트 강도, 내구성을 지배하는 가장 중요한 요소이다.

참고 건설안전산업기사 필기 p.3-57(5. 물시멘트비)

 ① 2006년 9월 10일(문제 59번) 출제
② 2013년 3월 10일(문제 48번) 출제
③ 2021년 5월 9일(문제 59번) 출제

54 단순조적 블록쌓기에 관한 설명으로 옳지 않은 것은?

① 단순조적 블록쌓기의 세로줄눈은 도면 또는 공사시방서에 정한 바가 없을 때에는 막힌 줄눈으로 한다.
② 살두께가 작은 편을 위로 하여 쌓는다.
③ 줄눈 모르타르는 쌓은 후 줄눈누르기 및 줄눈파기를 한다.
④ 특별한 지정이 없으면 줄눈은 10[mm]가 되게 한다.

해설

단순조적 블록공사

① 세로줄눈을 특기사항이 없을 때는 막힌 줄눈으로 한다.
② 모서리, 중간요소 기타 기준이 되는 부분을 먼저 쌓고 수평실을 친 후 모서리부에서부터 차례로 쌓아간다.
③ 경사(taper)에 의한 살두께가 큰 편을 위로 하여 쌓는다.
④ 하루 쌓기 높이는 1.5[m](블록 7[켜] 정도) 이내를 표준으로 한다.
⑤ 모르타르 사춤높이는 3[켜] 이내로서 블록상단에서 약 5[cm] 아래에 둔다.
⑥ 치장줄눈은 2~3[켜]를 쌓은 다음 줄눈파기를 한다.

참고 건설안전산업기사 필기 p.3-105(2. 블록쌓기법)

 ① 2014년 5월 25일 (문제 66번) 출제
② 2021년 9월 5일(문제 46번) 출제

55 다음은 표준시방서에 따른 기성말뚝 세우기 작업 시 준수사항이다. (　　)안에 들어갈 내용으로 옳은 것은?

> 말뚝의 연직도나 경사도는 (　A　) 이내로 하고, 말뚝박기 후 평면상의 위치가 설계도면의 위치로부터 (　B　)와 100[mm] 중 큰 값 이상으로 벗어나지 않아야 한다.

① A : 1/50, B : D/4
② A : 1/150, B : D/4
③ A : 1/100, B : D/2
④ A : 1/150, B : D/2

[정답] 52 ② 53 ② 54 ② 55 ①

해설

말뚝 세우기

① 시공기계는 말뚝이 소정의 위치에 정확하게 설치될 수 있도록 견고한 지반 위의 정확한 위치에 설치하여야 한다.
② 말뚝을 정확하고도 안전하게 세우기 위해서는 정확한 규준틀을 설치하고 중심선 표시를 용이하게 하여야 하며, 말뚝을 세운 후 검측은 직교하는 2방향으로부터 하여야 한다.
③ 말뚝의 연직도나 경사도는 1/50 이내로 하고, 말뚝박기 후 평면상의 위치가 설계도면의 위치로부터 D/4(D는 말뚝의 바깥 지름)와 100[mm] 중 큰 값 이상으로 벗어나지 않아야 한다.

KEY ▶ 2021년 9월 5일(문제 53번) 출제

합격정보

기성말뚝 표준시방서(KCS 1150)

56 고압증기양생 경량기포콘크리트(ALC)의 특징으로 거리가 먼 것은?

① 열전도율이 보통 콘크리트의 1/10 정도이다.
② 경량으로 인력에 의한 취급이 가능하다.
③ 흡수율이 매우 낮은 편이다.
④ 현장에서 절단 및 가공이 용이하다.

해설

ALC(경량기포콘크리트)

① 가볍다(경량성).
② 단열성능이 우수하다.
③ 내화성, 흡음, 방음성이 우수하다.
④ 치수 정밀도가 우수하다.
⑤ 가공성이 우수하다.
⑥ 중성화가 빠르다.
⑦ 흡수성이 크다.
⑧ ALC는 중량이 보통 콘크리트의 1/4 정도이며, 보통 콘크리트의 10배 정도의 단열성능을 갖는다.

참고 건설안전산업기사 필기 p.4-40(합격날개 : 합격예측)

① 2017년 5월 7일 (문제 62번) 출제
② 2021년 9월 5일(문제 43번) 출제

57 웰포인트(well point)공법에 관한 설명으로 옳지 않은 것은?

① 강제배수공법의 일종이다.
② 투수성이 비교적 낮은 사질실트층까지도 배수가 가능하다.
③ 흙의 안전성을 대폭 향상시킨다.
④ 인근 건축물의 침하에 영향을 주지 않는다.

해설

웰 포인트 공법(Well point method)

① 사질지반에서 1~2[m] 간격으로 파이프를 박아 진공펌프로 지하수를 강제 배수하는 공법
② 사질지반의 대표적 강제 배수공법

참고 건설안전산업기사 필기 p.3-46(표. Pier 기초공법의 분류)

KEY ▶ ① 2019년 9월 21일(문제 72번) 출제
② 2021년 9월 5일(문제 56번) 출제

58 통상적으로 스팬이 큰 보 및 바닥판의 거푸집을 걸 때에 스팬의 캠버(camber)값으로 옳은 것은?

① 1/300~1/500
② 1/200~1/350
③ 1/150~/1250
④ 1/100~1/300

해설

거푸집 시공상 주의점(안전성) 검토

① 조립, 해체 전용 계획에 유의
② 바닥, 보의 중앙부 치켜 올림 고려 : $l/300 \sim l/500$
③ 갱폼, 터널폼은 이동성, 연속성 고려
④ 재료의 허용응력도는 장기 허용응력도의 1.2배까지 택함
⑤ 비계나 가설물에 연결하지 않는다.

참고 건설안전산업기사 필기 p.3-72(합격날개 : 합격예측)

KEY ▶ 2022년 4월 17일(문제 41번) 출제

보충학습

캠버(Camber)

① 사태 방지재의 부착고정, 흙관의 이동 방지 등에 사용되는 쐐기 모양의 나무 조각
② 차도 또는 보도의 횡단 형상에서 중간이 높게 된 것 또는 횡단 물매

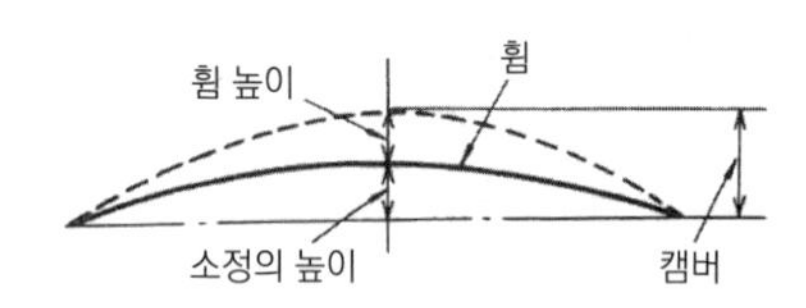

[그림] 캠버

[정답] 56 ③ 57 ④ 58 ①

59 철근 보관 및 취급에 관한 설명으로 옳지 않은 것은?

① 철근고임대 및 간격재는 습기방지를 위하여 직사일광을 받는 곳에 저장한다.
② 철근 저장은 물이 고이지 않고 배수가 잘되는 곳이어야 한다.
③ 철근 저장 시 철근의 종별, 규격별, 길이별로 적재한다.
④ 저장장소가 바닷가 해안 근처일 경우에는 창고 속에 보관하도록 한다.

해설

철근보관 관리방법

① 땅에서의 습기나 수분에 의해 철근이 녹슬게 되거나 더러워지지 않게 땅바닥에 비닐 등을 깔고 지면에서 20[cm] 정도 떨어지도록 각목 등을 놓고 적재하여야 한다.(포장도로와 복공판상에 적치 시 비닐 생략)
② 우천에 대비하여 천막 등으로 덮어 보관하여 비나 이슬 등으로 인한 부식 등을 방지해야 하고 필요 시 주위로 배수구를 설치한다.
③ 야적된 상태에서 철근을 산소용접기를 사용하여 절단하지 않도록 관리한다.
④ 뜬녹이나 흙, 기름 등 부착저해요소는 철근조립 전 와이어브러시 등으로 제거한다.
⑤ 불용 철근, 녹슨 철근, 변형된 철근 등 사용이 부적절한 철근은 즉시 외부로 반출하여야 한다.
⑥ 지하나 터널갱내 등에 필요수량만 반입하여 사용하도록 하고 필요 이상의 철근을 반입하여 장기 적치함으로써 갱내의 습기 등에 의해 부식되지 않도록 한다.

참고 건설안전산업기사 필기 p.3-67(합격날개:은행문제)

KEY ① 2016년 3월 6일 기사(문제 47번) 출제
② 2020년 6월 14일(문제 43번) 출제
③ 2023년 3월 2일(문제 42번) 출제

보충학습

철근은 직사일광을 받으면 팽창한다.

60 철근의 이음을 검사할 때 가스압접이음의 검사항목이 아닌 것은?

① 이음위치 ② 이음길이
③ 외관검사 ④ 인장시험

해설

가스압접이음의 검사항목

① 이음위치 ② 외관검사 ③ 인장시험

참고 건설안전산업기사 필기 p.3-66(합격날개 : 은행문제)

KEY ① 2019년 3월 3일(문제 53번) 출제
② 2023년 3월 2일(문제 57번) 출제

보충학습

응력-변형율 곡선

비례한도에서 외력을 제거하여 원상으로 회복된다.

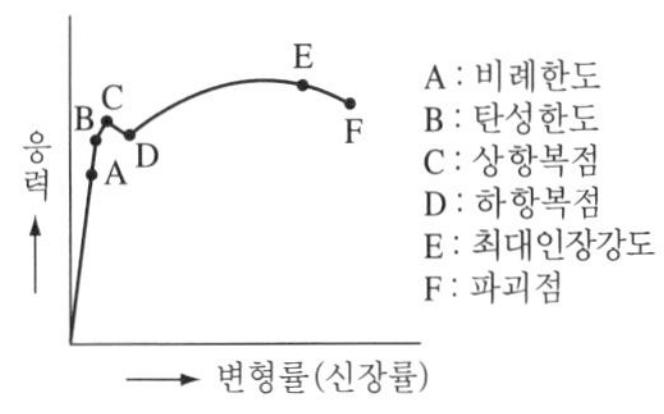

[그림] 응력변형률 곡선

4 건설재료학

61 건물의 바닥 충격음을 저감시키는 방법에 대한 설명으로 틀린 것은?

① 유리면 등의 완충재를 바닥공간 사이에 넣는다.
② 부드러운 표면마감재를 사용하여 충격력을 작게 한다.
③ 바닥을 띄우는 이중바닥으로 한다.
④ 바닥슬래브의 중량을 작게 한다.

해설

바닥 충격음 저감법

① 유리면 등의 완충재를 바닥공간 사이에 넣는다.
② 부드러운 표면마감재를 사용하여 충격력을 작게 한다.
③ 바닥을 띄우는 이중바닥으로 한다.
④ 바닥슬래브의 중량을 크게 한다.

참고 건설안전산업기사 필기 p.4-133(합격예측:은행문제)

62 목재의 함수율에 관한 설명 중 옳지 않은 것은?

① 목재의 함유수분 중 자유수는 목재의 중량에는 영향을 끼치지만 목재의 물리적 또는 기계적 성질과는 관계가 없다.
② 침엽수의 경우 심재의 함수율은 항상 변재의 함수율보다 크다.
③ 섬유포화상태의 함수율은 30[%] 정도이다.
④ 기건상태란 목재가 통상 대기의 온도, 습도와 평형된 수분을 함유한 상태를 말하며, 이때의 함수율은 15[%] 정도이다.

[정답] 59 ① 60 ② 61 ④ 62 ②

해설

목재의 함수율

① 함수율이 작아질수록 목재는 수축하며, 목재의 강도는 증가
② 섬유포화점 이상 – 강도 불변
③ 섬유포화점 이하 – 건조정도에 따라 강도 증가
④ 전건상태 – 섬유포화점 강도의 약 3배
⑤ 변재의 함수율이 심재의 함수율보다 큼

참고 건설안전산업기사 필기 p.4-5(합격날개:은행문제)

보충학습

심재와 변재

구분	특징
심재	수심을 둘러싸고 있는 생활기능이 줄어든 세포의 집합으로 내부의 짙은 색깔 부분이다.
변재	심재 외측과 나무껍질 사이에 엷은 색깔의 부분으로 수액의 이동통로이며 양분을 저장하는 장소이다.

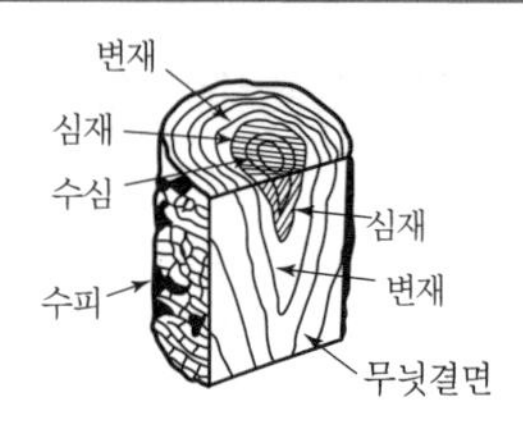

[그림] 목재조직의 구조

63 금속제 용수철과 완충유와의 조합작용으로 열린문이 자동으로 닫히게 하는 것으로 바닥에 설치되며, 일반적으로 무게가 큰 중량창호에 사용되는 것은?

① 래버터리 힌지　　② 플로어 힌지
③ 피벗 힌지　　④ 도어 클로저

해설

플로어 힌지 용도

① 중량창호 용
② 자동닫힘장치

① 레버터리 힌지

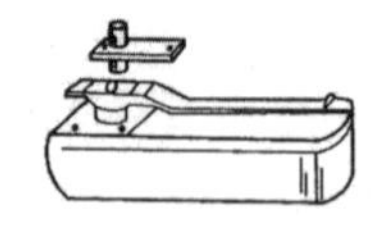

② 플로어 힌지

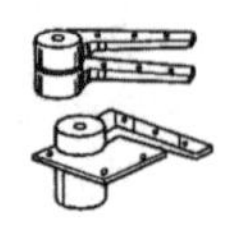

③ 피벗 힌지

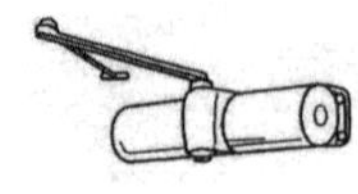

④ 도어 클로저

[그림} 창호철물

참고 건설안전산업기사 필기 p.4-89(그림. 창호철물)

KEY ① 2016년 5월 9일 CBT(문제 64번) 출제
② 2023년 5월 13일(문제 74번) 출제

64 모래의 함수율과 용적변화에서 이넌데이트(inundate) 현상이란 어떤 상태를 말하는가?

① 함수율 0~8[%]에서 모래의 용적이 증가하는 현상
② 함수율 8[%]의 습윤상태에서 모래의 용적이 감소하는 현상
③ 함수율 8[%]에서 모래의 용적이 최고가 되는 현상
④ 절건상태와 습윤상태에서 모래의 용적이 동일한 현상

해설

Inundate현상 : 절건 상태와 습윤상태에서 모래의 용적이 동일한 현상

참고 건설안전산업기사 필기 p.3-52(1. 용어의 정의 10)

KEY 2023년 5월 13일(문제 78번) 출제

65 다음과 같은 조건에서 콘크리트의 압축강도를 시험하지 않을 경우 거푸집널의 해체시기로 옳은 것은?(단, 기초, 보, 기둥 및 벽의 측면)

• 조강포틀랜드시멘트 사용
• 평균기온 20[℃]이상

① 2일　　② 3일
③ 4일　　④ 6일

해설

압축강도를 시험하지 않을 경우

시멘트의 종류 / 평균기온	조강 포틀랜드 시멘트	보통포틀랜드시멘트 고로슬래그시멘트(1종) 포틀랜드포졸란시멘트(1종) 플라이애쉬시멘트(1종)	고로슬래그시멘트(2종) 포틀랜드포졸란시멘트(2종) 플라이애쉬시멘트(2종)
20[℃] 이상	2일	4일	5일
20[℃] 미만 10[℃] 이상	3일	6일	8일

[정답] 63 ② 64 ④ 65 ①

참고 건설안전산업기사 필기 p.3-74(2. 콘크리트 압축강도를 시험하지 않을 경우 거푸집보의 해체시기)

KEY ① 2018년 4월 28일 기사·산업기사 동시 출제
② 2021년 3월 2일(문제 49번) 출제

66 목면·마사·양모·폐지 등을 원료로 하여 만든 원지에 스트레이트 아스팔트를 가열·용융하여 충분히 흡수시켜 만든 방수지로 주로 아스팔트 방수 중간층재로 이용되는 것은?

① 콜타르
② 아스팔트 프라이머
③ 아스팔트 펠트
④ 합성 고분자 루핑

해설

아스팔트 펠트
① 유기성 섬유를 펠트(Felt)상으로 만든 원지에 가열, 용융한 침투용 아스팔트를 흡입시켜 형성한 것
② 크기는 0.9×23[m]를 1권으로 중량은 20, 25, 30[kg]의 3종류가 있다.

참고 건설안전산업기사 필기 p.4-101(1. 아스팔트 펠트)

KEY ① 2018년 9월 15일(문제 79번) 출제
② 2023년 9월 2일(문제 69번) 출제

67 금속성형 가공제품 중 천장, 벽 등의 모르타르 바름 바탕용으로 사용되는 것은?

① 인서트
② 메탈라스
③ 와이어클리퍼
④ 와이어로프

해설

메탈라스(Metal lath)
① 박강판에 일정한 간격으로 자른 자국을 많이 내고 이것을 옆으로 잡아당겨 그물코 모양으로 만든 것이다.
② 바름벽 바탕에 사용한다.

[그림] 메탈라스

참고 건설안전산업기사 필기 p.4-88(6. 메탈라스)

KEY ① 2017년 9월 23일(문제 63번) 출제
② 2023년 9월 2일(문제 73번) 출제

68 다음 중 회반죽에 여물을 넣는 가장 주된 이유는?

① 균열을 방지하기 위하여
② 강도를 높이기 위하여
③ 경화속도를 높이기 위하여
④ 경도를 높이기 위하여

해설

회반죽
① 소석회+모래+여물을 해초풀로 반죽한 것. 물은 사용 안한다.
② 여물은 수축을 분산시키고 균열을 예방하기 위해 첨가하며, 충분히 건조된 질긴삼, 종려털, 마닐라삼 같은 수염을 사용하여 탈락을 방지한다.
③ 회반죽은 기경성 재료이며 물을 사용 안한다.
④ 질석 Mortar는 경량용으로 사용되며, 내화성능, 단열성능이 크다.

참고 건설안전산업기사 필기 p.4-111(문제 38번)

KEY ① 2011년 3월 20일(문제 64번) 출제
② 2023년 3월 2일(문제 61번) 출제

69 KS F 2527에 규정된 콘크리트용 부순 굵은 골재의 물리적 성질을 알기 위한 시험항목 중 흡수율의 기준으로 옳은 것은?

① 1[%] 이하
② 3[%] 이하
③ 5[%] 이하
④ 10[%] 이하

해설

KS F 2527 규정 골재의 흡수율 : 3[%] 이하

참고 건설안전산업기사 필기 p.4-43(6. 흡수율)

KEY ① 2020년 6월 14일(문제 68번) 출제
② 2023년 3월 2일(문제 66번) 출제

70 아치벽돌, 원형벽체를 쌓는데 쓰이는 원형벽돌과 같이 형상, 치수가 규격에서 정한 바와 다른 벽돌로서 특수한 구조체에 사용될 목적으로 제조되는 것은?

① 오지벽돌
② 이형벽돌
③ 포도벽돌
④ 다공벽돌

[정답] 66 ③ 67 ② 68 ① 69 ② 70 ②

해설

벽돌의 종류

① 특수벽돌 : 이형벽돌(홍예벽돌, 원형벽돌, 둥근모벽돌 등), 오지벽돌, 검정벽돌(치장용), 보도용 벽돌 등
  ㉮ 검정벽돌 : 불완전연소로 소성하여 검게 된 벽돌로 치장용으로 사용
  ㉯ 이형벽돌 : 형상, 치수가 규격에서 정한 바와 다른 벽돌로서 특수한 구조체에 사용될 목적으로 제조, 용도는 홍예벽돌(아치벽돌), 팔모벽돌, 둥근모벽돌, 원형벽돌 등
  ㉰ 오지벽돌 : 벽돌에 오지물을 칠해 소성한 벽돌로서, 건물의 내외장 또는 장식물의 치장에 쓰임
② 경량벽돌 : 공동벽돌(Hollow Brick), 건물경량화 도모, 다공벽돌, 보온, 방음, 방열, 못치기 용도
③ 내화벽돌 : 산성내화, 염기성내화, 중선내화벽돌 등이 있음
④ 괄벽돌(과소벽돌) : 지나치게 높은 온도로 구워진 벽돌로 강도는 우수하고 흡수율은 적다. 치장재, 기초쌓기용으로 사용

참고 건설안전산업기사 필기 p.3-103(합격날개:은행문제)

KEY ① 2015년 3월 8일 기사 출제
② 2023년 3월 2일(문제 72번) 출제

보충학습

(1) 이형블록
가로 근용 블록, 모서리용 블록과 같이 기본 블록과 동일한 크기의 것의 치수 및 허용차는 기존 블록에 준한다.

(2) 포도벽돌
① 경질이며 흡습성이 적다.
② 마모, 충격, 내산, 내알칼리성에 강하다.
③ 원료로 연화토 등을 쓰고 식염유로 시유소성한 벽돌이다.
④ 도로, 옥상, 마룻바닥의 포장용으로 사용한다.

(3) 다공벽돌
점토에 톱밥, 겨, 탄가루 등을 혼합, 소성한 것으로 방음, 흡음성이 좋다.

(4) 기타벽돌
① 광재벽돌 : 광재를 주원료로 한 벽돌이다.
② 날벽돌 : 굳지 않은 낡흙의 벽돌이다.
③ 괄벽돌 : 지나치게 높은 온도로 구워진 벽돌로 강도는 우수하고 흡수율이 좋다.

71 솔, 롤러 등으로 용이하게 도포할 수 있도록 아스팔트를 휘발성 용제에 용해한 비교적 저점도의 액체로서 방수시공의 첫 번째 공정에 쓰는 바탕처리재는?

① 아스팔트 컴파운드 ② 아스팔트 루핑
③ 아스팔트 펠트 ④ 아스팔트 프라이머

해설

방수시공 첫 번째 공정
아스팔트 프라이머

참고 건설안전산업기사 필기 p.4-100(3. 아스팔트 프라이머)

KEY ① 2012년 3월 4일(문제 69번) 출제
② 2023년 3월 2일(문제 78번) 출제

72 목재 건조방법 중 인공건조법이 아닌 것은?

① 증기건조법 ② 수침법
③ 훈연건조법 ④ 진공건조법

해설

인공건조방법

① 증기법 : 건조실을 증기로 가열하여 목재를 건조시키는 방법이다.
② 열기법 : 건조실 내의 공기를 가열하거나 가열공기를 넣어 건조시키는 방법이다.
③ 훈연법 : 짚이나 톱밥 등을 태운 연기를 건조실에 도입하여 건조시키는 방법이다.
④ 진공법 : 원통형 탱크 속에 목재를 넣고 밀폐하여 고온, 저압상태에서 수분을 없애는 방법이다.

참고 건설안전산업기사 필기 p.4-8(6. 인공건조방법)

KEY ① 2017년 5월 7일 출제
② 2019년 9월 21일 산업기사 출제
③ 2023년 9월 2일(문제 63번) 출제

73 천연수지·합성수지 또는 역청질 등을 건섬유와 같이 열반응시켜 건조제를 넣고 용제에 녹인 것은?

① 유성페인트 ② 래커
③ 바니쉬 ④ 에나멜 페인트

해설

유성 바니쉬

① 유용성 수지를 건조성 오일에 가열·용해하여 휘발성 용제로 희석한 것
② 무색, 담갈색의 투명도료로 광택이 있고 강인하다.
③ 내수성, 내마모성이 크다.
④ 내후성이 작아 실내의 목재의 투명도장에 사용한다.
⑤ 건물 외장에는 사용하지 않는다.

참고 건설안전산업기사 필기 5-124(2. 유성니스)

 ① 2016년 10월 1일(문제 78번) 출제
② 2023년 9월 2일(문제 71번) 출제

74 유리섬유를 폴리에스테르수지에 혼입하여 가압·성형한 판으로 내구성이 좋아 내·외수장재로 사용하는 것은?

① 아크릴평판 ② 멜라민치장판
③ 폴리스티렌투명판 ④ 폴리에스테르강화판

[정답] 71 ④ 72 ② 73 ③ 74 ④

해설

폴리에스테르 강화판 [유리섬유 보강플라스틱 : FRP(Fiberglass Reinforced Plastics)]

① 가는 유리섬유에 불포화폴리에스테르수지를 넣어 상온·가압하여 성형한 것으로서 건축재료로는 섬유를 불규칙하게 넣어 사용한다.
② FRP는 강철과 유사한 강도를 가지며, 비중은 철의 1/3 정도이다.

참고 건설안전산업기사 필기 p.4-113 (합격날개 : 합격예측)

KEY ① 2017년 5월 7일 산업기사 출제
② 2022년 9월 14일(문제 77번) 출제

75 합판에 대한 설명으로 옳지 않은 것은?

① 단판을 섬유방향이 서로 평행하도록 홀수로 적층하면서 접착시켜 합친 판을 말한다.
② 함수율 변화에 따라 팽창·수축의 방향성이 없다.
③ 뒤틀림이나 변형이 적은 비교적 큰 면적의 평면재료를 얻을 수 있다.
④ 균일한 강도의 재료를 얻을 수 있다.

해설

합판의 특성

① 판재에 비하여 균질이며 우수한 품질좋은 재료를 많이 얻을 수 있다.
② 단판을 서로 직교(수직) 붙인 것이므로 잘 갈라지지 않으며 방향에 따른 강도의 차이가 적다.(함수율 변화에 따라 신축변형이 작다.)

참고 건설안전산업기사 필기 p.4-17(3. 합판의 특성)

KEY ① 2017년 9월 23일 산업기사 출제
② 2020년 8월 22일(문제 99번) 출제
③ 2022년 4월 17일(문제 66번) 출제

76 점토의 물리적 성질에 관한 설명으로 옳지 않은 것은?

① 점토의 인장강도는 압축강도의 약 5배 정도이다.
② 입자의 크기는 보통 $2\mu m$ 이하의 미립자지만 모래알 정도의 것도 약간 포함되어 있다.
③ 공극률은 점토의 입자 간에 존재하는 모공용적으로 입자의 형상, 크기에 관계한다.
④ 점토입자가 미세하고, 양질의 점토일수록 가소성이 좋으나, 가소성이 너무 클 때는 모래 또는 샤모트를 섞어서 조절한다.

해설

점토의 물리적 성질

① 불순물이 많은 점토일수록 비중이 작고 강도가 떨어진다.
② 순수한 점토일수록 비중이 크고 강도도 크다.
③ 점토의 압축강도는 인장강도의 약 5배이다.
④ 기공률은 전 점토용적의 백분율로 표시되며, 30~90 [%]로 보통상태에서는 50 [%] 내외이다.
⑤ 함수율은 기건상태에서 적은 것은 7~10[%], 많은 것은 40~45[%] 정도이다.
⑥ 알루미나가 많은 점토는 가소성이 우수하며, 가소성이 너무 큰 경우는 모래 또는 구운점토 분말인 Schamotte로 조절한다.
⑦ 제품의 성형에 가장 중요한 성질이 가소성이다.

참고 건설안전산업기사 필기 p.4-69(합격날개 : 합격예측)

 ① 2016년 5월 8일 산업기사 출제
② 2018년 9월 15일 기사 출제
③ 2020년 6월 14일 산업기사 출제
④ 2022년 4월 17일(문제 72번) 출제

77 목재에 사용되는 크레오소트 오일에 대한 설명으로 옳지 않은 것은?

① 냄새가 좋아서 실내에서도 사용이 가능하다.
② 방부력이 우수하고 가격이 저렴하다.
③ 독성이 적다.
④ 침투성이 좋아 목재에 깊게 주입된다.

해설

크레오소트 오일(creosote oil)

① 방부성은 좋으나 목재가 흑갈색으로 착색되고 악취가 있고 흡수성이 있다.
② 외관이 아름답지 않으므로 보이지 않는 곳의 토대, 기둥, 도리 등에 사용한다.

참고 건설안전산업기사 필기 p.4-15(나. 유성 방부제)

KEY ① 2017년 3월 5일, 9월 23일 기사 출제
② 2020년 8월 22일(문제 99번) 출제
③ 2022년 4월 17일(문제 80번) 출제

78 특수도료 중 방청도료의 종류에 해당하지 않는 것은?

① 인광 도료 ② 광명단 도료
③ 워시 프라이머 ④ 징크크로메이트 도료

[정답] 75 ① 76 ① 77 ① 78 ①

해설

방청도료(녹막이칠)의 종류

① 연단(광명단)칠
② 방청·산화철 도료
③ 알미늄 도료
④ 역청질 도료
⑤ 징크크로메이트 도료
⑥ 규산염 도료
⑦ 연시아나이드 도료
⑧ 이온 교환 수지
⑨ 그라파이트칠

① 2010년 3월 7일(문제 64번) 출제
② 2022년 3월 2일(문제 64번) 출제

보충학습

발광도료

형광·인광도료, 방사성 동위원소를 전색제에 분산한 도료, 형광·인광 안료만을 사용한 도료는 형광 도료라 하며 도로표지 등에 사용된다. 형광 안료와 방사성 동위체를 병용한 도료는 야광 도료, 발광 도료라 칭하며 시계의 문자판 표시 등 어두운 곳에서 표시용으로 사용된다.

79 시멘트의 안정성 시험에 해당하는 것은?

① 슬럼프시험
② 블레인법
③ 길모아시험
④ 오토클레이브 팽창도시험

해설

시멘트 시험

종류	시험방법 내용	사용기구
비중 시험	$\frac{\text{시멘트의 중량(g)}}{\text{비중병의 눈금차이(cc)}}$ = 시멘트비중	르샤틀리에 비중병 (르샤틀리에 플라스크)
분말도 시험	① 체가름 방법(표준체 전분표시법) ② 비표면적시험(블레인법)	① 표준체 : No.325, No.170 ② 블레인 공기투과 장치 사용
응결 시험	① 길모아(Gillmore)침에 의한 응결시간 시험방법 ② 비카(Vicat)침에 의한 응결시간 시험방법	① 길모아장치 ② 비카장치
안정성 시험	오토클레이브 팽창도 시험방법	오토클레이브

참고 건설안전산업기사 필기 p.4-45(표. 시멘트의 각종 시험)

KEY ① 2017년 9월 23일(문제 69번) 출제
② 2022년 3월 2일(문제 69번) 출제

80 원목을 적당한 각재로 만들어 칼로 엷게 절단하여 만든 베니어는?

① 로터리 베니어(rotary veneer)
② 하프라운드 베니어(half round veneer)
③ 소드 베니어(sawed veneer)
④ 슬라이스드 베니어(slicecd veneer)

해설

슬라이스드 베니어 제조방법

상하 또는 수평으로 이동하는 나비가 넓은 대팻날로 얇게 절단한 것이다.

참고 건설안전산업기사 필기 p.4-19(표. 베니어판 제조방법 및 특징)

KEY ① 2011년 6월 12일(문제 72번) 출제
② 2022년 3월 2일(문제 74번) 출제

보충학습

① 로터리 베니어 : 원목을 회전시키면서 연속적으로 엷게 벗기는 것으로 넓은 단판을 얻을 수 있고 원목의 낭비가 적다.
② 하프 라운드 베니어 : 반원재 또는 플리치를 스테이로그에 고정해서 하프라운드로 단판
③ 소드 베니어 : 각재의 원목을 엷게 톱으로 자른 단판

5 건설안전기술

81 지반의 종류가 암반 중 경암일 경우 굴착면 기울기 기준으로 옳은 것은?

① 1 : 0.3
② 1 : 0.5
③ 1 : 1.0
④ 1 : 1.5

해설

굴착면의 기울기 기준

지반의 종류	굴착면의 기울기
모래	1 : 1.8
연암 및 풍화암	1 : 1.0
경암	1 : 0.5
그 밖의 흙	1 : 1.2

예 1 : 0.5

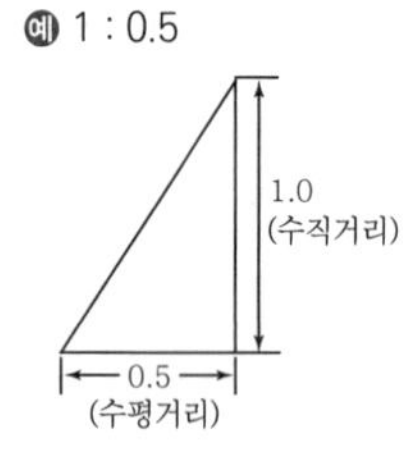

참고 건설안전산업기사 필기 p.5-74(표. 굴착면의 기울기 기준)

KEY ① 2016년 5월 8일 기사 · 산업기사 동시 출제
② 2020년 6월 7일 기사 (문제 111번) 출제
③ 2020년 9월 27일 기사 (문제 115번) 출제

[정답] 79 ④ 80 ④ 81 ②

④ 2023년 7월 8일(문제 97번) 출제
④ 2024년 2월 15일(문제 83번) 출제

합격정보

① 산업안전보건기준에 관한 규칙 [별표 11] 굴착면의 기울기 기준
② 2023년 11월 14일 법 개정

82 옥내작업장에는 비상시에 근로자에게 신속하게 알리기 위한 경보용 설비 또는 기구를 설치하여야 한다. 그 설치대상 기준으로 옳은 것은?

① 연면적이 400[m^2] 이상이거나 상시 40명 이상의 근로자가 작업하는 옥내작업장
② 연면적이 400[m^2] 이상이거나 상시 50명 이상의 근로자가 작업하는 옥내작업장
③ 연면적이 500[m^2] 이상이거나 상시 40명 이상의 근로자가 작업하는 옥내작업장
④ 연면적이 500[m^2] 이상이거나 상시 50명 이상의 근로자가 작업하는 옥내작업장

해설

제19조(경보용 설비 등)

사업주는 연면적이 400[m^2] 이상이거나 상시 50인 이상의 근로자가 작업하는 옥내작업장에는 비상시에 근로자에게 신속하게 알리기 위한 경보용 설비 또는 기구를 설치하여야 한다.

KEY ① 2019년 8월 4일(문제 89번) 출제
② 2023년 7월 8일(문제 99번) 출제

83 산업안전보건법령에 따른 크레인을 사용하여 작업을 하는 때 작업시작 전 점검사항에 해당되지 않는 것은?

① 권과방지장치·브레이크·클러치 및 운전장치의 기능
② 주행로의 상측 및 트롤리(trolley)가 횡행하는 레일의 상태
③ 원동기 및 풀리(pulley)기능의 이상 유무
④ 와이어로프가 통하고 있는 곳의 상태

해설

크레인을 사용하여 작업을 할 때 작업시작전 점검사항

① 권과방지장치·브레이크·클러치 및 운전장치의 기능
② 주행로의 상측 및 트롤리가 횡행(橫行)하는 레일의 상태
③ 와이어로프가 통하고 있는 곳의 상태

참고 건설안전산업기사 필기 p.1-75(표. 작업 시작 전 점검사항)

KEY ① 2016년 3월 6일 기사 출제
② 2017년 3월 5일 기사 출제
③ 2017년 9월 23일 산업기사 등 5회 이상 출제
④ 2023년 5월 13일(문제 82번) 출제

합격정보

산업안전보건기준에 관한 규칙 [별표 3]작업시작전 점검사항

84 지반의 조사방법 중 지질의 상태를 가장 정확히 파악할 수 있는 보링방법은?

① 충격식 보링(percussion boring)
② 수세식 보링(wash boring)
③ 회전식 보링(rotary boring)
④ 오거 보링(auger boring)

해설

회전식 보링(Rotary Boring)

① 비트(Bit)를 약 40~150[rpm]의 속도로 회전시켜 흙을 펌프를 이용하여 지상으로 퍼내 지층상태를 판단하는 것
② 가장 정확한 지층상태 확인가능

참고 건설안전산업기사 필기 p.5-6(2. 보링의 종류)

KEY ① 2017년 5월 7일(문제 98번) 출제
② 2023년 5월 13일(문제 86번) 출제

85 추락재해 방호용 방망의 신품에 대한 인장강도는 얼마인가?(단, 그물코의 크기가 10[cm]이며, 매듭 방망)

① 200[kg] ② 220[kg]
③ 240[kg] ④ 110[kg]

해설

방망사의 신품에 대한 인장강도

그물코의 크기 (단위 :[cm])	방망의 종류 (단위 : [kg])	
	매듭없는 방망	매듭 방망
10	240	200
5		110

[정답] 82 ② 83 ③ 84 ③ 85 ①

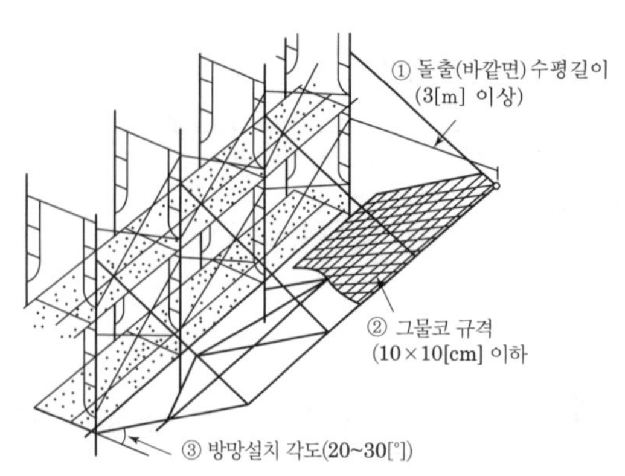

[그림] 추락 방호망

참고 건설안전산업기사 필기 p.5-68(1. 방망사의 강도)

KEY
① 2016년 5월 8일 기사 출제
② 2017년 3월 5일 기사 출제
③ 2017년 8월 26일 기사 등 5회 이상 출제
④ 2023년 5월 13일(문제 88번) 출제
⑤ 2024년 2월 15일(문제 91번) 출제

86 옹벽이 외력에 대하여 안정하기 위한 검토 조건이 아닌 것은?

① 전도 ② 활동
③ 좌굴 ④ 지반 지지력

해설

옹벽의 안정조건 3가지
① 활동
② 전도
③ 지반지지력

참고 건설안전산업기사 필기 p.5-77(3. 옹벽의 안정조건 3가지)

KEY
① 2015년 5월 31일(문제 89번) 출제
② 2023년 5월 13일(문제 97번) 출제

87 철근콘크리트 슬래브에 발생하는 응력에 관한 설명으로 옳지 않은 것은?

① 전단력은 일반적으로 단부보다 중앙부에서 크게 작용한다.
② 중앙부 하부에는 인장응력이 발생한다.
③ 단부 하부에는 압축응력이 발생한다.
④ 휨응력은 일반적으로 슬래브의 중앙부에서 크게 작용한다.

해설

전단력은 단부에서 크게 작용한다.

참고 건설안전산업기사 필기 p.5-128(합격날개 : 은행문제)

KEY
① 2014년 8월 17일(문제 91번) 출제
② 2019년 4월 27일(문제 85번) 출제
③ 2023년 5월 13일(문제 98번) 출제

88 다음 중 구조물의 해체작업을 위한 기계·기구가 아닌 것은?

① 쇄석기 ② 데릭
③ 압쇄기 ④ 철제 해머

해설

데릭(derrick)
① 철골세우기용 대표적 기계
② 가장 일반적인 기중기

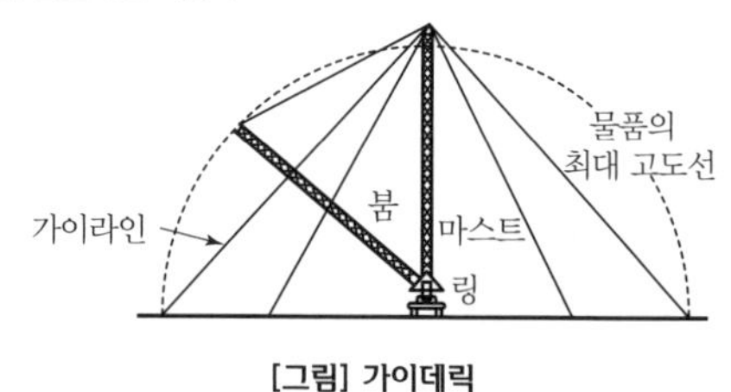

[그림] 가이데릭

스트랩
블랙
플라인
레그
마스트
쇼벨 훅
달린 로드
베이스

[그림] 스티프레그(삼각)데릭

참고 건설안전산업기사 필기 p.5-140(3. 가이데릭)

KEY
① 2018년 4월 28일(문제 83번) 출제
② 2023년 5월 13일(문제 99번) 출제

89 강관비계의 구조에서 비계기둥 간의 최대 허용 적재하중으로 옳은 것은?

① 500[kg] ② 400[kg]
③ 300[kg] ④ 200[kg]

[정답] 86 ③ 87 ① 88 ② 89 ②

해설

강관비계의 비계기둥 간의 적재하중 : 400[kg]

참고 건설안전산업기사 필기 p.5-97(합격날개 : 합격예측 및 관련 법규)

KEY ① 2016년 10월 1일 기사 출제
② 2017년 3월 5일 기사 출제
③ 2018년 4월 28일(문제 83번) 출제
④ 2023년 5월 13일(문제 100번) 출제

합격정보
산업안전보건기준에 관한 규칙 제60조(강관비계의 구조)

90 안전난간의 구조 및 설치기준으로 옳지 않은 것은?

① 안전난간은 상부난간대, 중간난간대, 발끝막이판, 난간기둥으로 구성할 것
② 상부난간대와 중간난간대의 난간 길이 전체에 걸쳐 바닥면 등과 평행을 유지할 것
③ 발끝막이판은 바닥면 등으로부터 10[cm] 이상의 높이를 유지할 것
④ 안전난간은 구조적으로 가장 취약한 지점에서 가장 취약한 방향으로 작용하는 80[kg] 이상의 하중에 견딜 수 있는 튼튼한 구조일 것

해설

안전난간의 구조 및 설치기준
① 상부난간대, 중간난간대, 발끝막이판 및 난간기둥으로 구성할 것. 다만, 중간난간대, 발끝막이판 및 난간기둥은 이와 비슷한 구조와 성능을 가진 것으로 대체할 수 있다.
② 상부난간대는 바닥면·발판 또는 경사로의 표면(이하 "바닥면 등"이라 한다)으로부터 90[cm] 이상 지점에 설치하고, 상부 난간대를 120[cm] 이하에 설치하는 경우에는 중간난간대는 상부난간대와 바닥면 등의 중간에 설치하여야 하며, 120 [cm] 이상 지점에 설치하는 경우에는 중간 난간대를 2단 이상으로 균등하게 설치하고 난간의 상하 간격은 60[cm] 이하가 되도록 할 것
③ 발끝막이판은 바닥면 등으로부터 10[cm] 이상의 높이를 유지할 것. 다만, 물체가 떨어지거나 날아올 위험이 없거나 그 위험을 방지할 수 있는 망을 설치하는 등 필요한 예방 조치를 한 장소는 제외한다.
④ 난간기둥은 상부난간대와 중간난간대를 견고하게 떠받칠 수 있도록 적정한 간격을 유지할 것
⑤ 상부난간대와 중간난간대는 난간 길이 전체에 걸쳐 바닥면 등과 평행을 유지할 것
⑥ 난간대는 지름 2.7[cm] 이상의 금속제 파이프나 그 이상의 강도가 있는 재료일 것
⑦ 안전난간은 구조적으로 가장 취약한 지점에서 가장 취약한 방향으로 작용하는 100[kg] 이상의 하중에 견딜 수 있는 튼튼한 구조일 것

참고 건설안전산업기사 필기 p.5-133(합격날개 : 합격예측 및 관련법규)

KEY ① 2023년 2월 28일 기사 등 5회 이상 출제
② 2023년 3월 1일(문제 82번) 출제

합격정보
산업안전보건기준에 관한 규칙 제13조(안전난간의 구조 및 설치요건)

91 철근콘크리트공사에서 슬래브에 대하여 거푸집동바리를 설치할 때 고려해야 할 사항으로 가장 거리가 먼 것은?

① 철근콘크리트의 고정하중
② 타설시의 충격하중
③ 콘크리트의 측압에 의한 하중
④ 작업인원과 장비에 의한 하중

해설

연직방향 하중
① 타설콘크리트 고정하중
② 타설시 충격하중
③ 작업원 등의 작업하중

참고 건설안전산업기사 필기 p.5-127(1. 연직하중)

KEY ① 2015년 3월 8일(문제 89번) 출제
② 2023년 3월 1일(문제 86번) 출제

보충학습
연직하중(W) = 고정하중 + 활하중
= (콘크리트 + 거푸집)중량 + (충격 + 작업)하중
= $(r \cdot t + 40)$[kg/m^2] + 250[kg/m^2]
(r : 철근콘크리트 단위중량[kg/m^3], t : 슬래브 두께[m])

92 강관틀비계의 높이가 20[m]를 초과하는 경우 주틀 간의 간격은 최대 얼마 이하로 사용해야 하는가?

① 1.0[m] ② 1.5[m]
③ 1.8[m] ④ 2.0[m]

해설

강관틀 비계의 높이가 20[m] 초과시 주틀간의 간격 : 1.8[m] 이하

참고 건설안전산업기사 필기 p.5-99(합격날개 : 합격예측 및 관련 법규)

KEY ① 2019년 3월 3일(문제 97번) 출제
② 2023년 3월 1일(문제 91번) 출제

합격정보
산업안전보건기준에 관한 규칙 제62조(강관틀비계)

[정답] 90 ④ 91 ③ 92 ③

2024

93 강관비계 중 단관비계의 조립간격(벽체와의 연결간격)으로 옳은 것은?

① 수직방향 : 6[m], 수평방향 : 8[m]
② 수직방향 : 5[m], 수평방향 : 5[m]
③ 수직방향 : 4[m], 수평방향 : 6[m]
④ 수직방향 : 8[m], 수평방향 : 6[m]

해설

강관비계 및 통나무비계 조립 간격

구 분	조립 간격(단위:m)	
	수직방향	수평방향
단관비계	5	5
틀비계(높이가 5[m] 미만의 것을 제외한다.)	6	8

참고 건설안전산업기사 필기 p.5-91(표. 강관비계 조립 간격)

KEY ① 2004년 5월 23일(문제 93번) 출제
② 2014년 3월 2일(문제 90번) 출제
③ 2023년 3월 1일(문제 97번) 출제

보충학습

블레이드
① 불도저의 부속장치
② 불도저는 배토정지용 기계

94 낮은 지면에서 높은 곳을 굴착하는데 가장 적합한 굴착기는?

① 백호우 ② 파워셔블
③ 드래그라인 ④ 클램쉘

해설

파워셔블(power shovel)
① 중기가 위치한 지면보다 높은 곳의 땅을 굴착하는데 적합
② 산지에서의 토공사, 암반 등 점토질까지 굴착가능

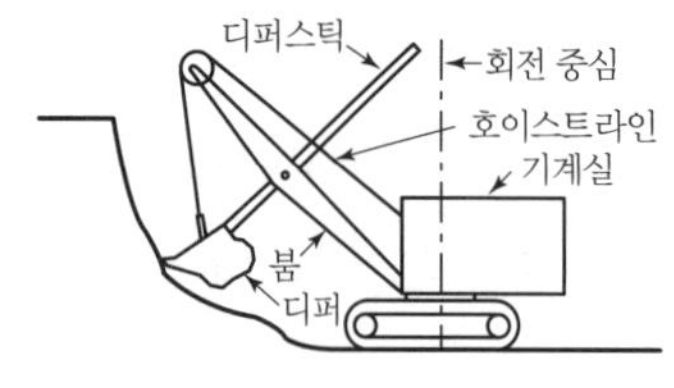

[그림] 파워셔블

참고 건설안전산업기사 필기 p.5-27(① 파워셔블)

KEY ① 2016년 5월 8일 기사 출제
② 2022년 7월 2일(문제 100번) 출제

합격정보
2022년 7월 24일 실기 필답형 출제

95 건설현장에 거푸집 및 동바리 설치 시 준수사항으로 옳지 않은 것은?

① 파이프 서포트 높이가 4.5[m]를 초과하는 경우에는 높이 2[m] 이내마다 2개 방향으로 수평연결재를 설치한다.
② 동바리의 침하 방지를 위해 깔목의 사용, 콘크리트 타설, 말뚝박기 등을 실시한다.
③ 강재와 강재의 접속부는 볼트 또는 클램프 등 전용철물을 사용한다.
④ 강관틀 동바리는 강관틀과 강관틀 사이에 교차가새를 설치한다.

해설

동바리로 사용하는 파이프서포트 안전기준
① 파이프서포트를 3개 이상 이어서 사용하지 아니하도록 할 것
② 파이프서포트를 이어서 사용할 경우에는 4개 이상의 볼트 또는 전용철물을 사용하여 이을 것
③ 높이가 3.5[m]를 초과할 경우에는 높이 2[m] 이내마다 수평연결재를 2개 방향으로 만들고 수평연결재의 변위를 방지할 것

참고 건설안전산업기사 필기 p.5-85(합격날개 : 합격예측 및 관련법규)

KEY ① 2018년 3월 4일 기사·산업기사 동시 출제
② 2018년 8월 19일, 9월 15일 출제
③ 2022년 4월 17일(문제 81번) 등 20회 이상 출제

합격정보
산업안전보건기준에 관한 규칙 제332조의2(동바리유형에 따른 동바리 조립 시의 안전조치)

96 건설공사의 유해위험방지계획서 제출 기준일로 옳은 것은?

① 당해공사 착공 1개월 전까지
② 당해공사 착공 15일 전까지
③ 당해공사 착공 전날 까지
④ 당해공사 착공 15일 후까지

해설

유해위험방지계획서 제출기간
① 건설업 : 공사착공 전날까지
② 제조업 : 해당작업 시작 15일 전까지
③ 제출처 : 한국산업안전보건공단

[정답] 93 ② 94 ② 95 ① 96 ③

참고 건설안전산업기사 필기 p.2-118(③ 법적 목적)

KEY ① 2012년 5월 20일(문제 57번) 출제
② 2016년 3월 6일(문제 57번) 출제
③ 2017년 9월 23일(문제 57번) 출제
④ 2022년 4월 17일(문제 83번) 출제

합격정보
산업안전보건법 시행규칙 제42조(제출서류 등)

97 사다리식 통로 등의 구조에 대한 설치기준으로 옳지 않은 것은?

① 발판의 간격은 일정하게 할 것
② 발판과 벽과의 사이는 15[cm] 이상의 간격을 유지 할 것
③ 사다리식 통로의 길이가 10[m] 이상인 때에는 7[m] 이내마다 계단참을 설치할 것
④ 사다리의 상단은 걸쳐놓은 지점으로부터 60[cm] 이상 올라가도록 할 것

해설
사다리식 통로의 길이가 10[m] 이상인 경우에는 5[m] 이내마다 계단참을 설치할 것

참고 건설안전산업기사 필기 p.5-15(합격날개 : 합격예측 및 관련 법규)

KEY ① 2016년 10월 1일 출제
② 2017년 5월 7일 기사·산업기사 동시출제
③ 2018년 4월 28일 출제
④ 2022년 4월 17일(문제 94번) 출제

합격정보
산업안전보건기준에 관한 규칙 제24조(사다리식 통로 등의 구조)

98 건설업 산업안전보건관리비 계상 및 사용기준은 산업재해보상 보험법의 적용을 받는 공사 중 총 공사금액이 얼마 이상인 공사에 적용하는가?(단, 전기공사업법, 정보통신공사업법에 의한 공사는 제외)

① 4천만원 ② 3천만원
③ 2천만원 ④ 1천만원

해설
건설업 산업안전보건관리비 계상 및 사용기준 제3조(적용범위)
이 고시는 「산업재해보상보험법」 제6조의 규정에 의하여 「산업재해보상보험법」의 적용을 받는 공사중 총공사금액 2천만원 이상인 공사에 적용한다. 다만, 다음 각 호의 어느 하나에 해당되는 공사중 단가계약에 의하여 행하는 공사에 대하여는 총계약금액을 기준으로 이를 적용한다.

참고 건설안전산업기사 필기 p.5-11(합격날개 : 합격예측 및 관련 법규)

KEY ① 2016년 3월 6일 기사 출제
② 2017년 5월 7일 출제
③ 2017년 8월 26일 기사 · 산업기사 동시 출제
④ 2019년 8월 4일 기사(문제 110번) 출제
⑤ 2022년 4월 17일(문제 97번) 출제

합격정보
건설업 산업안전보건관리비 계상 및 사용기준 제2023-49호(2024. 1. 1)

99 거푸집 동바리의 침하를 방지하기 위한 직접적인 조치로 옳지 않은 것은

① 수평연결재 사용
② 깔판의 사용
③ 콘크리트의 타설
④ 말뚝박기

해설
거푸집동바리의 침하 방지를 위한 직접적인 조치
① 깔판의 사용
② 콘크리트 타설
③ 말뚝박기
④ 받침목 사용

참고 건설안전산업기사 필기 p.5-87(합격날개 : 합격예측 및 관련 법규)

KEY 2022년 4월 17일(문제 81번) 출제

합격정보
산업안전보건기준에 관한 규칙 제332조(동바리 조립 시의 안전조치)

[정답] 97 ③ 98 ③ 99 ①

100 건설업 산업안전보건관리비 계상 및 사용 기준에 따른 안전관리비의 개인보호구 및 안전장구 구입비 항목에서 안전관리비로 사용이 가능한 경우는?

① 안전보건관리자가 선임되지 않은 현장에서 안전보건업무를 담당하는 현장관계자용 무전기, 카메라, 컴퓨터, 프린터 등 업무용 기기
② 중대재해 목격으로 발생한 정신질환을 치료하기 위해 소요되는 비용
③ 근로자에게 일률적으로 지급하는 보냉·보온장구
④ 감리원이나 외부에서 방문하는 인사에게 지급하는 보호구

해설

근로자의 건강장해예방비 등

① 법·영·규칙에서 규정하거나 그에 준하여 필요로 하는 각종 근로자의 건강장해 예방에 필요한 비용
② 중대재해 목격으로 발생한 정신질환을 치료하기 위해 소요되는 비용
③ 「감염병의 예방 및 관리에 관한 법률」제2조제1호에 따른 감염병의 확산 방지를 위한 마스크, 손소독제, 체온계 구입비용 및 감염병병원체 검사를 위해 소요되는 비용
④ 법 제128조의2 등에 따른 휴게시설을 갖춘 경우 온도, 조명 설치·관리기준을 준수하기 위해 소요되는 비용
⑤ 건설공사 현장에서 근로자 심폐소생을 위해 사용되는 자동심장충격기(AED) 구입에 소요되는 비용

KEY ① 2017년 6월 7일 출제
② 2018년 3월 4일 기사 출제
③ 2019년 3월 3일 출제
④ 2020년 6월 14일 출제
⑤ 2022년 3월 2일(문제 83번) 출제

합격정보

건설업 산업안전보건관리비 계상 및 사용기준 : 고용노동부 고시 제2023-49호(시행 2024. 1. 1.)

[정답] 100 ②

2024년도 산업기사 정기검정 제3회 CBT(2024년 7월 5일 시행)

자격종목 및 등급(선택분야)

건설안전산업기사

종목코드	시험시간	수험번호	성명
2381	2시간30분	20240705	도서출판세화

※ 본 문제는 복원문제 및 2025년 예적(예상적중) 문제로 실제문제와 동일하지 않을 수 있습니다.

1 산업안전관리론

01 기업조직의 원리 중 지시 일원화의 원리에 대한 설명으로 가장 적절한 것은?

① 지시에 따라 최선을 다해서 주어진 임무나 기능을 수행하는 것
② 책임을 완수하는 데 필요한 수단을 상사로부터 위임받은 것
③ 언제나 직속 상사에게서만 지시를 받고 특정 부하 직원들에게만 지시하는 것
④ 가능한 조직의 각 구성원이 한 가지 특수 직무만을 담당하도록 하는 것

해설

지시 일원화 원리 : 직속상사에게 지시받고 특정부하에게만 지시

KEY ① 2019년 8월 4일(문제 5번) 출제
② 2023년 7월 8일(문제 9번) 출제

02 인간의 욕구에 대한 적응기제(Adjustment Mechanism)를 공격적 기제, 방어적 기제, 도피적 기제로 구분할 때 다음 중 도피적 기제에 해당하는 것은?

① 보상 ② 고립
③ 승화 ④ 합리화

해설

적응기제의 분류

(1) 방어적 기제
① 보상 ② 합리화 ③ 동일시 ④ 승화
(2) 도피적 기제
① 고립 ② 퇴행 ③ 억압 ④ 백일몽
(3) 공격적 기제
① 직접적 ② 간접적

참고 건설안전산업기사 필기 p.1-270(표. 적응기제의 기본형태)

KEY 2023년 7월 8일(문제 10번) 등 10회 이상 출제

03 위험예지훈련의 방법으로 적절하지 않은 것은?

① 반복 훈련한다.
② 사전에 준비한다.
③ 자신의 작업으로 실시한다.
④ 단위 인원수를 많게 한다.

해설

위험예지훈련 방법

① 반복훈련한다.
② 사전에 준비한다.
③ 자신의 작업으로 실시한다.
④ 단위 인원수를 최소로 한다.

참고 건설안전산업기사 필기 p.1-14(7. 위험예지응용기법의 종류)

KEY ① 2018년 8월 19일(문제 8번) 출제
② 2023년 7월 8일(문제 11번) 출제

04 무재해운동 추진기법 중 다음에서 설명하는 것은?

작업을 오조작 없이 안전하게 하기 위하여 작업공정의 요소에서 자신의 행동을 하고 대상을 가리킨 후 큰 소리로 확인 하는 것

① 지적확인 ② T.B.M
③ 터치 앤드 콜 ④ 삼각 위험예지훈련

해설

지적확인이란

① 작업을 안전하게 오조작 없이 하기 위하여 작업공정의 요소요소에서 자신의 행동을 [○○좋아!]라고 대상을 지적하여 큰 소리로 확인하는 것을 말한다.
② 눈, 팔, 손, 입, 귀 등 5관의 감각기관을 총동원하여 확인한다.

참고 건설안전산업기사 필기 p.1-10(합격날개 : 합격예측)

KEY ① 2017년 5월 7일 출제
② 2023년 7월 8일(문제 15번) 출제

[정답] 01 ③ 02 ② 03 ④ 04 ①

05 리더십(leadership)의 특성에 대한 설명으로 옳은 것은?

① 지휘형태는 민주적이다.
② 권한부여는 위에서 위임된다.
③ 구성원과의 관계는 넓다.
④ 권한근거는 법적 또는 공식적으로 부여된다.

해설

leadership과 headship의 비교

개인과 상황 변수	leadership	headship
권한 행사	선출된 리더	임명적 헤드
권한 부여	밑으로부터 동의	위에서 위임
권한 귀속	집단 목표에 기여한 공로 인정	공식화된 규정에 의함
상사와 부하와의 관계	개인적인 영향	지배적
부하와의 사회적 관계(간격)	좁음	넓음
지휘 형태	민주주의적	권위주의적
책임 귀속	상사와 부하	상사
권한 근거	개인적	법적 또는 공식적

참고 건설안전산업기사 필기 p.1-234(5. leadership과 headship의 비교)

① 2016년 3월 6일, 8월 21일, 10월 1일 기사 출제
② 2019년 9월 21일 기사 출제
③ 2020년 8월 23일(문제 1번) 출제
④ 2023년 5월 13일(문제 8번) 출제
⑤ 2024년 5월 9일(문제 18번) 등 10회 이상 출제

06 산업안전보건법령상 산업재해 조사표에 기록되어야 할 내용으로 옳지 않은 것은?

① 사업장 정보 ② 재해 정보
③ 재해발생개요 및 원인 ④ 안전교육 계획

해설

산업재해 조사표 기록내용

① 사업장 정보 ② 재해정보
③ 재해발생 개요 및 원인 ④ 재발방지 계획
⑤ 직장복귀 계획

참고 ① 건설안전산업기사 필기 p.3-50(참고1. 산업재해 조사표)
② 건설안전산업기사 필기 p.3-50(합격날개 : 은행문제 3)

KEY
① 2019년 4월 27일(문제 3번) 출제
② 2023년 5월 13일(문제 12번) 등 10회 이상 출제

합격정보

산업안전보건법 시행규칙 30호[별지 서식]

07 French와 Raven이 제시한, 리더가 가지고 있는 세력의 유형이 아닌 것은?

① 전문세력(expert power)
② 보상세력(reward power)
③ 위임세력(entrust power)
④ 합법세력(legitimate power)

해설

French와 Raven의 리더가 가지고 있는 세력의 유형

① 보상세력 ② 합법세력
③ 전문세력 ④ 강압세력
⑤ 참조세력

참고 건설안전산업기사 필기 p.1-234(합격날개 : 합격예측)

KEY
① 2011년 3월 20일(문제 19번) 출제
② 2014년 5월 25일(문제 20번) 출제
③ 2019년 4월 27일(문제 19번) 출제
④ 2023년 5월 13일(문제 17번) 출제

08 산업재해 예방의 4원칙 중 "재해발생에는 반드시 원인이 있다."라는 원칙은?

① 대책 선정의 원칙 ② 원인 계기의 원칙
③ 손실 우연의 원칙 ④ 예방 가능의 원칙

해설

하인리히 산업재해예방의 4원칙

① 예방가능의 원칙
② 손실우연의 원칙
③ 원인연계(계기)의 원칙
④ 대책선정의 원칙

참고 건설안전산업기사 필기 p.1-48(6. 하인리히 산업재해예방의 4원칙)

① 2016년 5월 8일 산업기사 출제
② 2016년 10월 1일 기사 출제
③ 2017년 3월 5일, 9월 23일기사 출제
④ 2017년 5월 7일 산업기사 출제
⑤ 2018년 3월 4일 기사·산업기사 동시 출제
⑥ 2018년 8월 19일 출제
⑦ 2019년 3월 3일 기사·산업기사 동시 출제
⑧ 2019년 9월 21일 기사 출제
⑨ 2020년 6월 7일 기사 출제
⑩ 2023년 3월 1일(문제 1번) 출제

[정답] 05 ① 06 ④ 07 ③ 08 ②

09 하인리히의 재해구성비율에 따라 중상 또는 사망사고가 3건, 무상해 사고가 900건 발생하였다면 경상해는 몇 건이 발생하였겠는가?

① 58건　　② 60건
③ 87건　　④ 120건

해설

하인리히(H.W.Heinrich)의 1 : 29 : 300 법칙

① 중상 또는 사망 = 900÷300 = 3건
② 경상해 = 3×29 = 87건

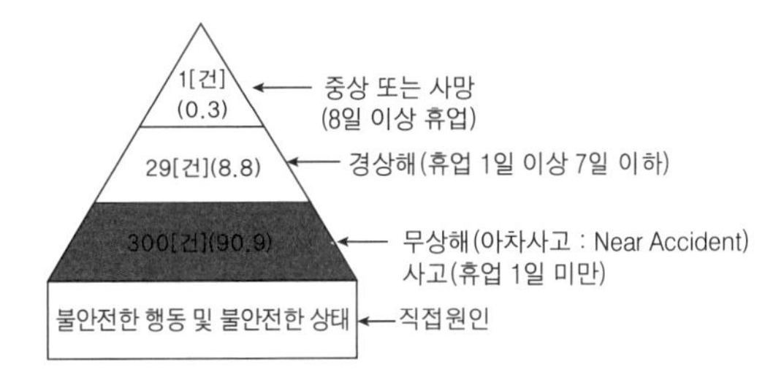

[그림] 하인리히 법칙[단위 : %]

참고) 건설안전산업기사 필기 p.1-46(1. 하인리히(H.W.Heinrich)의 1 : 29 : 300)

KEY ① 2016년 10월 1일 기사 출제
② 2017년 9월 23일 산업기사 출제
③ 2018년 3월 4일 기사 출제
④ 2023년 2월 28일 기사 출제
⑤ 2023년 3월 1일(문제 2번) 출제

10 위험예지훈련 기초 4라운드(4R)에 관한 내용으로 옳은 것은?

① 1R : 목표설정　　② 2R : 현상파악
③ 3R : 대책수립　　④ 4R : 본질추구

해설

위험예지훈련의 4R(단계)

① 1단계 : 현상파악
② 2단계 : 본질추구
③ 3단계 : 대책수립
④ 4단계 : 목표설정

참고) 건설안전산업기사 필기 p.1-10(합격날개 : 합격예측)

KEY 2023년 3월 1일 기사 등 20회 이상 출제

11 산업안전보건법령상 안전보건표지의 종류와 형태 중 그림과 같은 경고 표지는? (단, 바탕은 무색, 기본모형은 빨간색, 그림은 검은색이다.)

① 부식성물질 경고　　② 폭발성물질 경고
③ 산화성물질 경고　　④ 인화성물질 경고

해설

경고표지의 종류

인화성 물질경고	산화성 물질경고	폭발성 물질경고	급성독성 물질경고	부식성 물질경고
방사성 물질경고	고압전기 경고	매달린 물체경고	낙하물 경고	고온 경고
저온 경고	몸균형 상실경고	레이저 광선경고	발암성·변이원성·생식독성·전신독성·호흡기과민성 물질 경고	위험장소 경고

참고) 산업안전기사 필기 p.1-99(2. 경고표지)

KEY ① 2017년 9월 23일 기사 출제
② 2018년 3월 4일 기사 출제
③ 2019년 4월 27일 출제
④ 2020년 6월 7일 기사 출제
⑤ 2023년 3월 1일 출제

합격정보

산업안전보건법 시행규칙 [별표6] 안전보건표지의 종류와 형태

12 상해의 종류 중 타박, 충돌, 추락 등으로 피부 표면보다는 피하조직 등 근육부를 다친 상해를 무엇이라 하는가?

① 골절　　② 자상
③ 부종　　④ 좌상

[정답] 09 ③ 10 ③ 11 ④ 12 ④

해설

상해종류

분류 항목	세부 항목
골절	뼈가 부러진 상태
동상	저온물 접촉으로 생긴 상해
부종	국부의 혈액순환의 이상으로 몸이 퉁퉁 부어 오르는 상해
찔림(자상)	칼날 등 날카로운 물건에 찔린 상해
타박상(삠, 좌상)	타박, 충돌, 추락 등으로 피부표면보다는 피하조직 또는 근육부를 다친 상해

참고 건설안전산업기사 필기 p.1-48(합격날개 : 은행문제)

KEY 2022년 7월 2일(문제 1번) 출제

13 인간의 의식수준 5단계 중 정상 작업시의 단계는?

① Phase Ⅰ ② Phase Ⅱ
③ Phase Ⅲ ④ Phase Ⅳ

해설

인간의 의식수준 5단계

phase	생리상태	신뢰성
0	수면, 뇌발작	0
Ⅰ	피로, 단조로움, 졸음, 주취	0.9 이하
Ⅱ	안정기거, 휴식, 정상 작업시	0.99~0.99999
Ⅲ	적극적 활동시	0.999999 이상
Ⅳ	감정 흥분(공포상태)	0.9 이하

참고 건설안전산업기사 필기 p.1-239(4. 의식 수준(레벨)의 5단계)

① 2016년 10월 1일 산업기사 출제
② 2017년 5월 7일 기사 출제
③ 2018년 4월 28일 기사 출제
④ 2022년 7월 2일(문제 6번) 출제
⑤ 2024년 2월 15일 출제

14 산업재해의 발생형태 종류 중 상호자극에 의하여 순간적으로 재해가 발생하는 유형으로 재해가 일어난 장소나 그 시점에 일시적으로 요인이 집중하는 것은?

① 단순 자극형
② 단순 연쇄형
③ 복합 연쇄형
④ 복합형

해설

재해(⊗)의 발생 형태 3가지

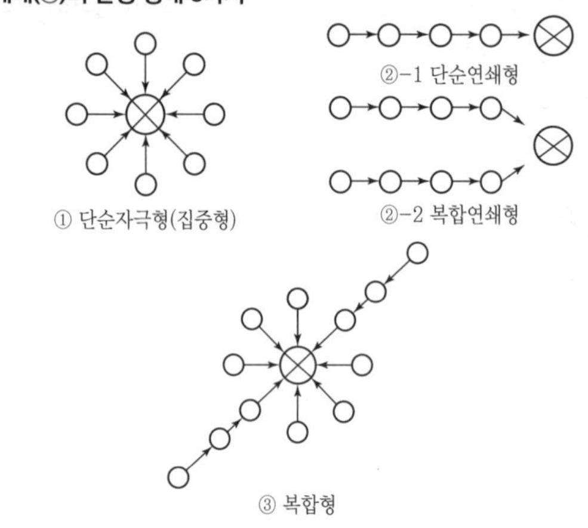

참고 건설안전산업기사 필기 p.1-46(2. 산업재해발생의 mechanism(형태) 3가지)

KEY 2022년 7월 2일(문제 8번) 출제

15 산업안전보건법령에 따른 안전검사 대상 기계에 해당하지 않는 것은?

① 산업용 원심기
② 이동식 국소 배기장치
③ 롤러기(밀폐형 구조는 제외)
④ 크레인(정격 하중이 2톤 미만인 것은 제외)

해설

안전검사 대상 기계의 종류

① 프레스
② 전단기
③ 크레인(정격하중 2[t] 미만인 것은 제외한다)
④ 리프트
⑤ 압력용기
⑥ 곤돌라
⑦ 국소배기장치(이동식은 제외한다.)
⑧ 원심기(산업용만 해당한다)
⑨ 롤러기(밀폐형 구조는 제외한다.)
⑩ 사출성형기[형체결력 294[KN](킬로뉴튼)미만은 제외한다.]
⑪ 고소작업대[「자동차관리법」에 따른 화물자동차 또는 특수자동차에 탑재한 고소작업대(高所作業臺)로 한정한다.]
⑫ 컨베이어
⑬ 산업용 로봇
⑭ 혼합기
⑮ 파쇄기 또는 분쇄기

[정답] 13 ② 14 ① 15 ②

참고 건설안전산업기사 필기 p.1-81(1. 안전검사 대상 기계의 종류)

KEY ① 2017년 5월 7일 기사 · 산업기사 동시 출제
② 2017년 8월 26일 산업기사 출제
③ 2017년 9월 23일 기사 출제
④ 2018년 4월 28일, 8월 19일기사 출제
⑤ 2022년 7월 2일(문제 17번) 출제

합격정보
산업안전보건법 시행령 제78조(안전검사 대상 기계 등)

16 알더퍼의 ERG(Existence Relation Growth)이론에 해당하지 않는 것은?

① 기본욕구 ② 생존욕구
③ 관계욕구 ④ 성장욕구

해설

Maslow의 이론과 Alderfer 이론과의 관계

이론 \ 욕구	저차원적 이론 ←──→ 고차원적 이론		
Maslow	생리적 욕구, 물리적 측면의 안전 욕구	대인관계 측면의 안전 욕구, 사회적 욕구, 존경 욕구	자아실현의 욕구
Aldefer (ERG 이론)	존재 욕구(E)	관계 욕구(R)	성장 욕구(G)

참고 건설안전산업기사 필기 p.1-223(6. 알더퍼의 ERG이론)

KEY 2020년 8월 23일(문제 4번) 출제

17 산업재해통계에서 강도율의 산출방법으로 맞는 것은?

① $\frac{\text{재해건수}}{\text{연근로시간수}} \times 1,000,000$

② $\frac{\text{재해건수}}{\text{산재보험적용근로자수}} \times 100$

③ $\frac{\text{총요양근로손실일수}}{\text{연근로시간수}} \times 100$

④ $\frac{\text{총요양근로손실일수}}{\text{연근로시간수}} \times 1,000$

해설

강도율 = $\frac{\text{총요양근로손실일수}}{\text{연근로시간수}} \times 1,000$

참고 건설안전산업기사 필기 p.1-57(4. 강도율)

18 인간의 행동 특성에 관한 레빈(Lewin)의 법칙에서 각 인자에 대한 내용으로 틀린 것은?

$$B=f(P \cdot E)$$

① B : 행동 ② f : 함수관계
③ P : 개체 ④ E : 기술

해설

K.Lewin의 법칙

$B=f(P \cdot E)$
① B : Behavior(인간의 행동)
② f : function(함수관계)
③ P : Person(개체 : 연령, 경험, 심신상태, 성격, 지능, 소질 등)
④ E : Environment(심리적 환경 : 인간관계, 작업환경 등)

참고 건설안전산업기사 필기 p.1-201(합격날개 : 합격예측)

KEY ① 2016년 10월 1일 기사 출제
② 2017년 3월 5일 기사·산업기사 동시 출제
③ 2024년 5월 9일(문제 1번) 출제

19 산업안전보건법령상 사업주가 근로자에 대하여 실시하여야 하는 교육 중 특별안전보건교육의 대상이 되는 작업이 아닌 것은?

① 화학설비의 탱크 내 작업
② 전압이 30[V]인 정전 및 활선작업
③ 건설용 리프트·곤돌라를 이용한 작업
④ 동력에 의하여 작동되는 프레스기계를 5대 이상 보유한 사업장에서 해당 기계로 하는 작업

해설

전압이 75[V] 이상인 정전 및 활선작업 시 특별안전보건 교육내용

① 전기의 위험성 및 전격 방지에 관한 사항
② 해당 설비의 보수 및 점검에 관한 사항
③ 정전작업·활선작업 시의 안전작업방법 및 순서에 관한 사항
④ 절연용 보호구, 절연용 보호구 및 활선작업용 기구 등의 사용에 관한 사항
⑤ 그 밖에 안전보건관리에 필요한 사항

참고 건설안전산업기사 필기 p.1-282(표. 특별안전보건교육대상 작업별 교육방법)

KEY ① 2016년 10월 1일 출제
② 2017년 3월 5일(문제 3번) 출제

합격정보
산업안전보건법 시행규칙 [별표 5] 안전보건교육 교육대상별 교육내용

[정답] 16 ① 17 ④ 18 ④ 19 ②

20 다음 중 피로의 직접적인 원인과 가장 거리가 먼 것은?

① 작업환경　② 작업속도
③ 작업태도　④ 작업적성

해설

피로의 요인

① 개체의 조건
신체적, 정신적 조건, 체력, 연령, 성별, 경력 등
② 작업조건
㉮ 질적 조건 : 작업강도(단조로움, 위험성, 복잡성, 심적, 정신적 부담 등)
㉯ 양적 조건 : 작업속도, 작업시간
③ 환경조건
온도, 습도, 소음, 조명시설 등
④ 생활조건
수면, 식사, 취미활동 등
⑤ 사회적 조건
대인관계, 통근조건, 임금과 생활수준, 가족 간의 화목 등
⑥ 피로의 직접적 원인
㉮ 인간적 요인 : 작업시간, 작업속도, 작업범위, 작업내용, 작업환경, 작업자세(태도), 생체적 리듬, 정신적·신체적 상태
㉯ 기계적 요인 : 조작부분의 배치·감촉, 기계의 색체·종류, 기계이해의 난이도

참고 ① 건설안전산업기사 필기 p.1-226(합격날개 : 합격예측)
② 작업적성 : 피로의 간접원인

KEY ▶ 2021년 3월 2일(문제 7번) 출제

2 인간공학 및 시스템안전공학

21 시각적 표시장치와 청각적 표시장치 중 시각적 표시장치를 선택해야 하는 경우는?

① 메시지가 복잡한 경우
② 메시지가 후에 재참조되지 않는 경우
③ 직무상 수신자가 자주 움직이는 경우
④ 메시지가 시간적 사상(event)을 다룬 경우

해설

정보전송방법

① 시각적 표시장치 사용 : ①
② 청각적 표시장치 사용 : ②, ③, ④

참고 건설안전산업기사 필기 p.2-28(표. 청각장치와 시각장치의 사용 경위)

KEY ▶ ① 2017년 5월 7일 출제
② 2018년 3월 4일, 4월 28일, 8월 19일, 9월 15일 출제
③ 2019년 4월 27일, 8월 4일, 9월 21일 출제
④ 2020년 6월 7일 출제
⑤ 2021년 3월 2일 PBT 출제
⑥ 2021년 3월 7일 (문제 53번), 5월 15일(문제 60번) 출제
⑦ 2023년 7월 8일(문제 25번) 출제
⑧ 2024년 5월 9일(문제 23번) 출제

22 다음 중 카메라의 필름에 해당하는 우리 눈의 부위는?

① 망막　② 수정체
③ 동공　④ 각막

해설

[표] 눈의 구조·기능·모양

구조	기 능	모 양
각막	최초로 빛이 통과하는 곳, 눈을 보호	
홍채	동공의 크기를 조절해 빛의 양 조절	
모양체	수정체의 두께를 변화시켜 원근 조절	
수정체	렌즈의 역할, 빛을 굴절시킴	
망막	상이 맺히는 곳, 시세포 존재, 두뇌전달	
맥락막	망막을 둘러싼 검은 막, 어둠 상자 역할	

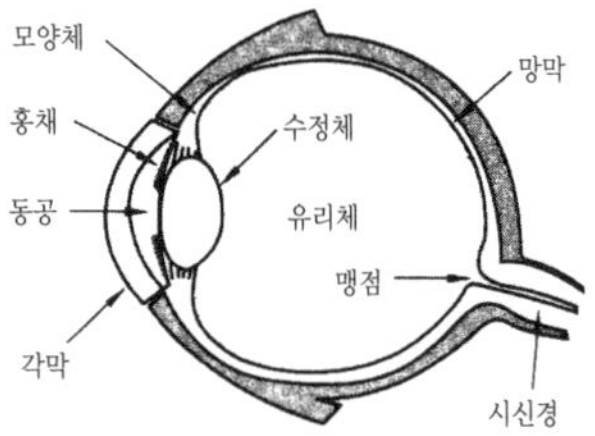

참고 건설안전산업기사 필기 p.2-65(표 : 눈의 구조·기능·모양)

KEY ▶ ① 2012년 8월 26일(문제 22번) 출제
② 2023년 7월 8일(문제 28번) 출제

23 다음 중 예비위험분석(PHA)에 대한 설명으로 가장 적합한 것은?

① 관련된 과거 안전점검결과의 조사에 적절하다.
② 안전관련 법규 조항의 준수를 위한 조사방법이다.
③ 시스템 고유의 위험성을 파악하고 예상되는 재해의 위험 수준을 결정한다.
④ 초기의 단계에서 시스템 내의 위험요소가 어떠한 위험상태에 있는가를 정성적 평가하는 것이다.

[정답] 20 ④ 21 ① 22 ① 23 ④

해설

예비위험분석(PHA : Preliminary Hazards Analysis)

PHA는 모든 시스템안전 프로그램의 최초 단계의 분석으로서 시스템 내의 위험요소가 얼마나 위험한 상태에 있는가를 정성적으로 평가하는 것이다.

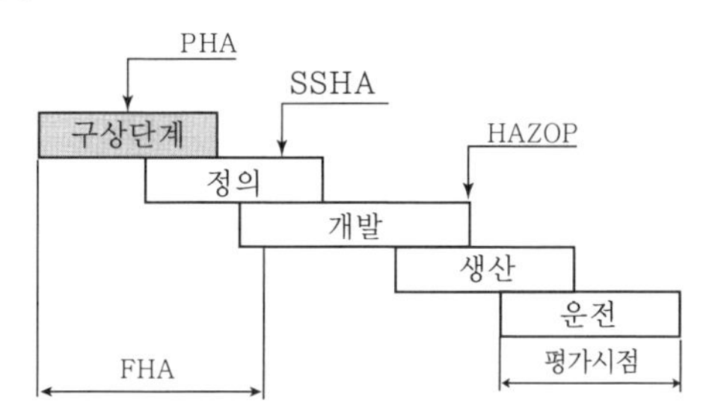

[그림] PHA, OSHA, FHA, HAZOP

참고 건설안전산업기사 필기 p.2-81(2. 예비위험분석)

KEY ① 2014년 8월 17일 기사 출제
② 2023년 7월 8일(문제 31번) 출제
③ 2024년 5월 9일(문제 33번) 출제

24 통신에서 잡음 중의 일부를 제거하기 위해 필터(filter)를 사용하였다면, 어느 것의 성능을 향상시키는 것인가?

① 신호의 양립성 ② 신호의 산란성
③ 신호의 표준성 ④ 신호의 검출성

해설

신호의 검출성(통신잡음 제거 시 filter 사용)

① 통신에서 대역폭 필터를 설치하여 원하는 대역폭 외의 신호는 제거
② 선택한 대역폭 내의 신호만 검출

 ① 2013년 6월 2일(문제 40번) 출제
② 2023년 7월 8일(문제 34번) 출제

보충학습

암호체계 사용상의 일반적 지침

① 암호의 검출성(detectability)
② 암호의 변별성(discriminability)
③ 부호의 양립성(compatibility)
④ 부호의 의미
⑤ 암호의 표준화(standardization)
⑥ 다차원 암호의 사용(multidimensional)

25 인간-기계 시스템의 신뢰도를 향상시킬 수 있는 방법으로 가장 적절하지 않은 것은?

① 중복설계 ② 복잡한 설계
③ 부품 개선 ④ 충분한 여유용량

해설

신뢰도 개선 방법

① 간단한 설계
② 여유있는 설계(여유용량, 안전계수)
③ 부품 개선
④ 중복설계

참고 건설안전산업기사 필기 p.2-16(8. 신뢰도 개선)

KEY ① 2016년 8월 21일(문제 27번) 출제
② 2023년 7월 8일(문제 35번) 출제

26 위험조정을 위해 필요한 기술은 조직형태에 따라 다양하며 4가지로 분류하였을 때 이에 속하지 않는 것은?

① 보유(Retention) ② 계속(Continuation)
③ 전가(Transfer) ④ 감축(Reduction)

해설

Risk 처리(위험조정)기술 4가지

<table>
<tr><th colspan="2">구분</th><th>특징</th></tr>
<tr><td colspan="2">위험의 회피</td><td>예상되는 위험을 차단하기 위해 위험과 관계된 활동을 하지 않는 경우</td></tr>
<tr><td rowspan="4">위험의 제거
(경감)</td><td>위험방지</td><td>위험의 발생건수를 감소시키는 예방과 손실의 정도를 감소시키는 경감을 포함</td></tr>
<tr><td>위험분산</td><td>시설, 설비 등의 집중화를 방지하고 분산하거나 재료의 분리저장 등으로 위험 단위를 증대</td></tr>
<tr><td>위험결합</td><td>각종 협정이나 합병 등을 통하여 규모를 확대시키므로 위험의 단위를 증대</td></tr>
<tr><td>위험제한</td><td>계약서, 서식 등을 작성하여 기업의 위험을 제한하는 방법</td></tr>
<tr><td colspan="2">위험의 보유
(보류)</td><td>무지로 인한 소극적 보유
위험을 확인하고 보유하는 적극적 보유(위험의 준비와 부담 : 준비금 설정, 자가보험 등)</td></tr>
<tr><td colspan="2">위험의 전가</td><td>회피와 제거가 불가능할 경우 전가하려는 경향(보험, 보증, 공제, 기금제도 등)</td></tr>
</table>

참고 건설안전산업기사 필기 p.2-79(6. Risk처리기술 4가지)

KEY ① 2015년 8월 16일(문제 39번) 출제
② 2023년 7월 8일(문제 36번) 출제

[정답] 24 ④ 25 ② 26 ②

27 FT도에서 사용되는 다음 기호의 의미로 맞는 것은?

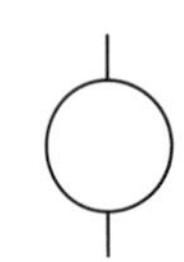

① 결함사상　② 통상사상
③ 기본사상　④ 제외사상

해설

FTA의 기호

기호	명칭	입·출력 현상
	결함사상	개별적인 결함사상
	기본사상	더 이상 전개되지 않는 기본적인 사상
	통상사상	통상 발생이 예상되는 사상(예상되는 원인)
	생략사상	정보 부족, 해석 기술의 불충분으로 더 이상 전개할 수 없는 사상, 작업 진행에 따라 해석이 가능할 때는 다시 속행한다.

참고 건설안전산업기사 필기 p.2-96(표. FTA 기호)

 ① 2017년 8월 26일(문제 23번) 출제
② 2023년 7월 8일(문제 38번) 출제

28 인간의 시각특성을 설명한 것으로 옳은 것은?

① 적응은 수정체의 두께가 얇아져 근거리의 물체를 볼 수 있게 되는 것이다.
② 시야는 수정체의 두께 조절로 이루어진다.
③ 망막은 카메라의 렌즈에 해당된다.
④ 암조응에 걸리는 시간은 명조응보다 길다.

해설

암조응(Dark Adaptation)

① 밝은 곳에서 어두운 곳으로 갈 때 : 원추세포의 감수성 상실, 간상세포에 의해 물체 식별
② 완전 암조응 : 보통 30~40분 소요(명조응 : 수초 내지 1~2분)

참고 건설안전산업기사 필기 p.2-65(7. 암조응)

KEY ① 2006년 8 월 6일(문제 31번) 출제
② 2019년 4월 27일(문제 24번) 출제
③ 2023년 5월 13일(문제 31번) 출제

29 인체의 동작 유형 중 굽혔던 팔꿈치를 펴는 동작을 나타내는 용어는?

① 내전(adduction)　② 회내(pronation)
③ 굴곡(flexion)　④ 신전(extension)

해설

인체유형의 기본적인 동작

① 굴곡(flexion) : 부위간의 각도가 감소(팔꿈치 굽히기)
② 신전(extension) : 부위간의 각도가 증가(팔꿈치 펴기 운동)
③ 내전(adduction) : 몸의 중심선으로의 이동(팔·다리 내리기 운동)
④ 외전(abduction) : 몸의 중심선으로부터의 이동(팔·다리 옆으로 들기 운동)
⑤ 회외 : 손바닥을 외측으로 돌리는 동작
⑥ 회내 : 손바닥을 몸통(내측) 쪽으로 돌리는 동작

참고 건설안전산업기사 필기 p.2-50(2. 신체부위의 운동)

 ① 2015년 5월 31일(문제 25번) 출제
② 2023년 5월 13일(문제 34번) 출제
③ 2024년 2월 15일(문제 31번) 출제

30 작업기억(working memory)에 관련된 설명으로 옳지 않은 것은?

① 오랜 기간 정보를 기억하는 것이다.
② 작업기억 내의 정보는 시간이 흐름에 따라 쇠퇴할 수 있다.
③ 작업기억의 정보는 일반적으로 시각, 음성, 의미 코드의 3가지로 코드화된다.
④ 리허설(rehearsal)은 정보를 작업기억 내에 유지하는 유일한 방법이다.

해설

작업기억(working memory)의 특징

① 작업기억 내의 정보는 시간이 흐름에 따라 쇠퇴할 수 있다.
② 작업기억의 정보는 일반적으로 시각, 음성, 의미 코드의 3가지로 코드화된다.
③ 리허설(rehearsal)은 정보를 작업기억 내에 유지하는 유일한 방법이다.

참고 건설안전산업기사 필기 p.2-6(합격날개 : 은행문제2)

KEY ① 2020년 8월 23일(문제 22번) 출제
② 2023년 5월 13일(문제 36번) 출제

[정답] 27 ③ 28 ④ 29 ④ 30 ①

31 인간오류의 분류 중 원인에 의한 분류의 하나로 작업자 자신으로부터 발생하는 에러로 옳은 것은?

① command error ② Secondary error
③ Primary error ④ Third error

해설

실수원인의 level(수준적) 분류

① 1차실수(Primary error : 주과오) : 작업자 자신으로부터 발생한 실수
② 2차실수(Secondary error : 2차과오) : 작업형태나 조건 중에서 문제가 생겨 발생한 실수, 어떤 결함에서 파생
③ 커맨드 실수(Command error : 지시과오) : 직무를 하려고 해도 필요한 정보, 물건, 에너지 등이 없어 발생하는 실수

참고 건설안전산업기사 필기 p.2-32[4. 실수원인의 level(수준적) 분류]

KEY ① 2019년 4월 27일(문제 30번) 출제
② 2023년 5월 13일(문제 38번) 출제

32 인간공학적인 의자설계를 위한 일반적 원칙으로 적절하지 않은 것은?

① 척추의 허리부분은 요부 전만을 유지한다.
② 좌판의 앞쪽은 높게 한다.
③ 좌판의 앞 모서리 부분은 5[cm] 정도 낮아야 한다.
④ 좌판과 등받이 사이의 각도는 90~105[°]를 유지하도록 한다.

해설

의자설계 기본원칙

① 체중분포 : 둔부(臀部)중심에서 바깥으로 점차 체중이 작게 걸리도록 좌판(坐板)의 재질이 -2[cm] 이상 내려가지 않도록 한다.
② 좌판의 높이 : 의자 밑바닥에서 앉는 면까지의 높이는 오금(무릎의 구부리는 안쪽)높이보다 높지 않고 앞쪽은 약간 낮게 한다.
③ 좌판각도 : 의자 앉는 면의 앞과 뒤의 기울어진 각도가 있어야 한다.
④ 좌판 깊이와 폭 : 장딴지 여유와 대퇴압박이 닿지 않도록 한다.
⑤ 몸통의 안정 : 사무용 의자(좌판각도 3도, 등판 100도 정도)/휴식 및 독서는 더 큰 각도로 한다.
⑥ 휴식용 의자 : 사무용 의자보다 7~8[cm] 낮은 좌판 27~38[cm], 좌판각도 25~26도, 등판각도 105~108도, 등판에는 5[cm] 정도의 완충재로 한다.

참고 건설안전산업기사 필기 p.2-45(3. 의자의 설계원칙)

KEY ① 2018년 4월 28일(문제 38번) 출제
② 2023년 5월 13일(문제 40번) 출제

33 인체측정치 응용원칙 중 가장 우선적으로 고려해야 하는 원칙은?

① 조절식 설계 ② 최대치 설계
③ 최소치 설계 ④ 평균치 설계

해설

조절범위(조정범위 : 조절식 설계)

① 사무실 의자의 높낮이 조절, 자동차 좌석의 전후조절 등
② 통상 5[%]치에서 95[%]치까지에서 90[%] 범위를 수용대상으로 설계
③ 가장 우선적으로 고려한다.

참고 건설안전산업기사 필기 p.2-43(2. 조절범위(조정범위) 설계)

KEY ① 2017년 9월 23일 기사 출제
② 2019년 3월 3일 기사 출제
③ 2023년 3월 1일(문제 23번) 출제
④ 2024년 2월 15일(문제 38번) 출제

34 동작경제의 원칙에 해당하지 않는 것은?

① 가능하다면 낙하식 운반방법을 사용한다.
② 양손을 동시에 반대 방향으로 움직인다.
③ 자연스러운 리듬이 생기지 않도록 동작을 배치한다.
④ 양손을 동시에 작업을 시작하고, 동시에 끝낸다.

해설

동작경제의 3원칙(길브레드 : Gilbrett)

(1) 동작능력 활용의 원칙
① 발 또는 왼손으로 할 수 있는 것은 오른손을 사용하지 않는다.
② 양손으로 동시에 작업하고 동시에 끝낸다.
(2) 작업량 절약의 원칙
① 적게 운동할 것
② 재료나 공구는 취급하는 부근에 정돈할 것
③ 동작의 수를 줄일 것
④ 동작의 양을 줄일 것
⑤ 물건을 장시간 취급할 시 장구를 사용할 것
(3) 동작개선의 원칙
① 동작을 자동적으로 리드미컬한 순서로 할 것
② 양손은 동시에 반대의 방향으로, 좌우 대칭적으로 운동하게 할 것
③ 관성, 중력, 기계력 등을 이용할 것

참고 건설안전산업기사 필기 p.2-102(합격날개 : 합격예측)

KEY ① 2015년 3월 8일(문제 35번) 출제
② 2023년 3월 1일(문제 35번) 출제
③ 2024년 5월 9일(문제 34번) 출제

[정답] 31 ③ 32 ② 33 ① 34 ③

35 결함수분석의 최소 컷셋과 가장 관련이 없는 것은?

① Boolean Algebra
② Fussell Algorithm
③ Generic Algorithm
④ Limnios & Ziani Algorithm

해설

미니멀 컷셋(minimal cut set : min cut set)
① 1972년 Fussel Algorithm 개발
② BICS(Boolean Indicated Cut Set)

참고) 건설안전산업기사 필기 p. 2-102(합격날개 : 합격예측)

① 2014년 9월 20일(문제 26번) 출제
② 2016년 10월 1일(문제 23번) 출제
③ 2022년 3월 2일(문제 35번) 출제
④ 2024년 2월 15일(문제 23번) 출제

보충학습
Generic Algorithm : 파형역산

36 FTA결과 다음과 같은 패스셋을 구하였다. 최소 패스셋(minimal path sets)으로 옳은 것은?

[다음]
$\{X_2, X_3, X_4\}$
$\{X_1, X_3, X_4\}$
$\{X_3, X_4\}$

① $\{X_3, X_4\}$
② $\{X_1, X_3, X_4\}$
③ $\{X_2, X_3, X_4\}$
④ $\{X_2, X_3, X_4\}$와 $\{X_3, X_4\}$

해설

최소 패스셋
① $T=(X_2+X_3+X_4)\cdot(X_1+X_3+X_4)\cdot(X_3+X_4)$

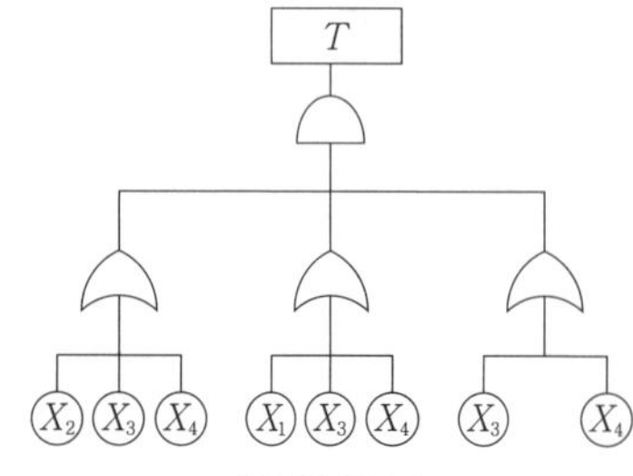

[그림] FT도

② 패스셋을 다음과 같이 표시할 수 있고, 패스셋 중 공통인 (X_3, X_4)를 FT도에 대입한다.

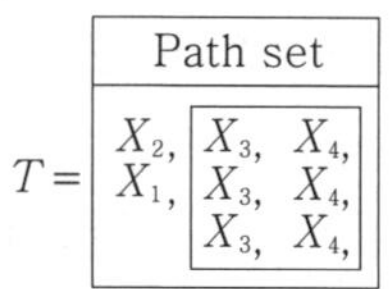

③ FT에도 공통이 되는(X_3, X_4)를 대입하여 T가 발생하는지 확인

참고) 건설안전산업기사 필기 p. 2-103(6. 컷셋·미니멀 컷셋 요약)

KEY ① 2014년 9월 20일(문제 53번) 출제
② 2017년 8월 26일(문제 27번) 출제
③ 2021년 8월 8일(문제 30번) 출제

37 결함수 분석법에서 일정 조합 안에 포함되는 기본사상들이 동시에 발생할 때 반드시 목표사상을 발생시키는 조합을 무엇이라 하는가?

① Cut set ② Decision tree
③ Path set ④ 불 대수

해설

컷셋과 패스셋
① 컷셋(cut set) : 정상사상을 발생시키는 기본사상의 집합으로 그 안에 포함되는 모든 기본사상이 발생할 때 정상사상을 발생시킬 수 있는 기본사상의 집합
② 패스셋(path set) : 모든 기본사상이 일어나지 않을 때 처음으로 정상사상이 일어나지 않는 기본사상의 집합(고장나지 않도록 하는 사상의 조합)

참고) 건설안전산업기사 필기 p.2-103(합격날개 : 합격예측)

KEY ① 2017년 5월 7일 기사 출제
② 2018년 3월 4일, 4월 28일 출제
③ 2019년 4월 27일 산업기사 출제
④ 2020년 6월 14일 기사 출제
⑤ 2021년 5월 9일(문제 21번) 출제

38 산업안전보건법령에서 정한 물리적 인자의 분류 기준에 있어서 소음은 소음성난청을 유발할 수 있는 몇 dB(A) 이상의 시끄러운 소리로 규정하고 있는가?

① 70 ② 85
③ 100 ④ 115

[정답] 35 ③ 36 ① 37 ① 38 ②

해설

① 소음작업
1일 8시간 작업을 기준으로 85[dB] 이상의 소음을 발생하는 작업
② 충격소음(최대음압 수준) : 140[dBA]

참고 건설안전산업기사 필기 p.2-62(합격날개 : 참고)

KEY 2017년 3월 5일(문제 21번) 출제

합격정보
산업안전보건기준에 관한 규칙 제512조(정의)

39 설비나 공법 등에서 나타날 위험에 대하여 정성적 또는 정량적인 평가를 행하고 그 평가에 따른 대책을 강구하는 것은?

① 설비보전　② 동작분석
③ 안전계획　④ 안전성 평가

해설

안전성 평가의 6단계
① 1단계 : 관계자료의 정비검토
② 2단계 : 정성적 평가
③ 3단계 : 정량적 평가
④ 4단계 : 안전대책
⑤ 5단계 : 재해정보에 의한 재평가
⑥ 6단계 : FTA에 의한 재평가

참고 건설안전산업기사 필기 p.2-118(2. 안전성 평가 6단계)

KEY ① 2016년 3월 6일 출제
② 2016년 10월 1일 기사 출제
③ 2017년 3월 5일(문제 25번) 출제
④ 2024년 5월 9일(문제 32번) 출제

40 인터페이스 설계 시 고려해야 하는 인간과 기계와의 조화성에 해당되지 않는 것은?

① 인지적 조화성　② 신체적 조화성
③ 감성적 조화성　④ 심리적 조화성

해설

[표] 감성공학과 인간 interface(계면)의 3단계

구 분	특 성
신체적(형태적) 인터페이스	인간의 신체적 또는 형태적 특성의 적합성여부(필요조건)
인지적 인터페이스	인간의 인지능력, 정신적 부담의 정도(편리 수준)
감성적 인터페이스	인간의 감정 및 정서의 적합성여부(쾌적 수준)

참고 건설안전산업기사 필기 p.2-5(표. 감성공학과 인간 interface의 3단계)

KEY ① 2015년 5월 31일 출제
③ 2017년 3월 5일(문제 29번) 출제

3 건설시공학

41 건설시공분야의 향후 발전방향으로 옳지 않은 것은?

① 친환경 시공화
② 시공의 기계화
③ 공법의 습식화
④ 재료의 프리패브(pre-fab)화

해설

건축시공의 현대화 방안
① 새로운 경영기법의 도입 및 활용
② 작업의 표준화, 단순화, 전문화(3S)
③ 재료의 건식화, 건식 공법화
④ 기계화 시공, 시공기법의 연구개발
⑤ 건축생산의 공업화, 양산화, Pre-Fab화
⑥ 도급기술의 근대화
⑦ 가설재료의 강재화
⑧ 신기술 및 과학적 품질관리기법의 도입

참고 건설안전산업기사 필기 p.3-2(합격날개 : 합격예측)

KEY ① 2016년 3월 6일 기사 출제
② 2018년 9월 15일 산업기사 출제

42 철골공사에서 현장 용접부 검사 중 용접 전 검사가 아닌 것은?

① 비파괴 검사　② 개선 정도 검사
③ 개선면의 오염 검사　④ 가부착 상태 검사

해설

용접 착수 전 검사
① 트임새 모양 ② 모아 대기법 ③ 구속법 ④ 자세의 적부

참고 건설안전산업기사 필기 p.3-89(합격날개 : 합격예측)

KEY 2013년 9월 28일(문제 51번) 출제

보충학습
비파괴 검사 : 용접 완료 후 검사

[정답] 39 ④ 40 ④ 41 ③ 42 ①

43 L.W(Labiles Wasserglass)공법에 관한 설명으로 옳지 않은 것은?

① 물유리용액과 시멘트 현탁액을 혼합하면 규산수화물을 생성하여 겔(gel)화하는 특성을 이용한 공법이다.
② 지반강화와 차수목적을 얻기 위한 약액주입공법의 일종이다.
③ 미세공극의 지반에서도 그 효과가 확실하여 널리 쓰인다.
④ 배합비 조절로 겔타임 조절이 가능하다.

해설

L.W공법

(1) 정의
규산소다 수용액과 시멘트 현탁액을 혼합한 후, 지상의 Y자관을 통하여 지반에 주입시키는 공법으로서 지반의 공극을 시멘트 입자로 충진시켜 지반의 밀도를 높여 지반 강화 및 지수성을 향상시키는 저압침투공법이다.

(2) 특징
L.W 공법 목표는 언제나 토양의 고결화에 있다. 일반적으로 모래층은 대부분 고결화가 되며, 실트 및 점토층까지도 수지상으로 침투하여 토양을 개량한다. 타 주입공법으로 만족한 효과를 기대하기 어려운 경우 L.W공법의 효과는 탁월하며 실적용 범위는 다음과 같다.
① 주입 심도가 얕으며, 비교적 간극이 적은 모래층
② 지하수의 유동이 없고 절리가 발달된 점성토층
③ 토질층이 복잡하고 투수계수가 상이한 지층
④ 반복 주입이 요구되는 공극이 큰 지층
⑤ 정밀 주입과 복합 주입이 요구되는 지층

(3) 장점
① 약액주입공법 중에서 고결강도가 높고 침투성이 양호하다.
② 타공법에 비해 공사비가 저렴하다.
③ 소정의 위치에 균일하게 주입이 가능하므로 확실한 주입 효과가 있다.
④ 협소한 위치에서도 시공이 가능하다.
⑤ 동일 개소에 상이한 종류의 주입재를 반복 주입할 수 있다.
⑥ 주입 후 필요하다고 인정되는 개소에 쉽게 재주입할 수 있다.
⑦ 겔타임의 조절은 시멘트량의 증감에 의하므로 간단하다.
⑦ 천공과 주입으로 작업 공종을 분리하여 진행시킬 수 있으며 작업이 단순하고 시공관리가 용이하다.

(4) 단점
① 주입 압력의 세심한 측정이 필요하다.
② 장기적 상태에서는 차수효과가 떨어진다.(특히, 지하수 유동 시)
③ 외력에 의한 진동 및 충격에 저항이 작다.
④ 미세 공극의 지반 효과가 불확실하다.
⑤ 1열 시공 시 차수효과가 작다.

참고 건설안전산업기사 필기 p.3-51(문제 20번)

KEY ① 2017년 9월 23일(문제 58번) 출제
② 2023년 9월 2일(문제 57번) 출제

44 철골공사에서 쓰이는 내화피복 공법의 종류가 아닌 것은?

① 성형판 붙임공법
② 뿜칠공법
③ 미장공법
④ 나중매입공법

해설

나중매입공법

① 기초(ancher)볼트 자리를 콘크리트가 채워지지 않도록 타설하였다가 나중에 볼트를 묻고 그라우팅으로 고정
② 위치 수정이 가능하며, 기계설치 등 소규모 공사에 이용

참고 ① 건설안전산업기사 필기 p.3-93(3. 기초볼트매입공법의 종류)
② 건설안전산업기사 필기 p.3-94(4. 합격날개 : 합격예측)

KEY 2023년 5월 13일(문제 42번) 출제

45 공사 감리자에 대한 설명 중 틀린 것은?

① 시공계획의 검토 및 조언을 한다.
② 문서화된 품질관리에 대한 지시를 한다.
③ 품질하자에 대한 수정방법을 제시한다.
④ 건축의 형상, 구조, 규모 등을 결정한다.

해설

공사 감리자의 업무

① 공사비내역 명세의 조사
② 공사의 지시, 입회검사
③ 시공방법의 지도
④ 공사의 진도 파악
⑤ 공사비 지불에 대한 조서작성(공사비 사정)
⑥ 공사현장 안전관리지도

참고 건설안전산업기사 필기 p.3-16(합격날개:합격예측)

KEY 2023년 5월 13일(문제 47번) 출제

보충학습

설계자의 업무 : 건축의 형상, 구조, 규모 등의 설계도서를 정리

[정답] 43 ③ 44 ④ 45 ④

46 [보기]는 지하연속벽(slurry wall)공법의 시공내용이다. 그 순서를 옳게 나열한 것은?

[보기]
A. 트레미관을 통한 콘크리트 타설
B. 굴착
C. 철근망의 조립 및 삽입
D. guide wall 설치
E. end pipe 설치

① A → B → C → E → D
② D → B → E → C → A
③ B → D → E → C → A
④ B → D → C → E → A

해설

slurry wall 공법

안정액(벤토나이트)을 이용한 지중굴착으로 만들어지는 RC연속벽을 말한다.

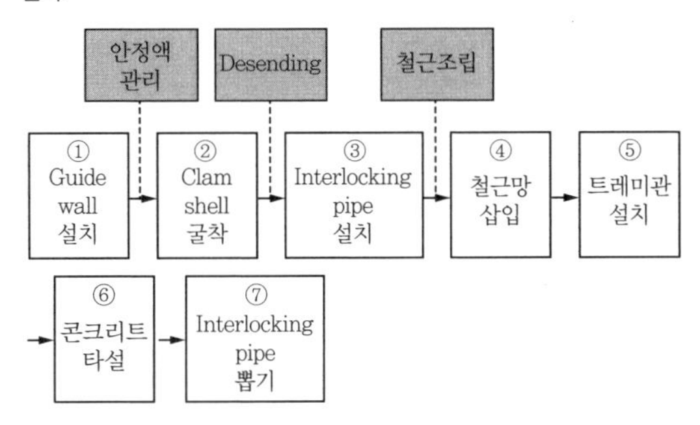

[그림] 시공순서

참고 건설안전산업기사 필기 p.3-32(합격날개 : 합격예측)

① 2020년 8월 22일 기사 출제
② 2023년 5월 13일(문제 48번) 출제

47 강구조물 제작 시 마킹(금긋기)에 관한 설명으로 옳지 않은 것은?

① 강판 절단이나 형강 절단 등 외형 절단을 선행하는 부재는 미리 부재 모양별로 마킹기준을 정해야 한다.
② 마킹검사는 띠철이나 형판 또는 자동가공기(CNC)를 사용하여 정확히 마킹되었는가를 확인한다.
③ 주요 부재의 강판에 마킹할 때에는 펀치(punch) 등을 사용한다.
④ 마킹 시 용접열에 의한 수축 여유를 고려하여 최종 교정, 다듬질 후 정확한 치수를 확보할 수 있도록 조치해야 한다.

해설

마킹(금긋기)

① 강판 위에 주요 부재를 마킹할 때에는 주된 응력의 방향과 압연 방향을 일치시켜야 한다.
② 마킹을 할 때에는 구조물이 완성된 후에 구조물의 부재로서 남을 곳에는 원칙적으로 강판에 상처를 내어서는 안 된다. 특히, 고강도강 및 휨 가공하는 연강의 표면에는 펀치, 정 등에 의한 흔적을 남겨서는 안 된다. 다만 절단, 구멍뚫기, 용접 등으로 제거되는 경우에는 무방하다.
③ 주요 부재의 강판에 마킹할 때에는 펀치(punch) 등을 사용하지 않아야 한다.
④ 마킹 시 용접열에 의한 수축 여유를 고려하여 최종 교정, 다듬질 후 정확한 치수를 확보할 수 있도록 조치해야 한다.
⑤ 마킹검사는 띠철이나 형판 또는 자동가공기(CNC)를 사용하여 정확히 마킹되었는가를 확인하고 재질, 모양, 치수 등에 대한 검토와 마킹이 현도에 의한 띠철, 형판대로 되어 있는가를 검사해야 한다.

KEY
① 2017년 9월 23일(문제 43번)
② 2021년 9월 21일 기사 출제
② 2023년 5월 13일(문제 57번) 출제

정보제공
강구조 공사 표준시방서(3.2) 마킹(금긋기)

48 철골부재의 용접 접합시 발생되는 용접결함의 종류가 아닌 것은?

① 엔드탭 ② 언더컷
③ 블로우홀 ④ 오버랩

해설

앤드탭(end tab)

① 강구조물의 용접 시공시에 임시로 부착하는 강판
② 판이음 용접등의 맞대기 용접이나 플랜지와 웨브의 머리 용접, 모서리 용접 등의 필릿 용접을 할 때, 모재의 용접선 연장상에 1차적으로 부착하는 모재와 동등한 형상 또는 홈을 가진 강판
③ 용접 비드의 시작 부분과 끝부분에 생기기 쉬운 결함을 방지하기 위한 것
④ 내력 부재로 되는 중요한 부분이나 사이즈가 큰 용접에는 필수적이다.
⑤ 엔드 탭은 용접 후 가스 절단하고 그라인더 다듬질을 해야만 한다.

참고 건설안전산업기사 필기 p.3-91(2. 용접결함)

[정답] 46 ② 47 ③ 48 ①

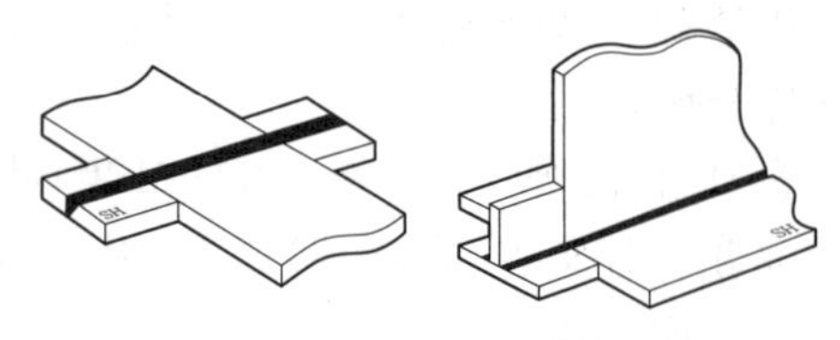

[그림] 엔드탭

KEY ① 2010년 9월 5일(문제 58번) 출제
② 2021년 3월 2일(문제 46번) 출제

49 시공의 품질관리를 위한 7가지 도구에 해당되지 않는 것은?

① 파레토그램 ② LOB기법
③ 특성요인도 ④ 체크시트

해설

TQC 7가지 도구

① 히스토그램 ② 파레토그램
③ 특성요인도 ④ 체크시트
⑤ 산점도 ⑥ 층별
⑦ 관리도

참고) 건설안전산업기사 필기 p.3-16(4. 품질관리)

KEY ① 2016년 3월 6일 기사 출제
② 2016년 5월 8일 기사 출제
③ 2017년 5월 7일 기사 출제
④ 2021년 3월 2일(문제 49번) 출제

보충학습

LOB기법 또는 LSM기법

① LSM 기법으로 반복작업에서 각 작업조의 생산성을 유지시키면서, 그 생산성을 기울기로 하는 직선으로 각 반복작업의 진행을 표시하여 전체공사를 도식화하는 기법은 LOB(Linear of Balance)기법이라고도 한다.
② 각 작업간의 상호관계를 명확히 나타낼 수 있으며, 작업의 진도율로 전체 공사를 표현할 수 있다.

50 강구조 부재의 용접 시 예열에 관한 설명으로 옳지 않은 것은?

① 모재의 표면온도가 0[℃] 미만인 경우는 적어도 20[℃] 이상 예열한다.
② 이종금속간에 용접을 할 경우는 예열과 층간온도는 하위등급을 기준으로 하여 실시한다.
③ 버너로 예열하는 경우에는 개선면에 직접 가열해서는 안 된다.
④ 온도관리는 용접선에서 75[mm] 떨어진 위치에서 표면온도계 또는 온도쵸크 등에 의하여 온도관리를 한다.

해설

이종금속간의 용접 : 예열과 층간온도는 최고 등급을 기준으로 한다.

KEY 2021년 3월 2일(문제 60번) 출제

51 다음 재료 중 비강도(比强度)가 가장 높은 것은?

① 목재 ② 콘크리트
③ 강재 ④ 석재

해설

비강도(목재)

① 비강도는 강도를 비중으로 나누어 준 값을 말한다.
예 소나무 : $\frac{590[kgf/cm^2]}{0.5} = 1,180[kgf/cm^2]$
② 역학적으로 강하면서 경량이며, 이상적인 재료라 하겠다.(비강도 값이 클수록 좋다.)
③ 비강도값의 크기 비교 : 소나무>알루미늄>연강>비닐>유리>콘크리트

KEY 2012년 9월 15일(문제 65번) 출제

52 턴키도급(Turn-Key base Contract)의 특징이 아닌 것은?

① 공기, 품질 등의 결함이 생길 때 발주자는 계약자에게 쉽게 책임을 추궁할 수 있다.
② 설계와 시공이 일괄로 진행된다.
③ 공사비의 절감과 공기단축이 가능하다.
④ 공사기간 중 신공법, 신기술의 적용이 불가하다.

해설

턴키도급(Turn-key base contract)

(1) 장점
① 공사기간 및 공사비용의 절감 노력이 크다.(신기술적용)
② 시공자와 설계자가 동일하므로 공사진행이 쉽다.
(2) 단점
① 건축주의 의도가 잘 반영되지 못한다.
② 대규모 건설업체에 유리하다.

[정답] 49 ② 50 ② 51 ① 52 ④

참고 건설안전산업기사 필기 p.3-13(4. 도급금액 결정 방식에 의한 도급)

KEY ① 2018년 3월 4일 출제
② 2021년 5월 9일(문제 46번) 출제

53 공동도급(Joint Venture contract)의 이점이 아닌 것은?

① 융자력의 증대
② 위험부담의 분산
③ 기술의 확충, 강화 및 경험의 증대
④ 이윤의 증대

해설

공동도급의 특징

(1) 장점
① 융자력 증대
② 기술의 확충
③ 위험의 분산
④ 공사시공의 확실성
⑤ 신용도의 증대
⑥ 공사도급 경쟁완화
(2) 단점:한 회사의 도급공사보다 경비 증대

참고 건설안전산업기사 필기 p.3-12(공동도급)

KEY 2021년 5월 9일(문제 48번) 출제

54 철골공사의 내화피복공법에 해당하지 않는 것은?

① 표면탄화법 ② 뿜칠공법
③ 타설공법 ④ 조적공법

해설

철골의 내화피복공법

① 습식공법 : 타설공법, 조적공법, 미장공법, 뿜칠공법
② 건식공법 : 성형판 붙임공법, 멤브레인공법
③ 합성공법 : 천장판, PC판 등 마감재와 동시에 피복공사를 한다.
④ 복합공법 : 하나의 제품으로 2개의 기능을 충족시키는 내화피복 공법으로 내화피복과 커튼월, 천장판 등의 복합기능을 추구하는 공법

참고 건설안전산업기사 필기 p.3-91(합격날개 : 합격예측)

KEY ① 2017년 5월 7일 (문제 72번) 출제
② 2020년 8월 22일 (문제 73번) 출제
③ 2021년 9월 5일(문제 41번) 출제

55 철골공사 중 현장에서 보수도장이 필요한 부위에 해당되지 않는 것은?

① 현장 용접을 한 부위
② 현장접합 재료의 손상부위
③ 조립상 표면접합이 되는 면
④ 운반 또는 양중시 생긴 손상 부위

해설

일반적으로 보수도장을 하는 부위

① 현장접합에 의한 볼트류의 두부, Nut, Washer
② 현장용접을 한 부분
③ 현장에서 접합한 재료의 손상 부분과 도장을 안한 부분
④ 운반 또는 양중시에 생긴 손상 부분

참고 건설안전산업기사 필기 p.3-88(5. 녹막이칠을 하지 않는 부분)

KEY ① 2006년 3월 5일(문제 79번) 출제
② 2012년 9월 15일(문제 69번) 출제
③ 2013년 6월 2일(문제 62번) 출제
④ 2015년 3월 8일 (문제 76번) 출제
⑤ 2021년 9월 5일(문제 55번) 출제

56 다음과 같은 조건에서 콘크리트의 압축강도를 시험하지 않을 경우 거푸집널의 해체시기로 옳은 것은?(단, 기초, 보, 기둥 및 벽의 측면)

- 조강포틀랜드시멘트 사용
- 평균기온 20[℃]이상

① 2일 ② 3일
③ 4일 ④ 6일

해설

압축강도를 시험하지 않을 경우

시멘트의 종류 / 평균 기온	조강 포틀랜드 시멘트	보통포틀랜드시멘트 고로슬래그시멘트(1종) 포틀랜드포졸란시멘트(1종) 플라이애쉬시멘트(1종)	고로슬래그시멘트(2종) 포틀랜드포졸란시멘트(2종) 플라이애쉬시멘트(2종)
20[℃] 이상	2일	4일	5일
20[℃] 미만 10[℃] 이상	3일	6일	8일

참고 ① 건설안전산업기사 필기 p.3-74(2. 콘크리트 압축강도를 시험하지 않을 경우 거푸집보의 해체시기)
② 건설안전산업기사 필기 p.5-114([표 2] 콘크리트 압축강도를 시험하지 않을 경우 거푸집보의 해체시기)

[정답] 53 ④ 54 ① 55 ③ 56 ①

2024

KEY ① 2018년 4월 28일 기사·산업기사 동시 출제
② 2021년 5월 9일(문제 41번) 출제

57 콘크리트를 수직부재인 기둥과 벽, 수평부재인 보, 슬래브를 구획하여 타설하는 공법을 무엇이라 하는가?

① V.H 분리타설공법 ② N.H 분리타설공법
③ H.S 분리타설공법 ④ H.N 분리타설공법

해설

V·H 타설공법

① 동시타설과 분리타설방법이 있다.
② 분리타설방법은 수직부재와 수평부재를 분리하여 타설하는 방법으로 기둥, 벽 등 수직부재를 먼저 타설하고 수평부재를 나중에 타설하는 방법이다.
③ 콘크리트의 침하균열 영향을 예방하는 방법으로 주로 공장제작한 슬래브공법 등에서 행한다.

보충학습

① V.H 분리타설 : 수직부재인 기둥과 벽(V), 수평부재인 보, 슬래브(H)를 별도의 구획으로 타설
② V.H 동시타설 : 수직부재인 기둥과 벽(V), 수평부재인 보, 슬래브(H)를 일체의 구획으로 타설

KEY ① 2008년 9월 7일(문제 44번) 출제
② 2022년 3월 2일(문제 47번) 출제

58 지반개량 공법 중 동다짐(dynamic compaction)공법의 특징으로 옳지 않은 것은?

① 시공 시 지반진동에 의한 공해문제가 발생하기도 한다.
② 지반 내에 암괴 등의 장해물이 있으면 적용이 불가능하다.
③ 특별한 약품이나 자재를 필요로 하지 않는다.
④ 깊은 심도의 지반개량에 대해서는 초대형 장비가 필요하다.

해설

동다짐 공법

(1) 개요
① 동다짐은 10~40톤 가량의 무거운 추를 높은 지점에서 떨어뜨리는 과정을 반복해서 지반을 다지는 공법
② 지반에 충분한 에너지가 전달되면 흙입자들이 재배열되고 간극이 붕괴되어 지층이 조밀하게 되거나 간극수를 배출시켜 유효 응력이 증가하여 강도가 증가되고 압축성이 감소되는 효과를 얻게 됨

(2) 동다짐공법 특징
① 장비가 간단하다.
② 공사진행중에 다짐 효과를 확인할 수 있다.
③ 돌부스러기, 호박돌 뿐만 아니라 폐기물 매립지에 대한 다짐효과가 우수하다.
④ 투수성 지반의 경우 적용성이 뛰어나며 실트 점토와 같은 세립토의 다짐도 가능하다.
⑤ 다른 개량 공법에 비해 시공비가 저렴하다.

KEY ① 2018년 9월 15일 기사(문제 76번) 출제
② 2022년 4월 17일(문제 42번) 출제

59 철골부재조립 시 구멍의 위치가 다소 다를 때 구멍을 맞추기 위한 작업은?

① 송곳뚫기(driling) ② 리이밍(reaming)
③ 펀칭(punching) ④ 리벳치기(riveting)

해설

구멍가심(Reaming)

① 조립시 리벳구멍 위치가 다르면 리머(Reamer)로 구멍가시기를 한다.
② 구멍의 최대편심거리는 1.5[mm] 이하로 한다.
③ 3장 이상 겹칠 때는 송곳으로 구멍지름보다 1.5[mm] 작게 뚫고 드릴 또는 리머로 조절한다.(구멍지름 오차 ±2[mm] 이하)

참고 건설안전산업기사 필기 p.3-88(3. 구멍 가심)

KEY 2022년 4월 17일(문제 49번) 출제

60 속빈 콘크리트블록의 규격 중 기본블록치수가 아닌 것은? (단, 단위 : mm)

① 390×190×190 ② 390×190×150
③ 390×190×100 ④ 390×190×80

해설

속빈 콘크리트 블록 치수

형 상	치 수[mm]		
	길 이	높 이	두 께
기본블록	390	190	190 150 100
이형블록	길이, 높이, 두께의 최소 치수를 90[mm] 이상으로 한다.		

[정답] 57 ① 58 ② 59 ② 60 ④

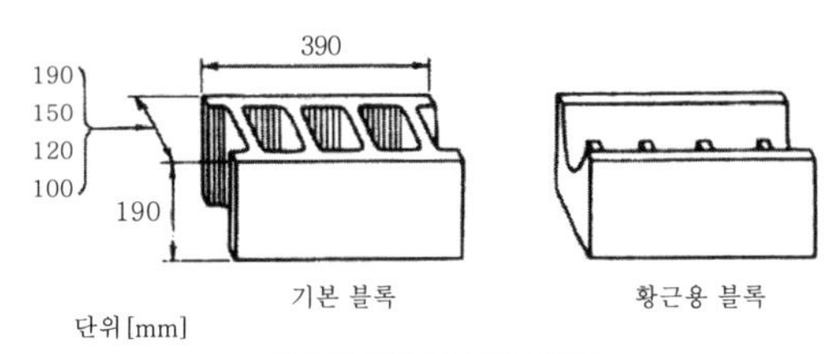

[그림] 속빈 콘크리트 블록

참고 건설안전산업기사 필기 p.3-105 (2. 블록공사)

KEY 2022년 9월 14일(문제 42번) 출제

4 건설재료학

61 단열재의 선정조건으로 옳지 않은 것은?

① 흡수율이 낮을 것
② 비중이 클 것
③ 열전도율이 낮을 것
④ 내화성이 좋을 것

해설

단열재의 선정조건

① 열전도율, 흡수율이 작을 것
② 비중, 투기성이 작을 것
③ 내화성이 크고 내부식성이 좋을 것
④ 시공성이 좋고 기계적인 강도가 있을 것
⑤ 재질의 변질이 없고 균일한 품질일 것
⑥ 가격이 저렴하고 연소 시 유독가스 발생이 없을 것

참고 건설안전산업기사 필기 p.4-134(8. 단열재)

KEY ① 2021년 5월 9일(문제 68번) 출제
② 2023년 5월 13일(문제 63번) 출제

62 비철금속에 관한 설명으로 옳지 않은 것은?

① 청동은 동과 주석의 합금으로 건축장식철물 또는 미술공예재료에 사용된다.
② 황동은 동과 아연의 합금으로 산에는 침식되기 쉬우나 알칼리나 암모니아에는 침식되지 않는다.
③ 알루미늄은 광선 및 열의 반사율이 높지만 연질이기 때문에 손상되기 쉽다.
④ 납은 비중이 크고 전성, 연성이 풍부하다.

해설

알칼리와 해수

① 알칼리에 약한 금속 : 동, 알루미늄, 아연, 납
② 해수에 약한 금속 : 동, 알루미늄, 아연

참고 건설안전산업기사 필기 p.4-80(합격날개 : 합격예측)

KEY 2023년 5월 13일(문제 71번) 출제

63 합성수지에 대한 설명 중 옳지 않은 것은?

① 페놀수지는 내열성·내수성이 양호하여 파이프, 덕트 등에 사용된다.
② 염화비닐수지는 열가소성수지에 속한다.
③ 실리콘수지는 전기적 성능은 우수하나 내약품성·내후성이 좋지 않다.
④ 에폭시수지는 내약품성이 양호하며 금속도료 및 접착제로 쓰인다.

해설

실리콘수지 접착제

① 내수성이 우수
② 내열성 우수(200[℃]), 내연성, 전기적 절연성 우수
③ 유리섬유판, 텍스, 피혁류 등 모든 접착가능
④ 방수제도로 사용가능

참고 건설안전산업기사 필기 p.4-115(3. 합성수지계 접착제의 종류 및 특성)

KEY 2023년 5월 13일(문제 76번) 출제

64 다음 중 열경화성수지가 아닌 것은?

① 요소수지 ② 폴리에틸렌수지
③ 실리콘수지 ④ 알키드수지

해설

플라스틱 수지

(1) 열경화성수지
① 요소수지 ② 실리콘수지 ③ 알키드수지
(2) 열가소성수지
폴리에틸렌수지

참고 건설안전산업기사 필기 p.4-113(2. 열경화성수지)

KEY ① 2015년 9월 19일(문제 69번) 출제
② 2023년 9월 2일(문제 64번) 출제

[정답] 61 ② 62 ② 63 ③ 64 ②

65 시멘트가 공기 중의 수분을 흡수하여 일어나는 수화작용을 의미하는 용어는?

① 풍화 ② 경화
③ 수축 ④ 응결

해설

시멘트의 풍화현상

$Ca(OH)_2 \rightarrow CaCO_3 + H_2O$
(중성화, 백화현상)

참고 건설안전산업기사 필기 p.4-30(합격날개 : 합격예측)

KEY 2023년 9월 2일 기사·산업기사 동시 출제

66 감람석이 변질된 것으로 암녹색 바탕에 아름다운 무늬를 갖고 있으나 풍화성이 있어 실내장식용으로 사용되는 것은?

① 현무암 ② 사문암
③ 안산암 ④ 응회암

해설

사문암(Serpentine)의 특징

① 흑(암)녹색의 치밀한 화강석인 감람석 중에 포함되었던 철분이 변질되어 흑녹색 바탕에 적갈색의 무늬를 가진 것으로 물갈기를 하면 광택이 난다.
② 대리석 대용 및 실내장식용으로 사용된다.

참고 건설안전산업기사 필기 p.4-63(3. 변성암의 종류)

KEY ① 2013년 9월 28일(문제 80번) 출제
② 2023년 9월 2일(문제 70번) 출제

보충학습

① 현무암 : 암석 내지 흑색 미세립의 화산암으로 대부분 기둥모양의 투명한 라브라도라이트의 성분으로 이루어져 있다.
② 안산암 : 화강암과 비슷하나 화강암보다 내화력이 우수하고 광택이 없어 구조용에 많이 사용한다. 색상은 갈색, 흑색, 녹색 등이 있다.
③ 응회암 : 다공질로 내화성은 크나 강도는 약함

67 건축용 단열재 중 무기질이 아닌 것은?

① 암면
② 유리섬유
③ 세라믹파이버
④ 셀룰로즈파이버

해설

무기질 단열재의 종류

① 유리면(섬유)
② 암면
③ 세라믹파이버(섬유)
④ 펄라이트판
⑤ 규산칼슘판
⑥ 경량기포콘크리트

참고 건설안전산업기사 필기 p.4-134(합격날개:합격예측)

KEY ① 2015년 9월 19일(문제 62번) 출제
② 2023년 9월 2일(문제 75번) 출제

보충학습

유기질 단열재

① 셀룰로즈파이버(섬유판)
② 연질섬유판
③ 폴리스틸렌폼
④ 경질우레탄폼

68 중용열 포틀랜드시멘트에 관한 설명으로 옳지 않은 것은?

① 수축이 작고 화학저항성이 일반적으로 크다.
② 매스콘크리트 등에 사용된다.
③ 단기강도는 보통포틀랜드시멘트보다 낮다.
④ 긴급 공사, 동절기 공사에 주로 사용된다.

해설

중용열(저열)포틀랜드 시멘트(제2종 포틀랜드 시멘트)

① 시멘트의 성분 중에 CaO, Al_2O_3, MgO 등을 적게하고 SiO_2, Fe_2O_3 등을 많게 한 것이다.
② 경화시에 발열량이 적고 내식성이 있고 안정도가 높으며 내구성이 크고 수축률이 작아서 대형 단면부재에 쓸 수 있으며 방사선 차단효과가 있다.

참고 건설안전산업기사 필기 p.4-30(1. 포틀랜드시멘트)

KEY ① 2017년 3월 5일(문제 65번) 출제
② 2023년 3월 2일(문제 67번) 출제

보충학습

조강 포틀랜드 시멘트(제3종 포틀랜드 시멘트)

① 보통 포틀랜드 시멘트와 원료는 동일하고 조기강도가 높고 수화 발열량이 많으므로 한중 콘크리트나 긴급 공사용 콘크리트 재료로 이용된다.
② 경화건조될 때에는 수축이 크며 발열량이 많으므로 대형 단면부재에서는 내부응력으로 균열이 발생하기 쉽다.

[정답] 65 ① 66 ② 67 ④ 68 ④

69 구리(銅)에 관한 설명으로 옳지 않은 것은?

① 상온에서 연성, 전성이 풍부하다.
② 열 및 전기전도율이 크다.
③ 암모니아와 같은 약알칼리에 강하다.
④ 황동은 구리와 아연을 주체로 한 합금이다.

해설

CU의 특징
① 암모니아 알칼리성 용액에 침식된다.
② 황동 = 구리 + 아연
③ 청동 = 구리 + 주석

참고 건설안전산업기사 필기 p.4-82(1. 구리)

① 2020년 6월 14일 출제
② 2023년 3월 2일(문제 70번) 출제

70 잔골재를 각 상태에서 계량한 결과 그 무게가 다음과 같을 때 이 골재의 유효흡수율은?

- 절건상태 : 2,000g
- 기건상태 : 2,066g
- 표면건조 내부 포화상태 : 2,124g
- 습윤상태 : 2,152g

① 1.32[%] ② 2.81[%]
③ 6.20[%] ④ 7.60[%]

해설

유효흡수율
① 유효흡수율의 정의 : 기건상태의 골재중량에 대한 흡수량의 백분율
② 유효흡수율[%] $= \dfrac{B-A}{A} \times 100$

$= \dfrac{2{,}124-2{,}066}{2{,}066} \times 100 = 2.81[\%]$

A : 기건중량
B : 표면건조포화상태의 중량
$A = 2{,}066[g]$, $B = 2{,}124[g]$

참고 건설안전산업기사 필기 p.4-59(문제 28번)

KEY ① 2017년 5월 7일 기사 출제
② 2018년 4월 28일 기사 출제
③ 2019년 3월 3일(문제 74번) 출제
④ 2023년 3월 2일(문제 75번) 출제

보충학습
① 함수율(Water content) : [°/wt]
골재 표면 및 내부에 있는 물의 전 중량에 대한 절대건조상태의 골재 중량에 대한 백분율
② 흡수율 : [°/wt]
보통 24시간 침수에 의하여 표면건조 포수상태의 골재에 포함되어 있는 전수량에 대한 절대건조상태의 골재중량에 대한 백분율

71 석재를 다듬을 때 쓰는 방법으로 양날 망치로 정다듬한 면을 일정방향으로 찍어 다듬는 석재 표면 마무리 방법은?

① 잔다듬 ② 도드락다듬
③ 혹두기 ④ 거친갈기

해설

석재의 가공
① 혹두기(메다듬) : 쇠메나 망치로 돌의 면을 다듬는 것이다.
② 정다듬 : 혹두기면을 정으로 곱게 쪼아 표면에 미세하고 조밀한 흔적을 내어 평탄하고 거친 면으로 만든 것이다.
③ 도드락다듬 : 거친 정다듬한 면을 도드락망치로 더욱 평탄하게 다듬는 것으로 면에 특이한 아름다움이 있다.
④ 잔다듬 : 정다듬한 면을 양날망치로 평행방향으로 치밀하게 곱게 쪼아 표면을 더욱 평탄하게 만든 것이다.

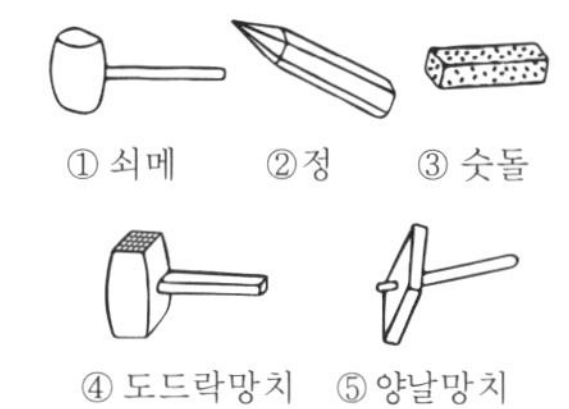

[그림] 석재가공 공구

참고 건설안전산업기사 필기 p.4-61(3. 석재의 가공)

KEY ① 2018년 3월 4일(문제 76번) 출제
② 2023년 3월 2일(문제 79번) 출제

72 판성형되어 유리대체재로서 사용되는 것으로 유기질 유리라고 불리우는 것은?

① 아크릴수지 ② 페놀수지
③ 폴리에틸렌수지 ④ 요소수지

[정답] 69 ③ 70 ② 71 ① 72 ①

해설

아크릴수지

① 유기질유리라 하여 일찍이 비행기의 방풍유리로 사용해 왔다.
② 무색투영판은 광선 및 자외선의 투과성이 크고 내약품성, 전기절연성이 크며 내충격강도는 무기재료보다 8~10배 정도이다.

참고 건설안전산업기사 필기 p.4-112 (2. 아크릴 수지)

KEY ① 2018년 3월 4일 기사 출제
② 2022년 9월 14일(문제 61번) 출제

73 다음 중 이온화 경향이 가장 큰 금속은?

① Mg ② Al
③ Fe ④ Cu

해설

금속의 이온화 경향

① 금속이 전해질 용액 중에 들어가면 양이온으로 되려고 하는 경향이 있다. 이러한 대소를 금속의 이온화 경향이라고 한다.
② 큰 순서 ; K>Na>Ca>Mg>Al>Zn>Fe>Ni>Sn>Pb>Cu

참고 건설안전산업기사 필기 p.4-85 (합격날개 : 합격예측)

KEY 2022년 9월 14일(문제 65번) 출제

74 목재의 심재와 변재에 관한 설명으로 옳지 않은 것은?

① 변재는 심재 외측과 수피 내측 사이에 있는 생활세포의 집합이다.
② 심재는 수액의 통로이며 양분의 저장소이다.
③ 심재는 변재보다 단단하여 강도가 크고 신축 등 변형이 적다.
④ 심재의 색깔은 짙으며 변재의 색깔은 비교적 엷다.

해설

수액의 유통과 저장 : 변재의 세포

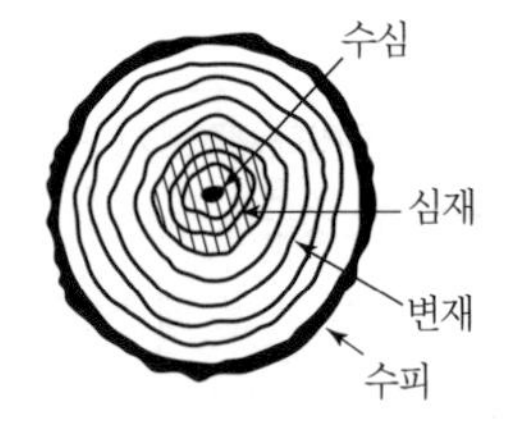

[그림] 수목의 횡단면

참고 건설안전산업기사 필기 p.4-5 (2. 변재의 특징)

KEY ① 2018년 4월 28일 기사 출제
② 2022년 9월 14일(문제 69번) 출제

75 강재의 인장강도가 최대로 될 경우의 탄소 함유량의 범위로 가장 가까운 것은?

① 0.04~0.2[%] ② 0.2~0.5[%]
③ 0.8~1.0[%] ④ 1.2~1.5[%]

해설

탄소함유량과 인장강도

① 탄소함유량 0.9[%]까지는 인장강도, 경도는 증가한다.
② 0.85[%]에서 최대가 된다.

참고 건설안전산업기사 필기 p.4-82 (합격날개 : 합격예측)

KEY ① 2018년 3월 4일 산업기사 출제
② 2022년 9월 14일(문제 80번) 출제

76 플라이애시시멘트에 대한 설명으로 옳은 것은?

① 수화할 때 불용성 규산칼슘 수화물을 생성한다.
② 화력발전소 등에서 완전 연소한 미분탄의 회분과 포틀랜드시멘트를 혼합한 것이다.
③ 재령 1~2시간 안에 콘크리트 압축강도가 20MPa에 도달할 수 있다.
④ 용광로의 선철제작 부산물을 급랭시키고 파쇄하여 시멘트와 혼합한 것이다.

해설

플라이애시(Fly ash)

① 인공제품으로 가장 널리 쓰이는 포졸란의 일종이다.
② 주로 시공연도조절 등으로 사용된다.(주성분 : 석탄재)
③ 블리딩이 적어진다.

참고 건설안전산업기사 필기 p.4-34(2. 플라이애시)

KEY ① 2017년 3월 5일기사 출제
② 2018년 4월 28일 기사 출제
③ 2019년 9월 21(문제 84번) 출제
④ 2022년 4월 17일(문제 61번) 출제

[정답] 73 ① 74 ② 75 ③ 76 ②

77 미장바탕의 일반적인 성능조건과 가장 거리가 먼 것은?

① 미장층보다 강도가 클 것
② 미장층과 유효한 접착강도를 얻을 수 있을 것
③ 미장층보다 강성이 작을 것
④ 미장층의 경화, 건조에 지장을 주지 않을 것

해설

미장바탕이 갖추어야 할 조건

① 미장층과 유효한 접착강도를 얻을 수 있을 것
② 미장층의 경화, 건조에 지장을 주지 않을 것
③ 미장층과 유해한 화학반응을 하지 않을 것
④ 미장층 시공에 적합한 평면상태, 흡수성을 가질 것

참고 건설안전산업기사 필기 p.4-98(합격날개 : 은행문제)

KEY ① 2017년 3월 5일 출제
② 2018년 4월 28일 기사(문제 81번) 출제
③ 2022년 4월 17일(문제 67번) 출제

78 다음 중 금속제품과 그 용도를 짝지은 것 중 옳지 않은 것은?

① 데크 플레이트－콘크리트 슬래브의 거푸집
② 조이너－천장, 벽 등의 이음새 노출방지
③ 코너비드－기둥, 벽의 모서리 미장바름 보호
④ 펀칭메탈－천장 달대를 고정시키는 철물

해설

펀칭메탈(Punching metal)

① 두께 1.2[mm] 이하의 박강판을 여러 가지 무늬 모양으로 구멍을 뚫어 만든 것이다.
② 용도는 환기구멍, 방열기덮개 등으로 쓰인다.

참고 건설안전산업기사 필기 p.4-88(7. 펀칭메탈)

KEY ① 2009년 5월 10일(문제 62번) 출제
② 2022년 3월 2일(문제 61번) 출제

79 목재 및 그 밖에 식물의 섬유질 소편에 합성수지 접착제를 도포하여 가열압착 성형한 판상제품은?

① 파티클보드
② 시멘트 목질판
③ 집성목재
④ 합판

해설

파티클보드

목재 및 기타 식물의 섬유질 소편에 합성수지 접착제를 도포, 가열압착 성형한 판상제품이다.

① 특성
㉮ 강도와 섬유방향에 따른 방향성이 있다.
㉯ 변형이 없다.
㉰ 방부, 방화성을 크게 할 수 있다.
㉱ 흡음, 열의 차단성이 높다.
② 용도 : 강도가 크므로 구조용으로 사용, 선박, 마룻널, 칸막이, 가구 등에 쓰인다.

참고 2003년 5월 25일(문제 78번)

 ① 2000년 7월 23일(문제 76번) 출제
② 2001년 6월 3일(문제 72번) 출제
③ 2006년 3월 5일(문제 65번) 출제
④ 2022년 3월 5일 기사 출제
⑤ 2022년 3월 2일(문제 65번) 출제

80 다음 중 실(seal)재가 아닌 것은?

① 코킹재
② 퍼티
③ 실링재
④ 트래버틴

해설

트래버틴(travertine)

① 대리석의 일종이다.
② 고급 실내장식재로 쓰인다.

참고 건설안전산업기사 필기 p.4-77(문제 32번)

KEY ① 2004년 출제
② 2010년 3월 7일(문제 68번) 출제
② 2022년 3월 2일(문제 71번) 출제

[정답] 77 ③ 78 ④ 79 ① 80 ④

5 건설안전기술

81 다음 빈칸에 알맞은 숫자를 순서대로 옳게 나타낸 것은?

> 강관비계의 경우, 띠장간격은 ( )[m] 이하로 설치하되, 첫 번째 띠장은 지상으로부터 ( )[m] 이하의 위치에 설치한다.

① 2, 2　　② 2.5, 3
③ 1.85, 2　　④ 1, 3

해설

강관비계의 띠장간격

① 띠장 간격은 2[m] 이하로 설치한다.(비계기둥의 간격은 띠장방향 1.85[m] 이하)
② 띠장은 지상으로부터 2[m] 이하의 위치에 설치한다.
③ 작업의 성질상 이를 준수하기가 곤란하여 쌍기둥틀 등에 의하여 해당 부분을 보강한 경우에는 그러하지 아니하다.

참고 건설안전산업기사 필기 p.5-97(합격날개 : 합격예측 및 관련 법규)

KEY ① 2017년 3월 5일 기사 출제
② 2017년 8월 26일 기사·산업기사 동시출제
③ 2023년 7월 8일(문제 81번) 출제

합격정보

산업안전보건기준에 관한 규칙 제60조(강관비계의 구조)

82 철골공사 시 무너짐의 위험이 있어 강풍에 대한 안전여부를 확인해야 할 필요성이 가장 높은 경우는?

① 연면적당 철골량이 일반 건물보다 많은 경우
② 기둥에 H형강을 사용하는 경우
③ 이음부가 공장용접인 경우
④ 단면구조가 현저한 차이가 있으며 높이가 20[m] 이상인 건물

해설

강풍시 검토사항

① 높이 20[m] 이상인 구조물
② 구조물의 폭과 높이의 비가 1 : 4 이상인 구조물
③ 건물, 호텔 등에서 단면 구조에 현저한 차이가 있는 것
④ 연면적당 철골량이 50[kg/m^2] 이하인 구조물
⑤ 기둥이 타이 플레이트(tie plate)형인 구조물
⑥ 이음부가 현장 용접인 경우

참고 건설안전산업기사 필기 p.5-136(3. 철골의 자립도 검토)

KEY ① 2017년 9월 23일 기사 출제
② 2018년 3월 4일 기사 출제
③ 2019년 4월 27일 기사 출제
④ 2023년 7월 8일(문제 83번) 출제

83 가설구조물의 특징으로 옳지 않은 것은?

① 연결재가 적은 구조로 되기 쉽다.
② 부재의 결합이 매우 복잡하다.
③ 구조상의 결함이 있는 경우 중대재해로 이어질 수 있다.
④ 사용부재가 과소단면이거나 결함재료를 사용하기 쉽다.

해설

가설 구조물의 특징

① 연결재가 부족하여 불안정해지기 쉽다.
② 부재 결합이 간략하고 불완전 결합이 많다.
③ 구조물이라는 통상의 개념이 확고하지 않아 조립의 정밀도가 낮다.
④ 부재는 과소 단면이거나 결함이 있는 재료가 사용되기 쉽다.

참고 건설안전산업기사 필기 p.5-85(1. 가설 공사 개요)

① 2003년 8월 10일 기사 출제
② 2023년 7월 8일(문제 87번) 출제

84 철근의 가스절단 작업 시 안전상 유의해야 할 사항으로 옳지 않은 것은?

① 작업장에는 소화기를 비치하도록 한다.
② 호스, 전선 등은 다른 작업장을 거치는 곡선상의 배선이어야 한다.
③ 전선의 경우 피복이 손상되어 있는지를 확인하여야 한다.
④ 호스는 작업 중에 겹치거나 밟히지 않도록 한다.

해설

철근 가스절단시 안전대책

① 작업장에는 소화기를 비치하도록 한다.
② 전선의 경우 피복이 손상되어 있는지를 확인하여야 한다.
③ 호스는 작업 중에 겹치거나 밟히지 않도록 한다.

① 2019년 8월 4일(문제 92번) 출제
② 2023년 7월 8일(문제 90번) 출제

[정답] 81 ① 82 ④ 83 ② 84 ②

85 동바리등을 조립하는 경우의 준수사항으로 옳지 않은 것은?

① 강재와 강재의 접속부 및 교차부는 볼트·클램프 등 전용철물을 사용하여 단단히 연결할 것
② 동바리로 사용하는 강관(파이프 서포트는 제외)은 높이 2[m] 이내마다 수평연결재를 2개 방향으로 만들고 수평연결재의 변위를 방지할 것
③ 동바리의 이음은 맞댄이음으로 하고 장부이음의 적용은 절대 금할 것
④ 거푸집이 곡면인 경우에는 버팀대의 부차 등 그 거푸집의 부상(浮上)을 방지하기 위한 조치를 할 것

해설

동바리 이음 : 같은 품질의 재료를 사용

참고 건설안전산업기사 필기 p.5-87(합격날개 : 합격예측 및 관련법규)

KEY ① 2017년 8월 16일(문제 88번) 출제
② 2023년 7월 8일(문제 96번) 출제

합격정보
산업안전보건기준에 관한 규칙 제332조(동바리 조립시의 안전조치)

86 잠함, 우물통, 수직갱, 그 밖에 이와 유사한 건설물 또는 설비의 내부에서 굴착작업을 하는 경우에 준수해야 할 기준으로 옳지 않은 것은?

① 산소 결핍 우려가 있는 경우에는 산소의 농도를 측정하는 사람을 지명하여 측정하도록 할 것
② 근로자가 안전하게 오르내리기 위한 설비를 설치할 것
③ 굴착 깊이가 10[m]를 초과하는 경우에는 해당 작업장소와 외부와의 연락을 위한 통신설비 등을 설치할 것
④ 굴착깊이가 20[m]를 초과하는 경우에는 송기를 위한 설비를 설치하여 필요한 양의 공기를 공급할 것

해설

통신설비 설치기준
굴착깊이 20[m] 초과하는 경우 외부와의 연락을 위한 통신설비 설치

참고 건설안전산업기사 필기 p.5-128(합격날개 : 합격예측 및 관련법규)

KEY 2023년 7월 8일(문제 98번) 출제

합격정보
산업안전보건기준에 관한 규칙 제377조(잠함 등 내부에서의 작업)

87 다음은 이음매가 있는 권상용 와이어로프의 사용금지 규정이다. ( ) 안에 알맞은 숫자는?

> 와이어로프의 한 꼬임에서 소선의 수가 ( )[%]이상 절단된 것을 사용하면 안된다.

① 5 ② 7
③ 10 ④ 15

해설

달비계 와이어로프 사용금지 기준
① 이음매가 있는 것
② 와이어로프의 한 꼬임[(스트랜드(strand)를 말한다. 이하 같다]에서 끊어진 소선(素線)[필러(pillar)선은 제외한다)]의 수가 10[%] 이상(비자전로프의 경우에는 끊어진 소선의 수가 와이어로프 호칭지름의 6배 길이 이내에서 4[개] 이상이거나 호칭지름 30배 길이 이내에서 8[개] 이상)인 것
③ 지름의 감소가 공칭지름의 7[%]를 초과하는 것
④ 꼬인 것
⑤ 심하게 변형되거나 부식된 것
⑥ 열과 전기충격에 의해 손상된 것

참고 건설안전산업기사 필기 p.5-99(합격날개 : 합격예측 및 관련법규)

KEY ① 2015년 5월 31일 기사 출제
② 2023년 5월 13일(문제 84번) 출제
③ 2023년 6월 4일 기사 등 10회 이상 출제

합격정보
산업안전보건기준에 관한 규칙 제63조(달비계의 구조)

[정답] 85 ③ 86 ③ 87 ③

2024

88 철근콘크리트 현장타설공법과 비교한 PC(precast concrete)공법의 장점으로 볼 수 없는 것은?

① 기후의 영향을 받지 않아 동절기 시공이 가능하고, 공기를 단축할 수 있다.
② 현장작업이 감소되고, 생산성이 향상되어 인력절감이 가능하다.
③ 공사비가 매우 저렴하다.
④ 공장 제작이므로 콘크리트 양생 시 최적조건에 의한 양질의 제품생산이 가능하다.

해설

프리캐스트 콘크리트(Precast concrete)

① 보, 기둥, 슬라브 등을 공장에서 미리 만들어 현장에서 조립하는 콘크리트
② 인력절감, 공기단축
③ 균등한 품질확보
④ 부재의 규격화, 대량생산 가능
⑤ 공사비 절감, 생산성 향상
⑥ 접합부위, 연결부위의 일체성확보가 RC공사에 비해 불리하다.
⑦ 외기에 영향을 받지 않으므로 동절기 시공이 가능하다.
⑧ 다양한 형상제작이 곤란하므로 설계상의 제약이 따른다.
⑨ 대규모 공사에 적용하는 것이 유리하다.

참고 건설안전산업기사 필기 p.5-151(1. PC 공사안전)

KEY ① 2020년 8월 23일(문제 97번) 출제
② 2023년 5월 13일(문제 87번) 출제

89 사다리식 통로의 설치기준으로 틀린 것은?

① 폭은 30[cm] 이상으로 할 것
② 발판과 벽과의 사이는 15[cm] 이상의 간격을 유지할 것
③ 사다리의 상단은 걸쳐놓은 지점으로부터 60[cm] 이상 올라가도록 할 것
④ 사다리식 통로의 길이가 10[m] 이상인 경우에는 7[m] 이내마다 계단참을 설치할 것

해설

사다리식 통로 설치기준

① 견고한 구조로 할 것
② 심한 손상·부식 등이 없는 재료를 사용할 것
③ 발판의 간격은 일정하게 할 것
④ 발판과 벽과의 사이는 15[cm] 이상의 간격을 유지할 것
⑤ 폭은 30[cm] 이상으로 할 것
⑥ 사다리가 넘어지거나 미끄러지는 것을 방지하기 위한 조치를 할 것
⑦ 사다리의 상단은 걸쳐놓은 지점으로부터 60 [cm] 이상 올라가도록 할 것
⑧ 사다리식 통로의 길이가 10[m] 이상인 경우에는 5[m] 이내마다 계단참을 설치할 것
⑨ 사다리식 통로의 기울기는 75[°] 이하로 할 것. 다만, 고정식 사다리식 통로의 기울기는 90[°] 이하로 하고, 그 높이가 7[m] 이상인 경우에는 바닥으로부터 높이가 2.5[m]되는 지점부터 등받이울을 설치할 것
⑩ 접이식 사다리 기둥은 사용 시 접혀지거나 펼쳐지지 않도록 철물 등을 사용하여 견고하게 조치할 것

참고 건설안전산업기사 필기 p.5-14(합격날개 : 합격예측)

합격정보
산업안전보건기준에 관한 규칙 제23조(가설통로의 구조)

KEY ① 2014년 5월 25일(문제 99번) 출제
② 2023년 5월 13일(문제 90번) 출제

90 다음은 산업안전보건법령에 따른 승강설비의 설치에 관한 내용이다. ( )에 들어갈 내용으로 옳은 것은?

사업주는 높이 또는 깊이가 ( )를 초과하는 장소에서 작업하는 경우 해당 작업에 종사하는 근로자가 안전하게 승강하기 위한 건설작업용 리프트 등의 설비를 설치하는 것이 작업의 성질상 곤란한 경우에는 그러하지 아니하다.

① 2[m] ② 3[m]
③ 4[m] ④ 5[m]

해설

승강설비 높이 및 길이 기준 : 2[m] 초과

참고 건설안전산업기사 필기 p.5-131(합격날개 : 합격예측 및 관련 법규)

합격정보
산업안전보건기준에 관한 규칙 제46조(승강설비의 설치)

KEY ① 2017년 5월 7일 기사 출제
② 2017년 8월 26일 기사 출제
③ 2020년 8월 23일(문제 94번) 출제
④ 2023년 5월 13일(문제 90번) 출제

[정답] 88 ③ 89 ④ 90 ①

91 공사현장에서 낙하물방지망 또는 방호선반을 설치할 때 설치높이 및 벽면으로부터 내민 길이 기준으로 옳은 것은?

① 설치높이 : 10[m] 이내마다, 내민 길이 2[m] 이상
② 설치높이 : 15[m] 이내마다, 내민 길이 2[m] 이상
③ 설치높이 : 10[m] 이내마다, 내민 길이 3[m] 이상
④ 설치높이 : 15[m] 이내마다, 내민 길이 3[m] 이상

해설

낙하물(안전)방망 설치기준

① 추락방호망의 설치위치는 가능하면 작업면으로부터 가까운 지점에 설치하여야 하며, 작업면으로부터 망의 설치지점까지의 수직거리는 10[m]를 초과하지 아니할 것
② 추락방호망은 수평으로 설치하고, 망의 처짐은 짧은 변 길이의 12[%] 이상이 되도록 할 것
③ 건축물 등의 바깥쪽으로 설치하는 경우 망의 내민 길이는 벽면으로부터 3[m] 이상 되도록 할 것. 다만, 그물코가 20[mm] 이하인 망을 사용한 경우에는 낙하물방지망을 설치한 것으로 본다.

참고 건설안전산업기사 필기 p.5-77(2. 낙하·비래재해의 예방대책에 관한 사항)

KEY 2023년 5월 13일(문제 96번) 등 5회 이상 출제

합격정보
산업안전보건기준에 관한 규칙 제42조(추락의 방지)

보충학습
내민길이
① 낙하물 방지망 : 2[m] 이상 ② 추락방호망 바깥면용 : 3[m] 이상

92 이동식 비계 작업 시 주의사항으로 옳지 않은 것은?

① 비계의 최상부에서 작업을 하는 경우에는 안전난간을 설치한다.
② 이동 시 작업지휘자가 이동식 비계에 탑승하여 이동하며 안전여부를 확인하여야 한다.
③ 비계를 이동시키고자 할 때는 바닥의 구멍이나 머리 위의 장애물을 사전에 점검한다.
④ 작업발판은 항상 수평을 유지하고 작업발판 위에서 안전난간을 딛고 작업을 하거나 받침대 또는 사다리를 사용하여 작업하지 않도록 한다.

해설

비계 이동시 작업지휘나 작업원이 탄채로 이동하면 안된다.

참고 건설안전산업기사 필기 p.6-95(4. 이동식 비계)

KEY ① 2011년 8월 21일(문제 81번) 출제
② 2020년 6월 14일(문제 85번) 출제
③ 2023년 3월 1일(문제 84번) 출제

합격정보
산업안전보건기준에 관한 규칙 제68조(이동식비계)

[그림] 이동식 비계

93 산업안전보건관리비 중 안전시설비 등의 항목에서 사용가능한 내역은?

① 외부인 출입금지, 공사장 경계표시를 위한 가설울타리
② 용접 작업 등 화재 위험작업 시 사용하는 소화기의 구입·임대비용
③ 절토부 및 성토부 등의 토사유실 방지를 위한 설비
④ 공사 목적물의 품질 확보 또는 건설장비 자체의 운행 감시, 공사 진척상황 확인, 방범 등의 목적을 가진 CCTV 등 감시용 장비

해설

안전시설비 사용가능내역

① 산업재해 예방을 위한 안전난간, 추락방호망, 안전대 부착설비, 방호장치(기계·기구와 방호장치가 일체로 제작된 경우, 방호장치 부분의 가액에 한함)등 안전시설의 구입·임대 및 설치를 위해 소요되는 비용
② 「건설기술진흥법」제62조의3에 따른 스마트 안전장비 구입·임대 비용의 5분의 1에 해당하는 비용. 다만, 제4조에 따라 계상된 안전보건관리비 총액의 10분의 1을 초과할 수 없다.
③ 용접 작업 등 화재 위험작업 시 사용하는 소화기의 구입·임대비용

KEY ① 2017년 5월 7일 기사 출제
② 2018년 3월 4일 기사 출제
③ 2019년 3월 3일(문제 92번) 출제
④ 2023년 3월 1일(문제 87번) 출제

합격정보
고용노동부고시 2023-49(2023.10.5) 개정

[정답] 91 ① 92 ② 93 ②

94 철근을 인력으로 운반할 때의 주의사항으로서 옳지 않은 것은?

① 긴 철근은 2[인] 1[조]가 되어 어깨메기로 하여 운반한다.
② 긴 철근을 부득이 1[인]이 운반할 때는 철근의 한쪽을 어깨에 메고 다른 한쪽 끝을 땅에 끌면서 운반한다.
③ 1[인]이 1회에 운반할 수 있는 적당한 무게한도는 운반자의 몸무게 정도이다.
④ 운반시에는 항상 양끝을 묶어 운반한다.

해설

철근 인력 운반 시 주의사항

① 1[인]당 무게는 25[kg] 정도가 적절하며, 무리한 운반을 삼가야 한다.
② 2[인] 이상이 1[조]가 되어 어깨메기로 하여 운반하는 등 안전을 도모하여야 한다.
③ 긴 철근을 부득이 한 사람이 운반하는 경우에는 한쪽을 어깨에 메고 한쪽 끝을 끌면서 운반하여야 한다.
④ 운반하는 경우에는 양끝을 묶어 운반하여야 한다.
⑤ 내려놓을 때는 천천히 내려놓고 던지지 않아야 한다.
⑥ 공동 작업을 하는 경우에는 신호에 따라 작업을 하여야 한다.

참고 건설안전산업기사 필기 p.5-171(1. 인력운반안전기준)

① 2011년 3월 20일(문제 95번) 출제
② 2023년 3월 1일(문제 88번) 출제

95 유해위험방지계획서 제출대상 공사에 해당하는 것은?

① 지상높이가 21[m]인 건축물 해체공사
② 최대지간거리가 50[m]인 교량의 건설공사
③ 연면적 5,000[m²]인 동물원 건설공사
④ 깊이가 9[m]인 굴착공사

해설

유해위험방지계획서 제출대상 건설공사

(1) 건축물 또는 시설 등의 건설·개조 또는 해체공사
가. 지상높이가 31미터 이상인 건축물 또는 인공구조물
나. 연면적 3만제곱미터 이상인 건축물
다. 연면적 5천제곱미터 이상인 시설
① 문화 및 집회시설(전시장 및 동물원·식물원은 제외한다)
② 판매시설, 운수시설(고속철도의 역사 및 집배송시설은 제외한다)
③ 종교시설
④ 의료시설 중 종합병원
⑤ 숙박시설 중 관광숙박시설
⑥ 지하도상가
⑦ 냉동·냉장 창고시설
(2) 연면적 5천제곱미터 이상인 냉동·냉장 창고시설의 설비공사 및 단열공사
(3) 최대지간길이가 50[m] 이상인 교량건설 등 공사
(4) 터널건설 등의 공사
(5) 다목적댐, 발전용댐 및 저수용량 2천만톤 이상의 용수전용댐, 지방상수도 전용댐 건설 등의 공사
(6) 깊이 10[m] 이상인 굴착공사

참고 건설안전산업기사 필기 p.5-17(3. 유해·위험방지계획서 제출대상 건설공사)

KEY ① 2022년 4월 24일 기사 등 10회 이상 출제
② 2023년 3월 1일(문제 92번) 출제

96 옹벽 축조를 위한 굴착작업에 대한 다음 설명 중 옳지 않은 것은?

① 수평방향으로 연속적으로 시공한다.
② 하나의 구간을 굴착하면 방치하지 말고 기초 및 본체구조물 축조를 마무리한다.
③ 절취경사면에 전석, 낙석의 우려가 있고 혹은 장기간 방치할 경우에는 숏크리트, 록볼트, 캔버스 및 모르타르 등으로 방호한다.
④ 작업위치의 좌우에 만일의 경우에 대비한 대피통로를 확보하여 둔다.

해설

옹벽축조시공시 굴착기준

① 수평방향의 연속시공을 금하며, 블럭으로 나누어 단위시공 단면적을 최소화하여 분단시공을 한다.
② 하나의 구간을 굴착하면 방치하지 말고 기초 및 본체구조물 축조를 마무리한다.
③ 절취경사면에 전석, 낙석의 우려가 있고 혹은 장기간 방치할 경우에는 숏크리트, 록볼트, 캔버스 및 모르타르 등으로 방호한다.
④ 작업위치의 좌우에 만일의 경우에 대비한 대피통로를 확보하여 둔다.

KEY ① 2010년 7월 25일(문제 84번) 출제
② 2020년 6월 14일(문제 92번) 출제
③ 2023년 3월 1일(문제 98번) 출제

97 연약점토 굴착 시 발생하는 히빙현상의 효과적인 방지대책으로 옳은 것은?

① 언더피닝공법 적용 ② 샌드드레인공법 적용
③ 아일랜드공법 적용 ④ 버팀대공법 적용

[정답] 94 ③ 95 ② 96 ① 97 ③

해설

히빙 방지대책

① 흙막이 근입깊이를 깊게
② 표토제거 하중감소
③ 지반개량
④ 굴착면 하중증가
⑤ 어스앵커설치
⑥ 아일랜드 공법 적용

참고 건설안전산업기사 필기 p.5-16 (합격날개 : 합격예측)

KEY 2022년 7월 2일(문제 85번) 출제

98 고소작업대가 갖추어야 할 설치조건으로 옳지 않은 것은?

① 작업대를 와이어로프 또는 체인으로 올리거나 내릴 경우에는 와이어로프 또는 체인이 끊어져 작업대가 떨어지지 아니하는 구조여야 하며, 와이어로프 또는 체인의 안전율은 3 이상일 것
② 작업대를 유압에 의해 올리거나 내릴 경우에는 작업대를 일정한 위치에 유지할 수 있는 장치를 갖추고 압력의 이상저하를 방지할 수 있는 구조일 것
③ 작업대에 정격하중(안전율 5 이상)을 표시할 것
④ 작업대에 끼임·충돌 등 재해를 예방하기 위한 가드 또는 과상승방지장치를 설치할 것

해설

고소작업대의 와이어로프 및 체인의 안전율 : 5 이상

KEY 2017년 3월 5일(문제 84번) 출제

합격정보

산업안전보건기준에 관한 규칙 제186조(고소작업대 설치 등의 조치)

99 건설공사 현장에서 사다리식 통로 등을 설치하는 경우 준수해야 할 기준으로 옳지 않은 것은?

① 사다리의 상단은 걸쳐놓은 지점으로부터 40[cm] 이상 올라가도록 할 것
② 폭은 30[cm] 이상으로 할 것
③ 사다리식 통로의 기울기는 75[°] 이하로 할 것
④ 발판의 간격은 일정하게 할 것

해설

사다리의 상단 높이 : 60[cm] 이상

참고 건설안전산업기사 필기 p.5-15 (합격날개 : 합격예측 및 관련 법규)

KEY ① 2016년 10월 1일 산업기사 출제
② 2017년 5월 7일 기사·산업기사 출제
③ 2018년 4월 28일 산업기사 출제
④ 2018년 9월 15일 기사·산업기사 출제
⑤ 2022년 7월 2일(문제 92번) 출제

합격정보

산업안전보건기준에 관한 규칙 제24조(사다리식 통로 등의 구조)

100 다음은 산업안전보건법령에 따른 지붕 위에서의 위험 방지에 관한 사항이다. ( )안에 알맞은 것은?

> 슬레이트, 선라이트 등 강도가 약한 재료로 덮은 지붕 위에서 작업을 할 때에 발이 빠지는 등 근로자가 위험해질 우려가 있는 경우 폭( )센티미터 이상의 발판을 설치하거나 안전방망을 치는 등 근로자의 위험을 방지하기 위하여 필요한 조치를 하여야 한다.

① 20 ② 25
③ 30 ④ 40

해설

발판폭

슬레이트, 선라이트(sunlight) 등 강도가 약한 재료로 덮은 지붕 위에서 작업을 할 때에 발이 빠지는 등 근로자가 위험해질 우려가 있는 경우 폭 30[cm] 이상의 발판을 설치하거나 안전방망을 치는 등 위험을 방지하기 위하여 필요한 조치를 하여야 한다.

KEY ① 2016년 10월 1일 출제
② 2017년 3월 5일(문제 91번) 출제

합격정보

산업안전보건기준에 관한 규칙 제45조(지붕위에서의 위험방지)

[정답] 98 ① 99 ① 100 ③

정재수(靑波:鄭再琇)

인하대학교 공학박사/GTCC 교육학명예박사/한양대학교 공학석사/공학사/문학사/각종국가고시 출제, 검토, 채점, 감독, 면접위원역임/매경TV/EBS/KBS라디오 출연 및 강사/중소기업진흥공단 강사/대한산업안전협회 강사/호원대학교, 신성대학교, 대림대학교, 수원대학교 외래교수/울산대학교, 군산대학교, 한경대학교 등 특강/한국폴리텍Ⅱ대학 산학협력단장, 평생교육원장, 산학기술연구소장, 디자인센터장/한국폴리텍 대학 교수/한국폴리텍대학남인천캠퍼스 학장/대한민국산업현장 교수/(사)대한민국에너지상생포럼 집행위원장/(사)한국안전돌봄서비스협회 회장/(사)대한민국 청렴코리아 공동대표/협성대학교 IPP추진기획단 특별위원/인천광역시 새마을문고 회장/한국요양신문 논설위원/생명살림운동 강사/GTCC 대학교 겸임교수/ISO국제선임심사원/산업안전 우수 숙련기술자 선정/**한국방송통신대학교 및 한국 폴리텍 대학 공동 선정 동영상 강의**

[저서]
- 산업안전공학(도서출판 세화)
- 기계안전기술사(도서출판 세화)
- 건설안전기술사(도서출판 세화)
- 산업안전기사(필기, 실기 필답형, 작업형)(도서출판 세화)
- 건설안전기사(필기, 실기 필답형, 작업형)(도서출판 세화)
- 산업안전지도사 시리즈(도서출판 세화)
- 산업보건지도사 시리즈(도서출판 세화)
- 산업안전보건(한국산업인력공단)
- 공업고등학교안전교재(서울교과서)
- 산업안전보건동영상(한국산업인력공단) 등 60여권 저술
- 한국방송통신대학과 한국폴리텍대학 선정 동영상 촬영

[상훈]
대한민국 근정 포장(대통령)/국무총리 표창/행정자치부 장관표창/300만 인천광역시민상 수상과 효행표창 등 8회 수상/인천광역시 교육감 상 수상/Vision2010교육혁신대상수상/2018년 대한민국청렴대상수상/30년이상봉사 새마을기념장 수상/몽골 옵스 주지사 표창 수상/남동구 자원봉사상 수상

[출강기업(무순)]
삼성(전자, 건설, 중공업, 조선, 물산)/현대(건설, 자동차, 중공업, 제철)/대우(건설, 자동차, 조선), SK(정유, 건설)/GS건설/에스원(S1)/두산(건설, 중공업), 동부(반도체), POSCO건설, 멀티캠퍼스, e-mart, CJ, 한국수자원공사 등 100여기업/이상 안전자격증특강

국가기술자격 필기시험 집중 대비서(녹색자격증, 녹색직업)

건설안전산업기사[필기] – 3권

27판 40쇄 발행	**2025. 01. 20. (24.09.30.인쇄)**	17판 30쇄 발행	2016. 1. 1.	8판 19쇄 발행	2008. 1. 01.	4판 8쇄 발행	2004. 4. 10.
		16판 29쇄 발행	2015. 1. 1.	7판 18쇄 발행	2007. 7. 10.	4판 7쇄 발행	2004. 1. 10.
26판 39쇄 발행	2023. 11. 1.	15판 28쇄 발행	2014. 1. 1.	7판 17쇄 발행	2007. 3. 30.	3판 6쇄 발행	2001. 7. 5.
25판 38쇄 발행	2023. 3. 30.	14판 27쇄 발행	2013. 1. 1.	7판 16쇄 발행	2007. 1. 10.	2판 5쇄 발행	1999. 9. 30.
24판 37쇄 발행	2022. 7. 1.	13판 26쇄 발행	2013. 1. 1.	6판 15쇄 발행	2006. 6. 20.	2판 4쇄 발행	1999. 6. 10.
23판 36쇄 발행	2022. 1. 22.	12판 25쇄 발행	2012. 1. 1.	6판 14쇄 발행	2006. 4. 10.	2판 3쇄 발행	1999. 1. 10.
22판 35쇄 발행	2021. 1. 18.	11판 24쇄 발행	2011. 5. 20.	6판 13쇄 발행	2006. 1. 10.	1판 2쇄 발행	1998. 7. 10.
21판 34쇄 발행	2020. 2. 10.	11판 23쇄 발행	2011. 1. 1.	5판 12쇄 발행	2005. 6. 10.	1판 1쇄 발행	1998. 1. 5.
20판 33쇄 발행	2019. 1. 10.	10판 22쇄 발행	2010 1. 1.	5판 11쇄 발행	2005. 3. 20.		
19판 32쇄 발행	2018. 1. 10.	9판 21쇄 발행	2009. 1. 1.	5판 10쇄 발행	2005. 1. 10.		
18판 31쇄 발행	2017. 1. 1.	8판 20쇄 발행	2008. 3. 20.	4판 9쇄 발행	2004. 6. 30.		

지은이 정재수
펴낸이 박 용
펴낸곳 도서출판 세화 **주소** 경기도 파주시 회동길 325-22(서패동 469-2)
영업부 (031)955-9331~2 **편집부** (031)955-9333 **FAX** (031)955-9334
등록 1978. 12. 26 (제 1-338호)

정가 43,000원 (1권 / 2권 / 3권)
ISBN 978-89-317-1298-8 13530

※ 파손된 책은 교환하여 드립니다.

본 도서의 내용 문의 및 궁금한 점은 더 정확한 정보를 위하여 저자분에게 문의하시고, 저희 홈페이지 수험서 자료실이나 저자 이메일에 문의바랍니다.

저자명 정재수(jjs90681@naver.com) TEL 010-7209-6627

산업안전, 건설안전, 기술사, 지도사 등 안전자격증취득 준비는 이렇게 하세요

기초부터 차근차근 다져나가는 것이 중요합니다.
이론 습득을 정확히 한 후 과년도 기출문제 풀이와 출제예상문제로 반복훈련하십시오.

기사 · 산업기사

STEP	구분	교재	내용
STEP 1	기초 이론	기사 산업기사 필기	과목별 필수요점 및 이론 학습과 출제예상문제 풀이로 개념잡고 최근 과년도 기출문제 풀이로 유형잡는 필기 수험 완벽 대비서
STEP 2	기출 문제 풀이	기사 산업기사 필기과년도	과년도 기출문제를 상세한 백과사전식 문제풀이로 필기 수험 출제경향을 미리 알고 대비할 수 있는 최고 · 최상의 수험준비서
STEP 3	실기 대비	실기 필답형	요점 및 예상문제 합격작전과 과년도기출문제 풀이로 준비하는 실기 필답형시험 완벽 대비서
STEP 4	실전 테스트	실기 작업형	요점 및 예상문제 합격작전과 과년도기출문제 풀이로 준비하는 실기 작업형시험 완벽 대비서

지도사 · 기술사

STEP	구분	교재	내용
STEP 1	공통 필수	1차 필기	과목별 필수요점과 출제예상문제 풀이 및 과년도 기출문제 풀이로 준비하는 1차 필기시험 완벽 대비서
STEP 2	전공 필수	2차 필기	전공별 필수요점과 출제예상문제 풀이 및 과년도 기출문제 풀이로 준비하는 2차 필기시험 완벽 대비서 (기술사 STEP 1,2 동시)
STEP 3	실기	3차 면접	각 자격증별 면접의 시작부터 면접 사례까지, 심층면접 대비를 위한 면접합격 가이드